MEDICINAL FLORA OF THE THREE GORGES OF THE YANGTZE RIVER

长江三峡天然药用植物志

主　编　陈绍成　谭　君　戴传云

重庆大学出版社

内容提要

本书对三峡地区天然药用植物的自然环境、植被组成、分布规律和区系成分等做了全面梳理。收录天然药用植物5 033余种，其中尚未开发和从未被记载过的天然药用植物100种。重点研究三峡地区特有、亟待开发、民间常用的天然药用植物587种；国家珍稀濒危保护的天然药用植物71种，并附有彩图800余幅。

图书在版编目（CIP）数据

长江三峡天然药用植物志 / 陈绍成，谭君，戴传云主编. — 重庆：重庆大学出版社，2016.8
ISBN 978-7-5624-9554-3

Ⅰ. ①长… Ⅱ. ①陈…②谭…③戴… Ⅲ. ①三峡—药用植物—植物志 Ⅳ. ①Q949.95

中国版本图书馆CIP数据核字（2016）第147765号

长江三峡天然药用植物志

主　编　陈绍成　谭　君　戴传云

策划编辑：杨粮菊　曾令维　彭　宁

责任编辑：陈　力　文　鹏　版式设计：博卷文化

责任校对：贾　梅　责任印制：赵　晟

*

重庆大学出版社出版发行

出版人：易树平

社址：重庆市沙坪坝区大学城西路21号

邮编：401331

电话：（023）88617190　88617185

传真：（023）88617186　88617166

网址：http：//www.cqup.com.cn

邮箱：fxk@cqup.com.cn（营销中心）

全国新华书店经销

重庆新金雅迪艺术印刷有限公司印刷

*

开本：889mm×1194mm　1/16　印张：64.75　字数：2 124千

2016年8月第1版　2016年8月第1次印刷

印数：1—3 500

ISBN 978-7-5624-9554-3　定价：498.00元

序

三峡地区有着独特的地理环境、复杂多样的地形地貌和多变的气候条件，故形成了多样的生态环境，蕴藏着丰富的药用植物。其是古老药用植物的避难所和聚集地，也是世界公认的物种起源地和天然药用植物的基因库之一。这里生长和保存了许多孑遗植物，如水杉、桫椤、珙桐等，也有地区独有的荷叶铁线蕨、中华纹母树、疏花水柏枝等珍稀濒危药用植物。但随着库区水位上升，一些药用植物已被淹没，加强该地区药用植物研究、抢救和保护十分紧迫。目前我国还没有一部专门研究、记述三峡地区药用植物的专著，因此《长江三峡天然药用植物物志》的出版是对三峡地区天然药用植物的认识、保育等方面的研究进行总结，有重要的社会意义和学术价值。

作者从事三峡库区药用植物研究20余年，足迹踏遍了库区大小山脉，采集标本、收集资料，特别是不辞辛苦地到野外拍摄的植物图片，图像清晰逼真，能真实记述这些药用植物的生态环境和生长习性，对进一步深入研究及其保育、合理开发利用这些药用植物资源提供了丰富的科学基础资料。

全书收集了长江三峡地区药用植物5 033余种，具有浓郁的地方特色，资料新颖、内容丰富、图文并茂，实用性和可读性强，特别是书中首次收入了大量的民间常用草药和国家珍稀濒危药用植物，具有较高的科学价值。该书的出版发行将为广大科技工作者提供研究三峡药用植物的重要参考用书。在该著作出版之际，谨作此序向各位读者推荐并向作者们致贺！

孙汉董

中国科学院昆明植物研究所　研究员

中国科学院　院士

2016年4月

《长江三峡天然药用植物志》编辑委员会

前 言

长江三峡地区由于地形地貌特征，特别适合各类药用植物生长，且品种众多、资源丰富，特别是很多天然药物，民间应用历史悠久，疗效显著，但没有得到很好的开发利用。对此，我们从1989年年底就开始从事三峡天然药用植物的研究，由于资金缺乏，一边积累资金，一边进行野外采集标本、资源调查、验方收集等基础工作，通过二十余年的研究积累，《长江三峡天然药用植物志》终于与读者见面了。

本书收载药用植物5 033余种，分隶于285科，1 337属。蕨类植物按秦仁昌系统排列，裸子植物按郑万钧系统排列，被子植物按恩格勒系统排列，科内属、种则按拉丁文的顺序排列。全书正文分为四个部分。第一部分总论，是作者二十余年对长江三峡地区药用植物分布、区系、植被、系统开发等方面研究的学术总结，为政府部门调整该地区工农业产业结构，合理开发利用库区天然药用植物资源提供了科学决策的理论依据。第二部分对库区民间常用但资源丰富还没有被开发的草药以及少数大宗药材进行了全面阐述，每种药用植物均按药材名、别名（三峡库区主要地方名）、来源（含药用植物所属科名、植物学名、拉丁学名、药用部位）、植物形态、生境分布（库区采集标本的实际地域、当地植物分类学文献、医药文献的记载区域）、采收加工、药材性状、显微鉴别、理化鉴别、化学成分、药理作用、功能主治、附方、资源综合利用的顺序编写，并配有形象生动的原生态彩色照片。书中方药所列药用植物用量是指成人一日所用药用植物干品量。用者可根据具体情况，在医生的指导下，酌情加减。第三部分为库区特有珍稀濒危国家重点保护药用植物，从植物名、别名、来源、植物形态、生境分布、鉴别、化学成分、功能主治、保护价值以及保护措施等方面进行了研究和探讨，并附有彩色图片；特别是从珍稀濒危药用植物资源的现状和保护出发，对资源濒危的原因、遗传多样性等面临的问题进行了阐释，并从中药发展的战略高度分析了资源开发利用与保护亟待完善等关键问题，建设性地提出了应采取的措施，同时针对濒危药用植物资源自身特点，对药用植物资源濒危和保护等级评价标准进行了探讨，初步制订了药用植物资源濒危等级量化评价标准，建立了珍稀濒危药用植物数据库，为三峡库区药用植物资源濒危程度的评价提供了可供操作的体系。第四部分以表格的形式从科名、植物名、拉丁学名、分布、海拔、花期、果期等方面收载三峡地区天然药物5 033余种，其中也有极少数是外地引进的栽培品种。

书中涉及图片是作者长期工作实践经验的结晶，95%以上是原创性的。每张图片清晰逼真，能生动形象地反映这些药用植物的生长习性和生态环境，能真实全面地反映三峡地区天然药用植物原貌，其中有些图片十分珍贵。

《长江三峡天然药用植物志》的出版标志着三峡地区有了首部完整并能全面反映该地区中医药理论体系的经典药物专著，对三峡地区药用植物资源开发利用、中药材种植和产业发展以及功能性产品研究均具有重要的指导意义，同时适应党中央、国务院大力发展中医药产业，鼓励医院处方中使用国药的指示精神，对基层医院用药具有现实的实践指导意义；对三峡地区药品行政监督提供了重要的中药材技术支撑、技术保障和技术指导作用，对各级政府部门调整工农业产业结构，指导山区人民致富，建设健康三峡具有现实指导作用；同时也是广大药学工作者了解当地中药材，更好地服务三峡地区的重要工具书，也可以作为科研院校教学研究的重要参考工具书。

在本书的编写中，编者参考了《中国植物志》《中华人民共和国药典》《中华本草》《新华本草》《中药大词典》《全国中草药汇编》《四川中药志》《常用中药鉴定大全》《重庆中草药资源名录》《神农架植物》《万县中草药》等专著，在此一并致谢！本书适用于医药卫生，林业、农业、园林、植物学研究人员，高等学校教师以及从事生态环境研究的各界人士参考使用。尽管编者为出版此专著奋斗二十余年，但受资金和条件的限制，加之水平有限，书中有不足和疏漏之处恳请读者谅解和指正。

编　者

2016年1月

凡　例

1 总　则

《长江三峡天然药用植物志》是编者经过20余年的野外调查、标本采集、鉴定，并参考《中国植物志》《中华人民共和国药典》《中药志》《中华本草》等专著，为进一步突出三峡地区部分植物的药用特性，结合众多药学工作者对三峡地区天然药物多年的研究成果，组织编纂而成。

2 名称与编排

该专著所涉及的药用植物名称，在编排上是将植物与药性相结合来进行考虑。药用植物不同于一般的植物，其具有双重性。首先它是植物，其次它是一种具有预防、保健、治疗疾病的特殊植物，用得恰当能治病救人，造福人类，反之则会有副作用。经过长期的临床试验和现代药学研究证实，即使是药用植物也不是其每个部位都可药用，只是其某个或某几个部位有药用价值，所以在编辑的过程中为了重点突出该植物的药用价值，同时考虑到整个专著的编辑内容，加上重点服务于医药读者，在目录编排中采用了《本草纲目》《新修本草》《中华人民共和国药典》《新编中药志》《中华本草》等从古到今众多药用植物专著均采用的祖国传统医药学的编排方式，在正文及目录中用“药用名称”。为了让植物名称和药用名称不产生混淆，本专著还将图片标注为“药用植物”名称，并在来源中明确说明了药用植物的“植物中文名称”和“国际拉丁名称”，其编排顺序也严格遵循植物学分类方法，按照科、属、种进行排列，蕨类植物按秦仁昌系统排列，裸子植物按郑万均系统排列，被子植物按恩格列系统排列，科内属、种则按拉丁文的顺序排列。这样编排既考虑了药用植物的植物属性又满足了药用植物的药用属性；书中的别名主要以调查的地方名称为主，其次参考了地方性的药学专著。

3 来　源

来源中明确了药用植物的入药情况，在进一步突出药用植物的同时，更加规范地标注了药用部位，其原植物的科名、植物名、拉丁学名主要参照依据为*Flora of China*，《中国植物志》、《中华人民共和国药典》、《中国高等植物》和《中华本草》等。

4 植物形态

药用植物形态根据实际采集的标本并参照《中国植物志》《中国高等植物》等进行描述。

5 生境分布

药用植物生境分布是根据实际调查采集标本的地域以及《四川植物志》《湖北植物志》《四川中药志》《重庆中草药资源名录》等有关资料记载的情况综合而成。

6 采收加工

药用植物的采收时间主要根据传统记载的时间结合现代化学成分及药理学研究得出。加工方法分为几种情况：①烘干、晒干、阴干均可的，用“干燥”；②不宜用较高温度烘干的，则用“晒干”和“低温干燥”（一般不超过60 ℃）；③烘干、晒干均不适宜的，用“阴干”或“晾干”；④少数药材需要短时间干燥，则用“暴晒”或“及时干燥”。

7 药材性状

药材性状是药用植物的入药部位干燥品的外观、质地、断面、臭、味、溶解度以及物理常数等。

①外观是对入药部位干燥品的色泽外表感官的描述。

②溶解度是入药部位干燥品的一种物理性质。各品种项下选用的部分溶剂及其在该溶剂中的溶解性能，可供精制或制备溶液时参考。

极易溶解　是指溶质1 g（mL）能在溶剂不到1 mL中溶解；

易溶　是指溶质1 g（mL）能在溶剂1～不到10 mL中溶解；

溶解　是指溶质1 g（mL）能在溶剂10～不到30 mL中溶解；

略溶　是指溶质1 g（mL）能在溶剂30～不到100 mL中溶解；

微溶　是指溶质1 g（mL）能在溶剂100～不到10 00 mL中溶解；

极微溶解　是指溶质1 g（mL）能在溶剂1 000～不到1 0000 mL中溶解；

几乎不溶或不溶　是指溶质1 g（mL）在溶剂10 000 mL中不能完全溶解。

试验法除另有规定外，称取研成细粉的供试品或量取液体供试品，置于（25±2）℃一定容量的溶剂中，每隔5 min强力振摇30 s，观察30 min内的溶解情况。如看不见溶质颗粒或液滴时，即视为完全溶解。

③物理常数包括相对密度、馏程、熔点、凝点、比旋度、折光率、黏度、吸收系数、碘值、皂化值和酸值等，其测定结果不仅对药品具有鉴别意义，也可反映药品的纯度。

8 显微鉴别及理化鉴别

显微鉴别中的横切面、表面观及粉末鉴别，均指药用部位经过一定方法制备后，在显微镜下观察的特征。理化鉴别包括物理、化学、光谱、色谱等鉴别方法。理化鉴别采用的对照品、对照药材、对照提取物、标准品是指用于鉴别、检查、含量测定的标准物质。对照品应按其在使用说明书上规定的方法处理后按标示含量使用。

9 化学成分

化学成分均来自《中药志》及各类专业性杂志报道的最新研究成果，成分名称符合中国化学会编撰的《有机化学命名原则》，化学结构式采用世界卫生组织（World Health Organizaiton，WHO）推荐的“药品化学结构式书写指南”书写。

10 药理作用

药理作用的相关内容均来自国内外权威的药学专著和专业性杂志最新报道。

11 功能主治

功能主治是按中医或民族医学的理论和临床用药经验对药用植物的入药部位所作的概括性描述，天然药物以适应症形式表述。此项内容作为临床用药的参考。其项下的药性一般是按中医理论和经验对该药用植物制成的饮片性能的概括，其中对 “有小毒” 的表述，可作为临床用药的警示性参考；其用法与用量除另有规定外，用法是指水煎内服；其用量是指药用植物制成的干燥饮片成人一日常用剂量，由于个体差异，在临床医生指导下，必要时可根据需要酌情增减；其使用注意是指主要的禁忌和不良反应。

12 计量单位

①法定计量单位名称和符号如下所述。

长度　米（m）　分米（dm）　厘米（cm）　毫米（mm）　微米（μm）　纳米（nm）；

体积　升（L）　毫升（mL）　微升（μL）；

质（重）量　千克（kg）　克（g）　毫克（mg）　微克（μg）；

物质的量　摩尔（mol）　毫摩尔（mmol）；

温度　摄氏度℃。

②滴定液和试液的浓度。以mol/L（摩尔/升）表示者，其浓度要求需精密标定的滴定液用“XXX滴定液（YYYmol/L）”表示，作其他用途不需精密标定其浓度时用“YYYmol/L XXX溶液”表示，以示区别。

③温度描述。一般以下列名词术语表示：

水浴温度　除另有规定外，均指98～100 ℃；

热水　是指70～80 ℃；

微温或温水　是指40～50 ℃；

室温（常温）　是指10～30 ℃；

冷水　是指2～10 ℃；

冰浴　是指约0 ℃；

放冷　是指放冷至室温。

④符号“%”表示百分比，是指质量的比例，但溶液的百分比除另有规定外，是指溶液100 mL中含有溶质若干克。乙醇的百分比，是指在20 ℃时容量的比例。此外，根据需要可采用下列符号：

%（g/g）　表示溶液100 g中含有溶质若干克；

%（mL/mL）　表示溶液100 mL中含有溶质若干毫升；

%（mL/g）　表示溶液100 g中含有溶质若干毫升；

%（g/mL）　表示溶液100 mL中含有溶质若干克。

⑤缩写“ppm”　表示百万分比是指质量或体积的比例。

⑥缩写“ppb”　表示十亿分比是指质量或体积的比例。

⑦液体的滴　是指在20 ℃时以1.0 mL水为20滴进行换算。

⑧溶液后记示的“1→10”等符号是指固体溶质1.0 g或液体溶质1.0 mL加溶剂使其成10 mL的溶液，未指明用何种溶剂时，均是指水溶液，两种或两种以上液体的混合物，名称间用半字线“-”隔开，其后括号内所示的“:”符号，是指各液体混合时的体积（质量）比例。

长江三峡天然药用植物志

MEDICINAL FLORA OF THE THREE GORGES OF THE YANGTZE RIVER

作者简介

陈绍成

硕士，重庆第二师范学院主任药师/教授；北大中文核心期刊遴选医药类杂志评审专家，重庆市及河北省政府科技成果奖励评审专家，重庆市食品药品安全教育研究会秘书长；重庆市三峡天然药物研究所所长，长期致力于三峡地区天然药用植物资源的研发，具有丰富的天然药物识别经验，从事药品监督、检验和教学工作30年，先后在《中药材》、SCI等核心期刊发表药学论文57篇、通讯100余篇；主参编专著各1部；获重庆市人民政府科技进步一、二、三等奖各一项，重庆市万州区人民政府科技进步一、二、三等奖各一项，重庆市卫计委科技三等奖一项，科技拔尖人才资助项目一项；完成省部级科研课题4项、高等教育教学重点改革项目3项；获保健食品注册批文3个，医疗机构制剂批文13个，药用辅料批文1个；研究方向为三峡地区珍稀濒危特色天然药物资源的研究、保护、利用以及三峡地区民间特色医院制剂的研发。

谭　君

博士，教授，美国加州理工学院博士后，重庆第二师范学院学术委员会副主任委员，重庆市"基于系统生物学的创新药物研究"高校创新团队带头人，《中国天然药物》第一届理事会理事，重庆食品与药品安全教育研究会理事。主要研究方向为天然药用植物药效物质基础研究和名贵中药材替代品开发。先后主持参与了国家"十二五"重大新药创制专项子课题、国家自然科学基金、教育部留学回国人员科研启动基金、中国博士后科学基金特别资助项目等国家级和省部级项目近20项。先后在国际国内高水平学术期刊上发表论文60余篇，其中SCI收录30余篇（其中一区2篇、二区8篇），EI收录13篇，获授权发明专利3项。研究成果获2013年重庆市自然科学奖三等奖。

戴传云

北京大学博士后，教授、硕士生导师，美国宾夕法尼亚大学国家公派访问学者，广西壮族自治区、天津市和重庆市科技评审专家，主要从事生物资源开发利用、中药质量控制、药物新剂型等方向的研究，近年来曾主持国家级基金项目5项，省部级基金项目8项，共发表科技论文50多篇，其中SCI论文12篇，国家发明授权专利5项。

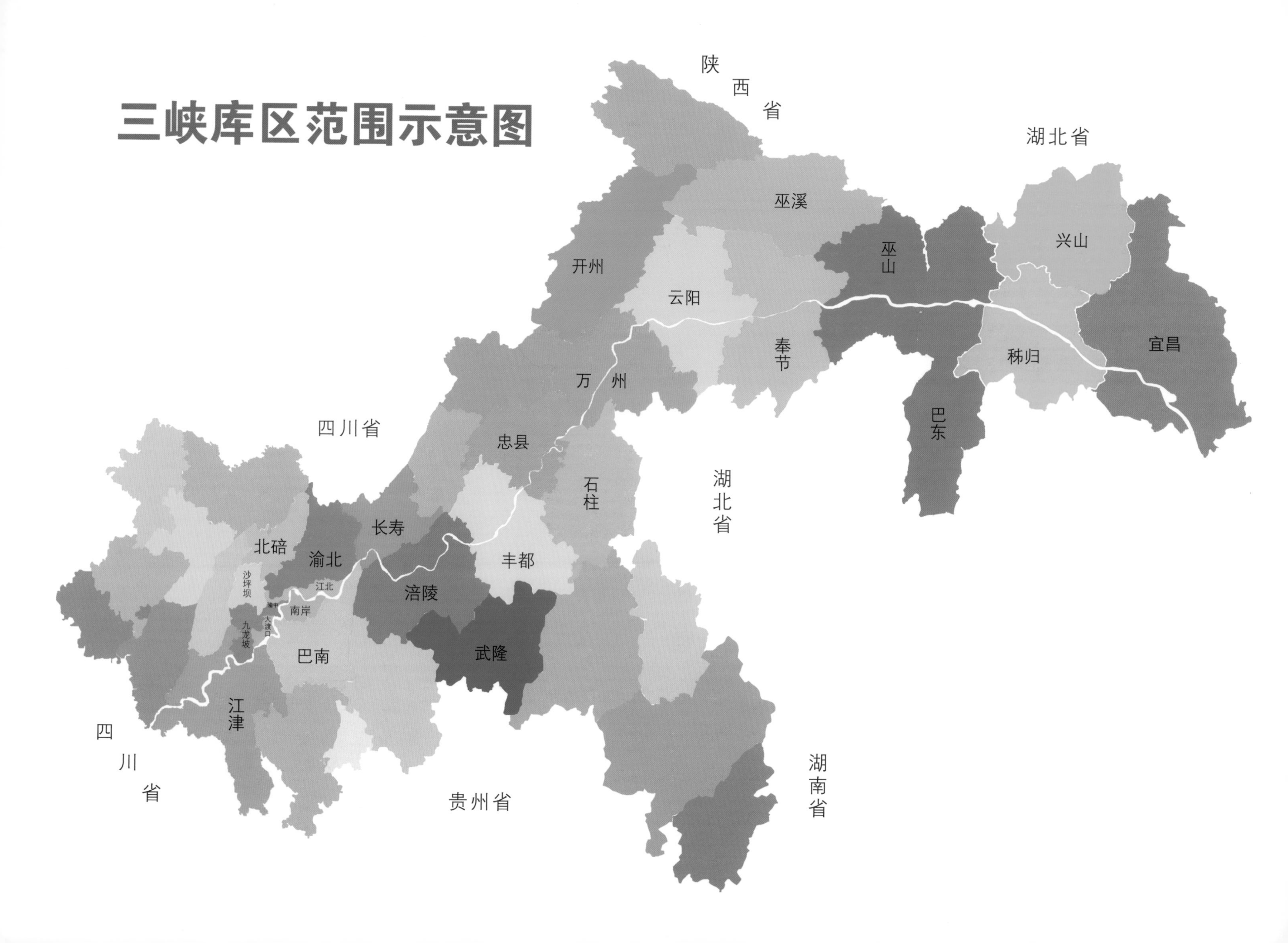
三峡库区范围示意图
陕西省
湖北省
巫溪
开州
云阳
巫山
兴山
宜昌
秭归
巴东
奉节
万州
四川省
忠县
石柱
湖北省
长寿
北碚
渝北
丰都
沙坪坝
江北
渝中
南岸
涪陵
大渡口
九龙坡
巴南
武隆
江津
四川省
贵州省
湖南省

目录
Contents

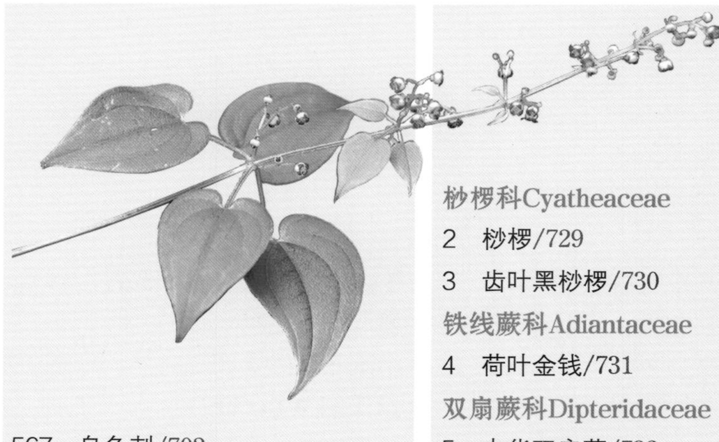

长江三峡天然药用植物志

MEDICINAL FLORA OF THE THREE GORGES OF THE YANGTZE RIVER

· 总论 ·

长江三峡天然药用植物资源研究概要

>>>

1.1 长江三峡天然药用植物的自然背景

1.1.1 行政区划

长江，中国最长的河流，世界著名的第三大河，发源于世界屋脊青藏高原，聚百川千流，浩浩荡荡，流入东海；长江三峡有狭义的长江三峡和广义的长江三峡之分。狭义的长江三峡是指位于长江流域的重庆到宜昌之间，西起奉节白帝城，东抵宜昌南津关，流经重庆的奉节、巫山和湖北的巴东、秭归、宜昌，全长193 km。其由瞿塘峡、巫峡、西陵峡三段峡谷组成，而这三段峡谷又分别由大宁河宽谷、香溪宽谷和庙南宽谷所间隔。狭义的长江三峡，时而江面开阔，山清水秀；时而峭壁陡立，江水湍急。瞿塘峡的雄伟险峻，巫峡的迷蒙秀丽，西陵峡的激流险滩，大自然的神来之笔让人目不暇接，更令人赞叹不已。

广义的长江三峡地区位于长江上游的下段，属于我国第二级阶梯的东部边缘地带。东与富饶的江汉平原、洞庭湖平原相连，西接重庆市城区东部铜锣山脉的南麓地区，武陵山、大娄山余脉位于其南，北靠大巴山山脉，伏卧于三峡腹地自东北至西南走向的巫山山脉被由西向东的长江拦腰切开。包括宜昌县、秭归县、兴山县、巴东县、万州区、巫山县、巫溪县、奉节县、云阳县、开州、忠县、石柱土家族自治县、丰都县、涪陵区、武隆县，长寿县、渝北区、巴南区、渝中区、北碚区、九龙坡区、沙坪坝区、大渡口区、江北区、南岸区、江津区，地理坐标为北纬28° 09′~32° 12′、东经106° 54′~112° 04′；总面积约5.67万 km^2；总人口约1 780.22万人。

1.1.2 历史底蕴

神奇壮丽的三峡孕育了古老灿烂的文明，无数文人墨客留下了大量不朽的诗文。三峡区域历史文化积淀深厚，有关楚文化、石刻文化、三国遗迹、古代建筑的历史名胜众多。湖北是楚文化的摇篮和发祥地，在三峡流经的湖北秭归及其周边地区有着许多与楚文化有关的历史名胜：三峡还是当年吴蜀相争的古战场，在三峡及周边地区至今仍保留着许多与三国故事有关的名胜古迹：三峡区域具有许多艺术水准极高的古建筑。这些名胜古迹、人文景观和三峡的自然风光一样，对海内外游客有着强大的吸引力。

三峡大坝建成后，三峡风光依然，景色更秀美，更多更美的新景意想不到地出现。越来越多的中外游客来到三峡旅游，三峡地区焕发出了蓬勃的生机与活力。

▲库区湖滨皓月

▲美丽的重庆夜景

▲秀丽多彩的库区风光

1.1.3 气候

三峡地区属于亚热带季风性湿润气候，具有冬暖、夏热、伏旱、秋雨多、湿度大、云雾多等特征。年平均温度16.5 ~ 19 ℃，年降水量1 100 ~ 1 400 mm，年平均相对湿度70% ~ 80%，是长江流域的一个高湿区，5—10月降水量占全年的80%以上，年平均日照数943 ~ 1 867 h，年平均蒸发量985.5 ~ 1 635 mm，无霜期为300 ~ 335 d。

1.1.4 地理结构

三峡地区地质结构复杂，位于大巴山皱褶带、川东皱褶带、川鄂湘黔皱褶带三大构造单元的交汇处。地质岩层以侏罗纪的砂岩、泥岩和页岩，二叠纪和志留纪的灰岩和石灰岩以及晚三叠纪的砂岩为主，山区覆盖面积大，地势属于高峰峻岭、低山峡谷相连地带。境内最高处为巫溪县与神农架林区交界的阴条岭，海拔2 798 m；最低处为湖北巴东县的长江边，海拔73 m，垂直高差2 725 m。其中山地面积约占69%，丘陵面积约占27%，平原、平坝、盆地面积约占4%。海拔在300 ~ 500 m为低山丘陵宽谷地形，500 ~ 2 000 m为亚高山谷地。自奉节以东是几大著名的峡谷地带，即瞿塘峡、巫峡、西陵峡，峡谷与宽谷相间排列，其中峡谷地段总长约90 km，宽谷地段总长约103 km。从而形成了举世闻名的长江三峡。

1.1.5 自然资源

由于长江三峡是我国十大植物区系（华东、华中温暖性植物区系、喜马拉雅、川康古陆温凉性植被区系、华南暖性植物区系、西北寒温性植物区系）的交汇点，特殊的地理条件使三峡地区成为自然资源极其丰富的地区。主要资源特征为：水能资源蕴藏量大，生物资源品种繁多，农林特产丰富，矿产资源种类齐全，非金属矿产藏量等也十分丰富。如水能资源，除长江外，其流域面积大于50 km^2的河流就有450余条，总长度达12 700多千米。据勘查，三峡地区各个地质时期的矿产都有积聚，品类多达60余种。仅金属矿藏就有铁、铜、铅、锌、铝、金、银、锡等多达20余种。如动物资源类方面，兽类有80余种，鸟类有231种，爬行动物类27种，两栖类20种。植物方面据不完全统计有植物6 000余种。

1.1.6 经济状况

三峡地区经济以山地农业经济为主，在农业种植方面主要有玉米、水稻、小麦、土豆、蚕豆、红薯等。三峡地区现有3个商品粮基地被列入国家“七五”计划之列，即开州、梁平、垫江；后又将宜昌、忠县、涪陵、利川、秀山确定为“八五”计划的第一批国家商品粮基地建设项目之一。三峡地区辖区面积多达5.67万km^2，耕地仅153万hm^2（1 hm^2=10^{-2} km^2），人均耕地只占0.09 hm^2。工业经济总体上比较落后，除重庆外，其他地区工业基础比较薄弱，设备陈旧落后。

1.1.7 土壤情况

三峡地处我国东部湿润亚热带山地丘陵区，地带性土壤为红壤和山地黄壤。但因库区高差巨大，达2 725 m，地质地貌复杂，使库区土壤具有过渡性、复杂性和垂直分布的特点，形成黄红壤、山地黄壤、山地黄棕壤、山地棕壤、紫色土、水稻土等土类，在海拔较高的山地还发育有棕壤和山地草甸土。

1.1.8 水文水系

三峡区域位于亚热带季风性湿润气候区，降水充沛，地势差异大，河流众多，水利资源十分丰富。举世瞩目的长江葛洲坝水利枢纽工程（装机容量271.5 × 10^4kW），隔河岩水电工程（装机容量120 × 10^4kW）已建成竣工，跨世纪的长江三峡水利枢纽工程（装机容量1 820 × 10^4kW）以及临近的水布亚、高坝洲等大中型水电枢纽工程和为数众多的中小型水利工程正在建设之中，内有大宁河、神农溪、香溪、梅溪河等50多条支流，三峡水库水面总面积达1 084 km^2，自宜昌三斗坪三峡大坝坝址起，涉及长江干流长度超过600 km，一直可达重庆以上。同时，若干支流的水位也大幅度提高。因此，三峡工程淹没指标及移民的体量，均可称得上“世界之最”。

▲长江支流区域适宜药用植物生长的特殊地质地貌

1.1.9 植被

三峡地区地处中亚热带北部，面积广阔，地形复杂多样，地带性植被是以栲（Castanopsis）、楠（Phoebe）为主的常绿阔叶林。数十年垦殖使库区地带性植被被破坏殆尽，海拔1 700m以下的原始植被已很少见到，广泛分布的则是马尾松（Pinus massoniana）林、柏木（Cupressus funebris）林等次生林和次生灌丛、草地及大面积的农田，森林覆盖率仅有19.5%。根据金兴义的长江三峡库区植被及环境考察报告和笔者十几年的野外调查研究表明，长江三峡地区野生植被可以分为4个植被类型、7个群系亚纲和30个群系，其主要植被类型见表1。

表1 长江三峡地区主要植被类型

Tab.1 Major Vegetation Species in the Region of the Three Gorges of the Yangtze River

类型	科目	品种
阔叶林	亚热带常绿阔叶林	桢楠、楠木、栲林（*Form. Machilus*，*Phoebe*，*Castanopsis*）
		甜槠栲林（*Form. Cstanopsis eyrei*）
		青冈林（*Form. Cyclobalanopsis glauca*）
		巴东栎林（*Form. Quercus engleriana*）
		山地常绿栎林（*Form. Quercus*）
	亚热带常绿和落叶阔叶林	柯、水青冈林（*Form. Lithcarpus*，*Fagus*）
		曼稠、化香杂木林（*Form. Cyclobalanopsis oxyodon*，*Platycarya strobilacea*）
		栓皮栎林（*Form. Quercus variabilis*）
		麻栎林（*Form. Quercus acutissima*）
	亚热带落叶阔叶林	桤木林（*Form. Alnus cremastogyne*）
		水青冈林（*Form. Fagus*）
		桦木林（*Form. Betula*）
针叶林	亚热带常绿针叶林	柏木林（*Form. Cupressus funebris*）
		杉木林（*Form. Cunninghamia lanceolata*）
		巴山松林（*Form. Pinus henryi*）
		华山松林（*Form. Pinus armandii*）
		马尾松林（*Form. Pinus massoniana*）
山地灌草丛	灌丛	短柄枹栎灌丛（*Form. Quercus glandulifera* var. *brevipetiolata*）
		火棘、继木灌丛（*Form. Pyracantha*， *Loropetalum*）
		蔷薇灌丛（*Form. Rosa*）
		黄栌、马桑灌丛（*Form. Cotinus coggygria*，*Criaria sinica*）
	草丛	荩草、鸡眼草草丛（*Form. Arthraxon*，*Ku mmerowia*）
		白茅草丛（*Form. Imperata cylindrical* var. *major*）
		拟金茅草丛（*Form. Eulaliopsis binata*）
		铁芒萁草丛（*Form. Dcranopteris dithotoma*）
竹林	亚热带竹林	楠竹林（*Form. Phyllostachys pubescens*）
		刚竹林（*Form. Phyllostachys bambusoides*）
		慈竹林（*Form. Sinocalamus affinis*）
		白夹竹林（*Form. Phyllostachys nigra* var，*henonis*）
		筒竹林（*Form. Sinnarundinaria nitida*）

1.2 长江三峡天然药用植物资源概况

长江三峡复杂的地质地貌和多样的气候特点使库区成为药用植物的繁衍地，许多著名的药用植物在这里得以保存，以使库区的药用植物资源十分丰富。

1.2.1 药用植物种类

从1988年开始我们就对大巴山脉及长江三峡的天然药用植物进行了野外采集标本、历史文件的收集等调查研究工作，根据多年的调查研究显示，长江三峡地区有药用植物285科，1 337属，5 033余种，分类情况见表2。

表2 中国长江三峡天然药用植物种类及资源

Tab.2 Medicinal plants and resources in the Region of the Three-Gorges of the Yangtze River

种　类	菌　类	地衣类	苔藓类	蕨　类	裸子植物	被子植物	合　计
科	4	7	42	45	9	178	285
属	6	8	68	104	29	1 122	1 337
种	6	15	99	428	53	4 432	5 033

1.2.2 药用植物的区系特征

长江三峡地区处于热带与温带区系交错渗透的地带，属中国—日本植物区系，热带、亚热带和温带的科属较多，药用植物种类异常丰富，特别是特有科属种，单科属种以及起源古老的孑遗药用植物较多。三峡地区有中国特有科4个，中国特有属67个（包括109种），中国特有植物1 630种，其中地方特有种273种。单科种的有连香树（*Cercidiphyllum japonicum* Sieb. et Zucc.）、珙桐（*Dadidia involucrate* Baill）、大血藤（*Sargentodoxa cuneata*（Oliv.）Rehd. et Wils）；单属种的有车前紫草（*Sinojohnstonia plantaginea* Hu）、串果藤（*Sinofranchetia chinensis*（Franch.）Hemsl.）、银杉（*Cathaya argyrophylla* Chun et Kuang）、大包芹（*Dickinsia hydrocotyloides* Franch.）

▲针阔叶灌丛混交林植被

▲三峡两岸的山地黄栌灌丛植被

等。古老的孑遗植物种类众多，蕨类有古生代的连座蕨属（*Angiopteris*）、松叶蕨属（*Psilotum*）；有中生代三叠纪的紫萁属（Osmunda）、侏罗纪的桫椤属（Cyathea）及金毛狗属（Cibofinum）等属；裸子植物有银杏属，三尖杉属（Cephalotaxus）等属；被子植物有桑科（Moraceae）、毛茛科（Ranunculaceae）、木兰科（Magnoliaceae）、马鞭草科（Verbenaceae）、杜仲科（Eucommiaceae）等科内部分植物。

1.2.3 药用植物分布特点

根据多年的调查研究显示，长江三峡地区天然药用植物资源分布具有显著的区域性特点，主要集中在三峡的东部、中部和南部，结合全国中药区划，根据长江三峡天然药用植物资源分类特点，我们认为可将其划分为3个主要分布区。

（1）东部大巴山脉——渝东鄂西天然药用植物区

该区位于重庆的东部和湖北的西部，地处大巴山东南段的巫山、巫溪、巴东、秭归等地区，地形为山地、高山草甸和低山河谷，山高谷低，沟壑纵横，山地占90%以上，最低海拔和最高海拔相对高差近3 000 m，区内有神农架林区、红池坝草原、雪宝山等著名风景区和自然保护区，植物垂直分布差异大，气候温和、雨量充沛、四季分明、无霜期长，该区域由于气候、地理条件特殊，植物品种复杂，为我国渝东—鄂西特有植物类群分布中心的核心区域。拥有天然药用植物4 700余种，主要代表品种有天麻、独活、味牛膝、川党参、湖北贝母、续断、红花、重楼、延年草等。

（2）中部七曜山脉——鄂西南渝中天然药用植物区

该区域位于鄂西南和渝中地区，地处七曜山脉和长江三峡腹心，地形为山地、低山平原、低山河谷，最低海拔和最高海拔相对高差约2 000 m，地势起伏大，坡度较陡，冬暖多雾，无霜期长，雨量充沛但分布不均，有黄水、王二包、大垭口等著名风景区和生态区；拥有天然药用植物4 900余种，主要代表品种有黄连、玄参、水灵芝、栀子、红豆杉、荷叶铁线蕨等。

（3）南部武陵山、仙女山脉——渝南天然药用植物区

该区域位于重庆的南部，地处武陵山重庆段，地形为山地、山原、丘陵和低山河谷，最低海拔和最高海拔相差2 100 m左右，乌江、芙蓉江、高滩河、大溪河流经境内，水源丰富，气候温和湿润，无霜期长，土层较厚，拥有药用植物4 600余种，主要代表品种有金银花、半夏、青蒿、毛紫菀、黄檗、银杏等。

1.3 长江三峡珍稀濒危药用植物

1.3.1 国家珍稀濒危保护植物的分类标准

（1）濒危种类

濒危种类是指那些在它们整个分布区或分布区的重要部分，处于绝灭危险的分类单位。这些植物通常稀少，地理分布有很大的局限性，仅仅存在于典型地方和常常出现在有限的、脆弱的生境中。

（2）稀有种类

稀有种类是指那些并不是立即有绝灭危险的、我国特有的单型科、单型属或少种属的代表种类，但在它们分布区内只有很少的群体，或是由于存在于非常有限的地区内，可能很快地消失，或者虽有较大的分布范围，但只是零星存在的种类。

（3）渐危种类

渐危种类是指那些因人为或自然的原因所致，在可以预见的将来，在它们的整个分布区或分布区的重要部分很可能成为濒危的种类。

（4）国家保护植物的三级标准

一级国家保护的植物：是指具有极为重要的科研、经济和文化价值的稀有濒危的种类。

二级国家保护的植物：是指在科研或经济上有重要意义的濒危或稀有的种类。

三级国家保护的植物：是指在科研或经济上有一定意义的渐危或稀有的种类。

1.3.2 长江三峡现有国家珍稀濒危保护植物的现状

总的情况与全国划分的类型基本相同，但随着不同种类在三峡地区所处的状态，具体情况还有所不同。表现在一些种类在全国范围内是属于渐危种，而对三峡地区来讲却属于濒危的种类，如果保护不当将会很快在三峡地区绝

▲库区特有、处于灭绝的药用植物——荷叶铁线蕨

迹，或者在全国范围内是属于稀有种类的，而在三峡地区相对数量却是较多的，根据长江三峡国家保护植物的实际情况，可归纳为下述几种情况。

（1）野生种已绝迹的类型

属于此种类型的仅有银杏1种。该种植物属于我国原产，对此目前没有争议，但其在我国目前是否有野生种，见解不一。有人认为浙江天目山保存有野生种，有人则对此持怀疑态度。我们认为有些植物关于野生和栽培的问题从历史的观点来看亦非绝对，就浙江天目山被认为的野生银杏来讲，如果推论至其母株，甚或更远是否也是自然生长延续繁衍下来的后裔，值得考证。在三峡地区虽未见真正的野生种，但调查中我们也曾见到近乎野生状态的植株，是否是野生的银杏，还有待进一步考证。

（2）野生种已近于绝迹的类型

属于此种类型的有厚朴、凹叶厚朴、杜仲、黄连、膜荚黄芪等植物。这些植物在全国范围尚有野生种，但在三峡地区目前一般很难找到野生种，即使人工栽培的逸生植株或呈野生状态者的半栽培种也是很少的。但是其在以前确实有较多的野生植株，现已濒于绝迹，但偶尔仍可在三峡地区见到。

▲处于渐危的珍稀濒危药用植物——连香树

（3）即将绝灭类型

属于此种类型的有香果树、红豆树、庙台槭、桃儿七、鹅掌楸、荷叶铁线蕨等。它们在三峡地区自然界中目前数量已经非常少，有的仅有10余株，如庙台槭；有的仅分布在唯一的生长点上，如桃儿七、荷叶铁线蕨等。其中个体数量最少的仅有10余株成龄树，如翅果油树；有的虽有好几个分布点，但在每个分布点上的植株数均不超过10株，如香果树、鹅掌楸、红豆树等。以上各种国家保护植物如果稍有自然或人为破坏，将很快在三峡地区绝迹。

（4）处于渐危的类型

属于此种类型的有水青树、连香树、珙桐、光叶珙桐、八角莲、紫茎等15种。目前它们的现状分为两种情况：一种情况是分布地点虽然很局限，有的仅有一个分布点，但个体的数量还较多；另一种情况是分布尚广，且有较多的分布点，但每个分布点上个体数量却是非常有限的。这些植物只要能保持目前的状态，不再遭受任何自然或人为的破坏，它们就能得到保存和繁衍。如果再继续遭受破坏，特别是人为的砍伐及对其生境的破坏，它们将会很快成为即将绝灭的类型。

（5）短时期内无绝灭危险的类型

属于此种类型的有狭叶瓶尔小草、胡桃楸、领春木、野大豆、金钱槭、延龄草、天麻等品种。目前它们的现状有两种情况：一种情况是分布面广，且较普遍，个体数量较多，自然繁殖能力也较强，除个别种类如天麻外，人们一般对其尚无过多的利用和破坏；另一种情况是其分布并不广，有的仅有一个分布点，但是它们通常生长在较高的山地，人类活动一般不易涉及，当前也无过大的经济开发价值，而且多数是分布在已建立的自然保护区内，如太白红杉、星叶草及独叶草等。该种类型的植物只要其大的生境不遭到严重破坏，一般情况下在短时期内不会有绝灭的危险。

1.3.3 三峡地区国家珍稀濒危药用植物种类保护级别及地理分布

由于长期的大量采挖以及三峡工程的建设，造成一些珍稀濒危药用植物资源发生了变迁，分布极不均衡，原来处于长江沿线的珍稀药用植物由于生态的改变，处于灭绝或迁移至边缘山区，从垂直分布看，多呈零星残遗分布在海拔550 ~ 2 100 m的常绿阔叶林或常绿落叶混交林内；从水平分布看，多集中在库区中下游地段的湖北省巴东、兴山、宜昌、秭归，重庆的巫山、巫溪、石柱、万州、奉节、武隆等。三峡库区列入红皮书及名录的国家珍稀濒危重点保护药用植物有97种，隶属于47科，其中蕨类植物5科7种；裸子植物5科16种；被子植物36科74种；分别占全国此三类植物的53.8%、22.5%、23.2%。其种类组成和濒危类别与全国的比较分别见表3和表4。

表3　三峡地区珍稀濒危药用植物种类与全国的比较
Tab.3 Species of Rare and Endangered Medicinal Plants in the Three Gorges of the Yangtze River and National Comparison

门	科　数			属　数			种　数		
	三峡地区	全国	百分比/%	三峡地区	全国	百分比/%	三峡地区	全国	百分比/%
蕨类植物	5	11	45.5	6	12	50	7	13	53.8
裸子植物	5	8	62.5	12	26	46.2	16	71	22.5
被子植物	36	83	43.4	63	207	30.4	74	305	24.3
合　计	46	102	45.1	81	245	33.1	97	388	25

表4　三峡地区珍稀濒危药用植物种类保护级别及分布
Tab.4 Species and Distribution of Rare and Endangering Medicinal Plants in the Three Gorges of the Yangtze River of China

科　名	植物名及拉丁学名	保护级别 红皮书、名录	分　布
铁线蕨科	荷叶铁线蕨 *Adiantum reniforme* var. *sinensis*	2级濒危	万州/石柱
桫椤科	桫椤 *Alsophila spinulosa*（wall. ex Hook.）Tryon	1级渐危　Ⅱ	涪陵/万州
	齿叶黑桫椤 *Gymnosphaera denticulata*（Baker）Cop	Ⅱ	三峡各地
	华南黑桫椤 *G. metteniana*（Hance）Tagawa	Ⅱ	三峡各地
蚌壳蕨科	金毛狗脊 *Cibotlum barometz*（L.）J. Smith	Ⅱ	涪陵/北碚/巫山/巫溪
鳞毛蕨科	单叶贯众 *Cyrtomium hemionitis* Christ	Ⅱ	
瓶儿小草科	狭叶瓶尔小草 *Ophioglossum thermale* Kom	2级渐危	北碚/武隆/巫山/巫溪
三尖杉科	蓖子三尖 *Cephalotaxus oliveri* Mast	2级渐危	武隆/秭归/宜昌/兴山/梁平
	三尖杉 *Cephalotaxus fotunei* Hook. f		三峡各地
银杏科	银杏 *Ginkgo biloba* L.	2级稀有	三峡各地
松　科	秦岭冷杉 *Abies chensiensis* Van Tiegh	3级渐危　Ⅰ	巴东
	银杉 *Cathaya argyrophylla* Chun et Kuang	1级稀有　Ⅰ	武隆/巫溪/万州
	金钱松 *Pseudotsuga amabilis*（Nelson）Rehd.	2级稀有　Ⅱ	巴东/巫溪
	麦吊云杉 *Pieca brachytyla*（Franch.）Pritz.	3级渐危	巫山/巴东/秭归/兴山
	大果青扦 *Picea neoveitchii* Mast.	2级濒危　Ⅱ	巴东/兴山
	黄杉 *Pseudotsuga sinensis* Dode	3级渐危　Ⅱ	巫溪/巫山
	铁坚油杉 *Keteleeria davidiana*（Bertr.）Beissn.		巫溪/巫山/南川/武隆
红豆杉科	穗花杉 *Amentotaxus argotaenia*（Hance）Pilg	3级渐危	武隆/巫山/兴山
	红豆杉 *Taxus wallichiana* var. *chinensis* Rehd	Ⅰ	巫山/巫溪/忠县/巴东/兴山
	南方红豆杉 *T. Chinensis* var. *mairei* Cheng et L. K.	Ⅱ	三峡各地
	巴山粗榧 *Torreya fargesii* Franch	Ⅱ	兴山/巴东/宜昌
	榧树 *Torreya grandis* Fort. ex Lindl	Ⅱ	兴山/巴东/宜昌/巫溪/巫山

续表

科名	植物名及拉丁学名	保护级别 红皮书、名录	分布
杉科	水杉 *Metasequoia glyptastroboides* Hu et Cheng	1级稀有 Ⅰ	石柱/万州
槭树科	血皮槭 *Acer griseum*（Franch.）Pax	3级渐危	奉节/巴东/兴山/开州
	金钱槭 *Dipteronia sinensis* Oliv	3级稀有	巫山/巴东/宜昌/秭归/兴山/巫溪
小檗科	八角莲 *Dysosma versipellis*（Hance）M. Chenm ex Ying	3级渐危	武隆/巴东/宜昌/秭归/兴山/巫山
	桃儿七 *Sinopodophyllum hexandrum*（Royle）Ying	3级稀有	开州
	南方山荷叶 *Diphylleia sinensis* Li.		武隆/万州
桦木科	华榛 *Corylus sinensis* Franch	3级渐危	巫溪/巫山/巴东/宜昌
伯乐树科	伯乐树 *Bretschneidera sinensis* Hems L	2级稀有 Ⅰ	北碚/渝中/南岸
忍冬科	蝟实 *Kolkwitzia amabilis* Graebn. in bot. Jahro	3级稀有	巴东
连香树科	连香树 *Cercidiphyllum japonicum* Sieb. et Zucc	2级稀有 Ⅱ	巴东/宜昌/秭归/兴山/巫山/巫溪
杜鹃花科	阔柄杜鹃 *Rhododendron platypodum* Diels		武隆/巫溪
杜仲科	杜仲 *Eucommia sinensi* Oliv	2级稀有	涪陵/石柱/奉节/巫溪/宜昌/兴山
金缕梅科	山白树 *Sinowilsonia henruyi* Hemsl	2级稀有	石柱/万州
	半枫荷 *Semiliquidambar cathayensis* Chang	Ⅱ	武隆
樟科	香樟 *Cinnamomum camphora*（Linn.）Presl	Ⅱ	巴东/兴山
	油樟 *Cinnamomum longepaniculatum* N. Chao ex H. W. Li	Ⅱ	秭归/武隆
	闽楠 *Phoebe bournei*（Hemsl.）Yang	3 级渐危 Ⅱ	兴山
	楠木 *Phoebe zhennan* S. Lee et F. N. Wei	3 级渐危 Ⅱ	兴山/宜昌/武隆
	润楠 *Machilus pingii* Cheng ex Yang	Ⅱ	三峡各地
	檫木 *Sassafras tzumu*（Hemsl.）Hemsl.	3级渐危	涪陵/巴东/秭归/宜昌/兴山/武陵/巫溪
豆科	胡豆莲 *Euchresta japonica* Hook. f. et. Regel	3级濒危 Ⅱ	武隆
	野大豆 *Glycine soja* Sie. et. Zucc	3级渐危 Ⅱ	武隆/兴山/垫江
	花榈木 *Ormosia henryi* Prain	Ⅱ	武隆/秭归
	红豆树 *Ormosia hosiei* Hemsl. et Wills.	3级渐危 Ⅱ	万州/兴山/宜昌
	膜荚黄芪 *Astragalus membranaceus*（Fish.）Bunge	3级渐危	巫溪
百合科	延龄草 *Trillium tschonoskii* Maxim.	3级渐危	巫山/巫溪/兴山/巴东/开州
木兰科	鹅掌楸 *Liriodendron chinensis*（Hemsl.）Sarg.	2级稀有 Ⅱ	忠县/巫山/武隆/巴东/秭归/兴山
	厚朴 *Magnolia officinalis* Rehd. et Wils.	3级渐危 Ⅱ	三峡各地
	凹叶厚朴 *Magnolia officinalis* Rehd. et Wils. var. *biloba* Rehd. et Wils	3级渐危 Ⅱ	三峡各地
	巴东木莲 *Manglietia Putungensis* Hu	2级濒危	巴东/兴山/丰都/巫山/南川/武隆/巫溪
	红花木莲 *Manglietia insiggnis*（Wall.）Bl. Fl. Jav. Magnol	3级濒危	巫山/巴东
	峨眉含笑 *Michelia wilsonii* Fin. et Gagn.	2级濒危 Ⅱ	万州

续表

科　名	植物名及拉丁学名	保护级别 红皮书、名录	分　布
木兰科	五味子 *Schiandra chinensis*（Turcz.）Baill.	Ⅱ	兴山/巴东/武陵/宜昌/云阳/万州/巫山
水青树科	水青树 *Tetracentron sinense* Oliv.	2级稀有 Ⅱ	巴东/兴山/宜昌 /巫山
楝　科	毛红椿 *Toona ciliata var. pubescens*（Franch.）Hand.-Mazz	Ⅱ	巫山/巴东
	红椿 *Toona ciliata* Roem	3级渐危 Ⅱ	巫山
胡桃科	核桃楸 *Juglans mandshurica* Maxim	3级渐危	
	胡桃 *Juglans vegia* L. N	2级渐危	巫山/巫溪/开州/巴东
	青钱柳 *Cyclocarya paliurus*（Batal.）Iljinskaja	Ⅱ	武隆/巫山/奉节/宜昌/兴山/秭归/巴东
睡莲科	莼菜 *Brasenia schreber* J. F. Gmel	Ⅰ	石柱
	莲 *Nelumbo nucifera* Gaertn	Ⅱ	三峡各地
蓝果树科	喜树（旱莲木）*Camptotheca acuminate* Decne	Ⅱ	宜昌
珙桐科	珙桐 *Davidia involucrata* Bail	1级稀有 Ⅰ	武隆/兴山/巴东/宜昌/巫溪/巫山
	光叶珙桐 *Davidia involucrata* var. *vilmoriniana*（Dode）Wange	2级稀有 Ⅰ	巫山/兴山/宜昌/巴东
兰　科	独花兰 *Changnienia amoena* Chien	2级稀有	忠县/石柱/万州/巫山
	天麻 *Castrodia elata* Blume	3级渐危	石柱/开州/奉节/巫溪/巫山/巴东/兴山
	红天麻 *Gastrodia elata* Bl. f *clata*	3级渐危	巴东/宜昌
	黄天麻 *Gastrodia elata* Bl. f. *lavida* S. Chow	3级渐危	巴东/宜昌
	金佛山兰 *Tangtsinia nanchuanica* S. C. Chen	Ⅱ	巫山/万州/忠县/石柱
	铁皮石斛 *Dendrobium officinale* Kimura et Migo	Ⅰ	万州
龙胆科	三花龙胆 *Gentiana triflora* Pall.	Ⅲ	宜昌/兴山/巴东
	大叶秦艽 *G. macrophylla* Pall	Ⅲ	巫山/万州/石柱
远志科	远志 *Polygala tenuifolia* Willd.	Ⅲ	武隆/石柱
	卵叶远志 *P. caudata* L.	Ⅲ	石柱
蓼　科	金荞麦 *Fagopyrum dibotrys*（D. Don）Hara	Ⅱ	三峡各地
毛茛科	黄连 *Coptis chinensis* Franch.	3级渐危	石柱 /兴山
	紫斑牡丹 *Paeonia suffruticosa* var. *papaveracea*（Andr.）Kerner	Ⅱ	巫山/巫溪
鼠李科	小勾儿茶 *Berchemiella wilsonii*（Schneid）Nakai	2级濒危	巴东/宜昌/兴山
茜草科	香果树 *Emmenopterys henryi* Oliv	2级稀有 Ⅱ	三峡各地
芸香科	黄皮树 *Phellodendron chinense* Schneid	Ⅱ	三峡各地
	宜昌橙 *Citrus ichangensis* Swingle		宜昌/武隆/石柱/巴东/巫山/奉节/宜昌
玄参科	呆白菜 *Triaenophora rupestris*（Hemsl.）Soler	Ⅱ	巴东
省沽油科	银鹊树 *Tapiscia sinensis* Oliv.	3级稀有	巫山/巫溪/武隆

续表

科　名	植物名及拉丁学名	保护级别 红皮书、名录	分　布
安息香科	白辛树 *Pterostyrax psilophylla* Diels ex Perk	3级渐危	武隆/巫山/涪陵/兴山/宜昌、巴东/巫溪
菱　科	野菱 *Trapa incisa* var. *quadricaudata* Gluck Sieb.	Ⅱ	巴东/秭归/兴山
山茶科	长瓣短柱茶 *Camellia grisii* Hamce	2级渐危	宜昌/巴东
	紫茎 *Siewartia sinensis* Rehd. et Wils	3级渐危	宜昌/兴山/巴东/巫山
昆栏树科	领春木 *Euptelea pleiospermum* Hook. f. et. Thoms.	3级稀有	奉节/巫溪/巫山/巴东
榆　科	榉树 *Zelkova schneideriana* Hand-Mazz	Ⅱ	巫山/巫溪/武隆
	青檀 *Pteroceltist atarinowii* Maxim	3级稀有	巫溪
伞形科	明党参 *Changium smyrnioides* Wolff	3级稀有	奉节/宜昌/巴东
	珊瑚菜 *Glehnia littoralis* Fr. Schmidt ex Miq	Ⅱ	巴东/巫山/武隆
	宽叶羌活 *Notopterygium franchetii* de Boiss	Ⅱ	巴东/秭归
薯蓣科	穿龙薯蓣 *Dioscorea nipponica* Makino	Ⅱ	巫山/开州/南川/武隆/巴东
	盾叶薯蓣 *Dioscorea zingiberensis* C. H. Wright	Ⅱ	开州/南川/武隆/巴东/兴山/云阳/巫山

1.3.4　三峡地区珍稀濒危保护药用植物分布区系特征

（1）垂直分布明显，水平分布间断、交叠

三峡地区珍稀濒危药用植物随气候、土壤、海拔的变化，垂直分布明显，有72种主要集中分布于海拔1 000～1 800 m的地带，这与该地区良好的自然生态环境和丰富的植被类型有着密切的相关性；在海拔1 800 m以上分布的种类较少，主要有珙桐、银杉、狭叶瓶尔小草等10余种。另外还有18种是从下限分布向上延伸的交叉种，但资源量很少，如天麻主要分布在海拔1 100～1 900 m，但分布上限可达2 100 m；红花木莲最佳生长地带为海拔900～1 300 m，但在海拔2 000 m以上的地带也有分布；海拔800 m以下的丘陵、平坝、河谷地带分布的种类很少，多数为栽培品种如金钗石斛、杜仲、银杏等。在长江沿线200～500 m局部地带有限分布重庆特有珍稀药用植物荷叶铁线蕨等。从水平分布看，大多数种类间断、交叠、星散分布于该地区的中西部、东南部和东北部地区，而成片分布于某一地带的种类很少；根据种类分布的多少依次排列为：东北部地区分布的种类最多，东南部地区较多，中西部地区最少；水平分布与生物多样性密切相关。珍稀濒危药用植物主要集中分布于巴东、宜昌、兴山、巫溪、巫山、万州、武隆等药材主产区，这与该地区丰富的森林植被生态系统和较高的生物多样性一致。

（2）古老孑遗药用植物众多，学术研究价值极大

由于三峡地区特殊的地形地貌，未直接受到第四纪冰川寒流的影响，使许多珍稀濒危的中国特有和古老残遗的药用植物得以在该地区保存下来，如狭叶瓶尔小草等是古生代的残遗；以活化石著称的银杉、水杉等产于二叠纪；桫椤、鹅掌楸、篦子三尖杉是著名的中生代植物；福建柏、伯乐树、青檀等在白垩纪已经出现；珙桐、连香树、领春木和杜仲等是著名的第三纪孑遗树种；银鹊树是古老残遗代表；荷叶铁线蕨是验证大陆漂移说的有力证据等，这些药用植物的分布对研究世界及中国植物区系的组成、性质和特点以及植物的发生发展、分类和演变具有重要的科研价值和国际影响。

（3）具有明显的温带性质，喜温暖湿润的山沟和山坡

由于三峡地区东部受华中植物区系的影响、南部受川鄂湘黔植物区系的影响、西部受西南植物区系的影响、北部受秦岭植物区系的影响，使得三峡地区药用植物区系成分复杂，具有明显的东西、南北过渡特点，在库区全部植物中，除中亚分布以外的14种类型均有分布；主要以热带分布和东亚分布及温带分布型为主。世界分布的有铁线蕨属、瓶尔小草属；泛热带分布的有桫椤属、红豆树属；热带亚洲至热带美洲间断分布的有楠木属；热带亚洲至热带大洋洲分布的有天麻属；热带亚洲至热带非洲分布的有大豆属；热带亚洲分布的有木莲属、福建柏属、穗花杉属、山茶属、荔枝属；北温带分布的有云杉属、冷杉属、黄连属、胡桃属、榛属；东亚和北美洲间断分布的有黄杉属、鹅掌楸属、木兰属、紫茎属、延龄草属；东亚分布的有银杏属、三尖杉属、领春木属、八角莲属、小勾儿茶属、瓶尔小草属、连香树属、白辛树属、水青树属。由于三峡地区与华中地区地理位置接近，在珍稀濒危药用植物中，华中成分在三峡地区的种类占绝大多数，主要有珙桐、光叶珙桐、黄连、八角莲、厚朴、凹叶厚朴、银杏、红豆杉、鹅掌楸等58种，占59.8%；这些品种主要集中在三峡地区的万州、兴山、宜昌、巫山、巫溪、巴东等县，因受高山河谷的阻隔，不能向外延伸，多数种类聚集于此。但也有一些特殊延伸成分，如高海拔特殊生境下青藏高原成分的延龄草；内蒙古草原成分的膜荚黄芪；同时三峡地区还有很多独有成分如荷叶铁线蕨等。这些药用植物多生长在植被保存较完好的山沟和山坡；但也有极少数生长在自然植被早已破坏，环境偏旱的低山山沟和山坡，如青檀、狭叶瓶尔小草等。

（4）特有及单种属比例较大

三峡地区处于我国特有植物的川东鄂西分布中心地区，特有属中单种属、少种属所占比例较大，特有植物种类十分丰富，据不完全统计，该地区分布的我国特有药用植物主要分布在川东鄂西山地，其中既是特有又是珍稀濒危植物的有铁线蕨属、银杉属、水杉属、金钱松属、珙桐属、伯乐树属、香果树属、杜仲属、山白树属、金钱槭属、青檀属、银鹊树属等，这些属的珍稀濒危药用植物大都处于相对孤立的地位，属于远古特有成分，它们大多数是经过第四纪冰期作用后残遗下来的古老属种。

（5）乔木药用植物所占比例远远大于草本、藤本、灌木、蕨类药用植物

由于三峡地区的气候、土壤特征，该区域分布的珍稀濒危药用植物主要以乔木药物为主，如红豆杉、银杉、连香树、珙桐、光叶珙桐等55种。其中裸子植物16种，被子植物39种，且大多分布在1 500 ~ 1 900 m的针阔混交林中。蕨类药用植物7种，多生长于马尾松林边缘，常与光里白、白栎、盐肤木等灌木伴生林缘地带，主要有桫椤、齿叶黑桫椤、华南黑桫椤、单叶贯众、金毛狗脊、荷叶铁线蕨、狭叶瓶尔小草；草本植物多分布于海拔较高地区较为阴湿的林下，上层植物多为灌木的林缘，主要有八角莲、延龄草等16种，多为阴生性植物。灌木及藤本药用植物多分布在落叶阔叶林地带，主要有篦子三尖杉、峨嵋含笑、山豆根等12种。

▲珍稀濒危药用植物厚朴种植基地

1.3.5 研究意义及展望

研究三峡地区珍稀濒危药用植物的种类、分布及区系特征，不仅有助于认识该地的人文地史，而且有助于认识药用植物区系的发展历史和现状，对揭示该区域区系与全国其他地区药用植物区系的联系并为此提出相应的保护对策具有重要的现实指导意义。

国家珍稀濒危重点保护药用植物在三峡地区的各个区县分布极不平衡，高山地带受人类干扰少，特有的药用植物类群受威胁程度较低；珍稀濒危类群相对较多；地势较低的平地和盆地受三峡工程及农业活动的影响植被破坏严重，虽然珍稀濒危品种数量不多，但灭绝的程度较大，建议亟待建立和完善三峡地区珍稀濒危药用植物数据库，对很快将要灭绝的品种异地建立生态群落，以实现资源的可持续保护和发展。

对三峡地区特有及珍稀濒危药用植物种类、分布及区系特征研究，意在引导药学工作者加大对该区域药用植物的研究和保护，由于该区域受三峡工程的影响，生态环境和自然植被都有不同程度的变化，部分珍稀濒危药用植物生态发生了迁移，加大投入对本次研究的药用植物从生物学特性、自然地理环境、土壤类型、人为干扰等方面进行定量分析和研究：给出权重系数，准确评价该区域特有药用植物的濒危程度和优先保护级别的指标体系，为准确、真实、客观、全面反映该区域特有及珍稀濒危药用植物的濒危状态和急需优先保护程度提供科学依据。

1.4 长江三峡库区天然药物资源及产业发展对策

1.4.1 三峡库区天然药物资源的开发现状及前景

随着库区产业政策的调整，天然药物产业被当地政府作为实现库区移民安置的新型产业，虽然库区天然药用植物资源储量大、品种多，但长期以来开发利用度低，绝大多数药用植物未被开发利用，加上库区专业人才奇缺，天然药物资源基本上处于初级开发状态，同时水位的上升，库区部分土地、植被被淹，区域内的天然药物资源遭到较大破坏，随着国家库区生态保护政策的出台，为库区天然植物资源开发研究带来了新机遇，结合开发性移民，利用荒地、坡地和湖泊，发展天然药物现代化生态农业，具有广阔的发展前景。近三年来，作为三峡库区的重庆市在国家科技支撑计划项目的支持下，在重庆市科委的积极引导下，三峡库区规范化种植天然药物面积近150万亩（1亩≈666.667 m^2），天然药物产值达到30亿元，已有黄连、金银花、青蒿和款冬花4个道地药材通过国家GAP认证。一是建成了一批天然药物现代化科技产业示范区，区域优势中药材基地建设集群发展态势明显，现有开州、巫溪、城口、石柱、南川、垫江、武隆、秀山、酉阳9个天然药物现代化科技产业示范区通过市级现场验收；二是选育出了一批天然药物新品种，累计示范推广面积近60万亩，并辐射至四川、陕西、贵州等省，其中葛根、金银花、青蒿、槐米等7个天然药物新品种通过市级审（认）定；三是新建成一批天然药物规范化种植基地：在库区原有20个天然药物规范化种植基地的基础上新建玄参、牡丹、川木香、川党参、独活、紫苏等10个规范化种植基地；四是培育了一批中药材种植深加工龙头企业：康百佳药材有限公司、红星中药材开发有限公司、瑞丰农业开发有限责任公司等中药材种植深加工龙头企业发展态势良好，可累计带动10余万农户增收近10亿元；五是结合国家新药创制，将传统工艺和现代制药技术融合，积极开发医院特色天然药物制剂，推动中医药产业健康发展；六是积极筹建具有专业特色的中医药大学，重庆市中医药学院已纳入重庆市政府工作纲要。

1.4.2 三峡库区天然药物资源状况和特点

（1）具有发展天然药物的悠久历史

三峡库区地产药材在历史上颇负盛名，其品牌在市场上有相当大的份额，其栽培采挖、炮制加工技术在当地世代传承，工艺独特，如巫溪的独活、巫山的党参、石柱的黄连、奉节的贝母、开州的木香等品种久负盛名，从清嘉庆年间开始，库区就已较大规模地种植药材，而不再单纯地依赖采集猎获；库区天然药物明清时见于记载的就不下百种，其中比较著名并被《大明一统志》列为特产的有木药子、麝香、黄连、厚朴、栀子、贝母、覆盆、鬼臼等。

（2）具有适宜发展天然药物的生态环境

三峡库区的生态环境特别适于天然药物的生长，按海拔划分，海拔高度900 m以上的中高山地区，有黄连、独活、牛蒡子、川党参、续断、款冬花、金银花、云木香、辛夷花、当归、华细辛、大黄、天麻、杜仲、厚朴、川黄柏、湖北贝母、麦冬、七叶一枝花、八角莲等200余种；海拔高度400～900 m的低山丘陵地区，主要药物品种有木瓜、枳壳、玄参、丹皮、地黄、白术、玄胡、佛手、南沙参、青蒿等250余种；海拔400 m以上三峡水库正常蓄水位及其临近的浅丘河谷地带，常见栽培药物品种有使君子、吴茱萸、花椒、小茴香、川楝子等80余种。

（3）具有发展天然药物的丰富资源

三峡库区特有植物占全国特有植物总种数的45%，种子植物有207科1 280属6 390种，约占中国种子植物总种数的20%。库区植物在中国乃至世界上无论是物种数量还是区系成分均具有极强的典型性、特有性和代表性。库区有药用植物289科，1 337属，5 033余种，常用的有1 050种，常年收购的商品药材400余种，其中已形成大宗药材运销各地的有黄连、党参、杜仲、独活、厚朴、当归、牛膝、云木香、木瓜等60余种，素有“天然药库”“中草药王国”之美誉。

（4）具有发展天然药物产业的条件

一是具有发展天然药物产业的生态条件：三峡库区属亚热带季风气候，加上独特的山区地质地貌，特别适合各类天然药物生长；二是具有发展天然药物产业的区位条件：相对于西部地区而言，三峡库区在基础设施建设以及交通、通信、信息等方面都具有明显的优势，市、县级公路达到了90%，水运便利快捷，铁路逐步联网，新开通了渝新欧铁路干线，空运条件日趋完善；三是具有发展天然药物产业的人文条件：库区85%的县市素有采挖野生天然药物和种植中药材的传统，历代本草亦有对三峡地区地道药材的记载，黄连在战国、秦汉时期就已是盛产于三峡地区的地道药材，三峡地区的民族药、民间药资源十分丰富且富有特色，留传于民间的中药验方、单方和偏方甚多。

1.4.3　三峡库区天然药物产业开发的必要性

（1）天然药物产业是三峡地区最具可持续发展潜力的产业

近几年来，从全国各大药市的中药材交易情况看，相当一部分中药材货源短缺，特别是稀有名贵中药材和高品质大宗中药材产品奇缺，市场空当较大，此时，大力发展中药材生产，打造优质天然的三峡地区特有中药材知名品牌正逢佳时。

（2）具有发展天然药物现代化产业的基础

三峡地区85%的县市为典型的农业县市，经济相对落后，缺乏大规模发展工业的基础条件，应以国家建设长江上游生态屏障为契机，充分发挥三峡库区天然药物丰富资源、并充分利用农民素有种植中药材传统的先决条件，大力开发优势药材资源，做大做强该地区的中药材产业。同时库区作为一个天然药物资源蕴藏丰富的区域，结合现有鄂川渝两省一市同为国家级中药现代化科技产业基地和中药材规范化种植基地的强大优势，可将三峡库

▲湖北贝母种植基地

▲槐米种植基地

区作为一个整体纳入全国中药现代化科技产业基地建设，所以建立三峡库区天然药物产业具有扎实的基础。

（3）天然药物开发是解决库区产业空心化、有效缓解移民后期剩余劳动力的途径

水位上升导致三峡库区的产业发生了变化，由于75%的工业企业关停并转，产业空虚化严重，寻找一条能让库区移民安稳致富又不对环境造成污染的产业是政府当前急需解决的最大问题，而库区天然药物资源丰富，按照国家中药材规范化GAP要求，加快库区大宗天然药物种植不失为移民安置的最好产业，这不仅符合发展高效生态农业的要求，而且符合国家基本用药，发展健康产业的要求。库区发展中药材比种植粮食作物单位面积经济价值高，同时加大其后续加工产业的发展，这样既有利于库区产业转移，又可以解决剩余劳动力的就业。

（4）天然药物产业开发可极大改善和优化库区生态环境

三峡库区是长江中上游生态极度脆弱地区之一，库区耕地面积占27.1%，荒山荒坡占45%，在耕地面积中，山地约占64.1%，在此情况下，继续采用传统耕作方式，不但会使水土流失情况加重，而且还会造成生态恶化，在三峡库区结合国家"退耕还林"政策的补助，大力发展现代天然药物产业，有针对性地选择市场需求量大的库区道地药材进行种植，实行"退耕还药"，是改善和优化库区生态环境的最好捷径，指导库区农民按GAP标准发展中药农业，如厚朴、杜仲、黄柏等木本药材，可充分发挥"树"的生态效益和"药材"的经济效益。

1.4.4 天然药物产业发展对策

（1）成立三峡库区天然药物产业创新研发中心，指导产业发展

以服务地方经济与社会发展为宗旨，成立三峡库区天然药物产业创新研发中心，充分发挥高等院校、科研机构和企业的优势，产学研结合，促进人才、资源与成果共享，中心要紧密围绕三峡库区中药资源综合开发利用关键技术，统筹规划和编制三峡库区天然药物产业中长期发展纲要，完善天然药物产业技术支撑体系，辐射带动三峡库区天然药物产业集群为根本，按照"自愿平等、开放共享、协同创新、合作共赢"的原则开展天然药物资源研究工作。建议将三峡库区产业发展基金及后期扶持资金向天然药物产业链适当倾斜，鼓励对口支援的省区面向库区采购天然药物产品，积极争取国家食品药品监督管理总局的支持，在库区建立中药材产业集散基地，拉动库区药物产业并辐射带动西部地区天然药物产业的发展。

（2）天然药物产业开发必须与优势医药企业紧密结合

天然药物作为一种特殊产业，其产业化开发必须与优势医药企业紧密结合。一是三峡库区天然药物资源的开发必须打破区域限制，整合资源优势，加强产业开发方面的合作，以建设“三峡天然药物特色产业带”为目标，明确区域性天然药物资源开发的重点，做好天然药物生产布局，不断调整传统的药材生产经营结构，有计划地发展中药材生产，形成区域特色，如长期资源短缺的半夏，因技术难题无法进行产业化生产的石斛，国际市场抗疟疾的中药原料青蒿，治疗骨质疏松的大宗药材补骨脂等。二是以天然药物资源为依托，成立国家级的库区天然药物产业园，大力发展现代中药企业，有计划、有重点地引进1～2个大型高科技中成药生产企业和中药饮片加工企业，研制开发出一批有特色、有影响并能进入国际医药市场的中药新药和中药精制饮片，尽可能地消化本地中药材原料，带动中药材生产的发展。三是加强天然药物的应用研究，广泛收集整理民间流传的中医秘方、偏方，并加以科学验证；在中药养生保健如中医美容、中药药膳、药茶和洗浴等方面不断拓宽天然药物的应用领域，延伸天然药物产业发展链条，提升产业档次。四是从库区环境条件出发，按GAP要求，建设一大批道地药材生产基地，构建“企业+基地+农户+市场”的产业化生产模式，不断壮大道地药材生产规模，全面提高品种质量和产量。

（3）建立三峡库区天然药物专业批发市场，提升产业社会声誉

实现三峡库区天然药物产业现代化，一是必须加强产地市场建设，因地制宜地规划建设库区天然药物综合交易专门批发市场，充分发挥市场的聚集、辐射和信息发散功能，扩大本地天然药物的知名度。二是搭建电子商务平台，发展电子商务、连锁经营、物流配送，将三峡库区大量的药材资源与全国的中药材经营单位、深加工单位和使用单位串联起来，实现在线网上交易，同时规范天然药物交易行为，降低天然药物交易成本，提高天然药物经济效益。三是大力抢占国内市场，确立“以质取胜、以特取胜”的市场经营之道，创新营销方式，努力扩大三峡地区天然药物在全国中药材市场的份额。四是积极引导国际国内大型制药企业到库区落户，带动产业发展，同时还要拓展国际市场，积极发展国际市场紧缺的天然药物，巧借“三峡”的国际影响力，扩大天然药物及其提取物的出口，使三峡库区天然药物像著名的长江三峡一样享誉世界。

▲野生变家种推动了库区天然药物产业发展，图为白及种植基地

▲牡丹规范化生产基地

（4）确立库区天然药物产业开发优势品种，推动产业规范化发展

三峡库区中药材生产有其自身的优势，但是在产业发展的过程中，一是要合理确定区域性的优势品种，加强中药材栽培技术研究，实现天然药物规范化种植产业化：以市场需求为目标，在有效保护本区域野生中药材资源，特别是稀有珍贵药材资源的基础上，把产业重点放在地道药材生产上，做好野生天然药物的自然抚育、引种驯化及种苗繁殖，加强天然药物野生变家种、家养的研究；二是大力培育区域性的地道药材品牌，发展标准化、专业化、区域化的中药材种植产业：在打造知名品牌方面，首先是申报三峡药材注册商标，打好“三峡”牌，借“三峡”之名推出三峡地区的特色药物资源，将三峡药材开发与三峡旅游结合起来，把中药材培育为三峡特产。三是加强中医基础理论和中药材应用基础研究，结合国家新药创制政策，积极探索一套适合中药生产特点与国际市场接轨的生产工艺，研发具有自主知识产权的特色产品，推动产业快速发展。

（5）建立标准化的质量控制体系，推动产业科学发展

一是根据天然药物的品质和生长特性，从种子的采收、育苗移栽、田间管理，采收加工、包装贮藏等种植环节实施管控，注重生产过程管理，建立全过程标准化的中药材生产质量控制体系，从源头保证药材品质，同时应严格按照国家标准对其指标成分进行检测，并有针对性地开展重金属、农药限量等技术指标的攻关，让品质达到甚至超过国际标准。二是实行严格的市场准入，加强中药材市场监管，不断健全和完善检验检测设备，加强中药材检验检疫管理，凡是不符合质量标准的中药材不得在市场流通，凡是达不到出口标准的中药材不准申报出口。三是大力推行和实施GAP、GMP、GLP、GCP和GSP等一系列技术认证，有效控制天然药物研究、开发、生产和流通，从而提高其标准化水平。四是大力培养、引进专业技术人才，采取与企业、院校共建天然药物基地等多种形式，加强技术合作和推广工作。五是加强天然药物生产关键环节的技术攻关：种植方面以GAP为依据，重点做好地道中药材如黄连、独活、牡丹皮、续断、小茴香等种子收集与选育、病虫害防治及施肥用药方面的研究；中成药生产方面，以实施GMP为着力点，针对不同种类的中药材规范炮制标准，严格投料监督，确保产品药效；在新药创制方面，要以实施GCP为着力点，加大新特药研发力度，重点在剂型方面加以改进，以提高市场占有率。六是广泛采用先进的生产工艺、检测设备，不断强化科学研究工作，全面提升天然药物产业发展的技术含量，促进其产业科学发展。

长江三峡天然药用植物志

MEDICINAL FLORA OF THE THREE GORGES OF THE YANGTZE RIVER

·上篇·

长江三峡亟待开发、民间常用和部分大宗药用植物

第一章
菌类药用植物

Fungi

▲脱皮马勃

灰包科Lycoperdaceae

1 马勃

【别名】灰包菌。

【来源】为灰包科真菌脱皮马勃*Lasiosphaera fenzlii* Reichb.的子实体。

【植物形态】子实体近球形，直径15～20 cm，无不孕基部；包被两层，薄而易于消失，外包被成熟后易与内包被分离。外包被初乳白色，后转灰褐色、污灰色；内包被纸质，浅烟色，成熟后与外包被逐渐剥落，仅余一团孢体，孢体灰褐色至烟褐色。孢子球形，壁具小刺突，褐色，直径4.5～5.5 μm。孢丝长，分枝，相互交织，菌丝直径2～4.5 μm，浅褐色。

【生境分布】夏、秋季多生于草地或落叶阔叶林地。有栽培。分布于石柱、武隆、巫山等地。

【采收加工】夏、秋季子实体成熟时及时采收，干燥。

【药材性状】子实体呈扁球形或类球形，直径15～18 cm或更大，无不孕基部。包被灰棕色或褐黄色，纸质，菲薄，大部分已脱落，留下少部分包皮；孢体黄棕或棕褐色。体轻泡，柔软，有弹性，呈棉絮状，轻轻捻动即有孢子飞扬，手捻有细腻感。气味微弱。

【显微鉴别】孢丝长，有叉状分枝，浅棕褐色，直径2～4.5 μm。孢子球形，直径6 μm，表面可见刺状突起。

【理化鉴别】（1）取样品置火焰上，轻轻抖动，即可见微细的火星飞扬，熄灭后，产生大量白色浓烟。

（2）取马勃碎块1 g，加乙醇与0.1 N氢氧化钠液各8 mL浸湿，低温烘干，缓缓炽灼，于700 ℃完全灰化，放冷，残渣加水10 mL使溶解，滤过。滤液显磷酸盐的鉴别反应。

【化学成分】含蛋白质，氨基酸，尿素，麦角甾醇，类脂类，马勃素及磷酸钠等。

【药理作用】有抗肿瘤、止血、抗菌作用。

【功能主治】药性：辛，平。归肺经。功能：清肺利咽，解毒止血。主治：咽喉肿痛，感冒并发支气管炎，咳嗽失音，吐血衄血，前列腺摘除术出血，诸疮不敛，冻疮。用法用量：内服1.5～6 g，包煎；或入丸、散。外用适量，研末撒；或调敷；或作吹药。

附方：

1. 治咽喉肿痛，咽物不得：蛇蜕皮一条（烧令烟尽），马勃0.3 g。研末，以绵裹3 g，含咽津。
2. 治痈疽：马勃粉适量。米醋调敷；并入连翘少许，煎服。
3. 治聤耳：马勃、薄荷、桔梗、杏仁、连翘、通草各适量。制散，清水调服。

【资源综合利用】马勃入药始载于《名医别录》。库区作马勃入药尚有：头状秃马勃*Calvatia craniiformis*（Schw.）Fries.产涪陵，武隆。大秃马勃*Calvatia gigantea*（Batsch ex Pers.）Lloyd.产库区各地。紫色秃马勃*Calvatia lialcina*（Mont. et Berk.）Lloyd.产巫溪。网纹马勃*Lycoperdon perlatum* Pers.产库区各地。

白蘑科Tricholomataceae

2 雷丸

【别名】雷实、竹苓。

【来源】为白蘑科真菌雷丸*Polyporus mylittoe* Cook. et Mass.的子实体。

【植物形态】腐生菌类。菌核通常为不规则球形、卵形或块状，直径0.8 ~ 3.5 cm，罕达4 cm，表面褐色，黑褐色至黑色，具细密皱纹，内部白色至蜡白色，略带黏性。子实体不易见到。

【生境分布】生于竹林、棕榈、油桐等树的根际旁，有栽培。分布于库区各市县。

【采收加工】春末夏初采挖，晒干或炕干。

【药材性状】干燥菌核呈类球形或不规则团块状，直径1 ~ 3 cm。表面黑褐色或灰褐色，有略隆起的网状细纹。质坚实，不易破裂，断面不平坦，白色或浅灰黄色，似粉状或颗粒状，常有黄棕色大理石样纹理。无臭，味微苦，嚼之有颗粒感，微带黏性，久嚼无渣。以个大、断面色白、似粉状者为佳。断面色褐呈角质样者，不可供药用。

【显微鉴别】粉末显微特征：本品粉末呈白色或淡灰白色。气微，味涩。主要特征：菌丝相互连接，呈不规则形团块状，无色，也有淡黄棕色或棕红色者；单个散离的碎断菌丝随处可见，呈短条形或扭曲条形，直径4 ~ 5 μm，多数无色，偶呈棕色或棕红色。草酸钙结晶不易见，细小，呈不规则方形或多面体方形，直径4 ~ 8 μm不等。

【理化鉴别】刮取本品外层褐黑色菌丝体少量，加氢氧化钠试液1滴，即显樱红色，再加盐酸使呈酸性，则变黄色。

【化学成分】含蛋白酶，雷丸多糖（S-4001）。

【药理作用】有驱虫、增强免疫、抗癌作用。

【功能主治】药性：苦，寒，有小毒。归胃、大肠经。功能：杀虫，消积。主治：虫积腹痛、小儿疳积。用法用量：内服研粉，15 ~ 21 g；或入丸剂。使用注意：本品不宜煎服。无虫积者禁服，有虫积而脾胃虚寒者慎服。

附方：

1. 消疳杀虫：雷丸、使君子（炮，去壳）、鹤虱、榧子肉、槟榔各等分。研末。每服3 g，温米饮调下，乳食前服。

2. 治脑囊虫病：雷丸94 g，干漆50 g，山甲30 g。研末，日服2 ~ 3次，每服5 ~ 7.5 g，用黄酒作。

【资源综合利用】雷丸入药始载于《神农本草经》。是我国最早利用真菌治病的典型代表药物，现代医学研究证明，从雷丸中提取的多糖能增强体内网状内皮系统吞噬细胞作用，激活T细胞和B细胞，促进抗体形成。激活人体深层次免疫，抑制癌细胞生长，被医学界称为抗癌“三苓”（竹苓、茯苓、猪苓）之首，现已成为抗肿瘤真菌药新星。

▲雷丸

▲大蝉草

麦角菌科Clavicipitaceae

3 蝉花

【别名】虫花。

【来源】为麦角菌科真菌大蝉草*Cordyceps cicadae* Shing。寄生在蝉科昆虫山蝉*Cicada fiammata* Dist.幼虫上的子座及幼虫尸体的复合体。

【植物形态】虫体长椭圆形，微弯曲，长约3 cm，径1 ~ 1.4 cm，形似蝉蜕。虫体头部具1 ~ 2枚棒状子座，长条形或卷曲，分枝或不分枝，长3 ~ 7 cm，径3 ~ 4 mm，黑褐色，顶端稍膨大，表面有多数细小点状突起。

【生境分布】生于蝉幼虫体上。分布于涪陵、万州等地。

【采收加工】6—8月，采挖，去掉泥土，晒干。

【药材性状】本品由虫体与其前端长出的子座组成。子座1 ~ 2个，分枝或不分枝，长3 ~ 7 cm，褐色；头部膨大，其顶端渐细，长4 ~ 6 mm，直径6.5 ~ 7 mm，表面可见小点（子囊壳向外突出的孔口），柄部直径4 ~ 5 mm。虫体白色，体内布满白色菌丝。质脆，易折断。气微，味淡。

【显微鉴别】子座头部横切面：子囊壳埋生于子座内，瓶状，长350 ~ 540 μm，直径125 ~ 300 μm；子囊圆柱形，有扁球形帽部，长262.5 ~ 378 μm，直径6.2 ~ 9.1 μm；子囊孢子细长丝状，多横隔，断裂后矩形小段长3.5 ~ 5.2 μm，直径1.7 ~ 2.6 μm。

【化学成分】含半乳甘露聚糖（galactomannan），虫草酸，多种氨基酸，D-甘露醇，生物碱，腺苷；虫体部分含多糖CI-5N、CI-P及CI-A等。

【药理作用】有抗肿瘤、延长睡眠时间、镇痛、降温、提高免疫功能及免疫抑制、改善肾功能、抗疲劳、抗应激、降血压，减慢心率作用。

【功能主治】药性：甘，寒。归肺、肝经。功能：疏散风热，透疹，熄风止痉，明目退翳。主治：外感风热，发热，头昏，咽痛；麻疹初期，疹出不畅；小儿惊风，夜啼；目赤肿痛，翳膜遮睛。用法用量：内服煎汤，3 ~ 9 g。

附方：

1. 治痘疹遍身作痒：蝉花（微炒）、地骨皮（炒黑）各30 g。研末，每服1茶匙，水酒调服。

2. 治小儿惊风：蝉花、白僵蚕（酒炒）、甘草（炙）各0.3 g，延胡索0.15 g。研末。1岁每服0.3 g，4—5岁每服1.5 g。每日两次。

3. 治白内障：蝉花、甘菊花、草决明各等分。研末，每服6 g，茶水少许调下。

【资源综合利用】蝉花是第一个被记入本草的虫草菌，始载于《本草图经》。蝉花与冬虫夏草同属虫菌复合体，民间常将蝉花代冬虫夏草用。蝉花的免疫抑制作用在器官移植方面有较大的前景。随着蝉花药效和成分研究的进一步深入，其市场需求将越来越大，人工栽培将是调整农业产业结构的优质项目。

▲茯苓

多孔菌科Polypooraceae

4 茯苓

【别名】松苓。

【来源】为多孔菌科真菌茯苓*Poria cocos*（Schw.）Wolf.的菌核。

【植物形态】菌核球形、卵形、椭圆形至不规则形，长10～30 cm或者更长，一般重500～5 000 g。外面有厚而多皱褶的皮壳，深褐色，新鲜时软，干后变硬；内部白色或淡粉红色，粉粒状。子实体生菌核表面，平伏，厚3～8 cm，白色，肉质，老后或干后变为浅褐色。菌管密，长2～3 mm，管壁薄，管口圆形、多角形或不规则形，径0.5～1.5 mm，口缘常裂为齿状。孢子长方形至近圆柱形，平滑，有一歪尖，大小（7.5～9）μm×（3～3.5）μm。

【生境分布】生于海拔500～1 000 m干燥、向阳山坡上的马尾松、黄山松、赤松、云南松、黑松等树种的根际。有栽培。分布于巫溪、巫山、万州、开州、涪陵地区。

【采收加工】野生茯苓一般于7月至次年3月采挖，人工培植者，于第二年8—10月采挖。选晴天挖出后，堆在室内盖稻草发汗，至苓皮起皱后削去外皮，干燥。根据加工不同分为茯神：抱有松根的白色部分。赤茯苓：菌核外表皮淡红色部分。茯苓皮：茯苓的外表皮。朱苓：用朱砂拌茯苓。

【药材性状】完整的茯苓呈类圆形、椭圆形、扁圆形或不规则团块，大小不一。外皮薄，棕褐色或黑棕色，粗糙、具皱纹和缢缩，有时部分剥落。质坚实，破碎面颗粒状，近边缘淡红色，有细小蜂窝样孔洞，内部白色，少数淡红色。有的中间抱有松根，习称“茯神块”。气微，味淡，嚼之黏牙。以体质量坚实、外皮色棕褐、皮纹细、无裂隙、断面白色细腻、黏牙力强者为佳。

【显微鉴别】粉末特征：灰白色。①用斯氏液装片，可见无色不规则形颗粒团块、末端钝圆的分枝状团块及细长菌丝；遇水合氯醛液黏化成胶冻状，加热团块物溶化。②用5%氢氧化钾溶液装片，可见细长的菌丝，稍弯曲，有分枝，无色（内层菌丝），或带棕色（外层菌丝），长短不一，直径3～（8～16）μm，横隔偶见。

【理化鉴别】薄层鉴别：取粉末2 g，加乙醚4 mL，冷浸24 h，滤过。滤液浓缩至1 mL，点样于中性氧化铝板上，用苯-95%乙醇（9：1）上行展开，在紫外光灯（254 nm）下观察，有黄绿色及紫色两个荧光斑点。

【化学成分】含茯苓酸（pachymic acid），16α-羟基-齿孔酸（tumulosic acid），茯苓酸甲酯（pachymic acid methylester），多孔菌酸C甲酯（Polyporenic acid C methylester）有机酸及无机元素等。

【药理作用】有利尿、抗癌、免疫增强、预防轻度胃溃疡发生、保肝、抑制心脏移植急性排斥反应、抑菌、抗炎、抑肾内草酸钙结晶面积、延缓皮肤衰老作用。

【功能主治】药性：甘、淡，平。归心、脾、肺、肾经。功能：利水渗湿，健脾和胃，宁心安神。主治：小便不利，水肿胀满，痰饮咳逆、呕吐，糖尿病，脾虚食少、婴幼儿秋冬季腹泻，泄泻，心悸不安，失眠健忘，精神分裂症，遗精白浊。用法用量：内服煎汤，10～15 g；或入丸散。宁心安神用朱砂拌。使用注意：阴虚而无湿热、虚寒滑精、气虚下陷者慎服。

附方：

1. 治小便多，或小便失禁：茯苓、山药各等分。研末、稀米饮调服。

2. 治小便不通：茯苓（去皮）、滑石各6 g，知母、泽泻各15 g，黄柏12 g。水煎服。

3. 治冠心病：茯苓200 g，桂枝、白术各150 g，甘草100 g。水煎服。

4. 治糖尿病：白茯苓500 g，黄连500 g。研末，熬天花粉作糊，丸如梧桐子大，温汤下50丸。

【资源综合利用】茯苓始载于《五十二病方》，是著名的渗湿健脾中药，临床用量大。三峡库区山区野生资源虽然较为丰富，但均蕴藏在深山松林中，采挖不便，提供商品不多，药材商品主要依靠种植，库区适合茯苓生长，做好茯苓繁殖、选育和栽培技术工作，合理利用适合茯苓生长的松木资源，加强生态环境保护，促进茯苓的可持续发展，成为支撑库区发展的重大产业。

5 灵芝

【别名】灵芝草、灵芝菌、木灵芝。

【来源】为真菌类多孔菌科植物赤芝*Ganoderna lucidum*（Leyss ex Fr.）Karst.的子实体。

【植物形态】腐生真菌。菌柄侧生，粗可达4 cm，黄褐色，中空，质坚硬；菌盖木栓质，半圆形、肾形或近圆形，厚2～3 cm；皮壳初为黄色，后变褐色，光亮，有环状棱纹和辐射状皱纹，边缘薄，菌肉白色至淡褐色，由无数菌管构成；管口初为白色，后变褐色。孢子卵圆形，褐色。

【生境分布】生于阔叶树的腐木桩旁。库区各地有栽培。

【化学成分】含麦角甾醇、真菌溶菌酶、酸性蛋白酶、氨基酸、有机酸、氨基酸葡萄糖、树脂、多糖、三萜类、苷类、生物碱、香豆素苷类等。

▲赤芝

【药理作用】有抗癌、免疫调节、延缓衰老、镇静、镇痛、抗辐射、抗惊厥、保肝、降压、增加心肌收缩力，增加冠脉流量、减慢心率、抗血栓、降血糖、能提高耐寒及耐缺氧能力、升高白细胞、促进蛋白质合成，改善造血功能、镇咳祛痰、抑菌、轻度肌肉松弛作用。

【功能主治】药性：甘，平。归心、肺、肝、肾经。功能：安神，益精气，强筋骨。主治：虚劳咳嗽，气喘，心神不宁，心悸失眠，神经衰弱，高血压病，冠心病，高脂血症，急性传染性肝炎，慢性支气管炎，癌症，白细胞减少症，肾盂肾炎，矽肺，风湿性关节炎，老年虚损，鼻窦炎，克山病。用法用量：内服煎汤，3 ~ 9 g。

附方：

1. 治慢性支气管炎：服用灵芝片，一日3次，每次1片（含量相当于生药0.5 g）；或用灵芝酊（20%质量分数），一日3次，每次10 mL（每日量相当于生药6 g）。

2. 治支气管哮喘：小儿患者每日肌肉注射1 ~ 2 mL（每毫升含0.5 ~ 1 g生药），连续注射1个月左右。

【资源综合利用】灵芝是药食两用的典型中药材，具有重要的保健和药用价值，长期以来传统医药界一直视之为强身健体、固本扶正的珍贵之品。目前用灵芝制作的产品达几十种，远销日本、新加坡等，但科技含量并不高，库区资源丰富，应抓住库区工业结构调整契机，加强人工栽培技术，建立GAP基地，深入灵芝产业的开发与应用研究，特别是在抗肿瘤和抗艾滋病等热点问题的研究应用以及开发新一代的保健食品和药品方面。

木耳科Aurculariaceae

6　木耳

【别名】耳子，黑木耳。

【来源】为木耳科真菌木耳*Auricularia auricula*（L. ex Hook.）Uinderw. 的子实体。

【植物形态】子实体丛生，常覆瓦状叠生。耳状、叶状或近杯状，边缘波状，宽2 ~ 6 cm，最大者可达12 cm，厚2 mm左右，以侧生的短柄或狭细的基部固着于基质上。初期为柔软的胶质，黏而富弹性，以后稍带软骨质，干后强烈收缩，变为黑色硬而脆的角质至近革质。背面外面呈弧形，紫褐色至暗青灰色，疏生短绒毛。绒毛基部褐色，向上渐尖。里面凹入，平滑或稍有脉状皱纹，黑褐色至褐色。菌肉由有锁状联合的菌丝组成，粗2 ~ 3.5 μm。子实层生于里面，由担子、担孢子及侧丝组成。担子长60 ~ 70 μm，粗约6 μm，横隔明显。孢子肾形，无色；分生孢子近球形至卵形，无色，常生于子实层表面。

【生境分布】生于阔叶树的腐木桩上，有栽培。分布于巫溪、巫山等地区。

【采收加工】夏、秋季采收，温度由35 ℃逐渐升高到60 ℃，烘干。

【药材性状】子实体呈不规则块片，多皱缩，大小不等。不孕面黑褐色或紫褐色，疏生极短绒毛，子实层面色较淡，平滑。质脆，易折断。用水浸泡后则膨胀，形似耳状，厚约2 mm，棕褐色，柔润，微透明，有滑润的黏液。气微香，味淡。

【化学成分】子实体含木耳多糖。菌丝体含外多糖（exopolysaccharide），麦角甾醇（ergosterol），原维生素D_2（provitamin D_2），黑刺菌素（ustilaginoidin）。生长在棉子壳上的木耳含总氨基酸约11.50%，蛋白质（protein）13.85%，脂质（lipid）0.60%，糖66.22%，纤维素1.68%，胡萝卜素（carotene）0.22 mg/kg，维生素及无机元素等。

【药理作用】有抗凝血、抗血栓、促进免疫功能、促进淋巴细胞脱氧核糖核酸和核糖核酸合成、降血脂、抗动脉粥样硬化、延缓衰老、抗辐射、抗炎、抗溃疡、降血糖、抗生育、抗癌、抗突变作用。

【功能主治】药性：甘，平。归肺、脾、大肠、肝经。功能：补气血养血，润肺止血，活血止血，通便，降压，抗癌。主治：脑血管栓塞，动脉硬化，气虚血亏，肺虚久咳，咯血，衄血，血痢，痔疮出血，妇女崩漏，高血压，眼底出血，子宫颈癌，阴道癌，跌打伤痛。用法用量：内服水煎，3 ~ 10 g；或烧炭存性研末。使用注意：虚寒溏泻者及有出血倾向的人慎服。

▲木耳

附方：

1. 治高血压、血管硬化：木耳3～6 g。清水浸泡一夜，蒸1～2 h（或慢火炖汤），加入冰糖5 g，于睡前1次顿服。

2. 治寒湿性腰腿疼：木耳625 g、苍术、川椒、当归、杜仲、附子各62 g，灵仙25 g，川牛膝30 g，共研细末，炼蜜为丸。每丸重9 g。日服两次，每服一丸。孕妇忌服。

3. 治产后虚弱，抽筋麻木：木耳12 g、千年健9 g、追地风9 g，先煎千年健、追地风，去渣再煮木耳，加适量白糖，吃木耳喝汤。

4. 治老年生疮久不封口：将木耳用瓦焙焦，研末，过筛。用时，两份木耳粉，一份白糖，加水调成膏，敷患处，早晚各换一次。

【资源综合利用】木耳是药食两用真菌，始载于《神农本草经》，为我国珍贵药食两用胶质真菌，亦是世界公认的保健食品，有很高的开发利用价值及潜力，随着木耳栽培业的发展及采用范围的拓宽，其加工产业亦迅速壮大。库区适合木耳生长，应从营养成分进行深层次研究，由于含有胶质，对人体的消化系统具有良好的润滑作用，可以消除肠胃中残存的食物和难以消化的纤维食物，对无意食下的木渣、沙尘等异物有消解作用，是棉纺、矿采、粉尘、路工等工作人员的首选产品，同时其含有的磷脂是人脑神经细胞营养剂，可开发成功能性的补脑产品。

· 第二章 ·
蕨类药用植物

Pteridophyta

▲蛇足石杉

石杉科Huperziaceae

7 千层塔

【别名】蛇足草、蛇足石松、虱子草。

【来源】为石杉科植物蛇足石杉*Huperzia serrata*（Thunb. ex Murray）Trev.的全草。

【植物形态】多年生草本，全株暗绿色，高10～40 cm。根须状。茎直立或下部平卧，具少数二歧式分枝，顶端常具生殖芽，落地成新苗。叶互生，纸质，大小不一，螺旋状排列，通常向下反折，倒披针形或椭圆状披针形，长1～3 cm，宽2～4 mm，顶端短渐尖，基部变狭，楔形或柄状，边缘有不整齐尖锯齿，具明显中脉，两面光滑。孢子叶和营养叶同型，绿色，散生于分枝的上部；孢子囊扁肾形，横生叶腋，两端超出叶缘，淡黄色，光滑，横裂，全株上下均有；孢子三面凹棱形，黄色。

【生境分布】生于海拔450～1 700 m的林荫下湿地或沟谷石上。分布于库区各市县。

【采收加工】全年可采，洗净，晒干。

【化学成分】含生物碱：石松碱（lycopodine），石松定碱（lycodine），蛇足石松碱（lycoserrine），石松灵碱（lycodoline），棒石松宁碱（clavolonine），千层塔碱（serratine），千层塔宁碱（serratinine）等。

【药理作用】有抗早老性痴呆、抗癌、消炎、抑制艾滋病病毒等作用。

【功能主治】药性：苦、微甘，平，有毒。归肺、大肠、肝、肾经。功能：散瘀消肿，解毒，生肌止痛。主治：跌打损伤，淤血肿痛，内伤吐血，肺炎，痈疖肿毒，痔疮便血，白带，毒蛇咬伤，烧烫伤。用法用量：内服煎汤，3～9 g；或鲜品15～30 g捣汁。外用适量，煎水洗，捣敷，研末撒或调敷。使用注意：孕妇忌服。内服不宜过量。中毒时可出现头昏、恶心、呕吐等症。

附方：

治肺痈吐脓血：千层塔鲜叶30 g。捣烂，绞汁，蜂蜜调服。

【资源综合利用】蛇足石杉所含有效生理活性成分N-石杉碱甲，是目前世界上治疗脑萎缩、脑（老年）痴呆、重症肌无力和骨质疏松有特殊疗效的药物，出口创汇率高。蛇足石杉属低等植物，用孢子繁殖，成活率低，生长年限长，因此建议有关部门采取措施，加强管理，作为重点保护植物收购和采摘。

石松科Lycopodiaceae

8 舒筋草

【别名】石子藤石松、伸筋草。

【来源】为石松科植物藤石松*Lycopodiastrum casuarinoides*（Spring.）Holub.的全草。

【植物形态】多年生攀缘草本，长达3～5 m。主茎下部有叶疏生，叶片钻状披针形，长0.7～1 mm，宽约0.5 mm，顶端长渐尖，膜质，灰白色，向上渐小。分枝二型，营养枝多回二叉分枝，小枝扁平，直径1～1.5 mm，下垂；叶革质，三列，两列较大，三角形，贴生小枝的一面，另一列较小，贴生于小枝另一面的中央，顶端有长约1.5 mm的长芒。

▲藤石松

【生境分布】生于海拔300～2 200 m的林缘或灌丛中。分布于万州、开州地区。

【采收加工】夏、秋季采收，鲜用或晒干。

【药材性状】藤状茎圆柱形，表面淡棕黄色，有细棱。质硬脆，易折断，较粗者，断面有空隙。叶疏生，长、宽约为0.5 mm。味淡，微苦。以干燥黄绿色，一般不具孢子穗，顶端具孢子穗者为上品。

【显微鉴别】表皮细胞一列，外被角质层。皮层较宽，最外层为3～5列的薄壁细胞，向内为多列纤维群，细胞壁增厚，木质化程度高。内皮层细胞1列，排列紧密。木质部为外始式，分成近平整齐的带，与韧皮部相间排列，韧皮细胞靠近木质部细胞较小，中间细胞较大。

【理化鉴别】薄层鉴别：分别取药材粉末20 g加20 mL氨水拌匀置索氏提取器中，加氯仿回流6 h，浓缩提取液置于分液漏斗中。加1%硫酸振摇。将氯仿层与酸水层分开。

（1）生物碱鉴别：分取上述酸水层加氢氧化钠溶液调为pH8～9，置于分液漏斗中，加氯仿振摇，分取氯仿层浓缩至2 mL，作供试液。取样品供试液5 μL点于同一硅胶G板上。用氯仿：甲醇：丙酮：氨水（40：5：5：2）上行展开，展距：12.4 cm，用碘-碘化钾与碘化铋钾等量混合显色。舒筋草Rf 0.67，Rf 0.64处有两个紧挨着的橙红色斑点。

（2）萜类鉴别：另取上述氯仿层，浓缩至2 mL作供试液：取样品供试液5 μL点于同一硅胶G板上，用氯仿：丙酮：甲醇（95：2.5：2.5）上行展开，展距12.4 cm，喷10%硫酸乙醇液加热显色，舒筋草有一个明显的绿色斑点（Rf 0.91），一个不明显的浅蓝色斑点。

（3）紫外可见光谱鉴别：称取药材粉末10 g，置于250 mL圆底烧瓶中，加甲醇50 mL回流1 h，如此3次，趁热过滤，合并浓缩滤液，然后定容于50 mL容量瓶中，用移液管吸取溶液2.5 mL于5 mL容量瓶中，甲醇定容（浓度生药100 mg/mL），在200～900 nm波长范围内测定紫外-可见光谱，舒筋草在495 nm处产生肩峰。

【化学成分】藤石松含α-芒柄花醇（α-onocerin）及二表千层塔烯二醇（diepiserratenediol）等萜类化合物。

【功能主治】药性：微甘，平。功能：舒筋活血，消炎除湿，明目，解毒。主治：风湿关节痛，跌打损伤，筋骨疼痛，月经不调及脚转筋，盗汗，结膜炎，夜盲症，水火烫伤，疮疡肿毒。用法用量：内服水煎服，15～30 g；或浸酒。外用适量，煎水洗；或捣敷。

附方：

1. 治脚转筋：舒筋草30 g，伸筋草60 g。煎水或加松甲3个炖猪后脚蹄筋。每日早晚服。

2. 治风湿麻木及筋骨疼痛：舒筋草30 g，土羌活、防风各12 g，八月瓜根、牛马藤、筋骨草、透骨消各15 g，松节、路路通各9 g，泡酒服。

3. 治风湿关节痛，跌打损伤：舒筋草茎15～30 g，五加皮、接骨金粟兰各9～15 g。上肢痛加桂枝9 g，下肢痛加牛膝9 g。水煎服。

4. 筋络受伤后手脚不能伸直者：舒筋草60 g。配猪蹄筋与猪骨炖服，可连服数剂。

【资源综合利用】舒筋草之名始于《四川中药志》，各地均产，野生资源丰富。舒筋草与伸筋草均为石松科石松属植物，较易引起混淆，在使用中要注意区分。

9 伸筋草

【别名】狮子尾、抽筋草、分筋草、过山龙。

【来源】为石松科植物石松*Lycopodium japomcum* Thunb.的全草。

【植物形态】多年生草本，高达15 cm。主茎匍匐状，长2～3 m，侧枝直立，直径约6 mm，多回二叉分枝，末回小枝“Y”样指向两侧，直径3～5 mm。叶螺旋状排列，线状披针形，长3～5 mm，宽0.3～0.8 mm，基部宽，顶端渐尖并具折断的膜质长芒，全缘。孢子囊穗圆柱形，3～6个生于孢子枝顶端，长3～5 cm；孢子叶菱状卵形，长约2 mm，宽约1.5 mm，顶端芒状，边缘有啮状齿，膜质。

【生境分布】生于海拔800～2 000 m的山坡草地、灌丛或松林下酸性土中。分布于库区各市县。

【采收加工】夏、秋季采收，连根拔起，洗净，切段，晒干。

【药材性状】匍匐茎圆柱形，略弯曲，长可达2 m，直径1～5 mm，表面黄色或淡棕色，有黄白色细根；直立茎二叉分枝。叶密生，螺旋状排列，线状披针形，常皱缩弯曲，长3～5 mm，宽0.3～0.8 mm，黄绿色或灰绿色，顶端芒状，全缘或有微锯齿，叶脉不明显。枝端有时可见孢子囊穗，直立棒状，多断裂，长2～5 cm，直径约5 mm。质柔软，不易折断，断面浅黄色，有白色木心。气微，味淡。

【显微鉴别】茎横切面：整个横切面为凹凸不平的圆形。表皮细胞1列，可见气孔。皮层宽广，在内外两侧均有10～20余列厚壁细胞，中间有3～5列细胞壁皮略增厚的薄壁细胞层；组织中可见叶迹维管束。内皮层不明显。中柱约占1/2。木质部导管束形成不规则的带状或分枝状，韧皮束交错其间，有的细胞含黄棕色物。

▲石松

粉末特征：淡棕色，叶表皮细胞表面观呈类长方形，垂周壁念珠状增厚，副卫细胞4 ~ 7个。木化纤维直径平均22 μm，壁厚3 ~ 16 μm；非木化纤维较少。管胞主为梯纹、网纹和孔纹管胞，少为螺纹管胞。梯纹管胞直径平均15 μm。成束或散布，部分破碎。网纹管胞直径平均18 μm，多存在于细胞群中，孔纹管胞直径平均7 μm，成束或散布。螺纹管胞直径平均7 μm，多散布或贴附于其他管胞。

【理化鉴别】（1）检查生物碱：取本品粉末2 g，加1%硫酸10 ~ 15 mL，水浴温热15 ~ 30 min，滤过。滤液加碘化铋钾试剂，生成棕黄色沉淀。

（2）薄层鉴别：取本品粉末2 g，加乙醇10 mL水浴温浸30 min，滤过。滤液蒸干，加1 mL甲醇溶解，点样于中性氧化铝板上，同时点对照品溶液，以氯仿-丙酮（4：1）展开，取出晾干，喷改良碘化铋钾试剂，样品色谱中应有与对照品相对应的黄色斑点。

【化学成分】含石松碱（lycopodine），棒石松宁碱（clavolonine），棒石松毒（clavatoxin），烟碱（nicotine），α-芒柄花醇（α-onoeerin），石松三醇（lycoclavanol），石松四醇酮（lycoclavanin），千层塔烯二醇（serratenediol），二表千层塔烯二醇（diepiserratenediol），21-表千层塔烯二醇（21-episerratenediol），16-氧代二表千层塔烯二醇（16-oxodiepiserratenediol），16-氧代-21-表千层塔烯二醇（16-oxo-21-episerratenediol）等。

【药理作用】有解热、镇痛、延长睡眠时间、兴奋小肠及子宫平滑肌、抗血小板凝集作用。对实验性矽肺有良好疗效。

【功能主治】药性：微苦、辛，温。归肝、脾、肾经。功能：祛风除湿，舒筋活络，止咳，解毒。主治：风寒湿痹，关节酸痛，屈伸不利，皮肤麻木，四肢软弱，黄疸，咳嗽，跌打损伤。用法用量：内服水煎，9 ~ 15 g；或浸酒。外用适量，捣敷。使用注意：孕妇及出血过多者慎服。

附方：

1. 治肺痨咳嗽：石松、紫金牛、枇杷叶各9 g。水煎服。
2. 治跌打损伤：伸筋草15 g，苏木、土鳖虫各9 g，红花6 g。水煎服。
3. 治小儿麻痹后遗症：石松、南蛇藤根、松节、寻骨风各15 g，威灵仙9 g，茜草6 g，杜衡1.5 g。水煎服。每日1剂。

【资源综合利用】石松始载于《分类草药性》，在我国过去长期被误定为*Lycopodium clavatum*，应注意区别。现代医学证实伸筋草具预防性治疗实验性矽肺、影响中枢神经系统药物作用及抑制乙酰胆碱酯酶活性作用，应加大对颈椎病和急慢性软组织损伤病症药物的研究与应用。

卷柏科Selaginellaceae

10　卷柏

【别名】回阳草、长生不死草、石花。

【来源】为卷柏科植物卷柏*Selaginella tamariscina*（Beauv.）Spring的全草。

【植物形态】多年生草本，高5 ~ 15 cm。根茎直立，其上着生多数须根，密集成茎干状，顶端丛生小枝，两叉分枝，辐射展开，深秋后卷缩如拳。枝背面生侧叶两行，腹面生中叶两行，皆为薄革质，交互排列；分叉处背腹面各生有腋叶一片。侧叶宽斜卵形，长2.5 ~ 3 mm，宽1.0 ~ 1.5 mm，顶端具长芒，内缘（上缘）膜质，较宽，具微细锯齿，外缘（下缘）疏生锯齿；中叶斜卵形，长2.5 mm左右，宽约1.0 mm，顶端具芒，斜向，两侧疏生锯齿；腋叶卵状披针形，两侧生锯齿。孢子囊穗单生枝顶，长可至2.5 cm以上，具四棱；孢子叶卵状三角形，长1.0 ~ 1.3 mm，宽约1.0 mm，背部呈龙骨状，边缘膜质有锯齿。大孢子囊位于囊穗中部，呈四面体形，内生4个黄色大孢子；小孢子囊位于囊穗上部和下部，肾形，内生多数棕红色小孢子。孢子叶和孢子囊之间有叶舌。10—11月孢子囊成熟。

【生境分布】生于海拔200 ~ 1 200 m的干旱岩缝中。分布于涪陵等地区。

【采收加工】全年可采，去根及杂质，洗净，切段。卷柏炭：取卷柏炒至表面显焦黑色，放凉。

▲卷柏

【药材性状】全草卷缩似拳状，青黄色或黄绿色，基部有时有棕褐色至棕黑色须根聚集而成的短干，常残留少数须根，枝丛生于茎顶端，两叉分枝，形扁，顶端向内卷曲。密生于枝上鳞片状小叶，二形，薄革质，背腹各两行。中叶（腹叶）斜卵形，斜向上排列，顶端有长芒，边缘膜质，具睫毛状齿；侧叶（背叶）卵状矩圆形长，顶端具芒，内缘（上缘）宽膜质，具微细锯齿，常有棕黑色斑，外缘（下缘）窄膜质，疏具睫毛状齿。小枝质脆，易折断。无臭，味淡。以色青、少根、卷曲成团、枝叶完整为佳。

【显微鉴别】（1）茎横切面：横切观整个近圆形，局部微突起。表皮一列细胞，圆形或椭圆形，径向延长，外壁稍增厚。皮层组织全部形成厚壁细胞层，约占1/2，近背腹两面各有一个圆柱形的叶迹维管束，内侧为薄壁细胞层，细胞较大，排列疏松，胞腔中含有油滴。内皮层不明显。中柱仅一个肾形或近半月形维管束，木质部居中，月牙状，四周包围韧皮组织，其左右两侧各有一个小圆形维管束；木质部无导管，仅有多角形管胞。

（2）粉末特征：粉末黄绿色，气微，味淡。气孔短矩圆形，直径17～24 μm，副卫细胞5～7个，不定式。管胞多为梯纹管胞，偶见网纹、孔纹，直径5～29 μm。孢子圆球形或近圆形，极面观与赤道面观相近。侧叶宽膜质边缘细胞长35～90 μm，宽7～12 μm，细胞平直，走向一致。纤维木化，红棕色至棕黄色，聚集成团，亦有散在。在根茎解离组织中，可见纤维长140～230 μm。石细胞少见，纺锤形或长方形，长55～75 μm，直径12～17 μm。

【理化鉴别】薄层鉴别：取卷柏药材样品各1 g，加入10 mL 95%乙醇，冷浸24 h，滤过，滤液浓缩至1：2，供点样用。另取穗花杉双黄酮加适量95%乙醇，配制成对照品。将供试液与对照液点于硅胶H-CMC板。用甲苯-甲酸乙酯-甲酸（5：4：1）展开，展距10 cm。喷10% $FeCl_3$乙醇溶液，于可见光和紫外光（254 nm）下检视斑点。样品与穗花杉双黄酮对照品在相应的位置上，显相同黄色斑点，喷$FeCl_3$乙醇溶液后，显棕褐色斑点。

【化学成分】含双黄酮类、糖类、生物碱类、黄酮、香豆素、脂类等。总黄酮含量（以芦丁为对照品，用分光光度计测其510 nm吸收度），为1.8%～2.8%。双黄酮类主要有穗花杉双黄酮（amentoflavone），日扁柏双黄酮（hinokiflavone），苏铁双黄酮（sotetsuflavone），野漆树双黄酮（robustaflavone Ⅱ），橡胶树双黄酮

（heveaflavone），异柳杉双黄酮（isocryptomerin）；糖类有海藻糖（trehalose Ⅴ），蔗糖（sucrose Ⅵ），D-葡萄糖（D-glucose），D-果糖（D-fructose），D-鼠李糖（D-rhamnose）等。

【药理作用】有止血、抗菌、降血糖、免疫抑制作用。近年来发现，双黄酮类具有细胞毒性，对肿瘤有较好的抑制作用。

【功能主治】药性：辛，温。入肝、心经。功能：活血通经，收敛止血（炒炭）。主治：糖尿病，闭经，癥瘕，热性肠出血及子宫出血。外用治烫火伤，刀伤。用法用量：内服水煎，4.5～10 g。外用适量，孕妇禁服。

附方：

1. 治妇人血闭成瘕，寒热往来，子嗣不育者：卷柏200 g，当归100 g（俱酒浸炒），白术、牡丹皮各100 g，白芍药50 g，川芎15 g。分作十剂，水煎服；或炼蜜为丸，每早服12 g，白汤送。

2. 治跌打损伤：卷柏、山枇杷、白薇、蓍草、红牛膝各6 g。水煎服。

3. 治大便下血：卷柏、侧柏、棕榈各等分。烧存性为末，每服15 g，酒调下，空腹服。

4. 治子宫出血：卷柏9 g，艾叶炭6 g，阿胶9 g（冲）。水煎服。

【资源综合利用】卷柏始载于《神农本草经》，列为上品。卷柏与木贼同用治疗肿瘤，与鳖甲同用治疗真性细胞增多症。据本草记载，卷柏尚有消除面部色斑、皱纹，养颜润肤功效，可进行美容保健品及抗衰老产品的开发。

11　翠云草

【别名】翠羽草、地柏叶、拦路枝、蓝地柏、石柏。

【来源】为卷柏科植物翠云草*Selaginella unclnata*（Desv.）Spring的全草。

【植物形态】多年生草本。主茎蔓生，长30～60 cm，有细纵沟，侧枝疏生并多次分叉，分枝处常生不定根。叶二型，在枝两侧及中间各2行；侧叶卵形，长2～2.5 mm，宽1～1.2 mm，基部偏斜心形，顶端尖，边全缘或有小齿；中叶质薄，斜卵状披针形，长1.5～1.8 mm，宽0.6～0.8 mm，基部偏斜心形，淡绿色，顶端渐尖，边全缘或

▲翠云草

有小齿，嫩叶上面翠蓝色。孢子囊穗四棱形，单生小枝顶端，长0.5～2 cm；孢子叶为卵圆状三角形，长约2 mm，宽约0.8 mm，顶端长渐尖，龙骨状，4列覆瓦状排列。孢子囊圆肾形，大孢子囊极少，生在囊穗基部，小孢子囊生在囊穗基部以上；孢子二型。孢子期8—10月。

【生境分布】生于海拔100～1 300 m的林下、溪边阴湿处或岩石缝内。分布于库区各市县。

【采收加工】全年均可采收，洗净，鲜用或晒干。

【化学成分】全草含二酯酰甘油基三甲基高丝氨酸（diacylglyceryltrimethyl-homoserine）等。

【药理作用】有抑菌作用。

【功能主治】药性：淡、微苦，凉。功能：清热利湿，解毒，止血。主治：慢性支气管炎，黄疸，痢疾，泄泻，水肿，淋病，筋骨痹痛，吐血，咯血，便血，外伤出血，痔漏，烫火伤，蛇咬伤。用法用量：内服煎汤，10～30 g，鲜品可用至60 g。外用适量，晒干或炒炭存性，研末，调敷；或鲜品捣敷。

附方：

1. 治黄疸：①鲜翠云草30～60 g。水煎服。②翠云草30 g，秋海棠根3 g。水煎服。
2. 治肠炎，痢疾：翠云草、马齿苋各30 g。水煎服。
3. 治水肿：鲜翠云草60 g。水煎服，忌盐。
4. 治急、慢性肾炎：翠云草30 g。水煎服。
5. 治夏季感冒：鲜翠云草60 g，香薷15 g。水煎服。
6. 治积伤胸胁闷痛：翠云草30 g，和墨鱼干同煮食。
7. 治烫火伤：翠云草适量。炙存性，研细末，用青油（柏子油）调，敷伤处。

【资源综合利用】本品入药始载于《百草镜》。除具有药用价值外，还具有园艺观赏价值和美化家室作用，是调节室内空气污染、醒脑提神的重要药用植物，其株态奇特，羽叶似云纹，四季翠绿，并有蓝紫色荧光，特别适合办公室窗台的美化。

木贼科Equisetaceae

12 问荆

【别名】黄蚂草、节节草、接骨草、马草、土木贼。

【来源】为木贼科植物问荆*Equisetum arvense* L.的全草。

【植物形态】多年生草本，高达15～40 cm。根茎横走，匍匐生根，黑色或暗黑色，节和根密生黄棕色长毛。地上茎直立，二型；营养茎在孢子茎枯萎后生出，有棱脊6～15条，沟中气孔带2～4行，节上轮生小枝，小枝实心，有棱脊3～4条。叶退化，下部联合成鞘，鞘筒狭长，鞘齿三角形，棕黑色，边缘灰白色，膜质，宿存。孢子茎早春自根茎生出，常为紫褐色，肉质，不分枝，高5～25 cm，直径3～4 mm，有12～14条不明显的棱脊；鞘筒漏斗状，鞘齿棕褐色，每2～3齿连接成三角形；顶端生有长圆形的孢子囊穗，长1.8～4 cm，有总梗，钝头，成熟时柄伸长；孢子叶六角形，盾状着生，螺旋排列，边缘着生6～7个长圆形孢子囊。孢子囊熟时孢子茎即枯萎；孢子圆球形，附生弹丝4条。

【生境分布】生于海拔500～2 500 m的潮湿草地、沟旁、沙地、山坡。分布于库区各市县。

【采收加工】夏、秋季采收，阴干或鲜用。

【药材性状】全草长约30 cm，多干缩或枝节脱落。茎略扁圆形或圆形，淡绿色，有细纵沟，节间长，每节有退化的鳞片叶，鞘状，顶端齿裂，硬膜质。小枝轮生，梢部渐细。基部有时带有部分根，呈黑褐色。气微，味稍苦涩。

【显微鉴别】茎横切面：断面呈深凹凸波状。表皮细胞1列，壁增厚，外壁有突起的硅质块，棱槽处有气孔。表皮内侧厚壁细胞不成环，仅于棱槽处有2～3列薄壁细胞，棱脊处有数十个纤维组成的纤维束，未伸入皮层。皮层细胞多列，最外侧细胞在棱脊纤维束内侧为栅状，长69～166 μm，在棱槽厚壁细胞内侧为类圆形；皮层内

▲问荆

侧细胞均为类圆形，相对棱槽处有大型空腔（即槽腔、皮腔），径向长117 ~ 183 μm，切向长159 ~ 197 μm；内皮层细胞1列，位于维管束外侧，微呈波状，维管束与棱脊相对，断续排列成环，木质部位于两侧，分别有管胞2 ~ 5个，中间为韧皮部，较宽广，内侧有一明显空腔（即脊腔，维管束腔），径向长38 ~ 52 μm，切向长69 ~ 97 μm。中央髓腔小，直径仅170 μm，边缘细胞破碎不整齐。

茎表皮表面观：表皮细胞长方形，直径24 ~ 31 μm，壁厚，呈微波状弯曲，壁孔小，不明显，可见硅质块。气孔不内陷，常为2 ~ 5个横向相连，长圆形，纵向长59 ~ 76 μm，横向长52 ~ 66 μm。保卫细胞内壁具多数横向平行的条状增厚的纹理。

【化学成分】全草含紫云英苷（astragalin），杨属苷（populnin），问荆苷（equisetrin），山柰酚-3，7-双葡萄糖苷（kaempferol-3，7-diglucoside）等。

【药理作用】有保肝、降血脂、利尿、降压、止血作用。服药量过大，服药时间过久，可出现轻度肝肿大。

【功能主治】药性：甘、苦，平。归肺、胃、肝经。功能：止血，利尿，明目。主治：慢性气管炎，鼻衄，吐血，咯血，便血，崩漏，外伤出血，淋证，目赤翳膜。用法用量：内服煎汤，3 ~ 15 g。外用适量，鲜品捣敷；或干品研末撒。

附方：

1. 治鼻衄、崩漏：问荆、旱莲草各30 g。水煎服。
2. 治热淋，小便不利：问荆、大石韦、海金砂藤各12 g。水煎服。
3. 治火眼生翳：问荆、菊花各15 g，蝉衣6 g。水煎服。
4. 治目赤肿痛：问荆、谷精草、野菊花、车前草各12 g。水煎服。
5. 治慢性气管炎：问荆30 g，加水600 ~ 800 mL，煎5 ~ 8 min，早晚分服。

【资源综合利用】本品始载于《本草拾遗》。是我国传统的重要中草药，近年来通过对问荆化学成分的研究，发现其含有的多糖成分具有抗肿瘤、抗病毒、抗凝血、抗衰老及降血糖血脂作用；同时问荆还可以食用并具有重要的观赏价值和生态价值；由于其对生长环境要求较低，生长能力强，还可作为库区消落带生态植物，具有巨大的药用及经济开发潜力。

13 木贼

【别名】擦草、节节草。

【来源】为木贼科植物木贼*Equisetum hiemale* L.的全草。

【植物形态】多年生草本，茎高40 ~ 100 cm。根茎粗，黑褐色；地上茎直立，单一，中空，径5 ~ 10 mm，表面有纵棱脊20 ~ 30条；棱脊上有疣状突起2行，其表皮细胞壁含大量硅质，故极粗糙。叶退化成鳞片状，基部合生成筒状的鞘，鞘长6 ~ 10 mm，叶鞘基部和鞘齿各有一黑色环圈；鞘齿线状钻形，顶部尾状早落而成钝头，背面有2行棱脊，形成浅沟。孢子囊穗生于茎顶，长圆锥形，长7 ~ 15 mm，顶端具暗褐色小尖头，由许多轮状排列的六角形盾状孢子叶构成，中央具柄，周围轮列椭圆形的孢子囊；孢子多数，球形，具2条弹丝，遇水弹开。孢子期6—8月。

【生境分布】生于海拔450 ~ 1 250 m的山坡阴湿地或疏林中。分布于库区各市县。

【采收加工】9月采收，晒干。

【药材性状】茎长管状，平直，长20 ~ 60 cm，直径2 ~ 6 mm，节明显，节间长2.5 ~ 9 cm，无分枝。表面灰绿色或黄绿色，有纵棱20 ~ 30条，棱上有多数细小光亮的疣状突起，有粗糙感。节处有鞘状叶，鞘筒基部和鞘齿棕黑色，中部淡黄色。体轻，质脆，易折断，断面中空，周边有多数圆形小空腔。气微，味甘、淡、微涩，嚼之有砂粒感。

【显微鉴别】茎横切面：表皮细胞一列，相隔一定的距离就有疣状突起，外表角质化，凹沟内有两个气孔，保卫细胞表面观具纹理。表皮内侧为数列厚壁组织，相隔一定的距离即深入皮层，形成尖齿状楔入。皮层薄壁组织中在相隔一定的距离有一大型近圆形空腔。内皮层具内外两侧细胞，均可见明显凯氏点。维管束外韧形，细小，排列在内皮层之间，形成环状。髓部边缘有扁缩的薄壁组织，空腔巨大。

【理化鉴别】（1）检查黄酮：取本品粉末2 g，加甲醇20 mL，温浸1 h，滤过。取滤液1 mL，加镁粉少量与浓盐酸3滴，显紫红色。

（2）薄层鉴别：取本品粉末10 g，置索氏提取器中，加甲醇70 mL，回流提取4 h，回收甲醇至少量，作为供试品溶液；另取阿魏酸为对照品。取供试品溶液10 μL及对照品溶液适量，点样于同一硅胶G（青岛）薄层板上（105 ℃活化1 h），以正丁醇-乙酸-水（4∶1∶5）的上层液展开，喷以2%三氯化铝乙醇，晾干后置紫外光灯（254 nm）下观察。供试品色谱中，在与对照品色谱的相应位置上，显相同颜色的荧光斑点。

【化学成分】地上部分含挥发油，黄酮苷，犬问荆碱（palustrine），烟碱（nicotine），胸腺嘧啶（thymine），二甲砜（dimethylsulfone），香草醛（vanillin），对羟基苯甲醛（p-hydroxybenzaldehyde），葡萄糖（glucose），果糖（fructose），以及磷、硅化物、鞣质、有机酸、皂苷等。

【药理作用】有降压、镇静、镇痛、抗惊厥、降低血清总胆固醇及三酰甘油、抑制血小板聚集、抗疟、止血、抑菌、抗病毒、增强心脏收缩与舒张、增加冠脉流量、减慢心率、减少脑、心、肺匀浆中MDA含量、抗衰老作用。所含硅化物能促进结缔组织和胶原的增生。

【功能主治】药性：甘、微苦，平。归肺、肝、胆经。功能：疏风散热，明目退翳，止血。主治：风热目赤，目生云翳，迎风流泪，骨折、骨质疏松症，糖尿病，肠风下血，痔血，血痢，妇人月水不断，脱肛。用法用量：内服水煎，3 ~ 10 g；或入丸、散。外用研末撒敷。

附方：

1. 治目障昏朦多泪：木贼（去节）50 g。研末，和羊肝捣为丸，早晚食后服6 g，白汤下。

2. 治血崩血气痛：木贼、香附各50 g，朴硝25 g。研末，每服9 g。色黑者酒一盏煎；红赤者水一盏煎，和渣服；脐下痛者，加乳香、没药、当归各3 g同煎。忌生冷、硬物、猪、鱼、油腻、酒、面。

3. 治胎动不安：木贼（去节）、川芎等

▲木贼

分。研末，水一盏，入金银花3 g，煎服。

4. 治浮肿型脚气，皮肤病性肾炎水肿：木贼15 g，浮萍10 g，赤豆100 g，红枣6枚，水600 mL，煎至200 mL，3次分服。

【资源综合利用】木贼始载于宋《嘉祐本草》。木贼作为常用中药，近年来应用不断扩大，如镇痛灵注射剂的主要成分即木贼提取物。

瓶尔小草科Ophioglossaceae

14　一支箭

【别名】一矛一盾。

【来源】为瓶尔小草科植物瓶尔小草*Ophioglossum vulgatum* L.的全草。

【植物形态】多年生小草本，植株高10～20 cm。根茎圆柱形，短而直立；自根茎丛生肉质粗根。具总梗1～3个，长10～20 cm，营养叶1枚，肉质或草质，由总柄5～10 cm处生出，狭卵形或长圆状卵形，顶端钝圆或锐尖，全缘，基部长楔形而下延，无柄；叶脉网状。孢子囊穗呈柱状，自总柄顶端生出，柄长6～15 cm，顶端具突尖。

【生境分布】生于海拔350～2 100 m的林下潮湿草地、灌木林中或田边。产于彭水、南川、涪陵、江津、大足、璧山、潼南、荣昌。分布于开州、涪陵、武隆地区。

【采收加工】夏、秋季采收，洗净，晒干或鲜用。

【药材性状】全体呈卷缩状。根茎短。根多数，肉质，具纵沟，深棕色。叶通常1枚，总柄长9～20 cm。营养叶从总柄基部以上6～9 cm处生出，皱缩，展开后呈卵状长圆形或狭卵形，长3～6 cm，宽2～3 cm，顶端钝或稍急尖，基部楔形下延，微肉质，两面均淡褐黄色，叶脉网状。孢子叶线形，自总柄顶端生出。

【化学成分】叶含氨基酸，3-O-甲基槲皮素-7-O-双葡萄糖苷-4’-O-葡萄糖苷（3-O-methylquercetin-7-O-diglucoside-4’-O-glucoside）。

【功能主治】药性：甘，微寒。归肺、胃经。功能：清热凉血，解毒镇痛。主治：肺热咳嗽，肺痈，肺痨吐血，小儿高热惊风，目赤肿痛，胃痛，疔疮痈肿，蛇虫咬伤，跌打肿痛。

用法用量：内服煎汤，10～15 g；或研末，每次3 g。外用适量，鲜品捣敷。

附方：

1. 治肺炎：瓶尔小草15 g。水煎服。

▲瓶尔小草

2. 治毒蛇咬伤：一支箭15 g，水煎服。另取鲜药适量，捣烂敷患处。

紫萁科Osmundaceae

15 紫萁贯众

【**别名**】高脚贯众、紫萁苗。

【**来源**】为紫萁科植物紫萁*Obmunda japonica* Thunb.的根茎及叶柄残基。

【**植物形态**】多年生草本，高50～80 cm或更高。根状茎短粗，稍弯。叶簇生，柄长20～30 cm，禾秆色，幼时被密绒毛；叶片三角状广卵形，长30～50 cm，宽25～40 cm，顶部一回羽状，其下为二回羽状；羽片3～5对，长圆形，长15～25 cm，基部宽8～11 cm，基部一对稍大，有柄，斜向上，奇数羽状；小羽片5～9对，对生或近对生，无柄，长4～7 cm，宽1.5～1.8 cm，长圆形或长圆披斜形，顶端钝或急尖，基圆或近截形，相距1.5～2 cm，向上部稍小，顶生的同形，基部往往有1～2片合生圆裂片或阔披针形的短裂片，边有细齿；叶脉两面明显，自中肋斜向上，二回分歧，小脉平行。孢子叶（能育叶）同营养叶等高或稍高，羽片和小羽片均短缩，线形，长1.5～2 cm，沿中肋两侧背面密生孢子囊。孢子叶春夏闭抽出。

▲紫萁

【**生境分布**】生于海拔1 600 m以下的林下，山谷或溪边酸性土上。分布于库区各市县。

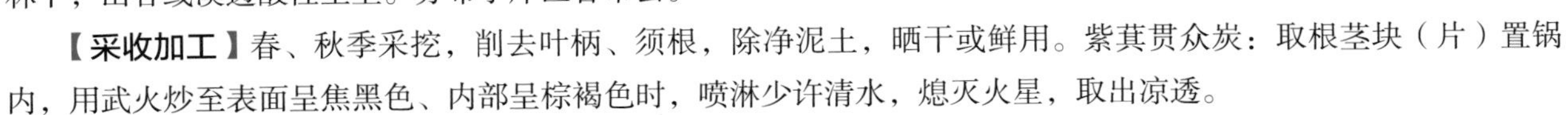

【**采收加工**】春、秋季采挖，削去叶柄、须根，除净泥土，晒干或鲜用。紫萁贯众炭：取根茎块（片）置锅内，用武火炒至表面呈焦黑色、内部呈棕褐色时，喷淋少许清水，熄灭火星，取出凉透。

【**药材性状**】呈圆锥状、近纺锤形、类球形或不规则长球形，稍弯曲，顶端钝，有时具分枝，下端较尖。长10～30 cm，直径4～8 cm。表面棕褐色，密被斜生的叶柄基部和黑色须根，无鳞片。叶柄残基呈扁圆柱形，长径0.7 cm，短径0.35 cm，背面稍隆起，边缘钝圆，耳状翅易剥落，多已不存或呈撕裂状。质硬，折断面呈新月形或扁圆形，多中空，可见一个“U”形的中柱。气微弱而特异，味淡、微涩。

【**显微鉴别**】叶柄基部横切面：表皮为一列细胞。基本组织中有厚壁细胞组成厚环带，扁环状，厚壁细胞壁厚；一个大型的“U”形分体中柱，最外为 1 列内皮层，韧皮部在外方（远轴面），木质部在内方；木质部均由管胞组成，最内侧（凹处）有数列厚壁细胞。叶基两侧有翅状组织，中央各有一条条状厚壁细胞带。

【**理化鉴别**】薄层鉴别：取样品粉末5 g，置沙氏提取器中，以氯仿回流提取3 h，回收氯仿至20 mL；另以β-脱皮激素为对照品。分别点于硅胶G板上，以氯仿-甲醇（9∶1）展开剂，展距15 cm。用5%磷钼酸乙醇液喷雾，样品在与对照品色谱相应的位置上，显相同的蓝色斑点。

【**化学成分**】根茎含东北贯众素（dryocrassin）及多种内酯成分：紫萁内酯[（4R，5S）-osmundalactone]，

5-羟基-2-己烯酸-4-内酯[（4R，5S）-5-hydroxy-2-hexen-4-olide]，5-羟基己酸-4-内酯[（4R，5S）-5-hydroXyhexan-4-olide]，3-羟基己酸-5-内酯[（3S，5S）-3-hydroxyhexan-5-olide]，葡萄糖基紫萁内酯（osmundalin）、二氢异葡萄糖基紫萁内酯（dihydroisoomundalin），2-去氧-2-吡喃核糖内酯（2-deoxy-2-ribopyranolactone）等。

【药理作用】有驱虫、抗病毒、抑制血凝作用。

【功能主治】药性：苦，微寒，有小毒。功能：清热解毒，祛瘀止血，杀虫。主治：流感，流脑，乙脑，腮腺炎，痈疮肿毒，麻疹，水痘，痢疾，吐血，衄血，便血，崩漏，带下，蛲虫，钩虫等肠道寄生虫病。用法用量：内服水煎，3～15 g；或捣汁，或入丸、散。外用适量，鲜品捣敷；或研末调敷。使用注意：脾胃虚寒者慎服。

附方：

1. 防治脑炎：紫萁贯众根15 g，大青叶15 g。水煎服。

2. 治便血：紫萁贯众炭、地榆炭、槐花炭各等分。研粉，每次服3 g，每日3次，黄酒送服。

3. 治白带：紫萁贯众幼嫩根茎（去鳞片）5～6只。水煎，冲白糖服。白带色黄有臭味者，紫萁、车前草、凤尾草各15 g，川谷根30 g，红枣5～7个。水煎服。

4. 驱绦虫、钩虫、蛲虫：紫萁贯众9 g，乌梅6 g，大黄3 g。水煎服。

5. 治脚底组织炎：紫萁贯众（去外皮）15 g。加盐捣烂，外敷；若已破溃，加白糖捣烂外敷。

6. 解食毒、酒毒：紫萁贯众9 g，黄连6 g，甘草6 g。水煎服。

【资源综合利用】贯众来源复杂，全国曾作贯众入药的来源有11科18属58种，其中各地习用商品和混用品药材有26种，其余为民间草医用药。

海金沙科Lygodiaceae

16　海金沙

【别名】左转藤灰。

【来源】为海金沙科植物海金沙*Lygodium japonicum*（Thunb.）Sw.的孢子。

【植物形态】多年生攀缘草质藤本，长1～5 m。根须状，黑褐色，被毛；根状茎近褐色，细长而横走。叶二型，多数，草质，对生于叶轴的短枝两侧，短枝顶端有被毛茸的休眠芽；营养叶尖三角形，二回羽状；一回羽片2～4对，互生，卵圆形，长4～8 cm，宽3～6 cm，有具狭翅的短柄；二回羽片2～3对，卵状三角形，掌状3裂，裂片短而阔，顶生的长2～3 cm，宽6～8 mm，边缘有不规则的浅圆齿。孢子叶卵状三角形，长宽近相等，为10～20 cm；一回羽片4～5对，互生，长圆状披针形，长5～10 cm，宽4～6 cm；二回羽片3～4对，卵状三角形，多收缩呈撕裂状。羽片下面边缘生流苏状孢子囊穗，黑褐色，穗长2～5 mm；孢子表面有小疣。

【生境分布】生于海拔1 600 m以下阴湿山坡灌丛中、路边、林缘。分布于库区各市县。

【采收加工】秋季孢子未脱落时采割藤叶，晒干，搓揉或打下孢子，干燥贮存于通风处。

【药材性状】孢子粉状，棕黄色或黄褐色。质轻滑润，撒入水中浮于水面，加热后则逐渐下沉，燃烧时发出爆鸣及闪光，无灰渣残留。气微，味淡。以色棕黄、体轻、手捻光滑者为佳。

【显微鉴别】粉末显微特征：本品呈棕黄色或淡棕黄色，粉末状。气微，味淡。孢子为四面体，三角状圆锥形，顶面观呈三面锥形，可见三叉状裂隙；侧面观呈类三角形；底面观类圆球形，直径60～88 μm，外壁有颗粒状突起的雕纹。

【理化鉴别】光谱法：取样品0.2 g，加甲醇10 mL浸泡过夜、过滤。取滤液1 mL用甲醇稀释至5 mL，用紫外分光光度计测定紫外光谱，在250～400 nm范围内，海金沙有两个吸收峰，λ_{max}分别为286 nm、320 nm。

层析法：取上述剩余甲醇提取液浓缩至约0.5 mL，用毛细管点样于硅胶G薄层板上层析。展开剂：石油醚-乙酸乙酯-甲醇（6：3：1）、显色剂：1%香草醛硫酸液。105 ℃加热10 min，结果有9个斑点，其中3个比较显著。

【化学成分】孢子含海金沙素（Lygdin），棕榈酸（palmitic acid），硬脂酸（srearic acid），油酸（oleic acid），亚油酸（linoleic acid），（+）-8-羟基十六烷酸[（+）-8-hydroxyhexadeeanoic acid]，（+）-反-脱落酸[（+）-cis，trans-abscisic acid]。脂肪油73.9%，蛋白质14.8%，灰分2.6%。还含赤霉素A73的甲酯（methyl ester of gibberellin A73）。

【药理作用】有增强输尿管蠕动、抗菌、排石、利胆作用。

【功能主治】药性：甘、淡，寒。归膀胱、小肠、脾经。功能：利水通淋，清热解毒，活血，止血，消肿。主治：泌尿系统感染，水肿，带下，月经不调，湿热泄泻，痢疾，肝炎，尿路结石，吐血，衄血，尿血及外伤出血。用法用量：内服水煎，5～9 g，包煎；或研末，每次2～3 g。使用注意：肾阴亏虚者慎服。

附方：

1. 治诸淋急痛：海金沙22.5 g，滑石25 g。研末，每服7.5 g，多用灯心草、木通、麦冬水煎，入蜜调下。

2. 治尿路结石：海金沙、金钱草、车前草各30 g。水煎服。

3. 治膀胱炎：海金沙、车前草、积雪草、一点红、白茅根各30 g。水煎服。

4. 治肾炎水肿：海金沙、马蹄金、白茅根各30 g，玉米须12 g。水煎服。

5. 治前列腺肥大：海金沙3 g，生蒲黄10 g（如有血尿用蒲黄炭6 g），穿山甲15 g，没药3 g，琥珀末1 g（冲服）。水煎服。

6. 治小儿消化不良：海金沙3 g，叶下珠3 g，鸡内金6 g。研末，分作2份，每用1份，搭配猪肝60～90 g，拌和，蒸服。

7. 治带状疱疹：海金沙5份，青黛1份。混合研匀，麻油调为稀糊，涂患处，每日1～2次。忌食鱼、虾、牛肉、笋等。

海金沙的地上部分。有利胆作用，功能清热解毒，利水通淋，活血通络；主治热淋，石淋，血淋，小便不利，水肿，白浊，带下，肝炎，泄泻，痢疾，感冒发热，咳喘，咽喉肿痛，口疮，目赤肿痛，痄腮，乳痈，丹毒，带状疱疹，水火烫伤，皮肤瘙痒，跌打伤肿，风湿痹痛，外伤出血。孕妇慎服。

附方：

1. 治尿路结石或感染：鲜海金沙草30 g。捣烂，取汁，冲开水服；或海金沙草15 g，沙氏鹿茸草15 g，紫花地丁9 g，车前草15 g。水煎服。

2. 治白带：海金沙草茎30 g，猪精肉120 g。炖服，去渣，食肉及汤。

3. 治湿热黄疸：海金沙叶、田基黄、鸡骨草各30 g。水煎服。

4. 治真菌性口腔炎：鲜海金沙草、马兰各30 g。水煎服，或代茶频饮。

5. 治乳腺炎：鲜海金沙茎叶、鲜犁头草各等分。捣烂，外敷。

根及根茎主治肺炎，感冒高热，乙型脑炎，急性胃肠炎，痢疾，急性传染性黄疸型肝炎，尿路感染，肾结石，膀胱结石，风湿

▲海金沙

腰腿痛，乳腺炎，腮腺炎，睾丸炎，蛇咬伤，月经不调。

1. 治肺炎：海金沙根、马兰根、金银花藤、抱石莲（均用鲜品）各15 g。水煎服。

2. 治小儿发热（感冒、腮腺炎）：海金沙根或全草30 g，大青叶9 g。水煎分3次服。1岁以下酌减。

3. 治乙型脑炎：海金沙根30 g，瓜子金15 g，钩藤根15 g，金银花藤30 g，菊花30 g（均用鲜品）。水煎，加水牛角适量磨汁同服。如无水牛角，用石膏代替。

4. 治肾盂肾炎，膀胱、尿道炎：海金沙根30 g，石韦15 g，车前草15 g。水煎服。

5. 治睾丸炎：海金沙根茎、八月瓜根、棕树根、算盘子根、蘘荷根各30 g。水煎服。

6. 治蛇咬伤：鲜海金沙根60 g，七叶一枝花根30 g，半夏根15 g，翻白草根24 g。焙干，研末。烧酒调匀，外敷，每日换药1次。

7. 治月经不调：鲜海金沙根120 g，红糖60 g。水煎，在月经期服，连服3个月。

【资源综合利用】海金沙入药首载于《嘉祐本草》。近来发现海金沙孢子、叶、根可激活毛囊以及对诱发脱发原因之一的雄激素睾酮活性有抑制作用，因此可作为生发剂加以开发。海金沙草是中药临床较少应用品种，但海金沙孢子资源有限，民间常用全草及根代替孢子主治疗尿路结石、尿路感染、扁桃体炎、乳腺炎、丹毒等。

鳞始蕨科Lindsaeaceae

17 乌韭

【别名】野黄连、大叶金花草、土黄连。

▲乌蕨

【来源】为鳞始蕨科植物乌蕨*Sphenomeris chinensis*（L.）Maxon的全草或根茎。

【植物形态】多年生草本，高30~80 cm。根茎短，横走，密生深褐色钻形鳞片。叶近生；叶柄禾秆色，有光泽，长15~30 cm；叶片厚草质，长圆状披针形或狭卵形，长20~45 cm，宽5~12 cm，四回羽状深裂；一回羽片10~15对，基部的对生，其余互生，有柄，阔披针形；二回羽片6~10对，互生，有柄，近卵形；末回羽片2~3对，互生，倒卵形、阔楔形或近菱形，长5~10 mm，宽4~5 mm，截头或圆截头，有不明显小齿或浅裂成2~3个小楔形裂片；叶脉二叉分枝。孢子囊群小，生于裂片小脉顶端，每裂片1~2枚；囊群盖厚纸质，杯形或浅杯形，口部全缘或少数啮断状。

【生境分布】生于海拔200~1 600 m的林下、路边或空旷处。分布于库区各市县。

【采收加工】夏、秋季挖取带根茎的全草，鲜用或晒干。

【药材性状】根茎粗壮，长2~ 7 cm，表面密被赤褐色钻状鳞片，上方近生多数叶，下方有众多紫褐色须根。叶柄长10~25 cm，直径约2 mm，呈不规则的细圆柱形，表面光滑，禾秆色或基部红棕色，有数条角棱及1凹沟；叶片披针形，三至四回羽状分裂，略皱折，棕褐色至深褐色，小裂片楔形，顶端平截或1～2浅裂；孢子囊群1～2个着生于每个小裂片顶端边缘。气微，味苦。

【显微鉴别】根茎横切面：表皮细胞近圆形，壁稍厚。下皮层棕红色，由数列多角形的厚壁细胞组成，内含淀粉粒。皮层宽广，薄壁细胞类圆形或不规则形，胞腔内充满淀粉粒。内皮层明显，细胞呈扁长方形，中柱鞘为2～3列薄壁细胞。中柱为管状中柱。

【化学成分】叶含牡荆素（vitexin），丁香酸（syrmglc acid），山柰酚（kaempferol），原儿茶醛（procatechualdehyde），原儿茶酸（procatechuic acid）。

【药理作用】有抑菌作用。醇提取物能明显降低小鼠砷中毒的死亡率，以提高小鼠对砷耐受量。

【功能主治】药性：微苦，寒。归肝、肺、大肠经。功能：清热解毒，利湿，止血。

主治：感冒发热，咳嗽，咽喉肿痛，肠炎，痢疾，肝炎，湿热带下，痈疮肿毒，痄腮，口疮，烫火伤，毒蛇、狂犬咬伤，皮肤湿疹，吐血，尿血，便血，外伤出血。用法用量：内服煎汤，15～30 g。鲜品30～60 g；或绞汁。外用适量，捣敷；或研末外敷；或煎汤洗。

附方：

1. 治流感，咳嗽，肠炎，痢疾：乌韭鲜品90～150 g或干品60～90 g。水煎服，或水煎浓缩成棕色固体，研末，内服。
2. 治肠炎：乌韭全草15～30 g。水煎服。
3. 治中暑发痧：鲜乌韭叶120 g。捣烂，绞汁服。
4. 治痢疾：乌韭60 g。米酒煎服。
5. 治肝炎：乌韭60 g，虎刺根、凤尾草、过坛龙各30 g。水煎去渣，猪肝120 g，炖，服汤食肝。
6. 治黄疸：乌韭15 g，黑豆子30 g，灯心草0.6 g。水煎服。
7. 治白浊，湿热带下：鲜乌韭全草30～60 g。捣烂，绞汁，调米泔水服。
8. 治下肢流火（丹毒）：乌韭根30 g。水煎取汁，煮鸭蛋2个服。
9. 治耳内肿痛：乌韭鲜叶适量。捣取汁，滴耳。
10. 治对口疮：乌韭鲜叶适量。调蜜或盐捣烂，外敷。
11. 治结合膜炎：乌韭全草30 g。水煎服。
12. 治烧伤：乌韭鲜叶适量。捣烂，或干叶研粉，用淘米水调，涂敷患处。
13. 治烫伤：金花草适量。炒焦，研末，食油调搽。
14. 治蛇咬伤：乌韭150 g，蔓苎麻150 g。内服外洗。
15. 治狂犬咬伤：乌韭鲜根茎150～180 g。用铜器水煎，空腹服，避人声嘈杂及锣声。
16. 治食物中毒，农药中毒：乌韭60～90 g。水煎服，亦可捣烂取汁，开水冲服。
17. 治雷公藤中毒：乌韭全草、酢浆草各30 g。水煎，待凉服。
18. 治皮肤湿疹：乌韭、黄柏、炉甘石各2份，煅石膏4份，花椒、枯矾各1份。研极细末，凡士林调膏，外敷。
19. 治香港脚糜烂：乌韭全草适量。煎水，熏洗。
20. 治吐血，大便下血，尿血：乌韭根茎9～15 g（鲜品加倍）。水煎服。
21. 治跌打刀伤出血或肿痛，或伤口溃烂：乌韭叶、石仙桃各适量。捣烂，敷患处。
22. 治骨折：乌韭全草适量。捣烂，敷患处，并煎汁内服。
23. 治菌痢，肠炎：乌韭鲜叶6 g，嚼碎，吞服，每日2次；或用50%乌韭煎剂，每次10～20 mL，每日3次；亦可晒干研粉，每次0.18 g，每日3次。

【资源综合利用】乌蕨为多年生草本植物，主要分布在长江以南，在民间有“万能解毒药”之称，现代研究表明乌蕨含有黄酮、酚类挥发油、甾体及多糖成分，其提取物或单体化合物具有较强的抗菌、抗氧化、抗炎、保肝、止血解毒作用。同时可提取红色染料，是重要的染料植物和观赏植物。

▲蕨

蕨科Pteridiaceae

18 蕨

【别名】蕨萁、如意菜、米蕨、拳头菜、山野菜。

【来源】为蕨科植物蕨*Pteridium aquilinum* var. *latiusculum*（Desv.）Underw.的嫩叶。

【植物形态】多年生草本，高可达1 m。根茎长而横走，粗壮，被黑褐色茸毛。叶远生；叶柄粗壮，淡褐色，光滑，长25 ~ 50 cm；叶片近革质，三至四回羽裂，阔三角形或长圆状三角形，长30 ~ 60 cm，宽20 ~ 45 cm；末回羽片长圆形，顶端圆钝，全缘或下部有1 ~ 3对浅裂片或具波状圆齿；侧脉二叉。孢子囊群沿叶缘分布于小脉顶端的连接脉上；囊群盖条形，并有由变形的叶缘反卷而成的假囊群盖。

【生境分布】生于海拔200 ~ 2 400 m的林缘、林下、草地及向阳山坡。分布于库区各市县。

【采收加工】秋、冬季采收，晒干或鲜用。

【化学成分】全草含蕨素（pterosin），乙酰蕨素（acetylpterosin）C，苯甲酰蕨素（benzoylpterosin）B，异巴豆酰蕨素（isocrotonylpterosin）B，棕榈酰蕨素（palmitylp-terosin），苯乙酰蕨素（phenylacetylpterosin）C，风尾蕨茚酮苷（wal-lichoside），丙三基棕榈酸甘油酯（glycerypalmirate），苯甲酸（benzoic acid）等。

【药理作用】有致癌作用。牛、羊及马食用可中毒。对全骨髓造血系统都有伤害，特别是抑制红细胞生成，抑制红细胞对^{59}Fe的摄取。亦能使血小板及白细胞减少，发生广泛的点状出血。

【功能主治】药性：甘，寒。归肝、胃、大肠经。功能：清热利湿，降气化痰，止血。

主治：感冒发热，黄疸，痢疾，带下，噎膈，肺结核咯血，肠风便血，风湿痹痛。用法用量：内服煎汤，9 ~ 15 g。外用适量，捣敷；或研末撒。使用注意：不宜生食、久食，脾胃虚寒及生疥疮者慎服。

附方：

1. 治产后痢疾：鲜蕨适量。阴干，研末。每日空腹，陈米饮调下11 g。
2. 治脱肛：蕨3 ~ 6 g。水煎服。
3. 治高血压，头昏失眠：蕨15 g。水煎服。
4. 治肺结核咯血：蕨30 g。加开水，捣汁服。
5. 治慢性风湿性关节炎：蕨15 g。水煎服。

蕨根亦入药，其味甘，性寒，有毒。归肺、肝、脾、大肠经。能清热利湿，平肝安神，解毒消肿。主治发热，咽喉肿痛，腹泻，痢疾，黄疸，白带，高血压，头昏失眠，风湿痹痛，痔疮，脱肛，湿疹，烫伤，蛇虫咬伤。内服煎汤，9 ~ 15 g。外用适量，研粉或炙灰调敷。不宜多服，久服。

【资源综合利用】本品入药始载于《食疗本草》。嫩芽叶可食用，晒干作蔬，亦可醋食。根捣烂可提取蕨粉。食前应充分漂煮以去毒性。

凤尾蕨科Pteridaceae

19 井栏边草

【别名】井口边草、凤尾草。

【来源】为凤尾蕨科植物凤尾蕨*Pteris creticra* var. *nervosa*（Thunb.）Ching et S. H. Wu的全草。

【植物形态】多年生草本，高50～100 cm。根茎短，横走，密被棕色披针形鳞片。叶纸质，密生，二型；营养叶柄长12～35 cm，光滑，禾秆色，有时下部带红棕色；叶片卵形或卵圆形，长20～40 cm，宽15～25 cm，基部圆楔形，顶端尾状，一回羽状；侧生羽片2～5对，线形，长12～20 cm，宽8～16 mm，最下部羽片有柄，基部常为二叉状深裂，边缘有刺状锯齿；叶脉羽状，侧脉二叉状或不分叉；孢子叶较大，叶柄长30～50 cm；叶片卵圆形，长25～40 cm，宽15～20 cm，一回羽状，但中部以下的羽片通常分叉，有时基部1对还有1～2片分离的小羽片；侧生羽片2～5对，线形，长15～20 cm，宽6～8 mm，近顶端营养部分有尖齿。孢子囊群生于羽片顶部以下的边缘，连续分布；囊群盖线形，膜质，全缘，灰白色。

【生境分布】生于海拔400～2 500 m的阴湿处或石灰岩缝中。分布于库区各市县。

【采收加工】全年均可采收，鲜用，或切段，晒干。

【化学成分】根茎含大叶凤尾蕨苷（creticoside）。全草含2β，6β，16α-三羟基-左旋-贝壳杉烷（2β，6β，16α-trihydroxy-（L）-kaurane）类，蕨素（pterosin），大叶凤尾蕨苷（creticoside），异蕨苷（isopteroside），欧

▲凤尾蕨

▲凤尾草

蕨伊鲁苷（ptaquiloside）等。

【功能主治】药性：甘、淡、凉。归肝、大肠经。功能：清热利湿，止血生肌，解毒消肿。主治：泄泻，痢疾，黄疸，淋证，水肿，咯血，尿血，便血，刀伤出血，跌打肿痛，疮痈，水火烫伤。用法用量：内服煎汤，10～30 g。外用适量，研末撒；煎水洗；或鲜品捣敷。

附方：

1. 治湿热泻痢：井口边草60～90 g，水煎服；或井口边草30 g，铁苋菜15 g，地锦草15 g，水煎服。

2. 治黄疸型肝炎：井口边草60 g，虎杖15 g，野油菜30 g。水煎服。

3. 治泌尿系统感染，肾炎水肿：井口边草15～30 g。煎服。

4. 治烫火伤：井口边草适量。研末，撒伤处。

5. 治毒蛇及疯犬咬伤：鲜井口边草适量。捣成泥膏，敷贴伤处。

20 凤尾草

【别名】金鸡尾。

【来源】为凤尾蕨科植物凤尾草*Pteris multifida* Poir.的全草或根茎。

【植物形态】多年生草本，高20～70 cm。根茎短，直立或斜生，顶端密被钻形棕色鳞片。叶二型，簇生；不育叶柄长4～6 cm，光滑，禾秆色，基部略带棕色；叶片椭圆形，长6～8 cm，宽3～6 cm，顶端尾状，单数一回羽状；羽片1～4对，对生，下部的具柄；羽片线形，长4～5 cm，宽4～8 mm，顶端长尖，边缘具小尖齿，下部的2～3叉状深裂，有时二回分叉；叶轴两侧具翅，叶脉羽状，侧脉常二叉状。

【生境分布】生于海拔1 500 m以下的石灰岩缝内或墙缝、井边。分布于库区各市县。

【采集加工】全年或夏、秋季采收，晒干。

【药材性状】全草长25～70 cm。根茎短，棕褐色，下面丛生须根，上面有簇生叶，叶柄细，有棱，棕黄色或黄绿色，长4～30 cm，易折断，叶片草质，一回羽状，灰绿色或黄绿色；不育叶羽片宽4～8 cm，边缘有不整齐锯齿，能育叶长条形，宽3～6 cm，边缘反卷，孢子囊群生于羽片下面边缘。气微，味淡或微涩。以色绿、叶多者为佳。

【显微鉴别】叶表面观：上下表皮细胞垂周壁波状弯曲，下表皮有气孔及少数腺毛。气孔主为不定式，副卫细胞3～4个。腺毛头部2～3细胞，长91～125 μm，直径18～33 μm，细胞含棕色分泌物；无柄。孢子囊长圆形或类圆形，直径约至320 μm，环带纵行细胞类长方形，外壁薄，内壁及侧壁增厚；囊柄4～6细胞，2列，长短不一。孢子极面观类三角形，直径33～47 μm，近极面有三裂缝，具瘤状或颗粒状纹饰，远极面观纹饰较大，呈块状。

【理化鉴别】检查黄酮类：取本品粗粉1 g，加甲醇10 mL，置水浴上回流提取10 min，趁热过滤。取滤液

1 mL，加盐酸4～5滴及镁粉少量，溶液呈橙红色。

【化学成分】地上部分含蕨素（pterosin），蕨素C-3-O-β-D-葡萄糖苷（pterosin C-3-O-β-D-glucoside），2β，15α-二羟基-对映-16-贝壳杉-烯（2β，15α-dihydroxy-ent-kaur-16-ene），2β，16α-二羟基-对映-贝壳杉烷（2β，16α-dihydroxy-ent-kaurane），大叶凤尾苷（creticoside）A、B，芹菜素-7-O-β-D-葡萄糖苷（apigenin-7-O-β-D-glucoside），木犀草素-7-O-β-D-葡萄糖苷（luteolin-7-O-β-D-glucoside）。

【药理作用】有抗菌、抗肿瘤作用。

【功能主治】药性：淡、微苦、寒。归大肠、肝、心经。功能：清热利湿，消肿解毒，凉血止血。主治：传染性肝炎，急性细菌性痢疾，泄泻，淋浊，带下，黄疸，疔疮肿毒，喉痹乳蛾，淋巴结核，腮腺炎，乳腺炎，高热抽搐，蛇虫咬伤，吐血，衄血，尿血，便血及外伤出血。用法用量：内服煎汤，9～15 g，鲜品30～60 g；或捣汁。外用适量，捣敷。使用注意：虚寒泻痢及孕妇禁服。

附方：

1. 治痢疾：凤尾草30 g，地锦草15 g。水煎，糖调服。
2. 治尿路结石：凤尾草、白花蛇舌草各15 g，车前草、金钱草各30 g。水煎服。
3. 治蛇虫蜈蚣咬伤：凤尾草叶60 g，酢浆草嫩叶30 g。共捣烂，敷伤处。

21　大半边旗

【别名】岩凤尾草。

【来源】为凤尾蕨科植物疏羽半边旗*Pteris dissitifolia* Bak.的全草。

【植物形态】多年生草本，高50～ 120 cm。根茎横走，顶端及叶柄被钻形鳞片。叶革质，近簇生，二型；叶柄栗色至深棕色，具4棱，在羽轴上面两侧隆起的狭边上有锯齿状小突起；孢子叶长圆形或长圆状披针形，长20～50 cm，二回半边羽状深裂；裂片三角形或半三角形，长尾头，上侧全缘，下侧羽裂几达羽轴，基部裂片最长，向上渐缩短，边缘仅顶部具小锯齿，无尖刺；不育叶同形，全有锯齿，侧脉常分叉。孢子囊群沿羽片顶部以下分布。

▲疏羽半边旗

【生境分布】生于林下。分布于武隆地区。

【采收加工】全年均可采收，鲜用或晒干。

【功能主治】药性：微苦，凉。功能：凉血止痢，敛肺止咳，解毒。主治：痢疾，久咳，疮疖，外伤出血，蛇咬伤。用法用量：内服煎汤，5～15 g。外用适量，研末敷；或鲜品捣敷。

附方：

1. 治痢疾：大半边旗30 g。煎服。
2. 治外伤出血：大半边旗适量。晒干，研末，外敷；或鲜草适量捣敷。

22 蜈蚣草

【别名】蜈蚣蕨、牛肋巴、篦子草。

【来源】为凤尾蕨科植物蜈蚣草*Pteris vittata* L.的全草或根茎。

【植物形态】多年生草本，高30 ~ 150 cm。根茎短，斜生或横卧，密生黄棕色条形鳞片。叶薄革质，一型，密生；叶柄长5 ~ 25 cm，禾秆色，有时带紫色，基部被线形黄棕色鳞片；叶片阔倒披针形或狭椭圆形，长20 ~ 94 cm，宽5 ~ 25 cm，基部渐狭，顶端尾状，单数一回羽状；羽片30 ~ 50对，对生或互生，无柄，线形或线状披针形，基部宽楔形或浅心形，顶端渐尖，边缘不育处有钝齿，背面疏生黄棕色鳞片和节状毛，中部羽片较大，长2.5 ~ 16 cm，宽2 ~ 10 mm；叶脉羽状，侧脉二叉状或不分叉。孢子囊群线形，生于羽片边缘的边脉上，连续分布；囊群盖同形，膜质，全缘，灰白色。

【生境分布】生于海拔300 ~ 2 000 m的空旷钙质土或石灰岩石缝中。分布于库区各市县。

【采收加工】全年均可采收，洗净，鲜用或晒干。

【化学成分】全草含木脂体苷，顺-二氢-去氢二松柏醇-9-O-β-D-葡萄糖苷（cis-dihydro-dehy-drodiconiferyl-9-O-β-D-elucoside），落叶松脂醇-9-O-3-D-葡萄糖苷（lariciresinol-9-O-β-D-glucoside）。还含二酯酰甘油基三甲基高丝氨酸（diacylglyceryltrimethylhomoserine）。

【功能主治】药性：淡、苦，凉。归肝、大肠、膀胱经。功能：祛风除湿，舒筋活络，解毒杀虫。主治：风湿筋骨疼痛，腰痛，肢麻屈伸不利，半身不遂，跌打损伤，感冒，痢疾，乳痈，疮毒，疥疮，蛔虫症，蛇虫咬伤。用法用量：内服煎汤，6 ~ 12 g。外用适量，捣敷；或煎水熏洗。

附方：

1. 治风湿麻木：蜈蚣草15 g，小血藤9 g，一把伞9 g。泡酒服。
2. 治跌打损伤：蜈蚣草、酸浆草各适量。捣烂，敷患处。
3. 治疖疮：蜈蚣草30 g，野菊花15 g，大蒜杆15 g。煎水外洗。

▲蜈蚣草

4. 治无名肿毒：蜈蚣草15 g，铧头草15 g，蒲公英15 g，土茯苓9 g。水煎服。

5. 治痢疾：蜈蚣草30 ~ 60 g。水煎服。

6. 治尿路感染：蜈蚣蕨15 g，石韦15 g。水煎服。

7. 治流感：蜈蚣草9 g，板蓝根15 g，射干6 g。水煎服。

8. 治疥疮：蜈蚣草60 g，一扫光120 g，大蒜杆120 g。煎水洗；并白土茯苓、白鲜皮、蒲公英各30 g，八爪金龙12 g。水煎服。

9. 治蛔虫症：蜈蚣草根茎6 ~ 12 g。水煎服。

铁线蕨科Adiantaceae

23 猪鬃草

【别名】猪毛七、铁线草、猪毛肺筋草、青丝还阳。

【来源】为铁线蕨科植物铁线蕨*Adiantum capillus-veneris* L.的全草。

【植物形态】多年生草本，高15 ~ 40 cm。根茎细长而横走，密被棕色、披针形鳞片，全缘。叶疏生；叶柄长8 ~ 15 cm，栗黑色，近基部被鳞片，向上光滑，有光泽；叶片薄纸质，卵状三角形或长圆状卵形，长10 ~ 25 cm，宽8 ~ 16 cm，中部以下二回羽状；羽片3 ~ 5对，互生，有柄，卵状三角形，基部1对最大，长达5 cm，向上渐变小；小羽片3 ~ 4对，扇形或斜方形，外缘浅裂至深裂，裂片上有钝齿，两侧近楔形，不对称；叶脉扇形，多回二叉分枝，两面均明显，伸达叶缘。孢子囊群长圆形或圆肾形，横生于由变质裂片顶部反折的囊群盖下面，每羽片3 ~ 10枚；囊群盖圆肾形至长圆形，上缘平直，棕褐色，全缘。

【生境分布】生于海拔200 ~ 1 400 m的溪边岩缝或屋旁、墙基。分布于库区各市县。

【采收加工】夏、秋季采收，洗净，鲜用或晒干。

【化学成分】叶中含紫云英苷（astragalin），异槲皮苷（isoquercitrin），芸香苷（rutin），山柰酚-3-葡萄糖醛酸苷（kaempferol-3-glucuronide），槲皮素-3-葡萄糖醛酸苷（quercclturone）等。

【功能主治】药性：苦，凉。功能：清热解毒，利水通淋。主治：感冒发热，肺热咳嗽，湿热泄泻，痢疾，淋浊，带下，乳痈，瘰疬，疔毒，烫伤，毒蛇咬伤。用法用量：内服煎汤，15 ~ 30 g；或浸酒。外用适量，煎水洗；或研末调敷。

附方：

1. 治流感发热：猪鬃草60 g，鸭舌草30 g，黄芩15 g，生石膏30 g。水煎服。

2. 治肺热咳嗽、咯血：猪鬃草30 g，韦茎30 g，鱼腥草30 g，白茅根30 g。水煎服。

3. 治泌尿系统结石：猪鬃草30 g，过路黄30 g，连钱草30 g，荷包草30 g，野鸦椿子30 g。水煎服。

4. 治石淋，血淋：猪鬃草15 g，海金沙15 g，

▲铁线蕨

铁丝纽15 g。水煎服。

5. 治风湿性关节酸痛：鲜猪鬃草30 g，浸酒500 g。每次1小杯（约60 g），温服。

6. 治瘰疬：猪鬃草9 ~ 30 g。水煎服。

24 铁丝七

【别名】铁丝草、猪宗七、铁扇子。

【来源】为铁线蕨科植物掌叶铁线蕨*Adiantum pedatum* L.的全草或根茎。

【植物形态】多年生草本，高40 ~ 70 cm。根茎短而直，连同叶柄基部被深棕色、阔披针形鳞片。叶近簇生；叶柄长20 ~ 40 cm，向上及叶轴均为栗红色，有光泽，顶端二分叉；叶片薄纸质，背面灰绿色。掌状阔扇形，长宽近相等或宽稍过于长，叶轴由叶柄顶端向两侧二叉分枝，弯弓形；每侧有羽片4 ~ 8片，生于叶轴上侧，相距约1.5 cm，带形，中间羽片较大，长达20 cm，宽3 ~ 4 cm，一回羽状，顶端1片最小；小羽片20 ~ 25对，互生，斜长方形或斜长三角形，有短柄，中间的较大，长达2 cm，宽约1 cm，上缘浅裂至深裂，顶端钝圆并有钝齿，两侧边平截形，全缘；叶脉多回二歧分叉，直达叶边。孢子囊群肾形或长圆形，横生于裂片顶端的囊群盖下面；囊群盖黄绿色，近膜质，全缘。孢子具明显的细颗粒状纹饰。

【生境分布】生于海拔300 ~ 1 600 m的山地林下或溪沟边。分布于巫溪、巫山、开州、石柱、武隆、长寿等地。

【采收加工】全年均可采收，洗净，鲜用或晒干。

【化学成分】叶含羊齿烯（fernene），异羊齿烯（isofernene），7-羊齿烯（7-fernene），雁齿烯（filicene），雁齿烯醛（filicenal），铁线蕨酮（adiantone），掌叶铁线蕨醇（adipedatol），何帕烯（hopene）Ⅱ，新何帕烯（neohopene），新何帕二烯（neohopadiene）及羊齿二烯（fernadiene）。

▲掌叶铁丝蕨

【功能主治】药性：苦，微寒。归肺、肝、膀胱经。功能：清热解毒，利水通淋。主治：肺热咳嗽，痢疾，黄疸，小便淋涩，痈肿，瘰疬，烫伤。用法用量：内服煎汤，15 ~ 30 g，鲜品可用至60 g。外用适量，研末调敷。

附方：

1. 治肺热咳嗽：铁丝七30 g。水煎，加冰糖少许服。
2. 治痢疾：鲜铁丝七30 g。捣烂，加冷开水擂汁，入白糖服。每日1 ~ 2剂。
3. 治淋症：铁丝七、金刷把各6 g，木通3 g，参叶1.5 g。水煎服。
4. 治尿路感染，尿路结石：铁丝七60 g。水煎服。
5. 治疮疖，烫火伤，蛇咬伤，跌打损伤：铁丝七适量。研末，调涂患处。

铁角蕨科Aspleniaceas

25 孔雀尾

【别名】地柏枝、风水草、草黄连。

【来源】为铁角蕨科植物中华铁角蕨*Asplenium sarelii* Hook.的根茎或全草。

【植物形态】多年生草本，高10 ~ 20 cm。根茎短而直立，顶部及叶柄基部密被黑褐色、边缘有锯齿的披针形鳞片。叶簇生；叶柄长4 ~ 8 cm，基部淡褐色，光滑；叶片草质，两面无毛，长圆状披针形，长6 ~ 12 cm，宽3 ~ 4 cm，顶部渐尖并为羽裂，三回羽状；羽片约10对，互生，斜向上，卵状长圆形，基部1对不缩短或最大，长1.5 ~ 3 cm，宽1 ~ 2 cm，其余向上羽片渐小；末回小羽片或裂片倒卵形，宽3 ~ 5 mm，边缘浅裂或深裂，顶端有粗齿；叶脉羽状，侧脉二叉，每裂片有小脉1条，不达齿尖。

【生境分布】生于海拔300 ~ 2 000 m的林下溪边或岩石上。分布于库区各市县。

▲中华铁角蕨

【采收加工】全年均可采收，去须根，洗净，鲜用或晒干。

【功能主治】药性：苦、微甘、凉。功能：清热解毒，利湿，止血，生肌。主治：流行性感冒，目赤肿痛，扁桃体炎，咳嗽，黄疸，肠炎，痢疾，肠胃出血，跌打损伤，疮肿疔毒，烧烫伤。用法用量：内服煎汤，15～30 g。外用适量，煎水洗；或捣敷。

附方：

1. 治黄疸：孔雀尾30 g，楼梯草30 g，茵陈15 g，青蒿15 g，黄栀子15 g，黑豆15 g。水煎服。
2. 治干咳无痰：孔雀尾30 g。水煎服。
3. 治高血压：孔雀尾12 g，水蒿根6 g，团鱼胆1个，匍匐堇6 g，白芍3 g，散血莲6 g。水煎服，每日服3次。
4. 治目赤：鲜孔雀尾根茎30 g。水煎，冲白糖，早晚饭前服；忌酸辣。
5. 治乳汁不足：孔雀尾30 g。水煎，冲黄酒服。
6. 治挫伤血肿：孔雀尾适量。捣烂，加人乳调，敷患处。
7. 治疮疡或烫火伤：孔雀尾全草适量。熬膏，外搽或敷患处。

乌毛蕨科Blechaceae

26　狗脊贯众

【别名】牛肋巴。

【来源】为乌毛蕨科植物狗脊蕨*Woodwardia japonica*（L. f.）Smith带叶柄的根茎。

【植物形态】多年生草本，高50～90 cm。根茎短而粗，直立或斜升，与叶柄基部密被红棕色、披针形大鳞片。叶簇生；叶柄长30～50 cm，深黄色，被小鳞片；叶片厚纸质，长圆形至卵状披针形，长30～80 cm，宽20～35 cm，叶轴下面有小鳞片，二回羽裂；裂片10对以上，顶部羽片急缩成羽状深裂，下部羽片长11～18 cm，宽2～4 cm，顶端渐尖，向基部略变狭，基部上侧楔形，下侧圆形或稍呈心形，羽裂或深裂；裂片三角形或三角状长圆形，锐尖头，边缘有短锯齿；叶脉网状，有网眼1～2行，网眼外的小脉分离。

▲狗脊蕨

【生境分布】生于海拔300～1 600 m的山坡灌木丛中或疏林下。分布于库区各市县。

【采收加工】春、秋季采挖，削去叶柄、须根，晒干。

【药材性状】呈圆柱状或四方柱形，挺直或稍弯曲。上端较粗钝，下端较细。长6～26 cm，直径2～7 cm，红棕色或黑褐色。根茎粗壮，密被粗短的叶柄残基，棕红色鳞片和棕黑色细根。叶柄残基近半圆柱形，镰刀状弯曲，背面呈肋骨状排列，腹面呈短柱状密集排列。质坚硬，难折断，叶柄残基横切面可见黄白色小点2～4个（分体中柱），内面的1对成“八”字形排列。气微弱，味微苦、涩。

【显微鉴别】根茎横切面：表皮一列细胞，外侧可见金黄色柔毛，多数已脱落。表皮内侧为一环极厚的厚壁组织层，均由厚壁细胞组成，壁厚，壁孔明显，腔内有细小的淀粉粒。皮层基本组织广阔，均由薄壁细胞组成的。中柱维管束联成环状，位于中侧；木质部在中，内外两侧均有韧皮部及内皮层。皮层薄壁细胞中含有淀粉粒，有些含有黄棕色物质。

叶柄基部横切面：表皮一列。分体中柱均呈“U”形，向内方弯曲，30余个排列成双钩形环状；每个中柱木质部在中，韧皮部在外，最外围内皮层不明显。

【理化鉴别】（1）检查缩合鞣质：取本品粗粉5 g，在沙氏提取器中以甲醇回流3 h，回收甲醇至20 mL备用。

（2）三氯化铁-铁氰化钾反应：取样品以毛细管在硅胶G板上点样，以三氯化铁-铁氰化钾试液喷雾，斑点呈墨绿色（间苯三酚作为对照，斑点呈蓝色）。

【化学成分】含山柰素-3-O-α-L-（4-O-乙酰基）鼠李糖基-7-O-α-L-鼠李糖苷（kaempferol-3-O-α-L-（4-O-acetyl）rhamnopyranoside-7-O-β-L-rhamnopyranoside），山柰素-3-O-α-L-鼠李糖基-7-O-α-L-鼠李糖苷（kaempferol-3-O-α-L-rhamnopyranoside-7-O-α-L-rhamnopyanoside），狗脊蕨酸（woodwardinic acid）等。

【药理作用】有杀蛔虫作用。

【功能主治】药性：苦、凉。归肝、胃、肾、大肠经。功能：清热解毒，杀虫，止血，祛风除湿。主治：风湿感冒，时行瘟疫，恶疮痈肿，虫积腹痛，小儿疳积，痢疾，便血，崩漏，外伤出血，风湿痹痛。用法用量：内服水煎，9 ~ 15 g，大剂量可用至30 g；或浸酒；或入丸、散。外用适量，捣敷；或研末调涂。使用注意：身体虚寒者及孕妇禁服。

附方：

1. 治虫积腹痛：狗脊贯众15 g，川楝子9 g，使君子9 g。水煎服。
2. 治毒疮溃烂，久不收口：狗脊贯众（去鳞毛）适量。加白糖，捣敷患处。忌食酸辣。
3. 治湿热痢疾：狗脊贯众9 g，铁苋莱15 g，地锦草18 g，炒枳壳6 g。水煎服。
4. 治外伤出血：狗脊贯众根茎上的锈色鳞片适量。研粉，外敷伤口，加压包扎。

鳞毛蕨科Dryopteridaceae

27 贯众

【别名】昏鸡头、鸡脑壳、小贯众、乳痈草。

【来源】为鳞毛蕨科植物贯众*Cyrtomium fortunei* J. Smith的根茎。

【植物形态】多年生草本，高30 ~ 70 cm。根茎短而斜升，连同叶柄基部密被黑褐色、阔卵状披针形大鳞片。叶簇生；叶柄长10 ~ 25 cm，禾秆色，向上被疏鳞片；叶片长圆形至披针形，长20 ~ 45 cm，宽8 ~ 15 cm，基部不缩狭，一回羽状；羽片10 ~ 20对，镰状披针形，有短柄，基部圆楔形，上侧稍呈尖耳状突起，边缘有细锯齿；叶脉网状。孢子囊群生于内藏小脉顶端，散生于羽片背面；囊群盖圆盾形，棕色，全缘。

【生境分布】生于海拔200 ~ 1 700 m的林缘、山谷和田埂、路旁。分布于库区各市县。

【采收加工】全年均可采收。全株掘起，清除地上部分及须根后充分晒干。

【药材性状】本品为带叶柄残基的根茎。呈块状圆柱形或一端略细，微弯曲，长10 ~ 30 cm，直径2 ~ 5 cm。表面棕褐色，密集多数叶柄残基，倾斜的作覆瓦状围绕于根茎，并被有红棕色膜质半透明的鳞片；下部着生黑色较硬的须根。叶柄残基长2 ~ 4 cm，直径3 ~ 5 mm，棕黑色，有不规则的纵棱。根茎质较硬，折断面新鲜品绿棕色，干品红棕色，有4 ~ 8个类白色小点（分体中柱）排列成环；叶柄残基断面略呈马蹄形，红棕色，有3 ~ 4个类白色小点三角形或四方形角隅排列。气微，味涩、微甘，易引起恶心。

【显微鉴别】根茎横切面：表皮细胞1列；细胞类圆形，棕色，外被鳞片。外皮层（下皮）由棕褐色稍厚化细胞组成。皮层薄壁细胞无间隙，细胞内含淀粉粒和黄褐色块状树脂。中心中柱有4 ~ 8个较大的维管束断续排列成环，外侧有3 ~ 5个小型叶迹维管束，每一维管束周围有内皮层环，细胞内含淀粉粒或树脂块。薄壁细胞内亦含淀粉粒和树脂块。

叶柄基部横切面：表皮细胞1列，细胞扁方形或类圆形，暗棕色。下皮层内有7～8列厚壁细胞，类圆形或多角形，木化，棕褐色，无间隙，细胞中含淀粉粒和树脂块。维管束周韧型，3～4个，周围各有内皮层细胞1列，细胞内含淀粉粒和树脂块。薄壁组织细胞类圆形，有细胞间隙，细胞内含淀粉粒和树脂块。

【化学成分】根茎含贯众苷（cyrtomin），次贯众苷（cyrtopterin），黄芪苷（astragalin），异槲皮苷（isoquercitrin），黄绵马酸，挥发油，鞣质，树胶，糖类及氨基酸。

【药理作用】有驱除蛔虫、增强子宫收缩、止血、镇静、催眠、收涩、抗柯萨奇B3病毒及埃柯病毒、抗乙肝病毒、抗流感病毒、抗疱疹病毒、抗艾滋病病毒、抗菌、抗白血病、抗肿瘤作用。贯众能显著提高果蝇体内SOD活性而抑制MDA含量增加，表明具有一定的抗衰老作用。

【功能主治】药性：苦、涩，寒。归肝、肺、大肠经。功能：清热解毒，凉血祛瘀，驱虫。主治：感冒，热病斑疹，白喉，乳痈，瘰疬，痢疾，黄疸，吐血，便血，崩漏，痔血，带下，跌打损伤，肠道寄生虫。用法用量：内服水煎，9～15 g。外用适量，捣敷；或研末调敷。使用注意：孕妇慎服。

附方：

1. 预防流感：贯众15 g，野菊花9 g，大青叶15 g，金银花6 g，甘草4 g，黄芩12 g。水煎代茶饮。
2. 预防流行性脑膜炎：贯众2 500 g，板蓝根1 500 g。煎浓汁代茶饮。供100人预防用。
3. 治急性黄疸型传染性肝炎：贯众、凤尾草、马鞭草、摩来卷柏、乌韭各30 g。水煎服。
4. 治赤痢：贯众24 g，槐花12 g，地榆12 g。水煎服。

【资源综合利用】本品以贯众之名始载于《植物名实图考》山草类。历代本草有关“贯众”品种的记述相当混乱。本品只是库区的民间应用，自产自销。同时贯众具有独特的景观价值和广泛的生态适应性，可作为绿色生态观赏植物，对提高城市人居环境质量、维持生态平衡和再现城市自然生态具有重要作用。

▲贯众

▲肾蕨

肾蕨科Nephrolepidaceae

28　肾蕨

【别名】蜈蚣草、天鹅抱蛋、凤凰蛋、篦子草。

【来源】为肾蕨科植物肾蕨*Nephrolepis auriculata*（L.）Trimen的根茎、叶或全草。

【植物形态】多年生草本，高达70 cm。根茎近直立，有直立的主轴及从主轴向四面生长的长匍匐茎，并从匍匐茎的短枝上生出圆形肉质块茎，主轴与根茎上密被钻状披针形鳞片，匍匐茎、叶柄和叶轴疏生钻形鳞片。叶簇生；叶柄长5～10 cm；叶片革质，光滑无毛，披针形，长30～70 cm，宽3～5 cm，基部渐变狭，一回羽状；羽片无柄，互生，以关节着生于叶轴，似镰状而钝，基部下侧心形，上侧耳形，常覆盖于叶轴上，边缘有浅齿；叶脉羽状分叉。孢子囊群生于每组侧脉的上侧小脉顶端；囊群盖肾形。

【生境分布】生于或附生于海拔300～1 200 m的林下、溪边、树干或石缝中。分布于巫溪、巫山、开州、万州、涪陵、武隆、长寿等地。

【采收加工】全年均可采挖根茎，刮去鳞片；夏、秋季采叶或全草，鲜用或晒干。

【药材性状】块茎球形或扁圆形，直径约2 cm；表面密生黄棕色绒毛状鳞片，可见自根茎脱落后的圆形疤痕，除去鳞片后表面显亮黄色，有明显的不规则皱纹；质坚硬。叶簇生；叶柄略扭曲，长6～9 cm，下部有亮棕色鳞片；叶轴棕黄色，叶片常皱缩，展平后呈线状披针形，长30～60 cm，宽3～5 cm，一回羽状分裂；羽片无柄，披针形，长约2 cm，宽约6 mm，边缘有疏浅钝齿；两边的侧脉顶端各有1行孢子囊群。气微，味苦。

【化学成分】块根中含有羊齿-9（11）-烯[fern-9（11）-ene]，β-谷甾醇（β-sitosterol）等。

【功能主治】药性：甘、淡、微涩，凉。功能：清热利湿，通淋止咳，消肿解毒。主治：感冒发热，肺热咳嗽，黄疸，淋浊，小便涩痛，泄泻，痢疾，带下，疝气，乳痈，瘰疬，烫伤，刀伤，淋巴结炎，体癣，睾丸炎。

用法用量：内服煎汤，6 ~ 15 g，鲜品30 ~ 60 g。外用适量，鲜全草或根茎捣敷。使用注意：忌吃酸、辣、萝卜等食物。

附方：

1. 治发热：肾蕨块茎8枚。水煎服。
2. 治肺热咳嗽，小儿积热：肾蕨块茎9 ~ 15 g。水煎服。
3. 治淋浊：肾蕨15 g，杉树尖21个，夏枯草15 g，野萝卜菜12 g。煎水，兑白糖服。
4. 治痢疾：肾蕨块茎适量。浸醋。每日服2次，每次服10个。
5. 治湿热腹泻：肾蕨块茎60 g。捣烂，冲开水，去渣服。
6. 治湿热黄疸：肾蕨全草15 ~ 30 g。水煎服。
7. 治噎膈反胃：肾蕨全草9 g研末，酒冲服。
8. 治淋巴结炎：肾蕨块茎60 g，黄糖少许。捣烂，敷患处。
9. 治中耳炎：鲜肾蕨块茎适量。捣烂，绞汁，滴耳。
10. 治睾丸炎：鲜肾蕨块茎30 g，广木香、南五味子根各9 g。水煎服。
11. 治乳房肿痛：肾蕨嫩叶适量。捣绒，敷患处。
12. 治刀伤：肾蕨嫩叶适量。嚼绒，敷伤处。
13. 治蜈蚣咬伤：肾蕨、红薯叶各适量。加糖，捣烂，外敷。

【资源综合利用】本品始载于《植物名实图考》，以蜈蚣草为名。常栽培作观赏。

水龙骨科Polypodiaceae

29 鱼鳖金星

【别名】石瓜子、金星草、瓜子菜。

【来源】为水龙骨科植物抱石莲*Lepidogrammitis drymoglossoides*（Bak.）Ching的全草。

▲抱石莲

【植物形态】多年生小草本，高可达5 cm。根茎纤细，长而横生，淡绿色，疏生顶部长钻形、下部近圆形并成星芒状的鳞片。叶远生，二型；营养叶短小，肉质，长圆形、近圆形或倒卵形，长1.5 ~ 3 cm，宽1 ~ 1.5 cm；孢子叶较长，倒披针形或舌形，有时也和营养叶同形，有短柄。孢子囊群圆形，背生于中脉两侧，通常分离，幼时有盾状隔丝覆盖。

【生境分布】附生于海拔300 ~ 1 700 m的阴湿山坡、林中树干或石上。分布于库区各市县。

【采收加工】全年均可采收，晒干或鲜用。

【药理作用】有抑菌作用。小鼠试验对眼镜蛇毒有一定的抵抗作用。

【功能主治】药性：微苦，平。归肝、胃、膀胱经。功能：清热解毒，利水通淋，消瘀，止血。主治：小儿高热，痄腮，风火牙痛，痞块，鼓胀，淋浊，咯血，吐血，衄血，便血，尿血，崩漏，外伤出血，肛门出血，疔疮痈肿，瘰疬，跌打损伤，以及高血压，鼻炎，气管炎。用法用量：内服煎汤，15 ~ 30 g。外用适量，捣敷。

附方：

1. 治小儿高热：鲜鱼鳖金星60 g。水煎服。
2. 治风火牙痛：鲜鱼鳖金星适量。捣烂，外敷颊车穴。
3. 治鼓胀：鱼鳖金星、仙鹤草、过路黄各15 g。水煎服。
4. 治咳嗽吐血，瘰疬：鱼鳖金星9 g。水煎服。
5. 治肺结核潮热：鱼鳖金星30 g，水龙骨15 g。水煎服。
6. 治尿血：鱼鳖金星15 g，车前草30 g，地榆9 g。水煎服。
7. 治疔疮，痈肿：鱼鳖金星9 ~ 12 g。水煎服。
8. 治淋巴结炎：鱼鳖金星、凤尾蕨各15 g。水煎服。
9. 治跌打损伤：鱼鳖金星30 g，菝葜15 g。水煎服。
10. 治高血压：鱼鳖金星15 g。开水泡，当茶喝。
11. 治支气管炎：鱼鳖金星15 g，连钱草、枇杷叶各9 g。水煎服。
12. 治肛门出血（内痔、混合痔、肛裂、直肠息肉、肛门疾患手术继发出血）：鲜鱼鳖金星120 g。水煎服；或水煎后浓缩成每10 mL含生药60 g的药液，每次10 mL，每日2 ~ 3次。

【资源综合利用】本品始载于《纲目拾遗》。是库区民间常用于清热解毒、利湿消炎的草药；现代医学研究证实该品种具有明显的抗炎作用，特别是对急性炎症具有显著作用。

30 江南星蕨

【别名】七星草、旋鸡尾、金鸡尾、石扁担、大叶骨牌草。

【来源】为水龙骨科植物江南星蕨*Microsorium fortunei*（Moore）Ching带根茎的全草。

【植物形态】多年生草本，高25 ~ 70 cm。根茎长而横生，淡绿色，顶部与叶柄基部被棕色、卵状披针形有疏齿的鳞片，盾状着生，易脱落；叶远生；叶柄长3 ~ 15 cm，上面有纵沟，向上光滑；叶片厚纸质，带状披针形，长20 ~ 60 cm，宽1.5 ~ 5 cm，顶端长渐尖，基部下延于叶柄形成狭翅，两面无毛，有软骨质的边；中脉明显隆起，侧脉不明显，网眼内藏小脉一般分叉。孢子囊群大，圆形，橙黄色，背生于中脉两侧各成1行或不整齐的2行；无囊群盖。

【生境分布】生于海拔200 ~ 1 800 m的山坡林下、溪谷边树干或岩石上。分布于库区各市县。

【采收加工】全年均可采收，鲜用或晒干。

【化学成分】全草含三萜化合物：9（11）-羊齿烯[fern-9（11）-ene]，24-亚甲基环木菠萝烷醇乙酸酯（24-methylenecycloartanyl acetate）和24-亚甲基环木菠萝烷酮（24-methylenecycloartanone）；还含尿嘧啶（uracil），尿苷（uridine）以及马栗树皮素-3-羧酸（3-carboxyeseuletin）等。

【药理作用】有抑制钩端螺旋体作用。

【功能主治】药性：苦，寒。归肝、脾、心、肺经。功能：清热利湿，凉血解毒。主治：热淋，小便不利，

▲江南星蕨

赤白带下，痢疾，黄疸，咯血，衄血，痔疮出血，瘰疬结核，痈肿疮毒，毒蛇咬伤，风湿疼痛，跌打骨折。用法用量：内服煎汤，15 ~ 30 g；或捣汁。外用适量，鲜品捣敷。使用注意：虚寒者慎服。

附方：

1. 治小儿惊风：江南星蕨30 g，一枝黄花根、半边莲、高粱泡根各15 ~ 18 g。水煎服。

2. 治流行性感冒：①鲜江南星蕨（去须根）30 g。捣烂，取汁，加红糖少许，温开水冲服。②江南星蕨、淡竹叶各30 g。水煎服。

3. 治肺痈咳嗽胸痛：鲜江南星蕨、鲜苇茎各60 g。水煎服。

4. 治小便赤涩热痛或带血：鲜江南星蕨30 ~ 60 g。水煎服。

5. 治尿道炎：江南星蕨、海金沙、车前草各30 g。水煎服。

6. 治热痢口渴：鲜江南星蕨60 ~ 90 g。水煎代茶饮。

7. 治湿热黄疸：江南星蕨30 g，茵陈15 g，大黄6 g（后下）。水煎服。服后大便变稀，次数增多，去大黄。

8. 治蛇虫咬伤：江南星蕨、小蛇参各9 g，斑叶兰、蛇见退各3 g，徐长卿12 g，木防己15 g。煎水，1/5药液内服，4/5药液洗患处，日服和洗各两次。

9. 治痈肿：江南星蕨9 g，鹅掌金星9 g，鸡蛋1个。水、酒煎服。

10. 治肺痨咯血：鲜江南星蕨60 ~ 90 g。水煎，调冰糖服。

11. 治肩背神经痛，风湿性关节痛：江南星蕨120 g，威灵仙60 g。白酒750 g，浸泡1周，每服15 g，每日2次。

31 大金刀

【别名】观音针、七星凤尾草。

【来源】为水龙骨科植物盾蕨*Neolepisorus ovatus*（Bedd.）Ching的全草。

【植物形态】多年生草本，高15 ~ 45 cm。根茎横生，密被卵状披针形鳞片，长渐尖，边缘有疏齿。叶远生；叶柄长10 ~ 20 cm，被鳞片；叶片厚纸质，卵状披针形至卵状长圆形或近三角形，宽7 ~ 12 cm，顶端渐尖，基部较宽，圆形至圆楔形，多少下延于叶柄，全缘或下部多少分裂；侧脉明显。孢子囊群大，圆形或圆楔形，在侧脉两侧排成不整齐的1至数行，幼时有盾状隔丝覆盖。

▲盾蕨

【生境分布】生于海拔400 ~ 2 000 m的山地林下。分布于库区各市县。

【采收加工】全年均可采收，采挖后，洗净，鲜用或晒干。

【功能主治】药性：苦，凉。功能：清热利湿，止血，解毒。主治：热淋，小便不利，尿血，肺痨咯血，吐血，外伤出血，痈肿，水火烫伤。用法用量：内服煎汤，15 ~ 30 g；或泡酒。外用适量，鲜品捣敷；或干品研末调敷。

附方：

1. 治热淋：大金刀鲜叶9 g，蔓生胆草9 g。水煎服。
2. 治小便不利：大金刀15 g，龙胆草6 g，牛尾蒿根、黄地榆各9 g。水煎服。
3. 治血淋：大金刀15 g，小木通12 g，车前草9 g。水煎服。
4. 治咯血：鲜大金刀30 g。水煎服。
5. 治喘咳：大金刀30 g。水煎服。
6. 治跌打损伤，劳伤出血：大金刀30 g。泡酒250 g，每服30 g。
7. 治烫伤，火伤：大金刀适量。烘干，研末。调菜油搽患处。
8. 治刀伤：鲜大金刀适量。嚼烂，敷伤口。

【资源综合利用】本品始载于《植物名实图考》石草类，名水石韦。除具有药用价值外，还因其株形优美、体态介于苔藓和裸子植物之间，独具特色和极高的观赏价值，广泛应用于现代园林，特别是植物园、花卉区及小区室内装饰中。

32 石韦

【别名】兔子耳朵、金背莱匙、小石韦、小金刀。

【来源】为水龙骨科植物石韦*Pyrrosia lingua*（Thunb.）Parwell的全株。

【植物形态】多年生草本，高10 ~ 30 cm。根状茎细长，横生，与叶柄密被棕色披针形鳞片，顶端渐尖，盾状着生，中央深褐色，边缘淡棕色，有睫毛。叶远生，近二型；叶柄长3 ~ 10 cm，深棕色，有浅沟，幼时被星芒状毛，以关节着生于根状茎上；叶片革质，披针形至矩圆状披针形，长6 ~ 20 cm，宽2 ~ 5 cm，顶端渐尖，基部渐狭并下延于叶柄，全缘；上面绿色，偶有星状毛和细孔状凹点，下面密被灰棕色的星芒状毛；不育叶和能育叶同型或略短而阔；中脉上面稍凹，下面隆起，侧脉多少可见，小脉网状。孢子囊群满布于叶背面或上部，幼时密被星芒状毛，成熟时露出；无囊群盖。

【生境分布】附生于海拔100 ~ 2 400 m的林中树干上或溪边岩石上。分布于库区各市县。

【采收加工】全年均可采收，洗净，晒干。

【药材性状】叶向内卷或平展，二型，革质。叶片均为披针形或矩圆披针形，长6 ~ 20 cm，宽2 ~ 5 cm。上表面黄棕色；下表面主、侧脉明显，用放大镜观察可见密被浅棕色的星状毛。能育叶下表面除有星状毛外，尚有孢子囊群。叶柄长3 ~ 10 cm。气微，味淡。

【显微鉴别】叶横切面：上下表皮均为一列类方形或正方形薄壁细胞，上表皮内侧厚壁组织较少，水孔“U”字形，下陷，存在于上表皮。上表皮内侧有下皮组织。叶肉组织为异面型，栅栏组织3 ~ 4列细胞，不通过中脉；

▲石韦

海绵组织细胞类方形或方圆形，壁稍增厚。下表皮表面可见多数星状毛和腺毛。星状毛淡黄色，针臂在同一平面上，8～9臂，长150～210 μm，体部一般具有8～12个细胞，柄单一；腺毛有两种，单细胞头及双细胞头，均为单柄。气孔略陷入表皮。中脉（主脉）一个维管束，周韧型，木质部不发达。三叉状，外围有一层内皮层细胞，有些胞腔内含深棕色物质，壁增厚。

叶柄横切面：表皮一列薄壁细胞，其内侧有数列厚壁细胞。基本组织发达，分体中柱4～6个，机械组织环2～3列细胞，中部维管束7～10。

【理化鉴别】（1）显色反应：取石韦粉末5 g，置索氏提取器中，用甲醇提取至提取液近无色。取提取液各2 mL分置试管中，加镁粉少许，再加浓盐酸1～2滴，提取液沿管壁出现粉红色（检查黄酮类）。

（2）薄层鉴别：取石韦粉末5 g，置索氏提取器中用石油醚（沸程60～90 ℃）-氯仿（3：1）适量提取，至提取液近无色，浓缩提取液至2.5 mL作为供试品溶液。取里白烯对照品溶液，分别点样于同一硅胶G（青岛）薄层板上，以正己烷上行展开，取出晾干，喷5%磷钼酸乙醇溶液，120 ℃烘10 min，供试品层析色谱中，在与对照品色谱相同的位置上，显相同的色斑。

同样方法以β-谷甾醇为对照品，用正己烷-丙酮（5：1）展开，喷5%浓硫酸的乙醇溶液，于120 ℃烘10 min，供试品层析色谱中，在与对照品色谱相同的位置上，显相同的色斑。

【化学成分】全草含里白烯（diploptene），杧果苷（mangiferin），异杧果苷（isomangiferin），绿原酸（chlorogenic acid），β-谷甾醇（β-sitosterol）。叶尚含山柰酚（kaempferol），槲皮素（quercetin），异槲皮苷（isoquercitrin），三叶豆苷（trifolin），绿原酸，β-谷甾醇，蔗糖（sucrose）。

【药理作用】有镇咳、祛痰、抗菌、抗病毒、升高化疗及放疗引起的白细胞下降、增强机体免疫能力、抑制前列腺素生物合成作用。

【功能主治】药性：苦、甘，寒。归肺、肾、膀胱经。功能：利水通淋，清肺化痰，凉血止血。主治：淋病，水肿，小便不利，痰热咳喘，咯血，吐血，衄血，崩漏及外伤出血。用法用量：内服水煎，9～15 g；或研末。外用适量，研末涂敷。使用注意：阴虚及无湿热者禁服。

附方：

1. 治热淋，小便不利：石韦（去毛）、瞿麦穗、冬葵子各60 g，滑石（碎）150 g。研末。每服11 g，温水调下，饭前服。

2. 治血淋：石韦、当归、蒲黄、芍药各适量。研末，酒下。

3. 治血热血崩：石韦、侧柏叶、栀子、丹参各9 g，益母草12 g，金樱子、鸡冠花各6 g，荷叶蒂3个。水煎服。

4. 治放疗和化疗引起的白细胞下降：石韦30 g，红枣15 g，甘草3 g。水煎服。

【资源综合利用】石韦始载于《神农本草经》，列入中品。库区产石韦属植物入药者约8种，其中以石韦、有柄石韦*P. petiolosa*、庐山石韦*P. sheareri*、毡毛石韦*P. drakeana*及西南石韦*P. grarlla*较多用。石韦的化学成分与品种、产地有较大的关系，应注意开发利用。

槲蕨科Drynariaceae

33 骨碎补

【别名】爬岩姜、石岩姜、碎补、石巴掌。

【来源】为槲蕨科植物槲蕨*Drynaria roosii* Nakaike的根茎。

【植物形态】多年生草本，高25～40 cm。根状茎横生，粗状肉质，密被钻状披针形鳞片。叶二型；槲叶状的营养叶灰棕色，革质，卵形，无柄，干膜质，长5～7 cm，宽约3.5 cm；基部心形，背面有疏短毛，边缘有粗浅裂；孢子叶高大，纸质，绿色，无毛，长椭圆形，宽14～18 cm，向基部变狭而成波状，下延成有翅的短柄，中部以上深羽裂；裂片7～13对，略斜上，长7～10 cm，宽2～3 cm，短尖头，边缘有不明显的疏钝齿；网状脉，两面

▲槲蕨

均明显。孢子囊群圆形，着生于内藏小脉的交叉点上，沿中脉两侧各排成2～3行；无囊群盖。

【生境分布】生于海拔300～1 200 m的树干上或岩石上。分布于库区各市县。

【采收加工】全年均可采挖，除去泥沙，干燥，或燎去毛状鳞片。

【药材性状】根茎为不规则背腹扁平的条状、块状或片状，多弯曲，两侧常有缢缩和分枝，长3～20 cm，宽0.7～1.5 cm。密被棕色或红棕色细小鳞片，鳞片二型，膜质盾状鳞紧贴根茎表面；披针形鳞片直伸而松软，尤其于叶柄基部和茎尖等幼嫩部分最为密集，顶端渐尖，边缘具睫毛。背上及两侧有许多突起的孢子叶和聚集叶柄基部，腹部有许多细小须根。鳞片脱落处显棕色，可见细小纵向纹理和沟脊。上面有叶柄痕，下面有纵脊纹及细根痕。质坚硬，断面红棕色，有白色分体中柱，排成长扁圆形。气香，味微甜、涩。

【显微鉴别】根茎横切面：表皮1列，细胞小型，表皮以内均为基本薄壁组织，细胞壁呈微波状弯曲，含少量淀粉粒。维管束较小，周韧型，15～26个散列成环状，每个维管束外围为内皮层，仅1列细胞。鳞叶片着生处的表皮凹入，鳞片基部呈盾形。

【理化鉴别】薄层鉴别：取本品粗粉0.5 g，加甲醇5 mL冷浸过夜，滤过，滤液作供试液；另取柚皮苷作对照品，分别点样于同一聚酰胺薄膜上，以苯-甲醇-丁酮（3：1：1）展开，用1%三氯化铁乙醇液喷雾。供试品色谱中，在与对照品色谱的相应位置上，显相同的色斑。

【化学成分】根茎含柚皮苷（naringin），21-何帕烯（hop-21-ene），9（11）羊齿烯[fern-9（11）ene]，7-羊齿烯（fern-7-ene），3-雁齿烯（filic-3-ene），β-谷甾醇（β-sitosterol），豆甾醇（stigmasterol），菜油甾醇（campesterol）及四环三萜类化合物：环木菠萝甾醇-乙酸酯（cycloardenyl acetate），环水龙骨甾醇乙酸酯（cyclomargenyl acetate），环鸦片甾烯醇乙酸酯（cyclolaudenyl acetate），9，10-环羊毛甾-25-烯醇-3β-乙酸酯（9，10-cyclolanost-25-eh-3β-ylacetate）。挥发油中含烷烃有7种，烯烃4种，脂肪酸7种，萜烯氧化物2种，醛类3种，其他化合物7种。烷烃的含量较高。

【药理作用】有强骨、抑制链霉素的耳毒性、降血脂、强心、镇静、镇痛作、抑菌作用。

【功能主治】药性：苦，温。归肝、肾经。功能：补肾强骨，活血止痛。主治：肾虚腰痛，足膝痿弱，耳鸣耳聋，牙痛，久泄，遗尿，跌打骨折及斑秃。用法用量：内服水煎，10～20 g；或入丸、散。外用适量，捣烂敷或晒干研末敷；也可浸酒搽。使用注意：阴虚内热及无瘀血者慎服。盐骨碎补长于补肾健骨。

附方：

1. 治肾虚腰痛、风湿性腰腿疼：骨碎补、桑寄生各15 g，秦艽、豨莶草各9 g。水煎服。

2. 治肾虚久泄：骨碎补15 g，补骨脂9 g，山药15 g，五味子6 g。水煎服。

3. 治遗尿：骨碎补500 g，食盐50 g，水2 500 mL。先将食盐倒入水中搅匀，再放骨碎补浸泡12 h，取出，焙干、研末。每晚睡前用淡盐水冲服0.3 g。3日为1疗程。

4. 治打伤腹中瘀血：骨碎补、刘寄奴、延胡索各30 g。水煎，兑酒及小便各100 mL，热温顿服。

5. 治斑秃、脱发：骨碎补15 g，酒90 g。浸10余天，药液涂搽患处。

6. 治鸡眼，疣子：骨碎补9 g，研粗末，浸泡于95%乙醇100 mL中3日。以温水将鸡眼或疣子泡软，用小刀削去外层厚皮，再涂擦浸剂，每2 h擦1次，连续4～6次，每日最多10次。

【资源综合利用】市售骨碎补药材来源约涉及12种植物，分属3科6属，其中槲蕨占70%以上。从骨碎补中提取的总黄酮治疗原发性骨质疏松症（肾阳虚型）已取得二类新药。外用治疗斑秃，白癜风具较好疗效。

· 第三章 ·
裸子类药用植物

Gymnospermae

▲苏铁

苏铁科Cycadaceae

34 铁树花

【**别名**】凤尾蕉花、铁树花、梭罗花。

【**来源**】为苏铁科植物苏铁*Cycas revolute* Thunb.的花（大孢子）。

【**植物形态**】常绿木本植物，不分枝，高1～4 m，稀达8 m以上。密被宿存的叶基和叶痕。羽状叶从茎的顶部生出，长0.5～2 m，基部两侧有刺，刺长2～3 mm，羽片达100对以上，条形，厚革质，9～18 cm，宽4～6 mm，顶端锐尖，边缘显著向下卷曲，基部狭，两侧不对称，上面深绿色，有光泽，中央微凹，下面浅绿色，中脉显著隆起。雌雄异株，雄球花圆柱形，长30～70 cm；小孢子叶长方状楔形，长3～7 cm，有急尖头，下面中肋及顶端密生褐色或灰黄色长绒毛；大孢子叶扁平，长14～22 cm，密生淡黄色或淡灰黄色长绒毛；上部顶片宽卵形，边缘羽状分裂，其下方两侧着生数枚近球形的胚珠。种子卵圆形，微扁，顶凹，长2～4 cm，径1.5～3 cm，熟时朱红色。花期6—7月，种子10月成熟。

【**生境分布**】生于温暖、向阳、干燥、通风环境。库区各市县多栽培。

【**采收加工**】夏季采摘，鲜用或晒干备用。

【**药材性状**】大孢叶略呈匙状，上部扁宽，下部圆柱形，长10～20 cm，宽5～8 cm。全体密被褐黄色绒毛，扁宽部分两侧羽状深裂为细条状，下部圆柱部分两侧各生1～5枚近球形的胚珠。气微，味淡。

【**显微鉴别**】粉末褐黄色，气微，味淡。花粉中等大，极轴长26.5～35.7 μm，赤道轴长20.6～26.4 μm；极面观椭圆形至近圆形，赤道面观船形或肾形，具远极单沟，达两端，其开闭和形状随花粉干燥或潮湿而变化，内部具多种不规则突起，两端具皱纹；远极面外壁光滑或稀具微突起，近极面具穿孔，孔穴或蜂窝状纹饰。

【**化学成分**】花含佳味酚-β-芸香糖苷，穗花杉双黄酮，罗汗松双黄酮甲、5，5’，7，7’，4，4’-六羟基

（2'，8'）双黄酮，β-谷甾醇，胡萝卜苷，棕榈酸以及还原糖和游离氨基酸。种子含苏铁苷（cycasin）等。

【药理作用】苏铁苷及大查米苷可引起人和动物器官多种急性和慢性混乱。种子有诱发肿瘤及神经毒性作用。口服大剂量苏铁苷后经12～18 h后可出现呼吸困难、呼吸肌麻痹死亡。

【功能主治】药性：甘，平。功能：理气祛温，活血止血，益肾固精。主治：胃痛，慢性肝炎，风湿疼痛，跌打损伤，咯血，吐血，痛经，遗精，带下。用法用量：内服5～10 g。

苏铁根祛风通络，活血止血；有小毒；主治风湿麻木，筋骨疼痛，跌打损伤，劳伤吐血，腰痛，白带，口疮。种子味苦、涩，性平，有毒。平肝降压，镇咳祛痰，收敛固涩。主治高血压病，慢性肝炎，咳嗽痰多，痢疾，遗精，白带，跌打损伤，刀伤。叶味甘、淡，性平，有小毒；理气止痛，散瘀止血，消肿解毒；主治肝胃气滞疼痛，经闭，吐血，便血，痢疾，肿毒，外伤出血，跌打损伤。

1. 治肝癌：苏铁叶 15 g，蜀羊泉、半枝莲各 30 g。煎服。

2. 治肝炎：苏铁种子 1 粒。米泔水适量，炖服。

【资源综合利用】苏铁具有较高的观赏价值，被很多地区列为绿化观赏树种。国家二级保护植物。

松科Pinaceae

35 香柏

【来源】为松科植物雪松*Cedrus deodara*（Roxb.）G. Don的叶、木材。

【植物形态】乔木，高15～20 m。胸径1 m左右。树皮深灰色，鳞片状开裂。枝平屈；斜展或下垂；小枝常下垂，一年生枝淡灰黄色，密生短绒毛，微有白粉，二、三年生枝淡灰褐色。叶针形，坚硬，淡绿色或深绿色，在短枝上成簇生状，长2.5～5 cm，宽1～1.5 mm，上部较宽，顶端锐尖，下部渐窄，常呈三棱形，叶腹面两侧各有2～3条气孔线，背面4～6条，幼时气孔线有白粉。球花单性，雌雄同株。雄球花长卵圆形或椭圆状卵圆形，长2～3 cm，径约1 cm；雌球花卵圆形，长约8 mm，径约5 mm。球果熟时红褐色，卵圆形或宽椭圆形，长7～12 cm，

▲雪松

径5～7 cm，有短梗，顶端圆钝；中部种鳞扇状倒三角形；长2.5～4 cm，宽4～6 cm，鳞背密生短绒毛；苞鳞短小。种子近三角状，种翅宽大，比种子长，包含种子长2.2～3.7 cm。

【生境分布】库区各市县多栽培。

【采收加工】叶全年可采，木材在伐木时采收，去皮，晒干。

【化学成分】木部含雪松醇（centdarol），异雪松醇（isocentdarol），喜马拉雅杉醇（himacha-lol），别喜马拉雅杉醇（allohimachlol）。茎皮含雪松素（deodarin），雪松素-4'-葡萄糖苷（deodarin-4'-glucoside）。

花粉含波菜甾醇（spinasterol），β-谷甾醇（β-sitosterol），右旋松醇（pinitol），棕榈酸（palmitic acid），硬脂酸（stearic acid），丙二酸（malonic acid），果糖（fructose），半乳糖（galactose），葡萄糖（glucose），多糖，氨基酸等。

【功能主治】药性：苦。功能：清热利湿，散瘀止血。主治：痢疾，肠风便血，水肿，风湿痹痛，麻风病。用法用量：内服煎汤，10～15 g。

36 松花粉

【别名】青松粉、松黄、枞树粉。

【来源】为松科植物马尾松*Pinus massoniana* Lamb.的花粉。

【植物形态】乔木。树皮红褐色，下部灰褐色，成不规则长块状裂。小枝常轮生，淡黄褐色；冬芽卵状圆柱形，褐色，顶端尖，芽鳞边缘丝状，顶端尖或有长尖头。叶针形，长12～30 cm，细长而柔软，叶缘有细锯齿，树脂道4～8个，在背面边生，或腹面也有2个边生；叶鞘初呈褐色，后渐变成灰黑色，宿存。雄球花淡红褐色，圆柱形，弯垂，长1～1.5 cm，聚生于新枝下部苞腋，穗状，长6～15 cm；雌球花单生或2～4个聚生于新枝顶端，淡紫红色。球果卵圆形或圆锥状卵形，长4～7 cm，径2.5～4 cm，有短梗，下垂，熟时栗褐色；中部种鳞

▲马尾松

近长圆状倒卵形，长约3 cm；鳞盾菱形，微隆起或平，鳞脐微凹，无刺。种子长卵圆形，长4 ~ 6 mm，连翅长2 ~ 2.7 cm。花期4—5月，果熟期翌年10—12月。

【生境分布】生于海拔1 500 m以下山地。分布于库区各市县。

【采收加工】春季开花时采下雄花穗，晾干，搓下花粉，过筛取细粉。

【药材性状】本品为淡黄色的细粉，质轻易飞扬，手捻有滑润感，不沉于水。气微香，味有油腻感。以匀细、色淡黄、流动性较强者为佳。

【显微鉴别】花粉粒椭圆形，长45 ~ 55 μm，直径29 ~ 40 μm，表面光滑，两侧各有一膨大的气囊，长25 ~ 37 μm，宽20 ~ 40 μm。外壁有明显的网状纹理，网眼多角形。

【理化鉴别】取本品3 g，加甲醇30 mL，浸泡过夜，滤过，滤液供下述试验：

（1）检查甾醇：取滤液1 mL，置蒸发皿中，水浴蒸干，残渣加冰醋酸0.5 mL溶解后，加醋酐-浓硫酸（19：1）试剂1 mL，溶液立即由黄色变为红色-紫色-污绿色。

（2）检查黄酮：取滤液3 mL，同上蒸干后，加饱和硼酸丙酮溶液1 mL和10%柠檬酸丙酮溶液1 mL，水浴蒸干，于紫外光灯（254 nm）下观察，有明显的黄色荧光。

【化学成分】花粉主要含脂肪油和色素。并含水溶性维生素及丰富的微量元素，其中以钾、镁、硫、锰、锌、铁的含量较多。

【药理作用】所含硒元素有抑制肿瘤细胞的作用。有抑制血小板聚集、增强免疫细胞活性、调整胃肠功能、增加SOD超氧化物歧酶活性、降低脏器组织和动脉内膜中的脂褐质含量、促进肝细胞活性作用。

【功能主治】药性：甘，温。功能：祛风，益气，收湿，止血。主治：高脂血症，脂肪肝，头痛眩晕，泄泻下痢，湿疹湿疮，创伤出血。胃、十二指肠溃疡，咯血。用法用量：外用治黄水疮渗出液多不结痂，外伤出血。用量3 ~ 6 g；外用适量，撒敷患处。

附注：

1. 治产后发热，虚弱无力：松花粉、川芎、当归、石膏、蒲黄等量。研末。每服6 g，红花3 g，水煎服。

2. 治脾泄水泻：松花粉、百合、莲肉、山药、薏米、芡实、白蒺藜各10 g，粳米粉100 g，糯米粉30 g，砂糖50 g。拌匀蒸熟食。

马尾松除花粉入药外，其叶（松针）：有祛风燥湿，杀虫止痒，活血安神。主治风湿痹痛，脚气，湿疮，癣，风疹瘙痒，跌打损伤，神经衰弱，慢性肾炎，高血压病。预防乙脑、流感。枝干的结节（松节）：有祛风燥湿，舒筋通络，活血止痛。主治风寒湿痹，历节风痛，脚痹疲软，跌打伤痛。松脂：有祛风燥湿，排脓拔毒，生肌止痛。主治痈疽恶疮，瘰疬，疥癣，白秃，痛风，痹症，金疮，扭伤，妇女白带，血栓闭塞性脉管炎。

【资源综合利用】库区同属植物油松*Pinus tabulaeformis*、华山松*Pinus armandi*、黑松*Pinus thunbergii* Parl.、白皮松*Pinus bungeana*、云南松*P. yunnanensis*的花粉亦作松花粉用。

杉科Taxodiaceae

37 柳杉

【别名】宝树、孔雀杉。

【来源】为杉科植物柳杉*Cryptomeria fortunei* Hooibrenk ex Otto et Dietr.的根皮或树皮。

【植物形态】乔木，高达40 m，胸径2 m以上。树皮红棕色，裂成长条片脱落；大枝近轮生，平展或斜展；小枝细长下垂。叶钻形，长1 ~ 1.5 cm，略向内弯曲，顶端内曲，四边有气孔线；幼树及萌发枝的叶长达2.4 cm。雄球花单生叶腋，长椭圆形，长约7 cm。集生于小枝上部，成短穗状花序状；雌球花顶生短枝上。球果径1.2 ~ 2 cm；种鳞20枚左右，上部具4 ~ 5（稀至7）短三角形裂齿，齿长2 ~ 4 mm，苞鳞尖头长3 ~ 5 mm，发育种鳞具2种子。种子褐色，近椭圆形，扁平，长4 ~ 6.5 mm，宽2 ~ 3.5 mm。花期4月，球果10—11月成熟。

【生境分布】生于海拔300 ~ 2 400 m的山地。有栽培。分布于库区各市县。

▲柳杉

【采收加工】根皮全年均可采，去栓皮；树皮春、秋季采剥，切片，鲜用或晒干。

【化学成分】皮含扁柏双黄酮（hinokiflavone），柳杉树脂酚（cryptojaponol），柳杉双黄酮（cryptomerin）A、B等。

【功能主治】药性：苦、辛，寒。功能：解毒，杀虫，止痒。主治：癣疮，鹅掌风，烫伤。用法用量：外用适量，捣敷或煎水洗。

附方：

1. 治癣疮：柳杉鲜根皮（去栓皮）250 g，捣细，加食盐30 g，开水冲泡，洗患处。
2. 治顽癣：鲜柳杉皮120 g，土槿皮120 g，加食盐30 g。水煎洗患处。
3. 治烫伤：柳杉茎皮煅存性，青油调敷。

叶能清热解毒，主治痈疽疮毒。

【资源综合利用】本品原名宝树，载于《植物名实图考》。除具有药用外，还是重要的园林树种，可提制栲胶，具有极高的经济价值。

38　杉木

【别名】杉材、杉树枝。

【来源】为杉科植物杉木*Cunninghamia lanceolata*（Lamb.）Hook.的心材及树枝。

【植物形态】常绿乔木，高达30 m，胸径达2.5～3 m。幼树树冠尖塔形，大树树冠圆锥形。树皮灰褐色，裂成长条片脱落。大枝平展，小枝近对生或轮生。叶在主枝上辐射伸展，在侧枝上排成二列状，条状披针形，革质，微弯，坚硬，长2～6 cm，边缘有细齿，上面中脉两侧有窄气孔带、下面沿中脉两侧各有1条白粉气孔带。雌雄同株；雄球花圆锥状，簇生枝顶；雌球花单生或2～4个集生枝顶，卵圆形，苞鳞与珠鳞结合而生，珠鳞顶端3裂，腹面具3胚珠。球果近球形或卵圆形，长2.5 ~ 5 cm，径3 ~ 4 cm，苞鳞三角状宽卵形，宿存。种子长卵形，扁平，长6 ~ 8 mm，宽约5 mm，暗褐色，两侧有窄翅。花期4月，球果10月下旬成熟。

【生境分布】广泛栽培于我国长江流域及秦岭以南地区。分布于库区各市县。

【采收加工】四季均可采收，鲜用或晒干。

【化学成分】木材含挥发油，主要成分为柏木醇（cedrol）等。叶含穗花杉双黄酮（amentoflavone），红杉双黄酮（sequoiaflavone），Ⅰ，Ⅱ 7-二-O-甲基穗花杉双黄酮（Ⅰ，Ⅱ 7-di-O-methylamentoflavone），异柳杉素（isocryptomerin），扁柏双黄酮（hinkoiflavone），榧双黄酮（kayaflavone），南方贝壳杉双黄酮（robustaflavone）及挥发油，主要成分为α-柠檬烯（α-limonene），α和β-蒎烯（α，β-pinene）等。

【功能主治】药性：辛，微温。归肺、脾、胃经。功能：辟恶除秽，除湿散毒，降逆气，活血止痛。主治：脚气肿满，奔豚，霍乱，心腹胀痛，风湿毒疮，跌打肿痛，创伤出血，烧烫伤。用法用量：内服煎汤，15 ~ 30 g。外用适量，煎水熏洗；或烧存性研末调敷。使用注意：不可久服和过量。体弱者禁服。

附方：

1. 治脚气肿满：杉木适量。煎水，浸脚。
2. 治湿毒疮：杉木片60 g，牛膝、木瓜、槟榔各30 g。煎水，淋洗。
3. 治漆疮：杉木适量。浓煎水，洗之。
4. 治烫伤：杉木适量。烧炭存性，研末，调植物油，外敷患处。
5. 治创伤出血：杉木老树皮适量。烧炭存性，研末，调鸡蛋清，外敷。

杉木根及根皮祛风利湿，行气止痛，理伤接骨；主治风湿痹痛，胃痛，疝气痛，淋病，白带，血瘀崩漏，痔疮，骨折，脱臼，刀伤。枝干上的结节祛风止痛，散湿毒；主治风湿骨节疼痛，胃痛，脚气肿痛，带下，跌打损伤，臁疮。树皮利湿，消肿解毒；主治水肿，脚气，漆疮，流火，烫伤，金疮出血，毒虫咬伤。叶祛风，化痰，活血，解毒；主治半身不遂初起，风疹，慢性气管炎，咳嗽，牙痛，天疱疮，脓疱疮，鹅掌风，跌打损伤，毒虫咬伤。球果温肾壮阳，杀虫解毒，宁心，止咳；主治遗精，阳痿，白癜风，乳痈，心悸，咳嗽。种子理气散寒，止痛。主治疝气疼痛。木材沥出的油脂利尿排石，杀虫；主治淋症，尿路结石，遗精，带下，顽癣，疔疮。

▲杉木

【资源综合利用】杉木始载于《别录》。根、皮、果、叶均可药用；同时杉木气味芳香，含有“杉脑”能抗虫耐腐，是我国普遍使用的重要经济木材。

柏科Cupressaceae

39 柏子

【别名】柏树果、香柏树果、垂丝柏子。

【来源】为柏科植物柏木*Cupressus funebris* Endl.的果。

【植物形态】乔木，高达35 m，胸径约2 m。树皮淡褐灰色，裂成窄长条片；小枝细长下垂，生鳞叶的小枝扁，排成一平面，两面同形，宽约1 mm，较老的小枝圆柱形，暗褐紫色，略有光泽。鳞叶二型，长1 ~ 1.5 mm，顶端锐尖，中央之叶的背部有条状腺点，两侧的叶对折，背部有棱脊。雄球花椭圆形或卵圆形，长2.5 ~ 3 mm，雄蕊通常6对，药隔顶端常具短尖头，中央具纵脊，淡绿色，边缘带褐色；雌球花长3 ~ 6 mm，近球形，径约3.5 mm。球果圆球形，径8 ~ 12 mm，熟时暗褐色；种鳞4对，顶端为不规则五角形成方形，宽5 ~ 7 mm，中央有尖头或无，能育种鳞有5 ~ 6粒种子；种子宽倒卵状菱形或近圆形，熟时淡褐色，边缘具窄翅；子叶2枚，条形，长8 ~ 13 mm，顶端钝圆。种子长约3 mm，两侧具窄翅。花期3—5月，种子翌年5—6月成熟。

【生境分布】生于海拔1 600 m以下的向阳山坡、疏林中。分布于库区各市县。

【采收加工】秋季球果未裂开前采摘。

【化学成分】种子油含亚油酸（linoleic acid），油酸（oleic acid）。叶含α-柏木萜烯（α-funebrene）、扁柏双黄酮。柏木含柏木精油，柏木脑，乙酸柏木酯，柏木烷酮，甲基柏木烯等。

【功能主治】药性：种子甘、辛，微苦，平。叶：苦、辛，温。功能：种子祛风清热，安神，止血。止血生

▲柏木

肌。树脂淡、涩，平。解风热，燥湿，镇痛。主治：种子发热烦躁，小儿高热，吐血。叶外用治外伤出血，黄癣。树脂风热头痛，白带；外用治外伤出血。用法用量：种子、树脂9～15 g；叶、树脂外用适量，捣烂或研粉调麻油涂敷患处。

【资源综合利用】柏始载于《本经》，列为上品。我国特有树种。柏木生长快，功能主治广，适应性强，可作长江以南湿暖地区石灰岩山地的造林树种。柏木可用于提取香精，广泛作食品、烟草、化妆品等的调香品。

40　柏子仁

【别名】柏子、柏仁、扁柏仁。

【来源】为柏科植物侧柏*Platycladus orientalis*（L.）Franch.的种仁。

【植物形态】常绿乔木，高达20 m，胸径1 m；树皮薄，浅灰褐色，纵裂成条片；生鳞叶的小枝细，向上直展或斜展，扁平，排成一平面。叶鳞形，长1～3 mm，顶端微钝，小枝中央的叶的露出部分呈倒卵状菱形或斜方形，背面中间有条状腺槽，两侧的叶肥形，顶端微内曲，背部有钝脊，尖头的下方有腺点。雄球花黄色，卵圆形，长约2 mm；雌球花近球形，径约2 mm，蓝绿色，被白粉。球果近卵圆形，长1.5～（2～2.5）cm，成熟前近肉质，蓝绿色，被白粉，成熟后木质，开裂，红褐色；中间两对种鳞倒卵形或椭圆形，鳞背顶端的下方有向外弯曲的尖头，上部1对种鳞窄长，近柱状，顶端有向上的尖头，下部1对种鳞极小，长达3 mm，稀退化而不显著；种子卵圆形或近椭圆形，顶端微尖，灰褐色或紫褐色，长6～8 mm，稍有棱脊，无翅或有极窄之翅。花期3—4月，球果10月成熟。

【生境分布】生于海拔250～1 500 m的湿润肥沃地，石灰岩山地也有生长。分布于巫溪、奉节、开州等地区。

【采收加工】秋、冬季采收成熟球果，晒干，收集种子，碾去种皮。

【药材性状】种仁长卵圆形至长椭圆形，长3～7 mm，直径1.5～3 mm。新鲜品淡黄色或黄白色，久置则颜色

▲侧柏

变深而呈黄棕色，显油性。外包膜质内种皮，顶端略光，圆三棱形，有深褐色的小点，基部钝圆，颜色较浅。断面乳白色至黄白色，胚乳较发达，子叶2枚或更多，富油性。气微香，味淡而有油腻感。以颗粒饱满、黄白色、油性大而不泛油、无皮壳杂质者为佳。

【显微鉴别】种仁横切面：内种皮细胞1列，扁长形，外壁稍厚。胚乳较发达，胚乳和子叶薄壁细胞充满脂肪油和糊粉粒。

【理化鉴别】检查甾醇类：（1）取柏子仁粗粉2 g，加水10 mL，煮沸10 min，起热滤过。取滤液2 mL置试管中，用力振摇1 min，产生持久性泡沫，放置10 min泡沫仍不消去。

（2）取本品粗粉2 g，加甲醇10 mL，回流提取10 min，滤过。取滤液：2 mL置水浴上蒸干，残渣加冰醋酸1 mL溶解，再加醋酐-浓硫酸试剂（19：1）1 mL，则显黄色-紫色-污绿色。

【化学成分】柏子仁油中主要挥发油成分为α-雪松醇，此外还含脂肪油，主要成分为不饱和脂肪酸亚油酸等。

【药理作用】柏子仁对前脑基底核破坏的小鼠被动回避学习有改善作用。乙醇提取物对损伤造成的记忆再现障碍、记忆消失、获得障碍有改善作用。有轻度抑菌作用。

【功能主治】药性：甘，平。归心、肾、大肠经。功能：养心安神，敛汗，润肠通便。主治：惊悸怔忡，失眠健忘，盗汗，肠燥便秘。用量：10～15 g。

附方：

1. 滋补气血，强心安神：柏子仁7.5 g，黄芪30 g，茯苓60 g，酸枣仁7.5 g，川芎、当归、半夏曲各30 g，甘草3 g，人参、肉桂、五味子、远志各7.5 g。研末，炼蜜为丸。每次10 g，每日2次。

2. 治视力减退：侧柏仁、猪肝适量。加适量猪油蒸服。

3. 治脱发：当归、柏子仁各500 g。研末，炼蜜为丸，每日3次，每次饭后服6～9 g。

其根皮（柏根白皮）：苦，平。收敛止痛；外用于烫伤。枝节（侧柏枝）：用于霍乱转筋，齿龈肿痛。叶（侧柏叶）：苦、涩，寒。凉血止血，祛风消肿，清肺止咳。用于吐血，衄血，尿血，痢疾，肠风，崩漏，风湿痹痛。树脂（柏树脂）：甘，平。解毒，消炎，止痛。用于疥癣，黄水疮，丹毒。

【资源综合利用】柏子仁具有明显的镇静催眠作用，对失眠具有很好的疗效。柏子养心丸的主要原料就是柏子仁。本属仅侧柏一种，为常用的造林树种。

41 桧叶

【别名】红心柏、桧柏。

【来源】为柏科植物圆柏*Sabina chinensis*（L.）Ant.的叶。

【植物形态】乔木，高达20 m，胸径达3.5 m。树皮深灰色，纵裂，成长条片；幼树枝条斜上伸展，树冠尖塔形或圆锥形，老树下部大枝近平展，树冠广圆形。叶二型：鳞叶及刺叶；生鳞叶的小枝近四棱形，径1～1.2 mm，鳞叶顶端钝尖，背面近中部有椭圆形微凹的腺体；刺叶3叶交叉轮生，长6～12 mm，上面微凹，有2条白粉带。雌雄异株，稀同株；雄球花黄色，椭圆形，长2.5～3.5 mm。球果翌年成熟，近圆形，径6～8 mm，熟时暗褐色，被白粉。种子2～4，卵圆形，扁，顶端钝，有棱脊及少数树脂槽。

【生境分布】生于海拔500～1 600 m的中性土、钙质土及微酸性土壤中。分布于库区各市县。

【采收加工】全年均可采收，鲜用或晒干。

【药材性状】生鳞叶的小枝近圆柱形或近四棱形。叶二型，即刺状叶及鳞叶，生于不同枝上，鳞叶3叶轮生，直伸而紧密，近披针形，顶端渐尖，长2.5～5 mm；刺叶3叶交互轮生，斜展，疏松，披针形，长6～12 mm。气微香，味微涩。

【化学成分】叶含穗花杉双黄酮（amentoflavone），扁柏双黄酮（hinokiflavone），芹菜素（apigenin）等。种子含脂肪油及甾醇。

【功能主治】药性：辛、苦，温，有小毒。功能：祛风散寒，活血解毒。主治：风寒感冒，风湿关节痛，荨麻疹，阴疽肿毒初起，尿路感染。用法用量：内服煎汤，鲜品15～30 g。外用适量，捣敷；煎水熏洗或烧烟熏。

▲圆柏

附方：

1. 治风寒感冒：鲜圆柏枝梢15～21 g。黄酒炖服。
2. 治风湿关节痛：鲜圆柏枝梢适量。煎水，熏洗患处。
3. 治荨麻疹：桧叶适量。卷在粗纸中，火烧，取其烟气遍熏患处。
4. 治初起硬结肿毒：鲜桧叶适量。加红糖，捣烂，敷贴。
5. 治淋病：桧叶3 g。研末，开水冲服。

罗汉松科Podocarpaceae

42 罗汉松果

【别名】罗汉松实、土杉。

【来源】为罗汉松科植物罗汉松*Podocarpus macrophyllus*（Thunb.）D. Don的种子及花托。

【植物形态】常绿乔木，高达20 m。树皮灰色或灰褐色，浅纵裂，成薄片状脱落；枝开展或斜展，枝叶稠密。叶螺旋状排列，条状披针形，微弯，长7～12 cm，宽7～10 mm，顶端渐尖或钝尖，基部楔形，有短柄，上面深绿色，有光泽，中脉显著突起，下面带白色、淡绿色，中脉微突起。雌雄异株；雄球花穗状，常3～5（稀7）簇生于极短的总梗上，长3～5 cm；雌球花单生叶腋，有梗。种子卵圆球形，径长1～1.2 cm，熟时肉质假种皮紫色或紫红色，有白粉，着生于肥厚肉质的种托上，种托红色或紫红色，梗长1～1.5 cm。花期4—5月，种子8—9月成熟。

【生境分布】多栽培于庭园，野生者极少。分布于巫溪、巫山、涪陵、万州、开州、石柱等地。

【采收加工】秋季种子成熟时连同花托一起摘下，晒干。

【药材性状】种子椭圆形、类圆形或斜卵圆形，长8～11 mm，直径7～9 mm。外表灰白色或棕褐色，多数被

▲罗汉松

白霜，具突起的网纹，基部着生于倒钟形的肉质花托上。质硬，不易破碎，折断面种皮厚，中心粉白色。气微，味淡。

【化学成分】种子含罗汉松内酯（inumakilactone）A、B、C、D、E及罗汉松内酯A葡萄糖苷（inumakilactone A glucoside），竹柏内酯（nagilactone）C、F。花粉含24（ζ）-胆甾-5-烯-3β，26-二醇[24（ζ）-cholest-5-ene-3β，26-diol]，24（ζ）-乙基-25（ζ）-胆甾-5-烯-3β，26-二醇[24（ζ）-ethyl-25（ζ）-cholest-5-ene-3β，26-diol]、对香豆酸（p-coumarlc acid）、芹菜素（apigenin）、穗花杉双黄酮（amentoflavone）等。

【功能主治】药性：甘，微温。功能：行气止痛，温中补血。主治：胃脘疼痛，血虚面色萎黄。用法用量：内服煎汤，10～20 g。

附方：

1. 治胃痛：①罗汉松果、南五味子根各9 g，香橼6 g。水煎服。②罗汉松果9 g，白芍6 g。水煎服。

2. 治血虚面色萎黄：①罗汉松果18～21 g。水煎服，早晚饭前各服1次。②罗汉松果15 g，桂圆肉9 g。水煎服。

3. 治神经衰弱的失眠、心悸：罗汉松果10 g，合欢花6 g，远志6 g，柏子仁6 g。水煎服。

罗汉松根皮活血祛瘀，祛风除湿，杀虫止痒；主治跌打损伤，骨折，风湿痹痛，癣疾。叶主治吐血，咯血。

【资源综合利用】本品始载于《纲目拾遗》。库区产同属植物短叶罗汉松*Podocarpus macrophyllus* var. *maki*、狭叶罗汉松*Podocarpus macrophyllus* var. *angustifolius*种子也作罗汉松入药。

43 竹柏

【来源】为罗汉松科植物竹柏*Podocarpus nagi*（Thunb.）Zoll. et Mor. ex Zoll.的叶。

【植物形态】常绿乔木，高达20 m。树皮近光滑，红褐色或暗紫红色，成小块薄片脱落；枝开展，树干广圆锥形。叶交互对生或近对生，排成2列，厚革质，长卵形或椭圆状披针形，长3.5～9 cm，宽1.5～2.8 cm，无中脉而有多数并列细脉，上面深绿色，有光泽，下面浅绿色，顶端渐窄，基部楔形，向下窄成柄状。雌雄异株；雄球花穗状，常分枝，单生叶腋，长1.8～2.5 cm，梗较粗短；雌球花单生叶腋，稀成对腋生，基部有数枚苞片。种子球形，直径1.2～1.5 cm，成熟时假种皮暗紫色，有白粉，梗长7～13 cm，上有苞片脱落的痕迹，骨质外种皮黄褐色，顶端圆，基部尖，其上密被细小的凹点，内种皮膜质。花期3—4月，种子10月成熟。

【生境分布】散生于低海拔常绿阔叶林中。库区各市县有栽培。

【采收加工】全年可采，洗净，鲜用或晒干。

【化学成分】叶含竹柏内酯（nagilactone），催吐萝芙木醇（vomifoliol），15-甲氧基竹柏内酯（15-methoxynagilactone）D，3-去氧-2α-羟基竹柏内酯（3-deoxy-2α-hydroxy-nagilactone）E，3-表竹柏内酯（3-epinagilactone）。木材含陶塔酚（totarol），双联陶塔酚（podototarin），16-羧基陶塔酚（16-

▲竹柏

carboxyltotarol），β-谷甾醇（β-sitosterol）。根皮含16-羟基罗汉松内酯（16-hydroxypodolide），2，3-二氢-16-羟基罗汉松内酯（2，3-dihydro-16-hydroxypodolide）等。

【功能主治】药性：淡、涩，凉。功能：止血，接骨。主治外伤出血，骨折。用法用量：外用适量，鲜品捣敷；或干品研末调敷。

竹柏根皮及茎皮：味淡、涩，性平；能祛风除湿；主治风湿痹痛。

· 第四章 ·
被子类药用植物

Angiospermae

三白草科Saururaceae

44 鱼腥草

【别名】侧耳根、猪鼻孔。

【来源】为三白草科植物蕺菜*Houttuynia cordata* Thunb.的带根全草。

【植物形态】多年生草本，高达60 cm。茎下部伏地，节上轮生小根，上部直立，无毛或节上被毛。叶互生，薄纸质，有腺点；叶柄长1～4 cm；托叶膜质，条形，长约2.5 cm，下部与叶柄合生为叶鞘，基部扩大，略抱茎，叶片卵形或阔卵形，长4～10 cm，宽3～6 cm，顶端短渐尖，基部心形，全缘，上面绿色，下面常呈紫红色，两面脉上被柔毛。穗状花序生于茎顶，长约2 cm，宽约5 mm，与叶对生；总苞片4枚，长圆形或倒卵形，长1～1.5 cm，宽约0.6 cm，白色；花小而密，无花被；雄蕊3，花丝长为花药的3倍，下部与子房合生；雌蕊1，由3心皮组成，子房上位，花柱3，分离。蒴果卵圆形，长2～3 mm，顶端开裂，具宿存花柱。种子多数，卵形。花期5—6月，果期10—11月。

【生境分布】生于海拔250～2 000 m的山坡、田边、沟边、路旁，有栽培。分布于库区各市县。

【采收加工】夏、秋季采收带根全草，晒干。鲜用随时可采。

【药材性状】茎扁圆形，皱缩而弯曲，长20～30 cm；表面黄棕色，具纵棱，节明显，下部节处有须根残存；质脆，易折断。叶互生，多皱缩，展平后心形，长3～5 cm，宽3～4.5 cm；上面暗绿或黄绿色，下面绿褐色或灰棕色，叶柄细长，基部与托叶合成鞘状。穗状花序顶生。搓碎有鱼腥气，味微涩。以叶多、色绿、有花穗、鱼腥气浓者为佳。

【显微鉴别】茎横切面：（1）表皮细胞类方形，有较多细胞腺毛及少数非腺毛。（2）皮层细胞间隙狭长，不规则形，切向延长，长10～13 μm。（3）内皮层断续环状。细胞类椭圆形或类长方形，木化，长30～45 μm。（4）中柱鞘纤维1～4层，壁甚厚，环状排列，木化。（5）射线较宽。（6）髓部有油细胞及族晶散在。

叶片表面观：上、下表皮细胞多角形，有较密的波状纹理，气孔不定式，副卫细胞4～5个；油细胞散在，类圆形，周围7～8个表皮细胞呈放射状排列。腺毛无柄，头部3～4个细胞，内含淡棕色物，顶端细胞常已无分泌物，或皱缩。非腺毛（叶脉处）2～（4～10）个细胞，长180～200 μm，基部直径约40 μm，表面有条状纹理。下表皮气孔、非腺毛较多。叶肉组织中有小簇晶散在，直径6～10 μm。

叶横切面：上表皮细胞切向延长，有油细胞散在。表皮下为1列类方形薄壁细胞，较大，直径40～70 μm，叶肉为1列栅状组织及数列海绵组织，有小簇晶散

▲蕺菜

在，直径6～10 μm。下表皮细胞内侧亦有1列类方形大细胞。叶脉处有3～4列厚角组织。

【理化鉴别】（1）检查醛类：取本品粉末适量，置小试管中，用玻棒压紧，滴加品红亚硫酸试液少量至上层粉末湿润，放置片刻，自侧壁观察，湿粉末显粉红色或红紫色。

（2）检查黄酮：取本品粉末1 g，加乙醇10 mL，加热回流10 min，滤过。取滤液2 mL，加镁粉少量与盐酸3滴，置水浴中加热，显红色。

（3）薄层鉴别：取粉末1 g，加甲醇10 mL，浸泡过夜，滤过。滤液浓缩至1 mL，作供试液。另取金丝桃苷少许，甲醇溶解后作对照液。分取供试品及对照品适量点于同一硅胶G板上，以乙醚-甲醇-水（4.5：1：1.5）展开，用10%的三氯化铝乙醇溶液显色，供试品色谱在与对照品色谱的相应位置上显示淡黄色斑点，紫外光灯（254 nm、365 nm）下呈暗棕色斑点。

取本品粉末2 g，加水10 mL及8%氢氧化钠8滴，冷浸2 h，不断搅拌，过滤。滤液置于分液漏斗中，加醋酸乙酯10 mL，7%盐酸溶液6滴，振摇5 min，静置，分取醋酸乙酯提取液，作供试品溶液。另取癸酰乙醛对照品，加醋酸乙酯溶解制成2 mg/mL的溶液，作对照液。吸取供试品和对照品溶液各10 μL，分别点于同一硅胶G板上，以苯-无水乙醇（7：2）展开，喷以5%三氯化铁试液显色。供试品色谱中，在与对照品色谱相应的位置上，显相同颜色斑点。

【化学成分】全草含癸酰乙醛（decanoyl acetadehyde），月桂醛（laurid aldehyde），α-蒎烯（α-Pinene）等。

【药理作用】有抗菌、抗病毒、增强免疫功能。滋补强壮，可使毛发生长，由白变黑。鱼腥草液对X线照射和环磷酰胺所致小鼠的白细胞减少，有较好的恢复作用。毒性：鱼腥草毒性很小，合成鱼腥草素体外实验有一定溶血作用。

【功能主治】药性：辛，微寒。功能：清热解毒，消食，利水。主治：扁桃体炎、肺炎、肺脓疡、气管炎、肠炎、痢疾、妇女黄带、尿路感染、肾炎水肿、乳腺炎、蜂窝组织炎、中耳炎、疮疖脓肿等症。用法用量：内服煎汤，15～25 g，不宜久煎；或鲜品捣汁，用量加倍。外用适量，捣敷；或煎汤熏洗。虚寒证慎服。

附方：

1. 治肺痈吐脓，吐血：鱼腥草、天花粉、侧柏叶各等分。水煎服。
2. 治病毒性肺炎，支气管炎，感冒：鱼腥草、厚朴、连翘各9 g。研末。桑枝30 g，水煎，冲服。

【资源综合利用】鱼腥草原名“蕺”，始载于《名医别录》，列为下品。在临床上，鱼腥草已制成注射剂，用于治疗小儿肺炎，非典型性肺炎（SARS），上呼吸道感染，喘憋性肺炎，痰热咳嗽等肺系疾病及带状疱疹，淋菌性尿道炎，单纯疱疹病毒性角膜炎，急性感染性疾病等症。近年来注射剂副作用有较多报道，故应在医生指导下使用。鱼腥草还是有食疗作用的一味风味野菜，亦可加入糖果，饼干及面包中食用，在保健及食品领域中有广阔前景。现已开发出鱼腥草苦丁茶、鱼腥草饮料等保健饮料。库区分布广，资源丰富。

45　三白草

【别名】三点白、一白二白。

【来源】为三白草科植物三白草*Saururus chinensis*（Lour.）Baill.的地上部分。

【植物形态】多年生湿生草本，高达1 m。地下茎有须状小根；茎直立，粗壮，无毛。单叶互生，纸质，密生腺点；叶柄长1～3 cm，基部与托叶合生成鞘状，略抱茎；叶片阔卵形至卵状披针形，长5～14 cm，宽3～7 cm，顶端短尖或渐尖，基部心形，略呈耳状或稍偏斜，全缘；花序下的2～3片叶常于夏初变为白色，呈花瓣状。总状花序生于茎上端与叶对生，长10～20 cm，白色；总花梗及花柄被毛；苞片近匙形或倒披针形，长约2 mm；花两性，无花被；雄蕊6枚，花药长圆形，略短于花丝；雌蕊1，由4心皮组成，子房圆形，柱头4，向外反曲。蒴果近球形，直径约3 mm，表面多疣状凸起，成熟后顶端开裂。种子多数，圆形。花期5—8月，果期6—9月。

【生境分布】生于海拔250～1 600 m的沟边、池塘边等近水处。有栽培。分布于巫溪、云阳、奉节、开州、武隆、长寿等地。

【采收加工】全年可采，以夏、秋季采为宜，晒干。

▲三白草

【药材性状】本品茎圆柱形，有4条纵沟，1条较宽；断面黄色，纤维性，中空。叶多皱缩互生，展平后叶片卵形或卵状披针形，长4～15 cm，宽2～10 cm；顶端尖，基部心形，全缘，基出脉5条；叶柄较长，有纵皱纹。有时可见总状花序或果序，棕褐色。蒴果近球形。气微，味淡。以叶多、灰绿色或棕绿色者为佳。

【显微鉴别】叶表面观：上、下表皮细胞略呈多角形，角质纹理明显；表皮细胞间有油细胞散在，圆形，直径32～44 μm，内含黄色油滴。下表皮气孔为不定式。另有少数多细胞腺毛，由2～3个细胞组成，长40～70 μm，基部直径12～16 μm。横切面可见上表皮细胞下有1列方形或切向延长的棕色细胞。

粉末：呈淡黄棕色。棕红色块状物，多存在于木质部薄壁细胞中，类圆形、长圆形或长条形，棕红色，充满整个胞腔内，纵面观呈条形；网纹、梯纹或螺纹导管，直径20～50 μm，木化；细小的淀粉粒，椭圆形，直径3～7 μm，长达13 μm。

【理化鉴别】（1）检查萜类：取本品粉末2 g，加石油醚10 mL，浸渍过夜，滤过，滤液置蒸发器内，自然挥干，有特异的芳香气；加1%香草醛硫酸液，即显红色，放置后变为蓝紫色。

（2）薄层鉴别：取水蒸气蒸馏所得挥发油，用乙醚稀释后作供试品溶液。另取甲基正壬基甲酮少量用乙醚溶解作对照液。供试品及对照品分别点于同一硅胶G板上，以石油醚-乙酸乙酯（9：1）展开，喷以磷钼酸（10%乙醇溶液），110 ℃加热10 min，斑点显蓝色，再喷以2，4-二硝基苯阱显色，与甲基正壬基甲酮相对应的斑点显黄色。

【化学成分】全草含甲基正壬基甲酮（methyl-n-nonylketone），肉豆蔻醚，槲皮素（quercetin）、槲皮苷（quercitrin），异槲皮苷（isoquercitrin），槲皮素-3-L-阿拉伯糖苷（quercetin-3-L-arabinoside）、金丝桃苷（hyperin），芸香苷（rutin），槲皮素-3-O-β-D-吡喃葡萄糖（1→4）-α-L-吡喃鼠李糖苷，三白脂素（saucernetin），三白脂素-8（saucernetin-8），三白脂素-7（saucernetin-7），马兜铃内酰胺A、胡萝卜苷，花酸，主柯里拉京。茎、叶均含可水解鞣质。

【药理作用】有中枢抑制、抗精神病、降糖作用。

【功能主治】药性：甘、辛，寒。归脾、肾、胆、膀胱经。功能：清热利水，解毒消肿。主治：热淋，血淋，水肿，脚气，黄疸，痢疾，带下，痈肿疮毒，湿疹，蛇咬伤。用法用量：内服煎汤，10～30 g；鲜品适量。外用鲜品适量，捣烂外敷；或捣汁涂。使用注意：脾胃虚寒者慎服。

附方：

1. 治尿路感染（热淋），血淋：三白草15 g，车前草、鸭跖草、白茅根各30 g。水煎服。
2. 治赤白带下：三白草、水芹、鸡冠花各15 g。水煎服。
3. 治高血压：三白草15～30 g。水煎服。

三白草根也可入药，利水除湿，清热解毒。主治脚气，水肿，淋浊，带下，痈肿，流火，疔疮疥癣，风湿热痹。

【资源综合利用】三白草之名始见于陶弘景《本草经集注》。同属植物北美三白草*S. cernuus* L.为北美的民间草药，作为镇静和消肿的泥敷剂。

胡椒科Piperaceae

46 石南藤

【别名】南藤、瓦氏胡椒、湖北胡椒、爬岩香、爬石香。

【来源】为胡椒科植物石南藤*Piper walilichii*（Miq.）Hand.-Mazz.的茎叶或全株。

【植物形态】常绿攀缘藤本，揉之有香气。茎深绿色，节膨大，生不定根。叶互生；叶柄长1～2.5 cm；叶片椭圆形或向下渐变为狭卵形或卵形，长7～14 cm，宽4～6.5 cm，顶端渐尖，基部钝圆或阔楔形，下面被疏粗毛，叶脉5～7条。花单性异株，无花被；穗状花序与叶对生；雄花序与叶片近等长，序轴被毛；雄花苞片圆形，直径约1 mm，具被毛的短柄，雄蕊2，稀3，花药比花丝短；雌花序短于叶片；雌花苞片柄果期延长达1 mm，密被白色长毛，子房离生，柱头3～4，稀5。浆果球形，直径3～3.5 mm，有疣状凸起。花期5—6月；果期7—8月。

▲石南藤

【生境分布】生于海拔250～1 500 m的林中或山坡湿润处，攀缘于树上或岩石上。分布于巫溪、云阳、万州、开州、武隆等地。

【采收加工】8—10月割取带叶茎枝，晒干后，扎成小把。

【药材性状】茎扁圆柱形，表面灰褐色或灰棕色，有细纹，节膨大，具不定根，节间长7～9 cm；质轻而脆，断面放射状，中心有灰褐色的髓。叶多皱缩，展平后卵圆形，上表面灰绿色至灰褐色，下表面灰白色，有5～7条明显突起的叶脉。气清香，味辛辣。以枝条均匀、色灰褐、叶片完整者为佳。

【显微鉴别】茎横切面：角质层呈瘤状突起。皮层中散有较多的石细胞。束间部位石细胞壁厚，层纹明显。淀粉粒多为单粒。

【理化鉴别】粉末2 g，加入二氯甲烷10 mL，浸渍24 h，过滤，即得样品液。另取标准品南藤素，山药素和按上法处理，得标准液。分别吸取上述液5 μL，点于0.1% CMC-Na的硅胶G板上，以石油醚-乙醚（5：2）和石油醚-乙醚（5：1.2）展开，取出，晾干。喷5%磷钼酸乙醇液，105 ℃烘烤。石南藤样品液应与南藤素，山药素同一位置上有斑点。

【化学成分】含海风藤酮（kadsurenone），玉兰脂（dcntldatin）B，N-异丁基癸-反-2-反-4-二烯酰胺（N-isobutyl-decatrans-2-trans-4-dienamide）以及长穗巴豆环氧素（crotepxide）等。

【药理作用】有增加心肌营养性血流量、提高心肌耐缺氧的能力、降低心肌缺血区侧支血管阻力、增加侧支循环血流量、降低冠脉阻力、增加冠脉流量、延长停止灌流量的心跳持续时间、抑制PAF诱导的血小板聚集作用。

【功能主治】药性：味辛、甘，性温。归肝、肾经。功能：祛风湿，强腰膝，补肾壮阳，止咳平喘，活血止痛。主治：急性心肌梗死后心绞痛，陈旧性心肌梗死并发心绞痛，脑血栓，脑栓塞，风寒湿痹，腰膝酸痛，阳痿，咳嗽气喘，痛经，跌打肿痛。用法用量：内服煎汤6～15 g；或浸酒，煮汁，熬膏。外用适量，鲜品捣敷；捣烂炒热敷；浸酒外搽。使用注意：孕妇及阴虚火旺者慎服。

附方：

治扭挫伤：石南藤、南五味子根、羊耳菊、连钱草、酢浆草、水泽兰各适量。捣烂外敷。

【资源综合利用】南藤始载于宋《开宝本草》，目前全国各地所用石南藤品种较为复杂，涉及4科10种植物，开发利用时应注意区别。同时该品种除了传统治疗风湿痹症外，现代研究证实，对PAF受体抑制作用、抗炎作用、对局部缺血器官病理变化的保护作用均有疗效，具广阔的应用和开发前景。

金粟兰科Chloranthaceae

47 四块瓦

【别名】四大天王。

【来源】为金粟兰科植物宽叶金粟兰*Chloranthus henryi* Hemsl.的全草或根。

【植物形态】多年生草本，高40～65 cm。根茎粗壮，黑褐色；具多数须根。茎直立，单生或数个丛生，有6～7个明显的节，下部节上生一对鳞状叶。叶对生，一般4片生于茎上部；叶柄长0.5～1.2 cm；鳞状叶卵状三角形；托叶小，钻形；叶片纸质，宽椭圆形倒卵形，长9～18 cm，宽5～9 cm，顶端渐尖，基部楔形至宽楔形。边缘具锯齿，齿端有一腺体，背面中脉、侧脉有鳞屑状毛；叶脉6～8对。穗状花序顶生，通常两歧或总状分枝，连总花梗长10～16 cm；苞片通常宽卵状三角形或近半圆形；花白色；雄蕊3，基部几分离，中央药隔长3 mm，有1个2室的花药，两侧药隔各有1个1室的花药，药室在药隔的基部；子房卵形，无花柱，柱头头状。核果球形。花期4—6月，果期7—8月。

【生境分布】生于海拔450～1 200 m的山坡林边、阴湿地和灌丛中。分布于巫溪、奉节、开州、万州、忠县、武隆、长寿等地。

【采收加工】夏秋采收，鲜用或晒干。

▲宽叶金粟兰

【药材性状】根茎粗短，不规则短圆柱形，顶端有多数圆形凹窝状茎痕或残留茎基；表面黑褐色，四周密生长而弯曲的细根；根直径约1 mm；表面灰褐色或灰黄色。质脆，易折断，断面可抽出黄白色木质心。气微，味微辛。

【化学成分】全草含KNO_3。

【药理作用】有增强子宫收缩力和频率作用。

【功能主治】药性：辛，温，有毒。功能：祛风除湿，活血散换，解毒。主治：风湿痹病，肢体麻木，风寒咳嗽，跌打损伤，疮肿及毒蛇咬伤。用法用量：内服煎汤，3 ~ 10 g；或浸酒。外用适量，捣烂。孕妇慎服。

附方：

治风寒咳嗽：四块瓦6 g，百部6 g，枇杷叶10 g（去毛），水煎，加冰糖服。

【资源综合利用】始载于《植物名实图考》，在民间是治疗肿瘤、毒蛇咬伤和跌打损伤的良药。现代药理研究证实具有抗菌、抗肿瘤、增强免疫等活性，应进一步加强其有效成分和药理作用研究以验证与民间疗效的关系，从而更好地开发利用。

48 草珊瑚

【别名】肿节风、铜脚灵仙、九节风、接骨丹。

【来源】为金粟兰科植物草珊瑚*Sarcandra glabra*（Thunb.）Nakai的干燥全草。

【植物形态】常绿半灌木，高50 ~ 150 cm。茎数枝丛生，绿色，节部明显膨大、叶对生；叶柄长0.5 ~ 1.5 cm，基部合生成鞘状；托叶钻形；叶片革质，椭圆形、卵形至卵状披针形，长6 ~ 17 cm，宽2 ~ 6 cm，顶端渐尖，基部楔形，边缘具粗锐锯齿，齿尖有一腺体，两面无毛。穗状花序顶生，分枝，连总花梗长1.5 ~ 4 cm；苞片三角形；花黄绿色；雄蕊1，肉质，棒状至圆柱状，花药2室，生于药隔上部之两侧，侧向或有时内向；雌蕊1，由1心皮组成；子房球形成卵形，无花柱，柱头近头状。核果球形，直径3 ~ 4 mm，熟时亮红色。花期6—7月，果期8—10月。

【生境分布】生于海拔150 ~ 1 200 m的山坡、沟谷林下阴湿处。分布于万州、开州、丰都、涪陵、长寿等地。

【采收加工】夏秋采收，鲜用或晒干。

【药材性状】茎枝有明显的节，圆形，棕色。叶对生，薄革质卵状长圆形或披针状长圆形，棕色或绿褐色，边缘除基部外有粗锯齿，齿端有1腺体、齿尖硬骨质。气微，味淡。

【显微鉴别】茎横切面：表皮为1层矩形细胞，外被角质层；皮层中有少数油细胞和含鞣质的细胞散在，可见多边形、类圆形或长圆形石细胞单个或数个成群分布，纹孔明显，或仅韧皮部偶见1～2个长圆形石细胞，纹孔不明显，但层纹清楚；韧生韧皮部纤维束呈新月形；形成层区1～3层扁平细胞；维管束约29个，木质部束间射线宽3～15列细胞。维管射线由1～3列细胞组成。

根横切面：表皮为一层类方形细胞，胞壁部分本质化，有时破损脱落，脱落处有2～3层皮层细胞壁木栓化和木质化；皮层细胞9～12层，内皮层细胞明显，凯氏带不显著，细胞壁部分微木化。皮层中可见长圆形石细胞单个或多个成群分布或无石细胞，可见油细胞分布，薄层细胞中富含与茎中相同的淀粉粒；中柱鞘细胞1～2层；韧皮部狭窄，细胞排列紧密；木射线1～7列细胞。

叶横切面：叶柄部含5束外韧维管束，表皮内方厚角组织1～5层细胞，不规则多角形石细胞散在。表面观上、下表皮细胞壁均有不同程度的波状弯曲，气孔限于下表面，为不定式和短平列式。没有明显的栅栏组织，代之为1～2层排列紧密的类圆形细胞。海绵组织为排列疏松的类圆形细胞。主脉维管束在近叶柄端为3束，1个小的位于2个大的中间，叶片中部则为相差不大的2束，在近叶顶端则合成1束，其近轴侧和远轴侧均有发达的厚壁或厚角组织；主脉上、下面隆起，隆起处均有厚角组织，叶的薄壁细胞有时可见与茎中相同的淀粉粒。

粉末特征：淀粉粒多见，单粒圆形或长圆形，脐点点状，飞鸟状，裂缝状，复粒由2～5分粒组成，石细胞类圆形，四边形或不规则形，纹孔、孔沟明显，层纹偶见，石细胞内含淀粉粒，多聚集成团。射线细胞成束散在，细胞长方形，纹孔明显，细胞壁均有不同程度的增厚。网纹导管，也可见细长的管胞分子两三个并列。韧皮纤维成束存在，壁厚，胞腔狭长，壁孔多见。

【理化鉴别】（1）检查琥珀酸及延胡索酸：取本品粉末0.5 g，置试管中，加锌粉少许和0.5%氯化铵溶液2

▲草珊瑚

滴，微火加热至干，在试管口盖以一小片在5%对二甲氨基苯甲醛和20%三氯乙酸苯溶液中浸润过的滤纸，继续微火加热约1 min，滤纸显粉红色至紫色圆斑。

（2）检查黄酮类：取本品粉末少许，加乙醇0.5 mL，置水浴中微热，取滤液点于滤纸上，干燥后在紫外光灯下观察，显亮蓝色荧光，氨熏后，显黄色荧光。

【化学成分】全株含左旋类没药素甲（istanbulin A），异秦皮定（isofraxidin），延胡索酸（fumaric acid），琥珀酸（succinic acid），黄酮苷及香豆精衍生物等。亦含0.15%～0.20%的挥发油：主要成分为α-蒎烯，α-萜品烯，龙脑烯，香叶烯，α-水茴香萜、芳樟醇，异龙脑，龙脑，α-松油醇，乙酸龙脑酯，乙酸松油酯等。鲜叶挥发油的主要成分为乙酸芳樟酯（22.2%～26.8%）。

【药理作用】具广谱抗菌、抗炎、镇咳、祛痰、平喘、抗癌、抗病毒、促进骨折愈合等作用。

【功能主治】药性：辛、苦，平。功能：祛风除湿，活血散瘀，清热解毒。主治：风湿痹痛，肢体麻木，跌打损伤，骨折，妇女痛经，产后瘀滞腹痛，急性阑尾炎，急性胃肠炎，菌痢，胆囊炎，脓肿，口腔炎。用法用量：内服煎汤，9～15 g。或浸酒。外用适量，捣敷；研末调敷；或煎水熏洗。使用注意：阴虚火旺及孕妇禁服。宜先煎或久煎。

附方：

1. 治风湿痹痛、跌打损伤、骨折：鲜草珊瑚适量。捣烂，酒炒敷患处；或15～30 g，泡酒服。
2. 治胃痛：鲜草珊瑚叶适量。捣烂，敷患处。

【资源综合利用】对草珊瑚根、茎、叶中异嗪皮啶的含量进行测定表明，根的含量最高，叶中最低。叶的总黄酮类含量则最高。目前，草珊瑚主要为中成药及牙膏的原料。因其还具抗衰老，防紫外线、防角蛋白质流失、护肤等多重功效，是一种理想的化妆品添加剂，因此具有较大的开发利用价值。草珊瑚在库区分布广，蕴藏量大。

▲垂柳

杨柳科Salicaceae

49　柳枝

【别名】吊杨柳、水柳、垂丝柳。

【来源】为杨柳科植物垂柳*Salix babylonica* L.的枝条。

【植物形态】乔木，高可达18 m。树冠开展而疏散。树皮灰黑色，不规则开裂；枝细，下垂，无毛。芽线形，顶端急尖。叶狭披针形，长9～16 cm，宽0.5～1.5 cm，顶端长渐尖，基部楔形，边缘具锯齿；叶柄长（3～5）～10 mm，有短柔毛；托叶仅生在萌发枝上。花序先叶或与叶同时开放；雄花序长1.5～3 cm，有短梗，轴有毛；雄蕊2，花药红黄色；苞片披针形，外面有毛；腺体2；雌花序长达2～5 cm，有梗，基部有3～4小叶，轴有毛；子房椭圆形，无柄或近无柄，花柱短，柱头2～4深裂；苞片披针形，外面有毛；腺体1。蒴果长3～4 mm。花期3—4月，果期4—5月。

【生境分布】耐水湿，也能生于旱处。多栽培。分布于库区各市县。

【采收加工】春季摘取嫩树枝条，鲜用或晒干。

【药材性状】嫩枝圆柱形，直径5～10 mm，表面微有纵皱纹，黄色。节间长0.5～5 cm，上有交叉排列的芽或残留的三角形瘢痕。质脆易断，断面不平坦，皮部薄而浅棕色，木部宽而黄白色，中央有黄白色髓部。气微，味微苦、涩。

【显微鉴别】枝横切面：表皮为1列细胞，外被较厚角质层，较粗的枝可见木栓层。皮层明显，中柱鞘部位可见纤维束群，老枝为断续排列的环状，韧皮部宽广，有纤维束散在，形成层成环，木质部占绝大部分，导管常单个或1～3个相连。中央髓部发达，由大型薄壁细胞组成。皮层和韧皮部薄壁细胞中有草酸钙簇晶和方晶。

【化学成分】枝含水杨苷（salicin）。茎皮、根皮含水杨苷（salicin），芸香苷（rutin）等。茎叶含鞣质。

【药理作用】枝有局部麻醉作用。茎皮、根皮有中枢抑制、降压作用。

【功能主治】药性：苦，寒。归胃、肝经。功能：祛风利湿，解毒消肿。主治：冠状动脉粥样硬化性心脏病，慢性支气管炎，肝炎，炎症感染，风湿痹痛，小便淋浊，黄疸，风疹瘙痒，疔疮，丹毒，龋齿，龈肿。用法用量：内服煎汤，15～30 g。外用适量，煎水含漱；或熏洗。

附方：

1. 治小便淋浊不清：柳枝一握，甘草9 g。水煎服。
2. 治小儿胎火不尿：柳枝一握。水煎服。
3. 治疮毒：柳枝叶适量。煎膏涂。

茎皮、根皮祛风利湿，消肿止痛；主治风湿骨痛，风肿瘙痒，黄疸，淋浊，白带，乳痈，疔疮，牙痛，烫火伤。

1. 治疟疾及风湿骨痛：鲜柳枝适量，去木芯及外面黄黑粗皮，用其青色皮50～65 g。水煎服。
2. 治烫火所灼，未成疮者：柳枝白皮适量。细切，和猪油煎，涂患处。
3. 驱蛔虫：柳枝白皮适量。研末，开水或米汤送服1.5～3 g。

垂柳须根利水通淋，祛风除湿，泻火解毒；主治淋证，白浊，水肿，黄疸，痢疾，白带，风湿疼痛，黄水疮，牙痛，烫伤，乳痈。柳絮祛风，除湿，止痒；主治风疹，筋骨疼痛，湿气腿肿。种子凉血止血，解毒消痈；主治吐血，创伤出血，痈疽，恶疮。叶清热，解毒，利尿，平肝，止痛，透疹；主治慢性气管炎，尿道炎，膀胱炎，膀胱结石，地方性甲状腺肿，白浊，高血压，痈疽肿毒，烫火伤，关节肿痛，牙痛，痧疹，皮肤瘙痒。花祛风利湿，止血散瘀；主治风水，黄疸，咯血，吐血，便血，血淋，经闭，疮疥，齿痛。

1. 治吐血：柳絮，不拘多少。焙干，研末，温水饮下。
2. 治脚气：柳絮适量。烧成灰，敷患处。未溃者用香油调敷，已破出水者烧灰干敷。
3. 治老年慢性气管炎：鲜垂柳叶、鲜栗叶、鲜侧柏叶各60 g。水煎服（煎1 h以上），10日为1疗程，间隔2～3日，再服1个疗程。
4. 治膀胱结石：垂柳叶、赤小豆、玉米须（或根叶）各30 g，滑石粉、黄柏各15 g。水煎服。

【资源综合利用】垂柳始载于《本经》。枝木质部含水杨苷，可作苦味剂。

杨梅科Myricaceae

50 杨梅

【别名】山梅子、山杨梅。

【来源】为杨梅科植物杨梅*Myrica rubra*（Lour.）Sieb. et Zucc.的果实。

【植物形态】常绿乔木，高可达12 m。树冠球形。单叶互生；叶片长椭圆或倒披针形，革质，长8～13 cm，上部狭窄，顶端稍钝，基部狭楔形，全缘；或顶端有少数钝锯齿，上面深绿色，有光泽，下面色稍淡，平滑无毛，有金黄色腺体。花雌雄异株；雄花序常数条丛生于叶腋，圆柱形，长约3 cm，黄红色；雄花具1苞，卵形，顶端尖锐，小苞2～4片，卵形，雄蕊5～6；雌花序为卵状长椭圆形，长约1.5 cm，常单生于叶腋；雌花基部有苞及小苞，子房卵形，花柱极短，有2枚细长柱头。核果球形，径约1.8 cm，外果皮暗红色，由多数囊状体密生而成，内果皮坚硬，径约9 mm，内含无胚乳的种子1枚。花期4月，果期6—7月。

▲杨梅

【生境分布】生于海拔400～1 500 m的山坡或林灌丛中。有栽培。分布于库区各市县。

【采收加工】6月果实成熟后，分批采摘，鲜用或烘干。

【化学成分】种子含类脂，包括中性类脂、糖脂和磷脂等。茎皮含杨梅树皮素（myricetin），杨梅树皮苷（myricitrin）等。

【药理作用】种仁提取液对胃癌（803，823）细胞有杀伤和抑制作用。树皮、根皮有抑菌、止血作用。

【功能主治】药性：酸、甘，温。归脾、胃、肝经。功能：生津除烦，和中消食，解酒，涩肠，止血。主治：烦渴，呕吐，呃逆，胃痛，食欲不振，食积腹痛，饮酒过度，腹泻，痢疾，衄血，头痛，跌打损伤，骨折，烫火伤。用法用量：内服煎汤，15～30 g；或烧灰；或盐藏。外用适量，烧灰涂敷。使用注意：多食损齿。

附方：

1. 治胃肠胀痛：杨梅适量。盐渍，越久越好，用时取数粒，开水泡服。

2. 止吐酒：杨梅干适量。临饮酒时服。

3. 治痢疾：杨梅15 g。水煎服。

4. 治雷公藤中毒：杨梅鲜果1.5～2.5 kg，捣汁。每隔1 h服100 mL；另取鲜根125 g，水煎2次，浓缩成400 mL，每次服100 mL，与果汁交替服用。

5. 治烫火伤：杨梅烧灰为末，茶油调敷。

杨梅种仁能利水消肿，敛疮；主治脚气，牙疳。树皮能行气活血，止痛，止血，解毒消肿；主治脘腹疼痛，胁痛，牙痛，疝气，跌打损伤，骨折，吐血，衄血，痔血，崩漏，外伤出血，疮疡肿痛，痄腮，牙疳，汤火烫伤，臁疮，湿疹，疥癣，感冒，泄泻，痢疾。内服，叶能燥湿祛风，止痒；主治皮肤湿疹。

【资源综合利用】杨梅始载于《食疗本草》。果实为南方水果。

胡桃科Juglandaceae

51　胡桃仁

【别名】核桃仁、核桃。

【来源】为胡桃科植物胡桃*Juglans regia* L.的种仁。

【植物形态】落叶乔木，高20～25 m。树皮灰白色，老时浅纵裂；小枝被短腺毛，具明显的叶痕和皮孔；髓部白色，薄片状。奇数羽状复叶互生，长40～50 cm；小叶5～13，椭圆状卵形至长椭圆形，长6～15 cm，宽3～6 cm，顶端钝圆或锐尖，基部偏斜，近圆形，全缘，脉腋内有1簇短柔毛。雌雄同株；雄葇荑花序腋生，下垂，长5～10 cm；花小而密生；雄花有苞片1，长圆形，小苞片2，长卵形，花被片1～4，均被腺毛，雄蕊6～30枚；雌花序穗状，直立，生于幼枝顶端，通常有雌花1～3朵，总苞片3，长卵形，贴生于子房，花后随子房增大，花被4裂，裂片线形，高出总苞片，子房下位，2心皮组成，花柱短，柱头2裂，羽毛状，鲜红色。果实近球形，核果状，直径4～6 cm，外果皮绿色，由总苞片及花被发育而成，表面有斑点，中果皮肉质，不规则开裂，内果皮骨质，表面凹凸不平，有2条纵棱，顶端具短尖头，内壁内具空隙而有皱折，隔膜较薄，无空隙。花期5—6月，果期9—10月。

【生境分布】生于海拔400～2 650 m的山地、路旁、屋边。库区各市县普遍栽培。

【采收加工】9—10月中旬，待外果皮变黄，大部分果实顶部已开裂或少数已脱落时采收，晾晒，40～50 ℃烘干，击开核壳，取出核仁，晒干。

【药材性状】种子完整者类球形，由两片呈脑状的子叶组成，直径1～3 cm，一端可见三角状突起的胚根。通常两瓣裂或破碎成不规则块状。种皮菲薄，淡棕色至深棕色有深色纵脉纹。子叶黄白色，碎断后内部黄白色或乳白色，富油性，气微香，味甜，种皮微涩。以个大、饱满、断面色白、富油性者为佳。

【显微鉴别】粉末特征：黄白色，富油性。种皮表皮细胞表面观类多角形，直径14～34 μm，壁薄，垂周壁有的略呈念珠状增厚。在冷水合氯醛装置下观察，可见不规则棕色块。气孔常突出表面，不定式，副卫细胞3～8个。子叶表皮细胞表面观类长方形、长条形，壁薄，不规则纵横交错排列。子叶细胞类椭圆形或类圆形，含有糊粉粒及脂肪油滴。网纹细胞偶见，存在于种皮维管束基部，长卵圆形，直径23～45 μm，长60～140 μm，壁稍厚，具斜向、横向长条状或网状纹孔。螺纹导管细小，直径7～10 μm。脂肪油滴极多，散在。糊粉粒多数。

【化学成分】种仁含粗蛋白约22.18%，其中可溶性蛋白的组成以谷氨酸（glutamic acid）为主，其次为精氨酸（arginine）及天冬氨酸（aspartic acid）。另含粗脂类约64.23%，以及多种游离的必需氨基酸等。

【药理作用】有抗癌、抗衰老、抗氧化作用。能明显降低高脂血症大鼠血中的总胆固醇（TC）、甘油三酯（TG）含量。

【功能主治】药性：味甘、涩，性温。归肾、肝、肺经。功能：补肾益精，温肺定喘，润肠通便。主治：腰痛脚弱，尿频，遗尿，阳痿，遗精，久咳喘促，肠燥便秘，胃痛，化疗引起的白细胞降低，Ⅱ型糖尿病，尿路结石，皮肤感染、湿疹、化脓性中耳炎，瘰疬。用法用量：内服煎汤，9～15 g；单味嚼服，10～30 g；或入丸、散。外用适量，研末调敷。使用注意：痰火积热，阴虚火旺者禁服。不可与浓茶同服。

附方：

1. 治肾虚衰弱：胡桃仁30个（去皮、膜）、补骨脂（炒熟）、芝麻（炒熟）、杜仲皮（酒制）各300 g。研末，酒糊丸如梧桐子大。每服30～50丸，温酒、盐汤下，饭前服。

▲胡桃

2. 治肾虚耳鸣，遗精：胡桃仁3个，五味子7粒，蜂蜜适量。睡前嚼服。

3. 治妇人少乳及乳汁不行：胡桃仁（去皮）10个，穿山甲3 g。捣烂，黄酒调服。

【资源综合利用】胡桃为干果类食品，汉代张骞出使西域带回的植物之一，其入药约始于唐代，如《千金·食治》《食疗本草》均有记载。库区胡桃栽培广，资源丰富，除药用外，应对其进行深加工综合利用，开发各种营养保健食品。同时对果壳进行综合利用，制造活性炭、提取棕色素、生产抗氧化剂、制作抗聚剂等。

52 化香树

【别名】小麻柳叶、山麻柳。

【来源】为胡桃科植物化香树*Platycarya strobilacea* Sieb. et Zucc.的叶或果。

【植物形态】落叶小乔木，高2～6 m。树皮灰褐色，不规则纵裂；枝条暗褐色，有小皮孔。奇数羽状复叶互生，长15～30 cm；小叶7～23，无柄，卵状披针形至长椭圆状披针形，薄革质，长4～11 cm，宽1.5～3.5 cm，稍呈镰状弯曲，基部近圆形，略偏斜，顶端长渐尖，边缘有重锯齿。花单性或两性，雌雄同株；两性花序和雄花序着生于小枝顶端或叶腋，排列成伞房状花序束，中央的一条常为两性花序，雄花序在上，雌花序在下；位于两性花序的四周为雄花序，通常3～8条；雄花苞片阔卵形，顶端渐尖，向外弯曲；无花被；雄蕊6～8，花丝长短不等；雌花序球状卵形或长圆形，雌花苞片卵状披针形，顶端长渐尖，硬而不外曲；花被片2，贴于子房两侧，与子房一起增大。果序球果状，卵状椭圆形至长椭圆状圆柱形，长2.5～5 cm，直径2～3 cm；苞片宿存，木质，褐色；小坚果扁平，两侧具狭翅。种子卵形。种皮膜质。花期5—6月，果期7—10月。

【生境分布】生于海拔400～1 600 m的林中。分布于库区各市县。

【采收加工】叶夏秋季采收，鲜用或晒干。果秋季果实近成熟时采收，晒干。

【药材性状】奇数羽状复叶多不完整。叶柄及叶轴较粗，淡黄棕色。小叶片多皱缩破碎，完整者宽披针形，不等边，略呈镰状弯曲，长4～11 cm，宽2～4 cm，上表面灰绿色，下表面黄绿色，边缘有重锯齿，薄革质。气微清香，味淡。以叶多、色绿、气清香者为佳。

【显微鉴别】叶横切面：下表皮细胞长方形或长圆形，外被角质层；下表皮细胞类圆形，可见非腺毛或腺鳞。栅栏组织细胞2列，第1列细胞较长，有的细胞异常增大，内含大型草酸钙簇晶。主脉维管束外韧型，束鞘纤维成环。

▲化香树

【化学成分】叶含胡桃叶醌（juglone），5-羟基-2-甲氧基-1，4-萘醌（5-hydroxy-2-methoxy-1，4-naphthoquinone），5-羟基-3-甲氧基-1，4-萘醌（5-hydroxy-3-methoxy-1，4-naphtha-guinone），对-香豆酸甲酯（methyl-p-coumarate），对香豆酸（p-counmaric acid），香豆精（coumarin）。木材含并没食子酸（ellagic acid）和没食子酸（gallic acid）以及葡萄糖（glucose），木糖（xylose），鼠李糖（rhamnose）。

【药理作用】叶中提取的萘醌类化合物具有杀虫止痒作用，亦有抗病原微生物作用。此类化合物还具有抑制植物生长的作用。

【功能主治】药性：叶、果：辛，温，有毒。功能：叶：解毒疗疮，杀虫止痒。果：活血行气，止痛，杀虫止痒。主治：叶：治疮痈肿毒，骨痈流脓，顽癣，阴囊湿疹，癞头疮。果：治内伤腹胀痛，跌打损伤，筋骨疼痛，痈肿，湿疮，疥癣。用法用量：叶一般不内服，多为外用，适量，捣烂敷；或浸水洗。果内服煎汤，10～20 g。外用煎水洗；或研末调敷。

附方：

1. 治痈疽疔毒类急性炎症：化香树叶、雷公藤叶、芹菜叶、大蒜各等分，均用鲜品。捣烂外敷。疮疡溃后不可使用。

2. 治小儿头疮：化香树球、枫树球、硫黄各适量。研末，调菜油搽。

【资源综合利用】化香树始载《植物名实图考》。民间多用于毒鱼及治疗疮痈。化香树可用于绿化、木材生产、鞣革、色素生产及制药。果序通过合理处理和加工，可变成品质多样的干花商品，具有很好的开发潜力。

53　枫柳皮

【别名】麻柳树、水麻柳。

【来源】为胡桃科植物枫杨*Pterocarya stenoptera* C. DC.的树皮。

【植物形态】落叶乔木，高18～30 m。树皮黑灰色，深纵裂，幼树具长柔毛和皮孔，叶痕明显。髓部薄片状。叶互生，多为偶数羽状复叶，长8～16 cm，叶轴两侧有狭翅；小叶10～28枚，长圆形至长椭圆状披针形，长8～12 cm，宽2～3 cm，顶端钝圆或短尖，基部偏斜，边缘有细锯齿，表面有细小的疣状突起，中脉和侧脉腋内有1簇极短的星状毛。葇荑花序，与叶同时开放；花单性，雌雄同株；雄花序单生于去年生的枝腋内，长6～10 cm，下垂，雄花有1苞片和2小苞片，并有1～2枚发育的花被片，雄蕊6～18；雌花序单生新枝顶端，长10～20 cm，花序轴密被星状毛和单毛，雌花单生苞腋内，左右各有1小苞片，花被片4，贴生于子房，子房下位，2枚心皮组成，花柱短，柱头2裂。果序长20～45 cm；小坚果长椭圆形，长6～7 mm，常有纵脊，两侧有由小苞片发育增大的果翅，条形或阔条形。花期4—5月，果期8—9月。

▲枫杨

【生境分布】生于海拔1 500 m以下的平原、溪边、河滩、林中，现已广泛栽培于庭园或道路旁。分布于库区各市县。

【采收加工】夏、秋季剥取树皮，鲜用或晒干。

【化学成分】叶含维生素（vitamin）C，鞣质等。

【功能主治】药性：辛、苦，温，有小毒。归肝、大肠经。功能：祛风止痛，杀虫，敛疮。主治：风湿麻木，寒湿骨痛，头颅伤痛，齿痛，疥癣，浮肿，痔疮，烫伤，溃疡日久不敛。用法用量：外用适量，煎水含漱或熏洗；或乙醇浸搽。使用注意：有毒，不宜内服。

附方：

1. 治牙痛：枫柳皮适量。捣烂，塞患处。
2. 治疥癣：枫柳皮、藜辣根、羊蹄根各适量。用乙醇浸，搽。
3. 治癞鬁头：鲜枫柳皮120 g，皂荚子60 g（捣碎）。煎水，洗患处。

枫杨根味苦、辛，性热，有毒；能祛风止痛，杀虫止痒，解毒敛疮；主治风湿痹痛，牙痛，疥癣，疮疡肿毒，溃疡日久不敛，汤火烫伤，咳嗽。体虚者内服量不宜过大。果温肺止咳，解毒敛疮；主治风寒咳嗽，疮疡肿毒，天泡疮。叶味辛、苦，性温，有毒；能祛风止痛，杀虫止痒，解毒敛疮；主治风湿痹痛，牙痛，膝关节痛，疥癣，湿疹，阴道滴虫，烫伤，创伤，溃疡不敛，血吸虫病，咳嗽气喘。孕妇禁服。

【资源综合利用】枫柳皮始载于《新修本草》。对治疗慢性支气管炎、皮炎具有很好的作用；同时枫杨树冠扩展、枝叶茂密、生长速度快、根系发达，为三峡河床两岸低洼湿地消落带的良好绿化树种，含鞣质，可提取栲胶，具有重要的经济和药用价值。

壳斗科Fagaceae

54　板栗

【别名】栗子、栗仁、栗实、板栗子。

【来源】为壳斗科植物板栗*Castanea mollissima* Bl.的种仁。

【植物形态】乔木，高15～20 m。树皮深灰色，不规则深纵裂。枝条灰褐色，有纵沟，皮上有许多黄灰色的圆形皮孔，幼枝被灰褐色绒毛。单叶互生，叶柄长0.5～2 cm；叶长片椭圆形或长椭圆状披针形，长8～18 cm，宽5.5～7 cm，顶端渐尖或短尖，基部圆形或宽楔形，两侧不相等，叶缘有锯齿，齿端具芒状尖头，上面中脉有毛，下面有白色绒毛。花单性，雌雄同株；雄花序穗状，生于新枝下部的叶腋，长9～20 cm，被绒毛，淡黄褐色，雄花着生于花序上、中部，每簇具花3～5，雄蕊8～10；雌花无梗，常生于雄花序下部，外有壳斗状总苞，2～（3～5）朵生于总苞内，子房下位，花柱5～9，花柱下部被毛。壳斗连刺直径4～6.5 cm，密被紧贴星状柔毛，刺密生，每壳斗有2～3坚果，成熟时裂为4瓣；坚果直径1.5～3 cm，深褐色，顶端被绒毛。花期4—6月，果期9—10月。

【生境分布】生于海拔100～1 500 m的山坡及河滩等地带，常栽培。分布于库区各市县。

【采收加工】10月下旬采收，除去果皮，取出种仁，晒干。

【药材性状】种仁呈半球形或扁圆形，顶端短尖，直径2～3 cm。外表面黄白色，光滑，有时具浅纵沟纹。质实用重，碎断后内部富粉质。气微，味微甜。

【化学成分】果仁含淀粉40%～60%，糖分10%～20%，蛋白质5%～10%，脂肪2%～8%以及多种维生素，矿质元素和黄酮类物质。板栗的蛋白质由18种氨基酸组成，天门冬氨酸、谷氨酸、亮氨酸和赖氨酸的含量较高，有8种人体必需氨基酸。

【功能主治】药性：甘、微咸，平。归脾、肾经。功能：益气健脾，补肾强筋，活血消肿，止血。主治：脾虚泄泻，反胃呕吐，脚膝酸软，筋骨折伤肿痛，瘰疬，吐血，衄血，便血。用法用量：内服适量，生食或煮食；或炒存性研末服30～60 g。外用适量，捣敷。使用注意：食积停滞、脘腹胀满痞闷者禁服。

附方：

1. 治幼儿腹泻：板栗适量。磨粉，煮如粥，加白糖适量喂服。
2. 治牙床红肿：板栗、棕树根各30 g。水煎服。
3. 治跌打伤，筋骨肿痛，弹片、铁钉、竹木刺入肉：鲜板栗适量。捣烂如泥，敷患处。

▲板栗

【资源综合利用】板栗品种较多，因产地不同品质不一。主要作为食用或加工成各种板栗馅、板栗粉、板栗保健品等。

55 茅栗根

【别名】野栗、毛栗。

【来源】为壳斗科植物茅栗*Castanea seguinii* Done的根。

【植物形态】落叶灌木或小乔木。幼枝被柔毛；芽卵形，长2~3 mm。叶互生；叶柄长0.6~1 cm，有短毛；叶片薄革质，长椭圆形或倒卵状长椭圆形，长6~14 cm，宽3~7 cm，顶端渐尖，基部楔形、圆钝或略近心形，常一侧偏斜，边缘具短刺状小锯齿，羽状侧脉12~17对，上面光亮，脉上有毛，下面褐黄色，具鳞状腺点。花单性，雌雄同株；雄花序穗状，单生于新枝叶腋，直立，长6~7 cm，单被花，雄蕊10~14；雌花生于雄花序下部，通常三花聚生，子房下位，6室。总苞近球形，直径3~4 cm，外面生细长尖刺，刺长4~5.5 mm，密生。每壳斗有3~7个坚果，常为3个；坚果扁球形，直径1~1.5 cm，褐色。花期5月。果期9—10月。

【生境分布】生于海拔2 000 m以下的低山丘陵向阳灌丛中。分布于巫山、奉节、石柱等地。

【采收加工】全年可采，晒干。

【功能主治】药性：味苦，性寒。功能：清热解毒，消食。主治：肺炎，肺结核，消化不良。用法用量：内服煎汤，15~30 g。外用适量，煎水洗。

附方：

1. 治肺炎：茅栗根、虎刺根、黄荆根、黄栀子根各9 g。灯芯为引，水煎服。

2. 治肺结核：茅栗根30 g，大青叶30 g，虎刺、地苳、白及、百合、百部各9 g，土大黄6 g。

▲茅栗

猪肺为引，水煎，服汤，食肺。

3. 治丝虫病：茅栗幼树根45 g，淡墨鱼1个（不去骨头）。发作时水煎服。茅栗种仁味甘，性平；能安神；主治失眠。叶亦能消食健胃；主治消化不良。

【资源综合利用】茅栗种仁可食。

56 青杠碗

【别名】青桐碗、栓皮青杠、厚皮栗。

【来源】为壳斗科植物栓皮栎*Quercus variabilis* Bl.的果壳或果实。

【植物形态】落叶乔木，高达30 m，胸径1 m。树皮栓皮发达；小枝灰棕色，无毛。叶互生；叶柄长1 ~ 5 cm；叶片卵状披针形或长椭圆状披针形，长8 ~ 15 cm，宽2 ~ 6 cm，顶端渐尖，基部圆形或宽楔形，边缘具芒状锯齿，上面深绿色，下面具灰白色短绒毛，侧脉13 ~ 18对，直达齿端。花单性，雌雄同株；雄花序长达14 cm，花序轴被褐色绒毛，花被2 ~ 4裂，雄蕊通常5；雌花生于新枝叶腋，有短梗。壳斗杯形，包坚果约2/3，连小苞片径2.5 ~ 4 cm，小苞片钻形，反曲，有短毛；坚果近球形或宽卵形，高约1.5 cm，顶端平圆。花期3—4月，果期翌年9—10月。

【生境分布】生于海拔3 000 m以下的阳坡灌木丛中。分布于巫山、奉节、开州、万州、石柱、武隆等地。

【采收加工】秋季采收，晒干。

【功能主治】药性：味苦、涩，性平。功能：止咳，止泻，止血，解毒。主治：咳嗽，久泻，久痢，痔漏出血，头癣。用法用量：内服煎汤，10 ~ 15 g。外用适量，研末调敷。

附方：

1. 治咳嗽：青杠碗15 g。煨水服。
2. 治水泻：青杠碗30 g。煨水服。
3. 治慢性肠炎：青杠碗30 g。水浸1 d，捞出煮烂，加红糖服；或青杠碗15 g，椿树叶9 g，水煎服。
4. 治头癣：青杠碗适量。研末，菜油调，搽患处。
5. 治急性乳腺炎：青杠碗、蒲公英、瓜蒌壳各15 g。水煎服。

▲栓皮栎

▲构树

桑科Moraceae

57 楮实子

【别名】楮实、构泡。

【来源】桑科植物构树*Broussonetia papyrifera*（L.）Vent.的果实。

【植物形态】落叶乔木，高达16 m，有乳汁。小枝粗壮，密生绒毛。单叶互生；叶柄长1.5～10 cm，密被柔毛；叶片膜质或纸质，阔卵形至长圆状卵形，长5.5～（15～20）cm，宽4～（10～15）cm，不分裂或3～5裂，尤以幼枝或小树叶较明显，顶端渐尖，基部圆形或浅心形，略偏斜，边缘有细锯齿或粗锯齿，上面深绿色，被粗伏毛，下面灰绿色，密被柔毛。花单性，雌雄异株；雄花序为葇荑花序，腋生，下垂，长3～8 cm，总花梗长1～2 cm；雌花序为头状花序，直径1～1.5 cm，总花梗长1～1.5 cm；雄花具短柄，有2～3小苞片，花被4裂，基部合生，雄蕊4；雌花苞片棒状，被毛，花被管状，雌蕊散生于苞片间，花柱细长，线形，被短毛，具黏性。聚花果肉质，球形，直径约2 cm，成熟时橙红色。花期4—7月，果期7—9月。

【生境分布】生于海拔200～1 600 m的山坡、林缘或村寨旁。分布于库区各市县。

【采收加工】8—9月果实变红时采摘，除去灰白色膜状宿萼及杂质，晒干。

【药材性状】果实呈扁圆形或卵圆形，长1.5～3 mm，直径约1.5 mm，厚至1 mm。表面红棕色，有网状皱纹，或疣状突起。一侧有棱，一侧略平或有凹槽，有的具子房柄。果皮坚脆，易压碎，膜质种皮紧贴于果皮内面，胚乳类白色，富油性。气微，味淡。以色红，饱满者为佳。

【显微鉴别】粉末特征：红棕色。果皮栅状细胞多数个相连。断面观呈圆柱形，长（径向）40～132 μm，宽（切向）12～26 μm，细胞壁有纵向细条纹增厚，增厚部分的边缘呈细齿状。内果皮厚壁细胞黄棕色或淡黄色。断面观细胞极扁薄，上、下多层重叠，界线不清楚。种皮表皮细胞近无色，表面观呈多角形，直径11～18 μm，垂周壁厚约2 μm，呈念珠状，或孔沟细密，非木化，胞腔内含黄棕色物质。含晶厚壁细胞棕黄色，成片或数个相连。

【化学成分】果实含皂苷（0.51%），对香豆酸，维生素B及油脂。种子含油31.7%，油中含非皂化物2.67%，饱和脂肪酸9.0%，油酸15.0%，亚油酸76.0%。

【药理作用】楮实对正常小鼠的空间辨别学习、记忆获得有促进作用；可拮抗东莨菪碱造成的记忆获得障碍；改善氯霉素和亚硝酸钠造成的记忆巩固不良；改善30%乙醇引起的记忆再现缺损，并对亚硝酸钠中毒缺氧有明显的改善作用。楮实液有抗老年痴呆和延缓痴呆进一步发展的作用。

【功能主治】药性：甘，寒。归肝、肾、脾经。功能：滋肾益阴，清肝明目，健脾利水。主治：肾虚腰膝酸软，阳痿，目昏，目翳，水肿，尿少。用法用量：内服煎汤，6～10 g；或入丸、散。外用适量。使用注意：脾胃虚寒，大便溏泻者慎服。

附方：

1. 治水肿：楮实子6 g，大腹皮9 g。水煎服。
2. 治目昏：楮实子、荆芥穗、地骨皮各等分。研末，炼蜜为丸，如梧桐子大。每服20丸，米汤送下。
3. 治骨鲠：楮实子（研末）50 g，霜梅肉150 g。为丸，含服。

【资源综合利用】构树皮可作为高级混纺原料，制作宣纸及高级纸张。构树的果实含脂肪油可用于制皂业。雄花序含较多的蛋白质，氨基酸，可食，也可作饲料。叶的水浸液可防植物的蚜虫。楮实子还有美容的功效，有抗老年痴呆及抗肝硬化腹水的作用，具有综合开发价值。

58 无花果

【别名】奶浆果。

【来源】为桑科植物无花果*Ficus carica* L.的果实。

【植物形态】落叶灌木或小乔木，高达3～10 m，全株具乳汁。多分枝，小枝粗壮，表面褐色，被稀短毛。叶互生；叶柄长2～5 cm，粗壮；托叶卵状披针形，长约1 cm，红色；叶片厚膜质，宽卵形或卵圆形，长10～24 cm，宽8～22 cm，3～5裂，裂片卵形，边缘有不规则钝齿，上面深绿色，粗糙，下面密生细小钟乳体及黄褐色短柔毛，基部浅心形，基生脉3～5条，侧脉5～7对。雌雄异株，隐头花序，花序托单生于叶腋；雄花和瘿花生于同一花序托内；雄花生于内壁口部，雄蕊2，瘿花花柱侧生，花被片3～4；雌花生在另一花序托内，花被片3～4，花柱

▲无花果

侧生，柱头2裂。花序托梨形，成熟时长3~5 cm，呈紫红色或黄绿色，肉质，顶部下陷，基部有3苞片。花、果期8—11月。

【生境分布】库区各地有栽培。

【采收加工】7—10月果实呈绿色时，分批采摘；或拾取落地的未成熟果实，鲜果用开水烫后，晒干或烘干。

【药材性状】干燥的花序托呈倒圆锥形或类球形，长约2 cm，直径1.5~2.5 cm；表面淡黄棕色至暗棕色、青黑色，有波状弯曲的纵棱线；顶端稍平裁，中央有圆形突起，基部渐狭，带有果柄及残存的苞片。质坚硬，横切面黄白色，内壁着生众多细小瘦果，壁的上部有时尚见枯萎的雄花。瘦果卵形或三棱状卵形，长1~2 mm，淡黄色，外有宿萼包被。气微，味甜、略酸。以干燥、青黑色或暗棕色、无霉蛀者为佳。

【显微鉴别】粉末特征：淡黄棕色。草酸钙簇晶多存在于花托薄壁细胞内，直径10~17 μm。花破碎片的边缘可见单细胞非腺毛，长33~100 μm，基部较粗，顶端急尖；果柄基部非腺毛，长达330~（450~600）μm，壁增厚。果皮薄壁细胞内含有草酸钙结晶，呈方形、长方形、菱形，直径约5 m。导管细小，主要为螺纹导管。乳汁管有时可见。

【理化鉴别】取本品粉末5 g，加水50 mL，温水浴上加热15 min。取滤液1 mL，加碱性酒石酸铜试液4~5滴，在水浴上加温热5 min，产生红棕色沉淀。

【化学成分】含6-（2-甲氧基，顺-乙烯基）7-甲基吡喃香豆素[6-（2-methoxy-2-vinyl）7- methylpyranocoumarins]。补骨脂素（psoralen）和佛手柑内酯（bergapten），9，19-环丙基-24，25环氧乙烷-5烯-3β螺甾醇，2，2-环戊烷氧基-2，2去异戊基-5-烯-3β-羟基呋喃甾烷醇，α-丙基呋喃；邻-甲基苯甲酸，苯甲醛，苹果酸，异丙醚，4-羟，甲基-2-戊酮，枸橼酸，延胡索酸（fumaric acid）等微量元素。

【药理作用】抗肿瘤、提高细胞免疫功能、镇痛、增强大鼠肝类脂质过氧化反应、降压作用。毒性：给大鼠注射未成熟果实的乳汁，可使动物立即死亡或引起局部组织坏死。

【功能主治】药性：甘，凉。归肺、胃、大肠经。功能：清热生津，健脾开胃，解毒消肿。主治：癌性腹水，肝癌，乳癌，子宫癌，恶性淋巴瘤，咽喉肿痛，燥咳声嘶，乳汁稀少，肠热便秘，食欲不振，消化不良，泄泻、痢疾，痈肿，癣疾。用法用量：内服煎汤，9~15 g，大剂量可用至30~60 g。生食鲜果1~2枚。外用适量，煎水洗；研末调敷或吹喉。使用注意：脾胃虚寒者慎服。

附方：

1. 治咽痛：无花果7个，金银花15 g。水煎服。
2. 治肺热音嘶：无花果干果15 g。水煎，调冰糖服。
3. 治干咳，久咳：无花果9 g，葡萄干15 g，甘草6 g。水煎服。
4. 治阳痿：鲜无花果10个，猪瘦肉250 g。共煮，吃肉喝汤。
5. 治胃癌，肠癌：每日餐后生食5枚鲜无花果；或干果20 g，水煎服。

【资源综合利用】无花果始载于《救荒本草》。果实软甜可口，香味浓郁，营养丰富，含有7种人体必需的微量元素，维生素C的含量为2 mg/100 g，蛋白质的含量为苹果的6倍，还含有大量膳食纤维、果胶等。可药、食两用，也可制成果干，果酱，果冻，罐头，果汁，调味品。从果实中提取的蛋白酶和果胶，具有很高的经济价值。

59 小叶榕

【别名】万年青树、雅榕。

【来源】为桑科植物小叶榕*Ficus conczнna* Miq.的根。

【植物形态】乔木，高15~25 m。小枝具棱，深褐色。单叶互生；叶柄长1~2.5 cm；托叶小；叶片薄革质，椭圆形或倒卵状长圆形，长3.5~（7.5~10）cm，宽1.8~（4.5~5.5）cm，顶端具钝的短尖头，基部楔形或近圆形，与叶柄交接处有关节，全缘；侧脉纤细而较密，稍平行，网脉两面均明显，叶表面有时有光泽。隐头花序，花序托球形，直径5~8 mm，顶部有脐状突起，成对腋生，或簇生于叶痕处；有梗或近无梗，长2~4 mm；基苞片3枚，早落；雄花、瘿花、雌花生于同一花序托内壁，雄花少数，生于内壁近口部，花被片2，雄蕊1；雌花花被片4，子房

▲小叶榕

斜卵形，花柱侧生；瘿花与雌花相似，花柱线形而短。榕果（花序托）熟时粉红色。花、果期5—11月。

【生境分布】生于路旁溪边或山地疏林中。库区各地广泛栽培。

【采收加工】全年均可采挖，洗净，鲜用或晒干。

【功能主治】药性：微苦，平。功能：祛风除湿，行气活血。主治：风湿痹痛，胃痛，阴挺，跌打损伤。用法用量：内服煎汤，15 ~ 30 g。

【资源综合利用】绿化树种。小叶榕其中含有黄酮、三萜尖等成分，对治疗心血管疾病、抗炎、抑菌具有较好疗效。

60 树地瓜

【别名】山枇杷、菱叶冠毛榕、奶浆树。

▲裂叶榕

【来源】 为桑科植物裂叶榕*Ficus laceratifolia* Levl. et Vant.的果实。

【植物形态】 灌木或乔木状，高达3 m，全株有乳汁；幼枝具柔毛。单叶互生；叶柄长0.3～1 cm，具毛；托叶披针形；叶片坚纸质或近革质，倒卵状披针形或倒卵形，长6～17 cm，宽2～6.5 cm，上半部具不规则的齿裂或缺刻，有时不裂，顶端长渐尖，基部阔楔形，叶表面无毛，叶背沿叶脉有稀疏毛。隐头花序（榕果）单生于叶腋，球形或椭圆形，表面无毛或幼时有毛，顶口苞片直立，成熟时紫红色，长0.8～1 cm，宽0.7～1.3 cm，基生苞片3；雄花和瘿花生于同一花序托内；雄花具花被片3，雄蕊2；瘿花花柱短，子房球形；雌花生于另一花序托内，雌花无梗，花被片3～5，淡黄色，有棕黄色斑点。瘦果。花期5—7月。

【生境分布】 生于海拔300～1 900 m的山地林中或灌丛中。分布于库区各市县。

【采收加工】 秋、冬季采收果实，晒干。

【药材性状】 果实紫红色或深紫色，球形或稍圆形，常见残存的苞片，横切面花序托内壁着生众多小瘦果，壁的上部有时还可见枯萎的雄花。气微香，味微甘、涩。

【功能主治】 药性：甘，平。功能：下乳。主治：乳汁不足。用法用量：内服煎汤，15～24 g。

树地瓜根味微咸，性平。能清热解毒，敛疮。主治红、白痢疾，淋症，瘰疬，痔疮。内服煎汤，15～24 g。

61 薜荔

【别名】 凉粉藤、凉粉树、爬壁果。

【来源】 为桑科植物薜荔*Ficus pumila* L.的茎叶。

【植物形态】 常绿攀缘或匍匐灌木。叶二型；营养枝上生不定根，攀援于墙壁或树上，叶小而薄，叶片卵状心形，长约2.5 cm，膜质，基部稍不对称，顶端渐尖，叶柄很短；繁殖枝上无不定根，叶较大，互生，叶柄长5～10 mm；托叶2，披针形，被黄色丝状毛；叶片厚纸质，卵状椭圆形。长5～10 cm，宽2～3.5 cm，顶端急尖至钝形，基部圆形至浅心形，全缘，上面无毛，下面被黄色柔毛；基出脉3条，侧脉4～5对，在表面下陷，背面突起，网脉蜂窝状。花序托单生于叶腋，梨形或倒卵形，长3～6 cm，宽3～5 cm，顶部截干，略具短钝头或为脐状突起，基部有时收缩成一短柄，幼时被黄色短柔毛，成熟时绿带浅黄色或微红，基生苞片宿存，密被长柔毛；雄花和瘿花同生于一花序托内壁口部，多数，排成数行，有梗，花被片2～3；雄蕊2，花丝短；瘿花具梗，花被片3，花柱侧生；雌花生于另一植株花序托内壁，花梗长，花被片4～5。瘦果近球形，有黏液。花期5—6月，果期9—10月。

▲薜荔

【生境分布】生于海拔350 ~ 900 m的树上、残壁上或石灰岩山坡上。分布于库区各市县。

【采收加工】全年均可采收，鲜用或晒干。

【药材性状】茎圆柱形，节处具成簇状的攀缘根及点状突起的根痕。叶互生，长0.6 ~ 2.5 cm，椭圆形，全缘，基部偏斜，上面光滑，深绿色，下面浅绿色，有显著突起的网状叶脉，形成许多小凹窝，被细毛。拉质脆或坚韧，断面可见髓部，呈圆点状，偏于一侧。气微，味淡。

【显微鉴别】茎横切面最外为木栓层。皮层的外侧有断续环列的石细胞。韧皮部较薄，外侧有非木化的纤维。形成层成环。木质部全由木化细胞所成，导管类圆形，大而稀少，散列，木射线不明显，在木质部内部尚有内侧形成层和内侧韧皮部：髓部薄壁细胞常破碎，亦可见纤维束散在。

【化学成分】叶含脱肠草素（herniarin），香柑内酯（bergapten），内消旋肌醇（mesoinositol），芸香苷（rutin），β-谷甾醇（β-sitosterol），蒲公英赛醇乙酸酯（taraxeryl acetate），β-香树脂醇乙酸脂（β-amyrmacetate）等。

【功能主治】药性：酸，凉。功能：祛风除湿，活血通络，解毒消肿。主治：风湿痹痛，坐骨神经痛，泻痢，尿淋，水肿，疟疾，闭经，产后瘀血腹痛，咽喉肿痛，睾丸炎，漆疮，痈疮肿毒，跌打损伤。用法用量：内服煎汤，9 ~ 15 g（鲜品60 ~ 90 g）；捣汁、浸酒或研末。外用适量，捣汁涂或煎水熏洗。

附方：

1. 治风湿关节痛：①薜荔茎、南天竹根各30 g。水煎服。②薜荔60 g，金樱子、南蛇藤、鸡血藤各9 g。水煎服。

2. 治坐骨神经痛：薜荔茎、柘树根各30 g，南蛇藤根9 ~ 15 g。水煎服。

3. 治手指挛曲：薜荔枝叶，每斤加川椒150 g，侧柏叶200 g。煎浓汁，久洗。

4. 治呕吐：薜荔藤30 g。水煎服。

薜荔果实（木馒头）能补肾固精，清热利湿，活血通经，催乳，解毒消肿；主治肾虚遗精，阳痿，小便淋浊，久痢，痔血，肠风下血，久痢脱肛，闭经，疝气，乳汁不下，咽喉痛，痄腮，痈肿，疥癣。根能祛风除湿，舒筋通络；主治风湿痹痛，坐骨神经痛，腰肌劳损，水肿，疟疾，闭经，产后瘀血腹痛，慢性肾炎，慢性肠炎，跌打损伤。汁能祛风杀虫止痒，壮阳固精。主治白癜风，疬疡，疥癣瘙痒，疣赘，阳痿，遗精。

【资源综合利用】薜荔始载于《本草拾遗》。薜荔果含有蛋白质、碳水化合物和维生素，可制作凉粉，是一种低热量、高保健食品，国内外市场供不应求，由于薜荔主要以野生分布为主，藏量有限，具有较大发展潜力。

▲地瓜榕

62 地瓜藤

【别名】地枇杷。

【来源】为桑科植物地瓜榕*Ficus tikoua* Bur.的茎叶。

【植物形态】多年生落叶匍匐灌木，全株有乳汁。茎圆柱形或略扁，棕褐色，分枝多，节略膨大，

▲地瓜榕果实

触地生细长不定根。单叶互生；叶柄长1～2 cm；叶片坚纸质，卵形或倒卵状椭圆形，长1.6～8 cm，宽1～4 cm，顶端钝尖，基部近圆形或浅心形，边缘有疏浅波状锯齿，上面绿色，被短刺毛，粗糙，下面浅绿色，沿脉被短毛；具三出脉，侧脉3～4对。隐头花序，成对或簇生于无叶的短枝上，常埋于土内，球形或卵圆形，直径1～2 cm，成熟时淡红色；基生苞片3；雄花及瘿花生于同一花序托内，花被片2～6，雄蕊1～（3～6）；雌花生于另一花序托内。瘦果。花期4—6月，果期6—9月。

【生境分布】生于低山区的疏林、山坡、沟边或旷野草丛中。分布于库区各市县。

【采收加工】9—10月采收，洗净晒干。

【药材性状】茎叶圆柱形，直径4～6 mm，常附有须状不定根。表面棕红色至暗棕色，具纵皱纹，幼枝有明显的环状托叶痕。质稍硬，断面中央有髓。叶多皱折，破碎；完整叶倒卵状椭圆形，长1.5～6 cm，宽1～4 cm，顶端急尖，基部圆形或近心形，边缘具细锯齿，上面灰绿色至深绿色，下面灰绿色，网脉明显。纸质易碎。气微，味淡。

【功能主治】药性：苦，寒。功能：清热利湿，活血通络，解毒消肿。主治：肺热咳嗽，痢疾，水肿，黄疸，小儿消化不良，风湿疼痛，经闭，带下，跌打损伤，痔疮出血，无名肿毒。用法用量：内服煎汤，15～30 g。外用适量，捣敷；或煎水洗。使用注意：无湿热瘀滞者勿用。

附方：

1. 治咳嗽吐血，阴虚发热：地瓜藤15～24 g。水煎服。
2. 治慢性支气管炎：地瓜藤。炼蜜为丸，日服3次，每次6 g。
3. 治痢疾：鲜地瓜藤120 g。炒焦，黄糖炙，水煎服。
4. 治痢疾，跌打损伤，水肿：地瓜藤嫩叶尖30 g，仙鹤草、蒲公英各15 g。水煎服。
5. 治无名肿毒，烫火伤：地瓜藤适量。捣烂，麻油调，搽患处。

地瓜榕果能清热解毒，涩精止遗；主治咽喉肿痛，遗精滑精。根能清热利湿，消肿止痛；主治泄泻，痢疾，黄肿，风湿痹痛，遗精，白带，瘰疬，痔疮，牙痛，跌打伤痛。

63 黄桷树叶

【别名】大榕叶。

【来源】为桑科植物黄葛树*Ficus virens* var. *sublanceolata*（Miq.）Corner的叶。

【植物形态】落叶乔木，高15～20 m。板根延伸达数十米外，支柱根形成树干，胸径达3～5 m。叶互生；叶柄长2.5～5 cm；托叶广卵形，急尖，长5～10 cm；叶片纸质，长椭圆形或近披针形，长8～16 cm，宽4～7 cm，顶端短渐尖，基部钝或圆形，全缘，基出脉3条，网脉稍明显。隐头花序（榕果）单生或成对腋生，或3～4个簇生于已落叶的老枝上，近球形，直径5～8 mm，成熟时黄色或红色；基部苞片3枚，卵圆形，细小，无总花梗；雄花、瘿花、雌花生同一花序托内；雄花无梗，少数，着生于花序托内壁近口部，花被片4～5，线形；雄蕊1，花丝短；瘿花具花被片3～4，花柱侧生；雌花无梗，花被片4。瘦果微有皱纹。花、果期全年。

▲黄葛树

【生境分布】生于海拔500～1 000 m的疏林中或溪边湿地，有栽培。分布于库区各市县。

【采收加工】夏、秋季采收，鲜用。

【功能主治】药性：涩，平。功能：祛风通络，止痒敛疮，活血消肿。主治：筋骨疼痛，迎风流泪，皮肤瘙痒，臁疮，跌打损伤，骨折。用法用量：内服煎汤，9～15 g。外用适量，捣敷或煎水洗。

附方：

1. 治远年骨痛：黄葛树叶适量。醋蒸，送饭常食。

2. 续骨：黄葛树叶适量。捣敷。

黄葛树根能祛风除湿，通经活络，消肿，杀虫；主治风湿痹痛，四肢麻木，半身不遂，劳伤腰痛，跌打损伤，水肿，疥癣。根疙瘩能祛风除湿，活血通络。主治风湿关节痛，劳伤腰痛。树皮能祛风通络，杀虫止痒；主治风湿痹证，四肢麻木，半身不遂，癣疮。乳汁能杀虫，解毒。主治疥癣，痄腮。

64 葎草

【别名】割人藤、锯锯藤、大五爪龙。

【来源】为桑科植物葎草*Humulus scandens*（Lour.）Merr.的全草。

【植物形态】一年生或多年生蔓性草本。茎长达数米，淡绿色，有纵条棱，茎枝和叶柄上密生短倒向钩刺。单叶对生；叶柄长5～20 cm，稍有6条棱，有倒向短钩刺；掌状叶5～7深裂，直径5～15 cm，裂片卵形或卵状披针形，顶端急尖或渐尖，边缘有锯齿，上面有粗刚毛，下面有细油点，脉上有硬毛。花单性，雌雄异株；雄花序圆锥状，雌花序短穗状；雄花小，花被片5，黄绿色，雄蕊5，花丝丝状，短小；雌花每两朵具1苞片，苞片卵状披针形，被白色刺毛和黄色小腺点，花被片1，灰白色，紧包雌蕊，子房单一，上部突起，疏生细毛。果穗绿色，近球形；瘦果淡黄色，扁球形。花期6—10月，果期8—11月。

【生境分布】生于海拔200～850 m的路旁、沟边湿地、林缘或灌丛中。分布于库区各市县。

【采收加工】9—10月收割地上部分，晒干。

【药材性状】叶皱缩成团。完整叶片展平后为近肾形五角状，掌状深裂，裂片5～7，边缘有粗锯齿，两面均

▲葎草

有毛茸，下面有黄色小腺点；叶柄长5～20 cm，有纵沟和倒刺。茎圆形，有倒刺和毛茸。质脆易碎，茎断面中空，不平坦，皮、木部易分离。有的可见花序或果穗。气微，味淡。

【显微鉴别】叶横切面：表皮细胞1列，上、下表皮均有非腺毛及含钟乳体晶细胞。钟乳体多存在于短而膨大的非腺毛中。位于主脉维管束的下表皮内侧有厚角组织；栅状组织1列细胞，海绵组织细胞较疏松；主脉维管束外韧型。薄壁细胞含草酸钙簇晶。

茎横切面：呈多角形。表皮细胞1列，可见钩刺及非腺毛，棱的内侧有厚角组织，皮层较窄。维管束外韧型，环列；髓部宽广。薄壁细胞含草酸钙簇晶。

粉末特征：叶粉末黄绿色。上表皮细胞多角形，垂周壁平直，气孔少；下表皮细胞垂周壁稍弯曲，气孔不定式，副卫细胞5～6个。非腺毛为单细胞，长50～612 μm，有的顶端弯曲或呈钩状，有时可见壁疣；有的足部膨大且短，内含钟乳体，并以上表皮为多见。螺纹导管直径11～29 μm。纤维直径21～35 μm，壁厚1～5 μm。草酸钙簇晶直径7～32 μm，棱角较短。

【化学成分】全草含木犀草素（luteolin），葡萄糖苷，胆碱（choline），天冬酰胺（asparamide）及挥发油等；挥发油主成分为：β-葎草烯（β-humulene），丁香烯（caryophyllene），α-玷𤤹烯（α-copaene），α-芹子烯（α-selinene），β-芹子烯（β-selinene）和γ-毕澄茄烯（γ-cadinene）等。球果含葎草酮（humulone），蛇麻酮（lupulone）。叶含木犀草素-7-葡萄糖苷（luteolin-7-glucoside），大波斯菊苷（cosmosiin），牡荆素（vitexin）。

【药理作用】有抗菌作用。葎草酮对猫有二硝基酚样作用，可使氧耗量增加，并出现呼吸急促，体温升高达45 ℃而致死。大量注射还可产生糖尿、血尿。对兔的作用远较猫弱。

【功能主治】药性：甘、苦，寒。归肺、肾经。功能：清热解毒，利尿通淋。主治：肺热咳嗽，肺结核，细菌性痢疾，慢性腹泻，虚热烦渴，热淋，水肿，小便不利，湿热泻痢，热毒疮疡，皮肤瘙痒。用法用量：内服煎汤，10～15 g，鲜品30～60 g；或捣汁。外用适量，捣敷；或煎水熏洗。

附方：

1. 治伤寒汗后虚热：鲜葎草适量。研取汁，饮100 mL。
2. 治肺结核：葎草、夏枯草、百部各12 g。水煎服。
3. 治痔疮脱肛：鲜葎草90 g。煎水熏洗。
4. 治皮肤瘙痒：葎草、苍耳草、黄柏各适量。煎水洗患处。
5. 治慢性腹泻：葎草100 g（鲜品150 g）。水煎，早、晚服，5日为1疗程。休息2日，再进行第2个疗程。

【资源综合利用】葎草始载于《别录》，原名勒草，收于“有名未用”类，葎草除具有药用价值外，还可以作为饲草，由于其性强健抗逆性强，是水土保持的重要植物。

65 桑叶

【别名】蚕叶、霜桑叶、黄桑。

【来源】为桑科植物桑*Morus alba* L.的叶。

【植物形态】落叶灌木或乔木，高3～15 m。树皮灰白色，有条状浅裂；根皮黄棕色或红黄色，纤维性强。单叶互生，叶柄长1～2.5 cm；叶片卵形或宽卵形，长5～20 cm，宽4～10 cm，顶端锐尖或渐尖，基部圆形或近心形，边缘有粗锯齿或圆齿，有时有不规则的分裂，上面无毛，有光泽，下面脉上有短毛，腋间有毛；基出脉3条与细脉交织成网状，背面较明显；托叶披针形，早落。花单性，雌雄异株；雌、雄花序均排列成穗状葇荑花序，腋生；雌花序长1～2 cm，被毛，总花梗长5～10 mm；雄花序长1～2.5 cm，下垂，略被细毛；雄花具花被片4枚，雄蕊4枚，中央有不育的雌蕊；雌花具花被片4枚，基部合生，柱头2裂。瘦果，多数密集成一卵圆形或长圆形的聚合果，长1～2.5 cm，初时绿色，成熟后变为肉质，黑紫色或红色。种子小。花期4—5月，果期5—6月。

【生境分布】生于丘陵、山坡、村旁、田野等处，多栽培。分布于库区各市县。

【采收加工】10—11月霜降后采收，晒干。

▲桑

【药材性状】叶多皱缩、破碎。完整者有柄，叶柄长1～2.5 cm；叶片展平后呈卵形或宽卵形，长8～15 cm，宽7～13 cm，顶端渐尖，基部截形、圆形或心形，边缘有锯齿或钝锯齿，有的不规则分裂。上表面黄绿色或浅黄棕色，有的有小疣状突起；下表面颜色稍浅，叶脉突出，小脉网状，脉上被疏毛，脉基具簇毛。质脆。气微，味淡、微苦、涩。以叶大、色黄绿者为佳。

【显微鉴别】叶片横切面：上表皮细胞方形，有的颇大，径向延长，其外壁略向外突起，内含钟乳体。下表皮细胞扁平，含钟乳体的细胞少见；可见单细胞柄、多细胞头的腺毛及单细胞非腺毛，以叶脉处多见；有的非腺毛基部膨大，内含钟乳体。栅栏组织1～2列细胞，不通过主脉，海绵组织细胞排列较紧密。主脉上下表皮细胞内侧有厚角组织，维管束外韧型，韧皮部较狭，外侧有厚角组织，细胞较小，木质部新月形，有的在大维管束上方有一小的外韧型维管束。叶肉薄壁细胞中含草酸钙簇晶，偶有棱晶，主脉薄壁细胞中含有棱晶，偶有簇晶。

粉末特征：棕绿色或黄绿色。钟乳体直径47～77 μm。下表皮气孔不定式，副卫细胞4～6个。非腺毛单细胞，长50～230 μm。草酸钙簇晶及方晶，簇晶直径5～16 μm。腺毛头部类圆球形，2～4个细胞，直径15～35 μm，柄单细胞，长14～30 μm。

【理化鉴别】检查三萜类化合物：取粉末5 g，加苯20 mL，回流提取15 min后过滤。滤液蒸干，残渣用少量氯仿溶解于小试管中，加冰醋酸数滴，沿试管壁渐渐加入浓硫酸使成两层，接界面显红色环。

【化学成分】含牛膝甾酮（inokosterone），蜕皮甾酮（ecdysterone），豆甾醇（stigmasterol），菜油甾醇（campesterol），羽扇豆醇（lupeol），β-谷甾醇（β-sitosterol）及其乙酰衍生物和β-香树脂醇（β-amyrin），芳香苷（rutin），槲皮素（quercetin），异槲皮素（isoqucxitrin），桑苷（moracetin），桑黄酮Ⅰ（kuwanonⅠ），佛手内酯（lcrgapten），伞形花内酯（umbelliferone）等。

【药理作用】有降血糖、降血压、抗菌、抗衰老、降血脂、利尿、祛痰、兴奋子宫、抑制肿瘤作用。所含蜕皮激素能促进细胞生长，刺激真皮细胞分裂，产生新生的表皮并促使昆虫蜕皮。桑叶乙醇提取物内的植物雌激素，喂饲小鼠可减慢生长速度。毒副作用：如用量超过人1日量的250倍以上，则对肝、肾、肺等有一定的损害（变性、出血）。

【功能主治】药性：苦、甘，寒。归肺、肝经。功能：疏散风热，清肺，明目。主治：下肢象皮肿，面部褐色斑，脂溢性脱发，化脓性中耳炎，糖尿病，乳糜尿，风热感冒，风温初起，发热头痛，汗出恶风，咳嗽胸痛；或肺燥干咳无痰，咽干口渴；风热及肝阳上扰，目赤肿痛。用法用量：内服煎汤，4.5～9 g或入丸、散。外用适量，煎水洗或捣敷。

附方：

1. 治疗结膜炎、角膜炎：桑叶60 g，野菊花30 g，金银花40 g。煎水，洗眼。

2. 治手足麻木：霜降后桑叶适量。煎汤，频洗。

除桑叶外，其根、皮、果、枝均作中药用。

【资源综合利用】桑始载于《神农本草经》列为中品，是我国栽培较早、较广的植物之一。桑叶在农业上为蚕的饲料，资源丰富，可提取超氧物歧化酶（SOD），用于保健品及美容品。桑叶含氨基酸总量达10.10%，含人体必需氨基酸达3.28%。在保健食品或饲料开发领域有较大前景。日本已有桑叶茶，桑叶面，桑叶小甜饼等保健食品上市。综合利用价值极高。同属植物鸡桑*Morus australis* Poir，蒙桑*M. mogolica* Schneid，华桑*M. cathayana* Hemsl.的叶在库区也作桑叶使用。

66 鸡桑叶

【别名】小叶桑、野桑、岩桑、山桑。

【来源】为桑科植物鸡桑*Morus australis* Poir.的叶。

【植物形态】落叶灌木或小乔木，高达15 m。枝开展，无毛；树皮灰褐色，纵裂。单叶互生，纸质，卵圆形，长6～15 cm，宽4～10 cm，顶端急尖或渐尖，基部截形或近心形，边缘有粗锯齿，有时3～5裂，两面均有短毛；托叶早落。穗状花序生于新枝的叶腋；花单性，雌雄异株；雄花被片和雄蕊均为5枚，不育雌蕊陀螺形；雌花柱头2裂与花柱等长，宿存。聚花果成熟时呈暗紫色。

【生境分布】生于海拔350～1 850 m的石灰岩的山坡林中。分布于奉节、石柱、武隆、开州等地。

▲鸡桑

▲大叶苎麻

【采收加工】夏季采收，鲜用或晒干。

【化学成分】根皮含挥发油约0.07%，胡萝卜苷（daucosterol），树脂鞣酚（resinotannol），α及β-香树脂醇（α and β-amyrm），谷甾醇（sitoterol），硬脂酸和软脂酸。

【功能主治】药性：味甘、辛，性寒。归肺经。功能：清热解表，宣肺止咳。主治：风热感冒，肺热。用法用量：内服煎汤，3 ~ 9 g。

鸡桑根：味甘、辛，性寒。能清肺，凉血，利湿。主治肺热咳嗽，鼻衄，水肿，腹泻，黄疸。内服煎汤，6 ~ 15 g。

荨麻科Urticaceae

67 火麻风

【别名】水禾麻、长叶苎麻、野苎麻。

【来源】为荨麻科植物大叶苎麻*Boehmeria longispica* Steud.的根或全草。

【植物形态】多年生草本，茎高1 ~ 1.5 m。基部圆形，上部四棱形，被白色短伏毛。叶对生；叶柄长3 ~ 8.5 cm；叶片坚纸质，宽卵形或近圆形，长7 ~ 16 cm，宽5 ~ 12 cm，顶端长渐尖或不明显三骤尖，基部圆形或近截形，边缘生粗锯齿，上部的齿常重出，上面粗糙，生短糙伏毛，下面沿网脉生短柔毛。穗状花序腋生，雄花序位于雌花序之下；雌花序长达20 cm，雌花簇密集，直径约3.5 mm。花期6月，果期9月。

【生境分布】生于海拔350 ~ 1 200 m的山坡、沟边或林缘。分布于库区各市县。

【采收加工】夏、秋季采收，鲜用或晒干。

【药材性状】根较粗壮，直径约1 cm。淡棕黄色，表面有点状突起和须根痕。质地较硬，断面淡棕色，有放射状纹。茎细，长1 ~ 1.5 m，茎上部带四棱形，具白色短柔毛。叶对生，多皱缩，展平后宽卵形，长7 ~ 16 cm，宽5 ~ 12 cm，顶端长渐尖或尾尖，基部近圆形或宽楔形，边缘具粗锯齿，上部常具重锯齿，两面有毛；叶柄长3 ~ 8.5 cm。茎上部叶腋有穗状果序。果实狭倒卵形，表面有白色细毛。气微，味淡。

【化学成分】根含大黄素（emodin），β-谷甾醇（β-sitosterol），β-谷甾醇-β-D-葡萄糖苷（β-sitosteryl-β-D-glucoside），熊果酸（ursolic acid），19α-羟基熊果酸（19α-hydroxyursolic acid），具16～22个碳原子的长链饱和脂肪酸，一种羟基脂肪酸酯及两种不饱和脂肪醇。果油中含以亚油酸（linoleic acid）为主的脂肪酸。

【功能主治】药性：甘、辛，平。功能：清热祛风，解毒杀虫，化瘀消肿。主治：风热感冒，麻疹，痈肿，毒蛇咬伤，皮肤瘙痒，疥疮，风湿痹痛，跌打伤肿，骨折。用法用量：内服煎汤，6～15 g。外用适量，捣敷；或煎汤洗。使用注意：忌生冷食物。

附方：

1. 治头风及发热：火麻风尖5个（火上去毛），九头狮子草尖7个，萝卜头9 g，生姜1片。水煎服。
2. 治风湿骨痛：火麻风根60 g，山豆根、八爪金龙各21 g，追风伞45 g。白酒500 mL浸泡，服用。
3. 治骨折：鲜火麻风根、鲜泽兰根、鲜家麻根各1束。捣烂，兑烧酒，炒热包患处。

68 苎麻根

【别名】家麻根、苧麻根、苎麻皮。

【来源】为荨麻科植物苎麻*Boehmeria nivea*（L.）Gaud.的根及根茎。

【植物形态】多年生半灌木，高1～2 m。茎直立，圆柱形，多分枝，青褐色，密生粗长毛。叶互生，叶柄长2～11 cm；托叶2，分离，早落；叶片宽卵形或卵形，长7～15 cm，宽6～12 cm，顶端渐尖或近尾状，基部宽楔形或截形，边缘密生齿牙，上面绿色，粗糙，并散生疏毛，下面密生交织的白色柔毛；基出脉3条。花单性，雌雄通常同株；花序呈圆锥状，腋生，长5～10 cm；雄花序通常位于雌花序之下；雄花小，无花梗，黄白色，花被片4，雄蕊4，有退化雌蕊；雌花淡绿色，簇球形，直径约2 mm，花被管状，宿存，花柱1。瘦果小，椭圆形，密生短毛，为宿存花被包裹，内有种子1颗。花期9月，果期10月。

【生境分布】生于海拔250～1 450 m的山坡、沟边或林缘。多栽培。分布于库区各市县。

【采收加工】冬、春季选择食指粗细的根采挖，晒干。

【药材性状】根茎呈不规则圆柱形，稍弯曲，长4～30 cm，直径0.4～5 cm；表面灰棕色，有纵纹及多数皮孔，并有多数疣状突起及残留须根；质坚硬，不易折断，折断面纤维性，皮部棕色，木部淡棕色，有的中间有

▲苎麻

数个同心环纹，中央有髓或中空。根略呈纺锤形，长约10 cm，直径1～1.3 cm；表面灰棕色，有纵皱纹及横长皮孔；断面粉性。气微，味淡，有黏性。以色灰棕、无空心者为佳。

【显微鉴别】根茎横切面：木栓层为数列木栓细胞外侧破碎。皮层约10余列细胞，近中柱鞘纤维处为厚角细胞。中枝鞘纤维壁极厚，胞腔小。韧皮射线明显；韧皮纤维单个或数个成束，壁厚，非木化。形成层成环。木质部射线宽2～10列细胞；导管单个散在或数个径向排列，少数切向排列。髓部薄壁细胞较大。本品薄壁细胞含淀粉粒，并含草酸钙簇晶，木射线细胞尚含方晶；另有黏液道及含轻质细胞。

根横切面：韧皮部狭窄，韧皮纤维较少，韧皮射线不明显；木质部主为薄壁细胞，充满淀粉粒，导管稀少；无髓。

【理化鉴别】本品水煎液加三氯化铁试液，显墨绿色。取水煎液滴在滤纸上，在紫外光灯下显蓝色荧光。

【化学成分】根含绿原酸（chlorogenic acid），β-谷甾醇，胡萝卜苷和19α-羟基乌苏酸。

【药理作用】有止血、抑菌作用。

【功能主治】药性：甘，寒。归肝、心、膀胱经。功能：凉血止血，清热安胎，利尿，解毒。主治：消化道出血，骨鲠，血淋、便血、崩漏、紫癜，先兆性流产，小便淋沥，结石，痈疮肿毒，虫蛇咬伤。用法用量：内服煎汤，5～30 g；或捣汁饮。外用适量，鲜品捣敷或煎汤熏洗。使用注意：无实热者慎服。

附方：

1. 治咯血：苎麻根30 g，白茅根30 g。水煎服。
2. 治痛风：苎麻根250 g，雄黄15 g。共捣烂，敷患处。如痛不止，以莲叶包药，煨热，敷患处。
3. 治胎动不安：苎麻根15～30 g，莲子30 g，白葡萄干、冰糖各15 g。水煎服。若见少量出血加砂仁9 g，艾叶15 g。

69　赤麻

▲悬铃木叶苎麻

【别名】龟叶麻、方麻、赤麻。

【来源】为荨麻科植物悬铃木叶苎麻*Boehmeria platanifolia* franch. et sav.的根或嫩茎叶。

【植物形态】多年生草本，高40～90 cm。茎直立，数茎丛生，不分枝，有4钝棱，通常带红色，上部疏生短伏毛。叶对生；叶柄长1～8 cm；叶片草质，卵形或宽卵形，长3.5～13 cm，宽3～12 cm，顶端有3或5骤尖或3浅裂，有时在上部叶长渐尖，基部宽楔形，边缘生粗牙齿，上面疏生短毛，下面近无毛；基生脉3条。雌雄同株或异株；花序穗状，腋生，细长；雄花序在同株时生在较下部的叶腋，雄花被片4～5，淡黄白色，雄蕊4～5；雌花序在同株时生上部中叶腋，雌花小，花被管状，淡红色，花柱线形，长达2 mm，宿存。瘦果倒卵形，长约1 mm，上部有细柔毛。花期6—8月，果期8—10月。

【生境分布】生于海拔700～1 700 m的溪边或林缘、林下或沟边草地。分布于巫山、武隆、开州地区。

【采收加工】春、秋季采根，夏、秋季采叶，洗净，鲜用或晒干。

【药材性状】根圆柱形，略弯曲，直径1～2 cm。表面暗赤色，有较多的点状突起及须根痕，质硬，断面棕白色，有较细密的放射状纹理。水浸略有黏性。气微，味微辛、微苦、涩。

【化学成分】根含槲皮素（quercetin），赤麻苷（boehmerin），花旗松素（taxifoline），篇蓄苷（avicularin），左旋表儿茶精（epicatechin），左旋表儿茶精-（-）-表儿茶精-4，8-（或6）-二聚体[epicatechin-（-）-epicatechin-4，8（or 6）-dimer]，左旋-5，7，4’-三羟基黄烷-3-醇-（-）-表儿茶精-4，8（或6）-二聚体[epiafzelechin-（-）-epicatechin-4，8（or 6）-dimer]，赤麻木脂素（boehmenan），大黄素（emo-din），大黄素甲醚（physcion），β-谷甾醇（β-sitosterol），β-谷甾醇-β-D-葡萄糖苷（β-sitosterol-β-D-glucoside），熊果酸（ursolic acid），19α-羟基熊果酸（19α-hydroxyursolic acid），花生酸（arachidic acid）及山萮酸（behenic acid）等具16～22个碳原子的长链饱和脂肪酸，羟基脂肪酸酯，不饱和脂肪醇。

地上部分含紫云英苷（astragalin），金丝桃苷（hyperin），山柰酚-3-芸香糖苷（kaempferol-3-rutino-side），芸香苷（rutin）以及亚油酸（linoleic acid），棕榈酸（palmitic acid），咖啡酸（caffeic acid）；还含有菜油甾醇（campesterol），豆甾醇（stigmasterol）和谷甾醇（sitosterol）。

【功能主治】药性：涩、微苦，平。功能：收敛止血，清热解毒。主治：咯血，衄血，尿血，便血，崩漏，跌打损伤，无名肿毒，疮疡。用法用量：内服煎汤，6～15 g。外用适量，捣敷；或研末调涂。

附方：

1. 治跌打内伤：鲜赤麻根、蛇葡萄根、春兰根等量。拌入黄酒，捣烂，敷患处。
2. 治跌打损伤：赤麻根、五加皮各60 g，白附子、皂角各6 g。研末，加糖适量，水调，贴患处。
3. 治妊娠漏血：赤麻根15 g，紫苏蔸、益母草各9 g，艾杆3 g。水煎服。
4. 治痔疮：赤麻根适量。煎汤熏洗。
5. 治疖肿：鲜赤麻根或叶适量。捣烂敷。

70 冬里麻

【别名】水麻根、水苏麻、水麻秧。

【来源】为荨麻科植物水麻*Debregeasia orientalis* c. j. Chen的枝叶。

【植物形态】落叶灌木，高1～3 m。小枝细，密生短伏毛。叶互生；叶柄长3～6 mm；叶片披针形或狭披针形，长4～16 cm，宽1～3 cm，顶端渐尖，基部圆形或钝，边缘密生小牙齿，上面粗糙，下面密生白色短绒毛；基生脉3条，侧脉5～6对。雌雄异株；花序通常生叶痕腋部，有短梗，常两叉状分枝，每分枝顶端各生一球形花簇；雄花花被片4，长约1.5 mm，雄蕊4；雌花簇直径约2 mm。果序球形，直径达7 mm；瘦果小，宿存管状花被橙黄色，肉质。花期4—7月，果期6—8月。

【生境分布】生于海拔200～1 200 m的丘陵或灌丛中。分布于库区各市县。

▲水麻

【采收加工】夏、秋季采收，鲜用或晒干。

【药材性状】嫩茎枝短细，顶端常有小芽，灰褐色，密生短毛。叶皱缩，展平后披针形或狭披针形，长3～16 cm，宽1～3 cm，顶端渐尖，基部楔形或圆形，边缘有细锯齿，上面粗糙，下面密被白色毛，侧脉5～6对；叶柄长0.3～1 cm，有短毛；托叶卵状披针形。气微，味微甜。

【功能主治】药性：辛、微苦，凉。功能：疏风止咳，清热透疹，化瘀止血。主治：外感咳嗽，咯血，小儿急惊风，麻疹不透，跌打伤肿，妇女腹中包块，外伤出血。用法用量：内服煎汤，15～30 g；或捣汁。外用适量，研末调敷；或鲜品捣敷；或煎水洗。

附方：

1. 治咳嗽：冬里麻叶9～15 g。水煎服。
2. 治咯血：冬里麻嫩尖30 g。捶绒，取汁，兑白糖服。
3. 治小儿急惊风：冬里麻嫩尖10个，葱3 g。水煎服。
4. 治风湿性关节炎：冬里麻、红禾麻根各30 g。水煎服，并洗患处。

水麻根味微苦、辛，性平。能祛风除湿，活血止痛，解毒消肿。主治风湿痹痛，跌打伤肿，骨折，外伤出血，疮痈肿毒。内服煎汤，9～15 g。外用适量，研末撒敷；或鲜品捣敷。

71 大活麻

【别名】掌叶蝎子草、红活麻。

【来源】为荨麻科植物大蝎子草*Girardinia diversifolia*（Link）Friis的全草及根。

【植物形态】多年生直立草本，高0.5～2 m。茎具纵棱，全体伏生粗毛和粗螫毛。单叶互生；叶柄长6～12 cm；托叶合生，顶端2裂，卵状披针形，长1～1.2 cm，膜质，淡褐色，早落；叶片宽卵形至扁圆形，长8～15 cm，宽7～14 cm，顶端3～5裂，基部圆形、截形或微心形，边缘有粗大锯齿，表面深绿色密布点状钟乳体，背面淡绿色，两面均伏生粗毛和淡黄色粗螫毛。雌雄同株或异株；花序腋生，穗状；雄花序较雌花序短，位于茎的下部；雌花被片2裂，上端被片椭圆形，顶端有不明显的3齿裂，下端被片线形，外面均伏生粗毛和粗螫毛。瘦果扁圆形，直径约2 mm，基部为宿存的花被片所抱托，花柱宿存。花期9—10月，果期10—11月。

▲大蝎子草

▲糯米团

【生境分布】生于海拔500 ~ 1 400 m的林下湿地或沟旁草丛中。分布于石柱等地。

【采收加工】夏季采收，鲜用或晒干。

【药材性状】全草长0.5 ~ 2 m，被短毛和锐刺状螫毛。茎有棱。叶皱缩，展平后轮廓五角形，长、宽为8 ~ 1.5 cm，基部浅心形或近截形，掌状3深裂，边缘有粗锯齿，两面均有毛；叶柄长4 ~ 15 cm；托叶宽卵形，合生。气微，味苦。

【功能主治】药性：苦、辛，凉，有小毒。功能：祛风除痰，利湿解毒。主治：咳嗽痰多，风湿痹痛，跌打疼痛，头痛，皮肤瘙痒，水肿疮毒，蛇咬伤。用法用量：内服煎汤，9 ~ 15 g；或捣汁饮。外用适量，煎水熏洗。

附方：

1. 治风湿痹痛：大活麻150 g，蜘蛛抱蛋根150 g。泡白酒500 mL，每次服15 mL，每日2次。
2. 治风疹，皮肤瘙痒：大活麻15 g，土茯苓15 g，地肤子15 g，排风藤15 g，牛蒡子9 g。水煎服或煎水洗。
3. 治蛇咬伤：大活麻适量。捣烂，敷患处。

72 糯米藤

【别名】糯米草、生扯拢、玄麻根。

【来源】为荨麻科植物糯米团*Gonostegia hirta*（Bl.）Miq.的带根全草。

【植物形态】多年生草本。茎基部伏卧，长达1 m左右，通常分枝，有短柔毛。叶对生；有短柄或无柄；叶片狭卵形、披针形或卵形，长3 ~ 11.5 cm，宽1.2 ~ 2.5 cm，顶端渐尖或长渐尖，基部浅心形，全缘，无毛或疏生短毛，上面稍粗糙；基生脉3条。花小，单性雌雄同株，簇生于叶腋，淡绿色；雄花有细柄，花蕾近陀螺形，上面截形，花被片5，长约2 mm，雄蕊5，对生；雌花近无梗，花被结合成筒形，上缘被白色短毛，内有雌蕊1，柱头丝状，脱落性。瘦果卵形，长约1 mm，顶端尖锐，暗绿或黑色，有光泽，约有10条细纵肋。花期8—9月，果期9—10月。

【生境分布】生于海拔300 ~ 1 700 m的荒坡、沟旁、林下阴湿处。分布于库区各市县。

【采收加工】全年均可采收，鲜用或晒干。

【药材性状】干燥带根全草，根粗壮，肉质，圆锥形，有支根；表面浅红棕色；不易折断，断面略粗糙，呈浅棕黄色。茎黄褐色。叶多破碎，暗绿色，粗糙有毛，润湿展平后，3条基脉明显，背面网脉明显。有时可见簇生的花或瘦果，果实卵形，顶端尖，约具10条细纵棱。气微，味淡。

【功能主治】药性：甘、微苦，凉。功能：清热解毒，健脾消积，利湿消肿，散瘀止血。主治：乳痈，肿毒，痢疾，消化不良，食积腹痛，疳积，带下，水肿，小便不利，痛经，跌打损伤，咯血，吐血，外伤出血。用法用量：内服煎汤，10～30 g，鲜品加倍。外用适量，捣敷。

附方：

1. 治乳痈，疔疖：鲜糯米藤根适量。捣烂，醋调外敷，每日换1次；乳痈外加热敷。
2. 治下肢慢性溃疡：糯米藤、三角泡、桉树叶各适量。捣烂，敷患处。
3. 治急性黄疸型肝炎：鲜糯米藤、糯稻根各60 g。水煎服。
4. 治湿热带下：鲜糯米藤全草30～60 g。水煎服。
5. 治白带：鲜糯米藤根30～60 g，猪瘦肉125 g。酒、水各半同炖，服汤食肉。
6. 治血管神经性水肿：鲜糯米藤根适量。加食盐捣烂，外敷局部，4～6 h换药1次。
7. 治毒蛇咬伤：糯米藤根、杠板归各适量。煎水，外洗；另鲜糯米藤根适量，捣烂，外敷。
8. 治脾胃虚弱，食欲不振：糯米藤根适量。炕，研末，每用15～30 g，蒸瘦猪肉服。

73 雪药

【别名】泡泡草。

【来源】为荨麻科植物毛花点草*Nanocnide lobata* Wedd.的全草。

【植物形态】多年生草本，高10～30 cm。茎丛生，多分枝，有向下弯曲的白色柔毛。单叶互生；叶柄长1～2 cm；托叶侧生，分离；叶片扇形或三角状卵形，长宽近相等，长1～2 cm，顶端钝圆，基部宽楔形或浅心形，边缘有粗钝锯齿，两面被白色长毛，有点状或条状钟乳体；基出脉3条，侧出脉再作2分枝。花淡黄绿或白色，雄花成小形聚伞花序，生于枝梢叶腋，有细刺状硬毛，花被片5，雄蕊5；雌花序聚伞状，生于叶腋或茎梢，生于叶腋的具有短花梗，生于茎梢的无花梗，花被片4，外面突起，被细刺硬毛。瘦果卵形，光滑，有细点突起，由宿存花被片所包。花期4—5月，果期6—7月。

【生境分布】生于海拔300～1 800 m的山坡、路旁潮湿处。分布于巫溪、开州、万州、石柱、丰都、涪陵、武隆等地。

▲毛花点草

【采收加工】春、夏季采集，鲜用或阴干。

【药材性状】干燥全草皱缩成团。根细长，棕黄色。茎纤细，多扭曲，直径约1 mm，枯绿色或灰白色，被有白色柔毛。叶皱缩卷折，多脱落，完整的叶三角状卵形或扇形，枯绿色。有的可见圆球状淡棕绿色花序。气微，味淡。

【功能主治】药性：苦，凉。功能：清热解毒，消肿散结，止血。主治：肺热咳嗽，瘰疬，咯血，烧烫伤，痈肿，跌打损伤，蛇咬伤，外伤出血。用法用量：内服煎汤，15 ~ 30 g。外用适量，鲜品捣敷；或浸菜油、麻油外搽。

附方：

1. 治烧伤：雪药100 g，菜油1 kg。浸泡1星期后，涂伤口。暴露疗法，注意保持伤面湿润。
2. 治瘰疬：雪药30 g，鲜夏枯草1 500 g，蜂蜜适量。熬膏。日服3次，每次15 mL。
3. 治热毒痈疮：鲜雪药、铧头草、蒲公英各适量。捣烂，外敷。
4. 治咯血：雪药30 ~ 60 g。水煎服。
5. 治肺热咳嗽，痰中带血：雪药、岩白菜各15 g，枇杷叶、肺筋草、竹林消各10 g。水煎服。

74 透茎冷水花

【别名】肥肉草、冰糖草。

【来源】为荨麻科植物透茎冷水花*Pilea pumita*（L.）A. Cray的全草或根茎。

【植物形态】一年生草本，高40 ~ 100 cm。茎直立，常分枝，淡绿色，无毛，肉质，有时呈透明状。叶对生；叶柄长1 ~ 4 cm，相对叶柄不等长；托叶小，早落；叶片菱状卵形或宽卵形，长2 ~ 10 cm，宽1 ~ 7 cm，顶端渐尖，基部宽楔形，两面均有线状钟乳体，边缘于基部以上有粗锯齿；基出脉3条。花雌雄同株、同序，有时异株；聚伞花序蝎尾状，有时呈簇生状，雄花被片2，舟形，背面近顶端有短角，雄蕊2，与花被对生；雌花被片3，狭披针形，雌蕊1。瘦果扁卵形，褐色，光滑。花期8—10月，果期9—11月。

▲透茎冷水花

【生境分布】生于海拔250 ~ 1 800 m的山坡、林下、沟谷旁阴湿处。分布于库区各市县。

【采收加工】夏、秋季采收，洗净，鲜用或晒干。

【功能主治】药性：甘，寒。功能：清热，利尿，解毒。主治：尿路感染，急性肾炎，子宫内膜炎，子宫脱垂，赤白带下，跌打损伤，痈肿初起，虫蛇咬伤。用法用量：内服煎汤，15 ~ 30 g。外用适量，捣敷。

附方：

治痈肿：鲜透茎冷水花适量。捣烂，敷患处。

桑寄生科Loranthaceae

75 桑寄生

【别名】红花寄生、树寄生、寄生泡。

▲四川桑寄生

【来源】桑寄生科植物四川桑寄生*Taxillus sutchuenensis*（Lecomte）Danser.的枝叶。

【植物形态】灌木，高0.5 m。嫩枝、叶密被深褐色短星状毛，小枝灰色，具细小皮孔。叶对生或近对生；叶柄长8～10 mm；叶片厚纸质，卵形至长卵形，长2.5～6 cm，宽1.5～4 cm，顶端短渐尖或钝形，基部楔形或阔楔形；侧脉5～7对，在叶两面均明显。总状花序，1～2个腋生或生于小枝的已落叶腋部，具花1～4朵，花序和花被星状毛，总梗长2～4 mm；花梗长6～7 mm；苞片鳞片状；花红色，花托椭圆状；副萼环状；花冠花蕾时管状，长3.7～4.2 cm，下部鼓胀，顶部椭圆状，裂片4枚，披针形，反折；花丝比花药短2/3，药室具横隔工作结盘杯状；花柱线形，柱头头状。浆果椭圆状或近球形，果皮密生小瘤体，被疏毛，幼果椭圆状，被毛，成熟果长达1 cm。花、果期4月至翌年1月。

【生境分布】生于海拔200～1 800 m的林中，常寄生于壳斗科、大戟科、樟科、豆科植物上。分布于库区各市县。

【采收加工】冬季至次春采割，除去粗茎，切段干燥；或蒸后干燥。

【药材性状】带叶茎枝圆柱形，粗枝直径约1 cm，细枝和枝梢2～3 mm。表面粗糙，黑褐色或灰褐色，有纵向细皱纹、裂纹和点状的黄褐色皮孔；小枝及枝梢上密被黄褐色或红褐色绒毛。质坚硬，易折断，断面不平坦，皮部薄，棕褐色，易与木部分离；木部宽阔，几占茎的大部，黄褐色或黄白色；髓射线明显；髓部色稍深。叶多数已脱落，叶片大多破碎或卷缩，完整叶片长椭圆形、长卵形或卵形，长5～8 cm，宽3～4.5 cm，顶端钝，基部圆形，上面光滑，茶褐色或黄褐色，稀为绿褐色，下面密被黄褐色至红褐色毡毛，或淡褐色至灰白色毡毛（变种），全缘，叶脉羽状，侧脉4～5对，上面略明显。

【显微鉴别】木栓层：为10余列的木栓细胞，内含棕色物；有时可见皮孔。皮层约占茎的1/6，薄壁细胞常含棕色物。中柱鞘纤维断续排列成环。韧皮部窄狭，多呈半月形。形成层不明显。木质部约占茎的大部分；导管单个或2～5个成群，周围为木纤维及木薄壁细胞；木射线宽2～8列细胞。髓部有石细胞，壁较厚，微木化，纹孔明显，内含团块状棕色物。

粉末特征：四川桑寄生淡黄棕色。石细胞类方形或类圆形，偶有分枝，直径20～78 μm，长10～250 μm。细胞壁有的三面厚，一面薄，含有草酸钙方晶和棕色物。纤维成束，顶端钝圆或尖，直径13～35 μm。具缘纹孔、网纹及螺纹导管多见。偶可见叠生星状毛或其碎片。草酸钙方形，长方形或柱形，直径9～33 μm。

【理化鉴别】槲皮素的薄层鉴别：取本品粉末5 g，加甲醇60 mL，加热回流8 h，滤过，滤液浓缩至约20 mL后，加水10 mL稀释，再加稀硫酸约0.5 mL，煮沸回流1 h后，用醋酸乙酯振摇提取2次，每次30 mL，合并醋酸乙酯液，浓缩至约1 mL，作为供试液。另取槲皮素对照品，同法制作对照品试液。吸取上述两种溶液各10 μL，分别点于同一用0.5%氢氧化钠制成的硅胶G薄层板上，以甲苯（水饱和）-甲酸乙酯-甲酸（5：4：1）为展开剂，展开，晾干，喷以5%三氯化铝乙醇溶液，365 nm下检视，供试品与对照品在相应的位置显相同颜色的荧光斑点。

【化学成分】枝叶含槲皮素（quercetin），槲皮苷（quercitrin），萹蓄苷（avicularin），金丝桃苷及少量的右旋的儿茶酚（catechol）。尚含磷脂酰胆碱、磷脂酰乙醇胺、磷脂酸等。

【药理作用】有降压、增加冠脉流量、减慢心率、利尿、抗微生物、抗炎、降脂作用。抑制乙型肝炎病毒表面抗原（HBsAg）及中枢神经系统作用。

【功能主治】药性：苦、甘，平。归肝、肾经。功能：补肝肾，强筋骨，祛风湿，安胎。主治：冠心病心绞痛，房室性早搏，腰膝酸痛，筋骨痩弱，肢体偏瘫，风湿痹痛，头昏目眩，胎动不安，崩漏下血。用法用量：内服煎汤，10～15 g；或入丸、散；浸酒或捣汁服。外用适量，捣烂敷。

附方：

1. 治胎动不安：桑寄生75 g，艾叶25 g（微炒），阿胶50 g（捣碎，炒令黄燥）。锉细，水煎，分3次，食前温服。
2. 治风湿关节痛：桑寄生、白筋花根各30 g，沙氏鹿茸草15 g，两面针9 g。水煎服。
3. 治高血压：桑寄生60 g，夏枯草30 g，豨莶草15 g，牛膝15 g。水煎服。

【资源综合利用】桑寄生叶总黄酮含量高于茎的含量，槲皮素含量也呈正相关性。故在采收加工时应注意保留叶。

马兜铃科Aristolochiaceae

76　马兜铃

【别名】兜铃、马兜零、马兜苓、水马香果、葫芦罐、臭铃铛、蛇参果。

【来源】为马兜铃科植物马兜铃*Aristolochia debilis* Seib. et Zucc.的果实。

【植物形态】草质藤本。根圆柱形。茎柔弱。叶互生；叶柄长1～2 cm；叶片卵状三角形、长圆状卵形或戟形，长3～6 cm，基部宽1.5～3.5 cm，顶端钝圆或短渐尖，基部心形，两侧裂片圆形，下垂或稍扩展。花单生或2朵聚生于叶腋；花梗长1～1.5 cm；小苞片三角形，易脱落；花被长3～5.5 cm，基部膨大呈球形，向上收狭成一长管，管口扩大成漏斗状，黄绿色，口部有紫斑，内面有腺体状毛；檐部一侧极短，另一侧渐延伸成舌片；舌片卵状披针形，顶端钝；花药贴生于合蕊柱近基部；子房圆柱形，6棱；合蕊柱顶端6裂，稍具乳头状凸起，裂片顶端钝，向下延伸形成波状圆环。蒴果近球形，具6棱，成熟时由基部向上沿室间6瓣开裂；果梗长2.5～5 cm，常撕裂成6条。种子扁平，钝三角形，边缘具白色膜质宽翅。花

▲马兜铃

期7—8月，果期9—10月。

【生境分布】生于海拔300～1 500 m的山谷、沟边或山坡灌丛中。分布于巫山、云阳、开州、石柱、丰都、涪陵、武隆等地。

【采收加工】9—10月采摘，晒干。

【药材性状】果实球形或长圆形，长3～5 cm，直径2～4 cm，两端钝圆；果柄细；表面黄绿色、灰绿色或棕褐色，有纵棱线12条，由棱线分出多数横向平行的细脉纹。果实轻而脆，易裂为6瓣；果皮内表面平滑而带光泽，有密的横向脉纹；果实分6室，种子多数，平叠整齐排列。种子扁平而薄，心形。长6～10 mm，宽6～12 mm，边缘有翅，淡棕色。气特殊，味微苦。以个大、黄绿色、不破裂者为佳。

【显微鉴别】果瓣横切面：外果皮为1列细胞，每隔1～4个细胞有一较大细胞，胞腔内含棕色物。中果皮为10余列薄壁细胞，中部有断续排列的维管束，背缝线处维管束较大，韧皮部外方有半月形纤维束，木化，束旁有石细胞，近腹缝线处有孔纹细胞5～9列，至背缝线处渐减少至1～2列。

种子横切面：种翅由4～8列孔纹细胞组成，壁微木化。

【理化鉴别】（1）检查马兜铃酸：本品乙醇浸出液，滴于滤纸上，置紫外灯下观察，显黄绿色荧光。

（2）薄层鉴别：取本品粉末3 g，加乙醇50 mL，置水浴加热1 h，滤过。滤液蒸干，残渣加乙醇5 mL溶解，作供试液。另取马兜铃酸乙醇溶液作对照液。取上述两种溶液各3/11点子同一硅胶G薄层板上，用氯仿-丙酮-冰醋酸（8∶5∶0.1）为展开剂。取出，晾干，置日光灯检视，供试品与对照品色谱相应位置上，显相同颜色斑点。

【化学成分】果实含马兜铃酸（aristolochic acid），β-谷甾醇（β-sitosterol），木兰花碱（magnoflorine）等。

【药理作用】有祛痰、镇咳、降压、镇静、舒张支气管、兴奋平滑肌、抗菌作用。

【功能主治】药性：苦、微辛，寒。归肺、大肠经。功能：清肺降气，止咳平喘，清泄大肠。主治：肺热咳嗽，高血压，久咳，肠热痔血，痔疮肿痛，水肿。用法用量：内服煎汤，3～9 g；或入丸、散。止咳清热多炙用，外用熏洗宜生用。使用注意：内服过量，可致呕吐。虚寒喘咳及脾虚便泄者禁服，胃弱者慎服。马兜铃酸有严重肾毒性，应在医生指导下服用。

【资源综合利用】马兜铃始载于《雷公炮炙论》。

蛇菰科Balanophoraceae

77 文王一支笔

【别名】蛇菇、借母还胎、鹿仙草、寄生黄、一支枪。

【来源】为蛇菰科植物筒鞘蛇菰*Balanophora involucrata* Hook. f.的全草。

【植物形态】多年生的寄生性肉质草本，无叶绿素，全体似菰状， 高5～15 cm。茎退化为单生或分枝块茎。肥厚，近球形，黄褐色，表面有小疣突。根状茎顶端着生直立、肉质花茎；花茎红色或带黄色，中部具一总苞状的鞘；鞘筒状，上部稍胀大，3～5裂，裂片长1.2～2.5 cm。花单性，雌雄同株或异株，成顶生肥大的肉穗花序；其两性花序椭圆形或珠形，有时近卵形，长1.4～2.2 cm，径1～1.7 cm，雄花生于花序基部，有梗，余均为密集的雌花与倒卵形小苞片；雌雄异穗较少见；雄花花被2～6裂， 雄蕊2～6枚，花丝合生成柱体，花药聚生；雌花无花被，心皮1，子房上位，1室，具柄，花柱细长。果为坚果状。花期：8月。果期：9—10月。

【生境分布】生于海拔1 800～2 600 m的山坡林下，寄生在木本植物的根上。分布于云阳、开州、武隆等地。

【采收加工】夏季采收，晒干。秋季采，洗净晒干。

【化学成分】含甾醇，木脂素，三萜类化合物，葡萄糖酯，乙酸羽扇豆酸酯，松柏苷（coniferin）等。

【药理作用】有降低血糖作用。

【功能主治】药性：甘、苦，平。功能：清热解毒、补肾，生肌、镇痛、凉血止血。主治：胃痛，鼻出血，月经过多，痢疾，咳嗽吐血，风湿性关节炎，阳痿，神经性头痛，慢性肝炎，心悸，外伤出血，痔疮肿痛，梅毒， 蛇头疔， 小儿阴茎肿。用法用量：内服煎汤， 9～15 g；外用适量，捣烂敷。

▲筒鞘蛇菰

附方：

治心悸：文王一支笔9 ~ 15 g。磨碎，每天早上兑一个鸡蛋服用。

【资源综合利用】同属植物在库区作药用的约有7种，常被民间称为“文王一支笔”，但功效不尽相同，使用时应加以区别。

蓼科Polygonaceae

78　金线草

【别名】蓼子七、化血七、大蓼子草。

【来源】为蓼科植物短毛金线草*Antenoron neofiliforme*（Nakai）Hara的全草。

【植物形态】多年生直立草本，高50 ~ 100 cm。根茎横走，粗壮，扭曲。茎节膨大。叶互生；有短柄；托叶鞘筒状，抱茎，膜质；叶片椭圆形或长圆形，长6 ~ 15 cm，宽3 ~ 6 cm，顶端长渐尖，基部楔形，全缘，两面有短糙伏毛，散布棕色斑点。穗状花序顶生或腋生；花小，红色；苞片有睫毛；花被4裂；雄蕊5；柱头2歧，顶端钩状。瘦果卵圆形，棕色，表面光滑。花期秋季，果期冬季。

【生境分布】生于海拔400 ~ 2 000 m的林下、山谷、路旁。分布于巫溪、云阳、开州、武隆等地。

【采收加工】夏、秋季采收，晒干或鲜用。

【药材性状】根茎呈不规则结节状条块，长2 ~ 15 cm，节部略膨大，表面红褐色，有细纵皱纹，并具众多根痕及须根，顶端有茎痕或茎残基。质坚硬，不易折断，断面不平坦，粉红色，髓部色稍深。茎圆柱形，不分枝或上部分枝，无毛或疏生短伏毛。叶多卷曲，具柄；叶片展开后呈长椭圆形或椭圆形，顶端长渐尖，基部楔形或近圆形；托叶鞘膜质，筒状，顶端截形，有条纹，叶的两面及托叶鞘均短糙伏毛或近于无毛。气微，味涩、微苦。

【化学成分】根茎含有没食子酸（gallic acid），左旋儿茶精（catechin）等。

【药理作用】根在试管内对金黄色葡萄球菌有较强的抗菌作用，对变形杆菌、痢疾杆菌、伤寒杆菌、副伤寒杆菌、白色葡萄球菌、大肠杆菌和绿脓杆菌等也有不同程度的抑制作用。

【功能主治】药性：辛、苦，凉，有小毒。功能：凉血止血，清热利湿，散瘀止痛。主治：咯血，吐血，便

▲短毛金钱草

血，血崩，泄泻，痢疾，胃痛，经期腹痛，产后血瘀腹痛，跌打损伤，风湿痹痛，瘰疬，痈肿。用法用量：内服煎汤，9～30 g。外用适量，煎水洗或捣敷。使用注意：孕妇慎服。

附方：

1. 治初期肺痨咯血：金线草茎叶30 g。水煎服。
2. 治肺结核咯血：金线草30 g，千日红15 g，筋骨草9 g，苎麻根15 g。水煎，加白糖15 g，冲服。
3. 治痢疾：鲜金线草、龙芽草各30 g。水煎服。
4. 治经期腹痛，产后瘀血腹痛：金线草30 g，甜酒50 mL。加水同煎，红糖冲服。
5. 治皮肤糜烂疮：金线草茎叶适量。煎水，洗患处。
6. 治月经不调，经来腹胀，腹中有块：金线草根30 g，益母草90 g。水煎，冲黄酒服。
7. 治跌打损伤：①鲜金线草根30 g，鲜杜衡15 g。捣烂，敷患处。 ②金线草、大血藤、红牛膝、酢浆草、铁马鞭各30 g。浸酒服，并外搽。
8. 治骨折：鲜金线草根适量。切碎，捣极烂，酌加甜酒或红砂糖捣，敷患处，夹板固定。
9. 治腰痛：鲜金线草根30～45 g。水、酒各半，煎服。
10. 治淋巴结结核：鲜金线草根30～45 g，玄参9～12 g，芫花根3 g。水煎，以鸡蛋2个煮服。

【资源综合利用】本品以毛蓼之名见于《植物名实图考》。不但药用，种子还是作芳香剂的原料。

79 苦荞头

【别名】金荞麦、野荞麦、荞麦三七。

【来源】为蓼科植物金荞麦*Fagopyrum dibotrys*（D. Don）Hara.的根茎。

【植物形态】多年生宿根草本，高0.5～1.5 m。主根粗大，呈结节状，横走，红棕色。茎直立，多分枝，具棱槽，淡绿微带红色，全株微被短柔毛。单叶互生，具柄，柄上有白色短柔毛；叶片为三角形，长宽约相等，但顶部叶长大于宽，长4～10 cm，宽4～9 cm，光端长渐尖或尾尖状，基部心状戟形，顶端叶狭窄，无柄抱茎，全缘成微波状，下面脉上有白色细柔毛；托叶鞘抱茎。秋季开白色小花，为顶生或腋生、稍有分枝的聚伞花序；花被片

5，雄蕊8，2轮；雌蕊1，花柱3。瘦果呈卵状三棱形，红棕色。花期7—8月，果期10月。

【生境分布】生于海拔400～2 000 m的路边、沟旁较阴湿地。分布于库区各市县。

【采收加工】秋季采挖，晒干、阴干或50 ℃下炕干。

【药材性状】根茎呈不规则团块状，常具瘤状分校，长短、大小不一，直径1～4 cm。表面棕褐色至灰褐色，有紧密的环节及不规则的纵皱纹，以及众多的须根或须根痕；顶端有茎的残基。质坚硬，不易折断，切断面淡黄白色至黄棕色，有放射状纹理，中央有髓。气微，味微涩。以个大、质坚硬者为佳。

【显微鉴别】根茎横切面：木栓层为4～5列木栓细胞，均含棕色物。皮层较窄，薄壁细胞含草酸钙簇晶。韧皮部有少数纤维散在。本质部呈内外两层，形似年轮；外层较宽，木薄壁细胞壁较薄，手管形大而稀少，木射线细胞狭长方形；内层较窄，木薄壁细胞壁较厚，导管较小，单列径向排列。髓部细胞圆形，壁较厚。

粉末特征：淡红色，淀粉粒类圆形，直径4～30 μm，脐点点状。草酸钙簇晶直径20～50 μm。具缘纹孔导管多见。韧皮纤维较为少见。

【理化鉴别】（1）检查还原花色苷元二聚物：取本品粗粉1 g，加乙醇50 mL回流提取2 h，以乙醇提取液1～2滴，置试管中，加花色素试剂（正丁醇60 mL与40%盐酸40 mL混合，再加入$FeSO_4 \cdot 7H_2O$ 77 mg溶解）2 mL，在沸水浴上加热5 min，溶液呈樱红色。

（2）电泳：取醇提液点在新华1号滤纸条上（5 cm×30 cm），用硼酸-硼砂缓冲液（pH为8.8），电压200 V，电流0.3 m A，电泳7 h，晾干，观察荧光后，喷对甲苯磺酸试剂（20%乙醇液），100 ℃烤5 min，约在离原点17 cm处有红棕色斑点。

【化学成分】根茎含双聚原矢车菊素（dimeric procyanidin），海柯皂苷元（hecogenin），β-谷甾醇（β-sitosterol），鞣质（tannin）及一种水解后可得对-香豆酸（p-coumaric acid）、阿魏酸（ferulic acid）和葡萄糖（glucose）的苷。还含有左旋表儿茶精（epicatechin），3-没食子酰表儿茶精（3-galloyl epicatechin），原矢车菊素（procyanidin）B-2、B-4和原矢车菊素B-2的3，3’-双没食子酸酯（3，3’-digalloyl- procyanidin）。茎、叶均

▲金荞麦

含原花色苷（proanthocyanidins）等。

【药理作用】抗乙肝表面抗原、降血糖、降血脂、抗癌、抑菌、增强巨噬细胞吞噬功能、解热、镇咳、抗炎、抑制血小板聚集、祛痰作用。

【功能主治】药性：酸、苦，寒。归肺、胃、肝经。功能：清热解毒，活血消痈，祛风除湿。主治：肺脓肿、支气管炎，咽喉肿痛，痢疾，风湿痹证，跌打损伤，痈肿疮毒，蛇虫咬伤。用法用量：内服煎汤，15～30 g。或研末。外用适量。捣汁或磨汁涂敷。

附方：

1. 治肺脓肿：苦荞头30 g，鱼腥草30 g，甘草6 g。水煎服。

2. 治脾胃虚弱，消化不良：苦荞头30 g，隔山撬30 g，糯米草根30 g，鸡屎藤30 g，鸡内金9 g。研末，每服3～6 g，温水调服；或制成片剂服。

3. 治湿热黄疸：苦荞头60 g，马蹄金15 g。凤尾草15 g，蔊菜5 g。水煎服。

金荞麦茎叶亦入药，其味苦、辛，性凉。归肺、脾、肝经。能清热解毒，健脾利湿，祛风通络。主治肺痈，咽喉肿痛，肝炎腹胀，消化不良，痢疾，痈疽肿毒，瘰疬，蛇虫咬伤，风湿痹痛，头风痛。内服煎汤，9～15 g，鲜品30～60 g。外用适量，捣敷或研末调敷。

【资源综合利用】金荞麦始载于《新修本草》。金荞麦叶芦丁含量达4%～8.5%，可作为提取芦丁的原料。现代药理研究表明，金荞麦化学成分提取物能明显抑制癌细胞内的核酸代谢，其抑制作用与相同质量分数的阳性对照氟尿嘧啶近似，所以加强金荞麦抗癌成分的开发研究具有广阔前景。

80 火炭母

【别名】晕药、小晕药、花脸晕药、黄膳藤。

【来源】为蓼科植物火炭母*Polygonum chinense* L.的地上部分。

【植物形态】多年生草本，长达1 m。茎近直立或蜿蜒，无毛。叶互生，有柄，叶柄基部两侧常各有一耳垂形的小裂片，垂片通常早落；托叶鞘通常膜质，斜截形；叶片卵形或长圆状卵形，长5～10 cm，宽3～6 cm，顶端渐

▲火炭母

尖，基部截形，全缘，两面均无毛，有时下面沿脉有毛，下面有褐色小点。头状花序排成伞房花序或圆锥花序；花序轴密生腺毛；苞片膜质，卵形，无毛；花白色或淡红色；花被5裂，裂片果时增大；雄蕊8，花柱3。瘦果卵形，有3棱，黑色，光亮。花期7—9月，果期8—10月。

【生境分布】生于海拔350 ~ 1 600 m的山谷、水边、湿地。分布于巫溪、奉节、云阳、开州、丰都等地。

【采收加工】夏、秋间采收，鲜用或晒干。

【药材性状】茎扁圆柱形，有分枝，长30 ~ 100 cm，节稍膨大，下部节上有须根；表面淡绿色或紫褐色，无毛，有细棱；质脆，易折断，断面灰黄色，多中空。叶互生，多卷缩、破碎，叶片展平后呈卵状长圆形，长5 ~ 10 cm，宽2 ~ 4.5 cm，顶端短尖，基部截形或稍圆，全缘，上表面暗绿色，下表面色较浅，两面近无毛；托叶鞘筒状，膜质，顶端偏斜。气微，味酸、微涩。以叶多、色绿者为佳。

【理化鉴别】检查黄酮：（1）取本品粗粉约5 g，加乙醇50 mL，置水浴上回流30 min，稍冷，加活性炭少量，滤过，滤液浓缩至约5 mL。取滤液2 mL，加镁粉少量与盐酸5滴，置水浴中加热3 min，显橙色或橙红色。（2）取上述滤液点于滤纸上，干后，置紫外光下观察，显黄色荧光，再喷以1%三氯化铝的乙醇溶液，荧光加强。

【化学成分】叶含β-谷甾醇（β-sitosterol），山柰酚（kaempferol），槲皮素（quercetm），并没食子酸（ellagic acid），没食子酸（gallic acid），3-O-甲基并没食子酸（3-O-methylellagic acid），山柰酚-7-O-葡萄糖苷（kaempferol-7-O-glucoside），山柰酚-3-O-葡萄糖醛酸苷（kaempferol-3-O-glucuronide）。根含L-肌醇（L-inositol），D-半乳糖醛酸（D-galacturonic acid），D-半乳糖（D-galactose），麦芽糖（maltose），L-鼠李糖（L-rhamnose），棕榈酸（palmitic acid），硬脂酸（stearic acid），油酸（oleic acid），亚麻酸（linolenic acid）和β-谷甾醇（β-sitosterol），多种氨基酸。

【药理作用】有抗菌、抗乙型肝炎病毒、抑制子宫及回肠收缩、降压、中枢抑制作用。

【功能主治】药性：辛、苦，凉，有毒。功能：清热利湿，凉血解毒，平肝明目，活血舒筋。主治：痢疾，急性肠炎，扁桃体炎，白喉，肺热咳嗽，百日咳，肝炎，带下，子宫颈癌，痈肿，中耳炎，湿疹，眩晕耳鸣，角膜云翳，斑翳，非中心性角膜白斑，急性结膜炎，结膜疱疹，浅角巩膜炎，电光性眼炎，角膜化学伤，跌打损伤。用法用量：内服煎汤，9 ~ 15 g，鲜品30 ~ 60 g。外用适量，捣敷；或煎水洗。

附方：

1. 治赤白痢：火炭母、海金沙各适量。捣烂，取汁，冲沸水，加糖少许服。
2. 治痢疾，肠炎，消化不良：火炭母、小凤尾、布渣叶各18 g。水煎服。
3. 治湿热黄疸：火炭母30 g，鸡骨草30 g。水煎服。
4. 治真菌性阴道炎：火炭母30 g。煎水，坐浴；火炭母粉，冲洗后局部喷撒。两者交替使用。
5. 治痈肿：鲜火炭母30 g。水、酒煎服；渣调蜜或糯米饭捣烂，敷患处。
6. 治湿疹：鲜火炭母30 ~ 60 g。水煎服；另取鲜全草煎水洗。
7. 治高血压：火炭母30 g，昏鸡头30 g，臭牡丹根30 g，夏枯草30 g，土牛膝15 g，钩藤24 g。水煎服。
8. 防中暑：火炭母2份，海金沙藤、地胆草各1份，甘草适量。成人每次总量30 g，水煎，代茶饮。

火炭母根能补益脾肾，平降肝阳，清热解毒，活血消肿。主治：体虚乏力，耳鸣耳聋，头目眩晕，白带，乳痈，肺痈，跌打损伤。内服煎汤，9 ~ 15 g。外用适量，研末调敷。

【资源综合利用】火炭母草始载《本草图经》，除具有药用价值外，还可作为园林垂直绿化树种，适合庭园、花径或建筑物周围栽植，观赏性较好。

81 水蓼

【别名】红蓼子草、水辣蓼、辣蓼。

【来源】为蓼科植物水蓼*Polygonum hydropiper* L.的地上部分。

【植物形态】一年生草本，高20 ~ 60 cm。茎直立或斜升，基部节上有不定根。单叶互生；有短叶柄；托叶鞘筒形，长约1 cm，褐色，膜质，疏生短伏毛，顶端截形，有短睫毛；叶片披针形，长4 ~ 8 cm，宽0.8 ~ 2 cm，

▲水蓼

顶端渐尖，基部楔形，两面有黑色腺点，叶缘具缘毛。总状花序穗状，顶生或腋生，细长，上部弯曲，下垂，长4～10 cm；苞片漏斗状，有褐色腺点，顶端具短睫毛或近无毛；花被4～5深裂，裂片淡绿色或淡红色，密被褐色腺点；雄蕊6，稀8，比花被短；花柱2～3，基部合生，柱头头状。瘦果卵形，侧扁，暗褐色，具粗点。花、果期6—10月。

【生境分布】生于海拔200～1 300 m的水边、路旁湿地。分布于库区各市县。

【采收加工】7—8月采收，晒干或鲜用。

【药材性状】茎圆柱形，有分枝，长30～70 cm；表面灰绿色或棕红色，有细棱线，节膨大；质脆，易折断，断面浅黄色，中空。叶互生，有柄；叶片皱缩或破碎，完整者展平后呈披针形或卵状披针形，长5～10 cm，宽0.7～1.5 cm，顶端渐尖，基部楔形，全缘，上表面棕褐色，下表面褐绿色，两面有棕黑色斑点及细小的腺点；托叶鞘筒状，长0.8～1.1 cm，紫褐色，缘毛长1～3 mm。总状穗状花序长4～10 cm，花簇稀疏间断；花被淡绿色，5裂，密被腺点。气微，味辛、辣。以叶多、带花、味辛辣浓烈者为佳。

【显微鉴别】茎横切面：表皮为1列长方形细胞，外被角质层。下皮层为2～3列厚角细胞。皮层为数列薄壁细胞，含草酸钙簇晶。中柱鞘纤维断续排列成环，壁木化。韧皮部较窄。形成层成环。木质部导管单个或数个相聚，呈放射状排列。射线宽6～13列细胞。髓部薄壁细胞大，含草酸钙簇晶及淀粉粒；中心部分常成空隙。

叶表面观：上表皮细胞不规则多角形，垂周壁较平直，下表皮细胞垂周壁弯曲；上、下表皮均有多列性非腺毛、腺毛及气孔，以下表皮为多。气孔平轴式，少数不定式或不等式。多列性非腺毛大多稍弯曲，长184～797 μm，基部直径29～60 μm，细胞壁稍厚，基部细胞具孔沟。腺毛头部顶面观类圆形或椭圆形，4～（6～8）细胞；柄2细胞并列。海绵组织细胞含草酸钙簇晶及少量方晶。

【理化鉴别】（1）检查黄酮：取本品粉末1 g，加乙醇10 mL，加热回流10 min，滤过。取滤液2 mL，加镁粉少量与盐酸3滴，水浴上加热，显樱红色。

（2）薄层鉴别：取粉末1 g，加乙醇15 mL，热回流2 h，滤过。滤液浓缩成稠膏状，加乙醇0.5 mL溶解供点样。以槲皮素乙醇溶液为对照品。在聚酰胺薄层板（上海试剂四厂）用乙醇-水（7∶3）展开，展距7.5 cm，取出晾干，喷5%三氯化铝乙醇试液，于紫外分析仪（365 nm）下观察荧光斑点，供试品溶液色谱在与对照品色谱的相应位置，显相同颜色的荧光。

【化学成分】全草含水蓼二醛（polygodial，tadeonal），异水蓼二醛（isotadeonal，isopolygodial），密叶辛木素（confertifolin），水蓼酮（polygonone），水蓼素-7-甲醚（persicarin-7-methylether），水蓼素（persicarin），槲皮素（quercetin），槲皮苷（quercitrin）等。种子含水蓼醇醛（polygonal），水蓼二醛（polygodial），异水蓼二醛（isopolygodial），异十氢三甲基萘并呋喃醇（isodrimeninol）和密叶辛木素（confertifolin）。根含水蓼内酯（polygonolide），氢化胡椒苷（hydropiperoside）等。

【药理作用】有止血、抗炎、抗癌、抗氧化、抗生育、抗菌、抗真菌、镇痛、张血管、降低血压、降低小肠和子宫平滑肌张力、刺激皮肤（可致发炎）、溶血作用和抗补体活性。

【功能主治】药性：辛、苦，平。归脾、胃、大肠经。功能：行滞化湿，散瘀止血，祛风止痒，解毒。主治：细菌性痢疾，肠炎，子宫出血，湿滞内阻，脘闷腹痛，小儿疳积，血滞经闭，痛经，跌打损伤，风湿痹痛，便血，外伤出血，皮肤瘙痒，湿疹，风疹，足癣，痈肿，毒蛇咬伤。用法用量：内服煎汤，15～30 g，鲜品30～60 g；或捣汁。外用适量，煎水浸洗；或捣敷。使用注意：过量服用有毒，发心痛。

附方：

1. 治痢疾、肠炎：水辣蓼60 g。水煎服。
2. 治小儿疳积：水辣蓼15～18 g，麦芽12 g。水煎，早晚饭前2次分服。
3. 治风湿疼痛：水蓼15 g，威灵仙9 g，桂枝6 g。水煎服。

果实味辛，性温；能化湿利水，破瘀散结，解毒；主治吐泻腹痛，水肿，小便不利，癥积痞胀，痈肿疮疡，瘰疬。体虚气弱及孕妇禁服。根味辛，性温；能活血调经，健脾利湿，解毒消肿；主治月经不调，小儿疳积，痢疾，肠炎，疟疾，跌打肿痛，蛇虫咬伤。

【资源综合利用】本品0.5%乙醚提取物对蚜虫有明显的拒食活性，其有效成分为水蓼二醛，可考虑开发成新型生物农药。

82　旱苗蓼

【别名】大蓼子草、大马蓼、假辣蓼、鱼蓼。

【来源】为蓼科植物酸模叶蓼*Polygonum lapathifolium* L.的全草。

【植物形态】多年生草本，高可达1 m。茎棕褐色，单一或分枝，节部常膨大。叶互生；叶柄有短刺毛；托叶鞘筒状，膜质，淡褐色，无毛；叶片披针形或宽披针形，大小变化很大，顶端渐尖或急尖，基部楔形，上面绿色，常有黑褐色新月形斑点，上面沿主脉有贴生的粗毛，全缘，边缘有粗硬毛。穗状花序数个组成圆锥状；苞片膜质，有缘毛；花被通常4深裂，白色或淡红色，裂片椭圆形；雄蕊6；花柱2，外弯，柱头头状。瘦果卵形，扁平，长约2 mm，黑褐色，有光泽，包于宿存花被内。花期9—10月。

▲酸模叶蓼

【生境分布】生于海拔500～1 800 m的水沟、路旁草丛中。分布于开州、丰都、涪陵、武隆等地。

【采收加工】夏、秋季采收，鲜用或晾干。

【功能主治】药性：辛，温。功能：活血散瘀，解毒，消肿止痛，透疹。主治：疮疡肿痛，腰膝寒痛，腹痛，麻疹透发不畅。用法用量：内服煎汤，3～9 g。外用适量，捣敷。

附方：

麻疹透发不畅：旱苗蓼适量。煎水洗。

【资源综合利用】果实可治疗水肿和疮毒，鲜茎叶混食盐捣汁外敷可治疮肿和蛇毒；不但药用，全草还可以制作生物农药。

▲何首乌

83　何首乌

【别名】首乌、称垞苕、野苕。

【来源】为蓼科植物何首乌*Fallopia multiflora*（Thunb.）Harald.的块根。

【植物形态】多年生缠绕藤本。根细长，末端成肥大的块根，外表红褐色至暗褐色。茎基部略呈木质，中空。叶互生，具长柄；托叶鞘膜质，褐色；叶片狭卵形或心形，长4～8 cm，宽2.5～5 cm，顶端渐尖，基部心形或箭形，全缘或微带波状，上面深绿色，下面浅绿色，两面均光滑无毛。圆锥花序；小花梗具节，基部具膜质苞片；花小，花被绿白色，5裂，大小不等，外面3片的背部有翅；雄蕊8，不等长，短于花被；雌蕊1，柱头3裂，头状。瘦果椭圆形，有3棱，黑色，光亮，外包宿存花被，花被具明显的3翅。花期8—10月，果期9—11月。

【生境分布】生于海拔350～1 600 m的草坡、路边、山坡石隙及灌木丛中。分布于库区各市县。

【采收加工】秋季或早春采挖生长3～4年的块根，切成厚2 cm左右的片，晒干或烘干。

【药材性状】块根纺锤形或团块状，略弯曲。长5～15 cm，直径4～10 cm。表面红棕色或红褐色，凹凸不平，有不规则的纵沟和致密皱纹，并有横长皮孔及细根痕。质坚硬，不易折断。切断面淡黄棕色或淡红棕色，粉性，皮部有类圆形的异型维管束作环状排列，形成"云锦花纹"，中央木部较大，有的呈木心。气微，味微苦而甘涩。以体重、质坚实、粉性足者为佳。

【显微鉴别】块根横切面：木栓层为数列细胞，充满红棕色物质，皮孔可察见。韧皮部较宽，散有异型维管束即复合维管束，另一种为单个的维管束，均为外韧型。形成层呈环状，木质部导管较少，周围有管胞及少数木纤维。块根的中心为初生木质部。薄壁细胞含有淀粉粒及草酸钙簇晶。

粉末特征：棕色。淀粉粒众多，单粒或复粒，呈类圆形、肾形，偶见梨形，直径5～22 μm，稀至40 μm，脐点星状、人字形、三叉状，层纹不明显，复粒由2～9分粒组成；草酸钙簇晶颇多，直径20～80 μm，外围晶瓣往往呈类方形，较大，偶可见小方晶、簇晶与方晶的合生晶体；木纤维长披针形，直径20～35 μm，纹孔斜形，有的相交成人字形；具缘纹孔导管，直径可达180 μm，及具缘纹孔的管胞；薄壁细胞中含有淀粉粒及红棕色块状物。

【理化鉴别】（1）检查蒽醌化合物：取本品粉末约0.1 g，加氢氧化钠溶液10 mL，煮沸3 min，冷后滤过。取滤液，加盐酸使成酸性，再加等量乙醚，振摇，醚层应显黄色。分取醚层4 mL，加氨试液2 mL，振摇，氨液层显红色。

（2）检查甾醇类：取本品粉末约0.2 g，加乙醇5 mL，置水浴中煮沸3 min，不断振摇，趁热过滤，放冷。取滤液2滴，置蒸发皿中蒸干，趁热加三氯化锑的氯仿饱和液1滴，即显紫红色。

（3）薄层鉴别：取生何首乌粉末5 g（40目），用95%乙醇回流提取，回收乙醇，制成1.5∶1的浸膏供点样用。另以大黄素、大黄素甲醚为对照品。分别点在硅胶 G- CMC（硅胶 G300目以上）板上，以氯仿-甲醇（80∶20）展开，展距10 cm。取出晾干，在可见光下，供试品色谱中，在与对照品色谱相应的位置上，显相同的色斑；于紫外光下显相同的荧光斑点。

【化学成分】含大黄酚（chrysophanol），大黄酚蒽酮（chrysophanol anthrone），大黄酸（rhein），大黄素（emodin），大黄素甲醚（emodin monomethyl ether），大黄素-甲醚（physcion），大黄素-1，6-二甲醚（emodin-1，6-dimethylether），大黄-8-甲醚（questinol），ω-羟基大黄素（citreorosein），ω-羟基大黄素-8-甲醚（questinol），2-乙酰基大黄素（2-acetylemodin）等。

【药理作用】有降血脂及抗动脉粥样硬化、增强免疫、延缓衰老、增强心肌收缩力、减慢心率、增加冠脉流量、扩张外周血管、保肝作用、抗菌作用、抗炎、镇痛作用。毒副作用：何首乌内含有致泻作用的蒽酮衍生物，故大便溏泄者不宜服用。

【功能主治】药性：苦、甘、涩，微温。归肝、肾经。功能：养血滋阴，补肝肾，润肠通便，截疟，祛风，解毒。主治：血虚头昏目眩、心悸、失眠，肝肾阴虚之腰膝酸软、须发早白、耳鸣、遗精，肠燥便秘，久疟体虚，风疹瘙痒，疮疡，瘰疬。用法用量：内服煎汤，10～20 g；熬膏、浸酒或入丸、散。外用适量，煎水洗、研末撒或调涂。使用注意：大便溏泄及有湿痰者慎服。忌铁器。养血滋阴，宜用制何首乌；润肠通便，祛风，截疟，解毒，宜用生何首乌。

附方：

1. 治血虚白发：何首乌、熟地黄各15 g。水煎服。
2. 治腰膝酸疼，遗精：何首乌15 g，牛膝、菟丝子、补骨脂、枸杞各9 g。水煎服。
3. 治心绞痛：何首乌、黄精各12 g，柏子仁9 g，菖蒲、郁金各6 g，延胡索3 g。水煎服。

【资源综合利用】何首乌始载于唐代《何首乌录》，并指出有“雌雄”两种。自宋以后，各本草均有赤、白两种何首乌的记载，并认为“赤者为雄，白者为雌”。日本高木重周考证后认为，黑、赤何首乌为蓼科何首乌Fallopia multifora的块根，白首乌为萝藦科牛皮消Cynanchum wilfordii的块根。不同产地何首乌有效成分含量有较大差别。近年来，以何首乌为主要原料生产的中成药、保健品、护发品、化妆品逐年看好。何首乌还有减肥作用。在食疗方面，何首乌可制成多种药膳及保健品，如首乌片、首乌酒、何首乌粥等。何首乌块根含有丰富的淀粉。可用于提取淀粉或酿酒。

84 荭草

【别名】红草、大蓼子、水红花草。

【来源】为蓼科植物荭蓼*Polygonum orientale* L.的茎叶。

【植物形态】一年生草本，高1～3 m。茎直立，中空，多分枝，密生长毛。叶互生；叶柄长3～8 cm；托叶鞘筒状，下部膜质，褐色，上部草质，被长毛，上部常展开成环状翅；叶片卵形或宽卵形，长10～20 cm，宽6～12 cm，顶端渐尖，基部近圆形，全缘，两面疏生软毛。总状花序由多数小花穗组成，顶生或腋生；苞片宽卵形；花淡红或白色；花被5深裂，裂片椭圆形；雄蕊通常7，长于花被；子房上位，花柱2。瘦果近圆形，扁平，黑色，有光泽。花期7—8月，果期8—10月。

【生境分布】生于海拔300～1 700 m路旁和水边湿地。分布于库区各市县。

【采收加工】晚秋霜后，采割茎叶，茎切成小段，晒干；叶置通风处阴干。

【化学成分】地上部分含槲皮苷（quercitrin），3，3'，5，6，7，8-六甲氧基-4'，5'-亚甲二氧基黄酮（3，3'，5，6，7，8-hexamethoxy-4'，5'-methylenedioxyflavone），洋地黄黄酮（digicitrin），月橘素（exoticin）。

叶含荭草素（orientin），荭草苷（orientoside），叶绿醌（plastoquinone），牡荆素（vitexin）。果实含槲皮素（quercetln）和花旗松素（taxifolin）等。

【药理作用】地上部分有增加心肌营养血流量、抗急性心肌缺血、耐缺氧、减弱心肌收缩力、减慢心率、扩张下肢血管、轻度降血压、扩张支气管、改善肺通气功能、抗菌、兴奋子宫、抗癌作用。果实有利尿、抗菌、抗癌作用。

【功能主治】药性：辛，平，有小毒。归肝、脾经。功能：祛风除湿，清热解毒，活血，截疟。主治：风湿痹痛，痢疾，腹泻，吐泻转筋，水肿，脚气，痈疮疔疖，蛇虫咬伤，小儿疳积，疝气，跌打损伤，疟疾。用法用量：内服煎汤，9～15 g；浸酒或研末。外用适量，研末或捣敷；或煎汁洗。使用注意：内服用量不宜过大，孕妇禁服。

附方：

1. 治风湿关节炎：鲜荭草60 g，鲜鹅不食草15 g。水煎服。
2. 治小儿疳积：荭草3 g，麦芽30 g。水煎，早晚饭前服，连用数月。
3. 治外伤骨折：荭草6 g，石胡荽9 g。水煎服。

荭草果实（水荭花子）味咸，性凉；活血消积，健脾利湿，清热解毒，明目；主治胁腹癥积，水臌，胃脘痛，食少腹胀，火眼，疮肿，瘰疬。血分无瘀滞及脾胃虚寒者慎服。根味辛，性凉，有毒；清热解毒，除湿通络，生肌敛疮；主治痢疾，肠炎，水肿，脚气，风湿痹痛，跌打损伤，荨麻疹，疮痈肿痛或久溃不敛。花味辛，性温；行气活血，消积，止痛；主治头痛，心胃气痛，腹中痞积，痢疾，小儿疳积，横痃。

4. 治胃痛：水红子或全草9～15 g，水煎服。
5. 治慢性肝炎、肝硬化腹水：水荭花子15 g，大腹皮12 g，黑丑9 g。水煎服。
6. 治结膜炎：水荭花子9 g，黄芩9 g，菊花12 g，龙胆草6 g。水煎服。
7. 治痢疾、肠炎：荭草根30 g（或鲜品60 g）。水煎服。
8. 治荨麻疹：荭草根适量。煎水洗。
9. 治胃脘血气作痛：水荭花一大撮。水煎服。

【资源综合利用】 荭草始见于《别录》。除药用外，因其茎、叶、花适宜观赏，是绿化美化庭园的优良植物，同时夏天具有驱蚊蝇作用。

▲荭蓼

▲竹节蓼

85 竹节蓼

【别名】飞天蜈蚣、扁竹蓼。

【来源】为蓼科植物竹节蓼*Homalocladium platycladum*（F. Muell. ex Hook.）L. H. Bailey的全草。

【植物形态】多年生草本，高1～3 m。茎基部圆柱形，木质化，上部枝扁平，呈带状，宽7～12 mm，深绿色，具光泽，有明显的细线条，节处略收缩。叶互生，多生于新枝上；无柄；托叶鞘退化成线状，分枝基部较宽，顶端锐尖；叶片菱状卵形，长4～20 mm，宽2～10 mm，顶端渐尖，基部楔形，全缘或在近基部有一对锯齿。花小，两性，簇生于节上，具纤细柄；苞片膜质，淡黄棕色；花被5深裂，淡绿色，后变红；雄蕊6～7，花丝扁，花药白色，比花被短；雌蕊1，花柱短，3枚，柱头分叉。瘦果三角形，平滑，包于肉质紫红色或淡紫色的花被内，呈浆果状。花期9—10月，果期10—11月。

【生境分布】多栽于庭园。分布于万州、丰都、涪陵、石柱等地。

【采收加工】全年均可采取，晒干或鲜用。

【药材性状】带叶茎枝平滑无毛。枝扁平，宽7～12 mm，节明显，节间长1～2 cm，表面有细密平行条纹，浅绿色或褐绿色，质柔韧。叶片菱状卵形，长0.4～2 cm，宽0.2～1 cm，顶端长渐尖，基部楔形，全缘；叶柄极短；托叶鞘退化为一横线条纹。气微，味微涩。

【功能主治】药性：甘、淡，平。归肝、肺经。功能：清热解毒，去瘀消肿。主治：痈疽肿毒，跌打损伤，蛇、虫咬伤。用法用量：内服煎汤，15～30 g，鲜品60～120 g。外用适量，捣敷。

附方：

1. 治跌打损伤：鲜竹节蓼60 g。以酒代水煎服，并以渣敷患处。

2. 治毒蛇咬伤：竹节蓼60 g，红乌桕木60 g，咸苏木60 g，假紫苏60 g，千斤拔30 g。捣烂，以1/3冲酒服，2/3浸醋外涂伤口周围。

3. 治蜈蚣咬伤：竹节蓼适量。捣烂，搽伤口周围。

86 赤胫散

【别名】小晕药、缺腰叶蓼。

【来源】为蓼科植物赤胫散*Polygonum runcinatum* Buch.-Ham. ex D. Don的全草。

【植物形态】一年生或多年生草本，高30～50 cm。根茎细弱黄色，须根黑棕色。茎纤细，直立或斜上，稍分枝，紫色，有节或被细白毛，或近无毛。叶互生；叶柄短，具翅，基部有叶耳，上部叶近无柄；托叶鞘筒状，膜质，长达1 cm，有缘毛或无毛；叶片卵形，大头羽裂，长5～8 cm，宽3～5 cm，顶生裂片较大，三角状卵形，顶端长渐尖，侧生裂片1～3对，基部近截形，两面无毛或有毛，上面中部有紫黑斑纹，具细微的缘毛。头状花序簇

▲赤胫散

生于枝顶，通常成对，总花梗有腺毛；花被5裂，粉红色，沿背部为绿色；雄蕊8，花丝较花被短；柱头圆球形，3裂。瘦果卵圆形，具3棱，黑褐色有细点。花期7—8月。

【生境分布】生于300～1 300 m路边、沟边、草丛中，或栽培。分布于开州、涪陵、长寿等地。

【采收加工】夏、秋季采收，晒干或鲜用。

【药材性状】根茎纤细，红褐色，节部肿大，有众多须根。茎圆柱形，细弱，稍扁，上部略有分枝，淡绿色或略带红褐色，有毛或近无毛；断面中空。叶卵形、长卵形或三角状卵形，长5～8 cm，宽3～5 cm，顶端渐尖，基部近截形或微心形，并下延至叶柄，且于两侧常形成向内凹的1～3对圆形裂片，上面有三角形暗紫色斑纹；托叶鞘筒状，膜质，褐色。花序顶生，由数个头状花序组成；花被白色或粉红色。气微，味微涩。

【功能主治】药性：苦、微酸、涩，平。功能：清热解毒，活血舒筋。主治：痢疾，泄泻，赤白带下，经闭，痛经，乳痈，疮疖，无名肿毒，毒蛇咬伤，跌打损伤，劳伤腰痛。用法用量：内服煎汤，9～15 g，鲜品15～30 g；或泡酒。外用适量，鲜品捣敷；或研末调敷；或醋磨搽；或煎水熏洗。

附方：

1. 治肺热咳嗽，咯血：赤胫散15 g，吉祥草12 g，旱莲草9 g，白茅根9 g，仙鹤草9 g，藕节9 g。水煎服。
2. 治肝热眩晕，头痛：赤胫散15 g，矮桐子根12 g。昏鸡头12 g，夏枯草12 g。水煎服。
3. 治痢疾：赤胫散30 g。水煎服。
4. 治无名肿毒：赤胫散适量。磨醋，搽患处。
5. 治乳腺炎初期：赤胫散、野荞麦各适量。捣烂，加酒糟搅匀，敷患处。
6. 治蛇咬伤：鲜赤胫散适量。捣烂，敷患处。

87 酸浆菜

【别名】矮沱沱。

【来源】为蓼科植物肾叶山蓼*Oxyria digyna*（L.）Hill的全草。

【植物形态】多年生草本，高15～40 cm。茎直立。基生叶有长柄；叶片肾形或近圆形，长1.5～3 cm，宽2～4 cm，顶端圆钝，基部宽心形，全缘，无毛；茎上的叶通常退化，仅存膜质托叶鞘，有时有1～2个小叶。花序圆锥状，顶生，长10～20 cm；花梗细长，中下部有关节；花两性，2～6朵簇生于一膜质苞内，淡绿色；花被4片，成2轮，果时内轮花被片稍增大，倒卵形，外轮花被片较小；雄蕊6，与花被片近等长；花柱2，柱头画笔头状，弯向两侧。瘦果扁平，边缘有膜质翅，顶端凹陷，翅淡红色。花、果期6—8月。

【生境分布】生于高山地区的山坡草地或山谷。分布于武隆地区。

【采收加工】夏、秋间采收，洗净，晒干。

【化学成分】地上部分含大量咖啡酸（caffeic acid）及少量绿原酸（chlorogenic acid），丰富的维生素（vitamin）C及胡萝卜素（carotene）。根茎含大量鞣质。

【功能主治】药性：酸，凉。归肝经。功能：清热利湿，舒肝。主治：肝气不舒，肝炎，坏血病。用法用量：内服煎汤，10～15 g。

▲肾叶山蓼

88 虎杖

【别名】酸汤杆、土地榆。

【来源】为蓼科植物虎杖*Reynoutria japonica* Houtt.根茎及根。

【植物形态】多年生灌木状草本，高达1 m以上。根茎横卧地下，木质，黄褐色，节明显。茎直立，丛生，无毛，中空，散生紫红色斑点。叶互生；叶柄短，托叶鞘膜质，褐色，早落；叶片宽卵形或卵状椭圆形，长6～12 cm，宽5～9 cm，顶端急尖，基部圆形或楔形，全缘，无毛。花单性，雌雄异株，成腋生的圆锥花序；花梗细长，中部有关节，上部有翅；花被5深裂，裂片2轮，外轮3片在果时增大，背部生翅；雄花雄蕊8；雌花花柱3，柱头头状。瘦果椭圆形，有3棱，黑褐色。花期6—8月，果期9—10月。

【生境分布】生于海拔400～2 100 m的山谷溪边、山坡灌丛、路旁、田边湿地。分布于库区各市县。

▲虎杖

【采收加工】春、秋季挖根，除去须根，晒干。鲜根可随采随用。

【药材性状】根茎圆柱形，有分枝，长短不一，有的可长达30 cm，直径0.5 ~ 2.5 cm，节部略膨大。表面红棕色至灰棕色，有明显的纵皱纹、须根和点状须根痕，分枝顶端及节上有芽痕及鞘状鳞片。节间长2 ~ 3 cm。质坚硬，不易折断，折断面棕黄色，纤维性，皮部与木部易分离，皮部较薄，木部占大部分，呈放射状，中央有髓或呈空洞状，纵剖面具节。气微，味微苦、涩。以粗壮、坚实、断面色黄者为佳。

【显微鉴别】根茎横切面：木栓层为5 ~ 10数列木栓细胞，棕红色。皮层较窄，散有纤维束，有时可见切向延长的分枝状石细胞；薄壁细胞含有草酸钙簇品及淀粉粒。韧皮部也有纤维束和草酸钙簇晶散在。形成层成环。木质部中木纤维发达，导管较少，常单个或数个成束散列于木纤维及木薄壁细胞间，木射线宽2 ~ 7列细胞。髓部薄壁细胞含有草酸钙簇晶；有时可见类圆形石细胞。

粉末：呈棕色或淡黄色。草酸钙簇晶极多，直径25 ~ 86 μm，棱角较钝。具缘纹孔导管，直径30 ~ 110 μm，偶见少数小型的网纹导管。韧皮纤维颇多，多成束存在，呈长条形或长披针形，直径15 ~ 24 μm，有时微弯曲。木细胞，直径达80 μm。长条形的木纤维，直径25 ~ 50 μm，木化，可见扁圆形的壁孔。淀粉粒较多，单粒类圆形或近多角状圆形，直径3 ~ 10 μm，偶见点状脐点，层纹不明显，复粒由2 ~ 4单粒组成。

【理化鉴别】（1）检查蒽醌类化合物：取本品粗粉5 g，加乙醇25 mL，浸渍2 h，过滤。滤液蒸干，残渣加水约2 mL，充分搅拌，取上清液，加氯仿10 mL，振摇提取，分取氯仿液，蒸干。残渣加氢氧化钠试液2滴，显樱红色。

（2）检查苷类化合物：取上项氯仿提取后的水层液，加醋酸乙酯10 mL，振摇提取，分取醋酸乙酯液，蒸干。残渣加水约5 mL，再用乙醚5 mL提取。分取乙醚液，蒸干，残渣加乙醇1 mL溶解后，点于滤纸上，置紫外光灯下观察，显亮蓝色荧光。

（3）检查缩合型鞣质：取上项氯仿提取后的下层水层液，加三氯化铁试液2滴，显污绿色。

（4）薄层鉴别：取本品粉末（40目）5 g，用甲醇回流提取，浓缩后作供试品。另取大黄素、大黄素甲醚、大黄酚制成对照品溶液。吸取两溶液分别点样于硅胶 G薄层板上，以苯-无水乙醇（8：2）为展开剂，展距13 cm，以氨蒸气显色。供试品色谱中，在与对照品色谱的相应位置上，显相同的樱红色斑点。

【化学成分】含大黄酚（chrysophanol），大黄酚蒽酮（chrysophanol anthrone），大黄酸（rhein）、大黄素（emodin），大黄素甲醚（emodin monomethyl ether），大黄素-甲醚（physcion），大黄-8-甲醚（questin），ω-羟基大黄素（citreorosein），大黄素-8-甲醚（questinol），大黄素甲醚-8-O-β-D-葡萄糖苷（physcion-8-O-β-D-glucoside），大黄素-6-甲醚（physcion），大黄素-8-O-β-D-葡萄吡喃糖苷（emodin-8-O-β-D-glucopyranoside），白藜芦醇（resveratrol），白藜芦醇苷（polydatin）等。

【药理作用】有增强心肌营养血流量、降血脂、减少动脉硬化指数、降血液黏稠度、降压、扩张细动脉、增加心搏量、增加脉压差、抗休克、利尿、解热镇痛、调节肾功能、延长睡眠、收敛、消炎、镇咳、平喘、抗菌、抗肿瘤、抗病毒、抗氧化作用。20%虎杖液对乙型肝炎表面抗原（HBsAg）有明显抑制作用。

【功能主治】药性：苦、酸，微寒。归肝、胆经。功能：活血散瘀，祛风通络，清热利湿，解毒。主治：妇女经闭，痛经，产后恶露不下，癥瘕积聚，跌打损伤，风湿痹痛，湿热黄疸，淋浊带下，疮疡肿毒，毒蛇咬伤，水火烫伤。用法用量：内服煎汤，10 ~ 15 g以浸酒或入丸。使用注意：孕妇慎服。

附方：

1. 治湿热黄疸：虎杖、金钱草、板蓝根各30 g。水煎服。
2. 治痔疮出血：虎杖、银花、槐花各9 g。水煎服。
3. 治热淋：虎杖、车前草、扁蓄草各15 g。水煎服。
4. 治胃癌：虎杖30 g，制成糖浆60 mL。每次20 ~ 30 mL，每日2 ~ 3次。

【资源综合利用】虎杖始见于《雷公炮炙论》。虎杖在防止动脉内皮损伤性血栓形成，改善休克微循环障碍，提高休克大鼠存活率，减轻缺血性再灌注损伤、自由基及内毒素等造成的组织器官损伤，降血脂及抗脂质过氧化等方面有较好的作用，提示其可开发成治疗血栓性疾病及改善休克微循环等方面的新药。

▲药用大黄花

▲药用大黄

89 大黄

【别名】大黄、南大黄、马蹄大黄、川军。

【来源】为蓼科植物药用大黄*Rheum officinale* Baill.的根茎。

【植物形态】多年生草本，高1～2 m。根茎粗壮。茎直立，中空，上部分枝，疏生短。基生叶大，有长柄；叶片宽心形或近圆形，径30～60 cm，掌状浅裂，浅裂片大齿形或宽三角形，下面有柔毛；茎生叶较小，有短柄；托叶鞘筒状，膜质，较透明，有短毛。花序大圆锥状，顶生；花梗纤细，中下部有关节。花淡黄绿色，花蕾椭圆形，花被片6，长约2 mm，成2轮；雄蕊9；花柱3。果枝开展；瘦果有3棱，沿棱生翅，不透明，顶端微凹，基部心形，红色。花期6—7月，果期7—8月。

【生境分布】生于灌丛中或山地，亦有栽培。分布于巫溪、巫山、奉节、开州、丰都、涪陵、武隆等地。

【采收加工】于初冬挖取3年以上生的根茎，刮去粗皮，横切成7～10 cm厚的大块，炕干或晒干。

据研究，不同炮制对大黄成分有不同的影响。大黄酒制后，游离蒽醌量减少，其力稍缓，并能引药上行，可清上焦实热。炒炭后泻下作用极弱，止血作用增强，多用于血热有瘀出血证。

【药材性状】呈马蹄形、圆锥形或不规则状，长6～10 cm，直径4～10 cm。表面黄棕色至红棕色，可见类白色网状纹理，习称锦纹，是由微细的类白色薄壁组织与棕红色射线交错而成，有时根茎可见散在的星点（异型维管束）多环列，未除尽外皮者表面棕褐色，有横皱纹及纵沟，顶端有茎叶残基。断面质较疏松，多空隙，富纤维性，黄褐色；根茎髓部宽，有星点散在排列；根木质部发达，具放射状纹理，形成层环不明显，无星点。气清香，味苦、微涩。嚼之黏牙，有沙粒感。

以外表黄棕色、锦纹及星点明显、体重、质坚实有油性、气清香、味苦而微涩、嚼之粘牙者为佳。

【显微鉴别】根横切面：木栓层及皮层大多已除去。韧皮部筛管群明显；薄壁组织发达。形成层成环。木质部射线较密，宽2～4列细胞，内含棕色物，导管非木化，常一至数个相聚，稀疏排列。薄壁细胞含大型草酸钙簇晶，淀粉粒众多。

根茎横切面：髓部较宽，常有大型黏液腔，内含红棕色物质。异型维管束排列成环或散在，木质部位于形成层外方，韧皮部位于形成层内方，射线呈星状射出。

粉末特征：粉末黄棕至深棕色。草酸钙簇晶直径13 ~ 170 μm、棱角大多短尖。淀粉粒单粒类圆球形或长圆形，直径5 ~ 44 μm，脐点呈裂缝状、点状、人字状或星状；复粒较多，由2 ~ 8分粒组成，有的分粒大小悬殊。网纹导管较多，有具缘纹孔导管，具缘纹孔椭圆形、斜方形或横向延长，导管直径16 ~ 190 μm。

【理化鉴别】（1）检查蒽醌化合物：

A. 取本品粉末少量，进行微量升华，可见菱状针晶或羽状结晶。

B. 取本品粉末0.1 g，加水50 mL，置水浴上加热30 min，滤过。滤液加盐酸2滴，用乙醚提取2次，每次20 mL，除去乙醚层，水层加盐酸5 mL，置水浴上加热30 min，冷后，再用乙醚20 mL提取，分取乙醚层，加碳酸氢钠试液10 mL，振摇，水层显红色。

（2）荧光色谱：取本品粉末0.2 g，加甲醇2 mL，温浸10 min，放冷，取上清液10 mL，点于滤纸上，以45%乙醇展开，取出，晾干，放置10 min，置紫外光灯（365 nm）下检视，不得显持久的亮紫色荧光。

（3）薄层鉴别：取本品粉末0.1 g，加甲醇20 mL浸渍1 h，滤过。取滤液5 mL，蒸干，加水10 mL使溶解，再加盐酸1 mL，置水浴上加热30 min，立即冷却，用乙醚分2次提取，每次20 mL，合并乙醚液，蒸干，残渣加氯仿1 mL溶解，作供试品溶液。另取大黄酸、芦荟大黄素、大黄素、大黄酚对照品，加甲醇制成每1 mL各含1 mg的溶液作为对照品溶液。吸取上述溶液各4 μL，分别点于同一硅胶H- CMC薄层板上，以石油醚（30 ~ 60 ℃）-甲酸乙酯-甲酸（15：5：1）的上层溶液为展开剂展开，取出，晾干，置紫外光灯（365 nm）下检视，供试液色谱中，在与对照品色谱相应的位置上，显相同的橙黄色荧光斑点，置氨气中熏后，日光下检视，斑点变为红色。

【化学成分】根茎含游离蒽醌：大黄酸（rhein），芦荟大黄素（aloe-emodin），大黄素（emodin），大黄素甲醚（physcion），大黄酚（chrysophanol）；结合蒽醌：大黄素甲醚-8-葡萄糖苷（physcion-8-glucoside），芦荟大黄素-8-葡萄糖苷（aloeemodin-8-glucoside），大黄酚-1-葡萄糖苷（chryso-phanol-8-O-g1ucoside），大黄酚-8-葡萄糖苷（chrysophanol-8-O-glucoside），大黄素-1-葡萄糖苷（emodin-l-O- glucoside）等。

【药理作用】有泻下、增加胆汁分泌、降低奥狄氏括约肌张力、增加胆红素和胆汁酸含量、增大胆囊、保肝、抑制乙肝抗原（HBsAL8）、抑制肝纤维化、抗胃及十二指肠溃疡、抗细菌、抗真菌、抗病毒、抗阿米巴原虫、抗滴虫、抗血吸虫、抗肿瘤、抗炎、解热、镇痛、降血压、改善微循环、降血脂、利尿、改善尿毒症症状、降低血糖及提高血清胰岛素水平、加速胰腺组织的再生和修复、抗衰老、抗缺氧、拮抗记忆获得障碍和记忆再现缺失、脑保护、减少肝细胞内细胞色素C丢失、改善线粒体呼吸功能、保护黏膜、促生牙周膜细胞生长作用。

【功能主治】药性：苦，寒。功能：攻积滞，清湿热，泻火，凉血，祛瘀，解毒。主治：实积便秘，热结胸痞，湿热泻痢，黄疸，淋病，水肿腹满，急性胰腺炎小便不利，目赤，咽喉肿痛，口舌生疮，胃热呕吐，吐血，咯血，衄血，便血，尿血，蓄血，经闭，产后瘀滞腹痛，癥瘕积聚，跌打损伤，热毒痈疡，丹毒，烫伤。用法用量：内服煎汤，3 ~ 12 g；泻下通便，宜后下，不可久煎。研末，0.5 ~ 2 g。或入丸、散。外用适量，研末调敷或煎水洗、涂。使用注意：脾胃虚寒、血虚气弱、妇女胎前、产后、月经期及哺乳期均慎服。

附方：

1. 治便秘：大黄6 g，火麻仁15 g。水煎服。
2. 大黄茎或嫩苗：苦、酸，寒。泻火，通便。治实热便秘。

【资源综合利用】大黄始载《神农本草经》，列为下品。大黄是许多减肥产品成分之一。

90 牛耳大黄

【别名】火风棠、土大黄、羊蹄、四季菜根。

【来源】为蓼科植物皱叶酸模*Rumex crispus* L.的根。

【植物形态】多年生草本，高50 ~ 100 cm。根肥厚，黄色，有酸味。茎直立，通常不分枝，具浅槽。叶互生；托叶稍膜质，管状，常破裂；叶片披针形或长圆状披针形，长12 ~ 18 cm，宽2 ~ 4.5 cm，顶端短渐尖，基部渐狭，边缘有波状皱褶，两面无毛。花多数聚生于叶腋，或形成短的总状花序，合成一狭长的圆锥花序；花被片6，2轮，宿存；雄蕊6；柱头3，画笔状。瘦果三棱形，有锐棱，长2 mm，褐色有光泽。花果期6—8月。

【生境分布】生于海拔200～2 500 m的沟谷、河岸及湿地。分布于开州、涪陵、武隆、长寿等地。

【采收加工】4—5月采挖，洗净，晒干或鲜用。

【药材性状】根呈不规则圆锥状条形，长10～20 cm，粗达2.5 cm，单根或于中段有数个分枝。根头顶端具干枯的茎基，其周围可见多数片状棕色的干枯叶基。表面棕色至深棕色，有个规则纵皱纹及多数近圆形的须根痕。质硬，断面黄棕色，纤维性。气微，味苦。

【化学成分】根及根茎含游离蒽醌类成分0.57%，结合型蒽醌1.27%，并含较多酸模素（musizin）。游离蒽醌中有大黄素，大黄酚。还含大黄酚苷，1，8-二羟基-3-甲基-9-蒽酮，矢车菊素（cyanidin），右旋儿茶酚（catechin），左旋表儿茶酚（epicatechin）等。种子中含植物血凝素（lectin）。

【药理作用】抗菌、止咳、祛痰、平喘、抗肿瘤、泻下、杀灭皮肤寄生虫、抑制血小板聚集作用。蒽醌类衍生物的其他作用参见“大黄”条。

▲皱叶酸模

【功能主治】药性：苦，寒。归心、肝、大肠经。功能：清热解毒，凉血止血，通便杀虫。主治：急慢性肝炎，肠炎，痢疾，慢性气管炎，吐血，衄血，便血，崩漏，热结便秘，痈疽肿毒，疥癣，秃疮。用法用量：内服煎汤，10～15 g。外用适量，捣敷；或研末调搽。使用注意：脾胃虚寒、食少便溏者禁服。

附方：

1. 治红崩：牛耳大黄30 g，旋鸡尾15 g，香附子15 g，益母草30 g。用酒炒，熬水服。

2. 治翻肛痔，大便结燥：鲜牛耳大黄60 g，红土苓3 g，蓖麻子根30 g，刺梨根45 g，蒲公英60 g，老君须18 g，霸王鞭30 g，天丁7个。炖猪大肠服。

3. 治干咳无痰，头晕：牛耳大黄180 g，水猪毛七60 g，淡竹叶60 g。煎水，分3次服。

【资源综合利用】库区作牛耳大黄入药的植物尚有酸模*Rumex acetosa* L.，齿果酸模*Rumex dentatus* L.，尼泊尔酸模*Rumex nepalensis* Spreng.的根，均资源丰富。全草还可作动物饲料。

91　羊蹄

【别名】羊蹄大黄、土大黄、牛蹄、牛舌大黄。

【来源】为蓼科植物羊蹄*Rumex japonicus* Houtt.的根。

【植物形态】多年生草本，高60～100 cm。根粗大，断面黄色。茎直立，通常不分枝。单叶互生，具柄；叶片长圆形至长圆状披针形，基生叶较大，长16～22 cm，宽4～9 cm，顶端急尖，基部圆形至微心形，边缘微波状皱褶。总状花序顶生，每节花簇略下垂；花两性，花被片6，淡绿色，外轮3片展开，内轮3片成果被；果被广卵形，有明显的网纹，背面各具一卵形疣状突起，其表面有细网纹，边缘具不整齐的微齿；雄蕊6，成3对；子房具棱，1室，1胚珠，花柱3，柱头细裂。瘦果宽卵形，有3棱，顶端尖，角棱锐利，长约2 mm，黑褐色，光亮。花期4月，果期5月。

▲羊蹄

【生境分布】生于海拔200 ~ 1 600 m的山野、路旁、湿地。分布于库区各市县。

【采收加工】秋季采挖，洗净，鲜用或切片晒干。

【药材性状】根：类圆锥形，长6 ~ 18 cm，直径0.8 ~ 1.8 cm。根头部有残留茎基及支根痕。根表面棕灰色，具纵皱纹及横向突起的皮孔样疤痕。质硬易折断，断面灰黄色颗粒状。气特殊，味微苦涩。

瘦果：宽卵形，有3棱，为增大的内轮花被所包。花被宽卵状心形，长5 mm，宽6 mm，边缘有锯齿，各具一卵形小瘤。干燥的果实表面棕色。气微，味微苦。

叶：枯绿色，皱缩。展平后基生叶具较长叶柄，叶片长圆形至长圆状披针形，长16 ~ 22 cm，宽4 ~ 9 cm，顶端急尖，基部圆形或微心形，边缘微波状皱褶；茎生叶较小，披针形或长圆状披针形。气微，味苦涩。

【显微鉴别】根横切面：木栓层稍厚。皮层无机械组织。韧皮部细胞压缩。形成层呈环状。木质部导管单个散在或数个成群，少数伴有纤维束，呈径向排列，较稀疏。薄壁细胞含众多淀粉粒及草酸钙簇晶。淀粉粒长圆形或类球形，长3 ~ 27 μm，簇晶直径38 ~ 115 μm。此外，尚含黄棕色物。根头部中心有髓。

【理化鉴别】（1）检查蒽醌衍生物：取本品粉末0.1 g，加稀硫酸5 mL，煮沸2 min，趁热滤过，滤液放冷，加乙醚5 mL，振摇，乙醚液即染成黄色。分取乙醚液，加氨试液2 mL，振摇，氨液层即成红色，醚层仍显黄色。

（2）薄层鉴别：取本品粉末0.2 g，用甲醇浸泡5 ~ 6 h，上清液作供试液；另取大黄素、大黄素甲醚、大黄酚作对照品。分别点样于同一硅胶 G薄层板上，以苯-甲酸乙酯-甲酸-甲醇（3：1：0.05：2）展开，置紫外光灯（365 nm）下检视，供试液色谱在与对照品色谱的相应位置上，显相同的橙红色荧光。

【化学成分】根及根茎含结合及游离的大黄素（emodin），大黄素甲醚（physcion），大黄酚（chrysophanol），总量1.73%，其中结合型0.27%，游离型1.46%，还含有酸模素（musizin）。叶含槲皮苷（quercitrin）等。

【药理作用】根有抑菌、抗组胺、抗胆碱作用。水提取物能使离体免心收缩力减弱，心率减慢，冠脉血流量减少。羊蹄含草酸，大剂量应用时有毒。大黄素的药理作用参见“大黄”条。叶有抗菌作用。

【功能主治】药性：苦，寒，有小毒。归心、肝、大肠经。功能：清热通便，凉血止血，杀虫止痒。主治：大便秘结，吐血衄血，肠风便血，痔血，崩漏，疥癣，白秃，痈疮肿毒，跌打损伤。用法用量：内服煎汤，9 ~ 15 g；捣汁；或熬膏。外用适量，捣敷；磨汁涂；或煎水洗。使用注意：脾胃虚寒者禁服。羊蹄含草酸，大剂量应用时有毒。

附方：

1. 治大便不通：羊蹄根50 g（锉）。水煎，温服。
2. 治癣：羊蹄根50 g，石黄6 g，雄黄6 g，枯矾6 g，臭菊花6 g，花椒3 g。研末，菜油调搽。
3. 治头风白屑：羊蹄草根适量。曝干，研末。羊胆汁调涂。

4. 治跌打损伤：鲜羊蹄根适量。捣烂，用酒炒热。敷患处。

羊蹄果实味苦，性平；能凉血止血，通便；主治赤白痢疾，漏下，便秘。味苦，性平。能凉血止血，通便；主治赤白痢疾，漏下，便秘。叶能凉血止血，通便，解毒消肿，杀虫止痒；主治肠风便血，便秘，小儿疳积，痈疮肿毒，疥癣。脾虚泄泻者慎服。

5. 治对口疮：鲜羊蹄叶适量，同冷饭捣烂外敷。

6. 治疥癣：羊蹄叶适量。捣烂，绞取汁，和白蜜涂。

7. 治秃疮，头部脂溢性皮炎：羊蹄茎叶适量。食盐少许，共捣烂外敷。

8. 治皮肤痒疹：鲜羊蹄叶适量。捣烂，轻擦患处。

羊蹄果实味苦，性平；能凉血止血，通便；主治赤白痢疾，漏下，便秘。叶能凉血止血，通便，解毒消肿，杀虫止痒；主治肠风便血，便秘，小儿疳积，痈疮肿毒，疥癣。脾虚泄泻者慎服。

【资源综合利用】羊蹄药用始载于《本经》，列为下品。酸模素可作为抗氧化剂添加于食物及化妆品中。

藜科Chenopodiaceae

92 灰苋菜

【别名】灰灰菜、灰藜。

【来源】为藜科植物藜*Chenopodium album* L.幼嫩全草。

【植物形态】一年生草本，高30～150 cm。茎直立，粗壮，具条棱，绿色或紫红色条纹，多分枝。叶互生；叶柄与叶片近等长，或为叶片长的1/2；下部叶片菱状卵形或卵状三角形，长3～6 cm，宽2.5～5 cm，顶端急尖或微钝，基部楔形，上面通常无粉，有时嫩叶的上面有紫红色粉，边缘有牙齿或作不规则浅裂；上部叶片披针形；下面常被粉质。花小形，两性，黄绿色，每8～15朵聚生成一花簇，许多花簇集成大的或小的圆锥状花序，生于叶腋和枝顶；花被片5，背面具纵隆脊，有粉，顶端微凹，边缘膜质；雄蕊5，伸出花被外；子房扁球形，花柱短，柱头2。胞果稍扁，近圆形，果皮与种子贴生，包于花被内。种子横生，双凸镜状，黑色，有光泽，表面有浅沟纹。花期8—9月，果期9—10月。

▲藜

【生境分布】生于海拔300～1 600 m的荒地、路旁及山坡。分布于库区各市县。

【采收加工】春、夏季割取全草，去杂质，鲜用或晒干备用。

【药材性状】全草黄绿色。茎具条棱。叶片皱缩破碎，完整者展平，呈菱状卵形至宽披针形，叶上表面黄绿色，下表面灰黄绿色，被粉粒，边缘具不整齐锯齿；叶柄长约3 cm。圆锥花序腋生或顶生。

【显微鉴别】全草粉末特征：灰绿色。叶片上、下表皮均有不定式气孔，以下表皮较多。草酸钙簇晶多见，大的直径29～69 μm；小的直径9.8～19.6 μm。花被表皮细胞不规则形，气孔不定式；外表面有多数腺毛。腺毛的腺头球形或长球形，直径25～70 μm，柄部单细胞。

【化学成分】含挥发油，齐墩果酸（oleanolic acid），L-亮氨酸（leucine），β-谷甾醇（stigmasterol）。叶含草酸盐，叶的脂质中含脂肪，主要含棕榈酸（palmitic acid）等。根含甜菜碱（betaine），氨基酸、甾醇、油脂等。种子含柳杉二醇（cryptomeridiol）等。花序含阿魏酸（ferulic acid）及香草酸（vanillic acid）。

【药理作用】有抗菌、光敏 、降压、抑制心脏、能增加平滑肌器官的运动、收缩末梢血管、麻痹骨骼肌和运动神经作用。可使耳壳、四肢、尾根等处发生充血、浮肿、出血，且可因紫外线照射而加剧。醇浸剂可使呼吸先兴奋后抑制，终因麻痹致死。

【功能主治】药性：甘，平，小毒。功能：清热祛湿，解毒消肿，杀虫止痒。主治：发热，咳嗽，痢疾，腹泻，腹痛，疝气，龋齿痛，湿疹，疥癣，白癜风，疮疡肿痛，毒虫咬伤。用法用量：内服煎汤，15～30 g。外用适量，煎水漱口或熏洗；或捣涂。

附方：

1. 治肺热咳嗽：鲜灰苋菜18～21 g，白马骨18～21 g。水煎，每日早晚饭前冲蜜糖服。
2. 治寒热往来：灰苋菜15 g，大青根15 g，路边姜12 g，枸骨12 g，木通9 g，钩藤12 g。水煎服。
3. 治皮肤湿毒，周身发痒：灰苋菜、野菊花等量。煎汤，熏洗。
4. 治疥癣湿疮：灰苋菜适量。煎汤，外洗。
5. 点疣赘，黑子：藜茎灰、荻灰、蒿灰等分。水和蒸取汁，煎膏，点患处。

藜果实味苦、微甘，性寒，小毒。能清热祛湿，杀虫止痒。主治小便不利，水肿，皮肤湿疮，头疮，耳聋。

【资源综合利用】藜始载于《诗经》，除药用外还可食用，同属植物灰绿藜，与藜极相似，但植株较小；侧方花的花被片3～4片；扁圆形的种子上有缺刻状突起，其他地区与藜同等入药，应注意区别。

93 土荆芥

【别名】臭草、杀虫芥。

【来源】为藜科植物土荆芥*Chenopodium ambrosioides* L.的带果穗全草。

【植物形态】一年生或多年生直立草本，高50～80 cm，有强烈气味。茎直立，有棱，多分枝，被腺毛或无

▲土荆芥

毛。单叶互生，具短柄；叶片披针形至长圆状披针形，长3 ~ 16 cm，宽达5 cm，顶端短尖或钝，下部的叶边缘有不规则钝齿或呈波浪形，上部的叶较小，为线形，或线状披针形，全缘，上面绿色，下面有腺点，揉之有一种特殊的香气。穗状花序腋生，分枝或不分枝。花小，绿色，两性或雌性，3 ~ 5朵簇生于上部叶腋；花被5裂，果时常闭合；雄蕊5；花柱不明显，柱头通常3，伸出花被外。胞果扁球形，完全包于花被内。种子横生或斜生，黑色或暗红色，平滑，有光泽。花期8—9月，果期9—10月。

【生境分布】生于海拔200 ~ 1 250 m的旷野、路旁、河岸和溪边。分布于库区各市县。

【采收加工】8—10月采收，阴干。

【药材性状】全草黄绿色，茎上有柔毛。叶皱缩破碎，叶缘常具稀疏不整齐的钝锯齿；上表面光滑，下表面可见散生油点；叶脉有毛。花着生于叶腋。胞果扁球形，外被一薄层囊状而具腺毛的宿萼。种子黑色或暗红色，平滑，直径约0.7 mm。具强烈而特殊的香气。味辣而微苦。

【显微鉴别】叶表面观：上、下表皮均有囊状腺毛，头部单细胞，略呈矩圆形，长100 ~ 140 μm，直径40 ~ 56 μm，柄1 ~ 4细胞。气孔甚密，不定式，副卫细胞3 ~ 4个。非腺毛1 ~ 7个细胞，顶端细胞长而钝圆，壁薄多扭曲，基部细胞膨大，有纵向角质纹理。叶肉组织中有草酸钙砂晶、簇晶及方晶。此外，偶见头部为2细胞，柄6 ~ 9细胞的腺毛，其基部细胞亦膨大呈锥状。

【化学成分】全草含挥发油，主要有松香芹酮（pinocarvone）、土荆芥酮（arltasone）、驱蛔素（ascaridole）等。叶含山柰酚-7-鼠李糖苷（kaempfrol-7-rhamnoside），土荆芥苷（ambroside）。果含山柰酚3-鼠李糖-4’-木糖苷（kaemp- ferol 3-rhamnoside-4’-xyloside），山柰酚3-鼠李糖-7-木糖苷（kaempferol 3-rhamnoside-7-xyloside）等。

【药理作用】有驱肠虫、抗菌、抗疟原虫作用。 毒性：土荆芥有剧烈的刺激性，大剂量可致恶心、呕吐。吸收后能麻痹肠肌而致便秘，还可引起耳鸣、耳聋和视觉障碍。中毒量则产生昏迷，呼吸困难，偶发惊厥。对肝肾也有毒。有蓄积性，2 ~ 3星期内不宜重复使用。服药时不宜空腹，中毒急救可用泻剂、兴奋剂。土荆芥对虚弱、营养不良者应慎用或减量。小儿较成年人敏感。有心、肝、肾疾病或有消化道溃疡者禁用。

【功能主治】药性：辛、苦，微温，大毒。功能：祛风除湿，杀虫止痒，活血消肿。主治：钩虫病，蛔虫病，蛲虫病，头虱，皮肤湿疹，疥癣，风湿痹痛，经闭，痛经，口舌生疮，咽喉肿痛，跌打损伤，蛇虫咬伤。用法用量：内服煎汤，3 ~ 9 g，鲜品15 ~ 24 g，或入丸、散；或提取土荆芥油，成人常用量0.8 ~ 1.2 mL，极量1.5 mL。外用适量，煎水洗或捣敷。使用注意：不宜多服、久服、空腹服，服前不宜用泻药。虚弱、营养不良者慎用或减量。小儿、孕妇及肾、心、肝功能不良或消化道溃疡者禁服。

附方：

1. 治钩虫病：鲜土荆芥5 kg，切碎，加水1.5 kg，水蒸气蒸馏，收集馏出液的上层金黄色液体，即为土荆芥油。成人每次服0.8 ~ 1.2 mL，儿童每岁0.05 mL。次日晨服硫酸镁20 g。
2. 治胆道蛔虫病：土荆芥鲜叶6 g，牡荆根、香薷各15 g，鬼针草30 g。水煎服。
3. 治头虱：土荆芥适量。捣烂，加茶油敷。
4. 治阴囊湿疹：土荆芥、乌蔹莓、山梗菜叶各适量。捣烂，取汁涂或煎汤洗患处。
5. 治口腔炎、口舌生疮：土荆芥、忍冬各9 g，大青15 g。水煎服。
6. 治毒蛇咬伤：土荆芥鲜叶适量。捣烂，敷患处。
7. 治蜈蚣咬伤：土荆芥鲜叶适量。加雄黄少许。捣烂，外敷。

94 菠菜

【别名】甜菜。

【来源】为藜科植物菠菜*Spinacia oleracea* L.的全草。

【植物形态】一年生草本。全株光滑，柔嫩多水。幼根带红色。茎直立，中空，通常不分枝。叶互生，具长柄，基部叶和茎下部叶较大，茎上部叶渐次变小，戟形或三角状卵形，全缘或有缺刻，花序上的叶变为披针形。

▲菠菜

花单性，雌雄异株；雄花排列成有间断的穗状圆锥花序，顶生或腋生，花被片通常4，黄绿色，雄蕊4，伸出，花药不具附属物；雌花簇生于叶腋，无花被，苞片纵折，彼此合生呈扁筒，小苞片顶端有2齿，背面通常各具1棘状附属物；花柱4，线形，细长，下部结合。胞果硬，通常有2个角刺，果皮与种皮贴生。种子直立。花期4—6月，果熟期6月。

【生境分布】库区各地栽培，为常见蔬菜之一。

【采收加工】冬、春季采收，洗净，鲜用。

【化学成分】全草含叶酸（folic acid），类胡萝卜素（carotenoids），维生素B_{12}，α-生育酚（α-toco- pherol），菠叶素（spinacetin），万寿菊素（patuletin），芸香苷（rutin）等。根含菠菜皂苷（spinasaponin），磷脂酰胆碱（phosphatidylcholine），磷脂酰丝氨酸（phosphatidylserine），磷脂酰乙醇胺（phosphatidyl- ethanolamine）等。全草尚含蛋白质，脂肪，糖，粗纤维，灰分2 g，维生素等。种子含小龙骨素（polypodine）B，蜕皮甾酮（20-hydroxyecdysone），菠菜甾醇（spinasterol）等。

【药理作用】根有抗菌活性。种子有缓解支气管平滑肌痉挛作用。

【功能主治】药性：甘，平。归肝、胃、大肠、小肠经。功能：养血，止血，平肝，润燥。主治：衄血，便血，头痛，目眩，目赤，夜盲症，消渴引饮，便闭，痔疮。用法用量：内服适量，煮食；或捣汁。使用注意：不可多食。

附方：

1. 治慢性便秘：鲜菠菜适量。置沸水中烫约3 min，以麻油拌食，每日2次。种子（菠菜子）亦入药，能清肝明目，止咳平喘。主治风火目赤肿痛，咳喘。内服煎汤，9～15 g；或研末。

2. 治目痛：菠菜子、黄芩、黄连、白菊花各6 g。水煎服。

3. 治风火赤眼：菠菜子、野菊花各适量。水煎服。

4. 治咳喘：菠菜子适量。文火炒黄，研粉。每次4.5 g，温开水送服，每日2次。

【资源综合利用】菠菜入药始载于《食疗本草》，为常见蔬菜。

苋科Amaranthaceae

95　倒扣草

【别名】粗毛牛膝、倒扣草、粘身草。

【来源】为苋科植物土牛膝*Achyranthes aspera* L.的全草。

【植物形态】多年生草本，高20～120 cm。根细长，直径3～5 mm，土黄色。茎四棱形，有柔毛，节部稍膨大，分枝对生。叶对生；叶柄长5～15 mm；叶片纸质，宽卵状倒卵形或椭圆状长圆形，长1.5～7 cm，宽0.4～4 cm，顶端圆钝，具突尖，基部楔形或圆形，全缘或波状缘，两面密生粗毛。穗状花序顶生，直立，长10～30 cm，花期后反折；总花梗具棱角，粗壮，坚硬，密生白色伏贴或开展柔毛；花长3～4 mm，疏生；苞片披针形，长3～4 mm，顶端长渐尖；小苞片刺状，长2.5～4.5 mm，坚硬，光亮，常带紫色，基部两侧各有1个薄膜质翅，长1.5～2 mm，全缘，全部贴生在刺部，但易于分离；花被片披针形，长3.5～5 mm，长渐尖，花后变硬且锐尖，具1脉；雄蕊长2.5～3.5 mm；退化雄蕊顶端截状或细圆齿状，有具分枝流苏状长缘毛。胞果卵形，长2.5～3 mm。种子卵形，不扁压，长约2 mm，棕色。花期6—8月，果期10月。

▲土牛膝

【生境分布】生于海拔500～1 300 m的旷野、路旁和林缘。分布于库区各市县。

【采收加工】夏、秋季采收，洗净，鲜用或晒干。

【药材性状】细顺纹及侧根痕；质柔韧，不易折断，断面纤维性，小点状维管束排成数个轮环。茎类圆柱形，嫩枝略呈方柱形，有分枝，长40～90 cm，直径3～8 mm，表面褐绿色，嫩枝被柔毛，节膨大如膝状；质脆，易折断，断面黄绿色。叶对生，有柄；叶片多皱缩，完整者长圆状倒卵形、倒卵形或椭圆形，长1.5～7 cm，宽0.4～4 cm，两面均被粗毛。穗状花序细长，花反折如倒钩。胞果卵形，黑色。气微，味甘。以根粗、带花者为佳。

【显微鉴别】茎横切面：呈方形。表皮细胞1列，类方形或椭圆形，外壁略突起，有非腺毛。皮层薄壁细胞3～5列，含黄棕色物质；棱角处有厚角组织。中柱鞘纤维于角隅处较发达，韧皮部狭窄。形成层不明显。木质部导管群集中在四棱角隅及两棱中部；导管群周围有木纤维。髓部近中心处有2个相对立的髓部维管束，外韧型。

叶横切面：上、下表皮均为1列类方形细胞；外被非腺毛，栅栏组织细胞3～4列，含草酸钙簇晶或砂晶；海绵组织细胞较少，黄棕色。

【理化鉴别】（1）检查皂苷：取本品粉末0.2 g，加乙醇5 mL，回流10 min，滤过。取滤液2 mL，蒸发至干，加醋酐1 mL溶解，倾入小试管中，沿壁加浓硫酸1 mL，显棕红色环。

（2）薄层鉴别：取本品粉末0.2 g，加75%乙醇10 mL，回流20 min，滤过。滤液加5%盐酸3 mL回流15 min，冷却，用3%氢氧化钠试液调至中性，用氯仿萃取，浓缩至适量作供试液。另取齐墩果酸作对照品，分别点于同一硅胶 G-0.6% CMC薄层板上，以乙醚-正己烷（2∶1）展开11 cm，喷以25%磷钼酸乙醇液，于105 ℃烘5～10 min，供试液色谱在与对照品色谱的相应位置上，显相同的色斑。

【化学成分】全草含蜕皮甾酮（ecdysterone），其中以种子中含量最高。种子还含倒扣草皂苷（achyranthe-ssaponm），蛋白质，碳氢化合物，纤维，钙，磷，铁和氨基酸。枝条含生物碱，36，47-二羟基五十一烷-4-酮（36，47-dihydroxyhenpentacontan-4-one），三十三烷醇（tritriacontane），倒扣草碱（achyranthine）等。

【药理作用】有强心、抗生育、抗菌、拮抗各种物质所致的肠管和子宫平滑肌痉挛、抗利尿作用。

【功能主治】药性：苦、酸，微寒。归肝、肺、膀胱经。功能：活血化瘀，利尿通淋，清热解表。主治：经闭、痛经、月经不调、跌打损伤，风湿关节痛，淋病，水肿，湿热带下，外感发热，疟疾，痢疾，咽痛，疔疮痈肿。用法用量：内服煎汤，10～15 g。外用适量，捣敷；或研末，吹喉。使用注意：孕妇禁服。

附方：

1. 治血滞经闭：倒扣草30～60 g，马鞭草鲜全草30 g。水煎，调酒服。

2. 治跌伤筋缩疼痛：鲜倒扣草、头发各适量。煎汤熏洗，可常洗。

3. 治冻疮：鲜倒扣草60 g，生姜30 g。煎水，外洗。

4. 治腰肌劳损：倒扣草50～100 g，猪瘦肉60 g，冰糖30 g。水煎服。

5. 治疗急性肾炎：倒扣草叶15 g。加冷开水50 mL，捣烂，滤取浓汁，调适量白糖服。

96　牛膝

【别名】川牛膝、牛克膝、白克膝。

【来源】为苋科植物牛膝*Achyranthes bidentata* Blune的根。

【植物形态】多年生草本，高70～120 cm。根圆柱形，直径5～10 mm，土黄色。茎有棱角或四方形，绿色或带紫色，有白色贴生或开展柔毛，或近无毛，分枝对生，节膨大。单叶对生，叶柄长5～30 mm；叶片膜质，椭圆形或椭圆状披针形，长5～12 cm，宽2～6 cm，顶端渐尖，基部宽楔形，全缘，两面被柔毛。穗状花序顶生及腋生，长3～5 cm；花多数，密生，长5 mm；苞片宽卵形，长2～3 mm，顶端长渐尖；小苞片刺状，长2.5～3 mm，顶端弯曲，基部两侧各有一卵形膜质小裂片，长约1 mm；花被片披针形，长3～5 mm，光亮，顶端急尖，有一中脉；雄蕊长2～2.5 mm；退化雄蕊顶端平圆，稍有缺刻状细锯齿。胞果长圆形，长2～2.5 mm，黄褐色，光滑。种子长圆形，长1 mm，黄褐色。花期7—9月，果期9—10月。

【生境分布】生于海拔200～1 700 m的屋旁、林缘、山坡草丛中。分布于巫溪、巫山、奉节、开州、石柱、涪陵地区。

【采收加工】11—12月采挖，剪去芦头和杂质，晒至六七成干后，集中室内加盖草席，堆闷2～3 d，扎把，晒干。

【药材性状】根呈细长圆柱形，有的稍弯曲，长15～50 cm，直径0.2～1 cm。表面灰黄色或淡棕褐色，有细纵皱纹及稀疏侧根痕，质硬脆，易折断，断面平坦，角质样，淡黄色，木部黄白色，可见筋脉点（维管束）断续排列成数圈。气微，味微甜而稍苦涩。

【显微鉴别】根横切面：木栓层为数列细胞。异常维管束断续排列成2～4轮，维管束外韧型，束间形成层除最外层有的明显外，向内各轮均不明显。正常维管束位于中央、初生木质部2原型。薄壁细胞含有草酸钙砂晶。

▲牛膝

粉末：呈淡棕黄色。气微香，味微甘而略苦涩。草酸钙砂晶及方棱形晶多见，三角形；小型的方棱晶呈多面体状。导管为具缘纹孔多见，亦可网纹，直径40 ~ 80 μm，壁非木化。木纤维较长，壁微木化，纹孔稀疏，呈斜裂缝状或相交成“人”字形，“十”字形。

【理化鉴别】（1）显色法：A. 取本品粉末或切片，滴加冰醋酸2滴及硫酸1 ~ 2滴，显紫红色。

B. 取切片或粉末置试管内，滴加醋酐0.5 mL，沿管壁缓缓加入硫酸2滴，接触面即显红棕色，15 min后上层液呈暗红棕色，1 h后显褐色。

（2）泡沫法：取粉末0.5 g，置试管中，加水10 mL用力振摇，可产生持续性泡沫。

（3）薄层鉴别：取本品粉末2 g，加乙醇20 mL，回流提取40 min，静置。取上清液10 mL，加盐酸1 mL，回流提取1 h，浓缩至约5 mL，加水10 mL，用石油醚（60 ~ 90 ℃）20 mL提取，提取液蒸干，残渣加乙醇2 mL溶解，作供试品溶液。另取齐墩果酸加乙醇制成每1 mL含1 mg的溶液，作对照品溶液。吸取供试品溶液10 ~ 20 μL，对照品溶液10 μL，分别点于同一硅胶 G薄层板上，以氯仿-甲醇（40 : 1）溶液展开，取出晾干，喷以磷钼酸试液，110 ℃烘约10 min。供试品色谱中，在与对照品色谱中相应的位置上，显相同的蓝色斑点。

【化学成分】根含齐墩果酸α-L-吡喃鼠李糖基-β-D-吡喃半乳糖苷（olenolic acid-α-L-rhamnopyranosyl-β-D-galactopyranoside），多糖类，挥发油，蜕皮甾酮（ecdysterone），牛膝甾酮（inokosterone），红苋甾酮（rubrosterone），氨基酸，生物碱及香豆精类化合物。

【药理作用】有消炎、镇痛、抑制心脏、血管扩张、短暂降压、降低全血黏度、抗凝血、兴奋子宫、抗生育、蛋白质同化、降血糖、降血脂、增强免疫功能、抗衰老、防治神经系统肿瘤、改善记忆障碍作用。

【功能主治】药性：苦、酸，微寒。归肝、肺、膀胱经。功能：补肝肾，强筋骨，活血通经，引血下行，利尿通淋。主治：腰膝酸痛，下肢痿软，血滞经闭，痛经，产后血瘀腹痛，癥瘕，胞衣不下，热淋，跌打损伤，痈肿恶疮，咽喉肿痛。用法用量：6 ~ 12 g，水煎服。使用注意：孕妇慎服。

附方：

1. 治丝虫病引起的乳糜尿：牛膝90 ~ 120 g，芹菜45 ~ 60 g。水煎服。
2. 治高血压：牛膝、生地各15 g，白芍、茺蔚子、菊花各9 g。水煎服。
3. 治身体虚弱：牛膝、熟地各100 g。焙干，研末，炼蜜为丸。每服9 g。

茎叶能祛寒湿，强筋骨，活血利尿；主治寒湿痿痹，腰膝疼痛，淋闭，久疟。用量：9 ~ 15 g。

【资源综合利用】牛膝《神农本草经》列为上品。按商品药材分，牛膝可分怀牛膝、川牛膝。认为怀牛膝偏于补肝肾，川牛膝偏于活血祛瘀。是国家近年来重点推荐发展的63种道地中药材之一，随着药用价值的逐步新发现，其用量将会越来越大，所以要加大其GAP种植技术的研究和推广应用。

97 红牛膝

【别名】红牛克膝、红土牛膝、狭叶牛膝。

【来源】为苋科植物柳叶牛膝*Achyranthes longifolia*（Makino）Makino 的根。

【植物形态】与牛膝（见牛膝条下）相似，但鲜根常呈淡红至红色。叶片披针形或狭披针形，长4.5 ~ 15 cm，宽0.5 ~ 3.5 cm，顶端及基部均渐尖，全缘，上面绿色，下面常呈紫红色。退化雄蕊方形，顶端有不显明的齿。花果期9—11月。

【生境分布】生于海拔300 ~ 1 050 m的山坡。分布于巫溪、巫山、奉节、云阳、开州、石柱、丰都、武隆、长寿等地。

【采收加工】全年均可采收，除去茎叶，洗净，鲜用或晒干。

【药材性状】根茎短粗，长2 ~ 6 cm，径1 ~ 1.50 cm。根4 ~ 9条，扭曲，长10 ~ 20 cm，径0.4 ~ 1.2 cm，向下渐细。表面灰黄褐色，具细密的纵皱纹及须根除去后的痕迹。质硬而稍有弹性，易折断，断面皮部淡灰褐色，略光亮，可见多数点状散布的维管束。气微，味初微甜后涩。

【显微鉴别】木栓层较薄，仅5 ~ 8列细胞。皮层约占1/4，维管束2 ~ 3轮，亦不甚规则。薄壁细胞中方晶多，

▲柳叶牛膝

砂晶少。

【化学成分】全草含蜕皮甾酮（ecdysterone）和牛膝甾酮（inokosterone）。根含总皂苷分别为齐墩果酸（oleanolic acid）、齐墩果酸联结葡萄糖醛酸的酯，蜕皮甾酮（ecdysterone），熊果酸（ursolic acid）。

【药理作用】有抗生育、子宫兴奋平滑肌、抗炎、镇痛作用。

【功能主治】药性：甘、微苦、微酸，寒。归肝、肾经。功能：活血祛瘀，泻火解毒，利尿通淋。主治：闭经，跌打损伤，风湿关节痛，痢疾，流行性脑膜炎带菌者，急慢性肾炎，白喉，咽喉肿痛，疮痈，淋证，水肿。用法用量：煎汤，9 ~ 15 g，鲜品30 ~ 60 g。外用适量。使用注意：孕妇禁服。

附方：

1. 瘀血滞经闭：鲜红牛膝30 ~ 60 g，或加鲜马鞭草30 g。水煎，调酒服。

2. 治风湿性关节炎：红牛膝30 g，猪脚1个。红酒和水各半煎服。

3. 治肝硬化腹水：红牛膝15 g，夏枯草9 g。水煎服。

【资源综合利用】红牛膝为地方习用药，本草收载于“土牛膝”项下。红牛膝生理活性成分皂苷含量远高于牛膝，但红牛膝的毒性比牛膝高，在使用时应注意用量及用法。库区作红牛膝入药的还有红叶牛膝*Achyranthes bidentata* Bl. f. rubra Ho。产于巫山、巫溪、奉节。主要区别：根淡红色至红色，叶片下面紫红色至深紫红色，花序带紫红色。红柳叶牛膝*Achyranthes longifolia* f. Rubra Ho ex Kuan 产于巫溪、巫山、奉节、开州、万州、石柱、忠县、丰都、涪陵、武隆、长寿。红柳叶牛膝齐墩果酸含量为2.09%，可作为提取齐墩果酸的原料。

98　空心苋

【别名】喜旱莲子草、革命菜。

【来源】为苋科植物空心莲子草*Alternanthera philoxeroides*（Mart.）Griseb.的全草。

【植物形态】多年生草本，长50 ~ 120 cm。茎基部匍匐，着地节处生根，上部直立，中空，其分枝，幼茎及叶腋有白色或锈色柔毛，老时无毛。叶对生；叶柄长3 ~ 10 mm；叶片倒卵形或倒卵状披针形，长3 ~ 5 cm，宽1 ~ 1.8 cm，顶端圆钝，有芒尖，基部渐狭，全缘，上面有贴生毛，边有睫毛。头状花序单生于叶腋，总花梗长1 ~ 4 cm，苞片和小苞片干膜质，白色，宿存；花被片白色，长圆形；雄蕊5；花丝基部合生成杯状，花药1室，退化雄蕊顶端分裂成窄条；子房1室，具短柄，有胚珠1颗，柱头近无柄。花期5—10月。

【生境分布】生于海拔200 ~ 1 650 m的沟边、池塘及荒地。分布于库区各市县。

【采收加工】春、夏、秋季均可采收，鲜用或晒干。

【药材性状】全草长短不一。茎扁圆柱形，直径1 ~ 4 mm；有纵直条纹，有的两侧沟内疏生毛茸；表面灰绿色，微带紫红色；有的粗茎节处簇生棕褐色须状根；断面中空。叶对生，皱缩，展平后叶片长圆形、长圆状倒卵形，或倒卵状披针形，长2.5 ~ 5 cm，宽7 ~ 18 mm，顶端尖，基部楔形，全缘，绿黑色，两面均疏生短毛。偶见头

▲空心莲子草

状花序单生于叶腋，直径约1 cm，具总花梗；花白色。气微，味微苦涩。

【显微鉴别】 茎横切面：表皮细胞1例，呈类长方形，外被较厚的角质层，并有气孔及非腺毛。表皮下方为厚角组织，2～3列细胞，排列成不连续环状，常为气孔下方的气室所间隔。皮层细胞排列疏松。维管束排列成环，韧皮部较狭，外侧散有少数纤维束；形成层成环，束间形成层内方的1～6列细胞壁增厚，木化；木质部导管数个至十多个；木薄壁细胞壁增厚且木化。髓部中空。薄壁细胞含草酸钙簇晶。

叶表面观：上表皮细胞垂周壁平直，下表皮细胞垂周壁平直或微波状，均有气孔及非腺毛。气孔直轴式，偶见不定式。非腺毛有2种：一种似蚕形，短小，向一侧弯曲，有3～8细胞；另一种较长，3～6细胞，有疣状突起。叶肉细胞含众多草酸钙簇晶。

【理化鉴别】（1）检查黄酮：取本品粉末1 g，加乙醇20 mL，湿浸，趁热滤过。取滤液1 mL，加少许镁粉和数滴浓盐酸，振摇，溶液显橙色。

（2）检查香豆素：取本品粉末10 g，加甲醇25 mL，热回流30 min，滤过。取滤液10 mL，蒸干，残渣加乙醚10 mL，搅拌，滤过，不溶物再用乙醚5 mL，同法处理2次，弃去醚液。残渣加甲醇溶解，滤过。取滤液1 mL，加新制的7%盐酸羟胺甲醇液与10%氢氧化钾甲醇液3滴，水浴上微热，冷后加三氯化铁盐酸溶液2滴，显橙红色。

（3）检查香豆素与酚羟基：取上述甲醇滤液1 mL，加3%碳酸钠溶液1 mL，煮沸3 min，置冷，加新制的重氮对硝基苯胺试液1滴，显红色。

【化学成分】 全草含6-甲氧基木犀草素7α-L-鼠李糖苷（7α-L-rhamnosyl-6-methoxy-luteolin），齐墩果酸联结葡萄糖、核糖和鼠李糖的苷。茎叶含莲子草素（alternanthin），α-谷甾醇（α-sitosterol），β-谷甾醇（β-sitosterol），硬脂酸（stearic acid），齐墩果酸-3-O-β-D-葡萄糖苷（oleanolic acid-3-O-β-D- glucoside）。

【药理作用】 有抗病毒、抗菌、保肝、增强免疫功能、抗肿瘤作用。

【功能主治】 药性：苦、甘，寒。功能：清热凉血，解毒，利尿。主治咯血，尿血，感冒发热，麻疹，乙型脑炎，黄疸，淋浊，痄腮，湿疹，痈肿疖疮，毒蛇咬伤。用法用量：内服煎汤，30～60 g，鲜品加倍；或捣汁。外用适量，捣敷；或捣汁涂。

附方：

1. 治肺结核咯血：鲜空心苋120 g，冰糖15 g。水炖服。

▲凹头苋

2. 治血尿，尿路感染：空心苋、大蓟根、紫珠草各30 g。水煎服。
3. 治带状疱疹：鲜空心苋适量。加淘米水捣烂，绞汁，抹患处。
4. 治毒蛇咬伤：鲜空心苋120 ~ 240 g。捣烂，绞汁服，渣外敷。
5. 治疔疖：鲜空心苋适量。捣烂，调蜂蜜外敷。
6. 治寻常疣：鲜空心苋花序适量。揉软，在疣上擦拭，至局部充血为度，每日2 ~ 3次。

99 野苋菜

【别名】野苋、光苋菜。

【来源】为苋科植物凹头苋*Amaranthus lividus* L.的全草或根。

【植物形态】一年生草本，高10 ~ 30 cm。茎斜上，基部分枝，微具条棱，无毛，淡绿色至暗紫色，上部暗红带绿，平卧上升。单叶互生；叶柄长1 ~ 3.5 cm；叶片卵形或菱状卵形，长1.5 ~ 4.5 cm，宽1 ~ 3 cm，顶端凹缺或钝，基部阔楔形，全缘或稍呈波状。花单性或杂性，花小；簇生叶腋或成顶生穗状花序或圆锥花序；苞片干膜质，长圆形；花被片3，细长圆形，顶端钝而有微尖，向内曲；雄蕊3；柱头3或2，线形，果熟时脱落。胞果扁卵形，不裂，近平滑或略具皱纹。种子环形，黑色至黑褐色，边缘具环状边。花期7—8月，果期8—9月。

【生境分布】生于海拔300 ~ 850 m的庭园、路边等处。分布于库区各市县。

【采收加工】春、夏、秋季采收，洗净，鲜用。

【药材性状】主根：较直。茎长10 ~ 30 cm，基部分枝，淡绿色至暗紫色。叶片皱缩，展平后卵形或菱状卵形，长1.5 ~ 4.5 cm，宽1 ~ 3 cm，顶端凹缺，有1芒尖，或不显，基部阔楔形；叶柄与叶片近等长。穗状花序。胞果扁卵形，不裂，近平滑。气微，味淡。

种子：环形（凹头苋），直径0.8 ~ 1.5 mm。表面红黑至黑褐色，边缘具环状边。气微，味淡。

【化学成分】全草含苋菜红苷（amarantin）。叶含锦葵花素-3-葡萄糖苷（malvidin-3-glucoside）和芍药花素-3-葡萄糖苷（peonidin-3-glucoside）。种子油含肉豆蔻酸（myristic acid），棕榈酸（palmitic acid），硬脂酸（stearic acid），花生酸（arachidic acid），山箭酸（behenic acid），油酸（oleic acid）和亚油酸（linoleic acid）。

【功能主治】药性：甘，微寒。归大肠、小肠经。功能：清热解毒，利尿。主治：痢疾，腹泻，疔疮肿毒，毒蛇咬伤，蜂蜇伤，小便不利，水肿。用法用量：内服煎汤，9～30 g；捣汁。外用适量，捣敷。

附方：

1. 治表热、身痛、头痛目赤、尿黄不利：鲜野苋菜适量。在前胸后背搓之；以野苋菜捣汁，每次1汤匙，每日服2次。
2. 治痢疾：野苋菜30 g，车前子15 g。水煎服。
3. 治乳痈：鲜野苋根30～60 g，鸭蛋1个，水煎服；另用鲜野苋叶和冷饭捣烂，外敷。
4. 治痔疮肿痛：鲜野苋根30～60 g，猪大肠1段。水煎，饭前服。
5. 治蛇头疔：鲜野苋叶适量。和食盐捣烂，敷患处。
6. 治毒蛇咬伤：鲜野苋全草30～60 g。捣烂，绞汁服；或鲜全草30 g，杨梅鲜树皮9 g，水煎，调泻盐9 g服。
7. 治甲状腺肿大：鲜野苋菜根、茎及猪肉各60 g（或用冰糖15 g）。水煎，分2次饭后服。

凹头苋种子味甘，性凉。归肝、膀胱经。能清肝明目，利尿。主治肝热目赤，翳障，小便不利。内服煎汤，6～12 g。

8. 治风热目痛：野苋菜子9 g、菊花15 g、龙胆草9 g，水煎服。

100 刺苋菜

【别名】刺苋、野勒苋、刺苋菜、簕苋菜。

【来源】为苋科植物刺苋*Amaranthus spinosus* L.的全草或根。

【植物形态】多年生直立草本，高0.3～1 m。多分枝，有纵条纹，茎有时呈红色，下部光滑，上部稍有毛。叶互生；叶柄长1～8 cm，无毛，在其旁有2刺；叶片卵状披针形或菱状卵形，长4～10 cm，宽1～3 cm，顶端圆钝，基部楔形，全缘或微波状，中脉背面隆起，顶端有细刺。圆锥花序腋生及顶生，长3～25 cm；花单性，雌花簇生于叶腋，呈球状；雄花集为顶生的直立或微垂的圆柱形穗状花序；花小，刺毛状苞片与萼片约等长或过之，苞片常变形成2锐刺，少数具1刺或无刺；花被片绿色，顶端急尖，边缘透明；萼片5；雄蕊5；柱头3，有时2。胞果长圆形，在中部以下为不规则横裂，包在宿存花被片内。种子近球形，黑色带棕黑色。花期5—9月，果期8—11月。

▲刺苋

【生境分布】生于海拔300～1 250 m的荒地。分布于开州、涪陵等地。

【采收加工】春、夏、秋季采收，鲜用或晒干。

【药材性状】主根长圆锥形，有的具分枝，稍木质。茎圆柱形，多分枝，棕红色或棕绿色。叶互生，叶片皱缩，展平后呈卵形或菱状卵形，长4～10 cm，宽1～3 cm，顶端有细刺，全缘或微波状；叶柄与叶片等长或稍短，叶腋有坚刺1对雄花集成顶生圆锥花序，雌花簇生于叶腋。胞果近卵形，盖裂。气微，味淡。

【化学成分】全草含正烷烃（n-alkanes）C_{23}-C_{33}和异烷烃（isoalkanes）C_{29}-C_{33}，酯（ester）C_{18}-C_{32}，游离醇（free alcohols）C_{20}-C_{26}，脂肪醇（aliphatic alcohols）C_{10}-C_{32}，β-谷甾醇（β-sitosterol），豆甾醇（stigrnasterol），菜油甾醇（campesterol），胆甾醇（cholesterol），游离酸（free acids）C_4-C_{33}，硬脂酸（stearic acid），油酸（oleic acid）和亚油酸（linoleic acid，还含以芸香苷（rutm）为主的黄酮。茎叶含三十一烷（hentriacontane），α-菠菜甾醇（α-spinasterol），蛋白质，氨基酸。根尚含α-菠菜甾醇二十八酸酯（α-spinasterol octacosanoate）等。

【功能主治】药性：甘，微寒。功能：凉血止血，清利湿热，解毒消痈。主治：胃出血，便血，痔血，胆囊炎，胆石症，痢疾，湿热泄泻，带下，小便涩痛，咽喉肿痛，湿疹，痈肿，牙龈糜烂，蛇咬伤。用法用量：内服煎汤，9～15 g，鲜品30～60 g。外用适量，捣敷；或煎汤熏洗。使用注意：本品有小毒，服量过多有头晕、恶心、呕吐等副作用，虚痢日久及孕妇忌服。

附方：

1. 治胃、十二指肠溃疡出血：刺苋菜根30～60 g。水煎2次分服。
2. 治胆囊炎、胆道结石：鲜刺苋菜叶180 g，猪小肠（去油脂）180 g。加水炖熟，分3次，1 d服完，7 d为1疗程。
3. 治痢疾或肠炎：刺苋菜60 g，旱莲草30 g，乌韭15 g。水煎服。
4. 治白带：鲜刺苋菜根60 g，银杏14枚。水煎服。
5. 治外痔肿痛：刺苋菜全草120 g，水煎，加入风化硝21 g，趁热先熏后洗。
6. 治痔疮便血：刺苋菜鲜根、鲜马鞭草各30 g，醋少量。水煎服。
7. 治尿道炎、血尿：鲜刺苋菜根、车前草各30 g。水煎服。
8. 治咽喉痛：鲜刺苋菜根45 g。水煎服。
9. 治湿疹：刺苋菜适量。水煎，加盐少许，洗患处。
10. 治蛇头疔：刺苋菜叶、蜂蜜各适量。捣烂，敷患处。
11. 治瘰疬：鲜刺苋菜60～90 g。水煎，酒调服。
12. 治臁疮：鲜刺苋菜适量。捣烂，加生桐油和匀，敷贴患处。
13. 治蛇咬伤：刺苋菜、犁头草等分。捣烂如泥，敷伤口周围及肿处。
14. 治牙疳：刺苋菜适量。烧灰，研末，擦患处。
15. 治甲状腺肿大：鲜刺苋90 g，猪瘦肉120 g。水煎，分2次服。

101　青葙子

【别名】野鸡冠花、狗尾巴子。

【来源】为苋科植物青葙*Celosia argentea* L.的干燥成熟种子。

【植物形态】一年生草本，高30～90 cm。茎直立，通常上部分枝，绿色或红紫色，具条纹。叶互生，柄长2～15 mm，或无柄；叶片纸质，披针形或长圆状披针形，长5～9 cm，宽1～3 cm，顶端尖或长尖，基部渐狭且稍下延，全缘。穗状花序单生于茎顶或分枝顶，呈圆柱形或圆锥形，长3～10 cm；苞片、小苞片和花被片干膜质，白色光亮；花被片5，白色或粉红色，披针形；雄蕊5，下部合生成杯状，花药紫色。胞果卵状椭圆形，盖裂，上部作帽状脱落，顶端有宿存花柱，包在宿存花被片内。种子扁圆形，黑色，光亮。花期5—8月，果期6—10月。

【生境分布】生于海拔200～1 600 m的荒地、路边或山坡草丛中。有栽培。分布于库区各市县。

【采收加工】7—9月割取地上部分或摘取果穗，晒干，搓出种子。

【药材性状】呈扁圆形，少数呈圆肾形，中心微隆起，直径1.0～1.5 mm，厚约0.5 mm。表面黑色或棕黑色，平滑而有光泽。在放大镜下可见细网状花纹。侧边微凹处有一果柄状突起为种脐，稍歪斜。有时残存黄色白帽状果壳，其顶端有一细丝状花柱，长4～6 mm。种子易粘手，种皮薄而脆，易破碎。除去种皮后可见类白色胚乳，胚弯曲于种皮和胚乳之间。无臭，味淡。

【显微鉴别】（1）横切面：种皮外层由略呈栅状的厚壁细胞组成，内含棕色物质，内层为具有细直纹理的细胞，壁均木化；胚乳细胞多角形，颇大，含有细小的糊粉粒、淀粉粒，并含有斜方形或长方形晶体。

（2）粉末：黑灰色。种皮外表皮细胞网纹致密，网眼不规则，细胞直径15～37 μm。种皮内表皮细胞扁平，

▲青葙

▲鸡冠花

呈多角形，表面具有细密平行的角质纹理，垂周壁偶见连珠状增厚。色素层细胞多角形，含暗棕红色块状色素。胚乳细胞多角形，颇大，充满淀粉粒和糊粉粒，并含脂肪油滴，糊粉粒大者可见拟晶体，每个细胞中含1～2个草酸钙方晶。胚细胞多角形，直径10～30 μm。草酸钙结晶尚有菱形、斜方形、长方形。

【理化鉴别】层析法：样品的石油醚提取物，甲醇溶解点于硅胶 G板，以石油醚-氯仿-乙酸乙酯（9.4：2：0.6）上行展开。喷香草醛-浓硫酸后，120 ℃加热5 min，显3个斑点，斑点颜色：浅灰色-紫红色-紫色。

【化学成分】种子含脂肪油约15%（其中不饱和脂肪酸占总脂肪酸含量的74.63%，饱和脂肪酸占25.37%），尚含淀粉30.8%，烟酸约14 μg/ g，硝酸钾，β-谷甾醇（β-sitosterol），棕榈酸胆甾烯酯（cholesterylpalmitate），3，4-二羟基苯甲醛（3，4- dihydroxylbenzaldedyde）等。种子粗蛋白含量约为20.8%，在所含18种氨基酸中，人体必需的有8种。

【药理作用】有降眼压、降血压、缩短血浆再钙化时间、抑菌作用。

【功能主治】药性：苦，寒。归肝经。功能：祛风热，清肝火，明目退翳。主治：目赤肿痛，眼生翳膜，视物昏花，高血压病，鼻衄，皮肤风热瘙痒，疮癣。用法用量：内服水煎服5～15 g，外用适量。使用注意：瞳孔散大、青光眼患者禁服。

附方：

1. 治视物不清：青葙子6 g，夜明砂60 g。蒸鸡肝或猪肝服。
2. 治高血压：青葙子、草决明、野菊花各10 g，夏枯草、大蓟各15 g。水煎服。
3. 治白带，月经过多：青葙子18 g，响铃草15 g。配猪瘦肉炖服。

【资源综合利用】青葙子始载《本经》，列为下品。不但可药用，其含有大量的脂肪油和硝酸钾，开发抗视疲劳产品具有广阔前景。

102 鸡冠花

【别名】鸡公花、鸡关头、老来红。

【来源】为苋科植物鸡冠花*Celosia cristata* L.的花序。

【植物形态】一年生直立草本，高30～80 cm。全体无毛，粗壮。分枝少，近上部扁平，绿色或带红色，有棱纹凸起。单叶互生，具柄；叶片长椭圆形至卵状披针形，长5～13 cm，宽2～6 cm，无端渐尖或长尖，基部渐窄成柄，全缘。穗状花序顶生，成扁平肉质鸡冠状、卷冠状或羽毛状，中部以下多花；花被片淡红色至紫红色、黄白或黄色；苞片、小苞片和花被片干膜质，宿存；花被片5，椭圆状卵形，端尖；雄蕊5，花丝下部合生成杯状。胞果卵形，长约3 mm，熟时盖裂，包于宿存花被内。种子肾形，黑色，光泽。花期5—8月，果期8—11月。

【生境分布】库区各地有栽培。

【采收加工】8—9月采收。将花序连一部分茎秆割下，晒或晾干，剪去茎秆即成。

【药材性状】穗状花序多扁平而肥厚，似鸡冠状。长8～25 cm，宽5～20 cm。上缘宽，具皱褶，密生线状鳞片，下端渐狭小，常残留扁平的茎。表面红色、紫红色或黄白色；中部以下密生多数小花，各小花有膜质苞片及花被片。果实盖裂，种子圆肾形，黑色，有光泽。体轻，质柔韧。气无，味淡。以花朵大而扁、色泽鲜明者为佳。

【显微鉴别】粉末特征：①苞片细胞排列整齐，壁薄，微作波状弯曲。②花被下表皮细胞作波状突起，细胞形状模糊，几不可辨，有时在花被的基部，可见散在的气孔。③非腺毛由数个细胞组成，壁薄，顶端细胞微有皱缩。④花粉粒极少，圆球形，外壁微有纵直纹理。

【化学成分】花含山柰苷（kaempferitrin）、苋菜红苷（amaranthin）、松醇（pinite）及多量硝酸钾。黄色花序中含微量花菜红苷，红色花序中主要含苋菜红苷。此外，尚含黄酮类，棕榈酸，硬脂酸，油酸，亚油酸，亚麻酸，花生四烯酸。

【药理作用】有引产、抗滴虫、止血、改善氟中毒症状、增加高脂大鼠红细胞SOD水平、降低动脉壁TC、MDE及血清LDH含量作用。

【功能主治】药性：甘、涩、凉。归肝、大肠经。功能：凉血止血，止带，止泻。主治：诸出血证，带下，泄泻，痢疾。用法用量：煎汤，9～15 g，或入丸、散。外用适量，煎汤熏洗；或研末调敷。

附方：

1. 治风疹：白鸡冠花、向日葵各9 g、冰糖30 g，水煎服。
2. 治尿路感染：鸡冠花、萹蓄各15 g、鸭跖草30 g，水煎服。
3. 治赤白痢下：鸡冠花10 g、白芍8 g、吴茱萸6 g、黄连5 g、诃子3 g，水煎服。

【资源综合利用】鸡冠花有黄、红、白等多种颜色。《滇南本草》曰：“止肠风血热，妇人红崩带下，赤痢下血，用红花效。白痢下血，用白花效。”。鸡冠花除药用外，可提取色素。种子蛋白质的营养价值高于一般豆类、薯类和粮谷类食物，是一种优良的植物蛋白资源和鸡饲料。

103　千日红

【别名】百日红、千日白、千年红。

【来源】为苋科植物千日红*Gomphrena globosa* L.的花序或全草。

【植物形态】一年生草本，高20～60 cm。全株密被白色长毛。茎直立，有分枝，近四棱形，具沟纹，节部膨大，带紫红色。单叶对生；叶柄长1～1.5 cm，上端叶几无柄，有灰色长柔毛；叶片长圆形至椭圆形。长5～10 cm，宽2～4 cm，顶端钝而尖，基部楔形，两面有小斑点，边缘波状。头状花序球形或长圆形，通常单生于枝顶，有时2～3花序并生，常紫红色，有时淡紫色或白色；总苞2枚，叶状，每花基部有干膜质卵形苞片1枚，三角状披针形小苞片2枚，紫红色，背棱有明显细锯齿，花被片披针形，外面密被白色绵毛；花丝合生成管状，顶端5裂；柱头2，叉状分枝。胞果近球形。种子呈肾形，棕色，光亮。花果期6—9月。

【生境分布】库区各地有栽培。

【采收加工】夏、秋采摘花序或全株，鲜用或晒干。

【药材性状】头状花序单生或2～3个并生，球形或近长圆形，直径2～2.5 cm。鲜时紫红色、淡红色或白色，干后棕色或棕红色。总苞2枚，叶状。每花基部有干膜质卵形苞片1枚，三角状披针形；小苞片2枚，紫红色，背棱有明显细锯齿；花被片5，披针形，外面密被白色绵毛。干后花被片部分脱落。有时可见胞果，近圆形，含细小种

▲千日红

子1粒，种皮棕黑色，有光泽。气微，味淡。

【化学成分】全草含4'，5-二羟基-6，7-亚甲二氧基黄酮醇-3-O-β-D-葡萄糖苷（4'，5-dihydroxy-6，7-methylenedioxyflavonol-3-O-β-D-glucoside）。叶含千日红醇（gomphrenol）。花含千日红苷（gomphrenin），异千日红苷（isogomphrenin），苋菜红苷（amaranthin）和甜菜苷（betanin）等。

【药理作用】有祛痰、平喘作用。

【功能主治】药性：甘、微咸，平。归肺、肝经。功能：止咳平喘，清肝明目，解毒。主治：咳嗽，哮喘，百日咳，小儿夜啼，目赤肿痛，肝热头晕，头痛，痢疾，疮疖。用法用量：内服煎汤，花3～9 g；全草15～30 g。外用适量，捣敷；或煎水洗。

附方：

1. 治气喘：千日红花序10个。煎水，冲少量黄酒服。
2. 治慢性支气管炎，支气管哮喘：白千日红花序20朵，枇杷叶5片，杜衡根0.9 g。水煎，加冰糖适量冲服。
3. 治咯血：千日红花序10朵，仙鹤草9 g。煎水，加冰糖适量服。
4. 治小儿百日咳：千日红花序10朵，匍伏堇9 g。水煎，加冰糖适量服。
5. 治风热头痛，目赤肿痛：千日红、钩藤各15 g，僵蚕6 g，菊花10 g。水煎服。
6. 治痢疾：千日红10朵，马齿苋30 g。煎水，冲入黄酒少量，分2次服。
7. 治小儿夜啼：千日红鲜花序5朵，蝉衣3个，菊花2 g。水煎服。
8. 治羊痫风：千日红花序14朵，蚱蜢干6 g。水煎服。
9. 治小便不利：千日红花序3～9 g。水煎服。
10. 治小儿腹胀：千日红5 g，莱菔子6 g。水煎服。

【资源综合利用】千日红首载于《花镜》。不但可药用，还具有较高的文化价值，因花序经久不落且不褪色，是园林观赏的重要植物，具有较高的经济价值。

▲光叶子花

紫茉莉科Nyctaginaceae

104 叶子花

【别名】紫三角、三角花梅。

【来源】为紫茉莉科植物光叶子花*Bougainvillea glabra* Choisy的花。

【植物形态】攀缘灌木。茎粗壮，枝常下垂，有腋生直刺。叶互生；有柄，长1～2.5 cm；叶片纸质，卵形至卵状披针形，或阔卵形，长5～10 cm，宽3～6 cm，顶端渐尖，基部圆形或阔楔形，全缘，表面无毛，背面初时有短柔毛。花顶生，通常3朵簇生在苞片内，花梗与苞片的中脉合生；苞片3枚，叶状，暗红色或紫色，长圆形或椭圆形，长3～5 cm，宽2～4 cm；花被筒长2 cm，淡绿色，有短柔毛，顶端5浅裂；雄蕊6～8，内藏；子房上位，1心皮，1室，花柱侧生，线状，柱头尖。瘦果有5棱。种子有胚乳。花期为冬春间，华北温室栽培的花期为3—7月。

【生境分布】库区各地常栽培。

【采收加工】冬、春季节开花时采收，晒干。

【药材性状】花常3朵簇生在苞片内，花柄与苞片的中脉合生。苞片叶状，暗红色或紫色，椭圆形，长3～3.5 cm，纸质。花被管长1.5～2 cm，淡绿色，疏生柔毛，有棱；雄蕊6～8，子房具5棱。

【化学成分】花含C_{20-26}长链饱和脂肪酸，2-葡萄糖基芸香糖（2-glucosylrutinose）等。叶含蛋白质BAP-1、BAP-2。根含阿魏酸（ferulic acid）。

【药理作用】蛋白BAP-1有抑制病毒作用。阿魏酸有抑制血小板聚集作用。

【功能主治】药性：苦、涩，温。功能：活血调经，化湿止带。主治：血瘀经闭，月经不调，赤白带下。用法用量：内服煎汤，9～15 g。

105 紫茉莉根

【别名】粉子头、胭脂花头、粉团花。

【来源】为紫茉莉科植物紫茉莉*Mirabilis jalapa* L.的根。

【植物形态】多年生草本，高20～100 cm。根肉质，表面棕褐色，里面白色，粉质。茎直立，多分枝，圆柱形，节膨大。叶对生；有长柄，下部叶柄超过叶片的一半，上部叶近无柄；叶片纸质，卵形或卵状三角形，长3～10 cm，宽3～5 cm，顶端锐尖，基部截形或稍心形，全缘。花1至数朵，顶生，集成聚伞花序；每花基部有一萼状总苞，绿色，5裂；花两性，单被，红色、粉红色、白色或黄色，花被筒圆柱状，长4～5 cm，上部扩大呈喇叭形，5浅裂，平展；雄蕊5～6，花丝细长，与花被等长或稍长；雌蕊1，子房上位，卵圆形，花柱单1，细长线形，柱头头状，微裂。瘦果，近球形，长约8 mm，熟时黑色，有细棱，为宿存苞片所包。花期7—9月，果期9—10月。

【生境分布】生于沟边、屋边或庭园中。库区各地有栽培。

【采收加工】秋季采挖，鲜用，或去尽芦头及须根，刮去粗皮，切片晒干或炕干。

【药材性状】长圆锥形或圆柱形，有的压扁，有的可见支根，长5～10 cm，直径1.5～5 cm。表面灰黄色，有纵皱纹及须根痕。顶端有茎基痕。质坚硬，不易折断，断面不整齐，可见环纹。经蒸煮者断面角质样。无臭，味淡，有刺喉感。

【显微鉴别】根横切面：木栓层细胞达数十列，暗棕褐色，或木栓层多已除去。皮层较窄。异常维管束多轮间断排列成环。维管束外韧型，木质部导管圆多角形。本品薄壁细胞含大量草酸钙针晶束与糊化淀粉粒。

粉末特征：淡白色。草酸钙针晶极多，成束或分散，长50～150 μm。导管主为网纹，亦有梯纹，直径15～130 μm；网纹导管的纹孔多呈狭长形，壁木化。淀粉粒颇多，呈不规则类圆形块状、云朵状，大小不等，边缘不整齐。

【化学成分】根含蛋白质，豆甾醇（stigmasterol）等。叶含直链烷烃，酮、醇、甾体化合物等。种子含淀粉，8-羟基-十八-顺-11，14-二烯酸（8-hydroxyoctadeca-cis-11，14-dienoic acid）等脂肪酸。

【药理作用】根：对皮肤黏膜有刺激作用及有升血压、抑菌、抗病毒、通便、利尿、堕胎、促进血液循环、抗肿瘤作用。叶或全草有升血压、抗菌、利尿、致泻作用。种子有抗菌、避孕作用。

【功能主治】药性：甘、淡，微寒。功能：清热利湿，解毒活血。主治：热淋，白浊，水肿，赤白带下，关节肿痛，痈疮肿毒，乳腺炎，跌打损伤。用法用量：内服煎汤，15～30 g，鲜品30～60 g。外用适量，鲜品捣敷。

▲紫茉莉

使用注意：脾胃虚寒者慎服，孕妇禁服。

附方：

1. 治小便不利：紫茉莉、猪鬃草各15 g。切碎，煨白酒60 g，温服。

2. 治白浊、热淋：紫茉莉根30 g，三白草根15 g，木槿花15 g，海金沙藤30 g。水煎服。

3. 治白带：①白花紫茉莉根30 g，木槿15 g，白芍15 g。炖肉。②紫茉莉根30 ~ 60 g（去皮，洗净），茯苓9 ~ 15 g。水煎，饭前服。

4. 治关节肿痛：紫茉莉根24 g，木瓜15 g。水煎服。

5. 治乳腺炎：紫茉莉根适量。研末，泡酒服，每次6 ~ 9 g。

6. 治尿血：鲜紫茉莉根60 g，侧柏叶30 g，冰糖少许。水煎，饭前服。

7. 治糖尿病：紫茉莉根30 ~ 60 g（去皮，洗净切片），猪胰120 ~ 180 g，银杏14 ~ 28粒（去壳）。水煎1 h，饭前服。

8. 治劳伤虚损，阴虚盗汗：紫茉莉根、土枸杞根、大乌泡根各15 g。煨水服。

9. 治咽喉肿痛：鲜紫茉莉根适量。捣烂，取汁，滴咽喉。

紫茉莉叶味甘、淡，性微寒。能清热解毒，祛风渗湿，活血。主治痈肿疮毒，疥癣，跌打损伤。外用适量，鲜品捣敷或取汁外搽。果实味甘，性微寒。能清热化斑，利湿解毒。主治面生斑痣，脓疱疮。外用适量，去外壳研末搽；或煎水洗。花味微甘，性凉。归肺经。能润肺，凉血。主治咯血。内服60 ~ 120 g，鲜品捣汁。

10. 治疮疖，跌打损伤：鲜紫茉莉叶适量。捣烂，外敷患处。

11. 治骨折，无名肿毒：鲜紫茉莉叶适量。捣烂，外敷患处。

12. 治疥疮：鲜紫茉莉叶一握。捣烂，绞汁，抹患处。

13. 治葡萄疮（皮肤起黄水疱，溃破流黄水）：紫茉莉果实内粉末适量。调冷水，涂抹。

14. 治咯血：紫茉莉白花120 g。捣烂取汁，调冬蜜服。

【资源综合利用】本品首载于《滇南本草》苦丁香条下，种子内含有白色细腻的淀粉，加香料可制成天然的化妆品（胭脂粉），花不但耐看，且在晚上散发的浓郁香气可麻醉及祛除蚊虫。对SO_2、CO和Cl_2都具有较强的抗性，能吸附铅、汞蒸气等有害物质，起到绿化、美化、净化环境空气的作用，是一种生态型和药用型的经济植物。

商陆科Phytolaccaceae

106 商陆

【别名】牛萝卜、见肿消、美商陆、红商陆。

【来源】为商陆科植物垂序商陆*Phytolacca americana* L.的根。

【植物形态】多年生草本，高1.5 ~ 2 m。根粗壮，圆锥形，肉质，外皮水红色。有横长皮孔，侧根甚多。茎紫红色，多分枝，具棱。单叶互生，具柄，柄的基部稍扁宽；叶片长椭圆形或椭圆状披针形，长10 ~ 15 cm，宽4 ~ 6 cm，顶端急尖或渐尖。种子肾形黑色。花果期5—10月。

【生境分布】生于海拔300 ~ 2 500 m的路旁、疏林下，或栽培于庭园。分布于库区各市县。

【采收加工】冬季采挖，横切成厚1 cm的薄片，晒或烘干。

【药材性状】根圆锥形，有多数分枝。表面灰棕色或灰黄色，有明显的横向皮孔及纵沟纹。商品多为横切或纵切的块片。横切片为不规则圆形，边缘皱缩，直径2 ~ 8 cm，厚2 ~ 6 mm，切面浅黄色或黄白色，有多个凹凸不平的同心性环纹。纵切片为不规则长方形，弯曲或卷曲，长10 ~ 14 cm，宽1 ~ 5 cm，表面凹凸不平，木部呈多数隆起的纵条纹。质坚硬，不易折断。气微，味甘、淡，久嚼麻舌。以块大色白者为佳。

【显微鉴别】（1）根横切面：木栓层为数列棕黄色细胞。皮层较窄。异常维管束断续排列成数轮；维管束外韧型，形成层连接成环；两轮维管束之间为薄壁细胞。中央有正常维管束，木质部细胞呈放射状排列。本品薄壁细胞充满淀粉粒，有的含草酸钙针晶束，长40 ~ 96 μm，无草酸钙棱晶和簇晶。

▲垂序商陆

（2）粉末：灰白色或淡黄棕色，草酸钙针晶极多，成束或散在，尚含少数草酸钙小方晶及簇晶。木纤维多成束，壁稍增厚，纹孔十字形，稀疏。网纹或具缘纹孔导管，木栓细胞棕黄色，表面观长方形或多角形。淀粉粒细小，单粒因球形或类球形，少数脐点明显，点状、星状、人字形或条缝状，复粒由2～3分粒组成。

【理化鉴别】（1）检查皂苷：A.取本品细粉0.5 g，加95%乙醇10 mL回流提取0.5 h，滤过。滤液蒸干，残渣用冰醋酸1 mL和醋酐1 mL溶解，再滴加浓硫酸，立即显红棕色，2 h也不褪色。

B. 取细粉0.5 g，加50%乙醇10 mL，回流提取0.5 h，滤过，滤液蒸干，残渣溶于生理盐水7 mL中，滤过，用氢氧化钠溶液调至中性。取滤液2 mL加2%红细胞悬浮液2 mL，混匀，静置10 min后变为透明，即溶血。

（2）薄层鉴别：取粉末2.5 g，加甲醇10 mL浸泡过夜，滤过作供试品溶液。另取商陆皂苷A、H制成对照溶液。吸取两溶液点于同一硅胶 G薄层板上，用氯仿，甲醇（8：2）展开，喷10%硫酸乙醇溶液，110 ℃烘烤10 min，供试品色谱中与对照品色谱相应部位显相同颜色的斑点。

【化学成分】含商陆皂苷，美商陆苷（hvtolaccaside），美商陆酸（phyto1accagenic acid），美商陆皂苷元（phytlaccagenin），2-乙基-E已醇（1-hexanol，2-ethyl-），2-甲氧基-4-丙烯基苯酚（phenol，2-methoxyl-4-pmpdyl-），邻苯二甲酸二甲酯（phthalic acid，dibutylester）等。

【药理作用】对T细胞和B细胞均有促进有丝分裂作用。有增强免疫、抗肿瘤、抗炎、利尿、祛痰、镇咳、抗菌、抗病毒、短暂降血压、抑制中枢神经系统、心脏抑制、凝集红细胞和白细胞、抗辐射、保护急性肝损伤、延长寿命，增强免疫功能、杀灭钉螺、降酶（ALT）、抗胃溃疡、抗肾炎作用。

【功能主治】药性：苦，寒，有毒。功能：逐水消肿，通利二便，解毒散结。主治：慢性支气管炎，消化道出血，胃溃疡，水肿，原发性血小板减少性紫癜，乳腺炎，肾结石，银屑病，二便不通，癥瘕，瘰疬，疮毒。用法用量：内服煎汤，3～10 g。或入散剂。外用适量，捣烂敷。内服宜醋制；外用宜生用。使用注意：体虚水肿者服，孕妇禁服。对胃肠道有刺激作用，故宜饭后服。

附方：

1. 治消化性溃疡：商陆粉10 g，血余炭10 g，鲜鸡蛋1个。先将鸡蛋去壳，用蛋清、蛋黄将药物搅拌均匀，在锅内放入少许茶油，待油烧熟后，将上药液投入锅内煎熟即可。内服，1日2次。

2. 治功能性子宫出血：商陆鲜根60～120 g，猪肉250 g，同炖，吃肉喝汤。

3. 治虚劳浮肿：大麻仁15 g、商陆15 g、防风15 g、附子15 g、陈皮15 g，水煎服，1日2次。

垂序商陆花化痰开窍；主治痰湿上蒙，健忘，嗜睡，耳目不聪。叶清热解毒；主治痈肿疮毒。

【资源综合利用】商陆最早见于《神农本草经》，列为下品。民间认为，商陆久炖有补益作用。美洲商陆抗病毒蛋白（Pokeweed Antiviral Proteins，PAP）是一类具多种生物功能和活性的蛋白，在抗植物病毒、抗动物病毒以及用作免疫毒素等方面有着广泛应用的前景。目前，有人对PAP的基因序列测定，并克隆出PAP。同属植物商陆*Phytolacca acinosa* Roxb.的根功效同垂序商陆*Phytolacca americana* L.。

马齿苋科Portulacaceae

107　午时花

【别名】半支莲、太阳花。

【来源】为马齿苋科植物大花马齿苋*Portulaca grandiflora* Hook.的全草。

【植物形态】一年生肉质草本，高10～25 cm。茎平卧、斜升或直立，多分枝，绿色或淡紫红色。叶互生或簇生；近圆柱形，长1～2.5 cm，直径1～2 mm，顶端钝；叶腋丛生白色长柔毛。花单生或数朵簇生茎顶，直径可达4 cm；基部有8～9片轮生的叶状苞片；萼片2，宽卵形，长约6 mm；花瓣5或重瓣，倒心形，有黄、红、白、粉红等多种颜色；雄蕊多数；子房半下位，1室，柱头5～7裂，花柱线形。蒴果盖裂。种子多数，细小，肾状圆锥形，直径小于1 mm，深灰黑色，有小疣状突起。花期6—7月，通常在中午阳光强烈时开放，光弱时闭合，果期7—8月。

▲大花马齿苋

【生境分布】库区各地广泛栽培。

【采收加工】夏、秋两季采收，鲜用或略蒸烫后晒干。

【药材性状】茎圆柱形，长10～15 cm，直径0.1～0.3 cm，有分枝，表面淡棕绿色或浅棕红色，有细密微隆起的纵皱纹，叶腋处常有白色长柔毛。叶多皱缩，线状，暗绿色，长1～2.5 cm，直径约1 mm；鲜叶扁圆柱形，肉质。枝端常有花着生，萼片2，宽卵形，长约6 mm，浅红色，卷成帽状，花瓣多干瘪皱缩成帽尖状，深紫红色。蒴果帽状圆锥形，浅棕黄色，外被白色长柔毛，盖裂，内含多数深灰黑色细小种子。种子扁圆形或类三角形，直径不及1 mm，具金属样光泽，顶端有歪向一侧的小尖，于解剖镜下表面可见密布细小疣状突起。气微香，味酸。

【显微鉴别】茎横切面：表皮细胞1列，紫红色。皮层较宽，薄壁细胞含草酸钙簇晶，直径30～75 μm。维管束外韧型，8～12个排列成环；形成层成环。髓部细胞亦含草酸钙簇晶。

叶表面观：上表皮细胞壁较平直，下表皮细胞壁常呈波状弯曲，气孔平轴式，以下表皮为多。叶肉细胞含大量草酸钙簇晶，直径约45 μm。

粉末特征：棕红色。茎表皮细胞长方形，排列较整齐。纤维细长，单个散在，壁厚约4 μm。导管多为螺纹，亦可见环纹及网纹。淀粉粒多为单粒，类圆形，直径约4 μm，脐点和层纹均不明显；复粒，由2~3分粒组成。多细胞非腺毛多断裂，顶端细胞钝圆，完整者长达2 750 μm以上，直径36~44 μm，壁厚4~6 μm。叶上表皮细胞壁较平直，下表皮细胞壁常波状弯曲，气孔平轴式。草酸钙簇晶直径30~75 μm。花瓣表皮细胞类多角形，垂周壁微弯曲或连珠状加厚。花粉粒近球形，直径约80 μm，表面可见颗粒状纹饰，萌发孔不明显。果皮表皮细胞表面观类长方形或长多角形，长80~120 μm，直径36~40 μm，垂周壁连珠状加厚。果皮石细胞长棱形或类三角形，壁较薄。种皮细胞碎片深棕红色，表面观细胞呈星状，侧面观可见多数小突起。

【化学成分】全草含马齿苋醛（portulal），马齿苋醇（portulol），马齿苋酸（portulic acid），马齿苋内酯（portulic lactone），3-羟基马齿苋醚（3-hydroxyportulolether）等。

【功能主治】药性：淡、微苦，寒。功能：清热解毒，散瘀止血。主治：咽喉肿痛，疮疖，湿疹，跌打肿痛，烫火伤，外伤出血。用法用量：内服煎汤，9~15 g，鲜品可用至30 g。外用适量，捣汁含漱；或捣敷。使用注意：孕妇禁服。

附方：

1. 治咽喉肿痛：午时花适量。捣烂，绞汁一杯，加少许硼砂末，含漱。
2. 治婴儿湿疹：午时花适量。捣烂，绞汁，涂患处。
3. 治湿热烂皮疮：午时花适量。杵烂，敷患处。

108 马齿苋

【别名】狗牙齿、马齿菜。

【来源】为马齿苋科植物马齿苋*Portulaca oleracea* L.的全草。

【植物形态】一年生草本，肥厚多汁，高10~30 cm。茎圆柱形，下部平卧，上部斜生或直立，多分枝。叶互生或近对生，倒卵形、长圆形或匙形，长1~3 cm，宽5~15 mm，顶端圆钝，有时微缺，基部狭窄成短柄，上面绿色，下面暗红色。花常3~5朵簇生于枝端；总苞片4~5枚，三角状卵形；萼片2，对生，卵形，长宽约4 cm；花

▲马齿苋

瓣5，淡黄色，倒卵形，基部与萼片同生于子房上；雄蕊8 ~ 12，花药黄色；雌蕊1，子房半下位，花枝4 ~ 5裂，线形，伸出雄蕊外。蒴果短圆锥形，长约5 mm，棕色，盖裂。种子黑色，直径约1 mm，表面具细点。花期5—8月，果期7—10月。

【生境分布】生于海拔300 ~ 1 200 m的路旁、荒地或石上。分布于库区各市县。

【采收加工】8—9月采收，鲜用或用开水稍烫或蒸，上气后，晒或炕干。

【药材性状】全草多皱缩卷曲成团。茎扁圆柱形，长10 ~ 30 cm，直径1 ~ 3 mm，表面棕色至棕褐色，有明显的纵沟纹。叶易破碎或脱落，完整叶片倒卵形，褐色，长1 ~ 2.5 cm，宽0.5 ~ 1.5 cm，顶端钝平或微缺，全缘。花少见，黄棕色，生于枝端。蒴果圆锥形，帽状盖裂，内含多数黑色细小种子。气微，味微酸而带黏性。以株小、质嫩、整齐少碎、叶多、青绿色无杂质者为佳。

【显微鉴别】（茎径2 mm）横切面：表皮细胞1列；皮层宽阔，外侧为1 ~ 3列厚角组织，皮层薄壁细胞中含草酸钙簇晶，直径15 ~ 60 μm，有时可见淀粉粒及细小的棱状结晶；维管束外韧型，8 ~ 20个排列成环，束间形成层明显；髓部细胞亦含草酸钙簇晶。

粉末特征：褐色，味酸。叶上表皮细胞表面观，细胞壁较平直，表皮细胞垂周壁常波状弯曲；角质层纹理明显，气孔直轴式。叶肉细胞中含草酸钙簇晶，直径7 ~ 37 μm。淀粉粒较少，单粒类圆形，脐点点状或裂缝状，层纹不明显；复粒少见。种皮细胞碎片深棕红色，表面观细胞呈多角星状，有多数小突起。果皮石细胞大多成群，长梭形或长方形，壁较薄，亦有类圆形，壁较厚者。尚可见有果皮薄壁性大形网孔细胞，另有茎表皮细胞、导管、花粉粒、果皮表皮细胞等。

【理化鉴别】（1）显色法：取本品粉末2 g，加5%盐酸乙醇溶液15 mL，加热回流10 min，趁热过滤，取滤液2 mL，加3%碳酸钠溶液1 mL置水浴中加热3 min后。在冰水中冷却，加新配制的重氮化对硝基苯胺试液2滴，显红色。

（2）薄层鉴别：取上述滤液点样用，以0.2%去甲肾上腺素水溶液及0.1%多巴甲酸水溶液对照。点样在硅胶 G板上，以正丁醇：冰乙酸：水（3：1：1）展开，展距13 cm。喷0.2%茚三酮乙醇溶液，喷后置红外灯下烘烤约10 min，显色，样品斑点显淡紫色。两种对照标准品初显紫红色，久置后现淡棕色。

【化学成分】含β-香树脂醇，丁基迷帕醇，帕克醇，环木菠萝烯醇，槲皮素，山柰素，木犀草素，杨梅树皮素，芹菜素，氨基酸，糖类，有机酸，去甲肾上腺素（noradm-nalim），多巴（dopa），多巴胺（dopamine），甜菜素（betanldin），异甜菜素（isobetanldin），甜菜苷（betanin），异甜菜苷（isobetanin），ω-3-聚不饱和脂肪酸，胡萝卜素，维生素E、维生素C，钙盐等。

【药理作用】有抗菌、收缩主动脉，减弱心肌收缩力，升高血压、降血脂、抗动脉粥样硬化、抗衰老、增强免疫力收缩子宫、抗氧化、抗肿瘤、肌肉松弛作用。马齿苋提取物能延长四氧嘧啶糖尿病大鼠和家兔的生命，但不影响血糖的水平。

【功能主治】药性：酸，寒，归大肠、肝经。功能：清热解毒，凉血止痢，除湿通淋。主治：高血脂，动脉硬化，细菌性痢疾，钩虫病，淋病，慢性溃疡性结肠炎，直肠炎，肛门病，泌尿系结石，膀胱炎，急性乳腺炎，急性阑尾炎，小儿腹泻，小儿菌痢，小儿百日咳，化脓性皮肤病，带状疱疹，扁平疣，荨麻疹，白癜风，赤白带下，崩漏，痔血，疮疡痈疖，丹毒，瘰疬，湿癣。用法用量：内服煎汤，10 ~ 15 g，鲜品30 ~ 60 g；或绞汁饮。外用适量，捣敷、烧灰研末调敷或煎水洗。使用注意：脾虚便溏及孕妇禁服。

附方：

1. 治阑尾炎：鲜马齿苋一握。捣绞汁30 mL，加冷开水100 mL，白糖适量，每日3次，每次100 mL。
2. 治百日咳：马齿苋30 g，百部10 g。水煎，加白糖服。
3. 治尿血、便血：鲜马齿苋汁，藕汁等量。每次服半杯（约60 g），以米汤和服。

种子甘，寒。清肝明目，化湿。主治青盲目翳，泪囊炎。

【资源综合利用】马齿苋含有多种营养成分，如Ca、Mg、Fe、Zn、ω-脂肪酸等，开发前景广阔。马齿苋亦可作美容品，治疗少年白发症，肥胖，面部雀斑等。

▲土人参

109　土人参

【别名】参草。

【来源】为马齿苋科植物土人参*Talinum paniculatum*（Jacq.）Gaertn.的根。

【植物形态】一年生草本，高达60 cm，肉质，无毛。主根粗壮有分枝，外表棕褐色。茎直立，有分枝，圆柱形，基部稍木质化。叶互生；倒卵形或倒卵状长圆形，长5 ~ 7 cm，宽2.5 ~ 3.5 cm，顶端渐尖或钝圆，全缘，基部渐狭而成短柄。圆锥花序顶生或侧生；二歧状分枝，小枝及花梗基部均具苞片；花小两性，淡紫红色，直径约6 mm；萼片2，早落；花瓣5，倒卵形或椭圆形；雄蕊10枚以上；子房球形，花柱线形，柱头3深裂，顶端外展而微弯。蒴果近球形，直径约4 mm，3瓣裂，熟时灰褐色。种子多数，细小，扁圆形，黑色有光泽，表面具细腺点。花期6—7月，果期9—10月。

【生境分布】生于田野、路边、墙脚石旁、山坡沟边等阴湿处。分布于库区各市县。

【采收加工】8—9月采挖出后，除去细根，晒干或刮去表皮，蒸熟晒干。

【药材性状】根圆锥形或长纺锤形，分枝或不分枝。长7 ~ 15 cm，直径0.7 ~ 1.7 cm。顶端具木质茎残基。表面灰黑色，有纵皱纹及点状突起的须根痕。除去栓皮并经蒸煮后表面为灰黄色半透明状，有点状须根痕及纵皱纹，隐约可见内部纵走的维管束。质坚硬，难折断。折断面，未加工的平坦，已加工的呈角质状，中央常有大空腔。气微，味淡、微有黏滑感。

【显微鉴别】根横切面：木栓层残留或已去除。皮层薄壁细胞含有草酸钙簇晶。韧皮部较窄，薄壁细胞含有少量草酸钙簇晶。形成层明显。木质部占根的大部分，导管常1 ~ 2列，呈放射状排列，近形成层处可达3 ~ 4列，中心部位多散在，直径约45 μm；木薄壁细胞含大量草酸钙簇晶，射线宽8 ~ 24列细胞。经蒸煮的根薄壁细胞中含大量糊化淀粉粒团块。

粉末特征：淡黄棕色。草酸钙簇晶颇多。单个簇晶直径15 ~ 53 μm，晶瓣不甚整齐，有时形如众多砂晶或不规则方晶的堆积状。淀粉粒较多，单粒，类球形或近椭圆形，层纹不甚明显。壁增厚的薄壁细胞为韧皮部或其外侧的细胞，呈不规则长方形或阔披针形，壁呈念珠状增厚，非木化，可见扁圆形壁孔。木薄壁纤维较少，披针形或长条形，两端较尖，或一端较尖，另一端钝圆；壁微增厚，微木化，壁孔稀疏。导管网纹或近网纹状的梯纹；壁木化。木栓细胞表面观近六角形，切面观切向延长，壁增厚。草酸钙方晶少见。棕色团块可见，形状、大小不一。

【功能主治】药性：甘、淡，平。归脾、肺、肾经。功能：补气润肺，止咳，调经。主治：气虚劳倦，食少，泄泻；肺痨咯血，眩晕，潮热，盗汗，自汗，月经不调，带下，产妇乳汁不足。用法用量：内服煎汤，30 ~ 60 g。外用适量，热敷。使用注意：中阳衰微，寒湿困脾者慎服。

附方：

1. 治劳倦乏力：土人参15 ~ 30 g，或加墨鱼干1只。酒水炖服。
2. 治脾虚泄泻：土人参15 ~ 30 g，大枣15 g。水煎服。
3. 治虚劳咳嗽：土洋参、隔山撬、通花根、冰糖。炖鸡服。
4. 治自汗、盗汗：土高丽参60 g，猪肚一个。炖服。
5. 治月经不调：土人参60 g，紫茉莉根30 g，益母草60 g。水煎服。
6. 治多尿症：土高丽参60 ~ 90 g，金樱根60 g。共煎服，每日2 ~ 3次。
7. 治痈疮疖肿：鲜品土高丽参适量，捣烂敷患处。
8. 治外伤出血：干品土高丽参，研末撒敷患处。

土人参叶味甘，性平；通乳汁，消肿毒；主治乳汁不足，痈肿疔毒。内服煎汤，15 ~ 30 g。外用适量，捣敷。

落葵科Basellaceae

110　藤三七

【别名】土三七、藤七。

【来源】为落葵科植物落葵薯*Anredera cordifolia*（Tenore）van Steenis.的干燥瘤块状珠芽。

▲落葵薯

【植物形态】多年生宿根稍带木质的缠绕藤本，可长达4～5 m以上。基部簇生肉质根茎，常隆起裸露地面。老茎灰褐色，皮孔外突，幼茎带红紫色，具纵线棱，腋生大小不等的肉质珠芽，形状不一，单个或成簇，具顶芽和侧芽，芽具肉质鳞片，可长枝生叶，形成花序或单花。叶互生，具柄；叶片肉质，心形、宽卵形至卵圆形，长4～（8～12）cm，宽4～（9～15）cm，顶端凸尖、稍圆形或微凹，基部心形、楔形或圆形，全缘，平滑而带紫红。总状花序腋生或顶生，单一或疏生2～4个分枝；花序轴长10～（30～50）cm；花数10至200余朵。花期6、7月起可开放半年。

【生境分布】库区各地栽培。

【采收加工】在珠芽形成后采摘，鲜用或晒干。

【药材性状】珠芽呈瘤状，少数圆柱形，直径0.5～3 cm，表面灰棕色，具突起。质坚实而脆，易碎裂。断面灰黄色或灰白色，略呈粉性。气微，味微苦。

【显微鉴别】珠芽横切面：表皮细胞壁微木化。皮层细胞类多角形，散有草酸钙簇晶；内皮层明显。中柱散有多数大型黏液细胞。维管束外韧型，多数，呈数层环状排列。本品薄壁细胞含草酸钙簇晶及淀粉粒。

粉末特征：粉末棕褐色。表皮细胞表面观类多角形，壁稍厚，微木化。黏液细胞类圆形或类长圆形。螺纹导管直径39～60 μm。草酸钙簇晶直径18～50 μm。淀粉粒极多，单粒圆形或长圆形，直径13～181 μm，脐点点状、条状，有的层纹隐约可见。

【化学成分】地上部分含拉里亚苷元（larreagenin），3β-羟基30-去甲-12，19-齐墩果二烯-28-酸（3β-hydroxy-30-noroleana-12，19-dien-28-oic acid），熊果酸（ursolic acid）等。

【功能主治】药性：味微苦，性温。功能：补肾强腰，散瘀消肿。主治：腰膝痹痛，病后体弱，跌打损伤，骨折。用法用量：内服煎汤，30~60 g；或用鸡或瘦肉炖服。外用适量，捣敷。

附方：

治跌打扭伤：藤三七、鱼子兰、土牛膝、马茴香各适量。捣烂，敷伤处。

111　落葵

【别名】木耳菜、豆腐菜、软姜芽。

【来源】为落葵科植物落葵*Basella alba* L.的叶或全草。

【植物形态】一年生缠绕草本。全株肉质，光滑无毛。茎长达3～4 m，分枝明显，绿色或淡紫色。单叶互生；叶柄长1～3 cm；叶片宽卵形、心形至长椭圆形，长2～19 cm，宽2～16 cm，顶端急尖，基部心形或圆形，间或下延，全缘，叶脉在下面微凹，上面稍凸。穗状花序腋生或顶生，长2～23 cm，单一或有分枝；小苞片2，呈萼状，长圆形，长约5 mm，宿存；花无梗，萼片5，淡紫色或淡红色，下部白色，连合成管；无花瓣；雄蕊5个，生于萼管口，和萼片对生，花丝在蕾中直立；花柱3，基部合生，柱头具多数小颗粒突起。果实卵形或球形，长5～6 mm，暗紫色，多汁液，为宿存肉质小苞片和萼片所包裹。种子近球形。花期6—9月，果期7—10月。

【生境分布】生于海拔2 000 m以下地区。多栽培。分布于库区各市县。

【采收加工】夏、秋季采收叶或全草，鲜用或晒干。

【药材性状】茎肉质，圆柱形，直径3～8 mm，稍弯曲，有分枝，绿色或淡紫色；质脆，易断，折断面鲜绿色。叶微皱缩，展平后宽卵形、心形或长椭圆形，长2～14 cm，宽2～12 cm，全缘，顶端急尖，基部近心形或圆形；叶柄长1～3 cm。气微，味甜，有黏性。

【显微鉴别】叶横切面：上下表皮细胞1列。栅栏组织不通过主脉，叶肉组织中有黏液细胞及草酸钙簇晶。主脉维管束外韧型。

叶表面观：上表皮细胞类多角形，垂周壁平直，下表皮细胞长方形，壁波状弯曲。上、下表皮均有平轴式气孔。

茎横切面：表皮细胞1列。皮层较宽，散有黏液细胞；内皮层明显。维管束外韧型，大小不等，呈不规则环状排列。髓部宽广，散有黏液细胞。

【化学成分】叶含多糖，胡萝卜素，有机酸，维生素C，氨基酸，蛋白质等。

▲落葵

【药理作用】有解热、抗炎、抗病毒作用。

【功能主治】药性：甘、酸，寒。功能：滑肠通便，清热利湿，凉血解毒，活血。主治：大便秘结，小便短涩，痢疾，热毒疮疡，跌打损伤。用法用量：内服煎汤，10～15 g，鲜品30～60 g。外用适量，鲜品捣敷；或捣汁涂。使用注意：脾胃虚寒者慎服。

附方：

1. 治大便秘结：鲜落葵叶适量。煮作副食。
2. 治小便短赤：鲜落葵每次60 g。煎汤代茶频服。
3. 治疔疮：鲜落葵叶十余片。捣烂涂贴，每日换1～2次。
4. 治多发性脓肿：落葵30 g。水煎，黄酒冲服。
5. 治咳嗽：落葵30 g，桑叶15 g，薄荷3 g。水煎服。
6. 治久年下血：落葵30 g，白肉豆根30 g，老母鸡1只（去头、脚、内脏）。水炖服。
7. 治手脚关节风疼痛：鲜落葵全茎30 g，猪蹄节1具或老母鸡1只（去头、脚、内脏）。水、酒各半炖服。
8. 治外伤出血：鲜落葵叶和冰糖适量。捣烂，敷患处。
9. 治胸膈积热郁闷：鲜落葵60 g。浓煎汤，加酒温服。

落葵果实适量，蒸，烈日中曝干，去皮，取仁细研，和白蜜混合敷之，可润泽肌肤、美容。

【资源综合利用】落葵首载于《别录》列为下品。嫩茎叶为常见蔬菜。

石竹科Caryophyllaceae

112　石竹

【别名】蝴蝶花、瞿麦、洛阳花。

【来源】为石竹科植物石竹*Dianthus chinensis* L.的带花果全草。

【植物形态】多年生草本，高达30 ~ 50 cm。茎直立，圆筒状，中空。叶对生，宽披针形，长3 ~ 7 cm，宽3 ~ 5 mm，顶端渐尖，基部成短鞘状包茎，全缘或有细齿，两面均无毛。两性花；花单生或数朵集成稀疏歧式分枝的圆锥花序；苞片卵形，叶状披针形，长为萼筒的1/2，顶端渐尖；花萼圆筒形，长2 ~ 2.5 cm，顶端5裂，裂片宽披针形，边缘膜质，有细毛；花瓣5，淡红色、白色或红色，喉部有斑纹和疏生须毛，顶端浅裂成锯齿状，基部有长爪；雄蕊10；子房上位，1室，花柱2，细长。蒴果长圆形，与宿萼近等长。种子黑色。花期4—8月，果期5—9月。

【生境分布】生于海拔500 ~ 1 200 m的山坡、草地、路旁或林下。库区各市县栽培。

【采收加工】夏、秋花果期割取全草，切段或不切段，晒干。

【药材性状】茎圆柱形，长30 ~ 60 cm，节部膨大；表面淡绿色或黄绿色，略有光泽。叶多皱缩，对生，黄绿色，展平后呈条状披针形，长3 ~ 6 cm、宽2 ~ 4 mm，尖端稍反卷，基部短鞘状抱茎。花棕紫色或棕黄色，单生或数朵簇生；具宿萼，萼筒长1.4 ~ 1.8 cm；萼下有小苞片，长约为萼筒的1/2，顶端急尖或渐尖，外表有规则的纵纹；花瓣顶端浅齿裂。茎质硬脆，折断面中空。气弱，味微甘。以色青绿、花未开放者为佳。

【显微鉴别】茎横切面观：表皮外被角质层，皮层由4 ~ 6层类圆形或类长圆形细胞组成，内含叶绿素。中柱鞘由2 ~ 3层纤维和2 ~ 3层厚角细胞组成环带，纤维细长、末端钝圆，木化。纤维束环带下为1 ~ 2层厚角组织，木化。韧皮部发达，由11 ~ 15层类圆形细胞组成，木质部较窄。髓部有裂隙，髓细胞类多角形，有草酸钙簇晶。

叶表面观：上表皮细胞类方形。下表皮细胞类长方形，垂周壁直生、微弯或牙齿状弯曲，有时念珠状，角质层皱波状，上下表皮均有气孔，直轴式。

粉末：黄绿色。纤维细长，多成束，直径8 ~ 22 μm，孔沟不明显，胞腔线形。草酸钙簇晶类圆形或椭圆形，直径（5 ~ 8）~ 75 μm。非腺毛1 ~ 11个细胞，长可达300 μm，直径7 ~ 33 μm，有的胞腔内含黄棕色或黄色物质。花粉粒圆球形，直径27 ~ 53 μm，具散孔，孔数9 ~（12 ~ 14），表面有网状雕纹。

【理化鉴别】层析法：取粉末1 g，加甲醇15 mL，浸泡24 h，滤过，滤液浓缩至干，再加甲醇0.5 mL，点于硅胶 G- CMC薄层板上，以氯仿-甲醇-水（7：3：1）为展开剂，展开后，喷以10%硫酸液显色，出现9个荧光斑点及与标准品玫瑰红相对应的荧光斑点。

▲石竹

【化学成分】全草含皂苷，蛋白质，粗纤维，粗灰分，糖类。花含丁香油酚（eugenol），苯乙醇（phenytethylacohol），苯甲酸乙酯（ethyl benzoate），水杨酸苄酯（benzyl salicylate），水杨酸甲酯（methyl salicylate），全草含皂苷。

【药理作用】有利尿、兴奋肠管、兴奋子宫的平滑肌、抑制心脏、降血压、抗生育、抗菌、杀血吸虫、镇痛、抗肝毒作用。

【功能主治】药性：苦，寒。归心、肝、小肠、膀胱经。功能：利小便，清湿热，活血通经。主治：小便不通，热淋，石淋，闭经，目赤肿痛，痈肿疮毒，湿疮瘙痒。用法用量：内服煎汤，3～10 g；或入丸、散。外用适量，煎汤洗；或研末撒患处。使用注意：孕妇禁服。

附方：

1. 治血淋：鲜石竹30 g，仙鹤草15 g，炒栀子9 g，甘草梢6 g。水煎服。
2. 治血瘀经闭：石竹、丹参、益母草各15 g，赤芍、香附各9 g，红花6 g。水煎服。
3. 治目赤肿痛：石竹、菊花各9 g。水煎服。
4. 治食管癌、直肠癌：鲜石竹30～60 g（干品18～30 g）。水煎服。

113 剪夏罗

【别名】剪红罗、剪春罗、雄黄花。

【来源】为石竹科植物剪夏罗*Lychnis coronata* Thunb.的根及全草。

【植物形态】多年生草本，高50～80 cm。根茎横生，竹节状，表面黄色，内面白色，具条状根；茎直立，丛生，微有棱，节略膨大，光滑。单叶对生；无柄；叶片卵状椭圆形，长6～10 cm，宽2～4 cm，顶端渐尖或长渐尖，基部圆形或阔楔形，边缘有浅细锯齿。花1～5朵集成聚伞花序；花萼长筒形，顶端5裂，裂片尖卵形；脉10条；花瓣5，橙红色，顶端有不规则浅裂，呈锯齿状，基部狭窄成爪状，瓣片与爪之间有鳞片2；雄蕊10，与花瓣互生；子房圆柱形，花柱5。蒴果具宿存萼，顶端5齿裂。种子多数。花期7月，果期8月。

【生境分布】生于疏林内或林缘草丛中。奉节、万州、开州、武隆等地有栽培。

【采收加工】春季采收，鲜用或晒干。

▲剪夏罗

【药材性状】全草长50～80 cm。根条状。根茎竹节状，表面黄色，内面白色。茎略有棱，节稍膨大，光滑。单叶对生，完整叶片卵状椭圆形，长6～10 cm，宽2～4 cm，顶端渐尖，基部圆钝至阔楔形，边缘具浅细锯齿。花1～5朵成聚伞花序；花萼长筒形，具脉10条，顶端5裂，裂片尖卵形，花瓣5，暗红色，顶端有不规则浅裂，下部渐狭成爪。蒴果具宿萼，顶端5齿裂。种子多数。气微，味淡。

【显微鉴别】粉末特征：暗绿色。气孔主要分布于下表皮，直轴式，也有不定式，副卫细胞3～4个，有的具放射状纹理。草酸钙簇晶众多，直径32～44 μm。非腺毛由3～11个细胞组成，具壁疣，有的其中1个细胞缢缩。

【化学成分】全草含2-甲基丁胺（2-methylbutylamine）。叶含蒎立醇（pinitol），异金雀花素（isoscoparin），阿魏酰葡萄糖（feruloyl glucose）等。

【功能主治】药性：味甘、微苦，性寒。归肺、肝经。功能：清热除湿，泻火解毒。主治：感冒发热，缠腰火丹，风湿痹痛，泄泻。用法用量：内服煎汤，根及根状茎9～15 g，全草15～30 g。外用适量，鲜花或叶捣敷；根或根状茎研末调涂。

附方：

1. 治感寒引起的身热无汗，口渴：剪夏罗全草30 g，高粱泡根、仙鹤草、蓬虆各15～18 g。水煎，冲入适量白酒，早、晚饭前服。
2. 治关节炎：剪夏罗根及根状茎15 g。水煎，冲黄酒服。
3. 治腹泻：剪夏罗根及根状茎15 g。水煎服。

114 鹅肠菜

【别名】抽筋草、鹅儿肠。

【来源】为石竹科植物牛繁缕*Myosoton aquaticum* Moench.的全草。

【植物形态】二年或多年生草本，高20～60 cm。茎多分枝，下部伏卧，上部直立，节膨大，带紫色。叶对生；下部叶有短柄，长2～18 mm，疏生柔毛，上部叶无柄或抱茎；叶片卵形或卵状心形，长2～5.5 cm，宽13 cm，顶端急尖，基部近心形，全缘，有时有缘毛。二歧聚伞花序顶生，花梗细长，有短柔毛；萼片5，基部连合，顶端钝，被短柔毛；花瓣5，白色，长于萼片，2深裂至基部；雄蕊10；子房上位，花柱5，短线形。蒴果卵形，顶端5

▲牛繁缕

瓣裂，每瓣顶端再2裂。种子多数，扁圆形，褐色，有瘤状突起。

【生境分布】生于海拔2 000 m以下的山坡、路旁、田间。分布于开州、万州、石柱、忠县、涪陵、武隆、长寿等地。

【采收加工】春季生长旺盛时采收，鲜用或晒干。

【药材性状】全草长20 ~ 60 cm。茎光滑，多分枝；表面略带紫红色，节部和嫩枝梢处更明显。叶对生，膜质；完整叶片宽卵形或卵状椭圆形，长1.5 ~ 5.5 cm，宽1 ~ 3 cm，顶端锐尖，基部心形或圆形，全缘或呈浅波状；上部叶无柄或具极短柄，下部叶叶柄长5 ~ 18 mm，疏生柔毛。花白色，生于枝端或叶腋。蒴果卵圆形。种子近圆形，褐色，密布显著的刺状突起。气微，味淡。

【功能主治】药性：甘、酸，平。归肝、胃经。功能：清热解毒，散瘀消肿。主治：肺热喘咳，痢疾，痈疽，痔疮，牙痛，月经不调，小儿疳积。用法用量：内服煎汤，15 ~ 30 g；或鲜品60 g捣汁。外用适量，鲜品捣敷；或煎汤熏洗。

附方：

1. 治痢疾：鲜鹅肠菜30 g。水煎，加糖服。
2. 治痈疽：鲜鹅肠菜90 g。捣烂，加甜酒适量，水煎服；或加甜酒糟同捣，敷患处。
3. 痔疮肿痛：鲜鹅肠菜120 g。水煎浓汁，加盐少许，熏洗。
4. 治牙痛：鲜鹅肠菜适量。捣烂，加盐少许，咬在痛牙处。
5. 治高血压：每用（鹅肠草）15 g，煮鲜豆腐吃。

115 漆姑草

【别名】羊儿草、星绣草。

【来源】为石竹科植物漆姑草*Segina japonica*（Sw.）Ohwi的全草。

【植物形态】一年生小草本，高10 ~ 15 cm。茎纤细，由基部分枝，丛生，下部平卧，上部直立，无毛或上部稍被腺毛。单叶对生；叶片线形，长5 ~ 20 mm，宽约1 mm，具1条脉，基部合生成膜质的短鞘，顶端渐尖。花小形，通常单一，腋生于茎顶；花梗细，长1 ~ 2.5 cm，疏生腺毛；萼片5，长圆形至椭圆形，长1.5 ~ 2 mm，顶端钝圆，稍呈兜状依附于成熟的蒴果，具3脉，边缘及顶端膜质；花瓣5，白色，卵形，顶端圆，长为萼片的2/3左右；雄蕊5；子房卵圆形，花柱5。蒴果广椭圆状卵球形，比宿存萼片稍长或长出1/3左右，通常5瓣裂，裂瓣椭圆状卵形，顶端钝。种子褐色，圆肾形，长0.4 ~ 0.5 mm，两侧稍扁，背部圆，密生瘤状突起。花期5—6月，果期6—8月。

【生境分布】生于海拔300 ~ 2 100 m的山地或田间路旁阴湿草地。分布于库区各市县。

【采收加工】4—5月采集，鲜用或晒干。

【药材性状】全草长10 ~ 15 cm。茎基部分枝，上部疏生短细毛。叶对生，完整叶片圆柱状线形，长5 ~ 20 mm，宽约1 mm，顶端尖，基部为薄膜连成的短鞘。花小，白色，生于叶腋或茎顶。蒴果卵形，5瓣裂，比萼片约长1/3。种子多数，细小，褐色，圆肾形，密生瘤状突起。气微，味淡。

【显微鉴别】叶表面观：上、下表皮细胞垂周壁明显波状弯曲，气孔直轴式，亦有不定式。叶肉细胞含草酸钙簇晶，直径17 ~ 67 μm。

【化学成分】全草含挥发油、皂苷和黄酮等成分。已分离得到的主要黄酮衍生物有：6，8-二-C-葡萄糖基芹菜素（6，8-di-C-glucosylapigenin），6-C-阿拉伯糖基-8-C-葡萄糖基芹菜素（6-C-arabinosyl-8-C-glucosylapigenin），8-C-葡萄糖基芹菜素（8-C-glucosylapigenin），X’’-O-鼠李糖基-6-C-葡萄糖基芹菜素（X’’-O-rhamnosyl-6-C-glucosylapigenin）。

【药理作用】有抗肿瘤、镇咳、祛痰、镇痛、兴奋肠平滑肌、短时呼吸兴奋，血压先升后降作用。

【功能主治】药性：苦、辛，凉。归肝、胃经。功能：凉血解毒，杀虫止痒。主治：漆疮，秃疮，湿疹，丹毒，瘰疬，无名肿毒，毒蛇咬伤，鼻渊，龋齿痛，跌打内伤。用法用量：内服煎汤，10 ~ 30 g；研末或绞汁。外用适量，捣敷；或绞汁涂。

▲漆姑草

附方：

1. 治漆疮：漆姑草捣汁二份，和芒硝一份，涂患处。

2. 治毒蛇咬伤：漆姑草、雄黄捣各适量。捣烂敷。

3. 治九子烂痒：漆姑草、九子连环草、昆布、海藻、金针花头各适量，捣绒敷患处。

4. 治牙痛：漆姑草叶适量。捣烂，塞入牙缝。

5. 治目有星翳：漆姑草加韭菜根适量。捣烂，用纱布包裹塞鼻。

6. 治慢性鼻炎，鼻窦炎：鲜漆姑适量。捣烂，塞鼻孔，每日1次，连用1周。

7. 治痔疮：漆姑草9 g，无花果叶、阔叶十大功劳果各30 g，苎麻根18 g，鱼腥草12 g，蜗牛（带壳）或水蛭2～3只。于痔疮发作时煎汤熏洗，每日2次；2 d后取蜗牛2～3只捣敷患处（如无蜗牛可用水蛭烧焦后研粉，植物油调敷患处）。

116 王不留行

【别名】留行子、王不留、奶米、麦蓝子。

【来源】为石竹科植物麦蓝菜*Vaccaria segetalis*（Neck.）Garcke的种子。

【植物形态】一年或二年生草本，高30～70 cm，全体平滑无毛，稍有白粉。茎直立，上部二叉状分枝，近基部节间短，节略膨大。单叶对生，无柄；叶片卵状椭圆形至卵状披针形，长15～75 cm，宽0.5～3.5 cm，顶端渐尖，基部圆形或近心形，稍连合抱茎，全缘，两面均呈粉绿色，中脉在下面突起。疏散聚伞花序生枝顶；花梗细长；小苞片2，鳞片状；花萼圆筒状，花后增大呈五棱状球形，顶端5齿裂；花瓣5，粉红色，倒卵形，顶端有不整齐小齿；雄蕊10，不等长；子房上位，1室，花柱2。蒴果包于宿存花落内，成熟后顶端呈4齿状开裂。种子多数，暗黑色，球形，有明显的疣状突起。花期4—6月，果期5—7月。

▲麦蓝菜

【生境分布】生于海拔300～1 000 m的山坡路旁，以麦田为多。分布于长寿地区。

【采收加工】当种子大多数变黄褐色，少数变黑时，将地上部分割回，放阴凉通风处后熟7 d左右，待种子全部变黑后，晒干、脱粒、去杂质，再晒干。

【药材性状】种子圆球形或近球形，直径1.5～2 mm。表面黑色，略有光泽，密布细小颗粒状突起。种脐圆点状，下陷，色较浅，种脐的一侧有一带形凹沟，沟内颗粒状突起呈纵行排列。质硬，难破碎。除大种皮后可见白色的胚乳，胚弯曲成环状。子叶2枚。气无、味淡。以粒饱满、色黑者为佳。

【显微鉴别】种子横切面：种皮由数列细胞组成，细胞壁呈连珠状增厚，有些细胞内含棕色物。胚乳占横切面的大部分，细胞中含细小糊粉粒与淀粉粒。子叶与胚根位于种子的两侧。

粉末：呈灰白色。种皮碎片红棕或棕色、表皮表面观呈星角状或类长方形，外壁强烈增厚，隐约可见层纹。下皮细胞细小，成群位于表皮碎片内侧，类方形，壁念珠状增厚，并隐约可见环状或网状纹理。胚乳细胞大型，内含淀粉粒和糊粉粒。

主要显微特征：种皮碎片红棕色或棕色，表皮细胞表面观呈星角状或深波状弯曲，直径50~110 μm，壁增厚，胞腔明显，断面观细胞1列，类方形或类长方形，外侧壁强烈增厚，隐约可见层纹；胚乳细胞较大型，多角形、类方形或类长方形，直径60~100 μm，壁薄，细胞中含大型淀粉粒及细小糊粉粒；淀粉粒类圆形、卵圆形、椭圆形或短棒槌状，直径9~26 μm，表面常附着细小糊粉粒，层纹、脐点均不明显，偶见2粒的复粒。此外，尚可见种皮下皮细胞，类方形、类长方形，壁念珠状增厚，以及细小的子叶细胞，细胞中含脂肪油滴。

【理化鉴别】检查黄酮：取本品粉末0.5 g，加乙醇5 mL，水浴温热约5 min，滤过。取滤液2 mL，加镁粉少许，混匀，滴加盐酸数滴，即有气泡产生，同时溶液渐变红色。

【化学成分】种子含王不留王皂苷（vacsegoside），棉根皂苷元，氢化阿魏酸（hydroferulic acid），尿核苷（uridine），王不留行环肽A（segetalin A），王不留行环肽B（segetalin B Ⅳ），王不留行肽D（segetalin D.V），王不留行环肽E（segetalin E），洋芹素-6-C-阿拉伯糖-葡萄苷等。

【药理作用】有抗早孕、抗肿瘤作用。种子在对抗高分子右旋糖酐对内耳生物电的影响及改善血液流变学指标方面具有和丹参相同的效果。外敷贴压耳穴，可使胆囊收缩。

【功能主治】药性：苦，平。归肝、胃经。功能：活血通经，下乳消痈。主治：支气管炎，喘憋性肺炎，胃肠反应，肋间神经痛，顽固性失眠，肥胖症，痔疮，胆结石，过敏性鼻炎，鼻衄，妇女经行腹痛，经闭，乳汁不通、乳痈，痈肿。用法用量：内服煎汤，6～10 g。使用注意：孕妇、崩漏者均禁服。

附方：

1. 治产妇乳汁不通：王不留行、穿山甲（砂炒）各适量。同猪蹄炖服。
2. 治乳痈初起：王不留行10 g，蒲公英、瓜蒌仁各8 g，当归梢8 g。水煎服。
3. 治带状疱疹：王不留行（炒）12 g。研细末，敷患处。

【资源综合利用】王不留行始载于《神农本草经》，列为上品。近年研究,王不留行对治疗胆结石具有很好疗效，用量大，资源较为紧缺；王不留行生长适应性强，荒地、路旁，耐干旱、耐瘠薄，亩产可达300 kg；可作为库区调整农业产业结构的重要经济植物。

睡莲科Nymphaeaceae

117　芡实

【别名】鸡头实、鸡头米、鸡头菜。

【来源】为睡莲科植物芡*Euryale ferox* Salisb.的种仁。

【植物形态】大型水生草本，全株具尖刺。根茎粗短，具白色须根及不明显的茎。初生叶沉水，箭形或椭圆肾形，长4～10 cm，两面无刺，叶柄无刺；后生叶浮水面，革质，椭圆肾形至圆形，直径10～130 cm，上面深绿色，多皱褶，下面深紫色，有短柔毛，叶脉凸起，边缘向上折；叶柄及花梗粗壮，长达25 cm。花单生，昼开夜合，长约5 cm；萼片4，披针形，长1～15 cm，内面紫色；花瓣多数，长圆状披针形，长1.5～2 cm，紫红色，成数轮排列；雄蕊多数；子房下位，心皮8个，柱头红色，呈凹入的圆盘状，扁平。浆果球形，直径3～5 cm，海绵质、暗紫红色。种子球形，直径约10 mm，黑色。花期7—8月，果期8—9月。

▲芡

【生境分布】生于池塘、湖泊及水田中。多栽培。分布于万州、石柱、长寿地区。

【采收加工】在9—10月分批采收，收取果实，棒击破带刺外皮，取出种子洗净，阴干。

【药材性状】种仁类球形，直径5～8 mm，有的破碎成块。完整者表面有红棕色或灰紫色的内种皮，可见不规则的脉状网纹，一端约1/3为黄白色。

【显微鉴别】粉末特征：类白色。淀粉粒主要为复粒，类圆形、长圆形或圆多角形，由数十至数百粒分粒组成。分粒极细小。外胚乳细胞多破碎，呈长角形，长方形，多角形。

【理化鉴别】薄层鉴别：取本品乙醇液作为供试品溶液。齐墩果酸对照品。点于同一硅胶G板上，用石油醚-乙醚-乙醇（10∶10∶1）为展开剂。以25%的磷钼酸乙醇溶液显色，115 ℃加热5 min。

【化学成分】果实含大量淀粉及维生素C，硫胺素，核黄素，尼克酸，蛋白质，糖，脂肪，粗纤维，微量胡萝卜素，微量元素等。

【功能主治】药性：甘、涩，平。归脾、肾经。功能：固肾涩精，补脾止泻。主治：遗精，白浊，带下，小便不禁，大便泄泻。用法用量：内服煎汤，15～30 g，或入丸、散。使用注意：大小便不利者禁服；食滞不化者慎服。

附方：

1. 治梦遗漏精：芡实，莲花蕊，龙骨，乌梅肉各等量。研细末，为丸。1日2次。
2. 治小儿慢性腹泻：芡实，淮山各200 g，鸡内金50 g。研细末，加开水调成糊状服。
3. 治慢性肾炎蛋白尿：芡实合剂。口服，每日3次。

118 睡莲

【别名】瑞莲、子午莲。

【来源】为睡莲科植物睡莲*Nymphaea tetragona* Georgi.的花。

【植物形态】多年生水生草本。根茎短粗，具线状黑毛。叶丛生，浮于水面；纸质，心状卵形或卵状椭圆形，长5～12 cm，宽3.5～9 cm，顶端圆钝，基部深弯呈耳状裂片，急尖或钝圆，稍展开或几重合，全缘，上面绿色，光亮，下面带红色或暗紫色，两面皆无毛，具小点；叶柄细长，约60 cm。花梗细长；花浮出水面，直径3～5 cm；花萼基部四棱形，萼片4，革质，宽披针形，长2～3.5 cm，宿存；花瓣8～17，白色，宽披针形或倒卵形，长2～2.5 cm，排成多层；雄蕊多数，短于花瓣，花药条形，黄色；柱头具5～8条辐射线，广卵形匙状。浆果球形，直径2～2.5 cm，包藏于宿存花萼中，松软；种子椭圆形，长2～3 mm，黑色。花期6—8月，果期8—10月。

【生境分布】生于池沼湖泊中。多栽培。分布于库区各市县。

【采收加工】夏季采收，洗净，去杂质，晒干。

【药材性状】花较大，直径4～5 cm，白色。萼片4片，基部呈四方形；花瓣8～17；雄蕊多数，花药黄色；花柱4～8裂，柱头广孵形，呈茶匙状，作放射状排列。

【功能主治】药性：甘、苦，平。功能：消暑，解酒，定惊。主治：中暑，醉酒烦渴，小儿惊风。用法用

▲睡莲

量：内服煎汤，6～9 g。

附方：

治小儿急慢惊风：睡莲花7朵或14朵。水煎服。

【资源综合利用】睡莲之名始见于《纲目拾遗》。不但药用，还可食用，兼具酿酒、制茶、切花等用途，睡莲因昼舒夜卷而被誉为花中睡美人，其根能吸水中的汞、铅、苯酚等有毒物质，还能过滤水中的微生物，是难得的水体净化植物，同时也是重要的观赏药用植物。

毛茛科Ranunculaceae

119 川乌

【别名】乌头、川乌头。

【来源】为毛茛科植物乌头*Aconitium carmichaeli* Debx.（栽培品）的母根。

【植物形态】多年生草本，高60～150 cm。块根倒圆锥形，周围常有数个子根。栽培品的侧根通常肥大，外皮黑褐色。茎直立，中部以上疏被反曲的短柔毛。叶互生；叶柄长1～2.5 cm，疏被短柔毛；叶片五角形，长6～11 cm，宽9～15 cm，基部浅心形，3裂几达基部，中央全裂片宽菱形、倒卵状菱形或菱形，近羽状分裂，二回羽裂片2对，斜三角形，具1～3枚牙齿；侧全裂片不等2深裂，各裂片边缘有粗齿或缺刻，上面疏被短伏毛，下面通常只在脉上疏被短柔毛。总状花序顶生，花序轴及花梗被反曲而紧贴的短柔毛；花两性，两侧对称；萼片5，花瓣状，上萼片盔形，高2～2.5 cm，基部至喙长1.7～2.2 cm，下缘稍凹，喙不明显，侧萼片长1.5～2 cm，蓝紫色，外面被短无毛；花瓣2，瓣片长约1.1 cm，唇长约6 mm，微凹，距长1～2.5 mm，通常拳卷；雄蕊多数；心皮3～5，被短柔毛。蓇葖果。种子多数，三棱形，长3～3.2 mm，两面密生横膜翅。花期8—9月，果期9—10月。

【生境分布】栽培或野生于海拔750～2 150 m的山地草坡或灌木丛中，多栽培。分布于巫溪、巫山、奉节、云阳、开州、忠县、石柱、武隆地区。

【采收加工】6月下旬至8月上旬采挖，摘下子根，取母根，去净须根，晒干。

【药材性状】乌头（母根）为不规则圆锥形，稍弯曲，顶端常有残茎，中部多向一侧膨大，长2～7.5 cm，直径1.2 ~ 2.5 cm。表面棕褐色或灰棕色，皱缩不平，有小瘤状侧根及子根痕。质坚实，断面类白色或浅灰黄色，形成层环多角形。气微，味辛辣、麻舌。以饱满、质坚实、断面色白者为佳。

【显微鉴别】母根横切面：后生皮层为棕色木栓化细胞；皮层薄壁组织偶见石细胞，单个散在或数个成群；内皮层不甚明显。韧皮部散有筛管群，内侧偶见纤维束；并可见到1至数个导管束。形成层环状多角形。木质部导管多列，径向或略呈"V"形排列。髓部明显。薄壁细胞充满淀粉粒。

粉末：灰黄色。淀粉粒极多，单粒类球形或近长圆形，直径2~23 μm，脐点点状、人字状、十字状或短条形，层纹不明显；复粒由2~15分粒组成，由2个分粒组成的复粒，其分粒多为半圆形或盔帽状。石细胞类方形或长方形，直径40~110 μm，长可达200多μm，壁厚4 ~ 13 μm，纹孔明显，呈扁圆形，有时可见斜纹孔。后生皮层细胞棕色，有的壁呈瘤状增厚突入细胞腔。导管淡黄色，具缘纹孔或网纹导管，直径29 ~ 70 μm，末端平截或短尖，穿孔位于端壁或侧壁，有的导管分子纵横连接或粗短扭曲。纤维少数，纹孔口斜向超出纹边缘。

【理化鉴别】（1）检查乌头碱：取本品乙醚提取物，加硫酸液适量，振摇提取，分取酸液适量，用水稀释后，用分光光度法测，在231 nm波长处有最大吸收。

（2）薄层鉴别：取本品粉末1 g，加10%氨溶液1 mL，乙醚10 mL，冷浸24 h，滤过，滤液挥干，残渣用二氯甲烷洗入1 mL容量瓶中定容，作为样品溶液。另取乌头碱、中乌头碱、次乌头碱，用二氯甲烷配制成1 mg/1 mL溶液作为对照品溶液。在局效硅胶GF254板（10 cm × 10 cm）上点样品和对照品溶液各3 μL，以环已烷-乙酸乙酯-二乙胺（8∶1∶1）展开，取出，晾干，喷以碘化铋钾、碘化钾碘试液的等容混合液显色，供试液色谱在对照品色谱相应的位置，应显相同的色斑。

【化学成分】母根含乌头碱（aconitine），次乌头碱（hypaconitine）等。

【药理作用】有强心（但剂量加大则引起心律失常，终致心脏抑制）、清除氧自由基、免疫双向调节、抗炎、镇痛、降血糖、抗癌、降压、局部麻醉作用。毒性：乌头碱人口服致死量为2 ~ 5 mg。

【功能主治】药性：味辛、苦，性热，有大毒。归心、肝、脾、肾经。功能：祛风除湿，散寒止痛。主治：风湿性关节炎、类风湿性关节炎，大骨节病，半身不遂，手足痉挛，坐骨神经痛，跌打肿痛，胃腹冷病。用法用量：煎服3 ~ 6 g；外用适量。研末外用或泡酒外搽。使用注意：反半夏、贝母、瓜蒌、天花粉、白及、白蔹。孕妇忌服。

附方：

1. 治肩关节炎：川乌、草乌各90 g。研末，加樟脑细粉90 g，混匀，调醋，适量敷患处。

2. 治风湿性关节炎：制川乌、制何首乌各15 g，制草乌6 g，追地风、千年健各9 g。白酒500 g，密封泡48 h，过滤，每次5 ~ 10 mL，每日3次。

乌头（栽培品）侧根（子根）称"泥附子"，其加工品名"附子"。根据加工方法的不同分：生附片、盐附子、黑顺片、白附片等。其药理作用为：强心、增强心脏幅度及频率、预防室颤、保护急性心肌缺血、延长耐缺氧时间、降低碱性磷酸酶活性、降低血压、加快心律、降低血管阻力、增加血流量、抗休克、抗炎、抑制小鼠自发运动的倾向和使小鼠正常体

▲乌头

温下降、镇痛、局部麻醉、提高老年大鼠血清总抗氧化能力及红细胞SOD活性、降低脑组织脂褐素和肝组织丙二醛含量、增加心肌组织Na^+-K^+-APTase活性、改善肝细胞膜流动性、提高体液免疫功能及血清补体含量、兴奋肠管的自发性收缩、抑制胃排空、平喘、对抗平滑肌痉挛、对抗呼吸道阻力增高作用。去甲乌药碱在一般治疗剂量下，可表现出对β受体激动和对α_1受体阻断的双重作用。乌头、附子煎剂能明显扩张、麻醉犬和猫的后肢血管，静注可使麻醉犬的股动脉流量增强。可解释为中医上的“回阳”作用。附子的毒性受产地、采收、炮制、煎煮时间等因素影响较大。附子的急性毒性以心脏毒性为主，具有箭毒样作用。附子提取物长期毒性表现小鼠红细胞、血浆总蛋白和白蛋白、GOT及LDH的降低。3-乙酰基乌头碱对生殖系统有胚胎毒性，并可减少精子数量。

药性：辛、苦，热。大毒。归心，肝，脾，肾经；功能：回阳救逆，补火助阳，散寒除湿；主治：亡阳欲脱，脚冷脉微，阳痿宫冷，心腹冷痛，虚寒吐泻久痢，阴寒水肿，阳虚外感，风寒湿痹。阴疽疮疡。用法用量：内服煎汤，3~9 g（炮制品），回阳救逆可用18~30 g。或入丸、散。外用适量，研末调敷。使用注意：阴虚阳盛，真热假寒及孕妇均禁服。

1. 治虚寒性胃痛：附子、广木香、延胡索各10 g，甘草4 g，研末，生姜汁调匀，制成药饼，装入4 cm×6 cm大小的桃花纸包里，敷脐部或疼痛部位。

2. 治美尼尔氏综合征：附片10 g，白术、生姜各12 g，茯苓15 g，白芍10 g。水煎服。

3. 治老年脾虚腹泻：制附子9 g，肉豆蔻15 g。水煎服。

【资源综合利用】乌头、附子始载《神农本草经》，列为下品。乌头碱既是其生理活性成分，又是其毒性成分，通过炮制和配伍可以抑制其毒性。如通过附子与甘草配伍，甘草可拮抗乌头碱引发的心律失常，而且甘草黄酮的煎出率也明显提高；人参配附子，能显著降低附子毒性，对抗附子引起的心律失常；白芍配附子，配伍后乌头碱煎出率降低，芍药苷煎出量增加，毒性降低等。但不能一味追求降毒，而忽视其生理活性。如其抗炎活性，生附子最强，炮制后则无。

120 打破碗花花

【别名】湖北秋牡丹、大头翁、山棉花、秋芍药、野棉花。

【来源】为毛茛科植物打破碗花花*Anemone hupehensis* Lem.的根或全草。

【植物形态】多年生草本，高20~120 cm，全体被柔毛。根斜生或垂直生长，长约10 cm，直径4~7 mm。基生叶3~5；叶柄长3~36 cm，基部有短鞘；三出复叶，有时1~2或全部为单叶，中央小叶较大，卵形或宽卵形，长4~11 cm，宽3~10 cm，不分裂或3~5浅裂，侧生小叶较小，斜卵形，2浅裂或不裂，边缘具粗锯齿。聚伞花序二至三回分枝，偶不分枝；花梗长3~10 cm；苞片3，轮生，叶状，稍不等大；萼片5，花瓣状，紫红色，倒卵形，长2~3 cm，宽1.3~3 cm，外面被短柔毛；花瓣无；雄蕊多数，长约为萼片长的1/4，花药黄色；心皮可多达400余，生于球形花托上，有长柄，被短柔毛。聚合果球形，直径约1.5 cm；瘦果长约3.5 mm，有细柄，密被绵毛。花期7—9月，果期9—11月。

【生境分布】生于海拔250~1 800 m的低山、丘陵草坡或沟边。分布于库区各市县。

【采收加工】6—8月花未开放前挖取根部，晒干或鲜用。

【药材性状】全草长可达1 m。根呈长圆柱形，直径0.5~2 cm，长5~15 cm；表面灰棕色；质坚硬，不易折断；根头部有1至数个茎基。茎纤细，长40~80 cm，下部较粗，直径约4 mm；表面密生短柔毛。基生叶为三出复叶或单叶，长10~40 cm；小叶卵形或狭卵形，长4~12 cm，宽2.5~12 cm；茎生叶多为单叶；少有三出复叶，长4~8 cm，宽1~8 cm，灰绿色，被细毛茸，边缘有锯齿。聚伞花序顶生，二至三回分枝或成单花。

【显微鉴别】叶表面观：上表皮细胞壁较平直，气孔少见；下表皮细胞壁稍弯曲，气孔密集，不定式；上下表皮细胞均有多数单细胞非腺毛，刚直，顶端尖，长200~280 μm，基部宽约20 μm，并有单细胞腺毛，顶端钝圆，基部稍狭，长约80 μm，宽约20 μm，在下表面的叶脉上，从生多数单细胞长毛茸，壁薄而柔，长至400 μm以上，宽约20 μm。

茎横切面：表皮细胞1列，皮层细胞4~5列，类圆形或类方形。中柱鞘纤维连成环状。外韧型维管束排成二

▲打破碗花花

轮，外轮较小，20～25个，周围有纤维束环列，其外方与中柱鞘纤维相连；内轮维管束稍大，6～8个，周围亦有纤维束环列。髓部大。

根横切面：后生皮层5～6列细胞，皮层1～2列细胞，内皮层细胞壁薄，凯氏带木化。韧皮部散有纤维束，有的纤维束包围筛管群。木质部呈放射状排列，长短不一，由导管、纤维及薄壁细胞组成。

【理化鉴别】（1）检查三萜皂苷：①取本品粉末的水提液，于试管内用力振摇1 min，产生大量泡沫，放置10 min，泡沫没有显著消失；另取试管2支，各加入5%盐酸2 mL，振摇1 min，两管泡沫持续存在的高度相似。

②取本品甲醇提取液1 mL，挥干甲醇，加入醋酐1 mL，沿管壁缓缓滴加浓硫酸2 mL，则两液交界处呈现红色环。

（2）检查白头翁素：取本品的水蒸馏液，用氯仿提取。取少量氯仿提取液，挥干后加入2%3，5-二硝基苯甲酸乙醇液与1 mol/L氢氧化钠的50%乙醇液，溶液显紫色。

【化学成分】根含白头翁素（anemonin）。

【药理作用】花鲜汁有抑菌作用。

【功能主治】药性：苦、辛，平，有小毒。归脾、胃、大肠经。功能：清热利湿，解毒杀虫，消肿散瘀。主治：疾，泄泻，疟疾，蛔虫病，疮疖痈肿，瘰疬，跌打损伤。现亦用于治急性黄疸型肝炎。用法用量：内服煎汤，3～9 g；或研末；或泡酒。外用适量，煎水洗；或捣敷；或鲜叶捣烂取汁涂。使用注意：孕妇慎服，肾炎及肾功能不全者禁服。

附方：

1. 治痢疾、急性黄疸型肝炎、蛔虫病：打破碗花花9 g。水煎服。
2. 治泻痢：打破碗花花根（去粗皮）6 g，马齿苋30 g，铁苋30 g。水煎服。
3. 治冻疮：打破碗花花适量。舂烂，敷患处。
4. 治瘰疬，疮痈：打破碗花花根、紫玉簪根（去皮）各适量。捣烂，外敷。
5. 治秃疮：打破碗花花30 g，青胡桃皮120 g。捣烂，外敷。
6. 治跌打损伤肿痛：打破碗花花根、红泽兰、五加皮叶各适量。捣烂，敷患处。

7. 治跌打损伤、腰痛：打破碗花花3～9 g。泡酒服。
8. 治牙痛：打破碗花花鲜根30 g。浓煎取汁，加白糖30 g服。
9. 治子宫内膜炎：打破碗花花根9 g，白英9 g，小茴香9 g，菊叶三七9 g。水煎服。

121 升麻

【别名】鸡骨升麻、川升麻、绿升麻、西升麻。

【来源】为毛茛科植物升麻*Cimicifuga foetida* L.的根茎。

【植物形态】多年生草本，高1～2 m。根茎粗壮，表面黑色，有许多内陷的圆洞状老茎残迹。茎直立，上部有分枝，被短柔毛。叶为二回至三回三出羽状复叶，叶柄长达15 cm；茎下部叶的顶生小叶具长柄，菱形，长7～10 cm，宽4～7 cm，常3浅裂，边缘有据齿，侧生小叶具短柄或无柄，斜卵形，比顶生小叶略小，下面沿脉被疏白色柔毛。总状花序长达45 cm；花序轴密被灰色或锈色腺毛及短柔毛；苞片钻形，比花梗短；萼片5，花瓣状，倒卵状圆形，白色或绿白色，长3～4 mm；无花瓣；退化雄蕊宽椭圆形，顶端微凹或2浅裂；雄蕊多数，心皮2～5，密被灰色柔毛。蓇葖果，长圆形，密被贴伏柔毛，果柄长2～3 mm，喙短。种子椭圆形，褐色，四周有膜质鳞翅。花期7—9月，果期8—10月。

【生境分布】生于海拔1 400～2 400 m的山地林缘、林中或路旁草丛中。分布于巫溪、云阳、开州、武隆地区。

【采收加工】秋季采挖，晒至八成干时，用火燎去须根，再晒至全干，撞去表皮及残存须根。

【药材性状】根茎呈不规则长块状，多短分枝或结节状，长8～20 cm。表面暗棕色，有时皮部脱落露出网状筋脉。上面具多个圆形空洞状的茎基，直径0.8～2.5 cm，高1～2 cm，洞浅；下面有众多须根残基。质坚韧而轻，不易折断，断面黄白色，皮部菲薄，木部呈放射或网状条纹，黄绿色，髓部灰绿色。气微，味微苦。以体大，质坚，外皮黑褐色，断面黄绿色为佳。

【显微鉴别】根茎横切面：后生皮层细胞1～3列，有的最外层外壁木栓化增厚，有的外壁及垂周壁乳头状增厚，突入胞腔。皮层细胞20～30列。中柱鞘纤维偶见。维管束约22个，环列，外韧型。韧皮部狭长尖，偏斜。形成层不甚明显。木质部宽广，宽狭不一，呈连珠状，导管多单个散在或2～7个成群。射线宽8～40列细胞。髓部较

▲升麻

小，偏心。薄壁细胞充满淀粉粒。

粉末特征：黄棕色。木纤维梭形，有的一端粗大，一端细小，稍弯曲，末端渐尖、斜尖，有的圆钝具微凹或一侧尖突似短分叉状，直径13 ~ 55 μm，长110 ~ 250 μm，壁厚约4 μm。导管主要为具缘纹孔导管，网纹导管，直径7 ~ 100 μm。木薄壁细胞类方形或类长方形，壁稍厚，纹孔圆点状。木栓细胞黄棕色，表面观多角形。

【理化鉴别】薄层鉴别：取本品粉末1 g，加甲醇适量，冷浸48 h，滤过，滤液浓缩至干，加甲醇1 mL溶解，作样品液。另从升麻素、阿魏酸（AR）、咖啡酸（AR）、咖啡酸二甲醚加适量甲醇溶解作为对照品液。分别吸取样品液和对照品液各5 μL，点于硅胶G-0.8% CMC薄层板上，以氯仿-乙酸乙酯-甲酸（5：4：1）展开10 cm，取出挥干，置紫外灯（254 nm）下观察荧光斑点。升麻、南川升麻均在相应的位置显相同颜色斑点。

【化学成分】根茎含25-脱水升麻醇-3-O-β-D-吡喃木糖苷（23R，24S），升麻醇-3-O-β-D-吡喃木糖苷（23R，24S），25-乙酰氧基升麻醇-3-O-β-D-吡喃木糖苷（23R，24S），升麻酸（cimicifugic acid），马栗树皮素（esculetin），咖啡酸（caffeic acid），阿魏酸（ferulic acid），异阿魏酸（isoferulic acid），3-乙酰氧基咖啡酸（3-acetyleaffeic acid），咖啡酸葡萄糖酯苷（caffeicester glucoside），升麻素（cinifugin），升麻素葡萄糖苷（cimifugn glucoside）。

地上部分含乙酰升麻醇-3-O-α-L-阿拉伯糖苷，乙酰升麻醇-3-O-β-D-木糖苷，25-脱水升麻醇-3-O-β-D-木糖苷，升麻醇-3-O-α-L-阿拉伯糖苷，升麻醇-3-O-β-D-木糖苷。

【药理作用】有增强淋巴细胞活性、抑制抗体生成、诱导淋巴细胞产生干扰素、促进淋巴细胞转化、护肝、延长睡眠的时间、抑制活动能力、延长强直性痉挛出现时间和存活时间、兴奋膀胱和未孕子宫、抑制肠管和妊娠子宫、抗菌、镇痛、抗炎、解热作用。

【功能主治】药性：辛、甘，微寒，归肺、脾、大肠、胃经。功能：发表透疹，清热解毒，升举阳气。主治：风热头痛，齿痛，口疮，咽喉肿痛，麻疹不适，阳毒发斑；脱肛，子宫脱垂。用法用量：煎汤，3 ~ 12 g，外用适量。

附方：

1. 治胃下垂：升麻、枳壳各15 g，水煎服，三个月为一疗程。
2. 治疗小儿肠梗阻：升麻9 g，枳壳6 g，厚朴、大黄（后下）、芒硝（冲服）各10 g，水煎服。
3. 治口疮：升麻、黄柏、大青各适量，水煎，含漱。

【资源综合利用】升麻始载《神农本草经》，列为上品。库区所产小升麻（*C. acerina*），单穗升麻（*C. simplex*），短果升麻（*C. brachycarpa*）亦作升麻入药。升麻的水-乙醇提取物能防止口臭及口腔疾病，可作为漱口剂。其乙醇提取物有保护皮肤作用，可作美容产品。

122　川木通

【别名】粗糠藤。

【来源】为毛茛科植物小木通*Clematis armandii* Franch.的藤茎。

【植物形态】木质藤本，高达6 m。茎圆柱形，有纵条纹，小枝有棱，具白色短柔毛，后脱落。三出复叶；小叶片革质，卵状被针形、长椭圆状卵形至卵形，长4 ~（12 ~ 16）cm，宽2 ~（5 ~ 8）cm，顶端渐尖，基部圆形、心形或宽楔形，全缘。聚伞花序或圆锥状聚伞花序，腋生或顶生，通常比叶长或近等长；腋生花序基部有多数宿存芽鳞，三角状卵形、卵形或长圆形，长0.8 ~ 3.5 cm；花序下部苞片近长圆形，常3浅裂；上部苞片渐小，被针形至钻形；萼片4（5），开展，白色，偶带淡红色，长圆形或长椭圆形，大小变异极大，外面边缘密生短绒毛至稀疏；雄蕊多数，无毛。瘦果扁，卵形至椭圆形，长4 ~ 7 mm，疏生柔毛，宿存花柱长达5 cm，有白色长柔毛。花期3—4月，果期4—7月。

【生境分布】生于海拔300 ~ 1 400 m的山坡、山谷、路边灌丛中、林边或水沟旁。分布于库区各市县。

【采收加工】秋季采集，刮去外皮，切片，晒干。

【药材性状】长圆柱形，直径一般为0.5 ~ 2.5 cm。表面棕黄色或黄褐色，有的扭曲，有细纵棱，棱粗细均匀。粗皮呈长条样层层纵向撕裂。节膨大，有2个对生的枝痕。质硬，不易折断，断面不整齐。皮部薄，黄棕色；

▲小木通

木部占大部分，浅黄色，车轮纹明显，有的有裂隙，导管孔大小不一，散在；初生射线17条以上；髓部小，黄白色，有的为空洞。气微，味淡。以条粗，断面黄色者为佳。

【显微鉴别】藤茎横切面：韧皮部有两条波浪状弯曲的厚壁组织环带与韧皮薄壁组织相间排列，环带的峰部为纤维束，处于韧皮部位，底部为厚壁细胞，处于射线部位；峰部的内侧有一条切向的韧皮纤维束带与峰的两端相连接而形成一个弓形框，每一维管束中约有两个弓形框，径向排列，射线处厚壁细胞径向延长，木质部年轮不明显，导管散在。

粉末：导管为具缘纹孔导管，长220～400 μm，直径24～150 μm，较大的穿空板平置，较小的斜置，多数导管壁上有三生加厚的螺纹。管胞少见，长梭形，末端钝圆或倾斜，有具缘纹孔。木纤维长梭形，长150～400 μm，直径10～38 μm。韧皮纤维，长梭形，末端常具2～3个分叉，壁厚。不含淀粉及草酸钙结晶。

【理化鉴别】取川木通粉末1 g，加乙醇6～7 mL，浸泡1 h后，水浴加热3 min，冷后过滤。取滤液0.5 mL，于小蒸发皿中水浴上蒸干，残渣加2%磷钼酸溶液2滴使溶解，滴加浓氨试液1滴，显蓝色。

【化学成分】藤茎含α-香树脂醇（α-amyrin），β-香树脂醇（β-amyrin），川木通苷甲、乙（clementanoside A、B），3-O-β-吡喃核糖（1→3）-α-吡喃鼠李糖（1→2）-α-吡喃阿拉伯糖-常春藤皂苷元-28-O-α-L-吡喃鼠李糖（1→4）-β-D-吡喃葡萄糖（1→6）-β-D-吡喃葡萄糖苷，常春藤皂苷元-（3-O-β-吡喃核糖）（→3）-α-吡喃鼠糖-（1→2）-α-吡喃阿拉伯糖苷，十五烷，二十八醇，β-谷甾醇，β-谷甾醇葡萄糖苷。

【药理作用】有利尿作用。

【功能主治】药性：寒，淡、苦。入心、肺、小肠、膀胱经。功能：利水退热，清心通血脉。主治：肾脏病水肿，急性肾炎小便不利，湿热癃闭，淋病、妇女经闭及乳闭等症。用法用量：内服煎汤，3～9 g。

附方：

1. 治喉痛失单音：川木通、石菖蒲、僵蚕各12 g，水煎服。
2. 治疗周期性麻痹：川木通50～75 g，水煎服。

123　威灵仙

【别名】铁脚威灵仙、黑灵仙。

【来源】为毛茛科植物威灵仙*Clematis chinensis* Osback.的根及根茎。

【植物形态】木质藤本，长3～10 m，干后全株变黑色。茎近无毛。叶对生，叶柄长4.5～6.5 cm；一回羽状复叶，小叶5，有时3或7；小叶片纸质，窄卵形、卵形、卵状披针形或线状披针形，长1.5～10 cm，宽1～7 cm，顶端锐尖或渐尖，基部圆形、宽楔形或浅心形，全缘，两面近无毛，或下面疏生短柔毛。圆楔状聚伞花序，多花，腋生或顶生；花两性，直径1～2 cm；萼片4，长圆形或圆状倒卵形，长0.5～15 cm，宽1.5～3 mm，开展，白色，顶端常凸尖，外面边缘有密生绒毛，或中间有短柔毛；花瓣无；雄蕊多数，不等长，无毛；心皮多数，有柔毛。瘦果扁、卵形，长3～7 mm，疏生紧贴的柔毛，宿存花柱羽毛状，长达2～5 cm。花期6—9月，果期8—11月。

【生境分布】生于海拔200～1 200 m的山坡、山谷灌丛中、沟边、路旁草丛中。分布于巫溪、开州、武隆、长寿地区。

【采收加工】秋季采挖，晒干或切片晒干。

【药材性状】根茎柱状，表面淡棕黄色，顶端残留茎基，质较坚韧，断面纤维性，下侧着生多数细根。根呈细长圆柱形，稍弯曲，表面黑褐色，有细纵纹，有的皮部脱落，展出黄白色木部。质硬脆，易折断，断面皮部较广，木部淡黄色，略呈方形，皮部与木部间有裂隙。气微，味淡。

【显微鉴别】根横切面：表皮一列，排列紧密，外壁增厚显深棕色。外皮层细胞排列紧密；皮层宽广，细胞有明显的纹孔，含淀粉粒、草酸钙砂晶，有的细胞含挥发油；内皮层明显，可见凯氏带。韧皮部狭窄。初生本质部二原型，全部木化，导管直径较大，木纤维与木薄壁细胞壁较厚，根茎部及较老根的韧皮部可见少数木化的纤维及石细胞。

粉末：灰黄色，纤维管胞单个散在或成束，淡黄色，呈长梭形，边缘不规则细波状弯曲或略呈齿状。纤维成束或单个散在，黄色，呈长梭形，木化，孔沟较密。

【理化鉴别】层析法：取粗粉50 g，加水浸泡24 h（30 ℃）后，水蒸气蒸馏，收集馏出液，用氯仿萃取3次，萃取液减压回收氯仿至小体积，供点样用。吸附剂为硅胶 G。展开剂为苯-乙醚（4：1），展距19 cm。显色剂为0.5% 2，4-二硝基苯阱试液。喷雾后80 ℃烘30 min显色，样品液应与白头翁素标准品液相对应，显紫红色斑点。

【化学成分】根及根茎含皂苷类，白头翁素，原白头翁素，甾醇，糖，白头翁内酯，二氢4-巯基-5-羟甲基-（3H）-呋喃酮[dihydro-4-hydroxy-5-hyroxymethyl-2（3H）-furanone]，酚类，氨基酸及锌，铜、钙、镁、铁、镍等微量元素。皂苷类主要以常春藤皂苷元，表常春藤皂苷元和齐墩果酸为苷元的皂苷。

【药理作用】有抗炎、镇痛、松弛平滑肌、利胆、抗肿瘤、抗微生物、降压、利尿、引产作用。毒性：原白头翁素具刺激性，接触过久可使皮肤发疱，黏膜充血。白头翁素为威灵仙有毒成分，服用过量可引起中毒。

【功能主治】药性：辛、咸、微苦，温，有小毒。归膀胱、肝经。功能：祛风除湿，通络止痛。主治：风湿痹痛，肢体麻木，筋脉痉挛，屈伸不利，脚气肿痛，疟疾，骨鲠咽喉，并治痰饮积聚。用法用量：内服煎汤，6～9 g，治骨鲠咽喉可用至30 g；亦入丸、散；或浸酒。外用适量，捣敷；或煎水外用。使用注意：气血亏损及孕妇慎服。

附方：

1. 治风湿痹痛：威灵仙、甘草各200 g，水煎，熏蒸。

▲威灵仙

2. 治尿路结石：威灵仙60 g，金钱草50 g，水煎服。

3. 治风湿麻木：威灵仙100 g，刺五加浸膏100 g，当归150 g，制川乌40 g，制草乌40 g，香附20 g，丹参150 g，乳香（制）15 g，没药（制）15 g，麻黄30 g。为蜜丸。每日服9 g。

124 芍药

【别名】白芍、赤芍。

【来源】为毛茛科植物芍药*Paeonia lactiflora* Pall.栽培品的根。

【植物形态】多年生草本，高40 ~ 70 cm。根肥大，纺锤形或圆柱形，黑褐色。茎直立，上部分枝，基部有数枚鞘状膜质鳞片。叶互生，茎下部叶为二回三出复叶，上部叶为三出复叶；小叶狭卵形、椭圆形或披针形，长7.5 ~ 12 cm，宽2 ~ 4 cm，顶端渐尖，基部楔形或偏斜，边缘具白色软骨质细齿，下面沿叶脉疏生短柔毛。花两性，数朵生茎顶和叶腋，直径7 ~ 12 cm；苞片4 ~ 5，披针形；萼片4，宽卵形或近圆形，长1 ~ 1.5 cm，宽1 ~ 17 cm，绿色，宿存；花瓣9 ~ 13，栽培品花瓣各色并具重瓣；雄蕊多数，花丝长7 ~ 12 cm，花药黄色；花盘浅杯状，包裹心皮基部，顶端裂片钝圆；心皮2 ~ 5。蓇葖果卵形或卵圆形，顶端具喙。花期5—6月，果期6—8月。

【生境分布】生于山坡草地和林下，多栽培。分布于库区各市县。

【采收加工】9—11月采挖栽培3 ~ 4年的根，洗净，放入开水中煮5 ~ 15 min至无硬心，用竹刀刮去外皮，晒干或切片晒干。

【药材性状】根呈圆柱形，直径1 ~ 3 cm。表面浅棕色或类白色，光滑，隐约可见横长度孔及纵皱纹。质坚实，不易折断；断面类白色或微红色，角质样，形成层环明显，木部有放射状纹理。气微，味微苦而酸涩。以体重，粗壮，头尾均匀，质坚实，无夹生，粉性足。

【显微鉴别】横切面：木栓层常被刮去而残缺。韧皮部主要由薄壁细胞组成。形成层环微波状弯曲。木质部占根的7/10，木射线宽10数列细胞，导管径向排列，并有多数导管间断相聚成群。薄壁细胞中含草酸钙簇晶和糊化的淀粉粒团块。

粉末：黄白色。糊化淀粉团块甚多。草酸钙簇晶直径10 ~ 39 μm，有时排列成行。或1个细胞中含数个簇晶。

▲芍药花

▲芍药果

导管为具缘纹孔及网状、梯状具缘纹孔导管，直径30～80 μm。木纤维梭形，壁厚，微木化，具大的圆形纹孔。

【化学成分】根含芍药苷（paeoniflorin）3.3%～5.7%，苯甲酰芍药苷（benzoylpaeoniflorin），没食子酰芍药苷，牡丹酚（paeonol），芍药花苷（Paeonin），芍药内酯苷（albiforin），氧化芍药苷，芍药吉酮（paeoniflorigenone），羧基芍药苷（oxgpaeonigflorin），苯甲酸（benzoic acid），β-谷甾醇（β-sitosterol），1，2，3，4，6-黄棓酰单宁（1，2，3，4，6-pentagalloylglucose）等。

【药理作用】有增强免疫力、镇静、镇痛、降温、解热、降血压、减少疼痛、缓解痉挛、减轻炎症、促进血液流向子宫作用。能增强正常小鼠的学习和短时记忆、解痉、抗炎、增加心肌营养性血流量、扩张冠状动脉及肢体血管、抗缺氧、降低血清尿素氮、改善急性失血所致家兔贫血、抗血小板聚集、抗血栓、预防应激性溃疡、保肝、解毒、抗菌、泻下样作用。

【功能主治】药性：苦、酸，微寒。归肝、脾经。功能：养血和营，缓急止痛，敛肝平肝。主治：月经不调，经行腹痛，崩漏，自汗，盗汗，胁肋脘腹疼痛，四肢挛痛，头痛，眩晕。用法用量：内服煎汤，5～12 g；或入丸、散。大剂量可用15～30 g。使用注意：虚寒之证不宜单独应用。反藜芦。

附方：

1. 治肌肉痉挛综合征：白芍30 g，甘草10 g。水煎服。
2. 治跟骨骨质增生：生白芍、炒白芍、生赤芍、生甘草、炙甘草各30 g。水煎服。
3. 治胃及十二指肠溃疡：白芍20 g，甘草15 g，冰片1.5 g，白胡椒2 g。研末，每服5 g，饭后服。

【资源综合利用】芍药始载于《神农本草经》，列为中品。至陶弘景始分赤、白芍。明代以前根据花的颜色划分白、赤芍，认为开白花的为白芍，开红花的为赤芍。芍药既是药品又是著名的草本花卉，被列为我国六大名花之一，因其花形妩媚、花色艳丽，不仅具有极高的观赏价值，更具有重要的药用价值，是库区农业产业发展的优质产品之一。

125　丹皮

【别名】牡丹皮，牡丹根皮。

【来源】为毛茛科植物牡丹*Paeonia suffruticosa* Andr.的根皮。

【植物形态】落叶小灌木，高1～2 m。根粗大。茎直立，皮黑灰色。叶互生，纸质，叶通常为二回三出复叶，或二回羽状复叶，近枝顶的叶为3小叶；顶生小叶常深3裂，长7～8 cm，宽5.5～7 cm，裂片2～3浅裂或不裂，叶下沿叶脉疏被短柔毛或近无毛，小叶柄长1.2～3 cm；侧生小叶狭卵形或长圆状卵形，长4.5～6.5 cm。花单生枝顶，直径10～20 cm；苞片5，长椭圆形，大小不等；萼片5，宽卵形，大小不等；花瓣5或为重瓣，倒卵形，长5～8 cm，顶端不规则波状，紫色、红色、粉红色、玫瑰色、黄色、豆绿色或白色，变异很大；雄蕊多数，长1～1.7 cm，花药黄色，花盘杯状，顶端存数个锐齿或裂片，完全包裹心皮，在心皮成熟时裂开；心皮5，离生，密被柔毛。蓇葖果长圆形，腹缝线开裂，密被黄褐色硬毛。花期4—5月，果期6—7月。

▲牡丹

【生境分布】分布于库区各市县，多栽培。

【采收加工】9月下旬至10月上旬采挖栽培3～4年的根。趁鲜抽出木心或刮去外皮后抽出木心，晒干。

【药材性状】呈筒状或半圆筒状块片，有纵剖开的裂缝，向内卷曲或略外翻，长短不一，直径0.5～1.4 cm，皮厚2～4 mm。外表面灰褐色或黄褐色；刮丹皮外表面淡灰黄色、粉红色或淡红棕色，有多数横长略凹陷的皮孔痕及须根痕。内表面淡灰黄色或棕色，有明显纵细的纹理及白色结晶（牡丹酚结晶）。质硬脆，折断面较平坦，粉性，灰白至粉红色。气芳香，味苦而涩，微有麻舌感。

【显微鉴别】根皮横切面：木栓层为多列细胞，浅红色。皮层数列薄壁细胞，多切向延长。韧皮部占横切面4/5。草酸钙簇晶众多。薄壁细胞含有淀粉粒。

粉末：呈淡红棕色。淀粉粒众多，呈球形、半球形或多面形，脐点明显，点状、裂缝状，三叉状或星状；复粒由2～6分粒复合而成。草酸钙簇晶甚多，直径9～45 μm，含晶薄壁细胞常数个纵向连接，也有1个薄壁细胞中含有数个簇晶，或簇晶充塞于细胞间隙中。草酸钙方晶稀少。木栓细胞表面观为长方形或多角形，壁稍厚，浅红色。

【理化鉴别】检查牡丹酚：（1）取本品粉末作微量升华，升华物在显微镜下观察，为长柱形结晶或针状、羽状簇晶，滴加三氯化铁醇溶液。则结晶溶解而呈暗紫色。

（2）取本品粉末2 g，加乙醚20 mL，振摇2 min，滤过，取滤液5 mL，置水浴上蒸干，放冷，残渣加硝酸数滴，先显棕黄色，后变鲜绿色（牡丹酚的反应，芍药根皮粉末显黄色）。

（3）取本品粉末2 g，置50 mL烧瓶中，加蒸馏水15 mL，瓶口插有一带玻璃导管的橡皮塞，加热煮沸，产生的蒸汽导入盛有氯亚胺基2，6-二氯苯醌试剂（取氯亚胺基2，6-二氯苯酮0.1 g，加硼砂3.2 g，研磨均匀即得）0.1 g于蒸馏水1 mL中，2 min内溶液显蓝色。

【化学成分】根皮含牡丹酚（paeonol），牡丹酚苷（paeonside），牡丹酚原苷（paeonolide），牡丹酚新苷（apiopaeonoside），芍药苷（paeoniflorin），羟基芍药苷（oxypaeoniflorin），苯甲酰芍药苷（benzoylpaeoniforin），苯甲酰羟基芍药苷（benxoyloxypaeoniflorin），没食子酰氧化芍药苷（suffruticosides）A、B、C、D、E，没食子酸（ gallic acid），1，2，3，4，6-没食子酰葡萄糖，挥发油，无机元素，白桦脂酸（betulinic acid），白桦脂醇（betulin），齐墩果酸（oleanolic acid），6-羟基香豆素（6-hydroxycou- marin）等。

【药理作用】对心肌缺血有明显的保护作用，同时降低心肌耗氧量，增加冠脉流量，并有降压作用。也有抗心律失常、抑制细胞Ca^{2+}内流、改善脑缺血、抗凝血、抑制动脉粥样硬化、抑制高血脂及主动脉、肝脏脂质过氧化反应、增强免疫功能、清除氧自由基、抗变态反应、抗炎、镇痛、抗菌、护肝、抗肿瘤、降糖、抑制应激性溃疡、抑制催产素所致大鼠子宫收缩、利尿、延长睡眠作用。牡丹酚可降低小鼠直肠温度，与剂量正相关。

【功能主治】药性：苦、辛，微寒。归心、肝、肾经。功能：清热凉血，活血散瘀。主治：温热病热入血分，发斑，吐血，热病后期热伏阴分发热，阴虚骨蒸潮热，血滞经闭，痛经，癥瘕，痈肿疮毒，跌仆伤痛，风湿热痹。用法用量：内服水煎，6～9 g。使用注意：血虚、虚寒诸证，孕妇及妇女月经过多者禁服。

附方：

1. 治过敏性鼻炎：牡丹皮9 g。水煎服，连服10日为1疗程。
2. 治痛经：牡丹皮6 g，仙鹤草、六月雪、槐花各9 g。水煎，冲黄酒、红糖，经行时早晚空腹服。

【资源综合利用】始载于《名医别录》。在中药保管中，常将丹皮与泽泻作对抗贮存。丹皮对害虫种群的抑制效果也较好；牡丹是我国特有的重要观赏植物和药用植物，也是世界上园艺化较早的植物之一，素有花中之王的美誉。目前主要用于观赏花卉和中药丹皮的生产，在综合利用方面仅处于小批量生产（牡丹饮料、茶、花酒、花粉、精油等），产品单一，尚未形成规模，附加值低。应加大对牡丹的综合开发利用，在充分研究其加工品质特性基础上，重点研究深加工技术。将牡丹这一短期效应的观赏花卉进一步加工成有长期效益的高附加值产品，必将产生良好的经济和社会效益，以带动牡丹产业的快速可持续发展。

126 石龙芮

【别名】野芹菜、水芹菜、猫脚迹。

【来源】为毛茛科植物石龙芮*Ranunculus sceleratus* L.的全草。

【植物形态】一年生或二年生草本，高10～50 cm。须根簇生。茎直立，上部多分枝，无毛或疏生柔毛。基生叶有长柄，长3～15 cm；叶片轮廓肾状圆形，长1～4 cm，宽1.5～5 cm，基部心形，3深裂，有时裂达基部，中央深裂片菱状倒卵形或倒卵状楔形，3浅裂，全缘或有疏圆齿；侧生裂片不等2～3裂；茎下部叶与基生叶相同，上

▲石龙芮

部叶较小，3全裂，裂片披针形或线形，基部扩大成膜质宽鞘，抱茎。聚伞花序有多数花；花小，直径4 ~ 8 mm，花梗长1 ~ 2 cm；萼片5，椭圆形，长2 ~ 3.5 mm，外面有短柔毛；花瓣5，倒卵形，长1.5 ~ 3 mm，淡黄色，基部有短爪，蜜槽呈棱状袋穴；雄蕊多数，花药卵形，长约0.2 mm；花托在果期伸长增大呈圆柱形，长3 ~ 10 mm，粗1 ~ 3 mm，有短柔毛；心皮多数，花柱短。瘦果极多，有近百枚，紧密排列在花托上，倒卵形，稍扁，长1 ~ 1.2 mm，喙长0.1 ~ 0.2 mm。花期4—6月，果期5—8月。

【生境分布】生于海拔250 ~ 1 250 m的平坝湿地或河沟边。分布于库区各市县。

【采收加工】5月左右采收，鲜用或阴干。

【药材性状】全草长10 ~ 45 cm，疏生短柔毛或无毛。基生叶及下部叶具长柄；叶片肾状圆形，棕绿色，长0.7 ~ 3 cm，3深裂，中央裂片3浅裂；茎上部叶变小。聚伞花序有多数小花，花托被毛；萼片5，船形，外面被短柔毛；花瓣5，狭倒卵形。聚合果矩圆形；瘦果小而极多，倒卵形，稍扁，长约1.2 mm。气微，味苦、辛。有毒。

【化学成分】全草含原白头翁素（protoanemonm），毛茛苷（ranunculin），5-羟色胺（serotonin），白头翁素（anemonin），胆碱（choline），不饱和甾醇类，没食子酚型鞣质及黄酮类化合物。果实含毛茛苷（ranunculin），原白头翁素（protoanemomn），白头翁素（anemonin），胆碱（choline），不饱和甾醇类，没食子酚型鞣质及黄酮类化合物。

【药理作用】有抗微生物、对抗支气管痉挛作用。原白头翁素对眼、鼻和喉黏膜有强烈刺激作用，高浓度接触过久，可使皮肤发红、发疱。

【功能主治】药性：苦、辛，寒，有毒。功能：清热解毒，消肿散结，止痛，截疟。主治：痈疖肿毒，毒蛇咬伤，痰核瘰疬，风湿关节肿痛，牙痛，疟疾。用法用量：外用适量，捣敷或煎膏涂患处及穴位。内服煎汤，干品3 ~ 9 g，亦可炒研为散服，每次1 ~ 1.5 g。使用注意：本品有毒，内服宜慎。

附方：

1. 治蛇咬伤疮：鲜石龙芮适量。杵汁涂。

2. 治腱鞘炎：鲜石龙芮适量。捣烂，敷于最痛处，敷后有灼热感，6 h后将药取下，局部出现水疱，将疱刺破，涂上龙胆紫，外用纱布包扎。

3. 治乳腺癌，食管癌：鲜石龙芮30 ~ 60 g。水煎服。

4. 治风寒湿痹、关节肿痛：石龙芮60 g，石楠藤30 g，八角枫根30 g。煎水熏洗。

5. 治牙痛：石龙芮适量。捣烂，加食盐少许，包敷中指指甲下沿，左痛包右，右痛包左。

6. 治肝炎：石龙芮3～10 g。水煎服。

7. 治疟疾：鲜石龙芮适量。捣烂，于疟发前6 h敷大椎穴。

8. 治肾虚：石龙芮子6 g，枸杞子15 g，覆盆子30 g，水煎服。

9. 治风湿关节痛：鲜石龙芮适量。捣成糊状，敷膝眼、曲池等穴（视病变部位而定），8～10 h有灼痛感时取去，局部生小水疱，逐渐连成大疱，用消毒镊子撕去水疱，以无菌纱布覆盖。

石龙芮果实味苦，性平；能和胃，益肾，明目，祛风湿；主治心腹烦满，肾虚遗精，阳痿阴冷，不育，风寒湿痹。内服煎汤，3～9 g。大戟为之使。畏蛇蜕皮、吴茱萸。

127　鸭脚板草

【别名】辣子草、地胡椒。

【来源】为毛茛科植物扬子毛茛*Ranunculus sieboldii* Miq.的全草。

【植物形态】多年生草本，高20～50 cm。须根多数，簇生。茎铺散，多分枝，斜生，下部节上伏地生根，密生开展的白色或淡黄色柔毛。基生叶为三出复叶；叶柄长2～5 cm，密生开展的柔毛，基部扩大成褐色膜质宽鞘抱茎；叶片轮廓圆肾形至宽卵形，两面疏生柔毛，长2～5 cm，宽3～6 cm，基部心形；中央小叶宽卵形或菱状卵形，3浅裂或深裂，边缘有锯齿，小叶柄长1～5 mm，被开展的柔毛；侧生小叶不等2裂，较小，具短柄。花两性，直径1.2～1.8 cm，与叶对生，花梗长3～8 cm，密生柔毛；萼片5，狭卵形，长4～6 mm，外面有柔毛；花瓣5，狭卵形或近椭圆形，长6～10 mm，宽3～5 mm，黄色，基部有长爪，鳞片位于爪基部；雄蕊20余；花托粗短，密生白柔毛；心皮多数。瘦果扁平，长3～4 mm，边缘有约0.4 mm的宽棱，喙长约1 mm。花果期5—10月。

【生境分布】生于海拔200～1 700 m的平原湿地或山林坡边。分布于库区各市县。

【采收加工】春、夏季采集，鲜用或晒干。

【药材性状】茎下部节常生根：表面密生伸展的白色或淡黄色柔毛。叶片圆肾形至宽卵形，长2～5 cm，宽3～6 cm，下面密生柔毛；叶柄长2～5 cm。花对叶单生，具长梗；萼片5，反曲；花瓣5，近椭圆形，长达7 mm。

▲扬子毛茛

▲短梗箭头唐松草

气微，味辛，微苦。

【功能主治】药性：辛、苦，热，有毒。功能：除痰截疟，解毒消肿。主治：疟疾，瘿肿，毒疮，跌打损伤。用法用量：外用适量，捣敷。内服煎汤，3 ~ 9 g。使用注意：多作外用，内服宜慎。

附方：

1. 截疟：发疟前以鸭脚板草嫩枝叶适量捣烂包脉筋（前臂内侧接腕处），男左女右，也可包命门，但应以布垫之，包的时间不可太久。

2. 治毒疮或跌伤出血：鸭脚板草嫩茎叶适量。捣烂，包伤口。不能敷在未伤的皮肤上，否则刺激起疱。

3. 治跌伤未破皮者：可用少量鸭脚板草合酒，涂揉之。

4. 治蛇咬伤：鸭脚板草叶适量，用口嚼烂，敷伤口周围（留口）；另用硫黄（研末）3 g，冲水1杯吞服；如在野外无硫黄水，可将鸭脚板草叶嚼烂，用冷水吞服。

128 硬水黄连

【别名】水黄连、三尖刀、硬秆水黄连、黄脚鸡。

【来源】为毛茛科植物短梗箭头唐松草*Thalictrum simplex* var. *brevipes* Hara的根或全草。

【植物形态】多年生草本，高60 ~ 100 cm，全株无毛。茎直立，不分枝或有向上的分枝。叶互生；茎下部叶有稍长柄，上部叶无柄；茎生叶向上近直展，为二至三回三出复叶，茎下部叶片长达20 cm；小叶楔状倒卵形、楔形或狭菱形，长1.5 ~ 4.5 cm，宽0.5 ~ 2 cm，基部狭楔形或圆形，3裂，裂片狭三角形，卵状披针形或披针形，顶端锐尖，下面脉隆起，网脉明显。圆锥花序长9 ~ 30 cm，分枝近直展；花两性，花梗长1 ~ 5 mm；萼片4，花瓣状，卵形，长约2 mm，白色，早落；花瓣无；雄蕊多数，花丝丝状，花药狭长圆形，长约2 mm，顶端有短尖头；心皮6 ~ 12，柱头宽三角形。瘦果狭卵形，长约3 mm，有8条纵肋，果梗短，或与瘦果近等长。花期6—7月，果期7—9月。

【生境分布】生于海拔700 ~ 1 800 m的草地、沟边。分布于涪陵、开州、石柱、武隆地区。

【采收加工】春、秋季采挖，晒干。

【药材性状】根茎由数个结节连生。细根数至数十条密生于根茎下，长5～10 cm，直径1～2 mm；表面土黄色，外皮脱落处浅黄色；质较软，断面纤维性。气微，味苦。

【化学成分】根含箭头唐松草米定碱（thalicsimidine），小檗碱（berberine），小唐松草宁碱（thalicminine），香唐松草碱（thalfoetidine），木兰花碱（magnoflorine），鹤氏唐松草碱（hemandefine），芬氏唐松草碱（thalidezine），箭头唐松草碱（thalcimine），唐松草洒明碱（thalisamine）等。

【药理作用】有抗癌、降压、抗炎镇痛、镇静、降体温、镇咳、抑菌作用。

【功能主治】药性：苦，寒。归肝、肺、大肠经。功能：清热解毒，利湿退黄，止痢。主治：黄疸，痢疾，肺热咳嗽，目赤肿痛，鼻疳。用法用量：内服煎汤，根3～9 g；全草10～15 g。外用适量，煎水熏洗，或研末调涂。使用注意：脾胃虚寒者慎服。

附方：

1. 治黄疸型肝炎：硬水黄连10 g，虎杖10 g，金钱草10 g，栀子10 g，车前草10 g。水煎服。
2. 治肠炎，细菌性痢疾：硬水黄连15 g，马齿苋15 g，薤白15 g，木香6 g。水煎服。
3. 治痢疾：硬水黄连、马齿苋各15 g。水煎服。
4. 治肺热咳嗽：硬水黄连12 g，矮茶风12 g，枇杷叶12 g，甘草3 g。水煎服。
5. 治大叶性肺炎：硬水黄连15 g（或根9 g），葶苈子9 g，甘草6 g。水煎服。
6. 治小儿麻疹合并肺炎：硬水黄连根、蝉蜕、旋覆花各1.5 g。水煎服。
7. 治目赤肿痛：硬水黄连15 g，千里光15 g，野菊花15 g。水煎熏洗或内服。

木通科Lardizabalaceae

129　木通

【别名】八月札藤、五叶木通、八月瓜藤。

【来源】为木通科植物木通*Akebia quinata*（Thunb.）Decne.的藤茎。

【植物形态】落叶木质缠绕藤本，长3～15 cm，全株无毛。幼枝灰绿色，有纵纹。掌状复叶，簇生于短枝顶端，叶柄细长；小叶片5，倒卵形或椭圆形，长3～6 cm，顶端圆常微凹至具一细短尖，基部圆形或楔形，全缘。短

▲木通

总状花序腋生；花单性，雌雄同株；花序基部着生1～2朵雌花，上部着生密而较细的雄花；花被3片；雄花具雄蕊6；雌花较雄花大，有离生雌蕊2～13。果肉质，浆果状，长椭圆形或略呈肾形，两端圆，长约8 cm，直径2～3 cm，熟后紫色，柔软，沿腹缝线开裂。种子多数、长卵形而稍扁，黑色或黑褐色。花期4—5月，果熟期8月。

【生境分布】生于海拔700～1 650 m的山坡、沟旁灌木林中。分布于巫溪、巫山、开州、石柱地区。

【采收加工】秋冬季割取藤茎，晒干。

【药材性状】茎藤圆柱形，稍扭曲，直径0.2～0.5 cm。表面灰棕色，有光泽，有浅的纵沟纹，皮孔圆形或横向长圆形，突起，直径约1 mm；有枝痕。质坚脆，较易折断，横断面较平整，皮部薄、易剥离，木部灰白色，导管孔排列紧密而无规则，射线细，不明显，中央髓圆形。气微，味淡而微辛。

【显微鉴别】藤茎横切面：木栓细胞数列，常含有褐色内食物：栓内层细胞含草酸钙方晶，含晶细胞壁不规则加厚，弱木化。皮层细胞6～10列，有的亦含数个小棱晶。中柱鞘由晶鞘纤维束与含晶石细胞群交替排列成连续的浅波浪形环带。维管束16～26个。韧皮部细胞解壁性。束内形成层明显。木质部导管散孔型。射线明显，其外侧合1～3列含晶石细胞与中柱鞘晶鞘石细胞相连接；形成层内侧射线细胞壁加厚、木化，具明显单纹孔。髓周细胞圆形，壁厚、木化，有圆形单纹孔，常含1至数个棱晶，中央有少量薄壁细胞，壁不木化。

【理化鉴别】（1）取本品粗粉1 g，加水10 mL，煮沸2～3 min，趁热滤过，取滤液置试管中，用力振摇，产生持久性泡沫，加热后泡沫不消失。

（2）本品水提取液蒸干，加1～2 mL醋酐溶解，再加浓硫酸-醋酐试剂，颜色由黄转为红色、紫色、蓝色。

【化学成分】藤茎含白桦脂醇（betulin），齐墩果酸（oleanolic acid）等。

【药理作用】有利尿、抗菌、刺激血液循环作用。

【功能主治】药性：苦，寒。归心、小肠、膀胱经。功能：清热利尿，活血通脉。主治：小便短赤，淋浊，水肿，胸中烦热，咽喉疼痛，口舌生疮，风湿痹痛，乳汁不通，经闭，痛经。用法用量：内服煎汤，3～6 g，或入丸、散。使用注意：滑精，气弱，津伤口渴及孕妇慎服。

附方：

1. 治风湿水肿：木通15 g，桑白皮、石韦、赤茯苓、防己、泽泻各8 g，大腹皮6 g。水煎服。

2. 治睾丸炎：木通茎藤30～60 g，葱适量。煎水熏洗。

木通果实，中药称八月札，疏肝理气，活血止痛，利尿，杀虫。用于脘胁胀痛，经闭痛经，小便不利，蛇虫咬伤。

【资源综合利用】《新修本草》及以前本草收载的通草皆为木通科植物木通。宋代《证类本草》出现了三叶木通、白木通及毛茛科铁线连属的川木通，清代《植物名实图考》则未记载木通科木通，只有毛茛科的川木通类。1954年任仁安通过调查，指出我国商品木通主要为马兜铃科植物东北马兜铃的滕茎。1963年版《中华人民共和国药典》同时收录了木通科木通、毛茛科川木通和马兜铃科关木通，以后各版药典则将木通科木通删去，仅收录了川木通和关木通。从药理作用研究来看，只有木通科的木通具有抗菌和利尿的作用，与木通的功效较一致，且未发现毒副作用的报道。马兜铃科的关木通具有马兜铃酸肾毒作用，危害大，现已禁服。

小檗科Berberidaceae

130 三颗针

【别名】刺黄连、蚝猪刺、木黄连。

【来源】为小檗科植物拟豪猪刺*Berberis julianae* Schneid.的根、茎或皮。

【植物形态】常绿灌木，高2～3 m。多分枝，幼枝淡黄色，具显著的棱，老枝灰黄色，表面散布黑色细小疣点；刺粗壮，3分叉，长1～4 cm。叶常5片簇生，革质；叶片椭圆形或广倒披针形，长3～8 cm，宽2～3 cm，顶端急尖，基部楔形，边缘具细长的针状锯齿，上面深绿色，有光泽，下面灰白色。花约15朵簇生于叶腋；小苞片3，卵圆形或披针形；萼片6、花瓣状，排成2轮；花瓣6，黄色，近基部具2个长圆形腺体；雄蕊6；雌蕊1，内含1～2

▲拟豪猪刺

个胚珠，柱头头状。浆果椭圆形，熟时红色，表面被白粉，枝头宿存，具明显的短花柱。种子2～3粒。花期5—6月，果期8—9月。

【生境分布】生于海拔500～2 000 m的山坡、路旁及林缘。分布于巫溪、巫山、奉节、云阳、开州、丰都地区。

【采收加工】秋季挖取根部，切片，晒干。茎四季可采，切薄片，或削皮，晒干。

【药材性状】根圆柱形，稍扭曲，有少数分枝，长10～15 cm，直径1～30 mm。根头粗大，向下渐细。外皮灰棕色，有细皱纹，易剥落。质坚硬，不易折断，断面不平坦，鲜黄色。

【显微鉴别】横切面：木栓层数列木栓细胞；皮层狭窄，散有稀疏的石细胞及纤维束；韧皮部内有韧皮纤维呈轮状排列，偶见石细胞，韧皮射线处散有石细胞群，附近的薄壁细胞含草酸钙方晶；木质部占大部分，由导管、木纤维组成；髓部细胞类圆形，壁多呈连珠状增厚，有点状纹孔。

粉末：呈黄棕色或棕黄色。石细胞颇多，单个散在，呈不规则长圆形、宽披针形、类方形或类圆形，直径21～40 μm，长可达110 μm，壁厚，木化。纤维状石细胞极多，单个或成束，呈披针形或不规则披针形，两端钝尖，边缘有时呈波状弯曲，直径14～30 μm，长达200余μm，壁厚，木化，孔沟明显。木纤维，单个或成束，呈长披针形，直径15～26 μm，纹孔扁圆形或裂缝状，倾斜排列。草酸钙方晶，呈方形或长方形的多面体，或呈棱形，直径13～26 μm。此外，可见木射线细胞、网纹导管及淀粉粒。

【化学成分】根约含小檗碱2.31%，小檗胺3.84%，掌叶防己碱，药根碱等多种生物碱。

【药理作用】有抗菌、降压、减轻离体心房自动收缩频率、抗钙、保护心肌缺血及心肌梗死、抗心律失常、升高白细胞、抗血栓形成、抗肿瘤作用。

【功能主治】药性：苦，寒。归胃、大肠、肝、胆经。功能：清热，燥湿，泻火解毒。主治：湿热痢疾，腹泻，黄疸，湿疹，疮疡，口疮，目赤，咽痛。用法用量：内服煎汤，15～30 g；或泡酒。外用适量，研末调敷。使用注意：脾胃虚寒者慎服。

附方：

1. 治菌痢，胃肠炎：三颗针、映山红根各30 g，吴茱萸根15 g，石榴皮9 g。水煎服。
2. 治黄疸：三颗针茎15 g。煎水服。
3. 治暴发火眼肿痛：三颗针30 g，车前子、光明草、菊花各9 g，龙胆草12 g。水煎服。
4. 治喉痛：三颗针30 g，山慈姑、雪胆各9 g。水煎服。

5. 治痈肿疮毒，丹毒，湿疹，烫伤，外伤感染：三颗针适量。研末，水调或麻油调敷。

6. 治湿疹、疖肿：三颗针2份，滑石4份，青黛2份，生石膏4份。研末，凡士林调敷患处。

【资源综合利用】库区有多种小檗属植物，民间均以三颗针入药，是提取黄连素的原料。

131　江边一碗水

【别名】一碗水、中华山荷叶、窝儿七。

【来源】为小檗科植物南方山荷叶*Diphylleia sinensis* H. L. Li的根状茎。

【植物形态】多年生草本，高达50 cm。根状茎横走而粗壮，其上有旧茎枯死后残留的臼状疤痕，连续排列，呈结节状，老者具数十个凹窝，其下着生多数须根。茎直立，不分枝，稍被柔毛，有细纵条纹。基生叶1，扁圆肾形，宽20 ~ 38 cm，中央二深裂，有长柄，盾状着生；茎生叶2，偶为3，互生，与基生叶同形，但较小，边缘具浅齿及大小不等的缺刻，上面绿色，下面淡绿色，被柔毛。花序伞房状，顶生，花梗长0.5 ~ 2.5 cm；萼片6，早落；花瓣6，白色，卵形或倒卵形，长0.6 ~ 1 cm；雄蕊6，与花瓣对生，花药长圆形，与花丝等长；雌蕊1，由1心皮组成，子房近圆形，长0.2 cm，花柱短。浆果球形，直径0.8 ~ 1 cm，成熟时蓝黑色，光滑，有白粉，内有种子数粒。花期5—6月，果期6—8月。

【生境分布】生于海拔1 800 ~ 2 750 m的山坡阴湿处、沟边或林下。分布于巴东、巫溪、巫山、开州地区。

【采收加工】秋季采挖，去残茎及须根，阴干或晒干。

【药材性状】呈扁平长条形结节状，弯曲或有分枝，有时对折卷起，长5 ~ 32 cm，直径1 ~ 2.5 cm。表面黄棕色至黑棕色，皱缩不平，上方有数个大型圆盘状凹陷的茎痕，节节紧密相连，节两侧有时可见芽痕，下方有多数须根痕或淡黄棕色须根，顶端有红棕色鳞叶和茎的残基。质坚实，易折断，断面较平坦，黄白色或淡灰棕色。气无，味苦。

【化学成分】含木脂素类和黄酮类成分，主要有鬼臼脂素，山荷叶素，去氧鬼臼脂素，山柰酚，槲皮素，树脂等。还含黄酮苷类。

【药理作用】有抗癌（急性白血病，转移淋巴瘤、局外淋巴瘤、腺瘤和黑色素瘤）、止咳、祛

▲南方山荷叶

▲南方山荷叶花

痰、免疫抑制、抗生育、抗单纯疱疹病毒作用。内服鬼臼脂素或鬼臼树脂能刺激小肠，引起大量水泻，并伴有腹痛乃至出现血便，或导致严重衰竭性虚脱。毒性太大，不适于直接在临床上应用。故目前多用鬼臼脂素为骨架。进行结构改造。已制成多种毒性较低、疗效较好的新药应用于临床，对多种癌症有一定效果。本品所含山荷叶素可进一步合成闭花木苷，闭花木苷对大鼠、小鼠、猫及猴等有显著提高嗜中性黏性白细胞（NGC）的作用以及对大鼠、小鼠由环磷酚胺引起的白细胞减少症和大鼠急性苯中毒有明显的效果。

【功能主治】药性：苦，寒，有毒。功能：祛风除湿，化瘀散结，解毒，止痛。主治：风湿腰腿疼痛、月经不调，慢性气管炎，小腹疼痛，跌打损伤、痈肿疮疖、毒蛇咬伤。用法用量：内服煎汤，3 ~ 6 g；外用适量，研末敷；或鲜品捣敷，用酒、醋调。使用注意：孕妇忌服。

附方：

1. 治金疮不愈：江边一碗水适量。捣拦，敷患处。
2. 治毒蛇咬伤：江边一碗水9 g。水煎服；并将药渣捣拦加白酒敷伤处。

【资源综合利用】同属植物六角莲（D.pleiantha）、八角莲（D.versipellis）的根状茎在库区也称“江边一碗水”，功效基本相同。

132 淫羊藿

【别名】仙灵脾、三枝九叶草。

【来源】为小檗科植物淫羊藿*Epimedium brevicornum* Maxim.的叶。

【植物形态】多年生草木，高30 ~ 40 cm。根茎横走，直径3 ~ 5 mm，质硬，须根多数。茎有棱。通常无基生叶。茎生叶2，生于茎顶，有长柄；二回三出复叶；小叶9，宽卵形或近圆形，长3 ~ 7 cm，宽2.5 ~ 6 cm，顶端急尖或短渐尖，基部深心形，顶生小叶基部裂片圆形，均等，两侧小叶基部裂片不对称，内侧圆形，外侧急尖，边缘有刺齿，上面绿色，有光泽，下面苍白色，疏生少数柔毛，两面网脉明显。圆锥花序顶生，较狭，长10 ~ 35 cm；花序轴及花梗有毛；苞片卵状披针形，膜质；花白色，20 ~ 50朵，花枝长5 ~ 20 mm；外萼片4，狭卵形，带暗绿色，

▲淫羊藿

长1~3 mm，内萼片4，披针形，白色或淡黄色，长约1 cm、宽2~4 mm；花瓣4；雄蕊4，花药长约2 mm；雌蕊1，花柱长。蓇葖果长1 cm，顶端有喙。种子1~2颗，褐色。花期5—6月，果期6—8月。

【生境分布】生于海拔650~2 500 m的林下、灌丛中。分布于开州、涪陵地区。

【采收加工】5—6月采收，晒干。

【药材性状】茎细圆柱状，平滑或略有棱，表面黄绿色或淡黄色，具光泽。二回三出复叶，中间的小叶柄长约10 cm，两侧小叶柄长约5 cm；小叶片卵圆形，长3~8 cm，宽2~6 cm，两侧则较小，顶端微尖，中间小叶基部深心形，两侧小叶基部偏心形，外侧裂片较大；边缘具刺状细锯齿；上表面绿色或黄绿色，略有光泽，无毛，下表面灰绿色，有稀疏茸毛，沿叶脉处较多，主脉基部与叶柄交接处有长柔毛。叶片近革质、较脆，气微，味微苦。

【显微鉴别】上、下表皮细胞行1列，细胞近方形，主脉处外壁钝圆形，下表皮有气孔，有时可见残留非腺毛；外被角质层。主脉维管束3，外韧型，木质部具导管与纤维，其余的细胞壁厚、木化，上、下表皮内方有数列细胞壁显著增厚。叶肉栅栏组织细胞2~3列；海绵组织细胞排列疏松；支脉维管束明显，木质部、韧皮部、厚壁组织均清晰可见，周围的异细胞中含草酸酸钙棱晶或柱晶。非腺毛由3~11个细胞组成，长270~1 422 μm，基部数个细胞短，依次向上细胞延长呈圆柱形，壁薄，顶端细胞呈波状、钩状、扭曲、倒折或直立，顶端圆钝。有的细胞收缩。多数细胞含淡棕色或棕褐色物质。顶端细胞长至460 μm，顶端锐尖，含棕色物质。

【理化鉴别】生药的乙醇提取液浓缩近干后加甲醇少许，点于硅胶 G板上，以三氯甲烷-甲醇（9：1）加甲酸或三氯甲烷-甲醇（8：2）展开，晾干后喷5%$AlCl_3$乙醇液，加热，荧光灯下观察，显黄色斑点。

【化学成分】含有淫羊藿苷（icariin），淫羊藿次苷（icariside），淫羊藿新苷（epimedoside A），蜡醇（ceryl alcohol），三十一烷（henkmcontane），植物甾醇（phytosterol），棕榈酸（palmitic acid），硬脂酸（linoleic acid），油酸（oleic acid），亚麻酸（linolenic acid），银杏醇（bilobanol），木兰碱（magnoflorin），葡萄糖（glucose）和果糖（fructose），挥发油等成分。

【药理作用】能增强下丘脑垂体-性腺轴功能的作用。炮制品有促性功能，生品则有抑制作用。淫羊藿苷能明显促进幼年小鼠附睾及精囊腺的发育，促进精液的分泌，而呈现"催淫"作用。有增强冠脉血流量，保护急性心肌缺血、增强血小板凝集率、降压、抗心律失常、增强免疫功能、抗衰老、防止骨质疏松、抗炎、抗菌、降血糖、抑制肿瘤转移作用。对庆大霉素所致肾损伤及糖皮质激素所致大白鼠肾上腺损伤具保护作用。淫羊藿根中的两个有效成分对血管有较强的舒张作用。

【功能主治】药性：辛、甘，温。归肾，肝经。功能：补肾壮阳，强筋健骨，祛风除温。主治：阳痿遗精，虚冷不育，尿路结石，尿频失禁，肾虚喘咳，腰膝酸软，风湿痹痛，半身不遂，四肢不仁。根：兼治虚淋，白浊，白带，月经不调，小儿雀盲，痈疽成脓不溃。用法用量：内服煎汤，9~15 g。

附方：

治阳痿、早泄：淫羊藿500 g。白酒1.5 kg，浸泡1周，每次10~20 mL，1日3次。

【资源综合利用】《中华人民共和国药典》(2015年版）收载淫羊藿属植物5种：心叶淫羊藿*E. brevicornum*、柔毛淫羊藿*E. pubescens*、箭叶淫羊藿*E. sagittatum*、巫山淫羊藿*E. wushanense*、朝鲜淫羊藿*E. koreanum*。其中库区分布的尚有柔毛淫羊藿、箭叶淫羊藿、巫山淫羊藿。而且药典将巫山淫羊藿单列。商品药材以带枝叶为主，上海等地还习用根茎，药典规定用叶。目前药源均来自野生。该属植物以种子繁殖约需4年，以地下根茎繁殖约需2年才可采集。由于市场对滋补强壮药品的需求增加及价格低廉等因素，近年来淫羊藿药材已出现短缺和多品种混杂现象，因此，库区可利用退耕还林坡地开展半野生培育发展种植生产。

133 十大功劳

【别名】华南十大功劳、波氏十大功劳、功劳木、老鼠刺、刺黄柏。

【来源】为小檗科植物粗齿十大功劳*Mahonia bodinieri* Gagnep.的茎或茎皮。

【植物形态】常绿灌木，高1~4 m。茎分枝少，表面土黄色或褐色，粗糙，断面黄色。叶互生，厚革质，基部扩大；奇数羽状复叶，长25~45 cm，小叶11~17片，侧生小叶无柄，顶生小叶较大，有柄，椭圆卵形或披针

▲粗齿十大功劳

形，顶端渐尖有锐刺，基部阔楔形或近圆形，边缘每边有2～6个粗大的刺状锯齿，上面灰绿色，有光泽，下面灰黄绿色。总状花序生于茎顶，下垂，6～10个簇生；小苞片1，萼片9，排成3轮；花梗细，长6～10 mm；花瓣6，黄色，顶端2浅裂；雄蕊6；雌蕊1。浆果卵形，长8～9 mm，成熟时暗紫色，被白粉。花期8—10月，果期10—12月。

【生境分布】生于海拔650～2 200 m的山坡灌丛中及路旁。分布于涪陵、武隆地区。

【采收加工】全年可采，鲜用或晒干；亦可先将茎外层粗皮刮掉，然后剥取茎皮，鲜用或晒干。

【药材性状】茎圆柱形，直径0.7～1.5 cm. 多切成长短不一的段条或块片。表面灰棕色，有众多纵沟、横裂纹及突起的皮孔；嫩茎较平滑，节明显，略膨大，节上有叶痕，外皮易剥离，内表面鲜黄色。质坚硬，折断面纤维性或破裂状；横断面皮部棕黄色，木部鲜黄色，可见数个同心形环纹及排列紧密的放射状纹理，髓部淡黄色。气微，味苦。

【理化鉴别】检查生物碱：取本品粉末0.1 g加1%盐酸5 mL，水浴温浸15 min，滤过。滤液加碘化铋钾试剂数滴生成橙红色沉淀。

【化学成分】含生物碱，主要为小檗碱（berberine），小檗胺（berbamine），药根碱（jatrorrhizine），掌叶防己碱（palmatine），尖刺碱（oxyacanthine），异粉防己碱，木兰碱（magnoforine）。

【药理作用】小檗碱的药理作用参见“黄连”条下。

【功能主治】药性：苦，寒。归肺、肝、大肠经。功能：清热燥湿，消肿解毒。主治：肺结核，咯血，肠炎，腹泻，黄疸型肝炎，阴道炎，盆腔炎，风湿性关节炎，火眼红肿，咽喉痛，痈疽，暗疮，湿疹。用法用量：内服煎汤，5～10 g。外用适量。

附方：

1. 治痢疾：十大功劳、地锦草各12 g。水煎服。
2. 治目赤肿痛：十大功劳、野菊花各15 g。水煎服。

粗齿十大功劳叶、果实兼有清虚热，补肾作用。主治肺痨咯血，骨蒸潮热，头晕耳鸣，腰膝酸软，风热感冒。

【资源综合利用】库区其他十大功劳属植物如：阔叶十大功劳（*Mahonia bealei*）、细梗十大功劳（*Mahonia gracilipes*）、华西十大功劳（*Mahonia japonica*）、多齿十大功劳（*Mahonia polyodmta*）、长阳十大功劳（*Mahonia sheridaniana* Schneid.）的茎或茎皮也同等入药，在民间均作刺黄连用。本品在工业上可作为提取小檗碱的原料。

134 刺黄柏

【别名】老鼠刺、木黄连、刺黄芩、宽苞十大功劳。

【来源】为小檗科植物密叶十大功劳*Mahonia confusa* Sprague的根和茎。

【植物形态】常绿灌木，高达2 m。老茎灰色，断面呈淡黄绿色。叶为奇数羽状复叶；叶柄短，扁阔；托叶线形，长约1 cm；叶革质，小叶4～7对，叶片卵状椭圆形至长椭圆形，长4～7 cm，宽1～1.5 cm，顶端长尖，基部楔形或稍偏斜，上面绿色，有光泽，下面淡绿色，边缘具刺状齿2～7对，叶脉在下面不明显。总状花序长6～12 cm，3～7个簇生茎顶，花梗长约3 mm，小苞片卵形，长约2 mm；萼片9，排成3轮，呈花瓣状，外轮萼片卵形，中轮及内轮萼片卵状椭圆形；花瓣6，卵状长椭圆形，较花萼为短；雄蕊6；雌蕊1，几无花柱，柱头头状；子房1室，内含2粒胚珠。浆果卵圆形，长约7 mm，蓝色，有白粉。花期8—9月，果期10—12月。

【生境分布】生于海拔500～1 200 m的山坡林下、灌丛中。分布于巫溪、巫山、万州、开州、忠县、石柱、丰都、涪陵、武隆地区。

【采收加工】夏、秋季采挖，洗净，晒干。

【化学成分】含小檗碱（berberine）。

【药理作用】有抑菌、助消化、滋补肝脏、增进食欲、抑制呕吐作用。小檗碱的药理作用参见“黄连”条下。

【功能主治】药性：苦，寒。归脾、肝、大肠经。功能：清热燥湿，泻火解毒。主治：湿热痢疾，腹泻，黄疸，目赤肿痛，风湿热痹，咯血，头晕，肺结核，风火牙痛，咽喉炎，支气管炎，湿疹、痤疮、牛皮癣、痈肿疮疡。用法用量：内服煎汤，10～15 g，鲜品30～60 g。外用适量，研末调敷。

附方：

1. 目赤肿痛：刺黄柏、谷精草、菊花、防风、荆芥穗、黄连、夏枯草、桑叶各9 g。水煎服。
2. 痈肿疮毒；刺黄柏9 g，蒲公英、刘寄奴各12 g，木芙蓉叶15 g，铧头草30 g，挖耳草9 g。捣烂敷患处。

【资源综合利用】根及茎在工业上可作为提取小檗碱的原料。

▲密叶十大功劳

▲南天竹

135 南天竹子

【别名】土黄芩、天竺子、山黄连、钻石黄。

【来源】为小檗科植物南天竹*Nandina domestica* Thunb.的果实。

【植物形态】常绿灌木，高约2 m。茎直立，圆柱形，丛生，分枝少，幼嫩部分常为红色。叶互生，革质有光泽；叶柄基部膨大呈鞘状；叶通常为三回羽状复叶，长30～50 cm，小叶3～5片，小叶片椭圆状披针形，长3～7 cm，宽1～1.2 cm，顶端渐尖，基部楔形，全缘，两面深绿色，冬季常变为红色。花成大型圆锥花序，长13～25 cm，花直径约6 mm，萼片多数，每轮3片，内两轮呈白色花瓣状；雄蕊6，离生，花药纵裂；子房1室，有2个胚珠，花柱短。浆果球形，熟时红色或有时黄色，直径6～7 mm，内含种子2颗，种子扁圆形。花期5—7月，果期8—10月。

【生境分布】生于海拔500～1 200 m的疏林及灌木丛中。多栽培。分布于库区各市县。

【采收加工】秋季果实成熟时或至次年春季采收，剪取果枝，摘取果实，晒干。置干燥处，防蛀。

【药材性状】球形，直径6～9 mm。表面黄红色、暗红色或红紫色，平滑，微具光泽，有的局部下陷，顶端具突起的宿存柱基，基部具果柄或其断痕。果皮质松脆，易破碎。种子两粒，略呈半球形，内面下凹，类白色至黄棕色。气无，味微涩。以粒圆、色红、光滑、种子色白者为佳。

【显微鉴别】粉末特征：石细胞众多，无色、淡黄色、棕黄色；类圆形、椭圆形或类方形，长径15～65 μm，短径10～30 μm，壁厚3～10 μm，孔沟明显。果皮表皮细胞多角形，垂周壁平直。另有小形螺纹导管，直径8～12 μm。

【理化鉴别】检查生物碱：取本品粉末1 g，加1%盐酸10 mL，水浴温浸10～15 min，滤过。滤液分置3个试管，分别加碘化铋钾、碘化钾碘及硅钨酸试剂各2～3滴，各产生橙红色、棕色及灰白色沉淀。

【化学成分】果实含南天宁碱（O-methyldomesticine、nantenlne），原阿片碱（protopine），异紫堇定碱（isocorydine），南天竹种碱（domesticine），南天竹碱（nandinine），南天青碱（nandazu-rine），药根碱（jatrorrhizine），此外尚含脂肪酸，翠菊苷（callistephin），蹄纹天竺素-3-木糖葡萄糖苷（pelargonidin-3-xylosylglucoside）等。

【药理作用】有抑制心肌、增加冠脉流量、兴奋平滑肌作用。南天竹碱对蛙先轻度麻痹，继则反射亢进引起痉挛，最后因心脏麻痹死亡。

【功能主治】药性：酸、甘，平，有毒。归肺经。功能：敛肺止咳，平喘。主治：久咳，气喘，百日咳。用法用量：内服煎汤，6～15 g；或研末。使用注意：外感咳嗽初起慎服。本品有毒，过量服用，能使中枢神经系统兴奋，产生痉挛。严重时，可导致呼吸中枢麻痹，心力衰竭而死亡。

附方：

1. 治小儿天哮：南天竹子、蜡梅花各9 g，水蜒蚰一条。水煎服。
2. 治百日咳：南天竹子9～15 g。酌加冰糖，炖1h，饭后服。
3. 解砒毒：鲜南天竹子200 g，取汁液服。如无鲜者，即用干子50～100 g煎汤服亦可。

南天竹根味苦，性寒，小毒；热，止咳，除湿，解毒；主治肺热咳嗽，湿热黄疸，腹泻，风湿痹痛，疮疡，瘰疬。孕妇禁服。茎味苦，性寒；清湿热，降逆气；主治湿热黄疸、泻痢，热淋，目赤肿痛，咳嗽，嗝食。叶味苦，性寒；清热利湿，泻火，解毒；主治肺热咳嗽，百日咳，热淋，尿血，目赤肿痛，疮痈，瘰疬。

4. 治肺热咳嗽：鲜南天竹根30 g，鲜枇杷叶（去毛）30 g。水煎服。
5. 治湿热黄疸：鲜南天竹根30～60 g，水煎服。
6. 治发热口渴：南天竹根9 g，水竹叶、水灯芯各6 g。水煎服。
7. 治湿热下注，关节肿痛：南天竹根30 g，银花藤30 g。水煎服或泡酒服。
8. 治尿路感染：南天竹、车前草各15 g，木通、扁蓄各9 g。水煎服。
9. 治尿血：南天竹叶9～15 g。水煎服。
10. 祛风火热肿，眵泪赤痛：南天竹叶（煎水）洗眼。
11. 治风火牙痛：南天竹叶15 g，蟋蟀草、铁马鞭各12 g。水煎服。

防已科Menispermaceae

136 木防己

【别名】土木香。

【来源】为防已科植物木防己*Cocculus orbiculatus*（L.）DC.的根。

▲木防己

【植物形态】木质藤本。嫩枝密被柔毛，老枝近于无毛，表面具直线纹。单叶互生；叶柄长1～3 cm，被白色柔毛；叶片纸质至近革质，形状变异极大，线状披针形至阔卵状近圆形、狭椭圆形至近圆形、倒披针形至倒心形，有时卵状心形，长3～8 cm，少数超过10 cm，宽1.5～5 cm，顶端渐尖、急尖或钝而有小凸尖，有时微缺或2裂，基部楔形、圆或心形，边全缘或3裂，有时掌状5裂，两面被密柔毛至疏柔毛，有时两面近无毛。聚伞花序单生或作圆锥花序式排列，腋生或顶生，长达10 cm或更长，被柔毛；花单性，雌雄异株；雄花：淡黄色，萼片6，无毛，外轮卵形或椭圆状卵形，长1～2 mm，内轮阔椭圆形，长达2.5 mm；花瓣6，倒披针状长圆形，顶端2裂，基部两侧有耳，内折，长1～2 mm；雄蕊6，较花瓣短；雌花：萼片和花瓣与雄花相似；退化雄蕊6，微小；心皮6。核果近球形，成熟时紫红色或蓝黑色，长7～8 mm。花期5—8月，果期8—10月。

【生境分布】生于海拔300～1 200 m的山坡、灌丛、林缘、路边或疏林中。分布于库区各市县。

【采收加工】春、秋季采挖根部，洗净，晒干。

【药材性状】根圆柱形或扭曲，稍呈连珠状凸起，长10～20 cm，直径1～2.5 cm。表面黑褐色，有弯曲的纵沟和少数支根痕。质硬，断面黄白色，有放射状纹理和小孔。气微，味微苦。以条匀，坚实者为佳。

【显微鉴别】根横切面：木栓层为10余列细胞。皮层薄壁细胞含草酸钙小方晶。中柱鞘为石细胞环。木质部宽阔；木射线细胞微木化。石细胞、射线细胞亦含草酸钙小方晶。

【化学成分】根含木防己碱（trilobine），异木防己碱（isotrilobine）等。叶含衡州乌药里定碱（cocculolidine）。茎含木防己碱（triloblne）及异木防己碱（isotrilobine）。叶含木防己里定碱（cocculolidine）和异波尔定碱（isoboldine）。

【药理作用】有镇痛、解热、抗炎、松弛肌肉、降压、抗心律失常、抑制血小板聚集、阻断交感神经节传递、受体阻断作用。升高正常大鼠总胆固醇，降低高脂饲养大鼠的高密度脂蛋白胆固醇。

【功能主治】药性：苦、辛，寒。归膀胱、肾、脾经。功能：祛风除湿，通经活络，解毒消肿。主治：风湿痹痛，水肿，小便淋痛，闭经，跌打损伤，咽喉肿痛，疮疡肿毒，湿疹，毒蛇咬伤。用法用量：内服煎汤，5～10 g。外用适量，煎水熏洗；捣敷；或磨浓汁涂敷。使用注意：阴虚、无湿热者及孕妇慎服。

附方：

1. 治产后风湿关节痛：木防己30 g，福建胡颓子根15 g。酌加酒、水煎服。
2. 治风湿痛、肋间神经痛：木防己、牛膝各15 g。水煎服。
3. 治水肿：木防己、黄芪、茯苓各9 g，桂枝6 g，甘草3 g。水煎服。
4. 治肾炎水肿、尿路感染：木防己9～15 g，车前子30 g。水煎服。
5. 治肾病水肿及心脏性水肿：木防己21 g，车前草30 g，苡米30 g，瞿麦15 g。水煎服。
6. 治血淋：木防己60 g，蝼蛄2个。水煎服。
7. 治遗尿，小便涩：木防己、葵子、防风各50 g。水煎，分三次服。
8. 治湿疹流黄水：木防己30 g，土茯苓、仙鹤草各15～18 g，土大黄12～15 g，甘草6～9 g。水煎，每日早晚饭前各服一次，忌食酸、辣、鱼腥。
9. 治毒蛇咬伤：木防己、黄蜀葵根各适量。磨白酒，从上而下涂敷伤口。
10. 治鼻咽癌：鲜木防己、鲜野荞麦、鲜土牛膝各30 g。水煎服。
11. 治红、白痢疾：木防己9～12 g，水煎服，红痢带皮煮，白痢去皮煮。
12. 治中耳炎：木防己适量。用白酒磨浓汁，滴耳。

木防己的茎（小青藤）祛风除湿，调气止痛，利水消肿；主治风湿痹痛，跌打损伤，胃痛，腹痛，水肿，淋证。花能解毒化痰。主治慢性骨髓炎。

13. 治筋骨疼痛：木防己茎12～30 g。水煎服。
14. 治水肿：木防己、臭牡丹各一把。煎水洗。
15. 治淋病：木防己茎15～30 g。水煎服。
16. 治慢性骨髓炎：鲜木防己花30 g，母鸡1只去肠杂，同煎煮，不放盐，吃肉喝汤，每周1剂，连服数剂。

▲青风藤

137 青风藤

【别名】青藤、土藤、风龙、汉防己。

【来源】为防己科植物青风藤*Sinomeniium acutum*（Thunb.）Rehd. et Wils.的茎藤。

【植物形态】木质大藤本，长可达20 m。茎灰褐色，有个规则裂纹，小枝有直线纹。叶纸质至革质，心状圆形或卵圆形，长7～15 cm，宽5～10 cm，顶端渐尖或急尖，基部心形或近截形，全缘或3～7角状浅裂，上面绿色，下面灰绿色，嫩叶被绒毛，老叶无毛或仅下面被柔毛，掌状脉通常5条；叶柄长5～15 cm。团锥花序腋生，大型，有毛；花小，淡黄绿色，单性异株；萼片6，2轮，背面被柔毛；花瓣6，长0.7～1 mm；雄蕊9～11；雌花的不育雄蕊丝状，心皮3。核果扁球形，红色或暗红色。花期6—7月，果期8—9月。

【生境分布】生于海拔600～2 000 m的林中、林缘、沟边或灌丛中，攀缘于树上或石山上。分布于库区各市县。

【采收加工】6—7月割取藤茎，晒干。或趁鲜切段，晒干。

【药材性状】呈细长圆柱形，直径0.6～2 cm。表面灰褐色或棕褐色，在纵皱纹及横向的皮孔，茎上有节，节处稍膨大，并有分枝或分枝痕。体轻，质坚而脆，易折断，断面灰黄色或淡灰棕色，不平坦，皮部很窄，木部形成“车轮纹”，具小孔洞。中央为圆形的灰白色髓。气微，味微苦。

【显微鉴别】茎横切面：表皮细胞1列，外被角质层，有的是木栓细胞。皮层散有纤维及石细胞，中柱鞘纤维群新月形，其内侧有石细胞连成波状环，韧皮部有小数韧皮纤维，木质部导管数个切向相连或单个散在。髓部小。韧皮射线和髋部有分枝状石细胞，本品薄壁细胞含淀粉粒各草酸钙针晶。

【理化鉴别】取本品粉末2 g，加70%乙醇20 mL，加热回流30 min，放冷滤过。滤液蒸干，残渣加盐酸溶液10 mL溶解，滤过，滤液用氨试液碱化，加氯仿10 mL振摇，分到氯仿层蒸干，残渣加盐酸溶液5 mL溶解。取此溶液分别加碘化铋钾、碘化汞钾试液，分别显橙红色、淡黄色沉淀（检查生物碱）。

【化学成分】茎藤含青风藤碱（sinoacutine），尖防己碱（acutumine），N-去甲尖防己碱（N-acutumi-dine），白兰花碱（michelalbine），光千金藤碱（stepharine），青藤碱（sinomerine），双青藤碱（disinomenine），木兰花碱（magnoflorine），四氢表小檗碱（sinactine），异青藤碱（isosinomenine），土藤碱（tuduranine），豆甾醇

（sinactine），β-谷甾醇（β-sitoosterol）等。

【药理作用】有镇痛、镇静、镇咳、降温、抗炎、免疫抑制、抗心律失常、抗心肌缺血、保护再灌注损伤、降压、阻断神经节及神经肌肉传递、释放组胺作用。青藤碱能降低心肌的收缩性，抑制肾上腺素诱发的自律性。

【功能主治】药性：苦、辛，平。归肝、脾经。功能：祛风通络，除湿止痛。主治：风湿痹痛，历节风，鹤膝风，脚气肿痛。用法用量：内服煎汤，9～15 g；或泡酒或熬膏服。外用适量，煎水洗。使用注意：可出现瘙痒、皮疹、头昏头痛、皮肤发红、腹痛、畏寒发热、过敏性紫癜、血小板减少、白细胞减少等副反应，使用时应予注意。

附方：

1. 治风湿痹痛：青风藤、红藤各15 g。水煎，加酒适量冲服；或青风藤30～60 g，上肢痛加桂枝3 g，下肢痛加牛膝6 g，全身痛二味同用，水煎，加黄酒适量，晚饭后服。

2. 治关节疼痛：青风藤15 g，红藤15 g。水煎服，酒为引。

【资源综合利用】青藤始载《图经本草》。现已开发出青藤碱片，风痛宁片，毛青藤碱片多种产品，主治各种风湿及类风湿疾病。青藤碱对吗啡依赖性戒断症状有抑制作用，有望开发成新型戒毒药品。

138　千金藤

【别名】金丝荷叶。

【来源】为防已科植物千金藤*Stephania japonica*（Thunb.）Miers的根或茎叶。

【植物形态】多年生落叶藤本，长可达5 m，全株无毛。根圆柱状，外皮暗褐色，内面黄白色。老茎木质化，小枝纤细，有直条纹。叶互生；叶柄长5～10 cm，盾状着生；叶片阔卵形或卵圆形，长4～8 cm，宽3～7 cm，顶端钝或微缺，基部近圆形或近平截，全缘，上面绿色，有光泽，下面粉白色，两面无毛，掌状脉7～9条。花小，单性，雌雄异株；雄株为复伞形聚伞花序，总花序梗通常短于叶柄，小聚伞花序近无梗，团集于假伞梗的末端，假伞梗挺直；雄花：萼片6～8，排成2轮，卵形或倒卵形；花瓣3～4；雄蕊6，花丝合生成柱状。雌株也为复伞形聚伞花序，总花序梗通常短于叶柄，小聚伞花序和花均近无梗，紧密团集于假伞梗的末端；雌花：萼片3～4；花瓣3～4；子房卵形，花柱3～6深裂，外弯。核果近球形，红色，直径约6 mm，内果皮背部有2行高耸的小横肋状雕纹，每行通常10颗，胎座迹通常不穿孔。花期6—7月，果期8—9月。

▲千金藤

【生境分布】生于海拔300～1 000 m的山坡路边、沟边、草丛灌木丛中。分布于长寿地区。

【采收加工】7—8月采收茎叶，晒干；9—10月挖根，洗净晒干。

【化学成分】茎、根含千金藤碱（stephanine），表千金藤碱（epistephanine），次表千金藤碱（hypoepistephanine），间千金藤碱（metaphanine），原千金藤碱（protostephanine），原间千金藤碱（prometaphanine），千金藤比斯碱（stebisimine），千金藤默星碱（stephamiersine），表千金藤默星碱（epistephamiersine），氧代千金藤默星碱（oxostephamiersine），千金藤松诺灵（stephasunoline），千金藤酮

碱（stepinonine），莲花宁碱（hasubanonine），高千金藤诺灵（homostephanoline），千金藤福灵（stepholine），千金藤诺灵（stephanoline），轮环藤酚碱（cyclanoline），岛藤碱（insularine），千金藤二胺（stephadiamine），氧代表千金藤默星碱（oxoepistephamiersine），毛叶含笑碱（lanuginosine）。叶含氧代千金藤默星碱，16-氧代原间千金藤碱，千金藤比斯碱。果实含原千金藤那布任碱（prostephanaberrine）。

【药理作用】有肌松、神经节阻断、抗肿瘤、防治白细胞减少作用。

【功能主治】药性：味苦、辛，性寒。功能：清热解毒，祛风止痛，利水消肿。主治：咽喉肿痛，痈肿疮疖，毒蛇咬伤，风湿痹痛，胃痛，脚气水肿。用法用量：内服煎汤，9～15 g；研末，每次1～1.5 g，每日2～3次。外用适量，研末撒或鲜品捣敷。使用注意：服用过量，可致呕吐。

附方：

1. 治风湿性关节炎：千金藤根15 g。水煎服，每日1剂，连服7 d；然后，取根30 g，加白酒500 mL，浸7 d，每晚睡前服1小杯。

2. 治痢疾，咽喉肿痛：千金藤根15 g。水煎服。

3. 治瘴疟：千金藤根15～30 g。水煎服。

4. 治胃痛：千金藤适量。研末，开水吞服1.5～3 g。

5. 治鹤膝风：千金藤（研末）120 g，韭菜根60 g，葱3根，大蒜头1个。捣烂，蜂蜜调，敷患处，逐渐发疱流水，再用消毒纱布覆盖，让其自愈。

【资源综合利用】千金藤始载于《本草拾遗》，但其究系现今防己科植物千金藤属哪一种，尚难断定。近代书刊文献则多以防己科植物*Stephania japomca*（Thunb.）Miers作为《本草拾遗》所载的千金藤来源。

139 防己

【别名】汉防己、石蟾蜍、金线吊乌龟。

【来源】为防己科植物粉防己*Stephania tetrandra* S. Moore的块根。

【植物形态】多年生落叶藤本。块根通常圆柱状，肉质，深入地下，长3～15 cm，直径1～5 cm；外皮淡棕色或棕褐色；具横纹。茎枝纤细，有直条纹。叶互生；叶柄长5～6 cm，盾状着生；叶片三角状宽卵形或阔三角形，长4～6 cm，宽5～6 cm，顶端钝，具小突尖，基部平截或略呈心形，全缘，上面绿色，下面灰绿色或粉白色，两面均被短柔毛，下面较密，掌状脉5条。花小，单性，雌雄异株；雄株为头状聚伞花序，总状排列；雄花：萼片4，排成1轮，绿色，匙形，长约1 mm，宽约0.5 mm，基部楔形；花瓣4，绿色，倒卵形，长约0.9 mm，宽约0.7 mm，肉质，边缘略内弯，有时具短爪；雄蕊4，花丝合生成柱状，上部盘状，花药着生其上；雌株为缩短的聚伞花序，呈假头状，总状排列；雌花：萼片4，排成1轮；花瓣4；子房椭圆形，长约1 mm，花柱3，乳头状。核果球形，红色，直径5～6 mm；内果皮长、宽均为4～5 mm，背部有4行雕纹，中间2行呈鸡冠状隆起，每行有15～17颗，胎座迹不穿孔。花期5—6月，果期7—9月。

【生境分布】生于海拔100～2 000 m的山坡、旷野草丛和灌木林中。分布于万州地区。

【采收加工】秋季采挖，修去芦梢，洗净或刮去栓皮，切成长段，粗根剖为2～4瓣，晒干。

【药材性状】块根呈圆柱形、半圆柱形块状或块片状，常弯曲如结节样，弯曲处有缢缩的横沟，长3～15 cm，直径2～5 cm。表面灰棕色，有细皱纹，具明显的横向突起的皮孔，去栓皮的药材表面淡灰黄色。体重，质坚实，断面平坦，灰白色至黄白色，富粉性，有排列稀疏的放射状纹理；纵剖面有筋脉状弯曲纹理。气微，味苦。

【显微鉴别】块根横切面：木栓层常已除去，或有残存，完整者约为20列木栓细胞。韧皮部外缘有单个或2～3个成群的石细胞或纤维散在。形成层成环。木质部导管径向断续排列成放射状，导管旁具木纤维。射线宽广。本品薄壁细胞中充满淀粉粒，并常有细小草酸钙方晶和柱晶。

粉末特征：灰白色。淀粉粒众多，单粒球形或多角形，直径3～40 μm，脐点点状、裂缝状、人字状或星状，层纹不明显；复粒由2～4个分粒组成，偶见6～7个分粒者。草酸钙柱晶众多，长3～10 μm，方晶长7～10 μm。石细胞椭圆形、类方形或不规则形，壁稍厚，胞腔大，孔沟明显；另有壁厚者，长50～190 μm。木纤维黄色，长

▲粉防己

可达1 300 μm，壁稍厚，木化。此外，有木栓细胞，具缘纹孔与网纹导管。

【理化鉴别】（1）检查防己碱：取本品粉末约2 g，加0.5 mol/L硫酸溶液20 mL，加热10 min，滤过，滤液加氨试液调节pH 9，移入分液漏斗中，加苯25 mL振摇提取。分取苯液5 mL，置瓷蒸发皿中，蒸干，残渣加钼硫酸试液数滴，即显紫色，渐变绿色至污绿色，放置，色渐加深。

（2）薄层鉴别：取本品粉末1 g，加乙醇15 mL，加热回流1 h，放冷，滤过，滤液蒸干，残渣加乙醇5 mL使其溶解，作为供试品溶液。另取汉防己碱与防己诺林碱对照品，加氯仿制成每1 mL中各含1 mg的混合溶液，作为对照品溶液。吸取上述两种溶液各5 μL，分别点于同一硅胶G薄层板上，以氯仿-丙酮-甲醇（6：1：1）为展开剂，展开，取出，晾干，喷以稀碘化铋钾试液。供试品色谱中，在与对照品色谱相应的位置上，显相同颜色的斑点。

【化学成分】块根含粉防己碱（tetrandrine），防己诺灵碱（fangchinoline），轮环藤酚碱（cyclanoline），氧防己碱（oxofangchirine），小檗胺（berbarnine），2，2’-N，N-二氯甲基粉防己碱（2，2’-N，N-dichloromethyltetrandrine），粉防己碱（Tetrandrine）A、B、C、D。

【药理作用】粉防己碱对犬左心室功能呈显著抑制效应，对实验性心肌梗死有一定保护作用，是一种肺血管扩张剂。有降压、抑制血小板聚集、抗心律失常、对钙拮抗、抑制免疫、抗炎、抑制子宫平滑肌、抑制矽肺、抗肿瘤、利尿作用。

【功能主治】药性：味苦、辛，性寒。归膀胱、肺、脾经。功能：利水消肿，祛风止痛。主治：水肿，小便不利，风湿痹痛，脚气肿痛，疥癣疮肿，高血压病，心绞痛。用法用量：内服煎汤，6～10 g；或入丸、散。使用注意：食欲不振及阴虚无湿热者禁服。

附方：

1. 治四肢浮肿：防已、黄芪桂枝各9 g，茯苓18 g，炙甘草3 g。水煎服。
2. 治神经痛：防已2～3 g，苯海拉明25 mg，一次服，1日3次。
3. 治膀胱水蓄胀满，几成水肿：汉防已6 g，车前子、韭菜子、泽泻各9 g。水煎服。
4. 脚气肿痛：汉防已、木瓜、牛膝各9 g，桂枝1.5 g，枳壳3 g。水煎服。
5. 治癣疥：防已15 g，当归、黄芪各10 g，金银花15 g。煮酒服。

6. 治水肿：防己50 g、生姜15 g。同炒，加入水煎服，半饥时饮之。

【资源综合利用】现代大量使用的防己科防己，在历代本草中没有明确记载。

140 金果榄

【别名】青牛胆、金牛胆、地苦胆、地胆。

【来源】为防己科植物金果榄*Tinospora sagittata*（Oliv.）Gagnep.的块根。

【植物形态】多年生缠绕藤本。根细长，达1 m，串生数个块根；块根卵圆形、球形或团块状，外皮黄棕色，内面浅黄色，味苦。分枝纤细，圆柱形，有纵条纹。叶纸质至薄革质，披针形、长圆状披针形或卵状披针形，长6～16 cm，宽2～8 cm，顶端渐尖或急尖，基部箭形或戟形，弯缺常很深，后裂片圆、钝或短尖，有时2裂片彼此重叠，通常仅脉上被短硬毛。总状花序或圆锥花序疏散，腋生；花单性异株，黄白色，雄花序常几个簇生，雌花序常单生；雄花萼片6，2轮，长2.5～4 mm；花瓣6，短于萼片；雄蕊6，离生。核果近球形，白色，熟时红色。花期7—9月。果期：秋季。

【生境分布】生于海拔600～1 500 m的山谷溪边疏林中或石缝间。分布于库区各市县。

【采收加工】9—11月挖取，切片，烘干或晒干。

【药材性状】块根呈不规则长纺锤形或团块状，大小不等，长5～10 cm，直径3～6 cm。表面黄棕色或淡棕色，皱缩不平，有不规则深皱纹，两端往往可见细根残基。质坚硬，断面黄白色，粉性。气无，味苦。

【显微鉴别】块根横切面：木栓层为数至10余列细胞。皮层狭窄，中柱为由2～4列石细胞组成的环带，石细胞含草酸钙方晶。韧皮部较窄。木质部导管径向断续排列，四周被木纤维包围。射线宽广。本品薄壁细胞含淀粉粒，并可见细小的草酸钙方晶。

【理化鉴别】（1）检查内酯：取本品粉末1 g，于索氏提取器中用乙醚提取2 h，浓缩至小体积，分成2份供试。取上述溶液1份，蒸干，加入盐酸羟胺饱和溶液及氢氧化钾乙醇溶液各1～2滴，微热后冷却，以0.5 N盐酸酸化后，加入1%三氯化铁溶液1滴，即显紫色。

▲金果榄

（2）薄层鉴别：取上述溶液点样于硅胶G薄层板上，以苯-甲醇（9：1）展开19 cm。以10%磷钼酸乙醇溶液显色，显蓝色斑点。

【化学成分】块根含生物碱：掌叶防己碱（plmatine），药根碱（jatrorrhizine），非洲防己碱（columbamme），千金藤宁碱（stepharanine），去氢分离木瓣树胺（dehydrodiscretamine），蝙蝠葛任碱（menisperine），木兰花碱（magnoflorine）。

甾醇类：2-去氧甲壳甾酮（2-deoxycrustecdysone），2-去氧-3-表-甲壳甾酮（2-deoxy-3-epicrustecdysone），2-去氧-甲壳甾酮3-O-β-吡喃葡萄糖苷（2-deoxycrustecdysone-3-O-β-glucopyranoside）。

萜类：非洲防己苦素（columbin）、异非洲防己苦素（isocolumbin）、异非洲防己苦素-4-β-D-葡萄糖苷（tinoside，即金果榄苷）、青牛胆苦素。

【药理作用】有抗肿瘤、抗炎、镇痛、抑菌、抑制钩端螺旋体、抗5-羟色胺、抗胆碱酯酶作用。可明显刺激动物垂体促肾上腺皮质分泌。

【功能主治】药性：苦，寒。归肺、胃经。功能：清热解毒，消肿止痛。主治：咽喉肿痛，口舌糜烂，白喉，痄腮，热咳失音，脘腹疼痛，泻痢，痈疽疔毒，毒蛇咬伤。用法用量：煎汤3～9 g；外用适量。

附方：

1. 治毒蛇咬伤：青牛胆10 g，积雪草、半边莲各15 g。水煎服，渣捣敷患处。
2. 治无名肿毒：青牛胆、土大黄、生地榆各等量。研末，麻油调，涂患处。
3. 治胃痛：青牛胆6 g，两面针3 g。研末，开水冲服。

【资源综合利用】金果榄始载于《本草纲目拾遗》，为民间利咽消肿的经典草药，由于资源分布少，应合理采挖，实现可持续发展。

木兰科Magnoliaceae

141　黑老虎

【别名】南五味、钻骨风、大血藤。

【来源】为木兰科植物冷饭团*Kadsura coccinea*（Lem.）A. C. Smith的根及茎。

【植物形态】常绿攀缘藤本，长3～6 m。茎下部偃伏土中，上部缠绕，枝圆柱形，棕黑色，疏生白色点状皮孔。单叶互生；柄长1～2.5 cm；叶革质，叶片长圆形至卵状披针形，长8～17 cm，宽3～8 cm，顶端钝或急尖，基部宽楔形或近圆形，全缘，上面深绿色，有光泽，几无毛，侧脉6～7对，网脉不明显。花单生叶腋，稀成对，雌雄异株；花被红色或红黄色，10～16片，椭圆形或椭圆状倒卵形，长12～15 mm，宽5～14 mm；雄蕊群椭圆形或圆锥形，顶端有线状钻形附属物；雄蕊14～48，排成2～5列；雌蕊群卵形至球形，雌蕊5～7列。聚合果近球形，成熟时红色或黑紫色，直径6～10 cm或更大；小浆果倒卵形，长达4 cm，外果皮革质，不显出种子。种子红色，心形或卵状心形。花期5—7月，果期8—10月。

【生境分布】生于海拔600～1 500 m的山地疏林中，常缠绕于大树上。分布于武隆、开州地区。

【采收加工】全年均可采挖，晒干或刮去栓皮，切段，晒干。

【药材性状】根：圆柱形，略扭曲，直径1～4 cm。表面深棕色至灰黑色，有多数纵皱纹及横裂纹，弯曲处裂成横沟。质坚韧，不易折断，断面粗纤维性，栓皮深棕黑色，皮部宽厚，棕色，易剥离，嚼之有生番石榴味，渣很少。木质部浅棕色，质硬，密布导管小孔。气微香，味微甘、后微辛。藤茎：断面中央有深棕色的髓部，气味较根淡。条形大小均匀，皮厚色黑，气味浓者为佳。

【显微鉴别】根横切面：木栓层细胞棕紫色。皮层狭窄，散生大形分泌细胞及少数嵌晶纤维。韧皮部亦具分泌细胞；韧皮纤维较多，近形成层处多2～6个成束，向外多单个散在且渐稀疏，单个纤维或纤维束四周纤维外壁亦多嵌有草酸钙方晶，形成嵌晶纤维。形成层成环。木质部导管直径100～240 μm，管胞直径25～40 μm；木射线宽1～2列细胞，含深棕色物。本品薄壁细胞含淀粉粒。

▲冷饭团

【化学成分】种子含南五味子木脂素（kadsulignan）A、B。根和茎含新南五味子木脂宁（neokadsuranin）等。

【药理作用】根的乙醇提取物有镇痛和抗炎作用。

【功能主治】药性：辛、微苦，温。功能：行气止痛，散瘀通络。主治：胃、十二指肠溃疡，慢性胃炎，急性胃肠炎，痢疾，跌打损伤，骨折，胆道蛔虫、胃肠绞痛，术后肠粘连、溃疡病疼痛发作，痛经、风湿性关节痛，坐骨神经痛，肾绞痛等多种疼痛。用法用量：内服煎汤，藤茎9～15 g；或研粉，0.9～1.5 g；或浸酒。外用适量，研末撒；或捣敷；或煎水洗。使用注意：孕妇慎服。

附方：

1. 治慢性胃炎，胃溃疡：黑老虎、救必应、海螵蛸各30 g。研末，每日3次，每次6 g。

2. 治胃、十二指肠溃疡，慢性胃炎，急性胃肠炎：黑老虎根9～15 g，水煎服；或0.9～1.5 g，研末服。

3. 治风湿骨痛：黑老虎、檫树根、光叶海桐各30 g，鸡血藤、豨莶草各15 g。水煎服或浸酒服，并取少许擦患处。

4. 治跌打损伤，风湿性关节痛：黑老虎根、铁箍散各15 g。水煎服。外用鲜藤适量，捣烂，酒炒敷。

5. 治病久无力，劳伤腰痛：黑老虎根30 g，铁箍散30 g，浸酒500 g，7 d后服。每日1次，每次30 g。

6. 治痛经：黑老虎、南五味子根各15 g，凤尾草30 g，乌药3 g。水煎服。

7. 治闭经：黑老虎根、茎30～60 g，黄荆枝30 g，鸡血藤15 g。水煎服。

8. 治产后恶露不净腹痛，痛经：黑老虎根30 g，山鸡椒15 g。水煎服。

9. 治痢疾：黑老虎根皮1.3 g。研粉，每日4次，7 d为1疗程。

【资源综合利用】黑老虎又名救必应，其注射液每2 mL相当于黑老虎根3.5 g，氯仿抽出物干品5 mg。

142　辛夷

【别名】木笔花、白玉兰、姜朴花。

【来源】为木兰科植物玉兰*Magnolia denudata* Desr.的干燥花蕾。

▲玉兰

▲玉兰花蕾

【植物形态】落叶乔木，高达15 m；冬芽密生灰绿色或灰绿黄色长绒毛；小枝淡灰褐色。叶互生，倒卵形至倒卵状矩圆形，长10～18 cm，宽6～10 cm，顶端短突尖，基部楔形或宽楔形，全缘，上面有光泽，下面生柔毛；叶柄长2～2.5 cm。花先于叶开放，单生于枝顶，白色，芳香，钟状，直径12～15 cm；花枝片9，矩圆状倒卵形，每3片排成1轮；雄蕊多数，在伸长的花托下部螺旋状排列；雌蕊多数，排列在花托上部。聚合果圆筒形，长8～12 cm，蓇葖木质，果柄有毛。花期2—3月，果期8—9月。

【生境分布】生于海拔400～2 000 m的山地林中，多栽培。分布于库区各市县。

【采收加工】小雪至立春时采收，50～60 ℃烘干，或晒干2～3 d后，堆在室内发汗，再晒干。

【药材性状】花蕾长1.5～3 cm，直径1～1.5 cm，基部枝梗较粗壮，梗上皮孔浅棕色。苞片外表面密被灰白色或灰绿色茸毛。花被片9，内外轮无显著差异。雄蕊多数，螺旋状着生于花托下部，花丝扁平，花药线形；雌蕊多数，螺旋状着生于花托上部。体轻，质脆。气芳香，味辛凉而稍苦。

【显微鉴别】花梗的横切面：表皮细胞长方形，内含红棕色色素，无非腺毛。皮层石细胞较多。中柱鞘部位石细胞群环列。髓部无油细胞。

【理化鉴别】取样品粉末0.5 g，加稀醋酸10 mL，振摇混合5 min，过滤。滤液2 mL，加碘化汞钾试液2～3滴，溶液混浊，稍冒产生白色絮状沉淀。

【化学成分】含α-蒎烯（α-pinene），莰烯（camphene），β-蒎烯（β-Pinene），香桧烯（sabinene），香叶烯（myrcene），柠檬烯（1imonene），1，8-桉叶素（1，8-cineole），对-聚伞花素（p-cymene），α-异松油烯（α-ter-pinolene），水合香松烯（sabinenehydrate），芳樟醇（linalool），樟脑（camphor），萜品烯-4-醇（terpinen-4-ol）等。

【药理作用】有抗炎、抗过敏、降压、兴奋子宫、抗菌、局部收敛、刺激、麻醉镇痛作用。

【功能主治】药性：辛，温。归肺、胃经。功能：散风寒，通鼻窍。主治：鼻渊，风寒感冒之头痛、鼻塞、流涕，现也用于急慢性鼻炎及鼻窦炎。用法用量：内服煎汤，3～10 g，入煎剂布包煎或入丸、散。外用适量，研末搐鼻。使用注意：阴虚火旺者慎服。

附方：

1. 治疗支气管哮喘：辛夷、羌活各60 g。水煎，浓缩，去渣，沙苑子180 g，王不留行18 g，研细末拌入以上浓缩液中，烘干后研细入胶囊。每次2粒，每日3次。

2. 治鼻炎：辛夷3 g。偏风寒犯肺者，加藿香10 g；偏风热壅盛者，加槐花10 g。开水泡，作茶饮。

【资源综合利用】玉兰亚属多种植物的花蕾在各地作辛夷用。《中华人民共和国药典》（2015年版）收载3种，即望春玉兰*Magnolia biondii*、木兰*M. denudata*、武当玉兰*M. sprengeri*的花蕾，库区均产。

143 紫玉兰

【别名】 木笔花、辛夷。

【来源】 为木兰科植物紫花玉兰*Magnolia liliflora* Desr.的干燥花蕾。

【植物形态】 落叶灌木，高2 ~ 3 m。冬芽密生灰绿色或灰绿黄色长绒毛；树干灰褐色，小枝紫褐色，花蕾较瘦小。叶互生，倒卵形或长圆状倒卵形，边缘呈波状，长7 ~ 17 cm，宽3 ~ 9 cm；叶柄长1 ~ 2 cm。花单生枝顶，先叶开放；花被片9，3轮；外轮3片萼片状，披针状条形，长为内两轮长的1/3，淡绿色，花开放时呈水平展开；内二轮花瓣状，外面紫红，内面白色，长圆状倒卵形；雄蕊多数，在伸长的花托下部螺旋状排列；雌蕊多数，排列在花托上部。聚合果长圆形，长8 ~ 12 cm，蓇葖木质，果柄无毛。

【生境分布】 生于海拔500 ~ 1 600 m的山地林缘或灌丛中。多栽培。分布于库区各市县。

【采收加工】 夏、秋季采收，晒干。

【药材性状】 倒圆锥状，形如毛笔头，基部具木质短枝。花蕾长1 ~ 4 cm，直径1 ~ 2 cm。苞片外表面密被灰白色或灰绿色茸毛。花被片9，外轮短小，为内两轮长的1/3，呈萼片状；雄蕊多数，螺旋状着生于花托下部，花丝扁平，花药线形；雌蕊多数，螺旋状着生于花托上部。体轻，质脆。味辛凉而稍苦。

【化学成分】 花含1，8-桉叶素（1，8-cineole），柠檬醛（citral），丁香油酚（eugenol），爱草脑（chaviol methyl ether），花青素，芍药素（paeonidin），矢车菊素以及黄酮醇、山柰酚、槲皮素等的多种糖苷。树皮含木兰箭毒碱（magnocurarine），柳叶木兰碱（salicifoline）等。

【药理作用】 树皮有箭毒样作用和神经节阻断作用。花蕾作用见“辛夷”项下。

【功能主治】 见“辛夷”项下。

【资源综合利用】 1963年、1977年版《中华人民共和国药典》曾收载紫花玉兰作辛夷用，现仅四川、重庆等地使用。国家三级保护植物。

▲紫花玉兰

144 广玉兰

【别名】 荷花玉兰、洋玉兰。

【来源】 为木兰科植物荷花玉兰*Magnolia grandiflora* L.的花蕾和树皮。

【植物形态】 常绿大乔木，高20 ~ 30 m。树皮淡褐色或灰色，薄鳞片状开裂。枝与芽有锈色细毛。叶互生；叶柄长1.5 ~ 4 cm，被褐色短柔毛；托叶与叶柄分离，无托叶痕；叶革质，叶片椭圆形或倒卵状长圆形，长10 ~ 20 cm，宽4 ~ 10 cm，顶端钝或渐尖，基部楔形，上面深绿色，有光泽，下面淡绿色，有锈色细毛，侧脉8 ~ 9对。花芳香，白色，杯状，直径15 ~ 20 cm，开时形如荷花；花梗粗壮具茸毛；花被9 ~ 12，倒卵形，厚肉质；雄蕊多数，长约2 cm，花丝扁平，紫色，花药内向，药隔伸出成短尖头；雌蕊群

▲荷花玉兰

椭圆形，密被长绒毛，心皮卵形，长1～1.5 cm，花柱呈卷曲状。聚合果圆柱状长圆形或卵形，密被褐色或灰黄色绒毛，蓇葖果顶端具长喙。种子椭圆形或卵形，侧扁，长约1.4 cm，宽约6 mm。花期5—6月，果期10月。

【生境分布】库区各市县广泛栽培。

【采收加工】春季采收花蕾，白天暴晒，晚上发汗，五成干时，堆放1～2 d，再晒至全干。树皮随时可采。

【药材性状】花蕾呈圆锥形，长3.5～7 cm，基部直径1.5～3 cm，淡紫色或紫褐色。花被片9～12片，宽倒卵形，肉质较厚，内层呈荷瓣状。雄蕊多数，花丝宽，较长，花药黄棕色条形。心皮多数，密生长绒毛。花梗长0.5～2 cm，节明显。质硬，易折断。气香，味淡。

【化学成分】叶含小白菊内酯（parthenolide），过氧木香烯内酯（peroxyeostunolide），过氧小白菊内酯（peroxyparthenclide），广玉兰内酯（magnograndiolide），二环氧木香烯内酯（costunolidediepoxide），买兰坡木兰内酯（melampomagnolide）A，B，番荔枝碱（anonaine）和鹅掌楸碱（liriodenine）。木部含10-羟基番荔枝碱（anolobine），番荔枝碱，N-原荷叶碱（N-nornuciferine），鹅掌楸碱，蝙蝠葛任碱（menisperine）。树皮含木兰花碱（magnoflorine），白栝楼碱（candicine），广玉兰立定苷（magnolidin），广玉兰赖宁苷（magnolenin），广玉兰西丁苷（magnosidin），丁香苷（syringin），无梗五加苷（acanthoside）B等。

【药理作用】有降压、肌肉松弛、神经节阻断、抗细菌、抗真菌、抗溃疡作用。

【功能主治】药性：辛，温。归肺、胃、肝经。功能：疏风散寒，行气止痛。主治：风寒感冒、头痛鼻塞，脘腹胀痛，呕吐，腹泻，高血压，偏头痛。用法用量：内服煎汤，花3～10 g；树皮6～12 g。外用适量，捣敷。

附方：

1. 治高血压：广玉兰花6～9 g。水煎服。
2. 治偏头痛：广玉兰树皮、糯稻草（烧灰）各适量。捣烂，敷痛处。
3. 治缩阴：广玉兰花6 g，团头鱼4.5 g，白茅根6 g，巴茅心2根。水煎服，再用食盐少许，擦肚脐眼。
4. 治风寒感冒、头痛鼻塞：广玉兰花10 g，白芷10 g。研末。每日3次，每次6 g，开水冲服。
5. 治湿阻中焦，脘腹胀痛，呕吐，腹泻：广玉兰树皮15 g，苍术10 g，陈皮10 g，甘草6 g。水煎服。

145 白兰花

【别名】白兰。

【来源】为木兰科植物白兰花*Michelia alba* DC.的花。

【植物形态】乔木，高10～20 m，在较寒冷地区常呈灌木状，高仅1～2 m。树皮灰色，幼枝密被淡黄白色柔毛，后渐脱落。叶互生；叶柄长1.5～2 cm；托叶痕为叶柄的1/3或1/4；叶薄革质；叶片长圆形或披针状椭圆形，长10～27 cm，宽4～9.5 cm，顶端长渐尖或尾状渐尖，基部楔形，两面无毛或下面疏生微柔毛。花白色，清香，单生于叶腋；花被10片以上，长约3 cm；雄蕊多数，花丝扁平，药隔顶端伸出成长尖头；雌蕊群有柄，长约4 mm，心皮多数，通常部分心皮不发育，形成疏生的聚合果。花期4—9月，夏季盛开，少见结实。

【生境分布】库区各地常栽培。

【采收加工】夏、秋开花时采收，鲜用或晒干备用。

【药材性状】花狭钟形，长2～3 cm，红棕色至棕褐色。花被片多为12片，外轮狭披针形，内轮较小；雄蕊多数，花药条形，淡黄棕色，花丝短，易脱落；心皮多数，分离，柱头褐色，外弯，花柱密被灰黄色细绒毛。花梗长2～6 mm，密被灰黄色细绒毛。质脆，易破碎。气芳香，味淡。

【化学成分】皮含氧代黄心树宁碱（oxoushinsunine），柳叶木兰碱（salicifoline），白兰花碱（michelalbine），黄心树宁碱（ushinsunine）。鲜叶含挥发油约0.7%，油中主要成分为芳樟醇（linalool），甲基丁香油酚（methyl eugenol）和苯乙醇（phenyl-ethyl alcohol）。花含挥发油：*d*，*l*-α-甲基丁酸甲酯（methyl *d*，*l*-α-methyl butyrate），芳樟醇，α-甲基丁酸乙酯（ethyl-α-methyl butyrate），乙醛（acetaldehyde），乙酸甲酯（methyl acetate），丙酸甲酯（methyl propionate）等。

【药理作用】有轻微的镇咳、祛痰与平喘作用。

▲白兰花

【功能主治】药性：味苦、辛，性微温。功能：化湿，行气，止咳。主治：慢性气管炎，胸闷腹胀，中暑，咳嗽，前列腺炎，白带。用法用量：内服煎汤，6～15 g。

附方：

1. 治湿阻中焦，气滞腹胀：白兰花5 g，厚朴10 g，陈皮5 g。水煎服。
2. 治中暑头晕胸闷：白兰花5～7朵，茶叶少许。开水泡服。
3. 治脾虚湿盛的白带：白兰花10 g，薏苡仁30 g，白扁豆30 g，车前子5 g。水煎服。
4. 治咳嗽：白兰花5～7朵。水煎，调蜂蜜适量服。
5. 治鼻炎流涕，鼻塞不通：白兰花10 g，苍耳子10 g，黄芩10 g，薄荷10 g，防风5 g。水煎服。
6. 治泌尿系统感染：白兰花叶30 g。水煎服。

白兰花叶味苦、辛，性平。能清热利尿，止咳化痰。主治泌尿系统感染，小便不利，支气管炎。内服煎汤9～30 g。外用适量，鲜品捣敷。

146　黄缅桂

【别名】黄兰。

【来源】为木兰科植物黄兰*Michelia champaca* L.的根。

【植物形态】常绿乔木，高10～20 m，胸径达1 m。幼枝、嫩叶和叶柄均被淡黄色平伏的柔毛。叶互生；叶柄细，长2～4 cm；托叶痕达叶柄中部以上；叶薄革质；叶片披针状卵形或披针状长椭圆形，长10～20 cm，宽4～9 cm，顶端长渐尖或近尾状渐尖，基部宽楔形或楔形，两面绿色。花单生于叶腋，橙黄色，极香；花梗短而有灰色绒毛，花被10～20，披针形，长3～4 cm；雄蕊多数，药隔伸出成长尖头；雌蕊心皮多数，分离，密被银灰色微毛，雌蕊群柄长约3 mm。聚合果长7～15 cm，蓇葖果倒卵状长圆形，长1～1.5 cm，外有疣状突起。种子2～4，

▲黄兰

有红色假种皮。花期6—7月，果期9—10月。

【生境分布】 涪陵、万州地区常栽培于村旁、庭园中。

【化学成分】 根含小白菊内酯（parthenolide）。茎皮含氧代黄心树宁碱（oxoushinsunine），黄心树宁碱（ushinsunine），木兰花碱（magnoflorine），β-谷甾醇（β-sitosterol）。叶含挥发油，油中主要成分为芳樟醇（unalool），芳樟醇乙酸酯（linalyl acetate），甲基庚烯酮（methyl heptenone），牻牛儿醇（geraniol）。

【药理作用】 有抗菌、抗癌作用。

【功能主治】 药性：苦，凉。归脾、肺经。功能：祛风湿，利咽喉。主治：风湿痹痛，咽喉肿痛。用法用量：内服煎汤，6 ~ 15 g；或浸酒。

附方：

1. 治风湿骨痛：黄缅桂15 ~ 30 g。泡酒服。
2. 治骨刺卡喉：黄缅桂切成薄片。每含1 ~ 2片，徐徐咽下药液，0.5 h后吐出药渣再换。

黄兰果味苦，性凉。能健胃止痛。主治胃痛，消化不良。内服研粉，0.3 ~ 0.6 g。

3. 治消化不良，胃痛：黄兰果，研粉。每服0.3 ~ 0.6 g，开水冲服。

147　小血藤

【别名】 棱枝五味子、翅五味子、血藤。

【来源】 为木兰科植物翼梗五味子*Schisandra henryi* Clarke的藤茎或根。

【植物形态】 落叶本质藤本。小枝棕紫色，有棱，棱上有革质狭翅或锐棱，老枝灰黑色，皮孔明显。芽鳞大，紫红色，最大的一片长15 ~ 20 mm，宽15 mm，常宿存至幼果。叶柄长1.5 ~ 5.5 cm；叶互生，纸质或近革质，宽卵形或椭圆状卵形，长6 ~ 11 cm，宽3 ~ 8 cm，顶端短尾尖或渐尖，基部宽楔形，边缘有疏齿，上面深绿色，下面淡绿色或被白粉，网脉稀疏，花单生于叶腋，雌雄异株，淡黄色，直径约1.5 cm；花被6 ~ 10；雄蕊群卵圆形，分离，雄蕊28 ~ 60，排成3 ~ 4列，药隔伸长超出花药；雄花托顶端伸长，形成不规则头状或盾状的附属体；雌蕊群近球形或长圆状椭圆形，心皮50 ~ 60，花柱极短。聚合果长4 ~ 14 cm；小浆果扁球形或扁椭圆形，长

4～5 mm，红黄色。种子2，扁半圆形或长圆状椭圆形，种皮有瘤状突起。花期5—7月，果期8—9月。

【生境分布】生于海拔500～1 800 m的沟谷边、林下或灌丛中。分布于巫溪、巫山、奉节、万州、开州、忠县、石柱、涪陵、武隆、长寿地区。

【采收加工】秋季割取藤茎，切片，晒干。

【药材性状】藤茎长圆柱形，少分枝，长30～50 cm，直径2～4 cm。表面棕褐色或黑褐色，具深浅不等的纵沟和黄色点皮孔；幼枝表面具棱翅。质坚实，皮具韧性；横断面皮部棕褐色，有的易与木心分离；木质部淡棕黄色，可见细小导管孔排列成行呈放射状，中央髓部深棕色，常破裂或呈空洞。气微，味微涩、辛，凉。

【显微鉴别】茎横切面：具有较厚的落皮层，新老木栓层之间为死亡的韧皮部组织。韧皮部有大量嵌晶纤维束散在，略排成2轮。形成层圆环形。木质部具大型导管及发达的木纤维，具髓部。韧皮部及髓部薄壁细胞中均含有棕色物质。

【化学成分】含木脂素（henricine）。果实含翼梗五味子精。

【药理作用】有延长睡眠时间、止咳、祛痰作用。果实有保肝作用。

【功能主治】药性：辛、涩，温。归肝、脾经。功能：祛风除湿，行气止痛，活血祛瘀。主治：风湿疼痛，心胃气疼，痨伤吐血，闭经，月经不调，跌打损伤，金疮肿痛。用法用量：内服15～30 g，水煎服，或浸酒。使用注意：孕妇及气血亏损者慎服。

附方：

1. 治风湿：小血藤15 g，当归10 g，赤芍8 g。水煎服。

2. 治痨伤吐血，喉头发痒，腰痛：小血藤30 g，龙胆草15 g，血胆9 g。泡开水服。

3. 治吐血，筋骨疼痛，跌打损伤：大血藤30 g，小血藤30 g，杜仲12 g，木瓜30 g，五加皮30 g，鸡屎藤根30 g。泡酒服。

4. 治贫血：大血藤30 g，小血藤9 g，金樱子根30 g，黄精12 g，石豇豆15 g，水煎服。

翼梗五味子的果实。在四川、云南、重庆等地作五味子的代用品。

▲翼梗五味子

【资源综合利用】五味子属（Schisandra）植物大多数均可药用。翼梗五味子果实在四川、云南、重庆等地作五味子的代用品，称川五味子。小血藤为重庆、四川民间常用药。始载于《重庆中草药》：“行气活血，为治气血凝滞各种症候的要药”，分布较广，资源丰富，所含木脂素类有很好生理活性。

148 香巴戟

【别名】花蛇草、冷饭团、小血藤、土巴戟、川巴戟。

【来源】为木兰科植物铁箍散*Schisandra propinqua*（Wall.）Baill. var. *sinensis* Oliv.的根。

【植物形态】落叶或半落叶木质藤本，长2～3 m。根圆柱形，木质而坚硬，略雍容典雅。老枝灰色，小枝棕褐色。单叶互生；叶革质；叶柄长0.5～1 cm；叶片卵状披针形或长圆形披针形，长5～12 cm，宽1～3 cm，顶端长渐尖，基部宽楔形至圆形，边缘具不明显的疏齿，上面绿色，嫩叶上面有时有浅色斑纹，下面略被白粉，侧脉6～8对，不明显。花雌雄异株；花单生叶腋或簇生，直径约1 cm；花被6～9，排成3轮，最外3片较小；雄蕊6～9，花丝基部稍连合，雄蕊嵌于肥大的花托缝穴中雌蕊群球形，心皮10～30，离生，结果时花托伸长3～7 cm。小浆果球形，熟时鲜红色。种子肾圆形，种皮光滑。花期6—8月，果期7—10月。

【生境分布】生于海拔300～1 500 m的向阳山坡或灌丛中。分布于巫溪、巫山、奉节、云阳、万州、开州、涪陵地区。

【采收加工】10—11月采挖，晒干或鲜用。

【药材性状】根圆柱形，稍弯曲，长20～40 cm，直径0.3～1.2 cm。表面红褐色或棕红色，常有环状裂续，多露出木部而呈节节状，质坚，难折断。断面皮部厚，齐，显灰绿色；木部呈刺片状，黄白色，气香，味辛凉，微苦涩，嚼之有黏性。根茎圆柱形、直径0.4～1.2 cm。表面有细长须根和须根痕。皮部薄、断面棕褐色；髓中空。

【显微鉴别】木栓层较发达。皮层及韧皮部有小型的嵌晶纤维束散在，纤维木化；并有黏液细胞分布。木质部导管1～2列，导管圆多角形，切向径达85 μm；木薄壁细胞全部木化。射线宽1～2列细胞，木化。本品薄壁细胞含有淀粉粒及棕色物。

▲铁箍散

【化学成分】根和茎含表恩施辛（epienshimne），恩施辛（enshicine），异五味子酸（isoschizandrolic acid），去氧五味子素（deoxycdhizandrin），β-谷甾醇（β-sitositerol），硬脂酸（stearicacid），胡萝卜苷，琥珀酸，对羟基苯乙醇苷。

【药理作用】表恩施辛在体外对白血病P-388的抑制率为72.9%。此外，还有降转氨酶、抑制血小板聚集作用。

【功能主治】药性：辛、甘，温。功能：祛风除湿，活血镇痛。主治：风湿麻木，胃痛，血栓闭塞性脉管炎，月经不调，小儿麻痹，跌打损伤。用法用量：内服10～15 g，水煎服或浸酒。外用适量。

附方：

1. 治风湿骨痛，跌打损伤：香巴戟30 g，泡酒服。
2. 治骨折：鲜香巴戟、舒筋草、二月泡根皮、红刺老苞根皮适量。捣烂，敷患处。
3. 治月经不调：香巴戟30 g，香附、益母草各15 g。煎水兑甜酒服。
4. 治胃痛：香巴戟适量。磨水或泡酒服，每次3 g。
5. 治气滞腹胀：香巴戟15 g。水煎服。

【资源综合利用】香巴戟为地方习用品种。铁箍散藤茎作小血藤、果实作五味子应用。

149　西五味

【别名】大血藤。

【来源】为木兰科植物柔毛五味子*Schisandra pubescens* Hemsl. et Wils.的藤茎或根。

【植物形态】落叶本质藤本。幼枝、叶背、叶柄均被褐色短绒毛；当年生枝淡绿色，无棱和翅，老枝灰黑色，有皮孔。芽鳞大，褐色或灰褐色，较小，最大的一片长不超过10 mm，早落，很少宿存。叶柄长1.5～5.5 cm；叶纸质或近革质；叶片卵形或椭圆状卵形，长6～11 cm，宽3～8 cm，顶端短尖，基部宽楔形，上面深绿色，下面淡绿色或被白粉，网脉稀疏，花单生，雌雄同株或异株；花被片黄色，近圆形或椭圆形，背面被微毛，雄蕊群扁球形，分离，雄蕊11～24，排成3～4列，药隔与花药等长或稍长；雌蕊群近球形，心皮45～55。聚合果长4～8 cm，小浆果扁球形或扁椭圆形，暗红色。种子2，扁半圆形成长圆状椭圆形，种皮有瘤状突起。花期5—7月、果期8—9月。

【生境分布】生于海拔700～2 000 m山坡丛中。分布于宜昌、秭归、兴山、巴东、奉节、开州、武隆、丰都地区。

【采收加工】秋季割取藤茎，切片，晒干。

【功能主治】见“小血藤”。

【资源综合利用】柔毛五味子的果实在四川、云南、重庆等地亦作五味子的代用品。柔毛五味子含五味子酚，具有较强的抗氧化的作用，用于治疗中枢神经系统退行性疾病，如帕金森综合征、老年性痴呆和多发性硬化等。柔毛五味子还可作为提取五味子酚的原料。

▲柔毛五味子

150　蜡梅花

【别名】黄梅花、蜡梅花。

【来源】为蜡梅科植物蜡梅*Chimonanthus praecox*（L.）Link的花蕾。

【植物形态】落叶灌木，高达4 m。幼枝方形，被柔毛，老枝近圆柱形，灰褐色，皮孔突出，树皮内具油细胞。叶对生；具短柄；叶于片纸质或近革质，卵圆形至卵状椭圆形，长5～25 cm，宽2～8 cm，顶端渐尖，基部

▲蜡梅

圆形至阔楔形，全缘，除下面叶脉外，两面无毛。花生于第二年生枝条的叶腋内，先叶开放，芳香；花被多层，螺旋状排列，外层大形，黄色，内层小形，紫棕色，均呈圆形、倒卵形或匙形，长5 ~ 20 mm；宽5 ~ 15 mm；雄蕊5，长约4 mm，花丝与花药近等长；雌蕊多数，分离，生于壶形花托内，花柱长为子房的3倍。瘦果包藏于花托内，花托成熟后形成假果，坛状或倒卵状椭圆形，长2 ~ 5 cm，直径1 ~ 2.5 cm，口部收缩，被绢质丝状毛。种子1粒。花期11月至次年3月，果期4—11月。

【生境分布】生于海拔200 ~ 750 m的山坡、灌丛或沟边。多栽培。分布于库区各市县。

【采收加工】冬季在花刚开放时采收，用无烟微火炕至表面显干燥时取出，回潮后，复炕，反复1 ~ 2次，炕到金黄色全干即成。

【药材性状】圆形、短圆形或倒卵形，长1 ~ 1.5 cm，宽4 ~ 8 mm。花被片叠合，棕黄色，下半部被多数膜质鳞片，鳞片黄褐色，三角形，有微毛。气香，味微甜后苦，稍有油腻感。以花心黄色、完整饱满而未开放者为佳。

【显微鉴别】粉末特征：单细胞非腺毛（花被）长至70 μm，顶端钝，壁厚，稍有弯曲。鳞片表皮细胞多角形，有众多非腺毛；气孔少见。花粉粒棕黄色，类圆形至椭圆形，直径约40 μm，外壁微有纵直纹理，并常见萌发孔2个。

【化学成分】蜡梅花的香气成分主要有：乙酸（acetic acid），1，1-二乙氧基乙烷（1，1- diethoxy ethane），异戊醇（isoamyl alcohol），1，3-二氧戊环（1，3-dioxolane），双丙酮醇（di-acetone alcohol），3-丁烯-2-酮（3-butene-2-one），叶醇（3-hexen-1-ol），侧柏烯（2-thujene），月桂烯（myrcene），对聚伞花素（p-cymene），柠檬烯（limonene），6-甲基-1-辛醇（6-methyl-1-octanol），苯甲醇（benzyl alcohol），罗勒烯（α-oeimene）等。叶含蜡梅碱，山蜡梅碱（chimonanthine）等。

【药理作用】蜡梅碱具有类似士的宁作用，可引起哺乳动物强烈抽搐。兔静脉注射后可致血糖降低，对离体兔肠、子宫有兴奋作用，对麻醉猫、犬心脏有抑制作用。

【功能主治】药性：辛、甘、微苦，凉，有小毒。归肺、胃经。功能：解暑清热，理气开郁。主治：暑热烦渴，头晕，胸闷脘痞，梅核气，咽喉肿痛，百日咳，小儿麻疹，烫火伤。用法用量：内服煎汤，3 ~ 9 g。外用适量，浸油涂或滴耳。使用注意：孕妇慎服。

附方：

1. 治暑热心烦头昏：蜡梅花6 g，扁豆花9 g，鲜荷叶9 g。水煎服。

2. 治咽喉肿痛：蜡梅花6～9 g，金银花、石膏各15 g，玄参9 g，芫荽9～12 g。水煎，早晚饭前服。

3. 治烫火伤：蜡梅花适量。茶油浸涂。

4. 治久咳：蜡梅花9 g。泡开水服。

蜡梅根及枝名“铁筷子”：味辛，性温，有毒；归肝、肺经；祛风止痛，理气活血，止咳平喘；主治风湿痹痛，风寒感冒，跌打损伤，脘腹疼痛，哮喘，劳伤咳嗽，疔疮肿毒。孕妇禁服。

5. 治风湿痛：铁筷子9 g，石楠藤9 g，兔耳风9 g。泡酒120 g，每次服30 g。

6. 治跌打损伤：铁筷子、柳叶过山龙各9 g，一口血6 g。浸酒250 g，每次60 g，每日2次。

7. 治妇女腹内血包：铁筷子9 g，红浮萍30 g，薄荷3 g，红花6 g。煎水服。

8. 治毒疮：铁筷子、穿心草、仙鹤草各15 g。煎水服；另将渣捣烂，敷患处。

9. 治腰肌劳损、风湿性关节炎：蜡梅根制成100%注射液，肌内注射，每日2次，每次2 mL；或穴位注射，每穴0.5 mL，每次2～3穴。

【资源综合利用】本品始见于《救荒本草》。不但是重要的药用植物，同时也是重要的观赏植物，应加强种植技术研究，加强药品和功能性食品开发，将园林用途和药食用途有机结合，提高其经济综合利用价值。

樟科Lauraceae

151　顺江木

【别名】阴香、三股筋。

【来源】为樟科植物狭叶阴香*Cinnamomum burmannii* Bl. f. heyneanum（Nees）H. W. Li的根、叶或树皮。

【植物形态】乔木，高达10 m。树皮光滑，灰褐色至黑褐色；枝条纤细，绿色或褐绿色。叶互生或近对生；叶片稍革质，线状披针形或披针形，有时为线形，长4～15 cm，宽0.7～4 cm，上面绿色，光亮，下面粉绿色，两面无毛，具离基三出脉。果实卵球形，长约8 mm；果托长4 mm，具齿裂。花期主要在秋、冬季，果期主要在冬末或春季。

【生境分布】生于海拔200～700 m的河边、山坡、灌丛中。分布于巫山、武隆地区。

【采收加工】全年可采。根切片晒干；树皮、叶鲜用或阴干。

【功能主治】药性：辛，温。功能：祛风散寒，温中止痛，舒筋活络。主治：风寒感冒，胃脘寒痛，腹泻腹痛，风湿痹痛，跌打损伤，外伤出血，疮疖肿毒。用法用量：内服煎汤，6～10 g；研末，1.5～3 g。外用适量，研末，酒调敷或干粉撒患处；或煎水洗。

附方：

1. 治感冒：顺江木叶9 g，细木通9 g。水煎服。

2. 治寒性胃痛：顺江木树皮9 g。水煎服。

3. 治风湿，跌打骨折：顺江木根9 g，泡酒服或水煎服；叶煎水外洗，或捣烂，用酒调，敷患处。

▲狭叶阴香

152　乌药

【别名】台乌。

【来源】为樟科植物乌药*Lindera aggregata*（Sims）Kosterm.的块根。

【植物形态】常绿灌木，高达4～5 m。根木质，膨大粗壮，略呈连珠状或纺锤状。树皮灰绿色；幼枝密生锈色毛，老时几无毛。叶互生，革质；叶柄长5～10 mm，有毛；叶片椭圆形或卵形，长3～7.5 cm，宽1.5～4 cm，

▲乌药

顶端长渐尖或短尾状，基部圆形或广楔形，全缘，上面有光泽，仅中脉有毛，下面生灰白色柔毛，三出脉，中脉直达叶尖。花单性，异株；伞形花序腋生，总花梗极短；花被片6，黄绿色；雄花有雄蕊9，3轮，花药2室，内向瓣裂。雌花有退化雄蕊，子房上位，球形，1室，胚珠1枚，柱头头状。核果椭圆形或圆形，长0.6～1 cm，直径4～7 mm，熟时紫黑色。花期3—4月，果期9—10月。

【生境分布】生于海拔200～1 200 m的向阳山坡灌木林中或林缘。分布于开州、涪陵、武隆地区。

【采收加工】冬、春季采挖，晒干或趁鲜刮去棕色外皮，切片晒干。

【药材性状】（1）乌药个：块根纺锤形或圆柱形，略弯曲，有的中部收缩呈连珠状，习称“乌药珠”，长5～15 cm，直径1～3 cm。表面黄棕色或灰棕色，有细纵皱纹及稀疏的细根痕。质极坚硬，不易折断，断面黄白色。气芳香，味微苦、辛，有清凉感。

（2）乌药片：为横切圆形薄片，厚1～5 mm，或更薄，切面黄白色至淡棕黄色而微红，有放射状纹理和年轮。以个大、肥壮、质嫩、折断面香气浓郁者为佳。

【显微鉴别】块根（直径1.4 cm）横切面：木栓层为5～6列木栓细胞，多破裂。皮层狭窄，散有较多的椭圆形油细胞，内含黄色挥发油滴。韧皮部常有单个纤维及油细胞散在。形成层成环。木质部占根的绝大部分，年轮明显；导管呈径向稀疏排列；木纤维发达，根中央尤甚；木射线宽1列细胞；油细胞少见。本品薄壁细胞含淀粉粒，有的含黄色内含物。

粉末特征：黄白色。①淀粉粒单粒类球形、长圆形或卵圆形，直径4～39 μm，脐点叉状、人字状或裂缝状；复粒由2～4个分粒组成。②木纤维淡黄色，直径20～30 μm，壁厚约5 μm，有单纹孔。③韧皮纤维近无色，长梭形，直径15～17 μm，壁极厚，孔沟不明显。④具缘纹孔导管直径约至68 μm，具缘纹孔排列紧密。⑤油细胞长圆形，含棕色分泌物。⑥射线细胞壁稍增厚，纹孔较密。

【理化鉴别】薄层鉴别：取本品粉末50 g，提取挥发油。吸取定量挥发油，加少量乙酸乙酯稀释后，点样于硅胶薄层板上，以乙酸乙酯-己烷（15∶85），展开15 cm，用5%香草醛浓硫酸溶液显色。

【化学成分】块根含乌药醇（linderol）即左旋龙脑（borneol），乌药环氧内酯（linderana），乌药内酯（linderalactone），异乌药内酯（isolinderalactone），新乌药内酯（neolinderalactone），乌药

根内酯（lindestrenolide），乌药烯醇（linderene，lindenenol），乙酸乌药烯醇酯（linderene acetate，lindenenylacetate），乌药烯酮（lindenenone），乌药根烯（lindestrene），乌药烯（lindenene），氧化乌药烯（linderoxide）等。叶含槲皮素，槲皮素-3-O-吡喃鼠李糖苷，山柰酚-3-O-L-吡喃阿拉伯糖苷，槲皮素-3-O-吡喃半乳糖苷，异鼠李素-3-O-葡萄糖（6→1）-鼠李糖苷，山柰酚-3-O-α-葡萄醛酸和胡萝卜苷。

【药理作用】有抗单纯疱疹病毒、镇痛、促血凝、抗炎、增加消化液分泌、抑制肠平滑肌蠕动、作用。

【功能主治】药性：辛，温。归脾、胃、肝、肾、膀胱经。功能：行气止痛，温肾散寒。主治：胸胁满闷，脘腹胀痛，头痛，寒疝疼痛，痛经及产后腹痛，尿频，遗尿。用法用量：内服煎汤，5～10 g；或入丸、散。外用适量，研末调敷。使用注意：气虚及内热之证禁服；孕妇及体虚者慎服。

附方：

1. 治小儿疳积：乌药、鸡内金、五谷虫各等分，加入青黛5%。研末，和匀。每晨空腹用温开水送服3～9 g。连服1月。

2. 治背部损伤：乌药30 g，威灵仙15 g。水煎服。

3. 治虚寒胃炎：乌药、人参、槟榔、沉香各等分。研末，每服3 g。

【资源综合利用】乌药始载于宋代《开宝本草》。乌药叶含有抗菌、抗炎的有效成分，可以用于洗涤品的开发，具有综合利用价值。

153　山胡椒

【别名】雷公子、香叶子、牛筋树。

【来源】为樟科植物山胡椒*Lindera glauca*（Sieb. et Zucc.）Bl.的果实。

【植物形态】落叶灌木或小乔木，高可达8 m。根粗壮，坚硬，外皮灰白或暗褐色，断面肉质，晒干后有鱼腥气。树皮光滑，灰色或灰白色；冬芽（混合芽）外部鳞片红色；嫩枝初被褐色短毛，后渐脱落。叶互生或近对生；叶柄长约2 mm，有细毛；叶片宽椭圆形至狭倒卵形，长4～9 cm，宽2～4 cm，顶端短尖，基部阔楔形，全缘，上面暗绿色，仅脉间有细毛，下面粉绿色，密被灰色柔毛，叶脉羽状；花单性，雌雄异株；伞形花序，总花梗短或不明显，3～8朵小花簇生于头年生枝的叶腋；花梗长6～8 mm，具短柔毛；花被6片，黄色；雄花有雄蕊

▲山胡椒

9，排成3轮，花药2室，内向瓣裂；雌花退化雄蕊细小，子房椭圆形，长约1.5 mm，1室；花柱长约0.3 mm，柱头盘状。核果球形，直径约7 mm，有香气；果梗长1～1.5 cm。花期3—4月，果熟期7—9月。

【生境分布】生于海拔400～1 600 m的灌丛中和疏林缘。分布于巫溪、巫山、云阳、万州、开州、石柱、涪陵、武隆、长寿地区。

【采收加工】秋季果熟时采收，晒干。

【化学成分】果实含挥发油，主成分为罗勒烯（ocimene），约占77.99%。此外，还含α-及β-蒎烯（pinene），樟烯（campherie），壬醛（nonaylaldehyde），癸醛（capricaldhyde），1，8-桉叶素（1，8-cineole），柠檬醛（citral）。种子含脂肪酸，其中癸酸55.27%，月桂酸（lauric acid）占32.21%。

根含山胡椒酸（glaucic acid），针叶春黄菊酸（aciphyllic acid）等。叶含挥发油：主成分为1，8-桉叶素（1，8-cineole），丁香烯（caryophyllene）等。叶尚含生物碱：网叶番荔枝碱（reticuline），去甲肉桂碱（norcinamolaurine），六驳碱（laurotetanine）等。

【药理作用】有抗病原微生物作用。

【功能主治】药性：辛，温。归肺、胃经。功能：温中散寒，行气止痛，平喘。主治：脘腹冷痛，胸满痞闷，哮喘。用法用量：内服煎汤，3～15 g。

附方：

1. 治气喘：山胡椒60 g，猪肺1副。加黄酒，淡味或略加糖炖服。
2. 治中风不语：山胡椒、黄荆子各3 g。捣碎，开水泡服。

山胡椒根味辛、苦，性温；祛风通络，理气活血，利湿消肿，化痰止咳；主治风湿痹痛，跌打损伤，胃脘疼痛，脱力劳伤，支气管炎，水肿。外用治疮疡肿痛，水火烫伤。叶味苦、辛，性微寒；解毒消疮，祛风止痛，止痒，止血；主治疮疡肿毒，风湿痹痛，跌打损伤，外伤出血，皮肤瘙痒，蛇虫咬伤。

3. 治关节疼痛：山胡椒根、虎杖各15 g，木瓜9 g，白酒250 g。浸泡1星期。每次15～30 g，早、晚各服1次。
4. 治跌打损伤：山胡椒根60 g，川牛膝30 g，见血飞60 g，川芎30 g，当归30 g。泡酒，每服10～15 g，或外擦。
5. 治胃气痛：山胡椒根适量。研末，每服3 g，白酒少许或温开水送服。
6. 治痈肿疮疖初起：鲜山胡椒叶、鲜木芙蓉叶各适量，捣烂，敷患处，干则更换。

【资源综合利用】山胡椒始载于《新修本草》。

154 澄茄子

【别名】山鸡椒、山苍子、木香子、木姜子。

【来源】为樟科植物荜澄茄*Litsea cubeba*（Lour.）Pers.的果实。

【植物形态】落叶灌木或小乔木，高可达10 m。叶和果实有芳香气。根圆锥形，灰白色；幼树树皮黄绿色，老树树皮灰褐色。叶芽无鳞片；幼枝细长，被绢毛。叶膜质，互生，叶柄细弱，长1～2 cm；叶片披针形或长椭圆形，长4～11 cm，宽1.2～2.5 cm，顶端渐尖，基部楔形，全缘，上面深绿色，下面苍白绿色，羽状脉，侧脉每边6～10条，在两面均突起。花先叶开放；雌雄异株；伞形花序单生或簇生；总花梗纤细，长5～10 mm；总苞片4，内有4～6朵小花，淡黄色；花被裂片6，倒卵圆形，能育雄蕊9，排成3轮，第3轮基部的腺体具短柄；雌花中退化雄蕊多数，子房卵形，花柱短，柱头头状。浆果状核果近球形，直径4～5 mm，幼时绿色，成熟时黑色；果梗长2～4 mm。花期2—4月，果期6—8月。

【生境分布】生于海拔300～2 000 m的向阳山坡、丘陵、林缘、灌丛中或疏林中。分布于库区各市县。

【采收加工】7月中、下旬至8月中旬，果实青色布有白色斑点用手捻碎有强烈生姜味时，及时采收，连同果枝摘取，除去枝叶，晒干。

【药材性状】果实圆球形，直径4～6 mm。表面棕褐色至棕黑色有网状皱纹，基部常有果柄痕。中果皮易剥去；内果皮暗棕红色，果皮坚脆，种子1粒，内有肥厚子叶2枚，富含油质。具特异强烈串透性香气，味辛、凉。

【显微鉴别】果实横切面：外果皮为1列略切向延长的细胞，外被厚角质层。中果皮细胞含微小草酸钙针晶，

▲荜澄茄

长5～6 μm；油细胞散列，以外侧为多；石细胞单个散在或成群，以靠近胚根的部位为集中。内果皮为4～6列梭形石细胞，栅状排列，贴近中果皮的1列，外侧细胞间隙埋有草酸钙方晶，形成一结晶环。细胞腔则偶含草酸钙方晶；内果皮的内外均有1列薄的色素层。种皮为数列薄壁细胞，细胞壁具网状纹理。胚乳呈颓废层。子叶2枚，占横切面的大部分，细胞含糊粉粒和细小草酸钙方晶。胚少数细胞含大形方晶，直径32～35 μm。

粉末特征：香气浓烈。①油细胞椭圆形或圆形，长110～180 μm，宽26～96 μm，内含黄棕色油滴。②石细胞长方形或类圆形，直径26～86 μm，壁厚，胞腔小，纹孔及孔沟明显，也有的壁较薄。③外果皮细胞表面观多角形，直径20～32 μm，具角质纹理；断面观类圆形或短圆形，角质层厚10～18 μm。④内果皮石细胞梭形，黄色，栅状镶嵌排列，直径约15 μm，胞腔狭细，有的含草酸钙方晶；顶面观细胞多角形，外壁附着多数草酸钙方晶。

【理化鉴别】薄层鉴别：取本品粉末100 g，提取挥发油，加无水硫酸钠脱水后，用乙酸乙酯稀释成10%的样品液。另取枸橼酸对照品用乙酸乙酯配制成对照品溶液。吸取上述两溶液分别点于同一硅胶 G-1% CMC薄层板上，以苯-乙酸乙酯-醋酸（90∶5∶5）展开，展距10 cm。用0.3%邻联二茴香胺冰醋酸溶液显色，样品液色谱中在与对照品色谱相应位置均显黄色斑点。

【化学成分】鲜果含挥发油1.6%～3%，主成分为柠檬醛（citral）62.5%，其次为柠檬烯（limonene），α-蒎烯（α-pinene），樟烯（camphene），对聚伞花素（p-cymene），甲基庚烯酮（methylheptenone），香茅醛（citronellal）等。种子含油36.4%～52.2%，其中月桂酸（lauric acid）56.4%～61.5%，顺式十二碳-4-烯酸（cis-4-dodecenoic acid）7.2%～13.6%及癸酸（capric acid）等。

【药理作用】有抗菌、抗阴道滴虫、保护急性心肌缺血、减少心肌梗死百分率、增加冠脉流量、舒张冠脉、延长常压缺氧条件下的生存时间、缓解氰化钾和亚硝酸钠中毒、抑制血小板凝聚、松弛气管平滑肌、平喘、抗过敏、拮抗肠段痉挛、抗过敏介质的形成和释放、溶胆固醇性胆石、抗氧化作用。

【功能主治】药性：辛、微苦，温。归脾、胃、肾经。功能：温中止痛，行气活血，平喘，利尿。主治：脘腹冷痛，食积气胀，反胃呕吐，中暑吐泻，泄泻痢疾，寒疝腹痛，哮喘，小便不利，小便浑浊，疮疡肿毒，牙痛，寒湿痹痛，跌打损伤。用法用量：内服水煎，3～10 g；研末，1～2 g。外用适量，研末撒或调敷。使用注意：实热及阴虚火旺者忌服。

附方：

1. 治胃寒痛，疝气：澄茄子1.5～3 g。开水泡服；或研粉，每次服1～1.5 g。
2. 治胃寒腹痛，呕吐：澄茄子9 g，干姜9 g，良姜9 g。水煎服。
3. 治单纯性消化不良：澄茄子6 g，茶叶3 g，鸡屎藤9 g。水煎服。
4. 治寒疝腹痛：澄茄子、小茴香、青木香、乌药各9 g，橘核12 g。水煎服。
5. 治支气管哮喘：澄茄子9 g，胡颓叶15 g，桑白皮9 g。水煎服。
6. 治无名肿毒：澄茄子适量。研末，加醋调敷患处。
7. 治牙痛：澄茄子适量。研末，塞患处。

荜澄茄根用于治疗类风湿性关节炎有确切的疗效。

【资源综合利用】荜澄茄主产于我国长江流域以南各地，有野生和人工栽培林，具有很高的经济价值。其精油是合成紫罗兰酮系列高级香料的主要原料，也是我国大宗出口产品，同时是食品良好的天然增香剂，有防霉和抑制黄曲霉素产生的作用。挥发油已开发出抗真菌及抗高血压的新药，并作为生产维生素A的原料。种子油的主成分月桂酸，经酯化反应为月桂酸单甘油酯，是生产栓剂的理想基质和对人体无害的非离子型表面活性剂，广泛用于医药、日用、食品工业。

罂粟科Papaveraceae

155　白屈菜

【别名】小野人血草。

【来源】为罂粟科植物白屈菜*Chelidonium majus* L.的全草。

【植物形态】多年生草本，高30～100 cm，含橘黄色乳汁。主根粗壮，圆锥形，土黄色或暗褐色，密生须根。茎直立，多分枝，有白粉，具白色细长柔毛。叶互生，一至二回奇数羽状分裂；基生叶长10～15 cm，裂片5～8对，裂片顶端钝，边缘具不整齐缺刻；茎生叶长5～10 cm，裂片2～4对，边缘具不整齐缺刻，上面近无毛，褐色，下面疏生柔毛，脉上更明显。花数朵排列成伞形聚伞花序；苞片小，卵形，长约1.5 mm；萼片2，椭圆形，淡绿色，疏生柔毛，早落；花瓣4，卵圆形或长卵状倒卵形，黄色，长0.8～1.6 cm，宽0.7～1.4 cm；雄蕊多数，分离；雌蕊细圆柱形，花柱短，柱头头状，2浅裂，密生乳头状突起。蒴果长角形，长2～4.5 cm，直径约2 mm，直立，灰绿色，成熟时由下向上2瓣。种子多数细小，卵球形，褐色，有光泽。花期5—8月，果期5—9月。

【生境分布】生于海拔400～1 250 m的山谷湿润地、沟边或草丛中。分布于巫溪、奉节、云阳、开州地区。

【采收加工】5—9月采收，晒干或鲜用。

【药材性状】根圆锥状，密生须根。茎圆柱形，中空；表面黄绿色，有白粉；质轻易折断。叶互生，多皱缩破碎；叶片完整者羽状分裂，裂片顶端钝，边缘具不整齐的缺刻，上面黄绿色，下面灰绿色，具白色柔毛，尤以叶脉为多。花瓣4片，卵圆形，黄色，常已脱落。蒴果细圆柱形，有众多细小、黑色具光泽的卵形种子。气微，味微苦。

【显微鉴别】叶表面观：上表皮细胞垂周壁平直；下表皮细胞垂周壁波状弯曲；气孔不定式；裂片顶端叶缘细胞壁呈乳头状突起。上下表面疏生多细胞非腺毛，以下面叶脉处较多而且长。非腺毛3～13个细胞，长150～1 500 μm。

茎横切面：表皮细胞1列；外被波状角质层。皮层外侧有2列含叶绿体的下皮细胞，其下3～4列细胞壁稍厚。维管束约10个，环状排列。韧皮部散有细小的乳汁管，其外侧有韧皮纤维；木质部由导管及木薄壁细胞组成。髓大，多中空。

【理化鉴别】（1）检查生物碱：取本品粉末5 g，氨水碱化，氯仿20 mL浸泡过夜，滤过。氯仿液分为2份，一份留作薄层点样，另一份挥发去氯仿，以1%盐酸2 mL溶解，放入试管中，滴加改良碘化铋钾试液，溶液立即产生红棕色沉淀。

（2）薄层鉴别：①取（1）项氯仿浸取液作供试品溶液。另取白屈菜碱、四氢黄连碱、白屈菜红碱、血根碱加氯仿制成对照品溶液。吸取二溶液点于同一碱性硅胶 G薄层板上，用乙烷-氯仿-甲醇（6：3：0.3）展开，取出晾干，紫外光灯下观察，供试品色谱在与对照品色谱相应的位置处，显相同颜色的斑点。②取（1）项氯仿浸提过的药渣，充分挥去溶剂后，再以甲醇浸泡过夜，滤过后，浓缩作供试品溶液。另取对照品小檗碱、黄连碱加甲醇制成对照品溶液。吸取二溶液点于同一碱性硅胶G薄层板上，用氯仿-甲醇（9：1）为展开剂，氨蒸气饱和，展距10 cm，取出晾干。紫外光灯下观察，供试品色谱中，在与对照品色谱相应的位置处，分别显相同颜色的斑点。

【化学成分】地上部分含白屈菜碱（chelidonine），原阿片碱（protopine），消旋金罂粟碱（stylopine），左旋金罂粟碱，别隐品碱（allocryptopine）等。在开花期叶中维生素C含量可高达834 mg/100 g。根含有地上部分除左旋金罂粟碱α、β-甲羟化物以外的所有生物碱。另外，还含木兰花碱（magroflorine），二氢血根碱（dihydrosanguinarine），二氢白屈菜红碱（dihydrochelerythrine），二氢白屈菜玉红碱（dihydrochelirubine），二氢白屈菜黄碱（dihydrochelilutine）等。

【药理作用】有镇痛、弱镇静及催眠、对平滑肌解痉、镇咳，祛痰，平喘、抗炎、抗菌，抗病毒、抗肿瘤、抗生育作用。

【功能主治】药性：苦，凉，有毒。功能：镇痛，止咳，利尿，解毒。主治：胃痛，腹痛，肠炎，痢疾，慢性支气管炎，百日咳，咳嗽，黄疸，水肿，腹水，疥癣疮肿，蛇虫咬伤。用法用量：内服煎汤，3～6 g。外用适量，捣汁涂；或研粉调涂。使用注意：本品有毒，用量不宜过大。中毒后会出现烦躁不安、意识障碍、谵语、血压升高等类似莨菪类药物中毒的表现。

附方：

1. 治慢性胃炎，胃肠道痉挛性疼痛：白屈菜，橙皮按2：1比例量，用50%乙醇浸泡，制成酊剂（每1 mL含生药200 mL），每次5 mL，每日3次。

2. 治胃痛，久则成癌：白屈菜2.5 g，蒲公英、刀豆壳各9 g。水煎服。

3. 治食管癌：白屈菜、半枝莲各10 g，藤梨根30 g。加水熬至深黑色，去渣，浓缩，制成糖浆。每次服10 mL，

▲白屈菜

每日2次。

4. 治肠炎，痢疾：白屈菜12 g，叶下珠30 g。水煎服。

5. 治黄疸：白屈菜9 g，蒲公英30 g，茵陈30 g，臭草根12 g。水煎服。

6. 治肝硬化腹水：蒲公英15 g、茵陈30 g、白屈菜3 g。水煎服。

7. 治皮肤结核：白屈菜适量。研末，外用。

8. 治顽癣：鲜白屈菜适量。用50%的乙醇浸泡，擦患处。

9. 治外科疮肿，毒虫咬伤：鲜白屈菜适量。捣烂，外敷。

10. 治水田皮炎：白屈菜、黄柏各60 g，狼毒30 g。水煮制成膏，再加樟脑6 g，涂患处。

白屈菜根味苦、涩，性温。能散瘀，止血，止痛，解蛇毒。主治劳伤血瘀，脘痛，月经不调，痛经，蛇咬伤。内服煎汤，3 ~ 6 g。

11. 治劳伤：白屈菜根3 g，嚼服，冷开水送下。

12. 治月经不调，痛经：白屈菜根3 g。甜酒煎服。

【资源综合利用】白屈菜始载于《救荒本草》。白屈菜根茎生物碱含量最高。在茎形成期，根茎、根、叶丛所含生物碱分别可达15%，12%和10.5%，而在开花期生物碱含量最低，根茎、根、茎叶所含生物碱分别仅为0.8%，0.8%和0.5%。本品曾收载于《中华人民共和国药典》1977年版。

156 紫堇

【别名】断肠草、羊不吃。

【来源】为罂粟科植物紫堇*Corydalis edulis* Maxim.的根或全草。

【植物形态】一年生草本，高10 ~ 30 cm，无毛。主根细长。茎直立，单一，自下部起分枝。基生叶有长柄；叶片轮廓卵形至三角形，长3 ~ 9 cm，二至三回羽状全裂，一回裂片5 ~ 7枚，有短柄，二或三回裂片轮廓倒卵形，近无柄，末回裂片狭卵形，顶端钝，下面灰绿色。总状花序顶生或与叶对生，长3 ~ 10 cm；苞片狭卵形至披针形，长1.5 ~ 3 mm，顶端尖，全缘或疏生小齿；萼片小，膜质；花冠淡粉紫红色，长15 ~ 18 mm，约占外轮上花瓣全长的1/3，末端略向下弯；子房条形，柱头2裂。蒴果条形，长2.5 ~ 3.5 cm，宽1.5 ~ 2 mm，具轻微肿节。种子扁球形，直径1.2 ~ 2 mm，黑色，有光泽，密生小凹点。花期3—4月，果期4—5月。

【生境分布】生于海拔300 ~ 1 800 m的林缘、溪边、草丛中。分布于库区各市县。

▲紫堇

【采收加工】春、夏季采挖，阴干或鲜用。

【药理作用】有抗菌作用。

【功能主治】药性：苦、涩，凉，有毒；功能：清热解毒，杀虫止痒。主治：疮疡肿毒，聤耳流脓，咽喉疼痛，顽癣，秃疮，毒蛇咬伤。用法用量：内服煎汤，4～10 g。外用适量，捣敷，研末调敷或煎水外洗。使用注意：本品有毒，用量不宜过大。

附方：

1. 治疮毒：紫堇根适量。煎水，洗患处。
2. 治秃疮，蛇咬伤：鲜紫堇根适量。捣烂，外敷。
3. 治慢性化脓性中耳炎：鲜紫堇全草汁适量。加适量防腐剂或蒸汽加压消毒，滴耳。
4. 治顽癣及牛皮癣：紫堇根适量。磨酒或醋，外搽。

157　小花黄堇

【别名】黄花断肠草、臭草、烂肠草、羊不吃。

【来源】为罂粟科植物小花黄堇*Corydatis racemosa*（Thunb.）Pets.的根或全草。

【植物形态】一年生草本，高10～55 cm，无毛，具恶臭。直根细长。茎直立，多分枝。叶互生；叶柄长1～4 cm；叶片轮廓卵圆形至三角形，长3～12 cm，2～3回羽状全裂，一回裂片7～9枚，末回裂片卵形，顶端钝圆，边缘羽状深裂，近无柄。总状花序顶生或腋生，长3～10 cm；苞片狭披针形至钻形，长1.5～5 mm；萼片小；花冠黄色，长6～9 mm，外轮花瓣不具鸡冠状突起，距长只及花瓣全长的1/5，末端略下弯。蒴果条形，长2～4 cm，宽1～2 cm，微具肿节。种子扁球形，直径约1 mm，黑色，表面密生小凹点。花期3—4月，果期4—5月。

【生境分布】生于海拔250～1 250 m的旷野、山坡、墙根。分布于库区各市县。

【采收加工】夏季采收，洗净，晒干。

【药材性状】茎光滑无毛。叶2～3回羽状全裂，末回裂片近卵形，浅裂至深裂。总状花序；花黄棕色，上花

▲小花黄堇

瓣延伸成距，末端圆形。蒴果条形。种子黑色，扁球形。味苦。

【化学成分】全草含原阿片碱（protopine），消旋-四氢掌叶防己碱（tetrahydropalmatine）等。

【药理作用】有镇痛、镇静、催眠、降血压作用。

【功能主治】药性：苦，寒，有毒。功能：清热利湿，解毒杀虫。主治：湿热泄泻，痢疾，黄疸，目赤肿痛，聤耳流脓，疮毒，疥癣，毒蛇咬伤。用法用量：内服煎汤，3 ~ 6 g，鲜者15 ~ 30 g；或捣汁。外用适量，捣敷；或用根以酒、醋磨汁搽。

附方：

1. 治暑热腹泻，痢疾：鲜小花黄堇全草30 g。水煎服。
2. 治肺病咯血：鲜小花黄堇全草30 ~ 60 g。捣烂取汁服（用水煎则无效）。
3. 治目赤肿痛：鲜小花黄堇全草适量。加食盐少许，捣烂，闭上患眼后，外敷包好，卧床2 h。
4. 治疮毒肿痛：鲜小花黄堇全草15 g，水煎服；并用鲜叶捣汁，涂患处。
5. 治流火：小花黄堇全草30 g。加黄酒、红糖煎服，连服3 d。
6. 治皮肤痒疹：小花黄堇一把。煎水，洗患处。
7. 治牛皮癣，顽癣：小花黄堇根适量。磨酒、醋，外搽。
8. 治毒蛇咬伤：鲜小花黄堇草适量。捣汁，涂敷。
9. 治化脓性中耳炎：鲜小花黄堇适量。洗净，捣烂，挤汁，滴耳。因本药有小毒，如耳咽管通畅，宜用棉球浸药汁少许填入耳内，以免药液进入口腔内。

158 博落回

【别名】号桐树、小果黄胆草。

【来源】为罂粟科植物小果博落回*Macleaya microcarpa*（Maxim.）Fedde 的根或全草。

【植物形态】多年生大型草本，基部灌木状，高1 ~ 4 m，具乳黄色浆汁。根茎粗大，橙红色。茎绿色或红紫色，中空，粗达1.5 cm，上部多分枝。单叶互生；叶柄长1 ~ 12 cm；叶片宽卵形或近圆形，长5 ~ 27 cm，宽5 ~ 25 cm，上面绿色，下面具易落的细绒毛，多白粉，基出脉通常5，边缘波状或有波状牙齿。大型圆锥花序多花，长15 ~ 40 cm，生于茎或分枝顶端；花梗长2 ~ 7 mm；苞片狭披针形；萼片狭倒卵状长圆形、船形，黄白色；花瓣无；雄蕊8 ~ 12，花丝丝状，花药狭条形，与花丝等长；子房倒卵形、狭倒卵形或倒披针形。蒴果近圆形，长约5 mm，外被白粉。种子通常1枚，种皮蜂窝状，具鸡冠状突起。花期6—8月，果期7—10月。

▲小果博落回

【生境分布】生于海拔400 ~ 1 200 m的丘陵、灌丛中、村边或路旁。分布于开州、石柱、武隆地区。

【采收加工】秋、冬季采收，晒干或鲜用。

【药材性状】根及根茎肥壮。茎圆柱形，中空，表面有白粉，易折断，新鲜时断面有黄色乳汁流出。单叶互生，有柄，柄基部略抱茎；叶片广卵形或近圆形，长13 ~ 30 cm，宽12 ~ 25 cm，7 ~ 9掌状浅裂，裂片边缘波状或具波状牙齿。花序圆锥状。蒴果狭倒卵形或倒披针形而扁平，下垂。种子4 ~ 6粒。

【化学成分】根含血根碱（san guinarine），白屈菜红碱（chelerythrine），原阿片碱（protopine），α-别隐品碱

（α-allocryptopine），博落回碱（boeeonine），氧化血根碱（oxysanguinarine），博落回醇碱（bocconoline），去氢碎叶紫堇碱（dehydrocheilanthifoline）。全草含原阿片碱，原阿片碱-N-氧化物（protopine-N-oxide），α-别隐品碱，黄连碱（coptisine），小檗碱（berberine），刻叶紫堇明碱（corysa mine）。果实含血根碱，白屈菜红碱，原阿片碱，α-及β-别隐品碱等。

【药理作用】有抗菌、杀虫、杀蛆作用。博落回所含生物碱毒性大，主要引起急性心源性脑缺血综合征。

【功能主治】药性：苦、辛，寒，有大毒。功能：散瘀，祛风，解毒，止痛，杀虫。主治：痈疮疔肿，臁疮，痔疮，湿疹，蛇虫咬伤，跌打肿痛，风湿关节痛，龋齿痛，顽癣，滴虫性阴道炎，宫颈糜烂，酒渣鼻，痔疮。用法用量：外用适量，捣敷；或煎水熏洗；或研末调敷。使用注意：本品有毒，禁内服。口服易引起中毒，轻者出现口渴、头晕、恶心、呕吐、胃烧灼感及四肢麻木、乏力；重者出现烦躁、嗜睡、昏迷、精神异常、心律失常等而死亡。

附方：

1. 治脓肿：博落回鲜根适量，酒糟少许。捣烂，外敷。
2. 治烫伤：博落回根适量。研末，棉花子油调搽。
3. 治蜈蚣、黄蜂咬伤：取新鲜博落回茎折断，取黄色汁液搽患处。
4. 治疥癣：博落回叶30 g，米醋250 g。浸泡1 d后，外涂患处，每日2次。
5. 治酒渣鼻：博落回茎50 g，95%乙醇100 mL。浸泡5～7 d。外涂患处，每次涂抹1 min，每日2～3次，15 d为1疗程。

159　丽春花

【别名】蝴蝶花。

【来源】为罂粟科植物虞美人*Papaver rhoeas* L.的全草或花。

【植物形态】一年生或二年生草本，高30～90 cm。全体被伸展刚毛。茎直立，有分枝。叶互生；下部的叶具柄，上部者无柄；叶片披针形，长3～15 cm，宽1～6 cm，羽状分裂，下部全裂，边缘有粗锯齿，两面被淡黄色刚毛，叶脉在背面隆起，表面略凹。花单朵顶生，颜色鲜艳，梗长10 cm，未开放前下垂；萼片2，椭圆形，绿色，长1～1.8 cm，外被糙毛；花瓣4，近圆形，长2～3.5 cm，紫红色，边缘带白色，基部具深紫色的小紫斑，

▲虞美人

长约0.8 cm；花药长圆形，黄色；子房倒卵圆形，长0.7 ~ 1 cm，无毛，柱头5 ~ 18，辐射状。蒴果阔倒卵形，高1 ~ 2.2 cm，无毛，具不明显的肋，孔裂；花盘平扁，边缘圆齿状。种子多数，肾状长圆形，长约1 mm。花期4—5月，果期5—7月。

【生境分布】库区各地有栽培。

【采收加工】夏、秋季采集，晒干。

【化学成分】全草含黄连碱（coptisine），四氢黄连碱（tetrahydrocoptisine），丽春花定碱（rhoeadine），丽春花宁碱（rhoeagenine），异丽春花定碱（isorhoeadine）等。花含花青素（anthocyanidin），矢车菊素（cyanidin），对羟基苯甲酸（p-hydroxybenzoic acid）等。种皮含吗啡（morphine），那可汀（narcotine），蒂巴因等。种子含脂肪油（亚麻酸、油酸、亚油酸等）及多糖类。

【药理作用】丽春花定碱能明显降低眼压，轻度兴奋呼吸。果实中多糖类有抗肿瘤作用。全草有毒。家畜误食中毒后一般出现狂躁、嗜睡、脉搏加速、呼吸不匀等症状，重则死亡。

【功能主治】药性：苦、涩，微寒，有毒。归肺、大肠经。功能：镇咳，镇痛，止泻。主治：咳嗽，偏头痛，腹痛，痢疾。用法用量：内服煎汤，花，1.5 ~ 3 g；全草，3 ~ 6 g。

附方：

治痢疾：丽春花1.5 ~ 3 g。煎汤，分两次服。

【资源综合利用】丽春花原产于欧洲，我国古代已有栽培，可作为庭园观赏花卉。

白花菜科Capparaceae

160　醉蝶花

【别名】臭花菜。

【来源】为白花菜科植物西洋白花菜*Cleome spilosa* L.的全草。

【植物形态】一年生直立分枝草本，高90 ~ 120 m，有臭味和黏腺毛。指状复叶互生，小叶5 ~ 7，矩圆状披针形，顶端急尖，基部楔形，全缘。种子扁球形，黑褐色，平滑。花、果期在7—10月。

▲西洋白花菜

▲油菜

【生境分布】万州地区有栽培。

【采收加工】夏季采收全草，鲜用或晒干。

【功能主治】药性：甘，平。功能：祛风除湿，清热解毒。主治：风湿痹痛，跌打损伤，淋浊，白带，痔疮，疟疾，痢疾，蛇虫咬伤。用法用量：内服煎汤，9～15 g。外用适量，煎水洗或捣敷。使用注意：内服不宜过量，皮肤破溃者不可外用。

附方：

1. 治风湿性关节炎：鲜醉蝶花叶适量。捣烂，外敷。
2. 治痔疮：醉蝶花适量。煎水，熏洗。

西洋白花菜种子味苦、辛，性温，有小毒。能祛风散寒，活血止痛。主治风寒筋骨麻木，肩背酸痛，腰痛，腿寒，外伤瘀肿疼痛，骨结核，痔疮漏管。内服煎汤，9～15 g。外用适量，煎水熏洗。

【资源综合利用】蜜源植物。

十字花科Cruciferae

161　芸薹

【别名】青菜、红油菜。

【来源】为十字花科植物油菜Brassica campestris L.的根、茎和叶。

【植物形态】二年生草本，高30～90 cm。无毛，微带粉霜。茎直立，粗壮，不分枝或分枝。基生叶长10～20 cm，大头羽状分裂，顶生裂片圆形或卵形，侧生裂片5对，卵形；下部茎生叶羽状半裂，基部扩展且抱茎，两面均有硬毛，有缘毛；上部茎生叶提琴形或长圆状披针形，基部心形，抱茎，两侧有垂耳，全缘或有波状细齿。总状花序生枝顶，花期伞房状；萼片4，黄带绿色；花瓣4，鲜黄色，倒卵形或圆形，长3～5 mm，基部具短爪；雄蕊6，4长2短，长雄蕊8～9 mm，短雄蕊6～7 mm，花丝细线形；子房圆柱形，长10～11 mm，上部渐细，花柱明显，柱头膨大成头状。长角果条形，长3～8 cm，宽2～3 mm，顶端有9～24 mm的喙；果梗长5～15 mm。种子球形，直径约1.5 mm，红褐或黑色，近球形。花期3—5月，果期4—6月。

【生境分布】栽培植物。分布于库区各市县。

【采收加工】2—3月采收，多鲜用。

【化学成分】全草含葡萄糖芫菁芥素（gluconapin），葡萄糖异硫氰酸戊-4-烯酯（glucobrassicanapin），葡萄糖屈曲花素（glucoiberin），葡萄糖莱菔素（glucoraphanin），葡萄糖庭荠素（glucoalyssin）等。

【药理作用】全草有降眼压作用。种子油喂饲雄性大鼠，可引起其心脏损害。

【功能主治】药性：辛、甘，平。归肺、肝、脾经。功能：凉血散血，解毒消肿。主治：血痢，丹毒，热毒疮肿，乳痈，风疹，吐血。用法用量：内服煮食，30～300 g；捣汁服，20～100 mL。外用适量，煎水洗或捣敷。使用注意：麻疹后、疮疥、目疾患者不宜食。

附方：

1. 治血痢：芸薹适量。捣绞取汁200 mL，加蜂蜜100 mL，温服。

芸薹种子味辛、甘，性平；活血化瘀，消肿散结，润肠通便；主治产后恶露不尽，瘀血腹痛，痛经，肠风下血，血痢，风湿关节肿痛，痈肿丹毒，乳痈，便秘，粘连性肠梗阻。种子油味辛、甘，性平。归肺、胃经；解毒消肿，润肠；主治风疮，痈肿，汤火灼伤，便秘。便溏者慎服。

2. 治大便秘结：芸薹子9～12 g（小儿6 g），厚朴9 g，当归6 g，枳壳6 g，水煎服。

3. 治粘连性肠梗阻：芸薹子15 g，小茴香6 g，水煎服。

【资源综合利用】芸薹首载于《别录》。目前已有由油菜花粉开发而成的治疗前列腺新药上市。

162　芥菜

【别名】芥、雪里蕻、黄芥、冲菜。

【来源】为十字花科植物芥菜*Brassica juncea*（L.）Czern. et Coss.的嫩茎和叶。

▲芥菜

【植物形态】一年生草本，高50～150 cm。无毛，有时具刺毛，常带粉霜。茎有分枝。基生叶叶柄有小裂片；叶片宽卵形至倒卵形，长15～35 cm，宽5～17 cm，顶端圆钝，不分裂或大头羽裂，边缘有缺刻或齿牙；下部叶较小，边缘有缺刻，有时具圆钝锯齿，不抱茎；上部叶窄披针形至条形，具不明显疏齿或全缘。总状花序花后延长；花淡黄色；花瓣4，鲜黄色，宽椭圆形或宽楔形，长达1.1～1.4 cm，顶端平截，全缘，基部具爪；雄蕊6，4长2短，长雄蕊长8 mm，短雄蕊长6 mm；雌蕊1，子房圆柱形，长约1 mm，花柱细，柱头头状。长角果条形，长3～5.5 cm，具细喙，长6～12 mm；果梗长5～15 mm。种子近球形，直径1～1.8 mm，鲜黄色至黄棕色，少数为暗红棕色，表面具网纹。花期4—5月。果期5—6月。

【生境分布】库区各地常见栽培蔬菜。

【采收加工】秋季采收，鲜用或晒干。

【药材性状】茎圆柱形，黄绿色，有分枝，折断面髓部占大部分，类白色，海绵状。叶片常破碎，完整叶片宽披针形，长3～6 cm，宽1～2 cm；深绿色、黄绿色或枯黄色，全缘或具粗锯齿，基部下延呈狭翅状；叶柄短，不抱茎。气微，搓之有辛辣气味。

【化学成分】根茎含异硫氰酸酯（isothiocyanate）类。叶含芸薹抗毒素（brassilexin），环芸薹宁（cyclobrassinin），环芸薹宁亚砜（cyclobrassininsulfoxide），马兜铃酸（aristolochic acid）。花粉含芥子油苷类，主要为丙-2-烯基芥子油苷（ptop-2-enyl glueosinolate）等。种子含芥子油苷类，其中黑芥子苷（sin-igrin）占90%，还有葡萄糖芜菁芥素（gluconapin），4-羟基-3-吲哚甲基芥子油苷（4-hydroxy-3-indolylmethyl glueosinolate）等。另含脂肪油30%～37%，油中主要为芥酸（eurcic acid）及花生酸（arachidic acid）的甘油酯，并有少量亚麻酸（linolenic acid）的甘油酯。

【药理作用】黑芥子苷遇水后经芥子酶的作用生成挥发油，主要成分为异硫氰酸烯丙酯，有刺鼻辛辣味及刺激作用。应用于皮肤，有温暖的感觉并使之发红，甚至引起水疱、脓疱。将芥子粉除去脂肪油后做成芥子硬膏可用作抗刺激剂，治疗神经痛，风湿痛，胸膜炎及扭伤等。芥子粉用作调味剂可使唾液分泌及淀粉酶活性增加。毒性：芥子油或芥子硬膏用于皮肤的时间过久或质量分数过高，可引起发疱甚至化脓，即使停药，愈合也较慢。芥子粉内服过量可引起呕吐。

【功能主治】药性：辛，温。归肺、胃、肾经。功能：利肺豁痰，消肿散结。主治：寒饮咳嗽，痰滞气逆，胸隔满闷，砂淋、石淋，牙龈肿烂，乳痈，痔肿，冻疮，漆疮。用法用量：内服煎汤，10～15 g；或用鲜品捣汁。外用适量，煎水熏洗或烧存性研末敷。使用注意：目疾，疮疡，痔疮，便血及阴虚火旺之人慎食。

附方：

1. 治膀胱结石，小便不通：鲜芥菜2.5 g，切碎，水煎，分数次服。

2. 治牙龈肿烂：芥菜秆适量。烧存性，研末，频敷之。

3. 治痔疮肿痛：芥菜叶适量。捣饼，频坐之。

芥菜种子味辛，性热，有小毒；温中散寒，豁痰利窍，通络消肿；主治胃寒呕吐，心腹冷痛，咳喘痰多，口噤，耳聋，喉痹，风湿痹痛，肢体麻木，妇人经闭，痈肿，瘰疬。内服煎汤，3～9 g；或入丸、散。外用适量，研末调敷。肺虚咳嗽、阴虚火旺者禁服。内服过量可致呕吐。外敷一般不超过10～15 min，时间过长，易起疱化脓。陈芥菜卤汁味咸，性寒；清肺利咽，祛痰排脓；主治肺痈喘胀，咳痰脓血腥臭及咽喉肿痛。

4. 治极冷急症：芥菜子21 g，干姜9 g。研末，水调作日饼，贴脐上，以绢帛缚住，上置盐，以熨斗熨数次，汗出为度。

5. 治身体麻木：芥菜子末适量。醋调涂。

【资源综合利用】本品始载于《仪礼》，原名芥，《千金·食治》始称芥菜。不但药用，而且是著名的膳食植物，种子磨粉为芥末，为调味料；榨出的油为芥子油，还含有大量的维生素成分，同时还含有大量抗坏血酸，参与机体重要氧化还原过程，激发大脑对氧的利用，有提神醒脑、解除疲劳作用。

163 荠菜

【别名】枕头草、地米菜、地地菜。

【来源】为十字花科植物荠菜*Capsella bursa-pastoris*（L.）Medic.的全草。

【植物形态】一年生或二年生草本，高20～50 cm。茎直立，有分枝，稍有分枝毛或单毛。基生叶丛生，莲座状，叶柄达5～40 mm；叶片大头羽状分裂，长可达12 cm，宽可达2.5 cm，顶生裂片较大，卵形至长卵形，长5～30 mm，侧生裂片3～8对，圆形至卵形，顶端渐尖，浅裂或具有不规则粗锯齿；茎生叶狭披针形，长1～2 cm，宽2～15 mm，基部箭形抱茎，边缘有缺刻或锯齿，两面有细毛或无毛。总状花序顶生或腋生，果期延长达20 cm；萼片长圆形；花瓣4，白色，匙形或卵形，长2～3 mm，有短爪。短角果倒卵状三角形或倒心状三角形，长5～8 mm，宽4～7 mm，扁平，顶端稍凹，裂瓣具网脉，花柱长约0.5 mm。种子2行，椭圆形，浅褐色。花、果期4—6月。

【生境分布】生于海拔250～1 700 m的山坡路旁、荒地、草丛中。分布于库区各市县。

【采收加工】3—5月采收，晒干。

【药材性状】主根圆柱形或圆锥形，有的有分枝，长4～10 cm；表面类白色或淡褐色，有许多须状侧根。茎纤细，黄绿色，易折断。根出叶羽状分裂，多卷缩，展平后呈披针形，顶端裂片较大，边缘有粗齿；表面灰绿色

▲荠菜

或枯黄色，有的棕褐色，纸质，易碎；茎生叶长圆形或线状披针形，基部耳状抱茎。总状花序轴较细；小花梗纤细，易断；花小，直径约2.5 mm，花瓣4片，白色或淡黄棕色；花序轴下部常有小倒三角形的角果，扁平，绿色或黄绿色，长5 ~ 8 mm，宽4 ~ 6 mm。顶端微凹，具残存短花柱。种子圆球形或倒卵圆形，直径约2 mm，表面黄棕色或棕褐色，一端可见类白色小脐点，着生在假隔膜上，成2行排列。气微香，味淡。

【化学成分】全株含有机酸，氨基酸，糖类，葡萄糖胺（glucosamine），山梨糖醇（sorbitol），甘露醇（mannitol），侧金盏花醇（adonitol）以及钾、钙、钠、铁、氯、磷、锰，二氢非瑟素（dihydrofisetin），山柰酚-4'-甲醚（kaempferob-4'-methylether），槲皮素-3-甲醚（quercetin-3-methylether），棉花皮素六甲醚（gossypetin hexamethyl ether）等。果实的绿色果皮中含香叶木苷（diosmin）。种子含脂肪油约22.5%。

【药理作用】有兴奋子宫、缩短出血时间（大剂量时出血时间反而延长）、短暂降压、抗肿瘤、延长睡眠时间、解热作用。种子有维生素P样作用。

【功能主治】药性：甘、淡，凉。归肝、脾、膀胱经。功能：凉肝止血，平肝明目，清热利湿。主治：吐血，衄血，咯血，尿血，崩漏，目赤疼痛，眼底出血，高血压病，赤白痢疾，肾炎水肿，乳糜尿。用法用量：内服煎汤，15 ~ 30 g；鲜品60 ~ 120 g；或入丸、散。外用适量，捣汁点眼。

附方：

1. 治内伤吐血：荠菜30 g，蜜枣30 g。水煎服。
2. 治崩漏及月经过多：荠菜30 g，龙芽草30 g。水煎服。
3. 治肺热咳嗽：荠菜适量。煮鸡蛋吃。
4. 治高血压：荠菜、夏枯草各60 g。水煎服。

荠菜花味甘，性凉。归肝、脾经。能凉血止血，清热利湿。主治崩漏，尿血，吐血，咯血，衄血。

5. 治久痢：荠菜花适量。阴干，研末，枣汤日服6 g。
6. 治崩漏：鲜荠菜花30 g，水煎服；或配丹参6 g，当归12 g。水煎服。
7. 治吐血，咯血，鼻出血，齿龈出血：荠菜花、白及各15 g。水煎服。

8. 治高血压，眼底出血：荠菜花15 g，墨旱莲12 g。水煎服。

9. 预防流脑：荠菜花30 g，水煎代茶，可隔日或3 d服1次，连服2 ~ 3周。

小儿乳积，痢疾，赤白带下。种子味甘，性平。归肝经。能祛风明目，主治目痛，青盲翳障。

【资源综合利用】荠菜入药始见于《别录》，列入上品。是集药、食为一体的重要药用植物，除药用外，芥菜鲜嫩、味美、维生素含量适中，库区野生荠菜资源丰富，合理开发利用将有广阔的市场前景。

164 桂竹香

【别名】桂竹香糖芥。

【来源】为十字花科植物桂竹香*Cheiranthus cheiri* L.的花。

【植物形态】多年生草本，高20 ~ 60 cm，全株被贴生长柔毛。茎直立或上升，具棱角，下部木质化，具分枝。基生叶莲座状；叶柄长7 ~ 10 mm；叶片倒披针形、披针形至线形，长1.5 ~ 7 cm，宽5 ~ 15 mm，顶端急尖，基部渐狭，全缘或稍具小齿；茎生叶较小，近无柄。总状花序果期伸长；萼片4，长圆形，长6 ~ 11 mm；花瓣4，橘黄色或黄褐色，倒卵形，长约1.5 cm，有长爪；雄蕊6，近等长；雌蕊1，子房少数有极短柄，柄线形，花柱短，柱头呈二极杈开，深裂。长角果线形，长4 ~ 7.5 cm，具扁4棱，直立，劲直，果瓣有明显中肋。种子2行，卵形，浅棕色，顶端有翅。花期4—5月，果期5—6月。

【生境分布】库区各地栽培。

【采收加工】春季开花时采摘，鲜用或晒干。

【药材性状】花呈椭圆形，长约2.5 cm；花萼4片，分离，阔披针形，顶端渐尖，长0.5 ~ 1cm，绿色或绿褐色；花瓣4，上端肾形向下渐狭呈条状，长约1.5 cm，枯黄色或黄褐色；雄蕊6，近等长；雌蕊1，花柱较短，柱头2分杈。气微香，味微苦。

【化学成分】花含槲皮素、鼠李素、异鼠李素及其糖苷。种子含墙花苷（cheiroside）A，墙花毒苷（cheirotoxin），阿氏桂竹香苷（alliside），去葡萄糖墙花毒苷（desglucocheirotoxin），葡萄糖糖芥苷（erysimoside），葡萄糖阿氏桂竹香苷（glucoalliside），黄白糖芥苷（helveticoside）等。

▲桂竹香

【功能主治】药性：甘，平。归大肠、肝经。功能：润肠通便，通经。主治：大便秘结，月经不调，经闭，痛经。使用注意：孕妇慎服。

165　板蓝根

【别名】草大青根、蓝靛根。

【来源】为十字花科植物菘蓝*Isatis indigotica* Fortune的根。

【植物形态】二年生草本，植株高50～100 cm。主根近圆锥形，长20～30 cm，表面土黄色，具短横纹及少数须根。叶互生，基生叶莲座状，叶片长圆形至宽倒披针形，长5～15 cm，宽1.5～4 cm，边缘全缘，或稍具浅波齿；茎顶部叶宽条形，全缘，无柄。复总状花序；萼片4，宽卵形或宽披针形；花瓣4，黄色，宽楔形，顶端近平截，边缘全缘，基部具不明显短爪；雄蕊6，4长2短，长雄蕊长3～3.2 mm，短雄蕊长2～2.2 mm；雌蕊1，子房近圆柱形，柱头平截。短角果近长圆形，扁平，无毛，边缘具膜质翅，尤以两端的翅较宽。种子1颗，长圆形，淡褐色。花期4—5月，果期5—6月。

【生境分布】武隆、长寿地区栽培。

【采收加工】秋季挖根，去掉茎叶（作大青叶），晒干或烘干。

【药材性状】根圆柱形，稍扭曲，长10～20 cm，直径0.5～1 cm。表面灰黄色或淡棕黄色，有纵皱纹及横生皮孔，并有支根或支根痕；根头略膨大，可见轮状排列的暗绿色或暗棕色叶柄残基、叶柄痕及密集的疣状突起。质略软面实，易折断，断面略平坦，皮部黄白色，占半径的1/2～3/4，木部黄色。气微，味微甜后苦、涩。以条长、粗大、体实者为佳。

【显微鉴别】根横切面：木栓层为2～8列木栓细胞。皮层狭窄，韧皮部宽广。射线宽5～7列细胞。形成层环明显。木质部导管1～3列，部分导管周围有纤维束。薄壁细胞中含大量淀粉粒。

根解离组织及粉末特征：粉末淡棕色，木栓组织淡棕色，多数细胞呈类长方形，数个细胞间常夹有一类方形

▲菘蓝

或类圆形的细胞。皮层薄壁细胞类长方形、椭圆形。网纹导管长92～188 μm，直径16～56 μm，端壁平截或斜置。纤维长200～280 μm，胞腔较大。淀粉粒很多，多为单粒，圆形、卵形，脐点裂隙状或飞鸟状，复粒少，多由2分粒组成。有时可见石细胞，长圆形或略不规则，长56～146 μm，直径20～36 μm，壁厚约4 μm。

【理化鉴别】取本品水煎液，置紫外光灯（365 nm）下观察，显蓝色荧光。

取本品粗粉1 g，加氯仿20 mL，水浴上回流2 h，滤过，滤液浓缩至2 mL作供试液，另取靛蓝、靛玉红加氯仿制成1 mL各含1 mg的溶液作对照品溶液。吸取两溶液各5～10 μL，分别点于同一硅胶G薄层板上，以氯仿-乙酸乙酯（4∶1），氯仿-丙酮（9∶1），石油醚-乙酸乙酯-氯仿（1∶1∶8）3种溶剂展开，展距12 cm，取出，晾干。供试品色谱中在与对照品靛蓝、靛玉红色谱相应位置上，分别显相同的蓝色斑点和紫色斑点。

【化学成分】根含靛蓝（indigotin，indigo），靛玉红（indirubin），β-谷甾醇（β-sitosterol），γ-谷甾醇（γ-sitosterol），氨基酸，3-羟苯基喹唑酮[3-（2’-hydroxyphenyl）-4（3H）-quinazolinone]，依靛蓝酮（isaindigodione），黑芥子苷（sinigrin），靛苷（indoxyl-5-glucoside）等。

【药理作用】有抗菌、抗病毒、免疫调节、抗癌、抗内毒素活性、保护病毒性心肌炎心肌细胞作用。具有致突变作用。

【功能主治】药性：苦，寒。归心、肝、胃经。功能：清热，解毒，凉血，利咽。主治：温毒发斑，高热头痛，大头瘟疫，丹毒，痄腮，喉痹，疮肿，水痘，麻疹，肝炎，流行性感冒。用法用量：内服煎汤，15～30 g，外用适量，煎汤熏洗。使用注意：脾胃虚寒、无实火热毒者慎服。

附方：

1. 治丹毒：板蓝根18 g，金银花、甘草各9 g。水煎服。
2. 治鹅口疮：板蓝根9 g。水煎汁，反复涂擦患处，每日5～6次。
3. 治肝炎：板蓝根、茵陈各15 g，赤芍9 g，甘草3 g。水煎服。转氨酶高者加夏枯草6 g。
4. 治流行性感冒初起，高烧头痛，口干咽痛：板蓝根30 g，羌活15 g。水煎服，连服2～3 d。
5. 治肺炎：板蓝根、夏枯草各15 g，虎杖30 g，功劳叶12 g，银花9 g，青蒿9 g。水煎服。

菘蓝的叶名“大青叶”，有清热解毒，凉血消斑的功效；主治：温热病高热烦渴，神昏，斑疹，吐血，衄血；黄疸，泻痢；丹毒，喉痹，口疮，痄腮。脾胃虚寒者禁服。

6. 预防流行性感冒：大青叶、贯众各500 g。混合，加水5 000 mL，煎成2 000 mL。成人每次100 mL，日服3～4次，小儿酌减，连服5 d。
7. 治流行性感冒：大青叶、板蓝根各30 g，薄荷6 g。煎水，当茶饮。
8. 治咽炎，急性扁桃体炎，腮腺炎：大青叶、鱼腥草、玄参各30 g。水煎。
9. 治无黄疸型肝炎：大青叶60 g，丹参30 g，大枣10枚。水煎服。
10. 治天疱疮：生地、升麻、山栀、蓝叶、大黄各30 g。挫碎，用猪油240 g，文火煎变色，去渣，涂患处。

【资源综合利用】大青之名首见于《别录》，是古代染料的重要原料。

166 葶苈子

【别名】羊辣罐、辣辣菜、北葶苈、苦葶苈。

【来源】为十字花科植物独行菜*Lepidium apetalum* Willd.的种子。

【植物形态】一年生或二年生草本，高5～30 cm。茎直立，多分枝，被白色微小头状毛。基生叶有柄；叶片狭匙形或倒披针形，一回羽状浅裂或深裂，长3～5 cm，宽1～1.5 cm，顶端短尖，边缘有稀疏缺刻状锯齿；茎生叶披针形或长圆形，无柄，边缘有疏齿；最上部叶线形，顶端尖，边缘少有疏齿或近于全缘；两面无毛或疏被头状毛。总状花序顶生；萼片4，近卵形，边缘白色膜质状，外面有弯曲的白色柔毛；花瓣不存或者退化成丝状，比萼片短；雄蕊2或4，等长；蜜腺4，短小；雌蕊1，子房卵圆形而扁，无花柱，柱头圆形而扁。短角果卵圆形或椭圆形，顶端微凹，宿存极短花柱，果瓣顶部具极狭翅，种子椭圆状卵形，表面平滑，棕红色或黄褐色。花期5—6月，果期6—7月。

▲独行菜

▲独行菜花

【生境分布】生于海拔300～1 000 m的山坡、沟旁、路旁及村庄附近。分布于涪陵、开州地区。

【采收加工】4月底5月上旬果实呈黄绿色时及时采收，晒干。

【药材性状】种子扁卵形，长约1.5 mm，宽0.5～1 mm。一端钝圆，另一端渐尖而微凹，凹处现白色的种脐。表面具多数细微颗粒状突起，可见2条纵列的浅槽。味微辛，遇水黏滑性较强。

【显微鉴别】种子横切面：表皮为1列黏液细胞，其外壁向外特化成黏液层，厚度可达216 μm，内壁有纤维素沉积形成径向延伸的纤维素条，长约至34 μm。栅状细胞1列，略呈方形，侧壁和内壁增厚，强木化。色素层细胞颓废状，其下方有1列扁平的内胚乳细胞，内含糊粉粒。子叶占大部分，细胞呈不规则多边形，壁稍厚，内含糊粉粒。

粉末特征：棕褐色。种皮表皮细胞表面观呈类多角形，直径达55 μm，壁薄，胞腔内充满黏液质，多数可见不定形的纤维素质团；断面观呈类方形或类长方形，内切向壁增厚，并向外形成棒状或乳头状突起，外壁菲薄，破碎后有大量黏液质溢出。种皮下皮细胞栅状，黄棕色或淡黄棕色，表面观呈多角形，少数呈长条形，直径15～48 μm，壁增厚；断面观细胞扁平，内壁、侧壁增厚，外壁薄，其相邻两细胞壁呈棱脊状突起。内胚乳细胞，表面观呈多角形，直径15～28 μm，胞腔内含糊粉粒。子叶细胞类多角形，直径5～15 μm，含有脂肪油及细小糊粉粒。油滴随处可见。

【理化鉴别】检查异硫氰苷类：取粉末约1 g，置试管内，加氢氧化钠1小粒，加热，待冷后加水2 mL使其溶解，滤过。取滤液1 mL加5%盐酸酸化，即有硫化氢产生，遇新制的醋酸铅试纸显有光泽的棕黑色。另取亚硝基铁氰化钠1小粒，置白瓷板上，加水1～2滴使其溶解，加上述滤液1～2滴，显紫红色。

【化学成分】种子含黑芥子苷（sinigrin）。

【药理作用】有强心、增加冠脉流量作用。

【功能主治】药性：辛、苦，寒。归肺、膀胱、大肠经。功能：泻肺降气，祛痰平喘，利水消肿，泄热逐邪。主治：喘咳痰多，肺痈，水肿，胸腹积水，小便不利，慢性肺源性心脏病，心力衰竭之喘肿；痈疽恶疮，瘰疬结核。用法用量：内服煎汤，3～9 g，或入丸、散。外用适量，煎水洗或研末调敷。使用注意：肺虚喘咳，脾虚肿满者慎服；不宜久服。

附方：

1. 治疗慢性肺源性心脏病并发心力衰竭：葶苈子末3～6 g。分3次食后服。
2. 治心力衰竭：葶苈子30 g，丹参10 g，枳壳10 g。水煎服。

【资源综合利用】为一年生速生草本植物，嫩茎和叶均可食用，营养丰富，含有维生素A、维生素C和维生素B_2和大量的钙、铁，种子含脂肪油等，是制造功能性食品的理想原料。

167 莱菔子

【别名】萝卜籽。

【来源】为十字花科植物莱菔*Raphanus sativus* L.的种子。

▲莱菔

【植物形态】一年生或二年生草本，高30～100 cm。直根肉质，长圆形、球形或圆锥形，外皮绿色、白色或红色。茎有分枝，稍具粉霜。基生叶和下部茎生叶大头羽状半裂，长8～30 cm，宽3～5 cm，顶裂片卵形，侧裂片4～6对，长圆形，有钝齿，疏生粗毛；茎上部的叶渐小，矩圆形，顶端短尖，边缘有浅锯齿或近于全缘，基部具短柄或近无柄。总状花序顶生或腋生；萼片长圆形；花直径1.5～2 cm，瓣4，倒卵形，白色、紫色或粉红色，具紫纹，下部有长5 mm的爪；雄蕊6，4长2短；雌蕊1，子房钻状，柱头柱状。长角果圆柱形，长3～6 cm，种子间缢缩并形成海绵质横隔，顶端喙长1～1.5 mm。种子1～6粒，卵形，微扁，长约3 mm，红棕色，有细网纹。花期4—5月，果期5—6月。

【生境分布】库区各地均有栽培。

【采收加工】5—8月，采收成熟角果，晒干，打下种子。

【药材性状】种子类圆形或椭圆形，略扁，长2～4 mm，宽2～3 mm。种皮薄，表面红棕色、黄棕色或深灰棕色，种子一侧有纵沟，一端有黑色种脐。放大镜下观察有细密网纹。子叶2片，乳黄色，有油性。气微，味略辛。

【显微鉴别】种子横切面：最外为1列类方形的表皮黏液细胞；下皮细胞1列切向延长巨大，薄壁性；栅状细胞1列，棕红色，高10～20 μm，宽约11 μm，其侧壁和内壁增厚，木化，色素层细胞颓废，内含红棕色物质。内胚乳细胞1列，扁平，内含糊粉粒。子叶较发达，含糊粉粒及脂肪油。

粉末：黄棕色或棕色，种皮栅状细胞成片，淡黄色至红棕色。表面观呈类多角形或长多角形，直径12 μm，壁厚2.4 μm。种皮下皮细胞无色或淡棕色，形大，横断面观呈扁长圆形，外壁及侧壁皱缩，细胞界限不清楚，其下与栅状细胞相接。内胚乳细胞横切面观呈扁长方形，表面观多角形，直径15～25 μm，含糊粉粒及脂肪油滴。子叶细胞无色或淡灰绿色，含淀粉粒及脂肪油滴。

【理化鉴别】取本品粉末1g，置硬质试管内，加固体氢氧化钠1小粒，置酒精灯上灼热，熔融，放冷，加水2 mL使溶解，滤过。取滤液1 mL，加5%盐酸酸化，即有硫化氢产生，遇新制的醋酸铅试纸，显有光泽的棕黑色。另取亚硝基铁氰化钠1小粒，置白瓷板上，加水1～2滴使溶解，加上述样品滤1～2滴，显紫红色。

【化学成分】种子含芥子碱（sinapine），脂肪油约30%（芥酸erucic acid、亚油酸linoleic acid、亚麻酸linolenic acid、菜子甾醇brassicasterol），尚含莱菔素（raphanin）。鲜根含糖类，莱菔苷，甲硫醇，有机酸，氨基酸，维生素，微量元素等。

【药理作用】有抗菌、镇咳、祛痰、降血清胆固醇、防止冠状动脉粥样硬化、降压作用。可增强离体兔回肠节律性收缩和抑制小白鼠胃排空时间。根有抗菌作用。

【功能主治】药性：辛、甘，平。归脾、胃、肺、大肠经。功能：消食导滞，降气化痰。主治：食积气滞，脘腹胀满，腹泻，下痢后重，咳嗽多痰，气逆喘满。用法用量：内服水煎5 ~ 10 g；或入丸、散，宜炒用。外用适量，研末调敷。使用注意：无食积痰滞及中气虚弱者慎服。

附方：

1. 治咳嗽痰喘：莱菔子9 g，白果9 g，熟地18 g，陈皮6 g，杏仁9 g。水煎服。
2. 治跌打损伤，瘀血胀痛：莱菔子100 g，生研烂，热酒调敷。
3. 治疗便秘：莱菔子（文火炒黄）30 ~ 40 g，温开水送服。

莱菔的根（萝卜）性凉，味甘；消积滞、化痰，清热，下气，宽中，解毒；主治食积胀满，痰嗽失音，吐血，衄血，消渴，痢疾，偏正头痛，胆石症。阴胜偏寒体质者、脾胃虚寒者不宜多食。反人参、西洋参。叶主治食积气滞，脘腹痞满，呃逆，吐酸，泄泻，痢疾，咳痰，音哑，咽喉肿痛，妇女乳房肿痛，乳汁不通，损伤瘀肿。

【资源综合利用】萝卜供食用，为我国主要蔬菜之一。种子含油，可用于制肥皂或作润滑油。

168 蔊菜

【别名】野油菜、干油菜。

【来源】为十字花科植物蔊菜*Rorippa indica*（L.）Hiern的全草。

【植物形态】一年生或二年生草本，高20 ~ 50 cm。茎单一或分枝，直立或斜升。叶形多变化，基生叶和茎下部叶具长柄；叶片通常大头羽状分裂，长4 ~ 10 cm，宽1.5 ~ 2 cm，顶裂片大，边缘具不规则牙齿，侧裂片1 ~ 3对；上部叶片宽披针形或匙形，具短柄或耳状抱茎，边缘具疏齿。总状花序顶生或侧生，开花时花序轴逐渐向上延伸；花小，多数，萼片4，直立，浅黄色而微带黄绿色，宽披针形或卵状长圆形，长2 ~ 4 mm，顶端内凹；花瓣4，鲜黄色，宽匙形或长倒卵形，长2.5 ~ 4 mm，基部具短细爪；雄蕊6，4长2短，长雄蕊长约3 mm，短雄蕊长约2.5 mm；雌蕊1，子房圆柱形，长2.5 ~ 3 mm，花柱短粗，柱头略膨大，顶部扁平。长角果线状圆柱形，较短而粗壮，长1 ~ 2 cm，直立或稍弯曲，成熟时果瓣隆起。种子每室2行，多数，淡褐色，宽椭圆形，近三角形或不规则多角形，长0.5 ~ 0.7 mm，表面有凹陷的大网纹。花期4—5月（8—9月偶有开花），花后果实渐次成熟。

▲蔊菜

【生境分布】生于海拔230 ~ 1 450 m的路旁、田边、沟边、林缘、山坡潮湿处。分布于库区各市县。

【采收加工】5—7月采收全草，鲜用或晒干。

【药材性状】全草长15 ~ 35 cm，淡绿色。根较长，弯曲，直径1.5 ~ 3 mm；表面淡黄色，有不规则皱纹及须根，质脆，折断面黄白色，木部黄色。茎分枝或单一，淡绿色，有时带紫色。叶多卷曲，易破碎或脱落，完整的叶长圆形，羽状分裂，花小，萼片黄绿色，4片，花瓣4，黄色。长角果稍弯曲，长1 ~ 2 cm，直径1 ~ 1.5 mm。种子多数，2列，直径0.5 ~ 0.6 mm。气微，味淡。

【显微鉴别】茎横切面：内皮层凯氏点不明显，韧皮部细胞稍大，外侧有成群的中柱鞘纤维。

【理化鉴别】取本品粗粉50 g，加水500 mL，煮沸10 min，滤过。滤液浓缩至3 mL，加无水乙醇8 mL，滤过后蒸干，残渣用氯仿溶解作供试液。另取薄菜素，用氯仿制成对照品溶液。分别吸取上述溶液点于同一硅胶G薄层板上，以乙酸乙酯展开，展距5 cm，取出晾干，碘蒸气熏或喷以碘化铋钾试液后，供试品色谱在与对照品色谱相应的位置上显相同的红棕色斑点。

【化学成分】全草含蔊菜素（rorifone），有机酸、黄酮类化合物及微量生物碱。

【药理作用】有止咳，祛痰、抗菌作用。

【功能主治】药性：辛、苦，微温。归肺、肝经。功能：祛痰止咳，解表散寒，活血解毒，利湿退黄。主治：咳嗽痰喘，感冒发热，麻疹透发不畅，风湿痹痛，咽喉肿痛，疔疮痈肿，漆疮，经闭，跌打损伤，黄疸，水肿。用法用量：内服煎汤，10 ~ 30 g，鲜品加倍；或捣、绞汁服。外用适量，捣敷。使用注意：过量服用可出现轻微的口干、胃部不适等现象，但不影响继续治疗。

附方：

1. 治老年慢性气管炎：蔊菜、佛耳草、生麻黄，按10：20：3的比例制成糖浆（每1 mL相当于生药0.15 g），每次服50 mL，每日2次；或蔊菜素内服，每日200 ~ 300 mg。
2. 治感冒发热：蔊菜15 g，桑叶9 g，菊花15 g，水煎服。
3. 治黄疸：蔊菜，茵陈，萹蓄，金钱草各适量，水煎服。
4. 治风湿关节炎：蔊菜30 g，与猪脚煲服。
5. 治小便不利：蔊菜15 g，茶叶6 g，水冲代茶饮。
6. 治鼻窦炎：鲜蔊菜适量。和雄黄少许，捣烂，塞鼻腔内。
7. 治蛇头疔：鲜蔊菜适量。捣烂，调鸭蛋清，外敷。

景天科Crassulaceae

169　崖松

【别名】小鹅儿肠、半边莲。

【来源】为景天科植物细叶景天*Sedum elatinoides* Franch.的带根全草。

【植物形态】一年生草本，高5 ~ 30 cm。全株无毛。根须状。茎单生或丛生，分枝或不分枝，茎上有棱，基

▲细叶景天

部节上常生：不定根。叶3 ~ 6片轮生，无柄或几无柄；叶长圆状匙形或狭倒披针形，长8 ~ 20 mm，宽2 ~ 7 mm，顶端微钝或急尖，基部渐狭，全缘。花序圆锥状或伞房状，分枝长，花稀疏，花梗细，长3 ~ 8 mm；萼片5，狭三角形至卵状披针形，长1 ~ 1.5 mm，顶端近急尖；花瓣5，白色，披针状卵形，长2 ~ 3 mm，顶端急尖，基部离生；雄蕊10，2轮，较花瓣短；鳞片5，宽匙形，顶端有缺刻；心皮5，椭圆形，下部合生，背部有微乳头状突起。蓇荚果，成熟时上半部斜展。种子卵形，褐色，平滑，长0.4 mm。花期5—7月，果期8—9月。

【生境分布】生于海拔300 ~ 1 300 m的山坡或阴湿石崖上。分布于库区各市县。

【采收加工】春、夏季挖取带根全草，洗净，晒干或鲜用。

【功能主治】药性：酸、涩、寒。功能：清热解毒。主治：热毒痈肿，丹毒，睾丸炎，烫火伤，湿疮，细菌性痢疾，阿米巴痢疾。用法用量：内服煎汤，15 ~ 30 g；或捣汁，鲜品50 ~ 100 g。外用适量，捣敷；或捣汁涂；或煎水洗。

附方：

1. 治小儿丹毒：崖松15 g，银花、连翘、大青叶、蒲公英、丹皮、赤芍、败酱草各9 g。水煎服。
2. 治睾丸炎：鲜崖松适量。捣烂，外敷。
3. 治烫火伤：鲜崖松适量。捣汁，涂患处。
4. 治阿米巴痢疾：崖松15 g，凤尾草9 g。水煎服。

170　马牙半支

【别名】石板菜、马牙半支莲、狗牙瓣。

【来源】为景天科植物凹叶景天*Sedum emarginatum* Migo的全草。

【植物形态】多年生肉质草本，高10 ~ 20 cm，全株无毛。根纤维状。茎细弱，下部平卧，节处生须根，上部直立，淡紫色，略呈四方形，棱钝，有槽，平滑。叶对生或互生；匙状倒卵形至宽卵形，长1.2 ~ 3 cm，宽5 ~ 10 mm，顶端圆，微凹，基部渐狭，有短距，全缘，光滑。蝎尾状聚伞花序顶生，花多数，稍疏生，无花梗；苞片叶状；萼片5，绿色，匙形或宽倒披针形，长不到花瓣的1/2；花瓣5，黄色，披针形或线状披针形，长6 ~ 8 mm，宽1.5 ~ 2 mm，顶端有短尖；雄蕊10，2轮，均较花瓣短，花药紫色；鳞片5，长圆形，分离，顶端突狭

▲凹叶景天

成花柱，基部稍合生。蓇葖果，略叉开，腹面有浅囊状隆起。种子细小，长圆形，褐色，疏具小乳头状突起。花期4—6月，果期6—8月。

【生境分布】生于海拔200～1 800 m的较阴湿土坡、岩石上、溪谷边或林下。分布于库区各市县。

【采收加工】夏、秋季采收，鲜用或置沸水中稍烫后，晒干。

【药材性状】全草长5～15 cm。茎细，直径约1 mm，表面灰棕色，有细纵皱纹，节明显，有的节上生有须根。叶对生，多已皱缩碎落，叶展平后呈匙形。有的可见顶生聚伞花序，花黄褐色。气无，味淡。

【功能主治】药性：苦、酸，凉。归心、肝、大肠经。功能：清热解毒，凉血止血，利湿。主治：痈疖，疔疮，带状疱疹，瘰疬，咯血，吐血，衄血，便血，痢疾，淋病，黄疸，崩漏，带下。用法用量：内服煎汤，15～30 g；或捣汁，鲜品50～100 g。外用适量，捣敷。

附方：

1. 治疔疮：马牙半支适量。捣烂，加醋少许，盐三分，敷患处。
2. 治疮毒红肿：马牙半支、木芙蓉叶、鱼腥草各适量。捣烂，敷患处。
3. 治齿龈脓肿：鲜马牙半支，鲜山葡萄嫩枝各适量。加白糖少许，捣烂，外敷。
4. 治吐血：马牙半支60～90 g，猪瘦肉250 g。水炖至肉烂，食肉喝汤。
5. 治咯血，吐血，鼻血：马牙半支60 g。煎水，和百草霜3 g，冲服。
6. 治便血：马牙半支30 g，地榆15 g，槐花15 g。水煎服。
7. 治血崩：马牙半支、牛耳大黄各60 g。水煎服。

171 佛甲草

【别名】佛指甲、狗牙半支、鼠牙半枝莲。

【来源】为景天科植物佛甲草*Sedum lineare* Thunb.的茎叶。

▲佛甲草

【植物形态】多年生肉质草本，高10～20 cm，全株无毛。根多分枝，须根状。茎纤细倾卧，着地部分节上生根。叶3～4片轮生，少数对生或互生，近无柄；叶片条形至披针形，质肥厚，长2～2.5 cm，宽约2 mm，顶端钝尖，基部有短距。聚伞花序顶生，有2～3分枝；花疏生，无梗；萼片5，线状披针形，不等长，长1.5～7 mm；花瓣5，黄色，长圆状披针形，长4～6 mm，顶端急尖，基部渐狭；雄蕊10，2轮，均较花瓣短；鳞片5，宽楔形至四方形，上端截形或微缺；心皮5，开展，长4～6 mm。蓇葖果，成熟时呈五角星状。种子细小，卵圆形，具小乳状突起。花期5—6月，果期7—8月。

【生境分布】生于海拔250～1 200 m的阴湿山坡、山谷岩石缝中。分布于库区各市县。

【采收加工】全年可采，鲜用或置沸水中稍烫后，晒干或炕干。

【药材性状】根细小。茎弯曲，长7～12 cm，直径约1 mm；表面淡褐色至棕褐色，有明显的节，偶有残留的不定根。叶轮生，无柄；叶片皱缩卷曲，多脱落，展开后呈条形或条状披针形，长1～2 cm，宽约1 mm。聚伞花序顶生；花小，浅棕色。果为蓇葖果。气微，味淡。以叶多者为佳。

【化学成分】全草含金圣草素（chrysoeriol），红车轴草素（pratensein），香豌豆苷（oroboside），香碗豆苷-3’-甲醚（oroboside-3’-methylether），三十三烷（tritriacontane）及α-谷甾醇（α-sitosterol）等。

【功能主治】药性：甘、淡，寒。归肺、肝经。功能：清热解毒，利湿，止血。主治：咽喉肿痛，目赤肿痛，热毒痈肿，疔疮，丹毒，缠腰火丹，烫火伤，毒蛇咬伤，黄疸，湿热泻痢，便血，崩漏，外伤出血，扁平疣。用法用量：外用适量，鲜品捣敷；或捣汁含漱、点眼。内服煎汤，9～15 g，鲜品20～30 g；或捣汁。使用注意：已溃者勿用。

附方：

1. 治咽喉肿痛：鲜佛甲草60 g。捣绞汁，加米醋少许，开水一大杯冲漱喉，每日数次。
2. 治乳腺炎：佛甲草、蒲公英、金银花适量。加甜酒捣烂外敷。
3. 治疔疮初起：鲜佛甲草适量。捣烂，加食盐少许，调敷患处。
4. 治烫火伤：佛甲草适量。晒干，研末，冷水调，敷患处。
5. 治肝炎：佛甲草30 g，当归9 g，红枣10枚。水煎服。
6. 治外伤出血：鲜佛甲草适量。捣汁，外敷；或干者研末，敷患处。
7. 治胰腺癌：鲜鼠佛甲草60～120 g，鲜荠菜90～180 g（干品减半）。水煎，早、晚服。
8. 治食管癌，贲门癌：佛甲草250 g，先用水泡，再煎服。
9. 治老茧，鸡眼：鲜佛甲草叶适量。浸醋中，取出，干贴。
10. 治扁平疣：鲜佛甲草20 g，白矾5 g。磨成糊状，每日擦3～5次，皮疹消失后继续擦药3～5 d。

172 垂盆草

【别名】佛指甲、石指甲、狗牙瓣。

【来源】为景天科植物垂盆草*Sedum sarmentosum* Bunge的全草。

【植物形态】多年生肉质草本。根纤维状。不育茎匍匐，长10～25 cm，接近地面的节处易生根。叶常为3片轮生，倒披针形至矩圆形，长1.5～2.5 cm，宽3～7 mm，顶端近急尖，基部下延，狭而有距，全缘。聚伞花序，顶生，有3～5分枝，花小，无梗；萼片5裂，宽披针形，不等长；花瓣5，黄色，披针形至矩圆形。雄蕊10，2轮，比花瓣短；鳞片5，楔状四方形，顶端稍微凹；心皮5，长圆形。蓇葖果，内有多数细小的种子。种子卵圆形，表面有细小的乳头状突起。花期5—7月，果期7—8月。

【生境分布】生于海拔200～1 600 m的向阳山坡、石隙、沟边及路旁湿润处。分布于库区各市县。

【采收加工】四季可采，洗净，用开水略烫后，晒干或鲜用。

【药材性状】干燥全草稍卷缩。根细短，茎纤细，棕绿色，长4～8 cm，直径1～2 mm，茎上有10余个稍向外凸的褐色环状节，节上有的残留不定根，顶端有时带花；质地较韧或脆，断面中心淡黄色。叶片皱缩，易破碎并脱落，完整叶片呈倒披针形至矩圆形，棕绿色，长1.5 cm，宽0.4 cm。花序聚伞状，小花黄白色。气微，味微苦。

【显微鉴别】茎棱切面：表皮为1列类长方形细胞，外壁增厚。皮层约为茎的2/3，内外侧1～2列细胞的壁呈连珠状增厚，非木化。维管束外韧型。髓部三角形，细胞壁厚，非木化，有明显的孔沟，胞腔狭小。

【理化鉴别】取本品粉末10 g，用丙酮回流提取6 h，滤过。将滤液减压抽尽丙酮，得叶绿素状物。加适量水溶解，滤过。水液减压抽干，加甲醇2 mL溶解，再加硅胶1～2 g拌和，干燥后装入盛有硅胶108的层析柱上端（内径约15 cm），以氯仿-甲醇（5∶1）洗脱，弃去最初洗脱液约35 mL、收集以后的洗脱液约80 mL，蒸干，残渣做以下试验。

（1）检查脂肪族氰基：取残渣少许，加固体二氧化锰约10 mg于小试管内混匀，管口覆盖1张滤纸小片，用橡皮筋扎紧密闭，并于纸上滴10%硫酸亚铁溶液1滴，再加20%氢氧化钠溶液1滴，将试管置火上小心加热，待管内冒烟后移去火源，加浓盐酸1滴于纸片上，即显蓝绿色。

（2）薄层鉴别：上述洗脱液浓缩后为样品液。用垂益草苷作对照品，取样品液及对照，氨液点样子同一硅胶

▲垂盆草

G薄层板上，以氯仿-甲醇（8：3）展开，展距6 cm，喷以30%～50%硫酸液，于110 ℃下加热5～10 min显色，样品液色谱在与对照品色谱相应位置处，显相同的黑色斑点。

【化学成分】全草含消旋甲基异石榴皮碱（methylisopelleherine），二氢异石榴皮碱（dthydroisopelletienne），3-甲酰-1，4-二羟基二氢吡喃（3-formyl-1，4-dlhydroxy-dihydmpyran），N-甲基-2β-羟丙基哌啶（N-methyl-2β-hydroxypropylpiperldine），垂盆草苷（sarmentosme），β-谷甾醇（β-sitosterol）等。

【药理作用】有护肝、免疫抑制作用。

【功能主治】药性：甘、淡、微酸，凉。功能：清热解毒，利湿消肿。主治：湿热黄疸，淋病，泻痢，肺痈，肠痈，疮疖肿毒，虫蛇咬伤，水火烫伤，咽喉肿痛，口腔溃疡，湿疹，带状疱疹。用法用量：内服煎汤，15～30 g；鲜品50～100 g；或捣汁饮。外用适量，捣敷、研末调搽、捣汁涂或煎水湿敷。使用注意：脾胃虚寒者慎服。

附方：

1. 治慢性肝炎：垂盆草30 g，当归9 g，红枣10枚。水煎服。
2. 治肠炎，痢疾：垂盆草30 g，马齿苋30 g。水煎服。
3. 治咽喉肿痛：垂盆草15 g，山豆根9 g，水煎服。

【资源综合利用】垂盆草在临床上用于治疗乙型病毒性肝炎，并已开发出多种产品。垂盆草含有丰富的氨基酸及多糖，鲜品质黏，清热解毒，在美容、消除青春痘等方面具有良好效果。

虎耳草科Saxifragaceae

173　落新妇

【别名】小升麻、铁杆升麻、红升麻。

【来源】为虎耳草科植物落新妇*Astilbe chinensis*（Maxim.）Franch. et Say.的全草。

▲落新妇

【植物形态】多年生草本，高40 ~ 65 cm。根茎横走，粗大呈块状，被褐色鳞片及深褐色长绒毛，须根暗褐色。基生叶为二至三回三出复叶，具长柄；托叶较狭；小叶片卵形至长椭圆状卵形或倒卵形，长2.5 ~ 10 cm，宽为1.5 ~ 5 cm，顶端短渐尖至急尖，基部圆形、宽楔形或两侧不对称，边缘有尖锐的重锯齿，两面均被刚毛，脉上尤密；茎生叶2 ~ 3，较小，与基生叶相似，仅叶柄较短，基部钻形。花轴高20 ~ 50 cm，下端具鳞状毛，上端密被棕色卷曲长柔毛；花两性或单性，稀杂性或雌雄异株，圆锥状花序与茎生叶对生；苞片卵形，较花萼稍短；花萼长1.5 mm，萼筒浅杯状，5深裂；花瓣5，窄线状，长约5 mm，淡紫色或紫红色；雄蕊10，花丝青紫色，花药青色，成熟后紫色；心皮2，基部连合，子房半上位。蒴果，熟时橘黄色。种子多数。花期6—7月，果期8—9月。

【生境分布】生于海拔400 ~ 2 500 m的林下、林缘或路旁草丛中。分布于巫溪、巫山、奉节、云阳、万州、开州、石柱、涪陵、武隆地区。

【采收加工】秋季采收，除去根茎，洗净，晒干或鲜用。

【药材性状】茎圆柱形，直径1 ~ 4 mm，表面棕黄色；基部具有褐色膜质鳞片状毛或长柔毛。基生叶二至三回三出复叶，多破碎，完整小叶呈披针形、卵形、阔椭圆形，长1.8 ~ 8 cm，宽1 ~ 4 cm，顶端渐尖，基部多楔形，边缘有牙齿，两面沿脉疏生硬毛；茎生叶较小，棕红色。圆锥花序密被褐色卷曲长柔毛，花密集，几无梗，花萼5深裂；花瓣5，窄条形。有时可见枯黄色果实。气微，味辛、苦。

根茎：呈不规则长块状，长约7 cm，直径0.5 ~ 1 cm。表面棕褐色或黑褐色，凹凸不平，有多数须根痕，有时可见鳞片状苞片。残留茎基生有棕黄色长绒毛。质硬，不易折断，断面粉性，黄白色，略带红色或红棕色。气微，味苦、辛。以个大、质坚、断面白色或微带红色者为佳。

【显微鉴别】根茎横切面：表皮细胞长方形，外壁增厚栓化，棕褐色，可见鳞叶组织及单列多细胞毛。皮层较宽广，棕色，散有根迹维管束；内皮层可见凯氏点或凯氏带。

根茎粉末特征：灰褐色。簇晶较多，直径48 ~ 72 μm，棱角较钝。纤维成束或散在，长226 ~ 528 μm，宽17 ~ 29 μm，胞腔较明显。螺纹导管，长528 ~ 600 μm，直径19 ~ 34 μm。薄壁细胞较小，红棕色。

【理化鉴别】薄层鉴别：取本品粉末1 g，加甲醇10 mL浸泡过夜，滤过。滤液作供试液，另以岩白菜素作对照品，分别点样于同一硅胶 G薄板上，以氯仿-乙酸乙酯-甲酸（5∶4∶2）展开，展距19 cm。用50%硫酸乙醇液喷雾后，在105 ℃烤10 min。供试液色谱中，在与对照品色谱相应位置上，显相同的暗绿色斑点。

【化学成分】叶含水杨酸（salicylic acid），2，3-二羟基苯甲酸（2，3-dihydroxybenzolc acid）。根和根茎含岩白菜素（bergenin）等。

【药理作用】有抗肿瘤作用。

【功能主治】药性：苦，凉。功能：祛风，清热，止咳。主治：风热感冒，头身疼痛，咳嗽。用法用量：内服煎汤，6 ~ 9 g，鲜品10 ~ 20 g；或浸酒。

附方：

1. 治风热感冒：落新妇15 g。煨水服。

2. 治肺痨咯血、盗汗：落新妇、地骨皮、尖经药、白花前胡各15 g。煨水服，每日3次。

根和根茎（红升麻）味辛、苦，性温；活血止痛，祛风除湿，强筋健骨，解毒；主治跌打损伤，风湿痹痛，劳倦乏力，毒蛇咬伤。内服煎汤，9 ~ 15 g，鲜者加倍；或鲜品捣汁兑酒。外用适量，捣敷。

3. 治陈伤积血，筋骨酸疼：落新妇鲜根30 g。捣烂，黄酒冲服。

4. 手术后止痛：落新妇根茎15 g。水煎服。

5. 治慢性关节炎：落新妇根茎9 g，及已1.2 g，红茴香根皮0.9 g（先煎1 h）。煎水，分2次，黄酒适量兑服。

6. 治毒蛇咬伤：落新妇根茎（去栓皮）30 g。水煎服，渣加白糖捣烂外敷。

7. 治小儿惊风：落新妇根茎6 ~ 9 g。水煎服。

【资源综合利用】落新妇之名始载于《本草经集注》“升麻”项下。是一类具有观赏和药用价值的野生植物，根、茎、花及叶含鞣质，可提制栲胶。

174 岩白菜

【别名】岩壁菜、岩参。

【来源】为虎耳草科植物岩白菜*Bergenia purpurascens*（Hook. f. et Thoms.）Engl.的全草。

【植物形态】多年生草本，高20 ~ 52 cm。根茎粗如手指，长20 ~ 30 cm，紫红色，节间短，每节有扩大成鞘的叶柄基部残余物宿存，干后呈黑褐色。叶基生，革质而厚；叶柄长2 ~ 8 cm，基部具托叶鞘；叶片倒卵形或长椭圆形，长7 ~ 15 cm，宽3.5 ~ 10 cm，顶端钝圆，基部楔形，全缘或有小齿，上面红绿色有光泽，下面淡赤红色，有

▲岩白菜

褐色绵毛，两面均具小腺窝。蝎尾状聚伞花序，花序分枝、花梗被长柄腺毛；花6～7朵，常下垂；花萼宽钟状，中部以上5裂，裂片长椭圆形，顶端钝，表面和边缘无毛，背面密被长柄腺毛；花瓣5，紫红色或暗紫色，宽倒卵形，长1.5～1.8 cm，顶端钝或微凹，基部变狭成爪；雄蕊10；雌蕊由2心皮组成，离生，花柱长，柱头头状，2浅裂。蒴果直立。种子多数。花期4—5月，果期5—6月。

【生境分布】生于海拔1 800～2 500 m的林下阴湿处或岩石缝中。分布于巫溪地区。

【采收加工】全年可采，晒干或鲜用。

【药材性状】根茎：圆柱形，有时可见分枝，长约17 cm，直径0.5～1.5 cm。表面黑褐色，具密集而隆起的环节，节间长6～11 mm，节上残存褐色鳞片，并有皱缩条纹和凹点状或突起的根痕，除去外皮者浅棕色至棕褐色。质坚而脆，易折断，断面灰白色，粉性，近边缘有类白色点状维管束环列。气微，味苦、涩。以根茎粗壮者为佳。

【显微鉴别】根茎：横切面：木栓层较厚。根茎背部皮层稍宽，维管束较大，外韧型，其外侧有中柱鞘纤维束，束间形成层明显，木质部导管微木化；根茎腹部皮层较窄，维管束较小，其外侧无中柱鞘纤维束，亦无束间形成层。髓部宽大。本品薄壁细胞含淀粉粒，草酸钙簇晶及棕色物质。

【理化鉴别】（1）检查鞣质：取本品粉末1 g，加甲醇10 mL，置水浴上加热浸渍10 min，滤过。取滤液1 mL，加三氯化铁试液1滴，溶液显蓝绿色至蓝黑色。

（2）薄层鉴别：取本品粉末1 g，加乙醚10 mL，回流10 min，滤过。取滤液5 mL，挥去乙醚，加甲醇0.5 mL溶解，作供试液；另以岩白菜素甲醇溶液为对照品溶液，分别点样于同一硅胶G薄层板上，以氯仿-醋酸乙酯-甲酸（5：4：2）展开，展距17 cm，在紫外灯（254 nm）下检视。供试液色谱中，在与对照品色谱相应的位置上，显相同的亮蓝色荧光斑点。

【化学成分】全草含岩白菜素（bergenm），6-O-没食子酰熊果酚苷（6-O-galloylarbutin），4，6-二-O-没食子酰熊果酚苷（4，6-di-O-galloylarbutin），2，4，6-三-O-没食子酰熊果酚苷（2，4，6-tri-O-galloylarbutin），2，3，4，6-四-O-没食子酰熊果酚苷（2，3，4，6-tetra-O-galloylarhutin）等。

【药理作用】全草有止咳、祛痰、促进病变组织恢复、广谱抗菌、抗病毒作用。根茎有抗食管上皮重度增生作用。另外，对亚硝胺诱发的小鼠前胃癌有一定的阻断作用。

【功能主治】药性：甘、涩，凉。归肺、肝、脾经。功能：滋补强壮，止咳止血。主治：虚弱头晕，肺虚咳喘，劳伤咯血，吐血，淋浊，白带。用法用量：内服煎汤，6～12 g。外用适量，鲜品捣敷；或研末调敷。使用注意：虚弱有外感发热者慎用。

附方：

1. 治虚痨咳嗽：鲜岩白菜60 g，四块瓦10 g，八角枫0.6 g，煮鸡蛋3个服。
2. 治肺结核咳嗽：岩白菜、百部、百合、沙参、老紫苏根、麦冬、天冬各6～9 g。炖猪心、肺服。
3. 治吐血：岩白菜9 g。猪瘦肉适量，炖服；或配旱莲草、白茅根，水煎服。
4. 治胃痛，消化不良，腹泻，大便下血，头痛，胸痛，腰痛，痛经：岩白菜3～6 g。研末，开水送服。
5. 治跌打损伤，风湿疼痛：岩白菜6 g。泡酒内服。
6. 治外伤出血：岩白菜适量。研末，外撒；或用鸡蛋清调匀，敷患处。

根茎（岩参）味苦、涩，性平；健胃止泻，生肌止血；主治食管上皮细胞重度增生，慢性食管炎，胃痛，食积，泄泻，便血，跌打损伤，外伤出血。内服研末，3～6 g；或浸酒。外用适量，研末撒；或调敷。

7. 治食管上皮细胞重度增生：岩白菜的根茎适量。去黑皮，晒干，研末，每次1.5 g，每日3次，连服6个月，总量为675 g。

8. 治慢性食管炎：每日口服岩参片5.0 g，疗程90 d。

175 常山

【别名】黄常山、鸡骨常山、蜀漆。

【来源】为虎耳草科植物常山*Dichroa febrifuga* Lour.的根。

▲常山

【植物形态】灌木，高1～2 m。小枝常带紫色，无毛或稀被微柔毛。叶对生，叶柄长1.5～2 cm；叶形变化大，通常椭圆形、长圆形、倒卵状椭圆形，稀为披针形，长5～10 cm，宽3～6 cm，顶端渐尖，基部楔形，边缘有密的锯齿或细锯齿；中脉上面凹陷，侧脉弯拱向上。伞房花序圆锥形，顶生，有梗；花蓝色或青紫色；花萼倒圆锥状，萼齿4～7；花瓣4～7，近肉质，开时反卷；雄蕊10～20，半数与花瓣对生，花丝扁平；子房下位，花柱4～6，初时基部合生。浆果蓝色，有多数种子。花期6—7月，果期8—10月。

【生境分布】生于海拔400～1 650 m的山地灌丛或林缘。分布于库区各市县。

【采收加工】秋季采挖，晒或炕干，燎去须根。

【药材性状】根呈圆柱形，常弯曲扭转，或有分枝，长9～15 cm，直径0.5～2 cm。表面棕黄色，具细纵纹，外皮易剥落而露出淡黄色木部，枯瘦光滑如鸡骨。质坚硬，不易折断，折断时有粉尘飞扬，断面裂片状；横切面黄白色，有放射状纹理。气微，味苦。

【显微鉴别】根横切面：木栓层为数列细胞；栓内层薄，少数细胞含树脂块或草酸钙针晶束。韧皮部较窄，薄壁细胞亦含树脂块或针晶束，针晶长18～90 μm。形成层环状。木质部占根的绝大部分，导管呈多角形，直径20～60 μm，多单个散在，导管中时有黄色类圆形的侵填体。木纤维、木薄壁细胞均木化；木射线宽2～9列细胞，类方形。

粉末特征：深黄色或淡黄色，味苦。导管为梯纹，有时可呈短节状，并可见侵填体。木纤维颇长或多碎断，有细小斜纹孔。淀粉粒甚多，单粒球开，卵圆形或长圆形复粒由2～6分粒组成。草酸钙针晶束易见，长18～90 μm。树脂块较多，大小形状不一。木栓细胞多角形。

【理化鉴别】（1）检查生物碱取本品粉末2 g，加乙醇10 mL，置水浴上回流15 min，放冷，滤过。滤液蒸干，残渣加稀盐酸2 mL，搅拌，滤过。取滤液加碘化铋钾2滴，即产生棕红色沉淀。

（2）检查伞形花内酯取本品根的横断面在紫外光灯（365 nm）下显黄色荧光，尤以皮部更为明显。其水浸液则显天蓝色荧光，在碱性溶液中荧光加强。

【化学成分】根含总生物碱约0.1%，主要有黄常山碱甲、乙、丙（α-β-γ-dichroines），黄常山啶（dichroidine），4-喹唑酮（4-quinazolone）。叶含生物碱约0.5%，其中黄常山碱的含量比根中多10～20倍，另含

▲绣球

伞形花内酯（umbelliferone）及少量三甲胺（trimethyamine）等。

【药理作用】有抗疟、抗阿米巴原虫、抗心律失常、降压、催吐作用。对艾氏腹水癌有抑制作用。黄常山碱无论口服或注射给药，均可引起实验动物恶心、呕吐、腹泻及胃肠黏膜充血、出血。大剂量黄常山碱丙对肝脏有损伤作用。

【功能主治】药性：苦、辛，寒，有小毒。功能：截疟，祛痰。主治：疟疾，胸中痰饮积聚。用法用量：内服煎汤，5 ~ 10 g。涌吐可生用，截疟宜酒炒用。使用注意：正气不足，久病体弱及孕妇慎服。

附方：

抗疟：常山、槟榔、鳖甲各30 g，乌梅、红枣各9个，甘草、生姜各9片，制成浓缩流浸膏。日服1 ~ 2次，每次5 g。

【资源综合利用】常山古方用于治疟疾，但毒副作用较大，现已改用青蒿素类。常山具杀虫作用，可作为杀虫剂开发研究。

176　绣球

【别名】粉团花、八仙花、土常山。

【来源】为虎耳草科植物绣球*Hydrangea macrophylla*（Thunb.）Ser.的根、叶或花。

【植物形态】落叶灌木，高达1 m。小枝粗壮，有明显的皮孔与叶迹。叶对生；叶柄长1 ~ 3 cm，无毛；叶片稍厚，椭圆形至卵状椭圆形，长8 ~ 16 cm，宽4 ~ 9 cm，顶端短渐尖，基部宽楔形，边缘除基部外具粗锯齿，上面鲜绿色，下面黄绿色，无毛或脉上有粗毛。伞房花序顶生，球形，径10 ~ 20 cm；花梗有柔毛；花极美丽，白色、粉红色或变为蓝色，全部都是不孕花；萼片4，阔卵形，长1 ~ 2 cm，全缘。花期6—9月。

【生境分布】库区各地均有栽培。

【采收加工】秋季挖根，切片；夏季采叶；初夏至深秋采花，均晒干。

【药材性状】叶：多皱缩破碎。完整叶片呈椭圆形至宽卵形，长7 ~ 16 cm，宽4 ~ 10 cm，顶端渐尖，基部楔形，边缘除基部外有粗锯齿，两面浅黄色至黑灰色，有时下面脉上有粗毛。叶柄长1 ~ 3 cm。革质，稍厚，易碎。气微，味苦、微辛，有小毒。

【化学成分】全株含氰苷：八仙花精（hydrangin）。根及其他部分含瑞香素（daphnetin）的甲基衍生物和伞形花内酯（umbelliferone）。叶含八仙花酚（hydrangenol），八仙花酚-8-O-葡萄糖苷（hydran-genol-8-O-glucoside）等。新鲜叶中含对氨基苯酚葡萄糖苷（p-aminophenyl-α-D-glucoside）。根尚含八仙花酚及其异物体八仙花酸（hydrangeic acid），半月苔酸（lunularic acid）。

【药理作用】有抗疟、子宫兴奋、短暂血压下降作用。对猫、兔在胃肠管蠕动有轻度促进作用。

【功能主治】药性：苦、微辛，寒，有小毒。功能：抗疟，清热，解毒，杀虫。主治：疟疾，心热惊悸，烦躁，喉痹，阴囊湿疹，疥癞。用法用量：内服煎汤，9～12 g。外用适量，煎水洗；或研末调涂。

附方：

1. 治疟疾：①绣球叶10 g，黄常山6 g。用水400 mL，煎至200 mL，疟疾发作前服。②绣球花叶12 g，柴胡12 g，黄芩12 g，法半夏10 g，生姜10 g，乌梅6 g。水煎服。

2. 治胸闷，心悸：绣球根、野菊花、漆树根各15 g。水煎服。

3. 治喉烂：绣球根，好醋磨，以翎毛蘸扫患处，涎出愈。

4. 治肾囊风：①绣球花一朵，野苋菜五枝，蛇床子9 g，煎汤，熏洗。②绣球花七朵。煎水洗。③绣球花或叶适量。焙干，研末，麻油调，涂患处。

【资源综合利用】本品始载于《群芳谱》。绣球花大，色美，是长江流域著名观赏植物，在我国，绣球花的寓意为“希望、健康、团圆”等。

177　土常山

【别名】硬毛绣球、白常山。

【来源】为虎耳草科植物腊莲绣球*Hydrangea strigosa* Rehd.的根。

【植物形态】灌木，高2～3 m。小枝圆柱状或稍呈四棱形，被白色平贴硬毛，老时灰褐色。单叶对生；叶柄长1～5 cm；叶片披针形、椭圆状披针形或倒卵形，长20～30 cm，宽2～8 cm，顶端渐尖，基部楔形或圆形，边缘具细锯齿，齿端有硬尖，上面绿色，下面灰色，两面均具平贴硬毛。聚伞花序顶生，花梗密被平贴硬毛；花二型；外缘为不育花，萼片4，花瓣状，白色或紫色，阔卵圆形，顶端有锯齿，径2～4 cm；中央为育性花，白色，萼筒与子房合生，被稀疏平贴硬毛，萼片三角形；花瓣5，长方卵形，镊合状排列，雄蕊10；雌蕊1，子房下位，花柱2，柱头头状。蒴果半球形，顶端截平，长约3 mm，有棱脊。种子细小，两端有翅，黄褐色。花期5—8月，

▲腊莲绣球

果期8—9月。

【生境分布】生于海拔200 ~ 1 650 m的山坡溪边及林缘。分布于库区各市县。

【采收加工】立冬至次年立春间，采挖根，鲜用或擦去栓皮，切段，晒干。

【药材性状】圆柱形，常弯曲，有分枝，长约20 cm，直径0.5 ~ 2 cm。表面淡黄色或黄白色，外皮极薄，易脱落，脱落处露出黄色木部。质坚硬，不易折断，断面黄白色，纤维性。气微，味辛、酸，有小毒。

【显微鉴别】粉末特征：淡黄色。螺纹导管长480 μm，直径36 ~ 57.6 μm。油细胞多见，类球形，直径约9.6 μm。草酸钙针晶多成束，长19.2 ~ 52.8 μm。纤维众多，多成束，偶有散在，棕色，长约1 200 μm，直径19.2 ~ 62.4 μm，壁较厚，胞腔明显。此外，可见薄壁细胞及棕色块。

【功能主治】药性：辛、酸，凉。功能：截疟，消食，清热解毒，祛痰散结。主治：疟疾，食积腹胀，咽喉肿痛，皮肤癣癞，疮疖肿毒，瘿瘤。用法用量：内服煎汤，6 ~ 12 g。外用适量，捣敷；或研末调擦；或煎水洗。

附方：

1. 治疟疾：①土常山15 ~ 18 g。研末，用鸡蛋1 ~ 3个拌和，煎成淡味蛋饼，在发冷前1 h一次吃完。②土常山9 g，柴胡、首乌各18 g，黄芩、半夏、生姜各9 g。水煎服。
2. 治跌伤肿痛，疮疖肿毒：土常山鲜根适量。捣烂，敷患处。
3. 治咽喉肿痛：土常山10 g。煎水，含咽。
4. 治癣癞：土常山、千里光各适量。水浓煎，洗患处。
5. 治高血压：甜茶叶、决明子、车前草各30 g，野菊花15 g。水煎服，每日1剂。

腊莲绣球幼叶（甜茶）味甘，性凉；截疟，利尿降压；主治疟疾，高血压病。内服煎汤，10 ~ 30 g。

▲月月青

178 月月青

【别名】猪脚杆、日月青。

【来源】为虎耳草科植物月月青*Itea ilicifolia* Oliv.的根。

【植物形态】常绿灌木，高达3 m。小枝无毛。叶互生；叶柄长约1 cm；叶片革质，宽椭圆形，长5 ~ 8 cm，宽3 ~ 6 cm，顶端短渐尖，基部圆形或钝，起伏不平，边缘有刺状粗锯齿，上面深绿色，光亮，下面淡绿色，两面均无毛；中脉上面凹下，下面突起，侧脉在边缘内连接。花两性；总状花序顶生，下垂，长达18 cm；花萼无毛，萼齿5，三角状披针形；花瓣5，狭披针形，开花时直立；雄蕊5；子房半下位，无毛。蒴果。花期5—6月，果期9—10月。

【生境分布】生于海拔300 ~ 1 200 m的石灰岩山地林中。分布于库区各市县。

【采收加工】夏、秋季采挖，除去须根，切段晒干。

【功能主治】药性：甘，平。功能：清热止咳，滋补肝肾。主治：虚劳咳嗽，咽喉干痛，火眼，肾虚眼瞀。用法用量：内服煎汤，9 ~ 15 g。

▲鬼灯檠

179 毛荷叶

【别名】慕荷、索骨丹、老蛇盘、猪屎七、岩陀、水五龙。

【来源】为虎耳草科植物鬼灯檠*Rodgersia aesculifolia* Batal.的根茎。

【植物形态】多年生草本，高达150 cm。根茎短，圆柱形，粗壮，外皮棕褐色，断面粉红色，具鳞片状毛。茎直立，中空，不分枝，无毛。基生叶通常1~2枚；叶柄长10~30 cm；茎生叶约2枚，掌状复叶；小叶3~7，狭倒卵形或倒披针形，长8~27 cm，宽3~9 cm，顶端渐尖或急尖，基部楔形，边缘有不整齐重锯齿，上面无毛，下面沿叶脉有毛。近花序处的叶柄仅长3 cm，基部呈鞘状抱茎。圆锥花序顶生；花梗短，有细毛；萼筒浅杯状，5深裂，裂片卵形，白色或淡黄色；花冠缺；雄蕊10，花丝短；花柱2，分离。蒴果，有2喙，喙间裂开。种子多数。花期6—7月，果期8—9月。

【生境分布】生于海拔1 100~2 500 m的山地林下、灌丛中、草甸阴湿处。分布于巫溪、巫山、奉节、开州地区。

【采收加工】秋季采挖，切片晒干或鲜用。

【药材性状】根茎呈圆柱形，略弯曲，长8~25 cm，直径1.5~3 cm。表面红棕色或灰棕色，有横沟及纵皱纹，上端有棕黄色鳞毛及多数细根及根痕，质坚硬，难折断。商品多切成薄片，表面棕色，皱缩，有点状根痕，有的有棕黄色鳞毛，切面红棕色或暗黄色，有多数白色亮晶小点，并可见棕色或黑色维管束小点。气微，清香，味微苦、涩。以片薄、色红棕、质坚实者为佳。

【显微鉴别】根茎横切面：木栓层细胞4~9列。皮层偶见根迹维管束。维管束外韧型，大小不一，环列，木质部内侧的导管中含有黄棕色物质。射线宽窄不一。髓宽大，有维管束散在，韧皮部位于内侧，木质部位于外侧。薄壁细胞含有淀粉粒及草酸钙针晶束。

【化学成分】根茎含鬼灯檠素（bergenin），鬼灯檠新内酯（7-methoxybergenin），鬼灯檠酯（methyl-2，6-dihydroxyphenylacetate），丁香酸（syringic acid），熊果苷（arbutin），没食子酸（gallic acid），芳樟醇（linalool），麦角甾醇（ergosterol），5-豆甾-烯-3β-醇（stigmast-5-en-3β-ol），槲皮素（Quercetin），β-谷甾醇（β-sitos-terol）。尚含挥发油0.02%~0.03%，其中有苯酚（phenol），左旋芳樟醇（1inalool），甲苯（toluene），间二甲苯（m-xylene）等。

【药理作用】有抗病毒、抗菌作用。

【功能主治】药性：苦、涩、凉。功能：清热解毒，凉血止血，收敛。主治：痢疾，腹泻，子宫脱垂，阴道壁脱垂，白浊，带下，衄血，吐血，咯血，崩漏，便血，外伤出血，咽喉肿痛，疮毒，烫火伤，湿疹，脱肛、痔疮。用法用量：内服煎汤，5 ~ 10 g，或研末，每次3 ~ 6 g。外用适量，捣敷；或煎水洗；或研末撒。

附方：

1. 治湿热腹泻，痢疾，便血，吐血：毛荷叶10 g，水煎服；或研粉，每服3 ~ 6 g，开水送服。
2. 治外伤出血：毛荷叶适量。研末，直接撒患处。
3. 治痈肿疮疖：毛荷叶适量。研末，醋调，敷患处。
4. 治子宫脱垂，阴道壁脱垂：鬼灯檠软膏，直接涂于患处，每日1次，涂7 ~ 14 d。

180　虎耳草

【别名】金钱荷叶、石丹药、猫耳朵。

【来源】为虎耳草科植物虎耳草*Saxifraga stolonifera* Curt.的全草。

【植物形态】多年生小草本。根纤细；匍匐茎细长，红紫色，有时生出叶与不定根。叶基生，叶柄长3 ~ 10 cm；叶片肉质，圆形或肾形，直径4 ~ 6 cm，有时较大，基部心形或平截，边缘有浅裂片和不规则细锯齿，上面绿色，常有白色斑纹，下面紫红色，两面被柔毛。花茎高达25 cm，直立或稍倾斜，有分枝；圆锥状花序，轴、分枝、花梗均被腺毛及绒毛；苞片披针形，被柔毛；萼片卵形，顶端尖，向外伸展；花多数，花瓣5，白色或粉红色，下方2瓣特长，椭圆状披针形，长1 ~ 1.5 cm，宽2 ~ 3 mm，上方3瓣较小，卵形，基部有黄色斑点；雄蕊10，花丝棒状，比萼片长约1倍，花药紫红色；子房球形，花柱纤细，柱头细小。蒴果卵圆形，顶端2深裂，呈喙状。花期5—8月，果期7—11月。

【生境分布】生于海拔300 ~ 500 m的林下、灌丛、草甸和阴湿岩石旁。分布于库区各市县。

【采收加工】四季均可采收，晾干。

▲虎耳草

【药材性状】全体被毛。单叶丛生，叶柄长，密生长柔毛；叶片圆形至肾形，肉质，宽4～9 cm，边缘浅裂，疏生尖锐齿牙；下面紫赤色，无毛，密生小球形的细点。花白色，上面3瓣较小，卵形，有黄色斑点，下面2瓣较大，披针形，倒垂，形似虎耳。蒴果卵圆形。气微，味微苦。

【显微鉴别】叶表面观：上表皮细胞多角形，垂周壁较平直，有的壁孔明显，或具角质纹理；下表皮细胞垂周壁波状弯曲，气孔不定式，副卫细胞4～8个。腺毛头部1～8细胞；柄部有多列和单列两种，多列者长1 300～5 600 μm，其上部单列向下逐渐增至7列；单列者1～4细胞，长70～110 μm。草酸钙簇晶直径25～56 μm。

【化学成分】叶中含岩白菜素（bergenin），槲皮苷（Quercitrin），槲皮素（quercitin），没食子酸（gallic acid），原儿茶酸（protocatechuic acid），琥珀酸（succinic acid）和甲基延胡索酸（mesaconic acid）等。根含挥发油。此外从虎耳草中还分得熊果酚苷（arbutin），绿原酸（chlorogenic acid），槲皮素-5-O-葡萄糖苷（quercetin-5-O-β-D-glucoside），去甲岩白菜素（norbergenin），氨基酸，硝酸钾及氯化钾。其叶绿体中所含的酚酶能将顺式咖啡酸（cis-caffeic acid）氧化为相应的邻位醌，后者经自然氧化而生成马栗树皮素（esculetin）。

【药理作用】有强心、利尿作用。

【功能主治】药性：苦、辛，寒；小毒。功能：疏风，清热，凉血，解毒。主治：风热咳嗽，肺痈，吐血，聤耳流脓，风火牙痛，风疹瘙痒，痈肿丹毒，痔疮肿痛，毒虫咬伤，烫伤，外伤出血。用法用量：内服煎汤，10～15 g。外用适量，煎水洗；鲜品捣敷；或绞汁滴耳及涂布。使用注意：孕妇慎服。

附方：

1. 治肺脓肿：虎耳草12 g，忍冬叶30 g。水煎服。
2. 治肺结核：虎耳草、鱼腥草、一枝黄花各30 g，白及、百部、白茅根各15 g。水煎服。
3. 治吐血：虎耳草9 g。猪瘦肉120 g，混同剁烂，做成肉饼，加水蒸熟食。
4. 治急慢性中耳炎：①虎耳草鲜叶适量。捣取汁，每次1～2滴，每日多次，略加冰片更妙；或用中耳炎药水（每100 mL鲜虎耳草汁加75%乙醇20 mL制成）滴耳。②鲜虎耳草60 g，鲜爵床、冰糖各30 g。水煎服。
5. 治耳郭溃烂：鲜虎耳草适量。捣烂，调茶油涂患处；或加冰片0.3 g，枯矾1.5 g，共捣烂，敷患处。
6. 治风火牙痛：虎耳草30～60 g。水煎，去渣，加鸡蛋1个同煮服。
7. 治皮肤风疹：虎耳草、苍耳子、紫草、芦根各15 g。水煎，分3次服。
8. 治湿疹，皮肤瘙痒：鲜虎耳草500 g。切碎，加95%乙醇拌湿，再加30%乙醇1 000 mL浸泡1星期，去渣，涂患处。
9. 治荨麻疹：虎耳草15 g，土茯苓24 g，忍冬藤30 g，野菊花15 g。水煎，头汁内服，二汁熏洗患处。
10. 治风丹热毒：鲜虎耳草30 g。水煎服。
11. 治痔疮肿痛：虎耳草30 g。水煎，加食盐少许，坐熏，每日2次。
12. 治淋巴结结核：鲜虎耳草适量。捣烂，敷患处，连用3～5 d。
13. 治血崩：鲜虎耳草30～60 g，加黄酒、水各半，煎服。

海桐花科Pittosporaceae

181　山栀茶

【别名】崖花海桐、山枝仁。

【来源】为海桐花科植物海金子*Pittosporum illicioides* Makino根及根皮。

【植物形态】常绿灌木或小乔木，高2～6 m，全株光滑无毛。小枝近轮生。单叶互生，有时成几轮集生于枝顶；叶片薄革质，倒卵形至倒披针形，长5～10 cm，宽1.7～3.5 cm，顶端短尖或渐尖，基部楔形，边缘略呈波状；下面侧脉6～8对突起，网脉明显。花淡黄色，伞房花序生于小枝顶端；萼片5，卵形；花瓣5，裂片长匙形；雄蕊5，花药2室，纵裂；雌蕊由3心皮组成，子房上位，密生短毛，花柱单一。蒴果球状倒卵形或近椭圆状球形，柱头宿存，成熟时裂为3瓣，果瓣木质或革质，外果皮薄，黄绿色，内有种子数颗。种子外被暗红色假种皮。花期

▲海金子

▲海金子果实

4—5月，果期10月。

【生境分布】生于海拔500～1 400 m的沟边、林下岩石旁及山坡杂木林中。分布于库区各市县。

【采收加工】全年可采，切片，晒干；或剥取皮部，切段，晒干或鲜用。

【药材性状】根呈圆柱形，或略扭曲。长10～20 cm，直径1～3 cm。表面灰黄色至黑褐色，较粗糙，可见基部及侧根痕和椭圆形皮孔。质硬，不易折断，切面木心常偏向一侧，木部黄白色，可见环纹，皮部较木部色深，易剥离，韧皮部呈棕褐色环状。气微，味苦、涩。

根皮呈条片状或卷筒状。外表面棕黄色，有支根痕及残留的深棕色粗皮；内表面黄色或浅黄色，光滑，有棕色条纹。体轻质韧，可向外表面方向折断，内面有一薄层相连，断面较平坦，层状，顺内表面可剥下1～2层，层间黄白色。气香，味苦涩。

【显微鉴别】根横切面：木栓细胞长方形，数层至10余层排列整齐，切向延长，长38～47 μm，宽12～14 μm，细胞壁稍增厚，微木化。皮层石细胞类圆形或椭圆形，数个至数十个聚合成群，长34～55 μm，宽24～34 μm；分泌腔散在，内含挥发油滴。韧皮射线由1～2列长方形细胞组成，韧皮部分泌腔略作数列环状排列。

粉末特征：灰白色，气微香。导管直径20～60 μm，多为梯纹，偶见孔纹。石细胞类圆形，层纹和纹孔明显。草酸钙方晶众多，直径10～35 μm。木纤维呈梭形，胞腔狭小，孔纹明显。尚可见破碎的分泌腔及挥发油滴。

【理化鉴别】（1）荧光显色：取本品水溶液于试管中，在紫外灯下观察，显蓝色荧光。另取本品1%酸性乙醇溶液（1∶7）1 mL于试管中，在荧光灯下观察，显蓝紫色荧光。

（2）检查生物碱：取本品细粉2 g，加入0.5%盐酸乙醇溶液10 mL，置水浴上加热回流10 min，趁热滤过，滤液滴加5%氨水至中性，在水浴上蒸干，加5%硫酸1 mL，溶解残渣，滤过。在滤液中加入碘化铋钾试液1～2滴，产生红棕色沉淀。

【化学成分】含生物碱及皂苷。

【药理作用】所含皂苷有杀精的作用。根皮有镇痛、消炎作用。种子有镇静、收敛，止咳作用。

【功能主治】药性：苦、辛，温。功能：活络止血，宁心益肾，解毒。主治：风湿痹痛，骨折，胃痛，失眠，遗精，毒蛇咬伤，外伤出血。用法用量：内服煎汤，15～30 g；或浸酒。外用适量，鲜用。

附方：

1. 治坐骨神经痛，风湿关节痛：山栀茶根30 g，瑞香12 g，钩藤根、独活各15 g。水煎服或酒浸服。
2. 治骨折：手术复位后，取山栀茶鲜根适量，捣烂，敷伤处，包扎固定。另取山栀茶根60 g，酒炒后，水煎服。
3. 治失眠，遗精：山栀茶根250 g。白酒500 mL，浸3昼夜。每次服15 mL，每日3次。
4. 治肝炎：山栀茶、伏牛花、黄花远志各用根15 g。水煎服。
5. 治蕲蛇、竹叶青蛇咬伤：山栀茶根白皮60 g。水煎服，重症可每日服2剂。

海金子叶苦，微温；消肿解毒，止血；治疮疖肿毒，皮肤湿痒，毒蛇咬伤，外伤出血。种子苦，寒；清热利咽，涩肠固精；治咽痛，白带，滑精。根皮治毒蛇咬伤，有镇痛、消炎等作用。种子作山栀子用，有镇静、收敛，止咳等功效。

【资源综合利用】海桐花科（Pittosporaceae）某些种的根及果实常供药用。种子作山栀子用，亦可榨油，为工业用油脂原料。库区有将同属植物光叶海桐（P.glabratum Lindl.），木果海桐（P.xylocarpum）的根及根皮作为山栀茶根用者。

182 海桐枝叶

【别名】海桐树。

【来源】为海桐花科植物海桐*Pittosporum tobira*（Thunb.）Ait.的枝、叶。

【植物形态】常绿小乔木或灌木，高2～6 m。枝条近轮生，嫩枝被褐黄色柔毛，有皮孔。茎叶有臭气。叶聚生枝端；叶柄长2 cm；叶片革质，倒卵形或倒卵状长圆形，稀倒心形，长5～12 cm，宽1～4 cm，顶端圆或钝而微缺，基部狭楔形，上面深绿色，发亮，全缘，叶缘有时呈白色；侧脉不明显。顶生伞房状伞形花序，密被褐黄色柔毛；花梗长8～14 mm；苞片披针形，膜质，长4～5 mm，小苞片长2～3 mm，均被褐色柔毛；花白色，芳香，后变黄色；花萼杯状，基部连合，5裂，裂片卵形至披针形，长3～4 mm，被黄色柔毛；花瓣5，倒披针形，长10～13 mm，离生；雄蕊2型，退化雄蕊的花丝长2～3 mm，花药近于不育；正常雄蕊的花丝长约7 mm，花药长圆形，长约2 mm，淡黄色；子房卵圆形，被短柔毛，胚珠多数，2列着生于胎座中段，花柱长约3 mm，柱头头状。蒴果卵形有3棱，长5～10 mm，密被短柔毛，果柄长1～2 mm，果瓣3，木质。种子多数，肾形，长3～7 mm，呈暗红色。花期4—5月，果熟期8月。

【生境分布】多栽培。分布于库区各市县。

【采收加工】全年均可采，晒干或鲜用。

【化学成分】叶含R_1-玉蕊醇元（R_1-barrigenol），21-O-当归酰-R_1-玉蕊醇（21-O-angeloyl-R_1-barri-genol），21-O-当归酰-玉蕊皂苷元C（21-O-angeloyl-barringtogenol C），海桐花苷（pittosporanoside），异鼠李素-3-鼠李糖葡萄糖苷（isorhamnetin 3-rhamnoglucoside）。叶和花均含海桐花新苷（pittosporatobiraside）A和B。花还含喇叭醇（ledol）及挥发油（主要成分为乙酸苄酯，benzylacetate）。种子含海桐花黄质（pittospommxanthin）等。

▲海桐

▲杨梅叶蚊母树

【功能主治】药性：苦、辛，微温。功能：解毒，杀虫。主治：疥疮，肿毒。用法用量：外用适量，煎水洗；或捣烂涂敷。

金缕梅科Hamamelidaceae

183 杨梅叶蚊母树根

【别名】蚊母树根。

【来源】为金缕梅科植物杨梅叶蚊母树*Distylium myricoides* Hemsl.的根。

【植物形态】常绿灌木或小乔木。嫩枝有鳞垢；老枝无毛，有皮孔。叶互生；叶柄长5 ~ 8 mm，有鳞垢；托叶早落；叶革质，长圆形或倒披针形，长5 ~ 11 cm，宽2 ~ 4 cm，顶端锐尖，基部楔形，边缘上部有数个小齿突，上面绿色，干后暗晦无光泽，下面无毛。

【生境分布】生于海拔400 ~ 900 m的山地林中。分布于万州、开州、武隆地区。

【采收加工】全年均可采挖，洗净，切段，晒干。

【药材性状】根长圆锥形，大小长短不一。表面灰褐色。质坚硬，不易折断，断面纤维性。气微，味淡。

【功能主治】药性：味辛、微苦，性平。归脾、肝经。功能：利水渗湿，祛风活络。主治：水肿，手足浮肿，风湿骨节疼痛，跌打损伤。用法用量：内服煎汤，6 ~ 12 g。

184 路路通

【别名】枫香树。

【来源】为金缕梅科植物枫香树*Liquidambar formosana* Hance的果序。

【植物形态】落叶乔木，高20 ~ 40 m。树皮灰褐色，方块状剥落。叶互生，叶柄长3 ~ 7 cm；叶片心形，常3裂，幼时及萌发枝上的叶多为掌状5裂，长6 ~ 12 cm，宽8 ~ 15 cm，裂片卵状三角形或卵形，顶端尾状渐尖，基部心形，边缘有细锯齿，齿尖有腺状突起。花单性，雌雄同株，无花被；雄花淡黄绿色，成柔荑花序再排成总状，生于枝顶；雄蕊多数，花丝不等长；雌花排成圆球形的头状花序；萼齿5，钻形；子房半下位，2室，花柱2，柱头弯曲。头状果序圆球形，直径2.5 ~ 4.5 cm，表面有刺，蒴果有宿存花萼和花柱，两瓣裂开，每瓣2浅裂。种子多数，细小，扁平。花期3—4月，果期9—10月。

【生境分布】生于海拔200 ~ 1 700 m的坡地及疏林中。分布于库区各市县。

【采收加工】冬季采摘，晒干。

【药材性状】果序圆球形，直径2 ~ 3 cm。表面灰棕色至棕褐色，有多数尖刺状宿存萼齿及鸟嘴状花柱，常折断或弯曲，除去后则现多数蜂窝小孔；基部有圆柱形果柄，长3～4.5 cm，常折断或仅具果柄痕。小蒴果顶部开裂形成空洞状，可见种子多数，发育不完全者细小，多角形，黄棕色至棕褐色；发育完全者少数，扁平长圆形，具翅，褐色。体轻，质硬，不易破开。气微香，味淡。

【显微鉴别】粉末特征：棕褐色。纤维（果序轴）多断碎，长短不一，直径13～48 μm，末端稍钝或钝圆，壁多波状弯曲，木化，孔沟有时明显，胞腔内常含棕黄色物。果皮石细胞类方形、不规则形或分枝状，直径53～400 μm，壁极厚，孔沟分枝状。宿萼表皮细胞表面观多角形，壁厚，具孔沟，腔小，内含棕黄色物。单细胞毛（宿萼）常弯曲，长42～128 μm，宽约14 μm，含棕黄色物。

▲枫香树

【理化鉴别】（1）检查糖类：取本品1 g，加水5 mL，水浴加热20 min，滤过，取滤液2 mL，加碱性酒石酸铜试液2 mL，在沸水浴中加热10 min，产生红色氧化亚铜沉淀。

（2）取本品1 g，加95%乙醇10 mL，水浴加热15 min，放冷，滤过。滤液供下述试验：①检查甾类：取滤液2 mL，蒸干，加浓硫酸-醋酐试剂2滴，显红紫色，渐变为紫棕色，最后显污绿色。②检查黄酮类：取滤液2 mL，加锌粉少许，滴加浓盐酸3～4滴，水浴加热15～20 min，显橙色。

【化学成分】果含β-松油烯，β-蒎烯，柠檬烯，28-去甲齐墩果酮酸（28-noroleanonic acid），白桦脂酮酸（betulonic acid），氧化丁香烯（caryophyllene oxide），2α，3β-二羟基-23-去甲-齐墩果-4（24），12（13）-二烯-28-羧酸，2α，3β，23-三羟基齐墩果-12（13）-烯-28-羧酸，桂皮酸桂皮醇酯（cinnamyl cinnamate）等。

【药理作用】有保肝、抗炎作用。路路通注射液对于脑出血急性期有显著疗效。结合胰岛素强化治疗，能够加快糖尿病人胰岛素敏感性的恢复，改善胰岛功能；对糖尿病高脂、高黏血症及周围神经病变有也良好疗效。叶有止血作用。

【功能主治】药性：苦，平。归肝，膀胱经。功能：祛风除湿，疏肝活络，利水。主治：急性脑梗死，椎基底动脉供血不足性眩晕，风湿痹痛，肢体麻木，手足拘挛，脘腹疼痛，经闭，乳汁不通，水肿胀满，湿疹。用法用量：内服水煎，3～10 g；或研末。外用适量，研末撒。使用注意：孕妇慎服。

附方：

1. 治癣：路路通10个（烧存性），白砒0.5 g。研末，香油调搽。
2. 治荨麻疹：路路通500 g。煎浓汁，每天3次，每次18 g，空腹服。
3. 治耳内流黄水：路路通15 g。水煎服。
4. 治脏毒：路路通1个。煅存性，研末，酒煎服。
5. 治过敏性鼻炎：路路通12 g，苍耳子、防风各9 g，辛夷、白芷各6 g。水煎服。

枫香树树脂辛、苦，平；祛风活血，行气止痛，止血生肌，解毒消肿；主治胃脘疼痛，伤暑腹痛，痢疾，泄泻，湿疹，吐血，咯血，衄血，创伤出血，痈疽，疮疡，瘰疬，痹痛，瘫痪。根、根皮及树皮辛，微涩，平；解毒消肿，祛风止痛，除湿止泻，止痒；主治痈疽疔疮，风湿痹痛，牙痛，湿热泄泻，痢疾，小儿消化不良，大风癞疾，痒疹。

【资源综合利用】路路通在中国台湾地区作保肝药用。

185 檵花

【别名】纸末花。

【来源】为金缕梅科植物檵木*Loropetalum chinense*（R. Br.）Oliv.的花。

【植物形态】常绿灌木或小乔木，高1～4 m。树皮深灰色；嫩枝、新叶、花序、花萼背面和蒴果均被黄色星状毛。叶互生；叶柄长2～3 mm；托叶早落；叶片革质，卵形或卵状椭圆形，长1.5～6 cm，宽0.8～2 cm，顶端短尖头，基部钝，不对称，全缘。花6～8簇生小枝端，无柄；花萼短，4裂；花瓣4，条形，淡黄白色；雄蕊4，花丝极短，花药裂瓣内卷，药隔伸出呈刺状；子房半下位，2室，花柱2，极短。木质蒴果球形，长约1 cm，褐色，顶端2裂。种子2，长卵形，长4～5 mm。花期4—5月，果期10月。

【生境分布】生于海拔200～1 200 m的向阳山坡、路边、灌丛中及沟边，常栽培。分布于库区各市县。

【采收加工】清明前后采收，阴干。

【药材性状】常3～8朵簇生，基部有短花梗。脱落的单个花朵常皱缩呈条带状，长1～2 cm，淡黄色或浅棕色；湿润展平后，花萼筒杯状，长约5 mm，4裂，萼齿卵形，表面有灰白色星状毛，花瓣4片，带状或倒卵状匙形，淡黄色，有明显的棕色羽状脉纹，雄蕊4枚，花丝极短，与鳞片状退化雄蕊互生，子房下位，花柱极短，柱头2裂。质柔韧。气微清香，味淡微苦。

【理化鉴别】检查有机酸：取本品粉末5 g，加水50 mL，置50～60 ℃的水浴上加热约1 h，滤过。取滤液点于滤纸上，喷洒0.1%溴麝香草酚蓝的乙醇溶液，即在蓝色背景中显黄色斑点。

【化学成分】花含槲皮素（quercetin）与异槲皮苷（isoquercitrin）。叶含槲皮素（quercetin），鞣质，没食子酸（gallic acid），黄酮类。

【药理作用】花有止血作用。根有兴奋子宫作用。叶有止血、抗菌、增加冠脉流量，降低心肌氧耗量、收缩子宫、扩张外周血管作用。

▲檵木

【功能主治】药性：甘、涩，平。归肺、脾、大肠经。功能：清热止咳，收敛止血。主治：肺热咳嗽，咯血，鼻衄，便血，痢疾，泄泻，崩漏。用法用量：内服煎汤，6～10 g。外用适量，研末撒；或鲜品揉团塞鼻。

附方：

1. 治鼻衄：檵木花12 g，紫珠草15 g。水煎服。或用鲜花适量，揉团，塞鼻中。

2. 治痢疾：檵花、骨碎补各3 g，荆芥4.5 g，青木香6 g，水煎服。

3. 治上消化道出血：檵木、紫珠草、蒲公英各30 g。水煎，上、下午两次分服。

4. 治痢疾、腹泻：檵木根30 g，枫树根24 g，石榴根15 g，水煎服。

5. 治外伤出血：鲜檵花叶一握。捣烂，外敷。

6. 治刀伤初期或感染溃烂者：初伤者用茶叶水洗，檵花嫩叶捣敷。若已化脓流黄水者，用此药30 g，研为细末，调菜油涂上。

7. 治紫斑病：檵木鲜叶30 g。捣烂，酌加开水擂取汁服。

檵木根味苦、涩，性微温；止血，活血，收敛固涩；主治咯血，吐血，便血、外伤出血，崩漏，产后恶露不净，风湿关节疼痛，跌打损伤，泄泻，痢疾，白带，脱肛。叶味苦、涩，性凉；收敛止血，清热解毒；主治咯血，吐血，便血，崩漏，产后恶露不净，紫癜，暑热泻痢，跌打损伤，创伤出血，肝热目赤，老年慢性气管炎，产后宫缩不良，喉痛。

【资源综合利用】花始载于《植物名实图考》。檵木一年内能多次开花，花叶俱美，是优良的园林盆景树种；含花色素等，具有抗氧化和抑菌作用，在加强成分研究的同时，应加大品质筛选、遗传工程研究，培养兼具药用和观赏价值的经济新品种。

蔷薇科Rosaceae

186　仙鹤草

【别名】龙芽草、路边黄。

【来源】为蔷薇科植物仙鹤草*Agrimonia pilosa* Ledeb.的地上部分。

▲仙鹤草

【植物形态】多年生草本，高30～120 cm。基部常有1或数个地下芽。茎被疏柔毛及短柔毛。奇数羽状复叶互生；托叶镰形，顶端急尖或渐尖，边缘有锐锯齿或裂片，稀全缘；小叶有大小2种，相间生于叶轴上，较大的小叶3～4对，向上减少至3小叶，小叶几无柄，倒卵形至倒卵状披针形，长1.5～5 cm，宽1～2.5 cm，顶端急尖至圆钝，稀渐尖，基部楔形，边缘有急尖到圆钝锯齿，上面绿色，被疏柔毛，下面淡绿色，脉上伏生疏柔毛，有显著腺点。总状花序单一或2～3个生于茎顶，花序轴被柔毛；苞片通常3深裂，裂片带形，小苞片对生，卵形，全缘或边缘分裂；花直径6～9 mm，萼片5，三角卵形；花瓣5，长圆形，黄色；雄蕊5～15枚；花柱2，丝状，柱头头状。瘦果倒卵圆锥形，外面有10条肋，被疏柔毛，顶端有数层钩刺，幼时直立，成熟时向内靠合。花、果期5—12月。

【生境分布】生于海拔100～1 500 m的溪边、山坡、草地及疏林中。分布于库区各市县。

【采收加工】开花前枝叶茂盛时采收，晒干。

【药材性状】全体被白色柔毛。茎下部圆柱形，木质化，直径0.4～0.6 cm，红棕色，上部方棱形，四面略凹陷，绿褐色，有纵沟及棱线，有节；体轻，质硬，易折断，断面中空。奇数羽状复叶互生，暗绿色，皱缩卷曲；易碎，叶片有大小两种，顶端小叶较大，完整小叶片展开后呈卵形或长椭圆形，顶端尖，基部楔形，边缘有锯齿。偶见花。气微，味微苦。

【显微鉴别】茎横切面：表皮细胞着生非腺毛，长短不一。皮层以内为木化的中柱鞘纤维层，呈环排列。维管束约20个，亦呈环状排列，外韧型，髓部大，由圆形的薄壁细胞组成。

叶片横切面：中脉维管束外韧型，呈新月状。上表皮有非腺毛；下表皮有非腺毛、腺毛和气孔。叶肉栅栏细胞2列，不通过中脉。栅栏组织及叶脉薄壁细胞中散有草酸钙簇晶。

叶片表面观：上下表皮细胞垂周壁菲薄，波状弯曲，下表皮呈深波状；均有单细胞非腺毛，壁厚，木化，具螺旋状条纹和疣状突起，胞腔含棕色物质；下表皮有头状腺毛和囊状腺毛2种。气孔椭圆形，副卫细胞3～6个，以4个居多。

粉末特征：暗绿色：上表皮细胞多角形；下表皮细胞壁波状弯曲，气孔不定式或不等式非腺毛单细胞，长短不一，壁厚，木化，疣状突起，少数有螺旋纹理。腺毛头部1～4个细胞，卵圆形柄一般1～2个细胞，较短；另有少数腺鳞，头部单细胞，直径约至68 μm，含挥发油滴，柄单细胞。草酸钙簇晶甚多，直径9～50 μm。

【理化鉴别】薄层鉴别：取本品粉末10 g，用50 mL石油醚（60～90 ℃）回流提取90 min，滤过。滤液挥尽石油醚，用氯仿5 mL溶解，作供试品溶液。另取鹤草酚少许，用氯仿溶解后作为对照品溶液：取供试品和对照品溶液，分别点样于同一硅胶G板上，用正己烷-乙酸乙酯-冰醋酸（20：25：0.7）展开，展距约15 m。取出晾干。喷以浓硫酸后加热，供试品色谱中与对照品色谱在相应位置上显相同颜色的斑点。

【化学成分】地上部分含木犀草素-7-葡萄糖苷（leuteolin-7-glucoside），芹菜素-7-葡萄糖苷（apigenin-7-glucoside），槲皮素（quercetin），并没食子酸（ellagic acid），咖啡酸（caffeic acid），没食子酸（gallic acid），仙鹤草素，赛仙鹤草酚（agrimol），（2S，3S）-(-)-花旗松素-3-葡萄糖苷，鞣质，维生素K等。

【药理作用】有抗血小板凝集、抗血栓形成、降压、抗肿瘤、镇痛、抗寄生虫、抗菌、降血糖作用。

【功能主治】药性：苦、涩，平。功能：收敛止血，止痢，杀虫。主治：内耳眩晕症，咯血，衄血，尿血，便血，崩漏，外伤出血，腹泻，痢疾，脱力劳伤，疟疾，滴虫性阴道炎，蛔虫及绦虫病，癌症。用法用量：内服煎汤，10～15 g，大剂量可用30～60 g。或入散剂。外用适量，捣敷或熬膏涂敷。使用注意：表证发热者慎服。

附方：

1. 治虚损，唾血，咯血：仙鹤草15 g，红枣5枚。水煎服。
2. 治鼻衄，齿龈出血：仙鹤草、白茅根各15 g，焦山栀9 g。水煎服。
3. 治疗过敏性紫癜：仙鹤草90 g，生龟板30 g，枸杞根、地榆炭各6 g。水煎服。

【资源综合利用】仙鹤草民间用于虚劳损伤，文献亦报道对免疫功能有调节作用，可制成保健饮料。国外将同属植物疏毛龙芽草作免疫调节剂，并从欧洲龙芽草中提出了与人参皂苷类似的物质。

187　桃仁

【别名】白花桃、毛桃。

【来源】为蔷薇科植物桃*Amygdalus persica* L.的种仁。

【植物形态】落叶小乔木，高3～8 m。小枝绿色或半边红褐色。叶互生，在短枝上呈簇生状，叶柄长1～2 cm，通常有1至数枚腺体；叶片椭圆状披针形至倒卵状披针形，边缘具细锯齿，两面无毛。花通常单生，先于叶开放，具短梗；萼片5，基部合生成短萼筒，外被绒毛；花瓣5，倒卵形，粉红色，罕为白色；雄蕊多数，子房1室。花柱细长，柱头小，圆头状。核果近球形，直径5～7 cm，表面有短绒毛，果肉白色或黄色，离核或黏核。种子1枚，扁卵状心形。花期3—4月。果期6—7月。

【生境分布】生于海拔500～1 200 m的山坡、山谷、荒野及疏林内。分布于库区各市县。

【采收加工】夏秋间采摘成熟果实，除净果肉及核壳，取出种子，晒干。

【药材性状】种子呈长卵形，扁平，顶端具尖，中部略膨大，基部钝圆而偏斜，边缘较薄。长1.2～1.8 cm，宽0.8～1.2 cm，厚2～4 mm。种皮表面红棕色或黄棕色，有纵皱。尖端一侧有一棱线状种脐，基部有合点，自合

▲桃

点分散出多数棕色维管束脉纹。种皮薄，易剥去。子叶肥大，富油质。气微，味微苦。

【显微鉴别】粉末特征：黄白色。种皮外表皮石细胞，单个散在或2～（5～11）个连接成行或聚集成群。侧面观多呈贝壳形、盔帽形或弓形。另有呈纺锤形的石细胞，宽约230 μm。种皮外表皮细胞橙红色或樱红色，呈类圆形或多角形，常与石细胞连生。种皮内表皮细胞淡黄棕色或红棕色，断面观为1列类长方形色素细胞，表面观呈类多角形，垂周壁微波状弯曲。内胚乳细胞，壁稍厚，胞腔内含脂肪油滴。子叶细胞含糊粉粒及脂肪油滴。

【理化鉴别】层析法：取样品0.5 g，加等量碳酸钙共研，放入具塞三角瓶中，加60～90 ℃石油醚4 mL冷浸过夜，吸去石油醚，吹干药渣，复加4 mL乙醇冷浸过夜。吸取乙醇浸液点于硅胶G薄层板上，以苦杏仁苷作对照，氯仿-乙酸乙酯-乙醇（2：1：2）展开18 cm。用碘蒸气熏后，在与苦杏仁苷相应的位置显相同的黄色斑点。

【化学成分】含苦杏仁苷（amygdalin）约3.5%，24-亚甲基环木菠萝烷醇（24-methyl-lenecycloartanol），柠檬甾二烯醇（citrostadienol），7-去氢燕麦甾醇（7-de-hydroavenasterol）、野樱苷（prunasin），β-谷甾醇（β-sitosterol），菜油甾醇（campesterol），β-谷甾醇-3-O-β-D-吡喃葡萄糖苷（β-sitosterol-3-O-β-D-glucopyranoside），甲基-α-D-呋喃果糖苷（methyl-α-D-fructo furanoside），还含有绿原酸，多种奎宁酸等。

【药理作用】种仁能明显增加麻醉家兔脑血流量及犬股动脉血流量并降低血管阻力，对肝脏表面微循环有一定的改善作用。脂肪油可润滑肠道，利于排便。有抗凝血、抗炎作用、抗过敏、镇咳、收缩子宫、止血、镇痛、提高机体免疫功能、抗肝纤维化作用。

【功能主治】药性：苦、甘，平。归心，肝大肠经。功能：活血祛瘀，润肠通便。主治：痛经，血滞经闭，产后瘀滞腹痛，癥瘕结块，跌打损伤，瘀血肿痛，肺痈，肿瘤，肠痈，肠燥便秘。用法用量：内服煎汤，6～10 g，用时打碎；或入丸、散。制霜用须包煎。使用注意：无瘀滞者及孕妇禁服。过量服用可引起中毒，轻者可见头晕恶心，精神不振，虚弱乏力等，严重者可因呼吸麻痹而死亡。

附方：

1. 治产后恶露不净，脉弦滞涩者：桃仁9 g，当归9 g，赤芍、桂心各4.5 g，砂糖9 g（炒炭）。水煎，温服。
2. 治食郁久，胃脘有瘀血作痛：生桃仁连皮细嚼，以生韭菜捣自然汁一盏送下。
3. 治上气咳嗽，胸膈痞满，气喘：桃仁（去皮、尖）90 g。水500 mL，研取汁，和粳米120 g，煮粥食之。
4. 治冬月唇干血出：用桃仁捣烂，猪油调涂唇上，即效。

桃的幼果（碧桃干）味酸、苦，性平。归肺、肝经。敛汗涩精，活血止血，止痛。主治盗汗，遗精，心腹痛，吐血，妊娠下血。成熟果实（桃子）味甘、酸，性温。归肺、大肠经。能生津，润肠，活血，消积。主治津少口渴，肠燥便秘，闭经，积聚。果实上的毛味辛，性平。能活血，行气。主治血瘕，崩漏，带下。花味苦，性平。归心、肝、大肠经。能利水化瘀。主治小便不利，水肿，痰饮，脚气，砂石淋，便秘，癥瘕，闭经，癫狂，疮疹，面。叶味苦、辛，性平。归脾、肾经。能祛风清热，燥湿解毒，杀虫。主治外感风邪，头风，头痛，风痹，湿疹，痈肿疮疡，癣疮，疟疾，阴道滴虫。枝味苦，性平。能活血通络，解毒，杀虫。主治心腹疼痛，风湿关节痛，腰痛，跌打损伤。茎白皮味苦、辛，性平。能清热利湿，解毒，杀虫。主治水肿，痧气腹痛，风湿关节痛，肺热喘闷，喉痹，牙痛，疮痈肿毒，瘰疬，湿疮，湿癣。根味苦，性平。能清热利湿，活血止痛，消痈肿。主治黄疸，痧气腹痛，腰痛，跌打劳伤疼痛，风湿痹痛，闭经，吐血，衄血，痈肿，痔疮。树皮分泌的树脂（桃胶）味苦，性平。能和血，通淋，止痢。主治血瘕，石淋，痢疾，腹痛，糖尿病，乳糜尿。

【资源综合利用】桃仁始载《神农本草经》。桃原产于我国，已有2 000多年的栽培历史，并有多个栽培品种。

188　乌梅

【别名】乌梅、梅实、梅肉。

【来源】为蔷薇科植物梅*Armeniaca mume* Sieb.近成熟的果实。

【植物形态】落叶乔木，高约10 m。树皮灰棕色，小枝顶端刺状。单叶互生；叶柄被短柔毛；叶片椭圆状宽卵形。春季先叶开花，有香气，1～3朵簇生于二年生侧枝叶腋。花梗短；花普通常红褐色，但有些品种花萼为绿色或绿紫色；花瓣5，白色或淡红色，宽倒卵形；雄蕊多数。果实近球形，黄色或绿白色，被柔毛；核椭圆形，顶端有小突尖，腹面和背棱上有沟槽，表面具蜂窝状孔穴。花期冬春季；果期5—6月。

【生境分布】多栽培。分布于库区各市县。

【采收加工】5—6月果实呈黄白或青黄色尚未完全成熟时采摘，温度保持在40 ℃左右炕焙至六成干时，再闷2～3 d即成。

【药材性状】核果类球形或扁球形，直径2～3 cm，表面乌黑色至棕黑色，皱缩，基部有圆形果梗痕。果肉柔软或略硬，果核坚硬，椭圆形，棕黄色，表面有凹点，内含卵圆形、淡黄色种子1粒。具焦酸气，味极酸而涩。以

▲梅

个大、肉厚、柔润、味极酸者为佳。

【显微鉴别】粉末特征：果肉粉末棕黑色。非腺毛大多为单细胞，平直或弯曲作镰刀状，浅黄棕色，长32～（400～720）μm，直径16～49 μm，壁厚，表面有时可见螺纹交错的纹理，基部稍圆或平直，胞腔常含棕色物。中果皮薄壁细胞皱缩，有时含草酸钙簇晶，直径26～35 μm。纤维单个或数个成束散列于薄壁组织中，长梭形，直径6～29 μm，壁厚3～9 μm。表皮细胞表面观类多角形，胞腔含黑棕色物。石细胞呈长方形、类圆形或类多角形，直径20～36 μm，胞腔含红棕色物。

【理化鉴别】薄层鉴别：取本品粗粉0.1 g，加蒸馏水5 mL煮20 min，滤过。滤液于水浴上蒸干，以乙醇1 mL溶解作供试品。以枸橼酸和苹果酸醇溶液为对照品。分别点样于同一硅胶G薄层板上，以醋酸丁酯-甲酸-水（4：2：2）上层液展开，用0.1%溴甲酚绿醇溶液显色。供试品色谱中，在与对照品色谱的相应的位置上，显相同的黄色斑点。

【化学成分】果实含挥发性成分：苯甲醛（benzaldehyde）62.40%、4-松油烯醇（terPinen-4-01）3.97%、苯甲醇（benzyl alcohol）3.97%和十六烷酸（hexadecanoic acid）4.55%，尚含有机酸：柠檬酸（citric acid）、苹果酸（malic acid）、草酸（oxalic acid）、琥珀酸（succinic acid）、延胡索酸（fumaric acid），总酸量4%～5.5%。还含无色油状物5-羟甲基-2-糠醛（5-hydroxymethyl-2-furaldehyde），苦味酸（picric acid），超氧化物歧化酶等。种仁含苦杏仁苷（amygdalin）约0.5%。

【药理作用】有抗菌、驱蛔、抗衰老、抗氧化、提高免疫功能、抗过敏性休克及组织胺体克、抗过敏物质作用。具剂量依赖性增高膀胱逼尿肌肌条的张力及收缩频率作用。对胆囊平滑肌有收缩功能。对子宫颈癌抑制率在90%以上。

【功能主治】药性：酸，平。功能：敛肺止咳，涩肠止泻，止血，生津，安蛔。治疮。主治：慢性乙型肝炎，多汗，小儿消化不良，咳喘，失眠，银屑病，失音，荨麻疹，龋齿疼痛，子宫脱垂，过敏性结肠炎，神经衰弱，慢性肾炎，尖锐湿疣，足跟痛，功能失调性子宫出血，霉菌性阴道炎，久泻，久痢，便血，虚热烦渴，蛔厥腹痛，疮痈胬肉。用法用量：内服水煎，3～10 g。外用适量，烧存性，研末调敷。使用注意：有实邪者忌服。

附方：

1. 治过敏性鼻炎：乌梅10 g，防风5 g，甘草1 g。水煎服。
2. 治疗糖尿病：乌梅、苍术各20 g，山萸肉30 g，五味子20 g。水煎服。

梅果实经盐渍而成者（白梅）味酸、涩、咸，性平。利咽生津，涩肠止泻，除痰开噤，消疮，止血。主治咽喉肿痛，烦渴呕恶，久泻久痢，便血，崩漏，中风惊痫，痰厥口噤，梅核气，痈疽肿毒，外伤出血。未成熟果实（青梅）味酸，性平。归肺、胃、大肠经。利咽，生津，涩肠止泻，利筋脉。主治咽喉肿痛，喉痹，津伤口渴，泻痢，筋骨疼痛。种仁（梅核仁）味酸，性平。清暑，除烦，明目。主治暑热霍乱，烦热，视物不清。叶味酸，性平。止痢，止血，解毒。主治痢疾，崩漏，痔疮。带叶枝条理气安胎。主治妇女小产。

根味微苦，性平。祛风，活血，解毒。主治风痹，喉痹，胆囊炎，瘰疬。

【资源综合利用】乌梅及其变种均作乌梅入药，但以原种所含有机酸高，抗菌活性较强。故栽培时应以原种为好。乌梅的加工方法对质量有较大的影响，常见加工方法有熏制法，晒干法和烘制法，以熏制法为好。乌梅有促进皮肤新陈代谢，消除黄褐斑作用，可开发成美容产品。

189 苦杏仁

【别名】杏仁、杏子。

【来源】为蔷薇科植物杏*Prunus armeniaca* L.的种仁。

【植物形态】落叶小乔木，高4～10 m。树皮暗红棕色。单叶互生；叶片卵圆形，长5～9 cm，宽4～8 cm。春季先于叶开花，花单生枝上端，着生较密，稍似总状；花几无梗，花萼基部呈筒状，外面被短柔毛，上部5裂；花白色或浅粉红色，花瓣5，圆形至宽倒卵形；雄蕊多数，着生萼筒边缘；雌蕊单心皮，着生萼筒基部。核果圆形，稀倒卵形。种子1，心状卵形，浅红色。花期3—4月，果期6—7月。

▲杏

【生境分布】栽培。分布于库区各市县。

【采收加工】6月成熟期采摘果实，除去果肉，洗净，晒干，敲碎果核，取种仁，晾干。

【药材性状】种子呈扁心脏形，顶端尖，基部钝圆而厚，左右略不对称，长1.2～1.7 cm，宽1～1.3 cm，厚5～7 mm。种皮薄，棕色至暗棕色，有皱纹。尖端一侧有深色线形种脐，基部有一椭圆形合点，自合点处分散出多条深棕色凹下的维管束脉纹，形成纵向不规则凹纹。子叶肥厚，白色，气微，加水共研，发出苯甲醛的香气，味苦。

【显微鉴别】种皮的表皮为一层薄壁细胞。散有近圆形的橙黄色石细胞，内为多层薄壁细胞，有小型维管束通过。外胚乳为一至数层颓废细胞。内胚乳为一至数层方形细胞，内含糊粉粒及脂肪油。子叶为多角形薄壁细胞，含糊粉粒及脂肪油。

【理化鉴别】薄层鉴别：取本品0.5 g，加等量碳酸钙共研碎，放入带塞三角瓶内，加石油醚（60～90 ℃）4 mL，冷浸过夜后，滤过。残渣挥干石油醚，加入乙醇4 mL冷浸过夜，滤过。滤液浓缩作供试品。以苦杏仁苷作对照品。分别点样于同一硅胶G薄层板上，以氯仿-乙酸乙酯-乙醇（2：1：2）展开，碘蒸气显色。供试品色谱中，在与对照品色谱的相应位置上，显相同颜色斑点。品质标志：本品含苦杏仁苷（$C_{20}H_{27}N0_{11}$）不得少于3.0%。

【化学成分】种仁含苦杏仁苷（amygdalin）约4%，脂肪油约50%，其中脂肪酸主要为亚油酸（linoleic acid）27%、油酸（oleic acid）67%及棕榈酸5.2%。还含绿原酸（chlorogenic acid），肌醇（inositol），雌酮（estone），17-β-雌二醇（17-β-estradiol），3’-对香豆酰奎尼酸（3’-β-coumaroylquinic acid），3’-阿魏酰奎尼酸（3’-feruloylguinic acid）等。

【药理作用】有止咳、平喘、润肠通便、抑制胃蛋白酶、抑制肝结缔组织增生、抗炎、镇痛、促进有丝分裂原对小鼠脾脏T淋巴细胞的增殖、抗突变作用。体外实验对人蛔虫、蚯蚓等有杀死作用。

【功能主治】药性：苦，微温，小毒。功能：降气化痰，止咳平喘，润肠通便。主治：外感咳嗽喘满，肠燥便秘。用法用量：内服水煎，3～10 g。杏仁用时须打碎，杏仁霜入煎剂须包煎。外用适量，捣敷。使用注意：阴虚咳嗽及大便溏泻者禁服，婴儿慎服。本品有小毒，不可过量服用。

附方：

1. 治感冒咳嗽：杏仁10 g，紫苏10 g，甘草5 g。水煎服。

2. 治足癣：苦杏仁100 g，陈醋300 mL。将上药入搪瓷容器内煎，然后用文火续煎15～20 min，装瓶备用。用时涂敷患处。

3. 治便秘：杏仁15 g，麻黄5 g，白术20 g，枳实10 g，甘草6 g。每日水煎1剂，早晚各2次温服。

杏果实味酸、甘，性温。归肺、心经。润肺定喘，生津止渴；主治肺燥咳嗽，津伤口渴。叶祛风利湿，明目；主治水肿，皮肤瘙痒，目疾多泪，痈疮瘰疬。花味苦，性温。活血补虚；主治妇女不孕，肢体痹痛，手足逆冷。枝活血散瘀；主治跌打损伤。树皮及根解毒；主治食杏仁中毒。

【资源综合利用】杏仁在唐代已有甜、苦之分，从宋代开始以甜杏仁入药为主，至清代则以苦杏仁入药为主。以止咳、平喘的有效成分苦杏仁苷为指标，苦杏仁含量达3%以上，而甜杏仁含量甚微，故入药应以苦杏仁为主。杏仁亦是食品工业，油脂工业，化妆品工业的重要原料和我国传统出口商品。库区结合退耕还林，种植杏树有较大的发展前景。

190 郁李仁

【别名】郁子、郁里仁。

【来源】为蔷薇科植物郁李*Cerasus japonica*（Thunb.）Lois的种仁。

【植物形态】落叶灌木，高1～1.5 m。树皮灰褐色，有不规则纵条纹；幼枝黄棕色，光滑。叶互生；叶柄长2～3 mm，被短柔毛，托叶2枚，线形，早落；叶片通常为长卵形或卵圆形，稀为卵状披针形，长3～7 cm，宽1.5～2.5 cm，顶端渐尖，基部圆形或近心形，边缘有缺刻状尖锐重锯齿，上面深绿色，无毛，下面淡绿色，脉上无毛或有稀疏柔毛。花先叶开放或花叶同开，1～3朵簇生，花梗长5～10 mm，有棱；萼筒陀螺形，长宽近相等，无毛，萼片5，椭圆形，比萼筒略长，顶端圆钝，边有细齿，花后反折；花瓣5，白色或粉红色，倒卵状椭圆形；雄蕊多数；花柱与雄蕊近等长，无毛。核果近球形，深红色，无沟，无蜡粉，直径约1 cm；核表面光滑。花期5月，果期7—8月。

【生境分布】生于海拔100～1 800 m的向阳山坡、路旁、灌丛中，或栽培。分布于长寿地区。

【采收加工】5月中旬至6月当果实呈鲜红色时采收，堆放阴湿处，待果肉腐烂后，取其果核，稍晒干，压碎

▲郁李

去壳，取种仁。

【药材性状】种子卵形或圆球形，长约7 mm，直径约5 mm。种皮淡黄白色至浅棕色。顶端尖，基部钝圆。尖端处有一线形种脐，合点深棕色，直径约1 mm，自合点处散出多条棕色维管束脉纹。种脊明显。种皮薄，温水浸泡后，种皮脱落，内面贴有白色半透明的残余胚乳；子叶2片，乳白色，富油质。气微，味微苦。以粒饱满、完整、色黄白者为佳。

【显微鉴别】种皮表面观：种子中部种皮表皮细胞圆形、长多角形、椭圆形，直径13～54 μm，具细胞间隙；石细胞单个散在或2～3个相连，类圆形、长圆形，直径32～98 μm，侧壁边缘略呈波浪状弯曲，均匀增厚，约5.5 μm，侧壁孔沟较稀疏，形成大小不整齐的齿状壁，底壁纹孔不明显。近尖端处石细胞排列较紧密，椭圆形、类圆形、多角形、长多角形，直径25～51 μm，侧壁厚6～16 μm，孔沟较密，有的可见纹孔。合点处表皮细胞多角形，直径18～31 μm；石细胞较小，单个散在或2～6个聚集，多角形、类圆形，直径12～41 μm，侧壁厚约5.5 μm，孔沟明显，胞腔类多角形、椭圆形。种子中部横切面：内胚乳细胞约11层。

【理化鉴别】薄层鉴别：取样品粉末，加甲醇制成0.3 g/mL溶液，于45 ℃水浴中温浸30 min后离心，上清液供点样，以苦杏仁苷、郁李仁苷A、郁李仁苷B为对照品。分别点样于同一硅胶 G薄层板上，先以氯仿-甲醇-甲酸（2∶1∶0.4）展开，展距9 cm，挥干溶剂后，二次以氯仿-甲醇（20∶1）展开，展距18 cm，挥干溶剂，以碘蒸气显色，供试液色谱在与对照品色谱相应位置上显相同的色斑。

检查氢氰酸：取本品数粒，捣碎，立即置小试管中，加水少量润湿，试管中悬挂苦味酸试纸后密塞，置50 ℃温水浴中5～10 min，试纸显砖红色。

【药理作用】有泻下、抗炎、镇痛作用。

【功能主治】药性：辛、苦、甘，平。归脾、大肠、小肠经。功能：润燥滑肠，下气利水。主治：大肠气滞，肠燥便秘，水肿腹满，脚气，小便不利。用法用量：内服煎汤，3～10 g；或入丸、散。使用注意：孕妇慎服。

附方：

1. 治风热气秘：郁李仁（去皮、尖，炒）、陈橘皮（去白，酒一盏煮干）、京三棱（炮制）各50 g。研末，每服11 g，空腹热水调下。

2. 治赤目：郁李仁，汤去皮，研极烂，入生龙脑点赤目。

郁李根味苦、酸，性凉。归胃经。能清热，杀虫，行气破积。主治龋齿疼痛，小儿发热，气滞积聚。

【资源综合利用】郁李仁始载于《本经》，列为下品。古代所用郁李仁来源于蔷薇科樱属（*Cerdsus*）多种植物。而目前商品郁李仁主要为樱属植物郁李、欧李，以及桃属植物榆叶梅、长梗扁桃等的种仁。

191 樱桃

【别名】樱桃树。

【来源】为蔷薇科植物樱桃*Cerasus pseudocerasus*（Lindl.）G.Don的果实。

【植物形态】落叶灌木或乔木，高3～8 m。树皮灰白色，有明显皮孔；幼枝无毛或被疏柔毛。叶互生；叶柄长0.7～1.5 cm，被疏柔毛，顶端有1或2个大腺体；托叶披针形，有羽裂腺齿，早落；叶片卵形或长圆状卵形，长5～12 cm，宽3～5 cm，顶端渐尖或尾状渐尖，基部圆形，边有尖锐重锯齿，齿端有小腺体，上面暗绿色，近无毛，下面淡绿色，沿脉或脉间有稀疏柔毛。花两性，花序伞房状或近伞形；有花3～6朵，先叶开放；花梗长8～19 mm，被疏柔毛；萼筒钟状，外被疏柔毛；萼片5，三角卵圆形或卵状长圆形；顶端急尖或钝；花瓣5，白色，卵圆形，顶端下凹或二裂；雄蕊30～35枚，栽培者可达50枚；花柱与雄蕊近等长，无毛；雌蕊1，子房上位。核果近球形，红色，直径9～13 mm，种子1颗，包裹于黄白色木质内果皮中。花期3—4月，果期5—6月。

【生境分布】生于海拔300～600 m的山坡向阳处或沟边。常栽培。分布于库区各市县。

【采收加工】4—5月中旬采收带果柄果实，轻摘轻放，多鲜用。

【药材性状】果核呈卵圆形或长圆形，长8～10 mm，直径约5 mm。顶端略尖，微偏斜，基部钝圆而凹陷，一边稍薄，近基部呈翅状。表面黄白色或淡黄色，有网状纹理，两侧各有一条明显棱线。质坚硬，不易破碎。敲开

▲樱桃

果核（内果皮）有种子1枚，种皮黄棕色或黄白色，常皱缩，子叶淡黄色。气无，味微苦。

【显微鉴别】内果皮横切面：由多层排列紧密的石细胞组成，石细胞类圆形、长圆形或长梭形，长径约86 μm，短径20～40 μm，纹孔及孔沟明显。种皮中部横切面：外表皮细胞1列，散有类圆形石细胞，皮下组织为1～2列薄壁细胞，并有壁孔细密的圆形或长圆形的石细胞，几乎排列成环，下方为多层压缩的颓废薄壁细胞。内胚乳1～12列，多含油滴。

粉末特征：表皮层的石细胞贝壳形、类圆形、少数石细胞顶端成长突起，直径40～95 μm，纹孔及孔沟多在基部，皮下组织的石细胞，常两个或数个相连。多边形、贝壳形、类圆形等，直径14～63 μm，纹孔及孔沟众多。

【理化鉴别】氰苷反应、薄层鉴别：方法参见“杏仁”条，碘蒸气熏后，苦杏仁苷相同位置现黄色斑点。

【化学成分】种子含氰苷，加水分解可得氰氢酸。

【功能主治】药性：甘、酸，温。归脾、肾经。功能：补脾益肾。主治：脾虚泄泻，肾虚遗精，腰腿疼痛，四肢不仁，瘫痪。用法用量：内服煎汤，30～150 g；或浸酒。外用适量，浸酒涂擦；或捣敷。使用注意：不宜多食。

附方：

1. 治冻疮：将樱桃水搽在疮上。若预搽面，则不生冻瘃。
2. 治烧烫伤：樱桃水蘸棉花上，频涂患处。
3. 治慢性支气管炎：鲜樱桃叶18～30 g，加糖适量。水煎服。

樱桃果汁味甘，性平。能透疹，敛疮。主治疹发不出，冻疮，烧烫伤。内服适量，炖温。外用适量，搽。种核味辛，性温。归肺经。能发表透疹，消瘤去瘢，行气止痛。主治痘疹初期透发不畅，皮肤瘢痕，瘿瘤，疝气疼痛。内服煎汤，5～15 g。外用适量，磨汁涂；或煎水熏洗。（痘症）阳症忌服。叶味甘、苦，性温。归肝、脾、肺经。能温中健脾，止咳止血，解毒杀虫。主治胃寒食积，腹泻，咳嗽，吐血，疮疡肿痛，蛇虫咬伤，阴道滴虫。内服煎汤，15～30 g；或捣汁。外用适量，捣敷；或煎水熏洗。枝味辛、甘，性温。能温中行气，止咳，去斑。主治胃寒脘痛，咳嗽，雀斑。内服煎汤，3～10 g。外用适量，煎水洗。根味甘，性平。能杀虫，调经，益气阴。主治绦虫、蛔虫、蛲虫病，经闭，劳倦内伤。内服煎汤，9 ~ 15 g，鲜品30 ~ 60 g。外用适量，煎水洗。

1. 治阴道滴虫：樱桃树叶500 g。煎水坐浴，同时用棉球（用线扎好）蘸樱桃叶水塞阴道内，半日换1次，半月即愈。

2. 治雀斑：樱桃枝、紫萍、牙皂、白梅肉各适量。研和，洗面。

3. 治蛲虫：樱桃根9 g。水煎服，并可煎水外洗。

4. 治劳倦内伤：鲜樱桃根90 ~ 120 g。水煎，早晚饭前各服1次。忌食酸、辣、芥菜、萝卜等。

【资源综合利用】樱桃始载于《吴普本草》。花能养颜祛斑，主治面部粉刺，可用于美容产品开发。

192　木瓜

【别名】贴梗木瓜、贴梗海棠、川木瓜。

【来源】为蔷薇科植物皱皮木瓜*Chaenomeles speciosa*（Sweet）Nakai的果实。

【植物形态】落叶灌木，高约2 m。枝条直立开展，有刺；小圆紫褐色或黑褐色，有疏生浅褐色皮孔。叶片卵形至椭圆形，稀长椭圆形，长3 ~ 9 cm，宽1.5 ~ 5 cm，基部楔形至宽楔形，边缘有尖锐锯齿，齿尖开展，无毛或下面沿叶脉有短柔毛，叶柄长约1 cm；托叶大，草质，肾形或半圆形，边缘有尖锐重锯齿，无毛。花先叶开放，3 ~ 5朵簇生于二年生老枝上；花梗短粗；花萼筒钟状；萼片直立，顶端圆钝，全缘或有波状齿；花瓣倒卵形或近圆形，基部延伸成短爪，猩红色，稀淡红色或白色；雄蕊45 ~ 50；花柱5，基部合生，无毛或稍有毛，柱头头状，有不明显分裂，约与雄蕊等长。果实球形或卵球形，直径4 ~ 6 cm，黄色或带黄绿色，有稀疏不明显斑点，味芳香，萼片脱落，果梗短或近于无梗。花期3—5月，果期9—10月。

【生境分布】常栽培。分布于库区各市县。

【采收加工】7月中下旬，木瓜外皮呈青黄色时采收，用铜刀对半切开，先仰晒几天至颜色变红，再翻晒至全干或烘干。

【药材性状】果实多纵剖成两半，卵圆形或长圆形。外表面紫红色或红棕色，有不规则的深皱纹；剖面边缘向内卷曲，果肉红棕色，中心部分凹陷，棕黄色。种子扁长三角形，多脱落。质坚硬。气微清香，味酸、涩。

【显微鉴别】果肉横切面：花托部分表皮为1列较小的细胞，外被厚角质层，皮层外层7 ~ 8列细胞以下有多数石细胞群排列成断续的环。外果皮为石细胞层；中果皮为薄壁组织，其间贯有细小维管束；内果皮多列薄壁细胞，排列紧密。

粉末特征：棕红色。石细胞成群或散在，无色、淡黄色或橙黄色。呈类圆形、类长方形或不规则，直径12 ~ 82 μm，壁厚5 ~ 20 μm，层纹大多明显，孔沟细，有的胞腔含棕色或红棕色物。果肉薄壁细胞常破碎，壁较厚，极皱缩，胞腔含黄棕色或深棕色物。纤维成束，淡黄色或黄色，末端多圆钝，直径11 ~ 27 μm，木化，胞腔

▲皱皮木瓜

含棕色物。中果皮薄壁细胞淡黄色或棕色，偶含细小草酸钙方晶。果皮表皮细胞断面观呈类长方形，角质化，胞腔小，内含红棕色物。网纹、螺纹导管直径5～27 μm。

【理化鉴别】取粉末2 g，加70%乙醇20 mL，回流1 h，滤过，将滤液滴于滤纸上，待干，喷洒1%三氯化铝乙醇溶液，干后置254 nm紫外光灯下观察，木瓜显鲜黄色荧光，皱皮木瓜显蓝色荧光。另取滤液1 mL，蒸干，残渣加醋酐1 mL，使其溶解，倾入试管中。沿管壁加硫酸1～2滴，在两液接界面处，显紫红色环，木瓜上层液显污绿色，皱皮木瓜上层液显黄色荧光。

【化学成分】果实含有机酸类：苹果酸（malic acid）、酒石酸（tanaric acid）、柠檬酸（citric acid）、枸橼酸、桦木酸、乙酰熊果酸。

萜类及皂苷类：10-廿九烷醇、β-谷甾醇、齐墩果酸（oleanolic acid）、β-谷甾醇-β-D-葡萄糖苷。

【药理作用】有抗菌、保肝、抗肿瘤、降低血黏度、降低红细胞聚集性和纤维蛋白原含量、抗凝血、预防大脑神经细胞缺氧损伤、提高脑梗塞患者的SOD活性、抗脂质过氧化、改善微循环、抗失血性休克作用。有明显抑制小鼠脾指数、降低小鼠腹腔巨噬细胞吞噬率和吞噬指数作用。

【功能主治】药性：酸，温。功能：舒筋活络，和胃化湿。主治：乙型肝炎，腰椎间盘突出症，心血管疾病，风湿痹痛，肢体酸重，筋脉拘挛，吐泻转筋，脚气水肿。用法用量：6～12 g，水煎服或泡酒服。外用适量。

附方：

治肝炎：木瓜6～12 g。水煎服。

【资源综合利用】綦江、江津、万州所产木瓜称川木瓜，产量大，销全国。木瓜为药食两用品种。木瓜蛋白酶是对动植物蛋白质水解能力极强的一种酶，广泛用于食品、制药等行业。木瓜还可加工成保健饮料或食品。

193　水莲沙

【别名】铺地红子、矮红子。

【来源】为蔷薇科植物平枝栒子*Cotoneaster horizontalis* Decne.的枝叶或根。

【植物形态】落叶或半常绿匍匐灌木，高达50 cm。枝水平开张成两列状，小枝圆柱形，黑褐色，幼时被糙伏毛，老时脱落。叶互生；叶柄长1～3 mm，被柔毛；托叶钻形，早落；叶片近圆形或宽椭圆形，长5～14 mm，宽4～9 mm，顶端多数急尖，基部楔形，全缘，上面无毛，下面有疏平贴柔毛。花两性；有花1～2朵，花直径5～7 mm；萼筒钟状，萼片5，三角形，外面微具短柔毛，内面边缘有柔毛；花瓣5，倒卵形，直立，粉红色；雄蕊约12，短于花瓣；花柱常为3，有时为2，离生，短于雄蕊；子房顶端有柔毛。果实近球形，直径4～6 mm，鲜红色，常具3小核，稀为2。花期5—6月，果期9—10月。

【生境分布】生于海拔800～2 500 m的岩坡上或灌丛中。分布于巫溪、开州、武隆地区。

【采收加工】全年可采挖，晒干。

【化学成分】叶、果和果皮含儿茶精类（catechin），矢车菊素（cyanidin），花色素（anthocyanidin）等。

【功能主治】药性：酸、涩，凉。功能：清热利湿，化痰止咳，止血止痛。主治：痢疾，泄泻，腹

▲平枝栒子

痛，咳嗽，吐血，痛经，白带。用法用量：内服煎汤，10 ~ 15 g。

附方：

治痛经、白带：水莲沙500 g。切细，加水2 000 mL煮沸，取已煮熟的鸭蛋7 ~ 8个，敲碎蛋壳，投入药汁中，文火炖5 ~ 6 h。数次分服。

【资源综合利用】平枝栒子不但具有医药价值，而且具有极高的园林观赏价值，在深秋时节，叶子变为鲜红色，好似一团火球，是众多摄影爱好者喜爱拍摄的园林植物。

194 山楂

【别名】野山楂、南山楂。

【来源】为蔷薇科植物湖北山楂*Crataegus hupehensis* Sarg.的果实。

【植物形态】乔木或灌木，高达3 ~ 5 m；刺少或无刺；小枝圆柱形，紫褐色，有疏生浅褐色皮孔，二年生枝条灰褐色。叶片卵形至卵状长圆形，长4 ~ 9 cm，宽4 ~ 7 cm，顶端短渐尖，基部宽楔形或近圆形，边缘有圆钝锯齿，上半部具2 ~ 4对浅裂片，裂片卵形，顶端短渐尖，无毛或仅下部脉腋有髯毛；叶柄长3.5 ~ 5 cm；托叶草质，披针形成镰刀形，边缘具腺齿，早落。伞房花序，具多花；总花梗和花梗均无毛；苞片膜质，线状披针形，边缘有齿，早落；萼筒钟状，外面无毛；萼片三角卵形，顶端尾状渐尖，全缘，稍短于萼筒，内外两面皆无毛；花瓣卵形，白色；雄蕊20，花药紫色，比花瓣稍短；花柱5，基部被白色绒毛，柱头头状。果实近球形，直径2.5 cm，深红色，有斑点，萼片宿存，反折；小核5。花期5—6月，果期8—9月。

【生境分布】生于海拔500 ~ 2 000 m的山坡灌丛中。分布于巫溪、奉节、开州地区。

▲湖北山楂

【采收加工】秋后果实变成红色，果点明显时采收，横切成两半晒干。

【药材性状】果实球形，直径2.5 cm；表面深红色，有小斑点，顶端有圆形凹窝状宿存花萼，基部有短果柄或果柄痕。商品多切成两瓣。果肉薄，果皮常皱缩，种子5粒，内面两侧平滑。质坚硬。气微，味酸、涩，微甜。

【显微鉴别】外果皮细胞1列，外被角质层，内含棕色色素，果皮细胞类圆形而稍弯曲，外侧的细胞壁较厚，内侧的细胞壁较薄，内含草酸钙簇晶，直径16 ~ 20 μm；并有多数石细胞，石细胞限梭形或长方形，壁厚薄不一，直径40 ~ 60 μm，长40 ~ 110 μm，壁孔及孔沟明显。

【化学成分】含槲皮素，金丝桃苷，芸香苷（rutin），左旋表儿茶精，枸橼酸及其甲酯类和黄烷聚合物。

【药理作用】有促进消化、增加冠脉流量、降低心肌耗氧量、抗心肌缺血、抗缺氧、降压，降脂、增强免疫力、抗菌、抗癌作用。

【功能主治】药性：酸、甘，微温。功能：健脾消食，活血化瘀。主治：食滞内积，脘腹胀痛，产后瘀痛，动脉硬化、高血压，高血脂，脂肪肝，漆疮，冻疮。

【资源综合利用】湖北山楂资源较为丰富，

已作为四川、湖北、重庆等地方可用中药标准收载。果色鲜红亮丽，是上等的园林树种和盆景材料，果不但可药用，还可制作成山楂片，以及酿酒等，是典型的药食两用药用植物，是消肉食积滞上佳的水果，可深入研究加以开发利用。

附方：

1. 治食积腹胀：山楂、麦芽各15 g，香附6 g。水煎服。

2. 治高血压，高血脂，脂肪肝：每日食用山楂5～7个。

195 蛇莓

【别名】蛇藨、蛇泡草、三皮风。

【来源】为蔷薇科植物蛇莓*Duchesnea indica*（Andr.）Focke的全草。

【植物形态】多年生草本。根茎短，粗壮。匍匐茎多数，长30～100 cm，有柔毛，在节处生不定根。基生叶数个，茎生叶互生，均为三出复叶；叶柄长1～5 cm，有柔毛；托叶窄卵形到宽披针形，长5～8 mm；小叶片具小叶柄，倒卵形至菱状长圆形，长2～3 cm，宽1～3 cm，顶端钝，边缘有钝锯齿，两面均有柔毛或上面无毛。花单生于叶腋；直径1.5～2.5 cm；花梗长3～6 cm，有柔毛；萼片5，卵形，长4～6 mm，顶端锐尖，外面有散生柔毛；副萼片5，倒卵形，长5～8 mm，比萼片长，顶端常具3～5锯齿；花瓣5，倒卵形，长为5～10 mm，黄色，顶端圆钝；雄蕊20～30；心皮多数，离生；花托在果期膨大，海绵质，鲜红色，有光泽，直径10～20 mm，外面有长柔毛。瘦果卵形，长约1.5 mm，光滑或具不明显突起，鲜时有光泽。花期6—8月，果期8—10月。

【生境分布】生于海拔200～2 000 m的山坡、河岸、草地、荒野。分布于库区各市县。

【采收加工】6—11月采收，晒干或鲜用。

【药材性状】全草多缠绕成团，被白色茸毛，具匍匐茎，叶互生。三出复叶，基生叶的叶柄长6～10 cm，小叶多皱缩，完整者倒卵形，长1.5～4 cm，宽1～3 cm，基部偏斜，边缘有钝齿，表面黄绿色，上面近无毛，下面被疏毛。花单生于叶腋，具长柄。聚合果棕红色，瘦果小，花萼宿存。气微，味微涩。

【显微鉴别】叶表面观：上表皮细胞类多角形，下表皮细胞略波状弯曲，垂周壁念珠状增厚。下表皮非腺毛

▲蛇莓

及腺毛较上表皮为多，非腺毛单细胞，长166～900 μm，基部直径18～38 μm，壁厚6～12 μm，表面有螺状纹理；腺毛头部2细胞，直径25～32 μm，柄部2～3细胞。气孔不定式或不等式，副卫细胞4～5个。叶肉细胞有的含草酸钙簇晶。

【化学成分】全草含甲氧基去氢胆甾醇（methoxyde hydrochlesterol），低聚缩合鞣质（lower condensedtannin），并没食子鞣质（elhgitannin），总蛋白，总非结构性碳水化合物（totalnonstructural carbonhydrate），没食子酸（gallic acid），已糖（hexose），戊糖（pentose），糖醛酸（uronic acid），蛋白质（protein），蛋白质鞣质多糖（protein tannic polysaccharide），酚性物质（phenolicsubstance），熊果酸（ursolic acid），委陵菜酸（tormentlc acid），野蔷薇葡萄糖酯（rosamultin）等。

【药理作用】有抗癌、增强免疫功能、抗菌、短暂降压、增加冠脉流量、兴奋子宫、雄激素样和组胺样作用。对心脏收缩（狗）和心率（豚鼠）有抑制作用。

【功能主治】药性：甘、苦，寒。功能：清热解毒，凉血止血，散瘀消肿。主治：热病，惊痫，感冒，痢疾，黄疸，目赤，白喉，口疮，咽痛，腮腺炎，疖肿，毒蛇咬伤，吐血，崩漏，月经不调，烫火伤，跌打肿痛。用法用量：内服煎汤，9～15 g，鲜品30～60 g；或捣汁饮。外用适量，捣敷或研末撒。

附方：

1. 治感冒发热咳嗽：鲜蛇莓30～60 g。水煎服。
2. 治痢疾，肠炎：鲜蛇莓15～30 g。水煎服。
3. 治腮腺炎：鲜蛇莓30～60 g，加盐少许同捣烂外敷。
4. 治蛇咬伤：鲜蛇莓草，捣烂敷患处（江西民间草药）。
5. 治癌肿、疔疮：蛇莓30～100 g，煎服（上海常用中草药）。

蛇莓根味苦、微甘，性寒，小毒。能清热泻火，解毒消肿。主治热病，小儿惊风，目赤红肿，痄腮，牙龈肿痛，咽喉肿痛，热毒疮疡。内服煎汤，3～6 g。外用适量，捣敷。

【资源综合利用】蛇莓之名始载于《名医别录》，列为下品。别名较多，应注意区分；蛇莓不但是民间常用草药，而且是人们喜爱的花卉植物，具有很好的观赏效果，栽培容易，但开发程度不够，以蛇莓为主的中成药极少，近年研究发现蛇莓在治疗癌症方面有很大发展前景，有待进一步研究。

196　枇杷叶

【来源】为蔷薇科植物枇杷*Eriobotuya japonica*（Thunb.）Lindl.的叶。

【植物形态】常绿小乔木，高约10 m。叶片革质，叶柄短或几无柄，长6～10 mm，有灰棕色绒毛；托叶钻形，有毛；叶片披针形、倒披针形、倒卵形或长椭圆形，长12～30 cm，宽3～9 cm，顶端急尖或渐尖，基部楔形或渐狭成叶柄，上部边缘有疏锯齿，上面光亮、多皱，下面及叶柄密生灰棕色绒毛。圆锥花序顶生，总花梗和花梗密生锈色绒毛；花直径1.2～2 cm；萼筒浅杯状，萼片三角卵形，外面有锈色绒毛；花瓣白色，长圆形或卵形，长5～9 mm，宽4～6 mm，基部具爪，有锈色绒毛；雄蕊20，花柱5，离生，柱头头状。果实球形或长圆形，黄色或橘红色；种子1～5，球形或扁球形，直径l～1.5 cm，褐色，光亮，种皮纸质。花期10—12月，果期翌年5—6月。

【生境分布】生于海拔200～1 500 m的山坡、河岸或林中。多栽培。分布于库区各市县。

【采收加工】全年可采，以夏秋间采为多，采后晒干。也可用自然落叶晒干。

【药材性状】叶呈长椭圆形或倒卵形，长12～30 cm，宽3～9 cm。顶端尖，基部楔形，边缘上部有疏锯齿，基部全缘。上表面灰绿色、黄棕色或红棕色，有光泽，下表面淡灰色或棕绿色，密被黄色茸毛。主脉于下表面显著突起，侧脉羽状。叶柄极短，被棕黄色茸毛。革质而脆，易折断。气微，叶微苦。

【显微鉴别】叶横切面：上表皮细胞扁方形，外被厚的角质层；下表皮有多数单细胞非腺毛，近主脉处多弯曲，有的折合成人字形；气孔不定式。栅栏组织3～4列细胞，海绵组织疏松。主脉维管束外韧型、近环状；中柱鞘纤维束排列成不连续的环。壁木化，周围薄壁细胞含草酸钙方晶，形成晶纤维。主脉及叶肉均散有黏液细胞，

▲枇杷

并含草酸钙方晶及簇晶。

【化学成分】叶含苦杏仁苷（amygdalin），酒石酸（tartaric acid），柠檬酸，苹果酸，齐墩果酸（oleanolic acid），熊果酸（urbolic acid），2α-羟基熊果酸（2α-hydroxyursolic acid），6α，19α-二羟基熊果酸（6α，19α-dihydroxyursolic acid），马斯里酸（masltnic acid）等。种仁含苦杏仁苷及脂肪油。

【药理作用】有抗炎、抗菌、降糖、镇痛、镇咳、平喘作用。苦杏仁苷水解产生苯甲醛在消化道内有抑制酵母作用，可防止发酵。

【功能主治】药性：苦、微辛，微寒。功能：清肺止咳，和胃降逆，止渴。主治：肺热咳嗽，阴虚劳嗽，咯血，衄血，吐血，胃热呕哕，妊娠恶阻，小儿吐乳，消渴及肺风面疮，酒渣鼻赤。用法用量：内服煎汤，9～15 g，大剂量可用至30 g，纱布包煎；或熬膏。润肺下气止咳逆，宜蜜汁炒用。使用注意：胃寒呕吐及风寒咳嗽症禁服。

附方：

1. 治急性支气管炎：枇杷叶15 g，百部、筋骨草、十大功劳各9 g，水煎服。
2. 治痤疮：枇杷叶、桑白皮、黄柏各9 g，黄连、甘草、人参各6 g。水煎服。

【资源综合利用】枇杷叶始载于《名医别录》，列为中品。现已开发出多种镇咳平喘中成药。枇杷止咳露已成为常用止咳药的典型代表，最近已有人从枇杷叶中分离出抗癌成分。枇杷果可食。

197　柔毛水杨梅

【别名】水杨梅、蓝布正、南水杨梅。

【来源】为蔷薇科植物柔毛路边青*Geum japonicum* Thunb. var. chinense F. Bolle的全草。

【植物形态】多年生草本，高20～60 cm。须根簇生。茎直立，被黄色短柔毛及粗硬毛。基生叶为大头羽状复叶，通常有小叶1～2对，其余侧生小叶呈附片状，连叶柄长5～20 cm；叶柄被粗硬毛及短柔毛；顶生小叶最大，卵形或宽卵形，浅裂或不裂，长3～8 cm，宽5～9 cm，顶端圆钝，基部阔心形或宽楔形，边缘有粗大圆钝或急尖

▲柔毛路边青

锯齿，两面绿色，被稀疏糙伏毛，下部茎生叶3小叶，上部茎生叶为单叶，3浅裂；茎生叶托叶草质，边缘有不规则粗大锯齿。花两性；花序疏散，顶生数朵，花梗密被粗硬毛及短柔毛；花直径1.5～1.8 cm；萼片三角状卵形，副萼片狭小，比萼片短，外面被短柔毛；花瓣5，黄色；雄蕊多数，花盘在萼筒上部；雌蕊多数，彼此分离；花柱丝状，顶生，柱头细小，上部扭曲，成熟后自弯曲处脱落；心皮多数。聚合果卵球形，瘦果被长硬毛，花柱宿存，部分光滑，顶端有小钩，果托被长硬毛。花、果期5—10月。

【生境分布】生于海拔200～2 400 m的山坡草地、田边、河边、灌丛及疏林下。分布于库区各市县。

【采收加工】夏、秋季采收全草，切碎，晒干或鲜用。

【化学成分】全草含水杨梅苷（gein），酚性葡萄糖苷及糖类（sugars）等。

【药理作用】水杨梅苷有较强的利尿作用。

【功能主治】药性：苦、辛，寒。归肝、肾经。功能：补肾平肝，活血消肿。主治：头晕目眩，小儿惊风，阳痿，遗精，虚劳咳嗽，风湿痹痛，月经不调，疮疡肿痛，跌打损伤。用法用量：内服煎汤，9～15 g。外用适量，捣敷。

附方：

1. 治头晕疼痛：柔毛水杨梅30 g，仙桃草30 g。研末。肉汤或油汤送下，每次服15 g。
2. 治小儿惊风：柔毛水杨梅鲜叶捣烂，取汁1盅，开水冲服。
3. 治高血压病：柔毛水杨梅鲜全草、鲜夏枯草各30 g。水煎服。
4. 治肺病咳嗽、声嘶：柔毛水杨梅9 g，鲜枇杷叶30 g，生甘草3 g，沙参15 g，泽漆1.5 g。水煎服。

柔毛水杨梅根味辛、甘，性平。能活血祛风，消肿止痛。主治疮疖疔毒，咽喉肿痛，跌打损伤，小儿惊风，感冒，风湿痹痛，痢疾，瘰疬。内服煎汤，15～30 g。外用适量，捣敷。花味苦、涩，性平。能止血。主治出血症。内服煎汤，9～15 g。外用适量，研末敷。

5. 治皮肤疮疖痈肿及一切无名肿毒：柔毛水杨梅根适量。加盐卤捣烂，拌酒敷患处。
6. 治痢疾腹痛：柔毛水杨梅根15 g，炒红糖。煎水服。

【资源综合利用】本品始载于《庚辛玉册》，又名地椒。柔毛路边青与路边青（*G. Aleppicum* Jacq.）形态近似，应注意区别，柔毛路边青茎部常被柔毛或混生少许粗硬毛，基生叶侧生1～2对，花托上具黄色柔毛2～3 mm；而路边青茎部常被粗硬毛，基生叶侧生小叶2～6对，花托上具白色短柔毛0.5～1 mm。

198 棣棠花

【别名】小通花、地团花、鸡蛋黄花。

【来源】为蔷薇科植物重瓣棣棠*Kerria japonica*（L.） DC. f. pleniflora（Witte）Rehd.的花。

【植物形态】落叶灌木。高1～2 m，稀达3 m。小枝绿色，圆柱形，无毛，常拱垂，嫩枝有棱角，枝条折断后可见白色的髓。叶互生；叶柄长5～10 mm，无毛；托叶膜质，带状披针形，有缘毛，早落；叶片三角状卵形或卵圆形，顶端长渐尖，基部圆形、截形或微心形，边缘有尖锐重锯齿，上面无毛或有稀疏柔毛，下面沿脉或脉腋有柔毛。花两性，大而单生，着生在当年生侧枝顶端，花梗无毛；花直径2. 5～6 cm；萼片5，覆瓦状排列，卵状椭圆形，顶端急尖，有小尖头，全缘，无毛，果时宿存；花瓣重瓣。宽椭圆形，顶端下凹，比萼片长1～4倍，黄色，具短爪。雄蕊多数，排列成数组，疏被柔毛；雌蕊5～8，分离，生于萼筒内；花柱直立。瘦果倒卵形至半球形，褐色或黑褐色，表面无毛，有皱褶。花期4—6月，果期6—8月。

【生境分布】生于海拔200～3 000 m的山坡灌丛中。普遍栽培。分布于库区各市县。

【采收加工】4—5月采摘，晒干。

【药材性状】花：呈扁球形，直径0.5～1 cm，黄色；萼片顶端5，深裂，裂片卵形，筒部短广；花瓣金黄色，重瓣，广椭圆形，钝头，萼筒内有环状花盘；雄蕊多数；雌蕊5枚。气微，味苦涩。

茎枝：绿色，表面粗糙；质硬脆，易折断，断面不整齐。叶多皱缩，展平后卵形或卵状披针形，长5～10 cm，宽1.5～4 cm，边缘有锯齿，上面无毛，下面沿叶脉间疏生短毛。气微，味苦涩。

【化学成分】花瓣含柳穿鱼苷（pectolinarin）。茎叶含抗坏血酸（ascorbic acid）。叶及根含少量氢氰酸（hydrocyanic acid）。

【药理作用】有利尿作用。

▲重瓣棣棠

【功能主治】药性：微苦、涩，平。功能：化痰止咳，利湿消肿，解毒。主治：咳嗽，风湿痹痛，产后劳伤痛，水肿，小便不利，消化不良，痈疽肿毒，湿疹，荨麻疹。用法用量：内服煎汤，6 ~ 15 g。外用适量，煎水洗。

附方：

1. 治风湿关节痛：棣棠花、黄荆条、大血藤、丝瓜络、木贼、茜草各9 g，透骨草12 g。水煎服。

2. 治消化不良：棣棠花15 g，炒麦芽12 g。水煎服。

棣棠枝叶味微苦、涩，性平。能祛风除湿，解毒消肿。主治风湿关节痛，荨麻疹，湿疹，痈疽肿毒。内服煎汤，9 ~ 15 g。外用适量，煎水熏洗。根味涩，微苦，性平。能祛风止痛，解毒消肿。主治关节疼痛，痈疽肿毒。内服煎汤，9 ~ 15 g；或浸酒。忌食酸、辣、芥菜、萝卜等。

3. 治荨麻疹：棣棠花或嫩枝叶适量。煎水外洗。

4. 治痈疽肿毒：棣棠花、嫩枝叶或根、马兰、薄荷、菊花、蒲公英各9 ~ 15 g。水煎服。

5. 治风湿关节炎，消化不良：棣棠茎叶6 g。水煎服。

【资源综合利用】棣棠始载于《群芳谱》，不但为民间药用，而且是成本低廉、易于移栽的园林观赏植物；花重瓣，注意与棣棠区别。

199 委陵菜

【别名】翻白草、白头翁。

【来源】为蔷薇科植物委陵菜*Potentilla chinensis* Ser.的带根全草。

【植物形态】多年生草本，高20 ~ 70 cm。根粗壮，圆柱形，稍木质化。茎、叶均被稀疏短柔毛及白色绢状长柔毛。基生叶为羽状复叶；托叶近膜质，褐色；小叶5 ~ 15对，对生或互生，上部小叶较长；小叶片长圆形，倒卵形或长圆披针形，长1 ~ 5 cm，宽0.5 ~ 1.5 cm，顶端急尖或圆钝，边缘羽状中裂，裂片三角卵形至长圆披针形，边缘向下反卷，上面被短柔毛或近无毛，中脉下陷，下面被白色绒毛，沿脉被白色绢状长柔毛；茎生叶与基生叶相

▲委陵菜

似，唯叶片对数较少，托叶草质，边缘通常呈齿牙状分裂。花两性；伞房状聚伞花序，基部有披针形苞片，外密被短柔毛；萼片5，三角卵形，副萼片5，外被短柔毛及少数绢状柔毛；花瓣5，宽倒卵形，黄色；花柱近顶生，枝头扩大。瘦果卵球形，深褐色，有明显皱纹。花、果期4—10月。

【生境分布】生于海拔400～3 200 m的山坡、草地、沟谷、林缘、灌丛及疏林下。分布于奉节、开州地区。

【采收加工】4—10月采挖，除去花枝及果枝，晒干。

【药材性状】根圆柱形或类圆锥形，有的分枝；表面暗棕色或暗紫红色，有纵纹，粗皮易成片状剥落；质硬，易折断，断面皮部薄，暗棕色，常与木部分离，射线呈放射状排列。叶基生，单数羽状复叶，有柄；小叶狭长椭圆形，边缘羽状深裂，下面及叶柄均密被灰白色柔毛。气微，味涩，微苦。

【显微鉴别】叶横切面：上表皮细胞类方形，下表皮细胞切向延长；上下表皮有多数单细胞非腺毛，以下表皮尤密，且多弯曲。栅栏组织为2～3列细胞，有的含草酸钙簇晶，直径8～37 μm；海绵组织为数列类圆形细胞。主脉向下凸起，维管束外韧型，木质部半月形，韧皮部呈新月形，外侧有厚角组织，上下表皮内方有2～4列厚角组织。

粉末特征：灰褐色。非腺毛极多，单细胞平直或弯曲，长约4 000 μm。草酸钙簇晶直径6～65 μm，偶见方晶。木纤维长梭形，壁稍厚，纹孔明显。木栓细胞类多角形或扁长方形。

【化学成分】全草含槲皮素，山柰素，没食子酸，壬二酸，3，3'，4'-三-O-甲基并没食子酸，熊果酸，丝石竹皂苷元。

【药理作用】有抗菌、抗阿米巴原虫、抑制心脏、兴奋子宫、扩张支气管作用。叶煎剂对麻醉狗肠管有抑制作用。

【功能主治】药性：苦，寒。功能：凉血止痢，清热解毒。主治：赤痢腹痛，久痢不止，痔疮出血，疮痈肿毒。用法用量：内服煎汤，15～30 g。研末或浸酒。外用适量，煎水洗、捣敷或研末敷。

附方：

1. 治久痢不止：委陵菜、白木槿花各15 g。水煎服。
2. 治疮疖痈肿：委陵菜15 g，蒲公英15 g。水煎服。
3. 治消化道溃疡：委陵菜干根60 g，鸡1只（约500 g）。水炖服。
4. 治便血：委陵菜根15 g，小蓟炭12 g，侧柏炭9 g。水煎服。

【资源综合利用】库区产委陵菜属植物约有15种均具药用价值，资源丰富。民间多用以清热解毒，利水消肿，补气健脾。现代药理研究证实，具有抗炎、抗病毒、降血糖、抗溃疡、抗肿瘤、抗氧化等作用；同时根含淀粉，可作功能性食品。

200　蛇含

【别名】蛇泡、五匹风、五匹草。

【来源】为蔷薇科植物蛇含委陵菜*Potentilla kleiniana* Wight et Arn.的带根全草。

【植物形态】一年生、二年生或多年生宿根草本。多须根。茎匍匐，常于节处生根并发育出新植株，花茎被疏柔毛或开展长柔毛。基生叶为近于鸟足状5小叶；叶柄被疏柔毛或开展长柔毛，小叶近无柄稀有短柄；托叶膜质，淡褐色，外被疏柔毛或脱落近无毛；小叶片倒卵形或长圆倒卵形，长0.5～4 cm，宽0.4～2 cm，顶端圆钝，基部楔形，边缘有多数急尖或圆钝锯齿，两面被疏柔毛，有时上面脱落近无毛或下面沿脉被伏生长柔毛；下部茎生叶有5小叶，上部茎生叶有3小叶，与基生叶相似，唯叶柄较短，托叶草质，卵形至卵状披针形，全缘，稀有1～2齿，顶端急尖或渐尖，外被疏长柔毛。花两性；聚伞花序密集枝顶如假伞形，花梗密被开展长柔毛，下有茎生叶如苞片状；花直径0.5～1 cm；萼片5，三角卵圆形，顶端急尖或渐尖，副萼片5，披针形或椭圆披针形，顶端急尖或渐尖，花时比萼片短，果时略长或近等长，外被疏长柔毛；花瓣5，倒卵形，顶端微凹，长于萼片，黄色；花柱近顶生。瘦果近圆形，一面稍平，直径约0.5 mm，具皱纹。花、果期4—9月。

【生境分布】生于海拔200～3 000 m的田边、水旁、草甸及山坡草地。分布于库区各市县。

▲蛇含委陵菜

【采收加工】5月和9—10月采挖，晒干。

【药材性状】全体长约40 cm。根茎粗短，根多数，须状。茎细长，多分枝，被疏毛。叶掌状复叶；基生叶有5小叶，小叶倒卵形或倒披针形，长1 ~ 5 cm，宽0.5 ~ 1.5 cm，边缘具粗锯齿，上下表面均被毛，茎生叶有3 ~ 5小叶。花多，黄色。果实表面微有皱纹。气微，味苦、微涩。

【显微鉴别】叶表面观：上下表皮细胞垂周壁平直或微弯曲。气孔不定式或不等式。非腺毛微弯曲，长112 ~ 950 μm，直径20 μm。草酸钙簇晶直径28 μm。

【化学成分】全株含仙鹤草素（agrimoniin），蛇含鞣质（potentillin），长梗马兜铃素（pedunculagin）。

【功能主治】药性：苦，微寒。归肝、肺经。功能：清热定惊，截疟，止咳化痰，解毒活血。主治：高热惊风，疟疾，肺热咳嗽，百日咳，痢疾，疮疖肿毒，咽喉肿痛，风火牙痛，带状疱疹，目赤肿痛，虫蛇咬伤，风湿麻木，跌打损伤，月经不调，外伤出血。用法用量：内服煎汤，9 ~ 15 g，鲜品倍量。外用适量，煎水洗或捣敷；或捣汁涂；或煎水含漱。

附方：

1. 治麻疹后热咳：五皮风、白蜡花、枇杷花各9 g。研末，加蜂蜜蒸服。
2. 治细菌性痢疾，阿米巴痢疾：蛇含60 g，水煎加蜂蜜调服。
3. 治无名肿毒：蛇含、天胡荽、半边莲（均鲜）各适量，捣烂外敷。
4. 治咽喉肿痛：鲜蛇含捣汁含漱。
5. 治毒蛇咬伤：鲜蛇含草，捣烂敷伤口周围；另用鲜蛇含、鲜鸭跖草各30 g，野菊花15 g。煎服。

【资源综合利用】蛇含始载于《神农本草经》。现代药理研究证明，蛇含对治疗肠梗阻具有较好疗效。

201　李仁

【别名】李仁肉、小李仁。

【来源】为蔷薇科植物李*Prunus salicina* Lindi.的种仁。

【植物形态】乔木，高9 ~ 12 m。树皮灰褐色，粗糙；小枝紫褐色，有光泽。叶互生；叶片长方倒卵形或椭圆倒卵形，长5 ~ 10 cm，宽3 ~ 4 cm，顶端短骤尖或渐尖，基部楔形，边缘有细密浅圆钝重锯齿；叶柄长1 ~ 1.5 cm，近顶端有2 ~ 3腺体；托叶早落。花两性，先叶开放；直径1.5 ~ 2 cm，通常3朵簇生；萼筒杯状，萼片5，卵形，边缘有细齿；花瓣5，矩圆状倒卵形，白色；雄蕊多数，排成不规则2轮；雄蕊1，柱头盘状，心皮1，与萼筒分离。核果球形或卵球形，直径3 ~ 5 cm，栽培品可达7 cm，顶端常稍急尖，基部凹陷，绿、黄或带紫红色，有光泽，被蜡粉；核卵圆形或长圆形，有细皱纹。花期4—5月，果期7—8月。

【生境分布】生于海拔100 ~ 1 400 m的田边、山坡，多栽培。分布于库区各市县。

【采收加工】5月中旬至6月初采收，击破外壳，取其种仁。

【药材性状】种子呈扁平长椭圆形，长6 ~ 10 mm，宽4 ~ 7 mm，厚约2 mm，种皮褐黄色，有明显纵皱纹。子叶两片，白色，含油脂。气微弱，味微甜，似甜杏仁。

【化学成分】种子含苦李仁苷（amygdalin）。果肉含氨基酸、脂肪、蛋白质、碳水化合物、矿物质、胡萝卜

▲李

素、维生素等。

【功能主治】药性：甘、苦、平。归肝经。功能：散瘀，利水，润肠。主治：慢性咽喉炎，扁桃腺炎，肝硬化，消化不良，小便不利，皮肤湿疹瘙痒，便秘，跌打损伤，瘀血疼痛，疮疖肿毒，痱子，面黑粉泽，小儿丹毒，关节疼痛，虫蝎蛰痛。用法用量：内服煎汤，6～12 g。外用适量，研末调敷。使用注意：脾弱便溏，肾虚遗精及孕妇忌用。

附方：

1. 治面皯：李子仁适量。去皮，研末，和鸡蛋清调敷。

2. 治蝎虿蛰痛：李子仁数粒。捣烂，敷伤处。

3. 治慢性咽喉炎，扁桃腺炎，牙周病，口舌生疮：李子2～3个。连核捣烂，加少许食盐，开水，拌匀后放冷，汁液含漱口，每日多次。

4. 治便秘：李子仁15 g。打碎，水煎服。

李子果肉味甘、酸，寒；清热，利水、消积食、滑肠。化不良无名肿毒湿疹，瘙痒，多食伤脾胃，消化道溃疡病及急慢性肠炎忌食用。

【资源综合利用】李鲜果为常见水果。用米醋渍即成李子醋，有保健作用。

202　红子

【别名】救军粮、红子、救兵粮、赤阳子。

【来源】为蔷薇科植物火棘*Pyracantha fortuneana*（Maxim.）Li的果实。

【植物形态】常绿灌木，高达3 m。侧枝短，顶端呈刺状，嫩枝外被锈色短柔毛，老枝无毛。叶互生，在短枝上簇生；叶柄短，无毛或嫩时有柔毛；叶片倒卵形或倒卵状长圆形，长1.5～6 cm，宽0.5～2 cm，顶端圆钝或微凹，有时具短尖头，基部楔形，不延连于叶柄，边缘有钝锯齿，近基部全缘。花两性，集成复伞房花序；花梗长约1 cm；萼筒钟状；萼片5，三角形，顶端钝；花瓣近圆形，白色；雄蕊20，花药黄色；花柱5，离生，子房上部

▲火棘

密生白色柔毛。果实近球形，直径约5 mm，橘红色或深红色。花期3—5月，果期8—11月。

【生境分布】生于海拔300～2 800 m的山地、灌丛中、草地、路旁。分布于库区各市县。

【采收加工】秋季果实成熟时采摘，晒干。

【药材性状】梨果近球形，直径约5 mm。表面红色，顶端有宿存萼片，基部有残留果柄，果肉棕黄色，内有5个小坚果。气微，味酸涩。

【化学成分】果实含多种维生素：维生素B_1（30.2 mg/100 g），维生素B_2（25.7 mg/100 g），维生素C（60.1 mg/100 g），维生素E（90.2 mg/100 g），维生素B_6（13.8 mg/100 g）等。尚含人体必需的8种氨基酸及铁，锌，脂肪酸，蛋白质，糖等。

【药理作用】有抗氧化、增强细胞免疫功能、促进胆汁分泌、增强体力、降甘油三酯作用。

【功能主治】药性：酸、涩，平。功能：健脾消食，收涩止痢，止痛。主治：食积停滞，脘腹胀满，痢疾，泄泻，崩漏，带下，跌打损伤。用法用量：内服煎汤，12～30 g；或浸酒。外用适量，捣敷。

附方：

1. 治腹泻：红子30 g，水煎服。

火棘根味酸，性凉。功能：清热凉血，化瘀止痛。主治：潮热盗汗，肠风下血，崩漏，疮疖痈疡，目赤肿痛，风火牙痛，跌打损伤，劳伤腰痛，外伤出血。叶味苦、涩，性凉。功能：清热解毒，止血。主治：疮疡肿痛，目赤，痢疾，便血，外伤出血。

2. 治骨蒸潮热：火棘根皮30 g，地骨皮15 g，青蒿12 g。水煎服。

3. 治暴发火眼：火棘叶适量。捣烂，敷眼皮上。

4. 治赤白痢疾：火棘枝叶15 g，槐角30 g，三颗针30 g。水煎服。

【资源综合利用】始载于《滇南本草》，不但药用价值高，而且营养价值极高，可以酿酒，可加工提取红色素作为天然的优质食品添加剂；同时火棘树形优美，夏有繁花，秋有红果，是著名的观赏药用植物，库区火棘资源丰富，如石柱千野草场就有成片火棘。

203　沙梨

【别名】梨。

【来源】为蔷薇科植物沙梨*Pyrus pyrifolia*（Burm. f.）Nakai的果实。

【植物形态】乔木，高7～15 m。小枝光滑，或幼时有绒毛，1～2年生枝紫褐色或暗褐色。单叶，互生，叶片卵形或卵状椭圆形，长8～10 cm，顶端长尖，基部圆形或近心形，缘具刚毛状锐齿，有时齿端微向内曲，光滑或幼时有毛；叶柄长3～4.5 cm。伞形花序；花白色，径5～7 cm，与叶同时或略早开放；萼片5，有腺状锯齿；花瓣卵形；雄蕊多数。梨果扁圆、椭圆或近球形，直径5～8 cm，褐色或带青白色，有浅色斑点。花期：春季。

【生境分布】栽培。分布于库区各市县。

【化学成分】含苹果酸、柠檬酸、果糖、葡萄糖、蔗糖、蛋白质、脂肪、钙、磷、铁、胡萝卜素、硫胺素、核黄素、尼克酸、抗坏血酸等。沙梨叶含绿原酸，熊果酚苷和鞣质。

【功能主治】药性：甘、微酸，凉。归肺、胃、心经。功能：清肺化痰，生津止渴。主治：热病烦躁，目赤，疮疡，烫火伤，热病津伤口渴，糖尿病，肺热咳嗽痰多。内服15～30 g；鲜品60～120 g。外用适量，捣敷或捣汁点服。

附方：

治肺燥热咳：鲜沙梨适量。去皮，切块，配以冰糖炖服。

沙梨根主治疝气，咳嗽。树皮可解“伤寒时气”。枝主治霍乱吐泻。叶主治食用菌中毒，小儿疝气。若食梨过伤胃气，亦可用叶煎汁解之。果皮主治暑热或热病伤津口渴。

▲沙梨

▲月季

204　月季花

【别名】月七花、月月红。

【来源】为蔷薇科植物月季*Rosa chinensis* Jacq.的花。

【植物形态】矮小直立灌木。小枝有粗壮而略带钩状的皮刺或无刺。羽状复叶，叶柄及叶轴疏生皮刺及腺毛；托叶大部附生于叶柄上，边缘有腺毛或羽裂；小叶3～5，宽卵形或卵状长圆形，长2～6 cm，宽1～3 cm，顶端渐尖，基部宽楔形或近圆形，边缘有锐锯齿，两面无毛。花单生或数朵聚生成伞房状；花梗长，散生短腺毛；萼片卵形，顶端尾尖，羽裂，边缘有腺毛；花瓣红色或玫瑰色，重瓣，直径约5 cm，微香；花柱分离，子房被柔毛。果卵圆形或梨形，长1.5～2 cm，红色。萼片宿存。花期4—9月，果期6—11月。

【生境分布】栽培。分布于库区各市县。

【采收加工】夏、秋季采收半开放的花朵，晾干或用微火烘干。

【药材性状】花蕾多呈卵圆形或类球形，花朵多呈圆球形，直径1～1.5 cm。花托倒圆锥或倒卵形，长5～7 mm，直径3～5 mm，棕紫色，基部较尖，常带有花梗。萼片5枚，顶端尾尖，大多向下反折，短于或等于花冠，背面黄绿色或橙黄色，有疏毛，内面被白色绵毛。花瓣5片或重瓣，覆瓦状排列，少数杂有散瓣，长2～2.5 cm，宽

1～2.5 cm，紫红或淡红色，脉纹明显。雄蕊多数，黄棕色，卷曲，着生于花萼筒上。雌蕊多数，有毛，花柱伸出花托口。体轻，质脆，易碎。气清香，味微苦、涩。

【显微鉴别】萼片表面观：上表面（内表面）密被单细胞非腺毛，长125～660 μm，壁厚且弯曲；下表面具多细胞腺毛，长60～355 μm，柄为多细胞排成多列，头部由多细胞集成扁球形；尚有少数短小非腺毛。气孔为不定式。薄壁细胞中含草酸钙簇晶及少数棱晶。

花梗（近花托的端部）横切面：表皮为1列类长方形细胞，排列整齐，有少量腺毛和非腺毛。皮层外侧为数列较小的厚壁细胞，内侧为薄壁细胞，常含有草酸钙簇晶。维管束10～23个，外韧型，略呈内外2列相间排列，木质部束导管3～6个。髓部薄壁细胞含有草酸钙簇晶。

【理化鉴别】检查挥发油：取本品粗粉2 g，加乙醚20 mL，振摇浸泡1 h，滤过。取滤液2 mL置蒸发皿中，待乙醚挥发后加数滴5%香草醛浓硫酸液，溶液即显紫褐色。

【化学成分】花含挥发油，主要为牻牛儿醇（geraniol）、橙花醇（nerol）、香茅醇（citronellol）及其葡萄糖苷。另含没食子酸（gallic acid），槲皮苷，槲皮素等。

【药理作用】花具有较强的抗真菌作用。

【功能主治】药性：甘、微苦，温。归肝经。功能：活血调经，散毒消肿。主治：月经不调，痛经，闭经，跌打损伤，瘀血肿痛，瘰疬，痈肿，烫伤。用法用量：内服煎汤或开水泡服，3～6 g，鲜品9～15 g。外用适量，鲜品捣敷患处，或干品研末调搽患处。使用注意：脾虚便溏，孕妇及月经过多者慎服。

附方：

1. 治皮肤湿疹、疮肿：鲜月季花适量。捣烂，加白矾少许，外敷。
2. 治高血压：月季花9～15 g。开水泡服。
3. 治月经不调：月季花9 g，益母草、马鞭草各15 g，丹参12 g。水煎服。
4. 治烫伤：月季花焙干研粉，茶油调搽患处。

月季花叶味微苦，性平。归肝经。能活血消肿，解毒，止血。主治疮疡肿毒，瘰疬，跌打损伤，腰膝肿痛，外伤出血。根味甘、苦，性温。归肝经。能活血调经，消肿散结，涩精止带。主治月经不调，痛经，闭经，血崩，跌打损伤，瘰疬，遗精，带下。

205　金樱子

【别名】糖罐子、长糖二、刺糖果。

【来源】为蔷薇科植物金樱子*Rosa laevigata* Michx.的果实。

【植物形态】常绿攀缘灌木，长约3 m。有钩状皮刺和刺毛。羽状复叶，叶柄和叶轴具小皮刺和刺毛；托叶披针形，与叶柄分离，早落；小叶革质，通常3，稀5，椭圆状卵形或披针状卵形，长2.5～7 cm，宽1.5～4.5 cm，顶端急尖或渐尖，基部近圆形，边缘具细齿状锯齿，有光泽。花单生于侧枝顶端，花瓣白色，直径5～9 cm，雄蕊多数，柱头塞于花托口，花梗和萼筒外面均密被刺毛。果近球形或倒卵形，长2～4 cm，紫褐色，外面密被刺毛。花期4—6月，果期7—11月。

【生境分布】生于海拔100～1 600 m的向阳的山野、田边、灌木丛中。分布于库区各市县。

【采收加工】10—11月，果实红熟时采摘，晾晒后放入桶内搅拌，擦去毛刺，再晒至全干。

【药材性状】本品为花托发育而成的假果，呈倒卵形，长2～3.5 cm，直径1～2 cm。表面红黄色或红棕色，有突起的棕色小点，系毛刺脱落后的残基。果柄部分较细，中部膨大。宿萼端盘状，花萼残基多不完整，中央略突出。质坚硬，纵切开后，花托壁厚1～2 mm，内有多数坚硬的小瘦果，内壁及瘦果均有淡黄色绒毛。无臭，叶苦、微涩。

【显微鉴别】花萼筒壁横切面：外表皮细胞1列，类方形，充满棕色物质，外被角质层，其内为3～4列切向延长的类圆形薄壁细胞，壁木化，内含棕色物，并散有外韧型维管束。外侧薄壁细胞有少数草酸钙簇晶及方晶，簇晶直径36～46 μm，方晶长27～30 μm。内表皮细胞时有单细胞非腺毛或其残基，非腺毛长426～1 500 μm，直径

26 ~ 67 μm，壁厚，腔内常含棕黄色物。

花托粉末：淡肉红色。非腺毛单细胞或多细胞，壁木化或微木化，表面常有略弯曲的斜条纹，胞腔内含黄棕色物。表皮细胞多角形，壁厚，内含黄棕色物。草酸钙方晶多见，长方形或不规则形，簇晶少见。螺纹、环纹及具缘纹孔导管。薄壁细胞多角形，木化，具纹孔，含黄棕色物。纤维梭形或条形，黄色，壁木化。

【理化鉴别】检查多糖类：取本品1 g加水1.0 mL，水浴加热20 min放冷，滤过。取滤液2 mL加新配制的碱性酒石酸铜试剂1 mL，在沸水浴中加热5 min产生红色氧化亚铜沉淀。

【化学成分】果实含柠檬酸，苹果酸等有机酸。果皮含多种水解型鞣质：金樱子鞣质（laevigatin）、仙鹤草素（agrimoniin）、前矢车菊素B-3（procyanidin B-3）等。尚含金樱子皂苷A、β-谷甾醇、胡萝卜苷、乌苏酸等。地上部分还含常春藤皂苷元（hederagenin），熊果酸（ursolic acid），齐墩果酸（oleanolic acid），2α-羟基熊果酸甲酯（methyl 2α-hydroxyursolate），野鸦椿酸甲酯（methyl euscaphate）等。

【药理作用】有抗流感病毒、清除超氧阴离子自由基、抑制羟自由基对细胞膜的破坏而引起的溶血和脂质过氧化产物的形成、减少排尿次数、延长排尿间隔时间、每次增多排尿量、抑制空肠平滑肌的自主收缩作用。

【功能主治】药性：酸、涩，平。功能：固精，缩尿，涩肠，止带。主治：遗精，滑精，遗尿，尿频，久泻，久痢，白浊，白带，崩漏，脱肛，子宫下垂。用法用量：内服煎汤，9 ~ 15 g；或入丸、散，或熬膏。使用注意：有实火、邪热者慎服。

附方：

1. 治精滑梦遗：金樱子（去毛、核）30 g。水煎服，或和猪膀胱，或入冰糖炖服。
2. 治尿频遗尿：金樱子9 g，桑螵蛸9 g，莲须9 g，山药12 g。水煎服。
3. 治久虚泄泻下痢：金樱子（去外刺和内瓤）30 g，党参9 g。水煎服。
4. 治子宫下垂：金樱子、生黄芪各30 g，党参18 g，升麻6 g。水煎服。

金樱根味酸、涩，性平，归脾、肝、肾经。能收敛固涩，止血敛疮，祛风活血，止痛，杀虫。主治遗精，遗尿，泄泻，痢疾，咯血，便血，崩漏，带下脱肛，子宫下垂，风湿痹痛，跌打损伤，疮疡，烫伤，牙痛，胃痛，蛔虫症，诸骨哽喉，乳糜尿。叶：味苦，性平。能清热解毒，活血止血，止带。主治痈肿疔疮，烫伤，痢疾，闭

▲金樱子

▲七姊妹

经，带下，创伤出血。花：味酸、涩，性平。能涩肠，固精，缩尿，止带，杀虫。主治久泻久痢，遗精，尿频，遗尿，带下，绦虫、蛔虫、蛲虫症，须发早白。

206　十姊妹

【别名】十姐妹，多花蔷薇。

【来源】为蔷薇科植物七姊妹*Rosa multiflora* Thunb. var. *carnea* Thory的根及叶。

【植物形态】落叶小灌木，高约2 m。茎、枝多尖刺。单数羽状复叶互生；小叶通常9枚，椭圆形，顶端钝或尖，基部钝圆形，边缘具齿，两面无毛；托叶极明显。花多数簇生，为圆锥形伞房花序；花粉红色，芳香；花梗上有少数腺毛；萼片5，花瓣5，重瓣；雄蕊多数；花柱无毛。瘦果，生在环状或壶状花托里面。花期5—6月，果期8—9月。

【生境分布】多栽培。分布于库区各市县。

【采收加工】根全年可采，切片，晒干；叶夏、秋季采收，鲜用或晒干。

【化学成分】根皮含鞣质（23%）。花含紫云英苷（astragalin）及挥发油等。

【功能主治】药性：苦、微涩，平。功能：清热化湿，疏肝利胆。主治：黄疸，痞积，妇女白带。用法用量：内服煎汤，15 ~ 30 g。

附方：

1. 治黄疸，癖块：鲜七姊妹根15 ~ 24 g，猪赤肉60 g。同炒后，加红酒90 ~ 120 g，共煮1 h，同午饭或晚饭服，每日服1次。

2. 治白带：十姊妹30 g。水煎服。

207 刺石榴

【别名】山石榴。

【来源】为蔷薇科植物峨眉蔷薇*Rosa omeiensis* Rolfe的花。

【植物形态】灌木，高3～4 m。小枝红褐色，常有扁而基部膨大皮刺。羽状复叶，小叶9～17；连叶柄长3～6 cm；叶柄和叶轴散生小皮刺；托叶大部分贴生于叶柄；小叶片长圆形或椭圆状长圆形，长8～30 mm，宽4～10 mm，顶端急尖或圆钝，基部圆钝或宽楔形，边缘有锐锯齿，上面无毛或在下面中肋上有短柔毛。花单生，无苞片，花梗和花托均无毛；花白色，直径2.5～3.5 cm；萼裂片4，披针形，宿存；花瓣4，倒卵形，顶端微凹；花柱离生，被长柔毛。果梨形，长8～15 mm，鲜红色，有黄色肉质果梗，萼片直立宿存。花期5—6月，果期7—9月。

【生境分布】生于海拔250～4 000 m的山坡或灌丛中。分布于巫溪、巫山、奉节、云阳、万州、开州、石柱、武隆地区。

【采收加工】7—9月采收，阴干。

【药材性状】花瓣：为皱缩卷曲的花瓣，完整的花瓣呈倒广卵形至扇形，长1.2～2.5 cm，宽1.2～2.3 cm。暗黄色或黄白色，顶端微凹，浅裂或钝圆，基部有10余条花脉，呈放射状排列。纸质，体轻。气芳香，味微苦、甜。

【显微鉴别】花瓣：横切面：上下表皮均为1列扁平长方形薄壁细胞，较小，外被角质层，上下表皮内方为1列下皮细胞，长方形较大，下皮细胞下有5～6列薄壁细胞，类圆形或不规则形。主脉微凸，以向下凸稍明显，维管束外韧型，木质部导管数个至十数个组成，韧皮部位于木质部下方，筛管群散在，细胞较小。

粉末特征：淡黄色。上表皮细胞表面观呈长方形、类方形、类多角形，有角质层纹理。下表皮细胞表面观呈类多角形、长方形或类方形，垂周壁波状弯曲，有角质层纹理。腺毛较少，腺头、腺柄均为单细胞。偶可见类三角形或近圆形花粉粒，直径30～（35～38）μm，淡黄棕色，可见3个萌发孔，1～3个萌发沟，外壁薄，光滑。

【功能主治】药性：甘、酸，凉。功能：清热解毒，活血调经。主治：肺热咳嗽，吐血，血脉瘀痛，月经不调，赤白带下，乳痈。内服煎汤，3～6 g。药性：味苦、涩，性平。功能：止血，止带，止痢，杀虫。主治：吐血，崩漏，白带，泄泻，痢疾，肠蛔虫症。用法用量：内服煎汤，6～15 g。外用适量。使用注意：忌铁器。

▲峨眉蔷薇

附方：

1. 治赤白痢疾：刺石榴9 g。炒黄研粉。5岁以下每次服1 g；成人每次服3 g，每日3次，红、白糖为引，开水送下。

2. 治虫痔痒痛：刺石榴适量。烧酒烟熏，其痒自止，3次即愈。

峨眉蔷薇果味微酸、涩，性平。能止血，止带，止痢，杀虫。主治吐血，衄血，崩漏，白带，赤白痢疾，蛔虫症。内服煎汤，9 ~ 15 g；或研末，每次3 g，每日3次。忌铁器。根味苦、涩，性平。能止血，止带，止痢，杀虫。主治吐血，崩漏，白带，泄泻，痢疾，肠蛔虫症。用法用量：内服煎汤，6 ~ 15 g。

208 刺梨

【别名】茨梨、糖果。

【来源】为蔷薇科植物缫丝花*Rosa romburghii* Tratt.的果实。

【植物形态】灌木，高1 ~ 2.5 cm；树皮灰褐色，成片状剥落；小枝常有成对皮刺。羽状复叶；小叶9 ~ 15，连叶柄长5 ~ 11 cm；叶柄和叶轴疏生小皮刺；托叶大部贴生于叶柄；小叶片椭圆形或长圆形，长1 ~ 2 cm，宽0.5 ~ 1 cm，顶端急尖或钝，基部宽楔形，边缘有细锐锯齿，两面无毛。花两性；花1 ~ 3朵生于短枝顶端；萼裂片5，通常宽卵形，两面有绒毛，密生针刺；花直径5 ~ 6 cm；重瓣至半重瓣，外轮花瓣大，内轮较小，淡红色或粉红色，微芳香；雄蕊多数，着生在杯状萼筒边缘；心皮多数，花柱离生。果扁球形，直径3 ~ 4 cm，绿色，外面密生针刺，宿存的萼裂片直立。花期5—7月，果期8—10月。

【生境分布】生于海拔200 ~ 2 000 m的向阳山坡、沟谷、路旁及灌丛中。分布于库区各市县。

【采收加工】秋、冬季采收，晒干。

【药材性状】呈扁球形或圆锥形，稀纺锤形，直径2 ~ 4 cm。表面黄褐色或黄绿色，密被针刺，有的并具褐色斑点；顶端常有黄褐色宿存的花萼5瓣，亦被披针刺。纵剖面观：果肉黄白色；种子多数，着生于萼筒基部凸起的花托上，卵圆形，浅黄色，直径1.5 ~ 3 mm，骨质。气微香，味酸、涩、微甜。

【化学成分】果肉含维生素（鲜果含量为3 541.13 mg/100 g，干果为8 000 mg/100 g），烟酸，β-谷甾醇（β-sitosterol），委陵菜酸（tormentic acid），野鸦椿酸（euscaphic acid），原儿茶酸（procatechuic acid），以硬脂酸及二十一烷酸为主的脂肪酸，刺梨酸（roxburic acid）。未成熟果实含刺梨素（roxbin），蔷薇

▲缫丝花

素（rogosin），长梗马兜铃素（pedunculagin），木麻黄素（casuarl cm），桤木素（alnusiin），旌节花素（stachyurin），新唢呐草素（tellimagrandin）等。花粉含可溶性糖，维生素（vitamin）E，蛋白质，氨基酸，脂肪酸，矿质元素，鞣质，胡萝卜素（carotene）等。

【药理作用】有降血脂、抗动脉粥样硬化、抗氧化、抗肿瘤、保肝、增强免疫功能、抗衰老、抗突变、提高雄性生育能力、促进胰液及胰酶（除胰淀粉酶外）分泌、增加胃液分泌、加速胃肠排推、增加胆道压力、促进胆汁分泌、抑制回肠痉挛、改善慢性氟中毒作用。

【功能主治】药性：甘、酸、涩，平。归脾、胃经。功能：健胃，消食，止泻。主治：食积饱胀，肠炎腹泻，慢性氟中毒。用法用量：内服煎汤，9～15 g；或生食。

附方：

治婴幼儿秋季腹泻：鲜刺梨3 000 g，加水3 000 mL，文火煎煮，浓缩至1 500 mL。1岁以内每次服10 mL，1—2岁15 mL，2岁以上20 mL。每日3次，空腹，温开水送服。

刺梨根味甘、苦、涩，性平。能健胃消食，止痛，收涩，止血。主治胃脘胀满疼痛，牙痛，喉痛，久咳，泻痢，遗精，带下，崩漏，痔疮。内服煎汤，9～15 g；或研末，每次0.15 g。叶味酸、涩，微寒。能清热解暑，解毒疗疮，止血。主治痈肿，痔疮，暑热倦怠，外伤出血。内服煎汤，3～9 g。外用适量，研末，麻油调；或鲜品捣敷。

1. 治胃痛：刺梨根、苦荞头各250 g，切片晒干研末。每次0.3 g，开水吞服，每日3次。
2. 治红白痢：刺梨根30 g，委陵菜根15 g。煨水服。
3. 治外痔：茨藜叶尖，焙干，研末，调麻油，敷患处。并可用本方煎水服。

209 薅田藨

【别名】三月泡、薅秧泡。

【来源】为蔷薇科植物茅莓*Rubus parvifolius* L.的地上部分。

【植物形态】小灌木，高1～2 m。枝有短柔毛及倒生皮刺。奇数羽状复叶；小叶3，有时为5，顶端小叶菱状圆形到宽倒卵形，侧生小叶较小，宽倒卵形至楔状圆形，长2～5 cm，宽1.5～5 cm，顶端圆钝，基部宽楔形或近圆形，边缘具齿，上面疏生柔毛，下面密生白色绒毛；叶柄长5～12 cm，顶生小叶柄长1～2 cm，与叶轴均被柔毛和稀疏小皮刺；托叶条形。伞房花序有花3～10朵；总花梗和花梗密生绒毛；花萼外面密被柔毛和疏密不等的针刺，在花果时均直立开展；花粉红色或紫红色，直径6～9 mm；雄蕊花丝白色，稍短于花瓣；子房具柔毛。聚合果球形，直径1.5～2 cm，红色。花期5—6月，果期7—8月。

【生境分布】生于海拔400～2 600 m的山坡、林下、向阳山谷、路旁或荒野。分布于库区各市县。

【采收加工】7—8月采收，晒干。

【药材性状】长短不一，枝和叶柄具小钩刺。枝表面红棕色或枯黄色；质坚，断面黄白色，中央有白色髓。叶多皱缩破碎，上面黄绿色，下面灰白色，被柔毛。枝上部往往附枯萎的花序，花瓣多已掉落，萼片黄绿色，外卷，两面被长柔毛。气微弱，味微苦涩。

【化学成分】果实含赤霉素（gibberellin）。地上部分含果糖（fructose），葡萄糖（slucose），蔗糖（sucrose），维生素（vitamin）C，L去氢抗坏血酸（L-dehydroascorbic acid），鞣质（tannin），β-胡萝卜素（β-carotene），α-生育酚（α-tocopherol）。根含（-）-表儿茶精[（-）-epicatechin]，β-谷甾醇（β-sitosterol），豆甾醇（stigmasterol），菜油甾醇（campesterol）等。

【药理作用】有止血、抗血栓形成、抗心肌缺血、增加冠脉流量、对抗心肌缺血性、增强耐缺氧能力作用。

【功能主治】药性：苦、涩，凉。功能：清热解毒，散瘀止血，杀虫疗疮。主治：感冒发热，咳嗽痰血，痢疾，跌打损伤，产后腹痛，疥疮，疖肿，外伤出血。用法用量：内服煎汤，10～15 g；或浸酒。外用适量，捣敷；或煎水熏洗；或研末撒。

附方：

1. 治痢疾：薅田藨茎叶30 g。水煎，去渣，酌加糖调服。

▲茅莓

2. 治皮炎，湿疹：薅田藨茎叶适量。煎汤熏洗。

茅莓根味甘、苦，性凉。能清热解毒，祛风利湿，活血凉血。主治感冒发热，咽喉肿痛，风湿痹痛，肝炎，肠炎，痢疾，肾炎水肿，尿路感染，结石，跌打损伤，咯血，吐血，崩漏，疔疮肿毒，腮腺炎。内服煎汤，6～15 g；或浸酒。外用适量，捣敷；或煎汤熏洗；或研末调敷。孕妇禁用。

3. 治感冒发热，咽喉肿痛：薅田藨根15 g，金银花12 g，薄荷、甘草各6 g。水煎服。

4. 治跌打损伤：薅田藨鲜根30 g，马鞭草（鲜）15 g。水煎汤，冲血余灰1.8 g服。

5. 治腮腺炎：托盘根9 g，玄参9 g，板蓝根30 g。水煎服。

【资源综合利用】薅田藨之名始见于明《本草纲目》。库区同属植物就有10余种，应该注意区别，该品种生长适应性强，山坡杂林、向阳山谷、路旁或荒野均可生长，可在保健食品上下功夫，果实酸甜多汁，可食用、酿酒及制醋，根和叶含单宁，可提取栲胶。

210 川莓

【别名】大乌泡根、乌泡。

【来源】为蔷薇科植物川莓*Rubus setchuenensis* Bur. et Franch.的根。

【植物形态】落叶灌木，高2～3 m。小枝圆柱形，密被淡黄色绒毛状柔毛，无刺。单叶，纸质；叶柄长3～7 cm，被绒毛；托叶离生，卵状披针形，掌状条裂；叶片近圆形，直径7～15 cm，顶端突尖或钝，基部心形，边缘5～7浅裂，裂片常呈缺刻状再裂，有不整齐钝细锯齿，上面绿色，略粗糙，下面密被灰白色绒毛；基生掌状五出脉显著。狭圆锥花序顶生或腋生；花梗和花萼外面均密被淡黄色短绒毛和柔毛；花白色，并常在花瓣的末端带紫红色，直径约1 cm；花萼裂披针形，外萼顶端常3齿裂；花瓣倒卵形，长约4 mm，具短爪；雄蕊和雌蕊均无毛，花柱比雄蕊长。聚合果近球形，直径约1 cm，黑色。花期7—8月，果期9—10月。

【生境分布】生于海拔400～2 000 m的山坡、路旁、林缘或灌丛中。分布于库区各市县。

【采收加工】秋、冬季采挖根，晒干。

【功能主治】药性：酸、咸，平。归肝、肾经。功能：清热凉血，活血接骨。主治：吐血，咯血，痢疾，月经不调，瘰疬，跌打损伤，骨折。用法用量：内服煎汤，15～30 g；或浸酒、炖肉。

附方：

1. 治咳嗽带血，四肢无力：鲜川莓60 g，鲜苦荬头30 g，葵花秆心15 g。加水煎成浓汁，每日服4次，每次1茶杯。

2. 治骨折（未破皮者）：川莓、野葡萄根皮、牛尾参各等量。共捣烂，加酒炒热。先用手法将骨折部位复位，然后包上药，再上夹板，每日1换，用量视患处面积而定。

川莓叶味酸、咸，性凉。能清热祛湿敛疮。主治黄水疮。外用适量，研末撒；或煎水洗。

【资源综合利用】根除药用外，还可提制栲胶，果可食用，是很好的水果，茎皮可作制纸原料，种子可榨油。

▲川莓

211　地榆

【别名】西地榆。

【来源】为蔷薇科植物地榆*Sanguisorba officinalis* L.的根。

【植物形态】多年生草本。根多呈纺锤形，表面棕褐色或紫褐色，有纵皱纹及横裂纹；茎直立，有棱，无毛或基部有稀疏腺毛。基生叶为羽状复叶，小叶4～6对；叶柄无毛或基部有稀疏腺毛，小叶片有短柄；托叶膜质，褐色，外面无毛或有稀疏腺毛；小叶片卵形或长圆形，长1～7 cm，宽0.5～3 cm，顶端圆钝，基部心形至浅心形，边缘有多数粗大、圆钝的锯齿，两面无毛；茎生叶较少，小叶片长圆形至长圆状披针形，狭长，基部微心形至圆形，顶端急尖，托叶大，草质，半卵形，外侧边缘有尖锐锯齿。穗状花序椭圆形、圆柱形或卵球形，紫色至暗紫色，从花序顶端向下开放；苞片2，膜质，披针形，顶端渐尖至骤尖，比萼片短或近等长，背面及边缘有柔毛；萼片4，椭圆形至宽卵形，顶端常具短尖头，紫红色；雄蕊4，花丝丝状，与萼片近等长，柱头顶端盘形。瘦果包藏在宿存萼筒内，倒卵状长圆形或近圆形，外面有4棱。花期7—10月，果期10—11月。

【生境分布】生于海拔100～3 000 m的草原、草甸、山坡草地、灌丛中或疏林下，多栽培。分布于巫溪、开州地区。

【采收加工】于春季发芽前，或秋季枯前采挖，晒干或趁鲜切片晒干。

【药材性状】根圆柱形，中、下部常膨大或呈不规则纺锤形，略扭曲状弯曲，长18～22 cm，直径0.5～2 cm。表面棕褐色，具多数纵皱。顶端有圆柱状根茎或其残基。质坚，稍脆，折断面平整，略具粉质。横断面形成层环明显，皮部淡黄色，木部棕黄色或带粉红色，呈显著放射状排列。气微，味微苦、涩。

【显微鉴别】根横切面：木栓细胞8～9列，排列整齐。皮层细胞1～3列，常切向延长。韧皮部宽广，筛管群可见，偶见韧皮纤维常单个散在，壁厚，腔小，多木化。形成层呈环状，由2～4列细胞组成。木质部导管稀疏，集成3～5束，导管周围有木纤维，壁厚，常3～5成群，射线细胞放射状排列，多为单列长圆形细胞，初生木质部四原型。薄壁细胞中充满淀粉粒，有些细胞中含草酸钙簇晶。

粉末特征：灰黄色或灰黄棕色。淀粉粒众多，多为单粒，直径2～21 μm，脐点多呈裂缝状、点状、三叉状。韧皮纤维单个或成束，末端锐尖或钝圆，有的中段或末端膨大，长约684 μm，直径13～45 μm，多木化。导管主为网纹纹孔，直径21～90 μm，少为具缘纹孔。木栓细胞深黄棕色，长多角形或长方形，有的胞腔充满棕色内含物及油粒状。草酸钙簇晶较多，大小不一，直径23～52 μm，棱角较钝。

【理化鉴别】取本品粉末0.2 g，加甲醇2 mL，水浴温热80 min，滤过。滤液蒸干，加正丁醇1 mL使溶解，作为供试品溶液。另取没食子酸与地榆皂苷作对照品，加正丁醇制成每1 mL各含5 mg的混合溶液作为对照品溶液。取上述两种溶液各10 μL，分别点于同一硅胶H薄层板上，以氯仿-甲醇-水（6：3：1，下层）展开10 cm。取出，晾干。用碘蒸气显色。供试品色谱中，在与对照品色谱相应的位置上，显相同颜色的斑点。

▲地榆

【化学成分】地榆根主要含地榆皂苷，甜茶皂苷R_1（sauvissimoside R_1），地榆皂苷元（sanguisorbigenin），儿茶酚，儿茶素，没食子酸，逆没食子酸，没食子儿茶素，没食子酰葡萄糖，赤芍素，大黄酚，大黄素甲醚，山柰酚苷，槲皮素，矢车菊苷，矢车菊双苷，茨菲醇，杨梅苷，花青苷，无色花青苷，黄酮醇以及儿茶素。

【药理作用】有止血、促进烧烫伤伤口愈合、保护急性乙醇性胃黏膜损伤、保肝、抗炎、抗菌作用。水煎液可明显对抗小肠刺激性药物引起的腹泻。对过氧化亚硝酸盐所致肾损害有保护作用。

【功能主治】药性：苦、酸，微寒。功能：凉血止血，清热解毒，消肿敛疮。主治：伤寒，上消化道出血、胃及十二指肠溃疡，慢性胃炎，烧伤，急性菌痢，慢性结肠炎，吐血，咯血，衄血，尿血，便血，痔血，血痢，崩漏，赤白带下，疮痈肿毒，湿疹，阴痒，水火烫伤，蛇虫咬伤。用法用量：内服煎汤，6～15 g；鲜品30～120 g；或入丸、散，亦可绞汁内服。外用适量，煎水或捣汁外涂；也可研末外掺或捣烂外敷。使用注意：脾胃虚寒，中气下陷，冷痢泄泻，崩漏带下，血虚有瘀者均应慎服。

附方：

1. 治长期下血：地榆、鼠尾草各100 g，水煎，顿服。
2. 治胃溃疡出血：生地榆9 g，乌贼骨15 g，木香6 g。水煎服。
3. 治红白痢，噤口痢：白地榆6 g，乌梅（炒）5枚、山楂3 g，水煎服。红痢红糖为引，白痢白糖为引。
4. 治原发性血小板减少性紫癜：生地榆、太子参各30 g，或加怀牛膝30 g，水煎服，连服2月。
5. 治外伤出血：地榆炭研细末，外敷患处。或配茜草、白及、黄芩，研末外用。
6. 治烫火伤：急用地榆磨油如面，麻油调敷，其痛立止。如已起疱，则将疱挑破放出毒水，然后敷之，再加干末撒上，破损者亦然。
7. 治阴囊下湿痒、搔破出水，干即皮剥起：地榆、黄柏、蛇床子各100 g，槐白皮（切）1 500 g。水煎，稍温洗疮，每日3～4次。

【资源综合利用】地榆能阻止硝基盐在肠内的硝基化，对预防癌症有一定意义。地榆的提取物能防止紫外线引起的色素沉着，对紫外线引起的皮肤损伤有抑制作用，因而在保健美容方面有较大的开发价值。地榆所含的皂苷经水解后可得到熊果酸，可作为熊果酸的提取材料。

212　绣线菊子

【别名】绣线菊。

【来源】为蔷薇科植物光叶绣线菊*Spiraea japonica* L. f. var. *fortunei*（Planch.）Rehd.的果实。

【植物形态】灌木，高达2 m。小枝细长，棕红色，有短柔毛或脱落近无毛。单叶互生，具短柄；叶片长卵形至披针形，长3.5～8 cm，宽1.5～3.5 cm，顶端渐尖，基部楔形，边缘有尖锐重锯齿，下面苍白色，网状脉突起，无毛。复伞房花序，生于当年枝条的顶端，直径10～14 cm，有时达18 cm；花小，粉红色；萼筒及裂片外面均被柔毛；花瓣卵形至圆形。蓇荚果无毛。花期6—7月，果期8—9月。

▲光叶绣线菊

【生境分布】生于海拔650～2 000 m的山坡旷地、疏密杂木林中、山谷或河沟旁。产南川、奉节、忠县。分布于巫溪、巫山、奉节、云阳、开州、忠县、武隆地区。

【采收加工】秋季果实成熟时采收，晒干。

【功能主治】药性：苦，凉。功能：清热祛湿。主治：痢疾。用法用量：内服煎汤，9～15 g。

豆科Leguminosae

213　合萌

【别名】水皂角。

【来源】为豆科植物田皂角*Aeschynomene indica* L.的地上部分。

【植物形态】一年生亚灌木状草本，高30～100 cm，无毛；多分枝。偶数羽状复叶，互生；托叶膜质，披针形，长约1 cm，顶端锐尖；小叶20～30对，长圆形，长3～8 mm，宽1～3 mm，顶端圆钝，有短尖头，基部圆形，无小叶柄。总状花序腋生，花少数，总花梗有疏刺毛，有黏质；膜质苞片2枚，边缘有锯齿；花萼二唇形，上唇2裂，下唇3裂；花冠黄色，带紫纹，旗瓣无爪，翼瓣有爪，较旗瓣稍短，龙骨瓣较翼瓣短；雄蕊10枚合生，上部分裂为2组，每组有5枚，花药肾形；子房无毛，有子房柄。荚果线状长圆形，微弯，有6～10荚节，荚节平滑或有小瘤突。花期夏秋，果期10—11月。

【生境分布】生于海拔200～1 300 m的潮湿地或水边。分布于库区各市县。

【采收加工】9—10月采收，鲜用或晒干。

【药材性状】木质部：本品呈圆柱状，上端较细，长达40 cm，直径1～3 cm。表面乳白色，平滑，具细密的纵纹，并有皮孔样凹点及枝痕，质轻脆，易折断，断面类白色，不平坦，隐约可见同心性环纹，中央有小孔。气微，味淡。

根：圆柱形，上端渐细，直径1～20m；表面乳白色，平滑，具细密的纵纹理及残留的分枝痕，基部有时连有多数须状根。质轻而松软，易折断，折断面白色，不平坦，中央有小孔洞。气微，味淡。以根粗、质轻软、白

▲田皂角

色、干燥者为佳。

【化学成分】种子含脂肪酸，液体石蜡等。叶含6，8-二-C-葡萄糖基芹菜素（vicenin Ⅱ）等。

【功能主治】药性：甘、苦，微寒。功能：清热利湿，祛风明目，通乳。主治：热淋，血淋，水肿，泄泻，痢疾，疖肿，疮疥，目赤肿痛，眼生云翳，夜盲，关节疼痛，产妇乳少。用法用量：内服煎汤，15 ~ 30 g。外用适量，煎水熏洗；或捣烂敷。

附方：

1. 治血淋：合萌、鲜车前草各30 g。水煎服。

2. 治疮疖：合萌30 g，紫薇30 g。水煎，加糖服。

田皂角茎中的木质部（梗通草）味淡、微苦，性凉。能清热，利尿，通乳，明目。主治热淋，小便不利，水肿，乳汁不通，夜盲。内服煎汤，6 ~ 15 g。根味甘、苦，性寒。能清热利湿，消积，解毒。主治血淋，泄泻，痢疾，疳积，目昏，牙痛，疮疖。内服煎汤，9 ~ 15 g，鲜品30 ~ 60 g。外用适量，捣烂敷。叶味甘，性微寒。能解毒，消肿，止血。主治痈肿疮疡，创伤出血，毒蛇咬伤。内服捣汁，60 ~ 90 g。外用适量，研末调涂；或捣烂敷。

3. 治痢疾，暑热腹泻：鲜合萌根30 g。水煎，加白糖温服。

4. 治痈肿：合萌干叶适量，研末，调浓茶，敷患处。

5. 治创伤出血：合萌鲜叶适量，揉碎，敷患处。

【资源综合利用】本品以合明草之名载于《本草拾遗》。该品对土壤要求不严，适生在浅水或潮湿处，耐荫耐酸，可利用潮湿荒地、塘边或溪河边的湿处栽培，是库区消落带植物之一。

214 合欢皮

【别名】夜合树。

【来源】为豆科植物合欢*Albizia julibrissin* Durazz.的树皮。

【植物形态】落叶乔木，高可达16 m。树干灰黑色；嫩枝、花序和叶轴被绒毛或短柔毛。二回羽状复叶，互生；总叶柄近基部及最顶1对羽片着生处各有1枚腺体；羽片4 ~ 12对，栽培的有时达20对，小叶10 ~ 30对，线形至长圆形，长6 ~ 12 mm；宽1 ~ 4 mm，向上偏斜，顶端有小尖头，有缘毛，有时在下面或仅中脉上有短柔毛；中脉紧靠上边缘。头状花序在枝顶排成圆锥状花序；花粉红色；花萼管状，长3 mm；花冠长8 mm，裂片三角形，长1.5 mm，花萼、花冠外均被短柔毛；雄蕊多数，基部合生，花丝细长；子房上位，柱头圆柱形。荚果带状，嫩时有柔毛。花期6—7月；果期8—10月。

【生境分布】生于海拔350 ~ 1 800 m的山坡或栽培。分布于库区各市县。

【采收加工】夏、秋季剥皮，切段，晒干或炕干。

【药材性状】呈筒状或半筒状卷曲，厚1 ~ 5 mm。外表面灰绿色或灰褐色，稍有纵皱纹，有的具浅裂纹，老皮和嫩皮均有多数明显的棕黄色或棕白色椭圆形皮孔，绝大多数横向，偶有突起的横棱或较大的枝痕，有的树皮有地衣斑；内表面淡黄色或黄白色，较平滑，有细密纵纹。质硬而脆，易折断，断面呈纤维状，淡黄棕色或黄白色。气微香，味淡，微涩，稍刺舌，喉部有不适感。

【显微鉴别】皮横切面：木栓层细胞数十列，常含棕色物及草酸钙方晶。皮层窄，散有石细胞及含晶木化厚壁细胞，单个或成群。中柱鞘部位为由2～6列石细胞及含晶木化细胞组成的环带。韧皮部宽广，外侧散有石细胞群，内侧韧皮纤维与薄壁细胞及筛管群相间排列成层；石细胞群与纤维束周围均有含晶木化厚壁细胞。射线宽1～5列细胞。

皮粉末特征：米黄色。纤维大多成束，直径7～25 μm，壁极厚，淡黄棕色，木化。纤维束周围有含晶细胞，形成晶纤维。石细胞众多，类方形、类长方形或类多角形，直径11～60 μm，壁极厚，木化，孔沟明显。石细胞群周围的厚壁细胞常含方晶。含晶细胞类方形或类长圆形，直径16～24 μm，壁不均匀增厚，微木化，胞腔含方晶。草酸钙方晶呈多面形，直径约至16 μm。韧皮薄壁细胞较小，径向面观纹孔圆形；切向面观呈连珠状增厚。此外，有木栓细胞、筛管、淀粉粒。

【理化鉴别】（1）取粉末1 g，加乙醇10 mL，10 min后，滤过。取滤液1 mL，置蒸发皿内，挥干醇液，残渣加醋酐0.5 mL溶解，然后加浓硫酸1滴。合欢皮醇溶液由黄变棕，再变红，最后呈紫红色。（2）取样品粉末约0.2 g，加95%乙醇1 mL，摇匀后，加浓盐酸2 mL，搅拌，10 min后，合欢皮上层液由棕黄变成棕绿。

【化学成分】树皮含合欢苷（allibiside），合欢三萜内酯（julibrotriterpenoidal lactone）等，β-谷甾醇，α-菠甾醇-3-O-β-D-葡萄糖苷，木脂素类，吡啶醇衍生物类，甘油酯，二十二碳酸乙酯等。

【药理作用】有抗生育、延长睡眠时间、抗肿瘤、免疫调节作用。

【功能主治】药性：甘、平，苦。功能：安神解郁，活血消痈。主治：心神不安忧郁，不眠，内外痈疡，跌打损伤。用法用量：内服煎汤，10～15 g；或入丸、散。外用适量，研末调敷。使用注意：风热自汗，外感不眠者禁用。

附方：

1. 治心烦失眠：合欢皮9 g，夜交藤15 g。水煎服。

2. 治夜盲：合欢皮、千层塔各9 g。水煎服。

▲合欢

【资源综合利用】合欢皮始载于《神农本草经》，列为中品。三峡库区民间用合欢皮治疗源远流长，是解郁安神的代表植物，除树皮药用外，花具有安神养心食疗作用，嫩叶富含维生素C，可制成佳肴，同时花似绒簇且花期较长，是一种吉祥植物，具有合家欢乐的象征之意。

215　紫穗槐

【别名】穗花槐、紫槐。

【来源】为豆科植物紫穗槐*Amorpha fruticosa* L.的叶。

【植物形态】落叶灌木，高1～4 m。小枝被疏毛，渐变秃净。奇数羽状复叶；小叶11～25枚，卵形、椭圆形或披针状椭圆形，长1.5～4 cm，宽0.6～1.5 cm，顶端钝而有小凸尖，基部圆形，两面有白色短柔毛或变秃净。穗状花序集生于枝条上部，长7～15 cm；花萼长2～3 mm，裂片较萼管为短；花冠紫色，旗瓣心形或圆倒卵形，长约6 mm，无翼瓣和龙骨瓣；雄蕊10，每5个1组，包于旗瓣之中，伸出花冠外。荚果下垂，扁平，略弯曲，长7～9 mm，宽约3 mm。有疣状腺点。花期5月，果期6—7月。

【生境分布】栽培。分布于开州、长寿地区。

【采收加工】春、夏季采收，鲜用或晒干。

【化学成分】叶含芸香苷（rutin），槲皮素（quercetln），紫穗槐芪酚（amorphastibol），紫穗槐螺酮（amorphispironone），灰叶素（tephrosin），紫穗槐醇苷元（amorphigenin）等。果实含灰叶素，7，4’-二甲氧基异黄酮（7，4’-dimethox-yisoflavone）等。成熟果实含甘油脂（glyceride），挥发油（essential oil），紫穗槐醇苷（amorphin），6α，12α-去氢鱼藤素（6a，12a-dehydrodeguelin），7，2’，4’，5’-四甲氧基异黄酮（7，2’，4’，5’-tetramethoxyisoflavone）等。种子的粗油中类脂成分为三酰甘油（triglyeerid）占75%，甾醇酯（esterified sterols）占14%，磷脂（phospholipid）占3.08%，游离甾醇占4.4%，游离脂肪酸占3.77%。种子尚含脂溶性维生素，鱼藤酮（rotenone），紫穗槐醇苷，紫穗槐醇苷元，紫穗槐醇苷元-β-D-葡萄糖苷，6α，12α-去氢-α-异灰叶素。根含紫穗槐醌（amorphaquinone），刺芒柄花素（formononetin），芒柄花苷（ononln），紫藤

▲紫穗槐

▲鞍叶羊蹄甲

苷（wistin），紫穗槐醇苷元。根皮含紫穗槐宁（amor mm），紫穗槐灵（amorilin），紫穗槐辛（amorisin），紫穗槐亭（amoritin），紫穗槐定（amoradin），紫穗槐地辛（amoradicin），紫穗槐醇苷，鱼藤酮，阿佛洛莫生（afrormosin），8-甲基巴拿马黄檀异黄酮（8-methylretusin）等。

【功能主治】药性：微苦，凉。功能：清热解毒，祛湿消肿。主治：痈疮，烧伤，烫伤，湿疹。用法用量：外用适量，捣烂敷；或煎水洗。

【资源综合利用】紫穗槐是一种多年生豆科丛生落叶灌木，生长快，萌芽力强，适应性强，抗寒抗旱，耐涝，耐盐碱。在贫瘠土壤和稍荫蔽的条件下也能适应，是保持水土、防风固沙的优质树种；同时含有粗蛋白质和维生素，是一种值得开发利用的药用植物。

216 鞍叶羊蹄甲

【别名】双肾藤、羊蹄甲、大夜关门。

【来源】为豆科植物鞍叶羊蹄甲*Bauhinia brachycarpa* Wall. ex Benth. [B. foberi Oliv.]的枝叶或根。

【植物形态】直立或攀缘小灌木，高达2 m。小枝纤细，具棱，幼时被微柔毛，后则无毛。单叶互生；叶片近肾状圆形，长5 ~ 8 cm，宽3.5 ~ 8 cm，顶端2裂至1/3 ~ 1/2，裂片顶端圆，基部圆形或心形，上面无毛，下面密被白色微柔毛，并混生红棕色丁字毛；基出脉9 ~ 11条。伞房式总状花序，顶生或腋生，花白色；萼管陀螺形，外被白色柔毛，萼片2裂，外被白色微柔毛；花瓣线状倒披针形；雄蕊10，5长5短；子房被长柔毛。荚果倒披针形，长5 ~ 7 cm，宽约1 cm，顶端偏斜，幼时密被短柔毛，老时渐脱落。花期5—7月，果期8—10月。

【生境分布】生于海拔250 ~ 1 800 m的山坡灌木丛中。分布于巫溪、巫山、奉节、云阳、万州、石柱、武隆地区。

【采收加工】夏、秋季采收枝叶，秋季挖根，鲜用或晒干。

【功能主治】药性：苦、涩，平。功能：祛湿通络，收敛解毒。主治：风湿痹痛，睾丸肿痛，久咳盗汗，遗精，尿频，腹泻，心悸失眠，瘰疬，湿疹，疥癣，烫伤，痈肿疮毒。用法用量：内服煎汤，15 ~ 30 g，或浸酒；或研末。外用适量，捣敷或煎水洗。

附方：

1. 治筋骨疼痛：①鞍叶羊蹄甲根15～30 g。泡酒服。②鞍叶羊蹄甲根60 g，大血藤12 g，威灵仙12 g，八爪金龙6 g，四块瓦10 g，八角枫根10 g。泡酒服。

2. 治疝气腹痛：鞍叶羊蹄甲根30 g，荔枝核10 g，橘核10 g，小茴香10 g，吴萸根15 g。水煎服。

3. 治阴囊湿疹：鞍叶羊蹄甲根、苦参、蛇床子、博落回叶各适量。煎水洗。

【资源综合利用】本品鲜用、晒干均可，含有蒎立醇、黄酮、鞣质等成分，民间用来止咳、化痰，效果较好。

217　双肾藤

【别名】夜关门、羊蹄甲、湖北羊蹄甲。

【来源】为豆科植物鄂羊蹄甲*Bauhinia glauca* ssp. hupehana（Craib.）T. Chen的茎叶或根。

【植物形态】木质藤本，被稀疏红棕色柔毛。茎纤细，四棱。卷须1个或2个对生。单叶互生；叶片肾形或圆形，长3～8 cm，宽4～9 cm，顶端分裂，裂片顶端圆形，全缘，基部心形至截平，两面疏生红褐色柔毛，后上面无毛；叶脉掌状，7～9条。伞房花序顶生，花序轴、花梗密被红棕色柔毛；苞片和小苞片丝状，被红棕色柔毛；萼管状，有红棕色毛，筒部长1.3～1.7 cm，裂片2个；花冠粉红色，花瓣5，匙形，两面除边缘外，均被红棕色长柔毛，边缘皱波状，基部楔形；能育雄蕊仅3枚，花丝长1.5～2 cm，花药瓣裂；雌蕊单一，子房长柱形，具长柄，无毛；柱头头状。荚果条形，扁平，无毛，有明显的网脉，长14～30 cm，宽4～5 cm，种子多数。花期4—6月，果期8—9月。

【生境分布】生于海拔600～1 400 m的灌丛中，林中及山坡石缝中。分布于奉节、开州、石柱、丰都、涪陵、武隆地区。

【采收加工】根秋季采挖，茎叶夏秋采收，鲜用或晒干。

【药材性状】根圆柱形，稍扁，大小长短不一，直径1～3.5 cm。表面褐色，有细纵皱纹及横长皮孔，并有少数细须根或残留须根痕，有的成凹沟。质坚硬，断面皮部褐棕色，木部色稍淡，密布细小孔洞（导管）。无臭，味涩微苦。

【化学成分】根含香橙素（aromadendhn），二氢槲皮素（dihydroquercetin），5，7-二羟基色酮（5，7-dihydroxychromone）等。

【功能主治】药性：苦、涩，平。功能：根：收敛固涩，解毒除湿。藤：祛风，活血，解毒。主治：根：咳嗽咯血，吐血，便血，遗尿，尿频，白带，子宫脱垂，痢疾，痹痛，疝气，肿痛，湿疹，疮疖肿痛。藤：治风湿

▲鄂羊蹄甲

▲云实

疼痛，风疹瘙痒，阴囊湿疹。用法用量：内服煎汤，10 ~ 30 g，大剂量可用至60 g。外用适量，煎水洗，或捣敷。

附方：

1. 治崩漏：双肾藤30 g，芝麻根30 g。水煎服。

2. 治风湿痹痛：双肾藤20 g，威灵仙12 g，牛马藤15 g。水煎服。

【资源综合利用】三峡地区是鄂羊蹄甲模式标本采集地；除药用外，还是非常优良的木质观花藤本园林植物，叶形独特，叶色翠绿，嫩叶红色，花色淡雅略带红色，枝蔓生长势强，在边坡绿化和垂直绿化方面具有较高应用价值。种子可提淀粉，皮部可作造纸原料，也可制人造棉。

218 云实

【别名】阎王刺、牛王刺、黄牛刺、鸟不踏。

【来源】为豆科植物云实*Caesalpinia decapetala*（Roth）Alston的种子。

【植物形态】攀缘灌木。树皮暗红色，密生倒钩刺。托叶阔，半边箭头状，早落；二回羽状复叶，长20 ~ 30 cm，羽片3 ~ 10对，对生，有柄，基部有刺1对；每羽片有小叶7 ~ 15对，膜质，长圆形，长10 ~ 25 mm，宽6 ~ 10 mm，顶端圆，微缺，基部钝，两面均被短柔毛，有时毛脱落。总状花序顶生，长15 ~ 30 cm；总花梗多刺；花左右对称，花梗长2 ~ 4 cm，劲直，萼下具关节，花易脱落；萼片5，长圆形，被短柔毛；花瓣5，黄色，盛开时反卷；雄蕊10，分离，花丝中部以下密生茸毛；子房上位，无毛。荚果近木质，短舌状，偏斜，长6 ~ 12 cm，宽2 ~ 3 cm，稍膨胀，顶端具尖喙，沿腹缝线膨大成狭翅，成熟时沿腹缝线开裂，无毛，栗褐色，有光泽；种子6 ~ 9颗，长圆形，褐色。花、果期4—10月。

【生境分布】生于海拔400 ~ 1 200 m的平原、山谷及河边。分布于库区各市县。

【采收加工】秋季果熟时采收，剥取种子，晒干。

【药材性状】长圆形，长约1 cm，宽约6 mm。外皮棕黑色，有纵向灰黄色纹理及横向裂缝状环圈。种皮坚硬，剥开后，内有棕黄色子叶2枚。气微，味苦。

【功能主治】药性：辛，温。功能：解毒除湿，止咳化痰，杀虫。主治：痢疾，疟疾，慢性支气管炎，小儿疳积，虫积。用法用量：内服煎汤，9 ~ 15 g；或入丸、散。

附方：

1. 治疟疾：云实9 g。水煎服。

2. 治慢性气管炎：云实30 g，水煎，每日2次分服。

3. 治感冒：云实9 g，紫苏9 g，香樟根9 g，姜3片，葱5棵。煎水服。

云实根味苦、辛，性平。能祛风除湿，解毒消肿。主治感冒发热，咳嗽，咽喉肿痛，牙痛，风湿痹痛，肝炎，痢疾，淋证，痈疽肿毒，皮肤瘙痒，毒蛇咬伤。内服煎汤，10 ~ 15 g，鲜品加倍；或捣汁。外用适量，捣敷。叶味苦、辛，性凉。能除湿解毒，活血消肿。主治皮肤瘙痒，口疮，痢疾，跌打损伤，产后恶露不净。内服煎汤，10 ~ 30 g。外用适量，煎水洗；或研末搽。

4. 治痢疾：云实根30 g，凌霄花、盘柱南五味子各15 g，积雪草9 g。白糖为引，水煎服。

5. 治腰痛：云实根60 g，杜仲30 g，猪瘦肉120 g，黄酒120 g。水炖，服汤食肉。

6. 治肝炎：①急性肝炎：云实根60 g，白马骨根、虎杖根、车前草各30 g。水煎，调白糖服。②慢性肝炎：云实根60 g，白芍、白英各9 g，木香5 g，红刺10枚，水煎，调白糖服。

7. 治皮肤瘙痒，疮疖：云实枝叶，水煎，外洗患部。

【资源综合利用】云实始载于《本经》，列为上品。长江流域特别适合此种植物生长，公路沿线栽培作观赏植物；除药用外，果壳、茎皮含鞣质，可制栲胶；种子可榨油。

219 刀豆

【别名】刀板豆、大刀豆。

【来源】为豆科植物刀豆*Canavalia gladiata*（Jacq.）DC.的种子。

【植物形态】一年生缠绕草质藤本，长达3 m。三出复叶，叶柄长7 ~ 15 cm；顶生小叶宽卵形，长8 ~ 20 cm，宽5 ~ 16 cm，顶端渐尖或急尖，基部阔楔形，侧生小叶偏斜，基部圆形；具短柄；托叶细小。总状花序腋生，有短梗；苞片卵形，早落；花萼钟状，萼管长约1.5 cm，二唇形，上萼2裂片大而长，下萼3裂片小而不明显；花冠蝶形，淡红色或淡紫色，长3 ~ 4 cm，旗瓣圆形，翼瓣较短，约与龙骨瓣等长，龙骨瓣弯曲；雄蕊10枚，连合为单体，对着旗瓣的1枚基部稍离生，花药同型；子房具短柄，被毛。荚果大而扁，长10 ~ 30 cm，直径3 ~ 5 cm，被伏生短细毛，边缘有隆脊，顶端弯曲成钩状；种子10 ~ 14颗，长约3.5 cm，宽约2 cm，厚达1.5 cm，种皮粉红色或红色，种脐约占种子全长的3/4，扁平而光滑。花期6—7月，果期8—10月。

【生境分布】库区各地均有栽培。

【采收加工】秋季果实成熟时采收，晒干，剥取种子；或采后即剥取种子，晒干。

【药材性状】种子扁卵形或扁肾形，长2 ~ 3.5 cm，宽1 ~ 2 cm，厚0.5 ~ 1.5 cm。表面淡红色、红紫色或黄褐色，少数类白色或紫黑色，略有光泽，边缘具灰褐色种脐，长约为种子的3/4，其上有类白色膜片状珠柄残余，近种脐的一端有凹点状珠孔，另一端有深色的合点，合点与种脐间有隆起的种脊。质坚硬，难破碎。种皮革质，内表面棕绿色，平滑，子叶黄白色，胚根位于珠孔一端，歪向一侧。气微，味淡，嚼之具豆腥气。

【显微鉴别】刀豆种皮横切面：表皮为1列栅状细胞，种脐部位则为2列，长170 ~ 272 μm，宽14 ~ 26 μm，壁自内向外增厚，外缘有1条光辉带。表皮下为2 ~ 6列支柱细胞，种脐部位列数更多，呈哑铃状，长60 ~ 172 μm，宽34 ~ 63 μm，壁厚1.7 ~ 5 μm。其下为十数列薄壁细胞，内侧细胞呈颓废状。种皮下方为1至数列类方形或多角形胚乳细胞。种脐部位栅状细胞外侧有种阜，细胞类圆形，不规则长柱形，壁较厚；内侧具管胞，椭圆形，壁网状增厚，具缘纹孔少见，其两侧为星状组织，细胞星芒状，有大型的细胞间隙。

【理化鉴别】薄层鉴别：取样品粗粉0.5 g，加70%乙醇7 mL，沸水浴上加热20 min，放冷滤过，滤液浓缩至0.2 mL，吸取20 μL，点样于硅胶 G-1% CMC薄板上，以正丁醇-醋酸-水（3：1：1）展开，晾干。以1%茚三酮试液喷雾后，于105 ℃烤5 min，可见紫红色斑点（检查氨基酸）。

▲刀豆

▲刀豆果实

【化学成分】种子含蛋白质，淀粉，可溶性糖，类脂物，纤维，刀豆氨酸（canavanine），刀豆四胺（canavalmine），γ-胍氧基丙胺（γ-guanidi-nooxypropylamine），氨丙基刀豆四胺（aminopropylcanavalmine），氨丁基刀豆四胺（aminobu-tylcanavalmine），刀豆球蛋白A（concanavaline A），凝集素（agglutinin）。

【药理作用】有脂氧酶激活作用，有效成分是刀豆毒素。刀豆球蛋白A（Con A）有强促有丝分裂、保淋巴细胞转化反应、选择性激活抑制性T细胞作用，可调节机体免疫反应。刀豆蛋白A对结核病小鼠有保护作用，可延长小鼠的存活期。有抑制实体瘤、抗创伤性休克作用。

【功能主治】药性：甘，温。功能：温中下气，益肾补元。主治：虚寒呃逆，肾虚腰痛，遗尿，尿频，泌尿系统结石，胃癌。用法用量：内服煎汤，9～15 g。或烧存性研末服。使用注意：胃热患者禁服。

附方：

1. 治肾虚腰痛：刀豆两粒，小茴香6 g，吴茱萸3 g，破故纸3 g，青盐6 g。打成粉，蒸猪腰子吃。
2. 治气血不和腰痛：刀豆两粒，煨酒服。
3. 治扭伤腰痛：刀豆15 g，泽兰、苦楝子各12 g，水煎服。
4. 治百日咳：刀豆10粒（打碎），甘草3 g。加冰糖适量，水1杯半，煎至1杯，去渣，顿服。
5. 治疗呃逆：刀豆10 g，生姜3片，绿茶3 g，红糖10 g。放保温杯内，沸水浸泡片刻，趁热饮。

【资源综合利用】刀豆在本草记载中多用于治呃逆，腰痛。刀豆蛋白A可诱导的小鼠肝损伤，在药理作用学用于造模。在如何使用刀豆球蛋白A（Con A）来活化病态（或老年）时的Ts细胞，以改变一些自身免疫性疾病、移植物排斥反应及恶性肿瘤的防治方面有较大研究开发前景。

220　决明子

【别名】假绿豆、草决明。

【来源】为豆科植物决明*Cassia obtusifolia* L.的种子。

【植物形态】一年生半灌木状草本，高0.5～2 m。叶互生，羽状复叶；小叶3对，叶片倒卵形或倒卵状长圆形，长2～6 cm，宽1.5～3.5 cm，顶端圆形，基部楔形，稍偏斜，下面及边缘有柔毛，最下一对小叶间有一条形

▲决明

腺体，或下面两对小叶间各有一腺体。花呈对腋生，最上部的聚生；萼片5，倒卵形；花冠黄色，花瓣5，倒卵形，长12 ~ 15 mm，基部有爪；雄蕊10，发育雄蕊7，3个较大的花药顶端急狭呈瓶颈状；子房细长，花柱弯曲。荚果细长，近四棱形。种子多数，棱柱形或菱形略扁，淡褐色，光亮，两侧各有1条线形斜凹纹。花期6—8月，果期8—10月。

【生境分布】生于海拔200 ~ 850 m的丘陵、路边、荒山、山坡疏林下，亦有栽培。分布于长寿地区。

【采收加工】秋末果实成熟时采收，晒干。

【药材性状】呈四棱状短圆柱形，一端钝圆，另一端倾斜并有尖头，长4 ~ 6 mm，宽2 ~ 3 mm。表面棕绿色或暗棕色，平滑，有光泽，背腹面各有1条凸起的棱线，棱线两侧各有1条从脐点向合点斜向的浅棕色线形凹纹。质坚硬。横切面种皮薄；胚乳灰白色，半透明；胚黄色，两片叶子重叠呈S状折曲。完整种子气微，破碎后有微弱豆腥气；味微苦，稍带黏性。

【显微鉴别】种子横切面：最外为厚的角质层，表皮为1列栅状细胞，壁不均匀加厚，在细胞的1/2和下1/3处各有1条光辉带；下为1列支柱细胞，略呈哑铃状，壁厚，相邻两细胞间有大的细胞间隙；内为营养层薄壁细胞，含草酸钙簇晶；最内1列种皮细胞排列整齐，长方形，含草酸钙棱晶。胚乳细胞壁不均匀加厚，含黏液质、糊粉粒、色素、草酸钙簇晶和油滴。子叶细胞内含草酸钙簇晶。

粉末特征：呈黄棕色。角质层碎片透明，表面可见波状弯曲的网状花纹。栅状细胞侧壁不均匀增厚，表面观细胞多角形，壁厚。支柱细胞侧面观呈哑铃状，表面观呈类圆形或多角形，并可见上下两层同心圆圈。种皮薄壁细胞含草酸钙簇晶和棱晶。胚乳细胞壁不均匀增厚，含糊粉粒及草酸钙簇晶。草酸钙结晶，直径3 ~ 10 μm。

【理化鉴别】检查蒽酮类衍生物：（1）取本品粉末0.2 g，按常法进行微量升华，将升华物置显微镜下观察，可见针状或羽状黄色结晶，加氢氧化钾试液，结晶溶解，并呈红色。（2）取本品粉末0.5 g，加10%硫酸溶液20 mL与氯仿10 mL，温水浸15 min，分取氯仿层，加氢氧化钠试液10 mL，振摇，放置，碱液层显红色。如显棕色，则分取碱液层加过氧化氢试液1 ~ 2滴，再置水浴中加热4 min，即显红色。

【化学成分】种子含蒽酮类成分约1.2%，有大黄素，大黄素甲醚，芦荟大黄素，大黄酚，决明素（obtusin）、决明子素（obtusifolin），橙黄决明素（aurantio-obtusin），金黄决明素（chrysoobtusin），大黄酸，灰绿曲霉多羟基蒽酮8-O-D葡萄糖-吡喃糖苷，大黄素-6-葡萄糖苷，大黄素蒽酮等。又含决明苷（cassiaside），菜油甾醇，豆甾醇，软脂酸，硬脂酸，油酸，亚油酸，二氢弥猴桃内酯，软脂酸甲酯，油酸甲酯，十六烷到三十一烷，蛋白质，氨基酸和无机元素等。

【药理作用】有降总胆固醇和甘油三酯、降全血黏度、全血还原黏度、血浆黏度、血小板黏附率、抑制胆固醇合成、抗血小板凝集、保肝作用、抑制细胞免疫功能、增强巨噬细胞吞噬功能、缓泻、促进胃液分泌、抗菌、利尿、降压作用。

【功能主治】药性：苦、甘、咸，微寒。功能：消肝明目，利水通便。主治：目赤肿痛，头痛头晕，视物昏花，肝硬化腹水，小便不利，习惯性便秘，肿毒，癣疾。用法用量：内服煎汤，6 ~ 15 g，大剂量可用至30 g；或泡茶饮。外用适量，研末调敷。使用注意：脾胃虚寒及便溏者慎服。

附方：

1. 治急性角膜炎：决明子15 g，菊花9 g，谷精草9 g，荆芥9 g，黄连6 g，木通12 g。水煎服。
2. 治夜盲症：决明子、枸杞子各9 g，猪肝适量。水煎，食肝服汤。
3. 治高脂血症：决明子12 g，山楂6 g，丹参12 g。水煎服。

【资源综合利用】决明始载于《本经》，列为上品。种子入药，是众多美容功能性食品必备的原料，叶泡茶饮用可使血压降低，大便通畅。决明子在植物群落中生命力极其旺盛，是群植、装饰、林缘或作为低矮花卉背景材料的园林植物。

221 紫荆皮

【别名】肉红、内消、紫荆木皮、白林皮。

【来源】为豆科植物紫荆*Cercis chinensis* Bunge的树皮。

【植物形态】落叶小乔木或大灌木，栽培的常呈灌木状，高可达15 m。树皮幼时暗灰色而有光滑，老时粗糙而作片裂。幼枝有细毛。单叶互生；叶柄长达3 cm；叶片近圆形，长6 ~ 14 cm，宽5 ~ 14 cm，顶端急尖或骤尖，基部深心形，上面无毛，下面叶脉有细毛，全缘。花先叶开放，4 ~ 10朵簇生于老枝上；小苞片2，阔卵形，长2.5 mm；花梗细，长6 ~ 15 mm；花萼钟状，5齿裂；花玫瑰红色，长1.5 ~ 1.8 cm，花冠蝶形，大小不等；雄蕊10，分离，花丝细长；雌蕊1，子房无毛，具柄，花柱上部弯曲，柱头短小，呈压扁状。荚果狭长方形，扁平，长5 ~ 14 cm，宽1 ~ 1.5 cm，沿腹缝线有狭翅，暗褐色。种子2 ~ 8颗，扁，近圆形，长约4 mm。花期4—5月，果期5—7月。

【生境分布】生于海拔200 ~ 850 m的山坡、溪边、灌丛中。常栽培，分布于库区各市县。

【采收加工】7—8月剥取树皮，晒干。

【药材性状】呈筒状或槽状或不规则的块片，向内卷曲，长6 ~ 25 cm，宽约3 cm，厚3 ~ 6 mm，外表灰棕色，

▲紫荆

粗糙，有皱纹，常显鳞甲状；内表面紫棕色，或红棕色，有细纵纹理。质坚实，不易折断，断面灰红棕色。对光照视，可见细小的亮点。气无，味涩。

【显微鉴别】横切面：木栓层数列细胞，棕色。皮层中有石细胞群和纤维束及晶纤维束，石细胞壁较薄。射线喇叭状，韧皮部有纤维及晶纤维束散在。薄壁细胞内充满淀粉粒。

粉末特征：红棕色。晶鞘纤维长450～700 μm，直径20～35 μm，草酸钙棱晶直径20～30 μm。石细胞类圆形，直径60～200 μm。淀粉粒众多。

【化学成分】花含阿福豆苷（afzelin），槲皮素-3-a-L-鼠李糖苷（quercetin-3-a-L-rhamnoside），杨梅树皮素-3-a-L-鼠李糖苷（myricetin-3-a-L-rhamnaside），山柰酚（kaempferol），松醇（pinitol），花色苷（anthocyanins）等。

【药理作用】有抗炎镇痛、解痉、抗病原微生物作用。

【功能主治】药性：苦，平。归肝经。功能：活血，通淋，解毒。主治：妇女月经不调，瘀滞腹痛，风湿痹痛，小便淋痛，喉痹，痈肿，疥癣，跌打损伤，蛇虫咬伤。用法用量：内服煎汤，6～15 g；或浸酒；或入丸、散。外用适量，研末调敷。使用注意：孕妇禁服。

附方：

1. 治妇人血气痛：紫荆皮适量。研末，醋糊丸，樱桃大。每日酒化服一丸。

2. 治初生痈肿：白芷、紫荆皮各适量。研末，酒调服。

紫荆木部味苦，性平。能活血，通淋。主治妇女月经不调，瘀滞腹痛，小便淋沥涩痛。内服煎汤，9～15 g。孕妇禁服。根味苦，性平。能破瘀活血，消痈解毒。主治妇女月经不调，瘀滞腹痛，痈肿疮毒，痄腮，狂犬咬伤。内服煎汤，6～12 g。外用适量，捣敷。花味苦，性平。能清热凉血，通淋解毒。主治热淋，血淋，疮疡，风湿筋骨痛。内服煎汤，3～6 g。外用适量，研末敷。紫荆果味甘、微苦，性平。能止咳平喘，行气止痛。主治咳嗽多痰，哮喘，心口痛。内服煎汤，6～12 g。

3. 治血枯闭经：紫荆根30 g，鬼针草、六月雪、珍珠菜根、金钱草各9 g。放锅内同炒，加黄酒适量闷干。水煎，冲红糖、黄酒服。

4. 治疯狗咬伤：鲜紫荆根皮适量。酌加砂糖，捣烂，敷伤口周围。

5. 治鼻痔及鼻中生疮：紫荆花适量。研末，贴敷之。

【资源综合利用】紫荆除皮、木部药用外，其花、果实均可药用，紫荆花清热凉血、祛风解毒。紫荆果用于咳嗽，孕妇心痛等。同时具有较高经济价值，用于小区园林绿化，具有很好的观赏效果。

222 清酒缸

【别名】山蚂蟥、粘衣草、草鞋板。

【来源】为豆科植物小槐花*Desmodium caudatum*（Thunb.）DC.的全株。

【植物形态】灌木，高2～4 m，无毛。叶柄扁，长1.5～2.5 cm；托叶狭披针形，长5～8 mm；三出复叶，顶生小叶披针形或阔披针形，长4～9 cm，宽1.5～4 cm，上面无毛，下面有短柔毛，侧生小叶较小；总状花序腋生；花萼钟状，萼齿二唇形，上面2齿几连合，下面3齿披针形；花冠绿白色，长约7 mm，龙骨瓣有爪；雄蕊二体，（9+1）；子房密生绢毛。荚果长5～8 cm，条形，稍弯，具钩状短毛。荚节4～6，长圆形，长10～15 mm，宽约4 mm，不开裂。种子长圆形，深褐色。花期7—9月，果期9—11月。

【生境分布】生于海拔200～1 200 m的山坡、草地、林边或路旁。分布于库区各市县。

【采收加工】9—10月采收，切段，晒干。

【理化鉴别】取本品粗粉1 g，加乙醇10 mL，置水浴上回流30 min，滤过，滤液供下述试验：

（1）检查生物碱：取部分滤液，蒸干，用稀盐酸溶解，滤过，滤液分别置于3支试管中，一管加碘化汞钾试液数滴，产生黄白色沉淀。一管加硅钨酸试液数滴，产生白色沉淀。一管加碘化铋钾试液数滴，产生橘红色沉淀。

（2）检查黄酮：取滤液1 mL，加盐酸数滴及镁粉少量，溶液显樱红色。

▲小槐花

【化学成分】叶含当药素（swertisin）。根、茎含清酒缸酚（desmodol），N，N-二甲基色胺（N，N-dimethyltryptamine），蟾蜍色胺（bufotenine）和蟾蜍色胺-N-氧化物（bufotenine N-oxide）等。

【功能主治】药性：苦，凉。功能：清热利湿，消积散瘀。主治：劳伤咳嗽，吐血，水肿，小儿疳积，痈疮溃疡，跌打损伤。用法用量：内服煎汤，9～15 g，鲜品15～30 g。外用适量，煎水洗；或捣敷，或研末敷。

附方：

1. 治乳痈溃烂：清酒缸15～30 g。水煎服，并外洗。
2. 治漆疮：清酒缸叶适量。煎水，待凉后洗患处。
3. 治急性肾炎：清酒缸、白茅根、大蓟各15 g，水煎服。

小槐花根味微苦，性温。能祛风利湿，化瘀拔毒。主治风湿痹痛，痢疾，黄疸，痈疽，瘰疬，跌打损伤。内服煎汤，15～30 g；或浸酒。外用适量，捣敷，或煎水洗。本品有催吐作用，孕妇忌用。

4. 治风湿关节痛：小槐花根、桑树根各30 g。酒水各半炖服。
5. 治风湿腰痛：小槐花根15 g，六月雪根30 g，野荞麦根30 g。酒水各半煎服，每日1剂。
6. 治痢疾：小槐花根15 g，野花生根15 g，过坛龙15 g。水煎服，白糖为引。
7. 治黄疸型肝炎：小槐花根60 g，淡竹叶30 g，虎刺根60 g，三叶木通根60 g，猪蹄1只。水煎，服汤食肉，每日1剂。

【资源综合利用】小槐花始载于《植物名实图考》，为豆科落叶固氮植物，长江流域特别适合小槐花生长，民间常用草药，应进一步加强化学成分研究和药效学研究，为资源综合利用提供依据。

223　黏人草

【别名】饿蚂蝗、牛巴嘴、山蚂蝗。

【来源】为豆科植物波叶山蚂蝗*Desmodium sequax* Wall.的茎叶。

【植物形态】灌木，高达2 m。枝具淡黄色短柔毛。三出复叶，顶生小叶卵状菱形，长4～10 cm，宽3～7 cm，顶端急尖，基部宽楔形，边缘波状，两面有白色柔毛，侧生小叶较小；叶柄有毛；托叶长椭圆形，长约6 mm，

▲波叶山蚂蝗

宽约1 mm，被淡黄色柔毛。腋生总状花序，花序轴和花梗有柔毛；花萼阔钟状，萼齿三角形，有短柔毛；花冠紫色，旗瓣无爪，与翼瓣、龙骨瓣近等长，雄蕊10，二体，（9）+1；子房线形，有短柔毛。荚果串珠状，稍弯，密生开展褐色短柔毛，有5～10荚节，荚节长宽约3 mm。花期7—9月，果期9—10月。

【生境分布】生于海拔250～2 100 m的山地草坡或林边。分布于巫溪、巫山、奉节、云阳、万州、开州、石柱、武隆地区。

【采收加工】夏、秋季采收，切段，晒干。

【药材性状】茎枝圆柱形，直径约3 mm，表面被褐色短柔毛。可见3出复叶中间小叶较大，长达9.5 cm，宽达4.5 cm，卵状椭圆形，顶部渐尖，基部楔形，叶缘自中部以上呈波状，侧生小叶较小，几全缘。两面均被柔毛，以下表面较多，气微。有时可见花序或荚果，荚果长约2.8 cm，宽约2.5 mm，表面被带钩的褐色小毛，腹背缝线缢缩，有6～9节。气微，具豆腥气。

【功能主治】药性：微苦、涩，平。功能：清热泻火，活血祛瘀，敛疮。主治：风热目赤，胞衣不下，血瘀经闭，烧伤。用法用量：内服煎汤，30～60 g。外用适量，煎水洗；或研末撒。

附方：

1. 治急性结合膜炎：黏人草全草适量。熬水洗眼。

2. 治烧伤：黏人草全草适量。研末，撒布患处。

波叶山蚂蝗根味微苦、涩，性温。能润肺止咳，驱虫。主治肺结核咳嗽，盗汗，产后瘀滞腹痛，蛔虫、蛲虫病。内服煎汤，10～30 g。果味涩，性平。能收涩止血。主治内伤出血。内服煎汤，9～15 g。

3. 治小儿蛲虫：波叶山蚂蝗根12～15 g。煎水服，每次1杯，每日3次。

4. 治内伤出血：波叶山蚂蝗果5～10个。水煎服。

224　白扁豆

【别名】小刀豆 。

【来源】为豆科植物扁豆*Dolichos lablab* L.的种子。

【植物形态】 一年生缠绕草质藤本，长达6 m。茎常呈淡紫色或淡绿色。三出复叶；托叶披针形或三角状卵形，被白色柔毛；顶生小叶柄长1.5～3.5 cm，被白色柔毛；顶生小叶宽三角状卵形，长5～10 cm，顶端尖，基部广楔形或截形，全缘，两面均被短柔毛，沿叶脉处较多，基出3主脉；侧生小叶柄较短，斜卵形。总状花序腋生，直立，花序轴较粗壮；2～4花或多花丛生于花序轴的节上；小苞片舌状，早落；花萼宽钟状，顶端5齿，上部2齿几完全合生，其余3齿近相等，边缘密被白色柔毛；花冠蝶形，白色或淡紫色，长约2 cm，旗瓣广椭圆形，顶端微凹，翼瓣斜椭圆形，近基部处一侧有耳状突起，龙骨瓣舟状，弯曲几成直角；雄蕊10，1枚单生，9枚花丝部分连合；子房线形，有绢毛，基部有腺体，花柱近顶端有白色髯毛。荚果镰形或倒卵状长椭圆形，长5～8 cm，宽1～3 cm，顶端较宽，具有一下弯曲的喙。种子2～5，扁椭圆形，白色、红褐色或近黑色，种脐与种脊长而隆起，一侧边缘有隆起的白色半月形种阜。花期6—8月，果期9月。

【生境分布】 多栽培。分布于涪陵地区。

【采收加工】 秋季种子成熟时，摘取荚果，剥出种子，晒干。

【药材性状】 种子扁椭圆或扁卵形，长0.8～1.3 cm，宽6～9 mm，厚约7 mm。表面淡黄白色或淡黄色，平滑，稍有光泽，有的可见棕褐色斑点，一侧边缘有隆起的白色半月形种阜，剥去后可见凹陷的种脐，紧接种阜的一端有珠孔，另一端有种脊。质坚硬，种皮薄而脆，子叶2片，肥厚，黄白色。气微，味淡，嚼之有豆腥气。以粒大、饱满、色白者为佳。

【显微鉴别】 种子横切面：种皮为1列栅状细胞，种脐部位为2列，长26～213 μm，宽5～26 μm，壁自内向外渐增厚，近外方有光辉带；支柱细胞1列，种脐部位3～5列，哑铃状，长12～109 μm，宽34～54 μm，缢缩部宽10～25 μm，其下为十数列薄壁细胞，多切向延长。最内1列种皮细胞小，类方形。子叶细胞内含淀粉粒。

粉末特征：粉末呈粉白色。气微，味淡。淀粉粒众多，主为单粒，椭圆形、卵圆形或类圆形，偶见类三角形，直径5~34 μm，脐点呈蓬状、点状或星状，层纹多数明显。偶见复粒，由2粒组成；种皮为一列栅状细胞，表面观呈多角形，直径5~13 μm，壁甚厚，胞腔狭小如星状，侧面观细胞长70~165 μm，有的长达200 μm；内侧可见种皮支持细胞，侧面观呈哑铃形，直径40~70 μm，表面观类圆形或卵圆形；星状薄壁组织细胞，内含黄棕色色素块，细胞呈不规则棒状或短骨状，有的呈类圆形，壁不均匀增厚；子叶薄壁细胞大型，呈类多角形、卵圆形或长多角形，直径达100 μm，腔内充满淀粉粒；种阜细胞有2种：一种为长条形，直径16~36 μm，可见网状纹孔；另一种呈类椭圆形或纺锤形，直径达90 μm，无网状纹孔。

▲扁豆

【理化鉴别】 检查甾类：取本品粉末1 g，加70%乙醇10 mL回流提取，提取液蒸干，滴加醋酐2～3滴和硫酸1～2滴，显黄色，变为红色、紫红色、污绿色。

【化学成分】 种子含油约0.62%，内有棕榈酸（palmitic acid），亚油酸（linoleic acid），反油酸（elaidic acid），油酸（oleic acid），硬脂酸（stearic acid），花生酸（arachidic acid），山萮酸（behenic acid），葫芦巴碱（trigonelline），蛋氨酸（methionine）等。

【药理作用】 有抑制病毒、抑制肝癌生长、抗胰蛋白酶活性，抑制动物生长、增强T淋巴细胞活性，提高细胞的免疫功能作用。

【功能主治】 药性：甘、淡，平。功能：健脾，化湿，消暑。主治：脾虚生湿，食少便溏，白带过多，暑湿吐泻，烦渴。用法用量：内服煎汤，10 ~ 15 g；生品捣水绞汁饮；或入丸、散。外用适量，捣敷。健脾止泻宜炒用。使用注意：不宜多食，以免壅气伤脾，不可生食。

附方：

1. 治赤白带下：白扁豆适量。炒黄研末，米饮调下。

2. 治心脾肠热，口舌干燥生疮：白扁豆（炒）、蒺藜子（炒）各50 g。水煎服。

3. 解一切药毒：白扁豆适量。研末，每服10 g，温开水送下。

扁豆花解暑化湿，和中健脾。主治夏伤暑湿，发热，泻痢，赤白带下，药食中毒，跌打伤肿。

【资源综合利用】扁豆始载于《别录》，原名藊豆，列为中品。历代本草认为色白者方可入药。扁豆还是一种很好的蔬菜，应加大对扁豆的人工栽培技术研究，提高产量和质量，发挥其综合利用价值。

225　龙牙花

【别名】象牙红。

【来源】为豆科植物龙牙花*Erythrina corallodendron* L.的树皮。

【植物形态】灌木或小乔木，高达4 m。树干有疏而粗的倒钩刺。叶柄及小叶柄无毛，有刺。三出复叶，菱状卵形，长4 ~ 10 cm，宽2.5 ~ 7 cm，顶端渐尖而钝，基部宽楔形，两面无毛，有时下面中脉上有刺。总状花序腋生，长达30 cm以上；花萼钟状，萼齿不明显，仅下面1枚萼齿较突出，无毛；花冠红色，长可达6 cm，旗瓣椭圆形，顶端微缺，较翼瓣、龙骨瓣长很多，均无爪；雄蕊10，二体；子房有长柄，被白色短柔毛，花柱无毛。荚果长约10 cm，有数颗种子，在种子间收缩。种子深红色，有黑斑。花期6—7月。

【生境分布】栽培。分布于库区各市县。

【采收加工】全年均可采收，春季较容易剥取。剥取后晒干。

【功能主治】药性：辛，温。功能：舒肝行气，止痛。主治：胸肋胀痛，乳房胀痛，痛经。

▲龙牙花

226 海桐皮

▲乔木刺桐

【别名】钉桐皮、鼓桐皮、丁皮、刺桐皮、刺通、接骨药。

【来源】为豆科植物乔木刺桐*Erythrina arborescens* Roxb.的干皮或根皮。

【植物形态】乔木，高7～8 m。树皮有刺。三出复叶，小叶肾状扁圆形，长10～20 cm，宽8～19 cm，顶端急尖，基部近截形，两面无毛；小叶柄粗壮。总状花序腋生，花密集于总花梗上部；花序轴及花梗无毛；花萼2唇形，无毛；花冠红色，长达4 cm，翼瓣短，长仅为旗瓣的1/4，龙骨瓣菱形，较翼瓣长，均无爪；雄蕊10，5长5短；子房具柄，有黄色毛。荚果梭状，稍弯，两端尖，顶端具喙，基部具柄，长约10 cm，宽约1.2 cm。

【生境分布】生于山沟或草坡上。多栽培。分布于库区各市县。

【采收加工】通常于夏、秋季剥取树皮，晒干。

【药材性状】呈向内卷的横长条形或平坦的小方块，厚3～6 mm，外表面黄棕色或棕褐色至棕黑色不等，有的显暗绿色，粗糙；栓皮多脱落，钉刺基部与栓皮界限不明显；内表面浅黄棕色，平滑，有细纵纹。质坚硬，折断面黄色，纤维性。气微，味微苦。以皮薄、带钉刺者为佳。

【显微鉴别】横切面：木栓层极厚，由10余列至数十列木栓细胞组成，木栓细胞呈方形或切向延长的长方形，壁薄。栓内层与皮层不易区分，由数十列切向延长的薄壁细胞组成，其间有少量含草酸钙棱晶的厚壁细胞散在，棱晶直径5～35 μm，纤维束较少见，或单个散在。韧皮部宽广，韧皮部薄壁细胞、颓废筛管群和纤维束相间排列，纤维束由数十个纤维细胞组成，壁厚，木化，外有含晶细胞，形成晶鞘纤维。射线宽3～9列细胞，常向一方弯曲。本品薄壁细胞中尚含草酸钙棱晶、淀粉粒或棕色物质。

粉末特征：粉末灰色。木栓细胞多角形，常多层重叠，壁菲薄，非木化或微木化。含晶厚壁细胞常单个或数个相连，类方形或圆形，细胞壁增厚不均匀，木化，有时可见细小孔沟，胞腔内含草酸钙棱晶，直径8～30 μm。纤维及晶鞘纤维较多，多成束存在，纤维直径10～（28～40）μm，壁厚，胞腔线形，木化，纤维束周围有含草酸钙棱晶的细胞。淀粉粒单粒圆球形，直径5～10 μm，偶见2～3分粒的复粒，脐点点状，复粒淀粉偶见，由2～4分粒组成。角刺细胞呈类圆形或多角形，直径11～45 μm，壁木化，纹孔及孔沟明显。

【化学成分】树皮含刺桐文碱（erysovine），水苏碱（stachydrine），刺桐特碱（erysotrine），刺桐定碱（erysodine），刺桐灵碱（erythraline），刺桐平碱（erysopine），刺桐匹亭碱（erysopitine）等。含脂肪油，油中饱和有机酸占36.7%，不饱和有机酸占63.3%。还含植物凝血素（lectins）。果荚生物碱。

【药理作用】有镇痛、镇静、箭毒样、抗菌、抗回肠肠管收缩作用。

【功能主治】药性：苦、辛，平。归肝、脾经。功能：祛风除湿，舒筋通络，杀虫止痒。主治：风湿痹痛，肢节拘挛，跌打损伤，疥癣，湿疹。用法用量：内服煎汤，6～12 g；或浸酒。外用适量，煎汤熏洗；或浸酒搽；或研末调敷。使用注意：血虚者慎服。

附方：

1. 治风湿腿疼：海桐皮50 g，羚羊角屑、薏苡仁各100 g，防风、羌活、筒桂（去皮）、赤茯苓（去皮）、熟地黄各50 g，槟榔50 g。研末，每取9 g，水一盏，生姜五片，同煎至七分，去渣，温服。

2. 治小儿蛔虫病：海桐皮1.5 ~ 3.0 g。研粉，开水冲服。

3. 治肝硬化腹水：鲜海桐皮30 g。炖猪骨服。

4. 治风癣有虫：海桐皮、蛇床子等分。为末，以腊猪脂调搽之。

乔木刺桐花味苦、涩，性凉。能收敛止血。主治外伤出血。外用适量，研末敷。叶味苦，性平。能消积驱蛔。主治小儿疳积，蛔虫症。内服研末，2 ~ 3 g。外用适量，捣敷。

治蛔虫症：刺桐叶3 g，猪脚疳、鹅不食草各6 g。同瘦肉煲服。

227　猪牙皂

【别名】牙皂、皂角。

【来源】为豆科植物皂荚*Gleditsia sinensis* Lam.发育不正常的果实。

【植物形态】乔木，高达15 m。刺粗壮，通常分枝，长可达16 cm，圆柱形。小枝无毛。一回偶数羽状复叶，长12 ~ 18 cm，小叶6 ~ 14片，长卵形、长椭圆形至卵状被针形，长3 ~ 8 cm，宽1.5 ~ 3.5 cm，顶端钝或渐尖，基部斜圆形或斜楔形，边缘有细锯齿，无毛。花杂性，排成腋生的总状花序；花萼钟状，有4枚披针形裂片；花瓣4，白色；雄蕊6 ~ 8；子房条形，沿缝线有毛。荚果条形，长12 ~ 30 cm，宽2 ~ 4 cm，黑棕色，被白色粉霜。花期4—5月，果期9—10月。

【生境分布】生于海拔250 ~ 1 700 m的路边、沟旁、住宅附近。分布于库区各市县。

【采收加工】秋季果实成熟时采摘，晒干。

【药材性状】果实圆柱形，略扁，弯曲作镰刀状，长4 ~ 12 cm，直径0.5 ~ 1.2 cm。表面紫棕色或紫黑色。被灰白色蜡质粉霜，擦去后有光泽，并有细小疣状突起及线状或网状裂纹，顶端有鸟喙状花柱残基，基部具果梗痕。质硬脆，断面棕黄色，外果皮革质，中果皮纤维性，内果皮粉性，中间疏松，有灰绿色或淡棕黄色丝状物。纵向剖开可见整齐的凹窝，偶有发育不全的种子。气微、有刺激性，粉末有催嚏性，味微苦、辛。

▲皂荚

【显微鉴别】果实（中部）横切面：外果皮1列细胞，类方形，排列紧密，外具角质层。中果皮外侧有石细胞组成的断续环带，维管束常斜向排列，纤维束多位于维管束内侧或外侧，草酸钙棱晶常见于石细胞群及维管束旁的薄壁细胞中，并有少数草酸钙簇晶；中果皮内侧有厚壁性孔纹细胞1至数列，类方形或长方形，其内外侧常伴有少量纤维束。内果皮厚，白色，由径向延长的薄壁细胞组成，并可见少数草酸钙小簇晶。

粉末特征：石细胞无色或淡黄色，类方或不规则条形或分枝状，大小不一，壁厚，宽25 ~ 45 μm，长30 ~ 80 μm。纤维与晶纤维成束或散在，壁厚，边缘多齿，直径10 ~ 36 μm，长约300 μm。含晶厚壁细胞成群或单个散在，或位于石细胞群间及纤维束周围，呈类方形，直径8 ~ 25 μm，壁不均匀增厚，木化，无层纹及纹孔，胞腔内含草酸钙方晶，偶含簇晶。表皮细胞棕色或红棕，表面观类多角形，可见颗粒状角质层及气孔，气孔直径34 ~ 60 μm，副卫细胞7 ~ 10个，环列。草酸钙方晶不规则，直径6 ~ 20 μm，簇晶少见。

【理化鉴别】（1） 检查三萜类皂苷：取本品粉

末0.5 g，加乙醇5 mL，煮沸2～3 min，放冷，滤过，取滤液0.5 mL置小瓷皿中，蒸干，放冷，加醋酐3滴，搅匀，沿壁加硫酸2滴，渐呈红紫色。

（2）检查皂苷：取生理盐水稀释的2%新鲜兔血1 mL，沿管壁加入本品生理盐水浸液（质量比1：0.1）若干，迅速发生溶血现象。

（3）薄层鉴别：取本品粗粉1 g，加甲醇30 mL，加热回流6 h，滤过，滤液蒸干，残渣溶于20 mL水中用乙醚提取2～3次，回收醚液，水层再用饱和的正丁醇提取3次，合并正丁醇提取液，减压浓缩至干，残渣用少量甲醇溶解，作供试液，以皂角苷C（GSaC）作对照品。分别点样于同一硅胶G薄层板，以正丁醇-乙醇-氨水（10：2：5）展开，用20%磷钼酸乙醇液喷雾后，于120 ℃烘烤10 min，供试液色谱中在与对照品色谱的相应位置上显相同的深蓝色斑点。

【化学成分】果实含刺囊酸（echinocystic acid），皂夹皂苷C（gleitsia saponin C），3-羟基-12-齐墩果烯-28-酸，半乳糖，甘露糖，粗蛋白等。种子含树胶（gum）。种子内胚乳含半乳糖（galatose），甘露糖（mkannose），聚糖等。叶含大量黄酮类化合物。成熟果实含半乳糖甘露聚糖，大量三萜皂苷等。

【药理作用】有祛痰、抗菌、杀虫作用。皂角刺总黄酮有抗癌活性。其毒性表现为溶血和局部刺激作用。

【功能主治】药性：辛、咸，温，有毒。功能：祛痰止咳，开窍通闭，杀虫散结。主治：痰咳喘满，中风口噤，痰涎盛，神昏不语，癫痫，喉痹，二便不通，痈肿疥癣。用法用量：内服煎汤，1～3 g，多入丸散用。外用适量，吹鼻、煎水洗、研末掺或调敷、熬膏涂。使用注意：体虚及孕妇、咯血者禁服。

附方：

1. 治偏头风：猪牙皂、香白芷、白附子各等分。研末，每服3 g。

2. 治急慢惊风，昏迷不醒：猪牙皂3 g，生半夏3 g，北细辛1 g。研末，用灯草心蘸药入鼻孔；或用姜汤调少许服之。

皂荚树棘刺称皂角刺（天丁），味辛，性温；能消肿透脓，搜风杀虫；主治痈疽肿毒，瘰疬，疠风，疮疹顽癣，产后缺乳，胎衣不下。种子能润肠通便，祛风散热，化痰散结；主治大便燥结，肠风下血，痢疾，痰喘肿满，疝气疼痛，瘰疬，肿毒，疮癣。

【资源综合利用】猪牙皂原名皂荚，始载于《神农本草经》，“如猪牙皂者良”。唐《新修本草》始列为“猪牙皂荚”。现今全国各地入药多用猪牙皂。皂荚（成熟果实）所含半乳糖甘露聚糖可作增稠剂，所含大量三萜皂苷可提取制作高级洗涤产品或化工原料。

228 淡豆豉

【别名】香豉、大豆豉、豆豉。

【来源】为豆科植物的大豆*Glycine max*（L.）Merr.的黑色成熟种子经发酵而成。

【植物形态】一年生草本，高50～80 cm。茎直立或上部蔓性，密生褐色长硬毛。三出复叶；叶柄长，密生黄色长硬毛；托叶小，披针形；小叶片菱状卵形，两面有白色长柔毛。总状花序短阔，腋生，有花2～10朵；花萼绿色，钟状，顶端5齿裂，被黄色长硬毛；花冠白色或紫色，旗瓣倒卵形，顶端圆形，翼瓣篦形，有细爪，龙骨瓣略呈长方形，基部有爪；雄蕊10，2体；子房线状椭圆形，被黄色长硬毛，基部有不发达的腺体，花柱短，柱头头状。荚果长圆形，顶端微凸尖，褐色，密被黄色长硬毛。种子2～5，卵圆形或近于球形，种皮黄色、绿色或黑色。花期8月，果期10月

【生境分布】栽培。分布于库区各市县。

【采收加工】秋季采收，另取桑叶、青蒿的煎液拌入豆中，吸尽后置蒸笼内蒸透，取出稍晾，再置容器内，用煎煮过的桑叶、青蒿覆盖，在25～28 ℃和80%相对湿度下使其发酵，至长满黄衣时取出，加适量水搅拌，置容器内，保持50～60 ℃再闷15～20 d，候其充分发酵，至有香气逸出时，取出，略蒸，干燥。每大豆100 kg，用桑叶、青蒿10 kg；或用青蒿、桑叶、苏叶各10 kg，麻黄2.5 kg；或用鲜辣蓼、鲜青蒿、鲜佩兰、鲜苏叶、鲜藿香、鲜薄荷及麻黄各2 kg。

▲大豆

【药材性状】呈椭圆形、略扁。表面黑色，皱缩不平，无光泽，一例有棕色的条状种脐，珠孔不明显。子叶片，肥厚。质柔软，断面棕黑色。气香，味微甘。

【化学成分】种子含较丰富的蛋白质、脂肪和碳水化合物，胡萝卜素（carotene），维生素（vitamin）B_1、B_2，烟酸（nicotinic acid）等。并含异黄酮类：大豆苷（daidzin）、染料木苷（genistin），皂苷类：大豆皂醇（soyasapogenol），与苷元结合的糖有葡萄糖，木糖，半乳糖，阿拉伯糖，鼠李糖和葡萄糖醛酸，胆碱（choline），叶酸（folic acid），亚叶酸（folinic acid），泛酸（pantothenic acid），生物素（biotin），唾液酸（sialic acid），维生素B_{12}。水解产物中含乙酰丙酸（levulinic acid）。

【功能主治】药性：苦、辛，平。归肺、胃经。功能：解肌发表，宣郁除烦。主治：外感表证，寒热头痛，心烦，胸闷，失眠。用法用量：内服煎汤，5～15 g；或入丸剂。外用适量，捣敷；或炒焦研末调敷。

附方：

1. 治痰饮头痛寒热，呕逆：淡豆豉15 g，制半夏9 g，茯苓12 g，生姜10片。水煎服。
2. 治伤寒汗出不解，胸中闷：淡豆豉20 g。水煎服。
3. 治咽喉肿痛，语声不出：淡豆豉20 g。水煎，徐徐服之。

大豆花苦、微甘，凉。明目去翳。治翳膜遮睛。

叶利尿通淋，凉血解毒。治热淋，血淋，蛇咬伤。

根利水消肿。治水肿。

黑种子味甘，性平。归脾、肾经。能活血利水，祛风解毒，健脾益肾。主治水肿胀满，风毒脚气，黄疸浮肿，肾虚腰痛，遗尿，风痹筋挛，产后风痉，口噤，痈肿疮毒，药物、食物中毒。

黄种子味甘，性平。归脾、胃、大肠经。能宽中导滞，健脾利水，解毒消肿，主治食积泻痢，腹胀食呆，疮痈肿毒，脾虚水肿，外伤出血。

豆黄（黑色种子经蒸罨加工而成）味甘，性温。归脾、胃经。祛风除湿，健脾益气。主治湿痹，关节疼痛，脾虚食少，胃脘妨闷，阴囊湿痒。

大豆黄卷（种子发芽后晒干而成）味甘，性平。归脾、胃、肺经。清热透表，除湿利气。主治湿温初起，暑湿发热，食滞脘痞，湿痹，筋挛，骨节烦疼，水肿胀满，小便不利。

黑色种子种皮味甘，性凉。养阴平肝，祛风解毒。主治眩晕，头痛，阴虚烦热，盗汗，风痹，湿毒，痈疮。

豆浆味甘，性平。归肺、大肠、膀胱经。清肺化痰，润燥通便，利尿解毒。主治虚劳咳嗽，痰火哮喘，肺痈，湿热黄疸，血崩，便血，大便秘结，小便淋浊，食物中毒。

豆腐甘，凉。泻火解毒，生津润燥，和中益气。治目赤肿痛，肺热咳嗽，消渴，脾虚腹胀。

豆腐皮甘、淡，凉。清热化痰，解毒止痒。治肺虚久嗽，自汗，脓疱疥。

腐巴苦、甘，凉。健胃消滞，清热通淋。治反胃，痢疾，肠血下血，带下，淋浊，血风疮。

豆腐渣甘、微苦，平。凉血，解毒。治肠风便血，无名肿毒，疮疡湿烂，臁疮不愈。

豆腐泔水淡、微苦，凉。通利二便，敛疮解毒。治大便秘结，小便淋涩，臁疮，鹅掌风，恶疮。

豆酱咸、甘，平。清热解毒。治蛇虫蜂螫毒，烫火伤，疠疡风，浸淫疮，中鱼、肉、蔬菜之毒。

豆腐乳咸、甘，平。益胃和中。治腹胀，萎黄病，泄泻，小儿疳积。

豆油辛、甘温。润肠通便，驱虫解毒。治肠虫梗阻，大便秘结，疥癣。

【资源综合利用】大豆始载于《本经》。黑大豆则首见于《本草图经》，云：“大豆有黑白二种，黑者入药，白者不用”，应注意区别。

229　百脉根

【别名】地羊鹊、三月黄花。

【来源】为豆科植物百脉根*Lotus corniculatus* L.的根。

【植物形态】多年生草本，高10～60 cm。茎丛生，有疏长柔毛或后变无毛。小叶5，3小叶生于叶柄的顶端，2小叶生于叶柄的基部；小叶柄极短，长约1 mm；叶纸质，卵形或倒卵形，长5～20 mm，宽3～12 mm，顶端尖，基部圆楔形，全缘，无毛或于两面主脉上有疏长毛。花3～4朵排成顶生的伞形花序，具叶状总苞；花长1～1.4 cm；花萼黄绿色，宽钟形，近于膜质，内外均具长硬毛，萼齿5，三角形；蝶形花冠，黄色，旗瓣宽倒卵

▲百脉根

形，长9 ~ 13 mm，宽4 ~ 6 mm，具较长的爪，翼瓣较龙骨瓣稍长，龙骨瓣弯曲；雄蕊10，二体；子房无柄，花柱长而弯曲，柱头小。荚果长圆筒形，褐色，长2 ~ 2.7 cm，阔3 ~ 4 mm，内含多粒种子。花期5—7月，果期8—9月。

【生境分布】生于海拔800 ~ 1 800 m的林缘、山坡、草地或田间湿润处。分布于巫溪、巫山、奉节、云阳、万州、开州、忠县、石柱、丰都、涪陵、武隆地区。

【采收加工】夏季采挖，晒干。

【化学成分】根含百脉根素（comiculatusin），百脉根素-3-O-β-D-半乳糖苷（comiculatusin-3-O-β-D-galactoside），非瑟素（nsetin），5-去羟异鼠李素（geraldol），5-去氧山柰酚（5-deoxykaempferol），柠檬素（limocitrin），3，5，7，4'-四羟基-8-甲氧基黄酮（sexangularetin），棉子皮亭（gossypetine）。全草含山柰酚-3，7-二鼠李糖苷（kaempferitrin），堇黄质（violaxanthin），环氧叶黄素（xantho-phyllepoxide），亚麻苦苷（linamarin）。叶含大豆皂醇（soyasopogenol）B，尿囊素（allantoin）。种子含半乳糖（galactose）。花含槲皮万寿菊素-3-半乳糖苷（quercetagetin-3-galactoside），槲皮万寿菊素-7-葡萄糖苷（quercetagetin-7-glucoside）等。

【功能主治】药性：甘、苦，微寒。功能：补虚，清热，止渴。主治：虚劳，阴虚发热，口渴。用法用量：内服煎汤，9 ~ 18 g；或浸酒；或入丸、散。

百脉根地上部分味甘、微苦，性凉。能清热解毒，止咳平喘，利湿消痞。主治风热咳嗽，咽喉肿痛，胃脘痞满疼痛，疔疮，无名肿毒，湿疹，痢疾，痔疮便血。内服煎汤，9 ~ 18 g。外用适量，捣敷。花（地羊鹊）味微苦、辛，性平。能清肝明目。主治风热目赤，视物昏花。内服煎汤，6 ~ 10 g。

1. 治肺热咳喘：百脉根地上部分15 g，吉祥草15 g，麦冬草15 g。水煎服。

2. 治风热目赤、视物昏花：百脉根花10 g，为末，蒸鸡蛋或鸡肝服。

【资源综合利用】百脉根始载于《新修本草》。不但药用，而且广泛用于果园和草山改良的一种优质牧草，同时百脉根耐瘠薄，固土防冲能力强，是很好的水土保持药用植物。

▲黄香草木樨

230 辟汗草

【别名】黄花辟汗草、黄零陵香。

【来源】为豆科植物黄香草木樨*Melilotus officinalis*（L.）Desr.的全草。

【植物形态】高大草本，高可达3 m。全株有香气。叶互生，三出复叶；托叶三角形，基部宽，有时分裂；叶片长圆形、长椭圆形，长1.5 ~ 2.5 cm，宽0.3 ~ 0.6 cm，顶端圆，有短尖头，基部楔形，边缘具细锯齿，两面无毛。总状花序细长如穗状，腋生，花梗短，花倒垂；花萼钟状，萼齿5，三角形；花冠蝶形，黄色，旗瓣与翼瓣等长；雄蕊10，二体；子房卵圆形，花柱丝状，向内弯曲。荚果卵圆形，稍有毛，表面花纹明显。种子1颗，长方形，褐色。花期6—7月，果期7—9月。

【生境分布】生于山野荒坡、路边。有栽培，分布于库区各市县。

【采收加工】夏、秋季采收，切段，晒干。

【化学成分】全草含香豆精（coumarin），尿囊酸（allantoic acid），尿囊素（allantoin），双香豆酚（dicoumarol），伞形花内酯（umbelliferone），苯丙氨酸（phenytalanine），邻-香豆酰葡萄糖苷（o-coumaroyl glucoside），草木犀酸（melilotic acid），顺香豆酰葡萄糖苷（cis-coumarinoyl glucoside），橙皮苷（hesperidin）等。

【药理作用】有抗炎、延长凝血时间、抗血管收缩、改善动静脉血流，促进淋巴循环，缓解淋巴管痉挛，激活网状内皮系统，促进炎症部位代谢功能，抑制组织胶体渗透压升高、抗菌作用。

【功能主治】药性：微甘，平。功能：止咳平喘，散结止痛。主治：哮喘，支气管炎，肠绞痛，创伤，淋巴结肿痛。用法用量：内服煎汤，3～9 g；或为粗末作成卷烟吸。外用适量，熬膏敷。

【资源综合利用】黄香草木樨不但药用，而且富含香豆素，是开发食用产品的优质原料，应加大开发和应用力度。

231 鸡血藤

【别名】昆明鸡血藤、鸡血崖豆藤、山鸡血藤。

【来源】为豆科植物香花崖豆藤*Millettia dielsiana* Harms ex Diels的藤茎。

【植物形态】攀缘灌木，长2～5 m。茎皮灰褐色，剥裂，枝无毛或被微毛。羽状复叶；叶柄长5～12 cm，叶轴被稀疏柔毛，后秃净；小叶2对，纸质，披针形，长圆形至狭长圆形，长5～15 cm，宽1.5～6 cm，顶端急尖至渐尖，基部钝圆，上面有光泽，下面被平伏柔毛或无毛。圆锥花序顶生，长达40 cm，较短时近直生，较长时成扇状开展并下垂，花序轴多少被黄褐色柔毛；苞片线形，略短于花梗，宿存，小苞片线形，早落；花萼阔钟状，长3～5 mm，宽4～6 mm，与花梗同被细柔毛，萼齿5，短于萼筒；花冠长1.2～2.4 cm，紫红色，旗瓣阔卵形至倒阔卵形，密被锈色或银色绢毛，基部稍呈心形，具短瓣柄，翼瓣甚短，约为旗瓣的1/2，锐尖头，下侧有耳、龙骨瓣镰形；雄蕊二体，（9+1）；花盘浅皿状；子房线形，密被绒毛。荚果线形至长圆形，扁平，密被灰色绒毛，果瓣薄，近木质，瓣裂，有种子3～5粒。种子长圆状凸镜形。花期5—9月，果期6—11月。

【生境分布】生于海拔2 500 m以下的灌丛中或岩边阴处。分布于库区各市县。

【采收加工】秋季采收，除去枝叶，锯成段，晒干。或趁鲜时切片，晒干。

【药材性状】藤茎圆柱形，直径1.5～2 cm，表面灰褐色，粗糙，栓皮鳞片状，皮孔椭圆形，纵向开裂。药材饮片椭圆状形斜切片，皮部约占横切面1/4，外侧淡黄色，内部分泌物黑褐色，木部淡黄色，导管放射状排列呈轮状。髓小居中。气微，味微涩。

【显微鉴别】茎横切面：木栓层为数列木栓细胞，内侧2列细胞多含深棕物。皮层为10数列细胞，密布小型含晶壁细胞，直径14～21 μm，壁不均匀增厚木化，胸腔内含草酸钙方晶。中柱鞘由石细胞及少数纤维组成的厚壁组织环带，石细胞呈类多角形，孔沟明显，环内外两侧多数细胞含草酸钙方晶形成晶鞘。韧皮部射线宽1～5列细胞，石细胞以韧皮部外侧较多，韧皮纤维为晶纤维。木射线宽1～7列细胞，髓部为大型薄壁细胞，环髓有众多草酸钙方晶及较多分泌细胞。

粉末特征：茎粉末灰白色，气微，味淡。石细胞多近方形，也有不规则形，直系12～74 μm。纤维细长，直系5～29 μm，多断裂，胞腔不明显，有的形成晶纤维。草酸钙方晶多呈类双锥形，长9～29 μm。导管主为螺纹导管，也有网纹，具缘纹孔导管。螺纹导管9～53 μm，螺纹细密。木栓细胞表面观多角形，直径14～50 μm，垂周壁多平直，稍厚。木射线细胞呈类长方形，直系12～26 μm，长34～83 μm，分泌细胞分泌物黄棕色或黑棕色。

▲香花崖豆藤

【化学成分】藤茎含木栓酮（friedelin）、蒲公英赛酮（taraxerone）、木栓烷-3β-醇（friedelan-3β-ol，芸苔甾醇（campesterol），豆甾醇和谷甾醇，刺芸柄花素（formononetin），大豆黄素等。

【药理作用】有明显的体外抑制血小板聚集作用，并与质量分数有关，低浓度促凝，高浓度抑制凝集。

【功能主治】药性：苦、涩、微甘，温。功能：藤茎：补血止血，活血通经络。根：补血活血，祛风活络。主治：藤茎：血虚体弱，劳伤筋骨，月经不调，闭经，产后腹痛，恶露不尽，各种出血，风湿痹痛，跌打损伤。根：治气血虚弱，贫血，四肢无力，痢疾，风湿痹痛，跌打损伤，外伤出血。

附方：

1. 治经闭：鸡血藤、穿破石各30 g。水煎服。
2. 治白细胞减少症：鸡血藤15 g，黄芪12 g，白术、茜草根各9 g。水煎服。
3. 治风湿痹痛：鸡血藤15 g，半枫荷15 g，当归15 g，牛膝9 g，枫香寄生15 g，海风藤15 g，豆豉姜15 g。水煎服。

232 亮叶崖豆藤

【别名】鸡血藤、亮叶鸡血藤。

【来源】为豆科植物亮叶崖豆藤*Millettia nitida* Benth.的藤茎。

【植物形态】木质藤本。嫩枝被锈色短柔毛，渐变无毛。叶互生，奇数羽状复叶，长5～11 cm，有柄；小叶5，纸质，叶片披针形或卵形，长5～11 cm，宽2～3.5 cm，顶端钝或渐尖，基部圆形或钝形，上面无毛，下面有白色柔毛，光亮，网脉明显。圆锥花序顶生或腋生，粗壮，长10～20 cm，总轴和分枝有丝毛；萼钟形，被丝毛，萼片5；花冠蝶形，紫色，旗瓣基部有2个胼胝体状附属物；雄蕊10，二体，子房线形，花柱内弯。荚果条状长圆形，扁平，长6～15 cm，宽1.5～2 cm，有锈色绒毛，近木质，易开裂。种子3～5颗，褐色，扁圆形，直径约1 cm。花期5—8月，果期10—11月。

【生境分布】生于海拔300～1 000 m的灌丛中或山地石缝中。分布于巫溪、云阳、武隆地区。

【采收加工】夏、秋季采收，切片，晒干。

【化学成分】茎叶含无羁萜（friedelim），无羁萜-3β-醇（friedelan-3β-ol），蒲公英赛酮（taraxerone），菜油甾醇（campesteml），豆甾醇（stigmasterol），谷甾醇（sitosterol）等。

▲亮叶崖豆藤

▲厚果崖豆藤

【功能主治】药性：苦，温。功能：活血补血，舒经活络。主治：贫血，产后虚弱，头晕目眩，月经不调，风湿痹痛，四肢麻木。用法用量：内服煎汤，15 ~ 30 g。外用适量，煎水洗。

附方：

1. 治血虚闭经：亮叶崖豆藤60 g，浸酒服。
2. 治乳痈：亮叶崖豆藤适量，水煎外洗。每日数次。

233 苦檀子

【别名】厚果鸡血藤、冲天子、醉鱼藤。

【来源】为豆科植物厚果崖豆藤*Millettia pachycarpa* Benth.的种子。

【植物形态】多年生攀缘灌木，茎粗大。枝干圆柱形，幼枝时有疏绒毛。叶互生，具长柄，奇数羽状复叶，长30 ~ 50 cm；小叶13 ~ 17，叶片长圆状披针形，长14 ~ 16 cm，宽3 ~ 4 cm，顶端钝，基部略圆形，上面无毛，有光泽，下面被锈黄色绢毛。圆锥花序腋生，长15 ~ 30 cm，总花梗较叶柄长；花2 ~ 5朵簇生于序轴的节上；苞片卵圆形，少毛；萼钟形，5齿裂，裂片三角形，浅绿色，有短茸毛；花冠蝶形，花5瓣，紫红色，雄蕊10，单体，上部分离；雌蕊1，线形花柱弯曲，柱头圆形。荚果厚，木质，卵球形或矩圆形，长至23 cm，黄灰绿色，并有斑点，膨胀。种子1 ~ 5颗，肾形，长4 cm，红棕色至黑褐色。花期3—4月，果期10—11月。

【生境分布】生于海拔200 ~ 1 600 m的溪边、疏林下及灌木丛中。分布于库区各市县。

【采收加工】果实成熟后采收。除去果皮，将种子晒干。

【药材性状】种子扁圆而略呈肾形，着生在荚果两端的种子，一面圆形，另一面平截；居于荚果中间的种子，两面均平截，长约4 cm，厚约3 cm。表面红棕色至黑褐色，有光泽，或带有灰白色的薄膜，脐点位于中腰凹陷处。子叶2片，肥厚，角质样，易纵裂；近脐点周围有不规则的突起，使子叶纵裂而不平。气微，味淡而后带穿透性的麻感。以皮红褐色、个大、无虫蛀者为好。

【化学成分】种子含鱼藤酮（rotenone）和类鱼藤酮（rotenoids）等。地上部分、种子和果实含5，7，4’-三羟基-6，8-二异戊二烯基异黄酮（5，7，4'-trihydroxy-6，8-dipren-ylisoflavone），5，7，4'-三羟基-6，3'-二异戊二烯基异黄酮（5，7，4'-trihydroxy-6，3'-diprenylisoflavone），苦檀子异戊二烯基异黄酮等。茎叶尚含无羁萜（friedlin），无羁萜-3β-醇（friendelan-3β-ol），菜油甾醇（campesterol），豆甾醇（stigmasterol），谷甾醇（sitosterol）等。

【药理作用】叶的提取物对鼠逆病毒转录酶有很强的抑制作用，对DNA聚合酶也有抑制作用。

【功能主治】药性：苦、辛，热，有大毒。功能：攻毒止痛，消积杀虫。主治：疥癣疮癞，痧气腹痛，小儿疳积。用法用量：外用适量，研末调敷。内服研末或煅存性研末，0.9～1.5 g；或磨汁。使用注意：内服宜慎。过量服用可引起中毒，出现呕吐，腹痛，眩晕，黏膜干燥，呼吸迫促，神志不清等症状。对神经先兴奋后麻痹。

附方：

1. 治虫疮疥癣：苦檀子、花椒、苦参、藜芦、黄连、独脚莲各适量。共研细末，调香油搽。
2. 治痧气痛：苦檀子果适量。研末。每次0.9～1.5 g，开水冲服。
3. 治小儿疳积：苦檀子果（煅存性）1.5 g。蒸鸡肝吃或磨水服。
4. 治枪伤：苦檀子果适量。捣烂敷患处。

苦檀叶味辛、苦，性温，有毒。能祛风杀虫，活血消肿。主治皮肤麻木，癣疥，脓肿。外用适量，煎水洗或捣敷。根味苦、辛，性温，大毒。能散瘀消肿。主治跌打损伤，骨折。外用适量，捣敷。本品有毒，不宜内服。

治疥癣：苦檀子叶适量。熬水洗患处；或将叶捣烂，包敷癣上。

234　含羞草

【别名】知羞草、感应草。

【来源】为豆科植物含羞草*Mimosa pudica* L.的全草。

【植物形态】披散半灌木状草本，高可达1 m。有散生、下弯的钩刺及倒生刚毛。叶对生，羽片通常4，指状排列于总叶柄之顶端；叶柄长1.5～4 cm；托叶披针形，长5～10 mm，有刚毛。小叶10～20对，触之即闭合而下垂；小叶片线状长圆形，长8～13 mm，顶端急尖，基部近圆形，略偏斜，边缘有疏生刚毛。头状花序具长梗，单生或2～3个生于叶腋，直径约1 cm；花小，淡红色；苞片线形，边缘有刚毛；萼漏斗状，极小，短齿裂；花冠钟形，上部4裂，裂片三角形，外面有短柔毛；雄蕊4，基部合生，伸出花瓣外；子房有短柄，无毛，花柱丝状，柱头小。荚果扁平弯曲，长约14 mm，顶端有喙，有3～4节，每节有1颗种子，荚缘波状，具刺毛，成熟时荚节脱落。种子阔卵形。花期3—4月，果期5—11月。

【生境分布】生于旷野、山溪边、草丛或灌木丛中。多栽培。分布于库区各市县。

【采收加工】夏季采收，鲜用，或扎成把晒干。

【化学成分】全草含收缩性蛋白质（contractileprotein），三磷腺苷（ATP，adenosine triphosphae），三磷腺苷酶（ATPase，adenosine triphosphatase），含羞草碱（mimosine），含羞草苷（mimoside），D-松醇（D-pinitol）和硒化合物，其中一种为亚硒酸盐（selenite），蛋白质，鞣质，2"-O-鼠李糖基荭草素（2"-O-rhamnosylorientin），2"-O-鼠李糖基异荭草素（2"-O-rhamnosy-lisoorientin）等。种子含油约17%，性质似大豆油；另含谷甾醇（sitosterol），山萮酸（behenic acid），黏液质（mucilage），硒化合物。根含血红蛋白（hemoglobin），硒化合物等。

【药理作用】根有止咳、抗乙酰胆碱、抗菌、抗流感病毒作用。含羞草碱能轻度抑制碱性磷酸酶，对含金属的酶系统抑制不显著。饲料中含0.5%～1.0%的含羞草碱即可使大鼠或小鼠生长停滞、脱发、产生白内障。

【功能主治】药性：甘、涩、微苦，微寒，有小毒。功能：凉血解毒，清热利湿，镇静安神。主治：感冒，小儿高热，支气管炎，肝炎，胃炎，肠炎，结膜炎，泌尿系统结石，水肿，劳伤咯血，鼻衄，血尿，神经衰弱，失眠，疮疡肿毒，带状疱疹，跌打损伤。用法用量：内服煎汤，15～30 g，鲜品30～60 g；或炖肉。外用适量，捣敷。使用注意：孕妇禁服。

▲含羞草

附方：

1. 治急性肝炎、肠炎：含羞草全草15～60 g。水煎服。

2. 治胃肠炎、泌尿系统结石：含羞草15 g，木通10 g，海金沙10 g，车前草15 g。水煎服。

3. 治神经衰弱：含羞草30 g，远志9 g，酸枣仁9 g。水煎服。

含羞草根味涩、微苦，性温，有毒。能止咳化痰，利湿通络，和胃消积，明目镇静。主治慢性气管炎，风湿疼痛，慢性胃炎，小儿消化不良，闭经，头痛失眠，眼花。内服煎汤，9～15 g，鲜品30～60 g；或浸酒。外用适量，捣敷。忌酸冷。

4. 治慢性支气管炎：含羞草根（鲜）60 g，红丝线根（鲜）18 g。水煎，分两次服。10 d为一疗程，连续两个疗程。

5. 治风湿痛：含羞草根15 g。酒泡服。

【资源综合利用】本品以喝呼草之名载于《植物名实图考》，此品种繁殖力强，应多加利用，除药用外，由于花多而清秀是上佳的观赏植物，同时也是一种能预兆天气晴雨变化和反映空气湿度大小的奇妙药用植物。

235　绿豆

【别名】青小豆。

【来源】为豆科植物绿豆*Phaseolus radiatus* L.的种子。

【植物形态】一年生直立或顶端微缠绕草本，高约60 cm，被短褐色硬毛。三出复叶；叶柄长9～12 cm；小叶阔卵形至菱状卵形，侧生小叶偏斜，长6～10 cm，宽2.5～7.5 cm，顶端渐尖，基部圆形、楔形或截形，两面疏被长硬毛；托叶阔卵形，小托叶线形。总状花序腋生；总花梗短于叶柄或近等长；苞片卵形或卵状长椭圆形，有长硬毛。花蝶形，绿黄色；萼斜钟状，齿4，下面1齿最长，近无毛；旗瓣肾形，翼瓣有渐窄的爪，龙骨瓣的爪截形，其中一片龙骨瓣有角；雄蕊10，二体；子房无柄，密被长硬毛。荚果圆柱形，长6～8 cm，熟时黑色，被疏褐色长硬毛。种子绿色或暗绿色，长圆形。花期6—7月，果期8月。

【生境分布】栽培。分布于库区各市县。

▲绿豆

【采收加工】立秋后果熟时采收，晒干。

【药材性状】种子短矩圆形，长4 ~ 6 mm。表面绿黄色、暗绿色、绿棕色，光滑而有光泽。种脐位于一侧上端，白色，条形。约为种子长的1/3，种皮坚韧，剥离后露出淡黄绿色或黄白色2片肥厚的子叶。气微，嚼之具豆腥气。以个大、饱满、色绿者为佳。

【显微鉴别】粉末特征：灰白色或类白色。①淀粉粒极多，主为单粒，肾形、长椭圆形、类圆形、圆三角形或卵圆形，有的一端稍尖凸，直径3 ~ 30 μm，脐点短缝状、星状或点状，有的辐射状开裂，少数层纹可见。②种皮栅状细胞成片，顶面观呈类多角形或稍延长，孔沟细密，胞腔细小或不明显，稍下胞腔条状；底面观胞腔大，可见一晶体。③种皮支持（滴漏）细胞侧（断）面观呈哑铃状，长17 ~ 55 μm，侧壁中部厚至8 μm；表面观呈类圆形或长圆形，直径14 ~ 38 μm，可见环状增厚壁。④星状细胞呈不规则多角形，有多数浅短分枝状突起，枝端较平截，细胞直径19 ~ 34 μm、胞腔内含黄棕色物。⑤色素块较多，黄棕色或红棕色，存在于星状细胞或薄壁细胞中。⑥主要为螺纹或环纹导管，直径5 ~ 14 μm。

【化学成分】种子含胡萝卜素，蛋白质（以球蛋白类为主），糖类，磷脂，脂肪，碳水化合物，维生素，矿物质，氨基酸等。

【药理作用】有降脂、抗动脉粥样硬化、抗肿瘤、保肝、保肾作用。

【功能主治】药性：甘，寒。归心、肝、胃经。功能：清热，消暑，利水，解毒。主治：暑热烦渴，感冒发热，霍乱吐泻，痰热哮喘，头痛目赤，口舌生疮，水肿尿少，疮疡痈肿，风疹丹毒，药物及食物中毒。内服煎汤，15 ~ 30 g，大剂量可用120 g。外用适量。使用注意：药用不可去皮。脾胃虚寒滑泄者慎服。

附方：

1. 治暑热烦渴：绿豆衣12 g，鲜荷叶30 g，扁豆花9 g。水煎服。
2. 治风燥血热、大便结燥、小便赤涩：绿豆60 g，怀熟地120 g，麦门冬150 g。水煮汁，徐徐代茶饮。
3. 解毒：生绿豆60 g。捣末，豆浆两碗调服，无豆浆，用糯米浆亦可。或绿豆120 g，甘草60 g。水煎服。

236　菜豆

【别名】四季豆、白饭豆、白豆。

【来源】为豆科植物菜豆*Phaseolus vulgaris* L.的荚果。

【植物形态】一年生缠绕草本。长2 ~ 3 m，被柔毛。羽状复叶，具长柄；小叶3，顶生小叶阔卵形至菱状卵形，长4 ~ 16 cm，宽3 ~ 11 cm，顶端急尖，基部圆形或宽楔形，两面沿叶脉有疏柔毛；侧生小叶偏斜，托叶小，基部着生。总状花序腋生，短于叶，花数朵，生于总梗的顶端；花梗长5 ~ 8 mm；小苞片斜卵形或近圆形，脉明显，较萼长；花萼钟状，萼齿上部2枚连合，有疏短柔毛；花冠白色、黄色，后变淡紫红色，长1.5 ~ 2 cm，旗瓣

▲菜豆

近方形，翼瓣长圆形而小，龙骨瓣的上端卷曲一圈或近两圈，侧方无角状突起；二体雄蕊（9）+1；荚果条状，略膨胀，长10～15 cm，宽约1 cm，无毛。种子球形或长圆形，白色、褐色、蓝黑或绛红色，光亮而有花斑，长约1.5 cm。花期5—7月，果期7—8月。

【生境分布】栽培。分布于库区各市县。

【采收加工】夏、秋季采收，鲜用。

【化学成分】种子含三萜类（大豆皂苷soyasapogenol等），有机酸，黄酮化合物，糖类，蛋白质，植物凝集素，生育酚（tocopherol）等。未发芽种子和叶轴含β-谷甾醇（β-sitosterol），豆甾醇（stigmastetol）和菜油甾醇（campesterol）等。

【药理作用】有免疫激活、终止妊娠、过敏原性作用。

【功能主治】药性：甘、淡，平。功能：滋养解热，利尿消肿。主治：暑热烦渴，水肿，脚气。用法用量：内服煎汤，60～120 g。

附方：

治水肿：白饭豆120 g，蒜米15 g，白糖30 g。水煎服。

237　豌豆

【别名】白豌、菜豌。

【来源】为豆科植物豌豆*Pisum sanvum* L.的种子。

【植物形态】一年生或二年生攀缘草本，长达2 m。全株绿色，带白粉，光滑无毛。羽状复叶，互生，小叶2～3对，叶轴末端有羽状分枝的卷须；托叶卵形，叶状，常大于小叶，基部耳状，包围叶柄或茎，边缘下部有细锯齿；小叶片卵形、卵状椭圆形或倒卵形，长2～4 cm，宽1.5～2.5 cm，顶端圆或稍尖，基部楔形，全缘，时有疏锯齿。花2～3朵，腋生，白色或紫色；萼钟状，萼齿披针形；旗瓣圆形，顶端微凹，基部具较宽的短爪，翼瓣近

▲豌豆

▲补骨脂

圆形，下部具耳和爪，龙骨瓣近半圆形，与翼瓣贴生；二体雄蕊（9）+1；子房线状，长圆形，花柱弯曲与子房成直角。荚果圆筒状，长5～10 cm，内含种子多粒。种子球形，淡绿黄色。花期6—7月，果期7—9月。

【生境分布】栽培。分布于库区各市县。

【采收加工】夏、秋季果熟时采收，晒干。

【药材性状】种子圆球形，直径约5 mm。表面青绿色至黄绿色、淡黄白色，有皱纹，可见点状种脐。种皮薄而韧，除去种皮有2枚黄白色肥厚的子叶。气微，味淡。

【显微鉴别】种子横切面：种皮的表皮为1列栅状细胞，壁厚，由内侧向外方渐增厚。栅状细胞的内方是1列支持细胞，呈哑铃形，胞间隙明显。向内方是多列薄壁细胞，内侧几列细胞常颓废。胚乳细胞小。子叶细胞多角形，内含淀粉粒，糊粉粒和少量脂肪油滴。

【化学成分】种子含植物凝集素（lectin），豆球蛋白（legumin），豌豆球蛋白（vicilin），豆清蛋白（legumelin），氨基酸，有机酸，糖类，刀豆四胺（canavalmine），均精胺（homospermine），氨丙基刀豆四胺（aminopropylcamavalmine）等。豆荚含赤霉素（gibberellin）。

【功能主治】药性：甘，平。归脾、胃经。功能：和中下气，通乳利水，解毒。主治：糖尿病，吐逆，泄利腹胀，霍乱转筋，乳少，脚气水肿，疮痈。用法用量：内服煎汤，60～125 g；或煮食。外用适量，煎水洗；或研末调涂。使用注意：多食发气痰。

附方：

1. 治霍乱，吐利转筋，心膈烦闷：豌豆300 g，香薷90 g。水煎温服。

2. 治鹅掌风：白豌豆2 500 g，入川楝子适量，煎水，每日洗多次。

豌豆荚果味甘，性平。解毒敛疮。主治耳后糜烂。外用适量，烧灰存性，茶油调涂。花味甘，性平。清热，凉血。主治咯血，鼻衄，月经过多。内服煎汤，9～15 g。幼苗味甘，性平。

238 补骨脂

【别名】黑故子、破固纸、川故子。

【来源】为豆科植物补骨脂*Psoralea corylifolia* L.的果实。

【植物形态】一年生草本，高60～150 cm，全株被白色柔毛和黑褐色腺点。茎直立；枝坚硬。具纵棱。单叶互生，有时柱端侧生有长约1 cm的小叶；叶柄长2～

4 cm，被白色绒毛；托叶成对，三角状被针形，长约1 cm，膜质；叶片阔卵形，长5～9 cm，宽3～6 cm，顶端钝或圆，基部心形或圆形，边缘具粗锯齿，两面均具显著黑色腺点。花多数密集成穗状的总状花序，腋生；花梗长6～10 cm；花萼钟状，基部连合成管状，顶端5裂，被黑色腺毛；花冠蝶形，淡紫色或黄色，旗瓣倒阔卵形，翼瓣阔线形，龙骨瓣长圆形，顶端钝，稍内弯；雄蕊10，花药小；雌蕊1，子房上位，倒卵形或线形，花柱丝状。荚果椭圆形，不开裂，果皮黑色，与种子粘贴。种子1，有香气。花期7—8月，果期9—10月。

【生境分布】栽培。分布于万州、开州、长寿地区。

【采收加工】秋季果实成熟时，随熟随收，割取果穗，晒干，打出种子。

【药材性状】果实扁圆状肾形，一端略尖，少有宿萼。长4～5.5 mm，宽2～4 mm，厚约1 mm。表面黑棕色或棕褐色，具微细网纹，在放大镜下可见点状凹凸纹理。质较硬脆，剖开后可见果皮与外种皮紧密贴生，种子凹侧的上端略下处可见点状种脐，另一端有合点，种脊不明显。外种皮较硬，内种皮膜质，灰白色；子叶2枚，肥厚，淡黄色至淡黄棕色，陈旧者色深，其内外表面常可见白色物质，于放大镜下观察为细小针晶；胚很小。宿萼基部连合，上端5裂，灰黄色，具毛茸，并密布褐色腺点。气芳香特异，味苦、微辛。

【显微鉴别】果实横切面：果皮波状起伏。表皮细胞1列，有时可见小型腺毛；表皮下薄壁组织。内有众多碗形壁内腺沿周排列，内含油滴，并散有维管束。种皮表皮为1列栅状细胞，壁略呈倒“V”字形增厚，其下为1列哑铃状支柱细胞，向内为数列薄壁细胞，散有外韧型维管束；色素细胞1列，扁平。种皮内表皮细胞1列。子叶细胞类方形、多角形，充满糊粉粒与油滴。

粉末：种皮栅状细胞成片，横断面观细胞1列，侧壁上部较厚，下部渐薄，光辉带位于上端；顶面观呈三角形，底面观呈类多角形或类圆形，壁薄，胞腔较大，内含红棕色物。种皮支持（下皮）细胞1列，侧（断）面观呈哑铃状，中部厚2～5 μm，可见环状增厚壁。果皮表皮细胞壁皱缩。表面观可见密集的大形内生腺体及少数小形腺毛。内生腺体自果皮表皮向内着生，常破碎。完整者有时可见，侧断面观略呈半球形，由十数个至数百个细胞组成，直径135～200 μm。腺毛顶部紧贴中果皮，干缩后基部内陷，与果皮表皮分离；表面观呈类圆形，中央由多数多角形表皮细胞集成类圆形细胞群，其直径36～72 μm。头部类圆形，4～5个细胞，无柄。草酸钙结晶存在于中果皮，长方形、长条形。

【理化鉴别】检查香豆精：取本品粉末0.5 g，加乙醇5 mL，水浴温浸30 min，滤过。取滤液1 mL，加新配制的70%盐酸经胺甲醇溶液2～3滴，20%氢氧化钾甲醇溶液2滴，水浴加热1～2 min，加10%盐酸至酸性，再加入10%三氯化铁乙醇溶液1～2滴，溶液呈红色。

【化学成分】果实、种子含补骨脂素（psoralen），异补骨脂素（isopsoralen），补骨脂定（psoralidin），异补骨脂定（isopsoralidin），补骨脂呋喃香豆精（bakuchicin），紫云英苷（astragalin），补骨脂甲素（corylifolin），异补骨脂双氢黄酮（iMbavachin）等。

【药理作用】有扩张冠状动脉、增加冠脉血流量、加强心肌收缩力、兴奋心脏、缓慢提高心率、抗肿瘤、促进皮肤色素沉着、抗哮喘、杀伤白血病细胞株、抗前列腺增生、抗病原体作用。补骨脂对粒系祖细胞（CFU-D）的生长有促进作用，并能保护动物对抗在注射环磷酰胺后引起的白细胞下降。水煎剂具肝药酶的诱导作用，并能增加药物从肾脏清除的速度。补骨脂内酯也能显著增加肝脏微粒体的蛋白含量，并对血流肌酐有影响。

【功能主治】药性：辛、苦，温。功能：补肾助阳，纳气平喘，温脾止泻。主治：功能失调性子宫出血、固胎、小儿神经性尿频、足跟痛、颈椎病、痛经、小儿脱肛、妇女带下、失调性子宫出血、宫外孕、风寒湿痹、泌尿系统结石、牙痛、疣、乳腺增生、慢性肺源性心脏病、白细胞减少、病态窦房结综合征，腰膝冷痛，前列腺增生，阳痿滑精，尿频，遗尿，肾不纳气，虚喘不止，脾肾两虚，大便久泻，白癜风，外阴白斑，斑秃，银屑病。用法用量：内服煎汤，6～15 g；或入丸、散。外用适量，酒浸涂患处。使用注意：阴虚内热者禁服。

附方：

1. 治遗溺：补骨脂15 g、白茯苓、益智仁8 g。为末。每服3 g，米汤送下。

2. 治白癜风、斑秃：补骨脂60 g，菟丝子60 g，栀子60 g。以上三味，粉碎成细粉，用70%乙醇适量浸提，取浸出液1 000 mL，即得。外涂患处。补骨脂的光敏性，能增加皮下色素的沉积，已有白癜风散，补骨脂酊，补骨脂注射液，白斑酊，熄风酊等多种制剂。

【资源综合利用】补骨脂商品主产于四川者称“川故子”，主产于河南者称“怀故子”。民间作为皮肤病用药历史悠久，应进一步分析成分，开发出治疗白癜风的特效中成药。

239 葛根

【别名】粉葛、葛。

【来源】为豆科植物野葛*Pueraria lobata*（Willd.）Ohwi的块根。

【植物形态】多年生落叶藤本，长达10 m，全株被黄褐色粗毛。块根圆柱状，肥厚，外皮灰黄色，内部粉质，纤维性很强。茎基部粗壮，上部多分枝。三出复叶；顶生小叶柄较长，叶片菱状圆形，长5.5 ~ 19 cm，宽4.5 ~ 18 cm，顶端渐尖，基部圆形，有时浅裂，侧生小叶较小，斜卵形，两边不等，背面苍白色，有粉霜，两面均被白色伏生短柔毛；托叶盾状着生，卵状长椭圆形，小托叶针状。总状花序腋生或顶生，花冠蓝紫色或紫色；苞片狭线形，早落；小苞片卵形或披针形；萼钟状，萼齿5，披针形，上面2齿合生，下面1齿较长；旗瓣近圆形或卵圆形，顶端微凹，基部有两短耳，翼瓣狭椭圆形，较旗瓣短，龙骨瓣较翼瓣稍长；雄蕊10，二体；子房线形，花柱弯曲。荚果线形，密被黄褐色长硬毛。种子卵圆形，赤褐色，有光泽。花期4—8月，果期8—10月。

【生境分布】生于海拔200 ~ 1 600 m的山坡、路边、灌丛或林下。分布于库区各市县。

【采收加工】春、秋季采挖，除去外皮，切成条形，晒干或烘干。或用盐水、白矾水或淘米水浸泡，用硫黄熏后晒干。

【药材性状】圆柱形。商品常为斜切、纵切、横切的片块，大小不等。表面褐色，具纵皱纹，可见横向皮孔和不规则的须根痕。质坚实，断面粗糙，淡黄褐色，隐约可见1 ~ 3层同心环层。纤维性强，略具粉性。气微，味微甜。

【显微鉴别】根横切面：木栓层为多列木栓细胞。栓皮层为4 ~ 5列细胞，排列紧密，外侧细胞含有少量草酸钙方晶，内侧有石细胞。石细胞类方形、类椭圆形或不规则形，直径32 ~ 66 μm，壁厚。异形维管束排列形成1 ~ 3个同心环。射线较窄，4 ~ 5列细胞，韧皮部与木质部径向宽度之比为1：（1 ~ 2），韧皮部具少数分泌细胞，内含红棕

▲野葛

色块状物，形成切向不规则的条状，晶鞘纤维众多。木质部导管密集，径向辐射状排列，直径38～115 μm。晶鞘纤维众多。薄壁细胞中充满淀粉粒。

粉末特征：呈淡灰白色。淀粉粒极多，单粒呈类球形、碗状或多角圆形，直径3～37 μm，脐点点状、短条状、叉状或“人”字形，层纹不明显；复粒由2～10多分粒复合而成，分粒常呈盔状或三角圆形。纤维甚多，多成束，单根纤维细长，微弯曲，直径10～38 μm，末端渐尖，有时见分叉，壁极厚，木化，孔沟不明显；纤维周围的薄壁细胞含有方晶，每个细胞一个，纵向排列，形成晶纤维。草酸钙方晶呈多面体形、板状或近双锥形，直径8～20 μm，长达32 μm。石细胞较少，呈类圆形、近长方形或近三角形，直径28～60 μm，长可达80 μm。导管主为具缘纹导管，较粗大，多破碎，纹孔极紧密。此外，尚可见木细胞及木栓组织碎块。

【理化鉴别】（1）检查异黄酮：取本品粉末0.5～1 g，加乙醇5 mL，80 ℃热浸0.5 h，放冷，滤过，滤液点于滤纸上，喷洒1%三氯化铝乙醇液，干燥后在紫外光灯下（254 nm）显蓝色荧光，用氨水熏后颜色更亮。（2）薄层鉴别：用上述提取液蒸去乙醇，残渣加水溶解后用氯仿提取去杂质，水液蒸干，用乙醇溶解后作供试液；另以葛根素为对照品。分别点样于同一硅胶G薄层板上，以氯仿-甲醇（8∶2）展开，晾干，在紫外光（254 nm）下供试液色谱中在与对照品色谱相应位置上，显相同的蓝色荧光斑点。

【化学成分】根含大豆苷元（daidzein），大豆苷（daidzin），葛根素（puerarin），4'-甲氧基葛根素（4'-methoxypuerarin），大豆苷元-4'，7-二葡萄糖苷（daidzein-4'，7-diglucoside），刺芒柄花素（formononetin），β-谷甾醇（β-sitosterol），β-谷甾醇-β-D-葡萄糖苷（9-sitosteryl-β-D-glucoside），大豆皂醇（soyasapogenol），槐花二醇（sophoradiol），葛根皂醇（kudzusapogenol）C、A，葛根皂醇-β-甲酯（kudzusapogenol-β-methylester），羽扇烯酮（lupenone），二十二烷酸（docosanoic acid），二十四烷酸（tetracosanoic acid），1-二十四烷酸甘油酯（glycerol-1-monotetracosanoate），尿囊素（allantoin），6，7-二甲氧基香豆精（6，7-dimethoxy-coumarin），5-甲基海因（5-methylhyddantnin），广东相思子三醇（cantoniensistrol）等。

【药理作用】有抗心律失常、降低心肌氧利用率和心肌耗氧率、防止急性心肌梗死、保护缺血心肌损伤、扩冠、增加心肌和脑血流量、扩张脑血管、降血压、防止血小板聚集及血栓形成、保护缺氧条件下血管内皮细胞凋亡、降血脂、收缩和舒张平滑肌、兴奋副交感神经、增加在位小肠内压、解痉、对抗乙酰胆碱所致肠痉挛、益智、改善老年原发性高血压患者胰岛素抵抗、改善脑缺血后症状、抗局灶性脑缺血致神经细胞凋亡、抗氧化、雌激素样、改善视网膜血管阻塞，改善视功能、促进机体抗体生成、保肝、解酒作用。

【功能主治】药性：甘、辛，平。功能：解肌退热，发表透疹，生津止渴，升阳止泻。主治：妇女绝经后综合征，外感发热，心绞痛，心肌梗死，心律失常，冠心病，心力衰竭，椎基底动脉供血不足，急性脑梗死，骨质疏松症，缺血性视神经病变，糖尿病并发症（白内障、视网膜病、神经病和肾脏疾病），急性酒精中毒，农药中毒，麻疹初起，疹出不畅，温病口渴，泄泻，痢疾，高血压。用法用量：内服煎汤，10～15 g；或捣汁。外用适量，捣敷。解表、透疹、生津宜生用。

附方：

1. 治高脂血症：葛根30 g，太子参、生地、茵陈等各15 g。加水文火煎，取汁30 mL分3次服。
2. 治顽固性失眠：葛根45 g，鸡血藤30 g，半夏、夏枯草各12 g。水煎服。
3. 治内耳眩晕症：肿足蕨、葛根、钩藤各30 g，白术12 g，泽泻40 g。水煎，症状发作时，每日1剂分3次服，症状缓解后每日1剂分2次服。

【资源综合利用】葛根素在水中溶解度低，因而生物利用度低。临床应用需加入高浓度的丙二醇作助溶剂，也因黏度大而给生产带来不便。有人将葛根素与卵磷脂在一定条件下复合，制出乳化葛根素，也有人将其制成透皮吸收剂，均可提高生物利用度。目前葛根已制成葛根素注射液运用于心脑血管中，疗效好。

240 刺槐花

【别名】洋槐。

【来源】为豆科植物刺槐*Robinia pseudoacacia* Linn.的花。

▲刺槐

【植物形态】落叶乔木，高15～25 m。树皮灰褐色，纵裂；枝具托叶性针刺，无毛或幼时具微柔毛。羽状复叶互生；小叶7～25，卵形或卵状长圆形，长2.5～5 cm，宽1～3 cm，基部近圆形，顶端圆或微凹，具小刺尖，全缘，无毛或被微柔毛。总状花序腋生，比叶短；序轴及花梗被疏短毛；萼钟状，具不整齐的5齿裂，有短毛；花冠白色，芳香，蝶形，旗瓣近圆形，长约18 mm，翼瓣倒卵状长圆形，龙骨瓣内弯，均具爪；雄蕊10枚，二体（9+1）；子房线状长圆形，被短白毛，花柱几弯成直角。荚果扁平，长圆形，长3～11 cm，赤褐色，光滑，二瓣裂。种子肾形，黑色。花果期5—9月。

【生境分布】生于公路及村边。库区各地广为栽培。

【采收加工】6—7月花盛开时采收，晾干。

【药材性状】略呈飞鸟状或未开放者为钩镰状，长1.3～1.6 cm。下部为钟状花萼，棕色，被亮白色短柔毛，顶端5齿裂，基部有花柄。柄近上端有1关节，节上部略粗。花瓣5，皱缩，有时残破或脱落，其中旗瓣1枚，宽大，常反折、翼瓣2枚，两侧生，较狭，龙骨瓣2枚，上部合生，钩镰状。雄蕊10枚，9枚花丝合生，1枚花丝下部连合。子房线形，棕色，花柱弯，顶端有短柔毛。质软，体轻。气微，味微甘。

【显微鉴别】粉末特征：淡黄绿色。花瓣破片上表皮细胞垂周壁波状弯曲、略弯曲或平直，爪部细胞纵向伸长，细胞外壁有明显的角质层纹理；下表皮细胞形似上表皮；花萼上表皮细胞多角形，花萼基部细胞纵向伸长，有时可见非腺毛；下表皮细胞形同上表皮，但非腺毛密生，且见气孔；非腺毛随处可见，完整者长131～413 μm，直生或稍弯曲，多为2细胞，基部细胞短小，顶细胞长；花萼内薄壁细胞可察见，有的细胞内含黄棕色或浅红紫色物质；花丝内、外表皮细胞狭长方形；子房外表皮破片有时可见．细胞狭小，长20～39 μm，宽5～15 μm。花粉粒直径30～35 μm，平滑。导管细小，常为螺纹。草酸钙方晶或可察见，长4～10 μm。

【理化鉴别】薄层鉴别：取样品的甲醇溶液点于硅胶G薄层上，用正丁醇-冰醋酸-水（4∶1∶1）展开，然后喷1%三氯化铝的乙醇溶液，在紫外灯下观察荧光斑点，洋槐苷的$R_f = 0.46$。若改用（4∶1∶2）的展开剂$R_f = 0.54$，以异丙醇-水（76∶24）为展开剂时$R_f = 0.70$。

【化学成分】花含洋槐苷（robinin），刀豆酸（canaline），鞣质类，黄酮类，蓖麻毒蛋白。叶含刺槐苷

（acaciin，$C_{28}H_{32}O_{13}\cdot 4H_2O$），刺槐素（acacetin，$C_{16}H_{12}O_5$），三糖苷，洋槐苷（robinin，$C_{33}H_{40}O_{19}$），鞣质等。

【功能主治】药性：甘、平。功能：清热燥湿，祛风杀虫。主治：大肠下血，咯血，吐血，妇女红崩。用法用量：内服煎汤，9～15 g；或泡茶饮。

刺槐的根味苦，性微寒。凉血止血，舒筋活络。主治：便血，咯血，吐血，崩漏，劳伤乏力，风湿骨痛，跌打损伤。用法用量：内服煎汤，9～30 g。

附方：

治劳伤乏力、面黄肌瘦：刺槐根30 g，百部11～24 g。水煎，冲黄酒、红糖，早晚空腹各服1次。忌食酸辣。

【资源综合利用】多以水土保持林、防护林、薪炭林、矿柱林树种应用，是立地条件差、环境污染重的地区园林优良树种。叶含粗蛋白，可作家畜饲料；花为蜜源植物。嫩叶及花可食，现已成为城市居民的绿色蔬菜。种子榨油供做肥皂及油漆原料。

241 苦参

【别名】山槐、野槐。

【来源】为豆科植物苦参*Sophora flavescens* Ait.的根。

【植物形态】落叶半灌木，高1.5～3 m。根圆柱状，外皮黄白色。茎直立，多分枝，具纵沟；幼枝被疏毛，后变无毛。奇数羽状复叶，长20～25 cm，互生，小叶15～29，叶片披针形至线状披针形，长3～4 cm，宽1.2～2 cm，顶端渐尖，基部圆，有短柄，全缘，背面密生平贴柔毛；托叶线形。总状花序顶生，长15～20 cm，被短毛，苞片线形；萼钟状，扁平，长6～7 mm，5浅裂；花冠蝶形，淡黄白色；旗瓣匙形，翼瓣无耳，与龙骨瓣等长；雄蕊10，花丝分离；子房柄被细毛，柱头圆形。荚果线形，顶端具长喙，成熟时不开裂。种子间微缢缩，呈不明显的串珠状，疏生短柔毛。种子3～7颗，近球形，黑色。花期5—7月，果期7—9月。

【生境分布】生于海拔1 500 m以下的沙地或向阳山坡草丛中及溪沟边。分布于开州、万州、涪陵、武隆地区。

【采收加工】9—10月采挖，晒干。

▲苦参

【药材性状】根长圆柱形，下部常分枝，长10 ~ 30 cm，直径1 ~ 2.5 cm。表面棕黄色至灰棕色，具纵皱纹及横生皮孔。栓皮薄，常破裂反卷，易剥落，露出黄色内皮。质硬，不易折断，折断面纤维性。切片厚3 ~ 6 cm，切面黄白色，具放射状纹理。气微，味苦。以条匀、断面黄白、味极苦者为佳。

【显微鉴别】根（直径1.5 cm）横切面：木栓层一层，由数列至十多列木栓细胞组成，有时仅残留。韧皮部宽阔，有多数发达的纤维束，不规则地排列，外围略呈切向，内侧为径向排列，韧皮射线宽窄不一。形成层成环形，微波状弯曲，束间形成层不明显。木质部导管束发达，自中央到形成层有2~4个分叉，木纤维常沿切向排列，木射线亦宽窄不一，根中央有少数单个的导管及小束的木纤维散在，没有髓部。

粉末特征：淡黄色。纤维众多，成束，非木化，平直或稍弯曲，直径11 ~ 27 cm，纤维周围的细胞中含草酸钙方晶，形成晶纤维。导管主为具缘纹孔导管，淡黄色或黄色，直径27 ~ 126 cm，具缘纹孔椭圆形，排列紧密，有的数个纹孔口连成线状。木栓细胞表面观多角形，多层重叠。薄壁细胞类圆形或类长方形。此外，有众多淀粉粒。

【理化鉴别】（1）检查色素：本品横切面加氢氧化钠试液数滴，栓皮即呈橙红色，渐变血红色。

（2）检查生物碱：本品粉末0.5 g，加1%盐酸15 mL，水浴加热10 min，滤过。分取滤液于3支小试管中，分别加入碘化铋钾、碘化汞钾及碘-碘化钾试剂，均产生沉淀。

本品含生物碱以苦参碱（$C_{15}H_{24}N_2O$）计算，不得少于2.0%。

【化学成分】根含苦参碱（matrine），氧化苦参碱（oxymatrine），N-氧化槐根碱（N-oxysophocarpine），槐定碱（sophoridine），别苦参碱（allomarine），异苦参碱（isomatrine），槐花醇（sophoranol），槐根碱（sophocarpine），槐胺碱（sophoramine）等。

【药理作用】苦参生物碱呈剂量依赖的正性肌力作用。有抗心肌缺血、抗心律失常、抑制免疫功能、中枢抑制、镇痛、降低正常体温、平喘、抗过敏、抗肿瘤、抑制肝纤维、减轻肝脏炎症、保肝、预防肝癌、抗乙型肝炎病毒、抗病原微生物、诱导角质形成细胞凋亡、抑制增生性瘢痕成纤维细胞的有丝分裂、利尿作用。

【功能主治】药性：苦，寒。功能：清热燥湿，祛风杀虫。主治：湿热泻痢，肠风便血，黄疸，小便不利，水肿，带下，阴痒，疥癣，麻风，银屑病，湿毒疮疡。用法用量：内服煎汤，3 ~ 10 g；或入丸、散。外用适量，煎水熏洗；或研末撒；或浸酒搽。使用注意：脾胃虚寒者禁服。反藜芦。

附方：

1. 治疗食管炎：苦参30 g，黄连10 g，大黄6 g。水煎，分3次服，服药后禁食1 h。
2. 治皮肤湿疹、皮炎：苦参200 g，百部150 g，川椒60 g，蛇床子100 g，明矾10 g。煎水外洗。
3. 治烫伤：苦参60 g，连翘20 g。共研细末，过80目筛，用麻油调涂患处。

【资源综合利用】苦参为常用中药，始载《神农本草经》，列为中品。苦参分布广，资源丰富，特别在皮肤科用药方面具有显著疗效，应加大研发力度，创新产品。

242 槐花

【别名】槐米。

【来源】为豆科植物槐*Sophora japonica* L.的花及花蕾。

【植物形态】落叶乔木，高8 ~ 20 m。树皮灰棕色，具不规则纵裂。内皮鲜黄色，具臭味；嫩枝暗绿褐色，近光滑或有短细毛，皮孔明显。奇数羽状复叶，互生，长15 ~ 25 cm，叶轴有毛，基部膨大；小叶7 ~ 15，柄长约2 mm，密生白色短柔毛；托叶镰刀状，早落。小叶片卵状长圆形。长25 ~ 75 cm，宽1.5 ~ 3 cm. 顶端渐尖具细突尖，基部宽楔形，全缘。上面绿色，微亮，背面伏生白色短毛。圆锥花序顶生，长15 ~ 30 cm；萼钟状，5浅裂；花冠蝶形，乳白色，旗瓣阔心形，有短爪，脉微紫，翼瓣和龙骨瓣均为长方形；雄蕊10，分离，不等长；子房筒状，有细长毛，花柱弯曲。荚果肉质，串珠状，长2.5 ~ 5 cm，黄绿色，不开裂，种子间极细缩。种子1 ~ 6颗，肾形，深棕色。花期7—8月，果期10—11月。

【生境分布】库区各地普遍栽培。

【采收加工】夏季花蕾形成时采收，及时干燥；亦可在花开放时，在树下铺布、席等，将花打落，收集晒干。

▲槐

【药材性状】槐花多皱缩而卷曲，花瓣多散落。完整者花萼钟状，黄绿色，顶端5浅裂；花瓣5，黄色或黄白色，1片较大，近圆形，顶端微凹，其余4片长圆形；雄蕊10，其中9个基部联合，花丝细长；雌蕊圆柱形，弯曲。槐米呈卵形或椭圆形，长2 ~ 6 mm，直径2 ~ 3 mm。花萼下部有数条纵纹。萼的上方为黄白色未开放的花瓣。花梗细小。体轻，气微，味微苦、涩。以个大、紧缩、色黄绿、无梗叶者为佳。

【显微鉴别】粉末特征：黄绿色。花粉粒类球形或钝三角形，直径14 ~ 22 μm，具3个萌发孔。非腺毛1 ~ 6细胞，长64 ~ 709 μm，直径7 ~ 23 μm，壁厚9 μm，具不规则角质螺纹，有的可见微小枕状突起。萼片表皮细胞表面观多角形，可见非腺毛及毛脱落痕迹。气孔不定式，副卫细胞4 ~ 8个。此外，可见花冠表皮细胞、花粉囊内壁细胞及草酸钙方晶。

【理化鉴别】检查黄酮：取本品0.2 g，加乙醇5 mL，水浴温热5 min，滤过。取滤液2 mL，加镁粉少许，混匀，滴加盐酸数滴，即显樱红色。

【化学成分】含赤豆皂苷（azukisaponin），大豆皂苷（soyasaponin），槐花皂苷（katkasapontn），槲皮素（quercetin），芦丁（rutin），异鼠李素（isorhamnetin），异鼠李素-3-芸香糖苷（isorhamnetin-3-rutinoside），山柰酚-3-芸香糖苷（kaempferol-3-rutinoside）等。

【药理作用】有降低血压，减慢心率、降低心肌收缩力、降低心肌耗氧量、降血脂、降低毛细血管异常通透性和脆性、增强毛细血管抵抗力，扩张冠状动脉、凝血、止血、抗菌、抗炎作用、抑制醛糖还原酶、抗氧化作用。

【功能主治】药性：苦，微寒。功能：凉血止血，清肝明目。主治：肠风便血，痔疮下血，血痢，尿血，血淋，崩漏，吐血，衄血，肝热头痛，目赤肿痛，痈肿疮疡。用法用量：内服煎汤，5 ~ 10 g；或入丸、散。外用适量，煎水熏洗；或研末撒。使用注意：脾胃虚寒及阴虚发热而无实火者慎用。

附方：

1. 治小便尿血：槐花（炒）、郁金各20 g。研末，每服6 g，淡豆豉汤送下。
2. 治诸痔出血：槐花100 g，地榆、苍术各45 g，甘草30 g。俱微炒，研末，每早、晚各食前服6 g。

3. 治牙出血，牙痛：槐花、荆芥穗各等分。研末，擦牙，也可用水煎服。

【资源综合利用】槐花及槐米是提取芦丁的原料。从槐花中可提取抗氧化剂，用于食品工业。

243 三消草

【别名】白三叶草。

【来源】为豆科植物白车轴草*Trifolium repens* L.的全草。

【植物形态】多年生草本，高15 ~ 20 cm。茎蔓生，随地生根。三出复叶；小叶倒卵形至倒心形，长1 ~ 2.5 cm，宽1 ~ 2 cm（栽培者叶长可达5 cm，宽达3.8 cm），顶端圆或微凹，基部宽楔形，边缘具细齿，背面微有毛；托叶椭圆形，顶端尖，抱茎。花序头状，有长总花梗，高出于叶；萼筒状，萼齿三角形，较萼筒短；花冠白色或淡红色，蝶形。荚果倒卵状椭圆形，包于膨大、膜质，长约1 cm的萼中。种子3 ~ 4，细小，黄褐色。花、果期5—10月。

【生境分布】生于海拔400 ~ 2 500 m的山坡或草丛中，多栽培。分布于巫溪、巫山、开州、涪陵、武隆地区。

【采收加工】夏、秋季花盛期采收全草，晒干。

【药材性状】全草皱缩卷曲。茎圆柱形，多扭曲，直径5 ~ 8 mm，表面有细皱纹，节间长7 ~ 9 cm，节上有膜质托叶鞘：三出复叶，叶柄长达10 cm；托叶椭圆形，抱茎。小叶3，多卷折或脱落，完整者展平后呈倒卵形或倒心形，长1.5 ~ 2 cm，宽1 ~ 1.5 cm，边缘具细齿，近无柄。花序头状，直径1.5 ~ 2 cm，类白色，有总花梗，长可达20 cm。气微，味淡。

【化学成分】全草含车轴草皂苷（cloversaponin）的甲酯，β-D-吡喃葡萄糖醛酸基大豆皂醇B甲酯（β-D-glucuronopyranosylsoyasapogenol B methyl ester），大豆皂苷Ⅰ甲酯（soyasaponin Ⅰ methyl ester），大豆皂苷Ⅱ甲酯（soyasaponin Ⅱ methyl ester）等。

【药理作用】染料木素有激素样作用。

【功能主治】药性：微甘，平。清热，凉血，宁心。主治：癫痫，痔疮出血，硬结肿块。用法用量：内服煎汤，15 ~ 30 g。外用适量。

▲白车轴草

附方：

1. 治癫痫：三消草30 g，水煎服。并用15 g捣烂，包患者额上。

2. 治痔疮出血：三消草30 g，酒、水各半煎服。

【资源综合利用】白车轴草为优良牧草及绿肥。

244 胡芦巴

【别名】苦豆、香草子。

【来源】为豆科植物胡芦巴*Trigonella foenumgraecum* L.的种子。

【植物形态】一年生草本，高30～80 cm，全株有香气。茎、枝被疏毛。三出复叶，互生，叶柄长1～4 cm；小叶3，顶生小叶片倒卵形或倒披针形，长1～4 cm，宽0.5～1.5 cm，顶端钝圆，上部边缘有锯齿，两面均被疏柔毛，侧生小叶略小；托叶与叶柄连合，宽三角形，全缘，有毛。花1～2朵腋生；萼筒状，萼齿披针形，与萼筒近等长；花冠蝶形，黄白色或淡黄色，基部稍带紫堇色，旗瓣长圆形，顶端深波状凹陷，翼瓣狭长圆形，龙骨瓣长方状倒卵形；雄蕊10，9枚合生成束，1枚分离。荚果线状圆筒形，直或稍呈镰状弯曲，顶端具细长喙，表面有纵长网纹。种子10～20颗，近椭圆形，稍扁，黄褐色。花期4—7月，果期7—9月。

【生境分布】生于海拔300～900 m的田间、路旁，多为栽培。分布于巫溪、长寿地区。

【采收加工】7—9月果实成熟时割取全株，晒干，脱下种子，除净杂质，再晒干。

【药材性状】种子略呈菱形，一端略尖，长3～4 mm，宽2～3 mm，厚约2 mm。表面淡黄棕色至淡棕色，两侧各有1条深斜沟，种脐点状，位于两沟相连接处，质坚硬，不易破碎。纵切后可见种皮，质薄，胚乳半透明，遇水有黏性，子叶2片，淡黄色，胚根粗长，弯曲。气微，味微苦。

【显微鉴别】种子横切面：种皮最外为1列栅状细胞，外被角质层，栅状细胞顶端尖，壁厚，层纹明显，微木化，其外侧有光辉带，胞腔内常有棕色内含物。向内为1列支柱细胞，呈扁梯形，有大型细胞间隙，外侧平周壁增厚，侧壁具放射状条形增厚纹理，其下为3～4列薄壁细胞。胚乳最外为1列糊粉层，细胞类方形，内含棕色物质，其余的胚乳细胞较大，类圆形，初生壁薄，次生壁极厚，黏液化。子叶细胞较小，细胞内含糊粉粒及脂肪油滴。

【理化鉴别】（1）检查皂苷：取本品粉末2 g，加水20 mL，水浴温热15 min，滤过，取滤液2～3 mL，置具塞试管中，振摇0.5 min，产生蜂窝状泡沫，放置10 min泡沫不消失。

（2）薄层鉴别：取本品粉末1 g，加乙醇30 mL，加热回流0.5～1 h，滤过，滤液蒸干，加乙醇2 mL溶解作为供试品溶液；另取胆碱，加乙醇配制成每1 mL含1 mg溶液作为对照品溶液。分别点样于同一硅胶 G薄层板上，以正丁醇-醋酸-水（4∶1∶5）展开，取出晾干，喷改良碘化铋钾・碘化钾（1∶1）试剂。供试液色谱中在与对照品色谱的相应位置上呈相同棕色斑点。

【化学成分】种子含胡芦巴碱（trigonelline），胆碱（choline），番木瓜碱（carpaine），6-C-木糖基-8-C-葡萄糖基芹菜素（viceninl），6，8-二-C-葡萄糖基芹菜素（vicenin H），肥皂草素（saponaretin），合模荭草苷（homoorientin），牡荆素（vitexin），牡荆素-7-葡萄糖苷（vitexin-7-glucoside），槲皮素（quercetin），木犀草素（luteolin）等。粗蛋白含量约为54.06%，种子中聚糖含量约为8.72%。

【药理作用】有抑制CCl_4所致慢性肝损伤血清胆汁酸和血清Ast水平升高、降血糖、抗脑缺血、抗生育、抗雄性激素、降压、强心、降血脂、刺激毛发生长作用。胡芦巴油含有催乳成分。胡芦巴碱

▲葫芦巴

可促使动植物细胞组织的生长停止。

【功能主治】药性：苦，温。功能：温肾阳，逐寒湿，祛痰。主治：寒疝，高血糖，高血脂，脑血栓症，腹胁胀满，寒湿脚气，肾虚腰痛，阳痿遗精，腹泻。用法用量：内服煎汤，3 ~ 10 g；或入丸、散。使用注意：阴虚火旺或有湿热者禁服。

附方：

1. 治疝气：胡芦巴、桃仁（炒）各等分。研末，酒调6 g，食前服。
2. 治气攻头痛：葫芦巴（炒）、荆三棱（酒炙）各15 g，干姜（炮）7 g。研末，每服6 g，温生姜汤或温酒调服。
3. 治腰痛：胡芦巴（焙研）15 g，木瓜酒调服。

【资源综合利用】胡芦巴作为工业原料，主要为从种子中提取植物胶，用于石油开采、印染浆纱等。提胶后种子中还可提取薯蓣皂苷。胡芦巴全草有香豆素气味，可作饲料。嫩茎、叶可作蔬菜食用。茎、叶或种子晒干磨粉掺入面粉中蒸食可作增香剂。干全草可驱除害虫。鲜全草含氮量在0.6%左右，翻压在土中对后熟作物有明显的增产作用。

245 蚕豆

【别名】胡豆。

【来源】为豆科植物蚕豆*Vicia faba* L.的种子。

【植物形态】越年生或一年生草本，高30 ~ 180 cm。茎直立，不分枝，无毛。偶数羽状复叶；托叶大，半箭头状，边缘白色膜质，具疏锯齿，无毛，叶轴顶端具退化卷须；小叶2 ~ 6枚，叶片椭圆形或广椭圆形至长形，长4 ~ 8 cm，宽2.5 ~ 4 cm，顶端圆形或钝，具细尖，基部楔形，全缘。总状花序腋生或单生，总花梗极短；萼钟状，膜质，长约1.3 cm，5裂，裂片披针形，上面2裂片稍短；花冠蝶形，白色，具红紫色斑纹，旗瓣倒卵形，顶端钝，向基部渐狭，翼瓣椭圆形，顶端圆，基部作耳状三角形，一侧有爪，龙骨瓣三角状半圆形，有爪；雄蕊10，二体；子房无柄，无毛，花柱顶端背部有一丛白色髯毛。荚果长圆形，肥厚，长5 ~ 10 cm，宽约2 cm。种子2 ~ 4颗，椭圆形，略扁平。花期3—4月，果期6—8月。

▲蚕豆

【生境分布】库区各地广为栽培。

【采收加工】夏季果实成熟呈黑褐色时采收，晒干或鲜用。

【药材性状】种子呈扁矩圆形，长1.2 ~ 1.5 cm，直径约1 cm，厚7 mm。种皮表面浅棕褐色，光滑，微有光泽，两面凹陷；种脐位于较大端，褐色或黑褐色。质坚硬，内有子叶2枚，肥厚，黄色。气微，味淡，嚼之有豆腥气。种皮略呈扁肾形或不规则形的碎片，较完整者长约2 cm，直径1.2 ~ 1.5 mm，外表面紫棕色，微有光泽，略凹凸不平，或具皱纹，一端有槽形黑色种脐，长约10 mm；内表面色较淡。质硬而脆。气微，味淡。以色紫棕者为佳。

【化学成分】种子含卵磷脂（lecithin），磷脂酰乙醇胺（phosphatidyl ethanolamine），磷脂酰肌醇

（phosphatidyl inositol），半乳糖基甘油二酯（galactosyl diglyceride），磷脂（phosphatide），胆碱（choline），哌啶-2-酸（pipecolic acid），腐胺（putrescine），精脒（spermidine），精胺（spermine）等。根含延胡索酸（fumaric acid），白桦脂醇（betulin），D-甘油酸（D-glyceric acid），聚β-羟基丁酸（poly-β-hydroxybutyric acid）。种皮含多巴-O-β-D-葡萄糖苷（dopa-O-β-D-glucoside）等。果壳含β-[3-（β-D-吡喃葡萄糖氧基）-4-羟苯基]-L-丙氨酸{β-[3-（β-D-glucopyranosyloxy）-4-hydroxyphenyl]-L-alanine}，D-甘油酸（D-glyceric acid），多巴（dopa）。花含少量D-甘油酸（D-glyceric acid）。花萼中含叶绿醌（plastoquinone）。鲜叶含山柰酚3-葡萄糖-7-鼠李糖苷（kaempferol-3-glucoside-7-rhamnoside），D-甘油酸（D-glyceric acid），天冬酰胺（asparagine），多巴（dopa），蛋白质，叶绿醌（plastoquinone）。嫩枝含山柰酚（kaempferol）。

【功能主治】药性：甘、微辛，平。归脾、胃经。功能：健脾利水，解毒消肿。主治：膈食，水肿，疮毒。用法用量：内服煎汤，30～60 g；或研末；或作食品。外用适量，捣敷；或烧灰敷。使用注意：内服不宜过量，过量易致食积腹胀。对本品过敏者禁服。

附方：

1. 治嗝食：蚕豆适量。磨粉，红糖调食。
2. 治水肿：蚕豆60 g，冬瓜皮60 g。水煎服。

蚕豆种皮味甘、淡，性平；利水渗湿，止血，解毒；主治水肿，脚气，小便不利，吐血，胎漏，下血，天泡疮，黄水疮，瘰疬。果壳（豆荚）味苦、涩，性平；止血，敛疮；主治咯血，衄血，吐血，便血，尿血，手术出血，烧烫伤，天泡疮。花味甘、涩，性平；凉血止血，止带，降压；主治劳伤吐血，咳嗽咯血，崩漏带下，高血压病。叶味苦、微甘，性温；止血，解毒；主治咯血，吐血，外伤出血，臁疮。茎味苦，性温；止血，止泻，解毒敛疮；主治各种内出血，水泻，烫伤。

3. 治中、小量咯血：鲜蚕豆豆荚250 g。水煎，每日2次分服。
4. 治天泡疮：蚕豆黑豆荚适量。烧灰存性，研末，加枯矾少许，菜油调敷。
5. 治咯血：蚕豆花9 g。水煎去渣，加冰糖适量服。
6. 治高血压：蚕豆花15 g，玉米须15～24 g。水煎服。
7. 治吐血：鲜蚕豆叶90 g。捣烂绞汁，加冰糖少许服。
8. 治酒精中毒：鲜蚕豆叶60 g。煎水，当茶饮。
9. 治各种内出血：蚕豆梗适量。焙干，研细末。每日9 g，分3次吞服。
10. 治水泻：蚕豆梗30 g。水煎服。

【资源综合利用】本品始载于《救荒本草》。蚕豆除药用外，其营养价值较高，含8种氨基酸碳水化合物，是上佳的菜肴，也可作饲料、绿肥和蜜源植物种植，为粮食、蔬菜、饲料、药用和绿肥兼用植物。

246 赤小豆

【别名】红饭豆、红豆。

【来源】为豆科植物赤小豆*Vigna umbellata*（Thunb.）Ohwi et Ohashi的种子。

【植物形态】一年生半攀缘草本。茎长可达1.8 m，密被倒毛。三出复叶，叶柄长8～16 cm；托叶披针形或卵状披针形；小叶3枚，披针形、长圆状披针形，长6～10 cm，宽2～6 cm，顶端渐尖，基部阔三角形或近圆形，全缘或具3浅裂，两面均无毛，纸质；小叶具柄；脉三出。总状花序腋生，小花多枚，花柄极短，小苞2枚，披针状线形，具毛；萼短钟状，萼齿5；花冠蝶形，黄色，旗瓣肾形，顶面中央微凹，基部心形，翼瓣斜卵形，基部具渐狭的爪，龙骨瓣狭长，有角状突起；雄蕊10，二体，花药小；子房上位，密被短硬毛，花柱线形。荚果线状扁圆柱形。种子6～10颗，暗紫色，长圆形，两端圆，有直而凹陷的种脐。花期5—8月，果期8—9月。

【生境分布】库区各地均有栽培。

【采收加工】秋季荚果成熟而未开裂时拔取全株，晒干并打下种子，去杂质，晒干。

【药材性状】种子圆柱形而略扁，两端稍平截或圆钝，长5～7 mm，直径3～5 mm。表面紫红色或暗红棕色，平滑，稍具光泽或无光泽；一侧有线形突起的种脐，偏向一端，约为种子长度的2/3，中央凹陷成纵沟；另侧有一条不明显的种脊。质坚硬，不易破碎；剖开后种皮薄而脆，子叶2枚，乳白色，肥厚，胚根细长，弯向一端。气微，味微甘，嚼之有豆腥气。以颗粒饱满、色紫红发暗者为佳。

【显微鉴别】种子横切面：种皮表皮为1列栅状细胞，壁自内向外逐渐增厚，胞腔含淡红棕色物质，近外侧有1条光辉带。表皮下有1列哑铃状的支柱细胞。薄壁细胞约10余列，位于支柱细胞内方，其内侧数列细胞颓废。位于种脐部位的表皮为2列栅状细胞，外侧有种阜，细胞含众多淀粉粒；内侧有管胞岛，细胞壁网状增厚，其两侧为星状组织，有大型细胞间隙，细胞呈星状。子叶表皮细胞近方形，叶肉细胞含淀粉粒及草酸钙结晶；淀粉粒众多，近圆形、肾形或圆三角形，脐点星状或裂缝状，层纹明显；草酸钙方晶直径3 ~ 13 μm，簇晶6 ~ 16 μm。

粉末特征：粉白色。淀粉粒众多，单粒椭圆形、卵圆形或类三角形，直径10 ~ 60 μm，脐点裂缝状、点状或星状，层纹多明显，偶见2 ~ 4分粒组成的复粒。种皮表皮细胞栅状，表面观多角形，壁甚厚；侧面观排成一列，有的细胞下可见大型哑铃状支柱细胞。子叶表皮细胞镶嵌状排列，长条形或纺锤形。子叶叶肉细胞多角形、椭圆形或类圆形，内含淀粉粒及细小草酸钙方晶、簇晶。种阜细胞长条形或类方形，壁不均匀增厚。星状细胞类圆形或不规则形，壁不均匀增厚，细胞间隙大，胞腔中含红棕色及黄棕色物。

【理化鉴别】（1）检查三萜皂苷：取本品粗粉1 g，加70%乙醇10 mL，在沸水浴上加热20 min，冷后滤过。分取1/2滤液供薄层鉴别。余下的1/2滤液，取出0.2 mL，在水浴上蒸干，加酯酐2 ~ 3滴、硫酸1 ~ 2滴，显黄色，渐变为红色、紫红色。（2）薄层鉴别：取上述滤液浓缩至0.2 mL，吸取20 μL点样于硅胶 G-1% CMC薄层板上，以正丁醇-醋酸-水（3：1：1）和酚-水（75：25）双向展开10 cm。用1%茚三酮液喷雾后，于105 ℃烤5 min。赤小豆显3个蓝色斑点。赤豆显2个蓝色斑点。

【化学成分】含三萜皂苷（triterpenoid saponin）。每100 g种子含蛋白质20.7 g、脂肪0.5 g、碳水化合物58 g、粗纤维4.9 g、灰分3.3 g、钙67 mg、磷305 mg、铁5.2 mg、硫胺素（thiamine）0.31 mg、核黄素（riboflavine）0.11 mg、烟酸（nicotinic acid）2.7 mg等，尚含糖类。

▲赤小豆

【药理作用】从赤小豆中分离出胰蛋白酶抑制剂，在体外对人体精子有显著抑制作用。赤小豆对家兔整个孕、产程均有明显的缩短作用。

【功能主治】药性：甘、酸，微寒。归心，小肠，脾经。功能：利水消肿，退黄，清热解毒消痈。主治：水肿，脚气，黄疸，淋病，急性肾炎，便血，难产，胞衣不下，肿毒疮疡，癣疹。用法用量：内服煎汤，10 ~ 30 g；或入散剂。外用适量，生研调敷；或煎汤外洗。使用注意：阴虚津伤者慎服，过量可渗利伤津。

附方：

1. 治血小板减少性紫癜：赤小豆50 g，带衣花生仁30 g，冰糖20 g。加水适量、隔水炖至豆熟烂，吃渣喝汤。

2. 治腮腺炎、痈肿：赤小豆100 g，鸭蛋清适量调成糊状，敷患处。

3. 治神经性皮炎、荨麻疹、急慢性湿疹：赤小豆60 g，苦参60 g，煎水1 000 mL。冷渍患处，作冷湿敷亦可，每日2 ~ 3次，每次持续0.5 h。

247 豇豆

【别名】豆角、饭豆、浆豆。

【来源】为豆科植物豇豆*Vigna unguiculata*（L.）Walp.的种子。

【植物形态】一年生缠绕草本。茎无毛或近无毛。三出复叶，互生；顶生小叶片菱状卵形，长5 ~ 13 cm，宽4 ~ 7 cm，顶端急尖，基部近圆形或宽楔形，两面无毛，侧生小叶稍小，斜卵形；托叶菱形，长约1 cm，着生处下延成一短距。总状花序腋生，花序较叶短，着生2 ~ 3朵花；小苞片匙形，早落；萼钟状，萼齿5，三角状卵形，无毛；花冠蝶形，淡紫色或带黄白色，旗瓣、翼瓣有耳，龙骨瓣无耳；雄蕊10，二体，（9）+1；子房无柄，被短柔毛，花柱顶部里侧有淡黄色髯毛。荚果条形，下垂，长20 ~ 30 cm，宽在1 cm以内，稍肉质而柔软。种子多颗，肾形或球形，褐色。花期6—9月，果期8—10月。

【生境分布】库区各地均有栽培。

【采收加工】秋季果实成熟后采收，晒干，打下种子。

【化学成分】种子含多种氨基酸，还含一种能抑制胰蛋白酶和糜蛋白酶的蛋白质。嫩豇豆和发芽种子含抗坏血酸（ascorbic acid）。

【功能主治】药性：甘、咸，平。归脾、肾经。功能：健脾利湿，补肾涩精。主治：脾胃虚弱，泄泻痢疾，吐逆，肾虚腰痛，遗精，消渴，白带，白浊，小便频数。用法用量：内服煎汤，30 ~ 60 g；或煮食；或研末，6 ~ 9 g。外用适量，捣敷。使用注意：气滞便结者禁用。

附方：

治食积腹胀，嗳气：生豇豆适量。细嚼咽下，或捣绒，泡冷开水服。

豇豆荚壳味甘，性平；补肾健脾，利水消肿，镇痛，解毒；主治腰痛，肾炎，胆囊炎，带状疱疹，乳痈。叶味甘、淡，性平；利小便，解毒；主治淋症，小便不利，蛇咬伤。根味甘，性平；健脾益气，消积，解毒；主治脾胃虚弱，食积，白带，淋浊，痔血，疔疮。

1. 治小便不通：豇豆叶120 g。煨水服。

2. 治蛇咬伤：豇豆叶、山慈姑、樱桃叶、黄豆叶

▲豇豆

各适量。捣烂，加鸡蛋清调敷。

3. 治小儿疳积：豇豆根30 g。研末，蒸鸡蛋吃。

【资源综合利用】本品始见于《救荒本草》。除具有健胃补肾外，还具有较高的营养价值，含有易于消化吸收的蛋白质、多种维生素和微量元素等，所含磷脂可促进胰岛素分泌，是糖尿病病人的理想食品，应注重食药结合开发利用。

248　紫藤

【别名】藤萝。

【来源】豆科植物紫藤*Wisteria sinensis* Sweet的茎或茎皮。

【植物形态】落叶攀缘缠绕性大藤本植物。干皮深灰色，不裂；嫩枝暗黄绿色，冬芽扁卵形，均密被柔毛。羽状复叶互生，有小叶7～13枚；小叶片卵状椭圆形，顶端长渐尖或突尖，基部阔楔形或近圆形，全缘，幼时两面有白色疏柔毛；小叶柄被疏毛。侧生总状花序，长30～35 cm，下垂；总花梗、小花梗及花萼密被柔毛；花冠蝶形，5瓣，紫色或深紫色，旗瓣有爪，内面基部有2个胼胝体，雄蕊10枚，二体（9+1）。荚果扁圆条形，长达10～20 cm，密被白色绒毛。种子扁球形，黑色。花期4—5月，果熟期8—9月。

【生境分布】库区各地有野生或栽培。

【采收加工】夏、秋季采收，晒干。

【化学成分】树皮含苷类。鲜花含挥发油。叶含苷类，尿囊素，尿囊酸，金雀花碱等。种子含氰化物。

【功能主治】药性：甘、苦，微温，有小毒。功能：利水，杀虫，止痛，祛风通络。主治：筋骨疼痛，风痹痛，肠道寄生虫病，浮肿。用法用量：内服煎汤，9～15 g。紫藤豆荚、种子和茎皮有毒，人食用后可发生呕吐、腹痛、腹泻以致脱水。儿童食两粒种子即可引起严重中毒。不宜久服。

附方：

1. 治蛔虫病：紫藤、红藤各9 g。水煎服。

▲紫藤

2. 驱除蛲虫：紫藤根10 ~ 15 g，水煎服。

3. 治风温痹痛：紫藤根和锦鸡儿根各15 g水煎服。

4. 治筋骨疼痛：紫藤子50 g。炒熟，泡烧酒0.5 kg。每次服25 g，每日早、晚各一次。

5. 治腹水肿胀：紫藤花适量。加水煎浓汁，去渣加糖熬成膏，每次一匙，开水冲服，一日2次。

【资源综合利用】在北方部分地区，人们常采紫藤花蒸食，清香味美。北京的“紫萝饼”和一些地方的“紫藤糕”“紫藤粥”及“炸紫藤鱼”“凉拌葛花”“炒葛花菜”等，都是加入了紫藤花做成的。紫藤是优良的观花植物，一般应用于园林棚架。种子适量，炒熟，研末，掺入酒中，能防止酒变质。紫藤花有解毒、止吐、止泻作用。种子甘、苦，微温，有小毒，祛风除湿，舒筋活络。主治痛风，风温痹痛。根亦药用性甘，微温。祛风除湿，舒筋活络。主治痛风，风温痹痛。

牻牛儿苗科Geraniaceae

249　老鹳草

【别名】五叶草、五齿耙。

【来源】为牻牛儿苗科植物牻牛儿苗*Erodium stephanianum* Willd.的全草。

【植物形态】一年生或二年生草本，高10 ~ 50 cm。根圆柱形。茎平铺地面或斜生，多分枝，具柔毛。叶对生，叶柄长4 ~ 6 cm；托叶披针形，长5 ~ 10 mm，边缘膜质；叶片长卵形或长圆状三角形，长4 ~ 6 cm，宽3 ~ 4 cm，1 ~ 2回羽状深裂，羽片5 ~ 9对，基部下延，小羽片条形，全缘或有1 ~ 3粗齿，两面具柔毛。伞形花序，腋生；花序梗长5 ~ 15 cm，通常有2 ~ 5花，花梗长1 ~ 3 cm；萼片长圆形，顶端具芒尖，芒长2 ~ 3 cm；花瓣5，倒卵形，淡紫色或蓝紫色，与萼片近等长，顶端钝圆，基部被白色，雄蕊10，2轮，仅内轮5枚发育，蜜腺5；子房密被白色长柔

▲牻牛儿苗

毛。花期4—8月，果期6—9月。

【生境分布】生于海拔300～1 250 m的山坡、草地、田埂、路边。分布于库区各市县。

【采收加工】夏、秋季果实将成熟时，割取地上部分或将全株拔起，晒干。

【药材性状】全株被白色柔毛。茎类圆形，长30～50 cm或更长，直径1～7 mm，表面灰绿色或带紫色，有纵棱，节明显而稍膨大。质脆，折断后纤维性。叶对生，具柄；叶片卷曲皱缩、质脆易碎，完整者长卵或矩卵形，二回羽状全裂，裂片狭线形，全缘或具1～3粗齿。蒴果长椭圆形，长6～10 mm，宿存花柱形似鹳喙，成熟时5裂，喙长1～5 cm，向上卷曲呈螺旋状。种子倒卵形。气微，味淡。

【显微鉴别】叶表面观：上表皮气孔指数为20～30。下表皮细胞垂周壁波状弯曲，与毛基相连的表皮细胞具角质纹理。非腺毛较多，单细胞，长76～612 μm，直径约22 μm，壁具细小疣状突起。腺毛头部单细胞，类圆形或扁圆形，直径13～16 μm，柄部1～4细胞，基部细胞常较长。气孔不定式或不等式，副卫细胞4～6个。叶肉中草酸钙簇晶较多，也有圆簇状结晶，直径11～34 μm。

【理化鉴别】检查黄酮：取本品粗粉0.5 g，加乙醇10 mL，于水浴上温浸0.5 h，滤过，滤液加浓盐酸数滴，再加镁粉少许，溶液变成微红色。

薄层鉴别：取粉末1 g，加乙醇40 mL，在水浴上煮沸15 min，滤过，滤液浓缩至干，再加乙醇0.5 mL，点于聚酰胺薄膜上，以乙醇-水（7：3）展开，展距10 cm，喷以5%三氯化铝试液，置紫外光灯下检视，有8个斑点。

【化学成分】全草含鞣质，黄酮（槲皮素、山柰酚），有机酸（没食子酸、鞣花酸）等。

【药理作用】有抗病毒、抗菌、降低丙谷转氨酶、孕激素样、抗氧化、抗诱变、抗癌、止泻、降血糖作用。

【功能主治】药性：苦、微辛，平。归肝，大肠经。功能：祛风通络，活血，清热利湿。主治：风湿痹痛，肌肤麻木，筋骨酸楚，跌打损伤，泄泻，痢疾，疮毒。用法用量：内服煎汤，9～10 g；或浸酒、熬膏。外用适量，捣烂加酒炒热外敷成制成软膏外敷。

附方：

1. 治肌肉麻木，坐骨神经痛：老鹳草适量。水煎成浓汁，加糖收膏。每次9～15 g，分2次，温开水兑服。
2. 治蛇虫咬伤：老鹳草鲜品适量，雄黄末少许。捣烂，外敷伤口周围。
3. 治乳腺增生病：老鹳草或鲜品30～60 g。当茶冲服或煎服。

【资源综合利用】三峡库区资源丰富，应加大综合利用，制成软膏剂运用于临床。

250 尼泊尔老鹳草

【别名】老贯草。

【来源】为牻牛儿苗科植物尼泊尔老鹳草*Geranium nepalanse* Sweet的全草。

【植物形态】多年生草本，高30～50 cm或更高，有时很矮小。根细长，斜生。茎细弱，蔓延于地面，斜上生，近方形，常有倒生疏柔毛。叶对生；下部茎生叶的柄长过于叶片；托叶狭披针形至披针形，长0.4～1 cm，顶端渐尖；叶片肾状五角形，长2～5 cm，宽3～5.5 cm；3～5深裂不达基部，裂片宽卵形，边缘具齿状缺刻或浅裂，上面有疏伏毛，下面有疏柔毛。聚伞花序数个。腋生，各有2花，有时1花；花序梗长2～8 cm。无苞片，有倒生柔毛，在果期向侧弯；萼片披针形，长约0.6 cm，顶端具芒尖，边缘膜质，背面有3脉，沿脉具白色长毛；花瓣小，紫红色，稍长于萼片；花丝下部卵形，花药近圆形，紫红色；子房绿色，柱头紫红色，均被白毛。蒴果长约1.7 cm，有柔毛。花期6—7月，果期7—8月。

【生境分布】生于海拔400～1 200 m的潮湿山坡、路旁、田野、杂草丛中。分布于库区各市县。

【采收加工】夏、秋季果实在将成熟时采收，晒干。全草所含的老鹳草鞣质以茎顶端新生小叶为最高，随着叶片老化含量降低，故应以采收幼叶为主。

【药材性状】全株被白色柔毛。茎细，直径1～3 mm，表面灰褐色或紫红色，有纵棱。质脆。叶完整者呈肾状五角形，长2～3.5 cm，宽2～4 cm。3～5深裂，裂片棱状倒卵形，边缘有缺刻，被毛。蒴果长1.2～1.7 cm，宿存花柱熟时5裂，向上反卷，喙不旋转。无臭，味先苦后麻。

▲尼泊尔老鹳草

【显微鉴别】叶表面观：上表皮气孔偶见，腺毛基部略膨大，少数薄壁性。下表皮细胞波状弯曲。非腺毛单细胞，长45 ~ 160 μm。腺毛多为单细胞，少数为1 ~ 2细胞。

【理化鉴别】检查黄酮：取本品粗粉0.5 g，加乙醇10 mL，于水浴上温浸0.5 h，滤过，滤液加浓盐酸数滴，再加镁粉少许，老鹤草溶液变成红棕色至红色，而牻牛儿苗为微红色。

薄层鉴别：取粉末1 g，加乙醇40 mL，在水浴上煮沸15 min，滤过，滤液浓缩至干，再加乙醇0.5 mL，点于聚酰胺薄膜上，以乙醇-水（7：3）展开，展距10 cm，喷以5%三氯化铝试液，置紫外光灯下检视，有8个斑点。

【化学成分】全草含老鹤草鞣质，山柰酚-7-鼠李糖苷，山柰苷。新鲜叶富合并没食子酸，挥发油（异薄荷酮、香茅醇、香茅醇甲酯等）等。

【药理作用】水提物有止泻、降血糖作用。

【功能主治】药性：苦、微辛，平。归肝，大肠经。功能：祛风通络，活血，清热利湿。主治：风湿痹痛，肌肤麻木，筋骨酸楚，跌打损伤，泄泻，痢疾，疮毒。用法用量：内服煎汤，9 ~ 10 g；或浸酒、熬膏。外用适量，捣烂加酒炒热外敷成制成软膏外敷。

附方：

1. 治肌肉麻木，坐骨神经痛：尼泊尔老鹳草适量。清水煎成浓汁，去渣过滤，加糖收膏。每次9 ~ 15 g，分两次，温开水兑服。

2. 治蛇虫咬伤：尼泊尔老鹳草鲜品适量，雄黄末少许。捣烂，外敷伤口周围。

3. 治乳腺增生病：尼泊尔老鹳草或鲜品30 ~ 60 g。当茶冲服或煎服，每日2 ~ 3次。

【资源综合利用】尼泊尔老鹳草为地方习用品种。

251 鸭脚老鹳草

【别名】老鹳草、五叶草。

【来源】为牻牛儿苗科植物老鹳草*Geranium wilfordii* Maxim.的全草。

▲鸭脚老鹳草

【植物形态】多年生草本，高30 ~ 80 cm。根茎短而直立，具略增厚的长根。茎直立或下部稍蔓生，有倒生柔毛。叶对生；基生叶和下部叶有长柄，向上渐短；托叶狭披针形，顶端渐尖，有毛；叶片肾状三角形，基部心形，长3 ~ 5 cm，宽4 ~ 6 cm，3 ~ 5深裂，中央裂片稍大，卵状菱形，顶端尖，上部有缺刻或粗牙齿，齿顶有短凹尖，下部叶有时近5深裂，上下两面多少有伏毛。花单生叶腋，或2 ~ 3花成聚伞花序；花梗在花时伸长，果时弯曲下倾；萼片5，卵形或披针形，顶端有芒，长5 ~ 6 mm，被柔毛；花瓣5，淡红色或粉红色，与萼片近等长，具5条紫红色纵脉；雄蕊10，全部发育，基部连合，花丝基部突然扩大，扩大部分具缘毛；子房上位，5室，花柱5，不明显或极短。蒴果，有微毛，喙较短，长1 ~ 2 cm，由下向上内卷，果熟时5个果瓣与中轴分离。花期7—8月，果期8—10月。

【生境分布】生于海拔800 ~ 1 750 m的山坡草地、路边和林下。分布于巫溪、巫山、开州、武隆地区。

【采收加工】夏、秋季果实将成熟时采收，晒干。老鹳草所含的老鹳草鞣质以茎顶端新生小形叶片为最高，随着叶片老化含量降低，故应以采收嫩叶为主。

【药材性状】茎较细，直径1 ~ 3 mm，具纵沟，表面微紫色或灰褐色，有倒伏毛。叶肾状三角形，3 ~ 5深裂，裂片近菱形，边缘具锯齿，两面具伏毛。蒴果长约2 cm，宿存花柱长1 ~ 2 cm，成熟时5裂，向上卷曲呈伞形。无臭，味淡。

【显微鉴别】叶表面观：上表皮气孔无。下表皮细胞垂周壁深波状弯曲，有时呈连珠状增厚。非腺毛多为单细胞，少数为2 ~ 3细胞，长65 ~ 450 μm，直径13 ~ 25 μm，壁具枕状突起。腺毛多见，头部单细胞，长圆形或类圆形，直径9 ~ 20 μm，柄部1 ~ 3细胞。气孔不定式或不等式，副卫细胞4 ~ 6个。草酸钙簇晶圆簇状，直径7 ~ 30 μm。

【理化鉴别】检查黄酮：取本品粗粉0.5 g，加乙醇10 mL，于水浴上温浸0.5 h，滤过，滤液加浓盐酸数滴，再加镁粉少许，溶液变成红棕色至红色。

薄层鉴别：取粉末1 g，加乙醇40 mL，在水浴上煮沸15 min，滤过，滤液浓缩至干，再加乙醇0.5 mL，点于聚酰胺薄膜上，以乙醇-水（7：3）展开，展距10 cm，喷以5%三氯化铝试液，置紫外光灯下检视，有8个斑点。

【化学成分】全草含老鹳草鞣质（geraniin）2.2%，金丝桃苷（hyperin）没食子酸，琥珀酸，槲皮素，钙盐，甜菜碱，嘌呤，精氨酸等。

【药理作用】【功能主治】见“老鹳草”。

252　石蜡红

【别名】月月红。

【来源】为牻牛儿苗科植物天竺葵*Felargonium hortorum* Bailey的花。

【植物形态】多年生直立草本。茎肉质，基部木质化，多分枝，被密生细毛和腺毛，具强烈腥味。叶互生；叶片圆肾形，直径5 ~ 10 cm，基部心形，有不规则圆齿，两面均被短毛，表面有暗红色马蹄形环纹；掌状脉5 ~ 7。有总苞的伞形花序顶生；花多数，中等大，未开前花蕾柄下垂，花柄连距长2.5 ~ 4 cm，花瓣红色、粉红色、白色，下面3片较大，长1.2 ~ 2.5 cm。蒴果成熟时5瓣开裂，果瓣向上卷曲。花期春、夏间。

【生境分布】库区各地均有栽培。

【采收加工】春、夏季摘花，鲜用。

【化学成分】全草含游离的和酯化的胆甾醇（cholesterol），菜油甾醇（eampesterol），谷甾醇（sitosterol），豆

▲天竺葵

▲香叶天竺葵

甾醇（stigmasterol），α-香树脂醇（α-amyrin），β-香树脂醇（β-amyrin），异多苅醇（isomultifluorenol），以及微量的环桉烯醇（cycloeucalenol）等。

【功能主治】药性：苦、涩，凉。功能：清热解毒。主治：中耳炎。用法用量：外用适量，榨汁滴耳。

253 香叶

【别名】香艾、驱蚊草。

【来源】为牻牛儿苗科植物香叶天竺葵*Pelargonium graveolens* L. Herit.的全草。

【植物形态】多年生草本，高达90 cm，全株密被淡黄色柔毛和腺毛，具浓厚香味。茎基部带木质化。叶柄长；叶对生，宽心形至近圆形，近掌状，5～7深裂，裂片分裂为小裂片，边缘不规则齿裂。伞形花序于叶对生，梗短，直立；花小，几无柄；萼片披针形，有密长毛，基部稍合生；花瓣5，玫瑰红或粉红色，有紫脉，上面2片较大，长为萼片的1倍，达1.2 cm。蒴果，熟时裂开，果瓣上卷。花、果期3—6月。

【生境分布】长寿地区有栽培。

【化学成分】全草含挥发油，油中主要有芳樟醇，顺式玫瑰醚，异薄荷酮，香叶醇，香茅醇，苯乙醇、牻牛儿醇，愈创木烯等。

【药理作用】有抗肿瘤、抗菌、消除尖锐湿疣、促进透皮给药、镇痛、降低末梢血T淋巴细胞数、抗氧化、去除自由基作用。在250 ppm浓度下，香叶醇和香茅醇能100%抑制引起柑橘、木瓜和芒果等水果炭疽病的Colletorichu mgloespomides真菌生长。香葵精油对家兔刺激股四头肌有很强刺激作用；5%原油对股四头肌和眼结膜作用也很明显。在体内有弱蓄积作用。

【功能主治】药性：涩、苦，凉。功能：清热消炎。主治：风寒湿痹，宫颈癌，关节疼痛，阴囊湿疹，疥癣，疝气。用法用量：内服煎汤，9～15 g，鲜品30～45 g。外用适量。

附方：

1. 治风寒湿痹，关节疼痛：香叶15 g，老鹤草15 g，石南藤15 g，红牛膝15 g，伸筋草15 g。白酒500 g浸泡，每次服20 mL。

2. 治疝气痛：香叶9 g，玄胡9 g，胡芦巴9 g，荔枝核9 g。水煎服。

3. 治阴囊湿疹，疥癣：香叶30 g，董香30 g，刺黄柏30 g。水煎浓汁，涂患处。

【资源综合利用】可提取香叶天竺葵油，作玫瑰油的代用品，用以调制香精，作食品、香皂和牙膏等的添加剂。

▲亚麻

亚麻科Linaceae

254　亚麻仁

【别名】胡麻子、山脂麻。

【来源】为亚麻科植物亚麻*Linum usitatissimum* L.的成熟种子。

【植物形态】一年生直立草本，高30～100 cm或更高。全株无毛。茎圆柱形，表面具纵条纹，基部直径约4 mm，稍本质化，上部多分枝。叶互生；无柄或近无柄，叶片披针形或线状披针形，长1～3 cm，宽2～5 mm，顶端渐尖，基部渐狭，全缘，叶脉通常三出。花多数，生于枝顶或上部叶腋，每叶腋生一花，直径15～20 mm，花柄细弱，长约2 cm；花萼5，绿色，分离，卵形，长约为花瓣的半数；花瓣5，蓝色或白色，分离，广倒卵形，边缘稍呈波状；雄蕊5，花药线形；子房上位，5室，花柱5，线形，分离，长约4 mm。蒴果近球形或稍扁，直径5～7 mm。种子卵形，长4～6 mm，宽约2 mm，一端稍尖而微弯，表面黄褐色而有光泽。花期6—7月，果期7—9月。

【生境分布】栽培。分布于巫溪、巫山、奉节、开州地区。

【采收加工】秋季采收，晒干。

【药材性状】种子卵圆形，扁平，长0.4～0.7 cm，宽0.2～0.3 cm。表面灰棕色或棕红色，平滑，有光泽，可见棕色的小点。一端圆钝，一端尖而略偏斜，种脐位于尖端的凹陷处，种脊浅棕色，位于另一侧边缘。种皮薄，胚乳棕色，菲薄，子叶2枚，黄白色，富油性。气微，嚼之有豆腥味。种子用水浸泡后，外有透明液膜包围。

【显微鉴别】种子横切面：表皮外被角质层，细胞壁含黏液，遇水膨胀，显层纹；下皮为1～5列薄壁细胞；纤维层1列细胞，壁厚，木化，层纹隐约可见；颓废层细胞不明显；色素层1列细胞，含棕红色物质；胚乳及子叶细胞含脂肪油及糊粉粒；糊粉粒直径7～14 μm，含似晶体及拟球体1～2个。

粉末：呈黄棕色。内种皮色素层连接成片，有的与种皮其他层次组织重叠。表面观色素细胞类方形、长方形或多角形，直径13～36 μm，壁薄，有的稍厚，并隐约可见细密孔沟，细胞中均充满红棕色或黄棕色色素。内种皮厚壁细胞成群，有的与下层组织垂直交错或与上层组织重叠。单个细胞细长，呈纤维状，直径7～15 μm，壁厚，可见细密的孔沟。外种皮下皮细胞淡黄色，呈类圆形，直径25～35 μm，壁薄或稍增。种皮角质碎块呈不规则块状，表面可见大的裂纹。子叶薄壁细胞多角形，细小，壁菲薄。散在有黄棕色色素块和细小油滴，并可见糊粉粒。

【理化鉴别】（1）检查氰苷：取本品粉末0.5 g，置试管中，加水湿润，管中悬挂一条浸有10%碳酸钠溶液的三硝基苯酚试纸，管口紧塞软木塞（试纸勿接触粉末与管壁），置于40～60 ℃水浴中，10 min后，试纸呈砖红色。

（2）薄层鉴别：取粉末0.1 g，加乙醚2 mL，冷浸20 min，过滤，滤液挥去乙醚，加氯仿0.5 mL溶解，点于硅胶 G-0.5% CMC薄层板上，以正己烷-乙醚-冰醋酸（7：3：0.1）展开，展距10 cm，用碘蒸气显色，有5个斑点。

【化学成分】种子含脂肪油30%～40%。尚含胆甾醇（cholesterol），菜油甾醇（campesterol），二十烷醇（eicosanol）的阿魏酸酯，亚麻苦苷（linamarin），黏液质，牻牛儿醇（geranylgeminol）等。子叶及幼芽含对-香豆酸（p-coumaric acid），咖啡酸（caffeic acid），阿魏酸（ferulic acid），芥子酸（sinapic acid）的酯，碳键黄酮苷，光牡荆素-7-鼠李糖苷（lurcemin7-rhamnoside），荭草素-7-鼠李糖苷（orientin-7-rhamnoside），异荭草素-7-葡萄糖苷（imrientin-7-glucoside）等。

【药理作用】有轻泻、润滑、缓和刺激、抗炎、抗皮肤过敏、抗高血脂及动脉硬化、提高肝脏及脑中DHA含量作用。

【功能主治】药性：甘，平。归肝，肺，大肠经。功能：养血祛风，润燥通便。主治：癌症，红斑狼疮，肾移植排斥，高脂血症，疾和风湿关节炎，麻风，皮肤干燥，瘙痒，脱发，疮痒湿疹，肠燥便秘。用法用量：内服煎汤，5～10 g；或入丸、散。外用适量榨油涂。使用注意：大便滑泄者禁服，孕妇慎服。

附方：

1. 治皮肤干燥，起鳞屑：亚麻子、当归各90 g，紫草30 g。做成蜜丸。每服9 g，开水送服，每日2次。
2. 治疮疡湿疹：亚麻仁15 g，白鲜皮12 g，地肤子15 g，苦参15 g。水煎，熏洗患处。
3. 治老年或病后体虚便秘：亚麻仁、当归、桑葚子各等分。研末为蜜丸。每服9 g，每日3次。
4. 治产后大便不通：亚麻子、苏子各等分。合研，开水调服，每次9 g，每日2次。
5. 治脂溢性脱发：亚麻仁、鲜柳枝各30 g。水煎服。

【资源综合利用】本品载于《植物名实图考》，名山西胡麻。亚麻子可用于开发保健品。

蒺藜科Zygophyllaceae

255　刺蒺藜

【别名】蒺藜子、白蒺藜、硬蒺藜、三角刺。

【来源】为蒺藜科植物蒺藜*Tribulus terrestris* L.的果实。

【植物形态】一年生草本；全株被绢丝状柔毛。茎通常由基部分枝，分枝平伏，具棱条，长可达1 m左右。叶

▲蒺藜

为偶数羽状复叶，对生，不等大；长叶长3～5 cm，宽1.5～2 cm，通常具6～8对小叶；短叶长1～2 cm，具3～5对小叶，小叶对生，长圆形，长4～15 mm，顶端尖或钝，表面无毛或仅沿中脉有丝状毛，背面被以白色伏生的丝状毛。托叶披针形，形小而尖，长约3 mm。花小，淡黄色，单生于短叶的叶腋；花梗短于叶；萼5，卵状披针形，渐尖，长约4 mm，背面有毛，宿存；花瓣5，倒卵形，顶端略呈截形，与萼片互生；雄蕊10，着生与花盘基部，基部有鳞片状腺体。子房5心皮。果实呈五角形，由5个呈星状排列的果瓣组成，每个果瓣具长短棘刺各1对，背面有短硬毛及瘤状突起。花期5—8月，果期6—9月。

【生境分布】生于海拔350～650 m的荒坡、田边及田间。分布于长寿地区。

【采收加工】8—9月果实由绿色变成黄白色，大部分已成熟时，割取全株，晒几天，脱粒，再晒干。

【药材性状】复果多由5分果瓣组成，放射状排列呈五角星状扁盘形，直径7～12 mm。分果斧状或橘瓣状，长3～10 mm，淡黄绿色，背面隆起，有纵棱、多数小刺及瘤状突起，并有对称的长刺和短刺各1对，呈八字形分开；两侧面较薄，灰白色；果皮坚硬，木质，分果一室，内含种子3～4粒。种子卵圆形，白色或黄白色，稍扁，有油性。气微，味苦。

【显微鉴别】分果横切面：斧状，有两条锐刺呈八字形。外果皮细胞1列，扁长圆形，切向延长；着生单细胞非腺毛。中果皮为数列薄壁细胞，背部隆起部位有大型维管束；锐刺部位有圆锥形纤维束，基部有石细胞群；近内果皮的1～2列细胞含有草酸钙方晶。内果皮交错排列的纤维层，纤维壁较厚，木化。种皮细胞1列，类方形，直径9～27 μm，垂周壁条状增厚。内胚乳细胞呈类多角形，脂肪油滴散在。

粉末特征：灰黄色或黄绿色。内果皮石细胞椭圆形、类三角形、长条形或不规则形，直径15～43 μm，长约至118 μm，壁厚4～15 μm，有的纹孔较密，壁厚者胞腔不明显。内果皮纤维常上下数层纵横交错排列；纤维长短不一，直径4～27 μm，壁厚，木化。中果皮薄壁细胞含草酸钙方晶。种皮细胞表面观类多角形，垂周壁连珠状增厚，内平周壁具条状增厚，木化；断面观类方形，垂周壁条状增厚，向内向外约至细胞的1/2。另可见内胚乳细胞及导管。

【理化鉴别】检查皂苷：取本品粉末5 g，加70%乙醇20 mL，浸泡3 h，滤过。取滤液5 mL，置蒸发皿中蒸干，残渣加少量醋酐溶解，再加浓硫酸数滴，呈红紫色。

【化学成分】果实含薯蓣皂苷元（diosgenin）为主成分，占地上部分干品中的0.35%。尚含刺蒺藜苷（tribuloside，tiliroside），海柯皂苷元3-O-β-D-吡喃葡萄糖基（1→4）-β-D-吡喃半乳糖苷，山柰酚（kaempferol），山柰酚-3-葡萄糖苷（kaempferol-3-glucoside），山柰酚-3-芸香糖苷（kaempferol-3-rutinoside）等。

【药理作用】有抗血栓形成、降低动脉粥样硬化、改善血液流变性、减少血小板聚集、减少聚低血脂、抗心肌缺血、改善心肌梗塞、改善脑血液循环、防护遗传损伤、抑制迟发型变态反应、抗衰老、抗氧化、降血糖、提高血氧嘧啶糖尿病血清胰岛素改善小鼠糖耐量、促进雌性大鼠的发情和生殖能力、增强男性性欲和性反应、改善和延长勃起时间、增强精子数目和运动、改善女性卵巢功能、抑制乳腺癌细胞Bcap-37、作用。刺蒺藜对黑色素细胞具有高浓度激活，低浓度抑制作用。白蒺藜醇苷具有类似神经营养因子的作用。

【功能主治】药性：辛，平。归肝经。功能：平肝，解郁，祛风明目，止痒，消痈。主治：慢性头痛，眩晕，暑湿伤中，风湿性关节炎，抑郁症，更年期综合征，糖尿病，呕吐泄泻，鼻塞流涕，胸胁胀痛，经闭，目赤翳障，风疹瘙痒，白癜风，疮疽，瘰疬。用法用量：内服煎汤，6～12 g。外用适量，煎水洗，或研末调敷。使用注意：血虚气弱及孕妇慎服。

附方：

1. 治目翳，迎风流泪：白蒺藜（炒）500 g。研细粉，加鸡蛋清200 g拌匀，干燥，粉碎，过筛。每次服9 g，1日2次。

2. 治手部脱屑发痒症：白蒺藜、生甘草各100 g。用75%乙醇300 mL浸泡，7 d后过滤备用。外用患处。

3. 治乳痈或乳癌：刺蒺藜250 g。研细末，为蜜丸。每服9 g，1日3次。

【资源综合利用】蒺藜为传统的平肝类药。国外从蒺藜开发出性强壮药Tribestan，抗动脉粥样硬化药Tribusponin。我国也开发研制出"心脑舒通"（蒺藜茎叶总皂苷）。

酢浆草科Oxalidaceae

256 酢浆草

【别名】酸酸草、酸浆草、酸味草。

【来源】为酢浆草科植物酢浆草*Oxalis corniculata* L.的全草。

【植物形态】多年生草本，全体有疏柔毛。茎细弱，匍匐或斜升，多分枝，常褐色。小叶3，倒心形，长4~10 mm，顶端凹。花单生或数朵组成腋生腋生伞形花序；萼片5，长圆形，顶端急尖；花瓣5，倒卵形，黄色，长约9 mm；花丝基部合生成筒状。蒴果近圆柱形，长1~1.5 cm，略具5棱，有喙，成熟开裂时将种子弹出。种子小，扁卵形，红褐色，有横沟槽。花期4—8月，果期6—9月。

【生境分布】生于海拔200~1 650 m的荒地、田野、路旁。分布于库区各市县。

【化学成分】含抗坏血酸，草酸盐，乙醛酸，脱氧核糖核酸，牡荆素，异牡荆素等。

【药理作用】有抗菌作用。毒性同属植物毛果酢浆草能损伤家畜如牛的肾脏，使其血中非蛋白氮明显升高。

【功能主治】药性：酸，凉。功能：清热利湿，解毒消肿。主治：感冒发热，肠炎，湿热泄泻，痢疾，黄疸，失眠，尿路感染，尿路结石，神经衰弱，带下，吐血，鼻出血，尿血，月经不调，跌打损伤，咽喉肿痛，痈肿疮疖，脚癣，湿疹，烧烫伤，痔疮，麻疹，蛇虫咬伤。用法用量：内服煎汤，9~15 g，鲜品30~60 g；外用适量，煎水洗。使用注意：孕妇及体虚者慎服。

附方：

1. 治急性腹泻：①酢浆草适量。研末，每次15 g，开水冲服。②酢浆草6 g，车前子3 g，合萌9 g。捣烂，冲开水服。

2. 治湿热发黄：酢浆草15 g，土大黄15 g。泡开水，当茶喝。

3. 治咳喘：鲜酢浆草30 g，紫苏9 g。水煎服。

4. 治毒蛇咬伤：鲜酢浆草、车前草、积雪草各30 g。捣烂，敷患处。

5. 治扭伤，血肿，感染：鲜酢浆草适量。加少许食盐，捣烂，敷患处，表面用纱布或塑料薄膜包扎。

▲酢浆草

▲红花酢浆草

257 铜锤草

【别名】大酸味草、紫酢浆草。

【来源】为酢浆草科植物红花酢浆草*Oxalis corymbosa* DC.的全草。

【植物形态】多年生草本，高约35 cm。地下部分有多数小鳞茎聚生，鳞片褐色，有3纵棱。叶基生；小叶3，阔倒心形，长3.5 ~ 5 cm，宽1.8 ~ 3.5 cm，顶端凹缺，有毛，有橙黄色泡状斑点。伞形花序；萼片顶端有2条橙黄色斑纹；花瓣5，倒披针形，长1.2 cm，通常淡紫色，有深色条纹，顶端钝或平；雄蕊5长5短；子房具棱。蒴果角果状，具毛。花期5月。果期5—9月。

【生境分布】有栽培。分布于库区各市县。

【功能主治】药性：酸，寒。功能：清热解毒，散瘀消肿，调经，利筋骨。主治：跌打损伤，月经不调，慢性气管炎，咽喉肿痛，牙痛，水泻，痢疾，水肿，白带，淋浊，痔疮，疮痈，烧烫伤，毒蛇咬伤。用法用量：内服煎汤，9 ~ 30 g，水煎或浸酒服。外用适量，鲜草捣烂敷患处。使用注意：孕妇禁服。

附方：

1. 治跌打损伤（未破皮者）：铜锤草30 g，小锯锯藤15 g。拌酒糟，包敷患处。
2. 治月经不调：铜锤草30 g。泡酒服。
3. 治扁桃体炎：鲜铜锤草30 ~ 60 g。米泔水洗净，捣烂，绞汁，调蜜服。
4. 治蛇头疔：鲜铜锤草叶适量。和蜜捣烂，敷患处。

红花酢浆草根清热，平肝，定惊。主治小儿肝热，惊风。

旱金莲科Tropaeolaceae

258 旱莲花

【别名】金莲花、吐血丹、荷叶七。

【来源】为旱金莲科植物旱金莲*Tropaeolum majus* L.的全草。

【植物形态】一年生攀缘草本。稍呈肉质，有液汁，无毛或近无毛。根有时块状。叶互生，叶柄盾状着生于叶片的中心处，长9～16 cm；叶近圆形，长5～10 cm，有主脉9条，边缘具波状钝角。花单生于叶腋，左右对称；有长梗；萼片5，基部合生，上面1片延长成为长距；花瓣5，黄色或橘红色；上面2片常较大，下面3片较小，基部成爪状，近爪处边缘细撕裂状；雄蕊8，分离，不等长，花药不同时成熟；子房上位，3室，每室具1胚珠，花柱单一，柱头3裂。

【生境分布】常栽培。分布于库区各市县。

【化学成分】种子含旱金莲苷（glucotropaedzn）；精油含旱金莲素（tropaeolin）。茎叶含异槲皮苷等。花含山柰酚葡萄糖苷等。全草含木质素，旱金莲硫代葡萄糖苷。

【药理作用】有抗菌、扩张冠脉、增加冠脉流量、增加心收缩幅度、扩张血管作用。

【功能主治】功能：清热解毒，凉血止血。主治：目赤肿痛，支气管炎，结膜炎，毒疮，吐血，咯血。用法用量：内服煎汤，鲜品15～30 g。外用适量。

附方：

1. 治目赤肿痛：金莲花、野菊花适量。共捣烂，敷眼眶。

2. 治恶毒大疮：金莲花、雾水葛、木芙蓉各适量。共捣烂，敷患处。

3. 治吐血，咯血：鲜金莲花15～30 g。水煎服。

【资源综合利用】花蕾及新鲜的种子可用作辛辣的调味品。

▲旱金莲

▲代代花

芸香科Rutaceae

259 代代花

【别名】枳壳花、酸橙花、回青橙、回春橙。

【来源】为芸香科植物代代花*Citrus aurantium* L. var amara Engle.的花蕾。

【植物形态】常绿灌木或小乔木，高5～10 m。小枝疏生短棘刺。叶革质，椭圆形至卵状长圆形，长5～10 cm，边缘具微波状齿，上面有半透明油腺点；叶柄具宽翅。花期5—6月，果熟期12月。

【生境分布】栽培。分布于武隆、长寿地区。

【采收加工】5—6月采摘花蕾，用急火烘至七八成干显白色后，改用文火烘（或暴晒1～2 d）至足干（切勿烘焦）。

【药材性状】呈长卵圆形，长1.5 ~ 2 cm，直径6 ~ 8 mm。上部较膨大，基部具叶柄；花萼绿色，皱缩不平，基部联合，裂片5；花瓣通常5片，长圆形，淡黄白色或灰黄色，顶端复瓦状，表面有纵沟；内有雄蕊多数，花丝基部连合成数束；中心雌蕊呈棒状，子房倒卵形，暗绿色。质脆易碎。

【化学成分】果皮含挥发油1.5% ~ 2%，黄酮类，有机酸，糖类等。种子含脂肪油约18%。

【功能主治】药性：辛、甘、微苦，温。归肝，脾经。功能：舒肝，理气宽胸，和胃止呕，消积。主治：胸中痞闷，脘腹胀痛，不思饮食，恶心呕吐。用法用量：内服煎汤，1.5 ~ 2.5 g；或泡茶。

附方：

1. 治胸腹胀满：代代花适量。沸水冲泡代茶饮；或代代花、玫瑰花、厚朴花各3 g。水煎服。
2. 治胃脘作痛：代代花3 g，制香附、白芍各9 g。水煎服。

【资源综合利用】代代花未成熟的果实亦为中药枳壳的来源。

260 枳壳

【别名】川枳壳、川枳实。

【来源】为芸香科植物酸橙*Citrus aurantium* L.未成熟的果实。

【植物形态】常绿小乔木。枝三棱形，有长刺。单生复叶，互生，叶柄有狭长形或狭长倒心形的翼，长8 ~ 15 mm，宽3 ~ 6 mm；叶片革质，倒卵状椭圆形或卵状长圆形，长3.5 ~ 10 cm，宽1.5 ~ 5 cm，顶端短而钝，渐尖或微凹，基部楔形或圆形，全缘或微波状，具半透明油点。花单生或数朵簇生于叶腋及当年生枝条的顶端，白色，芳香；花萼杯状，5裂；花瓣5，长椭圆形；雄蕊20以上，花丝基部部分愈合；子房上位，雌蕊短于雄蕊，柱头头状。柑果近球形，熟时橙黄色；味酸。花期4—5月，果期6—11月。

【生境分布】多栽培。分布于开州、涪陵、武隆、长寿地区。

【采收加工】7—8月果实近成熟而外皮尚绿色时采摘，大者横切成两半，晒干。或切成两半后，在50 ℃温度

▲酸橙

下，将切面烘至半干，再将背面烘干。

【药材性状】果实呈半球形、球形或卵圆形，翻口似盆状，直径2.5～5 cm。外表面黑绿色或暗棕绿色，具颗粒状突起和皱纹。顶部有明显的花柱基痕，基部有花盘残留或果梗脱落痕。切面光滑而稍隆起，灰白色，厚3～7 mm，边缘散有1～2列凹陷油点，瓤囊7～12瓣，中心有棕褐色的囊，呈车轮纹。质坚硬。气清香，味苦、微酸。

【显微鉴别】横切面：表皮由一列极小的细胞组成，外被角质层，并具气孔。中果皮发达，有大型油室不规则排列成1～2列。中果皮内侧的薄壁细胞排列极疏松，散有草酸钙斜方晶或棱晶，长25～40 μm；维管束纵横散布。

粉末特征：淡黄色或棕黄色。中果皮薄壁组织极多，细胞呈不规则长方形或弯曲，壁不均匀增厚，呈淡黄白色或无色，厚8～15 μm，非木化。瓤囊组织，多成块片状，细胞已缩成狭长形，近中果皮处可见多角形或扁形的细胞，胞壁淡棕黄色，腔中含有极多方晶及棱晶。方晶及棱晶呈类方形、斜方形、多面体形、菱形或双锥形，长8～25 μm。果皮表皮细胞表面观多角形、类方形或长方形，气孔类圆形，直径18～26 μm，副卫细胞5～9个；侧面观外被角质层。梯纹及螺纹导管，还有管胞，直径13～23 μm，壁微木化。此外，尚可见挥发油滴。

【理化鉴别】薄层鉴别：取样品粉末0.5 g加甲醇10 mL，回流1 h，滤过。滤液蒸干，残渣加中醇4 mL溶解，放置30 min，滤过，滤液作为供试品溶液。取辛弗林（对羟福林）加甲醇溶解，制成每1 mL含3 mg的对照品溶液。分别点于硅胶H- CMC板上，以甲醇-丙酮-氯仿-浓氨水（3：3：3：1）展开15 cm，取出，晾干，喷以0.5%茚三酮乙醇溶液，于105 ℃加热约10 min，供试品色谱在与对照品色谱相应的位置上，显相同的紫色斑点。

【化学成分】果实含挥发油，主要为右旋柠檬烯（d-limonene），枸橼醛（citral），右旋芳樟醇（d-linalool）及邻氨基苯甲酸甲酯等。尚含橙皮苷（hesperidin），新橙皮苷（neohesperidin）5.6%～14%，柚皮苷（naringin）1.5%～4.0%，野漆树苷（rhoifolin）和忍冬苷（lonicerin），福橘素（tangeritin），甜橙素（sinensitin）及5，7，8，3’，4’-五甲氧基黄酮，生物碱类。

【药理作用】有促胃动力、拮抗乙酰胆碱引起的离体回肠强直性收缩、预防胃溃疡、增加冠脉流量和肾血流量、降低心肌耗氧量、强心、利尿、升血压、抗血栓、兴奋子宫、扩张气管和支气管、对抗组胺引起的支气管收缩、溶胆结石、排石、抗肿瘤、抗菌、抗炎作用。

【功能主治】性药：苦、酸，微寒。归肺，脾，胃大肠经。功能：理气宽胸，行滞消积。主治：胸膈痞满，胁肋胀满，食积不化，脘腹胀满，下痢后重，脱肛，子宫下垂。用法用量：内服煎汤，3～9 g；或入丸、散。外用适量，煎水洗。使用注意：孕妇慎服。

附方：

1. 治慢性胃炎，痞闷饱胀：小茴香（炒）、石菖蒲根、枳壳各30 g，烧酒1 kg。浸泡10 d后，每日2次，饭后适量饮服。

2. 治痔疮脱肛：枳壳（麸炒）、防风各50 g，白矾10 g。水煎两次，趁热熏、洗患部。

3. 治子宫脱垂：枳壳、蓖麻根各15 g。水煎兑鸡汤服，每日2次。

【资源综合利用】在宋代之前，并无枳壳、枳实之分。枳实始见于《神农本草经》，列为中品。枳壳之名始见于《开宝本草》。枳壳来源在历史上也不一样，在宋代以前使用的枳壳为枸橘*Poncirus trifdiata*（L.）Raf的干燥成熟果实，明清以后为酸橙*Citrus aurantium* L.的未成熟果实。现今，枳壳主流品种来源于芸香科酸橙及其栽培变种臭橙、香橙和枳橙，其他同属植物和枸橘只在少数地区作为枳壳、枳实的来源。

261 柚

【别名】柚子皮、橙子皮、化橘红。

【来源】为芸香科植物柚*Citrus grandis*（Linn.）Oseckb的果皮。

【植物形态】常绿乔木，高5～10 m。小枝扁，幼枝及新叶被短柔毛，有刺或有时无刺。单身复叶，互生；叶柄有倒心形宽叶翼，长1～4 cm，宽0.4～2 cm；叶片长椭圆形或阔卵形，长6.5～16.5 cm，宽4.5～8 cm，顶端钝圆或微凹，基部圆钝，边缘浅波状或有钝锯齿，有疏柔毛或无毛，有半透明油腺点。花单生或为总状花序，腋生，白色；花萼杯状，4～5浅裂；花瓣4～5，长圆形，肥厚；雄蕊25～45，花丝下部连合成4～10组；雌蕊1，子房长

▲柚

圆形，柱头扁头状。柑果梨形、倒卵形或扁圆形，直径10～15 cm，柠檬黄色。种子扁圆形或扁楔形，白色或带黄色。花期4—5月，果熟期9—11月。

【生境分布】库区各地均有栽培。

【采收加工】10—11月，果实成熟时采收，鲜用。

【药材性状】多为5～7瓣，少有单瓣者。完整者展平后的皮片直径为25～32 cm，每单瓣长10～13 cm，宽5～7 cm，厚0.5～1 cm。皮片边缘略向内卷曲；外表面黄绿色至黄棕色，有时呈微金黄色，极粗糙，有多数凹下的圆点及突起的油点，内表面白色，稍软而有弹性，呈棉絮状。质柔软。有浓厚的柚子香气。

【功能主治】辛、甘、苦，温。归脾、肺、肾经。能宽中理气，消食，化痰，止咳平喘。主治气郁胸闷，脘腹冷痛，食积，泻痢，咳喘，疝气。内服煎汤，6～9 g；或入散剂。孕妇及气虚者忌用。

附方：

1. 治气滞腹胀：柚子皮、鸡屎藤、糯米草根、隔山橇各9 g。水煎服。
2. 治宿食停滞不消：柚子皮12 g，鸡内金、山楂肉各10 g，砂仁6 g。水煎服。
3. 治腹泻：柚子皮10 g，细茶叶6 g，生姜3片。水煎服。
4. 治小儿咳喘：柚子皮、艾叶各6 g，甘草3 g。水煎服。
5. 治喉痒咳嗽，多痰色白：柚子皮9 g，冰糖少许。隔水炖汁服。
6. 治疝气：柚子皮10 g，樱桃核10 g，八月瓜10 g，茴香根10 g，算盘子根10 g，香通10 g，婆婆纳10 g。水煎服。
7. 治头风痛：柚叶，同葱白捣，贴太阳穴。
8. 治关节痛：柚叶5片，生姜4片，桐油20 g。共捣烂敷患处。
9. 治妊娠呕吐：柚叶、桃叶、牡荆叶各3 g。研粉，水煎服。
10. 治乳腺炎：柚叶20片，金樱子根30 g。水煎熏洗患处。
11. 治中耳炎：鲜柚叶适量，捣烂绞汁，滴耳内，每日2～3次。
12. 治乳痈：柚叶4～7枚，青皮、蒲公英各30 g。水煎服。
13. 治冻疮：柚叶30 g，干姜10 g。共煮水浸泡冻疮部位，每日2次，每次约泡0.5 h。

柚的种子（柚核）味辛、苦，性温；疏肝理气，宣肺止咳；主治疝气，肺寒咳嗽。花味辛、苦，性温；行气，化痰，止痛；主治胃脘胸膈胀痛。叶味辛、苦，性温；行气止痛，解毒消肿；主治头风痛，寒湿痹痛，食滞腹痛，乳痈，扁桃体炎，中耳炎。根味辛、苦，性温；理气止痛，散风寒；主治胃脘胀痛，疝气疼痛，风寒咳嗽。果味甘、酸，性寒；消食，化痰，醒酒；主治饮食积滞，食欲不振，醉酒。

14. 治寒咳：柚子种子20余颗，加冰糖适量。水煎服。

15. 治落发（包括斑秃）：柚子种子15 g。开水浸泡，每日2～3次，涂拭患部。

262　佛手

【别名】佛手、川佛手。

【来源】为芸香科植物佛手柑*Citrus medica* L. var. *sarcodactylis*（Noot.）Swingle的果实。

【植物形态】常绿小乔木或灌木。老枝灰绿色，幼枝略带紫红色，有短而硬的刺。单叶互生，叶柄短，长3～6 mm，无翼叶，无关节；叶片革质，长椭圆形或倒卵状长圆形，长5～16 cm，宽2.5～7 cm，顶端钝，有时微凹，基部近圆形或楔形，边缘有浅波状钝锯齿。花单生，簇生或为总状花序；花萼杯状，5浅裂，裂片三角形；花瓣5，内面白色，外面紫色，雄蕊多数；子房椭圆形，上部窄尖。柑果卵形或长圆形，顶端分裂如拳状，或张开似指尖，其裂数代表心皮数，表面橙黄色，粗糙，果肉淡黄色。种子数颗，卵形，顶端尖，有时不完全发育。花期4—5月，果熟期10—12月。

【生境分布】栽培。分布于云阳、开州、丰都地区。

【采收加工】于晚秋待果皮由绿变浅黄绿色时选晴天采收，顺切成4～7 mm的薄片，晒干或烘干。

【药材性状】果实多纵切成类椭圆形或卵圆形的薄片，皱缩或卷曲，长4～6 cm，宽约3 cm，厚约3 mm。顶端稍宽，有的具指状裂瓣，常皱缩或卷曲，基部略窄，有时可见果柄痕。外表面黄绿色或橙黄色，密布凹陷的窝点，有时可见细皱纹。内表面类白色，散有黄色点状或纵横交错的维管束。质硬而脆，受潮后柔软。气清香，味甜后微苦。

【显微鉴别】果皮横切面：外果皮为1列方形或长方形的表皮细胞，外被角质层，有时可见气孔。中果皮薄壁细胞圆形或类圆形，近外果皮的2～3列细胞较小，壁略厚，内含草酸钙棱晶，长10～26 μm，宽6～16 μm；外侧有大型油室1～2列，椭圆形，或圆形，径向270～600 μm，切向180～450 μm；中果皮内侧散有较多的细小维管束及橙皮苷结晶。果皮最内层1列排列整齐的细小薄壁细胞，其内的组织多颓废。

果皮粉末特征：黄绿色或浅棕色。果皮表皮细胞，呈块片状，表面观细胞呈多角形，淡棕黄色，直径8～14 μm，内侧有些细胞中可见方晶。气孔椭圆形，直径21 μm左右，副卫细胞8个左右，细小，略呈多角形。中果皮薄壁组织众

▲佛手柑

▲佛手柑花

多，细胞呈不规则形或类圆形，壁不均匀增厚，角隅处更厚，无色，胞腔中可见挥发油滴；瓤囊组织，呈不规则块片状，淡黄色，已皱缩，有些细胞中含方晶，直径6 ~ 13 μm；梯纹或网纹导管，直径13 ~ 39 μm；管胞细小，直径13 ~ 26 μm；长披针形纤维，壁稍厚，微木化，纹孔稀疏，倾斜排列。此外，随处可见散在的油滴及方晶。

【理化鉴别】薄层鉴别：取本品粉末1 g，加无水乙醇10 mL，振摇30 min后过滤，滤液浓缩至0.5 mL，作供试液，另以溴酚蓝、甲基黄、苏丹III混合染料作标示剂。分别吸取上述2种溶液30 μL，点于同一硅胶G-CMC薄层板上，以环己烷-乙酸乙酯（75：25）展开，在紫外光灯（254 nm）下检视。供试液色谱在与标示剂色谱的相同位置上，显相同的荧光斑点。

【化学成分】果实含佛手内酯（bergapten），柠檬内酯（limeuin），6，7-二甲基香豆素（6，7-dimethylcoumarin），柠檬苦素（limonin），香叶木苷（diosmin），橙皮苷（hesper-idin），5，8三羟基-7，4'-三甲氧基黄酮，柠檬烯，1-甲基-2-（1-甲乙基）-苯，γ-松油烯，β-谷甾醇，胡萝卜苷，棕榈酸，琥珀酸等。

【药理作用】有平喘、解痉、中枢有抑制、延长睡眠时间、镇痛、增加冠脉流量、提高耐缺氧能力、保护心肌缺血、预防心律失常、提高免疫功能、抗肿瘤、溶胆结石作用。

【功能主治】药性：辛、苦，温。归肝，脾肺经。功能：疏肝理气，和胃化痰。主治：肝气郁结之胁痛，胸闷，肝胃不和，脾胃气滞之脘腹胀痛，恶心，久咳痰多。用法用量：内服煎汤，3 ~ 10 g；或泡茶饮。使用注意：阴虚有火，无气滞者慎服。

附方：

1. 治食欲不振：佛手、枳壳、生姜各6 g，黄连2 g。水煎服，每日1剂。
2. 治肝胃气痛：佛手、延胡索各6 g。水煎服。
3. 治湿痰咳嗽：佛手、姜半夏各6 g。水煎服。

【资源综合利用】佛手以枸橼名始于见于《图经本草》。李时珍曰："枸橼产闽广间、木似朱栾而叶尖长、枝间有刺。植之近水乃生。其实状如人手、有指，俗呼为佛手柑。有长一尺四五寸者"。又说："佛手取象也"。佛手提取液有抗皮肤衰老作用，多用于美容产品。

263 陈皮

【别名】橘皮、黄橘皮、橘柑皮、柑子皮。

【来源】为芸香科植物橘*Citrus reticuldta* Blanc及栽培品种的成熟果皮。

【植物形态】常绿小乔木或灌木，高3 ~ 4 m。枝细，多有刺。叶互生，叶柄长0.5 ~ 1.5 cm，有窄翼，顶端有关节；叶片披针形或椭圆形，长4 ~ 11 cm，宽1.5 ~ 4 cm，顶端渐尖微凹，基部楔形，全缘或为波状具不明显的钝锯齿，有半透明油点。花单生或数朵丛生于枝端或叶腋；花萼杯状，5裂；花瓣5，白色或带淡红色，开时向外反卷；雄蕊15 ~ 30，长短不一，花丝常3 ~ 5个连合成组；雌蕊1，子房圆形，柱头头状。柑果近圆形或扁圆形，横径4 ~ 7 cm，果皮薄而宽，容易剥离，囊瓣7 ~ 12，汁胞柔软多汁。种子卵圆形，白色，一端尖，数粒至数十粒或无。花期3—4月，果熟期10—12月。

【生境分布】栽培。分布于库区各市县。

【采收加工】10—12月果实成熟时采收，阴干或烘干。

【药材性状】常剥成数瓣，基部相连，有的呈不规则的片状，厚1 ~ 4 mm。外表面橘红色或红棕色，有细皱纹及凹下的油点；内表面浅黄白色，粗糙，附黄白色或黄棕色筋络状维管束。质稍硬脆。气香，味辛、苦。

【显微鉴别】果皮横切面：表皮由1列极小的细胞组成，外被角质层，有气孔。表皮以下均为中果皮薄壁细胞，有橙皮苷结晶和草酸钙方晶，大型油室不规则排列成1 ~ 2列（有时油室位于中果皮中部），油室卵圆形或椭圆形，径向长250 ~ 740 μm，切向长200 ~ 500 μm。维管束细小，纵横散布。

粉末特征：淡黄棕色。表皮细胞淡黄棕色，呈多角形，壁稍厚；气孔类圆形，直径20 ~ 257 μm，保卫细胞呈淡黄棕色，副卫细胞6 ~ 8个。中果皮细胞类圆形或椭圆形，壁不均匀增厚，厚2 ~ 3 μm。油室碎片及油滴随处可

▲橘

见，淡黄棕色。螺纹导管和管胞直径5～15 μm；网纹导管直径9～21 μm。草酸钙方晶长10～30 μm，呈多面形、菱形双锥形等。薄壁细胞含橙皮苷结晶。

【理化鉴别】（1）检查橙皮苷：取本品粉末0.3 g，加甲醇10 mL，加热回流20 min，滤过，取滤液1 mL，加镁粉少量与盐酸1 mL，溶液渐呈红色。（2）薄层鉴别：取上项滤液5 mL，浓缩至1 mL，作供试液；另取橙皮苷加甲醇制成饱和溶液，作对照品溶液。分别吸取上述溶液点于同一硅胶G-氢氧化钠薄层板上，以醋酸乙酯-甲醇-水（100：17：13）展开约3 cm，取出，晾干，再以甲苯-醋酸乙酯-甲酸-水（20：10：1：1）的上层溶液展至约8 cm，取出，晾干，喷以三氯化铝试液，置紫外光灯（365 nm）下检视。供试品色谱在与对照品色谱相应位置上，显相同颜色的荧光斑点。

【化学成分】含挥发油1.198%～3.187%（主成分为柠檬烯limonene），5，7，4'-三甲氧基黄酮（5，7，4'-trimethoxyflavone），5，7，8，3'，4'-五甲氧基黄酮（5，7，8，3'，4'-pentamethoxyflavone），5，7，8，4'-四甲氧基黄酮（5，7，8，4'-tetramethoxy flavone），5-羟基-7，8，4'-三甲氧基黄酮（5-hydroxy-7，8，4'-trimethoxyflavone），甜橙素（sinensetin），川陈皮素（nobilatin）等。

【药理作用】有促进消化液、排除肠管内积气、促进胃排空和肠推进、抑制小肠道平滑肌、增加心脏收缩力、扩张冠状动脉、增加冠脉流量、祛痰、扩张支气管、抗炎、抗过敏、抗衰老、免疫增强、抗氧化、清除氧自由基、抗菌杀虫、收缩子宫、缩短出血和凝血时间、抑制皮脂分泌作用。对豚鼠血清溶菌酶含量、血清血凝抗体滴度、心脏血T淋巴细胞E玫瑰花环形成率均有显著增强作用。

【功能主治】药性：辛、苦，温。功能：理气降逆，调中和胃，燥湿化痰，消积散结。主治：脾胃滞阻，胸膈满闷，脘腹胀痛，食滞呃逆，呕吐，泻痢，咳喘痰多，气滞，癥瘕积聚，疝气。用法用量：内服煎汤，3～10 g。使用注意：气虚证、阴虚燥咳、吐血证及舌赤少津、内有实热者慎服。

附方：

1. 治断乳后乳房胀痛：陈皮30 g，柴胡、连翘各10 g。水煎服，连服2～3 d。

2. 治咳嗽痰多：陈皮、制半夏、茯苓各9 g，甘草6 g，生姜2 g。水煎服。

3. 治疗溃疡性结肠炎：陈皮15 g，干荷叶10 g，砂仁2 g。水煎服。

【资源综合利用】陈皮原名橘皮，始载《神农本草经》，列为上品。古人认为陈皮“陈者为良”。以陈皮苷、挥发油含量为指标，考察储存时间对质量的影响，发现随储存时间增长，陈皮中挥发油的含量逐渐降低，而陈皮苷的含量则逐渐增大。

264 橘红

【别名】川芸皮、川橘红。

【来源】为芸香科植物大红袍*Citrus reticulata* cv. Dahongpao的外层果皮。

【植物形态】小乔木或灌木。叶片披针形或椭圆形，顶端渐尖微凹，有半透明油点。花萼杯状，5裂；花瓣5，白色或带淡红色；雄蕊15~30，雌蕊1。果扁圆形，果顶稍凹，有时有小柱突。朱红色，略粗糙，瓢囊约8瓣，味略甜；种子约15粒。

【生境分布】多栽培。分布于库区各市县。

【采收加工】秋末冬初果实成熟后采摘，剥取外层果皮，晒干或阴干。

【药材性状】呈长条形或不规则薄片状，边缘皱缩卷曲。长条形的整条可盘成“云头”状，宽1.5 ~ 2 cm，厚约0.1 mm。外表面黄棕色或橙红色，具光泽，密布点状凹下或凸起的油点，俗称“棕眼”，内表面黄白色，亦有明显的油点，对光照视透明。质脆易碎。气芳香，味微苦、麻。

【显微鉴别】果皮切面：表皮为1列类方形细胞，外被角质层，厚3 ~ 4 μm；表皮下1 ~ 2列方形细胞排列较整齐；油室类圆形至卵圆形，径向150 ~ 1 240 μm，切向240 ~ 730 μm。

粉末特征：表皮细胞表面观多角形，类方形或长方形，壁稍厚；气孔类圆形，直径14 ~ 26 μm，副卫细胞5 ~ 8个，多为6个。油室碎片及油滴随处可见。

▲大红袍

【理化鉴别】检查橙皮苷：取本品粉末0.3 g，加甲醇10 mL，加热回流20 min，滤过，取滤液1 mL，加镁粉少量与盐酸1 mL，溶液渐呈红色。

【化学成分】参见“陈皮”条下。

【药理作用】参见“陈皮”条下。

【功能主治】药性：辛、苦，温。归脾、胃、肺经。功能：散寒燥湿，理气化痰，宽中健胃。主治：脾胃气滞湿阻，胸膈满闷，脘腹胀痛，不思饮食，呕吐呃逆，二便不利；肺气阻滞，咳嗽痰多。用法用量：内服煎汤，6~9 g；外用适量。使用注意：气虚证、阴虚燥咳及内有实热者慎服。

附方：

1. 治乳腺炎：橘红、薄荷叶各60 g。煎水，去渣后用干净毛巾浸汤，热敷患处，每日早晚各热敷1次。

2. 治寒痰：橘红10 g，半夏、甘草各6 g，大附子、川贝母各4 g。水煎，加竹沥、姜汁服。

【资源综合利用】大红袍成熟果皮亦是中药陈皮，又名川陈皮。未成熟的果实作枳壳用。

265 黄皮核

【别名】黄皮果。

【来源】为芸香科植物黄皮*Clausena lansium*（Lour.）Skeels的成熟种子。

【植物形态】常绿小乔木，高5 ~ 10 m。奇数羽状复叶互生：小叶5 ~ 13，纸质，阔卵形至卵状长圆形，长

▲黄皮

6～13 cm，宽2.5～6 cm，顶端短尖或短渐尖，基部阔楔尖至圆形，多少不对称，边缘浅波状或具不明显圆齿，两面无毛或下面疏被微柔毛。圆锥花序；萼基部合生，裂片5，长不及1 mm；花瓣5，白色，芳香，长不及5 mm，两面被黄色短柔毛；雄蕊10枚，2轮，外轮与萼片对生，内轮与花瓣对生，比外轮长，插生在花盘上。浆果球形、卵形、倒梨形或近圆形，长1.2～3 cm，黄色或橙黄色而略带褐色，被柔毛。种子1～3颗，偶有5颗。花期：春季。

【生境分布】生于海拔400～800 m的林中。有栽培。分布于开州、武隆地区。

【采收加工】夏季收集成熟种子，洗净，蒸熟，晒干。

【化学成分】种子含油量约53.21%。果皮、叶均含挥发油。叶又含酚类，黄酮苷，氨基酸，豆精类，黄皮酰胺等。树皮含小檗碱、黄柏碱、掌叶防己碱等多种生物碱、甾醇、黏液质，酯类成分。

黄皮酰胺是从民间用于治疗风湿及肝炎的黄皮叶中提出的化学成分。

【药理作用】有流感病毒、降胆固醇、降血糖作用。黄皮酰胺有抗缺氧及促智作用。

【功能主治】苦、辛，微温。理气，止痛，健胃消肿。用于脘腹胀痛，肝胃气痛，疝气痛，睾丸肿痛，小儿疮疖，痛经，风湿骨痛，蜈蚣咬伤，黄蜂蜇伤。用法用量：内服煎汤，6～9 g。外用鲜品适量，捣烂敷患处。

附方：

1. 治蜈蚣咬伤、黄蜂蜇伤：黄皮核适量。捣烂，敷患处。

2. 治肠痉挛，肠癌痛，胃神经痛：黄皮核适量。炒香，研末，水或黄酒送下，每服6 g，一日2～3次。

黄皮果有消食，化痰，理气作用，并能解荔枝毒。根、树皮有消肿，宣解郁热，理疝痛，利小便功能。叶用于防治感冒，流行性脑脊膜炎，咳嗽，疟疾，毒蛇、狂犬咬伤，小便不利，气胀腹痛，疟疾，疮疡，疥癣。

【资源综合利用】自然干燥的黄皮果核可用作天然黄皮酰胺的原料。果可食用，香甜可口，有帮助消化的功效，还可以加工制成果酱、蜜饯、饮料和糖果。

266　吴茱萸

【别名】优辣子、气辣子。

【来源】为芸香科植物吴茱萸*Evodia rutaecarpa*（Juss.）Benth.未成熟的果实。

【植物形态】 常绿灌木或小乔木，高3～10 m。树皮青灰褐色，幼枝紫褐色，有细小圆形的皮孔；幼枝、叶轴及花轴均被锈色绒毛。奇数羽状复叶对生，连叶柄长20～40 cm；叶柄长4～8 cm，小叶柄长2～5 mm；小叶5～9 cm，厚纸质或纸质，椭圆形至卵形，长5.5～15 cm，宽3～7 cm，顶端骤狭成短尖，基部楔形至广楔形或圆形，全缘或有不明显的钝锯齿，侧脉不明显，两面均被淡黄褐色长柔毛，脉上尤多，有明显的油点。雌雄异株；聚伞圆锥花序，顶生；花轴粗壮，密被黄褐色长柔毛，花轴基部有小叶片状的狭小对生苞片2枚；萼片5，广卵形，长1～2 mm，被短柔毛；花瓣5，白色，长圆形，长4～6 mm；雄花具5雄蕊，插生在极小的花盘上，花药基着，椭圆形，花丝粗短，被毛，退化子房顶端4～5裂；雌花的花瓣较雄花瓣大，退化雄蕊鳞片状，子房上位，心皮5，有粗大的腺点，花柱粗短，柱头顶端4～5浅裂。果实扁球形，成熟时裂开成5个果瓣，呈蓇葖果状，紫红色，表面有粗大油腺点，每分果有种子1颗，黑色，有光泽。花期6—8月，果期9—10月。

【生境分布】 生于低海拔向阳疏林下或林缘。多栽培。分布于库区各市县。

【采收加工】 7—8月，待果实呈茶绿色而心皮未分离时采收，在露水未干前采摘整串果穗，切勿摘断果枝，晒干，用手揉搓，使果柄脱落。如遇雨天，用微火炕干。

【药材性状】 果实类球形或略呈五角状扁球形，直径2～5 mm。表面暗绿黄色至褐色，有多数点状突起或凹下油点。顶端有五角星状的裂隙，基部有宿存的花萼及果柄，被有黄色茸毛。质硬而脆。气芳香浓郁，味辛辣而苦。以饱满、色绿、香气浓郁者为佳。

【显微鉴别】 果实横切面：类圆形，中央分为5室。外果皮表皮细胞1列，类圆形，排列整齐，大多含橙皮苷结晶，并有多数气孔，少数非腺毛及非腺毛脱落后的疤痕。中果皮较厚，薄壁组织中散有多数大型油室，直径120～180 μm，薄壁细胞含草酸钙簇晶，近内果皮尤密，簇晶直径12～16 μm。内果皮4～5列薄壁细胞，长方形，切向排列，较中果皮细胞小。果实每室内有1粒种子，类三角形，种皮石细胞呈栅栏状排列，壁较厚，种皮内全为胚乳组织。

粉末特征：褐色。非腺毛1～9细胞，长62～350 μm，壁疣明显，有的胞腔含棕黄色至棕红色物。腺毛头部7～14或更多细胞，椭圆形，常含黄棕色内含物；柄1～5细胞。草酸钙簇晶直径10～25 μm，偶有方晶。石细胞类圆形或长方形，直径35～70 μm，胞腔大。油室碎片有时可见，淡黄色。橙皮苷结晶呈扇形或圆形，有放射状纹理。

【理化鉴别】 取粉末3 g，加水20 mL，煎煮30 min，加6 mL盐酸调pH为2，用乙醚20 mL提取，将回收乙醚后

▲吴茱萸

的残渣再溶于乙醇0.5 mL中，点于硅胶H-1% CMC薄层板上，以氯仿-甲醇（20∶1）展开，展距15 mm，喷10%硫酸溶液，于110 ℃烤10 min，齐墩果酸显灰黑色斑点；或用氨熏后，齐墩果酸显黄棕色斑点。

【化学成分】果实含吴茱萸碱（evodiamine），吴茱萸次碱（rutaecarpine），羟基吴茱萸碱（hydroxyevodiamine），丙酮基吴茱萸碱（actonylevdiamine），吴茱萸啶酮（evodinone），吴茱萸精（evogin），吴茱萸苦素（rutaevin），黄柏酮（obacunone），吴茱萸苦素乙酸酯（rutaevine acetate），臭辣树交酯A（graucin A），吴茱萸烯（evodene），吴茱萸内酯醇（evodol），柠檬苦素（limonin）等。

【药理作用】有抗胃溃疡、抑制胃自发收缩活动、抗乙酰胆碱和氯化钡引起的胃痉挛性收缩、兴奋及抑制小肠、减少刺激性腹泻次数、抑制胃肠推进运动、保肝利胆、升高体温、镇痛、升或降压（与剂量呈依赖性关系）、提高瞬膜收缩力（与剂量呈依赖性关系）、减慢心率、增强心肌收缩力和增加心输出量、减少血管灌流量，增加血管阻力，改善球结膜微循环、保护心肌损伤、抑制血栓形成，延长血小板聚集时间、抗子宫平滑肌收缩、抑菌、杀虫、细胞毒、抗缺氧、利尿作用。吴茱萸碱及吴茱萸次碱对离体豚鼠右心房的正性肌力和正性变时作用。吴茱萸碱能诱导人宫颈癌HeLa细胞凋亡。

【功能主治】药性：辛、苦，热，小毒。归肝，脾胃经。功能：散寒止痛，疏肝下气，温中燥湿。主治：脘腹冷痛，厥阴头痛，疝痛，痛经，脚气肿痛，呕吐吞酸，寒渊泄泻。用法用量：内服煎汤，2～5 g；或入丸、散。外用适量，研末调敷或煎水洗。使用注意：不宜多服久服，无寒湿滞气及阴虚火旺者慎服。

附方：

1. 治疗高血压：吴茱萸粉，调醋，分敷两侧足心穴，盖薄膜，固定。

2. 小儿腹泻：吴茱萸2 g，丁香1.5 g，木香1.5 g，肉桂3 g，苍术3 g，以上五味混合粉碎，过筛。外用，取药粉适量，以食醋调糊状敷脐，用胶布封严，每日换药1次。

3. 治牙齿疼痛：吴茱萸煎酒，含漱。

吴茱萸根味辛、苦，性热。温中行气，杀虫。主治脘腹冷痛，泄泻，痢疾，风寒头痛，经闭腹痛，寒湿腰痛，疝气，蛲虫病，小儿疳积。叶散寒、止痛、敛疮。治霍乱转筋，心腹冷痛，头痛，疮疡肿毒。

【资源综合利用】吴茱萸为温中止痛要药，临床上常用来治疗心血管系统疾病、消化系统疾病、生殖系统疾病以及口腔溃疡等疑难杂病，有较好的疗效。

267 石虎

【别名】米巴子。

【来源】为芸香科植物石虎*Euodia rutaecarpa* var. *officinalis*（Dode）Huang的未成熟果实。

【植物形态】常绿灌木或小乔木，高3～10 m，有特殊的刺激性气味。树皮青灰褐色，幼枝紫褐色，有细小圆形的皮孔；幼枝、叶轴及花轴均被锈色绒毛。奇数羽状复叶对生，连叶柄长20～40 cm；叶柄长4～8 cm，小叶柄长2～5 mm；小叶3～11，长圆形至狭披针形，长5.5～15 cm，宽3～7 cm，顶端渐尖或长渐尖，基部楔形至广楔形或圆形，全缘，侧脉较明显，两面均被淡黄褐色长柔毛，脉上尤多，油腺粗大，厚纸质或纸质。雌雄异株；聚伞圆锥花序顶生；花轴密被淡黄色或无色长柔毛，花轴基部有小叶片状的狭小对生苞片2枚；萼片5，广卵形，长1～2 mm，被短柔毛；花瓣5，白色，长圆形，长4～6 mm；雄花具5雄蕊，插生在极小的花盘上，花药基着，椭圆形，花丝粗短，被毛，退化子房顶端4～5裂；雌花的花瓣较雄花瓣大，退化雄蕊鳞片状，子房上位，心皮5，有粗大的腺点，花柱粗短，柱头顶端4～5浅裂。果实扁球形，成熟时裂开成5个果瓣，呈蓇葖果状，紫红色，表面有粗大油腺点，每分果有种子1颗，带蓝黑色，有光泽。花期7—8月，果期9—10月。

【生境分布】生于海拔300～1 500 m的林下或林缘旷地，常栽培。分布于巫山、奉节、万州、开州、忠县、石柱、丰都、涪陵、武隆、长寿地区。

【采收加工】7—8月待果实呈茶绿色而心皮未分离时采收整串果穗，晒干，用手揉搓，使果柄脱落，扬净。如遇雨天，用微火炕干。

【药材性状】果实类球形或略呈五角状扁球形，直径2～5 mm。表面暗绿黄色至褐色，有多数点状突起或凹下油点。顶端有五角星状的裂隙，基部有宿存的花萼及果柄，被有黄色茸毛。质硬而脆。气芳香浓郁，味辛辣而苦。以饱满、色绿、香气浓郁者为佳。

【显微鉴别】果实横切面：类圆形，中央分为5室。外果皮表皮细胞1列，类圆形，排列整齐，大多含橙皮苷结晶，并有多数气孔，少数非腺毛及非腺毛脱落后的疤痕。中果皮较厚，薄壁组织中散有多数大型油室，直径120 ~ 180 μm，薄壁细胞含草酸钙簇晶，近内果皮尤密，簇晶直径12 ~ 16 μm。内果皮4 ~ 5列薄壁细胞，长方形，切向排列，较中果皮细胞小。果实每室内有1粒种子，类三角形，种皮石细胞呈栅栏状排列，壁较厚，种皮内全为胚乳组织。

粉末特征：褐色。非腺毛1 ~ 9细胞，长62 ~ 350 μm，壁疣明显，有的胞腔含棕黄色至棕红色物。腺毛头部7 ~ 14或更多细胞，椭圆形，常含黄棕色内含物；柄1 ~ 5细胞。草酸钙簇晶直径10 ~ 25 μm，偶有方晶。石细胞类圆形或长方形，直径35 ~ 70 μm，胞腔大。油室碎片有时可见，淡黄色。橙皮苷结晶呈扇形或圆形，有放射状纹理。

【理化鉴别】取粉末3 g，加水20 mL，煎煮30 min，加6 mL盐酸调pH为2，用乙醚20 mL提取，将回收乙醚后的残渣再溶于乙醇0.5 mL中，点于硅胶H-1% CMC薄层板上，以氯仿-甲醇（20：1）展开，展距15 mm，喷10%硫酸溶液，于110 ℃烤10 min，齐墩果酸显灰黑色斑点；或用氨熏后，齐墩果酸显黄棕色斑点。

【化学成分】果实含吴茱内酯（limonin evodtn），吴茱萸碱，吴茱萸次碱，羟基吴茱萸碱，石虎甲素（shih-Hu A），吴茱萸卡品碱，二氢吴茱萸卡品碱（dihydvocarpine），1-甲基-2-十一烷基-4（1H）-喹诺酮[1-methyl-2-undecyl-4（1H）-quinolone]，1-甲基-2-[（Z）-6-十一烯基]-4（1H）-喹诺酮等。

【药理作用】【功能主治】见“吴茱萸”。

石虎根温中行气，杀虫；主治脘腹冷痛，泄泻，痢疾，风寒头痛，经闭腹痛，寒湿腰痛，疝气，蛲虫病，小儿痱疮。叶能散寒、止痛、敛疮。主治零乱转筋，心腹冷痛，头痛，疮疡肿毒。

【资源综合利用】以吴茱萸类所含挥发油、吴茱萸碱、吴茱萸次碱、去甲吴茱萸碱的含量评价其品质，结果以石虎的质量为佳。

▲石虎

▲九里香

268 九里香

【别名】满山香、千里香、过山香。

【来源】为芸香科植物九里香*Murraya exotica* L.的茎叶。

【植物形态】灌木或小乔木，高3～8 m。羽状复叶；小叶3～9，卵形、倒卵形至近菱形，长2～8 cm，下面密生腺点。聚伞花序；花直径可达4 cm，极芳香；花瓣5，白色，倒披针形或狭长圆形，长2～2.5 cm，有透明腺点；雄蕊长短相间；柱头常较子房宽。浆果朱红色，球形或卵形。种皮具棉质毛。花期4—6月，果期9—11月。

【生境分布】生于旷地或疏林中，也有栽培。分布于武隆、长寿地区。

【显微鉴别】叶的横切面：上、下表皮细胞各1列，长方形，其上可见单细胞非腺毛，长30～100 μm，直径9～15 μm；叶肉组织不等面型，栅栏组织2～3列。不通过中脉；主脉维管束双韧型，其上、下两侧有纤维群，木化；叶肉组织含众多草酸钙簇晶，直径9～25 μm，有时可见方晶；油室多数，圆形，直径80～120 μm，内含黄色油滴。

【理化鉴别】取本品粗粉2 g，加乙醇20 mL，水浴回流30 min，滤过。取滤液5 mL，蒸干，残渣加醋酸乙酯2 mL使溶解，置试管中，加新制的7%盐酸羟胺甲醇溶液与10%氢氧化钾甲醇溶液各2～3滴，摇匀，微热，放冷，加稀盐酸调节pH值至3～4，加1%三氯化铁乙醇溶液，显紫红色。

【化学成分】叶含多种香豆精类化合物：九里香甲素（isomexoticin）、乙素、丙素。尚含游离氨基酸，催吐萝芙木醇，二十八醇，三十一烷，蛋白多糖，葡萄糖，挥发油，生物碱等。

【药理作用】有抗生育、兴奋子宫、解痉、局部麻醉、抑菌、抗凝血、抗炎作用。九里香蛋白多糖有免疫增强作用，可对抗环磷酰胺引起的白细胞减少。

【功能主治】辛、苦，微温；有小毒。行气止痛，活血散瘀，麻醉，镇惊，解毒消肿，祛风活络。用于胃酸疼痛，风湿痹痛，跌扑肿痛，牙痛，破伤风，流行性乙型脑炎，疮痈，蛇虫咬伤、局部麻醉止痛。用法用量：内服煎汤，6～12 g。外用适量，鲜叶捣烂敷患处。使用注意：阴虚患者慎服。

附方：

1. 治流行性乙型脑炎：鲜九里香叶15～30 g，鲜刺针草30～90 g，水煎，分2～3次服（或鼻饲）。如高热加大青叶30 g；抽搐频繁痰多者，另取鲜九里香叶15～30 g，捣烂，用冷汗水冲服。

2. 治骨折、痈肿：鲜九里香叶或根适量。捣烂，加鸡蛋清调，敷伤处。

3. 治蛇伤：九里香叶适量。捣烂，外敷伤处。

4. 治湿疹：鲜九里香枝叶适量。煎水，擦洗患处。九里香煎剂及酒浸剂12.5%有局部麻醉作用。

5. 治胃痛：九里香叶粉、两面针粉各2份，鸡骨香粉、松花粉各1份，和匀，加黏合剂制成水丸如黄豆大。每次服10～15丸，每日3次。

6. 手术麻醉：（1）九里香、两面针，用25%九里香注射液（使用时稀释1～2倍）和0.5%两面针注射液均作浸润麻醉。单独使用或混合使用均可。诱导时间，两面针2～6 min，九里香10～20 min。维持3～8 h。单独用九里香麻醉，对局部刺激较大，两药混合使用，可减轻局部刺激。（2）取鲜九里香茎、叶500 g，洗净、碾碎，加三花酒或50%乙醇1 000 mL，浸泡24 h后过滤，即成表面麻醉剂。用时取适量涂于咽喉部黏膜表面，做扁桃体切除术108例，效果良好。涂药后数分钟即出现麻醉作用，麻醉时间可维持10 min左右。

【资源综合利用】常见的园林树篱或孤植植物，修剪的株型美观大方。

269　枸橘

【别名】臭橘、绿衣枳实、绿衣枳壳。

【来源】为芸香科植物枸橘*Poncirus trifoliata*（L.）Raf. 幼果或未成熟果实。

【植物形态】落叶灌木或小乔木。茎分枝多，小枝扁压状。茎枝具腋生粗大的棘刺，长1～5 cm，刺基部扁平。三出复叶互生；叶柄长1～3 cm；顶生小叶倒卵形或椭圆形，长1.5～6 cm，宽0.7～3 cm，顶端微凹或圆，基部楔形，边缘有不明显小锯齿；侧生小叶较小，椭圆状卵形，基部稍偏斜，幼嫩时在主脉上有短柔毛，具半透明油腺点。花白色，具短柄，单生或成对生于二年生枝条叶腋，常先叶开放，有香气；萼片5，卵状三角形，长5～6 mm；花瓣5，倒卵状匙形，长1.5～3 cm，宽0.5～1.5 cm；雄蕊8～20或更多，长短不等；雌蕊1，子房近球形，密被短柔毛，6～8室，每室具数枚胚珠，花柱粗短，柱头头状。柑果球形，直径2～5 cm，熟时橙黄色，密被短柔毛，具很多油腺，芳香，柄粗短，宿存于枝上。种子多数。花期4—5月，果期7—10月。

【生境分布】库区各地多栽培于路旁、庭园作绿篱。

【采收加工】5—6月拾取自然脱落在地上的幼小果实，晒干；略大者自中部横切为两半，晒干者称绿衣枳实；未成熟果实，横切为两半，晒干者称绿衣枳壳。

【药材性状】绿衣枳实：呈圆球形或剖成两半，直径0.8～1.2 cm；外表面绿褐色，密被棕绿色毛茸，基部具圆盘状果柄痕；横剖面类白色，边缘绿褐色，可见凹陷的小点，瓤囊黄白色；味苦涩。

绿衣枳壳：多为半球形，直径2.5～3 cm；外皮灰绿色或黄绿色，有微隆起皱纹，被细柔毛；横剖面果皮厚3～5 mm，边缘有油点1～2列，瓤囊5～7瓣，中轴宽2～5 mm。气香，味微苦。

【显微鉴别】粉末特征：呈淡棕黄色或绿色。果皮表皮细胞不规则多角形，长9～17 μm，壁厚3～6 μm。横切面观，细胞径向延长，平周壁及垂周壁外方增厚。非腺毛由1～14个细胞组成，平直或稍弯曲，顶端渐尖或钝圆，长75～285 μm，壁疣明显，基部细胞直径17～20 μm，壁厚5～7 μm。中果皮细胞类圆形，壁厚7～10 μm。油室大小悬殊，长径91～715 μm。草酸钙结晶斜方形、菱形或多面体，长7～20 μm。

【化学成分】果实含枳属苷（poncirin），橙皮苷（hesperidin），野漆树苷（rhoifolin），柚皮苷（naringin）等。果皮含挥发油约0.47%，其中含α-蒎烯（α-pinene），β-蒎烯（β-pmene）等。种子含柠檬烯（limonene），欧芹属素乙（imperatorin），香柑内酯（bergapten）等。尚含脂肪油约1.9%，其中有棕榈酸（palmitic acid），硬脂酸（stearic acid），亚油酸（1inoleic acid），油酸（oleic acid）和亚麻酸（linolenic acid）。叶含枳属苷

（poncirin），新枳属苷（neoponcirin），柚皮苷（naringin）和野漆树苷（rhoifolin）等黄酮化合物。根含香豆精枸橼内酯（poncitrin），印度榅桲素（marmesin），去甲齿叶黄皮素（nordentatin）等。

【药理作用】有抗病毒、抗炎作用。橙皮苷和柚皮苷都能抑制大鼠眼晶状体的醛糖还原酶。

【功能主治】药性：辛、苦，温。归肝、胃经。功能：疏肝和胃，理气止痛，消积化滞。主治：胸胁胀满，脘腹胀痛，乳房结块，疝气疼痛，睾丸肿痛，跌打损伤，食积，便秘，子宫脱垂。用法用量：内服煎汤，9 ~ 15 g；或煅研粉服。外用适量，煎水洗；或熬膏涂。使用注意：气血虚弱、阴虚有火或孕妇慎服。

附方：

1. 治胃脘胀痛，消化不良：枸橘9 g。水煎服；或煅存性，研粉，温酒送服。
2. 治疝气：枸橘6个。用250 g白酒泡7 d，每服2盅，日服3次。
3. 治睾丸肿痛：枸橘3个，小茴香9 g。水煎服。
4. 治淋巴结炎：鲜枸橘、白矾各等分。捣烂，敷患处。
5. 治牙痛：枸橘6 g，小茴香9 g。水煎服。

枸橘种子能止血；主治肠风下血。叶味辛，性温；能理气止呕，消肿散结；主治噎膈，反胃，呕吐，梅核气，疝气。根皮能敛血，止痛；主治痔疮，便血，齿痛。树皮屑或果皮屑（枳茹）能息风止痉，化痰通络；主治中风身体强直，屈伸不利，口眼㖞斜。棘刺能止痛；主治龋齿疼痛。

6. 治肠风下血不止：枸橘种子、樗根白皮等分。炒，研末。每服3 g，皂荚子煎汤调服。
7. 治肠风下血：枸橘种子15 g，大青根15 g，臭牡丹15 g。水煎服。
8. 治痢疾：枸橘叶、萆薢等分。炒存性，研末，茶调6 g服。
9. 治风虫牙痛：枸橘刺适量。煎汁，含之。

【资源综合利用】据考证，唐宋以前所用枳实的原植物即为本种。枸橘之名始见于《纲目》。在注重药物开发的同时，应注重食品饮料的开发与利用。

▲枸橘

▲芸香

270 芸香

【别名】臭艾、臭草。

【来源】为芸香科植物芸香*Ruta graveolens* L.的全草。

【植物形态】多年生木质草本，高可达1 m。全株无毛但多腺点。叶互生，二至三回羽状全裂至深裂，长6～12 cm；裂片倒卵状长圆形、倒卵形或匙形，长1～2 cm，全缘或微有钝齿。聚伞花序顶生或腋生；花两性，金黄色，直径约2 cm；萼片4～5，细小，宿存；花瓣4～5，边缘细撕裂状；雄蕊8～10，花开初期与花瓣对生的4枚贴伏于花瓣，与萼片对生的4枚较长，斜出而外露，花盛开时全部雄蕊并列一起竖直且等长；心皮3～5，上部离生；花盘有腺点。蒴果4～5室；种子有棱，种皮有瘤状突起。花期4—5月，果期6—7月。

【生境分布】忠县、长寿地区常栽培。

【采收加工】7—8月生长盛期收割，阴干或鲜用。

【药材性状】全草多分枝，叶为二至三回羽状复叶或深裂，长6～12 cm，末回小叶或裂片倒卵状矩圆形或匙形，长0.6～2 cm，顶端急尖或圆钝，基部楔形，全缘或微有钝齿。茎叶表面粉白色或灰绿色，可见细腺点，揉之有强烈的刺激气味，味微苦。以枝叶嫩、叶多、色灰绿者为佳。

【化学成分】全草含挥发油，内有2-壬酮（2-nonanone），2-十一酮（2-undecanone），2-壬醇（2-nonano1），2-十一醇（2-undecanol），乙酸-2-十一醇酯（2-undecanylacetate），乙酸-2-壬醇酯（2-nonanylacetate），桉叶素（cineole），对-聚伞花素（p-cymene），α，β-蒎烯（α，β-pinene）等。还含芸香碱（graveoline），香草木宁碱（kokusaginine），茵芋碱（skimmianine），6-甲氧基白鲜碱（6-methoxydictamnine），加锡弥罗果碱（edulinine），山柑子碱（arborinine）等。芸香茎愈创组织培养液中含脱肠草素（herniarin），欧前胡内酯（imperatorin），芸香亭（rutaretin），白鲜碱（dictamnine），芸香吖啶酮过氧化物（rutacridone epoxide），羟基芸香吖啶酮过氧化物（hydroxy-rutacridone epoxide），3，9-二氨基-7-乙氧基吖啶乳酸盐（ethacridine-lactate）等。

【药理作用】有解痉、增加子宫自律性收缩、麻痹肌肉并累及心脏可引起哺乳动物血压进行性下降、抑制冠状动脉收缩、引起皮肤光过敏及光毒性、抗细菌、抗真菌、致突变性、抗炎、抗组胺作用。补骨脂素可与白血病L_{1210}细胞结合；和环磷酰胺合用，可显著降低动物死亡率。所含挥发油，有难闻的气味和刺激性，用于皮肤可引起烧灼感，发红和起泡，内服则引起剧烈胃痛、呕吐、衰竭、意识模糊、抽搐等。对低等动物可引起肝变性和实质性肾炎。在慢性试验中，中毒的动物有胃肠刺激、肾上腺及脾脏出血、肝硬化等。

【功能主治】药性：辛、微苦，寒。功能：祛风清热，活血散瘀，消肿解毒。主治：感冒发热，小儿高热惊风，痛经，闭经，跌打损伤，热毒疮疡，小儿湿疹，蛇虫咬伤。用法用量：内服煎汤，3～9 g，鲜品15～30 g；或捣汁。外用适量，捣敷；或塞鼻。使用注意：孕妇慎服。

附方：

1. 治危急重病昏晕：芸香叶适量。醋烹，搓熟塞鼻。
2. 治跌打肿痛：鲜芸香叶15 g。捣烂，冲温酒服；另用鲜芸香叶捣烂擦伤部。
3. 治痈疮肿毒，毒蛇咬伤：鲜芸香30 g，捣烂，绞汁，兑酒服，并以渣敷患处。

【资源综合利用】芸香是立陶宛的国花，不但辟蠹，而且可制作书签，是现代藏书的理想药用植物，具有很高的书香文化审美价值。

271 花椒

【别名】川椒、蜀椒、椒子。

【来源】为芸香科植物花椒*Zanthoxylum bungeanum* Maxim.的果皮。

【植物形态】落叶小乔木，高3～7 m。茎干的皮刺早落，当年生枝上刺基部扁且宽，呈三角形，枝被短柔毛。奇数羽状复叶互生，叶轴腹面两侧有狭小的叶翼，背面散生向上弯的小皮刺；叶柄两侧常有一对扁平基部特宽的皮刺；小叶无柄；叶片5～11，卵形或卵状长圆形，长2～7 cm，宽1～3 cm，顶端急尖或短渐尖，通常微凹，基部楔尖，边缘具钝锯齿或为波状圆锯齿，齿缝处有大而透明的腺点，上面无刺毛，下面中脉常有斜向上生

▲花椒

的小皮刺，基部两侧被一簇锈褐色长柔毛。聚伞圆锥花序顶生，花轴密被短毛；苞片细小，早落；花单性，花被片4～8，黄绿色，狭三角形或披针形；雄花雄蕊4～8，通常5～7；雌花心皮4～6，通常3～4，花柱外弯，柱头头状，成熟心皮通常2～3，蓇葖果球形，红色或紫红色，密生粗大而凸出的腺点。种子卵圆形，有光泽。花期4—6月，果期9—10月。

【生境分布】生于海拔600～2 450 m的山坡灌丛或密林中。分布于库区各市县。

【采收加工】9—10月果实成熟时，选晴天采摘，摊开晾晒，待果实开裂，将果皮与种子分开，晒干。

【药材性状】由1～2个球形分果组成，每一分果直径4～5 mm，自顶端沿腹缓线或腹背缝线开裂，常为基部相连的两瓣状。分果顶端具微细的小喙，基部大多具1～2个颗粒状未发育离生心皮，直径1～2 mm。外表面深红色、紫红色或棕红色，皱缩，有众多点状凸起的油点。内果皮光滑，淡黄色，薄革质，与中果皮部分分离而卷曲，果柄直径约0.8 mm，被稀疏短毛。果皮革质，稍韧，有持异香气，味持久麻辣。

【显微鉴别】果皮横切面：外果皮表皮细胞1列，垂平周壁角质纹理稀疏，有气孔；下皮细胞1～2列，较大、细胞内均含棕色块状物及颗粒状色素。中果皮宽广，只椭圆形油室9～12个；维管束外韧型，14～20个环列，其外有木化厚壁纤维群，厚壁细胞含较多草酸钙簇晶及少量草酸钙方晶，内果皮细胞多为梭形，少数类圆形、类方形或呈石细胞状，上下层细胞常镶嵌状排列，内表皮细胞1列，小形。

粉末特征：内果皮细胞甚多，成片或单个，呈长条形，相互呈嵌镶状排列，有时一端较粗，一端尖，长可达500 μm左右，直径10~40 μm，壁极厚，无色或淡黄白色，木化；果皮表皮细胞，表面观呈多角形，垂周壁略呈连珠状增厚，外表角质纹理细密，顺向排列。细胞中可见陈皮苷结晶，呈类圆形；果皮下皮细胞，类多角形、类方形或类圆形，直径30~55 μm，壁增厚，微木化，可见少数扁圆形单纹孔；下皮色素层细胞，类方形或多角形，直径达50 μm，腔中充满红棕色色素块；梯纹或螺纹导管，细小，直径10~20 μm；簇晶少数，存在于果皮薄壁细胞中，直径20~35 μm；油滴随处散在；木纤维少数，长达1 000余微米，一端较宽。尚可见少数不定式气孔，直径35 μm。

【理化鉴别】薄层鉴别：取花椒粗粉0.5 g，加乙醇5 mL，浸泡过夜，滤过，滤液作供试液；另取木兰碱，以乙醇溶解成每1 mL含约1 mg的溶液，作对照品溶液。吸取两溶液分别点样于同一硅胶H-1% CMC薄层板上，用正丁醇-醋酸-水（7：1：2）展开10 cm，取出，晾干，喷改良碘化铋钾试剂，供试品色谱在与对照品色谱的相应位置上，显相同的黄色斑点。

【化学成分】果皮含挥发油：柠檬烯（limnene）占总油量的25.10%，1，8-桉叶素（1，8-cineole）占21.79%，月桂烯（myrcene）占11.99%，还含α-和β-蒎烯（pinenc），香桧烯（sabincne）等。果实挥发油中含量最多的是4-松油烯醇占13.46%，其次是辣薄荷酮（piperitone）占10.64%，芳樟醇占9.10%，香桧烯占9.7%，柠檬烯占7.30%，邻聚伞花素（o-cymene）占7.00%，月桂烯占3.00%以及α-和β-蒎烯、α-松油醇等。种子挥发油中主成分是芳樟醇，占18.5%。其次是月桂烯占10.2%和叔丁基苯占1.18%等。果实尚含生物碱：香草木宁碱（kokusaginine），茵芋碱（ski-mmianine），青椒碱（schinifoline）及脱肠草素（herniarin），二十九烷（n-nocosane）等。

【药理作用】有抑菌和杀虫、抑制胃溃疡形成、镇痛、局部麻醉、抑制血小板聚集、抗炎作用。对肠平滑肌呈低浓度兴奋，高浓度抑制作用。对刺激性腹泻有抑制作用。

【功能主治】药性：辛，温，小毒。归脾，胃，肾经。功能：温中止痛，除湿止泻，杀虫止痒。主治：脾胃寒之脘腹冷痛，蛔虫腹痛，呕吐泄泻，肺寒咳喘，龋齿牙痛，阴痒带下，湿疹，皮肤瘙痒。用法用量：内服煎汤，3～6 g；或入丸、散。外用适量，煎水洗或含漱；或研末调敷。使用注意：阴虚火旺者禁服，孕妇慎服。

附方：

1. 治寒疝腹痛：花椒12 g，干姜4 g。水煎服。
2. 治疗顽癣：川椒25 g，紫皮大蒜100 g。先将川椒研粉，再与大蒜混合，舂成药泥。外用患处。

【资源综合利用】花椒始载于《尔雅》，名椴、大椒。《神农本草经》有“秦椒”及“蜀椒”之分。花椒所含脂肪类结构与某些免疫增强剂结构类似，本草有久服可“轻身增年”的记载，是食品工业的重要原料和人们日常生活的食用调料，也是库区农业产业结构的药用经济植物之一。

▲竹叶椒

272 竹叶椒

【别名】野花椒、土花椒、狗花椒、臭花椒。

【来源】为芸香科植物竹叶椒*Zanthoxylum panispinum* Sieb. Et Zucc.果实。

【植物形态】灌木或小乔木，高可达4 m。枝有弯曲而基部扁平的皮刺。羽状复叶互生；叶轴有翅，下面散生皮刺；小叶无柄，小叶片3～5，披针形或椭圆状披针形，长5～9 cm，顶端尖，基部楔形，边缘有细小圆齿，两面无毛而疏生透明腺点，主脉上二具针刺，侧脉不明显，纸质。聚伞状圆锥花序，腋生，长2～6 cm；花被1轮，6～8片，药隔顶部有腺点一颗；雌花心皮2～4，通常1～2个发育。蓇葖果1～2瓣，稀3瓣，红色，表面有突起的腺点。种子黑色，卵形。有光泽。花期3—5月，果期6—8月。

【生境分布】生于海拔300～2 500 m的疏林或灌丛中。分布于库区各市县。

【采收加工】夏季果实成熟时，选晴天采收，摊开晾晒，待果实开裂，将果皮与种子分开，晒干。

【药材性状】球形小分果1～2，直径4～5 mm，端具细小喙尖，基部无未发育离生心皮，距基部约0.7 mm处小果柄顶部具节，稍膨大。外表面红棕色至褐红色，稀疏散布明显凸出成瘤状的油腺点。内果皮光滑，淡黄色，薄革质。果柄被疏短毛。种子圆珠形，直径约3 mm，表面深黑色，光亮，密布小疣点，种脐圆形，种脊明显。果实成熟时珠柄与内果皮基部相连，果皮质较脆。气香，味麻而凉。以色红棕、味麻有凉感者为佳。

【显微鉴别】果皮横切面：果皮外方显著凹凸状。表皮细胞1列，有时外被角质层。下皮细胞1～2列。中果皮宽广，由薄壁细胞组成，分布油室5～6个，直径311～467 μm，维管束12～15个。内果皮为2～5列，木化，厚壁细胞。表皮及下皮细胞内含众多无定形或颗粒状棕色色素，中果皮薄壁细胞含较多草酸钙晶，直径10～40 μm，并有少量方晶及圆形淀粉粒。

【化学成分】果实含挥发油。根含崖椒碱（y-fagarine），木兰花碱（magnoflorine），竹叶椒碱（xanthoplanine），旋细辛素（asarinin），左旋竹叶椒脂素（planinin），香树脂醇（β-amyrin），β-谷甾醇。根皮含白鲜碱

（dictamnine），茵芋碱（skimmianine），木兰花碱，花椒根碱（zanthobungeanine）。

【药理作用】有提高免疫功能、抗菌、兴奋心脏、增加心肌张力、收缩血管、收缩子宫平滑肌、镇痛作用。

【功能主治】药性：辛、微苦，温，小毒。归脾，胃经。功能：温中止痛，除湿止泻，杀虫止痒。主治：用于脘腹冷痛，胃寒呕吐泄泻，蛔虫病，龋齿牙痛，阴痒带下，湿疹，疥癣。用法用量：内服煎汤，3～6 g。外用适量，煎水洗或含漱；或研末调敷。

附方：

1. 治胃痛、牙痛：竹叶椒3～6 g，山姜根9 g。研末。温开水送服。

2. 治痞症腹痛：竹叶椒9～15 g。水煎或研末。每次1.5～3 g，黄酒送服。

3. 治虚寒胃痛：①竹叶椒3～6 g。水煎服。②竹叶椒6 g，生姜9 g。水煎服。

竹叶椒根主治黄疸型肝炎，肾炎水肿，腹冷痛，风湿性关节炎，牙痛；肌注治疗胆道疾患、胃与十二指肠溃疡、肠痉挛、手术后疼痛。叶主治跌打损伤、腰肌劳损、乳腺炎、疖肿、毒蛇咬伤。

治乳腺炎：竹叶椒鲜叶适量。捣烂，调酒敷；另用鲜根30 g，水煎调酒服。

苦木科Simaroubaceae

273　臭椿皮

【别名】椿根皮、樗白皮、苦椿皮。

【来源】为苦木科植物臭椿*Ailanthus altissima*（Mill.）Swingle的根皮或树皮。

【植物形态】落叶乔木，高可达20 m。树皮有直的浅裂纹，嫩枝赤褐色，被疏柔毛。奇数羽状复叶互生，小叶13～25，揉搓后有臭味，卵状披针形，长7～12 cm，宽2～4.5 cm，顶端渐尖，基部斜截形，全缘，仅在基部通常有1～2对粗锯齿，齿顶端背面有1腺体。圆锥花序顶生；花杂性，白色带绿；雄花有雄蕊10枚；子房为5心皮，柱头5裂。翅果长圆状椭圆形，长3～5 cm。花期4—5月，果熟期8—9月。

▲臭椿

【生境分布】栽培或野生在海拔600～2 400 m的沟边、屋旁、农田边或杂木林中。分布于库区各市县。

【采收加工】春、秋季挖取根部或割下树干皮，去除粗皮，切丝，晒干。

【药材性状】根皮呈扁平块片或不规则卷片状，厚2～10 mm。外皮呈灰黄色或黄棕色，粗糙，皮孔明显，纵向延长，微突起，有时外面栓皮剥落，呈淡黄白色；内表面淡黄色，较平坦，密布细小棱形小点或小孔。质坚脆，折断而强纤维性，易与外皮分离。有油腥臭气，折断后更甚，味苦。干皮多呈扁平块状，厚3～5 mm或更厚；外表暗灰色至灰黑色，具不规则纵横裂，皮孔大，去柱皮后呈淡棕黄色；折断面颗粒性。

【显微鉴别】根皮（厚3 mm）横切面：木栓细胞切向延长，排列整齐，厚达数十列，其内侧有环列的石细胞群。韧皮部有成束或偶有单个散在的纤维和石细胞群。石细胞直径24～30 μm，长可达150 μm，壁甚厚，黄色，孔沟明显，有的含有草酸钙方晶，纤维较多，直径20～40 μm，壁厚，木化。射线宽2～4列细胞，外部扩大呈喇叭状；有的薄壁细胞含草酸钙簇晶和方晶。

粉末特征：根皮粉末浅黄色。石细胞甚多，淡黄色，类圆形、类方形、类长方形或不规则状，直径24～96 μm，长可达150 μm，壁甚厚，或三面较厚一面菲薄，孔沟明显，胞腔常含草酸钙方晶。纤维直径20～40 μm，壁厚，木化，有的末端呈波状或有锯齿状突起。草酸钙簇晶直径15～50 μm，方晶呈多面形或双锥形，直径11～50 μm。淀粉粒多而细小，直径2～14 μm，多为单粒，也有2～3个分粒组成的复粒，脐点裂缝状、飞鸟状或星状，层纹不明显。干皮粉末中木栓细胞碎片较多，而草酸钙簇晶偶见，无淀粉粒。

【理化鉴别】取本品粗粉5 g，加甲醇50 mL，振摇放置过夜，滤过。滤液供以下试验：

（1）检查内酯类取滤液1 mL，加3%碳酸钠溶液1 mL，在沸水中加热3 min，再温水浴中冷却，加入新配制的重氮化试剂1～2滴，溶液立即呈深红色。

（2）检查甾体类取滤液2 mL。置水浴上蒸干，残渣加冰醋酸1 mL使溶解，加乙酸酐-浓硫酸（19：1）试剂1 mL，溶液由黄绿色迅速变为污绿色。

【化学成分】树皮含臭椿苦酮（ailanthone）等。根皮含臭椿苦内酯，乙酰臭椿苦内酯，臭椿双内酯（shinjudilactone）等。

【药理作用】有抗癌作用。

【功能主治】药性：苦、涩，寒。功能：清热燥湿，涩肠，止血，止带，杀虫。主治：癌症，泄泻，痢疾，便血，尿血，崩漏，白浊，湿热带下，痔疮出血，蛔虫症，疮癣，湿疹，疖肿。

附方：

1. 治滴虫性阴道炎：臭椿根皮15 g。水煎服。另用千里光全草30 g，薄荷、蛇床子各15 g。煎水外洗。
2. 治膀胱炎、尿道炎：臭椿根白皮12 g（鲜品45 g），鲜车前草60 g。水煎服。
3. 治关节疼痛：臭椿根皮30 g，酒水各半，猪脚1只。同炖服。

【资源综合利用】韩国学者发现臭椿茎皮对HIV-1有显著抑制作用。此外还具有抗癌作用。种子含油量为37.04%，可作工业用油的原料。

274 苦木

【别名】黄瓣树、苦弹子。

【来源】为苦木科植物苦树*Picrasma quassioides*（D. Don）Benn.的枝或茎木。

【植物形态】落叶乔木，高达10余米；树皮紫褐色，平滑，有灰色斑纹，全株有苦味。叶互生，奇数羽状复叶，长15～30 cm；小叶9～15，卵状披针形或广卵形，边缘具不整齐的粗锯齿，顶端渐尖，基部楔形，除顶生叶外，其余小叶基部均不对称，叶面无毛，背面仅幼时沿中脉和侧脉有柔毛，后变无毛；落叶后留有明显的半圆形或圆形叶痕；托叶披针形，早落。花雌雄异株，组成腋生复聚伞花序，花序轴密被黄褐色微柔毛；萼片小，通常5，偶4，卵形或长卵形，外面被黄褐色微柔毛，覆瓦状排列；花瓣与萼片同数，卵形成阔卵形，两面中脉附近有微柔毛；雄花中雄蕊长为花瓣的2倍，与弯片对生，雌花中雄蕊短于花瓣；花盘4～5裂；心皮2～5，分离，每心皮有1胚珠。核果成熟后蓝绿色，长6～8 mm，宽5～7 mm，种皮薄，萼宿存。花期4—5月，果期6—9月。

▲苦树

【生境分布】生于海拔300～1 400 m的山坡、山谷及村边的杂木林中。分布于万州、开州、忠县、石柱、武隆地区。

【采收加工】全年可采。除去茎皮，切厚片或砍成细块，晒干。

【药材性状】枝呈圆柱形，长短不一，可达30 cm，或厚片1 cm。表面灰绿色或灰棕色，有细密的皱纹及多数点状皮孔，皮孔呈圆形或长椭圆形。质脆，折断面不整齐。淡黄色，髓黄白色。气微，味苦。

【显微鉴别】茎枝横切面：外为1～2列表皮细胞，内含红色油状物。木栓层由10余列切向延长的木栓细胞组成；皮层窄，有草酸钙单晶及少数方晶，韧皮部有许多纤维束切向排列呈层状，纤维壁薄，弱木化，纵切面观长140～240 μm，直径12～20 μm，两端细尖；射线内有单晶或簇晶，簇晶直径16～20 μm。木质部由导管、木纤维有木细胞组成，均木化，导管内常含黄棕色内含物。木射线1～5列细胞，具单纹孔。

粉末特征：黄绿色。导管主为具绿纹孔导管及网纹导管。韧皮纤维壁较薄，长梭形；木纤维壁厚，木化，纹孔及孔沟明显。草醛钙簇晶及方晶多见。木薄壁细胞壁增厚，多角形、形似石细胞，层纹隐约可见。

【理化鉴别】（1）检查内酯：取本品粗粉2 g，加乙醇提取，蒸去乙醇后加适量蒸馏水溶解，再以氯仿提取，蒸干，加蒸馏水2 mL溶解。取1 mL溶液置紫外光下观察，显天蓝色荧光，滴加氢氧化铵试液后，显淡黄绿色荧光。（2）薄层鉴别：取本品粉末1 g，加甲醇10 mL冷浸过夜，滤过，滤液备用。以苦木碱B、C、D、F为对照品点于硅胶G薄层板上，用氯仿为展开剂，展距18 cm。以改良Dragendorff-wagner（1：1）试剂为显色剂显色，置紫外光灯下（365 nm）观察，样品与对照品在相应的位置显相同颜色的斑点。

【化学成分】含1-羟甲基-β-咔巴琳（1-hydmxydrothy-β-carboline），苦木碱，苦树碱（picrasidine），苦木苦素（Kuassm），新苦木苦素（neoquassin），苦树内酯（kusulactone），苦木内酯（nigakilactone），苦树素，苦木半缩醛（nigakihemiacetal），苦树醇（picrasinol），苦树苷（picrasinolside），（248）-27-羟基-3-氧代-7，24-甘遂二烯-21-醛[（248）-27-hydroxy]-3-oxo-7，24-tirucalladien-21-a1]，β-谷甾醇等。

【药理作用】有减慢心率、改善心肌营养性血流量、抑制交感神经放电、降压、增强肠管血流、保肝、抗癌、抗菌、抗蛇毒、抗炎、解热作用。

【功能主治】药性：苦，寒，小毒。功能：清热解毒，燥湿，杀虫。主治：上呼吸道感染，肺炎，急性胃肠炎，痢疾，胆道感染，疮疖，疥癣，湿疹，水火烫伤，毒蛇咬伤，无名肿毒，外伤出血。用法用量：内服煎汤，6～15 g，水煎服；或入丸、散。外用适量，水煎外洗；或研末调敷。使用注意：孕妇慎服。

附方：

1. 治菌痢：苦木12 g。研粉，分3～4次服。
2. 治急性肠炎、菌痢：苦木10 g，穿心莲10 g。共研细，口服。

【资源综合利用】苦木在临床制成片剂和注射剂。片剂用于治疗炎性感染，并治疗高血压病。注射液治疗毒蛇咬伤效果好。

橄榄科Burseraceae

275　青果

【别名】青榄。

【来源】为橄榄科植物橄榄*Canarium album*（Lour.）Raeusch的果实。

【植物形态】常绿乔木，高10～25 m。树皮淡灰色，平滑；幼枝、叶柄及叶轴均被极短的柔毛，有皮孔。奇数羽状复叶互生，长15～30 cm；小叶11～15，纸质或近革质，长圆状披针形，长6～14 cm，宽2～5.5 cm，顶端渐尖，基部楔形至圆形，偏斜，全缘；叶无毛，网脉两面均明显，下面网脉上细小疣点。花序腋生，微被绒毛至无毛；雄花序为聚伞圆锥花序，长15～30 cm，多花；雌花序为总状，长3～6 cm，具花12朵以下。核果卵形，长约3 cm，初时黄绿色，后变黄白色，两端锐尖。花期5—7月，果期8—10月。

【生境分布】生于低海拔杂木林中，有栽培。分布于开州地区。

【采收加工】秋季采收，晒干或阴干；或用盐水浸渍后或开水烫过后，晒干。

【药材性状】果实纺锤形，两端钝尖，长2.5～4 cm，直径1.5～2 cm。表面棕黄色或紫褐色，有不规则深皱纹。果肉厚，灰棕色或棕褐色。果核梭形，暗红棕色，表面具纵棱3条，棱间有2条弧形弯曲的沟；质坚硬，破开后其内多分3室，各有梭长形种子1枚。内果皮分2层，外皮黄色，较厚，内皮红棕色，膜质。子叶2片，白色或黄白色，气清香。果肉味涩，久嚼微甜。

【显微鉴别】横切面：外果皮表皮细胞1列，细胞呈类长方形，外被角质层，含黄棕色物。中果皮为数十列薄壁细胞，有维管束及色素分布。草酸钙簇晶甚多，亦含草酸钙方晶。内果皮石细胞呈长方形、类圆形或不规则形，外侧的壁较厚，孔沟细密而明显，内侧的胞腔较明显，孔沟明显分叉。

粉末特征：呈棕褐色。石细胞成群或单个散在，无色或淡黄色，呈类圆形、长椭圆形或，直径30～70 μm，长

▲橄榄

可至240 μm，壁厚6～35 μm，胞腔充满棕色物质。果皮表皮细胞呈多角形或类方形；直径15～35 μm，胞胶内含棕色物质。草酸钙结晶呈类方形或簇状，直径12～24 μm。种子外表皮细胞淡黄色，呈多角形，直径17～38 μm。胚乳细胞为薄壁细胞，类方形，内含脂肪油。

【理化鉴别】薄层鉴别：取青果粉末2.5 g，加5%（g/mL）H_2SO_4液25 mL加热水解30 min，滤过，滤液加等量EtOAc液萃取2次，合并滤液，作为青果供试液。取没食子酸对照品配成5 μg/mL试液，作为对照液。分别点上青果供试液及没食子酸对照液各5 μL，用正丁醇-醋酸-水（4：1：2）上层为展开剂，上行展开15 cm，取出挥去溶剂，喷以$FeCl_3$试液，显色。供试液与对照液在相同的位置显相同颜色的斑点。

【化学成分】果实含滨蒿内酯（scoparone），东莨菪酯（scopoletin），（E）-3，3'-二羟基-4，4'-二甲氧基芪[（E）-3，3'-dihydroxy-4，4'-dimethoxystilbenel]，没食子酸（gallic acid）。另含蛋白质约1.2%、脂肪1.09%、碳水化合物12%、钙0.204%、磷0.046%、铁0.001 4%。种子含油量为7%～8%，油中主要为香树脂醇及挥发油等。

【药理作用】有保肝、抗HBsAg作用。叶提取物对肿瘤坏死因子生成和β-氨基己糖苷酶释放有抑制作用。

【功能主治】药性：甘、酸、涩，平。功能：清肺利咽，生津止渴，解毒。主治：咳嗽痰血，咽喉肿痛，暑热烦渴，醉酒，鱼中毒。用法用量：内服煎汤，6～12 g。外用适量，研末擦；或油调敷。使用注意：不宜多服，脾胃虚寒及大便秘结者慎服。

附方：

1. 咽喉炎：青果（去核）、桔梗、生寒水石、薄荷各124 g，青黛、硼砂各24 g，甘草62 g，冰片4 g。研末为蜜丸。每服3 g，每日2次。

2. 治孕妇胎动心烦，口渴咽干：青果适量。置猪肚内，炖熟，食肉喝汤。

【资源综合利用】橄榄在我国有悠久的栽培历史，内含丰富的蛋白质、钙及维生素C等，是一味药食两用佳品。随着人民生活水平的提高，橄榄市场价格看好，并且成为出口创汇果品。因此，在库区发展橄榄生产可获得较高经济收益，开发利用前景广阔。

楝科Meliaceae

276　米仔兰

【别名】鱼子兰、珠兰、米兰。

【来源】为楝科植物米仔兰*Aglaia odorata* Lour.的枝叶。

【植物形态】常绿灌木或小乔木，高4～7 m。多分枝，幼嫩部分常被星状锈色鳞片。奇数羽状复叶互生，长5～12 cm，叶轴有狭翅；小叶3～5，对生，倒卵形至长圆形，长2～7 cm，宽1～3.5 cm，顶端钝，基部楔形，全缘，无毛。圆锥花序腋生；花杂性，雌雄异株；花萼5裂，裂片圆形；花瓣5，黄色，长圆形至近圆形，极香；雄蕊5，花丝合生成筒，筒较花瓣略短，顶端全缘；子房卵形，密被黄色粗毛，花柱极短，柱头有散生的星状鳞片。浆果卵形或近球形，径约1 cm，幼时被散生的星状毛，后变无毛。种子有肉质假种皮。花期6—11月。

【生境分布】生于湿润、肥沃的壤土和砂壤土林中，库区各地常见栽培。

【采收加工】全年均可采，洗净，鲜用或晒干。

【药材性状】枝灰白色至绿色，直径2～5 mm，外表有浅沟纹，并有突起的枝痕、叶痕及多数细小的疣状突起。叶长椭圆形，长2～6 cm，顶端钝，基部楔形而下延，无柄；上面有浅显的网脉，下面羽脉明显，叶缘稍反卷。薄革质，稍柔韧。

【化学成分】枝叶含米仔兰醇（aglaiol），米仔兰酮（aglaione），米仔兰碱（odorine），米仔兰醇碱（odorinol），洛克米兰醇（rocaglaol），洛克米兰酰胺（rocazlamide）等。花含挥发油，其中主成分有：α-葎草烯（α-humulene，占42.78%），α-烯（α-copaene，占23.06%），β-丁香烯（β-caryophyllene，占14.90%），β-荜澄茄油烯（β-cubebene，占6.13%），β-烯（β- gurjunene，占2.22%）及荜澄茄油烯等。

【功能主治】药性：辛，微温。功能：祛风湿，散瘀肿。主治：风湿关节痛，跌打损伤，痈疽肿毒。用法用

▲米仔兰

量：内服煎汤，6 ~ 12 g。外用适量，捣敷；或熬膏涂。

附方：

治跌打骨折，痈疮：米仔兰枝叶9 ~ 12 g。水煎服；并用鲜叶适量，捣烂，调酒，炒热外敷。

米仔兰花味辛、甘，性平。能行气宽中，宣肺止咳。主治胸膈满闷，噎膈初起，感冒咳嗽。内服煎汤，3 ~ 9 g；或泡茶。孕妇忌服。

1. 治胸膈胀满：米仔兰花、藿香、枇杷叶、石斛、竹茹、橘红各9 g。水煎服。
2. 治噎膈初起：米仔兰花、郁金、苏子各9 g，沉香1.5 g，白蔻3 g，芦根汁适量。水煎服。
3. 治气郁胸闷，食滞腹胀：米仔兰花3 ~ 9 g。水煎服。

277　苦楝皮

【别名】楝皮、川楝皮。

【来源】为楝科植物楝*Melia azedarach* L.的根皮或树皮。

【植物形态】落叶乔木，高15 ~ 20 m。树皮暗褐色，纵裂，老枝紫色，有多数细小皮孔。二至三回奇数羽状复叶互生；小叶卵形至椭圆形，长3 ~ 7 cm，宽2 ~ 3 cm，顶端长尖，基部宽楔形或圆形，边缘有钝尖锯齿，上面深绿色，下面淡绿色，幼时有星状毛，稍后除叶脉上有白毛外，余均无毛。圆锥花序腋生或顶生；花淡紫色。花萼5裂，裂片披针形，两面均有毛；花瓣5，平展或反曲，倒披针形；雄蕊管通常暗紫色；子房上位。核果圆卵形或近球形，长1.5 ~ 2 cm，淡黄色，4 ~ 5室，每室具1种子。花期4—5月，果熟期10—11月。

【生境分布】栽培或野生于海拔300 ~ 1 200 m的山坡阳处林中。分布于库区各市县。

【采收加工】春、秋两季采收，剥取干皮或根皮，晒干。

【药材性状】干皮呈不规则块片状、槽状或半卷筒状，长宽不一，厚4 ~ 10 mm。外表面粗糙，灰棕色或灰褐色，有交织的纵皱纹，点状灰棕色皮孔。除去粗皮者淡黄色；内表面类白色或淡黄色。质韧不易折断，断面纤维性，呈层片状，易剥离成薄片，系黄色的纤维层与白色的薄壁层相间，每层有片均可见松细的网纹。无臭，味苦。根皮呈不规则片状或卷曲，厚1 ~ 5 mm。外表面灰棕色或棕紫色微有光泽，粗糙。树皮以皮细、近根部为

▲楝

佳。根皮以皮厚，去栓皮者为佳。根皮优于树皮。鲜皮优于干皮。

【显微鉴别】根皮横切面：落皮层较厚，其内侧可见射线及颓废筛管群；木栓层为多列木栓细胞。韧皮部韧皮射线波状弯曲，宽3～5列细胞；韧皮纤维排列成多层断续的环层，纤维束周围的细胞含草酸钙方晶，形成晶纤维。薄壁细胞含淀粉粒，有的含草酸钙方晶。

粉末特征：红棕色。纤维甚长，直径15～27 μm，壁极厚，木化；纤维束周围的细胞常含单酸钙方晶，形成晶纤维；含晶细胞壁不均匀木化增厚，厚约14 μm，方晶正立方形或多面形，直径13～29 μm。木化韧皮薄壁细胞常紧附纤维束旁，类长方形、长条形或类圆形，长43～130 μm，直径15～37 μm，壁稍厚，微木化，具稀疏纹孔。此外，有木栓组织碎片，有的含红棕色物；淀粉粒单粒直径约至13 μm。

【理化鉴别】检查三萜类：取本品粉末约1 g，加乙醚10 mL、浸渍2 h，时时振摇，滤过。取滤液1 mL，挥干后，滴加对二甲氨基苯甲醛试液数滴，显紫红色；另取滤液1 mL置试管中，挥干后，加醋酐1 mL搅拌，沿管壁加硫酸数滴，醋酐层显绿色，硫酸层显红色至紫红色。

【化学成分】树皮含有川楝素（toosendanin），苦楝酮（kulmone），苦楝萜酸酮甲酯（methylku-lonate），苦楝萜醇内酯（kulolane），苦楝萜酮内酯（kulactone），苦楝子三醇（meliantriol），异川楝素（isotoosendanin）等。果实含苦楝新醇（melianoninol），苦楝醇（melianol），苦楝二醇（meliandiol），香草醛（vanillin）和香草酸（vanillic acid）等。

【药理作用】有驱蛔虫、抗肉毒、抗菌、抗胃溃疡、抗腹泻、利胆、抑制胃癌（SGC-7901）细胞增殖、抑制呼吸中枢作用。川楝素还是一种神经肌肉传递的阻滞剂，可抑制刺激神经诱发的乙酰胆碱的释放。可使慢反应电位的APD延长和收缩力（Fc）增强，其正性肌力作用继发于APD的延长及ISI的失活减慢。对多种昆虫有拒食作用。川楝素对胃有刺激作用。急性中毒主要为急性循环衰竭；亚急性毒性表现血浆LTL升高和肌无力。

【功能主治】药性：苦，寒，有毒。功能：杀虫，疗癣，行气止痛，清热燥湿。主治：蛔虫病，蛲虫病，阴道滴虫病，疥疮，湿疹瘙痒，蛇虫咬伤，疝气疼痛，脘腹腔胁肋疼痛，跌打肿痛。用法用量：内服煎汤，3～10 g；或入丸、散。外用适量，研末调涂。脾胃虚寒者禁服。使用注意：内服用量不宜过大及久服，以免引起恶心、呕吐，甚至死亡等毒副作用。

附方：

1. 治小儿蛔虫：苦楝皮10 g，石榴皮10 g，贯众10 g，槟榔10 g。混合粉碎，过120目筛，即得。每服0.5 g，饭前服用。

2. 治疥疮：苦楝皮、皂角各等分。水煎，外洗。

3. 治阴道滴虫：苦楝皮100 g，水煎，过滤。用时，将药棉浸湿纳入。

楝的果实也作川楝子用。

【资源综合利用】楝树皮及种子可用来提取川楝素，川楝素是迄今有效的抗肉毒的有效药物，也有杀农业害虫的作用，可用于开发生物农药。

278 川楝子

【别名】川楝实、楝子、金铃子。

【来源】为楝科植物川楝*Melia toosendan* Sieb. et Zucc.的成熟果实。

【植物形态】乔木，高达10 m。幼枝密被星状鳞片；树皮灰褐色，具皮孔。二回奇数羽状复叶，长约35 cm；每1羽片有小叶4～5对；小叶对生，卵形或窄卵形，长4～10 cm，宽2～4.5 cm，全缘或少有疏锯齿，两面无毛。圆锥花序腋生，长为叶的1/2；花萼片5～6，灰绿色；花瓣5～6，淡紫色，匙形；雄蕊10或12，花丝合生成筒。花盘近杯状，子房近球形，柱头圆柱形。核果大，椭圆形或近球形，长约3 cm，黄色或栗棕色，内果皮为坚硬木质，有棱，6～8室。种子长椭圆形，扁平。花期3—4月，果期9—11月。

【生境分布】生于海拔400～1 800 m的路旁或林中。分布于库区各市县。

【采收加工】11—12月果皮呈浅黄色时采摘，晒或烘干。

【药材性状】核果呈类圆形，直径2～3.2 cm。表面金黄色至棕黄色，微有光泽，皱缩或略有凹陷，具深棕色小点。顶端有花柱残痕，基部凹陷，有果梗痕。外果皮革质，与果肉间常有空隙；果肉松，淡黄色，遇水润湿显黏性。果核球形或卵圆形，质坚硬，两端平截，有6～8条纵棱，内分6～8室，每室含黑棕色长圆形的种子1粒。气特异，味酸、苦。

以个大、饱满、外皮金黄色、果肉黄白色者为佳。

【显微鉴别】果皮横切面：外果皮细胞类方形，外被厚角质层。中果皮主为薄壁细胞，内含淀粉粒，有的含草酸钙簇晶，直径约16 μm；分泌细胞圆形或椭圆形，长85～197 μm，宽40～127 μm；维管束细小，纵横散布内侧。内果皮主要为纤维，内有石细胞散在，靠近中果皮的纤维多纵向排列，内侧的多横向排列；晶纤维的含晶细胞，壁呈不均匀增厚，常数个相连，胞腔内含草酸钙棱晶。

粉末特征：黄棕色。内果皮纤维及晶纤维成束，常上下层交错排列或排列不整齐，稍弯曲，长短不一，末端钝圆，直径9～36 μm，壁极厚，孔沟不明显，有的胞腔含黄棕色颗粒状物；含晶细胞壁厚薄不一，木化，含方晶，少数含簇晶。果皮石细胞不规则长条形或长多角形，有瘤状突起或钝圆短分枝，弯曲呈“S”形，每一短分

▲川楝

▲川楝花

枝胞腔呈星状，胞腔充满棕色物。果皮孔纹细胞类长多角形或长条形，具圆纹孔或斜纹孔，常可见数个纹孔集成纹孔域。种皮细胞鲜黄色或橙黄色，表面观多角形，有较密颗粒状纹理。种皮含晶细胞壁厚薄不一，胞腔内充满淡黄色、黄棕色或红棕色物，并含细小草酸钙方晶。

【理化鉴别】薄层鉴别：粗粉1 g，加4 mL乙醚，浸泡过夜，滤过。吸取滤液点于硅胶G薄层板上，苯-丙酮（9：1）展开，喷以0.125%对二甲氨基苯甲醛硫酸液，加热，呈现11个斑点。

【化学成分】果实含川楝素（toosendanin），苦楝子酮（melianone），脂苦楝子醇（Lipomelianol），21-O-乙酰川楝子三醇（21-O-acetyltoosendantriol），21-O-甲基川楝子五醇（21-O-methyltoosendanpentaol），川楝苷A[3-甲氧基-5-羟基-9-（1'-O-β-D-葡萄糖）-苏式-苯丙三醇]，川楝苷B[4-羟基-7，8-（2'，1'-O-β-D-葡萄糖）-苯丙三醇]，苏式-愈创木基甘油。

【药理作用】川楝素的药理作用见“苦楝皮”条下。此外，从苦楝子油中分离出的印楝定有明显的抗关节炎及抗组胺活性。川楝子不同炮制品都有显著镇痛抗炎作用，川楝子对人体宫颈癌JTC-26有明显抑制作用，抑制率在90%以上。

【功能主治】药性：苦，寒，小毒。归肝，胃，小肠经。功能：疏肝泄热，行气止痛，杀虫。主治：脘腹胁肋疼痛，疝气疼痛，虫积腹痛，头癣。用法用量：内服煎汤，3～10 g；或入丸、散。外用适量，研末调涂。脾胃虚寒者禁服。使用注意：内服用量不宜过大及久服，以免引起恶心、呕吐，甚至死亡等毒副作用。

附方：

1. 治肋间神经痛：川楝子9 g，橘络6 g。水煎服。

2. 治冻疮：川楝子120 g，水煎后趁热熏患处，再将药水泡洗。

3. 治疝气：川楝子40 g，木香20 g，吴茱萸（制）10 g，小茴香（盐炒）30 g，六神曲27 g。以上五味共研为细粉，为蜜丸。每服9 g，1日2次。

川楝的根皮或树皮亦作苦楝皮用。

【资源综合利用】川楝子原名楝实，首载于《神农本草经》，列为下品。川楝树皮及种子可用提取川楝素，川楝素是迄今有效的抗肉毒的有效药物，也有杀农业害虫的作用，可用于开发生物农药。

远志科Polygalaceae

279　瓜子金

【别名】小叶远志、瓜子草、日本远志。

【来源】为远志科植物瓜子金*Polygala japonica* Houtt.的根。

▲瓜子金

【植物形态】多年生草本，高10～30 cm。茎多分枝，被短柔毛。单叶互生，具短柄；叶近革质，下部叶小，卵形至卵状披针形，长约6 mm，宽约4 mm，顶端钝，具短尖头；上部叶大，披针形或椭圆状披针形，长1～2 cm，宽3～6 mm，绿色，两面无毛或沿脉被短柔毛，顶端钝，具骨质短尖头，基部楔形，全缘，反卷；侧脉3～5对，两面突起。总状花序与叶对生，通常高出茎顶，具少数花，被短柔毛；具小苞片3枚，钻状披针形，被短柔毛；萼片5，宿存，外面3枚小，披针形，里面2枚大，花瓣状；花瓣3，蓝紫色，侧生花瓣倒卵形，2/5以下与龙骨瓣合生，龙骨瓣较侧生花瓣长，背面被柔毛，顶端背部具流苏状、鸡冠状附属物；雄蕊8，花丝全部合成一侧开放的鞘，鞘具缘毛，花药卵形；子房倒卵形，顶端具缘毛，花柱肥厚，顶端弯曲，长约5 mm，柱头2。蒴果圆形，直径6 mm，顶端微缺，具阔翅；种子黑色，除种阜外，被白色柔毛。花期4—7月，果期5—8月。

【生境分布】生于海拔300～1 700 m的山坡、田埂或路边。分布于库区各市县。

【采收加工】栽种后第3、4年秋季倒苗后或春季出苗前挖取根部，晒干；或用木棒敲打，使其松软，抽出木心，晒干。

【显微鉴别】根横切面：木栓层为数列细胞，皮层由20余细胞组成，韧皮部呈放射状，形成层3～5列，木质部较发达。射线由1～3列细胞组成，导管单个，或2～3个聚合。

粉末特征：浅棕色，木栓细胞呈多角形，部分增厚的木栓细胞碎片壁呈波状弯曲。导管多为螺纹导管，直径20～45 μm，纤维长，可达60～2 000 μm，呈长梭形，两端钝尖、平直或波状弯曲，直径15～28 μm，壁厚。淀粉粒众多，主要为单粒，呈椭圆形、卵形或类圆形。细胞内常含棕黄色颗粒状团块物质。

【理化鉴别】取上述药材粉末0.5 g，用乙醚脱脂后甲醇提取，提取液浓缩至5 mL，作为样品溶液。另取远志总皂苷甲醇溶液为对照品溶液。分别点5 μL在同一硅胶G薄层板上，以氯仿-甲醇-水（26：14：3.5）为展开剂，展距17 cm，取出挥尽溶剂，紫外光灯（365 nm）下检视样品液色谱，在对照品溶液色谱的相应位置均应显4个相同的蓝色荧光斑点。

【化学成分】含远志皂苷（onjisaponin）A～G，远志糖苷（tenuifolioses）A～P，7-羟基-1，2，3-三甲氧基呫酮（onjixanthonel），1，3，6-三羟基-2，7-二甲氧基呫酮（onjixanthonel），3-羟基-2，8-二甲氧基呫酮等。

【药理作用】【功能主治】见“远志”。

【资源综合利用】瓜子金皂苷成分及含量与远志相近，镇静、祛痰作用也较强，地理分布广，资源远比远志丰富，可作替代品加以开发研究。

280 远志

【别名】宽叶远志、瓜子草、辰砂草。

【来源】为远志科植物卵叶远志*Polygala sibirica* L.的根。

▲卵叶远志

【植物形态】多年生草本，高10～30 cm。茎多分枝，被短柔毛。单叶互生，具短柄；叶纸质至近革质，下部叶小，卵形，长约6 mm，宽约4 mm，顶端钝，具短尖头；上部叶大，披针形或椭圆状披针形，长1～2 cm，宽3～6 mm，绿色，被短柔毛，顶端钝，具骨质短尖头，基部楔形，全缘，反卷；主脉在上表面下陷，背面隆起。总状花序腋外生或假顶生，通常高出茎顶，具少数花，被短柔毛；具小苞片3枚，钻状披针形，被短柔毛；萼片5，宿存，外面3枚小，披针形，里面2枚大，花瓣状；花瓣3，蓝紫色，侧生花瓣倒卵形，2/5以下与龙骨瓣合生，龙骨瓣较侧生花瓣长，背面被柔毛，顶端背部具流苏状、鸡冠状附属物；雄蕊8，2/3以下合生成鞘，鞘具缘毛，花药卵形；子房倒卵形，顶端具缘毛，花柱肥厚，顶端弯曲，长约5 mm，柱头2。蒴果近倒心形，直径5 mm，顶端微缺，具狭翅，疏被短柔毛；种子黑色，除种阜外，被白色柔毛。花期4—7月，果期5—8月。

【生境分布】生于海拔300～1 400 m的山坡草地。有栽培。分布于开州、石柱、涪陵、武隆地区。

【采收加工】栽种后第3、4年秋季倒苗后或春季出苗前挖取根部，晒干或用木棒敲打，使其松软，抽出木心，晒干。远志根中远志皂苷的含量，其动态规律为现蕾期→盛花期→果期→果后营养期。故采收应在开花期采收为佳。

【显微鉴别】根横切面：木栓层为5~12列细胞，外侧3~8列细胞排列整齐，壁木化，有纹孔，壁呈间断状；内侧2~6列细胞不整齐，壁微木化，有少数脂肪油滴散在。皮层外侧1~3列细胞切向延长，偶见母子细胞，不含脂肪油滴。韧皮部较宽，细胞细小，有时可见封闭组织。形成层不明显。木质部导管散在或切向排列成环；木射线宽1~3列细胞，壁微木化。

粉末特征：木栓细胞淡黄色，断面观类长方形，壁有纹孔呈间断状，表面观不规则多角形，壁有时波状弯曲，胞腔内有脂肪油滴，木纤维多成束，直径10~19 μm，壁厚3 μm，纤维管胞具缘纹孔明显。韧皮纤维较少，多单个，直径15 μm。内壁表面有时锯齿状突起，导管多为具缘纹孔导管，直径约55 μm，少数网纹导管。

【理化鉴别】取上述药材粉末0.5 g，用乙醚脱脂后甲醇提取，提取液浓缩至5 mL，作为样品溶液。另取远志总皂苷甲醇溶液为对照品溶液。分别点5 μL在同一硅胶G薄层板上，以氯仿-甲醇-水（26：14：3.5）为展开剂，展距17 cm，取出挥尽溶剂，紫外光灯（365 nm）下检视样品液色谱，在对照品溶液色谱的相应位置均应显4个相同的蓝色荧光斑点。

【化学成分】含远志皂苷（onjisaponin），远志糖苷（tenuifolioses），7-羟基-1，2，3-三甲氧基呫酮（onjixanthonel），1，3，6-三羟基-2，7-二甲氧基呫酮（onjixanthonel），3-羟基-2，8-二甲氧基呫酮、3-羟基-1，2，7-三甲氧基呫酮，1，7-二甲氧基-2，3-亚甲二氧基呫酮，6，8β-二羟基-1，2，4-三甲氧基呫酮，6，8-二羟基-1，2，3-三甲氧基呫酮。另外还有3个新的山酮碳苷类化合物polygalaxanthone，sibiricaxanthone A和B。生物碱类有N-9-甲酰基哈尔满，1-丁氧羰基-β-咔琳，1-乙氧羰基-β-咔啉，1-甲氟羰基-β-咔啉，perlolyrine，降哈尔满和哈尔满。尚含树脂，脂肪油等。

【药理作用】有祛痰、镇咳、镇静、抗惊厥、抗衰老、脑保护、降压、兴奋子宫平滑肌、抑制心肌、抗突变、抗癌、降血糖、降胆固醇作用。

【功能主治】药性：苦、微辛，平。归肺、肝、心经。功能：祛痰止咳，散瘀止血，宁心安神，解毒消肿。主治：咳嗽痰多，跌打损伤，风湿痹痛，吐血，便血，心悸，失眠，咽喉肿痛，痈肿疮疡，毒蛇咬伤。用法用量：内服煎汤，3~10 g；浸酒或入丸、散。外用适量。使用注意：阴虚火旺、脾胃虚弱者以及孕妇慎服。用量不宜过大，以免引起呕恶。

附方：

1. 治健忘：远志、石菖蒲等分。水煎汤，常服。
2. 治失眠：远志、酸枣仁、石莲肉（炒）等。水煎服。
3. 治阑尾炎：黄柏30 g，远志20 g（先煎），水煎温服。

【资源综合利用】远志在加工时，除去木质部者称“远志肉”，不去者称“远志棍”。以远志皂苷B（Onjisaponin B）为指标进行测定，结果远志根皮的含量明显高于全根，证明根去木芯有科学依据。远志生长缓慢，野生资源日趋减少，难以满足市场的需求，因此栽培远志有着较好前景，也利于物种和生态的保护。除根以外，远志地上部分所含皂苷大于1%，仍有利用的价值，且在老年痴呆病用药方面已取得突破。

大戟科Euphorbiaceae

281 重阳木

【别名】秋枫。

【来源】为大戟科植物重阳木*Bischofia javanica* Bl.的根及树皮。

【植物形态】常绿或半常绿乔木，高可达20 m。顶枝粗壮，三出复叶，革质；有长达8~20 cm的总叶柄；侧生小叶柄长0.5~2 cm，顶生小叶柄长2~5 cm；小叶卵形、倒卵形、长椭圆形、椭圆形或披针形，长7~15 cm，宽4～8 cm，顶端急尖或短尾状渐尖，基部宽楔形或钝圆，边缘有疏锯齿，两面光滑无毛。圆锥花序腋生，雌花序较长，长达15～27 cm；花小，单性，雌雄异株；萼片5，覆瓦状排列；无花瓣；雄花雄蕊5；退化子房盾状；雌花子房3或4室，每室2胚珠，花柱3。果实不开裂，球形或略扁，直径约13 mm，淡褐色；种子长约5 mm，花、果期全年。

▲重阳木

【生境分布】生于林中。有栽培。分布于库区各市县。

【采收加工】夏、秋季采收，鲜用，浸酒或晒干。

【化学成分】茎含β-谷甾醇（β-sitosterol），无羁萜（friedelin），表无羁萜醇（epifriedelinol），无羁萜醇（friedelinol），β-谷甾醇β-葡萄糖苷（β-sitosterol-β-glucoside）等。种子含油约25.5%。

【功能主治】药性：辛、涩，凉。功能：祛风除湿，化瘀消积。主治：风湿骨痛，噎嗝，反胃，痢疾。用法用量：内服煎汤，9～15 g。外用适量，酒调搽或捣烂敷。

附方：

1. 治风湿骨痛：重阳木根或树皮9～15 g，浸酒服，并用药酒外搽。

2. 治反胃：重阳木60 g，桑寄生、苦杏仁、白英、石菖蒲、丁葵各15 g。水煎，冲白糖少许，4次分服。

重阳木叶主治噎嗝，反胃，传染性肝炎，食道癌，胃癌，小儿疮积，肺炎，咽喉炎，痈疽，疮疡。

3. 治反胃、传染性肝炎：重阳木鲜叶10～15片，猪瘦肉60 g。水煎服。

4. 治肺炎：重阳木鲜叶30～60 g，捣烂取汁，调蜜服。

5. 治咽喉炎：重阳木鲜叶适量。水煎漱口，含至口麻后吐掉。

6. 治痈疽疮疡：重阳木鲜叶适量。用热米汤泡软，贴患处。

282　巴豆

【别名】江子、巴仁。

【来源】为大戟科植物巴豆*Croton tiglium* L.的种子。

【植物形态】常绿灌木或小乔木，高2～10 m。幼枝绿色，被稀疏星状毛。单叶互生，叶柄长2～6 cm，叶卵形至长圆状卵形，长5～15 cm，宽2.5～8 cm，顶端渐尖或长渐尖，基部圆形或阔楔形，近叶柄处有2枚无柄的杯状腺体，叶缘有疏浅锯齿，齿尖常具小腺体，幼时两面均有稀疏星状毛，后变无毛或在下面被极少数星状毛。总状花序顶生，上部着生雄花，下部着生雌花，也有全为雄花而无雌花的；苞片钻状；雄花绿色，较小；花萼5深裂，顶端疏生星状毛，裂片卵形，长约2 mm，花瓣5，长圆形，与花萼近等长，反卷，内面和边缘生细绵毛；雄蕊15～20，着生于花盘边缘，花丝上部被柔毛，花药干时呈黑色；花盘盘状，边缘有浅缺刻；花萼5深裂，裂片长圆形，外被星状毛；无花瓣；子房倒卵形，密被粗短的星状毛，3室，每室1胚珠，花枝3，每个2深裂。蒴果倒卵形至长圆形，有3钝角，近无毛或被稀疏星状毛，种子3颗，长卵形，淡黄褐色。花期3—10月，果期7—11月。

【生境分布】生于海拔300～600 m的山野、丘陵、灌丛中。房屋附近常见栽培。分布于巫溪、开州、忠县、石柱、丰都等地。

【采收加工】8—11月果实成熟时分批采收，摊放2～3 d，晒干或烘干，再去除果壳。

▲巴豆

【药材性状】果实卵圆形，一般具三棱，长1.8 ~ 2.2 cm，直径1.4 ~ 2 cm。表面灰黄色或稍深，有纵线6条，顶端平截，基部有果梗痕。破开果壳，可见3室，每室含种子1粒。种子椭圆形或卵形，略扁，背部隆起，长1 ~ 1.5 cm，宽6 ~ 9 mm，厚4 ~ 7 mm。外种皮坚脆，黄棕色或灰棕色。一端有小点状的种脐及种阜的疤痕，另端有微凹的合点，其间有隆起的种脊；内种皮白色薄膜状；种仁黄白色，油质。无臭，味辛辣。以个大、饱满，种仁色黄白者为佳。

【显微鉴别】果实及种子横切面：外果皮1列表皮细胞，有气孔及厚壁性多细胞的星状毛；中果皮外侧为10余列薄壁细胞，石细胞单个散在或成群，维管束周围细胞有时含草酸钙方晶或簇晶，中部有4 ~ 6列纤维状石细胞，呈带状环列，内侧有6 ~ 8列径向延长的长圆形薄壁细胞；内果皮为3 ~ 5层纤维状厚壁细胞交叠排列。种皮表皮细胞为1列径向延长的长方形细胞，径向壁呈不规则锯齿状弯曲；其下为1列厚壁性栅状细胞，胞腔线形，外端略膨大；向内为数层切向延长的不规则形薄壁细胞，其间散有螺纹导管；内表皮细胞颓废状。胚乳细胞类圆形，充满糊粉粒和脂肪油，另含草酸钙簇晶。子叶细胞多角形。

粉末特征：浅黄棕色。厚壁性多细胞星状毛，直径129 ~ 525 μm，由6 ~ 15个厚壁性细胞排列呈放射状，细胞层纹明层，胞腔线形，近基部略膨大，并具孔沟，基部细胞5 ~ 8个，胞壁厚。石细胞类圆形、长方形或纤维状，壁孔、层纹均明显，类圆形石细胞直径25 ~ 63 μm，长方形及纤维状石细胞长约77 μm，宽17 ~ 45 μm。种皮细胞碎片表面观多角形，内含黄棕色物质。栅状细胞棕红色，长约225 μm，直径约21 μm，壁厚，胞腔线形，一端略膨大。纤维状厚壁细胞类圆形，内含多数糊粉粒和脂肪油滴及草酸钙簇晶。

【化学成分】种子含油34% ~ 57%，蛋白质约18%。油中含巴豆油酸（croton acid），巴豆酸，由棕榈酸、硬脂酸、油酸、巴豆油酸、巴豆酸等组成的甘油酯，巴豆醇及16种巴豆醇双酯化合物。种仁还含巴豆毒素Ⅰ、Ⅱ，助癌剂C3，巴豆苷等。

【药理作用】种子油可刺激黏膜发炎。有催吐、收缩胆囊平滑肌作用。可增强膀胱逼尿肌张力、抗肿瘤、抗HIV-1、杀灭钉螺、蚯蚓、鱼、虾等动物作用。巴豆油有弱致癌性和致突变性。

【功能主治】药性：辛，热，大毒。归胃，大肠经。功能：泻下寒积，逐水退肿，祛痰利咽，蚀疮杀虫。主治：寒邪、食积所致的胸腹胀满、急痛，大便不通，泄泻痢疾，水肿腹大，痰饮喘满，喉风喉痹，癥瘕，痈疽，恶疮疥癣。用法用量：口服；巴豆霜入丸、散，0.1 ~ 0.3 g。外用适量，捣膏涂敷，或以纱布包擦患处。使用注意：无寒实积滞、体虚者及孕妇禁服。

附方：

1. 治疗急性阑尾炎：巴豆、朱砂各0.5～1.5 g，研细混匀，置6 cm×6 cm大小的膏药或胶布上，贴于阑尾穴，外用绷带固定。24～36 h检查所贴部位，皮肤应发红或起小水泡，若无此现象，可重新更换新药。

2. 治耳聋、耳塞：巴豆（炒）10粒，松脂15 g。共捣烂，捏如枣核塞耳中，汁出，即愈。

【资源综合利用】巴豆对桑螨、水稻螟虫、蚜虫等害虫有杀灭作用，作植物杀虫剂而引起人们关注，国外已从巴豆属多种植物中分离出杀虫活性物质，并开发成生物农药。

283 地锦草

【别名】斑鸠窝、红斑鸠窝。

【来源】为大戟科地锦草*Euphorbia humifusa* Willd. ex Schlecht.的全草。

【植物形态】一年生匍匐草本。茎纤细，近基部分枝，带紫红色，无毛。叶对生；长圆形，长4～10 mm，宽4～6 mm，顶端钝圆，基部偏狭，边缘有细齿，两面无毛或疏生柔毛，绿色或淡红色。杯状聚伞花序单生于叶腋；总苞倒圆锥形，浅红色，顶端4裂，裂片长三角形；腺体4，长圆形，有白色花瓣状附着物；子房3室；花柱3，2裂。蒴果三棱状球形，光滑无毛；种子卵形，黑褐色，外被白色蜡粉，长约1.2 mm，宽约0.7 mm。花期6—10月，果实7月渐次成熟。

【生境分布】生于海拔300～900 m的平原、荒地、路旁及田间。分布于库区各市县。

【采收加工】10月采收，晒干。

【药材性状】常皱缩卷曲。茎细，呈叉状分枝，表面带紫红色，光滑无毛或疏生白色细柔毛；质脆，易折断，断面黄白色，中空。叶对生，具淡红色短柄或几无柄；叶片多皱缩或已脱落，平展后呈长椭圆形，长5～10 mm，宽4～6 mm；绿色或带紫红色，通常无毛或疏生细柔毛；顶端钝圆，基部偏斜，边缘具小锯齿或呈微波状。杯状聚伞花序腋生，细小。蒴果三棱状球形，表面光滑，种子细小，卵形，褐色。无臭，味微涩。

【显微鉴别】茎横切面：呈长圆形有4个棱角，其中2个更明显。表皮细胞1列，棱角处有厚角组织；皮层散有多数乳汁管，直径7～15 μm。中柱鞘纤维呈断续的环状排列。韧皮部狭窄。形成层不明显。木质部较宽，导管呈

▲地锦草

放射状排列。髓部较大，中空。

【理化鉴别】 薄层鉴别：称取干燥地锦草5 g，用120 mL 95%乙醇提取2 h，收集滤波，回收乙醇，浓缩，定容至50 mL容量瓶中，作样品液。另取槲皮素标准品用无水乙醇溶解，作标准液。吸取上两液点于同一硅胶G板上，用丙酮-甲苯-氯仿（5：2.5：2.5）展开，紫外光灯下观察，样品液与对照液在相同的位置显相同颜色的斑点。

【化学成分】 全草含有3种黄酮苷，其中两种苷的苷元为山柰酚（kaempferol），另一种苷的苷元为槲皮素（quercetin），尚含东莨菪素（scopoletin），伞形花内酯（umbelliferone），阿牙潘泽兰内酯（ayapin），棕榈酸（palmitic acid），没食子酸（gallic acid），没食子酸甲酯（methylgallate），内消旋肌醇（mesoinositol），β-谷甾醇，没食子酸，鞣花酸，短叶苏木酚，芹菜素-7-O-葡萄糖苷，木樨草素-7-O-葡萄糖苷，槲皮素-3-O-阿拉伯糖苷等。

【药理作用】 有清除自由基、抗氧化、防衰老、降空腹血糖、抗菌、抗钩端螺旋体作用。对肾缺血再灌注损伤有保护作用。

【功能主治】 药性：辛，平。归肝，大肠经。功能：清热解毒，利湿退黄，活血止血。主治：痢疾，泄泻，黄疸，咯血，吐血，尿血，便血，崩漏，乳汁不下，跌打肿痛，热毒疮疡。用法用量：内服煎汤，3～10 g；或入丸、散。外用适量，研末调涂。脾胃虚寒者禁服。使用注意：内服用量不宜过大及久服，以免引起恶心、呕吐，甚至死亡等毒副作用。10～15 g，鲜者15～30 g；或入散剂。外用适量，鲜品捣敷；或干品研末外敷。使用注意：血虚无瘀及脾胃虚弱者慎服。

附方：

1. 治细菌性痢疾：地锦草30 g，铁苋菜30 g，凤尾草30 g。水煎服。
2. 治急性尿道感染：铺地草、海金沙、爵床各60 g，车前草45 g。水煎服。
3. 治小儿疳积：地锦草9 g。同鸡肝1具或猪肝90 g煮熟，食肝及汤。

【资源综合利用】 地锦草在库区分布广，资源十分丰富，而且所含化学成分有黄酮、香豆素及没食子酸等有着较好的生理活性，有极大的开发潜力。

284 千金子

【别名】 小巴豆。

【来源】 为大戟科植物续随子*Euphorbia lathyris* L.的种子。

【植物形态】 二年生草本，全株含乳汁，高约1 m。根柱状，侧根多而细。茎粗壮，上部二歧分枝。单叶交互对生，无柄；茎下部叶较密，由下而上叶渐增大，线状披针形至阔披针形，长5～12 cm，宽0.8～2.5 cm，顶端尖或渐尖，基部半抱茎，全缘。杯状聚伞花序顶生，伞梗2～4，基部轮生叶状苞片2～4，每伞梗再叉状分枝；苞叶2，三角状卵形；花单性，无花被；雄花多数和雌花1枚同生于萼状总苞内，总苞顶端4～5裂，腺体新月形，两端具短而钝的角；雄花仅具雄蕊1；雌花生于花序中央，雌蕊1，子房3室，花柱3，顶端2裂，近于扩展而扁平。蒴果近球形。种子长圆状球形，表面有黑褐色相间的斑点。花期4—7月，果期6—9月。

【生境分布】 栽培或野生于山谷、旱田中。分布于巫山、巫溪、云阳、忠县、武隆地区。

【采收加工】 7月中、下旬待果实变黑褐色时采收，晒干。

【药材性状】 种子呈椭圆形或倒卵形，长约5 mm，直径4 mm。表面灰褐色或灰棕色，有不规则网状皱纹，网纹凹下部分灰黑色，形成细斑点。一侧有纵沟状种脊，上端有突起的合点，下端有一灰白色线形种脐，基部有类白色突起的种阜，常已脱落，留有圆形疤痕。质坚脆。种仁黄白色，胚乳丰富，油质。胚直，细小。气无，味辛。

【显微鉴别】 横切面：种皮表皮细胞1列，波齿状弯曲，外壁增厚，内含棕色物质。下方为薄壁细胞排列疏松，最内一列细胞类方形，排列紧密，壁稍厚。内种皮栅状细胞棕色，壁厚，木化，有时可见壁孔。外胚乳为数列类方形薄壁细胞。内胚乳细胞类圆形。子叶细胞方形或长方形，均含糊粉粒。

粉末特征：深棕色。种皮厚壁栅状细胞，孔沟纤细而稀疏，胞腔较宽，充满红棕色或深棕色物。种皮薄壁栅状细胞（外种皮内种皮）一列，呈长方形或类方形，表面观呈多角形，排列成短栅状，外侧径向壁薄而弯曲，向内及内壁增厚。种皮表皮细胞（外种皮外表皮）椭圆形或半圆形，略呈乳头状或绒毛状突起，外壁稍厚，胞腔常充满黄棕色或红棕色物。种皮下皮细胞类多角形，壁稍厚，有大的椭圆形或类圆形的纹孔。内胚乳细胞类圆形，壁薄，胞腔内充满圆形或细枝状糊粉粒，并含脂肪油滴。外胚乳细胞类多角形，壁稍厚。

【理化鉴别】检查甾萜类：取本品5 g，研碎，加石油醚（60～90 ℃）适量，加热回流30 min，滤过。药渣加乙醇50 mL，加热回流2 h，回收乙醇至20 mL，备用。取提取液2 mL置试管中，置水浴上蒸干，加冰醋酸1 mL使溶解，再沿管壁加醋酐-硫酸（19∶1）的混合液1 mL，两液接界面由淡棕色变为暗褐色或棕色。

【化学成分】种子含油约48%。尚含β-谷甾醇，甲烯大戟醇（euphor-bol），γ-大戟甾醇（γ-euphol），7-羟基千金二萜醇（7-hydmxy lathyrol），6，20-环氧千金二萜醇，双香豆素（euphorbetin），异大戟双香豆素（isouphorbetin），瑞香素（japhnetin），七叶内酯（aessuletin），芸香素（daphnelin），千金子素（euphorbetin），异千金子素（isoeuphorbe-tin）等。

【药理作用】脂肪油可强烈刺激胃肠，产生作用。种子中所含环氧千金藤醇（epoxylathyrol）可能有致癌作用。

【功能主治】药性：辛，温，有毒。归肝，肾，大肠经。功能：逐水退肿，破血消积，解毒杀虫。主治：水肿，腹水，二便不利，癥瘕瘀滞，经闭，疥癣癞疮，痈肿，毒蛇咬伤及疣赘。用法用量：内服制霜入丸、散，1～2 g。外用适量，捣敷；或研末醋调涂。使用注意：体弱便溏及孕妇禁服。

附方：

1. 治血瘀经闭：千金子霜3 g，丹参、制香附各9 g，水煎服。

2. 治水肿：千金子霜20 g，大黄12 g。研末制成绿豆大的丸子，每服12丸。

【资源综合利用】续随子始载于《蜀本草》。千金子含油量近50%，可制肥皂和润滑油；近年国外正在研究将该油作为汽油的代用品，并取得进展。千金子在库区资源丰富，作工业原料有较大开发潜力。

▲续随子

▲大戟

285　大戟

【别名】紫大戟、下马仙、京大戟。

【来源】为大戟科植物大戟*Euphorbia pekinensis* Rupr.的根。

【植物形态】多年生草本，高30 ~ 100 cm，全株含白色乳汁。根粗壮，圆锥形，多侧根。茎单一或上部分枝，被白色短柔毛。单叶互生，几无柄；叶狭长圆状披针形，长3 ~ 8 cm，宽6 ~ 12 mm，顶端钝或尖，基部渐狭，全缘，具明显中脉。上面无毛，下面在中脉上有毛。杯状聚伞花序顶生或腋生，顶生者通常5枝，排列成复伞形；基部有叶状苞片5；每枝再作二至数四分枝，分枝处着生近圆形的苞叶4或2，对生；苞叶卵状长圆形，顶端尖；杯状聚伞花序的总苞钟形或陀螺形，4 ~ 5裂，腺体4 ~ 5，长圆形，肉质肥厚，内面基部有毛，两腺体之间有膜质长圆形附属物；雌雄花均无花被；雄花多数，花丝基部较花梗稍粗壮，两者之间有关节，花药球形，横裂；雌花1；花柱顶端2裂；蒴果三棱状球形，密被刺疣。种子卵形，光滑。花期6—9月，果期7—10月。

【生境分布】生于山坡、路旁、荒地、草丛、林缘及疏林下，多为栽培。分布于开州、武隆地区。

【采收加工】秋季地上部分枯萎后至早春萌芽前采挖，切段或切片，晒干或烘干。

【药材性状】主根呈不规则长圆锥形，略弯曲，常有分枝，长10 ~ 20 cm，直径0.5 ~ 2 cm。近根头部膨大，常见茎的残基及芽痕。表面灰棕色或棕褐色，粗糙，具纵沟纹及横向皮孔，支根少而扭曲，质坚硬，不易折断，断面类棕黄色或类白色，纤维性。气微，味微苦、涩。

【显微鉴别】根横切面：木栓层为10 ~ 20列木栓细胞。皮层狭窄。韧皮部散有多数乳汁管，直径30 ~ 90 cm。形成层成环，木质部占根的大部分；射线宽广；导管大多径向排列，其旁散有单个或成束的非木化纤维。薄壁细胞中含草酸钙簇晶，偶见方晶；并含淀粉粒。

粉末特征：淡黄色。淀粉粒单粒类圆形或卵圆形，脐点点状或裂缝状，复粒由2 ~ 3分粒组成。草酸钙簇晶，直径15 ~ 53 μm。具缘纹扎及网纹导管较多见。纤维单个或成束，壁较厚非木化。无节乳汁管多碎断，内含黄色微细颗粒状乳汁。

【化学成分】根大戟苷（euphorbon），生物碱，大戟色素体A、B、C（euphorbia A、B、C），羊毛甾醇，3-甲氧基-4-羟基反式丙烯酸正十八醇酯，β-谷甾醇，伞形花内酯，2，2'-二甲氧基-3，3'-二羟基-5，5'-氧-6，6'-联苯二甲酸酐，α-松脂素，槲皮素，3，4-二甲氧基苯甲酸和3，4-二羟基苯甲酸，树胶，树脂。

【药理作用】大戟能刺激肠管，引起肠蠕动增加产生泻下作用。有扩张末梢血管、兴奋妊娠子宫作用。

【功能主治】药性：苦、辛，寒，有毒。归肺，脾，肾经。功能：泻水饮，消肿散结。主治：水肿，胸腹积水，痰饮积聚，二便不利，痈肿，瘰疬。用法用量：内服煎汤，0.5 ~ 3 g；或入丸、散。外用适量，研末或熬膏外敷，或煎水外洗。使用注意：孕妇禁服。体弱者慎服。反甘草。

附方：

1. 治水肿：大戟3 g，陈皮、当归各8 g。水煎服。

2. 治淋巴结核：大戟60 g，鸡蛋7个。将药和鸡蛋共放砂锅内，水煮3 h，将蛋取出，每早食鸡蛋1个，7日为1疗程。

3. 治晚期血吸虫病腹水或肝硬化腹水：大戟根适量。研粉，微焙成咖啡色，装胶囊。每服0.5 ~ 3 g。隔日1次。

【资源综合利用】大戟始载《神农本草经》，列为下品。为常见的峻下逐水药。大戟所含的三萜类成分既有抗癌作用，又有诱癌性质，在使用时应引起注意，建议炮制后入药。

286 一品红

【别名】圣诞树、状元红、猩猩木。

【来源】为大戟科植物一品红*Euphorbia pulcherrima* Willd.的全株。

【植物形态】灌木，高1 ~ 3 m。茎直立，无毛。叶互生；叶片卵状椭圆形至披针形，长7 ~ 15 cm，绿色，下面被柔毛；生于上部的叶较狭，通常全缘，开花时朱红色。杯状花序多数，顶生于枝端；总苞坛形，边缘齿状分裂，有1 ~ 2个大而黄的腺体；腺体杯状，无花瓣状附属物；子房3室，无毛，花柱3，顶端2裂。蒴果。花期全年。

【生境分布】库区各地均有栽培。

【采收加工】夏、秋季割取地上部分，鲜用或晒干。

【化学成分】全草含植物甾醇（phytosterol），β-香树脂素乙酸酯（β-amyrin acetate），环木菠萝烯醇

▲一品红

（cycloartenol），计曼尼醇（germanicol），计曼尼醇乙酸酯（germanicolacetate）等。

【功能主治】药性：苦、涩，凉，有毒。功能：调经止血，活血定痛。主治：月经过多，跌打肿痛，骨折，外伤出血。用法用量：内服煎汤，3～9 g。外用适量，鲜品捣敷。

287　刮筋板

【别名】云南土沉香、红刮筋板。

【来源】为大戟科植物草沉香*Excoecaria acerifolia* F. Didr.的嫩幼全株。

【植物形态】落叶灌木，高1～2 m或稍矮。小枝灰褐色，有多数疏散的圆形皮孔，新生枝略有棱，皮层内含乳汁。单叶互生；叶柄红色，长1～4 mm或近无柄；叶片纸质，倒卵形、卵状披针形、卵圆形至椭圆形，长4～7 cm，宽1.5～4 cm，顶端渐尖，基部狭楔形至近圆形，边缘具内弯的细锯齿，背面灰青色。短穗状花序单生于叶腋或顶生，长1～2.5 cm，单性同株；雄花着生于花序上端，甚多；雌花生于花序基部，少数；花细小，黄色；苞片三角状宽卵形，有急尖，具花2～3，基部有杯状腺体；无花梗；无花瓣；萼片3，细小；无花盘；雄花雄蕊3，花药卵圆形，无退化子房；雌花苞片与雄花的同形而稍大，子房3室，每室1胚珠，花柱3，分离，向外卷曲。蒴果近球形，略具3棱，直径约1 cm，熟时紫红色，3瓣裂，有种子数颗；种子近圆形而端尖。花期4—6月，果期7—9月。

【生境分布】生于海拔500～1 000 m的山坡、河谷沿岸或坡地灌丛中，有栽培。分布于库区各市县。

【采收加工】9—10月采收，切碎，晒干。

【药材性状】幼株单叶互生，具柄，叶片半革质，倒卵形、长椭圆形或椭圆状披针形，长4～7 cm，宽1.5～3.5 cm，顶端渐尖，基部楔形，边缘有细微锯齿，中脉及侧脉以及叶柄均呈紫红色。气微，味苦、辛。

【功能主治】药性：味苦、辛，性微温。归肝、脾经。功能：行气，破血，消积，抗疟。主治：癥瘕，食积，腹胀，黄疸，疟疾。用法用量：内服煎汤，9～15 g。使用注意：孕妇慎服。

▲草沉香

▲一叶萩

附方：

1. 治肝炎、肝脾肿大所致的腹中瘕块胀痛：刮筋板6 g，苦荞头12 g，隔山撬12 g，虎杖12 g。水煎服。

2. 治食积不消，胸腹胀满，小儿疳积：刮筋板6 g，隔山撬12 g，鸡屎藤12 g，萝卜头12 g。水煎服。

3. 治疟疾：①刮筋板鲜叶7～9片。洗净，切细，调鸡蛋1个，用少量菜油混炒至蛋熟为度，发病前2～3 h 1次服完。②刮筋板60～90 g，水蜈蚣30 g。水煎，于发作前2 h服。

4. 治狂犬病：刮筋板6 g，扁竹根、苦荞头、野棉花根、蓝布裙、钓鱼竿各10～15 g。水煎服。

288 一叶萩

【别名】叶底珠、叶下珠。

【来源】为大戟科植物一叶萩*Flueggea suffruticosa*（Pall.）Baill.的嫩枝叶或根。

【植物形态】灌木，高1～3 m。茎丛生，多分枝，小枝绿色，纤细，有棱线，上半部多下垂；老枝呈灰褐色，平滑无毛。单叶互生；具短柄；叶片椭圆形或卵状椭圆形，全缘或具不整齐的波状齿或微被锯齿。3～12朵花簇生于叶腋；花小，淡黄色，无花瓣；单性，雌雄同株；萼片5，卵形；雄花花盘腺体5，分离，2裂，5萼片互生，退化子房小，圆柱形，长1 mm，2裂；雌花花盘几不分裂，子房3室，花柱3裂。蒴果三棱状扁球形，直径约5 mm，熟时红褐色，无毛，裂成：3瓣。花期5—7月，果期7—9月。

【生境分布】生于海拔300～1 300 m的山坡、路边。分布于奉节地区。

【采收加工】春末至秋末采收嫩枝叶，阴干；根全年均可采，切片晒干。

【药材性状】嫩枝叶呈圆柱形，略具棱角，长25～40 cm，粗端径约2 mm。表面暗绿黄色，具纵向细纹理。叶多皱缩破碎，有时尚有黄色花朵或灰黑色果实。质脆，断面中央白色，四周纤维状。气微，味微辛而苦。根不规则分枝，圆柱形，表面红棕色，有细纵皱、疏生突起的小点或横向皮孔。质脆，断面不整齐，木质部淡黄白色。气微，味淡转涩。

【化学成分】全株含一叶萩碱（securinine），叶底珠碱（suffruticosine）。叶含二氢一叶萩碱（dihydrosecurinine），一叶萩醇A（securinol），别一叶萩碱（allosecurinine）。种子含烃类，95%三酰甘油类（triacylglycerides），游离脂肪酸（fatty acid），甾醇（sterol）等。根皮含一叶萩新碱（securitinine）。

【药理作用】一叶萩碱具有士的宁样中枢兴奋作用。一叶萩碱可促进正常小鼠的学习和提高记忆再现力，对酒精造成的记忆获得和记忆再现不良均有明显改善作用，并能使家兔脑电波出现高幅慢波，还能增加大脑、脊髓、肝、肾、骨骼肌的耗氧量。

叶煎剂及小剂量一叶萩碱对心脏和呼吸皆有兴奋作用，也有降血压作用。一叶萩碱中毒是通过兴奋脊髓引起强直性惊厥，最后死于呼吸停止。

【功能主治】药性：辛、苦，微温，有小毒。功能：祛风活血，益肾强筋。主治：风湿腰痛，四肢麻木，阳痿，小儿疳积，面神经麻痹，小儿麻痹症后遗症。用法用量：内服煎汤，6～9 g。使用注意：本品有毒，宜慎服。

附方：

1. 治阳痿：一叶萩根15～18 g。水煎服。
2. 治更年期综合征：每日口服一叶萩片3次，每次2片（每片含一叶萩碱4 mg）。

289 算盘子

【别名】磨盘珠、山油柑。

【来源】为大戟科植物算盘子*Glochidion puberum*（L.）Hutch.的果实。

【植物形态】直立多枝灌木，高1～3 m。小枝灰褐色，密被锈色或黄褐色短柔毛。叶互生；叶柄长1～3 mm，被柔毛；托叶三角形至狭三角形，长1～2 mm，被柔毛；叶长圆形至长圆状卵形或披针形，稀卵形或倒卵形，长3～9 cm，宽1.2～3.5 cm，顶端钝至急尖，稀近圆形，常具小尖头，基部楔形至钝形，上面仅中脉被疏短柔毛或几无毛，下面粉绿色，密被短柔毛。花单性同株或异株，花小，2～5朵簇生于叶腋；无花瓣；萼片6，2轮；雄花萼片质较厚，长圆形至狭长圆形或长圆状倒卵形，外被疏短柔毛，雄蕊3，合生成柱状；雌花花萼与雄花近同形，但稍短而厚，两面被毛，子房密被绒毛，8～10室，花柱合生成环状，长宽与子房几相等，与子房连接处缢缩。蒴果扁球形，直径8～15 mm，常具8～10条明显纵沟，顶端具环状稍伸长的宿存花柱，密被短柔毛，熟时带红色。种子近肾形，具三棱，长约4 mm，红褐色。花期6—10月，果期8—12月。

【生境分布】生于海拔600～1 800 m的山坡灌丛中。分布于库区各市县。

【采收加工】秋季采摘，拣净，晒干。

【药材性状】果实扁球形，形如算盘珠，常具8～10条纵沟。红色或红棕色，被短绒毛，顶端具环状稍伸长的宿存花柱。内有数颗种子，种子近肾形，具纵棱，表面红褐色。气微，味苦、涩。

【化学成分】种子含脂肪油约25.30%。脂肪酸组成：棕榈酸（palmitic acid）29.1%，硬脂酸（stearic acid）0.9%，油酸（oleic acid）23.2%，亚油酸（linoleic acid）32.7%，亚麻酸（linolenic acid）14.1%。根含鞣质。叶

▲算盘子

含无羁萜（friedelin），无羁萜烷-3β-醇（friedelan-3β-ol），羽扇豆醇（lupeol），羽扇-20（29）-烯-1，3-二酮[lup-20（29）-ene-1，3-dione]及β-谷甾醇（β-sitosterol）。枝含无羁萜，无羁萜烷-3β-醇，羽扇-20（29）-烯-1，3-二酮，羽扇烯酮（lupenone），算盘子酮（glochidone）等。

【药理作用】根、叶有抑菌作用。

【功能主治】药性：苦，凉，有小毒。功能：清热除湿，解毒利咽，行气活血。主治：痢疾，泄泻，黄疸，疟疾，淋浊，带下，咽喉肿痛，牙痛，疝痛，产后腹痛。用法用量：内服煎汤，9～15 g。

附方：

1. 治黄疸：算盘子60 g，大米（炒焦黄）30～60 g。水煎服。
2. 治疟疾：算盘子30 g。酒、水各半煎，在疟疾发作前2～3 h服。
3. 治尿道炎，小便不利：算盘子15～30 g。水煎服。
4. 治赤白带下，产后腹痛：算盘子、红糖各60 g。水煎服。
5. 治疝气初起：算盘子15 g。水煎服。
6. 治睾丸炎：鲜算盘子90 g，鸡蛋2个。先将药煮成汁，再以药汁煮鸡蛋，每日2次，连服2日。
7. 治痢疾：算盘子适量。晒干，研末，压制成片，每片0.5 g，每次口服4 g，每日3次。以3日为1疗程。

算盘子根味苦，性凉，小毒；清热，利湿，行气，活血，解毒消肿；主治感冒发热，咽喉肿痛，咳嗽，牙痛，湿热泻痢，黄疸，淋浊，带下，风湿痹痛，腰痛，疝气，痛经，闭经，跌打损伤，痈肿，瘰疬，蛇虫咬伤。叶味苦、涩，性凉，小毒；清热利湿，解毒消肿；主治湿热泻痢，黄疸，淋浊，带下，发热，咽喉肿痛，痈疮疖肿，漆疮，湿疹，虫蛇咬伤。

8. 治感冒及外感伤寒：算盘子根30 g，生姜1.5 g，食盐1.5 g。煎水服。
9. 治久咳不止：算盘子根250 g。炖猪蹄吃，早晚各1次。
10. 治急性肠炎，中毒性消化不良：算盘子根1 000 g，鸡内金250 g，地茄1 000 g，黄荆子500 g，紫珠750 g。加水煎成1 000 mL，每次服20～30 mL，每日3～4次。
11. 治传染性肝炎：算盘子根、柘树各30 g，黄花远志根15 g。水煎服。
12. 治小便短赤：算盘子鲜根90 g，车前子9～12 g，水煎，冲烧酒服。
13. 治疟疾：算盘子根60 g，青蒿30 g。水煎，于疟疾发作前2 h服。
14. 治多发性脓肿：算盘子根、地耳草各30 g。水煎服。
15. 治瘰疬：算盘子根60 g，射干、夏枯草、土牛膝各9 g，猪瘦肉125 g。水煎服。
16. 治毒蛇咬伤：算盘子根90 g，一枝黄花根、朱砂根各24 g，白茅根15 g，水煎服；另取算盘子鲜叶捣烂外敷。
17. 治急性胃肠炎，消化不良：算盘子叶、桃金娘叶各等量。研粉，每服1 g，每日3次。
18. 治漆过敏：算盘子鲜叶、梧桐叶、桃仁各适量。煎水，熏洗。

【资源综合利用】算盘子始载于《植物名实图考》山草类，云："野南瓜，一名算盘子，一名柿子椒。"根、果、叶均可入药，同科山柑算盘子等植物亦作算盘子药用，应注意区分。

290 叶下珠

【别名】珠珠草、叶后珠、疳积草。

【来源】为大戟科植物叶下珠*Phyllanthus urinaria* L.的带根的全草。

【植物形态】一年生草本，高10～60 cm。茎直大，分枝侧卧而后上升，通常带紫红色，具曲状纵棱。秃净或近秃净，单叶互生，排成2列；几无柄；托叶小，披针形或刚毛状；叶片长椭圆形，长5～15 mm，皮2～5 mm，顶端斜或有小凸尖，基部偏斜或圆形，下面灰绿色，两面无毛；下面叶缘处合1～3列粗短毛。花小，单性，雌雄同株；无花瓣；雄花2～3朵簇生于叶腋，通常仅上面一朵开花；萼片6，雄蕊3，花丝合生成柱状，花盘腺体6，分离，与萼生互生。无退化子房；雌花单生叶腋，宽约3 m，表面有小凸刺或小瘤体，萼片6，卵状披针形，结果后中部紫红色，花盘四角状，子房近球形，花柱顶端2裂。蒴果无柄，扁圆形，径约3 mm，赤褐色，表面有鳞状凸起物；种子三角状卵形，淡褐色，有横纹。花期5—10月，果期7—11月。

【生境分布】生于海拔200～1 600 m的山坡、路旁、田边。分布于库区各市县。

【采收加工】夏、秋季采收，鲜用或晒干。

【药材性状】主根圆柱形，灰棕色或淡红色，须根多。茎近圆形，粗2～3 mm，灰褐色或棕红色，质脆易断，断面中空。分枝有纵皱及不甚明显的膜翅状脊线。叶较皱缩，长椭圆形，顶端尖或微尖，基部圆形或偏斜。蒴果三棱状扁球形，黄棕色，表面细鳞状凸起。气微香，味微苦。

【显微鉴别】茎横切面：表皮由一列较小的细胞构成，细胞多呈切向延长的长方形，外被较厚的角质层。皮层多由5～6层类圆形的薄壁细胞组成，细胞直径31.5～74.5 μm；靠外1～2层细胞在其角隅处加厚，形成厚角组织。韧皮部较窄，细胞小而排列紧密，整体呈狭环状。韧皮纤维壁较厚，层纹明显，直径11～63 μm，多成束存在，排成环状。木质部导管呈长圆形、方形或多角形，射线宽2～3列。髓部由类圆形或长圆形的大型薄壁细胞组成，细胞直径35～81 μm，排列较疏松，茎的中心部常中空。

▲叶下珠

叶切面：上下表皮均由一层排列紧密的较小细胞组成，最外可见泡状突出的角质层。表皮下栅栏组织一列，细胞中含大量的草酸钙簇晶。海绵组织由3～4层排列较疏松的不规则长圆形薄壁细胞组成，细胞中簇晶分布较少。主脉维管束为外韧型，木质部导管3～4列，每列3～5个。在叶的边缘常有泡状突起的细胞，其外壁可见叶缘由一列大小不等的长形细胞构成，且每隔2个小细胞就分布有一个骨状凸出的较大细胞，两凸出细胞的间距为9.5～21 μm不等。

粉末特征：全草呈灰绿色，味微苦。草酸钙簇晶众多，直径14～17.5 μm。气孔平轴式。导管以螺纹、孔纹多见，螺纹导管直径10.5～34 μm。纤维长条形，稍弯曲，长135～236 μm。木栓细胞呈类方形，表面有波状的角质层纹理。石细胞少见，直径24.5～31.5 μm，壁厚，纹孔明显。

【化学成分】全草含正十八烷，十八碳烯酸乙酯，丁二酸，β-谷甾醇，原儿茶酸，鞣花酸，没食子酸，阿魏酸，鞣料云实素，老鹤草素，柯里拉京，去氢诃子次酸甲酯，去氢诃子次酸三甲脂，3，3’，4-三甲氧基鞣花酸，1-O-没食子酰基，短叶苏木酚，短叶苏木酚酸，短叶苏木酚酸甲脂，短叶苏木酚酸乙酯，叶下珠素F。

【药理作用】对HBV抗原和HbsAg有灭活作用。提取物对DHBV DNAP和HBV DNAP体外显示有较强的抑制效果。可降低鸭血清中DHBVDNA和DNA聚合酶，使鸭血清中鸭乙型肝炎动物脱氧核糖核酸滴度明显下降。有保肝降酶、抗癌、抗血栓形成、抗单纯性疱疹病毒作用。

【功能主治】药性：微苦，凉。归肝，脾，肾经。功能：清热解毒，利水消肿，明目，消积。主治：痢疾，泄泻，黄疸，水肿，热淋，石淋，目赤，夜盲，疳积，痈肿，毒蛇咬伤。用法用量：内服煎汤，15～30 g。外用适量，捣敷。

附方：

治黄疸：叶下珠15～30 g。水煎服。

▲蜜柑草

【资源综合利用】不同产地、不同品种叶下珠抗HBV的作用不一。这种药理作用与成分含量差异与品种、产地是否具有相关性仍值得进一步研究。

291 蜜柑草

【别名】夜关门、鱼眼草。

【来源】为大戟科植物蜜柑草*Phyllanthus ussuriensis* Rupr. et Maxim.的全草。

【植物形态】一年生草本，高15～60 cm。全株光滑无毛。茎直立，分枝细长。叶互生，具短柄；托叶小，2枚；叶片条形或披针形，长8～20 mm，宽2～5 mm，顶端尖，基部近圆形。花簇生或单生于叶腋；花小，单性，雌雄同株；无花瓣；雄花萼片4，花盘腺体4，分离，与萼片互生，无退化子房；雌花萼片6，花盘腺体6，子房6室，柱头6。蒴果有细柄，下垂，圆形，直径约2 mm，褐色，表面平滑；种子三角形，灰褐色，具细瘤点。花期7—8月，果期9—10月。

【生境分布】生于海拔200～1 200 m的山坡、路旁。分布于库区各市县。

【采收加工】夏、秋季采收，鲜用或晒干备用。

【药材性状】全草长15～60 cm；茎无毛，分枝细长。叶2列，互生，条形或披针形，长8～20 mm，宽2～5 mm，顶端尖，基部近圆形，具短柄，托叶小。花小，单性，雌雄同株；无花瓣，腋生。蒴果圆形，具细柄下垂，直径约2 mm，表面平滑。气微，味苦、涩。

【功能主治】药性：苦，寒。功能：清热利湿，清肝明目。主治：黄疸，痢疾，泄泻，水肿，淋病，小儿疳积，目赤肿痛，痔疮，毒蛇咬伤。用法用量：内服煎汤，15～30 g。外用适量，煎水洗；或鲜草捣敷。

附方：

1. 治黄疸型肝炎：蜜柑草30 g，茵陈60 g。水煎服。
2. 治痢疾、肠炎：蜜柑草30 g。水煎服。
3. 治尿路感染、淋沥涩痛：蜜柑草、车前草、滑石各15 g。水煎服。
4. 治小儿疳积，夜多大便：蜜柑草适量。与猪肝、夜明砂煲服。
5. 治夜盲：蜜柑草30 g，猪肝60 g；煎水，去渣，煮猪肝吃。
6. 治外痔：蜜柑草适量。捣烂，敷患处。
7. 治毒蛇咬伤：蜜柑草适量。煎水，洗患处。

292 蓖麻子

【别名】蓖麻仁。

【来源】为大戟科植物蓖麻*Ricinus communis* L.的种子。

【植物形态】一年生高大草本，在热带或南方地区常成多年生灌木或小乔木。幼嫩部分被白粉，绿色或稍呈紫色，无毛。单叶互生，具长柄；叶片盾状圆形，直径15～60 cm，有时大至90 cm，掌状分裂至叶片的一半以下，裂片5～11，卵状披针形至长圆形，顶端渐尖，边缘有锯齿；主脉掌状。圆锥花序与叶对生及顶生，长10～30 cm或更长，下部生雄花，上部生雌花；花单性同株，无花瓣；雄花萼3～5裂；雄蕊多数，花丝多分枝；雌花萼3～5裂；子房3室，每室1胚珠；花柱3，深红色，2裂。蒴果球形，长1～2 cm，有软刺，成熟时开裂，种子长圆形，光滑有斑纹。花期5—8月，果期7—10月。

【生境分布】栽培。分布于库区各市县。

【采收加工】8—11月蒴果呈棕色末开裂时，选晴天，分批剪下果序，摊晒，脱粒。

【药材性状】种子椭圆形或卵形，稍扁，长0.9 ~ 1.8 cm，宽0.5 ~ 1 cm。表面光滑，有灰白色与黑褐色或黄棕色与红棕色相间的花斑纹。一面较平，一面较隆起，较平的一面有1条隆起的种脊；一端有灰白色或浅棕色突起的种阜。种皮薄而脆，胚乳肥厚，白色，富油性。子叶2，菲薄。无臭。味微苦辛。以个大、饱满者为佳。

【显微鉴别】种子横切面：外种皮细胞1列，长方形，外被角质层，其下为3 ~ 4列薄壁细胞，再下为1列栅状细胞，壁厚，木化；内种皮为数列薄壁细胞，其中散有螺纹导管。胚乳和子叶均含糊粉粒。

【理化鉴别】检查氨基酸：取本品（带种皮）粉末约0.5 g，加50%乙醇5 mL，冷浸2 h，滤过。取滤液蒸至约0.5 mL，用毛细管滴于滤纸上，喷以前三酮试液，烘至现紫红色斑点。

【化学成分】种子含蛋白质（protein）18% ~ 26%，脂肪油（oil）64% ~ 71%，碳水化合物（carbo-hydrates）2%，酚性物质（Phenolic substances）2.5%，蓖麻毒蛋白（ricin），蓖麻碱（ricinine）0.087% ~ 0.15%。脂肪油的组成：甘油三酯（triglycerides），甘油酯（glycerol esters），甾醇（stemls），磷脂（phospholipids），游离脂肪酸（free fatty acids），碳氢化合物（hydrocarbons）及蜡（waxes）。种子还含凝集素（agglutinins）和脂肪酶（lipase）。

【药理作用】有泻下、抗癌作用。蓖麻毒蛋白具很强的变应原作用，对细胞免疫有一定的作用。蓖麻毒素能诱导IL-6和IL-8的产生。静注蓖麻毒蛋白30 mg/kg，血压降至零，心脏停止于舒张期，出现潮式呼吸而死亡；心电图出现R-R间期延长，P波消失，T波倒置等现象。皮下注射蓖麻毒蛋白可引起多种动物发热。

【功能主治】药性：甘、辛，平，小毒。归肝，脾，肺，大肠经。功能：消肿拔毒。主治：痈疽肿毒，瘰疬，乳痈，喉痹，疥癞，癣疮，烫伤，水肿胀满，大便燥结，口眼歪斜，跌打损伤。用法用量：内服入丸剂，1.5 ~ 5 g，生研或炒。外用适量，捣烂外敷，或调敷。蓖麻油可作为晚期妊娠的引产剂。使用注意：孕妇及便滑者禁服。本品内服外用均可能引起中毒，重者可危及生命。有报道称外用蓖麻子还可致过敏性休克。

附方：

1. 治足跟痛、扭伤、风湿关节痛：蓖麻子10 g，威灵仙15 g，白芥子10 g，蚕沙30 g，丁香10 g。研粉，混匀，外敷患处，每日1次。

2. 治胃下垂：蓖麻子10 g，五倍子1 g。研成糊状，外敷百会穴，1日3次。

【资源综合利用】蓖麻为单属种。栽培品种较多，依茎、叶颜色（红色或绿色），果刺（具软刺或无），种

▲蓖麻

▲蓖麻花

▲蓖麻果实

子大小和斑纹颜色等区分。蓖麻子主要用于提取蓖麻油，蓖麻子油可作表面活性剂、涂料、印染助剂、胶黏剂等的原料，广泛应用于日化、汽车、涂料及纺织行业中。蓖麻毒蛋白具有很强的抑制蛋白质合成功能和很强的细胞毒性，被广泛应用于抗癌免疫毒素的研究中和用作生物杀虫剂。

293　乌桕

【别名】乌桕木、卷根白皮、卷子根。

【来源】为大戟科植物乌桕*Sapium sebiferum*（L.）Roxb.的根皮或树皮。

【植物形态】落叶乔木，高达15 m，具乳汁。树皮暗灰色，有纵裂纹。叶互生；叶柄长2.5 ~ 6 cm，顶端有2腺体；叶片纸质，菱形至宽菱状卵形，长和宽3 ~ 9 cm，顶端微凸尖到渐尖，基部宽楔形；侧脉5 ~ 10对。穗状花序顶生，长6 ~ 12 cm；花单性，雌雄同序，无花瓣及花盘；最初全为雄花，随后有1 ~ 4朵雌花生于花序基部；雄花小，10 ~ 15朵簇生一苞片腋内，苞片菱状卵形，顶端渐尖，近基部两侧各有1枚腺体，萼杯状，3浅裂，雄蕊2，稀3，花丝分裂；雌花具梗，长2 ~ 4 mm，着生处两侧各有近肾形腺体1，苞片3，菱状卵形，花萼3深裂，子房光滑，3室，花柱基部合生，柱头外卷。蒴果椭圆状球形，直径1 ~ 1.5 cm，成熟时褐色，室背开裂为3瓣，每瓣有种子1颗；种子近球形，黑色，外被白蜡。花期4—7月，果期10—12月。

【生境分布】生于海拔200 ~ 1 200 m的山坡、路旁或林中，有栽培。分布于库区各市县。

【采收加工】全年均可采，将皮剥下，除去栓皮，晒干。

【化学成分】根含白蒿香豆精（artelin），东莨菪素（scopoletin）。根皮含花椒油素（xanthoxylin）。树皮含莫雷亭酮（moretenone），莫雷亭醇（moreten01），3-表莫雷亭醇（3-epimoretenol），3，3'-甲基并没食子酸（3，3'-methylellagic acid）等。叶含没食子酸甲酯（methyl gallate），β-谷甾醇（β-sitosterol），正三十二烷醇（n-dotriacontanol），无羁醇（friedelin），N-苯基苯胺（N-phenylaniline）。种皮含脂肪油（fattyoil）；成熟的种子含脂类（lipid）。

【药理作用】有促癌作用。

【功能主治】药性：苦，微温，有毒。归肺、肾、胃、大肠经。功能：泻下逐水，消肿散结，解蛇虫毒。主治：水肿，血吸虫病，肾变性综合征，癥瘕积聚，腹胀，大、小便不通，疔毒痈肿，湿疹，疥癣，毒蛇咬伤。用

▲乌桕

法用量：内服煎汤，9 ~ 12 g；或入丸、散。外用适量，煎水洗或研末调敷。使用注意：不可过量。体虚、孕妇及溃疡病患者禁服。

附方：

1. 治水肿：乌桕皮100 g，木通50 g（锉），槟榔50 g。研末，每服不计时候，以粥饮调下6 g。

2. 治湿疹，荨麻疹，腋臭，疥癣：乌桕根皮或乌桕叶适量。浓煎汁，外洗。

3. 治疔疮：乌桕根内皮适量。捣烂（或烤干研粉），加冰片少许，用蛋清调匀，外敷。

叶味苦，性微温，有毒；泻下逐水，消肿散瘀，解毒杀虫；主治水肿，大、小便不利，腹水，湿疹，真菌性阴道炎，疥癣，痈疮肿毒，跌打损伤，毒蛇咬伤。体虚、孕妇及溃疡病患者禁服。种子味甘，性凉，有毒；拔毒消肿，杀虫止痒；主治湿疹，癣疮，皮肤皲裂，水肿，便秘。种子油味甘，性凉，有毒；能杀虫，拔毒，利尿，通便；主治疥疮，脓疱疮，水肿，便秘。外用适量，涂敷。乌桕全体有毒，大剂量内服宜慎。中毒时有恶心、呕吐、腹痛、腹泻、头痛、眼花、耳鸣、失眠、心慌、喉头痒，严重咳嗽、出冷汗等症状。解救方法：洗胃、导泻，服活性炭，大量饮淡盐水。此外可对症治疗，循环衰竭时可用强心兴奋剂，民间用蜂蜜冲服解毒。

4. 治水肿：鲜乌桕叶100 g，鱼腥草、车前草各适量，土黄芪50 g，生地黄9 g。水煎服。

5. 治血吸虫病腹水：乌桕叶、根6 ~ 30 g。水煎服，早、晚各1次。

6. 治真菌性阴道炎、风疹、湿疹：乌桕鲜叶适量。煎水，熏洗。

7. 治脚癣：乌桕鲜叶适量。捣烂，加食盐少许调匀，敷患处。

8. 治疮疖肿毒，毒蛇咬伤：乌桕叶、射干各等量。捣烂，敷伤口。

9. 治扭挫伤：乌桕叶、韭菜根、鹅不食草各适量。捣烂，外敷。

10. 治鸡眼：乌桕叶及嫩枝适量。煎成浸膏，先用温水浸泡患处，消毒后用刀削除鸡眼厚皮，并用针挑破，擦掉血迹，将浸膏涂于患处，用胶布贴固，每日换药1次，换药前先将黑色痂皮挑去（初用有刺激感，逐日减轻），一般3 ~ 6次即愈。

11. 治癞痢头：乌桕鲜叶适量。捣汁，洗头，渣外敷。

12. 治湿疹：乌桕种子（鲜）捣烂，包于纱布内，擦患处。

13. 治竹木刺入肉：乌桕种子合冷饭粒捣烂敷患处，刺即逐渐浮出。

14. 治手足皲裂：乌桕子煎水洗。

15. 治脓疱疥疮：桕油100 g，银6 g，樟脑15 g。同研，不见星乃止。以温汤洗净疮，以药填入。

【资源综合利用】乌桕木之名始载于《新修本草》，为三峡库区特有经济树种和园艺树种，种子外被蜡质，可提制皮油，供制高级香皂、蜡纸、蜡烛等。种仁榨油可供油漆、油墨之用，同时具有极高的观赏价值，是农村发展经济的主要树种。

294 蛋不老

【别名】地构叶、白花蛋不老。

【来源】为大戟科植物广东地构叶*Speranskia cantoniensis*（Hance）Pax. et Hoffm.的全草。

【植物形态】多年生草本或半灌木，高40 ~ 60 cm。茎直立，少分枝，全株密被绒毛。单叶互生；叶柄长0.8 ~ 2 cm；叶片卵状长圆形或椭圆状披针形，顶端渐尖，基部钝圆或宽楔形，长2 ~ 7 cm，宽1 ~ 7 cm，边缘有稀钝齿，上面被毛或近无毛，下面被毛，沿脉最多，总状花序顶生或腋生；花单性，雌雄同序；雄花位于花序上部，每一苞片内着花3朵，花梗被白色柔毛，花萼5，披针形，绿色，被毛；花瓣5，淡黄色，雄蕊10；雌花着生于花序下部，花萼较狭，子房3室，花柱3，2裂。蒴果，表面有瘤状突起。种子球形，表面粗糙。花期5—7月，果期7—9月。

【生境分布】生于海拔200 ~ 800 m的林下、草丛中及河沟边。分布于巫溪、奉节、开州、武隆地区。

【采收加工】全年均可采，洗净，鲜用或晒干。

【功能主治】药性：苦，平。功能：祛风湿，通经络，破瘀止痛。主治：风湿痹痛，癥瘕积聚，瘰疬，疔疮

▲广东地构叶

肿毒，跌打损伤。用法用量：内服煎汤，15 ~ 30 g。外用适量，捣敷；或煎水洗。

附方：

治跌打损伤：地构叶适量。捣烂，酒调包伤处。

295 透骨草

【别名】珍珠透骨草、地构皮。

【来源】为大戟科植物地构叶*Speranskia tuberculata*（Bunge）Baill的全草。

【植物形态】多年生草本，高15 ~ 50 cm。根茎横走，淡黄褐色；茎直立，丛生，被灰白色卷曲柔毛。叶互生或于基部对生；无柄或具短柄；叶片厚纸质，披针形至椭圆状披针形，长1.5 ~ 7 cm，宽0.5 ~ 2 cm，顶端钝尖或渐尖，基部宽楔形或近圆形，上部全缘，下部具齿牙，两面被白色柔毛，以沿脉处为密。总状花序顶生；花单性同序；雄花位于花序上部，具长卵状椭圆形或披针形的叶状苞片2枚，苞片内有花1 ~ 3朵；萼片5，稀4，花瓣5，稀4，呈鳞片状，黄色腺体盆状，与花瓣互生，雄蕊10 ~ 15，花盘腺体5，黄色；花序下部的花略大，中间1朵为雌花，两侧为雄花；苞片2；雌花具较长的花梗，萼片5 ~ 6，花瓣6，子房上位，花柱3枚，均2裂。蒴果三角状扁圆球形，被柔毛和疣状突起，顶端开裂；每室有种子1颗，呈三角状倒卵形，绿色。花期4—5月，果期5—6月。

【生境分布】生于海拔600 ~ 1 200 m的山坡及草地。分布于开州、涪陵、武隆地区。

【采收加工】5—6月间开花结实时采收，除去杂质，鲜用或晒干备用。

【药材性状】茎多分枝，呈圆柱形或微有棱，通常长10 ~ 30 cm，直径1 ~ 4 mm，茎基部有时连有部分根茎；茎表面浅绿色或灰绿色，近基部淡紫色，被灰白色柔毛，具互生叶或叶痕，质脆，易折断，断面黄白色。根茎长短不一，表面土棕色或黄棕色，略粗糙；质稍坚硬，断面黄白色。叶多卷曲而皱缩或破碎，呈灰绿色，两面均被白色细柔毛，下表面近叶脉处较显著。枝梢有时可见总状花序和果序；花形小；蒴果三角状扁圆形。气微，味淡而后微苦。以色绿、枝嫩，带“珍珠”果者为佳。

▲地构叶

【显微鉴别】茎横切面：表皮细胞类方形或切向略延长，外被角质层，有非腺毛及少数气孔。绿皮层为5 ~ 6层细胞，部分细胞内含草酸钙簇晶，直径14 ~ 24 μm；外侧2 ~ 3层为厚角组织。中柱鞘为2 ~ 4层纤维排列成断续的环带，纤维多角形而扁，壁厚，弱木化，层纹明显。韧皮部较窄。木质部宽阔，导管单独散在或2 ~ 5个成群；木纤维多数，常径向整齐排列；木射线细胞1列。髓约占茎直径的2/5，少数细胞内含草酸钙簇晶。

叶表面观：上表皮细胞垂周壁近平直，气孔稀少，主为平轴式，次为不定式和不等式，副卫细胞2 ~ 4个，下表皮细胞垂周壁稍弯曲，气孔多数，余同上表皮。非腺毛上下表皮均有，通常为单细胞，偶有双细胞者，长230 ~ 460 μm，直径约18 μm，壁厚，表面有显著的疣状凸起。叶肉组织的少数细胞含草酸钙簇晶，直径16 ~ 25 μm。

【理化鉴别】检查酚类：透骨草粉末0.5 g，加甲醇5 mL，浸渍2 h，并时时振摇，滤过，取滤液2 mL于试管中，加2%铁氰化钾-2%三氯化铁试剂（临用时，将两种溶液等量混合）2 ~ 3滴，均显蓝色。

【功能主治】药性：辛，温。归肝、肾经。功能：祛风除湿，舒筋活血，散瘀消肿，解毒止痛。主治：风湿痹痛，筋骨挛缩，寒湿脚气，腰部扭伤，瘫痪，闭经，阴囊湿疹，疮疖肿毒。用法用量：内服煎汤，9 ~ 15 g。外用适量，煎水熏洗；或捣敷。使用注意：孕妇禁服。

附方：

1. 治风湿性关节痛：透骨草9 g，防风9 g，苍术9 g，牛膝12 g，黄柏9 g。水煎服。
2. 治风湿性关节炎，筋骨拘挛：透骨草9 g，制川乌、制草乌各3 g，伸筋草6 g。水煎服。
3. 治腰扭伤：鲜透骨草根适量。加盐少许，捣烂，外敷。
4. 治跌打损伤，瘀血疼痛：透骨草、茜草、赤芍、当归各9 g。水煎服。
5. 治闭经：透骨草根30 g，茜草15 g。水煎，加红糖、黄酒冲服。
6. 治一切肿毒初起：透骨草、漏芦、防风、地榆等分。煎汤，趁热洗。
7. 治阴囊湿疹，疮疡肿毒：透骨草、蛇床子、白藓皮、艾叶各适量。煎水，外洗。

296 油桐子

【别名】桐子、桐油树子。

【来源】为大戟科植物油桐*Vernicia fordii*（Hemsl.）Airy-Shaw的种子。

【植物形态】落叶小乔木。高达9 m。枝粗壮，无毛，皮孔灰色。单叶互生；叶柄长达12 cm，顶端有2红紫色腺体；叶片革质，卵状心形，长5 ~ 15 cm，宽3 ~ 14 cm，顶端渐尖，基部心形或楔形，全缘，有时3浅裂，幼叶

▲油桐果　▲油桐花

被锈色短柔毛，后近于无毛，绿色有光泽。花先叶开放，排列于枝端成短圆锥花序；单性，雌雄同株；萼不规则，2 ~ 3裂；花瓣5，白色，基部具橙红色的斑点与条纹；雄花具雄蕊8 ~ 20，排列成2轮，上端分离，且在花芽中弯曲；雌花子房3 ~ 5室，每室1胚珠，花柱2裂。核果近球形，直径3 ~ 6 cm。种子具厚壳状种皮。花期4—5月，果期10月。

【生境分布】喜生于较低的山坡、山麓和沟旁。分布于库区各市县。

【采收加工】秋季果实成熟时采收，将其堆积于潮湿处，泼水，覆以干草，经10 d左右，外壳腐烂，除去外皮，收集种子，晒干。

【化学成分】种子含46%脂肪油（桐油），主要成分为桐酸（eleostearic acid），异桐酸（isceleostearle acid）及油酸（oleic acid）的甘油酯。

【药理作用】桐酸对胃肠道具有强大的刺激作用，可引起恶心、呕吐和腹泻，还可损害肝、肾、脾及神经。

【功能主治】药性：甘、微辛，寒，大毒。功能：吐风痰，消肿毒，利二便。主治：风痰喉痹，痰火瘰疬，食积腹胀，大、小便不通，丹毒，疥癣，烫伤，急性软组织炎症，寻常疣。用法用量：内服煎汤，1 ~ 2枚；或煎水；或捣烂冲。外用适量，研末敷；或捣敷；或磨水涂。使用注意：孕妇禁服。

附方：

治疔疮：油桐子适量。和醋磨浓汁，抹患处。

种子油味甘、辛，性寒，有毒；涌吐痰涎，清热解毒，收湿杀虫，润肤生肌；主治喉痹，痈疡，疥癣，臁疮，烫伤，冻疮，皲裂。外用涂擦；调敷或探吐。未成熟的果实能行气消食，清热解毒；主治疝气，食积，月经不调，疔疮疖肿。花味苦、微辛，性寒，有毒；清热解毒，生肌；主治新生儿湿疹，秃疮，热毒疮，天疱疮，烧烫伤。叶味甘、微辛，性寒，有毒；清热消肿，解毒杀虫；主治肠炎，痢疾，痈肿，臁疮，疥癣，漆疮，烫伤。根味甘、微辛，性寒，有毒；下气消积，利水化痰，驱虫；主治食积痞满，水肿，哮喘，瘰疬，蛔虫病。孕妇慎服。

1. 治慢性溃疡：桐油、鲜桑白皮各适量。捣烂敷于溃疡处。
2. 治疮疖（脓疱疮）：嫩油桐果切开，将果内流出的水涂患处。
3. 治烫伤：油桐果适量。捣烂绞汁，调冬蜜敷抹患处。
4. 治癞痢头：桐子花、松针各等量。水煎洗头。或用桐子花、杜鹃花、金樱子花各等分，研末，用桐油调搽。
5. 治肠炎，细菌性痢疾，阿米巴痢疾：油桐叶45 g。水浓煎，分2次服。
6. 治漆疮：油桐叶适量。煎水洗。
7. 治烫伤：鲜油桐叶捣烂绞汁，调冬蜜敷抹患处。
8. 治铁锈钉刺伤脚底：鲜油桐叶适量。和红糖捣烂，外敷。
9. 治疮疡疥癣：鲜油桐根皮适量。捣烂，外敷。
10. 治外科炎症：以桐油和石膏粉调敷患处，如用药及时，对急性化脓性炎症有促使其吸收消退或同限的作用。

【资源综合利用】本品原植物以子桐为名，始载于《本草拾遗》。油桐不但药用，且经济价值极高，桐油具有不透水、不透气、不导电、耐酸碱、防腐等特性，广泛用在人造橡胶、皮革等工业生产中；同时成片的油桐林，开花时节花絮如雪飘飞，美丽壮观，可发展为旅游观光树种。

漆树科Anacardiaceae

297　南酸枣

【别名】山枣子、人面子、冬东子、广枣。

【来源】为漆树科植物南酸枣*Choerospondias axillaris*（Roxb.）Burtt et Hill.的果实。

【植物形态】落叶乔木，高8 ~ 20 m。树皮灰褐色，纵裂呈片状剥落，小枝粗壮，暗紫褐色，无毛，具皮孔。奇数羽状复叶互生，长25 ~ 40 cm，小叶柄长3 ~ 5 mm；小叶3 ~ 6对，叶片膜质至纸质，卵状椭圆形或长椭圆形，长4 ~ 12 cm，宽2 ~ 4.5 cm，顶端尾状长渐尖，基部偏斜，全缘，两面无毛或稀叶背脉腋被毛；侧脉8 ~ 10对。花杂性，异株；雄花和假两性花淡紫红色，排列成顶生或腋生的聚伞状圆锥花序，长4 ~ 10 cm；雌花单生于上部叶

▲南酸枣花　　▲南酸枣

腋内；萼片、花瓣各5；雄蕊10；子房5室；花柱5。核果椭圆形或倒卵形，成熟时黄色，中果皮肉质浆状，果核长2～2.5 cm，径1.2～1.5 cm，顶端具5小孔。花期4月，果期8—10月。

【生境分布】生于海拔300～2 000 m的山坡、丘陵或沟谷林中。分布于巫溪、巫山、云阳、万州、开州、石柱、涪陵、武隆地区。

【采收加工】9—10月果熟时采收，鲜用，或取果核晒干。

【药材性状】果实呈类圆形、椭圆形或类圆形。表面黑褐色或棕褐色，略有光泽，有不规则的皱褶；基部稍有环状的果梗痕。果肉棕褐色。果肉薄，果核坚硬，近卵形，红棕色或黄棕色，顶端有5个明显的小孔（偶有4或6个）。横断面有五室，每室具有一粒种子，长圆形。无臭，味酸。以个大、肉厚、色黑褐色者为佳。

【显微鉴别】果实横切面：外果皮由表皮细胞和数列厚角细胞组成，表皮外壁被有角质层，细胞内含有黄棕色色素块。中果皮散有大形裂隙及分泌腔；外侧薄壁细酸常含有淀粉团，淀粉粒极细小，有的细胞含草酸钙簇晶。内果皮由纤维状石细胞和少数的石细胞群组成，呈镶嵌状交错排列；石细胞呈类方形、类圆形、不规则形、胞腔和纹孔明显，胞腔中常可见黄棕色色素块；内果皮组织中，可见细微的维管束组织，导管的直径稍大于其周围的纤维状石细胞，此外尚有压缩的颓废组织。

粉末特征：棕黄色。外果皮细胞为不规则多角形或类圆形，细胞内含黄棕色色素块，有时可见加厚的角质层纹理。中果皮薄壁细胞浅黄色，细胞内含丰富的颗粒状物质，偶见簇晶样物质。内果皮石细胞呈类方形、类圆形或不规则形，直径为27～（54～108）μm，胞腔和纹孔明显，胞腔中常含有黄棕色色素块。内果皮纤维细胞多成群散在，偶见有细微的维管束组织通过。棕红色色素块众多，呈不规则形。

【理化鉴别】取本品粗粉2 g，加甲醇50 mL，在水浴上回流1 h，滤过，取滤液1 mL，蒸干，加氯仿1 mL溶解，再加硫酸1 mL，在紫外灯下观察，氯仿层显蓝缘色荧光，硫酸层显绿色荧光。

【化学成分】含双氢槲皮素，槲皮素，原儿茶酸等。种仁含油，其中肉豆蔻酸0.12%，棕榈酸13.06%等。

【药理作用】总黄酮能对抗大鼠离体心脏缺氧性心律失常。有清除氧自由基、保护急性脑缺血再灌注损伤作用。

【功能主治】药性：甘、酸，平。功能：行气活血，养心安神，消积，解毒。主治：气滞血瘀，胸痛，心悸气短，神经衰弱，失眠，支气管炎，食滞腹满，腹泻，疝气，火烫伤。用法用量：内服煎汤，30～60 g；鲜果，2～3枚，嚼食；果核、煎汤，15～24 g。外用适量，果核烧炭研末，调敷。

附方：

1. 治慢性支气管炎：冬东子250 g，炖肉吃。
2. 治疝气：酸枣种仁适量，磨水内服。
3. 治食滞腹痛：南酸枣鲜果2～3枚，嚼食。

298　黄栌根

【别名】红叶。

【来源】为漆树科植物黄栌*Cotinus coggygria* Scop.的根。

【植物形态】落叶灌木或小乔木，高2～8 m。树皮暗灰色，鳞片状；小枝灰色，有柔毛。单叶互生，叶柄细，长约1.5 cm；叶片倒卵形或卵圆形，长3～8 cm，宽2.5～6 cm，顶端圆或微凹，基部圆形或阔楔形，全缘，两面或背面被灰色柔毛；侧脉6～11对，顶端常叉开。圆锥花序顶生，被柔毛；花杂性，径约3 mm；花梗长7～10 mm；花萼无毛，裂片5，卵状三角形，长约1.2 mm，宽约0.8 mm；花瓣5，卵形或卵状披针形，长2～2.5 mm，宽约1 mm；雄蕊5，长约1.5 mm，花药卵形，与花丝等长；花盘5裂，紫褐色；子房近球形，径约0.5 mm，花柱3，分离，不等长。核果肾形，长约4.5 mm，宽2.5～4 mm，红色。

【生境分布】生于海拔300～1 000 m的向阳山坡林中。分布于巫溪、巫山、开州、云阳地区。

【采收加工】全年均可采挖，切段，晒干。

【化学成分】木材含纤维素（cellulose），木质素（lipin），戊聚糖（penlosan）。叶含鞣质，黄酮类，挥发油等。

【药理作用】叶有抗炎作用。

【功能主治】药性：苦、辛，寒。功能：清热利湿，散瘀，解毒。主治：黄疸，肝炎，跌打瘀痛，皮肤瘙痒，赤眼，丹毒，烫火伤，漆疮。用法用量：内服煎汤，10～30 g。外用适量，煎水洗。

附方：

1. 治肝炎：黄栌根、栀子各15 g，茵陈30 g。水煎服。

▲黄栌

▲盐肤木

2. 治妇女产后劳损：毛黄栌根皮60 g，加蕲艾根30 g，水煎，冲入黄酒、红糖，早晚饭前各服1次；忌食酸辣、芥菜、萝卜菜。

黄栌枝叶味苦、辛，性寒；清热解毒，活血止痛；主治黄疸型肝炎，丹毒，漆疮，水火烫伤，结膜炎，跌打瘀痛。

3. 治漆疮：黄栌适量。煎水洗。

4. 治急性眼结膜炎：黄栌叶、菊花各9 g，水煎服；药渣煎水熏患眼。

【资源综合利用】黄栌始载于《本草拾遗》，列入木部下品。是发展旅游产业的重要经济植物之一，是红叶的一种类型。

299 五倍子

【别名】角倍。

【来源】为漆树科植物盐肤木*Rhus chinensis* Mill.树上寄生倍蚜科昆虫角倍蚜后形成的虫瘿。

【植物形态】落叶灌木或小乔木，高达8 m。树皮灰褐色，有皮孔和三角形叶痕。奇数羽状复叶，互生，具小叶7～13，总叶柄和叶轴有显著的翅，小叶无柄，卵形至卵状椭圆形，长6～12 cm，宽4～6 cm，边缘有粗锯齿，下面具棕褐色柔毛。圆锥花序顶生，杂性；两性花的萼片5，广卵形；花瓣5，乳白色，倒卵状长椭圆形；雄蕊5，花药、花丝均为黄色；雌蕊较雄蕊短，花柱3，柱头头状；雄花略小，中央有退化子房。核果近扁圆形，红色。花期8—9月，果熟期10月。

当早春盐肤木树萌发幼芽时，蚜虫的春季迁移蚜，便在叶芽上产生有性的雌雄无翅蚜虫，经交配后产生无翅单性雌虫，称之为“干母”。“干母”侵入树的幼嫩组织，刺激组织膨大而形成疣状虫瘿。

【生境分布】生于海拔300～2 400 m的石灰岩灌丛或疏林中。分布于库区各市县。

【采收加工】9—10月采摘，如过期则虫瘿开裂。采得后，用沸水煮3～5 min，杀死内部仔虫，晒干或阴干。

【显微鉴别】横切面：表皮细胞层，往往分化成1～3细胞的非腺毛，长70～140 μm，有时长达350 μm。表皮内侧为薄壁组织，薄壁细胞含有淀粉粒，直径约10 μm，多已糊化，并可见少数草酸钙簇晶。内侧的薄壁组织中有外韧型维管束散生，维管束外侧有大型的树脂腔，直径可达270 μm。

粉末特征：灰绿色至灰棕色。非腺毛众多，由1～6细胞构成，长70～350 μm。薄壁细胞含有淀粉粒，直径约10 μm。簇晶较少，直径约25 μm。导管螺纹直径10～15 μm。树脂腔都已破碎，树脂块散在，黄棕色。

【理化鉴别】检查五倍子鞣质：取本品粉末0.5 g，加水4 mL，微热，滤过。取滤液1 mL，加三氯化铁试液1滴，生成蓝黑色沉淀；另取滤液1 mL，加10%酒石酸锑钾溶液2滴，产生白色沉淀。

【化学成分】虫瘿含五倍子鞣质50%～80%，没食子酸（gallic acid）2.5%，脂肪，树脂，蜡质，淀粉等。五倍子鞣质遇酸水解则产生没食子酸及葡萄糖。

【药理作用】有收敛、抗菌、抗病毒、清除自由基、抗氧化、抗肿瘤、抗突变、杀灭精子作用。

【功能主治】药性：酸、涩，寒。功能：收敛，抗炎，减少渗出，敛肺，止汗，涩肠，固精，止血，解毒。主治：肺虚久咳，自汗盗汗，久痢久泻，脱肛，遗精，白浊，各种出血症，痈肿疮疖。用法用量：内服煎汤，3～10 g；研末，1.5～6 g；或入丸、散。外用适量，煎汤熏洗；研末擦或调敷。使用注意：外感风寒或肺有实热之咳嗽，以及积滞未清之泻痢禁服。

附方：

1. 治肺虚久咳：五倍子6 g，五味子6 g，罂粟壳6 g，水煎服。
2. 治滴虫性阴道炎：五倍子15 g，水煎冲洗患部。
3. 治自汗、盗汗：五倍子研末，醋调填脐中，用胶布固定，一日后换。

【资源综合利用】五倍子是我国特产，商品有角倍类、肚倍类、倍花类。以角倍的产量为大，约占总产量的75%，主产长江以南。五倍子为重要的工业原料，广泛用于制革、食品、航天、制药等行业。五倍子油对糖尿病有一定的疗效。2000年已开发出新药五倍子油胶囊。

300 干漆

【别名】干漆、生漆、漆渣、续命筒、漆底、漆脚。

【来源】为漆树科植物漆树*Toxicodendron vernicifloum*（Stokes）F. A. Barkl.树脂的干燥品。

【植物形态】落叶乔木，高达20 m。树皮灰白色，粗糙，呈不规则纵裂。奇数羽状复叶螺旋状互生，长22～75 cm；叶柄长7～14 cm，被微柔毛，近基部膨大，半圆形，上面平；小叶4～6对，卵形、卵状椭圆形或长圆形，长6～13 cm，宽3～6 cm，顶端渐尖或急尖，基部偏斜，圆形或阔楔形，全缘，上面无毛或中脉被微毛，下面初有细毛，老时沿脉密被淡褐色柔毛。圆锥花序长15～30 cm，被灰黄色微柔毛；花杂性或雌雄异株，黄绿色；雄花花萼5，卵形，长约0.8 mm，花瓣5，长圆形，外卷，雄蕊5，长约2.5 mm，着生于花盘边缘，花丝线形，花药长圆形；雌花较雄花小，子房球形，1室，径约1.5 mm，花柱3。果序稍下垂，枝果肾形或椭圆形，不偏斜，略压扁，长5～6 mm，宽7～8 mm，外果皮黄色，无毛，具光泽，成熟后不裂，中果皮蜡质，具树脂条纹，果核棕色，与果同形，长约3 mm，宽约5 mm，坚硬。花期5—6月，果期7—10月。

【生境分布】生于海拔800～2 800 m的向阳山坡林内。分布于巫溪、奉节、万州、丰都、涪陵、石柱、武隆地区。

【采收加工】割伤漆树树皮，收集自行流出的树脂为生漆，干涸后凝成的团块即为干漆。但商品多收集漆缸壁或底部粘着的干渣，经煅制后入药。

【药材性状】本品呈不规则块状，黑褐色或棕褐色，表面粗糙，有蜂窝状细小孔洞或呈颗粒状，有光泽。质坚硬，不易折断，断面不平坦，具特殊臭气。遇火燃烧，发黑烟，漆臭更强烈。以块整、色黑、坚硬、漆臭重者为佳。

【理化鉴别】检查酚类：取本品粉末1 g，加乙醇10 mL，置热水浴中加热5 min，放冷，滤过。取滤液1 mL，加三氯化铁试液1～2滴，显墨绿色。

【化学成分】生漆含漆酚（urushiol）50%～80%，少量氢化漆酚（hydrourushiol）、漆树蓝蛋白（stellacyanin）、

▲漆树

虫漆酶（laccase）、鞣质及树胶等。果实含脂肪约20%，主要是棕榈酸（palmitic acid），油酸（oleic acid），二十烷二甲酸（eicosane-dicarboxylic acid）等的甘油酯。

【药理作用】干漆醇提取物对离体平滑肌具有拮抗组织胺、5-羟色胺、乙酰胆碱的作用。小剂量有强心作用，大剂量则对心脏呈抑制作用。干漆浸膏能延长小鼠常压和减压耐缺氧存活时间，对大鼠血小板血栓形成有一定的抑制作用，与戊巴比妥钠有协同作用。对漆敏感者能引起漆性皮炎。

【功能主治】药性：辛，温；有毒。归肝，脾经。功能：破瘀，消积，杀虫。主治：妇女瘀血阻滞，经闭，癥瘕，虫积。用法用量：内服入丸、散，2～4.5 g。内服宜炒或煅后用。使用注意：孕妇及体虚无瘀滞者禁服。

附方：

治产后恶露不下尽，下腹疼痛：干漆30 g（煅），没药30 g。研末，食前以热酒调下3 g。

漆树种子味辛，性温，有毒；活血止血，温经止痛；主治出血夹瘀的便血，尿血，崩漏及瘀滞腹痛、闭经。内服煎汤，6～9 g；或入丸、散。根味辛，性温，有毒；活血散瘀，通经止痛；主治跌打瘀肿疼痛，经闭腹痛。树皮或根皮味辛，性温，小毒；主治接骨，跌打骨折，心材味辛，性温，小毒；行气活血，止痛；主治气滞血瘀所致胸胁胀痛，脘腹气痛。

【资源综合利用】巫溪、石柱、武隆有大量野生漆树，所产的生漆品质优良。如石柱所产的“毛坝漆”为漆中优品。生漆作为优良的涂料，广泛用于各造船、建筑等行业中。传统医药所用的干漆，是生漆中的漆酚在虫漆酶作用下，在空气中氧化生成的黑色树脂状物质，具有杀虫，破血的功效，现代临床已少见应用。

冬青科Aquifoliaceae

301 枸骨叶

【别名】功劳叶，老鼠刺。

【来源】为冬青科植物枸骨*Ilex cornuta* Lindl. ex Paxt.的叶。

▲枸骨

【植物形态】小乔木或灌木，高3～7 m。树皮灰白色，平滑。叶硬革质，长椭圆状四方形，长4～8 cm，宽2～4 cm，顶端具有3枚坚硬刺齿，中央刺齿反曲，基部平截，两侧各有1～2个刺齿，顶端短尖，基部圆形，表面深绿色，有光泽，背面黄绿色，两面无毛。雌雄异株或偶为杂性花，簇生于二年生枝的叶腋；花黄绿色，4数；萼杯状，细小；花瓣向外展开，倒卵形至长圆形，基部合生；雄蕊4枚，花丝长约3 mm；子房4室，花柱极短。核果浆果状，球形，熟时鲜红色，直径4～8 mm；分核4颗，骨质。花期4—5月，果期9—10月。

【生境分布】生于海拔150～1 900 m的山坡、灌丛中、疏林中及路边。分布于库区各市县。

【采收加工】夏、秋季采叶，剪去细枝，晒干。

【药材性状】叶类长方形或长椭圆状方形，偶有长卵圆形，长3～8 cm，宽1～3 cm。顶端有3个较大的硬刺齿，顶端1枚常反曲，基部平截或宽楔形，两侧有时各有刺齿1～3枚，边缘稍反卷；长卵圆形叶常无刺齿。上表面黄绿色或绿褐色，有光泽，下表面灰黄色或灰绿色。叶脉羽状。叶柄较短。革质，硬而厚。气微，味微苦。以叶大、色绿者为佳。

【显微鉴别】叶片横切面：表皮细胞类方形，外被角质层。栅栏组织约3列细胞，海绵组织有草酸钙簇晶，直径20～30 μm。中脉维管束的木质部呈新月形，木质部上方的凹下处与韧皮部外侧有纤维束。

【化学成分】叶含咖啡碱（caffeine），羽扇豆醇（Lupeol）等。

【药理作用】有增加冠脉流量、加强心肌收缩力、避孕作用。

【功能主治】药性：苦，凉。功能：清虚热，益肝肾，祛风湿。主治：阴虚劳热，咳嗽咯血，头昏目眩，腰膝酸软，风湿痹痛，白癜风。用法用量：内服煎汤，9～15 g。使用注意：外用适量，熬膏涂敷。脾胃虚寒及肾阳不足者禁服。

附方：

1. 治肺痨：枸骨嫩叶30 g。开水泡，当茶饮。
2. 治风湿性关节炎：鲜枸骨嫩枝叶120 g。捣烂，加白酒360 g，浸1 d。每晚睡前温服15～30 g。

【资源综合利用】始见于《本草拾遗》，原名“枸骨叶”。目前许多地区使用的苦丁茶多为枸骨嫩叶的加工品。

卫矛科Celastraceae

302 鬼箭羽

【别名】鬼见羽，四方柴，八树。

【来源】为卫矛科植物卫矛*Euonymus alatus*（Thunb.）Sieb.具翅状物枝条或翅状附属物。

【植物形态】落叶灌木，高2～3 m。多分枝。小枝通常四棱形，棱上常具木栓质扁条状翅，翅宽约1 cm或更宽。单叶对生，叶柄极短；叶片薄，稍膜质，倒卵形、椭圆形至宽披针形，长2～6 cm，宽1.5～3.5 cm，顶端短渐尖或渐尖，边缘有细锯齿，基部楔形，表面深绿色，背面淡绿色。聚伞花序腋生，花3～9朵，花小，两性，淡黄绿色；萼4浅裂，裂片半圆形，边缘有个整齐的毛状齿；花瓣4，近圆形，边缘有时具微波状；雄蕊4，花丝短，着生于肥厚方形的花盘上，花盘与子房分生。蒴果椭圆形，绿色或紫色，1～3室，分离。种子椭圆形或卵形，淡褐色，外被橘红色假种皮。花期5—6月，果期9—10月。

【生境分布】 生于海拔500～1 800 m的山坡、沟边。分布于库区各市县。

【采收加工】 全年均可采，割取枝条后，取枝及其上共翅状物，晒干。

【药材性状】 为具翅状物的圆柱形枝条，枝条直径2～6 mm，表面较粗糙，暗灰绿色至从黄绿色，有纵纹及皮孔，皮孔纵生，灰白色。翅状物扁平状，靠近基部处稍厚，向外渐薄，宽3～12 mm，厚约2 mm，表面深灰棕色至暗棕红色，具细长的纵直纹理或微波状弯曲，翅极易剥落，枝条上常见断痕。枝坚硬，难折断，断面淡黄白色，纤维性。气微，味微苦。

粉末特征：枝翅全为木栓化细胞的碎片，淡黄棕色，细胞长方形或方形，一般长约60 μm，宽约50 μm，壁微增厚。枝条中常有方形的木栓细胞，片状增厚的厚角细胞碎片、纤维及网状、螺纹增厚的导管和散在的簇晶。纤维直径17～20 μm，导管直径13～17 μm，簇晶大小为17～34 μm。

【理化鉴别】 薄层鉴别：取氯仿溶液，以6β-羟基豆甾-4-烯-3-酮、3-β谷甾醇、豆甾-4-烯-3，6-二酮及豆甾-4-烯-3-酮作对照，同点于硅胶G板上，以苯-乙醚（3：2）为展开剂，展距17.5 cm。用1%香草醛酸硫酸显色，供试品与对照品在相对应位置上显黄棕色或紫色斑点。

【化学成分】 含槲皮素，金丝桃苷（hyperin），槲皮素-3-半乳糖-木糖苷（quercetin-3-galactose-xyloside），甾类成分有4-β谷甾烯酮（4-β-sitosterone），豆甾-4-烯-3-酮（stigmasta-4-ene-3-one）等。

【药理作用】 有小剂量加大心肌收缩力大剂量减少心肌收缩力、减慢心率、降压、增强冠状动脉血流量、降低心肌耗氧量、保护急性心肌缺血、抗心律失常、降血糖、降血脂、镇静、抗癌、抑制回肠收缩作用。

【功能主治】 药性：苦、辛，寒。归肝，脾经。功能：破血通经，解毒消肿，杀虫。主治：肺源性心脏病、冠心病、支气管哮喘、糖尿病、慢性肝炎、肝硬化腹水、慢性胆囊炎、子宫肌瘤、过敏性疾病、慢性粒细胞白血病，心腹疼痛，闭经，痛经，崩中漏下，产后瘀滞腹痛，恶露不下，疝气，疮肿，跌打伤痛，虫积腹痛，烫火伤，毒蛇咬伤。用法用量：内服煎汤，6～12 g；或泡酒，入丸、散。外用煎水外洗，或研末外敷。使用禁忌：孕妇、气血虚弱者慎服。

附方：

1. 治月经不调：鬼箭羽15 g。水煎，兑红糖服。

▲卫矛

2. 治漆性皮炎：鬼箭羽枝叶、白果叶加等量。煎水，外洗。

3. 治跌打损伤：鬼箭羽50 g，赤芍25 g，红花、桃仁各15 g，大黄5 g。共研细末，每服5 g，日服3次。

【资源综合利用】商品卫矛为带翅的嫩枝。通过对各部位总黄酮的含量测定，发现叶与翅含量高达6%以上，因而可考虑用翅和叶，既有利于生态保护，又不造成资源的浪费。近年用鬼箭羽治疗Ⅱ型糖尿病，不但能够刺激胰岛素分泌，还能增加外周组织对葡萄糖的利用，提高胰岛素与受体的亲和力。因此本品对开发治疗糖尿病及其慢性并发症药物有较好前景。

303 扶芳藤

【别名】坐转藤、爬藤黄杨。

【来源】为卫矛科植物扶芳藤*Euonymus fortunei*（Turcz.）Hand.-Mazz.的带叶茎枝。

【植物形态】常绿灌木，匍匐或攀缘，高约1.5 m，茎枝常有多数细根及小瘤状突起。单叶对生；具短柄；叶片薄革质，椭圆形、椭圆状卵形至长椭圆状倒卵形，长2.5 ~ 8 cm，宽1 ~ 4 cm，顶端尖或短尖，边缘具细齿，基部宽楔形。聚伞花序腋生，呈二歧分枝；萼片4，花瓣4，绿白色，近圆形，径约2 mm；雄蕊4，着生于花盘边缘；子房与花盘相连。蒴果黄红色，近球形，稍有4凹线。种子被橙红色假种皮。花期6—7月，果期9—10月。

【生境分布】生于海拔300 ~ 1 200 m的林缘或攀缘于树上或墙壁上。分布于巫山、奉节、开州、石柱地区。

▲扶芳藤

【采收加工】全年均可采收，切碎，晒干。

【药材性状】茎枝呈圆柱形。表面灰绿色，多生细根，并具小瘤状突起。质脆易折，断面黄白色，中空。叶对生，椭圆形，长2 ~ 8 cm，宽1 ~ 4 cm，顶端尖或短锐尖，基部宽楔形，边缘有细锯齿，质较厚或稍带革质，上面叶脉稍突起。气微弱，味辛。

【化学成分】茎枝含卫矛醇（dulcitol）。种子含前番茄红素（prolycopene）和前-7-胡萝卜素（pro-γ-carotene）。

【功能主治】药性：甘、苦、微辛，微温。归肝、肾、胃经。功能：益肾壮腰，舒筋活络，止血消瘀。主治：肾虚腰膝酸痛，半身不遂，风湿痹痛，小儿惊风，咯血，吐血，血崩，月经不调，子宫脱垂，跌打骨折，创伤出血。用法用量：内服煎汤，15 ~ 30 g；或浸酒，或入丸、散。外用适量，研粉调敷，或捣敷，或煎水熏洗。使用注意：孕妇禁服。

附方：

1. 治腰肌劳损，关节酸痛：扶芳藤30 g，大血藤15 g，或加梵天花根15 g。水煎，冲红糖、黄酒服。

2. 治体质虚弱：扶芳藤30 g，棉花根60 g，山茱萸24 g。研末，每服9 g，每日2次，开水冲服。

3. 治咯血：扶芳藤15 g，白茅根30 g。水煎服。

4. 治小儿肾炎浮肿：扶芳藤30 ~ 60 g，杠板归9 ~ 15 g，荔枝壳30 g。水煎服。

5. 治骨折（复位后，小夹板固定）：鲜扶芳藤适量。捣烂，敷患处。

【资源综合利用】扶芳藤始载于《本草拾遗》。

304 大叶黄杨根

【别名】四季青、正木、八木、冬青卫矛。

【来源】为卫矛科植物大叶黄杨*Euonymus japonicus* Thunb.的根。

▲大叶黄杨

【植物形态】常绿灌木或小乔木，植株高3～8 m。小枝近四棱形。单叶对生；叶柄长约1 cm；叶片厚革质，倒卵形，长圆形至长椭圆形，长3～6 cm，宽2～3 cm，顶端钝尖，边缘具细锯齿，基部楔形或近圆形，上面深绿色，下面淡绿色。聚伞花序腋生，总花梗长2.5～3.5 cm，一至二回二歧分枝，每分歧有花5～12朵，花白绿色，4数；花盘肥大。蒴果扁球形，径约1 cm，淡红色，具4浅沟；果梗四棱形。种子棕色，有橙红色假种皮。花期6—7月，果期9—10月。

【生境分布】库区各地多栽培作绿篱。

【采收加工】冬季采挖，切片，晒干。

【化学成分】根皮含冬青卫矛碱（euojaponine）。果实含冬青卫矛倍半萜酯（ejap）。叶含三萜类：无羁萜（friedelin），表无羁萜醇（epifriedelanol）和无羁萜醇（friedelanol）；又含槲皮素-3-β-D-葡萄糖-7-α-L-鼠李糖苷和山柰酚-3-β-D-葡萄糖-7-β-L鼠李糖苷等。

【功能主治】药性：辛、苦，温。归肝经。功能：活血调经，祛风湿。主治：月经不调，痛经，风湿痹痛。用法用量：内服煎汤，15～30 g。使用注意：孕妇慎服。

附方：

1. 治月经不调：大叶黄杨根30 g。炖肉吃。
2. 治痛经：大叶黄杨根、水葫芦各15 g。水煎服。

大叶黄杨茎皮及枝味苦、辛，性微温；祛风湿，强筋骨，活血止血；主治风湿痹痛，腰膝酸软，跌打伤肿，骨折，吐血。叶能解毒消肿；主治疮疡肿毒。外用适量，鲜品捣敷。

305 白鸡肫

【别名】矩圆卫矛。

【来源】为卫矛科植物矩圆叶卫矛*Euonymus oblongifolius* Loes. et Rehd.的根和果。

【植物形态】灌木或小乔木，高达7 m。叶对生；叶柄长达8 mm；叶近革质，光亮，长圆状椭圆形或椭圆形，间有长倒卵形，长6～15 cm，宽2～4.5 cm，顶端渐尖，边缘有细齿，脉网明显。聚伞花序多回分枝，分枝平展，总花梗及分枝均明显方形，较粗壮；花黄绿色，直径5～7 mm，4数，花盘方形，雄蕊具极短花丝。蒴果倒圆锥

▲矩圆叶卫矛

▲野鸦椿

形，长约8 mm，略呈四棱形，顶端平截。种子有橙红色假种皮。花期6—7月，果期9—10月。

【生境分布】生于海拔400～1 600 m的林边、溪边等潮湿之处。产于奉节、石柱、开州、丰都地区。

【采收加工】根，全年均可采，切片，晒干；果实，成熟时采收，晒干。

【功能主治】药性：苦、涩，寒，有小毒。功能：凉血止血，接骨散瘀。主治：血热鼻出血，跌打损伤，骨折。用法用量：内服煎汤，6～9 g。

省沽油科Staphyleaceae

306 鸡眼睛

【别名】鸡眼椒。

【来源】为省沽油科植物野鸦椿*Euscaphis japonica*（Thunb.）Dippel的果实或种子。

【植物形态】小乔木或灌木，高2～8 m。小枝及芽红紫色，揉破后有恶臭气。羽状复叶，长8～32 cm，小叶3～11，长卵形或椭圆形，稀圆形，长4～9 cm，边缘具疏短锯齿，齿尖有腺体。圆锥花序，径4～5 mm；花瓣5，黄白色，椭圆形；花盘盘状。蓇葖果，果皮软革质，紫红色，有纵脉纹。种子近圆形，假种皮肉质，黑色，有光泽。花期5—6月，果期8—9月。

【生境分布】生于海拔600～1 400 m的山坡、河边林中或灌丛中，亦有栽培。分布于巫溪、巫山、奉节、云阳等地。

【采收加工】8—9月采收成熟果实及种子，晒干。

【化学成分】种子含脂肪油25%～30%。果荚、叶含苷类。

【药理作用】有降低毛细血管通透性、解痉、利胆、利尿作用。

【功能主治】药性：苦、微辛，温。功能：温中理气，消肿止痛。主治：胃病，胃寒疼痛，泄泻，痢疾，脱肛，月经不调，子宫下垂，睾丸肿痛。用法用量：内服煎汤，9～15 g。

附方：

1. 治头痛：鸡眼睛15～30 g。水煎服。
2. 治气滞胃痛：鸡眼睛30 g。水煎服。
3. 治风疹块：鸡眼睛15 g，红枣30 g。水煎服。

野鸦椿根主治外感头痛，风湿腰痛，痢疾，泄泻，跌打损伤。茎主治风湿骨痛，水痘，目生翳障。花主治头痛眩晕。

1. 治泄泻、痢疾：野鸦椿根30 ~ 60 g。水煎服。

2. 治关节或肌肉痛：野鸦椿根90 g。水煎服。

槭树科Aceraceae

307 鸡爪槭

【别名】小叶五角鸦枫。

【来源】为槭树科植物鸡爪槭*Acer palmatum* Thunb.的枝、叶。

【植物形态】落叶小乔木。树皮深灰色；小枝细瘦，当年生枝紫色或紫绿色，多年生枝淡灰紫色或深紫色。叶对生；叶柄长4 ~ 6 cm，细瘦，无毛；叶纸质，外貌近圆形，直径7 ~ 10 cm，基部心形或近心形，5 ~ 9掌状分裂，通常7裂，裂片长圆卵形或披针形，顶端锐尖或长锐尖，边缘具紧贴的尖锐锯齿，裂片间的凹缺钝尖或锐尖，深达叶片直径的1/2或1/3，上面深绿色，无毛，下面淡绿色，在叶脉的叶腋被有白色丛毛。花期5月，果期9月。

【生境分布】生于海拔200 ~ 1 200 m的林边或疏林中，有栽培。分布于开州地区。

【采收加工】夏季采收，切段，晒干。

【化学成分】叶含杜荆素（vitexin），肥皂草苷（saponaretin），荭草素（orientin），合模荭草素（homoorientin），矢车菊素单糖苷（cyanidin monoglycoside），飞燕草素单糖苷（delphindin monoglycoside），芍药素单糖苷（peonidin monoglycoside）等。

【功能主治】药性：辛、微苦，平。功能：行气止痛，解毒消痈。主治：气滞腹痛，痈肿发背。用法用量：内服煎汤，5 ~ 10 g。外用适量，煎水洗。

附方：

1. 治腹痛：鸡爪槭6 ~ 9 g。水煎服。

2. 治背部痈肿（背痞）：鸡爪槭适量，煎水洗患处；并用15 g煨水服。

▲鸡爪槭

▲倒地铃

无患子科Sapindaceae

308　倒地铃

【别名】假苦瓜、风船葛、鬼灯笼、三角泡。

【来源】为无患子科植物倒地铃*Cardiospermum halicacabum* L.的全草或果实。

【植物形态】草质攀缘藤本，长1～5 m。茎、枝有棱槽，被皱曲柔毛。二回三出复叶；叶柄长3～4 cm，小叶近无柄；顶生小叶斜披针形或近菱形，长3～8 cm，宽1.5～2.5 cm，顶端渐尖，边缘有疏锯齿或羽状分裂，下面脉上被疏柔毛；侧生小叶稍小，卵形或长椭圆形。花雌雄同株或异株；圆锥花序少花，与叶近等长或稍长，总花梗直，长4～8 cm，卷须螺旋状；萼片4，被缘毛，外面2片圆卵形，长8～10 mm，内面2枚长椭圆形，比外面2片约长1倍；花瓣4，乳白色，倒卵形；雄蕊（雄花）8，与花瓣近等长或稍长，花丝被疏长柔毛；子房（雌花）倒卵形或近球形，被短柔毛。蒴果梨形、陀螺状倒三角形或近长球形，高1.5～3 cm，宽2～4 cm，褐色，被短柔毛。花期夏、秋季，果期秋季至初冬。

【生境分布】生于田野、灌丛、路边和林缘，有栽培。分布于万州、开州、石柱地区。

【采收加工】夏、秋季采收全草，秋、冬季采果实，晒干。

【药材性状】全草：茎粗2～4 mm，黄绿色，有深纵沟槽，分枝纤细，多少被毛，质脆，易折断，断面粗糙。叶多脱落，破碎而仅存叶柄，二回三出复叶，小叶卵形或卵状披针形，暗绿色。花淡黄色，干枯，与未成熟的三角形蒴果附于花序柄顶端，下方有卷须。

蒴果：膜质，膨胀成倒卵形，有三棱，顶端截头状，常被柔毛。种子球形，直径4.3～5.7 cm，表面灰黑色，基部种子区较大，为淡灰黄色，近光滑，无光泽；具一斜向“U”形细肋。种脐区近心形，长3.4～4.6 cm，宽4.1～5.2 cm，具一宽的边缘，中央为种脐，点状，心形凹口上有一褐色小点。胚根弯曲，三角尖状而扁；子叶2枚，卷曲。以干燥、饱满、均匀者为佳。

【化学成分】种子含花生酸（arachidic acid），亚油酸（linoleic acid），硬脂酸（stearic acid）等。

【药理作用】倒地铃的乙醇和水提取物能稳定炎症期间的溶酶体膜，抑制溶酶体内酶的漏出，从而阻止细胞内和细胞外的损伤。

【功能主治】药性：苦、辛，寒。功能：清热利湿，凉血解毒。主治：黄疸，淋证，湿疹，疔疮肿毒，毒蛇咬伤，跌打损伤。用法用量：内服煎汤，9～15 g，鲜品30～60 g。外用适量，捣敷；或煎汤洗。使用注意：孕妇忌服。

附方：

1. 治诸淋：倒地铃9 g，金钱薄荷6 g。水煎服。
2. 治大小便不通：倒地铃15 g。水煎，冲黄酒服。
3. 治脓疱疮，湿疹，烂疮：倒地铃、扛板归各适量。水煎，洗患处。
4. 治阴囊湿疹：倒地铃90 g，蛇床子30 g。水煎，洗患处。
5. 治小儿阴囊热肿：倒地铃适量。水煎，洗患处。
6. 治疔毒：倒地铃鲜草适量。加冷饭粒及食盐少许，捣烂，敷患处。
7. 治跌打损伤：倒地铃9～15 g。研末，泡酒服。
8. 治百日咳：倒地铃9～15 g。水煎，调冰糖服。

309 龙眼

【别名】桂圆核、龙眼核。

【来源】为无患子科植物龙眼*Euphoria longans*（Lour.）Steud.的种子。

【植物形态】常绿乔木，通常高10 m左右。具板根。小枝粗壮，被微柔毛，散生苍白色皮孔。羽状复叶互生；小叶2～6对，薄革质，椭圆形或椭圆状披针形，两侧常不对称，长6～20 cm，宽2.5～5 cm，顶端渐尖或稍钝头，上面深绿色，有光泽，下面粉绿色。圆锥花序大型，顶生和近枝腋生，有锈色星状柔毛；花梗短；花杂性；萼片5，近革质，三角状卵形，长约2.5 mm，两面均被黄褐色绒毛和成束的星状毛；花瓣5，黄白色，披针形，与萼片近等长，仅外面被微柔毛；花盘被毛；雄蕊8，花丝被短硬毛；子房心形，2～3裂。核果球形，不开裂，直径1.2～2.5 cm，外皮通常黄褐色或有时灰黄色，稍粗糙，或少有微凸的小瘤体；鲜假种皮白色透明，肉质多汁，甘甜。种子球形，黑褐色，光亮。花期3—4月，果期7—9月。

▲龙眼

【生境分布】万州、丰都、涪陵地区有栽培。

【采收加工】7—9月采收成熟种子，晒干。

【化学成分】假种皮（龙眼肉）含维生素，葡萄糖，蔗糖及酒石酸等。种子含皂苷，色素，氨基酸，脂肪油及鞣质。种子油含二氢苹婆酸（dihydrosterulic acid）。叶含槲皮素，槲皮苷，无羁萜，谷甾醇，豆甾醇等。

【药理作用】假种皮有抑菌、抗肿瘤、抗应激、增加脾脏胸腺质量、增加体重、抑制黄素蛋白酶作用。

【功能主治】药性：涩。功能：镇痛，止血，理气，化湿。主治：月经不调，崩漏，胃痛，烧烫伤，刀伤出血，疝气痛，疮疥，外伤出血。用法用量：内服煎汤，9 ~ 15 g。外用适量。

附方：

1. 治疝气痛：龙眼核、荔枝核、小茴香各等分。炒，研末，空腹服3 g，用升麻3 g，水酒煮送下。

2. 治疥疮：龙眼核适量。煅存性，麻油调敷。

龙眼根主治乳糜尿，白带异常，风湿关节痛。叶用于预防流行性感冒，流行性脑脊髓膜炎，感冒，肠炎，阴囊湿疹。假种皮（龙眼肉）用于病后体虚，神经衰弱，健忘，心悸，失眠等。内有痰火及湿滞停饮者忌服。

3. 预防流行性感冒：龙眼叶、黄皮叶、野菊花、刺针草、大青木叶（马鞭草科）各5 000 g。洗净晒干，研粉，压成药饼，每块含生药30 g。每日服1块。

4. 刀伤出血：将龙眼核敲破，去外层光皮，焙焦研极细末，用时将药末撒在伤口上，以干净布用手轻按压伤口，待血止，用消毒纱布条或干净布包扎。

【资源综合利用】龙眼营养丰富，是珍贵的滋养强化剂。果实除鲜食外，还可制成罐头、酒、膏、酱、桂园干肉等。龙眼树木质坚硬，纹理细致优美，是制作高级家具的原料，又可以雕刻成各种精巧工艺品。

310 摇钱树根

【来源】为无患子科植物复羽叶栾树*Koelreuteria bipinnata* Franch.的根、根皮。

【植物形态】乔木，高可达20 m以上。叶平展，二回羽状复叶，长45 ~ 70 cm；叶轴和叶柄向轴面常有一纵行皱曲的短柔毛；小叶9 ~ 17片，互生，很少对生；小叶柄长约3 mm或近无柄；小叶片斜卵形，长3.5 ~ 7 cm，宽2 ~ 3.5 cm，顶端短尖至短渐尖，基部阔楔形或圆形，略偏斜，边缘有内弯的小锯齿，两面无毛或上面中脉上

▲复羽叶栾树花

▲复羽叶栾树果

被微柔毛，下面密被短柔毛，有时杂以皱曲的毛；纸质或近革质。圆锥花序大型，长35～70 cm，分枝广展，与花梗同被短柔毛；萼5裂，裂片阔卵状三角形或长圆形，被硬缘毛及流苏状腺体；花瓣4，长圆状披针形，长6～9 mm，宽1.5～3 mm，顶端钝或短尖，瓣爪长1.5～3 mm，被长柔毛，鳞片深2裂；雄蕊8，长4～7 mm，花丝被白色、开展的长柔毛，花药有短疏毛；子房三棱状长圆形，被柔毛。蒴果椭圆形或近球形，具3棱，淡紫红色，老熟时褐色，长4～7 cm，宽3.5～5 cm；果瓣外面具网状脉纹。种子近球形，直径5～6 mm。花期7—9月，果期8—10月。

【生境分布】生于海拔400～1 500 m的山地疏林中。分布于巫山、万州、开州、忠县、石柱、丰都、涪陵、武隆、长寿地区。

【采收加工】全年均可采挖，剥皮或切片，晒干。

【功能主治】药性：微苦，平。功能：祛风清热，止咳，散瘀，杀虫。主治：风热咳嗽，风湿热痹，跌打肿痛，蛔虫病。用法用量：内服煎汤，6～15 g。

附方：

1. 治风湿痹痛：摇钱树根9～15 g。水煎，冲黄酒服。
2. 治跌打损伤，瘀血阻滞肿痛：摇钱树根30 g，水煎服；或加大血藤12 g、川芎12 g，浸酒服。
3. 治目痛泪出：复羽叶栾树花1～2枚。水煎服。
4. 治疝气：复羽叶栾树果2～4枚，荔核15 g。煮猪腰子食。

复羽叶栾树花和果实味苦，性寒。能清肝明目，行气止痛。主治目痛泪出，疝气痛，腰痛。

【资源综合利用】本品以僴树之名始载于《植物名实图考》。木材性坚重，造船者取之以为柁。

凤仙花科Balsaminaceae

311　急性子

【别名】金凤花子、指甲花子、凤仙子。

【来源】为凤仙花科植物凤仙花*Impatiens balsamina* L.的种子。

【植物形态】一年生直立肉质草本，高40～100 cm。茎肉质，上部分枝，有柔毛或近于光滑。叶互生，叶柄两侧有数个腺体；叶片披针形，长4～12 cm，顶端渐尖，边缘有锐齿，基部楔形。花大，腋生，通常粉红色，也有白、红、紫或其他颜色，单瓣或重瓣；萼片2；旗瓣圆；翼瓣宽大，基部裂片近圆形，上部裂片宽斧形，2浅裂；唇瓣舟形，基部突然延长成细而内弯的距。种子多数，球形，黑色。花期4—6月，果期7—9月。

▲凤仙花

【生境分布】库区各地有栽培。

【采收加工】7—9月采收，晒干。

【药材性状】椭圆形、扁圆形或卵圆形，长2～3 mm，宽1.5～2.5 mm。表面棕褐色或灰褐色，粗糙，有稀疏的白色或浅黄棕色小点。除去表皮，则显光泽。种脐位于狭端，稍突出。质坚实，种皮薄，子叶灰白色，半透明。

【化学成分】种子含脂肪油约17.9%。又含甾醇类（凤仙甾醇balsaminasterol，菠菜甾醇等）等。全株含芹菜素的苷类。花含黄酮类。

【药理作用】有抗细菌、抗真菌、抗生育、兴奋子宫作用。种子对离体兔肠有抑制作用，体外试验，对胃淋巴肉瘤细胞敏感。

【功能主治】药性：温，微苦、辛。小毒。功能：通经，催产，祛痰，破血软坚，消积。主治：经闭，难产，骨鲠咽喉，噎嗝，肿块积聚。用法用量：内服煎汤，3～4.5 g。外用适量。使用注意：内无癖积者及孕妇禁用。

附方：

1. 治食管癌：急性子、黄药子、代赭石、半枝莲各30 g。水煎服。

2. 治胎衣不下：急性子适量。炒黄，研末，黄酒温服3 g。

花用于风湿肢体瘫痪，腰胁疼痛，妇女经闭腹痛，产后余血未尽，跌打损伤，骨折，痈疽疮毒，毒蛇咬伤，白带，鹅掌风，灰指甲。凤仙花的茎名凤仙透骨草，有活血化瘀、利尿解毒、通经透骨之功效。用于风湿痹痛，跌打肿痛，闭经，痛经，痈肿，丹毒，鹅掌风，蛇虫咬伤。有小毒。根用于跌打肿痛，风湿。孕妇禁服。

3. 治骨鲠：鲜凤仙花适量。捣烂取汁，约1汤匙服。

4. 治指甲沟炎：鲜凤仙花叶适量。捣烂，拌红糖外敷。

5. 治痈疖、乳痈：凤仙花、扁柏叶各适量。捣烂，敷患处。

6. 治风湿关节痛；透骨草、木瓜各15 g，威灵仙12 g，桑枝30 g，水煎服。

7. 治跌打损伤：透骨草、当归、赤芍各9 g。水煎服。如伤处未破，并可用鲜透骨草适量，捣烂外敷，1～2 h后，局部皮肤起小泡时，立即除去敷药。

8. 治痈疮：凤仙花、木芙蓉叶等量。研末，醋调敷患处。

【资源综合利用】凤仙花花瓣加些明矾捣碎后，可染指甲。供观赏，除作花境和盆景装置外，也可作切花。

▲马甲子

鼠李科Rhamnaceae

312　马甲子根

【别名】铁篱笆。

【来源】为鼠李科植物马甲子*Paliurus ramosissimus* Poir.的根。

【植物形态】灌木，高达6 m。幼枝及嫩叶多少被茸毛，后变无毛；叶柄基部有2个紫红色针刺。单叶互生；具柄；叶片卵形或卵状椭圆形，长3～7 cm，宽2.5～3 cm，基部圆形，顶端圆钝或微凹，边缘具细齿，叶脉3出。雄蕊5，与花瓣对生，花丝黄绿色；雌蕊花托连生，柱头3裂，子房2～3室，每室有1胚珠，藏于花盘内。核果盘状，被褐色或棕褐色绒毛，周围有3浅裂的栓质窄翅，直径12～18 mm；果梗长1～1.5 cm。花期5—8月，果期9—10月。

【生境分布】生于海拔200～1 300 m的山地或旷野，常栽培作绿篱。分布于巫溪、万州、忠县、石柱、丰都地区。

【采收加工】9—11月采挖，切片，晒干。

【化学成分】根含三萜类化合物。根及茎还含马甲子碱。

【功能主治】药性：苦，平。功能：祛风湿，散瘀血，解毒。主治：喉痛，肠风下血，风湿痛，跌打损伤用于风湿痹痛，跌打损伤，咽喉肿痛，痈疽，疯狗咬伤，感冒发热，胃痛。用法用量：内服煎汤，15～30 g。外用适量。

附方：

1. 治风湿痛：马甲子根适量。浸酒，内服外擦。
2. 治跌打损伤：马甲子根、威灵仙、木防己各30 g。加水酒为引，煎服。
3. 治劳伤出血：马甲子根、紫草、乌药各30 g。浸酒1 000 mL。每日3次，每次10 mL。

马甲子的果实主治恢血所致的吐血，鼻出血，便血，痛经，经闭，心腹疼痛，痔疮肿痛。

【资源综合利用】马甲子根、枝、叶、花、果不但均可药用，而且具有较高的经济价值和园林价值。种子榨油可制蜡；马甲子易种且速生，作绿篱围护果园比砖土竹作围篱效果优势明显。

313 酸枣仁

【别名】枣仁、山枣、酸枣核。

【来源】为鼠李科植物酸枣*Ziziphus jujuba* Mill.的种子。

【植物形态】落叶灌木至小乔木，高1～3 m。老枝灰褐色，幼枝绿色；小枝基部处具刺1对，1枚针形直立，长达3 cm，另1枚常向下弯曲，长约0.7 cm。单叶互生；托叶针状；叶长圆状卵形至卵状披针形，长1.5～3.5 cm，宽0.6～1.2 cm，顶端钝，基部圆形，稍偏斜，边缘具细锯齿；基部3出脉。花小，2～3朵簇生于叶腋，黄绿色；花萼5裂，裂片卵状三角形；花瓣5，与萼片互生；雄蕊5，与花瓣对生；花盘明显，10浅裂；子房椭圆形，埋于花盘中，花柱2裂。花期4—7月，果期8—10月。

【生境分布】生于海拔400～1 600 m的向阳山坡、山谷、路旁以及荒地。分布于开州、忠县、涪陵、武隆地区。

【采收加工】秋季采收成熟的红软果实，除去果肉，晒干，碾破枣核，取出种子，生用或炒用。用时打碎。

【药材性状】扁圆形或长圆形，长5～8 mm，宽4～6 mm，厚2～3 mm。表面棕红色或紫红色，微有光泽，一面中央有微隆起的纵线，种子一端有小的凹陷种脐，另一端有点状突起的合点，种脊位于侧边。种皮硬，剥开后

▲酸枣

可见半透明的胚乳粘附于内方，子叶2，黄白色，富油质。味微苦。

【化学成分】含脂肪油（约32%），酸枣仁皂苷，黄酮类，挥发油，有机酸，蛋白质，生物碱，三萜类，环磷酸腺苷，多种氨基酸和无机元素等。

【药理作用】有中枢抑制、镇静、催眠、镇痛、抗惊厥、降体温、免疫增强、兴奋子宫、抗心律失常、抗心肌缺血、降压、降血脂、防治动脉粥样硬化、抗缺氧、抗血小板聚集、增强体重、增强体力、提高学习和记忆功能作用。酸枣仁醇提取物单用或与五味子合用，均能提高烫伤小鼠的存活率，延长存活时间。

【功能主治】药性：甘、酸，平。功能：养心，镇静，安神，敛汗。主治：虚烦不眠，惊悸怔忡，神经衰弱，多梦，盗汗。用法用量：内服煎汤，6 ~ 15 g；研末，每次3 ~ 5 g。使用注意：有实邪及滑泻者慎服。

附方：

治失眠：每晚睡前1 h左右服生酸枣仁或炒枣仁散，或两者交替服用，每次3 ~ 5 g，连服7 d。

酸枣的果肉主治出血，腹泻。花主治金刃创伤，目昏不明，痈疮。树皮主治烧烫伤，外伤出血，崩漏。果实能抗衰老，养颜益寿，健脾。

【资源综合利用】新鲜的酸枣中含有大量的维生素C，可加工成饮料、酸枣粉、酸枣酒等。常喝酸枣汁可以益气健脾，能改善面色不荣、皮肤干枯、形体消瘦、面目浮肿等症状。此外，酸枣中含有大量维生素E，可以促进血液循环和组织生长，使皮肤与毛发具有光泽，让面部皱纹舒展。可作枣树的砧木，蜜源植物。

314　大枣

【别名】刺枣。

【来源】为鼠李科植物枣*Ziziphus jujuba* Mill.的果实。

【植物形态】落叶灌木或小乔木，高达10 m。短枝和新枝比长枝平滑，幼枝纤细略呈“之”字形弯曲，紫红色或灰褐色，具2个托叶刺，长刺可达3 cm，粗直，短刺下弯，长4 ~ 6 mm；短枝短粗，长圆状，自老枝发出；当年生小枝绿色，下垂，单生或2 ~ 7个簇生于短枝上。单叶互生，纸质，叶柄长1 ~ 6 mm，长枝上的可达1 cm；叶片卵形、卵状椭圆形，长3 ~ 7 cm，宽2 ~ 4 cm，顶端钝圆或圆形，具小尖头，基部稍偏斜，近圆形，边缘具细锯

▲枣

齿，下面无毛或沿脉被疏柔毛；基生三出脉。花黄绿色，两性，常2～8朵着生于叶腋成聚伞花序；萼5裂，裂片卵状三角形；花瓣5，倒卵圆形，基部有爪；雄蕊5，与花瓣对生，着生于花盘边缘；花盘厚，肉质，圆形，5裂；子房2室，与花盘合生，花柱2半裂。核果长圆形或长卵圆形，长2～3.5 cm，直径1.5～2 cm，成熟时红色，后变红紫色，中果皮肉质、厚、味甜，核两端锐尖。种子扁椭圆形，长约1 cm。花期5—7月，果期8—9月。

【生境分布】生于海拔1 700 m以下的山区、丘陵或平原。分布于库区各市县。

【采收加工】秋季采取，晒干或烘干。

【药材性状】果实椭圆形或球形，长2～3.5 cm，直径1.5～2.5 cm。表面暗红色，略带光泽，有不规则皱纹。基部凹陷，有短果柄。外果皮薄，中果皮棕黄色或淡褐色，肉质，柔软，富糖性而油润。果核纺锤形，两端锐尖，质坚硬。气微香，味甜。以个大、色紫红、肉厚、油润者为佳。

【显微鉴别】果肉横切面：外果皮最外为1列表皮细胞，胞腔充满棕红色物质并有颗粒状物；外被厚5～7.5 μm的角质层；内侧为4～6层厚角细胞，内含无色半透明团块状物。中果皮由类圆形薄壁细胞组成，细胞间隙大，散列不规则走向的细小维管束；薄壁细胞含颗粒状团块和草酸钙方晶及簇晶。

【理化鉴别】取大枣果肉碎块，用乙醇浸泡过夜。取浸出液1 mL，加盐酸经氨试液及10%氢氧化钾的甲醇溶液至呈碱性，于水浴上加热至反应完全，冷却，加盐酸酸化，并加入1%三氯化铁试液，混匀，溶液呈橙红色（检查香豆素类）。

【化学成分】果实含光千金藤碱（stepharine），N-去甲基荷叶碱（N-nornuciferine），巴婆碱（asmilobine），白桦脂酮酸（betulonic acid）、齐墩果酸（oleanoic acid）、马斯里酸（maslonic acid），白桦脂酸（betulinic acid），大枣皂苷（zizyphus saponin），酸枣皂苷B（jujuboside B），谷甾醇，豆甾醇，氨基酸，多糖，维生素等。

【药理作用】有增强肌力、抗变态、保肝、抗肿瘤、抗突变作用。能提高小鼠脑组织SOD活性，降低脑组织MDA含量，表明其具有一定的抗衰老作用。大枣多糖对未活化的小鼠脾细胞有促进增殖作用，可增强其免疫能力。

【功能主治】药性：甘，温。功能：补脾胃，益气血，安心神，调营卫，和药性。主治：脾胃虚弱，气血不足，食少倦怠乏力，心悸失眠。用法用量：内服煎汤，9～15 g。使用注意：凡湿盛、痰凝、食滞、虫积及齿病者慎服或禁服。

附方：

1. 治高血压：大枣10～15枚，鲜芹菜根60 g。水煎服。
2. 治非血小板减少性紫癜：生红枣洗净后内服，每日3次，每次10粒。

【资源综合利用】大枣原产我国，历史悠久，营养丰富，是一味药食俱佳的水果。但在长期的分株繁殖过程中，出现大量的变异，影响了药效和食用价值。故应培育优良品种，在提高产量的同时提高质量。

葡萄科Vitaceae

315 赤葛

【别名】山葡萄根、红赤葛、金刚散、三叶蛇葡萄。

【来源】为葡萄科植物三裂蛇葡萄*Ampelopsis delavayana*（Franch.）Planch.的根或茎藤。

【植物形态】木质攀缘藤本。枝红褐色，幼时被红褐色短柔毛或近无毛。卷须与叶对生，二叉状分枝。叶互生；叶柄与叶等长；叶片掌状3全裂，中央小叶长椭圆形或宽卵形，稀菱形，长5～10 cm，顶端渐尖，基部楔形或圆形，有短柄或无柄；侧生小叶极偏斜，呈斜卵形；少数成单叶3浅裂而呈宽卵形，长宽各5～12 cm，顶端渐尖，基部心形，边缘有带凸尖的圆齿，上面无毛，或在主脉、侧脉上有毛，下面有微毛。浆果球形或扁球形，熟时蓝紫色，直径6～8 mm。花期6—7月，果期7—9月。

【生境分布】生于海拔200～1 650 m的山地灌丛中或林缘。分布于库区各市县。

【采收加工】夏、秋季采收茎藤，秋季采挖根部，分别切片，晒干或烘干。

【药材性状】根：呈圆柱形，略弯曲，长13～30 cm，直径0.5～1.5 cm。表面暗褐色，有纵皱纹。质硬而脆，

▲三裂蛇葡萄

易折断。断面皮部较厚，红褐色，粉性，木部色较淡，纤维性，皮部与木部易脱离。气微，味涩。

茎藤：圆柱形，表面红褐，具纵皱纹，可见互生的三出复叶，两侧小叶基部不对称。

【显微鉴别】粉末特征：暗棕色。淀粉粒多为单粒，呈肾形、新月形、卵圆形或圆形，直径3～（12～36）μm，脐点点状或裂缝状，有层纹。草酸钙针晶长48～130 μm，成束或散在；并可见草酸钙簇晶，直径18～35 μm。梯纹或网纹导管直径32～130 μm。韧皮纤维壁厚，木化；木纤维有明显的斜孔纹。木栓细胞多角形，含黄棕色物。

【理化鉴别】检查鞣质：取粗粉2 g，加30%乙醇10 mL，浸渍30 min，过滤。取滤液3 mL，分置3支试管中，一管加醋酸铅试液2滴，发生灰白色沉淀；一管加氯化钠明胶试液1～2滴，发生白色沉淀；另一管加三氯化铁试液2滴，显蓝黑色。

【功能主治】药性：辛、淡、涩，平。功能：清热利湿，活血通络，止血生肌，解毒消肿。主治：淋证，白浊，疝气，偏坠，风湿痹痛，跌打瘀肿，创伤出血，烫伤，疮痈。用法用量：内服煎汤，10～15 g；或浸酒。外用适量，鲜品捣敷或干粉调敷。

附方：

1. 治膀胱偏坠，疝气疼痛：赤葛9 g，小茴香3 g（炒），吴茱萸1.5 g。加水煎服。疝气加橘核3 g，荔枝核7个（炒），研末，加水煎服。

2. 治外伤肿痛，风湿性腰腿痛，胃痛，痢疾，肠炎：赤葛根9～15 g，煎服；或用60 g加酒500 g，浸泡5～7 d后备用，每服10 mL，日服3次。

3. 治风湿关节痛，跌打损伤：赤葛根30 g。酒浸或酒炒煎水服；或根皮适量，研末，酒调外敷，并用酒送服3 g。

4. 治枪伤，水火烫伤：赤葛根适量。研末，加入鸡蛋清调匀外敷。

5. 治外伤出血：赤葛根皮适量。研末，撒敷伤口。

6. 治烧烫伤：鲜赤葛根适量。捣烂，兑少量麻油外敷。

7. 治痈肿：赤葛根适量。研末，调敷患部；或用鲜品适量，捣烂外敷。

8. 治慢性骨髓炎，脓肿疔毒：赤葛根500 g（去粗皮和木心）。研末，加鸡蛋清4个，麻油30 g，95%乙醇或白酒25 mL，调匀，敷患处。

9. 治角膜云翳：赤葛根、茎适量。制成30%眼药水，滴眼。

10. 治乳汁不足：赤葛茎汁100 ~ 200 mL。煮米酒服。

316 白蔹

【别名】野红薯、浆藤。

【来源】为葡萄科植物白蔹*Ampelopsis japonia*（Thunb.）Makino的块根。

【植物形态】落叶攀缘木质藤本，长约1 m。块根粗壮，卵形、长圆形或长纺锤形，深棕褐色，数个相聚。茎多分枝、幼枝带淡紫色，光滑，有细条纹；卷须与叶对生。掌状复叶互生，叶片长6 ~ 10 cm，宽7 ~ 12 cm；小叶3 ~ 5，羽状分裂或羽状缺刻，裂片卵形至椭圆状卵形或卵状被针形，顶端渐尖，基部楔形，边缘有深锯齿或缺刻，中间裂片最长，两侧的较小，中轴有阔翅，裂片基部有关节，两面无毛；叶柄长3 ~ 5片，微淡紫色，光滑或略具细毛。聚伞花序小，与叶对生，花序枝长3 ~ 8 cm，细长，常缠绕；花小，黄绿色；花萼5浅裂；花瓣、雄蕊各5；花盘边缘稍分裂。浆果球形，熟时白色或蓝色，有针孔状凹点。花期5—6月，果期9—10月。

【生境分布】生于山地、荒坡及灌木林中。也有栽培，分布于库区各市县。

【采收加工】秋季采挖，除去茎及细须根，洗净，多纵切成两瓣、四瓣或斜片，晒干。

【药材性状】块根长圆形或纺锤形，多纵切成瓣或斜片，完整者长5 ~ 12 cm，直径15 ~ 3.5 cm。表面红棕色或红褐色，有纵皱纹、细横纹及横长皮孔，栓皮易层层脱落，脱落处显淡红棕色。纵瓣剖面类白色或淡红色，皱缩不平，两侧各有一条形成层线纹。体轻，质硬脆，粉性。气微，味微甜。以肥大、断面粉红色、粉性足尤为佳。

【显微鉴别】横切面：木栓层为2 ~ 6列木栓细胞，有时脱落。韧皮部束呈窄条状，射线宽广。形成层成环。木质部导管稀疏排列，周围有木纤维。薄壁组织中散布有含草酸钙针晶束的黏液细胞，薄壁细胞含淀粉粒。

▲白蔹

粉末特征：淡红棕色。淀粉粒极多，单粒棍棒形、长圆形、长卵形、肾形、扁三角形或菱形，直径3～13 μm，脐点不明显；复粒少数，2分粒长轴平行。草酸钙簇晶散在或存在于薄壁细胞中，针晶长25～78 μm。导管主为具缘纹孔导管，直径35～87 μm。石细胞单个散在或2～3个相连，孔沟稀疏，胞腔内含黄棕色物。草酸钙针晶散在或成束存在于黏液细胞中，长86～170 μm。

【理化鉴别】取本品粉末1.0 g，加乙醇10 mL，浸1 h，滤过，滤液蒸干，加乙醇1 mL溶解作供试品。另取没食子酸对照品加乙醇制成2 mg/mL的溶液，制成对照液。分别取上液10 μL点于硅胶同-GF_{254}板上，以甲苯-醋酸-甲酸（10：8：1.2）展开15 cm，在紫外分析仪（254 nm）下检视。样品与没食子酸对照品的同一位置上显相同颜色的斑点。

【化学成分】含槲皮素，大黄素甲醚、大黄素、大黄酚，齐墩果酸，羽扇豆醇，α-菠甾醇，β-谷甾醇，豆甾醇，豆甾醇-β-D-葡萄糖苷，碳十六酸，富马酸，反丁烯二酸，胡萝卜苷，没食子酸，正二十五烷，三十烷酸，二十八烷酸，卫矛醇，多酚及其糖苷。

【药理作用】有抗菌作用。白蔹煎剂对小白鼠有一定的兴奋作用，对离体蛙心在高浓度下则有较强的抑制作用。

【功能主治】药性：苦、辛，微寒。归心，肾，脾经。功能：清热解毒，散结止痛，生肌敛疮。主治：疮、疡肿毒，瘰疬，烫伤，湿疮，温疟，惊痫，血痢，肠风，痔漏，白带，跌打损伤，外伤出血。用法用量：内服煎汤，3～10 g。外用适量：研粉调敷。使用注意：脾胃虚寒及无实火者禁服；孕妇慎服。反乌头。

附方：

1. 治痈疖：白蔹、大黄、黄芩各等量。研细粉，外用。
2. 治面上生疮：白蔹12 g，生矾、白石脂各6 g，杏仁3 g。研细粉，调鸡蛋清外敷。
3. 治湿热白带：白蔹、苍术各6 g；研细粉。每服3 g，每日2次，白糖水送下。

【资源综合利用】白蔹原名白敛，始载于《神农本草经》，列为下品。蛇葡萄属在库区作药用的约有16种，除白蔹为常用中药外，其他多在民间应用。近年来研究发现，该属植物具有护肝、抗癌、抗突变等作用，值得深入开发。

317　乌蔹莓

【别名】母猪藤、小母猪藤。

【来源】为葡萄科植物乌蔹莓*Cayratia japonica*（Thunb.）Gagnep.的全草或根。

【植物形态】多年生草质藤本。茎带紫红色，有纵棱；卷须二歧分叉，与叶对生。鸟趾状复叶互生；小叶5，膜质，椭圆形、椭圆状卵形至狭卵形，长2.5～8 cm，宽2～3.5 cm，顶端急尖至短渐尖，有小尖头，基部楔形至宽楔形，边缘具疏锯齿，两面脉上有短柔毛或近无毛，中间小叶较大而具较长的小叶柄，侧生小叶较小；托叶三角状，早落。聚伞花序伞房状，通常腋生或假腋生，具长梗；花小，黄绿色；花萼不明显；花瓣4，顶端无小角或有极轻微小角；雄蕊4，与花瓣对生；花盘肉质，浅杯状；子房陷于4裂的花盘内。浆果卵圆形，径6～8 mm，成熟时黑色。花期5—6月，果期8—10月。

【生境分布】生于海拔200～2 000 m的山坡、路旁、灌木林中。分布于库区各市县。

【采收加工】夏、秋季割取藤茎或挖出根部，切段，晒干或鲜用。

【药材性状】茎圆柱形，扭曲，有纵棱，多分枝，带紫红色；卷须二歧分叉，与叶对生。叶皱缩；展平后为鸟足状复叶，小叶5，椭圆形、椭圆状卵形至狭卵形，边缘具疏锯齿，两面中脉有毛茸或近无毛，中间小叶较大，有长柄，侧生小叶较小；叶柄长可达4 cm以上。浆果卵圆形，成熟时黑色。气微，味苦、涩。

【显微鉴别】茎：横切面：呈不规则椭圆形。表皮细胞外被乳状突起的角质层，有的细胞含红棕色色素。皮层狭窄，外侧棱脊处有厚角组织，内侧纤维束断续排列成环；黏液细胞散在，内含草酸钙针晶束；有的薄壁细胞含红棕色色素。维管束外韧型，数个排列成环。髓部亦有黏液细胞，含有草酸钙针晶束。薄壁细胞含淀粉粒，有的含有红棕色色素。

▲乌蔹莓

▲地锦

叶：横切面：表皮外方被角质层，下表皮具非腺毛。叶肉组织中散有黏液细胞，内含草酸钙针晶束。中脉有4个外韧型维管束。上、下表皮凸起处具厚角组织。

【化学成分】全草含挥发油，芹菜素（apigenin），木犀草素（luteolin）、木犀草素-7-O-葡萄糖苷（luteolin-7-O-glucoside），羽扇豆醇（lupeol），β-谷甾醇（β-sitosterol），棕榈酸（palmitic acid），阿拉伯聚糖（araban），黏液质，硝酸钾，氨基酸等。根含生物碱、鞣质、淀粉，树胶、黏液质等。果皮含乌蔹色苷（cayratinin）。

【药理作用】有抗病毒、抗菌、解热、抗炎、抗凝血、增强细胞免疫作用。

【功能主治】药性：苦、酸，寒。归心、肝、胃经。功能：清热利湿，解毒消肿。主治：热毒痈肿，疔疮，丹毒，咽喉肿痛，蛇虫咬伤，水火烫伤，风湿痹痛，黄疸，泻痢，白浊，尿血。用法用量：内服煎汤，15～30 g；浸酒或捣汁饮。外用适量，捣敷。

附方：

1. 治肿毒、疮痈初起：乌蔹莓一握，生姜一块。捣烂，入好酒一盏，绞汁热服，取汗，以渣敷患处。用大蒜代姜亦可。

2. 治乳腺炎：鲜乌蔹莓适量。捣烂，敷患处。

3. 治带状疱疹：乌蔹莓根适量。磨烧酒与雄黄，涂患处。

4. 治毒蛇咬伤，眼前发黑，视物不清：鲜乌蔹莓全草适量。捣烂绞取汁60 g，米酒冲服；外用鲜全草捣烂敷伤处。

5. 治蜂蜇伤：乌蔹莓、紫花地丁、葎草、野菊花各30 g。水煎服。

【资源综合利用】乌蔹莓之名首见于《新修本草》。现发现有尖叶乌蔹莓和毛乌蔹莓变种，仅叶形和叶片下面被毛的颜色略有变化，实际上是种系内不同地区的变异，应注意区分，库区资源丰富，可作为茶叶进行开发利用。

318 爬山虎

【别名】常春藤、爬墙虎。

【来源】为葡萄科植物地锦*Parthenocissus tricuspidata*（Sieb. et Zucc.）Planch.的藤茎或根。

【植物形态】落叶木质攀缘大藤本。枝条粗壮；卷须短，多分枝，枝端有吸盘。单叶互生；叶柄长8～20 cm；叶片宽卵形，长10～20 cm，宽8～17 cm，顶端常3浅裂，基部心形，边缘有粗锯齿，上面无毛，下面脉上有柔毛，幼苗或下部枝上的叶较小，常分成3小叶或为3全裂，中间小叶倒卵形，两侧小叶斜卵形，有粗锯齿。花两性，聚伞花序通常生于短枝顶端的两叶之间；花绿色，5数；花萼小，全缘；花瓣顶端反折；雄蕊与花瓣对生；花盘贴生于子房，不明显；子房2室。浆果，熟时蓝黑色，直径6～8 mm。花期6—7月，果期9月。

【生境分布】常攀缘于海拔200～1 200 m的疏林中树上、墙壁及岩石上，有栽培。分布于库区各市县。

【采收加工】秋季采收藤茎，去掉叶片，冬季挖根，晒干或鲜用。

【药材性状】藤茎呈圆柱形。灰绿色，光滑。外表有细纵条纹，并有细圆点状突起的皮孔，呈棕褐色。节略膨大，节上常有叉状分枝的卷须，叶互生，常脱落。断面中央有类白色的髓，木部黄白色，皮部呈纤维片状剥离。气微，味淡。

【化学成分】叶含矢车菊素（cyanidin）。冠瘿含羟乙基赖氨酸（lysopine），羟乙基鸟氨酸（octopinic acid）。

【药理作用】其黏液质对口腔、消化道黏膜有轻度消炎作用。

【功能主治】药性：辛、微涩，温。功能：祛风止痛，活血通络。主治：风湿痹痛，中风半身不遂，偏正头痛，产后血瘀，腹生结块，跌打损伤，痈肿疮毒，溃疡不敛。用法用量：内服煎汤，15～30 g；或浸酒。外用适量，煎水洗；或磨汁涂；或捣烂敷。

附方：

1. 治风湿痹痛：爬山虎藤30～60 g。水煎服；或用倍量浸酒，内服外擦。
2. 治半身不遂：爬山虎藤15 g，锦鸡儿根60 g，大血藤根15 g，千斤拔根30 g，冰糖少许。水煎服。
3. 治偏头痛，筋骨痛：爬山虎藤30 g，当归9 g，川芎6 g，大枣3枚。水煎服。
4. 治痈疮溃烂：爬山虎藤120～180 g。煎水，外洗。
5. 治带状疱疹：爬山虎根适量。磨汁，外搽。

锦葵科Malvaceae

319 苘麻

【别名】白麻、苘麻子。

【来源】为锦葵科植物苘麻*Abutilon theophrasti* Medicus的成熟种子。

【植物形态】一年生亚灌木状草本，高达1～2 m。茎枝被柔毛。叶互生，被星状细柔毛；叶片圆心形，长5～10 cm，顶端长渐尖，基部心形，两面均被星状柔毛，边缘具细圆锯齿。花单生于叶腋，花梗长1～3 cm，被柔毛，近顶端具节；花萼杯状，密被短绒毛，裂片5，卵形，长约6 mm；花黄色，花瓣倒卵形；雄蕊柱平滑无毛；心皮15～20个，长1～1.5 cm，顶端平截，具扩展、被毛的长芒，排列成轮状，密被软毛。花期7—8月。

【生境分布】生于海拔300～1 000 m的路旁、荒地和田野间，或栽培。分布于库区各市县。

【采收加工】秋季果实成熟时采收，晒干后，打下种子，筛去果皮及杂质，再晒干。

【药材性状】种子三角状扁肾形，一端较尖，长3.5～6 mm，宽约3 mm，厚1～2 mm。表面暗褐或灰黑色，散有稀疏短毛，边缘凹陷处有椭圆状淡棕色的种脐。种皮坚硬，剥落后可见胚根圆柱形，子叶2，折叠，胚乳与子叶交错。气微，味淡。以籽粒饱满，无杂质者为佳。

【显微鉴别】种子横切面：表皮细胞1列，扁长方形，有的分化成单细胞非腺毛，壁稍厚，微木化。下皮细胞1列，略径向延长，类长方形。栅状细胞长柱形，长75～88 μm，近外端处可见光辉带，壁极厚，下部壁木化，色素层细胞4～5列，扁长圆形，内含黄棕色或红棕色物。胚乳与子叶细胞含脂肪油与糊粉粒，子叶细胞中另含少数草酸钙簇晶。

【化学成分】种子含生物碱、蛋白质、脂肪油、甾体类、单糖及还原性物质等。种子含油15%～17%，其中58%为亚油酸，还含有胆甾醇。脂肪酸中含有环丙烯脂肪酸，锦葵酸和苹婆酸，另含有14种氨基酸。

【药理作用】其水溶性成分有利尿作用，脂溶性成分有抗利尿作用。其水、醇提取液有抑菌作用。苘麻注射液能改善注射过庆大霉素的豚鼠的耳蜗血液循环，使内耳外淋巴液中红细胞被吸收。

【功能主治】药性：苦，平。功能：清热利湿，解毒开窍，消痈，退翳，明目。主治：中耳炎，睾丸炎，痢疾，耳鸣，耳聋，化脓性扁桃体炎，痈疽肿毒，退翳明目，小便淋痛，乳腺炎。用法用量：内服煎汤，6～12 g；或入散剂。

▲苘麻

▲黄蜀葵

附方：

1. 治赤白痢：苘麻子50 g。炒香炒熟，为末，以蜜浆下3 g。
2. 治腹泻：苘麻子焙干，研细末。每次3 g，每日服2次。
3. 治尿道炎，小便涩痛：苘麻子15 g。水煎服。

【资源综合利用】在商品流通及临床使用中，常见苘麻子与同科植物冬葵子*Malva verticillata* L.相混用的情况。两者所含的成分及功效不同，应注意区别。苘麻子含有大量的亚油酸，可作提取亚油酸的原料。但其脂肪酸中所含的环丙烯脂肪酸具有不良生理活性，食用有害，在使用时应引起注意。茎皮富含纤维，可供编织用。

320　黄蜀葵花

【别名】秋葵、黄秋葵。

【来源】为锦葵科植物黄蜀葵*Abelmoschus manihot*（L.）Medic.的花。

【植物形态】一年生或多年生粗壮直立草本，高1 ~ 2 m，全株疏被长硬毛。叶大，卵形至近圆形，直径15 ~ 30 cm，叶掌状5 ~ 9深裂，边缘具粗钝锯齿；叶柄长6 ~ 18 cm。花单生叶腋和枝端，成近总状花序；苞片4 ~ 5，线状披针形或披针形，长约25 mm，宽5 ~ 10 mm；花萼佛焰苞状，5裂，早落；花瓣5，淡黄色或白色，内面基部紫色，直径10 ~ 20 cm；雄蕊多数，结合成筒状，长1.5 ~ 2 cm，柱头紫黑色，匙状盘形；雌蕊柱头5分歧，子房5室。蒴果卵状椭圆形，端尖，具粗毛，长4 ~ 7 cm。种子多数，肾形。花期7—10月。

【生境分布】栽培。分布于巫溪、巫山、万州、开州、石柱、丰都、涪陵、武隆、长寿地区。

【采收加工】夏季花盛开时采收，晒干。

【化学成分】含槲皮素-3-洋槐糖苷，槲皮素-3-葡萄糖苷，金丝桃苷，杨梅素等。

【药理作用】有止痛作用。

【功能主治】药性：甘，寒。功能：通淋，消肿，解毒。主治：淋症，吐血，崩漏，胎衣不下，口腔溃疡疼痛，痈肿疮毒，水火烫伤。用法用量：内服煎汤，5 ~ 15 g，或研末，3 ~ 6 g。外用适量。使用注意：孕妇禁服。

附方：

1. 治痈疮：黄蜀葵花15 g，鲜蒲公英15 g。共捣烂，鸡蛋清调敷患处。

2. 治烫伤：黄蜀葵花适量。放麻油内浸泡，待溶成糊状，涂患处。

黄蜀葵种子主治淋症，水肿，便秘，乳汁不通，痈肿，跌打损伤。孕妇禁服。茎叶主治热毒疮痈，尿路感染，骨折，烫火伤，外伤出血。根主治高热不退，大便秘结，小便不利，疔疮肿毒，烫伤，淋症，水肿，便秘，腮腺炎。

3. 治沙石淋：黄蜀葵子（炒）30 g。研末，饭前米饮调下3 g。

4. 治疮痈初起：黄蜀葵子十几粒，皂角半节。研末，以少量石灰同醋调涂。

5. 治跌扑损伤：黄葵子适量。研末，酒送服6 g。

6. 治痈疽：鲜黄蜀葵叶一握，洗净后和冬蜜共捣烂，敷患处，日换两次。

7. 治火烫伤：鲜黄蜀葵叶适量。捣烂，敷患处。

8. 治尿路感染：黄蜀葵茎叶9 g煎服。

9. 治痔疮：黄蜀葵根适量。煎水洗。

【资源综合利用】黄蜀葵的根富含黏液，为黏滑剂，亦作造纸糊料。

321　棋盘花

【别名】蜀季花。

【来源】为锦葵科植物蜀葵*Althaea rosea*（L.）Cavan.的花。

【植物形态】二年生草本，高达2 m。茎枝密被刺毛。单叶互生，叶片纸质，近圆心形，直径6 ~ 16 cm，掌状5 ~ 7浅裂或为波状棱角，裂片圆形至三角形，中裂片长约3 cm，宽4 ~ 6 cm，被星状长硬毛或绒毛；托叶卵形，顶端具3尖。花腋生，单生、近簇生或排成总状；苞片叶状；花梗长约5 mm，果时可延长达1 ~ 2.5 cm；花萼钟形，直径2 ~ 3 cm，5裂，裂片卵状三角形，长1.2 ~ 1.5 cm，密被星状粗硬毛；花冠直径6 ~ 10 cm，有红、紫、白、粉红、黄和黑紫等色；单瓣或重瓣，花瓣倒卵状三角形，长约4 cm，顶端凹缺，基部狭，爪被长毛；雄蕊柱长约2 cm；花柱分枝多，被细微毛。蒴果盘状，直径约2 cm，被短柔毛，分果瓣近圆形，多数，具纵肋。花期2—8月。

【生境分布】栽培。分布于库区各市县。

【采收加工】夏、秋季采集，晒干。

【药材性状】干燥花皱曲呈团块状，浅红色、紫红色、浅黄白色或黄色。花萼杯状，绿色，直径2 ~ 3 cm，5齿裂，裂片卵状三角形，花梗、小苞片和花萼密被星状毛；花瓣5，倒卵状三角形，易碎，长约4 cm，顶端微凹；单体雄蕊，雄蕊柱长约2 cm，无毛，偶见丝状花丝；雌蕊花柱上部分裂，被微毛，子房多室。气微，味甘。以花完整，无苞片者为佳。

【化学成分】含二氢山柰酚葡萄糖苷，蜀葵苷。果实含脂肪油，以油酸计达34.88%。根含黏液质。

【药理作用】有镇痛、抗炎、活血化瘀、抗血栓作用。

【功能主治】药性：甘、咸，寒。功能：活血润燥，解毒排脓，利尿通便。主治：月经不调，血崩，痢疾，吐血，赤白带下，二便不通，小儿风疹，疟疾，痈疽疮肿，毒蝎蜇伤，烫伤，火伤。用法用量：内服煎汤，3 ~ 9 g；或研末，1 ~ 3 g。外用适量，研末调敷。使用注意：孕妇禁服。

附方：

1. 治月经不调：棋盘花3 ~ 9 g。水煎服。

2. 治大小便不畅：棋盘花6 g。水煎服。

3. 治喉中有异物感，吞咽不畅：棋盘花3 g。开水泡，当茶饮。

▲蜀葵

▲木芙蓉

蜀葵根主治淋症，带下，痢疾，吐血，血崩，外伤出血，疮疡肿毒，烫伤烧伤。蜀葵叶主治带下，乳汁不通，疮疥，无名肿毒。脾胃虚寒及孕妇慎服。

4. 治小便淋沥：蜀葵根6 g，车前子15 g。水煎服。

5. 治热毒下痢：蜀葵根15 g，地锦草30 g。水煎服。

322 芙蓉花

【别名】拒霜花、芙蓉、富贵花。

【来源】为锦葵科植物木芙蓉*Hibiscus mutabilis* L.的花。

【植物形态】灌木或小乔木，高2～5 m。小枝、叶柄、叶、花梗和花萼均密被细绵毛或星状绒毛。叶宽卵形至卵圆形或心形，直径10～15 cm，常3～7裂，裂片呈三角形，基部心形，边缘具钝圆锯齿。花于枝端叶腋间单生，花梗粗长；小苞片8～10，线形；花萼5裂，裂片宽卵形；花大而美丽，直径约8 cm，5瓣或重瓣，初开时白色或淡红色，后变深红色，直径约8 cm，多重瓣；雄蕊多数，花丝结合成圆筒形，包围花柱；花柱顶端5裂。蒴果扁球形，径约2.5 cm，被淡黄色刚毛和绵毛。花期8—11月。

【生境分布】生于海拔200～850 m的路旁、荒地或灌丛中，多栽培。分布于巫溪、巫山、奉节、云阳、万州、开州、丰都、涪陵、武隆地区。

【采收加工】9—10月采集初开放的花朵，晒干。

【药材性状】干燥花皱曲呈不规则椭圆状或钟状；小苞片8～10，线形。花萼灰绿色，5裂，裂片宽卵形。小苞片和花萼密被星状毛。花瓣淡红色、红褐色或棕色，易碎，中心有黄褐色花蕊。气微，味甘。

【化学成分】含黄酮苷，花色苷，槲皮素，山柰酚，二十九烷，p-谷甾醇，白桦脂酸等。叶含黄酮苷、酚类、氨基酸、鞣质、还原糖等。种子含油。

【药理作用】有抗炎、抗癌、抑菌作用。

【功能主治】药性：微辛，平。功能：清热解毒，消肿排脓，凉血止血。主治：月经过多，乳腺炎，淋巴结炎，腮腺炎，肺热咳嗽，流感，吐血，目赤肿痛，崩漏，白带，腹泻，腹痛，痈肿，疮疔，毒蛇咬伤，烧烫伤，跌打损伤。用法用量：内服煎汤，9～15 g，鲜品30～60 g。外用适量。使用注意：虚寒患者及孕妇禁服。

附方：

1. 治蛇头疔：鲜芙蓉花60 g，冬蜜15 g。捣敷，每日换2～3次。

2. 治跌打扭伤：木芙蓉鲜花适量。捣烂，外敷患处。

3. 治毒蛇咬伤：木芙蓉鲜叶、花适量。洗净，加食盐少许，捣敷伤口周围肿胀处，每天换2次。

木芙蓉叶主治肺热咳嗽，目赤肿痛、痈疽肿毒，恶疮，带状疱疹，肾盂肾炎，水火烫伤，毒蛇咬伤，跌打损伤。孕妇禁服。

4. 治带状疱疹：木芙蓉鲜叶适量。阴干，研末，调米浆抹患处。

5. 治烫伤：木芙蓉叶500 g（鲜叶加倍）。加凡士林1 000 g，文火煎熬至叶枯焦，过滤去渣，摊于消毒敷料上，或制成芙蓉叶膏纱布，外敷患处，每日换药1次。

【资源综合利用】木芙蓉茎皮含纤维素约39%，茎皮纤维柔韧而耐水，可作缆索和纺织品原料，也可造纸。

323 扶桑花

【别名】状元红。

【来源】为锦葵科植物朱槿*Hibiscus rosa-sinensis* L.的花。

【植物形态】常绿灌木，高1～6 m。叶阔卵形或狭卵形，长4～9 cm，基部近圆形，边缘具不整齐粗齿或缺刻，两面无毛，或在背面沿侧脉疏生星状毛。花常下垂；花梗长3～5 cm，近顶端有节；小苞片6～7，线形或线状披针形，基部合生，疏生星状毛；花萼5裂，钟形，裂片卵状披针形，有星状毛；花冠漏斗形，直径6～10 cm，玫瑰红或淡红、淡黄等色，花瓣倒卵形，外面疏被柔毛；雄蕊柱长4～8 cm，伸出花冠外。蒴果卵状球形，长约2.5 cm，顶端有短喙。花期全年。

▲朱槿

【生境分布】栽培。分布于库区各市县。

【采收加工】全年可采集初开放的花朵，晒干。

【化学成分】含苷类，生物碱。叶含碳氢化物，高级脂肪醇，脂肪酸。还含具抗补体活性的黏液质。根皮含环丙烯类化合物。

【药理作用】有降压、抗生育作用。对平滑肌有致痉作用。

【功能主治】药性：甘，平。功能：清热解毒，利尿，调经，消肿排脓。主治：用于肺热咳嗽，咯血，鼻血，崩漏，白带，痢疾，赤白浊，月经不调，淋巴结炎，痈肿毒疮。用法用量：内服煎汤，15～30 g。外用适量，捣烂敷。

附方：

1. 治痈疽：扶桑花、木芙蓉叶、牛蒡叶等量。共研碎，敷患处。

2. 治乳腺炎：扶桑鲜花适量。捣烂，加冬蜜少许敷患处。

朱槿的叶主治白带，淋症，疮肿，腮腺炎，乳腺炎，淋巴结炎。根主治月经不调，崩漏，白带，白浊，痈疮肿毒，尿路感染，急性结膜炎，腮腺炎，支气管炎。

3. 治疔疮肿毒：扶桑鲜叶适量。捣烂，外敷患处。

4. 治腮腺炎：鲜扶桑叶、木芙蓉叶各适量。捣烂，敷患处；另用扶桑鲜叶或花30 g，水煎服。

5. 治小便不利：扶桑根15 g，榆根白皮、石韦、海金沙藤各30 g。水煎服。

【资源综合利用】茎皮纤维可搓绳索，织麻袋。

324　木槿皮

【别名】川槿皮、槿皮。

【来源】为锦葵科植物木槿*Hibiscus syriacus* L.的树皮及根皮。

【植物形态】落叶灌木，高3～4 m。小枝密被黄色星状绒毛。叶互生，被星状柔毛；托叶线形，长约6 mm，疏被柔毛；叶片菱形至三角状卵形，长3～10 cm，宽2～4 cm，具深浅不同的3裂或不裂，顶端钝，基部楔形，边

▲木槿

缘具不整齐齿缺，下面沿叶脉微被毛或近无毛。花单生于枝端叶腋间，花梗长4 ~ 14 mm，被星状短绒毛；小苞片6 ~ 8，线形，长6 ~ 15 mm，宽1 ~ 2 mm，密被星状疏绒毛；花萼钟形，长14 ~ 20 mm，密被星状短绒毛，裂片5，三角形；花钟状，淡紫色，直径5 ~ 6 cm，花瓣倒卵形，长3.5 ~ 4.5 cm，外面疏被纤毛和星状长柔毛；雄蕊枝长约3 cm；花柱枝无色。蒴果卵圆形，密被黄色星状绒毛。种子肾形，背部被黄色长柔毛。花期7—10月。

【生境分布】生于海拔400 ~ 1 200 m的溪旁、荒地或灌丛中。多栽培。分布于库区各市县。

【采收加工】4—5月剥取茎皮，晒干；或秋季挖根，剥取皮，晒干。

【药材性状】本品多内卷成长槽状或单筒状，厚1 ~ 2 mm。外表而青灰色或灰褐色，有细而略弯曲纵皱纹，皮孔点状散在。内表面类白色至淡黄白色，平滑，具细致的纵纹理。质坚韧，折断面强纤维性，类白色。气微，味淡。以身干、条长、宽厚、无霉者为佳。

【显微鉴别】粉末特征：灰白色。淀粉粒细小，类球形、卵圆形或椭圆形。直径3 ~ 10 μm。纤维成束，多破碎，直径10 ~ 20 μm，壁厚薄不一，微木化，纹孔细小，圆形或斜裂缝状。草酸钙簇晶众多，直径15 ~ 45 μm。

【理化鉴别】取本品粉末2 g，加乙醇10 mL，热浸2 ~ 3 h，滤过。取滤液2 ~ 3 mL，蒸干，加醋酐1 mL溶解，沿管壁加8滴浓硫酸，在两液交界面出现猩红色环，溶液上层渐变绿。

【化学成分】壬二酸，辛二酸，二十八醇-1，β-谷甾醇，二十二碳二醇，白桦脂醇，古柯三醇等。

【药理作用】古柯三醇有抑制肿瘤生长的作用。

【功能主治】药性：甘、苦，微寒。归大肠，肝，脾经。功能：清热利湿，杀虫止痒。主治：湿热泻痢，肠风泻血，脱肛，痔疮，赤白带下，阴道滴虫，皮肤疥癣，阴囊湿疹。用法用量：内服煎汤，3 ~ 6 g。外用适量，水煎或浸酒外搽。

附方：

1. 治脚癣：木槿皮60 g，浸酒外搽。
2. 治脱肛：木槿皮30 g，水煎，加明矾、五倍子外用。

【资源综合利用】木槿叶的水提液含蛋白质约13%，其中对头发具较强亲和性的氨基酸占近50%，是一种较理想的发用天然调理剂。库区木槿资源较丰富，有一定的开发价值。

325　冬葵子

【别名】冬葵、冬寒菜、冬苋菜、滑菜。

【来源】为锦葵科植物野葵*Malva verticillata* L.的种子。

【植物形态】二年生草本，高60 ~ 90 cm。茎被星状长柔毛。叶互生；叶柄长2 ~ 8 cm，仅上面槽内被绒毛；托叶卵状披针形，被星状栗毛；叶片肾形至圆形，直径5 ~ 11 cm，常为掌状5 ~ 7裂，裂片短，三角形，具钝尖头，边缘有钝齿，两面被极疏糙状毛或几无毛。花3至数朵簇生于叶腋间，几无柄至有极短柄；总苞的小苞片3枚，线状披针形，被纤毛；萼杯状，5裂，广三角形，被疏星状长硬毛；花冠淡白色至淡红色，花瓣5，长6 ~ 8 mm，顶端凹入，具爪；雄蕊枝长4 mm，被毛；花枝分枝10 ~ 11。果扁圆形，直径5 ~ 7 mm，分果10 ~ 11，背面平滑，两侧具网纹。种子肾形，直径约1.5 mm，紫褐色，秃净。花期7—9月，果期8—10月。

【生境分布】多为栽培。分布于库区各市县。

【采收加工】秋季果实成熟时采收，除去杂质，晒干。

【药材性状】果实由9 ~ 11个小分果组成，呈扁平圆盘状，底部有宿存花萼。分果呈幅瓣状或肾形，直径1.5 ~ 2 mm，较薄的一边中央凹下。果皮外表为棕黄色，背面较光滑，两侧面靠凹下处各有一微凹下圆点，由圆点向外有放射性条纹。种子橘瓣状肾形，种皮黑色至棕褐色。质坚硬，破碎子叶心形，两片重叠折曲。气微、味涩。

【显微鉴别】粉末特征：灰褐色。胚乳细胞较多见，至多用形或类方形，直径11 ~ 35 μm，壁略呈念珠状增厚。种皮栅状细胞细小，呈星状；侧面观为一列柱状细胞，长33 ~ 46 μm，直径8 ~ 12 μm，壁较厚、木化，胞腔内含球状结晶。星状毛由5 ~ 7细胞组成，亦行单个散在，呈披针形，基部钝圆，直径5 ~ 15 μm，长106 ~ 245 μm，

▲野葵

壁厚1～2 μm。色素细胞类多角形，类长方形，胞腔含红棕色块状物。子叶表皮细胞类长方形，薄壁细胞呈类多角形或椭圆形，含拟晶体。螺纹导管多见，直径27～33 μm，网纹导管较少见。

【化学成分】含生物碱，蛋白质，氨基酸，脂肪油，甾体三醇，多糖，黏液质等。

【药理作用】从冬葵子中提取的中性多糖MVS-Ⅰ能明显增强网状内皮系统的吞噬活性。有降血糖和抗补体活性作用。

【功能主治】药性：甘，寒。归大肠，小肠，膀胱经。功能：利水通淋，滑肠通便，下乳。主治：淋病，水肿，大便不通，乳汁不行。咽喉肿痛，热毒下痢，湿热黄疸，疮疖痈肿，丹毒。痈疮，蛇虫咬伤。用法用量：内服煎汤，6～15 g；或入散剂。使用注意：脾虚肠滑者禁服，孕妇慎服。

附方：

1. 治尿路感染，小便涩痛：冬葵子、车前子、萹蓄、蒲黄各12 g。水煎服。

2. 治血痢、产痢：冬葵子为末，每服6 g，温水冲服。

叶主治肺热咳嗽，咽喉肿痛，热毒下痢，湿热黄疸，二便不通，乳汁不下，疮疖痈肿，丹毒。根主治水肿，热淋，带下，乳腺炎，痈疮，蛇虫咬伤。

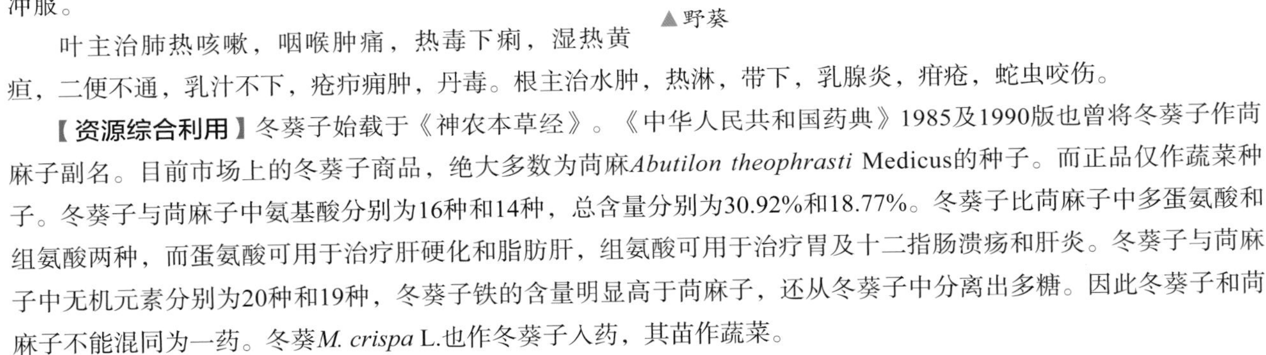

【资源综合利用】冬葵子始载于《神农本草经》。《中华人民共和国药典》1985及1990版也曾将冬葵子作苘麻子副名。目前市场上的冬葵子商品，绝大多数为苘麻*Abutilon theophrasti* Medicus的种子。而正品仅作蔬菜种子。冬葵子与苘麻子中氨基酸分别为16种和14种，总含量分别为30.92%和18.77%。冬葵子比苘麻子中多蛋氨酸和组氨酸两种，而蛋氨酸可用于治疗肝硬化和脂肪肝，组氨酸可用于治疗胃及十二指肠溃疡和肝炎。冬葵子与苘麻子中无机元素分别为20种和19种，冬葵子铁的含量明显高于苘麻子，还从冬葵子中分离出多糖。因此冬葵子和苘麻子不能混同为一药。冬葵*M. crispa* L.也作冬葵子入药，其苗作蔬菜。

326　地桃花

【别名】寄马桩、刀伤药。

【来源】为锦葵科植物肖梵天花*Urena lobata* L.的根或全草。

【植物形态】亚灌木状草本，高达1 m，被星状绒毛。茎下部的叶近圆形，长4～5 cm，浅裂，基部圆形或近心形，边缘具锯齿。上面被柔毛，下面被灰白色层状绒毛；中部叶卵形；上部叶长圆形至披针形。花腋生，单生或稍丛生，淡红色，径约1.5 cm；花梗长约3 cm，被绵毛；小苞片5，长约6 mm，基部合生；花萼杯状，5裂；花瓣5，倒卵形，外面有毛；花柱长约15 mm，无毛；花柱分枝10，微被长硬毛。果扁球形，径约1 cm，分果片被星状短柔毛和锚状刺。花期7—10月。

【生境分布】生于海拔300～1 600 m的旷地、草坡或疏林下。分布于巫溪、巫山、奉节、云阳、万州、开州、涪陵、武隆、长寿地区。

【采收加工】全年均可采收，鲜用或晒干。

【药材性状】干燥根呈圆柱形，略弯曲，支根少数，具多数须根，表面淡黄色，具纵皱纹；质硬，断面呈破裂状。茎灰绿色或暗绿色，具粗浅的纵纹，密被星状毛和柔毛，上部嫩枝具数条纵纹；质硬，木部断面不平坦，

▲肖梵天花

皮部富纤维，难以折断。叶多破碎，完整者多卷曲，上表面深绿色，下表面粉绿色，密被短毛和星状毛，网脉下面突出，叶腋有宿存的托叶。气微，味淡。

【化学成分】地上部分含栏果苷、槲皮素、酚类、甾醇、氨基酸等。

【功能主治】药性：甘、辛，凉。归脾、肺经。祛风利湿，活血消肿，清热解毒。用于感冒，风湿痹痛，痢疾，泄泻，淋症，带下，月经不调，跌打肿痛，喉痹，乳痈，疮疖，甲状腺肿大，毒蛇咬伤。用法用量：内服煎汤，30 ~ 60 g。外用适量。使用注意：脾胃虚寒者禁服。

附方：

1. 治感冒：地桃花根24 g。水煎服。
2. 治流感、小儿肺炎：地桃花全草9 g，万年青6 g，陈石灰6 g。水煎服。
3. 治痢疾：地桃花30 g，飞扬草15 g。水煎服。
4. 治跌打损伤：地桃花15 g。泡酒服；另用根30 ~ 60 g，捣绒，包痛处。
5. 治痈疮，拔脓：鲜地桃花根适量。捣烂，敷患处。

木棉科Bombacaceae

327　木棉花

【别名】英雄花，攀枝花。

【来源】为木棉科植物木棉*Bombax malabarica* DC.的花。

【植物形态】大乔木，高达25 m。树皮深灰色，树干常有圆锥状的粗刺。掌状复叶；总叶柄长10 ~ 20 cm；小叶5 ~ 7枚，长圆形或圆状披针形，长10 ~ 16 cm，宽3 ~ 6 cm；小叶柄长1.5 ~ 4 cm，花单生枝顶叶腋，先叶开放，红色或橙红色，直径约10 cm；萼杯状，3 ~ 5浅裂；花瓣肉质，倒卵状长圆形，长8 ~ 10 cm，两面被星状柔毛；雄蕊多数，下部合生成短管，排成3轮，内轮部分花丝上部分2叉，中间10枚雄蕊，较短不分叉，最外轮集生成5束，花药1室，肾形，盾状着生；花枝长于雄蕊；子房5室。蒴果长圆形，木质，长10 ~ 15 cm，被灰白色长柔毛和星状毛，室背5瓣开裂，内有丝状绵毛。种子多数，倒卵形，黑色，藏于绵毛内。花期春季，果期夏季。

▲木棉

【生境分布】栽培。分布于万州、开州、涪陵地区。

【采收加工】春末采收，阴干。

【药材性状】呈干缩的不规则团块状，长5～8 cm；子房及花柄多脱离。花萼杯状，长2～4.5 cm，3或5浅裂，裂片钝圆、反卷，厚革质而脆，外表棕褐色或棕黑色，有不规则细皱纹；内表面灰黄色，密被有光泽的绢毛。

【化学成分】根含胡萝卜苷，齐墩果酸，橙皮苷和硝酸钾，铜，锌，钾，钠，钙，镁，锶和锂元素。

【药理作用】有抗肿瘤、保护急性肝损伤、抗炎作用。

【功能主治】药性：甘、淡，凉。归胃大肠经。功能：清热利湿，解毒，止血。主治：泄泻，痢疾，咯血，吐血，血崩，金疮出血，疮毒，湿疹。用法用量：内服煎汤，9～15 g，或研末服。

附方：

1. 治湿热腹泻，痢疾：木棉花15 g，凤尾草30 g。水煎服。

2. 治暑天汗出烦热：木棉花适量，开水泡服。

木棉根、树皮具抗炎镇痛的作用。

【资源综合利用】木棉纤维是用于制作枕头、坐垫等的高级原料，也是隔热隔音的理想优质材料和止渴醒脑的理想食品。

梧桐科Sterculiaceae

328 梧桐子

【别名】瓢儿果、桐麻豌、瓢羹树。

【来源】为梧桐科植物梧桐*Firmiana simplex.*（L.）W.F.Wight的种子。

【植物形态】落叶乔木，高达16 m。树皮平滑。单叶互生，叶柄长8～30 cm；叶片心形，掌状3～5裂，直径15～20 cm，裂片三角形，顶端渐尖，基部心形，两面无毛或略被短柔毛。圆锥花序顶生，长20～50 cm；花单性或杂性，淡黄绿色；萼5裂，裂片长条形，反曲，长7～9 mm，外面被淡黄色短柔毛；无花瓣；雄花具10～15枚雄蕊，花丝合生成一圆柱体，约与萼片等长；雌花常有退化雄蕊围生子房基部，心皮5，柱头5裂。蓇葖果有柄，在

▲梧桐

成熟前每个心皮由腹缝开裂成叶状果瓣。种子球形，直径约7 mm，干时表面多皱纹，生于叶状果瓣边缘。花期6—7月，果熟期10—11月。

【生境分布】生于海拔400～1 600 m的山地、草坡或林中。常栽培。分布于库区各市县。

【采收加工】秋季种子成熟时采收，晒干。

【药材性状】球形，状如豌豆，直径约7 mn。表面黄棕色至棕色，微具光泽，有明显隆起的网状皱纹。质轻而硬，外层种皮较脆易破裂，内层种皮坚韧。剥除种皮，可见淡红色的数层外胚乳，内为肥厚的淡黄色内胚乳，油质，子叶2片，薄而大，紧贴在内胚乳上，胚根在较小的一端。以饱满、完整、淡绿色者为佳。

【显微鉴别】粉末特征：淡黄色。外种皮石细胞表面观多角形，直径6～22 μm，侧面观长方形，长38～48 μm，细胞较小。内种皮栅状细胞长柱状，长约190 μm，两端平截，直径10～13 μm，层纹及胞腔不明显。外胚乳为浅红棕色薄壁细胞，细胞壁呈念珠状增厚，直径15～30 μm。

【化学成分】种子含脂肪油，生物碱。花含齐墩果酸，β-谷甾醇，芹菜素，水溶性多糖。叶含芳香苷，β-香树脂醇，β-谷甾醇，三十一烷，甜菜碱，胆碱，水溶性多糖及果胶。根含槲皮苷，二十八烷，金丝桃苷，蔗糖，蛋白质，戊聚糖，戊糖，黏液质等。

【药理作用】有降压、止血、镇静作用。

【功能主治】药性：甘，平。归心、肺、肾。功能：顺气和胃，健脾消食，止血。主治：胃脘疼痛，伤食腹泻，须发早白，鼻出血，小儿口疮，晕船。用法用量：内服煎汤，3～9 g；或研末，2～3 g。外用适量。使用注意：多食令人耳聋，耳病病人及咳嗽多痰者勿食。

附方：

1. 治伤食腹痛腹泻：梧桐子（炒焦）研粉。冲服，每服3 g。

2. 治白发：梧桐子9 g，何首乌15 g，黑芝麻9 g，熟地15 g。水煎服。

梧桐叶主治风湿痹痛，跌打损伤，痈疮肿毒，痔疮，小儿食积，泻痢，高血压病。根及树皮主治风湿关节疼痛，吐血，肠风下血，月经不调，跌打损伤。

3. 治软疣：梧桐叶适量。水煮，冷后贴患处。

4. 治刀伤出血：梧桐叶适量。研末，外敷伤口。

5. 长发：梧桐叶、大麻仁各250 g。捣碎，以米泔汁煮，去滓，每日洗头。

6. 治风湿疼痛：梧桐鲜根30～45 g（干品24～36 g）。酒水各半同煎1 h，内服，加1个猪脚同煎更好。

猕猴桃科Actinidiaceae

329 猕猴桃

【别名】羊桃、毛梨。

【来源】为猕猴桃科植物猕猴桃*Actinidia chinensis* Planch.的果实。

【植物形态】藤本。幼枝赤色，同叶柄密生灰棕色柔毛；髓大，白色，层片状。叶圆形、卵圆形或宽倒卵形，长5 ~ 17 cm，顶端钝圆或微凹，很少有小突尖，基部圆形至心形，边缘有刺毛状齿，上面有疏毛，下面密生灰棕色星状绒毛。花期6—7月，果熟期8—9月。

【生境分布】生于海拔700 ~ 2 400 m的山地林间或灌丛中。分布于库区各市县。

【采收加工】8—9月果实成熟时采收，鲜用或晒干。

【化学成分】果实含猕猴桃碱，玉蜀黍膘呤，大黄素，大黄素甲醚，大黄素酸，中华猕猴桃蛋白酶，氨基酸，糖类，有机酸，维生素B、C，色素，鞣质，挥发性成分。新鲜果实中维生素C的含量为138 ~ 284.54 mg/100 g。

【药理作用】有防癌、抑制亚硝酸钠促癌变、促进干扰素产生，提高免疫功能，促进蛋白质分解和消化，加强机体营养、延缓衰老、耐缺氧、降血脂、保肝、抗炎作用。

【功能主治】药性：酸、甘，寒。功能：调中理气，生津润燥，解热除烦。主治：烦热，慢性气管炎合并肺气肿，糖尿病，肺热咳嗽，消化不良，食欲不振，呕吐，坏血病、高血压、心血管病、癌症，烧烫伤，湿热黄疸，石淋，痔疮。用法用量：内服煎汤，30 ~ 60 g。使用注意：脾胃虚寒者慎服。

附方：

1. 治消化不良：猕猴桃干果60 g。水煎服。
2. 治烦热口渴：猕猴桃30 g。水煎服。
3. 治糖尿病：猕猴桃60 g，天花粉30 g。水煎服。
4. 治尿路结石：猕猴桃15 g。水煎服。

猕猴桃根、根皮清热解毒，活血消肿，利尿通淋。用于风湿性关节炎，跌打损伤，丝虫病，肝炎，痢疾，淋

▲猕猴桃

巴结结核，痈疖肿毒，癌症。

【资源综合利用】猕猴桃是一种营养价值极高的水果，可生食、制果酱。猕猴桃对保持人体健康，防病治病具有重要的作用。多食猕猴桃可以预防老年骨质疏松，抑制胆固醇在动脉内壁的沉积，改善心肌功能，防治心脏病等。还可以减轻病人做X线照射和化疗中产生的副作用或毒性反应。根制土农药，可杀油茶毛虫、稻螟虫、蚜虫等。

山茶科Theaceae

330　山茶花

【别名】红茶花。

【来源】为山茶科植物山茶*Camellia japonica* L.的花。

【植物形态】常绿灌木或小乔木，高可达10 m。叶革质，互生，无毛，长椭圆形、卵形、倒卵形或椭圆形，长4～11 cm，先渐尖或急尖，基部楔形至近半圆形，全缘或有细齿，上面深绿色，有光泽；叶柄粗短，有柔毛或无毛。花单生或2～3朵着生于枝梢顶端或叶腋间；花梗极短或不明显；花萼9～13片，覆瓦状排列，被茸毛；花红色，径5～8 cm；花瓣5～7，近圆形，顶端凹，基部稍连合，栽培品种多重瓣，有白色、淡红等色；雄蕊多数，花丝白色或有红晕，基部连生成筒状；子房无毛，3～4室，花柱单一，柱头3～5裂。蒴果近球形，外壳木质化，成熟后开裂。种子有棱。花期4—5月，果期9—10月。

【生境分布】栽培。分布于库区各市县。

【采收加工】4—5月采收，鲜用或晒干。

【化学成分】花含花色苷，花白苷，芸香苷，杨梅树皮素，原儿茶酸，没食子酸，路边青鞣质，山茶皂苷，可可豆碱等。叶含山茶皂苷，维生素，可可豆碱，左旋表儿茶精，右旋儿茶精，类脂。果含挥发油，山茶皂苷，山茶苷。种子含脂肪油40%～66%，山茶苷。

【药理作用】有抗癌、抗真菌、强心作用。

【功能主治】药性：苦、微辛，寒。功能：收敛止血。主治：吐血，咯血，鼻衄，咯血，便血，痔血，赤白

▲山茶

痢，血淋，血崩，带下，烫伤，跌扑损伤。用法用量：内服煎汤，5～10 g。外用适量。使用注意：中焦虚寒无瘀者慎服。生用长于散血，炒用偏于止血。红茶花为治疗吐血红崩要药，白茶花治白带。

附方：

1. 治吐血：山茶花、白茄根各15 g。白糖适量。水煎服。
2. 治肠风下血：山茶花、炒山栀、侧柏叶、生地各6～9 g。水煎服。
3. 治痔疮出血：山茶花适量。研末，冲服。
4. 治血崩：山茶花12 g，侧柏叶12 g，艾叶炭12 g，蒲黄10 g，地榆炭10 g。水煎服。
5. 治外伤出血：山茶花适量。焙干，研粉外敷。
6. 治烫火灼伤：山茶花适量。研末，麻油调敷。

山茶根主治跌打损伤，食积腹胀。叶主治痈疽肿毒，火烫伤，出血，痈疽肿毒。

331 茶油

【别名】茶籽油。

【来源】为山茶科植物油茶*Camellia oleifera* Abel的种子油。

【植物形态】灌木或小乔木，高达7 m。枝略被毛，树皮黄褐色；芽有疏松的鳞片，稍被毛。单叶互生；叶柄长约6 mm，有毛；叶片革质，椭圆形或椭圆状短圆形，长4～10 cm，宽2～4 cm，顶端渐尖，基部宽楔形，边缘有小锯齿，上面有光泽，嫩时疏生茸毛，侧脉不明显。冬季开白花，单生或并生于枝顶，无梗；花直径约4 cm；薄片圆形，外面被丝毛；花瓣5～7，倒卵形，长2.5～4.5 cm，光端深2裂，外面稀被毛；雄蕊多数；子房密被丝状绒毛，花柱顶端3浅裂，基部有毛，蒴果近球形，直径约2.2 cm，2～3裂，果瓣厚本质。种子1～3粒。

▲油茶

【生境分布】栽培或野生于海拔300～1 300 m的向阳山坡。分布于库区各市县。

【采收加工】秋季采摘，晒裂，取出种子，榨油。

【药材性状】为淡黄色澄清的液体，具黏性，气清香，味淡。碘值80～90，皂化值188～196，酸值小于3，折光率在25 ℃时为1.466～1.470，相对密度在25 ℃时为0.909～0.915。在氯仿、乙醚、二硫化碳中易溶，在乙醇中微溶。

【理化鉴别】（1）检查纯度：取本品2 mL，小心加入新制放冷的发烟硝酸-硫酸-水（1：1：1）10 mL中，放置片刻，两液接界处显蓝绿色。

（2）检查是否掺桐油：取本品3 mL，加石油醚3 mL，溶解成澄清液，加亚硝酸钠结晶少量与稀硫酸数滴，即有气泡发生，强力振摇后，静置片刻观察，油液层应澄清，油液与酸液接界处亦不得显混浊。

（3）检查是否掺棉子油：取本品5 mL，置试管中，加含硫黄的二硫化碳溶液（1→100）与戊醇的等容混合液5 mL，置饱和食盐水浴中，注意缓缓加热至泡沫停止（除去二硫化碳），继续加热使水浴保持沸腾，2 h内不得显红色。

【化学成分】脂肪酸为油酸（80%），甘油三酯为三油酸甘三酯（55%～65%）。尚含β-谷甾醇，菜油甾醇，豆甾醇，三萜醇，角鲨烯等，山柰酚-3-O-葡萄吡喃糖基（6→1）-鼠李糖苷，山柰酚-3-O-葡萄吡喃糖基[（2→1）葡萄吡喃糖基（6→1）]-鼠李糖苷等。

【药理作用】茶油能有效清除激发态自由基，对肝脂质过氧化有明显抑制作用。能改善梗阻性黄疸大鼠营养状况，显著降低血清总胆红素、丙转氨酶（GPT）和谷草转氨酶（GOT）的水平；有增强心肌细胞线粒体内琥珀酸脱氢酶（SDH）活性，保护心脏有作用。茶油富含单不饱和脂肪酸，可延缓动脉粥样硬化形成。油茶皂苷有较强抗突变和杀精作用。

【功能主治】药性：味苦、甘，性平，有毒。功能：行气润肠，杀虫。主治：大便秘结，蛔虫，钩虫，疥癣瘙痒。用法用量：内服煎汤，6 ~ 10 g；或入丸、散。外用适量，煎水或研末调涂。

附方：

1. 治烫伤：茶油适量。外抹患处。
2. 治跌打损伤，未破皮：茶油适量。外涂患处。
3. 治急性蛔虫性肠梗阻：生茶油150 ~ 200 mL。1次口服。

油茶种子味苦、甘，性平，有毒；行气，润肠，杀虫；主治气滞腹痛，肠燥便秘，蛔虫，钩虫，疥癣瘙痒。根味苦，性平，有小毒；清热解毒，理气止痛，活血消肿；主治咽喉肿痛，胃痛，牙痛，跌打伤痛，水火烫伤。叶味微苦，性平；收敛止血，解毒；主治鼻衄，皮肤溃烂瘙痒，疮疽。花凉血止血；主治吐血，咯血，衄血，便血，子宫出血，烫伤。种子榨油后的渣滓味辛、苦、涩，性平，有小毒；燥湿解毒，杀虫去积，消肿止痛。主治湿疹痛痒，虫积腹痛，跌打伤肿；生品慎服，能催吐。

【资源综合利用】该属植物常作烹调、饮料、油料、药物及观赏用，具有很高的经济价值。茶油是一种具有保健作用的高级食用油，从中提取出的不饱和脂肪酸等成分制成微胶囊，有预防心血管疾病作用。此外，茶油还可开发成美发、洗涤及化妆产品，加工成可可脂代用品等。

332 茶叶

【别名】家茶。

【来源】为山茶科植物茶*Camellia sinensis*（L.）O. Ktmtze的嫩叶或嫩芽。

【植物形态】常绿灌木，高1 ~ 3 m；嫩枝、嫩叶具细柔毛。单叶互生；叶柄长3 ~ 7 mm；叶片薄革质，椭圆形或倒卵状椭圆形，长5 ~ 12 cm，宽1.8 ~ 4.5 cm，顶端短尖或钝尖，基部楔形，边缘有锯齿，下面无毛或微有毛，侧脉约8对，明显。花两性，白色，芳香，通常单生或2朵生于叶腋；花梗长6 ~ 10 mm，向下弯曲；萼片5 ~ 6，圆形，被微毛，边缘膜质，具睫毛，宿存；花瓣5 ~ 8，宽倒卵形；雄蕊多数，外轮花丝合生成短管；子房上位，被绒毛，3室，花柱1，顶端3裂。蒴果近球形或扁三角形，果皮革质，较薄。种子通常1颗或2 ~ 3颗，近球形或微有棱角。花期10—11月，果期翌年10—11月。

【生境分布】库区各地广为栽培。

【采收加工】4—6月采春茶及夏茶，炮制。

【药材性状】叶常卷缩成条状或成薄片状或皱褶。完整叶片展平后，叶片披针形至长椭圆形，长1.5 ~ 4 cm，宽0.5 ~ 1.5 cm，顶端急尖或钝尖，叶基楔形下延，边缘具锯齿，齿端呈棕红色爪状，有时脱落；上下表面均有柔毛；羽状网脉，侧脉4 ~ 10对，主脉在下表面较凸出，纸质较厚，叶柄短，被白色柔毛；老叶革质，较大，近光滑；气微弱而清香，味苦涩。

【显微鉴别】横切面：上下表皮细胞各1例，外方覆有较厚的角质层；下表皮具气孔，单细胞非腺毛，长112 ~ 740 μm，壁厚，基部木化；叶缘锯齿处呈弯钩状。叶肉组织不等面形，栅栏细胞2列不通过主脉，上列长圆柱形，下列细胞上部较宽。主脉维管束1个，外韧型，周围有柱鞘纤维束环列，其壁不甚厚，木化，韧皮薄壁细胞内含草酸钙小结晶或簇晶。其余薄壁细胞含簇晶，薄壁组织内散有大型分枝状石细胞，壁较厚，木化，具纹孔。

【理化鉴别】检查咖啡碱：取粉末进行微量升华，得白色针状结晶，偶有呈杆状或粒状结晶。加浓盐酸1滴，升华物溶解，滴加氯化金试液，即得黄色细针状结晶或集成松针状。

【化学成分】叶含嘌呤类生物碱，以咖啡碱（caffeine）为主，含量为1% ~ 5%，另有可可豆碱（theobro-mine），茶碱（thcqahylline），黄嘌呤（xanthine）等。还含鞣质，精油，黄酮类，茶氨酸（theanine），茵芋苷（skimmin），东莨菪素（seopoletin），茶醇（thea alcohol）A，甾醇类，β-香树脂醇（β-amyrin），维生素A、B_2、C，胡萝卜素（carotene），三萜皂苷类。花粉含茶花粉黄酮（pollenitin），茶花粉黄酮苷（pollenin）。种子含茶皂苷（theasaponin），有机酸及种子油。

【药理作用】 叶有兴奋中枢、兴奋心脏、增强心脏收缩力、加快心率、增加冠脉流量、收缩脑血管、降血压、松弛各种平滑肌、利尿、降血脂作用、抗动脉硬化、抑制血小板聚集和抗血栓、抗氧化、抑制亚硝基化合物合成、抗诱变、抗癌、抗病原微生物、抗炎、抗过敏、促进胃酸和胃蛋白酶分泌、提高人血浆肾素活性、提高基础代谢、升高白细胞、延缓衰老、维护甲状腺功能正常、干扰胃肠道内铁吸收、收敛胃肠作用。茶叶可干扰胃肠道内铁的吸收。根有降低血清三酰甘油及胆固醇、减少主动脉斑块面积和脂质含量、增加心肌营养血流量、抗凝作用。

【功能主治】 药性：苦、甘，凉。归心、肺、胃、肾经。功能：清头目，除烦渴，消食，化痰，利尿，解毒。主治：头痛，目昏，目赤，多睡善寐，感冒，心烦口渴，食积，口臭，痰喘，癫痫，小便不利，肠炎，急性结膜炎，牙本质过敏症，痢疾，喉肿，疮疡疖肿，水、火烫伤。用法用量：内服煎汤，3 ~ 10 g；或入丸、散，沸水泡。外用适量，研末调敷，或鲜品捣敷。使用注意：脾胃虚寒者慎服。失眠及习惯性便秘者禁服。服人参、土茯苓及含铁药物者禁服。服使君子饮茶易致呃。过量易致呕吐、失眠等。

附方：

1. 治头疼：细茶、香附子、川芎各3 g，水煎，临卧时服。
2. 治头晕目赤：茶叶、白菊花各3 g。泡水饮。
3. 治食积：干嫩茶叶9 g。泡水服。
4. 治小便不通，脐下满闷：海金沙50 g，茶25 g。研末。每服11 g，煎生姜、甘草汤调下。
5. 治疗细菌性痢疾：茶叶适量。制成20%的茶汁，每取25 mL，加开水25 mL，顿服，每日3 ~ 4次。

茶根味苦，性凉；强心利尿，活血调经，清热解毒；主治冠心病，心律不齐，水肿，肝炎，痛经，疮疡肿毒，口疮，汤、火灼伤，带状疱疹，牛皮癣。干燥嫩叶浸泡后，加甘草、贝母、橘皮、丁香、桂子等和煎制成的膏味苦、甘，性凉；清热生津，宽胸开胃，醒酒怡神；主治烦热口渴，舌糜，口臭，喉痹。花味微苦，性凉；清肺平肝；主治鼻疳，高血压。种子味苦，性寒，有毒；降火消痰平喘；主治痰热喘嗽，头脑鸣响。

6. 治口烂：茶树根煎汤代茶，不时饮。
7. 治带状疱疹：茶树鲜根适量。用醋磨汁，涂患处。
8. 治小儿鼻疳：茶花6 ~ 9 g。水煎服。

▲茶

9. 治痰喘：茶种子适量，研末，喘时服1 g。

【资源综合利用】茶叶之名见于《宝庆本草折衷》。茶叶含有茶多酚，具有很强的抗氧化性和生理活性，是人体自由基的清除剂，是消食去腻的理想饮品。

藤黄科Guttierae

333　金丝桃

【别名】金丝海棠、土连翘。

【来源】为藤黄科植物金丝桃*Hypericum monogynum* L.的全株。

【植物形态】小灌木，高0.7～1 m。小枝无毛；叶对生，无柄；叶片长椭圆状披针形，长3～8 cm，宽1.5～2.5 cm，顶端钝尖，基部楔形，全缘，密生透明小点。花单生或成聚伞花序，直径3～5 cm，萼片5，卵状长椭圆形，花瓣5，鲜黄色，宽倒卵形，长1.5～2.5 cm；雄蕊多数，5束，与花瓣等长或稍长；花柱细长。蒴果卵圆形，长约8 mm，花柱和萼片宿存。花期6—7月，果期8月。

【生境分布】生于海拔400～1 200 m的山坡、路边及沟旁。有栽培。分布于万州、开州、忠县、石柱、丰都、涪陵、武隆、长寿地区。

【采收加工】夏季采收，鲜用或晒干。

【功能主治】药性：苦，凉。功能：清热解毒，祛风湿，消肿。主治：肝炎，肝脾肿大，急性咽喉炎，眼结膜炎，肝炎，疮疖肿毒，蛇、蜂伤，跌打损伤，风湿性腰痛。用法用量：内服煎汤，15～30 g。外用适量。

附方：

1. 治肝炎：金丝桃根30 g，地耳草15 g，虎杖15 g。水煎服。
2. 治风湿性腰痛：金丝桃根30 g，鸡蛋2只。水煎2 h，吃蛋喝汤。
3. 治跌打损伤肿痛：金丝桃根、土牛膝、香附子、接骨木、栀子各适量。捣烂，外敷。
4. 治热疮肿痛：金丝桃花、叶适量，捣烂外敷。

▲金丝桃

5. 治肺病：金丝桃9 g，麦冬9 g，阿胶4.5 g，淫羊藿9 g。水煎服。

金丝桃果主治虚热咳嗽，百日咳。

334 金丝梅

【别名】女儿茶、土连翘、芒种花。

【来源】为藤黄科植物金丝梅*Hypericum patulum* Thunb.的全株。

【植物形态】灌木，高0.3～1.5 m，全株无毛。枝条具2或4纵线棱，褐色或红褐色。单叶对生；叶柄短；叶片卵圆形、卵状长圆形或披针状长圆形，长1.5～6 cm，宽0.5～3 cm，上面绿色，下面粉绿色，网脉隐约可见，散布透明腺点。花序聚伞状或单生；萼片5，宽卵圆形至圆形，顶端圆或微凹，通常具小突尖，边缘干膜质，具细齿或缘毛，果时直伸；花瓣5，黄色或金黄色，宽卵形至长圆状倒卵形或宽倒卵形，脱落；雄蕊多数，5束；子房卵球形，5室，花柱与子房近等长或略短于子房，自基部分离，近顶端向下弯曲。蒴果卵球形。种子圆柱形，黑褐色，一侧具细长膜质的狭翅，表面有不明显的细蜂窝纹。花期5—6月，果期7—8月。

▲金丝梅

【生境分布】生于海拔600～1 500 m的山坡、草地、林下、灌丛中。分布于库区各市县。

【采收加工】夏季采收，切碎，晒干。

【功能主治】药性：苦、辛，寒。归肝、肾、膀胱经。功能：清热利湿，解毒，疏肝通络，祛瘀止痛。主治：湿热淋病，肝炎，感冒，扁桃体炎，疝气偏坠，筋骨疼痛，跌打损伤。用法用量：内服煎汤，6～15 g。外用适量，捣敷；或炒研末撒。

附方：

1. 治喉蛾：金丝梅15～30 g，樟木6 g，沙参6 g。水煎服。
2. 治咳嗽：金丝梅9 g，生姜1片。捣烂兑开水冲服。
3. 治扁桃体炎：金丝梅、板蓝根各15 g。水煎服。
4. 治跌打损伤：金丝梅、苎麻根各适量。捣烂外包。

其根可入药，具有舒筋活血、催乳利尿的功效。

5. 治肝炎，感冒：金丝梅根12～15 g。水煎服。
6. 治烧、烫伤：金丝梅花或叶，和地榆叶各半。炒炭研末，溃者撒患处，未溃者用清油调搽。

335 贯叶连翘

【别名】小过路黄、赶山鞭、上天梯。

【来源】为藤黄科植物贯叶连翘*Hypericum perforatum* L.的全草。

【植物形态】多年生草本。茎直立，多分枝，高20～60 cm。茎或枝两侧各有凸起纵脉一条。叶椭圆形至线形，长1～2 cm，宽0.3～0.9 cm，顶端纯形，基部心形抱茎，全缘，上面布满透明腺点。主脉明显，自主脉基部1/3以下各生出2条侧脉，斜升至叶缘连结。花较大，黄色，聚伞花序生于茎顶或枝端，多个再组成顶生，圆锥花序；萼片披针形，长4 mm，宽1～1.2 mm，顶端渐尖至锐尖，边缘疏布黑色腺点；花瓣较萼片大，花瓣边缘及花药均有黑色腺点；雄蕊多数组成3束，每束有雄蕊15枚，花丝长短不一，长达8 mm，花药黄色，具黑腺点，子房

▲贯叶连翘

卵圆形，花柱3，长4.5 mm，蒴果长圆形，具背生腺条及侧生黄褐色囊状腺体；种子黑褐色，圆柱形，长1 mm，具纵向条纹，表面有细蜂窝状纹理，花期6—7月，果期9—10月。

【生境分布】生于海拔400 ~ 1 500 m的山坡路旁或杂草丛中。分布于巫溪、巫山、开州、忠县、丰都、涪陵、武隆、长寿地区。

【采收加工】秋季开花或结果时，采收全草，除去杂质，晒干。

【药材性状】全草长20 ~ 60 cm，全株表面光滑无毛，根黄褐色，弯曲，其上着生多数须根。茎褐色，二棱形，表皮脱落部分着生多数横长皮孔，质脆易断，断面不平坦，类白色。叶对生，有时皱缩，上表面淡灰色，下表面灰色，可见有众多透明腺点。花多已脱落，蒴果黑褐色，长圆形。种子黑褐色圆柱形具细蜂窝纹。气辛香、味微苦涩。

【显微鉴别】茎横断面：表皮由一列类圆形细胞构成，棱角部位细胞外仍壁微角质化。其下由两列圆形、椭圆形细胞组成，排列较整齐，细胞内亦含有大量叶绿体。皮层由6 ~ 7列椭圆形、类圆形和多角形的薄壁细胞构成，具细胞间隙，靠近内侧处细胞较大。皮层与韧皮部界限明显。韧皮部由近10余列多角形薄壁细胞和筛管组成。其薄壁细胞为不规则形，排列较紧密，细胞内含有淡黄色油滴，亦可见黄棕色块状物。筛管细胞呈不规则多角形，较小。形成层由1 ~ 2列扁平细胞整齐组成环状。木质部由导管、木纤维和本薄壁细胞等组成。导管成束排列，为环状，其横切面观为多角形、圆形或方形的管口状，壁木化加厚，直径7 ~ 27 μm。射线明显，较平直。髓部明显，约占整个横切面的2/3，薄壁细胞呈圆形、类圆形。

粉末特征：淀粉粒极多，多单个散在，类圆形或长圆形，直径14 ~ 15 μm，脐点明显。石细胞淡黄色，多单个散在或3 ~ 5成群，呈长圆形、方形、不规则形等，壁厚，木化，纹孔及孔沟明显。腺毛极多，单个或成双排列或多个相聚，头部细胞2 ~ 4个，柄部细胞1 ~ 2个，呈淡黄绿色，头部细胞直径11 ~ 13 μm。乳管淡黄色，为分枝无节的单细胞，内有许多黄色分泌物，宽可达14 μm。油细胞呈圆形，单个散在或成群紧密排列。木纤维淡黄色，木化，成束或单个散在，呈长棱形，胞腔小，壁孔明显。导管以网纹及螺纹多见，亦有环纹导管。气孔较多，为不定式。

【理化鉴别】薄层鉴别：取本品粉末2 g，加乙醇15 mL，水浴中回流29 min，抽滤，滤液作为药材供试液；另取金丝桃素、金丝桃苷、芦丁、槲皮素分别加乙醇制成每1 mg/mL的供试液作为对照溶液。各取上述样品10 μL点于硅胶G薄板上，用乙酸乙酯-丁酮-甲酸-水（5：3：1：1）上行展开，在紫外灯下（365 nm）检识，在对应的位置上显相同颜色的斑点。

【化学成分】含金丝桃素（hypencin，HY），伪金丝桃素（pseudohypericin），异金丝桃素和它们的前体原金丝桃素（prothypericin）、原伪金丝桃素（protopseudohypericin），环伪金丝桃素（cyclopseudohypercin），槲皮素（quercitrin），异槲皮素（isoquercitrin），金丝桃苷（hyperin/Hyperoside），木犀草素（lutrolin）等。

【药理作用】有抗抑郁、抗癌、抗菌、抗病毒、抗衰老、免疫抑制、镇痛作用。贯叶连翘的一种多酚化合物可激活单核吞噬细胞等白细胞。

【功能主治】药性：苦、涩，平。归肝经。功能：收敛止血，调经通乳，清热解毒，利湿。主治：咯血，吐血，肠风下血，崩漏，外伤出血，月经不调，乳妇乳汁不下，黄疸，咽喉疼痛，目赤肿痛，尿路感染，口鼻生疮，痈疖肿毒，烫火伤。用法用量：内服煎汤，6 ~ 10 g。外用适量，研末外用。

【资源综合利用】贯叶连翘（Hypericum perforatum L.），英文俗名St. John' s Wort（圣·约翰草）。1994年，德国开始大量使用贯叶连翘的提取物治疗抑郁症；近年来，贯叶连翘浸膏制剂产值近100亿美元，在美国草药的销售量仅次于银杏。库区资源丰富，可考虑开发利用。

336 元宝草

【别名】对叶草、对月草、止痢草。

【来源】为藤黄科植物元宝草*Hypericum sampsonii* Fiance的全草。

【植物形态】多年生草本，高约65 cm。全体平滑无毛。茎单生，直立，圆柱形，基部木质化，上部具分枝。单叶对生；叶片长椭圆状披针形，长3 ~ 6.5 cm，宽1.5 ~ 2.5 cm，顶端钝，基部完全合生为一体，茎贯穿其中心，两端略向上斜呈元宝状，两面均散生黑色斑点及透明油点。二歧聚伞花序顶生或腋生；花小，径7 ~ 10 mm；萼片5，其上散生油点及黑色斑点；花瓣5，黄色；雄蕊多数，基部合生成3束；花药上具黑色腺点；子房广卵形，有透明腺点，花柱3裂。蒴果卵圆形，长约8 mm，3室，表面具赤褐色腺体。种子多数，细小，淡褐色。花期6—7月，果期8—9月。

【生境分布】生于海拔400 ~ 1 400 m的山坡草丛中或路旁。分布于库区各市县。

【采收加工】夏、秋季采收，晒干或鲜用。

【药材性状】根细圆柱形，稍弯曲，长3 ~ 7 cm，支根细小；表面淡棕色。茎圆柱形，直径2 ~ 5 mm，长30 ~ 80 cm；表面光滑，棕红色或黄棕色；质坚硬，断面中空。叶对生，两叶基部合生为一体，茎贯穿于中间；叶多皱缩，展平后叶片长椭圆形，上表面灰绿色或灰棕色，下表面灰白色，有众多黑色腺点。聚伞花序顶生，花小，黄色。蒴果卵圆形，红棕色。种子细小，多数。气微，味淡。以叶多，带花、果者为佳。

【显微鉴别】茎横切面：表皮细胞1列。皮层细胞5 ~ 6列，外侧2列细胞含叶绿体；内皮层明显。韧皮部窄；木质部宽，由导管及木纤维组成；射线宽1列细胞。髓中空。

叶表面观：上表皮细胞垂周壁平直；下表皮细胞垂周壁弯曲，气孔不等式。叶片横切面观：在海绵组织中可见圆形的分泌腔，直径60 ~ 122 μm，表面观分泌腔不清晰。

【理化鉴别】取本品粉末1 g，加甲醇回流提取5 h，滤过，滤液浓缩近干，加入聚酰胺粉1 g拌和后，干燥，移置于装有1.5 g聚酰胺的小柱中，用氯仿洗涤以除去杂质，然后用甲醇洗脱，洗脱液浓缩至5 mL，供下述试验：检查黄酮：（1）取上述提取液1 mL，加镁粉少量及浓盐酸数滴，在水浴上加热，溶液由黄绿色变为橘红色。（2）取上述提取液2 mL，加入10%氯化钙溶液及浓氨水各1滴，产生大量土黄色沉淀。

【功能主治】药性：苦、辛，寒；归肝、脾经。功能：凉血止血，清热解毒，活血调经，祛风通络。主治：吐血，咯血，衄血，血淋，创伤出血，肠炎，痢疾，乳痈，痈肿疔毒，烫伤，蛇咬伤，月经不调，痛经，白带，跌打损伤，风湿痹痛，腰腿痛。外用还可治头癣，口疮，目翳。用法用量：内服煎汤，9 ~ 15 g，鲜品30 ~ 60 g。外用适量，鲜品洗净捣敷，或干品研末外敷。使用注意：无瘀滞者及孕妇禁服。

附方：

1. 治吐血、衄血：元宝草30 g，银花15 g。水煎服。
2. 治肺结核咯血：元宝草15 ~ 30 g，百部12 g，仙鹤草、

▲元宝草

紫金牛、牯岭勾儿茶各15 g。水煎服。一般需服药1～3个月。

3. 治慢性咽喉炎、音哑：元宝草、光叶水苏、苦蘵各30 g，筋骨草、玄参各15 g。水煎服。

4. 治大便溏泻：元宝草9 g。水煎服。

5. 治肝炎：元宝草15～30 g。水煎服。

6. 治疮毒：鲜元宝草叶60 g，鲜犁头草30 g，酒糟适量。捣烂，外敷。

7. 治月经不调：元宝草15～30 g，益母草9 g，金锦香根15 g。水煎，黄酒为引，于经前7日开始服，连服5剂。

8. 治白带：元宝草12 g，车前子9 g，栀子9 g，小木通6 g。水煎服。

【资源综合利用】元宝草始载于《本草从新》。是金丝桃属中除贯叶连翘外可供研究开发新的抗抑郁活性成分待选的理想药用植物。库区资源丰富，应加大开发利用。

柽柳科Tamaricaceae

337　柽柳

【别名】三春柳、观音柳、西河柳、桧罗柏。

【来源】为柽柳科植物柽柳*Tamarix chinensis* Lour.的嫩枝叶。

【植物形态】灌木或小乔木，高3～6 m。幼枝柔弱，开展而下垂，红紫色或暗紫色。叶鳞片状，钻形或卵状披针形，长1～3 mm，半贴生，背面有龙骨状脊。花期4—9月，果期6—10月。

【生境分布】喜生于河流冲积地和沙荒地，有栽培。分布于万州、涪陵地区。

【采收加工】未开花时采下幼嫩枝梢，阴干。

【显微鉴别】茎枝：横切面：木栓层为多列木栓细胞。皮层窄，近木栓处有2～4列厚壁细胞，壁稍厚，木化。中柱鞘纤维壁木化；纤维束周围细胞含硫酸钙结晶，形成晶纤维。韧皮部较窄，木质部导管多单个散在或2～3个相聚；髓射线宽2～3列细胞。髓部小。

粉末特征：灰绿色。叶表皮细胞横断面观类方形，外壁稍隆起，有的（叶缘）呈乳头状突起，角质层厚

▲柽柳

6～9 μm，内缘细齿状；表面观类方形、多角形或长方形，垂周壁细密连珠状增厚，有的可见半月形角质突起。气孔下陷，副卫细胞4～6个，有的特小。硫酸钙结晶直径5～34 μm，棱角大多明显，另有少数呈方形或小针状结晶。纤维（枝）直径8～25 μm，壁稍厚，木化或微木化；纤维周围细胞含硫酸钙结晶，形成晶纤维。髓薄壁细胞类圆形，有的含硫酸钙结晶，此外，有薄壁细胞及叶柄基部纤维和导管等。

【理化鉴别】（1）检查黄酮：取本品粉末1 g，加甲醇10 mL，在水浴上回流提取20 min，滤过，滤液供以下试验：①取滤液1 mL，加镁粉少许，加盐酸3～4滴，在水浴上加热，显橘红色。②取滤液分别滴在滤纸片上，用氨蒸气熏显黄色，喷1%三氯化铝乙醇液，显明显黄色。③取滤液1 mL，置蒸发皿中，在水浴上蒸干，加饱和硼酸丙酮试液1 mL，10%枸橼酸丙酮试液1 mL，在水浴上蒸干，在紫外光灯下观察，可见强烈的黄绿色荧光。

（2）薄层鉴别：取本品粉末2 g，加甲醇25 mL，在水浴上回流1 h，滤过，滤液回收甲醇。残渣溶于2 mL甲醇中，滤过，滤液供点样用。以槲皮素为对照品。同点于硅胶G薄层板上，用苯-甲醇（8：2）为展开剂，展距10 cm，用氨熏后紫外光灯下观察。供试品色谱中在与对照品色谱相应位置处显相同颜色斑点。

【化学成分】嫩枝叶含柽柳酚（tamarixinol），柽柳酮（tamarixone），柽柳醇（tamari-xol），β-谷甾醇（β-sitosterol），胡萝卜苷（daucosterol），槲皮素-3'，4'-二甲醚（quercetin-3'，4'-dimethyle-ther），硬脂酸（stearic acid），正三十一烷（hentriacontane），12-正三十一烷醇（12-hentriacontanol），三十二烷醇乙酸酯（dotriacontanyl acetate）等。

【药理作用】有止咳嗽、保肝、抗菌、解热作用。

【功能主治】药性：甘、辛，平。归肺、胃、心经。功能：疏风，解表，透疹，解毒。主治：风热感冒，麻疹初起，疹出不透，风湿痹痛，皮肤瘙痒。用法用量：内服煎汤，10～15 g；或入散剂。外用适量，煎汤擦洗。使用注意：麻疹已透及体虚多汗者禁服。

附方：

1. 治疹出不透：柽柳适量。研末，以白茅根煎汤下9～12 g。
2. 治感冒、发热、头痛：柽柳、薄荷各9 g，荆芥6 g，绿豆衣9 g，生姜3 g。水煎服。
3. 治风湿痹痛：柽柳、虎杖根、鸡血藤各30 g。水煎服。
4. 治酒病：柽柳适量。晒干，研末，每服3 g，酒调下。
5. 治肾炎：柽柳30 g。水煎，分2次空腹温服，15 d为1疗程，连服1～4个疗程。

堇菜科Violaceae

338 紫花地丁

【别名】铧头草、青地黄瓜。

【来源】为堇菜科植物戟叶堇菜*Viola betonicifolia* T. E. Smith的全草。

【植物形态】多年生无茎草本，高10～15 cm。地下根茎短，根伸直单生或成束。叶基生，具长柄，纤细，托叶基部与叶柄合生，分离部分膜质，苍白色，边缘有疏锯齿；叶片条状披针形或条形，长2～9 cm，叶片变异很大，顶端尖或钝圆，基部截形或略呈心形，边缘有疏而浅的圆齿，近基部的渐较深。花期4月，果期5—6月。

【生境分布】生于海拔300～1 200 m的田野路边、山坡草地、灌丛、林缘等处。分布于巫溪、巫山、奉节、云阳、万州、开州、石柱、涪陵、武隆地区。

▲戟叶堇菜

【采收加工】4—6月采收，晒干。

【药材性状】多皱缩成团的干燥全草，灰绿色。叶片展平后呈条状、条状披针形或条状戟形，顶端尖或钝圆，基部截形、心形或戟形，叶缘有平圆齿，近基部有尖锐深齿，果期叶基部心形或戟形，有明显垂片。蒴果椭圆形。偶可见花，花瓣紫色。

【显微鉴别】叶表面观：上表皮细胞较大，呈长椭圆形，垂周壁稍弯曲，气孔不等式，有毛茸，长140～380 μm，直径30～50 μm，有短线状加厚纹理。下表皮细胞较小，垂周壁呈波状弯曲，气孔多数，下表皮细胞中含有3～7 μm小草酸钙方晶。叶肉海绵组织中可见棕黄色树脂。叶柄内皮层分化明显，可见凯氏点。

【理化鉴别】（1）检查黄酮：取本品粉末2 g，加甲醇20 mL，在水浴上回流30 min，滤过。滤液在水浴上浓缩至一定量，供下列实验：①取上述溶液1 mL，加2 mol/L醋酸钠-2 mol/L乙酸（1：3）混合液1 mL，再加0.01 mol/L三氯化铝溶液1 mL，显黄色。②取上述溶液1 mL，置蒸发皿中，蒸去甲醇，加饱和硼酸丙酮试剂1 mL，蒸干，再加10%枸橼酸丙酮试剂1 mL，蒸干，在紫外光灯（254 nm）下显浅苹果绿色荧光。

（2）薄层鉴别：取本品粉末2 g，加甲醇20 mL，在水浴上回流30 min，滤过，滤液浓缩后，作供试品溶液。另取对照品槲皮素和芦丁制成对照品溶液。分别取上述各溶液，点样于同一硅胶H-1% CMC薄层板上，以氯仿-甲醇-甲酸（20：10：3）展开，取出，晾干，在紫外光灯下观察荧光后，用1%三氯化铝乙醇液喷雾，干后在紫外光灯下观察，供试品色谱在与对照品色谱的相应位置，显相同颜色的荧光斑点。

【化学成分】全草含棕榈酸（palmitic acid），对羟基苯甲酸（p-hydroxybenzoic acid）等。尚含有抑制艾滋病病毒活性的大分子成分，即相对分子质量为10 000～15 000的磺化聚糖。

【药理作用】有抗菌、抗真菌、抗钩端螺旋体、抗病毒作用。

【功能主治】药性：微苦、辛，寒。功能：清热解毒，散瘀消肿。主治：疮疡肿毒，喉痛，乳痈，肠痈，黄疸，目赤肿痛，跌打损伤，毒蛇咬伤，刀伤出血。用法用量：内服煎汤，10～30 g，鲜品30～60 g。外用适量，捣敷。使用注意：阴疽无头及脾胃虚寒者慎服。

附方：

1. 治腮腺炎：鲜紫花地丁9 g，白矾6 g。捣烂，外敷患处，每日换一次。
2. 治前列腺炎：紫花地丁、紫参、车前草各15 g，海金沙30 g。水煎服。
3. 治阑尾炎：紫花地丁、金银花各30 g，连翘、赤芍各15 g，黄柏9 g。水煎服。

【资源综合利用】紫花地丁为清热解毒药，常用于治疗疱疮痈疖等。近年来发现对HIV-1病毒有抑制作用，有待深入研究。

旌节花科Stachyuraceae

339　小通草

【别名】小通花、旌节花。

【来源】为旌节花科植物喜马拉雅旌节花*Stachyurus himalaicus* Hook. f. et Thoms. ex Benth.的茎髓。

【植物形态】灌木或小乔木，高达2～5 m。老枝栗褐色，小枝密被白色小皮孔。叶互生，坚纸质至革质，卵形、长圆形至长圆状披针形，长7～12 cm，宽3.5～5.5 cm，顶端尾状渐尖，尾尖长达2 cm，基部圆形或心形，边缘具密而锐尖的细锯，中脉带紫红色，侧脉5～7对；叶柄长0.5～2 cm，紫红色。花单生，雌雄异株，穗状花序腋生，长5～12 cm，多下垂，基部无叶。雄花苞片三角形，小苞片三角状卵形，褐色，萼片4，绿黄色，花瓣4，倒卵形，雄蕊8，退化的子房卵形；雌花的雄蕊退化，雌蕊常伸出瓣外，子房卵圆形。浆果球形，直径8 mm；果梗长2 mm。花期2—3月，果期6—8月。

【生境分布】生于海拔400～3 000 m的山坡谷地林中或林缘。分布于库区各市县。

【采收加工】秋季将嫩枝砍下，剪去过细或过粗的枝，然后用细木棍将茎髓捅出，再用手拉平，晒干。

【药材性状】茎髓圆柱形，长30～50 cm，直径0.5～1.2 cm。表面白色或淡黄白色，无纹理，上有胶质样发亮

▲喜马拉雅旌节花

物质。体轻，质松软，略有弹性，捏之能变形，易折断，断面实心，平坦，显银白色光泽。水浸后有黏滑感。无臭，无味。

【显微鉴别】茎髓：全由薄壁细胞组成。边缘细胞径向长椭圆形、卵形或长角形，直径70～300 μm；中央细胞近圆形或类多角形，直径50～200 μm纹孔稀少，细小，椭圆形或点状。黏液细胞散布于薄壁细胞间，椭圆形、卵圆形或多角形，直径50～280 μm，多数细胞充满颗粒状黏液质。草酸钙簇晶偶见，多存在小型细胞中。

【理化鉴别】取适量药材加10倍水煎0.5 h，过滤，收集滤液，再于残渣中加5倍水煎煮0.5 h，过滤，滤液合并，浓缩。再用95%乙醇沉淀，过滤，收集滤液，作供试品。另取另取肌醇、木糖制成对照品。各取以上液1 μL点于硅胶GF_{254}板上，以氯仿-甲醇-冰醋酸-水（25∶22∶6∶4）展开剂展开15 cm，取出，晾干。用高碘酸钾溶液喷洒，10 min后用1%的联苯胺醋溶液喷雾显色，样品与对照品相同的位置显相同颜色的斑点。

【化学成分】含多糖，异亮氨酸等12种氨基酸及14种无机元素。中国旌节花含有多糖，谷氨酸等13种氨基酸及无机元素。

【药理作用】有抗炎、利尿、抗过敏、提高全血SOD活力、解热作用。多糖能明显提高小鼠血清溶菌酶的含量，对小鼠网状内皮系统吞噬功能有促进趋势。

【功能主治】药性：甘、淡，凉。归肺，胃，膀胱经。功能：清热，利水，通乳。主治：热病烦渴，小便黄赤，尿少或尿闭，急性膀胱炎，肾炎，水肿，小便不利，乳汁不通。用法用量：内服煎汤，3～6 g。使用注意：气虚无湿热及孕妇慎服。

附方：

1. 治小便黄赤：小通草6 g，木通4.5 g，车前子9 g（布包）。水煎服。
2. 治产后缺乳：黄芪30 g，当归15 g，小通草9 g。水煎服。
3. 治淋病，小便不利：滑石30 g，甘草6 g，小通草9 g。水煎服。
4. 治产后乳汁不通：小通草6 g，王不留行9 g，黄蜀葵根12 g。煎水当茶饮。如因血虚乳汁不多，加猪蹄1对，炖烂去药渣，吃肉喝汤。

喜马拉雅旌节花嫩茎叶有解毒，接骨作用；主治毒蛇咬伤，骨折。根祛风通络，利湿退黄，活血通乳；主治风湿痹痛，黄疸性肝炎，跌打损伤，乳少。内服煎汤，15～30 g；或浸酒。孕妇慎服。

【资源综合利用】小通草来源较为复杂，喜马拉雅旌节花为其主流品种之一。

秋海棠科Begoniaceae

340　竹节海棠

【别名】斑叶海棠。

【来源】为秋海棠科植物竹节秋海棠*Begonia maculata* Raddi的全草。

【植物形态】直立或披散的亚灌木，高0.7～1.5 m。平滑而秃净，分枝，茎具明显呈竹节状的节。单叶互生；叶柄长2～2.5 cm，圆柱形，紫红色；叶片厚，斜长圆形或长圆状卵形，长10～20 cm，宽4～5 cm，顶端尖，基部心形，边缘浅波状，上面深绿色，并有多数圆形的小白点，背部深红色。花淡玫瑰色或白色，聚伞花序腋生而悬垂；总花梗短；苞片2枚，对生，披针形，早落；雄花直径约2.5 cm，花被片2，大于2枚花瓣；雌花的花被片与花瓣均5，直立，相等，子房下位，2～4室，大而有翅。蒴果。花期夏秋间，果期秋季。

【生境分布】库区各地庭园栽培。

【采收加工】夏、秋季采收，切段晒干或鲜用。

【功能主治】药性：苦，平，归肝经。功能：散瘀，利水，解毒。主治：跌打损伤，半身不遂，小便不利，水肿，咽喉肿痛，疮疥，毒蛇咬伤。用法用量：内服煎汤，15～30 g；捣汁或浸酒。

341　四季海棠

【别名】蚬肉海棠。

【来源】为秋海棠科植物四季海棠*Begonia semperflorens* Link et Otto的花和叶。

【植物形态】多年生肉质草本，高15～45 cm。茎直立，多分枝，光滑。叶互生，有光泽，卵形或宽卵形，绿色或带淡红色，长5～8 cm，基部稍心形略偏斜，边缘有锯齿和睫毛。雌雄同株；花腋生，淡红或带白色，数朵成簇；雄花径1～2 cm，花被片4，内面2片较小；雌花稍小，花被片5。

【生境分布】库区各地均有栽培。

【采收加工】全年可采收，鲜用。

【化学成分】叶含草酸，延胡索酸，琥珀酸，苹果酸等。

【功能主治】功能：清热解毒。主治：疮疖。外用鲜品适量。

【资源综合利用】四季海棠为多年生温室盆花，用于花坛布置等。

▲竹节秋海棠

▲四季海棠

仙人掌科Cactaceae

342　仙人掌

▲仙人掌

【别名】神仙掌、玉芙蓉。

【来源】为仙人掌科植物仙人掌*Opuntia stricta* var. *dillenii*（Ker.-Gawl.）Benson的根及茎。

【植物形态】多年生肉质植物，常丛生，灌木状，高0.5～3 m。茎下部稍木质，近圆柱形，上部有分枝，具节；茎节扁平，倒卵形至长圆形，长7～40 cm，幼时鲜绿色，老时变蓝绿色，有时被白粉，其上散生小窠，每一窠上簇生数条针刺和多数倒生短刺毛；针刺黄色，杂以黄褐色斑纹。叶退化成钻状，早落。花单生或数朵聚生于茎节顶部边缘，鲜黄色，直径2～9 cm；花被片多数，外部的带绿色，向内渐变为花瓣状，广倒卵形；雄蕊多数，排成数轮，花丛浅黄色，花药2室；子房下位，1室，花柱粗壮，柱头6～8裂，白色。浆果多汁，倒卵形或梨形，紫红色，长5～7 cm。种子多数。花期5—6月。

【生境分布】库区各地均有栽培。

【采收加工】栽培1年后，可随用随采。

【化学成分】含多糖，有机酸等。果汁的红色素含甜菜花青素（betacyanin）和甜菜黄素（betaxanithins）。甜菜花青素的主要成分是甜菜苷（betanm）。另含糖、有机酸和蛋白质。新鲜的茎中含阿拉伯半乳聚糖（arabinogalactan），D-半乳糖（D-galactose）和D-阿拉伯糖（D-arabinose）。

【药理作用】有抗炎、抗菌、降血糖、降血脂、免疫抑制作用。仙人掌提取液对唾液淀粉酶和胰淀粉酶均有激活作用。

【功能主治】药性：苦，寒。归胃、肺、大肠经。功能：行气活血，凉血止血，解毒消肿。主治：胃痛，痞块，痢疾，喉痛，神经衰弱，肺热咳嗽，肺痨咯血，吐血，痔血，疮疡疔疖，乳痈，痄腮，癣疾，蛇虫咬伤，烫伤，冻伤。用法用量：内服煎汤，10～30 g；或焙干研末，3～6 g。外用适量，鲜品捣敷。使用注意：其汁入目，使人失明。

附方：

1. 治急性乳腺炎：鲜仙人掌60～90 g。剥皮，切细，捣泥，加适量蛋清拌匀，包敷患处，每日1～2次。
2. 治胃痛：仙人掌适量。研末，每次3 g，开水吞服；或仙人掌、香附各15 g，石菖蒲、高良姜各3 g。制成胃痛粉口服，每次8 g，每日3次。
3. 治痞块：仙人掌15～30 g。捣烂，蒸甜酒吃；另用仙人掌适量捣烂，加甜酒炒热，包患处。
4. 治急性菌痢：鲜仙人掌30～60 g。水煎服。
5. 治肺热咳嗽：鲜仙人掌60 g。捣烂绞汁，加蜂蜜1食匙，早晚各1次，开水冲服。
6. 治腮腺炎：仙人掌茎适量。绞汁涂患处，每日2～3次，或捣烂敷患处。
7. 治鹅掌风：仙人掌适量。绞汁，涂擦手掌，擦至发烫为度，每日3～5次。
8. 治脚底深部脓肿：仙人掌茎剖成两片，内夹食盐，置炉上焙软至食盐溶解为度，取剖面敷患处。
9. 治湿疹，黄水疮：仙人掌茎适量。烘干，研粉，外敷患处。

仙人掌花味甘，性凉；凉血止血；主治吐血。果实味甘，性凉；益胃生津，除燥止渴；主治胃阴不足，燥热口渴。肉质茎中流出的浆液凝结物（玉芙蓉）味甘，性寒；清热凉血，养心安神；主治痔血，便血，疔肿，烫伤，怔忡，小儿急惊风。虚寒证及小儿慢惊风禁服。

▲结香

1. 治小儿急惊风：玉芙蓉适量。捣烂，敷脐部。

2. 治妇女干（血痨）病：玉芙蓉、一点血、鹿衔草、蓝布政各30 g。蒸鸡子服。

【资源综合利用】从鲜仙人掌茎提取的活性部分对食品工业中广泛应用的7658淀粉酶有激活作用，与氯化钙作用相似，有热稳定作用。

瑞香科Thymelaceae

343 梦花

【别名】黄瑞香、蒙花。

【来源】为瑞香科植物结香*Edgeworthia chrysantha* Lindl.的花蕾。

【植物形态】落叶灌木，高1～2 m。小枝粗壮，常呈三叉状分枝，棕红色，具皮孔，被淡黄色或灰色绢状长柔毛。叶互生而簇生于枝顶；椭圆状长圆形至长圆状倒披针形，长6～20 cm，宽2～5 cm，顶端急尖，基部楔形，下延，上面被疏柔毛，下面粉绿色，被长硬毛，全缘。核果卵形。花期3—4月，先叶开花，果期约8月。

【生境分布】生于海拔400～1 600 m的山坡、林下或灌丛中，或栽培。分布于库区各市县。

【采收加工】冬末或初春花未开放时采摘花序，晒干。

【药材性状】花蕾多数散生或由多数小花结成半圆球形的头状花序。直径1.5～2 cm，表面密被淡绿黄色、有光泽的绢丝状茸毛。总苞片6～8枚，花梗粗糙，多弯曲呈钩状。单个花蕾呈短棒状，长0.6～1 cm，为单被花，筒状，顶端4裂。质脆，易碎。气微，味淡。以色新鲜、无杂质者为佳。

【显微鉴别】表面观：花被下表皮、子房上部及花柱密被单细胞非腺毛，线形，微弯曲或平直，基部弯曲钩状，顶端渐尖，外壁平滑，壁厚，胞腔窄，长370～2 050 μm；毛老化后常在弯钩处生一横壁，由此脱落，基部留在表皮上；花被管状部分上下表皮细胞多近似长方形，裂片表皮细胞为多角形，上表皮顶端部分表皮细胞呈乳头状；未见气孔。柱头表皮细胞呈绒毛状；花粉囊内壁细胞长径23～50 μm，呈环状加厚；花粉粒球形，外壁具颗粒状凸起，直径10～40 μm。

【化学成分】花含谷甾醇-3-O-6’-亚麻酰基-β-O-吡喃葡萄糖苷（sitosterol-3-O-6’-linolenoyl-β-D-glucopyranoside）等。根、茎含结香素（edgeaorin）等。

【药理作用】有致诱变毒性。

【功能主治】药性：甘，平。功能：滋养肝肾，明目消翳。主治：夜盲，翳障，目赤流泪，羞明怕光，小儿疳眼，头痛，失音，夜梦遗精。用法用量：内服煎汤，3～15 g；或研末。

附方：

1. 治夜盲症：结香花10 g，夜明砂10 g，谷精草25 g，猪肝1副。将猪肝切几个裂口，再将前三味研细末撒入肝内，用线扎好，放入砂锅内煮熟。分服。

2. 治胸痛，头痛：结香花15 g，橘饼1块。水煎服。

3. 治风湿筋骨疼痛，麻木，瘫痪：结香根10 g，威灵仙10 g，常春藤30 g。水煎服。

4. 治跌打损伤：结香根10 g，红活麻根15 g，铁筷子根15 g，山高粱根15 g。泡酒或水煎服。

5. 治遗精：结香根10 g，黄精10 g，黄柏10 g，猪鬃草10 g，夜关门10 g，合欢皮10 g。水煎服。

结香根味辛，性平。能祛风活络，滋养肝肾。主治风湿痹痛，跌打损伤，梦遗，早泄，白浊，虚淋，血崩，白带。内服煎汤，6～15 g；或泡酒。外用适量，捣敷。

【资源综合利用】梦花以结香之名始载于明代王象晋《群芳谱》。全株药用外，其茎皮可作高级纸和人造棉原料，也是上佳的园林植物。

千屈菜科Lythraceae

344 紫薇

【别名】拘那花、痒痒树、抓痒树。

【来源】为千屈菜科植物紫薇*Lagertroemia indica* L.的花。

【植物形态】小乔木或灌木状，高3～7 m。树皮平滑，易脱落，小枝通略呈四棱形，稍有狭翅。叶互生或对生，近无柄；叶片椭圆形、倒卵形或长椭圆形，长3～7 cm，宽2.5～4 cm，顶端尖或钝，基部阔楔形或圆形，全缘，两面光滑无毛或沿主脉上有毛。圆锥花序顶生，长4～20 cm；花红色或淡红色，直径2.5～3 cm；花萼6浅裂，裂片卵形；花瓣6，近圆形，皱缩状，边缘有不规则缺口，基部具长爪；雄蕊多数，外侧6枚花丝较长；子房6室。蒴果椭圆状球形，长9～13 mm，宽8～11 mm，6瓣裂，基部有宿存花萼。种子有翅。花期5—8月，果期7—9月。树干越老越光滑，用手抚摸，全株微微颤动，故又称为痒痒树。

【生境分布】库区各地普遍栽培。

【采收加工】夏季采收，晒干。

【化学成分】全株含印车前明碱，紫薇碱（Lagerine），德卡明碱，德新宁，德考定碱，碱等。根含谷甾醇，

▲紫薇

3，3'，4-三甲基并没食子酸。叶含紫薇醛，鞣花酸。种子含脂肪酸，谷甾醇等。

【**药理作用**】抗流感病毒、抗菌、抗真菌、兴奋退热作用。

【**功能主治**】药性：微酸，寒。功能：活血，止血，解毒，消肿。主治疮疥痈疽，小儿胎毒，疥癣、症瘕、血崩，带下，肺痨咯血，小儿惊风。用法用量：内服煎汤，3～9 g。外用适量。使用注意：孕妇忌服。

附方：

1. 治风丹：紫薇30 g，煎水，煮醪糟服。
2. 治痈疽肿毒，头面疮疖：紫薇适量，研末、醋调敷，亦可煎服。
3. 治月经不调、产后流血不止：紫薇、益母草、荠菜各15 g，党参30 g，水煎服。

紫薇根皮苦、酸，寒；用于喉痹，痈疮，牙痛，痢疾，急性黄疸性肝炎，黄藤中毒，各种出血，骨折，湿疹。叶用于痢疾，湿疹，创伤出血。树皮在四川部分地区作紫荆皮用。

石榴科Punicaceae

345　石榴皮

【**别名**】石榴壳。

【**来源**】为石榴科植物石榴*Punica granatum* L.的成熟果皮。

【**植物形态**】落叶灌木或乔木，高通常为3～5 m。枝顶常成尖锐尖长刺。叶对生或簇生；叶片长圆状披针形，纸质，长2～9 cm，宽1～1.8 cm，顶端尖或微凹，基部渐狭，全缘，上面光亮；侧脉稍细密。花1～5朵生枝顶；花梗长2～3 mm；萼筒钟状，长2～3 cm，通常红色或淡黄色，6裂，裂片略外展，卵状三角形，外面近顶端有1黄绿色腺体，边缘有小乳突；花瓣6，红色、黄色或白色，与萼片互生，倒卵形，长1.5～3 cm，宽1～2 cm，顶端圆钝；雄蕊多数，着生于萼管中部，花药球形，花丝短；雌蕊1，子房下位或半下位，柱头头状。浆果近球形，通常淡黄褐色、淡黄绿色或带红色，果皮肥厚，顶端有宿存花萼裂片。种子多数，钝角形，红色至乳白色。花期5—6月，果期7—8月。

【**生境分布**】生于向阳山坡或栽培。分布于库区各市县。

▲石榴

【采收加工】秋季果实成熟，顶端开裂时采摘，除去种子及隔瓤，切瓣晒干，或微火烘干。

【药材性状】果皮半圆形或不规则块片。外表面黄棕色、暗红色或棕红色，稍具光泽，粗糙，有棕色小点，有的有突起的筒状宿萼或粗短果柄。内表面黄色或红棕色，有种子脱落后的凹窝，呈网状隆起。质硬而脆，断面黄色，略显颗粒状。气微，味苦、涩。

【显微鉴别】粉末特征：黄绿色。石细胞无色、淡黄色或黄棕色。类圆形、长方形或不规则形，有的有短分枝，枝端圆钝或膨大，有的边缘呈波状，直径25～120 μm，长至240 μm，壁厚5～46 μm，层纹明显，孔沟有分叉，有的含棕色物。草酸钙簇晶直径3～25 μm，棱角较宽；方晶直径3～15 μm。果皮表皮细胞断面观呈类方形，外壁稍厚，角质层厚10～20 μm；表面观呈圆多角形，角质层表面显颗粒性。导管主要为螺纹导管，直径约4 μm；另有网纹导管，直径至25 μm。淀粉粒单粒类圆形，复粒由2～3分粒组成。

【理化鉴别】检查鞣质：取本品粉末1 g，加水10 mL，置60 ℃水浴中加热10 min，趁热滤过。取滤液1 mL，加1%三氯化铁乙醇溶液1滴，显墨绿色。

【化学成分】果皮含鞣质[石榴皮苦素（granatin），石榴皮鞣质（punicalin）等]，蜡（wax）0.8%等。

【药理作用】有抗菌、抗病毒、抗生育、收敛、抑制碳酸脱氢酶作用。与黏膜、创面等接触后，能沉淀或凝固局部的蛋白质，使在表面形成较为致密的保护层。

【功能主治】药性：酸、涩，温。小毒。归大肠经。功能：涩肠止泻，止血，驱虫。主治：泄泻，痢疾，肠风下血崩漏，带下，虫积腹痛，痈疮，疥癣，烫伤。用法用量：内服煎汤，3～10 g；或入丸、散。外用适量，煎水熏洗，研末撒或调敷。

附方：

1. 治产后泻：石榴皮（米醋炒）、香附子。研末，每服6 g，米酒服下。

2. 治冻疮久烂不愈：石榴皮、冬瓜皮、甘蔗皮各适量。烧灰存性，研末敷。

酸石榴（味酸果实）：味酸，性温。止渴，涩肠，止血。主治津伤燥渴，滑泻，久痢，崩漏，带下。内服煎汤，6～9 g；捣汁；或烧存性研末。外用适量，烧灰存性外敷。不宜过量服用。

甜石榴（味甜果实）：味甘、酸、涩，性温。生津止渴，杀虫。主治咽燥口渴，虫积，久痢。内服；煎汤，3～9 g；或捣汁。不宜过量服用。花味酸、涩，性平。凉血，止血。主治衄血，吐血，外伤出血，月经不调，红崩白带，中耳炎。内服煎汤，3～6 g；或入散剂。外用适量，研末撒或调敷。叶收敛止泻，解毒杀虫。主治泄泻，痘风疮，癞疮，跌打损伤。内服煎汤，15～30 g。外用适量，煎水洗；或捣敷。根味酸、涩，性温。驱虫，涩肠，止带。主治蛔虫，绦虫，久泻，久痢，赤白带下。内服煎汤，6～12 g。

346 白石榴花

【别名】石榴。

【来源】为石榴科植物白石榴*Punica granatum* L. cv. albescens DC.的花。

【植物形态】落叶灌木或小乔木，高通常3～5 m，偶达10 m。枝顶常成尖锐长刺，幼枝具棱角，无毛，老枝近圆柱形。叶对生或簇生于短枝上；具短叶柄；叶片纸质，长圆状披针形，长2～9 cm，宽约1.5 cm，顶端短尖、钝尖或微凹，基部短尖至稍钝形，上面光亮，侧脉稍细密。花白色，生枝顶；萼筒长2～3 cm，裂片卵状三角形，外面近顶端有1黄绿色腺体，边缘有小乳突；花瓣长1.5～3 cm，宽1～2 cm，多皱褶，顶端圆形；雄蕊多数，花丝无毛，长达13 mm；子房下位，多室，花柱长超过雄蕊。浆果近球形，直径5～12 cm，顶端有宿存花萼裂片，皮厚。种子多数，具晶莹、多汁、味酸甜的外种皮。花期5—6月。

【生境分布】库区各地有栽培。

【采收加工】5—6月花盛开时采摘，置通风处晾干或晒干。

【药材性状】干燥的花瓣多皱缩，呈黄色或棕黄色。完整者，以温水浸泡后铺平观察，全体呈卵形，顶端钝圆，基部略窄，边缘常有破缺。自花瓣基部发出较粗大的主脉，侧脉细小，网状，均呈棕色。质柔软，薄而微透明。以色泽黄白、气味微香者为佳。

▲白石榴

【功能主治】药性：酸、甘，平。归肺经。功能：涩肠止血。主治：久痢，便血，咯血，衄血，吐血。用法用量：内服煎汤，6 ~ 9 g，鲜品15 ~ 30 g。外用适量，研末吹鼻。

附方：

1. 治久痢：白石榴花9 ~ 15 g。水煎服。
2. 治痢疾：白石榴花10 g，水茴香15 g，水黄连15 g，车前草30 g。水煎服。
3. 治肺痨咯血：白石榴花5 g，麦冬12 g，白及12 g，知母12 g，川贝母粉5 g（分冲）。水煎服。
4. 治鼻衄：白石榴花5 g，青蒿15 g，水灯心10 g，明矾1.5 g。水煎服。
5. 治白带多而清稀：白石榴花10 g，白鸡冠花15 g。水煎服。

白石榴根味苦、涩，性微温。能祛风除湿，杀虫。主治风湿痹痛，蛔虫，绦虫，姜片虫病。内服煎汤，鲜品15 ~ 30 g。

6. 治风湿肢节疼痛：白石榴鲜根90 g，冰糖30 g。井水1大碗冲炖，分3次服。
7. 治蛔虫、寸白虫：白石榴全根30 g，清水煎服。
8. 治姜片虫病：鲜白石榴根30 g。水煎，1次顿服。连续服3 ~ 4 d。
9. 治前列腺炎：鲜白石榴根30 g。炖精猪肉吃。

八角枫科Alangiaceae

347　八角枫

【别名】白龙须、白筋条。

【来源】为八角枫科植物瓜木*Alangium platanifolium* Harms的根、须根及根皮。

【植物形态】小乔木或灌木，高3 ~ 5 m。树皮淡灰黄色，平滑。单叶互生，叶片卵形或近圆形，长7 ~ 19 cm，宽6 ~ 14 cm，不分裂或3 ~ 7裂，裂片短锐尖或钝尖，基部偏斜心形，下面有疏毛；叶柄长3.5 ~ 5.5 cm。核果长卵圆形，长8 ~ 12 mm，熟时黑色，顶端具宿存萼齿及花盘。花期3—7月，果期7—9月。

【生境分布】生于海拔2 000 m以下的山坡或疏林中。分布于库区各市县。

【采收加工】全年可采挖，晒干。

【化学成分】 含生物碱：喜树次碱和消旋毒黎碱，氨基酸，有机酸，树脂，强心苷等。

【药理作用】 有松弛肌肉、抑制心脏、增强催眠药功能、抗炎、抑菌、抗早孕与抗着床、镇静、镇痛作用。八角枫总碱小剂量可出现呼吸兴奋，剂量加大则可引起呼吸停止，可使平滑肌痉挛性收缩。

【功能主治】 药性：辛，温。有毒。功能：祛风，除湿，舒经活络，散瘀止痛。主治：风湿痹痛，四肢麻木，跌打损伤，心力衰竭，精神分裂症。用法用量：内服煎汤，须根1～3 g；根3～6 g。外用适量。有毒。使用注意：用量由小逐渐加大，切勿过量，宜在饭后服用。孕妇、小儿及年老体弱者禁服。

附方：

1. 治风湿骨痛：八角枫根21 g，酒500 g。浸7 d，每日早、晚各服15 g。
2. 治风湿麻木瘫痪：八角枫根9 g，红活麻9 g，岩白菜30 g。炖肉吃。

瓜木叶主治跌打骨折，疮肿，乳痈，乳头皴裂，漆疮，疥癣，外伤出血。花主治头风头痛。

使君子科Combretaceae

348　使君子

【别名】 留求子。

【来源】 为使君子科植物使君子*Quisqualis indica* L.的果实或种子。

【植物形态】 落叶攀缘状灌木，高2～8 m。幼枝被棕黄色短柔毛。叶片膜质，卵形或椭圆形，长5～11 cm，宽2.5～5.5 cm，顶端短渐尖，基部钝圆，表面无毛，背面有时疏被棕色柔毛。叶对生或近对生，叶柄无关节，在落叶后宿存。顶生穗状花序组成伞房状花序；花两性；苞片卵形至线状披针形，被毛；萼管被黄色柔毛，顶端具广展、外弯、小形的萼齿5枚；花瓣5，长1.8～2.4 cm，宽4～10 mm，顶端钝圆，初为白色，后转淡红色；雄蕊10，2轮，不突出冠外，花药长约1.5 mm；子房下位。花期5—9月，果期10月。

【生境分布】 生于平地、山坡路旁等向阳灌丛中，亦有栽培。分布于开州、武隆地区。

【采收加工】 8月以后，当果壳由绿变棕褐或黑褐色时采收，晒干或烘干。

【药材性状】 果实椭圆形或卵圆形，具5条纵棱，长2～4 cm，直径约2 cm，表面黑褐色至紫褐色，微具光泽，顶端狭尖，基部钝圆，有明显圆形的果梗痕；质坚硬，体轻，不易折断。气微香，味微甜。以个大、表面紫褐色具光泽、仁饱满、色黄白者为佳。

【显微鉴别】 种子横切面：种皮表皮细胞由大形薄壁细胞组成，内含棕色物质。表皮以下为网纹细胞层，细胞切向延长，有网状纹理，常散有小形维管束。子叶细胞含脂肪油滴和众多草酸钙簇晶，直径10～15 μm。

▲瓜木

▲使君子

粉末：棕色。果皮表皮细胞黄色，表面观呈多角形，外被角质层，胞腔内含棕色物。种皮表皮细胞黄色或棕色，内含红棕色块状物。种皮网纹细胞较多，壁稍厚，非木化，有密集的类多角形网状纹孔。纤维黄色，多成束，有的上下层纵横交错，甚长，木化，孔沟较密。木化细胞淡黄色，单个散在或数个成群，大多呈梭形，有的一端扩大并分枝或呈钩状，木化，孔沟较密，有的胞腔内含黄棕色物。子叶细胞中含草酸钙簇晶及脂肪油滴。

【理化鉴别】（1）检查氨基酸：取本品粗粉5 g，用石油醚50 mL，50 ℃浸1 h脱脂，滤过。残渣用40%乙醇20 mL温浸1 h，滤过，滤液减压浓缩至干。取少量浓缩物，用50%甲醇水溶液溶解，点于滤纸上，喷洒茚三酮试液，在100 ℃左右烘箱中放置1～2 min，呈现紫色斑点。

（2）薄层鉴别：取上述乙醇提取的浓缩物，用50%甲醇溶解，以使君子酸钾、α-脯氨酸、α-天冬素为对照。同点于硅胶G薄层板上，以正丁醇-醋酸-水（4∶1∶1）展开13 cm。用茚三酮试剂显色，样品与对照品在相对应的位置处显相同颜色的斑点。

【化学成分】种子含使君子酸（quisqualic acid），使君子酸钾（potassium quisqualate），D-甘露醇（D-mannitol），脂肪油（23.9%），氨基酸，植物甾醇。果肉含胡芦巴碱（trigonelline），柠檬酸（citric acid）、琥珀酸（succinic acid）、苹果酸（malic acid），蔗糖（sucrose），葡萄糖（glucose），脂肪油，甾醇等。

【药理作用】有驱虫作用。使君子氨酸（QA）可提高大脑皮层兴奋性，增强海马神经元的突触传递功能。QA与学习记忆有密切的关系。

【功能主治】药性：甘，温，小毒。归脾，胃经。功能：杀虫，消积，健脾。主治：虫积腹痛，小儿疳积，乳食停滞，腹胀，泻痢。用法用量：内服煎汤，6～15 g（捣碎入煎）；或入丸、散；去壳炒香嚼服，小儿每岁每日1～1.5粒，总量不超过20粒。使用注意：服量过大或与热茶同服，可引起呃逆、眩晕、呕吐等反应。

附方：

治钩虫病：使君子4 g，槟榔8 g。水煎服。

【资源综合利用】使君子果壳虽含使君子酸钾的量小，但亦具有驱虫的作用，可考虑综合利用。

桃金娘科Myrtaceae

349　大叶桉叶

▲大叶桉

【别名】桉叶、桉树。

【来源】为桃金娘科植物大叶桉*Eucalyptus robusta* Smith的叶。

【植物形态】乔木，高达20 m。树皮不剥落，深褐色，厚约2 cm，有不规则斜裂沟；嫩枝有棱。幼嫩叶对生，叶片厚革质，卵形，长约11 cm，宽达7 cm，有柄；成熟叶互生，叶片厚革质，卵状披针形，两侧不等，长8～17 cm，宽3～7 cm，两面均有腺点；叶柄长1.5～2.5 cm。伞形花序粗大，有花4～8朵，总梗压扁；花梗短，粗而扁平；花蕾长1.4～2 cm，宽7～8 mm；萼管半球形或倒圆锥形，长7～9 mm，宽6～8 mm；花瓣与萼片合生成一帽状体，帽状体约与萼管同长，顶端收缩成喙；雄蕊多数，长1～1.2 cm，花药椭圆形，纵裂；子房与萼管合生。蒴果卵状壶形，长1～1.5 cm，上半部略收缩，蒴口稍扩大，果瓣3～4，深藏于萼管内。花期4—9月。

【生境分布】库区各地均有栽培。

【采收加工】秋季采收，阴干或鲜用。

【药材性状】幼嫩叶卵形，厚革质，长11 cm，宽达7 cm，有柄；成熟叶卵状披针形，厚革质，不等侧，长8～17 cm，宽3～7 cm，侧脉多而明显，以80°角缓斜走向边缘。两面均有腺点。叶柄长1.5～2.5 cm。叶片干后呈枯绿色。揉碎后有强烈香气，味微苦而辛。

【化学成分】叶含大叶桉酚（robustaol），大叶桉二醛（robustadial）等。

【药理作用】有抗微生物、抑制疟疾、祛痰、降压作用。20%大叶桉挥发油能可逆地阻断蟾蜍坐骨神经冲动的传导，高浓度时阻断快，恢复慢；低浓度时阻断慢，恢复快。

【功能主治】药性：辛、苦，凉。功能：疏风发表，祛痰止咳，清热解毒，杀虫止痒。主治：感冒，上呼吸道感染，高热头痛，肺热喘咳，泻痢腹痛，疟疾，风湿痹痛，丝虫病，钩端螺旋体病，咽喉肿痛，目赤，翳障，耳痈，丹毒，痈疽，乳痈，麻疹，风疹，湿疹，疥癣，烫伤。用法用量：内服煎汤，6～9 g，鲜品15～30 g。外用适量，煎汤洗；提取蒸馏液涂；研末制成软膏外敷；或制成气雾剂吸入。使用注意：内服用量不宜过大，以免呕吐。

附方：

1. 治感冒：大叶桉叶30 g。水煎服。

2. 治阴道真菌病：桉叶、乌柏叶、茵陈蒿各等量。浓煎成流浸膏，睡前洗净患部，将药直接涂布阴道内，连用1～2星期。

3. 治化脓性中耳炎：大叶桉鲜叶水煎成5%溶液，每日滴耳3～4次。

4. 治痈疮疖：大叶桉叶适量。捣烂，调黄糖，敷患处。

5. 治荨麻疹：鲜大叶桉叶15～30 g。水煎服。

6. 治烫伤：大叶桉叶制成15%～30%煎液，外搽伤面。

7. 治香港脚：大叶桉叶30 g，枯矾3 g。研末，外撒患部。

大叶桉果实味苦，性温，小毒。截疟。主治疟疾。内服煎汤，1～3 g；或烧炭存性研末。

野牡丹科Melastomataceae

350 大金香炉

【别名】老虎杆、肖野牡丹。

▲展毛野牡丹

【来源】为野牡丹科植物展毛野牡丹*Melastoma normale* D. Don的根或叶。

【植物形态】灌木，高可达3m。茎钝四棱形或近圆柱形，分枝多，地上部分密被平展的长粗毛或糙伏毛。叶对生；叶柄长5～10 mm；叶片具纸质，卵形至椭圆形或椭圆状披针形，长4～10.5 cm，宽1.4～5 cm，顶端渐尖，基部圆形或近心形，两面被毛，全缘；基出脉5。伞房花序生于分枝顶端，具花3～10朵，基部具叶状总苞片2；花梗长2～5 mm；花5数，花萼长1～1.6 cm，密被鳞片状糙伏毛，毛扁平，边缘流苏状，有时分枝，萼片披针形，与萼管等长，裂片间具一小裂片；花瓣紫红色，倒卵形，长约2.7 cm，仅具缘毛；雄蕊5长5短，长者药隔基部伸长，末端2裂，常弯曲，短者药隔不伸长，花药基部两侧各具一小瘤；子房半下位，被毛，顶端具一圈密刚毛。蒴果坛状球形，长6～8 mm，直径5～7 mm，顶端平截，宿存萼与果贴生。密被鳞片状糙伏毛。花期春至夏初，果期秋季。

【生境分布】生于海拔150～2 000 m的山坡灌丛中或疏林下，为酸性土常见植物。分布于长寿地区。

【采收加工】根全年均可采挖，切片，晒干。叶于6—7月采收，鲜用或晒干。

【药材性状】根：为不规则的块片，大小厚薄不一，外皮浅棕红色或棕褐色，平坦，有浅的纵沟纹。

【功能主治】药性：苦、涩，凉。功能：行气利湿，化瘀止血，解毒。主治：脘腹胀痛，肠炎，痢疾，肝炎，淋浊，咯血，吐血，衄血，便血，月经过多，痛经，白带，疝气痛，血栓性脉管炎，疮疡溃烂，带状疱疹，跌打肿痛。用法用量：内服煎汤，9～15 g；或浸酒。外用适量，捣敷、绞汁涂或研末敷。使用注意：孕妇慎服。

附方：

1. 治消化不良，肠炎腹泻，痢疾，肝炎：大金香炉15～30 g。水煎服。
2. 治泌尿系统感染：大金香炉根、菝葜各15 g，金樱子根30 g，海金沙、马蹄草各9 g，均用鲜品，水煎服。
3. 治淋浊，白带：大金香炉根30 g，白背叶30 g，地桃花根21 g，磨盘根30 g。同猪小肚煲服。
4. 治阴虚盗汗：大金香炉12 g，浮小麦、岩白菜各15 g。水煎服。
5. 治血栓性闭塞性脉管炎：老虎杆根、算盘子根各30 g。煎水洗患部。
6. 治跌打损伤：大金香炉根皮15 g，独活9 g，红花6 g，红伸筋草12 g。泡酒服。

菱科Trapaceae

351 菱角

【别名】菱实。

【来源】为菱科植物菱*Trapa bispinosa* Roxb.的果肉。

【植物形态】一年水生草本。叶二型；浮生叶聚生于茎项，呈莲座状；叶柄长5～10 cm，中部膨胀成宽1 cm的海绵质气囊，被柔毛；叶三角形、长、宽各2～4 cm，边缘上半部有粗锯齿，近基都全缘，上面绿色无毛，下面脉上有毛。沉浸叶羽状细裂。花两性，白色，单生于叶腋；花萼4深裂；花瓣4；雄蕊4；子房半下位，2室，花柱钻状，柱头头状，花盘鸡冠状。坚果倒三角形，两端有刺，花期6—7月，果期9—10月。

▲菱

【生境分布】喜生池塘湖泊的浅水中。常栽培。分布于开州、涪陵、武隆、长寿地区。

【采收加工】8—9月采收，鲜用或晒干。

【药材性状】果实呈稍扁的倒三角形，顶端中央稍突起，两侧有刺，两刺间距离4～5 cm，刺角长约1 cm，表面绿白或紫红色，果壳坚硬，木化。

【化学成分】果肉含4，6，8（14），22-麦角甾四烯-3-酮-[4，6，8（14），22-ergostatetraen-3-one]，22-二氢-4-豆甾烯-3，6-二酮（22-dihydrostigmast-4-en-3，6-dione），β-

谷甾醇（β-sitosterol）等。

【药理作用】有抑瘤作用。

【功能主治】药性：甘，凉。功能：健脾益胃，除烦止渴，清暑解毒。主治：脾虚泄泻，暑热烦渴，消渴，饮酒过度，痢疾。用法用量：内服煎汤，适量。

附方：

1. 治消化道溃疡：菱角60 g，薏苡仁30 g。炖粥服。

2. 治食管癌：菱实、紫藤、诃子、薏苡仁各9 g。水煎服。

菱角果肉捣汁澄出的淀粉，为菱粉：味甘，性凉。健脾养胃，清暑解毒；主治脾虚乏力，暑热烦渴，消渴。果壳味涩，性平；涩肠止泻，止血，敛疮，解毒；主治泄泻，痢疾，胃溃疡，便血，脱肛，痔疮，疔疮。果蒂味微苦，性平；解毒散结；主治胃溃疡，疣赘。叶味甘，性凉；清热解毒；主治小儿走马牙疳，疮肿。茎味甘，性凉；清热解毒；主治胃溃疡，疣赘，疮毒。

【资源综合利用】万州、开州等地产同属植物乌菱*Trapa bicornis* Osbeck，四角菱*Trapa quadrispinosa* Roxb.的果肉也作菱角用。菱粉常加工成保健品食用。

柳叶菜科Onagraceae

352　红筷子

【别名】柳叶菜、山麻条、遍山红。

【来源】为柳叶菜科植物柳兰*Epilobium angustifolium* L.的全草。

【植物形态】多年生草本，高1～1.5 m，不分枝。根状茎匍匐，稍木质化，外皮红褐色。茎中空，基部和上部带紫红色。单叶互生，无柄，叶长披针形，长7～15 cm，宽1～2.5 cm，边缘有细锯齿或近全缘，被柔毛。总状花序顶生，伸长，苞片线形，长1～2 cm；萼片几裂至基部，裂片4，线状倒披针形，微带紫红色；花瓣4，红紫色或淡红色，倒卵形，长约1.5 cm，顶端微凹或近圆形，基部具短爪。花期6—9月。

【生境分布】生于海拔1 500～2 500 m的山坡、林缘、草甸。分布于巫溪、开州地区。

【采收加工】夏、秋季采收，晒干或鲜用。

【化学成分】全草含正二十九烷，蜡醇等。花含柳兰聚酚等。花粉含亚油酸等。花和幼果中还含黄酮类等。

▲柳兰

【药理作用】有抗炎作用。

【功能主治】药性：苦。功能：消肿利水，下乳，润肠。主治：水肿，泄泻，食积胀满，气虚浮肿，月经不调，乳汁不通，阴囊肿大，疮疹痒痛。用法用量：内服煎汤，15 ~ 30 g。外用适量。

附方：

治乳汁不足：红筷子30 g。炖猪蹄吃。

柳兰的种缨主治刀伤，出血。

353 待霄草

【别名】月见草、山芝麻、夜来开。

【来源】为柳叶菜科植物待霄草*Oenothera stricta* Ledeb. ex Link的根。

【植物形态】多年生草本，高70 ~ 100 cm。主根发达，近木质。茎直立粗壮，被毛。叶丛生或互生，基生叶丛生，具柄，茎生叶互生，具短柄或无柄；叶片下部叶为线状倒披针形，上部叶为披针形或卵状披针形，长10 cm左右，宽1 ~ 1.5 cm，两面被白色短柔毛，边缘具不规则疏锯齿。花两性，单生于叶腋或枝顶，鲜黄色，无柄，夜间开放，有香气；萼筒延伸于子房之上，裂片4，披针形，长约2 cm，开花时常两片相连，反卷；花瓣4，近倒心形，长约3 cm，顶端微凹缺；雄蕊8，等长；子房下位，柱头4裂。蒴果圆柱形，略有2钝棱，被毛，长2 ~ 3 cm，直径约5 mm。花期4—6月。

【生境分布】生于庭园或田野，多栽培，并有野生。分布于巫溪、巫山、奉节、云阳、万州、开州、石柱、武隆地区。

【采收加工】秋季采挖，晒干。

【功能主治】药性：辛、微苦，微寒。功能：疏风清热，平肝明目，祛风舒筋。主治：风热感冒，咽喉肿痛，目赤，雀目，风湿痹痛。用法用量：内服煎汤，6 ~ 15 g。

附方：

1. 治风热感冒：待霄草15 g，桑叶12 g，菊花12 g。水煎服。
2. 治急性化脓性扁桃体炎：鲜待霄草根、鲜玄参、土牛膝各30 g。水煎，分多次咽服。

▲待霄草

五加科Araliaceae

354 红毛五加

▲红毛五加

【别名】川加皮、纪氏五加、蜀五加。

【来源】为五加科植物红毛五加*Acanthopanax giraldii* Harms .的茎皮或根皮。

【植物形态】灌木，高1～3m；枝灰色，小枝灰棕色，无毛或稍有毛，密生直刺，稀无刺；刺向下，细长针状。叶互生或簇生于短枝上，小叶5，稀3；叶柄稀有细刺；小叶片倒卵状长圆形，稀卵形，长2.5～6 cm，宽1.5～2.5 cm，顶端尖或短渐尖，基部狭楔形，边缘有不整齐细重锯齿，侧脉约5对。伞形花序单个顶生，直径1.5～2 cm，有花多数；总花梗粗短，长5～7 mm，稀长至2 cm，无毛，花长5～7 mm，无毛；花白色，萼长约2 mm，边缘近全缘；花瓣5，卵形，长约2 mm；雄蕊5；子房5室，花柱5，基部合生。果实球形，有5棱，黑色，直径8 mm。花期6—7月，果期8—10月。

【生境分布】生于海拔1 300～2 700 m的林缘或灌木丛中。分布于巫溪、巫山、开州地区。

【采收加工】6—7月，砍下茎枝，用木棒敲打，使木部与皮部分离，剥取茎皮，晒干。全年均可采根，洗净，剥取根皮，晒干。

【药材性状】茎皮呈卷筒状，长30 cm，直径0.5～1.5 cm，厚0.5～1 mm。外表面黄色或黄棕色，密生黄棕色、红棕色或棕黑色的皮刺，皮刺下向，细反针形，长3～7 mm；节部有芽痕及叶柄痕。内表面黄绿色或淡棕色，平滑。体轻质脆，易折断，断面纤维性。气微，味淡。

【显微鉴别】茎皮横切面：表皮细胞1列，外被角质层；皮刺由纤维及厚壁细胞组成，纤维有1～3横隔。下皮为6～10列细胞，淡黄色或黄棕色，细胞类多角形，径向延长，壁木化，具斜纹孔。木栓层细胞3～6列，厚壁1～5列，切向壁增厚，木化。皮层外侧为厚角组织，中部细胞较大，常破碎，含少数草酸钙簇晶；内侧有树脂道环列。韧皮部外侧有纤维束，环列。

【理化鉴别】薄层鉴别：称取生药粉末0.5 g，包于滤纸内，置50 mL锥形瓶中，加氯仿10 mL，超声波振荡30 min，溶液浓缩，制作样品液。另取β-谷甾醇、异贝壳杉烯酸，用氯仿溶解后作为对照品溶液。分别取上液点于同一硅胶G层薄板上，用甲酸-乙酸乙酯-丙酮（3.5∶0.5∶0.5）展开，喷10%的硫酸液，烘干。与对照品在相同的位置显相同颜色的斑点。

【化学成分】茎皮含丁香树脂酚，胡萝卜苷，常春藤皂苷元3-O-β-D-吡喃葡萄糖基-（1→2）-α-L-吡喃阿拉伯糖苷，齐墩果酸3-O-β-D-吡喃葡萄糖基-（1→2）吡喃葡萄糖苷，常春藤皂苷元-3-O-α-L-吡喃阿拉伯糖苷等。

【药理作用】有抗肿瘤、促进单核巨噬细胞功能、拮抗环磷酰胺迟发超敏反应抑制、改善HIV病人T4免疫低下及贫血、提高放射损伤血清造血因子活性、升高白细胞、恢复骨髓造血功能、延长睡眠时间、镇痛、抗炎、提高心肌ATP酶活性、改善心肌能量代谢、增加冠脉流量、抗心律失常、保护肝损伤，有保护脑缺血性缺氧作用。

【功能主治】药性：辛、微苦，温。归肝，肾经。功能：祛风除湿，强筋骨，活血利水。主治：风寒湿痹，拘挛疼痛，筋骨痿软，足膝无力，心腹疼痛，疝气，跌打损伤，骨折，体虚浮肿。用法用量：内服煎汤，3～15 g；或泡酒服。外用适量，研末调敷。使用注意：阴虚火旺者慎服。

附方：

1. 治风湿痹痛：五加皮9 g，独活9 g，木瓜12 g，桑枝24 g。水煎服。
2. 治小便不利：五加皮9 g，茯苓皮12 g，大腹皮9 g，陈皮4 g。水煎服。

【资源综合利用】利用红毛五加独特的抗肿瘤作用，进行有效成分结构修饰，开发新药源。

▲细柱五加

355 五加皮

【别名】南五加皮，刺五加、细柱五加。

【来源】为五加科植物细柱五加*Acanthopanax gracilistylus* W. W. Smith根皮。

【植物形态】灌木，高2～3 m；枝灰棕色，蔓生状，节上生反曲扁刺。叶为掌状复叶，小叶5，稀3～4，在长枝上互生，在短枝上簇生；叶柄长3～8 cm，常有细刺；小叶片膜质至纸质，倒卵形至倒披针形，长3～8 cm，宽1～3.5 cm，顶端尖至短渐尖，基部楔形，两面无毛或沿叶脉疏生刚毛，边缘有细钝齿，下面脉腋间有淡棕色簇毛。伞形花序腋生，或顶生在短枝上，有花多数；总花梗长1～2 cm，结实后延长，花梗长6～10 mm；花黄绿色，萼边缘近全缘或有5小齿；花瓣5；雄蕊5；子房2室，花柱2，细长，离生或基部合生。果实扁球形，黑色，宿存花柱长2 mm，反曲。花期4—8月，果期6—10月。

【生境分布】生于海拔200～1 600 m的林中或灌丛中，或栽培。分布于巫溪、巫山、奉节、云阳、万州、开州、武隆、长寿地区。

【采收加工】夏、秋两季采挖，除掉须根，刮皮，抽去木芯，晒干或炕干。

【药材性状】根皮呈不规则双卷或单卷筒状，有的呈块片状、长4～15 cm，直径0.5～1.5 cm，厚1～4 mm。外表面灰棕色或灰褐色，有不规则裂纹或纵皱纹及横长皮孔；内表面黄白色或灰黄色，有细纵纹，体轻，质脆，断面不整齐、灰白色或灰黄色。气微香。味微辣而苦。

【显微鉴别】根皮横切面：木栓层为7～14列木栓细胞，栓内层2～4列，有簇晶。韧皮部射线1～5列，分泌道椭圆形，直径14～24 μm，排列成3～5环，草酸钙簇晶众多，直径14～60 μm。薄壁细胞中含淀粉粒，椭圆形或类球形，直径8～14 μm。较老根有韧皮纤维。

粉末特征：棕灰色。草酸钙簇晶棱角较大面钝；含晶细胞类方形，常数个纵向相接，簇晶排列成行。树脂道碎片易见，分泌细胞及管道中含淡黄色分泌物及无色油滴。韧皮射线细胞无色或淡黄色，切向纵断面观类圆或椭圆形。较老皮中有木柱石细胞，木化，不均匀增厚或一边较薄，层纹及纹孔大多明显。较老根皮韧皮纤维单个或成束，长条形，边缘稍波状，末端钝圆、短尖或平截、壁厚，木化，有的胞腔含淀粉粒或黄色物。淀粉粒众多，单粒椭圆形或类圆形，脐点点状，层纹隐约可见；复粒由2至数分粒组成。

【理化鉴别】薄层鉴别：称取生药粉末0.5 g，包于滤纸内，置50 mL锥形瓶中，加氯仿10 mL，超声波振荡30 min，溶液浓缩，作供试液。另取β-谷甾醇、异贝壳杉烯酸，用氯仿溶解后作为对照品溶液。分别取上液点于同一硅胶G板上，用甲酸-乙酸乙酯-丙酮（3.5∶0.5∶0.5）展开，喷10%的硫酸液，烘干。供试液与对照品在相同的位置显相同颜色的斑点。

【化学成分】 根皮含丁香苷（syringin），刺五加苷，右旋芝麻素（sesamin），β-谷甾醇（β-sitosterol），葡萄糖苷，硬脂酸，棕榈酸，亚麻酸，维生素A、B_1，挥发油（单萜，倍半萜，马鞭草烯酮，反式香芹烯，邻苯二甲酸丁基异丁基酯）等。

【药理作用】 有抗应激、提高非特异性免疫功能、提高血清抗体质量分数、抗炎、镇痛、性激素样、中枢抑制、护肝、降血糖作用。

【功能主治】 药性：苦、微甘，温。归肝。功能：肾经。祛风湿，补肝胃，强筋骨，活血脉。主治：风寒湿痹，腰膝疼痛，筋胃痿软，小儿行迟，体虚羸弱，跌打损伤，骨折，水肿，脚气，阴下湿痒。用法用量：内服煎汤，6～9 g，鲜品加倍，浸酒或入丸、散。外用适量，煎水熏洗或为末敷。使用注意：阴虚火旺者慎服。

附方：

1. 治风湿筋肉关节痛：五加皮、薜荔藤各30 g，猪蹄1只。加水同煮，去渣，用甜酒兑服。
2. 治老人腰痛：五加皮120 g，鹿角霜60 g，烧酒0.5k g。泡10 d，去渣，1日2～3次，适量饮服。

【资源综合利用】 细柱五加是《中华人民共和国药典》一部（2015年版）收载的正品五加皮。商品五加皮多为细柱五加及同属植物的根，而非根皮。据研究，五加皮类主要化学成分是皂苷，其中刺五加苷B和D为主要有效成分。根和茎的总苷、刺五加苷B及D的含量相近。根皮和茎皮总苷和刺五加苷D含量相差不大，刺五加苷B在茎皮中的含量要明显高于根皮。由此看来，茎部仍值得充分利用。五加皮具有较强的“适应原”样作用，且副作用更小，因而被国内外广泛关注，并研制出较多的新药及保健品。五加皮提取物与烟酸、毛果芸香碱等合用制成的生发剂，可促进头发生长，防止头发灰白；五加皮所含的多种葡萄糖苷，对皮脂分泌、皮肤起水合作用，对减少皱纹有益，效果优于人参提取物，可用于开发成美容美发产品。

356 三加皮

【别名】 刺三甲、三甲皮。

【来源】 为五加科植物白簕*Acanthopanax trifoliatus*（L.）Merr.的根或根皮。

▲白筋

【植物形态】攀缘状灌木，高1～7 m。枝细弱铺散，老枝灰白色，新枝棕黄色，疏生向下的针刺，刺顶端钩曲，基部扁平。叶互生，有3小叶，稀4～5；叶柄长2～6 cm，有刺或无刺；小叶柄长2～8 mm；叶片椭圆状卵形至椭圆状长圆形，稀倒卵形，中央一片最大，长4～10 cm，宽3～6.5 cm，顶端尖或短渐尖，基部楔形，上面脉上疏生刚毛，下面无毛，边缘有细锯齿或疏钝齿，侧脉5～6对。伞形花序3～10，稀多至20个组成顶生的伞形花序或圆锥花序，直径1.5～3.5 cm；总花梗长2～7 mm，无毛；萼筒边缘有5小齿；花黄绿色，花瓣5，三角状卵形，长约2 mm，开花时反曲；雄蕊5，花丝长约3 mm；子房2室，花柱2，基部或中部以下合生。核果浆果状，扁球形，直径约5 mm，成熟时黑色。花期8—11月，果期9—12月。

【生境分布】生于海拔2 000 m以下的山坡路旁、林缘或灌丛中。分布于库区各市县。

【采收加工】9—10月挖取，鲜用，或趁鲜时剥取根皮，晒干。

【药材性状】根皮呈不规则筒状或片状，长2～7.5 cm，厚0.5～1.5 mm。外表面灰红棕色，有纵皱纹，皮孔类圆形或略横向延长；内表面灰褐色，有细纵纹。体轻质脆，折断面不平坦。气微香，味微苦、辛而涩。

【显微鉴别】根皮：横断面：木栓层为数列木栓细胞组成。韧皮部射线宽1～4列细胞，树脂道切向45～250 μm，径向45～118 μm，周围分泌细胞4～17个。老的根皮有韧皮纤维。草酸钙簇晶少见，直径10～50 μm。

【理化鉴别】薄层鉴别：取本品粉末2 g，加甲醇适量，温浸2 h，制成100%（W/V）溶液，作供试品，另取紫丁香苷、异贝壳杉烯酸、β-谷甾醇、4-甲氧基水杨醛作对照品，分别点样于同一硅胶G- CMC-薄层板上，用氯仿-甲醇-水（7：3：1，下层澄清液）展开15 cm，喷以10%硫酸溶液，于105 ℃加热4 min显色。供试品溶液色谱中，在与对照品色谱的相应位置上，显相同的色斑。

【功能主治】药性：苦、辛，凉。功能：清热解毒，祛风利湿，活血舒筋。主治：感冒发热，咽痛，头痛，咳嗽胸痛，胃脘疼痛，泄泻，痢疾，胁痛，黄疸，石淋，带下，风湿痹痛，腰腿酸痛，筋骨拘挛麻木，跌打骨折，痄腮，乳痈，疮疡肿毒，蛇虫咬伤。用法用量：内服煎汤，15～30 g，大剂量可用至60 g；或浸酒。外用适量，研末调敷，捣敷或煎水洗。使用注意：孕妇慎服。

附方：

1. 治感冒发热：三加皮根15～60 g。水煎服。
2. 治风湿关节痛：三加皮根30～60 g。加酒、水各半炖服。
3. 治黄疸：鲜三加皮根120 g，鲜白萝卜60 g，冰糖15 g。水煎服。
4. 治月经困难，白带：三加皮9 g，红牛膝6 g。水煎服。
5. 治骨折：三加皮根皮适量。捣碎，加酒调匀，微炒热，包伤处。

白簕枝叶味苦、辛，性微寒；清热解毒，活血消肿，除湿敛疮；主治感冒发热，咳嗽胸痛，痢疾，风湿痹痛，跌打损伤，骨折，刀伤，痈疮疔疖，口疮，湿疹，疥疮，毒虫咬伤。使用注意：孕妇慎服。花能解毒敛疮；主治漆疮。

6. 治感冒：白簕嫩叶9 g，葱头3个。冲开水服。
7. 治菌痢：白簕叶30～60 g。水煎服。
8. 治胃痛：白簕叶15 g。水煎服。
9. 治骨折，刀伤：鲜白簕叶适量。捣烂，外敷。
10. 治婴儿白口疮：白簕嫩尖30 g。熬水洗。

357　九眼独活

【别名】大独活、土当归。

【来源】为五加科植物食用土当归*Aralia cordata* Thunb.的根及根茎。

【植物形态】多年生草本，高0.5～3 m。根粗大，长圆柱形。茎分枝稀疏开展，叶为二至三回羽状复叶；每羽片有小叶3～5，叶片长卵形至长圆状卵形，长4～15 cm，宽3～7 cm，顶端突尖，基部圆形至心形，侧生小叶片基部歪斜、边缘有细锯齿，两面脉上有毛。叶柄长15～30 cm，无毛或疏生短柔毛，托叶与叶柄基部合生，顶端分离

▲食用土当归

部分锥形，长约3 mm。花序内多数伞形花序组成疏松的顶生或腋生的圆锥花序；伞形花序直径1.5 ~ 2.5 cm，有花多数或少数；总花梗长1 ~ 5 cm，有短柔毛，苞片线形，长3 ~ 5 mm，小花梗细，有短柔毛；萼无毛，边缘有5个三角状尖齿；花白色，花瓣5，卵状三角形，开花时反曲；雄蕊5；子房5室，花柱5，离生。核果球形，浆果状，紫黑色，具5棱。宿存花柱长2 mm。花期7—8月，果期9—10月。

【生境分布】 生于海拔1 800 ~ 2 800 m的山坡疏林中。分布于巫溪、巫山、奉节、万州、开州地区。

【采收加工】 秋季采挖，晒干或烘干。

【药材性状】 根茎粗大，圆柱形，常呈扭曲状，长10 ~ 80 cm，直径3 ~ 9 cm，表面灰棕色或棕褐色，粗糙。上面有6 ~ 11个圆形凹窝（茎痕），呈串珠状排列，故有“九眼独活”之称，凹窝直径1.5 ~ 3 cm，深约1 cm，底部或侧面残留有数条圆柱形的不定根，表面有纵皱纹。质轻，坚脆，易折断，断面灰黄色或棕黄色，疏松有多数裂隙和油点。气微香，味淡后苦。

【显微鉴别】 横切面：木栓厚8 ~ 10层细胞，内有切向排列的石细胞；次生皮层具4 ~ 5层细胞，有草酸钙簇晶分布；韧皮部占根的1/2，分泌道排列成同心环状3轮，直径50 ~ 280 μm；形成层环状；木质部导管为单列式，直径28 ~ 158 μm，木纤维较少，群生；射线宽1 ~ 7列细胞，初生木质部二原型。

粉末特征：棕褐色，气香，味微苦。淀粉粒多见，单粒较多，直径1 ~ 9 μm，复粒由数个或十数个单粒组成；分泌道多呈碎片状，内含黄棕色团块，分泌细胞横圆形，黄色；网纹导管直径28 ~ 158 μm，多破碎；木栓细胞长多角形；石细胞多角形，直径56 ~ 88 μm，壁厚约8 μm；薄壁细胞近圆形或圆多角形，富含淀粉粒；簇晶直径15 ~ 30 μm，晶瓣尖锐。

【化学成分】 含齐墩果酸约2.60%，正己醛（n-hexanal），α-蒎烯（α-Pinene），3-侧柏烯-2-醇（3-thujen-2-ol），β-蒎烯（β-pinene），对聚伞花素（P-cymene），柠檬烯（limonene），1-（1，4-二甲基-3-环己烯-1-基）-乙酮[1-（1，4-dimethyl-3-cyclohexen-l-yl）-ethanone]，α-樟脑烯醛（α-campholenal），松香芹醇（pinocarverol），松樟酮（pinocamphone），丁香烯（caryophyllene），牡丹皮酚（paeonol）等56个成分。

【药理作用】 所含的对映贝壳杉烯酸和对映海松二烯酸有镇痛、降温、延长戊巴比妥麻醉期作用，且能抑制去氧麻黄碱所增强的运动。

【功能主治】 药性：辛、苦，温。归温。归肝，肾经。功能：祛风除湿，舒筋活络，和血止痛。主治：风湿疼痛，腰膝酸痛，四肢痿痹，腰肌劳损，鹤膝风，手足扭伤肿痛，骨折，头风，头痛，牙痛。用法用量：内服煎汤，5 ~ 12 g；或泡酒。外用适量，研末用或水煎外洗。使用注意：阴虚火旺者慎服。

附方：

1. 治风湿痹痛：九眼独活9 g，牛膝12 g，薏苡仁15 g，防己9 g，木瓜15 g。水煎服。
2. 治偏头风：土当归12 g，桑寄生9 g，秦艽6 g，防风6 g，竹沥1杯。水煎服。

358 楤木

【别名】刺老苞、雀不站、破凉伞。

【来源】为五加科植物楤木*Aralia chinensis* L.的茎皮或茎。

【植物形态】有刺灌木或小乔木，高2 ~ 5 m。树皮灰色，疏生粗壮直刺；小枝被黄褐色绒毛，疏生细刺。叶为2 ~ 3回羽状复叶，长60 ~ 100 cm；叶柄粗壮，长可达50 cm；托叶与叶柄基部合生；每羽片有小叶5 ~ 11，基部有1对小叶，叶片薄鞣质，卵形至长圆状卵形，长7 ~ 14 cm，宽3.5 ~ 8 cm，顶端渐尖或短尖，基部圆形，上面被黄褐色柔毛，下面密被黄褐色绒毛，脉上尤多，边缘具细锯齿，侧脉7 ~ 10对。伞形花序组成顶生的大圆锥花序，长50 ~ 80 cm，密被黄褐色绒毛；伞形花序有30 ~ 50朵花，直径2.5 ~ 5 cm；花梗长3 ~ 4 cm；苞片锥形，膜质，长3 ~ 4 mm，均被黄褐色绒毛；萼无毛，边缘有5齿裂；花淡绿白色，直径约3 mm；花瓣5，三角状卵形；雄蕊5，花丝长约2.5 mm；子房5室，花柱5，离生或基部合生。核果球形，浆果状，成熟时紫黑色，直径约4 mm，具5棱，花柱宿存。花期7—9月，果期9—11月。

【生境分布】生于海拔400 ~ 2 700 m的杂木林中。分布于库区各市县。

【采收加工】全年可采收，晒干或鲜用。

【药材性状】呈剥落状，卷筒状，槽状或片状。外表面粗糙不平，灰褐色、灰白色或黄棕色，有纵皱纹及横纹，有的散有刺痕或断刺；内表面淡黄色、黄白色或深褐色。质坚脆，易折断，断面纤维性。气微香，味微苦，茎皮嚼之有黏性。

【化学成分】茎皮含齐墩果酸（oleanolic acid），刺囊酸（echinocystic acid），常春藤皂苷元（hederagenin）以及谷甾醇（sitosterol），豆甾醇（stigmasterol），菜油甾醇（campesterol），马栗树皮素二甲酯（esculetin dimethyl ether）。根皮含楤木皂苷（araloside），银莲花苷（narcissiflorine）。

【药理作用】茎皮有镇静、镇痛、抗胃溃疡、提高耐缺氧能力作用。根皮对心肌缺血与坏死，具有一定保护作用。

【功能主治】药性：辛、苦，平。归肝、胃、肾经。功能：祛风除湿，利水和中，活血解毒。主治：风湿关节痛，腰腿酸痛，肾虚水肿，消渴，胃脘痛，跌打损伤，骨折，吐血，衄血，疟疾，漆疮，骨髓炎，深部脓疡。用法用量：内服煎汤，15 ~ 30 g；或泡酒。外用适量，捣敷或酒浸外涂。使用注意：孕妇慎服。

附方：

1. 治风湿关节痛：楤木皮（刮去表面粗皮）30 g。用猪瘦肉120 g煎汤，以汤煎药服。
2. 治伤风：楤木茎90 g，老酒60 g。水煎3 h服。
3. 治肾盂肾炎，膀胱炎：楤木30 g，广金钱草9 g，粪箕笃、露兜筋各15 g。水煎服。
4. 治胃溃疡：楤木树皮、炒鸡内金各60 g。研极细末，每次3 g，每日3次，饭前以楤木根15 g煎水送服。
5. 治急性胆道感染：楤木、白英各30 g。水煎服。
6. 治跌打损伤：鲜楤木皮适量。捣烂，敷患处。
7. 治骨髓炎，深部脓疡：楤木、三白草、狭叶山胡椒、白蔹（均为鲜品）各等量。捣烂敷，夏天每日换药1次，冬天间日换1次。
8. 治肾炎水肿：刺老苞嫩叶60 g，猪肉120 g。炖熟去药渣，汤内同服，分2 d服完。
9. 治腹水肝炎：楤木叶15 g，瘦猪肉60 g。炖食。
10. 治遗精：鲜楤木根皮60 g。煮汤，炖精肉服。
11. 治乳糜尿：楤木根、菝葜根各30 g，水煎服。
12. 治膀胱结石：鲜楤木根、茅莓、马鞭草各30 g。水煎空腹服。

楤木叶味甘、微苦，性平；利水消肿，解毒止痢；主治肾炎水肿，鼓胀，腹泻，痢疾，疔疮肿毒。叶味苦、涩，性平；止血；主治吐血。根味辛、苦，性平；祛风利湿，活血通经，解毒散结；主治风热感冒，咳嗽，风湿痹痛，腰膝酸痛，淋浊，水肿，鼓胀，黄疸，带下，痢疾，胃脘痛，跌打损伤，瘀血经闭，血崩，牙疳，阴疽，

▲楤木

▲中华常春藤

瘰疬，痔疮。孕妇慎服。

【资源综合利用】库区作楤木入药的同属植物尚有：毛叶楤木*Aralia chinensis* L. var. *dasyphyllides*、棘茎楤木*A. echinocaulis*。

359 常春藤

【别名】追风藤、三角枫。

【来源】为五加科植物中华常春藤*Hedera nepalensis* var. *sinensis*（Tobl.）Rehd.的茎叶。

【植物形态】多年生常绿攀缘灌木，长3～20 cm。茎灰棕色或黑棕色，光滑，有气生根，幼枝被鳞片状柔毛，鳞片通常有10～20条辐射肋。单叶互生；叶柄长2～9 cm，有鳞片；无托叶；叶二型，不育枝上的叶为三角状卵形或戟形，长5～12 cm，宽3～10 cm，全缘或三裂；花枝上的叶椭圆状披针形，长椭圆状卵形或披针形，稀卵形或圆卵形，全缘；顶端长尖或渐尖，基部楔形、宽圆形、心形；叶上表面深绿色，有光泽，下面淡绿色或淡黄绿色，无毛或疏生鳞片；侧脉和网脉两面均明显。伞形花序单个顶生，或2～7个总状排列或伞房状排列成圆锥花序，直径1.5～2.5 cm，有花5～40朵；花萼密生棕色鳞片，长约2 mm，边缘近全缘；花瓣5，三角状卵形，长3～3.5 mm，淡黄白色或淡绿白色，外面有鳞片；雄蕊5，花丝长2～3 mm，花药紫色；子房下位，5室，花柱全部合生成柱状；花盘隆起，黄色。果实圆球形，直径7～13 mm，红色或黄色，宿存花柱长1～1.5 mm。花期9—11月，果期翌年3—5月。

【生境分布】附生于海拔250～1 500 m的林中树干或沟谷阴湿岩壁上，有栽培。分布于库区各市县。

【采收加工】全年可采收，切段，晒干或鲜用。

【药材性状】茎呈圆柱形，长短不一，直径1～1.5 cm，表面灰绿色或灰棕色，有横长皮孔，嫩枝有鳞片状柔毛；质坚硬，不易折断，断面裂片状，黄白色。叶互生，革质，灰绿色。营养枝的叶三角状卵形，花枝和果枝的叶椭圆状卵形、椭圆状披针形。花黄绿色。果实圆球形，黄色或红色。气微，味涩。

【化学成分】茎含鞣质，树脂。叶含常春藤苷（hederin），肌醇（inositol），胡萝卜素（carotene），糖类，鞣质。

【功能主治】药性：辛、苦，平。归肝、脾、肺经。功能：祛风，利湿，和血，解毒。主治：风湿痹痛，瘫痪，口眼喎斜，衄血，月经不调，跌打损伤，咽喉肿痛，疔疖痈肿，肝炎，蛇虫咬伤。用法用量：内服煎汤，6～15 g，研末；或浸酒，捣汁。外用适量，捣敷或煎汤洗。使用注意：脾虚便溏泻泄者慎服。

附方：

1. 治关节风痛及腰部酸痛：常春藤茎及根9～12 g。黄酒、水各半煎服；并水煎洗患处。
2. 治胸膈闷痛：常春藤30 g，姜味草9 g，杨桃根15 g，天花粉15 g。水煎服。
3. 治慢性肝炎：常春藤、猪鬃草各30 g。水煎服；或常春藤、败酱草各30 g。水煎服。

4. 治跌打损伤，外伤出血，骨折：常春藤适量。研细粉，外敷；或常春藤60 g，酒250 g，泡7 ~ 10 d后服。每服10 ~ 30 mL，日服3次。

5. 治痈疽肿毒：常春藤全草9 g。水煎服，连服数日。同时用七叶一枝花根茎1个，加醋磨汁，敷患处。

常春藤果实味甘、苦，性温。能补肝肾，强腰膝，行气止痛。主治体虚羸弱，腰膝酸软，血痹，脘腹冷痛。内服煎汤，3 ~ 9 g；或浸酒。

【资源综合利用】常春藤始载于《本草拾遗》；茎叶含鞣质，可提制栲胶；具气生根，适合作假山、墙垣之用，是理想的园林观赏植物。

360 川桐皮

【别名】丁桐皮、钉皮。

【来源】为五加科植物刺楸*Kalopanax septemlobus*（Thunb.）Koiodz.的树皮。

【植物形态】落叶大乔木，高约10 m。树皮灰棕色，小枝圆形，淡黄棕色或灰棕色，具鼓钉状皮刺，刺长5 ~ 6 mm，基部宽6 ~ 7 mm。叶在长枝上互生，在短枝上簇生，叶面细长，长8 ~ 50 cm；叶片近圆形或扁圆形，掌状5 ~ 7浅裂，裂片三角卵形至长椭圆状卵形，长不及全叶片的1/2，茁壮枝的叶片分裂较深，裂片长超过全叶片的1/2；顶端渐尖，基部心形，边缘有细锯齿，上面深绿色，无毛，下面淡绿色。仅脉上具淡棕色软毛或除基部脉腋外无毛。伞形花序聚生为项生圆锥花序，长15 ~ 25 cm，直径20 ~ 30 cm；伞形花序直径1 ~ 2.5 cm，有花数朵；花萼无毛，边缘有5齿；花瓣5，三角状卵形，白色或淡黄绿色；雄蕊5，内曲，花丝较花瓣长1倍以上；子房下位，2室；花盘隆起，花枝2，合生成柱状，柱头离生。核果近球形，成熟时蓝黑色；宿存花柱长2 mm。种子2，扁平。花期7—10月，果期9—12月。

▲刺楸

【生境分布】生于海拔500 ~ 2 500 m的山坡林中。分布于巫溪、云阳、开州、涪陵、武隆、长寿地区。

【采收加工】全年均可采收，剥取树皮，晒干。

【药材性状】树皮呈板状或微带内卷曲，长宽不一。外表面灰褐色，粗糙，有灰黑色纵裂隙及横向裂纹，并有菱形皮孔；皮上有钉刺，直径0.5 ~ 2 cm，纵向延长呈椭圆形，顶端扁平尖锐，较大的钉刺可见环纹，脱落处露出黄色内皮。内表面黄棕色或紫褐色，光滑，有明显细纵纹。质脆易折断，折断面外部灰棕色，内部灰黄色，强纤维性，呈明显片层状。气微香，味微辣。

【显微鉴别】树皮横切面：木栓组织由数列至十数列细胞组成，细胞类长方形，壁略增厚，木化；钉刺部位基部为径向延长的木化细胞，边缘及尖部为纤维。皮层较窄，有石细胞散在，石细胞类圆形、类方形或类多角形，直径16 ~ 81 μm，簇晶直径11 ~ 168 μm。韧皮部纤维组成4 ~ 8条切向延长的长方形束，每束由数个及至数十个纤维组成；筛管颓废；韧皮薄壁细胞亦含众多的草酸钙结晶，射线宽1 ~ 3细胞。较老的树皮外侧为落皮层，皮层由数层至十数层木栓细胞环带组成；皮层与较薄树皮类同；韧皮部较宽，纤维束环带可达十数列。

粉末特征：灰棕色。草酸钙簇晶极多，直径12 ~ 120 μm，有的棱角宽大或带方形，也有簇晶与方晶合生。草酸钙方晶大小不一，直径16 ~ 85 μm。韧皮纤维较多，成束或单个散在，末端钝圆，直径16 ~ 40 μm，壁厚，木化，孔沟明显，胞腔狭细。钉刺中纤维大多成束，淡黄色或黄棕色，呈长梭形，末端斜尖或钝圆，直径18 ~ 30 μm，壁厚，木化，斜纹孔稀少，孔沟一般不明显。石细胞呈类长圆形、类长方形或纺锤形，直径34 ~ 52 μm。分泌道多破碎，分泌细胞含有细小油滴。木栓细胞表面观呈类多角形，壁薄或稍厚，纹孔有的可见。筛管分子端壁极倾斜，复筛板易察见，筛域十数个，呈梯状排列。淀粉粒稀少，类圆形，直径2 ~ 3 μm。

【化学成分】树皮含刺楸皂苷（kalopanaxsapnin），生物碱（alkaloids），鞣质（tannin），挥发油（essential oils）。

叶和树皮含鞣质约13.30%。

【药理作用】 有镇痛、抗细菌、抗真菌作用。

【功能主治】 药性：苦、微辛，平。功能：凉血散瘀，祛风除湿，解毒，杀虫。主治：肠风下血。风湿热痹，跌打损伤，骨折，周身浮肿，疮疡肿毒，瘰疬，痔疮，疥癣，风火牙痛，风疹瘙痒，脘腹痛。用法用量：内服煎汤，9 ~ 15 g；或泡酒。外用适量，煎水洗；或捣敷；或研末调敷。使用注意：孕妇慎服。

附方：

1. 治风湿腰腿筋骨痛：鲜川桐皮9 g，桑寄生30 g，鸡血藤12 g。水煎服。

2. 治虫牙痛：川桐皮15 g。煎水漱口。

【资源综合利用】 川桐皮为地方习用品，主要在四川、重庆、贵州、河北、天津、新疆、湖南、福建及山东等地使用，作海桐皮使用。

361　珠子参

【别名】 钮子七、竹节人参、扣子七、大叶三七。

【来源】 为五加科植物珠儿参*Panax japonicus* C. A. Mey. var. *major*（Burk.）C. Y. Wu et k. Feng的根茎。

【植物形态】 多年生草本，高约80 cm。根茎串珠状，节间通常细长如绳；有时部分结节密生呈竹鞭状。掌状复叶3 ~ 5枚轮生茎顶，小叶通常5，两侧的较小，小叶柄长5 ~ 15 mm，中央小叶片椭圆形或椭圆状卵形，长10 ~ 15 cm，宽5 ~ 7 cm，顶端长渐尖，基部近圆形或楔形，边缘有细密锯齿，边缘及两面散生刺毛。伞形花序单一，有时其下生一至多个小伞形花序；花萼顶端有5尖齿；花小，淡绿色。花瓣5，卵状三角形；雄蕊5，花丝短；子房下位，花柱通常2，分离。果为核果状浆果，圆球形、熟时鲜红色。花期7—8月，果期8—10月。

【生境分布】 生于海拔1 600 ~ 2 600 m的林下阴湿处。分布于巫溪、巫山、奉节、丰都、开州地区。

【采收加工】 秋季采挖，除去外皮及须根，晒干。

【药材性状】 根茎略呈扁球形、圆锥形或不规则球形，偶有呈连珠状的，直径0.7 ~ 3 cm。表面棕黄色或黄褐色，有明显的疣状突起及皱纹，偶有圆形凹陷的茎痕，有的一侧或两侧残存细的节间。质坚硬，断面淡黄白色，粉性。气微，味苦微甘，嚼之刺喉。

▲珠儿参

【显微鉴别】横切面：节部木栓细胞5～6列，极扁平，整齐，径向壁微波状；皮层约8列类圆形细胞，有少数分泌道分布；维管束约占半径的2/3，放射状，韧皮部与木质部均为条状，宽度之比约为1：2。韧皮部外旧弯曲，中部有小型分泌道分布，形成层1例细胞，木质部导管单列，初生导管较粗，成群分布；髓明显。节间皮层偶有大型分泌道分布，韧皮部较小，未见分泌道，导管数列，余同节。

粉末特征：木栓细胞黄棕色，表面观多角形，垂周壁微波状，切面双长方形，径向壁微波状，微木化。导管主为梯纹，网纹稀少。直径12～33 cm，木化。淀粉粒众多，单粒类球形，脐点星状，稀为裂缝状，直径2～19 μm，大粒层纹明显，复粒由2～4分粒组成。分泌道碎片易见，内含淡黄色分泌物。色素块棕黄色。

【理化鉴别】薄层鉴别：取珠儿参粉末5 g，加甲醇回流提取，作供试液。另取人参皂苷Rb_1与Rb_2加甲醇溶解作对照溶液。分别将上述样品的浓缩液与对照品的乙醇溶液点于硅胶G薄层板，展开剂氯仿-甲醇-水（13：7：2）展开，展距15 cm。以10%硫酸溶液喷雾，于105 ℃条件下烘烤显色。样品与对照品在相应的位置显相同颜色的斑点。

【化学成分】根中含多种皂苷，属齐墩果烷型的有：竹节人参皂苷Ⅳa、Ⅴ，齐墩果酸-28-O-β-D-吡喃葡萄糖苷等。达玛烷型的有：人参皂苷-Rd、-Re、Rg_2，三七皂苷-R_2等。奥寇梯木型的有：珠子参苷-R_1、-R_2；甾醇型有：β-谷甾醇苷。此外，还含多糖、氨基酸等。

【药理作用】珠子参总皂苷有人参皂苷类似的免疫作用。有镇痛、镇静、抑制脂质过氧化、抗溃疡、抗心律不齐作用。

【功能主治】药性：微苦、甘，微温。功能：化瘀止血，消肿定痛。主治：咯血，吐血，衄血，尿血，便血，血痢，崩漏，外伤出血，月经不调，经闭，产后瘀血腹痛，跌打肿痛，劳伤腰痛，胸胁痛，胃脘痛，疮痛。用法用量：内服煎汤，3～15 g；或入丸、散；或泡酒。外用适量，研末干掺或调涂；或泡酒擦；或鲜品捣敷。使用注意：孕妇禁服。

附方：

1. 治小儿惊风：珠子参9 g。研粉，每次0.3 g，每日3次，温开水冲服。

2. 治红崩：珠子参3 g，白三七3 g，地榆9 g。水煎服。

【资源综合利用】同属植物羽叶珠子参*Panax japonicus* C. A. Mey. var. *bipinnatifidus*（Burk.）C. Y. Wu et k. Feng，又称羽叶三七，也作珠子参用，分布于巫溪、巫山、奉节、丰都地区。民间常将珠子参去皮蒸（煮）熟，作补药用，但蒸煮后的皂苷含量仅为生品的一半。

362 通草

【别名】通花、大通草。

【来源】为五加科植物通脱木*Tetrapamax papyriferus*（Hook.）K. Koch.茎髓。

【植物形态】常绿灌木或小乔木，高1～3.5 m；茎基部直径6～9 cm，茎髓为白色轻纸质状。茎不分枝，幼时表面密被黄色星状毛灰黄色柔毛。新枝淡棕色或淡黄棕色，有明显的叶痕和大型皮孔。叶大，互生，聚生于茎顶；叶片纸质或薄革质，掌状5～11裂，裂片通常为叶片全长的1/3～1/2，通常再分裂成2～3小裂片，顶端渐尖，全缘或有粗齿，上面深绿色，无毛，下面密生白色星状绒毛；叶柄粗壮，圆筒形，长30～50 cm，托叶膜质，锥形，基部与叶柄合生，有星状厚绒毛。伞形花序聚生成顶生或近顶生大型复圆锥花序，长达50 cm以上；萼密生星状绒毛；花瓣4，稀5，三角状卵形，外面密生星状厚绒毛；雄蕊5，与花瓣同数；子房下位，2室，花柱2，离生，顶端反曲。果球形，熟时紫黑色。花期10—12月，果期翌年1—2月。

【生境分布】生于海拔250～1 800 m的向阳肥厚土壤中。有栽培。分布于库区各市县。

【采收加工】秋季采2～3年生的茎，趁鲜截成段，用细木棍或圆竹顶出髓部，轻轻理直，晒至干透。

【药材性状】茎髓呈圆柱形，长20～40 cm，直径1～2.5 cm。表面白色或淡黄色，有浅纵沟纹。体轻，质松软，稍有弹性，易折断，断面平坦，显银白色光泽，中部有直径0.3～1.5 cm的空心或半透明的薄膜，纵剖面呈梯状排列，在细小茎髓中的某小段为实心。无臭，无味。

▲通脱木

【显微鉴别】茎髓横切面：全部为薄壁细胞组成，外侧2～3列细胞较小，类圆形或矩圆形细胞；中央为椭圆形、类圆形，直径50～125 μm，壁薄，纹孔多为圆形。含草酸钙簇晶多见，直径30～64 μm，晶瓣尖锐或略钝。横隔膜由几层多角形薄壁细胞组成。

【化学成分】茎髓中含脂肪，蛋白质，粗纤维，戊聚糖，糖醛酸，多糖类，氨基酸以及钙、钡、镁、铁等微量元素。叶含通脱木皂苷，通脱木皂苷元，原通脱木皂苷元等。

【药理作用】有利尿、抗炎、解热、提高小鼠血清溶菌酶含量、促进网状内皮系统吞噬功能、提高血清溶血素抗体水平、提高全血SOD活力、抗氧化作用。

【功能主治】药性：甘、淡，微寒。归肺，胃经。功能：清热利水，通乳。主治：淋症涩痛，小便不利，水肿，黄疸，湿温病，小便短赤淋证，产后乳少，经闭，带下。用法用量：内服煎汤，3～6 g。

附方：

治乳汁不下：通草6 g，山甲珠12 g，猪蹄2个。炖服，吃肉喝汤。

伞形科Umbelliferace

363　川独活

【别名】独活、巴东独活、肉独活。

【来源】为伞形科植物重齿毛当归*Angelica biserrata*（Shan et Yuan）Yuan et Shan的根。

【植物形态】多年生高大草本。根类圆柱形，棕褐色，有特殊香气。茎高1～2 m，粗至1.5 cm，中空，常带紫色，光滑或稍有浅纵沟纹，上部有短糙毛。叶二回三出式羽状全裂，宽卵形，长20～（30～40）cm，宽15～25 cm；茎生叶叶柄长达30～50 cm，基部膨大成长管状、半抱茎的厚膜质叶鞘，开展，背面无毛或稍被短柔毛；末回裂片膜质，卵圆形至长椭圆形，长5.5～18 cm，宽3～6.5 cm，顶端渐尖，基部楔形，边缘有不整齐的尖锯齿或重锯齿，齿端有内曲的短尖头，顶生的末回裂片多3深裂，基部常沿叶轴下延成翅状，侧生的具短柄或无柄，两面沿叶脉及边缘有短柔毛。序托叶简化成囊状膨大的叶鞘，偶被疏短毛。复伞形花序顶生和侧生，花序密被短糙毛；总

▲重齿毛当归

苞片1，长钻形，有缘毛，早落；伞辐10～25，密被短糙毛；伞形花序有花17～（28～36）朵；小总苞片5～10，阔披针形，比花柄短，顶端有长尖，背面及边缘被短毛。花白色；无萼齿；花瓣倒卵形，顶端内凹；花柱基扁圆盘状。果实椭圆形，长6～8 mm，宽3～5 mm，侧翅与果体等宽或略狭，背棱线形，隆起，棱槽间有油管（1）2～3，合生面有油管2～4（6）。花期8—9月，果期9—10月。

【生境分布】生于海拔1 200～2 700 m的阴湿山坡、林下草丛中或稀疏灌丛间。砂土栽培。分布于巫山、巫溪、万州、开州地区。

【采收加工】霜降至立春前，采挖，晾干水气后，用柴火熏炕至五成干，将每枝顺直捏拢，扎成小捆，炕至全干。

【药材性状】根头及主根粗短，略呈圆柱形，长1.5～4 cm，直径1.5～3.5 cm；根头部有纹，具多列环状叶柄痕，中央为凹陷的茎痕，下部有数条弯曲的支根。表面灰棕至棕黄色，具不规则纵皱纹及横裂纹，并有多数横长皮孔及细根痕；质坚硬，断面灰黄白色，形成层环棕色，皮部有棕色油点（油管），木部黄棕色；根头横断面有大形髓部，亦有油点。香气特异，味苦带辣，麻舌。

【显微鉴别】根（直径约1.2 cm）横切面：木栓层一层，由10列左右木栓细胞组成。皮层已不存在。维管束外韧型，但分束不明显。韧皮部宽广，约占1/2强，外侧有多个油室分布，不呈明显的环状排列，韧皮组织中、内侧均有散列的油室，切向径可达100余微米，向内渐少而小，形成层环状。本品薄壁细胞中含淀粉粒。

粉末鉴别：粉末呈淡黄色。气微。味淡。主要显微特征：淀粉粒较多，细小，均为单粒，呈类圆球形或圆球形，直径2～16 μm，7 μm左右为多见。有时可见几个小粒聚合成团，层纹及脐点均不明显；导管只见网纹，未见梯纹及螺纹，多已成碎片，大小不等，较完整者直径20～120 μm。壁木化，有些纹孔狭长；壁增厚的薄壁细胞，多见，细胞壁增厚明显，呈弯曲状。此外，尚可见木栓组织碎块及随处散在的油滴。

【理化鉴别】检查香豆精：（1）取本品粉末3 g，加乙醚30 mL，加热回流1 h，滤过。滤液蒸去乙醚，残渣加石油醚（30～60 ℃）3 mL，振摇，滤过。滤渣加乙醇3 mL溶解，置紫外光灯（365 nm）下观察，显蓝紫色荧光。（2）取上述乙醇溶液1 mL，加新配制的7%盐酸羟胺甲醇溶液与10%氢氧化钾甲醇溶液3滴，在水浴上微热，冷后加1%三氯化铁盐酸溶液2滴，摇匀，显橙黄色。

【化学成分】根含挥发油，主要有佛术烯（eremophilene），百里香酚（thymol），α-柏木烯（α-cedrene）等。

【药理作用】有抗心律失常、短暂降压、抑制血管紧张素β受体、抑制α-肾上腺素受体、抑制钙通道阻滞剂受体、抑制小板聚集、抗血栓形成、镇痛、镇静、抗炎、光敏、抗肿瘤、保护胃溃疡、兴奋呼吸作用。

【功能主治】药性：苦、辛，微温。归肾、膀胱经。功能：祛风胜湿，散寒止痛。主治：风寒湿痹，腰膝疼痛，头痛齿痛。为治疗风寒湿痹之要药，尤治病位偏下之腰膝疼痛。用法用量：内服煎汤，3～10 g；浸酒或入丸散。外用适量，煎汤洗。使用注意：阴虚血燥者慎服。

附方：

1. 治寒郁头痛：川独活15 g，防风10 g。水煎服。

2. 治齿痛：川独活15 g，黄芪、川芎、细辛、荜拔各10 g，当归15 g，丁香5 g。煎水含漱。

364 白芷

【别名】杭白芷、川白芷。

【来源】为伞形科植物白芷*Angelica dahurica*（Fisch. ex Hoffm.）Benth. et Hook. f. cv. Hangbaizhi Yuan et Shan的根。

【植物形态】多年生草本，高1～1.5 m。根长圆锥形。茎及叶鞘多为黄绿色。基生叶一回羽状分裂，有长柄，叶柄下部有管状抱茎、边缘膜质的叶鞘；茎上部叶二至三回羽状分裂，叶片轮廓为卵形至三角形，长15～30 cm，宽10～25 cm，叶柄下部为囊状膨大的膜质叶鞘，无毛或稀有毛，常带紫色；末回裂片长圆形，卵形或线状披针形，多无柄，长2.5～6 cm，宽1～2.5 cm，急尖，边缘有不规则的白色软骨质粗锯齿，具短尖头，基部两侧常不等大，沿叶轴下延成翅状；花序下方的叶简化成显著膨大的囊状叶鞘。复伞形花序顶生或腋生，花序梗长5～20 cm，花序梗、伞辐和花柄均有短糙毛；伞辐18～40；总苞片1～2，通常缺；小总苞片5～10余枚，线状披针形，膜质；花白色；花瓣倒卵形，顶端内曲成凹头状；花柱比短圆锥状的花柱基长2倍。果长圆形，黄棕色，有时带紫色，背棱扁，厚而钝圆，远较棱槽宽，侧棱翅状，较果体狭，棱槽中有油管1，合生面有油管2。花期7—8月，果期8—9月。

【生境分布】栽培。分布于云阳、开州、忠县、武隆地区。

【采收加工】以2月，7—8月叶枯萎时采收，晒干或烘干。

【药材性状】根圆锥形，长10～20 cm，直径2～2.5 cm。上部近方形或类方形，表面灰棕色，有多数皮孔样横向突起，长0.5～1 cm，略排成四纵行，顶端有凹陷的茎痕。质坚实较重，断面白色，粉性，皮部密布棕色油点，形成层环棕色，近方形。气芳香，味辛、微苦。以独根粗壮、质硬、体重、粉性足、香气浓者为佳。

【显微鉴别】根横切面（直径约2 cm）：横切机轮廓略呈方圆形。木栓层一层，由数个至10余个木栓细胞组成。皮层发达，约占1/4强，有油管分布。外韧型维管束不明显成束，韧皮部筛管群不发达，略作径向散乱排列，有油管分布；形成层呈方圆形（接近方形），较明显；木质部占1/2，导管不发达，常单稀疏散在，略作径向排列。射线不甚密，宽1～2列细胞。薄壁细胞中含较多淀粉粒。

粉末：淡灰黄白色。淀粉粒极多，单粒呈圆多角形、圆球形、半圆形或不规则圆形，直径2～24 μm，脐点呈点状、裂缝状，多数不明显，层纹均不明显，复粒由2～8粒组成，少有8粒以上；草酸钙簇晶，存在于薄壁细胞中，呈簇状类圆形，边缘较钝，不呈明显瓣状，半透明，直径10～26 μm；油管多已成碎块，分泌细胞呈长圆形，细胞中含有淡黄棕色分泌物，并可见油滴散在；导管以网纹及梯纹为多见，直径13～100余微米，网纹导管的纹孔横向延长成狭长形。此外，尚可见木栓细胞碎块，呈多角形，壁淡黄棕色。

【理化鉴别】检查香豆素：取本品粉末0.5 g，加乙醚3 mL，振摇5 min后，静置20 min。取上清液1 mL，加7%盐酸羟胺甲醇溶液与20%氢氧化钾溶液各2～3滴，摇匀，置水浴上微热，冷却后，加稀盐酸调至pH值3～4，加1%三氯化铁溶液1～2滴，显紫红色。

▲白芷

【化学成分】根含欧前胡内酯（imperatorin），异欧前胡内酯（isoimperatorin），别异欧前胡内酯（alloimperatorin），别欧前胡内酯（alloimperatorin），氧化前胡素（oxpeucedanin），白当归素（byakangelicin），白当归脑（byakangelicol），珊瑚菜素（phellopterin）等。

【药理作用】有扩张血管、降血压、镇痛、抗炎、解痉、间接促进脂肪分解和抑制脂肪合成、光敏、抗微生物作用。

【功能主治】药性：辛、苦。功能：祛风解毒，除湿止痛。主治：感冒，头痛，牙痛，鼻塞，鼻渊，风湿痹痛，湿胜久泻，妇女白带，痈疽疮疡，毒蛇咬伤。用法用量：内服煎汤，3～10 g；或入丸、散。外用适量，研末撒或调敷。使用注意：血虚有热者，阴虚阳亢之头痛者禁用。

附方：

1. 治眉棱痛：黄芪（酒浸，炒）、白芷各适量。研末，每服6 g，温水送下。
2. 治溃疡病胃痛：白芷、白芍、白及各10 g，白豆蔻6 g。水煎服。

【资源综合利用】近年来，白芷得到深入研究，开发出了大量的产品。如韩国从白芷中分离得比克白芷素（byakangelicin），用于治疗白内障有较好疗效，已申请世界专利。此外，还研发出许多美容产品。

365　紫花前胡

【别名】土当归、鸭脚七、前胡、鸭脚前胡、野当归。

【来源】为伞形科植物紫花前胡*Angelica decursiva*（Miq.）Franch. et Sav.的根。

【植物形态】多年生草本，高1～2 m。茎直立，圆柱形，紫色，具浅纵沟纹，上部分枝，被柔毛。叶有长柄，柄长13～36 cm，基部膨大成圆形的紫色叶鞘；叶片三角形至卵圆形，坚纸质，长10～25 cm，一回三全裂或一至二回羽状分裂；第一回裂片的小叶柄翅状延长，侧裂片和顶端裂片的基部联合，呈翅状延长，翅边缘有锯齿；末回裂片卵形或长圆状披针形，长5～15 cm，宽2～5 cm，顶端锐尖，边缘有白色软骨质锯齿，齿端有尖头，上面深绿色，脉上有短糙毛，下面绿白色，主脉常带紫色；茎上部叶简化成囊状膨大的紫色叶鞘。复伞形花序项生和侧生，花序梗长3～8 cm，有柔毛；总苞片1～3，卵圆形，阔鞘状，反折，紫色；小总苞片3～8，线形至披针形；伞辐及花柄有毛；花深紫色；萼齿明显，线状锥形或三角状锥形；花瓣倒卵形或椭圆状披针形，顶端通常不内折成凹头状；花药暗紫色。果实长圆形至卵状圆形，背棱线形隆起、尖锐，侧棱有较厚的狭翅，与果体近等宽，棱槽内有油管1～3，合生面有油管4～6，胚乳腹面凹入。花期8—9月，果期9—11月。

▲紫花前胡

【生境分布】生于海拔300～1 600 m的山坡林缘、沟边或灌丛中，或栽培。分布于库区各市县。

【采收加工】秋、冬季采挖，晒干。

【药材性状】根近圆柱形、圆锥形或纺锤形，稍扭曲，下部有分枝，长5～20 cm，直径1～2 cm。根头部较粗短，极少有纤维状叶鞘残基。表面灰棕色至黑褐色，有不规则纵沟及纵皱纹，并有横向皮孔；上部有密集的环纹。质较柔软，干者质硬，不易折断，折断面不整齐、疏松，折断面皮部易与木部分离，皮部窄，油点少，木部黄白色。气芳香，味微苦、辛。

【显微鉴别】根横切面（直径约1.2 cm）：木栓层一层，由10余列木栓细胞组成。皮层不存在或仅局部残留。外韧形维管束不明显成束，韧皮部占1/2左右，筛管群略呈径向分散排列，有众多油室分布，较大，径向径可达100 μm，切向径可达155 μm，韧皮射线不甚弯曲；形成层明显，呈环状；木质部导管多单个散列，少成束状，略作放射状排列，亦分布有少量油室。木射线宽1～2列细胞，较平直。薄壁细胞中含大量淀粉粒。

粉末特征：粉末呈淡棕黄色。气香特异而浓厚。味微甘后苦辛。主要显微特征：分泌物颇多，为本品的主要特征。常呈云朵团块状，大小不等，富有立体感；边缘不整齐，表面及内心均为淡棕黄色或金黄色，有时微透明。在分泌物团块周围，有时可见油管壁的组织块，细胞呈圆形或长圆形，薄壁。木纤维易见，成束或单根散离；单束纤维呈长披针形或宽条形，有时壁呈微波状弯曲，直径14～28 μm，末端钝圆或略倾斜，壁有厚薄两种，均木化，纹孔倾斜或扁圆形；淀粉粒较少，单粒呈圆球形或类圆球形，直径4～12 μm，脐点仅少数可见，点状或星状，层纹不明显。复粒由3～7分粒组成；薄壁性石细胞，极似木射线细胞，不规则方形或长方形，直径30～65 μm，纹孔扁圆形；导管以大型网纹为多见，亦有孔纹，少见具缘纹，直径7～80 μm，强木化。

【理化鉴别】薄层鉴别：取本品粉末2 g，加乙醚6 mL冷浸4 h，滤过，滤液蒸干，残渣加氯仿制成供试样品液。另取伞形花内酯制成对照品溶液，分别取各溶液点于同一硅胶G- CMC薄层板上，石油醚-乙酸乙酯（1：1）展开，置荧光灯下观察，在紫花前胡色谱中，与伞形花内酯相应位置显相同荧光斑点。

【化学成分】根含6，7-吡喃香豆素，紫花前胡次素（decursidin），紫花前胡素（decursin），紫花前胡苷（nodakenin），紫花前胡苷元（ndakenettn），伞形戊烯内酯（umbelliprenin），紫花前胡皂苷（Pd-saponine），爱草脑（estragole），柠檬烯（limonene），3-侧柏烯（3-thujene），间-伞花烃（m-ymene），4（10）-侧柏烯[4（10）thujene]，对-特丁基茴香醚（P-tertbutylanethole）等。

【药理作用】有抗血小板聚集、祛痰作用。

【功能主治】药性：苦、辛，微寒。归肺，脾，肝经。功能：疏散风热，降气化痰。主治：外感风热，肺热痰郁，咳喘痰多，痰黄稠黏，呕逆食少，胸膈满闷。用法用量：内服煎汤，5～10 g；或入丸、散。使用注意：阴虚咳嗽，寒饮咳嗽患者慎服。

附方：

1. 治骨蒸潮热：紫花前胡3 g，柴胡6 g，胡黄连3 g，猪脊髓一条。水煎，入猪胆汁（一个）服。
2. 治小儿风热气啼：紫花前胡适量。研末，炼蜜为丸，如小豆大。日服一丸，温水送下。

【资源综合利用】库区各地作前胡的习用品还有：竹节前胡*P. dielsianum* Fedde ex Wolff.分布于万州、涪陵地区。华中前胡*P. medicum* Dunn.药材名光前胡，分布于万州、涪陵地区。南川前胡*P. dissolutum*（Diels）Wolff.分布于武隆地区。武隆前胡*P. wulongense* Shan et Sheh.习称毛前胡，分布于涪陵、武隆地区。

366　当归

【别名】秦归。

【来源】为伞形科植物当归*Angelica sinensis*（Oliv.）Diels的根。

【植物形态】多年生草本，高0.4～1 m。根圆柱状，分枝，黄棕色，有浓郁香气。茎直立，绿色或带紫色，有纵深沟纹，光滑无毛。叶三出式，二至三回羽状分裂；基生叶及茎下部叶轮廓为卵形，长8～18 cm，宽15～20 cm，小叶片3对，下部的1对小叶柄长0.5～1.5 cm，近顶端的1对无柄，末回裂片卵形或卵状披针形，2～3浅裂，边缘有缺刻状锯齿，齿端有尖头，叶下面及边缘被稀疏的乳头状白色细毛；茎上部叶简化成囊状鞘和羽状分裂的叶片；叶柄长3～11 cm，基部膨大成管状的薄膜质鞘。复伞形花序顶生，花序校长4～7 cm，密被细柔毛；伞辐9～30；总苞片2，线形，或无；小伞形花序有花13～36；小总苞片2～4，线形，萼齿5，卵形；花瓣长卵形，顶端狭尖，内折；花柱短，花柱基圆锥形。果实椭圆形至卵形，背棱线形，隆起，翅边缘淡紫色，棱槽内油管1，合生面油管2。花期6—7月，果期7—9月。

【生境分布】巫山、巫溪、开州、武隆等地栽培。

【采收加工】10月下旬挖取，待水分稍蒸发后，扎把，搭棚先用湿柴火熏烟，使当归上色，至表皮呈赤红色，再用柴火熏干。

【药材性状】根头及主根粗短，略呈圆柱形，根头部具横纹，顶端残留多层鳞片状叶基。根头长1.5～3.5 cm，直径1.5～3 cm，下部有支根，多弯曲，长短不等。表面黄棕色或棕褐色，有不规则纵皱纹及椭圆形皮孔；质坚硬，易吸潮变软，断面黄白色或淡黄棕色，形成层环黄棕色，皮部有多数棕色油点及裂隙，木部射线细密。中心

▲当归

有时有白色的髓心。有浓郁的香气，味甜、微苦，有麻舌感。以身干、枝大、根头肥大、体长腿少、外皮色黄棕、肉质饱满、断面白色、气浓香、味甜者为佳。

【显微鉴别】主根（直径约2 cm）横切面：木栓层只有一层，由数个扁平的木栓细胞组成，壁栓化。皮层已不存在，或仅残存。外韧型维管束不明显成束，韧皮部约占1/2弱，主为韧皮薄壁组织，韧皮射线较明显，由1～3列薄壁细胞组成；在韧皮组织中有较大型的油室散在，外侧较大，切向径可达250 μm，径向径达150 μm，周围有薄壁性的分泌细胞数个至10个，细胞内含黄色树脂状物。韧皮部筛管群中杂有长纺锤形薄壁细胞，腔中有1～2薄分隔，壁上常有网络状纹理。形成层成环，微波状弯曲。木质部发达，导管多为单个或2～3成小群，木射线较宽，均为薄壁组织。

粉末特征：粉末呈淡棕黄色。有特殊的香气。味微甜苦。主要显微特征：油室多呈碎块状，偶见完整者。油室呈圆形，内径25～65 μm，周围的薄壁细胞呈扁圆形，环列，腔中有油滴散在；韧皮薄壁细胞，成块，单个呈纺锤形，直径20～35 μm，壁稍增厚，非木化，表面可见呈网状交叉的细纹理；另可见较长形的韧皮薄壁细胞，腔中可见极薄的横隔膜；梯纹导管，亦有网纹或具缘纹，直径30～60 μm，偶见细小的螺纹导管；淀粉粒极少，细小，类圆形，直径3～13 μm，脐点呈点状或人字形，层纹不明显，复粒由2～4分粒组成。此外，尚可见木栓组织碎块。

【理化鉴别】取本品细粉（20目）100 g，用挥发油提取器提取挥发油，吸取一定量，用乙酸乙酯稀释成10%的溶液，作供试液。另以丁烯酞内酯的醋酸乙酯溶液作对照液。分别点样在同一硅胶G薄层板上，以乙酸乙酯-石油醚（15∶85）展开，展距15 cm。置紫外光灯（254 nm）下，样品溶液色谱在与对照品溶液色谱相应的位置，显相同颜色的荧光斑点。

【化学成分】根主要含挥发油：其酚性油中主含香荆芥酚（carvacrol），还含苯酚（phenol），邻甲苯酚（ocresol），对甲苯酚（p-cresol），愈创木酚（guaiacol），2，3二甲苯酚（2，3-dimethylphenol），对乙苯酚（p-ethylphenol），间乙苯酚（m-ethylphenol），异丁香油酚（isoeugenol），香草醛（vanillin）等。中性油中主含藁本内酯（ligustilide），还含α-蒎烯（α-pinene），月桂烯（myrcene），β-罗勒烯-x（β-ocimine-x），别罗勒烯（alloocimine），双环榄香烯（bicycloelemene）等。

【药理作用】有降低血小板聚集及抗血栓、促进人早期造血细胞发生、刺激多功能造血干细胞增殖、促进红细胞分化、刺激早期红系祖细胞（BFU-B）和晚期造血红系祖细胞（CFU-E）的增殖作用。亦有扩张冠脉、增加冠脉血流量、降低心肌耗氧量、抗心房纤颤、抗心率失常、降血脂、抗氧化、增强免疫功能、抗辐射、抗肿瘤、抗炎、镇痛、引起前列腺萎缩作用。当归对子宫呈“双向性”作用。当归挥发油对子宫呈抑制作用，水及醇溶性物质对子宫呈兴奋作用。阿魏酸可使雌性引起黄体损伤和血浆孕酮水平降低，导致流产，在雄性则引起睾酮释放减少。

【功能主治】药性：甘、辛、苦，温。归肝、心、脾经。功能：补血，活血，调经止痛，润燥滑肠。主治：血虚诸证，月经不调，经闭，痛经，癥瘕结聚，崩漏，虚寒腹痛，痿痹，肌肤麻木，肠燥便难，赤痢后重，痈疽疮疡，跌打损伤。用法用量：内服煎汤，4 ~ 10 g；浸酒、熬膏，或入丸散。

附方：

1. 用于妇女贫血，经期不准，经闭经少：当归、熟地各40 g，川芎、白术各10 g。水煎，兑益母草膏6 g服。

2. 治大便不通：当归、白芷等分。研末，每服3 g，米汤送下。

【资源综合利用】当归始载于《神农本草经》，列为中品，为库区大宗特色栽培药材，用量大，应根据市场需求计划种植。

367　柴胡

【别名】竹叶柴胡。

【来源】为伞形科植物柴胡*Bupleurum chinensis* DC.的带根的全草。

【植物形态】多年生草本，高50 ~ 120 cm。主根较粗，灰褐色至棕褐色。茎单一或2 ~ 3枝丛生，上部多回分枝略作“之”字形曲折。叶互生，基生叶倒披针形或狭椭圆形，长5 ~ 10 cm，宽6 ~ 10 mm，顶端渐尖，基部收缩成柄；茎生叶长圆状披针形，长5 ~ 16 cm，宽6 ~ 20 mm，顶端渐尖或急尖，有短芒尖头，基部收缩成叶鞘，抱茎，脉7 ~ 9，表面鲜绿色，背面淡绿色。复伞形花序多分枝，形成疏松的圆锥状；伞辐3 ~ 8，纤细，不等长，长1 ~ 3 cm；总苞片2 ~ 4，狭披针形，大小不等；小总苞片5，披针形，长3 ~ 3.5 mm，宽0.6 ~ 1 mm，顶端尖锐，3脉；小伞形花序有花5 ~ 12，花柄长约1.2 mm；花瓣鲜黄色，上部内折，中肋隆起，小舌片半圆形，顶端2浅裂；花柱基深黄色，宽于子房。双悬果广椭圆形，棕色，两侧略扁，长2.5 ~ 3 mm，棱狭翼状，淡棕色，每棱槽中有油管3，很少为4，合生面4。花期7—9月，果期9—11月。

【生境分布】生于海拔300 ~ 1 900 m的向阳荒坡、路边、灌丛中。分布于巫溪、巫山、奉节、万州、开州、武隆地区。

【采收加工】春、秋季采挖，晒干。

【药材性状】根圆锥形或圆柱形，有时略弯曲，长6 ~ 15 cm，直径0.3 ~ 1.2 cm，常有分枝；根头膨大成块状，顶端残留数个茎基。表面灰褐色或棕褐色，具纵皱纹、枝根痕及皮孔。质坚硬，不易折断，断面纤维性，横断面

▲柴胡花

▲柴胡

皮部淡棕色、木部黄白色。气微香，味微苦辛。

【显微鉴别】根横切面：木栓层一层，由数列木栓化的木栓细胞组成。皮层已不存在，或仅残存。外韧型维管束较明显成束，每束不甚规则地呈放射状排列。韧皮部约占1/3强，组织中散在有油室，外侧10个左右较明显，略作环状排列，油室切向径70 μm左右，周围分泌细胞6～8个，胞腔内有淡黄色分泌油质；形成层成环状，明显；木质部发达，导管多单个或2～3个成小群，不规则地散列，外侧（近形成层处）有较厚的木纤维群，中侧也有较小型的木纤维群；木射线略弯曲，较宽，局部膨大。根中央的木质部多散在的导管，无髓部。

粉末特征：粉末黄棕色。木栓细胞黄棕色，表面观类方形或长方形，长35～69 μm，宽25～60 μm。导管有螺纹、网纹和孔纹，直径12～50 μm。分泌物为深黄棕色。

【理化鉴别】薄层鉴别：取柴胡粉末1 g，用苯15 mL抽提，然后再以甲醇15 mL提取。甲醇提取部分减压浓缩至干，加50%甲醇配制成混悬液上柱（Diaaion HP-20），用50%甲醇液洗脱，再以100%甲醇洗脱。浓缩至干，溶于0.5 mL甲醇供点样用。对照品柴胡皂苷a，柴胡皂苷b。将上述液点于同一Kieselgel 60F_{254}上，用氯仿-甲醇-水（15：6：1）展开，取出，喷浓硫酸显色。样品与对照品相同的位置显相同颜色斑点。

【化学成分】根含挥发油：2-甲基环戊酮（2-methylcyclopentanone）、柠檬烯（limonene）、月桂烯（myrcene）、右旋香荆芥酮（cavacrone）、反式香苇醇（carveol）、胡薄荷酮（pulegone）、桃金娘醇（myrtenol）、α-松油醇（α-terpineol）、芳樟醇（linalool）、牻牛儿醇（geramol）、正十三烷（n-tridecane）、（E）-牻牛儿基丙酮[（E）-gemnyl aetolle]，α-荜澄茄油烯（rcubekne）。尚含柴胡皂苷（saikosaponin），侧金盏花醇（adomtol），α-菠菜甾醇（α-spinasterol），多糖等。

【药理作用】有免疫增强、镇痛、镇静、解热、保肝、降胆固醇、短期降压、减慢心率、溶血、抗菌、抗病毒、抗肿瘤、抗胃溃、抑制胰蛋白酶作用。

【功能主治】药性：苦、辛，微寒。功能：解毒退热，疏肝解郁，升举阳气。主治：外感发热，寒热往来，疟疾，肝郁痛乳胀，头痛头眩，月经不调，气虚下陷久脱肛，子宫脱垂，胃下垂。用法用量：内服煎汤，3～10 g；或入丸、散。外用适量，煎水洗，或研末调敷。使用注意：真阴亏损，肝阳上亢及肝风内动之证禁服。

附方：

1. 治耳聋：柴胡30 g，香附30 g，川芎15 g。研末。早、晚开水冲服9 g。

2. 治胰腺炎：柴胡15 g，黄芩、胡连、木香、延胡索各10 g，杭芍15 g，生大黄15 g（后下），芒硝10 g（冲服）。水煎服。

【资源综合利用】库区产同属植物入药者约10种（含变种），除北柴胡外，竹叶柴胡*Bupleurum marginatum* Wall. ex DC. 的带根的全草为重庆习用药材，各大医院及民间均使用此种，应进一步对其成分及药理进行研究。

368　积雪草

【别名】大马蹄草、马蹄草。

【来源】为伞形科植物积雪草*Centella asiatica*（L.）Urb.的全草。

【植物形态】多年生草本，茎匍匐，细长，节上生根。单叶互生；叶片肾形或近圆形，长1～2.8 cm，宽1.5～5 cm，基部阔心形，边缘有钝锯齿，两面无毛或在背面脉上疏生柔毛；掌状脉5～7，叶柄长2～15 cm，基部鞘状。伞形花序单生，或2～4个聚生叶腋；苞片2～3，卵形，膜质；伞形花序有花3～6，聚集成头状；花瓣卵形，紫红色或乳白色。果实圆球形，基部心形或平截，长2～3 mm，宽2～3.5 mm，每侧有纵棱数条，棱间有明显的小横脉，网状，平滑或稍有毛，花、果期4—10月。

【生境分布】生于海拔200～1 900 m的阴湿草地、田边、沟边。分布于库区各市县。

【采收加工】夏季采收，晒干或鲜用。

【药材性状】常卷缩成团状。根圆柱形，长2～5 cm；表面淡黄色或灰黄色。茎细长弯曲，淡黄色，有细纵皱纹，节上常着生须状根。叶片多皱缩、破碎，完整者展平后呈近圆形或肾形。直径2～5 cm，灰绿色。边缘有粗钝齿；叶柄长3～5 cm，常扭曲。气微，味淡。

▲积雪草

【显微鉴别】茎横切面：表皮细胞一层，类方圆形。皮层颇宽，全为薄壁细胞组成，组织中有分泌道散布。外韧型维管束6个，束外有中柱鞘纤维群，呈半弧状包围。韧皮部狭窄。木质部仅有数个小导管，射线中也有分泌道分布。髓部均为薄壁细胞组成。

【理化鉴别】薄层鉴别：取粉末2 g，加热提取10 min，滤过，滤液浓缩至约1 mL，点于硅胶G薄层板上，用正丁醇-醋酸-水（4：1：1）为展开剂，展开17.5 cm，喷以4%磷铝酸乙醇溶液，加热至110 ℃，斑点均显蓝色。

【化学成分】全草含积雪草苷（asiaticoside），羧基积雪草苷（madecassoside），波热模苷（brahminoside），波热米苷（brahminoside），参枯尼苷（thankkuniide），积雪草酸（asiatic acid），羧基积雪草酸（madecassic acid），波热米酸（brahmic acid），6β-羟基积雪草酸（6β-OH-hydroxyasiatic acid）等。

【药理作用】有抗抑郁、抗胃溃疡、抗炎、镇痛、促进皮肤损伤修复、促进人皮肤角质形成、促进成纤维细胞增殖、促进DNA合成、抗肿瘤、抑制乳腺增生、抑制系膜细胞增殖，抑制导致肾小球硬化的关键纤维化因子TGF-β作用。

【功能主治】药性：苦、辛，寒。归肺，脾，肾，膀胱经。功能：清热利湿，活血止血，解毒消肿。主治：发热，咳喘，咽喉肿痛，肠炎，痢疾湿热黄疸，水肿，淋证，尿血，衄血，痛经，崩漏，丹毒，瘰疬，疔疮肿毒，带状疱疹，跌打肿痛，外伤除血，蛇虫咬伤。用法用量：内服煎汤，9～15 g，或捣汁。外用适量，捣敷或绞汁涂。使用注意：脾胃虚寒者慎服。

附方：

1. 治肺热咳嗽：积雪草30 g，麦冬30 g，茅根30 g，枇杷叶15 g，桑叶15 g。水煎服。
2. 治肺肿大：积雪草250 g，水煎服。

【资源综合利用】临床试验证明积雪草有抗焦虑作用，其受试者耐受良好，无副作用。积雪草苷对皮肤溃疡、皮肤损伤、疤痕疙瘩、局限性硬皮病、皮肤淀粉样变形等有较好的治疗作用。有望开发成新型美容产品。

369　川明参

【别名】明参、明沙参、土明参。

【来源】为伞形科植物川明参*Chuanminshen violceum* Shan et Yuan的根。

▲川明参

【植物形态】多年生草本，高30～150 cm。根颈细长；根圆柱形，长7～30m，径0.6～1.5 cm，顶部百横环纹，表面平坦，黄白色至黄棕色，断面白色，味甜。茎圆柱形，多分枝，有纵细条纹，基部带紫红色。基生叶多数，连压状；叶柄长6～18 cm，基部有宽叶鞘，抱茎；叶片轮廓三角状卵形，三出式二至三回羽状分裂，一回裂片3～4对，二回羽片1～2对，末回裂片卵形或长卵形，顶端渐尖，基部楔形或圆形，不规则的2～3裂或镶齿状分裂；茎上部叶很少，具长柄。复伞形花序顶生或侧生，总苞片0～2，线形；伞辐4～8；小总苞片0～3，线形；花瓣长椭圆形，暗紫红色、浅紫色或白色；萼齿狭长三角形或线形；花柱向下弯曲，分生果长卵形，暗褐色。背棱和中棱线形突起，侧棱稍宽或增厚；棱槽内有油管2～3。花期4—5月，果期5—6月。

【生境分布】生长在低海拔草丛中或沟边。有栽培。分布于宜昌、秭归、万州、涪陵地区。

【采收加工】4月上旬采挖，用竹刀刮去粗皮，置沸水中煮烫透心，晾干。

【药材性状】根呈圆柱形，长7～30 cm，直径0.5～1.2 cm，多不分枝。表面淡黄棕色或灰棕色。质稍硬，断面粉性，形成层环明显，并可见淡黄色小油点。气微味淡。

【化学成分】含5，8-二甲氧基补骨脂素，5-异戊烯基-8甲氧基补骨脂素，procyanidin A-2，槲皮素-3-O-葡萄糖醛酸苷，芦丁，豆甾醇，豆甾醇-葡萄糖苷及棕榈酸，硬脂酸的混合物，川明参多糖，含蛋白质、磷脂等。

【药理作用】有抗突变作用。

【功能主治】药性：甘、微苦，凉。归肺，胃，胃肝经。功能：养阴清肺，健脾助运。主治：热病伤阴，肺燥咳嗽，脾虚食少，病后体弱。用法用量：内服煎汤，6～15 g。使用注意：风寒咳嗽者慎服。

附方：

1. 治肺虚咳嗽有痰：川明参、菊花、瓜蒌壳、杏仁、桔梗、前胡各9 g，甘草3 g。水煎服。
2. 治脾虚纳少：川明参、白扁豆、莲米、芡实各15 g，陈皮3 g。炖羊肚服。
3. 治病后体虚，食欲不振：川明参、黄芪、黄精、淮山药各12 g，白术、百合、当归、砂仁、大枣、生姜各9 g，水煎服。

【资源综合利用】川明参为我国特有的植物，分布面较窄，仅分布于四川、重庆、湖北的局部地区。

370　蛇床子

【别名】蛇床仁。

【来源】为伞形科植物蛇床子*Cnidium monnieri*（L.）Cuss.的果实。

【植物形态】一年生草本，高20～80 cm。根细长，圆锥形。茎圆柱形多分枝，中空，表面具深纵条纹，棱上常具短毛。根生叶具短柄，叶鞘短宽，边缘膜质上部叶几全部简化成鞘状，叶片轮廓卵形至三角状卵形，长3～8 cm，宽2～5 cm，二至三回三出式羽状全裂；末回裂片线形至线状披针形，长3～10 mm，宽1～1.5 mm，具小尖头，边缘及脉上粗糙。复伞形花序顶生或侧生，总苞片6～10，线形至线状披针形，边缘膜质，有短柔毛；伞辐8～25；小总苞片多数，线形，边缘膜质，具细睫毛；小伞形花序具花15～20；萼齿不明显；花瓣白色，顶端具内折小舌片；花柱基略隆起，向下反曲。分生果长圆形，长1.3 ~ 3 mm，宽1 ~ 2 mm，横剖面近五角形，主棱5，均扩展成翅状，每棱槽中有油管1，合生面2，胚乳腹面平直。花期4—6月，果期5—7月。

【生境分布】生于海拔300 ~ 600 m的山坡、田野、路旁、沟边。分布于库区各市县。

【采收加工】夏、秋季果实成熟时采收，晒干；或割取地上部分晒干，打落果实。

【药材性状】果实由双悬果组成，椭圆形或长椭圆形，长2 ~ 3.5 mm，直径1.2 ~ 2 mm；表面灰棕色或黄褐色，光滑无毛，顶端有向外弯曲的花柱基，基部有的具小果柄。分果背面有纵棱5条，接合面平坦，中间略内凹，有1条纵棱，其两侧各有1条棕色棱线。果皮松脆，揉搓后可脱落，种子细小，暗褐色，显油性。气香特异，味辛，有麻舌感。

【显微鉴别】分果横切面：呈半圆形，有五个指状的明显突起，即为翅状果棱。合生面平整。外果皮仅一列薄壁表皮细胞，外披角质层；中果皮全为薄壁组织，每个突出的果翅中有一个类圆形维管束，外韧型，可见少数纤维，果翅的凹处各具一个扁形大油管，切向排列，合生面有2个油管，内含淡黄色油脂；内果皮细胞一层，狭长；合生面的内果皮与种皮间有种脊维管束。种皮只有1列颓废细胞，内含红棕色物质。内胚乳由薄壁细胞组成，壁稍厚，腔内含有脂肪油及淀粉粒，糊粉粒中含有细小簇晶。胚圆形，位于胚乳中央，由薄壁细胞组成，内含少量糊粉粒。子叶2片，由薄壁细胞组成。

粉末特征：黄褐色。外果皮表皮细胞表面观类长方形或类多角形，垂周壁微波状或深波状弯曲，表面具角质纹理，气孔不等式，副卫细胞4个。网纹细胞类方形或类圆形，壁稍厚，非木化或微木化，具条状或网状增厚。油管碎片黄棕色或深红棕色，有的可见横隔。内果皮细胞壁有的呈念珠状增厚；另有内胚乳细胞和脂肪油滴。

【理化鉴别】薄层鉴别：取粉末2 g，加氯仿50 mL，冷浸7 d，滤液浓缩至5 mL，作供试液。另取蛇床子素、花椒毒素用氯仿溶解作对照液。各取上述液10 μL，点样于硅胶G-1% CMC薄层板上，用氯仿-丙酮-苯（4∶1∶5）展开。置254 nm紫外光灯下观察荧光。供试液与对照液在相同的位置显相同颜色的斑点。

【化学成分】果实含挥发油，蛇床子素（osthol），消旋的喷嚏木素（umtatin），蛇床酚（cnidimol），欧芹酚甲醚，酸橙内酯烯醇（auraptenol），去甲基酸橙内酯烯醇（demethylauraptenol），欧前胡内酯（imperatorin），香柑内酯，花椒毒素（xanthotoxol）等。

▲蛇床子

【药理作用】有抗室颤、抗心律失常、抑制心脏、抑制血管平滑肌增生、抑制血小板聚集、抗病毒、抗突变、降低外周血管阻力、降低血压、抗肿瘤、性激素样、抗组织胺样、祛痰、平喘、抗骨质疏松、抗衰老、局麻、延长睡眠时间、提高阳虚血浆前列腺素和环核苷酸水平、抗滴虫、杀精作用。

【功能主治】药性：辛、苦，温。归脾，肾经。功能：温肾壮阳，燥湿杀虫，祛风止痒。主治：男子阳痿，阴囊湿痒，女子宫寒不孕，寒湿带下，阴痒肿痛，风湿痹痛，湿疮疥癣。用法用量：内服煎汤，3 ~ 9 g；或入丸、散。外用；水煎熏洗；或制成坐药、栓剂；或研细末调敷。使用注意：下焦湿热或相火易动，精关不固者禁服。

附方：

1. 治阳痿：蛇床子、枸杞子各15 g，韭菜子30 g，菟丝子10 g。水煎服。

2. 治湿疹：蛇床子、荆芥、苦参、地肤子各50 g。煎水，洗患处。

371 鸭儿芹

【别名】鸭脚板草、大鸭脚板、野芹菜。

【来源】为伞形花科植物鸭儿芹*Cryptotaenia japonica* Hassk.的嫩茎叶。

【植物形态】多年生草本，高30～90 cm，全体有香气。根状茎很短；根细长，密生。茎直立，具叉状分枝。叶互生，三出复叶，叶柄长5～17 cm，基部稍扩大成膜质窄叶鞘而抱茎，小叶无柄；中间小叶菱状倒卵形，长3～10 cm，边缘有不整齐重锯齿，基部下延，侧生小叶歪卵形，有时2～3浅裂。花小，白色，有时带紫红色，复伞形花序疏松，顶生及腋生；苞片1～3，早落；伞梗3至数条，不等长；小伞梗2～7；萼齿5，退化；花瓣5，顶端长而内弯；雄蕊5，花药纵裂；雌蕊1，子房下位，2室，每室1胚珠。双悬果长椭圆形，长3.5～6.5 mm；分果常圆而不扁，有5棱，主棱发达，次棱不显，每棱间有油管3个，结合面3～4个。花期4—5月，果期6—10月。

【生境分布】生于海拔200～1 600 m的山坡林边、沟边、田边湿地或沟谷草丛中。分布于库区各市县。

【采收加工】夏、秋季采收，晒干。

【化学成分】嫩茎叶含蛋白质，脂肪，碳水化合物，维生素，胡萝卜素，钙、磷、铁等。全草及根含有挥发油，油的主要成分为鸭芹烯（cryptotaenen），开加烯（kiganen），开加醇（kiganol）。果实中含脂肪油约22%，从油中分离出岩芹酸（petroselic acid）。

【药理作用】有抑菌作用。

【功能主治】药性：辛、苦，平。功能：消炎解毒，祛风止咳，活血祛瘀。主治：感冒咳嗽，肺炎，肺脓肿，尿路感染，疝气，牙痛，虚弱劳累，跌打损伤，皮肤瘙痒，治带状疱疹，无名肿毒。用法用量：内服煎汤，15～30 g，或炖肉服，外用适量，煎水洗患处，捣烂外涂。

附方：

1. 治风寒感冒咳嗽：鸭儿芹10 g，紫苏6 g，铁筷子6 g，陈皮6 g。水煎服。
2. 治小儿肺炎：鸭儿芹15 g，马兰12 g，叶下红、野油菜各9 g。水煎服。
3. 治肺脓肿：鸭儿芹30 g，鱼腥草60 g，桔梗、山苦瓜各6 g，瓜蒌根5 g。水煎服。
4. 治尿路感染：鸭儿芹15～30 g。水煎服。

▲鸭儿芹

5. 治疝气：鸭儿芹15 g，茴香根15 g，木姜子6 g，荔枝核10 g，吴茱萸5 g，气桃子12 g。水煎服。

6. 治牙痛：鲜鸭儿芹适量。洗净嚼碎，咬牙痛处。

鸭儿芹的果实治食积。根发表散寒，止咳化痰；治风寒感冒，水呛咳嗽，跌打损伤。

7. 治寒咳：鸭儿芹根30 g。煨水服。

8. 治水呛咳嗽：鸭儿芹果6 ~ 15 g，地骷髅（结籽后的萝卜枯根）1 000 g。煎水，当茶饮。

【资源综合利用】鸭儿芹是日本、中国台湾地区等区域的栽培蔬菜之一，该品种对土壤要求不严，库区适合生长，应作为蔬菜类经济植物加以开发利用。

372 南鹤虱

【别名】野胡萝卜籽。

【来源】为伞形科植物南鹤虱*Daucus carota* L.的果实。

【植物形态】二年生草本，高20 ~ 120 cm。全株被白色粗硬毛。根肉质细圆锥形，黄白色。基生叶薄膜质，长圆形，二至三回羽状全裂，末回裂片线形或披针形，长2 ~ 15 mm，宽0.5 ~ 4 mm，顶端尖，光滑或有糙硬毛；叶柄长3 ~ 12 cm；茎生叶近无柄，有叶鞘，末回裂片小而细长。复伞形花序顶生，花序梗长10 ~ 55 cm，有糙硬毛；总苞片多数，叶状，羽状分裂，裂片线形，长3 ~ 30 mm；伞辐多数；小总苞片5 ~ 7，线形，不分裂或2 ~ 3裂，边缘膜质，具纤毛；花通常白色，有时带淡红色。萼片5，大小不等，倒卵形，顶端凹陷，成狭窄内折的小舌片，子房下位，密生细柔毛，花柱短，基部圆锥形。双悬果长卵形，具棱，棱上有翅，棱上有短钩刺或白色刺毛。花期5—7月，果期6—8月。

【生境分布】生于海拔250 ~ 1 400 m的山坡路旁、旷野或田间。分布于库区各市县。

【采收加工】6—8月果实成熟时采收，晒干。

【药材性状】双悬果广卵形，多裂为分果。长3 ~ 4 mm。宽1.5 ~ 2.5 mm，表面黄棕色。顶端有花柱残基，基部钝圆，偶有小果柄。背面主棱不明显，有四条隆起的次棱，发育成窄翅、翅上密生一列黄白色钩刺；棱线间的凹陷处散生短柔毛。分果横切面略呈半圆形，种子无色，显油件，每一棱线内方有一个油管，接合面有2个油管。体轻，质韧，搓碎时有特异香气，味微苦而后辣。

【显微鉴别】果实横切面：分果中部横切面观察。背面隆起，有6个明显指状突起，4个为次棱，2个为主棱，每个果棱各有一个大型的径向排列的油管。外果皮为1列薄壁细胞，柔毛（钩刺）着生于果棱的顶端，较长，可达近1 000 μm，钩状或弯曲不成钩状；中果皮由数列薄壁细胞组成；合生面有2个油管，扁长圆形，径向径可达120 μm。次棱间的主棱不明显突起，其内侧有一细小的维管束；内果皮为一列薄壁细胞，内含红棕色物质。内胚乳由多角形薄壁细胞组成，壁稍厚，内含脂肪油及糊粉粒，其中含有细小草酸钙簇晶。

【理化鉴别】（1）检查内酯类：南鹤虱粉末各2 g，加乙醚20 mL，置锥形瓶中，水浴加热回流提取1 h，滤过，滤液浓缩至2 mL，作成供试品溶液，分别取上述溶液各10 μL，点于同一硅胶G-CMC（0.2%）薄层板上，以氯仿：乙酸乙酯（19.5：0.5）为展开剂，展开，展距约10 cm，取出，喷以异羟肟酸铁试剂，结果有9个斑点。（2）检查挥发油：又取上述供试品溶液各10 μL，点于另一硅胶G薄层板上，以石油醚：乙酸乙酯（17：3）为展开剂，展开，展距约10 cm，取出，喷以香草醛-浓硫酸溶液，110 ℃加热5 min，结果均显有14个斑点。

【化学成分】果实含挥发油约2%，主要有细辛醚（asarone），甜没药烯（biasabolene），巴豆酸（tiglic acid），细辛醛（asaryialdehyde）；栽培物果实含胡萝卜次醇（carotol）9% ~ 63%，牻牛儿醇乙酸酯（geranylacetate），环氧二氢丁香烯（epoxydihydrocaryophyllin）等，尚含芳樟醇（linalool），柠檬烯（limonene），香柑油烯（bergamotene），α-和β-蒎烯（α-，β-pinene），百里香酚（thymol）等。

【药理作用】有杀虫、扩张冠状动脉、降压、舒张平滑肌、收缩子宫、抗菌作用。

【功能主治】药性：苦、辛，平，小毒。脾，胃，大肠经。功能：杀虫，消积，止痒。主治：蛔虫，蛲虫，绦虫，钩虫病，虫积腹痛，小儿疳积，阴痒。用法用量：内服煎汤，6 ~ 9 g；或入丸、散。外用适量煎水熏洗。使用注意：孕妇禁服。

▲南鹤虱

附方：

1. 治蛔虫病、绦虫病、蛲虫病：南鹤虱6 g。研末，水调服。
2. 治钩虫病：南鹤虱45 g，水浓煎，加白糖适量，睡前服。
3. 治虫积腹痛：南鹤虱9 g，南瓜子、槟榔各15 g。水煎服。
4. 治阴痒：南鹤虱6 g。煎水，熏洗阴部。

【资源综合利用】南鹤虱除药用外，还可提取鹤虱油，用作食品、烟草、日化品的调香剂。但随产地、野生和栽培不同，其所含化学成分也不一样，因此导致药效不等，有待开展对产地及质量方面的研究。

373 小茴香

【别名】谷茴香、小茴。

【来源】为伞形科植物小茴香*Foeniculum vulgare* Mill.的果实。

【植物形态】多年生草本，高0.4～2 m。具强烈香气。茎直立，灰绿色或苍白色，上部分枝开展，表面有细纵沟纹。茎生叶互生，较下部的茎生叶柄长5～15 cm，中部或上部的叶柄部分或全部成鞘状，鞘边缘膜质，叶片轮廓为阔三角形，长约30 cm，宽约40 cm，四至五回羽状全裂；末回裂片丝状，长0.5～5 cm，宽0.5～1 cm。复伞形花序顶生或侧生，直径3～15 cm，花序梗长达25 cm，无总苞和小总苞；伞辐6～30，长1.5～10 cm，小伞花序有花14～30朵，花柄纤细，不等长；花小，花瓣黄色，倒卵形或近倒卵形，中部以上向内卷曲，顶端微凹；雄蕊5，花丝略长于花瓣，花药卵圆形，淡黄色，纵裂；子房下位，2室，花柱基圆锥形，向外叉开或贴伏在花柱基上。双悬果长圆形，主棱5条，尖锐；每棱槽内有油管1，合生面有油管2。花期5—6月，果期7—9月。

【生境分布】栽培。分布于库区各市县。

【采收加工】8—10月果实呈黄绿色，并有淡黑色纵线时割取地上部分，晒干，打下种子。

【药材性状】双悬果细圆柱形，两端略尖，有时略弯曲，长4～8 mm，直径1.5～2.5 mm；表面黄绿色至棕色，光滑无毛，顶端有圆锥形黄棕色的花柱基，有时基部有小果柄，分果长椭圆形，背面隆起，有5条纵直棱线，接合面平坦，中央色较深，有纵沟纹。横切面近五角形，气特异而芳香，味微甜而辛。

【显微鉴别】分果横切面：分果呈半圆形，有5个突起的棱脊，左右两个较大。外果皮为一列细胞；中果皮主为薄壁组织，有6个较大型的油管分布于上下左右，椭圆形，切向延长。维管束5个，存在于每个突起棱脊的中部，双韧型；另有一个种脊维管束着生于下侧（近轴面）的中央。胚及内胚乳均由薄壁细胞组成，胚乳组织较厚。

粉末：呈黄棕色。网纹细胞棕色，呈不规则长圆形，木化或微木化，具有大型的扁卵圆形壁孔。内果皮细胞，呈镶嵌状，5～8个细胞为一组，以长轴面相互镶嵌排列，其外侧为外果皮细胞。油管组织多呈碎块状，管壁由分泌细胞组成，呈多角形，黄棕色至深红棕色，偶见完整的油管，直径250 μm左右。内胚乳细胞，呈类多角形，壁稍增厚，细胞中含众多糊粉粒，直径约10 μm，每个糊粉粒中含一个小簇晶。果皮表皮细胞，表面观呈多角形，可见气孔不定式，副卫细胞4个。

▲小茴香

【化学成分】含脂肪油、挥发油、甾醇、糖苷及氨基酸等，三萜类、鞣质、黄酮类、强心苷、生物碱、皂苷、香豆素、挥发性碱、蒽醌等。挥发油主要为反式-茴香脑（hansanethole 63.4%），柠檬烯（limonene 13.1%），小茴香酮（fenchone 12.1%），爱草脑（estrngole 4.7%），γ-松油烯（γ-terplncne 2.7%）等。

【药理作用】有促进肠蠕动、抗胃溃疡形成、清除体内NO、抑制刺激性腹泻、促进胆汁分泌、雌激素样、抗突变、抗菌、促进DNA修复能力作用。

【功能主治】药性：辛，温。归肝，肾，膀胱，胃经。功能：温肾暖肝，行气止痛，和胃散寒。主治：寒疝腹痛，睾丸偏坠，脘腹冷痛，恶心呕吐，食少吐泻，胁痛，肾虚腰痛，痛经。风寒湿痹，鼻疳。用法用量：内服煎汤，3～9 g；或入丸、散。外用适量，研末调敷或炒热温熨。使用注意：阴虚火旺者慎服。

附方：

1. 治胃痛，腹痛：小茴香、良姜、乌药根各6 g，炒香附9 g。水煎服。
2. 胁下疼痛：小茴香30 g（炒），枳壳15 g（麸炒）。每服9 g，盐汤调下。

【资源综合利用】近年来研究发现，小茴香油、茴香脑、茴香醛等成分具增渗作用，有望成为新一类的透皮吸收剂。多作食用香料，广泛用于火锅等食品调味产业中。

374 天胡荽

【别名】满天星、破铜钱、落得打。

【来源】为伞形科植物天胡荽*Hydrocotyle sibthorpoioides* Lam.的全草。

【植物形态】多年生矮小草本，有特异气味。茎细长而匍匐，平铺地上成片，节上生根。单叶互生，圆肾形或近圆形，直径0.5～3.5 cm，不分裂或5～7裂，裂片宽倒卵形，边缘有钝锯齿，基部心形，上面光滑或有疏毛，下面通常有柔毛；叶柄细，长0.5～9 cm。单伞形花序与叶对生，生于节上，花序梗纤细，长0.5～3 cm；总苞片4～10，倒披针形，长约2 mm；每个伞形花序有花10～15朵；花无柄或有短柄；花瓣5，卵形，绿白色，长约1.2 mm；雄蕊5；子房下位。双悬果略呈心形，长1～1.5 mm，侧面扁平，光滑或有紫色斑点，中棱在果熟时极为隆起，略锐。花、果期4—9月。

【生境分布】生于海拔2 000 m以下的山坡、路旁、荒地、墙脚或溪边。分布于库区各市县。

【采收加工】夏、秋季花叶茂盛时采收，阴干或鲜用。

【药材性状】多皱缩成团，根细圆柱形，表面淡黄色或灰黄色。茎极纤细，弯曲，黄绿色，节处有根痕及残留细根。叶多皱缩破碎，完整者圆形或近肾形，掌状5～7浅裂或裂至叶片中部，少不分裂，边缘有钝齿；托叶膜

▲天胡荽

质；叶柄长约0.5 cm，扭曲状。伞形花序小。双悬果略呈心形，两侧压扁，气香。

【显微鉴别】茎横切面：表皮细胞1列，皮层细胞具细小密集的淀粉粒；具分泌道，内径20 ~ 45 μm。中柱有7个维管束排列成环。细胞亦含细小的椭圆形淀粉粒。

叶横切面：上表皮细胞垂周壁均呈不规则弯曲；上表皮偶有非腺毛；表皮有长角状或长锥形大型多细胞非腺毛，稀疏，一般见于叶脉上。上下表皮均有气孔。栅栏组织通过主脉。主脉维管束及侧脉维管束下方有分泌道。

粉末特征：呈淡棕绿色。微具腥气，味淡微辛。①非腺毛呈短角状或长角状锥形，长可达600余微米，由10多个至数十个细胞组成，排成多列；亦可见由2 ~ 4个细胞组成，排成单列的小非腺毛。②上表皮细胞垂周壁弯曲，直径27 ~ 58 μm。③下表皮细胞壁亦弯曲，直径27 ~ 67 μm。④上下表皮均有气孔，直径14 ~ 20 μm，长18 ~ 24 μm，不定式、平轴式或直轴式，副卫细胞2 ~ 3个。

【化学成分】含黄酮苷、酚类、氨基酸、挥发油、香豆素等。

【功能主治】药性：辛、微苦，凉。功能：清热利尿，消肿解毒。主治：黄疸型肝炎，肝硬化腹水，胆石症，泌尿系感染，急性肾炎，泌尿系结石，伤风感冒，咳嗽，百日咳，咽喉炎，扁桃体炎，目翳，湿疹，带状疱疹，脚癣，丹毒，衄血。用法用量：内服煎汤，9 ~ 15 g，鲜品30 ~ 60 g；或捣汁。外用适量，捣烂敷；或捣取汁涂。

附方：

1. 治带状疱疹：鲜天胡荽适量，捣烂，用酒精浸半天后，用棉花球蘸搽患处。
2. 治肝炎发黄：鲜天胡荽15 ~ 25 g（干品9 ~ 15 g），茵陈蒿15 g。水煎服。
3. 治急性黄疸型肝炎：鲜天胡荽30 ~ 60 g，白糖30 g。酒、水各半煎服。
4. 治小儿夏季热：鲜天胡荽适量，捣汁半小碗，每服三至五匙，每日服五六次。
5. 治痢疾：天胡荽、蛇疙瘩、刺梨根、石榴皮各适量。水煎服。
6. 治头疮白秃：天胡荽，牛耳大黄，木槿皮各适量。捣烂涂。
7. 治耳烂：鲜天胡荽适量，揉汁涂。

375 藁本

【别名】茶芎。

【来源】为伞形科植物藁本*Ligusticum sinense* Oliv.根茎和根。

【植物形态】多年生草本，高达1 m。根茎具膨大的结节。茎直立，圆柱形，中空，有纵直沟纹。基生叶具长柄，长达20 cm；叶片轮廓宽三角形，长10～15 cm，宽15～18 cm，二回三出式羽状全裂，第一回羽片轮廓长圆状卵形，长6～10 cm，宽5～7 cm，下部羽片具柄，柄长3～5 cm，基部略膨大；末回裂片卵形，长约3 cm，宽约2 cm，顶端渐尖，边缘齿状浅裂，有小尖头，脉上有短柔毛，顶生小羽片顶端渐尖至尾状；茎中部叶较大；茎上部叶近无柄，基部膨大成卵形抱茎的鞘。复伞形花序顶生或侧生；总苞片6～10，线形至羽状细裂，长约6 mm；伞辐14～30，长达5 cm，四棱形，有短糙；小伞花序有小总苞片约10片，线形或窄披针形，长3～4 mm；花小，无萼齿；花瓣白色，倒卵形，顶端微凹，具内折小尖头；雄蕊5；花柱长，向外反曲。双悬果长圆卵形，分生果背棱突起，侧棱扩大成翅状，背棱棱槽内有油管1～3，侧棱棱槽内有油管3，合生面有油管4～6，胚乳腹面平直。花期7—9月，果期9—10月。

【生境分布】生于海拔1 000～2 700 m的林下、沟边及湿润草丛中。分布于巫溪、巫山、奉节、云阳、万州、开州、石柱、涪陵、武隆地区。

【采收加工】在9—10月倒苗后采挖，去掉残茎，晒干或炕干。

【药材性状】根茎呈不规则结节状圆柱形，稍扭曲，有分枝，长4～10 cm，直径1～2 cm。表面黄棕色或暗棕色，粗糙，有纵皱纹，栓皮易剥落，顶端残留有数个圆孔状茎基，下侧有多数点状突起的根痕及残根。体轻，质较硬，易折断，断面黄色或黄白色，纤维性。气浓香，味辛、苦、微麻。

【显微鉴别】根茎横切面（直径2 cm）：木栓层一环，由10余列木栓细胞组成。皮层局部存在，有略呈切向延长的油室散在。外韧型维管束，束不典型，韧皮间筛管群分散排列，不呈放射状，其内侧的薄壁组织有大型的切向裂隙，有大型油室不规则散在，类圆形或椭圆形，直径60～200 μm，腔内有淡黄色油状物质；射线微弯曲，宽2～3列细胞，其中无油室。形成层环状，束间形成层明显。木质部导管单个或2～3个成群散列，呈不规则的放射状，中侧有较大的木纤维群包围导管；木射线微弯曲或平直，宽2～3列细胞。髓部明显且大，由薄壁细胞组成，亦有大型油室散在。本品薄壁细胞中含细小的淀粉粒。

▲藁本

粉末鉴别：粉末呈黄棕色。气香。味辛、苦，微麻。主要显微特征：纤维较多，单根或成束散在，少有完整者。单根纤维披针形或不规则宽披针形，直径20～29 μm，最长者可达300 μm左右，两端钝圆或渐尖，有时一端略膨大，壁极厚，木化，壁孔扁圆形或圆形，不甚稠密，孔沟较明显；石细胞呈类圆形或不规则圆形，直径25～50 μm，长50～80 μm，壁较厚或极厚，木化，纹孔圆形，多数可见细密环纹；油管碎片多破碎，周围细胞呈扁平形，2至数层；淀粉粒（未加工的药材），均为单粒，呈类圆球形或长圆形，直径5～8 μm，少数可见点状脐点，层纹均不明显；已糊化的淀粉粒团块极多，表面云纹状或脑花状，半透明。

【理化鉴别】薄层鉴别：取粉末2 g，加乙醚6 mL，冷浸4 h，滤过。滤液浓缩至干，残渣用氯仿溶解至1.0 mL，作供样品溶液。另以阿魏酸为对照品。分别点样于同一硅胶G-CMC薄板上，以氯仿-苯-甲醇（20∶20∶6）展开。置紫外光灯下观察荧光。供试液色谱在与对照品液色谱的相应位置显相同荧光色斑。

【化学成分】含挥发油0.85%，主成分为：新川芎内酯（neocnidilide）占25.57%，柠檬烯（limo-nene）占14.44%，川芎内酯（cnidilide）占10.78%，4-松油醇（4-terpineol）占8.0%等。

【药理作用】有镇静、镇痛、解热、抗炎、抑制肠肌、降低子宫张力、抗喘、抗气管平滑肌痉挛收缩、降血压、扩张血管、抑制心脏、延长血栓形成时间、提高耐缺氧能力、抗早孕、抗氧化、促进胆汁分泌、抑制水浸应激性溃疡形成作用。高剂量时可使雌雄激素降低，可使幼龄小鼠的子宫系数及卵巢系数显著降低。

【功能主治】药性：辛，温。归膀胱经。功能：祛风胜湿，散寒止痛。主治：风寒头痛，颠顶疼痛，风湿痹痛，疥癣，寒湿泄泻，疝瘕。用法用量：内服煎汤，3～12 g；或入丸、散。外用适量，煎水洗或研末调涂。使用注意：阴血虚及热证头痛禁服。

附方：

1. 治风湿关节痛：藁本9 g，苍术9 g，防风9 g，牛膝12 g。水煎服。
2. 治头屑：藁本、白芷等分。水煎外洗。
3. 治头痛：川芎、细辛、白芷、甘草、藁本各8 g。水煎服。

【资源综合利用】藁本始载于《神农本草》，列为中品。应作为偏头痛重要药物加以开发利用。

376　川防风

【别名】竹节防风、西风、毛前胡、防风。

【来源】为伞形科植物竹节前胡*Peucedanum dielsianum* Fedde ex Wolff.的根。

【植物形态】多年生草本，高40～100 cm。根茎圆柱形，有明显外节。茎单生，有纵向条纹。基生叶柄长6～9 cm，基部有的卵状叶鞘，边缘白色膜质；叶片广三角状卵形，三回羽状分裂或分裂，长10～30 cm，宽10～26 cm，末回裂片卵状披针形或三角卵状，有时为长椭圆形至线形，边缘具不规则的浅齿或深裂状，长2～4 cm、宽1.5～2.5 cm，叶轴有槽，有稀疏短毛；茎生叶较小。复伞形花序顶生或侧生，伞形花序直径4～8 cm，总苞片0～2，线形；伞辐12～20；小总苞片7～10，线形；花瓣长圆形，白色，萼齿细小；花柱基圆锥形。双悬果长圆形，背棱从中棱线形突起，侧棱宽翅状；棱槽内有油管1～2，合生面有油管4～6，胚乳腹面微凹，花期7—8月，果期9—10月。

▲竹叶前胡

【生境分布】生于海拔600～1 500 m的山地湿润岩石上。分布于巫溪、巫山、奉节、云阳、万州、开州、石柱、涪陵、武隆地区。

【采收加工】秋季采根，除去茎叶，晒干。

【药材性状】根呈圆柱形，稍弯曲，长10～28 cm，直径1～1.5 cm。表面粗糙，黄棕色，具有不规则的纵沟及多数疣状突起，有时可见较密的侧根痕。根头部顶端具基生叶柄残基。质坚硬，不易折断，断面纤维状，皮部棕色，木质部淡黄色。气特异，味苦。

【显微鉴别】根茎横切面观，木栓细胞9～16列，长20～48（60）mm。皮层细胞长圆形，内侧1轮大型油管，类圆形或椭圆形，直径69～172 cm。上皮细胞9～14个。韧皮部油管较小，直径40～85 μm，切向排列成环，纤维成束，纤维长120～550 μm，两端尖或一端稍钝，壁厚而木化。射线细胞1～2列。木质部导管多为网纹，偶见螺纹，直径10～48 μm，木纤维群与木薄壁组织相间排列，切向形成环状，木纤维长140～340 μm。

【化学成分】挥发油中含十四酸，十六酸，六氢金合欢基丙酮，邻苯二甲酸二丁酯，十六酸甲酯，9-十八烯酸，9，12-十八碳二烯酸甲酯等。

【药理作用】有解热、镇痛作用。

【功能主治】药性：辛、微甘，微温。功能：发表，祛风，胜湿，止痛。主治：风寒感冒，感冒夹湿，头痛，昏眩，寒湿腹痛，泄泻，风湿痹痛，四肢拘挛，破伤风，目赤，疮疡，疝瘕，疥癣，风疹。用法用量：内服煎汤，3～9 g；或入丸、散。外用适量，研末或捣敷。使用注意：虚热、体虚多汗者禁服。

附方：

1. 治风湿关节炎：川防风、秦艽、桂枝、海风藤、鸡血藤各9 g。水煎服。
2. 治目赤肿痛：川防风、桑叶、菊花、栀子各9 g。水煎服。
3. 治风疹：川防风、荆芥各9 g，蝉蜕6 g。水煎服。

【资源综合利用】竹节前胡*Peucedanum dielsianum* Fedde ex Wolff.主要为涪陵、万州地区及湖北恩施土家族苗族自治州的习用品；开州则将华中前胡*P. medicum* Dunn.作川防风入药。这两种植物有时也作前胡的代用品，称“毛前胡”或“光前胡”。川防风的研究报道少见，作为地方习用品，川防风使用有一定的历史，生长普遍，资源丰富，有待对其作深入研究。

377 前胡

【别名】白花前胡、官前胡、岩棕。

【来源】为伞形科前胡*Peucedanum praeuptorum* Dunn.的根。

【植物形态】多年生草本，高60～100 cm。根圆锥形，根头处残留多数棕褐色叶鞘纤维。茎直立，上部分枝被短柔毛。基生叶有长柄，基部扩大成鞘状；叶片宽三角状卵形，三出或二至三回羽状分裂，长15～20 cm，宽约12 cm，第一回羽片2～3对，最下方的1对有长柄，柄长3.5～6 cm；末回裂片菱状倒卵形，顶端渐尖，基部楔形至截

▲前胡花

▲前胡

▲前胡果

形，边缘具不整齐的3～4粗或圆锯齿，有时下部锯齿呈浅裂或深裂状，长1.5～6 cm，宽1.2～4 cm，下表面叶脉明显突起，无毛或有稀疏短毛；茎上部叶无柄，叶片三出分裂，裂片狭窄，基部楔形，中间1枚基部下延。复伞形花序顶生或侧生，伞辐6～18，不等长，有柔毛；总苞片1至数片，花后脱落，线状披针形，边缘膜质，有柔毛；小伞形花序有花15～20；小总苞片7～12，卵状披针形，顶端长渐尖，与花梗等长或超过，有柔毛；萼齿不显著；花瓣5，白色，广卵形至卵圆形；雄蕊5；花柱短，弯曲。果实卵圆形，背部扁压，棕色，有稀疏短毛，背棱线形稍突起，侧棱呈翅状，比果体狭，稍厚；棱槽内有油管3～5，合生面有油管6～10，胚乳腹面平直。花期7—9月，果期10—11月。

【生境分布】生于海拔250～1 800 m的林缘、路旁或半阴草丛中。有栽培。分布于开州、丰都、涪陵、武隆地区。

【采收加工】秋季挖取，除去杂质，晒干。

【药材性状】根圆锥形或纺锤形，根头部常有茎育及纤维状叶鞘残基，根上部有密集的环纹，下部有分枝，长3～15 cm，直径1～2 cm。表面黄棕色至棕褐色，全体有不规则纵沟或纵皱纹，并有横向皮孔。质较柔软，干者可折断，断面不整齐，较疏松。皮部淡黄白色，形成层明显，木部淡黄色。气特异，味微苦、辛。

【显微鉴别】根茎横切面（直径1.6 cm）：木栓层一环，由10余列木栓细胞组成。皮层局部存在或已不存在。外韧型维管束不具明显的分束型。韧皮间宽阔，主为薄壁细胞，筛管群散列，不呈径向排列；韧皮射线较平直，内小外宽，呈漏斗状开口；组织中有大型油室分布，类圆形，切向径可达130 μm。韧皮组织常可见较大的径向裂隙。形成层环状，微波状弯曲。木质部导管单个或2～3成小群，略作径向散列，亦有油室分布，并可见径向裂隙；木射线宽2～3列细胞。无木纤维。根中央无髓部，有散生的导管分子。薄壁细胞中含小形的淀粉粒。

粉末：粉末呈棕黄色。具特异香气。味微苦涩。主要显微特征：分泌物极多，呈云朵形或节状网结形。大小不等，富有立体感，表面及内心均呈棕黄色或金黄色，少数呈棕褐色，可见油滴散；边缘较光滑。分泌物周围可见分泌管碎块，细胞呈不规则形、近方形、长方形，无色，壁薄，腔中有油滴散在；木纤维成束，少有单根者，单根呈披针形，直径15～28 μm，壁不甚厚，纹孔不明显，孔沟细小，腔中可见少量油滴；网纹及梯纹导管，直径12～61 μm，纹孔狭窄，细长，壁木化，管中有时含分泌物团块；木细胞，少数，呈长方形，直径30～36 μm，长达150 μm，壁薄。

【理化鉴别】薄层鉴别：取本品粉末2 g，加乙醚6 mL冷浸4 h，滤过，滤液蒸干，残渣加氯仿制成供试样品液。另取白花前胡丙素、丁素制成对照品溶液，分别取各溶液点于同一硅胶G-CMC薄层板上，石油醚-乙酸乙酯（1：1）展开，置荧光灯下观察，供试液与对照液在相应位置显相同荧光斑点。

【化学成分】含外消旋白花前胡素（praeruptorin），白花前胡素，北美芹素（pteryxin），白花前胡香豆精（peucedanocoumarin），前胡香豆精A（qianhucomarin A），补骨脂素（psoralen），5-甲氧基补骨脂素（5-methoxy psoralen），8-甲氧基补骨脂素（8-methoxy psoralen），左旋-白花前胡醇（peucedanol）等。

【药理作用】有增加冠脉血流量、减少心肌耗氧量、防治室性心动过速、防治缺血后心肌细胞死亡、呈剂量依赖性地抑制冠脉条及主动脉条收缩、钙拮抗、抑制动脉血管、抗血小板凝集、抗氧化、改善肺微循环、降低慢性炎症性肺动脉高压、抑菌等作用。

【功能主治】药性：苦、辛，微寒。归肺，脾，肝经。功能：疏风散热，降气化痰。主治：外感风热，肺热痰郁，咳喘痰多，痰黄稠黏，呕逆食少，胸膈满闷。用法用量：内服煎汤，5～10 g；或入丸、散。使用注意：阴虚咳嗽，寒饮咳嗽患者慎服。

【资源综合利用】参考“紫花前胡”条下。

山茱萸科Cornaceae

378　山茱萸

【别名】山萸肉、枣皮。

【来源】为山茱萸科植物山茱萸*Cornus officinalis* Sieb. et Zucc.的果实。

▲山茱萸

【植物形态】落叶灌木或乔木。枝黑褐色。叶对生；叶柄长0.6～1.2 cm，上面有浅沟；叶片纸质，卵形至椭圆形，稀卵状披针形，长5～12 cm，顶端渐尖，基部楔形，上面疏生平贴毛，下面毛较密；侧脉6～8对，脉腋具黄褐色髯毛。伞形花序先叶开花，腋生，下具4枚小型的苞片，苞片卵圆形，褐色；花黄色；花萼4裂，裂片宽三角形；花瓣4，卵形；花盘环状，肉质；子房下位。核果椭圆形，成熟时红色。花期3—4月，果期9—10月。

【生境分布】生于海拔400～1 500 m，稀达2 100 m的林缘或林中。栽培。分布于开州、石柱、武隆地区。

【采收加工】9—11月上旬果实呈红色时分批采摘，切忌损伤花芽。将新鲜果实置沸水中煮10～15 min，捞出冷浸，及时挤出种子，将果肉晒干或烘干。亦可用机械脱粒法，挤出果肉干燥。

【药材性状】果肉呈不规则片状或囊状，长1～1.5 cm，宽0.5～1 cm。表面紫红色至紫黑色，皱缩，有光泽。顶端有的有圆形宿萼痕，基部有果梗痕。质柔软。气微，味酸、涩、微苦。以肉厚、柔软、色紫红者为佳。

【显微鉴别】果肉横切面：外果皮为1列略扁平的表皮细胞，外被较厚的角质层。中果皮宽广，为多列薄壁细胞，大小不一，细胞内含深褐色色素块，近内侧有8个维管束环列。近果柄处的横切面常见有石细胞和纤维束。

粉末特征：红褐色。果皮表皮细胞表面观呈多角形或类长方形，直径10～30 μm，垂周壁略呈连珠状增厚，外平周壁颗粒状角质增厚，横断面观呈扁方形，角质层呈脊状伸入径向壁；表皮下层细胞切向延长，腔内含黄棕色块状物。纤维末端钝尖、平截或斜升，直径20～43 μm，长150～400 μm，壁厚达12 μm，木化，纹孔明显，斜缝状或不规则状，孔沟亦明显。石细胞卵圆形、类椭圆形、类方形或纺锤形，直径18～48 μm，长35～150 μm，壁孔明显，胞腔大。草酸钙簇晶常成行排列于果皮组织中，尤其柄处极多，直径12～35 μm。菊糖偶见，呈类圆形或菊瓣状，辐射纹明显。螺纹、梯纹及网纹导管，直径8～24 μm。

【化学成分】果肉含异丁醇（isobutyl alcohol），丁醇（butanol），异戊醇（isoa-mylalcohol），顺式的和反式的芳樟醇氧化物（linalool oxide），糠醛（furfural），β-苯乙醇（β-phenyl ethylalcohol）等。

【药理作用】有降血糖、抗炎、抗失血性休克、抑制血小板聚集、增强心肌收缩、扩张外周血管、增强心脏泵血功能、抗心律失常、抗氧化、抗菌、抗癌、抗辐射、保肝、利尿作用，降低血压、增加血红蛋白含量、增强小鼠体力、抗疲劳、耐缺氧、增强记忆、改善骨质疏松、抗艾滋病作用。可保护和改善肾阳虚动物模型肝脏和睾丸器官机能的功效。有免疫兴奋、免疫抑制的双重作用。

【功能主治】药性：酸，微温。归肝、肾经。功能：补益肝肾，收敛固脱。主治：头晕目眩，耳聋耳鸣，腰膝酸软，遗精滑精，小便频数，虚汗不止，高血压、糖尿病、冠心病，妇女崩漏。用法用量：内服煎汤，5～10 g；或入丸、散。命门火炽、素有湿热、小便淋涩者禁服。

附方：

1. 治腰膝酸软：山茱萸、牛膝各50 g，桂心1 g。研末，饭前以温酒调下6 g。

2. 益气补精：山茱萸（酒浸）50 g，破故纸（酒炙）25 g，当归20 g，麝香0.3 g。研末，炼蜜为丸，梧桐子大。每服81丸，睡前酒盐汤下。

3. 治心虚怔忡：龙眼肉50 g，酸枣仁（炒，捣）15 g，山茱萸（去净核）15 g，柏子仁（炒，捣）12 g，生龙骨（捣细）12 g，生牡蛎（捣细）12 g，乳香3 g，没药3 g。水煎服。

4. 治虚汗：山茱萸10 g，生龙骨5 g，生牡蛎5 g，杭芍2 g，党参6 g，炙甘草3 g。水煎服。

5. 治糖尿病：肉苁蓉（酒炙）、五味子（炒）、山茱萸、山药等分。研末，为丸如梧桐子大。每服15粒，一日两次。

【资源综合利用】山茱萸始载于《神农本草经》，列为中品。在长期的应用和栽培过程中，山茱萸种内产生很大变异，出现较多栽培品种，主要表现为果实形状、大小、颜色、质量、产量、干果肉（药材）得率等差异。山茱萸是古方复方应用较多的品种之一，也是目前中成药主要原料药，如六味地黄丸，金匮肾气丸等。

379 叶上珠

【别名】叶上花、叶上果。

【来源】为山茱萸科植物中华青荚叶*Helwingia chinensis* Batal 的叶和果实。

【植物形态】落叶灌木，高1 ~ 3 m。嫩枝紫绿色，叶痕显著。叶互生，革质或近革质，条状披针形或卵状披针形，长3.5 ~ 15 cm，宽0.8 ~ 2 cm，顶端尖尾状，基部楔形，中部以上疏生腺齿，侧脉6 ~ 8对；托叶边缘具细；雌雄异株；花小，淡绿色；雄花5 ~ 12朵形成密聚伞花序，生于叶上面中脉上或嫩枝上；雌花无梗，单生或2 ~ 3朵簇生于叶上面中脉近基部；花瓣3 ~ 5，卵形；雄花具雄蕊3 ~ 5；雌花子房下位，2室，花柱3 ~ 5裂。核果长圆形，成熟后黑色，具3 ~ 5棱。花期4—5月，果期8—9月。

【生境分布】生于海拔700 ~ 2 300 m的山地疏林下或灌丛中。分布于巫溪、巫山、奉节、云阳、万州、开州、武隆地区。

▲中华青荚叶

▲鹿蹄草

【采收加工】夏季或初秋叶片未枯黄前，将果实连叶采摘，鲜用或晒干。

【药材性状】叶片呈长椭圆形，革质，长3～15 cm，宽0.4～2 cm，顶端尖尾状，基部楔形，边缘有疏锯齿，上表面主脉处，有的可见长圆形黑褐色果实，具3～5棱；下表面主脉明显。质较脆。气微，味微涩。

【化学成分】叶含肉桂酸，木栓酮，α-香树脂醇，木犀草素-7-O-β-D-葡萄糖苷（5），4，5-二甲氧基-1，2邻苯醌等。

【功能主治】药性：苦、辛，平。功能：活血化瘀，清热解毒。主治：感冒咳嗽，风湿性关节炎，胃痛，痢疾，便血，月经不调；外用治烧烫伤，疮疖痈肿，毒蛇咬伤，跌打损伤，骨折。用法用量：内服煎汤，9～15 g。外用适量，鲜品捣敷。

附方：

1. 治痢疾：叶上珠、马齿苋、肥猪苗、薤白各15 g。水煎服。
2. 治无名肿毒：叶上珠、马齿苋、紫花地丁各一把，蜈蚣一条。捣烂，外敷。

中华青荚叶茎髓（小通草）清热利尿，下乳；主治小便不利，尿路感染，乳汁不下。根平喘止咳，活血化瘀；主治咳喘，风湿，劳伤，月经不调，跌打损伤。

【资源综合利用】青荚叶，花果着生部位奇特，有很高的观赏价值。

鹿蹄草科Pyrolaceae

380 鹿衔草

【别名】鹿蹄草、紫背金牛草、大肺筋草、红肺筋草、鹿含草。

【来源】为鹿蹄草科植物鹿蹄草*Pyrola calliantha* H. Andr.的全草。

【植物形态】常绿亚灌木状小草本，高15～35 cm。根茎细长，横生或斜升，有分枝，节上具一小鳞片和根。叶基生，3～8片，叶柄长3～5 cm；叶片薄革质，近圆形或卵圆形，长3～5 cm，宽2～5 cm，顶端圆或微凸，基部圆形，微下延，上面绿色，下面淡绿色，常有白霜，边全缘或有疏齿。花葶常带紫色，有1～（2～3）枚褐色鳞片状叶。总状花序有花6～15朵，直径1.5～2 cm，半下垂；花冠碗形，淡绿色、黄绿色或近白色；花梗腋间有膜质苞片，与花梗近等长；萼片5，舌形，长（4～5）～7.5 mm，顶端凸尖，近全缘；花瓣5，倒卵状或椭圆形，长达1 cm，宽达7 mm；雄蕊10，花丝扁，肉质，花药黄色，两花粉囊靠拢，平头；花柱倾斜，上部弯曲，伸出花冠，柱头5圆裂。蒴果扁球形，直径7～10 mm。种子细小，多数。花期6—7月，果期7—8月。

【生境分布】生于海拔300～2 700 m的林下。分布于巫溪、巫山、奉节、开州地区。

【采收加工】在9—10月采收，晒至发软，堆积发汗，盖麻袋等物，使叶片变紫红或紫褐色后，晒或炕干。

【药材性状】全草长（10～15）～30 cm。根茎细长，有分枝。基生叶3～8片，叶片近圆形或卵圆形，长达5.2 cm，宽达3.5 cm，叶背面常有白霜，淡绿色。总状花序有花6～15朵；萼片5，舌形；花瓣5，早落。气微，味淡、微苦。

【化学成分】含N-苯基-2-萘胺（N-phenyl-2-naphthylaminc），梅笠草素（chimaphilin）等。嫩叶含鞣质，挥发油，苦味质。

【药理作用】有增加冠脉流量及脑血流量、促进脂类代谢、防止动脉硬化和心肌梗塞、抗心律不齐、抗心室纤颤、增强心肌收缩力、延长常压缺氧生存时间、抗炎、促进免疫功能、抗菌、抑制淋巴白血病细胞、抑制血小板聚集、镇痛、止咳、祛痰、抗氧化作用。梅笠草素是一种中度接触致敏剂。

【功能主治】药性：甘、苦，平。归肝、肾经。功能：补肾强骨，祛风除湿，止咳，止血。主治：高血压病，治疗颈椎病，肺炎，肠道感染，肾虚腰痛，风湿痹痛，筋骨痿软，咳嗽，吐血，衄血，子宫出血，外伤出血。用法用量：内服煎汤，15～30 g；研末，6～9 g。外用适量，捣敷或研末撒；或煎水洗。使用注意：孕妇慎服。

附方：

1. 治慢性风湿性关节炎，类风湿性关节炎：鹿衔草、白术各12 g，泽泻6 g。水煎服。
2. 治肾虚腰痛，阳痿：鹿衔草30 g，猪蹄一对。炖食。
3. 治子宫功能性出血：鹿衔草、苦丁茶各9 g。水煎，经期服。
4. 治产后瘀滞腹痛：鹿衔草15 g，一枝黄花6 g，苦爹菜9 g。水煎服。
5. 治慢性肠炎，痢疾：鹿衔草15 g。水煎服。

【资源综合利用】鹿衔草始载于《滇南本草》。适合较多枯杉落叶，排水良好的腐殖土壤，较阴凉的环境生长，所以库区山区应充分利用林下栽培，从而产生经济效益。

杜鹃花科Ericaceae

381　闹羊花

【别名】三钱三、黄杜鹃、闷头花。

【来源】为杜鹃花科植物羊踯躅*Rhododendron molle* G. Don的花。

【植物形态】落叶灌木，高1～2 m。老枝光滑，带褐色，幼枝有短柔毛。单叶互生，叶柄短，被毛；叶片叶椭圆形至椭圆状倒披针形，长6～15 cm，顶端钝而具短尖，基部楔形，边缘具向上微弯的刚毛，幼时背面密被灰白色短柔毛。短总状伞形花序，先叶开放或与叶同时开放；萼5裂，宿存，被稀疏细毛；花冠宽钟状，金黄色，外被细毛，顶端5裂，裂片椭圆形至卵形，上面1片较大，有淡绿色斑点；雄蕊5，与花冠等长或稍伸出花冠外；雌蕊1，子房上位，5室，外被灰色长毛，花柱细，长于雄蕊。蒴果长椭圆形，熟时深褐色，具柔毛和疏刚毛。种子多数，细小，边缘有薄膜翅。花期4—5月。果期6—8月。

【生境分布】栽培。分布于万州、涪陵地区。

【采收加工】4—5月采收，立即晒干。

【药材性状】花多皱缩。花梗灰白色，长短不等。花萼5裂，边缘有较长的细毛。花冠钟状，长至3 cm，5裂，顶端卷折，表面疏生短柔毛，灰黄色至黄褐色，雄蕊较花冠为长，弯曲，露出花冠外，花药棕黄色，2室，孔裂。气微，味微苦。

【化学成分】花含杜鹃花毒素，梫木毒素，闹羊花毒素，石楠素，八厘麻毒素，木葫芦毒素等。叶含黄酮

▲羊踯躅

类、杜鹃花毒素、煤地衣酸甲酯等。

【药理作用】有镇痛、降血压、抗菌、杀虫作用。对昆虫有强烈接触毒性和胃毒作用。对横纹肌及迷走神经末梢有先兴奋后麻痹作用。对高级神经中枢有麻醉作用。兴奋气管和肠平滑肌、中枢性催吐作用。

【功能主治】药性：辛、温，有剧毒。功能：镇痛，驱风，除湿。主治：风湿痹痛，偏正头痛，跌扑肿痛，龋齿疼痛，皮肤顽癣，疥疮。用法用量：内服煎汤，0.3 ~ 0.6 g，浸酒或入丸、散。外用适量，研末调敷、煎水熏洗或涂搽。使用注意：本品有毒，不宜多服、久服。孕妇及气血虚弱者禁服。外科用作麻醉剂。

附方：

1. 治神经性头痛、偏头痛：鲜闹羊花适量。捣烂，外敷后脑或痛处2 ~ 3 h。
2. 治跌打损伤：闹羊花6 g，小驳骨30 g，泽兰60 g。共捣烂，用酒炒热，敷患处。
3. 治皮肤顽癣及瘙痒：鲜闹羊花15 g。捣烂，敷患处。
4. 治癞痢头：鲜闹羊花适量。搽患处；或晒干研粉调麻油涂患处。

羊踯躅的果主治风寒湿痹，历节肿痛，跌打损伤，喘咳，泻痢，痈疽肿毒。根主治风湿痹痛，痛风，咳嗽，跌打肿痛，痔漏，疥癣。使用注意：同花，有剧毒。

【资源综合利用】全株可熏杀蚊虫，也可作土农药。

382 杜鹃花

【别名】映山红、杜鹃、艳山红。

【来源】为杜鹃花科植物杜鹃*Rhododendron simsii* Planch.的花。

【植物形态】落叶或半常绿灌木，高2 ~ 5 m，全株密被红棕色或褐色扁平糙伏毛。伞形花序有花2 ~ 6朵；萼5深裂，裂片卵形至披针形，长3 ~ 7 mm；花冠宽漏斗状，玫瑰色、淡红色或紫色，长3 ~ 5 cm，5裂，裂片近倒卵形，上方1瓣及近侧2瓣里面有深红色斑点；雄蕊10，稀7 ~ 9，花丝中下部有微毛，花药紫色；子房卵圆形。花期4—6月，果期7—9月。

【生境分布】生于海拔300 ~ 1 600 m的丘陵、山地、疏灌丛中。分布于库区各市县。

▲杜鹃

【采收加工】4—6月花盛开时采收，晒干。

【化学成分】含花色苷类和黄酮醇类。叶和嫩枝中含黄酮类，香豆精等。

【药理作用】有止咳、祛痰、抗白内障作用。

【功能主治】药性：酸、甘，温。有大毒。功能：活血，调经，祛风湿。主治：吐血，崩漏，月经不调，闭经，咳嗽，风湿痹痛，跌打损伤，痈疮肿毒。用法用量：内服煎汤，9～15 g。外用适量。

附方：

1. 治流鼻血：鲜杜鹃花15～30 g。水煎服。
2. 治痈疮肿毒：杜鹃花5～7朵，或嫩叶适量。嚼烂，敷患处。禁忌色腥。

杜鹃花根主治月经不调，吐血，便血，崩漏，痢疾，脘腹疼痛，风湿痹痛，跌打损伤。有毒。使用注意：孕妇忌服。叶主治痈肿疮毒，荨麻疹，外伤出血，支气管炎。果主治跌打肿痛。

3. 治肠炎，痢疾，便血：杜鹃花根12～15 g。
4. 治外伤出血：杜鹃花鲜叶适量。捣烂，外敷伤口。
5. 治慢性气管炎：杜鹃花叶30 g，鱼腥草24 g，胡颓子叶15 g，丰耳菊9 g。水煎服。

【资源综合利用】中国十大名花之一，作观赏。叶花可提取芳香油，树皮和叶可提制栲胶和天然染料。杜鹃花喜欢酸性土壤，在钙质土中生长不好，甚至不生长。因此土壤学家常常将杜鹃花作为酸性土壤的指示作物。

紫金牛科Myrsinaceae

383　朱砂根

【别名】紫金牛、高八爪、开喉箭。

【来源】为紫金牛科植物朱砂根*Ardisia crenata* Sims的根。

【植物形态】灌木，高1～2 m。叶椭圆形、椭圆状披针形至倒披针形，长7～15 cm，宽2～4 cm，顶端短尖或渐尖，基部楔形，边缘皱波状或具波状齿，有腺点；侧脉12～18对，近缘处上弯，结合成一边脉。伞形花序或聚伞花序，腋生或顶生；萼片5裂，裂片长卵形；花冠5裂，裂片长椭圆状披针形，白色，稀粉红色，具腺点，里面有时近基部具乳头状突起；雄蕊5，花丝短。花期5—6月，果期10—12月，有时翌年2—4月。

【生境分布】生于海拔500～2 100 m的林下或灌丛中。分布于库区各市县。

【采收加工】秋后采挖，晒干。

【药材性状】根多分枝，呈细圆柱状，略弯曲，长短不一，径4～10 mm。表面暗紫色或暗棕色，有纵向皱纹及须根痕。质坚硬，断面木部与皮部易分离，皮部发达，约占断面1/2，淡紫色，木部淡黄色。

【化学成分】含朱砂根苷、朱砂根新苷、百两金皂苷，以及次生单糖苷等。

【药理作用】有抗生育、止咳平喘、驱虫、杀虫、抑菌、抑制血小板聚集、降血压作用。根煎水服治腹痛。根、叶可祛风除湿、散瘀止痛、通经活络；治跌打肿痛、处伤骨折、风湿骨痛、消化不良、胃痛、咽喉炎、牙痛及月经不调等症。

【功能主治】药性：苦、辛，凉。功能：清热解毒，散瘀止痛。主治：上感，扁桃体炎，丹毒，淋巴结炎，劳伤吐血，心胃气痛，风湿骨痛，跌打损伤，咽喉肿痛，黄疸，痢疾，跌打损伤，乳腺炎，睾丸炎。用法用量：内服煎汤，15～30 g。外用适量。使用注意：孕妇慎服。

附方：

1. 治咽喉肿痛：朱砂根9～15 g。水煎服。
2. 治流火（丝虫病引起的淋巴管炎）：朱砂根干根30～60 g。水煎，调酒服。
3. 治跌打损伤，关节风痛：朱砂根9～15 g。水煎或冲黄酒服。
4. 治睾丸炎：朱砂根30～60 g，荔枝核14枚。酒水煎服。
5. 治疗急性咽峡炎：10%朱砂根水煎液，每服30 mL，每日3次；或用朱砂根粉剂1 g，装胶囊吞服，每日3次。

【资源综合利用】果可食，榨油可制肥皂。

▲朱砂根

▲过路黄

报春花科Primulaceae

384 金钱草

【别名】铜钱草、四川金钱草、大金钱草。

【来源】为报春花科植物过路黄*Lysimachia christinae* Hance的全草。

【植物形态】多年生蔓生草本。茎柔弱，长20～60 cm，灰绿色或带红紫色，幼嫩部分密被褐色无柄腺体，下部节间较短，常生不定根。叶对生；叶柄长1～3 cm；叶片卵圆形、近圆形以至肾圆形，长（1.5～2）～（6～8）cm，宽1～（4～6）cm，顶端锐尖、钝圆至圆形，基部平截至浅心形，稍肉质，透光可见密布的透明腺条，干时腺条变黑色，两面有腺毛。花单生于叶腋；花梗长1～5 cm，通常不超过叶长，幼嫩时稍有毛，少数具褐色无柄腺体；花萼长4～10 mm，5深裂，裂片披针形、椭圆状披针形以至线形，或上部稍扩大而近匙形，顶端锐尖或稍钝，无毛、被柔毛或仅边缘具缘毛。花冠黄色，辐状钟形，长7～15 mm，5深裂，基部合生部分长2～4 mm，裂片狭卵形以至近披针形，具黑色长腺条；雄蕊5，花丝长6～8 mm，下半部合生成筒；子房卵球形。蒴果球形，直径3～5 mm，有稀疏黑色腺条，瓣裂。花期5—7月，果期7—10月。

【生境分布】生于海拔200～1 400 m的土坡路边、沟边及林缘较阴湿处。分布于库区各市县。

【采收加工】5—7月采收，晒干或烘干。

【药材性状】全草多皱缩成团，下部茎节上有时着生纤细须根。茎扭曲，直径约1 mm；表面红棕色，具纵直纹理；断面实心，灰白色。

【显微鉴别】茎横切面：表皮一列，非栓化；皮层组织中具分泌道，并含色素块；中柱鞘幼时不联成环；韧皮部狭窄；本质部导管形成两个半圆形束，联成圆柱体，木射线单列，细胞中含有色素块；髓部扁圆形，细胞中亦含有色素块。

叶片横切面观：叶柄具主脉一条，本质部呈新月形；叶肉细胞有时也含色素块；叶肉组织中并有分泌道分布，贯穿于叶肉。叶片上下表皮均为一层薄壁细胞，可见点状腺毛；栅栏组织一列，栅栏组织及海绵组织中均可见色素块，栅栏细胞中较为明显；叶中脉构造与叶柄中所见相同，为外韧型维管束。

粉末特征：粉末呈淡棕色，气微，味淡。粉末中可见众多色素块，叶的粉末之色素块周围被念珠状叶绿素包围；点状腺毛短小，腺头直径26～41 μm；中柱鞘纤维呈长条形，长120～200 μm，粗20～30 μm；气孔呈椭圆形，长33～60 μm，不定式；导管螺纹、孔纹或近梯纹，直径20～42 μm；淀粉粒细少，单粒圆形或类圆形、半圆形，直径5～13 μm，层纹及脐点均不明显。

【化学成分】全草含槲皮素（quercetin），异槲皮苷即槲皮素-3-O-葡萄糖苷（isoquercitrin，quercetin-3-O-glucoside），山柰酚（kaempferol），三叶豆苷即山柰酚-3-O-半乳糖苷（trifolin，kaempferol-3-O-galactoside），对-羟基苯甲酸（p-hydroxy benzoic acid），尿嘧啶（uridine），环腺苷酸（cAMP），环鸟苷酸（cGMP）样物质，多糖等。

【药理作用】有排石、抗炎、免疫抑制、松弛血管平滑肌、抑制血小板聚集、降低血清尿酸水平作用。

【功能主治】药性：甘、微苦，凉。归肝、胆、肾、膀胱经。功能：利水通淋，清热解毒，散瘀消肿。主治：肝、胆及泌尿系结石，热淋，肾炎水肿，湿热黄疸，疮毒痈肿，毒蛇咬伤，跌打损伤，婴儿肝炎综合征，非细菌性胆道感染，瘢痕疙瘩。用法用量：内服煎汤，15～60 g，鲜品加倍；或捣汁饮。外用适量，鲜品捣敷。使用注意：外用鲜品煎水熏洗时易引起接触性皮炎。

附方：

1. 治胆囊炎：金钱草45 g，虎杖根15 g。水煎服。如有疼痛加郁金15 g。
2. 治石淋：过路黄60 g，海金沙、郁金各9 g，滑石、炒鸡内金各15 g，甘草6 g。水煎服。
3. 治肾盂肾炎：金钱草60 g，海金沙30 g，青鱼胆草15 g。水煎分3次服。
4. 治痢疾：鲜过路黄60 g，鲜马齿苋30 g，枳壳9 g。水煎服。
5. 治乳腺炎：鲜过路黄适量。红糟、红糖各少许。捣烂，敷患处。

【资源综合利用】本品首载于《百草镜》，名“神仙对坐草”。是理想的饮料植物，可开发成食物或饮料。

385　风寒草

【别名】临时救、小过路黄。

【来源】为报春花科植物聚花过路黄*Lysimachia congestiflora* Hemsl的全草。

【植物形态】多年生匍匐草本，长6～50 cm。茎基部节间短，常生不定根，分枝纤细，密被多细胞卷曲柔毛；叶对生，茎端的2对间距短，近密集；叶柄长1.4～9 cm；叶片卵形、广卵形以至近圆形，长0.7～4.5 cm，宽

▲聚花过路黄

0.6 ~ 3 cm，上面绿色，有时沿中肋和侧脉染紫红色，两面多少被具节糙伏毛，稀近于无毛，近边缘有暗红色或黑色腺点。总状花序近头状；花萼5深裂，长5 ~ 8.5 mm，裂片披针形，背面被疏柔毛；花冠黄色，内面基部紫红色，长9 ~ 11 mm，5 ~ 6裂，裂片卵状椭圆形至长圆形，顶端锐尖或钝，散生暗红色或变黑色的腺点；雄蕊5，花丝下部合生成高约2.5 mm的筒；子房被毛。蒴果球形，直径3 ~ 4 mm。花期5—6月，果期7—10月。

【生境分布】生于海拔200 ~ 2 100 m的田边、山坡、林缘、草地等湿润处。分布于库区各市县。

【采收加工】5—10月采收，晒干或烘干。

【药材性状】全草常缠结成团。茎纤细，表面紫红色或暗红色，被柔毛，有的节上具须根。叶对生，叶片多皱缩，展平后呈卵形、广卵形或近圆形，长0.5 ~ 3.5 cm，宽0.5 ~ 2 cm，顶端钝尖，基部楔形或近圆形，两面疏生毛，对光透视可见棕红色腺点，近叶缘处多而明显。有时可见数朵花聚生于茎端，花冠黄色，5裂，裂片顶端具紫色腺点。气微，味微涩。

【显微鉴别】粉末特征：棕绿色。①非腺毛众多，长锥形或锥形，由2 ~ 8个细胞组成。表面有时可见锥状突起，胞腔中有时可见棕黄色分泌物团块。②淀粉粒较少，单粒呈类圆形或半圆形；复粒由2 ~ 5分粒组成。③花粉粒易见。

【功能主治】药性：辛、微苦，微温。功能：祛风散寒，化痰止咳，解毒利湿，消积排石。主治：风寒头痛，咳嗽痰多，咽喉肿痛，黄疸，月经不调，痛经，胆道结石，尿路结石，小儿食积，痈疽疔疮，毒蛇咬伤。用法用量：内服煎汤，15 ~ 30 g。外用适量。

附方：

1. 治咳嗽，腹痛，腹泻：风寒草15 ~ 30 g。泡酒服。
2. 治小儿惊风，咽喉肿痛，咳嗽痰多：风寒草9 ~ 30 g。水煎服。
3. 治痈肿溃疡：风寒草、钩藤各适量。煎水洗。

386　大四块瓦

【别名】四大天王、四块瓦、重楼排草。

【来源】为报春花科植物落地梅*Lysimachia paridiformis* Franch.的全草。

▲落地梅

【植物形态】多年生草本，高10～45 cm。根茎粗短或成块状；根簇生，纤维状，直径约1 mm，密被黄褐色绒毛。茎通常2至数条簇生，不分枝，节稍膨大。叶4～6片在茎端轮生，极少出现第2轮叶，下部叶退化呈鳞片状；无柄或近于无柄；叶片倒卵形以至椭圆形，长5～17 cm，宽3～10 cm，顶端短惭尖，基部楔形，全缘，稍呈皱波状，两面散生黑色腺条，有时腺条颜色不显现，仅见条状隆起。花集生茎端成伞形花序；花冠黄色，长12～14 mm，基部合生，顶端5裂，裂片狭长圆形；雄蕊5；雌蕊1，子房上位，花丝基部合生成筒。蒴果球形，直径3.5～4 mm，淡黄褐色。花期5—6月。果期7—9月。

【生境分布】生于海拔400～1 200 m的山谷林下湿润处。分布于库区各市县。

【采收加工】全年均可采收，晒干。

【化学成分】全草含重楼排草苷（paridifomoside，ps），苷元为仙客来苷元。

【药理作用】有兴奋子宫平滑肌的作用。

【功能主治】药性：辛，苦，温。功能：祛风除湿，活血止痛，止咳，解毒。主治：风湿疼痛，脘腹疼痛，咳嗽，跌打损伤，痈肿疔疮，毒蛇咬伤。用法用量：内服煎汤，15～30 g。外用适量，煎水洗，或捣敷。

附方：

1. 治风湿腰痛：大四块瓦、石南藤、大叶千斤拔、淫羊霍、续断各15 g。水煎服。
2. 治胃脘寒痛：大四块瓦15 g，高良姜、香附子各10 g。水煎服。
3. 治跌打损伤：大四块瓦12 g，白酒500 mL，浸泡1 d，每日早、晚各服1次，每次5～10 mL。
4. 治外感风寒咳嗽：大四块瓦、紫苏根、肺经草各15 g，陈皮、甘草各6 g。水煎服。
5. 治肺寒久咳：大四块瓦、百部、兔耳风、淫羊藿、肺经草、紫苏根各15 g。水煎，加红糖调服。

白花丹科Plumbaginaceae

387 蓝雪花

【别名】蓝花丹、蓝花矶松、蓝茉莉。

【来源】为白花丹科植物蓝雪花*Plumbago auriculata* Lam.的根。

▲蓝雪花

【植物形态】灌木，高1 ~ 2 cm，枝有棱槽，初直立，后俯垂。单叶互生，叶片长圆形或长圆状卵形，长2 ~ 6 cm，宽1 ~ 2.5 cm，顶端有短尖头或钝，基部楔形，全缘或波状。我国南方常见栽培。

【生境分布】万州、涪陵地区栽培。

【化学成分】含矶松素，β-谷甾醇等。

【药理作用】有抗菌作用。

【功能主治】药性：辛、苦，温，有毒。功能：活血通筋，消肿止痛，祛风杀虫。主治：风湿痹痛，跌打扭伤，关节疼痛，疥疮湿癣。外用适量。使用注意：孕妇禁服。

附方：

治牛皮癣：蓝雪花鲜品适量。捣烂外敷，至感觉热辣时除去，待皮肤癣皮层脱落后，再如法敷用。

柿树科Ebenaceae

388　柿蒂

【别名】柿钱、柿子树、柿萼。

【来源】为柿树科植物柿*Diospyros kaki* Thunb.的宿存花萼。

【植物形态】落叶大乔木，高达14 m。树皮深灰色至灰黑色，长方块状开裂；枝开展，有深棕色皮孔，嫩枝有柔毛。单叶互生；叶柄长8 ~ 20 mm；叶片卵状椭圆形至倒卵形或近圆形，长5 ~ 18 cm，宽2.8 ~ 9 cm，顶端渐尖或钝，基部阔楔形，全缘，上面深绿色，主脉生柔毛，下面淡绿色，有短柔毛，沿脉密被褐色绒毛。花杂性，雄花成聚伞花序，雌花单生叶腋；总花梗长约5 mm，有微小苞片；花萼下部短筒状，4裂，内面有毛；花冠黄白色，钟形，4裂；雄蕊在雄花中16枚，在两性花中8 ~ 16枚，雌花有8枚退化雄蕊；子房上位，8室，花柱自基部分离。浆果形状种种，多为卵圆球形，直径3.5 ~ 8 cm，橙黄色或鲜黄色，基部有宿存萼片。种子褐色，椭圆形。花期5月，果期9—10月。

【生境分布】多为栽培。分布于库区各市县。

【采收加工】秋、冬季收集成熟柿子的果蒂（带宿存花萼），去柄，晒干。

▲柿

【药材性状】宿萼近盘状，顶端4裂，裂片宽三角形，多向外反卷或破碎不完整，具纵脉纹，萼筒增厚，平展，近方形，直径1.5～2.5 cm，表面红棕色，被稀疏短毛，中央有短果柄或圆形凹陷的果柄痕；内面黄棕色，密被锈色短绒毛，放射状排列，具光泽，中心有果实脱落后圆形隆起的疤痕。裂片质脆，易碎，萼筒坚硬木质。

【显微鉴别】粉末特征：棕色。非腺毛较多，单细胞，直径20～26 μm，壁厚约8 μm，含棕色物质；另一种长可至85 μm，壁厚约5 μm。石细胞众多，有分枝，一般直径约80 μm，少数达180 μm，壁厚5～30 μm，纹孔细密，孔沟明显。草酸钙方晶直径6～30 μm。下表皮细胞近方形或多角形；气孔不定式，副卫细胞5～7个。腺毛少见，头部由2～3个细胞组成，直径约30 μm，胞腔内充满棕红色物质，柄1～2个细胞。

【理化鉴别】薄层鉴别：取本品粗粉0.1 g，加70%乙醇4 mL，浸泡过夜，滤过。滤液在水浴上蒸干，加乙醇0.5 mL溶解后供点样。另以没食子酸与槲皮素醇溶液为对照品。分别点样在硅胶G板上，用甲苯-甲酸乙酯-甲酸（5：4：1），展开10 cm。取出晾干。以1%三氯化铁醇试剂喷雾显色，没食子酸呈蓝黑色。以2%三氯化铝醇试剂喷后显色，于紫外光灯（254 nm）下观察，槲皮素显黄绿色荧光。

【化学成分】含齐墩果酸（oleanolic acid），白桦脂酸（betulinic acid），熊果酸（ursolic acid）等。

【药理作用】有抗心律失常、镇静、抗生育作用。

【功能主治】药性：味苦、涩，性平。归胃经。功能：降逆下气。主治：呃逆，噫气，反胃。用法用量：内服煎汤，5～10 g；或入散剂。外用适量，研末撒。

附方：

1. 治呃逆不止：柿蒂、丁香、人参各等分。研末，水煎，饭后服12 g。

2. 治聤耳：柿蒂4.5 g，细辛0.9 g，海螵蛸6 g，冰片0.3 g。研末，拭净耳内脓水，吹入药末。

【资源综合利用】本品入药首载于《本草纲目拾遗》，据报道，柿果实的提取物可抑制人淋巴细胞白血病Molt4细胞的生长，诱导细胞程序性死亡，可抑制C-nitro和C-nitroso化合物的致突变作用，且当与一些蛋白激酶共同作用时，效果更持久。柿饼具润肺，止血，健脾，涩肠作用。主治咯血，吐血，便血，尿血，脾虚消化不良，泄泻，痢疾，喉干音哑，颜面黑斑。柿饼外表所生的白色粉霜，称“柿霜”。具有润肺止咳，生津利咽，止血的功效。主治肺热燥咳、咽干喉痛、口舌生疮、吐血、咯血、消渴等。柿及同属植物的未成熟果实，经加工制成的胶状液，称柿漆。从柿漆的提取物中，可得到胆碱及乙酰胆碱等，能降低兔血压，抑制离体蛙心，兴奋豚鼠肠管；在体外柿漆有溶血作用。柿叶含黄酮苷，鞣质，酚类，树脂，香豆精类化合物，还原糖，多糖，挥发油，有机酸，叶绿素等。有增加冠脉血流量、保护心肌缺血、抑制氯化钾引起的、大动脉的收缩、增加心输出量、增加心脏指数与心搏指数、减慢心率、降低心脏耗氧量、缩短出血时间及凝血时间、抗亚硝胺所诱发的前胃鳞状上皮增生与癌变、抑制抗体形成、抑菌、解热、抑制aflatoxinB_1和3，2’-dimethl-4-aminobiphenyl的致突变、清除氧自由基、抑制脑匀浆类脂过氧化作用。同时柿的果实是一种上佳的水果，可作为保健食品开发。

木犀科Dleaceae

389　金钟花

【别名】金梅花，迎春条。

【来源】为木犀科植物金钟花*Forsythia viridissima* Lindl.的果壳。

【植物形态】半常绿灌木，高达3 m。茎丛生，蔓延扩展，小枝略呈四棱状，髓薄片状。单叶对生，椭圆状矩圆形至披针形，稀为倒卵状披针形，长4～14 cm，宽1～3.5 cm，顶端锐尖，基部楔形，边缘在中部以上有粗锯齿，有时近于全缘；叶柄长0.4～1.2 cm。花黄色，先叶开放，1～6朵腋生；萼4裂，裂片卵形至椭圆形，有睫毛，长2.5～3 mm；花冠钟形，4裂，裂片狭长圆形，长10～15 mm，宽3～7 mm，反卷；雄蕊2枚；子房上位，2室。蒴果卵球形，长约15 mm，顶端嘴状，基部稍圆。花期3—4月，果期7—8月。

【生境分布】多生于溪边丛林中、沟边，常栽培。分布于开州、忠县、涪陵、武隆、长寿地区。

【采收加工】全年均可采收。

▲金钟花

【功能主治】药性：苦，凉。功能：利尿止淋，祛湿泻火，清热解毒。主治：感冒发热，热淋尿闭，目赤肿痛，疮痈，淋巴结结核。用法用量：内服煎汤，9 ~ 15 g。

【资源综合利用】全株有毒，能杀死水稻田中各种害虫，供制农药用。金钟花先叶而花，金黄灿烂，可丛植于草坪、墙隅、路边、树缘，院内庭前等处供观赏。

390　秦皮

【别名】梣皮、苦枥木皮、蜡树皮。

【来源】为木犀科植物白蜡树*Fraccinus chinensis* Roxb.的树皮。

【植物形态】落叶乔木，高12 ~ 15 m。树皮灰褐色，光滑，老时浅裂。冬芽阔卵形，黑褐色，具光泽，内侧密被棕色曲柔毛。叶轴上面具浅沟；小叶着生处具关节，节上有时簇生棕色曲柔毛；小叶5 ~ 9枚，革质，椭圆形至椭圆状卵形，长3 ~ 10 cm，宽1 ~ 4 cm，营养枝的小叶较宽大，顶生小叶显著大于侧生小叶，下方1对最小，顶端渐尖，基部钝，边缘有锯齿，齿尖稍向内弯，有时呈波状，沿脉腋被白色柔毛，渐秃净。圆锥花序顶生或侧生于当年生枝梢，大而疏散；苞片长披针形，长约5 mm，早落；花梗长约5 mm；雄花与两性花异株；花萼钟状，长约1 mm，不规则分裂；无花瓣；两性花具雄蕊2，长约4 mm；雌蕊具短花柱，柱头2叉深裂；雄花花萼小，花丝细，长达3 mm。翅果倒披针形，长3 ~ 4 cm，宽4 ~ 6 mm，顶端尖、钝或微凹；宿存萼紧贴坚果基部。花期4—5月，果期9—10月。

【生境分布】生于海拔600 ~ 2 100 m的山坡杂林中，多为栽培。分布于巫溪、奉节、石柱、开州、武隆地区。

【采收加工】一般采收树龄在5 ~ 8年，树干直径达15 cm以上的树皮，于春季开花时剥取，切成10 ~ 60 cm长的短节，晒干。

【药材性状】枝皮呈卷筒状或槽状，长10 ~ 60 cm，厚1.5 ~ 3 mm。外表面灰白色、灰棕色至黑棕色或相间呈斑状，平坦或稍粗糙，并有灰白色圆点状皮孔及细斜皱纹，有的具分枝痕；内表面黄白色或棕色，平滑。质硬而脆，断面纤维性，黄白色。无臭，味苦。

干皮为长条状块片，厚3 ~ 6 mm。外表面灰棕色，有红棕色圆形或横长的皮孔及龟裂状沟纹。质坚硬，断面纤维性较强。

【显微鉴别】树皮横切面：木栓层为5 ~ 10余列细胞。栓内层为数列多角形厚角细胞。皮层较宽，纤维或石细胞单个散在或成群。中柱鞘部位有石细胞及纤维束组成的环带。韧皮射线宽1 ~ 3列细胞；韧皮纤维束成层排列，每层2 ~ 10列纤维，纤维壁极厚，胞腔点状，纤维层中有时伴有石细胞。本品薄壁细胞含多数淀粉粒和草酸钙砂晶。

【理化鉴别】（1）检查马栗树皮苷和马栗树皮素：取药材少许，加热水浸泡，浸出液在日光下可见碧蓝色荧光。

（2）检查马栗树皮苷及马栗素：取粉末1 g，加95%乙醇10 mL，回流10 min，滤过，取醇溶液2滴入试管中，加水10 mL稀释，在反射光下显天蓝色荧光。另取醇溶液1 mL，加1%三氯化铁试液2～3滴，呈暗绿色，再加氨试液3滴，以5倍水稀释，对光观察显深红色。

（3）薄层鉴别：取粉末1 g，加乙醇10 mL，加热回流10 min，放冷，滤过，滤液作为供试品溶液。另取马栗树皮苷和马栗树皮素，加乙醇制成每1 mL各含5 mg的混合溶液，作为对照品溶液。吸取上述两种溶液各3 μL，分别点于同一硅胶G薄层板上，以甲苯-醋酸乙酯-甲酸-乙醇（3∶4∶1∶2）为展开剂，展开，取出，晾干，在紫外光灯（365 nm）下检视。供试品色谱中，在与对照品色谱相应的位置上，显相同颜色的荧光斑点。

【化学成分】树皮含马栗树皮苷（aesculin）、马栗树皮素（aesculetin）、秦皮素（fraxetin）、生物碱等。

【功能主治】药性：苦、涩，寒。归肝、胆、大肠经。功能：清热燥湿，清肝明目，止咳平喘。主治：湿热泻痢，带下，“痛风”性关节炎，目赤肿痛，睛生疮翳，肺热气喘咳嗽。用法用量：内服煎汤，6～12 g。外用适量，煎水洗眼或取汁点眼。使用注意：脾胃虚寒者，禁服。

附方：

1. 治急性菌痢：秦皮、苦参各12 g，炒莱菔子、广木香各9 g。研末，开水调服，每次9～12 g，每日3～4次。
2. 治慢性细菌性痢疾：秦皮12 g，生地榆、椿皮各9 g。水煎服。
3. 治急性肝炎：秦皮9 g，茵陈、蒲公英各30 g，黄柏9 g，大黄9 g。水煎服。
4. 治眼目肿痛有翳，胬肉，多泪难开：秦皮150 g，防风（去芦头）、黄连、甘草（炙）各75 g。研末，每服9 g，入淡竹叶1～7片，水煎，饭后温服。
5. 治麦粒肿，大便干燥：秦皮9 g，大黄6 g。水煎服。孕妇忌服。
6. 治牛皮癣：秦皮30～60 g，煎水，洗患处，每日或隔2～3 d洗1次，每次煎水可洗3次。

【资源综合利用】秦皮始载于《神农本草经》。秦皮枝皮中总香豆素及其主要成分含量远较干皮高，且枝条越细含量越高。秦皮饮片炮制过程中，“洗净，润透”过程对香豆素类成分影响较大。库区产梣属植物秦岭梣 *Fraccinus paxlana* Lingelsh、宿柱梣*F. stylosa* Lingelsh.、尖叶梣*F. szaboana* Lingelsh.亦作“秦皮”入药。

▲白蜡树

▲茉莉

391　茉莉花

【别名】白茉莉。

【来源】为木犀科植物茉莉*Jasminum sambac*（L.）Aiton的花。

【植物形态】直立或攀缘灌木，高达3 m。单叶对生，叶柄长2～6 mm，被短柔毛，具关节；叶片圆形、卵状椭圆形或倒卵形，长4～12 cm，两端圆或钝，基部有时微心形，除下面脉腋间常具簇毛外，其余无毛。聚伞花序顶生，通常有花3朵，有时单花或多至5朵；花序梗长1～4.5 cm，被短柔毛；苞片微小，锥形；花梗长0.3～2 cm；花极芳香；花萼裂片线形，无毛或疏被短柔毛；花冠白色，管部长0.7～1.5 cm，裂片5，长圆形至近圆形。果球形，径约1 cm。花期5—8月，果期7—9月。

【生境分布】栽培。分布于库区各市县。

【采收加工】夏季花初开时采收，立即晒干或烘干。

【化学成分】花香成分主要有芳樟醇，乙酸苯甲酯，素馨酮，顺式丁香烯，苯甲酸甲酯等数十种。尚含苷类。叶含羽扇豆醇、白桦脂醇、白桦脂酸、熊果酸、齐墩果酸、茉莉苷等。

【药理作用】根大剂量对离体蛙心、兔心呈现抑制作用。有兴奋子宫、镇静催眠、镇痛作用。

【功能主治】药性：辛、微甘，温。归脾、胃、肝经。功能：气止痛，辟秽开郁。主治：湿浊中阻，胸闷不舒，泻痢腹痛，头晕头痛，目赤，疮毒。用法用量：内服煎汤，3～10 g，或代茶饮。外用适量。

附方：

1. 治湿浊中阻，脘腹闷胀，泄泻腹痛：茉莉花6 g（后下），青茶10 g，石菖蒲6 g。水煎温服。

2. 治头晕头痛：茉莉花15 g，姬鱼头1个。水炖服。

茉莉叶治外感发热，泻痢腹胀，脚气肿痛，毒虫蜇伤。根主治跌打损伤及龋齿疼痛，亦治头痛，失眠；有毒。使用注意：内服宜慎。孕妇和体虚者忌内服。花的蒸馏液能醒脾辟秽，理气，美容泽肌。

治骨折、脱臼、跌打损伤引起的剧烈疼痛：茉莉根、接骨木、洋金花、透骨消（连钱草）各适量。捣烂，酒炒包患处。

392 苦丁茶

【别名】四川苦丁茶。

【来源】为木犀科植物总梗女贞*Liguxtrum pricei* Hayata的叶。

【植物形态】灌木或小乔木，高1～7 m。树皮灰褐色；当年生枝黑灰色或褐色，圆柱形，疏被或密被圆形皮孔，密被短柔毛。单叶，对生；叶柄长2～8 mm，具槽，无毛或被短柔毛叶片革质，长圆状披针形或近菱形，长3～9 cm，宽1～3.5 cm，顶端渐尖至长渐尖，或锐尖，稀圆钝，基部楔形，有时近圆形，叶缘平坦或稍反卷。圆锥花序顶生或腋生，长2～6.5 cm，宽1.5～4.5 cm；花序轴和分枝轴圆柱形，纤细，果实具棱，密被短柔毛，花序最下面分枝长0.5～1.5 mm，有花3～7朵，上部花单生或簇生；苞片线形或披针形，长2～6 mm；花梗长0～3 mm，无毛或被微柔毛；花萼长1.5～2.5 mm，顶端具宽三角形齿或近截形；花冠长0.7～1.1 cm，花冠管长5～7 mm，裂片卵形，顶端尖，盔状；花丝短；长0.5～2 mm，花药长圆形，与花冠裂片近等长；花柱长2～4 mm，达花冠管的1/2处。果椭圆形或卵状椭圆形，长7～10 mm，宽5～7 mm，呈黑色。花期5—7月，果期8—12月。

【生境分布】生于海拔400～1 600 m的山坡灌丛或沟谷林中。分布于奉节、石柱、涪陵、武隆地区。

【采收加工】春、夏季采收。嫩叶加工的主要工序是：摊叶，约需24 h；杀青，投叶时锅温为250～300 ℃；揉捻，一般趁热进行；烘焙，分2次进行，初烘温度100～110 ℃，足烘50～60 ℃。老熟叶的加工，采取炒晒结合。

【显微鉴别】粉末：淡棕色。叶肉组织碎块众多。断面观表皮细胞呈扁圆形，长13～26 μm，细胞中常有棕褐色内含物，外披较厚蜡质层。栅栏组织一层细胞，海绵组织4～5层细胞。分枝状的细小叶脉贯穿于叶肉组织中，木质部导管细小；横断面观，叶脉维管束呈圆形，维管束鞘细胞扁圆形，围绕维管束；单个栅栏细胞呈短棒状，直径13～28 μm，长33～52 μm，腔内有叶绿粒；上表皮细胞多角形，直径13～26 μm，细胞内可见棕褐色内含物；下表皮细胞不规则弯曲形，直径26～39 μm。气孔为环式，长径20～26 μm，副卫细胞4～6个；非腺毛，短小，单细胞，呈短角状，微弯曲，长35～50 μm，基部粗15 μm左右，顶端钝圆，胞腔狭细。

▲总梗女贞

【化学成分】含多酚类、生物碱、氨基酸、挥发油等。

【药理作用】有抗炎镇痛、降压作用。

【功能主治】药性：苦、微甘，微寒。归肝、胆、胃经。功能：散风热，清头目，除烦渴。主治：头痛，齿痛，咽痛，唇疮，耳鸣，目赤，咯血，暑热烦渴。用法用量：内服煎汤，3～9 g；或泡茶饮。

【资源综合利用】苦丁茶为我国南部和西南部民间的一种传统药用茶，使用历史悠久，具消炎解暑、生津止渴和清肺活血的功效。近年来，苦丁茶种植区域在四川西南地区逐渐扩大，如宜宾市筠连县，种植面积已有3 300多公顷，已成为全国最大的苦丁茶基地县。库区苦丁茶资源丰富，有进行深入开发研究的必要。

393　女贞子

【别名】女贞实、大爆格蚤。

【来源】为木犀科植物女贞*Ligustrum lucidum* Ait.的果实。

【植物形态】常绿灌木或乔木，高可达25 m。树皮灰褐色。枝黄褐色、灰色或紫红色，圆柱形，疏生圆形或长圆形皮孔。单叶对生；叶柄长1～3 cm，上面具沟；叶片革质，卵形、长卵形或椭圆形至宽椭圆形，长6～17 cm，宽3～8 cm，顶端锐尖至渐尖或钝，基部圆形，有时宽楔形或渐狭。圆锥花序顶生，长8～20 cm，宽8～25 cm；花序梗长达3 cm；花序基部苞片常与叶同型，小苞片披针形或线形，凋落；花无梗或近无梗；花萼无毛，长1.5～2 mm，齿不明显或近截形；花冠长4～5 mm，裂片长2～2.5 mm，反折；花丝长1.5～3 mm，花药长圆形，长1～1.5 mm；花柱长1.5～2 mm，柱头棒状。果肾形或近肾形，长7～10 mm，径4～6 mm，深蓝黑色，成熟时呈红黑色，被白粉。花期5—7月；果期7月至翌年5月。

【生境分布】生于海拔2 900 m以下的疏林或密林中，亦多栽培。分布于库区各市县。

【采收加工】秋季果实变黑而有白粉时打下，晒干或置热水中烫后晒干。

【药材性状】果实呈卵形、椭圆形或肾形，长6～8.5 mm，直径3.5～5.5 mm。表面黑紫色或棕黑色，皱缩不

▲女贞

平，基部有果梗痕或具宿萼及短梗。外果皮薄，中果皮稍厚而松软，内果皮木质，黄棕色，有数条纵棱，破开后种子通常1粒，椭圆形，一侧扁平或微弯曲，紫黑色，油性。气微，味微酸、涩。以粒大、饱满、色黑紫者为佳。

【显微鉴别】果实横切面：外果皮为1列细胞，外壁及侧壁加厚，其内常含油滴。中果皮为12～25列薄壁细胞，近内果皮处有7～12个维管束散在。内果皮为4～8列纤维组成棱环。种皮最外为1列切向延长的表皮细胞，长68～108 μm，径向60～80 μm，常含油滴。内为薄壁细胞，棕色。胚乳较厚，内有子叶。

粉末：呈淡黄棕色。内果皮纤维众多，成束，弯曲不直，末端渐尖、钝圆、倾斜或平截，有的略呈二歧分叉，或一侧呈锯齿状，偶见有末端稍膨大，直径13～35 μm，壁甚厚，胞腔线缝状，少数稍宽，多数可见孔沟。果皮表皮细胞表面观略呈多角形，壁较厚，有的胞腔充满棕色色素，个别细胞尚可见油滴；断面观表皮细胞近方形或长方形，外壁及侧壁明显增厚，角质层厚10～15 μm。种皮碎片，散有分泌细胞，有时数个相接，分泌细胞类圆形或长圆形，直径45～100 μm，内含黄棕色分泌物和油滴。内胚乳细胞，呈类多角形或椭圆形，直径28～48 μm，有的壁稍增厚。

【理化鉴别】（1）检查三萜类：取粉末约0.5 g，加乙醇5 mL，振摇5 min，滤过。取滤液少量，置蒸发皿中蒸干，滴加三氯化锑氯仿饱和溶液，再蒸干，呈紫色。（2）检查三萜皂苷：取粉末18，加乙醇3 mL，振摇5 min，滤过。滤液置蒸发皿中，蒸干，残渣加醋酐1 mL使其溶解，加硫酸1滴，先显桃红色，继变紫红色，最后呈污绿色；置紫外光灯（365 nm）下观察，显黄绿色荧光。（3）薄层鉴别：取本品粉末5 g，加7%硫酸的乙醇-水（1：3）溶液50 mL，加热回流2 h，放冷后，用氯仿振摇提取3次（50 mL、25 mL、25 mL），氯仿液以水振摇洗涤后，用无水硫酸钠脱水，滤过。氯仿液蒸干，以甲醇1 mL溶解作供试液。另取齐墩果酸氯仿溶液作对照液，分别点样于硅胶G（青岛）薄板上，以氯仿-乙醚（1：1）展开，喷以20%硫酸，于105 ℃烘烤显色，供试品色谱与对照品色谱在相应的位置上显相同颜色的斑点。

【化学成分】果实含齐墩果酸（oleanolic acid），乙酰齐墩果酸（acetyloleanolic acid），熊果酸（ursolic acid），乙酰熊果酸（acetylursolic acid），女贞子酸，女贞苷（ligustroside），10-羟基女贞苷（10-hydroxyligustroside），女贞子苷（nuezhenide），新女贞子苷（neonuezhenide），女贞酸（ligustrosidic acid），橄榄苦苷（oleuropein），10-羟基橄榄苦苷（10-hydroxyoleuropein），橄榄苦苷酸（oleuropeinic acid）等。种子含女贞子酸（ligustrin），8-表金银花苷（8-epikingiside）等。

【药理作用】有抗炎、增强免疫功能、降低血清胆固醇和三酰甘油（甘油三酯）、预防和消减动脉粥样硬化斑块以及减轻斑块厚度、降血脂、改善脑和肝脏脂质代谢、降血糖、保肝、升高化疗或放疗所致的白细胞减少、刺激骨髓造血功能、改善或促进造血机能、抗诱变、抗肿瘤、激素样、抑制变态反应、抗HPD光氧化、抗脂质过氧化、促进毛囊生长、抑菌作用。

【功能主治】药性：甘、苦，凉。归肝、肾经。功能：补益肝肾，清虚热，明目。主治：白细胞减少症，高脂血症，慢性支气管炎，慢性萎缩性胃炎，肝炎，更年期综合征，不孕症，心律失常，头昏目眩，腰膝酸软，遗精，耳鸣，须发早白，骨蒸潮热，目暗不明。用法用量：内服煎汤，6～15 g；或入丸剂。外用适量，敷膏点眼。使用注意：清虚热宜生用，补肝肾宜熟用。脾胃虚寒泄泻及阳虚者，慎服。

附方：

1. 治脂溢性脱发：女贞子10 g，何首乌10 g，菟丝子10 g，当归10 g。水煎服，连服2个月。
2. 治阴虚骨蒸潮热：女贞子、地骨皮各9 g，青蒿、夏枯草各6 g。水煎服。
3. 治神经衰弱：女贞子、鳢肠、桑葚子各15～30 g。水煎服。
4. 治白细胞减少症：炙女贞子、龙葵各45 g。水煎服。
5. 治视神经炎：女贞子、草决明、青葙子各50 g。水煎服。
6. 治月经不调，腰酸带下：女贞子、当归、白芍各6 g，续断9 g。煎服。
7. 治慢性苯中毒：女贞子、旱莲草、桃金娘根各等量。研粉，炼蜜为丸。每丸6～9 g，每服1～2丸，每日3次，10 d为1疗程。

女贞树皮可治疗慢性支气管炎。叶可用于烧伤，放射性损伤，急性菌痢。

【资源综合利用】女贞子原名女贞实，始载于《神农本草经》，列为上品。具有较好的抗动脉硬化作用，是既可药用又可食用的养阴佳品。充分利用库区女贞子资源，扩大女贞子用药范围，开发女贞子饮料和食品。

394　小蜡树

【别名】山蜡树、水白蜡。

【来源】为木犀科植物小蜡*Ligustrum sinense* Lour.的叶。

【植物形态】落叶灌木或小乔木，高2～7 m。枝条多而短，幼时密被淡黄色短柔毛。单叶，对生；叶柄长2～8 mm；叶片卵形、卵状长圆形或长椭圆形，长2～7 cm，宽1～3 cm，顶端锐尖、短尖至渐尖，或钝而微凹，基部宽楔形至近圆形，或楔形，上面深绿色，沿中脉被短柔毛。花在枝端簇生成长10～20 cm的圆锥状花序；花梗长1～3 mm，被短柔毛或无毛；花萼长1～1.5 mm，顶端呈截形或浅波状齿；花冠白色，芳香，管长1.5～2.5 mm，裂片4，长圆状椭圆形或卵状椭圆形，比管部长或近等长，花药伸出。核果近圆形，径4～8 mm。花期8—10月，果期10—12月。

【生境分布】生于海拔200～800 m的疏林中、路旁、沟边。分布于库区各市县。

【采收加工】夏、秋季采收，鲜用或晒干。

【化学成分】种子含油脂。

【药理作用】有广谱抑菌杀菌、保护烧烫创面，抗感染作用。

【功能主治】药性：苦，凉。功能：清热利湿，解毒消肿。主治：急性黄疸性肝炎，痢疾，烫伤，牙痛，劳伤咳嗽，外伤，口腔溃疡，急性扁桃体炎，肺炎，疮痈等。用法用量：内服煎汤，15～30 g。外用适量。

附方：

1. 治烫伤：小蜡适量，或加迎春花叶各等量，研粉，香油调敷患处。
2. 治黄疸型肝炎：小蜡树鲜枝叶15～30 g。水煎服。
3. 治烫伤：小白蜡鲜叶适量。用凉开水洗净，捣烂，加少量凉开水，纱布包裹挤压取汁搽患处。

▲小蜡

▲密蒙花

马钱科Loganiaceae

395 密蒙花

【别名】鸡骨头花。

【来源】为马钱科植物密蒙花*Buddleja officinalis* Maxim.的花蕾及花序。

【植物形态】落叶灌木，高1～3 m，最高可达6 m以上。小枝灰褐色，微具4棱，密被白色星茸毛，茎上的毛渐次脱落。单叶对生；叶片矩圆状披针形至条状披针形，长5～10 cm，宽1～3 cm，顶端渐尖，基部楔形，全缘或有小锯齿，上面被细星状毛，下面密被灰白色至黄色星状茸毛。聚伞圆锥花序顶生，长5～10 cm，密被灰白色柔毛；花芳香；花萼钟状，顶端4裂，外面被毛；花冠淡紫色至白色，筒状，长1～1.2 cm，径2～3 mm，筒内面黄色，疏生茸毛，外面密被茸毛，顶端4裂；雄蕊4，着生于花冠筒中部；子房上位，2室，顶端被茸毛，花柱短，柱头膨大，卵形。蒴果卵形，外被毛，2瓣裂；种子多数，细小，两端具翅。花期2—3月，果期5—8月。

【生境分布】生于海拔200～1 400 m的山坡、河边、灌丛中或林缘。分布于巫溪、巫山、奉节、云阳、万州、开州、石柱、武隆、长寿地区。

【采收加工】春季花未开放时采收，晒干。

【药材性状】为多数花蕾密集而成的花序小分枝，呈不规则团块状，长1.5～3 cm；表面灰黄色或棕黄色，密被茸毛，单个花蕾呈短棒状，上端略膨大，长0.3～1 cm，直径0.1～0.2 cm；花萼钟状，顶端4齿裂；花冠筒状，与萼等长或稍长，顶端4裂；花冠内表面紫棕色或黄棕色，毛茸稀疏。质柔软，气微香，味甘而微辛、苦。以花蕾排列紧密、色灰褐、有细毛茸、质柔软者为佳。

【显微鉴别】粉末特征：棕色。①星状毛多碎断，完整者体部2细胞，基部并列，每细胞二分叉，分叉几等长或一长一短，直径12～31 μm，长50～424 μm；柄部1～2细胞，长12～36 μm，直径16～24 μm。偶见单细胞二分叉。②单细胞非腺毛长短不一，顶端尖，直径13～25 μm，长38～590 μm，壁薄，疣状突起较大而密，直径约至2.5 μm。③腺毛多散离，头部顶面观2细胞并列呈短哑铃形、鞋底形或蝶形，有的细胞中含颗粒状物；柄部1～2细胞，直径12～14 μm。另有头部1细胞或3细胞的腺毛。④花冠表皮表面观细胞呈类长方形、类方形或类多角形，壁较平直或微弯曲，毛茸脱落痕类圆形。花冠边缘的表皮细胞呈绒毛状，有细密角质纹理。⑤花粉粒呈类圆形，直径13～21 μm，外壁分层不明显，具3孔沟，表面纹饰不明显，隐约可见呈颗粒状或细网状。

【理化鉴别】检查刺槐苷：取本品粉末0.5 g加乙醚10 mL，置70～75 ℃水浴中浸渍30 min，放冷，滤过。取滤液2 mL，加盐酸5滴与镁粉少许，显棕黄色。

【化学成分】花含醉鱼草苷（bud-dleo-glucoside），又称蒙花苷（linarin）或刺槐苷（acaciin）；洋丁香酚苷（acteoside），海胆苷（echinacoside），刺槐素（acacetin）等。

【药理作用】有解痉、短暂轻度增加胆汁分泌、松弛胆管平滑肌、使尿量略有增加、抗炎作用。

【功能主治】药性：甘，微寒。归肝经。功能：祛风清热，凉血，止咳，润肝明目，退翳。主治：目赤肿痛，多泪羞明，翳障遮目，视物不清。用法用量：内服煎汤，6～15 g；入丸、散。

龙胆科Gentianaceae

396　鱼胆草

【别名】金盆、青鱼胆草、水灵芝、水黄连。

【来源】为龙胆科植物川东獐牙菜*Swertia davidi* Franch.的全草。

【植物形态】多年生草本，高15～50 cm。根明显黄色，茎四棱形，基部多分枝。单叶对生；基生叶及下部叶具柄，上部叶近于无柄；叶片线形或线状披针形至线状椭圆形，长1～4 cm，宽1～3 mm，顶端尖或稍钝，边缘略反卷。圆锥状复伞形花序，稀为聚伞花序，花梗纤细，长1.5～4.5 cm；花萼裂片4，线状披针形；花蓝色或淡紫色，直径1.5 cm，具蓝紫色脉纹；花瓣4裂，裂片卵形或卵状披针形，顶端渐尖，花瓣内侧基部有2个腺体，腺体沟状，具长毛状流苏；雄蕊4，着生于花冠基部；子房狭椭圆形，无柄，花柱短，不明显，柱头2裂。蒴果椭圆形。花、果期9—11月。

▲川东獐牙菜

【生境分布】生于海拔300～1 000 m的混交林下、河边、潮湿地。分布于巫溪、巫山、奉节、云阳、万州、开州、石柱、丰都、涪陵、武隆地区。

【采收加工】夏、秋季采收，晒干或鲜用。

【药材性状】全草多分枝，尤以基部为多。光滑无毛。茎纤细略呈四棱形。单叶对生，近无柄；多皱缩。完整叶片线形或线状披针形，长1～4 cm，宽1～3 mm，顶端尖，全缘，略反卷。有时可见残留花序或花。气微，味苦。

【显微鉴别】茎横切面：表皮细胞类圆形，位于棱脊部的表皮细胞形大，外被角质层由十数列薄壁细胞组成。内皮层1～2列细胞。木质部较宽，由十数列木栓细胞构成，髓中部空，细胞类圆形，较疏松。

叶横切面：表皮细胞均被有角质层，下表皮毛腺鳞；栅栏组织由1～3列栅栏细胞组成，不通过中脉，海绵组织细胞排列较疏松，中脉锥管束上下为发达的厚角组织，气孔为不定式，副细胞4～6个，维管束外韧形。

粉末特征：粉末呈黄绿色至棕褐色。木纤维长棱形，直径10～30 μm，长250～400 μm，壁厚0.2 μm，胞腔大，纹孔明显；导管多为螺纹，孔纹可见，直径12～31 μm；叶表皮细胞类长方形，垂周壁波状弯曲，长41～100 μm，壁厚。淀粉粒少见。

【理化鉴别】取本品10 g粉碎，过20目筛，分别用水、甲醇、乙醇提取，提取液分别做下列实验：取水提液分别加碘化铋钾、碘化汞钾、硅乌酸试液，均出现沉淀。

【化学成分】全草含秦艽碱甲（gentianine）、熊果酸（ursolic acid）等。

【药理作用】有保肝、抗菌作用。

【功能主治】药性：苦，凉。功能：清热解毒，利湿。主治：急性病毒性肝炎，急性菌痢，急慢性肠炎、慢性溃疡性结肠炎、胃炎、胆囊炎，肺热咳嗽，咽喉肿痛，牙痛，尿路感染，化脓性骨髓炎，结膜炎，附件炎，盆腔炎，带状疱疹，疥癣疮毒。用法用量：内服煎汤，3～9 g；或研末冲服。外用适量，捣敷。

附方：

1. 治头痛，胃痛：水灵芝研粉。日服3次，每次0.3～1 g，温开水送服。
2. 治肺炎：水灵芝10 g，栀子12 g，黄芩9 g。水煎服。
3. 治带状疱疹：水灵芝适量。捣烂，搽患处。

【资源综合利用】川东獐牙菜为民族民间常用药。目前野生变家种种植已获得成功，为进一步开发奠定了良好基础，民间用来治疗肝硬化腹水的效果明显。

夹竹桃科Apocynaceae

397　长春花

【别名】雁来红。

【来源】为夹竹桃科植物长春花*Catharanthus roseus*（L.）G. Don的全草。

【植物形态】多年生草本或半灌木，高达60 cm，有水液，全株无毛。茎多分枝。叶对生，倒卵状长圆形，长

▲长春花

3～4 cm，宽1.5～2.5 cm，顶端钝圆，基部渐狭而成短叶柄，边全缘。聚伞花序顶生或腋生，有花2～3朵；萼片5，披针形或钻状渐尖；花冠高脚碟状，5裂，玫瑰红色，筒部长2.6 cm，内被柔毛，中心有深色洞眼，裂片向左覆盖，宽倒卵形，长和宽约1.5 cm；雄蕊5，着生于冠筒近喉部；子房由花盘由2片舌状腺体组成，与心皮互生。花、果期为全年。

【生境分布】栽培。分布于巫溪、巫山、万州、开州、涪陵、武隆、长寿地区。

【采收加工】全年采收，鲜用或晒干。

【化学成分】全草含70余种生物碱：主要有长春碱（VLB），长春新碱（VCR），环氧长春碱（VLR），异长春碱（VRS），长春文碱（leurosivine），罗威定碱（rovidine），卡罗新碱（carosine），派利文碱（perivine），派利维定碱（perividine），长春刀林宁碱（vindolinine），派利卡林碱（pericaUinetabernoschizine）等。生物碱含量由于集采期和产地等条件而有很大差异。亦含类胰岛素物质。

【药理作用】有抗肿瘤、抗病毒、降血压、利尿、降低血糖作用。

【功能主治】药性：微苦，凉，有毒。归肝、肾经。功能：凉血降压，镇静安神。主治：急性淋巴细胞性白血病，肺癌，恶性淋巴瘤，绒毛膜上皮癌，糖尿病，高血压病，烫伤。用法用量：内服煎汤，6～15 g。

附方：

1. 治急性淋巴细胞性白血病：长春花15 g。水煎服。

2. 治高血压病：①长春花12 g，豨莶草10 g，决明子6 g，菊花6 g。水煎服。②长春花、夏枯草、沙参各15 g。水煎服。

398 萝芙木

【别名】山辣椒。

【来源】为夹竹桃科植物萝芙木*Rauvolfia verticillata*（Lour.）Baill.的根及全株。

【植物形态】灌木，高0.5～3 m。具乳汁，全体平滑无毛。小枝淡灰褐色，疏生圆点状的皮孔。单叶对生或3～5片轮生，质薄而柔，长椭圆状披针形，长4～16 cm，宽1～4 cm，顶端渐尖，基部楔形，全缘或略带波状；叶

▲萝芙木

柄细而微扁。聚伞花序呈三叉状分歧，腋生或顶生；总花梗纤细，长2 ~ 4 cm，花梗丝状，长约5 mm；总苞片针状或三角状；花萼5深裂，裂片卵状披针形；花冠高脚碟状，白色，筒中部膨大，上部裂片5，卵形，向左覆盖；雄蕊5，着生于花冠筒中部；雌蕊2心皮，离生或合生，子房卵圆形，花柱丝状，柱头短棒状而微扁。核果卵形或椭圆形，绿色渐变红色，熟时紫黑色，种子1粒。花期5—7月。果期8—10月。

【生境分布】生于低山区山坡、溪边灌丛中或疏林下，栽培。分布于万州、涪陵、武隆、长寿地区。

【采收加工】秋、冬季采挖，洗净，切片，晒干。

【药材性状】干燥根呈圆锥形，支根为圆柱形，弯曲而略扭转，上端直径1 ~ 2 cm，下端细至0.5 cm以下，长15 ~ 30 cm或更长，多有支根。外表面灰棕色至灰黄色，有不规则而纵长的隆起和纵沟。栓皮较松，易于脱落。质坚硬，不易折断，折断面不平坦；横切面射线极纤细，微带芳香，味苦，皮部较木质部更苦。

【化学成分】含利血平、育亨宾、萝芙木碱、萝芙木甲素、山马蹄碱、蛇根亭碱等，亦含熊果酸。茎皮含利血平、萝芙木碱、蛇根碱、育亨宾等。叶含马蹄叶碱、维洛斯明碱、蛇根碱等。

【药理作用】根总生物碱有降压、使小白鼠活动减少、安静，增强巴比妥类催眠药作用。

【功能主治】药性：苦，寒，有小毒。功能：镇静，降压，活血止痛，清热解毒。主治：感冒发热，头痛身疼，咽喉肿痛，高血压，眩晕，失眠，肝炎，疟疾，跌打损伤，蛇咬伤，腰痛，风痒疮疥。用法用量：内服煎汤，9 ~ 30 g。外用适量，鲜品捣烂敷患处。

附方：

1. 治高血压头晕，头痛，耳鸣，腰痛：萝芙木30 g，杜仲15 g。水煎服。
2. 治感冒头痛，周身骨疼：萝芙木、土茯苓、土甘草各60 ~ 90 g。煎汤，每日分3次服。

【资源综合利用】其所含生物碱为“降压灵”药物原料，可作镇静剂以及治疗过度紧张及高血压。

399　络石藤

【别名】钻骨风。

【来源】为夹竹桃科植物络石*Trachelospermum jasminiodes*（Lindl.）Lem.的带叶藤茎。

【植物形态】常绿攀缘藤本，长达10 m，具乳汁。茎红褐色，节部常生气根，幼枝密被短柔毛。叶对生，革质或近革质，椭圆形或卵状披针形，长2 ~ 10 cm，宽1 ~ 4.5 cm，顶端尖、钝圆或微凹，下面被短柔毛。聚伞花序腋生和顶生；花蕾顶端钝；花萼5深裂，裂片线状披针形，顶部反卷，基部具10个鳞片状腺体；花冠白色，高脚碟状，花冠筒中部膨大，喉部有毛，裂片5，向右覆盖；雄蕊5，生于花冠筒中部，花药顶端不伸出花冠喉部外；花盘环状5裂，与子房等长；心皮2，离生。蓇葖果圆柱状，叉生；种子顶端具种毛。花期4—6月，果期10月。

【生境分布】生于海拔250 ~ 1 250 m的山野、溪边、路旁、林缘或林中，常攀缘于树上、墙上或其他植物上，有栽培。分布于巫溪、巫山、奉节、云阳、万州、开州、石柱、武隆地区。

【采收加工】冬季至次年春季采割，晒干。

【药材性状】藤茎圆柱形，多分枝，直径0.2 ~ 1 cm；表面红棕色，具点状皮孔和不定根；质较硬，折断面纤维状，黄白色，有时中空。叶对生，具短柄，完整叶片椭圆形或卵状椭圆形，长2 ~ 10 cm，宽0.8 ~ 3.5 cm，顶端渐尖或钝，有时微凹，边缘略反卷，上表面黄绿色，下表面较浅，叶脉羽状，下表面较清晰，稍凸起；革质，折断时可见白色绵毛状丝。气微，味微苦。以叶多、色绿者为佳。

【显微鉴别】茎横切面：木栓层为数列切向延长的细胞，内含棕色物质。皮层外侧石细胞排列成环，有的含草酸钙方晶，皮层内侧散有石细胞群和纤维束。中柱鞘纤维束环列，伴有石细胞。维管束双韧型，韧皮部散有少数分泌细胞，形成层成环，木质部发达，导管直径有的可达130 μm，木射线细胞1 ~ 3列，木化，内生韧皮部内侧有纤维束和石细胞散在，有的周围薄壁细胞内含草酸钙方晶，髓部常破裂。本品薄壁组织中有乳管分布。

叶横切面：上、下表皮各1列，下表皮有气孔和非腺毛。栅栏细胞2 ~ 3列，穿过主脉。主脉维管束双韧型，浅槽状，韧皮部外侧有纤维群，以下方为多。薄壁组织中有乳汁管。薄壁细胞含草酸钙方晶和簇晶。

【理化鉴别】薄层鉴别：取本品粉末2 g，加乙酸乙酯20 mL，水浴回流30 min，滤过。滤液浓缩至3 mL，作为

▲络石

供试品溶液。另取木犀草素，加乙酸乙酯溶解成每1 mL含1 mg的溶液，作为对照品溶液。将上述两种溶液分别点样于硅胶G薄层板上，用甲苯-乙酸乙酯-甲酸（5：4：1）展开，取出晾干后，喷雾1%三氯化铝乙醇溶液，于紫外光灯（254 nm）下观察荧光，供试品色谱中应与对照品色谱在相同的位置处显黄色荧光斑点。

【化学成分】藤茎含牛蒡苷（arctiin）、络石苷（tracheloside）、去甲基络石苷（nortracheloside）、穗罗汉松树脂酚苷（matairesinoside）等。茎叶含狗牙花定碱（coronaridine）、伏康京碱（voacangine）等。叶还含芹菜素（apigenin）、芹菜素-7-O-葡萄糖苷（apigenin-7-O-glucoside）、芹菜素-7-O-龙胆二糖苷（apigenin-7-O-gentiovioside）等。全株含微量生物碱，β-香树脂醇（β-amyrin），β-香树脂酸乙酸酯（β-amyrinacetate），羽扇豆醇（lupeol），羽扇豆醇乙酸酯（lupeolacetate），羽扇豆醇不饱和脂肪酸酯，β-谷甾醇（β-sitosterol），豆甾醇（stigmasterol），菜油甾醇（campesterol）等。花含无色飞燕花草素，二甲基肌醇和多种挥发油。

【药理作用】有抑菌、强心作用。藤叶所含黄酮苷对尿酸合成酶黄嘌呤氧化酶有抑制作用。

【功能主治】药性：苦，微寒。功能：祛风通络，止痛，凉血消肿。主治：风湿热痹，筋脉拘挛，腰膝酸痛，咽喉肿痛，疔疮肿毒，蛇犬咬伤，跌打损伤。用法用量：内服煎汤，6～15 g，单味可用至30 g；浸酒，30～60 g；或入丸、散剂。外用适量，研末调敷或捣汁涂。

附方：

1. 治风湿关节炎：络石藤、五加根皮各30 g，海风藤、秦艽各9 g，牛膝根15 g。水煎服。白酒为引。
2. 治尿血、血淋：络石藤60 g，牛膝30 g，山栀仁10 g。水煎服。
3. 治蛇、犬咬伤：络石藤适量。煎水，洗伤处；另以鲜品适量加独活等分，捣烂，敷伤处。

络石的根、茎、叶、果实均可药用，主治风湿关节炎，风寒感冒等。

【资源综合利用】花可提取“络石浸膏”。络石在园林中多作地被，或盆栽观赏，为芳香花卉。

萝藦科Asclepiadaceae

400　马利筋

【别名】草木棉、莲生桂子花、刀口药。

【来源】为萝藦科植物马利筋*Asclepias curassavica* L.的全草。

▲马利筋

【植物形态】灌木状草本，高60 ~ 100 cm。全株有白色乳汁。叶披针形或椭圆状披针形，长6 ~ 13 cm。花期为全年，果期8—12月。

【生境分布】栽培。分布于万州、石柱、涪陵、武隆、长寿地区。

【采收加工】全年可采，晒干。

【化学成分】叶含牛角瓜苷（calotmpin），牛角瓜苷元（calotropagenin），马利筋苷元等。全草还含马利筋苷。

【药理作用】有强心、抗癌、催吐作用。本品叶茎水提物可使大鼠后肢血流量明显增加。

【功能主治】药性：苦，寒。有毒。功能：消炎清热，活血止血。主治：咽喉肿痛，肺热咳嗽，热淋，月经不调，崩漏，带下，痈疮肿毒，湿疹，顽癣，创伤出血。用法用量：内服煎汤，6 ~ 9 g。外用鲜品适量。使用注意：宜慎服，体质虚弱者禁服。本品全株有毒，其白色乳汁毒性更大。中毒症状：初为头痛、头晕、恶心、呕吐，继而腹痛、腹泻、烦躁、妄语，最后四肢冰冷、冷汗、面色苍白、脉搏不规则、瞳孔散大、对光不敏感、痉挛、昏迷、心跳停止而死亡。

附方：

1. 治痛经：鲜马利筋30 g。水煎服，胡极为引。
2. 治痈疮肿毒：马利筋6 ~ 9 g。水煎服；并用鲜品适量，捣烂，敷患处。

401 隔山撬

【别名】隔山消、白首乌。

【来源】为萝藦科植物牛皮消*Cynanchum auriculatum* Royle ex Wight的块根。

【植物形态】蔓性半灌木，具乳汁。宿根类圆柱形，肥厚。茎被微柔毛。叶对生；叶柄长3 ~ 9 cm；叶片心形至卵状心形，长4 ~ 12 cm，宽3 ~ 10 cm，顶端短渐尖，基部深心形，两侧呈耳状内弯，下面被微毛。聚伞花序伞房状，腋生；总花梗圆柱形，长10 ~ 15 cm，有花约30朵；花萼近5全裂，裂片卵状长圆形，反折；花冠辐状，5深裂，裂片反折，白色，内具疏柔毛；副花冠浅杯状，裂片椭圆形，长于合蕊柱，在每裂片内面的中部有一个三角形的舌状鳞片；雄蕊5，着生于花冠基部，花丝连成筒状，花药2室，附着于柱头周围，每室有黄色花粉块1个；雌蕊由2枚离生心皮组成，柱头圆锥状，顶端2裂。花期6—9月，果期7—11月。

【生境分布】生于海拔300 ~ 1 500 m的山坡岩石缝中、灌丛中或路旁、沟边潮湿地。分布于万州、开州、石

▲牛皮消

柱、涪陵、武隆、长寿地区。

【采收加工】春初或秋季采挖，晒干或鲜用，或趁鲜切片晒干。

【药材性状】根呈长圆锥形、长纺锤形，稍弯曲，长7 ~ 15 cm，直径1 ~ 4 cm。表面浅棕色，有明显的纵皱纹及横长皮孔，栓皮脱落处土黄色或浅黄棕色，具网状纹理。质硬而脆，断面平坦，类白色，粉性，具鲜黄色放射状纹理。气微，味微甘后苦。以块大、粉性足者为佳。

【显微鉴别】横切面：根木栓层为10余列木栓细胞。皮层有3 ~ 9列石细胞断续排列成环带；石细胞类长方形、半圆形或类多角形，直径7 ~ 30 cm，纹孔及孔沟明显。韧皮部薄壁组织中散有众多乳汁管，有的与筛管伴生；韧皮射线宽3 ~ 9列细胞。形成层环明显。木质部导管3至数个相聚，木射线宽10余列细胞，木质部束导管周围可见木间韧皮部，筛管群明显可见，并伴有乳汁管。本品薄壁细胞含淀粉粒，有的含草酸钙簇晶。

粉末特征：淡棕色。石细胞类多角形、类长方形、梭形或不规则形，直径15 ~ 75 μm，壁厚5 ~ 22 μm，孔沟较细密。无节乳管多碎断，直径约至26 μm，乳汁管中充满灰色分泌物。淀粉粒单粒类圆形、长圆形或卵圆形，脐点人字状、星状、点状或裂缝状，层纹不明显；复粒由2 ~ 3个分粒组成。草酸钙簇晶直径15 ~ 45 μm。此外，有木栓细胞、导管和木纤维。

【理化鉴别】薄层鉴别：取本品粉末5 g，以改良Folich试剂渗漉。渗漉液低温（< 50 ℃）减压回收溶剂。残渣以适量氯仿溶解，转至具塞离心管中，加5倍量石油醚沉淀甾苷类化合物，离心，移取上清液于蒸发皿中，残渣如法重复3次。合并上清液，真空干燥，残渣以氯仿溶解，即得总磷脂提取液。吸取总磷脂提取液适量，真空浓缩，点样于3块硅胶G薄板上，以磷脂酰胆碱（PC）、磷脂酰乙醇胺（PE）、磷脂酰甘油（PG）、双磷脂酰甘油（DPG）和磷脂酰肌醇（PI）作对照品。先用丙酮上行法展开，取出，暗处挥去丙酮，置充氮干燥器中干燥12 h；再以乙酸乙酯-异丙醇-水（10：7：3）与第1次同向展开，取出，挥去溶剂。3块板分别以Vaskovsky试剂、茚三酮、Dragendoff试剂显色。供试液色谱在与对照品色谱相应的位置上显相同的色斑，在原点和PC间有与Dragendoff试剂显色的磷脂酰胆碱（PC）斑点。

【化学成分】块根中含较高的磷脂（phyospholipid）成分和C_{21}甾体酯苷（C_{21} steroid ester glycoside）。从总苷中已分离出隔山消苷（wilfoside），牛皮消苷（cynauricuoside），萝藦胺（gagamine），牛皮消素（caudatin）等。还含白首乌二苯酮（baishouwubenzophenone），氨基酸，维生素，磷、钾、铜、锆、硒等无机元素。

【药理作用】有抗氧化、调节免疫功能、抗肿瘤、降低心肌耗氧量、降血脂、改善溶血性贫血、保肝作用。

【功能主治】药性：甘、微苦，微温。归肝、肾、脾、胃经。功能：补肝肾，强筋骨，益精血，健脾消食，解毒疗疮。主治：肝肾两虚，头昏眼花，失眠健忘，须发早白，腰膝酸痛，阳痿遗精，头晕耳鸣，心悸失眠，脾虚不运，脘腹胀满，食欲不振，小儿疳积，泄泻，产后乳汁稀少，疮痈肿痛，毒蛇咬伤，鱼口疮毒。用法用量：内服煎汤，6 ~ 15 g，鲜品加倍；研末，每次1 ~ 3 g；或浸酒。外用适量，鲜品捣敷。使用注意：内服不宜过量。

附方：

1. 治神经衰弱，阳痿，遗精：隔山撬15 g，酸枣仁9 g，太子参9 g，枸杞子12 g。水煎服。
2. 治小儿疳积：隔山撬、糯米草、鸡屎藤各等分。研末，每次9 g，加米粉18 g，蒸熟食。

3. 治消化不良，气膈噎食：隔山撬100 g，鸡肫皮50 g，牛胆南星、朱砂各50 g，急性子6 g。研末，炼蜜为丸，如小豆大。每服3 g，淡姜汤下。

402 徐长卿

【别名】獐耳草、对节莲。

【来源】为萝藦科植物徐长卿*Cynanchum paniculatum*（Bunge）Kitagawa的根或全草。

【植物形态】多年生草本，高约1 m。根须状，土黄色，有特殊香气。茎细，节间长，有乳汁。叶对生，披针形至线形，长5～14 cm，宽5～15 mm，顶端尖，全缘，边缘稍外卷，有缘毛。聚伞花序圆锥状，顶生或生于叶腋内；花冠黄绿色，近辐状，5裂；副花冠黄色，肉质，基部与雄蕊合生；雄蕊5，合生，每药室有花粉块一个；柱头膨大，盘状五角形。蓇葖果单生，披针形，长6 cm。种子长圆形，暗褐色，顶端具白绢质种毛。花期5—7月，果期9—12月。

【生境分布】生于海拔1 400～1 800 m的向阳山坡及草丛中。分布于巫溪、巫山、万州、开州、武隆地区。

【采收加工】夏季采挖，晒干。

【药材性状】根茎呈不规则柱状，有盘节，长0.5～3.5 cm，直径2～4 mm。有的顶端带有残茎，细圆柱形，长10～16 cm，直径1～1.5 cm。表面淡黄白色至淡棕黄色，或棕色；具微细的纵皱纹，并有纤维的须根。质脆，易折断，断面粉性，皮部类白色或黄白色，形成层环淡棕色，木部细小。气香，味微辛凉。

【化学成分】全草含牡丹酚及微量生物碱；并含苷类，水解得酯型苷元混合物。

【药理作用】有抗肿瘤、抗菌、镇痛、镇静、抗炎、抗氧化、抗变态反应、降血压、降血清总胆固醇和脂蛋白、减慢心率、增加冠脉血流量，改善心肌代谢，缓解心肌缺血作用。牡丹酚能显著对抗乙酰胆碱、组织胺、氯化钡引起豚鼠离体回肠的强烈收缩。

【功能主治】药性：香，微辛，温。归肝、胃经。功能：祛风化湿，止痛止痒。主治：动脉粥样硬化，风湿疼痛，牙痛，胃痛，痛经，痢疾，肠炎，水肿，跌打损伤，带状疱疹，荨麻疹，神经性皮炎，蛇虫咬伤。用法用量：内服煎汤，3～9 g。外用适量。

▲徐长卿

附方：

1. 治风湿关节痛：徐长卿根24 g ~ 30 g。烧酒250 g，浸泡7 d，每天服药酒60 g。
2. 治牙痛：徐长卿15 g。水煎服，服时先用药液漱口1 ~ 2 min再咽下，如服粉剂每次1.5 ~ 3 g，每日2次。
3. 治神经性皮炎，荨麻疹，湿疹：徐长卿500 g，水煎，浓缩，加入0.3%尼泊金适量备用。每日2 ~ 4次，涂患处。

403　香加皮

【别名】五加皮、北五加皮、杠柳皮、臭五加、山五加皮、香五加皮。

【来源】为萝藦科植物杠柳*Periploca sepium* Bunge的根皮。

【植物形态】落叶蔓性灌木，长达1.5 m。具乳汁，除花外全株无毛。叶对生；叶柄长约3 mm；叶片膜质，卵状长圆形，长5 ~ 9 cm，宽1.5 ~ 2.5 cm，顶端渐尖，基部楔形；侧脉多数。聚伞花序腋生，有花数朵；花萼5深裂，裂片顶端钝，花萼内面基部有10个小腺体；花冠紫红色，花张开直径1.5 ~ 2 cm，花冠裂片5，中间加厚呈纺锤形，反折，内面被长柔毛；副花冠环状，10裂，其中5裂片丝状伸长，被柔毛；雄花着生于副花冠内面，花药包围着柱头；心皮离生；花粉颗粒状，藏在直立匙形的载粉器内。蓇葖荚果双生，圆柱状，长7 ~ 12 cm，直径约5 mm，具纵条纹。种子长圆形，顶端具长约3 cm的白色绢质种毛。花期5—6月，果期7—9月。

【生境分布】生于海拔400 ~ 1 200 m的林缘、沟坡、灌丛中。分布于开州地区。

【采收加工】夏、秋季采挖，用木棒轻轻敲打，剥下根皮，晒干或炕干。

【药材性状】根皮呈卷筒状或槽状，少数呈不规则块片状，长3 ~ 12 cm，直径0.7 ~ 2 cm，厚2 ~ 5 mm。外表面灰棕色至黄棕色，粗糙，有横向皮孔，栓皮常呈鳞片状剥落，露出灰白色皮部；内表面淡黄色至灰黄色，稍平滑，有细纵纹。体轻，质脆，易折断，断面黄白色，不整齐。有特异香气，味苦。以条粗、皮厚、呈卷筒状、香气浓、味苦者为佳。

【显微鉴别】粉末特征：淡棕色。石细胞淡黄色或棕色，长方形、类多角形或长条形，直径24 ~ 70 μm，壁厚至28 μm，孔沟短或偶有不明显。乳汁管直径30 ~ 72 μm，内含无色油滴状物。草酸钙方晶多存在于薄壁细胞中，直径5 ~ 20 μm，有的一个细胞含数个结晶；含晶细胞纵向连接。结晶排列成行。分泌细胞形大，呈椭圆形，直径36 ~ 130 μm，长约306 μm，壁非木化，胞腔内偶见油滴状分泌物。木栓细胞壁薄，平直或微波状弯曲，黄棕色。淀粉粒直径3 ~ 11 μm，脐点点状；复粒由2 ~ 7个分粒组成。韧皮薄壁细胞长梭形，有的端壁连珠状增厚，部分表面可见网状微细纹理。

▲杠柳

【理化鉴别】薄层鉴别：取本品粉末2 g，加甲醇30 mL，置水浴上回流1 h，滤过，滤液蒸干，残渣加甲醇2 mL使溶解，作为供试品溶液。另取4-甲氧基水杨醛对照品，加甲醇制成每1 mL含1 mg的溶液，作为对照品溶液。吸取上述两种溶液各2 μL，分别点于同一硅胶G薄层板上，以石油醚（60 ~ 90 ℃）-醋酸乙酯-冰醋酸（20：3：0.5）展开，取出，晾干，喷以二硝基苯肼试液。供试品色谱中，在与对照品色谱相应的位置上，显相同颜色的斑点。

【化学成分】根皮含杠柳毒苷（periplocin），杠柳苷（penploside），杠柳加拿大麻糖苷（periplocymarin），β-谷甾醇-β-D-葡萄糖苷（β-sitosteryl-β-D-gluco-side），孕烯醇

类（C_{21}甾类）化合物，北五加皮寡糖（periplocae oligosaccharide），4-甲氧基-水杨醛（4-methoxysalicylaldehyde），β-谷甾醇（β-sitosterol）等。

【药理作用】有强心、升压、增强对声、光等刺激反应性、促进神经纤维生长、轻度兴奋呼吸、升高动脉血的氧合血红蛋白含量、促进脑组织对氧的摄取、提高骨骼肌内的氧张力、抗炎、抗肿瘤、抗胆碱酯酶、抗放射、杀虫作用。毒性：香加皮有较强毒性，较小剂量注射即可引起蟾蜍、小鼠死亡；兔、犬静注可使血压先升后降，呼吸麻痹而于数分钟内死亡。

【功能主治】药性：苦、辛，微温，有毒。归肝、肾、心经。功能：祛风湿，利水消肿，强心。主治：风湿痹痛，水肿，小便不利，心力衰竭。用法用量：内服煎汤，4.5～9 g；或浸酒；或入丸、散。外用适量，煎水外洗。使用注意：本品有毒，不可作五加科植物五加皮的代用品，亦不宜过量或持续长期服用。

附方：

1. 治风湿性关节炎，关节拘挛疼痛：穿山龙、白鲜皮、五加皮各15 g。用白酒泡24 h，每日服10 mL。
2. 治水肿，小便不利：五加皮、陈皮、生姜皮、茯苓皮、大腹皮各9 g。水煎服。
3. 治阴囊水肿：五加皮9 g，仙人头30 g。水煎服。
4. 治皮肤、阴部湿痒：五加皮适量。煎汤外洗。

【资源综合利用】杠柳皮曾充五加皮药用，称北五加皮。但杠柳皮含有毒成分，功效与五加皮也不一样。为避免与五加皮混淆，《中华人民共和国药典》1977年版以后各版均将杠柳皮以“香加皮”单列。

旋花科Convolvulaceae

404　菟丝子

【别名】大无娘藤、无娘藤。

【来源】为旋花科植物菟丝子*Cuscuta chinensis* Lam.的种子。

【植物形态】一年生寄生草本。茎缠绕，黄色，纤细，直径约1 mm，多分枝，随处可生出寄生根，伸入寄主体内。叶稀少，鳞片状，三角状卵形。花两性，多数簇生成小伞形或小团伞花序；苞片小，鳞片状；花梗稍粗壮，长约1 mm；花萼杯状，长约2 mm，中部以下连合，裂片5，三角状，顶端钝；花冠白色，壶形，长约3 mm，5浅裂，裂片三角状卵形，顶端锐尖或钝，向外反折，花冠筒基部具鳞片5，长圆形，顶端及边缘流苏状；雄蕊5，着生于花冠裂片弯缺微下处，花丝短，花药露于花冠裂片之外；雌蕊2，心皮合生，子房近球形，2室，花柱2，柱头头状。蒴果近球形，稍扁，直径约3 mm，几乎被宿存的花冠所包围，成熟时整齐地周裂。种子2～4颗，黄或黄褐色，卵形，长1.4～1.6 mm，表面粗糙。花期7—9月，果期8—10月。

【生境分布】生于海拔250～850 m的田边、路边、荒地、灌丛中。草本或小灌木草本或小灌木上。分布于库区各市县。

【采收加工】9—10月采收成熟果实，晒干，打出种子。

【药材性状】类球形或卵圆形，腹棱线明显，两侧常凹陷，长径1.4～1.6 mm，短径0.9～1.1 mm。表面灰棕色或黄棕色，表面有细密深色小点，并有分布不均匀的白色丝状条纹；种脐近圆形，位于种子顶端。除去种皮可见中央为卷旋3周的胚，胚乳膜质套状，位于胚周围。气微，味微苦、涩。

【显微鉴别】种子表皮细胞1列，在脐点处为2列，类方形，少数为长方形，壁木化，角隅处呈明显增厚，径向长62.5～75.0 μm。种皮栅状细胞2列，外列细胞木化，径向长17.5～27.5 μm；内列细胞非木化，径向长27.5～32.5 μm，外侧近交界处有光辉带。营养层明显，有分泌物。胚乳细胞呈多角形或类圆形，子叶细胞含大油滴和糊粉粒。

【理化鉴别】（1）检查糖类：取菟丝子或大菟丝子1 g，加水10 mL，冷浸12 h，滤过。取滤液2 mL，加α-萘酚试液2～3滴，沿管壁加硫酸1 mL，与硫酸的接触面产生紫红色环。

（2）检查黄酮类：取菟丝子1 g，加甲醇10 mL，冷浸12 h，滤过。取滤液2 mL，加镁粉少许及盐酸数滴，溶液呈桃红色。

【化学成分】种子含槲皮素（quercetin），紫云英苷（astragalin）等。全草含菟丝子多糖，卵磷脂（lecithin）及脑磷脂（cephalin）。

【药理作用】种子有促进小鼠睾丸及附睾发育、促进睾丸酮分泌、增强下丘脑-垂体-卵巢促黄体功能、增强性活力、提高精子活动、增加垂体、卵巢、子宫质量、增强免疫功能、防治心肌缺血、抗癌、抗诱变、抗衰老、保肝、减少自由基神经细胞系损伤作用。全草有促进淋巴细胞有丝分裂作用。

【功能主治】药性：辛、甘，平。归肝、肾、脾经。功能：补肾益精，养肝明目，固胎止泄。主治：腰膝酸痛，遗精，阳痿，早泄，不育，糖尿病，淋浊，遗尿，目昏耳鸣，胎动不安，流产，泄泻。用法用量：内服煎汤，6～15 g；或入丸、散。外用适量，炒研调敷。使用注意：阴虚火旺、阳强不痿及大便燥结之证禁服。

附方：

1. 治精气不足，耳鸣头晕，腰膝疼痛：菟丝子100 g，五味子50 g。研末，炼蜜为丸，如梧桐子大。每服30丸，空心盐汤或酒送下。

2. 治心气不足，思虑太过：菟丝子250 g，白茯苓150 g，石莲子（去壳）100 g。研末，炼蜜为丸，如梧桐子大。每服30丸，空心盐汤下。

3. 治糖尿病，遗精，白浊：菟丝子300 g，白茯苓、干莲肉各150 g，五味子（酒浸）350 g。研末，炼蜜为丸，如梧桐子大。每服50丸，食前米汤下。

4. 治关节炎：菟丝子6 g，鸡蛋壳9 g，牛骨粉15 g。研面，每服6 g，每日3次。

5. 治面上粉刺：鲜菟丝子适量。绞取汁涂之。

菟丝全草具有清热解毒，凉血止血，健脾利湿的功效。主治痢疾，黄疸，吐血，衄血，便血，血崩，淋浊，带下，便溏，目赤肿痛，咽喉肿痛，痈疽肿毒，痱子。

【资源综合利用】菟丝子原名兔丝子，源于《抱朴子》。菟丝子主要寄生于杂草中，产量较低。通过调查发现，商品的主流品种为南方菟丝子*C. australis* R. Br.，主要寄生于大豆上，产量高，分布集中，二者化学成分及药理作用也较为接近。不同寄主植物对菟丝子的黄酮成分及含量影响较大，寄主植物若为有毒植物，还可能造成菟丝子有毒，为确保菟丝子药材质量，应选用优良寄主植物寄生的菟丝子。

▲菟丝子

▲马蹄金

405　小金钱草

【别名】小马蹄草、小马蹄金、金钱草。

【来源】为旋花科植物马蹄金*Dichondra repens* Forst.的全草。

【植物形态】多年生匍匐小草本。茎细长，被灰色短柔毛，节上生根。单叶互生；叶柄长3～5 cm；叶片肾形至圆形，直径0.4～2.5 cm，顶端宽圆形或微缺，基部阔心形，叶面微被毛，背面被贴生短柔毛，全缘。花单生于叶腋，花柄短于叶柄，丝状；萼片5，倒卵状长圆形至匙形，长2～3 mm，背面及边缘被毛；花冠钟状，黄色，深5裂，裂片长圆状披针形，无毛；雄蕊5，着生于花冠2裂片间弯缺处；子房被疏柔毛，2室，花柱2，柱头头状。蒴果近球形，直径约1.5 mm，膜质。种子1～2颗，黄色至褐色，无毛。花期4月，果期7—8月。

【生境分布】生于海拔200～1 250 m的路边、沟边草丛中或墙下等半阴湿处。分布于库区各市县。

【采收加工】全年随时可采，鲜用或晒干。

【药材性状】全草缠绕成团。茎圆柱形细长，被灰色短柔毛，节上生根，质脆，易折断，断面中有小孔。叶互生，多皱缩，青绿色、灰绿色或棕色，完整者展平后圆形或肾形，直径0.5～2 cm，基部心形，上面微被毛，下面具短柔毛，全缘；叶柄长约2 cm；质脆易碎。偶见灰棕色近圆球形果实，直径约2 mm。种子1～2，黄色或褐色。气微，味辛。以叶多、色青绿者为佳。

【显微鉴别】茎横切面观（直径为0.5 cm），表皮细胞一层。其下为十数列薄壁细胞组成，与表皮相邻薄壁细胞内有叶绿体。皮层下为韧皮部，形成层，木质部。木质部导管常单个散生或2～3个相聚，近形成层导管孔径较大。中央有较发达的髓部，由薄壁细胞组成。

叶表面观：上表皮细胞垂周壁波状弯曲，有少量气孔，平轴式，副卫细胞3～6个，无二叉状的表皮非腺毛。下表皮气孔多见，并可见多数表皮非腺毛，非腺毛为单细胞，二叉状，壁稍厚，有时壁上可见线状纹理，基部直径为10～15 μm，长50～100 μm。

粉末特征：本品为黄色粉末。木纤维成束，棕黄色，量少，有时可见纹孔。叶上表皮细胞垂周壁波状弯曲，气孔平轴式，副卫细胞3～6个。表皮毛多见，单细胞，二叉状，壁稍厚，有时壁上可见线状纹理。螺纹导管和孔纹导管多见。

【化学成分】全草含委陵菜酸（tormentic acid），尿嘧啶（uracil），茵芋苷（skimming），甘油（glycerin），β-谷甾醇，香荚兰醛，正三十八烷，麦芽酚，乌苏酸，东莨菪素，伞形花内酯。挥发油中主要化学成分为单萜烯类、倍半萜烯类及其含氧衍生物，主要有反式丁香烯和异杜松烯等。

【药理作用】有利尿、镇痛、抗炎、护肝、抗菌、降温、增加胆汁流量、增加免疫器官质量及指数、增强吞噬功能、升高血清溶血素水作用。

【功能主治】药性：苦、辛，凉。功能：清热，利湿，解毒。主治：黄疸，痢疾，砂淋，白浊，水肿，疔疮肿毒，跌打损伤，毒蛇咬伤。用法用量：内服煎汤，6～15 g，鲜品30～60 g。外用适量，捣敷。使用注意：忌盐及辛辣食物。

附方：

1. 治急性黄疸型传染性肝炎：小金钱草30 g，鸡骨草30 g，千屈菜30 g，山栀子15 g，车前子15 g。水煎服。
2. 治全身水肿（肾炎）：鲜小金钱草适量。捣烂，敷脐上，每日1次，7日为1疗程；或15～30 g，水煎服。

406　面根藤

【别名】打破碗、兔儿苗。

【来源】为旋花科植物打碗花*Calystegia hederacea* Wall.的全草及根状茎。

【植物形态】多年生蔓性草本，长8～40 cm。根状茎较粗长，横走。茎细弱。叶互生，具长柄；基部叶片全缘，长圆形，长1.5～5 cm，宽1.5～5 cm，茎上部叶三角状戟形或三角状卵形，3裂，中裂片长圆形或长圆状卵形，侧裂片开展，近全缘或2～3裂。顶端钝尖，基部心形。花单生叶腋，花梗具棱，长2.5～5.5 cm；苞片2，卵圆形，长0.8～1 cm，包围花萼，宿存；萼片5，矩圆形；花冠漏斗状，淡紫色或淡红色，长2～2.5 cm，口部近圆形或微呈五角形；雄蕊5，基部膨大；子房上位，柱头2裂，裂片长圆形。蒴果卵球形。种子黑褐色。花期夏季。

【生境分布】生于海拔200～1 250 m的农田、荒地、路边。分布于库区各市县。

▲打碗花

【采收加工】夏季采收，晒干。

【化学成分】根状茎含防己内酯，掌叶防己碱等。叶含山柰酚-3-半乳糖苷。

【功能主治】药性：甘、淡，平。功能：健脾益气，利尿，调经，止带。主治：脾胃虚弱，消化不良，小儿吐乳，五淋，带下，乳汁稀少，月经不调。用法用量：内服煎汤，10 ~ 30 g。花：止痛；外用适量治牙痛。

附方：

1. 治小儿脾弱气虚：面根藤根、鸡屎藤各适量。做糕吃。

2. 治肾虚耳聋：鲜面根藤根、响铃草各120 g。炖猪耳朵服。

3. 治寻常疣：用新鲜打碗花叶、茎适量，洗净，捣烂或取其茎中乳白色液体，浸透3 ~ 5层纱布，加压敷贴疣体表面，外用胶布密封固定，每隔24 ~ 48 h换新药1次。连续治疗至疣体全部自然脱落。

花外用适量治牙痛。

【资源综合利用】嫩茎叶可作蔬菜。每百克嫩茎叶含水分81 g，脂肪0.5 g，碳水化合物5 g，钙422 mg，磷40 mg，铁10.1 mg，胡萝卜素5.28 mg，尚含维生素B、尼克酸、维生素C等。根含有淀粉约17%，可食用，但有毒，不可多食。

407　牵牛子

【别名】白牵牛、丑牛子。

【来源】为旋花科植物牵牛*Pharbitis nil*（L.）Choisy.的种子。

【植物形态】一年生缠绕性草本。茎左旋，长2 m以上，被倒向的短柔毛及杂有倒向或开展的长硬毛。叶互生叶柄长2 ~ 15 cm；叶片宽卵形或近圆形，深或浅3裂，偶有5裂，长4 ~ 15 cm，宽4.5 ~ 14 cm，基部心形，中裂片长圆形或卵圆形，渐尖或骤尖，侧裂片较短，三角形，裂口锐或圆，叶面被微硬的柔毛。花腋生，单一或2 ~ 3朵着生于花序梗顶端，花序梗长短不一，被毛；苞片2，线形或叶状；萼片5，近等长，狭披针形，外面有毛；花冠漏斗状，长5 ~ 10 cm，蓝紫色或紫红色，花冠管色淡；雄蕊5，不伸出花冠外，花丝不等长，基部稍阔，有毛；雌蕊1，子房无毛，3室，柱头头状。蒴果近球形，直径0.8 ~ 1.3 cm，3瓣裂。种子5 ~ 6颗，卵状三棱形，黑褐色或米

▲牵牛

黄色。花期7—9月，果期8—10月。

【生境分布】生于海拔2 000 m以下的田边、路旁或山谷林内，栽培或野生。分布于库区各市县。

【采收加工】秋季果实成熟未开裂时将藤割下，晒干，种子自然脱落，除去果壳杂质。

【药材性状】种子似橘瓣状，略具3棱，长5 ~ 7 mm，宽3 ~ 5 mm。表面灰黑色（黑丑），或淡黄白色（白丑），背面弓状隆起，两侧面稍平坦，略具皱纹，背面正中有一条浅纵沟，腹面棱线下端为类圆形浅色种脐。质坚硬，横切面可见淡黄色或黄绿色皱缩折叠的子叶2片。水浸后种皮呈龟裂状，有明显黏液。气微，味辛、苦，有麻舌感。以颗粒饱满、无果皮等杂质者为佳。

【显微鉴别】种子横切面：表皮细胞1列，略呈切向延长，有的含棕色物，间有分化成单细胞的非腺毛。表皮下方为1列扁小的下皮细胞。栅状细胞层由2 ~ 3列细胞组成，靠外缘有一光辉带。营养层由数列切向延长的细胞及颓废细胞组成，有细小维管束，薄壁细胞中含细小淀粉粒。内胚乳最外1 ~ 2列细胞类方形，壁稍厚，内侧细胞的壁黏液化。子叶薄壁组织中散有多数圆形的分泌腔，直径约108 μm；薄壁细胞中充满糊粉粒及脂肪油滴，并含草酸钙簇晶；直径约18 μm。

【理化鉴别】检查牵牛子苷：（1）取本品粗粉2 g，加石油醚20 mL，浸泡2 ~ 4 h，滤过。滤渣加甲醇20 mL，冷浸4 h，滤过。取滤液3 mL，置蒸发皿内蒸干，加浓硫酸1滴，于水浴上加热，残渣呈红色至紫红色。

（2）用毛细管将上述甲醇提取液滴在滤纸上，再滴加5%磷钼酸试液，于120 ℃烘烤2 min，则显蓝至蓝黑色斑点。

【化学成分】种子含牵牛子苷（pharbitin）约3%，系树脂性苷，用碱水解得到牵牛子酸（pharbitic acid），巴豆酸（tiglic acid），裂叶牵牛子酸（nilic acid），α-甲基丁酸（α-methylbutyric acid）及戊酸（valeric acid）等。尚含裸麦角碱（chanoclavine）等。未成熟种子含多种赤霉素及其葡萄糖苷。

【药理作用】有泻下、利尿、改善记忆获得性障碍、兴奋肠和子宫驱虫作用。

【功能主治】药性：苦、辛，寒，有毒。归肺、肾、大肠经。功能：利水通便，祛痰逐饮，消积杀虫。主治：便秘，单纯性肥胖症，精神病，癫痫病，小儿肺炎，小儿高热，水肿，腹水，脚气，痰壅喘咳，食滞虫积，腰痛，阴囊肿胀，痈疽肿毒，痔漏便毒等。用法用量：内服煎汤，3 ~ 10 g；丸、散，每次0.3 ~ 1 g，每日2 ~ 3次。使用注意：炒用药性较缓。孕妇禁服，体质虚弱者慎服。不宜多服、久服，以免引起头晕头痛，呕吐，剧烈腹痛腹泻，心率加快，心音低钝，语言障碍，突然发热，血尿，腰部不适，甚至高热昏迷，四肢冰冷，口唇发绀，全身皮肤青紫，呼吸急促短浅等中毒反应。

附方：

1. 治水肿：黑牵牛20 g，茴香5 g（炒），或加木香5 g。研末。以生姜自然汁调3 ~ 6 g，临睡前服。
2. 治一切虫积：牵牛子100 g（炒），槟榔50 g，使君子肉50个（微炒）。研末，每服6 g，沙糖调下，小儿减半。

【资源综合利用】现代医学认为，老年性痴呆患者主要出现老年斑和神经纤维缠结等典型病理改变。生物分子模型显示靶酶钙调神经磷酸酶在神经纤维缠结形成的这一病理过程中起着重要的作用。牵牛子对钙调神经磷酸酶有激活作用，并对东莨菪碱所致小鼠记忆获得性障碍有比较明显的改善作用，故可开发为抗老年性痴呆性药物。

▲紫草

紫草科Boraginaceae

408 紫草

【别名】紫草根、硬紫草、山紫草。

【来源】为紫草科植物紫草*Lithospermum erythrorhizon* Sieb. et Zucc.的根。

【植物形态】多年生草本，高50 ~ 90 cm。根粗大，肥厚，圆锥形，略弯曲，常分枝，外皮紫红色。茎直立，圆柱形，不分枝，或上部有分枝，全株密被白色粗硬毛。单叶互生；无柄；

叶片长圆状披针形至卵状披针形，长3～8 cm，宽5～17 mm，顶端渐尖，基部楔形，全缘，两面均被糙伏毛。聚伞花序总状，顶生或腋生；花小，两性；苞片披针形或狭卵形，长达3 cm，两面有粗毛；花萼5深裂近基部，裂片线形，长约4 mm；花冠白色，筒状，长6～8 mm，顶端5裂，裂片宽卵形，开展，喉部附属物半球形，顶端微凹；雄蕊5，着生于花冠筒中部稍上，花丝长约0.4 mm，着生花冠筒中部，花药长1～1.2 mm，子房深4裂，花柱线形，长2～2.5 mm，柱头球状，2浅裂。小坚果卵球形，长约3 mm，灰白色或淡黄褐色，平滑，有光泽。种子4颗。花期6—8月，果期8—9月。

【生境分布】生于海拔600～1 250 m的向阳山坡草地、灌丛中或林缘。分布于巫溪、云阳、开州、武隆地区。

【采收加工】春、秋季采挖，晒干。

【药材性状】根呈圆锥形，扭曲，有分枝，长7～14 cm，直径1～2 cm。表面紫红色或紫黑色，粗糙有纵纹，皮部薄，易剥落。质硬而脆，易折断，断面皮部深紫色，木部较大，灰黄色。气特异，味酸、甜。以条粗长、肥大、色紫、皮厚、木心小者为佳。

【显微鉴别】粉末特征：紫红色。栓化细胞充满紫红色色素物，表面观类多角形或长多角形，壁薄或稍厚，有的呈连珠状。薄壁细胞极皱缩，有的壁稍厚，具单纹孔，少数细胞中含紫红色色素。纤维管胞梭形或细长，直径9～29 μm，壁厚1～4 μm，有的具缘纹孔纵裂成行，纹孔口斜裂缝状或交成人字状、十字状，常超出纹孔缘。具缘纹孔、网纹及螺纹导管直径9～72 μm。

【理化鉴别】薄层鉴别：取本品粉末0.5 g，加乙醇5 mL，浸渍1 h，滤过。残渣用乙醇2 mL洗涤，洗涤液加入滤液中，浓缩至约1 mL，作供试品溶液。另取左旋紫草素的乙醇溶液作对照溶液。分别吸取上述溶液，点样于同一硅胶G- CMC薄层板上，以甲苯-醋酸乙酯-甲酸（5：1：0.1）展开，取出，晾干。供试品色谱中，在与对照品色谱相应的位置上，显相同的紫红色斑点；再喷以10%氢氧化钾甲醇溶液，斑点变为蓝色。

【化学成分】根含萘醌类色素：紫草素，乙酰紫草素，β-羟基异戊酰紫草素，异戊酰紫草素（isovalerylshikonin），α-甲基丁酰紫草素（α-methyl-n-butyrylshikonin），异丁酰紫草素（isobutyry-lshikonin）等。

【药理作用】有抗炎、抗原微生物、抗肿瘤、抗生育、增强心房及血管收缩、轻度降血压、呼吸抑制、解热、镇痛、镇静、兴奋平滑肌、抑制溶血小板激活因子乙酰转移酶（lyso PAF-AT）、抗突变、抗HIV活性作用。5.0 g/kg的紫草水煎液对小鼠遗传物质具有潜在的遗传毒性。

【功能主治】药性：苦，寒。归心、肝经。功能：凉血活血，解毒透疹。主治：宫颈糜烂，玫瑰糠疹，肌注后硬结，疱疹，银屑病，烧烫伤，麻疹，吐血，衄血，尿血，紫癜，黄疸，痈疽。用法用量：内服煎汤，3～9 g；或入散剂。外用适量，熬膏或制油涂。使用注意：胃肠虚弱，大便溏泻者禁服。

附方：

1. 治疮疹初出：紫草5 g，陈橘皮1 g。入葱白二寸，水煎去渣温服。
2. 治黄疸：紫草9 g，茵陈50 g。水煎服。
3. 治尿布湿疹：紫草适量。菜油浸泡制油，外涂。
4. 治小儿白秃：紫草适量。煎汁涂。

【资源综合利用】紫草，始载于《神农本草经》，列为中品，用于预防麻疹，除供药用外还广泛用于食品和化妆品，由于大量采挖，其资源逐年减少，应合理利用资源，有计划地开采和加强人工栽培技术研究。

马鞭草科Verbenaceae

409 臭牡丹

【别名】臭八宝、臭茉莉、臭芙蓉。

【来源】为马鞭草科植物臭牡丹*Clerodendrum bungei* Steud.的茎叶或根。

【植物形态】灌木，高1～2 m。植株有臭味。叶柄、花序轴密被黄褐色或紫色脱落性的柔毛。小枝近圆形，皮孔显著。单叶对生；叶柄长4～17 cm；叶片纸质，宽卵形或卵形，长8～20 cm，宽5～15 cm，顶端尖或渐尖，

▲臭牡丹

基部心形或宽楔形，边缘有粗或细锯齿，背面疏生短柔毛和腺点或无毛，基部脉腋有数个盘状腺体。伞房状聚伞花序顶生，密集，有披针形或卵状披针形的叶状苞片，长约3 mm，早落或花时不落；小苞片披针形，长约1.8 cm；花萼钟状，宿存，长2 ~ 6 mm，有短柔毛及少数盘状腺体，萼齿5深裂，三角形或狭三角形，长1 ~ 3 mm；花冠淡红色、红色或紫红色，花冠管长2 ~ 3 cm，顶端5深裂，裂片倒卵形，长5 ~ 8 mm；雄蕊4，与花柱均伸于花冠管外；子房4室。核果近球形，径0.6 ~ 1.2 cm，成熟时蓝紫色。花果期5—11月。

【生境分布】生于海拔200 ~ 1 900 m的山坡、林缘、沟谷、路旁及灌丛中。分布于万州、开州、忠县、石柱、丰都、涪陵、武隆、长寿地区。

【采收加工】夏、秋季采集茎叶，鲜用或切段晒干。

【药材性状】小枝呈长圆柱形，直径3 ~ 12 mm，表面灰棕色至灰褐色，皮孔点状或稍呈纵向延长，节处叶痕呈凹点状；质硬，不易折断，切断面皮部棕色，木部灰黄色，髓部白色。气微，味淡。叶多皱缩破碎，完整者展平后呈宽卵形，长7 ~ 20 cm，宽6 ~ 15 cm，顶端渐尖，基部截形或心形，边缘有细锯齿，上面棕褐色至棕黑色，疏被短柔毛，下面色稍淡，无毛或仅脉上有毛，基部脉腋处可见黑色疤痕状的腺体；叶柄黑褐色，长3 ~ 6 cm。气臭，味微苦、辛。以枝嫩、叶多者为佳。

【显微鉴别】叶粉末特征：绿色。①腺毛较多，腺头2 ~ 8细胞，直径22 ~ 35 μm；腺柄单细胞。②非腺毛2 ~ 8细胞，锥形，常弯曲，长40 ~ 150 μm，基部直径约28 μm。③气孔不定式，副卫细胞3 ~ 4个。

【化学成分】叶和茎含琥珀酸（succinic acid），茴香酸（anisic acid），香草酸（vanillic acid），乳酸镁（magnesiumlactate），硝酸钾（potassiumnitrate）和麦芽醇（maltol），β-谷甾醇，蒲公英甾醇，算盘子酮，算盘子醇酮，算盘子二醇，臭牡丹甾醇（bungesterol），桢桐酯（clerodone），α-香树脂醇（α-amyrin），挥发油等。

【药理作用】有促进免疫功能、镇静、镇痛、抗肿瘤、阵发性增强子宫圆韧带肌电发放、兴奋子宫、抑菌作用。

【功能主治】药性：辛、微苦，平。功能：解毒消肿，祛风湿，降血压。主治：痈疽，疔疮，发背，乳痈，痔疮，湿疹，丹毒，风湿痹痛，高血压病。用法用量：内服煎汤，10 ~ 15 g，鲜品30 ~ 60 g；或捣汁；或入丸剂。外用适量，煎水熏洗；或捣敷；或研末调敷。

附方：

1. 治疔疮：苍耳、臭牡丹各一大握。捣烂，新汲水调服，泻下黑水愈。
2. 治痈肿发背：臭牡丹叶晒干，研细末，蜂蜜调敷。
3. 治多发性疖肿：臭牡丹全草90 g，鱼腥草30 g。水煎服。
4. 治乳腺炎：鲜臭牡丹叶250 g，蒲公英9 g，麦冬草12 g。水煎冲黄酒、红糖服。
5. 治风湿关节痛：臭牡丹、水桐树各120 g。水煎服。
6. 治高血压：臭牡丹、玉米须、夏枯草各30 g，野菊花、豨莶草各10 g。水煎服。
7. 治眩晕，头痛：臭牡丹叶20片，青壳鸭蛋3个。水煮至蛋熟，剥去蛋壳，再煮30 min，吃蛋喝汤。

【资源综合利用】臭牡丹始载于《本草纲目拾遗》，除药用外，由于其抗药性强，对水肥要求不严，管理粗放，是当前城市建设应用节约型园林植物。

410 荷苞花

【别名】龙穿花、香袋花。

【来源】为马鞭草科植物赪桐*Clerodendrum japonicum*（Thunb.）Sweet的花。

【植物形态】落叶灌木，高1～4 m。幼枝密被细柔毛，茎内髓坚实，干后不中空。单叶对生，叶片圆心形或宽卵形，长8～35 cm，顶端渐尖，基部心脏形，边缘有疏短尖齿，上面深绿，疏被短毛，下面密被锈黄色盾形腺体。二歧聚伞花序组成大而开展的顶生圆锥花序；小花梗长约1.5 cm；苞片丝状，被短毛；花萼红色，5深裂，裂片长披针形，外面散生盾形腺体；花冠鲜红色，稀白色，管部长1.7～2.2 cm，5裂；雄蕊4，长约为花冠管的3倍，伸出；雌蕊1，长为雄蕊的2倍，顶端2裂，花柱细长，子房为不完全的4室，胚珠4。核果近球形，熟时蓝紫色，包于萼筒内；小坚果2或4。花、果期5—11月。

【生境分布】生于海拔200～1 500 m以下的溪边、山谷或疏林中，亦有栽培。分布于开州、武隆地区。

【采收加工】5—7月花开时采收，晒干或鲜用。

▲赪桐

【功能主治】药性：甘，温。归脾经。功能：补血。主治：心悸失眠，带下，疝气，痔疮出血。用法用量：内服煎汤，30 ~ 90 g。外用适量，捣敷；或研末调敷。

附方：

1. 治痔疮：荷苞花30 g。炖猪大肠服。

2. 治疝气，失眠：荷苞花、仙人球各30 g。炖猪大肠服。

叶甘酸微涩，平。消肿散瘀。治偏头痛，癌肿，痈肿疮毒，跌打损伤。根苦，寒。清肺热，利小便，凉血止血。主治肺热咳嗽，热淋小便不利，咯血，尿血，痔疮出血，风湿骨痛，腰肌劳损，跌打损伤，肺结核咳嗽，痢疾。

3. 治偏头痛：赪桐叶60 g，花椒15 g。捣烂，摊于纱布上，外敷痛处。

4. 治疔疮：鲜赪桐叶一握与冬蜜捣烂，敷患处。或干叶，研末，调冬蜜敷患处。

5. 治跌打积瘀：赪桐叶300 g，苦地胆150 g，泽兰、鹅不食草各120 g。捣烂，用酒炒热后，敷患处。

6. 治风湿骨痛，腰肌劳损：鲜赪桐根30 ~ 60 g。水煎服。并用其叶500 g，煎水外洗。

411　臭梧桐

【别名】臭桐、矮桐子。

【来源】为马鞭草科植物海州常山*Clerodendrum trichotomum* Thunb. 的枝叶。

【植物形态】灌木或小乔木，高1.5 ~ 10 m。幼枝、叶柄及花序等多少被黄褐色柔毛或近无毛；老枝灰白色，有皮孔，髓部白色，有淡黄色薄片横隔，小枝近圆形或略四棱形，散生皮孔。单叶对生；叶柄长2 ~ 8 cm；叶片纸质，宽卵形、卵形、卵状椭圆形或三角状卵形，有臭味，长5 ~ 17 cm，宽5 ~ 14 cm，顶端尖或渐尖，基部宽楔形至楔形，偶有心形，全缘或具波状齿，两面疏生短毛或近无毛；侧脉3 ~ 5对。伞房状聚伞花序顶生或腋生，疏散，通常二歧分枝，花序长8 ~ 18 cm，花序梗长3 ~ 6 cm，具椭圆形叶状苞片，早落；花萼幼时绿白色，后紫红色，基部合生，中部略膨大，具5棱，顶端5深裂，裂片三角状披针形或卵形；花冠白色或带粉红色，花冠管细，顶端5裂，裂片长椭圆形；雄蕊4，与花柱同伸出花冠外。核果近球形，径6 ~ 8 mm，包于增大的宿萼内，熟时蓝紫色。花、果期6—11月。

【生境分布】生于海拔400 ~ 2 500 m的山坡灌丛中。分布于库区各市县。

【采收加工】6—11月采收，晒干。

▲海州常山

【药材性状】小枝类圆形或略带方形，直径约3 mm，黄绿色，有纵向细皱纹，具黄色点状皮孔，密被短茸毛，稍老者茸毛脱落；质脆，易折断，断面木部淡黄色，髓部白色。叶对生，多皱缩卷曲，或破碎，完整者展平后呈广卵形或椭圆形，长7～15 cm，宽5～9 cm，顶端渐尖，基部阔楔形或截形，全缘或具波状齿，上面灰绿色，下面黄绿色，两面均有短柔毛；叶柄长2～8 cm，密被短柔毛。花多枯萎，黄棕色，具长梗，雄蕊突出于花冠外；已结实者，花萼宿存，枯黄色，内有一果实，三棱状卵形，灰褐色，具皱缩纹理。气异臭，味苦、涩。以花枝干燥、叶色绿者为佳。

【显微鉴别】叶横切面：上、下表皮细胞各1列，角质层明显，下表皮具气孔。腺鳞切面呈扁球形，腺毛柄单细胞，也可见局部的非腺毛。栅栏组织细胞1～2列，海绵组织细胞排列稀疏。主脉上表面略突起，下表面明显向下突出。主脉上、下表皮内侧均有厚角组织。主脉维管束外韧型，7～10个，排列近圆圈状。主脉中央为薄壁细胞，偶含草酸钙方晶，长10～15 μm，宽6～9 μm。

叶表面观：上表皮细胞类圆形或类方形，垂周壁略波状；下表皮细胞垂周壁深度波状弯曲，具不定式气孔，被有稀疏的非腺毛和腺毛。非腺毛由2～12细胞组成，长115～670 μm，径35～81 μm，表面有纵向的角质层疣点。腺鳞表面观呈圆盘形，由6～10细胞组成，直径33～75 μm；腺柄单细胞。

【化学成分】叶含臭牡丹苷（clerodendrin），内消旋肌醇（mesoinositol），生物碱，植物血凝素（lectin），臭梧桐素（clerodendronin），海州常山苦素（clerodendrin），洋丁香酚苷，挥发性成分等。

【药理作用】有降压、抗炎、镇痛、镇静、驱肠虫作用。大鼠长期灌服臭梧桐，可致甲状腺明胶样物质含量增加。

【功能主治】药性：味苦、微辛，性平。归肝经。功能：祛风除湿，平肝降压，清热利尿，止痛，解毒杀虫。主治：风湿痹痛，半身不遂，肢体麻木，高血压病，偏头痛，疟疾，痢疾，痈疽疮毒，湿疹疥癣。用法用量：内服煎汤，5～15 g，鲜品30～60 g；或浸酒；或入丸、散。外用适量，煎水洗；或捣敷；研末掺或调敷。使用注意：臭梧桐经高温煎煮后，降压作用减弱。

附方：

1. 治风湿痛，高血压病：臭梧桐9～30 g。水煎服；研粉每服3 g，每日3次。也可与豨莶草配合应用。

2. 治高血压病：①臭梧桐、芥菜各15 g，夏枯草9 g。水煎服。②臭梧桐叶、野菊花等量。研细，蜜为丸，每服9 g。

3. 治一切内外痔：臭梧桐叶七片，瓦松七枝，皮硝9 g。煎汤，熏洗。

4. 治湿疹或痱子发痒：臭梧桐适量。煎汤，洗浴。

海州常山花主治风气头痛，高血压病，痢疾，疝气。种子主治风湿痹痛，牙痛，气喘。根主治头风痛，风湿痹痛，食积气滞，脘腹胀满，小儿疳积，跌打损伤，乳痈肿毒。

5. 治头痛：海州常山花适量。阴干，烧存性，研末，每服6 g，临卧酒下。

6. 治高血压：海州常山花9 g。开水泡，当茶饮。

7. 止牙痛：臭梧桐子适量。捣烂，和面粉、胡椒末，煎饼，贴于腮边。

8. 治头风及痛风：海州常山根15 g，鹅不食草、防风、荆芥各6 g，红枣60 g。水煎服。

9. 治筋骨痛：海州常山根15 g，三白草根、半枫荷各30 g。水煎服。

10. 治食积饱胀：海州常山根30 g，臭草根、鱼腥草各15 g，马兰9 g，萝卜头24 g。水煎服。

【资源综合利用】茎叶煎汤，可外用作牛马杀虱药。

412 五色梅

【别名】马缨丹、红彩花、头晕花、如意花。

【来源】为马鞭草科植物五色梅*Lantana camara* L. 的根。

【植物形态】常绿半藤状灌木，高可达2 m，有强烈臭气，全株被短毛。茎枝四方形，有短柔毛，常有下弯钩刺。单叶对生，叶片卵形或长圆状卵形，长3～9 cm，顶端渐尖，基部圆形，边缘有钝齿，上面粗糙被短刺毛，脉

▲五色梅

网稍呈皱纹状，下面被刚毛。伞形花序腋生于枝梢上部；花冠高脚碟状，4～5裂，颜色多变，有黄色、橙黄色、粉红色、深红色等多种颜色。核果球形，肉质，熟紫黑色。花期：全年。

【生境分布】生于山坡、路旁及林缘，栽培。分布于库区各市县。

【采收加工】全年可采挖，晒干。

【化学成分】叶含马缨丹酸（lanticacid），马缨丹诺酸，齐果酮酸，缨丹甲素、乙素，马缨丹黄酮苷，马缨丹碱，挥发油等。根含糖类，苷类，有机酸。

【药理作用】有解热、抑菌、兴奋肠管、抑制子宫、平喘作用。所含生物碱降血压，并可使呼吸加速，引起震颤。本品叶饲喂牛、羊，可使其产生严重黄疸及光敏作用。

【功能主治】药性：淡，凉。有小毒。功能：清热解毒，散结止痛。主治：感冒高热，久热不退，颈淋巴结结核，风湿骨痛，胃痛，跌打损伤。用法用量：内服煎汤，30～60 g。外用适量，煎水洗或用鲜叶捣烂外敷。

附方：

1. 治感冒高热：五色梅根、算盘子根、岗梅根各30 g，水煎服。

五色梅枝叶外用治湿疹，皮炎，皮肤瘙痒，疖肿，跌打损伤。

2. 治皮肤湿疹：五色梅叶、两面针、苏叶、毛麝香、薄荷叶、侧柏叶、旱莲草各30 g。研粉，酒、水各半调涂；剧痒用醋水调涂，每日换药3次，如有黏性黄水流出，则加滑石30 g，五倍子15 g，雄黄、枯矾各9 g，研粉，用干粉撒患部。

413 大二郎箭

【别名】蓬莱草。

【来源】为马鞭草科植物过江藤*Phyla nodiflora*（L.）Greene的全草。

【植物形态】多年生匍匐草本。茎触地生根，长15～90 cm，分枝直立，被粗毛。叶对生；近于无柄；倒卵形、匙形至倒卵状披针形，长1～3 cm，质厚，顶端钝或浑圆，边缘在中部以上有锯齿，基部狭楔形，两面被毛。

▲过江藤

穗状花序圆柱形或卵形，腋生，长1～2 cm；花序梗长2～6 cm；花萼钟形，2裂，甚小；花冠近唇形，花冠白色、粉红色至紫红色；雄蕊4，内藏，2长2短；雌蕊1，2心皮，2室，每室1胚珠。果实淡黄色，干燥，直径不及2 mm，包藏于宿存的萼内，成熟时分裂为2个小坚果。花、果期6—10月。

【生境分布】生于海拔200～650 m的山坡及河滩湿润处。分布于巫山、万州、开州、涪陵、武隆、长寿地区。

【采收加工】采收，晒干。

【化学成分】全草含β-谷甾醇葡萄糖苷和豆甾醇葡萄糖苷，过江藤素（nodifloretin），过江藤定（nodifloridin）等。花含6-羧基本犀草素，尼泊尔黄酮素等。

【功能主治】药性：微苦、辛，平。功能：清热解毒，散瘀消肿。主治：急性扁桃体炎，咳嗽咯血，跌打损伤，痈疽疔毒，带状疱疹，慢性湿疹，血淋，吐血，牙溶，泄泻，痢疾，疥癣。用法用量：内服，煎汤，15～30 g；鲜品30～60 g。外用适量，鲜品捣烂敷患处。使用注意：孕妇忌服。

附方：

1. 治急性扁桃体炎：鲜大二郎箭30 g。捣汁内服，症重者次日再服。
2. 治牙溶：鲜大二郎箭60 g，鸭蛋1个。水炖服。
3. 治细菌性痢疾，肠炎：鲜大二郎箭120 g。水煎服；或捣烂绞汁，调糖或蜜温服。
4. 治痈疮肿毒，疥癣：鲜大二郎箭适量。捣烂，外敷。
5. 治带状疱疹：鲜大二郎箭适量。捣烂取汁，调少许雄黄，敷患处。
6. 治湿疹，皮肤瘙痒：大二郎箭适量。煎水外洗。

414　黄荆子

【别名】布荆子、黄金子。

【来源】为马鞭草科植物黄荆*Vitex negundo* L.的果实。

▲黄荆

【植物形态】直立灌木，植株高1～3 m。小枝四棱形，叶及花序通常被灰白色短柔毛；叶柄长2～5.5 cm；掌状复叶，小叶5，稀为3，小叶片长圆状披针形至披针形，基部楔形，全缘或有少数粗锯齿，顶端渐尖，表面绿色，背面密生灰白色绒毛，中间小叶长4～13 cm，宽1～4 cm，两侧小叶渐小，若为5小叶时，中间3片小叶有柄，最外侧2枚无柄或近无柄，侧脉9～20对。聚伞花序排列成圆锥花序式，顶生，长10～27 cm；花萼钟状，顶端5齿裂，外面被灰白色绒毛；花冠淡紫色，外有微柔毛，顶端5裂，二唇形；雄蕊伸于花冠管外；子房近无毛。核果褐色，近球形，径约2 mm，等于或稍短于宿萼。花期4—6月，果期7—10月。

【生境分布】生于海拔200～1 250 m的山坡、路旁或灌丛中。分布于库区各市县。

【采收加工】8—9月采摘，晾干。

【药材性状】果实连同宿萼及短果柄呈倒卵状类圆形或近梨形，长3～5.5 mm，直径1.5～2 mm。宿萼灰褐色，密被棕黄色或灰白色绒毛，包被整个果实的2/3或更多，萼筒顶端5齿裂，外面具5～10条脉纹。果实近球形，上端稍大略平圆，有花柱脱落的凹痕，基部稍狭尖，棕褐色。质坚硬，不易破碎，断面黄棕色，4室，每室有黄白色或黄棕色种子1颗或不育。气香，味微苦、涩。以颗粒饱满者为佳。

【显微鉴别】果实横切面：外果皮为1列类圆形细胞，内含淡棕色颗粒物，外被角质层；有腺毛及非腺毛，腺毛头部1～2个细胞，柄单细胞，非腺毛1～3个细胞，具壁疣。其下为一列薄壁细胞，类圆形，再下为3～4列切向延长的薄壁细胞，内含大量的深棕色颗粒物。中果皮细胞长圆形，径向延长，壁厚，木化，外端散有小型维管束，断续成环。内果皮为2～4列类圆形或椭圆形石细胞，向内延伸将种子包围。果实中轴部分有2个周韧维管束。种皮外表皮为1列扁小薄壁细胞，其内为2～5列网纹细胞。

【理化鉴别】（1）检查黄酮：取粉末（40目）1 g，用石油醚脱脂后，再以乙醇10 mL浸泡4～6 h，滤过，浓缩滤液到1 mL，分置于2支试管中，分别加盐酸镁粉、盐酸锌粉试剂，依次显现橙黄色和樱红色。

（2）薄层鉴别：取本品粗粉1 g，加石油醚5 mL，滤过，浓缩到0.5 mL作供试品溶液；另取牡荆内酯加石油醚制成对照品溶液。分别点样于同一硅胶G-CMC薄层板上，以石油醚-乙酸乙酯（3：2）展开，展距10 cm。用2%香草醛硫酸液显色，供试品色谱中在与对照品色谱相应位置上显相同的红色斑点，继为蓝色，最终成为稳定的浅红色。

【化学成分】种子含对-羟基苯甲酸（P-hydroxy-benzoicacid），5-氧异酞酸（5-oxyisophthalic acid），3β-乙酰氧基-12-齐墩果烯-27-羧酸（3β-acetoxyolean-12-en-27-oic acid）等。种子油非皂化成分有：5β-氢-8，11，13-松香三

烯-6α-醇（5β-hydro-8，11，13-abietatrien-6α-ol），8，25-羊毛甾二烯-3β-醇（lanostan-8，25-dien-3β-ol），β-谷甾醇（β-sitosterol）等。挥发油含桉叶素（cineole），左旋-香桧烯（sabinene），β-丁香烯（β-caryophellene），α-蒎烯（α-pinene），樟烯（camphene），β-丁香烯（β-caryophellene），薁（azulene），柠檬醛（citral）等。

【药理作用】有抗炎、雌激素活性、抗着床、抗微生物、镇咳、平喘、提高免疫功能、扩张支气管平滑肌、溶解胆结石、降血脂、预防动脉硬化、强心作用。黄荆子炒后粉碎作为饲料添加剂，饲喂哺乳母猪，可以预防仔猪白痢，使其发病率下降29.8%，同时能提高仔猪断乳窝重；饲喂雏鸡能增强其抗病力，成活率提高12.87%。

【功能主治】药性：辛、苦，温。归肺、胃、肝经。功能：祛风解表，止咳平喘，理气消食止痛。主治：伤风感冒，咳嗽，哮喘，胃痛吞酸，消化不良，食积泻痢，胆囊炎，胆结石，疝气。用法用量：内服煎汤，5～10 g；或入丸、散。使用注意：凡湿热燥渴无气滞者忌用。

附方：

1. 治哮喘：黄荆子6～15 g。研粉，加白糖适量，每日2次，水冲服。
2. 治慢性气管炎：黄荆子9 g，胡颓子叶、鱼腥草（后下）、枇杷叶各15 g。水煎服。
3. 治胃溃疡，慢性胃炎：黄荆子30 g。水煎服或研末吞服。
4. 治痢疾，肠炎，消化不良：黄荆子300 g，酒药子30 g。分别炒黄，加白糖150 g，拌匀。每次4～6 g，小儿1～3 g，每日4次。
5. 治疝气：黄荆子、小茴香各9 g，荔子核12 g。水煎服。

【资源综合利用】据报道，将黄荆制成胶囊、滴丸、乳剂、气雾剂临床治疗慢性支气管炎5 000余例，总有效率达90%。α-蒎烯可阻碍血脂在肝脏、主动脉和心脏的沉积，并可阻碍动脉瘤斑块在主动脉内膜的形成，因而可成为一种动脉粥样硬化的防治剂。黄荆叶具有抗基因毒性的作用，该植物在库区分布很广，药源丰富，有开发利用价值。

415 牡荆叶

【别名】荆叶。

【来源】为马鞭草科植物牡荆*Vitex negundo* L. var. *cannabifolia*（Sieb. et Zucc.）Hand.-Mazz.的叶。

【植物形态】落叶灌木或小乔木，植株高1～5 m。多分枝，具香味。小枝四棱形，绿色，被粗毛，老枝褐

▲牡荆

色，圆形。掌状复叶，对生；小叶5，稀为3，中间1枚最大；叶片披针形或椭圆状披针形，基部楔形，边缘具粗锯齿，顶端渐尖，表面绿色，背面淡绿色，通常被柔毛。圆锥花序顶生，长10～20 cm；花萼钟状，顶端5齿裂；花冠淡紫色，顶端5裂，二唇形。果实球形，黑色。花、果期7—10月。

【生境分布】生于海拔300～850 m的低山向阳山坡、路边或灌丛中。分布于巫溪、奉节、万州、石柱、丰都、武隆、涪陵地区。

【采收加工】夏季采收，鲜用或晒干。

【药材性状】掌状复叶多皱缩、卷曲，展平后小叶3～5枚，中间3小叶披针形，长6～10 cm，宽2～5 cm，基部楔形，顶端长尖，边缘有粗锯齿；两侧小叶略小，卵状披针形。上表面灰褐色或黄褐色，下表面黄褐色，被稀疏毛。羽状叶脉于背面隆起。总叶柄长3～8 cm，密被黄色细毛。气特异，味微苦。以色绿、香气浓者为佳。

【显微鉴别】叶横切面：上、下表皮细胞各1列，长方形，外侧平周壁稍呈角质化；叶肉组织为不等面型，栅栏细胞2列，于中脉处中断；中脉下方突起，上下表皮内侧均有数列厚角细胞，维管束呈“V”字形，外韧型。

【理化鉴别】检查黄酮：取本品粉末1 g，用石油醚脱脂，滤过，残渣加乙醇10 mL，浸泡过夜，滤过。滤液浓缩至1 mL。于2支试管中各加浓缩液2滴，再分别加入盐酸-镁粉、盐酸-锌粉试剂，依次显现橙黄色和樱红色。

【化学成分】叶含挥发油约0.1%，其中主成分为β-丁香烯（β-caryophyllene），含量达44.94%，其次为香桧烯（sabinene），α-侧柏烯（α-thujerie），α-及β-蒎烯（pmene），樟烯（camphene），月桂烯（myrcene），α-水芹烯（α-phellandrene），对-聚伞花素（p-eymene），柠檬烯（limonene），1，8-桉叶素（1，8-cineole），α-及γ-松油烯（terpmene），异松油烯（terpinolene），芳樟醇（1inalool）等。

【药理作用】有镇咳、祛痰、平喘、降血压、增加冠脉血流量、减低冠脉阻力、扩张冠状动脉、减少心肌氧耗量、增强免疫功能、促进血清蛋白合成和调节免疫球蛋白、催眠、镇静催眠、抗菌、增强肾上腺皮质功能作用。

【功能主治】药性：辛、苦，平。功能：解表化湿，祛痰平喘，解毒。主治：伤风感冒，咳嗽哮喘，胃痛，腹痛，暑湿泻痢，脚气肿胀，风疹瘙痒，脚癣，乳痈肿痛，蛇虫咬伤。用法用量：内服煎汤，9～15 g，鲜者可用至30～60 g；或捣汁饮。外用适量，捣敷；或煎水熏洗。

附方：

1. 治风寒感冒：鲜牡荆叶24 g，或加紫苏鲜叶12 g。水煎服。
2. 治中暑：鲜牡荆叶、积雪草各15 g。水煎服。
3. 治久痢不愈：鲜牡荆茎叶15～24 g。和冰糖，冲开水炖1 h，饭前服。
4. 治脚气肿胀：牡荆叶60 g，丝瓜络21 g，紫苏21 g，水菖蒲根21 g，艾叶21 g。煎水熏洗。
5. 治风疹：牡荆叶9～15 g。水煎服；另用叶适量，煎汤熏洗。
6. 治足癣：鲜牡荆叶、鲜马尾松叶、油茶子饼各等量。煎汤，熏洗患处。

【资源综合利用】牡荆始载于《神农本草经》蔓荆条下。牡荆果实有镇咳、平喘和祛痰的作用。茎有祛风解表，消肿止痛的作用；茎用火烤灼而流出的液汁称牡荆沥，具有除风热，化痰涎，通经络，行气血的作用。主治中风口噤，痰热惊痫，头晕目眩，喉痹，热痢，火眼。

唇形科Labiatae

416　藿香

【别名】土藿香、野藿香。

【来源】为唇形科植物藿香*Agastache rugosa*（Fisch. et Mey.）O. Kuntze的地上部分。

【植物形态】一年生或多年生草本，高40～110 cm。茎直立，四棱形，略带红色，稀被微柔毛及腺体。叶对生；叶柄长1～4 cm；叶片椭圆状卵形或卵形，长2～8 cm，宽1～5 cm，顶端锐尖或短渐尖，基部圆形或略带心形，边缘具不整齐的钝锯齿，齿圆形；上面无毛或近无毛，散生透明腺点，下面被短柔毛。花序聚成顶生的总状花序；苞片大，条形或披针形，被微柔毛；萼5裂，裂片三角形，具纵脉及腺点；花冠唇形，紫色或白色，长约

8 mm，上唇四方形或卵形，顶端微凹，下唇3裂，两侧裂片短，中间裂片扇形，边缘有波状细齿，花冠外被细柔毛；雄蕊4，2强，伸出花冠管外；子房4深裂，花柱着生于子房底部中央，伸出花外，柱头2裂。小坚果倒卵状三棱形。花期6—7月，果期10—11月。

▲藿香

【生境分布】生于海拔250～1 250 m的山坡或路旁。分布于库区各市县。

【采收加工】6—7月，当花序抽出而未开花时，择晴天收割，晒干或烤干。

【药材性状】地上部分长30～90 cm，常对折或切断扎成束。茎方柱形，多分枝，直径0.2～1 cm，四角有棱脊，四面平坦或凹入成宽沟状；表面暗绿色，有纵皱纹，稀有毛茸；节明显，常有叶柄脱落的疤痕，节间长3～10 cm；老茎坚硬、质脆，易折断，断面白色，髓部中空。叶对生；叶片深绿色，多皱缩或破碎，完整者展平后呈卵形，长2～8 cm，宽1～6 cm，顶端尖或短渐尖，基部圆形或心形，边缘有钝锯齿，上表面深绿色，下表面浅绿色，两面微具毛茸。茎顶端有时呈土棕色，穗状轮伞花序。气芳香，味淡而微凉。以茎枝色绿、叶多、香气浓者为佳。

【显微鉴别】茎表面观：表皮细胞多角形，轴向延长。具气孔及毛茸，气孔直轴式。非腺毛多为1～4细胞；腺毛头部1～2细胞，柄单细胞；腺鳞偶见，头部多为8个细胞，柄单细胞。

叶表面观：表皮细胞垂周壁波状弯曲。气孔直轴式，主要分布在下表皮。上下表皮都具毛茸，以下表皮为多见，上表皮非腺毛多为1～2细胞，长16～80 μm，下表皮非腺毛多为1～4细胞，长70～460 μm，毛茸圆锥形，表面有疣状突起，基部邻细胞3～4，呈放射状排列，角质层纹理较明显；腺毛头部1～2细胞，以单细胞较多见，柄单细胞；腺鳞头部8个细胞，扁圆球形，直径56～80 μm，柄单细胞。

【理化鉴别】（1）检查挥发油：取本品粗粉2 g，加石油醚20 mL，置水浴回流30 min，滤过。取滤液1 mL，加1%香草醛盐酸试液0.5 mL，上层石油醚层显黄绿色，放置后下层渐显紫褐色。

（2）薄层鉴别：取本品粉末75 g，置挥发油测定器中蒸出挥发油。取0.1 mL挥发油加环己烷至1 mL，作供试液。另取甲基黄苏丹Ⅲ制成对照液，吸取两溶液点于硅胶G-CMC板上，用石油醚-乙酸乙酯（95∶5）上行展开；取出，晾干，喷以5%茴香醛浓硫酸试液，于110 ℃加热3～5 min，供试液色谱中与对照液色谱相应处显相同颜色的斑点。

【化学成分】地上部分含甲基胡椒酚（methylchavicol），茴香脑（anethole），茴香醛（anisaldehyde），d-柠檬烯（d-limonene），对-甲氧基桂皮醛（p-methoxycinnamaldehyde），α-和β-蒎烯（pinene）等。

【药理作用】有抗菌、抗病毒、抗钩端螺旋体、钙拮抗、细胞毒、促进胃液分泌、对胃肠道解痉作用。

【功能主治】药性：辛，微温。归肺、脾、胃经。功能：祛暑解表，化湿和胃。主治：夏令感冒，寒热头痛，胸脘痞闷，呕吐泄泻，妊娠呕吐，鼻渊，手、足癣。用法用量：内服煎汤，6～10 g；或入丸、散。外用适量，煎水洗；或研末搽。不宜久煎。使用注意：阴虚火旺者禁服。

附方：

1. 治夏日感冒：藿香15 g，佩兰9 g，滑石15 g，竹叶9 g，甘草6 g。水煎服。
2. 治夏季中暑：藿香、佩兰各9 g，砂仁、木香各4.5 g，神曲6 g。水煎服。

3. 预防伤暑：藿香、佩兰各等分。煎水饮用。

4. 治腹胀欲吐，食欲不振：藿香、莱菔子、神曲、半夏各9 g，生姜6 g。水煎服。

5. 治胃寒呕吐，胃腹胀痛：藿香、丁香、陈皮、制半夏、生姜各9 g。水煎服。

6. 治湿疹，皮肤瘙痒：藿香茎叶适量。煎水外洗。

【资源综合利用】近年研究发现，藿香全草的甲醇提取物对依托泊苷诱导的U_{937}细胞株的凋亡显示强抑制作用，并从该植物中分离和鉴定了两个具细胞凋亡抑制作用的新木脂素类化合物agastinol（1）和agastenol（2），IC_{50}分别为15.2和11.4 μg/mL。

417 筋骨草

【别名】散血草、地龙胆、白毛夏枯草、活血草。

【来源】为唇形科植物金疮小草*Ajuga decumbens* Thunb.的全草。

【植物形态】一年生或二年生草本，高10～30 cm，全株密被白色柔毛。茎平卧或上升，老茎有时紫绿色。叶匙形、卵形或长椭圆形，长4～11 cm，宽1.5～4 cm，顶端钝至圆形，基部渐狭，下延，边缘具不整齐波状圆齿或几全缘；叶柄长1～2.5 cm或更长，具狭翅。轮伞花序在枝顶集成间断假穗状花序；萼漏斗形，齿5；花冠淡蓝或淡紫红色，稀白色，内面近基部具毛环，檐部二唇形，上唇短，圆形，顶端微凹，下唇宽大，中裂片狭扇形或倒心形，侧裂片长圆形或近椭圆形；二强雄蕊。小坚果倒卵状三棱形，背部具网状皱纹，合生面占腹面2/3左右。花期3—4月，果期5—6月。

【生境分布】生于海拔300～1 650 m的溪边、路旁、林缘及湿润的草坡。分布于万州、开州、忠县、石柱、丰都、涪陵、武隆、长寿地区。

【采收加工】春至秋季采集，晒干或鲜用。

【化学成分】全草含蜕皮甾酮（ecdysterone，β-ecdysone），杯苋甾酮（cyasterone），筋骨草甾酮（ajugasteroneb），筋骨草内酯（ajugalactone），白毛夏枯草苷，皂苷，生物碱，有机酸，鞣质，还原糖等。根含筋骨草多糖（kiransin），木犀草素（luteolin）等。

▲金疮小草

【药理作用】有镇咳、祛痰、平喘、保肝、抑菌、抗病毒、抗炎、抗过敏、免疫恢复、抑肿瘤、降胆固醇、急性降压、增加冠脉血流量、增加机体抵抗力、降低冠脉血管阻力作用。

【功能主治】药性：苦，寒。功能：清热解毒，消肿止痛，凉血平肝。主治：乳腺炎，鼻衄，急性结膜炎，上呼吸道感染，扁桃体炎，咽炎，支气管炎，肺炎，肺脓疡，胃肠炎，肝炎，阑尾炎，高血压，痢疾，胆道继发感染，高血压病，痈肿疔疮，毒蛇咬伤，烫伤，狗咬伤，外伤出血，跌打损伤。用法用量：内服煎汤，10～30 g；鲜品30～60 g。外用适量，捣烂敷患处。

附方：

1. 治上呼吸道感染、扁桃腺炎、肺炎：筋骨草片剂，平均每片相当生药5 g。每日3次，每次服5片。

2. 治急性单纯性阑尾炎：筋骨草、大血藤各30 g，金银花、紫花地丁、野菊花各15 g，南五味子根、延胡索各9 g。水煎服，病重者每日两剂。

3. 治肺炎：筋骨草6～9 g。研末服，每日3次。

4. 治痢疾：鲜筋骨草90 g。捣烂，绞汁，调蜜，温服。

418 风轮菜

【别名】蜂窝草、断血流、节节草。

【来源】为唇形科植物风轮菜*Clinopodium chinense*（Benth.）O. Ktze.的全草。

【植物形态】多年生草本，高20～60 cm。茎四棱形，多分枝，被短柔毛及腺毛。叶对生，卵圆形，长1～5 cm，宽5～25 mm，顶端尖或钝，基部楔形，边缘具锯齿，被毛。轮伞花序腋生或顶生；苞片线形或钻形，边缘有长缘毛，长3～6 mm；花萼筒状，绿色，外面脉上有粗硬毛，5齿；花冠淡红色或紫红色，外面及喉部下方有短毛，基部筒状，向上渐张开，长5～7.5 mm，檐部二唇形，上唇半圆形，顶端微凹，下唇3裂；雄蕊4，2强；花柱伸出冠筒外，柱头2裂。小坚果倒卵形，棕黄色。花期6—8月，果期7—10月。

【生境分布】生于海拔200～1 250 m的草地、山坡、路旁。分布于库区各市县。

【采收加工】5—9月采收，切段后阴干或鲜用。

▲风轮菜

【药材性状】地上部分多分枝，长70～100 cm。茎方形，直径2～5 mm，节间长3～8 cm；表面棕红色或棕褐色，具细纵条纹，密被柔毛，四棱处尤多。叶对生，有柄，多卷缩或破碎，完整者展平后呈卵圆形，长1～5 cm，宽0.8～3 cm，边缘具锯齿，上表面褐绿色，下表面灰绿色，均被柔毛。轮伞花序具残存的花萼，外被毛茸。小坚果倒卵形，黄棕色。全体质脆，易折断与破碎，茎断面淡黄白色，中空。气微香，味微辛。以完整、色较绿、气微香者为佳。

【显微鉴别】叶（植株中部叶片近基部中脉）的横切面：上、下表皮细胞各1列，类方形至长方形，上表皮细胞明显较大，约为下表皮细胞的3倍。上、下表皮外均有残存的非腺毛，下表皮有众多气孔，并具腺鳞与小腺毛。栅栏细胞1列，长为叶片厚度的1/2，海绵组织细胞3～6列。主脉向下凸出，上面略隆起；上、下表皮内均各有厚角细胞2～3列；维管束1～2，外韧型，导管腔内有时可见簇针状橙皮苷结晶。

叶表面观：下表皮细胞垂周壁波状弯曲，气孔直轴式。非腺毛细胞1～11，其中常有一细胞缢缩，长30～960 μm，直径10～60 μm，少数细胞直径达80 μm，疣状突起明显。小腺毛头与柄均单细胞，长25～40 μm，直径8～17 μm；腺鳞头部细胞8个，直径约50 μm，柄单细胞。

【理化鉴别】检查黄酮类：①取本品粉末1 g，加乙醇10 mL，水浴加热15 min，滤过，取滤液1 mL置小试管中，加镁粉与盐酸数滴，溶液渐变橙红色。②取上述醇浸液滴于滤纸片上，干后在紫外光灯（254 nm）下观察，呈蓝紫色荧光；喷雾0.5%醋酸镁甲醇溶液，再置紫外光灯下观察，荧光变为天蓝色。

薄层鉴别：样品制备：取本品粗粉1 g，加乙醇15 mL，水浴回流30 min，滤过，滤液浓缩至1 mL供点样用。吸附剂：硅胶H（青岛）加0.5% CMC制板，105 ℃活化30 min。展开剂：苯-乙酸乙酯-乙酸-乙醇（20：15：15：15，上层）。展距15 cm。显色剂：1%氧氯化锆甲醇液，在紫外光灯（265 nm）下观察。

【化学成分】含风轮菜皂苷（clinopodiside），香蜂草苷（didymin），橙皮苷（hespe-ridin），异樱花素（isosakuranelin），芹菜素（apigenin），熊果酸（ursolic acid），挥发油，鞣质，酚性成分，氨基酸，香豆精，糖类，无机盐等。

【药理作用】有促进血凝、直接止血、短暂下降血压、收缩血管、收缩子宫、抑菌作用。

【功能主治】药性：涩、微苦，凉。功能：疏风清热，解毒止痢，凉血止血。主治：感冒发热，中暑，咽喉肿痛，白喉，急性胆囊炎，肝炎，肠炎，痢疾，腮腺炎，乳腺炎，疔疮肿毒，过敏性皮炎，急性结膜炎，妇科出血及其他出血症，蛇犬咬伤。用法用量：内服煎汤，9～15 g。外用适量，煎水洗，或捣烂敷。

附方：

1. 治感冒：风轮菜15 g，阎王刺6 g。水煎服。
2. 治中暑：鲜风轮菜30 g。水煎服。
3. 治烂头疔：鲜风轮菜、菊花叶各适量。捣烂敷患处。
4. 治皮肤疮痒：风轮菜适量。研末，调菜油涂患处。
5. 治各种出血：风轮菜15～30 g。水煎服。

【资源综合利用】风轮菜始载于《救荒本草》。新鲜嫩叶具有香辛味，可用于烹调。开花枝端用于蒸脸或洗脸可收敛抗菌，也可泡茶饮，具有提振食欲、舒解消化不良和胃肠胀气，舒缓喉咙疼痛作用。叶常用作意大利香肠或烹调鱼的材料和香料，香味特殊。花有收敛和杀菌作用，常被用于漱口水及油性皮肤的蒸脸护肤。

419 活血丹

【别名】连钱草、铜钱草、透骨消。

【来源】为唇形科植物活血丹*Glechoma longituba*（Nakai）Kupr的全草。

【植物形态】多年生草本，高10～30 cm，幼嫩部分被疏长柔毛。匍匐茎着地生根，茎上升，四棱形。叶对生，叶柄长为叶片的1.5倍，被长柔毛；叶片心形或近肾形，长1.8～2.6 cm，宽2～3 cm，顶端急尖或钝，边缘具圆齿，两面被柔毛或硬毛。轮伞花序通常2花；小苞片线形，长4 mm，被缘毛；花萼筒状，长9～11 mm，外面被长柔毛，内面略被柔毛，萼齿5，上唇3齿较长，下唇2齿略短，顶端芒状，具缘毛；花冠蓝或紫色，下唇具深色

▲活血丹

斑点，花冠筒有长和短两型，长筒者长1.7～2.2 cm，短筒者长1～1.4 cm，外面多少被柔毛，上唇2裂，裂片近肾形，下唇伸长，3裂，中裂片最大，顶端凹入；雄蕊4，内藏，后对较长，花药2室；子房4裂，花柱略伸出，柱头2裂；花盘杯状，前方呈指状膨大。小坚果长圆状卵形，长约1.5 mm，深褐色。花期4—5月，果期5—6月。

【生境分布】生于海拔300～1 200 m的林缘、疏林下、草地上或溪边等阴湿处。分布于巫溪、巫山、万州、开州、忠县、石柱、丰都、涪陵、武隆、长寿地区。

【采收加工】4—5月采收全草，除去杂质，晒干或鲜用。

【药材性状】茎呈方柱形，细而扭曲，长10～30 cm，直径1～2 mm，表面黄绿色或紫红色，具纵棱及短柔毛，节上有不定根；质脆，易折断，断面常中空。叶对生，灰绿色或绿褐色，多皱缩，展平后呈肾形或近心形，长1～3 cm，宽1.5～3.5 cm，灰褐色或绿褐色，边缘具圆齿；叶柄纤细，长4～7 cm。轮伞花序腋生，花冠淡蓝色或紫色，二唇形，长达2 cm。搓之气芳香，味微苦。以叶多、色绿、气香浓者为佳。

【显微鉴别】茎横切面：表皮细胞1列，类长方形，外表有非腺毛及腺毛。皮层薄壁细胞4～9列，类圆形，角隅处有厚角组织；内皮层凯氏点明显。维管束外韧型，6～9列；韧皮部外侧有木化纤维，木质部较宽。髓部薄壁细胞较大。

叶表面观：上表皮细胞垂周壁波状，表面有较细密的角质纹理；单细胞非腺毛圆锥形，极短。气孔直轴式；腺鳞多见，头部细胞7～8细胞，直径65～85 μm；叶脉处可见单细胞非腺毛。下表面细胞垂周壁波状弯曲。

粉末特征：绿褐色，味微苦。非腺毛由2～8个细胞组成，长40～250 μm，壁上有疣状突起，常有部分细胞缢缩，另有单细胞锥状非腺毛。腺鳞扁球形，头部由8个泌细胞排列成辐射状，直径25～50 μm，内含棕色物质。也可见腺毛，头部由1～2个细胞组成，柄单细胞。叶下表皮细胞壁波状弯曲。气孔直轴式。上表皮细胞垂周壁波状弯曲。导管为螺纹、网纹导管，直径20～30 μm。木纤维单个或成束，长梭形，壁厚。

【理化鉴别】薄层鉴别：样品制备，取本品粉末2 g，加甲醇25 mL，加热回流30 min，滤过，滤波蒸干，残渣加无水乙醇-氯仿（3：2）混合液1 mL使溶解，作为供试品镕液。另取熊果酸对照品，加无水乙醇制成每1 mL含1 mg的溶液，作为对照品溶液。吸附剂：以含0.1 mL/L磷酸二氢钠的羧甲基纤维素钠溶液为黏合剂的硅胶H薄层板。展开剂：甲苯-醋酸乙酯-甲酸（20：4：0.5）。显色剂：10%硫酸乙醇溶液，在110 ℃加热至斑点显色清晰。在与对照品色谱相应位置上，显相同颜色斑点。

【化学成分】茎叶含挥发油，主要成分为左旋松樟酮（pinocamphone），左旋薄荷酮（menthone），胡薄荷酮（pulegone），α-蒎烯（α-pinene），β-蒎烯（β-pinene），柠檬烯（limonene），1，8-桉叶素（1，8-cineole），对-聚伞花素（p-cymene），异薄荷酮（isomenthone），异松樟酮（isopinocamphone），芳樟醇（linalool），薄荷醇（menthol）及α-松油醇（α-terpineol）等。

【药理作用】有利胆、利尿、溶解结石、抑菌作用。

【功能主治】药性：苦、辛，凉。归肝、胆、膀胱经。功能：利湿通淋，清热解毒，散瘀消肿。主治：肾炎水肿，胆囊炎，胆结石，肺热咳嗽，肺痈，湿热黄疸，糖尿病，疮痈肿痛，跌打损伤。用法用量：内服煎汤，15～30 g；或浸酒，或捣汁。外用适量，捣敷或绞汁涂敷。使用注意：阴疽、血虚及孕妇慎服。

附方：

1. 治肾炎水肿：活血丹、萹蓄草各30 g，荠菜花15 g。煎服。
2. 治胆囊炎，胆结石：活血丹、蒲公英各30 g，香附子15 g。煎服，每日1剂。
3. 治肺热咳嗽，肺痈：活血丹60 g，甘草30 g。用大麦煎汤浸泡1～2 h。去渣加蜂蜜15 g，当茶饮。
4. 治疮疖，丹毒：鲜活血丹、鲜车前草各等分。捣烂绞汁，加等量白酒，涂患处。
5. 治湿疹：活血丹、白鲜皮各30 g，蛇床子15 g。水煎，熏洗患处。
6. 治糖尿病：鲜活血丹120 g，玉米根120 g，猪瘦肉90 g。水煮服汤食肉。

【资源综合利用】活血丹载于《植物名实图考》隰草类。活血丹化学成分随产地、采期及其他因素而有所差异。

420　益母草

【别名】红花益母草、月母草、四棱草。

【来源】为唇形科植物益母草*Leonurus japonicus* Houtt. 的全草。

【植物形态】一年生或二年生草本，高60～120 cm。茎直立，四棱形，微具槽，被倒向糙伏毛。叶对生；叶形多种。一年生植物基生叶具长柄，叶片略呈圆形，直径4～8 cm，5～9浅裂，裂片具2～3钝齿，基部心形；茎中

▲益母草

部叶有短柄，3全裂，裂片近披针形，中央裂片常为3裂，两侧裂片在1～2裂，最终小裂片宽度通常在3 mm以上，顶端渐尖，边缘疏生锯齿或近全缘；最上部叶不分裂，线形，近无柄，上面绿色，被糙伏毛，下面淡绿色，被疏柔毛及腺点。轮伞花序腋生，具花8～15朵；小苞片刺状；花萼管状钟形，外面贴生微柔毛，顶端5齿裂，具刺尖，下方2齿比上方3齿长，宿存；花冠唇形，淡红色或紫红色，长9～12 mm，外面被柔毛，上唇与下唇几等长，上唇长圆形，全缘，边缘具纤毛，下唇3裂，中央裂片较大，倒心形；雄蕊4，2强，着生在花冠内面近中部，花丝疏被鳞状毛，花药2室；雌蕊1，子房4裂，花柱丝状，略长于雄蕊，柱头2裂。小坚果褐色，三棱形，顶端较宽而平截，基部楔形，直径约1.5 mm。花期6—9月，果期7—10月。

【生境分布】生于海拔2 000 m以下的田埂、路旁、溪边或山坡草地。分布于巫溪、巫山、万州、开州、石柱、丰都、涪陵、武隆地区。

【采收加工】6—9月开花2/3时采收，摊放，晒干。

【药材性状】茎呈方柱形，四面凹下成纵沟，长30～60 cm，直径约5 mm。表面灰绿色或黄绿色，密被糙伏毛。质脆，断面中部有髓。叶交互对生，多脱落或残存，皱缩破碎，完整者下部叶掌状3裂，中部叶分裂成多个长圆形线状裂片，上部叶羽状深裂或浅裂成3片。轮伞花序腋生，花紫色，多脱落。花序上的苞叶全缘或具稀齿，花萼宿存，筒状，黄绿色，萼内有小坚果4。气微，味淡。以质嫩、叶多、色灰绿者为佳。

【显微鉴别】茎横切面（直径3.5 mm）：表皮细胞1列，外被角质层及少量短小毛茸。皮层为数列薄壁细胞，中柱鞘纤维束1～（4～7）个，微木化。外侧有6～8列厚角细胞，内皮层细胞较大。髓细胞发达，含有草酸钙针晶，长8～28 μm。

叶表面观：上表皮细胞垂周壁略呈波状弯曲，有众多单细胞非腺毛，呈圆锥状，长64～110 μm，壁厚约6 μm，壁上有疣状突起，腺毛头部1～4细胞，直径20～24 μm，柄单细胞。下表皮细胞较小，非腺毛较密，多数为2细胞，长100～240 μm，表面有疣状突起，顶端细胞胞腔较窄，另有少数腺毛及腺鳞，头部8细胞，直径32～36 μm。

非腺毛1～4细胞，长160～320 μm，基部直径24～40 μm，腺毛头部1～4细胞，直径20～24 μm，柄单细胞。

【理化鉴别】（1）检查生物碱：取本品粗粉1 g，加乙醇10 mL，冷浸过夜，滤过。蒸干滤液，残渣加稀盐酸4 mL溶解，滤过。取滤液1 mL，加改良碘化铋钾试液2滴，产生橙色沉淀。

（2）薄层鉴别本品粉末5 g，加盐酸-甲醇（1：100）液50 mL，冷浸过夜，滤过，取滤液45 mL减压浓缩，再加入蒸馏水5 mL，滤过，蒸干，加正丁醇1 mL溶解，作供试液；另以水苏碱、益母草碱对照。分别点样于同一硅胶G- CMC板上，以正丁醇-乙酸乙酯-盐酸（4：0.5：1.5）展开，喷以改良碘化铋钾试剂，生物碱斑点显橙红色。

【化学成分】含益母草碱（leonurine），水苏碱（stachydrine），益母草定（leonuridine），前益母草素（prehispanolone），鼬瓣花二萜（galeopsin），槲皮素，山柰素，洋芹素，芫花素，延胡索酸，胡萝卜苷和益母草酰胺，挥发油等。

【药理作用】有兴奋子宫、抗着床和抗早孕、增加冠脉流量、减慢心率、减轻急性脑梗死病人神经功能缺损、改善血液循环、脑保护、抗心律失常、抗血小板聚集、抗血栓、增强细胞免疫功能、抗氧化、抗诱变、改善缺血型初发期急性肾功能衰竭、箭毒样、增加呼吸频率及振幅（大剂量，呼吸则由兴奋转入抑制）、抑制皮肤真菌、杀精作用。益母草对肾小球无损伤作用，但可引起肾间质轻度炎症及少量纤维组织增生、肾小管轻度脂肪变，且随着剂量的增大，病变也相对加重。提示长期服用单味大剂量益母草，有可能引起肾小管、肾间质的损害。

【功能主治】药性：辛、苦，微寒。归肝、肾、心包经。功能：活血调经，利尿消肿，清热解毒。主治：月经不调，经闭，胎漏难产，胞衣不下，产后血晕，瘀血腹痛，跌打损伤，小便不利，水肿，痈肿疮疡。用法用量：内服煎汤，10～15 g，熬膏或入丸、散。外用适量，煎水洗或鲜草捣敷。使用注意：阴虚血少、月经过多、瞳仁散大者均禁服。

附方：

1. 治痛经：益母草30 g，香附9 g。水煎，冲酒服。
2. 治赤白带下，恶露下不止：益母草（开花时采），研末。每服6 g，空腹温酒下，一日三次。
3. 治急性肾炎浮肿：益母草60 g，茅根30 g，金银花15 g，车前子、红花各9 g。水煎服。

4. 治耳聋：益母草一握（洗）。研取汁，少量灌耳中。

5. 治疔肿：益母草茎叶适量。捣烂敷疮上，并绞取汁服。

【资源综合利用】益母草始载于《神农本草经》“茺蔚子”条下，列为上品。益母草的总生物碱含量与生长地土壤中有机质、有效磷、速效钾和土壤pH值等有关，碱性土壤比酸性土壤更有利于生物碱的积累。临床已开发出益母草针剂，效果较好。

421 泽兰

【别名】小泽兰、地瓜儿苗、方梗泽兰。

【来源】为唇形科植物地笋*Lycopus lucidus* Turcz.的地上部分。

【植物形态】多年生草本，高可达1.7 m。具多节的圆柱状地下横走根茎，节上有鳞片和须根。茎不分枝，四棱形，无毛或在节上有毛丛。叶交互对生，具极短柄或无柄；茎下部叶多脱落，上部叶椭圆形，狭长圆形或呈披针形，长5～10 cm，宽1.5～4 cm，顶端渐尖，基部渐狭呈楔形，边缘具不整齐的粗锐锯齿，下面具凹陷的腺点，无毛或脉上疏生白色柔毛。轮伞花序多花，腋生；小苞片卵状披针形，顶端刺尖，较花萼短或近等长，被柔毛；花萼钟形，长约4 mm，4～6裂，裂片狭三角形，顶端芒刺状；花冠钟形，白色，长4.5～5 mm，外面有黄色发亮的腺点，上、下唇近等长，上唇顶端微凹，下唇3裂，中裂片较大，近圆形，2侧裂片稍短小；前对能育雄蕊2，超出花冠，药室略叉开，后对雄蕊退化，有时4枚雄蕊全部退化；子房长圆形，4深裂，着生于花盘上，花柱伸出于花冠外，柱头2裂不均等，扁平。小坚果扁平，倒卵状三棱形，长1～1.5 mm，暗褐色。花期6—9月，果期8—10月。

【生境分布】生于海拔300～1 650 m的沼泽地、山野、水边等潮湿处。分布于巫山、万州、开州、忠县、丰都、涪陵、武隆地区。

【采收加工】夏、秋季采收，晒干。

【药材性状】茎呈方柱形，四面均有浅纵沟，长50～100 cm，直径2～5 mm，表面黄绿色或稍带紫色，节明显，节间长2～11 cm；质脆，易折断，髓部中空。叶对生，多皱缩，展平后呈披针形或长圆形，边缘有锯齿，上表面黑绿色，下表面灰绿色，有棕色腺点。花簇生于叶腋成轮状，花冠多脱落，苞片及花萼宿存。气微，味淡。以质嫩、叶多、色绿者为佳。

【显微鉴别】叶表面观：上表皮细胞垂周壁较平直，有少数非腺毛，角质层隐现波状层纹。非腺毛1～5细胞，表面隐现疣状突起，长75～360 μm，叶脉上的毛长可达520 μm，基部细胞较宽，直径32～80 μm，并有少数腺毛，腺头1～2细胞，直径16～28 μm，柄单细胞。下表皮细胞垂周壁波状弯曲，腺鳞较多，头部直径55～80 μm，6～8细胞，也有少数单细胞头腺毛，叶脉上非腺毛较多，长80～520 μm，表面有疣状突起。气孔直轴式。

茎表面观：表皮细胞长方形，角质层有纹理；腺毛头部1～2细胞，柄单细胞；腺鳞头部直径56～60 μm，6～8细胞。气孔稀少。偶见非腺毛。

【理化鉴别】薄层鉴别：取本品粗粉100 g，置挥发油测定器中进行蒸馏，所得粗挥发油用乙醚提取，无水硫酸钠脱水，回收乙醚得挥发油。取挥发油0.1 mL溶于石油醚1 mL中作供试品液。另以α-蒎烯作对照品。分别点样于硅胶G-CMC薄板上，用已烷展开，置紫外光灯（365 nm）观察，供试品液色谱中，在与对照品色谱相应位置，显相同的色斑。

【化学成分】全草含糖类：葡萄糖（glucose），半乳糖（galactose），泽兰糖（lycopose），水苏糖（stachyose），棉子糖（raffinose），蔗糖（sucrose），虫漆蜡酸（lacceroic acid），白桦脂酸（betulinic acid），熊果酸（ursolic acid），β-谷甾醇。

【药理作用】有改善微循环障碍、抗血栓、降血脂、抗肝纤维增生、抗菌作用。

【功能主治】药性：苦、辛，微温。归肝、脾经。功能：活血化瘀，行水消肿，解毒消痈。主治：妇女经闭，痛经，产后瘀滞腹痛，癥瘕，身面浮肿，跌打损伤，痈肿疮毒。用法用量：内服煎汤，6～12 g，或入丸、散。外用适量，鲜品捣敷；或煎水熏洗。使用注意：无血瘀或血虚者慎服。

附方：

1. 治经闭腹痛：泽兰、铁刺菱各9 g，马鞭草、益母草各15 g，土牛膝3 g。水煎服。

2. 治产后恶露不尽，腹痛：泽兰（熬）、生地黄、当归各1 g，芍药、生姜各3 g，甘草2 g，大枣14个。水煎分为三服。

3. 治水肿：泽兰、积雪草各30 g，一点红25 g。水煎服。

4. 治痈疽发背：泽兰60 ~ 120 g，水煎服；另取叶一握，调冬蜜，捣烂，贴患处，日换两次。

▲地笋

422 薄荷

【别名】野薄荷、土薄荷、鱼香草。

【来源】为唇形科植物薄荷*Mentha canadaensis* L.的全草。

【植物形态】多年生芳香草本，高30 ~ 80 cm。具匍匐的根茎。茎锐四棱形，多分枝，无毛或略具倒生柔毛。单叶对生；叶柄长2 ~ 15 mm；叶形变化较大，披针形、卵状披针形、长圆状披针形至椭圆形，长2 ~ 7 cm，宽1 ~ 3 cm，顶端锐尖或渐尖，基部楔形至近圆形，边缘在基部以上疏生粗大的牙齿状锯齿，侧脉5 ~ 6对，两面具柔毛及黄色腺鳞。轮伞花序腋生，愈向茎顶，则节间、叶及花序渐变小；小苞片数枚，线状披针形，具缘毛；花萼管状钟形，长2 ~ 3 mm，外被柔毛及腺鳞，具10脉，萼齿5，狭三角状钻形，长约0.7 mm，缘有纤毛；花冠淡紫色至白色，冠檐4裂，上裂片顶端2裂，较大，其余3片近等大，花冠喉内部被微柔毛；雄蕊4，前对较长，常伸出花冠外或包于花冠筒内，花药卵圆形，2室；花柱略超出雄蕊，顶端近相等2浅裂，裂片钻形。小坚果长卵球形，褐色或淡褐色，具小腺窝。花期7—9月，果期10—11月。

【生境分布】生于海拔200 ~ 2 000 m的溪沟旁，路边及山野湿地，有栽培。分布于库区各市县。

【采收加工】夏、秋季茎叶茂盛或花开至3轮时选晴天分次采割，晒干或阴干。

【药材性状】茎方柱形，有对生分枝，长15 ~ 40 cm，直径0.2 ~ 0.4 cm；表面紫棕色或淡绿色，棱角处具茸毛，节间长2 ~ 5 cm；质脆，断面白色，髓部中空。叶对生，有短柄；叶片皱缩卷曲，完整叶片展平后呈披针形、卵状披针形、长圆状披针形至椭圆形，长2 ~ 7 cm，宽1 ~ 3 cm，边缘在基部以上疏生粗大的牙齿状锯齿，侧脉5 ~ 6对；上表面深绿色，下表面灰绿色，两面均有柔毛，下表面在放大镜下可见凹点状腺鳞。茎上部常有腋生的轮伞花序，花

▲薄荷

萼钟状，顶端5齿裂，萼齿狭三角状钻形，微被柔毛；花冠多数存在，淡紫色。揉搓后有特殊香气，味辛、凉。以叶多、色绿、气味浓者为佳。

【显微鉴别】茎横切面：表皮细胞1列，外被角质层齿疣，有时具毛。四角有明显的棱脊，向内有十数列厚角细胞，内缘为数列薄壁细胞，细胞间隙大。内皮层细胞1列，凯氏点清晰可见。维管束于四角处较发达，于相邻两角间具数个小维管束。韧皮部狭窄；形成层成环。木质部于四角处较发达，由导管、木薄壁细胞及木纤维等组成；髓部由薄壁细胞组成，中央常有空洞。茎的各部细胞内有时含有针簇状或扇形橙皮苷结晶。

粉末特征：淡黄绿色。腺鳞头部顶面观呈圆形，侧面观呈扁球形，8细胞，直径61～99 μm，常皱缩，内含淡黄色分泌物；柄单细胞，极短，基部四周表皮细胞10余个，放射状排列。小腺毛头部椭圆形，单细胞，直径15～26 μm，内含淡黄色分泌物；柄部1～2细胞。非腺毛多碎断，完整者1～8细胞，稍弯曲，壁厚2～7 μm，疣状突起较细密。橙皮苷结晶存在于茎、叶表皮细胞及薄壁细胞中，淡黄色，略呈扇形或不规则形。叶片上表皮细胞表面观不规则形，壁略弯曲；下表皮细胞壁弯曲，细胞含淡黄色橙皮苷结晶。气孔较多，为直轴式。

【理化鉴别】（1）检查薄荷脑：取叶粉末少量进行微量升华，所得油状升华物加硫酸2滴及香草醛结晶少量，初显黄色至橙黄色，再加水1滴，即变紫红色。

（2）薄层鉴别：取全草粉末0.5 g，加石油醚（60～90 ℃）5 mL，密塞，振摇数分钟，放置30 min，滤过，滤液作为供试品溶液。另取薄荷脑对照品配成每1 mL含2 mg的石油醚溶液，作为对照品溶液。吸取上述供试品溶液10～20 μL，对照品溶液10 μL，分别点于同一硅胶G薄板上，以苯-醋酸乙酯（19∶1）展开约15 cm，取出，晾干后，喷以2%香草醛硫酸溶液-乙醇（2∶8）的混合溶液，于100 ℃烘5～10 min。供试品色谱在与对照品色谱相应的位置上，显相同颜色的斑点。

【化学成分】薄荷鲜叶含油1%～1.46%，油中主成分为左旋薄荷醇（menthol），含量62.3%～87.2%，其次为左旋薄荷酮（menthone），异薄荷酮（isomenthone），胡薄荷酮（pulegone），乙酸癸酯（decyl acetate），乙酸薄荷酯（menthyl acetate），苯甲酸甲酯（methylbenzoate），α-及β-蒎烯（pinene）等。最近，又从叶中分得具抗炎作用的以二羟基-1，2-二氢萘二羧酸为母核的多种成分。

【药理作用】薄荷油有兴奋中枢神经的作用，可通过末梢神经使皮肤毛细血管扩张，促进汗腺分泌，增加散热发汗。但也有报道，薄荷油会产生中枢抑制作用。有镇痛、保肝、利胆、抗早孕、抗着床、抑制宫颈癌JTC-26株、祛痰、止咳、抗炎、抗微生物、促进透皮吸收、麻痹心脏、扩张血管、兴奋呼吸、轻度箭毒样、抑制组胺释放、抑制钙通道阻滞剂受体、抑制腺苷酸环化酶、抗放射线所致皮肤损害、刺激皮肤引起充血、局麻作用。薄荷制剂局部应用可使皮肤黏膜的冷觉感受器产生冷觉反射，引起皮肤黏膜血管收缩。

【功能主治】药性：辛，凉。归肺、肝经。功能：散风热，清头目，利咽喉，透疹，解郁。主治：风热表证，头痛目赤，咽喉肿痛，麻疹不透，隐疹瘙痒，肝郁胁痛。用法用量：内服煎汤，3～6 g，不可久煎，宜作后下；或入丸、散。外用适量，煎水洗或捣汁涂敷。使用注意：表虚汗多者禁服。

附方：

1. 治外感咳嗽，咽喉不利：薄荷100 g，桔梗150 g，防风100 g，甘草50 g。研末。每次服12 g。
2. 治皮肤隐疹不透，瘙痒：薄荷叶10 g，荆芥10 g，防风10 g，蝉蜕6 g。水煎服。

【资源综合利用】薄荷始载于《新修本草》。家种薄荷质量优于野生薄荷。薄荷的采集、加工及包装对质量有较大的影响。夏季薄荷以薄荷醇（91.86%），薄荷酮（5.09%）为主，秋季薄荷以薄荷醇（85.73%），薄荷酮（5.12%），α-蒎烯（2.68%），β-蒎烯（2.07%）和柠檬烯（1.71%）为主。薄荷油是医药、食品、饮料及日用品的重要原料，也是我国传统的出口物资，其产量居世界首位。此外，薄荷油尚能驱除犬及猫体内的蛔虫。从薄荷全草中提取出的d-8-乙酰氧基莳萝艾菊酮对蚊、虻、蠓、蚋等多种昆虫均有较好的驱避效果，对皮肤无刺激作用和过敏反应，可考虑进一步开发利用。

423 香薷

【别名】石香薷、小香薷。

【来源】为唇形科植物华荠苧*Mosla chinensis* Maxim.的带根全草或地上部分。

【植物形态】直立草本，高55～65 cm。茎四棱形，疏生柔毛。叶对生；叶柄长0.7～1 cm，被小纤毛；叶片线状披针形，长1.8～2.6 cm，宽0.3～0.4 cm，顶端渐尖，基部渐狭，边缘具疏锯齿3～4个，被柔毛，两面有凹陷腺点。总状花序密集成穗状，长2～3.5 cm；苞片覆瓦状排列，倒卵圆形或圆卵形，长5～6 mm，宽4～4.5 mm，顶端短尾尖，下面密被白色长柔毛，密生凹陷腺点，边缘具长睫毛；花梗长1～1.5 mm，被短柔毛；花萼钟形，长4 mm，宽2～2.5 mm，外被白色柔毛及凹陷腺点，内面在喉部以上被白色绵毛，齿5，钻形或披针形，近相等，果时基部膨大；花冠淡紫色或白色，长0.6～0.8 cm，伸出苞片外，被微柔毛，冠筒内面簇生长柔毛，基部具2～3行乳突状或短棒状毛茸，下唇中裂片边缘具不规则圆或尖锯齿，顶端凹入；退化雄蕊2，不发育，二药室一大一小，花丝极短；柱头2裂，反卷；花盘前方指状膨大。小坚果扁圆球形，径0.9～1.4 mm，表面具深穴状或针眼状雕纹，穴窝内具腺点。花期6月，果期7月。

【生境分布】野生于海拔350～1 400 m草坡、林下、荒地、田边，或栽培。分布于开州、石柱、涪陵地区。

【采收加工】夏、秋季茎叶茂盛、花初开时采割，阴干或晒干。

【药材性状】全体长14～30 cm，密被白色短茸毛。茎多分枝，四方柱形，近基部圆形，直径0.5～5 mm；表面黄棕色，近基部常呈棕红色，节明显，节间长2～5 cm；质脆，易折断，断面淡黄色。叶对生，多脱落，皱缩或破碎，完整者展平后呈狭长披针形，长0.7～2.5 cm，宽约4 mm，边缘有疏锯齿，黄绿色或暗绿色；质脆，易碎。花轮密集成头状；苞片被白色柔毛；花萼钟状，顶端5裂；花冠皱缩或脱落。小坚果4，包于宿萼内，香气浓，味辛凉。以枝嫩、穗多、香气浓者为佳。

【显微鉴别】粉末特征：淡棕绿色。非腺毛1～6细胞，平直，弯曲或顶端弯成钩状，直径11～34 μm，长约至512 μm，有的基部细胞膨大至70 μm，壁稍厚。腺鳞头部8细胞，直径59～86 μm，柄单细胞，极短。小腺毛头部圆形或长圆形，1～（2～4）细胞，直径16～33 μm；柄1～2细胞，茎部短。叶表皮细胞垂周壁稍弯曲，连珠状增厚，表面有细条纹；气孔直轴式或不定式。叶肉细胞含细小草酸钙方晶，直径1.5～6 μm。导管为网纹或梯纹导管。此外，还可见木薄壁细胞。

【理化鉴别】薄层鉴别：取本品粉末100 g，置挥发油测定器中蒸馏，取挥发油一定量，用乙醚制成10%溶液，作供试液。取供试液与对照品香荆芥酚和麝香酚溶液，分别点样于同一硅胶G-0.5% CMC薄层板上，以二氯甲烷展开，喷以5%香草醛浓硫酸溶液，于100 ℃烘5 min，供试液色谱在与对照品色谱的相应位置上显相同的色斑。取供试液与对照品石竹烯和松油烯，分别点样于同一硅胶G-0.5% CMC薄层板上，以己烷展开，按（1）项方法显色，供试液色谱在与对照品色谱相应的位置上显相同的色斑。取供试液与对聚伞花素对照品溶液，分别点样于同一硅胶GF_{254}-0.5% CMC薄层板上，以己烷展开，置紫外光灯（254 nm）下观察，供试液色谱在与对照品色谱相应的位置上显相同的荧光色斑。

【化学成分】全草含挥发油2%，内含香荆芥酚，对聚伞花素，对异丙基苯甲醇（p-iso-propylbenzyl alcohol），β-蒎烯，4-蒈烯（4-carene），α-松油烯（α-terpinene），百里香酚，葎草烯，β-金合欢烯（β-farnesene），柠檬烯（limonene）等。

【药理作用】有解热、镇痛、镇静、抑制回肠、自发性收缩、增强免疫功能、抗菌、抗病毒、降压、降低胆固醇、利尿、镇咳、祛痰作用。

【功能主治】药性：辛，微温。归肺、胃经。功能：发汗解暑，和中化湿，行水消肿。主治：夏日外感风寒，内伤于湿，恶寒发热，头痛无汗，脘腹疼痛，呕吐腹泻；小便不利，水肿。用法用量：内服煎汤，3～9 g，或入丸、散，或煎汤含漱。外

▲华荠苧

▲罗勒

用适量，捣敷。使用注意：内服宜凉饮，热饮易致呕吐。表虚者禁服。

附方：

1. 治中暑烦渴：香薷10 g。水煎服。

2. 治霍乱吐利，四肢烦疼，冷汗出，多渴：香薷10 g，蓼子草5 g。水煎服。

3. 治口臭：香薷适量。煎水含漱。

【资源综合利用】库区还产石荠苧*Mosla scabra*，在民间称野荆芥，痱子草，土香茹草，有代香薷入药者。

424　罗勒

【别名】九层塔、芳香草。

【来源】为唇形科植物罗勒*Ocimum basilicum* L.的全草。

【植物形态】一年生草本，高20～80 cm，有强烈的香味。茎四棱形，绿色，有时紫色。叶对生，矩圆形、卵形或卵状披针形，长1.2～6.7 cm，全缘或略有锯齿。轮伞花序6花，组成假总状花序，长10～20 cm，被疏柔毛；花萼管状，齿5；花冠淡紫色，或上唇白色，下唇紫红色；雄蕊4，后对花丝基部具齿。小坚果4；卵圆形，黑色。花期7—9月，果期8—10月。

【生境分布】生于山坡、草地、地边，或栽培。分布于奉节、万州、开州、涪陵、长寿地区。

【采收加工】夏、秋采收，晒干。

【化学成分】全草含挥发油：罗勒烯（ocimene），1，8-桉叶素，芳樟醇，柠檬烯，蒈烯-3，甲基胡椒酚，丁香油酚，桂皮酸甲酯，己烯-3-醇，辛酮-3及糠醛等。

【药理作用】有健胃、促进消化、利尿、强心、刺激子宫、刺激雌性激素分泌、促进分娩作用。

【功能主治】药性：辛，温。功能：发汗解表，祛风利湿，散瘀止痛。主治：风寒感冒，头痛，胃腹胀满，消化不良，胃痛，肠炎腹泻，月经延迟，跌打肿痛，产后乳汁不足，晕车，晕船，风湿关节痛，蛇咬伤，湿疹，皮炎。用法用量：内服煎汤，6～10 g。外用适量，捣敷。使用注意：本品辛温香燥，气虚血燥者慎用。皮肤敏感者及孕妇禁服。

本品种子名光明子，用于目赤肿痛，角膜云翳。根用于小儿黄水烂疮。

【资源综合利用】罗勒的幼茎及叶有香气，可作为芳香蔬菜在沙拉和肉的料理中使用。罗勒精油有收紧皮肤，平衡油脂分泌，控制粉刺，滋润干性缺水及老化粗糙皮肤作用，也可用于经常加班和长期面对计算机出现的黑眼圈、眼袋治疗，在美容方面有较大开发价值。

425　牛至

【别名】小叶薄荷、土香薷、白花茵陈。

【来源】为唇形科植物牛至*Origanum vulgare* L.的全草。

【植物形态】多年生草本，高25 ~ 60 cm。芳香。茎直立，或近基部伏地生须根，四棱形，略带紫色，被倒向或微卷曲的短柔毛。叶对生；叶柄长2 ~ 7 mm，被柔毛；叶片卵圆形或长圆状卵圆形，长1 ~ 4 cm，宽4 ~ 15 mm，顶端钝或稍钝，基部楔形或近圆形，全缘或有远离的小锯齿，两面被柔毛及腺点。伞房状圆锥花序开张，多花密集，由多数长圆状小假穗状花序组成，有覆瓦状排列的苞片；花萼钟形，长3 mm，外面被小硬毛或近无毛，萼齿5，三角形；花冠紫红、淡红或白色，管状钟形，长7 mm，两性花冠筒显著长于花萼，雌性花冠筒短于花萼，外面及内面喉部被疏短柔毛，上唇卵圆形，顶端2浅裂，下唇3裂，中裂片较大，侧裂片较小，均长圆状卵圆形；雄蕊4，在两性花中，后对短于上唇，前对略伸出，在雌性花中，前后对近等长，内藏；子房4裂，花柱略超出雄蕊，柱头2裂；花盘平顶。小坚果卵圆形，褐色。花期7—9月，果期9—12月。

【生境分布】生于海拔500 ~ 1 700 m的山坡、林下、草地或路旁。分布于巫溪、巫山、奉节、云阳、万州、开州、忠县、石柱、丰都、涪陵地区。

【采收加工】7—8月开花前割取地上部分，或将全草连根拔起，鲜用或扎把晒干。

【药材性状】全草长23 ~ 60 cm。根较细小，直径2 ~ 4 mm，表面灰棕色；稍弯曲，质略韧，断面黄白色。茎方柱形，紫棕色至淡棕色，密被细白毛。叶对生，多皱褶或脱落，暗绿色或黄绿色，展开后呈卵形或宽卵形，长1.5 ~ 3 cm，宽0.7 ~ 1.7 cm，顶端钝，基部圆形，全缘，两面被棕黑色腺点及细毛。聚伞花序顶生；花萼钟状，顶端5裂，边缘密生白色细柔毛。小坚果扁卵形，红棕色。气微香，味微苦。以叶多、气香浓者为佳。

【显微鉴别】茎横切面：呈方形。表皮细胞一列，方形或椭圆形，外被角质层，有非腺毛，外被角质层，有少数腺鳞及小腺毛。皮层细胞4 ~ 5列，四角部位有厚角细胞6 ~ 10列；内皮层细胞1列，整齐，较大。内皮层细胞多呈长方形。韧皮部较窄，形成层不明显。木质部导管、木纤维及木薄壁细胞均木化。髓大，细胞多角形，老茎髓部呈空腔。

叶表面观：上、下表皮细胞垂周壁均略波状弯曲；腺鳞较多，腺头扁球形，由4 ~ 8个分泌细胞组成，直径

▲牛至

80 ~ 90 μm，腺头角质层与分泌细胞之间，贮有淡黄色油；柄短，单细胞，尚有头部与柄部均为单细胞的小腺毛，腺头直径18 ~ 22 μm。非腺毛3 ~ 4细胞，于叶脉及叶缘处较多，长17 ~ 320 μm，基部直径40 ~ 60 μm，可见疣点。下表皮气孔多，直轴式。

粉末特征：非腺毛，由1 ~ 6个细胞组成，长270 ~ 1 000 μm，壁疣明显，有的非腺毛中部缢缩。腺毛，呈梨形，单细胞头、头部细胞呈类长圆形，长约33 μm，柄为单细胞，较短。腺鳞，头部由6 ~ 10个分泌细胞组成，直径约83 μm，内含橙黄色挥发油、透明。栅栏细胞：类长圆形，长约50 μm，内含叶绿体。表皮细胞垂周壁略弯曲。气孔多为直轴式。

【理化鉴别】薄层鉴别：（1）取本品粗粉适量，用挥发油提取器提取挥发油，吸取一定量，用乙酸乙酯稀释成10%溶液，作供试品溶液。另取麝香草酚、香荆芥酚作为对照品，分别点样于同一硅胶G-CMC薄板上，以二氯甲烷为展开剂展开，取出，晾干。喷以5%香草醛浓硫酸溶液，于100 ℃烘5 min。供试品色谱中，在与对照品色谱相应位置上，显相同的颜色斑点。

（2）取上述挥发油的10%乙酸乙酯溶液作供试品溶液，另取7-松油烯作对照品，分别点样于同一硅胶G-CMC薄板上，用己烷展开。喷以5%香草醛浓硫酸溶液，于105 ℃烘5 min。供试品色谱中，在与对照品色谱相应位置上，显相同的颜色斑点。

【化学成分】全草含水苏糖（stachyose）和挥发油，油中主要含百里香酚（thymol），香荆芥酚（carvacrol），乙酸牻牛儿醇酯（geranylacetate）及聚伞花素（cymene）等。叶还含熊果酸（ursolic acid），异丙醛基甲苯，香草酸，异香草酸，原儿茶酸，迷迭香酸，乌素酸、齐墩果酸、原儿茶酸、日本椴苷、sagittatoside A、胡萝卜苷、β-谷甾醇、豆甾醇。

【药理作用】有抗微生物、提高免疫功能、弛肠道平滑肌、降血压、镇痛、抗炎、催眠、镇静、抗氧化、利尿、祛痰作用。

【功能主治】药性：辛、微苦，凉。功能：解表，理气，清暑，利湿。主治：感冒发热，中暑，胸膈胀满，腹痛吐泻，痢疾，黄疸，水肿，带下，小儿疳积，麻疹，皮肤瘙痒，疮疡肿痛，跌打损伤。用法用量：内服煎汤，3 ~ 9 g，大剂量用至15 ~ 30 g；或泡茶。外用适量，煎水洗；或鲜品捣敷。使用注意：表虚汗多者禁服。

附方：

1. 治伤风发热、呕吐：牛至9 g，紫苏、枇杷叶各6 g，灯心草3 g。煎水服。
2. 解热：牛至适量。泡茶喝。
3. 治中暑：牛至、扁豆（炒）、神曲、栀子（炒）各6 g，赤茯苓9 g，荆芥穗4.5 g。灯心草为引草，水煎服。
4. 治气阻食滞：牛至12 g，土柴胡、走游草、土升麻、香樟根、茴香根各9 g，阎王刺12 g。煎水服。
5. 治白带：牛至、硫黄各9 g。水煎服。
6. 治皮肤湿热瘙痒：鲜牛至250 g。煎水洗。
7. 治预防麻疹：牛至15 g。煎水，作茶饮。
8. 治多发性脓肿：牛至、南蛇藤各30 g。水酒各半，炖豆腐服。
9. 治月经不调：牛至9 ~ 15 g。水煎服。

【资源综合利用】本品以江宁府茵陈始载于《本草图经》“茵陈”条。牛至全草可提取芳香油，也可以香薷入药，也是蜜源植物。牛至是一种潜在的非药物生长促进剂，其功能类似于生物催化剂和酶的消化作用，希腊的研究人员已用于作猪、禽的生长促进。牛至在民间作为利尿、发汗剂，其浸剂可用于肠弛缓，促进食欲，改善消化。

426 紫苏叶

【别名】苏、苏叶、紫菜。

【来源】为唇形科植物紫苏*Perilla frutescens*（L.）Britt.的叶或带叶小枝。

【植物形态】一年生草本，高30 ~ 200 cm，具有特殊芳香气。茎多分枝，紫色、绿紫色或绿色，钝四棱形，

▲紫苏

密被长柔毛。叶对生；叶柄长3～5 cm，紫红色或绿色，被长节毛；叶片阔卵形、卵状圆形或卵状三角形，长4～13 cm，宽2.5～10 cm，顶端渐尖或突尖，有时呈短尾状，基部圆形或阔楔形，边缘具粗锯齿，有时锯齿较深或浅裂，两面紫色或仅下面紫色，两面均疏生柔毛，沿脉较密，叶下面有细油腺点。轮伞花序，由2花组成偏向一侧成假总状花序，顶生和腋生，密被长柔毛；苞片卵形、卵状三角形或披针形，具缘毛，外面有腺点，边缘膜质；花梗长1～1.5 mm，密被柔毛；花萼钟状，长约3 mm，10脉，外面下部密被长柔毛和黄色腺点，5齿，上唇宽大，有3齿，下唇有2齿，结果时增大，基部呈囊状；花冠唇形，长3～4 mm，白色或紫红色，筒内有毛环，外被柔毛，上唇微凹，下唇3裂，裂片近圆形，中裂片较大；雄蕊4，2强，着生于花冠筒中部，几不伸出花冠外，花药2室；花盘在前边膨大；雌蕊1，子房4裂，柱头2裂。小坚果近球形，灰棕色或褐色，直径1～1.3 mm，有网纹，果萼长约10 mm。花期6—8月，果期7—9月。

【生境分布】栽培。分布于库区各市县。

【采收加工】7—8月枝叶茂盛时收割，阴干后将叶摘。

【药材性状】叶片多皱缩卷曲、破碎，完整者展平后呈卵圆形，长4～11 cm，宽2.5～9 cm。顶端长尖或急尖，基部圆形或宽楔形，边缘具圆锯齿。两面紫色或上表面绿色，下表面紫色，疏生灰白色毛，下表面有多数凹点状的腺鳞。叶柄长2～5 cm，紫色或紫绿色。质脆。带嫩枝者，枝的直径2～5 mm，紫绿色，断面中部有髓。气清香，味微辛。以叶完整、色紫、香气浓者为佳。

【显微鉴别】叶表面观：上表皮细胞垂周壁波状弯曲，外壁角质层纹理呈断续波状；下表皮细胞较小，垂周壁波状弯曲，角质层纹理不明显。两面均有腺鳞和腺毛，以下表面为多，腺鳞的腺头扁圆形，4～8细胞，直径44～104 μm，柄单细胞；腺毛腺头1～2细胞，柄单细胞。非腺毛1～7细胞，中部细胞有时缢缩，长80～980 μm，基部直径30～100 μm。气孔直轴式，下表皮较多。

【理化鉴别】（1）盐酸显色：本品作叶的表面制片，表皮细胞中某些细胞内含有紫色素，滴加10%盐酸溶液，立即显红色；或滴加5%氢氧化钾溶液，即显鲜绿色，后变为黄绿色。

（2）薄层鉴别：取本品粗粉0.7 g，置500 mL圆底烧瓶中，加水250 mL，混匀，连接挥发油测定器，自测定器上端加水至刻度，并溢流入烧瓶中为止，再加石油醚（60～90 ℃）1.5 mL，连接回流冷凝管，加热至沸，并保持微沸2 h，放冷，分取石油醚层作为供试品溶液。点于硅胶G薄层板上，以苯-乙酸乙酯（95：5）为展开剂，用芳樟醇和紫苏醛作对照品；以已烷作展开剂，用L-柠檬烯和α-蒎烯作对照品，展开，展距16.5 cm，取出，晾干，喷以5%香草醛浓硫酸后，于80 ℃烘烤5 min，供试品色谱中，在与对照品色谱相应的位置上，显相同颜色的斑点。

【化学成分】叶含挥发油，主要有紫苏醛（perillaldehyde），柠檬烯（limonene），β-丁香烯（β-caryophyllene），α-香柑油烯（α-bergamotene）及芳樟醇（linalool）等。还含紫苏醇-β-D-吡喃葡萄糖苷（perillyl-β-D-glucopyranoside），紫苏苷（perilloside）等。地上部分含紫苏酮（perillaketone），异白苏烯酮（isoegomaketone），白苏烯酮（egomaketone），紫苏烯（perillene），亚麻酸乙酯（ethyllinolenate），亚麻酸（linolenic acid），β-谷甾醇（β-sitosterol）等。茎含黄酮类、二氢黄酮类、黄酮醇类和二氢黄酮醇类等多种黄酮化合物。种子含大量脂肪油（含量42.16%），油中主要为不饱和脂肪酸，另含氨基酸和矿质元素。

【药理作用】有延睡眠时间、促进消化液分泌、增强胃肠蠕动、减少支气管分泌物、缓解支气管痉挛、镇咳、祛痰、平喘、增强脾淋巴细胞免疫功能（乙醇提取物和紫苏醛有免疫抑制作用）、止痒、抗炎、抗诱变、抗微生物、抑制黄嘌呤氧化酶、抗放射线皮肤损害、抗氧化、升血糖作用。种子有抗癌、降血脂、促进学习记忆能力作用。

【功能主治】药性：辛，温。归肺、脾、胃经。功能：散寒解表，行气和中，安胎，解鱼蟹毒。主治：风寒表证，咳嗽痰多，胸脘胀满，恶心呕吐，慢性气管炎，宫颈出血，寻常疣，鞘膜积液，肾炎，肾功能衰退，腹泻，小儿外感，鱼蟹中毒，花粉过敏症，胎气不和，妊娠恶阻。用法用量：内服煎汤，5～10 g。外用适量，捣敷、研末掺或煎汤洗。使用注意：阴虚、气虚及温病者慎服。

附方：

1. 治伤风发热：苏叶、防风、川芎各4.5 g，陈皮3 g，甘草2 g。加生姜两片，水煎服。

2. 治吐乳：紫苏、甘草、滑石等分。水煎服。

紫苏的果实有降气，消痰，平喘，润肠功能。主治痰壅气逆，咳嗽气喘，肠燥便秘。用法用量：内服煎汤，5～10 g；或入丸、散。使用注意：肺虚咳喘，脾虚便溏者禁服。

3. 治气喘咳嗽，食痞兼痰：紫苏子、白芥子、萝卜子各适量。微炒，击碎，水煎服。

4. 顺气、滑大便：紫苏子、麻子仁适量。研烂，水滤取汁，煮粥食。

【资源综合利用】紫苏原名"苏"，始载于《名医别录》，列为中品。紫苏的果实（苏子）脂肪油中含有α-亚麻酸，具有重要的生理作用和药用价值。在一般食用油中α-亚麻酸的含量不到10%，而苏子脂肪油中的α-亚麻酸最高可达63.5%，因而是一种较为理想的保健品和食用油。紫苏属植物分类一直存在纷争，有的主张将白苏与紫苏合为一种，如《中国植物志》。但近年学者研究发现，紫苏和白苏不仅叶、花的颜色不同，所含挥发油的组分、显微特征也有显著差异。再结合古代本草也将两者分开，故采用将二者分开。

427　夏枯草

【别名】夏枯头、棒槌草、夏枯草穗。

【来源】为唇形科植物夏枯草*prunella vulgaris* L.带花的果穗或全草。

【植物形态】草本，高20～30 cm。枝四棱形，通常带红紫色，有细毛。叶卵状长圆形或卵圆形，长1.5～6 cm，宽1～2.5 cm，全缘或疏生锯齿，背面有腺点。轮伞花序顶生，呈穗状；苞片肾形，膜质，宽心形，边缘常紫色，背面有粗毛；萼2唇形，上唇长椭圆形，3裂，两侧扩展成半披针形，下唇2裂，裂片三角形，顶端渐尖，外面疏生刚毛；花冠2唇形，白色、紫色、蓝紫色或红紫色，上唇盔状，下唇中裂片宽大，3裂；雄蕊4，2强，伸出，花丝顶端分叉，其中一端着生花药；子房4裂，花柱丝状。小坚果长椭圆形，褐色，具3棱。花期4—6月，果期7—10月。夏末全株枯萎，故名夏枯草。

【生境分布】生长于海拔1 500 m以下的荒坡、草地、田埂、溪旁及路边。有栽培。分布于库区各市县。

【采收加工】夏季当果穗半枯时采收，晒干。

【药材性状】果穗呈棒状，略扁，长1.5～8 cm，直径0.8～1.5 cm，淡棕色至棕红色。全穗由数轮至10数轮宿萼与苞片组成，每轮有对生苞片2片，呈扇形，顶端尖尾状，脉纹明显，外表面有白毛。每一苞片内有花3朵，花冠多已脱落，宿萼二唇形，内有小坚果4枚，卵圆形，棕色，尖端有白色突起。体轻质脆，微有清香气，味淡。以色紫褐、穗大者为佳。

【理化鉴别】（1）取本品粉末1 g，加乙醇15 mL，加热回流1 h，滤过。取滤液1 mL，置蒸发皿中，蒸干，残渣加醋酐1滴使溶解，再加硫酸微量，即显紫色，后变暗绿色。

（2）取（1）项下的滤液点于滤纸上，喷洒0.9%三氯化铁溶液与0.6%铁氰化钾溶液的等容混合液，即显蓝色斑点。

（3）取本品粉末1 g，加乙醇20 mL，加热回流1 h，滤过，滤液蒸干，用石油醚（30～60 ℃）浸泡2次，每次15 mL（约2 min），倾去石油醚液，残渣加乙醇1 mL使溶解，作为供试品溶液。另取熊果酸对照品，加乙醇制成每1 mL含1 mg的溶液，作为对照品溶液。照薄层鉴别法试验，吸取上述两种溶液各2 μL，分别点于同一硅胶G薄层板上，以环己烷-氯仿-醋酸乙酯-冰醋酸（20∶5∶8∶0.5）为展开剂，展开，取出，晾干，喷以10%硫酸乙醇溶液，100 ℃加热至斑点显色清晰，分别置日光及紫外光灯（365 nm）下检视。供试品色谱中，在与对照品色谱相应的位置上，分别显相同颜色的斑点或荧光斑点。

▲夏枯草

【化学成分】花穗含夏枯草苷（prunellin），其苷元为齐墩果酸。并含熊果酸，齐墩果酸，咖啡酸，花色苷，樟脑，小茴香酮。叶含金丝桃苷，芸香苷。种子含脂肪油及解脂酶。全草除含以上成分外，还含水溶性无机盐类约3.5%（主要为钾盐），挥发油，小茴香酮，维生素，胡萝卜素，树脂，苦味质，鞣质，少量生物碱和咖啡酸等。

【药理作用】有降压（但易产生快速耐受现象）、抗菌、利尿、增加肠节律性蠕动作用。50%煎剂可使离体兔未孕子宫产生明显而持久的强直性收缩。

【功能主治】药性：苦、辛，寒。归肝、胆经。功能：清肝，散结，利尿，明目，消肿。主治：目赤肿痛，头痛眩晕，淋巴结结核，肺结核，甲状腺肿，黄疸，淋病，治淋巴结结核，甲状腺肿大，高血压病，急性乳腺炎，腮腺炎，痈疖肿毒，筋骨疼痛，肺结核，急性黄疸型传染性肝炎，血崩，带下。内服煎汤，6～15 g；熬膏或入丸、散。外用适量，煎水洗或捣敷。

附方：

1. 治肝虚目痛（冷泪不止，羞明畏光）：夏枯草15 g、香附子30 g。研末。每次服用3 g，茶汤调下。
2. 治汗斑白点：用夏枯草煎成浓汁，每天洗患处。
3. 治肺结核：夏枯草30 g，煎液浓缩成膏，晒干，再加青蒿粉3 g，鳖甲粉1.5 g，拌匀为一日量，分3次服。
4. 治高血压：夏枯草（鲜）90 g，冬蜜30 g。开水冲、炖服。

夏枯草茎、叶、花序主治瘟病，乳痈，目痛，黄疸，淋病，高血压等症；叶可代茶。夏枯草露：为夏枯草全草经蒸馏而得的芳香水，主治瘰疬，鼠瘘，目痛，羞明。

428 丹参

【别名】红根、红丹参。

【来源】为唇形科植物丹参*Salvia miltiorrhiza* Bunge的根。

【植物形态】多年生草本，高30～100 cm，全株密被淡黄色柔毛及腺毛。茎四棱形，具槽，上部分枝。叶对生，奇数羽状复叶；叶柄长1～7 cm；小叶通常5，稀3或7片，顶端小叶最大，侧生小叶较小，小叶片卵圆形至宽卵圆形，长2～7 cm，宽0.8～5 cm，顶端急尖或渐尖，基部斜圆形或宽楔形，边缘具圆锯齿，两面密被白色柔毛。轮伞花序组成顶生或腋生的总状花序，每轮有花3～10朵，下部者疏离，上部者密集；苞片披针形，下面略被毛；花萼近钟状，紫色；花冠二唇形，蓝紫色，长2～2.7 cm，上唇直立，呈镰刀状，顶端微裂，下唇较上唇短，顶端3裂，中央裂片较两侧裂片长且大；发育雄蕊2，着生于下唇的中部，伸出花冠外，退化雄蕊2，线形，着生于上唇喉部的两侧，花药退化成花瓣状；花盘前方稍膨大；子房上位，4深裂，花柱细长，柱头2裂，裂片不等。小坚果长圆形，熟时棕色或黑色，长约3.2 cm，径1.5 mm，包于宿萼中。花期5—9月，果期8—10月。

【生境分布】栽培。分布于涪陵、长寿地区。

【采收加工】10—11月地上部枯萎或翌年春季萌发前采挖，摊晒，使根软化，抖去泥沙（忌用水洗），晒至五六成干，把根捏拢，再晒至八九成干，又捏一次，把须根全部捏断，晒干。

【药材性状】根茎粗大，顶端有时残留红紫色或灰褐色茎基。根1至数条，砖红色或红棕色，长圆柱形，直或弯曲，有时有分枝和根须，长10～20 cm，直径0.2～1 cm，表面具纵皱纹及须根痕；老根栓皮灰褐色或棕褐色，常呈鳞片状脱落，露出红棕色新栓皮，有时皮部裂开，显出白色的木部。质坚硬，易折断，断面不平坦，角质样或纤维性。形成层环明显，木部黄白色，导管放射状排列。气微香，味淡、微苦涩。

【显微鉴别】根横切面：木栓层3～7列，木栓细胞长方形，切向延长，壁非木化或微木化；外侧有时可见落皮层。皮层窄，纤维单个散在或2～6个成群，直径7～32 μm，壁厚4～13 μm，孔沟放射状，层纹细密。韧皮部较窄，由筛管群和薄壁细胞组成。形成层明显成环。木质部宽广，4～12束呈放射状排列，有些相邻的束在内侧合并，导管类圆形或多角形，有的略径向延长，直径15～65 μm，单个散在或2～12个成群，径向排列或切向排列；木纤维发达，多成群分布于大导管周围；有的木质部束内有1～2群木化薄壁细胞；中心可见四原型初生木质部；木射线宽广，射线细胞多木化增厚。

【理化鉴别】薄层鉴别：取粉末2 g，置索氏提取器中，加氯仿回流提取至无色，回收氯仿，加氯仿1 mL溶解作为样品溶液。另取丹参酮Ⅱ$_B$与隐丹参酮的氯仿液作对照品溶液。在同一硅胶G薄层板上，分别点上述两种溶液，以苯-甲醇（9∶1）展开20 cm，取出晾干。样品溶液色谱在与对照品溶液色谱的相应位置，显相同颜色的斑点。

【化学成分】根含丹参酮（tanshinone），隐丹参酮（cryptotanshinone），异丹参酮（isotanshinone），异隐丹参酮（isocryptotanshinone），羟基丹参酮（hydroxytanshinone），丹参酸甲酯（methyltanshinonate），亚甲基丹参醌（methylenetanshiquinone），二氢丹参酮（dihydrotan shinone），丹参新醌（danshexinkum）等。

▲丹参

【药理作用】有抗清除氧自由基、保护缺血和再灌注损伤心肌线粒体、抗氧化、降低血清、心、肝、肾中过氧化脂质（LPO）含量、降压、预防冠状动脉引起的急性心肌缺血、改善缺血心脏冠脉流量、阻滞心肌钙通道、增快血流速度、改善血流态、解聚红细胞、保护缺血后脑组织状态、减轻脑水肿、改善微循环障碍、缩小心肌梗死范围、降低心肌耗氧量、降低细胞内胆固醇合成、抗动脉粥样硬化、抑制血小板聚集、抗血栓、改善血液循环状况、抗炎、抗过敏、保肝、促进胃溃疡愈合、利胆、抑制肿瘤、增强睡眠、镇痛、保护肺损伤、减轻呼吸窘迫综合征发生、抑制肺纤维化、改善肾、延长在缺氧情况下存活时间、提高体液免疫功能、抑菌、抑真菌、使骨折愈合加速、促进成骨细胞样细胞的分裂和增殖作用。

【功能主治】药性：苦，微寒。归心、心包、肝经。功能：活血祛瘀，调经止痛，养血安神，凉血消痈。主治：妇女月经不调，痛经，经闭，产后瘀滞腹痛，心腹疼痛，癥瘕积聚，热痹肿痛，跌打损伤，热入营血，烦躁不安，心烦失眠，痈疮肿毒。用法用量：内服煎汤，5～15 g，大剂量可用至30 g。使用注意：妇女月经过多及无瘀血者禁服；孕妇慎服；反藜芦。

附方：

1. 治痛经：丹参15 g，郁金6 g。水煎服。
2. 治经血涩少，产后瘀血腹痛，闭经腹痛：丹参、益母草、香附各9 g。水煎服。
3. 治急、慢性肝炎，两胁作痛：茵陈15 g，郁金、丹参、板蓝根各9 g。水煎服。
4. 治腹中包块：丹参、三棱、莪术各9 g，皂角刺3 g。水煎服。
5. 治血栓闭塞性脉管炎：丹参、金银花、赤芍、土茯苓各30 g，当归、川芎各15 g。水煎服。
6. 治神经衰弱：丹参15 g，五味子30 g。水煎服。

【资源综合利用】丹参始载于《神农本草经》，列为上品。丹参是最常用的中药，现已研制出多种制剂，如丹参注射液、复方丹参注射液、丹参片、复方丹参片、复方丹参滴丸等，广泛用于治疗冠心病、高脂血症、动脉粥样硬化，脑血栓等疾病，是心脑血管临床用量较大的品种之一。

429 荆芥

【别名】假苏、鼠蓂、姜芥。

【来源】为唇形科植物裂叶荆芥*Schizonepeta tenuifolia*（Benth.）Briq.的茎叶和花穗。

▲裂叶荆芥

【植物形态】一年生草本，高60～100 cm，具强烈香气，全株被灰白色短柔毛。茎，四棱形，上部多分枝，基部棕紫色。叶对生；茎基部的叶片无柄或近无柄，羽状深裂，裂片5，中部及上部叶裂片3～5，长1～3.5 cm，宽1.5～2.5 cm，顶端锐尖，基部楔状渐狭并下延至叶柄，小裂片披针形，全缘，上面暗绿色，下面灰绿色，有腺点。轮伞花序多轮密集于枝端，形成穗状，长3～13 cm；苞片叶状，长4～17 mm；小苞片线形，较小；花萼漏斗状倒圆锥形，长约3 mm，径约1.2 mm，被灰色柔毛及黄绿色腺点，顶端5齿裂，裂片卵状三角形；花冠浅红紫色，二唇形，长约4 mm，上唇2浅裂，下唇3裂，中裂片最大；雄蕊4，2强；子房4纵裂，花柱基生，柱头2裂。小坚果4，长圆状三棱形，长约1.5 mm，径约0.7 mm，棕褐色，表面光滑。花期7—9月，果期9—11月。

【生境分布】生于海拔540～2 700 m的山坡、路旁、山谷、林缘，有栽培。分布于云阳、万州、开州、涪陵地区。

【采收加工】秋季花开穗绿时割取地上部分，晒干，或分别采收花穗、茎枝，晒干。

【药材性状】为带花穗的茎枝。茎方柱形，上部有分枝，长50～80 cm，直径0.2～0.4 cm；表面黄绿色或紫棕色，被白色短柔毛；体轻，质脆，折断面纤维状，黄白色，中心有白色疏松的髓。叶对生，多已脱落，叶片3～5羽状分裂，裂片细长。顶生穗状轮伞花序，长3～13 cm，直径约7 mm。花冠多脱落，宿萼黄绿色，钟形，质脆易碎，内有棕黑色小坚果。气芳香，味微涩而辛凉。

【显微鉴别】茎横切面：表皮细胞1列，外壁厚而角质化；气孔少数；腺毛柄为单细胞，头部类圆形，2细胞；腺鳞头部类圆形，8～13细胞，直径约85 μm，柄极短，单细胞；非腺毛1～8细胞，以4～5细胞多见，长约700 μm，壁具疣状突起，茎四棱处表皮内侧为厚角组织；皮层2～6列细胞。中柱鞘纤维束断续成环，壁微木化。形成层不明显。木质部较宽，导管及木纤维主要分布在茎四棱处。射线1～2列细胞。中央为髓部。

【理化鉴别】（1）检查胡薄荷酮：取荆芥全草挥发油2滴，放入小试管中，加乙醇2 mL溶解后加1%香草醛浓硫酸2滴，振摇混匀，滤液呈淡红色。

（2）检查酮类成分：取荆芥全草挥发油2滴，加入小试管中，加2，4-二硝基苯肼试液0.5 mL，振摇，溶液显黄色，并呈混浊状。继将试管放入沸水浴中加热5 min，溶液澄清，分层，上层显红色。

（3）薄层鉴别：取荆芥全草100 g。切碎，按挥发油测定方法提取出挥发油，作供试品。以薄荷酮、胡薄荷酮和柠檬烯作对照品。上述供试品和对照品点于同一硅胶G（青岛）薄层板上，以已烷-乙酸乙酯（90：10）展开，展距12 cm。取出晾干，喷以2，4-二硝基苯肼试剂，100 ℃加热5 min，供试品色谱中在与对照品色谱相应的位置上显相同的色斑。

【化学成分】含挥发油：胡薄荷酮（pulegone），薄荷酮（menthone），异薄荷酮（isomenthone）和异胡薄荷酮（isopulegone）；尚含乙基戊基醚（1-ethoxypentane），3-甲基环戊酮（3-methylcyclopen tanone），3-甲基环已酮（3-methylcyclohexanone），苯甲醛（benzaldehyde），1-辛烯-3-醇（1-octen-3-ol），3-辛酮（3-octa-none），3-辛醇（3-octanol），聚伞花素（cymene），柠檬烯（limonene），新薄荷醇（neomenthol）等。

【药理作用】有解热、降温、镇静、镇痛、抗炎、止血、抗菌、抗病毒、抗氧化、减慢心率、抑制肠平滑肌、兴奋子宫、止咳、平喘作用。

【功能主治】药性：辛、微苦，微温。归肺、肝经。功能：祛风，解表，透疹，止血。主治：感冒发热，头痛，目痒，咳嗽，咽喉肿痛，麻疹，风疹，痈肿，疮疥，衄血，吐血，便血，崩漏，产后血晕。用法用量：内服煎汤，3～10 g；或入丸、散。外用适量，煎水熏洗；捣烂敷；或研末调散。使用注意：表虚自汗，阴虚头痛者禁服。

附方：

1. 治头目眩疼，鼻流清涕，羞明怕日：荆芥穗3 g，白菊花4.5 g，川芎3 g，栀仁6 g（炒）。同灯心草煎服。
2. 治风痰上攻，头目昏眩，咽喉疼痛，涎涕黏稠：荆芥穗2 g，牛蒡子（炒）1 g，薄荷1 g。泡作茶服。
3. 治阴囊肿大：荆芥穗5 g，朴硝10 g。研末。萝卜、葱白同煎汤淋洗。
4. 治痔漏肿痛：荆芥穗、桑根白皮、地榆10 g。同臭橘两枚（拍破），水煎，熏洗。
5. 治脚丫湿烂：荆芥叶适量。捣烂敷。
6. 治损伤吐唾出血：荆芥穗、淡竹茹、当归各10 g。水煎温服，不计时候。
7. 治大便出血：荆芥100 g，槐花50 g。同炒，研末，每服10 g，食前茶清调下。
8. 治产后血晕：荆芥50 g，川芎25 g，泽兰叶、人参各1 g。研末，温酒、热汤各半杯，调3 g急灌之。

430 半枝莲

【别名】狭叶韩信草、并头草、牙刷草、耳挖草。

【来源】为唇形科植物半枝莲*Scutellaria barbara* D. Don的全草。

【植物形态】多年生草本，高15～50 cm。茎四棱形，无毛或在花序轴上部疏被紧贴小毛，不分枝或具或多少分枝。叶对生；叶柄长1～3 mm；叶片卵形、三角状卵形或披针形，长1～3 cm，宽0.4～1.5 cm，顶端急尖或稍钝，基部宽楔形或近截形，边缘具疏浅钝齿，下面带紫色，两面沿脉疏生贴伏短毛或近无毛。花对生，偏向一侧，排成4～10 cm的顶生或腋生的总状花序；下部苞片叶状，上部的逐渐变小，全缘；花梗长1～2 mm，有微柔毛，中部有1对长约0.5 mm的针状小苞片；花萼长2～2.5 mm，结果时达4 mm，外面沿脉有微柔毛，裂片具短缘毛，盾片高约1 mm，结果时高约2 mm；花冠蓝紫色，长1～1.4 cm，外被短柔毛，筒基部囊状增大，宽1.5 mm，向上渐宽，至喉部宽约3.5 mm，上唇盔状，长约2 mm，下唇较宽，3裂，中裂片梯形，长约3 mm，侧裂片三角状卵形；雄蕊4，前对较长，具能育花药，退化花药不明显，后对较短，具全药，花丝下部疏生短柔毛；花盘盘状，前方隆起，后方延伸成短子房柄；子房4裂，花柱细长。小坚果褐色，扁球形，径约1 mm，具小疣状突起。花期5—10月，果期6—11月。

【生境分布】生于海拔200～1 650 m的溪沟边、田边或湿润草地上。分布于开州、涪陵、武隆地区。

【采收加工】5—9月采收，晒干或阴干。

【药材性状】全草长15～30 cm，无毛或花轴上疏被毛。根纤细。茎四棱形，直径2～5 mm，表面棕绿色至暗紫色。叶对生，叶柄短或近无柄；叶片皱缩或卷摺，展平后呈三角卵状或披针形，长1.5 ~ 3 cm，宽0.5 ~ 1 cm，上面深绿色，下面灰绿色。枝顶有偏于一侧的总状花序，具残存的宿萼，有时内藏4个小坚果。茎质软，易折断。气微，味苦涩。以色绿、味苦者为佳。

【显微鉴别】茎横切面：表皮无腺鳞和非腺毛；四棱背处具2 ~ 4列皮下纤维，纤维长180 ~ 245 μm，直径7 ~ 25 μm，木化；绿皮层具大型细胞间隙，石细胞多见，单个或2个成群散在；中柱鞘纤维单个或2 ~（4 ~ 7）个成群，分布于四棱脊处韧皮部外侧；髓部多成空腔，无草酸钙结晶。

叶表面观：表皮细胞长多角形，垂周壁波状弯曲，上表皮细胞较大，有的细胞含橙皮苷结晶，以气孔周围为多见；气孔直轴式。非腺毛1 ~ 4细胞，壁具疣状突起，基部细胞有放射状纹理。腺鳞较多，头部类圆形，4 ~ 10细胞，直径25 ~ 47 μm，形大者类圆形或椭圆形，有的边缘凹凸，由数十个细胞组成，直径140 ~ 266 μm。另有小腺毛，头部类圆形，1 ~ 2细胞，直径约28 μm，柄短，单细胞。

【理化鉴别】（1）检查黄酮类：取本品粉末10 g，加80%乙醇50 mL，置水浴上回流0.5 h，趁热滤过。取滤液1 mL，加镁粉少许及浓盐酸数滴，渐显绯红色。

（2）检查酚类：取（1）项滤液1 mL，加1%三氯化铁试液1 ~ 2滴，溶液显墨绿色。

（3）检查生物碱：取（1）项滤液4 mL，置水浴上蒸干，残渣加5%盐酸5 mL，搅拌溶解，滤过。滤液分置3支试管内分别加碘化铋钾试液、碘化汞钾试液、硅钨酸试液各1 ~ 2滴，各试管均产生沉淀。

【化学成分】全草含红花素（carthamidin），异红花素（*iso*-carthamidin），高山黄芩素（scutellarein），高山黄芩苷（scutellatin），汉黄芩素（wogonin），半枝莲素（scutevulin），半枝莲种素（rivularin），柚皮素（naringenin），芹菜素（apigenin），粗毛豚草素（hispidulin），圣草素（eriodictyol），木犀草素（luteolin）等。

【药理作用】有抗癌、免疫调节、抗病原微生物、解痉、祛痰作用。

【功能主治】药性：辛、苦，寒。归肺、肝、肾经。功能：清热解毒，散瘀止血，利尿消肿。主治：热毒痈肿，咽喉疼痛，肺痈，肠痈，瘰疬，毒蛇咬伤，跌打损伤，吐血，衄血，血淋，水肿，腹水及癌症。用法用量：内服煎汤，15 ~ 30 g，鲜品加倍，或入丸、散。外用适量，鲜品捣敷。使用注意：体虚及孕妇慎服。

附方：

1. 咽喉肿痛：鲜半枝莲20 g，鲜马鞭草24 g，食盐少许。水煎服。

2. 治痈疽疔毒：半枝莲、蒲公英各30 g。煎服；另用鲜半枝莲捣烂敷患处，干则更换。

3. 治毒蛇咬伤：鲜半枝莲、观音草各30 ~ 60 g。水煎服。另取上述鲜草洗净后加食盐少许，捣烂取汁外涂。

4. 治肺脓疡：半枝莲、鱼腥草各30 g。水煎服。

5. 治早期肺癌、肝癌、直肠癌：半枝莲、白花蛇舌草各30 g。水煎服。

6. 治鼻咽癌，宫颈癌，放射治疗后热性反应：鲜半枝莲45 g，白英30 g，银花15 g。水煎代茶饮。

7. 治乳房纤维瘤，多发性神经痛：半枝莲、六棱菊、野菊花各30 g。水煎，服20 ~ 30剂。

8. 治恶性葡萄胎：半枝莲60 g，龙葵30 g，紫草15 g。水煎服。

▲半枝莲

【资源综合利用】半枝莲之名最早见于明末清初医家陈实功所著《外科正宗》，用治毒蛇伤人。但未见其植物形态的记载。现已开发出治疗癌症的半枝莲注射液，效果较好，库区资源丰富，应加以利用。

▲小米辣

茄科Solanaceae

431 小米辣

【别名】米辣，野辣子。

【来源】为茄科植物小米辣*Capsicum frutescens* L.的果实。

【植物形态】灌木至灌木状草本，高0.8～1.5m。叶卵形、长圆状卵形至卵状披针形，长1.5～12 cm。花白色，径0.8～1 cm；萼杯状，不明显5～7浅裂；花冠裂片5，披针形。果近纺锤状，长1～1.5 cm，幼时绿色，熟后火红色，味极辣；种子多数。几全年均开花结果。

【生境分布】生于荒坡沟谷边及路旁，栽培。分布于库区各市县。

【采收加工】夏季采收，晒干。

【药材性状】圆锥形或纺锤形，表面红色或橙红色，稍嫩者黄绿色至青绿色，有光泽，具不同程度的皱缩。内部中空，由中隔分成2～3室，每室种子数粒。种子呈扁圆形或扁肾形，淡黄色，一端呈鸟喙状。常带有宿萼及果柄，长1～3.8 cm，径粗0.4～0.9 cm。质轻脆或稍软。气特异，具催嚏性，味极辛辣。

【化学成分】果实所含辛辣成分为辣椒碱（capsaicin），二氢辣椒碱，降二氢辣椒碱。种子含龙葵碱，龙葵胺等生物碱。

【药理作用】内服可作健胃剂。有促进食欲，改善消化、解痉、抗菌、发赤作用。可刺激人舌的味觉感受器，反射性地引起血压上升（特别是舒张压）。辣椒碱或辣椒制剂对麻醉猫、犬静脉注射可引起短暂的血压下降，心跳变慢及呼吸困难。食用红辣椒作调味剂的食物3周后，可使血浆中游离的氢化可的松显著增加，尿中的排泄量也增加，还能降低纤维蛋白溶解活性。地上部分的水煎剂对离体大鼠子宫有兴奋作用。人口服后，可增加唾液分泌及淀粉酶活性。

【功能主治】药性：辛，热。功能：提升胃温，杀虫。主治：寒滞腹痛，呕吐，泻痢，冻疮，疥癣。用法用量：内服煎汤，1.5～4.0 g。外用适量。使用注意：大量口服可产生胃炎、肠炎、腹泻、呕吐等。使用注意：胃溃疡、胃肠炎患者慎服。

附方：

1. 治痢疾水泻：小米辣一个。为丸，清晨热豆腐皮裹，吞下。

2. 冻疮：小米辣皮一个。外贴。

【资源综合利用】蔬菜，亦可制成调味品。

432 洋金花

【别名】曼陀罗花、白花曼陀罗。

【来源】为茄科植物白曼陀罗*Datura metel* L.的花。

【植物形态】一年生草本，高30～100 cm。茎基部木质化，上部呈叉状分枝，表面有不规则皱纹，幼枝四棱形，略带紫色，被短柔毛。叶互生，上部叶近对生；叶柄长2～5 cm；叶片宽卵形、长卵形或心脏形，长5～20 cm，宽4～15 cm，顶端渐尖或锐尖，基部不对称，边缘具不规则短齿或全缘而波状，两面无毛或被疏短毛。花单生于枝叉间或叶腋；花梗长约1 cm，被白色短柔毛；花萼筒状，长4～6 cm，直径1～1.5 cm，淡黄绿色，顶端5裂，裂片三角形，整齐或不整齐，花后萼管自近基部处周裂而脱落，遗留的萼筒基部宿存，结果时增大呈盘状，直径2.5～3 cm；花冠漏斗状，长14～20 cm，檐部直径5～7 cm，白色，具5棱，裂片5，三角形；雄蕊5，生于花冠管内，花药线形，扁平，基部着生；雌蕊1，子房球形，2室，疏生短刺毛，胚珠多数，花柱丝状，长11～16 cm，柱头盾形。蒴果圆球形或扁球状，直径约3 cm，外被疏短刺，熟时淡褐色，不规则4瓣裂。种子多数，扁平，略呈三角形，熟时褐色。花期3—11月，果期4—11月。

【生境分布】生于山坡、草地或住宅附近。栽培。分布于巫山、万州、开州、石柱、涪陵、武隆、长寿地区。

【药材性状】花萼已除去，花冠及附着的雄蕊皱缩成卷条状，长9～16 cm，黄棕色。展平后，花冠上部呈喇叭状，顶端5浅裂，裂片顶端短尖，短尖下有3条明显的纵脉纹，裂片间微凹陷；雄蕊5，花丝下部紧贴花冠筒，花药扁平，长1～1.5 cm。质脆易碎，气微臭，味辛苦。

【显微鉴别】粉末特征：花灰棕色。花粉粒类球形或扁球形，3孔沟不甚明显，表面有自两极放射的细条状纹饰。腺毛2种，短腺毛头部2～6细胞，柄部1～（2～3）细胞；长腺毛头部单细胞，柄部2～6细胞。非腺毛1～5细

▲白曼陀罗

胞，稀有10细胞以上，壁具疣状突起，有的非腺毛中间细胞皱缩。花冠表皮有气孔，不定式，副卫细胞3～8个。草酸钙砂晶、方晶及簇晶，多存在于花冠及花冠基部薄壁细胞中。此外，有黄棕色条块、花粉囊内壁细胞及螺纹、环纹导管。

【理化鉴别】（1）检查生物碱：本品乙醇浸出液浓缩至稠膏状，用1%盐酸溶解，滤过。滤液加浓氨试液使成碱性，用乙醚提取，提取液在水浴上蒸干，加4滴发烟硝酸，再蒸发至干，残渣显浅黄色，加新配的氢氧化钾无水乙醇饱和溶液数滴，即显紫堇色，后为棕红色。

（2）薄层鉴别：取本品粉末1 g，加氨水1 mL碱化，用氯仿提取，滤过，水浴挥去溶剂，残渣加氯仿1 mL溶解为供试液，以0.2%硫酸阿托品乙醇液与0.3%氢溴酸东莨菪碱的乙醇溶液为对照品液，分别吸取上述两种溶液各10 μL，点于同一硅胶G薄层板上，以乙酸乙酯-甲醇-浓氨液（17∶2∶1）展开，取出，晾干，改良碘化铋钾溶液显色，供试液色谱在与对照品色谱相应位置上有相同的色斑。

【化学成分】花含莨菪烷型生物碱0.12%～0.82%，其中天仙子碱（hyoscine）为0.11%～0.15%，天仙子胺（hyoscyamine）为0.01%～0.37%。还含阿托品（atropine）。

【药理作用】有中枢抑制、全身麻醉、阻断多种生理刺激所引起的惊醒反应、产生记忆障碍、镇痛、兴奋呼吸中枢、抑制呼吸道腺体分泌，松弛支气管平滑肌、排痰、能解除迷走神经对心脏的抑制；加快心率、抗心律失常、抗心肌梗死、增加心排血量、改善微循环、延长创伤性休克存活时间、抑制膜脂质过氧化、保护缺血再灌注组织损伤、抗氧化、清除自由基、扩瞳、抑制唾液腺分泌、抑制汗腺分泌、降低胃肠道蠕动及张力、阻断胆碱能神经功能、松弛膀胱逼尿肌及尿道括约肌收缩（引起尿潴留）、扩张肾小球及肾小管周围毛细血管作用。当甘油致家兔急性肾功能衰竭（ARF）在严重缺血时期，东莨菪碱有解除血管痉挛，改善微循环，增加肾血流量的作用。人应用大剂量阿托品时，出现以兴奋为主的精神症状。洋金花总碱能诱发DNA损伤，诱发染色体严重损伤。

【功能主治】药性：辛，温，有毒。归肺、肝经。功能：平喘止咳，麻醉止痛，解痉止搐。主治：哮喘咳嗽，脘腹冷痛，风湿痹痛，癫痫、惊风；外科麻醉。用法用量：内服煎汤，0.3～0.5 g，宜入丸、散用。如作卷烟分次燃吸，每日量不超过1.5 g。外用适量，煎水洗；或研末调敷。使用注意：内服宜慎。外感及痰热喘咳、青光眼、高血压、心脏病及肝肾功能不全者和孕妇禁用。本品有大毒，过量过可出现口干、皮肤潮红、瞳孔散大、心动过速、眩晕头痛、烦躁、谵语、幻觉、甚至昏迷，最后可因呼吸麻痹而死亡。

附方：

1. 治哮喘：洋金花0.4 g，甘草3 g，远志4 g。研粉，分成10份，每次1～3份，睡前或发作前1 h顿服，每次不超过3份。

2. 治骨折疼痛，关节疼痛：曼陀罗全草适量。晒干，研末，每服0.03 g。

【资源综合利用】洋金花有毒，使用时应注意调控剂量，由于洋金花在中枢神经系统作用明显，应注重从麻醉、精神分裂症等方面进行药物开发与利用。

433 天仙子

【别名】莨菪子、米罐子。

【来源】为茄科植物莨菪*Hyoscyamus niger* L.的成熟种子。

【植物形态】一年生或二年生草本，高达1 m，全株被黏性的腺毛。根粗壮，肉质。一年生植株茎极短，茎基部具莲座状叶丛，叶长可达30 cm，宽达10 cm；二年生植株茎伸长分枝，带木质，无莲座叶丛。茎生叶互生，基部半抱茎，叶片卵形至三角状卵形，长4～10 cm，宽2～6 cm，顶端钝或渐尖，边缘呈羽状浅裂或深裂，向顶端的叶呈浅波状，沿叶脉并被柔毛。花腋生，单一，径2～3 cm；花萼筒状钟形，5浅裂，花后增大成坛状，有10条纵肋，外被直立白柔毛；花冠钟状，5浅裂，黄色带有紫堇色网纹；雄蕊5，着生于花冠筒的近中部，稍长于花冠；花药纵裂，深蓝紫色；子房2室，柱头头状，2浅裂。蒴果藏于宿存的萼内，长卵圆形，成熟时盖裂。种子小，近圆盘形，淡黄棕色，有多数网状凹穴。花期5月，果期6月。

【生境分布】栽培。忌连作，不宜以番茄等茄科植物为前作。分布于巫溪、开州地区。

▲莨菪

【采收加工】6—7月中旬果皮呈黄色，上部种子充实呈淡黄色时，割下分枝，放通风处，1周后脱粒晒干。

【药材性状】种子细小，肾形或卵圆形，稍扁，直径约1 mm。表面棕黄色或灰黄色，具细密隆起的网纹，种脐处突起。气微，味微辛。以颗粒饱满、均匀者为佳。

【显微鉴别】种子纵切面：种皮外表皮细胞呈不规则波状凸起，波峰顶端渐尖或钝圆，长至125 μm，细胞壁具透明的纹理；种皮内表皮细胞1列，壁薄，内含棕色物。胚乳细胞含脂肪油及糊粉粒；胚弯曲，子叶细胞含脂肪油，胚根明显。

粉末：暗褐色到暗棕色。种皮表皮细胞淡黄色，表面观细胞长方形或类方形，垂周壁波状弯曲，直径124～166 μm，壁增厚，层纹明显，细胞中充满黄棕色或黑褐色颗粒胶块状物，有的尚含油滴；侧面观外壁向外突起似波峰状右乳头状，其外侧被有较多黄棕色及黑褐色的颗粒状物及块状物。胚乳细胞呈类多角形、卵圆形、类三角形或类方形，直径26～39 μm，壁薄，细胞内含有油滴。子叶细胞类圆形或长椭圆形，直径18～39 μm，壁菲薄，充满脂肪油滴。脂肪油滴众多，随处散在。

【理化鉴别】（1）检查莨菪类生物碱：①取本品粉末0.5 g，置试管中，加乙醚5 mL与10%氨溶液数滴，密塞，振摇，2 h后，吸取醚液少量于载玻片上，挥干醚液，滴加碘化铋钾试液2滴，数分钟后，置显微镜下观察，可见黄紫色，似飞鸟状结晶。②取本品粉末0.5 g，置试管中，加浓氨试液0.5 mL，混匀，再加氯仿5 mL，密塞，振摇0.5 h，滤过。滤液蒸干，残渣加氯仿溶解，吸取溶液5滴，置水浴上蒸干，加发烟硝酸4滴，蒸干，残渣加无水乙醇1 mL与氢氧化钾1 g，显紫色。

（2）薄层鉴别：取本品粉末1 g，加石油醚（30～60 ℃）10 mL，超声处理15 min，弃去石油醚液，同上再处理1次，药渣挥干溶剂，加浓氨试液与乙醇的等量混合溶液2 mL湿润，加氯仿20 mL，超声处理15 min，滤过。滤液蒸干，残渣加无水乙醇0.5 mL溶解，作供试品溶液。另取硫酸阿托品、氢溴酸东莨菪碱加无水乙醇制成每1 mL各含1 mg的混合溶液，作对照品溶液，吸取上述2种溶液5 μL，分别点于同一硅胶G薄层板上，以醋酸乙酯-甲醇-浓氨试液（17∶2∶1）展开，取出，晾干，依次喷碘化铋钾与亚硝酸钠乙醇试液。样品色谱在与对照品色谱相应位置上显相同的两个橘红色斑点。

【化学成分】种子含天仙子胺（hyoscyamine），东莨菪碱（scopolamine），阿托品（atropine），脂肪（可达25%）。

【药理作用】药理作用参见"洋金花"。

【功能主治】药性：苦、辛，温，有大毒。归心、肝、胃经。功能：解痉止痛，安心定痫。主治：脘腹疼痛，风湿痹痛，风虫牙痛，跌打伤痛，喘嗽不止，泻痢脱肛，癫狂，惊痫，痈肿疮毒，近视，慢性腹泻，体表感染。用法用量：内服煎汤，0.6 ~ 1.2 g；散剂，0.06 ~ 0.6 g。外用适量，研末调敷；煎水洗；或烧烟熏。使用注意：本品有剧毒，内服宜慎，不可过量及连续服用。孕妇、心脏病、青光眼患者禁服。

附方：

1. 治遍身麻木，腰脚疼痛，筋急骨疼：天仙子、草乌头、蛇床子、牡蛎、干姜各150 g。上药分两次水煎，去渣，淋浴以被盖之，汗出是验。

2. 治恶疮似癞：天仙子适量。烧末敷之。

【资源综合利用】本品始载于《本经》，原名莨菪子，列入下品。可提取阿托品，库区资源丰富，药用历史悠久，近年来研究出中西医结合的莨菪戒毒法，莨菪类药与微循环结合的微循环观察和血液流学检测，效果好。

434 地骨皮

【别名】枸杞根、狗地芽皮。

【来源】为茄科植物枸杞*Lycium chinense* Mill.的根皮。

【植物形态】落叶灌木，高1 m左右。茎枝较细，蔓生，外皮灰色；具短棘，生于叶腋，长0.5 ~ 2 cm。叶互生或簇生于短枝上，叶柄长3 ~ 10 mm；叶片卵形、卵状菱形、长椭圆形或卵状披针形，长1.5 ~ 6 cm，宽0.5 ~ 2.5 cm，顶端尖或钝，基部狭楔形，全缘，两面无毛。花常1 ~ 4朵簇生于叶腋，紫色，花梗细，长5 ~ 16 mm，边缘具密缘毛；花萼钟状，长3 ~ 4 mm，3 ~ 5裂；花冠管部和裂片等长或稍短，上部漏斗状，裂片5，边缘具密缘毛；雄蕊5，着生花冠内，稍短于花冠，花药"厂"字形着生，花丝通常伸出，基部密生绒毛。浆果卵形或长圆形卵形，长10 ~ 15 mm，直径4 ~ 8 mm，红色。种子黄色，肾形。花期6—9月，果期7—10月。

▲枸杞

【生境分布】生于海拔350～1 200 m的山坡、田埂或丘陵地带。分布于库区各市县。

【采收加工】早春、晚秋采挖根，剥取皮部，晒干。或将鲜根切成6～10 cm长的小段，再纵剖至木质部，置蒸笼中略加热，待皮易剥离时，剥下皮部，晒干。

【药材性状】根皮呈筒状、槽状或不规则卷片，长短不一，一般长3～10 cm，直径0.5～2 cm，厚1～3 mm。外表面土黄色或灰黄色，粗糙疏松，易成鳞片状剥落；内表面黄白色，具细纵条纹。质松脆，易折断，折断面分内外两层，外层（落皮层）较厚，土黄色；内层灰白色。气微，味微甘，后苦。以筒粗，肉厚，整齐，无木心及碎片者为佳。

【显微鉴别】根皮横切面：木栓层环带2～3条，最内为新的木栓带，交错连接的木栓带之间为死亡的韧皮部，形成落皮层，可见射线及颓废的筛管群；最内层的木栓组织可见栓内层。韧皮射线明显，多一列细胞，微弯曲；韧皮纤维及石细胞与筛管群及韧皮薄壁细胞略相间排列成层，不甚整齐。石细胞少，散布于外侧，单个存在，呈类圆形，直径达70余毫米。薄壁细胞内含草酸钙砂晶，并有小淀粉粒，多为单粒。

粉末特征：米黄色。草酸钙砂晶随处散在，有的薄壁细胞充满砂晶，形成砂晶囊。纤维常与射线细胞连接；纤维梭形或纺锤形，长110～230 μm，直径17～48 μm，壁厚3～11 μm，木化或微木化，具稀疏斜纹孔，有的胞腔含黄棕色物。淀粉粒众多，单粒类圆形或椭圆形；复粒由2～8分粒组成。此外，可见石细胞少，多呈类圆形；木栓细胞表面观多有形，常含有淡黄色物质。

【化学成分】根皮含生物碱，甜菜碱（betaine），苦可胺（kukoamine）A，盐酸甜菜碱（Alkaloid），枸杞环八肽（lyciumin），杞酰胺（lyciumamide），有机酸类，大黄素甲醚（physcion），大黄素（emodin），芹菜素（apigenin），枸杞苷（Lyciumosides），蒙花苷（linarin），紫丁香酸葡萄糖苷（glucosy-ringic acid）等。

【药理作用】有降血压、降血糖、降血脂、镇痛、抗微生物、升白细胞、增强免疫功能、兴奋子宫、解热作用。

【功能主治】药性：甘，寒。归肺、肾经。功能：清虚热，泻肺火，凉血。主治：阴虚劳热，骨蒸盗汗，糖尿病，小儿疳积发热，肺热喘咳，吐血、衄血、尿血，消渴。用法用量：内服煎汤，9～15 g；大剂量可用15～30 g。使用注意：脾胃虚寒者慎服。

附方：

1. 治虚劳，口中苦渴，骨节烦热或寒：地骨皮（切）10 g，麦门冬8 g，小麦6 g。水煎服。
2. 治热劳：地骨皮10 g，柴胡5 g，麦冬3 g。水煎服，不计时候。
3. 治糖尿病：地骨皮、土瓜根、栝楼根、芦根各8 g，麦门冬10 g，枣7枚（去核）。水煎温服。

【资源综合利用】《神农本草经》原作地骨，列为上品，分布广泛，山坡、荒地、丘陵地、盐碱地等均可生产，近年研究证实，地骨皮对阴虚内热的妇女更年期综合征具有显著疗效，已开发出地贞颗粒等中成药，前景广阔。其果实为著名药材枸杞子。

435 假酸浆

【别名】大千生。

【来源】为茄科植物假酸浆*Nicandra physaloides*（L.）Gaertn.的全草。

【植物形态】一年生草本，高50～150 cm。主根长锥形，有纤细的须状根。茎粗壮，有4～5条棱沟，绿色，有时带紫色，上部叉状分枝。单叶互生，卵形或椭圆形，草质，长4～15 cm，宽1.5～8 cm，顶端急尖或短渐尖，基部阔楔形下延，边缘有不规则粗齿或浅裂，两面有稀疏毛。花单生于叶腋，通常具较叶柄长的花梗，俯垂；花萼5深裂，裂片顶端锐尖，基部心形，有尖锐的耳片；花冠宽钟形，5浅裂，浅蓝色，直径达3～4 cm，花筒内面基部有5个紫斑；雄蕊5；子房3～5室。浆果球形，直径1.5～2 cm，黄色，被膨大的宿萼包围。种子小，淡褐色。花、果期夏秋季。

【生境分布】生于海拔300～1 200 m的田边、荒地、屋边。分布于库区各市县。

【采收加工】秋季采收，鲜用或晒干。

▲假酸浆

【化学成分】叶含假酸浆烯酮（nicandrenone），假酸浆烯酮内酯（nic-1-lactone），假酸浆酮（nic）-1（nic-1），魏察假酸浆酮（withanicandrin）。新鲜全草含假酸浆苷苦素（nicandrin）。种子含少量曼陀罗甾内酯（daturalactone），脱脂的种子含假酸浆苷苦素B，魏察假酸浆酮。种子含油约18.6%。

【药理作用】有抗肿瘤作用。

【功能主治】药性：甘、微苦，平，有小毒。功能：镇静、止咳祛痰、清热解毒、利尿通淋。主治：精神病、狂犬病、感冒、风湿痛、癫痫、疮疖。用法用量：内服煎汤，30～60 g。外用适量，煎水洗或捣敷。

假酸浆种子：清热退火、利尿、祛风、消炎；治发烧、风湿性关节炎、中暑、肠炎，疮痈肿痛等症。花祛风，消炎；治鼻渊。

附方：

1. 治发烧：假酸浆子9 g。水煎冷服。
2. 治疮痈肿痛，风湿性关节炎：假酸浆果实2.5～5 g，水煎服。
3. 治胃热：假酸浆子、马鞭草各9 g。水煎冷服。
4. 治热淋：假酸浆子、车前子各9 g。水煎服。

【资源综合利用】假酸浆种子是制作水晶凉粉（又称冰粉）的原料，冰粉是一种消暑利尿解渴的夏季保健食品。

436 烟草

【别名】烟、烟叶。

【来源】为茄科植物烟草*Nicotiana tabacum* L.的全草。

【植物形态】一或二年生至三年生草本，高0.7～1.5 m，被黏质柔毛。茎直立，粗壮基部木质化，上部分枝。单叶互生，叶片极大，椭圆状卵形至矩圆形或倒卵形，长10～50 cm，宽5～25 cm，顶端渐尖，基部渐窄，或有下延的翅状柄半抱茎，全缘或微波状，上面深绿色，下面绿色，主脉粗壮。夏秋季开花，花日间开放，为顶生圆锥花序，具梗和苞片；萼长圆形，绿色，长约2 cm，裂片披针形；花冠漏斗状，淡红色，较萼长2～3倍，外面被毛；雄蕊5。蒴果卵形，长约1.5 cm，与宿萼等长。

【生境分布】栽培。分布于库区各市县。

【采收加工】秋季采收，阴干。

【化学成分】从烟叶中分离14种生物碱，含量1%～9%，其中以左旋菸碱（l-nicotine）、毒藜碱（anabasine）、去氢毒藜碱（anatabine）较为重要，并含咖啡酰腐胺（caffeoyl putrescine，$C_{13}H_{18}O_3N_2$）、对-香豆酰腐胺等。

【功能主治】药性：辛，温。有毒。功能：消肿解毒，杀虫。主治：疔疮肿毒，头癣，白癣，秃疮，毒蛇咬伤。用法用量：多外用。鲜草捣烂外敷，或用烟油擦涂患处。

【资源综合利用】除四害（螺、蚊、蝇、老鼠）：将烟草制成5%浸出液喷洒，或点烟熏；是库区山区调整农业产业结构的重要经济植物，如巫山、巫溪、城口等区县以此带动农户致富。

▲烟草

437　酸浆

【别名】灯笼儿、锦灯笼、挂金灯、红姑娘。

【来源】为茄科植物酸浆*Physalis alkekengi* var. *franchetii*（Mast.）Makino的宿萼或带浆果的宿萼。

【植物形态】一年生或多年生草本，高35～100 cm，全株光滑，仅地上幼嫩部分略具疏毛。根状茎横走；茎下部常带紫色，上部不分枝而略作"之"字形曲折，微具棱角，茎节略膨大。叶在茎下部者互生，在中、上部者常二叶同生一节呈假对生；叶柄长1～3 cm；叶片宽卵形、长卵形或菱状卵形，长5～15 cm，宽2～9 cm，顶端锐尖或渐尖，基部宽楔形，偏斜，全缘、波状或具疏浅缺刻状粗齿。花单生叶腋，花梗细，长0.8～1.6 cm；花萼钟状，绿色，长5～6 mm，边缘及外侧具短毛，萼齿5，三角形；花冠广钟状，白色，直径1.5～2 cm，裂片5，阔而短，顶端急尖，外有短毛；雄蕊5，短于花冠，花丝基部扁阔，花药椭圆形，黄色，纵裂；雌蕊亦短于花冠，柱头二浅裂，子房上位，2室。果梗长2～3 cm；宿萼呈阔卵形囊状，长3～4 cm，直径2.5～3.5 cm，橙红色至朱红色，薄革质，顶端尖；浆果封于宿萼囊中，球形，直径1.2～1.5 cm，橙红色至朱红色，光滑。种子多数，扁平，阔卵形，黄色。花期6—10月，果期7—11月。

【生境分布】生于海拔500～1 800 m的村旁、路边、旷野、山坡及林缘，有栽培。分布于库区各市县。

【采收加工】秋季宿萼由绿变红时，连同浆果摘下，除去或保留浆果，晒干。

▲酸浆

【药材性状】本品常破碎或压扁。完整的宿萼膨胀如具五角的阔卵形囊状物，长3～4 cm，直径2.5～3.5 cm，橙红色至朱红色，有时中、上部色较浅；表面具纵肋10条，肋间网状明显，顶端尖、闭合或5微裂，基部平截或略内凹，着生长2～3 cm的果梗。体轻、薄革质。若浆果未除去，撕开宿萼，可见浆果1枚，完整者圆球形，直径1.2～1.5 cm，表面光滑，橙红色至朱红色，但常干瘪或压破，基部与宿萼基部相连；种子多数，扁平，阔卵形，具钩状小尖头，长近2 mm，淡黄色，表面密布细微网纹。气微，略似烟草，宿萼味淡而微辛、苦，浆果微甜而微酸。以个大、整齐、洁净，色鲜红者为佳。

【显微鉴别】宿萼（中部）横切面：上、下表皮细胞各1列，皆切向延长，外被角质层，下表皮具少数腺毛、非腺毛与气孔。主脉上凹下凸，上、下表皮内侧各有少许厚角细胞，维管束半月形、双韧型。叶肉分化不明显，细胞为长多角形，其内充满橙红色颗粒，细胞间隙大形，以叶肉的下半部为多。

宿萼粉末：浅橙红色。①下表皮细胞垂周壁波状弯曲，气孔不等式或不定式，长约30 μm。②上表皮细胞垂周壁略平整、无气孔。③非腺毛长162～252 μm，由3～4个细胞单列组成，壁常具小疣点。④腺毛，头部单细胞，椭圆形，长径66～78 μm，胞内常有淡黄绿色挥发油，柄部长223～285 μm，由3～4个细胞单列组成。⑤叶肉细胞含多数橙红色颗粒。

浆果横切面：外果皮细胞1列，切向延长，长径58～85 μm，短径8～9 μm，外被角质层。中果皮广阔，中散有小形双韧型维管束，导管直径12～20 μm。

种子横切面：种皮，最外为1列石细胞，排列紧密，细胞类方形，径向长48～54 μm，壁作“U”字形增厚，外壁甚薄，非木化，常皱缩，侧壁及内壁均增厚并木化；石细胞层顶面观呈网状，细胞为不规则多角形，长径110～160 μm，短径25～98 μm壁波状弯曲，互相镶嵌。石细胞层下方为若干列切向延长的薄壁细胞，皆已颓废破碎。胚乳细胞多角形，含有大量糊粉粒及脂肪油滴。胚根及子叶位于横切面两端，其组织皆已略有分化。

【理化鉴别】检查植物甾醇：取本品粉末1 g加甲醇10 mL，置水浴上回流加热10 min，趁热滤过，滤液置水浴上蒸干，残渣用冰醋酸1 mL溶解，加入醋酸酐-浓硫酸（19∶1）试剂1 mL，混合均匀。溶液迅即经黄、红、紫、青最终呈污绿色。薄层鉴别：取样品粉末5 g，加氯仿20 mL，冷浸过夜，滤过。滤液置水浴上浓缩后点样。吸附剂：硅胶G（青岛）-0.5% CMC。湿法制板，在105 ℃活化1 h。展开剂：石油醚（60～90 ℃）-丙酮（20∶5），展距18 cm。在紫外光灯（365 nm）下观察。

【化学成分】浆果含酸浆醇（Physanol）；成熟浆果含糖，有机酸，果胶质，胡萝卜素，氨基酸及其酰胺。种子油的不皂化物中含多种4α-甲基甾醇，主要为禾本甾醇（Gramisterol）等。根状茎含3α-顺芷酸莨菪酯（3α-Tigloyloxytropane），顺芷酸莨菪酯（Tigloidine），莨菪醇（Tropine）。地上部分含酸浆苦味素（Physalin），脱氧酸浆苦味素，睡茄素（Withanolide），酸浆环氧内酯（physalactone）。叶含木犀草素-7-β-D-葡萄糖苷（luteolin-7-β-D-glucoside）。全草含酸浆环氧内酯（physalactone）。全草及根均含酸浆双古豆碱（phygrine）。宿萼及叶含大量酸浆苦味素。叶含木犀素及其7-β-D葡萄糖苷。

【药理作用】有抗菌、降血压、兴奋子宫、催产、解热、强心作用。

【功能主治】药性：苦、酸，寒。归肺、肝经。功能：清热解毒，利咽，化痰，利尿。主治：急性化脓性扁桃体炎，急性咽峡炎，肺热咳嗽，小便不利，黄疸，痢疾，水肿，天疱疮，湿疹。用法用量：内服煎汤，3～9 g。外用适量，煎水洗，研末调敷或捣敷。使用注意：孕妇忌服。

附方：

1. 治咽喉肿痛：酸浆12 g，甘草6 g。水煎服。

2. 治急性扁桃体炎：酸浆花萼2～3个。水煎服或冲茶服酸浆的根状茎品苦，寒，有清热、利水。可治疟疾、黄疸、疝气。用量3～6 g。地上部分酸、苦，寒，有清热解毒、利尿功能。可治咳嗽、黄疸、疟疾、水肿、疔疮、丹毒等。

【资源综合利用】酸浆果实可生食、糖渍、醋渍或作果浆。供食用，富含维生素C，是营养较丰富的水果，果汁橙红色，可作食品着色剂。浆果在欧美地区作轻泻、利尿、退热、护肝用。全株可配制杀虫剂，也可供观赏。

438 排风藤

【别名】野猫耳朵、毛秀才。

【来源】为茄科植物白英*Solanum llyratum* Thunb.的全草。

【植物形态】多年生草质藤本，长0.5～1 m。茎及叶密生具节长柔毛。叶互生，多为琴形，长3～6 cm，宽2.5～4 cm，顶端渐尖，基部，全缘或3～5深裂，中裂片卵形，较大；叶柄长约3 cm。聚伞花序顶生或腋外生；萼杯形，5裂；花冠蓝紫色或白色，5深裂，裂片向下反折；雄蕊5，花丝极短；雌蕊1，子房2室。浆果圆球形，熟时红色。花期7—9月，果期秋末。

【生境分布】生于海拔200～1 850 m的路边、山坡、沟边或灌丛中。分布于库区各市县。

【采收加工】夏、秋季采收，晒干或鲜用。

【化学成分】含生物碱（澳洲茄碱，蜀羊泉碱，颠茄碱，葫芦巴碱等），5-羟色胺等。茎、果含龙葵碱。果皮

▲白英

▲马铃薯

含色素。

【药理作用】有抑菌、抗肿瘤作用。

【功能主治】性味：苦，微寒。入肝、胃经。有小毒。功能：清热解毒，祛风利湿，化瘀。主治：外感发热，风热咳嗽，牙痛，黄疸性肝炎，中耳炎，胆石病，癌症，腹水，宫颈糜烂，白带过多，乳腺炎，风湿性关节炎，肾炎水肿，痈疮肿毒。用法用量：内服煎汤，15 ~ 30 g。外用适量，捣烂敷；或取汁涂搽。

附方：

1. 治黄疸性肝炎：排风藤、天胡荽各30 g，虎刺根15 g。水煎服。
2. 治感冒发热：排风藤、金银花、穿心莲各15 g。水煎服。
3. 治肺癌：排风藤、垂盆草各30 g。水煎服。

白英根主治风湿关节痛，肝癌，子宫癌，风火牙痛。果主治龋齿。

439 马铃薯

【别名】洋芋，土豆。

【来源】为茄科植物马铃薯*Solanum tuberosum* L.的块茎。

【植物形态】草本，高0.3 ~ 1 m。地下茎块状、扁球状或矩圆状。单羽状复叶，小叶6 ~ 8对，常大小相间，卵形或矩圆形，最大者长约6 cm，最小的长宽均不及1 cm，两面有疏柔毛。伞房花序；花冠辐状，白色或蓝紫色，直径2.5 ~ 3 cm，5浅裂，裂片略成三角形；雄蕊5，花丝短；子房卵圆形；浆果类圆球状，直径1.5 ~ 2 cm。

【生境分布】库区各地均有栽培。

【化学成分】含生物碱糖苷，基苷元为：茄啶（solanidine），莱普替尼定（leptinidine），番茄胺（tomatidine），乙酰基莱普替尼啶。尚含生物碱茄啶，α-茄碱，槲皮素，胡萝卜素类物质，必需氨基酸及多种有机酸。

【药理作用】从马铃薯块茎线粒体中分离出的内源性ATP酶抑制蛋白，对F-ATP酶有抑制作用。另一种蛋白酶抑制物POTⅡ可增加缩胆囊素（cck）的释放，从而在减少食物吸收方面有一定作用。块茎水透析液可抑制某些致癌物质对鼠伤寒沙门菌的致突变作用。茄碱注射可升高血糖。在植物凝集素试验中，马铃薯可作为大鼠甲状腺肿瘤的特异性标记物。发芽马铃薯带青色的块茎肉中茄碱含量较正常含量增高，从而产生皂碱毒反应，严重者可因胃肠炎而死亡。除块茎之外，所有的绿色部分均有毒。

【功能主治】药性：甘，平。功能：和胃健中，解毒消肿。主治：胃痛，腮腺炎，痈肿，痔疮，溃疡，湿疹，烫伤。用法用量：内服适量。外用适量，磨汁涂。

附方：

1. 治腮腺炎：鲜马铃薯1个。以醋磨汁，擦患处，干了再擦，不间断。

2. 治烫伤：鲜马铃薯1个，磨汁涂伤处，再涂上一层蜜以隔绝空气。

【资源综合利用】马铃薯块茎富含蛋白质、维生素B群和维生素C、钾及淀粉，可用于蒸煮、烘焙、煎炸或制成洋芋片作粮食或蔬菜，也可酿酒。生马铃薯及其汁液可清洁软化皮肤；磨成粉可消除眼睛肿胀及晒斑。茎叶可作绿肥，其肥效与紫云英相似。

玄参科Scrophulariaceae

440　地黄

【别名】生地。

【来源】为玄参科植物地黄*Rehmannia giutinosa*（Gaertn.）Libosch. ex Fisch. et Mey.的新鲜块根。

【植物形态】多年生草本，高10～40 cm，全株被灰白色长柔毛及腺毛。根肥厚，肉质，呈块状，圆柱形或纺锤形。茎直立，单一或基部分生数枝。基生叶成丛，叶片倒卵状披针形，长3～10 cm，宽1.5～4 cm，顶端钝，基部渐窄，下延成长叶柄，叶面多皱，边缘有不整齐锯齿；茎生叶较小。花茎直立，被毛，于茎上部呈总状花序；苞片叶状，发达或退化；花萼钟状，顶端5裂，裂片三角形，被多细胞长柔毛和白色长毛，具脉10条；花冠宽筒状，稍弯曲，长3～4 cm，外面暗紫色，里面杂以黄色，有明显紫纹，顶端5浅裂，略呈二唇形；雄蕊4，2强雄蕊，花药基部叉开；子房上位，卵形，2室，花后变1室，花柱1，柱头膨大。蒴果卵形或长卵形，顶端尖，有宿存花柱，外为宿存花萼所包。种子多数。花期4—5月，果期5—6月。

【生境分布】主要为栽培，也野生于海拔1 000 m以下的山坡及路旁、荒地。分布于巫溪、开州、石柱地区。

【采收加工】10—11月上旬采挖，除净茎叶、芦头及须根，即为鲜地黄。也可挖后不洗以干砂土埋藏，放干燥阴凉处，用时取出，可保存2～3个月。鲜地黄用无烟火烘炕，注意控制火力，要先大后小，炕时每日翻动1～2次，当块根变软、外皮变硬、里面变黑时取出，堆放1～2 d，使其回潮后，再炕干，即成生地。干地黄加黄酒30%，拌和，蒸至内外黑润，晒干；或干地黄蒸8 h后，焖一夜，次日翻过，再蒸4～8 h，再焖一夜，晒至八成

▲地黄

干，切片，再晒干，即成熟地黄。

【药材性状】鲜地黄：呈纺锤形或条状，长9～15 cm，直径1～6 cm。表面浅红黄色，具纵直弯曲的皱纹、横长皮孔及不规则的疤痕。肉质，易断，断面皮部淡黄白色，可见橘红色油点，木部黄白色，导管呈放射状排列。气微，味微甜、微苦。以条粗长直者为佳。

生地黄：呈不规则团块或长圆形，中间膨大，两端稍细，长6～12 cm，直径3～6 cm，有的细长条状，稍扁而扭曲。表面灰黑色或棕灰色，极皱缩，具不规则的横曲纹。体重，质较软韧，断面灰黑色、棕黑色或乌黑色，微有光泽，具黏性。气微，味微甜。以块大、体重、断面乌黑油润、味甘者为佳。熟地：为不规则的块状，内外均呈漆黑色，有光泽，外表皱缩不平。断面滋润，中心部往往可看到光亮的油脂状块，黏性大，质柔软。味甜。

【显微鉴别】根横切面：木栓层为数列木栓细胞。皮层薄壁细胞排列疏松；散有多数分泌细胞，含橘黄色油滴；偶有石细胞。韧皮部分泌细胸较少。形成层成环。木射线宽广；导管稀疏，呈放射状排列。

粉末特征：粉末深棕色。薄壁细胞类圆形，大多皱缩，内含棕色类圆形细胞核。木栓细胞，表面观类多角形。导管多为网纹导管，也有具缘纹孔或螺纹导管，导管分子较短，直径25～62 μm，导管节处常稍膨大。分泌细胞，少见，细胞类圆形或椭圆形，内含大量棕黄色或橘黄色颗粒和油滴。草酸钙方晶较少。

【理化鉴别】（1）检查氨基酸：取本品干燥细粉0.2 g，加水5 mL，浸泡过夜，取上清液浓缩，点于圆形普通滤纸上，用甲醇展开，喷0.2%茚三酮乙醇溶液，80 ℃烘干后，呈现紫红色斑点。

（2）检查多糖：取本品干燥细粉1 g，加水10 mL，浸泡过夜，取上清液1 mL，加入5% α -萘酚乙醇液2～3滴，摇匀后，沿试管壁缓缓加入浓硫酸1 mL，两液界面出现紫红色环。

【化学成分】地黄含益母草苷（leonuride），桃叶珊瑚苷（aucubin），梓醇（catalpol），地黄苷（rehmannioside），美利妥双苷（melittoside），都桷子苷（geniposide），8-表马钱子苷酸（8-epilo-ganic acid），筋骨草苷（ajugoside），6-O-E-阿魏酰基筋骨草醇（6-O-E-feruloyl ajugol），焦地黄苷（jioglutoside）等。

【药理作用】有增强免疫功能、防止肾上腺皮质萎缩、部分拮抗激素单独使用时出现的垂体-肾上腺皮质功能低下、增加骨髓造血功能、抗放射损伤、抗氧、抗炎、抗衰老、抗真菌、止血、镇静强心、增加心肌营养性血流量、降压、改善阴虚症状、调节异常的甲状腺激素状态、降低肝肾组织蛋白质分解速率、增加肺组织蛋白质合成速率、抗肿瘤、耐缺氧有明显的保护作用。

【功能主治】药性：甘、苦，寒。归心、肝、肾经。功能：清热凉血，生津润燥。主治：急性热病，高热神昏，斑疹，津伤烦渴，血热妄行之吐血、衄血、崩漏、便血，口舌生疮，咽喉肿痛，劳热咳嗽，跌打伤痛，痈肿。用法用量：内服煎汤，10～30 g；捣汁或熬膏。外用适量，捣烂敷；或取汁涂搽。使用注意：胃虚食少、脾虚有湿者慎服。

附方：

1. 治烦躁头痛，腰疼脚疼：地黄汁1 500 mL，黄芩0.6 g，生姜0.3 g，白蜜半匙。黄芩、生姜水煎，加地黄汁、白蜜，再煎，不计时候，分次服用。
2. 治小肠实热，心中烦闷，小便出血：生地黄、白茅根各25 g，水煎，食前温服。
3. 治劳热咳嗽，四肢无力：生地黄汁250 g，蜂蜜150 mL，青蒿汁150 mL。混匀，不计时候，温服50 mL。
4. 治虚劳吐血，衄血：甘草、白芍、黄芪各5 g，熟地黄15 g。水、酒各半煎服。
5. 平补，益颜色：熟地黄35 g，枸杞子25 g。水煎成浓膏，加肉桂粉3 g，混匀，每服10 g。常服。

【资源综合利用】地黄始载于《神农本草经》，称干地黄，列为上品。地黄生长周期短，适合库区种植，且地黄具有较好的滋阴、清热、生津作用，可开发成食品饮料，可作为食品产业加以综合利用。

441 玄参

【别名】黑玄参、元参。

【来源】为玄参科植物玄参*Scrophularia ningpoensis* Hemsl的根。

【植物形态】多年生草本，高60～120 cm。根肥大，近圆柱形，下部常分枝，皮灰黄或灰褐色。茎直立，

▲玄参

四棱形，有沟纹，光滑或有腺状柔毛。下部叶对生，上部叶有时互生，均具柄；叶片卵形或卵状椭圆形，长7～20 cm，宽3.5～12 cm，顶端渐尖，基部圆形或近截形，边缘具细锯齿，无毛或背面脉上有毛。聚伞花序疏散开展，呈圆锥形；花梗长1～3 cm，花序轴和花梗均被腺毛；萼5裂，裂片卵圆形，顶端钝，边缘膜质；花冠暗紫色，管部斜壶状，长约8 mm，顶端5裂，不等大；雄蕊4，2强雄蕊，另有一退化雄蕊，呈鳞片状，贴生于花冠管上；子房上位，2室，花柱细长，柱头短裂。蒴果卵圆形，顶端短尖，长约8 mm，深绿色或暗绿色，萼宿存。花期7—8月，果期8—9月。

【生境分布】生于山坡林下。栽培。分布于库区各市县。

【采收加工】在10—11月茎叶枯萎采挖，晒或炕到半干，堆积盖草压实，经反复堆晒待块根内部变黑、再晒（炕）至全干。

【药材性状】根类圆柱形，中部略粗，或上粗下细，有的微弯似羊角状，长6～20 cm，直径1～3 cm。表面灰黄色或棕褐色，有明显纵沟或横向皮孔，偶有短的细根或细根痕。质坚实，难折断，断面略平坦，乌黑色，微有光泽。有焦糖气，味甘微苦。以水浸泡，水呈墨黑色。以条粗壮、质坚实、断面色黑者为佳。

【显微鉴别】根横切面：后生皮层微栓化，皮层细胞切向延长，长方形或类圆形，石细胞单个散在，或3～5个成群。韧皮射线多裂隙。导管呈断续放射状排列，中央有少数导管，并有薄壁细胞。

粉末特征：玄参灰棕色。石细胞大多散在或2～5成群，长方形，类方形，类圆形，三角形，梭形或不规则形，直径22～（94～128）μm，壁厚5～26 μm，有的孔沟分叉，胞腔较大。薄壁组织碎片甚多，细胞内含核状物。木纤维细长，壁微木化。可见网纹与孔纹导管。

【理化鉴别】检查环烯醚萜苷：取本品粉末50 g（40目），用甲醇在沙氏提取器中回流3 h，回收甲醇，残留提取物加蒸馏水100 mL溶解，用正丁醇提取3次，每次50 mL，减压回收正丁醇，提取物用乙醚洗涤3次，每次5 mL，残留物用丙酮溶解，通过活性炭柱层析，用丙酮洗脱，洗脱液加Godin试剂（1%香草醛的乙醇溶液和3%高氯酸水溶液，临用时等量混合）呈红紫色。或取间苯三酚试剂和盐酸各1滴，置蒸发皿中，加上述丙酮溶液1滴，呈蓝绿色。

【化学成分】根含哈巴苷（harpagide），玄参苷（harpagoside），桃叶珊瑚苷（aucubin），6-O-甲基梓醇（6-O-methylcatalpol），3，4'-二甲基安哥拉苷A（3，4'-dimethylangoroside A），玄参环醚，玄参三酯苷，玄参种苷元（ningpogenin）等。

【药理作用】有抗菌、增加心脏冠脉流量、保护心肌缺血、增强耐缺氧能力、降压、缓解主动脉血管痉挛、轻度降血糖、延长睡眠时间、抗血小板聚集作用。

【功能主治】药性：甘、苦、咸，微寒。归肺、胃、肾经。功能：清热凉血，滋阴降火，解毒散结。主治：温热病热入营血，身热，烦渴，舌绛，发斑，骨蒸劳嗽，虚烦不寐，津伤便秘，目涩昏花，咽喉肿痛，瘰疬痰核，痈疽疮毒。用法用量：内服煎汤，9～15 g；或入丸、散。外用适量，捣敷或研末调敷。使用注意：脾虚便溏或有湿者禁服。

附方：

1. 治口腔溃疡：玄参30 g，麦冬、生地各24 g，花粉9 g，木通6 g，黄连3 g。水煎服。
2. 治便秘：玄参30 g，麦冬15 g，甘草3 g，桔梗9 g，胖大海5枚。沸水泡茶饮。

3. 治血栓闭塞性脉管炎：玄参、当归、金银花、甘草各适量。水煎服。

4. 治手脱皮：玄参30 g，生地40 g。泡茶饮。

【资源综合利用】玄参始载于《神农本草经》，列为中品。栽培技术成熟且适应性强，可作为库区大宗药材予以推广，可利用荒地荒坡实行烤烟和玄参轮作，改良土壤，发展农村经济。

442 婆婆纳

【别名】狗卵子、双肾草、卵子草。

【来源】为玄参科植物婆婆纳*Veronica didyma* Tenore的全草。

【植物形态】一年生或越年生草本，高10～25 cm，具短柔毛。茎铺散多分枝。单叶对生，有短柄；叶片心形至卵形，长宽5～10 mm，边缘具深钝齿，两面被白色柔毛。总状花序顶生；花梗与苞片等长或稍短；苞片叶状，互生；花萼4深裂，裂片卵形，长3～6 mm；花冠淡紫色、蓝色、粉色或白色，辐状，直径4～8 mm，裂片4基部结合；雄蕊2；雌蕊由2心皮组成，子房上位，2室。蒴果近肾形，稍扁，密被腺毛，凹口成直角，裂片顶端圆，宿存的花柱与凹口齐或稍长。种子长圆形或卵形。花期3—10月。

【生境分布】生于海拔200～1 800 m的荒地、路旁。分布于库区各市县。

【采收加工】3—4月采收，晒干或鲜用。

【化学成分】全草含苷类。

【功能主治】药性：淡，凉。功能：理气止痛，补肾强腰，解毒消肿。主治：肾虚腰痛，疝气，吐血，睾丸肿痛，白带，痈肿。内服煎汤，15～30 g；鲜品60～90 g；或捣汁饮。

附方：

1. 治疝气：鲜婆婆纳60 g。捣烂取汁，白酒和服，饥时服药尽醉，蒙被暖睡，待发大汗自愈。

2. 治膀胱疝气，白带：婆婆纳、夜关门各30～60 g。用两道淘米水煎服。

3. 治睾丸肿：婆婆纳30 g，小茴香6 g，橘核12 g，荔枝核15 g。水煎服。

▲婆婆纳

紫葳科Bignoniaceae

443 凌霄花

【别名】凌霄花、堕胎花、藤萝花、吊墙花、追风散。

【来源】为紫葳科植物凌霄*Campsis grandiflora*（Thunb.）Loisel ex K. Schum.的花。

【植物形态】落叶木质藤本，借气生根攀附于其他物上。茎黄褐色具棱状网裂。叶对生，奇数羽状复叶；叶轴长4～3 cm；小叶柄长5～10 mm，小叶7～9枚，卵形至卵状披针形，长4～6 cm，宽1.5～3 cm，顶端尾状渐尖，基部阔楔形，两侧不等大，边缘有粗锯齿，两面无毛，小叶柄着生处有淡黄褐色束毛。花序顶生，圆锥状，花大，直径4～5 cm；花萼钟状，不等5裂，裂至筒之中部，裂片披针形；花冠漏斗状钟形，裂片5，圆形，橘红色，开展；雄蕊4，2长2短；子房上位，2室，基部有花盘。蒴果长如豆荚，具子房柄；2瓣裂。种子多数，扁平，有透明的翅。花期7—9月，果期8—10月。

【生境分布】攀缘于树上、石壁上。分布于库区各市县。

【采收加工】7—9月采收，择晴天摘下刚开放的花朵，晒干。

【药材性状】花多皱缩卷曲，完整者长3～5.5 cm；花萼钟状，长约2 cm，棕褐色或棕色，质薄，顶端不等5深裂，裂片三角状披针形，萼筒表面有10条纵脉，其中5条明显；花冠黄棕色或棕色，完整者展平后可见顶端5裂，裂片半圆形，下部联合成漏斗状，表面可见细脉纹，内表面较明显；冠生雄蕊4，2强，花药呈"个"字形，黑棕色；花柱1枚，柱头圆三角形。气微香，味微苦、酸。以完整、朵大、色黄棕、无花梗者为佳。

【显微鉴别】花表面观：花萼内、外表面具腺毛，腺头扁圆形或类圆形，顶端稍干，由10～40多个细胞组成，直径39～90 μm，含黄色分泌物和油滴；腺柄极短，1～2细胞。腺毛周围的表皮细胞周壁有放射状角质纹理。气孔不定式。花萼裂片边缘具少数非腺毛，1～7细胞组成，长43～200 μm，直径15～19 μm，顶端圆钝，表面具线状角质纹理。花冠仅裂片边缘有少数非腺毛；内表面仅有腺毛。非腺毛及腺毛的特征同花萼。

▲凌霄

粉末：凌霄花粉末多呈暗棕色。非腺毛存在于花冠边缘或散在，较少，由1～3细胞组成，长14～153 μm，直径20～52 μm；腺毛散离或存在花萼、花冠表面，腺头类圆形，直径44～115 μm，分泌细胞10～66个。花粉类球形，淡黄色或橙黄色。表面有点状雕纹，具3孔沟。美洲凌霄花与凌霄花粉末相似，但非腺毛较多，腺毛有两种；花粉表面有极细密的网状雕纹。

【化学成分】花含芹菜素（apigenin），Disaccharidenaringenin7-O-α-L-rham（1-74）rhamoside等。

【药理作用】有抑制血管平滑肌收缩、抗血栓形成、抑制未孕子宫收缩、抗菌作用。

【功能主治】药性：酸，微寒。归肝经。功能：清热凉血，化瘀散结，祛风止痒。主治：糖尿病，血滞经闭，痛经，癥瘕，崩中漏下，血热风痒，疮疥隐疹，酒齄鼻。用法用量：内服煎汤，3～6 g；或入散剂。外用适量，研末调涂；或煎汤熏洗。使用注意：气血虚弱、内无瘀热及孕妇慎服。

附方：

1. 治糖尿病：凌霄花50 g。水煎服。
2. 治通身痒：凌霄花为末，酒调服3 g。

胡麻科Pedaliaceae

444 黑芝麻

【别名】胡麻、乌麻、油麻、黑油麻。

【来源】为胡麻科植物芝麻*Sesamum indicum* L.的黑色种子。

【植物形态】一年生草本，高80～180 cm。茎直立，四棱形，棱角突出，基部稍木质化，不分枝，具短柔毛。叶对生，或上部者互生；叶柄长1～7 cm；叶片卵形、长圆形或披针形，长5～15 cm，宽1～8 cm，顶端急尖或渐尖，基部楔形，全缘、有锯齿或下部叶3浅裂，表面绿色，背面淡绿色，两面无毛或稍被白色柔毛。花单生，或2～3朵生于叶腋，直径1～1.5 cm；花萼稍合生，绿色，5裂，裂片披针形，长5～10 cm，具柔毛；花冠筒状，唇形，长1.5～2.5 cm，白色，有紫色或黄色彩晕，裂片圆形，外侧被柔毛；雄蕊4，着生于花冠筒基部，花药黄色，呈矢形；雌蕊1，心皮2，子房圆锥形，初期呈假4室，成熟后为2室，花柱线形，柱头2裂。蒴果椭圆形，长2～2.5 cm，多4棱或6、8棱，纵裂。初期绿色，成熟后黑褐色，具短柔毛。种子多数，卵形，两侧扁平，黑色、白色或淡黄色。花期5—9月，果期7—9月。

【生境分布】常栽培。分布于库区各市县。

【采收加工】8—9月果实呈黄黑时采收，割取全株，捆扎成小把，顶端向上，晒干，打下种子，再晒。

【药材性状】种子扁卵圆形，一端稍圆，另端尖，长2～4 mm，宽1～2 mm，厚约1 mm。表面黑色，平滑或有网状皱纹，于放大镜下可见细小疣状突起，边缘平滑或呈棱状，尖端有棕色点状种脐。种皮薄纸质。胚乳白色，肉质，包于胚外成一薄层，胚较发达，直立，子叶二枚，白色，富油性。气微弱，味淡，嚼之有清香味。以籽粒大、饱满、色黑色为佳。

【显微鉴别】种子横切面：种皮最外为1列栅状细胞，外壁向外凸出呈圆头状，细胞内充满黑色素，并含一大形的草酸钙球状结晶体；向内为一列扁长方形薄壁细胞，胞腔内常见分散的小柱晶，再向内为压扁的外胚乳残余细胞；内胚乳为3～4列薄壁细胞，多角形。子叶呈双面型，上表皮之下为圆柱形的栅栏细胞。胚乳与胚的细胞内均充满淀粉粒和脂肪油。

粉末：灰黑或棕黑色。种皮表皮细胞成片，淡黄色或黄色。断面观呈栅状，外壁及上半侧壁菲薄，下半部侧壁及内壁增厚，微木化、胞腔内含紫黑色色素；表面观细胞呈多角形，圆多角形或类方形，直径约43 μm，壁薄，微有细胞间隙（顶面观）或壁甚厚（底面观），内含球状结晶体。种皮脊状突起处的栅状细胞较狭长，壁薄，常不含结晶体。草酸钙球状结晶较多，存在于种皮表皮细胞中或散在。呈类球形或半球形，可见一脐样的起始点。草酸钙柱晶呈四方柱形、棱柱状、棒状或片状，两端平截，稍尖或微圆凸，子叶细胞含糊粉及脂肪油滴。内胚乳细胞呈类多角形，含糊粉粒及脂肪油滴。

【理化鉴别】检查芝麻酚：取本品1 g，研碎，加石油醚（60～90 ℃）10 mL，浸泡1 h，倾取上清液，置试管中，加含0.1 g蔗糖的盐酸10 mL，振摇30 s，酸层显粉红色，静置后，渐变红色。

【化学成分】种子含脂肪油，芝麻素（sesamin），芝麻林素（sesamolin），芝麻酚（sesamol）等。

▲芝麻

【药理作用】有降血糖、降血脂、降血压、延缓衰老、抑制脂质过氧化、增加血细胞比容、兴奋子宫、增加肾上腺中维生素C（抗坏血酸）及胆甾醇含量作用。食用过多则易发生湿疹、脱毛及瘙痒。

【功能主治】药性：甘，平。归肝、脾、肾经。功能：补益肝肾，养血益精，润肠通便。主治：肝肾不足所致的头晕耳鸣、腰脚痿软、须发早白、肌肤干燥，肠燥便秘，妇人乳少，痈疮湿疹，风癞疬疡，小儿瘰疬，火烫伤，痔疮。用法用量：内服煎汤，9～15 g；或入丸、散。外用适量，煎水洗浴或捣敷。使用注意：便溏者禁服。

附方：

1. 益寿延年：黑芝麻、白茯苓（去黑皮）、生干地黄（焙）、天门冬（去心，焙）各250 g。研末，每服3 g，食后温水调下。

2. 治肝肾不足，时发目疾，皮肤燥涩，大便闭坚：桑叶、黑芝麻（炒）等分。研末，以糯米饮捣丸（或炼蜜为丸），日服12～15 g。

3. 治风眩，白发：黑芝麻、白茯苓、甘菊花等分，炼蜜丸如梧子大，每服9 g，清晨白汤下。

【资源综合利用】本品始载于《神农本草经》，列为上品，原名为胡麻。

爵床科Acanthaceae

445 穿心莲

【别名】一风喜。

【来源】为爵床科植物穿心莲*Andrographis paniculata*（Burm. f.）Nees的全草。

【植物形态】一年生草本。茎直立，多分枝，高0.5～1 m，茎、枝具4棱，节处稍膨大。单叶对生，叶片披针形或长椭圆形，长2～12 cm，宽0.5～5 cm，顶端渐尖，基部楔形，边缘浅波状；上面光亮，下面灰绿色。总状花序顶生和腋生，集成大型的圆锥花序；苞片披针形，小苞片钻形；萼披针形有腺毛；花冠淡紫色，二唇形，上唇外弯，齿状2裂，下唇直立，3浅裂，裂片近卵形，内壁有紫红色斑点，花冠筒与唇瓣等长；雄蕊2，伸出，花药2室，药室一大一小，大的基部被髯毛。蒴果扁，长椭圆形，长约1.8 cm，中间具一沟，微被腺毛。种子12颗，四方形，有皱纹。花期9—10月，果期10—11月。

【生境分布】长寿地区有栽培。

【采收加工】9—10月花盛期和种子成熟初期采收，晒干。

【药材性状】茎呈方柱形，多分枝，长50～70 cm，节稍膨大；质脆，易折断。单叶对生，叶柄短或近无柄；叶片皱缩，易碎，完整者展平后呈披针形或卵状披针形，长3～12 cm，宽2～5 cm，顶端渐尖，基部楔形下延，全缘或波状；上表面绿色，下表面灰绿色，两面光滑。气微，味极苦。

【显微鉴别】叶横切面：上表皮细胞类方形或长方形，下表皮细胞较小，上下表皮均有含圆形、长椭圆形或棒状钟乳体的晶细胞；并有腺鳞，有时可见非腺毛。栅栏组织为1～2列细胞，贯穿于主脉上方，主脉上方多为2列；海绵组织排列疏松。主脉维管束外韧型，呈凹槽状，木质部上方也有晶细胞，韧皮部较窄。

叶表面观：上下表皮均有增大的晶细胞，内含大型螺状钟乳体，上表面的晶细胞较大，下表面的较小，结晶直径约至36 μm，长约至180 μm，较大端有脐样点痕，层纹波状，有的2个晶细胞相接成双晶体，以叶脉处较多；下表皮气孔密布，直轴式，副卫细胞大小悬殊，也有不定式。腺鳞头部扁球形，4～（6～8）细胞，直径至40 μm；柄极短。非腺毛1～4细胞，长约至160 μm，基部直径约至40 μm，表面有角质纹理。

茎的横切面：呈方形，四角茎棱明显外突。表皮细胞呈不规则形，其外壁稍增厚，角质化，内含众多的钟乳体；表皮表面具有单细胞头的腺毛，直径约30 μm，腺柄由3个细胞组成，长400～500 μm；厚角组织分布在茎的表皮下四角处，为3～8层，胞间层不明显，细胞腔直径30～40 μm，绿皮层2～3层细胞纵向延长呈不规则的长柱状，壁薄，有细胞间隙，细胞中充满叶绿粒。韧皮组织由5～8层组成，细胞壁弯曲，皱缩。

【理化鉴别】薄层鉴别：取本品粉末0.5 g，加乙醇5 mL回流提取30 min，提取液为供试品溶液。另取穿心莲内酯、新穿心莲内酯、14-去氧穿心莲内酯和脱水穿心莲内酯的乙醇液为对照品溶液。吸取两溶液点于同一硅胶G薄层板上。以氯仿-无水乙醇（19：1）展开，展距12.5 cm，用2%3，5-二硝基苯甲酸的乙醇溶液与0.5 moL/L乙醇制氢氧化钾的乙醇溶液等容混合液喷后，105 ℃加热5 min，供试品色谱与对照品色谱相应位置处显相同颜色斑点。

▲穿心莲

【化学成分】叶含穿心莲内酯（andrographolide），14-去氧穿心莲内酯（14-deoxyandrographolide），新穿心莲内酯（neoandrographolide），14-去氧穿心莲内酯-19-β-D-葡萄糖苷，绿原酸（chlorogenic acid）及二咖啡酰奎宁酸混合物（mixture of dicafleoylquinic acids）等。根含穿心莲黄酮（andrographin），5，2'-二羟基-7，8-二甲氧基黄酮（panicolin），3'-O-甲基魏穿心莲黄素，5-羟基-7, 8-二甲氧基黄酮（5-hydroxy-7, 8-dimethoxy flavone），穿心莲黄酮苷（andrographidine），α-谷甾醇（α-sitosterol）等。地上部分含穿心莲新苷苷元（3, 14-di-deoxyandrographolide），14-去氧穿心莲内酯苷，穿心莲内酯苷，穿心莲内酯，新穿心莲内酯等。全草含穿心莲内酯，14-去氧穿心莲内酯、新穿心莲内酯，香荆芥酚（carvacrol），丁香油酚（eugenol），肉豆蔻酸（myristic acid），三十一烷（hentfiacontane）及三十三烷（tritriacontane）等。

【药理作用】有抗菌、抗病毒、抗炎、提高T淋巴细胞免疫功能、引起抗体兴奋和红细胞迟发型过敏性反应、抗血小板聚集、抗血栓形成、保肝、利胆、抗肿瘤、降压、降脂、抗氧化、保护缺血及缺血再灌注损伤、抗生育、延长眼镜蛇毒中毒所致呼吸衰竭和死亡时间、镇静、解热作用。穿心莲内酯可使小鼠胸腺萎缩，外周T淋巴细胞减少，脾中溶血空斑形成细胞（PFC）数减少，血清抗绵羊红细胞（SRBC）抗体效价降低及抑制迟发性变态反应。

【功能主治】药性：苦，寒。归心、肺、大肠、膀胱经。功能：清热解毒，泻火，燥湿。主治：风热感冒，温病发热，肺热咳喘，百日咳，肺痈，咽喉肿痛，湿热黄疸，淋证，丹毒，疮疡痈肿，湿疹，毒蛇咬伤。用法用量：内服煎汤，9～15 g。外用适量，水煎洗或研细末制成膏用。使用注意：阳虚证及脾胃虚弱者慎用。

附方：

1. 治支气管炎，肺炎：穿心莲叶9 g。水煎服。
2. 治高血压：穿心莲叶5～7片。开水泡服，每日数次。
3. 治胆囊炎：穿心莲12 g，地苦胆6 g，三百棒8 g，水煎服。

【资源综合利用】穿心莲不仅是应用较广的中药，同时也是重要制药原料。目前，已研制开发出较多以穿心莲为主的制剂，如消炎利胆片、穿心莲片、穿琥宁注射液、莲必治注射液、病毒净滴眼液、复方穿琥宁涂膜剂等。

446 九头狮子草

【别名】化痰青、四季青。

【来源】为爵床科植物九头狮子草*Peristrophe japonica*（Thunb.）Bremek.的全草。

【植物形态】多年生草本，高20～50 cm。茎具4或5钝棱，深绿色，节膨大。叶对生，叶椭圆形或卵状披针形，长3～7 cm，顶端渐尖，基部楔尖，全缘。聚伞花序短顶生和腋生；每一花下有大小两片叶状苞相托，较花萼大，椭圆形至卵状长圆形，长1.5～2.5 cm；萼5裂几达基部，裂片钻状，长约3 mm；花冠长2.5～3 cm，粉红色或淡紫色，疏被短柔毛，下部细长筒状，上部二唇形，下唇微3裂；蕊2，生喉部，药室2，线形，一上一下，均无距。蒴果窄倒卵形，1～1.2 cm，下部收缩成柄状，开裂时胎座不弹起。种子生于种钩上，有小瘤状突起。花期：夏、秋季。

【生境分布】生于海拔350～1 800 m的山坡、林缘、路旁、溪边等阴湿处，有栽培。分布于库区各市县。

【采收加工】夏、秋采收，晒干。

▲九头狮子草

【化学成分】地上部分含3，5-吡啶二酢酰胺（3，5-pyridinedi-carboxamide），羽扇豆醇（lupeol），豆甾醇（stigmasterol），β-谷甾醇（β-sitosterol），豆甾醇葡萄糖苷（stigmasteryl glucoside），β-谷甾醇葡萄糖苷（β-sitosteryl glucoside），尿囊素（allantoin）等。

【药理作用】有抗菌作用。

【功能主治】药性：辛、微苦，凉。功能：祛风清热，凉肝定惊，散瘀解毒。主治：感冒发热，肺热咳喘，肝热目赤，咽喉肿痛，白喉，乳腺炎，淋巴结炎，痔疮，小儿消化不良，小儿惊风，痈疖肿毒，毒蛇咬伤，跌打损伤。用法用量：内服煎汤，15～30 g；或入丸、散。外用鲜品适量，捣烂敷患处。

附方：

1. 治肺热咳嗽：鲜九头狮子草一两，加冰糖适量。水煎服。

2. 治肺炎：鲜九头狮子草二至三两，捣烂绞汁，调少许食盐服。

3. 治咽喉肿痛：鲜九头狮子草二两，水煎，或捣烂绞汁一至二两，调蜜服。

4. 治痔疮：尖惊药二两，槐树根二两，折耳根二两。炖猪大肠头，吃五次。

5. 治蛇咬伤：鲜九头狮子草、半枝莲、紫花地丁，三种药草加盐卤捣烂，涂敷于咬伤部位。

447 青黛

【别名】靛花。

【来源】为爵床科植物马蓝*Strobilanthes cusia*（Nees）O. Kuntze的叶或茎叶经加工制得的干燥粉末或团块。

【植物形态】多年生草本，高30～70 cm。干时茎叶呈蓝色或墨绿色。根茎粗壮，断面呈蓝色。地上茎基部稍木质化，略带方形，稍分枝，节膨大，幼时被褐色微毛。叶对生；叶柄长1～4 cm；叶片倒卵状椭圆形或卵状椭圆形；长6～15 cm，宽4～8 cm；顶端急尖，微钝头，基部渐狭细，边缘有浅锯齿或波状齿或全缘，上面无毛，有稠密狭细的钟乳线条，下面幼时脉上稍生褐色微软毛，侧脉5～6对。花无梗，成疏生的穗状花序，顶生或腋生；苞片叶状，狭倒卵形，早落；花萼裂片5，条形，长1～1.4 cm，通常一片较大，呈匙形，无毛；花冠漏斗状，淡紫色，长4.5～5.5 cm，5裂近相等，长6～7 mm，顶端微凹；雄蕊4，2强雄蕊，花粉椭圆形，有带条，带条上具两条波形的脊；子房上位，花柱细长。蒴果为稍狭的匙形，长1.5～2 cm。种子4，有微毛。花期6—10月，果期7—11月。

【生境分布】生于山地、林缘潮湿的地方，野生或栽培；重庆有栽培。

【采收加工】夏、秋季采收茎叶，置缸中，加清水浸2～3 d，至叶腐烂、茎脱皮时，将茎枝捞出，加入石灰（每1 kg加石灰0.1 kg），充分搅拌，至浸液由深绿色转为紫红色时，捞出液面泡沫，于烈日下晒干即得。茎叶浸泡时间及加入石灰量直接影响青黛和靛蓝的产量和质量。

【药材性状】本品为深蓝色的粉末，体轻，易飞扬；或呈不规则多孔性的团块，用手搓捻即成细末。微有草腥气，味淡。

【理化鉴别】（1）灼烧显色：取本品少量，用微火灼烧，有紫红色的烟雾发生。

（2）硝酸显色：取本品少量，滴加硝酸，产生气泡并显棕红色或黄棕色。

（3）薄层鉴别：取本品50 mg，加氯仿5 mL充分搅拌，滤过，作供试液。另取靛蓝及靛玉红对照品，加氯仿制成每1 mL各含1 mg的混合溶液，作对照品溶液。吸取上述两种溶液各5～10 μL，分别点于同一硅胶G薄层板上，以苯-

氯仿-丙酮（5：4：1）展开，取出，晾干。供试品色谱中，在与对照品色谱相应的位置上，显相同颜色的斑点。

【化学成分】青黛中含靛玉红（indirubin），靛蓝（indigo），异靛蓝（isoindigo），靛棕（indobrown），靛黄（indoyellow），鞣酸，蜡质及无机盐。

【药理作用】有抗肿瘤、增强免疫功能、抗菌、保肝作用。

【功能主治】药性：咸，寒。归肝、肺、胃经。功能：清热解毒，凉血止血，清肝泻火。主治：牙后干槽症，银屑病，慢性粒细胞性白血病，恶性肿瘤，温病热毒斑疹，血热吐血，衄血，咯血，肝热惊痫，肝火犯肺咳嗽，咽喉肿痛，丹毒，痄腮，疮肿，蛇虫咬伤。用法用量：内服研末，1.5 ~ 6 g；或入丸剂。外用适量，干撒或调敷。使用注意：脾胃虚寒者禁服。

▲马蓝

附方：

1. 治口舌生疮：黄柏200 g，甘草（炙）100 g。研末，加青黛50 g研匀干贴。

2. 治腮腺炎：青黛1.5 g，甘草6 g，银花15 g，瓜蒌半个。水、酒煎服。

3. 治带状疱疹：青黛粉30 g，鲜马齿苋60 g（捣为泥）。调匀，涂于患处。如找不到鲜马齿苋，可用冰片或雄黄代替，用鸡蛋清调匀涂于患处。

【资源综合利用】青黛始见于唐《药性论》。各地青黛性状有一定的差别，质量参差不齐，造成的因素与加工工艺、原料的质量等有关。《中华人民共和国药典》一部（2015年版）规定靛蓝不少于2.0%，而靛玉红也为青黛的主要成分之一，目前已证实其对慢性粒细胞型白血病有一定疗效。为了更好地控制青黛的质量，建议应增加靛玉红的定量检测项。

448　味牛膝

【别名】牛膝马蓝、窝牛膝。

【来源】为爵床科植物腺毛马蓝*Strobilanthes forrestii* Diels的根。

【植物形态】多年生草本，高50 ~ 100 cm。根茎粗大，呈不规则的块状，多分枝，顶端有圆形凹陷的茎痕；细根丛生如马尾状，呈圆柱形，长约40 cm。植株遍被柔毛和腺毛，后渐脱落。叶对生；具短柄；叶片椭圆形、卵形至卵状长圆形，长5 ~ 18 cm，宽2 ~ 9 cm，顶端渐尖至钝，基部楔形并下延成柄，边缘有锯齿，两面疏被白色短伏毛和明显的短棒状钟乳体。穗状花序，长5 ~ 15 cm，茎部有分枝，每节有对生两花，节间长1 ~ 2.5 cm；苞片叶状，长约2 cm；小苞片条形，与花萼裂片等长或稍短；萼5裂，裂片条形，长8 ~ 12 mm，其中1片稍长；花冠紫色或白色，长约3.5 cm，花冠筒基部细狭，上部扩大并弯曲，外面疏被微毛，内面有2行柔毛，冠檐裂片5，几乎相等，长约3 mm；雄蕊4，2强，花丝基部有膜相连；子房细长圆形，顶端有腺毛。蒴果长约1.2 cm。种子4，有微毛。

【生境分布】生于海拔1 400 ~ 2 400 m的林下或草坡。分布于巫溪、奉节、开州地区。

【采收加工】夏、秋季采挖，洗净，晒干。

【药材性状】根茎粗大，多分枝，盘曲结节，有多数茎基残留。须根丛生，细长圆柱形。长可达50 cm，直径1 ~ 6 mm，有时可达8 mm。表面暗灰色，平滑无皱纹，常有环形的断节裂缝，有时剥落而露出木心。木心质坚韧，不易折断。无臭，味淡。

【显微鉴别】根横切面（直径约1.5 mm）：后生皮层由1 ~ 3列细胞构成，多呈类圆形，壁略增厚。皮层细胞数约10余列，细胞呈类圆形或不规则形，并有含钟乳体的大型细胞；壁呈微波状弯曲。韧皮部较窄，射线不明显，纤维

▲腺毛马蓝

数个成束或单个散在。形成层明显。木质部较度，木射线明显，细胞1～4列。髓小，散在含钟乳体的大型细胞。

粉末：灰色，气微，味淡。钟乳体众多，呈长椭圆形、类圆形或卵圆形，直径25～70 μm，表面有圆形突起。木纤维长梭形，直径12～30 μm，长145～220 μm，纹孔及壁孔明显。导管网纹，直径15～26 μm。

【理化鉴别】取本品粉末1 g，置试管中，加水10 mL，超声处理，滤过，滤液滴于滤纸上，晾干。置紫外光灯（365 nm）下观察，显蓝色荧光。

【功能主治】药性：苦，平。功能：活血通络，清热利湿。主治：闭经，癥瘕，腰膝酸疼，小便淋痛。用法用量：内服煎汤，6～15 g。使用注意：孕妇慎服。

附方：

1. 治风湿疼痛：味牛膝12 g，九节风、秦艽、灵仙各9 g，老鹳草15 g。水煎服。
2. 治白喉：味牛膝、左转藤、夏枯草、玄参、三匹风各9 g。水煎服。

车前科Plantaginaceae

449　车前草

【别名】车轮菜、虾蟆草。

【来源】为车前科植物车前*Plantago asiatica* L. 的全草。

【植物形态】多年生草本，高达50 cm。具须根。基生叶；具长柄，几与叶片等长或长于叶片，基部扩大；叶片卵形或椭圆形，长4～12 cm，宽2～7 cm，顶端尖或钝，基部狭窄成长柄，全缘或呈不规则的波状浅齿，通常有5～7条弧形脉。花茎数个，高12～50 cm，具棱角，有疏毛，穗状花序为花茎的2/5～1/2；花淡绿色，每花有宿存苞片1枚，三角形；花萼4，基部稍合生，椭圆形或卵圆形，宿存；花冠小，膜质，花冠管卵形，顶端4裂，裂片三角形，向外反卷；雄蕊4，着生于花冠管近基部，与花冠裂片互生，花药长圆形，顶端有三角形突出物，花丝线形；雌蕊1；子房上位，卵圆形，2室（假4室），花柱1，线形有毛。蒴果卵状圆锥形，成熟后约在下方2/5外周裂，下方2/5宿存。种子4～8粒或9粒，近椭圆形，黑褐色。花期6—9月，果期10月。

【生境分布】生于海拔200～2 200 m的山野、路旁、菜园、河边湿地。分布于库区各市县。

【采收加工】秋季采收，晒干或鲜用。

【药材性状】须根丛生。叶在基部密生，具长柄；叶片皱缩，展平后为卵形或宽卵形，长4～12 cm，宽

▲车前

2～5 cm，顶端钝或短尖，基部宽楔形，边缘近全缘，波状或有疏钝齿，具明显基出脉7条，表面灰绿色或污绿色。穗状花序数条，花在花茎上排列疏离，长5～15 cm。蒴果椭圆形，周裂，萼宿存。气微香，味微苦。以叶片完整、色灰绿者为佳。

【显微鉴别】叶的表面观：上下表皮细胞类方形，上表皮细胞较大，具角质线纹；气孔不定式，副卫细胞3～4个；腺毛头部2细胞，椭圆形，长48～72 μm，宽33～40 μm，柄部单细胞，长18～30 μm，宽15～18 μm。叶柄上非腺毛细胞30个以上。叶柄横切面维管束7～9个。

【化学成分】全草含熊果酸（ursolic acid），正三十一烷（*n*-hentriacontane），β-谷甾醇（β-sitosterol），豆甾醇（stigmasterol），β-谷甾醇棕榈酸酯（β-sitosteryl palmitate），豆甾醇棕榈酸酯（stigmasteryl palmitate）等。根含有水苏糖（stachyose），蔗糖（sucrose），棉子糖（raffinose）等糖类。

【药理作用】有利尿、止咳、平喘、祛痰、抗病原微生物、防治胃溃疡、延长胃排空时间、抗氧化、抗炎、抗肿瘤、泻下、免疫增强作用。

【功能主治】药性：甘，寒。归肝、肾、膀胱经。功能：清热利尿，凉血，解毒。主治：慢性气管炎，急性扁桃体炎，急性黄疸型肝炎，急、慢性细菌性痢疾，乳糜尿，热结膀胱，小便不利，带下，衄血，尿血，痈肿疮毒。用法用量：内服煎汤，15～30 g，鲜品30～60 g；或捣汁服。外用适量，煎水洗、捣烂敷或绞汁涂。使用注意：若虚滑精气不固者禁用。

附方：

1. 治小便出血，下焦热：车前叶50 g，石韦、当归、白芍药、蒲黄各5 g。水煎，食前温服。
2. 治热痢：车前草叶适量。捣绞取汁一盅，入蜜一合，同煎服。
3. 治小便热秘不通：车前子50 g，川黄柏15 g，芍药6 g，甘草3 g。水煎徐徐服。

【资源综合利用】车前始载于《神农本草经》。车前子药食两用。其种皮中含大量杂多糖，该糖是一种部分发酵性膳食纤维，不仅具有润肠通便作用，还可降血脂、调节血糖、防止肾结石的形成；是美国FDA允许在食物中标明使用的富含可溶性纤维的食物。

450　大车前

【别名】虾蟆衣、虾蟆叶。

【来源】为车前科植物大车前*Plantago major* L.的全草。

【植物形态】多年生草本。根状茎短，具须根。叶基生，直立；叶柄长3～9 cm，几与叶片等长或长于叶片，基部常扩大或鞘状；叶片卵形或宽卵形，长3～10 cm，宽2.5～6 cm，顶端圆钝，基部圆或宽楔形，边缘波状或有不整齐锯齿，两面有毛，通常有5～7条弧形脉。花葶数个，高15～70 cm（偶达120 cm），穗状花序占花茎的1/3～1/2；花排列紧密，淡绿色；每花有宿存苞片1枚，卵形，较萼裂片短，二者均有绿色龙骨状突起；花萼无柄，裂片4，基部稍合生，椭圆形，宿存；花冠小，膜质，顶端4裂，裂片椭圆形或卵形，长约1 mm；雄蕊4，着生于花冠管近基部，与花冠裂片互生，花药长圆形，顶端有三角形突出物，花丝线形；雌蕊1；子房上位，卵圆形，2室（假4室），花柱1，线形。蒴果圆锥形，长3～4 mm，成熟后周裂。种子6～10，长约1.5 mm，矩圆形，黑色。花期6—9月，果期10月。

【生境分布】生于海拔350～1 200 m的田野、路旁、村前屋后。分布于库区各市县。

【采收加工】秋季采收，晒干或鲜用。

▲大车前

【药材性状】具短而肥的根状茎，并有须根。具长柄；叶片皱缩，展平后为卵形或宽卵形，长6～10 cm，宽3～6 cm，顶端圆钝，基部圆或宽楔形，边缘近全缘，波状或有疏钝齿，基出脉5～7条，表面灰绿色或污绿色。穗状花序数条，花在穗状花序上排列紧密。蒴果圆锥状，周裂，萼宿存。气微香，味微苦。

【显微鉴别】叶的表面观：上下表皮细胞类方形，上表皮细胞较大，具角质线纹；气孔不定式，副卫细胞3～4个；腺毛头部2细胞，椭圆形，长36～48 μm，宽30～38 μm，柄部单细胞，长12～24 μm，宽12～24 μm。叶柄上非腺毛细胞10～15个。叶柄横切面维管束4～7个。

【化学成分】全草含齐墩果酸（oleanolic acid），β-谷甾醇，菜油甾醇（campesterol），豆甾醇，木犀草素（luteolin），6-羟基木犀草素（6-hydroxyluteolin），洋丁香酚苷，木犀草素7-O-葡萄糖苷（luteolin 7-O-glucoside），6-羟基木犀草素-7-O-葡萄糖苷（6-hydroxyluteolin 7-O-glucoside），单萜环烯醚萜苷类成分桃叶珊瑚苷等。

【药理作用】对胃液的分泌及胃运动有调节作用。有抗胃溃疡、解痉、抗炎、抗肿瘤、镇咳、祛痰、平喘、抗炎、抑制5-脂氧合酶、镇静、降血压、抗肿瘤、抗突变、抗氧化作用。

【功能主治】药性：甘，寒。归肝、肾、膀胱经。功能：清热利尿，凉血，解毒。主治：小便不通，淋浊，带下，尿血，黄疸，水肿，热痢，泄泻，鼻衄，目赤肿痛，急性扁桃体炎，咳嗽，皮肤溃疡。用法用量：内服煎汤，9～15 g，鲜品30～60 g；或捣汁服。外用适量，煎水洗、捣烂敷或绞汁涂。使用注意：若虚滑精气不固者禁用。

附方：

1. 治小便不通：大车前500 g，水3 000 mL，煎取1 500 mL，分三次服。

2. 治尿血：大车前适量。捣汁，空腹服。

大车前的种子也作车前子用。

▲猪殃殃

茜草科Rubiaceae

451 猪殃殃

【别名】锯子草、拉拉藤。

【来源】为茜草科植物猪殃殃*Galium aparine* L. var. *tenerum* Rcbb.的全草。

【植物形态】蔓性或攀缘状一年生草本，长达1.5 m。茎纤弱，多分枝具4棱角，棱上、叶缘及叶下面均有倒生小刺毛，触之粗糙。叶4～8片轮生，近无柄；叶片线状倒披针形，长1～3 cm，宽2～4 mm，顶端有凸尖，1脉。聚伞花序顶生或腋生，单一或2～3个簇生；花小，黄绿色或白色，4数，花柄细；花萼有钩毛，檐近平截；花冠辐状，裂片矩圆形，长不及1 mm，镊合状排列。果球形，密被钩毛；每1果爿有1颗种子。花、果期4—7月。

【生境分布】生于海拔300～2 300 m的田间、路旁、山坡草地。分布于库区各市县。

【采收加工】夏季采收，晒干。

【化学成分】含苷类化合物。

【药理作用】有降血压、抑菌作用。

【功能主治】药性：辛、微苦，凉。功能：清热解毒，消肿止痛，利尿通淋。主治：感冒，急、慢性阑尾炎，乳腺炎，水肿，痛经，白带，崩漏，白血病，癌症，便血，尿路感染，痈疮疔毒，跌打损伤。用法用量：内服煎汤，30～60 g。外用适量，捣敷或绞汁涂。

附方：

1. 治外感风热：猪殃殃、银花各30 g。水煎服。
2. 治白血病：猪殃殃、忍冬藤、半枝莲、马蹄香、龙葵、栀子根、丹参、黄精各30 g。水煎服。
3. 治便血，尿血：猪殃殃30 g，地榆、小蓟各12 g。水煎服。
4. 治疔疮：猪殃殃鲜品适量。捣烂，外敷。

452 栀子

【别名】黄栀子、山栀子。

【来源】为茜草科植物栀子*Gardenia jasminoides* Ellis的果实。

【植物形态】常绿灌木，高1～2 m。小枝绿色，幼时被毛，后近无毛。单叶对生，稀三叶轮生，叶柄短；托叶两片，生于叶柄内侧；叶片革质，椭圆形、阔倒披针形或倒卵形，长6～14 cm，宽2～7 cm，顶端急尖或渐尖，基部楔形，全缘，上面光泽，仅下面脉腋内簇生短毛；侧脉羽状。花大，极芳香，顶生或腋生，具短梗；萼绿色，长2～3 cm，裂片5～7，线状披针形，通常比萼筒稍长；花冠高脚碟状，白色，后变乳黄色，基部合生成筒，上部6～7裂，旋转排列，顶端圆；雄蕊与花冠裂片同数，着生于花冠喉部，花丝极短，花药线形，纵裂，2室；雌

▲栀子

▲栀子果实

蕊1，子房下位，1室。果实深黄色，倒卵形或长椭圆形，长2～4 cm，有5～9条翅状纵棱，顶端有条状宿存之萼。种子多数，鲜黄色，扁椭圆形。花期5—7月，果期8—11月。

【生境分布】生于海拔100～1 500 m的山野、丘陵、山地或山坡灌林中，多栽培。分布于库区各市县。

【采收加工】10月中、下旬，当果皮由绿色转为黄绿色时采收，置蒸笼内微蒸或放入明矾水中微煮，取出晒干或烘干。亦可直接将果实晒干或烘干。

【药材性状】果实倒卵形、椭圆形或长椭圆形，长1.4～3.5 cm，直径0.8～1.8 cm。表面红棕色或红黄色，微有光泽，有翅状纵棱6～8条，每二翅棱间有纵脉1条，顶端有暗黄绿色残存宿萼，顶端有6～8条长形裂片，裂片长1～2.5 cm，宽2～3 mm，多碎断，果实基部收缩成果柄状，末端有圆形果柄痕。果皮薄而脆，内表面鲜黄色或红黄色。有光泽，具隆起的假隔膜2～3条。折断面鲜黄色，种子多数，扁椭圆形或扁矩圆形，聚成球状团块，棕红色，表面有细而密的凹入小点；胚乳角质；胚长形，具心形子叶2片。气微，味微酸苦。以皮薄、饱满、色红黄者为佳。

【显微鉴别】果实中部横切面：圆形，纵棱处显著凸起。外果皮为1列长方形细胞，外壁增厚并被角质层；中果皮外侧有2～4列厚角细胞，向内为薄壁细胞，含黄色色素，少数较小的细胞内含草酸钙簇晶，外韧型维管束稀疏分布，较大的维管束四周具木化的纤维束，并有石细胞夹杂其间；内果皮为2～3列石细胞，近方形、长方形或多角形，壁厚，孔沟清晰，有的胞腔内可见草酸钙方晶，偶有含簇晶的薄壁细胞镶嵌其中。

种子横切面：扁圆形，一侧略凸。外种皮为1列石细胞，近方形，内壁及侧壁显著增厚，胞腔含棕红色或黄色色素，内种皮为颓废薄壁细胞。胚乳细胞多角形，中央为2枚扁平的子叶，细胞内均充满糊粉粒。

【理化鉴别】检查藏红花素：（1）取本品粉末2 g，加水5 mL，置水浴中加热3 min，滤过。取滤液5滴，置瓷蒸发皿中，烘干后，加硫酸1滴，即显蓝绿色，迅速变为黑褐色，继转为紫褐色。

【化学成分】果实含栀子苷（geniposide），羟异栀子苷（gardenoside），山栀苷（shanzhiside），栀子酮苷（gardo side），鸡屎藤次苷甲酯（scandoside methyl ester），栀子苷酸（geniposidic acid），去乙酰基车叶草苷酸（deacetyl asperulosidic acid）等。种子含油脂，主要由亚油酸、棕榈酸、亚麻酸组成。花含栀子花酸（gardenolic acid）A、B和栀子酸（gardenic acid）等。

【药理作用】有保肝、利胆、促进胰腺分泌、抗炎、镇痛、抗惊厥、降温、松弛小动脉、降血压、减少胆固醇动脉硬化发生率、刺激主动脉内皮细胞增殖、抗肿瘤、抗菌、杀死钩端螺旋体及血吸虫成虫、抗埃可病病毒的作用。

【功能主治】药性：苦，寒。归心、肝、肺、胃、三焦经。功能：泻火除烦，清热利湿，凉血解毒。主治：急性黄疸型肝炎，扭挫伤，无名肿毒，腮腺炎，冠心病，小儿发热，热病心烦，头痛，淋证，吐血衄血，血痢尿血，口舌生疮，疮疡肿毒，扭伤肿痛。用法用量：内服煎汤，5～10 g；或入丸、散。外用适量，研末掺或调敷。使用注意：清热泻火多生用，止血每炒焦用。脾虚便溏，胃寒作痛者慎服。

附方：

1. 治黄疸性肝炎：栀子仁、柴胡、茵陈蒿各25 g。水煎服。
2. 治血淋涩痛：生山栀子末、滑石等分。葱汤下。
3. 治热水肿：山栀子15 g，木香4.5 g，白术7.5 g。细切，水煎服。
4. 治冠心病：栀子10 g，附子（炮）5 g。水煎温服。

【资源综合利用】本品始载于《本经》，列为中品，除药用外，栀子是提取工业染料和食用色素的重要原料。

453 鸡屎藤

【别名】鸭屎藤、五香藤、大鸡屎藤。

【来源】为茜草科植物鸡屎藤*Paederia scandens*（Lour.）Merr.的全草。

【植物形态】多年生草质藤本，长3～5 m。茎基部木质，多分枝。叶对生；叶柄长1.5～7 cm；托叶三角形，

▲鸡屎藤

长2～3 mm，早落；叶片卵形、椭圆形、长圆形至披针形，长5～15 cm，宽1～6 cm，顶端急尖至渐尖，基部宽楔形，两面无毛或下面稍被短柔毛，新鲜时揉之有臭气。聚伞花序排成顶生带叶的大圆锥花序或腋生而疏散少花；花紫色，几无梗；萼小，狭钟状；花冠筒长7～10 mm，5裂，镊合状排列，内面红紫色，密被粉状柔毛；雄蕊5；子房下位，2室。核果球形，直径5～7 mm，成熟时光亮，草黄色。花期7—8月，果期9—10月。

【生境分布】生于海拔200～1 600 m的溪边、河边、路边及灌木林中。分布于库区各市县。

【化学成分】全草含鸡屎藤苷（paederoside），鸡屎藤次苷，鸡屎藤苷酸，车叶草苷，矮牵牛素糖苷，飞燕草素，锦葵花素，芍药花素，谷甾醇。叶含熊果酚苷、挥发油等。果实含熊果酚苷（Arbutine），齐墩果酸（Oleanolic acid），三十烷（Triacont-ane）以及酚、萜醛，丁醛、乙酸、丙酸等挥发性成分。种子含油约9%。

【药理作用】有镇静、镇痛、抗惊厥、抗菌作用。鸡屎藤总生物碱能抑制肠肌收缩。

【功能主治】药性：甘、微苦，平。功能：祛风利湿，消食化积，止咳，解毒，止痛。主治：风湿痹痛，外伤性疼痛，肝胆、胃肠绞痛，食积腹胀，小儿疳积，腹泻，痢疾，中暑，黄疸，肝炎，慢性骨髓炎，肝脾肿大，电光性结膜炎，瘤型麻风反应，咳嗽，肺结核咯血，支气管炎，放射反应引起的白血球减少症，农药中毒，瘟病，肠痈，无名肿毒，脚湿肿烂，烫火伤，湿疹，皮炎，跌打损伤，蛇蝎伤。用法用量：内服煎汤，10～15 g，大剂量30～60 g；或入丸、散。外用适量，研末搽或调敷。

附方：

1. 治风湿关节痛：鸡屎藤、络石藤各30 g。水煎服。
2. 治食积腹泻：鸡屎藤30 g。水煎服。

鸡屎藤果实主治毒虫蜇伤，冻疮。根功效同全草。叶治痢疾，治咳嗽，感冒，风湿，皮炎，湿疹，疮疡肿毒。

3. 治神经性皮炎：鲜鸡屎藤叶适量。揉烂，搽患处。

454 茜草

【别名】大锯锯藤、女儿红、娃娃红。

【来源】为茜草科植物茜草*Rubia cordifolia* L.的根。

▲茜草

【植物形态】多年生攀缘草本。根数条至数十条丛生，直径2 ~ 6 mm，外皮紫红色或橙红色。茎四棱形，棱上生多数倒生的小刺。叶四片轮生，具长柄；叶片形状变化较大，卵形、三角状卵形、宽卵形至窄卵形，长2 ~ 6 cm，宽1 ~ 4 cm，顶端通常急尖，基部心形，上面粗糙，下面沿中脉及叶柄均有倒刺，全缘，基出脉5。聚伞花序腋生及顶生，圆锥状；花小，黄白色；花萼不明显；花冠辐状，直径约4 mm，5裂，裂片卵状三角形，顶端急尖；雄蕊5，着生在花冠管上；子房下位，2室。浆果球形，直径5 ~ 6 mm，红色后转为黑色。花期6—9月，果期8—10月。

【生境分布】生于海拔300 ~ 2 100 m的地边，路边草地，山坡路旁、沟沿、田边、灌丛及林缘。分布于库区各市县。

【采收加工】春、秋季均可采挖，以秋季采挖为好，晒干。

【药材性状】完整的老根留有根头，根丛生于粗根头，根圆柱形，有的弯曲。根长10 ~ 20 cm，直径0.1 ~ 0.5 cm；表面红棕色，有细纵纹及少数须根痕；皮、木部较易分离，皮部脱落后呈黄红色。质脆，易断，断面平坦，皮部狭，红棕色，木部宽，粉红色，有众多细孔。气微，味微苦。

【显微鉴别】根横切面：木栓层环带一列，由数个至10余个扁扁的木栓细胞组成，含棕色内含物，栓内层数列细胞，切向延长，含有草酸钙针晶束的细胞散布其间。韧皮部窄，韧皮组织中也散有含针晶束的细胞。木质部较发达，连成一束，导管略呈放射状排列，射线明显，导管直径可达130余微米。

【理化鉴别】薄层鉴别：（1）检查蒽醌苷：取本品粉末（60目）50 mg，用甲醇10 mL浸泡过夜，超声波振荡30 min，将提取液浓缩至1 mL，供点样用。另取大叶茜草苷丙、茜草苷、大叶茜草苷乙、大叶茜草苷甲为对照品。分别点样于硅胶G薄层板上，以乙酸乙酯-甲醇-甲酸（4∶1∶0.1，并以水饱和）展开，日光下斑点显黄色或橙色。氨蒸气熏后，斑点显红色。

（2）茜草素：取本品粉末（60目）100 mg，用甲醇10 mL浸泡过夜，超声波振荡30 min，提取液稍浓缩，通过小硅胶柱，石油醚-乙酸乙酯（4∶1）洗脱出游离蒽醌成分，浓缩至1 mL，供点样用。另取羟基茜草素、茜草素为对照品。分别点样于硅胶G薄层板上，用苯-甲酸乙酯-甲醇-甲酸（3∶1∶0.2∶0.1，并以水饱和）展开。羟基茜草素为橘黄色，茜草素为紫红色。

（3）茜草萘酸：取本品粉末（60目）50 mg包于滤纸内，用70%乙醇10 mL浸泡过夜，加热10 min，滤过，滤液蒸干，以甲醇2 mL溶解供点样用。另取茜草萘酸苷Ⅰ、茜草萘酸苷Ⅱ、茜草萘酸为对照品，分别点样于硅胶G薄层板上，用氯仿-甲醇-异丙醇-甲酸（5.5∶2.5∶2∶2滴）展开，以15%硫酸水溶液喷后，吹风机热气流中烘烤。茜草萘酸苷Ⅰ为灰色，茜草萘酸苷Ⅱ为紫色，茜草萘酸为橘黄色。

【化学成分】根含蒽醌羟基茜草素（purpurm），茜草素（alizarin），异茜草素（purpuroxanthine，xanthopurpu-rin），1-羟基-2-甲基蒽醌（1-hydroxy-2-methylanthraquinone），大黄素甲醚（physcion），乌楠醌（tectoquinone），1，2-二羟基蒽醌-2-O-β-D-木糖（1→6）-β-D-葡萄糖苷（1，2-dibydroxyanthraquinone-

2-O-β-D-xylosyl（1→6）-β-D-glueoside，ruberythric acid）等，环己肽类：RA（rubiaakane），黑果茜草萜（rubiprasin）A、B，茜草阿波醇（rubiarbonol）D，齐墩果酸乙酸酯（oleanolic acid acetate），茜草萜三醇（rubiatriol），茜草多糖，6-甲氧基都桷子苷酸（6-methoxygeniposidic acid）等。

【药理作用】有抗炎、解热、镇痛、止血、抗血小板聚集、抗氧化、清除氧自由基、抗癌、保护急性心肌缺血、减小心肌损伤范围和程度、增加冠状动脉流量、抗菌、抗病毒、提高尿液稳定性、降尿钙、对抗乙酰胆碱所致的肠痉挛、兴奋子宫、升高白细胞、促进骨髓造血干细胞增殖和分化的作用。

【功能主治】药性：苦，寒。归肝、心经。功能：凉血止血，活血化瘀。主治：各种出血症，白细胞减少，冠心病，经闭，慢性结膜炎，点状角膜炎，产后瘀阻腹痛，跌打损伤，风湿痹痛，肝炎，肾炎，末梢神经炎，腰腿痛，疮痈，痔肿。用法用量：内服煎汤，10～15 g；或入丸、散；或浸酒。使用注意：脾胃虚寒及无瘀滞者慎服。

附方：

1. 治咯血、尿血：茜草9 g，白茅根30 g。水煎服。

2. 治月经过多，子宫出血：茜草根7 g，艾叶5 g，侧柏叶6 g，生地10 g。水500 mL，煎至200 mL，去渣后，加阿胶10 g，溶化，分3次服。

3. 治牙痛：鲜茜草30～60 g。水煎服。

【资源综合利用】茜草始载《神农本草经》，原名“茜根”。产于欧美等地的欧茜草，原为消石素的成分之一，因含有致突变成分Lucidin，一度被美国FDA禁止。我国茜草与欧茜草所含的化学成分主要为蒽醌类，含量基本一致，但不含Lucidin，可替代欧茜草作药用。同时，库区资源丰富，具有较大的开发潜力。

455　白马骨

【别名】满天星、路边鸡、路边姜。

【来源】为茜草科植物白马骨*Serissa serissoides*（DC.）D ruse的全株及根。

【植物形态】落叶小灌木，高30～150 cm。叶通常聚生于小枝上部，卵形、倒卵形或倒披针形，长1.5～3 cm，宽5～15 mm，顶端短尖，全缘，基部渐狭；柄长1～15 mm；托叶膜质，基部宽，顶端有几条刺状毛裂片。花

▲白马骨

无梗；丛生于小枝顶和近顶部的叶腋；苞片1，斜方状椭圆形，顶端针尖，白色，膜质；萼5裂，裂片三角状锥尖，长2.5 mm；花冠管状，白色。长6～8 mm，内有茸毛1簇，5裂，裂片长圆状披针形，有睫毛；雄蕊5，花丝极短，花药长圆形；雌蕊1，柱头分叉，子房下位，5棱，圆柱状，2室。果近球形，有2个分核。花期4—6月，果期9—11月。

【生境分布】生于海拔300～2 000 m的山坡、路边、溪旁及灌丛中，或栽培。分布于库区各市县。

【采收加工】夏、秋采收，晒干或鲜用。

【药材性状】根细长圆柱形，有分枝，长短不一，直径3～8 mm，表面深灰色、灰白色或黄褐色，有纵裂隙，栓皮易剥落。粗枝深灰色，表面貌纵裂纹，栓皮易剥落；嫩枝浅显灰色，微被毛；断面纤维性，木质，坚硬。叶对生或簇生，薄弱革质，黄绿色，卷缩或脱落。完整者展平后呈卵形或长圆卵形，长1.5～3 cm，宽5～12 mm，顶端短尖或钝，基部渐狭成短柄，全缘，两面羽状网脉突出。枝端叶间有时可见黄白色花，花萼裂片几与冠筒等长；偶见近球形的核果。气微，味淡。

【显微鉴别】茎横切面：木栓层外侧为落皮层。木栓层为数列木栓细胞。韧皮部较窄，外侧有纤维及石细胞单个或成群断列成环，壁木化；有的薄壁细胞含草酸钙针晶束。形成层不明显。木质部宽广，老茎可见年轮；导管多单个散在，木射线宽1列细胞，少见3～5列细胞类圆形，壁厚，木化，纹孔及孔沟大多明显，有的细胞含草酸钙针晶束。髓部为薄壁细胞，有的中央呈空洞状。本品薄壁细胞含淀粉粒。叶横切面：表皮细胞类方形，外被角质层。栅栏组织2～3列细胞，通过中脉。海绵组织细胞排列疏松，含有草酸钙针晶束。中脉上、下表皮内侧有厚角组织，上表皮可见单细胞非腺毛。中脉维管束外韧型，维管束鞘纤维不连成环。

粉末特征灰绿色。①淀粉粒众多，单粒类圆形，直径2～8 μm，层纹，脐点不明显；复粒多见。②纤维散在或成束，多呈梭形，直径6～15 μm，壁厚，木化。③草酸钙针晶束散在，或成束存在于薄壁细胞中。④石细胞单个或数个相连，长椭圆形，长径约50 μm，短径约15 μm，孔沟明显。⑤非腺毛单细胞。⑥气孔平轴式。⑦叶表皮细胞具角质层纹理。

【理化鉴别】检查糖类：取本品粗粉1 g，加水10 mL，湿浸30 min，滤过。取滤液1 mL，加α-萘酚乙醇液2滴，摇匀后，沿管壁加浓硫酸0.5 mL，交界面现棕红色环。检查有机酸：取本品粗粉1 g，加乙醇20 mL，回流30 min，滤过，滤液作下述检验：取滤液点于滤纸上，干后喷有机酸显色剂（0.1%甲基红乙醇溶液5 mL，0.1%甲基橙水溶液15 mL及0.1%石蕊水溶液20 mL的混合液），斑点显红色。

检查酚类：取滤液1 mL，加3%碳酸钠溶液，在沸水中加热3 min，冷却，加入重氮化试剂2滴，溶液显红色。检查甾类：取滤液5 mL，蒸干，残渣用醋酐1 mL溶解，加入1滴浓硫酸，显红色至紫红色，渐成墨绿色。

【化学成分】全草含酚性化合物，有机酸，甾醇，三萜类，β-谷甾醇，根含皂苷约0.2%。

【药理作用】有抗炎、抑菌作用。感冒、咳嗽、咽喉炎、急性扁桃体炎、牙痛、高血压状痛、偏头痛、肝炎、肠炎、痢疾、小儿疳积、风湿性关节炎等。

【功能主治】药性：苦、辛，凉。功能：疏风解表、解毒、清热利湿、舒筋活络。主治：感冒，黄疸型肝炎，肾炎水肿，咳嗽，喉痛，角膜炎，肠炎，痢疾，风湿腰腿疼痛，目赤肿痛，喉痛，咯血，尿血，闭经，白带，小儿疳积，惊风，风火牙痛，痈疽肿毒，跌打损伤。用法用量：内服煎汤，10～15 g（鲜者30～60 g）。外用适量，烧灰淋汁涂，煎水洗或捣敷。使用注意：阴疽忌用。

附方：

1. 治感冒：白马骨15 g。
2. 治肝炎：白马骨15 g，茵陈30 g，山栀子10 g，大黄10 g。水煎服。
3. 治肾盂肾炎：白马骨30 g，盐肤木、丝棉木各15 g。水煎服。

456 钩藤

【别名】金钩藤、鹰爪风、倒挂刺。

【来源】为茜草科植物钩藤*Uncaria rhynchophylla*（Miq.）Miq. ex Havil.的带钩茎枝。

▲钩藤

【植物形态】常绿木质藤本，长可达10 m。小枝四棱柱形，褐色，秃净无毛。叶腋有成对或单生的钩，向下弯曲，顶端尖，长1.7～2 cm。叶对生；具短柄；叶片卵形、卵状长圆形或椭圆形，长5～12 cm，宽3～7 cm，顶端渐尖，基部宽楔形，全缘，上面光亮，下面在脉腋内常有束毛，略呈粉白色，干后变褐红色；托叶2深裂，裂片条状钻形，长6～12 mm。头状花序单个腋生或为顶生的总状花序式排列，直径2～2.5 cm；总花梗纤细，长2～5 cm；花黄色，花冠合生，上部5裂，裂片外被粉状柔毛；雄蕊5；子房下位。蒴果倒卵形或椭圆形，被疏柔毛，有宿存萼。种子两端有翅。

【生境分布】生于海拔400～1 500 m的山坡丛、山谷溪边的疏林中。分布于库区各市县。

【采收加工】春、秋季采收，晒干；或蒸后晒干。

【药材性状】茎枝圆柱形或类方柱形，直径2～5 mm。表面红棕色至紫棕色，上有细纵纹，光滑无毛。茎上具略突起的环节，对生两个向下弯曲的钩（不育花序梗），或仅一侧有钩，另一侧为凸起疤痕；钩长如锚状，顶端渐尖，基部稍圆。钩基部的枝上可见叶柄脱落后的凹点及环状的托叶痕。体轻，质坚韧。横切面外层棕红色，髓部淡棕色或淡黄色；气微，味淡。以质坚、色红褐或棕褐、有钩者为佳。

【显微鉴别】茎横切面：类圆形。皮层、韧皮部及木部之比约为1：1：3。表皮细胞1列，外被略弯曲的角质层。皮层薄壁细胞含棕色内含物。中柱鞘纤维排列成断续环带。韧皮部纤维单个或成群散在，较中柱鞘纤维小，微木化。木质部导管常数个径向相连，皮层及韧皮薄壁细胞含草酸钙砂晶及少数簇晶。本品薄壁细胞含淀粉粒，单粒直径约4 μm，复粒由2～6个分粒组成，直径约7 μm。

【理化鉴别】薄层鉴别：取本品粉末1 g，浓氨水浸润，以苯提取，回收溶剂，残渣用苯-乙酸乙酯（2：5）溶解，作为供试品溶液。以钩藤碱、异钩藤碱、毛钩藤碱、翅果定碱对照品，用无水乙醇配制成各含0.2 mg/mL溶液为对照品溶液。分别吸取供试品溶液和对照品溶液点于同一高效薄层板（HSGF254板）上，以环已烷-乙醚-甲醇-乙酸乙酯（8：1：1：0.1）展开，晾干后，紫外灯下观察，样品色谱在与对照品相应位置处显相同的褐色暗斑。

【化学成分】含吲哚类生物碱：异去氢钩藤碱（isocorynoxeine），异钩藤碱（isorhynehophylline），去氢钩藤碱（corynoxeine），钩藤碱（rhynchophylline），去氢硬毛钩藤碱（hirsuteine），硬毛钩藤碱（hirsutine），柯楠因碱（corynantheine），二氢柯楠因碱（dihydrocorynantheine）等，以及左旋-表儿茶酚（epicathechin），金丝桃苷（hyperin），三叶豆苷（trifolin），地榆素（sanguiin），甲基6-O-没食子酰β-D-葡萄糖苷（methyl-6-O-galloyl-β-D-glucoside），糖脂（glycolipid），已糖胺（hexosamine），脂肪酸，草酸钙（calciumoxalate）。

【药理作用】有降压、抗心律失常、抑制血小板聚集、抗血栓形成、镇静、抗惊厥、抗癌、抗脑缺氧、保护脑缺血作用。

【功能主治】药性：甘、微苦，微寒。归肝、心包经。功能：息风止痉，清热平肝。主治：小儿惊风、夜啼，热盛动风，子痫，肝阳眩晕，肝火头胀痛。用法用量：内服煎汤，6～30 g，不宜久煎，宜后下；或入散剂。使用注意：脾胃虚寒者慎服。

附方：

1. 治小儿惊风：钩藤、甘草（炙）、人参、栝楼根各3 g。研末，每次用量为5 g，水煎，空腹，午后服。
2. 治小儿夜啼：钩藤6 g，蝉蜕7个，灯心草适量。水煎服。
3. 治高血压，头晕目眩，神经性头痛：钩藤6～15 g。水煎服。

▲华钩藤

4. 治风热目赤头痛：钩藤12 g，赤芍10 g，桑叶10 g，菊花10 g。水煎服。

5. 治面神经麻痹：钩藤60 g，鲜何首乌藤125 g。水煎服。

【资源综合利用】本品始载于《名医别录》，原名钓藤。陶弘景曰"出建平（今重庆巫山）"。钩藤药用部位主要是带钩茎枝，因而资源利用率不高。日本学者测定了钩藤各部分生物碱含量：钩藤碱，异钩藤碱，去氢钩藤碱，异去氢钩藤碱绝大部分分布于钩、幼茎和叶中；毛钩藤碱，去氢毛钩藤碱绝大部分分布于植物地下部分的皮部；地上部分的皮部上述两类生物碱含量基本相等；木质部柯南因，二氢柯南因碱的含量高于植物其他部分。因而，可考虑将茎及叶入药。

457 华钩藤

【别名】钩藤、椭圆叶钩藤、鹰爪风。

【来源】为茜草科植物华钩藤*Uncaria sinensis*（Oliv.）Havil.的带钩茎枝。

【植物形态】常绿木质藤本，光滑，长可达10 m。小枝四棱柱形，褐色。叶腋有成对或单生的钩，向下弯曲，顶端尖，长约1.5 cm。叶对生，膜质，叶柄长10～12 mm；叶片卵状长圆形或椭圆形，长10～14 cm，宽5～8 cm，顶端渐尖，基部宽楔形，全缘；托叶全缘，宽三角形至圆形，或有时顶端略微陷，长6～8 mm，通常外翻。头状花序单个腋生，球形，直径3～4 cm；总花梗长5～8 cm，中部着生几个苞片；萼裂片5，短于2 mm，线状长圆形，密被灰色小粗毛；花黄色，近无柄；花冠合生，长1.2～1.4 cm，上部5裂，裂片外被粉状柔毛；雄蕊5；子房下位。蒴果近无柄，棒形，长8～12 mm，直径2～3 mm，被疏柔毛，有宿存萼。种子两端有翅。

【生境分布】生于海拔700～1 800 m的山地林中。分布于巫溪、万州、丰都、武隆地区。

【采收加工】春、秋季采收，晒干，或蒸后晒干。

【药材性状】茎枝方柱形，四角有棱，直径2～5 mm。表面黄绿色或黄棕色。钩长1.3～2.8 cm，弯曲成长钩状。钩基部枝上常留有半圆形反转或不反转的托叶，基部扁阔。体轻，质松。断面髓部白色。气微，味淡。以质坚、色红褐或棕褐、有钩者为佳。

【显微鉴别】茎横切面：四棱形。皮层、韧皮部及木部之比约为1.2∶1∶2.4。表皮细胞1列，外被具中间略隆起的角质层。皮层薄壁细胞含棕色内含物。中柱鞘纤维排列成断续环带。韧皮部纤维单个或成群散在，较中柱鞘纤维小，微木化。木质部导管常数个径向相连，皮层及韧皮薄壁细胞含草酸钙砂晶及少数簇晶。本品薄壁细胞含淀粉粒，单粒直径约4 μm，复粒由2～6个分粒组成，直径约7 μm。

【理化鉴别】薄层鉴别：取本品粉末1 g，浓氨水浸润，以苯提取，回收溶剂，残渣用苯-乙酸乙酯（2∶5）溶解，作为供试品溶液。以钩藤碱、异钩藤碱、毛钩藤碱、翅果定碱对照品，用无水乙醇配制成各含0.2 mg/mL溶液为对照品溶液。分别吸取供试品溶液和对照品溶液点于同一高效薄层板（HSGF254板）上，以环已烷-乙醚-甲醇-乙酸乙酯（8∶1∶1∶0.1）展开，晾干后，紫外灯下观察，样品色谱在与对照品相应位置处显相同的褐色暗斑。

【化学成分】含异钩藤碱，钩藤碱，四氢鸭脚木碱（tetrahydroalstomine），异翅柄钩藤碱（isopteropodine），翅柄钩藤碱（pteropodine），钩藤碱A（7-isoformosanine），帽柱木碱（mitraphylline），异钩藤碱N-氧化物（isorhynchophylline N-oxide），翅柄钩藤碱N-氧化物（pteropodine N-oxide），钩藤碱N-氧化物

（rhynchophylline N-oxide）等。

【药理作用】【功能主治】见“钩藤”。

忍冬科Caprifoliaceae

458　金银花

▲忍冬

【别名】忍冬花、鹭鸶花、银花、双花。

【来源】为忍冬科植物忍冬*Lonicera japonica* Thunb.的花蕾。

【植物形态】多年生半常绿缠绕木质藤本，长达9 m。茎中空，多分枝，幼枝密被短柔毛和腺毛。叶对生；叶柄长4～10 cm，密被短柔毛；叶片卵形、长圆状卵形或卵状披针形，长2.5～8 cm，宽1～5.5 cm，顶端短尖、渐尖或钝圆，基部圆形或近心形，全缘，两面和边缘均被短柔毛。花成对腋生，花梗密被短柔毛和腺毛；总花梗通常单生于小枝上部叶腋，与叶柄等长或稍短，生于下部者长2～4 cm，密被短柔毛和腺毛；苞片2，叶状，被毛或近无毛；小苞片长约1 mm；萼筒长约2 mm，5齿裂，裂片卵状三角形或长三角形，顶端尖，外面和边缘密被毛；花冠唇形，初开时白色，2～3 d后渐变金黄色，长3～5 cm，上唇4浅裂，下唇带状而反曲，筒部细长，外面被短毛和腺毛；雄蕊5，着生于花冠内面筒口附近，伸出；雌蕊1，子房下位，花柱细长，伸出。浆果球形，直径6～7 mm，成熟时蓝黑色，有光泽。花期4—7月，果期6—11月。

【生境分布】生于海拔200～1 800 m的林中、灌丛中、路边，也有栽培。分布于库区各区县。

【采收加工】5月中、下旬采第1次，6月中、下旬采第2次。当花蕾上部膨大尚未开放，呈青白色时采收，采后立即晾干或烘干。

【药材性状】花蕾细棒槌状，上粗下细，略弯曲，长2～4 cm，上部直径2～3 mm。表面黄白色或淡黄棕色，久贮色变深，密被粗毛或长腺毛；花萼绿色，萼筒类球形，长约1 mm，无毛，顶端5裂，萼齿卵状三角形，有毛；花冠筒状，上部稍开裂成二唇形，有时可见开放的花；雄蕊5，附于筒壁；雌蕊1，有一细长花柱。气清香，味甘微苦。以花蕾大、含苞待放、色黄白、滋润丰满、香气浓者为佳。

【显微鉴别】花蕾表面：腺毛有两种：一种头部倒圆锥形，顶端平坦，侧面观10～33细胞，排成2～4层，直径48～108 μm，柄部1～5细胞，长70～700 μm；另一种头部类圆形或略扁圆形，4～20细胞，直径30～64 μm；柄2～4细胞，长24～80 μm。厚壁非腺毛单细胞，长45～90 μm，直径14～37 μm，壁厚5～10 μm，表面有微细疣状或泡状突起，有的具角质螺纹。薄壁非腺毛单细胞，甚长，弯曲或皱缩，表面具微细疣状突起。

【理化鉴别】取本品粉末0.5 g，加甲醇5 mL，振摇提取20 min，滤过，滤液浓缩至约1 mL，供点样。另取绿原酸制成甲醇溶液为对照品溶液。分别吸取上述两种溶液各10 μL，点于同一硅胶H薄层板上，以醋酸丁酯-甲酸-水（7：2.5：2.5）上层展开，展距10 cm，取出，晾干，在紫外光灯（365 nm）下观察，供试品色谱中，在与对照品色谱相应的位置上显相同颜色的荧光斑点。

【化学成分】花含挥发油，绿原酸（chlorogenic acid），异绿原酸（isochlorogenic acid）等。藤含绿原酸（chlorogenic acid），异绿原酸（isochlorogenic acid）。地上部分含马钱子苷（loganin）类，苷类，微量元素等。幼枝含断氧化马钱子苷（secoxyloganin）。叶含木犀草素（luteolin），忍冬素（loniceraflavone）等。

【药理作用】有抗菌、抗病毒、保肝、增强胃肠蠕动、促进胃液及胆汁分泌、抗炎、解热、增强免疫功能、降血脂、抗生育、兴奋中枢神经系统、抗肿瘤作用。茎藤有抗病原微生物作用。绿原酸有致敏原作用，可引起变态反应，但口服无此反应，因绿原酸可被小肠分泌物转化成无致敏活性的物质。

【功能主治】药性：甘，寒。入心、肺、脾胃经。功能：清热解毒，祛风抗菌。主治：温病发热，热毒血痢，痈肿疔疮，喉痹及多种感染性疾病。用法用量：内服煎汤，10～20 g；或入丸、散。外用适量，捣敷。使用注意：脾胃虚寒及疮疡属阴证者慎服。

附方：

1. 治中暑：鲜荷叶、鲜金银花、西瓜翠衣、鲜扁豆花、丝瓜皮、鲜竹叶心各6 g。水煎服。
2. 治疮疡痛甚，色紫变黑者：金银花连枝10 g，黄芪20 g，甘草5 g。水煎顿服。
3. 治痈疽发背初起：金银花12 g，当归5 g，水煎服。
4. 治乳腺肿痛：金银花、当归、黄芪（蜜炙）、甘草各7.5 g。水煎，入酒半盏，食后温服。

忍冬的茎藤功能清热解毒，通络。主治温病发热，疮痈肿毒，热毒血痢，风湿热痹。

【资源综合利用】金银花始载于《名医别录》，列为上品。《本草经集注》云："今处处皆有，似藤生，凌冬不凋，故名忍冬"。金银花的水煎剂对致龋齿的变形链球菌，放射黏杆菌及引起牙周病的产黑色素类杆菌，牙龈炎杆菌及半放线嗜血菌均显示较强的抑菌活性，还有一定的抗猴免疫缺陷病毒（SIV）的作用，对抗艾滋病病毒（HIV）亦显示中等活性，同时金银花库区产量大，可做成食品饮料。因此，可以考虑进行更加广泛的资源开发应用。

459 灰毡毛忍冬

【别名】拟大花忍冬、山银花、大银花。

【来源】为忍冬科植物灰毡毛忍冬*Lonicera macranthoides* Hand.-Mazz.的花蕾。

【植物形态】多年生缠绕木质藤本。茎中空，多分枝，幼枝及总花梗被薄绒状短糙伏毛，有时兼具微腺毛，后变无毛。叶对生，革质，卵形、卵状披针形、矩圆形至宽披针形，长6～14 cm，顶端尖或渐尖，基部圆形、微

▲灰毡毛忍冬

心形或渐狭，全缘，下面被由短糙毛组成的灰白色或有时带灰黄色毡毛，并散生暗橘黄色微腺毛，网脉凸起而呈明显蜂窝状；叶柄长6～10 mm，有薄绒状短糙毛，有时具开展长糙毛。花有香气，双花常密集于小枝梢成圆锥状花序；总花梗长0.5～3 mm；苞片披针形或条状披针形，长2～4 mm，连同萼齿外面均有细毡毛和短缘毛；小苞片圆卵形或倒卵形，长约为萼筒之半，有短糙缘毛；萼筒常有蓝白色粉，长近2 mm，5齿裂，裂片三角形，长约1 mm，比萼筒稍短；花冠唇形，白色，后变黄色，长3.5～（4.5～6）cm，外被倒短糙伏毛及橘黄色腺毛，筒纤细，内面密生短柔毛，与唇瓣等长或略长，上唇4裂，裂片卵形，基部具耳，两侧裂片裂隙深达1/2，中裂片长为侧裂片之半，下唇条状倒披针形，反曲；雄蕊5，生于花冠内面筒口附近，连同花柱均伸出；雌蕊1，子房下位，花柱细长。浆果球形，熟时黑色，常有蓝白色粉，直径6～10 mm。花期6月中旬至7月上旬，果熟期10—11月。

【生境分布】生于海拔500～2 000 m的山谷溪流旁、山坡、林内或灌丛中。分布于开州、武隆地区。

【采收加工】6月中旬至7月上旬采摘，采后立即晾干或烘干。

【药材性状】花蕾细棒槌状，上粗下细，略弯曲，长1～5 cm，上部直径2～3 mm。表面棕绿色或棕黄色，有倒生短糙伏毛及橘黄色腺毛，筒纤细，内面密生短柔毛；花萼绿色，萼筒类球形，长约1 mm，被毛，齿缘较多，顶端5裂，萼齿卵状三角形，有毛；花冠筒状，上部稍开裂成二唇形，有时可见开放的花；雄蕊5，附于筒壁；雌蕊1，有一细长花柱。气清香，味甘微苦。以花蕾大、含苞待放、色黄白、滋润丰满、香气浓者为佳。

【显微鉴别】花蕾表面：腺毛有两种：一种头部圆盘形，顶端平坦，侧面观5～16细胞，排成1～3层，直径37～118 μm，柄部2～5细胞，长70～700 μm；另一种头部类圆形或略扁圆形，4～20细胞，直径30～64 μm；柄2～4细胞，长24～80 μm。厚壁非腺毛多短似角状，长21～315 μm，体部直径8～20 μm，壁厚3～10 μm，表面微具疣状突起。薄壁非腺毛单细胞，甚长，弯曲或皱缩，表面具微细疣状突起。草酸钙簇晶直径6～45 μm。花粉粒类圆形或三角形，3孔沟；表面具细密短刺及细颗粒状雕纹。

【理化鉴别】取本品粉末0.1 g，加甲醇5 mL，冷浸12 h，滤过，滤液作供试品溶液，供点样。另取绿原酸对照品，加甲醇制成每毫升含1 mg的溶液。吸取供试液10～20 μL，对照品液10 μL分别点于同一硅胶H（含羧甲基纤维素钠）薄层板上，以醋酸丁酯-甲酸-水（7：2.5：2.5）的上层液为展开剂，展开，取出，晾干，在紫外光灯（365 nm）下观察，供试液色谱中，在与对照品色谱相应的位置上，显相同颜色的荧光斑点。

【化学成分】花含挥发油，主要成分为芳樟醇。尚含绿原酸（chlorogenic acid），异绿原酸（isochlorogenic acid），咖啡酸，常春藤皂苷元—28-O-β-D-吡喃葡萄糖—（1→6）-β-D-吡喃葡萄糖酯苷，常春藤皂苷元—3-O-α-L-吡喃鼠李糖—（1→2）-α-L-吡喃阿拉伯糖苷，常春藤皂苷元—3-O-β-D-吡喃葡萄糖—（1→3）-α-L-吡喃鼠李糖—（1→2）-α-L-吡喃阿拉伯糖苷即灰毡毛忍冬次皂苷甲，3-O-α-L-吡喃阿拉伯糖—常春藤皂苷元—28-O-β-D-吡喃葡萄糖—（1→6）-β-D-吡喃葡萄糖醋苷等。

【药理作用】有抗菌、抗病毒作用。

【功能主治】药性：甘，寒。入心、肺、脾胃经。功能：清热解毒，凉散风热。主治：痈肿疔疮，喉痹，丹毒，热毒血痢，风热感冒，温热发病。用法用量：内服煎汤，10～20 g；或入丸、散。外用适量，捣敷。使用注意：脾胃虚寒及疮疡属阴证者慎服。

【资源综合利用】灰毡毛忍冬2005年首次被《中华人民共和国药典》一部（2005年版）收载，归山银花类。初步调查表明，库区忍属冬植物入药者有22种之多，资源丰富，大有开发利用前途。

460 陆英

【别名】接骨草、臭草、苛草、秧心草、小臭牡丹。

【来源】为忍冬科植物陆英*Sambucus chinensis* Lindl.的茎叶。

【植物形态】高大草本或半灌木，高达2 m。茎有棱条，髓部白色。奇数羽状复叶对生；托叶小、线形或呈腺状突起；小叶5～9，最上1对小叶片基部相互合生，有时还和顶生小叶相连，小叶片披针形，长5～15 cm，宽2～4 cm，顶端长而渐尖，基部钝圆，两侧常不对称，边缘具细锯齿，近基部或中部以下边缘常有1或数枚腺齿；小叶柄短。大型复伞房花序顶生；各级总梗和花梗无毛至多少有毛，具由不孕花变成的黄色杯状腺体；苞片和小

▲陆英

苞片线形至线状披针形，长4～5 mm；花小，萼筒杯状，长约1.5 mm，萼齿三角形，长约0.5 mm；花冠辐状，冠筒长约1 mm，花冠裂片卵形，长约2 mm，反曲；花药黄色或紫色；子房3室，花柱极短，柱头3裂。浆果红色，近球形，直径3～4 mm；核2～3粒，卵形，长约2.5 mm，表面有小疣状突起。花期4—5月，果期8—9月。

【生境分布】生于海拔300～1 200 m的林中、沟边或灌丛中，也有栽培。分布于库区各市县。

【采收加工】夏、秋季采收，切段，鲜用或晒干。

【药材性状】茎具细纵棱，呈类圆柱形而粗壮，多分枝，直径约1 cm。表面灰色至灰黑色。幼枝有毛。质脆易断，断面可见淡棕色或白色髓部。羽状复叶，小叶2～3对，互生或对生；小叶片纸质，易破碎，多皱缩，展平后呈狭卵形至卵状披针形，顶端长渐尖，基部钝圆，两侧不等，边缘有细锯齿。鲜叶片揉之有臭气。气微，味微苦。以茎质嫩、叶多、色绿者为佳。

【化学成分】全草含黄酮类、酚性成分、鞣质、糖类、绿原酸（chlorogenic acid），种子含氰苷类。

【药理作用】陆英煎剂有明显的镇痛作用，无耐受及成瘾等缺点。

【功能主治】药性：甘、微苦，平。功能：祛风，利湿，舒筋，活血。主治：风湿痹痛，腰腿痛，水肿，黄疸，跌打损伤，产后恶露不行，风疹瘙痒，丹毒，疮肿。用法用量：内服煎汤，9～15 g，鲜品60～120 g。外用适量，捣敷；或煎水洗；或研末调敷。使用注意：孕妇禁服。

附方：

1. 治肾炎水肿：陆英30～60 g。水煎服。

2. 治骨折筋伤：陆英15 g，当归、白芍、川芎各9 g，乳香1.5 g。研末，炼蜜为丸，黄酒送服，每次6 g；或用叶及嫩枝一把加山枝子15 g，酒适量，捣烂外敷。

3. 治慢性支气管炎：鲜陆英茎、叶120 g。水煎3次，浓缩，为1 d量，分3次服，10 d为1疗程。

461　雪球荚蒾

【别名】粉团荚蒾，木绣球。

【来源】为忍冬科植物雪球荚蒾*Viburnum plicatum* Thunb.的根及枝叶。

【植物形态】灌木或小乔木，高2～3 m。枝开展，幼枝被星状绒毛。叶近圆形，长6～8 cm，顶端凸尖，基部圆

▲雪球荚蒾

▲烟管荚蒾

形，边缘有圆锯齿，表面绿色，脉下凹，背面粉绿色，脉突起，疏被星状毛。聚伞状复伞形花序，直径6～10 cm，全为白色不孕花，常常伞房花序顶端1朵花有退化雄蕊，具长梗；花冠直径可达2 cm，不整齐4～5裂，稍芳香。核果椭圆形或倒卵圆形，长5～7 mm，先红后变黑。花期4—5月。

【生境分布】生于山谷、林中，常栽培。分布于库区各市县。

【采收加工】全年可采挖，切片，晒干。

【功能主治】药性：甘、苦，平。功能：通经活络，解毒止痒。主治：疱疹病毒，淋巴结炎，小儿疳积，风热感冒，岔气，风湿痹痛，疥癣，皮肤瘙痒，疮疖。用法用量：内服煎汤，3～9 g。外用适量。

附方：

治淋巴结炎：蝴蝶荚蒾适量。烧火，用铁刀在火上收集烟灰，将烟灰外搽患处。

【资源综合利用】供观赏，上佳的园林植物。

462 羊屎条根

【别名】黑汉条、羊食子根。

【来源】为忍冬科植物烟管荚蒾*Viburnum utile* Hemsl.的根。

【植物形态】常绿灌木，高达2 m。幼枝、叶下面、花序密被灰褐色星状毛。老枝棕褐色，冬芽无鳞片。叶对生；叶柄长5～10 mm；叶片叶椭圆状卵形至卵状长圆形，革质，长2～7 cm，宽0.8～3.5 cm，顶端圆至稍钝，基部圆形，全缘，具5～6对下面隆起的侧脉。聚伞花序顶生；总花梗粗壮，长1～3 cm，第1级辐射枝约5条，花通常生于第2、3级辐射枝上；萼筒长约2 mm，萼檐具5钝齿；花冠白色，花蕾时带淡红色，辐状，直径6～7 mm，5裂；雄蕊5，约等长于花冠；花柱与萼齿近于等长。核果椭圆形，长约7 mm，先红后黑；核扁，背、腹各具2浅沟。花期3—8月，果期8月。

【生境分布】生于海拔300～1 200 m的山坡林缘或灌丛中。分布于库区各市县。

【采收加工】全年可采挖，晒干。

【功能主治】药性：涩，微温。功能：收敛，止血。主治：痢疾，脱肛，痔疮下血，白带，风湿痹痛，跌打损伤，痈疽，湿疮。用法用量：内服煎汤，15～60 g。外用适量。外用适量，研末敷。使用注意：孕妇禁服。

附方：

1. 治热痢：羊屎条根30 g，大木姜子7粒。水煎服。
2. 治痔疮，脱肛：羊屎条根60 g，猪大肠适量。炖服。
3. 治跌打损伤，风湿痛：羊屎条根60 g，大血藤30 g，威灵仙30 g。泡酒服。
4. 治风湿关节疼痛：羊屎条根30 g。加水酒30 g。水煎服。

烟管荚蒾茎叶主治外伤出血，骨折，并预防流感。花主治羊毛疔，跌打损伤。茎上嫩绒毛外敷，用于刀伤。

5. 预防流感：羊屎条茎叶60 g。水煎服。

败酱科Valerianaceae

463 白花败酱

【别名】攀倒甑。

【来源】为败酱科植物白花败酱*Patrinia villosa*（Thunb.）Juss.的带根全草。

【植物形态】多年生草本，高50～100 cm。地下茎细长；地上茎直立，密被白色倒生粗毛或仅两侧各有一列倒生粗毛，渐脱落。基生叶丛生，宽卵形或近圆形，边缘有粗齿，叶柄较叶片稍长；茎生叶对生，卵形、菱状卵形或窄椭圆形，长4～11 cm，宽2～5 cm，顶端渐尖，基部楔形，羽状分裂，羽片1～2对，两面疏生长毛，上部不裂。伞房状圆锥聚伞花序；花序分枝及梗上密生或仅二列粗毛；萼小，5齿；花冠白色，直径4～6 mm，筒部短，5裂；雄蕊4，伸出。瘦果倒卵形，基部贴生在增大的翅状苞片上；苞片近圆形，径约5 mm，膜质，脉网明显。花期5—6月。

【生境分布】生于海拔500～1 800 m的山坡草丛中、林缘或灌丛中。分布于巫溪、万州、开州、忠县、石柱地区。

【采收加工】全年均可挖取，晒干。

【化学成分】根和根茎含白花败酱苷（villoside），马钱子苷，白花败酱醇苷（villosolside），齐墩果酸，棕榈酸，肌醇，槲皮苷，山柰酚，挥发油。干燥果枝含黑芥子苷。

【药理作用】有抗菌、抗病毒、促进肝细胞再生和防止肝细胞变性作用。

【功能主治】药性：苦，寒。功能：清热解毒，活血化瘀，消痈排脓。主治：阑尾炎，阑尾脓肿，肺脓疡，肝炎，肠炎，痢疾，产后瘀血腹痛，痈肿疔疮。用法用量：内服煎汤，9～30 g，鲜品60～120 g。外用适量，捣敷。

附方：

1. 治肺脓肿：白花败酱、鱼腥草、薏苡仁、冬瓜仁各30 g，芦竹根60 g，桔梗12 g。水煎服。

▲白花败酱

2. 治肠风下血：白花败酱、野菊花、银花藤、地榆、槐角各12 g。水煎服。

3. 治毒蛇咬伤：白花败酱15 g，丛枝蓼30 g。水煎服。

4. 治阑尾炎，阑尾脓肿：白花败酱，金银花，蒲公英，紫花地丁，马齿苋各15 g。水煎服。

5. 治无名肿毒：鲜白花败酱30～60 g。酒水各半煎服；捣烂外敷。

6. 治婴儿湿疹：败酱草适量，煎水洗或湿敷患处。

【资源综合利用】嫩苗可食。

464 蜘蛛香

【别名】马蹄香、土细辛、心叶缬草、养血莲。

【来源】为败酱科植物蜘蛛香*Valeriana jatamans* Jones的根状茎及根。

【植物形态】多年生草本，高可达70 cm，全株密被柔毛。须根粗；根状茎肥厚微弯，块状圆柱形，节间紧密，黄褐色，有特异气味。茎绿色或带紫色。基生叶丛生，卵状心形或心状圆形，长5～9 cm，宽3～8 cm，顶端短尖，边缘具疏锯齿或略呈波状，基部略作耳形；叶柄长13～19 cm；茎生叶对生，广卵形或为三出复叶；叶柄宽，至顶部则近于无柄。复聚伞花序顶生，常成伞房状，初紧密，渐疏大；花小，萼花后裂为细线形；花冠管顶端5裂，白色或带紫色；雄蕊3；子房下位，绿色，有纵棱槽。瘦果扁平。花期4月。

【生境分布】生于海拔500 ~ 2 500 m的溪边、疏林或灌木林较潮湿处。有栽培。分布于巫溪、巫山、奉节、万州、开州、石柱、丰都、涪陵、武隆地区。

【采收加工】9—10月采挖，除去茎叶、剪去须根，切片，晒干。

【药材性状】干燥根茎结节状，圆形或扁圆形，微弯曲，不分叉，长3 ~ 5 cm，径0.7 ~ 1.3 cm，棕褐色或茶褐色。表面有较稠密的环形突起，不甚规则，底面有多数须根痕。芦头平截，可见茎、叶残基。质坚实，断面黄褐色。有缬草样特异香气。以粗壮、坚实、黄色者为佳。

【化学成分】根状茎含挥发油。根含柳穿鱼苷异戊酸酯，15-羟基-缬草酮，β-香柠檬烯，缬草醚酯及乙酰缬草醚酯，蒙花苷异戊酸酯，缬草环臭蚁醛酯苷等。

【药理作用】有镇静、催眠、抑制鼠疟原虫作用。

【功能主治】药性：辛、苦，温。归脾、胃经。功能：行气，散寒，活血，调经。主治：胃痛腹胀，消化不良，小儿疳积，胃肠炎，痢疾，泄泻，肺气水肿，风寒感冒，月经不调，痨伤咳嗽，风湿疼痛，腰膝酸软。用法用量：内服煎汤，9 ~ 15 g。外用适量，捣敷；或煎水洗；或研末调敷。使用注意：阳虚气弱及孕妇忌服。

附方：

1. 治胃痛腹胀：蜘蛛香、七叶一枝花根状茎各等量。研末，每次0.9 ~ 1.5 g，吞服。

2. 治毒疮：蜘蛛香适量。磨醋，外搽患处。

3. 治胃气痛：蜘蛛香3 g。切细，开水吞服；或蜘蛛香9 g。煨水服。

4. 治风湿麻木：蜘蛛香30 g。煨水服，并用药渣搽患处。

5. 治感冒：蜘蛛香15 g，生姜3 g。煨水服。

6. 治阳痿：蜘蛛香30 ~ 60 g。炖鸡服。

▲蜘蛛香

川续断科Dipsacaceae

465 续断

【别名】接骨草、川断、川萝卜根、山萝卜。

【来源】为川续断科植物川续断*Dipsacus asperoides* C. Y. Cheng et T. M. Ai的根。

【植物形态】多年生草本，高60 ~ 200 cm。根1至数条，圆柱状，黄褐色，稍肉质。茎具6 ~ 8棱，棱上有刺毛。基生

▲川续断

叶稀疏丛生，具长柄，叶片琴状羽裂，长15～25 cm，宽5～20 cm，两侧裂片3～4对，靠近中央裂片一对较大，侧裂片倒卵形或匙形，最大的长4～9 cm，宽3～4.5 cm，上面被短毛，下面脉上被刺毛；茎生叶在茎中下部的羽状深裂，中央裂片特长，披针形，长可达11 cm，宽达5 cm，顶端渐尖，有疏粗锯齿，两侧裂片2～4对，披针形或长圆形，较小，具长柄，向上叶柄渐短；上部叶披针形，不裂或基部3裂。花序头状球形；总花梗长可达55 cm；总苞片5～7片，着生在花序基部，披针形或长线形，被硬毛；小苞片倒卵楔形，顶端稍平截，被短柔毛，小总苞每侧面有两条浅纵沟，顶端4裂，裂片顶端急尖，裂片间有不规则细裂；花萼四棱皿状，外被短毛，顶端毛较长；花冠淡黄白色，花冠管窄漏斗状，长9～11 mm，基部1/4～1/3处窄缩成细管，顶端4裂，裂片倒卵形，一片稍大，外被短柔毛；雄蕊4，生于花冠管的上部，花丝扁平，花药紫色，椭圆形；花柱短于雄蕊，柱头短棒状，子房下位，包于小总苞内。瘦果长倒卵柱状，长约4 mm，仅顶端露于小总苞之外。花期8—9月，果期9—10月。

【生境分布】生于海拔500～1 600 m的山坡、草地。分布于库区各市县。

【采收加工】霜冻前采挖，用火烘烤或晒干。也可将鲜根置沸水或蒸笼中蒸或烫至根稍软时取出，堆起，用稻草覆盖任其发酵至草上发生水珠时，再摊开晒干或烤至全干。

【药材性状】根长圆柱形，略扁，微弯曲，长5～15 cm，直径0.5～2 cm。外表棕褐色或灰褐色，有多数明显而扭曲的纵皱纹及沟纹，并可见横长皮孔及少数须根痕。质稍软，久置干燥后变硬。易折断，断面不平坦，皮部绿褐色或淡褐色，木部黄褐色，常呈放射状花纹。气微香，味苦，微甜而后涩。以条粗、质软、皮部绿褐色为佳。

【显微鉴别】根横切面：木栓层环带一列，由数个至10余个木栓细胞组成，壁较厚；栓内层由数列排列整齐的细胞组成，切向延长。韧皮部宽，约占1/3强，外侧组织多见切向裂隙，筛管群稀疏散在。形成层成环形。木质部占较大面积，但导管分子不甚发达，常单个或数个成群呈不规则的径向散列；木射线宽阔。根中央有小型髓部。本品薄壁细胞中含有草酸钙簇晶及淀粉粒。

粉末特征：黄棕色。草酸钙簇晶甚多，存在于皱缩的薄壁细胞中，常数个排列成行，直径21～45 μm，簇晶的晶瓣较密集，有的呈重覆瓦状排列。导管主为具缘纹孔及网纹导管，直径26～83 μm，具缘纹孔呈长椭圆形。木纤维末端较尖，直径18～34 μm，少数具斜纹孔，有的可见交叉纹理。木栓细胞棕黄色，表面观类方形或类方状扁多。纺锤形薄壁细胞有斜向交错的细纹理。

【理化鉴别】（1）检查皂苷：取本品粗粉2 g，加水20 mL，在60 ℃水浴加热30 min，滤过，取滤液5 mL用力振摇，产生持久性泡沫。（2）检查酚类：取本品粗粉1 g，加乙醇10 mL，回流1 h，滤过。取滤液2 mL加1%三氯化铁试液2～3滴，显污绿色；另取滤液滴于滤纸上，滴加香草醛-盐酸试液，变成红色。

【化学成分】根含当药苷（sweroside），马钱子苷（loganin），茶茱萸苷（cantleyoside）等。

【药理作用】有促进骨损伤愈合、抑制子宫收缩、降低子宫张力、对抗摘除卵巢后导致的流产、增强免疫功能、抗衰老、抗炎、镇痛、抗血肿作用。

【功能主治】药性：苦、辛，微温。归肝、肾经。功能：补肝肾，强筋骨，调血脉，止崩漏。主治：腰背酸痛，肢节痿痹，跌打损伤，损筋折骨，胎动漏红，血崩，遗精，带下，痈疽疮肿。用法用量：内服煎汤，6～15 g；或入丸、散。外用鲜品适量，捣敷。使用注意：恶雷丸；禁与苦寒药同用以治血病及与大辛热药用于胎前；初痢勿用，怒气郁者禁用。

附方：

1. 治气滞腰痛：续断、威灵仙、肉桂、当归各50 g。泡酒服。
2. 治老人风冷，转筋骨痛：续断、牛膝（去芦，酒浸）。研末，温酒调下6 g，食前服。
3. 治跌打损伤：川续断、当归各50 g，自然铜15 g（火煅酒淬），土鳖虫30个。研末，早晚各服1.5 g，温酒送下。
4. 保胎：川续断（酒浸）、杜仲（姜汁炒）各100 g。研末，蜜丸如梧子大。每服三十丸，米汤送下。

【资源综合利用】续断之名首见于《神农本草经》。川续断加工中，有“发汗”的过程，但研究表明，“发汗”后川续断所含皂苷成分Akebiasaponin D明显低于未“发汗”者，鲜品和采后100 ℃烤干者含量又高于低温干燥品。

葫芦科Cucurbitaceae

466 冬瓜子

【别名】东瓜仁、枕瓜子。

【来源】为葫芦科植物冬瓜*Benincasa hispida*（Thunb.）Cogn.的种仁。

【植物形态】一年生蔓生或架生草本。茎被黄褐色硬毛及长柔毛，有棱沟。单叶互生；叶柄粗壮，长5~20 cm，被黄褐色硬毛及长柔毛；叶片肾状近圆形，宽15~30 cm，5~7浅裂或有时中裂，裂片宽卵形，顶端急尖，基部深心形，两面均被粗毛。卷须生于叶腋，2~3歧，被粗硬毛和长柔毛。花单性，雌雄同株；花单生于叶腋，花梗被硬毛；花萼管状，裂片三角卵形，边缘有锯齿，反折；花冠黄色，5裂至基部，外展；雄花有雄蕊3，花丝分生，花药卵形；雌花子房长圆筒形或长卵形，柱头3。瓠果大型，肉质，长圆柱状或近球形，表面有硬毛和蜡质白粉。种子多数，卵形，白色或淡黄色。花期5—6月，果期6—8月。

【生境分布】库区各地均有栽培。

【采收加工】食用冬瓜时，收集成熟种子，洗净，晒干。

【药材性状】种子长椭圆形或卵圆形，扁平，长1~1.5 cm，宽0.5~1 cm，厚约0.2 cm。表面黄白色，略粗糙，边缘光滑（单边冬瓜子）或两面外缘各有1环纹（双边冬瓜子）。一端稍尖，有2个小突起，较大的突起上有珠孔，较小的为种脐，另一端圆钝。种皮稍硬而脆，剥去种皮，可见子叶2枚，白色，肥厚，胚根短小。体轻，富油性。以颗粒饱满、色白者为佳。

【显微鉴别】种子横切面：种皮外表皮细胞1列，近栅状，壁稍厚，微木化；下皮层10余列薄壁细胞，壁微木化，具纹孔内侧为2~3列石细胞；通气薄壁组织1列细胞，紧靠石细胞，细胞间隙较大；两端有维管束；内表皮1列细胞。珠心表皮1列细胞，外被角质层，内侧为残存的珠心及胚乳。中央有2枚子叶，细胞含脂肪油及糊粉粒。

粉末特征：粉末呈黄白色。气微。味淡。种皮栅状细胞较多，多成断节状。完整者呈长条形，微弯曲，末端平截或呈帚状扩大，长160~500 μm，有的可达550 μm，直径50~70 μm，壁增厚，木化，次生壁裂成数条，似纤维状；种皮石细胞，淡黄绿色，呈不规则形，直径50~100 μm，壁厚至25 μm，木化，具细密点状纹孔，垂周壁波状弯曲，似脑花状，少数具层纹。侧面观2~3列细胞，内层细胞类方形或类长方形，胞腔狭小；种皮薄壁细胞，类椭圆形或长圆形，直径20~60 μm，壁稍增厚，木化，具密集点状纹孔；内胚乳细胞，类长方形、类方形或类三角形，直径13~20 μm，壁薄，多数细胞内含油滴；少数螺纹导管。油滴随处散在。

【理化鉴别】检查皂苷：取本品粗粉1 g，加水20 mL，煮沸10 min，放冷，滤过。取滤液，置带塞的试管中，激烈振摇，产生持久性泡沫。

【化学成分】种仁含油约14%，其中三酰甘油（triglyceride）的含量为72%~96%。尚含磷脂酰胆碱（phosphatidyl chdine），磷脂酰乙醇胺（phosphatidyl-ethanolamine），磷脂酰丝氨酸（phosphatidyl serine），磷脂酰肌醇（phosphatityl inositol），神经鞘磷脂（sphingomyelin），脑苷脂（cerebroside），甾醇类，黏霉烯醇（glutinol），西米杜鹃醇（simiarenol），5, 24-葫芦二烯醇（eucurbita-5, 24-dienol）。去脂肪后的种子中含蛋白质25%，内有多种氨基酸及硒、铬等无机元素。

【药理作用】有免疫促进、抑制胰蛋白酶活力作用。

【功能主治】药性：甘，微寒。归肺、大肠经。功能：清肺化痰，消痈排脓，利湿。主治：痰热咳嗽，肺痈，肠痈，糖尿病，白浊，带下，脚气，水肿，淋证。用法用量：内服煎汤，10~15 g；或研末服。外用适量，研膏涂敷。使用注意：脾胃虚寒者慎服。

附方：

1. 治痰热咳嗽：冬瓜子15 g，浙贝母、牛蒡子、枇杷叶各9 g，黄芩6 g。水煎服。
2. 治咽喉肿痛：冬瓜子、连翘各15 g，射干6 g，桔梗、生甘草各4.5 g。水煎服。
3. 治糖尿病：干冬瓜子、麦门冬、黄连各100 g。水煎服。
4. 治遗精白浊：冬瓜仁适量。炒为末，空腹米饮调下15 g。

▲冬瓜

▲假贝母

5. 治白带：冬瓜仁15 g，柳树根30 g，紫茉莉根30 g，龙葵15 g。水煎服。

冬瓜果皮具清热利水，消肿作用。主治水肿，小便不利，泄泻，疮肿。临床报道用于治疗糖尿病，三多症状有不同程度地改善或消失。果实（冬瓜）具利水消肿作用，用于消化不良，水肿。

467 土贝母

【别名】土贝、藤贝、土贝母。

【来源】为葫芦科植物假贝母*Bolbostemma paniculatum*（Maxim.）Franquet的鳞茎。

【植物形态】攀缘性蔓性草本。鳞茎肥厚，肉质，白色，扁球形或不规则球形，径达3 cm。茎纤细，无毛，具棱沟。叶柄纤细，长1.5 ~ 3.5 cm；叶片卵状近圆形，长4 ~ 11 cm，宽3 ~ 10 cm，掌状5深裂，每裂片角3 ~ 5浅裂；侧裂片卵状长圆形，急尖，中间裂片长圆状披针形，渐尖，基部小裂片顶端各有1个显著突出的腺体，叶片两面无毛或仅在脉上有短柔毛。卷须丝状，单一或2歧。雌雄异株。雌、雄花序均为疏散的圆锥状，极稀花单生，花梗纤细，花黄绿色；花萼花冠相似，裂片均为卵状披针形，顶端具长丝状尾；雄蕊5，离生，花丝分离或双双成对；子房近球形，疏散生不显著的疣状凸起，花柱3，柱头2裂。果实圆柱状，长1.5 ~ 3 cm，径1 ~ 1.2 cm，成熟后由果顶端开裂，果盖圆锥形，具6颗种子，种子卵状菱形，暗褐色，表面有雕纹状突起，边缘有不规则的齿，长8 ~ 10 mm，宽约5 mm，厚1.5 mm，顶端有膜质的翅，翅长8 ~ 10 mm。花期6—8月，果期8—9月。

【生境分布】生于海拔650 ~ 1 800 m的阴山坡，有栽培。分布于巫溪、巫山、奉节、云阳、万州、开州、武隆地区。

【采收加工】秋、冬季采挖，洗净，蒸透，晒干，用时打碎。

【药材性状】呈不规则块状，多角状或三棱形，高0.5 ~ 2.5 cm，直径0.7 ~ 3 cm。暗棕色至半透明的红棕色，表面凹凸不平，多裂纹，基部常有一突起的芽状物。质坚硬，不易折断，断面角质样，光亮而平滑。稍有焦臭，味微甜而后苦辛，稍带黏性。以个大，质坚实，色淡红棕，断面角质样半透明者为佳。

【显微鉴别】鳞叶（局部）横切面：表皮1列，细胞小长方形，微木化或栓化。其内侧数列细胞有时也微木化或栓化。基本组织均为薄壁细胞，其中散列不规则走向的小型维管束；细胞中可见多数圆形、卵形、椭圆形、贝壳形或矩圆形的淀粉粒，直径3 ~ 40 μm。

【理化鉴别】检查皂苷：取本品粗粉1 g，加水20 mL，煮沸10 min，滤过，取滤液1 mL，置试管中，用力振摇，产生持久性泡沫。

薄层鉴别：取本品粉末0.1 g加70%乙醇20 mL，超声处理20 min；滤过滤液置水浴上蒸干，渣加甲醇1 mL使溶解即得样品液。另取土贝母苷甲加甲醇制成每1 mL含1 g的溶液，即得对照液。薄层板以0.2% CMC的硅胶G薄层板，厚度0.5 mm。点样量：供试品溶液和对照品溶液各5 μL。展开剂：氯仿-醋酸乙酯-甲醇-甲酸-水（12：3：8：2：2）混合液。显色剂：醋酐-硫酸-乙醇（1：1：10），110 ℃加热10 ~ 15 min。样品液与对照品在同一位置上显相同颜色斑点。

【化学成分】鳞茎土贝母糖苷（tubeimoside），$\Delta^{7,16,25(26)}$-豆甾三烯醇（$\Delta^{7,16,25(26)}$-stigmastatrienol），豆甾三烯醇-3-O-葡萄糖苷，麦芽酚（maltol），棕榈酸，麦芽糖（maltose），蔗糖（sucrose）等。

【药理作用】有抗肿瘤、抗病毒、免疫抑制、抑制前列腺增生、抗炎作用。

【功能主治】药性：苦，凉。归肺、脾经。功能：清热化痰，散结拔毒。主治：乳腺炎，淋巴结结核，痈疽毒痰，杨梅结核，疮疡肿毒，疣赘，蛇虫咬伤。用法用量：内服水煎服，9～30 g；或入丸、散。外用适量，研末调敷或熬膏贴敷。

附方：

1. 治乳腺炎初起：白芷、土贝母各等分。研末，每服9 g，陈酒热服，护暖取汗；重者再一服。如壮实者，每服15 g。
2. 治乳腺癌：土贝母、蒲公英、山甲、橘核、银花、夏枯草各15 g。水煎服，对伴有红肿热痛者，疗效尤佳。
3. 治颈淋巴结结核未破者：土贝母9 g，水煎服。同时用土贝母适量，研末，醋调外敷。
4. 治骨结核溃烂流脓：土贝母、蜈蚣各等量。研末，每次3 g，每日2次，甜米酒炖热冲服。
5. 治毒蛇咬伤：急饮麻油一碗，免毒攻心，再用土贝母12～15 g，研末，热酒冲服，饮酒尽醉，安卧少时。
6. 治痈肿疮疖：鲜土贝母适量。捣烂，外敷。如痈肿已破出脓，而肿不消，用土贝母、旱莲草各12 g，水煎服。

【资源综合利用】土贝母始载于《百草镜》。古代曾作为治疗癌症用药。用土贝母的提取物土贝母皂苷制成注射剂和搽剂，治疗各类皮肤疣类疾病（扁平疣、寻常疣、传染性软疣、其他疣）效果良好。

468 南瓜子

【别名】荒瓜、饭瓜、倭瓜子。

【来源】为葫芦科植物南瓜*Cucurbita moschata* Duch.的种子。

【植物形态】一年生草质藤本。茎长达数米，节处生根，粗壮，有棱沟，被短硬毛，卷须分3～4叉。单叶互生，叶片心形或宽卵形，长15～30 cm，5浅裂，边缘具不规则锯齿，两面密被粗毛。雌雄同株；花单生，雌雄同株异花。雄花花托短；花萼5裂，裂片线形，顶端扩大成叶状；花冠钟状，黄色，5中裂，裂片外展，具绉纹；雄蕊3，花药靠合，药室规则“S”形折曲；雌花花萼裂片显著，叶状；子房圆形或椭圆形，1室，花柱短，柱头3，

▲南瓜

2裂。瓠果扁球形、壶形、圆柱形等，表面有纵沟和隆起，光滑或有瘤状突起，似橘瓣状，熟时橙黄至橙红色；果柄具角棱，基部膨大。种子卵形，长1.5 ~ 2 cm，黄白色，扁而薄。花、果期夏季。

【生境分布】库区各地广泛栽培。

【化学成分】种子含南瓜子氨酸（cucurbitine），脂肪油（约40%），蛋白质，尿素分解酶，维生素B_1、维生素C等。果实（南瓜）含淀粉、蛋白质、胡萝卜素、维生素B、维生素C、钙、磷、果胶等。

【药理作用】种子有驱除绦虫、蛲虫、蛔虫作用。可抑制血吸虫幼虫的生长发育，但不能杀死成虫。在预防小鼠感染血吸虫病的作用上毛壳南瓜子大于光壳南瓜子。

【功能主治】药性：甘，平。功能：杀虫。主治：绦虫病，血吸虫病，前列腺肥大。用法用量：内服煎汤，或直接食用，60 ~ 120 g。

附方：

驱绦虫：南瓜子60 ~ 120 g，去皮生食，或微炒研粉，早晨空腹服下，30 ~ 60 min后，再用槟榔60 ~ 120 g，水煎服。

【资源综合利用】南瓜营养丰富，为常食用瓜菜，也有不可忽视的食疗作用。近年研究实验表明，南瓜在预防前列腺癌，防治动脉硬化、胃黏膜溃疡、糖尿病、结石，促进生长发育，通大便等方面有一定的作用。南瓜富含果胶，果胶有很好的吸附性，能粘结和消除体内细菌毒素和其他有害物质，如重金属中的铅、汞和放射性元素等，起到解毒作用。南瓜果蒂主治先兆流产，乳头破裂或糜烂，烫伤。根主治黄疸，小便赤热，牙痛，烫伤。茎藤主治肺结核低烧。瓜瓤主治弹片入肉，热毒疮，火烫伤。叶主治夏季热。果实性温，味甘，入脾、胃经，能润肺益气，化痰排脓，驱虫解毒，降糖止渴；主治咳喘，胃病，糖尿病，肺痈，便秘。南瓜性温偏壅滞，胃热炽盛者少食。

469　绞股蓝

【别名】七叶胆、小苦药、假母猪藤。

【来源】为葫芦科植物绞股蓝*Gynostemma pentaphyllum*（Thunb.）Makino的全草。

【植物形态】多年生攀缘草本。茎细弱，多分枝，具纵棱和沟槽，无毛或疏被短柔毛。叶互生；叶柄长3 ~ 7 cm；卷须纤细，2歧，稀单一；叶片膜质或纸质，鸟足状，具5 ~ 9小叶；小叶卵状长圆形或长圆状披针形，中央小叶长3 ~ 12 cm，宽1.5 ~ 4 cm，侧生小叶较小，顶端急尖或短渐尖，基部渐狭，边缘具波状齿或圆齿状牙齿，两面均被短硬毛。雌雄异株，圆锥花序，雄花序轴纤细，多分枝，长10 ~（15 ~ 20）cm，有时基部具小叶，被短柔毛；花梗丝状，长1 ~ 4 mm；基部具钻状小苞片；花萼筒极短，5裂，裂片三角形；花冠淡绿色，5深裂，裂片卵状披针形，长2.5 ~ 3 mm，宽约1 mm，具1脉，边缘具缘毛状小齿；雄蕊5，花丝短，联合成柱；雌花较雄花小，花萼、花冠均似雄花；子房球形，花柱3，短而分叉，柱头2裂，具短小退化雄蕊5。果实球形，径5 ~ 6 mm，熟后黑色，光滑，内含倒垂胚珠2粒。种子卵状心形，径约4 mm，灰褐色或深褐色，顶端钝，基部心形，压扁状，具乳突状突起。花期3—11月，果期4—12月。

【生境分布】生于海拔300 ~ 2 400 m的山谷林中或灌丛中。分布于库区各市县。

【采收加工】7—9月采收，晒干。

【药材性状】本品为干燥皱缩的全草，茎纤细灰棕色或暗棕色，表面具纵沟纹，被稀疏毛茸，润湿展开后，叶为复叶，小叶膜质，通常5 ~ 7枚，少数9枚，叶柄长2 ~ 4 cm，被糙毛；侧生小叶卵状长圆形或长圆状披针形，中央1枚较大，长4 ~ 12 cm，宽1 ~ 3.5 cm；顶端渐尖，基部楔形，两面被粗毛，叶缘有锯齿，齿尖具芒。常可见到果实，圆球形，直径约5 mm，果梗长3 ~ 5 mm。味苦，具草腥气。

【显微鉴别】叶横切面：叶的上下表皮由1层长方形细胞组成，外被角质层。叶肉组织异面型，栅栏组织由1 ~ 2层细胞组成，不通过主脉；海绵组织由3 ~ 4层细胞组成。主脉均向上下表皮突出，内侧有2 ~ 3层厚角细胞，维管束外韧型。

叶表面：上表皮垂周壁近平直，下表皮垂周壁微波状弯曲，气孔为不定式。上下表皮均有非腺毛和腺毛；非

▲绞股蓝

腺毛由5～14个细胞组成，表面有明显的线状角质纵纹，长120～360 mm。

茎横切面：呈多角形，表皮由1列扁平细胞组成，外壁角质增厚，着生单细胞和多细胞非腺毛，角隅处有厚角组织，由4～6列细胞组成；皮层内方有围绕于韧皮部外缘的半月形纤维束，内方有9～10个大小不等的双韧维管束，放射状排列；两韧皮射线间有石细胞群；髓部薄壁细胞内含有直径12～28 mm的淀粉粒。

【化学成分】地上部分主要含达玛烷型（dammarane）四环三萜皂苷：绞股蓝糖苷（gynosa-ponin），绞股蓝苷（gypenoside），6”-丙二酰基人参皂苷（6”-malonyl-gensenoside）-Rb_1和Rd，6”-丙二酰基绞股蓝苷V（6”-malonylgypenoside V）等。另含甾醇类，芸香苷（rutin），商陆苷（ombuoside），商陆黄素（ombuin），丙二酸（malonic acid），维生素C（vitamin C），氨基酸和铁、锌、铜、锰、镍等多种元素。

【药理作用】有增强免疫功能、抗肿瘤、延缓衰老、抗氧化、降低高血脂、防止动脉粥样硬化、降低肝脏LPO含量、增强红细胞SOD活力、保护生物膜免受氧化损伤、调节脂质代谢、升高血压、增加冠脉流量、减慢心率、降低心肌氧耗量、保护心肌梗塞及心肌缺血再灌注损伤、保护脑缺血再灌注损伤、减轻心肌损伤、抗心肌梗塞和心肌缺血、抑制血小板聚集、抗血栓形成、升高白细胞、镇静、镇痛、抗缺氧、抗疲劳、抗高温、改善记忆获得障碍、改善中枢单胺递的耗竭、保肝、抗炎、雄性和雌性激素样、降血糖、降低环磷酰胺诱发的突变作用。

【功能主治】药性：苦、微甘，凉。归肺、脾、肾经。功能：清热，补虚，解毒。主治：体虚乏力，虚劳失精，白细胞减少症，高脂血症，病毒性肝炎，萎缩性胃肠炎，肿瘤，慢性气管炎，手足癣。用法用量：内服煎汤，15～30 g，研末，3～6 g；或泡茶饮。外用适量，捣烂涂搽。

附方：

1. 治慢性支气管炎：绞股蓝适量。研末，每次3～6 g，每日3次。

2. 治劳伤虚损，遗精：绞股蓝15～30 g，水煎服。

【资源综合利用】绞股蓝始载于《救荒本草》。绞股蓝是一种具有较高生理活性的药物，现已开发许多的绞股蓝制品，如药品类有绞股蓝皂苷片、冲剂、胶囊、口服液、糖丸等；茶类有绞股蓝茶、保健茶、袋泡茶等；食品类有绞股蓝饮料、运动饮料、古蓝可乐、啤酒、食品添加剂等，并在各地有一定面积的种植栽培。但不同品

▲葫芦

▲丝瓜

种，同种不同产地的绞股蓝总皂苷含量不一样，尚有待进一步研究以确定最佳品种及最佳栽培生态环境。

470 葫芦

【别名】葫芦瓜、甜瓢。

【来源】为葫芦科植物葫芦*Lagenaria siceraria*（Molina）Standl.的果实。

【植物形态】一年生攀缘草本。茎、枝被黏质长柔毛；叶柄顶端有2腺体；叶片卵状心形或肾状卵形，长、宽10～35 cm，不分裂或3～5浅裂，顶端尖锐，边缘有不规则齿，基部心形，弯缺开张，被毛；叶柄长5～30 cm，顶端有2腺点。卷须纤细，上部2歧。花腋生，雌雄同株；雄花：花冠白色，5裂，裂片广卵形或倒卵形，长3～4 cm，宽2～3 cm，边缘皱曲，顶端稍凹陷或有细尖，具5脉；雌花花萼和花冠似雄花；子房椭圆形，有绒毛，中间内缩，密生黏质长柔毛。果实形状大小变化较大，哑铃状、扁球形、棒状或曲颈状，初绿色，后变白色或黄色，长数十厘米，成熟后果皮变木质，中间缢缩，下部大于上部。种子白色，倒卵形或三角形，顶端平截或有两角。花期6—8月，果期7—9月。

【生境分布】库区各地均有栽培。

【化学成分】果实含22-脱氧葫芦苦素D及少量22-脱氧异葫芦苦素。种子含脂肪油，蛋白质。

【药理作用】有胰蛋白酶抑制及利尿作用。

【功能主治】药性：甘，平。功能：消热解毒，润肺利便。主治：水肿，腹水黄疸，糖尿病，淋病，痈肿。用法用量：内服煎汤，9～30 g。使用注意：脾胃虚寒者禁服。

附方：

1. 治水肿：葫芦1个，赤小豆30 g。水煎服。

2. 治高血压，烦热口渴，肝炎黄胆，尿路结石：鲜葫芦适量。捣烂，绞汁，蜂蜜调服，每服半杯至1杯，每日2次；或水煎服。

葫芦花、茎蔓、卷须，可解毒，用于痔瘘，疮痈。果瓤及种子苦，寒，有毒，主治牙龈或肿或露，牙齿松动，面目、四肢肿，小便不通，鼻塞，痈疽恶疮。

【资源综合利用】葫芦是制作乐器的重要原材料，其价值不亚于丝、竹，亦可作盛具。

471 丝瓜

【别名】布瓜、天罗瓜。

【来源】为葫芦科植物丝瓜*Luffa cylindrical*（L.）Roem.的鲜嫩果实。

【植物形态】一年生攀缘草本。茎枝粗糙，有棱沟，有微柔毛。茎须粗壮，通常2~4枝。叶互生，叶柄粗糙，长10~12 cm；叶片三角形或近圆形，掌状5~7裂，裂片三角形，中间较长，顶端尖，边缘有锯齿，基部深心形，上面有疣点，下面有短柔毛，具白色长柔毛。花单性，雌雄同株；雄花通常10~20朵生于总状花序的顶端；萼筒钟形，被短柔毛；花冠黄色，辐状，开后直径5~9 cm，裂片5，长圆形，长0.8~1.3 cm，宽0.4~0.7 cm，里面被黄白色长柔毛，外面具3~5条突起的脉；雄蕊5，稀3，花丝6~8 mm，花初开放时稍靠合，最后完全分离；雌花单生，花梗长2~10 cm；花被与雄花同，退化雄蕊3，子房长圆柱状，有柔毛，柱头3，膨大。果实圆柱状，直或稍弯，长15~30 cm，直径5~8 cm，通常有深色纵条纹，未成熟时肉质，成熟后干燥，里面有网状纤维。种子多数，黑色，卵形，扁，平滑，边缘狭翼状。花、果期夏秋季。

【生境分布】库区各地普遍栽培。

【采收加工】嫩丝瓜于夏、秋间采摘，鲜用。老丝瓜（天骷髅）于秋后采收，晒干。

【药材性状】果实（瓠果）长圆柱形，长20~60 cm，肉质，绿而带粉白色或黄绿色，有不明显的纵向浅沟或条纹，成熟后内有坚韧的网状瓜络。

【化学成分】果实含丝瓜皂苷（Lycyoside），3-O-β-D-吡喃葡萄糖基常春藤皂苷元（3-O-β-D-elucopyranosyl hederagenin），3-O-β-D-吡喃葡萄糖基齐墩果酸（3-O-β-D-glucopyranosyloleanolic acid），丙二酸（malonic acid），枸橼酸（citric acid），甲氨甲酸萘酯（carbaryl），瓜氨酸（citrulline）等。此外，在丝瓜组织培养液中还提取到一种具抗过敏活性的物质泻根醇酸（bryonolic acid）。

【药理作用】有抗病毒、抗过敏、引起流产、减少肿瘤细胞、杀昆虫、抗应激、抗高温、耐缺氧、抗疲劳、辐射等造成的损伤、保肝、增强免疫功能作用。

【功能主治】药性：甘，凉。归肺、肝、胃、大肠经。功能：清热化痰，凉血解毒。主治：热病身热烦渴，咳嗽痰喘，肠风下血，激素副作用，痔疮出血，血淋，崩漏，痈疽疮疡，乳汁不通，无名肿毒，水肿。用法用量：内服煎汤，9~15 g，鲜品60~120 g；或烧存性为散，每次3~9 g。外用适量，捣汁涂，或捣敷，或研末调敷。使用注意：脾胃虚寒或肾阳虚弱者不宜多服。粤丝瓜种子有毒。

附方：

1. 治疮毒脓疱：嫩丝瓜捣烂，敷患处。
2. 治筋骨疼痛：生丝瓜适量。切片，晒干，研末。每次3 g，用酒吞服。
3. 治水肿：丝瓜1条，冬瓜皮9 g，艾叶6 g，通草3 g，车前草6 g。水煎服。
4. 治血崩：棕榈（烧灰）、丝瓜等分。研末，空腹酒调下。

丝瓜成熟果实的维管束（丝瓜络）有镇痛、抗炎、镇静作用。功能通经活络，解毒消肿。主治胸胁疼痛，风湿痹痛，经脉拘挛，急性乳腺炎，肺热咳嗽，痈肿疮毒，乳痈。

5. 治胸胁疼痛：炒丝瓜络、赤芍、白芍、延胡索各9 g，青皮6 g。水煎服。
6. 治风湿性关节痛：丝瓜络15 g，忍冬藤24 g，威灵仙12 g，鸡血藤15 g。水煎服。
7. 治中风后半身不遂：丝瓜络、怀牛膝各10 g，桑枝、黄芪各30 g。水煎服。
8. 治乳少不通：丝瓜络30 g，无花果60 g。炖猪蹄或猪肉服。

【资源综合利用】据研究，丝瓜藤醇提取物具明显抗炎和抗过敏作用。叶或全草的水提醇沉物可明显降低乙酰胆碱对离体豚鼠回肠的收缩作用；对离体兔子宫有极显著的兴奋作用。叶所含成分L-6α可明显增强大鼠学习记忆，浸液有抗氧化及降低脂质过氧化物产生作用。藤煎剂、鲜汁及藤的甲醇提取物（L_{13}）有一定的止咳作用，藤的醇提取物有明显增的祛痰作用。这些均为丝瓜资源的综合利用提供了基础。

472　苦瓜

【别名】癞瓜。

【来源】为葫芦科植物苦瓜*Momordica charantia* L.的果实。

【植物形态】一年生攀缘草本。茎枝有柔毛。卷须不分枝。叶近肾状或近圆形，长宽各3~12 cm，通常5~7深裂，裂片卵状椭圆形，边缘具波状齿或再分裂，两面微被毛，脉上较密。花单生，雌雄同株，花梗长5~15 cm，中

▲苦瓜

部或下部生一苞片；苞片肾形或圆形，全缘，长、宽为5～15 mm；花萼裂片卵状披针形；花冠黄色，5裂，裂片倒卵形，长1.5～2 cm；雄蕊3，贴生于萼筒喉部，药室“S”形折曲；子房纺锤形，密生瘤状突起，有喙，柱头3，膨大，2裂。果实长椭圆形或卵形，长10～20 cm，具钝圆不整齐的瘤状突起，熟时橘黄色。种子椭圆形，扁平，两端具角状齿，包于红色肉质的假种皮内。花期6—7月，果期9—10月。

【生境分布】库区各地均有栽培。

【化学成分】果实含苦瓜苷（charantin），尚含5-羟基色胺和多种氨基酸，半乳糖醛酸，果胶，苦瓜素苷，胡萝卜甾醇，植物胰岛素。新鲜叶含苦瓜素（momordicine）。种子含脂肪油31.0%，尚含苦瓜素、蛋白质等。

【药理作用】有增强免疫功能、抗菌、降血糖、抗肿瘤、抗生育作用。毒性：妊娠大鼠灌服苦瓜浆汁6 mL/kg，可引起子宫出血，并在数小时内死亡。

【功能主治】药性：苦，寒。归脾、胃、心、肝经。功能：清热，祛心火，解毒，明目，补气益精，止渴消暑。主治：热病烦渴，中暑、痢疾，赤眼疼痛，痈肿丹毒，恶疮。用法用量：内服煎汤，6～15 g。外用适量。使用注意：脾胃虚寒者不宜。孕妇不宜。

附方：

1. 治眼痛：苦瓜适量。煅为末，灯心草汤下。
2. 治痈肿：鲜苦瓜适量。捣烂，敷患处。
3. 治胃痛：苦瓜适量。煅为末，开水下。
4. 治肝热目赤或疼痛：苦瓜干15 g，菊花10 g。水煎服。
5. 治暑天感冒发热、身痛口苦：苦瓜干15 g，连须葱白10 g，生姜6 g。水煎服。

苦瓜根主治痢疾腹痛，大便下血，风火牙痛，疔疮肿毒。茎主治痢疾，疮毒，牙痛，赤白痢。叶主治胃痛，痢疾，疮毒。花主治胃气痛，痢疾。

6. 治痢疾腹痛，滞下黏液：苦瓜根60 g，冰糖60 g，加水炖服。
7. 治大便下血：鲜苦瓜根120 g。水煎服。
8. 治风火牙痛：鲜苦瓜根适量。捣烂，敷下关穴。
9. 治疔疮：苦瓜根适量。晒干，研末，以蜂蜜调敷患处。

【资源综合利用】苦瓜可用于食品保鲜，男性避孕。

473　木鳖子

【别名】藤桐子、木鳖瓜。

【来源】为葫芦科植物木鳖子*Momordica cochinchinensis*（Lour.）Spreng. 的种子。

【植物形态】多年生藤本，全株近无毛和稍被短柔毛；具板状根；卷须较粗壮，不分歧。叶柄粗壮，长5～10 cm，初时被黄褐色柔毛，在基部和中部有2～4个腺体；叶片卵状心形或宽卵状圆形，质较硬，长宽均为10～20 cm，3～5中裂至深裂或不分裂。雌雄异株；雄花单生于叶腋或有时3～4朵着生在极短的总状花序梗轴上，花梗粗壮，顶端有1大苞片，苞片无梗，兜状，圆肾形，两面被短柔毛，花萼筒漏斗状，裂片5，宽披针形或长圆形，花冠黄色，裂片5，卵状长圆形，密被长柔毛，基部有齿状黄色腺体，外面2枚稍大，内面3枚较小，基部有黑斑，雄蕊3，2枚2室，1枚1室；雌花单生于叶腋，花梗长5～10 cm，近中部生1苞片，苞片兜状，长宽均为2 mm，花冠花萼同雄花，子房卵状长圆形，密生刺状毛。果实卵球形，顶端有1短喙，长12～15 cm，熟时红色，肉质，密生3～4 mm的刺状突起。种子多数，卵形或方形，干后黑褐色，边缘有齿，两面稍拱起，具雕纹。花期6—8月，果期8—10月。

【生境分布】生于海拔450～1 100 m的山沟、林缘和路旁，有栽培。用种子和根头繁殖。分布于开州、涪陵、武隆地区。

【采收加工】冬初采集果实，沤烂果肉，洗净种子，晒干。

【药材性状】种子呈扁平圆板状或略三角状，两侧多少不对称，中间稍隆起或微凹下，长2～4 cm，宽1.5～3.5 cm，厚约5 mm。表面灰棕色至棕黑色，粗糙，有凹陷的网状花纹或仅有细皱纹。周边有十数个排列不规则的粗齿，有时波状，种脐端稍窄缩，端处近长方形。外壳质硬而脆，内种皮甚薄，其内为2片肥大子叶，黄白色，富油质。有特殊的油腻气，味苦。以饱满、外壳无破裂，种仁色黄白者为佳。

【显微鉴别】种子横切面：种皮表皮细胞1层，近长方形，常径向延长，壁薄；表皮下为3～4层薄壁细胞，近方形或矩圆形，较小，排列整齐，内侧为十数层近圆形或形状不规则的厚壁细胞，大而壁极厚，边缘波状，层纹较明显；其内为3～4层长方形或长圆形薄壁细胞，壁常呈波状，种子两侧的细胞壁渐增厚，至两端处细胞壁增厚成纵向延长的石细胞，横切面呈圆形。胚乳薄壁细胞2至多层，其中有的部分已颓废，子叶薄壁组织中充满糊粉粒。

粉末特征：灰黄色或浅棕黄色。厚壁细胞有两种：一种棕黄色，不规则椭圆形或矩圆形，边缘多深波状，长50～338 μm，宽45～143 μm，壁厚9～50 μm，木化，有层纹，胞腔狭窄或几无胞腔；另一种呈条状或棒状，长100～270 μm，直径约25 μm，壁厚约10 μm，边缘深波状。子叶薄壁细胞五角形或六角形，充满糊粉粒和脂肪油块，脂肪油块类圆形，表面可见网状纹理。

【理化鉴别】（1）检查油脂：取本品粗粉2 g，加乙醚20 mL，温浸30 min，滤过。取醚液2 mL，置玻璃皿中，挥去乙醚，残渣加无水硫酸钠少量，直接加热，产生气泡及具刺激性的浓白色气体。

（2）检查三萜皂苷：取本品粗粉2 g，加水20 mL，置水浴中加热30 min，滤过。取带塞试管2支，各加滤液1 mL，一管加5%氢氧化钠溶液2 mL，另一管加5%盐酸溶液2 mL，密塞，用力振摇1 min，两管产生高度相近的大量蜂窝状泡沫。

【化学成分】种子含木鳖子皂苷（momordicasaponin），α-菠菜甾醇（α-spinasterol），木鳖子酸（momordic acid），海藻糖（mycose），α-桐酸（α-eleostearic acid），齐墩果酸（oleanolic acid），甾醇（sterol），脂肪

▲木鳖子

油，木鳖糖蛋白（momorcochin）S，木鳖子素（cochinchinin）等。

【药理作用】细胞毒作用：木鳖糖蛋白-S可抑制家兔网状细胞溶解产物的蛋白质合成和核糖体苯丙氨酸的聚合。木鳖糖蛋白-S与人浆细胞的单克隆抗体连接形成的免疫毒素对靶细胞有选择性的细胞毒作用。

【功能主治】药性：苦、微甘，温，有毒。归肝、脾、胃经。功能：消肿散结，解毒，追风止痛。主治：痈肿，疔疮，无名肿毒，痔疮，癣疮，粉刺，鼾黯，乳腺炎，淋巴结结核，痢疾，风湿痹痛，筋脉拘挛，牙龈肿痛。用法用量：内服煎汤，0.6 ~ 1.2 g；多入丸、散。外用适量，研末调醋敷、磨汁涂或煎水熏洗。使用注意：孕妇及体虚者禁服。

附方：

1. 治痔疮：荆芥、木鳖子、朴硝各等分。煎汤熏，并温汤洗；或木鳖子适量，研极细末，调成糊状，敷患处。
2. 治阴疝偏坠痛甚：木鳖子1个。磨醋，调黄柏、木芙蓉末适量，敷痛处。
3. 治风牙疼痛：木鳖子适量。去壳，磨稀，调敷患处。
4. 治面神经麻痹：木鳖子适量。捣烂，加适量蜂蜜或陈醋搅拌成泥糊状，外敷。
5. 治神经性皮炎：木鳖子醇浸液适量。加升汞3 g，甘油10 mL，外敷患处。

474 王瓜

【别名】土瓜。

【来源】为葫芦科植物王瓜*Trichosanthes cucumeroides*（Ser.）Maxim.的果实。

【植物形态】多年生草质藤本。块根纺锤形，肥大；茎细，具纵棱和槽，被短柔毛。卷须2歧，被短柔毛。叶互生；叶柄3 ~ 10 cm，具纵条纹，密被短茸毛和疏短刚毛状软毛；叶片纸质，阔卵形或圆形，顶端钝或渐尖，基部深心形，边缘具细齿或波状齿，长5 ~（13 ~ 19）cm，宽5 ~（12 ~ 18）cm，常3 ~ 5浅裂至深裂，或不分离，裂片卵形或倒卵形，上面深绿色，被短绒毛和疏散短刚毛，下面淡绿色，密被短茸毛。雌雄异株；雄花序总状花，或1单花与其并生，总花梗长5 ~ 10 cm，被短茸毛；花梗长约5 mm，被短茸毛；小苞片线状披针形，长2 ~ 3 mm，全缘，被短茸毛，稀无小苞片；花萼筒喇叭形，被短茸毛，5裂，裂片线状披针形；花冠白色，5裂，裂片长圆状卵形，具极长的丝状流苏；雄蕊3，花丝短，分离；退化雌蕊刚毛状；雌花单生，花梗短，子房长圆形，均密被短柔毛，花萼花冠与雄花同。果实卵圆形、卵状椭圆形或球形，成熟时橙红色，平滑，两端钝圆，具喙。种子横长圆形，深褐色，两侧室大，近圆形，表面具瘤状突起。花期5—8月，果期8—11月。

【生境分布】生于海拔250 ~ 1 700 m的林中或灌丛中。分布于开州、丰都、石柱、武隆地区。

【采收加工】秋季果熟后采收，鲜用或连柄摘下，挂于日光下或通风处干燥。

【药材性状】果实卵状椭圆形或椭圆形，长6 ~ 9 cm，宽3 ~ 6 cm。顶端窄，留有长3 ~ 7 mm的柱基，基部钝圆。青时有10 ~ 12条苍白色条纹，熟后橙红色。果皮薄，光滑，稍有光泽。果梗长5 ~ 20 mm。种子略呈“十”字形似螳螂头，长约12 mm，宽约14 mm，中央室成一宽约5 mm的环带，两侧有扁圆形的较小空室，黄棕色，表面有凹凸不平的细皱纹。具香甜气，味甘微酸。

【化学成分】果实含β-胡萝卜素（β-carotene），番茄烃（lycopene），7-豆甾烯-3β-醇（stigmast-7-en-3β-ol），α-菠菜甾醇（α-spinasterol）等。果皮含有机酸。叶含山柰苷（kaempferitrin），山柰酚-3-葡萄糖-7-鼠李糖苷（kaempferol-3-glucoside-7-rhamnoside）。根含三萜皂苷、甾醇及其苷类、有机酸、糖蛋白、蛋白质及多糖等。

【药理作用】根有止痛、抑癌作用。

【功能主治】药性：味苦，性寒。归心、肾经。功能：清热，生津，化瘀，通乳。主治糖尿病，黄疸，噎膈反胃，经闭，乳汁不通，痈肿，慢性咽喉炎。用法用量：内服煎汤，9 ~ 15 g；或入丸、散。外用适量，捣敷。使用注意：孕妇、虚证禁服。

附方：

1. 治糖尿病：王瓜适量。去皮，饭后嚼100 ~ 150 g。
2. 治反胃：王瓜3 g，烧存性，入好枣肉、平胃散末6 g。酒送服。

▲王瓜

▲栝楼

3. 治大肠下血：王瓜50 g（烧存性），地黄100 g，黄连25 g。研末，蜜丸梧子大。米饮下30丸。

4. 治小儿疮疖脓肿：王瓜果皮适量。煅末，麻油调搽。

王瓜子清热利湿，凉血止血；主治肺痿吐血，黄疸，痢疾，肠风下血。

根泻热通结，散瘀消肿；主治各种疼痛，糖尿病，痔疮，痈肿，蛇伤，热病烦渴，黄疸，热结便秘，小便不利，经闭，乳汁不下，癌症。水煎服，5～15 g，鲜者60～90 g；或捣汁。外用适量，捣敷或磨汁涂。脾胃虚寒及孕妇慎服。

附方：

1. 治痔疮：王瓜根10 g，三百棒15 g，水煎，外洗。

2. 治妇人难产：用王瓜根适量。研末，醋汤调下6 g。

3. 治手术后疼痛，外伤痛，肠胃道疼痛：王瓜根适量。切片，每次0.3～0.6 g，嚼烂吞服。

4. 治痈肿疖毒，指疔：王瓜根适量。用酒磨汁，涂搽患处。

5. 治毒蛇咬伤：王瓜根适量。研末，加水调成饼状，外敷于伤处。

【资源综合利用】王瓜始载于《神农本草经》，列为中品，一名土瓜。该植物分布广泛，易于栽培，在资源上能保证应用的需求，有待开发成一种新的药源。

475 栝楼

【别名】瓜蒌。

【来源】为葫芦科植物栝楼*Trichosanthes kirilowii* Maxim.的果实或种子。

【植物形态】攀缘藤本，长可达10 m。块根肥厚圆柱状。茎较粗，具纵棱及槽，多分枝，被白色伸展柔毛。叶互生；叶柄长3～10 cm，卷须3～7分歧，均被柔毛；叶片纸质，轮廓近圆形或近心形，长宽均5～20 cm，常3～（5～7）浅裂至中裂，稀深裂或不分裂而仅有不等大粗齿，裂片菱状倒卵形、长圆形，顶端钝或急尖，边缘常再浅裂，基部心形，弯缺深3～4 cm，表面粗糙，两面沿脉被长柔毛状硬毛。雌雄异株；雄总状花序长10～20 cm，粗壮，具纵棱及槽，被微柔毛，单生或与一单花并生，或在枝条上部者单生，顶端有5～8花；单花花梗长约15 cm，小花梗长约3 mm，小苞片倒卵形或阔卵形，长1.5～（2.5～3）cm，中上部具粗齿，被短柔毛；萼筒长2～4 cm，顶端扩大，径约10 mm，被短柔毛，裂片5，披针形，长10～15 mm，宽3～5 mm，全缘；花冠白色，裂片5，倒卵形，长约20 mm，宽约18 mm；花药靠合，花丝分离，粗壮，被长柔毛；雌花单生，花梗长7.5 cm，被柔毛；萼筒长2.5 cm，径1.2 cm，裂片和花冠同雄花；子房椭圆形，长2 cm，柱头3。果实椭圆形或圆形，长7～11 cm，熟时黄褐色或橙黄色。种子卵状椭圆形，压扁，淡黄褐色，近边缘处具棱线。花期5—8月，果期8—10月。

【生境分布】生于海拔350～1 800 m的山坡林下、灌丛中、草地和田边，有栽培。分布于库区各市县。

【采收加工】果实成熟时采收。在距果实15 cm处连茎剪下，悬挂在通风干燥处晾干。采时将种子及瓤取出，晒干。

【药材性状】果实：类球形或宽椭圆形，长7 ~ 10 cm，直径6 ~ 8 cm。表面橙红色或橙黄色，顶端有圆形的花柱残基，基部略尖，具残存果梗。质脆，易破开，果瓤橙黄色，黏稠，与多数种子黏结成团。具焦糖气，味微酸甜。

果皮：果瓣呈舟状，边缘内卷曲7 ~ 10 cm。外表面橙红色或橙黄色，皱缩，部分有残存柱基或果梗残迹，内表面黄白色。质较脆。具香甜气，味甘、微酸。

【显微鉴别】果皮横切面：外果皮细胞1列，为类方形角质化厚壁细胞，细胞外壁及侧壁均增厚，内为数层色素细胞，其下为石细胞环带。维管束为双韧型，木质部多向外弯曲。薄壁细胞含少量草酸钙结晶。

粉末特征：浅橙黄色。外果皮细胞多角形；气孔不定式。石细胞多角形或类方形，直径20 ~ 62 μm，棕黄色，壁厚4 ~ 11 μm，纹孔较细密，胞腔甚大。木纤维狭长纺锤形，直径15 ~ 47 μm，末端有时分叉，壁有裂隙状纹孔。中果皮内层薄壁细胞不规则多角形，内果皮细胞条状，壁极薄，两层细胞长径常互相垂直。草酸钙结晶不规则块状，直径9 ~ 38 μm。

【化学成分】成熟果实含三萜皂苷、有机酸、树脂、糖类和色素等。果肉中还含丝氨酸蛋白酶（serlne protease）A及B。果皮还含氨基酸，无机元素，7-豆甾烯-3β-醇（$\triangle^7$-stigmastenol），7-豆甾烯醇-3-O-β-D-葡萄糖苷（$\triangle^7$-stigmastenol-3-O-β-D-glucopyranoside），β-菠菜甾醇（β-spinasterol），棕榈酸，半乳糖酸γ-内酯和半乳糖，少量挥发油（以棕榈酸的含量最高，其次是亚麻酸和亚油酸），月桂酸，肉豆蔻酸，硬脂酸等。种子油脂含量约26%，其中饱和脂肪酸占30%，不饱和脂肪酸占66.5%，以栝楼酸（trichosanic acid）为主要成分，另含甾醇类、三萜类及多种氨基酸等。鲜根汁含天花粉蛋白（trichosanthin）、多种氨基酸、肽类（peptide）、糖类等。

【药理作用】有扩张冠脉、抗急性心肌缺血、改善微循环、抑制血小板聚集、抗心律失常、耐缺氧、抗癌、祛痰、致泻、抑菌作用。2.5%瓜蒌醇提液可明显增强果蝇生殖力，延缓其随龄退化。种子有抑制血小板聚集、抗癌、泻下、扩张、心脏冠脉作用。根有终止妊娠、抗癌、抗艾滋病病毒、免疫刺激和免疫抑制、降血糖、核酸酶活性、抗病毒作用。

【功能主治】药性：瓜蒌味甘、微苦，性寒；归肺、胃、大肠经。功能：清热化痰，宽胸散结，润燥滑肠。瓜蒌皮清肺化痰，利气宽胸散结。主治：肺热咳嗽，胸痹，结胸，糖尿病，乳腺炎，肺脓肿，便秘，痈肿疮毒。用法用量：内服水煎服，9 ~ 20 g；或入丸、散。外用适量，捣敷。使用注意：脾胃虚寒，便溏及寒痰、湿痰者慎服。反乌头。

附方：

1. 治干咳：栝楼适量。捣烂，绞汁，入蜜等分，加白矾3 g，熬膏，频含咽汁。
2. 治心绞痛：栝楼一枚（捣），薤白150 g，半夏250 g，白酒500 mL。水煎取2 000 mL，温服500 mL。
3. 治肝气躁急而胁痛：栝楼一枚（重50 ~ 100 g者），甘草6 g，红花2 g。水煎服。
4. 治糖尿病小便多：栝楼250 g，水煎服，分多次服。
5. 治胸闷咳嗽：栝楼果皮15 g，陈皮9 g，枇杷叶（去毛）9 g。水煎服，冰糖为引。
6. 治肺脓肿：瓜蒌皮、冬瓜子各15 g，薏苡仁、鱼腥草各30 g。煎服。

栝楼种子可清肺化痰，滑肠通便；主治痰热咳嗽，肺虚燥咳，肠燥便秘，痈疮肿毒；脾胃虚冷作泄者禁服。反乌头。胃弱者宜去油取霜用。

根（又名天花粉）清热生津，润肺化痰，消肿排脓；主治热病口渴，糖尿病，中期引产，恶性滋养叶肿瘤，异位妊娠，肺热燥咳，疮疡肿毒；脾胃虚寒、大便溏泄者慎服。使用注意：反乌头。少数病人可出现过敏反应或严重副作用，使用应遵医嘱。

7. 治大便燥结：栝楼子、火麻仁各9 g。水煎服。
8. 治咳嗽热痰多：天花粉50 g，杏仁、桑皮、贝母各9 g，桔梗、甘草各3 g。水煎服。

【资源综合利用】栝楼始载于《神农本草经》。“天花粉”原称“栝蒌根”，始载于《神农本草经》。天花粉之名始见于宋《本草图经》。近年用天花粉治疗HIV有一定疗效。天花粉蛋白具有较强的抗病毒作用，有望开发成为继干扰素之后的另一种具有广谱抗病毒作用的新药。

▲党参

桔梗科Campanulaceae

476 党参

【别名】潞党、防风党参。

【来源】为桔梗科植物党参*Codonopsis pilosula*（Franch.）Nannf. 的根。

【植物形态】多年生草本，有白色乳汁。根长圆柱形，顶端有一膨大的根头，具多数瘤状的茎痕。茎缠绕，多分枝，下部疏被白色粗糙硬毛。叶对生、互生或假轮生，叶柄长0.5 ~ 2.5 cm；叶片卵形或狭卵形，长1 ~ 7 cm，宽0.8 ~ 5.5 cm，顶端钝或尖，基部截形或浅心形，全缘或微波状，上面被粗伏毛，下面粉绿色，被疏柔毛。花单生，花梗细；花萼绿色，裂片5，长圆状披针形，长1 ~ 2 cm，顶端钝，光滑或稍被茸毛，贴生至子房中部；花冠阔钟形，直径2 ~ 2.5 cm，淡黄绿色，有淡紫堇色斑点，顶端5裂，裂片三角形至广三角形，直立；雄蕊5，花丝中部以下扩大；子房下位，3室，花柱短，柱头3，极阔，呈漏斗状。蒴果圆锥形，有宿存花萼。种子小，卵形，褐色有光泽。花期8—9月，果期9—10月。

【生境分布】生于山地灌木丛中及林缘，栽培。分布于巫溪、巫山、奉节、开州、石柱、丰都、涪陵、武隆地区。

【采收加工】9—10月采挖，晒4 ~ 6 h，然后用绳捆起，揉搓使根充实，经反复3 ~ 4次处理后，扎成小捆，贮藏或进行加工。

【药材性状】根略呈圆柱形、纺锤状圆柱形或长圆锥形，少分枝或中部以下有分枝，长15 ~ 45 cm，直径0.5 ~ 2.5 cm。上部多环状皱纹，近根头处尤密；根头有多数突起的茎痕及芽痕，集成球状，习称“狮子盘头”；表面米黄或灰黄色，有不规则纵沟及皱缩，疏生横长皮孔。支根断裂处有时可见黑褐色胶状物。质柔润或坚硬，断面较平整，皮部较厚，黄白色、淡棕色或棕褐色，常有裂隙，与木部交接处有一深棕色环，木部占根直径的1/3 ~ 1/2，淡黄色。气微香，味甜，嚼之无渣。

【显微鉴别】根横切面：木栓细胞5 ~ 8列，径向壁具纵条纹；木栓石细胞单个散在或数个成群，位于木栓层外侧或嵌于木栓细胞间。皮层狭窄，细胞多不规则或破碎，挤压成颓废组织；有乳管群分布。韧皮部宽广，乳汁管群与筛管群相伴，作径向排列，切向略呈多个断续的同心环，乳汁管含淡黄色粒状分泌物；韧皮射线5 ~ 9列细胞，外侧常现裂隙，形成层成环。木质部占根半径的1/2 ~ 4/7；导管单个或5 ~ 10个相聚，径向排列成（1 ~ 2）列；木射线宽广，常破碎而形成较大的裂隙；木薄壁细胞排列紧密；初生木质部三原型。本品薄壁细胞充满菊糖及少数淀粉粒。

【理化鉴别】（1）检查植物甾醇：取本品乙醚浸出物加醋酐溶解，沿管壁加入浓硫酸，两液界面呈棕色环，上层由蓝色即变为绿色。

（2）薄层鉴别：本品粉末以适量氯仿回流提取，提取液蒸干，以适量氯仿溶解作为供试液，以苍术内酯（atractylenolide）氯仿液作为对照品液。各取上述供试液及对照液适量，点于同一硅胶GF_{254}板上，以环已烷-乙酸乙酯（7∶3）展开。喷以亚硝酸钠硫酸试液，110 ℃加热5 min后，在紫外灯（254 nm）下检测。党参及素花党参样品液色谱在与对照品色谱相应位置上，显示相同的淡绿色荧光斑点。本品甲醇提取物经大孔树脂处理，去掉糖类和脂肪，作为供试液。以丁香苷（syrigin）甲醇液作为对照液。各取供试液及对照液适量点于同一GF_{254}板上，以氯仿-甲醇-水（7∶3∶0.5）展开。置紫外灯（254 nm）下观察荧光，供试液色谱在与对照液色谱相应位置上显示相同颜色的斑点。

【化学成分】根大部分是糖类，此外，还含甾醇及三萜类，有生物碱、氨基酸、挥发油等成分。糖类有果糖（fructose），菊糖（inulin），多糖和杂多糖。还含苷类成分：丁香苷（syringin），正己基-β-D-吡喃葡萄糖苷（*n*-hexyl-β-D-glucopyranoside），乙基-α-D-呋喃果糖苷（ethyl-α-D-fructofuranoside），党参苷（tangshenoside）等。其他成分有丁香醛（syringaldehyde），香草酸（vanillic acid），2-呋喃羧酸（2-furancarboxylic acid），苍术内酯（atractylenolide），5-羟甲基糠醛（5-hydroxymethyl-2-furaldehyde），棕榈酸甲酯（methylpalmitate），苍术内酯Ⅲ（atrctylenolideⅢ），白芷内酯（angelicin），补骨脂内酯（psoralen）和琥珀酸（succinic acid），无机元素等。根挥发油成分主要为棕榈酸甲酯，占总油量的28.04%。

【药理作用】有增强机体应激能力、增强机体免疫功能、延缓衰老、抗溃疡、抑制和兴奋回肠、加快小肠推进、拮抗回肠挛缩、抑制胃蠕动增强、抗惊厥、降低体温、镇痛、增进或改善记忆获得障碍、延长睡眠时间、抑制血栓形成、降低血液黏度、降低血浆TXA_2的代谢产物TXB_2含量、抑制PGI_2的代谢产物6-酮-前列腺素Fla（6-keto-PGFh）、短暂降压、扩张微血管并使血流量增加、保护心肌缺血、减慢心率、解除运动性心肌疲劳、改善微循环障碍、脑保护、抗肿瘤辅助、抗炎、抗菌作用。

【功能主治】药性：甘，平。归脾、肺经。功能：健脾补肺，益气生津。主治：脾胃虚弱，食少便溏，四肢乏力，肺虚喘咳，气短自汗，气血两亏诸证。用法用量：内服煎汤，6 ~ 15 g；或熬膏、入丸、散。生津、养血宜生用；补脾益肺宜炙用。使用注意：实证、热证禁服；正虚邪实证，不宜单独应用。

附方：

1. 补元气，强筋力：党参5 g，沙参25 g，桂圆肉20 g。水煎或泡酒服。
2. 治小儿自汗症：党参15 g，黄芪10 g。水煎分3次服，1岁以内减半。
3. 治小儿口疮：党参30 g，黄柏15 g。研末，撒患处。
4. 治脱肛：党参30 g，升麻9 g，甘草6 g。水煎，早晚服。

477　川党参

【别名】党参、条党、单枝党、庙党、板党。

【来源】为桔梗科植物川党参*Codonopsis tangshen* Oliv.的根。

【植物形态】多年生草本，有白色乳汁。根长胡萝卜形，粗约1.5 cm，顶端有一膨大的根头，具多数瘤状茎痕。茎缠绕，长达3m，淡绿色，基部带紫色，有白粉。叶互生；叶柄长0.5 ~ 2.5 cm；叶片卵形或狭卵形，长2 ~ 6.5 cm，宽0.8 ~ 3.5 cm，顶端钝尖，基部圆截形或楔形，稀浅心形，边缘有不明显钝齿，两面初被短柔毛，后变无毛。花单生，花梗长1.5 ~ 6.5 cm；花萼绿色，裂片5，仅紧贴生于子房最下部，长圆状披针形，长1.4 ~ 1.7 cm，顶端尖；花冠阔钟形，游离部分长约3 cm，淡黄绿色，顶端5裂，裂片三角形，直立；雄蕊5，花丝中部以下扩大；子房对花萼而言几乎为全上位，对花冠而言为半下位，5室，花柱5裂，胚珠多数。蒴果圆锥形，成熟时变成紫红色，有宿存花萼。种子小，卵形，褐色有光泽。花期8—9月，果期9—10月。

【生境分布】生于海拔900～2 300 m的山地林边灌丛中，现有大量栽培。分布于巫溪、巫山、奉节、云阳、万州、开州、忠县、石柱、丰都、涪陵、武隆地区。

【采收加工】9—10月采挖，洗净，晒4～6 h，然后用绳捆起，揉搓使根充实，经反复3～4次处理后，即可扎成小捆，贮藏或进行加工。

【药材性状】根略呈圆柱形、纺锤状圆柱形或长圆锥形，少分枝或中部以下分枝少，长10～45 cm，直径0.5～2 cm。上部多环状皱纹，近根头处尤密；根头有多数突起的茎痕及芽痕；表面灰棕色，栓皮常局部脱落，有明显不规则纵沟，疏生横纹。支根断裂处有时可见黑褐色胶状物。质柔润或坚硬，断面较平整，皮部肥厚，裂隙较少，黄白色、淡棕色或棕褐色，与木部交接处有一浅棕色环，淡黄色。气微香，味微甜、酸，嚼之无渣。

【显微鉴别】木栓细胞数列，有的稍增厚，具纹孔；木栓石细胞数列排成断续的环带，有的嵌于木栓细胞间。皮层狭窄，细胞多不规则或破碎，挤压成颓废组织；有乳管群分布。韧皮部宽广，乳汁管群与筛管群相伴，作径向排列，切向略呈多个断续的同心环，乳汁管含淡黄色粒状分泌物；韧皮射线5～9列细胞，外侧常现裂隙，形成层成环。韧质部约占根半径的2/3；木质部较小，导管单个或5～10个相聚，径向排列成1～2列；木射线宽广，常破碎而形成较大的裂隙；木薄壁细胞有的增厚，排列紧密；初生木质部三原型。薄壁细胞含较多淀粉粒，多为复粒；菊糖存在于裂隙处及导管中。

粉末特征：类白色。菊糖多，用冷水合氯醛液装置，菊糖团块略呈扇形、类圆形或半圆形，表面具放射状线纹。石细胞较少，单个散在或数个成群，有的中部壁较厚，使胞腔呈哑铃状，孔沟明显，喇叭状或漏斗状，直径25～36 μm，长60～76 μm，壁厚3～（5～8）μm，偶有短纤维状，壁厚3～（5～8）μm，纹孔稀疏。具缘纹孔、网纹、网状具缘纹孔导管及梯纹导管，直径21～80 μm，导管分子长80～88 μm。乳汁管为有节联结乳汁管，直径12～15 μm，管中及周围细胞中充满油滴状物及细颗粒。木薄壁细胞梭形，有的垂周壁上具网状纹理，有的呈连珠状，有的纹、孔沟明显。淀粉粒较多，单粒圆球形、类圆形，直径6～20 μm，脐点点状或不明显；复粒由2～7分粒组成。

【化学成分】根含多糖，蒲公英赛醇，乙酸蒲公英甾醇酯，无羁萜，豆甾醇，丁香苷，党参苷，（E）-2-

▲川党参

己烯基-β-槐糖苷[（E）-2-hexenyl-β-sophoroside]，（E）-2-己烯基-α-L-吡喃阿拉伯糖基（1→6）-β-D-吡喃葡萄糖苷[（E）-2-hexenyl α-L-arabinopyra nosyl（1→6）-β-D-glucopyranoside]，己基-β-龙胆二糖苷（hexyl-β-gentiobioside），己基-β-槐糖苷（hexyl-β-soporoside），党参内酯（codonolactone），党参酸（codopiloic acid），多种氨基酸和铁、铜、钴、锰、锌、镍、砷、钒、钼、氟等无机元素。

【药理作用】【功能主治】见“党参”。

【资源综合利用】根据产地及加工方式不同，有不同的商品名。产自重庆巫溪的称“大宁党”，产自巫山的称“庙党”，产自湖北恩施土家族苗族自治州板桥镇的称“板桥党”。从成分上来看，重庆产区的川党（大宁党、庙党）含糖量均高，具有较大的开发价值。目前，巫溪已开始进行川党的规范化种植，栽培面积达3万亩。

478 半边莲

【别名】急解索、细米草、半边花、长虫草。

【来源】为桔梗科植物半边莲*Lobelia chinensis* Lour.的全草。

【植物形态】多年生草本，有白色乳汁，高6～30 cm。茎平卧，节上生根，分枝直立。叶无柄或近无柄，狭披针形或条形，长7～25 mm，宽2～5 mm，顶端急尖，边全缘或有波状小齿。花通常1朵生分枝上部叶腋，花梗长1.2～1.8 cm，无小苞片；花萼裂片5，狭三角形，长3～6 mm；花冠淡紫色或淡红色，长10～15 mm，近一唇形，5深裂，裂片披针形，偏向一边，近裂缺处有时具2个青色腺囊；雄蕊5，长约8 mm，花丝上部与花药合生，下面2花药顶端有髯毛；子房下位，2室。蒴果倒圆锥形。种子细小。花期5—12月。

【生境分布】生于海拔300～1 300 m处的水田边、沟边、路边潮湿地或阴山坡。分布于库区各市县。

【采收加工】夏季采收，连根拔起，洗净，晒干或阴干。

【药材形性】多皱缩成团。根细长，圆柱形，表面淡黄色，光滑或有细纵纹，有须根。茎细长多节，灰绿色，靠近根茎部显淡紫色，有皱缩的纵向纹理，节上有残留须根。叶互生，狭长，表面光滑无毛，多皱缩或脱落。花基部筒状，花瓣5，花筒内密生白色毛茸。气微，味初微甘，后稍辛辣。以叶绿、根黄者为佳。

▲半边莲

【化学成分】全草含多种生物碱，主要为半边莲碱（lobeline），去氢半边莲碱，山梗菜酮（olebelanine），山梗菜醇碱（lobelanidine），异山梗菜酮碱（isolobelanine），黄酮苷，皂苷，氨基酸，糖类，对-羟基苯甲酸（p-hydroxy-benzoic acid），延胡索酸（fumaric acid）和琥珀酸（succinic acid）等。根茎含半边莲果聚糖（lobeli-nin）。

【药理作用】有抗蛇毒、利尿、呼吸兴奋、利胆、抗肿瘤、抗菌、止血、降压、催吐、泻下作用。半边莲素对离体兔心和蛙心有兴奋作用，高浓度时，继之抑制，终致发生传导阻滞和心跳停止。半边莲碱肌肉注射0.5～5 mg/kg，在呼吸兴奋的同时，心率减慢，血压升高；大剂量时则心率加快，血压明显下降，终致心肌麻痹。

【功能主治】药性：辛，微寒。归心、肺、小肠经。功能：利水消肿、清热解毒。主治：毒蛇咬伤，肝硬化腹水，胃癌，直肠癌，肾炎水肿，扁桃体炎，阑尾炎，疔疮肿毒，湿疹，癣疾，痔疮等。用法用量：内服煎汤，15 ~ 30 g，鲜品30 ~ 60 g。外用适量，捣烂涂或煎水熏洗。使用注意：本品有毒，用时宜慎。孕妇及体虚者忌服。

附方：

1. 治疮癣：半边莲适量。熬水洗。

2. 治晚期血吸虫病腹水、肝硬化腹水：半边莲30 g。水煎服。

3. 治肺癌（热毒壅滞型）：半边莲、蒲公英、鱼腥草、通光散、半枝莲、白花蛇舌草，九里光，薏苡仁各30 g。水煎服。

479　桔梗

【别名】苦桔梗。

【来源】为桔梗科植物桔梗*Platycodon grandiflorus*（Jacq.）A. DC. 的根。

【植物形态】多年生草本，高30 ~ 120 cm，全株有白色乳汁。主根长纺锤形。茎通常不分枝或上部稍分枝。叶3 ~ 4片轮生、对生或互生；无柄或有极短的柄；叶片卵形至披针形，长2 ~ 7 cm，宽0.5 ~ 3 cm，顶端尖，基部楔形，边缘有尖锯齿，下面被白粉。花一至数朵单生茎顶或集成疏总状花序；花萼钟状，裂片5；花冠阔钟状，直径4 ~ 6 cm，蓝色或蓝紫色，裂片5，三角形；雄蕊5，花丝基部变宽，密被细毛；子房下位，花柱5裂。蒴果倒卵圆形，熟时顶部5瓣裂。种子多数，褐色。花期7—9月，果期8—10月。

【生境分布】生于海拔500 ~ 1 900 m处的山地草坡、林缘。有栽培。分布于库区各区县。

【采收加工】秋季采挖，趁鲜用碗片或竹片刮去外皮，放清水中浸2 ~ 3 h，捞起，晒干；或去芦切片，晒干。

【药材性状】根圆柱形或纺锤形，下部渐细，有的分枝，长6 ~ 20 cm，直径1 ~ 2 cm。表面淡黄白色，微有光泽，皱缩，有扭曲的纵沟，并有横向皮孔斑痕及支根痕，有时可见未刮净的黄棕色或灰棕色栓皮；上端根茎（芦头）长0.5 ~ 4 cm，直径约1 cm，具半月形的茎痕，呈盘节状。质硬脆，易折断，折断面略不平坦，可见放射状裂隙，皮部类白色，形成层环棕色，木部淡黄色。气微，味微甜、苦。以根肥大、色白、质充实、味苦者为佳。

【显微鉴别】根横切面：木栓层有时残存；木栓细胞偶含草酸钙小方晶。皮层窄。韧皮部宽广，外侧有时有裂隙；外侧韧皮射线渐弯曲；筛管群与乳管群伴生，作径向散列，乳管壁略厚，内含黄棕色颗粒状物。形成层成环。木质部导管单个散在或数个相聚，放射状排列；木射线较宽。本品薄壁细胞含菊糖。

粉末特征：米黄色。菊糖众多，薄壁细胞中的菊糖团块呈扇形或不规则团块状。乳汁管易见，被薄壁细胞所包围，较明显者呈联结的网状，或成断节状，周围为类方形或长方形的薄壁细胞所包围；乳管中可见细小的淡黄色油滴及类圆形的小颗粒状内含物。网纹及梯纹导管，少见具缘纹，直径25 ~（48 ~ 95）μm，有的导管分子较短，长仅100 μm。

▲桔梗

【理化鉴别】菊糖反应：粉末或切片遇α-萘酚浓硫酸试液显紫堇色。

【化学成分】根含桔梗皂苷（platycodin），去芹菜糖基桔梗皂苷（deapioplatycodin），乙酰基桔梗皂苷（acetylplatycodin），远志皂苷（polygalacin），乙酰基远志皂苷，桔梗苷酸-A甲酯（methyl platyconate-A），白桦脂醇（betulin），α-菠菜甾醇（α-spinasterol），α-菠菜甾醇-β-D-葡萄糖苷（α-spinasteryl-β-D-glucoside）等。

【药理作用】有祛痰、镇咳、抗炎、降血脂、降低血管和冠状动脉阻力、抗心房抑制、降血糖、镇静、镇痛、降低体温、抗溃疡、利尿、抑菌、杀虫作用。桔梗皂苷有很强的溶血作用。

【功能主治】药性：苦、辛，平。归肺、胃经。功能：宣肺，祛痰，利咽，排脓。主治：咳嗽痰多，咽喉肿痛，肺痈吐脓，胸满胁痛，痢疾腹痛，小便癃闭。用法用量：内服煎汤，3～10 g；或入丸、散。外用适量，烧灰研末敷。使用注意：阴虚久咳及咯血者禁服；胃溃疡者慎服。内服过量可引起恶心呕吐。

附方：

1. 治风热咳嗽痰多，咽喉肿痛：桔梗9 g，桑叶15 g，菊花12 g，杏仁6 g，甘草9 g。水煎服。
2. 治肺痈吐血：桔梗9 g，冬瓜仁128，薏苡仁15 g，芦根30 g，金银花30 g。水煎服。
3. 治风热咳嗽，咽膈不利：桔梗、甘草、防风各等分。水煎服。
4. 治伤寒腹胀：桔梗、半夏、陈皮各9 g，姜五片。水煎服。

【资源综合利用】桔梗始载于《神农本草经》，列为下品。库区栽培桔梗有悠久历史，但并未形成规模，应加大技术指导，规范化种植，形成桔梗产业。

菊科Compositae

480　大力子

【别名】恶实、牛蒡子。

【来源】为菊科科植物牛蒡*Arctium lappa* L.的成熟果实。

【植物形态】二年生草本，高1～2 m。茎直立，上部多分枝，带紫褐色，有纵条棱。基生叶大形，丛生，有长柄；茎生叶互生；叶片长卵形或广卵形，长20～50 cm，宽15～40 cm，顶端钝，具刺尖，基部常为心形，全缘或具不整齐波状微齿，上面具疏毛，下面密被灰白色短绒毛。头状花序簇生于茎顶或排列成伞房状，直径2～4 cm；花序梗长3～7 cm，表面有浅沟，密被细毛；总苞球形，苞片多数，覆瓦状排列，披针形或线状披针形，顶端钩曲；花小，红紫色，均为管状花，两性，花冠顶端5浅裂，聚药雄蕊5，与花冠裂片互生，花药黄色；子房下位，1室，顶端圆盘状，着生短刚毛状冠毛；花柱细长，柱头2裂。瘦果长圆形或长圆状倒卵形，灰褐色，具纵棱，冠毛短刺状，淡黄棕色。花期6—8月，果期8—10月。

【生境分布】生于海拔300～1 600 m处的路旁、沟边、荒地、山坡向阳草地。分布于库区各市县。

【采收加工】7—8月果实呈灰褐色时，分批采摘，堆积2～3 d，暴晒，脱粒，扬净，再晒至全干。

【药材性状】瘦果长倒卵形，两端平截，略扁，微弯，长5～7 mm，直径2～3 mm。表面灰褐色或淡灰褐色，具多数细小黑斑，并有明显的纵棱线。顶端较宽，有一圆环，中心有点状凸起的花柱残迹；基部狭窄，有圆形果柄痕。质硬，折断后可见子叶两片，淡黄白色，富油性。

【显微鉴别】瘦果横切面：外果皮为1列大小不等的类方形薄壁细胞，壁弯曲，多破裂；外被角质层。中果皮厚薄不匀，细胞壁稍厚，棕黄色或暗棕色，微木化；于棱脊处常有小形维管束。内果皮狭窄，为棕黄色的颓废细胞层，细胞界限不清，为1列草酸钙方晶所充填。种皮最外为1列栅状细胞，多扭曲，排列紧密，长75～120 μm，直径10～30 μm，壁甚厚，层纹明显；营养层为数列薄壁细胞，常颓废不清。

【理化鉴别】（1）检查木脂素类：取本品粉末2 g，加乙醇20 mL温浸1 h，滤过。取滤液2 mL，加入等体积的3%碳酸钠水溶液，于水浴上煮沸3～5 min，放冷，加入重氮化试剂，则溶液呈红色（检查木脂素类）。

（2）检查生物碱：取本品粗粉5 g，加稀盐酸水溶液（pH1.0～2.0）10 mL，浸泡过夜，滤过。取滤液3份各2 mL，置3支试管中，分别加碘化汞钾试剂、碘化铋钾试剂、硅钨酸试剂各1滴，则分别产生白色、棕红色及白色沉淀。

（3）荧光显色：取本品粉末少量，置紫外光灯（365 nm）下观察，显绿色。

（4）薄层鉴别：取脱脂后的样品粉末0.5 g，加2 mL甲醇浸泡6 h，上清液点样。吸附剂：高效硅胶G薄层板。展开剂：二氯甲烷-乙醚-甲醇-己烷（4∶1∶0.4∶1），饱和20 min后展开，展开后的薄层于室温放置自然显色至里清晰的黄色斑点。

【化学成分】果实含牛蒡苷（arctiin），罗汉松脂酚（matairesinol），络石苷元（trachelogenin），倍半木质素（sesquilignan）等。种子含牛蒡苷，牛蒡酚（lappaol），脂肪油。从挥发油中分离和鉴定出66种化学成分。其中有顺式-2-甲基环戊醇、7-甲基-1-辛烯（7-Methyl-l-octene）、丙基环戊烷（Propyl cyclopetane）等。

【药理作用】有抗真菌、抗病毒、抑制尿蛋白排泄增加、改善糖尿病大鼠肾脏病变、抗肿瘤、降低血糖、钙拮抗、扩张血管、短暂的降低血压，抑制或麻痹子宫、肠管、运动神经及骨骼肌，轻度利尿、泻下作用。根有抑制肿瘤生长、抗菌及抗真菌作用。

【功能主治】药性：辛、苦，寒。归肺、胃经。功能：疏散风热，宣肺透疹，利咽散结，解毒消肿。主治：风热咳嗽，咽喉肿痛，斑疹不透，风疹瘙痒，疮疡肿毒。用法用量：内服煎汤，5～10 g；或入散剂。外用适量，煎汤含漱。使用注意：脾虚便溏者禁服。

附方：

1. 治风热闭塞咽喉，遍身浮肿：牛蒡子250 g，半生半熟，研为末。热酒调下5 g。
2. 治风壅痰涎多，咽膈不利：牛蒡子（微炒）、荆芥穗各5 g，甘草（炙）3 g。水煎服。食后夜卧。
3. 治风肿斑毒作痒：牛蒡子、玄参、僵蚕、薄荷各15 g。为末。每服10 g，白汤调下。
4. 治斑疹时毒及痄腮肿痛：牛蒡子、柴胡、连翘、川贝母、荆芥各6 g。水煎服。

牛蒡根味苦、微甘，性凉。归肺、心经。散风热，消毒肿。主治风热感冒，头痛，咳嗽，热毒面肿，咽喉肿痛，齿龈肿痛，风湿痹痛，癥瘕积块，痈疖恶疮，痔疮脱肛。

▲牛蒡

【资源综合利用】牛蒡子原名恶实，始载于《名医别录》。药理作用实验发现，根具有促进大鼠成长加速的作用。牛蒡子栽培技术成熟，管理成本低，应注重发展，同时牛蒡子清热作用明显，可作保健茶饮。

481 青蒿

【别名】苦蒿。

【来源】为菊科植物黄花蒿*Artemisia annua* L.的全草。

【植物形态】一年生草本，高40 ~ 150 cm。全株有特殊气味。茎直立，具纵条纹，多分枝，光滑无毛。基生叶平铺地面，开花时凋谢；茎生叶互生，幼时绿色，老时变为黄褐色，无毛，有短柄，向上渐无柄；叶片通常为三回羽状全裂，裂片短细，有极小粉末状短柔毛，上面深绿色，下面淡绿色，具细小的毛或粉末状腺状斑点；叶轴两侧具窄翅；茎上部的叶向上逐渐细小呈条形。头状花序细小，球形，径约2 mm，具细软短梗，多数组成圆锥状；总苞小，球状，花全为管状花，黄色，外围为雌花，中央为两性花。瘦果椭圆形。花期8—10月，果期10—11月。

【生境分布】生于海拔200 ~ 1 700 m处的旷野、山坡、路边、河岸等处。分布于库区各市县。

【采收加工】7月下旬—8月下旬。晴天取全株叶（带少量幼枝），置阴凉处风干。

【药材性状】茎圆柱形，上部多分枝，长30 ~ 80 cm，直径0.2 ~ 0.6 cm；表面黄绿色或棕黄色，具纵棱线；质略硬，易折断，断面中部有髓。叶互生，暗绿色或棕绿色，卷缩，易碎，完整者展平后为三回羽状深裂，裂片及小裂片矩圆形或长椭圆形，两面被短毛。气香特异，味微苦。以色绿、叶多、香气浓者为佳。

【显微鉴别】叶表面观：上下表皮细胞形状不规则，垂周壁波状弯曲，长径18 ~（41 ~ 80）μm，脉脊上的表皮细胞呈窄长方形。气孔椭圆形，不定式。表面布满非腺毛和腺毛。非腺毛于中脉附近多见，为T字形毛，臂细胞横向延伸或在柄处折成“V”字形，长240 ~（480 ~ 816）μm，柄由3 ~ 8细胞组成，单列，基部柄细胞较大，臂细胸常脱落。腺毛椭圆形，无柄，两个半圆形分泌细胞相对排列，常充满淡黄色挥发油。

【理化鉴别】（1）检查内酯类化合物：本品叶的粉末1 g，加甲醇50 mL浸泡。取甲醇提取液，挥去溶剂，加7%盐酸羟胺的甲醇溶液与10%氢氧化钾的甲醇溶液（1∶1）1 mL，在水浴中微热，冷却后用10%盐酸调pH至3 ~ 4，加1%三氯化铁的乙醇溶液1 ~ 2滴，即显紫色。

（2）薄层鉴别：取本品粉末3 g，加石油醚（60 ~ 90 ℃）50 mL，加热回流1 h，滤过，滤液蒸干，残渣加正己烷30 mL使溶解，用20%乙腈溶液提取3次，每次10 mL，合并乙腈液，蒸干，残渣加乙醇0.5 mL使其溶解，作为供试品溶液。另取青蒿素对照品，加乙醇制成每1 mL含1 mg的溶液，作为对照品溶液，吸取上述两种溶液各5 μL，分别点于同一硅胶G薄层板上，以石油醚（60 ~ 90 ℃）-乙醚（6∶4）为展开剂，展开，取出，晾干，喷以10%硫酸乙醇溶液，105 ℃加热至斑点显色清晰，置紫外光灯（365 nm）下检视。在供试品色谱中，与对照品色谱相应的位置上，显相同颜色的荧光斑点。

【化学成分】地上部分含青蒿素及其异构体，氢化青蒿素，去氧青蒿素，去氧异青蒿素等。

【药理作用】有抗菌、抗病毒、抗疟、抗弓形虫、抗血吸虫、免疫调节，促进红细胞、白细胞、血红蛋白增高，抗肿瘤、解热、抗孕、减慢心率、抑制心肌收缩力、降低冠脉流量、降低血压、抗心律失常、抗肝脏损伤、抗辐射、缩短睡眠时间、抗矽肺作用。此外，青蒿酯钠还是一种干扰素诱生剂。

【功能主治】药性：苦、微辛，寒。归肝、胆经。功能：清热凉血，解暑，截疟，退虚热。主治：伤暑低热无汗，红斑狼疮，矽肺，肺结核潮热，疟疾，黄疸。用法用量：内服煎汤，6 ~ 15 g，治疟疾可用20 ~ 40 g，不宜久煎；鲜品用量加倍，水浸绞汁饮；或入丸、散。外用适量，研末调敷；或鲜品捣敷；或煎水洗。使用注意：脾胃虚寒者慎服。

附方：

1. 治暑毒热痢：青蒿叶50 g，甘草3 g。水煎服。

2. 退骨蒸劳热：银柴胡4.5 g，胡黄连、秦艽、鳖甲（醋炙）、地骨皮、青蒿、知母各3 g，甘草1.5 g。水煎服。血虚甚，加当归、芍药、生地；咳嗽频繁，加阿胶、麦门冬、五味子。

3. 截疟：青蒿适量。晒干，研末，每日3 g，发疟前4 h服用。

▲黄花蒿

▲奇蒿

4. 治鼻中衄血：青蒿适量。捣汁服之，并塞鼻中。

5. 治牙齿肿痛：青蒿一握。煎水漱之。

【资源综合利用】青蒿之名最早见载于《五十二病方》。黄花蒿为广布种，但青蒿素的含量同种质及环境有密切关系。库区武陵山地区内黄花蒿的青蒿素含量普遍较高，平均为4.847‰～8.853‰，资源丰富，产量大。青蒿可提取精油。青蒿浸提物对多种杂草生长有抑制作用，可作为一种植保素来抵抗病虫害的侵害，有望开发成新型生物农药。

482　南刘寄奴

【别名】六月霜、刘寄奴。

【来源】为菊科植物奇蒿*Artemisia anomala* S. Moore的带花全草。

【植物形态】多年生草本，高80～150 cm。茎下部通常深紫色，有白色绵毛，中部以上常分枝，被微柔毛。下部叶有花期时枯落，中部叶近革质，长圆状或卵状披针形，长7～11 cm，宽3～4 cm，顶端渐尖，基部渐狭成短柄，不分裂，边缘有密锯齿，上面被微糙毛，下面色浅，被蛛丝状微毛或无毛。头状花序极多数，无梗，密集，在茎端及上部叶腋组成长达25 cm的复总状花序；总苞近钟状，长约3 mm；总苞片3～4层，长圆形，边缘宽膜质，带白色；花筒状，外层雌花长约2 mm，内层两性花长约2.5 mm；聚药雄蕊5；雌蕊1。瘦果微小，长圆形。花果期6—10月。

【生境分布】生于海拔400～1 200 m处的林缘、灌木丛中、河岸旁。分布于开州、武隆地区。

【采收加工】8—9月花期采收，连根拔起晒干，防止野露、雨淋变黑。

【药材性状】全草长60～90 cm，茎圆柱形，直径2～4 mm，通常弯折。表面棕黄色或棕绿色，被白色毛茸，具细纵棱；质硬而脆，易折断，折断面纤维性，黄白色，中央具白色而疏松的髓。叶互生，通常干枯皱缩或脱落，展开后，完整叶片呈长圆状或卵状披针形，长6～10 cm，宽3～4 cm，叶缘有锯齿，上面棕绿色，下面灰绿色，被白毛；叶柄短。质脆易破碎或脱落。头状花序集成复总状，枯黄色。气芳香，味淡。以叶绿，花穗多者为佳。

【显微鉴别】粉末特征：黄绿色。气香。①“T”形毛众多，多碎断，柄易脱落。顶端细胞较平直或弯曲，长约至730 μm，直径5 ~ 44 μm，壁薄；柄2 ~ 7细胞，以2细胞为多见，有的皱缩。②腺毛较多，顶面观呈椭圆形或鞋底形；6或8细胞，多皱缩，两两相对排成3 ~ 4层，长径约72 μm，短径约36 μm，细胞含淡黄色分泌物。③叶片碎片，上表皮细胞表面观呈类多角形，垂周壁略弯曲，少数细胞淡黄色或玫瑰红色。栅栏细胞含细小簇晶，直径3 ~ 6 μm。下表皮细胞垂周壁波状弯曲；气孔稍拱起，类圆形或长圆形。④花粉粒类球形，直径18 ~ 20 μm，具3孔沟，表面有细小颗粒状雕纹。⑤茎部非腺毛大多粗大，至20余细胞，上部几个细胞短小，直径为10 ~ 14 μm，基部直径为45 ~ 54 μm。⑥茎表皮细胞表面观类长方形或类多角部。⑦薄壁细胞含草酸钙簇晶、方晶。

【理化鉴别】检查黄酮苷：（1）取本品粉末少量，用70%乙醇温浸，滤过。滤液浓缩，浓缩液用聚酰胺拌和后装柱。先用水及乙酸乙酯分别洗脱杂质，然后再用乙醇洗脱并浓缩。取此液1 mL并加盐酸4 ~ 5滴，加入少量镁粉，在沸水浴中加热3 min，呈现红色。

（2）薄层鉴别：取本品粉末20 g，加石油醚（沸程60 ~ 90 ℃）400 mL回流提取。减压回收石油醚，残渣用少量乙酸乙酯溶解，滤过，滤液作为供试品溶液。另以7-甲氧基香豆素溶液作为对照品溶液。取供试品溶液和对照品溶液分别点样于同一硅胶G（青岛）薄层板上，用已烷-乙酸乙酯-甲醇（4：1：0.5）展开，在紫外光灯（254 ~ 365 nm）下观察，供试品色谱在与对照品色谱的相应位置上，显相同的紫色荧光斑点。

【化学成分】带花全草含奇蒿黄酮（arteanoflavone），香豆精（couma-rin），5, 7-二羟基-6, 3, 4-三甲氧基黄酮（eupatilin），小麦黄素（tricin），脱肠草素（herniarin），东莨菪素（scopatilin），伞形花内酯（umbellifer-one），三裂鼠尾草素（salvigenin），喘诺木烯内酯（reynosin），狭叶墨西哥蒿素（armexifolin），去氢母菊内酯酮（de-hydromatricarin），去乙酰基去氢母菊内酯酮（deacetyldehy-dromatricarin）等。

【药理作用】有抗缺氧、抗菌作用。

【功能主治】药性：辛、苦、平。归心、肝、脾经。功能：清暑利湿、活血行淤、通经止痛。主治：中暑，头痛，肠炎，痢疾，经闭，痛经，产后腹痛，恶露不尽，肿瘤，跌打损伤，金疮出血，风湿痹痛，便血，尿血，痈疮肿毒，烫伤，食积腹痛。用法用量：内服煎汤，5 ~ 10 g；消食积单味可用至15 ~ 30 g。外用适量。使用注意：孕妇禁服，气血虚弱、脾虚作泄者慎服。消肿宜生用，行血宜酒炒，止血宜醋炒。孕妇忌服。

附方：

1. 治血气胀满：南刘寄奴穗实10 g。煎酒服。
2. 治金疮出血：南刘寄奴适量。研末，撒患处。

483　艾叶

【别名】家艾、艾蒿、五月艾、白艾、蕲艾。

【来源】为菊科植物艾*Artemisia argyi* Levl. et Vant.的叶。

【植物形态】多年生草本，高50 ~ 120 cm，全株密被白色茸毛。中部以上或仅上部有开展及斜升的花序枝。叶互生，下部叶在花期枯萎；中部叶卵状三角形或椭圆形，长6 ~ 9 cm，宽4 ~ 8 cm，基部急狭或渐狭成柄，或稍扩大而成托叶状；叶片羽状或浅裂，侧裂片约2对，常楔形，中裂片又常三裂，边缘有齿，上面被蛛丝状毛，有白色密或疏腺点，下面被白色或灰色密茸毛；上部叶渐小，三裂或不分裂，无柄。头状花序多数，排列成复总状，长约3 mm，直径为2 ~ 3 mm，花后下倾；总苞卵形；总苞片4 ~ 5层，边缘膜质，背面被绵毛；花带红色，多数，外层雌性，内层两性。瘦果常几达1 mm，无毛。花期7—10月。

【生境分布】生于海拔250 ~ 1 650 m处的荒地林缘。有栽培。分布于库区各市县。

【采收加工】6月（端午节前后）花未开时割取地上部分，摘取叶片嫩梢，晒干。

【药材性状】叶多皱缩，破碎，有短柄。完整叶片展平后呈卵状椭圆形，羽状深裂，裂片椭圆状披针形，边缘有不规则粗锯齿，上表面灰绿色或深黄绿色，有稀疏的柔毛及腺点，下表面密生灰白色绒毛。质柔软。气清香，味苦。以叶厚、色青、背面灰白色、绒毛多、质柔软、香气浓郁者为佳。

【显微鉴别】粉末特征：绿褐色。非腺毛有两种：一种为“T”字形毛，顶端细胞长而弯曲，两臂不等长，柄2～4个细胞；另一种为单列性非腺毛，3～5个细胞，顶端细胞特长而扭曲，常断落。腺毛表面观呈鞋底形，由4或6细胞相对叠合而成，无柄。草酸钙簇晶直径为3～7 μm，存在于叶肉细胞中。

【理化鉴别】将艾叶样品剪碎，分别称取2 g，置50 mL锥形瓶中，加醋酸乙酯30 mL浸泡24 h，滤过，滤液在水浴上浓缩至2 mL，供点样用。吸附剂：硅胶GF_{254}-0.3% CMC-Na水溶液铺板，室温干燥后，105 ℃活化0.5 h，备用。称取对照品泽兰素-3’，4’-二甲醚，配制成1 mg/mL的氯仿液，将对照品液及样品液各2 μL点在薄层板上。展开剂：环己烷-醋酸乙酯-甲酸（6：4：0.1）。展距：18 cm。在紫外灯（365 nm）下观察荧光，可见样品与对照液相同的位置上显相同颜色的斑点。

▲艾

【化学成分】叶含挥发油0.45%～1.00%，已鉴定出60种成分，主要有：α-侧柏烯（α-thujene），α-蒎烯（α-pinene），樟烯（camphene），香桧烯（sabinene），β-蒎烯（β-pinene），樟脑（camphor），龙脑（bomeol），异龙脑（isobomeol），4-松油烯醇（terpinen-4-ol），对-聚伞花-α-醇（p-cymen-α-ol），α-松油醇（α-terpineol），1-辛烯-3-醇（1-octen-3-ol），2，4（8）-对-盖二烯[2，4（8）-p-menthadiene]，对-聚伞花素（p-cymene），1，8-桉叶素（1，8-cineole），γ-松油烯（γ-terpinene），蒿属醇（artemisia alcohol），α-松油烯（α-terpinene），二甲基苏合香烯（dimethylstyrene）等。

【药理作用】有抗菌、抗病毒、平喘、镇咳、祛痰、补体激活、抑制心肌收缩力、引起房室传导阻滞、抗过敏性休克、抑制血小板聚集、延长睡眠、增加胆汁流量、兴奋子宫、抑菌、溶除自由基作用。艾燃烧生成物从施灸部位皮肤渗透，可抑制清除自由基或过氧化脂质，从而达到治疗效果。

【功能主治】药性：辛、苦，温。归肝、脾、肾经。功能：温经止血，散寒止痛，祛湿止痒。主治：吐血，衄血，咯血，便血，崩漏，妊娠下血，月经不调，痛经，胎动不安，心腹冷痛，泄泻久痢，霍乱转筋，带下，湿疹，疥癣，痔疮，痈疡。用法用量：内服煎汤，3～10 g；或入丸、散；或捣汁。外用适量，捣烂作炷或制成艾条熏灸；或捣敷；或煎水熏洗；或炒热温熨。使用注意：阴虚血热者慎服。

附方：

1. 治月经不调，淋沥不止：艾叶（醋炒）、鹿角霜、干姜（炮）、伏龙肝各等分。研末，熔鹿角胶和药，趁热，丸如梧桐子大。每服50丸，淡醋汤下，食前服。

2. 治吐血不止：柏叶、干姜各150 g，艾叶50 g。水煎温服。

3. 治转筋吐泻：艾叶、木瓜各25 g，盐6 g。水煎冷服。

4. 治膝风：陈艾、菊花各适量。填护膝内，包患处。

【资源综合利用】本品入药始载于《名医别录》。艾叶是制作艾条、艾炷的主要原料。

484 茵陈蒿

【别名】茵陈、绵茵陈、细叶蒿。

【来源】为菊科植物茵陈蒿*Artemisia capillaris* Thunb.的地上部分。

【植物形态】半灌木状多年生草本，高45～100 cm，幼时被灰白色绢毛。根分枝，常斜生，或为圆锥形而直生。茎常数个丛生，斜上，基部较粗壮，木质，表面紫色或黄绿色，有纵条纹。叶密集，下部叶与不育枝的叶同形，有长柄，叶片长圆形，长1.5～5 cm，2～3次羽状全裂；中部叶长2～3 cm，2次羽状全裂，裂片线形或毛管状，宽0.3～1 mm，；上部叶无柄，羽状全裂、3裂或不裂，裂片短，毛管状。头状花序极多数，在枝端排列成复总状花序，有短梗及线形苞叶；总苞近球形，直径1.5～2 mm；总苞片3～4层，卵形，顶端尖，边缘膜质，背面稍绿色，外层者短小，无毛；花杂性，均为管状花；外层雌花4～12个，常为7个左右，能育，柱头2裂，叉状，伸出花冠外，内层两性花较少，顶端稍膨大，5裂，裂片三角形，有时带紫色，下部收缩，倒卵状，子房退化，不育。瘦果小，矩圆形，长为0.8～1 mm，具纵条纹，无毛。花期8—9月，果期9—10月。

【生境分布】生于海拔250～1 650 m处的河岸、路旁、山坡、路旁及低山坡地区。分布于库区各区县。

【采收加工】3—4月采收嫩梢，习称"绵茵陈"；立秋前后采收地上部分，习称"茵陈蒿"。晒干。

【药材性状】茎呈圆柱形，多分枝，长为30～100 cm，直径2～8 mm；表面淡紫色或紫色，被短柔毛；断面类白色。叶多淡紫色或紫色，被短柔毛；断面类白色。叶多脱落；下部叶二至三回羽状深裂，裂片条形，两面被白色柔毛；茎生叶一至二回羽状全裂，基部抱茎，裂片细丝状。头状花序卵形，长1.2～1.5 cm，直径1～1.2 mm，有短梗；总苞片多3～4层，外层雌花常为6～10个，内层两性花常为2～9个。瘦果长圆形，黄棕色。气芳香，味微苦。以质嫩、绵软、色灰白、香气浓者为佳。

【显微鉴别】叶片表面观：表皮细胞垂周壁波状弯曲，长径25～（58～112）μm，气孔不定式。表面密布"丁"字形毛，顶端细胞较平直，长614～（1 362～1 638）μm，中部略折成"V"字形，两臂不等长，细胞壁极厚，胞腔常呈细缝状；柄细胞1～2个，壁厚2.5～（4.7～7.5）μm。偶见腺毛，呈椭圆形或鞋底状，有2个半圆形分泌细胞，常充满淡黄色油状物。

【理化鉴别】（1）检查对羟基苯乙酮：取茵陈蒿粗粉各2 g，分别加水30 mL于沸水浴中温浸4 h，冷后滤过。分别取滤液20 mL，以等量氯仿萃取3次（首次萃取加入乙酸乙酯5 mL），合并萃取液，用无水硫酸钠脱水后，蒸去溶剂，分别得到黄色油状物备用。将上述黄色油状物的一半用乙醇0.5 mL溶解（在水浴上稍热），加入0.5% 2，4-二硝基苯肼2N盐酸溶液4滴，振摇，溶液即呈橘红色且析出极少颗粒状沉淀，或几无沉淀。

▲茵陈蒿

（2）薄层鉴别：取上述黄色油状物的另一半，用氯仿0.5 mL溶解后作供试品溶液。以对羟基苯乙酮和蒿属香豆素的乙醇溶液作为对照品溶液。将供试品溶液和对照品溶液分别点样于同一硅胶G薄板上，用石油醚（沸程60～90 ℃）-乙酸乙酯-丙酮（6：3：0.5）展开，展距14 cm。分别在紫外光灯（254 nm）下观察，或用0.5% 2，4-二硝基苯肼的2 mol/L盐酸溶液显色，供试品色谱在与对照品色谱的相应位置上，显相同颜色的斑点。

【化学成分】含挥发油类：其成分萜类有：α-、β-蒎烯，柠檬烯（limonene），α-、γ-松油烯（terpinene），月桂烯，对-聚伞花素，β-丁香烯（β-caryophyllene），α-葎草烯（α-humu-lene），β-古芸烯（β-gurjunene），α-香柑油烯（α-bergamotene），β-榄香烯（β-elemene）等。尚含苯乙炔，双亚乙基类成分：茵陈二炔，茵陈烯酮（capillone）等。花序含马栗树皮素二甲醚，东莨菪素，异东莨菪素（isoscopoletin），茵陈色原酮，7-甲基茵陈色原酮，茵陈蒿酸B，茵陈蒿灵

（artepillin）A、C，茵陈素及滨蓟黄素。花蕾含马栗树皮素二甲醚，茵陈色原酮，4'-甲基茵陈色原酮，7-甲基茵陈色原酮等。花蕾中马栗树皮素二甲醚含量最高，在开花季节含量可达1.98%，随即迅速降低。

【药理作用】有利胆、保肝、扩张血管、降血脂、抗凝血、解热、镇痛、消炎、抗病原微生物、抗肿瘤、利尿、平喘、耐缺氧、降血糖、抗氧化作用。

【功能主治】药性：微苦、微辛，微寒。归脾、胃、膀胱经。功能：清热利湿，退黄。主治：黄疸，小便不利，湿疮瘙痒。用法用量：内服煎汤，10～15 g；或入丸、散。外用适量，煎水洗。使用注意：脾虚血亏而致的虚黄、萎黄，一般不宜使用。

附方：

1. 治黄疸：茵陈200 g，黄芩150 g，枳实（炙）100 g，大黄150 g。研末，蜜丸如梧子大，空腹，以米饮服20丸，渐加至25丸。忌热面、蒜、荞麦、黏食、陈臭物。

2. 治发黄，脉沉细迟，肢体逆冷，腰以上自汗：茵陈25 g，附子4 g，干姜（炮）15 g，甘草（炙）12 g。水煎服。

3. 治胆囊感染：茵陈30 g，蒲公英12 g，忍冬藤30 g，大黄10 g。水煎服。

4. 治热病发斑：茵陈100 g，大黄、玄参各50 g，栀子仁0.3 g，生甘草25 g。研末。每服12 g，水煎，不计时候服。

5. 治风疹瘙痒：茵陈250 g，苦参250 g。锉细，煎水，温时，涂拭，每日5～7次。

【资源综合利用】本品始载于《神农本草经》，列为上品。茵陈色原酮还具有防龋作用，可开发成牙膏、口香糖类产品。

485　白苞蒿

【别名】鸭脚艾、白米蒿、肺痨草。

【来源】为菊科植物白苞蒿*Artemisia lactiflora* Wall. ex DC.的全草。

▲白苞蒿

【植物形态】多年生直立草本，高60 ~ 150 cm。茎无毛或具蛛丝状毛。下部叶，花时凋落，叶形多变异，长7 ~ 18 cm，宽5 ~ 12 cm，一或二次羽状深裂，中裂片又常3裂，裂片卵状椭圆形或长圆状披针形，边缘有深或浅锯齿，下面沿脉有微毛，基部有假托叶和柄；上部叶羽裂或不裂，无柄。头状花序卵圆形，密集成顶生的复穗状花序；总苞卵形，长约2 mm，直径1.5 ~ 2 mm；总苞片3 ~ 4层，白色或黄白色，最外层较短，卵形，边缘膜质，内层椭圆形；花托裸、平或微凸；花杂性，外层雌花，中央两性花，管状，黄色；雄蕊5。瘦果椭圆形，长约1.5 mm。花、果期9—12月。

【生境分布】生于海拔500 ~ 2 200 m的路旁、山坡、草地。分布于巫山、奉节、云阳、开州、丰都、涪陵、武隆、长寿地区。

【采收加工】夏、秋季采收，晒干或鲜用。

【化学成分】含黄酮苷，酚类，挥发油和氨基酸。从茎叶中分离得脱肠草素（Herniarin），香豆精（coumarine）等。

【功能主治】药性：辛、微苦，微温。功能：活血化瘀，理气化湿，止咳。主治：头痛，月经不调，闭经，肝炎，肾炎水肿，白带，荨麻疹，腹胀，疝气，咳嗽，肺结核，便血，尿血，吐血，跌打损伤，烧、烫伤，疮疡，湿疹。用法用量：内服煎汤，9 ~ 18 g。外用适量。

附方：

1. 治肺结核：白苞蒿、肺筋草、矮茶风、金钱草各15 g，侧柏叶9 g，鹿衔草12 g。煎水，炖猪肺服。
2. 治跌打瘀肿：鲜白苞蒿60 g，韭菜30 g。捣烂，酒炒热，敷患处。

486 猪毛蒿

【别名】滨蒿、丝叶茵陈。

【来源】为菊科植物猪毛蒿*Artemisia scoparia* Waldst. et Kit.的地上部分。

【植物形态】一年生或二年生至多年生草本，幼时被灰白色绢毛，高45 ~ 100 cm。根纺锤形或圆锥形，多垂直。茎常单一，偶2 ~ 4，基部常木质化，表面紫色或黄绿色，有纵条纹，多分枝，老枝近无毛，有时具叶较大而密集的不育枝。叶密集，下部叶与不育枝的叶同形，有长柄，叶片长圆形，长1.5 ~ 5 cm，2或3次羽状全裂，最终裂片披针形或线形，顶端尖；中部叶长1 ~ 2 cm，2次羽状全裂，基部抱茎，裂片线形或毛管状；上部叶无柄，3裂或不裂，裂片短，毛管状。头状花序极多数，有梗，在茎的侧枝上排列成复总状花序；总苞卵形或近球形，直径1 ~ 2 mm，总苞片3 ~ 5层，每层3片，覆瓦状排列，卵形、椭圆形、长圆形或宽卵形，顶端钝圆，外层者短小，内层者大，边缘宽膜质，背面绿色，近无毛；花杂性，均为管状花；外层雌花5 ~ 15，能育，柱头2裂，叉状，伸出花冠外，内层两性花3 ~ 9，顶端稍膨大，5裂，裂片三角形，有时带紫色，下部收缩，倒卵状，子房退化，不育。瘦果小，长圆形或倒卵形，长约0.7 mm，具纵条纹，无毛。花期8—9月，果期9—10月。

【生境分布】生于海拔500 ~ 1 600 m的山坡、旷野、路旁、林缘。分布于巫山、奉节、万州、忠县地区。

【采收加工】猪毛蒿在3—4月即可采收嫩梢，猪毛蒿可在立秋前后采收，晒干。

【药材性状】幼苗卷缩成团状，灰白色或灰绿色，全体密被白色茸毛，绵软如绒。茎细小，长1.5 ~ 2.5 cm，直径0.1 ~ 0.2 cm，除去表面白色茸毛后可见明显纵纹。质脆，易折断。叶具柄，展平后叶片长1 ~ 3 cm；小裂片卵形或稍呈倒披针形、条形，顶端锐尖。气清香，味微苦。以质嫩、绵软、色灰白、香气浓者为佳。

【显微鉴别】叶片表面观：表皮细胞垂周壁波状弯曲，长径37 ~（82 ~ 138）μm，气孔不定式。表面密布"T"字形毛，顶端细胞较平直，长614 ~（1362 ~ 1638）μm，中部略折成"V"字形，两臂不等长，细胞壁极厚，胞腔常呈细缝状；柄细胞1 ~ 2个，壁厚1.3 ~ 3.4（~ 5）μm。偶见腺毛，呈椭圆形或鞋底状，有2个半圆形分泌细胞，常充满淡黄色油状物。

【理化鉴别】（1）检查对羟基苯乙酮：取猪毛蒿、茵陈蒿粗粉各2 g，分别加水30 mL于沸水浴中温浸4 h，冷后滤过。分别取滤液20 mL，以等量氯仿萃取3次（首次萃取加入乙酸乙酯5 mL），合并萃取液，用无水硫酸钠脱水后，蒸去溶剂，分别得到黄色油状物备用。将上述黄色油状物的一半用乙醇0.5 mL溶解（在水浴上稍热），加

◀猪毛蒿

▲蒌蒿

入0.5%2，4-二硝基苯肼2N盐酸溶液4滴，振摇，猪毛蒿溶液即呈橘红色且析出颗粒状沉淀；而茵陈蒿溶液呈淡橘红色且沉淀极少，或几无沉淀。

（2）薄层鉴别：分别取上述两种黄色油状物的另一半，用氯仿0.5 mL溶解后作供试品溶液。以对羟基苯乙酮和蒿属香豆素的乙醇溶液作为对照品溶液。将供试品溶液和对照品溶液分别点样于同一硅胶G薄板上，用石油醚（沸程60～90 ℃）-乙酸乙酯-丙酮（6∶3∶0.5）展开，展距14 cm。分别在紫外光灯（254 nm）下观察，或用0.5% 2，4-二硝基苯肼的2 mol/L盐酸溶液显色，供试品色谱在与对照品色谱的相应位置上显相同颜色的斑点。

【化学成分】含挥发油：丁醛（butyraldehyde），糠醛（furfuraldehyde），桉叶素（cineole），葛缕酮（carvone），侧柏酮（thujone），侧柏醇（thujylalcohol），丁香油酚（eugenol），异丁香油酚（isoeugenol）等。还含绿原酸（chlorogenic acid），对-羟基苯乙酮（*P*-hydroxyacetphenone），大黄素（cmodin），蒿黄素（artemetin），紫花牡荆素（casticin），匙叶桉油烯醇（spathulenol）和茵陈素（capillarin）等。幼苗还含胆碱（choline）。花蕾、花和果实含马栗树皮素二甲醚及6，7-二甲氧基香豆精（6，7-dimethoxycoumarin）。花序含芸香苷（rutin），槲皮素-3-O-葡萄糖半乳糖苷（quercetin-3-O-elucogalactoside），山柰酚-3-O-葡萄糖半乳糖苷（kaempferol-3-O-glucogalactoside），7-甲基香橙素（7-methylaromadendrin），鼠李柠檬素（rhamnocitrin）等。

487 红陈艾

【别名】柳蒿、狭叶艾、四川刘寄奴。

【来源】为菊科植物蒌蒿*Artemisia selengensis* Turcz.的全草。

【植物形态】多年生直立草本，高60～150 cm。有横生地下茎。下部叶于花期枯萎；中部叶羽状深裂，侧裂片1～2对，线状披针形或线形，顶端渐尖，基部渐窄，边缘有疏尖齿，下面被灰白色蛛丝状平贴绵毛；上部叶3裂、不裂或线形而全缘。头状花序近球形，直径3～3.5 mm，在分枝上排成总状或复总状花序，并在茎上组成稍开展的圆锥花序；花黄色，管状，外层雌性，内层两性，均结实。瘦果。花、果期8—11月。

头状花序密集成穗状圆锥花丛，钟形，长3～4 mm，宽2.5～3 mm；总苞片约4层，外层卵形，黄褐色，有短绵毛，中层广卵形，内层椭圆形，有宽膜质边缘。花黄色，外层者为雌性，内层者为两性，均结实。瘦果长圆形，无毛。花果期9—11月。

【生境分布】生于海拔250～1 600 m的山坡草地、路边、荒野、河岸等处。分布于巫溪、万州、开州、忠县、石柱、丰都、涪陵、武隆、长寿地区。

【采收加工】夏、秋季开花前采收，选茎叶色青者，割取茎的上部，阴干或晒干。

【药材性状】茎圆柱形，长30～80 cm，直径0.3～0.8 cm，表面黄绿色，有纵棱纹，质硬，断面有白色的髓。叶片多卷缩、破碎，展平后，完整叶片通常3～4深裂，裂片披针形或线状披针形，背面有白色毡毛。头状花序聚成穗状圆锥花丛，花多脱落，留有黄棕色苞片，苞片广卵形，具白色细柔毛。气特异，味微苦。以身干、色青绿、无泥杂者为佳。

【化学成分】根含癸烷类。叶含亚麻酸乙酯，脱肠草素，环内桥接过氧化物等。

【功能主治】药性：苦、辛，温。功能：破血行瘀，下气通络，清热解毒。主治：食欲不振。跌打损伤，瘀血肿痛，传染性肝炎，高血压，产后瘀积，小腹胀痛，月经不调，内伤咯血，外伤便血，刀伤，犬伤。用法用量：内服煎汤，5 ~ 10 g。外用适量，研末，敷患处。使用注意：孕妇禁服。

【资源综合利用】蒌蒿是一种药食兼用的野菜，有“救命菜”“可食第一香草”之称，其嫩茎叶可凉拌、炒腊肉、炒豆干等。

488 紫菀

【别名】青菀、广紫菀、软紫菀、辫紫菀、关公须。

【来源】为菊科植物紫菀*Aster tataricus* L.f.的根和根茎。

【植物形态】多年生草本，高40 ~ 150 cm。茎直立，通常不分枝，粗壮，有疏糙毛。根茎短，密生多数须根。基生叶花期枯萎、脱落，长圆状或椭圆状匙形，长20 ~ 50 cm，宽3 ~ 13 cm，基部下延；茎生叶互生，无柄；叶片长椭圆形或披针形，长18 ~ 35 cm，宽5 ~ 10 cm，中脉粗壮，有6 ~ 10对羽状侧脉。头状花序多数，直径2.5 ~ 4.5 cm，排列成复伞房状；总苞半球形，宽10 ~ 25 mm，总苞片3层，外层渐短，全部或上部草质，顶端尖或圆形，边缘宽膜质，紫红色；花序边缘为舌状花，约20个，雌性，蓝紫色，舌片顶端3齿裂，花柱柱头2分叉；中央有多数筒状花，两性，黄色，顶端5齿裂；雄蕊5；柱头2分叉。瘦果倒卵状长圆形，扁平，紫褐色，长2.5 ~ 3 mm，两面各有1脉或少有3脉，上部具短伏毛，冠毛污白色或带红色。花期7—9月，果期9—10月。

【生境分布】生于低山阴坡湿地、山顶和低山草地及沼泽地。栽培。分布于巫溪、万州、开州、武隆地区。

【采收加工】10月下旬至翌年早春，待地上部分枯萎后采挖，将细根编成小辫状，晒至全干。

【药材性状】根茎不规则块状，长2 ~ 5 cm，直径1 ~ 3 cm；表面紫红色或灰红色，顶端残留茎基及叶柄残痕，中下部丛生多数细根；质坚硬，断面较平坦，显油性。根多数，细长，长6 ~ 15 cm，直径1 ~ 3 mm，多编成辫状；表面紫红色或灰红色，有纵皱纹；质较柔韧，易折断，断面淡棕色，边缘一圈现紫红色，中央有细小木心。气微香，味甜、微苦。以根长、色紫红、质柔韧者为佳。

▲紫菀

【显微鉴别】根横切面：根表皮细胞一列，椭圆形，壁微木化，胞腔中含有紫红色色素；下皮为一列木栓化细胞，形状与上者近似，壁微增厚。皮层极宽阔，全由薄壁细胞组成，有些细胞中有小油滴散在，近内皮层处可见小油管4 ~ 6个，常与韧皮部相对；内皮层明显。中柱细小，维管束多为5个，韧皮部位于木质部的弧角处；木质部导管略作“V”字形排列。中央有较小的髓部。

粉末特征：红棕色。菊糖碎块，用冷水合氯醛装置，呈扇形、半圆形或不规则形，表面放射状线纹。下皮细胞紫红色、淡黄棕色或无色；表面观略呈长方形，垂周壁稍增厚，细波状弯曲。石细胞（根茎）单个散在，类长方形、类圆形或圆三角形，直径44 ~ 154 μm，长95 ~ 177 μm，壁厚6 ~ 22 μm，层纹及孔沟明显，有的胞腔内含草酸钙簇晶或黄棕色物。厚壁细胞长条形，直径38 ~ 73 μm，长可至315 μm，壁厚2 ~ 10 μm，非木化，纹孔排列成纵行。油管碎片易见，分泌细胞及管道内均含黄棕色或红棕色分泌物。草酸钙簇晶存在于薄壁细胞中，直径8～20 μm，有的一个细胞含数个结晶，或含晶细胞纵向连接，簇晶排列成行。此外，可见木纤维、导管等。

【理化鉴别】检查皂苷：取本品粉末2 g，加水20 mL，置60 ℃水浴上加热10 min，趁热滤过，放冷。取滤液2 mL，置带塞试管中，用力振摇1 min，产生持久性泡沫，10 min内不消失。

【化学成分】根含无羁萜（friedelin），表无羁萜醇（epifriedeliol），紫菀酮（shionone），木栓酮（friedelin），表木栓醇（epi-friedelanol），紫菀苷（shionoside），紫菀皂苷（astersaponin），紫菀五肽（asterin）等。另含挥发油：主要成分有毛叶醇（lachnophyllol），乙酸毛叶酯（1achnophyllol acetate），茴香脑（anethole），烃，脂肪酸，芳香族酸等。

【药理作用】有祛痰、镇咳、抑菌、抗癌作用。

【功能主治】药性：苦、辛，温。归肺经。功能：润肺下气，化痰止咳。主治：咳嗽，肺虚劳嗽，肺痿肺痈，咳吐脓血，小便不利。用法用量：内服煎汤，4.5～10 g；或入丸、散。使用注意：润肺宜蜜炙用。有实热者慎服。

附方：

1. 治久嗽：紫菀、款冬花各25 g，百部12 g，生姜三片，乌梅一个。水煎服。
2. 治小儿咳嗽气急：紫菀10 g，贝母、款冬花各8 g。水煎，食后，温服。
3. 治妊娠咳嗽不止，胎动不安：紫菀12 g，桔梗6 g，甘草、杏仁、桑白皮各4 g，天门冬12 g。竹茹一块，水煎去滓，入蜜半匙，再煎二沸，温服。
4. 治小便不利：紫菀、车前子（布包）各12 g。水煎服。
5. 治习惯性便秘：紫菀、苦杏仁、当归、肉苁蓉各9 g。水煎服。

【资源综合利用】历代本草收载的紫菀不止一种。紫菀始载于《神农本草》，列为中品。紫菀为库区大宗栽培品种，应注意规范化种植技术研究，提高产量和质量。

489 苍术

【别名】南苍术、山精、赤术、仙术。

【来源】为菊科植物茅苍术*Atractylodes lancea*（Thunb.）DC. 的根茎。

【植物形态】多年生草本。根状茎横走，结节状。茎多纵棱，高30～100 cm，不分枝或上部稍分枝。叶互生，革质；叶片卵状披针形至椭圆形，长3～8 cm，宽1～3 cm，顶端渐尖，基部渐狭，中央裂片较大，卵形，边缘有刺状锯齿或重刺齿，上面深绿色，有光泽，下面淡绿色，叶脉隆起，无柄，不裂，或下部叶常3裂，裂片顶端尖，顶端裂片极大，卵形，两侧的较小，基部楔形。头状花序生于茎枝顶端，叶状苞片1列，羽状深裂，裂片刺状；总苞圆柱形，总苞片5～8层，卵形至披针形，有纤毛；花多数，两性花或单性花多异株；花冠筒状，白色或稍带红色，长约1 cm，上部略膨大，顶端5裂，裂片条形；两性花有多数羽状分裂的冠毛；单性花一般为雌花，具5枚线状退化雄蕊，顶端略卷曲。瘦果倒卵形。

▲茅苍术

【生境分布】生于海拔800～1 650 m的山坡灌丛、草丛中。亦栽培。分布于巫溪、巫山、奉节、开州地区。

【采收加工】栽培2～3年后，9月上旬至11月上旬或翌年2—3月采挖，晒干，去除根须；或晒至九成干后用火燎去须根，再晒至全干。

【药材性状】根茎呈不规则结节状或略呈连珠状圆柱形，有的弯曲，通常不分枝，长3～10 cm，直径1～2 cm。表面黄棕色至灰棕色，有细纵沟、皱纹及少数残留须根，节处常有缢缩的浅横凹沟，节间有圆形茎痕，往往于一端有残留茎基，偶有茎痕，有的于表面析出白色絮状结晶。质坚实，易折断，断面稍不平，类白色或黄白色，散有多数橙黄色或棕红色油室（俗称朱砂点），暴露稍久，可析出白色细针状结晶。横断面于紫外光灯（254 nm）下不显蓝色荧光。香气浓郁，味微甘而苦、辛。以质坚实、断面朱砂点多、香气浓者为佳。

【显微鉴别】根茎横切面：木栓层发达，一层，由数十层木栓细胞组成，其间狭有一条至数条石细胞带。皮层宽阔，约占根茎1/2，其间散有呈切向排列的扁圆形大型油室。维管束外韧型，韧皮部不发达，未见机械组织。形成层明显，环状。木质部较发达，导管分子与木纤维束相间排列，射线与髓部薄壁组织中均散有油室。本品薄壁细胞中含有细小草酸钙针晶与菊糖。

粉末特征：粉末呈棕色。草酸钙针晶细小，长5～30 μm，不规则地充实于薄壁细胞中。木纤维大多成束，长梭形或长纺锤形，直径约至50 μm，壁甚厚，木化。石细胞甚多，类圆形、类长方形或多角形，直径20～80 μm，壁极厚，常与木栓细胞相连接。菊糖结略呈扇形或不规则块状，表面有放射状纹理。此外，还可见油室碎片及网纹、具缘纹孔导管。

【理化鉴别】（1）荧光显色：取本品新鲜横切面置紫外光灯下观察，茅苍术不显蓝色荧光，北苍术显亮蓝色荧光。

（2）薄层鉴别：取茅苍术，北苍术，关苍术粉末各50～100 g，用挥发油提取器提取挥发油。吸取一定量挥发油，用乙酸乙酯稀释成10%溶液，作为供试品溶液。另取苍术酮、苍术素、茅术醇及桉油醇的混合溶液作为对照品溶液。取供试品溶液和对照品溶液，分别点样于同一硅胶G（青岛）薄层板上。用苯-乙酸乙酯-己烷（15：15：70）展开，展距20 cm，取出晾干。喷以含5%对二甲氨基苯甲醛的10%硫酸溶液显色；喷后再于100 ℃烘5 min。供试品色谱在与对照品的相应位置上，显相同颜色的斑点。即喷显色剂后，苍术酮立刻显红色，烘后呈紫色；苍术素、茅术醇及桉油醇喷显色剂后不显色，烘后苍术素显绿色，而茅术醇及桉油醇显棕色。

【化学成分】含挥发油5%～9%：茅术醇（hinesol），β-桉叶醇（β-eudesm01），苍术酮（atractylone），β-橄榄烯（β-maaliene），2-蒈烯（2-carene），α-及δ-愈创木烯（guaiene），花柏烯（chamigrene），1，9-马兜铃二烯（1，9-aristolodiene），榄香醇（elemol），芹子二烯酮[selina-4（14），7（11）-diene-8-one]，苍术呋喃烃（atractylodin）等。尚含倍半萜糖苷，黄酮类，多酚类，氨基酸，多炔类，3β-乙酰氧基苍术酮（3β-acetoxyatractylone），3β-羟基苍术酮（3β-hydroxya-tractylone），糠醛（furaldehyde），色氨酸（tryptophane），含钴、铬、铜、锰、钼、镍、锡、锶、钒、锌、铁、磷、铝、锆、钛、镁、钙等无机元素。

【药理作用】对胃有保护、抑制胃液分泌、抗应激性胃溃疡、促进胃肠运动、改善脾虚体征、对抗回肠收缩、保肝、降血糖、抗缺氧、抗肿瘤、抗炎、抗惊厥、降低肌肉紧张性、镇静、抑浅部真菌、轻微血管扩张、轻度抑制心脏作用。较大剂量呈脊髓抑制作用，终致呼吸麻痹而死亡。

【功能主治】药性：辛、苦，温。归脾、胃、肝经。功能：燥湿健脾，祛风湿，明目。主治：湿困脾胃，倦怠嗜卧，胸痞腹胀，食欲不振，呕吐泄泻，痰饮，湿肿，表证夹湿，头身重痛，痹证湿胜，肢节酸痛重者，痿躄，夜盲。用法用量：内服煎汤，3～9 g；或入丸、散。使用注意：阴虚内热，气虚多汗者禁服。

附方：

1. 治慢性胃炎：苍术12 g，厚朴、陈皮各8 g，甘草（炒）6 g。研末。每服3 g，1日2次。
2. 治胃肠炎：苍术10 g，芍药5 g，黄芩3 g，桂枝1.5 g，水煎，温服。
3. 治湿气身痛：苍术（米泔制）15 g，水煎，取浓汁熬膏服。
4. 补虚明目，健骨和血：苍术（泔浸）200 g，熟地黄（焙）100 g。研末，为丸如梧子大。每温酒下30丸，每日三服。

【资源综合利用】不同产地苍术药理作用有一定的差别，说明产地和苍术的内在质量有较大关系。苍术在全国的分布区内植物形态亦变化较大，对于保护苍术种质资源及选育优良品种有着重要的意义。

▲白术

490 白术

【来源】为菊科植物白术*Atractylodes macrocephala* Koidz. 的根茎。

【植物形态】多年生草本。根茎肥厚，块状。茎高50 ~ 80 cm，上部分枝，基部木质化。茎下部叶有长柄，叶片3裂或羽状5深裂，裂片卵状披针形至披针形，长5 ~ 8 cm，宽1.5 ~ 3 cm，顶端长渐尖，基部渐狭，边缘有长或短针刺状缘，毛或贴伏的细刺齿，顶端裂片较大；茎上部叶柄渐短，狭披针形，分裂或不分裂，长4 ~ 10 cm，宽1.5 ~ 4 cm。头状花序单生于枝顶，长约2.5 cm，宽约3.5 cm，基部苞片叶状，长3 ~ 5 cm，羽状裂片刺状；总苞片5 ~ 8层，膜质，覆瓦状排列，外面略有微柔毛，外层短，卵形，顶端钝，最内层多列，顶端钝，伸长；花多数，全为管状花，花冠紫红色，长约1.5 cm，雄蕊5，花柱细长。瘦果长圆状椭圆形，密被黄白色绒毛，稍扁，长约7.5 mm；冠毛长约1.3 cm，羽状，污白色，基部联合。花期9—10月，果期10—12月。

【生境分布】栽培。分布于万州、开州、石柱、丰都、涪陵、武隆地区。

【采收加工】10月下旬至11月中旬待地上部分枯萎后，选晴天，挖掘根部，剪去茎秆，将根茎烘干，烘温开始用100 ℃，待表皮发热时，减至60 ~ 70 ℃，每4 ~ 6 h翻动一遍，半干时搓去须根，再烘至八成干，取出，堆放5 ~ 6 d，使表皮变软，再烘至全干。亦可晒干，需用15 ~ 20 d晒至全干。

【药材性状】根茎呈不规则的肥厚团块，长3 ~ 13 cm，直径1.5 ~ 7 cm。表面灰黄色或灰棕色，有瘤状突起及断续的纵皱和沟纹，并有须根痕，顶端有残留茎基和芽痕。质坚硬，不易折断；断面不平坦，黄白色至淡棕色，有棕黄色的点状油室散在，烘干者断面角质样，色较深或有裂隙。气清香，味甘、微辛，嚼之略带黏性。以个大、质坚实、断面黄白色、香气浓者为佳。

【显微鉴别】根茎横切面（直径2.5 cm）：木栓层一层，由数十层木栓细胞组成，可见少数石细胞群间断排列其间。皮层颇宽，散有油室。外韧型维管束呈放射状排列，韧皮部无机械组织。形成层环形，束间形成层明显。木质部导管不甚发达，径向排成单列或2 ~ 3列，中侧较发达的导管束常见木纤维束伴生；韧皮部及木质部射线中均可见油室散在。本品薄壁细胞中含有草酸钙针晶和菊糖。

粉末：呈淡棕黄色或淡棕色。菊糖呈扇面形或近半圆形，放射条纹明显，常存在于薄壁细胞内；石细胞单个或数个成群，类圆形或长圆形，少数近多角形，长75 ~ 120 μm，直径23 ~ 110 μm，壁厚可达20 μm，木化，有时可见层纹，胞腔明显，壁孔扁圆形或小圆形；网纹导管，少见具缘纹孔，短节状，长70 ~ 300 μm，直径20 ~ 50 μm，有时一端较粗，木化，旁侧常可见木射线细胞；挥发油呈小圆球形；草酸钙针晶，较少，长9 ~ 35 μm，直径2 ~ 3 μm；

少数纤维，直径7 ~ 13 μm，两端钝尖，壁较厚。

【理化鉴别】（1）检查苍术酮：取本品粉末1 g，加乙醚5 mL，振摇浸出15 min，滤过。取滤液2 mL，置蒸发皿中，待乙醚挥散后；加含5%对二甲氨基苯甲醛的10%硫酸溶液1 mL，则显玫瑰红色；再于105 ℃烘5 min即变成紫色。

（2）薄层鉴别：按“苍术”项下的方法进行薄层鉴别，喷显色剂后苍术酮即显红色，烘后变紫色。

【化学成分】根茎含挥发油，内有α-及β-葎草烯（humulene），β-榄香醇（β-elemol），α-姜黄烯（α-cureumene），苍术酮（α-tractylone），3β-乙酰氧基苍术酮（3β-acetoxyatractylone），芹子二烯酮[selina-4（14），7（11）-diene-8-one]，桉叶醇（eudesmol），棕榈酸（palmitic acid），茅术醇（hinesol），β-芹子烯（β-selinene）等。还含苍术内酯（atractylenolide）类，多炔醇类化合物，东莨菪素（scopoletin），果糖（fructose），菊糖（inulin），具免疫活性的甘露聚糖AM-3以及氨基酸。

【药理作用】有降低胃液酸度、减少胃酸及胃蛋白酶排出量、抑制胃蛋白酶活性、预防胃黏膜损伤、促进胃黏膜细胞增殖、刺激胃蛋白酶分泌、调节胃肌电紊乱、保肝、利胆、增强免疫功能、抗氧化、抗肿瘤、降血糖、抑制子宫收缩、延长凝血酶原时间、降血压、镇静、利尿作用。

【功能主治】药性：苦、甘，温。归脾、胃经。功能：健脾益气，燥湿利水，止汗，安胎。主治：脾气虚弱，神疲乏力，食少腹胀，大便溏薄，水饮内停，小便不利，水肿，痰饮眩晕，湿痹酸痛，气虚自汗，胎动不安。用法用量：内服煎汤，3 ~ 15 g；或熬膏；或入丸、散。使用注意：阴虚内热，津液亏耗者慎服。利水消肿、固表止汗、除湿治痹宜生用；健脾和胃宜炒用；健脾止泻宜炒焦用。

附方：

1. 治小儿泄泻：白术3 g（米泔浸），法半夏8 g，丁香3 g。水煎服。
2. 消化不良，腹胀：枳实20 g，白术10 g。水煎，分三次服。
3. 治老小虚汗：白术15 g，小麦一撮。研末，黄芪汤下3 g。
4. 和养胎气：白术、人参、旋覆花、熟地黄、当归、阿胶各50 g。水煎服。

▲金盏银盘

491 金盏银盘

【别名】千条针、金盘银盏、羽叶鬼针草。

【来源】为菊科植物金盏银盘*Bidens biternata*（Lour.）Merr. et Sherff.的全草。

【植物形态】一年生草本，高30 ~ 150 cm。茎略具四棱，无毛或被稀疏卷曲短柔毛。叶对生，上部叶有时互生，一至二回羽状分裂，小叶卵形至卵状披针形，长2 ~ 7 cm，宽1 ~ 2.5 cm，顶端渐尖或急尖，基部楔形，边缘具锯齿或半羽状，两面均被柔毛。头状花序单生，直径5 ~ 8 mm，花序梗长1.5 ~ 5.5 cm，果时长4.5 ~ 11 cm；总苞基部有短柔毛，总苞片2层，外层7 ~ 10枚，线形，顶端渐尖，背面被短柔毛；舌状花3 ~ 5或无，不育，淡黄色或白色，顶端3齿裂；筒状花黄色，冠檐5齿裂。瘦果线形，黑色，有四棱，多数被小刚毛，顶端具3 ~ 4枚芒刺状冠毛。

【生境分布】生于海拔250 ~ 1 400 m的荒地、路边、草丛中。分布于巫溪、巫山、奉节、云阳、万州、开州、石柱、武隆地区。

【采收加工】夏、秋采收，鲜用或切段晒干。

【药材性状】干燥全草长30～150 cm，茎粗3～8 mm，表面浅棕褐色，有棱线。叶对生，纸质而薄，1～2回羽状3出复叶，干枯，易脱落，展开后呈卵形至卵状披针形，长2～7 cm，宽1～2.5 cm，叶缘具细齿，有叶柄。花序干枯，瘦果易脱落，残存花托近圆形。气微，味淡。以干燥、无杂质者为佳。

【显微鉴别】茎横切面：表皮细胞1列，呈长方形或方形，外被角质层。皮层数列薄壁细胞，在四棱处为厚角细胞。内皮层细胞长椭圆形。韧皮纤维分布于韧皮部外，断续成环状，韧皮部狭窄，筛管多角形。木质部导管单个或两个并列径向排列。髓部宽广，占茎大部分，髓射线较宽，靠近皮层外有厚角组织。

叶横切面：上、下表皮细胞长方形或类方形，外被角质层；上表皮细胞较大，下表皮细胞较小，表皮细胞有毛茸分布。栅栏细胞1列，细胞短圆柱形，海绵组织较厚，细胞间隙较大，细胞形状不规则。主脉维管束外韧型；本质部导管2～4个排列成行，韧皮部较小；上、下表皮内侧有多列厚角组织。

【化学成分】含蒽醌苷，生物碱，鞣质，皂苷，黄酮类，挥发油。

【药理作用】有降血糖、抗菌作用。

【功能主治】药性：甘、微苦，凉。功能：清热解毒，凉血止血。主治：感冒发烧，黄疸，泄泻，痢疾，血热吐血，血崩，跌打损伤，痈肿疮毒，疥癞，鹤膝风。用法用量：内服煎汤，10～30 g；或浸酒饮。外用适量，捣敷；或煎水洗。

附方：

1. 治慢性阑尾炎：金盏银盘30～60 g。水煎服。
2. 治疗小儿腹泻：40%金盏银盘糖浆，每次10～15 mL，日服3次。脱水者补液。

【资源综合利用】幼嫩茎枝作牲畜饲料，有良好的营养价值，但因其中含较多挥发油，故能使牛乳杂有不良气味。

492 天名精

【别名】野烟、癞格宝草。

【来源】为菊科植物天名精*Carpesium abrotanoides* L.的全草。

【植物形态】多年生草本，高50～100 cm。茎直立，上部多分枝，密生短柔毛，下部近无毛。叶互生；下部叶片宽椭圆形或长圆形，长10～15 cm，宽5～8 cm，顶端尖或钝，基部狭成具翅的叶柄，边缘有不规则的锯齿或全缘，上面有贴生短毛，下面有短柔毛和腺点，上部叶片渐小，长圆形，无柄。头状花序多数，沿茎枝腋生，有短梗或近无梗，直径6～8 mm，平立或稍下垂；总苞钟状球形；总苞片3层，外层极短，卵形，顶端尖，有短柔毛，中层和内层长圆形，顶端圆钝，无毛；花黄色，外围的雌花花冠丝状，3～5齿裂，中央的两性花花冠筒状，顶端5齿裂。瘦果条形，具细纵条，顶端有短喙，有腺点，无冠毛。花期6—8月，果期9—10月。

【生境分布】生于海拔300～1 600 m的山坡、路边、草丛中。分布于库区各市县。

【采收加工】7—8月采收，洗净，鲜用或晒干。

【药材性状】根茎不明显，有多数细长的棕色须根。茎表面黄绿色或黄棕色，有纵条纹，上部多分枝；质较硬，易折断，断面类白色，髓白色、疏松。叶多皱缩或脱落，完整叶片卵状椭圆形或长椭圆形，长10～15 cm，宽5～8 cm，顶端尖或钝，基部狭成具翅的短柄，边缘有不规则锯齿或全缘，上面有贴生短毛，下面有短柔毛或腺点；质脆易碎。头状花序多数，腋生，花序梗极短；花黄色。气特异，味淡微辛。以叶多、香气浓者为佳。

【化学成分】全草含天名精内酯酮（carabrone），鹤虱内酯（carpesiolin），大叶土木香内酯（granilin），依瓦菊素（ivalin），天名精内酯醇（carabrol），腋生依瓦菊素（ivaxillin）等。种子含二十六烷醇（cerylalcohol）。

【药理作用】全草有抗菌作用。果实有抑菌、杀虫、抑制延髓脑干部位、对抗士的宁惊厥、抑制脑组织呼吸、降温、降血压作用。

【功能主治】药性：苦、辛，寒。归肝、肺经。功能：清热，化痰，解毒，杀虫，破瘀，止血。主治：乳蛾，喉痹，急慢惊风，牙痛，疔疮肿毒，痔瘘，皮肤痒疹，毒蛇咬伤，虫积，血瘕，吐血，衄血，血淋，创伤出

▲天名精

血。用法用量：内服煎汤，9 ~ 15 g；或研末，3 ~ 6 g；或捣汁；或入丸、散。外用适量，捣敷；或煎水熏洗及含漱。使用注意：脾胃虚寒者慎服。

附方：

1. 治骨鲠：天名精、马鞭草各一握（去根），白梅肉一个，白矾3 g。捣作弹丸，绵裹含咽（白梅，即以盐腌成白霜梅）。

2. 治黄疸型肝炎：鲜天名精120 g，生姜3 g。水煎服。

3. 治疗疮肿毒：天名精叶、浮酒糟各适量。捣敷。

4. 治疗急性乳腺炎：天名精与松香粉各适量，分别内服与外用。

5. 用于皮肤消毒：用100%鲜天名精煎液作术前洗手和术中皮肤消毒，先后进行了胆囊造瘘术、腹部探查术、疝修补术、脂肪瘤切除以及割脂、埋线等中、小手术共297例，其中292例切口一期愈合，占98.3%。

天名精的果实名鹤虱、鬼虱、北鹤虱。味苦、辛，性平，小毒。功能：杀虫消积。主治：蛔虫病，绦虫病，蛲虫病，钩虫病，小儿疳积。用法用量：内服多入丸、散；煎汤，5 ~ 10 g。使用注意：孕妇慎服。

493　挖耳草

【别名】金挖耳、杓儿菜。

【来源】为菊科植物烟管头草*Carpesium cernuum* L. 的全草。

【植物形态】越年生直立草本，高50 ~ 100 cm，全株被白色柔毛。多分枝。单叶互生；基出叶阔大，花时脱落；下部叶匙状矩圆形，长9 ~ 20 cm，宽4 ~ 6 cm，顶端锐或钝尖，边缘有不规则锯齿，叶基急狭，下延至柄，两面有腺点；中部叶向上渐小，矩圆形或矩圆状披针形；叶柄短。头状花序顶生，初直立，开花时下垂，直径15 ~ 18 mm；苞叶多数，线状披针形，大小不一，长2 ~ 5 cm；总苞杯状，长7 ~ 8 mm，4层，外层卵状矩圆形，淡绿色，中、内层矩圆形，膜质，钝尖；小花黄色，全为管状花；边缘花雌性，多列，3 ~ 5齿裂，中央两性花4 ~ 5裂，药基部箭形，花柱线形，稍扁平，圆头；均结实。瘦果线形，长4.5 ~ 5 mm，有细纵条，无冠毛，顶端有短喙和腺点。花期7—9月，果期9—11月。

全草入药，发汗、解毒、散瘀。可提芳香油，作调制香精原料。

【生境分布】生于海拔250 ~ 1 400 m的草地、山坡、路旁、林缘。分布于库区各市县。

【采收加工】夏秋采收，鲜用或晒干。

【药材性状】茎具细纵纹，表面绿色或黑棕色，被有白色茸毛；折断面粗糙，皮部纤维性强，髓部疏松，最外一层表皮易剥离。叶多破碎不全，两面均被茸毛。头状花着生于分枝的顶端，花梗向下弯曲，近倒悬状，花梗上附有叶片。有香气。以新鲜、色绿、无老茎者为佳。

【化学成分】果实含挥发油。

【功能主治】药性：苦、辛，寒。有小毒。功能：清热，解毒，消肿。主治：感冒发热，治咽喉肿痛，牙痛，尿路感染，急性肠炎，淋巴结结核，痈疽肿毒，小儿急惊风，乳腺炎，腮腺炎，带状疱疹，毒蛇咬伤。用法用量：内服煎汤，3 ~ 9 g；或捣汁。外用煎水漱口或捣汁涂。使用注意：孕妇慎服。

▲烟管头草

附方：

1. 治小儿腮腺炎：挖耳草6 g，白头翁6 g，赤芍6 g，水煎点酒服。

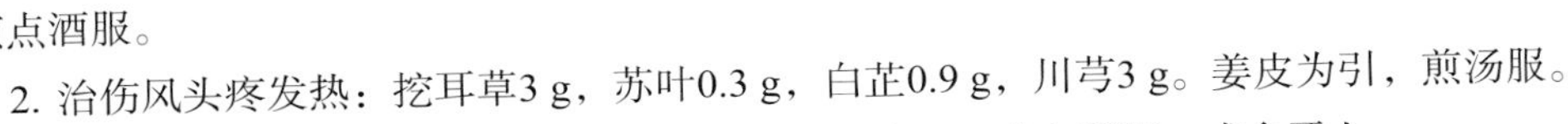
2. 治伤风头疼发热：挖耳草3 g，苏叶0.3 g，白芷0.9 g，川芎3 g。姜皮为引，煎汤服。

3. 治风火牙痛：挖耳草9 g，花椒15粒。煎汤频漱口，或点酒服，或含牙上。

4. 治痈疽红肿：挖耳草不拘多少。煎水点水酒服。

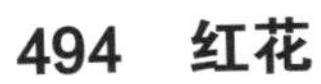
494 红花

【别名】刺红花、草红花、川红花。

【来源】为菊科植物红花*Carthamus tinctorius* L.的花。

【植物形态】二年生草本，高50 ~ 100 cm。茎上部分枝，白色或淡白色。叶互生，质坚硬，革质，有光泽；无柄；茎中下部叶披针形、卵状披针形或长椭圆形，长7 ~ 15 cm，宽2.5 ~ 6 cm，边缘具大锯齿、重锯齿、小锯齿或全缘，稀羽状深裂，齿顶有针刺，刺长1 ~ 1.5 mm，向上的叶渐小，披针形，边缘有锯齿，齿顶针刺较长，可达3 mm。头状花序多数，直径2.5 ~ 4 cm，有梗，在茎枝顶端排成伞房花序，为苞叶所围绕；总苞近球形，长约2 cm，宽约2.5 cm；总苞片4层，外层竖琴状，中部或下部收缢，收缢以上叶质绿色，边缘无针刺或有篦齿状针刺，收缢以下黄白色；中、内层硬膜质，倒披针状椭圆形至长倒披针形，长达2.2 cm，顶端渐尖，中部以下全缘，上部边缘稍有短刺；小花筒状，红色或橘红色，全部两性，长约2.8 cm，檐部5裂。瘦果倒卵形，长5.5 mm，宽5 mm，乳白色，有4棱，无冠毛。花、果期5—8月。

【生境分布】栽培于海拔1 000 m以下的向阳坡地。分布于万州、开州、石柱、涪陵、武隆、长寿地区。

【采收加工】5月下旬开花，5月底至6月中、下旬盛花期，分批采摘。选晴天，每日早晨6 ~ 8时，待管状花充分展开呈金黄色时采摘。采回后，及时摊薄在竹席上，上盖一层白纸或搭棚，阳光不能直晒。或置通风干燥处阴干，若遇雨天，须用40 ~ 60 ℃低温烘干。

【药材性状】为不带子房的筒状花，长1.5 ~ 2 cm。表面红黄色或红色。花冠筒细长管状，下部多采集时断去，顶端5裂，裂片呈狭条形，长5 ~ 8 mm。雄蕊5，花药聚合成管状，黄色或微棕色。柱头长圆柱形露出花药筒外，顶端微分叉。气微香，味微苦。以花冠长、色红、鲜艳、质柔软无枝刺者为佳。

【显微鉴别】粉末特征：粉末橙黄色。花粉粒呈类圆形、椭圆形或橄榄形，直径约至60 μm，鲜黄色，具3个萌发孔，外壁有短刺及网状排列的疣状雕纹。分泌细胞呈长管状，常位于导管旁，直径约66 μm，含黄棕色至红棕色分泌物。分泌管旁常有螺纹导管。花冠裂片顶端表皮细胞外壁突起呈短绒毛状。柱头及花柱上部表皮细胞分化成圆锥形单细胞毛，顶端尖或稍钝。草酸钙方晶直径2 ~ 6 μm，存在于薄壁细胞中。

【理化鉴别】检查红花苷：取本品1 g，加70%乙醇10 mL，浸渍。倾取浸出液，于浸出液内悬挂一滤纸条，5 min后把滤纸条放入水中，随即取出，滤纸条上部显淡黄色，下部显淡红色。

【化学成分】花含6-羟基山柰酚-3-O-葡萄糖苷（6-Hydroxy Kaempferol-3-O-glucoside），山柰酚-7-O-葡萄糖苷（6-Hydroxy Kaempferol-7-O-glucoside），红花醌苷（Carthamone），新红花苷（Neocarthamone），山柰酚、槲皮素，6-羟基山柰酚，黄芪苷（Astragalin），槲皮黄苷，山柰酚-3-芸香糖苷和芦丁，红花苷（carthamin），以及挥发性成分等。新鲜花蕾含木犀草素-7-O-葡萄糖苷（luteolin-7-O-glucoside），胆甾醇（cholesterol），豆甾醇（stigmasterol），β-谷甾醇，有机酸，丙三醇-呋喃阿糖-吡喃葡萄糖苷[propanetriol-α-L-arabinofuranosyl（1→4）-β-D-glucopyranoside]等。

【药理作用】有轻度兴奋心脏、降低冠脉阻力，增加冠脉流量和心肌营养性血流量、抗急性心肌缺血、抗心律失常、保护缺血再灌注心肌损伤、扩张血管、降血压、改善外周微循环障碍、抗凝血、降血脂、提高耐缺氧能力、保护缺血乏氧性脑病、兴奋子宫、解痉、促进免疫活性、镇痛、镇静、抗炎、抗衰老、杀线虫、减少肺流量、收缩支气管、减轻糖病周围神经病变作用。红花提取液有明显的致突变作用。有报道称红花对生育有影响。

【功能主治】药性：辛，温。归心、肝经。功能：活血通经，祛瘀止痛。主治：冠心病，脑血栓，脑动脉硬化，脑溢血偏瘫，流行性出血热，跌打损伤，静脉炎，扁平疣，神经性皮炎，突发性耳聋，胃溃疡，经闭，痛经，产后瘀阻腹痛，癥瘕积聚，关节疼痛，斑疹。用法用量：内服煎汤，3 ~ 10 g。养血和血宜少用；活血祛瘀宜多用。使用注意：孕妇及月经过多者禁服。

附方：

1. 治痛经：红花6 g，鸡血藤24 g。水煎，调黄酒适量服。

2. 治子宫颈癌：红花、白矾各6 g，瓦松30 g。水煎，先熏后洗外阴部，每日1 ~ 2次，每次30 ~ 60 min，每剂药可反复应用3 ~ 4 d。

▲红花

3. 治肿毒初起，肿痛不可忍者：红花、穿山甲（炒）各15 g，归尾10 g，黄酒二盅，煎一盅。调阿魏1.5 g，麝香0.15 g服。

【资源综合利用】红花原名为红蓝花，系汉代张骞从西域引进之物。始载于宋《开宝本草》。红花种子可作为油料，其油在河南称“二香油”，可作烹调用。

495 鹅不食草

【别名】二郎剑。

【来源】为菊科植物石胡荽*Centipeda minima*（L.）A. Br. et Ascher.的全草。

▲石胡荽

【植物形态】一年生草本，高5～20 cm。茎纤细，多分枝，基部匍匐，着地后易生根，无毛或略具细绵毛。叶互生，无柄；叶片楔状倒披针形，长7～20 mm，宽3～5 mm，顶端钝，边缘有不规则的疏齿，无毛，或下面稍有细毛。头状花序细小，扁球形，直径约3 mm，单生于叶腋，无总花梗或近于无总花梗；总苞半球形；总苞片2层，椭圆状披针形，绿色，边缘膜质，外层较内层大；花托平坦，无托片；花杂性，淡黄色或黄绿色，全为筒状；外围雌花多层，花冠细，有不明显的裂片；中央的两性花，花冠明显4裂。瘦果椭圆形，长约1 mm，具4棱，边缘有长毛；无冠毛。花期9—11月。

【生境分布】生于海拔200～850 m的路旁、荒野、田埂及阴湿草地上。分布于巫溪、巫山、奉节、云阳、万州、开州、忠县、石柱、丰都、武隆地区。

【采收加工】9—11月花开时采收，鲜用或晒干。

【药材性状】全草扭集成团。须根纤细，淡黄色；茎细，多分枝，质脆，易折断，断面黄白色。叶小，近无柄；叶片多皱缩或破碎，完整者展平后呈匙形，表面灰绿色或棕褐色，边缘有3～5个齿。头状花序黄色或黄褐色。气微香，久闻有刺激感，味苦，微辛。以色灰绿、刺激性气强者为佳。

【显微鉴别】叶横切面：上表皮细胞略切向延长。栅状组织1列；海绵组织细胞类圆形。下表皮腺毛较多，并有非腺毛，由4～6个细胞组成，长560～750 μm，基部细胞直径40～60 μm，向上逐渐变小，顶端细胞窄细，扭曲成鞭状。上表皮表面观：壁略呈波状弯曲。腺毛头部由2个细胞组成，长径32～44 μm，短径约20 μm，气孔不定式。

茎横切面：表皮细胞1列，类方形或略切向延长，壁略厚，外覆角质层。皮层细胞5～8列，细胞间隙较大。韧皮部外侧有纤维4～15个成束，弱木化，直径8～16 μm，壁厚3～4 μm。木质部导管数列，径向排列，木化。射线弱木化。中央有大形髓部。

【理化鉴别】检查甾类：取本品粉末1 g，加乙醇10 mL，在水浴上回流加热10 min，趁热滤过。滤液供以下试验。取滤液1 mL，放入小试管中，在水浴上挥去乙醇，加氯仿1 mL，浓硫酸1 mL，两液分层后，氯仿层呈青色，硫酸层呈绿色荧光。取滤液1 mL，放入小蒸发皿中，于水浴上蒸干，加醋酸酐-浓硫酸（19∶1）试剂两滴，混匀，产生黄色，后依次转变为红色→紫色→青色→污绿色。

【化学成分】全草蒲公英甾醇酯（taraxasterylpalmitate），蒲公英甾醇（taraxasterol），豆甾醇（stigmasterol），山金车二醇（amodiol），谷甾醇（sitosterol），羽扇豆醇乙酰物，羽扇豆醇（lupeol），二十六醇（hexacosanol），愈创木内酯，单萜类，黄酮类，十九酸三十四醇酯（tetratriacontanyl nonade-canoate），石南藤酰胺乙酸酯（aurantiamide acetate），山金车内酯（arnicolide）C等。此外，还含挥发油成分。

【药理作用】有抗过敏、抗突变、抗肿瘤、止咳、祛痰、平喘、抑菌、抗炎作用。

【功能主治】药性：辛，温。归肺、肝经。功能：祛风通窍，解毒消肿。主治：感冒，头痛，鼻渊，鼻息肉，咳嗽，哮喘，喉痹，耳聋，目赤翳膜，疟疾，痢疾，风湿痹痛，跌打损伤，肿毒，疥癣。用法用量：内服煎汤，5～9 g；或捣汁。外用适量，捣敷；或捣烂塞鼻；或研末喷鼻。使用注意：气虚胃弱者禁用。

附方：

1. 治伤风头痛、鼻塞：鹅不食草（鲜或干均可）适量。搓揉，嗅其气，即打喷嚏，每日2次。
2. 治鼻炎，鼻窦炎：鹅不食草、辛夷花各3 g。研末吹入鼻孔，每日2次；或加凡士林20 g，做成膏状涂鼻。
3. 治支气管哮喘：鹅不食草、瓜蒌、莱菔子各9 g。水煎服。
4. 治黄疸型肝炎：鹅不食草9 g，茵陈24 g。水煎服。
5. 治小儿疳积：鹅不食草3 g，或研粉每日用1.5 g。蒸瘦肉或猪肝服。
6. 治跌打损伤：鹅不食草9～15 g，加黄酒、红糖适量，水煎服；同时用鲜全草捣烂敷患处。
7. 治痔疮：鹅不食草60 g，无花果叶15～18 g。煎水，先熏后洗。
8. 治慢性湿疹：石胡荽、杠板归等分。研末，用醋或麻油调，涂搽患处。
9. 治毒蛇咬伤：鲜鹅不食草适量。捣烂，外敷伤口周围；另用鲜全草30 g，捣烂，绞汁，冲开水服。
10. 治膀胱结石：鹅不食草60 g。捣汁，加白糖少许服。

496 小蓟

【别名】小恶鸡婆、刺萝卜、小刺盖。

【来源】为菊科植物刺儿菜*Cirsium setosum*（Willd.）MB.的全草或根。

【植物形态】多年生草本，高20～80 cm。根状茎长。茎直立，无毛或被蛛丝状毛。基生叶花期枯萎；下部叶和中部叶椭圆形或椭圆状披针形，长7～15 cm，宽1.5～10 cm，顶端钝或圆形，基部楔形，通常无叶柄，上部茎叶渐小，叶缘有细密的针刺或刺齿。头状花序单生于茎端，雌雄异株；雄花序总苞长约18 mm，雌花序总苞长约25 mm；总苞片6层，外层甚短，长椭圆状披针形，内层披针形，顶端长尖，具刺；雄花花冠长17～20 mm，裂片长9～10 mm，花药紫红色，长约6 mm；雌花花冠紫红色，长约26 mm，裂片长约5 mm，退化花药长约2 mm。瘦

▲刺儿菜

果椭圆形或长卵形，略扁平；冠毛羽状。花期5—6月，果期5—7月。

【生境分布】生于海拔300～1 300 m的山坡、河旁、荒地、田间。分布于库区各市县。

【采收加工】5—6月盛花期，割取全草，晒干或鲜用。

【药材性状】茎圆柱形，有的上部分枝，长30～45 cm，直径2～4 mm；表面灰绿色或微带紫色，具纵棱和白色柔毛；质脆，易折断，断面中空。叶多皱缩或破碎，完整者展平后呈长椭圆形或长圆状披针形，长3～12 cm，宽0.5～3 cm；全缘或微波状，有细密的针刺，上表面绿褐色，下表面灰绿色，两面均有白色柔毛。头状花序顶生，总苞钟状，苞片黄绿色，5～6层，线形或披针形，花冠多脱落，冠毛羽状常外露。气弱，味微苦。以色绿、叶多者为佳。

【显微鉴别】茎横切面：表皮外被角质层，有时可见多细胞非腺毛，在棱脊处的表皮下方有厚角组织，有的微木化。皮层为10余列切向延长的薄壁细胞，散有分泌细胞和石细胞。维管束环列，韧皮部较窄，外侧有微木化的韧皮纤维；木质部导管多位于中下方，内侧有少数纤维束，木化。髓部中央常成空洞。

叶表面观：上表皮细胞多角形，垂周壁平直，表面角质层纹理明显；下表皮细胞垂周壁波状弯曲。上下表皮均有气孔及非腺毛，气孔不定式或不等式。多细胞非腺毛多碎断，完整者由3～18个细胞组成，顶端细胞极细长，并皱缩而扭曲。叶肉细胞含有团块状物质及针簇状、方形、柱形等大小不一的草酸钙结晶。

【理化鉴别】薄层鉴别：取本品粗粉1 g，加乙醇于水浴上温浸2 h，滤过。滤液蒸干，加乙醇0.5 mL溶解供点样用。另取绿原酸及芦丁乙醇液作对照品。分别点样于硅胶G-0.5% CMC薄层板上，以正丁醇-冰乙酸-水（3：1：1）展开，于紫外灯（365 nm）下绿原酸显蓝色荧光，喷5%三氯化铝乙醇试液后芦丁显黄色。

【化学成分】带花全草含芸香苷（rutin），刺槐苷（acacun），刺槐素（acacetin），原儿茶酸（protocatechuic acid），绿原酸（chlorogenic acid），咖啡酸（caffeic acid），蒲公英甾醇（taraxasterol），ψ-蒲公英甾醇乙酸酯（ψ-taraxasteryl acetate），三十烷醇（triacontanol），β-谷甾醇（β-sitosterol），豆甾醇（sngmasterol），氯化钾（potassium chloride），酪胺（tyramine）等。

【药理作用】有增强心肌收缩力和频率、增强主动脉收缩、升压、止血、抗菌、抗突变、镇静作用。

【功能主治】药性：甘、微苦，凉。归肝、脾经。功能：凉血止血，清热消肿。主治：咯血，吐血，衄血，尿血，血淋，便血，血痢，崩中漏下，外伤出血，痈疽肿毒。用法用量：内服煎汤，5～10 g；鲜品可用30～60 g，或捣汁。外用适量，捣敷。小蓟止血，宜炒炭用。使用注意：虚寒出血及脾胃虚寒者禁服。

附方：

1. 治吐血：小蓟、大蓟、侧柏叶各9 g，仙鹤草、焦栀子各12 g。水煎服。

2. 治下焦结热，尿血成淋：生地黄、小蓟根、通草、滑石、山栀仁、蒲黄（炒）、淡竹叶、当归、藕节、甘草各5 g，水煎，空腹服。

3. 治妊娠胎坠后出血不止：小蓟根叶、益母草各25 g。水煎。

4. 治妇人阴痒不止：小蓟，不拘多少。煮水热洗，每日3次。

5. 治高血压：小蓟、夏枯草各15 g。煎水代茶饮。

【资源综合利用】小蓟始载于《名医别录》，与大蓟同条。小蓟的嫩苗可作野生蔬菜食用。

497 野菊花

【别名】山菊花、千层菊、野黄菊、苦薏。

【来源】为菊科植物野菊*Dendranthema indicum*（L.）Des Moul.的头状花序。

【植物形态】多年生草本，高25～100 cm。根茎粗厚，分枝，有长或短的地下匍匐枝。茎直立或基部铺展。基生叶脱落；茎生叶卵形或长圆状卵形，长6～7 cm，宽1～2.5 cm，羽状深裂或分裂不明显，顶裂片大，侧裂片常2对，卵形或长圆形；上部叶渐小；边缘浅裂或有锯齿，上面有腺体及疏柔毛，下面灰绿色，毛较多，基部渐狭成具翅的叶柄；托叶具锯齿。头状花序直径2.5～5 cm，在茎枝顶端排成伞房状圆锥花序或不规则的伞房花序；总苞直径8～20 mm，长5～6 mm；总苞片边缘宽膜质；边花舌状，黄色，雌性；盘花两性，筒状。瘦果全部同形，

▲野菊

有5条极细的纵肋，无冠状冠毛。花期9—10月。本种为多型性种，在植物形态特征上有较大的多样性。

【生境分布】生于海拔300 ~ 1 400 m的山坡草地、灌丛、河边、田边、路旁。分布于库区各市县。

【采收加工】秋季开花盛期，分批采收，鲜用或晒干。

【药材性状】头状花序类球形，直径1.5 ~ 2.5 cm，棕黄色。总苞片4 ~ 5层，外层苞片卵形或卵状三角形，长2.5 ~ 3 mm，外表面中部灰绿色或淡棕色，常被有白毛，边缘膜质；中层苞片卵形；内层苞片长椭圆形。总苞基部有的残留总花梗。舌状花1轮，黄色，皱缩卷曲，展平后，舌片长1 ~ 1.3 cm，顶端全缘或2 ~ 3齿；筒状花多数，深黄色。气芳香，味苦。

【显微鉴别】野菊花粉末特征：黄棕色。花粉粒黄色，类圆形，直径20 ~ 33 μm，表面有刺，刺长约3.5 μm，每裂片4 ~ 5刺。腺毛头部鞋底形，4 ~（6 ~ 8）细胞，两面相对排列，长径35 ~ 120 μm，短径33 ~ 67 μm，外被角质层。“T”形毛较多，顶端细胞长大，臂一长一短，直径23 ~ 50 μm，壁稍厚或一边稍厚，基部1 ~ 13细胞，其中一个稍膨大或皱缩。

【理化鉴别】检查黄酮：取本品粉末3 g，加乙醇40 mL，加热回流1 h，滤过。滤液按下述方法试验：取滤液1滴，点于滤纸上，喷洒三氯化铝试液，干后，置紫外光灯（365 nm）下观察，显黄绿色荧光。取滤液2 mL，加镁粉少量及盐酸4 ~ 5滴，加热，显棕红色。

【化学成分】头状花序含野菊花内酯（handelin chrysanthelide），野菊花醇（chrysanthemol），野菊花酮（indicumenone），菊油环酮（chrysanthenone），螺烯醇醚（cis-spiroenol ether）等。

另含挥发油：主要有侧柏酮，樟脑，龙脑，1, 8-桉叶素，α-蒎烯，桧烯，异侧柏酮等。

【药理作用】有降压、增加冠脉流量、减慢心率、降低心肌耗氧量、抗心肌梗死、增加肾血流量、调整机体的血流再分配、改善心肾重要脏器的供血状态、抗癌、抗血小板聚集、抗病原微生物、增强吞噬细胞吞噬功能、抗炎、抑菌、解热、清除自由基作用。

【功能主治】药性：苦、辛，凉。归肺、肝经。功能：清热解毒，疏风平肝。主治：疔疮，痈疽，丹毒，湿疹，皮炎，风热感冒，咽喉肿痛，高血压病。用法用量：内服煎汤，10～15 g，鲜品可用至30～60 g。外用适量，捣敷；煎水漱口或淋洗。使用注意：脾胃虚寒者慎服。

附方：

1. 治痈疽脓疡：野菊花48 g，蒲公英48 g，紫花地丁30 g，连翘30 g，石斛30 g。水煎服。
2. 治急性乳腺炎：野菊花15 g，蒲公英30 g。水煎服；另用鲜野菊叶捣烂，敷患处，干则更换。
3. 治头癣、湿疹、天疱疮：野菊花、苦楝根皮、苦参根各适量。煎水外洗。
4. 治毒蛇咬伤，流火：野菊花15～30 g。水煎，代茶饮。
5. 预防流行性感冒：野菊花30 g，水煎服；或野菊花30 g，鱼腥草30 g，金银花藤30 g。水煎服。
6. 治风热目赤肿痛：野菊花15 g，夏枯草15 g，千里光15 g，桑叶9 g，甘草3 g水煎服。
7. 治干咳：野菊花30 g，白茅根30 g，白糖30 g。水煎2次，早晚各服1次，儿童酌减。
8. 治泌尿系统感染：野菊花30 g，海金沙30 g。水煎服，每日2剂。
9. 治肾炎：野菊花、金钱草、车前草各3 g。水煎服。
10. 治肝热型高血压：野菊花15 g，夏枯草15 g，草决明15 g。水煎服。

【资源综合利用】近年来发现野菊花对HIV有抑制作用，库区资源丰富，蕴藏量大，有着巨大的开发价值。

498 菊花

【别名】甘菊、甜菊花。

【来源】为菊科植物菊*Dendranthema morifolium*（Ramat.）Tzvel.的头状花序。

【植物形态】多年生草本，高60～150 cm。茎直立，分枝或不分枝，被柔毛。叶互生；有短柄；叶片卵形至披针形，长5～15 cm，羽状浅裂或半裂，基部楔形，下面被白色短柔毛。头状花序直径2.5～20 cm，大小不一，单个或数个集生于茎枝顶端；总苞片多层，外层绿色，条形，边缘膜质，外面被柔毛；舌状花白色、红色、紫色或黄色。瘦果不发育。花期9—11月。

【生境分布】栽培，培育的品种极多，头状花序多变化，形色各异。分布于库区各市县。

【采收加工】11月初开花时，待花瓣平展，由黄转白而心略带黄时，选晴天露水干后或午后分批采收，及时

▲菊

干燥或薄摊于通风处，切忌堆放。

【药材性状】头状花序碟形或扁球形，直径2.5～4 cm。总苞碟状，总苞片3～4层，卵形或椭圆形，黄绿色或褐绿色，外被柔毛，边缘膜质，花托半球形，无托片或托毛。舌状花数层，雌性，位于外围，类白色，劲直，纵向折缩，散生金黄色腺点；管状花多数，花冠微带黄色，不同程度地连合成管，位于中央，为舌状花所隐藏，顶端5齿裂。瘦果不发育，无冠毛。体轻，质柔润，干时松脆。气清香，味甘、微苦。以花朵完整不散瓣、色白（黄）、香气浓郁、无杂质者为佳。

【显微鉴别】粉末特征：黄棕色，气清香。花粉粒黄色，类圆形，直径22～38 μm，有3孔沟，表面有刺，刺长3.4～7 μm，每裂片4～5刺。花冠表皮细胞表面观：垂周壁波状弯曲，表面有微细致密的角质纹理。苞片表皮细胞垂周壁波状弯曲，表面有稍粗的角质纹理。气孔不定式，副卫细胞3～6个。花柱及柱头碎片的边缘细胞呈绒毛状突起。T形毛少见，大多碎断，顶端细胞长大，基部2～5细胞。腺毛少见。头部鞋底形，4、6或8个细胞，两两相对排列，长径32～127 μm，短径22～74 μm，外被角质层。此外，有药隔顶端附属物及基部细胞、花粉囊内壁细胞、分泌道、纤维、子房表皮细胞等。

【理化鉴别】检查黄酮类：取本品粉末0.2 g，用乙醇10 mL加热浸出，浸液置试管中，加5%盐酸乙醇溶液5 mL及锌粉少许，于水浴加热，溶液显淡红色。

【化学成分】花含挥发油，主要为龙脑（bomeol），樟脑（camphor），菊油环酮（chrysanthe-none），还含木犀草素-7-葡萄糖苷（luteolin-7-glucoside），大波斯菊苷（cosmosiin）即芹菜素-7-O-葡萄糖苷（apigenin-7-O-glucoside）以及糖类和氨基酸等。

【药理作用】有扩张冠脉、增加冠脉流量、降脂、抗菌、抗氧化、抗衰老、抗肿瘤、抗诱变、抗炎作用。菊花乙酸乙酯和正丁醇提取物均能抑制HIV逆转录酶和HIV复制。

【功能主治】药性：甘、苦，微寒。归肺、肝经。功能：疏风清热，平肝明目，解毒消肿。主治：外感风热或风温初起，发热头痛，溃疡性结肠炎，眩晕，目赤肿痛，疔疮肿毒。用法用量：内服煎汤，10～15 g；或入丸、散；或泡茶。外用适量，煎水洗；或捣烂敷。使用注意：气虚胃寒、食减泄泻者慎用。

附方：

1. 治外感发热，咳嗽：杏仁6 g，连翘4.5 g，薄荷8 g，桑叶7.5 g，菊花3 g，苦桔梗6 g，甘草2.4 g，苇根6 g。水煎服。
2. 治偏正头痛：甘菊花、石膏、川芎各10 g。研末。每服10 g，茶清调下。
3. 治目赤肿痛：菊花15 g，白蒺藜15 g，木贼15 g，蝉蜕6 g。水煎服。
4. 治妇人血风眩晕头痛：菊花、当归、旋覆花、荆芥穗各等分。研末，每服3 g，用葱白、茶末煎汤，食前温服。
5. 治高血压：白菊花15 g，红枣3粒。水煎服。
6. 治肿毒疔疮：白菊花200 g，甘草12 g。水煎冲热黄酒服。

【资源综合利用】菊花始载《神农本草经》。有药用及观赏两大类，还可以制作食品饮料。

499　墨旱莲

【别名】旱莲草、墨斗草。

【来源】为菊科植物鳢肠*Eclipta prostrata*（L.）L.的全草。

【植物形态】一年生草本，高10～60 cm。全株被白色粗毛，折断后流出的汁液数分钟后即呈蓝黑色。茎直立或基部倾伏，着地生根，绿色或红褐色。叶对生；叶片线状椭圆形至披针形，长3～10 cm，宽0.5～2.5 cm，全缘或稍有细齿，两面均被白色粗毛。头状花序腋生或顶生，总苞钟状，总苞片5～6片，花托扁平，托上着生少数舌状花及多数管状花；舌状花雌性，花冠白色，发育或不发育；管状花两性，黄绿色，全发育。瘦果黄黑色，长约3 mm，无冠毛。花期7—9月，果期9—10月。

【生境分布】生海拔250～1 500 m的山地路边、溪边、湿地、沟边或田间。分布于库区各市县。

【采收加工】夏、秋季采收，阴干或晒干。鲜用可随采随用。

▲鳢肠

【药材性状】全体被白色粗毛。茎圆柱形，多分枝，直径2～5 mm，表面绿褐色或墨绿色。有纵棱，质脆，易折断，断面黄白色，中央为白色疏松的髓部，有时中空。叶对生，多卷缩或破碎，墨绿色，完整叶片展平后呈披针形，长3～10 cm，宽0.5～2.5 cm，全缘或稍有细锯齿。头状花序直径3～10 mm，顶生或腋生，总花梗细长，总苞片黄绿色或棕褐色。瘦果扁椭圆形，棕色，表面有小瘤状突起。气微香，味淡、微咸涩。以色墨绿、叶多者为佳。

【显微鉴别】茎横切面：表皮细胞1列，壁稍厚，外壁角质化，其上常着生非腺毛，偶见腺毛。厚角细胞2～4列，角隅增厚。皮层薄壁7～13列，细胞排列疏松，细胞间隙大。细胞含淡黄色至黄棕色短柱状、小方块、柱状聚集的菊糖。维管束外韧型，环列，形成层断续成环，髓部大，常含块状菊糖。

叶片表面观：上下表皮细胞垂周壁波状弯曲；气孔不定式，副卫细胞3～4个；非腺毛3细胞，长260～700 μm，基部细胞稍膨大，中部细胞较长，顶端细胞短而尖，壁稍厚，具疣状突起；腺毛棒状，4～6细胞，长75～113 μm，壁薄，内含黄棕色分泌物。

粉末：绿褐色。非腺毛多，由3细胞组成，壁厚，长260～700 μm，基部细胞稍膨大，中部细胞较长，具明显疣状突起，内常充满黄棕色物，顶端细胞尖而短，略呈三角形。腺毛一种较长，头部单细胞，钝圆，柄为4细胞，偶见5细胞，直径5～155 μm，长50～150 μm；另一种较短，偶见，直径20 μm，长约37.6 μm，头部类球形，1～2细胞，柄部单细胞，有的为4～6细胞；细胞内常充满淡黄色物。茎表皮细胞类方形、长条形、多角形，偶见腺毛。中柱鞘纤维淡黄色，直径7.5～20 μm，壁厚2.5～5 μm，具点状纹孔，孔沟不甚明显。木纤维近无色，成束或散在，有的一端具短分枝，直径约21 μm，壁厚约2.5 μm，具斜纹孔或呈圆点状，孔沟不明显。导管梯纹、梯网纹、螺纹、具缘纹孔多见，直径12.5～70 μm。花粉粒类球形，直径15～20 μm，常具3个萌发孔，不明显，表面具刺。皮层薄壁细胞纵面观长方形，两侧壁波状弯曲，内常含菊糖。

【理化鉴别】（1）检查氨基酸：取本品粉末约0.1 g，加50%乙醇3 mL，水浴温浸10 min，滤过。取滤液1 mL，加0.2%茚三酮试剂，水浴加热片刻，溶液显红紫色。

（2）检查皂苷：取本品粉末约0.5 g，加乙醇10 mL，水浴温浸15 min，滤过。滤液蒸干，加醋酐硫酸1滴，显蓝色，放置后显绿色。

【化学成分】全草含芹菜素（apigenin），木犀草素（luteolin），木犀草素-7-O-葡萄糖苷（luteolin-7-O-glucoside），槲皮素，蟛蜞菊内酯（wedelolactone），α-三联噻吩基甲醇（α-terthienyl methanol），有机醇：14-二十七醇（14-heptacosanol），三十一醇（hentriacontanol），蛋白质、氨基酸等。

【药理作用】有免疫调节、抗诱变、增加心脏冠脉流量、抗缺氧、抗炎、保肝、止血、抗癌、镇静、镇痛、抑菌作用。

【功能主治】药性：甘、酸，凉。归肝、肾经。功能：补益肝肾，凉血止血。主治：肝肾不足，头晕目眩，须发早白，冠心病、心绞痛，吐血，咯血，衄血，便血，血痢，崩漏，外伤出血。用法用量：内服煎汤，9～30 g；或熬膏；或捣汁；或入丸、散。外用适量，捣敷；或捣绒塞鼻；或研末敷。使用注意：脾肾虚寒者慎服。

附方：

1. 治虚损，须发早白：鲜旱莲草、桑葚子各等分。取汁晒为膏，冬青子酒浸，蒸，晒，研末，炼蜜为丸，如梧桐子大，每服六七丸，空腹淡盐汤送下。

2. 治咯血、便血：旱莲草、白及各10 g。研末，开水冲服。

3. 治胃、十二指肠溃疡出血：旱莲草、灯心草各30 g。水煎服。

4. 治功能性子宫出血：鲜旱莲草、鲜仙鹤草各30 g，血余炭、槟榔炭各9 g（研粉）。将前两味煎水，冲后两味药粉，待冷服。

5. 治刀伤出血：鲜旱莲草适量。捣烂，敷伤处；或干者研末，撒伤处。

6. 治白带、梦遗：旱莲草60 g，白果14粒，冰糖30 g。水煎服。

7. 治肿毒：旱莲草、苦瓜各适量。捣烂，敷患处。

▲佩兰

500　佩兰

【别名】泽兰。

【来源】为菊科植物佩兰*Eupatorium fortunei* Turcz.的地上部分。

【植物形态】多年生草本，高40～100 cm。根茎横走。茎直立，绿色或红紫色，下部光滑无毛。叶对生，下部叶常枯萎；中部叶有短柄，叶片较大，通常3全裂或3深裂，中裂片较大，长椭圆形或长椭圆状披针形，长5～10 cm，宽1.5～2.5 cm；上部的叶较小，常不分裂，或全部茎叶不分裂，顶端渐尖，边缘有粗齿或不规则细齿，两面光滑或沿脉疏被柔毛。头状花序多数在茎顶及枝端排成复伞房花序，花序径3～6 cm；总苞钟状，长6～7 mm；总苞片2～3层，紫红色，覆瓦状排列，外层短，卵状披针形，中、内层苞片渐长，顶端钝；每个头状花序具花4～6朵，花白色或带微红色，全部管状，两性，顶端5齿裂；雄蕊5，聚药；雌蕊1，子房下位，柱头2裂，伸出花冠外。瘦果圆柱形，熟时黑褐色，5棱，长3～4 mm，冠毛白色，长约5 mm。花、果期7—11月。

【生境分布】生于路边灌丛或溪边。野生或栽培。分布于云阳、万州、开州、石柱、长寿区县。

【采收加工】每年可收割地上部分2～3次，6

月、9月、秋后各收割1次。选晴天中午收割，此时植株内挥发油含量最高，收回后立即摊晒至半干，扎成束，放室内回潮，再晒至全干。亦可晒12 h后，切成10 cm长小段，晒至全干。

【药材性状】茎圆柱形，长30～100 cm，直径2～5 mm。表面黄棕色或黄绿色，有明显的节及纵棱线，节间长3～7 cm；质脆，断面髓部白色或中空。叶对生，多皱缩破碎，完整叶展平后，通常3裂，裂片长圆形或长圆状披针形，边缘有锯齿，表面绿褐色或暗绿色。气芳香，味微苦。以质嫩、叶多、色绿、香气浓郁者为佳。

【显微鉴别】叶表面观：上表皮细胞垂周壁略弯曲，偶见多细胞非腺毛，叶脉上非腺毛较长，由7～8个细胞组成，长120～160 μm，基部直径16～20 μm，气孔不定式。下表皮细胞垂周壁波状弯曲，非腺毛比上表皮多，常由3～6个细胞组成，长60～105 μm，基部直径14～16 μm，部分细胞内常含淡棕色物质；气孔多，不定式。

【理化鉴别】薄层鉴别：取本品粗粉100 g，置挥发油测定器中进行蒸馏，得粗挥发油，再用乙醚提取，无水硫酸钠脱水后，回收乙醚，取所得挥发油0.1 mL溶于石油醚1 mL中，作供试品。另取对一聚伞花素为对照品。分别点样于硅胶G-CMC板上，以己烷展开，晾干。在紫外光灯（365 nm）下，斑点均显玫瑰色。用10%磷钼酸乙醇溶液喷雾，斑点均显蓝色。

【化学成分】全草含挥发油，其中含量较高的组分为石竹烯。花及叶含蒲公英甾醇（taraxasterol），蒲公英甾醇乙酸酯（taraxasteyl acetate），蒲公英甾醇棕榈酸酯（taraxasteryl palmitate），β-香树脂醇乙酸酯（β-amyrin acetate），β-香树脂醇棕榈酸酯（β-amyrin palmitate），豆甾醇（stigmasterol），β-谷甾醇（β-sitosterol），二十八醇（octacosanol），棕榈酸（palmitic acid）。

茎、叶含延胡索酸（fumaric acid），琥珀酸（succinic acid），甘露醇（mannitol）。地上部分还含宁德洛菲碱（1indelofine）。根含宁德洛菲碱，仰卧天芥菜碱（supinine），兰草素（euparin）。

【药理作用】有祛痰、抗癌、抗炎作用。挥发油给药后，小鼠出现躁动不安、竖毛、呼吸急促等症。

【功能主治】药性：辛，平。归脾、胃经。功能：解暑化湿，辟秽和中。主治：感受暑湿，寒热头痛，湿浊内蕴，脘痞不饥，恶心呕吐，口中甜腻，消渴。用法用量：内服煎汤，6～10 g；鲜品可用15～30 g。使用注意：阴虚血燥，气虚者慎服。

附方：

1. 治五月霉湿，并治秽浊之气：藿香叶3 g，佩兰叶3 g，陈皮4.5 g，制半夏4.5 g，大腹皮3 g（酒洗），厚朴2 g（姜汁炒），加鲜荷叶10 g为引。煎汤服。
2. 治中暑头痛：佩兰、青蒿、菊花各9 g，绿豆衣12 g。水煎服。
3. 治急性胃肠炎：佩兰、藿香、苍术、茯苓、三颗针各9 g。水煎服。
4. 治齿痛颊肿及治出血：佩兰250 g。煎水，热含吐之。

【资源综合利用】佩兰始载于《神农本草经》，列为上品，原名兰草。库区部分地区有将同属植物白头婆（泽兰）*Eupatorium japonicum* Thunb.作佩兰用者，但白头婆在挥发油等主要成分上与正品佩兰相差大，故应作伪品处理。

501 菊芋

【别名】番姜、洋姜。

【来源】为菊科植物菊芋*Helianthus tuberosus* L.的茎叶及块茎。

【植物形态】草本，高1～3 m。根茎呈块状，肥厚，形如生姜。茎上部分枝，被短糙毛或刚毛。基部叶对生，上部叶互生，叶柄上部有狭翅；叶片卵形至卵状椭圆形，长10～15 cm，宽3～9 cm，3脉，顶端急尖或渐尖，基部宽楔形，边缘有锯齿，上面粗糙，下面被柔毛。头状花序数个，生于枝端，直径5～9 cm；总苞片披针形或线状披针形，开展；舌状花中性，淡黄色，特别显著；管状花两性，孕育，黄色、棕色或紫色，裂片5。瘦果楔形，有毛，上端常有2～4个具毛的扁芒。花期8—10月。

【生境分布】库区各地有栽培。

【采收加工】秋季采收，晒干或鲜用。

▲菊芋

【化学成分】块根含菊糖、淀粉、多缩戊糖、酶类、硫胺素、核黄素、尼克酸、抗坏血酸、蛋白质、脂肪、粗纤维等。叶含向日葵精、肿柄菊内酯E、密花绵毛叶菊素。地上部分含挥发油及芳香性成分。

【功能主治】功能：清热凉血，接骨。主治：热病，肠热出血，跌打损伤，骨折肿痛。用法用量：内服煎汤，10 ~ 15 g；或块根1个，生嚼服。外用适量，捣敷。

附方：

1. 治糖尿病：菊芋15 g（鲜根30 ~ 60 g）。水煎服。

2. 治跌打损伤：鲜菊芋茎叶适量。捣烂，敷伤处。

【资源综合利用】菊芋原产于美洲，现库区各地农村有栽培。地下根茎俗称洋生姜，可作蔬菜、酱菜、果糖，也可制淀粉、酒精。洋姜又是一种花草，可美化环境。茎叶和块茎可作饲料。从菊芋中提取的菊糖，是十分理想的食品配料、食品功能性添加剂、饲料添加剂及医药工业的原配材料。它既是一种水溶性的膳食纤维，又是一种良好的脂肪替代品，也是一种功能性低聚糖双歧杆菌增殖因子，有较大开发前景。

502　土木香

【别名】青木香、祁木香。

【来源】为菊科植物土木香*Inula helenium* L.的根。

【植物形态】多年生草本，高可达250 cm，全株密被短柔毛。根茎块状，有分枝。茎直立，粗壮，径达1 cm，不分枝或上部有分枝。茎下部叶较疏，基部渐狭成具翅具长达20 cm的柄；叶片宽椭圆状披针形至披针形，长10 ~ 40 cm，宽10 ~ 25 cm，顶端尖，边缘有不规则的齿或重齿，上面被基部疣状的糙毛，下面被密茸毛，叶脉在下面稍隆起，网脉明显；中部叶卵圆状披针形或长圆形，较小，基部心形，半抱茎；上部叶披针形，小。头状花序少数，直径6 ~ 8 cm，排成伞房状；花序梗从极短到长达12 cm，为多数苞叶围裹；总苞片5 ~ 6层，外层草质，宽卵圆形，顶端钝，常反折，被茸毛，宽6 ~ 9 mm，内层长圆形，顶端扩大成卵圆三角形，干膜质，背面具疏毛，有缘毛，较外层长达3倍，最内层线形，顶端稍扩大或狭尖；舌状花黄色，舌片线形，长2 ~ 3 cm，宽2 ~ 2.5 cm，顶端具3 ~ 4不规则齿裂；管状花长9 ~ 10 mm，有披针形裂片；冠毛污白色，长8 ~ 10 mm，有极多数具细齿的毛。瘦果四或五面形，长3 ~ 4 mm，无毛。花期6—9月。

▲土木香

【生境分布】生于河边、田边等潮湿处。巫溪、万州、开州、武隆、长寿等区县有栽培。

【采收加工】秋季采挖，除去茎叶、须根，截段，较粗的纵切成瓣，晒干。

【药材性状】根呈圆柱形或长圆锥形，稍弯曲或扭曲，长10～20 cm，直径0.5～2 cm。表面深棕色，具纵皱纹及不明显的横向皮孔，顶端具稍凹陷的茎痕及棕色叶柄残基。根头部稍膨大，多纵切或斜切成截形或楔形，边缘稍外反。质坚硬，不易折断，折断面不平坦，稍呈角质样，乳白色至浅黄棕色，形成层环明显，颜色较深，并有散在的深褐色分泌管，木质部略显放射状纹理。气微，味微苦而灼辣。以根粗壮、质坚实、香气浓者为佳。

【显微鉴别】根横切面：木栓层细胞5～6列。韧皮部宽广。形成层成环不甚明显。木质部导管多单列排列，较不规则。韧皮部及木质部中均有油室散在，直径50～200 μm。韧皮部薄壁细胞及木质部的射线细胞中不含菊糖。

粉末特征：淡黄棕色。菊糖众多，无色，呈不规则碎块状。网纹导管直径30～100 μm。木栓细胞多角形，黄棕色。木纤维长梭形，末端倾斜，具斜纹孔。

【理化鉴别】（1）异羟肟酸铁反应：取少量挥发油于试管中，加入异羟肟酸铁试剂2～3滴，呈橙红（检查内酯）。

（2）薄层鉴别：取挥发油，用乙醚提取，无水硫酸钠脱水，回收乙醚。取粗制后的挥发油0.1 mL溶于1 mL石油醚中，代供试液。以土木香内酯作对照，同点于硅胶荧光板上，以石油醚（30～60 ℃）-乙酸乙酯-苯（70∶15∶15）为展开剂，展距18 cm。展开后，取出晾干，在紫外光灯（254 nm）下观察，样品色谱中在与对照品色谱相对应位置处显相同的荧光斑点。

【化学成分】根含菊糖44%左右，含挥发油1%～2%。油中主要成分为土木香内酯（alantolactone），异土木香内酯（isoalantolactone），二氢异土木香内酯（dihydroisoalanto-lactone），土木香酸（alantic acid），土木香醇（alantol）及三萜类成分达玛二烯醇乙酸酯（dammaradienyl acetate），大牻牛儿烯D内酯（germacrene-D-lactone）及1-去氧-8-表狭叶依瓦菊素（1-desoxy-8-epi-ivangustin）等。叶含土木香苦素（Alantopicrin）。另含乙酸达玛二烯酯（dammaradienyl acetate），豆甾醇，γ-及β-谷甾醇，β-谷甾醇葡萄糖苷，廿九烷等。

【药理作用】有驱蛔虫、杀阿米巴原虫和阴道毛滴虫、抗细菌、抗真菌作用。土木香内酯大量可升高血糖，中等剂量则可降低血糖，且抑制食物性高血糖；低浓度兴奋，较高浓度则抑制离体蛙心使心脏停止于舒张期。对蛙后肢灌流及兔耳血管灌流，低浓度时有轻微扩张作用，高浓度时则收缩。家兔静脉注射小量，血压先微升，继则缓慢下降，大量则一开始即为降压，呼吸抑制。能抑制离体兔肠，降低小肠过高的运动及分泌功能；对离体兔子宫亦有抑制作用，但在极低浓度时对子宫有兴奋作用，对蛙的骨骼肌及运动神经末梢为麻痹作用，使疲劳曲线缩短。

【功能主治】药性：辛、苦，温。归肝、胃、脾经。功能：健脾和胃，调气解郁，止痛安胎。主治：胸胁、脘腹胀痛，食积，呕吐泻痢，胸胁挫伤，岔气作痛，胎动不安，疟疾。用法用量：内服煎汤，3～9 g；或入丸、散。使用注意：内热口干，喉干舌绛者忌用。服用过量可发生四肢疼痛、吐、泻、眩晕及皮疹。

【资源综合利用】库区产同属植物总状青木香*Inula racemosa* Hook. f.的根亦作土木香入药。

503 旋覆花

【别名】金沸草、金沸花。

【来源】为菊科植物旋覆花*Inula japonica* Thunb.的花序。

▲旋覆花

【植物形态】多年生草本，高30～80 cm。根状茎短，横走或斜升，具须根。茎单生或簇生，绿色或紫色，有细纵沟，被长伏毛。基部叶花期枯萎；中部叶长圆形或长圆状披针形，长4～13 cm，宽1.5～4.5 cm，顶端尖，基部渐狭，常有圆形半抱茎的小耳，无柄，全缘或有疏齿，上面具疏毛或近无毛，下面具疏伏毛和腺点，中脉和侧脉有较密的长毛；上部叶渐小，线状披针形。头状花序，径3～4 cm，多数或少数排成疏散的伞房花序；花序梗细长；总苞半球形，径1.3～1.7 cm，总苞片约5层，线状披针形，最外层常叶质而较长，内层干膜质；舌状花黄色，较总苞长2～2.5倍；舌片线形，长10～13 mm；管状花花冠长约5 mm，有三角披针形裂片；冠毛白色，1轮，有20余个粗糙毛。瘦果圆柱形，长1～1.2 mm，有10条纵沟，被疏短毛。花期6—10月，果期9—11月。

【生境分布】生于海拔150～2 400 m的山坡路旁、湿润草地、河岸和田埂上。广布于巫溪、巫山、奉节、云阳、万州、开州、石柱、涪陵、武隆地区。

【采收加工】7—10月分批采收花序，晒干。

【药材性状】花序球形或扁球形，直径1～1.5 cm。总苞球形，总苞片5层，覆瓦状排列，狭披针形；外层苞片上部叶质，下部革质，内层苞片干膜质，较窄。舌状花1轮，黄色，长约1 cm，顶端具3齿，多卷曲，常脱落；管状花多数，棕黄色，长约5 mm，顶端具5裂片，子房圆柱形，具10条纵棱，棱部被毛。冠毛1轮，22～30条，白色，长4～5 mm。气微，味苦、辛、咸。以完整、朵大、色黄、无枝梗者为佳。

【显微鉴别】粉末特征：外层苞片非腺毛多分布于下表面中脉附近及边缘部分，长200～560 μm，由4～8个细胞组成，单列，顶部细胞较长，常断折。腺毛棒槌状，长84～100 μm，直径26～33 μm，单列或双列，5～18个分泌细胞组成，外围角质囊。舌状花表皮细胞长多角形或长方形，基部细胞壁厚木化，具横向裂隙状单纹孔；腺毛多数。柱头顶端乳突长而尖，长33～40 μm，侧面乳突较短；柱头细胞中含草酸钙柱晶，花柱细胞中含草酸钙方晶或柱晶，子房非腺毛长78～180 μm，多为双列式3细胞毛，有时其中一列为单细胞，另一列为双细胞。冠毛为数列至30列细胞并生，细胞上端尖而游离，外倾成刺状。管状花裂片下表面有少数腺毛。花粉粒类球形，直径22～28 μm，外壁有刺状突起，具3个萌发孔。

【理化鉴别】（1）检查黄酮：取本品粉末2 g，加乙醇20 mL，冷浸24 h，或于水浴上加热回流15 min，滤过。

滤液浓缩至10 mL，取1 mL，加镁粉适量，再加浓盐酸数滴，加热5 min，显红色。

（2）薄层鉴别：取本品5 g，加石油醚50mi，回流30 min滤过。滤液浓缩至干，残渣用乙酸乙酯-丙酮（1：1）2 mL溶解，取上清液作供试液，以旋覆花内酯、旋覆花次内酯为对照品，点样于硅胶H-0.5% CMC板上，用苯-乙酸乙酯（1：2）展开，碘蒸气熏，供试液色谱中与对照品色谱相应处显相同斑点。

【化学成分】 花含旋覆花次内酯（inulicin），去乙酰旋覆花次内酯（deacetyl inulicin），大花旋覆花内酯（britannilactone），单乙酰基大花旋覆花内酯（monoacetyl britannilactone），二乙酰基大花旋覆花内酯（diacetylbritan nilactone），环醚大花旋覆花内酯（britannilide），氧化大花旋覆花内酯（oxobritannilactone）等。

【药理作用】 有镇咳、祛痰、平喘、抗炎、抗菌、杀虫、保肝、抗癌作用。全草有抗单纯疱疹病毒（Ⅰ型）、抑菌作用。

【功能主治】 药性：苦、辛、咸，微温。归肺、胃、大肠经。功能：消痰行水，降气止呕。主治：咳喘痰黏，呕吐噫气，胸痞胁痛。用法用量：内服煎汤（纱布包煎或滤去毛），3～10 g。使用注意：阴虚劳嗽，风热燥咳者禁服。

附方：

1. 治咳嗽气逆：旋覆花9 g，半夏6 g，前胡6 g，苏子9 g，生姜9 g。水煎服。
2. 治风痰呕逆，饮食不下，头目昏闷：旋覆花、枇杷叶、川芎、细辛、赤茯苓各3 g，前胡4.5 g。姜、枣水煎服。
3. 治唾液黏稠，咽喉不利：旋覆花6～10 g。水煎，时时呷服。

旋覆花全草称金佛草。性温味咸。归肺、大肠经。散风寒，化痰饮，消肿毒，祛风湿。主治风寒咳嗽，伏饮痰喘，胁下胀痛，疔疮肿毒，风湿疼痛。

【资源综合利用】 旋覆花始载于《神农本草经》，列为下品。同属植物欧亚旋覆花*Inula britanica* L.、水朝阳旋覆花*Inula helianthus-aquatica* C.Y. Wu ex Ling、湖北旋覆花*Inula hupehensis*（Ling）Ling的花序在库区亦作旋覆花用。

504　马兰

【别名】 马兰头、鱼鳅串。

【来源】 为菊科植物马兰*Kalimeris indica*（L.）Sch-Bip.的全草或根。

▲马兰

【植物形态】多年生草本，高30～80 cm。地下有细长根状茎，匍匐平卧，白色有节。初春仅有基生叶，茎不明显，初夏地上茎增高，基部绿带紫红色，光滑无毛。单叶互生；近无柄；叶片倒卵形、倒披针形或倒卵状矩圆形至披针形，长3～10 cm，宽1～2.5 cm，边缘中部以上具疏粗齿或羽状浅裂，上部叶小，全缘。头状花序组成疏伞房状花序，直径约2.5 cm；总苞半球形，直径6～9 mm，2～4层，边花舌状，淡蓝紫色；中部筒状花多数，黄色。瘦果倒卵状矩圆形，扁平，边缘有厚肋；冠毛不等长，较少，易脱落。花期5—9月，果期8—10月。

【生境分布】多生于海拔180～2 000 m的荒地、路边或丘陵潮湿地。分布于库区各市县。

【采收加工】夏、秋季收，晒干或鲜用。

【化学成分】全草含挥发油。油中含乙酸龙脑脂、甲酸龙脑脂、倍半萜烯、酚类、倍半萜醇等。另含黄酮苷。

【药理作用】有抗癌、抑菌等作用。

【功能主治】药性：辛、苦，凉。归肝、肾、胃、大肠经。功能：清热解毒，散瘀止血，消积。主治：感冒发热，咳嗽，急性咽炎，扁桃体炎，流行性腮腺炎，传染性肝炎，胃、十二指肠溃疡，小儿疳积，肠炎，痢疾，鼻出血，牙龈出血、咯血、皮下出血，崩漏，月经不调，疮疖肿毒，乳腺炎，外伤出血。用法用量：内服煎汤，9～18 g；鲜者30～60 g。外用适量，捣敷。

附方：

1. 预防流行性感冒：马兰9 g，紫金牛12 g，大青根、栀子根、金银藤各15 g，水煎，于流行期间连服3～5 d。

2. 治流行性腮腺炎：马兰根60 g（鲜品60 g），水煎服。

3. 治急性传染性肺炎：马兰、连钱草、白茅根、茵陈各300 g，研末，炼蜜为丸，每丸重5 g。每日3次，每次服5丸，儿童酌减。

4. 治外伤出血：鲜马兰适量，捣烂，敷伤部。

5. 治疮痈肿痛、疔疮炎肿：马兰鲜叶适量。和冬蜜捣匀，涂贴患处，日换2次；或马兰嫩叶适量。加食盐少许，捣烂敷患处。

【资源综合利用】马兰鲜嫩茎叶可食用，民间用于消化不良，饱胀。

▲蒲儿根

505 肥猪苗

【别名】黄菊莲、猫耳朵、野麻叶。

【来源】为菊科植物蒲儿根*Senecio oldhamianus* Maxim.的全草。

【植物形态】二年生草本，高30～80 cm。多分枝。基部叶丛生，有长柄；下部叶近圆形，长、宽3～5 cm，稀达8 cm，顶端短尖，基部浅心形，边缘有深及浅的重锯齿，上面稍有细毛，下面有白色蛛丝毛密生；叶柄长约6 cm，基部具鞘；中部叶肾圆形至广卵状心形；上部叶渐小，三角状卵形，有短柄。头状花序复伞房状排列；常多数，梗细长；总苞宽钟状，直径3～5 mm；总苞片10余个，顶端细尖，边缘膜质；花黄色，舌状花1层，条形；筒状花多数，长约4 mm，顶端5裂。瘦果倒卵状圆柱形，长约1 mm；冠毛白色，长约3 mm，花期4—8月。

【生境分布】生于林缘、草坡、荒地、路旁。分布于库区各市县。

【采收加工】春至秋季采收，鲜用或晒干。

【功能主治】药性：辛、苦，凉。有小毒。功能：清热解毒。主治：痈疮肿毒，泌尿系感染，湿疹，跌打损伤。用法用量：内服煎汤，9 ~ 15 g，鲜全草大剂可用至60 g。外用适量，鲜草捣烂敷患处。

附方：

治疮痈：鲜肥猪苗叶、紫花地丁等量。捣烂，敷患处。

506 千里光

【别名】九里光、九里明。

【来源】为菊科植物千里光*Senecio scandens* Buch.-Ham. ex D. Don的全草。

【植物形态】多年生攀缘草本，高2 ~ 5 m。根状茎木质，粗，径达1.5 cm。茎曲折，多分枝，初常被密柔毛，后脱毛，变木质，皮淡褐色。叶互生，具短柄叶片卵状披针形至长三角形，长6 ~ 12 cm，宽2 ~ 4.5 cm，顶端渐尖，基部宽楔形、截形、戟形，边缘有浅或深齿，或叶的下部有2 ~ 4对深裂片，两面无毛或下面被短柔毛。头状花序多数，在茎及枝端排列成复总状伞房花序，总花梗常反折或开展，被密微毛，有细条形苞叶；总苞筒状，长5 ~ 7 mm，宽3 ~ 6 mm，基部有数个条形小苞片；总苞片1层，12 ~ 13个，条状披针形，顶端渐尖；舌状花黄色，8 ~ 9个，长约10 mm；筒状花多数。瘦果，圆柱形，有纵沟，长3 mm，被柔毛；冠毛白色，长7.5 mm，约与筒状花等长。花期10月至翌年3月，果期2—5月。

【生境分布】生于海拔180 ~ 2 000 m的林下、灌丛中、岩石、溪边、路旁及旷野间。分布于库区各市县。

【采收加工】9—10月采收，晒干或鲜用。分布于库区各市县。

【药材性状】全体长60 ~ 100 cm，或切成2 ~ 3 cm长的小段。茎细长，直径2 ~ 7 mm，表面深棕色或黄棕色，具细纵棱；质脆，易折断，断面髓部白色。叶多卷缩破碎，完整者展平后呈椭圆状三角形或卵状披针形，边缘具不规则锯齿，暗绿色或灰棕色；质脆。有时枝梢带有枯黄色头状花序。瘦果有纵沟，冠毛白色。气微，味苦。

【显微鉴别】叶表面观：下表皮细胞形状不规则，壁深波状弯曲；气孔不定式，副卫细胞3 ~ 6个；非腺毛多数，尤以叶脉处为多。上表皮细胞壁微波状或波状弯曲，气孔少数，有非腺毛。非腺毛2 ~ 12个细胞，多弯曲，长

▲千里光

约至270 μm，直径12～31 μm，基部细胞膨大，顶端细胞渐尖或钝圆，有的膨大成椭圆形、半圆形或类圆形，有的中部或顶部细胞缢缩，细胞内常含淡黄色油状物；细胞壁稍增厚，具疣状突起，下部细胞有的具细条状角质纹理。以叶多、色绿者为佳。

【化学成分】全草含毛茛黄素（flavoxanthin），菊黄质（chrysanthemaxanthin），千里光宁碱（senecionine），千里光菲灵碱（seneciphylline），氢醌（hydroquinone），对-羟基苯乙酸（*P*-hydroxyphenylacetic acid），香草酸（vanillic acid），水杨酸（salicylic acid），焦黏酸（pyromucic acid），7β，11-环氧-9α，10α-环氧-8-基艾里莫芬烷，挥发油，黄酮苷，鞣质β-胡萝卜素（β-carotene）等。

【药理作用】有抗菌、抗癌、抗钩端螺旋、抗滴虫作用。

【功能主治】药性：苦、辛，寒。功能：清热解毒，明目退翳，杀虫止痒。主治：流感，上呼吸道感染，肺炎，急性扁桃体炎，腮腺炎，急性肠炎，菌痢，黄疸型肝炎，胆囊炎，急性尿路感染，目赤肿痛翳障，痈肿疖毒，丹毒，湿疹，干湿癣疮，滴虫性阴道炎，烧烫伤。用法用量：内服煎汤，15～30 g；鲜品加倍。外用适量，煎水洗；或熬膏搽；或鲜草捣敷；或捣取汁点眼。使用注意：不可久服。

附方：

1. 治疮痈溃烂：千里光、半边莲、犁头草各适量。捣烂，敷患处。
2. 治梅毒：千里光30 g，土茯苓60 g。水煎浓缩成膏，外搽。
3. 治烫火伤：千里光8份，白及2份。水煎浓汁，外搽。
4. 治痔疮：九里光、青鱼胆草各250 g。水煎浓汁，搽患处。
5. 治钩端螺旋体病：千里光30 g，野蚊子草、车前草、马兰根各9 g，野薄荷6 g。水煎服。
6. 治毒蛇咬伤：鲜千里光60 g，雄黄3 g。捣烂，敷患处。

【资源综合利用】本品以千里及之名始载于《本草拾遗》。库区资源丰富，民间广泛用于治疗各种炎症和皮肤病，疗效显著。吡咯里西啶类生物碱（pyrrolizi-dine alkaloids，PA）有较强的肝毒性，并有潜在的致癌性，而千里光属植物为其主要来源。对PA应辩证地看待，因为其既有致癌性又有抗癌性。今后应在化学成分及其药理作用活性、构效关系、临床和质量控制等方面进行更深入地研究，以保证本属药用植物的用药安全。

507　豨莶草

【别名】腺毛豨莶草。

【来源】为菊科植物腺梗豨莶*Siegesbeckia pubescens* Makino的地上部分。

【植物形态】一年生草本，高30～100 cm。茎直立，上端多叉状分枝，花梗和分枝的上部被紫褐色头状具柄的密腺毛和长柔毛。叶对生；基部叶花期枯萎；中部以上的叶卵圆形或卵形，边缘有齿，长4～10 cm，宽1.8～6.5 cm，顶端渐尖，基部阔楔形，下延成具翼的柄，边缘有不规则的浅裂或粗齿，下面具腺点，两面被毛；上部叶渐小，卵状长圆形，边缘浅波状或全缘，近无柄。头状花序多数，集成顶生的圆锥花序；花梗长1.5～4 cm，密生短柔毛；总苞阔钟状；总苞片2层，叶质，背面密被紫褐色头状具柄腺毛；外层苞片5～6枚，线状匙形或匙形，开展，长8～11 mm，宽约1.2 mm；内层苞片卵状长圆形或卵圆形，长约5 mm，宽1.5～2.2 mm；外层托片长圆形，内弯，内层托片倒卵状长圆形；花黄色；雌花花冠的管部长1～1.2 mm，舌片顶端2～3齿裂，有时5齿裂；两性管状花上部钟状，上端有4～5卵圆形裂片。瘦果倒卵圆形，有4棱，顶端有灰褐色环状突起，长3～3.5 mm，宽1～1.5 mm。花期4—9月，果期6—11月。

【生境分布】生于海拔100～1 400 m的山坡、草地、灌丛、林中或路旁。分布于库区各市县。

【采收加工】夏季开花前或花期均可采收。割取地上部分，晒至半干时，放置干燥通风处，晾干。

【药材性状】茎圆柱形，表面灰绿色、黄棕色或紫棕色，有纵沟及细纵纹，枝对生，节略膨大，上部被长柔毛和紫褐色腺点；质轻而脆，易折断，断面有明显的白色髓部。叶对生，多脱落或破碎；完整的叶片卵圆形或卵形，长4～10 cm，宽1.8～6.5 cm，顶端钝尖，基部宽楔形下延成翅柄，边缘有不规则小锯齿；两面被毛，下表面有腺点。有时在茎顶或叶腋可见黄色头状花序。气微，味微苦。以枝嫩、叶多、色深绿者为佳。

▲腺梗豨莶

【显微鉴别】叶、花梗表皮及花粉粒特征：叶上表皮细胞垂周壁略平直，下表皮细胞垂周壁呈波状弯曲；气孔不定式。花梗表皮可见单细胞头双细胞柄、多细胞头而柄部细胞排成2行或多细胞头而柄部细胞排成3行的腺毛。非腺毛有两种，一种较长，顶端锐尖，由2～8个细胞组成，长110～758 μm；另一种较短，多弯曲，壁极薄，由4～12个细胞组成，长30～272 μm。花粉粒圆形，直径约30 μm，表面具有较密的刺状突起，具萌发孔3个。

【理化鉴别】（1）检查还原糖：取本品粗粉2 g，加水适量，置温水浴中加热温浸30 min，滤过。取滤液2 mL置试管中，加斐林试剂2～3滴，置水浴上加热5～10 min，有红棕色沉淀产生。

（2）荧光显色：取本品粗粉2 g，加75%乙醇10 mL，温浸20 min，滤过。取滤液2～3滴，滴在滤纸上，置紫外光灯下检视。腺梗豨莶和豨莶显亮蓝色荧光；毛梗豨莶显淡蓝绿色荧光。

（3）薄层鉴别：取本品粗粉0.5 g，加60%乙醇10 mL，温浸30 min，滤过，滤液加石油醚于分液漏斗中抽提3次，取乙醇液浓缩，点样。吸附剂：硅胶G（青岛）湿法铺板，110 ℃活化1 h。展开剂：醋酸乙酯-甲醇-甲酸-木（6：1：1.5：1.5）。展距：14 cm。显色剂：5%硫酸喷，130 ℃烤10 min。

【化学成分】主要含长链烷醇及有机酸。全草含腺梗豨莶苷（siegesbeckioside），腺梗豨莶醇（siegesbeckiol），腺梗豨莶酸（siegesbeckic acid），对映-16β，17，18-贝壳杉三醇（ent-kauran-16β，17，18-triol），对-16β，17-二羟基-19-贝壳杉酸（ent-16β，17-dihydroxy-kauran-19-oic acid），对-16αH，17-羟基-19-贝壳松酸（ent-16αH，17-hydroxy-kauran-19-oic acid），大花沼兰酸（grandifloric acid），奇任醇（kirenol），谷甾醇（sitosterol），胡萝卜苷（daucosterol），16αH-16，19-贝壳松二酸（16αH-16，19-kaurandioic acid），对-16β，17，18，-三羟基-贝索杉-19-羧酸，二香草基四氢呋喃、槲皮素、D-甘露醇，12-羟基奇任醇和2-酮基-16-乙酰基奇任醇，二十四碳酸，二十四碳酸辛酯，对-16αH，17，18-二羟基-贝壳杉烷-19-羧酸，挥发油等。

【药理作用】有抑制疫功能、抗炎、降压、抑制血栓形成、扩张血管、抗早孕、抗单纯疱疹病毒作用。豨莶草90%甲醇提取物对血管紧张素转化酶（ACE）抑制活性达39%～40%。

【功能主治】药性：苦。辛，寒，小毒。归肝、肾经。功能：祛风湿，通经络，清热解毒。主治：风湿痹痛，筋骨不利，腰膝无力，半身不遂，高血压病，疟疾，黄疸，痈肿疮毒，风疹湿疮，虫兽咬伤。用法用量：内服煎汤，9 ~ 12 g，大剂量30 ~ 60 g；捣汁或入丸、散。外用适量，捣敷；或研末撒；或煎水熏洗。使用注意：无风湿者慎服；生用或大剂应用，易致呕吐。

附方：

1. 治高血压：豨莶草、臭梧桐、夏枯草各9 g。水煎服，每日1次。
2. 治急性黄疸型肝炎：豨莶草30 g，山栀子9 g，车前草、广金钱草各15 g。水煎服。
3. 治慢性肾炎：豨莶草30 g，地耳草15 g。水煎冲红糖服。
4. 治神经衰弱：豨莶草、丹参各15 g。煎服。

508　一枝黄花

【别名】金柴胡。

【来源】为菊科植物一枝黄花*Solidago decurrens* Lour. 的根及全草。

【植物形态】多年生草本，高30 ~ 100 cm。茎直立，无毛，分枝少，基部带紫红色。单叶互生，中部叶椭圆形、披针形或宽披针形，长1 ~ 5 cm，顶端急尖、渐尖或钝，边缘有锐锯齿；上部叶锯齿渐疏至全近缘，初时两面有毛，后渐无毛或仅脉被毛；基部叶有柄，上部叶柄渐短或无柄。头状花序直径5 ~ 8 mm，排列成总状或窄长圆锥花序；总苞钟状；苞片披针形；花黄色，舌状花雌性，约8朵；管状花多数，两性，5裂，花药聚合，基部钝，顶端有帽状附属物。瘦果圆柱形，近无毛，冠毛白色。花果期4—11月。

【生境分布】生于海拔250 ~ 2 200 m的林缘、灌丛中及山坡草地。分布于库区各市县。

【采收加工】夏、秋间采收，晒干。

【化学成分】全草含绿原酸，咖啡酸，槲皮素，槲皮苷，芸香苷（rutin），山柰酚葡萄糖苷，矢车菊双

▲一枝黄花

苷，山柰酚-3-芸香糖苷（kaemferol-3-3rutinoside），一枝黄花酚苷（leiocarposide），2，6-二甲氧基苯甲酸苄酯（benzyl-2，6-dimethoxybenzoate），当归酸-3，5-二甲氧基-4-乙酰氧基肉桂酯（3，5-dimethoxy-4-acetoxycinnamyl angelate），2，8-顺-母菊酯（matricaria ester），鞣质，皂苷等。

【药理作用】有抗菌、平喘、祛痰、利尿、止血作用。

【功能主治】药性：辛、苦，凉。有小毒。功能：疏风清热，消肿解毒。主治：感冒头痛，咽喉肿痛，上呼吸道感染，流感、高热，咽喉肿痛，肾炎，黄疸。百日咳，小儿惊风，跌打损伤，痈疖肿毒，鹅掌风，毒蛇咬伤。用法用量：内服煎汤，9～15 g，鲜者15～30 g。外用适量，捣敷；或研末撒；或煎水熏洗。使用注意：本品长期大量服用会引起肠出血。孕妇忌服。

附方：

1. 治感冒、流感、高热，咽喉肿痛：一枝黄花9～30 g。水煎服；或与贯仲、鲜松针同煎，预防感冒。
2. 治肺痈：一枝黄花15 g。炖猪肺吃。
3. 治疮疖、跌打瘀肿：一枝黄花30 g。水煎服，外用鲜品捣烂，敷患处。
4. 治毒蛇咬伤：一枝黄花30 g。水煎，加蜂蜜30 g调服；外用鲜品同酒糟杵烂，敷患处。
5. 治鹅掌风、灰指甲、脚癣：一枝黄花30～60 g，煎取浓汁，浸洗患部，每次30 min，每天1～2次，7 d为一疗程。

【资源综合利用】一枝黄花全草制成注射液，每次2 mL（相当于干草2 g），肌肉注射，每日2～3次，用于外科各种感染及大手术后预防感染。全草加工成冲剂，每袋6 g（相当于干草20 g），每日2～3次，每次1袋，小儿酌减，用开水冲服，用于上呼吸道感染、扁桃体炎、咽喉炎、支气管炎、乳腺炎、淋巴管炎、疮疖肿毒、外科手术后预防感染及其他急性炎症性疾患，痊愈好转者占92%以上。

509 万寿菊

【别名】臭芙蓉、臭菊花、黄菊、里苦艾、全鸡菊。

【来源】为菊科植物万寿菊*Tagetes erecta* L.的花序。

【植物形态】一年生草本，高50～150 cm。茎直立，粗壮，多分枝。叶对生或互生，羽状深裂，长5～10 cm，裂片长椭圆形或披针形，边缘具锐锯齿，齿端有时具软芒；叶缘背面有少数腺体。头状花序单生，径5～10 cm，花序梗顶端棍棒状膨大；总苞杯状，具齿尖；舌状花黄色或暗橙色，长约3 cm，舌片倒卵形，黄色、黄绿色或橘黄色，基部收缩成长爪，顶端微弯曲；管状花黄色，5齿裂。瘦果线形，冠毛有1～2个长芒和2～3个短而钝的鳞片。栽培品种多变化，有时全为舌状花，有皱瓣、宽瓣、高型、矮型、大花型等。花期6—10月。

【生境分布】库区各地栽培。

【采收加工】夏、秋间采收，晒干。

【化学成分】含万寿菊属苷（tagetiin），堆心菊素，类胡萝卜素，八氢番茄烃，叶黄素，菊黄质，除虫菊素，叶黄素二肉豆蔻酸酯，丁香酸，辣薄荷酮，丁香烯等。根含挥发油。

【药理作用】有抑菌、镇静、解痉、杀线虫作用。

【功能主治】药性：苦，微辛，凉。功能：平肝清热，祛风，化痰。主治：上呼吸道感染，百日咳，结膜炎，咽炎，口腔炎，牙痛，咽炎，头晕目眩，风火眼痛，小儿惊风，闭经，血淤腹痛，腮腺炎，乳腺炎，痈疮肿毒。用法用量：内服煎汤，3～9 g。外用适量，捣敷外用或煎水熏洗。

附方：

1. 治百日咳：万寿菊15朵。煎水，兑红糖服。
2. 治气管炎：鲜万寿菊30 g，水朝阳9 g，紫菀6 g。水煎服。
3. 治腮腺炎，乳腺炎：万寿菊、重楼、银花各适量。研末。醋调匀，敷患部。
4. 治牙痛、目痛：万寿菊15 g。水煎服。

【资源综合利用】庭园栽培观赏花卉，也可用于插花。花含丰富的叶黄素。叶黄素是一种天然色素，可加在

▲万寿菊

鸡饲料里，提高鸡蛋的营养价值，亦可用于化妆品、饲料、医药、水产品等行业中。叶黄素有延缓老年人因黄斑退化而引起的视力退化和失明症，并有抗因机体衰老引发的心血管硬化、冠心病和肿瘤作用。国际市场上，1 g叶黄素的价格与1 g黄金相当。

510 兔儿伞

【别名】一把伞。

▲兔儿伞

【来源】为菊科植物兔儿伞*Synelesis aconitifolia*（Bunge）maxim.的带根全草。

【植物形态】多年生草本，高70～120 cm。茎单一，无毛，略带棕褐色。基生叶1，花期枯萎，茎生叶2，互生，下部叶片圆盾形，直径20～30 cm，通常7～9掌状分裂，直达中心，裂片复作羽状分裂，裂片4～9，边缘具不规则的锐齿，表面绿色，背面灰白色；叶柄长2～6 cm。头状花序长1～1.4 cm，宽5～7 mm，密集成复伞房状；总苞圆筒状，总苞片1层，5枚，长椭圆形，边缘膜质；花冠管状，淡红色，以后变红色，长约1 cm，5裂。瘦果圆柱形，长5～6 mm，有纵条纹；冠毛灰白色或带淡红褐色。花期7—9月，果期9—10月。

【生境分布】生于海拔1 650～2 100 m的山坡荒地、林缘、路旁。分布于巫溪、巫山、奉节地区。

【采收加工】夏、秋季采收，鲜用或晒干。

【化学成分】含酯类。地上部分尚含芳樟醇葡萄糖苷等。

【功能主治】药性：辛，微温。功能：祛风湿，舒筋活血，止痛。主治：风湿麻木，腰腿疼痛，跌打损伤，月经不调，痛经，痈疽肿毒，治颈淋巴结结核，毒蛇咬伤，痔疮。用法用量：内服煎汤，10～15 g。外用适量，捣敷；或研末撒；或煎水熏洗。使用注意：孕妇禁服。

附方：

1. 治风湿麻木，全身骨痛：兔儿伞、刺五加根各12 g，白龙须、小血藤、木瓜根各9 g。泡酒1 kg。每日服2次，每次30～45 g。

2. 治跌打损伤：兔儿伞、丹参各15 g，炒槐花、地鳖虫各9 g。煎水，服时兑酒少许。另用鲜兔儿伞适量，捣烂敷患处。

3. 治痔疮：兔儿伞适量。煎水熏洗患处；另用根茎适量，磨汁或捣烂，涂患处。

4. 治毒蛇咬伤：鲜兔儿伞根适量。捣烂，外敷伤处。

511　蒲公英

【别名】黄花地丁、灯笼花。

【来源】为菊科植物蒲公英*Tarascacum mongolicum* Hand.-Mazz. 的全草。

【植物形态】多年生草本，高10～25 cm，全株含白色乳汁。根深长，单一或分枝，直径通常为3～5 mm，外皮黄棕色。叶基生，莲座状；叶柄基部两侧扩大呈鞘状；叶片线状披针形、倒披针形或倒卵形，长6～15 cm，宽2～3.5 cm，顶端尖或钝，基部狭窄，下延，边缘浅裂或作不规则羽状分裂，裂片齿牙状或三角状，全缘或具疏齿，裂片间有细小锯齿，绿色或有时在边缘带淡紫色斑迹，被白色蛛丝状毛。花茎由叶丛中抽出，比叶片长或稍短，上部密被白色蛛丝状毛；头状花序单一，顶生，全为舌状花，两性；总苞片多层，外面数层较短，卵状披针形，内面一层线状披针形，边缘膜质，具蛛丝状毛，内、外苞片顶端均有小角状突起；花托平坦；花冠黄色，顶端平截，常裂；雄蕊5，花药合生成筒状包于花柱外，花丝分离；雌蕊1，子房下位，花柱细长，柱头2裂，有短冠毛。瘦果倒披针形，长4～5 mm，宽1.5 mm，具纵棱，并有横纹相连，有刺状突起，果顶具长8～10 mm的喙；冠毛白色，长约7 mm。花期4—5月，果期6—7月。

【生境分布】生于海拔200～1 800 m的山坡草地、路旁、河岸沙地及田间。分布于库区各市县。

【采收加工】4—5月开花前或刚开花时连根挖取，晒干。

【药材性状】全草呈皱缩卷曲的团块。根圆锥状，多弯曲，长3～7 cm，表面棕褐色，根头部有棕褐色或黄白色的茸毛，有的已脱落。叶基生，多皱缩破碎，完整叶倒披针形，长6～15 cm，宽2～3.5 cm，绿褐色或暗灰

▲蒲公英

色，顶端尖或钝，边缘倒向浅裂或羽状分裂，裂片齿牙状或三角形，基部渐狭，下延呈柄状，下表面主脉明显，被蛛丝状毛。花茎1至数条，每条顶生头状花序；总苞片多层，外面总苞片数层，顶端有或无小角，内面1层长于外层的1.5 ~ 2倍，顶端有小角，花冠黄褐色或淡黄白色。有的可见多数具白色冠毛的长椭圆形瘦果。气微，味微苦。

【显微鉴别】根横切面：木栓层为数列棕色细胞。韧皮部宽广，乳管群断续排列成数轮。形成层成环。木质部较小，射线不明显，导管较大，散列。薄壁细胞含菊糖。

叶片表面观：上下表皮细胞垂周壁波状弯曲，表面角质纹理明显或稀疏可见。上下表皮均有非腺毛，3 ~ 9细胞，直径17 ~ 34 μm，顶端细胞甚长，皱缩呈鞭状或脱落。下表皮气孔较多，不定式或不等式，副卫细胞3 ~ 6个。叶肉细胞含细小草酸钙结晶。叶脉旁可见乳汁管。

【理化鉴别】（1）检查甾醇类：取本品甲醇提取液1 mL，置水浴上蒸干。用冰醋酸1 mL溶解残渣，加入醋酐-浓硫酸（19∶1）试剂1 mL，观察颜色由黄色很快变为红色→紫色→青色→污绿色。

（2）检查水溶性生物碱：取本品粉末1 g，加乙醇10 mL冷浸过夜，滤过。滤液蒸干，残渣加稀盐酸4 mL溶解，滤过。取滤液1 mL，加改良碘化铋钾试液2滴，产生橙色沉淀。

（3）薄层鉴别：取本品粉末250 g，加乙醇500 mL，加热回流8 h，减压回收乙醇至干，加10%氢氧化钾乙醇液30 mL皂化3 h，加水60 mL稀释，加稀盐酸调至中性，加乙醚10 mL萃取（同量萃取3次），再用一定量水洗3次，用无水硫酸钠脱水，回收乙醚浓缩后作为供试品溶液。用β-谷甾醇、α-香树脂醇的乙醇溶液作为对照品溶液。取供试品溶液和对照品溶液分别点样于同一硅胶G（青岛）薄板上，用氯仿展开，展距16.5 cm。取出晾干。喷以5%磷钼酸的乙醇溶液，烘烤加热后，可见供试品色谱在与对照品色谱的相应位置上，显相同的蓝色斑点。取本品粉末50 g，加乙醇250 mL，于索氏提取器中回流提取，回收乙醇2/3后，加少量蒸馏水滤过。滤液浓缩蒸干，加甲醇1 mL溶解后作为供试品溶液。另以胆碱的甲醇溶液作为对照品溶液。取供试品溶液与对照品溶液，分别点样于同一硅胶G（青岛）薄层板上。用正丁醇-乙酸-水（4∶1∶5）展开，展距16.5 cm。取出晾干，喷以碘化铋钾溶液后，则供试品色谱在与对照品色谱的相应位置上显相同的橘红色斑点。

【化学成分】全草含蒲公英甾醇（taraxasterol），胆碱（choline），菊糖（inulin），果胶（pectin），β-谷甾醇，咖啡酸，绿原酸，槲皮素和木犀草素-7-O-葡萄糖苷等。

【药理作用】有抗病原微生物、抗胃溃疡、保肝、提高及改善、非特异性免疫功能、清除超氧阴离子、健胃、轻泻、保护心肌细胞、抗丙型肝炎病毒，促进毛细血管循环，促进胆汁分泌，促进脑垂体分泌，抑制癌细胞生长，利尿作用。蒲公英制剂低浓度时直接兴奋离体蛙心，而高浓度时则呈抑制作用。

【功能主治】药性：苦、甘，寒。归肝、胃经。功能：清热解毒，消痈散结。主治：乳腺炎，肺痈，肠痈，扁桃腺炎，瘰疬，疔毒疮肿，目赤肿痛，感冒发热，咳嗽，咽喉肿痛，胃炎，肠炎，痢疾，肝炎，胆囊炎，尿路感染，蛇虫咬伤。用法用量：内服煎汤，10 ~ 30 g，大剂量60 g；或捣汁；或入散剂。外用适量，捣敷。使用注意：非实热之证及阴疽者慎服。

附方：

1. 治乳腺炎初起：蒲公英50 g，忍冬藤100 g，生甘草6 g。水煎，食前服。
2. 治产后不自乳儿，蓄积乳汁，结作痈：蒲公英捣敷肿上，日三四度易之。
3. 治疳疮疔毒：蒲公英适量。捣烂，敷患处，另用鲜品捣汁，和酒煎服，取汗。
4. 治痈疽发背：蒲公英50 g，金银花200 g，当归100 g，玄参50 g。水煎，空腹服。
5. 治急性结膜炎：蒲公英30 g，菊花9 g，薄荷6 g（后下），车前子12 g（布包）。水煎服。
6. 治肝炎：蒲公英根18 g，茵陈蒿12 g，柴胡、生山栀、郁金、茯苓各9 g。水煎服，或用干根、天名精各30 g，水煎服。
7. 治急性阑尾炎：蒲公英30 g，地耳草、半边莲各15 g，泽兰、青木香各9 g。水煎服。
8. 治口腔炎：蒲公英适量（焙炭存性），枯矾、冰片各少许。研末，取少许吹入患部，每日数次。

▲款冬

512 款冬花

【别名】冬花。

【来源】为菊科植物款冬*Tussilago farfara* L.的花蕾。

【植物形态】多年生草本。根茎细长，褐色，横生。叶基生，阔心形，长3～12 cm，宽4～14 cm，顶端近圆形或钝尖，边缘有波状顶端增厚的黑褐色疏齿，上面有蛛丝状毛，下面有白色毡毛；掌状网脉，主脉5～9；叶柄长5～19 cm，被白色绵毛。花葶数条，高5～10 cm，被白茸毛；苞片椭圆形，淡紫褐色，10余片，密接互生于花葶上；头状花序顶生，鲜黄色，未开放时下垂；总苞钟形；总苞片1～2层，被茸毛；边缘舌状花，雌性，多层，子房下位，柱头2裂；中央管状花，两性，顶端5裂，雄蕊5，花药基部尾状，柱头头状，通常不育。瘦果长椭圆形，有5～10棱，冠毛淡黄色。花期1—2月，果期4月。

【生境分布】生于海拔1 600～2 500 m的向阳较暖的水沟旁。有栽培。分布于巫溪、巫山、奉节、云阳、万州、开州地区。

【采收加工】在12月花尚未出土时挖取花蕾，放通风处阴干，待半干时筛去泥土，去净花梗，再晾至全干。

【药材性状】本品呈不规则短棒状，单生或2～3花序基部连生，俗称“连三朵”，长1～2.5 cm。上端较粗，下端渐细或带有短梗，外面被有多数鱼鳞状苞片；苞片外表面红紫色或淡红色，内表面密被白色絮状茸毛。体轻。撕开后可见白色丝状绵毛；舌状花及筒状花细小，长约2 mm。气香，味微苦、辛，带黏性，嚼之呈绵絮状。以个大、肥壮、色紫红、花梗短者为佳。

【显微鉴别】花序轴横切面：表皮细胞近方形，角质层较厚而不平整。皮层由17～19列类圆形细胞组成，细胞向内渐次增大，细胞间隙明显，薄壁细胞含菊糖及棕色物质。内皮层明显。维管束环列，其外方有一较大的分泌道，此分泌道与韧皮部之间及木质部中常行一小束或成片的厚壁细胞。髓部全为薄壁细胞，其中少数的细胞内也含棕色物质。

粉末特征：棕色，绵绒状。非腺毛较多，极长，1～4细胞，顶端细胞长，扭曲盘绕成团，直径5～17 μm，壁薄。腺毛略呈棒槌形，长104～216 μm，直径16～52 μm，头部稍膨大呈椭圆形，4～6细胞；柄部多细胞，2列（侧面观1列）。冠毛为多列性分枝状毛，各分枝单细胞，顶端渐尖。花粉粒淡黄色，类圆球形，直径28～40 μm，具3孔沟，外壁较厚，表面有长至6 μm的刺。花粉囊内壁细胞，表面观呈类长方形，具纵向条状增厚壁。苞片表皮表面观，细胞呈类长方形或类多角形，垂周壁薄或略呈连珠状增厚，具细波状角质纹理；边缘的表皮细胞呈绒毛状。气孔不定式，副卫细胞4～7个。筒状花冠裂片，边缘的内表皮细胞类长圆形，有角质纹理，近中央的细胞群较皱缩并稍突起。柱头表皮细胞，外壁突起呈乳头状，有的分化成短绒毛状，壁薄。花序轴厚壁细胞长方形，直径17～28 μm，长约至95 μm，壁厚4～6 μm，微木化，具斜纹孔。分泌细胞，存在于薄壁组织中，类圆形或长圆形，含黄色分泌物。粉末用冷水合氯醛液装片，可见菊糖团块呈扇形。

【理化鉴别】取本品粗粉1 g，置沙氏提取器中，用乙醇提取至提取液近无色，浓缩至约5 mL，做以下试验：

（1）检查黄酮：取浓缩液1 mL，置小试管中，加镁粉少许，再加盐酸2～3滴，溶液显棕红色。

（2）检查三萜醇：取浓缩液1 mL，置蒸发皿中，水浴蒸干，残渣用氯仿1 mL溶解，转入试管中，沿管壁缓缓加入浓硫酸1 mL，使其分为两层，氯仿层显绿色荧光，硫酸层显红色荧光。

【化学成分】花含款冬花碱（tussilagine），克氏千里光碱（senkirkine），款冬花酮（tussilagone），新款冬花内酯（neotussilagolactone），款冬二醇（faradiol），山金车甾醇（amidiol），芸香苷（rutin），金丝桃苷（hyperin），槲皮素（quercerin），山柰酚，槲皮素-3-阿拉伯糖苷，山柰酚-3-阿拉伯糖苷，槲皮素-4'-葡萄糖苷，山柰酚-3-葡萄糖苷，挥发油，β-谷甾醇（β-sitosterol），γ-氨基丁酸（γ-aminobutyric acid），丙氨酸（alanine），丝氨酸（serine）和甘氨酸（glycine），无机元素等。

【药理作用】有镇咳、祛痰、呼吸兴奋、增加外周阻力、升血压、抑制血小板聚集、阻断钙通道阻滞剂受体活性、抗炎、止泻、抑制胃溃疡作用。

【功能主治】药性：辛、微甘，温。归肺经。功能：润肺下气，化痰止咳。主治：支气管炎、骨髓炎，劳嗽咯血。用法用量：内服煎汤，3～10 g；或熬膏；或入丸、散。外用适量，研末调敷。使用注意：阴虚者慎服。

附方：

1. 治咳嗽：款冬花10 g，桑根白皮、贝母、五味子、甘草各3 g，知母0.3 g，杏仁1 g。水煎服。

2. 治肺虚咳嗽：人参、白术、款冬花（去梗）、甘草（炙）、川姜（炮）、钟乳粉各10 g。研末，炼蜜丸。每两10丸，食前每服1丸，米饮下。

3. 治肺痈：款冬花65 g（去梗），甘草50 g（炙），桔梗100 g，薏苡仁50 g。水煎服。

【资源综合利用】款冬花始载于《神农本草经》，列为中品。巫溪款冬花栽培量大，其也是最早野生变家种的县，现已建立款冬花GAP基地。

513　苍耳子

【别名】苍耳实、野茄子。

【来源】为菊科植物苍耳*Xanthium sibiricum* Patrin. ex Widder带总苞的果实。

【植物形态】一年生草本，高20～90 cm。根纺锤状，分枝或不分枝。茎直立不分枝或少有分枝，下部圆柱形，上部有纵沟，被灰白色糙伏毛。叶互生；柄长3～11 cm；叶片三角状卵形或心形，长4～9 cm，宽5～100 m，近全缘，或有3～5不明显浅裂，顶端尖或钝，下面苍白色，被粗糙或短白伏毛。头状花序近于无柄，聚生，单性同株；雄花序球形，总苞片小，1列，密生柔毛，花托柱状，托片倒披针形；小花管状，顶端5齿裂，雄蕊5，花药长圆状线形；雌花序卵形，总苞片2～3列，外列苞片小，内列苞片大，结成囊状卵形2室的硬体，外面有倒刺毛，顶有2圆锥状的尖端；小花2朵，无花冠，子房在总苞内，每室有1花，花柱线形，突出在总苞外。成熟瘦果的总苞变坚硬，卵形或

▲苍耳

椭圆形，连同喙部长12～15 mm，宽4～7 mm，绿色、淡黄色或红褐色，外面疏生具钩的总苞刺；总苞刺细，长1～1.5 mm，喙长1.5～2.5 mm；瘦果2，倒卵形，瘦果内含1颗种子。花期7—8月，果期9—10月。

【生境分布】生于海拔200～1 600 m的丘陵、路边、沟旁、草地、村旁。分布于库区各市县。

【采收加工】9—10月果实由青转黄，叶已大部分枯萎脱落时，选晴天，割下全株，脱粒，晒干。

【药材性状】果实包在总苞内，呈纺锤形或卵圆形，长1～1.5 cm，直径0.4～0.7 cm。表面黄棕色或黄绿色，全体有钩刺，顶端有较粗的刺2枚，分离或连生，基部有梗痕。质硬而韧，横切面中间有一隔膜，2室，各有1枚瘦果。瘦果略呈纺锤形，一面较平坦，顶端具一突起的花柱基，果皮薄，灰黑色，具纵纹。种皮膜质，浅灰色，有纵纹；子叶2，有油性。气微，味微苦。以粒大、饱满、色黄棕者为佳。

【显微鉴别】粉末特征：灰黄色。纤维众多，成束或单个散在，多数呈细长梭形，长约425 μm，直径17 μm，壁较薄；少数较短，长约255 μm，直径15 μm，壁稍厚，有明显的纹孔。木薄壁细胞（存在于导管附近）长方形，长96～120 μm，宽19～24 μm，具单孔。导管少见，网纹导管直径约34 μm，螺纹导管直径约12 μm。子叶薄壁细胞含糊粉粒及油滴。种皮薄壁细胞类圆形或长方形，淡黄色。

【化学成分】果实含脂肪油，苍耳子苷（strumaroside），氨基酸，糖类，有机酸等。

【药理作用】有降血糖、抑制心脏、扩张血管、短暂降压、增强血管通透性、减少白细胞总数、抗凝血酶、降低胆固醇和甘油三酯、抗炎、镇痛、免疫抑制、抗氧化、抗微生物、镇咳、抗过敏、抗肿瘤、抑制脊髓反射、抑制钙通道阻滞剂受体和胆囊收缩素作用。

【功能主治】药性：苦、甘、辛，温，有小毒。功能：归肺、肝经。散风寒，通鼻窍，祛风湿，止痒。主治：慢性鼻炎，腰腿痛，对急性腰部扭伤，腰肌劳损，慢性气管炎，风寒头痛，风湿痹痛，菌痢，顽固性牙痛，风疹，湿疹，疥癣。用法用量：内服煎汤，3～10 g；或入丸、散。外用适量，捣敷；或煎水洗。使用注意：本品有毒，剂量过大可致中毒，轻者表现为全身乏力，精神萎靡，食欲不振，恶心呕吐，腹痛腹泻或便秘，继则出现头昏头痛，嗜睡或烦躁不安，心率增快或减慢，低热出汗，两颊潮红而口鼻周围苍黄或出现轻度黄疸，肝肿大。严重时可发生昏迷抽搐，休克，尿闭，胃肠道大量出血或出现肺水肿以致呼吸困难、循环不畅或肾功能衰竭而死亡。临床用药时应使用炮制品。

附方：

1. 治鼻渊鼻流浊涕不止：辛夷仁25 g，苍耳子8 g，香白芷50 g，薄荷叶1.5 g。晒干，研末。每服6 g，用葱、茶清食后调服。

2. 治牙痛：苍耳子500 g，水煎，热含之，疼则吐，吐复含。

3. 治阴囊湿疹：苍耳子、蛇床子、甘草各10 g。加水煎成1 000 mL，外洗阴囊，每日数次。

4. 治急性毛囊炎、急慢性湿疹：苍耳子120 g（打碎），苦参60 g，野菊花60 g。水煎2 000 mL，洗患处，对皮肤增厚之瘙痒性损害，可酌加明矾30 g，川芎15 g。

苍耳嫩枝叶用于风湿性关节炎。

【资源综合利用】苍耳子始载于《神农本草经》，名葈耳实，葈耳即苍耳。为民间治疗鼻渊和头痛的常见药物；适应性强，荒山、坡地均可生长。除药用外，苍耳在工农业方面也有广泛用途，富含丰富的苍耳油，是制造高级香料的原料；其水溶液可制作土农药。在化学成分方面可将有毒成分分离，在保证安全的情况下，进行药效学二次开发。

香蒲科Typhaceae

514　蒲黄

【别名】蒲花、草蒲黄。

【来源】为香蒲科植物长苞香蒲*Typha angustata* Bory et Chaub.的花粉。

【植物形态】多年生草本，高1～3 m。根茎匍匐，须根多。叶条形，宽6～15 mm，基部鞘状，抱茎。花小，

▲长苞香蒲

单性，雌雄同株；穗状花序圆柱形，粗壮，褐色；雌雄花序共长达50 cm，雌花序和雄花序分离；雄花序在上，长20～30 cm，序轴具稀疏白色或黄褐色柔毛；雌花序在下部，比雄花序为短；苞片叶状，早落；雄花具雄蕊3，基生毛较花药长，顶端单一或2～3分叉，花粉粒单生；雌花具小苞片，匙形，与柱头近等长，茸毛早落，约与小苞片等长，柱头条状矩圆形，比花柱宽，小苞片及柱头均比毛长。果穗直径10～15 mm，坚果细小，无槽，不开裂，外果皮不分离。花期6—7月，果期7—8月。

【生境分布】生于池沼、水边。分布于库区各市县。

【采收加工】6—7月待雄花花粉成熟，选择晴天，用手把雄花摘下，晒干搓碎，用细筛筛去杂质即成。

【药材性状】本品为黄色细粉，质轻松，易飞扬，手捻之有润滑感，入水不沉。无臭，味淡。以色鲜黄，润滑感强，纯净者为佳。

【显微鉴别】花粉单粒球形，直径为27～29 μm，表面饰纹为网状至孔穴状，网眼比水烛香蒲小。具单孔，有盖。

【理化鉴别】检查黄酮：（1）取本品0.1 g，加乙醇5 mL，温浸，滤过。取滤液1 mL，加盐酸2～3滴，镁粉少许，溶液渐显樱红色。

（2）取本品0.2 g，加水10 mL，温浸，滤过。取滤液1 mL，加三氯化铁试液1滴，显淡绿棕色。

【化学成分】花粉主含黄酮类成分：柚皮素，异鼠李素-3-O-α-L-吡喃鼠李糖基（1→2）-[α-L-吡喃鼠李糖基（1→6）]-β-D-葡萄糖苷，槲皮素-3-O-α-L-吡喃鼠李糖基（1→2）-[α-L-吡喃鼠李糖基（1→6）]-β-D-葡萄糖苷，异鼠李素-3-O-（2^G-α-L-吡喃鼠李糖基）芸香糖苷，槲皮素-3-O-（2^G-α-L-吡喃鼠李糖基）芸香糖苷，异鼠李素-3-O-新橙皮糖苷，山柰酚-3-O-新橙皮糖苷。雄花序含异鼠李素，槲皮素，异鼠李素-3-O-芸香糖苷和香蒲苷，后者中苷元和糖的连接方式是异鼠李素-3-O-葡萄糖，鼠李糖，鼠李糖苷，β-谷甾醇，β-谷甾醇棕榈酸酯，5α-豆甾烷-3，6-二酮（5α-stigrnastan-3，6-dione）。又含烷及烷醇类成分，氨基酸，微量元素。雌花序含香草酸（vanillic acid），反式的对-羟基桂皮酸（p-hydroxycinnamic acid），原儿茶酸（protocatechuic acid），琥珀酸，对羟基苯甲醛（p-hydroxybenzaldehyde），甘露醇（mannitd），反式-3-（4-羟基苯基）-丙烯酸-2，3-二羟基丙酯[3-（4-hydroxyphenyl）-propenoic acid-2，3-dihydroxypropyl ester]，棕榈酸，硬脂酸（stearic acid），花生四烯酸（arachidonic acid），香蒲酸（typhic acid）。

【药理作用】有增加冠脉流量、改善心电图、保护心肌缺血、保护心脑缺氧、可逆性的抑制心脏（高浓度时使心脏停搏于舒张状态）、降低血压、增加动脉血流量、扩张血管、预防心室纤颤和猝死、抗心律失常、降血脂、抗动脉粥样硬化、缩短血液凝固时间、兴奋子宫、致流产、致死胎、增加肠蠕动、抗炎、免疫调整、抗菌、抗过敏、解痉、促进骨折愈合、镇痛、利胆、护作肾脏损伤、适应原样、促进生长、提高机体运动能力、改善记忆功能、延缓衰老、提高耐缺氧能力、利尿、平喘作用。

【功能主治】药性：甘、微辛，平。归肝、心、脾经。功能：止血，活血，祛瘀，利尿。主治：各种出血，心腹疼痛，经闭腹痛，产后瘀痛，痛经，跌扑肿痛，血淋涩痛，带下，重舌，口疮，聤耳，阴下湿痒。对预防急性高山反应效果显著。用法用量：内服煎汤，5～10 g，须包煎；或入丸、散。外用适量，研末撒或调敷。使用注意：散瘀止痛多生用，止血每炒用，血瘀出血，生熟各半。孕妇慎服。

附方：

1. 治月经过多，血伤漏下不止：蒲黄150 g（微炒），龙骨125 g，艾叶50 g。研末，炼蜜为丸，梧桐子大。每服20丸，煎米饮或艾汤下。

2. 治咯血，吐血，唾血，烦躁：生蒲黄、干荷叶等分。研末。每服9 g，浓煎桑白皮汤，放温，饭后调服。

【资源综合利用】香蒲属植物在处理工矿废水、生活污水方面有独特效果，是一种高效、廉价生物处理法。欧美等国已广泛用香蒲属植物处理城市生活污水，我国在治理工矿废物水方面也取得了较好效果。

泽泻科Alismataceae

515 泽泻

【别名】川泽泻。

【来源】为泽泻科植物泽泻*Alisma orientale*（Sam.）Juz.的块茎。

【植物形态】多年生沼生植物，高50 ~ 100 cm。块茎球形，直径可达4.5 cm，外皮褐色，密生多数须根。叶根生；叶柄长达50 cm，宽5 ~ 20 mm，基部扩延成叶鞘状；叶片宽椭圆形至卵形，长5 ~ 18 cm，宽2 ~ 10 cm，顶端急尖或短尖，基部广楔形、圆形或稍心形，全缘，两面光滑；叶脉5 ~ 7条。花茎由叶丛中抽出，花序通常有3 ~ 5轮分枝，分枝下有披针形或线形苞片，轮生的分枝常再分枝，组成圆锥状复伞形花序；小花梗长短不等；小苞片披针形至线形，尖锐；萼片3，广卵形，绿色或稍带紫色，长2 ~ 3 mm，宿存；花瓣3，倒卵形，膜质，较萼片小，白色，脱落；雄蕊6；雌蕊多数，离生；子房倒卵形，侧扁，花柱侧生。瘦果多数，扁平，倒卵形，长1.5 ~ 2 mm，宽约1 mm，背部有两浅沟，褐色，花柱宿存。花期6—8月，果期7—9月。

【生境分布】生于海拔800 m以下的沼泽边缘，或栽培。分布于库区各市县。

【采收加工】12月下旬大部分叶片枯黄时采收，留下中心小叶，以免干燥时流出黑汁液，用无烟煤火炕干，趁热放在筐内，撞掉须根和粗皮。

【药材性状】块茎横切面：外皮大多已除去，有残留的皮层通气组织，细胞间隙甚大，内侧可见1列内皮层细胞，壁增厚，木化，有纹孔。

粉末特征：淡黄棕色。淀粉粒甚多，单粒长卵形、类球形或椭圆形，直径3 ~ 14 μm，脐点“人”字状、短缝状或三叉状；复粒由2 ~ 3分粒组成。薄壁细胞多角形，具多数椭圆形纹孔，集成纹孔群。内皮层细胞垂周壁弯曲，较厚，木化，有稀疏细孔沟。油室大多破碎，完整者类圆形，直径54 ~ 110 μm，分泌细胞中有时可见油滴。以块大、黄白色、光滑、质充实、粉性足者为佳。

【化学成分】块茎含泽泻醇（alisol）及其衍生物等。

【药理作用】有利尿、增加冠脉流量、降血脂、抗动脉粥样硬化、抗脂肪肝、抗炎、增强免疫系统活性、抗尿结石、抑制尿蛋白排泄量、抑制肾小球细胞浸润肾小管变性及再生、降血糖、抗变态反应作用。

【功能主治】药性：甘、淡，寒。归肾、膀胱经。功能：利水渗湿，泄热通淋。主治：小便不利，热淋涩痛，水肿胀满，泄泻，痰饮眩晕，遗精。用法用量：内服煎汤，6 ~ 12 g；或入丸、散。使用注意：肾虚精滑无

▲泽泻

湿热者禁服。

附方：

1. 治水肿，小便不利：泽泻、白术各12 g，车前子9 g，茯苓皮15 g，西瓜皮24 g。水煎服。

2. 治痰饮内停，头晕目眩，呕吐痰涎：泽泻、白术各9 g，荷叶蒂5枚，菊花6 g，佩兰3 g。泡煎代茶。

3. 治急性肠炎：泽泻15 g，猪苓9 g，白头翁15 g，车前子6 g。水煎服。

4. 治眼赤疼痛：甘草6 g，泽泻五钱，黄连15 g，草决明3 g。研末，每服6 g，灯心草煎汤调下。

【资源综合利用】泽泻始载于《本经》，列为上品。泽泻具有较好降脂减肥、预防尿结石作用，市场广阔，具有较大的开发潜力。

禾本科Gramineae

516　芦竹

【别名】芦竹笋、芦竹根、楼梯杆。

【来源】为禾本科植物芦竹*Arundo donax* L.的根状茎及嫩笋芽。

【植物形态】多年生草本，高2 ~ 6 m。根状茎粗大，径2 ~ 2.5 cm，须根粗。秆直立，径1 ~ 2 cm。叶鞘较节间长，无毛或颈部具长柔毛；叶片扁平，披针形，长30 ~ 60 cm，宽2 ~ 5 cm，嫩时表面及边缘微粗糙；叶舌膜质，截平，长约1.5 mm，顶端具纤毛。圆锥花序，较紧密，长30 ~ 60 cm，分枝稠密，斜向上升；小穗初时紫色，后变紫白色，每小穗有花2 ~ 4朵；颖披针形，长8 ~ 10 mm，具3 ~ 5脉；外稃亦具3 ~ 5脉，中脉延伸成长1 ~ 2 mm之短芒，背面中部以下密生略短于稃体的白柔毛，基盘长约0.5 mm，上部两侧具短柔毛，第一外稃长8 ~ 10 mm；内稃长约为外稃的一半；柱头羽毛状。花期10—12月。

【生境分布】生于海拔200 ~ 1 200 m的河岸、溪边、池塘边。分布于库区各区县。

【采收加工】夏季拔起全株，砍取根茎洗净，剔除须根，切片或整条晒干。

【药材性状】干燥根茎呈弯曲扁圆条形，长10 ~ 48 cm，粗2 ~ 2.5 cm，黄棕色，有纵皱纹，一端稍粗大，有大

▲芦竹

小不等的笋子芽苞突起，基部周围有须根断痕；有节，节上有淡黄色的叶鞘残痕，或全为叶鞘包裹。质坚硬，不易折断。以质嫩、干燥、茎秆短者为佳。

【化学成分】鲜根茎含还原糖，蔗糖，淀粉等。根茎含N，N-甲基色胺等多种吲哚衍生物。叶含芦竹碱（donaxin）等。花含多种吲哚衍生物禾草碱及其Nb-氧化物、禾草碱甲氢氧化物、N，N-甲基色胺甲氢氧化物，3，3'-双（吲哚甲基）二甲铵氢氧化物、胡颓子碱等。

【药理作用】根茎有降压、解痉、抗痉挛、轻度收缩末梢血管、抑制心脏、降血压（大剂量）、收缩平滑肌、兴奋中枢神经系统作用。

【功能主治】药性：微苦，寒。功能：清热利水，养阴止渴。主治：虚劳骨蒸，尿路感染，热病伤津，急性膝关节炎，风火牙痛，水肿。用法用量：内服煎汤，15～60 g；或熬膏。使用注意：体虚无热者慎用。

1. 治尿路感染：鲜芦竹根状茎60 g，灯心草，车前草各12 g。水煎服。

2. 治急性膝关节炎：鲜芦竹根状茎适量。捣烂，敷患处。

芦竹茎秆经烧炙而沥出的液汁（芦竹沥）亦供药用。

517 薏苡仁

【别名】苡仁、薏米。

【来源】为禾本科植物薏米*Coix chinensis* Tod.的种仁。

【植物形态】一年生或多年生草本，高1～1.5 m。秆直立，约具10节。叶片线状披针形，长可达30 cm，宽1.5～3 cm，边缘粗糙，中脉粗厚，于背面凸起；叶鞘光滑，上部者短于节间；叶舌质硬。总状花序腋生成束；雌小穗位于花序之下部，外面包以骨质念珠状的总苞，总苞约与小穗等长；能育小穗第1颖下部膜质，上部厚纸质，第2颖舟形，被包于第1颖中；第2外稃短于第1外稃，内稃与外稃相似而较小；雄蕊3，退化，雌蕊具长花柱；不育小穗，退化成筒状的颖，雄小穗常2～3枚生于第1节，无柄小穗第1颖扁平，两侧内折成脊而具不等宽之翼，内稃与外稃皆为薄膜质；有柄小穗与无柄小穗相似，但较小或有更退化者。颖果外包坚硬的总苞，卵形或卵状球形。花期7—9月，果期9—10月。

▲薏米

【生境分布】生于屋旁、荒野、河边、溪涧或阴湿山谷中。有栽培。分布于库区各市县。

【采收加工】9—10月果实呈褐色，约85%成熟时，割下植株，集中立放3～4 d后脱粒，晒干或烤干，用脱壳机脱去总苞和种皮，即得薏苡仁。

【药材性状】种仁宽卵形或长椭圆形，长4～8 mm，宽3～6 mm。表面乳白色，光滑，偶有残存的黄褐色种皮。一端钝圆，另端较宽而微凹，有一淡棕色点状种脐。背面圆凸，腹面有1条较宽而深的纵沟。质坚实，断面白色，粉质。气微，味微甜。以粒大充实、色白、无破碎者为佳。

【显微鉴别】粉末特征：类白色。主要为淀粉粒，单粒类圆形或多面形，直径2～20 μm，脐点星状、三叉状、“人”字形或裂缝状，复粒少见，由2～3分粒组成。残留的果皮细胞的垂周壁波状弯曲，胞壁微木化。内胚细胞多角形，直径60～110 μm。

【化学成分】种仁含薏苡仁酯（coixenolide），粗蛋白13%～14%，脂类2%～8%。脂类中含三酰甘油61%～64%，二酰甘油6%～7%，一酰甘油4%，甾醇酯9%，游离脂肪酸17%～18%。在三酰甘油中亚油酸（Unoleic acid）含量可达25%～28%。一酰甘油中有具抗肿瘤作用的α-单油酸甘油酯（α-monoolein），甾醇酯中有具促排卵作用的顺-、反-阿魏酰豆甾醇（cis-、trans-feruloylstigmasterol）和顺-、反-阿魏酰菜油甾醇（cis-、trans-feruloylcampesterol）等。种仁还含具抗补体作用的葡聚糖和酸性多糖CA-1、CA-2及降血糖作用的薏苡多糖（coixan）A、B、C。挥发油中主要有已醛（hexanal），已酸（hexanoic acid），2-乙基-3-羟基丁酸己酯（2-ethyl-3-hydroxy-hexylbutrate），γ-壬内酯（γ-nonalactone），壬酸（nonanoicacid），辛酸（octanoic acid），棕榈酸乙酯（ethylpalmitate），亚油酸甲酯（methyllinoleate），香草醛（vanitlin）及亚油酸乙酯（ethyllino-leate）等。根含苯并噁唑酮等。

【药理作用】有抗肿瘤、抑制骨骼肌收缩、镇痛、抗炎、兴奋心脏（高浓度时抑制）、收缩血管（高浓度则扩张）、短暂降压、抑制呼吸中枢、扩张末梢血管（特别是肺血管）、促进免疫功能、降血糖、抑制溃疡形成、缓慢促进胆汁分泌、兴奋小肠（大剂量则先兴奋后抑制）、增加子宫紧张度与收缩幅度、诱发排卵、改善下丘脑功能作用。

【功能主治】药性：甘、淡，微寒。归脾、胃、肺经。功能：利湿健脾，舒筋除痹，清热排脓。主治：水肿，脚气，小便淋沥，湿温病，泄泻，带下，风湿痹痛，筋脉拘挛，肺癌、肝癌、肾癌肺痈，扁平疣。用法用量：内服煎汤，10～30 g；或入丸、散，浸酒，煮粥，做羹。健脾益胃，宜炒用；利水渗湿，清热排脓，舒筋除痹，均宜生用。使用注意：本品力缓，宜多服久服。脾虚无湿，大便燥结者及孕妇慎服。

附方：

1. 治风湿痹痛，水肿：薏苡仁。煮粥，空腹服。
2. 治鼻中生疮：薏苡仁、冬瓜煎汤当茶饮。
3. 治乳腺癌：玄胡索、薏苡仁各15 g。黄酒煎，空腹服。
4. 治丘疹性荨麻疹：薏苡仁50 g，赤小豆50 g，大枣15个，红糖30 g。水煎服。

薏苡根在民间用于治疗泌尿系结石、肾炎等疾病。据报道，其抗炎作用较强。

【资源综合利用】薏苡首载于《本经》，列入上品。薏苡在我国有悠久的栽培历史，并培育出了优良品系。库区紫杆薏苡产量高，品质亦较好，具有极大的开发前景。

518 川谷根

【别名】尿珠子根、菩提子、打碗子、五谷子。

【来源】为禾本科植物川谷*Coix lachrymajobi* L.的根和根茎。

【植物形态】一年生或多年生草本，高1～1.5m。须根较粗，黄白色，直径约3 mm。杆粗壮，直立丛生，多分枝，基部节上生根。单叶互生；叶片条形至披针形，长10～40 cm，宽1～4 cm，顶端渐尖，基部宽心形，中脉粗厚而明显，边缘粗糙；叶鞘光滑，鞘口无毛；叶舌质硬，长约1 mm。总状花序成束腋生，长3～8 cm；雄小穗覆瓦状排列于花序上部，从总苞中抽出，成上举或点垂的总状花序；雌小蕊藏于骨质总苞内；总苞卵形或近球形，长8～10 mm，宽6～8 mm，成熟时光亮而坚硬，近白色、灰色或蓝紫色。花、果期7—10月。

【生境分布】生于山谷、溪边或水沟边。分布于库区各市县。

【采收加工】秋季采挖，晒干。

【化学成分】根和根茎含2-[2，4-二羟基-7-甲氧基-1，4（2H）-苯并噁嗪-3（4H）-酮]β-D-吡喃葡萄糖苷{2-[2，4-dihydroxy-7-methoxy-1，4（2H）-benzoxazin-3（4H）-one]β-D-glucopyranoside}，2-[2-羟基-7-甲氧基-1等。

【功能主治】药性：甘；淡；微寒。归脾；膀胱经。功能：清热利湿药，消积杀虫，通淋止血。主治：尿路感染，尿路结石，脚气，崩漏，白带。水肿，湿热黄疸，食积腹胀，蛔虫症。用法用量：内服煎汤，30～60 g；或适量，捣烂，绞汁服。

▲川谷

附方：

1. 治血淋：川谷根6 g，蒲公英、猪鬃草、杨柳根3 g。水酒煎服。
2. 治水肿：五谷子60～120 g，红牛膝6 g。炖肉吃或煎水服。
3. 治黄疸：鲜川谷根30～60 g。捣烂，绞汁，冲热红酒半杯服。
4. 治湿热遍身搔痒：鲜川谷根30～60 g（干品30 g）。水煎服。

519 铁线草

【别名】铁丝草、绊根草、蟋蟀草。

【来源】为禾本科植物狗牙根*Cynodon dactylon*（L.）Presl的全草。

【植物形态】多年生草本，高10～30 cm。根状茎竹鞭状，匍匐。茎紫色，长达1 m。叶二列式互生，下部叶片因节间较短似为对生，线形，长1～6 cm，宽1～3 mm；叶鞘具脊；叶舌短，具小纤毛。穗状花序3～6枚呈指状簇生于茎顶；小穗排列于穗轴的一侧，长2～2.5 mm，通常一花；颖具1中肋，背呈脊状，两侧膜质，与第2颖近于等长或稍短，外稃草质，与小穗同长，具3脉，脊上有毛，内稃约与外稃等长，具2脊；雄蕊3，花药较大，黄色或紫色；花柱2，羽状。颖果。花期5—6月，果期7—10月。

【生境分布】生于海拔200～1 200 m的旷野、山坡、草地和田间。分布于库区各区县。

【采收加工】四季采收，晒干。

【化学成分】全草含β-谷甾醇，β-谷甾醇-D葡萄糖苷，棕榈酸，蛋白质，氨基酸，粗纤维，木质素，维生素C，糖类及钙、镁、磷、铜、铁、锰、锌等。

【药理作用】有抗菌作用。

【功能主治】药性：甘，平。功能：解热生肌。主治：上呼吸道感染，痢疾，肝炎，泌尿道感染，风湿骨痛，骨折，疮疖肿毒，外伤出血，便血，呕血，半身不遂，手足麻木，跌打损伤，狗咬伤，虫积。用法用量：内服煎

▲狗牙根

汤，15 ~ 30 g；外用适量，捣烂敷。

附方：

1. 治筋骨疼痛：铁线草，紫茉莉白花，当归，牛膝，桂枝。泡酒服。
2. 治风湿骨痛，半身不遂，手足麻木：铁线草30 ~ 60 g。泡酒服。
3. 治跌打损伤、疮痈：铁线草鲜品适量。捣烂，外敷患处。
4. 治肝炎、痢疾、泌尿道感染：铁线草30 ~ 60 g。水煎服。

【资源综合利用】狗牙根是我国南方栽培应用较广泛的优良草种之一。长江中下游地区，多用以铺建草坪，或与其他暖地型草种进行混合铺设各类运动场、足球场。同时又可应用于公路、铁路、水库等处作固土护坡绿化材料种植。由于狗牙根蛋白质含量较多，又可作放牧草地开发利用。

520 牛筋草

【别名】蟋蟀草、官司草。

【来源】为禾本科植物牛筋草*Eleusine indica*（L.）Gaertn.的带根全草。

【植物形态】一年生草本，高15 ~ 90 cm。须根细而密。茎秆丛生，基部膝曲、斜升或近直立。叶线形，扁平或卷折，长达15 cm，宽3 ~ 5 mm，无毛或表面具疣状柔毛；叶鞘压扁，具脊，鞘口具毛；叶舌长约1 mm。穗状花序长3 ~ 10 cm，宽3 ~ 5 mm，常数个呈指状排列于秆端；小穗成双行密生在穗轴的一侧，有小花3 ~ 6朵，长4 ~ 7 mm，宽2 ~ 3 mm；颖披针形；颖和稃无芒，第1颖长1.5 ~ 2 mm，第2颖长2 ~ 3 mm；第一外稃长3 ~ 3.5 mm，有3脉，具脊，脊上粗糙，有小纤毛。颖果卵形，棕色至黑色，具明显的波状皱纹。种子矩圆形，近三角形，长约1.5 mm，有明显的波状皱纹。花果期6—10月。

【生境分布】生于海拔300 ~ 1 200 m的旷野、路边。分布于库区各区县。

【采收加工】8、9月采收，晒干，切断。

【化学成分】全草含蛋白质、淀粉、脂肪、硝酸盐和少量亚硝酸盐。

【药理作用】有抑制乙脑病毒作用。

【功能主治】药性：甘、淡，平。归肺、胃二经。功能：清热解毒，祛风利湿，散瘀止血。主治：预防和治疗乙型脑炎、流行性脑脊髓膜炎，风湿性关节炎，黄疸型肝炎，伤暑发热，疝气，小儿消化不良，小儿急惊，肠炎，痢疾，跌打损伤，外伤出血，狗咬伤，淋病，小便不利。用法用量：内服煎汤，9 ~ 15 g；鲜者30 ~ 60 g。

▲牛筋草

附方：

1. 防治流行性乙型脑炎：牛筋草30 g。水煎当茶饮，连服3 d；隔10 d再连服3 d；牛筋草60 g，白毛鹿茸草、生石膏各30 g。水煎服。

2. 治高热，抽筋神昏：鲜牛筋草120 g，水三碗，炖一碗，加食盐少许，12 h内服尽。

3. 治黄疸型肝炎：鲜牛筋草60 g，山芝麻30 g，水煎服。

4. 治淋浊：鲜牛筋草60 g。水煎服。

5. 治疝气：鲜牛筋草120 g，荔枝干14个。加黄酒和水各半，炖1 h，饭前服。

6. 治伤暑发热：鲜牛筋草60 g。水煎服。

【资源综合利用】非洲民间用本品作利尿剂、祛痰剂或治腹泻。

521　白茅根

【别名】茅根。

【来源】为禾本科植物白茅*Imperata cylindrica* var. *major*（Nees）C. E. Hubb.的根茎。

【植物形态】多年生草本，高20 ~ 100 cm。根匍匐横走，密被鳞片。秆丛生，直立，圆柱形，光滑无毛，基部被多数老叶及残留的叶鞘。叶线形或线状披针形；根出叶长几与植株相等；茎生叶较短，宽3 ~ 8 mm，叶鞘褐色，或上部及边缘和鞘口具纤毛，具短叶舌。圆锥花序紧缩呈穗状，顶生，长5 ~ 20 cm，宽1 ~ 2.5 cm；小穗披针形或长圆形，成对排列在花序轴上，其中一小穗具较长的梗，另一小穗的梗较短；花两性，每小穗具1花，基部被白色丝状柔毛；两颖相等或第1颖稍短而狭，第2颖较宽，具4 ~ 6脉；稃膜质，无毛，第1外稃卵状长圆形，内稃短，第2外稃披针形，与内稃等长；雄蕊2，花药黄色；雌蕊1，柱头羽毛状。颖果椭圆形，暗褐色，成熟的果序被白色长柔毛。花期5—6月，果期6—7月。

【生境分布】生于海拔200 ~ 1 500 m的路旁或山坡。分布于库区各市县。

【采收加工】春、秋季采挖，除去地上部分、鳞片状的叶鞘及须根，鲜用或晒干。

【药材性状】根茎长圆柱形，有时分枝，长短不一，直径2 ~ 4 mm。表面黄白色或淡黄色，有光泽，具纵皱纹，环节明显，节上残留灰棕色鳞叶及细根，节间长1 ~ 3 cm。体轻，质韧，折断面纤维性，黄白色，多具放射状裂

▲白茅

隙，有时中心可见一小孔。气微，味微甜。以条粗、色白、味甜者为佳。

【显微鉴别】根茎横切面：表皮为1列类方形小细胞，有的含硅质块。皮层较宽，最外为1～4列纤维，壁厚，木化；叶迹维管束10余个，环列，有限外韧型，具束鞘纤维，其旁常有裂隙；内皮层细胞内壁增厚，有的有硅质块。中柱内散有多数维管束，有限外韧型，近中柱鞘的维管束小而密，由纤维相连成环。中央常成空洞。

粉末特征：黄白色。表皮细胞平行排列，每纵行列多为1个长细胞与2个短细胞（1个木栓细胞及1个硅细胞）相间排列，偶见1个短细胞介于2个长细胞之间。内皮层细胞长方形，一侧壁甚薄，另一侧壁增厚，层纹及孔沟明显壁上有硅质块。中柱鞘厚壁细胞类长方形；根茎茎节处中柱鞘细胞呈石细胞状。下皮纤维常具横隔。

【理化鉴别】（1）检查甾酮：取本品粗粉5 g，加苯30 mL，加热回流1 h，滤过。取滤液1 mL蒸干，残渣加醋酐1 mL溶解，再加浓硫酸1～2滴，显红色，渐变成紫红、蓝紫，最后呈污绿色。

（2）检查糖、多糖：取本品粗粉1 g，加水10 mL煮沸5～10 min，滤过。滤液浓缩成1 mL，加新制的斐林试液1 mL，置水浴中加热，生成棕红色沉淀。

【化学成分】根茎含芦竹素（arundoin），白茅素（cylindrin），薏苡素（coixol），羊齿烯醇（femenol），西米杜鹃醇（simiarenol），异山柑子萜醇（isoarborino1），白头翁素（anemonin），乔木萜烷（Arborane），异乔木萜醇（Isoarborinol），乔木萜醇（Aroborinol），乔木萜酮（Arborinone），木栓酮（Friedelin）等，二甲氧基-5-甲基香豆素，对羟基桂皮酸，联苯双酯，甾醇类，糖类，简单酸类，类胡萝卜素等。

【药理作用】有利尿、增强免疫功能、镇痛、抗肝炎、抗炎性渗出，解酒毒、抑制毛细血管通透性增高作用。

【功能主治】药性：甘，寒。归心、肺、胃、膀胱经。功能：凉血止血，清热生津，利尿通淋。主治：血热出血，热病烦渴，胃热呕逆，肺热喘咳，小便淋沥涩痛，水肿，黄疸。用法用量：内服煎汤，10～30 g，鲜品30～60 g；或捣汁。外用适量，鲜品捣汁涂。使用注意：脾胃虚寒、溲多不渴者禁服。

附方：

1. 治吐血不止：白茅根一握。水煎服。
2. 治胃火上冲，牙龈出血：鲜白茅根60 g，生石膏60 g。水煎，冲白糖30 g服。
3. 治胃出血：白茅根、生荷叶各30 g，侧柏叶、藕节各9 g，黑豆少许。水煎服。
4. 泌尿系统结石：白茅根60 g，金沙蕨叶、金钱草各30 g。水煎，分多次服。
5. 治肾脏炎，浮肿：鲜茅根30 g，西瓜皮20 g，赤豆40 g，五蜀黍蕊10 g。水600 mL，煎至200 mL，1日3次分服。

【资源综合利用】白茅根始载于《本草经集注》，库区资源丰富，可作为食品饮料加以开发利用。

522 淡竹叶

【别名】竹叶寸冬。

【来源】为禾本科植物淡竹叶*Lophatherum gracile* Brongn.的全草。

【植物形态】多年生草本，高40～100 cm。根状茎粗短，其近顶端或中部常肥厚成纺锤状的块根。叶互生，广披针形，长5～20 cm，宽1.5～3 cm，顶端渐尖或短尖，全缘，基部近圆形或楔形而渐狭缩成柄状或无柄，平行脉多条，并有明显横脉，呈小长方格状，两面光滑或有小刺毛；叶鞘边缘光滑或具纤毛；叶舌短小，有缘毛。圆锥花序顶生，分枝较少，疏散，斜升或展开；小穗线状披针形，具粗壮小穗柄，长约1 mm；颖长圆形，具五脉，第1颖短于第2颖；外稃较颖为长，披针形，长6 ~ 7 mm，宽约3 mm，顶端具短尖头，内稃较外稃为短，膜质透明。颖果纺锤形，深褐色。花期6—9月，果期8—10月。

【生境分布】生于海拔400 ~ 1 200 m的山坡、林下或沟边。分布于库区各市县。

【采收加工】在6—7月将开花时，离地2 ~ 5 cm处割取地上部分，晒干（晒时不能间断，以免脱节；夜间不能露天堆放，以免黄叶）。

【药材性状】茎圆柱形稍压扁，直径1.5 ~ 2 mm，表面枯黄色，有节，断面中空，节上抱有叶鞘。叶多皱缩卷曲，叶片披针形，长5 ~ 20 cm，宽1 ~ 3.5 cm；表面浅绿色或黄绿色，叶脉平行，具横行小脉，形成长方形的网格状，下表面尤为明显。叶鞘长约5 cm，开裂，外具纵条纹，沿叶鞘边缘有白色长柔毛；体轻，质柔韧。气微，味淡。以叶大、色绿、不带根及花穗者为佳。

【显微鉴别】叶横切面：上表皮细胞大小不一，位于叶脉间叶肉组织上方的细胞大而呈扇形，长宽可至88 μm，位于叶脉或机械组织上方的细胞极小，长宽约8 μm；下表皮细胞长方形，较小，排列整齐，有气孔；上下表皮均被角质层，有单细胞非腺毛。栅栏组织为1 ~ 2列短柱状细胞，海绵组织为2 ~ 4列细胞。主脉维管束外韧型，具束鞘纤维，木质部导管稀少，排成V形，韧皮部位于木质部下方，与木质部之间具2 ~ 3列纤维。叶脉处上下表皮内侧有厚壁纤维束。

茎横切面：表皮为1列排列紧密的小长圆形细胞，细胞外壁增厚，具有层纹。表皮上有短小的单细胞非腺毛、气孔和角质层。表皮内侧为1 ~ 3列薄壁细胞，常被厚壁组织分隔成断续环状。薄壁细胞内侧为4 ~ 5列纤维排成环状，其中，常嵌入小形维管束。纤维层内侧为薄壁组织，其间散有较大形的维管束。维管束形状与叶同。茎中央常破裂而中空。

粉末特征：淡灰绿色。叶上表皮细胞长方形或类方形，垂周壁波状弯曲；外壁稍厚。有非腺毛及少数气孔。叶下表皮长细胞呈长方形或长条形，垂周壁波状弯曲；短细胞（硅质细胞与栓质细胞）与长细胞交替排列或数个相连，于叶脉处短细胞成串，硅质细胞短哑铃形，栓质细胞类方形、类长方形，壁不规则弯曲；气孔较多，保卫细胞哑铃形，副卫细胞略呈圆三角形。非腺毛单细胞有3种：一种甚细长，有的具螺状纹理；一种呈短圆锥形，基部横卧；一种呈棒状，顶端钝圆，内含黄色分泌物。叶鞘下表皮长细胞呈类长方形或长条形，垂周壁微波状弯曲，有的连珠状增厚，纹孔细小，孔沟明显；长短细胞相间排列；有气孔及非腺毛。此外，有茎表皮细胞、硅质

▲淡竹叶

细胞、栓质细胞及纤维、环纹、螺纹、孔纹导管等。

【理化鉴别】（1）检查甾醇：取本品粉末1 g，加乙醇20 mL，回流1 h，滤过。取滤液5 mL置小蒸发皿中，于水浴上蒸干，残渣加醋酐1 mL溶解，再加浓硫酸1～2滴，即显红色，渐变成紫红色、蓝紫色，最后呈污绿色。

（2）检查糖类：取本品碎片1 g，加水30 mL，煮沸10 min，滤过。滤液浓缩成1 mL，加新制碱性酒石酸铜试液2 mL，置水浴上加热数分钟，产生棕红色沉淀。

【化学成分】茎、叶含芦竹素（arundoin），印白茅素（cylindrin），蒲公英赛醇（taraxer-ol），无羁萜（friedelin），3, 5-二甲氧基-4羟基苯甲醛，反式对羟基桂皮酸，苜蓿素和苜蓿素-7-O-β-D-葡萄糖苷，牡荆素，胸腺嘧啶，香草酸和腺嘌呤等。叶含黄酮，多糖等。

【药理作用】有解热、利尿、抑菌、抗瘤、升高血糖作用。

【功能主治】药性：甘、淡，寒。归心、胃、小肠经。功能：清热，除烦，利尿。主治：烦热口渴，口舌生疮，牙龈肿痛，小儿惊啼，小便赤涩，淋浊。用法用量：内服煎汤，9～15 g。使用注意：无实火、湿热者慎服，体虚有寒者禁服。

附方：

1. 治热病烦渴：鲜淡竹叶30 g（干品15 g），麦门冬15 g。水煎服。
2. 治热病心烦口渴：淡竹叶、太子参、麦门冬、北沙参各9 g，生石膏12 g（先煎），生甘草4.58 g。水煎服。
3. 治口腔炎，牙周炎，扁桃体炎：淡竹叶30～60 g，犁头草、夏枯草各15 g，薄荷9 g。水煎服。
4. 治热淋：淡竹叶30 g，甘草3 g，木通、滑石各6 g。水煎服。

【资源综合利用】淡竹叶始载于《名医别录》。淡竹叶生长适应性强，库区资源丰富，可充分利用其提取物具有抗氧化、抗衰老、降血脂和降胆固醇作用开发功能性食品。

523 慈竹叶

【别名】竹叶心、甜慈、酒米慈。

【来源】为禾本科植物慈竹*Neosinocalamus affinis*（Rendle）Keng f.的叶或卷而未放的嫩叶（慈竹心）。

▲慈竹

【植物形态】植株呈乔木状，高5～10 m。竿圆筒形，径3～6 cm，梢端细长弧形或下垂；节间长15～（30～60）cm，表面贴生灰白色或褐色疣基小刺毛；竿分枝呈半轮生状簇聚，水平伸展，主枝稍显著，末级小枝具数叶乃至多叶；竿环平坦；箨环明显；箨鞘革质，背部密被白色短柔毛和棕黑色刺毛，鞘口宽广而下凹，略呈“山”字形；箨舌呈流苏状，连同缝毛高约1 cm；箨片两面均被白色小刺毛，具多脉。叶鞘长4～8 cm，具纵肋；叶舌截形，棕黑色，上缘啮蚀状细裂；叶片窄披针形，长10～30 cm，宽1～3 cm，顶端渐细尖，基部圆形或楔形，下面被细柔毛；叶柄长2～3 mm。花枝束生，常弯曲下垂；假小穗长达1.5 cm；颖0～1，外稃宽卵形，具多脉，边缘生纤毛，内稃脊上有纤毛；鳞被3～4；雄蕊6；花柱向上分裂为2～4羽毛状柱头。果实纺锤形，黄棕色，易与种子分离而为囊状果。笋期6—9月或12月至翌年3月，花期多在7—9月，但可持续数月之久。

【生境分布】库区各市县均有栽培。

【采收加工】全年均可采收，晒干或鲜用。

【功能主治】药性：甘、苦，微寒。功能：清热利尿，除烦止渴，凉血止血。主治：热病烦渴，小便短赤，口舌生疮，脱肛，小儿头身热疮，刀伤出血，衄血，崩漏，胎动不安。用法用量：内服煎汤，6～9 g；或泡水代茶饮。

附方：

1. 治热病心烦，神昏谵语：竹叶心6 g，玄参9 g，莲子心1.5 g，连心麦冬9 g，连翘心6 g。水煎服。
2. 治小便短赤，口舌生疮：竹叶心9 g，生地9 g，木通9 g，甘草9 g。水煎服。

524 稻芽

【别名】谷芽。

【来源】为禾本科植物稻*Oryza sativa* L.的成熟果实经加工而发芽者。

【植物形态】稻一年生栽培植物。秆直立，丛生，高约1 m。叶鞘无毛，下部者长于节间；叶舌膜质而较硬，披针形，基部两侧下延与叶鞘边缘相结合，长5～25 mm，幼时具明显的叶耳；叶片扁平，披针形至条状披针形，长30～60 cm，宽6～15 cm。圆锥花序疏松，成熟时向下弯曲，分枝具角棱，常粗糙；小穗长圆形，两侧压扁，长6～8 mm，含3小花，下方2小花退化仅存极小的外稃而位于1两性小花之下；颖极退化，在小穗柄之顶端呈半月形

▲稻

的痕迹；退化外稃长3～4 mm，两性小花外稃，有5脉，常具细毛，有芒或无芒，内稃3脉，亦被细毛；鳞被2，卵圆形，长1 mm；雄蕊6；花药长2 mm；花柱2枚，筒短，柱头帚刷状，自小花两侧伸出。颖果平滑。花、果期6—10月。

【生境分布】我国南北各地均有水稻的栽培区。

【采收加工】将稻谷用水浸泡后，保持适宜的温、湿度，待须根长至6～10 mm时干燥。

【药材性状】果实呈稍扁的长椭圆形，两端略尖，长6～9 mm，宽约3 mm。外种坚硬，表面黄色，具短细毛，有脉5条。基部有对称的白色线形的浆片2枚，长2～3 mm，淡黄色，膜质，由一侧的浆片内伸出淡黄色弯曲的初生根1～3条，长0.5～1.2 cm。内释薄膜状，光滑，黄白色，内藏果实，质坚，断面白色，粉性。气无，味微甜。

【显微鉴别】粉末特征：黄白色。①胚乳细胞含有淀粉粒，单粒呈不规则的多角形，边缘尖锐，直径2～10 μm，偶见凹形脐点，层纹不明显，复粒由多数单粒组成，全形多呈卵圆形。②外稃上可见单细胞非腺毛，长150～250 μm。

【理化鉴别】（1）取本品粉末2 g，加水4 mL置乳钵中研磨，静置片刻，吸取上层清液，滤过。滤液点于滤纸上，喷洒前三酮试剂，在100 ℃左右的烘箱中放置1～2 min，呈现紫色斑块。（2）取上述水提取液，点于滤纸上，喷洒苯胺–邻苯二甲酸试剂，在105 ℃烘5 min，呈现棕色斑点。

【化学成分】含蛋白质，脂肪油，淀粉，淀粉酶，麦芽糖（maltose），腺嘌呤（adenine），胆碱（choline）以及天冬氨酸（aspartic acid），γ-氨基丁酸（γ-aminobutyric acid）等18种氨基酸。

【功能主治】药性：甘，平。归脾，胃经。功能：和中消食，健脾开胃。主治：食积不消，腹胀口臭，脾胃虚弱，脾虚少食，脚气浮肿。炒用长于和中；生用偏于消食。用法用量：内服煎汤，9～15 g，大剂量30 g；或研末。炒用长于和中；生用偏于消食。

525 芦根

【别名】芦茅根、苇根、甜梗子、芦头。

【来源】为禾本科植物芦苇*Phragmites comrnunis* Trin.的根茎。

【植物形态】多年生高大草本，高1～3 m。地下茎粗壮，横走，节间中空，节上有芽。茎直立，中空。叶2列，互生；叶鞘圆筒状，叶舌有毛；叶片扁平，长15～45 cm，宽1～3.5 cm，边缘粗糙。穗状花序排列成大型圆锥花序，顶生，微下垂，下部梗腋间具白色柔毛；小穗通常有4～7花；第1花通常为雄花，颖片披针形，不等长，第1颖片长为第2颖片之半或更短；外稃长于内稃，光滑开展；两性花，雄蕊3，雌蕊1，花柱2，柱头羽状。颖果椭圆形至长圆形，与内稃分离。花、果期7—10月。

【生境分布】生于海拔200～1 500 m的河流、池沼、岸边、浅水中。分布于库区各市县。

▲芦苇

【采收加工】一般在夏、秋季采挖，剪去须根，切段，晒干或鲜用。

【药材性状】鲜根茎长圆柱形，有的略扁，长短不一，直径1～2 cm。表面黄白色；有光泽，外皮疏松可剥离。节呈环状，有残根及芽痕。体轻，质韧，不易折断。折断面黄白色，中空，壁厚1～2 mm，有小孔排列成环。无臭，味甘。干根茎呈压扁的长圆柱形。表面有光泽，黄白色。节处较硬，红黄色，节间有纵皱纹。质轻而柔韧。无臭，味微甘。均以条粗均匀、色黄白、有光泽、无须根者为佳。

【显微鉴别】根茎横切面：表皮由长细胞和短细胞构成，长细胞壁波状弯曲，短细胞成对，一个为硅质细胞，腔内含硅质体；另一个为六角形栓化细胞。表皮内为3～4层下皮纤维，微木化。皮层宽广，有类方形气腔，排列呈环状；内皮层不明显。中柱维管束3～4环列，最外列维管束较小，排列于气腔间，外环的维管束间和内环的维管束间均有纤维连成环带，维管束外韧型，周围有纤维束，原生木质部导管较小，后生木质部各有2个大型导管，韧皮部细胞较小，中央髓部大，中空。

【化学成分】根茎含2，5-二甲氧基-对-苯醌（2，5-dimethoxy-p-benzoquinone），对-羟基苯甲醛（p-hydroxybenzaldehyde），丁香醛（syringaldehyde），松柏醛（coniferaldehyde），香草酸（vanillic acid），阿魏酸（Ferulicacid），对-香豆酸（p-coumaric acid）等。

【药理作用】有免疫促进、解热、镇静、镇痛、肌肉松弛、保肝、缩短血浆再钙化时间、降压、降血糖、抗氧化、心脏抑制、甲状腺素样、雌激素样、抗癌作用。

【功能主治】药性：甘，寒。归肺、胃、膀胱经。功能：清热生津，除烦止呕，利尿，透疹。主治：热病烦渴，胃热呕哕，肺热咳嗽，肺痈吐脓，热淋，麻疹；解河鲀毒。用法用量：内服煎汤，15～30 g；鲜品60～120 g；或鲜品捣汁。外用适量，煎汤洗。使用注意：脾胃虚寒者慎服。

附方：

1. 治胃热消渴：芦根15 g、麦门冬、地骨皮、茯苓各9 g，陈皮4.5 g。煎服。
2. 治百日咳，咯血：芦根30 g，卷柏6 g，木蝴蝶6 g，牛皮冻7.5 g。水煎服。
3. 治咳嗽，吐脓痰：芦根30 g，薏米、冬瓜子各15 g，桃仁、桔梗各9 g。水煎服。
4. 治呕秽反胃：鲜芦根（切）、青竹茹各1 000 g，粳米300 g，生姜150 g。水煎，随便饮服。
5. 治妊娠呕吐不食，兼吐痰水：鲜芦根2 g，橘皮1.2 g，生姜1 g，槟榔0.6 g。水煎，空腹热服。
6. 治猩红热：鲜芦根、鲜白茅根各30 g，白糖适量。水煎，代茶饮。
7. 治大便燥结：芦根、夏枯草、蜂蜜各15 g，土大黄、皂角、银花各6 g。水煎服。

526　竹茹

【别名】水竹皮、青竹茹、麻巴。

【来源】为禾本科植物淡竹*Phyllostachys nigra* var. *henonis*（Mitf.）Stapf et Rendle的茎秆去外皮刮出的中间层。

【植物形态】植株木质化，呈乔木状。竿高6～18 m，直径5～7 cm，绿色，或老时灰绿色，竿环及箨环均甚隆起。箨鞘背面无毛或上部具微毛，黄绿至淡黄色而具有灰黑色之斑点和条纹；箨耳及其缝毛均极易脱落；箨叶长披针形，有皱折，基部收缩；小枝具叶1～5片，叶鞘鞘口无毛；叶片深绿色，无毛，窄披针形，宽1～2 cm，次脉6～8对，质薄。穗状花序小枝排列成覆瓦状的圆锥花序；小穗含2～3花，顶端花退化，颖1或2片，披针形，具微毛；外稃锐尖，表面有微毛；内稃顶端有2齿，生微毛，长12～15 mm；鳞被数目有变化，1至3枚，披针形，长约3 mm；花药长7～10 mm，开花时，以具有甚长之花丝而垂悬于花外；子房呈尖卵形，顶生一长形花柱，两者共长约7 mm，柱头3枚，各长约5 mm，呈帚刷状。笋期4—5月，花期10月至翌年5月。

▲淡竹

【生境分布】生于海拔200～2 200 m的屋旁、荒野、河边。有栽培。分布于库区各市县。

【采收加工】冬季砍伐当年生长的新竹，除去枝叶，锯成段，刮去外层青皮，然后将中间层刮成丝状，摊放晾干。

【药材性状】本品呈不规则的丝状或薄带状，常卷曲扭缩而缠结成团或作刨花状，长短不一，宽0.5～0.7 cm，厚0.3～0.5 cm。全体淡黄白色、浅绿色、青黄色、灰黄绿色、黄绿色或金黄色，表面粗糙，具纵直纹理。折断面强纤维性。质轻而韧，有弹性。气稍清香，味微甜。以丝细均匀、色黄绿、质柔软、有弹性者为佳。

【化学成分】竹茹含2，5-二甲氧基-对-苯醌（2，5-dimethoxy-p-benzoqui-none），对-羟基苯甲醛（p-hydroxybenzaldehyde），丁香醛（syfingal-dehyde），松柏醛（eoniferylaldehyde），对苯二甲酸2’-羟乙基甲基酯（1，4-benze-nediearboxylic acid 2’-hydloxyethylmethyl ester）等。

【药理作用】有抗菌作用。竹茹提取物还有抑制cAMP磷酸二酯酶活性的作用。

【功能主治】药性：甘，微寒。归脾、胃、胆经。功能：清热化痰，除烦止呕，安胎凉血。主治：肺热、咳嗽，烦热惊悸，胃热呕呃，妊娠恶阻，胎动不安，吐血，衄血，尿血，崩漏。用法用量：内服煎汤，5～10 g；或入丸、散。外用适量，熬膏贴。使用注意：寒痰咳喘、胃寒呕逆及脾虚泄泻者禁服。

附方：

1. 治肺热痰咳：竹茹、枇杷叶、杏仁各9 g，黄芩4.5 g，桑白皮12 g。水煎服。

2. 治妊娠烦躁口干及胎动不安：竹茹50 g。以水煎煮，去渣。温服。淡竹经加热流出的汁液（竹沥）具有清热降火，化痰利窍功效。现已开发成枇杷竹沥膏、鲜竹沥等产品。

【资源综合利用】张仲景《金匮要略》载有橘皮竹茹汤和竹皮大丸，是竹茹入药的最早记载。

527 浮小麦

【别名】浮麦。

【来源】为禾本科植物小麦*Triticum aestzvum* L.干瘪轻浮的颖果。

【植物形态】一年生或越年生草本，高60～100 cm。秆直立，通常6～9节。叶鞘光滑，常较节间为短；叶舌膜质，短小；叶片扁平，长披针形，长15～40 cm，宽8～14 mm，顶端渐尖，基部方圆形。穗状花序直立，长3～10 cm；小穗两侧扁平，长约12 mm，在穗轴上平行或近于平行排列，每小穗具3～9花，仅下部的花结实；颖短，第1颖较第2颖为宽，两者背面均具有锐利的脊，有时延伸成芒；外稃膜质，微裂成3齿状，中央的齿常延伸成芒，内稃与外稃等长或略短，脊上具鳞毛状的窄翼；雄蕊3；子房卵形。颖果长圆形或近卵形，长约6 mm，浅褐色。花期4—5月，果期5—6月。

【生境分布】库区各地均有栽培。

【采收加工】夏至前后，成熟果实采收后，取瘪瘦轻浮与未脱净皮的麦粒，用水漂洗，晒干。

【药材性状】干瘪颖果呈长圆形，两端略尖。长约7 mm，直径约2.6 mm。表面黄白色，皱缩。有时尚带有未脱净的外稃与内稃。腹面有一深陷的纵沟，顶端钝形，带有浅黄棕色柔毛；另一端成斜尖形，有脐。质硬而脆，易断，断面白色，粉性差。无臭，味淡。以粒均匀、轻浮、无杂质为佳。

【显微鉴别】颖果横切面：果皮与种皮愈合。果皮表皮细胞1列，壁较厚，平周壁尤甚；果皮中层细胞数列，壁较厚；横细胞1列，与果皮表皮及中层细胞垂直交错排列，有纹孔；有时在横细胞层下可见管细胞。种皮棕黄色，细胞颓废皱缩，其内为珠心残余，细胞类方形，隐约可见层状纹理。内胚乳最外层为糊粉层，其余为富含淀粉粒的薄壁细胞。

粉末特征：白色，有黄棕色果皮小片。淀粉粒主为扁平的圆形、椭圆形或圆三角状，直径30～40 μm，侧面观呈双透镜状、贝壳状，宽11～19 μm，两端稍尖或钝圆，脐点裂缝状；少复粒，由2～4或多分粒组成。横细胞成片，细长柱形，长28～232 μm，直径6～21 μm，壁念珠状增厚。果皮表皮细胞类长方形或长多角形，长64～220 μm，直径16～42 μm，壁念珠状增厚。果皮中层细胞细长条形或不规则形，壁念珠状增厚。非腺毛单细胞，长40～950 μm，直径10～30 μm，壁厚5～10 μm。

【理化鉴别】薄层鉴别：取本品细粉0.1 g，加70%乙醇1 mL冷浸过夜，上清液作点样用，并以果糖、蔗糖、棉子糖溶液做对照溶液。分别点样于硅胶G-1% CMC薄板上，以正丁醇：冰醋酸：水（4：1：5）上层液展开，展距10 cm，重复1次。喷以α-萘酚硫酸溶液，加热后在相同位置上显蓝紫色斑点。

【化学成分】种子含淀粉，蛋白质，糖类，糊精，脂肪，粗纤维，脂肪油。尚含少量谷甾醇（sitosterol），卵

▲小麦

▲玉蜀黍

磷脂（lecithin），尿囊素（allantoin），精氨酸（arginine），淀粉酶（amylase），麦芽糖酶（maltase），蛋白酶（protease）及微量维生素（vitamin）B等。

【药理作用】有镇痛、抗病毒作用。

【功能主治】药性：甘，凉。归心经。功能：除虚热，止汗。主治：阴虚发热，盗汗，自汗。用法用量：内服煎汤，15～30 g；或研末。止汗，宜微炒用。使用注意：无汗而烦躁或虚脱汗出者忌用。

附方：

1. 治盗汗及虚汗：浮小麦不拘多少。文武火炒令焦，研末，每服6 g，米汤调下，频服。
2. 治男子血淋：浮小麦适量。加童便炒，研末，砂糖煎水调服。
3. 治脏躁症：浮小麦30 g，甘草15 g，大枣10枚。水煎服。

【资源综合利用】浮小麦入药最早见于《卫生宝鉴》。小麦芽有消食健脾的作用，是库区大宗粮食作物。

528 玉蜀黍

【别名】玉米、包谷。

【来源】为禾本科植物玉蜀黍*Zea mays* L.的种子。

【植物形态】草本，高1～4 m；秆粗壮；叶线状披针形。总状花序组成圆锥花序；雄花序顶生，每节有2雄小穗；每1雄小穗含2小花；雌花序从叶腋内抽出，圆柱状，外包多数鞘状苞片，雌小穗密集成纵行排列于粗壮的穗轴上。花、果期7—9月。

【生境分布】库区各地均有栽培。

【化学成分】种子含淀粉达61.2%。尚含脂肪油，生物碱类，B族维生素，玉蜀黍黄质（zeaxanthin），果胶等。种子油含多种脂肪酸的甘油酯。花柱和柱头含脂肪油，挥发油，树胶样物质，树脂，苦味糖苷，皂苷，生物碱。还含隐黄质，维生素C，泛酸，肌醇，维生素K，谷甾醇，豆甾醇，有机酸，生育酚。此外，还含大量硝酸钾。穗轴、叶含多糖。

【药理作用】花柱和柱头有利尿、降压、利胆、降血糖、降胆固醇、凝血作用。雄花穗有增加血清高密度脂蛋白含量，减少主动脉粥样硬化斑块面积作用。花粉有降血脂、抗心肌缺血缺氧、改善微循环、延寿、增高脑内超氧化物歧化酶活性及蛋白质含量、降低脂褐素含量、抑制脂质过氧化，保护细胞膜、催眠，增加回肠、结肠的张力及活动，抗疲劳作用。

【功能主治】药性：甘，平。功能：开胃利尿，清肝利胆。主治：食欲不振，小便不利，黄疸，胆囊炎，水肿，尿路结石。用法用量：内服煎汤，30～60 g。使用注意：久食则助湿损胃。

附方：

1. 治小便不利，水肿：玉米粉60 g，山药60 g。煮粥服。

玉蜀黍种子油主治高血压病，高血脂，动脉硬化，冠心病。花柱和柱头（玉米须）主治水肿，小便淋沥，黄疸，胆囊炎，胆结石，高血压，糖尿病，乳汁不通。雄花穗主治肝炎，胆囊炎。穗轴主治消化不良，泻痢，小便不利，水肿，脚气，小儿夏季热，口舌糜烂。鞘状苞片主治肾及膀胱结石，胃炎，吐酸，腹水。叶主治砂淋，小便涩痛。根主治小便不利，水肿，砂淋，胃痛，吐血。

2. 治肾炎、初期肾结石：玉米须，分量不拘。煎浓汤，顿服。

3. 治尿血：玉米须30 g，芥菜花15 g，白茅根18 g。水煎服。

4. 治高血压伴鼻血、吐血：玉米须、香蕉皮各30 g，黄栀子9 g。水煎，冷服。

5. 治急慢性肝炎：玉米须、太子参各30 g。水煎服。有黄疸者加茵陈，慢性者加锦鸡儿根（或虎杖根）30 g同煎服。

6. 治胆管胆石症（泥沙状在静止期者）：玉米须、芦根各30 g，茵陈15 g。水煎服。

7. 治糖尿病：玉米须60 g，绿豆30 g。水煎服。

8. 治腹水：玉米总苞片90 g，红枣、红糖各30 g。水煎服。

莎草科Cyperaceae

529　香附

【别名】莎草根、香附子。

【来源】为莎草科植物莎草*Cyperus rotundus* L.的根茎。

【植物形态】多年生草本，高15～100 cm。根状茎匍匐延长，部分膨大呈纺锤形，有时数个相连。茎直立，三棱形；叶丛生于茎基部，叶鞘闭合包于茎上；叶片线形，长20～60 cm，宽2～5 mm，顶端尖，全缘，具平行脉，主脉于背面隆起。花序复穗状，3～6个在茎顶排成伞状，每个花序具3～10个小穗，线形；颖2列，卵形至长圆形，长约3 mm，两侧紫红色有数脉。基部有叶片状的总苞2～4片，与花序等长或过之；每颖着生1花，雄蕊3；柱头3，丝状。小坚果长圆状倒卵形，三棱状。花期5—8月，果期7—11月。

【生境分布】生于海拔200～1 350 m的山坡草地、耕地、路旁、沟边潮湿处。分布于库区各市县。

【采收加工】秋季采挖，燎去毛须，沸水略煮或蒸透后晒干，也可不经火燎或蒸煮直接晒干，均称“毛香

▲莎草

附”，经撞擦去净毛须即为“光香附”。

【药材性状】根茎纺锤形，或稍弯曲，长2 ~ 3.5 cm，直径0.5 ~ 1 cm。表面棕褐色或黑褐色，有不规则纵皱纹，并有明显而略隆起的环节6 ~ 10个，节上有众多的暗棕色须根；去净毛须的较光滑，有细密纵脊纹。质坚硬，蒸煮者断面角质样，棕黄色或棕红色；生晒者断面粉性，类白色，内皮层环明显，中柱色较深，点状维管束散在。气香，味微苦。以个大、质坚实、色棕褐、香气浓者为佳。

【显微鉴别】根茎横切面：表皮细胞1列，棕黄色，其下为2 ~ 3层下皮细胞，壁稍厚；下皮纤维束多数，紧靠表皮排列成环。皮层与中柱间内皮层明显；皮层散有叶迹维管束，外韧型，其外围也有内皮层。中柱维管束周木型，多数，散列。薄壁组织中散有多数类圆形分泌细胞，内含黄棕色分泌物。此外，薄壁细胞含淀粉粒。

粉末特征：淡棕色。淀粉粒较多，未糊化淀粉粒类圆形、类三角形、类方形或圆齿轮形，直径4 ~ 26 μm，脐点偶见，三叉状、短裂缝状或点状，层纹不明显；另可见较多已糊化的淀粉团块。下层厚壁细胞，表面观呈类多角形或类方形，红棕色，直径26 ~ 40 μm，壁增厚，木化，亦可见壁稍薄者，其外侧的表皮细胞呈多角形。下皮纤维，成束存在于表皮细胞内侧，常与下皮厚壁细胞相连，纤维呈长条形，稍弯曲，直径6 ~ 19 μm，壁极厚，棕红色，胞腔细小，纤维周围的薄壁细胞中有时可见类圆形的硅质块。石细胞呈类圆形、多角形或类长方形，黄棕色或红棕色，直径13 ~ 42 μm，长达60 μm，壁极厚，木化。

【理化鉴别】薄层色谱鉴别：取本品乙醚提取液挥干，加醋酸乙酯溶解，作为样品液。另取α-香附酮加醋酸乙酯溶解为对照品溶液。取样品液及对照品溶液分别点于同一硅胶GF_{254}薄层板上，以苯-醋酸乙酯-冰醋酸（92∶5∶5）展开，喷以2，4-二硝基苯肼乙醇溶液，样品液色谱在与对照品溶液色谱相应位置显相同的橙红色斑点。

【化学成分】香附主要含挥发油类成分，此外，还含糖类、生物碱、苷类、黄酮类、酚类和三萜类化合物等。

【药理作用】有降体温、降低子宫张力、缓解子宫痉挛、强心和减慢心率、降血压、抑制肠平滑肌、抗炎、止痛、解痉、抗病原微生物、利胆、保肝作用。

【功能主治】药性：辛、甘、微苦，平。归肝、三焦经。功能：理气解郁，调经止痛，安胎。主治：胁肋胀痛，乳房胀痛，疝气疼痛，月经不调，脘腹痞满疼痛，嗳气吞酸，呕恶，经行腹痛，崩漏带下，胎动不安。用法用量：内服煎汤，5 ~ 10 g；或入丸、散。外用适量，研末撒，调敷。使用注意：气虚无滞，阴虚、血热者慎服。

附方：

1. 治抑郁症：香附、苍术、抚芎、神曲、栀子各等分。水煎温服。
2. 治偏正头痛：香附子（炒）10 g，川芎5 g。粉碎成粗末，以茶调服。
3. 安胎：香附子（炒去毛）适量。研末。浓煎紫苏汤调下3 g。
4. 治肝虚睛痛，冷泪羞明：香附子50 g，夏枯草25 g。研末。每服3 g。
5. 治跌打损伤：炒香附12 g，姜黄18 g。研末。每日服3次，每次服3 g。孕妇忌服。

【资源综合利用】香附以莎草根之名始载于《名医别录》，列为中品。香附为常用中药，被誉为妇科圣药，常与当归、芍药配伍治疗痛经及月经不调。

棕榈科Palmae

530 棕榈皮

【别名】棕毛、棕树皮毛、棕皮。

【来源】为棕榈科植物棕榈*Trachycarpus fortunei*（Hook.）H. Wendl.的叶柄及叶鞘纤维。

【植物形态】常绿乔木，高达10 m以上。茎秆圆柱形，粗壮挺立，不分枝，残留的褐色纤维状老叶鞘层层包被于茎秆上，脱落后呈环状的节。叶簇生于茎顶，向外展开；叶柄坚硬，长约1 m，横切面近三角形，边缘有小齿，基部具褐色纤维状叶鞘，新叶柄直立，老叶柄常下垂；叶片近圆扇状，直径60 ~ 100 cm，具多数皱褶，掌状

▲棕榈

分裂至中部，有裂片30～50，各裂片顶端浅2裂，上面绿色，下面具蜡粉，革质。肉穗花序，自茎顶叶腋抽出，基部具多数大型鞘状苞片，淡黄色，具柔毛。雌雄异株；雄花小，多数，淡黄色，花被6，2轮，宽卵形，雄蕊6，花丝短，分离；雌花花被同雄花，子房上位，密被白柔毛，花柱3裂。核果球形或近肾形，直径约1 cm，熟时外果皮灰蓝色，被蜡粉。花期4—5月，果期10—12月。

【生境分布】栽培或野生；生于海拔2 000 m以下的村边、庭园、田边、丘陵或山地。分布于库区各市县。

【采收加工】全年均可采，一般多于9—10月剥取纤维状鞘片，晒干。

【药材性状】棕榈皮的陈久者，名“陈棕皮”。将叶柄削去外面纤维，晒干，名棕骨；废棕绳多取自破旧的棕床，名为“陈棕”。

陈棕皮：为粗长的纤维，成束状或片状，长20～40 cm，大小不一。色棕褐，质韧，不易撕断。气微，味淡。棕骨又名棕板，呈长条板状，长短不一，红棕色，基部较宽而扁平，或略向内弯曲，向上则渐窄而厚，背面中央隆起，成三角形，背面两侧平坦，上有厚密的红棕色毛茸，腹面平坦，或略向内凹，有左右交叉的纹理。撕去表皮后，可见坚韧的纤维。质坚韧，不能折断。切面平整，散生有多数淡黄色维管束成点状。气无，味淡。

【显微鉴别】叶柄基部横切面：上、下表皮细胞略相似，呈类方形，排列紧密有气孔，外被角质层，下表皮中央外向隆起。内方为基本薄壁组织，上、下表皮内侧1～2层薄壁细胞切向延长，其内的基本组织细胞圆形或椭圆形，有的含棕色小颗粒或草酸钙针晶束，针晶长65～70 μm；众多的晶鞘纤维束及有限外韧型维管束星散分布于基本组织中；在下表皮突出处内方有10多个维管束聚集在一起，每个维管束的上下两侧均有维管束鞘纤维，下方的纤维极多，且有晶鞘，上方的纤维极少，无晶鞘；韧皮部被纤维隔开略呈“八”字形，韧皮薄壁细胞含棕色内含物；木质部导管数个。

陈棕皮粉末特征：褐棕色。晶鞘纤维众多，纤维甚长，直径12～15 μm，壁厚约2.5 μm，木化，胞腔明显，晶鞘细胞成行排列，草酸钙小簇晶直径约17 μm。导管网纹，直径34～85 μm，还有螺纹及梯纹管胞。

【理化鉴别】取本品粉末1 g，加水20 mL，加热5 min，滤过，滤液用水稀释成20 mL。取滤液1 mL，加三氯化铁试液2～3滴，即生成污绿色絮状沉淀；另取滤液1 mL，加氯化钠明胶试液3滴，即显白色浑浊。

【化学成分】棕榈叶含木犀草素-7-O-葡萄糖苷（luteolin-7-O-glucoside）等。

【药理作用】有止血作用。

【功能主治】药性：苦、涩，平。归肝、脾、大肠经。功能：收敛止血。主治：吐血，衄血，便血，尿血，血崩，外伤出血。用法用量：内服煎汤，10～15 g。外用适量，研末，外敷。使用注意：出血诸证瘀滞未尽者不宜独用。

附方：

1. 治鼻出血：棕榈、刺蓟、桦树皮、龙骨等分。研末，每服6 g，米饮调下。
2. 治高血压：鲜棕榈皮18 g，鲜向日葵花盘60 g。水煎服。

【资源综合利用】本品入药始载于《本草拾遗》，原名拼榈木皮。棕榈不仅有观赏价值，也有较高的经济价值。

▲菖蒲

天南星科Araceae

531 水菖蒲

【别名】白菖蒲、家菖蒲、大叶菖蒲、土菖蒲。

【来源】为天南星科植物菖蒲*Acorus calamus* L. 的根茎。

【植物形态】多年生草本。根茎横走，稍扁，外皮黄褐色，芳香，具毛发状须根。叶基生，基部两侧膜质，叶鞘宽4～5 mm，向上渐狭；叶片剑状线形，长90～150 cm，中部宽1～3 cm，基部宽，对折，中部以上渐狭，草质，绿色，光亮，中脉在两面均明显隆起，侧脉3～5对，平行，纤细，大都伸延至叶尖。花序柄三棱形；叶状佛焰苞剑状线形，长30～40 cm；肉穗花序斜向上或近直立，狭锥状圆柱形，黄绿色；花丝长约2.5 mm，宽约1 mm；子房长圆柱形。

【生境分布】生于海拔2 000 m以下的沟边、沼泽湿地。分布于库区各市县。

【采收加工】全年均可采收，但以9月至翌年2月采挖者良，去除须根，晒干。

【药材性状】根茎扁圆柱形，少有分枝，长10～24 cm，直径1～1.5 cm。表面类白色至棕红色，有细纵纹；节间长0.2～1.5 cm，上侧有较大的类三角形叶痕，下侧有凹陷的圆点状根痕，节上残留棕色毛须。质硬，折断面海绵样，类白色或淡棕色；横切面内皮层环明显，有多数小空洞及维管束小点；气味较浓烈而特异，味苦辛。

【显微鉴别】根茎横切面：与石菖蒲的主要区别为薄壁细胞作圈链状排列，有大形细胞间隙，为海绵状的通气组织，每一圈链的连接处有一较大的圆形油细胞；维管束鞘纤维不发达；中柱无纤维束；纤维束及维管束周围的1圈细胞通常不含方晶。

【理化鉴别】薄层鉴别：取本品粗粉20 g，置挥发油测定器中水蒸气蒸馏，所得挥发油用乙醚提取，无水硫酸钠脱水，回收乙醚，所得挥发油溶于乙醚供点样用。用α-细辛醚为对照品。分别于硅胶G-CMC薄层板上点样，石油醚-乙酸乙酯（85∶15）展开，晾干，紫外光灯（254 nm）下观察，供试品色谱中在与对照品色谱相应位置处，显相同的蓝紫色斑点。

【化学成分】根茎、根、叶均含挥发油。鲜根茎挥发油中主成分为：顺式甲基异丁香油酚（cis-methylisoeugenol）等。根含氨基酸，木犀草素-6，8-C-二葡萄糖苷（luteolin-6，8-C-diglucoside）。

【药理作用】有镇静、加强睡眠、抗惊厥、降低体温、抗房颤、抗心律失常、降压、平喘、镇咳、祛痰、解痉、抗菌作用。所含α-、β-细辛脑有突变作用，也可引起人类淋巴细胞染色体畸变及十二指肠恶性肿瘤。

【功能主治】药性：辛、苦，温。归心、肝、胃经。功能：化痰开窍，除湿健胃，杀虫止痒。主治：痰厥昏迷，中风，癫痫，惊悸健忘，耳鸣耳聋，食积腹痛，痢疾泄泻，风湿疼痛，湿疹，疥疮。用法用量：内服煎汤，3～6 g；或入丸、散。外用适量，煎水洗或研末调敷。使用注意：阴虚阳亢，汗多、精滑者慎服。

附方：

1. 治健忘，惊悸，神志不清：菖蒲9 g，远志9 g，茯苓9 g，龟板15 g，龙骨9 g。研末，每次4.5 g，每日3次。
2. 治中风不语，口眼歪斜：鲜菖蒲根茎15 g，冰糖15 g。开水炖服。
3. 治头风眩晕耳鸣或伴有恶心：菖蒲、菊花、蔓荆子各9 g，蝉蜕6 g，赭石、龙骨各15 g。水煎服。

4. 治慢性胃炎，食欲不振：菖蒲、蒲公英各9 g，陈皮、草蔻各6 g。水煎服。

5. 治腹胀，消化不良：菖蒲、莱菔子（炒）、神曲各9 g，香附12 g。水煎服。

【资源综合利用】水菖蒲始载于《名医别录》。野生资源藏量丰富。菖蒲可作精油的提取原料。民间作避秽品。β-细辛脑对红蝽属昆虫具有抗性腺作用，是一种新型昆虫抗性腺药，可用于昆虫控制。

532 石菖蒲

【别名】菖蒲、山菖蒲、回手香。

【来源】为天南星科植物石菖蒲*Acorus tatarinowii* Schott的根茎。

【植物形态】多年生草本。根茎横卧，芳香，外皮黄褐色，根肉质具多数须根。根茎上部分枝甚密，因而植株成丛生状，分枝常被纤维状宿存叶基。叶片薄，线形，长20～（30～50）cm，基部对折，中部以上平展，宽7～13 mm，顶端渐狭，基部两侧膜质，叶鞘宽可达5 mm，上延几达叶片中部，暗绿色，平行脉多数，稍隆起。花序柄腋生，长4～15 cm，三棱形。叶状佛焰苞长13～25 cm，为肉穗花序长的2～5倍或更长，稀近等长；肉穗花序圆柱状，长2.5～8.5 cm，直立或稍弯。花白色。成熟果穗长7～8 cm；幼果绿色，成熟时黄绿色或黄白色。花、果期2—6月。

【生境分布】生于海拔200～1 600 m的密林下或溪涧旁石上。分布于库区各市县。

【采收加工】10—12月采挖，剪去叶片和须根，晒干，再去毛须。

【药材性状】根茎呈扁圆柱形，稍弯曲，常有分枝，长3～20 cm，直径0.3～1 cm。表面棕褐色、棕红色或灰黄色，粗糙，多环节，节间长2～8 mm；上侧有略呈扁三角形的叶痕，左右交互排列，下侧有圆点状根痕，节部有时残留有毛鳞状叶基。质硬脆，折断面纤维性，类白色或微红色；横切面内皮层环明显，可见多数维管束小点及棕色油点。气芳香，味苦、微辛。以条粗、断面色类白、香气浓者为佳。

【显微鉴别】根茎横切面：表皮细胞类方形，外壁增厚，有的含红棕色物。皮层宽广，散有纤维束及叶迹维管束，叶迹维管束为有限外韧型，束鞘纤维发达；内皮层凯氏带明显。中柱散列多数维管束，主为周木型，紧靠内皮层环排列较密，有少数有限外韧型维管束；中柱中央有时可见少数纤维束。纤维束及维管束周围的1圈细胞中均含草酸钙方晶。薄壁组织中散有类圆形油细胞。薄壁细胞含淀粉粒。

▲石菖蒲

【理化鉴别】薄层鉴别：取样品粗粉20 g，置挥发油提取器中，以水蒸气蒸馏，所得挥发油用乙醚提取，无水硫酸钠脱水，回收乙醚，所得挥发油溶于乙醚供点样。以α-细辛醚及甲基丁香酚为对照品。分别于硅胶G-0.8% CMC-Na板上点样，以石油醚-乙酸乙酯（85：15）展开。紫外光灯（254 nm）下观察。α-细辛醚为蓝紫色，甲基丁香酚为棕色。

【化学成分】石菖蒲根茎含挥发油：蒿脑。α-、β-及γ-细辛脑（asarone），欧细辛脑（euasarone），顺式甲基异丁香油酚（cismethylisoeu-genol），榄香脂素（elemicin），细辛醛（asarylaldehyde），δ-荜澄茄烯（δ-cadinene），百里香酚（thymol），肉豆蔻酸（myristicacid）。

【药理作用】有镇静、抗惊厥、促进记忆、抗缺氧、保护脑神经、抗抑郁、解痉、抗心律失常、减慢心率、抑制血小板聚集、增强红细胞变形能力作用。α-细辛脑有致突变作用。

【功能主治】药性：辛、苦，微温。归心、肝、脾经。功能：化痰开窍，化湿行气，祛风利痹，消肿止痛。主治：热病神昏，痰厥，健忘，耳鸣，耳聋，脘腹胀痛，噤口痢，风湿痹痛，跌打损伤，痈疽疥癣。用法用量：内服煎汤，3～6 g，鲜品加倍；或入丸、散。外用适量，煎水洗；或研末调敷。使用注意：阴虚阳亢，汗多、精滑者慎服。

附方：

1. 治心气不定，神经错乱：菖蒲、远志各100 g，茯苓、人参各150 g。研末，为蜜丸，如梧子大，每次七丸，日三次。

2. 治耳聋：菖蒲、附子各等分。研末，用麻油调和，纳耳中。

3. 治痈肿发背：鲜菖蒲适量。捣贴，若疮干，捣末，以水调涂。

【资源综合利用】石菖蒲入药首载《本草别说》。α-、β-细辛醚有致突变和致癌的作用。对石菖蒲镇静和抗抑作用研究显示，水提液成分具有与挥发油成分相反的药理作用活性，目前对水溶性成分的药理作用机理的研究尚未见系统报道，有待深入进行，为石菖蒲临床合理用药和开发利用提供依据。

533 魔芋

【别名】毛芋、花麻蛇、鬼头。

【来源】为天南星科植物魔芋*Amorphophallus rivieri* Durieu的块茎。

【植物形态】多年生草本，高0.3～2 m。块茎扁球形，暗红褐色，直径达25 cm。叶柄粗壮，圆柱形，淡绿色，具紫色斑；掌状复叶1枚，3小叶，二歧分叉；裂片再羽状深裂，叶轴具不规则的翅；小裂片椭圆状披针形至卵状椭圆形，长2～8 cm，顶端尖，基部楔形，一侧下延；叶脉网状。佛焰苞漏斗形，长20～30 cm，暗紫色，具绿纹；花单性，先叶出现；肉穗花序圆柱形，淡黄白色，伸出佛焰苞外，基部密生紫色雌花，上部密生褐色雄花，附属体圆锥形，紫色，高出苞外；子房球形，花柱较短。浆果球形或扁球形，成熟时呈黄赤色。花期4—6月，果

▲魔芋

期6—8月。

【生境分布】生于海拔200～1 200 m的林下、山坡、溪谷边。有栽培。分布于库区各市县。

【采收加工】秋末采收，晒干或鲜用。

【化学成分】块茎含魔芋甘露聚糖（konja cmannan）约50%，淀粉约35%，蛋白质，糖类，纤维素，维生素，多种氨基酸（包括8种人体必需氨基酸），多种不饱和脂肪酸，无机盐，微量元素，生物碱，酶，脂肪，丹宁，多巴胺，3，4-二羟基苯甲醛葡萄糖苷等。茎含D-甘露糖。叶含三甲胺和生物碱。花序含多量维生素等。

【药理作用】有扩张末梢血管、降血压、降低胆固醇、预防脂肪肝、增强机体免疫力、抗肿瘤、降血糖、解毒、抗菌、消炎作用。可使大鼠下肢浮肿。吸入魔芋粉尘，能引起支气管哮喘。魔芋甘露聚糖则对细胞代谢有干扰作用。

【功能主治】药性：辛，温；有毒。功能：化痰散结，行瘀消肿。主治：咳嗽痰多，积滞，疟疾，大肠下血，经闭，跌打损伤，疮痈，目翳，颈淋巴结结核，乳腺炎，胃溃疡，胃痛丹毒，类风湿性关节炎，烫火伤，肿瘤，蛇咬伤。用法用量：内服煎汤，9～15 g，久煎。外用适量，捣烂敷。使用注意：切勿生食或误食药渣，以免中毒。中毒解救：醋30～60 g，加姜汁少许，内服或含漱；或生姜30 g，防风20 g，甘草15 g，用4碗清水煮至2碗，先含漱一半，后内服一半。

附方：

1. 治乳腺炎、痈疽、疮疔、无名肿毒、毒蛇咬伤：鲜魔芋适量。捣烂，敷患处。
2. 治颈淋巴结结核、癌肿：鲜魔芋15～30 g。煎2 h以上，滤汁服。
3. 治咳嗽痰多，咳吐脓血：用魔芋磨豆腐吃或用根15 g。水煎去渣服。
4. 治大肠下血：鲜魔芋15 g，黄泡根15 g。水煎服。
5. 治胃溃疡、胃痛：魔芋60 g。煮猪肚一具服。
6. 治直肠癌：魔芋60 g。放于猪大肠头（长约20 cm）内，两端用线结扎，煮4 h，吃肠喝汤。

魔芋花主治疝气，毒血症。

【资源综合利用】魔芋是有益的碱性食品，对食用动物性酸性食物过多的人，搭配吃魔芋可以达到食品酸、碱平衡效果，对人体健康有利。块茎可加工成魔芋粉，制成魔芋豆腐、魔芋挂面、魔芋面包、魔芋肉片、果汁魔芋丝等多种食品，但魔芋食用前必须经磨粉、蒸煮、漂洗等加工过程脱毒。魔芋多糖黏度高，溶于水，在水中膨胀度大，具有特定的生物活性。这些特性，除医学外，在纺织、印染、化妆品、陶瓷、消防、环保、军工、石油开采等方面都有广泛的用途。

534　一把伞南星

【别名】南星、蛇包谷。

【来源】为天南星科植物一把伞南星*Arisaema erubescens*（Wall.）Schott的块茎。

【植物形态】多年生草本。块茎扁球形，直径可达6 cm，表皮黄色，有时淡红紫色。鳞叶绿白色、粉红色、有紫褐色斑纹。叶1，极稀2，叶柄长40～80 cm，中部以下具鞘，有时具褐色斑块；叶裂片无定数；幼株少则3～4枚，多年生植株可多至20枚，常1枚上举，其余放射状平展，披针形、长圆形至椭圆形，长6～24 cm，宽6～35 mm，长渐尖，具线形长尾（长可达7 cm）或否；无柄。雌雄异株，花序柄自叶柄中部分出，比叶柄短，直立，果时下弯或否；佛焰苞绿色，背面有清晰的白色条纹，或淡紫色至深紫色而无条纹，管部圆筒形，长4～8 mm，粗9～20 mm；喉部边缘截形或稍外卷；肉穗花序单性，雄花序长2～2.5 cm，花密；雌花序长约2 cm，粗6～7 mm；各附属器棒状、圆柱形，中部稍膨大或否，直立，长2～4.5 cm，中部粗2.5～5 mm，顶端钝，光滑，基部渐狭；雄花序的附属器下部光滑或有少数中性花；雌花序上部具多数中性花；雄花：具短柄，淡绿色、紫色至暗褐色，雄蕊2～4，药室近球形；雌花：子房卵圆形，柱头无柄。果序柄下弯或直立，浆果红色，种子1～2，球形，淡褐色。花期5—7月，果9月成熟。

【生境分布】生于海拔800～2 200 m的林下、石缝中、路旁、灌丛、草坡或荒地。分布于巫溪、巫山、奉节、

▲一把伞南星

忠县、石柱、涪陵、武隆、长寿地区。

【采收加工】10月挖出块茎，去掉茎叶、须根，装入撞兜内撞去表皮，倒出用水清洗，对未撞净的表皮再用竹刀刮净，最后用硫黄熏制，使之色白，晒干。本品有毒，加工操作时应戴手套、口罩或手上擦菜油，可预防皮肤发痒红肿。

【药材性状】块茎呈扁圆球形，直径2～5.5 cm，表面淡黄色至淡棕色，顶端较平，中心茎痕浅凹，四周有叶痕形成的环纹，周围有大的麻点状根痕，但不明显，周边无小侧芽。质坚硬，断面白色粉性。气微，味辣，有麻舌感。以个大、色白、粉性足者为佳。

【显微鉴别】淀粉粒极多。单粒大多呈圆球形、少数为椭圆形或半球形，直径2～20 μm，脐点圆点状、裂缝状、"十"字状、"人"字状或星状，大粒层纹隐约可见；复粒由2～4分粒组成，脐点明显，螺纹、环纹导管直径8～27 μm。草酸钙针晶束及针晶随处可见，草酸钙针晶长34～52 μm。此外，可见草酸钙方晶、棕色块。

【化学成分】【药理作用】【功能主治】见"天南星"。

535　天南星

【别名】南星、豹爪南星。

【来源】为天南星科植物异叶天南星*Arisaema heterophyllum* Bl.的块茎。

【植物形态】多年生草本。块茎扁球形，直径2～4 cm，顶部扁平，周围生根，常有若干侧生芽眼。叶常单一，叶柄圆柱形，长10～15 cm，下部3/4鞘筒状，鞘端斜截形；小叶片13～21，倒披针形、长圆形或线状长圆形，顶端骤狭渐尖，基部楔形，全缘，中裂片长3～15 cm，宽0.7～5.8 cm，比侧裂片几短1/2，无柄或具短柄；侧裂片向外渐小，排列成蝎尾状。雌雄同株或异株，总花梗等长或稍长于叶柄，佛焰苞绿色，具斑点，下部筒长4～6 cm，檐部卵形或卵状披针形，宽2.5～8 cm，长4～9 cm，下弯几成盔状，顶端骤狭渐尖。肉穗花序两性和雄花序单性。两性花序：下部雌花序长1～3 cm，上部雄花序长约2 cm，雄花疏生，大部分不育，有的退化为钻形中性花，单性雄花序长3～5 cm，粗

▲异叶天南星

3～5 mm；雌花球形，花柱明显，柱头小；雄花花药4～6，白色。浆果黄红色、红色，圆柱形，长约5 mm，内有棒头状种子1枚，不育胚珠2～3枚。种子黄色，具红色斑点。花期4—5月，果期7—9月。

【生境分布】生于海拔600～2 000 m的林下、灌丛、草坡。分布于巫溪、巫山、奉节、开州、忠县、石柱、丰都、涪陵、武隆、长寿地区。

【采收加工】10月采挖，去掉茎叶及须根，装入撞兜内撞搓去表皮，倒出用水清洗，对未撞净的表皮再用竹刀刮净，最后用硫黄熏制，使之色白，晒干。本品有毒，加工操作时应戴手套、口罩或手上擦菜油，以预防皮肤发痒红肿。

【药材性状】块茎呈稍扁的圆球形，直径1.5～4 cm。表面类白色或淡棕色，较光滑，顶端有凹陷较深的茎痕，周围有一圈1～3列显著的根痕，周边偶有少数微突起的小侧芽，有时已磨平。气微，味辣，有麻舌感。

【显微鉴别】粉末特征：淀粉粒单粒呈圆球形、半球形或不规则形，直径2～18 μm，脐点圆点状、星状、裂缝状、三叉状；复粒甚多，由2～10分粒组成，脐点多不明显。草酸钙针晶长13～（64～86）μm。

【理化鉴别】（1）检查氨基酸：取本品粉末2 g，以温水20 mL浸泡4 h后，滤过。滤液浓缩点样，按纸层析法，以甲醇展开，喷以0.2%茚三酮醇溶液，80 ℃烘干10 min，现蓝紫色斑点。

（2）薄层鉴别：取本品粉末1 g，以乙醇10 mL浸泡24 h，离心后吸取上清液，挥去乙醇，加0.5 mL盐酸水解，用乙醚提取，取乙醚液浓缩点样，以3，4-二羟基苯甲醛为对照品，分别点样于硅胶G薄板上，用氯仿-甲醇-甲酸（9.2：0.6：0.2）展开，2%间苯三酚乙醇液-浓硫酸（1：1）显色。供试液色谱中在与对照品色谱相应位置，显相同的红色斑点。

【化学成分】根、茎含多种生物碱和环二肽类化合物成分：3-异丙基吡咯并[1，2a]哌嗪-2，5-二酮[3-isopopyl-pyrrolo[1，2a]piperazine-2，5-dione]，3，6-二异丙基-2，5-哌嗪二酮，β-咔啉（β-earboline），1-乙酰基-β-咔啉（1-acetyl-β-carbo-line），脲嘧啶（uracil），氨基酸，微量元素等。

【药理作用】有镇痛、镇静、祛痰、抗肿瘤、抗惊厥、抗心律失常、抗氧化、抑制血小板聚集、扩张血管、降低血管阻力，扩张冠状动脉作用。水煎剂对眼结膜有刺激性，有催吐作用。

【功能主治】药性：苦、辛，温，有毒。归肺、肝、脾经。功能：燥湿化痰，祛风止痉，散结消肿。主治：中风痰壅，口眼歪斜，半身不遂，手足麻痹，风痰眩晕，癫痫，惊风，破伤风，咳嗽多痰；生用外治痈肿，瘰疬，跌扑损伤，毒蛇咬伤，灭蝇蛆。用法用量：内服煎汤，3～9 g，一般制后用（宜用炮姜炙，久煎）；或入丸、散。外用生品适量，研末以醋或酒调敷。使用注意：阴虚燥咳，热极、血虚动风者禁服，孕妇慎服。

附方：

1. 治痰咳：天南星、黄芩各30 g。研末，姜汁浸，蒸饼为丸桐子大，每服30丸，生姜汤送下。
2. 治痈疽疮肿：天南星60 g，赤小豆90 g，白及120 g。分别研末，和匀，冷水调敷。

【资源综合利用】天南星始见于《本草拾遗》。《本草图经》云："古方多用虎掌，不言天南星。天南星近出唐世，中风痰毒方中多用之"。天南星主流品种是一把伞南星*Arisaema erubescens*（Wall.）Schott及天南星*Arisaema heterophyllum* Bl.，其次是刺柄南星*A. asperatum*、川中天南星*A. wilsonii*和螃蟹七*A. fargesii*，使用时应注意区分。

536　虎掌

【别名】狗爪半夏、掌叶半夏、虎掌南星。

【来源】为天南星科植物虎掌*Pinellia pedatisecta* Schott的块茎。

【植物形态】多年生草本。一年生或二年生块茎近圆球形，三年以上块茎由于侧生2～5个乳头状小块茎而呈扁柿形，直径达6 cm。叶自芽眼抽出，2～6丛生；叶片鸟足状分裂，裂片5～13，卵状披针形或椭圆状披针形，中裂片比侧裂片长大，长15～18 cm，宽约3 cm。花序梗2～4，亦自芽眼抽出，长15～30 cm；佛焰苞为匙状披针形，向下渐变细，色质如叶，宿存；肉穗花序雌花序轴部分与佛焰苞贴生，长1～3 cm，外侧着花；雄花序轴部分游离，长5～7 mm；小花密集，黄色；附属器形如鼠尾，长达15 cm。浆果卵形，熟时绿白色，易脱落布地，当年发芽长出新株。花期5—7月，果期6—10月。

【生境分布】生于海拔400～1 500 m的林下、溪旁、草地。分布于库区各市县。

【采收加工】10月采挖，去掉茎叶、须根，撞去表皮，水清洗，对未撞净的表皮再用竹刀刮净，最后用硫黄熏制，使之色白，晒干。本品有毒，加工操作时应戴手套、口罩或手上擦菜油，可预防皮肤发痒红肿。制天南星毒性降低，以燥湿化痰为主，可用于痰湿咳喘，痰阻眩晕，关节痹痛等。

【药材性状】块茎呈扁平而不规则的类圆形，由主块茎及多数附着的小块茎组成，形如虎的脚掌，直径1.5～5 cm。表面淡黄色或淡棕色，每一块茎中心都有一茎痕，周围有点状须根痕。质坚实而重，断面不平坦，色白，粉性。气微，味辣，有麻舌感。

【显微鉴别】粉末特征：淀粉粒单粒呈圆球形、椭圆形或盔帽，直径3～（13～21）μm，长至26 μm，脐点圆点状、裂缝状、星状或“人”字状；复粒极多，由2～10多分粒组成。草酸钙针晶长20～60 μm。黏液细胞直径60～135 μm。

【理化鉴别】（1）检查氨基酸：取本品粉末2 g，以温水20 mL浸泡4 h后，滤过。滤液浓缩点样，按纸层析法，以甲醇展开，喷以0.2%茚三酮醇溶液，80 ℃烘干10 min，现蓝紫色斑点。

（2）薄层鉴别：取本品粉末1 g，以乙醇10 mL浸泡24 h，离心后吸取上清液，挥去乙醇，加0.5 mL盐酸水解，用乙醚提取，取乙醚液浓缩点样，以3，4-二羟基苯甲醛为对照品，分别点样于硅胶G薄板上，用氯仿-甲醇-甲酸（9.2：0.6：0.2）展开，2%间苯三酚乙醇液-浓硫酸（1：1）显色。供试液色谱中在与对照品色谱相应位置，显相同的红色斑点。

【化学成分】【药理作用】【功能主治】见“天南星”。

【资源综合利用】天南星则始见于《本草拾遗》。《本草图经》云：“古方多用虎掌，不言天南星。天南星近出唐世，中风痰毒方中多用之”。虎掌与一把伞南星在镇静、抗心律失常等药理作用方面相近，而虎掌更优，毒性较小。

▲虎掌

▲半夏

537 半夏

【别名】麻芋子、三步跳。

【来源】为天南星科植物半夏*Pinellia ternata*（Thunb.）Breit.的块茎。

【植物形态】多年生草本，高15～30 cm。块茎球形，直径0.5～1.5 cm。叶2～5，幼时单叶，2～3年后为三出复叶；叶柄长达20 cm，近基部内侧和复叶基部生有珠芽；叶片卵圆形至窄披针形，中间小叶较大，长5～8 cm，两侧小叶较小，顶端锐尖，两面光滑，全缘。花序柄与叶柄近等长或更长；佛焰苞卷合成弧曲形管状，绿色，上部内面常为深紫红色；肉穗花序顶生；其雌花序轴与佛焰苞贴生，绿色，长6～7 cm；雄花序长2～6 cm；附属器长鞭状。浆果卵圆形，绿白色。花期5—7月，果期8月。南方1年出苗2～3次，故9—10月仍可见到花果。

【生境分布】生于海拔200～2 100 m的荒地、草坡、农田、溪边或林下。分布于库区各市县。

【采收加工】种子繁殖培育在第3年，珠芽繁殖培育在第2年，块茎繁殖春栽当年9月下旬至11月采挖，分档，放筐内于流水下用棍棒捣脱皮，也可用半夏脱皮机去皮，洗净，晒干或烘干。全国各地半夏的炮制工艺纷纭。目前改进后的清半夏、姜矾制半夏、石灰甘草液制半夏的新工艺使用较普遍。

【药材性状】块茎呈类球形，有的稍偏斜，直径0.8～1.5 cm。表面白色或浅黄色，顶端中心有凹陷的茎痕，周围密布棕色凹点状的根痕；下端钝圆，较光滑。质坚实，断面白色，富粉性。气微，味辛辣、麻舌而刺喉。以个大、质坚实、色白、粉性足者为佳。

【显微鉴别】块茎横切面：外侧基本薄壁细胞含淀粉粒较少，渐次向内含淀粉粒渐多，薄壁组织中散有椭圆形黏液细胞，内含草酸钙针晶束，针晶长20～144 μm。维管束纵横散列。淀粉粒众多，单粒类圆形、半圆形或钝多角形，直径4～30 μm，脐点裂缝状、点状或星状；复粒以2～4分粒为多见，偶有至8分粒的。

粉末特征：类白色。淀粉粒众多，单粒呈类圆形、近半圆形、盔状或多角圆形，直径3～28 μm。脐点呈短缝状、人字形、叉状，少数呈星状，大粒可见层纹。复粒由2～7分粒组成。亦有许多小淀粉相聚成团块；草酸钙针晶众多，成束散在于近椭圆形的黏液细胞中，长25～130 μm；黏液细胞单个散在，可见完整者，长径达140余微米；螺纹导管，还有环纹或梯纹，直径8～30 μm；环纹导管增厚壁稀疏。

【理化鉴别】薄层鉴别：（1）取本品粉末1 g，加石油醚（60～90 ℃）10 mL，冷浸1昼夜，吸取上清液30 μL点样，以β-谷甾醇为对照品。分别点样于硅胶G薄层板上，以氯仿-甲醇（9.5：0.5）展开，10%磷钼酸乙醇液喷雾，供试品色谱在与对照品相应位置上显相同斑点。

（2）取本品粉末2 g，加甲醇20 mL，80 ℃回流提出4 h，滤过。浓缩甲醇液供点样，以精氨酸、丙氨酸、缬氨酸、亮氨酸为对照品。分别点样于硅胶G-CMC薄层板上，以正丁醇-冰醋酸-水（35：10：10）展开，用0.2%茚三酮丙酮溶液喷雾，热气流烘烤，供试品色谱在与对照品色谱相应位置上显相同斑点。

【化学成分】块茎含挥发油，左旋麻黄碱（ephedrine），胆碱（choline），β-谷甾醇（β-sitosterol）等。又

含以α-及β-氨基丁酸（amino-butyric acid），天冬氨酸（aspartic acid）为主要成分的氨基酸，无机元素，多糖，直链淀粉，半夏蛋白（系1种植物凝集素）和胰蛋白酶抑制剂等。

【药理作用】有催吐、抗胃溃疡、促进胆汁分泌、镇咳、祛痰、抗早搏、降血脂、抗癌、抗生育、抗早孕、镇痛、镇静、催眠、预防造影剂副反应、解毒、抗真菌、抗炎、降低眼内压作用。半夏蛋白为一种植物凝集素，其凝集作用具动物种属专一性及细胞类别专一性，它可促进兔外周血淋巴细胞转化，但不促使人外周血淋巴细胞分裂。生半夏的毒性主要为对多种黏膜的刺激，导致失音、呕吐、水泻等，较长时间给药会抑制体重，使肾脏代谢增加，甚至引起死亡。生半夏对妊娠母鼠及胚胎有显著毒性。生半夏、姜半夏、法半夏的水煎剂均有致畸作用。

【功能主治】药性：辛，温，有毒。归脾、胃、肺经。功能：燥湿化痰，降逆止呕，消痞散结。主治：咳喘痰多，呕吐反胃，胸脘痞满，头痛眩晕，夜卧不安，瘿瘤痰核，痈疽肿毒。用法用量：内服煎汤，3～9 g；或入丸、散。外用适量，生品研末，水调敷，或用酒、醋调敷。使用注意：阴虚燥咳、津伤口渴、血证及燥痰者禁服，孕妇慎服。反乌头、附子。法半夏以治寒痰、湿痰为主，同时具调脾和胃的作用。

附方：

1. 治痰饮咳嗽：清半夏粉30 g，细朱砂末3 g。用生姜汁糊为丸，如梧桐子大。每服70丸，淡生姜汤下，食后服。
2. 治呕吐：半夏50 g，人参2 g，白蜜50 kg。水煎成浓膏状。每服20 mL。
3. 治梅核气：半夏15 g，茯苓12 g，厚朴9 g，紫苏叶6 g，姜7片，枣一个。水煎温服，不拘时候。
4. 治蝎蜇毒：生半夏、白矾等分。研末，醋调，敷伤处。

【资源综合利用】半夏始载于《神农本草经》，列为下品。目前半夏野生资源急剧减少，医药需求不断增加，货紧价扬。有必要对半夏进行人工栽培。在半夏的刺激成分和有效成分尚不明确的情况下，半夏炮制去毒的关键不在于水漂，而在于适宜的辅料或加热处理。

538 犁头尖

【别名】犁头七、山半夏、耗子尾巴。

【来源】为天南星科植物犁头尖*Typhonium divaricatum*（L.）Decne的块茎及全草。

【植物形态】多年生草本。块茎近球形或椭圆形，直径1～2 cm，褐色，具环节，节间有黄色根迹，颈部生长1～4 cm的黄白色纤维状须根，散生疣凸状芽眼。叶柄长20～24 cm，基部鞘状，上部圆柱形；幼株叶1～2，叶片深心形、卵状心形至戟形，长3～5 cm，宽2～4 cm，多年生植株叶4～8枚，心状戟形或戟状三角形，长9～13 cm，宽约8 cm，中肋2面稍隆起，侧脉3～5对，最下1对基出。花序柄单1，从叶腋抽出，长9～11 cm，淡绿色，圆柱形，直立；佛焰苞管部绿色，卵形，长1.6～3 cm，粗0.8～1.5 cm，檐部绿紫色，卷成长角状，长12～18 cm，盛花时展开，后仰，卵状长披针形，宽4～5 cm，中部以上骤狭成带状下垂，顶端旋曲，内面深紫色，外面绿紫色；肉穗花序无柄；雌花序圆锥形，长1.5～3 mm，粗3～4 mm；中性花序长1.7～4 cm，下部具花，连花粗4 mm，无花部分粗约1 mm，淡绿色；雄花序长4～9 mm，粗约4 mm，橙黄色；附属器具强烈的粪臭味，长10～13 cm，鼠尾状，近直立，下部1/3具疣皱，向上平滑；雌花子房卵形，黄色，柱头盘状，具乳突，红色；雄花雄蕊2，无柄；中性花线形，两头黄色，腰部红色，长约4 mm。浆果卵圆形。种子球形。花期5—7月。

【生境分布】生于海拔200～1 500 m的田野、路旁、草丛中。分布于库区各市县。

【采收加工】秋季采收，切片，晒干或鲜用。

【药材性状】块茎近球形或椭圆形，直径0.3～1 cm，表面褐色，栓皮薄，不易剥落，稍有皱纹。芽痕多偏向一侧，须根痕遍布全体，并有多数外凸的珠芽痕。

【理化鉴别】块茎横切面：木栓层较薄，仅有4～5层细胞，木栓细胞方形、长方形或扁平，排列不整齐。薄壁组织中可见大量分生组织，薄壁细胞均充满淀粉粒。黏液细胞多分布于近木栓层的数层薄壁细胞间，明显大于薄壁细胞，直径60～180 μm。

▲犁头尖

▲独角莲

【化学成分】含生物碱、甾醇。

【药理作用】对流感病毒有抑制作用。毒副反应：可使肌肉张力增加，活动减少，口腔黏膜起疱，舌、喉麻辣，头晕，呕吐呼吸困难及神经系统症状。对眼结膜及多种黏膜有强刺激性。

【功能主治】药性：辛、苦，温；有毒。功能：解毒消肿，散结，止血。主治：毒蛇咬伤，痈疖肿毒，血管瘤，淋巴结结核，跌打损伤，外伤出血疥癣，蜂蜇伤。用法用量：外用适量，块茎磨汁或捣烂敷患处。使用注意：本品有毒，一般不作内服。孕妇禁服。误食会出现舌、喉麻辣、头晕、呕吐等症状。解救方法：可立即含漱及内服生姜汁和米醋，或服蛋清、面糊和大量糖水或静滴葡萄糖盐水，腹部剧痛可注射吗啡，出现惊厥可注射镇静剂，继服溴化钾或吸入乙醚。

附方：

1. 治毒蛇咬伤：犁头尖鲜块茎3～9 g。捣烂，敷伤口周围。
2. 治痈疖肿痛：犁头尖块茎适量，雄黄少许。研末，加醋捣成糊状，外敷。
3. 治淋巴结结核：犁头尖鲜全草适量。配醋、糯米饭各少许，共捣烂，敷患处，日换2次。

539 白附子

【别名】禹白附。

【来源】为天南星科植物独角莲*Typhonium giganteum* Engl.的块茎。

【植物形态】多年生草本，植株常较高大。块茎卵形至卵状椭圆形，似芋艿状，外被暗褐色小鳞片。叶1～7，叶片三角状卵形、戟状箭形或卵状宽椭圆形，长10～40 cm，宽7～30 cm，初发时向内卷曲如角状，后即开展，顶端渐尖。叶柄肥大肉质，下部常呈淡粉红色或紫色条斑，长达40 cm。花梗自块茎抽出，绿色间有紫红色斑块；佛焰苞紫红色，管部圆筒形或长圆状卵形，顶端渐尖而弯曲，檐部卵形；肉穗花序位于佛焰苞内，长约14 cm；雌花序和中性花序各长3 cm左右；雄花序长约2 cm；附属器圆柱形，紫色，直立，不伸出佛焰苞外；雄花金黄色，雄蕊有2花药，药室顶孔开裂；中性花线形，下垂，淡黄色；雌花棕红色。浆果熟时红色。花期6—8月，果期7—10月。

【生境分布】生于海拔200～600 m的阴湿林下、沟边及荒地。分布于巫溪、开州地区。

【采收加工】冬季采挖，堆积发酵，使外皮皱缩易脱，装入箩筐，放在流水里踩去粗皮，晒干。亦可不去粗皮，切成厚2～3 mm的薄片，晒干。

【药材性状】块茎卵圆形或椭圆形，长2 ~ 6 cm，直径1 ~ 3 cm，顶端残留茎痕或芽痕，有时残留棕色芽鳞。表面白色或淡黄色，略平滑，有环纹及略突起的点状根痕。质坚硬，断面白色，粉性。无臭，嚼之麻辣刺舌。以个大、质坚实、色白、粉性足者为佳。

【显微鉴别】块茎横切面：木栓细胞有时残存。基本组织的外侧有大型黏液腔及黏液细胞，内含草酸钙针晶束，长28 ~ 84 μm；维管束散列，以外韧型为多见，偶有周木型。薄壁细胞含有众多淀粉粒。

粉末特征：类白色。①淀粉粒单粒球形或类球形，直径4 ~ 29 μm，脐点点状、裂缝状、“人”字状、“十”字状、三叉状或星状，大粒层纹隐约可见；复粒由2 ~ 12个分粒组成，有的1个较大分粒与2 ~ 4个小分粒复合。②草酸钙针晶散在或成束存在于类圆形或长圆形黏液细胞中，针晶束长约至116 μm。③螺纹及环纹导管，直径9 ~ 46 μm。

【理化鉴别】薄层鉴别：本品粉末1 g，加石油醚（60 ~ 90 ℃）10 mL，冷浸一昼夜，吸取上清液30 μL点样；以β-谷甾醇作对照。分别点样于同一硅胶G薄板上，以氯仿-甲醇（9.5∶0.5）展开，用10%磷钼酸乙醇液喷雾，供试品色谱图中在与对照品色谱相应位置外显相同色斑。

【化学成分】块茎含β-谷甾醇（β-sitosterol），β-谷甾醇-D-葡萄糖苷（β-sitosterol-D-glucoside），天师酸（tianshic acid），胆碱（choline），尿嘧啶（uracil），桂皮酸（cinnamic acid），棕榈酸（palmitic acid），琥珀酸（succinic acid），酪氨酸（tyrosine），缬氨酸（valine），亚油酸（linoleic acid），油酸（oleic acid），三亚油酸甘油酯（linolein）二棕榈酸甘油酯（dipalmitin），并含白附子凝集素（typhonium giganteumlectin）。

【药理作用】有镇静、抗惊厥、镇痛、抗炎、抗肿瘤、抗结核作用。禹白附粉水混悬液给家鸽灌胃有催吐作用。将混悬液给家兔滴眼出现明显水疱、眼睑外翻、瞬膜水肿。毒性为呼吸困难，活动减少，个别动物死亡，不因炮制而减弱。

【功能主治】药性：辛、甘，温，有毒。归胃、肝经。功能：祛风痰，定惊搐，解毒，散结止痛。主治：中风痰壅，口眼㖞斜，语言涩謇，痰厥头痛，偏头痛，喉痹咽痛，破伤风症，外用治瘰疬痰核，毒蛇咬伤。用法用量：内服煎汤，3 ~ 6 g；研末服0.5 ~ 1 g，宜炮制后用。外用适量，捣烂敷；或研末调敷。使用注意：血虚生风、内热生惊及孕妇禁服。

附方：

1. 治口眼歪斜：制白附子12 g，僵蚕、全蝎各9 g。研末，分9包。每次1包，每日3次，黄酒送下。
2. 治偏、正头痛，三叉神经痛：制白附子、白芷、猪牙皂角各30 g。研末，每次3 g，每日2次，开水送服。
3. 治跌打损伤，金疮出血，破伤风：生禹白附360 g，防风30 g，白芷30 g，天麻30 g，羌活30 g。研粉。外用调敷患处，内用1 ~ 1.5 g。孕妇忌服。
4. 治腰腿痛，关节痛：白附子45 g，鸡血藤12 g，牛膝9 g，独活9 g，五加皮12 g。水煎服。
5. 治毒蛇咬伤：白附子60 g，雄黄30 g。研末，水或烧酒调匀，涂伤处。
6. 治疔肿痈疽：白附子适量。研末，醋、酒调涂患处。

鸭跖草科Commelinaceae

540 鸭跖草

【别名】竹叶菜。

【来源】为鸭跖草科植物鸭跖草*Commelina communis* L.的全草。

【植物形态】一年生草本，高15 ~ 60 cm。茎多分枝，具纵棱，基部匍匐，上部直立，仅叶鞘及茎上部被短毛。单叶互生，无柄或近无柄；叶片卵圆状披针形或披针形，长4 ~ 10 cm，宽1 ~ 3 cm，顶端渐尖，基部下延成膜质鞘，抱茎，有白色缘毛，全缘。总苞片佛焰苞状，有1.5 ~ 4 cm长的柄，与叶对生，心形，稍显镰刀状弯曲，顶端短急尖，边缘常有硬毛。聚伞花序生于枝上部者，花3 ~ 4朵，具短梗，生于枝最下部者，有花1朵；萼片3，卵形，膜质；花瓣3，深蓝色，较小的1片卵形，较大的2片近圆形，有长爪；雄蕊6，能育者3枚，花丝较3枚不育者

▲鸭跖草

花丝较长，顶端蝴蝶状；雌蕊1，子房上位，卵形，花柱丝状而长。蒴果椭圆形2室，2瓣裂，每室种子2颗。种子表面凹凸不平，具白色小点。花期7—9月，果期9—10月。

【生境分布】生于海拔100～2 000 m的沟边、路边、田埂、荒地、山坡及林缘。分布于库区各市县。

【采收加工】6—7月开花期采收，鲜用或阴干。

【药材性状】全草长至60 cm，黄绿色，老茎略呈方形，表面光滑，具数条纵棱，直径约2 mm，节膨大，基部节卜常有须根；断面坚实，中部有髓。叶互生，皱缩成团，质薄脆，易碎；完整叶片展平后呈卵状披针形或披针形，长3～9 cm，宽1～3 cm，顶端尖，全缘，基部下延成膜质鞘，抱茎，叶脉平行。聚伞花序，总苞心状卵形，折合状，边缘不相连；花多脱落，萼片膜质，花瓣蓝黑色。气微，味甘、淡。以色黄绿者为佳。

【显微鉴别】叶上、下表皮细胞方形或长方形，散有多数草酸钙小针晶，长7～12 μm；气孔略突起于表皮，副卫细胞平列4胞型。

【化学成分】全草含左旋-黑麦草内酯（loliolide），无羁萜（friedelin）等。地上部分含生物碱：1-甲氧羰基-β-咔啉（1-carDomethoxy-β-carboline）等。

【药理作用】有抗炎、镇痛、抗菌、抑制转氨酶、止咳作用。

【功能主治】药性：甘、淡，寒。归肺、胃、膀胱经。功能：清热解毒，利水消肿。主治：风热感冒，热病发热，咽喉肿痛，痈肿疔毒，水肿，小便热淋涩痛。用法用量：内服煎汤，15～30 g；鲜品60～90 g，或捣汁。外用适量，捣敷。使用注意：脾胃虚寒者慎服。

附方：

1. 治外感发热，咽喉肿痛：鸭跖草30 g，柴胡、黄芩各12 g，银花藤、千里光各25 g，甘草6 g。水煎服。
2. 治麦粒肿：鲜鸭跖草适量。烤汁熨涂，一日数次。
3. 治小便不通：鸭跖草50 g，车前草50 g。捣汁入蜜少许，空腹服。
4. 治热淋：鸭跖草30～60 g，车前草30 g，天胡荽15 g。水煎服，白糖为引。
5. 治丹毒：鲜鸭跖草叶50片，食醋500 g。将叶片入食醋中浸泡1 h，外敷患处（将病灶全部敷罩），干则更换，每日换4 ~ 6次，至愈为止。

【资源综合利用】鸭跖草始载于《本草拾遗》。鸭跖草是铜的超富集植物，可用于铜污染土壤的修复。

雨久花科Pontederiaceae

541　凤眼莲

【别名】水葫芦、水莲花。

【来源】为雨久花科植物凤眼莲*Eichhornia crassipes*（Mart.）Solms.的全草。

【植物形态】浮水草本或根生于泥中，高30 ~ 50 cm。根系发达，靠毛根吸收养分，嫩根白色，老根偏黑色。茎极短，具长匍匐枝。叶基生，莲座状，肉质，卵形至肾圆形，长3 ~ 8 cm，顶端圆钝感，微凹，基部浅心形、圆形、截形或宽楔形，无毛，光亮；脉弧状；叶柄长短不等，可达30 cm，中部膨胀成葫芦状，内有气室，基部有鞘状苞片。穗状花序；花被长约5 cm，青紫色，基部结合成短管，裂片6，上面1片较大，中心有一明显的鲜黄色斑点，形如凤眼；雄蕊3长2短，花丝具腺毛。蒴果卵形，有多数种子。

【生境分布】栽培或逸生于池塘中。分布于库区各市县。

【采收加工】夏、春季采收，鲜用或晒干。

【化学成分】叶含胡萝卜素。花含飞燕草素二葡萄糖苷。全草含甾醇类化合物，氧化硅、钙、镁、钾、钠、氯、铜、锰、铁和硫酸根及磷酸根离子。根含赤霉素类。

【功能主治】药性：辛、微涩，微寒。功能：清热解毒，利水消肿，除湿。主治：感冒发热、热淋，小便不利，湿疹，疮疖肿毒。用法用量：内服煎汤，15 ~ 30 g。外用适量。使用注意：孕妇慎服。

附方：

1. 治风热感冒：凤眼莲30 g，薄荷9 g，桑叶9 g，空心苋15 g。水煎服。

▲凤眼莲

2. 治肾炎水肿：凤眼莲30 g，小茴香、水皂角、小薄荷、土木香各6 g，甘草3 g。水煎服。

3. 治疔痈肿毒：凤眼莲、鸭趾草、马兰、芙蓉叶各适量。水煎服或捣烂外敷。

【资源综合利用】凤眼莲是一种监测环境污染的良好植物。对As（砷）敏感，当水中含As0.06 ppm，经2 h叶片即出现伤害症状。凤眼莲还可用来净化水体中的Zn（锌）、As（砷）、Hg（汞）、Cd（镉）、Pb（铅）等有毒物质。

凤眼莲可栽植于浅水池或进行盆栽、缸养，观花观叶皆相宜。同时还具有净化水质的功能。茎叶可作饲料。

百部科Stemonaceae

542 百部

【别名】大百部、九丛根、九十九条根。

【来源】为百部科植物对叶百部*Stemona tuberosa* Lour.的块根。

【植物形态】多年生攀缘草本，长达5 m。块根肉质，纺锤形或圆柱形，成束。茎缠绕。叶对生或轮生，偶兼有互生；叶柄长3 ~ 10 cm；叶片广卵形或卵状披针形，长6 ~ 30 cm，宽2.5 ~ 17 cm，顶端短尖至渐尖，基部浅心形，全缘或微波状；主脉7 ~ 15条，横脉细密而平行。花梗腋生，不贴生于叶片中脉上，花单生或2 ~ 3朵成总状花序，花被片4，披针形，长3.5 ~ 7.5 cm，宽7 ~ 10 mm，黄绿色带紫色条纹；雄蕊4，紫色，花丝粗短，花药条形，直立，顶端附属物呈钻状或披针形。蒴果倒卵形而扁，长2.5 ~ 6 cm，宽1 ~ 3 cm，二瓣裂。种子多数。花期5—6月。

【生境分布】生于海拔300 ~ 1 200 m的山坡、丛林、溪边、路旁，有栽培。产于巫溪、万州、开州、忠县、涪陵、石柱、武隆、长寿地区。

【采收加工】于冬季地上部枯萎后或春季萌芽前，挖出块根，除去细根、洗净，蒸或煮透，晒干或烘干，也可鲜用。

【药材性状】长纺锤形或长条形，长8 ~ 26 cm，直径0.8 ~ 2 cm。表面淡黄棕色至灰棕色，具浅纵皱纹或不规

▲对叶百部

则纵槽。质坚实，断面黄白色至暗棕色，中柱较大，髓部类白色；味苦。均以条粗壮、质坚实者为佳。

【显微鉴别】块根横切面：根被细胞约3列，细胞壁强木化，无细条纹，其最内层细胞的内壁特厚；皮层约占半径的4/5，外缘散有纤维，呈类方形，壁非木化或微木化；中柱韧皮部束36～40个；木质部束导管圆多角形，直径107 μm，其内侧与木纤维及微木化的木薄壁细胞连成环层；髓部纤维少，常单个散在。

粉末特征：淀粉粒众多，蚌壳形、螺丝形、扇形、棒槌形、肾形、类圆形或不规则形，边缘大多凹凸不平，直径5～52 μm，长约至72 μm，经烫煮加工的商品，大多糊化。皮层纤维细长，稍弯曲，一边略呈齿状突出，直径16～54 μm，壁厚5～15 μm，非木化，纹孔及孔沟偶可察见。

【理化鉴别】（1）检查生物碱：本品80%乙醇提取液，蒸去乙醇，残留液加氨水调节pH至10～11，用氯仿萃取，氯仿液蒸干后加1%盐酸溶解，滤过。滤液分两份，一份滴加碘化铋钾试液，产生橙红色沉淀；另一份滴加硅钨酸试液，产生乳白色沉淀。

（2）薄层鉴别：取本品粉末0.5 g，加水饱和正丁醇50 mL，放置过夜，再超声提取20 min，取上清液减压蒸干，加甲醇1 mL溶解作样品溶液。另取对叶百部碱和原百部次碱各1 mg，分别加甲醇1 mL溶解，作对照品溶液。在硅胶G-CMC薄层板上，分别点上述溶液各10 μL，以氯仿-乙醚-甲醇（10：2：1）为展开剂，展距10 cm，取出晾干。喷改良碘化铋钾试液显色。样品色谱在与对照品色谱的相应位置上，显相同颜色的斑点。

【化学成分】根含百部碱、对叶百部碱等。

【药理作用】有抗病原微生物、杀虫、镇咳、平喘、中枢抑制、镇痛、呼吸兴奋、降压作用。

【功能主治】药性：苦、微甘，微温。归肺经。功能：润肺止咳，杀虫灭虱。主治：新久咳嗽，肺痨，百日咳，蛲虫病，体虱，癣疥。用法用量：内服煎汤，3～10 g。外用适量，煎水洗或研末外敷；或浸酒涂擦。使用注意：脾胃虚弱者慎服。

附方：

1. 治咳嗽：炙百部、桔梗、荆芥、紫菀（炙）、白前各10 g，炙甘草4 g，陈皮5 g。水煎服。

2. 治肺结核空洞：蜜炙百部、白及各12 g，黄芩6 g，黄精15 g。水煎服。

3. 治头癣：鲜百部30 g，鲜松针60 g，水煎。剃净头发，洗除患处白痂，再用煎液洗；继用松香、百草霜等量研取细粉，调茶油，涂患处。

4. 治发虱、阴虱：百部捣烂，按1：5比例浸于75%乙醇或米醋中12 h，取浸出液涂患处。对家畜体虱亦有很好疗效。

543 蔓生百部

【别名】百部根、九丛根、蔓草百部。

【来源】为百部科植物蔓生百部*Stemona japonica*（Bl.）Miq.的块根。

【植物形态】多年生草本，全株无毛。块根肉质，簇生，长纺锤形。茎下部直立，上部蔓状，缠绕，长60～100 cm，叶2～4（5）片轮生，叶柄长1.5～3 cm；叶片卵形或卵状披针形，长4～9（11）cm，宽1.5～4.5 cm，顶端锐尖或渐尖，基部圆形或截形，稀为浅心形或楔形；叶脉5～9条。花梗丝状，其基部贴生于叶片中脉上，每梗通常单生1花，稀数朵；花被4片，2轮，淡绿色，卵状披针形至披针形，开放后反卷；雄蕊4，紫红色，花丝短，花药内向，线形，顶端有一箭头状附属物；子房卵形，甚小，无花柱。蒴果卵形而稍

▲蔓生百部

扁，长1～1.5 cm，宽4～8 mm，熟时二瓣裂，内有长椭圆形种子数颗。种子长椭圆形，紫褐色，具条纹。花期5月，果期7月。

【生境分布】生于海拔500～1 200 m的阳坡灌丛中或竹林下。有栽培。分布于武隆地区。

【采收加工】于冬季地上部枯萎后或春季萌芽前，挖出块根，除去细根、泥土，洗净，蒸或煮透，取出晒干或烘干。也可鲜用。

【药材性状】块根纺锤形，两端较狭细。根上端茅颈长超过膨大部分的1/2，下端有的作长尾状弯曲，长8～14 cm，直径0.2～2 cm。表面淡灰白色，多不规则皱褶及横皱纹。质脆，易折断，断面平坦，角质样，淡黄棕色或黄白色，皮部宽广，中柱扁小。气微，味甘、苦。

【显微鉴别】块根横切面：外有根被，由3～6列细胞组成，韧皮部纤维木化，最内层细胞的内壁特厚。皮层外侧有时可见少数皮层纤维。中柱木质部导管束与韧皮部束各19～27个，相间排列；导管多角形，直径约至184 μm，通常深入于髓部，与外侧导管束作2～3轮状排列。髓部有少数小纤维散在。本品薄壁细胞中含淀粉粒，加工后即糊化。

粉末特征：灰黄色。根被细胞淡黄棕色或无色。表面观呈长方形或长多角形，壁木栓化及木化，整个细胞壁均有致密交织的细条纹。具缘纹孔导管直径64～136 μm，导管端壁常倾斜，具长的梯形穿孔板。内皮层细胞表面观呈长方形，直径约至24 μm，壁稍厚，纵向壁细波状或螺旋状弯曲，非木化或微木化。木纤维直径约至32 μm，壁稍厚。草酸钙针晶较少或无，常不规则充塞于薄壁细胞中，似细柱状。

【理化鉴别】（1）检查生物碱：本品80%乙醇提取液，蒸去乙醇，残留液加氨水调节pH至10～11，用氯仿萃取，氯仿液蒸干后加1%盐酸溶解，滤过。滤液分两份，一份滴加碘化铋钾试液，产生橙红色沉淀；另一份滴加硅钨酸试液，产生乳白色沉淀。

（2）薄层鉴别：取本品粉末0.5 g，加水饱和正丁醇50 mL，放置过夜，再超声提取20 min，取上清液减压蒸干，加甲醇1 mL溶解作样品溶液。另取对叶百部碱和原百部次碱各1 mg，分别加甲醇1 mL溶解，作对照品溶液。在硅胶G-CMC薄层板上，分别点上述溶液各10 μL，以氯仿-乙醚-甲醇（10∶2∶1）为展开剂，展距10 cm，取出晾干。喷改良碘化铋钾试液显色。样品色谱在与对照品色谱的相应位置上，显相同颜色的斑点。

【化学成分】根含百部碱，百部定碱，异百部定碱，原百部碱，蔓生百部碱（stemonamine），异蔓生百部碱（isostemonamine）。茎叶含蔓生百部叶碱（stemofoline），对叶百部碱B、C，脱氢对叶百部碱B、C和异丽江百部碱等。

【药理作用】【功能主治】见“百部”。

百合科Liliaceae

544　薤白

【别名】薤根、苦藠、小独蒜。

【来源】为百合科葱属植物小根蒜*Allium macrostemon* Bunge的鳞茎。

【植物形态】多年生草本，高30～70 cm。鳞茎近球形，直径0.7～1.5 cm，旁侧常有1～3个小鳞茎附着，外有白色膜质鳞被，后变黑色。叶互生，苍绿色，半圆柱状狭线形，中空，长20～40 cm，宽2～4 mm，顶端渐尖，基部鞘状抱茎。花茎单一，直立；伞形花序顶生，球状，下有膜质苞片，卵形，顶端长尖；花梗长1～2 cm，有的花序只有很少小花，而间以许多肉质小珠芽，甚则全变为小株芽；花被片6，粉红色或玫瑰红色；雄蕊6，比花被长，花丝细长，下部略扩大；子房上位，球形。蒴果倒卵形，顶端凹入。花期5—6月，果期8—9月。

【生境分布】生于海拔1 500 m以下的山坡、丘陵、山谷或草地，有栽培。分布于库区各市县。

【采收加工】栽后翌年5—6月采收，鲜用或略蒸一下，晒干或炕干。

【药材性状】鳞茎呈不规则卵圆形，长0.5～2.0 cm，直径0.7～1.8 cm。表面黄白色或淡黄棕色，皱缩，半透明，有纵沟及皱纹或有类白色膜质鳞片包被，顶端有残存茎基或茎痕，基部有突起的鳞茎盘。质坚硬，角质样，不易破碎，断面黄白色。微有蒜气，味微辣。以个大、饱满、质坚、黄白色、半透明者为佳。

【显微鉴别】粉末特征：鳞叶表皮细胞类长方形，长60~260 μm，宽20~60 μm，少数呈多角形，无细胞间隙。偶见气孔散在，圆形，直径6~10 μm，副卫细胞5~6个。较老的鳞叶表皮细胞中可见草酸钙方晶，长5~10 μm，多单个存在；少数具2~4个方晶。导管主要为螺纹导管，直径6~16 μm。

【化学成分】含薤白苷（macrostemonoside），异菝葜皂苷元-3-O-β-D-吡喃葡萄糖基（1→2）-β-D-吡喃半乳糖苷（smilagenin-3-O-β-D-glucopyranosyl（1→2）-β-D-galactopyranoside），腺苷（adenosine）等。另含挥发油：主要有二甲基三硫化物（dimethyl trisulfide），甲基丙基三硫化物（methylpropyl trisulfide），甲基丙基二硫化物（methylpropyl disulfide）等。

▲小根蒜

【药理作用】有抗血小板聚集、抗氧化、抗肿瘤、降血脂、抗动脉粥样硬化、延长常压缺氧存活时间、抗急性心肌缺血、保护缺血再灌注引起的心肌损伤、预防自发性高血压、扩张血管、抗菌、镇痛、解痉平喘作用。

【功能主治】药性：辛、苦，温。归肺、心、胃、大肠经。功能：理气宽胸，通阳散结。主治：胸痹心痛彻背，胸脘痞闷，咳喘痰多，脘腹疼痛，泻痢后重，白带，疮疖痈肿。用法用量：内服煎汤，5~10 g，鲜品30~60 g；或入丸、散，亦可煮粥食。外用适量，捣敷；或捣汁涂。使用注意：阴虚及发热者慎服。

附方：

1. 治冠心病：薤白15 g，栝蒌实10 g，半夏20 g。与酒同煮，温服20 mL，一日三服。
2. 治头痛、牙痛：鲜薤白、红糖各15 g。捣烂，敷脚心。
3. 治鼻渊：薤白、木瓜花各9 g，猪鼻管120 g。水煎服。

【资源综合利用】薤，始载于《本经》，列于中品。同属植物藠头*Allium chinense* G. Don的鳞茎在库区亦作薤白入药。薤白为常用中药，不良反应少，药源广泛，又可食用，非常有开发价值。

545　大蒜

【别名】蒜。

【来源】为百合科植物大蒜*Allium sativum* L. 的鳞茎。

【植物形态】多年生草本，高50~100 cm，全株具特异蒜臭气。鳞茎球形或圆锥形，径3~6 cm，由6~10个肉质瓣状小鳞茎紧密排列组成，外包灰白色或淡紫红色干膜质鳞皮。叶基生，扁平，叶线状披针形，长达50 cm，宽约2.5 cm，基部鞘状。花茎直立，佛焰苞有长喙，长7~10 cm；伞形花序，小而稠密；苞片1~3，长8~10 cm，膜质，浅绿色；花多数，花间常杂有淡红色珠芽；花柄细，长于花；花被片6，粉红色，椭圆状披针形；雄蕊6，白色，花药突出；雌蕊1，花柱突出，白色，子房上位，长椭圆状卵形，顶端凹入，3室。蒴果。种子黑色。花期5—7月，果期9—10月。

【生境分布】库区各地均有栽培。

【采收加工】夏季采挖，晾干。

【药材性状】呈扁球形或短圆锥形，外面有灰白色或淡棕色膜质鳞皮。剥去鳞叶，内有6~10个蒜瓣，轮生于花茎的周围。茎基部盘状，生有多数须根。每一蒜瓣外包薄膜，剥去薄膜，即见白色、肥厚多汁的鳞片。有浓烈

▲大蒜

的蒜臭气，味辛辣。

【化学成分】含挥发油约0.2%，油内为大蒜辣素（allicin）及多种烯丙基、丙基和甲基组成的硫醚化合物。亦含柠檬醛、牦牛儿醇、芳樟醇、糖类，氨基酸，α，β水芹烯，有机锗、硒、钙、磷、铁等无机元素，维生素A、B、C，脂质类，生物碱，粗纤维，肽类等。大蒜辣素在新鲜大蒜中不存在，它是大蒜中所含的蒜氨酸（aliiin）受大蒜酶（alliinase）的作用水解产生的。

【药理作用】有抗微生物、抗氧化、抑精子、降胃内亚硝酸盐含量、抗肿瘤、降血糖、降血脂、抗血凝、短暂降低血压、免疫激活、促进上皮增生作用。环蒜氨酸有致流泪作用。

【功能主治】药性：辛、辣，温。归脾、胃、肺经。功能：解滞气、暖脾胃、消症积、解毒杀虫。主治：肺结核，百日咳，肺炎，食欲不振，消化不良，高胆固醇血症和动脉粥样硬化，萎缩性胃炎，痢疾，疟疾，脑炎，肠炎，蛲虫病，钩虫病，痈疽肿毒，白秃癣疮，阴道滴虫，乳腺炎，急性阑尾炎。用法用量：内服4.5～9 g。外用适量，捣敷，切片擦或隔蒜灸。使用注意：阴虚火旺、慢性胃炎、溃疡病患者慎食。外用能引起皮肤发红、灼热、起疱，故不宜敷之过久，皮肤过敏者慎用。

附方：

1. 治头晕头疼、痢疾：大蒜5 g。去皮内服。
2. 预防钩虫病：大蒜适量。捣烂，在下田劳动前涂于四肢。
3. 治蛲虫病：大蒜适量。捣烂，加菜油少许，临睡前涂于肛门周围。

546 韭菜子

【别名】韭子。

【来源】为百合科植物韭菜*Allium tuberosum* Rottl.的种子。

【植物形态】多年生草本，高25～60 cm，全草有异臭。具根状茎。鳞茎狭圆锥形，簇生，外皮黄绿色，网状纤维质。叶基生，扁平，狭线形，长15～30 cm，宽1.5～7 mm。花葶圆柱形；伞形花序簇生状或球状，顶生，具20～40朵花；总苞片膜状，2裂，比花序短，宿存；花梗长为花被的2～4倍，具苞片；花被基部稍合生，裂片6，白色或微带红色，狭卵形至矩圆状披针形，长4.5～7 mm；雄蕊6，花丝基部合生并与花被贴生，长为花被片的4/5，狭三角状锥形；子房三棱形，外壁具细的疣状突起。蒴果倒卵形，有三棱，果瓣倒心形。种子6，黑色。花期7—8月，果期8—9月。

▲韭菜

【生境分布】库区各地均有栽培。

【采收加工】秋季果实成熟时采收果序，晒干，搓出种子。

【药材性状】呈扁卵圆形或类三角状扁形，一面平或微凹，一面稍隆起，顶端钝，基部微尖，长3～4 mm，宽2～3 mm。表面黑色，有规则网状皱纹。基部有种脐，突起，灰棕色。种皮薄，胚白色。质坚硬。气辣特异，嚼之有韭菜味。以色黑、饱满、无杂质者为佳。

【化学成分】含硫化物，苷类，蛋白质，维生素C等。

【药理作用】叶汁有抑菌作用。

【功能主治】药性：辛、甘，温。归肾、肝经。功能：补肝肾，暖腰膝，助阳，固精。主治：肾虚阳痿、遗精、遗尿，小便频数、腰膝酸软冷痛、泻痢，白带过多。用法用量：内服煎汤，3～10 g。使用注意：阴虚火旺者忌服。

附方：

治肾虚遗精，腰膝无力：韭菜子、菟丝子、沙苑子，枸杞子各9 g，补骨脂6 g。水煎服。

【资源综合利用】韭菜的营养价值很高，是常见蔬菜。除种子药用外，其根叶也可入药。韭菜根味辛，入肝经，根可温中，行气，散瘀。叶温中行气，散瘀，补肝肾，壮阳固精；治小便频数，遗尿，身体虚弱，肺结核盗汗，噎嗝反胃，妇女产后血晕，吐清水及跌打刀伤肿痛，神经性和过敏性皮炎，新生小儿硬皮症等。

547 芦荟

【别名】卢会、讷会、象胆、奴会、劳伟。

【来源】为百合科植物库拉索芦荟*Aloe vera* L. 的叶汁经浓缩的干燥品。

【植物形态】多年生肉质草本，高60～90 cm。根须状。茎极短。叶簇生于茎顶，螺旋状排列，直立或近于直立，肥厚多汁，狭披针形，长15～36 cm，宽2～6 cm，顶端长渐尖，基部宽阔，粉绿色，边缘有刺状小齿。花茎单生或稍分枝；总状花序疏散；花下垂，长约2.5 cm，黄色或有赤色斑点；花被管状，6裂，裂片稍外弯，雄蕊6，花药丁字着生；雌蕊1，3室，每室有多数胚珠。蒴果，三角形，室背开裂。花期2—3月。

【生境分布】库区各地均有栽培。

【采收加工】种植2～3年后即可采收，将鲜叶切口向下直放于盛器中，取其流出的液汁，干燥。也可将叶片洗净，横切成片，加入同量水，煎煮2～3 h，过滤，将滤液浓缩成黏稠状，倒入模型内烘干或曝晒干。

【药材性状】呈不规则的块状，大小不一。老芦荟膏显黄棕色、红棕色或棕黑色；质坚硬，不易破碎，断面蜡样，无光泽，遇热不易熔化。新芦荟膏显棕黑色而发绿，有光泽，黏性大，遇热易熔化。质松脆，易破碎，破碎面平滑而具玻璃样光泽；有显著的酸气，味极苦。

【显微鉴别】（1）老芦荟粉末：用乳酸酚（乳酸1份，酚1份，甘油2份混合）封片置显微镜下观察，团块表面有细小针状和粒状、短粒状结晶附着。放置24 h，粉末稍微溶解，团块上的结晶仍清晰可见。

（2）新芦荟粉末：同上法制片，显微镜下观察团块表面无结晶附着，放置24 h，粉末全部溶解。

【理化鉴别】（1）检查芦荟苷：取粉末1 g，置三角烧瓶中，加蒸馏水25 mL，放置2 h，时时振摇，滤过，滤液稀释至100 mL，溶液显黄绿色。取本品水溶液（1→100）5 mL，加硼砂0.25 g，加热溶解，取溶液数滴，加水30 mL，振摇混合，溶液呈绿色荧光，紫外灯下呈亮黄色。另取水溶液（1→100）2 mL，加等量饱和溴水，即有黄色沉淀。

（2）检查芦荟大黄素：取水溶液（1→100）10 mL，加苯10 mL，振摇后分取苯液，加氨试液2 mL，氨液层显红色。

（3）薄层鉴别：取本品粉末0.5 g，加甲醇20 mL，置水浴加热至沸，振摇数分钟，滤过，滤液作供试液；另取芦荟苷加甲醇制成每1 mL含5 mg的溶液，作对照品溶液，分别点样于同一硅胶G薄板上，以醋酸乙酯-甲醇-水（100∶17∶13）展开，取出，晾干，喷以10%氢氧化钾甲醇溶液，置紫外光灯（365 nm）下检视，供试液色谱在与对照品色谱相应的位置上，显相同颜色的荧光斑点。

【化学成分】叶含芦荟大黄素苷（aloin，aloin A，barbaloin）21.78%，异芦荟大黄素苷（isobarbaloin，aloin B），7-羟基芦荟大黄素苷（7-hydroxyaloin），5-羟基芦荟大黄素苷A（5-hydroxyaloin A），树脂[约12%为芦荟树脂鞣酚（aloeresitannol）与桂皮酸（cinnamic acid）相结合的酯]，甾体类，有机酸类，糖类。

【药理作用】有抗菌、抗肿瘤、提高机体免疫功能、抗辐射、保肝、抗胃黏膜损伤、抗衰老、促进上皮细胞有生长、防止脱氧核糖核酸和超氧化物歧化酶损伤、缩短凝血时间、抗炎作用。

芦荟可显著降低雄鼠睾丸及贮精囊指数并能显著降低怀孕率，提升畸胎率。芦荟含有芦荟大黄素等多种蒽醌衍生物，游离的蒽醌衍生物刺激结肠肠肌丛内的小神经节，使肠腔内水分大量增加从而致泻。

【功能主治】药性：苦，寒。归肝、大肠经。功能：泻下，清肝，杀虫。主治：热结便秘，肝火头痛，目赤惊风，虫积腹痛，疥癣，痔瘘。用法用量：内服入丸、散，或研末入胶囊，0.6～1.5 g；不入汤剂。外用适量，研末敷。使用注意：脾胃虚寒者及孕妇禁服。

附方：

1. 治大便不通：芦荟9 g，冲水服。
2. 治慢性肝炎：芦荟、胡黄连各1.5 g，黄柏3 g。水泛为丸，每次吞服3 g，每日2次。

▲库拉索芦荟

▲芦荟花

▲吊兰

548 吊兰

【别名】挂兰。

【来源】为百合科植物吊兰*Chlorophytum comosum*（Thunb.）Jacques的全草或根。

【植物形态】多年生草本。具簇生的圆柱形肥大须根和短根状茎。叶基生，叶条形或条状披针形，长10～45 cm，宽1～2 cm，渐尖；基部抱茎。花葶连同花序长30～60 cm，弯垂；总状花序单一或分枝，近顶部节上簇生长2～8 cm的有叶丛或生幼小植株；花小，白色，数朵一簇，疏离地散生在花序轴上；花梗关节位于中部至上部；花被片6，外轮的倒披针形，长8～10 mm，宽约2 mm，内轮的长矩圆形，宽约2.5 mm，具3～5条疏离的脉；雄蕊6，与花被片近等长，花药在花后反曲。蒴果三角状扁球形，长3～4 mm，宽8～10 mm。花期5月，果期8月。

【生境分布】库区各地广泛栽培。

【采收加工】全年可采收，鲜用或晒干。

【功能主治】药性：甘、苦，平。功能：清热解毒，养阴润肺，消肿散瘀。主治：肺热咳嗽，声哑，小儿高热，牙痛，跌打损伤，骨折，痈肿，痔疮，烧伤。用法用量：内服煎汤，6～15 g，鲜品15～30 g。外用适量。

附方：

1.治肺热咳嗽：吊兰根50克、冰糖50 g。水煎服。

2.治吐血：吊兰50克、野马蹄草50 g。水煎服。

3.治跌打肿痛：吊兰叶适量。捣烂，用酒炒热敷患处。

4.治痔疮肿痛：鲜吊兰全草一握。煎水熏洗。

【资源综合利用】观叶植物，一种良好的室内空气净化花卉。

549 竹凌霄

【别名】石竹根、倒竹散、万寿竹。

【来源】为百合科植物宝铎草*Disporum sessile*（Thunb.）D. Don的根。

【植物形态】多年生草本，高30～100 cm。根状茎粗短，簇生多数肉质马尾状的根。茎直立，上部具斜向上叉状分枝，下部数节具赤褐色纸质鞘状叶。叶互生，柄极短或无；叶片卵形、长圆状披针形至披针形，长

▲宝铎草

4～15 cm，质薄，顶端急尖或短渐尖，基部近圆形，主脉3～5条，弧形，脉上和边缘有乳头状突起，有横脉。夏季开花，伞形花序，花钟状，通常2～5朵生于小枝顶端，无总梗；花梗长1～2 cm，稍下垂；总苞片叶状，有时2枚对生，花被片6，近于直伸，倒卵状披针形，长2～3 cm，黄色、淡黄色、白色或淡绿色，内面有细毛，基部具长1～2 mm的囊状短距；雄蕊6，花柱细长，柱头2～3裂，均不超出花被。浆果椭圆形或球形，径约1 cm，黑色。

【生境分布】生于海拔500～1 200 m的山野、林下或灌丛中。分布于武隆地区。

【采收加工】春秋采挖，洗净，晒干。

【药理作用】有强心作用。

【功能主治】药性：甘、淡，平。功能：益气补肾、润肺止咳。主治：肺结核咳嗽，脾胃虚弱，食欲不振，胸腹胀满，泄泻，自汗，津伤口渴，慢性肝炎，病后或慢性病身体虚弱，小儿消化不良，筋骨疼痛，腰腿痛，烧烫伤，骨折。用法用量：内服煎汤，15～30 g。外用适量，捣烂或研粉敷患处。

附方：

1. 治肺热咳嗽、肺结核咯血：竹凌宵、天冬、百部、枇杷叶各15 g，侧耳根、三白草根各6 g，水煎服。
2. 治烧烫伤：竹凌霄适量。熬膏，外搽患处。

550 湖北贝母

【别名】板贝、窑贝、奉节贝母、平贝。

【来源】为百合科植物湖北贝母*Fritillaria hupehensis* Hsiao et K. C. Hsia的鳞茎。

【植物形态】多年生草本，高26～50 cm。鳞茎由2枚鳞片组成，直径1.5～3 cm。叶3～7枚轮生；叶片长圆状披针形，长7～13 cm，宽1～3 cm，顶端不卷曲或多少弯曲。花1～4朵，紫色，有黄色小方格；叶状苞片通常3枚；花梗长1～2 cm；花被片6，长4.2～4.5 cm，宽1.5～1.8 cm，外花被片稍狭些，蜜腺窝在背面稍凸出；雄蕊长约为花被片的一半，花药近基着生，花丝常稍具小乳突；柱头裂片长2～3 mm。蒴果长2～2.5 cm，宽2.5～3 cm，棱上的翅宽4～7 mm。花期4月，果期5—7月。

【生境分布】生于海拔1 600 m以上的竹类灌丛及灌木林下，栽培。分布于巫溪、奉节、云阳地区。

【采收加工】于栽种后第2年夏季茎叶枯萎后采收，除去茎叶、须根，及时加工。先用硫黄熏蒸，一般熏蒸10 h，至断面变白，晒干或炕干，装入麻袋中撞去外皮，再用白矾水洗净，晒干。

【药材性状】黄色或淡黄棕色，稍粗糙，有时可见黄棕色斑点或斑块，外层2枚鳞叶，通常1片较小，被抱合于1片大的鳞叶之中，少数2片大小相等，顶端平，中央有2～3个小鳞叶及干缩的残茎。味微苦。

【显微鉴别】粉末呈类白色。淀粉粒极多，单粒呈广卵形、类球形、椭圆形或长圆形，有的呈棒状，直径4～53 μm，长至60 μm，脐点隐约可见，少数明显，呈点状、缝状、短弧状或人字形，层纹明显，半复粒偶见，有多脐点单粒淀粉，脐点2～3个；气孔，扁圆形，直径48～65 μm，副卫细胞5个；导管螺纹，直径8～35 μm；草酸钙方晶，多存在于表皮细胞中，薄壁细胞中较少，呈方形、斜方形、菱形、细杆状或簇状，直径至20 μm。

【理化鉴别】薄层鉴别：取本品粉末10 g，加乙醇50 mL，回流提取1 h，滤过，溶液蒸干，残渣加稀盐酸10 mL，搅拌使其溶解，滤过，滤液用40%氢氧化钠溶液调pH值至10以上，用氯仿振摇萃取两次，每次10 mL，

▲湖北贝母

▲太白贝母

合并氯仿提取液，蒸干，残渣加无水乙醇1 mL使其溶解。取上述两种溶液各10 μL点于硅胶G-0.8%羧甲基纤维素，以苯-醋酸乙酯-二乙胺（30∶20∶3.8）展开，取出，晾干，喷以稀碘化铋钾试液显色。供试品色谱中，在与对照药材色谱相应的位置上，显相同颜色的斑点。

【化学成分】鳞茎主含甾体生物碱（总碱0.392%～0.429%）。主要有浙贝甲素（peimine）、乙素，湖贝甲素（hupehenine）、乙素，湖贝甲素苷（hupeheninoside），湖贝嗪（hupehenizine），湖贝辛（hupehenisine），湖贝啶（hupehenidine），鄂贝辛碱（ebeiensine），湖贝苷（hupehemonoside）。湖贝甲素为湖北贝母的特征性成分。尚含β-谷甾醇（β-sitosterol），对映-贝壳杉烷-16α，17-二醇（ent-kauran-16α，17-diol），对映-贝壳杉-16β，17-二醇（ent-kauran-16β，17-diol），鄂贝缩醛A（fritilleide A），鄂贝酸酯C（fritillebin C），腺苷等。

【药理作用】有镇咳、祛痰、平喘、扩瞳、松弛回肠收缩、扩张血管、降压、抗常压缺氧作用。

【功能主治】药性：苦、甘，寒。功能：化痰止咳，解毒散结。主治：外感风热咳嗽，痰热咳嗽，咯痰黄稠，瘰疬，痈肿，乳痈，肺痈。用法用量：内服煎汤，6～15 g。使用注意：反乌头。

【资源综合利用】湖北贝母*F. hupehensis* Hsiao et K. C. Hsia入药始于唐宋时期，与浙贝*F. thunbergii* Miq.为当时的主要品种，明代开始分“浙贝”和“川贝”。至今，贝母类药材在临床上应用仅分浙贝和川贝，故湖北贝母的归类一度引起纷争，但鉴于其商品流通有一定规模，产地相对集中，应单列为湖北贝母。

551　太白贝母

【别名】川东贝母。

【来源】为百合科植物太白贝母*Fritillaria taipaiensis* P. Y. Li的鳞茎。

【植物形态】多年生草本，高30～40 cm。鳞茎由2枚鳞片组成，直径1～1.5 cm。叶通常对生，有时中部兼有3～4枚轮生或散生的，条形至条状披针形，长5～10 cm，宽3～（7～12）mm，顶端通常不卷曲，有时稍弯曲。花单朵，绿黄色，无方格斑，通常仅在花被片顶端近两侧边缘有紫色斑带；每花有3枚叶状苞片，苞片顶端有时稍弯曲，但绝不卷曲；花被片长3～4 cm，外三片狭倒卵状矩圆形，宽9～12 mm，顶端浑圆；内三片近匙形，上部宽12～17 mm，基部宽3～5 mm，顶端骤凸而钝，蜜腺窝几不凸出或稍凸出；花药近基着，花丝通常具小乳突；花柱分裂部分长3～4 mm。蒴果长1.8～2.5 cm，棱上只有宽0.5～2 mm的狭翅。花期5—6月，果期6—7月。

【生境分布】生于海拔1 800～3 150 m的山坡草丛中或水边、林下及灌丛间，有栽培。分布于巫溪、巫山、奉节、开州地区。

【采收加工】6—7月茎叶枯萎后，选晴天采挖，注意避免损伤，不能淘洗，及时将采回的鲜贝母摊放于竹席上晒干，以1 d能晒至半干，次日能晒干为好。干燥时不能堆沤，否则发黄变质。如遇雨天，可以烘干，烘温以

40～50 ℃为宜。

【药材性状】呈扁圆球形至圆锥形，顶端渐尖，大部分两端平截，高6～20 mm，直径6～35 mm，外层鳞叶二瓣，类肾形，凹入，大小悬殊或近等大。类白色至淡棕黄色，稍粗糙，有的可见棕色斑点。质硬而脆，断面白色，富粉性。气微，味苦。

【显微鉴别】粉末白色，淀粉粒极多，单粒，多呈长圆形，也有卵形、类圆形或梨形，直径6～30 μm，长约34 μm，脐点点状隐约可见，层纹较明显。复粒由2分粒组成，形成葫芦形。气孔类圆形或扁圆形，直径34～55 μm，副卫细胞4～6个，垂周壁微波状弯曲。

【理化鉴别】薄层鉴别：称取本品粉末0.1 g，加95%乙醇回流提取1 h，过滤，滤液浓缩至干，残渣加少许乙醇适量溶解，作供试液。将试液点于0.5% CMC-Na板上，用氯仿：甲醇（8：2）氨水饱和液展开。用改良碘化铋钾喷雾。样品液与标准药材在同一位置显相同颜色的斑点。

【化学成分】含西贝素，川贝酮碱，梭砂贝母酮碱，宁贝毒（taipainine），西贝母酮碱，去氢浙贝碱（verticinone），贝母辛碱，异浙贝碱等。

【功能主治】药性：甘、苦，微寒。归肺、心经。功能：清热润肺，化痰止咳，散结消肿。主治：肺虚久咳，虚劳咳嗽，燥热咳嗽，肺痈，瘰疬，痈肿，乳痈。用法用量：内服煎汤，3～9 g；研末，1～1.5 g；或入丸、散。外用适量，研末撒；或调敷。使用注意：脾胃虚寒及寒痰、湿痰者慎服。反乌头。

【资源综合利用】太白贝母*Fritillaria taipaiensis*归为商品川贝母类。主要分布于秦岭大巴山以南。巫溪有栽培。由于川贝母资源有限，需求量大，太白贝母作为川贝母类，有着较好的栽培基础，值得进行开发研究。

552　金针菜

【别名】黄花。

【来源】为百合科植物黄花菜*Hemerocallis citrina* Baroni的花蕾。

【植物形态】多年生草本。块根肉质肥大，纺锤状。根茎短。叶基生，排成两列，条形，长50～130 cm，宽6～25 mm，背面呈龙骨状突起。花葶长短不一，一般稍长于叶，基部三棱形，上部圆柱形，有分枝；蝎尾状聚伞花序组成圆锥形，多花；花序下部的苞片披针形，自下向上渐短；花柠檬黄色，具淡的清香味；花梗很短；花被管长3～5 cm，裂片6，长6～12 cm，具平行脉外轮倒披针形，内轮长圆形；雄蕊6，伸出，比花被裂片约短3 cm。蒴果钝三棱状椭圆形，长3～5 cm，种子约20颗，黑色，有棱。花、果期5—9月。

▲黄花菜

【生境分布】生于海拔1 600 m以下的山坡、荒地或林缘，有栽培。分布于库区各市县。

【采收加工】5—8月花将要开放时采收，蒸后晒干。

【药材性状】花呈弯曲的条状，表面黄棕色或淡棕色，湿润展开后花呈喇叭状，花被管较长，顶端5瓣裂，雄蕊6。质韧。气微香，味鲜，微甜。有的花基部具细而硬的花梗。

【化学成分】含糖、蛋白质、维生素C、钙、脂肪、胡萝卜素、氨基酸等。

【药理作用】有镇静、降低血清胆固醇作用。

【功能主治】药性：甘，凉。功能：清热利湿，宽胸解郁，凉血解毒。主治：小便短赤，黄疸，眩晕耳鸣、心悸烦闷，失眠，痔疮便血，乳汁不下，疮痈。用法用量：内服煎汤，15～30 g；或煮汤，炒菜。外用适量，捣敷；或研末调蜜涂敷。

附方：

1. 治忧郁，痰气不清：金针菜30 g，桂枝1.5 g，白芍4.5 g，甘草1.5 g，郁金6 g，合欢花6 g，广陈皮3 g，贝母6 g，半夏3 g，茯神6 g，柏子仁6 g。煎汤代水。

2. 治痔疮出血：黄花菜30 g。加红糖适量，早饭前一小时服，连续3 ~ 4 d。

【资源综合利用】黄花菜味鲜质嫩，营养丰富，可作为病后或产后的调补品，亦可烹、炒、做汤吃。黄花菜因含丰富的卵磷脂，有较好的健脑、抗衰老功效，人们又称为“健脑菜”。

553 萱草根

【别名】黄花菜根。

【来源】为百合科植物萱草*Hemerocallis fulva* L.的根及根茎。

【植物形态】多年生草本，高60 ~ 100 cm。具短的根茎和肉质、肥大的纺锤状块根。叶基生，排成两列；叶片条形，长40 ~ 80 cm，宽1.5 ~ 3.5 cm，下面呈龙骨状突起。花葶粗壮；蝎尾状聚伞花序复组成圆锥状，具花6 ~ 12朵或更多；苞片卵状披针形；花橘红色至橘黄色，无香味，具短花梗；花被长7 ~ 12 cm，下部2 ~ 3 cm合生成花被管；外轮花被裂片3，长圆状披针形，宽1 ~ 2 cm，具平行脉，内轮裂片3，长圆形，宽达2.5 cm，具分枝的脉，中部具褐红色色带，边缘波状皱褶，盛开的裂片反曲；雄蕊6，伸出，上弯，比花被裂片短；花柱伸出，上弯，比雄蕊长。蒴果长圆形。花期5—7月，果期8—9月。

【生境分布】生于海拔300 ~ 2 300 m的山地湿润处，有栽培。分布于涪陵、长寿地区。

【采收加工】夏、秋采挖，除去残茎、须根，晒干。

【药材性状】根茎呈短圆柱形长1 ~ 1.5 cm，直径约1 cm。有的顶端留有叶残基；根簇生，多数已折断。完整的根长5 ~ 15 cm，上部直径3 ~ 4 mm，中下部膨大成纺锤形块根，直径0.5 ~ 1 cm，多干瘪抽皱有多数纵皱及少数横纹，表面灰黄色或淡灰棕色。体轻，质松软，稍有韧性，不易折断；断面灰棕色或暗棕色，有多数放射状裂隙。气微香，味稍甜。

【显微鉴别】根横切面：外皮层细胞3 ~ 5列，呈多角形，细胞壁增厚，木栓化及微木质化。皮层宽广，薄壁细胞排列疏松，有多数径向排列的裂隙。内皮层细胞扁小，凯氏点明显。中柱韧皮部束与木质部束各为30个左右，相间排列：木质部束的原生导管直径小，后生导管直径大；髓较大。皮层及髓部薄壁组织中散布有稀少的草

▲萱草

酸钙针晶束。

【理化鉴别】（1）取根粗粉（20目筛）各2 g，分别加95%乙醇10 mL，加热浸取30 min。取滤液1 mL于小试管中，加5%氢氧化钠试液2～3滴，显红色（蒽醌类反应）。（2）取上述滤液1 mL，置蒸发皿中，在水浴上蒸干，残渣加冰醋酸1 mL溶解，然后加入醋酐1 mL，滴入硫酸1滴，摇匀，观察颜色变化。呈黄→红→紫→绿（变化速度甚快）（甾体化合物反应）。

薄层鉴别：取根粗粉（20目筛）2 g，加95%乙醇20 mL，回流提取1 h，滤液浓缩至5 mL，供点样。以大黄酸（0.5%无水乙醇液）、大黄素（0.5%氯仿液）、大黄酚（0.5%氯仿液）为对照品，分别点于硅胶G板上。以氯仿-丙酮-环己烷（30：30：40）为展开剂。展距13.5 cm。紫外光灯（254 nm）下观察，供试品色谱中在与对照品色谱相应位置处，显相同颜色稍淡的斑点。

【化学成分】含獐牙菜苷，laganin，picraquassioside C，葛根素，3-甲氧基葛根素，3，5-二羟基甲苯-3-O-β-D-葡萄糖苷，长春藤皂苷元-3-O-β-D-葡萄糖吡喃-（1-3）-α-L-阿拉伯糖吡喃基苷-28-O-β-D-葡萄糖吡喃基酯等。

【药理作用】对血吸虫病有一定的减灭作用。有抗结核作用。毒性：主要表现为脑、脊髓白质部和视神经纤维索普遍软化和髓鞘脱失，中毒症状表现为瞳孔散大，对光反射消失、失明、后肢瘫痪和膀胱潴尿等而致死亡；对肾、肝也有一定的毒性。

【功能主治】药性：甘、凉，有小毒。归脾、肺、心经。功能：清热利湿，凉血止血，解毒消肿。主治：黄疸，腮腺炎，膀胱炎，尿血，小便不利，乳汁缺乏，水肿，淋浊，带下，衄血，便血，崩漏，乳腺炎。用法用量：内服煎汤，6～9 g。外用适量，捣敷。使用注意：本品有毒，内服宜慎。不宜久服、过量服用。

附方：

1. 治通身水肿：萱草根叶适量。晒干，研末，每服6 g，食前米饮服。
2. 治便血：萱草根、生姜各适量。油炒，酒冲服。
3. 治黄疸：鲜萱草根（洗净）60 g。母鸡一只（去头脚与内脏），水炖三小时服。
4. 治乳腺炎：鲜萱草根适量。捣烂，外用包。

【资源综合利用】萱草花色鲜艳，绿叶成丛，极为美观，多供园林观赏用。

554　百合

【别名】白花百合。

【来源】为百合科植物百合*Lilium brozonii* F. E. Brown ex Miellez var. *viridulum* Baker的鳞茎。

【植物形态】多年生草本，高70～150 cm。茎上有紫色条纹，无毛；鳞茎球形，白色。叶散生，具短柄；上部叶常小于中部叶，叶片倒披针形至倒卵形，长7～10 cm，宽2～3 cm，顶端急尖，基部斜窄，全缘，无毛，有3～5条脉。花1～4朵，喇叭形，有香味；花被片6，倒卵形，多为白色，背面带紫褐色，无斑点，顶端弯而不卷，蜜腺两边具小乳头状突起；雄蕊6，前弯，花丝长9.5～11 cm，具柔毛，花药椭圆形，丁字着生，花粉粒褐红色；子房长柱形，长约3.5 cm，花柱长11 cm，无毛，柱头3裂。蒴果长圆形，长约5 cm，宽约3 cm，有棱。种子多数。花、果期6—9月。

【生境分布】生于海拔300～2 000 m的灌丛、林中、草丛或石缝中，有栽培。分布于巫山、奉节、丰都、涪陵、开州、石柱、武隆地区。

【采收加工】9～10月茎叶枯萎后采挖，去掉茎秆、须根，小鳞茎选留作种，大鳞茎洗净，剥开鳞片，于开水中烫5～10 min。当鳞片边缘变软，背面有微裂时，迅速捞起，放清水冲洗去黏液，薄摊晒干或炕干。

【药材性状】鳞叶呈长椭圆形，顶端尖，基部较宽，边缘薄，微波状，向内卷曲，长1.5～3 cm，宽0.5～1.5 cm，厚约4 mm；有脉纹3～5条，有的不明显。表面白色或淡黄色，光滑半透明，质硬而脆，易折断，断面平坦，角质样，无臭，味微苦。鳞叶长宽比值1.2～2.58，平均约为2.0。

【显微鉴别】粉末特征：灰白色。未糊化淀粉粒呈卵形或长圆形，两端圆或稍平截，直径5～50 μm，长至

▲百合

80 μm；脐点人字状、三叉状或马蹄状，层纹明显。表皮细胞壁薄，微波状；气孔类圆形者，直径51～61 μm，扁圆形者直径56～67 μm，长圆形者直径40～48 μm，长45～61 μm，副卫细胞3～5个。气孔指数上表皮小于下表皮。螺纹导管直径约至25 μm。

【理化鉴别】薄层鉴别：取本品粗粉0.5 g，加60%乙醇5～10 mL，温浸并不断振摇30 min，滤过，滤液浓缩至1 mL，作为供试液。另用果糖和蔗糖对照。分别点于同一硅胶G板上，以醋酸乙酯-甲醇-乙酸-水（12：3：3：2）展开，用α-萘酚硫酸液显色。供试液色谱在与对照品色谱相应位置上，显相同的紫红色斑点。

【化学成分】鳞茎含百合皂苷（brownioside），去酰百合皂苷（deacylbrownioside），挥发油等。

【药理作用】有止咳、祛痰、抗哮喘、耐缺氧、抗疲劳、提高免疫功能、抑癌、延长睡眠时间、消除羟自由基的作用。

【功能主治】药性：甘、微苦，微寒。归心、肺经。功能：养阴润肺，清心安神。主治：阴虚久咳，痰中带血，热病后期，余热未清，或情志不遂所致的虚烦惊悸、失眠多梦、精神恍惚，痈肿，湿疮。用法用量：内服煎汤，6～12 g；或入丸、散；亦可蒸食、煮粥。外用适量，捣敷。使用注意：风寒咳嗽及中寒便溏者禁服。

附方：

1. 治肺脏壅热烦闷：百合200 g，蜜半盏。拌和，蒸吃。

2. 治支气管扩张、咯血：百合60 g，白及120 g，蛤粉60 g，百部30 g。研末，炼蜜为丸，每丸重6 g，每次1丸，每日3次。

3. 治神经衰弱，心烦失眠：百合15 g，酸枣仁15 g，远志9 g。水煎服。

【资源综合利用】百合始载于《神农本草经》。百合可供药用和食用，现已开发出多种保健品及美容品，如百合精粉、百合粉丝、百合饮料、百合护肤品等，栽培百合有较大的前景。

555 阔叶麦冬

【别名】大麦冬、阔叶土麦冬。

【来源】为百合科植物阔叶山麦冬*Liriope platyphylla* Wang et Tang的块根。

【植物形态】多年生草本，高15～100 cm。根细长，分枝多，有时局部膨大成纺锤形或圆矩形的肉质块根，块根长可达3.5 cm，直径7～12 mm。茎短。叶基生，成丛，革质，禾叶状，长20～65 cm，宽1～3.5 cm，具9～11条脉。花葶通常长于叶；总状花序长25～40 cm，具多数花，3～8朵簇生于苞片腋内；苞片小，近刚毛状，小苞片

▲阔叶山麦冬

卵形；花梗长4～5 mm，中部有关节；花被片6，矩圆形或矩圆状披针形，长约3.5 mm，紫色或红紫色；花丝长约1.5 mm，花药长1.5～2 mm；子房近球形，花柱长约2 mm，柱头三裂。种子浆果状，球形，成熟时黑紫色。花期7—8月，果期9—10月。

【生境分布】生于海拔500～1 900 m的山地林下，或山谷潮湿处，有栽培。分布于万州、涪陵、武隆、长寿地区。

【采收加工】同麦冬。

【药材性状】块根呈矩圆形，两端钝圆，长1～3 cm，直径6～12 mm。表面棕褐色，有宽皱褶，凹凸不平。质硬，断面土黄色，角质样，中柱明显，不易折断。气微，味微甜。

【化学成分】地下部分含阔叶山麦冬皂苷，其苷元主要为罗斯考皂苷元（Ruscogenin）和薯蓣皂苷元。

【药理作用】有强心、扩冠、抗心肌缺血、抗心律失常作用。能提高小鼠耐缺氧能力。

【功能主治】药性：甘，平、寒。归肺、心、胃三经。功能：补肺养阴，养胃生津。主治：阴虚肺燥，咳嗽痰黏，胃阴不足，口干咽燥，便秘，皮肤燥痒，热病伤津。用法用量：内服煎汤，9～15 g。

附方：

1. 治百日咳：阔叶麦冬、天冬、百合、瓜蒌、陈皮、芦竹根各6 g。水煎服。

2. 治萎缩性胃炎：阔叶麦冬、党参、北沙参、玉竹、天花粉各9 g。水煎服。

3. 治胃热津枯：阔叶麦冬9 g，沙参9 g，玉竹9 g，生地12 g，冰糖适量。水煎服。

556 沿阶草

【别名】麦门冬、麦冬、绿珠子。

【来源】为百合科植物沿阶草*Ophiopogon bodinieri* Lèvl.的块根。

【植物形态】多年生草本，高20～40 cm。须根中部或顶端常膨大成肉质纺锤形小块根。地下匍匐茎长，径1～2 mm，节上具膜质鞘。茎极短。叶丛生；叶柄鞘状，边缘有薄膜；叶片窄长线形，叶长20～40 cm，宽2～4 mm，具3～5脉。花葶通常稍短于叶或近等长，总状花序穗状，顶生，长1～8 cm，有几至十几朵花；小苞片膜质，每苞片腋生1～2朵花；花梗长5～8 mm，关节位于中部；花小，白色或淡紫色，略下垂，花被片6，略展开，卵状披针、形披针形或近矩圆形，长4～6 mm；雄蕊6，花丝极短，花药狭披针形；子房半下位，3室，花柱长4～5 mm，圆锥形。浆果近球形，直径5～7 mm，早期绿色，成熟后暗蓝色。花期5—8月，果期7—9月。

【生境分布】生于海拔250～2 500 m的山坡、沟边或林下。分布于库区各市县。

【采收加工】清明节后采挖，带根切下，在块根两端保留约1 cm的细根，晴晒雨烘，干后搓去或撞去须根。

【药材性状】块根纺锤形，长0.8～2 cm，中部直径2～4 mm。表面有细纵纹。断面黄白色，中柱细小。味淡。以肥大、淡黄白色、半透明、质柔、嚼之有黏性者为佳。

▲沿阶草

【显微鉴别】块根横切面：表皮细胞1列，扁平。根被2～5列细胞，类方形、类长方形或多角形，有的具纵长纹孔。皮层宽广，外皮层细胞外壁及侧壁微木化，有的分泌细胞含黄色油状物；含草酸钙针晶束细胞，偶见含柱晶束细胞，柱晶长50～60 μm；内皮层外侧为1～2列石细胞，长多角形或类多角形，内壁及侧壁增厚，如为2列石细胞，其内列细胞壁全面增厚；内皮层细胞类方形或类长方形，壁全面增厚，木化，通道细胞壁薄，非木化。中柱占1/12～1/8；中柱鞘1～2列细胞；韧皮部束5～10个，与木质部交替排列；木质部内侧由木化细胞相连接。髓部细胞壁木化。

粉末特征：黄色。外皮层细胞表面观类长方形，长66～151 μm，宽33～115 μm，壁厚1.5～2.5 μm，其间散有分泌细胞；分泌细胞类圆形或长圆形，长66～125 μm，直径37～73 μm，壁稍厚，有的含淡黄色分泌物。草酸钙针晶散在或成束存在于黏液细胞中，针晶长36～73 μm，直径1.5～3 μm；另有柱状针晶，长51～118 μm，直径5 μm，两端斜尖，易断碎。石细胞常与内皮层细胞上下层相叠。表面观类方形或类多角形，直径25～52 μm，壁厚4～9 μm，有的一边菲薄，纹孔密，短缝状或扁圆形，孔沟较粗。内皮层细胞表面观长方形或长条形，直径22～49 μm，长54～250 μm，壁厚4～7 μm，纹孔较密，孔沟短。木纤维细长，末端倾斜，直径14～36 μm，壁稍厚，微木化，纹孔斜裂缝状或相交十字形、人字形。此外，有网纹管胞。

【理化鉴别】薄层鉴别：取本品粉末1 g，加70%乙醇20 mL，浸渍4 h，滤过。滤液挥去乙醇，加3%硫酸适量，水解3～4 h，冷后调至中性，蒸干，加0.5 mL氯仿溶解作样品溶液；另取β-谷甾醇和假叶树皂苷元加氯仿溶解，作对照品溶液。分别点样于同一硅胶G薄层板上，以正己烷-乙酸乙酯（1：1）展开，取出晾干，喷以10%硫酸乙醇试液于90 ℃显色，假叶树皂苷元显深绿色，β-谷甾醇显紫红色斑点。样品溶液色谱在与对照品溶液色谱的相应位置上，显相同颜色的斑点。

【药理作用】【功能主治】见“麦冬”。

【资源综合利用】沿阶草和山麦冬*Lirope spicata*水煎液与麦冬药理作用活性近似，活性成分多糖和皂苷的含量相近，可作麦冬代用品。二者为野生品，分布广，资源丰富，值得进一步开发利用。

557 麦冬

【别名】麦门冬。

【来源】为百合科植物麦冬*Ophiopogon japonicus*（L. f.）Ker-Gawl.的块根。

【植物形态】多年生草本，高12～40 cm。须根中部或顶端常膨大形成肉质小块根。叶丛生；叶柄鞘状，边缘有薄膜；叶片窄长线形，基部有多数纤维状的老叶残基，叶长15～40 cm，宽1.5～4 mm，顶端急尖或渐尖，基部绿白色并稍扩大。花葶较叶为短，长7～15 cm，总状花序穗状，顶生，长3～8 cm，小苞片膜质，每苞片腋生1～3朵花；花梗长3～4 mm，关节位于中部以上或近中部；花小，淡紫色，略下垂，花被片6，不展开，披针形，长约5 mm；雄蕊6，花药三角状披针形；子房半下位，3室，花柱长约4 mm，基部宽阔，略呈圆锥形。浆果球形，直径5～7 mm，早期绿色，成熟后暗蓝色。花期5—8月，果期7—9月。

▲麦冬

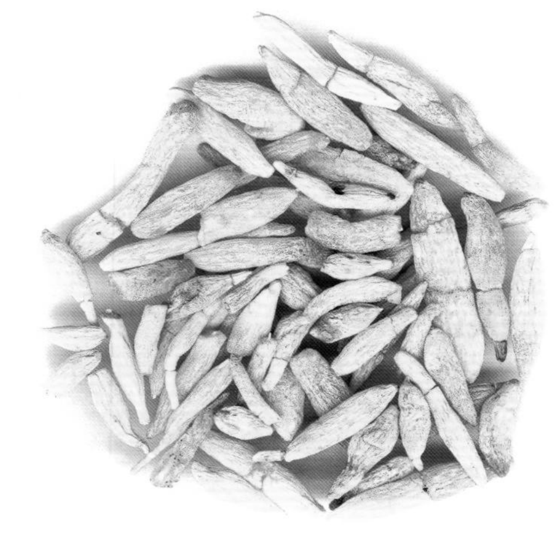
▲麦冬块根

【生境分布】生于海拔2 000 m以下的山坡阴湿处、林下或溪旁，或栽培。分布于库区各市县。

【采收加工】于栽培后第2年的清明至谷雨时节采挖，在块根两端保留约1 cm的细根，晴晒雨烘，干后搓去或撞去须根，晒干。

【药材性状】块根纺锤形，长1.5 ~ 3.5 cm，中部直径3 ~ 7 mm。表面土黄色或黄白色，有较深的不规则细纵纹，有时一端有细小中柱外露。质韧，断面类白色，中央有细小圆形中柱，新鲜时可抽出。气微香，味微甘、涩，嚼之有黏性。川麦冬的块根较短小，表面乳白色。质较坚硬，香气小，味淡，少黏性。以肥大、淡黄白色、半透明、质柔、嚼之有黏性者为佳。

【显微鉴别】块根横切面：表皮细胞长方形或多角形，有的细胞分化成根毛状；根被2 ~ 5列细胞，类方形、类长方形或多角形，有的具纵长纹孔。皮层宽广，外皮层细胞外壁及侧壁微木化，有的分泌细胞含黄色油状物；含草酸钙针晶束的黏液细胞类圆形，含草酸钙柱晶束的黏液细胞显著小于一般细胞；内皮层外侧为1 ~ 2列石细胞，长多角形或类多角形，内壁及侧壁增厚；内皮层细胞类方形或类长方形，壁全面增厚，木化，通道细胞壁薄，非木化。中柱占1/5 ~ 1/8；中柱鞘1 ~ 2列细胞；韧皮部束15 ~ 24个，与木质部交替排列；木质部内侧由木化细胞相连接。髓部细胞非木化。

粉末特征：黄白色。外皮层细胞表面观类方形或类长方形，长44 ~ 185 μm，宽37 ~ 135 μm，壁厚3 ~ 5 μm，其间散有分泌细胞；分泌细胞类圆形或长圆形，长66 ~ 125 μm，直径37 ~ 73 μm，壁稍厚，有的含淡黄色分泌物。草酸钙针晶散在或成束存在于黏液细胞中，针晶长21 ~ 78 μm，直径约至3 μm；另有柱状针晶，长51 ~ 118 μm，直径5 ~ 9 μm，两端斜尖，易断碎。石细胞常与内皮层细胞上下层相叠。表面观类方形或类多角形，长32 ~ 196 μm，直径22 ~ 94 μm，壁厚4 ~ 16 μm，有的一边菲薄，纹孔密，短缝状或扁圆形，孔沟较粗。内皮层细胞表面观长方形或长条形，直径22 ~ 49 μm，长54 ~ 250 μm，壁厚4 ~ 7 μm，纹孔较密，孔沟短。木纤维细长，末端倾斜，直径14 ~ 36 μm，壁稍厚，微木化，纹孔斜裂缝状或相交十字形、人字形。此外，有网纹管胞。

【理化鉴别】薄层鉴别：取本品粉末1 g，加70%乙醇20 mL，浸渍4 h，滤过。滤液挥去乙醇，加3%硫酸适量，水解3 ~ 4 h，冷后调至中性，蒸干，加0.5 mL氯仿溶解作样品溶液；另取β-谷甾醇和假叶树皂苷元加氯仿溶解，作对照品溶液。分别点样于同一硅胶G薄层板上，以正己烷-乙酸乙酯（1：1）展开，取出晾干，喷以10%硫酸乙醇试液于90 ℃显色，假叶树皂苷元显深绿色，β-谷甾醇显紫红色斑点。样品溶液色谱在与对照品溶液色谱的相应位置上，显相同颜色的斑点。

【化学成分】块根含麦冬皂苷（ophiopogonin），异类黄酮、麦冬苷元、挥发油、无机元素等。

【药理作用】有改善心脏血液动力学效应、减轻心肌细胞缺氧性损害、抗心律失常、增加心肌营养血流量、耐缺氧、提高免疫功能、降血糖、延缓衰老、抑制胃肠推进运动、抗菌、降低血液黏度、降低血小板聚集率作用。大剂量时具有抗诱变作用。

【功能主治】药性：甘、微苦，微寒。归肺、胃、心经。功能：滋阴润肺，益胃生津，清心除烦。主治：肺燥干咳，肺痈，阴虚劳嗽，津伤口渴，消渴，心烦失眠，咽喉疼痛，肠燥便秘，血热吐衄。用法用量：内服煎汤，6 ~ 15 g；或入丸、散、膏。外用适量，研末调敷；煎汤涂；或鲜品捣汁搽。使用注意：虚寒泄泻、湿浊中阻、风寒或寒痰咳喘者均禁服。

附方：

1. 治肺燥咳嗽：麦冬15 g，桑白皮15 g。水煎服。
2. 治肺热咳嗽：麦冬12 g，北沙参12 g，黄芩9 g，桔梗9 g，杏仁9 g，甘草6 g。水煎服。
3. 治胃酸缺少：麦冬、石斛、牡荆各6 g，糯稻根9 g。水煎服。

558 七叶一枝花

【别名】重楼、蚤休。

【来源】为百合科植物七叶一枝花*Paris polyphylla* Smith的根茎。

【植物形态】多年生草本，高30 ~ 100 cm。根茎肥厚，直径1 ~ 3 cm，黄褐色，结节明显。茎直立，圆柱形，常带紫红色或青紫色，基部有1 ~ 3片膜质叶鞘包茎。叶轮生茎顶，通常7片；叶柄长5 ~ 18 mm；叶片长圆状披针形、倒卵状披针形或倒披针形，长8 ~ 27 cm，宽2.2 ~ 10 cm，顶端急尖或渐尖，基部楔形，全缘，膜质或薄纸质。花柄出自轮生叶中央，通常比叶长，顶生一花；花两性，外轮花被片4 ~ 6，叶状，绿色，狭卵状披针形，长4.5 ~ 7 cm；内轮花被片狭条形，与外轮花被片同数，黄色或黄绿色，长超过外轮或近等长，宽1 ~ 1.5 mm，长为外轮花被片的1/3左右或近等长；雄蕊8 ~ 12，排成2轮，花药长5 ~ 8 mm，与花丝近等长或稍长，药隔突出部分长0.5 ~ 1 mm；子房近球形，具棱，花柱粗短，具4 ~ 5分枝。蒴果球形，紫色，直径1.5 ~ 2.5 cm，3 ~ 6瓣开裂。种子多数，具鲜红色多浆汁的外种皮。花期4—7月，果期8—11月。

【生境分布】生于海拔400 ~ 2 600 m的林下、沟谷边或灌丛中。分布于库区各市县。

【采收加工】全年可采，但以9—11月采为好，挖起根茎，洗净，晒干或切片晒干。

▲七叶一枝花

【药材性状】根茎类圆柱形，多平直，直径1～2.5 cm，长3.7～10 cm，顶端及中部较膨大，末端渐细。表面淡黄棕色或黄棕色，具斜向环节，节间长1.5～5 mm；上侧有半圆形或椭圆形凹陷的茎痕，直径0.5～1.1 cm，略交错排列；下侧有稀疏的须根及少数残留的须根；膨大顶端具凹陷的茎残基，有的环节可见鳞叶。质坚实，易折断，断面平坦，粉质，少数部分角质，粉质者粉白色，角质者淡黄棕色，可见草酸钙针晶束亮点。气微，味苦。

【显微鉴别】根茎横切面：表皮细胞类方形，淡黄棕色，壁微木栓化，外壁增厚；近茎痕处最外为多列后生皮层；后生皮层细胞形状不规则；较粗根茎表皮常破碎或脱落。皮层散有叶迹维管束和根迹维管束；黏液细胞罕见。本品薄壁细胞含淀粉粒。

粉末特征：淀粉粒单粒长圆形、类圆形、圆三角形或肾形，少数边缘凹凸，直径3～11 μm；复粒较多，2～3分粒组成。黏液细胞直径79～126 μm，长85～324 μm；针晶束长81～144 μm，针晶直径2～4 μm。此外尚有黄棕色或亮黄色表皮细胞，网纹、梯纹、螺纹或环纹导管，鳞叶表皮细胞。

【理化鉴别】（1）皂苷反应：取本品乙醚提取液2份，挥干，1份加醋酐1 mL溶解，加硫酸2滴，显黄色，后变红色、紫色、青色、污绿色；另一份加冰醋酸1 mL溶解，加乙酰氯5滴与氧化锌少量，稍加热，显淡红色或紫红色。

（2）薄层鉴别：取本品乙醇提取液，蒸干，加2 mol/L盐酸回流2 h，再用石油醚萃取，蒸干，加氯仿溶解作供试液，另以薯蓣皂苷元作对照品，分别点于同一硅胶G薄板上，以氯仿-甲醇（95：5）展开，用5%磷钼酸乙醇液喷雾，110 ℃烤5 min，供试液色谱在与对照品色谱相应位置上，显相同的蓝色斑点。

【化学成分】根茎主要含甾体皂苷：七叶一枝花皂苷（polyphyllin）A，蚤休皂苷等。还含蚤休甾酮（paristerone），甲基原薯蓣皂苷（methylprotodioscin），氨基酸，蜕皮激素、胡萝卜苷等。

【药理作用】有抗肿瘤、止血、镇痛、镇静、抑制精子活性、止咳、平喘作用。

【功能主治】药性：苦，微寒，有小毒。归肝经。功能：清热解毒，消肿止痛，凉肝定惊。主治：痈肿疮毒，咽肿喉痹，乳痈，蛇虫咬伤，跌打伤痛，肝热抽搐。用法用量：内服煎汤，3～10 g；研末，每次1～3 g。外用适量，磨汁涂布、研末调敷或鲜品捣敷。使用注意：虚寒证，阴证外疡及孕妇禁服。

附方：

1. 治无名肿毒：七叶一枝花、生半夏、生南星、霸王七各适量。捣烂，调蜜外涂。
2. 治痈疽疔疮，腮腺炎：七叶一枝花9 g，蒲公英30 g。水煎服，另将两药的新鲜全草捣烂外敷。
3. 治咽喉肿痛：七叶一枝花6 g，桔梗、牛蒡子各9 g。水煎服。
4. 治蛇咬伤：七叶一枝花适量。以水磨少许，敷咬处，又研末调敷之。

【资源综合利用】蚤休之名首见于《神农本草经》，列为下品。本属植物生长缓慢，但民间采用及中成药原料需求量大，野生资源日趋枯竭。应加强对重楼资源的保护开发和栽培研究。

559 蚤休

【别名】重楼、重台。

【来源】为百合科植物华重楼*Paris polyphylla* Smith var. *chinensis*（Franch.）Hara的根茎。

【植物形态】多年生草本，高30～100 cm。根茎肥厚，直径1～3 cm，黄褐色，结节明显。茎直立，圆柱形，常带紫红色或青紫色，基部有1～3片膜质叶鞘包茎。叶轮生茎顶，通常7片；叶柄长5～18 mm；叶片长圆状披针形、倒卵状披针形或倒披针形，长8～27 cm，宽2.2～10 cm，顶端急尖或渐尖，基部楔形，全缘，膜质或薄纸质。花柄出自轮生叶中央，通常比叶长，顶生一花；花两性，外轮花被片4～6，叶状，绿色，长卵形至卵状披针形，长3～7 cm，内轮花被片细线形，与外轮花被片同数，黄色或黄绿色，宽1～1.5 mm，长为外轮花被片的1/3左右或近等长；雄蕊8～10，排成2轮，花药长1.2～2 cm，花丝很短，长仅为花药的1/3～1/4，药隔在花药上方突出0.5～2 mm；子房近球形，具棱，花柱短，具4～5向外反卷的分枝。蒴果球形，成熟时瓣裂；种子多数，具鲜红色多浆汁的外种皮。花期5—7月，果期8—10月。

【生境分布】生于海拔400～1 600 m的林下、沟谷边阴湿处。分布于库区各市县。

【采收加工】全年可采，但以9—11月采挖为好，晒干或切片晒干。

【药材性状】根茎类圆锥形，常弯曲，直径1.3～3 cm，长3.7～10 cm，顶端及中部较膨大，末端渐细。表面淡黄棕色或黄棕色，具斜向环节，节间长1.5～5 mm；上侧有半圆形或椭圆形凹陷的茎痕，直径0.5～1.1 cm，略交错排列；下侧有稀疏的须根及少数残留的须根；膨大顶端具凹陷的茎残基，有的环节可见鳞叶。质坚实，易折断，断面平坦，粉质，少数部分角质，粉质者粉白色，角质者淡黄棕色，可见草酸钙针晶束亮点。气微，味苦。

【显微鉴别】根茎横切面：表皮细胞类方形，淡黄棕色，壁微木栓化，外壁增厚；近茎痕处最外为多列后生皮层；后生皮层细胞形状不规则；较粗根茎表皮常破碎或脱落。皮层散有叶迹维管束和根迹维管束；黏液细胞众多，针晶长56～306 μm，宽21～94 μm。中柱内维管束25～30个，周木型，外侧排列较密，向内渐少。中柱亦有较多黏液细胞分布。本品薄壁细胞含淀粉粒。

粉末特征：类白色。淀粉粒单粒圆形、长圆形、菱形、茧形或不规则形，边缘常有类圆形突起或尖突，直径5～16 μm，脐点少数可见，裂缝状、点状或三叉状；复粒较少，由2～3分粒组成。黏液细胞较多，直径54～140 μm，长106～369 μm，内含草酸钙针晶束；针晶束长86～333 μm，针晶直径2～5 μm。薄壁细胞壁具细小纹孔，有的壁呈连珠状增厚。此外，有黄棕色或亮黄色表皮细胞，螺纹及网纹导管。

【理化鉴别】（1）皂苷反应：取本品乙醚提取液2份，挥干，1份加醋酐1 mL溶解，加硫酸2滴，显黄色，后变红色、紫色、青色、污绿色；另一份加冰醋酸1 mL溶解，加乙酰氯5滴与氧化锌少量，稍加热，显淡红色或紫红色。

（2）薄层鉴别：取本品乙醇提取液，蒸干，加2 mol/L盐酸回流2 h，再用石油醚萃取，蒸干，加氯仿溶解作供试液，另以薯蓣皂苷元作对照品，分别点于同一硅胶G薄板上，以氯仿-甲醇（95：5）展开，用5%磷钼酸乙醇液喷雾，110 ℃烤5 min，供试液色谱在与对照品色谱相应位置上，显相同的蓝色斑点。

【化学成分】根茎含薯蓣皂苷元类成分，以及氨基酸、甾酮、蜕皮激素、胡萝卜苷等。

【药理作用】【功能主治】见“七叶一枝花”。

▲华重楼

▲华重楼果实

▲多花黄精花

▲多花黄精果

560 囊丝黄精

【别名】姜形黄精、玉竹参、甜黄精。

【来源】为百合科植物多花黄精*Polygonatum cyrtonema* Hua的根茎。

【植物形态】多年生草本，高50～100 cm。根茎横走，圆柱状，通常稍带结节状或连珠状。叶互生，无柄，每轮4～6片；叶片条状披针形，长8～15 cm，宽4～16 mm，顶端渐尖并拳卷。花腋生，下垂，3～7朵成伞形花序，总花梗长1～4 cm，花梗长4～10 mm，基部有膜质小苞片，钻形或条状披针形，具1脉；花被筒状，白色至淡黄色，全长9～13 mm，裂片6，披针形，长约4 mm；雄蕊着生在花被筒的1/2以上处，花丝短，长0.5～1 mm；子房长3 mm，花柱长5～7 mm。浆果球形，成熟时紫黑色。花期5—6月，果期7—9月。

【生境分布】生于海拔600～2 400 m的山林、灌丛、沟谷旁，或人工栽培。分布于巫溪、巫山、奉节、云阳、万州、开州、石柱、武隆、长寿地区。

【采收加工】9—10月挖起根茎，去掉茎秆，洗净泥沙，除去须根和烂疤，蒸到透心后，晒或烘干。

【药材性状】根茎连珠状或块状，稍呈圆柱形，直径2～3 cm。每一结节上茎痕明显，圆盘状，直径约1 cm，圆柱形处环节明显，有众多须根痕，直径约1 mm，全形略似生姜。表面黄棕色，有细皱纹。质坚实，稍带柔韧，折断面颗粒状，有众多黄棕色维管束小点散列。气微，味微甜。

【显微鉴别】根茎横切面：表皮细胞1列，外被角质层；有的部位可见4～5列木栓化细胞。皮层较窄，内皮层明显。中柱维管束多散列，近内皮层处维管束较小，略排列成环状，向内则渐大，外韧型，偶有周木型。薄壁组织中分布有较多的黏液细胞，长径50～140 μm，短径25～50 μm，内含草酸钙针晶束。

【理化鉴别】纸色谱：取粉末3 g，加甲醇50 mL，回流4 h，弃去甲醇，药渣加水适量煎2 h，滤过，得滤液约20 mL，加乙醇使其成含醇量65%的溶液，得白色絮状沉淀、冷藏过夜，滤过。沉淀加1 mol/L硫酸l mL，置沸水浴中加热2 h，成透明溶液，加水少量，用碳酸钡调至pH6～7，滤过，滤液中加氢型强酸型离子交换树脂1小勺，放置过夜，滤去树脂，滤液浓缩作供试液。另以半乳糖醛酸、甘露糖、葡萄糖为对照品。分别点样于同一Whatman NO：1滤纸上，用萘酚-水-浓氨水（40 g：10 mL：5滴）下行展开，以邻苯二甲酸-苯胺（1.66 g：0.93 mL溶于水饱和的正丁醇）喷雾，105 ℃烤20 min。供试品色谱在与对照品色谱的相应位置上显相同的色斑。

【化学成分】根状茎含甾体皂苷，多糖等。

【药理作用】【功能主治】见“黄精”。

【资源综合利用】库区作黄精药用的主要还有：卷叶黄精*P. cirrhifolium*（巫溪、万州、开州、涪陵、武隆）、垂叶黄精*P. curvistylum*（巫溪、石柱、武隆）、距药黄精*P. franchetii*（巫溪、巫山、奉节、云阳）、滇黄精

P. kingianum（巫溪、云阳、武隆）、大叶黄精*P. kingianum* var. *grandifolium*（巫溪、巫山、武隆）节根黄精*P. nodosum* Hua（涪陵、武隆）、轮叶黄精*Polygonatum verticilla- turn*（巫溪）。其中，轮叶黄精、卷叶黄精味苦的品种不能作黄精用。

561 玉竹

【别名】竹七根、大玉竹。

【来源】为百合科植物玉竹*Polygonatum odoratum*（Mill.）Druce的根茎。

【植物形态】多年生草本。根茎横走，肉质，黄白色，密生多数须根。茎单一，高20～60 cm。具7～12叶。叶互生，无柄；叶片椭圆形至卵状长圆形，长5～12 cm，宽2～3 cm，顶端尖，基部楔形，上面绿色，下面灰白色；叶脉隆起，平滑或具乳头状突起。花腋生，通常1～3朵簇生，总花梗长1～1.5 cm，无苞片或有线状披针形苞片；花被筒状，全长13～20 mm，黄绿色至白色，顶端6裂，裂片卵圆形，长约3 mm，常带绿色；雄蕊6，着生于花被筒的中部，花丝丝状，近平滑至具乳头状突起；子房长3～4 mm，花柱长10～14 mm。浆果球形，直径7～10 mm，熟时蓝黑色。花期4—6月，果期7—9月。

【生境分布】生于海拔500～2 900 m的向阳坡地或草丛、林下及山坡阴湿处。分布于巫溪、奉节、石柱、武隆地区。

【采收加工】春、秋季采挖，除去地上部分及须根，晒或炕到发软时，边搓揉边晒，反复数次，至柔软光滑、无硬心、色黄白时，晒干。亦可将鲜玉竹蒸透，边晒边搓，揉至软而透明时，晒干或鲜用。

【药材性状】根茎长圆柱形，略扁，少有分枝，长5～20 cm，直径0.3～2 cm，环节明显，节间距离1～15 mm，根茎中间或终端有数个圆盘状茎痕，有时可见残留鳞叶，须根痕点状。表面黄白色至土黄色，有细纵皱纹。质硬而脆或稍软，易折断，断面黄白色，颗粒状或角质样，横断面可见散列维管束小点。气微，味甜，有黏性。

【显微鉴别】根茎横切面（直径1.2 cm）：表皮为一列较小的薄壁细胞，微木化。皮层不甚宽阔，有黏液细胞分布，细胞中含有草酸钙针晶束。中柱基本组织为薄壁细胞组成，散生多数外韧型维管束，有些有黏液细胞分布。

粉末：呈淡棕色。草酸钙针晶束，存在于黏液细胞或中柱鞘薄壁细胞中；黏液细胞呈圆形或椭圆形，直径80～160 μm，周围由多数薄壁细胞较为均匀地包围着，但多已破碎。梯纹及网纹导管，直径25～38 μm，壁木化或微木化，螺纹导管少见，导管旁侧的长形薄壁细胞为筛管群；表皮细胞，多成碎片或数个相连。单个细胞呈长方形或不规则多角形，壁淡棕色，壁较厚且角质化。此外，中柱薄壁细胞随处可见，细胞中有时可见针晶束。

【理化鉴别】纸色谱：取本品粉末3 g，加甲醇50 mL，回流4 h，弃去甲醇液，药渣加水适量煎2 h，滤过，得滤液约20 mL，加乙醇使其成含醇量为65%的溶液，得白色絮状沉淀，冷藏过夜，滤过。沉淀加1 mol/L硫酸1 mL，置沸水浴中加热2 h，成透明溶液，加水少量，用碳酸钡调至pH6～7，滤过。滤液中加氢型强酸型阳离子树脂1小勺，放置过夜，滤去树脂，滤液浓缩作供试液。另以半乳糖醛酸、甘露糖、葡萄糖为对照品。分别点样于同一Whatman NO：1滤纸上，用苯酚-水-浓氨水（40 g：10 mL：5滴）下行展开，以邻苯二甲酸-苯胺（1.66 g：0.93 mL溶于水饱和的正

▲玉竹

丁醇100 mL）喷雾后105 ℃烤20 min。供试液色谱在与对照品色谱的相应位置上，显相同的色斑。

【化学成分】根茎含有甾体皂苷，尤其是甾体螺旋皂苷和五环甾醇糖苷，如黄精螺甾醇（polyspirostanol）PO，黄精螺甾醇苷（polyspirostanoside）PO，黄精呋甾醇苷（polyfuroside）等甾族化合物。另含铃兰苦苷，夹竹桃螺旋苷，玉竹黏多糖（odoratan），玉竹果聚糖（polygonatumfructan），槲皮苷，山柰酚及其葡萄糖苷，牡荆素2''-O-槐糖苷，大波斯菊糖苷，牡荆素2''-O-葡萄糖苷，皂草苷和洋地黄苷，挥发油等。

【药理作用】有抗肿瘤、降血脂、提高免疫功能、抗H_{37}RV人型结核杆菌、降血糖作用。

【功能主治】药性：甘，平。归肺、胃经。功能：滋阴润肺，养胃生津。主治：燥咳，劳嗽，热病阴液耗伤之咽干口渴，内热消渴，阴虚外感，头昏眩晕，筋脉挛痛。用法用量：内服煎汤，6 ~ 12 g；熬膏、浸酒或入丸、散。外用适量，鲜品捣敷；或熬膏涂。使用注意：阴虚有热宜生用，热不甚者宜制用。痰湿气滞者禁服，脾虚便溏者慎服。

附方：

1. 治肺热咳嗽：玉竹12 g，杏仁9 g，石膏9 g，麦冬9 g，甘草6 g。水煎服。
2. 治胃热口干，便秘：玉竹15 g，麦冬9 g，沙参9 g，生石膏15 g。水煎服。
3. 治秋燥伤胃阴：玉竹9 g，麦冬9 g，沙参6 g，生甘草3 g。水煎服。
4. 治糖尿病：玉竹、生地、枸杞各500 g。加水7.5 kg，熬成膏。每服1匙，每日3次。
5. 治梦遗，滑精：玉竹、莲须、金樱子各9 g，五味子6 g。水煎服。
6. 治嗜睡：玉竹25 g，木通l0 g。水煎服。

【资源综合利用】本品始见于《神农本草经》，原名女萎，列为上品。玉竹含有丰富的糖类，具有增强免疫和抑制肿瘤作用，可作为治疗肿瘤的辅助药物。亦具降血脂的作用，现已开发出“玉竹膏”“玉竹晶”等产品及一些美容保健品。

562　黄精

【别名】鸡头黄精、鸡头七、老虎姜。

【来源】为百合科植物黄精*Polygonatum sibiricum* Delar. ex Redoute的根茎。

【植物形态】多年生草本，高50 ~ 100 cm。根茎横走，圆柱状，结节膨大。叶轮生，无柄，每轮4 ~ 6片；叶片条状披针形，长8 ~ 15 cm，宽4 ~ 16 mm，顶端渐尖并拳卷。花腋生，下垂，2 ~ 4朵成伞形花序，总花梗长1 ~ 2 cm，花梗长4 ~ 10 mm，基部有膜质小苞片，钻形或条状披针形，具1脉；花被筒状，白色至淡黄色，全长9 ~ 13 mm，裂片6，披针形，长约4 mm；雄蕊着生在花被筒的1/2以上处，花丝短，长0.5 ~ 1 mm；子房长3 mm，花柱长5 ~ 7 mm。浆果球形，成熟时紫黑色。花期5—6月，果期7—9月。

【生境分布】生于海拔1 600 ~ 2 000 m的山地林下、灌丛或山坡半阴处。分布于武隆地区。

▲黄精果实

【采收加工】9—10月采挖，除去须根和烂疤，蒸至透心，晒或烘干。

【药材性状】根茎结节状。一端粗，类圆盘状，一端渐细，圆柱状，全形略似鸡头，长2.5 ~ 11 cm，粗端直径1 ~ 2 cm，常有短分枝，上面茎痕明显，圆形，微凹，直径2 ~ 3 mm，周围隐约可见环节；细端长2.5 ~ 4 cm，直径5 ~ 10 mm，环节明显，节间距离5 ~ 15 mm，有较多须根或须根痕，直径约1 mm。表面黄棕色，有的半透明，具皱纹；圆柱形处有纵行纹理。质硬脆或稍柔韧，易折断，断面黄白色，颗粒状，有众多黄棕色维管束小点。气微，味微甜。

【显微鉴别】根茎横切面：表皮细胞1列，外被角质

▲黄精

层；有的部位可见4～5列木栓化细胞。皮层较窄，内皮层不明显。中柱维管束散列，近内皮层处维管束较小，略排列成环状，向内则渐大，多外韧型，偶有周木型。薄壁组织中分布有较多的黏液细胞，长径37～110 μm，短径20～50 μm，内含草酸钙针晶束。

【理化鉴别】薄层鉴别：取粉末3 g，加甲醇50 mL，回流4 h，弃去甲醇，药渣加水适量煎2 h，滤过，得滤液约20 mL，加乙醇制成含醇量65%的溶液，得白色絮状沉淀、冷藏过夜，滤过。沉淀加1 mol/L硫酸1 mL，置沸水浴中加热2 h，成透明溶液，加水少量，用碳酸钡调至pH6～7，滤过，滤液中加氢型强酸型离子交换树脂1小勺，放置过夜，滤去树脂，滤液浓缩作供试液。另以半乳糖醛酸、甘露糖、葡萄糖为对照品。分别点样于同一Whatman NO：1滤纸上，用萘酚-水-浓氨水（40 g：10 mL：5滴）下行展开，以邻苯二甲酸-苯胺（1.66 g：0.93 mL溶于水饱和的正丁醇）喷雾，105 ℃烤20 min。供试品色谱在与对照品色谱的相应位置上显相同的色斑。

【化学成分】根状茎含呋甾烯醇型皂苷，螺甾烯醇型皂苷，黄精多糖，甘草素，异甘草素，4'，7-二羟基-3'-甲氧基异黄酮，（6αR，11αR）-10-羟基-3，9-二甲氧基紫檀烷，4-羟甲基糠醛，水杨酸，正丁基-β-D-吡喃果糖苷，正丁基-β-D-呋喃果糖苷，正丁基-α-D-呋喃果糖苷，5-羟甲糠醛，β-谷甾醇，胡萝卜苷，琥珀酸，果糖，葡萄糖和高级脂肪酸混合物等。

【药理作用】有增加冠脉流量、增强心脏收缩力、加快心率（黄精水醇提取液对衰竭心脏呈强心效果，对正常心脏有抑制作用）、降血压、降低血三酰甘油和总胆固醇、延缓衰老、抗辐射、增强免疫功能、降血糖、抗菌、抗病毒、耐缺氧、促进学习能力、改善记忆获得障碍、延长急性脑缺血生存时间作用。黄精凝集素对人子宫癌细胞、人肝癌细胞有凝集作用，对人胃癌细胞株具有强凝集作用。黄精炮制后毒性明显降低。

【功能主治】药性：甘，平。归脾、肺、肾经。功能：养阴润肺，补脾益气，滋肾填精。主治：阴虚劳嗽，肺燥咳嗽；脾虚乏力，食少口干，糖尿病；肾亏腰膝酸软，阳痿遗精，目暗耳鸣，须发早白，体虚羸瘦，风癞癣疾。用法用量：内服煎汤，10～15 g，鲜品30～60 g；或入丸、散，熬膏。外用适量，煎汤洗；熬膏涂；或浸酒搽。使用注意：中寒泄泻，痰湿痞满气滞者禁服。

附方：

1. 治肺燥咳嗽：黄精15 g，北沙参12 g，杏仁、桑叶、麦冬各9 g，生甘草6 g。水煎服。
2. 治慢性肝炎：丹参30 g，黄精25 g，糯稻根须25 g。水煎服。
3. 治糖尿病：黄精、山药、天花粉、生地黄各15 g。水煎服。
4. 壮筋骨，益精髓，变白发：黄精、苍术各2 000 g，枸杞根、柏叶各2 500 g，天门冬1 500 g。煮汁服用。
5. 治肾虚腰痛：黄精250 g，黑豆60 g。煮食。

6. 治神经衰弱，失眠：黄精15 g，野蔷薇果9 g，生甘草6 g。水煎服。

7. 治白细胞减少症：制黄精30 g，黄芪15 g，炙甘草6 g，淡附片、肉桂各4.5 g。水煎服。

8. 治九子疡或毒疮：制黄精适量，捣绒，包患处。

563　吉祥草

【别名】千里马、观音草。

【来源】为百合科植物吉祥草*Reineckia carnea*（Andr.）Kunth的全草。

【植物形态】多年生常绿草本。茎匍匐，似根茎，绿色，多节，节上生须根。叶簇生，每簇3～8枚；叶片披针形或线状披针形，长7～50 cm，宽0.5～3.5 cm。花茎紫红色，连花序高5～12 cm，圆锥状花序长2～8 cm；苞片卵状三角形，长约5 mm，膜质，淡褐色或带紫色；花被下部合生成筒状，长约4 mm，上部6裂，裂片近长圆形，长4～7 mm，反卷，外面紫红色，内面淡粉红色或白色，芳香；雄蕊6，短于花柱，花丝丝状，白色或淡粉红色，花药近长圆形，两端微凹，淡蓝色，上部花有时仅具雄蕊；子房瓶状，3室，花柱丝状，柱头头状，3裂。浆果径约1 cm，熟后红色。种子白色。花期冬末，春初。果期翌年7—11月。

【生境分布】生于海拔200～1 800 m的林边、草坡及疏林下。多为人工栽培。分布于库区各市县。

【药材性状】干燥全草呈黄褐色。根茎细长，节明显，节上有残留的膜质鳞叶，并有少数弯曲卷缩须状根。叶簇生；叶片皱缩，展开后呈线形、卵状披针形或线状披针形，全缘，无柄，顶端尖或长尖，基部平阔，长5～40 cm，宽5～30 mm，叶脉平行，中脉显著。气微，味甘。

【显微鉴别】叶片横切面：上表皮细胞1列，类长方形。下表皮细胞类方形。叶肉组织等面型，薄壁细胞4～5列，排列较为松散，靠近中央一层细胞形状很大，呈长方形，长37.5～180 μm，宽12.5～25 μm，叶肉组织中草酸钙针晶偶见，常成束散在。中脉维管束为外韧型。

【理化鉴别】检查强心苷：取本品乙醇提取液于蒸发皿中蒸干，残渣加1%三氯化铁-冰醋酸溶解并移至小试管中，沿管壁缓缓滴加浓硫酸，在两液层交界处有棕红色环。

▲吉祥草

【化学成分】全草含多种甾体皂苷元：奇梯皂苷元（Kitigenin），薯蓣皂苷元（Diosgenin），五羟螺皂苷元（Pentologenin），铃兰皂苷元（Convallamarogenin），异万年青皂苷元（Isorhodeasapogenin），异吉祥草皂苷元（Isoreineckiagenin），吉祥草皂苷元（Reineckiagenin），异卡尔嫩皂苷元（Isocarneagenin）。尚含β-谷甾醇及其葡萄糖苷。

【功能主治】药性：甘，凉。功能：清肺止咳；凉血止血；解毒利咽。主治：肺结核，咳嗽咯血，慢性支气管炎，哮喘，慢性肾炎，风湿关节炎，跌打损伤，骨折。用法用量：内服煎汤，6～10 g；鲜品15～30 g。外用适量，捣敷。

附方：

治虚弱干咳：吉祥草、土羌活头各15 g。煎水去渣，炖猪心、肺服。

【资源综合利用】吉祥草可装入各式各样的金鱼缸或其他玻璃器皿中进行水养栽培供观赏。为常见园林绿化植物。

▲万年青

564 万年青

【别名】心不甘、开口剑。

【来源】为百合科植物万年青*Rohdea japonica*（thunb.）Roth的根及根茎。

【植物形态】多年生常绿草本。根茎倾斜，肥厚而短；须根细长，密被白色毛茸。叶基生，3～6枚，披针形、倒披针形或宽带状，长10～50 cm，宽2.5～7 cm，顶端渐尖，基部稍狭，全缘。穗状花序侧生，椭圆形，长3～4 cm，宽1.2～1.7 cm；苞片膜质，短于花；花多数，稠密；花被合生，球状钟形，淡绿色，长4～5 mm，宽6 mm，裂片6，不甚明显，内向，肉质而厚，淡黄色或褐色；雄蕊6，生花被筒上；子房球形。浆果球形，肉质，熟时橘红色或黄色，内含种子1枚。花期6—7月，果期8—10月。

【生境分布】生于海拔400～1 700 m的林下。巫溪、奉节、开州、石柱、涪陵、武隆、长寿等地有栽培。

【化学成分】根茎含强心苷：万年青苷甲、乙、丙、丁（rhodexin A、B、C、D）。尚含万年青宁。

【药理作用】有强心、利尿、抑菌、收缩平滑肌作用。万年青稀溶液对血管有扩张作用，较浓的溶液因直接作用于血管壁，可使血管收缩。毒性：具洋地黄毒苷样作用，但毒性较大，除能刺激迷走神经与兴奋延髓中枢外，对于心肌有直接抑制作用。大剂量可发生心传导阻滞，心脏停搏。应用时必须严格掌握剂量，严密观察病情。亦可引起剧烈呕吐，并有较大的蓄积作用。

【功能主治】药性：苦、甘、寒；有毒。功能：清热解毒，强心利尿。主治：心力衰竭，咽喉肿痛，防治白喉，白喉引起的心肌炎，风湿性心脏病心力衰竭，肾虚腰痛，菌痢，水肿，鼓胀，脑炎，咯血，吐血，狂犬咬伤，蛇咬伤，烧烫伤，跌打损伤，食道癌，牙痛，乳腺炎，痈疖肿毒。用法用量：内服煎汤，3～9 g；鲜者30～60 g。外用适量捣烂取汁搽，或捣烂敷患处。

附方：

1. 治白喉：万年青40 g。切碎，加醋100 mL，浸泡48 h，去渣取汁，第一天按每千克体重70 mg计算服用，次日服用首日量的2/3；第三天起则服用首日量的1/2，共服5天。

2.治心力衰竭：①速给法。鲜万年青根茎或叶30～45 g。煎煮两次各得20 mL煎液，分别于早晚作保留灌肠。②缓给法。万年青18～36 g。首煎加水150 mL，煎取50 mL；二煎加水120 mL，煎取40 mL。两次煎液混合，每次30 mL，每日分3次服。心衰控制后应即改用维持量，以防中毒。

3. 治流行性腮腺炎：鲜万年青根20～30 g。切碎，捣烂，敷患处。早晚各换药1次。

【资源综合利用】万年青叶宽大苍绿，浆果殷红圆润，为观叶、观果兼用花卉。

▲菝葜

565 菝葜

【别名】 铁菱角、金刚头、冷饭头、冷饭巴、金刚藤。

【来源】 为百合科植物菝葜*Smilax china* L.的根茎。

【植物形态】 攀缘状灌木，长1～5 m。根茎粗硬，具很多坚硬突起，状似菱角，径2～3 cm。茎疏生倒钩刺。叶互生，干后一般红褐色或近古铜色；叶片薄革质或坚纸质，卵圆形、圆形或椭圆形，长3～10 cm，宽1.5～6（～10）cm，顶端急尖，基部宽楔形至心形，下面淡绿色，较少苍白色，有时具粉霜；叶柄长5～15 mm，脱落点位于中部以上，占全长的1/3～1/2，具狭鞘，几乎都有卷须两条。花单性，雌雄异株；伞形花序生于叶尚幼嫩的小枝上，具十几朵或更多的花，常呈球形；花序托稍膨大，近球形，较少稍延长，具小苞片；花绿黄色，花被片6，2轮；雄蕊6，长约为花被片的60%；雌花与雄花大小相似，有6枚退化雄蕊。浆果球形，直径6～15 mm，熟时红色，有粉霜。花期2—5月，果期9—11月。

【生境分布】 生于海拔2 000 m以下的林下、灌木丛中。分布于库区各市县。

【采收加工】 2月或8月采挖根茎，除去须根，切片，晒干。

【药材性状】 根茎扁柱形，略弯曲，结节状，长10～20 cm，直径2～4 cm。表面黄棕色或紫棕色，结节膨大处有圆锥状突起的茎痕、芽痕及细根断痕，或留有坚硬折断的细根，呈刺状。质坚硬，断面棕黄色或红棕色，粗纤维性。气微，味微苦。以根茎粗壮、断面色红者为佳。

【显微鉴别】 粉末特征：浅棕红色。石细胞单个散在或数个成群，单个石细胞类圆形、类方形或不规则形，直径38～193 μm，壁厚8～45 μm，木化，具有明显的分枝状孔沟，层纹不明显，胞腔较小；淀粉粒多为单粒，呈类圆形或半圆球形，直径5～33 μm，脐点不明显，少数可见裂缝状或人字状，复粒较少，由2～4分粒组成；草酸钙针晶长75～140 μm，偶有成束存在于黏液细胞中；纤维多碎断，淡黄色，壁微木化，孔沟明显，可见斜纹孔；导管主为网纹或梯纹，偶见螺纹，直径25～58 μm。

【化学成分】 含有薯蓣皂苷元构成的皂苷：薯蓣皂苷的原皂苷元A（prosapogenin A of dioscin），薯蓣皂苷（dioscin），纤细薯蓣皂苷（gracillin），薯蓣皂苷元（diosgenin），菝葜素（smilaxin）等。尚含甲基原纤细薯蓣皂苷（methylprotogracillin），甲基原薯蓣皂苷（methylprotodioscin），伪原薯蓣皂苷（pseudoprotodioscin）等。

其他化合物有：黄酮、生物碱、氨基酸、多元酚类、有机酸及含量丰富的糖类（主要是淀粉）等多类成分。

【药理作用】有抗炎、降血糖、抗肿瘤、抑制血小板聚集的作用。

【功能主治】药性：甘、酸，平。归肝、肾经。功能：祛风利湿，通经活络，解毒消痈。主治：风湿痹痛，糖尿病，淋浊，带下，泄泻，痢疾，痈肿疮毒，顽癣，烧烫伤。用法用量：内服煎汤，10～30 g；或浸酒；或入丸、散。

附方：

1. 治风湿关节痛：菝葜、虎杖各30 g，寻骨风15 g，白酒750 g。上药泡酒7 d，每次服一酒盅（约15 g），早晚各服1次。

2. 治淋症：菝葜根（盐水炒）15 g，银花9 g，萹蓄6 g。水煎服。

3. 治乳糜尿：菝葜根状茎、楤木根各30 g。水煎服，每日1剂。

4. 治糖尿病：鲜菝葜根60～120 g，配猪胰1具同炖服，每日1剂。

5. 治瘰疬、痒子、流痰：金刚藤头500 g，土茯苓30 g，何首乌15 g，苦荞头15 g。煎水炖五花肉服。

【资源综合利用】菝葜始载于《名医别录》。菝葜属资源丰富，库区作药用的有20余种，分布面广，贮藏量大，有很大的开发价值。

566 土茯苓

【别名】禹余粮、仙遗粮、冷饭头、饭团根、红土苓。

【来源】为百合科植物光叶菝葜*Smilax glabra* Roxb.的根茎。

【植物形态】攀缘灌木，长1～4 m。根状茎粗厚、不规则块状，粗2～5 cm。茎光滑，无刺。叶互生，叶柄长5～15（～20）mm，具狭鞘，常有纤细的卷须2条，叶柄脱落点位于近顶端；叶片薄革质，狭椭圆状披针形至狭卵状披针形，长6～12（～15）cm，宽1～4（～7）cm，顶端渐尖，基部圆形或宽楔形，下面通常淡绿色。雌雄异株；花绿白色，六棱状球形，通常具10余朵花组成伞形花序；雄花序总花梗长2～5 mm，通常明显短于叶柄，极少与叶柄近等长，在总花梗与叶柄之间有1芽；花被片6，2轮；雄花外花被片近扁圆形，兜状，背面中央具纵槽，内花被片近圆形，边缘有不规则的齿；雄蕊6，靠合，花丝极短；雌花外形与雄花相似，但内花被片边缘无齿，退化雄蕊3。浆果球形，直径7～10 mm，熟时紫黑色，具粉霜。花期5—11月，果期11月至翌年4月。

▲光叶菝葜

【生境分布】生于海拔1 900 m以下的林下、灌丛中、河岸、林缘或疏林中。分布于库区各市县。

【采收加工】全年均可采挖，洗净浸漂，切片晒干；或放开水中煮数分钟后，切片晒干。

【药材性状】根茎近圆柱形，或不规则条块状，有结节状隆起，具短分枝；长5 ~ 22 cm，直径2 ~ 5 cm。表面黄棕色，凹凸不平，突起尖端有坚硬的须根残基，分枝顶端有圆形芽痕，有时外表现不规则裂纹，并有残留鳞叶。质坚硬，难折断。切面类白色至淡红棕色，粉性，中间微见维管束点，并可见沙砾样小亮点（水煮后依然存在）。质略韧，折断时有粉尘散出，以水湿润有黏滑感。气微，味淡、涩。以断面淡棕色、粉性足者为佳。

【显微鉴别】根茎横切面：最外为1 ~ 2列含红棕色物的木化细胞，向下为3 ~ 4列黄色淡黄色石细胞，排列成环，孔沟裂孔明显。皮层散生2 ~ 3列有黏液细胞，内含草酸钙针晶束。中柱散有外韧型维管束；木质部常有两个大导管及数个小导管；韧皮外有少量纤维束。薄壁细胞含大量淀粉粒。

粉末特征：淀粉粒极多，多为单粒，呈类圆形、半圆形、椭圆形或类椭圆形，直径20 ~ 34 μm，层纹不明显，脐点人字形、星形、点状、裂缝状，复粒由2 ~ 4分粒组成；黏液细胞中含草酸钙针晶，长60 ~ 90（~ 105）μm，在椭圆形黏液细胞中常可见石细胞成群，淡黄色及黄棕色，呈类圆形或类方形，直径26 ~ 144 μm，孔沟明显；导管主要为孔纹、梯纹，亦有螺纹导管，常已碎断，直径18 ~ 30 μm；纤维成束散在，单个直径36 ~ 43 μm，孔沟明显。

【理化鉴别】薄层鉴别：取本品粉末5 g，加乙醇50 mL，于水浴中回流1 h，放冷，滤过。滤液回收乙醇，残渣加稀硫酸20 mL，回流水解3 h，放冷，用氯仿提取2次，每次20 mL。合并氯仿液，用少量水洗去残存的酸，脱水后蒸去氯仿。残渣加少量已烷溶解，作供试液。以薯蓣皂苷元、替告皂苷元作对照品。分别点样于同一硅胶G-7.5%硝酸银薄板上，以氯仿-乙酸乙酯（9：1）展开。用饱和磷钼酸的乙醇溶液喷雾后，于110 ℃烘5 min显色，供试品色谱在与对照品色谱的相应位置上显相同的蓝色斑点。

【化学成分】含落新妇苷（astilbin），黄杞苷（engeletin），异黄杞苷（isoengeletin），土茯苓苷（即5，7-二羟基色原酮-3-O-α-L-鼠李糖苷），豆甾醇-3-O-β-D-吡喃葡萄糖苷，槲皮素，7，6'-二羟基-3'-甲氧基异黄酮及花旗松素、薯蓣皂苷元、鞣质等。

【药理作用】有抗肿瘤、β-受体阻滞样、拮抗急性和亚急性棉酚中毒、降低动脉粥样硬化斑块发生率、抗菌作用。赤土茯苓苷呈剂量依赖性对抗小鼠急性脑缺氧，可改善化学药物造成的记忆损害作用。

【功能主治】药性：甘、淡，平。归肝、肾、脾、胃经。功能：清热除湿，泄浊解毒，通利关节。主治：高脂血症，大骨节病，复发性口疮，痤疮，痛风，流行性腮腺炎，急性睾丸炎，梅毒，淋浊，血管神经性头痛，蛋白尿，类风湿性关节炎，白塞病，膝关节积水，日晒疮，小儿疳积，痛经，扁平疣，泄泻，筋骨挛痛，脚气，痈肿，疮癣，瘰疬，瘿瘤及汞中毒。用法用量：内服煎汤，10 ~ 60 g。外用适量，研末调敷。使用注意：肝肾阴虚者慎服，忌铁器，服时忌茶。

附方：

1. 治杨梅疮：土茯苓200 g，黄柏100 g，生黄芪100 g，生甘草50 g。水煎服。
2. 治风湿骨痛，疮疡肿毒：土茯苓500 g。去皮，和猪肉炖烂，分数次连渣服。
3. 治皮炎：土茯苓60 ~ 90 g。水煎，当茶饮。
4. 治漆过敏：土茯苓、苍耳子各15 g。水煎，泡六一散30 g服。
5. 治寻常疣：土茯苓50 g，生地黄30 g，苦参15 g，红紫草15 g，黄芩12 g，甘草10 g。水煎，分4次服。
6. 治黄褐斑：土茯苓100 g。水煎分2次服用，2天1剂。治疗期间避免日晒。
7. 治银屑病进行期：土茯苓310 g，白鲜皮125 g，山豆根250 g，草河车250 g，黄药子125 g，夏枯草250 g。研末，炼蜜为丸，每丸重6 g。每次3丸，开水送服，每日2次。

567　乌鱼刺

【别名】刺瓜米草。

【来源】百合科植物小叶菝葜*Smilax microphylla* C. H. Wright.的块茎。

【植物形态】攀缘藤本状灌木，长0.5 ~ 5 m。根状茎木质，粗壮，结节状。茎与枝条通常有刺。叶互生，叶柄

▲小叶菝葜

长0.2～1.5 cm，在叶柄上占全长的1/2～2/3处有狭翅，脱落处位于近顶端，通常有卷须；叶片革质，长圆状披针形、狭长卵状披针形或线状披针形，长2.5～10 cm，宽0.5～2.5 cm，顶端芒状短尖或尾状渐尖，基部钝圆或近微心形，全缘，上面绿色，下面苍白色，主脉5条。花单性，雌雄异株，淡黄绿色，多朵排成腋生的伞形花序；总花梗短于叶柄；小花梗纤细，长3～6 mm；花序托膨大，具多枚宿存的小苞片；雄花的花被片6，外轮3片狭椭圆形，长2～2.5 mm，宽约1 mm，顶端尖，内轮3片稍狭而稍短；雄蕊6，长约为花被片的1/2；雌花较雄花稍小，有3枚退化雄蕊，子房3室，每室有1～2个胚珠，花柱较短，柱头3裂。浆果球形，直径5～7 mm，熟时蓝黑色。花期6—8月，果期10—11月。

【生境分布】生于海拔500～1 800 m的林下、山谷、沟边、灌丛中或山坡阴处。分布于库区各市县。

【采收加工】全年均可采挖，除去地上茎叶，切片，晒干或鲜用。

【功能主治】药性：甘、微苦，平。归心、肾经。功能：清热解毒，祛湿消肿。主治：崩漏，咽喉肿痛，风湿关节疼痛，白带过多，颈淋巴结结核，疮疖，虫蛇咬伤，跌打损伤。用法用量：内服煎汤，9～30 g。外用适量，捣烂敷或研粉调敷患处。

石蒜科Amaryllidaceae

568　扁担叶

【别名】文殊兰。

【来源】为石蒜科植物西南文殊兰*Crinum asiaticum* L. C的叶。

【植物形态】多年生粗壮草本。根茎鳞茎状，直径7～8 cm。叶带形，长约70 cm或以上，宽3.5～6 cm或更宽，顶端渐尖，基部稍狭，边缘波状。花葶直立；伞形花序有花数朵至10余朵，佛焰苞状总苞片2枚，似对生，披针形，长6～9 cm，宽1～1.3 cm，顶端渐尖；小苞片多数，狭条形；花梗极短；花被高脚碟状，白色，有红晕；花被筒长10～12 cm，粗2～3 mm，稍弯，裂片6，披针形或长圆状披针形，长约7.5 cm，宽1～1.5 cm，顶端短渐尖；

▲西南文殊兰

▲大叶仙茅

雄蕊6，花丝短于花被裂片，花药线形，长1.2～1.8 cm。蒴果。花期6—8月。

【生境分布】生于沙地、村边、沟旁，或栽培。分布于万州、开州、石柱地区。

【采收加工】全年均可采收，切碎，晒干或鲜用。

【化学成分】叶含石蒜碱（lycorine），波叶尼润碱（undulatine），车瑞灵（cherylline）。鳞茎与叶含石蒜碱，小星蒜碱（hippeastrine）。鳞茎含1-O-乙酰基石蒜碱（1-O-acetyllycorine），3-O-乙酰基扁担叶碱（3-O-acetylhamayne），车瑞灵，鲍威文殊兰碱（powelline），扁担叶碱（hamayne），文殊兰碱（crinine），文殊兰胺（crinamine）。开花时的鳞茎含草文殊兰胺（pratorimine），草文殊兰宁碱（pratorinine），草文殊兰星碱（pratosine），石蒜碱，安贝灵（ambelline），朱顶红定碱（hippadine）。未发芽前鳞茎含11-O-乙酰基安贝灵（11-O-acetylambelline）等。花梗流液中含2-表石蒜碱（2-epilycorine），2-表两花全能花西定（2-epipancrassidine）等。根茎含水溶性葡聚糖A和磷脂酰石蒜碱（phosphatidyllycorine）。

【药理作用】对小鼠脾淋巴细胞有中等的激活作用及对肥大细胞有稳定作用。有抗癌作用。

【功能主治】药性：辛，凉，有毒。功能：行血散瘀、消肿止痛。主治：跌打伤肿，骨折，关节痛，牙痛，瘀血腹痛，痛经，咽喉炎，蛇咬伤，恶疮肿毒，痔疮，带状疱疹，牛皮癣。用法用量：内服煎汤，3～9 g。外用适量，捣敷；或绞汁涂；或炒热敷。使用注意：有毒，内服宜慎。

附方：

1. 治头风痛：扁担叶1张。用火烤软，趁热包扎头部。

2. 治闭合性骨折：扁担叶、草血竭、乳香、没药、鸭脚艾各适量。加面粉少许、小鸡1只（去毛和内脏），捣烂，加酒炒热，外包患处。

3. 治无名肿毒：鲜扁担叶鳞茎适量。捣汁，搽患处。

4. 治牙痛：鲜扁担叶茎1小片。置牙痛处，咬含15 min左右。

仙茅科Hypoxidaceae

569　大地棕根

【别名】大地棕、猴子包头、山棕、竹灵芝、野棕。

【来源】为仙茅科植物大叶仙茅*Curculigo capitulata*（Lour.）O.Kuntze的根及根状茎。

【植物形态】多年生草本，高达1 m多。根茎粗厚，块状，具走茎。叶基生，3～6枚，长圆状披针形或近长圆形，长30 ~ 90 cm，宽7 ~ 15 cm，具折扇状脉，边全缘，表面光滑或下面脉上有疏毛；叶柄长30 ~ 60 cm，有槽。花葶从叶腋发出，高10 ~ 20 cm，密被褐色长柔毛。花期5—6月，果期8—9月。

【生境分布】生长于海拔500 ~ 1 500 m的林下或阴湿处。分布于库区各市县。

【采收加工】四季可采，晒干或鲜用。

【化学成分】含木脂素苷。

【功能主治】药性：苦、涩，平。功能：润肺化痰，止咳平喘，镇静健脾，补肾固精。主治：肾虚咳喘，慢性气管炎、阳痿遗精，白浊带下，腰膝酸软，风湿痹痛，宫冷不孕，月经不调，崩漏，子宫脱垂，跌打损伤。用法用量：内服煎汤，6 ~ 9 g。外用适量。

附方：

1. 治虚劳咳嗽：大地棕根、鹿衔草各15 g，肺经草、桑白皮各9 g。水煎服。
2. 治肾虚阳痿，通精：大地棕根、覆盆子、莲米各15 g，金樱子、芡实各12 g。水煎服。
3. 治月经不调：大地棕根15 g，黄花菜根10 g，女贞子10 g，女儿茶10 g，茺蔚子10 g，元宝草12 g，金樱子12 g，大枣12 g。炖鸡服。
4. 治红崩、白浊：大地棕根、何首乌、梦花树根各15 g，煅龙骨9 g。水煎服。
5. 治体虚白带：大地棕根、百合、三白草根各15 g，白果、金樱根各12 g。炖鸡服。

【资源综合利用】为良好的观叶植物，可庭植或盆栽。

570 仙茅

【别名】独脚仙茅、小地棕根、地棕根、独脚丝茅、小仙茅。

【来源】为仙茅科植物仙茅*Curculigo orchioides* Gaertn.的根茎。

【植物形态】多年生草本；根茎近圆柱状直生，直径约1 cm，长可达30 cm，外皮褐色；须根常丛生，肉质，具环状横纹，长可达6 cm。地上茎不明显。叶基生；叶片线形，线状披针形或披针形，长10 ~ 45 cm，宽5 ~ 25 mm，顶端长渐尖，基部下延成柄，叶脉明显，两面散生疏柔毛或无毛。花茎甚短，长6 ~ 7 cm，大部分隐藏于鞘状叶柄基部之内，亦被毛；苞片披针形，长2.5 ~ 5 cm，膜质，具缘毛；总状花序多少呈伞房状，通常具4 ~ 6朵花；花黄色，直径约1 cm，下部花筒线形，上部6裂，裂片披针形，长8 ~ 12 mm，宽2.5 ~ 3 mm，外轮的背面有时散生长柔

▲仙茅

毛；雄蕊6，长约为花被裂片的1/2，花丝长1.5～2.5 mm，花药长2～4 mm；柱头3裂，分裂部分较花柱为长，子房狭长，顶端具长喙，连喙长达7.5 mm，被疏毛。浆果近纺锤形，长1.2～1.5 cm，宽约6 mm，顶端有长喙。种子亮黑色，表面具纵凸纹，有喙。花果期4—9月。

【生境分布】生于海拔1 600 m以下的林下或荒坡。有栽培。分布于忠县、涪陵、武隆地区。

【采收加工】在10月倒苗后至春季末发芽前采挖，除尽残叶及须根，晒干。

【药材性状】根茎圆柱形，略弯曲，长3～10 cm，直径4～8 mm。表面黑褐色或棕褐色，粗糙，有纵沟及横皱纹与细孔状的粗根痕。质硬脆，易折断，断面稍平坦，略呈角质状，淡褐色或棕褐色，近中心处色较深，并有一深色环。气微香，味微苦、辛。以条粗壮、表面色黑褐者为佳。

【显微鉴别】根茎横切面：外方为4～7列木栓细胞。皮层宽广，有少数根迹维管束；内皮层明显。中柱维管束散列，近内皮层处排列较密；维管束周木型或外韧型。基本组织中散有黏液细胞，类圆形，直径60～200 μm，内含草酸钙针晶束，长50～180 μm。薄壁细胞内充满淀粉粒。

【理化鉴别】薄层鉴别：取本品粉末2 g，加乙醇20 mL，置水浴中加热回流提取30 min，滤过。滤液蒸干，残渣加醋酸乙酯1 mL使溶解，取上清液作为供试液。另取仙茅苷对照品，加醋酸乙酯制成每1 mL含0.1 mg的溶液，作为对照品溶液。吸取上述两种溶液各2 μL，分别点于同一硅胶G薄层板上，以醋酸乙酯-甲醇-甲酸（10：1：0.1）展开，取出，晾干，喷以2%铁氰化钾-2%三氯化铁溶液（1：1），供试品色谱在与对照品色谱相应的位置上，显相同的蓝色斑点。

【化学成分】根茎含仙茅皂苷（curculigosaponin），仙茅皂苷元（curculigenin），仙茅萜醇（curculigol），环木菠萝烯醇（cycloartenol），仙茅苷（curculigoside）A，地衣二醇葡萄糖苷（orcinol glueoside），地衣二醇-3-木糖葡萄糖苷（corchioside A）等。

【药理作用】有雄性激素样、适应原样、增强免疫功能、镇静、抗惊厥、抗炎、促进成骨样细胞增殖作用。

【功能主治】药性：辛，性温，有小毒。归肾、肝经。功能：温肾壮阳，祛除寒湿。主治：阳痿精冷，小便失禁，脘腹冷痛，腰膝酸痛，筋骨软弱，下肢拘挛，更年期综合征。用法用量：内服煎汤3～10 g；或入丸、散；或浸酒。外用适量，捣敷。使用注意：阴虚火旺者禁服。

附方：

1. 治男子虚损，阳痿不举：仙茅（米泔浸去赤水，晒干）、淫羊藿、五加皮各120 g。用绢袋装入，酒内浸入一月取饮。

2. 治阳痿、耳鸣：仙茅、金樱子根或果实各15 g。炖肉吃。

3. 治老年遗尿：仙茅30 g。泡酒服。

4. 治鼻衄：仙茅、白茅根、踏地消各15 g。煮猪精肉食。

【资源综合利用】仙茅始载于《雷公炮炙论》。《中华人民共和国药典》亦收藏，民间用仙茅全草治疗跌打损伤、流产等。现代药理证实，仙茅具有明显的增强性器官和性功能作用，应进一步研究和开发新一代的性功能药物。

薯蓣科Dioscoreaceae

571　黄药子

【别名】黄药根、红药子、黄狗头、毛卵砣。

【来源】为薯蓣科植物黄独*Dioscorea bulbifera* L.的块茎。

【植物形态】缠绕草质藤本。块茎卵圆形至长圆形，棕褐色，表面密生多数细长须根。茎圆柱形，左旋。单叶互生；叶柄较叶片稍短；叶片宽卵状心形或卵状心形，长5～16（～26）cm，宽2～14（～26）cm，顶端尾状渐尖，边缘全缘或微波状；叶腋内有大小不等的紫褐色的球形或卵圆形珠芽（零余子），直径1～3 cm，外有圆形斑点。花单性，雌雄异株；雄花序穗状下垂，常数个丛生于叶腋，有时基部花序延长排列成圆锥状；雄花单生密集，基部有卵形苞片2枚；花被片披针形，新鲜时紫色；雄蕊6，着生于花被基部，花丝与花药近等长；雌花序与雄花序相似，常2至数个丛生叶腋，长20～50 cm，退化雄蕊6，长仅为花被片的1/4。蒴果反折下垂，三棱状长圆形，长1.5～3 cm，宽0.5～1.5 cm，两端圆形，成熟时淡黄色，表面密生紫色小斑点。种子深褐色，扁卵形，通常两两着生于每室中轴的顶端，种翅栗褐色，向种子上方延伸，呈长圆形。花期7—10月，果期8—11月。

▲黄独

【生境分布】生于海拔2 000 m以下的河谷边、山谷阴沟或杂木林缘。有栽培。分布于库区各市县。

【采收加工】冬季采挖块茎，径粗在30 cm以上的加工作药，剪去须根，横切成厚1 cm的片，鲜用、晒或炕干。

【药材性状】多为横切厚片，圆形或近圆形，直径2.5～7 cm，厚0.5～1.5 cm。表面棕黑色，皱缩，有众多白色、点状突起的须根痕，或有弯曲残留的细根，栓皮易剥落；切面黄白色至黄棕色，平坦或凹凸不平。以片大、外皮棕黑色、断面黄白色者为佳。

【显微鉴别】块茎横切面：木栓细胞壁微木化，内侧石细胞断续排列成环。近外方的基本组织有分泌道。维管束外韧型，散在。黏液细胞多数，含草酸钙针晶束。薄壁细胞含淀粉粒。

粉末特征：石细胞长梭形而两端钝圆，或不规则椭圆形、卵状三角形，孔沟密集。淀粉粒长圆形、卵形、贝壳形或不规则条形，短径5～12 μm，长径15～21 μm，脐点点状。黏液细胞类圆形，短径95～160 μm，长径150～300 μm，含草酸钙针晶束，长50～117 μm。分泌道含树脂状物。

【理化鉴别】薄层鉴别：取本品粗粉5 g，加乙醇30 mL，在水浴上回流提取2 h，滤过。滤液浓缩后作供试液。另取黄药子乙素作对照品。分别点样于同一硅胶G-CMC薄层板上，以醋酸乙酯-无水乙醇-环己烷（20：1.5：1）展开，喷以对二甲氨基苯甲醛试液，110 ℃烘10 min，供试液色谱在与对照品色谱相应位置上，显相同的樱红色斑点。

【化学成分】块茎含黄药子素（diosbulbin），8-表黄药子素E乙酸酯（8-epidiosbulbin E acetate），薯蓣皂苷元（diosgenin），箭根薯皂苷（taccaoside），薯蓣次苷甲（prosapogenio A）等。

【药理作用】有抗甲状腺肿、抗炎、抗肿瘤、抑制肠平滑肌、兴奋子宫、抑制心肌、抗皮肤真菌作用。亚急性毒性试验表明，对肝、肾组织有一定程度的损害。

【功能主治】药性：苦，寒，有小毒。归肺、肝经。功能：散结消瘿，清热解毒，凉血止血。主治：甲状腺肿、甲亢，白血病，盆腔炎，卵巢囊肿，萎缩性胃炎，骨髓增生异常综合征，乳腺疾病，肛窦炎，喉痹，痈肿疮毒，毒蛇咬伤，肿瘤，吐血，衄血，咯血，百日咳，肺热咳喘。用法用量：内服煎汤，3～9 g；或浸酒；研末1～2 g。外用适量，鲜品捣敷；或研末调敷；或磨汁涂。使用注意：内服剂量不宜过大。有毒，常见的毒性是肝肾组织损伤，但短时间内多以肝组织损伤多见。

附方：

1. 治小儿咽喉肿痛：黄药子、白僵蚕各等分。研末，每服2 g。
2. 治睾丸炎：黄独9～15 g，猪瘦肉120 g。水炖，服汤食肉。
3. 治毒蛇咬伤：黄药子180 g，七叶一枝花、八角莲各18 g。研细粉，每服6～9 g，每日3～6次，一般用米汤送服。胃肠出血者，温开水送服。

4. 治扭伤：黄独根、七叶一枝花（均鲜用）各等量。捣烂，外敷。

【资源综合利用】《千金月令》载有“万州黄药子”，用以疗瘿疾。《滇南本草》首见“黄药子”之名，但无植物形态描述，库区黄药子资源丰富，由于其对甲状腺肿有很好疗效，应以此为原料注意研发新一代抗甲状腺肿药物。

572 穿山龙

【别名】穿地龙、野山药、过山龙。

【来源】为薯蓣科植物穿龙薯蓣*Dioscorea nipponica* Makino的根茎。

【植物形态】多年生缠绕藤本，长达5 m。根茎横生，圆柱形，木质，多分枝，栓皮层显著剥离。茎左旋，圆柱形，近无毛。单叶互生；叶柄长10～20 cm；叶片掌状心形，变化较大，茎基部叶长10～15 cm，宽9～13 cm，边缘作不等大的三角状浅裂、中裂或深裂，顶端叶片小，近于全缘，叶表面黄绿色，有光泽，无毛或有稀疏的白色细柔毛，尤以脉上较密。花单性，雌雄异株。雄花序为腋生的穗状花序，花序基部常由2～4朵集成小伞状，花序顶端常为单花；苞片披针形，顶端渐尖，短于花被；花被碟形，6裂，裂片顶端钝圆；雄蕊6，着生于花被裂片的中央，花药内向。雌花序穗状，单生；花被6裂，裂片披针形；雌蕊柱头3裂，裂片再2裂。蒴果成熟后枯黄色，三棱形，顶端凹入，基部近圆形，每棱翅状，大小不一，一般长约2 cm，宽约1.5 cm。种子每室2粒，有时仅1粒发育，着生于中轴基部，四周有不等的薄膜状翅，上方呈长方形，长约比宽大2倍。花期6—8月，果期8—10月。

【生境分布】生于海拔300～2 000 m的山坡、林边、沟边或灌丛中。分布于巫溪、巫山、奉节、云阳、万州、开州、忠县、石柱、丰都、涪陵、武隆地区。

【采收加工】春、秋季采挖，去掉外皮及须根，晒干或烘干。

【药材性状】根茎类圆柱形，稍弯曲，有分枝，长10～20 cm，直径0.3～1.5 cm。表面黄白色或棕黄色，有纵沟、刺状残根及偏于一侧的突起茎痕，偶有膜状浅棕色外皮和细根。质坚硬，断面平坦，白色或黄白色，散有淡棕色维管束小点。气微，味苦涩。

【显微鉴别】根茎横切面：木栓细胞多列，常脱落。皮层较薄，细胞壁微木化，有黏液细胞，长51～58 μm，直径37～47 μm，内含草酸钙针晶束。中柱散生外韧型维管束。本品薄壁细胞含淀粉粒。

粉末特征：淡黄色。淀粉粒椭圆形、类三角形、葫芦形、圆锥形、贝壳形或不规则形，直径3～17 μm，长至33 μm，脐点多见于侧面，长缝状。草酸钙针晶束随处可散在，或存在于黏液细胞中，长110 μm。木化薄壁细胞淡黄色，长椭圆形或类长方形，一端稍狭窄或偏斜，纹孔较小；木栓细胞黄绿色，表面观圆多角形，类方形或类长方形，垂周壁波状弯曲。具缘纹孔导管直径17～56 μm，纹孔极细密。

【理化鉴别】（1）检查皂苷：取本品粉末约2 g，加水30 mL，水浴上加热10 min，滤过。取水提取液2 mL，置于具塞试管，振摇1 min，产生大量蜂窝状泡沫，放置10 min，泡沫没有明显消失。

▲穿龙薯蓣

（2）薄层鉴别：取本品粉末0.5 g，加水0.5～1 mL，搅匀，再加水饱和的正丁醇5 mL，密塞，振摇约10 min，放置2 h，离心，取上清液，加3倍量正丁醇饱和的水，摇匀，放置分层（必要时离心），取正丁醇液置蒸发皿中，水浴蒸干，残渣加甲醇1 mL使其溶解，作为供试品溶液。另取穿山龙对照药材0.5 g，同法制成对照药材溶液。分别吸取上述两种溶液各2～5 μL，分别点于同一硅胶G薄层板上，以氯仿-甲醇-水（75：35：1）为展开剂，展开，取出，晾干。喷以E试剂（取对二甲氨基苯甲醛1 g，加甲醇75 mL，摇匀后，再缓缓加入盐酸25 mL，摇匀），在105 ℃加热至斑点显色清晰。供试品色谱中，在与对照药材色谱相应的位置上，显相同颜色的斑点。

【化学成分】含薯蓣皂苷（dioscin），纤细薯蓣皂苷（gracillin），穗菝葜甾苷（asperin），25-D-螺甾-3，5-二烯（25-D-spirosta-3，5-diene），对羟基苄基酒石酸（piscidicacid）等。

【药理作用】有免疫抑制、镇咳、祛痰、平喘、降低动脉压、减慢心率、增大心肌收缩力、增加24 h的尿量、改善冠脉流量、降低血胆固醇水平、抗流感病毒、抑菌、抗炎、镇痛、抗肿瘤作用。

【功能主治】药性：苦，平。归肝、肺经。功能：祛风除湿，活血通络，止咳。主治：风湿和类风湿关节炎、慢性布氏杆菌病、冠心病心绞痛、脂肪瘤，慢性气管炎，跌打损伤，疟疾，痈肿。用法用量：内服煎汤，干品6～9 g，鲜品30～45 g；或浸酒。外用适量，鲜品捣敷。

附方：

1. 治风湿腰腿疼痛，筋骨麻木：穿山龙30 g，淫羊藿、土茯苓、骨碎补各9 g。水煎服。
2. 治闪腰岔气，扭伤作痛：穿山龙15 g。水煎服。
3. 治慢性气管炎：穿山龙15 g。水煎服。
4. 治过敏性紫癜：穿山龙30 g，大枣10枚，枸杞子15 g。水煎服。

【资源综合利用】薯蓣属植物所含薯预皂苷元是目前世界上300多种甾体激素类药物合成的起始原料，计划生育使用的各种避孕药是这类激素药物的重要部分。我国甾体激素类药物的生产大多依靠这一野生资源，也是出口创汇的重要原料药。库区有薯蓣属植物14种，巫溪、巫山、奉节、云阳等长江沿线地区以盾叶薯预和柴黄姜为特有种，为道地药材。穿龙薯蓣为广布种。

573 山药

【别名】白苕、怀山药、薯蓣。

【来源】为薯蓣科植物山药*Dioscorea opposita* Thunb.的块茎。

【植物形态】缠绕草质藤本。块茎长圆柱形，垂直生长，长可达1 m，新鲜时断面白色，富黏性，干后白色粉质。茎通常带紫红色，右旋，无毛。单叶，在茎下部的互生，中部以上的对生，很少3叶轮生；叶片变异大，卵状三角形至宽卵状戟形，长3～9 cm，宽2～7 cm，顶端渐尖，基部深心形、宽心形或戟形至近截形，边缘常3浅裂至3深裂，中裂片卵状椭圆形至披针形，侧裂片耳状，圆形、近方形至长圆形，两侧裂片与中间裂片相接处可连成不同的弧线，叶形的变异即使在同一植株上也常有出现。幼苗时，一般叶片为宽卵形或卵圆形，基部深心形。叶腋内常有珠芽（零余子）。雌雄异株。雄花序为穗状花序，长2～8 cm，近直立；2～8个着生于叶腋，偶而呈圆锥状排列；花序轴明显地呈“之”字形曲折；苞片和花被片有紫褐色斑点；雄花的外轮花瓣片宽卵形，内轮卵形；雄蕊6。雌花序为穗状花序，1～3个着生于叶腋。蒴果不反折，三棱状扁圆形或三棱状圆形，长1.2～2.0 cm，宽1.5～3.0 cm，外面有白粉。种子着生于每室中轴中部，四周有膜质翅。花期6—9月，果期7—11月。

【生境分布】生于海拔300～1 600 m的山坡、山谷林下、溪边、路旁的灌丛或杂草中。分布于库区各市县。

【采收加工】芦头栽种当年收，珠芽繁殖第2年收，于霜降后叶呈黄色时采挖。用竹刀或碗片刮去外皮，晒干或烘干，即为毛山药。选择粗大顺直的毛山药，用清水浸匀，再加微热，并用棉被盖好，保持湿润，焖透，然后放在木板上搓揉成圆柱状，将两头切齐，晒干打光，即为光山药。

【药材性状】毛山药：略呈圆柱形，稍扁而弯曲，长15～30 cm，直径1.5～6 cm。表面黄白色或浅棕黄色，有明显纵皱及栓皮未除尽的痕迹，并可见少数须根痕，两头不整齐。质坚实，不易折断，断面白色，颗粒状，粉性，散有浅棕黄色点状物。无臭，味甘，微酸，嚼之发黏。

光山药：呈圆柱形，两端齐平，长7～16 cm，直径1.5～3 cm，粗细均匀，挺直。表面光滑，洁白，粉性足。均以条粗、质坚实、粉性足、色洁白者为佳。

【显微鉴别】块茎横切面：基本组织中黏液细胞类圆形，直径34～85 μm，长85～115 μm，内含草酸钙针晶束，长约52 μm。维管束散在，外韧型，四周有一列薄壁性维管束鞘；后生木质部导管直径约至50 μm。树脂道分布在薄壁细胞间，内充满黄褐色树脂物。本品薄壁细胞含众多淀粉粒。

粉末特征：白色或淡黄白色。淀粉粒多单粒，类圆形、长圆形或卵形，直径8～35 μm，脐点点状、短弧状，位于较小端，可见层纹，偶见复粒，由2～4分粒组成；草酸钙针晶束存在于黏液细胞中，针晶长80～240 μm，单根针晶粗2～5 μm，顶端平截或尖导管为具缘纹孔及网纹导管，也有螺纹及环纹导管，直径12～48 μm；筛管邻近于导管，可见筛管分子内复筛板上的筛域，排成网状或梯纹；纤维少数，细长，直径约14 μm，壁甚厚，木化。

【理化鉴别】取本品粗粉5 g，加水煮沸，滤过，滤液供试验用：（1）检查蛋白质：取滤液1 mL，加5%氢氧化钠液2滴，再加稀硫酸铜液2滴，呈蓝紫色。

（2）检查还原糖类：取滤液1 mL，加斐林试液1 mL，水浴加热，产生红色沉淀。

（3）检查氨基酸：取滤液滴于滤纸上，滴加1%茚三酮丙酮液2滴，加热后立即显紫色（另以空白试剂对照为负反应）。

【化学成分】块茎含薯蓣皂苷元（diosgenin），多巴胺（dopamine），盐酸山药碱（batatasine hydroehloride），多酚氧化酶（polyphenoloxidase），尿囊素（allantoin），止杈素（abscisin），糖蛋白（glucoprotein），氨基酸，山药多糖，无机元素。根茎含多巴胺、儿茶酚胺（catecholamine），胆甾醇（cholesterol），麦角甾醇（ergosterol），胆甾烷醇（cholestanol），菜油甾醇（campesterol），豆甾醇（stigmasterol），β-谷甾醇（β-sitosterol）等多种甾醇；黏液中含植酸（phytic acid），甘露多糖（mannan）Ⅰ，蛋白质，磷。多糖部分由80%的甘露糖和少量的半乳糖，木糖（xylose），果糖（fructose）及葡萄糖所组成。珠芽（零余子）含酚性植物生长调节剂，名山药素（batatasin）Ⅰ、Ⅱ、Ⅲ、Ⅳ、Ⅴ。

▲山药

【药理作用】有降血糖、恢复肠管恢复节律性活动、防治脾虚型便溏、提高免疫功能、对抗环磷酰胺降低白细胞、抗突变、抗肿瘤、耐缺氧作用。给20%山药或熟地、菊花、山药、牛膝4药合剂水煎剂浸泡并阴干的新鲜桑叶喂饲家蚕，结果表明四药合剂能显著延长家蚕寿命，而单味山药虽能延长家蚕龄期，但效果不显著。

【功能主治】药性：甘，平。归脾、肺、肾经。功能：补脾，养肺，固肾，益精。主治：脾虚泄泻，食少浮肿，肺虚咳喘，消渴，遗精，带下，肾虚尿频。外用治痈肿，瘰疬。用法用量：内服煎汤，15～30 g，大剂量60～250 g；或入丸、散。外用适量，捣敷。补阴，宜生用；健脾止泻，宜炒黄用。使用注意：湿盛中满或有实邪、积滞者禁服。

附方：

1. 治脾胃虚弱：山药、白术各50 g，人参1 g。水煎服。
2. 治痰气喘急：鲜山药适量。捣烂，半碗，入甘蔗汁半碗，和匀，顿热饮。
3. 治惊悸怔忡，健忘恍惚：山药200 g，人参50 g，当归身150 g，酸枣仁250 g。研末，炼蜜为丸，如梧桐子大，每服15 g。

【资源综合利用】山药原名薯蓣，《神农本草经》列为上品。食药两用的著名中药材，除药用外，广泛运用于食品加工业。

鸢尾科Iridaceae

574 射干

【别名】扁竹根、老君扇、开喉箭。

【来源】为鸢尾科植物射干*Belamcanda chinensis*（L.）DC.的根茎。

【植物形态】多年生草本，高50～150 cm。根茎粗壮，横生，鲜黄色，呈不规则的结节状，着生多数细长的须根。茎直立，实心，下部生叶。叶互生，扁平，宽剑形，对折，互相嵌叠，排成2列，长20～60 cm，宽2～4 cm，顶端渐尖，基部抱茎，全缘，绿色带白粉；叶脉数条，平行。聚伞花序伞房状顶生，2叉状分枝，枝端着生数花，花梗及分枝基部均有膜质苞片；苞片披针形至狭卵形；花被片6，2轮，外轮花被裂片倒卵形或长椭圆形，长约2.5 cm，宽1 cm，内轮3片略小，倒卵形或长椭圆形，长2～2.5 cm，宽1 cm。花橘黄色，有暗红色斑点；雄蕊3，贴生于外花被片基部，花药外向；雌蕊1，子房下位，3室，中轴胎座，柱头3浅裂。蒴果倒卵形或长椭圆形，具3纵棱，成熟时室背开裂，果瓣向外弯曲。种子多数，近圆形，黑紫色，有光泽，直径约5 mm。花期6—8月，果期7—9月。

▲射干

【生境分布】生于海拔250～1 250 m的山坡、旷地、林缘，常见栽培。分布于云阳、万州、涪陵、武隆地区。

【采收加工】春、秋季采挖，晒干，搓去须根，再晒至全干。

【药材性状】根茎呈不规则结节状，有分枝，长3～10 cm，直径1～2 cm。表面黄棕色、暗棕色或黑棕色，皱缩不平，有明显的环节及纵纹。上面有圆盘状凹陷的茎痕，有时残存有茎基；下面及两侧有残存的细根及根痕。

质硬，折断面黄色，颗粒性。气微，味苦、微辛。以粗壮、质硬、断面色黄者为佳。

【显微鉴别】根茎横切面：表皮细胞残存。木栓细胞多列，外侧2 ~ 3列细胞棕色，壁稍增厚，少数含棕色物。皮层宽，有少数叶迹维管束；内皮层不明显。中柱维管束周木型及外韧型，以外侧为多。本品薄壁细胞含草酸钙柱晶（长40 ~ 150 μm）、淀粉粒及油滴。

粉末特征：橙黄色。草酸钙柱晶较多，棱柱形，多已破碎，完整者长49 ~ 315 μm，直径约至49 μm。淀粉粒单粒圆形或椭圆形，直径2 ~ 17 μm，脐点点状；复粒极少，由2 ~ 5分粒组成。薄壁细胞类圆形或椭圆形，壁稍厚或连珠状增厚，有单纹孔。木栓细胞棕色，表面观多角形，壁薄，微波状弯曲，有的含棕色物。

【化学成分】根及根茎含鸢尾苷元（irigenin），鸢尾黄酮（tectorigenin），鸢尾黄酮苷（tectoridin）等。

【药理作用】有抗炎、抗病原微、雌性激素样、解热、促进乙酰胆碱能神经细胞的生存和生长、增加胆碱乙酰化酶活性、抗凝血、改善毛细血管渗透、增加呼吸道排痰量、抑制皮肤过敏、促进唾液分泌、利胆、利尿作用。射干单用无致癌危险，但与致癌物（3-甲基胆蒽）同用，有促进小鼠皮肤肿瘤发生作用，强度弱于巴豆油。

【功能主治】药性：苦、辛，寒，有毒。归肺、肝经。功能：清热解毒，祛痰利咽，消瘀散结。主治：咽喉肿痛，痰壅咳喘，瘰疬结核，疟母癥瘕，痈肿疮毒。用法用量：内服煎汤，5 ~ 10 g；或入丸、散；或鲜品捣汁。外用适量，煎水洗；或研末吹喉；或捣烂敷。使用注意：病无实热，脾虚便溏及孕妇禁服。

附方：

1. 治白喉：射干3 g，山豆根3 g，金银花15 g，甘草6 g。水煎服。
2. 治腮腺炎：射干、小血藤叶各适量。捣烂，敷患处。
3. 治颈淋巴结结核：射干、连翘、夏枯草各等分。为丸。每服6 g，饭后服用。
4. 治关节炎，跌打损伤：射干90 g。入白酒500 g，浸泡1星期。每次饮15 g，每日2次。

【资源综合利用】射干始载于《神农本草经》，列为下品。射干不仅是我国中医传统用药，也是韩国、日本传统医学的常用药，国外在研发新药和保健用品方面已有专利。射干开发前景乐观。

575 蝴蝶花

【别名】扁竹根、日本鸢尾。

【来源】为鸢尾科植物蝴蝶花*Iris japonica* Thunb.的全草。

【植物形态】多年生草本，高40 ~ 60 cm。根茎细弱，横生，竹鞭状，入地浅，黄褐色。叶基生，2列，剑形，扁平，长25 ~ 60 cm，宽1.2 ~ 3.2 cm，顶端渐尖，下部折合，上面深绿色，背面淡绿色，全缘，叶脉平行，中脉不显著；无叶柄。花茎高于叶；花多数，淡紫色或蓝紫色，排列成稀疏的总状聚伞花序，分枝5 ~ 12个；苞片2 ~ 3枚，剑形，绿色，长1.5 ~ 6 cm，内含2 ~ 4朵花；花直径约5 cm，外轮花被片3，倒卵形或椭圆形，长2.5 ~ 3 cm，宽1.4 ~ 2 cm，顶端微凹，基部楔形，边缘波状，有细齿裂，中脉上有隆起的黄色鸡冠状附属物，内轮花被片稍小，狭倒卵形，顶端2裂，边缘有齿裂，斜上开放；雄蕊3，花丝浅蓝色，花药白色；子房纺锤形，花柱3，分枝扁平，顶端2裂。蒴果长椭圆形，长2.5 ~ 3 cm，直径1.2 ~ 1.5 cm。有6线棱。种子多数，黑褐色，为不规则的多面体。花期3—4月，果期5—6月。

【生境分布】生于海拔300 ~ 1 600 m的山坡、草地、疏林下或林缘。分布于库区各市县。

【采收加工】春、夏季采收，切段晒干。

【化学成分】地上部分含异黄酮类（isoflavones）化合物：蝴蝶花素（irisjaponin）A、B，鸢尾黄酮新苷（iristectorigenin）A、B，鸢尾苷元（tectorigenin），尼泊尔鸢尾黄酮（irisoridon）等。花瓣含恩比宁（embinin），当药素（swertisin）。根茎含鸢尾醛类。

【功能主治】药性：苦；寒；有小毒。功能：消肿止痛；清热解毒。主治：肝炎，肝肿大，喉痛，食积，胃病。用法用量：内服煎汤，6 ~ 15 g。使用注意：脾虚便溏者忌服。

蝴蝶花的根名扁竹根，主治食积腹胀，肝脾肿大，肝炎，胃痛，咽喉肿痛；便血，虫积腹痛，热结便秘，水

▲蝴蝶花

▲鸢尾

肿，疟疾，牙痛，疮肿，痨病，跌打损伤，子宫脱垂，蛇犬咬伤。有小毒。脾虚便溏及孕妇禁服。

附方：

1. 治食积腹胀：扁竹根、臭草根、香附子各9 g。水煎服。
2. 治肝脾肿大：扁竹根、香附子、槟榔、土沉香、青木香各9 g，青皮12 g。泡酒或水煎服。
3. 治急性黄疸型肝炎：扁竹根15 g，车前草、茵陈各30 g。水煎服。
4. 治牙痛：扁竹根15 g。煮绿壳鸭蛋吃。
5. 治跌打损伤：鲜扁竹根6～9 g，洗净，捣烂取汁，开水冲服。
6. 治狂犬咬伤：扁竹根、黑竹根、苦荞头、刮筋板、蓝布裙各9 g。水煎服。

【资源综合利用】园林中常栽在花坛或林中作地被植物。

576 鸢尾

【别名】蓝蝴蝶、豆豉叶、扁竹兰、蛇头知母、土知母。

【来源】为鸢尾科植物鸢尾*Iris tectorum* Maxim. 的根状茎。

【植物形态】多年生草本，高35～60 cm或更高。根状茎较短，肥厚，坚硬，常呈蛇头状，少数为不规则的块状，环纹较密，淡黄色。叶基生，剑形，薄纸质，有数条不明显的纵脉，长15～60 cm，宽1.5～3.5 cm，顶端渐尖，基部鞘状，套叠成2列，形如扇状。花茎与叶近等长，中下部有1～2片茎生叶，顶端有1～2个分枝。苞片倒卵状椭圆形，长4～7 cm。花梗长1～2 cm。花蓝紫色，直径达10 cm，花被管长3～4 cm，花被裂片6，2轮，外轮花被片较大，倒卵形或近圆形，外折，有网纹，中脉具不整齐鸡冠状突起及白色髯毛，内花被片倒卵形，具短爪，拱形直立；雄蕊3，长2.5～3 cm，着生于外轮花被片基部，花药黄色；子房下位，3室，花柱分枝3，花瓣状，蓝色，覆盖着雄蕊，顶端2裂，边缘流苏状。蒴果长椭圆形至倒卵形，6棱，长3～6 cm，直径2～2.5 cm，外皮坚韧，有网纹。种子多数，圆锥状或球形，淡棕褐色，具假种皮。花期4—5月，果期10—11月。

【生境分布】生于海拔400～1 600 m的林缘、路边。分布于库区各市县。

【采收加工】夏、秋季采收，除去须根，晒干。

【药材性状】根茎扁圆柱形，表面灰棕色，有节，节上常有分歧，节间部分一端膨大；另一端缩小，膨大部分密生同心环纹，越近顶端越密。

【化学成分】含鸢尾黄酮苷（tectoridin），鸢尾新苷A、B（iristectorin A、B），鸢尾酮苷（tectoruside），脂肪油。叶含维生素C，鸢尾烯（iristectorene），鸢尾酮（iristectorone）及单环三萜酯类化合物。挥发油含十四酸甲酯（irisquinone），射干醌（belamcandaquinone），鸢尾烯（tetradecanoic acid）等。

【药理作用】有抗炎作用。鸢尾黄酮苷能促进唾液分泌。

【功能主治】药性：辛、苦，寒；有毒。功能：消积、破瘀，行水，解毒。主治：跌打损伤，风湿疼痛，咽喉肿痛，食积腹胀，胃痛，黄疸性肝炎，膀胱炎，便秘，胃热口臭，疟疾，痈疖肿毒，外伤出血，皮肤瘙痒。用法用量：内服煎汤，6～15 g；或绞汁，或研末。外用适量，捣敷；或煎汤洗。使用注意：本品泻下力强，脾虚泻泄者忌用。

附方：

治食积腹胀：鸢尾3 g。研末，白开水或兑酒服。

姜科Zingiberaceae

577　艳山姜

【别名】大良姜、大草蔻、土砂仁、草豆蔻。

【来源】为姜科植物艳山姜*Alpinia zerumber*（Pers.）Burtt et Smith的根茎。

【植物形态】多年生草本，高1.5～3 m。叶互生，叶柄长1～1.5 cm；叶片披针形，长30～60 cm，宽5～15 cm，顶端渐尖而有一旋卷的小尖头，基部渐狭，边缘具短柔毛。圆锥花序呈总状花序式，下垂，长达30 cm；花序轴紫红色，被绒毛，分枝极短，每一分枝上有花1～2朵；小苞片椭圆形，长3～3.5 cm，白色，顶端粉红色，蕾时包裹住花；小花梗极短；花萼近钟形，长约2 cm，白色，一侧开裂，顶端2齿裂；花冠管较花萼短，裂片长圆形，长约3 cm，后方1枚较大，乳白色，顶端粉红色；侧生退化雄蕊钻状；唇瓣匙状宽卵形，长4～6 cm，顶端皱波状，黄色而有紫红色纹彩；雄蕊长约2.5 cm；子房被金黄色粗毛；腺体长约2.5 mm。蒴果卵圆形，直径约2 cm，被稀疏粗毛和纵向条纹，顶端常冠以宿萼，熟时朱红色。种子有棱。花期4—6月，果期7—10月。

▲艳山姜

【生境分布】生于海拔300～600 m的林下、路旁及沟边，常栽培。分布于巫溪、武隆地区。

【采收加工】全年均可采收，鲜用或切片晒干。

【药材性状】果实呈球形，两端略尖，长约2 cm，直径1.5 cm，黄棕色，略有光泽，有10数条隆起的纵棱，顶端具一突起，为花被残基，基部有的具果柄断痕。种子团瓣排列疏松，易散落，假种皮膜质，白色。种子为多面体，长4～5 mm，直径3～4 mm。味淡，略辛。

【显微鉴别】种子横切面：种皮表皮细胞类方形。下皮为2～3列细胞，长方形或类方形，切向排列，内含黄褐色物，色素层为数列棕色细胞，其中散有类圆形油滴；内种皮为1列栅状石细胞，棕黄色，内壁及侧壁极厚，胞腔小，内含硅质块。外胚乳细胞含草酸钙方晶。

粉末特征：灰棕色。①假种皮细胞较大，常成团；单个细胞呈纺锤形，有的呈椭圆形，末端多膨大，腔胞中含颗粒状物。②皮表皮细胞呈多角形，常见下皮细胞与之重叠。③下皮细胞壁薄。④石细胞多角形或类圆形。⑤油细胞较大，卵圆形，含棕色物。

【理化鉴别】（1）取本品粗粉1 g，加石油醚10 mL，浸过夜，滤液为棕黄色。置紫外灯（365 nm）下观察，显黄白色荧光。滴加5%香草醛-浓硫酸，显紫色至暗紫色。

（2）薄层鉴别：取本品粗粉2 g，加乙醚15 mL，浸2 h，滤过；滤液挥尽乙醚，残渣加甲醇0.5 mL溶解，作供试品溶液。另取对照品龙脑加无水乙醇制成每1 mL含20 mg的溶液和龙脑酸乙酯加无水乙醇制成10%的溶液作对照品溶液。分别吸取供试品溶液5 μL和对照品溶液各3 μL，点于同一硅胶G层析板上。用正己烷-乙酸乙酯（85：15）展开，展距15 cm。取出后喷2%香草醛硫酸溶液，105 ℃烘10 min。供试品色谱中与对照品色谱的相应位置，显相同颜色的斑点。

【化学成分】种子含挥发油，棕榈酸等。根茎含龙脑（borneo1），肉桂酸甲酯（methyl cinnamate），樟脑（camphor），α-蒎烯（α-pinene），β-蒎烯（β-pinene），桉叶素（1，8-cineole），对-聚伞花素（p-cymene），α-侧柏烯（α-thujene），香桧烯（sabinene），柠檬烯（limonene），γ-松油烯（γ-terpinene），4-松油醇（4-terpineol），二氢-5，6-去氢卡瓦胡椒素（dihydro-5，6-dehydrokawain）等。

【药理作用】有抑制离体蛙心，收缩肠管作用。

【功能主治】药性：辛、涩，温。功能：温中燥湿，行气止痛，截疟。主治：胸腹胀满，消化不良，呕吐腹泻，疟疾，心腹冷痛。用法用量：内服煎汤，种子或根茎3～9 g；种子研末，每次1.5 g。外用适量，鲜根茎捣敷。

附方：

治胃痛：艳山姜、五灵脂各6 g。研末，每次3 g，温开水送服。

578 姜黄

【别名】川姜黄、黄姜。

【来源】为姜科植物姜黄*Curcuma longa* L.的根茎。

【植物形态】多年生草本，高1～1.5 m。根茎发达，成丛，分枝呈椭圆形或圆柱状，橙黄色，极香；根粗壮，末端膨大成块根。叶基生，5～7片，2列；叶柄长20～45 cm；叶片长圆形或窄椭圆形，长20～50 cm，宽5～15 cm，顶端渐尖，基部楔形，下延至叶柄，上面黄绿色，下面浅绿色，无毛。花葶由叶鞘中抽出，总花梗长12～20 cm；穗状花序圆柱状，长12～18 cm；上部无花的苞片粉红色或淡红紫色，长椭圆形，长4～6 cm，宽1～1.5 cm，中下部有花的苞片嫩绿色或绿白色，卵形至近圆形，长3～4 cm；花萼筒绿白色，具3齿；花冠管漏斗形；长约1.5 cm，淡黄色，喉部密生柔毛，裂片3；能育雄蕊1，花丝短而扁平，花药长圆形，基部有距；子房下位，外被柔毛，花柱细长，基部有2个棒状腺体，柱头稍膨大，略呈唇形。花期8月。

【生境分布】多为栽培。分布于万州、丰都地区。

【采收加工】12月下旬采挖，摘下块根作黄丝郁金用，根茎水洗后，放入开水中焯熟，烘干，撞去粗皮。

【药材性状】姜黄根茎呈不规则卵圆形或纺锤形（由主根茎加工）、圆柱形，常弯曲（侧生根茎）。表面深黄色，粗糙，有皱缩纹理和明显环节，并有圆形分枝痕及须根痕。质坚实，不易折断，断面棕黄色至金黄色，角

▲姜黄

质样，有蜡样光泽。内皮层环纹明显，维管束呈点状散在。气香特异。味苦、辛。以质坚实、断面金黄、香气浓厚者为佳。

【显微鉴别】根茎横切面（约2 cm）：外侧4～10列木栓化细胞，常发生在皮层部分，其外有时可见表皮及皮层细胞。皮层宽广，有叶迹维管束；内皮层明显。中柱鞘为1～2列细胞；维管束有限外韧型，近中柱鞘处较多，向内渐少。本品薄壁细胞含淀粉粒及棕色色素；薄壁组织中散有油细胞。

【理化鉴别】薄层鉴别：取本品细粉1 g，于带塞试管中加甲醇3 mL、振摇后放置1 h，即得样品液。另取姜黄素用甲醇溶解作对照液。分取上清液10～15 μL点样硅胶G。板上，用苯-氯仿-乙醇（49：49：2）展开。展距：17 cm。以10%磷钼酸喷雾后显色。与对照液相同的位置上显相同的斑点。

【化学成分】根茎含姜黄素（curcumin），双去甲氧基姜黄素（bisdemethoxycurcumin），去甲氧基姜黄素（demethoxycurcu-min），二氢姜黄素（dihydrocurcumin），姜黄新酮（curlone），姜黄酮醇（turmeronol），大牻牛儿酮-13-醛（gerrnacrone-13-al），4-羟基甜没药-2，10-二烯-9-酮（4-hydroxybisabola-2，10-diene-9-one），原莪术二醇（procurumadiol），莪术双环烯酮（curcumenone）等。还含甾醇类，脂肪酸等。

【药理作用】有抗肿瘤、降血脂、增加心肌营养性血流量、急剧而短暂降压、抑制心脏、抗心肌缺血、脑缺血及脑缺氧、利胆、护肝、抗炎、抗溃疡、保护胃损伤、保护胃黏膜、抗氧化、抗血栓、抗生育、抗病原微生物及原虫、抗突变、加快创伤愈合过程、抗血管生成作用。新鲜姜黄根茎提取物在体外可引起染色体断裂及其他畸变。

【功能主治】药性：苦、辛，温。归脾、肝经。功能：破血行气，通经止痛。主治：血瘀气滞诸证，胸腹胁痛，妇女痛经，闭经，产后瘀滞腹痛，风湿痹痛，跌打损伤，痈肿。用法用量：内服煎汤，3～10 g；或入丸、散。外用适量，研末调敷。使用注意：血虚无气滞血瘀及孕妇慎服。

附方：

1. 治心痛：姜黄50 g，桂皮150 g。上二味，研细。每服8 g，醋汤调下。
2. 治风痰攻臂疼痛：姜黄10 g，羌活5 g，白术8 g，甘草5 g。水煎温服。
3. 治产后腹痛：姜黄1 g，没药0.5 g。研末，分三次服。
4. 治牙痛：姜黄、白芷、细辛等分。研粗末，搽患处，须臾吐涎，以盐汤漱口。面赤肿者，去姜黄加川芎。

579　莪术

【别名】蓬莪术、蓬术、黑心姜、文术。

【来源】为姜科植物蓬莪术*Curcuma phaeocaulis* Val.的根茎。

【植物形态】多年生草本，高80～150 cm。主根茎陀螺状至锥状陀螺形，侧根茎指状，内面黄绿色至墨绿色，或有时灰蓝色，须根末端膨大成肉质纺锤形，内面黄绿或近白色。叶鞘下段常为褐紫色。叶基生，4～7片；叶柄短，为叶片长度的1/3～1/2或更短；叶片长圆状椭圆形，长20～50 cm，宽8～20 cm，顶端渐尖至短尾尖，基部下延成柄，两面无毛，上面沿中脉两侧有1～2 cm宽的紫色晕。穗状花序圆柱状，从根茎中抽出，长12～20 cm，有苞片加多枚，上部苞片长椭圆形，长4～6 cm，宽1.5～2 cm，粉红色至紫红色；中下部苞片近圆形，长2～3.5 cm，宽1.5～3.2 cm，淡绿色至白色。花期4—6月。

【生境分布】生于山野、村旁、林下，栽培。分布于万州、石柱、武隆地区。

【采收加工】12月中、下旬采挖，蒸或煮约15 min，晒干或烘干，撞去须根。

【药材性状】根茎类圆形、卵圆形、长圆形，顶端多钝尖，基部钝圆，长2～5 cm，直径1.5～2.5 cm。表面土黄色至灰黄色，上部环节明显，两侧各有1列下陷的芽痕和类圆形的侧生根茎痕；体重，质坚实，断面深绿黄色至棕色，常附有棕黄色粉末。皮层与中柱易分离。气微香，味微苦而辛。

【显微鉴别】粉末特征：呈淡黄色或淡黄棕色。气微香。味微淡而辛。含糊化淀粉块的薄壁细胞极多，淀粉块大小不等，类圆团状，与细胞壁紧密结合。滴加水合氯醛液加热，团块逐渐消失；未糊化的淀粉粒，单粒，类卵圆形、椭圆形或短棒状，常于一端具较明显的突起，直径11～24 μm，长20～41 μm，少数可见点状脐点，位于较小一端，常可见细密的层纹；导管易见，螺纹或梯纹，直径13～45 μm，稀有更大者，壁木化。螺纹导管的增厚壁较细密，常见有扭曲状散离；鳞叶表皮非腺毛，较少，呈长锥形或针形，由1～3个细胞组成，单列，直径20～45 μm（中段），细胞中有时可见淡黄棕色含有物。

【理化鉴别】取本品中粉30 g，加氯仿10 mL，超声处理40 min或冷浸24 h，滤至10 mL量瓶中，用氯仿洗涤并稀释至刻度，摇匀。本溶液在242 nm处有最大吸收，其吸收度不得低于0.45。

【化学成分】根茎含挥发油，油中主成分为莪术呋喃烯酮（curzerenone）占44.93%，龙脑（bomeol）占4.28%，大牻牛儿酮（germacrone）占6.16%，还含α-和β-蒎烯（pinene），樟烯（camphene），柠檬烯（1imonene），1，8-桉叶素（1，8-cineole），松油烯（terpinene），异龙脑（isobo-meol），丁香烯（caryophyllene），姜黄烯（curcumene），丁香烯环氧化物（caryophylleneepoxide），姜黄酮（turmerone），芳姜黄酮（ar-turmerone），莪术二酮（curdione），莪术烯醇（curcumenol）以及异莪术烯醇（isocurcumenol）等。另含二呋喃莪术烯酮（difuroeumenone），莪术二醇（aerugidiol），姜黄素类（curcuminoids）化合物。

【药理作用】有抗肿瘤、抗突变、抗血栓形成、升高白细胞、抗早孕、保肝、改善急性肾功能衰竭指标、抑菌作用。

【功能主治】药性：辛、苦，温。归肝、脾经。功能：行气破血，消积止痛。主治：血气心痛，饮食；积滞，脘腹胀痛，血滞经闭，痛经，癥瘕痞块，跌打损伤。用法用量：内服煎汤，3～10 g；或入丸、散。外用适量。使用注意：月经过多及孕妇禁服。

附方：

1. 治血气心痛：蓬莪术25 g，玄胡索0.3 g。研末，每服25 g，饭前淡醋汤调下。

2. 血积经闭：莪术、三棱各50 g，熟大黄50 g。丸如绿豆大，每服一二十丸，白汤下。

3. 治伤扑疼痛：莪术、白僵蚕、苏木各50 g，没药25 g。研末，每服6 g，水煎温服，日三五服。

【资源综合利用】莪术始载于《雷公炮炙论》，为常用的活血化瘀中药。现开发莪术挥发油针剂用于治疗癌症。

▲蓬莪术

▲姜花

▲姜

580　姜花

【别名】路边姜、土羌活、山羌活。

【来源】为姜科植物姜花*Hedychium coronarium* Koenig的根状茎。

【植物形态】多年生草本，高1 ~ 2 m。具块状根茎。叶长圆状披针形或披针形，长10 ~ 50 cm，宽3 ~ 11 cm，下面被短柔毛；无柄；叶舌膜质，长2 ~ 3 cm。穗状花序顶生，椭圆形，长5 ~ 20 cm；苞片绿色，卵形或倒卵形，长4 ~ 5 cm，宽2.5 ~ 4 cm，顶端圆形或短尖，覆瓦状排列，每一苞片内有花2 ~ 3朵；花萼管纤细，一侧开裂，长约4 cm；花冠白色，管部长约8 cm，裂片3，披针形，长4 ~ 5 cm，后方一枚兜状，顶端具尖头；侧生退化雄蕊白色，花瓣状，长圆状披针形，长约5 cm；唇瓣倒卵形或倒心形，长和宽5 ~ 6 cm，中央淡黄色，顶端2裂；发育雄蕊1，花丝纤弱，长于花冠；退化雄蕊矩圆形，长4 ~ 5 cm，宽2 ~ 2.6 cm，子房3室，被绢毛，花柱单生，为花药所抱持。蒴果球形，3瓣裂；种子多数，有假种皮。花期8—12月。

【生境分布】生于海拔300 ~ 1 000 m的林下，常栽培。分布于库区各市县。

【采收加工】秋、冬季采挖，切片，晒干。

【化学成分】根茎含姜花内酯（hedychilactones），桉叶素，月桂烯，柠檬烯，樟脑，龙脑，水杨酸甲酯，丁香油酚，姜花素，异姜花素，多糖等。

【药理作用】有抑制血管透性、激活小鼠腹膜巨噬细胞产生一氧化氮作用。

【功能主治】药性：辛，温。功能：祛风除湿，温中散寒，止呕。主治：风寒感冒，头痛身痛。风湿筋骨疼痛，脘腹冷痛，跌打损伤，寒湿白带。用法用量：内服煎汤，9 ~ 15 g。

附方：

治感冒风寒，鼻塞头痛：姜花根15 g，紫苏9 g，水蜈蚣9 g。水煎服。

姜花果温中散寒，止痛。用于胃脘胀闷，消化不良，寒滞作呕。

【资源综合利用】本种花极香，花期长，常栽培于庭园或切花插瓶供观赏。

581　姜

【别名】生姜、干姜。

【来源】为姜科植物姜*Zingiber officinale* Rosc. 的根茎。

【植物形态】多年生草本，高50 ~ 80 cm。根茎肥厚，断面黄白色，多粉质，具浓厚的辛辣气味。叶互生，二列，无柄，几抱茎；叶舌长2 ~ 4 mm；叶片披针形至线状披针形，长15 ~ 30 cm，宽1.5 ~ 2.2 cm，顶端渐尖，基部狭。花葶自根茎抽出，长15～25 cm；穗状花序椭圆形，长4～5 cm；苞片卵形，长约2.5 cm，淡绿色，边缘淡黄色，顶端有小尖头；花萼管长约1 cm，具3短尖齿；花冠管黄绿色，管长2.0～2.5 cm，裂片3，披针形，长不及2 cm，唇瓣中间裂片长圆状倒卵形，较花冠裂片短，有紫色条纹和淡黄色斑点，两侧裂片卵形，黄绿色，具紫色边缘；雄蕊1，暗紫色，花药长约9 m，药隔附属体包裹住花柱；子房3室，花柱1，柱头近球形。蒴果。种子多数，黑色。花期8月。

【生境分布】库区各地广为栽培。

【采收加工】10—12月茎叶枯黄时采收，去掉茎叶、须根，鲜用或晒干。

【药材性状】根茎呈不规则块状，略扁，具指状分枝，长4～18 cm，厚1～3 cm。表面黄褐色或灰棕色，有环节，分枝顶端有茎痕或芽。质脆，晚折断，断面浅黄色，内皮层环纹明显，维管束散在。气香，特异味辛辣。

【显微鉴别】根茎横切面：木栓层为多列扁平木栓细胞。皮层散列多数叶迹维管束；内皮层明显，可见凯氏带。中柱占根茎的大部分，散列多数外韧型维管束，近中往鞘处维管束形小，排列较紧密，木质部内侧或周围有非木化的纤维束。本品薄壁组织中散有油细胞。薄壁细胞含淀粉粒。

【理化鉴别】薄层鉴别：分取干姜1 g，生姜5 g磨碎，各加甲醇适量，振摇后静置1 h，滤过。滤液浓缩至约1 mL，作供试液，以芳樟醇、1，8-桉油素为对照品，分别点样于同一硅胶G薄层板上，用石油醚-乙酸乙酯（85：15）展开，以1%香草醛硫酸液显色。供试液色谱在与对照品色谱的相应位置上，显相同颜色的斑点。

【化学成分】含挥发油：α-姜烯（α-zingiberene），水芹烯，莰烯，没药烯，α-姜黄烯，α和β金合欢烯，β-倍半菲兰烯，龙脑，姜醇，柠檬醛，芳樟醇，桉油素，壬醛等。姜的辛辣成分为姜辣素（即姜酚gingerol）以及分解产物姜酮（zingiberone），姜烯酚（shogaol）。尚含六氢姜黄素，氨基酸，淀粉，树脂，脂肪油，黏液等。生姜还含呋喃大牻牛儿酮（furanogermenone），2-哌啶酸（pipecolic acid）及天冬氨酸（aspartic acid），谷氨酸（glutamic acid），丝氨酸（serine）等多种氨基酸。

【药理作用】有健胃止呕、兴奋血管及呼吸中枢、抑菌、抗原虫、松弛肠管、升血压、杀灭阴道滴虫作用。使用注意：用量不宜过大，以免引起口干、喉痛、肾炎。对胃酸及胃液分泌呈双相作用。

【功能主治】辛，温；归肺、胃、脾经。散寒解表；温中止呕；化痰止咳。用于风寒感冒，胃寒呕吐，寒痰咳嗽，心腹冷痛，腹泻，肢冷脉微，风寒湿痹，食鱼蟹中毒，阳虚吐、衄、下血。姜皮行气消水。内服煎汤，3～10 g，姜皮1.5～6 g；或捣汁冲。外用适量，捣敷；或炒热熨；或绞汁调搽阴虚火旺者忌用。生姜皮辛，凉，治皮肤浮肿。生姜汁辛，温，散胃寒力量强，多用于呕吐。干姜辛，温，温中，回阳通脉，温脾寒力量大。炮姜辛，苦，走里不走表，温下焦之寒。炮姜炭温，偏于温血分之寒。煨姜苦，温，偏于温肠胃之寒。生姜辛而散温，益脾胃，善温中降逆止呕，除湿消痞，止咳祛痰，以降逆止呕为长。

附方：

1. 治呕吐腹泻，四肢厥冷：干姜9 g，制附子15 g，甘草3 g。水煎服。

2. 治脾胃虚寒腹泻：干姜、白术各9 g，党参12 g，甘草6 g。水煎服。

3. 治十二指肠球部溃疡（虚寒型）：干姜、吴茱萸、炙甘草各4.5 g，白芍、白术各9 g，香附、砂仁各3 g，九香虫6 g，水煎服。待疼痛减轻后改用党参、黄芪、白芍各9 g，桂枝、甘草各3 g，生姜6 g，大枣5枚。水煎服。

4. 治蛔虫性肠梗阻：生姜汁半匙。内服。

5. 治水肿：姜皮、陈皮、茯苓皮、大腹皮、冬瓜皮各9 g。水煎服。

兰科Orchidaceae

582　白及

【别名】白鸡儿、白鸡婆。

【来源】为兰科植物白及*Bletilla striata*（Thunb.）Abeichenb的根茎。

【植物形态】多年生草本，高15～70 cm。根茎（或称假鳞茎）三角状扁球形或不规则菱形，肉质，肥厚，富黏性，常数个相连。茎直立。叶片3～5，披针形或宽披针形，长8～30 cm，宽1.5～4 cm，顶端渐尖，基部下延成长鞘状，全缘。总状花序顶生，有花3～8朵，花序轴长4～12 cm；苞片披针形，长1.5～2.5 cm，早落；雄蕊与雌蕊合为蕊柱，两侧有窄翅，柱头顶端着生1雄蕊，花药块4对，扁而长；子房下位，圆柱形，扭曲。蒴果圆柱形，长约3.5 cm，直径约1 cm，两端稍尖，具6纵肋。花期4—5月，果期7—9月。

【生境分布】生于海拔400～1 200 m的山野、山谷较潮湿处，有栽培。分布于云阳、奉节、开州、万州、丰都、涪陵、武隆、长寿地区。

【采收加工】栽种3～4年后的9—10月采挖，洗净泥土，除去须根，经蒸煮至内面无白心时取出，晒或炕干，然后撞去残须。

【药材性状】根茎呈不规则扁圆形或菱形，有2～3分歧似掌状，长1.5～5 cm，厚0.5～1.5 cm。表面灰白色或黄白色，有细皱纹，上面有凸起的茎痕，下面有连接另一块茎的痕迹；以茎痕为中心，有数个棕褐色同心环纹，环上残留棕色点状的须根痕。质坚硬，不易折断，断面类白色，半透明，角质样，可见散在的点状维管束。粗粉遇水即膨胀，有显著黏滑感，水浸液呈胶质样。无臭，味苦，嚼之有黏性。以个大、饱满、色白、半透明、质坚实者为佳。

【显微鉴别】粉末特征：黄白色。含糊化淀粉粒的薄壁细胞多呈不规则碎块，遇碘液显蓝色。黏液细胞甚大，类圆形或椭圆形，直径约至380 μm，内含草酸钙针晶束，针晶长18～88 μm。表皮细胞表面观形状不规则，垂周壁深波状弯曲，壁厚3～6 μm，木化或微木化，孔沟明显，垂周壁具稀疏短缝状纹孔；断面观类方形，被较厚的角质层。下皮细胞类多角形，壁稍弯曲，有的连珠状增厚，木化。纤维长梭形，壁木化，具斜纹孔或相交成"人"字形；纤维束周围细小类方形细胞含类圆形硅质块。此外，有梯纹、具缘纹孔及螺纹导管。

【理化鉴别】检查糖类试验：取本品约2 g，加水20 mL，在沸水中热浸30 min，滤过。

（1）取热水提取液1 mL，加入新配制的碱性酒石酸铜试剂5～6滴，在沸水浴中加热5 min，产生棕红色氧化亚铜沉淀。

（2）取热水提取液1 mL，加5% α-萘酚乙醇溶液3滴，摇匀，沿试管壁缓缓加入浓硫酸0.5 mL，在试液界面处形成紫红色环。

【化学成分】块茎含联苄类化合物，二氢菲类化合物，双菲醚类化合物，二氢菲并吡喃类化合物，具螺内酯的菲类衍生物等。

【药理作用】有止血、保护胃黏膜、抗肿瘤、抗菌作用。反乌头。

【功能主治】药性：苦、甘、涩，微寒。归肺、胃经。功能：收敛止血，消肿生肌。主治：咯血，吐血，衄血，便血，外伤出血，痈疮肿毒，烫灼伤，手足皲裂，肛裂。用法用量：内服煎汤，3～10 g；研末，每次1.5～3 g。外用适量，研末撒或调涂。使用注意：外感及内热壅盛者禁服。

▲白及

附方：

1. 治支气管扩张咯血，肺结核咯血：白及、海螵蛸、三七各180 g。研细粉，每服9 g，每日3次。

2. 治肠胃出血：白及、地榆各等量。炒焦，研末。每服3 g，温开水送服，每日2～3次。

3. 治疮口不敛：白及3 g，赤石脂（研）3 g，当归（去芦头）10 g，龙骨（研）少许。研细末，干掺。

4. 治跌打骨折：白及末10 g，酒调服。

【资源综合利用】白及始载于《神农本草经》，列为下品。近年来，白及作为一种理想栓塞剂，具有栓塞和抑制肿瘤侧支循环形成的双重作用，在介入疗法中广泛用于肿瘤血管栓塞。此外，白及中提取的白及胶可作为制剂的药用基质和药物载体。

583 山慈姑

【别名】毛慈姑、山茨姑。

【来源】为兰科植物杜鹃兰*Cremastra appendiculata*（D. Don）Makino的假鳞茎。

【植物形态】多年生草本。假鳞茎聚生，近球形，粗1～3 cm。顶生1叶，很少具2叶；叶片椭圆形，长达45 cm，宽4～8 cm，顶端急尖，基部收窄为柄。花葶侧生于假鳞茎顶端，直立，粗壮，通常高出叶外，疏生2枚筒状鞘；总状花序疏生多数花；花偏向一侧，紫红色；花苞片狭披针形，等长于或短于花梗（连子房）；花被片呈筒状，顶端略开展；萼片和花瓣近相等，倒披针形，长3.5 cm左右，中上部宽约4 mm，顶端急尖；唇瓣近匙形，与萼片近等长，基部浅囊状，两侧边缘略向上反折，前端扩大并为3裂，侧裂片狭小，中裂片长圆形，基部具1个紧贴或多少分离的附属物；合蕊柱纤细，略短于萼片。花期6—8月。

【生境分布】生于海拔500～1 650 m的山坡及林下阴湿处。分布于巫溪、巫山、奉节、云阳、万州、开州、石柱、涪陵、武隆地区。

【采收加工】夏、秋季采挖，除去茎叶、须根，洗净，蒸后，晾至半干，再晒干。

【药材性状】假鳞茎呈不规则扁球形或圆锥形，长1.8～3 cm，膨大部直径1～2 cm，顶端渐突起，具叶柄痕，基部脐状，有须根或须根痕；表面黄棕色或棕褐色，有皱纹或纵沟纹，膨大部分有2～3条微突起的环节，节上有的具鳞叶干枯腐烂后留下的丝状维管束。质坚硬，难折断，断面灰白色，略呈粉性（加工品表面及断面呈黄白色，角质）。气微，味淡，带黏性。

【显微鉴别】假鳞茎横切面（生品，直径1.5～2 cm）：表皮细胞1列，其内有2～3列厚壁细胞，淡黄色，基本薄壁细胞类圆形，含黏液质或淀粉粒。淀粉粒单粒，圆球形、半圆球形或类长圆形，偶有2～3分粒组成的复粒，直径12～72 μm，脐点点状或裂缝状，位于中央，层纹不明显（加工品淀粉粒已糊化）。近表皮处薄壁细胞中多含草酸钙针晶束，长70～150 μm，维管束外韧型，散在。

▲杜鹃兰

粉末特征：淡黄白色。黏液细胞类圆形或类椭圆形，直径45 ~ 114 μm，细胞中充满细小颗粒状黏液质。草酸钙针晶束存在于黏液细胞中，少数散在，针晶长40 ~ 90 μm。后生表皮细胞呈块片状，表面观呈多角形，壁略增厚，黄棕色，有稀疏的细小壁孔。螺纹及网纹导管直径16 ~ 27 μm，壁微木化。此外，有淀粉粒，多已糊化。

【化学成分】全草含杜鹃兰素（cremastosine）、秋水仙碱、黏液质等。

【药理作用】有降血压、抗体细胞遗传物质突变、护肝、抗癌的作用。

【功能主治】药性：甘、微辛，寒；有小毒。归肝、胃、肺经。功能：清热解毒，消肿散结。主治：肝硬化，食管贲门癌梗阻，宫颈癌，乳腺增生，痈疽恶疮，结核，咽痛喉痹，蛇、虫咬伤。用法用量：内服煎汤，3 ~ 6 g；或磨汁；或入丸、散。外用适量，磨汁涂；或研末调敷。使用注意：身虚体弱者慎服。

附方：

1. 治毒蛇咬伤：鲜山慈姑适量。捣烂，从伤口周围红肿的远端开始涂敷，逐渐近于伤处。
2. 治瘿瘤：山慈姑、海石、昆布、贝母各等分。研末。每服15 g，白开水调服。
3. 治食道癌：山慈姑、公丁香各9 g，柿蒂5个。水煎服。

584 兰草

【别名】朵朵香、山兰。

【来源】为兰科植物春兰*Cymbidium goeringii*（Rchb. f.）Rchb. f.的全草及根。

【植物形态】多年生草本。根长圆柱状，簇生，肥厚。叶4 ~ 6枚丛生，狭带形，长20 ~ 60 cm，宽6 ~ 12 mm，稍坚挺，顶端渐尖，边缘有细锯齿。花葶直立，远比叶短，具4 ~ 5枚长鞘；花苞片长而宽；花1 ~ 2朵，径4 ~ 5 cm，浅黄绿色，有香气；萼片近相等，狭长圆形，长3.5 cm左右，宽6 ~ 8 mm，顶端急尖，中脉基部具紫褐色条纹；花瓣卵状披针形，比萼片略短；唇瓣不明显3裂，浅黄色带紫褐色斑点，顶端反卷，唇盘中央从基部至中部具2条褶片；蕊柱直立。蒴果。种子细小。花期2—3月。

【生境分布】生于海拔500 ~ 1 650 m的林下阴湿处或溪边。库区各地有栽培，变型及栽培品种很多。

【采收加工】四季采挖，鲜用或晒干。

【化学成分】含酸性磷酸酶，酯化酶，天冬氨酸转氨酶同工酶等。

【功能主治】药性：辛，平；心，脾，肺经。功能：清肺止咳，凉血止血，利湿，解毒杀虫。主治：支气管炎，咳嗽，咯血，吐血，尿血，白浊，白带，尿路感染，跌打损伤，疮疔。用法用量：内服煎汤，9 ~ 15 g；鲜者15 ~ 30 g；或研末，每次4 g。外用适量，捣汁涂。

▲春兰

▲金钗石斛

附方：

1. 治肺结核咳嗽，咯血：鲜兰草根50 g。捣烂取汁，调冰糖炖服。

2. 治白浊、白带等妇女疾病：兰草全草15 ~ 50 g。水煎服；或炖猪肉或鸡肉服。

春兰花理气，宽中，明目；主治久咳，胸闷，腹泻，白内障。

3. 治久咳：春兰花蕾14朵。水煎服。

4. 明目：春兰花适量。晒干，泡水代茶饮。

【资源综合利用】春兰为高雅观赏花卉。鲜花可做菜肴，芳香可口，开胃健脾。

585　石斛

【别名】金钗花、小环草、扁黄草。

【来源】为兰科植物金钗石斛*Dendrobium nobile* Lindl的茎。

【植物形态】多年生附生草本。茎丛生，直立，高30 ~ 50 cm，直径1 ~ 1.3 cm，黄绿色，多节，节间长2.5 ~ 3.5 cm。叶近革质，常3 ~ 5枚生于茎上端；叶片长圆形或长圆状披针形，长6 ~ 12 cm，宽1.5 ~ 2.5 cm，顶端2圆裂，叶脉平行，通常9条；叶鞘紧抱于节间，长1.5 ~ 2.7 cm；无叶柄。总状花序自茎节生出，通常具2 ~ 3花；苞片卵形，小，膜质；花大，下垂，直径6 ~ 8 cm；花萼及花瓣白色，末端呈淡红色；萼片3，中萼片离生，两侧萼片斜生于蕊柱足上，长圆形，长3.5 ~ 4.5 cm，宽1.2 ~ 1.5 cm；花瓣卵状长圆形或椭圆形，与萼片几等长，宽2.1 ~ 2.5 cm，唇瓣近圆卵形，生于蕊柱足的前方，长4 ~ 4.5 cm，宽3 ~ 3.5 cm，顶端圆，基部有短爪，下半部向上反卷包围蕊柱，两面被茸毛，近基部的中央有一块深紫色的斑点；合蕊柱长6 ~ 7 mm，连足部长约12 mm；雄蕊圆锥状，花药2室，花药块4，蜡质。蒴果。花期5—6月。

【生境分布】附生于海拔400 ~ 1 700 m的高山石上和林中树干上。以株繁殖为主。分布于巫溪、巫山、万州、忠县、涪陵、武隆地区。

【采收加工】全年均可收割，鲜用、晒干或烘干；也可先将石斛置开水中略烫，再晒干或烘干。

【药材性状】茎中、下部扁圆柱形，向上稍呈“之”字形弯曲，长18 ~ 42 cm，中部直径0.4 ~ 1 cm，节间长1.5 ~ 6 cm。表面金黄色或绿黄色，有光泽，具深纵沟及纵纹，节稍膨大，棕色，常残留灰褐色叶鞘。质轻而脆，断面较疏松。气微，味苦。鲜石斛：茎圆柱形或扁圆柱形，长约30 cm，直径0.4 ~ 1.2 cm。表面黄绿色，光滑或有纵纹，节明显，色较深，节上有膜质叶鞘。肉质，多汁，易折断。气微，味微苦而回甜。嚼之有黏性。以色金黄、有光泽、质柔韧者为佳。

【显微鉴别】粉末特征：灰黄绿色。束鞘纤维多成束或散离，微木化，纹孔稀少，纤维束周围含硅质块细胞排成纵行。草酸钙针晶束存在于薄壁细胞中，完整者长约至170 μm。表皮细胞表面观呈长多角形，垂周壁连珠状增厚，角质层表面有网状裂纹。木纤维多成束，纹孔较多，可见细小具缘纹孔。此外有木薄壁细胞，网纹、梯纹导管及具较大纹孔的薄壁细胞。

【理化鉴别】薄层鉴别：取本品粗粉置于三角瓶中，加少量浓氨水润湿，加氯仿提取，提取液浓缩后供点样，以石斛碱为对照品，分别点于硅胶G薄板上，以氯仿-甲醇（10：0.8）展开（氨蒸气饱和），用改良碘化铋钾显色，样品色谱在与对照品色谱相对应位置处，显相同的橘红色斑点。

【化学成分】茎含生物碱0.3%。主要为石斛碱（dendrobine），石斛酮碱（nobilonine），6-羟基石斛碱（6-hydroxydendro-bine）又名石斛胺（dendramine），石斛醚碱（dendroxine）等。

【药理作用】有兴奋平滑肌、降低胃肠推进活动、抑制心脏、降低血压并抑制呼吸、扩张、肠系膜血管、抗肿瘤、促进机体免疫功能、延缓衰、兴奋肠管、延缓白内障作用。

【功能主治】药性：甘，微寒。归胃、肺、肾经。功能：生津养胃，滋阴清热，润肺益肾，明目强腰。主治：热病伤津，口干烦渴，胃阴不足，胃痛干呕，肺燥干咳，虚热不退，白内障，腰膝软弱。用法用量：内服煎汤，6～15 g，鲜品加倍；或入丸、散；或熬膏。鲜石斛清热生津力强，热病津伤者宜之；干石斛用于胃虚夹热伤阴者为宜。使用注意：温热病早期阴未伤者、湿温病未化燥者、脾胃虚寒者均禁服。

附方：

1. 治热病伤津：鲜石斛10 g，连翘（去心）10 g，天花粉6 g，鲜生地12 g，麦冬（去心）12 g，参叶2 g。水煎服。
2. 治胃火上冲，两足无力：石斛50 g，玄参6 g。水煎服。
3. 治病后虚热口渴：鲜石斛、麦冬、五味子各9 g。水煎代茶饮。
4. 治肺热干咳：鲜石斛、枇杷叶、瓜蒌皮各9 g，生甘草、桔梗各3 g。水煎服。

【资源综合利用】石斛，《山海经》最早记载，《神农本草经》列为上品。由于长期的滥采、滥挖，已造成石斛自然资源日趋枯竭，现已被国家列为重点保护的中药材物种。

586 天麻

【别名】赤箭、冬麻、春麻、自动草、梦麻、箭麻、明麻。

【来源】为兰科植物天麻*Gastrodia elata* Bl.的块茎。

【植物形态】多年生寄生草本，高30～150 cm，全株不含叶绿素。块茎肥厚，肉质，长圆形，长约10 cm，径3～4.5 cm，有不甚明显的环节。茎圆柱形，黄褐色。叶鳞片状，膜质，长1～2 cm，具细脉，下部短鞘状抱茎。总状花序顶生，长5～30 cm；苞片膜质，狭披针形或线状长椭圆形，长约1 cm；花淡黄色或赤黄色；花梗长2～3 mm；花被管歪壶状，长约1 cm，直径6～7 mm，口部斜形，基部下侧稍膨大，顶端5裂，裂片小，三角形，钝头；唇瓣

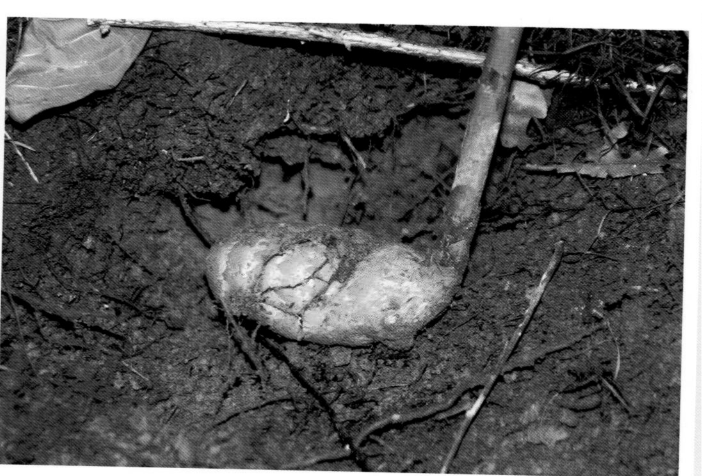

▲天麻

高于花被管2/3，具3裂片，中央裂片较大，舌状，具乳突，边缘不整齐，上部反曲，基部在花被管内呈短柄状，有一对肉质突起，侧裂片耳状；合蕊柱长5～6 mm，顶端具2个小的附属物；子房倒卵形，子房柄扭转。蒴果长圆形至长圆状倒卵形，长约15 mm，具短梗。种子多而细小，呈粉尘状。花期6—7月，果期7—8月。

▲天麻

【生境分布】生于海拔1 200～2 400 m的林下阴湿、腐殖质较厚的地方，现多为人工栽培。分布于库区各市县。

【采收加工】冬季或春季采挖，收获时先取菌材作种，后取天麻，趁鲜洗净，蒸透，压扁，晒干。或滤干水分，在（70±5）℃恒温下烘烤0.5～1 h，趁软切片，晒干。

【药材性状】块茎呈长椭圆形，扁缩而稍弯曲，长5～12 cm，宽2～6 cm，厚0.5～3 cm。表面黄白色或淡黄色，微透明，有纵皱及沟纹，并具由点状斑痕组成的环纹。顶端有红棕色芽苞（冬麻，俗称鹦哥嘴），或残留茎基或茎痕（春麻）；底部有圆脐形疤痕。质坚硬，不易折断，断面平坦，角质样，米白色或淡棕色，有光泽，内心有裂隙。气特异，味甘，微辛。以质地坚实、沉重，有鹦哥嘴，断面明亮，无空心者（冬麻）为佳。

【显微鉴别】块茎横切面：最外面或可见浅棕色残留表皮组织。皮层细胞切向延长，靠外侧的1至数列细胞壁稍增厚，可见稀疏壁孔。中柱薄壁细胞较大，类圆形或多角形，有时可见纹孔。维管束散列，外韧型或周韧型，导管多角形，直径8～30 μm，2至数个成群。薄壁细胞含有多糖类团块状物，有的几乎充满胞腔，遇碘液显暗棕色。有的薄壁细胞含草酸钙针晶束，针晶长至90 μm。

粉末特征：粉末呈淡黄棕色。气微，味甘。主要显微特征：糊化的多糖类物质甚多，存在于薄壁细胞中，隐约可见呈椭圆形、菱形、卵圆形或草履形颗粒状，长30～80 μm，直径15～35 μm，表面微显细颗粒状，无色，遇碘液呈黄棕色或淡棕紫色。滴加水合氯醛加热，颗粒熔化（加工时蒸煮时间较长的天麻，多糖颗粒已成糊化块状）；皮层厚壁细胞，呈块片状，厚壁细胞较大，表面观呈多角形、类多角形或类长圆形，直径70～250 μm，壁厚5～6 μm，常呈链珠状增厚，壁孔扁圆形；针晶，成束或散在，细针形，长25～100 μm；导管细小，环纹或螺纹，直径10～25 μm，非木化；薄壁细胞巨大，直径150～500 μm，腔中常见针晶束。

【理化鉴别】薄层鉴别：本品70%乙醇提取液作供试品溶液，以天麻苷对照品制成对照品溶液。分别吸取两溶液点样于同一硅胶G薄层板上，用氯仿-甲醇（9∶1）展开，10%磷钼酸乙醇喷雾，110 ℃烘干，样品液色谱中在与对照品色谱的相应位置处有相同的蓝色斑点。

【化学成分】块茎含天麻苷（天麻素，gastrodin），对-羟基苯甲醇（p-hydroxy-benzyl alcohol），对羟基苯甲醛（p-hydroxybenzaldehyde）等。初生球茎含一种抗真菌蛋白以及几丁质酶（chitinase），β-1，3-葡聚糖酶（β-1，3-glucanase）。天麻多糖以及多种微量元素，其中以铁的含量最高，氟、锰、锌、锶、碘、铜次之。

【药理作用】有抗炎、增强免疫功能、延缓衰老、耐疲劳、镇静、抗惊厥、镇痛、降血压、扩张肠系膜微血管、增快血流、抑制主动脉收缩、保护心肌细胞、降低血管阻力、增加脑血流量和冠脉流量、减慢心率、抑制血小板聚集、保肝、减缓生化损害的作用。

【功能主治】药性：甘、辛，平。归肝经。功能：息风止痉，平肝阳，祛风通络。主治：急慢惊风，抽搐拘挛，破伤风，眩晕，头痛，半身不遂，肢麻，风湿痹痛。用法用量：内服煎汤，3～10 g；或入丸、散，研末吞服，每次1～1.5 g。使用注意：气血虚甚者慎服。

附方：

1. 治中风：天麻、天竺黄、天南星、干蝎（并生用）等分。研末，每服2.5 g，温酒调下。

2. 治破伤风：南星、防风、白芷、天麻、羌活、白附子各等分。研末，每服6 g，热酒调服，也可敷患处。

3. 治高血压：天麻5 g，杜仲、野菊花各10 g，川芎9 g。水煎服。

【资源综合利用】天麻原名赤箭，首载于《本经》，列为上品。天麻为临床常用药物，现已开发出多种天麻中成药，如天麻片、天麻丸、天麻首乌片、天麻蜂王精等。天麻也常用于食品、保健品、化妆品开发。近年又从天麻块茎中发现一种抗真菌蛋白（Gastrodianin），体外对腐生性真菌有较强抑制作用，已通过转基因方式获得植物抗病新品种，值得更进一步开发应用。

587　独蒜兰

【别名】泥宾子、冰球子。

【来源】为兰科植物独蒜兰*Pleione bulbocodioides*（Franch.）Rolfe的假鳞茎。

【植物形态】陆生植物，高15～25 cm。假鳞茎狭卵形或长颈瓶状，长1～2 cm，顶生1枚叶，叶落后有1杯状齿环。叶和花同时出现，椭圆状披针形，长10～25 cm，宽2～5 cm，顶端稍钝或渐尖，基部收狭成柄，抱花葶。花葶顶生1朵花。花苞片长圆形；近急尖，等于或长于子房；花淡紫色或粉红色；萼片直立，狭披针形，长达4 cm，宽5～7 mm，顶端急尖；唇瓣基部楔形，不明显3裂，侧裂片半卵形，顶端钝，中裂片半圆形或近楔形，顶端凹缺或几乎不凹缺，边缘具不整齐的锯齿，内面有3～5条波状或近直立的褶片。花期4—5月，果期7月。

【生境分布】生于海拔1 000～2 400 m的林下或沟谷旁有泥土的石壁上。分布于巫溪、巫山、奉节、开州、石柱、武隆地区。

【采收加工】夏、秋季采挖，除去茎叶、须根，洗净，蒸后，晾至半干，再晒干。

【药材性状】假鳞茎呈圆锥形或不规则瓶颈状团块，长1.5～2.5 cm，直径1～2 cm，顶端渐突尖，断头处呈盘状，基部膨大且圆平，中央凹入，环节1～2条位于基部凹入处，多偏向一侧。去皮者表面黄白色，未去皮者浅棕色，较光滑，有皱纹。断面浅黄色，角质，半透明。气微，味淡，微苦，稍有黏性。

【显微鉴别】假鳞茎横切面（生品，直径1.5～2 cm）：表皮细胞1列，切向延长，其内有2～3列厚壁细胞，念珠状增厚，淡黄色，基本薄壁细胞类圆形，含黏液质或淀粉粒。淀粉粒单粒，圆球形、半圆球形或类长圆形，偶有2～3分粒组成的复粒，直径较小，脐点点状或裂缝状，位于中央，层纹不明显（加工品淀粉粒已糊化）。近表皮处薄壁细胞中多含草酸钙针晶束，长50～100 μm，维管束鞘半月形，偶有两个半月形。

粉末特征：淡黄棕色。黏液细胞极大，多已破碎，完整者类圆形或类椭圆形，直径178～397 μm。草酸钙针晶束长19～67 μm。后生表皮细胞表面观呈多角形，垂周壁连珠状增厚，平周壁有稀疏扁圆形壁孔。下皮细胞长多角形，直径可达78 μm，长可达139 μm，壁亦呈连珠状增厚，可见稀疏扁长形壁孔。环纹导管直径13～34 μm，少有细小网纹导管。木薄壁细胞长条状，直径13～20 μm，有稀疏扁圆形壁孔。此外，有淀粉粒多已糊化。

▲独蒜兰

【化学成分】假鳞茎含二苄基化合物，糖苷，糖碳苷等。

【药理作用】【功能主治】见“山慈姑”。

附方：

1. 治疮疖肿毒，淋巴结结核，毒蛇咬伤：独蒜兰9～15 g。水煎服。外用适量，捣烂敷。

2. 治指头炎、疖肿：独蒜兰9～15 g。水煎，连渣服；另取适量，加烧酒或醋捣烂，外敷。

·中篇·

长江三峡国家珍稀濒危保护的药用植物

蚌壳蕨科 Dicksoniaceae

1 金毛狗脊

【别名】金毛狗、金毛狮子、金狗脊。

【来源】蚌壳蕨科植物金毛狗脊*Cibotium barometz*（L.）J. Smith的根茎。

【植物形态】多年生草本，高3 m。根状茎横卧，粗大，直立，密被金黄色长茸毛，有光泽，形如金毛狗头，顶端叶丛生出。叶柄长达120 cm，粗2～3 cm，棕褐色，基部被金黄色茸毛，长逾10 cm，上部光滑；叶片大，革质或厚纸质，广卵状三角形，长达180 cm，三回羽状分裂；下部羽片长圆形，有柄（长3～4 cm），互生，远离；一回小羽片互生，线状披斜形，基部圆楔形，羽状深裂几达小羽轴；末回裂片镰状披针形，长1～1.4 cm，宽3 mm，尖头，边缘有浅锯齿，中脉两面凸出，侧脉斜出，单一，但在不育羽片上分为二叉；小羽轴上下两面略有短褐毛疏生。孢子囊群生小脉顶端，每裂片1～5对；囊群盖坚硬，棕褐色，横长圆形，两瓣，内瓣较外瓣小，成熟时张开如蚌壳，露出孢子囊群；孢子为三角状的四面形，透明。

【生境分布】生于海拔500～800 m的沟边、林下阴湿处的酸性土中。分布于万州、开州、涪陵地区。

【药材性状】根茎呈不规则的长块状，长10～30 cm，少数可达50 cm，直径2～10 cm。表面深棕色，密被光亮的金黄色茸毛，上部有数个棕红色叶柄残基，下部丛生多数棕黑色细根。质坚硬，难折断。气无，味微涩。

▲金毛狗脊

【显微鉴别】根茎横切面：表皮细胞1列，外被非腺毛，黄棕色。厚壁细胞10～20列，黄棕色，壁孔明显，内含淀粉粒。双韧管状中柱，木质部由数列管胞组成，其内外均有韧皮部及内皮层。皮层及髓部较宽，均为薄壁细胞，内含淀粉粒或黄棕色物质。

叶柄基部横切面：分体中柱多呈“U”形，30余个断续排列成双钩状。木质部居中，外围为韧皮部、内皮层。

【理化鉴别】检查酚类：取生狗脊片折断，在紫外灯（254 nm）下观察，断面显淡紫色荧光，凸起的木质部环显黄色荧光。根茎粉末用甲醇回流提取，取滤液点于滤纸上，置紫外灯（254 nm）下观察，显亮蓝白色荧光。根茎粉末水提取液2 mL，加1%三氯化铁试液，呈污绿色。

【化学成分】含蕨素（pterosin），金粉蕨素（onitin），金粉蕨素-2’-O-葡萄糖苷（onitin-2’-O-β-D-glucoside），欧蕨伊鲁苷（ptaquiloside），β-谷甾醇，硬脂酸，胡萝卜苷（daucosterol），原儿茶酸和咖啡酸，原儿茶酸（protocatechuric acid），5-羟甲糠醛，挥发油等。

【功能主治】味：苦、甘，性温。具补肝肾，强腰膝，除风湿，利关节功能。主治：肾虚腰痛脊强，足膝软弱无力，风湿痹痛，腰肌劳损，腰腿酸痛，半身不遂，遗尿，老人尿频，遗精，妇女白带过多。

附方：

1. 治腰腿痛、手足麻木：蘑菇、金毛狗脊各120 g，酒500 g，浸半月至1月。每服9～15 g，每日3次。

2. 治老年尿多：金毛狗脊根茎、大夜关门、蜂糖罐根、小棕根各15 g。炖猪肉吃。

【保护价值】蚌壳蕨科植物共5属，近40种，分布于热带及亚热带，其中金毛狗属约20种，分布于东南亚至大洋洲、夏威夷及中美洲。我国仅产1属，1种，即金毛狗脊*C. barometz*，为国家Ⅱ级保护植物；狗脊的毛茸对疤痕组织、肝脏、脾脏的损害性及拔牙等外伤性出血有较好的止血作用，其提取物具有抗癌作用，具有极大的开发潜力。

【保护措施】保护好现有分布区域的适生环境，加大生态学和生物学特征研究，为金毛狗脊的人工栽培提供技术依据，从而减少人为破坏野生资源。

桫椤科Cyatheaceae

2 桫椤

【别名】蛇木、树蕨。

【来源】桫椤科植物桫椤*Alsophila spinulosa*（Wall. ex Hook.）Tryon的髓部。

【植物形态】茎干高达1～6 m或更高，直径10～20 cm，上部有残存的叶柄，向下密被交织的不定根。叶螺旋状排列于茎顶端；茎段端和拳卷叶以及叶柄的基部密被鳞片和糠秕状鳞毛，鳞片暗棕色，有光泽，狭披针形，先端呈褐棕色刚毛状，两侧有窄而色淡的啮齿状薄边；叶柄长30～50 cm，通常棕色或上面较淡，连同叶轴和羽轴有刺状突起，背面两侧各有一条不连续的皮孔线，向上延至叶轴；叶片大，长矩圆形，长1～2 m，宽0.4～0.5 m，三回羽状深裂；羽片17～20对，互生，基部一对缩短，长约30 cm，中部羽片长40～50 cm，宽14～18 cm，长矩圆形，二回羽状深裂；小羽片18～20对，基部小羽片稍缩短，中部的长9～12 cm，宽1.2～1.6 cm，披针形，先端渐尖而有长尾，基部宽楔形，无柄或有短柄，羽状深裂；裂片18～20对，斜展，基部裂片稍缩短，中部的长约7 mm，宽约4 mm，镰状披针形，短尖头，边缘有锯齿；叶脉在裂片上羽状分裂，基部下侧小脉出自中脉的基部；叶纸质，干后绿色；羽轴、小羽轴和中脉上面被糙硬毛，下面被灰白

▲桫椤

色小鳞片。孢子囊群孢生于侧脉分叉处，靠近中脉，有隔丝，囊托突起，囊群盖球形，膜质；囊群盖球形，薄膜质，外侧开裂，易破，成熟时反折覆盖于主脉上面。

【生境分布】为半阴性树种，喜温暖潮湿气候，喜生长在涪陵、北碚、江津等海拔260～1 600 m的冲积土中或山谷溪边林下。

【化学成分】含豆甾-4-烯-3，6-二酮、豆甾-3，6-二酮、麦角甾醇、原儿茶醛、1-O-β-D-glucopyranosyl-（2S，3R，4E，8Z）-2-[（2-hydroxyoctade-canoyl）amido]-4，8-octadecadiene-1，3-diol、（2S，3S，4R）-2-[（2'R）-2'-hydroxytetracosanoylamino]-1，3，4-octade-canetriol、β-谷甾醇、胡萝卜苷等成分。

【功能主治】味辛，微苦，性平；能祛风湿，强筋骨，清热止咳。常用来治疗跌打损伤，风湿痹痛，肺热咳嗽，预防流行性感冒，流脑以及肾炎、水肿、肾虚、腰痛、妇女崩漏，中心积腹痛，蛔虫、蛲虫和牛瘟等，外用可治癣症。

【保护价值】桫椤是现存唯一的木本蕨类植物，极其珍贵，堪称国宝，被众多国家列为一级保护的濒危植物。桫椤是古老蕨类家族的后裔，在距今约1.8亿万年前，桫椤曾是地球上最繁盛的植物，与恐龙一样，同属“爬行动物”时代的两大标志。但经过漫长的地质变迁，地球上的桫椤大都罹难，只有在长江三峡等极少数在被称为“避难所”的地方才能追寻到它的踪影。本种孢子体生长缓慢，生殖周期较长，孢子萌发和配子体发育以及配子的交配都需要温和而湿润的环境。现存分布区内生境趋向干燥，致使配子体生殖环境受到严重妨碍，林下幼株稀少。加之茎秆可作药用和用来栽培附生兰类，致常被人砍伐，植株日益减少，有的分布点已消失，垂直分布的下限也随植被的缩小而上升。若不进行保护，将会导致分布区缩小，以致灭绝。

桫椤科植物由于古老性和孑遗性，是研究物种的形成和植物地理分布关系的理想对象，它对研究物种的形成和植物地理区系具有重要价值。其与恐龙化石并存，在重现恐龙生活时期的古生态环境，研究恐龙兴衰，地质变迁具有重要参考价值。桫椤树形美观，树冠犹如巨伞，虽历经沧桑却万劫余生，依然茎苍叶秀，高大挺拔，称得上是一件艺术品，园艺观赏价值极高。桫椤削去外皮的髓部可作药用，其茎秆髓部含淀粉约27.44%，可提取淀粉做上好食品。

【保护措施】经历过无数沧桑的桫椤，由于人为砍伐或自然枯死，现存世数量已十分稀少，加之大量森林被破坏，致使桫椤赖以生存的自然环境变得越来越恶劣，自然繁殖越来越困难，桫椤的数量更是越来越少，目前已处于濒危状态。由于桫椤随时有灭绝的危险，更由于桫椤对研究蕨类植物进化和地壳演变有着非常重要的科学意义，所以世界自然保护联盟（IUCN）将桫椤科的全部种类列入国际濒危物种保护名录（红皮书）中，成为受国际保护的珍稀濒危物种。我国早期亦将桫椤列为国家一级保护珍贵植物，现将桫椤科全部种类（11种和2变种：桫椤*A. spinulosa*，中华桫椤*A. costularia*，南洋桫椤*A. loheri*，阴生桫椤*A. latebrosa*，兰屿笔筒树*A. fenicia*，黑桫椤*podophylla*，毛叶桫椤*A. andersonii*，大叶黑桫椤*A. gigantea*：大叶黑桫椤、多脉黑桫椤，粗齿桫椤*A. denticulata*，小黑桫椤*A. metteniana*：小黑桫椤（原变种var. *metteniana*）、光叶小黑桫椤（变种var. *subglabra*），西亚桫椤（*A. khasyyana*）列为国家二级保护植物。三峡地区除桫椤外，还有粗齿桫椤*A. denticulata*和小黑桫椤*A. metteniana*两种，并在三峡植物园中建有移栽基地。

3　齿叶黑桫椤

【别名】齿叶桫椤、黑枝蕨萁。

【来源】桫椤科植物齿叶黑桫椤*Gymnosphaera denticulata*（Baker）cop.的髓部。

【植物形态】植株高1.5～2 m，土生。根状茎粗壮，横卧，密生鳞片，鳞片披针形，中间深棕色，边缘淡榨色，叶密生，叶柄长70～90 cm，棕黑色，腹面有浅纵沟，基部密生鳞片，向上渐稀疏；叶轴及羽轴腹面密生短毛；叶片狭卵形，长80～130 cm，宽60～70 cm，基部宽楔形，先端渐尖，三回羽状分裂；羽片15～20对，互生，平伸或略斜向上，有柄，卵状披针形，基部圆楔形，先端渐尖，两回羽状分裂，下部的较大，长35～45 cm，宽8～12 cm；二回羽片15～20对，互生或近对生，近片直，柄极短，线状披针形，基部宽楔形或截形，先端渐尖，羽状深裂，下部的较大，长6～8 cm，宽1.5～2 cm；裂片10～15对互生，近平伸，矩圆形，长8～12 mm，宽3～4 mm，先

▲齿叶黑桫椤

端圆形，边缘略有钝齿；纸质，二回羽轴背面及裂片主脉背面或多或少地有带尖头的小鳞片，并在主脉末端变为毛状；裂片具羽状脉，侧脉不分支。孢子囊群圆形，生在侧脉背部略为隆起的囊托上，无盖。

【生境分布】散生分布于开州、涪陵、北碚、长寿等海拔10 ~ 1 000 m有流水的沟谷中或潮湿的常绿阔叶林下。

【功能主治】同桫椤。

【保护价值】齿叶黑桫椤由于古老性和孑遗性，对研究物种的形成和植物地理区系具有重要价值。它与恐龙化石并存，在重现恐龙生活时期的古生态环境，研究恐龙兴衰、地质变迁具有重要参考价值。树形美观，树冠犹如巨伞，虽历经沧桑却万劫余生，依然茎苍叶秀、高大挺拔，观赏价值极高，国家Ⅱ级保护植物。

铁线蕨科Adiantaceae

4 荷叶金钱

【别名】水猪毛七。

【来源】为铁线蕨科植物荷叶铁线蕨*Adiantum reniforme* L. var. *sinense* Y. X. Lin的全草。

▲荷叶铁线蕨

【植物形态】多年生草本，高5～10 cm。根茎短而直立，密被黄棕色、边缘有齿的披针形鳞片。叶簇生；叶柄长5～12 cm，圆柱形，深棕色，有光泽，下部被黄棕色多细胞的长柔毛，上部较稀疏；叶片纸质或薄革质，椭圆肾形，长宽各为2～6 cm，基部心形，边缘有小圆齿，上面深绿色，光滑，并有1～3个同心环纹，下面基部有棕色卷曲的多细胞长柔毛；叶脉多回二叉状或辐射状排列，不明显。孢子囊群长圆形，背生于叶片上缘及两侧；囊群盖长圆形或半圆形，棕色，全缘。

【生境分布】生于海拔200～350 m的低山区阴湿岩石上、石缝中及草丛中。分布于万州、石柱、涪陵等地。为库区特有种。

【功能主治】味微苦性凉。具清热解毒，利水通淋功能。主治湿热黄疸，小便不利，热淋，石淋，中耳炎。

【保护价值】我国特有的国家二级保护濒危植物。荷叶铁线蕨为铁线蕨科最原始的类型，在亚洲大陆首次发现，它与大西洋亚速尔群岛产的肾叶铁线蕨和非洲中南部的细辛铁线蕨同属一个种群，在研究该类群的亲缘关系以及植物区系、地理分布等方面均有重大科学价值。植株形体别致优美，叶秀丽多姿，株型小巧，极适合小盆栽培和点缀山石盆景，可供观赏。

【保护措施】仅发现于重庆万州区和石柱县局部地区。由于分布区狭窄，种群数量少，在自身的基因源和生态环境改变的综合作用下，居群更是迅速缩小，进而导致近交率加大，已濒临灭绝，建议在分布相对集中的区域建立定位研究保护点，禁止采挖，对其生态学、生物学进行定位监测研究，重点研究种群动态、生长环境、繁殖适应能力等，为人工培育栽培提供技术支撑。

双扇蕨科Dipteridaceae

5　中华双扇蕨

【别名】八爪蕨、双扇蕨。

【来源】双扇蕨科植物中华双扇蕨*Dipteris chinensis* Christ的全草。

【植物形态】植株高60～90 cm。根状茎长而横走，木质，被钻状黑色披针形鳞片。叶远生；叶柄长30～60 cm，

▲中华双扇蕨

灰棕色或淡禾秆色；叶片纸质，下面沿主脉疏生灰棕色有节的硬毛，长20 ~ 30 cm，宽30 ~ 60 cm，中部分裂成两部分相等的扇形，每扇又再深裂为4 ~ 5部分，裂片宽5 ~ 8 cm，顶部再度浅裂，末回裂片短尖头，边缘有粗锯齿。主脉多回二歧分叉，小脉网状，网眼内有单一或分叉的内藏小脉。孢子囊群小，近圆形，散生于网脉交结点上，被浅杯状的隔丝覆盖。

【生境分布】生于海拔800 ~ 2 100 m的灌丛中。江津、巴东有分布。

【功能主治】味微苦，性寒；清热利湿；用于小便淋沥涩痛，腰痛，浮肿等。

【保护价值】中华双扇蕨植株外形优美，具有较高的观赏价值，因此也被大量采挖而导致资源枯竭，同时该植物起源较为古老，对于蕨类植物起源与演化研究具有重要意义。

【保护措施】目前中华双扇蕨尚未见规模种植，野生资源量亦较小，在部分地区被列为濒危植物，应加强对野生资源的保护，特别是对其分布区生态环境的保护；由于其具有较高的开发价值，应加强人工繁育技术研究，建立人工种植区，减少对野生资源的采集。

鳞毛蕨科 Dryopteridaceae

6 单叶贯众

【来源】鳞毛蕨科植物单叶贯众*Cyrtomium hemionitis* Christ的叶。

【植物形态】多年生草本植物。根状茎直立或斜升，密被披针形深棕色鳞片。叶簇生，一型。叶通常为单叶或有时有1 ~ 2对侧生羽片，鳞片边缘全缘或有睫毛状小齿；叶片通常为卵状三角形或心形，下部两侧常有钝角状突起，基部深心形，先端急尖或渐尖，边缘全缘或波状，也有深裂成一对裂片或成1 ~ 2对分离的羽片。叶为革质，腹面光滑，背面有毛状小鳞片。孢子囊群星状分布叶背面。秆高10 ~ 30 cm，草丛周围的茎秆伸长，倾斜上升，中央部分茎秆较低矮，高约10 cm。叶片内卷，直立，平滑。圆锥花序长5 ~ 10 cm，后疏松开展，主轴与分枝粗糙；小穗长圆形，含4 ~ 6小花，长5 ~ 6 mm，绿色或亮紫色；叶片披针形，第一叶长约1.2 mm，第二叶长2 mm，有尖头；外稃倒卵形，长2.2 ~ 2.5 mm，脉不明显，先端三角形，钝尖，具缘毛与齿裂，基部无毛；内稃等长于外稃，

▲单叶贯众

沿两脊有纤毛。花药长圆形，长0.5 ~ 0.6 mm，浅黄色。花期6—7月。

【生境分布】生长于库区海拔1 200 ~ 1 700 m的石灰岩地区常绿阔叶林林下岩石缝隙中。

【保护价值】零星分布，数量极少，属国家濒危二级保护植物，具有治病和防病的双重功效，特别是对多种病毒有强大的抑制作用，并可明显地抑制肿瘤细胞。幼叶可食，含有丰富的维生素，是山野菜中的极品。对流感杆菌、脑膜炎双球菌、志贺和福氏痢疾杆菌均有杀灭作用。新贯众对杂菌也有较强的抑制作用，同时还具有驱虫杀虫的功效。

银杏科Ginkgoaceae

7 白果

【别名】白果籽、公孙树子。

【来源】为银杏科植物银杏*Ginkgo biloba* L.的种仁。

【植物形态】落叶高大乔木，高达30 ~ 40 m，全株无毛。干直立，树皮淡灰色，老时黄褐色，纵裂。雌雄异株，雌株的大枝开展，雄株的大枝向上伸；枝有长枝（淡黄嫩色）和短枝（灰色）之分。叶具长柄，簇生于短枝顶端或螺旋状散生于长枝上，叶片扇形，上缘浅波状，有时中央浅裂或深裂，具多数2叉状并列的细脉。4—5月开花，花单性异株，稀同株；球花生于短枝叶腋或苞腋；雄球花为葇荑花序状，雌球花具长梗，梗端2叉（稀不分叉或3 ~ 5叉）。种子核果状，近球形或椭圆形；外种皮肉质，被白粉，熟时淡黄色或橙黄色，状如小杏，有臭气；中种皮骨质，白色，具2 ~ 3棱；内种皮膜质；胚乳丰富，子叶2枚。种子成熟期9—10月。

【生境分布】生于海拔500 ~ 1 000 m、酸性（pH值为5 ~ 5.5）黄壤、排水良好地带的天然林中，常与柳杉、榧树、蓝果树等针阔叶树种混生，万州、涪陵、开州等区县有野生分布。

【药材性状】呈椭圆形，一端尖，一端钝，长1.5 ~ 3 cm，宽1 ~ 2.2 cm。外壳骨质，光滑，表面黄白色或淡棕黄色，基部有一圆点状突起，边缘各有1条棱线，偶见3条棱线。内种皮膜质，红褐色或淡黄棕色。种仁扁球形，淡黄绿色，胚乳肥厚，粉质，中间有空隙；胚极小。气微，味微甘苦。

以壳色白、种仁饱满，断面色淡黄者为佳。

【显微鉴别】横切面：中种皮为5～6层石细胞，类圆形或长圆形，壁厚。内种皮为1～2层薄壁细胞，有的壁上具孔纹或细网纹，内含砖红色物质。胚乳细胞多角形，富含淀粉。

粉末特征：淡黄棕色。淀粉粒单粒长圆形、圆形或卵圆形，长5～18 μm，脐点点状、裂缝状、飞鸟状或三叉状，大粒可见层纹。石细胞类圆形、长圆形或贝壳形，长61～322 μm，27～125 μm，壁厚，纹孔及孔沟明显，可见层纹，有的胞腔含黄棕色或红棕色物。内种皮薄壁细胞类圆形或长圆形，含淀粉粒。具缘纹孔管胞多破碎，直径33～72 μm，末端渐尖或钝圆。

【理化鉴别】（1）纸层析：样品的水提液点于滤纸上，以4%硼酸水溶液展开，喷10%$AlCl_3$；溶液后观察荧光。

（2）薄层鉴别：样品的乙醇提取液浓缩后用热水溶出，稍浓缩后用乙醚萃取，醚液浓缩后为a液，备用；其水层加10%H_2SO_4，在40～80 ℃下水解，冷后乙醚提取，醚液蒸干后加甲醇溶解为b液，备用。将a、b液点于聚酰胺G薄层上，用$CHCl_3$-MeOH-H_2O（9.3：0.7：0.2）展开，紫外灯下或喷0.5%$AlCl_3$乙醇溶液后观察荧光。

【化学成分】肉质的外种皮含对皮肤有刺激性的成分：白果酸（ginkgolic acid，$C_{22}H_{34}O_3$），6-十三烷基-2，4-二羟基苯甲酸（6-tridecyl-2，4-dihydroxybenzoic acid），腰果酸（anacardic acid）和钾、磷、镁、钙、锌、铜等25种元素。叶含黄酮类，生物碱，儿茶精类，苦味萜类，酸、脂、醇、酚、酮醛类，氨基酸，多糖等。外种皮尚含黄酮。

【功能主治】种子味甘性苦，具敛肺定喘、涩精止带功能。主治气管哮喘，慢性气管炎，肺结核，尿频，遗精，白带；外敷治疥疮。现代药理研究表明，银杏叶有降压、增加冠脉流量、提高耐缺氧能力、免疫功能抑制、平喘、抗癌、抗衰老，抑菌作用。

【保护价值】银杏为中生代孑遗的稀有树种，银杏科唯一生存的种类，著名的活化石植物，我国特产，国家Ⅰ级保护植物，由于具有许多原始性状，对研究裸子植物系统发育、古植物区系、古地理及第四纪冰川气候有重要价值。叶形奇特而典雅，是优美的庭园观赏植物，对烟尘和二氧化硫有特殊的抵抗能力，为优良的抗污染树种。除药用及食用外，近年来，银杏提取运用于化妆品，如银杏洗发香波、银杏洗发膏、银杏洗面乳、银杏美容霜等。此外，有的厂家也在银杏提取物中加入消炎剂或多糖，以改善皮肤末梢血液循环和促进毛发生长，用以制造生发剂。

【保护措施】由于个体稀少，雌雄异株，如不严格保护和促进天然更新，残存林将消失，建议对库区各地零星分布野生状态的银杏古树建立档案和设立标志，规定保护范围，加强养护管理。对砍伐、擅自迁移银杏古树或者因管护不善致使古树受到损伤或者死亡的，要严肃查处，依法追究责任；加强对银杏的生物学特性研究，特别是对幼苗的研究，找出其生长习性，从而实现大面积人工栽培，满足临床用药需求。

▲银杏

▲巴山冷杉

▲银杉

松科Pinaceae

8 巴山冷杉

【别名】冷杉果。

【来源】松科植物巴山冷杉*Abies fargesii* Franch的种子。

【植物形态】乔木，高达40 m；树皮粗糙，暗灰色或暗灰褐色，块状开裂；冬芽卵圆形或近圆形，有树脂；一年生枝红褐色或微带紫色，微有凹槽，无毛，稀凹槽内疏生短毛。叶在枝条下面列成两列，上面之叶斜展或直立，稀上面中央之叶向后反曲，条形，上部较下部宽，长1～3 cm（多为1.7～2.2 cm），宽1.5～4 mm，直或微曲，先端钝有凹缺，稀尖，上面深绿色，有光泽，无气孔线，下面沿中脉两侧有2条粉白色气孔带；横切面上面至下面两侧边缘有一层连续排列的皮下细胞，稀两端角部二层，下面中部一层，树脂道2个、中生。球果柱状矩圆形或圆柱形，长5～8 cm，径3～4 cm，成熟时为淡紫色、紫黑色或红褐色；中部种鳞肾形或扇状肾形，长0.8～1.2 cm，宽1.5～2 cm，上部宽厚，边缘内曲；苞鳞倒卵状楔形，上部圆，边缘有细缺齿，先端有急尖的短尖头，尖头露出或微露出；种子倒三角状卵圆形，种翅楔形，较种子为短或等长。

【生境分布】生于城口、巫溪、开州海拔1 500～2 900 m亚高山针叶林中，模式标本采自重庆城口。

【功能主治】涩、微辛、平；平肝息风、调经活血、止血止带、安神除烦；主治高血压、头痛、头晕、心神不安、月经不调、崩漏、白带等。

【保护价值】为我国特有树种，自然分布极为狭小，且数量较少，是冷杉属古老植物的代表之一，它在植物系统演化和区系研究上具有一定的科学价值；不但药用，其木材轻软，还可作一般建筑、家具及木纤维工业用材；树皮可提栲胶；是森林更新较好的树种。

【保护措施】保持巴山冷杉原始景观，开展科学研究；在现有适宜生长的地带进行人工繁殖和栽培试验；对发现的古树进行挂牌保护。

9 银杉

【别名】杉公子。

【来源】松科银杉*Cathaya argyrophylla* Chun et Kuang树干、皮及种子。

【植物形态】常绿乔木，具开展的枝条，高达24 m，胸径通常达40 cm，稀达85 cm；树干通直，树皮暗灰色，裂成不规则的薄片；小枝上端和侧枝生长缓慢，浅黄褐色，无毛，或初被短毛，后变无毛，具微隆起的叶枕；芽无树脂，芽鳞脱落。叶螺旋状排列，辐射状散生，在小枝上端和侧枝上排列较密，线形，微曲或直通常长4～6 cm，宽2.5～3 mm，先端圆或钝尖，基部渐窄成不明显的叶柄，上面中脉凹陷，深绿色；无毛或有短毛，下面沿中脉两侧有明显的白色气孔带，边缘微反卷，横切面上有2个边生树脂道；幼叶边缘具睫毛。雌雄同株，雄球花通常单生于2年生枝叶腋；雌球花单生于当年生枝叶腋。球果两年成熟，卵圆形，长3 ~ 5 cm，直径1.5 ~ 3 cm，熟时淡褐色或栗褐色；种鳞13 ~ 16枚，木质，蚌壳状，近圆形，背面有短毛，腹面基部着生两粒种子，宿存；苞鳞小，卵状三角形，具长尖，不露出；种子倒卵圆形，长5 ~ 6 mm，暗橄榄绿色，具不规则的斑点，种翅长10 ~ 15 mm，花期5月，果10月。

【生境分布】银杉分布区位于中亚热带，生于中山地带的局部山区。产地气候夏凉冬冷、雨量多、湿度大，多云雾，土壤为石灰岩、页岩、砂岩发育而成的黄壤或黄棕壤，呈微酸性。阳性树种根系发达，多生于土壤浅薄，岩石裸露，宽通常仅2 ~ 3 m、两侧为60° ~ 70° 陡坡的狭窄山脊，或孤立的帽状石山的顶部或悬岩、绝壁隙缝间。具有喜光、喜雾、耐寒、耐旱、耐土壤瘠薄和抗风等特性，三峡库区巴东等海拔1 600 ~ 1 800 m之山脊地带有生长。

【保护价值】银杉是300万年前第四纪冰川后残留下来的稀世珍宝。20世纪50年代在我国发现的松科单型属植物，为古老的残遗植物，该属的花粉曾在欧亚大陆第三纪沉积物中发现。其形态特殊，胚胎发育与松属植物相近，对研究松科植物的系统发育、古植物区系、古地理及第四期冰期气候等，均有较重要的科研价值，为国家一级保护植物。叶含有精油成分（主要含α-蒎烯、β-蒎烯等），是香料、医药及精细有机合成工业的重要原料，利用它们可以合成近百种香料以及樟脑、冰片、维生素E、A、K和萜烯树脂等；树干及皮含黄酮类成分。

【保护措施】由于银杉生于交通不便的中山山脊和帽状石山的顶部，故未遭到过多的人为破坏。银杉生长发育要求一定的光照，在荫蔽的林下会导致幼苗、幼树的死亡和影响林木的生长发育。若不采取保护措施，将会被生长较快的阔叶树种更替而陷入灭绝的危险。建立银山保护小区，保护好母株，以便自然繁殖，更新种子数量，同时开展银杉的人工繁殖试验和引种试验工作，促进银杉的天然更新和扩大分布范围。在只有单株银杉生长，林分郁闭度较大、林下有幼树的分布点上，适当择伐部分生长较快的上层林木；或在有银杉生长的山脊两侧，择伐一些林木，以利于银杉幼苗、幼树的生长。

10 土荆皮

【别名】罗汉松皮、土槿皮、荆树皮、金钱松皮。

【来源】松科植物金钱松*Pseudolarix amabilis*（Nelson）Rehd.的根皮及近根树皮。

▲金钱松

【植物形态】乔木，高达40 m，胸径达1.5 m。树干直，树皮灰褐色，粗糙，不规则鳞片状开裂。一年生枝淡红褐色或淡红黄色，有光泽，老枝及短枝呈灰色或暗灰色。叶线形，柔软，扁平，长2～5.5 cm，宽1.5～4 mm，顶端锐尖或尖，上面绿色，中脉稍明显，下面蓝绿色，中脉明显，每边有5～14条气孔线，长枝上叶辐射伸展，短枝上叶簇生。雄球花黄色，圆柱状，下垂；雌球花紫红色，直立，椭圆形，长约1.3 cm，有短梗。球果卵圆形或倒卵圆形，长6～7.5 cm，径4～5 cm，熟时为淡红褐色；中部种鳞卵状披针形，长2.8～3.5 cm，两侧耳状，顶端钝有凹缺，脊上密生短柔毛；苞鳞长约种鳞的1/4～1/3，卵状披针形，边缘有细齿。种子卵圆形，白色，种翅三角状披针形，淡黄色或淡褐黄色，有光泽。花期4—5月，果熟期10—11月上旬。

【生境分布】生于海拔100～1 500 m的山地林中，分布于开州、万州地区。

【药材性状】根皮呈不规则的长条状或稍扭曲而卷成槽状，长短及宽度不一，厚2～5 mm，外表面粗糙，深灰棕色，具纵横皱纹，并有横向灰白色皮孔，栓皮常呈鳞片状剥落。内表面黄棕色至红棕色，平坦，有细致的纵向纹理。质坚韧，折断面裂片状。树皮呈板片状，栓皮较厚，外表面龟裂状，内表面较粗糙。气微，味苦涩。以片大而整齐、黄褐色者为佳。

【显微鉴别】根皮横切面：木栓细胞常脱落。栓内层约3列细胞，含棕色物。皮层和韧皮部散在石细胞、树脂细胞及多数黏液细胞。韧皮部筛胞成群散在，外侧筛胞颓废；射线细胞1列，常弯曲。本品薄壁细胞含淀粉粒。

粉末特征：棕红色。石细胞大多成群，类方形、类长方形或不规则分枝状，直径30～100 μm，壁厚达34 μm，层纹微波状，孔沟极细密，大多含黄棕色块状物。筛胞直径16～40 μm，侧壁有多数椭圆形筛域，排列成网状。黏液细胞类圆形，直径100～300 μm，长达360 μm。树脂细胞纵向连接成管状，含红棕色至黄棕色树脂状物，有的埋有草酸钙方晶。木栓细胞棕色，壁稍厚，有的木化，并可见细小圆纹孔。

【化学成分】根皮含土荆皮酸（pseudolaric acid）A、B、C、D、E，土荆皮酸C_2即是去甲基土荆皮酸（demethylpseudolaric acid）B，土荆皮酸A-β-D-葡萄糖苷（pseudolaric acid A-β-D-glucoside），土荆皮酸B-β-D-葡萄糖苷（pseudolaric acid B-β-D-glucoside），金钱松呋喃酸（pseudolarifuroic acid），白桦脂酸（betulinic acid），β-谷甾醇（β-sitosterol），β-谷甾醇-β-D-葡萄糖苷（β-sitosterol-β-D-glucoside）。

种子含土荆皮内酯（pseudolarolide）。树轮中含铅、铁、钙、锰、锌五种元素。

【功能主治】味苦；性微温，祛风；利湿；止痒。主治风湿痹痛；湿疹瘙痒。

【保护价值】金钱松属植物为著名的古老残遗植物，最早的化石发现于西伯利亚东部与西部的晚白垩世地层中，古新世至上新世在斯匹次卑尔根群岛、欧洲、亚洲中部、美国西部、中国东北部及日本亦有发现。地质年代的白垩纪金钱松曾经在亚洲、欧洲、美洲都有分布，由于气候的变迁，尤其是更新世的大冰期的来临，使各地的金钱松灭绝，只在我国长江中下游少数地区幸存下来，繁衍至今，因分布零星，个体稀少，结实有明显的间歇性，属国家二级保护、我国特有的单种属植物，对研究松科的系统发育有一定科学意义。木材纹理直，耐水湿，为建筑、桥梁、船舶、家具等的优良用材，是长江中下游地区海拔100～1 500 m山地丘陵的优良造林树种。树干通直，冠形优美，入秋叶色转为金色，十分壮观，是著名的庭园观赏树。金钱松树根可作纸胶的原料，种子可榨油。

【保护措施】一是对现有的植株进行挂牌保护，并建立自然保护小区；二是在适生地带进行迁地研究。

杉科Taxodiaceae

11 水杉

【别名】羽杉。

【来源】杉科植物水杉*Metasequoia glyptostroboides* Hu et Cheng的叶和果实。

【植物形态】乔木，高达35 m，胸径达2.5 m；树干基部常膨大；树皮灰色、灰褐色或暗灰色，幼树裂成薄片脱落，大树裂成长条状脱落，内皮淡紫褐色；枝斜展，小枝下垂，幼树树冠尖塔形，老树树冠广圆形，枝叶稀疏；一年生枝光滑无毛，幼时绿色，后渐变成淡褐色，二、三年生枝淡褐灰色或褐灰色；侧生小枝排成羽状，

长4～15 cm，冬季凋落；主枝上的冬芽卵圆形或椭圆形，顶端钝，长约4 mm，径3 mm，芽鳞宽卵形，先端圆或钝，长宽几相等，2～2.5 mm，边缘薄而色浅，背面有纵脊。叶条形，长0.8～3.5 cm，宽1～2.5 mm，上面淡绿色，下面色较淡，沿中脉有两条较边带稍宽的淡黄色气孔带，每带有4～8条气孔线，叶在侧生小枝上列成二列，羽状，冬季与枝一同脱落。球果下垂，近四棱状球形或矩圆状球形，成熟前绿色，熟时深褐色，长1.8～2.5 cm，径1.6～2.5 cm，梗长2～4 cm，其上有交对生的条形叶；种鳞木质，盾形，通常11～12对，交叉对生，鳞顶扁菱形，中央有一条横槽，基部楔形，高7～9 mm，能育种鳞有5～9粒种子；种子扁平，倒卵形，间或圆形或矩圆形，周围有翅，先端有凹缺，长约5 mm，径4 mm；子叶2枚，条形，长1.1～1.3 cm，宽1.5～2 mm，两面中脉微隆起，上面有气孔线，下面无气孔线；初生叶条形，交叉对生，长1～1.8 cm，下面有气孔线。花期2月下旬至3月上旬，球果10—11月成熟。

【生境分布】我国特有物种，石柱县冷水以及湖北利川县磨刀溪、水杉坝和湖南西北部龙山及桑植一带有野生分布。目前我国各地及全世界多国家和地区均有栽培。

【功能主治】叶、果实：清热解毒，消炎止痛；用于痈疮肿毒，癣疮。

【保护价值】水杉有“活化石”之称，对于古植物、古气候、古地理和地质学等的研究均有重要意义；其边材白色，心材褐红色，材质轻软，纹理直，结构稍粗，为优质的建筑用木材。

【保护措施】加强对现有野生植株分布区的保护；建立种子园，选育优良材用或观赏用类型，加以大规模繁育，扩大种群数量；加强对早期栽培大树的保护，减少对成年大树的破坏。

▲水杉

柏科Cupressaceae

12 福建柏

【别名】建柏、滇柏、广柏树。

【来源】柏科植物福建柏*Fokienia hodginsii*（Dunn）Henry et Thomas的心材。

【植物形态】乔木，高达17 m；树皮紫褐色，平滑；生鳞叶的小枝扁平，排成一平面，二、三年生枝褐色，光滑，圆柱形。鳞叶2对交叉对生，成节状，生于幼树或萌芽枝上的中央之叶呈楔状倒披针形，通常长4～7 mm，宽1～1.2 mm，上面之叶蓝绿色，下面之叶中脉隆起，两侧具凹陷的白色气孔带，侧面之叶对折，近长椭圆形，多数斜展，较中央之叶为长，通常长5～10 mm，宽2～3 mm，背有棱脊，先端渐尖或微急尖，通常直而斜展，稀

▲福建柏

微向内曲，背侧面具1凹陷的白色气孔带；生于成龄树上之叶较小，两侧之叶长2 ~ 7 mm，先端稍内曲，急尖或微钝，常较中央的叶稍长或近于等长。雄球花近球形，长约4 mm。球果近球形，熟时褐色，径2 ~ 2.5 cm；种鳞顶部多角形，表面皱缩稍凹陷，中间有一小尖头突起；种子顶端尖，具3 ~ 4棱，长约4 mm，上部有两个大小不等的翅，大翅近卵形，长约5 mm，小翅窄小，长约1.5 mm。花期3—4月，种子翌年10—11月成熟。

【生境分布】垂直分布于江津等海拔580 ~ 1 500 m温暖湿润的山地森林中。

【功能主治】甘、微涩平；行气止痛、降逆止呕；治胃脘痛、噎膈、反胃、呃逆、恶心呕吐。

【保护价值】为我国特有的单种属植物，在研究柏科植物系统发育和分类方面有一定的科学意义；不但可以药用，其木材质轻软，有弹性，纹理直，结构细，耐腐力强，为优良的建筑、家具、仪器、细木工用材，可选作库区低山至中山的造林树种。

【保护措施】稀有种，因过度采伐，天然林面积日益缩小，现散生数量不多，更新能力弱，建议在本种分布较集中的江津分布群落区建立自然保护地带，严禁砍伐和破坏。对于个别大树，应作为采种母树加以重点保护，开展采种育苗，进行人工栽培技术研究。

13　崖柏

【别名】崖柏树、四川侧柏。

【来源】柏科植物崖柏*Thuja sutchuenensis* Franch.的枝叶和种子。

【植物形态】灌木或乔木；枝条密，开展，生鳞叶的小枝扁。叶鳞形，生于小枝中央之叶斜方状倒卵形，有隆起的纵脊，有的纵脊有条形凹槽，长1.5 ~ 3 mm，宽1.2 ~ 1.5 mm，先端钝，下方无腺点，侧面之叶船形，宽披针形，较中央之叶稍短，宽0.8 ~ 1 mm，先端钝，尖头内弯，两面均为绿色，无白粉。雄球花近椭圆形，长约2.5 mm，雄蕊约8对，交叉对生，药隔宽卵形，先端钝。幼小球果长约5.5 mm，椭圆形，种鳞8片，交叉对生，最外面的种鳞倒卵状椭圆形，顶部下方有一鳞状尖头。3—4月开花，种子9—11月成熟。

【生境分布】生于海拔900 ~ 1 800 m的山地林中，仅分布于开州和城口。

【功能主治】枝叶：味苦、涩，性寒；凉血止血，清热止痢，化痰止咳；用于血热妄行之吐血，衄血，便血，尿血，崩漏，痢疾，慢性支气管炎，百日咳等。种子：味甘、辛，性平；养心安神，润肠通便；用于心悸失眠，多汗遗精，肠燥便秘。

【保护价值】崖柏起源古老，对研究古地质、古生物具有重要意义和价值。崖柏于1982年在城口县被发现，此后近30年间一直没能采集到标本，因此被国际自然保护联盟宣布为野外灭绝种。目前崖柏仅存于四川万源、重

▲崖柏

庆城口和开州，分布区狭窄，种群数量小，濒危等级高。

【保护措施】目前崖柏的人工栽培尚未起步，应加强人工繁育技术研究，建立育种育苗基地，扩大其种群数量；开展详细的野生资源调查，掌握崖柏的野生资源状况、生长状况和分布状况；目前已经在城口县的崖柏集中分布区建立了保护区，但应加强对保护区的管理，加强保护区对研究工作的投入。

三尖杉科Cephalotaxaceae

14 三尖杉

【别名】藏杉、桃松、狗尾松、三尖松、山榧树、头形杉。

【来源】三尖杉科植物三尖杉*Cephalotaxus fortunei* Hook. f.的种子和枝叶。

【植物形态】乔木，高达20 m，胸径达40 cm；树皮褐色或红褐色，裂成片状脱落；枝条较细长，稍下垂；树冠广圆形。叶排成两列，披针状条形，通常微弯，长4 ~ 13 cm，宽3.5 ~ 4.5 mm，上部渐窄，先端有渐尖的长尖头，基部楔形或宽楔形，上面深绿色，中脉隆起，下面气孔带白色，较绿色边带宽3 ~ 5倍，绿色中脉带明显或微

▲三尖杉

明显。雄球花8～10聚生成头状，径约1 cm，总花梗粗，通常长6～8 mm，基部及总花梗上部有18～24枚苞片，每一雄球花有6～16枚雄蕊，花药3，花丝短；雌球花的胚珠3～8枚发育成种子，总梗长1.5～2 cm。种子椭圆状卵形或近圆球形，长约2.5 cm，假种皮成熟时紫色或红紫色，顶端有小尖头；子叶2枚，条形，长2.2～3.8 cm，宽约2 mm，先端钝圆或微凹，下面中脉隆起，无气孔线，上面有凹槽，内有一窄的白粉带；初生叶镰状条形，最初5～8片，形小，长4～8 mm，下面有白色气孔带。花期4月，种子8—10月成熟。

【生境分布】生于海拔3 000 m以下的阔叶树、针叶树混交林中。我国特有树种，分布于巫山、巫溪、奉节、云阳、丰都、石柱、武隆、涪陵、忠县、万州、开州、巴东、秭归、兴山、宜昌等市（区）县。

【化学成分】含三尖杉碱（cephalotaxine），表三尖杉碱（epi-cephalotaxine），左旋及右旋的乙酰三尖杉碱（acetylcephalo-taxine）等。

【功能主治】种子：味甘、涩，性平；驱虫，消积；用于蛔虫病、钩虫病、食积等。枝叶：味苦、涩，性寒；抗癌；用于恶性肿瘤。三尖杉总生物碱对淋巴肉瘤、肺癌等有较好的疗效。

附方：

治产后腹胀：三尖杉枝叶9 g，四面风9 g，岩附子9 g，槟榔4.5 g，山楂9 g，当旭6 g，木通6 g，血泡木6 g，水煎服。

【保护价值】三尖杉的木材纹理细致，材质坚实，韧性强，可供建筑、家具及器具等用。全株可提取多种植物碱，对治疗淋巴肉瘤等有一定的疗效，所以三尖杉是具有多种用途的重要野生经济植物，具有多方面的经济价值。

【保护措施】加强对各地现存的常绿阔叶林保护，减轻对三尖杉生存环境的破坏；防止过度利用，控制利用的频度与强度；进行人工育苗、引种，栽培等方面试验研究，逐步实现人工栽培资源的利用。

15　篦子三尖杉

【别名】梳叶三尖杉、独杉树。

【来源】三尖杉科植物篦子三尖杉*Cephalotaxus oliveri* Mast的枝、叶及种子。

【植物形态】灌木，高达4 m；树皮灰褐色。叶条形，质硬，平展成两列，排列紧密，通常中部以上向上方微弯，稀直伸，长1.5～3.2（多为1.7～2.5）cm，宽3～4.5 mm，基部截形或微呈心形，几无柄，先端凸尖或微凸尖，上面深绿色，微拱圆，中脉微明显或中下部明显，下面气孔带白色，较绿色边带宽1～2倍。雄球花6～7聚生成头状花序，径约9 mm，总梗长约4 mm，基部及总梗上部有10余枚苞片，每一雄球花基部有1枚广卵形的苞片，雄蕊6～10枚，花药3～4，花丝短；雌球花的胚珠通常1～2枚发育成种子。种子倒卵圆形、卵圆形或近球形，长约2.7 cm，径约1.8 cm，顶端中央有小凸尖，有长梗。花期3—4月，种子8—10月成熟。

【生境分布】散生于海拔300～1 000 m阔叶树林或针叶树林内，巫山、巫溪、开州、忠县、丰都、涪陵、武隆有零星分布，梁平县的安丰、正直等村沿河两岸有成片分布。

【化学成分】含粗榧碱harringtonine，三尖杉碱cepha-lotaxine，谢汉墨属碱schelhammeraalkaloid B。叶含4’，4’’，7，7’’-四甲氧基穗花杉双黄酮（amentoflavone-4’，4’’，7，7’’-tetram-ethylether），金松双黄酮（sciadopitysin），篦子三尖杉双黄酮oliv-eriflavone等。

【功能主治】具有杀虫、润肺、疗痔、消积等功效，主治诸虫蛊毒、咳嗽和小儿疳积。

【保护价值】篦子三尖杉对于研究古植物区系和三尖杉属系统分类及其起源、分布具有十分重要的研究价值。树叶富含单宁，可提制栲胶。种子可榨油，供工业用。木材细致、材质优良，坚实不裂，宜作雕刻、棋类及工艺品材料。篦子三尖杉树形美观，枝叶四季浓绿，是美化环境最为理想的观赏性稀有名贵树种，具有净化空气，优化环境等作用。篦子三尖杉是一种用途十分广泛的珍贵植物，种子、枝、叶含多种植物碱中药化学成分，自20世纪60年代以来，植物化学家从篦子三尖杉的枝叶、树皮中提取的生物碱，经临床试验，证明是一种新型的抗癌新药，对治疗人体非淋巴系统白血病，特别是急性粒细胞白血病和单核型细胞白血病有较好的疗效，具有防癌、抗癌、治癌等特殊药用功效。国家二级保护渐危保护植物。

▲篦子三尖杉

【濒危原因】篦子三尖杉常零星分布于常绿阔叶林下的灌木层中，很少有成片生长单优势群落，随着常绿阔叶林遭到破坏，种群数量正日趋减少。

特种濒危的自然因素主要有以下三个方面：物种的进化史；物种所处的生态环境；物种遗传学特性。其中，物种的进化史包括了特种的起源、演化、发展及一些历史事件对它的影响，即包括特种濒危的时间与空间。而生态环境是导致特种濒危的重要原因之一，各种生态环境的改变，尤其是人类的活动造成大量的生境破碎，随之生态系统发生显著变化，如变化后的生境明显不利于特种生存则引起物种局部灭绝。而特种遗传学特性则是特种濒危的最根本原因。

篦子三尖杉的遗传多样性比较低，这是篦子三尖杉濒危的根本原因。而其遗传多样性比较低是与其种群大小、个体数量及生长、结实、繁殖这些生物学特性密切相关的。根据资料可知，篦子三尖杉的自然分布范围较窄，数量稀少，结果少，种子休眠期长，这些都导致了篦子三尖杉的遗传多样性贫乏。

篦子三尖杉的遗传多样性水平较低，低于裸子植物树种的平均水平，这与种的自然分布范围的大小密切相关。种的分布区域是影响遗传多样性水平的主要因子，通常，自然分布范围大的种比分布范围小的种包含较多的遗传多样性。一般认为，珍稀濒危的植物表现出低水平的遗传多样性，这是由于生存环境狭窄，由随机漂变引起个性和种群的变异性降低或小种群、隔高种群的近交衰退都会导致珍稀和濒危植物遗传多样性的降低。濒危的结果之一是遗传多样性水平下降，而低水平的遗传多样性将使其更加濒危。当然，物种遗传多样性的保持受其生物学特性、生态条件、进化过程和历史事件的共同影响，珍稀和濒危也不是一个单一状态，而是由地理范围、种群大小、生境特点、进化过程、人为影响等因素共同作用的结果。

篦子三尖杉的内繁育系数较低，说明群体中纯合体过多，存在内繁育现象。许多研究表明，在生物界中，除了随机交配的有性生殖方式外，广泛存在着内繁能，有专性内繁育的类群，也有兼性内繁育的类群。专性外繁育的类群在一定条件下也有不得不以内繁育的类群，尤其是珍稀濒危的动植物类群，由于地理分布狭窄、居群太小、个体数太少，出现随机遗传漂变和近交衰退，进而增加纯合性。杂合度越高的群体对环境的适应能力和生存能力越强，篦子三尖杉群体杂合度较低，也就是说，它对环境的适应能力和生存能力较弱。这和篦子三尖杉的珍稀濒危特性是相辅相成的。

篦子三尖杉自然分布的数量稀少，多为雌雄异株。雌株不是每年都结实，且结实量少。种子具有休眠的特性，许多种子在休眠期由于环境因素而腐烂、失去活力或被松鼠等吃掉，所以，自然条件下种子的萌发生长率很低，由种子形成的实生苗极少，天然更新困难。再加上人为砍伐、人类活动的干扰使其生境受到破坏，以上一系列的因素导致了篦子三尖杉的珍稀和濒危。

【保护措施】由于篦子三尖杉多生长于常绿阔叶林下，常因常绿阔叶林遭到砍伐而随之受到破坏。要保护篦子三尖杉，首先要保护其生境不被破坏。因此，应将有篦子三尖杉分布的常绿阔叶林划为保护区或保护点，进行封山育林，严禁砍伐。在梁平设立小面积保护点，作为科普宣传和科普教育基地，提高广大民众保护珍稀濒危树种及保护其生存环境的意识。采取三种保护方式。①就地保护：在原来的生境中对篦子三尖杉进行保护，天然分布的野生资源进行就地保护，保护其生有环境，避免拥有株数的减少，进行补种增加幼苗数量，并且尽可能地维持其遗传多样性。②迁地保护：开展迁地保护的研究，如栽培，生物生态学观察，建立档案等，以更科学、更有效的措施促使其天然更新，增加数量，扩大分面面积，这对篦子三尖杉的保护有非常重要的作用。国家有大量学才对这些做了研究，但实际操作中仍要作更多的改进。③人工育种：加强人工繁殖，这是提高篦子三尖杉数量的最便捷的手段，篦子三尖杉的种子繁殖技术和扦插技术都取得突破性进展。种子繁殖技术的要点是利用低温等方法，打破其休眠期，使其提前萌发。扦插繁殖也是一条可取的方法，但其后期生长较差，还需作进一步研究。

红豆杉科Taxaceae

16　穗花杉

【别名】岩子柏、杉枣。

【来源】红豆杉科植物穗花杉*Amentotaxus argotaenia*（Hance）Pilger的种子。

【植物形态】常绿小乔木或灌木，高7～10 m，树皮灰褐色或红褐色，成片状脱落；小枝对生或近对生，绿色或黄绿色；冬芽无树脂道，芽鳞交互对生，宿存于小枝基部。叶对生，排成列，具短柄，线状披针形，质地厚，革质，直或微曲，长3～11 cm，宽6～11 mm，先端尖或钝，基部宽楔形，边缘微反卷，上面深绿色，中脉隆起，下面有与绿色边带等宽或近等宽的粉白色气孔带。雌雄异株，雄球花交互对生，排成穗状，通常2～4（稀1或5～6）穗生于小枝顶端，长5～6.5 cm，每雄蕊具2～5（多为3）花药；雌球花生于当年生枝的叶腋或苞腋，梗较长，有6～10对交互对生的苞片，胚珠单生。种子翌年成熟，下垂，椭圆形，被囊状假种皮所包，长2～2.5 cm，直径1～1.3 cm，先端具短尖，成熟时假种皮鲜红色，基部具宿存的苞片；种梗长1～1.4 cm，扁四棱形。花期4月中旬至5月上旬，雌球花授粉而不及时受精，2—3月后花粉管萌发，胚珠逐渐变成种子，翌年5—6月种子成熟。

【生境分布】生于海拔500～1 400（～1 800）m热带和南亚热带的山地林中，为阴性树种，在群落中个体稀

▲穗花杉

少，属偶见性树种。常见的上层树种有多青冈。气候温凉潮湿、雨量充沛，年平均温12～19 ℃，年降水量1 300～2 000 mm，年相对湿度在85%以上；光照较弱，多散射光，立地的土壤为花岗岩、流纹岩、砂页岩发育而成的黄壤或黄棕壤，pH值为4.5～5.5，富含腐殖质。兴山、巫溪、石柱有分布。

【化学成分】含大黄酚、没食子蒽醌-二甲醚、硬脂酸、二十二烷酸。

【功能主治】种子入药，性味苦、咸，温。入脾、胃二经。具有清积导滞，驱虫之功。用于食滞胃肠，脘腹不舒，吐酸嗳腐，舌苔厚腻等食积症。

【保护价值】我国特有种，号称“冰川元老”，是世界稀有的珍贵植物。在地球上濒临绝迹，三峡地区有星散分布，对研究植物区系和红豆杉科分类有重要价值。穗花杉树形秀丽，四季常绿，木质纹理细密，叶面光滑发亮，树皮薄呈赤褐色，种子秋后成熟时假种皮呈红色，极为美观，为优美的庭园观赏树种和上好的林木材，叶含精油可作为化妆品及食品香料。

【保护措施】穗花杉虽为本属中分布最广的种，但因森林采伐过度，生态环境恶化，植株越来越少，且生长缓慢，种子有休眠期，易遭鼠害，天然更新力较弱，林内幼树幼苗罕见，有濒危的危险，建议穗花杉分布区域列入保护对象，保护好母树及其自然环境，促进天然更新。

17　红豆杉

【别名】卷柏、扁柏、观音杉、杉公子。

【来源】红豆杉科植物红豆杉*Taxus wallichiana* var. *chinensis*（Pilg.）Florin的枝叶和树皮的提取物（紫杉醇）。

【植物形态】乔木，高达30 m，胸径达60～100 cm；树皮灰褐色、红褐色或暗褐色，裂成条片脱落；大枝开展，一年生枝绿色或淡黄绿色，秋季变成绿黄色或淡红褐色，二、三年生枝黄褐色、淡红褐色或灰褐色；冬芽黄褐色、淡褐色或红褐色，有光泽，芽鳞三角状卵形，背部无脊或有纵脊，脱落或少数宿存于小枝的基部。叶排列成两列，条形，微弯或较直，长1～3 cm，宽2～4 mm，上部微渐窄，先端常微急尖，稀急尖或渐尖，上面深绿色，有光泽，下面淡黄绿色，有两条气孔带，中脉带上有密生均匀而微小的圆形角质乳头状突起点，常与气孔带同色，稀色较浅。雄球花淡黄色，雄蕊8～14枚，花药4～8。种子生于杯状红色肉质的假种皮中，间或生于近膜质盘状的种托之上，常呈卵圆形，上部渐窄，稀倒卵状，长5～7 mm，径3.5～5 mm，微扁或圆。上部常具二钝棱脊，稀上部三角

▲红豆杉

▲红豆杉花

▲红豆杉果

状具三条钝脊，先端有突起的短钝尖头，种脐近圆形或宽椭圆形，稀三角状圆形。花期3—4月，种子9—11月成熟。

【生境分布】我国特有树种，生于海拔1 000 m以上的山地阔叶林中，巫山、巫溪、奉节、云阳、万州、石柱等区县有分布。

【化学成分】树叶含紫杉素（taxinine），尖叶土杉甾醇（ponasterol），蜕皮甾酮（ecdysterone），金松双黄酮（sci-adopitysin）；树皮含紫杉碱（taxine），罗汉松甾酮（makisterone），茎皮含紫杉醇（taxol）；心材含紫杉新素（taxusin），异紫杉树脂醇（isotaxiresinol）和异落叶松脂醇（isolariciresinol）等。

【功能主治】味淡，性平；利尿，通经，消肿；用于肾炎浮肿、小便不利、糖尿病等；树皮和枝叶提取物紫杉醇用于治疗卵巢癌和乳腺癌效果明显，对肺癌、大肠癌、黑色素瘤、头颈部癌、淋巴瘤、脑瘤也有一定疗效。

【保护价值】红豆杉是250万年前第四纪冰川时期遗留下来的珍稀濒危物种，是植物中的活化石。由于在自然条件下红豆杉生长速度缓慢，再生能力较差，所以很长时间以来，世界范围内还没有形成大规模的红豆杉原料林基地，自然分布极少；1994年，红豆杉被我国定为一级珍稀濒危保护植物，同时被全世界42个有红豆杉的国家称为“国宝”，联合国也明令禁止采伐，是名副其实的“植物大熊猫”，具有重要的科学研究价值；其木材纹理直，结构细，坚实耐用，可供建筑、家具等用；其提取物紫杉醇是治疗转移性卵巢癌和乳腺癌的药物之一，具有很高的开发应用价值。

【保护措施】保护红豆杉的自然生存环境：对库区内野生红豆杉进行逐棵统计，查清资源。每一棵都挂上标牌，建立资源档案，同时成立专业队伍进行监管，在全市范围尤其是山区重点区域内，对广大干部、群众进行保护野生红豆杉这一珍贵资源的宣传、教育活动，严厉打击盗挖、盗伐行为。发现破坏红豆杉资源和非法贩运红豆杉资源及制品的，应坚决制止并将查获的违法犯罪分子和赃物及时移送公安机关查处。组织有关部门对发现大片红豆杉的忠县、万州、石柱等抓紧进行野生红豆杉自然保护区的申报，建立自然保护区；在适宜区县积极进行人工栽植红豆杉的工作，实现以利用野生资源向利用人工栽培资源转换，减轻野生资源的压力，最大限度地挖掘红豆杉巨大的社会效益、经济效益和生态效益。

18 巴山榧树

【别名】铁头枞、紫柏、篦子杉、球果榧。

【来源】红豆杉科植物巴山榧树*Torreya fargesii* Franch.的种子。

▲巴山榧树

【植物形态】乔木，高达12 m；树皮深灰色，不规则纵裂；一年生枝绿色，二、三年生枝呈黄绿色或黄色，稀淡褐黄色。叶条形，稀条状披针形，通常直，稀微弯，长1.3 ~ 3 cm，宽2 ~ 3 mm，先端微凸尖或微渐尖，具刺状短尖头，基部微偏斜，宽楔形，上面亮绿色，无明显隆起的中脉，通常有两条较明显的凹槽，延伸不达中部以上，稀无凹槽，下面淡绿色，中脉不隆起，气孔带较中脉带为窄，干后呈淡褐色，绿色边带较宽，约为气孔带的一倍。雄球花卵圆形，基部的苞片背部具纵脊，雄蕊常具4个花药，花丝短，药隔三角状，边具细缺齿。种子卵圆形、圆球形或宽椭圆形，肉质假种皮微被白粉，径约1.5 cm，顶端具小凸尖，基部有宿存的苞片；骨质种皮的内壁平滑；胚乳周围显著地向内深皱。花期4—5月，种子9—10月成熟。

【生境分布】生于海拔1 000 ~ 1 800 m的针阔混交林中。我国特有树种，分布于城口、开州、巫山、巫溪、石柱、武隆、兴山、巴东、秭归等区县。

【化学成分】枝叶含有脂肪油、棕榈酸、硬脂酸、油酸、亚油酸、甾醇、草酸、葡萄糖、多糖、挥发油、鞣质等。

【功能主治】味甘，性平；杀虫消积，润燥通便；用于钩虫、蛔虫、绦虫病，虫积腹痛，燥咳，小儿疳积，便秘，痔疮，大便秘结等。

【保护价值】巴山榧树木材坚硬，结构细致，可供家具、雕刻等用，为优良的木材资源；起源于中侏罗纪至新第三纪，具有较高的经济价值和学术研究价值，已经被列为国家二级保护植物。

【保护措施】加强对巴山榧树生存环境的保护，促进其自然更新和繁衍；防止过度砍伐，控制利用的频度与强度；进行人工育苗、引种、栽培等方面试验研究，逐步实现人工栽培资源的利用。

胡桃科Juglandaceae

19　野核桃

【别名】山核桃、野胡桃。

【来源】胡桃科植物野核桃*Juglans cathayensis* Dode的种仁和树皮。

【植物形态】乔木或有时呈灌木状，高达12 ~ 25 m，胸径达1 ~ 1.5 m；幼枝灰绿色，被腺毛，髓心薄片状分隔；顶芽裸露，锥形，长约1.5 cm，黄褐色，密生毛。奇数羽状复叶，通常长40 ~ 50 cm，叶柄及叶轴被毛，具9 ~ 17枚小叶；小叶近对生，无柄，硬纸质，卵状矩圆形或长卵形，长8 ~ 15 cm，宽3 ~ 7.5 cm，顶端渐尖，基部斜圆形或稍斜心形，边缘有细锯齿，两面均有星状毛，上面稀疏，下面浓密，中脉和侧脉亦有腺毛，侧脉11 ~ 17

▲野核桃

对。雄性葇荑花序生于去年生枝顶端叶痕腋内，长可达18~25 cm，花序轴有疏毛；雄花被腺毛，雄蕊13枚左右，花药黄色，长约1 mm，有毛，药隔稍伸出。雌性花序直立，生于当年生枝顶端，花序轴密生棕褐色毛，初时长2.5 cm，后来伸长达8~15 cm，雌花排列成穗状。雌花密生棕褐色腺毛，子房卵形，长约2 mm，花柱短，柱头2深裂。果序常具6~10个果或因雌花不孕而仅有少数，但轴上有花着生的痕迹；果实卵形或卵圆状，长3~4.5 cm，外果皮密被腺毛，顶端尖，核卵状或阔卵状，顶端尖，内果皮坚硬，有6~8条纵向棱脊，棱脊之间有不规则排列的尖锐刺状凸起和凹陷，仁小。花期4—5月，果期8—10月。

【生境分布】生于海拔800~2 800 m的杂木林中。分布于奉节、巫山、巫溪、城口、开州、武隆、巴东等地。

【化学成分】种仁含油40%~50%，蛋白质15%~20%，糖类，维生素A、B、C等。树皮及外果皮含大量鞣质。

【功能主治】种仁：味甘，性温；补养气血，润燥化痰，益命门，利三焦，温肺润肠，温肾助阳；用于虚寒咳嗽，下肢酸痛，燥咳无痰，虚喘，腰膝酸软，肠燥便秘，皮肤干裂等。树皮用于骨折，身弱体虚，腰痛，治虚寒咳嗽，下肢酸痛等。

【保护价值】野核桃种子油可食用或制肥皂，也可作润滑油；其木材坚实，经久不裂，可做家具；树皮和外果皮含鞣质，可提取栲胶原料；树皮的韧皮纤维可作纤维工业原料。

【保护措施】野核桃分布较广，但尚未发现纯林，只见星散分布。应加强对现有母树进行保护，选择集中分布建立保护点；增加科技和资金投入，推进人工繁殖研究，采种育苗，并营造以野核桃为主的混交林。

桦木科Betulaceae

20　华榛

【别名】榛子、猴板栗。

【来源】桦木科植物华榛*Corylus chinensis* Franch.的种子。

▲华榛

▲华榛

【植物形态】落叶乔木，高可达20 m，树冠呈广卵形或圆形；树皮灰褐色，纵裂；小枝被长柔毛和刺状腺体，很少无毛、无腺体，基部通常密被淡黄色长柔毛。叶宽卵形、椭圆形或宽椭圆形，长8 ~ 18 cm，宽6 ~ 12 cm，先端骤尖或短尾状，基部心形，两侧不对称，边缘有不规则的钝锯齿，上面无毛，下面沿脉疏被淡黄色长柔毛。有时具刺状腺体，侧脉7 ~ 11对；叶柄长1 ~ 2.5 cm，密被淡黄色长柔毛和刺状腺体。雄花序2 ~ 8，排成总状，长2 ~ 5 cm。果2 ~ 6枚簇生，长2 ~ 6 cm，直径1 ~ 2.5 cm，总苞管状，于果的上部缢缩，较果长2倍，外面疏被短柔毛或无毛，有多数明显的纵肋，密生刺状腺体，上部深裂，裂片3 ~ 5，披针形，通常又分叉成小裂片。坚果近球形，灰褐色，直径12 cm，无毛。花期4—5月，果期9—10月。

【生境分布】多生于中山地带。喜温凉、湿润的气候环境和肥沃、深厚、排水良好的中性或酸性的山地黄壤和山地棕壤。为阳性树种，常与其他阔叶树种组成混交林，分布于巫山、奉节、开州、巴东、宜昌、兴山海拔900 ~ 2 500 m的阴山湿地杂林中。

【功能主治】味甘性温，调中开胃，明目利便，治胃痛、目赤眼痛，小便不利。

【保护价值】华榛为我国特有的稀有珍贵树种，是榛属中罕见的大乔木。其材质优良，种子可食，含油量50%，木材质地坚韧，树干端直。华榛的种子形似栗子，外壳坚硬，果仁肥白而圆，有香气，含油脂量很大，吃起来特别香美，余味绵绵，成为受人们欢迎的坚果类食品，有“坚果之王”的称号，与扁桃、胡桃、腰果并称为“四大坚果”。华榛种子营养丰富，果仁中含有蛋白质、脂肪、糖类外，胡萝卜素、维生素B_1、维生素B_2、维生素E含量也很丰富；华榛种子中人体所需的8种氨基酸，其含量远远高过核桃；华榛种子中各种微量元素如钙、磷、铁含量也高于其他坚果。目前自然分布极少，作为我国的一个特有植物，已被国家列为珍稀濒危三级保护植物。

【保护措施】在华榛生长集中的区域进行次生林更新，恢复原有的自然环境，使其自然繁衍更新；进行观察研究，探究其个体生长发育规律、生物学特性以及群落的动态演变规律。

榆科Ulmaceae

21 青檀

【别名】翼朴、檀树、摇钱树。

【来源】榆科植物青檀*Pteroceltis tatarinowii* Maxim.的根皮、叶。

【植物形态】乔木，高达20 m或20 m以上，胸径达70 cm或1 m以上；树皮灰色或深灰色，不规则的长片状剥落；小枝黄绿色，干时变栗褐色，疏被短柔毛，后渐脱落，皮孔明显，椭圆形或近圆形；冬芽卵形。叶纸质，宽卵形至长卵形，长3 ~ 10 cm，宽2 ~ 5 cm，先端渐尖至尾状渐尖，基部不对称，楔形、圆形或截形，边缘有不整齐的锯齿，基部3出脉，侧出的一对近直伸达叶的上部。侧脉4 ~ 6对，叶面绿，幼时被短硬毛，后脱落常残留有圆点，光滑或稍粗糙，叶背淡绿，在脉上有稀疏的或较密的短柔毛，脉腋有簇毛，其余近光滑无毛；叶柄长5 ~ 15 mm，被短柔毛。翅果状坚果近圆形或近四方形，直径10 ~ 17 mm，黄绿色或黄褐色，翅宽，稍带木质，有放射线条纹，

▲青檀

下端截形或浅心形，顶端有凹缺，果实外面无毛或多少被曲柔毛，常有不规则的皱纹，有时具耳状附属物，具宿存的花柱和花被，果梗纤细，长1～1.5 cm，被短柔毛。花期4—5月，果期8—10月。

【生境分布】阳性树种，常生于巫山、巫溪、开州、北碚等海拔200～1 500 m的山麓、林缘、沟谷、河滩、溪旁及峭壁石隙等处，成小片纯林或与其他树种混生。

【化学成分】Np香豆酰酪胺（paprazine）、甲基丁二酸、香草酸、甲基肌醇、β谷甾醇、胡萝卜苷、α香树素。

【功能主治】祛风，除湿，消肿；主治诸风麻痹，痰湿流注，脚膝瘙痒，胃痛及发痧气痛。

【保护价值】为中国特有的单种属纤维树种和国家级珍稀濒危Ⅲ级重点保护药用植物，对研究榆科系统发育有重要的学术价值；其茎皮、枝皮纤维不仅是制造驰名国内外的书画宣纸的优质原料，而且是钙质土的指示植物；现代药理研究证实青檀是一种很好的祛风湿、止痛药物。

【保护措施】青檀零星或成片分布于三峡地区的部分区县，由于自然植被破坏，常被大量砍伐，致使分布区逐渐缩小，野生资源极少。应对现有的青檀林严禁砍伐，促进更新，对古树重点加以保护。同时大力发展人工育苗，扩大种植，建立制造宣纸的原料基地，并将其列为三峡石灰岩地区造林树种之一。

马兜铃科Aristolochiaceae

22 朱砂莲

【别名】毒蛇药、避蛇生、牛血莲。

【来源】马兜铃科植物朱砂莲*Aristolochia tuberosa* C. F. Liang et S. M. Hwan的块根。

【植物形态】草质藤本，全株无毛；块根呈不规则纺锤形，长达15 cm或更长，直径达8 cm，常2～3个相连。表皮有不规则皱纹，内面浅黄色或橙黄色；茎秆后有纵槽纹。叶膜质，三角状心形，生于茎下部的叶常较大，长8～14 cm，宽5～11 cm，上部长渐尖，顶端钝，基部心形，两侧裂片圆形，扩展或稍内弯，长2～2.5 cm，宽3～4 cm，上面绿色，有时有白斑，下面粉绿色；基出脉5～7条，最末一级网脉呈树枝状分枝，稀疏而明显，互相不连接；叶柄长7～14 cm，具槽纹。花单生或2～3朵聚生或排成短的总状花序，腋生或生于小枝基部已落叶腋部；花梗纤细，长约1.5 cm，近基部有小苞片；小苞片卵形，长宽均约5 mm，稍具柄；花被全长约3.5 cm，基部膨大呈球形，直径约5 mm，向上急遽收狭成一长管，管口扩大呈漏斗状，檐部一侧极短，向下翻或有时稍二裂，另一侧延伸成舌片；舌片长圆形，长约2 cm，宽约4 mm，顶端钝或具小凸尖，黄绿色或暗紫色，具5条脉；花药卵形，贴生于合蕊柱近基部，并单个与其裂片对生，子房圆柱形，长1～1.2 cm，6棱；合蕊柱顶端6裂，裂片基部向下延伸成波状圆环。蒴果倒卵形，长约3 cm，直径约2.5 cm，6棱，基部常下延；果梗长4～5 cm，下垂；种子卵形，长约4 mm，宽约3 mm，背面平凸状，密被小疣点，腹面凹入。花期11月至翌年4月，果期6—10月。

【生境分布】生于海拔150～1 600 m的石灰岩山上或山沟两旁灌丛中。分布于武隆、万州、石柱等地。

【化学成分】马兜铃酸（aristolochic acid），朱砂莲素（tuberosinone），朱砂莲苷（tuberosinone-N-β-glucoside）等。

【功能主治】味苦、辛，性寒；清热解毒，利湿止痛；用于胃炎，胃溃疡，湿热痢疾，泄泻，胸痛，胃痛，脘腹疼痛，咽喉肿痛，肺结核，毒蛇咬伤等。

【保护价值】朱砂莲为民间稀有名贵药材，历来被视为治疗胃疼痛的特效药，其镇痛效果明显，但野生资源十分稀少，加之被大量采集，导致野生资源已近枯竭。

【保护措施】对野生分布区加强保护，严格限制野生资源的采挖；寻找同属替代药材，减少用药需求对朱砂莲的用量；开展人工繁殖技术研究，建立人工种植基地，规模化生产。

▲朱砂莲

睡莲科Nymphaeaceae

23　莼菜

【别名】水葵、马蹄菜。

【来源】睡莲科植物莼菜*Brasenia schreberi* J. F. Gmel.的全草。

【植物形态】多年生水生草本；根状茎具叶及匍匐枝，后者在节部生根，并生具叶枝条及其他匍匐枝。叶椭圆状矩圆形，长3.5～6 cm，宽5～10 cm，下面蓝绿色，两面无毛，从叶脉处皱缩；叶柄长25～40 cm，和花梗均有柔毛。花直径1～2 cm，暗紫色；花梗长6～10 cm；萼片及花瓣条形，长1～1.5 cm，先端圆钝；花药条形，约长4 mm；心皮条形，具微柔毛。坚果矩圆卵形，有3个或更多成熟心皮；种子1～2，卵形。花期6月，果期10—11月。

【生境分布】石柱县1 000～1 500 m的沼泽池塘都有生长。

【功能主治】味甘，性寒；具有清热，利水、消肿、解毒的功效；治热痢、黄疸、痈肿、疔疮。

【保护价值】莼菜不但具有较好的药用价值，同时亦是珍贵的野生水生蔬菜，含有酸性多糖、蛋白质、氨基酸、维生素、组胺和微量元素等，具有较

▲莼菜

高食用价值；属国家Ⅰ级重点保护野生植物。

【**保护措施**】野生资源极少，人工繁殖技术已取得较大成功，但近年莼菜种性退化已经比较严重，质量和产量都在下降，应做好品种提纯复壮和品种保护工作。

24　莲

【**别名**】莲花、芙蕖、芙蓉、荷花、藕。

【**来源**】睡莲科植物莲*Nelumbo nucifera* Gaertn.的藕节、叶蒂、荷叶、莲花、莲房、种子。

【**植物形态**】多年生水生草本；根状茎横生，肥厚，节间膨大，内有多数纵行通气孔道，节部缢缩，上生黑色鳞叶，下生须状不定根。叶圆形，盾状，直径25～90 cm，全缘稍呈波状，上面光滑，具白粉，下面叶脉从中央射出，有1～2次叉状分枝；叶柄粗壮，圆柱形，长1～2 m，中空，外面散生小刺。花梗和叶柄等长或稍长，也散生小刺；花直径10～20 cm，美丽，芳香；花瓣红色、粉红色或白色，矩圆状椭圆形至倒卵形，长5～10 cm，宽3～5 cm，由外向内渐小，有时变成雄蕊，先端圆钝或微尖；花药条形，花丝细长，着生在花托之下；花柱极短，柱头顶生；花托直径5～10 cm。坚果椭圆形或卵形，长1.8～2.5 cm，果皮革质，坚硬，熟时黑褐色；种子卵形或椭圆形，长1.2～1.7 cm，种皮红色或白色。花期6—8月，果期8—10月。

【**生境分布**】自生或栽培在池塘或水田内。库区各市县均有分布，多为栽培。

【**化学成分**】蛋白质，脂肪，碳水化合物，粗纤维，胡萝卜素，硫胺素，核黄素，尼克酸，抗坏血酸和莲子碱等。

【**功能主治**】根茎节（藕节）：味甘、涩，性平；止血，散瘀。叶基部（荷叶蒂）：味苦，性平；清暑祛湿，止血，安胎。叶（荷叶）：味苦、涩，性平；解暑清热，升发清阳，散瘀止血。花蕾（莲花）：味苦，甘，性凉；清热，散瘀止血。花托（莲房）：味苦、涩，性温；化瘀止血。种子（莲子）：味甘、涩，性平；补脾止泻，益肾涩精，养心安神。

【**保护价值**】莲的各部分均可药用，其药用价值极高，同时莲藕为常用食材之一，经济价值较高，已经被列为国家二级保护植物；莲花为著名观赏花卉之一，其观赏价值较高；其种子能保存数百年，对研究植物种子储藏和保存具有十分重要的科学价值。

【**保护措施**】加强对观赏莲花品种的培育研究，培育出更多具有更高观赏价值的莲花品种；选育和培养药用和食用莲专用品种；开展野生资源考察和保护研究。

▲莲

领春木科Eupteleaceae

25 领春木

【别名】云叶树。

【来源】领春木科植物领春木*Euptelea pleiosperma* Hook. f. et Thoms.的根及茎皮。

【植物形态】落叶灌木或小乔木，高2～15 m；树皮紫黑色或棕灰色；小枝无毛，紫黑色或灰色；芽卵形，鳞片深褐色，光亮。叶纸质，卵形或近圆形，少数椭圆卵形或椭圆披针形，长5～14 cm，宽3～9 cm，先端渐尖，有1突生尾尖，长1～1.5 cm，基部楔形或宽楔形，边缘疏生顶端加厚的锯齿，下部或近基部全缘，上面无毛或散生柔毛后脱落，仅在脉上残存，下面无毛或脉上有伏毛，脉腋具丛毛，侧脉6～11对；叶柄长2～5 cm，有柔毛后脱落。花丛生；花梗长3～5 mm；苞片椭圆形，早落；雄蕊6～14 mm，长8～15 mm，花药红色，比花丝长，药隔附属物长0.7～2 mm；心皮6～12，柱头面在腹面或远轴，斧形，具微小黏质突起，有1～3（4）胚珠。翅果长5～10 mm，宽3～5 mm，棕色，子房柄长7～10 mm，果梗长8～10 mm；种子1～3个，卵形，长1.5～2.5 mm，黑色。花期4—5月，果期7—8月。

【生境分布】生于海拔600～2 100 m的溪边杂木林中。分布于巫山、开州、武隆、江津、石柱、巫溪、奉节、城口、巴东等区县。

【功能主治】味苦涩性凉，清热泻火，祛风除湿，止痛接骨；治小儿高热，风湿疼痛，骨折。

【保护价值】领春木为典型的东亚植物区系成分的特征种，第三纪孑遗植物和稀有珍贵的古老树种，对于研究古植物区系和古代地理气候有重要的学术价值；领春木在世界许多地方已灭绝，在中国种群数量也很少，已处于濒危的境地，需要采取合理的保护措施。

【保护措施】应对群落进行适度的干扰，开辟适当的林窗，促进领春木种子萌发，幼苗、幼树正常发育以及个体的自然扩散；注重种群间的迁移，维护并建立种群间扩散的廊道；开展调查工作，掌握其资源状况，为保护、开发和利用提供可信度较高的依据。

▲领春木枝条

▲领春木

连香树科Cercidiphyllaceae

26 连香树果

【别名】山白果树。

【来源】为连香树科植物连香树*Cercidiphyllum japonicum* Sieb. et Zucc.的成熟果实。

▲连香树叶

▲连香树枝条

【植物形态】落叶乔木，高达25 m，胸径约1 m。幼树皮淡灰色，老树灰褐色，纵裂，呈薄片剥落；小枝褐色，皮孔明显。芽卵圆形，顶端尖，紫红色或暗紫色；单叶在长枝上对生，在短枝上单生；叶柄长1～3 cm；托叶与叶柄相近，早落；叶片扁圆形、圆形、肾形或卵圆形，长3.5～7.5 cm，上面深绿色，下面粉绿色，顶端圆或钝尖，短枝的叶基部心形，长枝的叶基部圆形或宽楔形，边缘具锐锯齿，掌状脉5～7。花腋生，先叶开放或与叶同放，单性，雌雄异株；花萼4裂，膜质；花瓣缺；雄花近无柄，雄蕊15～0，花药红色，2室，纵裂；雌花2～6，具梗，心皮离生，胚珠多数，排成2列，花柱线形，宿存。聚合蓇荚果2～6，圆柱形，微弯，沿腹缝线开裂，长0.8～1.8 cm，暗紫褐色，微被白粉，具残存花柱。种子多数，具翅。花期4—5月，果期8月。

【生境分布】生于海拔1 400～2 500 m的山谷、沟旁或林中。分布于巫溪、巫山、奉节、开州地区。数量较少。

【化学成分】叶含麦芽醇（maltol），糖类，山梨糖醇（sorbitol），焦性儿茶酚（catechol）；芽叶含矢车菊素（cyanidin），飞燕草素（delphinidine），芍药素（peonidin），锦葵花素（malvidin）。树皮含花白苷（1eucoanthocyanin），连香树鞣质（cercidinia）A、B，金缕梅鞣质（chamameli-tannin），3-O-没食子酰基金缕梅鞣质（3-O-galloyl-hamamelitannin）等。

▲连香树

【功能主治】味辛、微甘，性温。具祛风定惊止痉功能；主治小儿惊风，抽搐肢冷。

附方：

治小儿惊风，抽搐肢冷：连香树鲜果实30 g左右，芫荽12～15 g，青石蚕6～9 g。水煎，空腹服。

【保护价值】连香树是第三纪孑遗的古老植物，该科为东亚植物区系的特征科，现存仅1属2种。本种产于我国及日本；另一种为日本特产，这种间断分布的式样明显表示出该属的古老性，它和其他古老植物一样，被称为“北极第三纪孑遗植物”，是第四纪冰川以来留下的“活化石”。因此，在研究中国—日本植物区系的关系上，以及对于阐明第三纪植物区系的起源为植物学家提供了珍贵的材料。同时，在系统发育上因处于相对原始和孤立的地位，到目前为止，对连香树科的系统演化位置尚无确切定论。较早的恩格勒及哈钦松系统中，将其归属于木兰目；近代的塔赫他间系统中则将其归于金缕梅亚纲中，并独列为一个连香树目，克朗奎斯特认为它应该属于金缕梅目，特别是与同目中金缕梅科的双花木属（Disothus）之间有着更为紧密的亲缘关系。当然，也有人认为它与昆栏树目的关系更接近。所以，连香树的存在对被子植物的起源和早期演化方面的研究，无疑具有重要的意义。连香树树形优美，枝叶浓密，庄重而秀雅，是良好的庭园绿化观赏树种。树皮与叶均含鞣质，可提取栲胶，是一种具有经济价值的植物；已被列为我国二级保护植物。

【保护措施】连树香由于结实率低，幼苗易受暴雨、病虫等危害，故天然更新极困难，林下幼树极少。加之乱砍、乱伐森林，环境遭到严重破坏，致使连香树分布区逐渐缩小，成片植株罕见。如不及时保护，连香树资源将陷入灭绝的境地。建议一方面要就地保护，加强自然保护区管理；另一方面积极采取迁地保护。

毛茛科Ranunculaceae

27 黄连

【别名】味莲、川莲、鸡爪黄连。

【来源】为毛茛科植物黄连*Coptis chinensis* Franch.的根茎。

【植物形态】多年生草本。根茎黄色，常分枝，密生多数须根：叶基生；叶柄长5～12（16）cm；叶片坚纸质，卵状三角形，高达10 cm，3全裂；中央裂片有细柄，卵状菱形，长3～8 cm，宽2～4 cm，顶端急尖，羽状深裂，边缘有锐锯齿，侧生裂片不等2深裂，表面沿脉被短柔毛。花葶1～2，高12～25 cm，二歧或多歧聚伞花序，有花3～8朵；总苞片通常3，披针形、羽状深裂；小苞片圆形，稍小；萼片5，黄绿色，窄卵形，长9～12.5 mm；花瓣线形或线状披针形，条5～7 mm，中央有蜜槽；雄蕊多数，外轮雄蕊比花瓣略短或近等长；心皮8～12，离生，有短柄。蓇葖果6～12，长6～8 mm，具细柄。花期2—4月，果期3—6月。

【生境分布】生于海拔1 000～2 000 m的山地密林中或山谷阴凉处，野生或栽培。分布于巫溪、巫山、奉节、云阳、万州、开州、石柱、丰都、涪陵、武隆地区。

▲黄连

▲黄连果实

▲黄连

【药材性状】根茎多簇状分枝，弯曲互抱，形似倒鸡爪状，习称“鸡爪黄连”。单枝类圆柱形，长3 ~ 6 cm，直径0.3 ~ 0.7 cm。表面灰黄色或黄棕色，外皮剥落处显红棕色，粗糙，有不规则结节状隆起、须根及须根残基，部分节间平滑，习称“过桥”。上部具棕色鳞叶残基。质坚实，折断面不整齐，呈红黄色，外层色深有红点，内层色浅有菊花纹，中间偶空心。味极苦。

【显微鉴别】根茎横切面：木栓层由数列木栓细胞组成，有的外侧附有鳞叶组织。皮层较宽，成群或单个散在，呈类方形或长方形，孔沟明显。中柱鞘纤维束木化，或伴有少数石细胞。维管束环列，束间形成层不明显；木质部导管较小，木薄壁组织木化，射线宽窄不一，有的木射线亦木化；髓部偶有石细胞群散在。

粉末特征：黄棕色或黄色，味极苦，石细胞为类方形、类圆形、类多角形或不规则形，直径25 ~ 65 μm，长可达100 μm，壁厚可达20 μm，黄色，木化或微木化，壁孔明显。木纤维成束，长条形，两端钝圆略倾斜，长120 ~ 300 μm，直径15 ~ 20 μm，壁不甚厚，微木化，壁孔稀疏，圆形或扁圆形。中柱鞘纤维及韧皮纤维多成束，呈短披针形或不规则披针形，两端渐尖或钝圆，长80 ~ 120 μm，直径15 ~ 35 μm，壁较厚。导管主为孔纹，少数为网纹或螺纹，短节状。淀粉粒多单粒，圆形或类圆形，直径2 ~ 3 μm，层纹、脐点均不明显。鳞叶表皮细胞呈长方形或长多角形，黄棕色，排列整齐，壁呈微波状弯曲。还可看到木栓组织碎块等。

【理化鉴别】（1）荧光显色：本品折断面在紫外光灯下显金黄色荧光，木质部尤为显著。

（2）检查小檗碱：取本品粉末约1 g，加乙醇10 mL，加热至沸腾，放冷，滤过，取滤液5滴，加稀盐酸1 mL与含氯石灰（漂白粉）少量，即显樱红色；另取滤液5滴，加5%五倍子酸的乙醇溶液2 ~ 3滴，蒸干。趁热加硫酸数滴，即显深绿色。

（3）检查小檗碱的盐酸盐或硝酸盐：取本品粉木或切片，加稀盐酸或30%硝酸1滴，片刻后镜检，可见黄色针状结晶簇，加热结晶显红色并消失。

（4）薄层鉴别：取本品粉末约1 g，加甲醇10 mL，加热至沸腾，放冷，过滤，滤液作为样品溶液。另以盐酸小檗碱、盐酸掌叶防已碱、盐酸药根碱及盐酸木兰花碱为对照品，加甲醇制成每1 mL各含2 mg的混合液作为对照溶液。在硅胶薄层板上点样品溶液1 ~ 2 μL，对照溶液5 μL，以氯仿甲醇-氨水（15：4：1）展开，取出，晾干。所得色谱图在自然光下小檗碱及掌叶防已碱显黄色，药根碱在有氨存在时显红棕色，木兰花碱无色。在紫外光

（254 nm）下，小檗碱和掌叶防己碱显亮黄绿色，木兰花碱品亮蓝紫色，药根碱显暗斑。

【化学成分】根茎含多种生物碱：小檗碱（bermc），黄连碱（coptisine），小檗红碱（berberrubine），掌叶防己碱（palmatine），非洲防己碱（columbamine），药根碱（jatrorrhzine），甲基黄连碱（worenine），表小檗碱（cpiberbcrine），木兰花碱（magnoflorine），阿魏酸（ferulic acid），黄柏酮（obakunone），黄柏内酯（obakulactone）等。

【功能主治】味苦，性寒。具有清热燥湿、泻火解毒功能。主治热病邪入心经，高热，烦躁，谵妄或热盛迫血妄行之吐血，湿热胸痞，泄泻，痢疾，心火亢盛之心烦失眠，胃热呕吐或消谷善饥，肝火目赤肿痛，以及热毒疮疡，疔毒走黄，牙龈肿痛，口舌生疮，阴肿，痔血，湿疹，烫伤。

【保护价值】黄连是我国特有的植物，它的根状茎为著名的中药“黄连”，始载于《神农本草经》，列为上品，药用历史极为悠久，在历代本草中多有记载。据不完全统计，13部宋代以前古代方书中含黄连的方剂有1 760个，约占五成。现今以黄连作原料的中成药品种有100多种。黄连作为清热燥湿的代表药物，治疗范围甚广，长期以来一直是国内外畅销药物，特别是在当今合成药物具有较多副作用的情况下，天然药物用量日益增多，黄连的药用价值也得到了充分利用。古时用药多取自野生种，近代因野生种几乎被挖尽，用药完全依赖人栽培，但黄连由于长期的栽培必然会出现许多弊端，诸如药效降低、抗病虫害的能力减弱等。对此，人们就必须培育新的品种，培育新的品种就需要有原始野生种源。但现实自然界中黄连野生种已濒于绝迹。因此，该种植物作为一个种质资源，已被国家列为三级保护植物。

【保护措施】组织药学人员对野生黄连分布区域进行调查，对野生黄连分布区域严加保护，以便考察野生生态环境，进行生物学特性研究，选择类似的生态环境进行播种，使其在自然条件下繁殖，回归野化。

28 紫斑牡丹

【别名】甘肃牡丹、西北牡丹。

▲紫斑牡丹

【来源】毛茛科植物紫斑牡丹*Paeonia suffruticosa* Ardrews var. *papaveracea*（Andr.）Kerner的根皮。

【植物形态】落叶灌木。茎高达2 m；分枝短而粗。叶为2～3回羽状复叶，小叶不分裂，稀不等2～4浅裂；顶生小叶宽卵形，长7～8 cm，宽5.5～7 cm，3裂至中部，裂片不裂或2～3浅裂，表面绿色，无毛，背面淡绿色，有时具白粉，沿叶脉疏生短柔毛或近无毛，小叶柄长1.2～3 cm；侧生小叶狭卵形或长圆状卵形，长4.5～6.5 cm，宽2.5～4 cm，不等2裂至3浅裂或不裂，近无柄；叶柄长5～11 cm，和叶轴均无毛。花单生枝顶，直径10～17 cm；花梗长4～6 cm；苞片5，长椭圆形，大小不等；萼片5，绿色，宽卵形，大小不等；花瓣白色，内面基部具深紫色斑块，倒卵形，长5～8 cm，宽4.2～6 cm，顶端呈不规则的波状；雄蕊长1～1.7 cm，花丝紫红色、粉红色，上部白色，长约1.3 cm，花药长圆形，长4 mm；花盘革质，杯状，紫红色，顶端有数个锐齿或裂片，完全包住心皮，在心皮成熟时开裂；心皮5，稀更多，密生柔毛。蓇葖长圆形，密生黄褐色硬毛。花期4—5月；果期6—7月。

【生境分布】生于海拔1 100～2 800 m的山坡林下灌丛中。分布于巫山、城口等地。

【化学成分】牡丹酚、牡丹酚苷、牡丹酚原苷、芍药苷。尚含挥发油及植物甾醇等。

【功能主治】味苦、辛，性凉；清热凉血，活血散瘀；用于温毒发斑，吐血衄血，夜热早凉，骨蒸无汗，经闭，痛经，痈肿疮毒，跌扑伤痛，中风、腹痛等症。

【保护价值】紫斑牡丹观赏价值较高，同时其根可代牡丹入药，药用价值较高，因此野生资源破坏严重，亟待加强保护。

【保护措施】对原产地野生资源和自然生存环境加强保护，保护野生资源，促进其自然繁育与更新，增加其野生种群数量；开展人工繁育技术研究，人工培育种苗用于生产性种植基地建设，减轻资源开发对野生资源的压力。

小檗科Berberidaceae

29 八角莲

【别名】金魁莲、旱八角。

【来源】小檗科植物八角莲*Dysosma versipellis*（Hance）M. Chenm ex Ying根和根茎。

【植物形态】多年生草本，植株高40～150 cm。根状茎粗壮，横生，多须根；茎直立，不分枝，无毛，淡绿色。茎生叶2枚，薄纸质，互生，盾状，近圆形，直径达30 cm，4～9掌状浅裂，裂片阔三角形，卵形或卵状长圆形，长2.5～4 cm，基部宽5～7 cm，先端锐尖，不分裂，上面无毛，背面被柔毛，叶脉明显隆起，边缘具细齿；下部叶的柄长12～25 cm，上部叶柄长1～3 cm。花梗纤细、下弯、被柔毛；花深红色，5～8朵簇生于离叶基部不远处，下垂；萼片6，长圆状椭圆形，长0.6～1.8 cm，宽6～8 mm，先端急尖，外面被短柔毛，内面无毛；花瓣6，勺状倒卵形，长约2.5 cm，宽约8 mm，无毛；雄蕊6，长约1.8 cm，花丝短于花药，药隔先端急尖，无毛；子房椭圆形，无毛，花柱短，柱头盾状。浆果椭圆形，长约4 cm，直径约3.5 cm。种子多数。花期3—6月，果期5—9月。

【生境分布】生于海拔300～2 400 m的山坡林下、灌丛中。分布于武隆、石柱、忠县、巫山、云阳、巫溪、开州、兴山、宜昌等市（区）县。

【化学成分】鬼臼毒素（podophyllotoxin）、去氢鬼臼毒素（dehydropodophyllotoxin）、脱氧鬼臼毒素（deoxypodophyllotoxin）、紫云英苷（astragalin）、槲皮素-3-D-葡萄糖苷及β-谷甾醇等。

【功能主治】味苦、辛，性温，有毒；舒筋活血，散瘀消肿，排脓生肌，除湿止痛；用于跌打损伤、劳伤、咳嗽、腰腿痛、胃痛、瘿瘤、小儿惊风、胆囊炎、毒蛇咬伤等。

附方：

1. 治毒蛇咬伤：八角莲、七叶一枝花、白马骨、飞来鹤、粉防己各15 g，水煎服。外用阴行草、白马骨、柳叶白前、蛇葡萄适量，煎水冲洗；再用鱼腥草、杠板归、星宿菜、葎草等鲜草捣烂敷患处周围。

▲八角莲

2. 治疖肿：八角莲研粉，加凡士林90%，调成软膏敷患处。

3. 治乳腺癌：八角莲、黄杜鹃各25 g，紫背天葵50 g，加白酒500 g，浸泡7 d后内服外搽。每服15 g，每日2～3次。

【保护价值】八角莲具有较高的药用价值和观赏价值，深为广大群众所重视和喜爱，因此野生资源遭到严重破坏，继续加强保护。

【保护措施】加强对八角莲野生资源的保护，减轻对野生资源的开发利用；对八角莲原生境地加强保护，促进其自然更新和繁育，增加其自然种群数量；开展人工驯化和栽培技术研究，建立人工种植基地。

30　桃儿七

【别名】桃耳七、小叶莲、铜筷子。

【来源】小檗科植物桃儿七*Sinopodophyllum hexandrum*（Royle）Ying的根及根茎。

【植物形态】多年生草本，高50～60 cm。根茎粗壮，纤维状根发达，长约15 cm，径为2～3 mm，外表淡褐色至红褐色。茎单一，具纵条纹，基部被膜质鞘2～4个。叶常2，生于茎顶；叶柄长，状似茎的分枝；叶片近圆形，3～5深裂，裂片常再次分裂至中部；基部心形。花单一，先叶开放；花着生于叶柄的交叉处或稍上方；花梗长2～5 cm；花萼早落；花瓣6，白色至蔷薇红色，倒卵状长卵形，长3～4.5 cm，先端圆，基部渐狭；雄蕊6，长约1 cm，花药长圆形，花似基部加宽；雌蕊单一；子房近圆形，柱头盾状，几无花柱。浆果卵圆形，熟时红色。种子多数。花期5—6月，果期7—9月。

【生境分布】常生于海拔2 000～3 000 m的平坦山谷及透光度好的林下、林缘或草灌丛中。武隆、巫山、巴东有分布。

【化学成分】根、根茎含鬼臼毒素（podophyllotoxin），4'-去甲基鬼臼毒素，α-盾叶鬼臼素（α-peltatin），β-盾叶鬼臼素，去氧鬼臼毒素，鬼臼毒酮（podophyllotoxone），异鬼臼苦素酮（isopicropodophyllone），4'-去甲基-去氧鬼臼毒素，4'-去甲基鬼臼毒酮及它们的苷类化合物；还含鬼臼苦素（picropodophyllin），去氢鬼臼毒

▲桃儿七

素（dehydropodophyllotoxin），山荷叶素（dinhyllin），山柰酚（kaempferol）及槲皮素（quercetin）等成分。

【功能主治】味苦、微辛；性温；有毒；具有祛风除湿；活血止痛；祛痰止咳作用。主治风湿痹痛，跌打损伤，月经不调，痛经，脘腹疼痛，咳嗽。

【保护价值】桃儿七残存于东亚，呈零星分布，为我国特有单种属三级保护植物，为典型喜马拉雅成分植物的代表，是东亚和北美植物区系中的一个洲际间断分布的物种。它不仅对研究小檗科的系统演化，而且对研究东亚、北美植物区系也有一定的科学价值。桃儿七在民间作为药用植物具有较高的药用价值，被认为是草药之首，具有很大的医药开发前景。现代药理实验证明，它具有较好的抗病毒和抗癌作用。

【保护措施】桃儿七残存于东亚，呈零星分布，由于药用价值高，而被任意采挖，天然繁殖能力较弱。随着植被的破坏而导致其生境的改变，植株日益稀少，分布区日渐缩减，应加大其生物学和生态学研究，在保护现有植株的情况下开展人工繁殖和栽培技术，以解决社会用药需要。

水青树科Tetracentraceae

31　水青树

【来源】水青树科植物水青树*Tetracentron sinense* Oliv.的根及树皮。

【植物形态】乔木，高可达30 m，胸径达1.5 m，全株无毛；树皮灰褐色或灰棕色而略带红色，片状脱落；长枝顶生，细长，幼时暗红褐色，短枝侧生，锯状，基部有叠生环状的叶痕及芽鳞痕。叶片卵状心形，长7～15 cm，宽4～11 cm，顶端渐尖，基部心形，边缘具细锯齿，齿端具腺点，两面无毛，背面略被白霜，掌状脉5～7，近缘边形成不明显的网络；叶柄长2～3.5 cm。花小，呈穗状花序，花序下垂，着生于短枝顶端，多花；花直径1～2 mm，花被淡绿色或黄绿色；雄蕊与花被片对生，长为花被2.5倍，花药卵珠形，纵裂；心皮沿腹缝线合生。果长圆形，长3～5 mm，棕色，沿背缝线开裂；种子4～6，条形，长2～3 mm。花期6—7月，果期9—10月。

【生境分布】生于海拔1 100～2 700 m的沟谷或山坡阔叶林中。分布于武隆、开州、巫溪、巫山、城口、云阳、奉节、万州、巴东等区县。

【化学成分】2-羟基-5-（2-羟乙基）苯β-D-葡萄糖苷，2，6-二甲氧基-4-羟基苯1-O-β-D-吡喃葡萄糖苷，3，

▲水青树

5-二甲氧基-4-羟基苯1-O-β-D-吡喃葡萄糖苷等。

【功能主治】味辛性凉，具活血化瘀，通络止痛功效；治跌打损伤，风湿骨痛。

【保护价值】水青树为第三纪活化石植物，对研究中国古代植物区系的演化、被子植物系统和起源具有重要的科学价值，已经被列为国家二级护植物；木材材质优良，树形优美，为良好的用材和观赏植物。

【保护措施】加强对现有野生植株分布区的保护；建立种植园，选育优良材用或观赏用类型，加以大规模繁育，扩大种群数量。

木兰科Magnoliaceae

32 凹朴皮

【别名】马褂木、双枫树、盖扬。

【来源】木兰科植物鹅掌楸*Liriodendron chinensis*（Hemsl.）Sarg.的树皮。

【植物形态】落叶乔木，高达40 m。树皮黑褐色，纵裂。叶互生；叶柄长4～8 cm；托叶和叶柄分离；叶片呈马褂形，长4～18 cm，宽2.5～20 cm，顶端平截或微凹，基部圆形或浅心形，近基部具1对浅侧裂片。花单生于枝顶，杯状，花被9片，近相等，外轮3片绿色，萼片状，外展，内两轮6片，直立，外面绿色具黄色纵条纹；雄蕊多数，密叠于一纺锤状中柱上。聚合果卵状圆锥形，小坚果顶端延伸成翅，连翅长2～3 cm。种子1～2。花期5月，果期9—10月。

【生境分布】生于海拔600～2 000 m的山地林中，或成小片纯林。分布于巫溪、巫山、万州、开州、丰都、涪陵、武隆地区。

【药材性状】槽状或半卷筒状，厚3～5 mm。老树皮外表黄棕色，极粗糙，鳞片状脱落；幼树皮外表灰褐色，具纵裂纹。内表面黄棕色或黄白色，具细纵纹。质脆，易折断，断面外层颗粒状，内层纤维性。气微，味微辛。

【化学成分】树皮含鹅掌楸苷（liriodendrin），木部含鹅掌楸碱（liriodenine），海罂粟碱（glaucine），去氢

▲鹅掌楸

海罂粟碱（dehydroglaucine）等。

【功能主治】味辛性温。具祛风除湿，散寒止咳作用，主治风湿痹痛，风寒咳嗽。

【保护价值】鹅掌楸为古老的遗植物，在日本、格陵兰、意大利和法国的白垩纪地层中均发现化石，到新生代第三纪本属尚有10余种，广布于北半球温带地区，到第四纪冰期才大部分绝灭，现仅残存鹅掌楸和北美鹅掌楸两种，成为东亚与北美洲际间断分布的典型实例，对古植物学系统学有重要科研价值，绿树浓荫，叶形奇特，有较高的观赏价值。材淡红褐色，轻软适中，纹理清晰，结构细致，轻而强韧，硬度适中，是胶合板的理想原料，也是制家具、缝纫机板、收音机壳与室内装修的良材。

【保护措施】制止乱砍滥伐，尽力保存现有的居群和个体，创造一个较适宜的生境，为迁地创造大居群、大空间，给该物种提供基因交流和重组条件。在三峡地区建立鹅掌楸基因库，保存现有自然资源，同时选择优良种群，人为促进天然更新措施，进行就地保存。

33 厚朴

【别名】川朴、正朴、油朴。

【来源】为木兰科植物厚朴*Magnolia officinalis* Rehd. et Wils.的干皮、枝皮及根皮。

【植物形态】落叶乔木，高5～15 m。树皮紫褐色，小枝粗壮，淡黄色或灰黄色。冬芽粗大，圆锥形，芽鳞被浅黄色绒毛。叶柄粗壮，长25～4 cm，托叶痕长约为叶柄的2/3。叶近革质，大形，叶片7～9集生枝顶，长圆状倒卵形，长22～46 cm，宽15～24 cm。顶端短尖或钝圆，基部渐狭成楔形，上面绿色，无毛，下面灰绿色，被灰色柔毛。花单生，芳香，直径10～15 cm，花被9～12或更多，外轮3片绿色，盛开时向外反卷，内两轮白色，倒卵状匙形；雄蕊多数，长2～3 cm，花丝红色；雌蕊多数，分离。聚合果长圆形，长9～15 cm，蓇葖果具2～3 mm的喙。种子三角状倒卵形，外种皮红色。花期4—5月，果期9—10月。

【生境分布】生于海拔300～1 700 m的林中，多栽培。分布于巫溪、巫山、奉节、云阳、万州、开州、丰都、涪陵、武隆地区。

【药材性状】干皮呈单卷筒状或双卷筒状，长30～35 cm，厚2～7 mm，习称“筒朴”；近根部的干皮一端展开如喇叭口，习称“靴筒朴”。外表面灰棕色或灰褐色，粗糙，栓皮呈鳞片状，较易剥落，有明显的椭圆形皮孔和纵皱纹，刮去栓皮者显黄棕色；内表面紫棕色或深紫褐色，具细密纵纹，划之显油痕。质坚硬，不易折断。断面颗粒性，外层灰棕色，内层紫褐色或棕色，有油性，有的可见多数小亮星。气香，味辛辣、微苦。

根皮（根朴）为主根及支根的皮，形状不一，有卷筒状、片块状、羊耳状等；细小根皮形弯曲如鸡肠，习称“鸡肠朴”。外表面灰黄色或灰褐色。质稍坚硬，较易折断，断面纤维性。

枝皮（枝朴）呈单筒状，长10～20 cm，厚1～2 mm。外表面灰褐色，内表面黄棕色。质脆，易折断，断面纤维性。

【显微鉴别】树皮横切面：木栓层为10余列木栓细胞，有时可见落皮层。皮层外侧有石细胞环带，内侧散有石细胞群及多数油细胞，油细胞切向延长，长约至140 μm。有的石细胞呈分枝状，纤维束稀少。韧皮部占大部分，韧皮射线宽1～3列细胞；纤维束众多，略切向断续排列成层，壁极厚；油细胞颇多，单个散在或2～5个相连。本品薄壁细胞含黄棕色物、淀粉粒，并有少数草酸钙小方晶。

粉末特征：石细胞甚多，呈长圆形、类方形者直径11～40 μm，呈不规则分枝状者长约220 μm，有的分枝短而钝圆，有的分枝长而锐尖。纤维众多，平直，直径15～32 μm，壁极厚，木化，纹孔沟不明显。油细胞椭圆形或类圆形，直径64～80 μm，壁木化，腔内含黄棕色油滴状物。此外，有筛管分子、木栓细胞及草酸钙小方晶。

【理化鉴别】（1）显色鉴别：取本品粗粉3 g，加氯仿30 mL，回流0.5 h，滤过。滤液供试；取氯仿液5 mL置试管中，在荧光灯下顶面观显紫色，侧面观上面黄绿色，下面棕色。取氯仿液15 mL，蒸去氯仿，残渣加95%乙醇10 mL溶解，滤过，分别取滤液各1 mL，加5%三氯化铁甲醇溶液（1：1）1滴，显蓝黑色（厚朴酚的酚羟基反

▲厚朴

应）；加米伦（Millon）试剂（亚硝酸汞、硝酸汞及硝酸的混合液）试剂1滴，显棕色沉淀（同上反应）；加间苯三酚盐酸溶液5滴，显红色沉淀（厚朴酚的烯丙基反应）。

（2）薄层鉴别：取本品粉末0.5 g，加甲醇5 mL，密塞，振摇30 min，滤过。滤液作为供试品溶液。另取厚朴酚与和厚朴酚对照品，加甲醇制成每1 mL各含1 mg的混合溶液，作为对照品溶液。取上述两种溶液各5 μL，分别点样于同一硅胶G板上，以苯：甲醇（27：1）展开15 cm，取出，晾干，喷1%香兰醛硫酸试液，在100 ℃烘约10 min，对照品显两个色斑。和厚朴酚在下方（紫红色），厚朴酚在上方（玫瑰红色），供试品显相同色斑。

【化学成分】含厚朴酚（magnolo），和厚朴酚（honokiol），和厚朴新酚（obvatol），6’-O-甲基和厚朴酚（6’-O-methylhonokiol），厚朴醛（magnaldchyde）B，C厚朴木脂素（magno lignan），台湾檫木醛（randainal），辣薄荷基厚朴酚（piperitylmagnolo），双辣薄荷基厚朴酚（piperitylhonokiol）等。

【功能主治】味辛、苦，性温。具有温中和胃，燥湿消积，下气除满。主治胸腹胀痛，消化不良，肠梗阻，肠炎，痢疾，痰饮喘满。

【保护价值】厚朴是我国一种多用途的经济树种，其不但是重要的中药材，种子还可榨油，供制肥皂所用。其木材纹理直、质轻软、结构细、少开裂，供建筑、板料、家具、雕刻、乐器、细木工等用材。又因其树冠开阔、树形美观、叶大浓荫、花大艳丽、芳香宜人，是著名的园林绿化、庭园观赏植物。厚朴属于木兰科中的木兰属，是现存的被子植物中最原始的类群，它们保存着许多原始性状，如单叶，全缘，花单生，不集成花序，花两性，花被不分化，常成3～4轮的三基数排列，雄蕊和雌蕊均为多数，离生，螺旋状排列于棒状突起的花托上。而且雌、雄蕊的形态分化程度很低；花粉为单沟型等。厚朴作为该科的一个代表植物，在研究被子植物及木兰科的系统演化上也具有重要的科学价值。但是该种植物有史以来就被作为重要药材为人利用，至今多为人工栽培种，而野生状态下的植株数量稀少，极为罕见，濒于灭绝，列为国家三级保护植物。

【保护措施】对现存近野生状态下的植株或野生程度较高的植株加强保护，严禁剥皮和破坏，为野生幼苗的繁殖提供有利条件；建立厚朴栽培基地满足临床用药所需。

34 凹叶厚朴

【来源】木兰科凹叶厚朴*Magnolia officinalis* Rehd. et wils. var. *biloba* Rehd. et wils.的树皮、花和果实。

【植物形态】落叶乔木，高达20 m；树皮厚，褐色，不开裂；小枝粗壮，淡黄色或灰黄色，幼时有绢毛；顶芽大，狭卵状圆锥形，无毛。叶大，近革质，7～9片聚生于枝端，长圆状倒卵形，长22～45 cm，宽10～24 cm，先端凹缺，基部楔形，全缘而微波状，上面绿色，无毛，下面灰绿色，被灰色柔毛，有白粉；叶柄粗壮，长2.5～4 cm，托叶痕长为叶柄的2/3。花白色，径10～15 cm，芳香；花梗粗短，被长柔毛，离花被片下1 cm处具包片脱落痕，花被片9～12，厚肉质，外轮3片淡绿色，长圆状倒卵形，长8～10 cm，宽4～5 cm，盛开时常向外反卷，内两轮白色，倒卵状匙形，长8～8.5 cm，宽3～4.5 cm，基部具爪，最内轮7～8.5 cm，花盛开时中内轮直立；雄蕊约72枚，长2～3 cm，花药长1.2～1.5 cm，内向开裂，花丝长4～12 mm，红色；雌蕊群椭圆状卵圆形，长2.5～3 cm。聚合果长圆状卵圆形，聚合果基部较窄，长9～15 cm；蓇葖具长3～4 mm的喙；种子三角状倒卵形，长约1 cm。花期4—5月，果期10月。

【生境分布】生于海拔300～1 400 m的林中。库区各市县均有栽培。

【化学成分】树皮含挥发油约1%，包括β-桉叶醇、厚朴酚、四氢厚朴酚及异厚朴酚。此外含生物碱、皂苷等。

【功能主治】树皮：味苦、辛，性温；温中下气，化湿行滞，燥湿消痰，除满；用于湿滞伤中，脘痞吐泻，食积气滞，腹胀便秘，泄泻，痢疾，气逆喘咳，痰饮喘咳等。花：味甘、微苦，性温；宽中理气，开郁化湿；用于胸脘胀闷。果实：用于感冒咳嗽，胸闷。

【保护价值】由于过度滥伐和大量剥取树皮药用，导致凹叶厚朴的分布范围迅速缩小，成年野生植株已极少见，因此被列为国家二级保护植物；树干通直，材质轻软，纹理细密，不反翘，易加工，为优质木材；树皮供药用，且观赏价值高，具有较好的经济价值。

【保护措施】加强对凹叶厚朴现有野生资源的保护，严格限制野生资源采集与开发；加强对各地栽培基地

▲凹叶厚朴

的管护，促进在地植株尽快成材投入使用；加快繁育速度，建立规模化育苗和种植基地，扩大其种群数量和分布范围。

35 巴东木莲

【别名】调羹树。

【来源】木兰科植物巴东木莲*Manglietia patungensis* Hu的树皮、花及果。

【植物形态】乔木，高达25 m，胸径1.4 m；树皮淡灰褐色带红色；小枝带灰褐色。叶薄革质，倒卵状椭圆形，长14～18（20）cm，宽3.5～7 cm，先端尾状渐尖，基部楔形。两面无毛，上面绿色，有光泽，下面淡绿色；侧脉每边13～15条，叶面中脉凹下；叶柄长2.5～3 cm；叶柄上的托叶痕长为叶柄长的1/7～1/5；花白色，有芳香，径8.5～11 cm；花梗长约1.5 cm，花被片下5～10 mm处具1苞片脱落痕，花被片9，外轮3片近革质，狭长圆形，先端圆，长4.5～6 cm，宽1.5～2.5 cm，中轮及内轮肉质，倒卵形，长4.5～5.5 cm，宽2～3.5 cm，雄蕊长6～8 mm，花药紫红色，长5～6 mm，药室基部靠合，有时上端稍分开，药隔伸出成钝尖头，长约1 mm；雌蕊群圆锥形，长约2 cm，雌蕊背面无纵沟纹，每心皮有胚珠4～8。聚合果圆柱状椭圆形，长5～9 cm，径2.5～3 cm，淡紫红色。蓇葖露出面具点状凸起。花期5—6月，果期7—10月。

【生境分布】产于巫山、开州、丰都、巴东，生于海拔600～1 000 m石灰岩山地的常绿阔叶林中。

【功能主治】果实性味辛、凉，止咳，通便。用于实火便闭，老年干咳。

皮味苦、辛，性温，具温中除湿，止血止痛功能；花降压，治高血压。

【保护价值】巴东木莲为鄂西特有树种，因森林破坏严重，巴东木莲在每个分点上最多只有数株，少者仅存1株，而且幼苗、幼树极少，已处于濒危灭绝的境地。现仅分布于湖北西部巴东县思阳桥及西南部利川县毛坝，因首次在巴东县发现而得名，属国家二级保护珍稀濒危植物，巴东木莲是木莲属分布最北的种类，在三峡地区有分

▲巴东木莲

布，对研究该属的分类与分布有重要科学意义。树干高大锈褐色，花大色白，芳香浓郁，绿叶相衬，显得妖艳美丽，风姿绰约，是珍贵的风景绿化观赏树种。

【保护措施】人类对巴东木莲的不合理利用以及生境恶化是造成其野生资源迅速减少和现有种群不能自然更新的主要原因；建议对原生态进行保护，采取就地保护。

36 红花木莲

【别名】木莲花、细花木莲、厚朴、土厚朴、小叶子厚朴。

【来源】木兰科植物红花木莲*Manglietia insignis*（Wall.）Bl. Fl. Jav. Magnol的树皮和枝皮。

【植物形态】常绿乔木，高达30 m，胸径40 cm；小枝无毛或幼嫩时在节上被锈色或黄褐毛柔毛。叶革质，倒披针形，长圆形或长圆状椭圆形，长10 ~ 26 cm，宽4 ~ 10 cm，先端渐尖或尾状渐尖，自2/3以下渐窄至基部，上面无毛，下面中脉具红褐色柔毛或散生平伏微毛；侧脉每边12 ~ 24条；叶柄长1.8 ~ 3.5 cm；托叶痕长0.5 ~ 1.2 cm。花芳香，花梗粗壮，直径8 ~ 10 mm，离花被片下约1 cm处具1苞片脱落环痕，花被片9 ~ 12，外轮3片褐色，腹面染红色或紫红色。倒卵状长圆形长约7 cm，向外反曲，中内轮6 ~ 9片，直立，乳白色染粉红色，倒卵状匙形，长5 ~ 7 cm，1/4以下渐狭成爪；雄蕊长10 ~ 18 mm，两药室稍分离，药隔伸出成三角尖，花丝与药隔伸出部分近等长；雌蕊群圆柱形，长5 ~ 6 cm，心皮无声，露出背面具浅沟。聚合果鲜时紫红色，卵状长圆形，长7 ~ 12 cm；蓇葖背缝全裂，具乳头状突起。花期5—6月，果期8—9月。

【生境分布】红花木莲耐阴，喜湿润、肥沃的土壤，木质优良。生于海拔1 700 ~ 2 500 m的山地阔叶林中或常绿落叶阔叶混交林中。

【化学成分】厚朴酚、和厚朴酚、木兰箭毒碱等。

【功能主治】味苦、辛，性温，燥湿健脾、行气止痛。主治脘腹痞满胀痛、宿食不化、呕吐、泄泻、痢疾等。

【**保护价值**】红花木莲被列为国家三级保护植物，是我国北纬34°以南，经济价值很高的珍稀濒危树种之一，是世界上现有被子植物中原始类群的遗植物，也是木莲属中比较原始的种类，在自然界以零星分布为主，但在三峡地区有连片分布，属罕有森林型自然群落，对于研究其群落的形成、发生和发展规律以及该属植物分类、分布和中国与毗邻地区的植物区系具有重要意义，对古植物学和植物系统发生学有重大科研价值；红花木莲，其树叶浓绿、秀气、革质，单叶互生，呈长圆状椭圆形、长圆形或倒披针形，树形繁茂优美，花色艳丽芳香，为名贵稀有观赏树种；三峡地区习惯代厚朴药用，称为土厚朴，民间认为其功效与厚朴基本相同，具有重要的开发利用价值。

【**保护措施**】该种虽然在三峡地区有成片分布，但大多零星分布，数量较少，加上不断采伐利用，有灭绝的危险，应建立自然保护区，注重生态保护，在适宜区域进行人工栽培。

▲红花木莲

37 华中五味子

【来源】木兰科华中五味子*Schisandra sphenanthera* Rehd. et. Wils.的果实和藤茎。

【植物形态】落叶木质藤本，全株无毛，很少在叶背脉上有稀疏细柔毛。冬芽、芽鳞具长缘毛，先端无硬尖，小枝红褐色，距状短枝或伸长，具颇密而突起的皮孔。叶纸质，倒卵形、宽倒卵形，或倒卵状长椭圆形，有时圆形，很少椭圆形，长5 ~ 11 cm，宽3 ~ 7 cm，先端短急尖或渐尖，基部楔形或阔楔形，干膜质边缘至叶柄成狭翅，上面深绿色，下面淡灰绿色，有白色点，1/2 ~ 2/3以上边缘具疏离、胼胝质齿尖的波状齿，上面中脉稍凹入，侧脉每边4 ~ 5条，网脉致密，干时两面不明显突起；叶柄红色，长1 ~ 3 cm。花生于近基部叶腋，花梗纤细，长2 ~ 4.5 cm，基部具长3 ~ 4 mm的膜质苞片。花被片5 ~ 9，橙黄色，近相似，椭圆形或长圆状倒卵形，中轮的长6 ~ 12 mm，宽4 ~ 8 mm，具缘毛，背面有腺点。雄花：雄蕊群倒卵圆形，径4 ~ 6 mm；花托圆柱形，顶端伸长，无盾状附属物；雄蕊11 ~ 19，基部的长1.6 ~ 2.5 mm，药室内侧向开裂，药隔倒卵形，两药室向外倾斜，顶端分开，基部近邻接，花丝长约1 mm，上部1 ~ 4雄蕊与花托顶贴生，无花丝；雌花：雌蕊群卵球形，直径5 ~ 5.5 mm，雌蕊30 ~ 60枚，子房近镰刀状椭圆形，长2 ~ 2.5 mm，柱头冠狭窄，仅花柱长0.1 ~ 0.2 mm，下延成不规则的附属体。聚合果果托长6 ~ 17 cm，径约4 mm，聚合果梗长3 ~ 10 cm，成熟时红色，长8 ~ 12 mm，宽6 ~ 9 mm，具短柄；种子长圆体形或肾形，长约4 mm，宽3 ~ 3.8 mm，高2.5 ~ 3 mm，种脐斜“V”字形，长约为种子宽的1/3；种皮褐色光滑，或仅背面微皱。花期4—7月，果期7—9月。

【生境分布】生于海拔600 ~ 3 000 m的湿润山坡边或灌丛中。分布于巫山、巫溪、云阳、石柱、万州、忠县、奉节、开州、城口、武隆、涪陵、兴山、巴东等区县。

【化学成分】含五味子素（schizandrin）、脱氧五味子素（de-oxyschizandrin）、新一味子素（neoschizandrin）、五味子醇（schizan-drol）、五味子酯（schisantherin，gomisin）等。

【功能主治】果实（五味子）：酸、甘，温。固涩收敛，益气生津，补肾宁心。用于久咳虚喘，遗尿，尿频，遗精，久泻，盗汗，伤津口渴，气短脉虚，内热消渴，心悸失眠，肝炎。藤茎：辛、酸，温。养血消瘀，理气

▲华中五味子

化湿。

【保护价值】华中五味子枝叶繁茂，夏有香花、秋有红果，为优良的庭园和公园垂直绿化物种；其藤茎和果实入药，药用价值较高，目前未有人工种植，野生资源破坏较为严重。

【保护措施】加强宣传工作，鼓励野外药材采集者对野生植物进行保护性采集，确保野生资源不被破坏；开展人工繁育技术研究和种植基地建设，减轻资源开发对野生资源的破坏程度。

樟科Lauraceae

38　香樟

【别名】芳樟、油樟、樟木、乌樟、臭樟。

【来源】樟科植物香樟*Cinnamomum camphora*（Linn.）Presl.的木材及废材经蒸馏所得的颗粒状结晶（樟脑）。

【植物形态】常绿大乔木，高可达30 m，直径可达3 m，树冠广卵形；枝、叶及木材均有樟脑气味；树皮黄褐色，有不规则的纵裂。顶芽广卵形或圆球形，鳞片宽卵形或近圆形，外面略被绢状毛。枝条圆柱形，淡褐色，无毛。叶互生，卵状椭圆形，长6～12 cm，宽2.5～5.5 cm，先端急尖，基部宽楔形至近圆形，边缘全缘，软骨质，有时呈微波状，上面绿色或黄绿色，有光泽，下面黄绿色或灰绿色，晦暗，两面无毛或下面幼时略被微柔毛，具离基三出脉，有时过渡到基部具不显的5脉，中脉两面明显，上部每边有侧脉1～（3～5）条。基生侧脉向叶缘一侧有少数支脉，侧脉及支脉脉腋上面明显隆起下面有明显腺窝，窝内常被柔毛；叶柄纤细，长2～3 cm，腹凹背凸，无毛。圆锥花序腋生，长3.5～7 cm，具梗，总梗长2.5～4.5 cm，与各级序轴均无毛或被灰白至黄褐色微柔毛，被毛时往往在节上尤为明显。花绿白或带黄色，长约3 mm；花梗长1～2 mm，无毛。花被外面无毛或被微柔毛，内面密被短柔毛，花被筒倒锥形，长约1 mm，花被裂片椭圆形，长约2 mm。能育雄蕊9，长约2 mm，花丝被短柔毛。退化雄蕊3，位于最内轮，箭头形，长约1 mm，被短柔毛。子房球形，长约1 mm，无毛，花柱长

▲香樟

约1 mm。果卵球形或近球形，直径6～8 mm，紫黑色；果托杯状，长约5 mm，顶端截平，宽达4 mm，基部宽约1 mm，具纵向沟纹。花期4—5月，果期8—11月。

【生境分布】生于山坡或沟谷中。库区各区县均有栽培。

【化学成分】樟脑及芳香性挥发油（名樟油）。樟油含1，8-桉叶素、α-蒎烯、莰烯、柠檬烯、黄樟醚、α-松油醇、香荆芥酚、丁香油酚、β-谷甾醇、多元醇、酮醇等。

【功能主治】木材：味辛，性温；祛风湿，行血气，利关节；用于跌打损伤，痛风，心腹胀痛，脚气，疥癣等。樟脑：味辛，性热；通窍辟秽，温中止痛，利湿杀虫；用于寒湿吐泻，胃腹疼痛，心腹胀痛，脚气，疮疡疥癣，牙痛，跌打损伤等。

【保护价值】本种为亚热带地区（西南地区）重要的特种经济树种，枝叶茂密，冠大荫浓，树姿雄伟，能吸烟滞尘、涵养水源、固土防沙和美化环境，是城市绿化的优良树种；香樟果是一种药用价值很高的中药药材，不但可以散寒，还能起到行气止痛的作用；其根、木材、枝、叶均可提取樟脑和樟油。樟脑有强心解热、杀虫之效，夏天到户外活动时可摘取樟树的叶片，揉碎后涂抹在手脚表面上，有防蚊的功效。樟树所散发出的松油二环烃、樟脑烯、柠檬烃、丁香油酚等化学物质，有净化有毒空气的能力；野生香樟属国家二级保护植物。

【保护措施】加强对各地香樟古树的保护，杜绝对名木古树的采挖；开展人工繁育与栽培基地建设，为园林绿化、行道等提供苗木。

伯乐树科Bretschneideraceae

39　伯乐树

【别名】钟萼木、山桃花。

【来源】伯乐树科植物伯乐树*Bretschneidera sinensis* Hemsl的树皮。

【植物形态】乔木，高20～25 m，胸径30～60 cm；小枝粗壮，无毛，有大而椭圆形叶痕，疏生圆形皮孔。奇数羽状复叶，长达70 cm；有小叶3～6对，对生，长圆状卵形，不对称，长9～20 cm，宽4.5～8 cm，先端短渐尖，

▲伯乐树

基部圆形，有时偏斜，表面深绿色，无毛，中脉凹下，侧脉不明显，背面粉白色，沿脉被锈色柔毛，中脉隆起，侧脉每边8～10条；叶柄长10～18 cm；叶柄长3～5 mm，无毛。总状花序长20～30 cm，总花轴密被锈色柔毛；花梗长2～3 cm，花粉红色；花萼钟状，长1～1.6 cm，不明显5裂，外面密被微柔毛；花瓣5，长约2 cm，长椭圆状卵形，着生于花萼筒上部；雄蕊5～9，花丝下部有微柔毛；子房3室，每室2胚珠。蒴果鲜红色，椭圆球形，长3.5 cm，3～5瓣裂，果瓣木质，外面有微柔毛；种子近球形。花期4—6月，果期10月。

【生境分布】常生于土壤属红壤类中的黄红壤地带，海拔500～2 000 m湿润的沟谷、溪旁坡地；常散生于常绿—落叶阔叶混交林中。为中性偏阳树种，幼树耐阴。深根性，抗风力较强，稍能耐寒，但不耐高温。星散分布于巴东、巫山、北碚等。

【功能主治】味甘、辛、性平，入肝、脾、胃三经，和胃止痛、利尿消肿、祛风止痛。治风湿筋骨疼痛、脘腹痛、水肿、经闭。

【保护价值】为中国特有的古老残遗种，其在研究被子植物的系统发育和古地理、古气候等方面都有重要科学价值，并被国家列为一级保护植物。

【保护措施】凡有伯乐树分布的区域，应严加管护，并进行人工繁殖和注重产区母树的保护。

金缕梅科Hamamelidaceae

40　中华蚊母树

【别名】米心树、蚊母、蚊子树。

【来源】金缕梅科植物中华蚊母树*Distylium chinense*（Fr.）Diels的根。

【植物形态】常绿灌木，高约1 m；嫩枝粗壮，节间长2～4 mm，被褐色柔毛，老枝暗褐色，秃净无毛；芽体裸露、有柔毛。叶革质，矩圆形，长2～4 cm，宽约1 cm，先端略尖，基部阔楔形，上面绿色，稍发亮，下面秃净无毛；侧脉5对，在上面不明显，在下面隐约可见，网脉在上下两面均不明显；边缘在靠近先端处有2～3个小锯齿；叶柄长2 mm，略有柔毛；托叶披针形，早落。雄花穗状花序长1～1.5 cm，花无柄；萼筒极短，萼齿卵形或披针形，长1.5 mm；雄蕊2～7个，长4～7 mm，花丝纤细，花药卵圆形。蒴果卵圆形，长7～8 mm，外面有褐色星状柔毛，宿存花柱长1～2 mm，干后4片裂开。种子长3～4 mm，褐色，有光泽。

▲中华蚊母树

【生境分布】主要分布于长江及其支流两岸，如巴东、秭归、兴山、巫山、奉节、万州等海拔150～400 m

以下消落带的陡峭山坡上和石壁中以及灌木丛中。

【功能主治】辛、微苦、平；活血散瘀、利水消肿、祛风活络；主治水肿、手足浮肿、风湿关节疼痛、跌打损伤。

【保护价值】国家二级珍稀植物；树形独特，蔸盘粗壮，枝干短曲苍老，根悬露虬曲，奇异古朴，是栽培盆景最理想的材料，具有颇高的观赏价值；其根系发达，盘根错节，硬如铁丝，且具有极强的喜湿耐涝和抗洪水冲击以及耐沙土掩埋的特性，是三峡库区消落带防沙固土的理想树种。三峡成库后大部分中华蚊母树群落原生境被淹没，其原生种群也随之消亡。

【保护措施】一是组织专业调查设计队伍，对库区淹没影响范围内的中华蚊母树进行专项调查；二是在专项调查基础上，科学制订抢救移植规划；三是组织专业队伍，加大库区中华蚊母树抢救移栽力度；四是在抢救移植基础上，积极开展驯化繁殖研究，扩大种群数量。

41　山白树

【别名】山白果。

【来源】金缕梅科植物山白树*Sinowilsonia henryi* Hemsl.的根。

【植物形态】落叶灌木或小乔木，高约8 m；嫩枝有灰黄色星状绒毛；老枝秃净，略有皮孔；芽体无鳞状苞片，有星状绒毛。叶纸质或膜质，倒卵形，稀为椭圆形，长10～18 cm，宽6～10 cm，先端急尖，基部圆形或微心形，稍不等侧，上面绿色，脉上略有毛，下面有柔毛；侧脉7～9对，第一对侧脉有不强烈第2次分支侧脉，在上面很明显，在下面突起，网脉明显；边缘密生小齿突，叶柄长8～15 mm，有星毛；托叶线形，长8 mm，早落。雄花总状花序无正常叶片，萼筒极短，萼齿匙形；雄蕊近于无柄，花丝极短，与萼齿基部合生，花药2室，长约1 mm。雌花穗状花序长6～8 cm，基部有1～2片叶子，花序柄长3 cm，与花序轴均有星状绒毛；苞片披针

▲山白树

形，长2 mm，小苞片窄披针形，长1.5 mm，均有星状绒毛；萼筒壶形，长约3 mm，萼齿长1.5 mm，均有星毛；退化雄蕊5个，无正常发育的花药；子房上位，有星毛，藏于萼筒内，花柱长3 ~ 5 mm，突出萼筒外。果序长10 ~ 20 cm，花序轴稍增厚，有不规则棱状突起，被星状绒毛。蒴果无柄，卵圆形，长1 cm，先端尖，被灰黄色长丝毛，宿存萼筒长4 ~ 5 mm，被褐色星状绒毛，与蒴果离生。种子长8 mm，黑色，有光泽，种脐灰白色。

【生境分布】山白树生长在海拔1 100 ~ 1 600 m的山坡和谷地河岸杂木中，通常适生于自然植被保存较好、林地郁闭度较大、水分条件良好、相对空气温度在80%以上、土壤为中性至微酸性的山地棕壤土，日照时间每天在7 h以上的中低山的山谷及河边风吹台上，具有耐间歇性的短期水浸的能力，具有喜肥、喜水、喜光的特性。山白树对生活环境的要求较严格，一旦生境被破坏或者受到强烈扰动，其种群会在该区域逐渐消失。野外调查发现山白树常与领春木（*Euptelea pleiospermum*）、构树（*Broussonetia papyrifera*）、灯台树（*Cornuscontroversa*）、八角枫（*Alangium chinense*）、金钱槭（*Dipteronia sinensis*）等组成乔木层，林下的灌木和藤本植物有鸡桑（*Morus australis*）、悬钩子（*Rubus corchorilius*）、五味子（*Schisandra chinensls*）等，林下的草本植物有细梗荞麦（*Fagopyrum gracilipes*）、水杨梅（*Geum aleppi-cum*）、重楼（*Paris polyphylla*）等，分布于开州、万州、石柱、丰都、巫溪、巴东等800 ~ 1 600 m的溪边杂林中。

【功能主治】微苦、凉；祛风除湿、止痛；治风湿麻木、风湿疼痛。

【保护价值】山白树作为第三纪遗留下来的我国古老特有金缕梅科的单种属植物。野生种群多为单性花，经栽培后有变为两性花的倾向。它在金缕梅亚科中所处的地位对研究被子植物的起源和早期演化以及中国植物区系的发生、演化和地理变迁具有重要的科研价值。白树对生态环境条件要求较为严格，自身生长速度慢，加之其生殖过程的某些环节可能存在障碍等原因，现存自然种群极少，仅零星分布于巫溪、巴东、神农架等地区，濒于灭绝，已被列为国家Ⅱ级重点保护植物和活化石植物，其化石曾经在欧洲古新世地层中被发现过。这说明历史上山白树分布是很广泛的，该物种在新生代可能广泛分布于亚欧大陆。山白树种子富含脂肪和蛋白质，富含钾、钙、镁、铁、锌、硼等多种对人体有益的矿质元素，含有17种氨基酸，根皮中含羽扇豆烷皂苷元类化合物，在食品、医疗保健方面具有较大开发前景，可作为中国特有的药用经济植物进行开发利用。

【保护措施】对树种分布集中的区域进行重点专类保护，一是要重视规划，在保护区的旅游线路、服务设施等的建设中要提前做好规划，避免对自然生境的破坏；二是要加强措施和抚育管理，改善各珍稀树种的群落结构，增强其自然更新能力；三是发挥迁地保护在保护珍稀树种过程中的重要作用。迁地保护的方法主要有活体栽培、种子库、离体保存和DNA库等，有计划地建设珍稀树种驯化、繁育基地。通过综合分析揭示其致濒原因，为后续保护和开发研究奠定理论基础。

杜仲科Eucommiaceae

42　杜仲

【别名】丝棉树、丝棉皮。

【来源】杜仲科植物杜仲*Eucommia ulmoides* Oliv.的树皮。

【植物形态】落叶乔木，高达20 m。树皮灰褐色，粗糙，折断拉开有多数细丝。单叶互生，叶柄长1 ~ 2 cm，上面有槽，散生长毛；叶片椭圆形、卵形或长圆形，长6 ~ 15 cm，宽3.5 ~ 6.5 cm，顶端渐尖，基部圆形或阔楔形，边缘有锯齿，侧脉6 ~ 9对。雌雄异株，花生于当年枝基部，雄花无花被，雄蕊长约1 cm；雌花单生，子房1室，顶端2裂，子房柄极短。翅果扁平，长椭圆形，顶端2裂，基部楔形，周围具薄翅；坚果位于中央，与果梗相接处有关节。水煎服。花期：早春。果期：夏、秋季。

【生境分布】生于海拔450 ~ 1 600 m的山坡林中，有栽培。分布于库区各市县。

【药材性状】树皮呈扁平的板块状或两边稍向内卷的块片，大小不一，厚2 ~ 7 mm。外表面淡灰棕色或灰褐色，平坦或粗糙，有明显的纵皱纹或不规则的纵裂槽纹，未刮去粗皮者有斜方形横裂皮孔。内表面暗紫褐色或红

▲杜仲

▲杜仲花

褐色，光滑。质脆，易折断，折断面粗糙，有细密银白色并富弹性的橡胶丝相连。气微，味稍苦，嚼之有胶状残余物。

【显微鉴别】树皮横切面：老树皮有较厚的落皮层。韧皮部极厚，有5～7条断续的石细胞环带，每一环带为3～5列石细胞，并偶伴有少数纤维，近石细胞环带处尚可见橡胶质团块。纵切面观，此种橡胶质存在于橡胶细胞中。射线宽2～3列细胞，穿过石细胞环带并向外辐射。

粉末特征：棕色。石细胞众多，大多成群，类长方形、类圆形、长条形或不规则形，直径20～80 μm，长约180 μm，壁厚，孔沟明显，有的胞腔中含有胶丝团块。木栓细胞成群或单个散在，表面观呈多角形，直径15～40 μm，壁不均匀增厚，木化，有明显的细小纹孔；侧面观呈长方形，壁一面薄，三面增厚，孔沟明显。橡胶丝成条或扭曲成团，表面观颗粒性。淀粉粒极少，类球形，直径3～8 μm。

【理化鉴别】（1）本品在紫外光灯下，外表面显暗紫褐色荧光，内表面显黄棕色荧光，断面显紫色荧光。

（2）取杜仲粉末2 g，加20 mL乙醇，在水浴上回流30 min后滤过。滤液滴在滤纸上，喷以20%氢氧化钠水液，显浅黄色斑点（红杜仲显紫色斑点，丝棉木不显色）。

【化学成分】树皮含右旋丁香树脂酚（syringaresinol），右旋丁香树脂酚葡萄糖苷（syringaresinol-O-β-D-glucopyranoside），右旋松脂酚（pinoresinol），右旋表松脂酚（epipinoresinol），右旋松脂酚葡萄糖苷（pinoresinol-O-β-glucopyranoside），左旋橄榄树脂素（olivil），微量元素等。树皮还含杜仲胶，其结构与马来乳胶相同，为反式异戊二烯聚合物，属硬橡胶类，含量约22.5%。

【功能主治】味甘、微辛，性温。具补肝肾，强筋骨，安胎，降血压作用。主治高血压病，头晕目眩，腰膝酸软，肾虚尿频，妊娠胎漏，胎动不安。

【保护价值】杜仲为我国特有的单种科植物，又是第三纪残遗的古老树种。由于该种具有特殊的形态结构，至今对其系统位置仍有不同认识，在较早的恩格勒系统和哈钦松分类系统中，它被放在荨麻目。而在近代的塔赫他间系统和柯朗奎斯特系统中，它被单独提出成立为杜仲目，放在金缕梅亚纲中。所以该种的存在对于被子植物的系统演化具有一定的科研价值。杜仲又是我国特产的重要经济植物，其树皮是名贵的中药材，能补肝肾、强筋骨、治腰膝痛、安胎、降血压，一直是国内、国际市场紧俏物资；杜仲叶的药理作用和化学成分与树皮相似，可代替树皮入药，现已有以叶为原料的保健茶上市。树皮、叶和种子均含有杜仲胶，有绝缘性能好、吸水性极小等特性，是制造水底电缆的重要材料，又是一种高级黏合剂，木材亦是家具、农具、舟车、建筑的良好材料。所以保护杜仲野生植株，无论是对种质资源保护和今后的开发利用均具很重要的意义。野生种已被列为国家二级保护植物。

【保护措施】对发现的野生或半野生杜仲及生长环境进行保护，使其达到自然生活状态；根据杜仲生物学特性，选择杜仲适宜生长的环境发展生产，解决社会用药与保护野生资源的矛盾；进一步加强环状剥皮技术和杜仲各部位药效成分的研究，让枝、叶、果实代替皮入药。

豆科Leguminoeae

43 膜荚黄芪

【别名】黄耆。

【来源】豆科植物膜荚黄芪*Astragalus membranaceus*（Fisch.）Bunge的根。

【植物形态】多年生草本，高50～100 cm。主根肥厚，木质，常分枝，灰白色。茎直立，上部多分枝，有细棱，被白色柔毛。羽状复叶有13～27片小叶，长5～10 cm；叶柄长0.5～1 cm；托叶离生，卵形，披针形或线状披针形，长4～10 mm，下面被白色柔毛或近无毛；小叶椭圆形或长圆状卵形，长7～30 mm，宽3～12 mm，先端钝圆或微凹，具小尖头或不明显，基部圆形，上面绿色，近无毛，下面被伏贴白色柔毛。总状花序稍密，有10～20朵花；总花梗与叶近等长或较长，至果期显著伸长；苞片线状披针形，长2～5 mm，背面被白色柔毛；花梗长3～4 mm，连同花序轴稍密被棕色或黑色柔毛；小苞片2；花萼钟状，长5～7 mm，外面被白色或黑色柔毛，有时萼筒近于无毛，仅萼齿有毛，萼齿短，三角形至钻形，长仅为萼筒的1/4～1/5；花冠黄色或淡黄色，旗瓣倒卵形，长12～20 mm，顶端微凹，基部具短瓣柄，翼瓣较旗瓣稍短，瓣片长圆形，基部具短耳，瓣柄较瓣片长约1.5

▲膜荚黄芪

倍，龙骨瓣与翼瓣近等长，瓣片半卵形，瓣柄较瓣片稍长；子房有柄，被细柔毛。荚果薄膜质，稍膨胀，半椭圆形，长20 ~ 30 mm，宽8 ~ 12 mm，顶端具尖刺，两面被白色或黑色细短柔毛，果颈超出萼外；种子3 ~ 8颗。花期6—8月，果期7—9月。

【生境分布】膜荚黄芪为喜阳植物，适应性强，苗期怕强光和干旱，成株耐寒、耐旱、忌涝；生于巫溪 1 800 ~ 2 400 m林缘、灌丛或疏林下，亦见于山坡草地或草甸中。

【化学成分】根含2’4’一二羟氧基异黄烷（2’4’-Dihydroxy-0，6-Dimethoxy-Isoflavane）、γ-氨基丁酸0.024% ~ 0.036%及微量叶酸。尚含毛蕊异黄酮（Calycosin）、芒柄花黄素（Formononetin）、新三萜环黄芪醇（Cycloastragenol）等成分。

【功能主治】具有补气升阳，益卫固表，利水消肿，托毒生肌的作用。对气虚乏力，食少便溏，中气下陷，久泻脱肛，便血崩漏，表虚自汗，气虚浮肿，痈疽难溃，久溃不敛，血虚萎黄，内热消渴；慢性肾炎蛋白尿，糖尿病具有很好的疗效。

【保护价值】膜荚黄芪由于长期遭到采挖，目前已很难找到野生种，我们在大巴山东南段要用植物资源调查中在巫溪、巫山等地发现了野生植株，但极少。其种子硬，吸水力差，在自然状态下如得不到适宜条件，出苗率极低，天然更新困难，加上生态环境恶化和认为破坏，已处于濒危绝迹状态。膜荚黄芪的染色体基数X=8，是欧亚大陆黄芪属的代表，而分布在白美洲的种类染色体为X = 11、12、13、14，被广泛认为是就大陆中派生的类型，对研究黄芪属的起源、金华及在研究欧亚大陆和北美洲黄芪属植物的关系上具有重要的学术价值，现已被列为国家三级保护植物。

【保护措施】对膜荚黄芪野生资源进一步组织队伍进行调查，一旦发现严禁采挖，保护周围植被，维持其自然生境。开展对野生的生态和生物学研究寻求其自然生长规律，并模拟自然生态环境进行人工培育，使其在适宜的自然环境状态下繁衍和发展，扩大其种群，从而达到保护和恢复野生资源的目的。

44 胡豆莲

【别名】山豆根。

【来源】豆科植物胡豆莲*Euchresta japonica* Hook. f. et. Regel的根。

【植物形态】常绿小灌木或亚灌木，高30 ~ 100 cm；茎基部稍呈匍匐状，分枝少；幼枝、叶柄、小叶下面、花序及小花梗均被淡褐色绒毛。羽状复叶具3小叶，叶片近革质，稍有光泽，干后微皱，倒卵状椭圆形或椭圆形，长4 ~ 9 cm，宽2.5 ~ 5 cm，先端钝头，基部宽楔形或近圆形，全缘，侧脉5 ~ 6对。总状花序长7 ~ 14 cm，总花梗长3.5 ~ 7 cm；花蝶形，白色；萼长3 ~ 4 mm，外被淡褐色短毛，萼齿极短，萼筒斜钟形；旗瓣长圆形，长10 ~ 13 mm，翼瓣等长，龙骨瓣略短，近分离；雄蕊10，二体，花药丁字形着生；子房椭圆形，子房柄长约4 mm。荚果肉质，椭圆形，长13 ~ 18 mm，熟时深蓝色或黑色，有光泽，不开裂，果皮薄；种子1枚，长13 ~ 15 mm。花期7月，果期9—10月。

【生境分布】喜阴湿、腐殖质丰富的生境，星散生于巫山、巫溪、奉节、云阳、开州、石柱、武隆等海拔300 ~ 1 000 m以下的沟谷溪边常绿阔叶林下。

【功能主治】性味苦寒，有清热、解毒、消肿、镇痛等功效，主治跌打损伤、肠炎腹泻、腹胀、腹痛、胃痛、咽喉痛、牙痛、疮疖肿毒，在三峡民间还用来治疗喉癌、食道癌等症具有很好的疗效。

【保护价值】本种间断分布于中国与日本，该属的系统地位尚有争论。最近日本植物学家大桥麼好（Hiroyoshi Ohasshi）根据形态、生态、植物地理、细胞及生化感方面的资料，认为该属比较原始，接近槐族而又有所不同，应另分出成为一个具单属的新族。因此，本种对研究豆科植物的系统发育及中国—日本植物区系等有重要科学价值。在1997年和1999年颁布的《国家重点保护野生植物名录》中，胡豆莲被收录为Ⅱ级保护种，《中国植物红皮书》（第一批）将其列入三级保护植物。

【保护措施】一是通过调查研究，制定科学的保护规划和法规，借助媒体加强宣传保护自然资源、保护生物多样性，特别是保护珍稀濒危物种对人类的重要意义，提高人们保护和合理利用资源的意识；二是开展胡豆莲野

▲胡豆莲

生变家种研究，通过繁殖繁殖扩大其种群；三是通过对胡豆莲的生物生态学特性、生理、生化、人工种植等技术研究，为制定保护规划和政策的科学性和准确性以及资源的合理利用提供科学依据。

45 野大豆

【别名】乌豆、野黄豆。

【来源】豆科植物野大豆*Glycine soja* Sieb. et. Zucc的全草。

【植物形态】一年生缠绕性草本，主根细长，可达20 cm以上。侧根稀疏，蔓茎纤细，略带四棱形，密被浅黄色，紧贴长硬毛。叶互生，3小叶，总叶柄长2 ~ 5.5 cm，被浅黄色硬毛；小叶片长卵状披针形，披针状长椭圆形

▲野大豆

或为卵形，长2 ~ 6.5 cm，宽1 ~ 3.5 cm，基部菱状楔形、宽楔形或近圆形，先端渐尖或少有钝状，并具短尖头，侧生小叶片基部常偏斜，表面绿色，背面浅绿色，两面均有浅黄色紧贴硬毛，叶脉于两面稍隆起，全缘，小叶柄根短，密披棕褐色硬毛，基部具小托叶，细小而呈针状。花蝶形，淡红紫色，腋生总状花序，花萼钟状，5裂，旗瓣近圆形，雄蕊常为10枚，单体。子房上位，1室。荚果线状长椭圆形，略弯曲，种子2 ~ 4粒。花期5—6月，果期9—10月。

【生境分布】生于海拔100 ~ 800 m的山野、路旁或灌木丛中。开州、江津有分布。

【功能主治】全草入药，有补气血、强壮、利尿等功效，主治盗汗、肝火、目疾、黄疸、小儿疳疾。

附方：

1. 治盗汗：野大豆藤一至四两，红枣一至二两。加糖煮，连汁吃。
2. 治伤筋：野大豆鲜根、蛇葡萄根皮、酒糟或酒。捣烂，烘热包敷患处。

【保护价值】国家第一批重点保护野生植物，二级保护植物，具有耐盐碱、抗寒、抗病等能力，与大豆是近缘种。大豆是中国主要的油料及粮食作物，故在农业育种上可利用野大豆进一步培育优良的大豆品种。在农业育种方面有重要价值；野大豆营养价值高，又是牛、马、羊等各种牲畜喜食的牧草。因此，对中国拥有丰富的野大豆种质资源，必须引起应有的重视并加以保护。

【保护措施】由于野大豆适应能力强，有较强的抗逆性和繁殖能力，只有当植被遭到严重破坏时才难以生存。长江流域适应生长，在库区移民基本建设中应对野大豆资源加以保护，建立野大豆保护区，确保野生大豆种质资源得以有效保护与繁衍，使其不再受到人为破坏。

▲红豆树

▲红豆树果实

46　红豆树

【别名】何氏红豆、鄂西红豆。

【来源】豆科植物红豆树*Ormosia hosiei* Hemsl. et Wils.的皮、叶、种子。

【植物形态】常绿或落叶乔木，高达20 ~ 30 m，胸径可达1 m；树皮灰绿色，平滑。小枝绿色，幼时有黄褐色细毛，后变光滑；冬芽有褐黄色细毛。奇数羽状复叶，长12.5 ~ 23 cm；叶柄长2 ~ 4 cm，叶轴长3.5 ~ 7.7 cm，叶轴在最上部一对小叶处延长0.2 ~ 2 cm生顶小叶；小叶（1 ~ ）2（ ~ 4）对，薄革质，卵形或卵状椭圆形，稀近圆形，长3 ~ 10.5 cm，宽1.5 ~ 5 cm，先端急尖或渐尖，基部圆形或阔楔形，上面深绿色，下面淡绿色，幼叶疏被细毛，老则脱落无毛或仅下面中脉有疏毛，侧脉8 ~ 10对，和中脉成60° 角，干后侧脉和细脉均明显凸起成网格；小叶柄长2 ~ 6 mm，圆形，无凹槽，小叶柄及叶轴疏被毛或无毛。圆锥花序顶生或腋生，长15 ~ 20 cm，下垂；花疏，有香气；花梗长1.5 ~ 2 cm；花萼钟形，浅裂，萼齿三角形，紫绿色，密被褐色短柔毛；花冠白色或淡紫色，旗瓣倒卵形，长1.8～2 cm，翼瓣与龙骨瓣均为长椭圆形；雄蕊10，花药黄色；子房光滑无毛，内有胚珠5～6粒，花柱紫色，线状，弯曲，柱头斜生。荚果近圆形，扁平，长3.3～4.8 cm，宽2.3～3.5 cm，先端有短喙，果颈长5～8 mm，果瓣近革质，厚2～3 mm，干后褐色，无毛，内壁无隔膜，有种子1～2粒；种子近圆形或椭圆形，长1.5～1.8 cm，宽1.2～1.5 cm，厚约5 mm，种皮红色，种脐长9～10 mm，位于长轴一侧。花期4—5月，果期10—11月。

【生境分布】生于开州、万州、石柱、丰都、武隆等海拔200～1 300 m的河旁、山坡、山谷林内，在兴山县黄粮镇公坪村陈家沟附近发现豆树原生群落。

【功能主治】性平，味苦，有小毒；理气止痛、活血止血、清热解毒、治心胃气痛，疝气疼痛、血滞闭经，无名肿毒，疔疮，鼻衄。

【保护价值】红豆树幼年喜湿耐阴，中龄以后喜光。较耐寒，本属植物我国约有35种，多数分布在五岭以南各省，尤以广西南部十万大山地区沿北纬23°以南至海南最繁茂，种类地区分布很强，常局限于某一地区。而红豆杉在本属中是分布于纬度最北的一个种，所以该种在三峡地区的存在，对植物的地理分布和三峡库区植物区系的研究具有重要的学术价值，属国家Ⅲ级重点保护野生植物，其皮、叶、种子均可药用，具有较好的药用价值；树姿优雅，为很好的庭园树种，其木材坚硬细致，纹理美丽，有光泽，为优良的木雕工艺及高级家具等用材。

【保护措施】由于本种经济价值很高，常为产地收购部门和群众砍伐利用，致使分布范围日益狭窄，成年树日益稀少，仅在寺庙和村落附近保存少数大树。应在本种分布较集中地区建立红豆树保护点，严密控制群众乱砍滥伐，并积极开展人工繁殖，建立造林基地。

芸香科Rutaceae

47 宜昌橙

【别名】野柑子、酸柑子。

【来源】芸香科植物宜昌橙*Citrus ichangensis* Swingle的叶片。

【植物形态】小乔木或灌木，高2～4 m。枝干多劲直锐刺，刺长1～2.5 cm，花枝上的刺通常退化。叶身卵状披针形，大小差异很大，大的长达8 cm，宽4.5 cm，小的长2～4 cm，宽0.7～1.5 cm，顶部渐狭尖，全缘或叶缘有甚细小的钝裂齿；翼叶比叶身略短小至稍较长。花通常单生于叶腋；花蕾阔椭圆形；萼5浅裂；花瓣淡紫红色或白

▲宜昌橙

色，小花的花瓣长1 ~ 1.2 cm，宽0.5 cm，大花的长1.5 ~ 1.8 cm，宽6 ~ 8 mm；雄蕊20 ~ 30枚，花丝合生成多束，偶有个别离生；花柱比花瓣短，早落，柱头约与子房等宽。果扁圆形、圆球形或梨形，顶部短乳头状突起或圆浑，通常纵径3 ~ 5 cm，横径4 ~ 6 cm，梨形的纵径9 ~ 10 cm，横径7 ~ 8 cm，淡黄色，粗糙，油胞大，明显凸起，果皮厚3 ~ 6 mm或较薄或更厚，果心实，瓢囊7 ~ 10瓣，果肉淡黄白色，甚酸，兼有苦及麻舌味；种子30粒以上，近圆形而稍长，或不规则的四面体，2或3面近于平坦，一面浑圆，长、宽均达15 mm，厚约12 mm，种皮乳黄白色，合点大，几占种皮面积的一半，深茶褐色，子叶乳白色，单胚或多胚。花期5—6月，果期10—11月。

【生境分布】生于海拔2 500 m以下的陡崖、岩石、山脊或沿河谷坡地，分布于江津、石柱、巫山、奉节、武隆、城口、巴东等区县。

【化学成分】顺-3-己烯醇，α-苧烯，α-蒎烯，6-甲基-5-庚烯-2-酮，桧烯，β-蒎烯，月桂烯，α-水芹烯，1，4-桉叶油素，α-柠檬烯，顺-氧化芳香醇，异松油烯，二氢芳香醇，甲酸香茅脂等。

【功能主治】消炎止痛，防腐生肌；用于伤口溃烂，湿疹，疮疖，肿痛等。

【保护价值】宜昌橙是芸香科柑橘属植物，是柑橘属最原始种类，是世界重要的古老野生柑橘种质资源，对于研究柑橘的起源、进化等具有十分重要的科学价值。

【保护措施】建立原生境保护机制，加强对其自然产地生态环境的保护，促进其自然更新；开展生物学特性和遗传机制研究，探索其在自然条件下更新力不足的原因，为种群扩繁提供理论依据；开展人工繁育技术研究，人为提高其繁育能力，扩大其种群数量。

48 黄柏

【别名】川黄柏、檗皮、黄檗。

【来源】芸香科植物秃叶黄皮树*Phellodendron chinense* var. *glabriusculum* schneid.的树皮。

【植物形态】落叶乔木，高10 ~ 12 m。树皮棕褐色，可见椭圆形皮孔，外层木栓较薄。奇数羽状复叶对生；叶轴及叶柄光滑无毛；小叶7 ~ 15枚，长圆状披针形至长圆状卵形，长9 ~ 15 cm，宽3 ~ 5 cm，顶端长渐尖，基部

▲秃叶黄皮树

宽楔形或圆形，不对称，近全缘，上面无毛，下面无毛或沿叶脉两侧在被疏柔毛。花单性，雌雄异株，排成顶生圆锥花序。花紫色；雄花有雄蕊5 ~ 6，长于花瓣，退化雌蕊钻形；雌花有退化雄蕊5 ~ 6，子房上位，有短柄，5室，花柱短，柱头5浅裂。果轴及果皮粗大；浆果状核果近球形，直径1 ~ 1.5 cm，密集成团，熟后黑色，内有种子5 ~ 6颗。花期5—6月，果期10—11月。

【生境分布】生于海拔700 ~ 1 600 m的疏林中或沟边、路旁。分布于巫溪、巫山、奉节、云阳、万州、开州、忠县、石柱、丰都、涪陵、武隆地区。

【药材性状】树皮呈浅槽状或板片状，略弯曲，长宽不一，厚1 ~ 6 mm，外表面黄褐色或黄棕色，平坦，具纵沟纹，残存栓皮厚约0.2 mm，灰褐色，无弹性，有唇形横生皮孔，内表面暗黄色或淡棕色，具细密的纵棱纹。体轻，质硬，断面皮层部略呈颗粒状，韧皮部纤维状，呈裂片状分层，鲜黄色。气微，味极苦，嚼之有黏性。

【显微鉴别】树皮横切面：栓皮未除尽者可见木栓层细胞10列，栓内层为数列长方形或近圆形的细胞。皮层狭窄，占皮厚的1/5 ~ 1/3，石细胞纤维状，鲜黄色，单一或数条横生，多呈不规则类多角形，有的分枝状，细胞壁极厚，孔沟可见，层纹明显，胞腔小，纤维群少，散在。韧皮部射线宽2 ~ 4列细胞，稍弯曲；韧皮纤维束众多，与韧皮薄壁细胞和筛管群交互排列成层带，纤维黄色，壁极厚，周围薄壁细胞含草酸钙方晶。黏液细胞众多。薄壁细胞中含草酸钙方晶及淀粉粒。

【粉末特征】黄色。石细胞极多，较大型，金黄色或黄绿色，单个或成群，多数呈不规则钝分枝状，亦有呈类圆形、类多角形或纺锤形，直径35 ~ 130 μm，长达342 μm，壁厚达36 μm，层纹极明显，有些可见细小的孔沟；偶见胞腔大、壁薄的石细胞。晶纤维众多，成束，黄色或鲜黄色，直径20 ~ 40 μm，壁厚，纤维周围的薄壁细胞中含有方晶。草酸钙方晶呈多面体形、双锥形或菱状多面体形，直径6 ~ 25 μm。淀粉粒细小，单粒球形，直径2 ~ 6 μm，复粒由2 ~ 4粒组成。单个散离的黏液细胞，椭圆形或近圆形，黄色，直径21 ~ 72 μm，长27 ~ 90 μm。此外，可见许多淡黄棕色的木栓组织碎片。

【理化鉴别】薄层鉴别：取本品粉末0.2 g，加甲醇5 mL，密塞，振摇30 min，滤过，滤液作供试品液；另取盐酸小檗碱，加甲醇制成每1 mL含0.5 g的溶液作对照品溶液。分别点样于同一硅胶G薄层板上，以正丁醇-冰醋酸-水（7∶1∶2）展开，取出，晾干，紫外灯（365 nm）下检视。供试品色谱在与对照品色谱的相应位置上，显相同的黄色荧光斑点。

【化学成分】树皮含四氢小檗碱（tetrahydrobcrberine），四氢掌叶防已碱（tetrnhydropalma-tine），四氢药根碱（tetrahydrojatmrrhizine），黄柏碱，木兰花碱，β-谷甾醇等。

【功能主治】味甘性寒。归肾，膀胱，大肠经。具有清热燥湿，泻火解毒作用；主治湿热痢疾，泄泻，黄疸，梦遗，淋浊，带下，骨蒸劳热，痿躄，以及口舌生疮，目赤肿痛，痈疽疮毒，皮肤湿疹。

【保护价值】为国家古老的残遗Ⅰ级保护的珍稀植物，对研究古代植物区系，古地理及第四纪冰期气候有科学价值。木材纹理美观，切面有光泽，材质坚韧，耐水湿及耐腐性强，不翘不裂，为军工、家具等优良用材；树皮木栓可作软木塞、浮标、救生圈或用于隔音、隔热、防震等；内皮可作染料及药用；叶可提取芳香油；花是很好的蜜源；果实含有甘露醇及不挥发的油分，可供工业及医药用。

【保护措施】因气候以及人工大量采伐等因素，野生种在三峡库区甚至全国各地已所剩无几，面临绝迹，对现有资源特别是母树应加以保护，进行繁殖栽培，扩大其资源；可以根据其利用种子繁殖的特点来进行嫁接，利用新技术扩大其生长范围和繁殖数量。

楝科Meliaceae

49 红椿

【别名】红楝子。

【来源】楝科植物红椿*Toona ciliata* Roem.的根皮。

【植物形态】落叶或近常绿乔木，高达30 m。树皮深绿色至黑褐色；小枝干时红色，具皮孔。偶数羽状复

▲红椿

叶，长30～40 cm，叶柄长6～10 cm；小叶6～12对，对生或近对生，叶柄长8～12 mm；叶片披针形、卵状或长圆状披针形，先端急渐尖，基部不等，一侧圆，另一侧楔形，上侧稍长，全缘，叶背面沿叶脉处和脉腋内具束毛；侧脉纤细。花两性，圆锥花序与叶近等长，被微柔毛。花白色，具短柄；萼片卵圆形，外面被微柔毛，有缘毛；花瓣卵状长圆形或长圆形，边缘具缘毛；雄蕊5，花药比花丝短，无假雄蕊；花柱和子房密被粗毛，花柱短于子房室；子房5室。蒴果椭圆状长圆形，长2～2.5 cm，无皮孔。种子两端具翅，通常上翅比下翅长。花期4—5月，果熟期7月。

【生境分布】生于海拔250～1 300 m的沟谷林内或河旁村边，巫山、巫溪等地有分布。

【功能主治】苦涩、温；清热燥湿，止血止痛；治痢疾、肠炎、泌尿系统感染、便血、白带、风湿腰腿痛；叶止泻，治痢疾；果和胃，治慢性胃炎。

【保护价值】目前该树种自然资源现存稀少，且人为破坏较为严重，被国家列为二级重点保护珍贵树种，素有“中国桃花心木”之称。该树种不但材质优良，树姿挺秀，主干通直，而且是一种尚未被开发利用的药用植物。近年来的研究发现，红椿提取物具有抗菌、抗病毒、抗癌及抗疟等多种生物活性。

【保护措施】随着生境的变化，适宜红椿生长的环境被破坏，逐渐缩减了红椿种群数量，降低种群生殖、生活能力。水土流失，土壤贫瘠化导致了红椿种群生境条件从根本上恶化，限制了红椿种群生存的发展。一是采取原生地保存，让种质资源在原生态环境中不迁移而采取措施就地加以保护，并通过人工促进天然更新，扩大现有居群，提高遗传多样性，增强种群的整体繁殖能力；二是在进行红椿迁地保护；三是对红椿生长区域植被类型及人为活动进行监测。

省沽油科Staphyleaceae

50　银鹊树

【别名】瘿椒树。

【来源】省沽油科植物银鹊树*Tapiscia sinensis* Oliv.的根、果实及叶。

【植物形态】落叶乔木，高8～15 m，树皮灰黑色或灰白色，小枝无毛；芽卵形。奇数羽状复叶，长达30 cm；小叶5～9，狭卵形或卵形，长6～14 cm，宽3.5～6 cm，基部心形或近心形。边缘具锯齿，两面无毛或仅背面脉腋被毛，上面绿色，背面带灰白色，密被近乳头状白粉点；侧生小叶柄短，顶生小叶柄长达12 cm。圆锥花序腋生，雄花与两性花异株，雄花序长达25 cm，两性花的花序长约10 cm，花小，长约2 mm，黄色，有香气；两性花：花萼钟状，长约1 mm，5浅裂；花瓣5，狭倒卵形，比萼稍长；雄蕊5，与花瓣互生，伸出花外；子房1室，有1胚珠，花柱长过雄蕊；雄花有退化雌蕊。果序长达10 cm，核果近球形或椭圆形，长仅达7 mm，熟时紫黑色。花期6—7月，果期9—10月。

【生境分布】分布于巴东、宜昌、兴山、奉节、石柱海拔400～1 800 m的山谷、山坡与溪旁湿润肥沃的环境，群落外貌主要为常绿阔叶—落叶阔叶混叶交林，赏壳部斗科（fagaceae）、樟科（lauraceae）、山茶科（theaceae）、安息香科（styracaceae）、山茱萸科（cornaceae）等一些树种混生的地带。

【化学成分】银鹊树的根、果实及叶含有黄酮类化合物、β-谷甾醇、β-胡萝卜苷及芦丁。

【功能主治】抗溃疡、解痉、抗炎及降血脂等。

【保护价值】银鹊树为中国特有的古老树种，起源于第三纪，经第四纪冰川“洗劫”，同属植物多已消亡绝迹，唯独银鹊树单传至今，生息繁衍。它是我国亚热带植物区系中特有的古老珍稀树种，为国家三级保护植物，对研究中国亚热带药用植物区系起源——省沽油科植物的系统发育，有一定的科学价值。银鹊树枝叶茂盛、树形优美、果实鲜艳，木材质轻、纹理美观，既是优良的园林绿化树种，又是珍贵的用材树种。在自然生态中银鹊树常与灯台树、木荷、香果树、蓝果树等混交成林，特别适合人造森林、公园、大型绿地和沿江沿湖地带的城乡风光带种植开发。通过研究，银鹊树黄酮类化合物对扩大黄酮类化合物的植物资源和银鹊树的综合利用具有重要意义。

【保护措施】该树种由于长期人为破坏环境，各居群内的个体数量急剧减少，加上自身更新能力差，已趋于灭绝，应加大对该种适生区域保护，注重从分类学、形态解剖学、生态学、植物学、引种驯化、繁殖胚胎学等方面进行科学研究。

▲银鹊树

鼠李科Rhmnaceae

51　小勾儿茶

【来源】鼠李科植物小勾儿茶*Berchemiella wilsonii* Nakai的枝、叶、果。

【植物形态】落叶灌木，高3～12 m；树皮灰黑色，纵裂；小枝淡红褐色，无毛，具明显的皮孔，有纵裂纹。叶互生，纸质，椭圆形或椭圆状披针形，长6～13 cm，宽2～5 cm，先端渐尖、短渐尖或钝、具短尖，基部圆形或宽楔形，稍不对称，边缘波状或全缘，上面淡绿色，无毛，下面灰白色，脉腋微被髯毛，侧脉7～10对，中脉及侧脉在上面稍凹，在下面突起；叶柄长3～5 mm，上面具槽；托叶短，三角形，背部全生抱芽。聚伞花序复组成疏生总状花序，顶生，长3.5～5.5 cm，无毛；无淡黄色，苞片三角形，长约0.5 mm，早落，花梗长1.5～3 mm；花萼5裂，裂片卵状三角形，长约1.2 mm，内面中肋中部具肉质喙状突起；花瓣5，宽倒卵形或卵状菱形，与萼片互生、近等长；雄蕊5；子房上位，2室，每室有1胚珠，花柱粗短，2浅裂，子房上位，2室，每室有1胚珠，花柱粗短，2浅裂，下部被花盘包围，花盘较肥厚，肉质，五边形。果成熟时红色，长椭圆形，长约8 mm，直径约3.5 mm。花期6—7月，果期8—9月。

【生境分布】生于海拔1 300 m的林中，模式标本采自兴山；兴山、巴东、巫山有分布。

【功能主治】味微涩，性平，具有活血通络、止咳化痰、健脾益气的作用，对风湿关节痛、腰痛、瘰疬、小儿疳积有较好疗效。

【保护价值】分布范围极为狭窄，甚至被世人称为地球上“最孤独的植物之一”，千万年来独守山谷，无人识之。直到1907年，英国植物学家威尔逊在湖北省兴山县首次采到该物种标本，但此后的近百年内，再也没有人发现过这个物种。直到2001年6月，江明喜教授在湖北省五峰县采到第1株小勾儿茶，并从英国调回小勾儿茶模式标本反复比对，才使绝迹百年的小勾儿茶物种重新被命名确认。该属花的构造既与猫乳属（Rhamnella）有相同的特征，又与勾儿茶属（Berchemia）有相似的结构，对研究鼠李科枣族（Zizipheae）中某些属间的亲缘关系有科学意义，根、茎或叶可供药用，嫩叶可代茶饮用，具有重要的药用和食用价值。

▲小勾儿茶

【保护措施】小勾儿茶种群资源极少，分布十分狭窄，自然繁殖能力极差，处于濒临灭绝的边缘。为避免人为损害、切实保护好现有资源，应对小勾儿茶栖息地实施封禁保护，同时组织科技人员加大力度在相似的生境中寻找小勾儿茶；对其生境加大保护力度；开展小勾儿茶的生态学习性研究和人工繁殖试验工作，探索保护、扩大小勾儿茶种群资源的有效途径。

猕猴桃科Actinidiaceae

52　中华猕猴桃

【别名】阳桃、羊桃、羊桃藤。

【来源】猕猴桃科植物中华猕猴桃*Actinidia chinensis* Planch.的根和藤茎。

【植物形态】大型落叶藤本；幼一枝或厚或薄地被有灰白色茸毛或褐色长硬毛或铁锈色硬毛状刺毛，老时秃净或留有断损残毛；花枝短的4～5 cm，长的15～20 cm，直径4～6 mm；隔年枝完全秃净无毛，直径5～8 mm，皮孔长圆形，比较显著或不甚显著；髓白色至淡褐色，片层状。叶纸质，倒阔卵形至倒卵形或阔卵形至近圆形，长6～17 cm，宽7～15 cm，顶端截平形并中间凹入或具突尖、急尖至短渐尖，基部钝圆形、截平形至浅心形，边

▲中华猕猴桃

缘具脉出的直伸的睫状小齿，腹面深绿色，无毛或中脉和侧脉上有少量软毛或散被短糙毛，背面苍绿色，密被灰白色或淡褐色星状绒毛，侧脉5～8对，常在中部以上分成叉状，横脉比较发达，易见，网状小脉不易见；叶柄长3～6 cm，被灰白色茸毛或黄褐色长硬毛或铁锈色硬毛状刺毛。聚伞花序1～3花，花序柄长7～15 mm，花柄长9～15 mm；苞片小，卵形或钻形，长约1 mm，均被灰白色丝状绒毛或黄褐色茸毛；花初放时白色，放后变淡黄色，有香气，直径1.8～3.5 cm；萼片3～7片，通常5片，阔卵形至卵状长圆形，长6～10 mm，两面密被压紧的黄褐色绒毛；花瓣5片，有时少至3～4片或多至6～7片，阔倒卵形，有短距，长10～20 mm，宽6～17 mm；雄蕊极多，花丝狭条形，长5～10 mm，花药黄色，长圆形，长1.5～2 mm，基部叉开或不叉开；子房球形，径约5 mm，密被金黄色的压紧交织绒毛或不压紧不交织的刷毛状糙毛，花柱狭条形。果黄褐色，近球形、圆柱形、倒卵形或椭圆形，长4～6 cm，被茸毛、长硬毛或刺毛状长硬毛，成熟时秃净或不秃净，具小而多的淡褐色斑点；宿存萼片反折；种子纵径2.5 mm。花期4—5月，果期9—11月。

【生境分布】生于山地杂木林中。分布于巫山、巫溪、南川、江津、武隆、石柱等地。

【化学成分】根和藤茎含猕猴桃多糖复合物（actinidia chinensis polysaccharide）及丰富的抗坏血酸（ascorbic acid）等；果实含猕猴桃碱（actinidine），玉蜀嘌呤（zeatin），9-核糖玉蜀嘌呤（9-ribosylzeatin），大黄素（emodin），大黄素甲醚（physcion），大黄素-8-甲醚（questin），ω-羟基大黄素（ω-hydroxyemodin），大黄素酸（emodic acie），大黄素8-β-D-葡萄糖苷（emodin-8-β-D-glucoside），β-谷甾醇（β-sito sterol），中华猕猴桃蛋白酶（actinidin），游氨基酸，糖，有机酸，维生素C、B，色素，鞣质及挥发性的烯醇类成分。新鲜的果实中维生素C的含量为138～284.54 mg/100 g等。

【功能主治】味酸微甘，性凉，有小毒；清热，利尿，活血，消肿；用于肝炎，水肿，跌打损伤，风湿关节痛，淋浊，带下，疮疖，瘰疬等。

【保护价值】中华猕猴桃为我国重要水果品种之一，不仅可以鲜食，还可以加工成多种食品和饮料，具有丰富的营养价值；中华猕猴桃富含精氨酸、肌醇等，能有效地调节人体代谢，对防止糖尿病和抑郁症等有独特功效；其藤茎和根入药，药用价值很高。

【保护措施】目前中华猕猴桃已经实现规模化人工种植，但同时野生种质资源也遭到了较为严重的破坏，野外分布均较为零散，未见有连片分布区。鉴于其具有重要的经济价值和开发前景，其野生种质资源是后期开发的重要来源，因此应加强对野生资源的保护，可选择集中分区建立保护点或保护区，并建立种质资源基地。

▲紫茎

▲疏花水柏枝

山茶科Theaceae

53 紫茎

【别名】假马灵光。

【来源】山茶科植物紫茎*Stewartia sinensis* Rehd. et Wils.的树皮及根。

【植物形态】小乔木，树皮灰黄色，嫩枝无毛或有疏毛，冬芽苞约7片。叶纸质，椭圆形或卵状椭圆形，长6～10 cm，宽2～4 cm，先端渐尖，基部楔形，边缘有粗齿，侧脉7～10对，下面叶腋常有簇生毛丛，叶柄长1 cm。花单生，直径4～5 cm，花柄长4～8 mm；苞片长卵形，长2～2.5 cm，宽1～1.2 cm；萼片5，基部连生，长卵形，长1～2 cm，先端尖，基部有毛；花瓣阔卵形，长2.5～3 cm，基部连生，外面有绢毛；雄蕊有短的花丝管，被毛；子房有毛。蒴果卵圆形，先端尖，宽1.5～2 cm。种子长1 cm，有窄翅。花期6—7月，果期9—10月。

【生境分布】生于巫山、巫溪、开州等海拔60～1 500 m的常绿阔叶林或常绿、落叶阔叶混交林林中或林缘，山地杂木林中。

【功能主治】辛、苦、凉；活血舒筋、祛风除湿；治跌打损伤、风湿麻木。

【保护价值】紫茎为中国特有的残遗植物，对研究东亚—北美植物区系有科学意义。性喜光的深根性树种，要求凉润气候。生长缓慢。由于植被不断被破坏，天然更新力差，植株已日益减少，在中国红皮书被列为“渐危种”，国家三级保护植物；皮、茎皮入药，种子油可食用或制肥皂及润滑油，具有较高的经济价值。

【保护措施】建议在该种的分布点建立自然保护区或风景保护区，并制订管理条例，严密管护。对保护区外的零星分布的植株，建议当地有关部门采取措施，加强保护，各地植物园、林场等应积极开展人工繁殖栽培研究。

柽柳科Tamaricaceae

54 疏花水柏枝

【来源】柽柳科植物疏花水柏枝*Myricarial axifflora*（Franch.）P. Y. Zhanget Y. J. Zhang的地上部分。

【植物形态】直立灌木，高约1.5 m；老枝红褐色或紫褐色，光滑，当年生枝绿色或红褐色。叶密生于当年生绿色小枝上，叶披针形或长圆形，长2～4 mm，宽0.8～1 mm，先端钝或锐尖，常内弯，基部略扩展，具狭膜质边。总状花序通常顶生，长6～12 cm，较稀疏；苞片披针形或卵状披针形，长约4 mm，宽约1.5 mm，渐尖，具狭膜质边；花梗长约2 mm；萼片披针形或长圆形，长2～3 mm，宽约1 mm，先端钝或锐尖，具狭膜质边；花瓣倒卵形，长5～6 mm，宽2 mm，粉红色或淡紫色；花丝1/2或1/3部分合生；子房圆锥形，长约4 mm。蒴果狭圆锥形，长6～8 mm。种子长1～1.5 mm，顶端芒柱一半以上被白色长柔毛。花、果期6—8月。

【生境分布】三峡库区特有植物，仅分布于巴东、秭归和巫山等县海拔70～155 m的消落带低山河谷岸边及路旁。其他地区分布极少，如2008年1月1日，人们在三峡大坝下游约100 km处的枝江市董市镇沙滩上发现了野生疏花水柏枝。三峡库区由于水位上升，导致资源极度减少，但经过科学家的抢救与移栽，现宜昌大塆岭森林公园和武汉植物园有移栽。

【功能主治】具有疏风解表、祛风通络的功能，主治麻疹不透、风湿痹痛、癣等。

【保护价值】疏花水柏枝喜湿耐涝，是一种很好的沙滩固土绿化树种，同时也是一种较理想的园林观赏植物和消落带品种。库区建成后，随着水位上涨，原有消落带消失，新的消落带产生，原生境已经被全部淹没，其原生种群也会逐渐消亡，中国科学院武汉植物研究所确定该物种为极度濒危灭绝物种。该物种是由法国植物学家阿德里安·勒内·弗朗谢（Adrien René Franchet，1834年4月21日—1900年2月15日）首次命名，中国科学院武汉植物研究所于1984年在三峡地区发现其模式物种并定名。含有多种有效中药化学成分如黄酮类化合物、槲皮苷、山柰酚、槲皮素、柯伊利素、没食子酸、没食子酸乙酯、谷甾醇、胡萝卜苷等，民间常用于疏风解表、祛风通络，效果明显。我国的水柏枝属主要分布于西藏和西北海拔1 000 m以上山地地区，主要生境为河谷沙滩、湖边沙砾或江河沿岸的石砾质山坡，而疏花水柏枝为唯一的低海拔分布于长江河谷较狭窄的一个物种，对研究本属及柽柳科的分类和系统发育以及亚热带植物区系特点具有重要的科学价值。

菱科Trapaceae

55 野菱

【别名】刺菱、菱角。

【来源】菱科野菱*Trapa incisa* var. *quadricaudata* Glück sieb.的坚果。

【植物形态】一年生水生草本。叶二型，浮生于水面的叶，叶柄长5～10 cm，有海绵质的气囊为长纺锤形或披针形；叶通常斜方形或三角状菱形，长、宽各2～4 cm，上部边缘有锐齿，基部边缘宽楔形，全缘，上面深绿色，有光泽，下面淡绿色，无毛；沉水叶羽状细裂。花白色，腋生。坚果三角形，很小，其四角或两角有尖锐的刺，绿色，上方两刺向上伸长，下方两刺朝下，果柄细而短。花期7—8月，果熟期10月。

【生境分布】野生于水塘或田沟内，分布于三峡库区流域。

【功能主治】补脾健胃；生津止渴；解毒消肿。主治脾胃虚弱；泄泻；痢疾；暑热烦渴；饮酒过度；疮肿。

【保护价值】野菱在世界上分布于中国和日本，不但药用，而且果实含淀粉，可供食用，属我国Ⅱ级重点保护野生植物。

▲野菱

珙桐科Nyssaceae

56 珙桐

【别名】鸽子树。

【来源】珙桐科珙桐*Davidia involucrata* Baill.的根、果皮和树叶。

【植物形态】落叶乔木，高15～20 m，胸高、直径达1 m；树皮深灰色或深褐色，常裂成不规则的薄片而脱落。幼枝圆柱形，当年生枝紫绿色，无毛，多年生枝深褐色或深灰色；冬芽锥形，具4～5对卵形鳞片，常成覆瓦状排列。叶纸质，互生，无托叶，常密集于幼枝顶端，阔卵形或近圆形，常长9～15 cm，宽7～12 cm，顶端急尖或短急尖，具微弯曲的尖头，基部心脏形或深心脏形，边缘有三角形而尖端锐尖的粗锯齿，上面亮绿色，初被很稀疏的长柔毛，渐老时无毛，下面密被淡黄色或淡白色丝状粗毛，中脉和8～9对侧脉均在上面显著，在下面凸起；叶柄圆柱形，长4～5 cm，稀达7 cm，幼时被稀疏的短柔毛。两性花与雄花同株，由多数的雄花与1个雌花或两性花成近球形的头状花序，直径约2 cm，着生于幼枝的顶端，两性花位于花序的顶端，雄花环绕于其周围，基部具纸质、矩圆状卵形或矩圆状倒卵形花瓣状的苞片2～3枚，长7～15 cm，稀达20 cm，宽3～5 cm，稀达10 cm，初淡绿色，继变为乳白色，后变为棕黄色而脱落。雄花无花萼及花瓣，有雄蕊1～7，长6～8 mm，花丝纤细，无毛，花药椭圆形，紫色；雌花或两性花具下位子房，6～10室，与花托合生。子房的顶端具退化的花被及短小的雄

▲珙桐

蕊，花柱粗壮，分成6～10枝，柱头向外平展，每室有1枚胚珠，常下垂。果实为长卵圆形核果，长3～4 cm，直径15～20 mm，紫绿色具黄色斑点，外果皮很薄，中果皮肉质，内果皮骨质具沟纹，种子3～5枚；果梗粗壮，圆柱形。花期4—5月，果期10月。

【生境分布】生于海拔1 500～2 200 m的润湿的常绿落叶阔叶混交林中。分布于城口、开州、巫山、巫溪、奉节、巴东等区县。

【化学成分】枝条含有蒲公英萜酮，蒲公英萜醇，β-谷甾醇，3，4-亚甲二氧基-3’-甲氧基鞣花酸，3，3’，4-三甲氧基鞣花酸，鞣花酸；树叶含有山柰酚，3-O-D-吡喃葡萄糖基山柰酚，3-O-D-吡喃半乳糖基山柰酚，槲皮素，3-O-吡喃阿拉伯糖基槲皮素，3-O-D-吡喃半乳糖基槲皮素苷等。

【功能主治】根：收敛止血，止泻；用于多种出血、泄泻等。果皮：清热解毒，消痈，主痈肿疮毒。叶：抗癌，杀虫，用于各种癌症初起，疥癣。

【保护价值】珙桐为前新生代第三纪留下的孑遗植物，对于古植物、古气候研究具有十分重要的意义，已经被列为国家一级保护植物。珙桐俗称鸽子树，观赏价值高；其分布范围小，野生资源较少，自然繁育力低下，自然更新力不足。

【保护措施】加强保护区建设，提高保护区的管理水平，增强保护区科研能力与水平；针对珙桐自然繁育力低下的问题开展专题研究，促进其自然繁育与更新，增大其野外种群数量；保护生态环境，加强对野生珙桐植株的保护；人工采集枝条或种子，建立种子资源圃和种子园，开展珙桐遗传多样性研究，为人工扩繁提供理论依据。

57 光叶珙桐

【别名】鸽子树。

【来源】珙桐科光叶珙桐*Davidia involucrata* var. *vilmoriniana*（Dode）Wanger.的根、果皮和树叶。

【植物形态】落叶乔木，高15～20 m；胸高、直径约1 m；树皮深灰色或深褐色，常裂成不规则的薄片而脱落。幼枝圆柱形，当年生枝紫绿色，无毛，多年生枝深褐色或深灰色；冬芽锥形，具4～5对卵形鳞片，常成覆瓦

▲光叶珙桐

▲光叶珙桐

状排列。叶纸质，互生，无托叶，常密集于幼枝顶端，阔卵形或近圆形，常长9 ~ 15 cm，宽7 ~ 12 cm，顶端急尖或短急尖，具微弯曲的尖头，基部心脏形或深心脏形，边缘有三角形而尖端锐尖的粗锯齿，上面亮绿色，初被很稀疏的长柔毛，渐老时无毛，下面常无毛或幼时叶脉上被很稀疏的短柔毛及粗毛，有时下面被白霜，中脉和8 ~ 9对侧脉均在上面显著，在下面凸起；叶柄圆柱形，长4 ~ 5 cm，幼时被稀疏的短柔毛。两性花与雄花同株，由多数的雄花与1个雌花或两性花成近球形的头状花序，直径约2 cm，着生于幼枝的顶端，两性花位于花序的顶端，雄花环绕于其周围，基部具纸质、矩圆状卵形或矩圆状倒卵形花瓣状的苞片2 ~ 3枚，长7 ~ 15 cm，稀达20 cm，宽3 ~ 5 cm，稀达10 cm，初淡绿色，继变为乳白色，后变为棕黄色而脱落。雄花无花萼及花瓣，有雄蕊1 ~ 7，长6 ~ 8 mm，花丝纤细，无毛，花药椭圆形，紫色；雌花或两性花具下位子房，6 ~ 10室，与花托合生，子房的顶端具退化的花被及短小的雄蕊，花柱粗壮，分成6 ~ 10枝，柱头向外平展，每室有1枚胚珠，常下垂。果实为长卵圆形核果，长3 ~ 4 cm，直径15 ~ 20 mm，紫绿色具黄色斑点，外果皮很薄，中果皮肉质，内果皮骨质具沟纹，种子3 ~ 5枚；果梗粗壮，圆柱形。花期4月，果期10月。

【生境分布】生于海拔1 500 ~ 2 200 m的湿润的常绿落叶阔叶混交林中。分布于城口、开州、巫山、巫溪、奉节、巴东等区县。

【化学成分】含有没食子酸（3，4，5-trihydroxybenzoic acid），鞣花酸（ell c acid），顺丁烯二酸（maleic acid），槲皮素（quercetin），3-O-β-D-吡喃半乳糖基-槲皮素苷（quercetin-3-O-β-D-galactoside），短叶苏木酚酸乙酯（ethyl brevifolin carbosylate）等成分。

【功能主治】根：收敛止血，止泻；用于多种出血，泄泻等。果皮：清热解毒，消痈，主痈肿疮毒。叶：抗癌，杀虫；用于各种癌症初起，疥癣。

【保护价值】光叶珙桐为前新生代第三纪留下的孑遗植物，对于古植物、古气候研究具有十分重要的意义，已经被列为国家一级保护植物。光叶珙桐俗称鸽子树，观赏价值高；其分布范围小，野生资源较少，自然繁育力低下，自然更新力不足。

【保护措施】加强保护区建设，提高保护区的管理水平，增强保护区科研能力与水平；针对光叶珙桐自然繁育力低下的问题开展专题研究，促进其自然繁育与更新，增大其野外种群数量；保护生态环境，加强对野生光叶珙桐植株的保护；人工采集枝条或种子建立种子资源圃和种子园，开展光叶珙桐遗传多样性研究，为人工扩繁提供理论依据。

58 喜树

【别名】千丈树、水冬瓜、秋青树。

【来源】珙桐科植物喜树*Camptotheca acummata* Decne.的果实、根及根皮。

【植物形态】落叶乔木，高20 ~ 25 m。树皮灰色。叶互生，纸质，长卵形，长12 ~ 28 cm，宽6 ~ 12 cm，顶端渐尖，基部宽楔形，全缘或微呈波状，上面亮绿色，下面淡绿色，疏生短柔毛，脉上较密。花单性同株，多数排成球形头状花序，雌花顶生，雄花腋生；苞片3，两面被短柔毛；花萼5裂，边缘有纤毛；花瓣5，淡绿色，外面密被短柔毛；花盘微裂；雄花有雄蕊10，两轮，外轮较长；雌花子房下位，花柱2 ~ 3裂。瘦果窄长圆形，长2 ~ 2.5 cm，顶端有宿存花柱，有窄翅。花期4—7月，果期10—11月。

【生境分布】生于林缘、溪边，或栽培。分布于库区各市县。

【采收加工】果实于10—11月成熟时采收，晒干。根及根皮全年可采，但以秋季采剥为好，除去外层粗皮，

▲喜树

晒干或烘干。

【药材性状】果实：披针形，长2～2.5 cm，宽5～7 mm，顶端尖，有柱头残基；基部变狭，可见着生在花盘上的椭圆形凹点痕，两边有翅。表面棕色至棕黑色，微有光泽，有纵皱纹，有时可见数条角棱和黑色斑点。质韧，不易折断，断面纤维性，内有种子1粒，干缩成细条状。气微，味苦。

【显微鉴别】横切面：外果皮为一列扁于细胞；中果皮为多列薄壁细胞，含红棕色物，维管束十数个，散列，外侧具纤维群，纤维壁厚，木化；内果皮为数列厚壁纤维。种皮细胞由棕色扁平细胞组成；鲜品的胚乳细胞和子叶细胞内充满内含物，干后萎缩。

【理化鉴别】取样品粉末2 g，用80%乙醇30 mL回流30 min，放冷，滤过，滤液减压蒸去乙醇，放冷，滤过，滤液用含打10%乙醇的氯仿溶液提取，浓缩提取液，作供试液，以喜树碱和10-羟基喜树碱制对照溶液。吸取两溶液，点于硅胶G板上，以氯仿-丙酮（7：3）为展开剂，展距13 cm，于紫外光灯下（254 nm）观察，样品与对照品色谱在相对应的位置处显相同颜色的荧光斑点。

【化学成分】果实含喜树碱（camptothecine），10-羟基喜树碱（10-hydroxy camptothecine），11-甲氧基喜树碱（11-methoxycamptothecine），去氧喜树碱（deoxy camptothecine），喜树次碱（venoterpine），白桦脂酸（betulic acid），长春花苷内酰胺（vincoside-lactam），11-羟基喜树碱（11-hydroxycamptothecine）等。根含得喜树碱，并没食子酸-3，4，3'-三甲醚（3，4，3'-tri-O-methylellagic acid），喜树次碱，β-谷甾醇及β-谷甾醇3-β-D-葡萄糖苷（β-sitosterol 3-β-D-glucoside）。根皮含20-去氧喜树碱（20-deoxycamptothecin），20-己酰喜树碱（20-hexanoylcamptothecine），20-己酰基-10-甲氧基喜树碱（20-hexanoyl-10-methoxycamptothecin）。木质部含喜树碱，10-甲氧基喜树碱，11-羟基-（20s）-喜树碱。叶含喜树碱（camptothecine），槲皮素（quercetin），山柰酚（kaempferol），没食子酸（Sallic acid），三叶豆苷（trifolin），喜树鞣质（camptothin），木鞣质（comusiin）A，路边青鞣质（gemin）D，新唢呐草素（tellimagrandin）等。

【功能主治】药性：苦、辛，寒，有毒。归脾、胃、肝经。功能：清热解毒，散结消瘕。主治：食道癌，贲门癌，胃癌，肠癌，肝癌，白血病，牛皮癣，疮肿。

【保护价值】我国长江以南特有药用植物，国家Ⅱ级重点保护野生植物，果实含脂肪油19.53%，可榨油，出油率16%，供工业用，木材可制家具及造纸原料；全株含喜树碱、喜树次碱等，对各种癌症，急、慢性白血病、银屑病以及血吸虫病引起的肝脾肿大等病症有较好疗效。

【保护措施】实施就地保护，确保种群植物野外不灭绝；解决人工繁殖技术，进行近地保护和迁地保护，扩大种群数量；适时开展野外回归，恢复和扩大野生种群，扭转或延缓濒危态势。

▲珊瑚菜

伞形科Umbelliferae

59 珊瑚菜

【别名】北沙参。

【来源】伞形科珊瑚菜*Glehnia littoralis* Fr. Schmidt ex Miq.的根。

【植物形态】多年生草本，全株被白色柔毛。根细长，圆柱形或纺锤形，长20 ~ 70 cm，径0.5 ~ 1.5 cm，表面黄白色。茎露于地面部分较短，分枝，地下部分伸长。叶多数基生，厚质，有长柄，叶柄长5 ~ 15 cm；叶片轮廓呈圆卵形至长圆状卵形，三出式分裂至三出式二回羽状分裂，末回裂片倒卵形至卵圆形，长1 ~ 6 cm，宽0.8 ~ 3.5 cm，顶端圆形至尖锐，基部楔形至截形，边缘有缺刻状锯齿，齿边缘为白色软骨质；叶柄和叶脉上有细微硬毛；茎生叶与基生叶相似，叶柄基部逐渐膨大成鞘状，有时茎生叶退化成鞘状。复伞形花序顶生，密生浓密的长柔毛，径3 ~ 6 cm，花序梗有时分枝，长2 ~ 6 cm；伞辐8 ~ 16，不等长，长1 ~ 3 cm；无总苞片；小总苞数片，线状披针形，边缘及背部密被柔毛；小伞形花序有花，15 ~ 20，花白色；萼齿5，卵状披针形，长0.5 ~ 1 mm，被柔毛；花瓣白色或带堇色；花柱基短圆锥形。果实近圆球形或倒广卵形，长6 ~ 13 mm，宽6 ~ 10 mm，密被长柔毛及绒毛，果棱有木栓质翅；分生果的横剖面半圆形。花果期6—8月。

【生境分布】分布于万州、开州、秭归等江边沙滩或栽培于肥沃疏松的沙质土壤。

【化学成分】根茎含多种香豆精类化合物：补骨脂素（psoralen），香柑内酯（bergapten），花椒毒素（xanthotoxin），异欧前胡内酯（isoimperatorin），欧前胡内酯（imperatorin），香柑素（bergaptin）等。还含珊瑚菜多糖（GLP），磷脂（phospholipid）140 ~ 150 mg/100 g，其中卵磷脂（lecithin）约占51%，脑磷脂（cephalin）约占18%。

【功能主治】养阴清肺，益胃生津。用于治疗肺热烦咳、劳嗽痰血、热病伤津口渴等症。

【保护价值】珊瑚菜又名北沙参，不但是人们日常生活常用的保健食品，而且其根可入药，是临床常用的滋阴药物。随着三峡库区城市建设大量用沙，生长珊瑚菜的沙滩被大量挖掘，生态环境破坏严重，影响繁殖生长；加上药农连年采挖，从而造成资源逐年减少。野生几乎绝迹，被《国家重点保护野生植物名录（第一批）》定为国家二级重点保护植物。

【保护措施】进一步开展野生珊瑚菜资源调查研究基础性工作，在有野生珊瑚菜的区域建立野生珊瑚菜原生境保护点，建立防护、隔离和排水设施，保证野生珊瑚菜原生境不受人为破坏，有效遏制植物资源衰竭的趋势；同时在适生区域开展引种栽培和繁殖试验研究。

60 宽叶羌活

【别名】福氏羌活、岷羌活。

【来源】伞形科宽叶羌活*Notopterygium forbesii* H. Boissieu的根。

【植物形态】多年生草本，高80～180 cm。有发达的根茎，基部多残留叶鞘。茎直立，少分枝，圆柱形，中空，有纵直细条纹，带紫色。基生叶及茎下部叶有柄，柄长1～22 cm，下部有抱茎的叶鞘；叶大，三出式2～3回羽状复叶，一回羽片2～3对，有短柄或近无柄，末回裂片无柄或有短柄，长圆状卵形至卵状披针形，长3～8 cm，宽1～3 cm，顶端钝或渐尖，基部略带楔形，边缘有粗锯齿，脉上及叶缘有微毛；茎上部叶少数，叶片简化，仅有3小叶，叶鞘发达，膜质。复伞形花序顶生和腋生，直径5～14 cm，花序梗长5～25 cm；总苞片1～3，线状披针形，长约5 mm，早落；伞辐10～17（23），长3～12 cm；小伞形花序直径1～3 cm，有多数花；小总苞片4～5，线形，长3～4 mm；花柄长0.5～1 cm；萼齿卵状三角形；花瓣淡黄色，倒卵形，长1～1.5 mm，顶端渐尖或钝，内折；雄蕊的花丝内弯，花药椭圆形，黄色，长约1 mm；花柱2，短，花柱基隆起，略呈平压状。分生果近圆形，长5 mm，宽4 mm，背腹稍压扁，背棱、中棱及侧棱均扩展成翅，但发展不均匀，翅宽约1 mm；油管明显，每棱槽3～4，合生面4；胚乳内凹。花期7月，果期8—9月。

【生境分布】生长于海拔1 700～2 500 m开州、石柱、武隆等的草丛、高山草甸、灌丛、高石缝、针叶林中，河谷山坡灌丛、林缘及山坡林中阴湿地、溪边、杂木林中。

【主要成分】香豆素类和挥发油类成分主要为异欧前胡素、β-谷甾醇、珊瑚菜内酯、佛手柑内酯、胡萝卜苷、伞形花内酯等。

【功能主治】辛苦，温；具散寒发表、祛风除湿、消肿止痛；治外感风寒、头痛无汗、风寒湿痹、腹水浮肿、疮疡肿毒。

【保护价值】我国特有羌活属的多年生草本植物，目前用宽叶羌活制作的中成药约200种，用药需求量大，近年的掠夺性采挖和生境破坏使三峡库区资源极度稀少，已被列为国家Ⅲ级保护植物，并进入我国珍稀濒危红色名录。

【保护措施】一是保护野生生态环境，建立自然保护小区，加强遗传变异情况和群居结构变化的研究，为有效保护其遗传多样性，深刻揭示其濒危机制和保护政策提供科学依据；二是在高海拔山地进行种子萌发、系统分

▲宽叶羌活

▲宽叶羌活花

类、化学成分、人工育苗、群落与环境的研究，为羌活的规模化种植提供了技术支持；三是通过引种驯化，在海拔较低的农区开展人工种植，实现高原药材底海拔规模化生产，以解决野生资源与用药的矛盾。

安息香科Styracaceae

61 白辛树

【来源】安息香科白辛树*Pterostyrax psilophyllus* Diels ex Perk.的种子。

【植物形态】落叶乔木，高达15 m。树皮灰褐色，呈不规则开裂，嫩枝疏被星状毛，老枝深灰褐色，无毛。叶硬纸质，呈倒卵状长椭圆形或长椭圆形，长5 ~ 10 cm，宽2.5 ~ 7 cm，顶端短尖或渐尖，近顶端有时具1 ~ 2个粗齿或3深裂，基部楔形或近圆形，边缘有疏细齿，上面绿色，嫩叶时上面被黄色星状毛，叶下面粉绿色，密被灰色星状短绒毛，主脉在上面平或微凹，下面隆起，侧脉每边6 ~ 9条，近平行，在两面均明显隆起，第三级小脉近平行，脉上疏被星状毛，叶柄长1 ~ 1.5 cm，密被星状柔毛。圆锥花序顶生或腋生，长10 ~ 15 cm，花序轴、花梗、花萼均密被黄灰色星状绒毛；花白色，长12 ~ 14 mm；花梗长约2 mm，花萼杯状，萼齿5，三角形，花冠裂片5，长椭圆形或椭圆状匙形，长约6 mm，宽约25 mm，两面密生星状毛，雄蕊10，近等长，且稍长于花冠裂片，花丝宽扁，花柱较雄蕊长，疏被星状毛，子房下位，密被灰白色粗毛。果近纺锤形，中部以下渐狭，连喙长约2.5 cm，照例具10棱，密被灰黄色疏展丝质长硬毛。花期5月，果期7—8月。

【生境分布】生于海拔600 ~ 2 500 m的山地林中。分布于中亚热带低山至中山地带。分布地区的气候特点是冬冷夏热，降雨量充沛，土壤多为酸性黄壤或山地黄棕壤。往往与珙桐生长在一起，本种多生于河岸边或河谷两侧阴湿的林中，有的植株甚至直接生长于河床中，树干基部在洪水季节往往被溪水淹没。为阳性树种，根系十分发达，生长迅速。生于常绿落叶阔叶混交林内，花期7—8月，果熟期10—11月。湖北、重庆有分布。

【化学成分】种子含脂肪油。

【功能主治】具有开窍醒神、行气活血、止痛作用。

【保护价值】白辛树是我国亚热带地区较为稀有的森林树种，树干通直，其木材纹理直，结构细，轻软，易干燥，易胶黏，易加工，是制作家具、火柴杆、器具、纸浆等的良好材料。该种树干端直，树形美观，花序大花具芳香，叶浓绿而光亮，是一种很好的观赏树，适用于庭园绿化。另外，白辛树所隶属的野茉莉科是合瓣花类型中系统位置较低的科，表现在花瓣连合的程度还不高；雄蕊数为花冠裂片的2倍以及5轮5基数的花等方面。所以，迄今对它的系统位置尚有不同认识，以白辛树为代表的白辛树属是该科的一个少种属，代表着该科中一个较进步的类型，在研究野茉莉科的系统演化上，以及对研究亚洲东部植物区系、中国及日本植物区系间的发生、演变和相互间的联系等都具有一定的科学研究价值和意义。由于它在我国目前已处于渐危的状态，故被列为国家三级重点保护植物。种子即药用，亦可制造高级芳香油。

▲白辛树

【保护措施】根据白辛树目前现状，宜采取以下保护措施：①应尽快在白辛树林生长区域建立保护区，作为母树林，组织人力采种，在分布区内栽培繁殖。②对业已采伐过的地方，在抚育设计中可利用该种具有较强的萌生能力，辅以必要的人工措施，使其次生成长，并维护其生长环境的自然性，不要在其生长区域内人工抚育其他速生树种。③对自然更新进行观察与研究，同时开展人工繁殖试验，扩大其分布范围，增加自然界中的个体数量。

▲川东大钟花

龙胆科Gentianaceae

62　川东大钟花

【来源】龙胆科川东大钟花*Megacodon venosus*（Hemsl.）H. Smith全草。

【植物形态】多年生草本，高45～85（180）cm，全株光滑。茎直立，粗壮，基部直径1～1.5 cm，黄绿色，中空，近圆形，不分枝。基部2～4叶较小，膜质，黄白色，卵形或卵状披针形，长2～5 cm，宽1～1.5 cm；中、上部叶大，草质，绿色，先端渐尖或钝，基部圆形或耳形，半抱茎，叶脉5～7条，弧形，细而明显，并在下面突起。中部叶椭圆状披针形，长10～30 cm，宽3～6 cm，上部叶线状披针形，长5～7 cm，宽0.7～1.2 cm。花7～11朵，顶生及腋生，组成假总状聚伞花序；花梗黄绿色，微弯垂，长2.5～6 cm，果时伸长，具2个苞片；花萼钟形，长2.7～3.2 cm，萼筒甚短，长2～3 mm，裂片近整齐，椭圆状披针形，先端长渐尖，具狭膜质边缘，脉3～5条，细而不明显；花冠白色，具绿色和褐色网脉，钟形，长5～6 cm，直径6～7.5 cm，冠筒长8～10 mm，裂片矩圆状匙形，先端圆形，基部微收缩；雄蕊着生于冠筒中上部，与裂片互生，花丝扁平，线形，长13～15 mm，花药矩圆形，长7～10 mm；子房无柄，椭圆形，长15～18 mm，先端钝，花柱圆柱形，长4.5～5.5 mm，柱头膨大，2裂，裂片卵圆形。蒴果无柄，椭圆形；种子（未成熟）灰褐色，矩圆形，表面具密网隙和瘤状突起。花果期9—10月。

【生境分布】产于巫山、开州、城口、巴东、秭归、兴山。生于岩石上、山坡灌丛、草坪中，海拔640～3 000 m。模式标本采自重庆市巫山县。

【保护价值】为我国特有珍稀濒危植物。野外绝迹40年后，于2007年在重庆开州被意外发现。1888年，英国驻宜昌领事馆医生奥古斯特·亨利在沿三峡调查采集植物期间，在巫山北部首次采到川东大钟花的标本。该标本后运至英国皇家植物园——邱园，由著名植物分类学家赫姆斯利鉴定为龙胆科龙胆属新种，特点在于其花冠具网格状脉。1890年，该新种在《林奈学会植物学》杂志上发表。1967年，瑞典植物学家史密斯建立大钟花属并将该种转隶大钟花属下，命名“川东大钟花”。具有清肝胆湿的功能，民间作为肝炎用药值得研究；其花形花色美观，可作为观赏植物栽培。

▲呆白菜

玄参科Scrophulariaceae

63　呆白菜

【别名】岩白菜、石白菜。

【来源】玄参科呆白菜*Triaenophora rupestris*（Hemsl.）Soler.的全草。

【植物形态】植体密被白色绵毛，在茎、花梗、叶柄及萼上的绵毛常结成网膜状，高25 ~ 50 cm；茎简单或基部分枝，多少木质化，近于具花葶。基生叶较厚，多少革质，具长3 ~ 6 cm之柄；叶片卵状矩圆形，长椭圆形，长7 ~ 13 cm，两面被白色绵毛或近于无毛，边缘具粗锯齿或为多少带齿的浅裂片，顶部钝圆，基部近于圆形或宽楔形。花具长0.6 ~ 2 cm之梗；小苞片条形，长约5 mm，着生于花梗中部；萼长1 ~ 1.5 cm，小裂齿长3 ~ 6 mm；花冠紫红色，狭筒状，伸直或稍弯曲，长约4 cm，外面被多细胞长柔毛；上唇裂片宽卵形，长约5 mm，宽6 mm；下唇裂片矩圆状卵形，长约6 mm，宽5 mm；花丝无毛，着生处被长柔毛；子房卵形，无毛，长约5 mm；花柱稍超过雄蕊，先端2裂，裂片近于圆形。蒴果矩圆形。种子小，矩圆形。花期7—9月，果期10月。

【生境分布】生于海拔290 ~ 1 500 m的灌丛中、沟边、岩石上，分布于巴东、建始、兴山、巫山等。

【功能主治】有明目补肾、消肿、止血、止痛的功效，对肾虚腰痛；月经不调、妇女血崩、白带症有较好的效果。

【保护价值】为国家二级保护野生植物，花白色，叶灰白色，具有重要的药用价值。在巴东发现的野生呆白菜群落属全国较大的野呆白菜群落之一，野生稀少，应加大野生变家种的繁殖技术研究。

茜草科Rubiaceae

64　香果树

【别名】叶水桐子、茄子树、小冬瓜。

▲香果树

【来源】茜草科香果树*Emmenopterys henryi* oliv.的根及树皮。

【植物形态】落叶大乔木，高达30 m，胸径达1 m；树皮灰褐色，鳞片状；小枝有皮孔，粗壮，扩展。叶纸质或革质，阔椭圆形、阔卵形或卵状椭圆形，长6～30 cm，宽3.5～14.5 cm，顶端短尖或骤然渐尖，稀钝，基部短尖或阔楔形，全缘，上面无毛或疏被糙伏毛，下面较苍白，被柔毛或仅沿脉上被柔毛，或无毛而脉腋内常有簇毛；侧脉5～9对，在下面突起；叶柄长2～8 cm，无毛或有柔毛；托叶大，三角状卵形，早落。圆锥状聚伞花序顶生；花芳香，花梗长约4 mm；萼管长约4 mm，裂片近圆形，具缘毛，脱落，变态的叶状萼裂片白色、淡红色或淡黄色，纸质或革质，匙状卵形或广椭圆形，长1.5～8 cm，宽1～6 cm，有纵平行脉数条，有长1～3 cm的柄；花冠漏斗形，白色或黄色，长2～3 cm，被黄白色绒毛，裂片近圆形，长约7 mm，宽约6 mm；花丝被绒毛。蒴果长圆状卵形或近纺锤形，长3～5 cm，径1～1.5 cm，无毛或有短柔毛，有纵细棱；种子多数，小而有阔翅。花期6—8月，果期8—11月。

【生境分布】生于海拔430～1 630 m的山坡或山沟边林中，喜湿润而肥沃的土壤。分布于奉节、巫山、巴东等地，模式标本采自湖北巴东县。

【化学成分】含蒲公英赛酮（teraxerone），蒲公英赛醇（teraxeros），熊果酸乙酸酯（ursolic acid acetate），β-谷甾醇（β-sitos-terol），东莨菪素（scopoletin），伞形花内酯（umbelliferone），胡萝卜苷（daucosterol），伞形花内酯-7-β-D-葡萄糖苷（umbelliferone-7-β-D-glucoside）。

【功能主治】和胃止呕，用于反胃、呕吐、呃逆。

【保护价值】香果树起源于距今约1亿年的中生代白垩纪，是我国特有单种属珍稀古老孑遗植物，对研究茜草科系统发育和我国南部、西南部的植物区系等均有一定意义。英国植物学家威尔逊（EH. Wilson）在他的《华西植物志》中，把香果树誉为“中国森林中最美丽动人的树”，最初发现于湖北西部的宜昌地区海拔670～1 340 m的森林中。我国已把它列为国家二级重点保护植物。树干高耸，树姿优美，花大而艳丽，可作庭园观赏树。树皮纤维柔细，是制蜡纸及人造棉的原料。木材无边材和心材的明显区别，纹理直，结构细，供制家具和建筑用。耐涝，可作固堤植物。

【保护措施】香果树目前尚未发现纯林，只见星散分布。对现有母树应根据林权与当地群众订立合同，落实管护人员，给予适当报酬，以供采种、繁殖、科研之用。进行人工繁殖研究，在香果树分布区内建立的自然保护区禁止砍伐，保护母树，并采种育苗，营造以香果树为主的混交林。

忍冬科Caprifoliaceae

65 蝟实

【来源】忍冬科蝟实*Kolkwitzia amabilis* Graebn. in bot. Jahrb.的果实。

▲蝟实

【植物形态】落叶灌木，株高1.5 ~ 3 m。叶交互对生，近全缘或疏具浅齿，先端渐尖，基部近圆形，上面疏生短柔毛，下面脉上有柔毛。伞房状的圆锥聚伞花序生侧枝顶端；每一聚伞花序有2花，两花的萼筒下部合生；萼筒有开展的长柔毛，在子房以上处缢缩似颈，裂片5，钻状披针形，长3 ~ 4 mm，有短柔毛；花冠钟状，粉红色至紫色，喉部黄色，外有微毛，裂片5，略不等长；雄蕊4，2长2短，内藏；子房下位，3室，常仅1室发育。瘦果2个合生，通常只有1个发育成熟，连同果梗密被刺状刚毛，顶端具宿存花萼。花期5—6月，果期9—10个月。

【生境分布】生长在土层薄、岩石裸露的阳坡，湿地则侧根易腐而逐渐枯死。蝟实具有耐寒、耐旱的特性，在相对湿度过大、雨量多的地方，常生长不良，易罹病虫害。为喜光树种，在林荫下生长细弱，不能正常开花结实。常与土庄绣线菊（Spiraea pubescens Turcz.）、胡枝子（Lespedeza bicolor Turcz.）、连翘[Forsythia suspensa（Thunb.）Vahl.]、茅莓（Rubus parvifolius L.）等组成稀疏灌丛。分布于巴东、巫山等县。

【保护价值】蝟实是我国特有的单种属稀有种，由于不合理采挖和过度放牧，导致生长区域植被破坏较严重，致使天然更新不良，植株日趋稀少；加上蝟实种皮坚硬，果刺常钩悬在其他植物体上，或虽果实落地而因土壤干燥，种子常不易发芽，所以天然更新苗极少，造成资源稀少，目前在自然状态以下处于濒危状态，已被确定为国家三类保护植物。

蝟实是三峡地区的古老残遗树种，由于形态特殊，在忍冬科中处于孤立地位，对于研究三峡地区植物区系、古地理和忍冬科系统发育有重要的科学研究价值。从形态特征看，在忍冬科中有一些特殊的特征，每个花梗上并生双花，其花萼筒稍相互合生，而且一朵花常着生于另一朵花萼筒中部，花萼筒外被刺刚毛；子房以上缢缩似颈状，这些特征显示了忍冬属较近的亲缘关系。蝟实是这一类群的唯一代表，对科属间系统演化研究提供了宝贵材料。蝟实树干丛生，植株紧凑，花大色艳，盛开时繁花似锦，是一种非常有前途的园林观赏植物。

【保护措施】在分布区域建立保护区，严禁人为采挖和破坏；在分布区域进行人工繁殖，增加个体数量，在库区适宜的环境进行迁地保护，扩大分布区域，防止原地消失的危险。

66 头顶一颗珠

【别名】一颗珠、头顶珠。

【来源】为百合科植物延龄草*Trillium tschonoskii* Maxim.的根状茎及根。

【植物形态】多年生草本，高15 ~ 50 cm。根状茎粗短。茎丛生，直立，不分枝，基部具1 ~ 2枚褐色膜质鞘叶。叶纸质，3片，近无柄，轮生于茎顶端，近菱形、卵状菱形或圆菱形，长6 ~ 15 cm，宽5 ~ 15 cm，顶端急尖，基部近圆形或宽楔形，具3主脉。花两性，单生于叶轮中央，直径2.5 ~ 5 cm，花梗长0.7 ~ 4 cm；花被片6，卵状披针形或近椭圆形，2轮，外轮绿色，长1.5 ~ 2 cm，宽0.5 ~ 1 cm；内轮白色，稀淡紫色，长1.5 ~ 2.2 cm；雄蕊6，

▲延龄草

花药长3～4 mm，短于花丝或与花丝近等长；子房上位，圆锥状卵形，3室，胚珠多数，花柱3裂，反卷。浆果球形，紫黑色，直径1.5～1.8 cm。花期4—6月，果期7—8月。

【生境分布】生于海拔1 600～2 400 m的林下，分布于巫溪、巫山、万州、开州等区县。

【药材性状】呈圆柱形，肉质肥厚，直径1～2 cm。表面暗褐色，无明显环节，上端有棕色膜质鳞片及残留的茎基，下方具凹陷的根痕及残留根。根多数，细圆柱状，表面有环状横纹。

【化学成分】根茎含延龄草苷（Trillin），延龄草二葡萄糖苷（Trillarin），分别为薯蓣皂苷元的葡萄糖苷和二葡萄糖苷，杯苋甾酮，蜕皮甾酮，甲基原薯蓣皂苷元（methylprotodioscin）等。

【药理作用】有降血压、镇静、止痛、溶血作用。

【功能主治】味甘、微辛，性温；具有镇静、止痛、活血、止血、解毒作用，主治高血压眩晕，神经衰弱，月经失调，跌打损伤，腰腿疼痛，更年期综合征，咽喉异感症，神经官能症，失眠，健忘，头昏，易怒。

【保护价值】延龄草属约有30种，主要分布于北美，其中5种产于亚洲东部，是一个东亚—北美间断分布的属。我国有3种，1种产于我国吉林（日本、朝鲜、苏联境内、北美亦产），1种产于我国西藏（印度亦产），唯本种分布较广，为一典型喜马拉雅山—东北区系成分。因此，它在研究东亚与北美植物区系的起源及其联系，具有一定的学术价值。延龄草也是起源较古老的植物，同时它具有一些特殊的形态特征，如叶轮生、具网脉、外轮花被片宿存、果为浆果等，一方面与一般百合科植物形态有别；另一方面又显示出与一般双子叶植物相类似的特征。因此有人将它与百合科中相类似的属共同作为一个天冬亚科（Asparagodieae），也有人将延龄草属与亲缘关系更为接近的重楼（Paris）等4属从百合科里分出，建立为一个延龄草科（Trillarin）。所以，它在研究百合科植物的系统分类上仍然具有重要的意义。延龄草的根茎药用，是长期以来民间喜用的草药，被列为七十二“七”之一。近代药理实验证明延龄草根茎具有降压和镇痛的作用。所以在药用植物资源开发研究上也具有重要的经济价值。鉴于该种植物目前已处于渐危状态，故已被列为我国三级保护植物。

【保护措施】由于森林采伐过度，破坏了延龄草的生长环境，使其分布范围日趋缩小，加上种子发芽率很低，致使种群数量亦逐渐减少。所以建议在其生长区严禁采挖，保护好生存环境，并采种就地繁殖。同时，开展野生转家种或组织培养等科学试验，定点进行栽培，以增加资源，保证药用。

67 盾叶薯蓣

【别名】黄姜、火头根。

【来源】薯蓣科盾叶薯蓣*Dioscorea zingiberensis* C. H. Wright的

▲盾叶薯蓣

▲盾叶薯蓣

根茎。

【**植物形态**】缠绕草质藤本。根状茎横生，近圆柱形，指状或不规则分枝，新鲜时外皮棕褐色，断面黄色，干后除去须根常留有白色点状痕迹。茎左旋，光滑无毛，有时在分枝或叶柄基部两侧微突起或有刺。单叶互生；叶片厚纸质，三角状卵形、心形或箭形，通常3浅裂至3深裂，中间裂片三角状卵形或披针形，两侧裂片圆耳状或长圆形，两面光滑无毛，表面绿色，常有不规则斑块，干时呈灰褐色；叶柄盾状着生。花单性，雌雄异株或同株。雄花无梗，常2～3朵簇生，再排列成穗状，花序单一或分枝，1或2～3个簇生叶腋，通常每簇花仅1～2朵发育，基部常有膜质苞片3～4枚；花被片6，长1.2～1.5 mm，宽0.8～1 mm，开放时平展，紫红色，干后黑色；雄蕊6枚，着生于花托的边缘，花丝极短，与花药几等长。雌花序与雄花序几相似；雌花具花丝状退化雄蕊。蒴果三棱形，每棱翅状，长1.2～2 cm，宽1～1.5 cm，干后蓝黑色，表面常有白粉；种子通常每室2枚，着生于中轴中部，周围有薄膜状翅。花期5—8月，果期9—10月。

【**生境分布**】生于海拔100～1 500 m的杂木林间或路旁，分布于城口、开州等区县。

【**化学成分**】主要成分为薯蓣皂苷元（Diosgenin），其含量达3.4%～4.9%，为合成肾上腺皮质激素类药物的良好原料。

【**功能主治**】味苦、微甘，性凉，有小毒；清肺止咳，利湿通淋，通络止痛，解毒消肿；用于肺热咳嗽，湿热淋痛，风湿腰痛，痈肿恶疮，跌打扭伤，蜂蜇虫咬等。

附方：

治各种皮肤急性化脓性感染、软组织损伤，蜂蜇，阑尾炎：鲜盾叶薯蓣根茎150 g，研末与凡士林适量混合调匀，每日一次外敷患处。

【**保护价值**】盾叶薯蓣含有较高的薯蓣皂苷元，是合成甾体激素类药物和甾体避孕药的重要医药化工原料；其野外分布较为零星，资源量较小，但药用价值高，野生资源消耗严重。

【**保护措施**】保护野生种质资源，有利于后期开发的品种选育工作；保护生态环境，促进其自然繁育与更新，恢复野生种群；加强对人工繁育与栽培的继续研究，建立规范化和规模化种植基地，减少野生资源的消耗。

兰科Orchidaceae

68 独花兰

【别名】长年兰。

【来源】兰科独花兰*Changnienia amoena* Chien的全草。

【植物形态】假鳞茎近椭圆形或宽卵球形，长1.5 ~ 2.5 cm，宽1 ~ 2 cm，肉质，近淡黄白色，有2节，被膜质鞘。叶1枚，宽卵状椭圆形至宽椭圆形，长6.5 ~ 11.5 cm，宽5 ~ 8.2 cm，先端急尖或短渐尖，基部圆形或近截形，背面紫红色；叶柄长3.5 ~ 8 cm。花葶长10 ~ 17 cm，紫色，具2枚鞘；鞘膜质，下部抱茎，长3 ~ 4 cm；花苞片小，凋落；花梗和子房长7 ~ 9 mm；花大，白色而带肉红色或淡紫色晕，唇瓣有紫红色斑点；萼片长圆状披针形，长2.7 ~ 3.3 cm，宽7 ~ 9 mm，先端钝，有5 ~ 7脉；侧萼片稍斜歪；花瓣狭倒卵状披针形，略斜歪，长2.5 ~ 3 cm，宽1.2 ~ 1.4 cm，先端钝，具7脉；唇瓣略短于花瓣，3裂，基部有距；侧裂片直立，斜卵状三角形，较大，宽1 ~ 1.3 cm；中裂片平展，宽倒卵状方形，先端和上部边缘具不规则波状缺刻；唇盘上在两枚侧裂片之间具5枚褶片状附属物；距角状，稍弯曲，长2 ~ 2.3 cm，基部宽7 ~ 10 mm，向末端渐狭，末端钝；蕊柱长1.8 ~ 2.1 cm，两侧有宽翅。花期4月。

【生境分布】生于海拔400 ~ 1 800 m的疏林下。分布于武隆、城口、巫山、兴山、巴东等区县。

【功能主治】味苦，性寒；清热、凉血，解毒；用于咳嗽，痰中带血，热疖疔疮。

【保护价值】独花兰植株矮小，花色艳丽，观赏价值极高，同时具有较高的药用价值，因此野生资源破坏严重，目前尚未有开展人工繁育和种植的报道，资源利用均以野生资源采挖为主，亟待采取必要的保护措施。

▲独花兰

【保护措施】应在其自然分布区内采取特殊保护措施，严格控制野生资源被过度开发；开展引种栽培繁殖试验，并进行生态学和生物学特性的研究，为扩大栽培提供科学依据，使这珍稀的植物免于灭绝。

69 裂唇舌喙兰

【别名】牛胆参。

【来源】兰科裂唇舌喙兰*Hemipilia henryi* Rchb. f. ex Rolfe的全草。

【植物形态】直立草本，高20 ~ 32 cm。块茎椭圆状，长约2 cm。茎在基部通常具1枚筒状膜质鞘，鞘上方具1枚叶，罕具2枚叶，向上还具2 ~ 4枚鞘状退化叶。叶片卵形，长4 ~ 10 cm，宽3 ~ 7 cm，先端急尖或具短尖，基

▲裂唇舌喙兰

部心形或近圆形，抱茎；鞘状退化叶披针形，先端长渐尖。总状花序通常长6～11 cm，具3～9朵花；花苞片披针形，先端渐尖或长渐尖，下面的一枚长约1.2 cm，向上渐短；子房线形，连柄长2～24 cm，无毛；花紫红色，较大；中萼片卵状椭圆形，长6～7 mm，宽约3 mm，先端钝，具3脉；侧萼片明显较中萼片长，近宽卵形，斜歪，长8.5 mm，宽可达5 mm，先端钝，上面被细小的乳突，具3～5脉；花瓣斜菱状卵形，长6 mm，宽3.5～4 mm，先端钝，上面或多或少具不明显的乳突，具3脉；唇瓣宽倒卵状楔形，3裂，长12 mm，宽约10 mm，上面被细小的乳突，在基部近距口处具2枚胼胝体；侧裂片三角形或近长圆形，先端钝或具不整齐的细牙齿；中裂片近方形或其他形状，变化较大，先端2裂并在中央具细尖；距狭圆锥形，基部较宽，向末端渐窄，长约18 mm，通常稍短于子房，稍弯曲或几不弯曲，末端有时呈钩状；蕊喙卵形，长约2 mm，先端急尖，上面具细小的乳突。花期8月。

【生境分布】生于石柱、武隆、江津、城口、巫溪海拔800～1 800 m的多岩石的地方。

【功能主治】甘、微苦、平；滋阴润肺、补肾止痛、止血，治肺热燥咳、虚热盗汗、肾虚腰痛、外伤出血。

【保护价值】兰科植物是自然生态系统不可缺少的重要组分，对维系山区自然生态系统的平衡起着重要作用；根据唇瓣几乎不裂以及距稍向内弯并在末端呈钩状这两特征，对兰科植物分类有一定的科学价值，资源稀少，已被纳入《中国物种红色名录》第一卷。

【保护措施】由于兰花极高的商业价值和人们渴望致富的强烈愿望，竭泽而渔式乱挖滥掘野生兰花的现象极为普遍，珍贵的兰花资源正面临灭顶之灾。近十年来，我国兰花自然生态及野生资源遭到前所未有的严重破坏。建议进行种质资源现状及其分布的调查；在其分布集中区设立保护小区、保护点，列入生物多样性保护规划中，限制采集。同时建立以人工培植场或种质基因库的形式进行迁地保护，以保存原生物种基因，适宜人工培养环境，突破培养技术难关，采用组织培养和种子培养基培养等办法进行实验，做到既能保存原生种质基因，又可满足市场需求，缓解对野外资源的压力。

70　金佛山兰

【别名】进兰。

【来源】兰科金佛山兰*Tangtsinia nanchuanica* S. C. Chen的全草。

▲金佛山兰

【植物形态】植株高15～35 cm。根状茎粗短，具多数粗2.5～4 mm的肉质纤维根。叶4～6枚；叶片椭圆形、椭圆状披针形或披针形，纸质，长6～9 cm，宽1.2～3 cm，先端急尖或渐尖，基部抱茎，无毛，具5～7脉。总状花序长3～6 cm，通常具3～6花，罕有减退为1～2花；花苞片三角状披针形，长1～1.5 mm，最下面的1枚常近镰刀状，长约1 cm；花梗和子房长1.3～1.6 cm；花黄色，基部稍带白色，直立，不开放或稍张开；萼片狭椭圆形或近椭圆形，长1.5～1.7 cm，宽3.5～4.5 mm，基部收狭成短爪，先端钝，具5脉；花瓣与唇瓣相似，均为倒卵状椭圆形，长1.1～1.3 cm，宽4～4.5 mm，基部明显具爪；蕊柱近三棱状圆柱形，顶端稍扩大，黄绿色，连花药长6～7 mm；花药长圆状卵球形，长约1.5 mm；花丝宽阔，近卵状披针形，长1～1.5 mm；退化雄蕊5，较大的3枚近舌状，白色并具银色斑点，较小的2枚不甚明显，与蕊柱同色；花粉团白色，一端较细，侧面观近镰刀状狭卵形，长约1.6 mm，宽约0.3 mm。蒴果直立，近椭圆形，长约2 cm，宽约6.5 mm，顶端具宿存的蕊柱。花期4—6月，果期8—9月。

【生境分布】生于海拔700～2 100 m的林下透光处、灌丛边缘和草坡上。分布于武隆、石柱等区县。

【功能主治】清热，祛痰。

【保护价值】金佛山兰为兰科植物中较原始的属种，对研究兰科系统发育和起源有极重要的意义，但由于残存数量不多，亟待保护。

【保护措施】目前无任何保护措施。应在金佛山自然保护区及邻近各分布区内采取特殊保护措施；开展引种栽培繁殖试验，并进行生态学和生物学特性的研究，为扩大栽培提供科学依据，使这一古老而珍稀的植物免于灭绝。

71　铁皮石斛

【别名】铁皮兰、黑节草。

【来源】兰科铁皮石斛*Dendrobium officinale* Kimura et Migo的茎。

【植物形态】茎直立，圆柱形，长9～35 cm，粗2～4 mm，不分枝，具多节，节间长1.3～1.7 cm，常在中部以上互生3～5枚叶；叶二列，纸质，长圆状披针形，长3～4 cm，宽9～11 mm，先端钝并且多少钩转，基部下延为抱茎的鞘，边缘和中肋常带淡紫色；叶鞘常具紫斑，老时其上缘与茎松离而张开，并且与节留下1个环状铁青的间隙。总状花序常从落了叶的老茎上部发出，具2～3朵花；花序柄长5～10 mm，基部具2～3枚短鞘；花序轴回折状弯曲，长2～4 cm；花苞片干膜质，浅白色，卵形，长5～7 mm，先端稍钝；花梗和子房长2～2.5 cm；萼片和花瓣黄绿色，近相似，长圆状披针形，长约1.8 cm，宽4～5 mm，先端锐尖，具5条脉；侧萼片基部较宽阔，宽约

▲铁皮石斛

1 cm；萼囊圆锥形，长约5 mm，末端圆形；唇瓣白色，基部具1个绿色或黄色的胼胝体，卵状披针形，比萼片稍短，中部反折，先端急尖，不裂或不明显3裂，中部以下两侧具紫红色条纹，边缘多少波状；唇盘密布细乳突状的毛，并且在中部以上具1个紫红色斑块；蕊柱黄绿色，长约3 mm，先端两侧各具1个紫点；蕊柱足黄绿色带紫红色条纹，疏生毛；药帽白色，长卵状三角形，长约2.3 mm，顶端近锐尖并且2裂。花期3—6月。

【生境分布】生于海拔900 ~ 1 600 m的山地半阴湿的岩石上。分布于万州、石柱，目前库区各区县多有人工栽培。

【化学成分】茎含多种生物碱，主要为石斛碱（dendrobine），石斛次碱（nobilonine），6-羟基石斛碱（6-hybroxydendrobine）等。

【功能主治】味甘、淡、微咸，性寒；滋阴清热，生津止渴；用于热病伤津，口渴舌燥，病后虚热，胃病，干呕，舌光少苔等。具有生津、降血糖和增强机体免疫力的作用。

【保护价值】铁皮石斛药用价值很高，同时也具有很高的观赏价值，目前野生资源遭到了极为严重的破坏，野生资源已近枯竭，亟待保护。

【保护措施】加强对野生分布的保护，严格禁止野生资源的过度采集和破坏；加强人工驯化和规模化种植研究，实现由利用野生资源向利用人工栽培资源转变，以确保野生资源得到有效保护。

▲铁皮石斛

·下篇·

长江三峡天然药用植物资源名录

表1　长江三峡天然药用植物资源名录

Tab.1　The Yangtze river of the three gorges natural medicinal plant resource list

序号	科名	植物名	拉丁学名	分布	海拔	花期	果期
菌类植物 Fungi							
1	灰包科	脱皮马勃	*Lasiosphaera fenzlii* Reichb.	石柱，武隆，巫山	500 ~ 1 600 m		
2	多孔菌科	雷丸	*Polyporus mylittoe* et Mass	库区各县（市，区）	1 200 ~ 1 500 m		
		茯苓	*Poria cocos*（schw.）Wolf.	巫山，巫溪，万州，开州，涪陵	600 ~ 1 800 m		
		灵芝	*Ganoderna Lucidum*（Leyss exFr.）Karst	库区各县（市，区）	300 ~ 1 800 m		
3	麦角菌科	大蝉草	*Cordyceps cicadae* Shing	涪陵，万州	300 ~ 800 m		
4	木耳科	木耳	*Auricularia auricula*（L. ex Hook.）uinderw.	巫溪，巫山，巴东	800 ~ 2 100 m		
地衣植物门（Lichenes）							
5	皮果衣科（Dermatocarpaceae）	皮果衣	*Dermatocarpon miniatum*（Linn.）Mann.	库区各县（市，区）	500 ~ 1 800 m		
6	肺衣科（Lobariaceae）	光肺衣	*Lobaria kurokawae* Yoshim.	巫山，巫溪，奉节，云阳，开州，万州，石柱，忠县，丰都，涪陵，武隆，长寿，巴南，北碚，江津，南岸，渝北，江北	650 ~ 2 400 m		
		肺衣	*L. pulmonaria*（Linn.）Hoffm.	开州，万州，石柱	1 200 ~ 1 800 m		
		网肺衣	*L. retigera*（Ach.）Trev.	巫山，巫溪，奉节，开州，武隆	1 500 ~ 2 400 m		
		长根地卷皮	*Peltigera plichorrhiza*（Nyl.）Nyl.	巫溪，开州，武隆	1 650 ~ 2 400 m		
7	梅衣科（Parmeliaceae）	石梅衣	*Parmelia saxatilis*（Linn.）Ach.	巫山，巫溪，奉节，云阳，开州，万州，石柱，武隆，江津	1 200 ~ 2 400 m		
8	石蕊科（Cladoniaceae）	筛石蕊	*Cladia aggregata*（Sw.）Nyl.	巫溪，奉节，云阳，开州，万州，石柱，武隆	850 ~ 1 800 m		
		鹿蕊	*C. rangiferna*（Linn.）Nyl.	巫山，巫溪，奉节，云阳，开州，万州，石柱，忠县，丰都，涪陵，武隆，长寿，巴南，北碚，江津，渝北	1 800 ~ 2 400 m		
		雀石蕊	*C. alpestris*（Linn.）Rabenh. [*C. stellaris*（Opiz）Pouzar et Vezda]	巫溪，开州	1 800 ~ 2 600 m		
		小喇叭石蕊	*C. verticillata* Hoffm.	库区各县（市，区）	250 ~ 1 600 m		
9	石耳科（Umbilicaraceae）	石耳	*Umbilicaria esculenta*（Miyoshi）Minks.	巫山，巫溪，奉节，云阳，开州，万州，石柱，忠县，丰都，涪陵，武隆，长寿，巴南，北碚，江津，南岸，渝北，江北	350 ~ 1 600 m		
10	松萝科（Usneaceae）	破茎松萝	*Usnea diffracta* Vain.	巫山，巫溪，奉节，云阳，开州，万州，石柱，忠县，丰都，涪陵，武隆，江津	1 500 ~ 2 200 m		
		花松萝	*U. florida*（Linn.）Wigg	武隆，江津	1 600 ~ 2 000 m		
		长松萝	*U. longissima* Ach.	巫山，巫溪，奉节，开州	1 800 ~ 2 700 m		

11	地茶科（Thamnoliaceae）	地茶	*Thamnolia vermicularis*（Sw.）Ach. ex Schaer.	巫山，巫溪，奉节，开州，武隆，江津	1 600 ~ 2 700 m		
苔藓植物门 Bryophyta							
12	带叶苔科（Pallaviciniaceae）	带叶苔	*Pallavicinia lyellii*（Hook.）Gray	巫山，巫溪，奉节，开州，石柱，武隆，长寿，巴南，北碚，江津	600 ~ 1 800 m		
13	南溪苔科（Makinoaceae）	南溪苔	*Makinoa crispata*（Steph.）Miyake	巫山，巫溪，奉节，云阳，开州，万州，石柱，忠县，丰都，涪陵，武隆，长寿，巴南，北碚，江津，渝北	400 ~ 1 600 m		
14	羽苔科（Plagiochilaceae）	大羽苔	*Plagiochila asplenioides*（Linn.）Dumortier	石柱，武隆	600 ~ 1 600 m		
15	光萼苔科（Porellaceae）	尖叶光萼苔	*Porella setigera*（Steph.）Hatt.	巫山，巫溪，奉节，开州，万州，石柱，忠县，丰都，涪陵，武隆，江津	400 ~ 1 200 m		
16	耳叶苔科（Frullaniaceae）	列胞耳叶苔	*Frullania tamarisci ssp. monilliata*（Reinw., BL. et Nees）Kamin.	巫山，巫溪，奉节，云阳，开州，万州，石柱，忠县，丰都，涪陵，武隆，长寿，巴南，北碚，江津，南岸，渝北，江北	400 ~ 800 m		
17	石地钱科（Rebouliaceae）	石地钱	*Reboulia hemisphaerica*（Linn.）Raddi	库区各县（市，区）	350 ~ 1 600 m		
18	蛇苔科（Conocephalaceae）	蛇苔	*Conocephalum conicum*（Linn.）Dumort	库区各县（市，区）	200 ~ 1 800 m		
		小蛇苔	*C. supradecompositum*（Lindb.）Steph.	巫山，巫溪，奉节，开州，石柱，忠县，丰都，涪陵，武隆，巴南，江津	250 ~ 1 800 m		
19	地钱科（Marchantiaceae）	毛地钱	*Dumortiera hirsuta*（Sw.）Reinw.	开州，石柱，武隆，巴南，北碚，江津，南岸，渝北，江北	300 ~ 2 400 m		
		地钱	*Marchantia polymorpha* Linn.	库区各县（市，区）	200 ~ 2 100 m		
20	泥炭藓科（Sphagnaceae）	暖地泥炭藓	*Sphagnum junghuhnianum* Doz. et Molk.	石柱，涪陵，武隆，江津	1 500 ~ 2 000 m		
		泥炭藓	*S. palustre* Linn. [*S. cymbifolium*（Ehrh.）Hern.]	巫山，巫溪，奉节，云阳，开州，武隆	1 600 ~ 2 700 m		
		粗叶泥炭藓	*S. squarrosum* Crom.	巫溪，开州	1 800 ~ 2 400 m		
21	牛毛藓科（Dicranaceae）	对叶藓	*Distichium capillaceum*（Hedw.）B. S. G.	巫山，巫溪，开州，石柱	1 200 ~ 1 800 m		
		黄牛毛藓	*Ditrichum pallidum*（Hedw.）Hamp.	巫山，巫溪，奉节，云阳，开州，万州，石柱，忠县，丰都，涪陵，武隆，长寿，巴南，北碚，江津，渝北	600 ~ 2 100 m		
22	曲尾藓科（Dicranaceae）	南亚曲柄藓	*Campylopus richardii* Brid.	巫山，巫溪，奉节，云阳，开州，万州，石柱，忠县，涪陵，武隆，巴南，江津，江北	1 600 ~ 2 600 m		
		平肋狭叶曲柄藓	*C. subulatus* var. *schimperi*（Mild.）Husn.	北碚，江津	400 ~ 1 600 m		
		日本曲尾藓	*Dicranum japonicum* Mitt.	库区各县（市，区）	300 ~ 1 200 m		
		多蒴曲尾藓	*D. majus* Turn.	巫溪，开州，石柱，武隆	1 200 ~ 2 600 m		
		东亚曲尾藓	*D. nipponense* Besch.	涪陵，武隆，长寿	650 ~ 1 700 m		

续表

序号	科名	植物名	拉丁学名	分布	海拔	花期	果期
22	曲尾藓科（Dicranaceae）	曲尾藓	*D. scoparium* Hedw.	巫山，巫溪，奉节，云阳，开州，万州，石柱，忠县，丰都，涪陵，武隆，长寿，北碚，江津，渝北	800 ~ 1 800 m		
		南亚合睫藓	*Symblepharis reinwardtii*（Doz. et Molk.）Mitt.	武隆，江津	300 ~ 850 m		
23	白发藓科（Leucobryaceae）	爪哇白发藓	*Leucobryum javense*（Brid.）Mitt.	巫山，巫溪，奉节，开州，万州，石柱，忠县，丰都，涪陵，武隆，北碚，江津，渝北	600 ~ 1 600 m		
		南亚白发藓	*L. neilgherrense* C. Müell.	石柱，涪陵，武隆，长寿，巴南	800 ~ 2 000 m		
24	凤尾藓科（Fissidentaceae）	卷叶凤尾藓	*Fissidens cristatus* Wils. et Mitt.	巫山，巫溪，奉节，云阳，开州，万州，石柱，武隆	1 400 ~ 2 400 m		
		大叶凤尾藓	*F. grandifrons* Brid.	巫山，巫溪，奉节，云阳，开州，万州，石柱，忠县，丰都，武隆	250 ~ 800 m		
		羽叶凤尾藓	*F. plagiochiloides* Besch.	巫溪，开州，石柱，武隆，江津	500 ~ 1 200 m		
25	丛藓科（Pottiaceae）	扭口藓	*Barbula unguiculata* Hedw.	开州，涪陵，长寿，巴南，北碚，江津，南岸，渝北，九龙坡，江北	250 ~ 1 200 m		
		大对齿藓	*Didymodon giganteus*（Funck）Jur.	巫山，巫溪，奉节，云阳，开州，万州，石柱，涪陵，武隆，长寿，巴南，江津	1 600 ~ 2 500 m		
		对齿藓	*D. rigidicaulis*（C. Müll.）Saito	长寿，巴南，北碚，渝北，江北	300 ~ 800 m		
		橙色净口藓	*Gymnostomum aurantiacum*（Mitt.）Par.	武隆，渝北	800 ~ 1 100 m		
		墙藓	*Tortula muralis* Hedw.	库区各县（市，区）	600 ~ 1 400 m		
26	缩叶藓科（Ptychomitriaceae）	东亚缩叶藓	*Ptychomitrium fauriei* Besch.	巫山，巫溪，云阳，开州，万州，巴南，江津	250 ~ 1 200 m		
		狭叶缩叶藓	*P. linearifolium* Reim. et Sak.	巫溪，开州，石柱，武隆，江津	800 ~ 1 500 m		
27	紫萼藓科（Grimmiaceae）	砂藓	*Racomitrium canescens*（Hedw.）Brid.	巫山，巫溪，奉节，云阳，开州，万州，石柱，忠县，丰都，涪陵，巴南，渝北	1 200 ~ 2 400 m		
28	葫芦藓科（Funariaceae）	葫芦藓	*Funaria hygrometrica* Hedw.	库区各县（市，区）	400 ~ 1600 m		
29	真藓科（Bryaceae）	真藓	*Bryum argenteum* Hedw.	库区各县（市，区）	300 ~ 1 200 m		
		丛生真藓	*B. caespiticium* Linn. ex Hedw.	库区各县（市，区）	600 ~ 1 200 m		
		丝瓜藓	*Pohlia cruda*（Hedw.）Lindb.	巫溪，开州，石柱，武隆	1 200 ~ 1 800 m		
		暖地大叶藓	*Rhodobryum giganteum*（Schw.）Par.	巫山，巫溪，奉节，云阳，开州，万州，石柱，忠县，丰都，涪陵	600 ~ 2 000 m		
		拟大叶藓	*R. ontariense*（Kindb.）Kindb.	武隆，巴南，江津，渝北	400 ~ 800 m		
30	提灯藓科（Mniaceae）	提灯藓	*Mnium hornum* Hedw.	库区各县（市，区）	350 ~ 1 600 m		
		双灯藓	*Orthomniopsis japonica* Broth.	巫山，巫溪，奉节，开州，石柱，武隆	1 250 ~ 2 500 m		
		尖叶走灯藓	*Plagiomnium cuspidatum*（Hedw.）T. Kop.	库区各县（市，区）	250 ~ 1 800 m		
		走灯藓	*P. pinnatum* Mu et Lou	巫山，巫溪，奉节，云阳，开州，万州，石柱，忠县，丰都，长寿，巴南，北碚	650 ~ 2 400 m		

30	提灯藓科（Mniaceae）	大叶走灯藓	*P. succulentum*（Mitt.）T. Kop.	忠县，长寿，巴南，北碚，江津，南岸，渝北，江北	350 ~ 2 400 m		
		波叶走灯藓	*P. undulatum*（Mitt.）T. Kop.	巫溪，开州，万州，石柱，涪陵，武隆，长寿，巴南，北碚，江津	600 ~ 2 400 m		
		树形疣灯藓	*Trachycystis ussuriensis*（Maak et Regel）T. Kop.	武隆	1 600 ~ 2 000 m		
31	皱蒴藓科（Aulacomniaceae）	异枝皱蒴藓	*Aulacomnium heterostichum*（Hedw.）B. S. G.	江津	650 ~ 1 600 m		
32	桧藓科（Rhizogoniaceae）	大桧藓	*Rhizogonium dozyanum* Lac.	开州，石柱，武隆，江津	500 ~ 1 200 m		
33	珠藓科（Bartramiaceae）	珠藓	*Bartramia halleriana* Hedw.	巫山，巫溪，奉节，云阳，开州，万州，石柱，忠县，丰都，涪陵，武隆，长寿，江津	800 ~ 2 400 m		
		直叶珠藓	*B. ithyphylla* Brid.	开州，万州，石柱，武隆	1 800 ~ 2 600 m		
		卷叶泽藓	*Philonotis revoluta* Bosch. et Lac.	巫溪，开州，武隆	600 ~ 1 600 m		
34	木灵藓科（Orthotrichaceae）	狭叶蓑藓	*Macromitrium angustifolium* Doz. et Molk.	巫溪，开州	1 600 ~ 2 400 m		
35	虎尾藓科（Hedwigiaceae）	虎尾藓	*Hedwigia ciliata*（Hedw.）Ehrh. Ex P. Beauv.	巫山，巫溪，奉节，云阳，开州，万州，石柱	900 ~ 2 400 m		
36	白齿藓科（Leucodontaceae）	疣齿藓	*Scabridens sinensis* Bartr.	武隆，江津	900 ~ 2 400 m		
37	扭叶藓科（Trachypodaceae）	扭叶藓	*Trachypus bicolor* Reinw. et Hornsch.	巫山，巫溪，奉节，云阳，开州，万州，石柱，忠县，涪陵，武隆，江津	800 ~ 2 100 m		
38	蕨藓科（Pterobryaceae）	大滇蕨藓	*Pseudoterobryum laticuspis* Broth.	武隆	800 ~ 2 100 m		
39	蔓藓科（Meteoriaceae）	气藓	*Aerobryum speciosum*（Doz. et Molk.）Dpz. et Molk.	巫山，巫溪，奉节，开州，石柱，武隆	1 600 ~ 2 600 m		
		细枝悬藓	*Barbella compressiramea*（Ren. et Card.）Fleisch.	巫山，巫溪，奉节，开州，石柱，武隆	1 500 ~ 2 600 m		
		四川丝带藓	*Floribundaria setschwanica* Broth.	巫溪，开州，武隆，江津	1 650 ~ 2 400 m		
		蔓藓	*Meteorium miquelianum* var. *atrovariegatum*（Card. et Ther）Nog.	巫山，巫溪，奉节，云阳，开州，万州，石柱，忠县，丰都，涪陵，武隆，巴南，江津	1 500 ~ 2 500 m		
		细枝蔓藓	*M. papillarioides* Nog.	巫溪，奉节，开州，涪陵，武隆	1 200 ~ 2 000 m		
		粗枝蔓藓	*M. subpolytrichum*（Besch.）Broth.	巫溪，开州	1 200 ~ 2 000 m		
		南亚假悬藓	*Pseudobarbella levieri*（Ren. et Card.）Nog.	开州，武隆，江津	1 600 ~ 2 000 m		
40	平藓科（Neckeraceae）	树平藓	*Homaliodendron flabellatum*（Smith）Fleisch.	巫溪，开州，石柱，忠县	1 600 ~ 2 100 m		
		西南树平藓	*H. montagneanum*（C. Müell.）Fleisch.	巫山，巫溪，奉节，云阳，开州，万州，石柱，忠县，丰都，涪陵，武隆，长寿，巴南，北碚，江津，南岸，渝北，江北	400 ~ 1 200 m		
		刀叶树平藓	*H. scalpellifolium*（Mitt.）Fleisch.	开州，石柱，武隆	1 600 ~ 2 100 m		

续表

序号	科名	植物名	拉丁学名	分布	海拔	花期	果期
40	平藓科（Neckeraceae）	羽叶藓	*Neckera pennata* Hedw.	开州	1 800 ~ 2 300 m		
41	万年藓科（Climaciaceae）	东亚万年藓	*Climacium americanum* ssp. *japonicum*（Lindb.）Perss.	巫溪，开州，万州，石柱，江津	1 200 ~ 2 600 m		
		万年藓	*C. dendroides*（Hedw.）Web. et Mohr.	巫山，巫溪，奉节，云阳，开州，万州，石柱，忠县，丰都，涪陵，武隆，江津	1 300 ~ 2 600 m		
		树藓	*Pleuroziopsis ruthenica*（Weinm.）Kindb.	巫溪，奉节，开州	1 800 ~ 2 600 m		
42	油藓科（Hookeriaceae）	尖叶油藓	*Hookeria acutifolia* Hook. et Grev.	巫山，巫溪，奉节，开州，涪陵，武隆，长寿，巴南，北碚，江津，南岸，渝北，江北	400 ~ 1 600 m		
43	孔雀藓科（Hypopterygiaceae）	短肋雉尾藓	*Cyathophorella hookeriana*（Griff.）Fleisch.	巫山，巫溪，奉节，云阳，开州，万州，武隆，江津	400 ~ 1 600 m		
		长肋孔雀藓	*Hypopterygium japonicum* Mitt.	巫山，巫溪，奉节，开州	1 300 ~ 2 300 m		
44	羽藓科（Thuidiaceae）	狭叶小羽藓	*Bryohaplocladium angustifolium*（Hamp. et C. Müell.）Broth.	开州，万州，石柱，武隆	1 250 ~ 2 400 m		
		大麻羽藓	*Claopodium assurgens*（Sull. et Lesq.）Card.	巫溪，开州	1 600 ~ 2 400 m		
		大羽藓	*Thuidium cymbifolium*（Doz. et Molk.）Doz. et Molk.	巫山，巫溪，奉节，云阳，开州，万州，石柱，忠县，丰都，涪陵，武隆，巴南，江津	1 100 ~ 2 400 m		
45	柳叶藓科（Amblystegiaceae）	牛角藓	*Cratoneuron filicinum*（Hedw.）Spruce.	巫山，巫溪，奉节，开州	800 ~ 2 500 m		
		钩叶镰刀藓	*Drepanocladus uncinatus*（Hedw.）Warnst.	巫山，巫溪，开州，石柱，涪陵，武陵，江津	1 800 ~ 2 600 m		
46	青藓科（Brachytheciaceae）	羽枝青藓	*Brachythecium plumosum*（Hedw.）B. S. G.	巫山，巫溪，奉节，开州	1 800 ~ 2 650 m		
		青藓	*B. rivulare* B. S. G.	巫山，巫溪，奉节，云阳，开州，万州，石柱，忠县，丰都，涪陵，武隆，长寿，巴南，江津	800 ~ 2 100 m		
47	绢藓科（Entodontaceae）	赤茎藓	*Pleurozium schreberi*（Brid.）Mitt.	巫溪，开州	1 600 ~ 2 500 m		
48	棉藓科（Plagiotheciaceae）	扁平棉藓	*Plagiothecium neckeroideum* B. S. G.	巫溪	1 850 ~ 2 600 m		
49	锦藓科（Sematophyllaceae）	球蒴腐木藓	*Heterophyllium confine*（Mitt.）Fleisch.	巫山，巫溪，开州，武隆	1 850 ~ 1 600 m		
50	灰藓科（Hypnaceae）	大灰藓	*Hypnum plumaeforme* Wils.	巫溪，开州，武隆	1 900 ~ 2 600 m		
		鳞叶藓	*Taxiphyllum taxirameum*（Mitt.）Fleisch.	巫山，巫溪，奉节，云阳，开州，万州，石柱，忠县，丰都，涪陵，武隆，长寿，巴南，江津	1 200 ~ 2 200 m		
51	垂枝藓科（Rhytidiaceae）	拟垂枝藓	*Rhytidiadelphus triquetrus*（Hedw.）	武隆	1 800 ~ 2 100 m		
52	塔藓科（Hylocomiaceae）	塔藓	*Hylocomium splendens*（Hedw.）B. S. G.	巫山，巫溪，奉节，云阳，开州，万州，石柱，忠县，丰都，涪陵，武隆，江津	1 700 ~ 2 300 m		
		南木藓	*Macrothamnium macrocarpum*（Reinw. et Hornsch.）Fleisch.	开州，武隆	1 200 ~ 2 400 m		

53	金发藓科（Ploytrichaceae）	钝叶仙鹤藓	*Atrichum obtusulum*（C. Müell.）Jaeg.	巫山，巫溪，奉节，云阳，开州，万州，石柱，忠县，丰都，涪陵，武隆，巴南，江津	1 500 ~ 1 900 m		
		大仙鹤藓	*A. spinulosum*（Card.）Miz.	巫溪，开州，万州，石柱，武隆	1 500 ~ 1 900 m		
		东亚小金发藓	*Pogonatum inflexum*（Lindb.）Lac. [*polytricum inflexum* Lindb.]	巫山，巫溪，奉节，云阳，开州，万州，石柱，忠县，丰都，涪陵，武隆，巴南，江津，渝北，江北	800 ~ 1 300 m		
		苞叶小金发藓	*P. spinulosum* Mitt.	巫山，巫溪，奉节，云阳，开州，万州，石柱	800 ~ 1 300 m		
		疣小金发藓	*P. urnigerum*（Hedw.）P. Beauv.	涪陵，武隆，长寿，江津	450 ~ 1 200 m		
		大金发藓	*Polytrichum commune* L. ex Hedw.	巫山，巫溪，奉节，云阳，开州，万州，石柱，忠县，丰都，涪陵，武隆，长寿，巴南，北碚，江津	1 800 ~ 2 600 m		
		东亚大金发藓	*P. commune* var. *maximoviczii* Lindb.	库区各县（市，区）	400 ~ 2 100 m		
		美丽金发藓	*P. formosum* Hedw.	北碚，江津	750 ~ 1 600 m		
		桧叶金发藓	*P. juniperinum* Willd. ex Hedw.	巫溪，开州，石柱，忠县，丰都，涪陵，武隆，长寿	600 ~ 1 600 m		
蕨类植物门（Pteridophyta）							
54	石杉科（Huperziaceae）	皱边石杉	*Huperzia crispata*（Ching et H. S. Kung.）Ching	武隆，江津	1 000 ~ 2 000 m		
		峨眉石杉	*H. emeiensis*（Ching et H. S. Kung）Ching et H. S. Kung	巫溪，开州，江津	1 200 ~ 1 800 m		
		南川石杉	*H. nanchuanensis*（Ching et H. S. Kung）Ching et H. S. Kung	巫溪，开州，石柱，武隆	1 600 ~ 1 900 m		
		蛇足石杉	*H. serrata*（Thunb.）Trevis [*lycopodium serratum* Thunb]	巫山，巫溪，奉节，开州，石柱，忠县，丰都，涪陵，武隆，长寿，巴南，北碚，江津	450 ~ 1 650 m		
		中间石杉	*H. serrata* f. *intarmedia*（Nakai）Ching	开州	600 ~ 1 200 m		
		大叶石杉	*H. serrata* f. *longipetiolata*（Spring）Ching	巫山，奉节，开州	850 ~ 2 100 m		
		四川石杉	*H. sutchueniana*（Herter）Ching	巫山，巫溪，武隆	1 200 ~ 1 600 m		
		捆仙绳	*Phlegmariurus fargesi*（Herter）Ching	开州，巫山	250 ~ 650 m		
		华南马尾杉	*P. fordii*（Baker）Ching	开州，江津	350 ~ 700 m		
55	石松科（Lycopodiaceae）	扁枝石松	*Diphasiastrum complanatum*（Linn.）Holub [*Lycopodium complanatum* Linn.]	巫山，巫溪，奉节，云阳，开州，万州，石柱，丰都，涪陵，武隆，江津	850 ~ 2 750 m		
		小石松	*D. veitchii*（Christ）Holub	宜昌，巴东，万州，巫山，城口	2 800 m以上		
		藤石松	*Lycopodiastrum casuarinoides*（Spring）*Holub* [*Lycopodium casuarinoides* Spring]	开州，万州，江津	1 200 m以下		
		杉蔓石松	*Lycopodium annotinum* L.	巫山，巫溪，开州	2 000 m以上		
		石松	*L. clavatum* L.	库区各县（市，区）	290 ~ 2 300 m		

续表

序号	科名	植物名	拉丁学名	分布	海拔	花期	果期
55	石松科（Lycopodiaceae）	笔直石松	*L. obscurum.* f. *strictum*（Milde）Nakai ex Hara.	巫山，巫溪，奉节，开州，石柱，丰都，武隆	1 000 ~ 3 000 m		
		垂穗石松	*Palhinhaea cernua*（Linn.）Franco et Vase	云阳，开州，丰都，涪陵，武隆，长寿，巴南，江津，江北	1 100 m以下		
		毛枝灯笼草	*P. cernua* f. *sikkimensis.*（Müell.）H. S. Kung	开州，石柱，武隆	850 ~ 2 000 m		
56	卷柏科（Selaginellaceae）	毛枝卷柏	*Selaginella braunii* Baker.	巫溪，开州，万州，石柱，丰都，涪陵，武隆	360 ~ 2 500 m		
		缘毛卷柏	*L. compta*（Hand.-Mazz.）	开州，武隆，江津			
		蔓出卷柏	*S. davidii* Franch.	开州，万州，武隆，江津	100 ~ 2 400 m		
		薄叶卷柏	*S. delicatula*（Desv.）Alston	巫山，巫溪，奉节，云阳，开州，万州，石柱，忠县，丰都，涪陵，武隆，长寿，巴南，北碚，江津，南岸，渝北，江北	1 400 m以下		
		深绿卷柏	*S. doederleinii* Hieron.	开州，涪陵，巴南	1 000 m以下		
		澜沧卷柏	*S. gebaueriana* Hand.-Mazz.	石柱，丰都，武隆	1 000 m以下		
		异穗卷柏	*S. heterostachya* Baker	开州，武隆	1 650 m以下		
		兖州卷柏	*S. involvens*（Sw.）Spring	巫山，巫溪，开州，石柱，丰都，涪陵，武隆	200 ~ 3 000 m		
		细叶卷柏	*S. labordei* Hieron.	巫山，开州，丰都，武隆	1 000 ~ 2 800 m		
		江南卷柏	*S. moellendorffii* Hieron.	库区各县（市，区）	350 ~ 2 300 m		
		伏地卷柏	*S. nipponica* Franch. et Sav.	开州，丰都，涪陵，武隆，江津	710 ~ 2 600 m		
		峨眉卷柏	*S. omeiensis* Ching	巫溪，开州，巴南	500 ~ 1 400 m		
		垫伏卷柏	*S. pulvinata*（Hook. et Grev.）Maxim.	巫山，巫溪，开州	900 m以上		
		疏叶卷柏	*S. remotifolia* Spring	奉节，云阳，开州，万州，石柱，忠县，丰都，涪陵，武隆，巴南，江津	400 ~ 2 100 m		
		四川卷柏	*S. sichuanica* H. S. Kung	开州，武隆	2 000 ~ 2 500 m		
		卷柏	*L. tamariscina*（Beauv.）Spring	涪陵，巫山，万州	2 000 ~ 2 500 m		
		翠云草	*S. uncinata*（Desv.）Spring	巫山，巫溪，奉节，云阳，开州，万州，石柱，忠县，丰都，涪陵，武隆，长寿，巴南，北碚，江津，南岸，渝北，江北	1 000 m以下		
57	木贼科（Equisetaceae）	问荆	*Equisetum arvense* L.	巫山，巫溪，奉节，云阳，开州，万州，石柱，丰都，长寿，江津	600 ~ 2 300 m		
		披散木贼	*E. diffusum* Don	库区各县（市，区）	200 ~ 2 500 m		
		犬问荆	*E. palustre* L.	开州，丰都，涪陵，武隆	300 ~ 3 000 m		
		笔管草	*E. debile* Roxb. ex Vaucher	库区各县（市，区）	2 000 m以下		
		木贼	*E. hiemale* Linn.	开州，武隆	650 ~ 2 950 m		
		节节草	*E. ramosissimum* Desf.	库区各县（市，区）	350 ~ 2 800 m		
58	松叶蕨科（Psilotaceae）	松叶蕨	*Psilotum nudum*（Linn.）Beauv.	开州，石柱，涪陵，武隆，北碚，江津，江北	200 ~ 2 000 m		

59	阴地蕨科（Botrychiaceae）	下延假阴地蕨	*Botrypus decurrens*（Ching）Ching et H. S. Kung	宜昌，秭归，巴东	1 400 ~ 3 000 m		
		穗状假阴地蕨	*B. strictus*（Underw.）Holub	开州，石柱	1 500 ~ 2 300 m		
		蕨萁	*B. virginianus*（L.）Holub	巫山，巫溪，奉节，开州，万州，涪陵，武隆	1 200 ~ 2 300 m		
		薄叶阴地蕨	*Sceptridium daucifolium*（Wall. ex Hook. et Greo.）Lyon	巴南，江津	1 200 ~ 1 800 m		
		药用阴地蕨	*S. officinale*（Ching）Ching et H. S. Kung	开州，涪陵，武隆	1 500 ~ 2 400 m		
		粗壮阴地蕨	*S. robustum*（Rupr.）Lyon	巫溪	450 ~ 1 600 m		
		阴地蕨	*S. ternatum*（Thunb.）Lyon	巫溪，云阳，开州，万州，涪陵，武隆，江津	500 ~ 2 200 m		
60	瓶尔小草科（Ophioglossaceae）	一支箭	*Ophioglossum pedunculosum* Desv.	巫山，巫溪，奉节，万州，石柱，涪陵，江津	350 ~ 3 000 m		
		心叶瓶尔小草	*O. reticulatum* Linn.	巫山，巫溪，奉节，云阳，开州，万州，石柱，丰都，武隆	1 600 m以下		
		狭叶瓶尔小草	*O. thermale* Kom.	巫山，巫溪，奉节，开州，万州，石柱	2 000 ~ 2 900 m		
		瓶尔小草	*O. vulgatum* Linn.	开州，涪陵，武隆，江津	350 ~ 3 000 m		
61	观音座莲科（Angiopteridaceae）	福建观音座莲	*Angiopteris fokiensis* Hieron.	巴南，北碚，江津	800 m以下		
62	紫萁科（Osmundaceae）	分株紫萁	*Osmunda cinnamomea* L.	开州，涪陵	1 700 ~ 2 000 m		
		绒紫萁	*O. claytoniana* L.	开州，石柱，涪陵	1 800 m以上		
		紫萁	*O. japonica* Thunb.	库区各县（市，区）	2 100 m以下		
		华南紫萁	*O. vachelii* Hook.	开州，万州，涪陵，武隆，巴南，江津	800 m以下		
63	瘤足蕨科（Plagiogyriaceae）	华中瘤足蕨	*Plagiogyria euphlebia*（Kunze）Mett.	巫山，奉节，开州，石柱，涪陵，武隆	500 ~ 1 200 m		
		华东瘤足蕨	*P. japonica* Nakai	开州，石柱，涪陵，武隆，北碚，江津	1 450 m以下		
		镰叶瘤足蕨	*P. rankanensis* Hayata	开州，丰都，涪陵，江津	500 ~ 2 000 m		
		耳形瘤足蕨	*P. stenoptera*（Hance）Diels	巫山，开州，石柱，武隆，江津	1 500 ~ 2 000 m		
64	里白科（Gleicheniaceae）	铁芒萁	*Dicranopteris pedata*（Houtt.）Nakai	库区各县（市，区）	1 500 m以下		
		中华里白	*Diplopterygium chinensis*（Rosenst.）Devol	奉节，开州，丰都，涪陵，长寿，巴南，北碚，江津，渝北	1 000 m以下		
		里白	*D. glaucum*（Thunb.）Nakaike	巫山，巫溪，奉节，云阳，开州，万州，石柱，忠县，丰都，涪陵，武隆，长寿，巴南，北碚，江津，南岸，渝北，江北	1 500 m以下		
		光里白	*D. laevissimum*（Christ）Nakai	开州，忠县，涪陵，北碚，江津	1 700 m以下		
65	海金沙科（Lygodiaceae）	海金沙	*Lygodium japonicum*（Thunb.）Sw.	库区各县（市，区）	1 000 m以下		
66	膜蕨科（Hymenophyllaceae）	翅柄假脉蕨	*Crepidomanes latealatum*（V. d. B.）Cop.	开州，石柱，武隆，北碚，江津	2 000 m以下		
		峨眉假脉蕨	*C. omeiense* Ching et Chiu	开州	650 ~ 1 200 m		
		团扇蕨	*Gonocormus saxifragoides*（Presl）V. d. B.	巫山，开州，武隆，江津	1 000 m以下		

续表

序号	科名	植物名	拉丁学名	分布	海拔	花期	果期
66	膜蕨科（Hymenophyllaceae）	华东膜蕨	*Hymenophyllum barbatum*（V. d. B.）Bak.	开州，石柱，武隆，江津	1 600 m以下		
		顶果膜蕨	*H. khasyanum* Hook. et Bak.	开州，巴南	1 600 m以下		
		峨眉膜蕨	*H. omeiense* Christ	开州	1 100 ~ 2 200 m		
		小叶膜蕨	*H. oxyodon* Bak.	开州，江津	400 ~ 1 200 m		
		蕗蕨	*Mecodium badium*（Hook. et Grev.）Cop.	江津	600 ~ 1 600 m		
		小果蕗蕨	*M. microsorum*（V. d. B.）Ching	巫山，巫溪，奉节，开州，石柱，涪陵，巴南	600 m以上		
		长柄蕗蕨	*M. osmundoides*（V. d. B.）Ching	巫山，巫溪	650 ~ 1 500 m		
		全苞蕗蕨	*M. tenuifrons* Ching	宜昌，巴东，秭归，兴山	900 ~ 2 000 m		
		瓶蕨	*Trichomanes auriculatum* Bl.	开州，石柱，江津	450 ~ 1 150 m		
		城口瓶蕨	*T. fargesii* Christ	开州，巫溪	400 ~ 850 m		
		华东瓶蕨	*T. orientale* C. Chr.	开州，武隆，北碚，江津	1 000 m以下		
		漏斗瓶蕨	*T. striatum* Don.	开州，忠县，丰都，武隆，江津	600 ~ 1 500 m		
67	蚌壳蕨科（Dicksoniaceae）	金毛狗	*Cibotium barometz*（Linn.）J. Sm.	开州，万州，涪陵，巴南，北碚，江津	900 m以下		
68	桫椤科（Cyatheaceae）	桫椤	*Alsophila spinulosa*（Wall. ex Hook.）Tryon	涪陵，北碚，江津	1 000 m以下		
		齿叶黑桫椤	*Gymnosphaera denticulata*（Baker）Cop.	开州，涪陵，长寿，北碚，江津	800 m以下		
		华南黑桫椤	*G. metteniana*（Hance）Tagawa	长寿，巴南，北碚，江津	800 m以下		
69	稀子蕨科（Monachosoraceae）	稀子蕨	*Monachosorum henryi* Christ	开州，江津	700 ~ 1 300 m		
70	碗蕨科（Dennstaedtiaceae）	顶生碗蕨	*Dennstaedtia appendiculata*（Wall.）J. Sm.	开州，武隆	1 500 ~ 2 000 m		
		细毛碗蕨	*D. hirsuta*（Sw.）Mett. ex Miq.	云阳，开州，石柱，涪陵，武隆，长寿，巴南，北碚，江津，南岸	200 ~ 1 500 m		
		碗蕨	*D. scabra*（Wall.）Moore	开州，万州，石柱，巴南	800 ~ 1 800 m		
		溪洞碗蕨	*D. wilfordii*（Moore）Christ	开州，石柱，涪陵，武隆	1 200 ~ 2 000 m		
		光叶鳞盖蕨	*Microlepia calvescens*（Wall. ex Hook.）Presl	万州，石柱，涪陵	500 ~ 1 000 m		
		光盖鳞盖蕨	*M. glabra* Ching	北碚	500 ~ 2 000 m		
		华南鳞盖蕨	*M. hancei* Prantl	开州，涪陵	500 ~ 1 000 m		
		西南鳞盖蕨	*M. khasiyana*（Hook.）Presl	开州，武隆	250 ~ 800 m		
		边缘鳞盖蕨	*M. marginata*（Houtt）C. Chr.	库区各县（市，区）	300 ~ 1 500 m		
		毛叶边缘鳞盖蕨	*M. marginata* var. *villosa*（Presl）Wu	开州，丰都，涪陵，武隆	250 ~ 850 m		
		假粗毛鳞盖蕨	*M. pseudo-strigosa* Makino	开州，石柱，北碚，江津	400 ~ 1 500 m		
		粗毛鳞盖蕨	*M. strigosa*（Thunb.）Presl	万州，石柱，武隆	250 ~ 650 m		
		四川鳞盖蕨	*M. szechuanica* Ching	开州，武隆，江津	400 ~ 1 200 m		

71	鳞始蕨科（Lindsaeaceae）	钱氏鳞始蕨	*Lindsaea cheinii* Ching	江津	450 ~ 850 m		
		鳞始蕨	*L. odorata* Roxb.	开州，武隆，北碚，江津	450 ~ 1 600 m		
		乌蕨	*Sphenomeris chinensis*（Linn.）Maxon [*Stenoloma chusana*（Linn.）Ching]	库区各县（市，区）	200 ~ 1 600 m		
72	姬蕨科（Hypolepidaceae）	姬蕨	*Hypolepis punctata*（Thunb.）Mett.	库区各县（市，区）	400 ~ 1 800 m		
73	蕨科（Pteridiaceae）	蕨	*Pteridium aquilinum* var. *latiusculum*（Desv.）Underw. ex Heller	库区各县（市，区）	200 ~ 2 400 m		
		毛轴蕨	*P. revolutum*（Bl.）Nakai	库区各县（市，区）	400 ~ 2 600 m		
74	凤尾蕨科（Pteridaceae）	辐状凤尾蕨	*Pteris actiniopteroides* Christ	库区各县（市，区）	300 ~ 1 600 m		
		粗糙凤尾蕨	*P. cretica* var. *laeta*（Wall.）C. Chr. et TardBlot	开州，武隆	500 ~ 700 m		
		凤尾蕨	*P. cretica* var. *nervosa*（Thunb.）Ching et S. H. Wu. [*P. cretica* var. *intermedia*（Christ）C. Chr. et Tard.-Blot; P. nervosa hunb.]	库区各县（市，区）	400 ~ 2 500 m		
		掌羽凤尾蕨	*P. dactylina* Hook.	巫溪，万州	350 ~ 1 600 m		
		岩凤尾蕨	*P. deltodon* Baker	开州，石柱，丰都，涪陵，武隆，长寿	400 ~ 1 500 m		
		刺齿凤尾蕨	*P. dispar* Kze.	开州，武隆，北碚	400 ~ 950 m		
		剑叶凤尾蕨	*P. ensiformis* Burm.	开州，忠县，涪陵，北碚	180 ~ 1 200 m		
		阔叶凤尾蕨	*P. esquirolii* Christ	开州，江津	350 ~ 800 m		
		溪边凤尾蕨	*P. excelsa* Gaud.	巫山，巫溪，奉节，开州，丰都，武隆，北碚	600 ~ 1 700 m		
		金钗凤尾蕨	*P. fauriei* Hieron.	丰都，武隆	400 ~ 900 m		
		鸡爪凤尾蕨	*P. gallinopes* Ching ex Ching et S. H. Wu	巫溪，开州，武隆	250 ~ 450 m		
		狭叶凤尾蕨	*P. henryi* Christ	巫溪，云阳，开州，丰都，涪陵，武隆，北碚	400 ~ 1 200 m		
		华中凤尾蕨	*P. kiuschiuensis* var. *centro-chinensis* Ching et S. H. Wu	开州，北碚	400 ~ 900 m		
		凤尾草	*P. multifida* Poir.	库区各县（市，区）	250 ~ 1 500 m		
		斜羽凤尾蕨	*P. oshimensis* Hieron.	巫山，奉节，开州，丰都，武隆，北碚	300 ~ 900 m		
		尾头凤尾蕨	*P. oshimensis* var. *paraemeriensis* Ching ex Ching et S. H. Wu	开州，江津	350 ~ 760 m		
		半边旗	*P. semipinnata* Linn.	开州，丰都，涪陵，长寿	350 ~ 1 000 m		
		刺脉凤尾蕨	*P. setuloso-costulata* Hayata	开州，武隆，江津	450 ~ 800 m		
		蜈蚣草	*P. vittata* Linn.	库区各县（市，区）	360 ~ 2 000 m		
		西南凤尾蕨	*P. wallichiana* Agardh	开州，武隆	800 ~ 2 400 m		
75	中国蕨科（Sinopteridaceae）	多鳞粉背蕨	*Aleuritopteris anceps*（Blandf.）Panigr.	开州，武隆	400 ~ 800 m		
		银粉背蕨	*A. argentea*（Gmel.）Fée	开州，武隆，江津	600 ~ 2 400 m		
		毛轴碎米蕨	*Cheilosoria chusana*（Hook.）Ching et Shing	开州，石柱，巴南	300 ~ 1 200 m		
		平羽碎米蕨	*C. patula*（Bak.）P. S. Wang	武隆	600 ~ 1 200 m		

续表

序号	科名	植物名	拉丁学名	分布	海拔	花期	果期
75	中国蕨科（Sinopteridaceae）	中华隐囊蕨	*Notholaena chinensis* Bak.	奉节，开州，丰都	250 ~ 900 m		
		日本金粉蕨	*Onychium japonicum*（Thunb.）Kunze.	库区各县（市，区）	250 ~ 1 900 m		
		栗柄金粉蕨	*O. japonicum* var. *lucidum*（Don）Christ [O. lucidum（Don）Spreng]	巫山，巫溪，奉节，云阳，开州，万州，石柱，涪陵，武隆，巴南，江津	350 ~ 1 800 m		
		宝兴金粉蕨	*O. moupinense* Ching	奉节	600 ~ 1 400 m		
		旱蕨	*Pellaea nitidula*（Hook.）Bak.	开州，万州	200 ~ 850 m		
76	铁线蕨科（Adiaantaceae）	团羽铁线蕨	*Adiantum capilus-junonis* Rupr.	巫山，巫溪，奉节，开州，石柱，丰都	300 ~ 1 200 m		
		铁线蕨	*A. capillus-veneris* Linn.	库区各县（市，区）	250 ~ 1 400 m		
		条裂铁线蕨	*A. capillus-veneris f. fissum*（Christ）Ching	开州，涪陵，武隆，巴南	200 ~ 1 200 m		
		鞭叶铁线蕨	*A. caudatum* Linn.	巫山，巫溪，开州，石柱，武隆	200 ~ 850 m		
		白背铁线蕨	*A. davidii* Franch.	石柱	1 100 ~ 1 500 m		
		月芽铁线蕨	*A. edentulum* Christ	巫溪，奉节，开州，武隆	1 400 ~ 2 400 m		
		普通铁线蕨	*A. edgeworthii* Hook.	忠县，丰都	500 ~ 1 600 m		
		肾盖铁线蕨	*A. erythrochlamys* Diels.	巫溪，石柱，武隆	800 ~ 1 800 m		
		假鞭叶铁线蕨	*A. malesianum* Ghatak	巫山，开州，万州，石柱，武隆	350 ~ 1 200 m		
		小铁线蕨	*A. mariesii* Bak.	石柱，武隆	300 ~ 700 m		
		灰背铁线蕨	*A. myriosorum* Bak.	巫山，巫溪，奉节，云阳，开州，万州，石柱，涪陵，武隆，巴南，北碚，江津	400 ~ 1 200 m		
		掌叶铁线蕨	*A. pedatum* Linn.	巫山，巫溪，开州，石柱，武隆	300 ~ 1 600 m		
		荷叶铁线蕨	*A. reniforme* var. *sinense* Y. X. Lin	万州，石柱	250 ~ 350 m		
		陇南铁线蕨	*A. roborowskii* Maxim.	巫山，巫溪，开州	600 ~ 1 800 m		
		峨眉铁线蕨	*A. roborowskii* f. *faberi*（Baker）Y. X. Lin	开州，石柱	450 ~ 1 200 m		
77	裸子蕨科（Hemionitodaceae）	锐尖凤丫蕨	*Coniogramme argutiserrata* Ching et Shing	开州，武隆	650 ~ 1 100 m		
		尾尖凤丫蕨	*C. caudiformis* Ching et Shing	开州，石柱，武隆	600 ~ 1 200 m		
		普通凤丫蕨	*C. intermedia* Hieron.	巫山，巫溪，奉节，云阳，开州，武隆	350 ~ 1 500 m		
		凤丫蕨	*C. japonica*（Thunb.）Diels	开州，武隆	250 ~ 1 200 m		
		阔带凤丫蕨	*C. maxima* Ching et Shing	开州，武隆	400 ~ 800 m		
		南川凤丫蕨	*C. nanchuanensis* Ching	开州，武隆	600 ~ 1 200 m		
		黑轴凤丫蕨	*C. robusta* Christ	开州，石柱	350 ~ 1 200 m		
		乳头凤丫蕨	*C. rosthornii* Hieron.	开州，忠县，武隆	600 ~ 1 600 m		
		太白山凤丫蕨	*C. taipaishanensis* Ching et Y. T. Hsien	巫溪，开州	1 200 ~ 1 800 m		

77	裸子蕨科（Hemionitodaceae）	耳叶金毛裸蕨	*Gymnopteris bipinnata* var. *auriculata*（Franch.）Ching	巫山，巫溪，开州	400 ~ 1 200 m		
78	书带蕨科（Vittariaceae）	苔草书带蕨	*Vittaria caricina* Christ	北碚	800 ~ 860 m		
		书带蕨	*V. flexuosa* Fée	开州，北碚	850 ~ 2 400 m		
		平肋书带蕨	*V. fudzinoi* Makino	开州，涪陵	1 250 ~ 2 000 m		
79	蹄盖蕨科（Athyriaceae）	亮毛蕨	*Acystopteris japonica*（Luerss.）Nakai	开州，石柱，武隆	800 ~ 1 640 m		
		中华短肠蕨	*Allantodia chinensis*（Baker）Ching	开州，武隆，江津	300 ~ 1 500 m		
		大型短肠蕨	*A. gigantea*（Bak.）Ching	开州，石柱，武隆	600 ~ 1 760 m		
		薄盖短肠蕨	*A. hachijonensis*（Nakai）Ching	开州，武隆，巴南，江津	500 ~ 1 800 m		
		鳞轴短肠蕨	*A. hirtipes*（Christ）Ching	石柱	500 ~ 1 800 m		
		江南短肠蕨	*A. metteniana*（Miq.）Ching	巫山，巫溪，奉节，开州，万州，石柱，忠县，丰都，涪陵，武隆，长寿，巴南，北碚，江津，南岸，渝北，江北	600 ~ 1 400 m		
		小叶短肠蕨	*A. metteniana* var. *fariei*（Christ）Ching	开州	650 ~ 1 200 m		
		南川短肠蕨	*A. nanchuanica* W. M. Chu	开州，武隆，巴南，江津	400 ~ 1 520 m		
		假耳羽短肠蕨	*A. okudairai*（Mak.）Ching	巫溪，奉节，开州，万州，石柱，忠县，丰都，涪陵，武隆，江津	300 ~ 1 580 m		
		双生短肠蕨	*A. prolixa*（Rosenst.）Ching	开州，武隆，江津	250 ~ 650 m		
		有鳞短肠蕨	*A. squamigera*（Mett.）Ching	石柱，武隆，江津	260 ~ 1 300 m		
		华东安蕨	*Anisocampium sheareri*（Bak.）Ching	开州，万州，丰都，涪陵，武隆，巴南，江津	300 ~ 1 850 m		
		美丽假蹄盖蕨	*Athyriopsis concinna* Z. R. Wang	开州，石柱	1 200 ~ 1 900 m		
		假蹄盖蕨	*A. japonica*（Thunb.）Ching	库区各县（市，区）	350 ~ 1 600 m		
		金佛山假蹄盖蕨	*A. jinfoshanensis* Z. Y. Liu	石柱，武隆	800 ~ 1 500 m		
		膜叶假蹄盖蕨	*A. membranacea* Ching et Z. Y. Liu	开州，石柱，武隆	1 200 ~ 1 800 m		
		峨眉假蹄盖蕨	*A. omeiensis* Z. R. Wang	丰都	1 000 ~ 1 500 m		
		毛轴假蹄盖蕨	*A. petersenii*（Kze.）Ching	库区各县（市，区）	250 ~ 1 520 m		
		翅轴蹄盖蕨	*Athyrium delavayi* Christ	开州，石柱	600 ~ 1 800 m		
		轴果蹄盖蕨	*A. epirachis*（Christ）Ching	巫山，云阳，开州，忠县，丰都，武隆，北碚，江津	900 ~ 1 400 m		
		密羽蹄盖蕨	*A. imbricatum* Christ	江津	1 250 ~ 1 650 m		
		长江蹄盖蕨	*A. iseanum* Rosenst.	开州，石柱，武隆	500 ~ 2 000 m		
		川黔蹄盖蕨	*A. iseanum* var. *chuqianense* L. R. Wang	石柱	500 ~ 2 000 m		

续表

序号	科名	植物名	拉丁学名	分布	海拔	花期	果期
79	蹄盖蕨科（Athyriaceae）	紫柄蹄盖蕨	*A. kenzo-satakel* Kurata	开州，石柱，丰都，武隆	800 ~ 1 600 m		
		华东蹄盖蕨	*A. niponicum*（Mett.）Hance	库区各县（市，区）	250 ~ 1 600 m		
		光蹄盖蕨	*A. otophorum*（Miq.）Koidz.	奉节，开州，丰都，武隆，江津	600 ~ 1 600 m		
		华北蹄盖蕨	*A. pachyphlebium* C. Chr.	开州，石柱，涪陵	700 ~ 1 000 m		
		毛轴蹄盖蕨	*A. pubicostatum* Ching et Z. Y. Liu	开州，江津	900 ~ 1 800 m		
		糙毛蹄盖蕨	*A. suprapubescense* Ching	石柱	850 ~ 1 800 m		
		胎生蹄盖蕨	*A. viviparum* Christ	开州，江津	750 ~ 1 570 m		
		华中蹄盖蕨	*A. wardii*（Hook.）Makino	巫溪，奉节，开州，武隆	1 200 ~ 2 400 m		
		角蕨	*Cornopteris decurrenti-alata*（Hook.）Nakai	开州，涪陵，巴南	1 000 ~ 1 850 m		
		川黔肠蕨	*Diplaziopsis cavaleriana*（Christ）C. Chr.	涪陵，武隆	450 ~ 1 200 m		
		单叶双盖蕨	*Diplazium subsinuatum*（Wall. ex Hook. et Grev.）Tagawa	丰都，涪陵，巴南，江津	300 ~ 1 600 m		
		鄂西介蕨	*Dryoathyrium henryi*（Bak.）Ching	巫山，巫溪，奉节，开州，武隆	450 ~ 2 300 m		
		华中介蕨	*D. okuboanum*（Makino）Ching	奉节，开州，石柱，武隆	800 ~ 1 800 m		
		川东介蕨	*D. stenopteron*（Christ）Ching	巫山，巫溪，巴南，江津	1 000 ~ 1 600 m		
		峨眉介蕨	*D. unifurcatum*（Bak.）Ching	开州，丰都	1 200 ~ 2 300 m		
		绿叶介蕨	*D. viridifrons*（Makino）Ching	巫山，开州，石柱	450 ~ 800 m		
		东亚羽节蕨	*Gymnocarpium oyamense*（Bak.）Ching	巫山，巫溪，石柱，武隆	1 000 ~ 1 900 m		
		峨眉蕨	*Lunathyrium acrostichoides*（Sw.）Ching	巫山	1 400 ~ 2 500 m		
		华中峨眉蕨	*L. centro-chinense* Ching	巫溪，开州，石柱	1 000 ~ 2 700 m		
		陕西峨眉蕨	*L. giraldii*（Christ）Ching	巫山，巫溪，开州，武隆	1 000 ~ 2 500 m		
		峨山峨眉蕨	*L. wilsonii*（Christ）Ching	开州，武隆	1 200 ~ 1 750 m		
80	肿足蕨科（Hypodematiaceae）	肿足蕨	*Hypodematium crenatum*（Forssk.）Kuhn	巫山，巫溪，奉节，开州，涪陵，武隆，北碚，南岸	350 ~ 800 m		
81	金星蕨科（Thelypteridaceae）	星毛蕨	*Ampelopteris prolifera*（Rate.）Cop.	丰都，涪陵，巴南	1 80 ~ 650 m		
		小叶钩毛蕨	*Cyclogramma flexilis*（Christ）Tagawa	巫山，巫溪，奉节，开州，涪陵，武隆	300 ~ 1 000 m		
		狭基钩毛蕨	*C. leveillei*（Christ）Ching	云阳，开州，万州，石柱，武隆	500 ~ 1 600 m		
		峨眉钩毛蕨	*C. omeiensis*（Bak.）Tagawa	开州，石柱，武隆，江津	450 ~ 1 200 m		
		渐尖毛蕨	*Cyclosorus acuminatus*（Houtt.）Nakai	库区各县（市，区）	200 ~ 1 200 m		
		干旱毛蕨	*C. aridus*（Don）Tagawa	江津	180 ~ 700 m		
		秦氏毛蕨	*C. chingii* Z. Y. Liu	开州，武隆	400 ~ 800 m		
		齿牙毛蕨	*C. dentatus*（Forssk.）Ching	开州，江津	500 ~ 1 200 m		
		阔羽毛蕨	*C. macrophyllus* Ching et Z. Y. Liu	武隆	250 ~ 800 m		
		华南毛蕨	*C. parasiticus*（Linn.）Farwell	忠县，涪陵，巴南	200 ~ 800 m		

81	金星蕨科 （Thelypteridaceae）	拟渐尖毛蕨	*C. sino-acuminatus* Ching et Z. Y. Liu	开州，忠县，武隆	300 ~ 1500 m		
		方杆蕨	*Glaphylopteridopsis erubescens*（Wall. et Hook.）Ching	开州，涪陵，武隆，江津	400 ~ 800 m		
		金佛山伏蕨	*Leptogramma jinfoshanensis* Ching et Z. Y. Liu	开州，武隆	1 300 ~ 1 800 m		
		峨眉伏蕨	*L. scallanii*（Christ）Ching	武隆	1 250 ~ 1 900 m		
		小叶伏蕨	*L. tottoides.* H. Ito	奉节，开州，石柱，武隆，江津	800 ~ 1 800 m		
		针毛蕨	*Macrothelypteris oligophlebia*（Bak.）Ching	忠县，武隆，长寿，巴南	540 ~ 1 500 m		
		普通针毛蕨	*M. toressiane*（Gaud.）Ching	开州，万州，忠县，武隆，巴南	400 ~ 1 000 m		
		林下凸轴蕨	*Metathelypteris hattori*（H. Ito）Ching	开州，石柱，武隆	800 ~ 1 600 m		
		疏羽凸轴蕨	*M. laxa*（Franch. et Sav.）Ching	石柱，武隆	650 ~ 1 600 m		
		金星蕨	*Parathelypteris glanduligera*（Kze.）Ching	库区各县（市，区）	250 ~ 1 800 m		
		光脚金星蕨	*P. japonica*（Bak.）Ching	武隆，巴南	500 ~ 1 600 m		
		淡绿金星蕨	*P. japonica* var. *musashiensis*（Hiyama）Jiang	开州，巴南	500 ~ 1 800 m		
		金佛山金星蕨	*P. jinfoshanensis* Ching et Z. Y. Liu	开州，武隆	500 ~ 1 800 m		
		日本金星蕨	*P. nipponica*（Franch. et Sav.）Ching	开州，武隆，江津，南岸，渝北，江北	400 ~ 2 500 m		
		延羽卵果蕨	*Phegopteris decursive-pinnata*（van Hall）Fée	库区各县（市，区）	300 ~ 1 500 m		
		披针新月蕨	*Pronephrium penangianum*（Hook.）Holttum	巫山，巫溪，奉节，云阳，开州，万州，石柱，忠县，丰都，涪陵，武隆，长寿，巴南，北碚，江津，南岸，渝北，江北	470 ~ 1 500 m		
		西南假毛蕨	*Pseudocyclosorus esquirolii*（Christ）Ching	开州，忠县，丰都，涪陵，江津	350 ~ 1 200 m		
		普通假毛蕨	*P. subochthodes*（Ching）Ching	开州	200 ~ 1 900 m		
		紫柄蕨	*Pseudophegopteris pyrrhorachis*（Kze.）Ching	巫山，巫溪，奉节，云阳，开州，石柱，武隆，江津	1 200 ~ 2 300 m		
		光叶紫柄蕨	*P. pyrrhorachis* var. *glabrata*（Clarke）Ching	奉节，开州，武隆	1 000 ~ 1 800 m		
		贯众叶溪边蕨	*Stegnogramma cyrtomioides*（C. Chr.）Ching	开州，石柱，武隆	700 ~ 1 400 m		
82	铁角蕨科 （Aspleniaceas）	华南铁角蕨	*Asplenium austrochinense* Ching	开州	400 ~ 1 000 m		
		细柄铁角蕨	*A. capillipes* Makino	开州，巴南	1 260 ~ 2 400 m		
		剑叶铁角蕨	*A. ensiforme* Wall. et Hook. et Grev.	北碚	800 ~ 900 m		
		虎尾铁角蕨	*A. incisum* Thunb.	库区各县（市，区）	200 ~ 1 600 m		
		倒挂铁角蕨	*A. normale* D. Don	开州，忠县，丰都，巴南，北碚	600 ~ 1 500 m		
		北京铁角蕨	*A. pekinense* Hance	库区各县（市，区）	250 ~ 2 000 m		
		长叶铁角蕨	*A. prolongatum* Hook.	巫山，巫溪，奉节，云阳，开州，万州，石柱，忠县，丰都，涪陵，武隆，长寿，巴南，江津，渝北	200 ~ 850 m		
		卵叶铁角蕨	*A. ruta-muraria* Linn.	开州，丰都，武隆	1 000 ~ 1 600 m		

续表

序号	科名	植物名	拉丁学名	分布	海拔	花期	果期
82	铁角蕨科（Aspleniaceas）	华中铁角蕨	*A. sarelii* Hook.	库区各县（市，区）	380 ~ 1 600 m		
		石生铁角蕨	*A. saxicola* Rosenst.	开州	600 ~ 1 200 m		
		铁角蕨	*A. trichomanes* Linn.	巫山，巫溪，奉节，开州	400 ~ 2 000 m		
		三翅铁角蕨	*A. tripteropus* Nakai	巫山，巫溪，奉节，云阳，开州，万州，石柱，忠县，丰都，涪陵，武隆，长寿，巴南，北碚，江津，南岸，江北	400 ~ 1 580 m		
		半边铁角蕨	*A. unilaterale* Lam. [*A. pubirhizoma* Ching et Z. Y. Liu]	巫山，巫溪，开州，石柱，涪陵，武陵，江津	250 ~ 1 200 m		
		阴湿铁角蕨	*A. unilaterale* var. *udum* Atkinson ex Clarke [*A. unilaterale* var. *decuttens*（Beed.）. S. Kung]	武隆	370 ~ 600 m		
		变异铁角蕨	*A. varians* Wall. ex Hook. et Grev.	开州，石柱	600 ~ 1 800 m		
		狭翅铁角蕨	*A. wrightii* Eaton ex Hook.	开州，北碚	230 ~ 1 100 m		
		疏齿铁角蕨	*A. wrightioides* Christ	石柱，武隆	500 ~ 1 200 m		
		巢蕨	*Neottopteris nidus*（Linn.）J. Sm.	万州，涪陵，北碚，南岸，巫山，丰都			
83	球子蕨科（Onocleaceae）	华中荚果蕨	*Matteuccia intermedia* C. Chr.	巫山，巫溪，开州，巴南	1 200 ~ 2 500 m		
		东方荚果蕨	*M. orientalis*（Hool.）Trev.	巫山，巫溪，奉节，云阳，开州，万州，石柱，忠县，丰都，涪陵，武隆，长寿，巴南，江津	650 ~ 1 600 m		
84	岩蕨科（Woodsiaceae）	耳羽岩蕨	*Woodsia polysichoides* D. C. Eaton	开州，武隆	1 250 ~ 2 400 m		
85	乌毛蕨科（Blechaceae）	乌毛蕨	*Blechnum orientale* Linn.	江津	350 ~ 1 300 m		
		荚囊蕨	*Struthiopteris eburnea*（Christ）Ching	巫山，巫溪，奉节，云阳，开州，万州，石柱，忠县，丰都，涪陵，武隆，长寿，巴南，北碚，江津，南岸，渝北	500 ~ 1 800 m		
		狗脊蕨	*Woodwardia japonica*（Linn. f.）Sm. [*W. affinis* Ching et Chiu]	巫溪，奉节，开州，石柱，忠县，丰都，涪陵，武隆，长寿，巴南，北碚，江津，南岸	450 ~ 1 600 m		
		单芽狗脊蕨	*W. unigemmata*（Makino）Nakai [*W. maxima* Ching]	库区各县（市，区）	300 ~ 2 100 m		
86	柄盖蕨科（Peranemaceae）	东亚柄盖蕨	*Peranema cyatheoides* var. *luzonicum*（Cop.）Ching et S. H. Wu	开州	500 ~ 1 200 m		
87	鳞毛蕨科（Dryopteridaceae）	多羽复叶耳蕨	*Arachniodes amoena*（Ching）Ching	开州，涪陵，武隆	700 ~ 1 400 m		
		南方复叶耳蕨	*A. australis* Y. T. Hsieh	武隆，江津	400 ~ 850 m		
		中华复叶耳蕨	*A. chinensis*（Ros.）Ching	开州，涪陵，北碚	300 ~ 1 800 m		

87	鳞毛蕨科（Dryopteridaceae）	镰羽复叶耳蕨	*A. falcata* Ching	开州，巴南	520 ~ 840 m		
		华南复叶耳蕨	*A. festina*（Hance）Ching	石柱，武隆	800 ~ 1 680 m		
		南川复叶耳蕨	*A. nanchuanensis* Ching et Z. Y. Liu	武隆，北碚	530 ~ 1 200 m		
		华东复叶耳蕨	*A. pseudoaristata*（Tagawa）Ohwi	石柱，武隆，江津	700 ~ 1 200 m		
		斜方复叶耳蕨	*A. rhomboidea*（Wall. et Mett.）Ching	开州，石柱，武隆，巴南，江津，渝北，江北	250 ~ 1 200 m		
		长尾复叶耳蕨	*A. simplicior*（Makino）Ohwi	石柱，丰都，武隆，长寿，巴南，江津，渝北，江北	400 ~ 1 800 m		
		华西复叶耳蕨	*A. simulanes*（Ching）Ching	开州，武隆，江津	470 ~ 1 600 m		
		离脉柳叶蕨	*Cytogonellum caducum* Ching	涪陵，武隆	700 ~ 1 100 m		
		柳叶蕨	*C. fraxinellum*（Christ）Ching	开州，石柱，武隆	500 ~ 1 500 m		
		镰羽贯众	*Cyrtomium balansae*（Christ）C. Chr.	武隆，江津	250 ~ 1 600 m		
		短楔贯众	*C. brevicuneatum* Ching et Shing	开州，武隆	1 200 ~ 1 800 m		
		刺齿贯众	*C. caryotideum*（Wall.）Presl	武隆，长寿，巴南	400 ~ 1 250 m		
		全缘贯众	*C. falcatum*（Linn. f.）Presl	巫山，巫溪，开州，武隆	850 ~ 1 600 m		
		巫溪贯众	*C. falcipinnum* Ching	巫溪	750 ~ 1 500 m		
		贯众	*C. fortunei* J. Smith	库区各县（市，区）	250 ~ 1 650 m		
		多羽贯众	*C. fortunei* f. *polypterum*（Diels）Ching	奉节，武隆	850 ~ 2 100 m		
		大羽贯众	*C. macrophyllum*（Makino）Tagawa	巫山，巫溪，奉节，云阳，开州，石柱，丰都，涪陵，武隆	1 200 ~ 2 000 m		
		楔基大叶贯众	*C. mactophyllum* f. *muticum*（Christ）Ching	巫山，巫溪，武隆，巴南	500 ~ 1 800 m		
		低头贯众	*C. nephrolepioides*（Christ）Copel.	开州	600 ~ 850 m		
		峨眉贯众	*C. omeienst* Ching et Shing	开州，武隆	600 ~ 800 m		
		齿盖贯众	*C. tukusicola* Tagawa	石柱，武隆	650 ~ 1 500 m		
		长叶贯众	*C. urophyllum* Ching	武隆	300 ~ 1 640 m		
		粗齿贯众	*C. yamamotoi* var. *intermebium*（Diels）Ching et Shing	巫溪，开州	850 ~ 1 800 m		
		大羽鳞毛蕨	*Dryopteris bodinieri*（Christ）C. Chr.	武隆	500 ~ 800 m		
		阔鳞鳞毛蕨	*D. championii*（Benth.）C. Chr. ex Ching	开州，武隆，巴南，南岸，渝北	300 ~ 1 500 m		
		暗鳞鳞毛蕨	*D. cycadina*（Franch. et Sav.）C. Chr.	开州，武隆	1 400 ~ 2 500 m		
		狭基鳞毛蕨	*D. dickinsii*（Franch. et Sav.）C. Chr.	巫溪，开州，武隆	850 ~ 1 850 m		

续表

序号	科名	植物名	拉丁学名	分布	海拔	花期	果期
87	鳞毛蕨科（Dryopteridaceae）	红盖鳞毛蕨	*D. erythrosora*（Eaton）O. Ktze.	开州，石柱，涪陵，武隆，长寿，巴南，北碚，江津，南岸，渝北，九龙坡，江北	350 ~ 1 650 m		
		黑足鳞毛蕨	*D. fuscipes* C. Chr.	开州，石柱，忠县，丰都，涪陵，武隆	750 ~ 1 800 m		
		齿头鳞毛蕨	*D. labordei*（Christ）C. Chr.	奉节，开州，石柱	600 ~ 1 850 m		
		狭顶鳞毛蕨	*D. lacera*（Thunb.）O. Ktze.	云阳，开州，万州，石柱	600 ~ 1 650 m		
		美丽鳞毛蕨	*D. laeta*（Kom.）C. Chr.	石柱	1 000 ~ 1 800 m		
		刘氏鳞毛蕨	*D. liuii* Ching	开州，武隆，江津	1 200 ~ 1 600 m		
		混淆鳞毛蕨	*D. mommixta* Tagawa	江津	800 ~ 1 200 m		
		顶育鳞毛蕨	*D. neolacera* Ching	巫山，奉节，石柱，武隆	850 ~ 1 500 m		
		日本鳞毛蕨	*D. nipponensis* Koidz.	开州，石柱，武隆	800 ~ 1 650 m		
		黑鳞鳞毛蕨	*D. rosthornii*（Diels）C. Chr.	巫溪，石柱	1 000 ~ 1 600 m		
		无盖鳞毛蕨	*D. scottii*（Bedd.）Ching ex C. Chr	云阳，开州，万州	500 ~ 1 500 m		
		两色鳞毛蕨	*D. setosa.*（Thunb.）Akosowa [*D. bissetiana*（Bak.）C. Chr.]	巫山，巫溪，奉节，云阳，开州，万州，石柱，忠县，丰都，涪陵，武隆，长寿，巴南，北碚，江津，南岸，渝北，九龙坡，江北	650 ~ 1 650 m		
		奇数鳞毛蕨	*D. sieboldii*（van Houtt.）O. Ktze.	开州，武隆	800 ~ 1 800 m		
		稀羽鳞毛蕨	*D. sparsa*（Don）O. Ktze.	开州，石柱，武隆，长寿，巴南，北碚，江津，南岸	550 ~ 2 700 m		
		三角叶鳞毛蕨	*D. subtriangularis*（Hope）C. Chr.	开州，武隆	1 000 ~ 1 800 m		
		陇蜀鳞毛蕨	*D. thibetica*（Franch.）C. Chr.	涪陵	1 400 ~ 1 950 m		
		变异鳞毛蕨	*D. varia*（Linn.）O. Ktze.	开州，万州，石柱，忠县，丰都，涪陵，武隆，长寿，巴南，北碚，江津，南岸，渝北，江北	600 ~ 1 650 m		
		尖齿耳蕨	*Polystichum acutidens* Chtist	巫山，开州，万州，石柱，武隆，北碚，江津	400 ~ 1 650 m		
		角状耳蕨	*P. alcicorne*（Bak.）Diels	奉节，武隆，长寿，巴南，江津	300 ~ 1 000 m		
		城口耳蕨	*P. chengkouense* Ching	巫溪，开州，武隆	850 ~ 1 800 m		
		鞭叶耳蕨	*P. craspedosorum*（Maxim.）Diels	巫溪，开州，石柱，武隆，巴南，江津	650 ~ 1 650 m		
		对生耳蕨	*P. deltodon*（Bak.）Diels	巫山，巫溪，奉节，云阳，开州，万州，石柱，忠县，丰都，涪陵，武隆，长寿，巴南，北碚，江津，南岸	400 ~ 1 800 m		
		蚀盖耳蕨	*P. erosum* Ching et Shing	开州，武隆，江津	850 ~ 1 850 m		
		杰出耳蕨	*P. excelsius* Ching et Z. Y. Liu	开州，武隆	400 ~ 850 m		
		方氏耳蕨	*P. fangii* Ching	武隆	850 ~ 1 800 m		
		芒齿耳蕨	*P. hecatopteron* Diels	巫山，巫溪，开州，涪陵，江津	1 500 ~ 2 500 m		
		宜昌耳蕨	*P. ichangense* Christ	巫山，奉节，开州	400 ~ 850 m		

87	鳞毛蕨科（Dryopteridaceae）	金佛山耳蕨	*P. jinfoshanense* Ching et Z. Y. Liu	巫溪，开州	1 500 ~ 2 400 m		
		正宇耳蕨	*P. liuii* Ching	巫溪，开州，石柱	700 ~ 1 750 m		
		线鳞耳蕨	*P. longipaleatum* Christ. [*P. setosum* Schotc]	巫山，石柱，武隆	1 600 ~ 2 200 m		
		长叶耳蕨	*P. longissimum* Ching et Z. Y. Liu	武隆	350 ~ 800 m		
		黑鳞耳蕨	*P. makinoi*（Tagawa）Tagawa	巫山，巫溪，奉节，开州，石柱，丰都，涪陵，武隆，巴南，江津	900 ~ 2 200 m		
		新裂耳蕨	*P. neolobatum* Nakai	巫溪，奉节，开州，武隆，江津	850 ~ 2 200 m		
		峨眉耳蕨	*P. omeiense* C. Chr.	开州，石柱，武隆，江津	800 ~ 1 500 m		
		对马耳蕨	*P. tsus-simense*（Hook.）J. Sm.	库区各县（市，区）	450 ~ 1 650 m		
		革叶耳蕨	*P. xiphophyllum*（Bak.）Diels	巫溪，石柱，开州，武隆	650 ~ 1 800 m		
88	三叉蕨科（Aspidiaceae）	金佛山肋毛蕨	*Ctenitis jinfoshanensis* Ching et Z. Y. Liu	武隆	400 ~ 800 m		
		虹鳞肋毛蕨	*C. rhodoliepis*（Clarke）Ching [*C. membranifolia* Ching et C. H. Wang]	库区各县（市，区）	300 ~ 1 800 m		
		毛叶轴脉蕨	*Ctenitopsis devexa*（Kze.）Ching et C. H. Wang	开州	450 ~ 800 m		
		泡鳞轴鳞蕨	*Dryopsis mariformis*（Rosenst.）Hoitt. et Edwards [*Ctenitopsis mariformis*（Rosenst.）Ching]	巫山，巫溪，开州，涪陵，江津	1600 ~ 2 600 m		
		紫柄三叉蕨	*Tectaria coadunata*（J. Sm.）C. Chr.	云阳，万州，丰都，涪陵，武隆，江津	350 ~ 1 250 m		
89	实蕨科（Bolbitidaceae）	长叶实蕨	*Bolbitis heteroclita*（Presl）Ching	开州，涪陵，武隆，长寿，巴南，江津	200 ~ 800 m		
90	肾蕨科（Nephrolepidaceae）	肾蕨	*Nephrolepis auriculata*（Linn.）Trimen	巫山，巫溪，开州，万州，涪陵，武隆，长寿，巴南，北碚，江津，渝北，江北	350 ~ 1 200 m		
91	骨碎补科（Davalliaceae）	大叶骨碎补	*Davalliaformosana* Hayata [*D. orientalis* C. Chr.]	江津	500 ~ 700 m		
92	双扇蕨科（Dipteridaceae）	中华双扇蕨	*Dipteris chinensis* Christ	江津	800 ~ 1 200 m		
93	水龙骨科（Polypodiaceae）	玻璃节肢蕨	*Arthromeris himalayensis*（Hook.）Ching	石柱，武隆	1 300 ~ 1 800 m		
		节枝蕨	*A. lehmannii*（Mett.）Ching	开州，石柱，江津	500 ~ 1 800 m		
		龙头节肢蕨	*A. lungtauensis* Ching	巫溪，奉节，开州，石柱，武隆	350 ~ 2 500 m		
		多羽节肢蕨	*A. mairei*（Brause）Ching	巫山，巫溪，奉节，云阳，开州，万州，石柱，武隆，江津	800 ~ 2 400 m		
		线蕨	*Colysis elliptica*（Thunb.）Ching	开州，石柱，武隆	1 000 ~ 1 300 m		
		曲边线蕨	*C. elliptica* var. *flexiloba*（Christ）L. Shi et X. C. Zheng [*C. flexiloba*（Christ）Ching]	涪陵，武隆，长寿，巴南，北碚，江津	450 ~ 1 200 m		
		宽羽线蕨	*C. elliptica* var. *pothifolia*（Don）Ching	开州，武隆，涪陵	450 ~ 850 m		
		矩圆线蕨	*C. henryi*（Bak.）Ching	巫山，巫溪，奉节，云阳，开州，石柱，丰都，涪陵，武隆，江津	350 ~ 1 250 m		

续表

序号	科名	植物名	拉丁学名	分布	海拔	花期	果期
93	水龙骨科（Polypodiaceae）	丝带蕨	*Drymotaemium miyoshianum*（Makino）Makino	开州，石柱，武隆，江津	850 ~ 1 800 m		
		披针叶骨牌蕨	*Lepidogrammitis christensenii* Ching [*L. diversa*（Rosenst）Ching]	开州，石柱，江津	850 ~ 2 100 m		
		抱石莲	*L. drymoglossoides*（Bak.）Ching	库区各县（市，区）	300 ~ 1 700 m		
		中间骨牌蕨	*L. intermedia* Ching	巫山，巫溪，云阳，开州，石柱，涪陵，长寿	500 ~ 1 690 m		
		梨叶骨牌蕨	*L. pyriformis*（Ching）Ching	奉节，开州，万州，武隆	800 ~ 1 800 m		
		盾鳞星蕨	*Lepidomicrosorium buergerianum*（Miq.）Ching et Shing	奉节，石柱	450 ~ 850 m		
		常春藤盾鳞星蕨	*L. hederaceum*（Christ）Ching [*L. subhemionitideum*（Christ）P. S. Wang]	石柱，武隆	250 ~ 1 250 m		
		滇盾鳞星蕨	*L. hymenodes*（Kze.）Ching [*L. subhemionitideum*（Christ）P. S. Wang]	武隆，长寿，巴南	450 ~ 800 m		
		尾叶盾鳞星蕨	*L. caudifrons* Ching et M. W. Chu	奉节，开州，石柱，武隆	650 ~ 1 600 m		
		狭叶瓦韦	*Lepisorus angustus* Ching	巫溪，开州，江津	650 ~ 1 800 m		
		黄瓦韦	*L. asterolepis*（Bak.）Ching	巫山，巫溪，奉节，云阳，开州，万州，石柱，武隆，北碚，江津	600 ~ 1 580 m		
		两色瓦韦	*L. bicolor*（Takeda）Ching	巫山，开州，涪陵，武隆	1 000 ~ 2 600 m		
		扭瓦韦	*L. contortus*（Christ）Ching	巫山，巫溪，奉节，开州，石柱，丰都，涪陵，武隆，巴南，江津	450 ~ 1 850 m		
		大瓦韦	*L. macrosphaerus*（Bak.）Ching	巫溪，开州	800 ~ 2 300 m		
		粤瓦韦	*L. obscure-venulosus*（Hay.）Ching	开州，石柱，丰都，武隆	850 ~ 2 100 m		
		鳞瓦韦	*L. oligolepidus*（Bak.）Ching	巫山，巫溪，奉节，开州，涪陵，武隆	450 ~ 1 650 m		
		百华山瓦韦	*L. paohuashanensis* Ching	涪陵，武隆，江津	500 ~ 800 m		
		瓦韦	*L. thunbergianus*（Kaulf.）Ching	巫山，巫溪，奉节，开州，万州，石柱，武隆，巴南，江津	200 ~ 1 400 m		
		阔叶瓦韦	*L. tosaensis*（Makino）H. Ito	开州	500 ~ 1 250 m		
		攀缘星蕨	*Microsorum brachylepis*（Bak.）Nakaike	巫山，开州，武隆，江津	500 ~ 1 200 m		
		江南星蕨	*M. fortunei*（T. Moore）Ching [*M. henryi*（Christ）C. M. Kuo]	库区各县（市，区）	400 ~ 1 700 m		
		羽裂星蕨	*M. insigne*（Blume）Copel. [*M. dilatatum*（Bedd.）Sledge]	巫溪，开州，石柱，武隆，江津	600 ~ 2 000 m		
		星蕨	*M. punctatum*（Linn.）Cop.	武隆	500 ~ 850 m		

93	水龙骨科（Polypodiaceae）	盾蕨	*Neolepisorus ovatus*（Bedd.）Ching	巫山，巫溪，奉节，云阳，开州，万州，石柱，忠县，丰都，涪陵，武隆，长寿，巴南，北碚，江津，南岸	400 ~ 1 600 m		
		三角叶盾蕨	*N. ovatus* f. *deltoideus*（Baker）Ching	奉节，云阳，开州，石柱，武隆，巴南，北碚，江津，南岸	400 ~ 1 800 m		
		截基盾蕨	*N. truncatus* Ching et P. S. Wang	巫山，奉节，开州，石柱，武隆	750 ~ 1 650 m		
		大果假密网蕨	*Phymatopsis griffithiana*（Hook.）Pichi-Serm.	开州，武隆	1 300 ~ 2 600 m		
		金鸡脚	*P. hastata*（Thunb.）Pichi-Serm.	库区各县（市，区）	200 ~ 2 300 m		
		宽底假密网蕨	*P. majoensis*（C. Chr.）Ching	开州，武隆	1300 ~ 1 800 m		
		陕西假密网蕨	*P. shensiensis*（Christ）Ching	巫溪，开州	1 400 ~ 2 500 m		
		川拟水龙骨	*Polypodiastrum dielseanum*（C. Chr.）Pic-Serm.	开州，石柱，武隆	1 100 ~ 2 300 m		
		友水龙骨	*Polypodiodes amoene*（Wall. ex Mett.）Ching	巫山，巫溪，奉节，云阳，开州，万州，石柱，武隆，江津	400 ~ 2 600 m		
		红杆水龙骨	*P. amoena* var. *duclouxii*（Christ）Ching	武隆	1 100 ~ 1 800 m		
		中华水龙骨	*P. chinensis*（Christ）S. G. Lu	开州，石柱，丰都，涪陵，武隆	650 ~ 1 250 m		
		水龙骨	*P. niponica*（Mett.）Ching	巫山，巫溪，开州，武隆	1 150 ~ 2 300 m		
		相似石韦	*Pyrrosia assimilis*（Bak.）Ching	巫山，开州	300 ~ 1 200 m		
		光石韦	*P. calvata*（Bak.）Ching	巫山，奉节，开州，石柱，涪陵，武隆，江北	400 ~ 1 750 m		
		北京石韦	*P. davidii*（Baker）Ching	武隆	450 ~ 800 m		
		毡毛石韦	*P. drakeana*（Franch.）Ching	巫溪，开州	750 ~ 2 400 m		
		西南石韦	*P. gralla*（Gies.）Ching	巫溪，奉节	500 ~ 1 600 m		
		石韦	*P. lingua*（Thunb.）Farw.	巫山，巫溪，奉节，云阳，开州，万州，石柱，忠县，丰都，涪陵，武隆，长寿，巴南，北碚，江津，南岸，渝北	200 ~ 1 800 m		
		有柄石韦	*P. petiolosa*（Christ）Ching	库区各县（市，区）	250 ~ 2 200 m		
		庐山石韦	*P. sheareri*（Bak.）Ching	巫山，巫溪，奉节，云阳，开州，万州，石柱，忠县，丰都，涪陵，武隆，长寿，巴南，北碚，江津，渝北	500 ~ 2 300 m		
		石蕨	*Saxiglossum angustissimum*（Gies.）Ching	开州	600 ~ 1 000 m		
94	槲蕨科（Drynariaceae）	槲蕨	*Drynaria fortunei*（Kze.）J. Sm. [D. roosii Nakaike]	库区各县（市，区）	300 ~ 1 200 m		
95	剑蕨科（Loxogrammaceae）	瑶山剑蕨	*Loxogramme assimilis* Ching	涪陵，武隆	480 ~ 850 m		
		中华剑蕨	*L. chinensis* Ching	开州，武隆	800 ~ 1 650 m		
		褐柄剑蕨	*L. duclouxii* Chirst [L. saziran Tagawa]	巫山，奉节，开州，石柱，武隆，江津	450 ~ 1 850 m		

续表

序号	科名	植物名	拉丁学名	分布	海拔	花期	果期
95	剑蕨科（Loxogrammaceae）	匙叶剑蕨	*L. grammitoides*（Bak.）C. Chr.	巫溪，石柱，涪陵，武隆，江津	850 ~ 2 400 m		
		柳叶剑蕨	*L. salicifolia*（Makino）Makino	巫山，巫溪，奉节，云阳，开州，万州，丰都，涪陵，武隆，江津	200 ~ 1 200 m		
96	苹科（Marsileaceae）	苹	*Marsilea quadrifolia* Linn.	库区各县（市，区）	200 ~ 1 250 m		
97	槐叶苹科（salviniaceae）	槐叶苹	*Salvinia natans*（Linn.）All.	库区各县（市，区）	250 ~ 1 000 m		
98	满江红科（Azllaceae）	满江红	*Azolla imbricata*（Roxb. ex Griff.）Nakai	库区各县（市，区）	175 ~ 1 400 m		
裸子植物门（Gymnospermae）							
99	苏铁科（Cycadaceae）	苏铁	*Cycas revoluta* Thunb.	库区各县（市，区）	栽培		
		华南苏铁	*C. rumphii* Miq.	库区各县（市，区）	栽培		
100	银杏科（Ginkgoaceae）	银杏	*Ginkgo biloba* Linn.	库区各县（市，区）	1500 m以下	3—4月	9—10月
101	南洋杉科（Araucarlaceae）	南洋杉	*Araucaria cunninghamii* Sweet	库区各县（市，区）	栽培		
		异叶南洋杉	*A. heterophylla*（Salisb.）Franco	万州，涪陵，南岸，渝北	1 600 ~ 2 300 m		
102	松科（Pinaceae）	秦岭冷杉	*Abies chensiensis* Van Tiegh.	开州	1 600 ~ 2 300 m		
		巴山冷杉	*A. fargesii* Franch.	巫溪，开州	1 800 ~ 2 600 m	4—5月	9—10月
		银杉	*Cathaya argyrophylla* Chun et Kuang	武隆	1 400 ~ 1 800 m		9—10月
		雪松	*Cedrus deodara*（Roxb.）G. Don	库区各县（市，区）	栽培	2月	翌年10月
		铁坚油杉	*Keteleeria davidiana*（Bertr.）Beissn.	巫山，巫溪，奉节，云阳，开州，万州，石柱	600 ~ 1 500 m	4月	10月
		青杄	*Picea wilsonii* Mast.	巫溪，开州	1 600 ~ 2 650 m	4月	10月
		华山松	*Pinus armandi* Franch.	巫山，巫溪，奉节，云阳，开州，武隆	1 000 ~ 2 500 m	4—5月	翌年9—10月
		白皮松	*P. bungeana* Zucc. ex Endl.	开州，万州，武隆，北碚	500 ~ 1 800 m	4—5月	翌年10—11月
		海南五针松	*P. fenzeliana* Hand.-Mazz.	开州，涪陵，武隆，江津	800 ~ 1 200 m	4月	翌年10—11月
		巴山松	*P. henryi* Mast.	巫山，巫溪，奉节，开州，万州，石柱	1 250 ~ 2 400 m		6—7月
		马尾松	*P. massoniana* Lamb.	库区各县（市，区）	250 ~ 1 600 m	4—5月	翌年10—12月
		油松	*P. tabulaeformis* Carr.	巫溪，开州，武隆	800 ~ 1 700 m	4—5月	翌年10月
		黑松	*P. thunbergii* Parl.	开州，北碚	栽培	4—5月	翌年10月
		云南松	*P. yunnanensis* Franch.	北碚，渝北	栽培		
		金钱松	*Pseudolarix amabilis*（Nelson）Rehd. [*P. kaempferi*（Lamb.）Gord.]	开州，万州，北碚	1 500 m以下	4月	10月
		黄杉	*Pseudotsuga sinensis* Dode	开州，万州	900 ~ 1 600 m	4月	10—11月
		铁杉	*Tsuga chinensis*（Franch.）Pritz.	巫山，巫溪，开州，万州	1 500 ~ 2 600 m	4月	10月

103	杉科（Taxodiaceae）	柳杉	*Cryptomeria fortunei* Hooibrenk ex Otto et Dietr.	库区各县（市，区）	栽培	4月	10月
		日本柳杉	*C. japonica*（Linn. f.）D. Don	开州，北碚，江津，南岸，渝北	栽培	4月	10月
		杉木	*Cunninghamia lanceolata*（Lamb.）Hook.	库区各县（市，区）	300 ~ 1 850 m	4月	10月下旬
		水松	*Glyptostrobus pensilis*（Staunt.）Koch	开州，武隆，巴南，南岸，渝北	1 000 m以下	1—2月	秋后
		水杉	*Metasequoia glyptostroboides* Hu et Cheng	库区各县（市，区）	1 000 m以下	2月下旬	11月
		秃杉	*Taiwania flousiana* Gaussen	石柱，江津	650 ~ 800 m		10—11月
104	柏科（Cupressaceae）	日本花柏	*Chamaecyparis pisifera*（Sieb. et Zucc.）Endl.	开州，涪陵，南岸，渝北	栽培		
		干香柏	*Cupressus duclouxiana* Hickel	巫溪，涪陵	1 400 m以上		9—10月
		柏木	*C. funebris* Endl.	库区各县（市，区）	250 ~ 1 500 m	4月	翌年5—6月
		福建柏	*Fokienia hodginsii*（Dunn）Henry et Thomas.	江津	600 ~ 1 800 m	3—4月	翌年 10—11月
		刺柏	*Juniperus formosana* Hayata	巫山，巫溪，奉节，开州，武隆	800 ~ 2 000 m	4—6月	翌年4—8月
		侧柏	*Platycladus orientalis*（Linn.）Franco.	巫溪，奉节，开州	350 ~ 650 m	3—4月	10月
		圆柏	*Sabina chinensis*（Linn.）Antoine	库区各县（市，区）	800 ~ 1 650 m	3—6月	翌年6—9月
		香柏	*S. pingii* var. *wilsonii*（Rehd.）Cheng et L. K. Fu	巫山，巫溪，奉节，开州	1 600 ~ 2 650 m	4—6月	10—11月
		高山柏	*S. squamata*（Buch.-Ham.）Ant.	巫山，巫溪，开州	1 560 ~ 2 680 m	4—5月	翌年7月
		北美香柏	*Thuja occidentalis* Linn.	开州，南岸，巫山，丰都	栽培		
		崖柏	*T. sutchuenensis* Franch.	开州	800 ~ 1 700 m		
105	罗汉松科（Podocarpaceae）	罗汉松	*Podocarpus macrophyllus*（Thunb.）D. Don	巫山，巫溪，开州，石柱，江津	400 ~ 850 m	4—5月	8—9月
		狭叶罗汉松	*P. macrophyllus* var. *angustifolius* Bl.	库区各县（市，区）	栽培		
		短叶罗汉松	*P. macrophyllus* var. *maki* Endl.	库区各县（市，区）	栽培		
		百叶青	*P. neriifolius* D. Don	开州，石柱，武隆，江津	500 ~ 1 300 m	5月	10—11月
		竹柏	*P. nagi*（Thunb.）Zoll. et Mor.	开州，涪陵，北碚，南岸，渝北，九龙坡，巫山，丰都	1 600 m	3—4月	10月
106	三尖杉科（Cephalotaxaceae）	三尖杉	*Cephalotaxus fortunei* Hook. f.	巫山，巫溪，奉节，云阳，开州，万州，石柱，忠县，丰都，涪陵，武隆，长寿，巴南，北碚，江津	800 ~ 2 000 m	4月	8—10月
		篦子三尖杉	*C. oliveri* Mast.	巫山，巫溪，开州，忠县，丰都，涪陵，武隆	300 ~ 1 800 m	3—4月	8—10月
		粗榧	*C. sinensis*（Rehd. et Wils.）Li	巫山，巫溪，开州，石柱，武隆，江津	600 ~ 2 200 m	3—4月	9—11月
		宽叶粗榧	*C. sinensis* var. *latifolia* Cheng et L. K. Fu	巫山，巫溪，开州，石柱，武隆	1 280 ~ 2 400 m		
107	红豆杉科（Taxaceae）	穗花杉	*Amentotaxus argotaenia*（Hance）Pilger	开州，石柱，武隆	600 ~ 1 650 m	4月	10月
		红豆杉	*Taxus wallichiana* var. *chinensis*（Pilger）Florin [*T. chinensis*（Pilger）Rehd.]	巫山，巫溪，奉节，云阳，开州，万州，石柱，武隆，江津	1 200 ~ 2600 m	4—5月	10月

续表

序号	科名	植物名	拉丁学名	分布	海拔	花期	果期
107	红豆杉科（Taxaceae）	南方红豆杉	*T. wallichiana* var. *mairei*（Lemee et Lèvl.）L. K. Fu et N. Li [*T. chinensis* var. *mairei*（Lemee et Lévl.）Cheng et L. K. Fu]	巫山，巫溪，奉节，云阳，开州，万州，石柱，忠县，丰都，涪陵，武隆，长寿，巴南，北碚，江津，渝北	600 ~ 1 500 m		
		巴山榧	*Torreya fargesii* Franch.	巫山，巫溪，奉节，开州	1 200 ~ 1 800 m	4—5月	9—10月
		香榧	*T. grandis* Fort. ex Lindl.	开州	650 ~ 1 400 m	4月	翌年10月
被子植物门 Angiospermae							
108	木麻黄科（Casuarinaceae）	细枝木麻黄	*Casuarina cunninghamiana* Miq.	长寿	400 ~ 800 m		
		木麻黄	*C. equisetifolia* Forst.	北碚，南岸，万州	400 ~ 850 m	5—8月	6—10月
109	三白草科（Saururaceae）	裸蒴	*Gymnotheca chinensis* Decne.	开州，武隆	400 ~ 850 m	4—11月	
		白苞裸蒴	*G. involucrata* Pèi	万州，武隆	400 ~ 650 m	2—6月	
		蕺菜	*Houttuynia cordata* Thunb.	库区各县（市，区）	250 ~ 2 000 m	4—7月	
		三白草	*Saururus chinensis*（Lour.）Baill.	巫溪，奉节，云阳，开州，武隆	250 ~ 1 600 m	4—6月	
110	胡椒科（Piperaceae）	豆瓣绿	*Peperomia tetraphylla*（Forst. f.）Hook. et Arn. [*P. reflexa*（Linn. f.）A. Dietr.]	云阳，丰都，武隆	450 ~ 1 200 m		
		毛叶豆瓣绿	*P. tetraphylla* var. *sinensis*（C. DC.）P. S. Chen et P. C. Zhu	武隆，万州	450 ~ 800 m		
		华南胡椒	*Piper austrosinensis* Tseng	丰都，武隆	250 ~ 650 m		
		山蒟	*P. hancei* Maxim.	江津	400 ~ 800 m		
		毛蒟	*P. puberulum*（Benth.）Maxim.	武隆	400 ~ 850 m		
		石南藤	*P. wallichii*（Miq.）Hand.-Mazz.	巫溪，云阳，开州，万州，武隆，江津	250 ~ 1 500 m	5—6月	
111	金粟兰科（Chloranthaceae）	狭叶金粟兰	*Chloranthus angustifolius* Oliv.	巫山，奉节，开州，武隆	200 ~ 350 m	4月	5月
		鱼子兰	*C. elatior* Link	北碚，渝中，南岸，涪陵	庭园栽培		
		丝穗金粟兰	*C. fortunei*（A. Gray）Solms-Laub.	石柱，奉节	450 ~ 1 200 m	4—5月	5—6月
		宽叶金粟兰	*C. henryi* Hemsl.	巫溪，奉节，开州，忠县，武隆，长寿，巴南，江津	450 ~ 1 200 m	4—6月	7—8月
		湖北金粟兰	*C. henryi* var. *hupehensis*（Pamp.）K. F. Wu	巫山，巫溪，奉节，云阳，开州，万州，石柱，江津	400 ~ 800 m	5—6月	
		银线草	*C. japonicus* Sieb.	江津，武隆，开州	450 ~ 1 650 m	4—5月	5—7月
		多穗金粟兰	*C. multistachys*（Hand.-Mazz.）Pei	奉节，武隆	600 ~ 1 200 m	5—7月	8—10月
		四叶对	*C. serratus*（Thunb.）Roem. et Schult.	巫溪，开州	300 ~ 1 200 m	4—5月	6—8月
		四川金粟兰	*C. sessilifolius* K. F. Wu	云阳，奉节，开州	500 ~ 1 200 m	3—4月	6—7月
		金粟兰	*C. spicatus*（Thunb.）Makino	南岸，沙坪坝，万州	150 ~ 990 m	4—7月	8—10月
		草珊瑚	*Sarcandra glabra*（Thunb.）Nakai	开州，万州，丰都，涪陵，长寿，北碚，江津	250 ~ 1 200 m	6月	8—10月

112	杨柳科（Salicaceae）	响叶杨	*Populus adenopoda* Maxim.	库区各县（市，区）	300 ~ 2 500 m	3—4月	4—5月
		加拿大杨	*P. canadensis* Moench	万州，涪陵	栽培	4月	5—6月
		山杨	*P. davidiana* Dode	库区各县（市，区）	850 ~ 2 300 m	3—4月	4—5月
		毛山杨	*P. davidiana* var. *tomentella*（Schneid.）Nakai	库区各县（市，区）	500 ~ 1 500 m		
		大叶杨	*P. lasiocarpa* Oliv.	巫山，巫溪，奉节，开州，石柱，武隆	1 000 ~ 2 200 m	4—5月	5—6月
		钻天杨	*P. nigra* var. *italica*（Münchh.）Koehne	巫山，长寿，江津	栽培	4月	5月
		椅杨	*P. wilsonii* Schneid.	奉节，开州	1 400 ~ 2 000 m	4—5月	5—7月
		垂柳	*Salix babylonica* Linn.	库区各县（市，区）	800 m以下	3—4月	4—5月
		巴山柳	*S. etosia* Schneid. [*S. camusii* Lévl.]	巫山，巫溪，奉节，开州	750 ~ 1 850 m		
		川鄂柳	*S. fargesii* Burk.	巫山，巫溪，奉节，开州	1 250 ~ 2 400 m	4—5月	5—6月
		紫枝柳	*S. heterochroma* Seemen	巫山，巫溪，奉节，开州	1 500 ~ 2 500 m	4—5月	5—6月
		小叶柳	*S. hypoleuca* Seem.	巫山，巫溪	500 ~ 1 500 m	4月初	5月下旬
		旱柳	*S. matsudana* Koidz.	库区各县（市，区）	1 100 m以下	4月	4—5月
		龙爪柳	*S. matsudana* var. *tortuosa*（Vilm.）Rehd.	万州，长寿，江津	栽培		
		裸头柳	*S. psilostigma* Anderss. [*S. eriophylla* Anderss.]	巫溪	1 200 ~ 2 500 m	5—6月	7—8月
		南川柳	*S. rosthornii* Seem.	巫山，巫溪，奉节，开州，万州，石柱，武隆，巴南	450 ~ 1 600 m	3—4月	5月
		秋华柳	*S. variegata* Franch.	奉节，开州，石柱，忠县，涪陵，长寿，渝北，北碚	175 ~ 650 m	秋季	
		皂柳	*S. wallichiana* Anderss.	库区各县（市，区）	850 ~ 2 100 m		
		紫柳	*S. wilsonii* Seem.	巫山	1 000 ~ 1 300 m	4月	5月
113	杨梅科（Myricaceae）	毛杨梅	*Myrica esculenta* Buch.-Ham.	开州，涪陵，武隆，巴南，江津	300 ~ 850 m		
		杨梅	*M. rubra*（Lour.）Sieb. et Zucc.	库区各县（市，区）	300 ~ 860 m	3—4月	5—6月
114	胡桃科（Juglandaceae）	青钱柳	*Cyclocarya paliurus*（Batal.）Iljinskaja	奉节，开州，武隆	800 ~ 2 100 m	4—6月	7—11月
		黄杞	*Engelhardia roxburghiana* Wall.	巫溪，奉节，开州，万州，石柱，涪陵，武隆，北碚，江津	300 ~ 1 200 m	4—5月	8—9月
		野核桃	*Juglans cathayensis* Dode	巫山，巫溪，奉节，云阳，开州，万州，石柱，涪陵，武隆，江津	750 ~ 2 000 m	4—5月	8—10月
		胡桃	*J. regia* Linn.	库区各县（市，区）	300 ~ 1 800 m	4—5月	9—10月
		泡核桃	*J. sigillata* Dode	巫山，巫溪，开州，万州，石柱，武隆	1 200 ~ 2 700 m	3—4月	9月
		园果化香树	*Platycarya longipes* Wu	巫山，开州，石柱，丰都，武隆，江津	750 ~ 2 200 m	5月	7月
		化香树	*P. strobilacea* Sieb. et Zucc.	库区各县（市，区）	450 ~ 1 650 m	5—6月	9—10月
		湖北枫杨	*Pterocarya hupehensis* Skan	巫山，巫溪，奉节，开州	900 ~ 1 600 m	4—5月	8月
		华西枫杨	*P. insignis* Rehd. et Wils.	开州，石柱，武隆，长寿	1 500 ~ 2 300 m	4—5月	8—9月
		枫杨	*P. stenoptera* C. DC. [*P. stenoptera* var. *brevlialata* Pamp.]	库区各县（市，区）	200 ~ 1 800 m	4月	9月

续表

序号	科名	植物名	拉丁学名	分布	海拔	花期	果期
115	桦木科（Betulaceae）	桤木	*Alnus cremastogyne* Burk.	巫山，开州，涪陵	500 ~ 1 200 m		
		尼泊尔桤木	*A. nepalensis* D. Don	石柱	450 ~ 800 m		
		红桦	*Betula albo-sinensis* Burk.	巫山，巫溪，开州	1 300 ~ 2 500 m		
		西南桦	*B. alnoides* Boch.-Ham. et D. Don	江津，开州，石柱	500 ~ 2 000 m		
		香桦	*B. insignis* Franch.	巫溪，开州	1 400 ~ 2 300 m		
		亮叶桦	*B. luminifera* H. Winkl.	巫溪，奉节，云阳，开州，石柱，忠县，涪陵，武隆，江北	500 ~ 2 300 m		
		糙皮桦	*B. utilis* D. Don	巫山，巫溪，开州，石柱	1 300 ~ 2 400 m		
		华鹅耳枥	*Carpinus cordata* var. *chinensis* Franch.	巫山	1 200 ~ 2 100 m		
		长穗鹅耳枥	*C. fangiana* Hu	巫山，武隆	700 ~ 2 100 m		
		川陕鹅耳枥	*C. fargesiana* H. Winkl.	巫山，云阳，开州，万州，武隆，江津	1 200 ~ 2 000 m	4—5月	6—10月
		狭叶鹅耳枥	*C. fargesiana* var. *hwai*（Hu et Cheng）P. C. Li	巫山，开州，万州	1 600 ~ 2 300 m		
		多脉鹅耳枥	*C. polyneura* Franch.	开州，奉节，石柱	900 ~ 1 600 m		8—9月
		云贵鹅耳枥	*C. pubescens* Buck. [*C. pubescens* var. *seemeniana*（Diels）Hu]	万州，丰都，武隆	800 ~ 1 500 m		
		昌化鹅耳枥	*C. tschonoiskii* Maxim.	武隆	1 200 ~ 2 000 m		
		华榛	*Corylus chinensis* Franch.	巫山，奉节，开州	900 ~ 2 300 m		
		披针叶榛	*C. fargesii* Schneid.	巫山，开州	800 ~ 2 300 m		
		藏刺榛	*C. ferox.* Var. *thibetica*（Batal.）Franch.	巫山，巫溪，奉节，开州，石柱，武隆	1 500 ~ 2 400 m	3—4月	8—10月
		榛	*C. heterophylla* Fisch. et Bess.	武隆	1 200 ~ 1 800 m		
		川榛子	*C. heterophylla* var. *sutchuenensis* Franch.	巫山，巫溪，奉节，开州，石柱，丰都，武隆	800 ~ 2 300 m		
116	壳斗科（Fagaceae）	锥栗	*Castanea henryi*（Skan）Rehk. et Wils.	巫山，巫溪，开州，石柱，武隆	600 ~ 2 000 m	5—7月	9—10月
		板栗	*C. mollissima* Bl.	库区各县（市，区）	350 ~ 1 250 m	4—6月	8—10月
		茅栗	*C. seguinii* Dode	巫山，奉节	650 ~ 1 800 m	5月	8—10月
		甜槠栲	*Castanopsis eyrei*（Champ. et Benth）Tutch	开州，石柱，武隆，江津	450 ~ 1 300 m	4—6月	9—11月
		栲	*C. fargesii* Franch.	巫山，巫溪，奉节，开州，石柱，忠县，丰都，武隆，北碚，江津，南岸，江北	500 ~ 1 800 m	4—6月	翌年同期
		扁刺栲	*C. platyacantha* Rehd. et Wils.	开州，丰都，武隆，江津	800 ~ 2 400 m	5—8月	翌年 9—11月
		苦槠	*C. sclerophylla*（Lindl.）Schott.	巫山，巫溪，奉节，开州	1 250 ~ 2 500 m	4—5月	10—11月
		青冈	*Cyclobalanopsis glauca*（Thunb.）Derst. [*Quercus glauca* Thunb.]	巫山，石柱，涪陵	800 ~ 1 800 m	4月	9—10月
		滇青冈	C. glaucoides Schott. [*Quercus schottkyana* Rehd. et Wils.]	石柱，江津	800 ~ 1 600 m		

116	壳斗科（Fagaceae）	细叶青冈	*C. myrsinaefolia*（Bl. l）Derst. [*Quercus myrsinaefolia* Bl.]	巫山，江津	700 ~ 2 500 m	3—4月	10—11月
		蛮青冈	*C. oxyodon*（Miq.）Derst. [*Quercus fargesii* Franch.; Q. oxyodon Miq.]	巫山，开州	1 450 ~ 2 100 m	5—6月	9—10月
		褐叶青冈	*C. stewardiana*（A. Camus）Y. C. Hsuet H. W. Jen [*Quercus stewardiana* A. Camus]	武隆	1 000 ~ 2 000 m	7月	翌年10月
		米心水青冈	*Fagus engleriana* Seem.	开州，武隆	1 200 ~ 1 800 m	4—5月	8—10月
		台湾水青冈	*F. hayatae* Palib. ex Hayata [*Fagus pashanica* C. C. Yang]	巫山，巫溪，开州	1 600 ~ 2 500 m		
		水青冈	*F. longipetiolata* Seem.	巫溪，开州	1 000 ~ 1 800 m	4—5月	9—10月
		包果柯	*Lithocarpus cleistocarpus* Rehd. et Wils.	巫山，开州	1 000 ~ 1 800 m	6—10月	翌年秋季
		白柯	*L. dealbatus* Rehd.	开州，武隆，江津	1 300 ~ 2 000 m		
		柯	*L. glaber*（Thunb.）Nakai	巫溪	1 650 ~ 2 600 m	7—11月	翌年 7—11月
		木姜叶柯	*L. litseifolius*（Hance）Chun	北碚	400 ~ 800 m	5—9月	翌年 6—10月
		岩栎	*Quercus acrodonta* Seem.	巫溪，开州	700 ~ 1 900 m	3—4月	翌年秋季
		麻栎	*Q. acutissima* Carr.	开州，万州，武隆，北碚，江津	350 ~ 1 800 m	3—4月	翌年 9—10月
		槲栎	*Q. aliena* Blume	丰都，开州，涪陵，江津	250 ~ 1 500 m	3—5月	9—10月
		锐齿槲栎	*Q. aliena* var. *acuteserrata* Maxim.	奉节，开州，武隆	700 ~ 2 000 m	3—4月	10—11月
		槲树	*Q. dentata* Thunb.	云阳，开州，万州，石柱，丰都，涪陵，武隆	350 ~ 1 600 m	4—5月	9—10月
		巴东栎	*Q. engleriana* Seem. [*Q. obscura* Seem.]	巫山，奉节，开州	1 400 ~ 2 000 m	4—5月	11月
		白栎	*Q. fabri* Hance	巫山，巫溪，奉节，云阳，开州，万州，石柱，忠县，丰都，涪陵，武隆，长寿，巴南，北碚，江津，南岸，江北	350 ~ 1 600 m	4月	10月
		枹栎	*Q. glandulifera* Bl. [*Q. serrata* Thunb.]	开州，长寿	750 ~ 1 800 m	3—4月	9—10月
		短柄枹栎	*Q. glandulifera* var. *brevipetiolata* Nakai [*Q. serrata* var. *breviptiolata*（A. DC.）]	巫山，奉节，开州，石柱，武隆	600 ~ 1 500 m		
		高山栎	*Q. semicarpifolia* Smith [*Q. obtusifolia* Don]	奉节	1 650 ~ 2 100 m		
		匙叶栎	*Q. dolicholepis* A. Cam. [*Q. spathulta* Seem.]	巫山，巫溪，奉节，开州，武隆	1 300 ~ 2 400 m		
		栓皮栎	*Q. variabilis* Blume	巫山，奉节，开州，万州，武隆	400 ~ 1 800 m	3—4月	翌年 9—10月
117	榆科（Ulmaceae）	糙叶树	*Aphananthe aspera*（Thunb.）Planch.	开州，忠县	500 ~ 1 200 m	3—5月	8—10月
		紫弹树	*Celtis biondii* Pamp.	巫山，巫溪，奉节，开州	350 ~ 1 200 m	4—5月	9—10月
		小叶朴	*C. bungeana* Blume	巫山，巫溪，开州，武隆	250 ~ 1 200 m	4—5月	10—11月
		小果朴	*C. cerasifera* Schneid.	巫山	1 400 ~ 2 000 m	4月	9—10月

续表

序号	科名	植物名	拉丁学名	分布	海拔	花期	果期
117	榆科（Ulmaceae）	珊瑚朴	*C. julianae* Schneid.	开州，涪陵	750 ~ 1 500 m	3—4月	9—10月
		朴树	*C. tatrandra* ssp. *sinensis*（Pers.）Y. C. Yang	奉节，开州，丰都，巴南，北碚	300 ~ 1 500 m	3—4月	9—10月
		西川朴	*C. vandervoetiana* Schneid.	巫山，云阳，丰都	400 ~ 1 600 m	4月	9—10月
		青檀	*Pteroceltis tatarinowii* Maxim.	巫山，巫溪，开州，北碚	200 ~ 800 m	3—5月	8—12月
		光叶山黄麻	*Trema cannabina* Lour.	巫山，云阳，北碚	250 ~ 850 m	4—5月	7—10月
		羽脉山黄麻	*T. laevigata* Hand.-Mazz [*T. cannabina* var. *dielsiana*（Hand.-Mazz.）C. J. Chen; *T. dielsiana* Hand.-Mazz.]	奉节	250 ~ 600 m	4—5月	9—12月
		银毛山黄麻	*T. nitida* C. J. Chen	武隆，巴南，北碚	500 ~ 900 m	5—7月	8—10月
		山黄麻	*T. tomentosa*（Roxb.）Hara [*Trema velutina*（Planch.）Bl.]	长寿，巴南，北碚，南岸，渝北，江北	200 ~ 1 200 m		
		毛枝榆	*Ulmus androssowii* var. *virgata*（Pl.）Grudz. [*U. pumila* var. *pilosa* Rehd.]	巫溪	1 200 ~ 2 600 m		
		兴山榆	*U. bergmanniana* Schneid.	巫山，开州，石柱	700 ~ 1 600 m	3—5月	3—5月
		多脉榆	*U. castaneifolia* Hemsl.	武隆，江津	900 ~ 1 450 m	3—4月	3—4月
		大果榆	*U. macrocarpa* Hance	开州，武隆，江津	750 ~ 1 500 m	4—5月	4—5月
		榔榆	*U. parvifolia* Jacq.	万州，涪陵	500 m以下	8—10月	8—10月
		李叶榆	*U. prunifolia* Cheng et L. K. Fu	巫山，奉节，万州	800 ~ 1 500 m		
		榆	*U. pumila* Linn.	库区各县（市，区）	2 500 m以下	3—6月	3—6月
		榉树	*Zelkova schneideriana* Hand.-Mazz.	巫山，开州，武隆	500 ~ 1 000 m	4月	9—11月
118	桑科（Moraceae）	白桂木	*Artocarpus hypargyreus* Hance	北碚			
		藤构	*Broussonetia kaempferi* var. *australis* Suzuki	库区各县（市，区）	300 ~ 1 000 m	4—6月	6—8月
		小构树	*B. kazinoki* Sieb. et Zucc.	库区各县（市，区）	250 ~ 1 250 m	4月	5—7月
		构树	*B. papyrifera*（Linn.）L' Hert. ex Vent.	库区各县（市，区）	200 ~ 1 650 m	4—6月	7—9月
		大麻	*Cannabis sativa* Linn.	开州，北碚，南岸，万州	600 ~ 1 300 m	5—6月	7月
		构棘	*Cudrania cochinchinensis*（Lour.）Kudo et Masam. [*C. integra* Wang et Tang]	奉节，开州	600 ~ 1 700 m	4—5月	6—7月
		柘树	*C. tricurpidata*（Carr.）Bur. ex Lavallee	开州，万州	500 ~ 1 500 m	5—6月	6—7月
		无花果	*Ficus carica* Linn.	库区各县（市，区）	500 ~ 1 200 m	5—7月	5—7月
		小叶榕	*F. concinna* Miq. [*Ficus parvifolia* Miq.]	库区各县（市，区）	500 ~ 1 200 m	5—7月	5—7月
		天仙果	*F. erecta* var. *beecheyana*（Hook. et Arn.）	江津	350 ~ 800 m	5—6月	5—6月
		黄毛榕	*F. esquiroliana* Lévl.	江津	300 ~ 600 m	5—6月	5—6月
		细叶台湾榕	*F. formosana* Maxim.	石柱	180 ~ 350 m	4—7月	6—7月

118	桑科（Moraceae）	菱叶冠毛榕	*F. gasparriniana* var. *laceratifolia*（Lévl. et Vant.）Corner [*F. laceratifolia* Lévl. et Vant.]	库区各县（市，区）	300 ~ 1 900 m		
		绿叶冠毛榕	*F. gasparriniana* var. *viridescens*（Lévl. et Vant.）Corner	武隆	500 ~ 1 700 m		
		尖叶榕	*F. henryi* Warb. ex Diels	巫溪，奉节，开州，石柱，武隆	500 ~ 1 500 m	5—6月	7—9月
		异叶榕	*F. heteromorpha* Hemsl.	库区各县（市，区）	350 ~ 1 650 m		7—11月
		琴叶榕	*F. pandurata* Hance	开州，武隆	400 ~ 1 200 m		
		薜荔	*F. pumila* Linn.	库区各县（市，区）	360 ~ 850 m	5—8月	6—8月
		珍珠莲	*F. sarmentosa* var. *henryi*（King ex Oliv.）Corner	开州，武隆	300 ~ 850 m	4—5月	9—12月
		爬藤榕	*F. sarmentosa* var. *impressa*（Champ.）Corner [*F. martini* Lévl. et Vant.]	库区各县（市，区）	350 ~ 1 600 m	4月	6—7月
		尾尖爬藤榕	*F. sarmentosa* var. *lacrymans*（Lévl.）Corner	开州，江津，武隆，云阳，奉节，巫山，巫溪	500 ~ 800 m		
		白背爬藤榕	*F. sarmentosa* var. *nipponica*（Franch. et Sav.）Corner	巫溪，开州，武隆	1 600 ~ 2 300 m		
		竹叶榕	*F. stenophylla* Hemsl.	巫溪，奉节，开州，武隆	350 ~ 1 250 m		
		棒果榕	*F. subincisa* Buch.-Ham. ex J. E. Sm. [*F. clavata* Wall.]	开州	800 ~ 1 600 m		
		地瓜	*F. tikoua* Bur.	库区各县（市，区）	200 ~ 1 650 m	5—7月	6—7月
		糙叶榕	*F. tsangii* Merr. ex Corner	武隆，江津	450 ~ 750 m	5—8月	6—8月
		黄葛树	*F. virens* var. *sublanceolata*（Miq.）Corner	库区各县（市，区）	180 ~ 1 000 m	4—6月	7—11月
		啤酒花	*Humulus lupulus* Linn.	武隆			
		葎草	*H. scandens*（Lour.）Merr.	库区各县（市，区）	200 ~ 850 m	春夏	秋季
		桑	*Morus alba* Linn.	库区各县（市，区）	600 m以下	4—5月	5—7月
		鸡桑	*M. australis* Poir.	奉节，开州，石柱，武隆	350 ~ 1 850 m	4月	5—6月
		华桑	*M. cathayana* Hemsl.	奉节，开州，丰都，武隆	400 ~ 800 m	4—5月	5—6月
		蒙桑	*M. mongolica*（Bur.）Schneid.	巫溪，开州，丰都	300 ~ 1 000 m	4—5月	6—7月
119	荨麻科（Urticaceae）	序叶苎麻	*Boehmeria clidemioides* var. *diffusa*（Wedd.）Hand.-Mazz. [*Boehmeria diffusa* Wedd.]	库区各县（市，区）	350 ~ 1 250 m	6—8月	9—10月
		细穗苎麻	*B. gracilis* C. H. Wright	奉节，开州，涪陵，武隆	300 ~ 1 500 m	6—7月	7—9月
		大叶苎麻	*B. longispica* Steud. [*B. grandifolia* Wedd.]	库区各县（市，区）	350 ~ 1 200 m		
		苎麻	*B. nivea*（Linn.）Gaud.	库区各县（市，区）	250 ~ 1 450 m	8—9月	10—12月
		悬铃木叶苎麻	*B. platanifolia* Franch. et Sav. [*B. tricuspis*（Hance）Makino]	巫山，开州，武隆	750 ~ 1 600 m	6—7月	7—8月
		微柱麻	*Chamabainia cuspidata* Wight	开州，武隆	1 000 ~ 2 000 m	6—8月	8—11月
		长叶水麻	*Debregeasia longifolia*（Burm. f.）Wedd.	开州，忠县，武隆，北碚	250 ~ 800 m	5—8月	8—12月

续表

序号	科名	植物名	拉丁学名	分布	海拔	花期	果期
119	荨麻科（Urticaceae）	水麻	*D. orientalis* C. J. Chen [*D. edulis*（Sieb. et Zucc.）Wedd.]	库区各县（市，区）	200 ~ 1 200 m	3—4月	5—7月
		星序楼梯草	*Elatostema asterocephalum* W. T. Wang	武隆	400 ~ 1 600 m		
		短齿楼梯草	*E. brachyodontum*（Hand.-Mazz.）W. T. Wang [*E. ficoides* var. *brachyodontum* Hand.-Mazz.]	石柱	800 ~ 1 200 m	6—9月	
		骤尖楼梯草	*E. cuspidatum* Wight. [*E. sessile* var. *cuspidatum*（Wight）Wedd.]	巫溪，开州，石柱，北碚	300 ~ 1 400 m	5—8月	
		锐齿楼梯草	*E. cyrtandrifolium*（Zoll. et Mor.）Miq. [*E. herbaceifolium* Hayata; *E. sessile* var. *fubescens* Hook. f.]	巫溪，开州，北碚，江津	450 ~ 850 m	4—9月	
		梨序楼梯草	*E. ficoides*（Wall.）Wedd.	巫山，云阳，开州	250 ~ 750 m		
		宜昌楼梯草	*E. ichangense* H. Schroter [*E. cavaleriei* auct. non（Lévl.）Hand.-Mazz.]	巫溪，云阳，开州，武隆，巴南，江津，渝北	300 ~ 1 500 m	8—9月	
		楼梯草	*E. involucratum* Franch. et Sav. [*E. umbellatum* var. *majus* Maxim.]	巫溪，开州，丰都，涪陵，武隆	200 ~ 1 650 m	5—10月	
		长梗楼梯草	*E. longipes* W. T. Wang	开州，武隆	400 ~ 800 m		
		多序楼梯草	*E. macintyrei* Dunn	江津	800 ~ 1 500 m		
		南川楼梯草	*E. nanchuanensis* W. T. Wang	武隆	1 650 ~ 2 000 m	6月	
		长圆楼梯草	*E. oblongifolium* Fu. ex W. T. Wang [*E. sessile* auct. non Frost.]	开州，武隆，涪陵，丰都	350 ~ 900 m	4—5月	
		钝叶楼梯草	*E. obtusum* Wedd.	开州，石柱，江津	800 ~ 1 800 m	4—5月	6—8月
		小叶楼梯草	*E. parvum*（Bl.）Miq.	武隆，江津	250 ~ 800 m	6—7月	8—9月
		多脉楼梯草	*E. pseudoficoides* W. T. Wang	开州，石柱，涪陵	450 ~ 1 600 m		
		对叶楼梯草	*E. sinense* H. Schroter	开州，巴南	500 ~ 1 500 m	6—9月	
		庐山楼梯草	*E. stewardii* Merr.	库区各县（市，区）	1 100 ~ 1 400 m	7—8月	8—9月
		托叶楼梯草	*E. stipulosum* Hand.-Mazz. [*E. nasutum* Hook. f.]	巫溪，万州，江津	350 ~ 1 250 m		
		拟聚尖楼梯草	*E. subcuspidatum* W. T. Wang	武隆	600 ~ 1 200 m		
		细尾楼梯草	*E. tenuicaudatum* W. T. Wang [*E. umbellatum* auct. non Bl.]	奉节	300 ~ 1 200 m		
		大蝎子草	*Girardinia suborbiculata* C. J. Chen [G. cuspidata Wedd.]	库区各县（市，区）	400 ~ 1 600 m	9—10月	10—11月
		红火麻	*G. suborbiculata* ssp. *triloba*（C. J. Chen）C. J. Chen [*G. cuspidata* ssp. *triloba* C. J. Chen]	库区各县（市，区）	250 ~ 800 m		

119	荨麻科（Urticaceae）	糯米团	*Gonostegia hirta*（Bl.）Miq. [*Memorialis hirta*（Bl.）Wedd.]	库区各县（市，区）	400 ~ 1 650 m	5—9月	
		珠芽艾麻	*Laportea bulbifera*（Sieb. et Zucc.）Wedd. [*L. bulbifera* var. *sinensis* Chien; *L. sinensis* C. H. Wright; *L. terminalis* Wright]	巫溪，开州，万州，石柱，丰都，涪陵，武隆，江津	1 450 ~ 2 400 m	6—8月	8—12月
		心叶艾麻	*L. bulbifera* ssp. *latiuscula* C. J. Chen	武隆	300 ~ 1 200 m		
		艾麻	*L. cuspidata*（Wedd.）Friis [*L. macrostachya*（Maxim.）Ohwi]	开州，石柱，江津	450 ~ 1 250 m	6—7月	8—9月
		棱果艾麻	*L. elevata* C. J. Chen	江津	350 ~ 800 m		
		假楼梯草	*Lecanthus peduncularis*（Wall. ex Royle）Wedd.	开州，石柱，武隆	600 ~ 1 200 m	7—8月	9—10月
		花点草	*Nanocnide japonica* Bl.	巫溪，开州，万州，武隆，江津	250 ~ 850 m	4—6月	6—7月
		毛花点草	*N. lobata* Wedd. [*N. pilosa* Migo]	巫溪，开州，万州，石柱，丰都，武隆，江津	800 ~ 1 800 m	4—6月	6—8月
		紫麻	*Oreocnide frutescens*（Thunb.）Miq.	奉节，开州，石柱，武隆，长寿，巴南，北碚，江津，南岸，渝北，江北	250 ~ 1 650 m	3—5月	6—10月
		墙草	*Parietaria micrantha* Ledeb.	库区各县（市，区）	400 ~ 1 850 m	6—7月	8—10月
		赤车	*Pellionia radicans*（Sieb. et Zucc.）Wedd.	库区各县（市，区）	250 ~ 1 200 m	5—10月	
		蔓赤车	*P. scabra* Benth. [*Elatostema pellioniifolium* W. T. Wang]	江津，巴南	350 ~ 1 200 m	春夏季	
		绿赤车	*P. viridis* C. H. Wright	开州，石柱	650 ~ 1 200 m	6—8月	
		圆瓣冷水花	*Pilea angulata*（Bl.）Bl.	开州，武隆	450 ~ 1 000 m	6—9月	9—11月
		华中冷水花	*P. angulata* ssp. *latiuscula* C. J. Chen	奉节，开州，石柱，忠县，丰都，涪陵，武隆，长寿，江津	350 ~ 1 200 m	6—7月	10月
		长柄冷水花	*P. angulata* ssp. *petiolaris*（Sieb. et Zucc）C. J. Chen	奉节	250 ~ 650 m		
		花叶冷水花	*P. cardierei* Gagnep. et Guill.	巫山，巫溪，奉节，开州，石柱，武隆	1 200 ~ 2 400 m		
		波缘冷水花	*P. cavaleriei* H. Lévl.	开州，巴南，武隆，江津	480 ~ 1 200 m	5—8月	8—10月
		山冷水花	*P. japonica*（Maxim.）Hand.-Mazz.	开州，武隆	800 ~ 2 000 m	8—9月	9—10月
		隆脉冷水花	*P. lomatogramma* Hand.-Mazz.	武隆，石柱	1 000 ~ 1 600 m	4—9月	6—10月
		黄花冷水花	*P. longicaulis* var. *flaviflora* C. J. Chen	武隆，江津	1 000 ~ 1 600 m		
		大叶冷水花	*P. martinii*（Lévl.）Hand.-Nazz. [*P. symmeria* auct. non Wedd.]	石柱，武隆	650 ~ 1 800 m	5—9月	8—10月
		念珠冷水花	*P. monilifera* Hand.-Mazz.	开州，石柱，巴南，忠县，武隆	500 ~ 1 800 m	5—8月	7—9月
		南川冷水花	*P. nanchuanensis* C. J. Chen	丰都，涪陵，武隆	1 400 ~ 2 000 m	5—6月	7—8月
		冷水花	*P. notata* C. H. Wright	库区各县（市，区）	250 ~ 1 650 m	8—9月	9—10月
		齿叶矮冷水花	*P. peploides* var. *major* Wedd.	开州，丰都，长寿，巴南	500 ~ 1 200 m	4—5月	5—7月

续表

序号	科名	植物名	拉丁学名	分布	海拔	花期	果期
119	荨麻科（Urticaceae）	西南冷水花	*P. plataniflora* C. H. Wright	巫溪，开州，武隆，长寿，巴南，北碚，江津，南岸	250 ~ 1 500 m		
		翅茎冷水花	*P. pterocaulis*（Chien）C. J. Chen [*P. subcoriacea*（Hand.-Mazz.）C. J. Chen]	开州，涪陵，武隆	800 ~ 1 600 m	4月	5—6月
		透茎冷水花	*P. pumila*（Linn.）A. Gray [*P. mongolica* Wedd.]	库区各县（市，区）	250 ~ 1 800 m	7—8月	9—10月
		序托冷水花	*P. receptacularis* C. J. Chen	巫溪，武隆	400 ~ 850 m	6—8月	7—9月
		粗齿冷水花	*P. sinofasiata* C. J. Chen [*P. fasciata* Franch.]	巫山，巫溪，开州，江津	1200 ~ 2 400 m	6—7月	8—10月
		三角叶冷水花	*P. swinglei* Merr.	巫山，云阳，开州，万州，忠县，石柱	250 ~ 1 000 m	6—8月	8—11月
		疣果冷水花	*P. verrucosa* Hand.-Mazz.	开州	850 ~ 1 650 m	4—5月	5—7月
		红雾水葛	*Pouzolzia sanguinea*（Bl.）Merr. [P. *pterocaulis*（Chien）C. J. Chen]	武隆，北碚，江津	350 ~ 1 800 m	4—6月	7—9月
		雾水葛	*P. zeylanica*（Linn.）Benn.	开州，长寿，巴南，江津，渝北	400 ~ 1 250 m	4—6月	7—9月
		狭叶荨麻	*Urtica angustifolia* Fisch. ex Hornem.	开州，江津	600 ~ 1 800 m		
		荨麻	*U. fissa* E. Pritz.	库区各县（市，区）	200 ~ 1 200 m	9—10月	10—11月
		宽叶荨麻	*U. laetevirens* Maxim.	涪陵，武隆，江津	400 ~ 1 250 m	6—8月	8—9月
		齿叶荨麻	*U. laetevirens* ssp. *dentata*（Hand.-Mazz.）C. J. Chen [*U. dentata* Hand.-Mazz.]	开州，丰都，忠县，石柱	600 ~ 1 600 m	6—8月	8—10月
120	山龙眼科（Proteaceae）	银桦	*Grevillea robusta* A. Cunn. ex R. Br	开州，万州，涪陵，武隆，长寿，巴南，北碚，江津	栽培	3—5月	6—8月
		小果山龙眼	*Helicia cochinchinensis* Lour.	北碚	300 ~ 860 m	6—10月	11月至翌年3月
121	铁青树科（Olacaceae）	青皮木	*Schoepfia jasminodora* Sieb. et Zucc.	奉节，开州，武隆	500 ~ 1 800 m	3—5月	4—6月
122	檀香科（Santalaceae）	米面蓊	*Buckleya lanceolate*（Sieb. et Zucc.）Miq. [*B. henryi* Diels]	开州	600 ~ 1 200 m	6月	9—10月
		百蕊草	*Thesium chinense* Turcz.	巫山，巫溪，云阳，开州，武隆	400 ~ 1 500 m	4—5月	6—7月
		急折百蕊草	*T. refractum* C. A. Mey.	巫山，巫溪，奉节，开州	1 600 ~ 2 500 m		
123	桑寄生科（Loranthaceae）	栗寄生	*Korthalsella japonica*（Thunb.）Engl. [*Pseudixus japonicus*（Thunb.）Hayata]	巫溪，开州	500 ~ 1 200 m	全年	全年
		椆树桑寄生	*Loranthus delavayi* Van Tiegh	奉节，开州，石柱，涪陵，巴南	300 ~ 2 600 m	1—3月	9—10月
		华中桑寄生	*L. pseudo-odoratus* Lingelsh. [*L. odoratus* Wall.]	奉节，开州	1 600 ~ 1 900 m	2—3月	7月
		鞘花	*Macrosolen cochinchinensis*（Lour.）V. Tiegh.	北碚，江津	250 ~ 1 600 m		
		红花寄生	*Scurrula parasitica* Linn.	云阳，开州，巴南	250 ~ 1 200 m	10月至翌年1月	10月至翌年1月

123	桑寄生科（Loranthaceae）	小红花寄生	*S. parasitica* var. *graciliflora*（Wall. ex DC.）H. S. Kiu [*Loranthus graciliflora* Wall. ex DC.]	石柱	850 ~ 1 800 m		
		松柏钝果寄生	*Taxillus caloreas*（Diels）Danser	奉节，云阳	850 ~ 1 900 m	7—8月	翌年4—5月
		木兰寄生	*T. limprichtii*（Gruning）H. S. Kiu [*T. kwangtungensis*（Merr.）Danser]	石柱	240 ~ 1 300 m		
		毛叶钝果寄生	*T. nigrans*（Hance）Danser	巫山，巫溪，奉节，云阳，开州，万州，石柱	250 ~ 1 600 m	8—11月	翌年4—5月
		桑寄生	*T. sutchuenensis*（Lec.）Danser [*Loranthus sutchenensii* Lec.]	库区各县（市，区）	200 ~ 1 800 m		
		灰毛桑寄生	*T. sutchuenensis* var. *duclouxii*（Lec.）H. S. Kiu [*Loranthus yadoriki* var. *hupehanus* Lec.]	巫溪，武隆	850 ~ 2 100 m	4—7月	
		扁枝槲寄生	*Viscum articulatum* Burm. f.	库区各县（市，区）	200 ~ 1 900 m	全年	全年
		槲寄生	*V. coloratum*（Kom.）Nakai [*V. album* auct. non Linn.]	库区各县（市，区）	200 ~ 2 500 m	4—5月	9—11月
		棱枝槲寄生	*V. diospyrosicolum* Hayata	巫山，巫溪，奉节，开州，长寿，巴南，北碚	1 000 m以下	4—12月	4—12月
		枫香槲寄生	*V. liquidambaricolum* Hayata	奉节，开州，石柱，武隆，长寿，渝北	600 ~ 2 500 m	4—12月	
124	马兜铃科（Aristolochiaceae）	扁茎马兜铃	*Aristolochia compressicaulis* Z. Y. Yang	江津	800 ~ 1 700 m		
		马兜铃	*A. debilis* Sieb. et Zucc.	巫山，云阳，开州，石柱，丰都，涪陵，武隆，江津	350 ~ 1 500 m	7—8月	9—10月
		异叶马兜铃	*A. heterophylla* Hemsl. [*A. kaempferi* f. *heterophylla*（Hemsl.）S. M. Hwang]	巫溪，奉节，云阳，开州，万州，石柱	800 ~ 2 000 m	4—6月	8—10月
		广西马兜铃	*A. kwangsiensis* Chun et How ex C. F. Liang [*A. austroszechuanica* C. B. Chien et C. Y. Cheng]	武隆，江津	400 ~ 1 200 m	4—5月	8—9月
		木通马兜铃	*A. manshuriensis* Komar.	巫溪，开州	1 800 ~ 2 600 m	6—7月	8—9月
		木香马兜铃	*A. moupinensis* Franch.	巫溪，奉节，开州，武隆	1 600 ~ 2 400 m	5—6月	8—10月
		线叶马兜铃	*A. neolongifolia* J. L. Wu et Z. L. Yang	万州，开州	800 ~ 1 650 m		
		川西马兜铃	*A. thibetica* Franch.	巫溪，万州，江津	1 400 ~ 2 400 m		
		朱砂莲	*A. tuberosa* C. F. Ling et S. M. Hwang [*A. cinnabarina* C. Y. Cheng et J. L. Wu]	巫山，万州，石柱，武隆	600 ~ 1 200 m	1—3月	4—6月
		管花马兜铃	*A. tubiflora* Dunn	巫山，巫溪，云阳，开州	450 ~ 1 600 m	4—5月	6—8月
		巴山细辛	*Asarum bashauense* Z. L. Yang	开州	500 ~ 900 m		
		短尾细辛	*A. caudigerellum* C. Y. Cheng et C. S. Yang	巫溪，丰都，武隆	1 250 ~ 2 400 m	4—5月	
		尾花细辛	*A. caudigerum* Hance	开州，涪陵，武隆	600 ~ 1 500 m	4月	5—8月
		花叶尾花细辛	*A. caudigerum* var. *cardiophyllum*（Franch.）C. Y. Cheng et C. S. Yang	开州，石柱，涪陵，武隆	400 ~ 800 m	3月	
		双叶细辛	*A. caulescens* Maxim. [*A. franchetianum* Diels]	巫溪，开州，石柱，武隆	1 000 ~ 1 800 m	5月	

续表

序号	科名	植物名	拉丁学名	分布	海拔	花期	果期
124	马兜铃科（Aristolochiaceae）	川北细辛	*A. chinense* Franch. [*A. fargesii* Franch.]	巫溪，开州	1 600 ~ 2 200 m	4—5月	
		铜钱细辛	*A. debile* Franch.	巫山，巫溪，开州	1 800 ~ 2 400 m	4—5月	
		川滇细辛	*A. delavayi* Franch.	江津	800 ~ 1 600 m		
		杜衡	*A. forbesii* Maxim.	巫山，奉节	350 ~ 800 m		
		单叶细辛	*A. himalaicum* Hook. f. et Thoms. ex Klotzsch.	巫溪，开州，武隆	1 500 ~ 2 400 m	4—6月	
		宜昌细辛	*A. ichangense* C. Y. Cheng et C. S. Yang	武隆	850 ~ 1 500 m	4—5月	
		大叶马蹄香	*A. maximum* Hemsl.	巫山，奉节，云阳，开州，石柱，武隆	350 ~ 850 m	4—5月	
		南川细辛	*A. nanchuanense* C. S. Yang et J. L. Wu	石柱，武隆	450 ~ 1 000 m	4—5月	5—6月
		奉节细辛	*A. nobilissimum* Z. L. Yang	奉节	500 ~ 800 m	4—5月	5—6月
		长毛细辛	*A. pulchellum* Hemsl.	奉节，开州，万州，石柱，武隆	500 ~ 1 200 m	4月	
		华细辛	*A. sieboldii* Miq.	巫山，巫溪，开州，万州，武隆	1 700 ~ 2 650 m	4—5月	
		汉城细辛	*A. sieboldii* f. *seoulease*（Nakai）C. Y. Cheng et C. S. Yang	武隆	1 700 ~ 2 000 m		
		青城细辛	*A. splendens*（Maekawa）C. Y. Cheng et C. S. Yang [*A. chinchengense* C. Y. Cheng et C. S. Yang]	库区各县（市，区）	250 ~ 1 600 m	4—5月	
		武隆细辛	*A. wulongense* Z. Y. Yang	武隆	280 ~ 450 m	4—5月	5—6月
		马蹄香	*Saruma henryi* Oliv.	巫溪，云阳，开州	1 200 ~ 2 400 m	4—6月	7—10月
125	蛇菰科（Balanophoraceae）	红冬蛇菰	*Balanophora harlandii* Hook. f.	巫溪，开州，万州	650 ~ 2 400 m		
		宜昌蛇菰	*B. henryi* Hemsl.	巫山，开州	500 ~ 1 500 m		
		筒鞘蛇菰	*B. involucrata* Hook. f.	云阳，开州，武隆	1 850 ~ 2 650 m		
		疏花蛇菰	*B. laxiflora* Hemsl.	巫溪	850 ~ 1 500 m		
		红烛蛇菰	*B. mutinoides* Hayata [*B. valida* Diels; *B. kawakamii* Val.]	武隆，江津	1 100 ~ 2 000 m		
		多蕊蛇菰	*B. polyandra* Griff.	巫山，巫溪，奉节，开州	1 200 ~ 2 500 m		
		皱球蛇菰	*B. rugosa* Tam	开州，石柱	1 000 ~ 1 800 m		
126	蓼科（Polygonaceae）	金线草	*Antenoron filiforme*（Thunb.）Rob. et Vaut.	巫山，巫溪，云阳，开州，武隆	500 ~ 1 200 m	7—8月	9—10月
		短毛金线草	*A. filiforme* var. *neofiliforme*（Nakai）A. J. Li [*A. neofiliforme*（Nakai）Hara]	巫溪，云阳，开州，武隆	400 ~ 1 600 m	7—8月	9—10月
		金荞麦	*Fagopyrum dibotrys*（D. Don）Hara [*F. cymosum*（Trev.）Meisn.]	巫山，巫溪，奉节，云阳，开州，万州，石柱，忠县，丰都，涪陵，武隆，长寿，巴南，北碚，江津，南岸，渝北	1 000 m以下	7—9月	8—10月
		荞麦	*F. esculentum* Moench [*F. sagittatum* Gilib.]	库区各县（市，区）	2 000 m以下	5—10月	8—10月
		细茎荞麦	*F. gracilipes*（Hemsl.）Damm. ex Diels	石柱，忠县，丰都，涪陵，武隆，江津	1 600 m以下	6—9月	9—10月

126	蓼科（Polygonaceae）	苦荞麦	*F. tataricum*（Linn.）Gaerten.	奉节，开州，万州，石柱，武隆	100 ~ 1 300 m	6—9月	8—10月
		木藤蓼	*F. aubertii*（L. Henry）Holub	石柱，巴东	500 ~ 2 000 m	7—8月	8—9月
		竹节蓼	*Muehlenbeckia playclada*（F. Muell. ex Hook.）Meisn. [*Homalocladium platycladum*（F. Muell. ex Hook.）H. Bailey]	万州，石柱，丰都，涪陵，江津	庭园栽培		
		中华山蓼	*Oxyria sinensis* Hemsl.	巫山，巫溪，奉节，云阳，开州，万州，石柱，丰都，涪陵，武隆	1 200 ~ 2 200 m		
		两栖蓼	*Polygonum amphibium* Linn.	涪陵，长寿	250 ~ 850 m	7—8月	8—9月
		抱茎蓼	*P. amplexicaule* D. Don	开州，武隆	1 000 ~ 2 000 m	8—9月	9—10月
		中华抱茎蓼	*P. amplexicaule* var. *sinense* Forb. et Hemsl.	库区各县（市，区）	1 300 ~ 2 100 m		
		萹蓄	*P. aviculare* Linn. [*P. aviculare* var. *vegetum* Ledeb.]	库区各县（市，区）	250 ~ 1 600 m	5—7月	6—8月
		小毛蓼	*P. barbatum* Linn.	巫山，巫溪，奉节，云阳，开州，万州，武隆，江津	200 ~ 1 250 m	8—9月	9—10月
		拳参	*P. bistorta* Linn.	巫溪，开州，丰都，武隆	1 600 ~ 2 600 m	6—7月	8—9月
		头花蓼	*P. capitatum* Buch.-Ham. ex D. Don	开州，涪陵，武隆，巴南，江津	500 ~ 1 000 m	6—9月	9—11月
		火炭母	*P. chinense* Linn.	巫溪，奉节，开州，巴南，北碚，江津	500 ~ 1 500 m	7—9月	8—10月
		红火炭母	*P. chinese* var. *hispidudum* Hook. f.	长寿，渝北，江北	400 ~ 1 250 m		
		虎杖	*P. cuspidatum* Sieb. et Zucc. [*Reynoutria japonica* Houtt.]	库区各县（市，区）	450 ~ 2 100 m	8—9月	9—10月
		牛皮消蓼	*P. cynanchoides* Hemsl.	石柱	1 100 ~ 1 400 m	8—9月	9—10月
		大箭叶蓼	*P. darrisii* Lévl. [*P. sagittifolium* Lévl. et Vant.]	石柱	300 ~ 1 700 m	6—8月	7—10月
		齿翅蓼	*P. dentato-alatum* F. Schm.	开州，万州，石柱	150 ~ 2 800 m	7—8月	9—10月
		水蓼	*P. hydropiper* Linn.	库区各县（市，区）	200 ~ 1 250 m	5—9月	6—10月
		蚕茧草	*P. japonicum* Meisn. [*P. macranthum* Meisn.]	长寿，北碚，江津，南岸，渝北，九龙坡	250 ~ 1 450 m	8—10月	9—11月
		愉悦蓼	*P. jucundum* Meisn.	开州，长寿，巴南	200 ~ 1 250 m	8—9月	9—11月
		酸模叶蓼	*P. lapathifolium* Linn. [*P. lapathifolium* var. *xanthophyllum* Kung; *P. nodosum* Pers.]	开州，丰都，涪陵，武隆，北碚，江津，渝北	500 ~ 1 800 m	6—8月	7—9月
		绵毛酸模叶蓼	*P. lapathifolium* var. *salicifolium* Sibth.	石柱，涪陵，武隆，江津	1 450 ~ 2 400 m		
		长鬃蓼	*P. longisetum* De Bruyn	长寿	450 ~ 1 600 m	6—8月	7—9月
		圆基长鬃蓼	*P. longisetum* var. *rotundatum* A. J. Li	万州	400 ~ 1 000 m		
		圆穗蓼	*P. macrophyllum* D. Dong [*P. sphaerostachyum* Meisn.]	开州	1 800 ~ 2 600 m	7—8月	9—10月
		何首乌	*P. multiflorum* Thunb.	库区各县（市，区）	1 600 m以下	8—9月	9—10月
		毛脉蓼	*P. multiflorum* var. *ciliinerve*（Nakai）Steward	巫溪，云阳，开州，万州，丰都，武隆	200 ~ 2 700 m		

续表

序号	科名	植物名	拉丁学名	分布	海拔	花期	果期
126	蓼科（Polygonaceae）	小蓼	*P. minus* Huds. [*P. hookeri* Meisn.]	长寿，巴南，渝北	250 ~ 1 600 m		
		小头蓼	*P. microcephalum* D. Don	库区各县（市，区）	1 000 ~ 2 000 m	5—9月	7—11月
		小蓼花	*P. muricatum* Meisn.	库区各县（市，区）	600 m以下	7—8月	9—11月
		尼泊尔蓼	*P. nepalense* Meisn. [*P. alatum* Buch-Ham. ex D. Don]	库区各县（市，区）	200 ~ 2 100 m	5—8月	7—10月
		红蓼	*P. orientale* Linn.	库区各县（市，区）	500 ~ 1 400 m	6—9月	8—10月
		草血竭	*P. paleaceum* Wall. ex Hook. f.	巫山，巫溪，开州，武隆	1 450 ~ 2 500 m	7—8月	9—10月
		扛板归	*P. perfoliatum* Linn.	库区各县（市，区）	200 ~ 2 400 m	6—8月	7—10月
		桃叶蓼	*P. persicaria* Linn.	丰都，涪陵，武隆，长寿	650 ~ 1 600 m	6—9月	9—11月
		松下蓼	*P. pinetorum* Hemsl.	巫溪，开州	1 500 ~ 2 500 m	5—7月	7—9月
		腋花蓼	*P. plebeium* R. Br.	万州，石柱，江津	600 ~ 2 100 m	5—8月	6—9月
		丛枝蓼	*P. posumbu* Buch.-Ham. ex D. Don [*P. caespitosum* Bl.]	巫溪，奉节，开州，涪陵，长寿，北碚，江津	800 ~ 1 600 m	6—9月	7—10月
		疏蓼	*P. praetermissum* Hook f.	巫溪，巫山，奉节	140 ~ 1 800 m	5—7月	7—9月
		赤胫散	*P. runcinatum* Buch.-Ham. ex D. Don	开州，涪陵，长寿	350 ~ 1 250 m	4—8月	6—10月
		中华赤胫散	*P. runcinatum* Buch.-Ham. ex D. Don var. *sinense* Hemsl	长寿，巴南，渝北	650 ~ 2 400 m		
		刺蓼	*P. senticosum*（Meisn.）Franch. et Sav.	开州，万州，武隆	850 ~ 1 850 m	6—7月	7—9月
		箭叶蓼	*P. sieboldii* Meisn.	巫溪，开州，丰都，武隆，长寿，江津	1 650 ~ 2 200 m	6—9月	8—10月
		支柱蓼	*P. suffultum* Maxim.	巫溪，开州，忠县，丰都，涪陵，武隆	1 250 ~ 2 500 m	6—7月	7—10月
		柔茎蓼	*P. tenellum* Blume	巫溪，开州，忠县，武隆	20 ~ 1 500 m	5—9月	6—10月
		戟叶蓼	*P. thunbergii* Sieb. et Zucc.	巫溪，开州，石柱，武隆	1 500 ~ 2 400 m	6—9月	7—10月
		蓼蓝	*P. tinetorium* Ait.	武隆	400 ~ 1 200 m		
		珠芽蓼	*P. viviparum* Linn.	巫溪，开州	1 200 ~ 2 500 m	5—7月	7—9月
		粘蓼	*P. viscoferum* Makino [*P. excurrens* Steward]	开州	500 ~ 1 000 m	7—9月	8—10月
		心叶大黄	*Rheum acuminatum* Hook. f. et Thoms	巫溪	1 350 ~ 2 400 m		
		大黄	*R. officinale* Baill.	巫山，巫溪，奉节，开州，石柱，丰都，涪陵，武隆	800 m以下	5—6月	8—9月
		掌叶大黄	*R. palmatum* Linn.	巫溪，丰都，石柱	1 500 ~ 2 500 m	6月	8月
		酸模	*Rumex acetosa* Linn. ex Regel	开州，石柱，丰都，涪陵，武隆，江津	450 ~ 2 600 m	5—7月	6—8月
		水生酸模	*R. aquaticus* Linn.	武隆，长寿	800 ~ 1 600 m	5—6月	6—7月
		网果酸模	*R. chalepensis* Mill. [*R. dictyocarpus* Boiss. et Buhse]	武隆，长寿，巴南，江津，渝北，江北	600 ~ 1 500 m		
		皱叶酸模	*R. crispus* Linn.	开州，涪陵，武隆，长寿，巴南	250 ~ 2 400 m	5—6月	6—7月

126	蓼科（Polygonaceae）	齿果酸模	*R. dentatus* Linn.	石柱，丰都，涪陵	200 ~ 1 800 m	5—6月	6—7月
		羊蹄	*R. japonicus* Houtt.	库区各县（市，区）	200 ~ 1 600 m	5—6月	6—7月
		尼泊尔酸模	*R. nepalensis* Spreng	库区各县（市，区）	650 ~ 2 400 m	4—5月	6—7月
		钝叶酸模	*R. obtusifolius* Linn.	武隆	450 ~ 1 200 m	5—6月	6—7月
		巴天酸模	*R. patientia* Linn.	巫山，巫溪，开州，万州	350 ~ 2 100 m	5—6月	6—7月
		长刺酸模	*R. trisetifer* Stokes	巫山，巫溪，万州	300 ~ 1 300 m	5—6月	6—7月
127	藜科（Chenopodiaceae）	千针苋	*Acroglochin persicarioides*（Poir.）Miq.	石柱	1 200 ~ 1 800 m	6—11月	6—11月
		甜菜	*Beta vulgaris* Linn.	巫山，巫溪，奉节，开州	栽培	5—6月	7月
		厚皮菜	*B. vulgaris* cv. ‘*Cicla*’ [*B. vulgaris* var. *cicla* Linn.]	库区各县（市，区）	栽培	5—6月	8—9月
		藜	*Chenopodium album* Linn.	库区各县（市，区）	300 ~ 1 600 m	5—10月	5—10月
		土荆芥	*Ch. ambrosioides* Linn.	库区各县（市，区）	250 ~ 1 250 m		
		杖藜	*Ch. giganteum* D. Don	奉节，开州，丰都	1 200 ~ 1 800 m	8月	9—10月
		细穗藜	*Ch. gracilispicum* Kung	开州，万州	800 ~ 1 600 m	7—9月	8—9月
		杂配藜	*Ch. hybridum* Linn.	江津	1 650 ~ 1 850 m	7—8月	8—9月
		小藜	*Ch. serotinum* Linn.	库区各县（市，区）	300 ~ 1 250 m	4—8月	5—8月
		尖头叶藜	*Ch. acuminatum* Wild	库区各县（市，区）	1 800 m以下	6—7月	8—9月
		灰绿藜	*Ch. glaucum* L.	库区各县（市，区）		5—10月	5—10月
		地肤	*Kochia scoparia*（Linn.）Schrad.	库区各县（市，区）	1 000 m以下	6—9月	7—10月
		毛叶地肤	*K. scoparia* f. *trichophylla*（Schmeiss）Schinz et Thell.	万州，长寿，巴南，南岸，渝北	栽培		
		菠菜	*Spinacia oleracea* Linn.	库区各县（市，区）	栽培	夏季	夏季
128	苋科（Amaranthaceae）	土牛膝	*Achyranthes aspera* Linn.	库区各县（市，区）	500 ~ 1 300 m	6—8月	10月
		褐叶土牛膝	*A. aspera* var. *rubrofusca*（Wight）Hook. f. [*A. rubrofusca* Wight]	武隆	500 ~ 800 m		
		牛膝	*A. bidentata* Bl.	巫山，巫溪，奉节，开州，石柱，武隆，江津	500 ~ 1 700 m	7—9月	9—10月
		红叶牛膝	*A. bidentata* f. *rubra* Ho ex Kuan	巫山，巫溪，奉节，北碚，江津	300 ~ 1 800 m		
		柳叶牛膝	*A. longifolia*（Makino）Makino	巫山，巫溪，奉节，开州，石柱，丰都，武隆，长寿，巴南，北碚，江津，渝北	300 ~ 1 000 m	7—9月	9—11月
		红柳叶牛膝	*A. longifolia* f. *rubra* Ho ex Kuan	巫山，巫溪，奉节，开州，万州，石柱，忠县，丰都，涪陵，武隆，北碚，江津，南岸，渝北	300 ~ 1 500 m		
		白花苋	*Aerva sanguinolenta*（Linn.）Bl. [*Achyranthes sanguinolenta* Linn.]	江津	1 100 ~ 1 800 m		
		喜旱莲子草	*Alternanthera philoxeroides*（Mart.）Griseb.	库区各县（市，区）	200 ~ 1 650 m	5—10月	
		莲子草	*A. sessilis*（Linn.）DC.	库区各县（市，区）	180 ~ 1 650 m	5—7月	7—9月
		尾穗苋	*Amaranthus caudatus* Linn. [*A. paniculatus* Linn.]	巫山，开州，万州，石柱，涪陵		7—8月	9—10月

续表

序号	科名	植物名	拉丁学名	分布	海拔	花期	果期
128	苋科（Amaranthaceae）	繁穗苋	*A. cruentus* Linn.	开州，石柱，涪陵，长寿，巴南，北碚，江津，南岸，渝北	1 400 m以下	6—7月	9—11月
		绿穗苋	*A. hybridus* Linn.	开州，忠县，丰都，北碚	400 ~ 1 100 m	7—8月	9—10月
		千穗苋	*A. hypochondriacus* Linn.	库区各县（市，区）	300 ~ 3 000 m	7—12月	7—12月
		凹头苋	*A. lividus* Linn.	巫山，巫溪，石柱，开州，江津	350 ~ 850 m	7—8月	8—9月
		苋菜	*A. mangostanus* Linn. [*A. tricolor* Linn.]	库区各县（市，区）			
		刺苋	*A. spinosus* Linn.	开州，涪陵，江津	350 ~ 1 250 m	5—8月	7—9月
		皱果苋	*A. viridis* Linn.	云阳，开州，石柱，丰都，江津，渝北，九龙坡	250 ~ 850 m	6—8月	8—10月
		青葙	*Celosia argentea* Linn.	库区各县（市，区）	250 ~ 1 600 m	5—8月	6—10月
		鸡冠花	*C. cristata* Linn.	库区各县（市，区）	1 300 m以下	7—9月	7—9月
		川牛膝	*Cyathula officinalis* Kuan	巫溪，开州，丰都	1 500 m	6—7月	8—9月
		千日红	*Gomphrena globosa* Linn.	万州，丰都，涪陵，武隆，长寿，巴南，北碚，江津，南岸，渝北，九龙坡，渝中，江北		6—9月	6—9月
		血苋	*Iresine herbstii* Hook. f.	长寿，巴南，南岸，渝北			
129	紫茉莉科（Nyctaginaceae）	光叶子花	*Bougainvillea glabra* Choisy	北碚，渝北，渝中		冬春间	
		叶子花	*B. spectabilis* Willd.	万州，涪陵，巴南，南岸		冬春间	
		紫茉莉	*Mirabilis jalapa* Linn.	库区各县（市，区）		6—10月	8—11月
130	商陆科（Phytolaccaceae）	商陆	*Phytolacca acinosa* Roxb.	库区各县（市，区）	350 ~ 2 400 m	5—8月	6—10月
		垂序商陆	*P. americana* Linn.	库区各县（市，区）	1 700 m以下	6—8月	8—10月
131	粟米草科（Molluginaceae）	粟米草	*Mollugo stricta* Linn. [*M. pentaphylla* Linn.]	库区各县（市，区）	250 ~ 850 m	6—8月	8—10月
132	马齿苋科（Portulacaceae）	大花马齿苋	*Portulaca grandiflora* Hook.	奉节，万州，涪陵，江津		6—9月	8—11月
		马齿苋	*P. oleracea* Linn.	库区各县（市，区）	300 ~ 1 200 m	5—8月	6—9月
		土人参	*Talinum paniculatum*（Jacy.）Gaertn.	库区各县（市，区）		6—8月	9—11月
133	落葵科（Basellaceae）	心叶落葵薯	*Anredera cordifolia*（Tenore）Steenis	库区各县（市，区）			
		落葵	*Basella alba* Linn. [*B. rubra* Linn.]	库区各县（市，区）		5—9月	7—10月
134	石竹科（Caryophyllaceae）	麦仙翁	*Agrostemma githage* Linn.	涪陵，长寿			
		蚤缀	*Arenaria serpyllifolia* Linn.	库区各县（市，区）	460 ~ 1 400 m	6—8月	8—9月
		簇生卷耳	*Cerastium caespitosum* Gilib. [*C. fontanum* ssp. *triviale*（Link）Jalas]	库区各县（市，区）	350 ~ 1 650 m	4—6月	6—10月
		球序卷耳	*C. glomeratum* Thuill. [*C. viscosum* Linn.]	开州，万州，武隆，北碚，江津	400 ~ 1 500 m	3—4月	5—6月
		鄂西卷耳	*C. wilsonii* Takeda	巫山，奉节，开州，万州，石柱	1 200 ~ 1 800 m	4—5月	6—7月
		狗筋蔓	*Cucubalus baccifer*（Linn.）Buch-Ham. ex D. Don	巫山，巫溪，奉节，云阳，开州，万州，石柱，忠县，丰都，涪陵，武隆，长寿，巴南，江津，南岸，渝北	600 ~ 1850 m	6—8月	9—11月

134	石竹科（Caryophyllaceae）	须苞石竹	*Dianthus barbatus* Linn.	库区各县（市，区）		5—8月	8—10月
		香石竹	*D. caryophyllus* Linn.	奉节，万州，涪陵，北碚，南岸，渝北，九龙坡，渝中		5—8月	8—9月
		石竹	*D. chinensis* Linn.	库区各县（市，区）	1 000 m以下	5—6月	7—9月
		长萼石竹	*D. longicalyx* Miq.	开州，武隆	600 ~ 900 m	6—9月	8—9月
		瞿麦	*D. superbus* Linn.	巫山，开州，石柱，武隆	2 000 m以下	6—9月	8—10月
		荷莲豆草	*Drymaria cordata*（Linn.）Willd.	江津，渝北	200 ~ 1 650 m		
		霞草	*Gypsophila paniculata* Linn.	开州，万州，南岸，渝中	360 ~ 1 650 m		
		毛叶剪秋罗	*Lychnis coronaria*（Linn.）Desr.	长寿			
		剪夏罗	*L. coronata* Thunb.	奉节，开州，万州，武隆	1 500 m以下	6—7月	8—9月
		剪秋罗	*L. senno* Sieb. et Zucc.	奉节，万州，武隆	350 ~ 1 650 m	4—7月	7—9月
		女娄菜	*Silene aprica* Turcz. ex Fisch. et Mey.	奉节，云阳	1 800 m以下	4—6月	6—9月
		坚硬女娄菜	*S. firmum* Seib. et Zucc.	巫溪	300 ~ 2 500 m	6—7月	7—8月
		鹅肠草	*Myosoton aquaticum*（Linn.）Moench [*Malachium aquaticum*（Linn.）Fries; *Stellaria aquatica* Linn.]	开州，万州，石柱，涪陵，武隆，江津	650 ~ 1 800 m	5—8月	6—9月
		漆姑草	*Sagina japonica*（Sw.）Ohwi.	库区各县（市，区）	300 ~ 2 100 m	3—5月	5—10月
		肥皂草	*Saponaria officinalis* Linn.	涪陵，武隆，长寿		6—9月	
		高雪轮	*Silene armeria* Linn.	奉节，万州，涪陵，南岸		5—6月	6—7月
		麦瓶草	*S. conoidea* Linn.	巫山，巫溪，奉节，开州，丰都	1 000 m以下	5—6月	6—7月
		蝇子草	*S. fortunei* Vis.	巫山，巫溪，开州，万州，武隆	450 ~ 1 650 m	6—8月	8—11月
		湖北蝇子草	*S. hupehensis* C. L. Tang [*S. linearifolia* Pamp. non Otth]	巫山	1 000 ~ 2 100 m	7月	8月
		中国繁缕	*Stellaria chinensis* Regel	石柱，武隆	180 ~ 1 500 m	4—7月	7—9月
		繁缕	*S. media*（Linn.）Cyr.	库区各县（市，区）	200 ~ 1 650 m	3—5月	5—9月
		峨眉繁缕	*S. omeiensis* C. Y. Wu et Y. W. Tsui	巫山，巫溪，开州	1 200 ~ 2 100 m	4—7月	6—8月
		雀舌草	*S. uliginosa* Murr. [*S. alsine* Grimm. ex Grande]	库区各县（市，区）	650 ~ 2 100 m	3—6月	6—10月
		石生繁缕	*S. vestita* Kurz [*S. saxatilis* Buch.-Ham. ex D. Don, non Scopli]	库区各县（市，区）	600 ~ 2 000 m	6—8月	8—10月
		巫山繁缕	*S. wushanensis* Williams [*S. wushanensis* var. *trientaloides* Hand.-Mazz.]	巫山，巫溪，开州，丰都，涪陵	250 ~ 1 800 m	4—6月	6—7月
		多花繁缕	*S. nipponica* Ohwi	巫山，巫溪，奉节	约1 800 m	5—6月	6—8月
		沼生繁缕	*S. palustris* Ehrh.	巫山，巫溪，奉节	约1 800 m	6—7月	7—8月
		王不留行	*Vaccaria pyramidata* Medic. [*V. segetalis*（Neck.）Garcke]	长寿，渝北	300 ~ 850 m	4—5月	5—7月
135	睡莲科（Nymphaeaceae）	萍蓬草	*Nuphar pumilum*（Hoffm.）DC.	开州，万州，长寿	220 ~ 600 m	5—7月	7—9月

续表

序号	科名	植物名	拉丁学名	分布	海拔	花期	果期
135	睡莲科（Nymphaeaceae）	睡莲	*Nymphaea tetragona* Georgi [*N. pygmaea* Ait.]	库区各县（市，区）	低海拔	6—8月	8—10月
		莼菜	*Brasenia schreberi* J. F. Gmel.	奉节，开州，万州，石柱	1500 m以下	6月	7—11月
		芡实	*Euryale ferox.* Salib. ex Kong et Sims	万州，石柱，长寿，巴南，江津	低海拔	7—8月	8—9月
		莲	*Nelumbo nucifera* Gaertn.	库区各县（市，区）	低海拔	6—8月	8—10月
136	金鱼藻科（Ceratophyllaceae）	金鱼藻	*Ceratophyllum demersum* Linn.	库区各县（市，区）	175 ~ 1 600 m	6—7月	8—10月
137	领春木科（Eupteleaceae）	领春木	*Euptelea pleiospermum* Hook. f. et Thoms. [*E. franchetii* Van Teigh.]	巫山，巫溪，开州，武隆，江津	600 ~ 2 100 m	早春	5—8月
138	连香树科（Cercidiphyllaceae）	连香树	*Cercidiphyllum japonicum* Sieb. et Zucc. [*C. japonicum* var. *sinense* Rehd. et Wils.]	巫山，巫溪，奉节，开州	1 400 ~ 2 500 m	春季	6—10月
139	毛茛科（Ranunculaceae）	乌头	*Aconitum carmichaeli* Debx.	巫山，巫溪，奉节，开州，石柱，武隆	750 ~ 1 800 m	9—10月	10月
		瓜叶乌头	*A. hemsleyanum* Pritz.	巫溪，开州，万州，石柱，丰都，涪陵，武隆	1 200 ~ 2 400 m	8—10月	
		川鄂乌头	*A. henryi* Pritz.	巫山，巫溪，奉节，云阳，开州	1 000 ~ 2 000 m	9—10月	
		展毛川鄂乌头	*A. henryi* var. *villosum* W. T. Wang	开州	1 500 ~ 2 000 m		
		铁棒锤	*A. pendulum* Busch.	巫溪，开州	1 900 ~ 2 600 m	7—9月	
		岩乌头	*A. racemulosum* Franch.	武隆	1 600 ~ 2 100 m	9—10月	10月
		花葶乌头	*A. scaposum* Franch.	开州，石柱，丰都，涪陵，武隆	1 400 ~ 2 000 m	7—8月	9—10月
		等叶花葶乌头	*A. scaposum* var. *hupehanum* Rap.	开州	1 300 ~ 2 400 m		
		聚叶花葶乌头	*A. scaposum* var. *vaginatum*（Pritz.）Rapaics [*A. vaginatum* Pritz.]	巫山，巫溪，奉节，云阳，开州，石柱，涪陵，武隆	1 650 ~ 2 650 m		
		高乌头	*A. sinomontanum* Nakai. [*A. excelsum* Nakai]	巫溪，开州，万州，石柱，丰都，武隆	800 ~ 1 800 m	6—9月	8—9月
		白花松潘乌头	*A. sungpanense* var. *leucanthum* W. T. Wang	巫溪	2 200 ~ 2 600 m		
		深裂黄草乌	*A. vilmorinianum* var. *altifidum* W. T. Wang	石柱	1 800 ~ 2 000 m		
		巴东乌头	*A. ichangense*（Fin et Gagn.）Hand. Mazz.	巴东，巫山，奉节	800 ~ 1 600 m		
		长刺乌头	*A. lonchodontum* Hand.-Mazz.	巴东，巫山	1 400 ~ 2 800 m	8月	
		类叶升麻	*Actaea asiatica* Hara	巫山，巫溪，云阳，开州，武隆，江津	1 600 ~ 2 650 m	5—6月	7—9月
		短柱侧金盏花	*Adonis brevistyla* Franch.	开州，武隆	1 650 ~ 2 650 m	4—8月	
		阿尔泰银莲花	*Anemone altaica* Fisch et C. A. Mey	巫溪，开州	1 700 ~ 2 500 m		
		卵叶银莲花	*A. begoniifolia* Lévl. et Vant.	涪陵，武隆，巴南	650 ~ 1 000 m		

139	毛茛科（Ranunculaceae）	西南银莲花	*A. davidii* Franch.	巫溪，奉节，云阳，开州，石柱，涪陵，武隆，江津	1 600～2 400 m	5—6月	
		毛果银莲花	*A. baicalensis* Turcz.	巴东，巫山	约2 000 m	5—7月	
		展毛银白莲	*A. demissa* Hook. f. et Thoms.	巴东，巫山，奉节	约2 800 m	6—7月	
		小银莲花	*A. exigua* Maxim.	巴东，巫山，奉节	1 200～2 600 m	6—8月	
		鹅掌草	*A. flaccida* Fr. Schmia	巫山，巫溪，石柱，丰都，江津	1 600～2 600 m	4—6月	
		打破碗花花	*A. hupehensis* Lem.	库区各县（市，区）	250～1 600 m	7—10月	
		水棉花	*A. hupehensis* f. alba W. T. Wang	巫溪，涪陵，江津	1 200～2 100 m		
		秋牡丹	*A. hupehensis* var. *japonica*（Thunb.）Bowles et Starn	武隆	1 400～1 600 m		
		草玉梅	*A. rivularis* Buch.-Ham. ex DC.	巫溪，奉节，开州，石柱，武隆	1 200～2 600 m	5—8月	
		小花草玉梅	*A. rivularis* var. *flore-minore* Maxim.	巫山，巫溪，奉节，开州，万州，石柱，江津	900～1 200 m		
		巫溪银莲花	*A. rockii* var. *pilocarpa* W. T. Wang	巫溪，开州	1 650～2 400 m	6—8月	
		大火草	*A. tomentosa*（Maxim.）Pei	巫山，巫溪，奉节，开州	1 400～2 100 m	7—10月	
		无距耧斗菜	*Aquilegia ecalcarata* Maxim.	江津	1 500～2 800 m	5—6月	6—8月
		短距耧斗菜	*A. ecalcarata* f. *semicalcarta*（Schipcz.）Hand.-Mazz.	江津	800～1 600 m		
		秦岭耧斗菜	*A. incurvata* Hsiao	巫溪，奉节	1 600～2 400 m		
		甘肃耧斗菜	*A. oxysepala* var. *kansuensis* Bruhl. ex Hand.-Mazz.	巫溪，奉节，开州	1 400～2 600 m	6月	6—7月
		直距耧斗菜	*A. rockii* Munz	开州，万州，武隆	800～1 600 m		
		裂叶星果草	*A. steropyrum cavaleriei*（Lévl. et Vant.）Drumm. et Hutch.	开州，武隆	1 050～2 400 m	5—6月	6—7月
		星果草	*A. peltatum*（Franch.）Drumm. et Hutch.	巫溪，开州，万州	2 000～2 600 m	5—6月	6—7月
		铁破锣	*Beesia calthifolia*（Maxim.）Ulbr.	巫溪，开州，石柱，涪陵，武隆	1 600～2 600 m	5—8月	
		鸡爪草	*Calathodes oxycarpa* Sprague	巫溪	2 000～2 650 m	5—6月	7月
		驴蹄草	*Caltha palustris* Linn.	巫溪，云阳，开州	1 800～2 600 m	5—9月	6—10月
		小升麻	*Cimicifuga acerina*（Sieb. et Zucc.）Tanaka	巫山，巫溪，云阳，开州，石柱，丰都，涪陵，武隆	800～2 000 m	8—9月	10月
		短果升麻	*C. brachycarpa* Hsiao	武隆	1 500～1 950 m		
		升麻	*C. foetida* Linn.	巫溪，云阳，开州，武隆	1 600～2 400 m	7—9月	8—10月
		南川升麻	*C. nanchuanensis* Hsiao	武隆	950～1 600 m		
		单穗升麻	*C. simplex* Wormsk.	巫溪，奉节，云阳，开州，武隆	1 600～2 100 m	8—9月	9—10月
		钝齿铁线莲	*Clematis apiifolia* var. *obtusidentata* Rehd. et Wils.	巫山，巫溪，奉节，云阳，开州，万州，石柱，武隆，江津	650～1 650 m	6—7月	8—9月
		粗齿铁线莲	*C. argentilucida*（Lévl. et Vant.）W. T. Wang [*C. grata* var. *grandidentata* Rehd. et Wils.]	巫山，开州，武隆	450～2 000 m	5—7月	7—10月

续表

序号	科名	植物名	拉丁学名	分布	海拔	花期	果期
139	毛茛科（Ranunculaceae）	小木通	*C. armandii* Franch.	巫山，巫溪，奉节，云阳，开州，万州，石柱，忠县，丰都，涪陵，武隆，长寿，北碚，江津	300 ~ 1 250 m	3—4月	4—7月
		威灵仙	*C. chinensis* Osbeck	巫溪，开州，武隆，长寿，巴南，北碚，江津	200 ~ 1 200 m	6—9月	8—11月
		金毛铁线莲	*C. chrysocoma* Franch.	巫溪	2 000 ~ 2 600 m	4—7月	7—11月
		山木通	*C. finetiana* Lévl. et Vant.	巫溪，云阳，开州，万州，丰都，武隆，长寿	500 ~ 1 200 m	4—6月	7—11月
		铁线莲	*C. florida* Thunb.	巫溪	750 ~ 1 500 m	1—2月	3—4月
		扬子铁线莲	*C. ganpiniana*（Lévl. et Vant.）Tamura.	开州，武隆	1250 ~ 2 400 m	7—9月	9—10月
		毛叶铁线莲	*C. ganpiniana* var. *subsericea*（Rehd,et Wils.）C. T. Ting	武隆	850 ~ 1 800 m		
		毛果扬子铁线莲	*C. ganpiniana* var. *tenuisepala*（Maxim.）C. T. Ting	武隆	250 ~ 1 000 m		
		小蓑衣藤	*C. gouriana* Roxb. ex DC.	开州，万州，丰都，江津	250 ~ 1 250 m		
		金佛铁线莲	*C. gratopsis* W. T. Wang	奉节，开州	250 ~ 1 500 m		
		单叶铁线莲	*C. henryi* Oliv.	开州，武隆，江津	350 ~ 1 650 m	11—12月	3—4月
		巴山铁线莲	*C. kirilowii* var. *pashanensis* M. C. Chang	巫溪，开州	1 200 ~ 2 500 m	6—8月	8—9月
		贵州铁线莲	*C. kweichowensis* Pei	巴南	850 ~ 1 400 m		
		毛蕊铁线莲	*C. lasiandra* Maxim.	开州，石柱，武隆，江津	400 ~ 1 600 m		
		锈毛铁线莲	*C. leschenaultiana* DC.	武隆，巴南	350 ~ 1 200 m	1—2月	3—4月
		毛柱铁线莲	*C. meyeniana* Walp.	巫溪，江津	250 ~ 1 600 m	6—8月	8—10月
		绣球藤	*C. montana* Buch.-Ham. ex DC.	巫山，巫溪，奉节，开州，石柱，丰都	1 250 ~ 2 600 m	4—6月	7—9月
		大花锈球藤	*C. montana* var. *grandiflora* Hook.	巫溪，开州	1 600 ~ 2 400 m	4—8月	7—8月
		钝萼铁线莲	*C. peterae* Hand.-Mazz.	巫山，开州，石柱，丰都，武隆	650 ~ 1 700 m	6—8月	9—10月
		毛果铁线莲	*C. peterae* var. *trichocarpa* W. T. Wang	武隆	400 ~ 1 200 m		
		须蕊铁线莲	*C. pogonandra* Maxim.	巫山	1 850 ~ 2 400 m	6—7月	7—8月
		柱果铁线莲	*C. uncinata* Champ.	巫溪，奉节，云阳，开州，石柱，丰都，涪陵，武隆，江津	400 ~ 1 600 m	6—7月	7—9月
		皱叶铁线莲	*C. uncinata* var. *coriacea* Pamp.	奉节，开州	550 ~ 2 000 m	6—7月	8—9月
		尾叶铁线莲	*C. urophylla* Franch.	开州，万州，石柱，武隆	800 ~ 2 000 m	11—12月	3—4月
		云南铁线莲	*C. yunnanensis* Franch.	丰都	1 600 ~ 1 800 m		
		黄连	*Coptis chinensis* Franch.	巫山，巫溪，奉节，云阳，开州，万州，石柱，涪陵，武隆，江津	1 200 ~ 1 650 m	2—3月	4—6月
		狭裂黄连	*C. chinensis* var. *angustiloba* W. Y. Kong	石柱			
		还亮草	*Delphinium anthriscifolium* Hance	巫溪，开州，涪陵	600 ~ 1 200 m	3—5月	

139	毛茛科（Ranunculaceae）	卵瓣还亮草	*D. anthriscifolium* var. *calleryi*（Franch.）Finet et Gagnep. [*D. anthriscifolium* var. *savatieri*（Franch.）Munz]	奉节	1 600 ~ 1 800 m		
		大花还亮草	*D. anthriscifolium* var. *majus* Pamp.	巫溪，奉节，开州	180 ~ 850 m		
		川黔翠雀花	*D. bonvaoltii* Franch.	开州，武隆	1 000 ~ 2 200 m		
		秦岭翠雀花	*D. giraldii* Diels	巫溪，开州	1 600 ~ 2 400 m	7—8月	
		翠雀	*D. grandiflorum* L.	库区各县（市，区）	500 ~ 2 800 m	5—10月	
		川陕翠雀花	*D. henryi* Franch.	库区各县（市，区）	1 420 ~ 2 200 m	8—9月	
		毛茎翠雀花	*D. hirticaule* Franch.	巫溪，开州	1 600 ~ 2 400 m	8月	
		黑水翠雀花	*D. potaninii* Huth [*D. grandifolrum* var. *potaninii* Bruhl; *D. fangesii* Franch.]	开州	1 800 ~ 2 400 m	8—9月	
		三小叶翠雀花	*D. trifoliolatum* Finet et Gagnep.	武隆	1 400 ~ 1 800 m	7—8月	10月
		四川人字果	*Dichocarpum adiantifolium* var. *sutchenense*（Franch.）D. Z. Fu [*D. sutchenense*（Franch.）W. T. Wang et Hsiao]	巫山	1 250 ~ 1 800 m		
		耳状人字果	*D. auriculatum*（Franch.）W. T. Wang et Hsiao	开州，万州，石柱，武隆，江津	750 ~ 1 600 m	4—5月	4—6月
		蕨叶人字果	*D. dalzielii*（Drumm. et Hutch.）W. T. Wang et Hsiao	万州，石柱	400 ~ 800 m	4—5月	5—6月
		纵肋人字果	*D. fargesii*（Franch.）W. T. Wang et Hsiao	奉节	600 ~ 1 450 m	5—6月	7月
		小花人字果	*D. franchetii*（Finet et Gagnep.）W. T. Wang et Hsiao	巫溪，开州	1 300 ~ 2 000 m	4—5月	5—6月
		人字果	*D. sutchuenense*（Franch.）W. T. Wang et Hsiao	巫山，巫溪，奉节，云阳，开州，武隆	1 500 ~ 2 000 m	4—5月	5—6月
		水葫芦苗	*Halerpestes sarmentosa*（Adams）Kom.	开州，石柱	250 ~ 1 650 m		
		铁筷子	*Helleborus thibetanus* Franch.	巫溪，开州	1 650 ~ 2 500 m	4月	5月
		川鄂獐耳细辛	*Hepatica henryi*（Oliv.）Steward	巫山，巫溪，开州	1 800 ~ 2 500 m	4—5月	
		黑种草	*Nigella damascena* Linn.	北碚，南岸			
		芍药	*Paeonia lactiflora* Pall.	库区各县（市，区）	1 000 ~ 2 300 m	5—6月	7—8月
		毛果芍药	*P. lactiflora* var. *trichocarpa*（Bunge）Stern.	开州，丰都，涪陵，武隆			
		草芍药	*P. obovata* Maxim. [*P. wittmanniana* Lindl.]	巫溪，开州，石柱，涪陵，武隆	800 ~ 2 400 m	5—6月中旬	9月
		毛叶草芍药	*P. obovata* var. *willmottiae*（Stapf.）Stern.	巫山，巫溪，开州，武隆	800 ~ 1 400 m		
		牡丹	*P. suffruticosa* Andr.	库区各县（市，区）		4—5月	6月
		白头翁	*Pulsatilla chinensis*（Bunge）Regel	巫溪，奉节，开州	450 ~ 1 850 m	4—5月	6月

续表

序号	科名	植物名	拉丁学名	分布	海拔	花期	果期
139	毛茛科（Ranunculaceae）	禺毛茛	*Ranunculus cantoniensis* DC.	开州，武隆，巴南，北碚，江津，南岸，渝北，九龙坡	200 ~ 1 650 m	4—7月	4—7月
		茴茴蒜	*R. chinensis* Bunge	库区各县（市，区）	180 ~ 1 250 m	5—9月	5—9月
		西南毛茛	*R. ficariifolius* Levl. et Vant.	奉节，开州，石柱，丰都，长寿	850 ~ 1 650 m	4—7月	4—7月
		毛茛	*R. japonicus* Thunb.	库区各县（市，区）	300 ~ 1 000 m	4—9月	4—9月
		黄毛茛	*R. laetus* Wall.	开州，武隆	1 200 ~ 2 400 m		
		石龙芮	*R. sceleratus* Linn.	库区各县（市，区）	250 ~ 1 250 m	5—8月	5—8月
		扬子毛茛	*R. sieboldii* Miq.	库区各县（市，区）	200 ~ 1 650 m	5—10月	5—10月
		小毛茛	*R. ternatus* Thunb.	库区各县（市，区）	1 600 m以下	3—7月	3—7月
		天葵	*Semiaquilegia adoxoides*（DC.）Makino	开州，武隆	300 ~ 1 000 m	3—4月	4—5月
		尖叶唐松草	*Thalictrum acutifolium*（Hand.-Mazz.）Boivin	巫溪，开州，武隆	1 450 ~ 2 100 m	4—7月	
		偏翅唐松草	*T. delavayi* Franch. [*T. dipterocarpum* Franch; *T. delavayi* var. *parviflorum* Franch.]	江津	1 600 ~ 1 950 m		
		大叶唐松草	*T. faberi* Ulbr.	开州，武隆	750 ~ 1 850 m		
		西南唐松草	*T. fargesii* Franch. ex Finet et Gagnep.	巫溪，开州	1 300 ~ 2 200 m	5—6月	5—7月
		香唐松草	*T. foetidum* Linn.	石柱	850 ~ 1 800 m		
		华东唐松草	*T. fortunei* S. Moore	巫溪，开州	1 000 ~ 1 800 m	3—5月	
		盾叶唐松草	*T. ichangense* Lecoy. ex Oliv.	巫溪，奉节，云阳，开州，武隆	800 ~ 2 400 m	4—7月	7—9月
		爪哇唐松草	*T. javanicum* Bl.	巫溪，开州，武隆，江津	600 ~ 1 800 m	4—7月	8月
		长喙唐松草	*T. macrorhynchum* Franch.	巫溪，开州	1 600 ~ 2 500 m	5—6月	7—8月
		小果唐松草	*T. microgynum* Lecoy. ex Oliv.	巫溪，开州，石柱，丰都，涪陵，武隆，北碚，江津	800 ~ 1 800 m	4—7月	8—9月
		东亚唐松草	*T. minus* var. *hypoleucum*（Sieb. et Zucc.）Miq. [*T. thunbergii* DC.]	开州，石柱，涪陵，武隆	800 ~ 1 600 m		
		峨眉唐松草	*T. omeiense* W. T. Wang et S. H. Wang	开州，丰都，武隆	500 ~ 1 800 m		
		多枝唐松草	*T. ramosum* Boivia	石柱，涪陵，武隆，长寿，北碚，江津	250 ~ 850 m	4月	5—6月
		粗壮唐松草	*T. robustum* Maxim.	开州，丰都，武隆	1 200 ~ 2 400 m	6—7月	8—9月
		箭头唐松草	*T. simplex* var. *brevipes* Hara	开州，石柱，涪陵，武隆，北碚，江津	800 ~ 1 800 m	7月	
		弯柱唐松草	*T. uncinulatum* Franch.	开州，石柱，武隆	800 ~ 1 800 m	7月	8月
		尾囊草	*Urophysa henryi*（Oliv.）Ulbr.	巫溪，武隆	600 ~ 1 250 m	3—4月	5月
140	木通科（Lardizabalaceae）	木通	*Akebia quinata*（Thunb.）Decne.	巫山，巫溪，开州，石柱	750 ~ 1 650 m	4—6月	6—10月
		三叶木通	*A. trifoliata*（Thunb.）Koidz.	库区各县（市，区）	250 ~ 1 850 m	4—6月	7—9月
		白木通	*A. trifoliata* var. *australis*（Diels）Rehd	巫山，巫溪，奉节，云阳，开州，万州，石柱，涪陵，武隆，江津	400 ~ 1 300 m	4—6月	7—9月

140	木通科（Lardizabalaceae）	猫儿屎	*Decaisnea insignis*（Griff）Hook. f. et Thoms. [*D. fargesii* Franch.]	巫山，巫溪，奉节，开州，石柱，丰都，涪陵，武隆	850 ~ 2 300 m	4—7月	7—10月
		鹰爪枫	*H.coriacea* Diels	巫溪，奉节，开州，武隆	600 ~ 1 200 m	4—5月	6—8月
		五风藤	*H. fargesii* Reaub. [*H. angustifolia* Wall.]	巫山，巫溪，奉节，云阳，石柱，武隆，江津	700 ~ 1 200 m	4—5月	6—10月
		牛姆瓜	*H. grandiflora* Reaub.	巫溪，奉节，开州，武隆	700 ~ 1 800 m	4—5月	7—9月
		线叶五风藤	*H. linearifolia* T. Chen	巫山，开州，石柱，武隆	800 ~ 1 600 m	4—5月	7—9月
		棱茎牛姆瓜	*H. pterocaulis* T. Chen et Q. H. Chen	江津	400 ~ 850 m	4—5月	7—9月
		三叶五风藤	*H. trifoliate* Wall.	巫山，巫溪，开州，万州，涪陵，武隆	800 ~ 2 100 m	4—5月	7—9月
		大血藤	*Sargentodoxa cuneate*（Oliv.）Redh. et Wils.	巫溪，开州，万州，石柱，丰都，武隆	400 ~ 1 800 m	4—5月	6—9月
		串果藤	*Sinofranchetia chinensis*（Franch.）Hemsl.	巫溪，奉节，云阳，开州，万州	900 ~ 2 000 m	4—6月	7—10月
		羊瓜藤	*Stauntonia duclouxii* Gagnep	万州，石柱，忠县，涪陵，北碚，江津	800 ~ 1 450 m	4月	8—10月
		短药野木瓜	*S. obovata* Hemsl. [*S. leucantha* Diels ex Wu]	巫溪，石柱，江津	750 m	4月	7月
		西南野木瓜	*S. cavalerieana* Gagn.	库区各县（市，区）	550 ~ 1 600 m	3—4月	8—11月
		牛腾果	*S. elliptica* Hemsl.	库区各县（市，区）	500 ~ 1 140 m	4月	7—9月
141	小檗科（Berberidaceae）	锥花小檗	*Berberis aggregata* Schneid.	开州，石柱，武隆	1 850 ~ 2 400 m	5—6月	6—9月
		黄芦木	*B. amurensis* Rupr.	巫溪，开州	850 ~ 2 500 m	6—8月	9—10月
		黑果小檗	*B. atrocarpa* Schneid.	武隆，江津	800 ~ 1 800 m	4月	5—8月
		毛叶小檗	*B. brachypoda* Maxim.	巫溪，开州	1 250 ~ 2 100 m	4—5月	6—10月
		秦岭小檗	*B. circumserrata* Schneid.	开州	2 100 ~ 2 650 m	5—6月	7—10月
		直穗小檗	*B. dasystachya* Maxim.	巫山，巫溪，开州	2 100 ~ 2 400 m	5—6月	6—9月
		黄花刺	*B. diaphana* Maxim.	巫山，巫溪	1 800 ~ 2 650 m		
		首阳小檗	*B. dielsiana* Fedde	巫溪，开州	2 100 ~ 2 750 m		
		长穗小檗	*B. dolichobotrys* Fedde	开州	1 850 ~ 2 400 m		
		南川小檗	*B. fallaciosa* Schneid.	巫溪，开州，丰都	1 600 ~ 2 100 m		
		短叶小檗	*B. ferdinandi-coburgii* Schneid.	云阳，涪陵，武隆	1 650 ~ 2 200 m		
		湖北小檗	*B. gagnepainii* Schneid.	巫山，开州	1 250 ~ 2 100 m	5—6月	7—9月
		蓝果小檗	*B. gagnepainii* var. *lanceifolia* Ahrendt	万州	1 250 ~ 2 400 m		
		巴东小檗	*B. henryana* Schneid.	巫山，巫溪，云阳，开州	1 650 ~ 2 500 m	5—6月	6—9月
		蚝猪刺	*B. julianae* Schneid. [*B. julianae* var. *oblongifolia* Ahrendt；*B. julianae* var. *patungensis* Ahrendt]	巫山，巫溪，云阳，开州	1 100 ~ 1 800 m	3—6月	5—11月
		粉叶小檗	*B. pruinosa* Franch.	巫溪，开州	1 600 ~ 2 700 m	3—6月	5—11月
		刺黑珠	*B. sargentiana* Schneid.	巫溪，开州，武隆	600 ~ 2 000 m	4—5月	5—10月
		华西小檗	*B. silva-taroucana* Schneid.	开州	1 800 ~ 2 500 m	4—5月	5—10月
		假蚝猪刺	*B. soulieana* Schneid.	巫溪，奉节，开州，丰都，江津	800 ~ 1 600 m	3—4月	5—9月
		芒齿小檗	*B. triacanthophora* Fedde	巫溪，云阳，开州，石柱，丰都，涪陵，武隆	1 500 ~ 2 500 m	5—6月	6—10月
		庐山小檗	*B. virgetorum* Schneid.	开州，武隆	800 ~ 1 650 m	4—5月	5—9月

续表

序号	科名	植物名	拉丁学名	分布	海拔	花期	果期
141	小檗科（Berberidaceae）	匙叶小檗	*B. vernae* Schneid	库区各县（市，区）	800 ~ 1 600 m	5—6月	8—9月
		红毛七	*Caulophyllum robustum* Maxim. [*Leontice robustum*（Maxim.）Diels]	巫山，巫溪，奉节，开州，万州，石柱，丰都，涪陵，武隆，江津	1 400 ~ 2 400 m	4—6月	6—10月
		南方山荷叶	*Diphylleia sinensis* H. L. Li	巫山，巫溪，开州	1 800 ~ 2 750 m	5—6月	6—8月
		小八角莲	*Dysosma difformis*（Hemsl. et Wils.）T. H. Wang ex T. S. Ying	巫溪，云阳，石柱，涪陵，武隆	700 ~ 1 600 m	4—6月	6—9月
		贵州八角莲	*D. majorensis*（Gagnep.）Ying [*D. lichuanensis* Cheng; *Podophyllum mdjorense* Gagnep.]	石柱，武隆	1 500 m	3—5月	6—10月
		六角莲	*D. pleiantha*（Hance）Woods.	巫溪，开州，丰都，涪陵	850 ~ 1 650 m	4—6月	7—9月
		川八角莲	*D. veitchii*（Hemsl. et Wils.）S. H. Fu ex T. S. Ying	石柱，丰都	1 450 ~ 2 400 m	3—5月	6—10月
		八角莲	*D. versipellis*（Hance）M. Cheng ex T. S. Ying	巫山，巫溪，奉节，云阳，开州，万州，石柱，武隆，江津	300 ~ 2 100 m	3—5月	6—10月
		粗毛淫羊藿	*Epimedium acuminatum* Franch.	开州，武隆，巴南，北碚，江津	750 ~ 1 500 m	4—5月	5—8月
		淫羊藿	*E. grandiflorum* Morr.	开州，涪陵	450 ~ 1 250 m	2—3月	3—5月
		黔岭淫羊藿	*E. leptorrhizum* Stearn	石柱，丰都	1 200 ~ 1 850 m	4月	4—6月
		柔毛淫羊藿	*E. pubescens* Maxim.	武隆	450 ~ 1 250 m	4—5月	5—7月
		三枝九叶草	*E. sagittatum*（Sieb. et Zucc.）Maxim.	巫山，巫溪，奉节，开州，万州，石柱，忠县，丰都，涪陵，武隆，长寿，巴南，北碚，江津，南岸，渝北	300 ~ 1 650 m	2—3月	3—5月
		光叶淫羊藿	*E. sagittatum* var. *glabratum* T. S. Ying	开州，涪陵，武隆	450 ~ 1 650 m	3—4月	4—6月
		四川淫羊藿	*E. sutchuenese* Franch.	巫山，巫溪，开州，石柱，丰都，涪陵，武隆	1 200 ~ 2 500 m	3—5月	4—7月
		巫山淫羊藿	*E. wushanense* Franch.	巫山，巫溪，开州	1 000 ~ 2 100 m		
		阔叶十大功劳	*Mahonia bealei*（Fort.）Carr.	云阳，开州，万州，石柱，忠县，丰都，涪陵，武隆，北碚，江津	300 ~ 1 400 m	3月	4—8月
		刺黄柏	*M. confusa* Sprague.	库区各县（市，区）	350 ~ 1 200 m	7—9月	10—11月
		鄂西十大功劳	*M. decipiens* Schneid.	库区各县（市，区）	850 ~ 1 500 m	4—8月	4—8月
		波氏十大功劳	*M. bodinieri* Gagnep. [*M. japonica*（Thunb.）DC; *M. leveilleana* Schneid.]	涪陵，武隆，江津	1 200 ~ 2 100 m	7—9月	11—12月
		宽苞十大功劳	*M. eurybracteata* Fedde [*M. confusa* Sprague]	巫山，巫溪，开州，忠县，丰都，涪陵，武隆，江津，南岸	500 ~ 1 200 m	7—9月	11—12月
		安坪十大功劳	*M. eurybracteata* ssp. *ganpinensis*（Lévl.）Ying [*M. confusa* var. *bournei* Ahrendt]	巫溪，万州，石柱，忠县，涪陵，武隆，巴南，江津	230 ~ 800 m	10—11月	11至翌年5月
		十大功劳	*M. fortunei*（Lindl.）Fedde [*M. fortunei* var. *szechuanica* Ahrendt]	巫溪，北碚，江津	350 ~ 1 100 m	8—9月	10—11月

141	小檗科（Berberidaceae）	细梗十大功劳	*M. gracilipes*（Oliv.）Fedde	武隆	300 ~ 1 200 m	8—9月	9—11月
		华西十大功劳	*M. integripetala* T. S. Ying	涪陵	250 ~ 800 m	4—8月	9—10月
		多齿十大功劳	*M. polydonta* Fedde	开州，石柱，武隆	1 500 ~ 2 550 m	8—9月	9—11月
		长阳十大功劳	*M. sheridaniana* Schneid. [*M. fargesii* Takeda]	巫山，巫溪，开州	1 600 ~ 2 700 m	3—4月	4—6月
		南天竹	*Nandina domestica* Thunb.	库区各县（市，区）	250 ~ 1 450 m	4—6月	7—11月
142	防己科（Menispermaceae）	樟叶木防己	*Cocculus laurifolius* DC.	巫山	600 ~ 1 200 m		
		木防己	*C. orbiculatus*（Linn.）DC.	库区各县（市，区）	350 ~ 1 250 m	5—7月	6—10月
		毛木防己	*C. orbiculatus* var. *mollis*（Wall. ex Hook. f. et Thoms.）Hara	开州，丰都，武隆，巴南，江津，南岸	450 ~ 1 200 m	5—7月	6—10月
		轮环藤	*Cyclea racemosa* Oliv.	库区各县（市，区）	250 ~ 1 600 m	春夏间	夏秋
		四川轮环藤	*C. sutchuenensis* Gagnep.	奉节，开州，石柱	650 ~ 1 800 m	春季	夏秋
		西南轮环藤	*C. wattii* Diels.	库区各县（市，区）	1 100 ~ 2 800 m	6月	7—8月
		秤钩风	*Diploclisia affinis*（Oliv.）Diels [*D. chinenses* Merr.]	奉节，开州	300 ~ 1 000 m	4—5月	6—7月
		中华秤钩风	*D. chinensis* Merr.	库区各县（市，区）	约800 m	4月	6月
		细圆藤	*Pericampylus glaucus*（Lam.）Merr.	开州，石柱，忠县，涪陵，武隆，巴南，北碚，江津，南岸	400 ~ 1 400 m	4—7月	7—12月
		汉防己	*Sinomenium acutum*（Thunb.）Rehd. et Wils. [*S. acutum* var. *cinerum*（Diels）Rehd. et Wils.]	库区各县（市，区）	600 ~ 1 800 m	6—8月	8—10月
		金钱吊乌龟	*Stephania cepharantha* Ha yata	巫山，开州，武隆，江津	600 ~ 1 850 m	6—7月	8—9月
		小寒药	*S. delavayi* Diels	武隆	1 650 ~ 1 950 m		
		江南地不容	*S. excentrica* H. S. Lo	石柱，武隆	850 ~ 1 800 m	6月	7—8月
		草质千金藤	*S. herbacea* Gagnep.	巫山，巫溪，开州，涪陵，武隆	1 200 ~ 2 200 m	5—6月	7—9月
		桐叶千金藤	*S. hernandifolia*（Willd.）Walp.	开州，石柱	850 ~ 1 650 m	5—7月	6—8月
		千金藤	*S. japonica*（Thunb.）Miers	开州，江津，南岸	1 200 ~ 1 650 m	5—7月	6—8月
		中华千金藤	*S. sinica* Diels	巫山，巫溪，奉节，开州，丰都，涪陵，武隆，江津	1 250 ~ 2 400 m	6—7月	7—8月
		石蟾蜍	*S. tetrandra* S. Moore	库区各县（市，区）	1 000 m以下	6—7月	7—8月
		青牛胆	*Tinospora sagittata*（Oliv.）Gagnep.	库区各县（市，区）	600 ~ 1 500 m	4—5月	6—10月
143	水青树科（Tetracentraceae）	水青树	*Tetracentron sinense* Oliv.	巫山，巫溪，奉节，开州，石柱，武隆，江津	1 500 ~ 2 500 m	7月	8—10月
144	木兰科（Magnoliaceae）	大花八角	*Illicium dunnianum* Tutch	石柱，武隆	1 500 ~ 2 250 m	5—7月	8—9月
		华中八角	*I. fargesii* Finet et Gagnep.	巫溪，开州，丰都，涪陵，武隆	800 ~ 2 300 m	5—7月	8—9月

续表

序号	科名	植物名	拉丁学名	分布	海拔	花期	果期
144	木兰科（Magnoliaceae）	红茴香	*I. henryi* Diels	巫山，巫溪，奉节，云阳，开州，万州，石柱，丰都，涪陵，武隆，江津	500 ~ 1 500 m	4—6月	6—9月
		大八角	*I. majus* Hook. f. et Thoms.	巫山，巫溪，奉节，开州，石柱，丰都	850 ~ 2 400 m	5—7月	8—9月
		小花八角	*I. micranthum* Dunn. [*I. chinyunensis* He]	开州，石柱，涪陵，武隆，江津	800 ~ 1 600 m	5—7月	8—9月
		黑老虎	*Kadsura coccinea*（Lem.）A. C. Smith	开州，武隆	600 ~ 1 300 m	5—6月	10—11月
		异形南五味子	*K. heteroclita*（Roxb.）Craib	巫溪，开州，武隆	1 200 ~ 1 850 m	5—8月	7—10月
		南五味子	*K. longepedunculata* Finet et Gagnep.	巫溪，开州，石柱，武隆，江津	600 ~ 2 000 m	5—7月	7—11月
		鹅掌楸	*Liriodendron chinense*（Hemsl.）Sargent	巫山，开州，万州，丰都，涪陵，武隆，江津	1 200 ~ 2 100 m	4—5月	6—10月
		华中木兰	*Magnolia biondii* Pamp.	巫溪，开州	800 ~ 1 200 m	3—5月	6—8月
		夜香木兰	*M. coco*（Lour.）DC	北碚		3—5月	6—8月
		玉兰	*M. denudata* Desr. [*M. heptapeta*（Bechoz）Dandy]	万州，武隆，长寿，巴南，北碚，南岸，渝北，九龙坡，渝中		3—5月	6—9月
		荷花玉兰	*M. grandiflora* Linn.	库区各县（市，区）		5—8月	8—10月
		辛夷	*M. liliflora* Desr. [*M. quinquepeta*（Buchoz）Dandy]	巫山，巫溪，奉节，云阳，开州，丰都，涪陵，武隆，长寿，江津	800 ~ 1 600 m	3—5月	6—8月
		厚朴	*M. officinalis* Rehd. et Wils.	巫山，巫溪，奉节，云阳，开州，万州，石柱，忠县，丰都，涪陵，武隆，江津	300 ~ 1 700 m	4—5月	6—10月
		凹叶厚朴	*M. officinalis* ssp. *Biloba*（Rehd. et Wils.）Cheng et Law	巫山，开州，万州，石柱，丰都，武隆	1 000 m以下	4—5月	6—9月
		二乔玉兰	*M. soulangeana* Soul.-Bod.	武隆		4—5月	6—9月
		武当木兰	*M. sprengeri* Pamp. [*M. denudata* var. *purpurascens* Rehd. et Wils.; *M. diva* Stapf]	巫山，巫溪，奉节，云阳，开州，万州，石柱，忠县，丰都，涪陵，武隆，江津	1 250 ~ 2 400 m	3—4月	6—9月
		白花湖北木兰	*M. sprengeri* var. *elongata*（Rehd. et Wils.）Stapf	巫山，奉节，开州，武隆	800 ~ 2 300 m	3—4月	6—9月
		红花木莲	*Manglietia insignis*（Wall.）Bl.	江津	650 ~ 1 250 m		
		巴东木莲	*M. patungensis* Hu	巫山，开州，丰都	750 ~ 1 000 m	5—6月	7月底
		四川木莲	*M. szechuanica* Hu	江津	1 300 ~ 2 000 m	5—6月	7—8月
		白兰花	*Michelia alba* DC	库区各县（市，区）	600 ~ 1 600 m	3—6月	7—9月
		黄兰	*M. champaca* Linn.	万州，涪陵，北碚，南岸，渝北，渝中	600 ~ 1 500 m	3—6月	7—9月
		乐昌含笑	*M. chapensis* Dandy	万州，北碚	600 ~ 1 500 m	3—5月	7—8月
		含笑花	*M. figo*（Lour.）Spreng.	奉节，云阳，丰都，涪陵	600 ~ 1 500 m	3—5月	7—8月
		黄心含笑	*M. martinii*（Levl.）Levl. [*M. bodinieri* Finet et Gagnep.]	江津	1 000 ~ 2 000 m	3—6月	7—9月
		深山含笑	*M. maudiae* Dunn	开州，万州，涪陵，北碚，江津	900 ~ 1 800 m	3—6月	7—9月

144	木兰科（Magnoliaceae）	四川含笑	*M. szechuanica* Dandy	奉节，开州，万州，北碚	1 250 ~ 2 000 m	4月	9月
		峨眉含笑	*M. wilsonii* Finet et Gagnep.	开州	1 000 ~ 1 500 m	4—5月	6—10月
		阔瓣含笑	*M. platypetala* Hand.-Mazz.	库区各区（县，市）	700 ~ 1 500 m	3—4月	8—9月
		多花含笑	*M. floribunda* Fin. et Gagn.	库区各区（县，市）	800 ~ 900 m	3—4月	8—9月
		五味子	*Schisandra chinensis*（Turcz.）Baill.	巫溪，开州	1 250 ~ 2 400 m	5—7月	7—10月
		金山五味子	*S. glaucescens* Diels	武隆	1 200 ~ 2 100 m	4—6月	7—9月
		翼梗五味子	*S. henryi* Clarke	巫山，巫溪，奉节，开州，涪陵，武隆，巴南，江津	500 ~ 1 800 m	4—6月	7—9月
		兴山五味子	*S. incarnata* Stapf	巫山，巫溪，奉节，开州，石柱，丰都	1 200 ~ 2 500 m	5—6月	7—9月
		铁箍散	*S. propinqua* var. *sinensis* Oliv.	巫山，巫溪，奉节，云阳，开州，万州，涪陵	700 ~ 1 200 m	6—7月	7—10月
		柔毛五味子	*S. pubescens* Hemsl. et Wils.	奉节，开州，丰都，武隆，江津	700 ~ 2 000 m	5—6月	7—8月
		毛脉五味子	*S. pubescens* var. *pubinervis*（Rehd. et Wils）A. C. Smith.	武隆	1 800 ~ 2 100 m	5—6月	7—8月
		红花五味子	*S. rubriflora*（Franch.）Rehd. et Wils. [*S. grandiflora* var. *athayensis* Schneid.]	开州	1 800 ~ 2 300 m	5—6月	9—10月
		华中五味子	*S. sphenanthera* Rehd. et Wils.	巫山，巫溪，奉节，云阳，开州，万州，石柱，丰都，涪陵，武隆，巴南，江津	500 ~ 2 000 m	4—6月	6—10月
		棱枝五味子	*S. henryi* Clarke	库区各区（县，市）	500 ~ 1 500 m	5—7月	8—9月
		狭叶五味子	*S. lancifolia*（Rehd. et Wils.）A. C. Smith	库区各区（县，市）	600 m以上	5—6月	8—9月
145	蜡梅科（Calycanthaceae）	夏蜡梅	*Calycanthus chinensis* Cheng et S. Y. Chang [*Sinocalycanthus chinensis*（Cheng et S. Y. Chang）Cheng et S. Y. Chang]	万州，南岸			
		山蜡梅	*Chimonanthus nitons* Oliv.	巫山，巫溪，开州，武隆	250 ~ 500 m	10—翌年1月	翌年4—7月
		蜡梅	*C. praecox*（Linn.）Link	库区各县（市，区）	200 ~ 650 m	12—翌年2月	翌年4—11月
146	樟科（Lauraceae）	红果黄肉楠	*Actinodaphne cupularis*（Hemsl.）Gamble	巫山，奉节，开州，涪陵，武隆	400 ~ 1 600 m	10—11月	翌年8—9月
		柳叶黄肉楠	*A. lecomtei* Allen	开州	900 ~ 1 800 m	10—11月	翌年7—9月
		隐脉黄肉楠	*A. obscurinervia* Yang et P. H. Huang	巫溪，巫山，开州	850 ~ 1 450 m	10—11月	翌年6—8月
		毛果黄肉楠	*A. trichocarpa* Allen	武隆	1 000 ~ 2 000 m	10—11月	翌年6—8月
		贵州琼楠	*Beilschmiedia kweichowensis* Cheng	北碚（缙云山）	600 ~ 1 200 m	10—11月	翌年6—8月
		雅安琼楠	*B. yaanica* N. Chao	北碚（缙云山）	400 ~ 1 000 m	10—11月	翌年6—8月
		猴樟	*Cinnamomum bodinieri* Lévl.	巫溪，奉节，开州	450 ~ 1 250 m	5月	8月
		狭叶阴香	*C. burmannii* f. *heyneanum*（Ness）H. W. Li	巫山，武隆	200 ~ 650 m	5—6月	8—9月
		樟	*C. camphora*（Linn.）Presl	库区各县（市，区）	250 ~ 1 500 m	4—5月	8—9月
		云南樟	*C. glanduliferum*（Wall.）Nees	江津	800 ~ 1 650 m	3—5月	7—9月
		野黄桂	*C. jensenianum* Hand.-Mazz.	武隆	450 ~ 1 250 m	4—6月	7—8月
		油樟	*C. longepaniculatum*（Gamble）N. Chaoex H. W. Li [*C. inunctum*（Ness）Meissn.]	开州，万州，北碚，南岸	600 ~ 2 000 m	5—6月	7—9月

续表

序号	科名	植物名	拉丁学名	分布	海拔	花期	果期
146	樟科（Lauraceae）	银叶桂	*C. mairei* Levl.	云阳，江津	400 ~ 1 000 m	5—6月	7—9月
		少花桂	*C. pauciflorum* Nees	巫山	250 ~ 650 m	3—8月	9—10月
		阔叶樟	*C. platyphyllum*（Diels.）Allen	开州，武隆，江津	350 ~ 1 000 m		9月
		黄樟	*C. porrectum*（Roxb.）Kosterm. [*C. parthenoxylon*（Jack.）Meissn.]	万州，涪陵，江津	750 ~ 1 200 m	3—5月	4—10月
		香桂	*C. subavenium* Miq.	开州，石柱	450 ~ 1 200 m	6—7月	8—10月
		川桂	*C. wilsonii* Gamble	巫山，巫溪，奉节，云阳，开州，石柱，武隆	500 ~ 1 250 m	5月	8月
		毛桂	*C. szechuanense* Yang [*C. appelianum* Schewe]	开州，北碚，巴县，长寿，江津，武隆，奉节	350 ~ 850 m	4—6月	6—8月
		月桂	*Laurus nobilis* Linn.	库区各县（市，区）		3—5月	6—9月
		乌药	*Lindera aggregata*（Sims）Kosterm.	开州，涪陵，武隆，江津	1 600 ~ 2 200 m	4月	10月
		香叶树	*L. communis* Hemsl.	库区各县（市，区）	450 ~ 1 650 m	3—4月	9—10月
		红果山胡椒	*L. erythrocarpa* Makino	奉节，开州，武隆	400 ~ 1 250 m	4月	9—10月
		绒毛钓樟	*L. floribunda*（Allen）H. P. Tsui	奉节，开州	500 ~ 1 800 m	3—4月	4—8月
		香叶子	*L. fragrans* Oliv.	巫山，开州，武隆	300 ~ 1 200 m		
		绿叶甘橿	*L. fruticosa* Hemsl.	巫山，巫溪，奉节，开州，武隆	1 000 ~ 1 600 m	4月	9月
		山胡椒	*L. glauca*（Sieb. et Zucc.）Bl.	巫山，巫溪，云阳，开州，万州，石柱，涪陵，武隆，北碚，江津	400 ~ 1 600 m	4月	7—8月
		黑壳楠	*L. megaphylla* Hemsl.	库区各县（市，区）	300 ~ 1 500 m	2—4月	9—12月
		毛黑壳楠	*L. megaphylla* f. *trichoclada*（Rehd.）Cheng [*L. megaphylla* f. *touyunensis*（Levl.）Rehd.]	奉节，开州	300 ~ 1 500 m	2—4月	9—12月
		绒毛山胡椒	*L. nacusua*（D. Don）Merr.	开州，江津	500 ~ 800 m		
		三桠乌药	*L. obtusiloba* Bl.	巫溪，奉节，云阳，开州，武隆	1 000 ~ 2 000 m	3—4月	8—9月
		峨眉钓樟	*L. prattii* Gamble	武隆	1 250 ~ 2 000 m	3—5月	7—9月
		香粉叶	*L. pulcherrima* var. *attenuata* Allen	巫山，奉节，开州	800 ~ 1 500 m	4—6月	6—8月
		川钓樟	*L. pulcherrima* var. *hemsleyana*（Diels）H. P. Tsui [*L. urophylla*（Rehd.）Allen]	巫山，巫溪，奉节，云阳，开州，万州，石柱，忠县，丰都，涪陵，武隆，长寿，巴南，北碚，江津	1 000 ~ 1 900 m	4—6月	6—8月
		山橿	*L. reflexa* Hemsl.	江津	600 ~ 1 000 m	4月	8月
		四川山胡椒	*L. setchuanensis* Gamble	武隆	650 ~ 1 650 m	2—4月	8—10月
		菱叶钓樟	*L. supracostata* Lecomte	奉节，开州	1 000 ~ 2 000 m	3—5月	7—9月
		川鄂菱叶钓樟	*L. supracostata* var. *sichuanensis* H. S. Kung	巫山，巫溪，奉节，开州	1 300 ~ 2 100 m	3—5月	7—9月
		毛豹皮樟	*Litsea coreana* var. *lanuginosa*（Migo）Yang et P. H. Huang	开州，忠县，涪陵，武隆，巴南，江津	600 ~ 1 800 m	8—9月	翌年4月

146	樟科（Lauraceae）	山鸡椒	*L. cubeba*（Lour.）Pers.	巫溪，奉节，云阳，开州，万州，石柱，涪陵，武隆，江津	350 ~ 1 950 m	2—3月	7—8月
		长叶木姜子	*L. elongata*（Wall. ex Nees）Benth. et Hook. f.	开州，涪陵，武隆	1 200 ~ 1 650 m	2—3月	7—8月
		石木姜子	*L. elongata* var. *faberi*（Hemsl.）Yang et P. H. Huang	巫山，巫溪，奉节，云阳，开州，万州，石柱	1 250 ~ 2 100 m	5—11月	翌年2—6月
		假轮叶木姜子	*L. elongata* var. *subverticillata*（Yang）Yang et P. H. Huang	奉节，忠县，武隆	1 200 ~ 1 900 m	5—11月	翌年2—6月
		宜昌木姜子	*L. ichangensis* Gamble	奉节，开州	1 100 ~ 2 100 m	4—5月	7—8月
		毛叶木姜子	*L. mollis* Hemsl. [*L. mouifolia* Chun]	巫山，巫溪，奉节，云阳，开州，涪陵，武隆	400 ~ 1 600 m	3—4月	9—10月
		宝兴木姜子	*L. moupinensis* H. Lec.	开州，武隆	850 ~ 1 800 m		
		四川木姜子	*L. moupinensis* var. *szechuanica*（Allan）Yang et P. H. Huang	石柱，涪陵，武隆	800 ~ 1 800 m	3—5月	7—8月
		红皮木姜子	*L. pedunculata*（Diels）Yang et P. H. Huang	开州，涪陵，武隆	850 ~ 1 850 m	5月	7—8月
		木姜子	*L. pungens* Hemsl.	巫山，巫溪，奉节，开州，武隆	600 ~ 2 500 m	3—4月	7—8月
		红叶木姜子	*L. rubescens* H. Lec.	开州，涪陵	850 ~ 1 850 m	3—4月	9—10月
		绢毛木姜子	*L. sericea*（Nees）Hook. f.	巫溪，开州，武隆，江津	800 ~ 1 600 m	4—5月	8—9月
		栓皮木姜子	*L. suberosa* Yang et P. H. Huang	石柱，武隆	800 ~ 1 950 m	7—9月	10—11月
		秦岭木姜子	*L. tsinlingensis* Yang et P. H. Huang	巴东，兴山，开州	1 000 ~ 2 400 m	4—5月	7—8月
		钝叶木姜子	*L. veitchiana* Gamble	巫山，巫溪，开州	800 ~ 1 800 m	4—5月	8—9月
		绒叶木姜子	*L. wilsonii* Gamble	武隆，长寿，江津	450 ~ 850 m	4—5月	8—9月
		川黔润楠	*Machilus chuanchienensis* S. Lee	武隆，涪陵，长寿	500 ~ 850 m	6月	8月
		宜昌润楠	*M. ichangensis* Rehd. et Wils.	开州，石柱	700 ~ 1 500 m	4月	8月
		小果润楠	*M. microcarpa* Hemsl.	巫山，开州	300 ~ 1 500 m	3—4月	7月
		润楠	*M. pingii* Cheng ex Yang	开州，北碚，江津	500 ~ 1 600 m	4—6月	7—8月
		川鄂新樟	*Neocinnamomum fargesii*（Lec.）Kosterm. [*N. wilsonii* All.]	巫溪，奉节，武隆	600 ~ 1 300 m	6—7月	8月
		粉叶新木姜子	*Neolitsea aurata* var. *glauca* Yang	奉节，北碚，江津	500 ~ 1 500 m	4—5月	9—10月
		簇叶新木姜子	*N. confertifolia*（Hemsl.）Merr.	巫山，奉节，开州，石柱，忠县，丰都	600 ~ 2 000 m	4—5月	9—10月
		凹脉新木姜子	*N. impressa* Yang	北碚	500 ~ 800 m	4—5月	8—9月
		大叶新木姜子	*N. levinei* Merr.	武隆，北碚，江津	400 ~ 1 600 m	3—4月	8—10月
		紫新木姜子	*N. purpurascens* Yang	江津	850 ~ 1 500 m	4—5月	8—9月

续表

序号	科名	植物名	拉丁学名	分布	海拔	花期	果期
146	樟科（Lauraceae）	巫山新木姜子	*N. wushanica*（Chun）Merr. [*N. gracilipes*（Hemsl.）Liou.]	巫山，奉节，开州	500 ~ 1 500 m	10月	6—7月
		山楠	*Phoebe chinensis* Chun	巫山，开州	450 ~ 1 000 m	4—5月	6—7月
		竹叶楠	*Ph. faberi*（Hemsl.）Gamble	开州，武隆	250 ~ 500 m	4—5月	6—7月
		滇楠	*Ph. nanmu*（Oliv.）Gamble	江津	600 ~ 1 200 m	4—5月	6—7月
		利川楠	*Ph. lichuanensis* S. Lee	库区各区（县，市）	约700 m	5月	6—8月
		白楠	*Ph. neurantha*（Hemsl.）Gamble	巫山，巫溪，奉节，开州	900 ~ 1 700 m	5—6月	8—9月
		光枝楠	*Ph. neuranthoids* S. Lee et F. N. Wei	巫山，巴东	650 ~ 2 000 m	4—5月	9—10月
		紫楠	*Ph. sheareri*（Hemsl.）Gamble	巫山，奉节，开州	500 ~ 1 500 m	4—5月	9—10月
		峨眉紫楠	*Ph. sheareri* var. *omeiensis*（Yang）N. Chao	江津	400 ~ 800 m	4—5月	8—10月
		楠木	*Ph. zhennan* S. Lee et F. N. Wei [*Ph. bournei*（Hemsl.）Yang]	开州，石柱，涪陵，武隆，北碚，江津	500 ~ 1 500 m	4—5月	8—10月
		檫木	*Sassafras tzumu*（Hemsl.）Hemsl.	巫山，巫溪，奉节，云阳，开州，万州，涪陵，武隆，江津	800 ~ 1 800 m	3—4月	5—9月
147	罂粟科（Papaveraceae）	蓟罂粟	*Argemone mexicana* Linn.	巫溪，奉节，开州，万州	800 ~ 1 800 m		
		白屈菜	*Chelidonium majus* Linn.	巫溪，奉节，云阳，开州，北碚	450 ~ 1 250 m	4—9月	4—9月
148	紫堇科（Fumariaceae）	川东紫堇	*Corydalis acuminata* Franch.	巫山，巫溪，奉节，云阳，开州，万州，石柱，涪陵，武隆，江津	1 500 ~ 2 500 m	5—7月	7—9月
		巫溪紫堇	*C. bulbillifera* C. Y. Wu	巫溪	1 800 ~ 2 600 m		
		碎米蕨叶黄堇	*C. cheilanthifolia* Hemsl.	巫山，巫溪，奉节，石柱，丰都，涪陵，武隆，江津，渝北	850 ~ 1 700 m	4—5月	5—7月
		具冠黄堇	*C. coitata* Maxim.	巫溪，开州	850 ~ 2 200 m	7—8月	
		伏生紫堇	*C. decumbens*（Thunb.）Pers.	石柱，忠县	450 ~ 1 250 m	3—4月	
		紫堇	*C. edulis* Maxim.	库区各县（市，区）	300 ~ 1 800 m	3—6月	5—9月
		宽裂紫堇	*C. latiloba*（Franch.）Hand.-Mazz.	武隆	1 250 ~ 2 000 m		
		蛇果黄堇	*C. ophiocarpa* Hook. f. et Thoms.	巫山，巫溪，奉节，云阳，开州，万州，石柱，忠县，丰都，涪陵，武隆，长寿，江津	500 ~ 1 500 m	4—5月	5—9月
		黄堇	*C. pallida*（Thunb.）Pers.	库区各县（市，区）	250 ~ 1 250 m	3—4月	5—6月
		小花黄堇	*C. racemosa*（Thunb.）Pers.	巫山，巫溪，石柱，忠县，涪陵，武隆，江津，南岸	250 ~ 1 250 m	4—8月	5—9月
		石生黄堇	*C. saxicola* Bunting（C. thalictrifolia Franch.）	巫溪，开州，武隆	1 000 ~ 1 400 m	4月	4—6月
		尖距紫堇	*C. sheareri* S. Moore	库区各县（市，区）	600 ~ 2 100 m	4月	4—5月
		大叶紫堇	*C. temulifolia* Franch.	巫山，巫溪，奉节，开州，武隆	800 ~ 1 500 m	3—6月	3—6月
		毛黄堇	*C. tomentella* Franch.	巫溪，奉节，云阳，开州，万州，涪陵，武隆	400 ~ 1 000 m	4月	5—7月

148	紫堇科（Fumariaceae）	川鄂黄堇	*C. wilsonii* N. E. Br.	巫溪，云阳，开州	1 000 ~ 2 000 m	4—5月	5—7月
		延胡索	*C. yanhusuo* W. T. Wang ex Z. Y. Su et C. Y. Wu	涪陵，长寿，北碚	600 m	4月	5月
		大花荷包牡丹	*Dicentra macrantha* Oliv.	巫山，巫溪，万州，涪陵	1 650 ~ 2 200 m	4—7月	4—7月
		荷包牡丹	*D. spectabilis*（Linn.）Lem.	万州，涪陵	1 000 ~ 2 500 m	4—5月	5—7月
		血水草	*Eomecon chionantha* Hance	巫山，巫溪，奉节，云阳，开州，万州，石柱，丰都，武隆，江津	950 ~ 1 850 m	3—6月	6—10月
		荷青花	*Hylomecon japonica*（Thunb.）Prantl et Kundig	巫山，巫溪，奉节，云阳，开州，万州，石柱，武隆，江津	800 ~ 1 800 m	4—7月	5—8月
		多裂荷青花	*H. japonica* var. *dissecta*（Franch. et Sav.）Fedde	巫溪，开州	800 ~ 2 000 m	4—7月	5—8月
		锐裂荷青花	*H. japonica* var. *subincisa* Fedde	巫溪，开州，石柱，涪陵	1 250 ~ 2 200 m	4—7月	5—8月
		博落回	*Macleaya cordata*（Willd.）R. Br.	巫山，巫溪，开州，武隆	850 ~ 2 100 m	6—11月	6—11月
		小果博落回	*M. microcarpa*（Maxim.）Fedde.	开州，石柱，武隆	450 ~ 1 200 m	6—10月	6—10月
		椭果绿绒蒿	*Meconopsis chelidonifolia* Bur. et Franch.	巫溪，开州	1 850 ~ 2 650 m	5—7月	6—9月
		柱果绿绒蒿	*M. oliverana* Franch. et Prain ex Prain	巫山，巫溪，开州	1 850 ~ 2 500 m	5—7月	6—9月
		五脉绿绒蒿	*M. quintuplinervia* Regel		2 300 ~ 2 800 m	6—9月	6—9月
		虞美人	*Papaver rhoeas* Linn.	库区各县（市，区）		3—8月	3—8月
		野罂粟	*P. nudicaule* f. aquilegioides Fedde	巫山，巫溪，奉节，开州	1 850 ~ 2 650 m	7—8月	8—9月
		人血草	*Stylophorum lasiocarpum*（Oliv.）Fedde	巫山，巫溪，开州	1 700 ~ 2 500 m	4—8月	6—9月
		四川金罂粟	*S. sutchuense*（Franch.）Fedde	巫山，巫溪，开州	1 650 ~ 2 650 m	4—8月	6—9月
149	白花菜科（Capparaceae）	白花菜	*Cleome gynandra* Linn.	巫山，巫溪，云阳，开州，万州，北碚	低海拔	7月	8—9月
		醉蝶花	*C. spinosa* Jacq.	万州，北碚		7—9月	9—10月
		鱼木	*Crateva formosensis*（Jacobs）B. S. Sum [*Crataeva religiosa* Forst. f.]	北碚			
150	十字花科（Cruciferae）	硬毛南芥	*Arabis hirsuta*（Linn.）Scop.	开州，石柱，武隆	800 ~ 1 450 m	4—5月	5—6月
		圆锥南芥	*A. paniculata* Franch.	巫溪，开州，石柱	1 250 ~ 1 850 m	5—6月	7—9月
		垂果南芥	*A. pendula* Linn.	开州，万州，丰都，武隆	1 250 ~ 1 850 m	6—7月	8—9月
		白芥	*Brassica alba* Linn.	涪陵，武隆，长寿，巴南		3—5月	5—6月
		芸薹	*B. campestris* Linn.	库区各县（市，区）		3—5月	5—6月
		紫芸薹	*B. campestris* var. *purpurea* L. H. Bailey [*B. campestris* Linn. cv.‘Purpurea’]	库区各县（市，区）		3—5月	5—6月
		青菜	*B. chinensis* Linn. [*B. campestris* cv.‘*Chinensis*’]	库区各县（市，区）		2—5月	5—6月
		芥子	*B. juncea*（Linn.）Czern. et Coss.	库区各县（市，区）		4—5月	5—6月
		芜菁甘蓝	*B. napobrassica*（Linn.）Mill. [*B. napus* cv.‘*Napobrassica*’]	库区各县（市，区）		4—5月	5—6月

续表

序号	科名	植物名	拉丁学名	分布	海拔	花期	果期
150	十字花科（Cruciferae）	瓢儿菜	*B. narinosa* L. H. Bailey [*B. campestris* Linn. cv. ‘*Narinosa*’]	库区各县（市，区）		4—5月	5—6月
		卷心菜	*B. oleracea* var. *capitata* Linn. [*B. oleracea* cv. ‘*Capitata*’]	库区各县（市，区）		4—5月	5—6月
		大白菜	*B. pekinensis*（Lour.）Rupr. [*B. campestris* Linn. cv. ‘*Pekinensis*’]	库区各县（市，区）		4—5月	6月
		芜菁	*B. rapa* Linn.	库区各县（市，区）		3—4月	5—6月
		荠	*Capsella bursa-pastoris*（Linn.）Medic.	库区各县（市，区）	250 ~ 1 650 m	3—5月	4—6月
		光头碎米荠	*Cardamine engleriana* O. E. Schulz	巫山，巫溪，奉节，开州，万州，石柱	800 ~ 2 400 m	4—6月	5—8月
		弯曲碎米荠	*C. flexuosa* With.	库区各县（市，区）	500 ~ 1 600 m	2—3月	3—6月
		大山芥碎米荠	*C. griffithii* var. *grandifolia* T. Y. Cheo et R. C. Fang	丰都，武隆	850 ~ 1 250 m	2—3月	3—6月
		异叶碎米荠	*C. heterophylla* T. Y. Cheo et R. C. Fang	开州，万州，石柱	500 ~ 1 500 m	4—5月	5—6月
		碎米荠	*C. hirsuta* Linn.	库区各县（市，区）	350 ~ 1 500 m	3—4月	4—6月
		弹裂碎米荠	*C. impatiens* Linn.	库区各县（市，区）	180 ~ 1 650 m	3—6月	4—8月
		窄叶碎米荠	*C. impatiens* var. *angustifolia* O. E. Sehulz	丰都	450 ~ 1 250 m	3—6月	4—8月
		毛果弹裂碎米荠	*C. impatiens* var. *dasycarpa*（M. Bieb.）T. Y. Cheo et R. C. Fang	长寿，巴南	350 ~ 1 000 m	3—6月	4—8月
		钝叶碎米荠	*C. impatiens* var. *obtusifolia*（Knaf）O. E. Schulz	长寿	850 ~ 1 200 m	3—6月	4—8月
		白花碎米荠	*C. leucantha*（Tausch）O. E. Schulz	巫山，巫溪，开州，石柱	1 200 ~ 1 800 m	5—6月	7月
		水田碎米荠	*C. lyrata* Bunge.	巫溪，开州，巴南，北碚	350 ~ 1 250 m	4—5月	5—9月
		大叶碎米荠	*C. macrophylla* Willd.	开州，武隆，石柱	1 600 ~ 2 400 m	5—6月	7—8月
		多叶碎米荠	*C. macrophylla* var. *polyphylla*（D. Don）T. Y. Cheo et R. C. Fang [*C. macrophylla* ssp. *polyphylla*（D. Don）O. E. Schulz]	巫溪，开州	1 250 ~ 1 850 m	5—6月	7—8月
		紫花碎米荠	*C. tangutorum* O. E. Schulz	巫山，巫溪，开州，武隆	1 500 ~ 2 500 m	5—6月	7月
		三叶碎米荠	*C. trifoliolata* Hook. f. et Thoms. [*C. scoriarum* W. W. Sm.]	奉节，开州，石柱，丰都，武隆	1 000 ~ 1 500 m	5—7月	7—9月
		华中碎米荠	*C. urbaniana* O. E. Schulz	巫溪，奉节，开州，石柱，武隆	800 ~ 2 000 m	4—6月	5—8月
		堇叶碎米荠	*C. violifolia* O. Schulz		500 ~ 1 000 m	3—4月	4—9月
		桂竹香	*Cheiranthus cheiri* Linn.	万州，涪陵，巴南，南岸，渝北，九龙坡，渝中	600 ~ 1 000 m	4—5月	6—7月
		岩荠	*Cochlearia officinalis* Linn.	奉节，涪陵，南岸	600 ~ 1 000 m	4—5月	5—6月
		锐角辣根	*C. acutangula* O. E. Schulz	巫山，奉节，涪陵	1 000 ~ 1 600 m	5—7月	6—8月
		翅柄辣根	*C. alatipes* Hand.-Mazz.	巫山，奉节，涪陵	700 ~ 1 500 m	6—7月	7—9月

150	十字花科（Cruciferae）	卵叶岩荠	*C. paradoxa*（Hance）O. E. Schulz	巫山，巫溪，巴东	1 000 m	4月	5月
		臭荠	*Coronopus didymus*（Linn.）J. E. Smith	巫山，巫溪，开州	600 ~ 1 000 m	3—4月	5—6月
		播娘蒿	*Descurainia sophia*（Linn.）Webb. ex Prantl	开州	350 ~ 650 m	4—5月	5—7月
		苞序葶苈	*Draba ladyginii* Pohle	巫溪，开州	450 ~ 850 m	5—7月	6—8月
		葶苈子	*D. nemorosa* Linn.	涪陵，江津	800 ~ 2 000 m	3—4月	5—6月
		小花糖芥	*Erysimum cheiranthoides* Linn.	巫山，开州，丰都，江津	400 ~ 1 250 m	3—5月	4—6月
		三角叶山嵛菜	*Eutrema deltoideum*（Hook. f. et Thoms.）O. E. Schulz	巫溪，开州，武隆	1 000 ~ 2 000 m	4—5月	5—6月
		云南山嵛菜	*E. yunnanense* Franch.	开州，石柱，武隆	300 ~ 1 000 m	4月	5月
		细弱山嵛菜	*E. yunnanense* var. *tenerum* O. E. Schulz	武隆，江津	600 ~ 1 200 m		
		菘蓝	*Isatis indigotica* Fort.	武隆，长寿，巴南，北碚，江津		4—5月	5—6月
		欧洲菘蓝	*I. tinctoria* Linn.	北碚，江津，南岸		4—5月	5—6月
		独行菜	*Lepidium apetalum* Willd.	开州，巴南，北碚，江津	350 ~ 850 m	4—5月	6—7月
		楔叶独行菜	*L. cuneiforme* C. Y. Wu	巫溪，开州，涪陵，武隆，江津，南岸	300 ~ 800 m		
		北美独行菜	*L. virginicum* Linn.	长寿，江津，南岸	350 ~ 650 m	3—5月	5—6月
		离蕊芥	*Malcolmia arficana*（Linn.）R. Br.	巫山	250 ~ 650 m	3—4月	5—6月
		水田芥	*Nasturtium officinale* R. Br.	石柱，北碚	300 ~ 1 000 m	2—4月	4—5月
		萝卜	*Raphanus sativus* Linn.	库区各县（市，区）	300 ~ 1 500 m	4—5月	5—7月
		长羽萝卜	*R. sativus* var. *longipinnatus* L. H. Bailey	库区各县（市，区）	300 ~ 1 500 m	4—5月	5—7月
		无瓣蔊菜	*Rorippa dubia*（Pers.）Hara	开州，万州，石柱，丰都，涪陵，武隆，长寿，巴南，北碚，江津，南岸	300 ~ 1 800 m	4—6月	6—8月
		蔊菜	*R. indica*（Linn.）Hiern	库区各县（市，区）	200 ~ 1 250 m	4—10月	5—11月
		沼生蔊菜	*R. islandica*（Oed.）Berb. [*R. palustris*（Leyss.）Bess.]	开州，武隆，长寿	300 ~ 500 m	4—10月	5—11月
		菥蓂	*Thlaspi arvense* Linn.	巫溪，奉节，开州，万州，武隆	750 ~ 1 850 m	3—4月	4—8月
		柔毛阴山荠	*Yinshania henryi*（Oliv.）Y. H. Zhang [*Cochlearia henryi*（Oliv.）O. E. Schulz]	武隆	500 ~ 1 000 m	6—7月	6—7月
		叉毛阴山荠	*Y. furcatopilosa*（K. C. Kuan）Y. H. Zhang	武隆，涪陵	800 ~ 1 550 m	6—7月	6—7月
		小果阴山荠	*Y. microcarpa*（Kuan）Y. H. Zhang	武隆，涪陵	1 100 m以上	4—7月	8月
151	伯乐树科（Bretschneideraceae）	伯乐树	*Bretschneidera sinensis* Hemsl.	北碚	750 ~ 850 m		
152	景天科（Crassulaceae）	落地生根	*Bryophyllum pinnatum*（Linn. f.）Oken	万州，涪陵，武隆，巴南，北碚，南岸，渝中		1—3月	
		八宝	*Hylotelephium erythrostictum*（Miq.）H. Ohba [*Sedum erythrostictum* Miq.]	巫溪，开州，万州，石柱，丰都，涪陵，北碚，南岸，渝北，九龙坡，渝中，江北	450 ~ 1 800 m	8—10月	
		轮叶八宝	*H. verticillatum*（Linn.）H. Ohba [*Sedum verticillatum* Linn.]	巫溪，开州	1 750 ~ 2 500 m	7—8月	9月
		狭穗八宝	*H. angustum*（Maxim.）H. Ohba	巫山，巫溪，开州	3 000 m	8月	

续表

序号	科名	植物名	拉丁学名	分布	海拔	花期	果期
152	景天科（Crassulaceae）	川鄂八宝	*H. bonnafousii*（Harnet）H. Ohba	巴东	1 200 ~ 1 500 m		
		紫花八宝	*H. mingjinianum*（S. H. Fu）H. Ohba	开州	700 m	9月	10月
		伽蓝菜	*Kalanchoe laciniata*（Linn.）DC.	北碚，南岸，渝北			
		瓦松	*Orostachys fimbriatus*（Turcz.）Berger	库区各县（市，区）	400 ~ 1 650 m	8—9月	9—10月
		菱叶红景天	*Rhodiola henryi*（Diels）S. H. Fu	巫山，巫溪，奉节，云阳，开州，万州，石柱，丰都，涪陵，武隆	1 500 ~ 2 650 m	5月	8月
		云南红景天	*R. yunnanensis*（Franch.）S. H. Fu	巫山，巫溪，石柱，武隆	1 500 ~ 2 500 m	5—7月	7—8月
		费菜	*Sedum aizoon* Linn.	巫山，巫溪，奉节，云阳，开州，万州，涪陵，武隆，江津	800 ~ 1 500 m	6—7月	8—9月
		东南景天	*S. alfredii* Hance	开州，武隆，江津	450 ~ 1 400 m	4—5月	6—8月
		大苞景天	*S. amplibracteatum* K. T. Fu [*S. bracteatum* Diels]	巫溪，云阳，开州，石柱，丰都，武隆	1 400 ~ 2 600 m	8—9月	9—11月
		离瓣景天	*S. barbeyi* Hammet	库区各区（县）	800 ~ 2 400 m	8月	9—10月
		凹叶大苞景天	*S. amplibracteatum* var. *emarginatum*（S. H. Fu）S. H. Fu	巫山，武隆	1 850 ~ 2 400 m	8月	9—10月
		珠芽景天	*S. buibiferum* Makino	库区各县（市，区）	500 ~ 1 500 m	4—5月	
		合果景天	*S. concarpum* Frod.	库区各区（县）	800 ~ 1 400 m	8月	9月
		乳瓣景天	*S. dielsii* Hamet		700 ~ 1 850 m	9—10月	11月
		大叶火焰草	*S. drymarioidae* Hamet.	涪陵，武隆，巴南	450 ~ 950 m	5—6月	8月
		细叶景天	*S. elatinoides* Franch.	库区各县（市，区）	300 ~ 1 250 m	5—7月	8—9月
		凹叶景天	*S. emarginatum* Mig.	库区各县（市，区）	180 ~ 1 650 m	5—6月	6月
		远齿粗壮景天	*S. engleri* Hamet var. *dentatum* S. H. Fu	巴东，巫山，奉节，兴山	1 000 ~ 1 600 m	9月	10月
		小山飘风	*S. filipes* Hemsl.	巫溪，奉节，开州	800 ~ 1 600 m	8—10月初	10月
		佛甲草	*S. lineare* Thunb.	库区各县（市，区）	250 ~ 1 200 m	4—5月	6—7月
		山飘风	*S. major*（Hemsl.）Mig.	巫山，奉节，石柱，武隆	1 200 ~ 2 500 m	7—10月	
		齿叶景天	*S. odontophyllum* Frod.	开州，武隆，长寿，北碚，江津	800 ~ 1 300 m	4—6月	6月底
		藓状景天	*S. polytrichoides* Hemsl.	开州，武隆	800 ~ 1 500 m	4—6月	6—7月
		南川景天	*S. rosthornianum* Diels	武隆	450 ~ 1 250 m	6月	7月
		垂盆草	*S. sarmentosum* Bunge	库区各县（市，区）	200 ~ 1 600 m	5—7月	8月
		火焰草	*S. stellariifolium* Franch.	库区各县（市，区）	320 ~ 1 000 m	6—8月	8—9月
		兴山景天	*S. wilsonii* Frod	巴东，兴山	500 ~ 1 500 m	6—8月	8—9月
		短蕊景天	*S. yvesii* Hamet.	巫山，开州	850 ~ 1 500 m	4—5月	5月
		石莲	*Sinocrassula indica*（Decne.）Berger	巫山，巫溪，奉节，云阳，开州，万州，石柱，武隆，江津	300 ~ 1 000 m	7—8月	8—10月

153	虎耳草科（Saxifragaceae）	落新妇	*Astilbe chinensis*（Maxim.）Franch. et Sav.	巫山，巫溪，奉节，云阳，开州，万州，石柱，涪陵，武隆，江津	800 ~ 2 500 m	6—9月	6—9月
		大落新妇	*A. grandis* Stapfex Wils. [*A. austrosinensis* Hand.-Mazz.; *A. leucantha* Knoll]	开州，武隆	1 200 ~ 2 300 m	6—9月	6—9月
		溪畔落新妇	*A. rivularis* Buch.-Ham. ex D. Don	巫溪	800 ~ 2 400 m	6—9月	6—9月
		多花落新妇	*A. rivularis* var. *myriantha*（Diels）J. T. Pan	开州，石柱，武隆	1 250 ~ 2 250 m	6—11月	6—11月
		岩白菜	*Bergenia purpurascens*（Hook. f. et Thoms.）Engl.	巫溪	1 850 ~ 2 500 m		
		草绣球	*Cardiandra moellendorffii*（Hance）Li	库区各县（市，区）	900 ~ 2 500 m	7月	9月
		滇黔金腰	*Chrysosplenium cavaleriei* Lévl. et Vant. [*Ch. nepalense* var. *vegetum* Hara]	江津	800 ~ 1 200 m	4—7月	4—7月
		锈毛金腰	*C. davidianum* Decne ex Maxim.	开州，涪陵，武隆，江津	400 ~ 1 250 m	4—7月	4—7月
		肾萼金腰	*C. delavayii* Franch.	石柱，武隆	500 ~ 1 650 m	4—7月	4—7月
		绵毛金腰	*C. lanuginosum* Hook. f. et Thoms. [*C. henryi* Franch.]	开州，丰都，武隆，江津	500 ~ 1 500 m	4月	6月
		大叶金腰	*C. macrophyllum* Oliv.	巫山，武隆，江津	1 200 ~ 2 500 m	4月	6月
		毛金腰	*C. pilosum* Maxim.		1 000 ~ 2 500 m	4—6月	4—6月
		柔毛金腰	*C. pilosum* var. *valdepilosum* Ohwi	巫溪，开州	1 000 ~ 2 000 m	4—7月	4—7月
		中华金腰	*C. sinicum* Maxim.	巫溪，开州，武隆	1 000 ~ 2 000 m	4月	6月
		赤壁草	*Decumaria sinensis* Oliv.	开州，石柱，武隆	700 ~ 1 500 m	4—5月	7—8月
		异色溲疏	*Deutzia discolor* Hemsl. [*D. densiflora* Rehd.; *D. vilmorina* Lemoine et Bois]	巫山，开州	900 ~ 1 850 m	6—7月	8—10月
		狭叶溲疏	*D. esquirolii*（Lévl.）Rehd.	开州，长寿	800 ~ 1 600 m	5—6月	7—8月
		粉背溲疏	*D. hypoglauca* Rehd.	开州，武隆，长寿	500 ~ 1 250 m	5—6月	7—8月
		长叶溲疏	*D. longifolia* Franch.	开州	850 ~ 1 650 m	5—6月	7—8月
		多辐溲疏	*D. multiradiata* W. T. Wang	巫山，开州	350 ~ 1 000 m	5—6月	7—8月
		南川溲疏	*D. nanchuanensis* W. T. Wang	巫溪，开州，武隆，江津	800 ~ 1 800 m	5—6月	7—8月
		光叶溲疏	*D. nitidula* W. T. Wang	巫溪，开州	600 ~ 1 200 m	5—6月	7—8月
		粉红溲疏	*D. rubens* Rehd.	武隆	500 ~ 1 000 m	5—6月	8—10月
		长江溲疏	*D. schneideriana* Rehd.	开州	650 ~ 850 m	5—6月	8—10月
		四川溲疏	*D. setchuenensis* Franch.	巫溪，奉节，石柱，涪陵，武隆，巴南	300 ~ 1 500 m	4—7月	6—9月
		多花溲疏	*D. setchuenensis* var. *corymbiflora*（Lemoine ex Andre）Rehd.	开州	450 ~ 850 m	4—7月	6—9月
		宁波溲疏	*D. ningpoensis* Rehd.	开州，忠县	500 ~ 1 000 m	5—7月	9—10月
		钻丝溲疏	*D. mollis* Duthie	开州，巫山	1 000 ~ 1 800 m	5—8月	9—10月
		齿叶溲疏	*D. crenata* Sieb. et Zucc.	万州，开州	300 ~ 1 000 m	4—5月	8—10月
		大花溲疏	*D. discolor* Hemsl.	开州，万州	1 300 ~ 1 900 m	6—7月	8—10月

续表

序号	科名	植物名	拉丁学名	分布	海拔	花期	果期
153	虎耳草科（Saxifragaceae）	黄常山	*Dichroa febrifuga* Lour.	巫山，巫溪，奉节，云阳，开州，万州，石柱，忠县，丰都，涪陵，武隆，长寿，巴南，北碚，江津，南岸	450 ~ 1 650 m	2—4月	5—8月
		冠盖绣球	*Hydrangea anomala* D. Don.	开州，万州，丰都，武隆	1 200 ~ 1 900 m	5—6月	9—10月
		东陵绣球	*H. bretschneideri* Dipp.	开州	400 ~ 800 m	6—7月	9—10月
		中国绣球	*H. chinensis* Maxim. [*H. umbellata* Rehd.; *H. angustipetala* Hayata]	奉节，开州，武隆	800 ~ 1 600 m	5—6月	9—10月
		西南绣球	*H. davidii* Franch.	开州，石柱，武隆，巴南	850 ~ 1 850 m	4—6月	9—10月
		光柄绣球	*H. glabripes* Rehd.		1 200 ~ 1 800 m	8月	
		微绒绣球	*H. heteromalla* D. Don		1 200 ~ 1 800 m	6—7月	9—10月
		白背绣球	*H. hypoglauca* Rehd.		1 600 ~ 2 000 m	6—7月	8月
		利川绣球	*H. linkweiensis* Chun var. *subumbellata*（W. T. Wang）Wei		800 ~ 1 000 m	7—8月	10月
		长柄绣球	*H. longipes* Franch.	开州，武隆	1 250 ~ 2 200 m	7—8月	9—10月
		锈毛绣球	*H. longipes* var. *fulvescens*（Rehd.）W. T. Wang ex Wei [*H. fulvescens* Rehd.]	开州	1 800 ~ 2 400 m	7—8月	9—10月
		绣球	*H. macrophylla*（Thunb.）Ser.	库区各县（市，区）	380 ~ 1 700 m	6—8月	9月
		圆锥绣球	*H. paniculata* Sieb. et Zucc.	巫溪	850 ~ 1 250 m	6—8月	9—10月
		大枝绣球	*H. rosthornii* Diels	巫山，巫溪，奉节，云阳，开州，石柱，武隆	1 400 ~ 2 500 m	7月	9—10月
		紫彩绣球	*H. sargentiana* Rehd.		700 ~ 1 800 m	7月	9月
		腊连绣球	*H. strigosa* Rehd.	库区各县（市，区）	200 ~ 1 650 m	7—8月	11—12月
		阔叶腊连绣球	*H. strigosa* var. *macrophylla*（Hemsl.）Rehd.	开州，石柱，武隆	500 ~ 1 500 m	9月	10月
		柔毛绣球	*H. villosa* Rehd.	巫山，巫溪，奉节，云阳，开州，万州，石柱，涪陵，武隆，江津	900 ~ 2 100 m	7—8月	9—10月
		挂苦绣球	*H. xanthoneura* Diels	巫山，巫溪，奉节，开州，涪陵，武隆	1 600 ~ 2 700 m	7月	9—10月
		矩形叶鼠刺	*Itea chinensis* var. *oblonga*（Hand.-Mazz.）C. Y. Wu	奉节，万州，石柱	450 ~ 1 250 m		
		腺鼠刺	*I. glutinosa* Hand.-Mazz.	丰都	800 ~ 1 400 m		
		月月青	*I. ilicifolia* Oliv.	库区各县（市，区）	300 ~ 1 200 m		
		南川梅花草	*Parnassia amoena* Diels	武隆	500 ~ 1 250 m		
		突隔梅花草	*P. delavayi* Franch.	巫溪，开州，武隆	800 ~ 1 800 m		
		白耳菜	*P. foliosa* Hook. et Thoms.	开州，武隆	800 ~ 1 600 m		
		鸡眼草	*P. loightiana* Wall. ex Wight et Arn. [*Hedysarum striata* Thunb.]	巫溪，巫山，武隆	1 600 ~ 2 600 m		

153	虎耳草科（Saxifragaceae）	细叉梅花草	*P. oreophylla* Hance	巫溪，开州，巫山，奉节	1 850 ~ 2 500 m		
		厚叶梅花草	*P. perciliata* Diels	巴南	800 ~ 1 800 m		
		鸡眼梅花草	*P. wightiana* Wall. ex Wight et Arn.	巫山，巫溪，开州，江津	1 250 ~ 2 200 m		
		扯根菜	*Penthorum chinense* Pursh	巫山，巫溪，奉节，云阳，开州，万州，石柱，忠县，武隆，长寿，江津	250 ~ 1 250 m		
		山梅花	*Philadelphus incanus* Koehne	开州，武隆	800 ~ 1 850 m	5—7月	9月
		太平花	*P. pekinensis* Rupr.	巫溪，开州	900 ~ 1 200 m	5—7月	8—10月
		绢毛山梅花	*P. sericanthus* Koehne	开州，石柱，涪陵，武隆	600 ~ 1 850 m	6—7月	7—8月
		毛柱山梅花	*P. subcanus* Koehne	奉节，开州	500 ~ 1 500 m	6—7月	8—10月
		灰毛山梅花	*P. henryi* Koehne var. *cinereus* Hand.-Mazz	开州，奉节，云阳	2 000 m	6月	7—10月
		冠盖藤	*Pileostegia viburnoides* Hook. f. et Thoms.	巫溪，开州，石柱，忠县，武隆，巴南，江津	600 ~ 1 500 m	7—8月	9—10月
		革叶茶藨	*Ribes davidii* Franch.	丰都，武隆	800 ~ 1 800 m	4—5月	6—7月
		大刺茶藨	*R. alpestre* Wall. ex Decne		200 ~ 2 700 m	4—6月	6—9月
		糖茶藨	*R. emodense* Rehd. [*R. himalense* Royle ex Decne.]	巫溪，开州	1 000 ~ 2 500 m	4—6月	7—8月
		华茶藨	*R. fasciculatum* var. *chinense* Maxim.	武隆	900 ~ 1800 m	4—5月	7—9月
		鄂西茶藨	*R. franchetii* Jancz.	武隆	1 400 ~ 2 100 m	5—6月	7—8月
		冰川茶藨	*R. glaciale* Wall.	巫溪，开州，武隆	800 ~ 1 800 m	4—6月	7—9月
		华中茶藨	*R. henryi* Franch.	石柱	800 ~ 1 600 m	5—6月	7—8月
		长序茶藨	*R. longiracemosum* Franch.	石柱	1 600 ~ 2 200 m	4—5月	7—8月
		紫花茶藨	*R. luridum* Hook. f. et Thoms	石柱	1 000 ~ 2 000 m	5—6月	8—9月
		刺果茶藨	*R. maximowiczii* Batal.	巫溪	1 000 ~ 2 000 m	6—7月	8月
		宝兴茶藨	*R. moupinensis* Franch.	奉节，开州，万州	1 000 ~ 1 800 m	5—6月	7—8月
		渐尖茶藨	*R. takare* D. Don	奉节，开州	2 200 ~ 2 800 m	4—5月	7—8月
		细枝茶藨	*R. tenue* Jancz.	万州，开州	1 300 ~ 2 500 m	5—6月	8—9月
		七叶鬼灯檠	*Rodgersia aesculifolia* Batal.	巫山，巫溪，奉节，开州	1 400 ~ 2 500 m	5—10月	5—10月
		羽叶鬼灯檠	*R. pinnata* Franch.	巫山，开州	1 600 ~ 2 650 m		
		华中虎耳草	*Saxifrage fortunei* Hook. f.	开州，武隆	650 ~ 1 500 m	5—11月	5—11月
		湖北虎耳草	*S. giraldiana* Engl.	巴东	1 000 ~ 2 400 m	9—10月	9—10月
		红毛虎耳草	*S. rufescens* Balf. f.	开州，武隆	1 600 ~ 2 100 m		
		扇叶虎耳草	*S. rufescens* var. *flabellifolia* C. Y. Wu et J. T. Pan	巫山，开州，石柱	1 000 ~ 2 000 m		
		虎耳草	*S. stolonifera* Meerb. [*S. stoloniferavar immaculata*（Diels.）Hand.-Mazz.]	库区各县（市，区）	300 ~ 1 500 m	4—11月	4—11月
		鄂西虎耳草	*S. unguipetala* Engl. et Irmsch.		1 200 ~ 2 100 m	7—8月	8—9月

续表

序号	科名	植物名	拉丁学名	分布	海拔	花期	果期
153	虎耳草科（Saxifragaceae）	钻地风	*Schizophragma integrifolium*（Franch.）Oliv. [*S. integrifolium* Oliv. f. *denticutatum*（Rehd.）Chun]	开州，石柱，江津	900 ~ 1 800 m		
		黄水枝	*Tiarella polyphylla* D. Don	巫山，巫溪，奉节，云阳，开州，万州，石柱，忠县，丰都，涪陵，武隆，长寿，北碚，江津	800 ~ 2 400 m	4—5月	6—7月
154	海桐花科（Pittosporaceae）	大叶海桐	*Pittosporum adaphniphylloides* Hu et Wang.	开州，武隆，江津	450 ~ 800 m	4—5月	7—8月
		短萼海桐	*P. brevicalyx*（Oliv.）Gagnep.	石柱，武隆	600 ~ 1 700 m	4—5月	7—8月
		皱叶海桐	*P. crispulum* Gagnep.	巫溪，奉节，开州	500 ~ 1 800 m	4—5月	8—10月
		突肋海桐	*P. elevaticostatum* H. T. Chang et Yan	巫山，巫溪，奉节，开州，丰都	800 ~ 1 200 m	4—5月	8—9月
		光叶海桐	*P. glabratum* Lindl.	巫山，巫溪，奉节，云阳，开州，万州，石柱，忠县，丰都，涪陵，武隆，长寿，巴南，北碚，江津，南岸，九龙坡，渝中，江北	800 ~ 1 500 m	4—5月	8—9月
		狭叶海桐	*P. glabratum* var. *neriifolium* Rehd. et Wils.	开州，丰都	1 250 ~ 2 400 m	5—6月	8—9月
		异叶海桐	*P. heterophyllum* Franch.	巫溪，奉节，开州，武隆	800 ~ 2 500 m	5—6月	8—9月
		崖花海桐	*P. illicioides* Madino	巫山，巫溪，奉节，云阳，开州，万州，石柱，丰都，涪陵，武隆	500 ~ 1 400 m	4月下旬	9月
		峨眉海桐	*P. omeiense* H. T. Chang et Yan	武隆	900 ~ 1 700 m	4月下旬	7—9月
		小柄果海桐	*P. henryi* Gowda	武隆，江津	1 100 ~ 1 500 m		8—9月
		柄果海桐	*P. podocarpum* Gagnep.	开州，武隆，北碚，江津	800 ~ 2 300 m	4—5月	8—10月
		线叶柄果海桐	*P. podocarpum* var. *angustatum* Gowda.	石柱，武隆，江津	1 200 ~ 1 500 m	4—5月	8—10月
		全秃海桐	*P. perglabratum* Chang et Yan	库区各县（市，区）	800 ~ 1 800 m		
		海桐	*P. tobira*（Thunb.）Ait	库区各县（市，区）	500 m以下	4—5月	6—10月
		棱果海桐	*P. trigonocarpum* Lévl.	巫山，巫溪，云阳，开州，万州，石柱	600 ~ 1 400 m	4—5月	8—10月
		菱叶海桐	*P. truncatum* Pritz.	巫山，巫溪，奉节，云阳，开州，万州，石柱，忠县，丰都，涪陵，武隆，北碚，江津	460 ~ 1 600 m	5月	9月
		管花海桐	*P. tubiflorum* H. T. Chang et Yan	开州，武隆	800 ~ 1 800 m	4—5月	8—9月
		波叶海桐	*P. undulatifolium* H. T. Chang et Yan	开州，武隆	1 300 ~ 1 800 m	5月	8—9月
		木果海桐	*P. xylocarpum* Hu et Wang	开州，石柱	400 ~ 1 200 m	4—5月	8—10月
155	金缕梅科（Hamamelidaceae）	蕈树	*Alitingia chinensis*（Champ.）Oliver ex Hance	奉节	200 ~ 950 m		
		鄂西蜡瓣花	*Corylopsis henryi* Hemsl.	巫山，巫溪，奉节，开州，万州	1 000 ~ 1 400 m	4月	10月
		蜡瓣花	*C. sinensis* Hemsl.	奉节，开州，石柱，丰都，武隆	650 ~ 1 800 m	4—5月	8—9月
		星毛蜡瓣花	*C. stelligera* Guill.	石柱	850 ~ 1 600 m	8—9月	10月
		红药蜡瓣花	*C. veitchiana* Bean	开州	300 ~ 500 m	4—5月	9月
		大果蜡瓣花	*C. multiflora* Hance	开州	700 ~ 750 m	4—5月	7—8月

155	金缕梅科（Hamamelidaceae）	阔瓣蜡瓣花	*C. platypetala* Rehd. et Wils	巴东	1 600 ~ 2 300 m	5—6月	8月
		圆叶蜡瓣花	*C. rotundifolia* Chang	开州	1 200 ~ 1 800 m	5—6月	8月
		小叶蚊母树	*Distylium buxifrolium*（Hance）Merr.	石柱，武隆	300 ~ 500 m		
		中华蚊母树	*D. chinense*（Franch.）Diels	巫山，奉节，万州	200 ~ 400 m		
		杨梅叶蚊母树	*D. myricoides* Hemsl.	开州，万州，武隆	400 ~ 850 m		
		蚊母树	*D. racemosum* Sieb. et Zucc.	开州，武隆	350 ~ 800 m		
		齿叶屏边蚊母树	*D. pingpienense*（Hu）Walker var. *serratum* Walker	巫山，开州	600 ~ 1 200 m		
		牛鼻栓	*Fortunearia sinensis* Rehd. et Wils.	奉节，开州	450 ~ 1 250 m		
		缺萼枫香	*Liquidambar acalycina* H. T. Chang	开州，万州，石柱，武隆	1 100 ~ 1 500 m	5—6月	7月
		枫香树	*L. formosana* Hance.	库区各县（市，区）	250 ~ 1 650 m	4—5月	9—10月
		山枫香	*L. formosana* var. *monticola* Rehd. et Wils.	忠县，丰都，涪陵	600 ~ 1 600 m	4—5月	9—10月
		檵木	*Loropetalum chinense*（R. Br.）Oliv.	库区各县（市，区）	250 ~ 1 000 m	4—5月	7—8月
		红檵木	*L. chinense* var. *rubrum* Yieh	库区各县（市，区）	400 ~ 1 000 m	4—5月	7—8月
		山白树	*Sinowilsonia henryi* Hemsl.	开州，万州，石柱，丰都	800 ~ 1 600 m	5月	6—7月
		水丝梨	*Syopsis sinensis* Oliv.	开州，武隆	900 ~ 1 450 m	4月	4—5月
156	杜仲科（Eucommiaceae）	杜仲	*Eucommia ulmoides* Oliv.	库区各县（市，区）	450 ~ 1 600 m	早春	秋季
157	悬铃木科（Platanaceae）	二球悬铃木	*Platanus acerifolia*（Ait.）Willd.	库区各县（市，区）	300 ~ 1 000 m	4—5月	9—10月
		一球悬铃木	*P. occidentalis* Linn.	武隆，北碚，南岸	300 ~ 1 000 m	5月	9—10月
158	蔷薇科（Rosaceae）	小花龙芽草	*Agrimonia nipponica* var. *occidentalis* Skalicky	库区各县（市，区）	350 ~ 1 250 m	8—11月	8—11月
		龙芽草	*A. pilosa* Ledeb. [A. viscidula Bunge]	库区各县（市，区）	500 ~ 1 500 m	5—12月	5—12月
		尼泊尔龙芽草	*A. pilosa* Ledeb. Var. *nepalensis*（D. Don）Nakai.	云阳，涪陵，长寿，江津	100 ~ 1 200 m		
		唐棣	*Amelanchier sinica*（Schneid.）Chun	奉节，开州，万州	1 200 ~ 2 000 m	4—5月	7—8月
		山桃	*Amygdalus davidiana*（Carr.）C. de Vos ex Henry [*Prunus davidiana*（Carr.）Franch.]	巫山，巫溪，奉节，云阳，开州，万州，石柱，忠县，丰都，涪陵，武隆，长寿，巴南，北碚，江津	450 ~ 2 100 m	3—4月	7—8月
		桃	*A. persica* Linn. [*Prunus persica*（Linn.）Balsch]	库区各县（市，区）	栽培	4—5月	6—7月
		梅	*Aremeniaca mume* Sieb. et Zucc. [*Prunus mume* Sieb. et Zucc.]	库区各县（市，区）	800 m以下	2—4月	5—6月
		绿萼梅	*A. mume* f. *viridicalyx*（Makino）T. Y. Chen [*Prunus mume* var. *viridicalyx* Makion]	库区各县（市，区）	栽培	2—4月	5—6月
		杏	*A. vulgaris* Lam. [Prunus armeniaca Linn.]	库区各县（市，区）	900 m以下	4月	5—7月
		假升麻	*Aruncus sylvester* Kostel.	巫山，巫溪，奉节，云阳，开州，万州	1 850 ~ 2 500 m	6月	8—9月

续表

序号	科名	植物名	拉丁学名	分布	海拔	花期	果期
158	蔷薇科（Rosaceae）	微毛樱桃	*Cerasus clarofolia*（Schneid.）Yu et C. L. Li [*Prunus. clarofolia* Schneid.; *P. pilosiuscula*（Schneid.）Koehne]	开州	800 ~ 1 800 m	4—6月	6—7月
		华中樱桃	*C. conradinae*（Koehne）Yu et C. L. Li [*Prunus conradinae* Koe.]	开州	500 ~ 2 100 m	5月	7月
		尾叶樱桃	*C. dielsiana*（Schneid.）Yu et C. L. Li [*Prunus dielsiana* Schneid.]	开州，石柱，武隆，江津	500 ~ 900 m	4—5月	6—8月
		麦李	*C. glandulosa*（Thunb.）Lois. [*Prunus glandulosa* Thunb.]	开州，涪陵，长寿，巴南，北碚，江津，南岸	400 ~ 1 650 m	4月	6—8月
		欧李	*C. humilis*（Bunge）Sok. [*Prunus humilis* Bunge]	涪陵，北碚，南岸，渝北，渝中	栽培	4月	6—8月
		郁李	*C. japonica*（Thunb.）Lois. [*Prunus japonica* Thunb.]	江津	低海拔	5月	7—8月
		樱桃	*C. pseudocerasus*（Lindl.）G. Don [*Prunus pseudocerasus* Lindl.]	库区各县（市，区）	300 ~ 1 350 m	3—4月	5月
		崖樱桃	*C. scopulorum*（Koehne）Yu et C. L. Li [*Prunus scopulorum* Koehne]	开州	650 ~ 1 250 m	3月中旬	5月
		毛樱桃	*C. tomentosa*（Thunb.）Wall. [*Prunus tomentosa* Thunb.]	库区各县（市，区）	450 ~ 1 650 m	3—4月	5月
		襄阳山樱桃	*C. cyclamina*（Koehne）Yu et Li	巴东	1 000 ~ 1 300 m	4月	5—6月
		光叶樱桃	*C. glabra*（Pamp.）Yu et Li	库区各县（市，区）	600 ~ 1 300 m	3月	5月
		黑樱桃	*C. maximowiczii*（Rupr.）Kom.	库区各县（市，区）	1 800 m	6月	9月
		川西樱桃	*C. trichostoma*（Koehne）Yu et Li	开州	2 500 m	5月	6—7月
		日本樱花	*C. yedoensis*（Matsum.）Yu et C. L. Li [*Prunus yedoensis* Matsum.]	库区各县（市，区）		3—4月	5月
		毛叶木瓜	*Chaenomeles cathayensis*（Hemsl.）Schneid. [*C. cathayensis* var. *wilsonii* Rehd.]	巫溪，武隆，江津	900 ~ 2 500 m	3—5月	9—10月
		木瓜	*C. sinensis*（Thouin）Koehne	云阳，开州，万州，丰都，武隆，江津	1 200 m以下	4月	9—10月
		皱皮木瓜	*C. speciosa*（Sweet）Nakai [*C. lagenaria*（Loie.）Koide]	库区各县（市，区）	低海拔	3—5月	9—10月
		大头叶无尾果	*Coluria henryi* Batal.	巫溪，开州	800 ~ 1 800 m	4—6月	5—7月
		灰栒子	*Cotoneaster acutifolius* Turcz.	开州	650 ~ 1 650 m	5—6月	9—10月
		密毛灰栒子	*C. acutifolius* var. *villosulus* Rehd. et Wils.	开州	1 200 ~ 2 400 m	5—6月	9—10月
		匍匐栒子	*C. adpressus* Bois.	开州，武隆	600 ~ 1 600 m	5—6月	8—9月

158	蔷薇科（Rosaceae）	细尖栒子	*C. apiculatus* Rehd. et Wils.	巫山，巫溪，奉节，云阳，开州，万州，石柱，丰都，武隆	1 500 ~ 2 700 m	6月	9—10月
		泡叶栒子	*C. bullatus* Bois.	开州，武隆	800 ~ 1 800 m	5—6月	8—9月
		木帚栒子	*C. dielsianus* Pritz.	开州，万州，石柱，涪陵，武隆，江津	800 ~ 1 800 m	6月	9—10月
		小叶木帚栒子	*C. dielsianus* var. *elegangs* Rehd. et Wils.	巫山，巫溪，开州	1 600 ~ 2 400 m	6月	9—10月
		散生栒子	*C. divaricatus* Rehd. et Wils.	开州	850 ~ 2 400 m	6月	9月
		细枝栒子	*C. gracilis* Rehd. et Wils.	武隆，江津	1 000 ~ 2 000 m	5—6月	8—9月
		平枝栒子	*C. horizontalis* Dcne.	巫溪，开州，武隆	800 ~ 2 500 m	6月	9—10月
		小叶平枝栒子	*C. horizontalis* var. *perpusillus* Schneid.	开州，石柱，丰都，武隆	1 200 ~ 2 650 m	6月	9—10月
		小叶栒子	*C. microphylla* Wall. ex Lindl.	开州，武隆	1 250 ~ 2 600 m	6—7月	9—10月
		宝兴栒子	*C. moupinensis* Franch.	开州，武隆	1 700 ~ 2 650 m	6—7月	9—10月
		柳叶栒子	*C. salicifolius* Franch.	奉节，开州，武隆	1 250 ~ 2 450 m	6月	9—10月
		大柳叶栒子	*C. salicifolius* var. *henryanus*（Schneid.）Yu [*C. henryana*（Schneid.）Rehd. et Wils.]	武隆	1 800 ~ 2 000 m	6月	9—10月
		皱叶柳叶栒子	*C. salicifolia* var. *rugosus*（Pritz.）Rehd. et Wils. [*C. rugosa* pritz.]	开州，涪陵，武隆，江津	800 ~ 2 100 m	6月	8—10月
		华中栒子	*C. silvestrii* Pamp.	开州，巫山，巴东，兴山	700 ~ 2 500 m	5月	8—9月
		恩施栒子	*C. fangianus* Yu	巴东，兴山	1 380 m	5—6月	8—9月
		麻核栒子	*C. foveolatus* Rehd. et Wils.	巫山，巴东，兴山	1 500 ~ 2 400 m	6月	9月
		光叶栒子	*C. glabratus* Rehd. et Wils.	巫山，巫溪，巴东，开州	1 200 ~ 1 700 m	6—7月	9—10月
		水栒子	*C. multiflorus* Bunge	巫山，巫溪，奉节，巴东	1 200 ~ 2 500 m	5—6月	8—9月
		暗红栒子	*C. obscurus* Rehd. et Wils.	巫山，巫溪，云阳	1 500 m以上	5—6月	9—10月
		陀螺果栒子	*C. turbinatus* Craib	奉节，开州，云阳	1 800 ~ 2 700 m	6—7月	10月
		野山楂	*Crataegus cuneata* Sieb. et Zucc.	奉节，开州	1 250 ~ 2 000 m	4—5月	5月
		湖北山楂	*C. hupehensis*（Pamp.）Sarg.	巫溪，奉节，开州，江津	1 000 ~ 2 000 m	5—6月	8—9月
		山楂	*C. pinnatifida* Bunge	万州，北碚	1 000 ~ 2 000 m	5—6月	8—9月
		华中山楂	*C. wilsonii* Sarg.	巫山，巫溪，开州	1 800 ~ 2 500 m	5月	8—9月
		温勃	*Cydonia oblonga* Mill.	奉节，云阳，开州，万州			
		蛇莓	*Duchesnea indica*（Andr.）Focke	库区各县（市，区）	200 ~ 1 600 m	4—6月	8—10月
		枇杷	*Eriobotrya japonica*（Thunb.）Lindl.	库区各县（市，区）	250 ~ 1 400 m	10—12月	5—6月
		大花枇杷	*E. cavaleriei*（Lévl.）Rehd.		500 ~ 2 000 m	4—5月	7—8月
		草莓	*Fragaria ananassa* Duch.	库区各县（市，区）	栽培	4—5月	6—7月
		细弱草莓	*F. gracilis* Lozinsk.		1 600 ~ 2 500 m	6月	6—8月

续表

序号	科名	植物名	拉丁学名	分布	海拔	花期	果期
158	蔷薇科（Rosaceae）	黄毛草莓	*F. nilgerrensis* Schlecht. ex Gay	巫山，巫溪，奉节，云阳，开州，万州，石柱，武隆，江津	1 200～2 200 m	4—7月	6—8月
		东方草莓	*F. orientalis* Lozinsk. [*F. uniflora* Lozinsk.]	巫溪，奉节，开州	850～2 200 m	5月	6—7月
		路边青	*Geum aleppicum* Jacq. [*G. aleppicum* var. *bipinnata*（Batal.）Hand.-mazz.]	库区各县（市，区）	350～1 850 m	7—10月	7—10月
		柔毛路边青	*G. japonicum* var. *chinense* F. Bolle	巫山，巫溪，奉节，云阳，开州，万州，石柱，忠县，丰都，涪陵，武隆，长寿，巴南，北碚，江津	650～2 400 m	5—10月	5—10月
		棣棠	*Kerria japonica*（Linn.）DC	库区各县（市，区）	600～2 400 m	4—6月	6—8月
		重瓣棣棠	*K. japonica* f. *pleniflora*（Witte）Rehd.	开州，万州，武隆，长寿，江津	350～1 400 m		
		花红	*Malus asiatica* Nakai.	库区各县（市，区）	低海拔	4—5月	8—9月
		山荆子	*M. baccata*（Linn.）Borkh.	巫山，巫溪，开州，武隆	800～1 800 m	4—6月	9—10月
		垂丝海棠	*M. halliana* Koehne	巫山，巫溪，奉节，云阳，开州，万州，石柱，武隆，北碚，江津，南岸，渝北，九龙坡，渝中	500～1 200 m	4月	9—10月
		湖北海棠	*M. hupehensis*（Pamp.）Rehd.	巫山，开州，万州，武隆	1 500～2 500 m	4—5月	7—9月
		陇东海棠	*M. kansuensis*（Batal.）Schneid.	巫溪，开州	1 500～2 650 m	5—6月	7—8月
		毛山荆子	*M. manshurica*（Maxim.）Kom.	巫溪，开州	800～2 500 m		
		楸子	*M. prunifolia*（Willd.）Borkh.	巫溪，开州，石柱	1 400～2 200 m	4—5月	8—9月
		苹果	*M. pumila* Mill.	库区各县（市，区）		5月	7—10月
		三叶海棠	*M. siebodii*（Rehd.）Rehd.	巫溪	1 250～2 500 m	4—5月	8—9月
		滇池海棠	*M. yunnanensis*（Franch.）Schneid.	巫溪，开州	1 600～2 700 m	5月	8—9月
		川鄂海棠	*M. yunnanensis* var. *veytchii*（Veitch.）Rehd.	巫溪，开州，武隆	1 800～2 300 m	5月	8—9月
		毛叶绣线梅	*Neillia ribesioides* Rehd.	巫山，开州，武隆	800～2 400 m	5月	7—9月
		中华绣线梅	*N. sinensis* Oliv.	开州，石柱，武隆	800～2 000 m	5—6月	8—9月
		灰叶稠李	*Padus grayana*（Maxim.）Schneid. [*P. grayana* Maxim.]	开州，石柱，武隆	850～1 850 m	4—6月	8—10月
		细齿稠李	*P. obtusata*（Koehne）Yu et Ku *[P. vaniotii* Levl.; P. obtusata Koehne]	巫山，巫溪，奉节，开州，石柱，江津	600～2 100 m	4—5月	6—10月
		绢毛稠李	*P. wilsonii* Schneid. [*P. sericea*（Batal.）Koehne]	开州，万州，石柱	600～1 600 m	5月初	6—8月
		短梗稠李	*P. brachypoda*（Batal.）Schneid.	开州，万州，石柱	1 500～2 500 m	5月	7—8月
		脉叶稠李	*P. buergeriana*（Miq.）Yü et Ku	开州，万州，石柱	1 600 m以下	4月	6月
		粗梗稠李	*P. napaulensis*（Ser.）Schneid.	开州，万州，石柱	1 200～2 500 m	4月	7月
		毡毛稠李	*P. velutina*（Batal.）Schneid.	开州，万州，石柱	800～1 400 m	5—6月	8—10月
		中华石楠	*P. hotinia beauverdiana* Schneid	巫山，巫溪，开州，石柱	600～2 300 m	5月	7—8月

158	蔷薇科（Rosaceae）	椤木石楠	*P. davidsoniae* Rehd. et Wils.	奉节，开州，武隆	600 ~ 1 600 m	5月	9—10月
		光叶石楠	*P. glabra*（Thunb.）Maxim.	万州	400 ~ 850 m	4—5月	9—10月
		小叶石楠	*P. parvifolia*（Pritz.）Schneid. [*P. subumbellata* Rehd. et Wils.]	奉节，开州，石柱	400 ~ 1 250 m	4—5月	8—9月
		石楠	*P. serrulata* Lindl.	巫溪，奉节，开州	1 000 ~ 2 500 m	5—7月	10月
		毛叶石楠	*P. villosa*（Thunb.）DC.	巫山，巫溪，江津	650 ~ 1 800 m	4月	8—9月
		无毛石楠	*P. villosa* var. *sinica* Rehd. et Wils.	石柱	800 ~ 1 200 m		
		湖北石楠	*P. bergerae*	巴东		4月	10月
		球花石楠	*P. glomerata* Rehd. et Wils.	巴东，巫山，奉节	800 ~ 2 300 m	5月	9月
		褐毛石楠	*P. hirsuta* Hand.-Mazz.	巴东，巫山，奉节	800 ~ 1 500 m	4—5月	9月
		绒毛石楠	*P. schneideriana* Rehd. et Wils.	巴东，巫山，奉节	450 ~ 1 800 m	5月	10月
		委陵菜	*Potentilla* chinensis Ser.	奉节，开州	900 m以下	6—8月	
		蛇莓委陵菜	*P. centigrana* Maxim.	巫山，开州	800 ~ 1 800 m	4—8月	
		狼牙委陵菜	*P. cryptotaeniae* Maxim.	巫溪，开州	800 ~ 2 200 m	7—9月	7—9月
		翻白草	*P. discolor* Bunge	奉节，云阳，开州，万州，石柱，忠县，丰都，涪陵，武隆，江津	400 ~ 1 200 m	4—6月	7—8月
		川滇委陵菜	*P. fallens* Card.	巫山	800 ~ 1 800 m		
		莓叶委陵菜	*P. fragarioides* Linn. [*P. fragarioides* var. *major* Maxim.]	开州，武隆，长寿，江津	800 ~ 1 200 m	3—8月	3—8月
		三叶委陵菜	*P. freyniana* Bornm.	库区各县（市，区）	400 ~ 1 650 m	4—6月	4—6月
		金露梅	*P. fruticosa* Linn.	开州	2 400 ~ 2 600 m	6—9月	6—9月
		白毛金露梅	*P. fruticosa* var. *albicans* Rehd. et Wils. [*P. arbuscula* var. *albicans* Rehd. et Wils.]	巫溪	2 450 ~ 2 750 m	6—9月	6—9月
		西南委陵菜	*P. fulgens* Wall. ex Hook.	巫溪，奉节，开州，武隆	600 ~ 1 800 m	6—10月	6—10月
		蛇含	*P. kleiniana* wight et Arn.	库区各县（市，区）	200 ~ 1 250 m	5—7月	
		银叶委陵菜	*P. leuconota* D. Don	巫山，巫溪，开州，万州，石柱	1 250 ~ 2 400 m	5—10月	5—10月
		下江委陵菜	*P. limprichtii* J. Krause	巫山，奉节，万州，忠县，丰都	180 ~ 250 m	10月	10月
		钉柱委陵菜	*P. saundersiana* Royle	巫溪，武隆	1 550 ~ 2 500 m	5—9月	5—9月
		簇生委陵菜	*P. turfosa* Hand.-Mazz.	石柱	1 500 ~ 1 900 m	5—9月	5—9月
		皱叶萎陵菜	*P. ancistrifolia* Bge.	石柱，武隆	300 ~ 2 400 m	5—9月	5—9月
		耐寒萎陵菜	*P. gelida* C. A. Mey.	石柱，武隆	1 000 ~ 1 500 m	6—8月	6—8月
		银露梅	*P. glabra* Lodd. . var. *mandshurica*（Maxim.）Hand.-Mazz.	巴东，巫山，石柱	1 400 m以上	6—11月	6—11月
		垂花萎陵菜	*P. pendula* Yü et Li	巴东，巫山，石柱	2 000 m	7月	
		绢毛匍匐萎陵菜	*P. reptans* L. var. *sericophylla* Franch.	巴东，巫山，石柱	300 m以上	4—9月	4—9月

续表

序号	科名	植物名	拉丁学名	分布	海拔	花期	果期
158	蔷薇科（Rosaceae）	李	*Prunus salicina* Lindl. [*P. ychangana* Schneid.]	库区各县（市，区）	1 500 m以下	4月	5—6月
		杏李	*P. simonii* Carr.	库区各县（市，区）			
		全缘火棘	*Pyracantha atalantioides*（Hance）Stapf	巫山，奉节，开州，武隆	650 ~ 1 800 m	4—5月	9—11月
		细圆齿火棘	*P. crenulata*（D. Don）Roem.	巫溪，奉节，开州，江津	750 ~ 1 650 m	3—5月	9—12月
		火棘	*P. fortuneana*（Maxim.）Li	库区各县（市，区）	300 ~ 2 500 m	5—7月	10—12月
		窄叶火棘	*P. angustifolia*（Franch.）Schneid.	库区各县（市，区）	1 600 m以下	5—6月	10—12月
		全缘火棘	*P. atalantioids*（Hance）Stapf	库区各县（市，区）	360 ~ 1 700 m	4—5月	9—11月
		沙梨	*Pyrus pyrifolia*（Burm. f.）Nakai [*Ficus poyrifolia* Burm. f.]	库区各县（市，区）	600 ~ 1 500 m	4月	8月
		麻梨	*P. serrulata* Rehd.	库区各县（市，区）	600 ~ 15 00 m	4月	6—8月
		杜梨	*P. betulaefolia* Bunge	库区各县（市，区）	1 800 m以下	4月	9月
		豆梨	*P. calleryana* Dcne.	库区各县（市，区）	700 ~ 2 000 m	4月	8月
		石斑木	*Raphiolepis indica*（Linn.）Lindl.	巫山，巫溪，奉节，开州，石柱	600 ~ 1 200 m		
		鸡麻	*Rhodotypos scandens*（Thunb.）Makino	巫溪，开州	800 ~ 1 600 m	4—5月	6—9月
		木香花	*Rosa banksiae* Ait.	库区各县（市，区）	200 ~ 1 300 m	6—8月	9—11月
		单瓣白木香	*R. banksiae* var. *normalis* Regel	奉节，开州，石柱	250 ~ 1 250 m		
		月季	*R. chinensis* Jacq.	库区各县（市，区）		4—9月	6—11月
		紫月季	*R. chinensis* var. *semperflorens*（Curtis）Koehne	万州，涪陵，长寿，巴南，北碚，江津，南岸，渝北，九龙坡，渝中，江北	500 ~ 1 000 m	4—9月	6—11月
		小果蔷薇	*R. cymosa* Tratt.	巫山，巫溪，奉节，云阳，开州，万州，石柱，忠县，丰都，涪陵，武隆，长寿，巴南，北碚，江津	250 ~ 1 300 m	5—6月	7—8月
		绣球蔷薇	*R. glomerata* Rehd. et Wils.	江津	800 ~ 1 800 m	7月	8—10月
		卵果蔷薇	*R. helenae* Rehd. et Wils. [*R. floribunda* Baker]	库区各县（市，区）	300 ~ 1 600 m	6月	8月
		软条七蔷薇	*R. henryi* Bouleng.	巫山，巫溪，奉节，云阳，开州，万州，石柱，武隆，江津	650 ~ 2 200 m	6月	8月
		金樱子	*R. laevigata* Michx.	库区各县（市，区）	300 ~ 1 250 m	5月	9—10月
		多花长尖叶蔷薇	*R. longicuspis* var. *sinowilsonii*（Hemsl.）Yu et Ku	武隆	700 ~ 1 600 m	5—6月	7—10月
		华西蔷薇	*R. moyesii* Hemsl. et Wils.	巫溪，开州	2 300 ~ 2 650 m	6—7月	8—10月
		野蔷薇	*R. multiflora* Thunb.	库区各县（市，区）	400 ~ 1 400 m	5月	7—8月
		七姐妹	*R. multiflora* var. *carnea* Thory [*R. multiflora* var. *platyphylla* Thory]	库区各县（市，区）	400 ~ 1 700 m	5月	7—8月
		粉团蔷薇	*R. multiflora* var. *cathayensis* Rehd. et Wils.	库区各县（市，区）	250 ~ 1 200 m		
		芳香蔷薇	*R. odorata*（Andr.）Sweet.	库区各县（市，区）			

158	蔷薇科（Rosaceae）	峨眉蔷薇	*R. omeiensis* Rolfe	巫山，巫溪，奉节，云阳，开州，万州，石柱	250 ~ 1 200 m	5—6月	7—9月
		缫丝花	*R. roxburghii* Tratt.	库区各县（市，区）	200 ~ 1 800 m	6月	8月
		单瓣缫丝花	*R. roxburghii* f. *normalis* Rehd. et Wils.	石柱，武隆	250 ~ 1 450 m		
		悬钩子蔷薇	*R. rubus* Lévl. et Vant.	巫溪，奉节，忠县，涪陵，武隆	300 ~ 1 500 m	5—6月	7—8月
		玫瑰	*R. rugosa* Thunb.	库区各县（市，区）	栽培	5—6月	8—9月
		大红蔷薇	*R. saturata* Baker	石柱，武隆	500 ~ 1 400 m	6月	7—10月
		钝叶蔷薇	*R. sertata* Rolfe	开州，万州，石柱	1 400 ~ 2 200 m	6月	8—9月
		黄刺玫瑰	*R. xanthina* Lindl.	万州，涪陵，北碚，渝北		6月	8—9月
		小尾萼蔷薇	*R. banksiopsis* Baker	巫山，巫溪，开州，巴东	800 ~ 2 500 m	7月	9—10月
		尾萼蔷薇	*R. caudata* Baker	巫山，巴东，开州	800 ~ 2 500 m	6—7月	7—11月
		城口蔷薇	*R. chengkouensis* Yü et Ku	开州	1 300 ~ 2 100 m	5—6月	8—10月
		白斑蔷薇	*R. corymbulosa* Rolfe	开州，巫溪，巴东	1 500 ~ 2 500 m	6—7月	8—10月
		亮叶月季	*R. lucidissima* Lévl.	兴山，巴东	400 ~ 1 400 m	4—6月	5—8月
		齿萼蔷薇	*R. setipoda* Hemsl. et Wils.	兴山，巴东	1 500 ~ 2 500 m	6月	9—10月
		腺毛莓	*Rubus adenophorus* Rolfe	开州，万州，石柱，丰都，武隆	650 ~ 1 200 m	4—6月	6—7月
		粗叶悬钩子	*R. alceaefolius* Poir.	开州，武隆	650 ~ 1 600 m		
		秀丽莓	*R. amabilis* Focke	万州，涪陵，北碚，江津	650 ~ 1 600 m	4—5月	7—8月
		周毛悬钩子	*R. amphidasys* Focke ex Diels	巴东，兴山	400 ~ 900 m	5—6月	7—8月
		西南悬钩子	*R. assamensis* Focke	巴东，兴山	1400 ~ 3 000 m	6—7月	8—9月
		竹叶鸡爪茶	*R. bambusarum* Focke	奉节，开州，石柱，武隆	800 ~ 1 800 m	5—6月	7—8月
		粉枝莓	*R. biflorus* Buch.-Ham. ex Sm.	巫溪，开州	800 ~ 1 800 m	5—6月	7—8月
		五爪风	*R. blinii* Levl.	石柱，武隆	650 ~ 1 650 m		
		寒莓	*R. buergeri* Miq.	巫山，巫溪，奉节，云阳，开州，万州，石柱，武隆	1 300 ~ 2 500 m	7—8月	9—10月
		尾叶悬钩子	*R. caudifolius* Wuzhi	巫山，武隆	800 ~ 2 200 m	5—6月	7—8月
		长序莓	*R. chiliadenus* Focke	奉节	1 000 ~ 2 000 m	5—7月	
		毛萼莓	*R. chroosepalus* Focke	奉节，开州，忠县，武隆	500 ~ 1 400 m	5—6月	7—8月
		华中悬钩子	*R. cockburnianus* Hemsl.	巴东，巫山	900 m以上	5—7月	8—9月
		小柱悬钩子	*R. columellaris* Tutcher	巴东，兴山	2 000 m以下	5—7月	8—9月
		山莓	*R. corchrifolius* Linn. f.	库区各县（市，区）	200 ~ 2 000 m	2—3月	4—6月
		插田泡	*R. coreanus* Miq.	库区各县（市，区）	200 ~ 1 250 m	4—5月	7—8月
		毛叶插田泡	*R. coreanus* var. *tomentosus* Card.	云阳，开州，万州，石柱，忠县，丰都，涪陵，长寿，北碚，南岸	800 ~ 1 800 m		
		厚叶悬钩子	*R. crassifolius* Yu et Lu	武隆	1 000 ~ 2 000 m		
		栽秧泡	*R. ellipticus* var. *obcordatus*（Franch.）Focke [*R. obcordatus*（Franch.）Thuan]	库区各县（市，区）	600 ~ 1 500 m	3—4月	4—5月

续表

序号	科名	植物名	拉丁学名	分布	海拔	花期	果期
158	蔷薇科（Rosaceae）	桉叶悬钩子	*R. eucalyptus* Focke	石柱，江津	1 000 ~ 1 850 m	4—5月	6—7月
		无腺桉叶悬钩子	*R. eucalyptus* var. *trullisatus*（Focke）Yu et Lu	巫溪，开州	1 000 ~ 2 500 m		
		大红泡	*R. eustephanus* Focke ex Diels	石柱，武隆	500 ~ 1 850 m	4—5月	6—7月
		腺毛大红泡	*R. eustephanus* var. *glanduliger* Yu et Lu	巫山，巫溪，奉节，江津	700 ~ 2 300 m		
		攀枝莓	*R. flagelliflorus* Fock ex Diels	石柱，武隆	800 ~ 1 500 m	5—6月	7—8月
		弓茎悬钩子	*R. flosculosus* Focke	兴山，巴东，巫山	500 ~ 2 600 m	6—7月	8—9月
		凉山悬钩子	*R. fockeanus* Kurz	兴山，巴东，巫山	2 000 m以上	5—6月	7—8月
		黄毛悬钩子	*R. fusco-rubens* Focke	兴山，巴东，巫山	400 ~ 1 200 m	5—6月	7—8月
		大序悬钩子	*R. grandipaniculatus* Yü et Lu	巴东，巫山	750 ~ 1 050 m	5—6月	7—8月
		鸡爪茶	*R. henryi* Hemsl. et O. Ktze.	库区各县（市，区）	700 ~ 1 800 m	5—6月	7—8月
		大叶鸡爪茶	*R. henryi* var. *sozostylus*（Focke）Yu et Lu	开州，武隆，江津	800 ~ 1 600 m	5—6月	7—8月
		蓬蘽	*R. hirsutus* Thunb.	开州，武隆，江津	400 ~ 1 000 m	5—6月	7—8月
		湖南悬钩子	*R. hunanensis* Hand.-Mazz.	开州，武隆	500 ~ 2 500 m	7—8月	9—10月
		宜昌悬钩子	*R. ichangensis* Hemsl. et O. Ktze.	巫山，奉节，开州，武隆，北碚	300 ~ 2 500 m	7—8月	9—11月
		白叶莓	*R. innominatus* S. Moore	涪陵，武隆，长寿，江津	500 ~ 1 500 m	5—6月	7—8月
		无腺白叶莓	*R. innominatus* var. *kuntzeanus*（Hemsl.）Bailey [*R. kuntzeanus* Hemsl.]	开州，万州，石柱，武隆	800 ~ 1 800 m	5—6月	7—9月
		红花悬钩子	*R. inopertus*（Diels）Focke	石柱，武隆	600 ~ 1 800 m	5—6月	7—8月
		灰毛泡	*R. irenaeus* Focke	巫山，巫溪，奉节，云阳，开州，万州，石柱，武隆，江津	500 ~ 2 300 m	5—6月	8—9月
		尖裂灰毛泡	*R. irenaeus* var. *innoxius*（Focke ex Diels）Yu et Lu	石柱	800 ~ 1 800 m	5—6月	8—9月
		金佛山悬钩子	*R. jinfoshanensis* Yu et Lu	武隆，江津	1 600 ~ 2 100 m	5—6月	8—9月
		高粱泡	*R. lambertianus* Ser.	库区各县（市，区）	400 ~ 1 250 m	7—8月	10—11月
		光叶高粱泡	*R. lambertianus* var. *glaber* Hemsl.	武隆	650 ~ 1 650 m	7—8月	10—11月
		绵果悬钩子	*R. lasiostylus* Focke	开州，涪陵，武隆	1 000 ~ 2 500 m	6月	8月
		五裂悬钩子	*R. lobatus* Yu et Lu	武隆	400 ~ 1 500 m	6月	8—9月
		棠叶悬钩子	*R. malifolius* Focke	云阳，开州，忠县，涪陵，江津	1 000 ~ 2 000 m	5—6月	6—8月
		喜荫悬钩子	*R. mesogaeus* Focke	巫山，巫溪，奉节，云阳，开州，石柱，武隆	800 ~ 2 600 m	4—5月	7—8月
		大乌泡	*R. multibracteatus* Lévl. et Vant.	开州，武隆	250 ~ 1 250 m	4—5月	7—8月
		倒生根	*R. niveus* Thunb.	库区各县（市，区）	1 000 ~ 2 300 m	4—5月	7—8月
		太平莓	*R. pacificus* Hance	开州，石柱	800 ~ 1 600 m	5—6月	8—9月

158	蔷薇科（Rosaceae）	乌泡子	*R. parkeri* Hance	库区各县（市，区）	250 ~ 1 000 m	5—6月	7—8月
		茅莓	*R. parvifolius* Linn.	巫山，巫溪，奉节，云阳，开州，万州，石柱，忠县，丰都，涪陵，武隆，长寿，巴南，北碚，江津	500 ~ 1 500 m	5—7月	7—8月
		梳齿悬钩子	*R. pectinaris* Focke	奉节，开州，万州，江津	500 ~ 1 500 m	5—7月	8月
		黄泡	*R. pectinellus* Maxim.	库区各县（市，区）	600 ~ 2 000 m	6月	8月
		盾叶莓	*R. peltatus* Maxim.	开州，石柱，武隆	900 ~ 1 600 m	4—5月	6—7月
		无刺掌叶悬钩子	*R. pentagonus* Wall. ex Focke var. *modestus*（Focke）Yü et Lu	开州，云阳	1 600 ~ 2 700 m	5月	7—8月
		多腺悬钩子	*R. phoenicolasius* Maxim.	开州，云阳	低海拔至高海拔	6—7月	8月
		菰帽悬钩子	*R. pileatus* Focke	开州，武隆	1 400 ~ 2 100 m	6月	8月
		陕西悬钩子	*R. piluliferus* Focke	开州	1 100 ~ 2 000 m	5—6月	7—8月
		红毛悬钩子	*R. pinfaensis* Levl. et Vant.	涪陵，武隆，北碚，江津	500 ~ 1 600 m	3—4月	5—6月
		羽萼悬钩子	*R. pinnatisepalus* Hemsl.	开州，石柱	800 ~ 1 800 m	6—7月	9—10月
		绒毛梨叶悬钩子	*R. pirifolius* var. *tomentosus* Ktze.	丰都	800 ~ 1 400 m	6—7月	8—9月
		五叶鸡爪茶	*R. playfairianus* Hemsl. ex Focke	开州，忠县，武隆，巴南	600 ~ 1 600 m	5月	6—7月
		针刺悬钩子	*R. pungens* Camb.	巫溪	1 500 m以下	5月	6月
		绣毛莓	*R. reflexus* Ker	巫溪，巫山	300 ~ 1 000 m	6—7月	8—9月
		空心泡	*R. rosaefolius* Smith	巫溪，开州	650 ~ 1 850 m	3—5月	6—7月
		棕红悬钩子	*R. rufus* Focke	巫溪，开州	600 ~ 2 500 m	6—8月	9—10月
		锯叶悬钩子	*R. serratifolius* Yü et Lu	巫溪，开州	1 000 ~ 1 500 m	5—7月	7—8月
		川莓	*R. setchuenensis* Bur. et Franch.	库区各县（市，区）	400 ~ 2 100 m	7—8月	9—10月
		单茎悬钩子	*R. simolex* Focke	库区各区县	1 200 ~ 1 500 m	5—6月	8—9月
		刺毛百叶莓	*R. spinulosoides* Metc.	库区各区县	850 m	4—6月	7—8月
		红腺悬钩子	*R. sumatranus* Miq.	巫山，石柱，江津	600 ~ 1 600 m	4—6月	7—8月
		木莓	*R. swinhoei* Hance	奉节，开州，万州，江津	600 ~ 1 600 m	6月	7月
		灰白毛莓	*R. tephrodes* Hance	巫溪	800 ~ 1 600 m	6—8月	8—10月
		三花悬钩子	*R. trianthus* Focke	巫溪，奉节，开州，武隆	800 ~ 2 200 m	4—5月	5—6月
		巫山悬钩子	*R. wushanensis* Yu et Lu	奉节，开州，万州，江津	1 000 ~ 2 000 m		
		黄果悬钩子	*R. xanthocarpus* Bureau et Franch	奉节，开州	600 ~ 2 600 m	5—6月	8月
		黄脉莓	*R. xanthoneurus* Focke ex Diels	奉节，开州	800 ~ 2 000 m	6—7月	8—9月
		地榆	*Sanguisorba officinalis* Linn.	巫溪，开州	1 850 ~ 2 700 m	7—10月	7—10月
		长叶地榆	*S. officinalis* var. *longifoila*（Bert.）Yu et C. L. Li	开州，武隆	1 800 ~ 2 500 m	8—11月	8—11月

续表

序号	科名	植物名	拉丁学名	分布	海拔	花期	果期
158	蔷薇科（Rosaceae）	高丛珍珠梅	*Sorbaria arborea* Schneid.	巫溪，开州，石柱	1 600 ~ 2 100 m	7—8月	9—10月
		光叶高丛珍珠梅	*S. arborea* var. *glabrata* Rehd.	巫溪，开州	800 ~ 1 800 m	7月	8—9月
		水榆花楸	*Sorbus alnifolia*（Sieb. et Zucc.）K. Koch	开州，武隆，江津	1 400 ~ 2 100 m	5月	9—10月
		黄山花楸	*S. amabilis* Cheng ex Yü	开州，奉节	800 ~ 1 600 m	5月	9—10月
		美脉花楸	*S. caloneura*（Stapf.）Rehd.	开州，石柱，武隆	1 400 ~ 2 100 m	5—6月	9—10月
		石灰花楸	*S. folgneri*（Schneid.）Rehd.	巫溪，奉节，开州，石柱，武隆	800 ~ 2 000 m	4—5月	7—8月
		球穗花楸	*S. glomerula* Koehne	巫溪，开州，石柱	1 900 ~ 2 000 m	5—6月	9—10月
		江南花楸	*S. hemsleyi*（Schneid.）Rehd.	武隆	600 ~ 1 400 m	5月	8—9月
		湖北花楸	*S. hupehensis* Schneid.	开州，万州	1 500 ~ 2 600 m	6月	8—9月
		毛序花楸	*S. keissleri*（Schneid.）Rehd.	开州，万州，石柱，武隆，江津	1 400 ~ 2 100 m	5—6月	8—9月
		陕甘花楸	*S. koehneana* Schneid.	开州，涪陵	850 ~ 1 850 m	5—6月	9月
		大果花楸	*S. megalocarpa* Rehd.	开州，武隆，江津	1 400 ~ 2 000 m	4月	7—8月
		天山花楸	*S. tianschanica* Rupr.	开州，涪陵	2 000 m以上	5—6月	9—10月
		华西花楸	*S. wilsoniana* Schneid.	开州，涪陵，江津	1 300 ~ 2 100 m	5—6月	7月
		黄脉花楸	*S. xanthoneura* Rehd. ex Dils	巫溪，开州，武隆	800 ~ 2 200 m	5—6月	8月
		长果花楸	*S. zahlbruckneri* Schneid.	巫溪，开州	1 300 ~ 2 000 m	5—6月	7—8月
		绣球绣线菊	*Spiraea blumei* G. Don	开州，武隆，北碚，江津	800 ~ 1 600 m	5—6月	7—8月
		中华绣线菊	*S. chinensis* Maxim.	开州，涪陵，武隆	500 ~ 2 000 m	5月	6—10月
		毛花绣线菊	*S. dasyantha* Bunge	巫溪	800 ~ 1 500 m	5—6月	7—8月
		华北绣线菊	*S. fritschiana* Schneid.	兴山，巴东	800 ~ 2 000 m	6月	7—8月
		翠蓝绣线菊	*S. henryi* Hemsl.	奉节，开州，万州，武隆	800 ~ 1 600 m	4—5月	7—8月
		兴山绣线菊	*S. hingshanensis* Yu et Lu	兴山，巴东	800 ~ 1 650 m	6月	7月
		疏毛绣线菊	*S. hirsuta*（Hemsl.）Schneid.	兴山，巴东	600 ~ 1 700 m	5月	6—7月
		粉花绣线菊	*S. japonica* Linn. f.	北碚，南岸，渝北	700 ~ 1 000 m	6—7月	8—9月
		狭叶绣线菊	*S. japonica* var. *acuminata* Franch.	奉节，开州，石柱，武隆	1 200 ~ 2 500 m	6—7月	8—9月
		光叶绣线菊	*S. japonica* var. *fortunei*（Planch.）Rehd.	巫山，巫溪，奉节，云阳，开州，武隆	600 ~ 1 600 m	6—7月	8—9月
		长芽绣线菊	*S. longigemmis* Maxim.	武隆	500 ~ 1 600 m	6—7月	8—9月
		华西绣线菊	*S. laeta* Rehd.	巫山，巫溪，巴东，兴山	1 200 ~ 2 500 m	4—6月	7—10月
		无毛长蕊绣线菊	*S. miyabei* Koidz. var. *glabrata* Rehd.	奉节，巫山，巫溪，巴东	1 000 ~ 2 000 m	6月	8—9月
		毛叶长蕊绣线菊	S. miyabei Koidz. var. pilosula Rehd.	奉节，巫山，巫溪，巴东	1 000 ~ 2 500 m	5—6月	7—8月
		细枝绣线菊	*S. myrtilloides* Rehd.	兴山，巫山，巫溪，巴东	1 200 ~ 2 500 m	6—7月	8—9月

158	蔷薇科（Rosaceae）	广椭绣线菊	*S. ovalis* Rehd.	巴东，巫山	900 ~ 2 500 m	6月	8月
		平卧绣线菊	*S. prostrata* Maxim.	巴东，巫山，奉节，巫溪	2 500 m以上	6月	6月
		李叶绣线菊	*S. prunifolia* Sieb. et Zucc.	巴东，巫山，奉节，巫溪	1 500 m以下	3—5月	
		土庄绣线菊	*S. pubescens* Turcz.	兴山，巴东，巫山，巫溪	500 ~ 1 500 m	5—6月	7—8月
		南川绣线菊	S. rosthornii Pritz.	开州，涪陵，武隆，江津	800 ~ 1 800 m	5—6月	8—9月
		菱叶绣线菊	*S. vanhouttei*（Briot）Zabel	开州，长寿	500 ~ 1 500 m	5—6月	8—9月
		绢毛绣线菊	*S. sericea* Turcz.	巫山，巫溪，巴东	500 ~ 2 100 m	6月	7—8月
		鄂西绣线菊	*S. veitchii* Hemsl.	巫山，巫溪，开州	1 800 ~ 2 600 m	6—7月	8—9月
		陕西绣线菊	*S. wilsonii* Duthie	巫溪，开州，武隆	1 600 ~ 2 100 m	6月	7月
		毛萼红果树	*Stranvaesia amphidoxa* Schneid.	开州，武隆，江津	500 ~ 1 600 m	5—6月	9—10月
		光萼红果树	*S. amphidoxa* var. *amphileia*（Hand.-Mazz.）Yu	武隆	850 ~ 1 800 m		
		红果树	*S. davidiana* Decne.	开州，石柱，武隆	1 000 ~ 1 900 m	5—6月	9—10月
		波叶红果树	*S. davidiana* var. *undulata*（Decne.）Rehd. et Wils. [*S. undulata* Decne.]	开州，武隆	600 ~ 1 200 m	5—6月	9—10月
		绒毛红果树	*S. tomentosa* Yu et Ku	武隆，北碚	450 ~ 1 600 m	5—6月	9—10月
159	豆科（Leguminosae）	相思豆	*Abrus precatorius* Linn.	北碚，南岸，渝北，渝中			
		台湾相思	*Acacia confusa* Merr.	南岸	400 ~ 1 500 m		
		金合欢	*A. farnesiana*（Linn.）Wild.	长寿，北碚，江津，南岸，渝北	400 ~ 1 500 m	3—6月	7—11月
		黑荆	*A. mearnsii* De. Wilde [*A. mollisma* Wild. *A. decurrens* var. *Mollis* Ker-Gawl.]	开州，万州，涪陵	库区栽培种	6月	8月
		羽叶金合欢	*A. pennata*（Linn.）Wild.	武隆，涪陵	250 ~ 850 m	4—6月	7—8月
		藤金合欢	*A. sinuata*（Lour.）Merr.	武隆，长寿，巴南	400 ~ 1 250 m	4—6月	8—9月
		合萌	*Aeschynomene indica* Linn.	库区各县（市，区）	200 ~ 1 300 m	4—6月	8—9月
		楹树	*Albizia chinensis*（Osbesk.）Merr.	石柱，涪陵，长寿，巴南，北碚，南岸，渝北	500 ~ 1 200 m	3—5月	6—12月
		合欢	*A. julibrissin* Durazz.	库区各县（市，区）	350 ~ 1 800 m	6—7月	8—10月
		山合欢	*A. kalkora*（Roxb.）Prain	巫溪，开州，忠县，丰都，涪陵，武隆，江津，渝北	500 ~ 1 000 m	5—6月	8月
		银合欢	*Leucaena leucocephala*（Lam.）de Wit	兴山，巴东		4—7月	8—10月
		紫穗槐	*Amorpha fruticosa* Linn.	开州，长寿，江津		5—10月	5—10月
		两型豆	*Amphicarpaea edgeworthii* Benth. [*A. trisperma* Baker]	库区各县（市，区）	400 ~ 1 800 m	8—11月	8—11月
		土栾儿	*Apios fortunei* Maxim.	库区各县（市，区）	250 ~ 1 200 m	6—8月	9—10月
		落花生	*Arachis hypogaea* Linn.	库区各县（市，区）		6—8月	6—8月
		地八角	*Astragalus bhotanensis* Baker	开州，石柱	300 ~ 1 600 m		
		扁茎黄耆	*A. complanatus* R. Brown.	巫溪	650 ~ 1 250 m	7—9月	8—11月
		秦岭黄耆	*A. henryi* Oliv.	巫山，巫溪，奉节，开州	1 800 ~ 2 700 m	6—7月	10月

续表

序号	科名	植物名	拉丁学名	分布	海拔	花期	果期
159	豆科（Leguminosae）	膜荚黄耆	*A. membranaceus*（Fisch.）Bunge	巫溪	1 800 ~ 2 400 m	6—8月	7—9月
		蒙古黄耆	*A. membranaceus* var. *mongholicus*（Bunge）P. K. Hsiao	巫溪，石柱	1 800 ~ 2 500 m	6—8月	8—9月
		糙叶黄耆	*A. scaberrimus* Bunge	巫溪，巫山，巴东	低海拔	4—8月	5—9月
		紫云英	*A. sinicus* Linn.	库区各县（市，区）	400 ~ 2 600 m	2—6月	3—7月
		巫山黄耆	*A. wushanicus* Simps.	巫山	1 800 ~ 2 300 m		
		鞍叶羊蹄甲	*Bauhinia brachycarpa* Wall. et Benth. [*B. faberi* Oliv.]	巫山，巫溪，奉节，云阳，开州，万州，石柱，武隆	250 ~ 850 m	5—7月	8—10月
		小鞍叶羊蹄甲	*B. brachycarpa* var. *microphylla*（Oliv. ex Craib）K. et S. S. Larsen [*B. faberi* var. *microphylla* Oliv. ex Craib]	巫溪，开州	300 ~ 1 500 m	6月	8—10月
		龙须藤	*B. championii*（Benth.）Benth.	开州，涪陵，武隆	300 ~ 800 m	6—10月	7—12月
		鄂羊蹄甲	*B. glauca* ssp. *hupehana*（Craib）T. Chen [*B. hupehana* Craib]	奉节，开州，石柱，丰都，涪陵，武隆，江津	600 ~ 1 400 m	4—5月	6—7月
		羊蹄甲	*B. variegata* Linn.	万州，涪陵，北碚，南岸，渝北			
		华南云实	*Caesalpinia crista* Linn. [*C. szechuanensis* Craib]	江津	400 ~ 1 600 m	4—7月	7—12月
		云实	*C. decapetala*（Roth）Alston [*C. sepiaria* Roxb.]	库区各县（市，区）	400 ~ 1 200 m	4—10月	4—10月
		鄂西云实	*C. sinensis*（Hemsl.）Vidal	巴东，兴山	低海拔	4—5月	7—8月
		木豆	*Cajanus cajan*（Linn.）Millsp.	北碚，渝北	400 ~ 1 000 m	4—5月	7—8月
		西南杭子梢	*Campylotropis delavayi*（Franch.）Schindl.	开州，武隆，江津	400 ~ 1 200 m	10—11月	11—12月
		宜昌杭子梢	*C. ichangensis* Schindl.	巫溪，开州	300 ~ 1 200 m	7—9月	10月
		杭子梢	*C. macrocarpa*（Bunge）Rehd.	奉节，开州，丰都，涪陵，武隆	600 ~ 1 200 m	7—9月	10月
		小雀花	*C. polyantha*（Franch.）Schindl. [*Lespedeza eriocarpa* var. *polyanths* Franch.]	开州，万州，石柱	1 250 ~ 1 850 m	3—11月	3—12月
		直立刀豆	*Canavalia ensiformia*（Linn.）DC.	北碚，南岸	300 ~ 1 000 m	7—8月	8—9月
		刀豆	*C. gladiata*（Jacq.）DC.	库区各县（市，区）	300 ~ 1 000 m	7—9月	10月
		锦鸡儿	*Caragana sinica*（Buchoz）Rehd.	库区各县（市，区）	1 600 ~ 2 000 m	4—5月	7月
		含羞草决明	*Cassia mimosoides* Linn.	石柱，丰都，长寿，江津	300 ~ 900 m	8—10月	8—10月
		短叶决明	*C. leschenaultiana* DC.		600以下	6—8月	9—11月
		决明	*C. obtusifolia* Linn.	北碚，江津，南岸	250 ~ 850 m	6—8月	9—11月
		豆茶决明	*C. nomame*（Sieb.）Kitagawa	开州，江津	低海拔	8月	9—10月
		望江南	*C. occidentalis* Linn.	开州，江津	350 ~ 850 m	4—8月	6—10月
		槐叶决明	*C. sophera* Linn.	北碚，江津，南岸	300 ~ 1 000 m	4—8月	6—10月
		黄槐	*C. surattensis* Burm. f.	库区各县（市，区）	300 ~ 1 000 m	4—8月	6—10月

159	豆科（Leguminosae）	小决明	*C. tora* Linn.	巴南，江津	350 ~ 1 500 m	4—5月	5—9月
		紫荆	*Cercis chinensis* Bunge	库区各县（市，区）	350 ~ 800 m	4—5月	5—9月
		湖北紫荆	*C. glabra* Pampan. [*C. yunnanensis* Hu et Cheng]	巫溪，开州	600 ~ 1 900 m	3—4月	9—11月
		垂丝紫荆	*C. racemosa* Oliv.	巫山，巫溪，开州，涪陵	350 ~ 1 350 m	5月	10月
		小花香槐	*Cladrastis sinensis* Hemsl.	开州，石柱，武隆	1 400 ~ 1 800 m	6—8月	8—10月
		香槐	*C. wilsonii* Takeda	巫溪	2 000 ~ 2 700 m	5—7月	8—9月
		蝶豆	*Clitoria ternatea* Linn.	万州，南岸，渝中			
		细茎旋花豆	*Cochlianthus gracilis* Benth.	开州	600 ~ 1 600 m		
		假地蓝	*Crotalaria ferruginea* Grah. ex Benth.	巫溪，开州，北碚，江津	400 ~ 1 400 m		
		菽麻	*C. juncea* Linn.	巴南，江津			
		三尖叶猪屎豆	*C. micans* Link. [*C. anagyroides* HBK.]	开州，涪陵	300 ~ 1 200 m		
		响铃豆	*C. albida* Heyne ex Roth	巴东，兴山	600 m以下	6—12月	6—12月
		假地兰	*C. ferruginea* Grah. ex Benth.	巴东，兴山	200 ~ 900 m	6—12月	6—12月
		野百合	*C. sessiliflora* Linn.	长寿，巴南	180 ~ 1 650 m	5月至翌年2月	5月至翌年2月
		光萼猪屎豆	*C. zanzibarica* Benth. [C. usaramoensis Baker f.]	长寿，巴南，南岸，渝北	200 ~ 850 m		
		南岭黄檀	*Dalbergia balansae* Prain.	江津	400 ~ 1 800 m		
		大金刚藤黄檀	*D. dyeriana* Prain ex Harms	巫溪，开州，涪陵，武隆，江津	800 ~ 1 800 m	5—6月	7—8月
		藤黄檀	*D. hancei* Benth.	开州，石柱，忠县，丰都，涪陵，武隆，长寿	600 ~ 1 600 m	4—5月	
		黄檀	*D. hupeana* Hance	库区各县（市，区）	350 ~ 1 250 m	6—8月	8—10月
		含羞草叶黄檀	*D. mimosoides* Franch.	巫山，巫溪，奉节，云阳，开州，万州，石柱，涪陵，武隆	700 ~ 1 300 m	4—5月	
		中南鱼藤	*Derris fordii* Oliv.	涪陵，武隆，长寿	250 ~ 800 m	4—5月	10—11月
		边荚鱼藤	*D. marginata*（Roxb.）Benth.	武隆	300 ~ 700 m		
		小槐花	*Desmodium caudatum*（Thunb.）DC.	巫山，巫溪，奉节，云阳，开州，万州，石柱，忠县，丰都，涪陵，武隆，长寿，巴南，北碚，江津	350 ~ 1 200 m	7—9月	9—11月
		圆锥山蚂蝗	*D. elegans* DC. [*D. esquirolii* Lévl.]	开州，巴南，北碚，江津	400 ~ 1 600 m		
		假地豆	*D. heterocarpon*（Linn.）DC.	开州，忠县，丰都	350 ~ 1 600 m	7—10月	10—11月
		大叶拿身草	*D. laxiflorum* DC.	涪陵，武隆，长寿，巴南，北碚，江津	350 ~ 1 200 m		
		小叶三点金	*D. microphyllum*（Thunb.）DC.	库区各县（市，区）	200 ~ 900 m	5—9月	9—11月
		饿蚂蝗	*D. multiflorum* DC.	巫山，巫溪，石柱，武隆	600 ~ 2 000 m	7—9月	8—10月
		波叶山蚂蝗	*D. sesquax* Wall. [*D. sinuatum*（Miq.）Bl. ex Baker]	巫山，巫溪，奉节，云阳，开州，万州，石柱，武隆	250 ~ 1 650 m	7—9月	9—11月

续表

序号	科名	植物名	拉丁学名	分布	海拔	花期	果期
159	豆科（Leguminosae）	广金钱草	*D. styracifolium*（Osbeck）Merr.	巫溪	400 ~ 1 200 m	6—9月	6—9月
		单叶拿身草	*D. zonatum* Miq.	武隆	180 ~ 1 300 m		
		毛野扁豆	*Dunbaria villosa*（Thunb.）Madino	涪陵，武隆，长寿，巴南，北碚，江津	600 ~ 1 200 m	7—9月	
		圆叶野扁豆	*D. rotundifolia*（Lour.）Merr.	涪陵，武隆，巴南	1 000 m以下		9—10月
		刺木通	*Erythrina arborescens* Roxb.	万州，涪陵，长寿，巴南，北碚，江津，南岸，渝北，渝中	450 ~ 2 100 m		
		龙芽花	*E. corallodendron* Linn.	开州，涪陵，武隆，长寿，巴南，北碚，江津，南岸，渝北，九龙坡，渝中		6—11月	
		刺桐	*E. variegata* L.			3月	8月
		山豆根	*Euchresta japonica* Hook. f. ex Regel	巫山，巫溪，奉节，云阳，开州，石柱，武隆	300 ~ 900 m	5—7月	7—9月
		管萼山豆根	*E. tubulosa* Dunn.	石柱，武隆	400 ~ 900 m	5—7月	7—9月
		河边千斤拔	*Flemingia fluminalis* Clarke ex Prain	武隆，巴南	250 ~ 800 m		
		大叶千斤拔	*F. macrophylla*（Willd.）Prain	巴南	600 ~ 1 200 m		
		千斤拔	*F. philippinensis* Merr. et Rolfe	巴东	50 ~ 300 m	夏秋季	夏秋季
		球穗千斤拔	*F. strobilifera*（L.）Ait.	兴山，巴东	200 ~ 1 580 m	春夏	秋季
		皂荚	*Gleditsia sinensis* Lam.	库区各县（市，区）	400 ~ 1 500 m		
		大豆	*Glycine max*（Linn.）Merr.	库区各县（市，区）		6—7月	7—9月
		野大豆	*G. soja* Sieb. et Zucc.	开州，江津	500 ~ 1 600 m	7—8月	8—10月
		刺果甘草	*Glycyrrhiza pallidiflora* Maxim.	长寿，南岸			
		甘草	*G. uralensis* Fisch.	巫山，开州		6—8月	7—10月
		米口袋	*Gueldenstaedtiaverna* ssp. *multiflora*（Bunge）Tsui	巫山，开州，江津	400 ~ 2 500 m	4月	5—6月
		川鄂米口袋	*G. henryi* Ulbr.	巴东，兴山	低海拔	3—4月	4—5月
		肥皂荚	*Gymnocladus chinensis* Baill.	巫山，巫溪，奉节，云阳，开州，万州	400 ~ 1 500 m		
		多花木蓝	*Indigofera amblyantha* Craib	巫山，巫溪，奉节，云阳，开州，万州，石柱，忠县	600 ~ 1 200 m	5—7月	9—11月
		庭藤	*I. decora* Lindl.	奉节	250 ~ 800 m	4—6月	6—10月
		宜昌木蓝	*I. decora* var. *ichangensis*（Craib.）Y. Y. Fang et C. Z. Zheng [*I. ichangensis* Craib]	巫山，石柱	400 ~ 1 200 m		
		华东木蓝	*I. fortunei* Craib.	巫溪	600 ~ 800 m		
		马棘	*I. pseudotinctoria* Matsum.	库区各县（市，区）	200 ~ 1 650 m	5—8月	9—10月
		茸毛木蓝	*I. stachyoides* Lindl.	巫山，巫溪，奉节，石柱	700 ~ 1 400 m	4—7月	8—11月
		深紫木蓝	*I. atropurpurea* Buch.-Ham. ex Hornem	巴东，兴山	300 ~ 1 600 m	5—9月	8—12月
		铁扫帚	*I. bungeana* Walp.	库区各县（市，区）	300 ~ 1 800 m	5—6月	8—10月

159	豆科（Leguminosae）	苏木蓝	*I. carlesii* Craib	兴山	1 200 m以下	4—6月	8—10月
		灰色木蓝	*I. cinerascens* Franch.	巴东	600 ~ 1 800 m	6—9月	10月
		花木蓝	*I. kirilowii* Maxim. ex Palibin	巴东	1 800 m以下	5—7月	8月
		黑叶木蓝	*I. nigrescens* Kurz ex King et Prain	巴东，兴山	1 000 m以下	8—9月	9—10月
		木蓝	*I. tinctoria* Linn.	巴东，兴山		全年	10月
		三叶木蓝	*I. trifoliata* L.	巴东，兴山	1 700 m以下	7—9月	9—10月
		长萼鸡眼草	*Kummerowia stipulacea*（Maxim.）Makino	库区各县（市，区）	400 ~ 1 400 m	7—8月	8—10月
		鸡眼草	*K. striata*（Thunb.）Schindl. [*Hedysarum striata* Thunb.]	库区各县（市，区）	200 ~ 850 m	7—9月	8—10月
		扁豆	*Lablab purpureus*（Linn.）Sweet [*Dolichos labrab* Linn.]	库区各县（市，区）		4—12月	4—12月
		牧地香豌豆	*Lathyrus pratensis* Linn.	巫溪，江津	1 000 ~ 2 400 m	6—8月	8—10月
		茳芒香豌豆	*L. davidii* Hance	巴东，兴山	1 000 ~ 1 800 m	5—7月	8—9月
		中华香豌豆	*L. dielsianus* Harms	巫溪，巴东	1 000 ~ 1 600 m	5—6月	7—8月
		香豌豆	*L. odoratus* L.	巴东		6—9月	6—9月
		山黧豆	*L. quinquenervius*（Miq.）Litv. ex Kom.	石柱	350 ~ 700 m	5—7月	8—9月
		胡枝子	*Lespedeza bicolor* Turcz.	巫溪，奉节，开州，万州，石柱	250 ~ 1 200 m	7—9月	9—10月
		西南胡枝子	*L. bicolor* ssp. *elliptica*（Benth. ex Maxim.）Hsu X. Y. Li et D. X. Gu	巫山，巫溪，开州	650 ~ 1 650 m		
		绿叶胡枝子	*L. buergeri* Miq.	巫溪	600 ~ 1 650 m	6—7月	8—9月
		中华胡枝子	*L. chinensis* G. Don.	巫山，巫溪，奉节，云阳，开州，万州，石柱	600 ~ 1 500 m	8—9月	10—11月
		截叶胡枝子	*L. cuneata*（Dum. Cours.）G. Don. [*L. juncea* var. *sericea*（Thunb.）Hemsl.]	巫山，巫溪，奉节，云阳，开州，万州，石柱，忠县，丰都，涪陵，武隆，长寿，巴南，北碚，江津，南岸	250 ~ 1 650 m	7—8月	9—10月
		短梗胡枝子	*L. cyrtobotrya* Miq.	巴东	2 000 m以下	7—8月	9月
		大叶胡枝子	*L. davidii* Franch.	巫溪	400 ~ 1 200 m	7—9月	9—10月
		达呼尔胡枝子	*L. daurica*（Laxm.）Schindl.	兴山	600 m以下	7—8月	9—10月
		多花胡枝子	*L. floribunda* Bunge	奉节，巴南，开州	250 ~ 1 500 m	6—9月	9—10月
		美丽胡枝子	*L. formosa*（Vog.）Koehne [*L. thunbergii*（DC.）Nakai]	巫山，巫溪，开州，石柱，忠县，武隆	800 ~ 2 400 m	7—9月	9—10月
		铁马鞭	*L. pilosa*（Thunb.）Sieb. et Zucc.	库区各县（市，区）	400 ~ 1 000 m	7—9月	9—10月
		绒毛胡枝子	*L. tomentosa*（Thunb.）Sieb. et Zucc.	武隆，长寿，巴南	300 ~ 800 m		
		细梗胡枝子	*L. virgata*（Thunb.）DC.	巫溪，奉节，开州，涪陵，武隆	400 ~ 1 200 m	7—9月	9—10月
		银合欢	*Leucarna leucocephala*（Lam.）de Wit [*L. glanuca*（Willd.）Benth.]	涪陵，长寿，北碚，江津		4—7月	8—10月

续表

序号	科名	植物名	拉丁学名	分布	海拔	花期	果期
159	豆科（Leguminosae）	百脉根	*Lotus corniculatus* Linn.	巫山，巫溪，奉节，云阳，开州，万州，石柱，忠县，丰都，涪陵，武隆，江津	600 ~ 2 200 m	5—9月	7—10月
		天蓝苜蓿	*Medicago lupulina* Linn.	库区各县（市，区）	600 ~ 1 500 m	7—9月	8—10月
		南苜蓿	*M. polymorpha* Linn.	开州，长寿，巴南，江津		3—5月	5—6月
		紫花苜蓿	*M. sativa* Linn.	巫溪	1 600 ~ 2 400 m	5—7月	6—8月
		白花草木樨	*Melilotus albus* Medic. ex Desr.	巫溪，开州，武隆，巴南		5—7月	7—9月
		印度草木樨	*M. indica*（Linn.）All.	开州，长寿，巴南	250 ~ 800 m	3—5月	5—6月
		草木樨	*M. officinalis*（Linn.）Desr.	库区各县（市，区）	1 000 m以下	5—9月	6—10月
		香花崖豆藤	*Millettia dielsiana* Harms ex Diels	库区各县（市，区）	400 ~ 1 600 m	5—9月	6—11月
		密花崖豆藤	*M. congestiflora* T. Chen	巴东，兴山，巫山	500 ~ 1 200 m	6—8月	9—10月
		异果崖豆藤	*M. dielsiana* var. *heterocarpa*（Chun ex T. Chen）Z. Wei [*M. heterocarpa* Chun ex T. Chen]	开州，武隆	600 ~ 1 200 m		
		亮叶崖豆藤	*M. nitida* Benth. [*M. kweichouensis* Hu]	巫溪，云阳，武隆，江津	300 ~ 800 m	5—9月	7—11月
		丰城崖豆藤	*M. nitida* var. *hirsutissima* Z. Wei	武隆	800 ~ 2 000 m		
		厚果崖豆藤	*M. pachycarpa* Benth.	巫山，巫溪，奉节，云阳，开州，万州，石柱，忠县，丰都，涪陵，武隆，长寿，巴南，北碚，江津	200 ~ 1 650 m		
		网络崖豆藤	*M. reticulata* Benth.	涪陵，武隆，长寿，巴南，江津	250 ~ 1 250 m		
		锈毛崖豆藤	*M. sericosema* Hance	巴东，武隆	600 ~ 1 400 m	6—8月	8—10月
		美丽崖豆藤	*M. speciosa* Champ.	万州，石柱	350 ~ 800 m	7—10月	翌年2月
		含羞草	*Mimosa pudica* Linn.	库区各县（市，区）		3—10月	5—11月
		黧豆	*Mucuna pruriens* var. *utilis*（Wall. ex Wight）Baker ex Burck [*M. cochinchinensis*（Lour.）A. Cheval]	长寿，巴南，北碚，江津，南岸，渝北			
		常春油麻藤	*M. sempervirens* Hemsl.	库区各县（市，区）	350 ~ 1 600 m	4—5月	8—9月
		花榈木	*Ormosia henryi* Prain	开州，涪陵，武隆，巴南，北碚	1 000 ~ 1 600 m	7—8月	10—11月
		红豆树	*O. hosiei* Hemsl. et Wils.	开州，万州，石柱，丰都，武隆	250 ~ 1 250 m	4—5月	10—11月
		豆薯	*Pachyrhizus erosus*（Linn.）Urban	库区各县（市，区）		8月	11月
		金甲豆	*Phaseolus lunatus* Linn.	石柱，武隆，江津			
		红花金甲豆	*Ph. lunatus* cv. Rubra	武隆，江津			
		菜豆	*Ph. vulgaris* Linn.	库区各县（市，区）		6—7月	7—9月
		小白豆	*Ph. vulgaris* f. *abla* Alef.	库区各县（市，区）			
		矮菜豆	*Ph. vulgaris* var. *humilis* Alef.	库区各县（市，区）			
		豌豆	*Pisum sativum* Linn.	库区各县（市，区）		6—7月	7—9月

159	豆科（Leguminosae）	亮叶猴耳环	*Pithecellobium lucidum* Benth.	武隆，北碚，江津	700 ~ 1 400 m		
		羽叶长柄山蚂蝗	*Podocarpium oldhami*（Oliv.）Yang et Hang [*Desmodium oldhami* Oliv.]	巫山，武隆	600 ~ 1 400 m	8—9月	9—10月
		长柄山蚂蝗	*P. podocarpum*（DC.）Yang et Huang	石柱，忠县，丰都，武隆	400 ~ 1 600 m	8—9月	8—9月
		宽卵叶长柄山蚂蝗	*P. podocarpum* var. *fallax*（Schindl.）Yang et Huang [*Demodium fallax* Schindl.]	巫山，巫溪，奉节，云阳，开州，万州，石柱，忠县，丰都，涪陵，武隆，江津	350 ~ 1 200 m		
		尖叶长柄山蚂蝗	*P. podocarpum* var. *oxyphyllum*（DC.）Yang et Hang [*Desmodium racemosum*（Thunb.）DC.]	巫山，巫溪，奉节，云阳，开州，万州，石柱，忠县，丰都，涪陵，武隆，长寿，巴南，北碚，江津，南岸	1 200 ~ 2 400 m		
		四川长柄山蚂蝗	*P. podocarpum* var. *szechuenense*（Craib.）Yang et Huang	巫溪，奉节，云阳，开州，丰都，武隆	300 ~ 1 600 m		
		补骨脂	*Psoralea corylifolia* Linn.	开州，万州，长寿			
		老虎刺	*Pterolobium punctatum* Hemsl.	奉节，云阳，开州，石柱，忠县，武隆	400 ~ 1 250 m		
		食用葛藤	*Pueraria edulis* Pamp.	库区各县（市，区）	400 ~ 1 400 m		
		野葛	*P. lobata*（Willd.）Ohwin	库区各县（市，区）	300 ~ 2 100 m	9—10月	11—12月
		葛麻姆	*P. lobata* var. *montana*（Lour.）Van der Maesen	武隆，涪陵	600 ~ 900 m		
		粉葛	*P. lobata* var. *thomsonii*（Benth.）Van der Maesen	开州，江津，渝北	250 ~ 1 800 m		
		苦葛	*P. peduncularis*（Grah. ex Benth.）Benth.	库区各县（市，区）	250 ~ 1 200 m		
		菱叶鹿藿	*Rhynchosia dielsii* Harms.	开州，石柱，忠县，丰都，涪陵，武隆，江津	400 ~ 1 600 m	6—7月	8—11月
		紫脉鹿藿	*Rh. himalensis* var. *craibiana*（Rehd.）Peter-Stibal [*Rh. craibiana* Rehd.]	石柱，忠县	500 ~ 1 650 m		
		鹿藿	*Rh. volubilis* Lour.	巫山，巫溪，开州，万州，忠县，巴南	500 ~ 1 600 m	5—8月	9—12月
		刺槐	*Robinia pseudoacacia* Linn.	库区各县（市，区）		4—6月	8—9月
		田菁	*Sesbania cannabina*（Retz.）Pers.	长寿	250 ~ 1 200 m		
		白花槐	*Sophora albescens*（Rehd.）C. Y. Ma [*S. glauca* var. *albescens* Rehd. et Wils.]	北碚，南岸，渝北			
		白刺花	*S. davidii*（Franch.）Skeels [*S. viciifolia* Hance]	巫山，巫溪，奉节，云阳，开州，万州，涪陵	340 ~ 1 200 m	3—8月	6—10月
		苦参	*S. flavescens* Aiton.	开州，万州，涪陵，武隆	400 ~ 1 600 m	6—8月	7—10月
		槐树	*S. japonica* Linn.	库区各县（市，区）	1 200 m以下	7—8月	8—10月
		龙爪槐	*S. japonica* cv. *Pendula* [*S. japonica* f. *pendula* Loud.]	开州，万州，涪陵，长寿，巴南，北碚，南岸			
		西南槐	*S. prazeri* var. *mairei*（Pamp.）Tsoong	巫山，巫溪，奉节，云阳，开州，万州，武隆	500 ~ 1 200 m		
		油点草	*Tricyrtis macropoda* Miq.	库区各县（市，区）	800 ~ 2 400 m	6—10月	8—10月
		黄瓜香	*T. maculata*（D. Don）Machride	库区各县（市，区）	250 ~ 2 200 m	7—9月	7—9月
		山慈姑	*Tulipa edulis*（Miq.）Baker	库区各县（市，区）	1 000 m以下	3—4月	4—5月
		红车轴草	*Trifolium pratense* Linn.	奉节，开州，武隆		5—9月	5—9月

续表

序号	科名	植物名	拉丁学名	分布	海拔	花期	果期
159	豆科（Leguminosae）	白车轴草	*T. repens* Linn.	巫山，巫溪，开州，武隆	400 ~ 2 500 m	5—10月	5—10月
		胡芦巴	*Trigonella foenumgraecum* Linn.	巫溪，长寿，渝北	300 ~ 850 m		
		中华狸尾豆	*Uraria sinensis*（Hemsl.）Franch.	巫溪	650 ~ 1 800 m	9—10月	9—10月
		人头发	*Veratrum grandiforum*（Maxim.）Loes. f.	库区各县（市，区）	1 500 ~ 2 500 m	7—8月	7—8月
		藜芦	*V. nigrum* L.	库区各县（市，区）	800 ~ 2 000 m	7—9月	7—9月
		山野豌豆	*Vicia amoena* Fisch. ex DC.	巫山，开州	600 ~ 1 250 m	4—6月	7—10月
		窄叶野豌豆	*V. angustifolia* Linn.	开州，武隆，长寿，巴南	700 ~ 1 600 m	3—6月	5—9月
		华野豌豆	*V. chinensis* Franch.	兴山，巴东	1 400 ~ 2 000 m	6—8月	6—8月
		广布野豌豆	*V. cracca* Linn.	库区各县（市，区）	300 ~ 1 000 m	5—9月	5—9月
		蚕豆	*V. faba* Linn.	库区各县（市，区）		4—5月	5—6月
		小巢菜	*V. hirsuta*（Linn.）S. F. Gray	库区各县（市，区）	250 ~ 1 700 m	2—7月	2—7月
		假香野豌豆	*V. pseudo-orobus* Fisch. et Mey.	巫山，巫溪，开州	1 000 ~ 2 000 m	6—9月	8—10月
		救荒野豌豆	*V. sativa* Linn.	库区各县（市，区）	300 ~ 2 100 m	4—7月	7—9月
		四籽野豌豆	*V. tetrasperma*（Linn.）Moench	库区各县（市，区）	300 ~ 1 200 m	3—6月	6—8月
		歪头菜	*V. unijuga* A. Br.	开州，北碚，江津	200 ~ 850 m	6—7月	8—9月
		长柔毛野豌豆	*V. villosa* Both.	奉节，开州	400 ~ 1 600 m		
		赤豆	*Vigna angularis*（Wight.）Ohwi et Ohashi [*Phaseolus angularis* W. F. Wight]	巫山，巫溪，奉节，云阳，开州，万州，石柱，忠县，丰都，涪陵，武隆，长寿，巴南，北碚，江津，南岸	350 ~ 1 200 m	春夏	9—10月
		绿豆	*V. radiata*（Linn.）Wilczek [*Phaseolus radiadtus* Linn.]	库区各县（市，区）	350 ~ 1 200 m	初夏	6—8月
		赤小豆	*V. umbellata*（Thunb.）Ohwi et Ohashi [*Phaseolus calcalatus* Rixb.]	巫山，巫溪，奉节，云阳，开州，万州，石柱，忠县，丰都，涪陵，武隆，江津	350 ~ 900 m	5—8月	9—10月
		豇豆	*V. unguiculata*（Linn.）Walp. [*V. sinensis*（Linn.）Hassk.]	库区各县（市，区）	350 ~ 1 200 m	5—8月	5—8月
		短豇豆	*V. unguiculata* ssp. *cylindrica*（Linn.）Verdc. [*V. cylindrica*（Linn.）Skeels]	库区各县（市，区）	350 ~ 1 100 m	7—8月	9月
		长豇豆	*V. unguiculata* ssp. *sesquipedalis*（Linn.）Verdc. [*V. sesquipedalis*（Linn.）Fruhw.]	库区各县（市，区）	350 ~ 1 200 m	夏季	夏季
		野豇豆	*V. vexillata*（Linn.）Rich.	巫溪	350 ~ 850 m	7—9月	
		紫藤	*Wisteria sinensis*（Sims）Sweet	库区各县（市，区）	1 000 m以下	4—5月	5—8月
		白花紫藤	*W. sinensis* f. *alba*（Lindl.）Reha. et Wils. [*W. sinensis* var. *alba* Lindl.]	万州，涪陵，北碚，南岸，渝北			

160	牻牛儿苗科（Geraniaceae）	牻牛儿苗	*Erodium stephanianum* Wild.	开州，长寿，巴南，北碚，江津	350 ~ 1 250 m	6—8月	8—9月
		金佛山老鹳草	*Geranium bockii* R. Knuth	巫溪，开州	1 800 ~ 2 500 m	6—7月	7—8月
		野老鹳草	*G. carolinianum* Linn.	开州，武隆，北碚，江津	500 ~ 1 600 m	4—7月	5—9月
		圆齿老鹳草	*G. franchetii* R. Knuth	开州，武隆	1 600 ~ 2 100 m	6—8月	9—10月
		萝卜根老鹳草	*G. napuligerum* Franch.	巫溪，奉节	1 800 ~ 2 700 m		
		尼泊尔老鹳草	*G. nepalense* Sw. [G. fangii R. Knuth]	库区各县（市，区）	400 ~ 1 200 m	4—9月	5—10月
		中日老鹳草	*G. nepalense* var. *thunbergii*（Sieb. et Zucc.）Kodo	武隆	800 ~ 1 300 m		
		毛蕊老鹳草	*G. eriostemon* Fisch. ex DC. [*G. platyanthum* Duthie]	开州，石柱	1 500 ~ 2 000 m	6—7月	8—9月
		鄂西老鹳草	*G. rosthornii* R. Kunth	巴东，兴山	1 600 ~ 2 200 m	6—7月	8—9月
		草原老鹳草	*G. pratense* Linn.	巫溪，开州	1 850 ~ 2 600 m	6—7月	7—9月
		纤细老鹳草	*G. robertianum* Linn.	巫山，巫溪，开州，武隆	1 850 ~ 2 600 m	4—6月	5—8月
		南川老鹳草	*G. rosthornii* R. Knuth [*G. henryi* R. Knuth; *G. rhpeharum* R. Knuth; *G. wilsonii* R. Knusth]	巫山，巫溪，奉节，开州	1 800 ~ 2 700 m		
		鼠掌老鹳草	*G. sibiricum* Linn.	巫山，巫溪，奉节，开州，万州，石柱，武隆	800 ~ 1800 m	6—7月	8—9月
		反毛老鹳草	*G. strigellum* R. Knuth	开州	1 200 ~ 2 300 m	10月初	10—11月
		老鹳草	*G. wilfordii* Maxim.	巫山，巫溪，开州，武隆	800 ~ 1 750 m	6—8月	8—9月
		灰背老鹳草	*G. wlassowianum* Fisch. ex Link	巫溪，开州，万州	1 800 ~ 2 600 m	6—8月	9—10月
		香叶天竺葵	*Pelargonium graveolens* L' Her.	江津，南岸，渝北，渝中		5—7月	8—9月
		天竺葵	*P. hortorum* Bailey	库区各县（市，区）		5—7月	6—9月
		马蹄纹天竺葵	*P. zonale* Ait.	库区各县（市，区）		5—7月	6—9月
161	旱金莲科（Tropaeolaceae）	旱金莲	*Tropaeolum majus* Linn.	库区各县（市，区）		5—7月	6—9月
162	亚麻科（Linaceae）	亚麻	*Linum usitatissimum* Linn.	巫山，巫溪，奉节，开州，北碚，江津		6—8月	7—10月
		石海椒	*Reinwardtia indica* Dum. [*R. trigyna*（Roxb.）Planch.]	云阳，开州，武隆，北碚	250 ~ 850 m	4—12月	4—12月
163	酢浆草科（Oxalidaceae）	阳桃	*Averrhoa carambola* Linn.	南岸			
		分枝感应草	*Biophytum esquirolii* Lèvl.	巫山	800 ~ 1 600 m	5—10月	6—11月
		红花酢浆草	*Oxalis corymbosa* DC. [*O. martiana* Zucc.]	库区各县（市，区）	800 ~ 1 500 m	3—12月	3—12月
		山酢浆草	*O. acetosella* ssp. *griffithii*（Edgew. et Hook. f.）Hara [*O. griffithii* Edgew. et Hook. f.]	巫山，巫溪，奉节，云阳，开州，万州，石柱，忠县，丰都，涪陵，武隆，江津	1 200 ~ 2 600 m	4—10月	4—12月
		酢浆草	*O. corniculata* Linn.	库区各县（市，区）	200 ~ 1 650 m	2—9月	2—9月

续表

序号	科名	植物名	拉丁学名	分布	海拔	花期	果期
164	蒺藜科（Zygophyllaceae）	蒺藜	*Tribulus terrestris* Linn.	巴南，江津	350 ~ 650 m	5—8月	6—9月
165	芸香科（Rutaceae）	松风草	*Boenninghausenia albiflora*（Hook.）Reichb. ex Meisn.	巫山，巫溪，奉节，开州，涪陵，武隆，江津	100 ~ 1 500 m	7—11月	7—11月
		毛臭节草	*B. albiflora* var. *pilosa* Z. M. Tan	开州，石柱，武隆	1 400 ~ 1 800 m		
		酸橙	*Citrus aurantium* Linn.	开州，涪陵，武隆，长寿，巴南，北碚，江津，南岸，渝北	1 200 m以下	4—5月	9—12月
		玳玳花	*C. aurantium* cv. ‘Daidai’	武隆，北碚，江津			
		宜昌橙	*C. ichangensis* Swingle.	巫山，奉节，开州，石柱，武隆，北碚，江津，南岸，渝北	520 ~ 1 700 m	4—5月	9—10月
		香橙	*C. junos* Sieb. ex Tanaka	库区各县（市，区）	900 m以下	4—5月	10—11月
		柠檬	*C. limon*（Linn.）Burm. f.	武隆，巴南，北碚，江津，渝北		4—5月	9—11月
		黎檬	*C. limonia* Osbeck	江津，南岸，渝北		4—5月	9—10月
		四季桔	*C. madurensis* Lour. [*C. microcarpa* Bunge]	库区各县（市，区）			
		柚	*C. grandis*（Linn.）Osbeck [*C. maxima*（Burm.）Merr.]	库区各县（市，区）	600 m以下	4—5月	9—12月
		香橼	*C. medica* Linn.	奉节，开州，万州，北碚，江津，南岸		5—7月	11—12月
		佛手柑	*C. medica* var. *sarcodactylis*（Noot.）Swingle	云阳，开州，万州，丰都，涪陵，长寿，巴南，北碚，江津，南岸	1 200 m以下		
		葡萄柚	*C. paradisi* Macf.	开州，北碚，江津，南岸，渝北，九龙坡			10—11月
		桔	*C. reticulata* Blanco	库区各县（市，区）	600 ~ 900 m	4—5月	10—12月
		橙	*C. sinensis*（Linn.）Osbeck	库区各县（市，区）	600 m以下	3—5月	10—12月
		罗伯逊脐橙	*C. sinensis* cv. ‘Robertson’	奉节，云阳，开州，万州，长寿			
		香圆	*C. wilsonii* Tanaka	北碚，江津，渝北			
		齿叶黄皮	*Clausena dunniana* Levl.	奉节，开州	600 ~ 1 500 m	6—7月	10—11月
		毛齿叶黄皮	*C. dunniana* var. *robustata*（Tanaka）Huang	开州，武隆	800 ~ 1 500 m		
		黄皮	*C. lansium*（Lour.）Skeels	开州，武隆，北碚，江津	400 ~ 800 m	4—5月	7—8月
		臭檀吴萸	*Evodia daniellii*（Benn.）Hemsl. [*E. daniellii* var. *hupehensis*（Dode）Huang; *E. baberi* Rehd. et Wills.]	巫山，巫溪，奉节，开州	650 ~ 1 800 m	6—8月	9—11月
		密果吴萸	*E. compacta* Hand.-Mazz.	巴东，兴山	1 000 ~ 1 900 m	5—6月	7—8月
		臭辣树	*E. fagesii* Dode	巫溪，奉节，开州，北碚，江津	800 ~ 1 600 m	6—8月	8—10月
		密序吴萸	*E. henryi* Dode [*E. daniellii* var. *henryi*（Dode）Huang]	巫山，巫溪，奉节，开州，石柱	1 500 ~ 2 300 m	6—7月	9—10月
		吴茱萸	*E. rutaecarpa*（Juss.）Benth.	库区各县（市，区）	400 ~ 1 400 m	4—6月	8—11月
		少毛石虎	*E. rutaecarpa* var. *bodinieri*（Dode）Huang	石柱，武隆	400 ~ 800 m		

165	芸香科（Rutaceae）	石虎	*E. rutaecarpa* var. *officinalis*（Dode）Huang	巫山，奉节，开州，万州，石柱，武隆，长寿，巴南，北碚，江津	350 ~ 1 500 m		
		四川吴茱萸	*E. sutchuenensis* Dode	开州，石柱	1 400 ~ 2 000 m	6—8月	9—10月
		山桔	*Fortunella hindsii*（Champ. ex Benth.）Swingle	长寿，巴南，北碚，江津	低海拔	4—5月	10—12月
		金柑	*F. japonica*（Thunb.）Swing.	丰都，涪陵，长寿，巴南，北碚，江津，南岸，渝北		5—6月	11—12月
		金桔	*F. margarita*（Lour.）Swing.	涪陵，武隆，南岸		3—5月	10—12月
		寿星桔	*F. obovata* Tanaka	涪陵，北碚，南岸			
		九里香	*Murraya exotica* Linn. [*M. paniculata* auct. non（Linn.）Jack.]	武隆，长寿，巴南，北碚，江津，南岸，渝北，九龙坡，渝中		4—9月	9—12月
		臭常山	*Orixa japonica* Thunb.	开州，石柱，武隆，北碚，江津	500 ~ 1 500 m	4—5月	9—11月
		黄檗	*Phellodendron amurense* Rupr.	武隆			
		川黄檗	*Ph. chinense* Schneid	库区各县（市，区）	800 ~ 1 950 m	5—6月	10月
		秃叶黄檗	*Ph. chinense* var. *glabriusculum* Schneid. [*Ph. chinenese* var. *omeiense* Huang]	巫山，巫溪，奉节，云阳，开州，万州，石柱，忠县，丰都，涪陵，武隆，江津	350 ~ 1 800 m		
		枳	*Poncirus trifoliata*（Linn.）Rafin.	巫山，巫溪，奉节，云阳，开州，万州，石柱，涪陵，长寿，巴南，江津，南岸	1 500 m以下	5—6月	10—11月
		裸芸香	*Psilopeganum sinense* Hemsl.	巫山，巫溪，奉节，云阳，开州，万州，忠县，丰都，涪陵	200 ~ 650 m	5—8月	5—8月
		芸香	*Ruta graveolens* Linn.	忠县，长寿，北碚		3—6月	7—9月
		乔木茵芋	*Skimmia arborescens* Gamble	开州，石柱，涪陵，武隆	1 250 ~ 2 100 m	4—6月	7—9月
		黑果茵芋	*S. melanocarpa* Rehd. et Wils.	武隆	1 650 ~ 2 100 m	4—6月	7—9月
		茵芋	*S. reevesiana* Fortane	巫山，巫溪，开州，石柱，武隆	1 400 ~ 2 400 m	3—5月	9—11月
		飞龙掌血	*Toddalia asiatica*（Linn.）Lam.	巫山，巫溪，奉节，云阳，开州，万州，石柱	400 ~ 1 600 m	全年	秋冬季
		小飞龙掌血	*T. asiatica* var. *porva* Z. M. Tan	武隆	250 ~ 600 m		
		樗叶花椒	*Zanthoxylum ailanthoides* Sieb. et Zucc.	石柱，武隆	600 ~ 1 500 m		
		竹叶花椒	*Z. armatum* DC. [*Z. alatum* Rosb.; *Z. planispinum* Sieb. et Zucc.]	库区各县（市，区）	350 ~ 2 500 m	4—5月	7—9月
		毛竹叶花椒	*Z. armatum* var. *ferrugineum*（Rehd. et Wils.）Huang [*Z. planispinum* f. *ferrugineum*（Rehd. et Wils.）Huang]	巫山，巫溪，奉节，云阳，开州，武隆，江津	450 ~ 1 900 m		
		花椒	*Z. bungeanum* Maxim. [*Z. bungeanum* var. *fraxinoides*（Hemsl.）Huang]	库区各县（市，区）	600 ~ 2 100 m	4—5月	8—10月
		蚌壳花椒	*Z. dissitum* Hemsl.	巫山，巫溪，奉节，云阳，开州，万州，石柱，忠县，武隆，北碚，江津，渝北	600 ~ 1 800 m	3—5月	7—11月
		刺蚌壳花椒	*Z. dissitum* var. *hispidum*（Reeder et Cheo）Huang	开州	800 ~ 1 600 m		

续表

序号	科名	植物名	拉丁学名	分布	海拔	花期	果期
165	芸香科（Rutaceae）	刺壳椒	*Z. echinocarpum* Hemsl.	巫山，巫溪，奉节，云阳，开州，万州，涪陵，武隆，长寿，巴南，北碚，江津	500 ~ 1 200 m	3—5月	7—10月
		岩椒	*Z. esquirolii* Lèvl.	开州，石柱，武隆	700 ~ 2 300 m		
		广西花椒	*Z. kwangsiensis*（Hand.-Mazz.）Chun ex Huang	开州，巴东	600 ~ 700 m		
		大花花椒	*Z. macranthhum*（Hand.-Mazz.）Huang	巫山，开州，兴山	1 000 ~ 1 900 m	4—6月	10—11月
		小花花椒	*Z. micranthum* Hemsl.	巫山，巫溪，奉节，开州，万州，石柱	450 ~ 900 m	7—8月	9—10月
		两面针	*Z. nitidum*（Roxb.）DC.	巫溪，开州	350 ~ 750 m		
		异叶花椒	*Z. ovalifolium* Wight [*Z. eimorphophyllum* Hemsl.]	巫山，巫溪，奉节，开州，万州，石柱，丰都，涪陵，武隆，江津，渝北	450 ~ 1 600 m	4—6月	9—11月
		刺异叶花椒	*Z. ovalifolium* var. *spinifolium*（Rehd. et Wils.）Huang [*Z. dimorphophyllum* var. *spinifolium*（Rehd. et Wils.）Huang]	巫山，巫溪，奉节，开州，石柱，武隆	600 ~ 1 700 m		
		北碚花椒	*Z. pehpeinse* Fang et Meng	北碚	450 ~ 900 m		
		微柔毛花椒	*Z. pilosulum* Rehd. et Wils.	武隆	1 000 ~ 2 000 m		
		翼刺花椒	*Z. pteracanthum* Rehd. et Wils.	巫溪，开州，丰都	500 ~ 1 500 m		
		菱叶花椒	*Z. rhombifoliolatum* Huang	巫溪，开州，丰都，武隆	450 ~ 1 200 m	5月	9月
		花椒簕	*Z. scandens* Bl. [*Z. cuspidatum* Champ. ex Benth.]	奉节，开州	350 ~ 1 500 m		
		青花椒	*Z. schinifolium* Sieb. et Zucc.	开州，石柱，长寿	800 ~ 1 800 m	7—9月	9—12月
		野花椒	*Z. simulans* Hance [*Z. podocarpum* Hemsl.; *Z. simulans* var. *Podocarpum*（Hemsl.）Huang]	开州，石柱	350 ~ 1 250 m	3—5月	7—9月
		狭叶花椒	*Z. stenophyllum* Hemsl. [*Z. pashanense* N. Chao]	巫山，巫溪，奉节，开州，万州，石柱，武隆	650 ~ 2 000 m	4—5月	7—8月
		浪叶花椒	*Z. undulatifolium* Hemsl.	巫溪	1 000 ~ 2 300 m	4—5月	8—10月
166	苦木科（Simaroubaceae）	臭椿	*Ailanthus altissima*（Mill.）Swingle	库区各县（市，区）	300 ~ 2 000 m	4—5月	8—10月
		大果臭椿	*A. altissima* var. *sutchuenensis*（Dode）Rehd. et Wils.	开州，石柱，武隆	800 ~ 2 100 m		
		毛臭椿	*A. giraldii* Dode	开州，石柱，武隆	800 ~ 1 600 m		
		刺臭椿	*A. vilmoriniana* Dode	巫山，奉节，开州，武隆，北碚，江津	350 ~ 800 m		
		苦木	*Picrasma quassioides*（D. Don）Benn.	开州，万州，石柱，忠县，武隆	300 ~ 1 850 m	4—5月	6—9月
167	橄榄科（Burseraceae）	橄榄	*Canarium album*（Lour.）Rauesch.	开州，北碚，江津，渝北			
168	楝科（Meliaceae）	米仔兰	*Aglaia odorata* Lour.	库区各县（市，区）		5—12月	7月至翌年3月
		灰毛浆果楝	*Cipadessa cinerascens*（Pellegr.）Hand.-Mazz.	北碚，江津	250 ~ 850 m	4—10月	8—12月
		楝	*Melia azedarach* Linn.	库区各县（市，区）	低海拔	4—5月	10—12月
		川楝	*M. toosendan* Sieb. et Zuuc.	库区各县（市，区）	低海拔	3—4月	10—11月

168	楝科（Meliaceae）	地黄连	*Munronia sinica* Diels	开州，涪陵，武隆，长寿，巴南，江津，南岸	500 ~ 1 500 m	6月	8月
		单叶地黄连	*M. unifoliolata* Oliv.	开州，石柱，武隆	350 ~ 1 200 m	7—9月	
		红椿	*Toona ciliata* Roem.	库区各县（市，区）	250 ~ 1 300 m	4—6月	10—12月
		毛红椿	*T. ciliata* var. *pubescens*（Franch.）Hand.-Mazz. [*T. sureni*（Bl.）Merr.]	巫山，开州，武隆	800 ~ 1 600 m		
		紫椿	*T. microcarpa*（C. DC.）Harms	石柱，忠县，江津	300 ~ 2 200 m	3—5月	8—10月
		香椿	*T. sinensis*（A. Juss.）Roem.	库区各县（市，区）	300 ~ 1 800 m	6—8月	10—12月
169	远志科（Polygalaceae）	荷包山桂花	*Polygala arillata* Buch.-Ham. ex D. Don	巫山，巫溪，奉节，开州，万州，石柱，武隆	450 ~ 1 650 m	5—10月	6—11月
		尾叶远志	*P. caudata* Rehd. et Wils.	巫溪，云阳，开州，石柱，武隆	600 ~ 1 850 m	11月至翌年5月	5—12月
		瓜子金	*P. japonica* Houtt.	库区各县（市，区）	300 ~ 1 600 m	4—5月	5—8月
		西伯利亚远志	*P. sibirica* Linn.	开州，石柱，涪陵，武隆，江津	400 ~ 1 200 m	4—7月	5—8月
		小扁豆	*P. tatarinowii* Regel	巫山，巫溪，开州，武隆	900 ~ 2 700 m	8—9月	9—11月
		远志	*P. tenuifolia* Willd.	石柱	200 ~ 2 300 m	5—9月	5—9月
		长毛远志	*P. wattersii* Hance	巫山，巫溪，奉节，开州，万州，武隆，江津	800 ~ 1 900 m	4—6月	5—7月
170	大戟科（Euphorbiaceae）	铁苋菜	*Acalypha australis* Linn.	库区各县（市，区）	250 ~ 850 m	4—12月	4—12月
		尾叶铁苋菜	*A. acmophylla* Hemsl.	开州，武隆	150 ~ 1 750 m	4—8月	
		短穗铁苋菜	*A. brachystachya* Hornem.	开州，武隆	600 ~ 1 600 m	5—12月	
		红桑	*A. wilkesiana* Muell.-Arg.	南岸，渝北，九龙坡，渝中，江北			
		金边红桑	*A. wilkesiana* cv. ‘*Marginata*’ [*A. wilkesiana* var. *marginata* Hort.]	南岸，九龙坡，江北			
		山麻杆	*Alchornea davidii* Franch.	奉节，云阳，开州，万州，石柱，忠县，丰都，涪陵，武隆	800 ~ 2 600 m	3—5月	6—7月
		红背山麻杆	*A. trewioides*（Benth.）Muell.-Arg.	巫山，巫溪，奉节，云阳，开州，万州，石柱，忠县，涪陵，武隆，江津	300 ~ 800 m		
		小肋五月茶	*Antidesma costulatum* Pax et Hoffm.	丰都，北碚	500 ~ 900 m		
		日本五月茶	*A. japonicum* Sieb. et Zucc.	开州，武隆，江津	600 ~ 1 200 m		
		秋枫	*Bischofia javanica* Bl. [*B. trifoliata*（Roxb.）Hook.]	北碚，江津，南岸，渝北	800 m以下	4—5月	8—10月
		重阳木	*B. polycarpa*（Levl.）Airy-Shaw	库区各县（市，区）	1 000 m以下	4—5月	10—11月
		黑面神	*Breynia fruticosa*（Linn.）Hook. f.	万州，北碚，南岸			
		小叶黑面神	*B. vitis-idaea*（Burm. f.）C. E. C. Fisch.	万州，北碚	1 000 m以下	3—9月	5—12月
		变叶木	*Codiaeum variegatum*（Linn.）Bl.	万州，涪陵，北碚，南岸，渝北，九龙坡，渝中		9—10月	
		毛果巴豆	*Croton lachnocarpus* Benth.	巫山，巫溪，奉节，云阳，开州，万州	350 ~ 600 m		
		巴豆	*C. tiglium* Linn.	巫溪，开州，石柱，忠县，丰都，北碚，江津	300 ~ 600 m	4—6月	

续表

序号	科名	植物名	拉丁学名	分布	海拔	花期	果期
170	大戟科（Euphorbiaceae）	假奓包叶	*Discocleidion rufescens*（Franch.）Pax et Hoffm.	奉节，开州，忠县，丰都，涪陵，武隆	250 ~ 800 m	4—8月	8—10月
		乳浆大戟	*Euphorbia esula* Linn. [E. lunulata Bunge]	巫溪，开州	1 600 ~ 2 100 m	4—11月	4—11月
		泽漆	*E. helioscopia* Linn.	库区各县（市，区）	300 ~ 1 600 m	4—10月	4—10月
		猩猩草	*E. heterophylla* Linn.	开州，万州，涪陵，长寿，巴南，北碚，江津，南岸，渝北，九龙坡，渝中		5—11月	5—11月
		飞扬草	*E. hirta* Linn.	巫山，开州，武隆	600 ~ 2 400 m	6—12月	6—12月
		地锦	*E. humifusa* Willd. ex Schlecht.	开州，武隆	300 ~ 800 m	5—10月	5—10月
		西南大戟	*E. hylonoma* Hand.-Mazz.	巫山，巫溪，奉节，云阳，开州，石柱，忠县，丰都，涪陵，江津	1 400 ~ 2 750 m	4—7月	6—9月
		通奶草	*E. indica* Lam. [*E. hypericifolia* Linn.]	库区各县（市，区）	600 ~ 1 600 m	8—12月	8—12月
		甘遂	*E. kansui* T. N. Liou ex S. B. Ho	丰都	800 ~ 1 200 m	4—6月	6—8月
		续随子	*E. lathyris* Linn.	巫山，巫溪，云阳，忠县，武隆	1 600 m以下	4—7月	6—9月
		银边翠	*E. marginata* Pursh.	北碚，南岸，渝北，渝中		6—9月	
		铁海棠	*E. millii* Ch. des Moulins	万州，涪陵，长寿，北碚，江津，南岸，渝北，九龙坡，渝中		全年	全年
		金刚纂	*E. neriifolia* Linn. [E. antiquorum Linn.]	北碚，南岸，渝北，九龙坡，渝中，江北		6—9月	
		京大戟	*E. pekinensis* Rupr. [*E. pekinensis* var. *hupehensis* Hurusawa]	开州，武隆	低海拔	5—8月	6—9月
		一品红	*E. pulcherrima* Willd. ex Klotz.	万州，石柱，忠县，丰都，涪陵，武隆，长寿，巴南，北碚，江津，南岸，渝北，九龙坡，渝中，江北		10月至翌年4月	10月至翌年4月
		钩腺大戟	*E. sieboldiana* Merr. et Decne. [*E. henryi* Hemsl.; *E. hippocripia* Hemsl.; *E. luticola* Hand.-Mazz.]	巫溪，开州	800 ~ 2 000 m	4—9月	4—9月
		黄苞大戟	*E. sikkimensis* Boiss. [*E. chrysocoma* Levl. et Vant.]	巫溪，开州，武隆	800 ~ 2 700 m	4—7月	6—9月
		千根草	*E. thymifolia* Linn.	奉节，云阳，开州，万州	300 ~ 1 250 m	6—11月	6—11月
		光棍树	*E. tirucalli* Linn.	万州，涪陵，北碚，南岸，渝北，九龙坡，渝中			
		云南土沉香	*Excoecaria acerifolia* F. Didr.	万州，丰都，武隆	500 ~ 1 000 m	6—8月	
		红背桂	*E. cochinchinensis* Lour.	万州，涪陵，北碚，南岸，渝北，九龙坡，渝中			
		一叶萩	*Flueggea suffruticosa*（Pall.）Baill. [*Securinega suffruticosa*（Pall.）Rehd.]	奉节	300 ~ 1 250 m	3—8月	6—11月
		毛白饭树	*F. acicularis*（Croiz.）Webster	巫山，巴东，兴山	300 ~ 400 m	3—5月	6—10月
		聚花毛白饭树	*F. leucopyra* Willd.	巫山，巴东，兴山	1 000 ~ 1 450 m	4—7月	7—10月

170	大戟科（Euphorbiaceae）	白饭树	*F. virosa*（Roxb. ex Willd.）Voigt [*Securinega virosa*（Roxb. ex Willd.）Rehd.]	巫山，巫溪，奉节，开州，石柱，武隆，江津	250 ~ 1 200 m	3—8月	7—12月
		算盘子	*Glochidion puberum*（Linn.）Hutch.	巫山，巫溪，奉节，云阳，开州，万州，石柱，忠县，丰都，涪陵，武隆，长寿，江津	800 ~ 1 800 m	4—8月	7—11月
		湖北算盘子	*G. wilsonii* Hutch.	巫山，开州，武隆	350 ~ 1 400 m	4—7月	6—9月
		雀儿舌头	*Leptopus chinensis*（Bunge）Pojark [*L. chinensis* var. *pubescens*（Hutch.）C. Y. Wu; *Andrachne chinensis* Bunge]	巫溪，奉节，万州，丰都，江津	800 ~ 1 800 m	2—8月	6—10月
		白背叶	*Mallotus apelta*（Lour.）Muell.-Arg.	巫山，巫溪，奉节，云阳，开州，万州，石柱，武隆	300 ~ 1 250 m	6—9月	8—11月
		毛桐	*M. barbatus*（Wall）Muell.-Arg.	巫溪，开州，石柱，武隆，长寿，北碚，江津	300 ~ 1 200 m	4—5月	9—10月
		白毛桐	*M. japonicus*（Thunb.）Muell.-Arg.	涪陵，武隆，长寿	350 ~ 800 m		
		野桐	*M. japonicus* var. *floccosus*（Muell.-Arg.）S. M. Huang [M. tenuifolius Pax]	巫山，巫溪，奉节，云阳，开州，万州，石柱，丰都，武隆	800 ~ 1 600 m	7—11月	
		东南野桐	*M. lianus* Croiz.	巴东，兴山	200 ~ 1 100 m	8—9月	11—12月
		小果野桐	*M. microcarpus* Pax et Hoffm.	巴东，兴山	600 ~ 1 000 m	5—6月	7—10月
		崖豆藤野桐	*M. millietii* Lévl.	巴东，兴山	300 ~ 1 200 m	5—6月	8—10月
		红叶野桐	*M. paxii* Pamp.	宜昌，巴东，兴山	250 ~ 1 200 m	4—5月	7—9月
		粗糠柴	*M. philippinensis*（Lam.）Muell.-Arg.	开州，北碚，江津	400 ~ 1 600 m	4—5月	5—8月
		石岩枫	*M. repandus*（Willd.）Muell.-Arg.	巫山，巫溪，奉节，云阳，开州，万州，石柱，忠县，丰都，涪陵，武隆，长寿，巴南，北碚，江津，南岸，江北	350 ~ 1 200 m	3—5月	8—9月
		杠香藤	*M. repandus* var *chrysocarpus*（Pamp.）S. M. Hwang [*M. contubernalis* Hance]	奉节	700 ~ 1 200 m	4—6月	8—11月
		红雀珊瑚	*Pedilanthus tithymaloides*（Linn.）Poir.	涪陵，北碚，南岸，渝北，九龙坡，渝中			
		余甘子	*Phyllanthus emblica* Linn.	南岸			
		弯曲叶下珠	*Ph. flexuosus*（Sieb. et Zucc.）Muell.	武隆	250 ~ 800 m	4—5月	6—9月
		青灰叶下珠	*Ph. glaucus* Wall. ex Muell.-Arg.	石柱	400 ~ 800 m		
		小果叶下珠	*Ph. reticulatus* Pior.	奉节	1 000 ~ 1 400 m		
		浙江叶下珠	*Ph. chekiangensis* Croiz. et Metc.	巴东，兴山	300 ~ 750 m	4—8月	7—10月
		落萼叶下珠	*Ph. flexuosus*（Sieb. et Zucc.）Muell.-Arg.	巴东，兴山	700 ~ 1 500 m	4—5月	6—9月
		叶下珠	*Ph. urinaria* Linn.	库区各县（市，区）	300 ~ 1 600 m	4—6月	7—11月
		密甘草	*Ph. ussuriensis* Rupr. et Maxim. [*Ph. matsumurae* Hayata]	巫山，巫溪，奉节，云阳，开州，万州，石柱，忠县，丰都，涪陵，武隆，江津，江北	400 ~ 1 200 m	4—7月	7—10月
		黄珠子草	*Ph. virgatus* Forst. f. [*Ph. simplex* Retz.]	奉节，开州	850 ~ 1500 m	4—5月	6—11月
		蓖麻	Ricinus communis Linn.	库区各县（市，区）		6—9月	

续表

序号	科名	植物名	拉丁学名	分布	海拔	花期	果期
170	大戟科（Euphorbiaceae）	山乌桕	*Sapium discolor*（Champ. ex Benth.）Muell.-Arg.	巫溪，开州	800 ~ 1 200 m	4—6月	
		白木乌桕	*S. japonicum*（Sieb. et Zucc.）Pax et Hoffm.	巴东	1 500 m以下	5—6月	
		乌桕	*S. sebiferum*（Linn.）Roxb.	库区各县（市，区）	250 ~ 1 350 m	4—8月	
		守宫木	*Sauropus androgynus*（Linn.）Merr.	奉节	800 ~ 1 300 m	4—7月	7—12月
		苍叶守宫木	*S. garrettii* Craib	奉节	500 ~ 2 000 m		
		广东地构叶	*Speranskia cantonensis*（Hance）Pax et Hoffm.	巫溪，奉节，开州，武隆，北碚，江津，南岸	1 000 ~ 2 600 m	2—5月	10—12月
		地构叶	*S. tuberculata*（Bunge）Baill.	开州，涪陵，武隆	600 ~ 1 200 m	5—9月	5—9月
		油桐	*Vernicia fordii*（Hemsl.）Airy-Shaw [*Aleurites fordii* Hemsl.]	库区各县（市，区）	300 ~ 1 400 m	3—4月	8—9月
		木油桐	*V. montana* Lour.	开州，石柱，武隆	600 ~ 1 250 m	4—5月	
171	交让木科（Daphniphyllaceae）	狭叶虎皮楠	*Daphniphyllum angustifolium* Hutch.	巫山，巫溪，奉节，开州	1 000 ~ 2 000 m	4—5月	6—8月
		交让木	*D. macropodum* Miq.	巫山，巫溪，奉节，云阳，开州，万州，石柱，忠县，丰都，涪陵，武隆，江津	600 ~ 2 400 m	3—5月	8—10月
		虎皮楠	*D. oldhami*（Hemsl.）Rosenth. [*D. salicifolium* Chien; *D. glaucescens* Bl.]	开州，忠县，丰都，涪陵，武隆	500 ~ 2 300 m	3—5月	8—11月
		脉叶虎皮楠	*D. paxianum* Rosenth.	宜昌，巴东	475 ~ 2 300 m	3—5月	8—11月
172	黄杨科（Buxaceae）	雀舌黄杨	*Buxus bodinieri* Levl. [*B. microphylla* var. *aemulans* Rehd. et Wils.]	库区各县（市，区）	1 400 ~ 1850 m	2月	5—8月
		大花黄杨	*B. henryi* Mayr.	开州，万州，石柱，涪陵，武隆，江津	600 ~ 1 200 m	4—5月	6—7月
		杨梅黄杨	*B. myrica* Lévl.	涪陵	350 ~ 1 300 m		
		细叶黄杨	*B. harlandii* Hance	巴东，宜昌	1 600 m以下	4—6月	6—10月
		宜昌黄杨	*B. ichangensis* Hatusima	宜昌	300 m以下	3月	7月
		大叶黄杨	*B. megistophylla* Lévl	宜昌，巴东	500 ~ 1 400 m	3—4月	6—7月
		黄杨	*B. sinica*（Rehd. et Wils.）M. Cheng [*B. microphylla* var. *sinica* Rehd. et Wils.]	巫山，巫溪，奉节，开州，石柱，丰都，武隆，江津	1 200 ~ 2 600 m	4—5月	6—8月
		尖叶黄杨	*B. sinica* ssp. *aemulans*（Rehd. et Wils.）M. Cheng [*B. sinica* var. *aemulans*（Rehd. et wils.）M. Cheng]	开州，武隆	1 300 ~ 1 800 m	5月	6月
		板凳果	*Pachysandra axillaris* Franch.	巫山，巫溪，奉节，云阳，开州，万州，石柱，丰都，武隆，巴南，江津	1 000 ~ 2 400 m		
		多毛板凳果	*P. axilaris* var. *stylosa*（Dunn）M. Cheng	巫山，开州，武隆，江津	600 ~ 2 100 m		
		顶蕊板凳果	*P. terminalis* Sieb. et Zucc.	巫溪，开州，石柱，涪陵，武隆	800 ~ 2 400 m	4—5月	8—9月

172	黄杨科（Buxaceae）	双蕊野扇花	*Sarcococca hookeriana* var. *digyna* Franch. [*S. hookeriana* var. *humilis* Rehd. et Wills.; *S. humilis* Stapr.]	巫山，奉节，开州，石柱，武隆，江津	1 500 ~ 2 750 m	10月—翌年2月	
		东方野扇花	*S. orientalis* C. Y. Wu	巫溪，开州，武隆	300 ~ 800 m		
		野扇花	*S. ruscifolia* Stapf. [*S. pauciflora* C. Y. Wu]	巫山，巫溪，奉节，云阳，开州，万州，石柱，忠县，丰都，涪陵，武隆，江津	200 ~ 1 250 m	4—5月	9—11月
173	马桑科（Coriariaceae）	马桑	*Coriaria nepalensis* Wall. [*C. sinica* Maxim.]	库区各县（市，区）	250 ~ 1 800 m	4—5月	6—7月
174	漆树科（Anacardiaceae）	南酸枣	*Choerospondias axillaris*（Roxb.）Burtt et Hill	巫山，巫溪，云阳，开州，万州，石柱，涪陵，武隆，江津	300 ~ ·1 500 m	4—6月	7—11月
		毛脉南酸枣	*Ch. axillaris* var. *pubinervis*（Rehd. et Wils.）Burtt et Hill	库区各县（市，区）	600 ~ 1 300 m	4—6月	7—11月
		黄栌	*Cotinus coggygria* Scop.	巫山，巫溪，奉节，云阳	200 ~ 1 200 m	4—6月	5—7月
		红叶	*C. coggygria* var. *cinerea* Engl.	开州	500 ~ 1 400 m		
		毛黄栌	*C. coggygria* var. *pubescens* Engl.	巫山，巫溪，奉节，云阳，开州，万州，石柱，忠县，丰都，涪陵，武隆	250 ~ 1 000 m	4—6月	5—7月
		黄连木	*Pistacia chinensis* Bunge	巫山，巫溪，奉节，云阳，开州，万州，石柱，忠县，丰都，涪陵，武隆，长寿，巴南，北碚，江津，南岸，江北	200 ~ 850 m	4月	7—10月
		盐肤木	*Rhus chinensis* Mill.	库区各县（市，区）	300 ~ 2 400 m	8—9月	9—11月
		青麸杨	*Rh. potaninii* Maxim.	巫山，巫溪，奉节，开州，万州	300 ~ 1 600 m	5—6月	9月
		毛叶麸杨	*Rh. punjabensis* var. *pilosa* Engl.	巫山，奉节，开州，石柱，武隆	800 ~ 2 500 m	5—6月	9月
		红麸杨	*Rh. punjabensis* var. *sinica*（Diels）Rehd.	奉节，石柱，武隆	460 ~ 1 800 m	6—7月	7—10月
		三叶漆树	*Terminthia paniculata*（Wall. ex G. Don）C. Y. Wu et T. L. Ming	巫溪	800 ~ 1 500 m	6月	7—10月
		刺果毒漆藤	*Toxicodendron radicans* ssp. *hispidum*（Engl.）Gill.	巫溪，开州，武隆	1 450 ~ 2 700 m	7月	10月
		野漆	*T. succedaneum*（Linn.）O. Kuntze [*Rhus succedanea* Linn.]	奉节，开州，万州，石柱，武隆	500 ~ 2 100 m	5—6月	7—10月
		毛漆树	*T. trichocarpum*（Miq.）O. Kuntze [*Rhus sylvestris* Sieb. et Zucc.]	巫山，巫溪，奉节，云阳，开州，万州，石柱，忠县，丰都，涪陵，武隆，长寿，巴南，北碚，江津，南岸，渝北，江北	800 ~ 2 750 m	6月	7—9月
		漆树	*T. vernicifluum*（Stokes）F. A. Bark.	巫溪，奉节，万州，丰都，涪陵，石柱，武隆	800 ~ 2 700 m	5—6月	7—10月
175	冬青科（Aquifoliaceae）	壮刺冬青	*Ilex bioritsensis* Hayata	开州，石柱，江北	1 700 ~ 2 700 m	4—5月	8—10月
		华中冬青	*I. centrochenensis* S. Y. Hu	宜昌，巴东	300 ~ 1 000 m	5—6月	10月
		纤齿冬青	*I. ciliospinosa* Loes.	巴东	1 500 ~ 1 800 m	4—5月	9—10月
		珊瑚冬青	*I. corallina* Franch.	巫山，巫溪，奉节，云阳，开州，万州，石柱，忠县，丰都，涪陵，武隆，长寿，巴南，北碚，江津，南岸，渝北，九龙坡，江北	400 ~ 1 500 m	4—5月	9—10月

续表

序号	科名	植物名	拉丁学名	分布	海拔	花期	果期
175	冬青科（Aquifoliaceae）	刺叶珊瑚冬青	*I. corallina* var. *aberrans* Hand.-Mazz.	开州，涪陵，武隆，长寿	500 ~ 1 000 m		
		卵果冬青	*I. corallina* var. *macrocarpa* S. Y. Hu	奉节，开州	650 ~ 900 m		
		枸骨	*I. cornuta* Lindl. et Paxt.	库区各县（市，区）	250 ~ 2 400 m	4月	9月
		双核枸骨	*I. dipyrena* Wall.	兴山，巴东	1 400 ~ 2 000 m	4—7月	10—12月
		龙里冬青	*I. dunniana* Lévl	兴山，巴东	700 ~ 1 100 m	5月	8—9月
		显脉冬青	*I. editicostata* Hu et Tang	开州，石柱	1 300 ~ 1 650 m	5月	8—11月
		厚叶冬青	*I. elmerrilliana* S. Y. Hu	巴东	700 ~ 1 200 m	5月	8—10月
		狭叶冬青	*I. fargesii* Franch.	巫山，巫溪，开州，石柱，武隆	1 000 ~ 2 000 m	5月	9—10月
		榕叶冬青	*I. ficoidea* Hemsl.	奉节，开州，石柱，北碚，江津	750 ~ 1 800 m	4—5月	8—10月
		台湾冬青	*I. formosana* Maxim.	巴东，巫山，奉节	100 ~ 2 100 m	3—5月	7—11月
		毛薄叶冬青	*I. fragilis* Hook. f. f. kingii Loes.	巴东，巫山，奉节	1 500 ~ 2 700 m	5—6月	9—10月
		山枇杷	*I. franchetiana* Loes.	开州，武隆，江津	1 000 ~ 2 000 m	5月	9—10月
		小叶山枇杷	*I. franchetiana* var. *parvifolia* S. Y. Hu	涪陵	800 ~ 1 800 m		
		刺叶中型冬青	*I. intermedia* var. *fangii*（Rehd.）S. Y. Hu	巫溪，开州，石柱，武隆	950 ~ 1 700 m		
		硬毛冬青	*I. hirsuta* C. J. Tseng ex S. K. Chen et Y. X. Feng	开州	600 ~ 2 000 m	5月	
		中型冬青	*I. intermedia* Loes. ex Diels	石柱，武隆	600 ~ 1 800 m	5月	8—10月
		缙云冬青	*I. jinyunensis* Z. M. Tan	北碚	700 ~ 750 m		11月
		扣茶	*I. kaushue* S. Y. Hu	兴山	700 ~ 1 200 m	5—6月	9—10月
		大叶冬青	*I. latifolia* Thunb.	宜昌，兴山	250 ~ 1 500 m	4—5月	8—9月
		木姜冬青	*I. litseaefolia* Hu et Tang	兴山，宜昌	500 ~ 1 200 m	5—6月	8—11月
		大果冬青	*I. macrocarpa* Oliv.	巫山，巫溪，奉节，石柱，北碚，江津	500 ~ 2 400 m	5月	10月
		长梗冬青	*I. macrocarpa* Oliv. var. longipedunculata S. Y. Hu	巴东	400 ~ 1 000 m		
		大柄冬青	*I. macropoda* Miq.	巴东	1 300 ~ 1 700 m	5月	10月
		多花冬青	*I. melanotricha* Merr.	巫山，巴东	1 500 ~ 2 300 m	5月	10月
		柳叶冬青	*I. metabaptista* Loes. ex Diels	奉节，开州	750 ~ 1 100 m	4—5月	10—11月
		小果冬青	*I. micrococca* Maxim.	奉节，开州，北碚	850 ~ 2 100 m	5月	10月
		毛梗冬青	*I. micrococca* f. pilosa S. Y. Hu	开州，武隆	800 ~ 1 900 m		
		南川冬青	*I. nanchuanensis* Z. M. Tan	武隆	600 ~ 800 m		10—11月
		具柄冬青	*I. pedunculosa* Miq.	巫山，巫溪，奉节，开州，石柱，武隆	1 200 ~ 2 000 m	5月	10月
		猫儿刺	*I. pernyi* Franch.	巫山，巫溪，奉节，云阳，开州，万州，石柱，丰都，涪陵，武隆	1 100 ~ 2300 m	4—5月	10月

175	冬青科（Aquifoliaceae）	冬青	*I. purpurea* Hassk. [*I. chinensis* Sims]	巫山，巫溪，奉节，开州，北碚，江津	400 ~ 1 400 m	4—6月	7—12月
		铁冬青	*I. rotunda* Thunb.	奉节	450 ~ 1 250 m	5—6月	9—10月
		落霜红	*I. serrata* Thunb. [*I. sieboldi* Miq.; *I. serrata* var. *sieboldi*（Miq.）Rehd.; *I. subtilis* Miq.]	石柱	500 ~ 1 600 m	5月	10月
		香冬青	*I. suaveolens*（Levl.）Loes.	奉节，开州	900 ~ 2 000 m	5月	10月
		四川冬青	*I. szechwanensis* Loes.	开州，万州，石柱，涪陵，武隆，北碚，江津	1 000 ~ 2 000 m	5—6月	8—10月
		灰叶脉冬青	*I. tephrophylia*（Loes.）S. Y. Hu	开州，北碚	800 ~ 860 m	2—3月	9—10月
		兰花冬青	*I. triflora* Bl.	北碚，江津	250 ~ 1 400 m		
		紫果冬青	*I. tsoii* Merr. et Chun	武隆	1 000 ~ 1 600 m	5—6月	6—8月
		尾叶冬青	*I. wilsonii* Loes.	巫山，奉节，开州	800 ~ 1 500 m	5—6月	8—10月
		云南冬青	*I. yunnanensis* Franch.	巫山，巫溪，开州	1 600 ~ 2 700 m	5—6月	8—10月
176	卫矛科（Celastraceae）	苦皮藤	*Celastrus angulatus* Maxim.	巫山，巫溪，奉节，云阳，开州，万州，石柱，忠县，丰都，涪陵，武隆，长寿，巴南，北碚，江津，南岸，渝北，江北	800 ~ 1 600 m	5—6月	
		哥兰叶	*C. gemmatus* Loes.	巫山，巫溪，奉节，云阳，开州，万州，武隆，江津	500 ~ 1 600 m	4—5月	8—10月
		小南蛇藤	*C. cuneatus*（Rehd. et Wils.）C. Y. Cheng et T. C. Kao	巫山，巴东	600 m以下	4—5月	6月以后
		灰叶南蛇藤	*C. glaucophyllus* Rehd. et Wils.	巫山，奉节，开州，石柱，武隆，江津	1 000 ~ 2 400 m	4—5月	8—10月
		青江藤	*C. hindsii* Benth.	巫山，奉节，开州，石柱，涪陵，北碚	300 ~ 2 200 m	5—7月	7—10月
		粉背南蛇藤	*C. hypoleucus*（Oliv.）Warb.	巫山，开州，武隆	800 ~ 2 500 m	6—8月	10月
		毛枝南蛇藤	*C. hookeri* Prain	巴东	700 m以下	5—6月	7—10月
		窄叶南蛇藤	*C. oblanceifolius* Wang et Tsoong	巴东，兴山	500 ~ 1 000 m	3—4月	6—10月
		南蛇藤	*C. orbiculatus* Thunb.	巫溪，奉节，开州，万州，忠县，武隆	400 ~ 2 500 m	5—6月	7—10月
		短梗南蛇藤	*C. rosthornianus* Loes.	巫溪，奉节，开州，江津，渝北	300 ~ 1 800 m	4—5月	8—10月
		丛花南蛇藤	*C. rosthornianus* var. *loeseneri*（Rehd. et Wils.）C. Y. Wu	武隆	500 ~ 1 500 m		
		皱叶南蛇藤	*C. rugosus* Rehd. et Wils.	奉节	1 300 ~ 2 300 m	5—6月	9—10月
		显柱南蛇藤	*C. stylosus* Wall.	奉节，武隆，北碚	800 ~ 1 600 m	3—5月	8—10月
		光滑南蛇藤	*C. stylosus* ssp. *glaber* D. Hou	巫溪，奉节，开州，北碚，江津	600 ~ 1 800 m		
		穗花南蛇藤	*C. vaniotii*（Levl.）Rehd.	巫山，巫溪，开州	600 ~ 2 200 m	5—7月	9—10月
		刺果卫矛	*Eunoymus acanthocarpus* Franch. [*E. acanthocarpus* var. *sutchenensis* Franch. ex Loes.]	奉节，开州，万州，涪陵	700 ~ 2 500 m	6月	8—10月
		黄刺卫矛	*E. aculeatus* Hemsl.	巫山，奉节，开州，石柱	700 ~ 2 200 m	5月	7—8月
		卫矛	*E. alatus*（Thunb.）Sieb.	库区各县（市，区）	500 ~ 1 800 m	5—6月	7—10月
		白杜卫矛	*E. bungeaus* Maxim.	北碚，江津，南岸，渝北			

续表

序号	科名	植物名	拉丁学名	分布	海拔	花期	果期
176	卫矛科（Celastraceae）	肉花卫矛	*E. carnosus* Hemsl.	巫山，开州	1 000 ~ 2 000 m		
		百齿卫矛	*E. centidens* Lévl.	北碚，江津	450 ~ 1 850 m	6月	9—10月
		缙云卫矛	*E. chloranthoides* Yang	北碚	300 ~ 400 m	10—11月	5—8月
		小披针叶卫矛	*E. clivicolus* var. *rongchuensis*（Marq. et Shaw）Blakel.	武隆	1 000 ~ 2 000 m		
		南川卫矛	*E. bockii* Loes.	武隆	1 200 ~ 1 650 m	6月	9—10月
		隐翅卫矛	*E. chuii* Hand.-Mazz.	武隆	1 300 ~ 2 100 m	5—6月	9—10月
		角翅卫矛	*E. cornutus* Hemsl.	巫山，巫溪，开州，万州，武隆，江津	1 200 ~ 2 400 m	5—6月	9—10月
		裂果卫矛	*E. dielsianus* Loes.	巫山，巫溪，奉节，开州，石柱，涪陵，武隆	400 ~ 1 600 m	5—6月	8—10月
		双歧卫矛	*E. distichus* Levl.	开州，武隆	1 400 ~ 2 100 m		
		长梗卫矛	*E. elegantissimus* Loes. et Rehd.	巫山，开州，武隆	800 ~ 2 000 m		
		细柄卫矛	*E. euscaphis* var. *gracilipes* Rehd.	巫溪，开州	800 ~ 2 000 m		
		全育卫矛	*E. fertilis*（Loes.）C. Y. Cheng [*E. dielsianus* vat. *fertilis* Loes.]	石柱	800 ~ 1 800 m	7月	8月
		扶芳藤	*E. fortunei*（Turcz.）Hand.-Mazz.	巫山，奉节，开州，石柱，北碚，江津	300 ~ 1 200 m	6—7月	10月
		纤齿卫矛	*E. giraldii* Loes.	巴东，兴山	1 000 ~ 2 400 m	5—6月	8—10月
		大花卫矛	*E. grandiflorus* Wall.	开州，武隆，长寿	800 ~ 2 000 m	6—7月	9—10月
		西南卫矛	*E. hamiltonianus* Wall.	巫山，巫溪，奉节，云阳，开州，武隆，江津	1 000 ~ 2 600 m	5—6月	9—10月
		披针叶卫矛	*E. hamiltonianus* f. *lanceifolius*（Loes.）C. Y. Cheng	巫山，巫溪，奉节，云阳，开州，万州，石柱，武隆，北碚，江津	600 ~ 2 500 m		
		常春卫矛	*E. hederaceus* Champ. ex Benth.	开州，万州	500 ~ 1 800 m		
		冬青卫矛	*E. japonicus*（Linn.）Thunb. [*Celastrus japonicus* Linn.]	库区各县（市，区）	1 000 m以下	6—7月	9—10月
		革叶卫矛	*E. leclerei* Levl.	开州，武隆，江津	400 ~ 1 500 m	6月	10月
		小果卫矛	*E. microcarpus*（Oliv.）Sprague	巫溪，开州	1 500 ~ 2 000 m	4—5月	9—10月
		宝兴卫矛	*E. mupinensis* Loes. et Rehd.	巫溪，开州，武隆	1 300 ~ 2 100 m		
		大果卫矛	*E. myrianthus* Hemsl.	巫山，巫溪，奉节，开州，石柱，武隆，江津	800 ~ 1 800 m	4—5月	9—10月
		矩圆叶卫矛	*E. oblongifolius* Loes. et Rehd.	奉节，开州，石柱，丰都	800 ~ 1 600 m	5—6月	8—10月
		垂丝卫矛	*E. oxyphyllus* Miq.	开州，北碚，九龙坡	1 400 ~ 1 800 m		8—9月
		栓翅卫矛	E. phellomanus Loes.	巫溪，开州，武隆	1 600 ~ 2 700 m	6—7月	8—10月
		紫花卫矛	*E. porphyreus* Loes.	巫山，巫溪，云阳，开州	1 000 ~ 2 700 m	6月	8—9月
		短翅卫矛	*E. rehderianus* Loes.	开州，江津	500 ~ 1 500 m		
		南川卫矛	*E. rosthornii* Loes.	巫山，开州，石柱，武隆	800 ~ 1 600 m		
		石枣子	*E. sanguineus* Loes. ex Diels	巫山，巫溪，奉节，开州，石柱，武隆，江津	1 300 ~ 2 100 m	5—6月	8—10月

176	卫矛科（Celastraceae）	陕西卫矛	*E. schensianus* Maxim.	开州，北碚，江津，南岸	600 ~ 1 000 m	5—6月	8—10月
		无柄卫矛	*E. subsessilis* Sprague	巫山，奉节，开州，石柱，涪陵，北碚	300 ~ 800 m	6—7月	10—11月
		阔叶卫矛	*E. subsessilis* var. *latifolius* Loes	江津	400 ~ 1 000 m		
		茶叶卫矛	*E. theifolius* Wall.	石柱	600 ~ 1 000 m	5月	8—10月
		曲脉卫矛	*E. venosus* Hemsl.	巫山，开州	1 600 ~ 2 000 m	5—7月	8—9月
		疣点卫矛	*E. verrucosoides* Loes.	巫溪，奉节，开州，石柱	1 200 ~ 2 500 m	6—7月	8—9月
		长刺卫矛	*E. wilsonii* Sprague	奉节	800 ~ 2 100 m	4—5月	8—10月
		刺茶	*Maytenus variabilis*（Hemsl.）C. Y. Cheng	巫山，巫溪，云阳，开州，北碚	200 ~ 800 m	6—10月	7—12月
		三花假卫矛	*Microtropis triflora* Merr. et Freem.	开州，石柱，武隆，江津	800 ~ 1 700 m	4—5月	9—10月
		大果核子木	*Perrottetia macrocarpa* C. Y. Chang	奉节	500 ~ 900 m	6月	8—9月
		核子木	*P. racemosa*（Oliv.）Loes.	巫山，巫溪，奉节，云阳，开州，万州，涪陵，武隆，北碚，江津	700 ~ 1 600 m	5—6月	8—9月
		昆明山海棠	*Tripterygium hypoglaucum*（Levl.）Hutch.	万州，石柱，武隆	1 200 ~ 1 800 m	5—6月	9—10月
		雷公藤	*T. wilfordii* Hook. f.	武隆	600 ~ 1 200 m	5—6月	9—10月
177	省沽油科（Staphyleaceae）	野鸦椿	*Euscaphis japonica*（Thunb.）Dippel	巫山，巫溪，奉节，云阳，开州，万州，石柱，忠县，丰都，涪陵，武隆，长寿，巴南，北碚，江津，南岸，渝北，江北	250 ~ 1 600 m	5—6月	8—9月
		省沽油	*Staphylea bumalada*（Thunb.）DC.	巫山，巫溪，奉节，开州，万州	800 ~ 1 600 m	4—5月	8—9月
		膀胱果	*S. holocarpa* Hemsl.	开州，万州，涪陵，武隆，江津	800 ~ 1 800 m	4—5月	8—9月
		瘿椒树	*Tapiscia sinensis* Oliv.	石柱，武隆	600 ~ 1 800 m	6—7月	8—9月
		利川瘿椒树	*T. lichuanensis* W. C. Cheng et C. D. Chu	开州，万州，石柱，武隆	600 ~ 1 600 m	6—7月	8—9月
		硬毛山香圆	*Trurpinia affinis* Merr. et Perry [T. nepalensis Wall.]	北碚，江津	400 ~ 1 600 m	5—6月	7—8月
		锐尖山香圆	*T. arguta*（Lindl.）Seem.	北碚，江津	480 ~ 800 m	夏季	秋季
		绒毛锐尖山香圆	*T. arguta*（Lindl.）Seem. var. *pubescens* T. Z. Hsu	江津	500 ~ 1 500 m	夏季	秋季
178	茶茱萸科（Icacinaceae）	无须藤	*Hosiea sinensis*（Oliv.）Hemsl. et Wils.	巫溪，开州	1 400 ~ 2 400 m		
		马比木	*Nothapodytes pittosporoides*（Oliv.）Sleumer	巫山，巫溪，奉节，云阳，开州，涪陵，武隆	300 ~ 1 100 m		
179	槭树科（Aceraceae）	阔叶槭	*Acer amplum* Rehd.	巫山，巫溪，开州	1 000 ~ 1 800 m	4月	9月
		三角槭	*A. buergerianum* Miq.	万州，北碚，江津，南岸，渝北	300 ~ 1 000 m	4月	8月
		小叶青皮槭	*A. cappadocicum* var. *sinicum* Rehd.	巫溪，开州	1 500 ~ 2 500 m	4月	9月
		紫白槭	*A. albo-purpurascens* Hayata	开州，巴东	1 000 m以下		9月
		太白深灰槭	*A. caesium* Wall. ex Brandis ssp. *giraldii*（Pax）E. Murr.	开州，巫山	200 ~ 2 500 m	5月下旬—6月上旬	9月
		多齿长尾槭	*A. caudatum* Wall. var. *multiserratum*（Maxim.）Rehd.	巴东，兴山	1 500 m以上	5月	9月
		蜡枝槭	*A. ceriferum* Rehd.	巴东，兴山	1 500 m		9月

续表

序号	科名	植物名	拉丁学名	分布	海拔	花期	果期
179	槭树科（Aceraceae）	三尾青皮槭	*A. cappadocicum* var. *tricaudatum*（Rehd. ex Veitch）Rehd.	巫溪，云阳，开州	1 300 ~ 2 800 m		9月
		樟叶槭	*A. cinamomifolium* Hayata	涪陵，武隆，江津	400 ~ 1 000 m		7—8月
		紫果槭	*A. cordatum* Pax	巫山，巫溪，奉节，开州，万州，石柱	500 ~ 1 000 m	4月下旬	9月
		革叶槭	*A. coriaceifolium* Levl.	开州，石柱，涪陵，武隆	1 500 ~ 2 500 m	3月	8月
		青榨槭	*A. davidii* Franch.	巫山，巫溪，奉节，云阳，开州，万州，石柱，忠县，丰都，涪陵，武隆，长寿，巴南，北碚，江津	700 ~ 1 500 m	4—5月	9月
		毛花槭	*A. erianthum* Schwer.	巫山，巫溪，奉节，云阳，开州，万州，石柱	1 600 ~ 2 400 m	5月	9月
		罗浮槭	*A. fabri* Hance	巫山，开州，石柱，武隆，北碚，江津	400 ~ 1 500 m	3—4月	9月
		红果罗浮槭	*A. fabri* var. *rubrocarpum* Metc.	巫溪，奉节，开州，石柱，武隆	700 ~ 1 100 m	4月	9月
		扇叶槭	*A. flabellatum* Rehd.	奉节，开州，涪陵，武隆	1 600 ~ 2 500 m	6月	10月
		房县槭	*A. franchetii* Pax	巫山，巫溪，奉节，开州，万州，石柱，武隆	1 600 ~ 2 500 m	5月	9月
		血皮槭	*A. griseum*（Franch.）Pax	巫溪，奉节，开州	1 400 ~ 2 600 m	4月	9月
		茶条槭	*A. ginnala* Maxim.	巴东	800 m以下	5月	10月
		苦茶槭	*A. ginnala* Maxim. ssp. *theiferum*（Fang）Fang	巴东	1 000 m以下	5月	9月
		葛萝槭	*A. grosseri* Pax	兴山，巴东	1 000 ~ 1 600 m	4月	9月
		建始槭	*A. henryi* Pax	巫山，奉节	1 500 ~ 2 000 m	4月	9月
		光叶槭	*A. laevigatum* Wall.	巫山，巫溪，奉节，开州	400 ~ 800 m	4月	9月
		长柄槭	*A. longipes* Franch.	巫山，巫溪，开州	800 ~ 1 500 m	4月	9月
		南川长柄槭	*A. longipes* var. *nanchuanense* Fang	武隆	900 ~ 1 600 m		9月
		五尖槭	*A. maximowiczii* Pax	巫山，巫溪，开州，武隆	1 800 ~ 2 600 m	5月	9月
		色木槭	*A. mono* Maxim.	巫溪，开州，武隆	1 850 ~ 2 400 m	5月	9月
		大翅色木槭	*A. mono* Maxim. var. *macropterum* Fang	武隆	2 100 ~ 2 700 m	4月下旬至5月上旬	9月
		三尖色木槭	*A. mono* Maxim. var. *tricuspis*（Rehd.）Rehd.	武隆，开州	1 000 ~ 1 800 m		9月
		毛果槭	*A. nikoense* Maxim.	开州	1 000 ~ 1 800 m	4月	9月
		飞蛾槭	*A. oblongum* Wall. ex DC.	北碚，江津	300 ~ 1 250 m	4月	9月
		绿叶飞蛾槭	*A. oblongum* var. *concolor* Pax	江津，南岸	1 000 ~ 1 500 m		
		宽翅飞蛾槭	*A. oblongum* var. *latialatum* Pax	巫溪	1 000 ~ 1 500 m		
		五裂槭	*A. oliverianum* Pax	巫山，巫溪，奉节，开州，石柱	1 300 ~ 2 600 m	5月	9月
		鸡爪槭	*A. palmatum* Thunb.	开州，北碚，南岸，渝北	1 500 m以下	5月	9月
		红槭	*A. palmatum* cv. '*Atropurpureum*' [*A. palmatum* var. *atropurpureum* Houtte; *A. palmatum* f. *atropurpureum*（Houtte）Schwer.]	奉节，开州，万州，涪陵，北碚，江津，南岸，渝北，九龙坡，渝中，江北	栽培		

179	槭树科（Aceraceae）	北碚槭	*A. pehpeiense* Fang et Su	北碚	600 ~ 900 m		8—9月
		杈叶槭	*A. robustum* Pax	巫山，巫溪，开州	800 ~ 1 600 m	5月	9月
		中华槭	*A. sinense* Pax	巫山，奉节，开州，石柱，武隆	1 200 ~ 2 600 m	5月	9月
		绿叶中华槭	*A. sinense* var. *concolor* Pax	巫山，开州，万州	1 500 ~ 2 100 m		
		深裂中华槭	*A. sinense* var. *longilobum* Fang	巫山，巫溪，奉节，开州，石柱	1 500 ~ 2 300 m		
		毛叶槭	*A. stachyophyllum* Hiern	巫山，巫溪	200 ~ 2 700 m		10月
		四川槭	*A. sutchuenense* Franch.	巫山，巫溪，开州	1 600 ~ 2 100 m	5月	9月
		薄叶槭	*A. tenellum* Pax	巫山，巫溪，奉节，开州	1 600 ~ 2 000 m	5月	9月
		七裂薄叶槭	*A. tenellum* var. *septemlobum*（Fang et Soong）Fang et Soong	武隆	1 650 ~ 2 100 m		9月
		缙云槭	*A. wangchii* ssp. *tsinyunense* Fang	北碚	600 ~ 900 m		9月
		三峡槭	*A. wilsonii* Rehd.	巫山，奉节，开州	1 100 ~ 2 200 m	4月	9月
		金钱槭	*Dipteronia sinensis* Oliv.	巫山，巫溪，奉节，开州，石柱	1 100 ~ 1 800 m	4月	9月
180	七叶树科（Hippocastanaceae）	七叶树	*Aesculus chinensis* Bunge	巫溪，开州	800 ~ 1 600 m	4—5月	10月
		天师栗	*A. wilsonii* Rehd.	开州，万州，石柱，武隆	1 000 ~ 2 100 m	4—5月	9—10月
181	无患子科（Sapindaceae）	倒地铃	*Cardiospermum halicacabum* Linn.	开州，石柱，巴南，江津，南岸	200 ~ 800 m	夏秋	秋季至初冬
		龙眼	*Dimocarpus longan* Lour. [*Euphoria longan*（Lour.）Steud.]	万州，丰都，涪陵	栽培	春夏间	夏季
		荔枝	*Litchi chinensis* Sonn.	丰都，涪陵，武隆	栽培	春季	夏季
		复叶栾树	*Koelreuteria bipinnata* Frnach.	开州，万州，石柱，忠县，丰都，涪陵，武隆，长寿，巴南，北碚，江津，南岸	400 ~ 1 200 m	7—9月	8—10月
		栾树	*K. paniculata* Laxm.	巫山，巫溪，奉节，开州，北碚，江津	1 500 m以下	6—8月	9—10月
		川滇无患子	*Sapindus delavayi*（Franch.）Radlk.	巫山，江津	800 ~ 2 100 m	夏初	秋末
		无患子	*S. mukorossi* Gaertn.	巫山，巫溪，奉节，云阳，开州，万州，石柱，忠县，丰都，涪陵，武隆，长寿，巴南，北碚，江津，南岸，江北	1 500 m以下	春季	夏秋
		文冠果	*Xanthoceras sorbifolia* Bunge	巫溪，开州，万州，北碚，江津，南岸，渝北，九龙坡，渝中，江北	栽培		
182	清风藤科（Sabiaceae）	珂楠树	*Meliosma beaniana* Rehd. et Wils.	巫山，巫溪，奉节，开州，武隆	1 000 ~ 1 800 m	5月	7月
		泡花树	*M. cuneifolia* Franch.	巫山，巫溪，奉节，云阳，开州，万州，石柱，丰都，武隆	800 ~ 2 100 m	6—7月	8—9月
		垂枝泡花树	*M. flexuosa* Pamp.	巫山，巫溪，奉节，开州	1 200 ~ 1 700 m	6—7月	10月
		多花泡花树	*M. myriantha* Sieb. et Zucc.	武隆	400 ~ 1 250 m	夏季	5—9月
		柔毛泡花树	*M. myiantha* var. *pilosa*（Lecomte）Lew	巫山	800 ~ 1 800 m		
		鄂西清风藤	*Sabia campanulata* ssp. *ritchieae*（Rehd. et Wils.）Y. F. Wu [*S. ritchieae* Redh. et Wils.]	巫溪，开州，石柱	1 000 ~ 2 000 m	3—4月	5—6月

续表

序号	科名	植物名	拉丁学名	分布	海拔	花期	果期
182	清风藤科（Sabiaceae）	清风藤	*S. japonica* Maxim.	巫山，巫溪，奉节，开州，石柱	400 ~ 800 m	3月	5月
		四川清风藤	*S. schumanniana* Diels	奉节，云阳，开州，万州，石柱，丰都，涪陵，武隆，江津	1 200 ~ 1 800 m	4月	7—8月
		多花清风藤	*S. schumanniana* ssp. *pluriflora*（Rehd. et Wils.）Y. F. Wu	巫山，奉节，开州	800 ~ 1 800 m		
		尖叶清风藤	*S. swinhoei* Hemsl. ex Forb. et Hemsl.	巫山，巫溪，奉节，云阳，开州，武隆，巴南，江津	250 ~ 1 200 m	4月	6—7月
		阔叶清风藤	*S. yunnanensis* ssp. *latifolia*（Rehd. et Wils.）Y. F. Wu	石柱，武隆	1 200 ~ 2 500 m		
183	凤仙花科（Balsaminaceae）	凤仙花	*Impatiens balsamina* Linn.	库区各县（市，区）		7—8月	8—9月
		睫毛萼凤仙花	*I. blepharosepala* Protz. Ex Diels	巴东，兴山	300 ~ 1 600 m	5—11月	5—11月
		牯岭凤仙花	*I. davidii* Franch.	石柱	1 200 ~ 1 800 m	11月	
		齿萼凤仙花	*I. dicentra* Franch. ex Hook. f.	巫山，开州，江津	800 ~ 1 800 m	7—8月	8月
		裂距凤仙花	*I. fissicornis* Maxim.	开州，涪陵	800 ~ 1 200 m		
		细柄凤仙花	*I. leptocaulon* Hook. f.	开州，石柱，武隆	800 ~ 1 600 m	5—7月	
		长翼凤仙花	*I. longialata* Pritz. ex Diels	开州，武隆	1 200 ~ 2 400 m		
		水金凤	*I. nolitangere* Linn.	巫山，巫溪，奉节，云阳，开州，万州，石柱，丰都，武隆，巴南	500 ~ 1 800 m	6—9月	7—10月
		峨眉凤仙花	*I. omeiana* Hook. f.	巫山，巫溪，奉节，云阳，开州，万州，丰都，涪陵	300 ~ 1 700 m		
		块节凤仙花	*I. piufanensis* Hook. f.	巴东，兴山	900 ~ 2 000 m	6—8月	7—10月
		翼萼凤仙花	*I. pterosepala* Pritz. ex Hook. f.	巫山，巫溪，开州，武隆	1 500 ~ 2 650 m	6—10月	
		石柱凤仙花	*I. shizhuensis* Y. L. Chen	石柱	1 600 ~ 1 970 m		
		黄金凤	*I. siculifer* Hook. f.	开州，丰都，武隆，江津	600 ~ 1 600 m	6—9月	
		窄萼凤仙花	*I. stenosepala* Pritz. ex Diels	巫溪，奉节，开州，丰都，江津	600 ~ 1 800 m	7—9月	
		小花凤仙	*I. stenosepala* var. *parviflora* Pritz. ex Diels.	武隆	500 ~ 1 500 m		
		霸王七	*I. textori* Miq.	巫山，巫溪，奉节，云阳，开州，万州，石柱，丰都，武隆，巴南，江津	1 400 ~ 2 400 m		
184	鼠李科（Rhamnaceae）	黄背勾儿茶	*Berchemia flavescens*（Wall.）Brongn. [*B. hypochrysa* Schneid.]	巫山，巫溪，奉节，开州	1000 ~ 2 000 m	6—8月	翌年5—7月
		多花勾儿茶	*B. floribunda*（Wall.）Brongn	巫山，巫溪，奉节，开州，万州，石柱	600 ~ 1 600 m	7—10月	翌年4—7月

184	鼠李科（Rhamnaceae）	毛背勾儿茶	*B. hispida*（Tsai et Feng）Y. L. Chen et P. K. Chou [*B. flavescens*（Wall.）Brongn.]	巫溪，开州	1 000 ~ 2 000 m	7—9月	翌年5—6月
		牯岭勾儿茶	*B. kulingensis* Schneid.	奉节，开州	1 600 ~ 2 000 m	6—7月	翌年4—6月
		峨眉勾儿茶	*B. omeiensis* Fang ex Y. L. Chen	巫山，奉节，开州	450 ~ 1 700 m	7—8月	翌年5—6月
		多叶勾儿茶	*B. polyphylla* Wall. ex Laws.	江津	1 100 ~ 2 300 m	5—9月	7—11月
		光枝勾儿茶	*B. polyphylla* var. *leioclada* Hand.-Mazz.	巫山，巫溪，奉节，开州，北碚，江津	600 ~ 1 600 m		
		勾儿茶	*B. sinica* Schneid.	巫溪，奉节，开州	1 000 ~ 2 500 m	6—8月	翌年5—6月
		云南勾儿茶	*B. yunnanensis* Franch.	巫山，巫溪，奉节，开州，万州，石柱	800 ~ 1 800 m	6—8月	翌年4—5月
		枳椇	*Hovenia acerba* Lindl.	库区各县（市，区）	250 ~ 1 200 m	5—7月	8—10月
		北枳椇	*H. dulcis* Thunb.	开州	850 ~ 1 800 m	5—7月	8—10月
		铜钱树	*Paliurus hemsleyanus* Rehd.	巫山，巫溪，奉节，开州	300 ~ 850 m	4—6月	7—9月
		马甲子	*P. ramosissimus*（Lour.）Poir.	巫溪，万州，石柱，忠县，丰都，巴南，北碚，江津	250 ~ 1 250 m	5—8月	9—10月
		毛背猫乳	*Rhamnella julianae* Schneid.	巫溪，开州	1 000 ~ 1 700 m	5月	6—8月
		猫乳	*R. franguloids*（Maxim.）Weberb	兴山	1 200 m以下	5—7月	7—10月
		多脉猫乳	*R. martinii*（Levl.）Schneid.	巫溪，奉节，开州	800 ~ 2 000 m	4—6月	7—9月
		长叶冻绿	*Rhamnus crenata* Sieb. et Zucc.	巫山，巫溪，奉节，开州，万州，石柱，巴南	350 ~ 1 250 m	5—8月	8—10月
		鼠李	*R. davurica* Pall.	涪陵	800 ~ 1 800 m	5—6月	7—10月
		刺鼠李	*R. dumetorum* Schneid.	巫溪，奉节，开州，石柱，武隆	600 ~ 2 000 m	4—5月	6—10月
		无刺鼠李	*R. esquirolii* Levl.	巫溪，奉节，云阳，开州，万州，石柱，丰都，涪陵，武隆，北碚	300 ~ 1 250 m	5—7月	8—11月
		平净无刺鼠李	*R. esquirolii* var. *glabrata* Y. L. Chen et P. K. Chou	武隆，巴南，江津	500 ~ 1 800 m		
		圆叶鼠李	*R. globosa* Bunge	开州，石柱	400 ~ 1 600 m	4—5月	6—10月
		大花鼠李	*R. grandiflora* C. Y. Wu et Y. L. Chen	开州，武隆	1 100 ~ 1 800 m	5—6月	7—10月
		亮叶鼠李	*R. hemsleyana* Schneid.	巫山，巫溪，奉节，开州，武隆	700 ~ 2 200 m	4—5月	6—10月
		异叶鼠李	*R. heterophylla* Oliv.	巫山，巫溪，奉节，云阳，开州，万州，石柱，忠县，丰都，涪陵，武隆，长寿，巴南，北碚，江津，南岸，渝北，江北	250 ~ 1 250 m	5—8月	9—12月
		桃叶鼠李	*R. iteinophylla* Schneid.	巫山，巫溪，开州，武隆	400 ~ 1 600 m	4—5月	6—9月
		钩齿鼠李	*R. lamprophylla* Schneid.	巫山，巫溪，奉节，开州，石柱	800 ~ 1 400 m	4—5月	6—9月
		纤花鼠李	*R. leptacantha* Schneid.	巴东	800 ~ 1 500 m	4—6月	6—9月
		薄叶鼠李	*R. leptophylla* Schneid.	巫山，巫溪，奉节，云阳，开州，万州，石柱，武隆	800 ~ 1 800 m	3—5月	5—10月
		小叶鼠李	*R. parvifolia* Bunge	巫山，巫溪，奉节，云阳，万州，石柱	1 000 ~ 2 300 m	4—5月	6—9月
		小冻绿	*R. rosthornii* Pritz.	巫山，巫溪，奉节，云阳，开州，万州，石柱，涪陵，武隆，江津	600 ~ 1 800 m	4—5月	6—9月

续表

序号	科名	植物名	拉丁学名	分布	海拔	花期	果期
184	鼠李科（Rhamnaceae）	皱叶鼠李	*R. rugulosa* Hemsl.	开州	500 ~ 1 800 m	4—5月	6—9月
		脱毛皱叶鼠李	*R. rugulosa* var. *glabrata* Y. L. Chen et P. K. Chou	巫山，奉节，开州	600 ~ 1 500 m		
		多脉鼠李	*R. sargentiana* Schneid.	巫山，巫溪，开州	1 600 ~ 2 750 m	5—6月	6—8月
		甘青鼠李	*R. tangutica* J. Vass.	巴东，兴山	600 ~ 1 800 m	5—6月	6—9月
		鄂西鼠李	*R. tzekweiensis* Y. L. Chen et P. K. Chou	巴东，兴山	1 000 m以下		7—8月
		冻绿	*R. utilis* Decne.	巫山，巫溪，奉节，云阳，开州，万州，石柱，武隆	600 ~ 1 000 m	4—6月	5—8月
		毛冻绿	*R. utilis* var. *hypochrysa*（Schneid.）Rehd.	巫溪，开州，江津	600 ~ 1 600 m		
		山鼠李	*R. wilsonii* Schneid.	巴东，兴山	1 000 m以下	4—5月	6—10月
		钩刺雀梅藤	*Sageretia hamosa*（Wall.）Brongn.	巫溪，开州，石柱	800 ~ 1 600 m	7—8月	8—10月
		梗花雀梅藤	*S. henryi* Drumm. et Sprangue	巫山，巫溪，奉节，开州，武隆	600 ~ 1 800 m	7—11月	翌年3—6月
		亮叶雀美藤	S. lucida Merr.	巴东	600 m以下	4—7月	9—12月
		峨眉雀梅藤	*S. omeiensis* Schneid.	武隆	350 ~ 1 500 m	8—9月	翌年5月
		对节刺	*S. pycnophylla* Schneid.	巫山，开州	250 ~ 600 m	7—10月	翌年5—6月
		皱叶雀梅藤	*S. rugosa* Hance	奉节，开州	500 ~ 1 500 m		
		尾叶雀梅藤	*S. subcaudata* Schneid.	巫山，巫溪，开州，武隆	600 ~ 1 600 m	7—11月	翌年4—5月
		雀梅藤	*S. thea*（Osbeck）Johnst. [*S. theezans*（Linn.）Brongn.]	巫山，奉节，开州，武隆	300 ~ 1 800 m	7—11月	翌年3—5月
		枣	*Ziziphus jujuba* Mill.	库区各县（市，区）	200 ~ 1 650 m	5—7月	8—9月
		无刺枣	*Z. jujuba* var. *inermis*（Bunge）Rehd.	巫山，巫溪，奉节，云阳，开州，万州，涪陵，武隆	1 600 m以下	5—7月	8—10月
		酸枣	*Z. jujuba* var. *spinosa*（Bunge）Hu ex H. F. Chou	开州，忠县，涪陵，武隆	400 ~ 1 600 m	6—7月	8—9月
185	葡萄科（Vitaceae）	乌头叶蛇葡萄	*Ampelopsis aconitifolia* Bunge	巫溪，巫山，云阳，万州	350 ~ 1 800 m	5—6月	8—9月
		蓝果蛇葡萄	*A. bodinieri*（Lévl. et Vant.）Rehd.	巫山，巫溪，奉节，云阳	300 ~ 1 600 m	4—6月	7—8月
		灰毛蛇葡萄	*A. bodinieri* var. *cinerea*（Gagnep.）Rehd.	巫溪，开州	700 ~ 1 500 m		
		粤蛇葡萄	*A. cantoniensis*（Hook. et Arn.）Planch.	江津	500 ~ 1 500 m	4—7月	8—11月
		羽叶蛇葡萄	*A. chaffanjonii*（Lévl. et Vant.）Rehd.	开州，石柱，武隆	600 ~ 1 800 m	5—7月	8—9月
		三裂蛇葡萄	*A. delavayana* Planch.	巫山，巫溪，奉节，云阳，开州，万州，石柱，忠县，丰都，涪陵，江津，江北	200 ~ 1 650 m	6—8月	9—11月
		掌裂蛇葡萄	*A. delavayana* var. *glabra*（Diels et Gilg）C. L. Li [*A. aconitifolia* var. *glabra* Diels et Gilg]	巫溪	250 ~ 2 000 m	5—6月	7—9月

185	葡萄科（Vitaceae）	毛三裂蛇葡萄	*A. delavayana* var. *setulosa*（Diels et Gilg）C. L. Li [*A. aconitifolia* var. *setulosa* Diels et Gilg; *A. delavayana* var. *gentiliana*（Levl. et Vant.）Hand.-Mazz.]	巫山，奉节，开州，万州，丰都，武隆	500 ~ 2 200 m	6—7月	9—11月
		显齿蛇葡萄	*A. grossedentata*（Hand.-Mazz.）W. T. Wang	开州，武隆	450 ~ 1 500 m	5—8月	8—12月
		异叶蛇葡萄	*A. heterophylla*（Thunb.）Sieb. et Zucc. [*A. humulifolia* Bunge]	开州，武隆	300 ~ 800 m	4—6月	7—10月
		光叶蛇葡萄	*A. heterophylla* var. *hancei* Planch. [*A. brevipedunculata* var. *hancei* Planch.]	开州，武隆，长寿，巴南，江津	450 ~ 1 500 m	4—6月	8—10月
		牯岭蛇葡萄	*A. heterophylla* var. *kulingensis*（Rehd.）C. L. Li [*A. brevipedunculata* var. *kulingensis* Rehd.]	奉节，丰都，涪陵，武隆	600 ~ 1 800 m	5—7月	8—9月
		锈毛蛇葡萄	*A. heterophylla* var. *vestita* Rehd. [*A. sinica*（Miq.）W. T. Wang]	巫山，巫溪，奉节，云阳，开州，万州，石柱，忠县，丰都，涪陵，武隆，长寿，巴南，北碚，江津，南岸，江北	200 ~ 1 650 m	6—8月	9月至翌年1月
		白蔹	*A. japonica*（Thunb.）Makino [*A. mirabilis* Diels et Gilg]	开州，长寿，北碚			
		大叶蛇葡萄	*A. megalophylla* Diels et Gilg	开州，万州，石柱，武隆	600 ~ 1 800 m	6—8月	7—10月
		毛枝蛇葡萄	*A. rubifolia*（Wall.）Planch. [*A. megalophylla* var. *puberula* W. T. Wang]	奉节，开州	600 ~ 1 500 m		
		樱叶乌蔹莓	*Cayratia albifolia* var. *glabra*（Gagnep.）C. L. Li [*C. oligocarpa* var. *glabra*（Gragnep.）Rehd.]	武隆	850 ~ 1 250 m		
		白毛乌蔹莓	*C. albifolia* C. L. Li	巫山，巫溪，奉节，云阳，开州	200 ~ 1 600 m	5—6月	7—8月
		脱毛乌蔹莓	*C. albifolia* C. L. Li var. glabra（Gagn.）C. L. Li	巫山，巫溪，奉节，云阳，开州	1 000 ~ 1 600 m	5—7月	8—9月
		角花乌蔹莓	*C. corniculata*（Benth.）Gagnep	巫山，开州	600 ~ 1 200 m	4—5月	7—9月
		乌蔹莓	*C. japonica*（Thunb.）Gagnep.	巫山，巫溪，奉节，云阳，开州，万州，石柱，忠县，丰都，涪陵，武隆，长寿，巴南，北碚，江津，南岸，江北	250 ~ 2 000 m	3—8月	8—11月
		尖叶乌蔹莓	*C. japonica* var. *pseudotrifolia*（W. T. Wang）C. L. Li [*C. pseudotrifolia* W. T. Wang]	巫山，巫溪，奉节，开州	300 ~ 1 700 m	5—8月	9—10月
		大叶乌蔹莓	*C. oligocarpa*（Levl. et Vant.）Gagnep.	巫山，巫溪，奉节，开州，武隆，长寿	400 ~ 1 800 m	5—7月	8—9月
		小叶乌蔹莓	*C. oligocarpa* var. *microphylla* C. L. Li	巫山，巫溪，石柱，丰都	800 ~ 1 500 m		
		毛叶白粉藤	*Cissus Pilosissima* Gagn.	北碚，南岸	200 ~ 1 600 m	5—6月	7—10月
		火筒树	*Leea indica*（Burmm f.）Merr.	石柱	200 ~ 1 500 m		
		异叶地锦	*Parthenocissus heterophylla*（Bl.）Merr.	武隆，江津	250 ~ 1 800 m		
		花叶地锦	*P. henryana*（Hemsl.）Diels et Glig	奉节，开州，武隆，北碚	250 ~ 1 500 m		
		绿叶地锦	*P. laetivirens* Rehd.	武隆	350 ~ 800 m		

续表

序号	科名	植物名	拉丁学名	分布	海拔	花期	果期
185	葡萄科（Vitaceae）	三叶地锦	*P. himalayana*（Royle）Planch. [*P. semicordata*（Wall.）Planch.]	库区各县（市，区）	300 ~ 1 600 m	5—7月	9—10月
		地锦	*P. tricuspidata*（Sieb. et Zucc.）Planch.	巫山，巫溪，奉节，云阳，开州，万州，石柱，忠县，丰都，涪陵，武隆，江津	300 ~ 1 200 m	5—8月	9—10月
		三叶崖爬藤	*Tetratigma hemsleyanum* Diels et Gilg	巫山，巫溪，奉节，云阳，开州，万州，石柱，涪陵，武隆，长寿，巴南，北碚，江津，南岸	300 ~ 1 250 m	4—6月	8—11月
		崖爬藤	*T. obtectum*（Wall.）Planch.	巫山，巫溪，奉节，云阳，开州，万州，石柱，忠县，丰都，涪陵，武隆，长寿，巴南，北碚，江津，南岸，江北	250 ~ 1 600 m	4—6月	8—11月
		无毛崖爬藤	*T. obectum* var. *glabrum*（Lévl. et Vant.）Gagnep.	巫溪，开州	450 ~ 1 200 m	4—6月	8—11月
		毛叶崖爬藤	*T. obtectum* var. *pilosum* Gagnep.	开州，丰都，武隆，江津	800 ~ 2 400 m	5—6月	9—11月
		狭叶崖爬藤	*T. serrulatum*（Roxb.）Planch.	开州，丰都，武隆，江津	1 200 m以上	3—6月	7—10月
		美丽葡萄	*Vitis bellula*（Rehd.）W. T. Wang	奉节，开州	600 ~ 1 600 m	5—6月	7—8月
		山葡萄	*V. amurensis* Rupr.	奉节，巴东	2 500 m以下	5—6月	7—9月
		桦叶葡萄	*V. betulifolia* Diels et Gilg	巫山，巫溪，奉节，开州，武隆	800 ~ 2 000 m	3—6月	6—11月
		刺葡萄	*V. davidii*（Roman. du Caill.）Foex. [*V. davidii* var. *cyanocarpa*（Gagnep.）Gagnep.]	开州，万州，石柱，忠县，丰都，涪陵，北碚，江津	400 ~ 1 600 m	4—6月	7—10月
		葛藟	*V. flexuosa* Thunb. [*V. flexuosa* var. *parvifolia*（Roxb.）Gagnep.]	巫山，巫溪，奉节，云阳，开州，万州，石柱，涪陵，武隆，北碚，江津	300 ~ 1 000 m	3—5月	7—11月
		毛葡萄	*V. heyneana* Roem. et Schult. [*V. quinquangularis* Rehd.]	巫山，巫溪，奉节，云阳，开州，万州，石柱，忠县，丰都，涪陵，武隆，长寿，巴南，北碚，江津，南岸，江北	260 ~ 2 600 m	4—6月	6—10月
		复叶葡萄	*V. piasezkii* Maxim.	巫山，巫溪，开州	400 ~ 1 200 m	6月	7—9月
		秋葡萄	*V. romanetii* Roman.	巫山，巫溪，奉节，云阳，开州，石柱	400 ~ 1 600 m	4—6月	7—9月
		葡萄	*V. vinifera* Linn.	库区各县（市，区）		4—5月	8—9月
		网脉葡萄	*V. wilsonae* Veitch	巫山，巫溪，奉节，云阳，开州，万州，石柱，忠县，丰都，涪陵，武隆，江津	1 200 ~ 2 400 m	5—7月	6月至翌年1月
		俞藤	*Yua thomsonii*（Laws.）C. L. Li [*Parthenocissus thomsonii*（Laws.）Planch.]	巫山，巫溪，奉节，云阳，开州，万州，石柱，忠县，丰都，涪陵，武隆，巴南，江津	250 ~ 1 300 m	5—6月	7—9月
		大果俞藤	*Y. austro-orientalis*（Metcalf）		1 500 m以下	5—7月	10—12月
186	杜英科（Elaeocarpaceae）	奉节杜英	*Elaeocarpus fengjiensis* P. C. Tuan	奉节，开州	650 ~ 950 m	6—7月	8—10月
		中华杜英	*E. chinensis*（Gardn. et Champ.）Hook. f. ex Benth.	奉节，开州	600 ~ 1 000 m	5—6月	
		橄榄果杜英	*E. duclouxii* Gagn.	奉节，开州	650 ~ 1 000 m	6—7月	7—9月

186	杜英科（Elaeocarpaceae）	棱枝杜英	*E. glabripetalus* Merr. var. alatus（Kunth）H. T. Chang	奉节，开州	500 ~ 1 500 m	7月	
		薯豆	*E. japonicus* Sieb. et Zucc.	巫山，巫溪，奉节，开州，石柱，武隆，北碚，江津	500 ~ 900 m	5—7月	6—11月
		山杜英	*E. sylvestris*（Lour.）Poir. [*E. omeiensis* Rehd. et Wils.]	北碚	300 ~ 2 000 m		
		猴欢喜	*Sloanea sinensis*（Hance）Hemsl.	巫山，开州，武隆，江津	400 ~ 1 200 m	9—11月	6—7月
		仿栗	*S. hemsleyana*（Ito）Rehd. et Wils.	巫山，奉节，开州，石柱，武隆	650 ~ 1 400 m	6—8月	7—11月
		薄果猴欢喜	*S. leptocarpa* Diels [*S. tsinyunensis* Chien]	北碚	650 ~ 850 m	4—6月	7—11月
187	椴树科（Tiliaceae）	光果田麻	*Corchoropsis psilocarpa* Harms et Loes.	开州，武隆	800 ~ 1 000 m	7—8月	9—10月
		田麻	*C. tomentosa*（Thunb.）Makino	巫溪，奉节，开州，万州，石柱，丰都，北碚	600 ~ 1 600 m		秋季
		甜麻	*Corchorus acutangulus* Lam. [*C. aestuans* Linn.]	云阳，开州，万州，石柱	250 ~ 850 m	夏季	
		长蒴黄麻	*C. olitorius* Linn.	奉节，云阳，万州			
		扁担杆	*Grewia biloba* G. Don.	开州，丰都，涪陵，武隆	300 ~ 1 500 m	5—7月	9—10月
		无毛扁担杆	*G. biloba* var. *glabrescens*（Benth.）Rehd. et Wils.	巫山，巫溪，开州	680 ~ 1 400 m	5—7月	9—10月
		小叶扁担杆	*G. biloba* var. *microphylla*（Max.）Hand.-Mazz.	巫山，巫溪，奉节	250 ~ 1 500 m	5—7月	9—10月
		小花扁担杆	*G. biloba* var. *parviflora*（Bunge）Hand.-Mazz.	巫山，巫溪，奉节，开州，武隆，江津	450 ~ 1 250 m		
		毛果扁担杆	*G. eriocarpa* Juss.	武隆，江津	600 ~ 1 200 m		
		华椴	*Tilia chinensis* Maxim.	巫山，巫溪，奉节，开州	1 800 ~ 2 500 m	夏初	
		毛糯米椴	*T. henryana* Szyszyl.	巫山，巫溪，奉节，开州	600 ~ 800 m	6月	
		糯米椴	*T. henryana* Szyszyl. var. *subglabra* V. Engl.	巫山，巫溪，奉节，开州	600 ~ 800 m	6月	
		白椴	*T. miqueliana* Maxim.	巫山，巫溪，奉节，开州	600 ~ 1 100 m	7月	
		矩圆叶椴	*T. oblongifolia* Rehd.	巫山，巫溪，奉节，开州	600 ~ 1 000 m		7月
		鄂椴	*T. oliveri* Szysz.	巫山，巫溪	1 200 ~ 2 000 m	7—8月	
		椴	*T. tuan* Szysz.	巫山，巫溪，开州，万州，石柱，武隆	1 600 ~ 2 400 m	7月	9—10月
		小刺蒴麻	*Triumfetta annua* Linn.	奉节，开州	600 ~ 1 500 m	8月	9—10月
		刺蒴麻	*T. bartramia* Linn. [T. rhomboidea Jacq.]	巫山，奉节	800 ~ 2 100 m	夏秋季	
188	锦葵科（Malvaceae）	咖啡黄葵	*Abelmoschus esculentus*（Linn.）Moench	开州，涪陵，武隆，北碚，江津，南岸，渝北		7—9月	8—11月
		黄蜀葵	*A. manihot*（Linn.）Medic.	巫山，巫溪，开州，万州，石柱，涪陵，武隆，北碚	1 000 m以下	8—10月	8—11月
		箭叶葵	*A. sagittifolius*（Kurz）Merr.	开州，武隆	900 ~ 1 600 m		
		金铃花	*Abutilon striatum* Dickson	万州，涪陵，北碚，江津，南岸，渝北，九龙坡，渝中，江北	栽培	5—10月	
		苘麻	*A. theophrasti* Medic.	库区各县（市，区）	300 ~ 800 m	6—10月	7—11月
		蜀葵	*Althaea rosea*（Linn.）Cavan.	库区各县（市，区）	栽培	2—9月	

续表

序号	科名	植物名	拉丁学名	分布	海拔	花期	果期
188	锦葵科（Malvaceae）	草棉	*Gossypium herbaceum* Linn.	巴南，北碚，江津	栽培		
		树棉	*G. arboreum* L.	巴南，北碚，江津	栽培	6—9月	
		陆地棉	*G. hirsutum* Linn.	云阳，忠县，武隆，长寿，巴南，北碚，江津	栽培	夏秋季	
		木芙蓉	*Hibiscus mutabilis* Linn.	巫山，巫溪，奉节，云阳，开州，万州，丰都，武隆	250 ~ 850 m	10—11月	冬季宿存至翌年春夏
		大麻槿	*H. cannabinus* L.	库区各县（市，区）	栽培	秋季	
		重瓣木芙蓉	*H. mutabilis* f. *plenus*（Andrews）S. Y. Hu	库区各县（市，区）	栽培		
		朱槿	*H. rosa-sinensis* Linn.	库区各县（市，区）	栽培	全年	
		吊灯花	*H. schizopetalus*（Mast.）Hook. f.	万州，涪陵，北碚，江津，南岸，渝北，九龙坡，渝中	栽培		
		华木槿	*H. sinosyriacus* Bailey	开州，石柱，丰都，涪陵，北碚	300 ~ 1 000 m	6—7月	
		木槿	*H. syriacus* Linn.	库区各县（市，区）	400 ~ 1 200 m	7—10月	开花后渐次成熟
		长苞木槿	*H. syriacus* var. *longibracteatus* S. Y. Hu	奉节，万州，涪陵，武隆，北碚，江津	栽培	7—10月	8—11月
		单瓣白花木槿	*H. syriacus* f. *totusalbus* T. Moore	巫山，奉节，开州，万州，石柱，涪陵，江津，南岸	250 ~ 1 650 m		
		野西瓜苗	*H. trionum* Linn.	巫溪，开州，石柱，忠县，南岸	1 500 m以下	7—9月	8—10月
		冬葵	*Malva crispa* Linn.	库区各县（市，区）			
		圆叶锦葵	*M. rotundifolia* Linn.	开州，涪陵，北碚，江津，南岸，渝北	600 ~ 2 600 m	4—6月	5—8月
		锦葵	*M. sinensis* Cavan	库区各县（市，区）		5—10月	5—11月
		野葵	*M. verticillata* Linn.	库区各县（市，区）	800 m以下	3—11月	5—11月
		心叶黄花稔	*Sida cordifolia* Linn.	巫溪，开州	600 ~ 1 200 m		
		白背黄花稔	*S. rhombifolia* L.	巫溪，开州	2 000 m以下	5—9月	6—10月
		拔毒散	*S. szechuensis* Matsuda	巫山，巫溪，开州，万州	400 ~ 800 m		
		地桃花	*Urena lobata* Linn.	巫山，巫溪，奉节，云阳，开州，万州，涪陵，武隆，江津	350 ~ 1 600 m	7—10月	8—11月
		湖北地桃花	*U. lobata* Linn. var. *henryi* S. Y. Hu	巴东	800 m以下	7—10月	8—11月
		梵天花	*U. procumbens* L.	巴东，巫山	800 m以下	6—9月	
189	木棉科（Bombacaceae）	木棉	*Gossampinus malabarica*（DC.）Merr. [*Bombax malabarica* DC.]	万州，涪陵，北碚，南岸，渝北，渝中	栽培		
190	梧桐科（Sterculiaceae）	梧桐	*Firmiana platanifolia*（Linn. f.）Marsili [*F. simplex*（Linn.）F. W. Wight]	库区各县（市，区）	500 ~ 1 600 m	6—7月	9—10月
		马松子	*Melochia corchorifolia* Linn.	江津	700 ~ 1 200 m	6—7月	8—9月
		午时花	*Pentapetes phoenicea* Linn.	北碚，南岸，渝北，渝中	栽培		
		苹婆	*Sterculia nobilis* Smith	渝北	栽培		

191	猕猴桃科（Actinidiaceae）	凸脉猕猴桃	*Actinidia arguta* var. *nervosa* C. F. Liang	奉节，开州	800 ~ 1 700 m	5—6月	8—10月
		软枣猕猴桃	*A. arguta*（Sieb. et Zucc.）Planch. ex Miq.	奉节，开州	2 400 m以下	5—6月	8—10月
		紫果猕猴桃	*A. arguta* var. *purpurea*（Rehd.）C. F. Liang [*A. purpurea* Rehd.]	奉节，石柱，武隆	700 ~ 2 100 m	6—7月	8—9月
		硬齿猕猴桃	*A. callosa* Lindl.	武隆	800 ~ 1 600 m	4—5月	7—9月
		京梨猕猴桃	*A. callosa* var. *henryi* Maxim.	巫山，巫溪，奉节，云阳，开州，万州，江津	700 ~ 1 800 m	4—5月	7—9月
		城口猕猴桃	*A. chengkouensis* C. Y. Chang	开州	1 000 ~ 2 000 m	5—6月	8—9月
		中华猕猴桃	*A. chinensis* Planch.	库区各县（市，区）	700 ~ 2 400 m	4月中旬—5月中下旬	6—9月
		美味猕猴桃	*A. deliciosa*（A. Chev.）C. F. Liang et A. R. Ferguson	巫山，巫溪，奉节，云阳，开州	650 ~ 1 800 m	5—6月	8—9月
		毛花猕猴桃	*A. eriantha* Benth.	开州，武隆，江津	800 ~ 1 600 m	5—6月	8—9月
		狗枣猕猴桃	*A. kolomikta*（Rupr. et Maxim.）Planch.	奉节，开州，万州，武隆	1 500 ~ 2 500 m	5—7月	9—10月
		阔叶猕猴桃	*A. latifolia*（Gardn. et Champ.）Merr.	万州	700 ~ 1 600 m	5—7月	11月
		海棠猕猴桃	*A. maloides* Li	石柱	1 300 ~ 1 850 m	5—6月	7—10月
		黑蕊猕猴桃	*A. melanandra* Franch.	巫山，巫溪，奉节，开州，石柱，江津	1 300 ~ 1 900 m	5—6月	7—9月
		葛枣猕猴桃	*A. polygama*（Sieb. et Zucc.）Maxim.	巫山，巫溪，奉节，开州，石柱，武隆	1 200 ~ 2 400 m	6—7月	9—10月
		红茎猕猴桃	*A. rubricaulis* Dunn	巫山，巫溪，奉节	300 ~ 1 300 m	4—5月	6—7月
		革叶猕猴桃	*A. rubricaulis* var. *coriacea*（Finet et Gagnep.）C. F. Liang [*A. coriacea*（Finet et Gagnep.）Dunn]	巫山，巫溪，奉节，云阳，开州，万州，石柱，忠县，丰都，涪陵，武隆，巴南，江津	500 ~ 1 500 m	4—5月	6—7月
		四萼猕猴桃	*A. tetramera* Maxim.	巫溪，开州，万州	1 000 ~ 2 000 m	5月中旬—6月中旬	9月中旬
		毛蕊猕猴桃	*A. trichogyna*（Finet et Gagnep.）Franch.	巫山，巫溪，开州	1 000 ~ 2 000 m	5月下旬—7月上旬	7—10月
		对萼猕猴桃	*A. valvata* Dunn	巫山，巫溪，开州	1 000 m以下	5—6月	7—9月
		显脉猕猴桃	*A. venosa* Rehd.	开州，江津	800 ~ 1 600 m	5—6月	7—9月
		猕猴桃藤山柳	*Clematoclethra actinidioides* Maxim.	巫溪	1 800 ~ 2 700 m	5—6月	7—9月
		尖叶藤山柳	*C. faberi* Franch.	巫溪，武隆	1 600 ~ 2 700 m	6—7月	8—9月
		圆叶藤山柳	*C. franchetii* Kom.	巫溪，武隆	2 000 ~ 2 500 m	6月	8月
		繁花藤山柳	*C. hemsleyi* Baill.	巫溪，武隆	1 500 ~ 1 800 m	6—7月	7—8月
		藤山柳	*C. lasioclada* Maxim.	开州，武隆	800 ~ 1 600 m	6月	8月
		矩叶藤山柳	*C. lasioclada* Maxim. var. *oblonga* C. F. Liang et Y. C. Chen	巫溪	1 200 ~ 1 800 m	6月	8月
		南川藤山柳	*C. nanchuanensis* W. T. Wang ex C. F. Liang	武隆	800 ~ 1 800 m	6—7月	8—9月
		变异藤山柳	*C. variabilis* C. F. Liang et Y. C Chen	武隆	1 800 ~ 2 000 m	6—7月	8月

续表

序号	科名	植物名	拉丁学名	分布	海拔	花期	果期
192	山茶科（Theaceae）	川杨桐	*Adinandra bockiana* Pritz. ex Diels	北碚，江津	800 ~ 900 m	6—8月	9—10月
		普洱茶	*Camellia assamisa*（Mast.）Chang [*C. sinensis* var. *assamisa*（Mast）Kitamura]	巫山，江津	栽培		
		短柱茶	*C. brevistyla*（Hayata）Coh. St.	武隆，巴南，江津	500 ~ 2 000 m	10月	
		黄杨叶连蕊茶	*C. buxifolia* H. T. Chang	武隆，巴南，江津	300 ~ 700 m	12月	
		尾叶山茶	*C. caudata* Wall.	开州，武隆，江津	800 ~ 1 800 m	10月至翌年3月	
		皱皮山茶	*C. changiana* S. Y. Liang	开州，武隆	800 ~ 1 700 m		
		重庆山茶	*C. chungkingensis* H. T. Chang	北碚，江津	600 ~ 900 m		
		浙江红山茶	*C. chekiangoleosa* Hu	北碚，江津	栽培	4月	
		贵州连蕊茶	*C. costei* Lévl	北碚，江津	1 000 m以下	4—7月	7—10月
		尖叶山茶	*C. cuspidata*（Kochs）Wright ex Gard.	巫山，巫溪，奉节，开州，武隆	500 ~ 1 700 m	4—7月	7—8月
		秃梗连蕊茶	*C. dubia* Sealy	巫山，巫溪，奉节，开州，武隆	500 ~ 1 500 m	3—4月	
		柃叶连蕊茶	*C. euryoides* Lindl.	巫山，巫溪，奉节，开州，武隆	500 ~ 1 200 m	1—3月	
		毛柄连蕊茶	*C. fraterna* Hance	巫山，巫溪，奉节，开州，武隆	800 m以下	4—5月	
		闽鄂山茶	*C. grijsii* Hance	石柱	1 300 ~ 2 100 m	1—3月	
		山茶	*C. japonica* Linn.	库区各县（市，区）	庭园栽培	1—4月	
		白茶花	*C. japonica* var. *alba-plena* Lodd.	库区各县（市，区）	庭园栽培	1—4月	
		四川毛蕊茶	*C. lawii* Sealy	开州，石柱，武隆	庭园栽培	2—3月	
		毛蕊红山茶	*C. mairei*（Levl.）Melch.	武隆	850 ~ 1 650 m	冬春季	
		油茶	*C. oleifera* Abel. [*C. oleosa*（Lour.）Wu]	库区各县（市，区）	300 ~ 1 300 m	冬春间	7—8月
		峨眉红山茶	*C. omeiensis* H. T. Chang	开州，石柱，武隆	850 ~ 1 650 m	3—5月	
		小卵叶连蕊茶	*C. parviovata* H. T. Chang et S. S. Wang	武隆，北碚，江津	300 ~ 1 500 m		
		小瘤果茶	*C. parvimuricata* Chang	巴东	600 ~ 1 100 m	3月	
		西南红山茶	*C. pitardii* Coh.-St.	开州，武隆，北碚，江津	1 000 ~ 2 000 m	2—5月	
		窄叶西南红山茶	*C. pitardii* var. *yunnanic* a Sealy	开州，江津	800 ~ 1 800 m	春季	
		云南山茶	*C. reticulata* Lindl.	万州，涪陵，北碚，南岸，渝北，九龙坡，渝中	庭园栽培	春季	
		川鄂连蕊茶	*C. rosthorniana* Hand.-Mazz.	巫山，巫溪，开州，丰都，武隆，江津	400 ~ 1 200 m	4月	
		怒江连蕊茶	*C. saluenensis* Stapf ex Bean	巴东，巫山，巫溪	500 ~ 2 500 m	1—3月	
		陕西短柱茶	*C. shensiensis* Chang	巴东，兴山，巫山	500 m以下	2—3月	

192	山茶科（Theaceae）	茶	*C. sinensis*（Linn.）O. Ktze.	库区各县（市，区）	2 000 m以下	10月—翌年2月	
		四川山茶	*C. szechuanensis* Chien	开州，武隆	800～1 600 m		
		毛枝连蕊茶	*C. trichoclada*（Rehd.）Chien	巴东，巫山，巫溪	800 m以下		
		细萼连蕊茶	*C. tsofui* Chien	巫山，巫溪，奉节		3—4月	
		瘤果茶	*C. tuberculata* Chien	巫山，巫溪，奉节，巴东	400～800 m	10—11月	翌年9—10月
		小果毛蕊茶	*C. villicarpa* Chien	开州，武隆	400～1 200 m	4—5月	
		红淡比	*Cleyera japonica* Thunb.	开州，石柱，武隆	500～1 000 m	5—6月	10—11月
		齿叶红淡比	*C. japonica* var. *lippingensis*（Hand.-Mazz.）Kobuski	奉节，开州，万州，石柱，丰都	500～1 000 m		
		川黔尖叶柃	*Eurya acuminoides* Hu et L. K. Ling	武隆，江津	620～1 500 m		
		翅柃	*E. alata* Kobuski	巫山，巫溪，奉节，云阳，开州，石柱，武隆	400～1 500 m	10—11月	翌年6—8月
		金叶柃	*E. aurea*（Lévl.）Hu et L. K. Ling	开州，石柱，丰都，武隆，江津	600～2 400 m	11月至翌年2月	7—9月
		短柱柃	*E. brevistyla* Kobuski	巫溪，开州，石柱，武隆，江津，南岸	800～1 650 m	10—11月	6—8月
		中国柃	*E. chinensis* R. Br.	巫溪	400～800 m	11—12月	翌年6—7月
		川柃	*E. fangii* Rehder.	开州，北碚，江津	450～1 650 m		
		岗柃	*E. groffii* Merr.	开州，北碚，江津，南岸，渝北	300～1 800 m	10—11月	翌年8月
		微毛柃	*E. hebeclados* L. K. Ling	开州，石柱，涪陵，武隆，巴南，江津	300～850 m	12月至翌年1月	8—10月
		贵州毛柃	*E. kweichouensis* Hu et L. K. Ling	巴南，北碚，江津	600～1 500 m	9—10月	翌年4—7月
		细枝柃	*E. loquiana* Dunn	开州，万州，石柱，忠县，丰都，涪陵，武隆，长寿，巴南，北碚，江津，南岸，渝北	400～1 700 m	10—12月	翌年7—9月
		格药柃	*E. muricata* Dunn	石柱	350～1 300 m	9—11月	翌年6—8月
		细齿叶柃	*E. nitida* Korthals	巫山，巫溪，奉节，开州，涪陵，武隆，长寿，巴南，北碚，江津	400～1 000 m	11月至翌年1月	翌年7—9月
		黄背叶柃	*E. nitida* var. *aurescens*（Rehd. et Wils.）Kobuski	开州，石柱，忠县，丰都，涪陵	600～1 300 m		
		矩圆叶柃	*E. oblonga* Yung	开州，武隆	1 000～2 000 m		
		钝叶柃	*E. obtusifolia* H. T. Chang	奉节，开州，万州，石柱，忠县，丰都，巴南，北碚，江津，南岸，渝北	400～1 500 m	2—3月	8—10月
		半齿柃	*E. semiserrata* H. T. Chang	开州，武隆	800～1 650 m	10—11月	翌年6—7月
		窄叶柃		巫山，奉节，巴东	800 m以下		
		四角柃	*E. tetragonoclata* Merr. et Chun	奉节，开州，武隆	800～1 600 m	11—12月	翌年5—8月
		四川大头茶	*Gordonia acuminata* H. T. Chang [*G. szechuanensis* H. T. Chang]	开州，丰都，巴南，北碚，江津，南岸，渝北	500～1 250 m	10—12月	

续表

序号	科名	植物名	拉丁学名	分布	海拔	花期	果期
192	山茶科（Theaceae）	黄药大头茶	*G. chrysandra* Cowan	开州，武隆	400 ~ 1 400 m	12月	
		银木荷	*Schima argentea* Pritz. ex Diels	北碚，江津	1 000 ~ 2 200 m	7—10月	
		大苞木荷	*S. grandiperulata* H. T. Chang	巫山，巫溪，巴东	1 700 m	8—10月	
		小花木荷	*S. parviflora* Cheng et H. T. Chang	巫溪，开州	600 ~ 1 600 m	6—8月	8—10月
		中华木荷	*S. sinensis*（Hernsl.）Airy.-Shaw.	巫山，巫溪，兴山	600 ~ 1 800 m	7—8月	
		华木荷	*S. sinensis*（Hernsl. et Wils.）Airy.-Shaw.	开州，江津	1 200 ~ 1 800 m		
		木荷	*S. superba* Gardn. et Champ.	开州，石柱，武隆	800 ~ 1 500 m	6—8月	9—10月
		紫茎	*Stewartia sinensis* Rehd. et Wils.	巫山，巫溪，开州	800 ~ 1 500 m	6月	9—10月
		厚皮香	*Ternstroemia gymnanathera*（Wight et Arn.）Sprague [*T. gymnanthera* var. *wightii*（Choisy）Hand.-Mazz.]	开州，石柱，涪陵，武隆	850 ~ 2 700 m	5—7月	8—10月
		尖萼厚皮香	*T. luteoflora* L. K. Ling	巴东，巫山，奉节，兴山	400 ~ 1 500 m	5—6月	8—10月
		条苞厚皮香	*T. mabianensis* L. K. Ling	巴东，巫山，奉节，兴山	1 500 m	5—6月	8—10月
		亮叶厚皮香	*T. nitida* Merr.	巴东，巫山，奉节，兴山	200 ~ 850 m	6—7月	8—9月
		四川厚皮香	*T. sichuanensis* L. K. Ling	石柱，北碚，江津	800 ~ 1 750 m	5—10月	8—10月
		粗毛石笔木	*Tutcheria hirta*（Hand.-Mazz.）Li	巴东，巫山，奉节，兴山，巫溪	500 ~ 1 800 m		
193	金丝桃科（Hypericum）	黄海棠	*Hypericum ascyron* Linn.	巫山，开州，涪陵，武隆	600 ~ 1 400 m	7—8月	8—9月
		湖北金丝桃	*H. ascyron* var. *hupehense* Pamp.	开州，江津	600 ~ 1 600 m	7—8月	8—9月
		赶山鞭	*H. attenuatum* Choisy	开州，武隆，北碚，江津，南岸	400 ~ 1 000 m	7—8月	8—9月
		挺茎金丝桃	*H. elodeoides* Choisy	巫溪，开州	700 ~ 2 500 m	7—8月	9—10月
		小连翘	*H. erectum* Thunb. ex Murray [*H. mutum* Thunb.]	巫山，奉节，开州，丰都，江津	950 ~ 1 800 m	7—8月	8—9月
		扬子小连翘	*H. faberi* R. Keller	巫山，奉节，巴东，兴山	800 ~ 2 600 m	6—7月	8—9月
		地耳草	*H. japonicum* Thunb. ex Murray	库区各县（市，区）	300 ~ 1 800 m	3—8月	6—10月
		长柱金丝桃	*H. longistylum* Oliv.	开州，武隆	600 ~ 1 500 m	5—7月	8—9月
		金丝桃	*H. monogynum* Linn. [*H. chinensis* Linn.]	开州，万州，石柱，忠县，丰都，涪陵，武隆，长寿，巴南，北碚，江津，南岸，渝北，江北	400 ~ 1 200 m	5—8月	8—9月
		金丝梅	*H. patulum* Thunb. ex Murray	巫山，巫溪，奉节，云阳，开州，万州，石柱，忠县，丰都，涪陵，武隆，长寿，巴南，北碚，江津，南岸，江北	400 ~ 1 200 m	6—7月	8—10月
		贯叶连翘	*H. perforatum* Linn.	巫山，巫溪，开州，忠县，丰都，涪陵，武隆，北碚，江津	450 ~ 1 500 m	7—8月	9—10月
		短柄小连翘	*H. petiolulatum* Hook. f. et Thoms. ex Dyer	奉节，巫山，巴东，兴山	2 500 m以上	7—8月	9—10月
		大叶金丝桃	*H. prattii* Hemsl.	奉节，巫山，巴东，巫溪	800 ~ 1 000 m	6—7月	
		突脉金丝桃	*H. przewalskii* Maxim.	武隆，长寿	650 ~ 1 200 m	6—7月	8—9月

193	金丝桃科（Hypericum）	元宝草	*H. sampsonii* Hance	巫山，巫溪，奉节，云阳，开州，万州，石柱，忠县，丰都，涪陵，武隆，长寿，巴南，北碚，江津，南岸，渝北，江北	600 ~ 1 400 m	5—6月	7—8月
		密腺小连翘	*H. seniawini* Maxim.	石柱，丰都，涪陵，武隆	800 ~ 1 600 m	7—8月	9月
		川鄂金丝桃	*H. wilsonii* N. Robson	巴东，巫山，兴山	1 000 ~ 1 750 m	6—7月	8—9月
		遍地金	*H. wightianum* Wall. ex Wight et Arn. [*H. delavayi* R. Keller]	江津，南岸，渝北	450 ~ 1 600 m	6—7月	8—9月
194	柽柳科（Tamaricaceae）	疏花水柏枝	*Myricaria laxiflora*（Franch.）P. Y. Zhang et Y. J. Zhang	巫山，奉节，涪陵	175 ~ 200 m	6—8月	6—8月
		宽苞水柏枝	*M. bracteata* Royle	巫山，巫溪，奉节	1 100 m以上	6—7月	8—9月
		柽柳	*Tamarix chinensis* Lour.	万州，涪陵，巴南，北碚，江津，南岸，渝北，江北	栽培	4—9月	9—10月
195	堇菜科（Violaceae）	鸡腿堇菜	*Viola acuminata* Ledeb.	巫山，巫溪，奉节，云阳，开州，万州，石柱，忠县，丰都，涪陵，武隆，长寿，巴南，北碚，江津，南岸	600 ~ 1 850 m	5—9月	5—9月
		戟叶堇菜	*V. betonicifolia* T. E. Smith [*V. betonicifolia* ssp. *nepalensis* W. Beck.]	巫山，巫溪，奉节，云阳，开州，万州，石柱，涪陵，武隆	300 ~ 1 200 m	4—9月	4—9月
		鳞茎堇菜	*V. bulbosa* Maxim.	巫山，奉节，巴东	2000 ~ 2 400 m	5—6月	
		南山堇菜	*V. chaerophylloides*（Regel）W. Becker	巫山，巫溪，开州	1 200 ~ 1 700 m	4—9月	4—9月
		毛果堇菜	*V. collina* Bess.	巫溪，奉节，开州，武隆	700 ~ 2 600 m	5—8月	5—8月
		心叶堇菜	*V. concordifolia* C. J. Wang [*V. cordifolia* W. Beck.]	巫溪，奉节，开州	800 ~ 1 400 m		
		深圆齿堇菜	*V. davidii* Farnch.	巫溪，奉节，开州	1 600 ~ 2 400 m	3—6月	5—8月
		七星莲	*V. diffusa* Ging	巫山，巫溪，奉节，云阳，开州，万州，石柱，忠县，丰都，涪陵，武隆，长寿，巴南，北碚，江津，南岸，渝北，江北	250 ~ 1 250 m	3—5月	5—8月
		光叶蔓茎堇菜	*V. diffusoies* C. J. Wang	巫山，巫溪，奉节，云阳，开州，石柱	400 ~ 1 200 m		
		长茎堇菜	*V. grandisepala* W. Beck.	巫山，巫溪，巴东	900 m		
		紫花堇菜	*V. grypoceras* A. Gray	奉节，开州，石柱，江津	600 ~ 1 600 m	4—5月	6—8月
		如意菜	*V. hamiltoniana* D. Don [*V. arcuata* Bl.; *V. alata* Burge]	巫山，巫溪，奉节，开州，万州，石柱，涪陵	500 ~ 1 650 m	4—5月	6—8月
		巫山堇菜	*V. henryi* H. de Boiss.	巫山	300 ~ 700 m	3—5月	6—7月
		长萼堇菜	*V. inconspicua* Bl.	巫山，巫溪，开州，石柱，丰都，涪陵，武隆，长寿，巴南，北碚，江津	600 ~ 1 200 m	3—11月	3—11月
		大堇菜	*V. magnifica* C. J. Wang et X. D. Wang	巫山，巴东，巫溪，奉节	700 ~ 1 900 m		7—9月
		东北堇菜	*V. mandshurica* W. Beck.	巫山，奉节，巴东，兴山	800 ~ 1 400 m	4—9月	4—9月
		蒙古堇菜	*V. mongolica* Franch.	兴山，巴东，奉节	800 ~ 1 800 m	5—8月	5—8月

续表

序 号	科 名	植物名	拉丁学名	分 布	海 拔	花 期	果 期
195	堇菜科（Violaceae）	萱	*V. moupinensis* Franch. [*V. vaginata* Maxim.]	巫山，巫溪，奉节，云阳，开州，万州，石柱，武隆，江津	1 200 ~ 2 400 m	5—10月	5—10月
		紫花地丁	*V. yedoensis* Makino [*V. confusa* Champ. ex Benth.; *V. tediebsis* Maino; *V. philippica* ssp. *munde* W. Beck.]	巫山，巫溪，奉节，云阳，开州，万州，石柱，忠县，丰都，涪陵，武隆，江津	500 ~ 1 600 m	4—9月	4—9月
		柔毛堇菜	*V. principis* H. de Boiss.	巫溪，云阳，开州，万州，石柱，忠县，丰都，涪陵	400 ~ 1 600 m	3—6月	6—9月
		辽宁堇菜	*V. rossii* Hemsl.	巫山，巫溪，开州，石柱，涪陵，武隆	1 250 ~ 2 500 m	4—6月	7—9月
		尖叶柔毛堇菜	*V. principis* H. de Boiss. var. *acutifolia* C. J. Wang	巫山，巫溪，巴东，兴山	400 ~ 1 600 m	3—6月	6—9月
		早开堇菜	*V. prionantha* Bunge	巫山，巫溪，巴东，兴山	1 700 m以下	4—9月	4—9月
		浅圆齿堇菜	*V. schneideri* W. Beck.	涪陵	800 ~ 2 500 m	4—6月	4—9月
		深山堇菜	*V. selkirkii* Pursh ex Gold.	巫溪，开州	400 ~ 1 600 m	5—7月	5—7月
		庐山堇菜	*V. stewardiana* W. Beck.	巫山，巫溪，奉节，云阳，江津	850 ~ 2 100 m	4—7月	5—9月
		四川堇菜	*V. szetschwanensis* W. Beck. et H. de Boiss.	巫山，奉节，巴东	2 500 m以上	6—8月	8—9月
		三角叶堇菜	*V. triangulifolia* W. Beck.	巫山，奉节，巴东	800 ~ 1 200 m	4—6月	4—6月
		三色堇	*V. tricolor* Linn.	库区各县（市，区）	庭园栽培	4—7月	5—8月
		斑叶堇菜	*V. variegata* Fisch. ex Link	巫山，巴东，奉节，兴山	500 ~ 1 800 m	4—8月	6—9月
		堇菜	*V. verecunda* A. Gray	巫山，巫溪，奉节，云阳，开州，北碚，江津	600 ~ 1 600 m	4—5月	5—7月
		云南堇菜	*V. yunnanensis* W. Beck. et H. de Boiss	巫山，开州，武隆	620 ~ 2 400 m	4—5月	5—7月
196	大风子科（Flacourtiaceae）	山羊角树	*Carrierea calycina* Franch.	开州，石柱，涪陵	800 ~ 2 100 m		
		山桐子	*Idesia polycarpa* Maxim.	巫溪，奉节，开州，石柱，忠县，丰都，武隆，江津	450 ~ 2 500 m	5—6月	9—10月
		毛叶山桐子	*I. polycarpa* var. *vestita* Diels	巫溪，开州，石柱	500 ~ 2 600 m		
		伊桐	*Itoa orientalis* Hemsl.	武隆，江津	400 ~ 1 200 m		
		山拐枣	*Poliothyrsis sinensis* Oliv.	巴东，奉节，巫山	1 000 m以上	6—7月	9—10月
		柞木	*Xylosma racemosum*（Sieb. et Zucc.）Miq. [*X. japonicum*（Walp.）A. Gray; *X. congestum*（Lour.）Merr.]	开州，武隆，江津	600 ~ 1 200 m	春季	冬季
		毛枝柞木	*X. japonicum*（Walp.）A. Gray var. *glaucescens* Franch.	巫山，奉节，巫溪，巴东	500 ~ 1 100 m	8—9月	10月至翌年春季
		檬子树	*X. racemosum* var. *glaucescens*（Franch.）C. Y. Wu	巫山，巫溪，奉节，云阳，开州，万州，石柱，武隆，巴南，南岸	300 ~ 1 400 m		

197	旌节花科（Stachyuraceae）	中国旌节花	*Stachyurus chinesis* Franch.	巫山，巫溪，奉节，云阳，开州，万州，石柱，忠县，丰都，涪陵，武隆，长寿，巴南，北碚，江津，江北	350 ~ 1 600 m	3月	5—7月
		宽叶旌节花	*S. chinensis* var. *latus* Li	开州，武隆	1 600 ~ 2 100 m		
		喜马拉雅旌节花	*S. himalaicus* Hook f. et Thoms.	巫山，巫溪，奉节，云阳，开州，万州，石柱，忠县，丰都，涪陵，武隆，长寿，巴南，北碚，江津	400 ~ 2100 m	2—3月	6—8月
		矩圆叶旌节花	*S. oblongifolius* Weng et Teng	奉节，开州	600 ~ 1 200 m	4月	8月
		倒卵叶旌节花	*S. obovatus*（Rehd.）Hand.-Mazz.	北碚，江津	500 ~ 2 000 m	3—4月	5—7月
		柳叶旌节花	*S. salicifolius* Franch.	巫溪，奉节，开州	1 300 ~ 2 000 m	4—5月	6—10月
		披针叶旌节花	*S. salicifolius* var. *lancifolius* C. Y. Wu	武隆	800 ~ 1 900 m		
		云南旌节花	*S. yunnanensis* Franch.	奉节，开州	350 ~ 1 600 m	3—4月	5—8月
		长梗旌节花	*S. yunnanensis* var. *pediceliatus* Rehd.	云阳	400 ~ 1 800 m		
198	西番莲科（Passifloraceae）	月叶西番莲	*Passtiflora altebilobata* Hemsl.	开州，武隆	600 ~ 1 200 m	5月	9—10月
		西番莲	*P. caerulea* Linn.	巫溪，开州，涪陵，北碚，南岸，渝北	400 ~ 800 m	4月	9月
		杯叶西番莲	*P. cupiformis* Mast.	巫溪，奉节，云阳，开州，丰都，涪陵，武隆	400 ~ 800 m	4月	9月
		鸡蛋果	*P. edulis* Sims.	北碚，南岸，渝北	300 ~ 800 m	4月	9月
		半截叶	*P. wilsonii* Hemsl.	武隆，长寿	250 ~ 850 m	4月	9月
199	秋海棠科（Begoniaceae）	白彩秋海棠	*Begonia alba-picta* Bull.	北碚，南岸，渝北	300 ~ 900 m		
		美丽秋海棠	*B. algaia* L. B. Smith et D. C. Wass. [*B. calophylla* Irmsch.]	巫山，巫溪，奉节，云阳，开州	320 ~ 850 m		
		银星秋海棠	*B. argenteo-guttata* Hort. ex L. H. Bailey.	万州，石柱，涪陵，武隆，长寿，巴南，北碚，江津，南岸，渝北，九龙坡，渝中	庭园栽培		
		食用秋海棠	*B. edulis* Lévl.	巫溪，开州	350 ~ 850 m		
		紫背天葵	*B. fimbristipulata* Hance	巫山，巫溪	250 ~ 800 m		
		秋海棠	*B. grandis* Dry. [*B. evansiana* Andr.]	巫山，巫溪，奉节，云阳，开州，万州，石柱，武隆	250 ~ 600 m	7—8月	9—10月
		掌叶秋海棠	*B. hemsleyana* Hook. f.	开州，武隆，江津	300 ~ 1 200 m	7—8月	9—10月
		柔毛秋海棠	*B. henryi* Hemsl.	巫溪	600 ~ 1 100 m	7—8月	9—10月
		心叶秋海棠	*B. labordei* Lévl.	武隆	250 ~ 650 m	7—8月	9—10月
		竹节秋海棠	*B. maculata* Raddi	库区各县（市，区）	庭园栽培	7—8月	9—10月
		红孩儿	*B. palmata* var. *bowringiana*（Champ. ex Benth.）J. Golding et C. Kareg	石柱，涪陵，武隆	200 ~ 800 m	7—8月	9—10月
		掌裂叶秋海棠	*B. pedatifida* Lévl.	巫溪，开州，武隆，巴南，江津	250 ~ 850 m	6—8月	7—9月

续表

序 号	科 名	植物名	拉丁学名	分 布	海 拔	花 期	果 期
199	秋海棠科（Begoniaceae）	四季秋海棠	*B. semperflorens* Link et Otto	库区各县（市，区）	200 ~ 800 m	四季开花	
		中华秋海棠	*B. sinensis* A. DC.	巫溪，开州，武隆	200 ~ 600 m	7—8月	9—10月
		长柄秋海棠	*B. smithiana* Yu	开州，石柱	250 ~ 850 m	5—6月	6—8月
		一点血秋海棠	*B. wilsonii* Gagnep.	开州，石柱，涪陵，武隆	250 ~ 800 m	5—6月	6—8月
200	仙人掌科（Cactaceae）	鼠尾鞭	*Aporocactus flagelliformis*（Linn.）Lem.	北碚，南岸，渝北，九龙坡，渝中	庭园栽培		
		冲天柱	*Cereus dayamii* Speg.	库区各县（市，区）	庭园栽培		
		山影拳	*C. peruvianus* var. *monstrosus* DC.	万州，涪陵，长寿，北碚，南岸，渝北，渝中	庭园栽培		
		短刺球	*Echinocactus eyriesii*（Turpin）Zucc.	渝北，渝中	庭园栽培		
		金琥	*E. grusonii* Hildm.	万州，南岸，渝北，渝中	庭园栽培	夏季	
		长盛球	*E. multiplex* Zucc.	库区各县（市，区）	庭园栽培		
		仙人球	*E. tubiflora*（Pfeiff.）Zucc.	库区各县（市，区）	庭园栽培		
		昙花	*Epiphyllum oxypetalum*（DC.）Hew.	库区各县（市，区）	庭园栽培	6—9月	
		量天尺	*Hylocereus undatus*（Haw.）Britt. et Rose	万州，涪陵，巴南，江津，南岸，渝北，九龙坡，渝中	庭园栽培	7—12月	
		令箭荷花	*Napalxochia ackermannii*（Haw.）Kunth	库区各县（市，区）	庭园栽培	6—8月	
		褐毛掌	*Opuntia basilaris* Engelm. et Bigel.	万州，涪陵，武隆，长寿，巴南，北碚，江津，南岸，渝北，九龙坡，渝中	庭园栽培		
		猪耳掌	*O. brasilensis*（Will.）Hew.	库区各县（市，区）	庭园栽培		
		黄毛掌	*O. microdasya*（Lehm.）Pfeiff.	北碚，南岸，渝北，渝中	庭园栽培		
		绿仙人掌	*O. monacantha* Haw. [O. vulgaris Mill.]	北碚，渝中	庭园栽培		
		仙人掌	*O. stricata* var. *dillenii*（KerGawl.）L. Benson [*O. dillenii*（KerGawl.）Haw.]	库区各县（市，区）	庭园栽培		
		仙人伞	*O. vulgaris* var. *iegata* Baker	北碚，南岸，渝北，九龙坡，渝中，江北	庭园栽培		
		仙人棒	*Rhapsalis cereuscula* Haw. [*R. saglionis* Otto.]	开州，南岸，渝北，九龙坡，渝中，江北	庭园栽培		
		圆齿蟹爪兰	*Schlumbergera bridgesii*（Lem.）Lofgr.	巫山，万州，涪陵，北碚，南岸，渝北，九龙坡，渝中	庭园栽培		
		蟹爪兰	*S. truncata*（Haw.）Moran [*Zygocactus truncatus*（Hew.）Schum.]	库区各县（市，区）	庭园栽培	2—4月	
201	瑞香科（Thymelaceae）	尖瓣瑞香	*Daphne acutiloba* Rehd.	开州，石柱，江津	500 ~ 2 100 m	4—5月	7—9月
		滇瑞香	*D. feddei* Lévl.	巫山，开州，石柱，武隆，北碚，江津	800 ~ 2 200 m		
		芫花	*D. genkwa* Sieb. et Zucc.	巫山，巫溪，奉节，开州	1 600 ~ 2 700 m	3—5月	6—7月
		黄瑞香	*D. giraldii* Nitsche	巫山，巫溪，奉节，开州	1 600 m以上	6月	7—8月
		小娃娃皮	*D. gracilis* E. Pritz.	巫山，巫溪，奉节，开州	1 200 ~ 1 800 m	4—5月	6—8月

201	瑞香科（Thymelaceae）	缙云瑞香	*D. jinyunensis* C. Y. Chang	北碚	700 ~ 800 m	8—11月	10月—翌年2月
		毛柱瑞香	*D. jinyunensis* var. *ptilostyla* C. Y. Chang	开州，江津	600 ~ 1 000 m		
		毛瑞香	*D. kiusiana* var. *atrocaulis*（Rehd.）F. Meckawa	巫山，巫溪，奉节，云阳，开州，万州，石柱，忠县，武隆	600 ~ 2 000 m		
		瑞香	*D. oaora* Thunb.	云阳，开州，万州，渝中	栽培	3—5月	7—8月
		金边瑞香	*D. odora* f. *marginata* Makino	南岸，渝中	栽培		
		白瑞香	*D. papyracea* Wall. ex Steud.	巫溪，开州	500 ~ 1 500 m	11—12月	4—5月
		凹叶瑞香	*D. retusa* Hemsl.	巫溪，开州，石柱，丰都，武隆	1 500 ~ 2 000 m		
		甘肃瑞香	*D. tangutica* Maxim. [*D. wilsonii* Rehd.]	巫山，巫溪，奉节，开州，石柱	1 600 ~ 2 750 m	4—5月	5—7月
		白结香	*Edgeworthia albiflora* Nakai	巴南	1 000 ~ 1 200 m		
		结香	*E. chrysantha* Lindl. [*E. papyrifera* Sieb. et Zucc.]	库区各县（市，区）	600 ~ 1 600 m	1—2月	3—4月
		狼毒	*Stellera chamaejasme* Linn.	巫溪	1 800 ~ 2 700 m		
		狭叶荛花	*Wikstroemia angustifolia* Hemsl.	巫山，巫溪，开州	1 600 ~ 2 100 m	3—4月	5—6月
		头序荛花	*W. capitata* Rehd.	巫山，巫溪	1 300 ~ 2 400 m	3—4月	5—6月
		河朔荛花	*W. chamaedaphne* Meissn.	巫山，巫溪，开州	500 ~ 1 900 m	6—8月	9月
		光洁荛花	*W. glabra* Cheng	巫山，巫溪，开州	900 ~ 1 550 m	5月	
		纤细荛花	*W. gracilis* Hemsl.	巫山，巫溪，开州	1 100 m	7—9月	9—12月
		亚麻叶荛花	*W. linoides* Hemsl.	巫山，巫溪，开州	1 000 m以下		
		小黄构	*W. micrantha* Hemsl. [*W. brevipaniculata* Rehd.]	巫山，巫溪，奉节，云阳，开州，万州，石柱，忠县，丰都，涪陵，武隆，长寿，巴南，北碚，江津，南岸，江北	400 ~ 1 200 m	6—8月	7—10月
		北江荛花	*W. monnula* Hance	巫山，巴东，江北	400 ~ 1 200 m		
202	胡颓子科（Elaegnaceae）	长叶胡颓子	*Elaeagnus bockii* Diels	开州，万州，石柱，忠县，丰都，涪陵，武隆，长寿，巴南	400 ~ 1 600 m	10—11月	翌年4月
		窄叶木半夏	*E. angustata*（Rehd.）C. Y. Chang	巫山，奉节，开州	2 000 m左右	4—5月	7—8月
		佘山胡颓子	*E. argyi* Lévl.	巫山，奉节，开州	500 ~ 1 500 m	1—3月	4—5月
		川鄂胡颓子	*E. davidii* Franch.	巫山，奉节，开州	500 ~ 1 600 m		
		巴东胡颓子	*E. difficilis* Serv.	巫山，奉节，开州	600 ~ 1 800 m	11月至翌年3月	4—5月
		蔓胡颓子	*E. glalbra* Thunb.	巫山，巫溪，奉节，武隆，北碚，江津	600 ~ 1 600 m	9—11月	翌年4—5月
		短柱胡颓子	*E. difficilis* Serv. var. *brevistyla* W. K. Hu et H. F. Chow	巫山，巫溪，奉节，巴东	1 600 ~ 2 700 m	5月	
		多毛羊奶子	*E. grijsii* Hance	巫山，巫溪，奉节，巴东	400 ~ 1 300 m	1—2月	4—5月
		宜昌胡颓子	*E. henryi* Warb. ex Diels	巫山，奉节，开州，石柱，武隆，北碚，江津	250 ~ 1 800 m	10—11月	翌年4月

续表

序号	科名	植物名	拉丁学名	分布	海拔	花期	果期
202	胡颓子科（Elaegnaceae）	披针叶胡颓子	*E. lanceolata* Warb. ex Diels	巫山，巫溪，奉节，开州，武隆	800 ~ 2 500 m	8—10月	翌年4—5月
		银果胡颓子	*E. magna* Rehd.	奉节，开州	350 ~ 1 200 m	4—5月	8月
		木半夏	*E. multiflora* Thunb.	巫山，巫溪，奉节，云阳，开州，万州，石柱，武隆，江津	600 ~ 1 800 m	5月	6—7月
		南川胡颓子	*E. nanchuanensis* C. Y. Chang	石柱，忠县，丰都，涪陵，武隆，江津	750 ~ 1 800 m	4—5月	6—7月
		毛柱胡颓子	*E. pilostyla* C. Y. Chang	涪陵	1 600 ~ 1 900 m		
		福建胡颓子	*E. oldhami* Maxim.	巴东，兴山	500 ~ 1 000 m	11—12月	翌年2—3月
		胡颓子	*E. pungens* Thunb.	巫溪，开州	1 800 ~ 2 500 m	9—12月	翌年2—3月
		星毛胡颓子	*E. stellipila* Rehd.	巫山，巫溪，奉节，开州，石柱，武隆	500 ~ 1 400 m	3—4月	7—8月
		牛奶子	*E. umbellata* Thunb.	巫山，奉节，开州，武隆	800 ~ 2 100 m	4—5月	7—8月
		文山胡颓子	*E. wenshanensis* C. Y. Chang	奉节，涪陵	1 300 ~ 1 800 m	11月至翌年2月	3—4月
		巫山牛奶子	*E. wushanensis* C. Y. Chang	巫山，巫溪，奉节，开州	1 400 ~ 2 300 m	4—6月	8—9月
203	千屈菜科（Lythraceae）	耳叶水苋	*Ammannia arenaria* H. B. K. [*A. auriculata* Wild.]	长寿，巴南，江津，南岸，渝北	300 ~ 700 m	8—12月	8—12月
		水苋菜	*A. baccifera* Linn.	开州，涪陵，武隆，长寿，巴南，北碚，江津，南岸，渝北，江北	250 ~ 800 m	8—10月	9—12月
		多花水苋	*A. multiflora* Roxb.	巫溪，开州，巴东	1 500 m以下	7—8月	9月
		川黔紫薇	*Lagerstroemia excelsa*（Dode）Chun ex S. Lee	奉节，云阳，开州，万州，石柱，武隆	400 ~ 1 200 m	4月	7月
		紫薇	*L. indica* Linn.	库区各县（市，区）	1 200 m以下	6—9月	9—12月
		南紫薇	*L. subcostata* Koehne	开州，石柱，涪陵，武隆，江津	300 ~ 800 m	6—8月	7—10月
		千屈菜	*Lythrum salicaria* Linn.	巫溪，开州	250 ~ 1 200 m		
		节节菜	*Rotala indica*（Willd.）Koehne	库区各县（市，区）	200 ~ 800 m	9—10月	10月至翌年4月
		圆叶节节菜	*R. rotundifolia*（Buch.-Ham. ex Roxb.）Koehne	库区各县（市，区）	250 ~ 1 200 m	12月至翌年6月	12月至翌年6月
204	石榴科（Punicaceae）	石榴	*Punica granatum* Linn.	库区各县（市，区）	栽培	4—10月	4—10月
205	珙桐科（Nyssaceae）	喜树	*Camptotheca acuminata* Decne.	库区各县（市，区）	1 000 m以下	5—7月	9月
		珙桐	*Davidia involucrata* Baill.	巫山，巫溪，开州，万州，石柱，武隆，巴东，兴山，秭归	1 800 ~ 2 200 m	4月	10月
		光叶珙桐	*D. involucrata* var. *vilmoriniana*（Dode）Wanger.	巫山，巫溪，奉节	1 800 ~ 2 200 m	4月	10月
206	八角枫科（Alangiaceae）	八角枫	*Alangium chinense*（Lour.）Harms	库区各县（市，区）	400 ~ 1 800 m	5—7月	7—11月
		稀花八角枫	*A. chinense* ssp. *pauciflorum* Fang	巫山，巫溪，奉节，云阳，开州，武隆	900 ~ 2 500 m		

206	八角枫科（Alangiaceae）	伏毛八角枫	*A. chinense* ssp. *strigosum* Fang	巫溪，奉节，开州，武隆	500～1 200 m	6—7月	8—9月
		深裂八角枫	*A. chinense* ssp. *triangulare*（Wanger.）Fang	开州，武隆	800～1 600 m		
		小花八角枫	*A. faberi* Oliv.	开州，涪陵，武隆，长寿，巴南，北碚，江津，南岸	300～1 300 m	6月	9月
		异叶八角枫	*A. faberi* var. *heterophyllum* Yang	巫溪，奉节，丰都，涪陵，武隆，长寿，巴南，北碚，江津	1 000 m以下		
		长毛八角枫	*A. kurzii* Craib	巴东，奉节，巫山，兴山	400～1 500 m	5—6月	9月
		瓜木	*A. platanifolium*（Sieb. et Zucc.）Harms [*A. platanifolium* var. *macrophyllum*（Sieb. et Zucc.）Warger.]	巫山，巫溪，奉节，云阳，开州，万州，石柱，忠县，丰都，涪陵，武隆，长寿，巴南，北碚，江津，南岸，渝北，江北	2 000 m以下	5—6月	7—9月
207	使君子科（Combretaceae）	石风车子	*Combretum wallichii* DC.	涪陵	1 000～1 400 m		
		使君子	*Quisqualis indica* Linn.	开州，江津，渝北	800～1 500 m		
208	桃金娘科（Myrtaceae）	红千层	*Callistemon rigidus* R. Br.	万州，石柱，涪陵，巴南，北碚，江津，南岸，渝北，九龙坡，渝中	栽培	6—8月	
		垂枝红千层	*C. viminalis*（Soland ex Gaertn.）Cheel	涪陵，北碚，南岸，渝北，九龙坡，渝中	栽培		
		赤桉	*Eucalyptus camaldulensis* Dehnh.	涪陵，武隆，长寿，巴南，北碚，江津，南岸，渝北	栽培	8—12月	
		柠檬桉	*E. maculata* var. *citriodora*（Hook. f.）Bailey [*E. citriodora* Hook. f.]	万州，丰都，涪陵，武隆，长寿，巴南，北碚，江津，南岸，渝北，江北	栽培	4—9月	
		窿缘桉	*E. exserta* F. J. Muell.	江津，南岸，渝中	栽培	4—9月	
		蓝桉	*E. globulus* Labill.	丰都，涪陵，武隆，长寿，巴南，北碚，江津，南岸，江北	栽培	4—9月	
		直杆蓝桉	*E. maideni* F. V. Muell.	南岸，渝北，九龙坡	栽培	4—9月	
		大叶桉	*E. robusta* Smith	库区各县（市，区）	栽培	4—9月	
		细叶桉	*E. tereticornis* Smith	开州，涪陵，武隆，长寿，巴南，北碚，江津，南岸，渝北，九龙坡，渝中，江北	栽培		
		番石榴	*Psidium guajava* Linn.	江津，渝中	庭园栽培		
		赤楠	*Syzygium buxifolium* Hook. et Arn.	北碚，南岸	1 000 m以下	6—8月	
		蒲桃	*S. jambos*（Linn.）Alston	北碚，南岸，渝中	庭园栽培		
		华南蒲桃	*S. austrosinense*（Merr. et Perry）Chang et Miau	奉节，巫山，巫溪，巴东	低海拔	6—8月	
		贵州蒲桃	*S. handelii* Merr. et Perry	奉节，巫山，巫溪，巴东	低海拔	5—6月	
		四川蒲桃	*S. szechuanense* Chang et Miau	巫山，巴东，奉节，巫溪	低海拔	10月	
209	野牡丹科（Melastomataceae）	心叶野海棠	*Bredia esquirolii* var. *cordata*（H. L. Li）C. Chen	巴南，北碚，江津	300～800 m	7—8月	8—9月
		异药花	*Fordiophyton faberi* Stapf	巴南，北碚，江津，渝北	400～1 300 m		
		展毛野牡丹	*Melastoma normale* D. Don	长寿，巴南，北碚，江津，南岸，渝北，江北	150～2 800 m	春至夏初	秋季

续表

序号	科名	植物名	拉丁学名	分布	海拔	花期	果期
209	野牡丹科（Melastomataceae）	金锦香	*Osbeckia chinensis* Linn.	巫溪，开州，石柱，武隆，长寿，巴南	1 000 m以下	7—9月	9—11月
		假朝天罐	*O. crinita* Benth. et C. B. Clarke	巫山，巫溪，开州，万州，巴南，北碚	800 m以上	8—11月	10—12月
		朝天罐	*O. opipara* C. Y. Wu et C. Chen	巫山，巫溪，奉节，云阳，开州，万州，石柱，忠县，丰都，涪陵，武隆，江津	800 ~ 1 600 m	8—11月	10—12月
		锦香草	*Phyllagathis cavaleriei*（Lévl. et Vant.）Guill.	武隆，丰都	400 ~ 850 m	9月	9月
		宽萼锦香草	*P. latisepala* C. Chen	奉节，巫山，巫溪，巴东	350 ~ 550 m	9月	9月
		肉穗草	*Sarcopyramis bodinieri* Lévl. et Vant.	开州，丰都，涪陵，武隆，巴南，北碚，江津	350 ~ 1 500 m	8—10月	9—12月
		楮头红	*S. nepalensis* Wall.	开州，万州，石柱，涪陵，武隆	350 ~ 1 500 m	8—10月	9—12月
210	菱科（Trapaceae）	乌菱	*Trapa bicornis* Osbeck	开州，万州，忠县	低海拔	7—10月	7—10月
		菱	*T. bispinosa* Roxb. [*T. bicornis* var. *bispinosa*（Roxb.）Xiong]	开州，涪陵，武隆，长寿，巴南，北碚，江津，南岸	低海拔	5—10月	7—11月
		四角菱	*T. quadrispinosa* Roxb.	万州	低海拔	7—10月	7—10月
		丘角菱	*T. japonica* Flerow	巫山，奉节，巫溪，巴东		7—9月	7—9月
		细果野菱	*T. maximowiezii* Korsh.	巫山，奉节，巫溪，巴东	低海拔	6—7月	8—9月
211	柳叶菜科（Onagraceae）	高山露珠草	*Circaea alpina* ssp. *imaicola*（Asch. et Magnus）Kitam.	开州，涪陵	1 300 ~ 2 500 m	7—9月	8—11月
		牛泷草	*C. cordata* Royle	开州，万州，石柱，忠县，丰都，武隆	800 ~ 1 700 m	6—7月	
		谷蓼	*C. erubescens* Franch. et Savat	开州，万州，石柱，忠县，武隆	1 000 ~ 2 000 m	6—9月	7—9月
		水珠草	*C. lutetiana* ssp. *quadrisulcata*（Maxim.）Asch. et Magnus [*C. quadrisulcata*（Maxim.）Franch. et Savat.]	奉节，开州，丰都，武隆	800 ~ 1 800 m	6—8月	7—9月
		南方露珠草	*C. mollis* Sieb. et Zucc.	巫溪，奉节，云阳，开州，武隆，江津	800 ~ 1 700 m	7—9月	8—10月
		匍匐露珠草	*C. repens* Wallich ex Asch. et Magnus		2 300 ~ 2 800 m	7—10月	7—11月
		毛脉柳叶菜	*Epilobium amurense* Hausskn.	开州，武隆，长寿，江津	1 400 ~ 1 800 m	5—8月	8—10月
		光柳叶菜	*E. amurense* ssp. *cephalostigma*（Hausskn.）C. J. Chen ex Hoch et Raven	巫山，巫溪，开州，石柱，涪陵，武隆	600 ~ 2 100 m	6—8月	8—9月
		柳兰	*E. angustifolium* Linn. [*Chamaenerion angustifolium*（Linn.）Scop.]	巫溪，开州	1 500 ~ 2 500 m		
		柔毛柳叶菜	*E. angustifolium* ssp. *circumvagum* Mosquin	巫溪，开州，武隆	1 800 ~ 2 500 m		
		广布柳叶菜	*E. brevifolium* ssp. *trichoneurum*（Hausskn.）Raven	开州，武隆，江津	800 ~ 1 800 m	7—9月	9—10月
		柳叶菜	*E. hirsutum* Linn.	巫山，巫溪，奉节，云阳，开州	180 ~ 2 800 m	6—8月	7—9月
		片马柳叶菜	*E. kermodei* Raven	丰都，武隆			
		沼生柳叶菜	*E. palustre* Linn.	巫山，巫溪，奉节，开州	800 ~ 1 800 m	6—8月	8—9月

211	柳叶菜科（Onagraceae）	小花柳叶菜	*E. parviflorum* Schreb.	巫山，巫溪，奉节，云阳，开州，万州，石柱，涪陵，武隆	800 ~ 2 000 m	6—9月	7—10月
		阔柱柳叶菜	*E. platystigmatosum* C. B. Robinson.	开州，丰都，石柱，武隆			
		长籽柳叶菜	*E. pyrricholophum* Franch. et Savat.	巫山，巫溪，奉节，云阳，开州，万州，石柱，忠县，丰都，涪陵，武隆，长寿，江津	700 ~ 1 500 m	7—9月	8—11月
		中华柳叶菜	*E. sinense* Lévl	库区各县（市，区）	550 ~ 2 400 m	6—8月	8—10月
		滇藏柳叶菜	*E. wallichianum* Hausskn.	丰都			
		水龙	*Ludwigia adscendens*（Linn.）Hara	巫山，巫溪，奉节，云阳，开州，万州，石柱，忠县	1 500 m以下	5—8月	8—11月
		假柳叶菜	*L. epilobioides* Maxim.	库区各县（市，区）	约600 m	8—10月	9—11月
		丁香蓼	*L. prostrata* Roxb.	库区各县（市，区）	500 ~ 1 500 m	6—7月	8—9月
		月见草	*Oenothera erythrosepala* Borb. [*O. biennis* Linn.]	长寿，巴南，北碚，江津	庭园栽培		
		黄花月见草	*O. glazioviana* Mich.	江津，巫山，奉节	庭园栽培	5—10月	8—12月
		待宵草	*O. stricta* Ledeb. et Link [*O. odovata* Jacq.]	巫山，巫溪，奉节，云阳，开州，万州，石柱，武隆	栽培	4—10月	6—11月
212	小二仙草科（Haloragidaceae）	小二仙草	*Haloragis micrantha*（Thunb.）R. Br.	巫山，巫溪，奉节，云阳，开州，万州，石柱，忠县，丰都，涪陵，武隆，长寿，巴南，北碚，江津，南岸，江北	1 300 m以下	4—8月	5—10月
		穗花狐尾藻	*Myriophyllum spicatum* Linn.	库区各县（市，区）	2 500 m以下	春秋	4—9月
		轮叶狐尾藻	*M. verticillattum* Linn.	库区各县（市，区）	2 500 m以下	夏秋	夏秋
213	杉叶藻科（Hippuridaceae）	杉叶藻	*Hippuris vulgaris* Linn.	库区各县（市，区）			
214	假繁缕科（Theligonaceae）	假牛繁缕	*Theligonum macranthum* Franch.	巫山，巫溪，奉节，云阳，开州，万州，石柱，武隆，江津	2 050 ~ 2 400 m	春夏季	
215	五加科（Araliaceae）	食用土当归	*Aralia cordata* Thunb.	巫山，巫溪，奉节，开州，巴东	1 200 ~ 1 600 m	7—8月	9—10月
		头序楤木	*A. dasyphylla* Miq	巫山，巫溪，奉节，开州，涪陵，武隆,巴东，秭归	400 ~ 1 200 m	8—10月	10—12月
		棘茎楤木	*A. echinocaulis* Hand.-Mazz.	巫山，巫溪，奉节，云阳，开州，万州，石柱，涪陵，武隆，江津	250 ~ 1 500 m	6—8月	9—11月
		楤木	*A. elata*（Miq.）Seem.	巫山，巫溪，奉节，云阳，开州，万州，石柱，忠县，丰都，涪陵，武隆，北碚，江津，南岸	1 200 ~ 2 400 m		
		龙眼独活	*A. fargesii* Franch.	巫溪，开州	1 800 ~ 2 600 m	7—8月	10—11月
		柔毛龙眼独活	*A. henryi* Harms	巫山，巫溪，奉节，开州，涪陵，武隆	1 500 ~ 2 300 m	7—8月	9—11月
		湖北楤木	*A. hupehensis* Hoo	巴东，秭归，兴山	200 m	7月	9月
		波缘楤木	*A. undulata* Hand.-Mazz.	巫溪，开州	约1 000 m	6—8月	10月
		树参	*Dendropanax dentigerus*（Harms）Merr.	开州，武隆，江津	1 400 m	8—10月	10—12月

续表

序号	科名	植物名	拉丁学名	分布	海拔	花期	果期
215	五加科（Araliaceae）	两歧五加	*Acanthopanax divaricatus*（Sieb. et Zucc.）Seem.	开州，武隆，巴东，秭归	600 ~ 1 800 m	8月	10月
		吴茱萸五加	*A. evodiaefolius* Franch.	巫溪，开州，石柱，巴东	600 ~ 1 800 m	5—7月	8—10月
		红毛五加	*A. giraldii* Harms	巫山，巫溪，开州	1 300 ~ 2 500 m	6—7月	8—10月
		毛梗红毛五加	*A. giraldii* Harms var. *hispidus* Hoo	巴东，秭归，兴山	2 300 m	6—7月	8—10月
		五加	*A. gracilistylus* W. W. Smith	巫山，巫溪，奉节，云阳，开州，万州，武隆，长寿，巴南，北碚，江津，南岸，渝北	300 ~ 1 500 m	4—8月	6—10月
		粗毛五加	*A. gracilistylus* W. W. Smith var. *nodiflorus*（Dunn）Li	巴东，秭归	1 800 m以下	4—8月	6—10月
		柔毛五加	*Aralia gracilistylus* var. *villosulus*（Harms）Li	巴东，碛口，兴山，巫山	650 ~ 2 000 m	4—8月	6—10月
		糙叶五加	*A. henryi*（Oliv.）Harms	巫山，巫溪，开州，武隆	1 000 ~ 1 200 m	7—9月	9—10月
		藤五加	*A. leucorrhizus*（Oliv.）Harms	巫溪，开州，丰都，武隆	1 000 ~ 2 500 m	6—8月	8—10月
		长叶藤五加	*A. leucorrhizus*（Oliv.）Harms f. *angustifoliatus* Hoo	巫溪，开州	1 500 m	6—8月	8—10月
		糙叶藤五加	*A. leucorrhizus*（Oliv.）Harms var. *fulvescens* Harms et Rehd.	奉节，开州，丰都，武隆	1 000 m以上	6—8月	8—10月
		狭叶藤五加	*A. leucorrhizus*（Oliv.）Harms var. *scaberulus* Harms et Rehd.	宜昌，巴东，秭归，兴山	1 000 m以上	6—8月	8—10月
		匙叶五加	*A. rehderianus* Harms	巫山，巫溪，巴东	2 000 ~ 2 600 m	6—7月	8—10月
		蜀五加	*A. setchuenensis* Harms ex Diels	巫山，巫溪，奉节，开州，万州，武隆	1 000 m以上	5—8月	8—10月
		细刺五加	*A. setulosus* Franch.	巫溪，开州	2 000 m	7月	9月
		刚毛五加	*A. simonii* Schneid.	巫溪，开州，石柱，丰都，涪陵，武隆	1 000 ~ 2 000 m	7—8月	9—10月
		白勒	*A. trifoliatus*（L.）Merr.	巫山，巫溪，奉节，云阳，开州，万州，石柱，忠县，丰都，涪陵，武隆，长寿，巴南，北碚，江津，南岸，渝北，九龙坡，江北	350 ~ 1 300 m	8—11月	9—12月
		假通草	*Euaraliopsis ciliata*（Dunn）Hutch. [*Brussaiopsis ciliata* Dunn]	江津	400 ~ 1 200 m		
		八角金盘	*Fatsia japonica*（Thunb.）Decne. et Planch.	奉节，开州，涪陵，巴南，北碚，江津，南岸，渝北，九龙坡，渝中，江北	栽培		
		常春藤	*Hedera nepalensis* var. *sinensis*（Tobl.）Rehd.	库区各县（市，区）	1 700 m以下	9—11月	翌年3—5月
		刺楸	*Kalopanax septemlobus*（Thunb.）Koidz. [K. *pictum Nakai*]	巫溪，云阳，开州，武隆，长寿，巴南，北碚，江津，南岸，渝北，江北	1 200 m以下	7—10月	9—12月
		毛叶刺楸	*K. septemlobus* var. *magnificus*（Zabel）Hand.-Mazz.	巫山，奉节，开州，武隆	1 500 m以下	7—10月	9—12月

215	五加科（Araliaceae）	短梗大参	*Macropanax rosthornii*（Harms）C. Y. Wu ex Hoo	开州	500 ~ 1 300 m	7—9月	10—12月
		异叶梁王茶	*Nothopanax davidii*（Franch.）Harms ex Diels	奉节，云阳，开州，万州，石柱，忠县，丰都，涪陵，武隆，长寿，巴南，北碚，江津	600 ~ 1 800 m	6—8月	9—11月
		梁王茶	*N. delavayi*（Franch.）Harms ex Diels	巫山，巫溪，开州，武隆	600 ~ 1 800 m	6—8月	9—11月
		人参	*Panax ginseng* C. A. Mey. [*P. schinseng* Nees]	巫溪，石柱	药园栽培		
		竹节参	*P. japonicus* C. A. Mey. [*P. pseudoginseng* var. *japonicus*（C. A. Mey.）Hoo et Tseng]	巫山，巫溪，奉节，云阳，开州，石柱，武隆，江津	1 300 ~ 2 500 m		
		羽叶三七	*P. japonicus* var. *bipinnatifidus*（Seem.）	巫山，巫溪，丰都	2000 m以下		
		珠子参	*P. japonicus* var. *major*（Burk.）C. Y. Wu et Feng [*P. pseudoginseng* var. *elegantior*（Burk.）Hoo et Tseng]	巫山，巫溪，奉节，开州	1 200 ~ 2 600 m		
		三七	*P. notoginseng*（Burk.）F. H. Chen ex C. Y. Wu et Feng [P. *pseudoginseng* var. *notoginseng*（Burkill）Hoo et Tseng]	巫溪，石柱	药园栽培		
		西洋参	*P. quinquefolius* Linn.	巫溪	药园栽培		
		短序鹅掌柴	*Schefflera bodinieri*（Lévl.）Rehd.	巫山，巫溪，奉节，开州，万州，武隆，江津	400 ~ 1 000 m	11月	翌年4月
		穗序鹅掌柴	*S. delavayi*（Franch.）Harms ex Diels	巫山，巫溪，奉节，云阳，开州，万州，石柱，忠县，丰都，涪陵，武隆，长寿，巴南，北碚，江津，南岸，江北	600 ~ 1 400 m	10—11月	翌年1月
		通脱木	*Tetrapanax papyrifer*（Hook.）K. Koch	库区各县（市，区）	500 ~ 1 500 m	10—12月	翌年1—2月
216	伞形科（Umbelliferae）	巴东羊角芹	*Aegopodium henryi* Diels	巫山，巫溪，奉节，开州	500 ~ 1 650 m	6—8月	6—8月
		莳萝	*Anethum graveolens* Linn.	云阳，开州，武隆，江津	栽培	6—8月	6—8月
		狭叶当归	*Angelica anomala* Ave-Lall.	巫溪，开州	1 600 ~ 2 500 m	8—9月	9—10月
		重齿当归	*A. biserrata* Yuan et shan	巫山，巫溪，开州	1 000 ~ 2 000 m	8—9月	9—10月
		湖北当归	*A. cincta* de Boiss	巴东，巫山	900 ~ 2 000 m	8—9月	9—10月
		骨缘当归	*A. cartilaginomarginata*（Makino）Nakai var. *foliosa* Yuan et Shan	巴东，巫山	900 ~ 1 800 m	8—9月	9—10月
		白芷	*A. dahurica*（Fisch. ex Hoffm.）Benth. et Hook. f. ex. Franch. et Sav.	云阳，开州，忠县，武隆，江津，南岸	栽培	7—8月	8—9月
		紫花前胡	*A. decursiva*（Miq.）Franch. et Sav.	巫山，巫溪，奉节，云阳，开州，万州，石柱，忠县，丰都，涪陵，武隆，长寿，巴南，江津，江北	1 000 ~ 2 000 m	8—9月	9—11月
		疏叶当归	*A. laxifoliata* Diels	宜昌，巴东	600 ~ 1 600 m	7—9月	8—10月
		宜昌当归	*A. henryi* Wolff	宜昌	800 ~ 1 800 m	8—9月	9—11月
		大叶当归	*A. megaphylla* Diels	巫山，巫溪，开州，武隆，巴东，秭归	800 ~ 1 800 m	7—10月	7—10月
		拐芹	*A. polymorpha* Maxim	巴东，巫山，秭归	1 000 ~ 2 000 m	8—10月	8—10月
		毛当归	*A. pubescens* Maxim.	巫溪，开州	1 800 ~ 2 400 m	6—7月	7—9月

续表

序号	科名	植物名	拉丁学名	分布	海拔	花期	果期
216	伞形科（Umbelliferae）	芹菜当归	*A. seudoselinum* Boiss.	巫山，巫溪，开州	1 500 ~ 2 600 m	6—7月	7—9月
		当归	*A. sinensis*（Oliv.）Diels	巫山，巫溪，开州	1 500 ~ 2 000 m	6—7月	7—9月
		金山当归	*A. valida* Diels	开州，武隆	1 800 ~ 2 100 m	6—7月	7—9月
		峨参	*Anthriscus sylvestris*（L.）Hoffm.	巫山，巫溪，奉节，云阳，开州，石柱，武隆	800 ~ 2 500 m	4—5月	4—5月
		旱芹	*Apium graveolens* L.	库区各县（市，区）	300 ~ 800 m	4—7月	4—8月
		细叶旱芹	*A. leptophyllum*（Pers.）F. Muell.	长寿，宜昌，巴东	1 200 m以下	5月	6—7月
		北柴胡	*Bupleurum chinense* DC.	巫山，巫溪，奉节，开州，武隆，江津，南岸，宜昌	600 ~ 2 000 m	9月	10月
		小叶柴胡	*B. hamiltonii* Diels	开州，武隆	600 ~ 2 000 m	9月	10月
		空心柴胡	*B. longicaule* Wall. ex DC. var. *franchetii* de Boiss.	巫山，巫溪，奉节，开州	700 ~ 2 000 m	9月	10月
		坚挺柴胡	*B. longicaule* Wall. ex DC. var. *strictum* C. B. Clarke	巫溪，开州	800 ~ 2 000 m	9月	10月
		大叶柴胡	*B. longiradiatum* Turcz.	巫山，开州	1 400 ~ 2 500 m	8—10月	8—10月
		紫花大叶柴胡	*B. longiradiatum* var. *porphyranthum* Shan et Y. Li	巫山，巫溪，奉节，开州	800 ~ 2 000 m	8—10月	8—10月
		竹叶柴胡	*B. marginatum* Wall. et DC.	巫山，奉节，开州，万州，武隆	650 ~ 2 300 m	6—9月	9—11月
		窄竹叶柴胡	*B. marginatum* var. *stenophyllum*（Wolff）Shan et Y. Li	开州	2 700 m以上	8—9月	9—10月
		红柴胡	*B. scorzonerifolium* Willd	巴东，秭归，宜昌	2 000 m以下	7—8月	8—9月
		有柄柴胡	*B. petiolulatum* Franch.	巫山，巴东	2 300 m以上	7—8月	8—9月
		小柴胡	*B. tenue* Buch.-Ham. ex D. Don	巫山，巫溪，奉节，云阳，开州，万州，石柱，武隆，北碚，江津	1 000 m以上	9—10月	9—10月
		积雪草	*Centella asiatica*（Linn.）Urban	库区各县（市，区）	200 ~ 1 900 m	4—10月	4—10月
		明党参	*Changinum smyrioides* Wolff	云阳，万州，宜昌		4月	
		川明参	*Chuanminshen violaceum* Sheh et Shan	涪陵	低海拔	4—5月	5—6月
		山芎	*Conioselinum chinese*（L.）Britton, Sterns et Poggenburg	宜昌，巴东	1 000 m左右	6—9月	10月
		蛇床子	*Cnidium monnieri*（Linn.）Cuss.	开州，武隆	1 200 m以下	4—7月	6—10月
		芫荽	*Coriandrum sativum* L.	库区各县（市，区）		4—11月	4—11月
		鸭儿芹	*Cryptotaenia japonica* Hassk.	库区各县（市，区）	200 ~ 2 400 m	4—5月	6—10月
		羽裂鸭儿芹	*C. japonica* f. *pinnatisecta* S. L. Liou	巫山，巫溪，奉节，开州，石柱，武隆	200 ~ 2 400 m	4—5月	6—10月
		野胡萝卜	*Daucus carota* L.	库区各县（市，区）	1 800 m以下	5—7月	7—8月
		胡萝卜	*D. carota* var. *sativa* Hoffm.	库区各县（市，区）	1 200 ~ 2 500 m	5—7月	7—8月
		马蹄芹	*Dickinsia hydrocotyloides* Franch.	巫溪，开州，武隆	1 200 ~ 2 500 m	4—10月	4—10月

216	伞形科（Umbelliferae）	茴香	*Foeniculum vulgare* Mill.	库区各县（市，区）		5—6月	7—10月
		渐尖叶独活	*Heracleum acuminatum* Franch	巴东，巫山	1 000 ~ 1 300 m	6—8月	8—9月
		白亮独活	*Heracleum candicans* Wall. ex DC.	开州，武隆	1 000 ~ 1 300 m	5—6月	9—10月
		独活	*H. hemsleyanum* Diels	巫溪，奉节，开州，武隆，江津	1 200 ~ 2 500 m	5—7月	8—9月
		短毛独活	*H. moellendorffii* Hance	巫溪，开州，巫山，巴东	1 000 m	7月	8—10月
		平截独活	*H. vicinum* de Boiss	巴东，巫山，巫溪	1 200 m	7—8月	8—10月
		粗糙独活	*H. scabridum* Franch.	丰都	1 200 m	7—8月	9—10月
		永宁独活	*H. yungningense* Hand.-Mazz	巴东，秭归，巫山	1 800 m	7—8月	9—10月
		中华天胡荽	*Hydrocotyle chinensis*（Dunn）Craib	巫山，巫溪，奉节，开州，石柱，武隆	1 060 ~ 2 900 m	5—11月	5—11月
		裂叶天胡荽	*H. dielsiana* Wolff	武隆，长寿	1 200 m	7月	7月
		红马蹄草	*H. nepalensis* Hook.	巫山，巫溪，奉节，云阳，开州，万州，石柱，忠县，丰都，涪陵，武隆，长寿，巴南，北碚，江津，南岸，江北	350 ~ 2 100 m	5—11月	5—11月
		天胡荽	*H. sibthorpioides* Lam.	库区各县（市，区）	500 ~ 3 000 m	4—9月	4—9月
		破铜钱	*H. sibthorpioides* var. *batrachium*（Hance）Hand.-Mazz. ex Shan	武隆，长寿，巴南，南岸	1 500 ~ 2 500 m	4—9月	4—9月
		肾叶天胡荽	*H. wilfordi* Maxim.	开州，万州，石柱，忠县，丰都，巴南，北碚	350 ~ 1 400 m	5—9月	5—9月
		鄂西天胡荽	*H. wilsonii* Diels ex Wolff	奉节，开州，巴东，巫山	1 250 ~ 1 780 m	7—8月	7—8月
		香芹	*Libanotis seseloides*（Fisch. et Mye. Ex Turcz.）Turcz.	宜昌，巴东	1 200 ~ 1 700 m	7—10月	7—10月
		尖叶藁本	*Ligusticum acuminatum* Franch.	开州	1 500 ~ 2 800 m	7—8月	9—10月
		短片藁本	*L. brachylobum* Franch.	开州，万州，丰都，涪陵，武隆	1 600 m以上	7—8月	9—10月
		川芎	*L. chuanxiong* Hort.	开州，万州，石柱，武隆，江津	栽培	7—8月	9—10月
		羽苞藁本	*L. daucoides*（Franch.）Franch.	开州，武隆	2 500 m以上	7—8月	9—10月
		膜苞藁苯	*L. oliverianum*（de Boiss）Shan	巴东，秭归	2 000 m以上	8月	9—10月
		金山川芎	*L. fuxion* Hort.	开州，武隆	1 000 ~ 2 600 m	7—8月	9—10月
		藁本	*L. sinense* Oliv.	巫山，巫溪，奉节，云阳，开州，万州，石柱，涪陵，武隆	800 ~ 2 500 m	8—9月	10月
		岩茴香	*L. tachiroei*（Franch. et Sav.）Hiroe et Constance	宜昌，秭归	1 200 ~ 2 500 m	7—8月	9—10月
		紫伞芹	*Melanosciadium pimpinelloideum* de Boiss.	开州，武隆	1 400 ~ 1 800 m	7—9月	7—9月
		白苞芹	*Nothosmyrnium japonicum* Miq.	开州，江津	1 500 m以下	9—10月	9—10月
		川白苞芹	*N. japonicum* var. *sutchuensis* de Boiss.	江津	1 500 m以下	9—10月	9—10月
		宽叶羌活	*Notopterygium forbesii* de Boiss.	开州，石柱，武隆	1 200 ~ 2 000 m	7月	8—9月
		短辐水芹	*Oenanthe benghalensis* Benth. et Hook. f.	开州，巴南，北碚，江津，南岸，渝北	350 ~ 800 m	6—8月	8—10月
		西南水芹	*O. dielsii* de Boiss.	巫山，巫溪，开州，武隆，江津	750 ~ 2 000 m	6—8月	8—10月

续表

序号	科名	植物名	拉丁学名	分布	海拔	花期	果期
216	伞形科（Umbelliferae）	细叶水芹	*O. dielsii* ssp. *stenophylla*（Boiss.）C. Y. Wu et Pu	巫溪，开州，武隆	500 ~ 2 000 m	6—8月	8—11月
		水芹	*O. javanica*（Bl.）DC.	库区各县（市，区）	500 m	6—7月	8—9月
		线叶水芹	*O. linearis* wall. ex DC.	开州，石柱，长寿	600 ~ 1 800 m		
		卵叶水芹	*O. rosthornii* Diels	巫山，巫溪，奉节，云阳，开州，万州，石柱，忠县，丰都，涪陵，武隆，江津	500 ~ 2 000 m	8—9月	10—11月
		中华水芹	*O. sinensis* Dunn	宜昌，巴东，秭归	600 m以下	6—7月	8月
		香根芹	*Osmorhiza aristata*（Thunb.）Makino et Yabe	开州，江津	250 ~ 1 120 m	5—7月	5—7月
		疏叶香根芹	*O. aristata* var. *laxa*（Royle）Constance et Shan	开州，武隆	800 ~ 1 600 m		
		大齿山芹	*Ostericum grosseserratum*（Maxim.）Kitagawa	宜昌，巴东，秭归	2 800 m以下	7—9月	8—10月
		竹节前胡	*Peucedanum dielsianum* Fedde ex Wolff	巫山，巫溪，奉节，云阳，开州，万州，石柱，涪陵，武隆	600 ~ 1 500 m	7—8月	9—10月
		鄂西前胡	*P. henryi* Wolff	巴东，秭归	1 500 m以下	7—8月	9—10月
		南川前胡	*P. dissolutum*（Diels）H. Wolff	石柱，涪陵，武隆	650 ~ 2 200 m	8—9月	10月
		华中前胡	*P. medicum* Dunn [P. mencedanum Dunn]	巫山，巫溪，奉节，开州，万州，石柱，武隆	600 ~ 2 000 m	7—9月	10—11月
		岩前胡	*P. medicum* Dunn var. *gracile* Dunn ex Shan et Sheh	巫山，巴东	600 ~ 2 000 m	7—9月	10—11月
		白花前胡	*P. praeruptorum* Dunn	开州，丰都，涪陵，武隆，江津	250 ~ 2 000 m	8—9月	10—11月
		武隆前胡	*P. mulongense* Shan et Sheh	巴东，宜昌	580 m	8—9月	10月
		石防风	*P. terebinthaceum*（Fisch.）Fisch. ex Turcz	宜昌，巴东	1 000 ~ 1 800 m	7—9月	9—10月
		细裂前胡	*P. wulongense* Shan et Sheh	武隆	500 ~ 800 m	7—9月	9—10月
		锐叶茴芹	*Pimpinella arguta* Diels	开州，石柱	600 ~ 1 200 m	6—9月	6—9月
		杏叶茴芹	*P. candolleana* Wight et Arn.	开州，石柱，涪陵，武隆	700 ~ 2 100 m	6—9月	6—9月
		异叶茴芹	*P. diversifolia* DC.	巫山，巫溪，奉节，云阳，开州，万州，石柱，巴南	500 ~ 1 800 m	5—10月	5—10月
		城口茴芹	*P. fargesii* Boiss.	巫溪，丰都，武隆	800 ~ 1 200 m	7—9月	7—9月
		肾叶茴芹	*P. renifolia* Wolff	宜昌，巴东，秭归	1 870 m	7—9月	7—9月
		川鄂茴芹	*P. henryi* Diels	开州，武隆	800 ~ 2 000 m	5—9月	5—9月
		直立茴芹	*P. smithii* Wolff	宜昌，巴东，秭归，兴山	1 300 m	7—9月	7—9月
		谷生茴芹	*P. valleculosa* K. T. Fu	宜昌，巴东，秭归，兴山	450 ~ 1 200 m	7—10月	7—10月
		菱叶茴芹	*P. rhomboidea* Diels	巫山，巫溪，开州，武隆，江津	1 200 ~ 2 400 m	5—9月	5—9月
		线叶囊瓣芹	*Pternopetalum asplenioides* Hand.-Mazz.	巫山，开州，万州，武隆	1 600 ~ 2 100	5—9月	5—9月
		散血芹	*P. botrychioides*（Dunn）Hand.-Mazz.	涪陵，武隆	740 ~ 3 000 m	4—8月	4—8月
		异叶囊瓣芹	*P. heterophyllum* Hand.-Mazz	宜昌，巴东，秭归	1 200 ~ 2 800 m	4—9月	4—9月

216	伞形科（Umbelliferae）	羊齿囊瓣芹	*P. filicinum*（Franch.）Hand.-Mazz.	巫山，巫溪，奉节，云阳，开州，万州，石柱，武隆，江津	1 500 ~ 3 000 m	4—8月	4—8月
		川鄂囊瓣芹	*P. rosthornii*（Diels）Hand.-Mazz.	奉节，武隆	1 300 ~ 2 170	4—8月	4—8月
		东亚囊瓣芹	*P. tanakae*（Franch. Et Sav.）Hand.	巴东，宜昌，秭归	1 600 m	4—8月	4—8月
		膜蕨囊瓣芹	*P. trichomanifolium*（Franch.）Hand.-Mazz.	巫溪，开州	600 ~ 2 400 m	3—5月	3—5月
		五匹青	*P. vulgare*（Dunn）Hand.-Mazz.	忠县，丰都，涪陵，武隆，江津	900 ~ 2 100 m	4—7月	4—7月
		毛叶五匹青	*P. vulgare* var. *strigosum* Shanet Pu	宜昌，巴东，秭归	1 300 ~ 1 600 m	4—7月	4—7月
		尖叶五匹青	*P. vulgare* var. *acuminatum* C. Y. Wu	开州，忠县，丰都，武隆	800 ~ 1 600 m	4—7月	4—7月
		天全囊瓣芹	*P. wangianum* Hand.-Mazz	宜昌，巴东，秭归	1 500 ~ 2 800 m	5—8月	5—8月
		川滇变豆菜	*Sanicula astrantiifolia* Wolff ex Kretsch.	开州，武隆	1 900 m以上	7—10月	7—10月
		变豆菜	*S. chinensis* Bunge	巫溪，开州，忠县，丰都，涪陵，武隆，长寿，巴南，北碚，江津，南岸	200 ~ 2 300 m	4—10月	4—10月
		软雀花	*S. elata* Hamilt.	宜昌，巴东	500 ~ 1 400 m	5—10月	5—10月
		天蓝变豆菜	*S. coerulescens* Franch.	巫溪，开州，万州，巴南，江津	820 ~ 1 550 m	3—7月	3—7月
		薄片变豆菜	*S. lamelligera* Hance	巫山，巫溪，奉节，云阳，开州，万州，石柱，忠县，丰都，涪陵，武隆，长寿，巴南，北碚，江津，南岸，渝北，江北	510 ~ 2 000 m	4—11月	4—11月
		直刺变豆菜	*S. orthacantha* S. Moore	巫溪，开州	260 m以上	4—9月	4—9月
		锯叶变豆菜	*S. serrata* Wolff	宜昌，巴东，秭归	1 360 m	3—6月	3—6月
		皱叶变豆菜	*S. rubulosa* Diels	武隆	1 400 ~ 1800 m	3—6月	3—6月
		关防风	*Saposhnikovia divaricata*（Turcz.）Schischk.	开州，万州	1 000 m以下	8—9月	9—10月
		城口东俄芹	*Tongoloa silaifolia*（Boiss.）Wolff	巫溪，开州	2 230 m以上	9月	9月
		宜昌东俄芹	*T. dunnii*（de Boiss.）Wolff	宜昌	2 800 m以上	8月	8月
		纤细东俄芹	*T. gracilis* Wolff	宜昌	2 000 m以上	8月	9—10月
		小窃衣	*Torilis japonica*（Houtt.）DC. [*T. anthriscus*（Linn.）Gmel.]	库区各县（市，区）	150 m以上	4—10月	4—10月
		窃衣	*T. scabra*（Thunb.）DC.	库区各县（市，区）	250 ~ 2 400 m	4—11月	4—11月
217	山茱萸科（Cornaceae）	斑叶珊瑚	*Aucuba albo-punctifolia* Wang	开州，武隆	1 000 ~ 1 800 m	3—4月	翌年4月
		窄斑叶珊瑚	*A. albo-punctifolia* var. *angustula* Fang et Soong	开州，石柱		1—2月	翌年2月
		桃叶珊瑚	*A. chinensis* Benth.	巫溪	800 ~ 1 500 m	1—2月	翌年2月
		喜马拉雅珊瑚	*A. himalaica* Hook. f. et Thoms.	巫山，巫溪，奉节，云阳，开州，武隆	700 ~ 1 600 m	3—5月	10月—翌年5月
		长叶珊瑚	*A. himalaica* var. *dolichophylla* Fang et Soong	开州，石柱，武隆，北碚，江津	1 000 m	3—5月	10月—翌年5月
		密毛桃叶珊瑚	*A. himalaica* var. *pilosissima* Fang et Soong	奉节，开州，江津	450 ~ 1 500 m	3—5月	10月—翌年5月
		花叶青木	*A. japonica* var. *variegata* Dombr.	北碚，南岸，渝北，九龙坡，渝中	600 ~ 1 800 m	3—4月	翌年4月

续表

序号	科名	植物名	拉丁学名	分布	海拔	花期	果期
217	山茱萸科（Cornaceae）	倒心叶珊瑚	*A. obcordata*（Rehd.）Fu [*A. himalaica* var. *obcordata*（Rehd.）Fu]	巫山，奉节，开州，武隆，江津	500 ~ 1 500 m	3—4月	11月以后
		灯台树	*Bothrocaryum controversum*（Hemsl.）Pojark. [*Cornus controversa* Hemsl.; *C. controversa* var. *angustifolis* Wanger.]	巫山，巫溪，奉节，云阳，开州，万州，石柱，忠县，丰都，涪陵，武隆，长寿，巴南，北碚，江津，南岸，渝北，江北	250 ~ 2 600 m	4—5月	7—8月
		川鄂山茱萸	*Cornus chinense* Wanger. [*Macrocarpium chinense*（Wanger.）Hutch.]	巫山，巫溪，奉节，云阳，开州，万州，石柱，涪陵，武隆，江津	550 ~ 1 700 m	4月	9月
		山茱萸	*C. officinalie* Sidb. et Zucc. [*Macrocarpium officinalis*（Sieb. et Zucc.）Nakai]	开州，石柱，武隆，北碚，江津，南岸，渝北	400 ~ 1 500 m	3—4月	9—10月
		尖叶四照花	*Dendrobenthamia angustata*（Chun）Fang [*D. hupehensis* Fang; *Cornus kousa* var. *angustata* Chun]	奉节，云阳，开州，丰都	340 ~ 1 400 m	6—7月	10—11月
		绒毛尖叶四照花	*D. angustata* var. *mollis*（Rehd.）Fang	开州，武隆	900 ~ 2 100 m	6—7月	10—11月
		头状四照花	*D. capitata*（Wall.）Hutch.	巫山，巫溪，开州	1 000 ~ 2 000 m	5—6月	9—10月
		缙云四照花	*D. ferruginea* var. *jinyunensis*（Fang et W. K. Hu）Fang et W. K. Hu. [*D. jinyunensis* Fang et W. K. Hu]	北碚	750 m	5—6月	8—9月
		四照花	*D. japonica* var. *chinensis*（Osborn）Fang	巫溪，奉节，开州，万州，石柱，忠县，丰都，涪陵，武隆，长寿，江津	450 ~ 2 200 m	6—7月	10—11月
		华西四照花	*D. japonica*（DC.）Fang var. *huaxiensis* Fang et W. K. Hu	奉节，巫山，巫溪，巴东	1 050 ~ 1 720 m	6—7月	10—11月
		白毛四照花	*D. japonica* var. *leucotricha* Fang et Hsieh	开州，石柱	1 400 ~ 1 700 m	6—7月	10—11月
		黑毛四照花	*D. melanotricha*（Pojark.）Fang	江津	1 200 ~ 1 800 m	6—7月	10—11月
		多脉四照花	*D. multinervosa*（Pojark.）Fang	开州，武隆	900 ~ 2 100 m	6—7月	10—11月
		中华青荚叶	*Helwingia chinensis* Batal.	巫山，巫溪，奉节，云阳，开州，万州，武隆	800 ~ 2 300 m	4—5月	8—10月
		钝齿青荚叶	*H. chinensis* var. *crenata*（Lingelsh. ex Limpr.）Fang	开州	1 000 ~ 2 000 m	4—5月	8—10月
		小叶青荚叶	*H. chinensis* var. *microphylla* Fang et Soong	巫山，巫溪，开州，武隆	1000 ~ 1500 m	4—5月	8—10月
		喜马拉雅青荚叶	*H. himalaica* Hook. f. et Thoms. ex Clarke	巫山，巫溪，奉节，云阳，开州，万州，石柱，武隆	800 ~ 2 400 m	4—5月	8—10月
		南川青荚叶	*H. himalaica* var. *nanchuanensis*（Fang）Fang et Soong	奉节，开州，武隆	1 600 ~ 1 900 m	4—5月	8—10月
		青荚叶	*H. japonica*（Thunb.）Dietr.	巫山，巫溪，奉节，云阳，开州，万州，石柱，忠县，丰都，涪陵，武隆，长寿，巴南，江津	500 ~ 2 400 m	4—5月	8—9月
		白粉青荚叶	*H. japonica* var. *hypoleuca* Hemsl. ex Rehd.	巫溪，奉节，开州，武隆	1 200 ~ 2 800 m	4—5月	8—9月

217	山茱萸科（Cornaceae）	四川青荚叶	*H. japonica* var. *szechuanensis*（Fang）Fang et Soong [H. *szechuanensis* Fang]	开州，武隆	1 900 ~ 2 600 m	4—5月	8—9月
		峨眉青荚叶	*H. omeiensis*（Fang）Hara et Kurosawa	奉节	600 ~ 1 700 m	3—4月	7—8月
		长圆叶青荚叶	*H. omeiensis* var. *oblonga* Fang et Soong	奉节，开州	700 ~ 2 200 m	3—4月	7—8月
		红椋子	*Swida hemsleyi*（Schneid et Wanger.）Sojak [*Cornus hemsleyi* Schneid et Wanger.]	巫溪，奉节，开州，武隆	400 ~ 2 000 m	6月	9月
		沙梾	*S. bretschneideri*（L. Henry）Sojak	巫溪，巫山，巴东	1 500 ~ 2 300 m	6—7月	8—9月
		川陕梾木	*S. koehneana*（Wanger.）Sojak	巫溪，开州，巴东，兴山	1 600 ~ 2 200 m	5—6月	7—8月
		梾木	*S. macrophylla*（Wall.）Sojak [*Cornus macrophylla* Wall.]	巫山，巫溪，奉节，开州	400 ~ 2 000 m	6—7月	8—9月
		长圆叶梾木	*S. oblonga*（Wall.）Sojak [*Cornus oblonga* Wall.]	开州	1 000 m以上	9—10月	翌年5—6月
		毛叶梾木	*S. oblonga* var. *griffithii*（Clarke）W. K. Hu [*Cornus oblong* var. *griffithii* Clarke]	北碚，江津	850 ~ 2 400 m	9—10月	翌年5—6月
		小梾木	*S. paucinervis*（Hance）Sojak [*Cornus paucinervis* Hance]	巫山，巫溪，奉节，云阳，开州，万州，石柱，忠县，丰都，涪陵，武隆，长寿，巴南，北碚，江津，南岸，渝北，江北	300 ~ 1 800 m	6—7月	10—11月
		灰叶梾木	*S. poliophylla*（Schneid. et Wanger.）Sojak [*Cornus poliophylla* Schneid. et Wanger.]	巫溪，开州，石柱，武隆	1 000 ~ 2 200 m	6月	10月
		卷毛梾木	*S. ulotricha*（Schneid. et Wanger.）Sojak	巫溪，开州	850 ~ 2 650 m	5—6月	7—8月
		毛梾	*S. walteri*（Wanger.）Sojak [*Cornus walteri* Wanger.]	巫溪，开州	300 ~ 1 850 m	5月	9月
		光皮梾木	*S. wilsoniana*（Wanger.）Sojak	巫溪	130 ~ 1 130 m	5月	10—11月
		角叶鞘柄木	*Toricellia angulata* Oliv.	巫山，巫溪，奉节，云阳，开州，万州，石柱	250 ~ 1 800 m	5月	10—11月
		有齿鞘柄木	*T. angulata* var. *intermedia*（Harms ex Dies）Hu	巫山，巫溪，奉节，云阳，开州，万州，石柱，武隆	400 ~ 1 600 m	5月	10—11月
218	桤叶树科（Clethraceae）	城口桤树	*Clethra fargesii* Franch.	巫山，巫溪，奉节，开州	1 400 ~ 2 400 m		
219	鹿蹄草科（Pyrolaceae）	水晶兰	*Monotropa uniflora* Linn.	开州，石柱，丰都，武隆，江津	600 ~ 2 600 m		
		喜冬草	*Chimaphila japonica* Miq.	库区各县（市，区）	900 m以上	6—7（9）月	7—8（10）月
		紫背鹿蹄草	*Pyrola atropurpurea* Franch.	开州，武隆	1 200 ~ 1 800 m		
		鹿蹄草	*P. calliantha* H. Andrs [*P. rotundifolia* ssp. *chinensis* H. Andr.]	巫山，巫溪，奉节，开州	500 ~ 2 500 m	6—8月	8—9月
		长叶鹿蹄草	*P. elegantula* H. Andr.	库区各县（市，区）	1 200 ~ 1 700 m	6月	7月
		普通鹿蹄草	*P. decorata* H. Andrs	开州，石柱，武隆	600 m以上	6月	8月
220	杜鹃花科（Ericaceae）	灯笼树	*Enkianthus chinensis* Franch.	巫溪，开州，石柱，丰都，涪陵，武隆，江津	1 000 ~ 2 300 m	5月	6—10月
		齿缘吊钟花	*E. serrulatus*（Wils.）Schneid.	武隆，北碚，江津	800 ~ 1 900 m	3—5月	5—7月

续表

序号	科名	植物名	拉丁学名	分布	海拔	花期	果期
220	杜鹃花科（Ericaceae）	四川吊钟花	*E. sichuanensis* T. Z. Hsu	奉节	约1400 m	3—5月	6月
		滇白珠	*Gaultheria leucocarpa* Bl. var. *crenulata*（Kurz）T. Z. Hsu [*G. yunnanensis*（Franch）Rehd.]	巫山，巫溪，奉节，云阳，开州，万州，石柱，忠县，丰都，涪陵，武隆，江津，南岸，江北	500 ~ 1 200 m	5—6月	7—11月
		铜钱叶白珠	*G. nummularioides* D. Don	武隆	400 ~ 1 900 m	5—6月	7—11月
		南烛	*Lyonia ovalifolia*（Wall.）Drude.	开州，万州，石柱，武隆，江津	2 000 m以下		
		小果南烛	*L. ovalifolia* var. *elliptica*（Sieb. et Zucc.）Hand.-Mazz.	巫山，巫溪，奉节，云阳，开州，万州，石柱，忠县，丰都，涪陵，武隆，长寿，巴南，北碚，江津，南岸，渝北，江北	250 ~ 1 600 m	5—6月	7—9月
		狭叶南烛	*L. ovalifolia*（Wall.）Drude var. *lanceolata*（Wall.）Hand.-Mazz.	石柱，丰都，涪陵，武隆，巴南，江津	700 ~ 2 400 m	5—6月	7—9月
		毛叶南烛	*L. villosa*（Wall. ex Clarke）Hand.-Mazz.	开州，武隆，长寿		5—6月	7—9月
		美丽马醉木	*Pieris formosa*（Wall.）D. Don	开州，万州，石柱，丰都，涪陵，武隆	400 ~ 2 200 m	5—6月	7—9月
		马醉木	*P. japonica*（Thunb.）D. Don [*P. polita* W. W. Sm. et Jeff.]	巫山，巫溪，奉节，云阳，开州，万州，石柱，涪陵，武隆，江津	700 ~ 2 400 m	5—6月	7—9月
		腺柄杜鹃	*Rhododendron adenopodum* Franch.	石柱，武隆	1 000 ~ 2 200 m	4—5月	7—8月
		毛肋杜鹃	*R. angustinii* Hemsl.	巫溪，开州	1 300 m	4—5月	7—8月
		耳叶杜鹃	*R. auriculatum* Hemsl.	开州，石柱，武隆	600 ~ 2 000 m	7—8月	9—10月
		腺萼马银花	*R. backii* Levl.	开州，丰都，武隆，长寿，巴南，北碚，江津，南岸	8 450 ~ 1 600 m	4—5月	6—10月
		美容杜鹃	*R. calophytum* Franch.	涪陵，武隆，江津	1 400 m以上	4—5月	9—10月
		头花杜鹃	*R. capitatum* Maxim.	巫溪	1 600 ~ 2 300 m	4—6月	9—10月
		大白杜鹃	*R. decorum* Franch.	开州，丰都，涪陵，武隆	1 200 ~ 1 800 m	4—6月	9—10月
		喇叭杜鹃	*R. discolor* Franch.	巫溪，开州	900 ~ 1 900 m	6—7月	9—10月
		红晕杜鹃	*R. erubescens* Hutch.	巫山，巫溪，开州	800 ~ 2 400 m	6—7月	9—10月
		粉红杜鹃	*R. oreodoxa* var. *fargesii*（Franch.）Chamb. ex Cullen et Chamb.	开州	1 200 ~ 2 500 m	6—7月	9—10月
		云锦杜鹃	*R. fortunei* Lindl.	巫溪	620 ~ 2 000 m	4—5月	8—10月
		粉白杜鹃	*R. hypoglaucum* Hemsl.	巫山，巫溪，开州	1 300 ~ 2 000 m	4—5月	7—9月
		皋月杜鹃	*R. indicum*（Linn.）Sweet	库区各县（市，区）	庭园栽培		
		夏鹃	*R. indicum* var. *macranthum* Maxim.	库区各县（市，区）	庭园栽培		
		长柄杜鹃	*R. longipes* Rehd. et Wils.	巫山，奉节，云阳，万州	450 ~ 800 m	4—5月	6—11月
		满山红	*R. mariesii* Hemsl. et Wils.	库区各县（市，区）	1 900 m以下	4—5月	6—11月
		照山白	*R. micranthum* Turcz.	巫山，巫溪，奉节，开州	2 100 m以下	5—6月	8—11月

220	杜鹃花科（Ericaceae）	羊踯躅	*R. molle*（Bl.）G. Don	万州，涪陵，巴南，北碚，江津，南岸，渝北，九龙坡，渝中	800 m以下	3—5月	7—8月
		白花杜鹃	*R. mucronatum*（Bl.）G. Don	库区各县（市，区）	庭园栽培		
		春鹃	*R. mucronatum* cv.‘*Rubra*’	库区各县（市，区）	庭园栽培		
		马银话	*R. ovatum*（Lindl.）Planch. ex Maxim.	库区各县（市，区）	1 600 m以下	4—5月	7—10月
		峨马杜鹃	*R. ochraceum* Rehd. et Wils.	武隆			
		早春杜鹃	*R. praevernum* Hutch.	巫山，巫溪，开州	2 000 m以上	3—4月	9—10月
		杜鹃	*R. simsii* Planch.	库区各县（市，区）	2 000 m以下	4—5月	6—8月
		长蕊杜鹃	*R. stamineum* Franch.	巫山，巫溪，奉节，云阳，开州，万州，石柱，忠县，丰都，涪陵，武隆，长寿，巴南，北碚，江津，南岸，渝北，江北	400 ~ 1 500 m	4—5月	7—10月
		四川杜鹃	*R. sutchuenense* Franch.	巫山，巫溪，开州	1 400 ~ 2 500 m	4—5月	8—10月
221	越橘科（Vaccinicaeae）	乌饭树	*Vaccinium bracteatum* Thunb.	巫山，巫溪，奉节，云阳，开州，万州，石柱，忠县，丰都，涪陵，武隆，长寿，巴南，北碚，江津，南岸，渝北，九龙坡，江北	400 ~ 1 400 m	6—7月	8—10月
		短尾越橘	*V. carlesii* Dunn.	石柱，忠县，丰都，涪陵，武隆，长寿，巴南，江津	270 ~ 1 230 m	5—6月	8—10月
		黄背越橘	*V. iteophyllum* Hance	库区各县（市，区）	400 ~ 2 400 m	4—5月	6月以后
		无梗越橘	*V. henryi* Hemsl.	武隆	750 ~ 2 100 m	6—7月	9—10月
		扁枝越橘	*V. japonicum* var. *sinicum*（Nakai）Rehd. [*Hugeria vaccinioides*（Levl.）Hara]	巫山，巫溪，奉节，云阳，开州，万州，石柱，涪陵，武隆，江津	800 ~ 2 000 m	6月	9—10月
		米饭花	*V. sprengelii*（G. Don）Sleumer [*V. mandarinorum* Diels]	巫山，巫溪，奉节，云阳，开州，万州，石柱，忠县，丰都，涪陵，武隆，长寿，巴南，北碚，江津，南岸，渝北，九龙坡，江北	1 800 m以上	4—6月	6—10月
222	紫金牛科（Myrsinaceae）	少年红	*Ardisia alyxiiaefolia* Tsiang ex C. Chen [A. beibeiensis Z. Y. Zhu]	北碚	300 ~ 600 m		
		藤八爪	*A. beibeinensis* Z. Y. zhu	库区各县（市，区）	300 ~ 400 m	5—7月	
		九管血	*A. brevicaulis* Diels	开州，石柱，丰都，武隆，巴南，南岸	400 ~ 1 260 m	6—7月	10—12月
		小紫金牛	*A. chinensis* Benth	库区各县（市，区）	300 ~ 800 m	4—6月	10—12月
		朱砂根	*A. crenata* Sims	库区各县（市，区）	90 ~ 2 400 m	5—6月	10—12月
		红凉伞	*A. crenata* f. *hortensis*（Miq.）W. Z. Fang [*A. cvenata* var. *bicolor*（Walker）G. Y. Wu et C. Chen; *A. bicolov* Walker]	巫山，巫溪，奉节，云阳，开州，万州，石柱，忠县，丰都，涪陵，武隆，江津	600 ~ 1 500 m		
		百两金	*A. crispa*（Thunb.）A. DC. [A. henryi Hemsl.; *A. crispa* var. *amplifolia* Walker]	开州，万州，石柱，忠县，丰都，涪陵，武隆，长寿，巴南，北碚，江津，南岸，江北	100 ~ 2 400 m	5—6月	10—12月
		月月红	*A. faberi* Hemsl.	云阳，开州，万州，石柱，忠县，丰都，涪陵，武隆，北碚，江津	1 000 m以下	5—7月	5月或11月

续表

序号	科名	植物名	拉丁学名	分布	海拔	花期	果期
222	紫金牛科（Myrsinaceae）	紫金牛	*A. japonica*（Thunb.）Bl.	巫山，巫溪，奉节，云阳，开州，万州，石柱，忠县，丰都，涪陵，武隆，长寿，巴南，北碚，江津，南岸	1 200 m以下	5—6月	11—12月
		九节龙	*A. pusilla* A. DC.	巫山，巫溪，奉节，云阳，开州，万州，石柱，武隆，长寿，巴南，北碚	400 ~ 800 m	5—7月	10—12月
		罗伞树	*A. quinquegona* Bl. [*A. jinyunensis* Z. Y. Zhu]	北碚	600 ~ 800 m		
		疏花酸藤子	*Embelia pauciflora* Diels	江津	1 300 ~ 1 500 m	9—10月	
		网脉酸藤子	*E. rudis* Hand.-Mazz.	库区各县（市，区）	200 ~ 1 600 m	10—12月	4—7月
		密齿酸藤子	*E. vestita* Roxb. [*E. rudis* Hand.-Mazz.]	奉节，开州，北碚，江津	600 ~ 1 800 m		
		湖北杜茎山	*Maesa hupehensis* Rehd.	巫山，巫溪，奉节，云阳，开州，万州，石柱，武隆	500 ~ 1 700 m	5—6月	10—12月
		毛穗杜茎山	*M. insignis* Chun	武隆	400 m	3—4月	10月
		杜茎山	*M. japonica*（Thunb.）Moritzi. et Zollinger	巫山，巫溪，奉节，云阳，开州，万州，石柱，忠县，丰都，涪陵，武隆，长寿，巴南，北碚，江津，南岸，渝北，九龙坡，江北	300 ~ 2 000 m	1—3月	10月
		金珠柳	*M. montana* A. DC.	武隆，长寿，巴南，北碚，江津，南岸，渝北	500 m以上	4—5月	10—12月
		铁仔	*Myrsine africana* Linn. [*Myrsine africana* var. *acuminata* C. Y. Wu et C. Chen]	库区各县（市，区）	400 ~ 1 300 m	2—3月，有时5—6月	10—11月
		密花树	*M. seguinii* Lévl. [*Rapanea neriifolia*（Sieb. et Zucc.）Mez.; *M. neriifolia* Sieb. et Zucc.]	武隆，北碚，江津	650 ~ 2 400 m	4—5月	10—12月
		针齿铁仔	*M. semiserrata* Wall.	巫溪，奉节，开州，石柱，涪陵，武隆，长寿，北碚，江津	500 ~ 2 700 m	2—4月	10—12月
		光叶铁仔	*M. stolonifera*（Koidz.）Wallker	开州，石柱，武隆，北碚	2 100 ~ 2 500 m	4—6月	12月至翌年12月
223	报春花科（Primulaceae）	莲叶点地梅	*Androsace henryi* Oilv.	巫山，巫溪，奉节，开州，武隆	1 500 ~ 2 000 m	4—5月	6月
		点地梅	*A. umbellata*（Lour.）Merr. [*A. saxifragaefolia* Bunge]	库区各县（市，区）	1 000 m以下	2—4月	5—6月
		广西过路黄	*Lysimachia alfredii* Hance	巫山，巫溪，奉节，开州，石柱，武隆	250 ~ 800 m		
		耳叶珍珠菜	*L. auriculata* Hemsl.	巫山，忠县，丰都，涪陵，武隆，长寿，巴南	200 ~ 1 600 m	5—6月	6—7月
		狼尾花	*L. barystachys* Bunge	开州，忠县，丰都，涪陵，武隆，长寿，巴南，北碚，江津，南岸	480 ~ 2 000 m	6—7月	8—10月
		泽珍珠菜	*L. candida* Lindl.	巫溪，开州，万州，石柱，丰都，涪陵，长寿，南岸	1 000 m以下	3—6月	4—7月
		细梗香草	*L. capillipes* Hemsl.	巫溪，开州，万州，丰都，涪陵，武隆，长寿，江津	600 ~ 1 200 m	6—7月	8—10月
		过路黄	*L. christinae* Hance	库区各县（市，区）	2 500 m以下	5—7月	7—10月

223	报春花科（Primulaceae）	露珠珍珠菜	*L. circaeoides* Hemsl.	奉节，云阳，开州，石柱	200 ~ 1 300 m	5—6月	7—8月
		矮桃	*L. clethroides* Duby	巫山，巫溪，奉节，云阳，开州，万州，石柱，忠县，丰都，涪陵，武隆，长寿，巴南，北碚，江津，南岸，渝北，江北	2 000 m	5—7月	7—10月
		临时救	*L. congestiflora* Hemsl.	库区各县（市，区）	1 800 m	5—6月	7—10月
		延叶珍珠菜	*L. decurrens* Forst. f.	丰都，武隆	500 ~ 1 500 m	4—5月	6—7月
		管茎过路黄	*L. fistulosa* Hand.-Mazz.	巫溪，奉节，开州，忠县，丰都，涪陵，武隆，长寿	500 ~ 800 m	5—7月	7—10月
		散血草	*L. fortunei* Maxim.	库区各县（市，区）	1 000 m以下	6—8月	8—11月
		大叶过路黄	*L. fordiana* Oilv.	开州，武隆，江津			
		点腺过路黄	*L. ehmsleyana* Maxim.	奉节，云阳，开州，万州，石柱，涪陵，武隆	1 000 m以下	4—6月	5—7月
		宜昌过路黄	*L. henryi* Hemsl.	开州	1 000 m以下	5—6月	6—7月
		轮叶过路黄	*L. klattiana* Hance	石柱	800 m以下	5—7月	8月
		琴叶过路黄	*L. ophelioides* Hemsl.	云阳，开州，涪陵，长寿，江津	600 ~ 1 200 m	6月	
		落地梅	*L. paridiformis* Franch.	巫山，巫溪，奉节，云阳，开州，万州，石柱，忠县，丰都，涪陵，武隆，长寿，巴南，北碚，江津	1 600 m以下	5—6月	7—9月
		狭叶落地梅	*L. paridiformis* var. *stenophylla* Franch.	开州，万州，石柱，丰都，涪陵，武隆，江津	1 500 m	5—6月	7—9月
		小叶珍珠菜	*L. parvifolia* Franch. ex Hemsl.	巫溪	800 m以下	4—6月	7—9月
		巴东过路黄	*L. patungensis* Hand.-Mazz.	武隆，长寿，南岸，渝北	400 ~ 1 600 m	5—6月	7—8月
		叶头过路黄	*L. phyllocephala* Hand.-Mazz.	库区各县（市，区）	550 ~ 1 400 m	5—6月	8—9月
		显苞过路黄	*L. rubiginosa* Hemsl.	巫溪，奉节，开州，石柱，武隆	1 000 ~ 1 800 m	5月	7—8月
		腺药珍珠菜	*L. stenosepala* Hemsl.	巫山，巫溪，奉节，云阳，开州，万州，石柱，涪陵，武隆	500 ~ 2 200 m	5—6月	7—9月
		蔓茎报春	*Primula alsophila* Balf. f. et Farrer	北碚，渝北，渝中	药园栽培		
		无粉报春	*P. efarinosa* Pax	巫山，巫溪，开州	2 100 ~ 2 800 m	5月	6月
		峨眉报春	*P. faberi* Oilv.	开州，北碚，渝北，渝中	药园栽培		
		宝兴报春	*P. moupinensis* Franch.	南岸，渝中	药园栽培		
		鄂报春	*P. obconica* Hance	巫山，巫溪，奉节，云阳，开州，万州，石柱，忠县，丰都，涪陵，武隆，江津	600 ~ 1 500 m	3—6月	
		齿萼报春	*P. odontocalyx*（Franch.）Pax [*P. hupehensis* Craib]	巫溪，开州	900 ~ 2 400 m	3—5月	6—7月
		卵叶报春	*P. ovalifolia* Franch.	巫山，奉节，开州，石柱，丰都，武隆	1 400 ~ 2 300 m	3—4月	5—6月
		钻齿报春	*P. pellucida* Franch.	巫溪，开州，武隆	1 900 ~ 2 000 m	3—4月	5月
		齿叶灯台报春	*P. serratifolia* Franch.	巫溪，开州	2 600 m	6月	9月
		钟花报春	*P. sikkimensis* Hook.	北碚，南岸	药园栽培		

续表

序号	科名	植物名	拉丁学名	分布	海拔	花期	果期
223	报春花科（Primulaceae）	藏报春	*P. sinensis* Sabine ex Lindl. [*P. rupestris* Balf. f. et Farrer]	万州，涪陵，长寿，北碚，南岸，渝北，九龙坡，渝中	200 ~ 1 500 m	12月至翌年3月	
		苣叶报春	*P. sonchifolia* Franch.	江津	3 000 m	3—5月	6—7月
		峨眉苣叶报春	*P. sonchifolia* ssp. *emeiensis* C. M. Hu	南岸	庭园栽培		
224	白花丹科（Plumbaginaceae）	雪花丹	*Plumbago auriculata* Lamk.	万州，北碚，南岸	药园栽培		
		白花丹	*P. zeylanica* Linn.	北碚	药园栽培	12月至翌年4月	
225	柿树科（Ebenaceae）	瓶兰花	*Diospyros armata* Hemsl.	万州，南岸，渝北，九龙坡，渝中	500 m以下	5月	10月
		乌柿	*D. cathayensis* Steward [*D. sinensis* Hemsl.; *D. cathayensis* var. *foochowensis*（Metc. et Chen）S. Lee]	库区各县（市，区）	600 ~ 1 500 m	4—5月	8—10月
		小叶柿	*D. dumetorum* W. W. Smith	武隆			
		柿	*D. kaki* Thunb.	库区各县（市，区）	1 400 m以下	5—6月	9—10月
		野柿	*D. kaki* var. *sylvestris* Makino	奉节，开州，武隆，北碚	1 600 m以下		
		君迁子	*D. lotus* Linn.	开州，丰都，涪陵，武隆，江津	500 ~ 2 300 m	5—6月	10—11月
		罗浮柿	*D. morrisiana* Hance	万州，涪陵，巴南，北碚	400 ~ 700 m	5—6月	11月
		岭南柿	*D. tutcheri.* Dunn	库区各县（市，区）	500 ~ 900 m	4—5月	8—10月
226	山矾科（Symplocaceae）	薄叶山矾	*Symplocos anomala* Brand	巫山，开州，武隆	600 ~ 1 600 m	4—12月	边开花边结果
		总状山矾	*S. botryantha* Franch.	巫山，奉节	600 ~ 1 700 m	3—4月	6—7月
		华山矾	*S. chinensis*（Lour.）Druce	开州，石柱，涪陵，武隆	800 m以下	4—5月	8—9月
		黄牛奶树	*S. laurina*（Retz.）Wall. ex G. Don [*S. cochinchinensis* var. *laurina*（Retz.）Nooteb.]	丰都，涪陵，武隆，长寿，巴南，北碚，江津	1 600 m以上	8—12月	翌年3—6月
		光叶山矾	*S. lancifolia* Sieb. et Zucc.	巫山，巫溪，奉节，开州，武隆，北碚，江津	400 ~ 1 600 m	3—11月	6—12月
		茶条果	*S. lucida*（Thunb.）Sieb. et Zucc. [*S. crassifolia* Benth.; *S. phyllocalyx* Clarke]	开州，丰都，武隆，江津	500 ~ 2 000 m	3—4月	6—8月
		白檀	*S. paniculata*（Thunb.）Miq.	巫山，巫溪，奉节，开州，石柱，涪陵，武隆	600 ~ 2 500 m	6月	9月
		多花山矾	*S. ramosissima* Wall. ex G. Don	奉节，开州，石柱	700 ~ 1 800 m	4—5月	5—6月
		四川山矾	*S. setchuensis* Brand	奉节，开州，石柱，涪陵，武隆，北碚，江津	1 800 m以下	3—4月	5—6月
		老鼠矢	*S. stellaris* Brand	巫溪，奉节，开州，石柱，忠县，丰都，涪陵，武隆，巴南，北碚，江津	1 600 m以下	4—5月	6月
		银色山矾	*S. subconnata* Hand.-Mazz.	开州，石柱，丰都，涪陵，武隆，巴南，江津	130 ~ 800 m	2—3月	6—7月
		山矾	*S. sumuntia* Buch.-Ham. ex D. Don [*S. caudata* Wall. ex G. Don; *S. botryantha* Franch.; *S. leucophylla* Brand.]	巫山，巫溪，奉节，云阳，开州，万州，石柱，忠县，丰都，涪陵，北碚，江津	1 500 m以下	2—3月	6—7月

227	安息香科（Styraceceae）	赤杨叶	*Alniphyllum fortunei*（Hemsl.）Perk.	巫山，巫溪，奉节，开州，江津	200 ~ 2 200 m	4—7月	8—10月
		鸦头梨	*Melliodendron xylocarpum* Hand.-Mazz.	巫溪，开州，忠县，丰都，江津	1 000 ~ 1 500 m	4—5月	7—10月
		小叶白辛树	*Pterostyrax corymbosus* Sieb. et Zucc.	奉节，开州，武隆	1 800 ~ 2 500 m	4—5月	8—10月
		白辛树	*P. psilophyllus* Diels ex Perk.	奉节，开州	600 ~ 2 500 m	4—5月	8—10月
		贵州木瓜红	*Rehderodendron kweichowense* Hu	武隆，长寿	600 ~ 1 800 m		
		木瓜红	*R. macrocarpum* Hu	奉节，开州，江津	1 700 ~ 2 500 m		
		垂珠花	*Styrax dasyanthus* Perk.	巫山，巫溪	1 200 ~ 2 500 m		
		白花安息香	*S. faberi* Perk.	库区各县（市，区）	600 m以下	5—6月	8月
		灰叶安息香	*S. calvescens* Perk.	库区各县（市，区）	500 ~ 1 200 m	5—6月	7—8月
		赛三梅	*S. confusus* Hemsl.	库区各县（市，区）	100 ~ 1 700 m	4—6月	9—11月
		老鸹铃	*S. hemsleyanus* Diels	巫山，巫溪，开州，武隆	1 000 ~ 2 000 m	5—6月	7—9月
		墨泡	*S. huanus* Rehd	巫溪，开州	1 200 ~ 2 700 m	5—6月	9—10月
		野茉莉	*S. japonicus* Sieb. et Zucc.	巫山，巫溪，奉节，云阳，开州，万州，石柱，忠县，丰都，涪陵，武隆，江津	400 ~ 1 800 m	4—7月	9—11月
		玉铃花	*S. obassia* Sieb. et Zucc.	库区各县（市，区）	100 m以上	3—5月	9—11月
		粉花安息香	*S. roseus* Dunn	巫山，开州	1 000 ~ 2 300 m	7—9月	9—12月
		栓叶安息香	*S. suberifolia* Hook. et Arn.	巫山，巫溪，奉节，开州	100 m	3—5月	9—11月
228	木犀科（Oleaceae）	秦连翘	*Forsythia giraldiana* Lingelsh.	巫溪，开州	1 200 ~ 1 700 m	3—5月	6—10月
		连翘	*F. suspensa*（Thunb.）Vahl	巫溪，开州，万州，北碚，南岸	1 800 m以下	3—4月	7—9月
		金钟花	*F. viridissima* Lindl.	开州，忠县，涪陵，武隆，北碚	1 000 m以下	3—4月	8—11月
		小叶白蜡树	*Fraxinus bungeana* DC.	开州，涪陵，武隆，巴南			
		白蜡树	*F. chinensis* Roxb.	巫溪，奉节，开州，石柱，武隆	600 ~ 1 200 m	4—5月	7—9月
		花曲柳	*F. chinensis* var. *rhynchophylla*（Hance）E. Murray [*F. rhynchophylla* Hance]	奉节，开州，万州，石柱，忠县，武隆，长寿，江津	1 500 m以下	4—5月	9—10月
		苦枥木	*F. insularis* Hemsl. [*F. insularis* var. *henryana*（Oliv.）Z. Wei; *F. retusa* Champ. ex Benth.]	奉节，云阳，开州，长寿，北碚，南岸	450 ~ 1 800 m	4—5月	7—9月
		尖萼白蜡树	*F. odontocalyx* Hand.-Mazz.	奉节	600 ~ 1 200 m		
		秦岭白蜡树	*F. paxiana* Lingelsh.	巫山	1 500 ~ 2 000 m	5—7月	9月
		宿住白蜡树	*F. stylosa* Lingelsh.	巫溪，石柱	1 300 ~ 2 400 m	5月	9月
		尖叶白蜡树	*F. szaboana* Lingelsh.	巫溪，奉节，开州，武隆	800 m以下	4—5月	7—9月
		探春花	*Jasminum floridum* Bunge	巫山，巫溪，奉节，云阳，开州，万州，石柱，忠县，丰都，涪陵，武隆，长寿，巴南，北碚，江津，南岸，江北	2 000 m以下	5—9月	9—10月
		清香藤	*J. lanceolarium* Roxb. [*J. lanceolarium* var. *puberulum* Hemsl.]	奉节，云阳，开州，万州，石柱，忠县，丰都，涪陵，武隆，长寿，巴南，北碚，江津	250 ~ 1 300 m	4—10月	6月至翌年3月
		迎春花	*J. nudiflorum* Lindl.	库区各县（市，区）	800 ~ 2 000 m	6月	

续表

序号	科名	植物名	拉丁学名	分布	海拔	花期	果期
228	木犀科（Oleaceae）	茉莉花	*J. sambac*（Linn.）Aiton	库区各县（市，区）		7—8月	7—9月
		华素馨	*J. sinense* Hemsl.	石柱	2 000 m以下	6—10月	9月至翌年5月
		长叶女贞	*Ligustrum compactum*（Wall. ex G. Don）Hook. f. et Thoms. ex Brand.	武隆	700 ~ 1 300 m	3—7月	8—12月
		紫药女贞	*L. delavayanum* Hariot	开州，长寿，巴南	800 ~ 1 200 m	5—7月	7—12月
		扩展女贞	*L. expansum* Rehd.	武隆	1 300 m	9月	
		丽叶蜡树	*L. henryi* Hemsl.	巫山，巫溪，奉节，开州，武隆，长寿	1 800 m以下	5—6月	7—10月
		日本女贞	*L. japonicum* Thunb.	库区各县（市，区）			
		蜡子树	*L. leucanthum*（S. Moore）P. S. Green [*L. acutissinum* Koehne; *L. molliculum* Hance]	巫山，巫溪，奉节，云阳，开州，万州，石柱，忠县，丰都，涪陵，武隆，长寿，巴南，北碚，江津，南岸，渝北，江北	250 ~ 1 800 m	6—7月	8—11月
		女贞	*L. lucidum* Ait.	库区各县（市，区）	1 400 m	5—7月	7月至翌年5月
		总梗女贞	*L. pricei* Hayata	涪陵，武隆，江津	500 ~ 1 600 m		
		小叶女贞	*L. quiohui* Carr. [*L. brachystachyum* Decne.]	巫山，巫溪，奉节，云阳，开州，万州，石柱，忠县，丰都，涪陵，武隆，长寿，巴南，北碚，江津，南岸，江北	100 ~ 2 500 m	5—7月	8—11月
		粗壮女贞	*L. robustum*（Roxb.）Blume	巫山，巫溪，奉节，云阳，开州，万州，石柱，忠县，武隆，江津	300 ~ 1 800 m		
		小蜡	*L. sinense* Lour. [*L. deciduum* Hemsl.]	巫山，巫溪，奉节，云阳，开州，万州，石柱，忠县，丰都，涪陵，武隆，长寿，巴南，北碚，江津，南岸，渝北，江北	1400 m以下	3—6月	9—12月
		光萼小蜡	*L. sinense* var. *myrianthum*（Diels）Hofk.	开州，丰都，武隆	600 ~ 1 500 m	5—6月	9—10月
		宜昌女贞	*L. strongylophyllum* Hemsl.	巫山，巫溪，奉节，开州	800 ~ 1 700 m	6—8月	8—10月
		油橄榄	*Olea europaea* Linn.	库区各县（市，区）	栽培	4—5月	6—9月
		尖叶木犀榄	*Osmanthus europaea* ssp. *cuspidata*（Wall. ex. G. Don）Ciferri [*O. ferruginea* Royle]	万州，江津	栽培		
		红柄木犀	*O. armatus* Diels	巫山，奉节，开州，石柱，武隆	600 ~ 1 500 m	9—10月	翌年4—6月
		木犀	*O. fragrans*（Thunb.）Lour.	库区各县（市，区）	栽培	9—10月	翌年3月
		月桂	*O. marginantus*（Champ. ex Benth.）Hemsl	库区各县（市，区）	1000 m以下	5—6月	11—12月
		野桂花	*O. yunnanensis*（Franch.）P. S. Green [*O. forrestii* Rehd.]	巫溪，开州，武隆	1 200 ~ 1 800 m		
		华北紫丁香	*Syringa oblata* Lindl.	奉节，万州，涪陵，巴南，北碚，南岸，江津	1 950 m以下	4—5月	
		小叶丁香	*S. pubescens* Turcz. ssp. *microphylla*（Diels）M. C. Chang et X. L. Chen	万州，涪陵，南岸	900 ~ 2 000 m	5—6月	7—9月

229	马钱科（Loganiaceae）	巴东醉鱼草	*Buddleja albiflora* Hemsl.	巫山，巫溪，开州，武隆	2 000 m以下	2—9月	8—12月
		驳骨丹	*B. asiatica* Lour.	巫山，巫溪，奉节，云阳，开州，江津	1 600 m以下	1—10月	3—12月
		大叶醉鱼草	*B. davidii* Franch. [*B. davidii* var. *magnifica* Rehd. et Wils.; *B. davidii* var. *superba*（Veitch）Rehd. et Wils.]	巫山，巫溪，奉节，云阳，开州，武隆，巴南，北碚	800～3 000 m	5—10月	9—12月
		醉鱼草	*B. lindleyana* Fort. [*B. lindleyana* var. *sinuato-dentata* Hemsl.]	开州，石柱，丰都，武隆，北碚，江津，南岸	800 m以下	4—10月	8月至翌年4月
		密蒙花	*B. officinalis* Maxim.	巫山，巫溪，奉节，云阳，开州，万州，石柱，武隆，长寿，巴南，北碚，江津，南岸，渝北，江北	500～1 500 m	3—4月	5—8月
		披针叶蓬莱葛	*Gardneria lanceolata* Rehd. et Wils.	开州，武隆	1 000～3 000 m	6—8月	9—12月
		蓬莱葛	*G. multiflora* Makino	开州，石柱，武隆	500～1 200 m	3—7月	7—10月
		钩吻	*Gelsemium elegana*（Gardn. et Champ.）Benth.	石柱，武隆			
		毛叶度量草	*Mitreola pedicellata*（Gmel.）Benth.	巫溪	400～1 200 m	3—5月	6—7月
230	龙胆科（Gentianaceae）	鄂西喉毛花	*Comastoma henryi*（Hemsl.）Holub	巫溪，开州	2 000 m	8—9月	8—9月
		怀药草	*Cotylanthera paucisquama* C. B. Llake	库区各县（市，区）	1 750～2 350 m		
		川东龙胆	*Gentiana arethusae* Burk.	巫溪，奉节，开州	2 000 m以上	8—9月	8—9月
		肾叶龙胆	*G. crassuloides* Bureau et Franch.	巫山，巫溪，开州	2 500 m以上	6—9月	6—9月
		达乌里龙胆	*G. dahurica* Fisch.	库区各县（市，区）	800 m以上	7—9月	7—9月
		苞叶龙胆	*G. incompta* H. Sm. [*G. licentii* H. Sm. ex Marq.]	巫溪，开州	750～2 800 m	4—7月	4—7月
		密花龙胆	*G. densiflora* T. N. Ho	巫山，巫溪，奉节，云阳，开州，万州，石柱	900～2 300 m	4—6月	4—6月
		多枝龙胆	*G. myrioclada* Franch.	巫溪，开州	200～2 500 m	8—9月	8—9月
		巫溪龙胆	*G. myrioclada* Franch. var. *wuxiensis* T. N. Ho et S. W. Liu	巫溪，开州	2 500 m	8—9月	8—9月
		流苏龙胆	*G. panthaica* Prain et Burk.	巫山，巫溪，奉节，云阳，开州，万州，石柱，涪陵	1 500～2 300 m	5—8月	5—8月
		红花龙胆	*G. rhodantha* Franch. ex Hemsl.	巫山，巫溪，奉节，云阳，开州，万州，石柱，涪陵，武隆，巴南，江津	500～1 800 m	9—10月	11月
		深红龙胆	*G. rubicunda* Franch.	巫山，巫溪，奉节，开州，万州，石柱，涪陵	600～2 300 m	3—10月	3—10月
		水繁缕龙胆	*G. samolifolia* Franch.	巫溪，奉节，开州	900～1 200 m	4—6月	4—6月
		龙胆	*G. scabra* Bunge	库区各县（市，区）	400～1 700 m	5—11月	5—11月
		鳞叶龙胆	*G. squarrosa* Ledeb.	开州，石柱，忠县，丰都，涪陵，武隆，长寿，巴南，北碚，江津，渝北	110 m	4—9月	4—9月
		母草叶龙胆	*G. vandellioides* Hemsl.	巫山，巫溪，奉节，开州	1 100～2 700 m	7—9月	7—9月
		湿生扁蕾	*Gentianopsis paludosa*（Hook. f.）Ma	开州，万州	1 180 m	7—10月	7—10月

续表

序号	科名	植物名	拉丁学名	分布	海拔	花期	果期
230	龙胆科（Gentianaceae）	卵叶扁蕾	*G. paludosa*（Hook. f.）Ma var. *ovato-deltoidea*（Burk.）Ma ex T. N. Ho [*G. scabromarginata*（H. Sm.）Ma]	巫溪，开州	1 100 ~ 2 700 m	7—10月	7—10月
		椭圆叶花锚	*Halenia elliptica* D. Don	巫山，巫溪，奉节，云阳，开州，万州，石柱，忠县，丰都，涪陵，武隆，江津	700 m以上	7—9月	7—9月
		大花花锚	*H. elliptica* D. Don var. *grandiflora* Hemsl.	巫溪，开州，涪陵	1 500 m以下	7—9月	7—9月
		翼萼蔓龙胶	*Pterygocalyx volubilis* Maxim.	巫溪，开州	1 100 ~ 2 800 m	8—9月	8—9月
		美丽獐牙菜	*Swertia angustifolia* Buch. Ham. var. *pulchella*（D. Don.）Burkill	巫山，巫溪	1 000 ~ 1 500 m	8—9月	8—9月
		獐牙菜	*S. bimaculata*（Sieb. et Zucc.）Hook. f. et Thoms. ex C. B. Cldrke	巫山，巫溪，奉节，云阳，开州，万州，石柱，忠县，丰都，涪陵，武隆，长寿，巴南，江津	1 900 m以下	6—11月	6—11月
		西南獐牙菜	*S. cincta* Burkill	开州，涪陵，武隆，江津	1 400 m以上	8—11月	8—11月
		川东獐牙菜	*S. davidii* Franch.	巫山，巫溪，奉节，云阳，开州，万州，石柱，丰都，涪陵，武隆，巴南	900 ~ 1 200 m	9—11月	9—11月
		北方獐牙菜	*S. diluta*（Turcz.）Benth. et Hook. F.	巫山，石柱，武隆	150 ~ 2 600 m	8—10月	8—10月
		红直獐牙菜	*S. erythrosticta* Maxim.	巫山，巫溪，奉节，开州	1500 ~ 2 500 m	8—10月	8—10月
		贵州獐牙菜	*S. kouitchensis* Franch. [*S. tetragona* auct. non Clarke]	巫山，奉节，开州，万州，石柱	700 ~ 2 000 m	8—10月	8—10月
		大籽獐牙菜	*S. macrosperma*（Clarke）C. B. Clarke	石柱，涪陵，武隆	1 000 ~ 2 200 m	7—11月	7—11月
		显脉獐牙菜	*S. nervosa*（G. Don）Wall. ex C. B. Clarke	开州，万州，石柱	460 ~ 2 700 m	9—12月	9—12月
		鄂西獐牙菜	*S. oculata* Hemsl.	巫山，巫溪，奉节，开州	1 500 m	8—9月	8—9月
		紫红獐牙菜	*S. punicea* Hemsl.	巫山，开州	2 000 m	8—11月	8—11月
		云南獐牙菜	*S. yunnanensis* Burk.	武隆	800 ~ 1 600 m		
		峨眉双蝴蝶	*Tripterospermum cordatum*（Marq.）H. Sm. [*T. affine*（Wall.）H. Sm.]	巫溪，开州，万州，武隆，江津	400 ~ 2 500 m	10—12月	10—12月
		湖北双蝴蝶	*T. discoideum*（Marq.）H. Sm.	巫山，巫溪，奉节，开州	600 ~ 1 800 m	8—10月	8—10月
		细茎双蝴蝶	*T. filicaule*（Hemsl.）H. Sm.	巫溪，奉节，开州	800 ~ 2 000 m	8月至翌年1月	8月至翌年1月
		日本双蝴蝶	*T. japonicum*（Sieb. et Zucc.）Maxim.	武隆	800 ~ 1 600 m		
231	睡菜科（Menyanthaceae）	荇菜	*Nymphoides peltatum*（Gmel.）O. Kuntze.	涪陵，武隆，长寿，巴南，江津	60 ~ 1 800 m	4—10月	4—10月
232	夹竹桃科（Apocynaceae）	黄蝉	*Allamanda neriifolia* Hook.	涪陵，北碚，南岸，渝北	栽培		
		链珠藤	*Alyxia hainanensis* Merr. et Chun [*A. vulgaris* Tsiang]	奉节，开州，武隆，江津	1 000 m以下	8—10月	12月至翌年春
		罗布麻	*Apocynum venetum* Linn.	长寿，北碚，江津，南岸	栽培		

232	夹竹桃科（Apocynaceae）	假虎刺	*Carissa spinarum* Linn. [*C. yunnanensis* Tsiang et P. T. Li]	涪陵，北碚，南岸，渝北	栽培		
		长春花	*Catharanthus roseus*（Linn.）G. Don	巫山，巫溪，开州，万州，涪陵，武隆，长寿，巴南，北碚，江津，南岸，渝北，九龙坡，渝中	栽培	几乎全年	几乎全年
		酸叶胶藤	*Ecdysanthera rosea* Hook et Arn.	库区各县（市，区）	栽培	5—10月	7—12月
		川山橙	*Melodinus hemsleyanus* Diels	奉节，开州，石柱，忠县，涪陵，武隆，长寿，巴南，江津	500 ~ 1 500 m	5—8月	7—12月
		夹竹桃	*Nerium indicum* Mill. [*N. oleander* Linn.]	原产伊朗，库区各县（市，区）栽培	400 ~ 1 500 m	全年	冬春季
		杜仲藤	*Parabarium micranthum*（A. DC.）Pierre	库区各县（市，区）	400 ~ 1 400 m	5月	8—12月
		鸡蛋花	*Plumeria rubra* Linn.	开州，万州，涪陵，武隆，长寿，北碚，渝北，九龙坡	栽培		
		萝芙木	*Rauvolfia verticillata*（Lour.）Baill. [*R. yunnanensis* Tsiang]	万州，涪陵，武隆，巴南，南岸	500 ~ 1 200 m	3—10月	4月至翌年春
		云南萝芙木	*R. yunnanensis*	库区各县（市，区）	栽培	3—12月	5月至翌年春
		红果萝芙木	*R. verticillata* f. *rubrocarpa* H. T. Chang	武隆，南岸	栽培		
		催吐萝芙木	*R. vomitoria* Afzel. ex Spreng.	南岸	栽培		
		毛药藤	*Sindechites henryi* Oliv.	开州，万州	450 ~ 1 300 m	5—7月	7—10月
		狗牙花	*Tabernacmontana divaricata*（Linn.）R. Br. ex Roem. et Schult. [*Ervatamia divaricata*（Linn.）Burk.]	涪陵，北碚，南岸，渝北	庭园栽培		
		紫花络石	*Trachelospermum axillare* Hook. f.	巫山，巫溪，奉节，云阳，开州，石柱，涪陵，武隆，江津	250 ~ 1 300 m	5—7月	8—10月
		短柱络石	*T. brevistylum* Hand.-Mazz.	巫溪，开州	900 ~ 1 700 m	5—6月	8—11月
		乳儿绳	*T. cathayanum* Schneid.	开州	400 ~ 700 m	4—7月	8—12月
		湖北络石	*T. gracilipes* var. *hupehense* Tsiang et P. T. Li	巫山，云阳，开州，万州，忠县，江津	450 ~ 1 650 m	3—7月	7—12月
		络石	*T. jasminoides*（Lindl.）Lem. [*T. jasminoides* var. *heterophyllum* Tsiang]	巫山，巫溪，奉节，云阳，开州，万州，石柱，武隆，江津	1 000 m以下	3—7月	7—12月
		黄花夹竹桃	*Thevetia peruviana*（Pers.）K. Schum.	涪陵，北碚，南岸	栽培	5—10月	8月至翌年2月
		蔓长春花	*Vinca major* Linn.	涪陵，北碚，南岸，渝北，九龙坡	栽培	3—5月	
		毛杜仲藤	*Vrceola huaitingii*（Chun et Tsiang）D. J. Middl. [*Parabarium huaitingii* Chun et Tsiang.]	北碚	250 ~ 800 m	5月	8—12月
		杜仲藤	*V. micrantha*（Wall. ex G. Don）D. J. Middl. [*Parabarium micranthum*（A. DC.）Pierre]	北碚，江津	400 ~ 1 400 m	5月	8—12月
		酸叶胶藤	*V. rosea*（Hook. et Arn.）D. J. Middl. [*Ecdysanthera rosea* Hook. et Arn.]	北碚	250 ~ 600 m	5—10月	7—12月

续表

序号	科名	植物名	拉丁学名	分布	海拔	花期	果期
233	萝藦科（Asclepiadeceae）	马利筋	*Asclepias curassavica* Linn.	万州，石柱，涪陵，武隆，长寿，巴南，北碚，江津	栽培	全年	8—12月
		青龙藤	*Biondia henryi*（Warb. ex Schltr. et Diels）Tsiang et P. T. Li [*B. hemsleyana*（Warb. ex Schltr. ex Diels）Tsiang et P. T. Li]	巫山，巫溪，奉节，云阳，开州，万州	1 400 ~ 2 000 m	4—9月	10—12月
		牛角瓜	*Calotropis gigantea*（Linn.）Dry. et Ait. f.	北碚，南岸，渝北，九龙坡，渝中	庭园栽培		
		长叶吊灯花	*Ceropegia dolichophylla* Schltr.	石柱	500 ~ 1 000 m	4—7月	8—9月
		吊灯花	*C. trichantha* Hemsl.	开州，涪陵，北碚	400 ~ 800 m	4—7月	8—9月
		白薇	*Cynanchum atratum* Bunge	奉节，云阳，开州，丰都，涪陵，武隆，长寿，巴南，北碚	1 500 m以下	4—8月	6—8月
		牛皮消	*C. auriculatum* Royle ex Wight	开州，万州，石柱，涪陵，武隆，长寿，巴南，江津	1 800 m以下	6—9月	7—11月
		刺瓜	*C. corymbosum* Wight	巫山	400 ~ 2 100 m		
		白前	*C. glaucescens*（Decne.）Hand.-Mazz.	奉节，云阳，开州，万州，石柱，武隆	300 m以下	5—11月	7—11月
		光白薇	*C. inamoenum*（Maxim.）Loes.	巫山，巫溪，奉节，开州，石柱，武隆	100 ~ 2 500 m	5—7月	7—10月
		朱砂藤	*C. officinale*（Hemsl.）Tsiang et Zhang	巫溪，开州，万州，石柱，涪陵，武隆	500 ~ 1 900 m	5—8月	7—10月
		青羊参	*C. otophyllum* Schneid.	武隆	250 ~ 850 m		
		徐长卿	*C. paniculatum*（Bunge）Kitag.	巫山，巫溪，开州，万州，武隆	1 500 m以下	5—7月	9—12月
		柳叶白前	*C. stauntonii*（Decne.）Schltr. ex Lévl.	开州，丰都，涪陵，武隆	700 m以下	5—8月	9—10月
		狭叶白前	*C. stenophyllum* Hemsl.	云阳，丰都，武隆	100 m以下	6—9月	9—10月
		变色白前	*C. versicolor* Bunge	武隆，长寿	500 m以下	5—8月	7—9月
		催吐白前	*C. vincetoxicum*（Linn.）Pers.	巫溪	1 000 m以下	5—6月	
		昆明杯冠藤	*C. wallichii* Wight	巫溪，奉节，开州，丰都，涪陵，武隆	山坡草地	7—10月	9—11月
		隔山消	*C. wilfordii*（Maxim.）Hemsl.	库区各县（市，区）	1 500 m以下	5—9月	7—10月
		苦绳	*Dregea sinensis* Hemsl.	巫溪，开州，万州	1 500 m以下	4—8月	7—10月
		贯筋藤	*D. sinensis* var. *corrugata*（Schneid.）Tsiang et P. T. Li	忠县，丰都，涪陵，武隆	500 ~ 1 000 m	3—5月	7—12月
		南山藤	*D. volubilis*（Linn. f.）Benth. ex Hook. f.	云阳	200 ~ 500 m	4—6月	7—12月
		大丽子藤	*D. yunnanensis* var. *major*（Tsiang）Tsiang et P. T. Li	巫溪，武隆	1 650 ~ 2 600 m	5—6月	7—12月
		醉魂藤	*Heterostemma alatum* Wight	武隆	250 ~ 850 m		
		花叶球兰	*Hoya carnosa* var. *marmorata* Hort.	南岸，渝中	300 ~ 800 m		
		香花球兰	*H. lyi* Lévl.	云阳，开州，石柱，武隆，江津	250 ~ 1 200 m		
		海枫藤	*Marsdenia officinalis* Tsiang et P. T. Li	万州，石柱，忠县	1 000 m以下	7—8月	8—11月
		喙柱牛奶菜	*M. oreophila* W. W. Sm.	巫山，巫溪，奉节，云阳，开州，万州	3 000 m以下	8—9月	11月

233	萝藦科（Asclepiadeceae）	牛奶菜	*M. sinensis* Hemsl.	开州，万州，忠县	1 000 m以下	夏季	秋季
		通光散	*M. tenacissima*（Roxb.）Wight et Arn.	云阳，万州	2 000 m以下	6月	11月
		蓝叶藤	*M. tinctoria* R. Br. [*M. globifera* Tsiang]	巫溪，开州	400 ~ 1 800 m	3—5月	8—12月
		圆头牛奶菜	*M. tsaiana* Tsiang	万州，石柱，忠县	3 000 m左右	9月	9月后
		华萝藦	*Metaplexis hemsleyana* Oliv.	巫山，巫溪，奉节，云阳，开州，万州，石柱，武隆，巴南，江津	300 ~ 1 300 m	7—9月	9—12月
		萝藦	*M. japonica*（Thunb.）Makino.	开州，涪陵，武隆，长寿，巴南，江津	800 m以下	7—8月	9—12月
		青蛇藤	Periploca calophylla（Wight）Falc.	巫山，巫溪，奉节，云阳，开州，万州，石柱，忠县，丰都，涪陵，武隆，长寿，巴南，北碚，江津，南岸，江北	1 000 m以下	4—5月	8—9月
		黑龙骨	P. forrestii Schlecht.	巫山，巫溪，奉节，云阳，开州，万州，石柱，丰都，涪陵，武隆	600 ~ 1 800 m	4—5月	8—9月
		杠柳	P. sepium Bunge	开州，江津	1 200 m以下	5—6月	7—9月
		鲫鱼藤	Secamone lanceolata Bl.	石柱	500 ~ 700 m	5—6月	7—9月
		黑鳗藤	Stephanotis macronata（Blanco）Merr.	万州，忠县，丰都	350 ~ 600 m	5—6月	7—9月
		夜来香	Telosma cordata（Burm. f.）Merr.	南岸	庭园栽培		
		三分丹	Tylophora atrofolliculata Metc.	武隆	300 ~ 800 m	5—9月	8—12月
		七层楼	T. floribunda Miq.	忠县，丰都，涪陵，武隆	500 m以下	5—9月	8—12月
234	旋花科（Convolvulaceae）	月光花	*Calonyction aculeatum*（Linn.）House	北碚，南岸		夏秋季	
		打碗花	*Calystegia hederacea* Wall.	库区各县（市，区）	2 500 m以下	5—9月	10—11月
		旋花	*C. sepium*（Linn.）R. Br.	巫山，巫溪，奉节，云阳，开州，万州，石柱，忠县，丰都，涪陵，武隆，长寿，巴南，北碚，江津，南岸，渝北，江北	140 ~ 2 600 m	6—10月	10—11月
		长裂旋花	*C. sepium* var. *japonica*（Choisy）Makino et Matsum.	长寿，巴南，江津，渝北	140 ~ 2 600 m	6—10月	10—11月
		田旋花	*Convolvulus arvensis* Linn.	库区各县（市，区）	450 m以上	5—9月	8—10月
		马蹄金	*Dichondra repens* Forst.	库区各县（市，区）	1 500 m以下	5—8月	9月
		蕹菜	*Ipomoea aquatica* Forsk.	库区各县（市，区）	庭园栽培	6—10月	9—11月
		番薯	*I. batatas*（Linn.）Lam.	库区各县（市，区）	栽培	6—8月	8—9月
		山木瓜	*Merremia hungaiensis*（Lingel. et Borza）R. C. Fang	南岸	庭园栽培		
		北鱼黄草	*M. sibirica*（Linn.）Hall. f.	开州，万州，石柱，忠县，江津，南岸	635 ~ 2 400 m	6—10月	10—11月
		变色牵牛	*Pharbitis indica*（Burm.）R. C. Fang	万州，涪陵，长寿，巴南，北碚，江津，南岸，渝北，九龙坡，渝中，江北	400 ~ 2 000 m	5—11月	8—11月
		牵牛	*P. nil*（Linn.）Choisy [*Ipomoea nil*（Linn.）Roth]	库区各县（市，区）	400 ~ 2 000 m	5—11月	8—11月
		圆叶牵牛	*P. purpurea*（Linn.）Voigt	库区各县（市，区）	栽培	5—11月	8—11月

续表

序号	科名	植物名	拉丁学名	分布	海拔	花期	果期
234	旋花科（Convolvulaceae）	三列飞蛾藤	*Porana duclouxii* Gagnep. et Courch.	巫山	1 000 ~ 1 600 m	8—9月	9—11月
		腺毛飞蛾藤	*P. duclouxii* var. *lasia*（Schneid.）Hand.-Mazz.	开州，江津，南岸	670 ~ 2 000 m	8—9月	9—11月
		飞蛾藤	*P. racemosa* Roxb.	开州，北碚，江津	1 000 m	8—10月	9—11月
		近无毛飞蛾藤	*P. sinensis* var. *delavayi*（Gagnep. et Courch.）Rehd.	巫山，奉节，云阳，开州，巴南，北碚，江津，南岸	600 ~ 1 000 m	8—9月	9—10月
		圆叶茑萝	*Quamoclit coccinea*（Linn.）Moench	库区各县（市，区）	庭园栽培		
		羽叶茑萝	*Q. pennata*（Desr.）Boj.	库区各县（市，区）	庭园栽培	6—10月	9—11月
		葵叶茑萝	*Q. sloteri* House ex Bailey	库区各县（市，区）	庭园栽培	7—9月	9—10月
235	菟丝子科（Cuscutaceae）	南方菟丝子	*Cuscuta australis* R. Br.	奉节，开州，武隆，长寿，巴南，北碚，江津，南岸，渝北，江北	2 000 m	6—7月	7—9月
		菟丝子	*C. chinensis* Lam.	库区各县（市，区）	2 000 m	6—7月	8—9月
		大菟丝子	*C. europaea* Linn.	武隆，长寿			
		日本菟丝子	*C. japonica* Choisy	库区各县（市，区）	1 800 m以下	8月	9月
236	花荵科（Polemoniaceae）	花荵	*Polemonium coeruleum* Linn. [*P. laxiforum*（Regel）Kitamura]	巫溪，开州	500 ~ 1 900 m	6—8月	8月
		中华花荵	*P. coeruleum* L. var. *chinense*（Brand）Brand [*P. chinense*（Brand）Brand]	巫溪，开州	1 600 ~ 2 500 m	7—8月	8—9月
237	紫草科（Boraginaceae）	多苞斑种草	*Bothriospermum secundum* Maxim.	巫山，开州	250 ~ 2 100 m	5—7月	5—7月
		柔弱斑种草	*B. tenellum*（Hornem.）Fisch. et Mey.	巫山，巫溪，奉节，云阳，开州，万州，丰都，涪陵，武隆	300 ~ 1 900 m	2—10月	2—10月
		倒提壶	*Cynoglossum amabile* Stapf et Drumm.	库区各县（市，区）	450 ~ 1 800 m	4—9月	4—9月
		大果琉璃草	*C. divaricatum* Steph. ex. Bailey	巫山	200 ~ 1 200 m	4—9月	4—9月
		小花琉璃草	*C. lanceolatum* Forsk.	奉节，开州，万州，石柱，武隆	300 ~ 2 800 m	4—9月	4—9月
		琉璃草	*C. zeylanicum*（Vahl）Thunb. ex Lehm. [*Cynoglossum* furcatum Wall.]	库区各县（市，区）	1 800 m以下	5—10月	5—10月
		西南粗糠树	*Ehretia corylifolia* C. H. Wright.	江津	450 ~ 1 600 m	3—5月	6—7月
		粗糠树	*E. dicksonii* Hance [*E. macrophylla* Wall.]	巫山，巫溪，奉节，云阳，开州，万州，石柱，忠县，丰都，涪陵，武隆，长寿	1 200 m以下	3—5月	6—7月
		光叶粗糠树	*E. dicksonii* var. *glabrescens* Nakai [*E. macrophylla* Wall. var. *glabrescens*（Nakai）Y. L. Liu]	奉节，开州，长寿	400 ~ 1 500 m	3—5月	6—7月
		厚壳树	*E. thyrsiflora*（Sieb. et Zucc.）Nakai [*E. acuminata* R. Br.]	开州，武隆	1 500 m	4—5月	6—7月
		田紫草	*Lithospermum arvense* Linn.	奉节，云阳	250 ~ 800 m	4—8月	4—8月
		紫草	*L. erythrorhizon* Sieb. et Zucc.	巫溪，云阳，开州	1 400 m以下	6—9月	6—9月

237	紫草科（Boraginaceae）	梓木草	*L. zollingeri* DC.	巫山，巫溪，奉节，武隆	1 000 m以下	5—8月	5—8月
		车前紫草	*Sinojohnstonia plantaginea* Hu	巫山，巫溪，开州，武隆	900 m左右	3—9月	3—9月
		聚合草	*Symphytum officinale* Linn.	库区各县（市，区）			
		盾果草	*Thyrocarpus sampsonii* Hance	巫山，奉节，云阳，武隆，南岸	800 m以下	5—7月	5—7月
		钝萼附地草	*Trigonotis amblyosepala* Nakai et Kitag.	武隆			
		西南附地菜	*T. cavaleriei*（Levl.）Hand.-Mazz.	开州，武隆	800 ~ 1 400 m	5—8月	5—8月
		多花附地菜	*T. floribunda* Johnst.	忠县	600 ~ 1 400 m		
		秦岭附地菜	*T. giraldii* Brand	巫溪，开州	1 250 ~ 1 850 m		
		南川附地菜	*T. laxa* Johnst.	武隆	1 400 ~ 1 850 m		
		附地菜	*T. peduncularis*（Trev.）Benth. ex Baker et Moore	库区各县（市，区）	2 400 m以下		4—10月
238	马鞭草科（Verbenaceae）	紫珠	*Callicarpa bodinieri* Levl.	巫山，巫溪，奉节，云阳，开州，万州，石柱，忠县，丰都，涪陵，武隆，长寿，巴南，北碚，江津，南岸，江北	200 ~ 2 300 m	6—7月	8—11月
		南川紫珠	*C. bodinieri* var. *rosthornii*（Diels）Rehd.	武隆	1 400 ~ 1 850 m		
		华紫珠	*C. cathayana* H. T. Chang	巫溪，开州，万州，石柱，忠县，丰都，武隆	1 200 m以下	5—7月	8—11月
		白棠子树	*C. dichotoma*（Lour.）K. Koch	开州，石柱，武隆	200 ~ 500 m	5—6月	7—11月
		台湾紫珠	*C. formosana* Rolfe	库区各县（市，区）	1 590 m以下	5—7月	8—11月
		老鸦糊	*C. giraldii* Hesse ex Rehd.	巫山，奉节，开州，石柱，武隆			
		缙云紫珠	*C. giraldii* var. *chinyunensis*（Pei et W. Z. Fang）S. L. Chen [*C. chinyunensis* Pei et W. Z. Fang]	北碚	250 ~ 600 m		
		毛叶老鸦糊	*C. giraldii* var. *subcanescens* Rehd. [*C. giraldii* var. *lyi*（Levl.）C. Y. Wu]	云阳，开州，丰都	2 300 m以下	5—6月	7—10月
		日本紫珠	*C. japonica* Thunb.	石柱，丰都，武隆	220 ~ 850 m	6—7月	8—10月
		白毛长叶紫珠	*C. longifolia* var. *floccosa* Schauer	巫溪，武隆			
		枇杷叶紫珠	*C. kochiana* Makino [*C. loureiri* Hook. et Arn. ex Merr.]	武隆	250 ~ 600 m		
		窄叶紫珠	*C. membranacea* H. T. Chang [*C. japonica* var. *angustata* Rehd.]	巫溪，开州，万州	1 300 m以下	5—6月	7—10月
		红紫珠	*C. rubella* Lindl.	巫山，巫溪，奉节，云阳，开州，万州，石柱，忠县，丰都，涪陵，武隆，长寿，巴南，北碚，江津	150 ~ 1 650 m	5—7月	7—11月
		狭叶红紫珠	*C. rubella* f. *angustata* Péi	武隆	800 ~ 1 600 m		
		钝齿红紫珠	*C. rubella* f. *crenata* Péi	开州，武隆	600 ~ 1 650 m		
		兰香草	*Caryopteris incana*（Thunb.）Miq.	巫溪，开州	1 600 m以下	6—10月	6—10月

续表

序号	科名	植物名	拉丁学名	分布	海拔	花期	果期
238	马鞭草科（Verbenaceae）	三花莸	*C. terniflora* Maxim. [*C. terniflora* f. *brevipedunculata* Pei et S. L. Chen]	巫山，巫溪，开州，江津	550 ~ 2 600 m	4—9月	4—9月
		臭牡丹	*Clerodendrum bungei* Steud.	开州，万州，石柱，忠县，丰都，涪陵，武隆，巴南，江津，南岸，江北	1 200 m以下	5—11月	5—11月
		大萼臭牡丹	*C. bungei* var. *megacalyx* C. Y. Wu ex S. L. Shen	开州，武隆，南岸，渝北	250 ~ 1 200 m		
		灰毛大青	*C. canescens* Wall. ex Walp.	涪陵	450 ~ 1 250 m		
		大青	*C. cyrtophyllum* Turcz.	开州，武隆，长寿，江津	1 000 m以下	6月至翌年2月	6月至翌年2月
		桢桐	*C. japonicum*（Thunb.）Sweet	开州，武隆，北碚，江津	250 ~ 1 250 m		
		黄腺大青	*C. luteopunctatum* Pei et S. L. Chen	巫溪	625 ~ 1 150 m	6—11月	6—11月
		海通	*C. mandarinorum* Diels	开州，武隆，北碚，江津	250 ~ 1 200 m	7—12月	7—12月
		臭茉莉	*C. philippinum* Schauer [*C. fragrans* Vent.]	开州，北碚	栽培		
		龙吐珠	*C. thomsonae* Balf.	库区各县（市，区）	栽培	3—5月	
		海州常山	*C. trichotomum* Thunb [*C. trichotomum* var. *fargesii*（Dode）Rehd.]	巫山，巫溪，奉节，云阳，开州，万州，石柱，忠县，丰都，涪陵，武隆，长寿，巴南，北碚，江津，南岸，江北	1 500 m以下	6—11月	6—11月
		假连翘	*Duranta erecta* Linn. [*D. repens* Linn.]	江津，南岸	栽培		
		马缨丹	*Lantana camara* Linn.	库区各县（市，区）	栽培	全年	
		过江藤	*Phyla nodiflora*（Linn.）Greene	巫山，开州，万州，涪陵，武隆，长寿，江津	1 500 m以下	6—10月	6—10月
		臭黄荆	*Premna ligustroides* Hemsl.	开州，武隆，长寿，巴南，北碚，江津，江北	500 ~ 1 000 m	5—7月	5—7月
		豆腐柴	*P. microphylla* Turcz.	涪陵，武隆，江津	1 400 m以下	5—10月	5—10月
		长柄臭黄荆	*P. puberula* Pamp.	巫溪，开州，石柱，忠县，丰都，武隆，江津，南岸	700 ~ 1 800 m	5—8月	5—8月
		近头状豆腐柴	*P. subcapitata* Rend.	巫山，巫溪，奉节，开州，万州	1 250 ~ 2 600 m	6—8月	6—8月
		假马鞭草	*Stachytarpheta jamaicensis*（Linn.）Vahl.	北碚，南岸	栽培		
		美女樱	*Verbena hybrida* Voss	万州，涪陵，长寿，南岸，渝北，渝中	250 ~ 1 250 m	7—8月	8—10月
		马鞭草	*V. officinalis* Linn.	库区各县（市，区）	1 300 m以下	6—8月	7—10月
		黄荆	*Vitex negundo* Linn.	库区各县（市，区）	1 000 m以下	4—6月	7—10月
		灰毛牡荆	*V. canescens* Kurz	库区各县（市，区）	200 ~ 1 550 m	4—5月	5—6月
		牡荆	*V. negundo* var. *cannabifolia*（Sieb. et Zucc.）Hand.-Mazz. [*V. cannabifolia* Sieb. et Zucc.]	巫溪，奉节，万州，石柱，丰都，涪陵	800 m以下	6—7月	8—11月
		山牡荆	*V. quinata*（Lour.）Will.	巫溪，开州	180 ~ 1 200 m	5—7月	8—9月
239	唇形科（Labiatae）	藿香	*Agastache rugosa*（Fisch. et Mey.）O. Ktze.	库区各县（市，区）	1 000 m以下	6—8月	7—9月
		筋骨草	*Ajuga ciliata* Bunge	开州，石柱，忠县，丰都，涪陵	340 ~ 1 800 m	4—8月	7—9月

239	唇形科（Labiatae）	金疮小草	*A. decumbens* Thunb.	开州，万州，石柱，忠县，丰都，涪陵，武隆，长寿，巴南，北碚，江津，南岸，渝北，江北	360 ~ 1 400 m	3—7月	5—11月
		白苞筋骨草	*A. lupulina* Maxim.	北碚	250 ~ 850 m	4—5月	5—6月
		多花筋骨草	*A. multiflora* Bunge	库区各县（市，区）	低海拔	4—5月	5—6月
		紫背金盘	*A. nipponensis* Makino	巫溪，开州，万州，石柱，武隆，江津	400 ~ 2 300 m	5—6月	7—8月
		矮生紫背金盘	*A. nipponensis* var. *pallescens*（Maxim.）C. Y. Wu et C. Chen	开州，江津	1 350 ~ 2 500 m	5—6月	7—8月
		水棘针	*Amethystea caerulea* Linn.	北碚，江津，渝北	2 500 m以下	8—9月	9—10月
		广防风	*Epimeredi indica*（Linn.）Rothm. [*Anisomeles indica*（Linn.）Kuntze]	巫山，巴南	200 ~ 600 m		
		风轮菜	*Clinopodium chinense*（Benth.）O. Ktze.	库区各县（市，区）	500 ~ 1 500 m	5—8月	8—10月
		邻近风轮菜	*C. confine*（Hance）O. Ktze. [*Calamintha confinis* Hance]	长寿，南岸	500 m以下	4—6月	7—8月
		细风轮菜	*C. gracile*（Benth.）Matsum.	库区各县（市，区）	2 400 m以下	6—8月	8—10月
		寸金草	*C. megalanthum*（Diels）C. Y. Wu et Hsuan ex H. W. Li	巫山，巫溪，奉节，云阳，开州，万州，石柱，武隆	1 500 m以下	7—9月	8—11月
		灯笼草	*C. polycephalum*（Vant.）C. Y. Wu et Hsuan ex Hsu	巫山，巫溪，奉节，云阳，开州，万州，北碚，江津，南岸，江北	2 500 m以下	7—8月	9月
		匍匐风轮菜	*C. repens*（D. Don）Wall. et Benth.	巫溪，奉节，开州	2 000 m	6—9月	10—12月
		麻叶风轮菜	*C. urticifolium*（Hance）C. Y. Wu et Hsuan ex H. W. Li	开州，石柱，涪陵，武隆，江津	300 ~ 1 650 m	6—9月	10—12月
		彩叶草	*Coleus scutellarioides*（Linn.）Benth.	万州，涪陵，巴南，北碚，江津，南岸，渝北，九龙坡，渝中，江北	栽培	7月	8—9月
		紫花香薷	*Elsholtzia argyi* Levl.	巫山，巫溪，奉节，云阳，开州，万州，石柱，忠县，丰都，涪陵，武隆，南岸，渝北，江北	200 ~ 1 200 m	9—11月	9—11月
		四方蒿	*E. blanda* Benth.	武隆	400 ~ 850 m		
		香薷	*E. ciliata*（Thunb.）Hyland. [*E. patrini*（Lepech.）Garcke]	开州，石柱，武隆	1 500 m以下	7—10月	10月至翌年1月
		野草香	*E. cyprianii*（Pavol.）S. Chow ex Hsu [*E. cyprianii* var. *angustifolia* C. Y. Wu et S. C. Huang]	开州，武隆，江津	400 m以上	8—11月	8—11月
		野苏子	*E. flava*（Benth.）Benth.	库区各县（市，区）	1 050 ~ 2 900 m	7—10月	9—11月
		鸡骨柴	*E. fruticosa*（D. Don）Rehd.	巫山	1 200 ~ 2 800 m	7—9月	10—11月
		野拔子	*E. rugulosa* Hemsl.	奉节，开州	1 300 ~ 2 800 m	10—12月	10—12月
		岩生香薷	*E. saxatilis*（Kom.）Nakai ex Kitag.	武隆	350 ~ 650 m	9—12月	9—12月
		穗状香薷	*E. stachyodes*（Link.）C. Y. Wu	库区各县（市，区）	800 ~ 2 800 m	9—12月	9—12月
		四川小野芝麻	*Galeobdolon szechuanense* C. Y. Wu	开州，北碚，江津	640 m	4—5月	6—8月

续表

序号	科名	植物名	拉丁学名	分布	海拔	花期	果期
239	唇形科（Labiatae）	鼬瓣花	*Galeopsis bifida* Boenn.	巫溪，开州	1 500 ~ 2 800 m	7—9月	9月
		白透骨消	*Glechoma biondiana*（Diels）C. Y. Wu et C. Chen	巫山，巫溪，开州，万州	1 000 ~ 1 700 m	4—5月	5—6月
		狭萼白透骨消	*G. biondiana* var. *angustuba* C. Y. Wu et C. Chen	巫山，巫溪，奉节，云阳，开州，万州，石柱	600 ~ 2 400 m	4—5月	5—6月
		无毛白透骨消	*G. biondiana* var. *glabrescens* C. Y. Wu et C. Chen	万州	2 200 m以下	4—5月	5—6月
		透骨消	*G. longituba*（Nakai）Kupr.	巫溪，开州，万州，石柱，忠县，丰都，涪陵，武隆，长寿，巴南，北碚，江津，南岸，渝北，江北	2 000 m以下	4—5月	5—6月
		异野芝麻	*Heterolamium debile*（Hemsl.）C. Y. Wu	巫山，开州	1 700 m	6月	7月
		细齿异野芝麻	*H. debile* var. *cardiophyllum*（Hemsl.）C. Y. Wu	巫山，巫溪，开州	1 500 ~ 2 750 m	5—6月	7月
		腺花香茶菜	*Isodon adenantha*（Diels）Hara [*Rabdosia adenantha*（Diels）Hara]	巫山	350 ~ 650 m		
		香茶菜	*I. amethystoides*（Benth.）C. Y. Wu et Hsuan [*Plectranthus amethystoides* Benth.; *Rabdosia amethystoides*（Benth.）Hara]	武隆	200 ~ 920 m	6—10月	9—10月
		细锥香茶菜	*I. coetsa*（Buch.-Ham. ex D. Don）Kudo [*Rabdosia. coetsa*（Buch.-Ham. ex D. Don）Hara	巫山，开州	600 ~ 2 000 m	10月至翌年2月	10月至翌年2月
		拟缺香茶菜	*I. excisoides*（Sun ex C. H. Hu）C. Y. Wu et Hsuan [*Rabdosia excisoides*（Sun ex C. H. Hu）C. Y. Wu et H. W. Li]	巫山，巫溪，奉节，开州，万州，丰都	1 200 ~ 2 800 m	7—9月	8—10月
		鄂西香茶菜	*I. henryi*（Hemsl.）Kudo [*Rabdosia henryi*（Hemsl.）Hara]	开州，丰都	800 ~ 2 600 m	8—9月	9—10月
		线纹香茶菜	*R. lophanthoides*（Buch.-Ham. ex D. Don）Hara	库区各县（市，区）	500 ~ 2 000 m	8—12月	8—12月
		显脉香茶菜	*I. nervosus*（Hemsl.）C. Y. Wu et W. Li [*Rabdosia nervosa*（Hemsl.）C. Y. Wu et H. W. Li]	巫溪，开州，万州，石柱	400 ~ 1 000 m	7—10月	8—11月
		瘿花香茶菜	*I. rosthornii*（Diels）Hara [*Rabdosia rosthornii*（Diels）Hara]	开州，万州，石柱，武隆	550 ~ 2 300 m	8—9月	9—10月
		碎米桠	*I. rubescens*（Hemsl.）Hara [*Rabdosia rubescens*（Hemsl.）Hara]	开州，涪陵，武隆，巴南	100 ~ 2 800 m	7—10月	8—11月
		溪黄草	*I. serra*（Maxim.）Kudo [*Rabdosia serra*（Maxim.）Hara]	巫溪，江津	1 300 m以下	8—9月	8—9月

239	唇形科（Labiatae）	四川霜柱	*Keiskea szechuanensis* C. Y. Wu	开州，涪陵，武隆，江津	250 ~ 650 m	6—10月	11—12月
		粉红动蕊花	*Kinostemon alborubrum*（Hemsl.）C. Y. Wu et S. Chow	巫山，巫溪，奉节，开州，万州，武隆，巴南，江津	350 ~ 1 200 m	7月	8—9月
		动蕊花	*K. ornatum*（Hemsl.）Kudo	巫溪，奉节，云阳，开州，石柱，武隆，北碚，江津	450 ~ 2 500 m	6—8月	8—11月
		夏至草	*Lagopsis supina*（Steph.）Ik.-Gal. ex Knorr.	巫溪，开州，武隆，长寿，巴南，北碚，江津，南岸，渝北	1 000 ~ 2 600 m	3—4月	5—6月
		宝盖草	*Lamium amplexicaule* Linn.	库区各县（市，区）	2 000 m	4—6月	7—8月
		野芝麻	*L. barbatum* Sieb. et Zucc.	巫山，巫溪，开州，万州，石柱，丰都	400 ~ 2 400 m	4—6月	7—8月
		薰衣草	*Lavandula angustifolia* Mill.	南岸		6月	
		益母草	*Leonurus japonica* Houtt. [*L. heterophyllus* Sweet.; *L. artemisia*（Lour.）S. Y. Hu]	巫山，巫溪，开州，万州，石柱，丰都，涪陵，江津，南岸，渝北，江北	2500 m以下	6—9月	8—10月
		白花益母草	*L. japonica* f. *niveus*（Barna. et Skvortz.）Hara [*L. artemisia* var. *albiflorus*（Migo）S. Y. Wu]	开州，南岸	1 500 m以下	6—9月	8—10月
		錾菜	*L. pseudomacranthus* Kitag.	开州，万州，武隆	低海拔	8—9月	9—10月
		白绒草	*Leucas mollissima* Wall.	巫溪，云阳，开州，万州，丰都，武隆，长寿，北碚，江津，南岸，渝北	350 ~ 1 650 m	5—10月	5—10月
		疏毛白绒草	*L. mollissima* var. *chinensis* Benth.	巫溪，云阳，开州，万州，石柱，忠县，长寿，巴南，北碚，江津，南岸	1 000 ~ 2 000 m	5—10月	5—10月
		斜萼草	*Loxocalyx urticifolius* Hemsl.	巫山，巫溪，石柱，武隆	120 ~ 2 700 m	8—9月	10月
		地笋	*Lycopus lucidus* Turcz.	巫山，开州，万州，忠县，丰都，涪陵，武隆，长寿，巴南，北碚，江津，南岸	500 ~ 2 200 m	6—9月	8—11月
		硬毛地笋	*L. lucidus* var. *hirtus* Regel	巫山，巫溪，奉节，云阳，开州，万州，石柱，武隆，江津，南岸，渝北	2 000 m以下	6—9月	8—11月
		华西龙头草	*Meehania fargesii*（Levl.）C. Y. Wu	巫溪，奉节，开州，石柱，丰都，江津	1 900 m	4—6月	6月后
		梗花华西龙头草	*M. fargesii* var. *pedunculata*（Hemsl.）C. Y. Wu	巫山，巫溪，奉节，开州，石柱，丰都	600 ~ 2 500 m	4—6月	6—7月
		走茎华西龙头草	*M. fargesii* var. *radicans*（Vant.）C. Y. Wu	巫溪，开州，万州，石柱，忠县	1 200 ~ 1 800 m	4—6月	6—7月
		龙头草	*M. henryi*（Hemsl.）Sun ex C. Y. Wu	开州，丰都	900 ~ 1 800 m	9月	9月后
		蜜蜂花	*Melissa axillaris*（Benth.）Bakh. f.	巫山，巫溪，奉节，云阳，开州，万州，石柱，武隆，江津，南岸，江北	400 ~ 2 800 m	6—11月	6—11月
		薄荷	*Mentha haplocalyx* Briq. [M. arvensis Linn.]	库区各县（市，区）	2 000 m以下	7—9月	10月
		辣薄荷	*M. piperita* Linn.	南岸	栽培	7月	8月
		留兰香	*M. spicata* Linn.	巫山，巫溪，开州，万州，石柱，忠县，丰都，涪陵，武隆，江津，南岸，渝北，江北	1450 ~ 2 200 m	7—9月	9—10月
		宝兴冠唇花	*Microtoena moupinensis*（Franch.）Prain	开州，武隆	1 000 ~ 2 000 m	7—8月	9—10月
		南川冠唇花	*M. prainiana* Diels	涪陵，武隆	800 ~ 1 500 m	7—8月	9月后

续表

序号	科名	植物名	拉丁学名	分布	海拔	花期	果期
239	唇形科（Labiatae）	小花荠苧	*Mosla cavaleriei* Lévl.	库区各县（市，区）	700 ~ 1 600 m	9—11月	10—12月
		石香薷	*M. chinensis* Maxim.	开州，石柱，涪陵，江津	700 ~ 1 500 m	6—9月	7—11月
		小鱼仙草	*M. dianthera*（Buch.-Ham.）Maxim.	开州，石柱，忠县，丰都，涪陵，武隆，巴南，江津	170 ~ 2 300 m	5—11月	5—11月
		无叶荠苧	*M. exfoliata*（C. Y. Wu）C. Y. Wu et H. W. Li	武隆，北碚，江津，南岸	1 150 m以下	12月	
		少花荠苧	*M. pauciflora*（C. Y. Wu）C. Y. Wu et H. W. Li	巫山，开州，涪陵，武隆，巴南	980 ~ 1 300 m	9—10月	10月
		石荠苧	*M. scabra*（Thunb.）C. Y. Wu et H. W. Li [*M. lanceolata*（Benth.）Maxim.; *M. punctata*（Thunb.）Maxim.; *Orthodon punctulatum*（J. F. Gmelin）Ohwi]	巫山，巫溪，奉节，云阳，开州，万州，石柱，忠县，丰都，涪陵，武隆，巴南，北碚，江津，南岸，渝北，江北	1 150 m以下	5—11月	9—11月
		荆芥	*Nepeta cataria* Linn.	巫山，巫溪，奉节，云阳，开州，石柱	2 000 m以下	7—9月	9—10月
		心叶荆芥	*N. fordii* Hemsl.	开州，石柱，丰都，武隆，巴南，渝北，江北	800 m以下	4—10月	4—10月
		罗勒	*Ocimum basilicum* Linn.	奉节，开州，万州，涪陵，长寿，巴南，北碚，江津，南岸	栽培	9月	9—12月
		疏柔毛罗勒	*O. basilicum* var. *pilosum*（Willa.）Benth.	开州，北碚，南岸，渝北	栽培		
		牛至	*Origanum vulgare* Linn.	巫山，巫溪，奉节，云阳，开州，万州，石柱，忠县，丰都，涪陵	2 500 m以下	7—9月	10—12月
		白花假糙苏	*Paraphlomis albiflora*（Hemsl.）Hand.-Mazz.	忠县，丰都	100 ~ 800 m	6月	8—10月
		二花假糙苏	*P. albiflora* var. *biflora*（Sun）C. Y. Wu ex H. Y. Li	忠县，长寿，北碚，江津	300 ~ 1 000 m	6—7月	8—10月
		纤细假糙苏	*P. gracilis* Kudo	开州，涪陵，武隆	250 ~ 800 m	6—7月	8—10月
		罗甸假糙苏	*P. gracilis* var. *lutienensis*（Sun）C. Y. Wu	武隆	300 ~ 1 400 m	6—7月	8—10月
		假糙苏	*P. javanica*（Bl.）Prain	奉节，开州，石柱，武隆	300 ~ 1 650 m	6—7月	8—9月
		狭叶假糙苏	*P. javanica* var. *angustifolia*（C. Y. Wu）C. Y. Wu et H. W. Li	开州，石柱，巴南，江津	500 ~ 1 600 m	6—7月	8—10月
		小叶假糙苏	*P. javanica* var. *coronata*（Vant.）C. Y. Wu et H. W. Li	武隆，巴南	400 ~ 2 400 m	6—8月	8—12月
		紫苏	*Perilla frutescens*（Linn.）Britt. [*P. furtescens* var. *arguta*（Benth.）Hand.-Mazz.]	库区各县（市，区）	低海拔	8—11月	8—12月
		回回苏	*P. frutescens* var. *crispa*（Thunb.）Hand.-Mazz. [*P. frutescens* var. *crispa* f. *nankinensis*（Lour.）Sun]	库区各县（市，区）	1 200 m以下	8—11月	8—12月
		野紫苏	*P. frutescens* var. *purpurascens*（Hayata）H. W. Li [*Perilla frutescens* var. *acuta*（Thunb.）Kudo]	库区各县（市，区）	低海拔	8—11月	8—12月

239	唇形科（Labiatae）	糙苏	*Phlomis umbrosa* Turcz.	巫山，巫溪，奉节，云阳，开州，万州，石柱，武隆	1 500 m以下	6—9月	9月
		南方糙苏	*P. umbrosa* var. *australis* Hemsl.	巫山，巫溪，开州，涪陵，武隆，江津	1 000 ~ 2500 m	6—9月	9月
		硬毛夏枯草	*Prunella hispida* Benth.	巫溪，武隆	1 500 m以上	6月至翌年1月	6月至翌年1月
		夏枯草	*P. vulgaris* Linn.	库区各县（市，区）	2 500 m	4—6月	7—10月
		狭叶夏枯草	*P. vulgaris* var. *lanceolata*（Bart.）Fern.	开州，武隆，长寿	1 000 ~ 2 400 m	4—6月	7—10月
		南丹参	*Salvia bowleyana* Dunn	南岸	400 ~ 1 000 m	5—6月	7—9月
		贵州鼠尾草	*S. cavaleriei* Livl.	巫山，巫溪，开州，忠县，丰都，涪陵，武隆，巴南，江津	400 ~ 1 300 m	5—6月	7—9月
		紫背鼠尾草	*S. cavaleriei* var. *erythrophylla*（Hemsl.）Stib.	巫山，开州，石柱，武隆，长寿，江津	600 ~ 2 000 m	5—6月	7—9月
		血盆草	*S. cavaleriei* var. *simplicifolia* Stib.	巫山，巫溪，奉节，云阳，开州，万州，石柱，忠县，丰都，涪陵，武隆，长寿，巴南，北碚，江津，江北	300 ~ 2 500	5—6月	7—9月
		华鼠尾草	*S. chinensis* Benth.	开州，武隆，北碚，江津	120 ~ 500 m	8—10月	10—11月
		朱唇	*S. coccinea* Linn.	北碚，南岸，九龙坡，渝中	200 ~ 600 m	6—8月	9—10月
		丹参	*S. miltiorrhiza* Bunge	长寿，巴南，江津，南岸	1 500 m以下	4—8月	
		南川鼠尾草	*S. nanchuanensis* Sun	巫溪，开州	120 ~ 1 800 m	4—5月	5—6月
		蕨叶鼠尾草	*S. nanchuanensis* var. *pteridifolia* Sun	开州	1 500 m以下	4—5月	5—6月
		皖鄂丹参	*S. Paramiltiorrhiza* H. W. LietX. L. Huang	库区各县（市，区）	低海拔	7—9月	8—10月
		荔枝草	*S. plebeia* R. Br.	库区各县（市，区）	2 800 m以下	4—5月	6—7月
		长冠鼠尾草	*S. plectranthoides* Griff.	巫溪，奉节	800 ~ 2 500 m	4—8月	5—9月
		一串红	*S. splendens* Ker.-Gawl.	库区各县（市，区）	栽培	3—10月	3—10月
		佛光草	*S. substolonifera* Steb.	库区各县（市，区）	950 m以下	3—5月	3—5月
		三叶鼠尾草	*S. trijuga* Diels	武隆	1 000 m以下	3—5月	3—5月
		多裂叶荆芥	*Schizonepeta multifida*（Linn.）Briq.	开州	2 000 m以下	7—9月	9—10月
		裂叶荆芥	*S. tenuifolia*（Benth.）Briq.	云阳，开州，万州，涪陵，江津	540 ~ 2 700 m	7—9月	9月后
		四棱草	*Schnabelia oligophylla* Hand.-Mazz.	开州，万州，石柱，丰都，涪陵，武隆，江津	700 m	4—5月	5—6月
		四齿四棱草	*S. tetrodonta*（Sun）C. Y. Wu et C. Chen	云阳，开州，万州，石柱，武隆	1 000 m以下	5月	6—7月
		黄芩	*Scutellaria baicalensis* Georgi	长寿，南岸	2 000 m以下	7—8月	8—9月
		半支莲	*S. barbata* D. Don	开州，涪陵，武隆，北碚，江津，渝北	2 000 m以下	4—7月	4—7月
		尾叶黄芩	*S. caudifolia* Sun ex C. H. Hu	武隆	350 ~ 850 m		
		浙江黄芩	*S. chekiangensis* C. Y. Wu	库区各县（市，区）	650 ~ 1 250 m		
		岩藿香	*S. franchetiana* Levl.	巫山，巫溪，奉节，云阳，开州，万州，石柱，忠县，丰都，涪陵，武隆，江津	500 ~ 2 300 m	6—7月	

续表

序号	科名	植物名	拉丁学名	分布	海拔	花期	果期
239	唇形科（Labiatae）	韩信草	*S. indica* Linn.	巫山，巫溪，奉节，云阳，开州，万州，石柱，忠县，丰都，涪陵，武隆，长寿，巴南，北碚，江津，南岸，江北	1 500 m以下	2—6月	2—6月
		长毛韩信草	*S. indica* var. *elliptica* Sun ex C. H. Hu	开州，武隆，江津	1 500 m以下		
		小叶韩信草	*S. indica* var. *parvifolia*（Makino）Makino	开州，涪陵，武隆，江津	250 ~ 850 m		
		变黑黄芩	*S. nigricans* C. Y. Wu	开州，丰都	200 ~ 650 m		
		钝叶黄芩	*S. obtusifolia* Hemsl.	江津	400 ~ 1 400 m	5—6月	
		四裂花黄芩	*S. quadrilobalata* Sun ex C. H. Hu	开州，忠县，涪陵，武隆			
		石蜈蚣草	*S. sessilifolia* Hemsl.	开州，丰都	450 ~ 1 250 m		
		缙云黄芩	*S. tsinyunensis* C. Y. Wu et S. Chow [*S. yunnanensis* var. *subsessilifolia* Sun ex C. H. Hu]	奉节，巴南，北碚	670 ~ 820 m	4—5月	6—8月
		英德黄芩	*S. yingtakensis* Sun ex C. H. Hu	巴南，江津	300 ~ 600 m		
		柳叶红茎黄芩	*S. yunnanensis* var. *salicifolia* Sun ex C. H. Hu	库区各县（市，区）	460 ~ 1 600 m	4月	5月
		筒冠花	*Siphocranion macranthum*（Hook. f.）C. Y. Wu	巫山，开州，武隆，江津	600 ~ 1 300 m	7—10月	10—11月
		光柄筒冠花	*S. nudipes*（Hemsl.）Kudo	巫山，开州，涪陵，武隆	1 000 ~ 2 150 m	7—9月	10—11月
		毛水苏	*Stachys baicalensis* Fisch. ex Bench.	开州，忠县，丰都，涪陵，长寿	450 ~ 1 670 m	7月	8月
		水苏	*S. japonica* Miq.	库区各县（市，区）	230 m以下	5—7月	7月
		江苏水苏	*S. kouyangensis*（Vaniot）Dunn	库区各县（市，区）	900 ~ 2 800 m	7—8月	9—11月
		针筒菜	*S. oblongifolia* Benth.	奉节，开州，武隆，长寿，江津	1 600 m以下	5—6月	7—8月
		细柄针筒菜	*S. oblongifolis* var. *liptopoda*（Hayata）C. Y. Wu	开州	500 m以下	5—6月	7—8月
		狭齿水苏	*S. pseudophlomis* C. Y. Wu	奉节，涪陵	800 m以上	7—8月	9月
		甘露子	*S. sieboldi* Miq.	巫山，巫溪，奉节，开州，涪陵，武隆，长寿，巴南，北碚，江津，南岸，江北	2 000 m以下	7—8月	9月
		近无毛甘露子	*S. sieboldi* var. *glabrescens* C. Y. Wu	开州，万州，石柱	1 500 m以下	7—8月	9月
		黄花水苏	*S. xanthantha* C. Y. Wu [*S. xanthantha* var. *gracilis* C. Y. Wu et H. W. Li]	开州，武隆	1950 ~ 2 500 m	5—7月	8—9月
		二齿香科科	*Teucrium bidentatum* Hemsl.	巫山，巫溪，奉节，云阳，开州，万州，石柱，忠县，丰都，涪陵，武隆，北碚	700 ~ 900 m	7—9月	10月
		穗花香科科	*T. japonicum* Willd.	开州，江津	1 000 m以下	7—9月	10月
		峨眉香科科	*T. omeiense* Sun ex S. Chow	巫山，巫溪，奉节，开州，万州，石柱	1 200 ~ 2 000 m	7—9月	10月

239	唇形科（Labiatae）	长毛香科科	*T. pilosum*（Pamp.）C. Y. Wu et S. Chow	巫山，巫溪，奉节，云阳，开州，万州，石柱，涪陵，江津	340 ~ 2 500 m	6—7月	7—8月
		血见愁	*T. viscidum* Bl.	开州，石柱，忠县，丰都，涪陵，武隆，长寿，江津	150 ~ 1 500 m	7—9月	9—10月
		光萼血见愁	*T. viscidum* var. *leiocalyx* C. Y. Wu et S. Chow	巫山，武隆	1 700 m以下	7—9月	9—10月
		微毛血见愁	*T. viscidum* var. *nepeoides*（Levl.）C. Y. Wu et S. Chow	巫溪，开州，武隆，巴南，北碚，江津	600 ~ 2 200 m	7—9月	9—10月
240	茄科（Solanaceae）	颠茄	*Atropa belladonna* L.	库区栽培		6—9月	6—9月
		天蓬子	*Atropanthe sinensis*（Hemsl.）Pascher	巫溪，奉节，石柱	700 ~ 2 000 m	4—5月	8—9月
		辣椒	*Capsicum annuum* Linn. [*C. frutescens* Linn.]	库区各县（市，区）	栽培	5—11月	5—11月
		夜香树	*Cestrum nocturnum* Linn.	库区各县（市，区）	庭园栽培	夏秋季	
		毛曼陀罗	*Datura innoxia* Mill.	丰都，涪陵，武隆，长寿，巴南，北碚，江津，南岸，渝北，九龙坡，渝中，江北	栽培	6—9月	6—9月
		洋金花	*D. metel* Linn.	巫山，开州，万州，石柱，涪陵，武隆，长寿，巴南，北碚，江津，南岸，渝北，九龙坡，渝中，江北	栽培	3—12月	3—12月
		曼陀罗	*D. stramonium* Linn. [D. *tatual* Linn.]	巫山，巫溪，奉节，云阳，开州，北碚，江津，南岸	300 ~ 2 800 m	6—10月	7—11月
		天仙子	*Hyoscyamus niger* Linn.	巫溪，开州	栽培	夏秋季	夏秋季
		红丝线	*Lycianthes biflora*（Lour.）Bitter	奉节，开州，石柱，涪陵，武隆，长寿	2 000 m以下	5—8月	7—11月
		单花红丝线	*L. lysimachioides*（Wall.）Bitter	巫溪，云阳，奉节，涪陵，武隆，江津	600 ~ 2 000 m	夏秋季	夏秋季
		心叶单花红丝线	*L. lysimachioides* var. *cordifolia* C. Y. Wu et S. C. Huang	奉节	850 ~ 1 500 m	夏秋季	夏秋季
		紫单花红丝线	*L. lysimachioides* var. *purpuriflora* C. Y. Wu et S. C. Huang	武隆	1 100 ~ 1 500 m	夏秋季	夏秋季
		宁夏枸杞	*Lycium barbarum* Linn.	北碚，江津，渝北	栽培	5—10月	5—10月
		枸杞	*L. chinense* Mill.	巫山，巫溪，奉节，开州，万州，石柱，忠县，丰都，涪陵，武隆，巴南，北碚，江津，南岸	800 m以下	6—10月	6—10月
		番茄	*Lycopersicon esculentum* Mill.	库区各县（市，区）		夏秋季	夏秋季
		假酸浆	*Nicandra physaloides*（Linn.）Gaertn.	库区各县（市，区）	300 ~ 1 200 m	夏秋季	夏秋季
		烟草	*Nicotiana tabacum* Linn.	巫山，巫溪，奉节，云阳，开州，万州，石柱，忠县，丰都，涪陵，武隆，长寿，巴南，北碚，江津，南岸，渝北，江北	栽培	夏秋季	夏秋季
		碧冬茄	*Petunia hybrida* Vilm.	库区各县（市，区）	栽培	春至秋季	秋季
		江南散血丹	*Physliastrum heterophyllum*（Hemsl.）Migo	库区各县（市，区）	400 ~ 1 500 m	5月	8月
		散血丹	*P. kweichouense Kuang* et A. M. Lu	库区各县（市，区）	1 200 ~ 1 500 m	5月	8月
		酸浆	*Physalis alkekengi* Linn.	巫溪，奉节，石柱，武隆，长寿，巴南，北碚，江津，南岸，渝北	1 600 ~ 1 800 m	5—9月	6—10月

续表

序号	科名	植物名	拉丁学名	分布	海拔	花期	果期
240	茄科（Solanaceae）	挂金灯	*P. alkekengi* var. *francheti*（Mast.）Makino	库区各县（市，区）	1 500 m以下	5—9月	6—10月
		苦职	*P. angulata* Linn.	巫山，巫溪，奉节，云阳，开州，万州，石柱，忠县，丰都，涪陵，武隆，北碚	450 ~ 1 800 m	9—10月	9—10月
		小酸浆	*P. minima* Linn. [*P. angulata* var. *villosa* Bonati]	长寿，巴南，江津，渝北，江北	1 000 ~ 1 300 m	夏秋季	夏秋季
		毛酸浆	*P. pubescens* Linn.	武隆，长寿，江津，渝北，江北	200 ~ 1 400 m		
		喀西茄	*Solanum aculeatissimum* Jacq. [*S. khasianum* Clarke]	库区各县（市，区）	1 300 ~ 2 300 m	春夏季	冬季
		少花龙葵	S. americanum Mill. [*S. photeinocarpum* Nakamura et Odashima]	巫山，巫溪，奉节，开州，石柱，武隆，巴南，北碚，江津，南岸，渝北，九龙坡，江北	1 400 m	全年	全年
		牛茄子	*S. capsicoides* All. [*S. bodinieri* Levl.; *S. ciliatum* Lam.; *S. surattense* Burm. f.]	库区各县（市，区）	栽培	6—8月	9—12月
		千年不烂心	*S. cathayanum* C. Y. Wu et S. C. Huang	巫溪，开州，万州，石柱，忠县，丰都，涪陵，武隆，巴南，江津	500 ~ 1 250 m	夏秋季	秋末
		刺天茄	*S. indicum* Linn.	巫山	400 ~ 1 800 m	全年	全年
		野海茄	*S. japonense* Nakai	奉节，武隆	2 000 m以下	夏秋季	秋末
		白英	*S. lyratum* Thunb.	库区各县（市，区）	800 m以下	夏秋	秋末
		茄	*S. melongena* Linn.	库区各县（市，区）	栽培	6—8月	7—9月
		龙葵	*S. nigrum* Linn.	库区各县（市，区）	1 000 m以下	6—9月	8—10月
		海桐叶白英	*S. pittosporifolium* Hemsl.	丰都，涪陵，武隆，长寿，巴南，江津，渝北，南岸，江北	500 ~ 2 500 m	6—8月	9—12月
		珊瑚樱	*S. pseudo-capsicum* Linn.	库区各县（市，区）	栽培	初夏	秋末
		珊瑚豆	*S. pseudo-capsicum* var. *diflorum*（Vell.）Bitter	库区各县（市，区）	600 ~ 2 800 m	4—7月	8—12月
		马铃薯	*S. tuberosum* Linn.	库区各县（市，区）		5—8月	7—9月
		龙珠	*Tubocapsicum anomalum*（Franch. et Sav.）Makino	武隆	600 ~ 1 200 m	8—10月	8—10月
241	玄参科（Scrophulariaceae）	金鱼草	*Antirrhinum majus* L.	库区各县（市，区）		5—10月	7—10月
		来江藤	*Brandisia hancei* Hook. f.	巫山，巫溪，奉节，云阳，开州，万州，石柱，忠县，丰都，涪陵，武隆，长寿，巴南，北碚，江津，南岸，渝北，江北	2 500 m以下	11月至翌年2月	3—4月
		黑草	*Buchnera cruciata* Hamilt.	库区各县（市，区）	低海拔	4月至翌年1月	4月至翌年1月
		毛地黄	*Digitalis purpurea* Linn.	武隆，万州，渝北	栽培	5—6月	
		幌菊	*Ellisiophyllum pinnatum*（Wall.）Makino	石柱，丰都，涪陵，武隆	450 ~ 1 650 m		
		短腺小米草	*Euphrasia regelii* Wettst.	巫山	1 200 ~ 2 000 m	5—9月	
		鞭打绣球	*Hemiphragma heterophyllum* Wall.	石柱，武隆	1 800 ~ 2 500 m	4—6月	6—8月

241	玄参科（Scrophulariaceae）	紫苏草	*Limnophila aromatica*（Lam.）Merr.	武隆	400 ~ 800 m	7月至翌年1月	7月至翌年1月
		大叶石龙尾	*L. rugosa*（Roth）Merr.	长寿	200 ~ 750 m	7月至翌年1月	7月至翌年1月
		长蒴母草	*Lindernia anagallis*（Brum. f.）Pennell	巴南，北碚，江津，渝北	800 ~ 1 500 m	5—10月	7—11月
		狭叶母草	*L. angustifolia*（Benth.）Wettst.	长寿，巴南，北碚，江津，南岸，渝北，江北	1 500 m以下	5—10月	7—11月
		泥花草	*L. antipoda*（Linn.）Alston	库区各县（市，区）	1 000 m以下	春季至秋季	春季至秋季
		母草	*L. crustacea*（Linn.）F. Muell	巫溪，开州，石柱，武隆，北碚，江津，渝北	1 000 m以下	全年	全年
		宽叶母草	*L. nummularifolia*（D. Don）Wettst.	巫山，巫溪，奉节，云阳，开州，万州，石柱，忠县，丰都，涪陵，武隆，长寿，巴南，江津	1 800 m以下	7—9月	8—11月
		陌上菜	*L. procumbens*（Krock.）Philcox	巫山，巫溪，奉节，云阳，开州，万州，石柱，忠县，丰都，涪陵，武隆，长寿，巴南，北碚，江津，南岸，渝北，江北	800 m以下	8—10月	9—11月
		旱田草	L. ruellioides（Colsm.）Pennell	开州，涪陵，石柱，丰都，武隆，巴南，渝北，江津	800 m以下	6—9月	7—11月
		纤细通泉草	*Mazus gracilis* Hemsl. ex Forb. et Hemsl.	巫山，巫溪，奉节，云阳，开州，涪陵，武隆，长寿	500 m以下	4—7月	4—7月
		美丽通泉草	*M. pulchellus* Hemsl. ex Forb. et Hemsl. [*M. pulchellus* var. *primuliformis* Bonati]	开州，万州，武隆	1 600 m以下	3—6月	3—6月
		通泉草	*M. pumilus*（Burm. f.）Steenis	库区各县（市，区）	500 ~ 1 600 m		
		毛果通泉草	*M. spicatus* Vant.	巫山，万州	400 ~ 1 800 m	5—6月	7—8月
		弹刀子菜	*M. stachydifolius*（Turcz.）Maxim.	开州，万州，石柱，忠县	1 500 m	4—6月	7—9月
		山萝花	*Melampytum romseum* Maxim.	库区各县（市，区）	1 000 m以下	夏秋季	
		四川沟酸浆	*Mimulus szechuanensis* Pai	巫山，巫溪，开州，万州，石柱，武隆，江津	1 200 ~ 2 000 m	6—8月	8—9月
		尼泊尔沟酸浆	*M. tenellus* var. *nepalensis*（Benth.）Tsoong [M. nepalensis Benth.]	巫山，巫溪，奉节，云阳，开州，万州，丰都，武隆，长寿，巴南，江津	800 ~ 2 200 m	6—9月	6—9月
		川泡桐	*Paulownia fargesii* Franch.	库区各县（市，区）	500 ~ 2 000 m	4—5月	9月
		白花泡桐	*P. fortunei*（Seem.）Hemsl.	库区各县（市，区）	300 ~ 1 600 m	3—4月	7—8月
		毛泡桐	*P. tomentosa*（Thunb.）Steud.	石柱，忠县，丰都，涪陵，武隆	1 800 m以下	4—5月	8—9月
		美观马先蒿	*Pedicularis decora* Frach.	巫溪	1 700 ~ 2 700 m	6—7月	8—9月
		华中马先蒿	*P. fargesii* Franch.	武隆	1 400 m以上	6—7月	6—7月
		江南马先蒿	*P. henryi* Maxim.	巫山，巫溪，奉节，开州，万州，石柱，武隆	400 ~ 1 500 m	5—9月	8—11月
		西南马先蒿	*P. labordei* Vant. et Bonati	武隆			
		藓生马先蒿	*P. muscicola* Maxim.	巫溪，开州	1 050 ~ 2 650 m	5—7月	8月
		返顾马先蒿	*P. resupinata* Linn.	丰都，涪陵，武隆	300 ~ 2 300 m	6—8月	7—9月
		扭旋马先蒿	*P. torta* Maxim.	巫溪，开州	1 800 ~ 2 950 m	7—8月	8—9月
		轮叶马先蒿	*P. verticillata* Linn.	巫溪，开州，万州，武隆	1 800 ~ 2 200 m		
		松蒿	*Phtheirospermum japonicum*（Thunb.）Kanitz.	巫溪，开州，涪陵，武隆	2 000 m以下	6—10月	6—10月

续表

序号	科名	植物名	拉丁学名	分布	海拔	花期	果期
241	玄参科（Scrophulariaceae）	地黄	*Rehmannia glutinosa*（Gaert.）Libosch. ex Fisch. et Mey.	巫溪，开州，石柱	1 200 m以下	4—7月	4—7月
		湖北地黄	*R. henryi* N. E. Brown	巫山，巫溪	1 000 m	4—5月	6—7月
		裂叶地黄	*R. piasezkii* Maxim.	库区各县（市，区）	350 ~ 1 600 m	5—9月	6—9月
		爆仗竹	*Russelia equisetiformis* Schlecht. et Cham.	库区各县（市，区）	栽培		
		长梗玄参	*Scrophularia fargesii* Franch.	开州，丰都，石柱	900 ~ 2 000 m	6—7月	8月
		鄂西玄参	*S. henryi* Hemsl.	巫山，巫溪，开州	1 000 ~ 2 800 m	6—7月	7—8月
		玄参	*S. ningpoensis* Hemsl.	巫山，巫溪，奉节，云阳，开州，万州，石柱，忠县，丰都，涪陵，武隆，长寿，巴南，北碚，江津，南岸，渝北，江北	1 700 m以下	6—10月	9—11月
		阴行草	*Siphonostegia chinensis* Benth.	奉节，开州，万州，石柱，忠县，丰都，涪陵，武隆，巴南，北碚，江津	1 600 m以下	6—8月	
		大独脚金	*Striga masuria*（Ham. ex Benth.）Benth.	库区各县（市，区）	1 000 m以下	夏秋季	
		光叶蝴蝶草	*Torenia asiatica* Linn. [T. glabra Osbeck]	巫溪，开州，石柱，巴南，北碚，江津，渝北	300 ~ 1 000 m	5月至翌年1月	5月至翌年1月
		紫斑蝴蝶草	*T. fordii* Hook. f.	库区各县（市，区）	300 ~ 1 000 m	7—10月	7—10月
		西南蝴蝶草	*T. cordifolia* Roxb.	北碚，江津，渝北	400 ~ 1 200 m		
		紫萼蝴蝶草	*T. violacea*（Azaola）Pennell [T. peduncularis Benth.]	开州，万州，武隆，巴南，渝北	800 m以下	8—11月	8—11月
		呆白菜	*Triaenophora rupestris*（Hemsl.）Soler.	巫山，巫溪，武隆	290 ~ 1 200 m	7—9月	
		紫毛蕊花	*Verbascum phoeniceum* Linn.	忠县，涪陵，武隆，长寿，巴南			
		毛蕊花	*V. thapsus* Linn.	长寿，北碚，江津，南岸，渝北，九龙坡	1 400 m以上	6—8月	7—10月
		北水苦荬	*Veronica anagallis-aquatica* Linn.	巫山，巫溪，奉节，云阳，开州，万州，石柱，忠县，丰都，涪陵，武隆，长寿，巴南，北碚，江津，南岸，渝北，九龙坡，江北	400 ~ 1 800 m	4—9月	
		直立婆婆纳	*V. arvensis* Linn.	开州，万州，石柱，涪陵，武隆，渝北	2 000 m以下	4—5月	4—5月
		婆婆纳	*V. didyma* Tenore	库区各县（市，区）	1 500 m	3—4月	4—5月
		城口婆婆纳	*V. fargesii* Franch.	巫溪，开州	1 000 ~ 2 000 m	6月	6—7月
		华中婆婆纳	*V. henryi* Yamazaki	巫山，巫溪，开州，万州，石柱，丰都，涪陵，武隆	500 ~ 2 300 m	4—5月	6月
		多枝婆婆纳	*V. javanica* Bl.	涪陵，长寿，巴南，北碚，渝北，江北	350 ~ 1 600 m		
		疏花婆婆纳	*V. laxa* Benth.	巫山，巫溪，奉节，云阳，开州，万州，石柱，忠县，丰都，涪陵，武隆，长寿，巴南，北碚，江津，渝北	800 ~ 1 800 m	6月	6—7月
		蚊母草	*V. peregrina* Linn.	万州，石柱，忠县，丰都，涪陵，武隆，长寿，江津	800 m以下	4—5月	5—6月

241	玄参科（Scrophulariaceae）	阿拉伯婆婆纳	*V. persica* Poir.	库区各县（市，区）	500 m以下	3—5月	4—6月
		小婆婆纳	*V. serpyllifolia* Linn.	巫山，巫溪，开州	800 ~ 2 500 m	4—6月	4—6月
		四川婆婆纳	*V. szechuanica* Batal.	巫山，巫溪	1 200 m以上	7月	
		小苦荬	*V. undulata* Wall.	巫山，巫溪，奉节，开州，石柱，涪陵，武隆，长寿，巴南，渝北	1 000 m以下	夏秋季	夏秋季
		爬岩红	*Veronicastrum axillare*（Sieb. et Zucc.）Yamazaki	武隆	1 500 m以下	7—9月	
		美穗草	*V. brunonianum*（Benth.）Hong	巫溪，万州，丰都，武隆	1 300 m以上	7—8月	
		川鄂美穗草	*V. branonianum* ssp. *sutchuenense*（Franch.）Hong	巫溪，开州	2 200 ~ 2 650 m	7—8月	
		四方麻	*V. caulopterum*（Hance）Yamazaki	巫山，巫溪，石柱，涪陵，武隆，江津	700 ~ 1 200 m	8—11月	
		宽叶腹水草	*V. latifolium*（Hemsl.）Yamazaki	开州，丰都，涪陵，武隆	800 m以下	8—9月	9月
		长穗腹水草	*V. longispicatum*（Merr.）Yamazaki	开州，万州，石柱，江津	600 ~ 1 600 m		
		细穗腹水草	*V. stenostachyum*（Hemsl.）Yamazaki	石柱，丰都，涪陵，武隆，长寿，巴南，渝北	1 700 m以下	7—8月	9—10月
		南川腹水草	*V. stenostachyum* ssp. *nanchuanense* Chin et Hong	巴南	800 ~ 1 300 m	7—9月	9—10月
		毛叶腹水草	*V. villosulum*（Miq.）Yamazaki	涪陵，武隆	600 ~ 800 m	7—9月	9—10月
242	紫葳科（Bignoniaceae）	凌霄	*Campsis grandiflora*（Thunb.）Loisel.	库区各县（市，区）	1 200 m以下	5—8月	9—11月
		厚萼凌霄	*C. radicans*（Linn.）Seem.	开州，万州，涪陵，长寿，巴南，北碚，江津，南岸，渝北，九龙坡，渝中，江北	栽培		
		楸树	*Catalpa bungei* C. A. Mey.	巴南，北碚，江津，南岸，渝北	1 000 m以下	5—6月	6—10月
		灰楸	*C. fargesii* Burrau [C. fargesii f. duclouxii（Dode）Gilmour]	巫山，巫溪，奉节，开州	600 ~ 1 500 m	3—5月	6—11月
		梓树	*C. ovata* G. Don [C. henryi Dode]	库区各县（市，区）	1 500 m	5—6月	9—10月
		硬骨凌霄	*Tecomaria capensis*（Thunb.）Spach.	奉节，万州，涪陵，武隆，北碚，南岸，渝北，九龙坡，渝中，江北	栽培	6月	
243	胡麻科（Pedaliaceae）	胡麻	*Sesamum orientale* Linn. [S. indicum Linn.]	库区各县（市，区）	栽培	夏末秋初	
244	列当科（Orobanchaceae）	野菰	*Aeginetia indica* Linn.	开州，万州，石柱，武隆，江津	800 ~ 1 800 m		
		丁座草	*Boschniaka himalaica* Hook. f. et Thoms. [*Xylanche himalaica*（Hook. f. et Thoms.）G. Beck]	巫山，巫溪，奉节，开州，武隆	1 200 ~ 2 500 m	4—6月	6—9月
		假野菰	*Christisonia hookeri* Clarke	开州，石柱，武隆	1 700 m左右	5—8月	8—9月
		列当	*Orobanche coerulescens* Steph.	云阳，巫溪，奉节，开州	800 ~ 1 900 m	4—7月	7—9月
		黄筒花	*Phacellanthus tubiflorus* Sieb. et Zucc.	库区各县（市，区）	800 ~ 1 800 m	5—7月	7—8月
245	苦苣苔科（Gesneriaceae）	直瓣苣苔	*Ancylostemon saxatilis*（Hemsl.）Craib	开州，涪陵，武隆	1 560 ~ 2 100 m	8月	9月

续表

序号	科名	植物名	拉丁学名	分布	海拔	花期	果期
245	苦苣苔科（Gesneriaceae）	大花旋蒴苣苔	*Boea clarkeana* Hemsl.	巫山，云阳，武隆	1 300 m以下	8月	9—10月
		旋蒴苣苔	*B. hygrometrica*（Bunge）R. Br.	巫山，巫溪，开州，万州，涪陵	350 ~ 800 m	7—8月	9月
		革叶粗筒苣苔	*Briggsia mihieri*（Franch.）Craib	开州，万州，石柱，丰都，涪陵，武隆，江津	650 ~ 1 710 m	10月	11月
		川鄂粗筒苣苔	*B. rosthornii*（Diels）Burtt	巫溪，开州，石柱，武隆	1 000 ~ 2 100 m	8—9月	10月
		鄂西粗筒苣苔	*B. speciosa*（Hemsl.）Craib	巫山，巫溪，开州，武隆	300 ~ 1 600 m	6—7月	8月
		牛耳朵	*Chirita eburnea* Hance [*Didymocarpus eburneus*（Hance）Levl.]	巫山，巫溪，奉节，云阳，开州，万州，石柱，涪陵，武隆，江津	1 500 m以下	4—7月	8—10月
		小石花	*Corallodiscus cusconchaefolius* Batal.	石柱，丰都	1 400 ~ 1 800 m		
		珊瑚苣苔	*C. lanuginosus*（Wall. ex R. Br.）Burtt [*C. cordatulus*（Craib）Burtt.; *Cidissandra cordatula* Craib.]	巫溪，石柱，丰都，武隆，涪陵，长寿，巴南，江津，渝北	700 ~ 2 100 m	6月	8月
		贵州半蒴苣苔	*Hemiboea cavaleriei* Levl.	武隆	250 ~ 1 600 m	8—10月	10—11月
		纤细半蒴苣苔	*H. gracilis* Franch.	巫山，巫溪，奉节，云阳，开州，万州，石柱，丰都，涪陵，武隆，巴南，江津	300 ~ 1 300 m	8—10月	10—11月
		半蒴苣苔	*H. subcapitata* Clarke [H. henryi Clarke]	巫山，巫溪，奉节，云阳，开州，万州，石柱，忠县，丰都，涪陵，武隆，长寿，巴南，北碚，江津，南岸，渝北，江北	350 ~ 2 100 m	8—10月	9—11月
		异叶吊石苣苔	*Lysionotus heterophyllus* Franch.	开州，万州，石柱，丰都，武隆	1 200 ~ 2 000 m	7—9月	9—10月
		吊石苣苔	*L. pauciflorus* Maxim. [*L. pauciflorus* var. *linearis* Rehd.]	巫山，巫溪，奉节，云阳，开州，万州，石柱，忠县，丰都，涪陵，武隆，长寿，巴南，北碚，江津	300 ~ 2 000 m	7—9月	9—10月
		川滇马铃苣苔	*Oreocharis henryana* Oliv.	涪陵	650 ~ 2 600 m	7—8月	10月
		长瓣马铃苣苔	*O. auricula*（S. Moore）Clarke	库区各县（市，区）	400 ~ 1 600 m	6—7月	8月
		厚叶蛛毛苣苔	*Paraboea crassifolia*（Hemsl.）Burtt [*Boea crassifolia* Hemsl.]	巫山，巫溪，奉节，云阳，开州，万州，石柱，忠县，丰都，涪陵，武隆，长寿，巴南，北碚，江津，南岸，渝北，江北	700 m左右	6—7月	8月
		蛛毛苣苔	*P. sinensis*（Oliv.）Burtt [*Chlamydoboea sinensis*（Oliv.）Stapf]	巫山，巫溪，奉节，云阳，开州，万州，石柱，忠县，丰都，涪陵，武隆，长寿，江津	900 ~ 2 200 m	6—7月	8月
		石山苣苔	*Petrocodon dealbatus* Hance	库区各县（市，区）	500 ~ 1 050 m	6—8月	8—9月

245	苦苣苔科（Gesneriaceae）	中华石蝴蝶	*Petrocosmea sinensis* Oilv.	武隆	400 ~ 500 m	8—9月	8—9月
246	狸藻科（Lentibulariaceae）	高山捕虫堇	*Pinguicula alpina* Linn.	武隆，江津	2 300 m以上	5—7月	7—9月
		南方狸藻	*Utricularia australis* R. Br.	库区各县（市，区）	300 ~ 1 200 m		
		挖耳草	*U. bifida* L.	库区各县（市，区）	500 m以下	6—12月	7月至翌年1月
247	爵床科（Acanthaceae）	金蝉脱壳	*Acanthus montanus*（Nees）T. Anders.	北碚，南岸，渝北	栽培		
		鸭嘴花	*Adhatoda ilicifolius* Linn.	开州，万州，巴南，北碚，南岸	栽培		
		穿心莲	*Andrographis paniculata*（Burm. f.）Nees	长寿，巴南，南岸	栽培	9月	10月
		白接骨	*Asystasiella neesiana*（Wall.）Lindau [*A. chinensis*（S. Moore）E. Hossain]	巫溪，开州，万州，石柱，涪陵，武隆	500 ~ 1 500 m	7—8月	8—9月
		马蓝	*Baphicacanthus cusia*（Nees）Bremek. [*Strobilanthes cusia*（Ness）O. K. Kuntze]	开州，万州，武隆，北碚，南岸	栽培		
		假杜鹃	*Barleria cristata* Linn.	巫溪，开州，万州，石柱，武隆			
		圆苞杜根藤	*Calophanoides chinensis*（Champ.）C. Y. Wu et H. S. Lo ex Y. C. Tang	涪陵	250 ~ 1 200 m	7—8月	9—10月
		日本黄猄草	*Champienella japonicus*（Thunb.）Bremek. [*Bapistrophe japonica*（Thunb.）Makino.; *Strobilanthes japonicus*（Thunb.）Miq.]	万州，武隆	350 ~ 1 200 m		
		少花黄猄草	*C. oliganthus*（Miq.）Bremek. [*Strobilanthes oliganthus* Miq.]	开州，丰都，武隆，长寿，巴南，江津	400 ~ 1 200 m		
		四子黄猄草	*C. tetraspermus*（Champ. ex Benth.）Bremek. [*Strobilanthes tetraspermus*（Champ. ex Benth.）Druce.]	巫山，巫溪，奉节，云阳，开州，万州，石柱，忠县，丰都，涪陵，武隆，长寿，巴南，北碚，江津，南岸，渝北	350 ~ 850 m		
		狗肝菜	*Dicliptera chinensis*（Linn.）Juss.	巴南，渝北	低海拔		
		虾衣花	*Drejerella guttata*（Brand.）Bremek. [*Callispida guttala*（Brand.）Bremek.]	库区各县（市，区）	栽培		
		球花马蓝	*Goldfussia pentstemonoides* Nees [*Strobilanthes pentstemonoides*（Nees）T. Anders]	巫山，巫溪，奉节，云阳，开州，万州，石柱，忠县，丰都，涪陵，武隆，长寿，巴南，北碚，江津，南岸，渝北，江北	350 ~ 1 200 m		
		南一笼鸡	*Paragutzlaffia henryi*（Hemsl.）H. P. Tsuit	巫山，巫溪，奉节	600 ~ 1 700 m		
		水蓑衣	*Hygrophila salicifolia*（Vahl.）Nees	巫山，巫溪，开州，忠县，丰都，江津	低海拔	9—10月	10月
		枪刀药	*Hypoestes purpurea*（Linn.）R. Br.	北碚，江津	400 ~ 1 200 m		
		三花枪刀药	*H. triflora* Roem. et Schult.	忠县，丰都，武隆	600 ~ 1 800 m		
		地皮消	*Pararuellia delavayana*（Baill.）E. Hossain	云阳	800 ~ 1 200 m	7—8月	9—10月
		节翅地皮消	*P. alata* H. P. Tsui.	巫溪，万州	300 ~ 850 m	7—8月	9—10月
		九头狮子草	*Peristrophe japonica*（Thunb.）Bremek.	库区各县（市，区）	800 m以下	7—8月	9—10月

续表

序号	科名	植物名	拉丁学名	分布	海拔	花期	果期
247	爵床科（Acanthaceae）	腺毛马蓝	*Pteracanthus forrestii* Bremek. [*Strobilanthes forrestii* Diels]	奉节，巫溪，开州	800 ~ 1 800 m	9—10月	
		白鹤灵芝	*Rhinacanthus nasutus*（Linn.）Kurz	奉节，开州，万州，涪陵，长寿，巴南，北碚，江津，南岸，渝北，九龙坡，渝中，江北	栽培		
		爵床	*Rostellularia procumbens*（L.）Ness	库区各县（市，区）	1 400 m	8—10月	10—11月
248	透骨草科（Phrymataceae）	透骨草	*Phryma leptostachya* ssp. *asiatica*（Hara）Kitamura	巫山，巫溪，奉节，云阳，开州，万州，石柱，忠县，丰都，涪陵，武隆，长寿，巴南，北碚，江津，南岸，渝北，江北	1 400 m以下	6—7月	8—9月
249	车前科（Plantaginaceae）	车前	*Plantago asiatica* Linn.	库区各县（市，区）	2 000 m以下	5—7月	7—9月
		密花车前	*P. asiatica* ssp. *densiflora*（J. Z. Liu）Z. Y. Li [*P. densiflora* J. Z. Liu]	巫山，巫溪，奉节，开州，武隆	500 ~ 1 400 m	5—7月	7—9月
		疏花车前	*P. asiatica* ssp. *erosa*（Wall.）Z. Y. Li [*P. erosa* Wall.]	库区各县（市，区）	400 ~ 1 600 m	5—8月	7—10月
		平车前	*P. depressa* Willd.	巫山，巫溪，奉节，云阳，开州，万州，石柱，忠县，丰都，涪陵，武隆，长寿，巴南，北碚，江津，南岸，渝北，江北	500 ~ 2 700 m	5—7月	7—9月
		长叶车前	*P. lanceolata* Linn.	涪陵，巴南，北碚，南岸	2 000 m以下		
		大车前	*P. major* Linn.	长寿，巴南，北碚，江津，渝北，南岸	2 500 m以下	5—8月	7—10月
250	茜草科（Rubiaceae）	细叶水团花	*Adina rubella* Hance	巫溪，云阳，开州，万州，忠县	140 ~ 200 m	5—12月	
		水团花	*A. pilulifera*（lam.）Franch. ex drake	库区各县（市，区）	200 ~ 350 m	6—7月	
		流苏子	*Coptosapelta diffusa*（Champ. ex Benth.）Van Steenis [*Thysanospermum diffusum* Champ. ex Benth.]	开州，万州，石柱，武隆	100 ~ 1 450 m	5—7月	5—12月
		短刺虎刺	*Damnacanthus giganteus*（Mak.）Nakai	库区各县（市，区）	500 ~ 1 400 m	3—5月	11月至翌年1月
		虎刺	*D. indicus*（Linn.）Gaertn. f.	奉节，开州，万州，石柱，北碚，江津	1 000 m以下	5—6月	6—8月
		四川虎刺	*D. officinarum* Huang	库区各县（市，区）	1 000 m以下	冬季至翌年春季	
		狗骨柴	*Diplospora dubia*（Lindl.）Masam. [*Tricalysia dubia*（Lindl.）Ohwi]	武隆，长寿，巴南，北碚，江津	200 ~ 1 200 m	3—5月	6月至翌年2月
		香果树	*Emmenopterys henryi* Oliv.	奉节，云阳，开州，万州，石柱，忠县，丰都，涪陵，武隆，北碚，江津	430 ~ 1 630 m	6—8月	8—11月
		猪殃殃	*Galium aparine* var. *tenerum*（Gren. et Godr.）Reichb.	库区各县（市，区）	1 600 m以下	4月	5—7月
		小叶律	*G. asperifolium* var. *sikkimense*（Gand.）Cuf.	奉节，云阳，开州，忠县，丰都，武隆，北碚，江津，渝北	450 ~ 650 m	6—9月	7—10月

250	茜草科（Rubiaceae）	六叶律	*G. asperuloides* var. *hoffmeisteri*（Klotz.）Hand.-Mazz.	巫溪，丰都	900 ~ 2 000 m	5—6月	7—8月
		四叶律	*G. bungei* Steud.	库区各县（市，区）	1 500 m以下	5—7月	7—9月
		阔叶四叶律	*G. bungei* var. *trachyspermum*（A. Gray）Cuf.	开州	100 ~ 1 500 m		
		西南拉拉藤	*G. elegans* Wall. ex Roxb.	巫山，巫溪，开州	2 100 ~ 2 300 m	7月	7月
		细四叶律	*G. gracile* Bunge	开州，万州，石柱，忠县，丰都，涪陵，武隆，长寿，巴南，渝北	1 500 m以下	5—7月	7—9月
		小叶猪殃殃	*G. trifidum* Linn.	巫山，巫溪，开州，武隆，巴南，北碚，江津，南岸，渝北	1 700 m以下	3—8月	3—8月
		栀子	*Gardenia jasminoides* Ellis [*G. jasminoides* var. *grandiflora*（Lour.）Makino]	库区各县（市，区）	1 500 m以下	3—7月	5月至翌年2月
		耳草	*Hedyotis auricularia* Linn.	武隆	1 000 m以下	5—6月	7—9月
		伤口草	*H. chrysotricha*（Palib.）Merr.	库区各县（市，区）	1 000 m以下	5—6月	7—8月
		水线草	*H. corymbosa*（L.）Lam.	库区各县（市，区）	低海拔水田边	全年	
		白花蛇舌草	*H. diffusa* Willd.	云阳	1 000 m以下	4—6月	7—9月
		纤花耳草	*H. tenelliflora* Bl.	石柱，涪陵，武隆，巴南，北碚，江津，渝北	1 000 m以下	4—6月	7—9月
		污毛粗叶木	*Lasianthus japonicus* Miq. [*L. longicauda* Hook. f.]	开州，石柱，涪陵	450 ~ 1 800 m	5月	8—10月
		榄绿粗叶木	*L. japonicus* var. *lancilimbus*（Merr.）C. Y. Wu et H. Zhu [*L. lancilimbus* Merr.]	巫溪	450 ~ 1 200 m	5月	8—10月
		野丁香	*Leptodermis potaninii* Batal.	巫山，巫溪，开州，万州	800 ~ 1 500 m	5月	秋冬季
		羊角藤	*Morinda umbellata* Linn.	万州，忠县	300 ~ 1 500 m	7—8月	10—11月
		展枝玉叶金花	*Mussaenda divaricata* Hutch.	云阳	900 m	6—9月	
		椭圆玉叶金花	*M. ellipitica* Hutch.	长寿	600 ~ 800 m	5—7月	
		阔叶玉叶金花	*M. esquirolii* Lévl.	涪陵，武隆，巴南，江津	250 ~ 1 200 m	5—7月	7—10月
		粗毛玉叶金花	*M. hirsutula* Miq.	涪陵，石柱，武隆	250 ~ 1 200 m	5—7月	
		玉叶金花	*M. pubescens* Alt. f.	巫山，巫溪，奉节，云阳，开州，万州，石柱，忠县，丰都，涪陵，武隆，长寿，巴南，北碚，江津，南岸，渝北，江北	250 ~ 800 m	6—7月	
		密脉木	*Myrioneuron faberi* Hemsl.	开州，涪陵，武隆，江津	500 ~ 1 000 m	夏季	
		薄叶假耳草	*Neanotis hirsuta*（Linn. f.）W. H. Lewis [*Anotis hirsuta*（Linn. f.）Boerl.]	奉节，开州，石柱	1 000 ~ 1 400 m	6—9月	

续表

序号	科名	植物名	拉丁学名	分布	海拔	花期	果期
250	茜草科（Rubiaceae）	假耳草	*N. ingrata*（Wall. ex Hook. f.）W. H. Lewis [*Anotis ingrata* Wall. ex Hook. f.]	巫山，巫溪，奉节，云阳，开州，万州，石柱，忠县，丰都，涪陵，武隆，长寿，巴南，北碚，江津	500 ~ 1 500 m	6—9月	
		西南假耳草	*N. wightiana*（Wall. ex Hook. f.）W. H. Lewis [*Anotis wightiana* Wall. ex Hook. f.]	开州，石柱，武隆	500 ~ 1 500 m	5月	8月
		薄柱草	*Netera sinensis* Hemsl.	武隆，北碚，江津，渝北，江北	500 ~ 1 300 m	7—8月	
		广州蛇根草	*Ophiorrhiza cantonensis* Hance	奉节，石柱，涪陵，武隆，巴南，江津	300 ~ 1 500 m	冬春季	春夏季
		日本蛇根草	*O. japonica* Bl.	库区各县（市，区）	800 m以下	冬春季	春夏季
		中华蛇根草	*O. chinensis* Lo.	巫山，巫溪，奉节，开州	600 ~ 1 500 m	冬春季	春夏季
		琥珀蛇根草	*O. succirubra* King ex Hook. f.	巫溪，万州	1 200 ~ 2 000 m		
		鸡屎藤	*Paederia scandens*（Lour.）Merr. [*P. scadens* var. *tomentosa*（Bl.）Hand.-Mazz.]	库区各县（市，区）	2 000 m以下	6—7月	8—9月
		耳叶鸡屎藤	*P. cavaleriei* Lévl	巴东，兴山	300 ~ 1 400 m	6—7月	10—11月
		狭叶鸡屎藤	*P. sterolhylla* Merr.	巫山，巫溪，奉节，云阳，开州，万州	450 ~ 1 200 m	6—7月	10—11月
		云南鸡屎藤	*P. yunnanensis*（Lévl）Rend.	武隆，江津	500 ~ 1 200 m	6—7月	10—11月
		金剑草	*Rubia alata* Wall. [*R. lanceolata* Hayata]	巫山，巫溪，奉节，云阳，开州，万州，石柱，武隆	600 ~ 1 500 m	夏初至秋初	秋冬季
		茜草	*R. cordifolia* Linn.	库区各县（市，区）	2 100 m以下	6—7月	9—10月
		长叶茜草	*R. cordifolia* var. *longifolia* Hand.-Mazz.	巫溪，开州，万州，石柱，忠县，丰都，涪陵，武隆，长寿	650 ~ 1 600 m	5—7月	9—10月
		金钱草	*R. membranacea* Diels		1 100 m以上	5—6月	8—10月
		卵叶茜草	*R. ovatifolia* Z. Y. Zhang	巫山，巫溪，奉节，开州，武隆	2 200 m以下	7月	10—11月
		钩毛茜草	*R. podantha* Diels [R. oncotricha Hand.-Mazz.]	奉节	1 200 ~ 1 600 m		
		大叶茜草	*R. schumanniana* Pritz. [*R. leiocaulis* Diels]	巫山，巫溪，奉节，开州，万州，石柱，武隆，江津	1 200 ~ 2 500 m		
		六月雪	*Serissa japonica*（Thunb.）Thunb. [*S. foetida*（Linn. f.）Comm.]	库区各县（市，区）	300 ~ 1 600 m	5—7月	
		白马骨	*S. serissoides*（DC.）Druce	库区各县（市，区）	300 ~ 1 500 m	7—8月	8—9月
		鸡仔木	*Sinoadina racemosa*（Sieb. et Zucc.）Ridsdale [*Adina racemosa*（Sieb. et Zucc.）Miq.]	巫山，巫溪，开州	330 ~ 950 m	5—12月	5—12月
		钩藤	*Uncaria rhynchophylla*（Miq.）Miq. ex Havil.	巫山，巫溪，奉节，云阳，开州，万州，石柱，忠县，丰都，涪陵，武隆，长寿，巴南，江津	300 ~ 1 000 m	5—12月	5—12月
		攀枝钩藤	*U. scandens*（Smith）Hutch.	巴南，渝北			
		华钩藤	*U. sinensis*（Oliv.）Havil.	巫溪，万州，丰都，武隆，江津	400 ~ 1 000 m	6—10月	6—10月

251	忍冬科（Caprifoliaceae）	糯米条	*Abelia chinensis* R. Br.	巫山，巫溪，奉节，云阳，开州，万州，丰都，涪陵，武隆	170 ~ 1 500 m	7—9月	9—12月
		南方六道木	*A. dielsii*（Graebn.）Rehd.	奉节，开州，石柱，忠县，丰都，武隆，巴南，江津	800 m以上	4—6月	8—9月
		短枝六道木	*A. engleriana*（Graebn.）Rehd.	巫山，巫溪，奉节，开州，万州，石柱，忠县，武隆	520 ~ 1 640 m	5—6月	8—9月
		二翅六道木	*A. macrotera*（Graebn. et Buchw.）Rehd.	巫溪，奉节，开州，丰都，武隆	800 ~ 1 000 m	5—6月	8—10月
		小叶六道木	*A. parvifolia* Hemsl.	巫山，巫溪，开州，万州，忠县，北碚，江津，南岸，渝北	240 ~ 2 000 m	4—5月	8—9月
		伞花六道木	*A. umbellata*（Graebn. et Buchw.）Rehd.	巫溪，开州，万州，武隆	1 400 ~ 2 000 m	5—6月	8—9月
		淡红忍冬	*Lonicera acumincata* Wall. ex Roxb [*L. henryi* Hemsl.; *L. giraldii* Rehd.]	巫山，巫溪，奉节，开州，万州，石柱，忠县，武隆，长寿	500 ~ 2 500 m	6月	10—11月
		无毛淡红忍冬	*L. acuminata* var. *depilata* Hsu et H. J. Wang	巫山，巫溪，开州，石柱，武隆	500 ~ 2 000 m	6月	10—11月
		金花忍冬	*L. chrysantha* Turcz. ex Ledeb.	巫山，巫溪，开州	250 m以上	5月	8—9月
		须蕊忍冬	*L. chrysantha* ssp. *koehneana*（Rehd.）Hsu et H. J. Wang [*L. koehneana* Rehd.]	巫山，巫溪，开州	750 m以上	6月	8—9月
		华南忍冬	*L. confusa*（Sweet）DC.	武隆，江津	800 ~ 1 200 m	2—4月	4—5月
		匍匐忍冬	*L. crassifolia* Batal.	巫山，巫溪，奉节，开州，石柱，武隆，巴南	900 ~ 2 300 m	2—4月	4—5月
		木本忍冬	*L. fragrantissima* ssp. *standishii*（Carr.）Hsu et H. J. Wang [*L. standishii* f. *lancifolia* Rehd.; *L. pseudoproteranthe* Pamp.]	巫山，巫溪，奉节，开州	500 ~ 1 800 m	2月中旬至4月	4—5月
		蕊被忍冬	*L. gynochlamydea* Hemsl.	巫山，巫溪，奉节，云阳，开州，万州，石柱，武隆	1 200 m以上	5月	8—9月
		菰腺忍冬	*L. hypoglauca* Miq. [*L. affinis* var. *pubescens* Maxim.]	奉节，开州，忠县，丰都，涪陵，武隆，巴南，江津，江北	500 ~ 1 000 m	5—6月	9—10月
		忍冬	*L. japonica* Thunb.	库区各县（市，区）	1 500 m以下	4—6月，秋季亦开花	10—11月
		柳叶忍冬	*L. lanceolata* Wall.	巫山，巫溪	2 000 ~ 2 500 m	6—7月	8—9月
		光枝柳叶忍冬	*L. lanceolata* var. *glabra* Chien ex Hsu et H. J. Wang	开州，石柱，武隆	1 500 ~ 2 250 m	6—7月	8—10月
		红脉忍冬	*L. lanceolata* ssp. *nervosa*（Maxim.）Y. C. Tang [*L. nervosa* Maxim.]	巫溪，开州	2 000 m以上	6—7月	8—9月
		金银忍冬	*L. maackii*（Rupr.）Maxim. [*L. maackii* f. *podocarpa* Franch. ex Rehd.]	巫山，巫溪，开州，涪陵，武隆，巴南，江津	1 800 m以下	5—6月	8—10月
		灰毡毛忍冬	*L. macranthoides* Hand.-Mazz.	开州，武隆，巴南，北碚，江津	500 ~ 1 800 m	6—7月上旬	10—11月
		贵州忍冬	*L. pampaninii* Levl.	武隆	700 ~ 1 100 m	5—6月	10月

续表

序号	科名	植物名	拉丁学名	分布	海拔	花期	果期
251	忍冬科（Caprifoliaceae）	蕊帽忍冬	*L. pileata* Oliv.	巫山，巫溪，奉节，云阳，开州，万州，石柱，武隆，长寿，巴南，北碚，江津，江北	500 ~ 2 200 m	4—6月	9—12月
		细毡毛忍冬	*L. similis* Hemsl. [*L. similis* var. *delavayi*（Franch.）Rehd.]	库区各县（市，区）	1 200 ~ 1 600 m	5—6月	9—10月
		四川忍冬	*L. szechuanica* Batal.	巫山，巫溪，奉节	2 000 m以上	4—6月	6—8月
		唐古特忍冬	*L. tangutica* Maxim. [*L. Flavipes* Rehd.]	巫溪，奉节，武隆	1 600 m以上	6—7月	7—8月
		盘叶忍冬	*L. tragophylla* Hemsl.	巫山，巫溪，奉节，云阳，开州，万州，石柱，武隆，江津	1 000 m以上	6—7月	7—8月
		干萼忍冬	*L. trichosantha* var. *xerocalyx*（Diels）Hsu et H. J. Wang [*L. deflexicalyx* Batal.]	开州，石柱，武隆	800 ~ 1 800 m	6—7月	7—8月
		血满草	*Sambucus adnata* Wall. ex. DC.	巫山，巫溪，奉节，云阳，开州，万州，忠县，武隆，巴南，江津	1 600 m以上	5—7月	9—10月
		接骨草	*S. chinensis* Lindl.	库区各县（市，区）	100 ~ 2 000 m	4—5月	8—9月
		接骨木	*S. willamsii* Hance	库区各县（市，区）	1 300 m以下	4—5月	9—10月
		毛核木	*Symphoricarpos sinensis* Rehd.	巴南，北碚，江津	610 ~ 2 200 m	7—9月	9—11月
		穿心莛子镳	*Triosteum himalayanum* Wall.	巫溪，巫山，奉节，开州	800 ~ 1 500 m	5—6月	6—9月
		莛子镳	*T. pinnatifidum* Maxim.	库区各县（市，区）	500 ~ 2 300 m	5—6月	8—9月
		桦叶荚蒾	*Viburnum betulifolium* Batal.	巫山，巫溪，奉节，云阳，开州，万州，石柱，忠县，涪陵，武隆，江津	1 300 ~ 3 100 m	6—7月	9—10月
		短序荚蒾	*V. brachybotryum* Hemsl.	巫溪，奉节，开州，石柱，武隆	400 ~ 1 900 m	10月至翌年3月	4—10月
		金佛山荚蒾	*V. chinshanense* Graebn.	奉节，开州，万州，石柱，忠县，丰都，涪陵，武隆	100 ~ 1 900 m	4—5月	7月
		水红木	*V. cylindricum* Buch.-Ham. ex D. Don	巫山，巫溪，奉节，云阳，开州，万州，石柱，忠县，丰都，涪陵，武隆，长寿，巴南，北碚，江津，南岸，渝北，江北	500 m以上	6—10月	10—12月
		荚蒾	*V. dilatatum* Thunb.	巫山，巫溪，奉节，开州，武隆	100 ~ 1 000 m	5—6月	9—11月
		宜昌荚蒾	*V. erosum* Thunb. [*V. ichangense* Rehd.; *V. erosum* var. *ichangense* Hemsl.]	巫山，巫溪，奉节，云阳，开州，万州，石柱，忠县，丰都，涪陵，武隆，长寿，巴南，北碚，江津，南岸，渝北，江北	300 ~ 1 300 m	4—5月	8—10月
		珍珠荚蒾	*V. foetidum* var. *ceanothoides*（C. H. Wright）Hand.-Mazz.	奉节	600 ~ 1 200 m	4—5月	8—10月
		直角荚蒾	*V. foetidum* var. *rectangulatum*（Graebn.）Rehd.	奉节，开州，石柱，武隆	600 ~ 2 000 m	5—7月	10—12月
		南方荚蒾	*V. fordiae* Hance	巫山，巫溪	600 ~ 1 200 m		

251	忍冬科（Caprifoliaceae）	巴东荚蒾	*V. henryi* Hemsl.	巫山，巫溪，奉节，云阳，开州，万州，石柱，武隆，巴南，江津	900 ~ 2 600 m	6月	8—10月
		绣球荚蒾	*V. macrocephalum* Fort.	库区各县（市，区）	栽培	4—5月	
		显脉荚蒾	*V. nervosum* D. Don	开州	1 500 m以上	4—6月	9—10月
		珊瑚树	*V. odoratissimum* Ker-Gawl.	库区各县（市，区）	栽培	4—5月	7—9月
		日本珊瑚树	*V. odoratissimum* var. *awabuki*（K. Koch）Zabel. ex Rumpl. [*V. awabuki* K. Koch]	库区各县（市，区）	栽培		
		少花荚蒾	*V. oliganthum* Batal.	巫山，巫溪，开州	1 000 ~ 2 200 m	4—6月	6—8月
		鸡树条荚蒾	*V. opulus* var. *calvescens*（Rehd.）Hara [*V. sargenti* var. *calvescens* Rehd.]	巫溪，奉节，石柱	1 200 ~ 2 200 m	5—6月	7—9月
		粉团荚蒾	*V. plicatum* Thunb.	库区各县（市，区）	500 ~ 1 500 m	4—5月	
		蝴蝶荚蒾	*V. plicatum* var. *tomentosum*（Thunb.）Miq.	奉节，开州，忠县，北碚，江津，南岸，渝中	240 ~ 1 800 m		8—9月
		球核荚蒾	*V. propinquum* Hemsl.	巫山，巫溪，奉节，云阳，开州，万州，石柱，忠县，丰都，涪陵，武隆，长寿，巴南，北碚，江津，南岸，渝北，江北	500 ~ 1 300 m	4—5月	6—9月
		狭叶球核荚蒾	*V. propinquum* var. *mairei* W. W. Smith	巫山，开州	400 ~ 1 200 m		
		皱叶荚蒾	*V. rhytidophyllum* Hemsl.	巫山，巫溪，奉节，开州，万州，石柱，丰都，武隆，江津	800 ~ 2 400 m	4—5月	9—10月
		茶荚蒾	*V. setigerum* Hance	巫山，巫溪，奉节，云阳，开州，万州，石柱，忠县，丰都，涪陵，武隆，长寿，巴南，北碚，江津，南岸，渝北，江北	200 ~ 1 600 m	4—5月	9—10月
		合轴荚蒾	V. sympodiale Graebn.	巫山，巫溪，奉节，开州，石柱，武隆	800 ~ 2 600 m	4—5月	8—9月
		三叶荚蒾	*V. ternatum* Rehd.	开州，武隆，巴南，北碚，江津	600 ~ 1 400 m	6—7月	9月
		烟管荚蒾	*V. utile* Hemsl.	库区各县（市，区）	500 ~ 1 800 m	3—4月	8月
		水马桑	*Weigela japonica* var. *sinica*（Rehd.）Bailey	巫山，巫溪，奉节，开州，万州，石柱，忠县，丰都，涪陵，武隆，长寿，巴南，北碚，江津	400 ~ 1 800 m	4—6月	5—11月
252	败酱科（Valerianaceae）	异叶败酱	*Patrinia heterophylla* Bunge	巫溪，巫山，奉节，开州	300 ~ 1 800 m	7—9月	8—10月
		窄叶败酱	*P. heterophylla* ssp. *angustifolia*（Hemsl.）H. J. Wang [*P. angustifolia* Hemsl.]	巫溪，巫山，奉节，开州	550 ~ 1 700 m	7—9月	8—10月
		少蕊败酱	*P. monandra* C. B. Clarke	巫山，巫溪，奉节，开州，万州，石柱，武隆	500 ~ 1 500 m	8—9月	9—10月
		斑花败酱	*P. punctiflora* Hsu et H. J. Wang	巫溪，开州	600 ~ 1 800 m	7—10月	8—10月
		败酱	*P. scabiosaefolia* Fisch. ex Trev.	巫山，巫溪，奉节，云阳，开州，万州，丰都，涪陵，武隆	400 ~ 1 500 m	7—9月	8—10月
		攀倒甑	*P. villosa*（Thunb.）Juss. [*P. sinensis*（Levl.）Koidz.]	巫溪，开州，万州，石柱，江津	2 000 m以下	8—10月	9—11月
		柔垂缬草	*Valeriana flaccidissima* Maxim.	开州，万州，涪陵，武隆，江津	1 000 m以上	4—6月	5—8月
		长序缬草	*V. hardwickii* Wall.	奉节，开州，武隆，江津	850 ~ 2 000 m	6—8月	7—10月

续表

序号	科名	植物名	拉丁学名	分布	海拔	花期	果期
252	败酱科（Valerianaceae）	蜘蛛香	*V. jatamansi* Jones	巫山，巫溪，奉节，开州，万州，石柱，丰都，涪陵，武隆，江津	2 500 m以下	5—7月	6—9月
		缬草	*V. officinalis* Linn.	巫山，巫溪，奉节，云阳，开州，万州，石柱，涪陵，武隆，江津	800 ~ 2 500 m	5—7月	6—10月
		宽叶缬草	*V. officinalis* var. *latifolia* Miq.	开州，万州，武隆	1 500 m以下	5—6月	6—10月
253	川续断科（Dipsacaceae）	川续断	*Dipsacus asperoides* C. Y. Cheng et T. M. Ai [*D. asper* Wall.]	巫山，巫溪，奉节，云阳，开州，万州，石柱，忠县，丰都，涪陵，武隆，长寿，巴南，江津	600 ~ 1 400 m	7—9月	9—11月
		涪陵续断	*D. fulingensis* C. Y. Cheng et T. M. Ai	涪陵，武隆	800 ~ 1 700 m	7—9月	9—11月
		日本续断	*D. japonicus* Miq.	开州，武隆	500 ~ 1 900 m	8—9月	9—11月
		双参	*Triplostegia glandulifera* Wall. ex. DC.	巫山，巫溪，奉节，开州，石柱，武隆，江津	1 500 ~ 2 300 m	7—10月	7—10月
254	葫芦科（Cucurbitaceae）	盒子草	*Actinostemma tenerum* Griff.	巫山，巫溪	1 000 m以下	7—9月	9—11月
		冬瓜	*Benincase hispida*（Thunb.）Cogn.	库区各县（市，区）	栽培	6—9月	8—10月
		节瓜	*B. hispida* cv.‘*Chiehqua*’[*B. hispida* var. *chiehqua* How]	长寿，巴南，北碚，南岸，渝北，九龙坡，江北	栽培		
		假贝母	*Bolbostemma paniculatum*（Maxim.）Franquet	巫山，巫溪，奉节，云阳，开州，万州，武隆	1 600 m以下	6—8月	8—9月
		西瓜	*Citrullus lanatus*（Thunb.）Matsum et Nakai	库区各县（市，区）	栽培	夏季	夏季
		甜瓜	*Cucumis melo* Linn.	库区各县（市，区）	栽培	夏季	夏季
		菜瓜	*C. melo* cv.‘*Conomon*’[*C. melo* var. *conomon*（Thunb.）Makino]	库区各县（市，区）	栽培	夏季	夏季
		黄瓜	*C. sativus* Linn.	库区各县（市，区）	栽培	夏季	夏季
		笋瓜	*C. maxima* Duch. ex Lam.	巫山，巫溪，奉节	栽培	6—8月	8—9月
		南瓜	*Cucurbita moschata*（Duch. ex Lam.）Duch. ex Poiret	库区各县（市，区）	栽培	6—7月	8—9月
		西葫芦	*C. pepo* L.	巫山，巫溪，奉节，巴东	栽培	5—7月	
		毛绞股蓝	*Gynostemma burmanicum* King ex Chakr.	巫山，巫溪，开州			
		心籽绞股蓝	*G. cardiospermun* Cogn. ex Oliv.	巫山，巫溪，开州	1 400 ~ 2 300 m	6—8月	8—10月
		长梗绞股蓝	*G. longipes* C. Y. Wu ex C. Y. Wu et S. K. Chen	开州，武隆	450 ~ 1 200 m		
		绞股蓝	*G. pentaphyllum*（Thunb.）Makino	巫山，巫溪，奉节，云阳，开州，万州，石柱，忠县，丰都，涪陵，武隆，长寿，巴南，北碚，江津，南岸	300 ~ 2 000 m	3—11月	4—12月
		小蛇莲	*Hemsleya amabilis* Diels	武隆	1 250 ~ 1 800 m		
		雪胆	*H. chinensis* Cogn. ex Forb. et Hemsl.	巫山，巫溪，奉节，开州，武隆	1 200 ~ 2 100 m	7—9月	9—11月
		马铜铃	*H. graciliflora*（Harms）Cogn.	开州	1 200 ~ 2 400 m	6—9月	8—11月
		峨眉雪胆	*H. omeiensis* L. T. Shen et W. J. Chang	巫山，巫溪，开州，巴东	1 800 ~ 2 000 m	7—9月	9—11月

254	葫芦科（Cucurbitaceae）	金佛山雪胆	*H. pengxianensis* var. *jinfushanensis* L. T. Shen et W. J. Chang	丰都，武隆	1 500 ~ 2 100 m		
		葫芦	*Lagenaria siceraria*（Molina）Standl.	库区各县（市，区）	栽培	夏季	秋季
		广东丝瓜	*Luffa acutangula*（Linn.）Roxb.	库区各县（市，区）			
		丝瓜	*L. cylindrica*（Linn.）Roem.	库区各县（市，区）	栽培	夏秋季	夏秋季
		苦瓜	*Momordica charantia* Linn.	库区各县（市，区）	栽培	5—10月	5—10月
		木鳖子	*M. cochinchinensis*（Lour.）Spreng.	开州，涪陵，武隆，巴南	1 500 m以下	6—8月	8—10月
		佛手瓜	*Sechium edule*（Jacq.）Swartz	库区各县（市，区）	栽培	8—9月	9—11月
		大苞赤瓟	*Thladiantha cordifolia*（Bl.）Cogn. [*T. calcarta*（Wall.）Clarke]	开州，北碚	1 200 ~ 2 400 m		
		齿叶赤瓟	*T. dentata* Cogn.	开州	500 ~ 2 100 m	夏季	秋季
		赤瓟	*T. dubia* Bunge	库区各县（区）	1 300 ~ 1 800 m	6—8月	8—10月
		皱果瓟	*T. henryi* Hemsl.	巫山，巫溪，巴东，兴山	900 ~ 1 900 m	6—11月	6—11月
		皱喙赤瓟	*T. henryi* var. *verrucosa*（Cogn.）A. M. Lu et Z. Y. Zhang	巫溪，开州，武隆，江津	1 000 ~ 2 400 m		
		异叶赤瓟	*T. hookeri* C. B. Clarke	巫溪，开州，江津，巴南	1 200 ~ 2 100 m		
		三叶赤瓟	*T. hookeri* C. B. Clarke var. *palmatifolia* Chakr.	巫山，巴东，巫溪，兴山	900 m以上	4—10月	4—10月
		五叶赤瓟	*T. hookeri* var. *pentadactyla*（Cogn.）A. M. Lu et Z. Y. Zhang	巫溪，开州，石柱，武隆	1 100 ~ 2 600 m		
		长叶赤瓟	*T. longifolia* Cogn. ex Oliv.	武隆	800 ~ 1 500 m	4—7月	8—10月
		南赤瓟	*T. nudiflora* Hemsl. ex Forb. et Hemsl.	巫山，巫溪，奉节，石柱，涪陵，武隆	900 ~ 1 700 m	夏季	秋季
		鄂赤瓟	*T. oliveri* Cogn. ex Mottet [T. glabra Cogn.]	巫山，巫溪，奉节，云阳，开州，万州，石柱，武隆，江津	1 000 ~ 2 000 m	5—10月	5—10月
		长毛赤瓟	*T. villosula* Cogn.	巫溪，开州，石柱，武隆	2 000 ~ 1 800 m	夏秋季	夏秋季
		王瓜	*Trichosanthes cucumeroides*（Ser.）Maxim.	开州，丰都，武隆，石柱，江津	350 ~ 1 300 m	5—8月	8—11月
		长猫瓜	*T. cucumeroides* var. *cavaleriei*（Levl.）W. J. Hang	开州，武隆	400 ~ 1 100 m	5—8月	8—11月
		栝楼	*T. kirilowii* Maxim.	库区各县（市，区）	1 500 m以下	5—8月	8—10月
		长萼栝楼	*T. laceribractea* Hayata	武隆，长寿，巴南，南岸	200 ~ 1 200 m	7—8月	9—10月
		全缘栝楼	*T. ovigera* Bl.	开州，丰都，长寿，巴南，江津	500 ~ 1 400 m	7—8月	9—10月
		中华栝楼	*T. rosthornii* Harms [*T. guizhouensis* C. Y. Cheng et Yueh.; *T. uniflora* Hao]	巫山，奉节，开州，忠县，丰都，涪陵，武隆，长寿，巴南，北碚，江津，南岸，渝北	700 ~ 1 100 m	6—8月	8—10月
		马瓟儿	*Zehneria indica*（Lour.）Keraudren	巫山，巫溪，奉节，云阳，开州，万州	500 ~ 1 600 m	4—7月	7—10月
		钮子瓜	*Z. maysorensis*（Wight et Arn.）Arn. [*Melothria maysorensis*（Wight et Arn.）Chang]	巫山，巫溪，奉节，云阳，开州，万州，石柱，涪陵，长寿	500 ~ 1 000 m	4—8月	8—11月
255	桔梗科（Campanulaceae）	丝裂沙参	*Adenophora capillaris* Hemsl.	巫山，巫溪，奉节，云阳，开州，万州，石柱，忠县，丰都，涪陵，武隆，长寿	1 400 ~ 2 200 m	7—9月	8—10月

续表

序号	科名	植物名	拉丁学名	分布	海拔	花期	果期
255	桔梗科（Campanulaceae）	鄂西沙参	*A. hubeiensis* Hong	巫溪，开州	1 900 ~ 2 600 m	8—9月	
		湖南沙参	*A. humanensis* Nannf.	巫溪，奉节，武隆			
		细叶沙参	*A. paniculta* Nannf.	库区各县（市，区）	1 100 ~ 2 800 m	6—9月	8—10月
		湖北沙参	*A. longipedicellata* Hong	巫溪，奉节，开州，武隆，江津	2 400 m以下	8—10月	
		桔梗草	*A. nikoensis* Franch. et Sov.	开州，巴南，南岸	栽培		
		秦岭沙参	*A. petiolata* pax et Hoffm.	开州	1 900 m	7—8月	
		砂参	*A. polgantha* Nakai	库区各县（市，区）	2 000 m以下	8—10月	
		多毛沙参	*A. rupincola* Hemsl.	万州，宜昌，巴东	1 500 m以下	7—10月	
		沙参	*A. stricta* Miq. [*A. axilliflora* Borb.]	巫山，巫溪，奉节，云阳，开州，武隆	1 000 m以下	8—10月	
		无柄沙参	*A. stricta* Miq. ssp. *sessilifolia* Hong	巫山，巫溪，奉节，云阳，开州，石柱，丰都，涪陵，武隆	600 ~ 2 000 m		
		轮叶沙参	*A. tetraphylla*（Thunb.）Fisch.	涪陵，武隆，宜昌，巴东，秭归	2 000 m以下	7—9月	
		荠尼	*A. trachelioides* Maxim.	武隆	1 400 ~ 2 000 m		
		聚叶沙参	*A. wilsonii* Nannf.	巫溪，开州	1 600 m	8—10月	7—9月
		紫斑风铃草	*Campanula punctata* Lam.	巫山，巫溪，奉节，开州	500 ~ 2 300 m	6—9月	
		一年风铃草	*C. campanulas* Wall. ex A. DC	库区各县（市，区）	600 ~ 1 500 m	3—4月	3—4月
		大花金钱豹	*Campanumoea* javanica Bl.	巫山，开州，石柱，江津	300 ~ 1 300 m	8—9月	10—11月
		金钱豹	*C. javanica* ssp. *japonica*（Makino）Hong [*C. javanica* var. *japonica* Makino]	奉节，云阳，开州，万州，丰都，涪陵，武隆，长寿，巴南，北碚，江津，南岸，渝北，江北，宜昌，巴东	300 ~ 1 300 m	8—9月	10—11月
		长叶轮钟草	*C. lancifolia*（Roxb.）Merr.	巫山，奉节，云阳，开州，万州，石柱，忠县，丰都，涪陵，武隆，长寿，巴南，北碚，江津	300 ~ 1 800 m	7—10月	10—11月
		羊乳	*Codonopsis lanceolata*（Sieb. et Zucc.）Trautv.	石柱	700 ~ 1 200 m	7—8月	7—8月
		党参	*C. pilosula*（Franch.）Nannf.	巫山，巫溪，奉节，开州，武隆，江津	700 ~ 2 000 m	7—10月	7—10月
		川党参	*C. tangshen* Oliv.	巫山，巫溪，奉节，云阳，开州，万州，石柱，忠县，丰都，涪陵，武隆，北碚，江津	800 ~ 1 700 m	7—10月	7—10月
		光叶党参	*C. cardiophylla* Diels ex Kom.	库区各县（市，区）	2 000 m以上	7—10月	7—10月
		心叶党参	*C. cordifolioidea* Tsoong	库区各县（市，区）	1 700 ~ 2 200 m	9—10月	9—10月
		三角叶党参	*C. deltoidea* Chipp	库区各县（市，区）	1 800 ~ 2 800 m	7—10月	7—10月
		川鄂党参	*C. henryi* Oliv.	库区各县（市，区）	1 600 ~ 2 000 m	7—8月	7—8月
		袋果草	*Peracarpa carnosa*（Wall.）Hook. f. et Thoms.	奉节，开州	3 000 m	3—5月	4—11月
		桔梗	*Platycodon grandiflorus*（Jacq.）A. DC.	库区各县（市，区）	2 000 m	5—9月	
		蓝花参	*Wahlenbergia marginata*（Thunb.）A. DC.	巫山，巫溪，奉节，云阳，开州，万州，石柱，忠县，丰都，涪陵，武隆，长寿，巴南，北碚，江津，南岸，渝北，江北	600 ~ 1 200 m	2—5月	2—5月

255	桔梗科（Campanulaceae）	半边莲	*Lobelia chinensis* Lour. [*L. radicans* Thunb.]	巫山，巫溪，奉节，云阳，开州，万州，石柱，忠县，丰都，涪陵，武隆，长寿，巴南，北碚，江津，南岸，渝北，江北	1 300 m以下	5—10月	5—10月
		江南山梗菜	*L. davidii* Franch.	巫山，巫溪，开州，万州，石柱，丰都，涪陵，武隆，江津	1 200 ~ 2 300 m	8—10月	8—10月
		西南山梗菜	*L. sequinii* Levl. et Vant.	巫山，巫溪，奉节，云阳，开州，万州，石柱，忠县，丰都，涪陵，武隆，长寿，巴南，北碚，江津	500 ~ 2 800 m	8—10月	8—10月
		山梗菜	*L. sessilifolia* Lamb.	库区各县（市，区）	1 000 m以下	7—9月	7—9月
		铜锤玉带草	*Pratia nummularia*（Lam.）A. Br. et Aschers [*P. begonifolia*（Wall.）Lindl.]	库区各县（市，区）	1 000 m以下	7—9月	7—9月
256	菊科（Compositae）	蓍草	*Achillea alpina* Linn. [*A. sibirca* Ledeb.]	开州，武隆	1 200 ~ 1 800 m	7—9月	7—9月
		多叶蓍	*A. millefolium* Linn.	万州，巴南，北碚，南岸	栽培		
		云南蓍	*A. wilsoniana* Heimerl ex Hand.-Mazz.	巫山，巫溪，奉节，云阳，开州，万州，石柱，忠县，丰都，涪陵，武隆，长寿，江津	600 ~ 1 400 m	7—9月	7—9月
		和尚菜	*Adenocaulon himalaicum* Edgew.	巫溪，奉节，开州，万州，武隆	2 000 m以下	6—11月	6—11月
		下田菊	*Adenostemma lavenia*（Linn.）O. Kuntze	巫山，奉节，开州，石柱，忠县，丰都，涪陵，武隆，巴南，江津	1 300 m以下	8—10月	8—10月
		胜红蓟	*Ageratum conyzoides* Linn.	奉节，开州，万州，涪陵，武隆，长寿，巴南，北碚，江津，南岸，渝北，九龙坡，渝中，江北	栽培		
		杏香兔儿风	*Ainsliaea fragrans* Champ.	开州，丰都，涪陵，武隆，宜昌，秭归	900 m以下	11—12月	
		光叶兔儿风	*A. glabra* Hemsl.	巫山，巫溪，奉节，云阳，开州，万州，石柱，涪陵，武隆，巴南，江津	400 ~ 900 m	7—10月	7—10月
		纤细兔儿风	*A. gracilis* Franch.	巫山，开州，石柱，宜昌	400 ~ 1 640 m	9—11月	
		粗齿兔儿风	*A. grossedentata* Franch.	巫山，巫溪，奉节，云阳，开州，万州，石柱，武隆，巴南	1 000 ~ 2 200 m	9—10月	9—10月
		长穗兔儿风	*A. henryi* Diels	云阳，开州，万州，石柱，武隆，江津	700 ~ 2 070 m	7—10月	7—10月
		宽叶兔儿风	*A. latifolia*（D. Don）Sch.-Bip.	巫山，开州，万州，丰都，涪陵，武隆	1 000 ~ 2 000 m	7—11月	7—11月
		铁灯兔儿风	*A. macroclinidioides* Hayata	开州，万州，石柱，武隆，宜昌，秭归，巴东	500 ~ 1 000 m	8—11月	8—11月
		红脉兔儿风	*A. rubrinervis* Chang	巫山，巫溪，奉节，云阳，开州，万州，忠县，武隆	350 ~ 1600 m		
		四川兔儿风	*A. sutchuenensis* Franch.	库区各县（市，区）	620 ~ 1 300 m	4—5月	
		红背兔儿风	*A. rubrifolia* Franch.	巫山，巫溪，巴东，兴山	1 100 m	5—6月	9—10月
		黄腺香青	*Anaphalis aureopunctata* Lingelsh et Borra	巫溪，奉节，开州，武隆	1 000 ~ 2 200 m	7—9月	9—10月
		车前叶黄腺香青	*A. aureopunctata* var. *Plantagini-folia* Chen.	库区各县（市，区）	1 000 m以上	7—9月	9—10月
		茸毛黄腺香青	*A. aureopunctata* var. *tomentosa* Hand.-Mazz.	巫溪，开州	2 100 m以上	7—9月	9—10月

续表

序号	科名	植物名	拉丁学名	分布	海拔	花期	果期
256	菊科（Compositae）	旋叶香青	*A. contorta*（D. Don）Hook. f.	巫山，巫溪，开州	500 ~ 1 200 m	8—10月	8—10月
		珠毛香青	*A. busua*（Ham.）DC.	库区各县（市，区）	1 500 ~ 2 800 m	9—10月	10月
		珠光香青	*A. margaritacea*（Linn.）Benth. et Hook. f.	巫山，巫溪，奉节，云阳，开州，万州，石柱，武隆，江津	300 ~ 1 800 m	8—11月	8—11月
		黄褐珠光香青	*A. margaritacea* var. *cinnamomea*（DC.）Hand.-Mazz. ex Maxim.	巫山，巫溪，奉节，云阳，开州，武隆，江津	800 ~ 2 500 m	8—11月	8—11月
		线叶珠光香青	*A. margaritacea* var. *japonica*（Sch.-Bip.）Makino	奉节，开州，武隆，江津	800 ~ 2 000 m	8—11月	8—11月
		伞房香青	*A. nepalensis* var. *corymbosa*（Franch.）Hand.-Mazz.	巫山，巫溪，奉节，云阳，开州，万州，石柱，忠县，丰都，涪陵，武隆，长寿，巴南，北碚，江津，南岸，渝北，江北	250 ~ 1 650 m	8—11月	8—11月
		香青	*A. sinica* Hance	奉节，开州，万州，石柱，忠县，丰都，涪陵，武隆	400 ~ 2 000 m	6—9月	8—10月
		密生香青	*A. sinica* var. *densata* Ling	丰都	600 ~ 1 200 m	6—9月	8—10月
		绵毛香青	*A. sinica* var. *lanata* Ling	开州，武隆	1 600 ~ 2 400 m	6—9月	8—10月
		异叶亚菊	*Ajania variifolia*（Chang）Tzvel.	库区各县（市，区）	1 200 m以上	8—9月	8—9月
		牛蒡	*Arctium lappa* Linn.	库区各县（市，区）	2 500 m以下	6—9月	6—9月
		木茼蒿	*Argyranthemum frutescens*（Linn.）Sch.-Bip.	开州，万州，涪陵，巴南，南岸，渝北	栽培		
		黄花蒿	*Artemisia annua* Linn. [*A. annua* f. *macrocephala* Pamp.]	库区各县（市，区）	1 000 m以下	8—11月	8—11月
		奇蒿	*A. anomala* S. Moore	开州，武隆	400 ~ 1 200 m	6—11月	6—11月
		艾蒿	*A. argyi* Levl. et Vant.	库区各县（市，区）	1 000 m以下	7—10月	7—10月
		无齿艾蒿	*A. argyi* var. *eximia*（Pamp.）Kitam	云阳，开州，忠县，丰都	350 ~ 1 400 m		
		茵陈蒿	*A. capillaris* Thunb.	巫山，巫溪，奉节，云阳，开州，万州，石柱，忠县，丰都，涪陵，武隆，长寿，巴南，南岸，渝北	250 ~ 1 200 m	7—10月	7—10月
		狭叶青蒿	*A. dracunculus* L.	库区各县（市，区）	800 ~ 1 600 m	7—10月	7—10月
		牛尾蒿	*A. dubia* Wall. ex Bess. [*A. subdigitata* Mattf.]	库区各县（市，区）	1 000 ~ 2 000 m	8—10月	8—10月
		南牡蒿	*A. eriopoda* Bunge	开州，万州	1 000 m	6—11月	6—11月
		臭蒿	*A. hedinii* Ostenf. et Pauls.	奉节	1 800 ~ 2 300 m		
		湘赣艾	*A. gilvescens* Miq.	库区各县（市，区）	低海拔	8—10月	8—10月
		五月艾	*A. indica* Willd.	库区各县（市，区）	1 000 m以下	8—10月	8—10月
		牡蒿	*A. japonica* Thunb. [*A. japonica* var. *myriocephala* Pamp.]	库区各县（市，区）	1 600 m以下	7—10月	7—10月

256	菊科（Compositae）	白苞蒿	*A. lactiflora* Wall. ex DC.	巫山，奉节，开州，丰都，涪陵，武隆，长寿，巴南，渝北	2 000 m以下	8—11月	8—11月
		矮蒿	*A. lancea* Vant. [*A. feddei* Levl. et Vant.]	库区各县（市，区）	1 400 m以下	8—10月	8—10月
		野艾蒿	*A. lavandulaefolia* DC. [*A. argyi* var. *incana* Pamp.]	库区各县（市，区）	1 800 m以下	8—10月	8—10月
		蒙古蒿	*A. mongolica*（Fisch. ex Bess.）Nakai	库区各县（市，区）	1 700 m以下	8—10月	8—10月
		小花蒿	*A. parviflora* Buch.-Ham. ex Roxb.	库区各县（市，区）	250 ~ 1 600 m	8—10月	8—10月
		魁蒿	*A. princeps* Pamp.	巫山，巫溪，奉节，开州，武隆	500 ~ 1 400 m	7—11月	7—11月
		灰苞蒿	*A. roxburghiana* Bess.	库区各县（市，区）	1 000 ~ 2 000 m	8—10月	8—10月
		白莲蒿	*A. sacrorum* Ledeb.	库区各县（市，区）	1 200 m以下	8—10月	8—10月
		猪毛蒿	*A. scoparia* Waldst. et Kit.	巫山，奉节，万州，忠县，北碚，南岸，渝北	1 000 m以下	7—10月	7—10月
		蒌蒿	*A. selengensis* Turcz. ex Bess.	巫溪，开州，万州，石柱，忠县，丰都，涪陵，武隆，长寿，巴南，渝北	250 ~ 1 600 m	7—10月	7—10月
		大籽蒿	*A. sieversiana* Ehrhart ex Willd.	奉节，云阳，开州，万州，石柱，忠县，丰都，涪陵，武隆，巴南	500 ~ 2 200 m	6—10月	6—10月
		阴地蒿	*A. sylvatica* Maxim.	巫山，巫溪，开州，万州，长寿	500 ~ 2 200 m	8—10月	8—10月
		苦蒿	*A. verlotorum* Lamotte	库区各县（市，区）	500 ~ 2 100 m	7—10月	7—10月
		毛莲蒿	*A. vestita* Wall. ex Bess.	巫溪，开州，武隆	低海拔	8—11月	8—11月
		三脉叶紫菀	*Aster ageratoides* Turcz.	库区各县（市，区）	2 000 m以下	7—12月	7—12月
		毛枝紫菀	*A. ageratoides* var. *lasiocladus*（Hayata）Hand.-Mazz. [*A. lasiocladus* Hayata]	武隆，长寿	1 000 m以下		
		宽伞三脉叶紫菀	*A. ageratoides* var. *laticorymbus*（Vant.）Hand.-Mazz.	涪陵，武隆，长寿，巴南，北碚	600 ~ 2 000 m		
		微糙紫菀	*A. ageratoides* var. *scaberulus*（Miq.）Ling	巫山，巫溪，奉节	1 000 m以下		
		小舌紫菀	*A. albescens*（DC.）Hand.-Mazz. [*Microglossa albescens*（DC.）C. B. Clarke]	开州，武隆	800 ~ 2 500 m	6—9月	8—10月
		狭叶小舌紫菀	*A. albescens* var. *gracilior* Hand.-Mazz.	巫山，开州，石柱，武隆，长寿，巴南，北碚，江津	450 ~ 1 200 m		
		耳叶紫菀	*A. auriculatus* Franch.	开州，石柱，涪陵，武隆			
		亮叶紫菀	*A. nitidus* Ching	开州，长寿，武隆	550 ~ 1 100 m	4—5月	
		琴叶紫菀	*A. panduratus* Nees ex Walper	开州，丰都，武隆，江津	100 ~ 1 400 m	2—9月	6—10月
		甘川紫菀	*A. smithiamus* Hand.-Mazz.	开州，石柱，武隆			
		钻叶紫菀	*A. subulatus* Michx.	库区各县（市，区）	1 000 ~ 2 160 m	10—11月	10—11月
		紫菀	*A. tataricus* Linn. f.	巫溪，开州，万州，武隆	400 ~ 2 000 m	7—9月	8—10月
		苍术	*Atractylodes lancea*（Thunb.）DC.	巫溪，巫山，奉节，开州	1 500 m以下	6—10月	6—10月
		白术	*A. macrocephala* Koidz.	开州，万州，石柱，丰都，武隆，长寿，北碚	600 ~ 1 700 m	8—10月	8—10月
		鬼针草	*Bidens bipinnata* Linn.	库区各县（市，区）	1 500 m以下	9月	10—11月

续表

序号	科名	植物名	拉丁学名	分布	海拔	花期	果期
256	菊科（Compositae）	金盏银盘	*B. biternata*（Lour.）Merr. et Sherff.	巫山，巫溪，奉节，云阳，开州，万州，石柱，武隆，巴南，渝北	250 ~ 1 400 m		
		细叶鬼针草	*B. parviflora* Wild.	巫山，巫溪，奉节，云阳，开州，万州，石柱，忠县，丰都，涪陵，武隆，长寿，巴南，南岸，渝北，江北	1 000 m以下	8—9月	10月
		三叶鬼针草	*B. pilosa* Linn.	库区各县（市，区）	1 000 m以下	4—9月	9—11月
		白花鬼针草	*B. pilosa* var. *radiata* Sch.-Bip.	涪陵，长寿，巴南，北碚，江津，南岸，渝北，九龙坡，江北	1 000 m以下	8—10月	10—11月
		狼把草	*B. tripartita* Linn.	库区各县（市，区）	1 000 m以下	8—10月	9—10月
		馥芳艾纳香	*Blumea aromatica* DC.	巫山，巫溪，奉节，云阳，开州，万州，石柱，忠县，丰都，涪陵，武隆，长寿，巴南，北碚，江津，南岸，渝北，江北	400 ~ 1 600 m		
		毛毡草	*B. hieracifolia*（D. Don）DC.	开州，长寿	250 ~ 800 m		
		东风草	*B. megacephala*（Randeria）Chang et Tseng	巫山，巫溪，奉节，云阳，开州，万州，丰都，涪陵	600 ~ 1 800 m		
		假东风草	*B. riparia*（Bl.）DC. [*Blumea chinensis*（Linn.）DC.]	武隆，巴南，渝北	350 ~ 1 750 m		
		兔儿风蟹甲草	*Cacalia ainsliaeflora*（Franch.）Hand.-Mazz.	巫山，巫溪，开州，武隆，江津	1 400 ~ 2 400 m		
		耳翼蟹甲草	*C. otopteryx* Hand.-Mazz.	巫山，巫溪，奉节，云阳，开州，万州，石柱，丰都	1 200 ~ 2 650 m		
		深山蟹甲草	*C. profundorum*（Dunn）Hand.-Mazz.	石柱，武隆	1 800 ~ 2 650 m		
		蛛毛蟹甲草	*C. roborowskii*（Maxim.）Ling	巫山，巫溪，开州	1 800 ~ 2 700 m		
		金盏菊	*Calendula officinalis* Linn.	库区各县（市，区）	栽培	4—9月	6—10月
		节毛飞廉	*Carduus acanthoides* Linn.	奉节	260 ~ 2 400 m		
		丝毛飞廉	*C. crispus* Linn.	云阳，开州，万州，忠县	1 500 m以下	4—10月	4—10月
		无名精	*Carpesium abrotanoides* Linn.	库区各县（市，区）	1 500 m以下	6—7月	8—9月
		烟管头草	*C. cernuum* Linn.	库区各县（市，区）	1 850 m以下	8—10月	8—10月
		金挖耳	*C. divaricatum* Sieb. et Zucc.	开州，石柱，武隆，长寿，巴南，江津	800 ~ 2 000 m	5—9月	
		贵州天名精	*C. faberi* Winkl. [*C. kweichowense* Ching]	武隆，江津	670 ~ 1 800 m	7—11月	
		高山挖耳草	*C. lipskyi* Winkl.	巫山，巫溪，武隆	1 200 ~ 2 400 m		
		长叶天名精	*C. longifolium* Chen et C. M. Hu	巫山，巫溪，奉节，云阳，开州，万州，石柱，武隆，长寿，巴南，北碚，江津，渝北	900 ~ 1 900 m	7—8月	9—10月
		大花金挖耳	*C. macrocephalum* Franch. Et Savst.	库区各县（市，区）	1 500 m	8月	
		小花金挖耳	*C. minum* Hemsl.	巫溪，开州，石柱，涪陵，武隆，巴南	500 ~ 1 400 m	8—9月	

256	菊科（Compositae）	峨眉挖耳草	*C. omeiensis* Hu	开州，武隆			
		四川天名精	*C. szechuanense* Chen et C. M. Hu	巫山，巫溪，奉节，云阳，开州，万州，石柱	1 100 ~ 2 600 m	7—8月	9—10月
		红花	*Carthamus tinctorius* Linn.	开州，万州，石柱，涪陵，武隆，长寿，巴南，北碚，江津，南岸	栽培	5—8月	5—8月
		矢车菊	*Centaurea cyanus* L.	库区各县（市，区）	1 300 m以下	2—8月	2—8月
		石胡荽	*Centipeda minima*（Linn.）A. Br. et Aschers.	巫山，巫溪，奉节，云阳，开州，万州，石柱，忠县，丰都，武隆	1 300 m以下	6—10月	6—10月
		茼蒿	*Chrysanthemum coronarium* Linn.	开州，武隆，渝北	栽培	6—8月	6—8月
		南茼蒿	*C. segetum* Linn.	涪陵，长寿，巴南，南岸，渝北，江北	900 ~ 1 600 m	3—6月	3—6月
		等苞蓟	*Cirsium fargesii*（Franch.）Diels	巫溪，开州	1 000 ~ 1 800 m	7月	
		灰蓟	*C. griseum* Levl.	武隆	800 ~ 1 500 m		
		湖北蓟	*C. hupenense* Pamp.	巫山，巫溪，开州	500 ~ 2 500 m	8—11月	8—11月
		大蓟	*C. japonicum* Fisch. ex DC.	库区各县（市，区）	2 000 m以下	4—11月	4—11月
		线叶蓟	*C. lineare*（Thunb.）Sch.-Bip.	库区各县（市，区）	2 100 m	9—10月	9—10月
		马刺蓟	*C. monocephalum*（Vant.）Levl.	开州	200 m以下	7—10月	7—10月
		烟苞蓟	*C. pendulum* Fisch. ex DC.	开州，武隆，长寿	450 ~ 1 250 m		
		刺儿菜	*C. setosum*（Willd.）MB. [*Cephalanoplos segetum*（Bunge）Kitam.]	库区各县（市，区）	170 ~ 2 560 m	5—9月	5—9月
		野塘蒿	*Conyza bonariensis*（Linn.）Cronq.	涪陵，武隆，长寿，巴南，北碚，江津，南岸，渝北，江北	1 500 m以下	5—10月	
		小蓬草	*C. canadensis*（Linn.）Cronq. [*Erigeron candensis* Linn.]	库区各县（市，区）	1 800 m以下	5—9月	
		白酒草	*C. japonica*（Thunb.）Less.	开州，忠县，长寿，巴南，渝北	700 ~ 2 500 m	5—9月	
		山芫菊	*Cotula hemisphaerica* Wall.	忠县，丰都，涪陵，长寿，巴南，北碚，江津			
		野茼蒿	*Crassocephalum crepidioides*（Benth.）S. Moore	开州，万州，石柱，忠县，丰都，涪陵，武隆，长寿，巴南，北碚，江津，南岸，渝北	300 ~ 1 800 m	7—12月	
		大丽花	*Dahlia pinnata* Cav.	库区各县（市，区）	栽培	夏季至秋季	
		菊花	*Dendranthema morifolium*（Ramat.）Tzvel.	库区各县（市，区）	栽培	秋季	秋季
		野菊	*D. indicum*（Linn.）Des Moul. [*Chrysanthemum indicum* Linn.]	库区各县（市，区）	2 300 m以下	6—11月	
		鱼眼草	*Dichrocephala auriculata*（Thunb.）Druce	库区各县（市，区）	200 ~ 2 000 m	全年	全年
		小鱼眼草	*D. benthamii* C. B. Clake	巫山，奉节，开州，涪陵，长寿，巴南	1 000 ~ 2 000 m	全年	全年
		东风菜	*Doellingeria scaber*（Thunb.）Nees	巫溪，开州，石柱，巴南，江津，渝北	1 500 m以下	6—10月	8—10月
		鳢肠	*Eclipta alba*（Linn.）Hassk. [*Eclipta prostrata*（Linn.）Linn.]	库区各县（市，区）	1 200 m以下	6—9月	

续表

序号	科名	植物名	拉丁学名	分布	海拔	花期	果期
256	菊科（Compositae）	一点红	*Emilia sonchifolia*（Linn.）DC. ex Wight	巫山，巫溪，奉节，云阳，开州，万州，石柱，武隆，长寿，巴南，北碚，江津，南岸，渝北，江北	1 200 m以下	7—10月	7—10月
		飞蓬	*Erigeron acre* Linn.	巫溪，云阳，开州	800 ~ 2 000 m	7—9月	
		一年蓬	*E. annuus*（L.）Pers.	库区各县（市，区）	2 200 m以下	6—9月	
		紫茎泽兰	*Eupatorium adenophorum* Spreng	巴南，北碚，江津，南岸，渝北（为库区近来入侵种）		11月至翌年4月	3—4月
		华泽兰	*E. chinense* Linn.	巫溪，开州，万州，涪陵，武隆，长寿，北碚	800 ~ 1 900 m	6—11月	6—11月
		佩兰	*E. fortunei* Turcz.	云阳，开州，石柱，长寿，巴南，北碚，江津，南岸，渝北，江北	1 800 m以下	7—11月	7—11月
		异叶泽兰	*E. heterophyllum* DC.	巫山，巫溪，奉节，云阳，开州，万州，石柱，涪陵，武隆，巴南，江津	1 600 m以上	4—10月	4—10月
		泽兰	*E. japonicum* Thunb. [*E. chinense* var. *simplicifolium*（Makino）Kitam.]	库区各县（市，区）	1 800 m以上	6—11月	
		三裂叶泽兰	*E. japonicum* var. *triparitum* Makino	武隆，巴南，江津	750 ~ 1 700 m		
		林泽兰	*E. lindleyanum* DC. [*E. lindleyanum* var. *trifoliolatum* Makino]	巫山，巫溪，开州，武隆，江津	200 ~ 2 600 m	5—12月	5—12月
		南川泽兰	*E. nanchuanense* Ling et Shih	武隆	1 200 ~ 1 650 m	6—7月	6—7月
		大吴风草	*Farfugium japonicum*（Linn. f.）Kitam. [*Ligularia tussilaginea*（Burm. f.）Makino]	巫山，巫溪，开州，武隆	1 200 ~ 1 800 m	8月至翌年3月	8月至翌年3月
		牛膝菊	*Galinsoga parviflora* Cav.	库区各县（市，区）	1 000 ~ 1 500 m	7—10月	7—10月
		大丁草	*Gerbera anandria*（Linn.）Sci.-Bip. [*Leibnitzia anandria*（Linn.）Nakai]	巫山，巫溪，奉节，云阳，开州，万州，石柱，忠县，丰都，涪陵，武隆，巴南，渝北	650 ~ 2 580 m	春秋两季	
		毛大丁草	*G. piloselloides*（Linn.）Cass. [*Pilosellides hirsuta*（Forsk）C. Jeffrey]	巫山，巫溪，奉节，云阳，开州，万州，武隆	1 200 m以下	2—5月及8—12月	
		宽叶鼠曲草	*Gnaphalium adnatum*（Wall. ex DC.）Kitam.	巫山，巫溪，奉节，云阳，开州，万州，石柱，忠县，涪陵，武隆，巴南，江津	1 800 m以下	8—10月	
		鼠曲草	*G. affine* D. Don	库区各县（市，区）	1 000 m	1—4月	8—11月
		秋鼠曲草	*G. hypoleucum* DC.	巫山，开州，万州，石柱，丰都，涪陵，长寿	1 800 m	8—12月	
		细叶鼠曲草	*G. japonicum* Thunb.	库区各县（市，区）	1 600 m	1—5月	
		丝棉草	*G. luteo-album* Linn.	开州，丰都，武隆	2 000 m以下	5—9月	
		南川鼠曲草	*G. nanchuanense* Ling et Tseng	巫溪，开州，武隆	2 000 ~ 2 200 m	7—8月	
		两色三七草	*Gynura bicolor*（Roxb. ex Willd.）DC.	库区各县（市，区）	600 ~ 1 500 m	5—10月	5—10月
		白背三七草	*G. divaricata*（Linn.）DC. [*G. pseudo-china*（Linn.）DC.]	开州，万州，石柱，涪陵，长寿，巴南，北碚，南岸，渝北，江北	160 ~ 2 100 m		

256	菊科（Compositae）	三七草	*G. japonica*（Thunb.）Juel [*G. segetum*（Lour.）Merr.]	库区各县（市，区）	500 ~ 1 800 m	8—10月	8—10月
		向日葵	*Helianthus annuus* Linn.	库区各县（市，区）	栽培	7—9月	8—9月
		菊芋	*H. tuberosus* Linn.	库区各县（市，区）	栽培	8—9月	
		泥胡菜	*Hemistepta lyrata*（Bunge）Bunge	库区各县（市，区）	1 800 m以下	3—8月	3—8月
		狗娃花	*Heteropappus hispidus*（Thunb.）Less.	巫山，巫溪，开州，万州，石柱，丰都，武隆，长寿，巴南	1 800 m以下	7—9月	8—9月
		山柳菊	*Hieracium umbellatum* Linn.	巫溪，开州	800 ~ 1 700 m	7—9月	7—9月
		欧亚旋覆花	*Inula britannica* Linn.	武隆，长寿	栽培		
		羊耳菊	*I. cappa*（Buch.-Ham.）DC.	奉节，开州，万州，石柱，丰都，涪陵，武隆，巴南，江津，南岸，渝北，江北	500 m以上	6—10月	8—12月
		土木香	*I. helenium* Linn.	巫溪，开州，万州，武隆，巴南，渝北	600 ~ 2 100 m	6—9月	
		湖北旋覆花	*I. hupehensis*（Ling）Ling	巫山，巫溪，开州，万州	1 300 ~ 1 900 m	6—8月	8—9月
		旋覆花	*I. japonica* Thunb.	巫山，巫溪，奉节，开州，万州，石柱，涪陵，武隆	2 400 m以下	6—10月	9—11月
		线叶旋复花	*I. lineariifolia* Turcz.	库区各县（市，区）	1 200 m以下	7—9月	8—10月
		显脉旋复花	*I. nervosa* Wall.	开州，渝北，江北	1 200 m以下	7—9月	8—10月
		总状土木香	*I. racemosa* Hook. f.	石柱，北碚，南岸	700 ~ 1 500 m	8—9月	9月
		中华小苦荬	*Ixeridium chinense*（Thunb.）Tzvel. [*Ixeris chinensis*（Thunb.）Nakai]	云阳，开州，万州，石柱，忠县，丰都，涪陵，武隆，长寿，巴南，江津，渝北	1 600 m	1—10月	1—10月
		小苦荬	*I. dentatum*（Thunb.）Tzvel. [*Ixeris dentata*（Thunb.）Nakai]	库区各县（市，区）	380 ~ 1 050 m	4—8月	4—8月
		细叶苦荬菜	*I. gracile*（DC.）Shih [*Ixeris gracilis*（DC.）Stebb.]	巫山，巫溪，奉节，云阳，开州，万州，石柱，忠县，丰都，涪陵，武隆，巴南，江津	1 800 m以下	3—10月	3—10月
		抱茎苦荬菜	*I. sonchifolium*（Maxim.）Shih [*Ixeris sonchifolia* Hance]	库区各县（市，区）	1 000 m以下	3—5月	3—5月
		剪刀股	*I. japonica*（Burm. f.）Nakai [*I. debilis*（Thunb.）A. Gray]	库区各县（市，区）	160 m以下	3—5月	3—5月
		马兰	*Kalimeris indica*（Linn.）Sch.-Bip.	库区各县（市，区）	1 600 m以下	5—9月	8—10月
		裂叶马兰	*K. indica* var. *polymorpha*（Vant.）Kitam.	巫溪，开州，万州	长江流域		
		莴苣	*Lactuca sativa* Linn.	库区各县（市，区）	栽培	2—9月	2—9月
		莴笋	*L. sativa* cv. ‘*Angustata*’ [*L. sativa* var. *angustata* Irish ex Bremer]	库区各县（市，区）	栽培		
		六棱菊	*Laggera alata*（D. Don）Sch.-Bip. ex Oilv.	巫山，开州，丰都，涪陵，武隆，巴南，江津	450 ~ 1 600 m	10月至翌年2月	
		翼齿六棱菊	*L. pterodonta*（DC.）Benth.	奉节，开州		4—10月	

续表

序号	科名	植物名	拉丁学名	分布	海拔	花期	果期
256	菊科（Compositae）	稻槎菜	*Lapsana apogonoides* Maxim.	巫溪，开州，万州，石柱，忠县，丰都，涪陵，武隆，长寿，巴南，北碚，江津，南岸，渝北，江北	250 ~ 600 m	1—6月	1—6月
		薄雪火绒草	*Leontopodium japonicum* Miq.	巫溪，奉节，开州，万州	800 ~ 1 850 m	6—9月	9—10月
		华火绒草	*L. sinense* Hemsl.	万州，武隆，江津			
		齿叶橐吾	*Ligularia dentata*（A. Gray）Hara	巫溪，奉节，开州	800 ~ 2 000 m	8—9月	
		大黄橐吾	*L. duciformis*（C. Winkl.）Hand.-Mazz.	巫山，巫溪，开州	1 900 m	7—9月	7—9月
		蹄叶橐吾	*L. fischeri*（Ledeb.）Turcz.	库区各县（市，区）	100 ~ 2 700 m	7—10月	7—10月
		鹿蹄橐吾	*L. hodgsonii* Hook. [*L. hodgsonii* var. *sutchuenensis*（Franch.）Henry]	巫山，巫溪，奉节，云阳，开州，万州，石柱，忠县，涪陵，武隆，江津	750 ~ 2 000 m	7—10月	7—10月
		狭苞橐吾	*L. intermedia* Nakai	开州，武隆	700 ~ 2 200 m	7—10月	7—10月
		大紫菀	*L. macrophylla*（Ledeb.）DC.	武隆			
		南川橐吾	*L. nanchuanica* S. W. Liu	开州	1 320 ~ 2 040 m	8月	8月
		莲叶橐吾	*L. nelumbifolia*（Bur. et Franch.）Hand.-Mazz.	巫山，巫溪，开州	2 300 m以上	7—9月	
		橐吾	*L. sibirica*（Linn.）Cass.	巫山，巫溪，开州，武隆	370 ~ 2 200 m	7—10月	7—10月
		总序橐吾	*L. sibirica* var. *racemosa* Kitam.	巫山，巫溪，奉节，开州，武隆			
		窄头橐吾	*L. stenocephala*（Maxim.）Matsum. et Koidz.	开州	800 ~ 2 300 m	7—12月	7—12月
		离舌橐吾	*L. veitchiana*（Hemsl.）Greenm.	巫山，巫溪，奉节，云阳，开州，万州，石柱，武隆	1 100 ~ 2 400 m	7—9月	
		川鄂橐吾	*L. wilsoniana*（Hemsl.）Greenm.	巫山，巫溪，奉节，云阳，开州，万州，石柱，武隆，江津	1 600 ~ 2 050 m	7—9月	
		洋甘菊	*Matricaria recutita* Linn. [*M. chamomilla* Linn.]	长寿，巴南，北碚，江津，南岸，渝北，九龙坡，江北	350 ~ 1 200 m		
		圆舌粘冠草	*Myriactis nepalensis* Less.	武隆，江津	1 200 ~ 1 500 m	4—11月	4—11月
		细梗紫菊	*Notoseris gracilipes* Shih	开州，江津	1 600 ~ 2 500 m		
		多裂紫菊	*N. henryi*（Dunn）Shih [*Prenanthes henryi* Dunn]	巫山，开州，武隆	1 300 ~ 2 200 m	8—12月	8—12月
		黑花紫菊	*N. melanantha*（Franch.）Shih	巫溪，开州			
		南川紫菊	*N. porphyrolepis* Shih	武隆，巴南，江津	1 850 m	9月	9月
		紫菊	*N. psilolepis* Shih	开州，石柱	850 ~ 2 250 m	9—11月	9—11月
		黄瓜菜	*Paraixeris denticulata*（Houtt.）Nakai [*Ixeris denticulata*（Houtt）Stebb.; *Youngia denticulata*（Houtt.）Kitam.	奉节，万州	1 600 m以下	5—11月	5—11月
		假福王草	*Paraprenanathes sororia*（Miq.）Shih [*Lactuca sororia* Miq.]	奉节	200 m以上	5—8月	

256	菊科（Compositae）	蜂斗菜	*Petasites japonicus*（Sieb. et Zucc.）Maxim.	巫山，巫溪，奉节，云阳，开州，万州，石柱，忠县，丰都，涪陵，武隆，长寿，巴南，北碚，江津，南岸，渝北，江北	1 000 ~ 1 500 m	4—5月	6月
		毛裂蜂斗菜	*P. tricholobus* Franch.	巫山，巫溪，奉节，武隆	800 ~ 1 300 m	3—4月	4—5月
		毛连菜	*Picris hieracioides* Linn.	巫山，奉节，开州，武隆	800 ~ 2 000 m	6—9月	6—9月
		单毛毛连菜	*P. hieracioides* ssp. *fuscipilosa* Hand.-Mazz.	开州，武隆	600 ~ 1 800 m		
		日本毛连菜	*P. japonica* Thunb. [*P. hieracioides* ssp. *japonica* Krylov.]	巫溪，奉节，开州，万州，石柱，忠县，丰都，涪陵，武隆，江津	650 ~ 1 800 m		
		高大翅果菊	*Pterocypsela elata*（Hemsl.）Shih [*Lactuca elata* Hemsl.; *L. raddeana* var. *elata*（Hemil.）Kitam.]	巫山，巫溪，开州	600 ~ 1 800 m	6—10月	6—10月
		台湾翅果菊	*P. formosana*（Maxim.）Schih [*Lactuca formosana* Maxim.]	库区各县（市，区）	140 ~ 2 000 m	4—11月	4—11月
		翅果菊	*P. indica*（Linn.）Shih [*Lactuca indica* Linn.]	开州，万州，武隆	1 800 m以下	4—11月	4—11月
		毛脉翅果菊	*P. raddeana*（Maxim.）Shih [*Lactuca raddeana* Maxim.]	巫山，巫溪	850 ~ 2 100 m		
		除虫菊	*Pyrethrum cinerariifolium* Trev.	万州，石柱，涪陵，武隆，巴南	栽培	5—8月	5—8月
		秋分草	*Rhynchospermum verticillatum* Reinw. ex. Bl.	巫山，巫溪，奉节，云阳，开州，万州，石柱，忠县，丰都，涪陵，武隆，江津	400 ~ 2 500 m	8—11月	8—11月
		心叶风毛菊	*Saussurea cordifolia* Hemsl.	巫山，巫溪，奉节，云阳，开州，万州，石柱，武隆，江津	1 100 ~ 1 800 m	8—10月	8—10月
		云木香	*S. costus*（Falc.）Lipsch. [*Aucklandia lappa*（Decne）Ling]	巫山，巫溪，奉节，开州，万州，石柱，武隆，江津	栽培	7月	7月
		下延风毛菊	*S. decurrens* Hemsl.	巫山，巫溪	1 500 ~ 2 400 m		
		三角叶风毛菊	*S. deltoides*（DC.）Sch.-Bip.	巫山，巫溪，奉节，开州，武隆，江津	800 ~ 2 400 m		
		长梗风毛菊	*S. dolichopoda Diels* [*S. saligniformis* Hand.-Mazz.]	巫山，巫溪，奉节，开州	1 000 ~ 2 100 m	7—10月	7—10月
		长毛风毛菊	*S. hieracioides* Hook. f.	开州	1 400 ~ 2 600 m	6—8月	6—8月
		风毛菊	*S. japonica*（Thunb.）DC.	巫溪，万州	800 ~ 1 800 m	6—11月	6—11月
		川陕风毛菊	*S. licentiana* Hand.-Mazz.	开州，涪陵，武隆	1 800 ~ 2 400 m	8—9月	8—9月
		少花风毛菊	*S. oligantha* Franch.	巫山，巫溪，开州，石柱，武隆	1 000 ~ 1 800 m	7—9月	7—9月
		白花鸦葱	*Scorzonera albicaulis* Bunge	云阳，万州，武隆	1 400 m以下	5—9月	5—9月
		额河千里光	*Senecio argunensis* Turcz.	开州，武隆	1 000 m以下	8—10月	8—10月
		菊状千里光	*S. laetus* Edgew. [*S. chrysanthemoides* DC.]	涪陵，武隆，巴南，江津	1500 m以下	4—11月	
		林荫千里光	*S. nemorensis* Linn.	巫山	1 000 ~ 1 600 m	6—12月	
		千里光	*S. scandens* Buch.-Ham. ex D. Don	库区各县（市，区）	2 300 m以下	8月至翌年4月	

续表

序号	科名	植物名	拉丁学名	分布	海拔	花期	果期
256	菊科（Compositae）	深裂千里光	*S. scandens* var. *incisus* Franch.	库区各县（市，区）	250～1 200 m		
		岩生千里光	*S. wightii*（DC. et Wight）Benth. ex Clarke	石柱，丰都，武隆	300～1 200 m		
		毛梗豨莶	*Siegesbeckia glabrescens* Makino	巫山，巫溪，奉节，开州，涪陵，武隆，长寿，巴南，北碚，江津，南岸	1 000 m以下	4—9月	6—11月
		豨莶	*S. orientalis* Linn.	库区各县（市，区）	1 000 m以下	4—9月	6—11月
		腺梗豨莶	*S. pubescens* Makino	库区各县（市，区）	1 800 m以下	5—8月	6—10月
		水飞蓟	*Silybum marianum*（Linn.）Gaerten	库区各县（市，区）	栽培		
		双舌华蟹甲草	*Sinacalia davidii*（Franch.）H. Koyama [*Cacalia davidii*（Franch.）Hand.-Mazz.]	石柱，涪陵，武隆，江津	1 600～2 200 m		
		羽裂华蟹甲草	*S. tangutica*（Maxim.）B. Nord. [*Cacalia tangutica*（Franch.）Hand.-Mazz.]	巫溪，云阳，开州，丰都，武隆	700～2 000 m	7—9月	
		蒲儿苗根	*Sinosenecio oldhamianus*（Maxim.）B. Nord. [*Senecio oldhamianus* Maxim.]	库区各县（市，区）	1 400 m以下	5—7月	5—7月
		加拿大一枝黄花	*Solidago canadensis* Linn.	万州，涪陵，长寿，巴南，北碚，江津，南岸，九龙坡，渝中，江北	栽培		
		一枝黄花	*S. decurrens* Lour.	库区各县（市，区）	560～2 850 m	4—11月	4—11月
		苣荬菜	*Sonchus arvensis* Linn.	库区各县（市，区）	300～2 300 m	1—9月	1—9月
		续断菊	*S. asper*（Linn.）Hill.	巫溪，云阳，开州，涪陵，巴南	1 500 m以上	5—10月	5—10月
		苦苣菜	*S. oleraceus* Linn.	库区各县（市，区）	170 m以上	5—12月	5—12月
		兔儿伞	*Syneilesis aconitifolia*（Bunge）Maxim.	巫山，巫溪，奉节	1 000 m以下	6—7月	8—10月
		红毛尾药菊	*Synotis erythropappa*（Bur. et Franch.）C. Jeffrey et Y. L. Chen [*Senecio erythropappus* Bur. et Franch.; *Senecio dianthus* Franch.]	开州	800～1 200 m		
		锯叶尾药菊	*S. nagensium*（Clarke）C. Jeffrey et Y. L. Chen [*Senecio prionophyllus* Franch.; *S. nagensium* Clarke]	巫溪，开州，巴南，北碚，江津	100～2 000 m	8月至翌年3月	8月至翌年3月
		山牛蒡	*Synurus deltoides*（Ait.）Nakai	巫山，巫溪，奉节，云阳，开州，万州，石柱，忠县，丰都，涪陵，武隆，长寿，巴南，北碚，江津，南岸，渝北，江北	550～2 200 m	6—10月	6—10月
		万寿菊	*Tagetes erecta* Linn.	库区各县（市，区）	栽培	7—10月	9—10月
		蒲公英	*Taraxacum mongolicum* Hand.-Mazz.	库区各县（市，区）	800 m	4—9月	5—10月
		狗舌草	*Tephroseris kirilowii*（Turcz. ex DC.）Holub [*Senecio kirilowii* Turcz.]	巫山，开州	1 500 m	2—8月	
		款冬	*Tussilago farfara* Linn.	巫山，巫溪，奉节，开州	400～700 m	3—4月	5月
		夜香牛	*Vernonia cinerea*（Linn.）Less.	巴南，江津	250～650 m		

256	菊科（Compositae）	毒根斑鸠菊	*V. cumingiana* Benth. [V. andersonii Clarke]	北碚，渝北	300 ~ 750 m		
		柳叶斑鸠菊	*V. saligna*（Wall.）DC.	库区各县（市，区）	600 ~ 800 m	9月至翌年2月	
		苍耳	*Xanthium sibiricum* Patrin ex Widder	库区各县（市，区）	1 000 m以下	7—8月	9—10月
		红果黄鹌菜	*Youngia erythrocarpa*（Vaniot.）Babc. et Stebb.	巫溪，开州，万州，丰都，涪陵，武隆，长寿，巴南	400 ~ 1 800 m	4—8月	4—8月
		黄鹌菜	*Y. japonica*（Linn.）DC.	库区各县（市，区）	1 500 m以下	4—10月	
		百日菊	*Zinnia elegans* Jacq.	库区各县（市，区）	栽培	6—9月	7—10月
单子叶植物纲（Monocotyledoneae）							
257	香蒲科（Typhaceae）	水烛	*Typha angustifolia* Linn.	长寿，江津，巴南	低海拔	6—9月	6—9月
		宽叶香蒲	*T. latifolia* Linn.	涪陵，武隆	800 m以下	5—8月	5—8月
		东方香蒲	*T. orientalis* Presl	开州，万州，忠县	800 m以下	5—8月	5—8月
258	黑三棱科（Sparganiaceae）	黑三棱	*Sparganium stoloniferum*（Graebn.）Buch.-Ham. ex Juzep.	长寿，渝北，巴南	1 800 m以下	5—10月	5—10月
259	眼子菜科（Potamogetonaceae）	菹草	*Potamogeton crispus* Linn.	北碚，江津，巴南，渝北，南岸	1 500 m以下	4—5月	7月
		小叶眼子菜	*P. cristatus* Regel et Maack	库区各县（市，区）	600 m以下	5—6月	8月左右
		眼子菜	*P. distinctus* A. Benn. [*P. franchetii* A. Benn. et Baag.; *P. tepperi* A. Benn.]	库区各县（市，区）	700 m以下	5—6月	8—10月
		竹叶眼子菜	*P. malaianus* Miq.	涪陵，武隆，长寿	500 m以下	7—8月	11月
		浮叶眼子菜	*P. natans* Linn.	开州，忠县，长寿，渝北	低海拔	5—6月	8—9月
		篦齿眼子菜	*P. pectinatus* Linn.	库区各县（市，区）	低海拔	5—10月	5—10月
		穿叶眼子菜	*P. perfoliatus* Linn.	奉节，万州，开州	低海拔	5—6月	7—8月
260	茨藻科（Najadaceae）	大茨藻	*Najas marina* Linn.	长寿，北碚，江津，渝北，巴南	500 m以下	9—11月	9—11月
		小茨藻	*N. minor* All.	开州，万州，石柱，长寿，渝北，南岸	500 m以下	7—8月	9—10月
261	泽泻科（Alismataceae）	窄叶泽泻	*Alisma canaliculatum* A. Br. et Bouche.	奉节，涪陵，石柱，武隆，江津	1 000 m以下	5—10月	5—10月
		泽泻	*A. plantago-aquatica* ssp. *orientale*（Sam.）Sam.	巫山，巫溪，奉节，云阳，开州，万州，石柱，涪陵，武隆，长寿，北碚，江津	1 000 m以下	5—10月	5—10月
		矮慈姑	*Sagittaria pygmaea* Miq.	奉节，巫溪，石柱，武隆，江津，巫溪，奉节，开州，万州，忠县，丰都，涪陵，长寿，巴南，北碚，渝北，九龙坡	1 200 m以下	5—6月	9—10月
		欧洲慈姑	*S. sagittifolia* Linn.	库区各县（市，区）	栽培	5—10月	7—10月
		野慈姑	*S. trifolia* L.	库区各县（市，区）	1 000 m以下	5—10月	7—10月
		慈姑	*S. trifolia* var. *sinensis*（Sims）Makino	库区各县（市，区）	栽培		
		剪刀草	*S. trifolia* L. f. *longiloba*（Turcz.）Makino	库区各县（市，区）	1 500 m以下		
262	水鳖科（Hydrocharitaceae）	有尾水筛	*Blyxa echinosperma*（C. B. Clarke）Hook. f.	武隆，长寿，巴南，渝北，九龙坡	300 ~ 1000 m	6—10月	6—10月
		黑藻	*Hydrilla verticillata*（Linn. f.）Royle.	武隆，长寿，北碚	1 200 m以下	5—10月	5—10月

续表

序号	科名	植物名	拉丁学名	分布	海拔	花期	果期
262	水鳖科（Hydrocharitaceae）	水鳖	*Hydrocharis dubia*（Bl.）Backer	长寿，巴南，南岸	2 000 m以下	8—10月	
		水车前	*Ottelia alismoides*（Linn.）Pers.	武隆，长寿	800 m以下	4—10月	9—10月
		苦草	*Vallisneria natans*（Lour.）Hara	库区各县（市，区）	1 000 m以下	6—10月	6—10月
263	禾本科（Gramineae）	看麦娘	*Alopecurus aequalis* Sobol.	库区各县（市，区）	1 500 m以下	4—8月	4—8月
		日本看麦娘	*A. japonicus* Steud.	涪陵，武隆，长寿，渝北	低海拔	2—5月	2—5月
		荩草	*Arthraxon hispidus*（Thunb.）Makino	库区各县（市，区）	1 500 m以下	8—10月	8—10月
		匿芒荩草	*A. hispidus* var. *cryptatherus*（Hack.）Honda	库区各县（市，区）	1 300 m以下	9—11月	9—11月
		茅叶荩草	*A. prionodes*（Steud.）Dandy [*A. lanceolatus*（Roxb.）Hochst.]	忠县，丰都，涪陵，长寿，巴南，北碚，江津，南岸，渝北，九龙坡	1 800 m以下	7—10月	7—10月
		野古草	*Arundinella hirta*（Thunb.）Tanaka	库区各县（市，区）	2 000 m以下	7—10月	7—10月
		毛秆野古草	*Arundinella hirta*（Thunb.）Tanaka	库区各县（市，区）	1 000 m以下	8—10月	8—10月
		刺芒野古草	*A. setosa* Trina	武隆，长寿	2 500 m以下	8—12月	8—12月
		芦竹	*Arundo donax* Linn.	库区各县（市，区）	1 000 m以下		
		野燕麦	*Avena fatua* Linn.	库区各县（市，区）	2 000 m以下	4—9月	4—9月
		光稃野燕麦	*A. fatua* var. *glabrata* Peterm. [*A. sativa* var. *glabrata* Ptetrm.]	库区各县（市，区）	700 ~ 1 500 m		
		燕麦	*A. sativa* Linn.	巫山，巫溪，奉节，云阳，开州，万州，石柱，武隆，北碚	栽培	5月	5月
		料慈竹	*Bambusa distegia*（Keng et Keng f.）Chia et H. L. Fung [*Sinocalamus distegius* Keng et Keng f.]	涪陵，长寿，巴南，北碚	1 100 m以下	9—10月	9—10月
		孝顺竹	*B. multiplex*（Lour.）Raeusch. ex J. A. et J. H. Schult.	长寿，巴南，北碚，江津，南岸，渝北	300 ~ 800 m		
		凤尾竹	*B. multiplex* var. *fernleaf* R. A. Young	库区各县（市，区）	300 ~ 800 m		
		小琴丝竹	*B. multiplex* f. *alphonsokarri*（Mitf. ex Satow）Nakai	库区各县（市，区）	200 ~ 800 m		
		硬头黄竹	*B. rigida* Keng et Keng f.	涪陵，长寿，巴南，北碚，江津，南岸，渝北，九龙坡，渝中	200 ~ 800 m		
		车筒竹	*B. sinopinosa* Mcclure	涪陵，长寿，巴南，北碚，江津，南岸，渝北	350 m以下	5—10月	
		佛肚竹	*B. ventricosa* Mcclure	巫山，开州，万州，石柱，忠县，江津，南岸，渝北	栽培		8—9月
		巴山木竹	*Bashania fargesii*（E. G. Camus）Kang f. et Yi	巫溪，奉节，开州	1 100 ~ 2 500 m	3—5月	5月
		网草	*Beckmannia syzigachne*（Steud.）Fern.	库区各县（市，区）	250 ~ 1 600 m		
		毛臂形草	*Brachiaria villosa*（Lam.）A. Camus	巫山，巫溪，奉节，开州，石柱，丰都，北碚，江津，南岸	300 ~ 1 800 m		
		雀麦	*Bromus japonicus* Thunb.	库区各县（市，区）	250 ~ 1 600 m		

263	禾本科（Gramineae）	疏花雀麦	*B. remotiflorus*（Steud.）Ohwi	库区各县（市，区）	200 ~ 1 800 m		
		假淡竹叶	*Centotheca lappacea*（Linn.）Desv	库区各县（市，区）	350 ~ 1 600 m		
		刺黑竹	*Chimonobambusa neopurpurea* Yi [C. purpurea Hsueh et Yi]	巫山，武隆	800 m以下	4—12月	
		刺竹	*C. pachystachys* Hsueh et Yi	涪陵，武隆，北碚，南岸	400 ~ 800 m		
		川谷	*Coix lachrymajobi* Linn	库区各县（市，区）	栽培	6—12月	6—12月
		薏苡	*C. lachrymajobi* var. *mayuen*（Roman.）Stapf	巫山，巫溪，云阳，开州，万州，石柱，忠县，涪陵，巴南，北碚，江津	栽培	6—12月	6—12月
		柠檬草	*Cymbopogon citratus*（DC.）Stapf	万州，北碚，南岸	栽培		
		芸香草	*C. distans*（Nees ex Steud.）W. Wats	巫山，巫溪，奉节，开州，武隆，万州	400 m以上	6—10月	6—10月
		橘草	*C. goeringii*（Steud.）A. Camus	巫溪，奉节，开州	1 500 m以下	7—10月	7—10月
		狗牙根	*Cynodon dactylon*（Linn.）Rers.	库区各县（市，区）	800 m以下	5—10月	5—10月
		梁山慈竹	*Dendrocalamus farinosus*（Keng et Keng f.）Chia et H. L. Fung [*Sinocalamus farinosus* Keng et Keng f.]	武隆	栽培	7月	9月
		冬竹	*D. inermis*（Keng et Keng f.）Yi	库区各县（市，区）	180 ~ 400 m	3—7月	7—8月
		麻竹	*D. latiflorus* Munro [*Sinocalamus latiflorus*（Munro）Mcclure]	库区各县（市，区）	栽培		
		十字马唐	*Digitaria cruciata* Nees ex Herb	巫山，巫溪，奉节，云阳，开州，万州，涪陵，北碚	1 200 ~ 1 600 m	7—10月	7—10月
		止血马唐	*D. ischaemum*（Schreb.）Schreb.	库区各县（市，区）	1 500 m以下	7—11月	7—11月
		马唐	*D. sanguinalis*（Linn.）Scop.	库区各县（市，区）	300 ~ 2 500 m	6—11月	6—11月
		光头稗	*Echinochloa colonum*（Linn.）Link	库区各县（市，区）	1 200 m以下	6—9月	6—9月
		稗	*E. crusgalli*（Linn.）Beauv.	库区各县（市，区）	1 500 m以下	7—9月	7—9月
		旱稗	*E. crusgalli* var. *hispidula*（Retz.）Honda [*E. hispidula*（Retz.）Nees]	库区各县（市，区）	1 000 m以下		
		穇子	*Eleusine coracana*（Linn.）Gaertn.	巫山，巫溪，奉节，开州	栽培	5—9月	5—9月
		牛筋草	*E. indica*（Linn.）Gaertn.	库区各县（市，区）	1 300 m	6—10月	6—10月
		大画眉草	*Eragrostis cilianensis*（All.）Link ex Vignolo-Lutati	库区各县（市，区）	1 000 m以下	6—9月	6—9月
		知风草	*E. ferruginea*（Thunb.）Beauv.	巫山，巫溪，武隆，巴南，北碚，江津，南岸	1 400 m以下	8—12月	8—12月
		日本画眉草	*E. japonica*（Thunb.）Trin.	库区各县（市，区）	1 000 m以下	6—11月	6—11月
		黑穗画眉草	*E. nigra* Nees ex Steud.	忠县，丰都，涪陵，武隆，长寿	300 m以上	4—9月	4—9月
		画眉草	*E. pilosa*（Linn.）Beauv.	库区各县（市，区）	1 300 m以下	8—11月	8—11月
		鲫鱼草	*E. tenella*（Linn.）Beauv. ex Roem. et Schult.	开州	450 ~ 1 200 m		
		蔗茅	*Erianthus rufipilus*（Steud.）Griseb. [E. fulvus Nees ex Steud.]	奉节，云阳，开州，石柱，丰都	800 ~ 1 800 m	7—10月	7—10月

续表

序号	科名	植物名	拉丁学名	分布	海拔	花期	果期
263	禾本科（Gramineae）	拟金茅	*Eulaliopsis binata*（Retz.）C. E. Hubb.	巫山，巫溪，奉节，云阳，开州，万州，石柱，忠县，丰都，涪陵	700～2 000 m	4—6月	4—6月
		箭竹	*Fargesia spathacea* Franch. [*Sinarumdinaria nitida*（Mitf.）Nakai]	巫山，巫溪，武隆	1 200～2 000 m	4月	5月
		羊茅	*Festuca ovina* Linn.	巫山，巫溪，奉节，云阳，开州，万州，石柱，忠县，丰都	800～1 200 m	6—7月	6—7月
		黄茅	*Heteropogon contortus*（Linn.）Beauv. ex Roem. et Schult.	巫山，巫溪，奉节，云阳，开州，万州，石柱	400～2 300 m	4—12月	4—12月
		毛鞘茅香	*Hierochloe odorata* var. *pubescens* Kryl.	巫溪	400～2 300 m		
		大麦	*Hordeum vulgare* Linn.	库区各县（市，区）	栽培		
		白茅	*Imperata cylindrica* var. *major*（Nees.）C. E. Hubb.	库区各县（市，区）	1 500 m以下	4—11月	4—11月
		阔叶箬竹	*Indocalamus latifolius*（Keng）Mcclure [*I. migoi*（Nakai）Keng. f.]	巫溪，开州	1 000 m以下		4—5月
		箬叶竹	*I. longiauritus* Hand.-Mazz.	库区各县（市，区）	700～1 600 m	5—7月	4—5月
		鄂西箬竹	*I. wilsoni*（Rendle）C. S. Chao et C. D. Chu [*I. nubigenus*（Keng. f.）Keng f. Yi ex H. R. Zhao et Y. L. Yang.; *Sasa nubigena* Keng f.]	巫山，巫溪，奉节，开州	1 700～2 400 m	5—6月	6—7月
		六蕊假稻	*Leersia hexandra* Sw.	开州，万州，涪陵，长寿，江津	200～1 200 m		
		假稻	*L. japonica* Makino	奉节，云阳，开州，万州，石柱，忠县，丰都，涪陵，武隆，长寿，巴南，北碚，江津	500～1 200 m	5—11月	5—11月
		千金子	*Leptochlosa chinensis*（Linn.）Nees	库区各县（市，区）	300～500 m	8—11月	8—11月
		叽子草	*L. panicea*（Retz.）Ohwi	巫溪，开州，石柱，武隆，江津，南岸	300～700 m	7—9月	7—9月
		黑麦草	*Lolium perenne* Linn.	北碚			
		淡竹叶	*Lophatherum gracile* Brongn.	巫山，巫溪，奉节，云阳，开州，万州，石柱，忠县，丰都，涪陵，武隆，长寿，巴南，北碚，江津	1 300 m以下		
		五节芒	*Miscanthus floridulus*（Lab.）Warb. ex K. Schum.	库区各县（市，区）	800 m以下	6—11月	6—11月
		尼泊尔芒	*M. nepalensis*（Trin.）Hack. [*Diandranthus nepalensis*（Trin.）L. Liu]	库区各县（市，区）			
		芒	*M. sinensis* Anderss.	库区各县（市，区）	500～1 900 m	8—12月	8—12月
		慈竹	*Neosinocalamus affinis*（Rendle）Keng f. [*Sinocalamus affinis*（Rendle）Mcclure; *Bambusa emeiensis* Chia et Fung]	库区各县（市，区）	600～1 000 m	7—9月	6—9月或12月至翌年3月

263	禾本科（Gramineae）	类芦	*Neyraudia reynaudiana*（Kunth）Keng ex Hitchc.	奉节，石柱，涪陵，武隆，长寿，巴南	300 ~ 1 500 m		
		少穗竹	*Oligostachyum sulatum* Z. P. Wang et G. H. Ye	库区各县（市，区）	400 ~ 1 600 m	4—5月	5月
		求米草	*Oplismenus undulatifolius*（Arduino）Roem et Schdult.	库区各县（市，区）	400 ~ 1 800 m		
		稻	*Oryza sativa* Linn.	库区各县（市，区）	栽培		
		糯稻	*O. sativa* var. *glutinosa* Matsum.	库区各县（市，区）	栽培		
		黍	*Panicum miliaceum* Linn.	奉节，江津，渝北	栽培	7—10月	7—10月
		圆果雀稗	*Paspalum orbiculare* Forst.	涪陵，长寿，巴南，北碚，南岸，渝北，九龙坡	1 200 m以下	5—8月	5—8月
		双穗雀稗	*P. paspaloides*（Michx.）Scribn. [*P. distichum* Linn.]	库区各县（市，区）	200 ~ 800 m	5—8月	5—8月
		雀稗	*P. thunbergii* Kunth ex Steud.	石柱，忠县，丰都，涪陵，长寿，北碚，江津	1 200 m	6—11月	6—11月
		狼尾草	*Pennisetum alopecuroides*（Linn.）Spreng.	库区各县（市，区）	1 300 m以下	8—11月	8—11月
		白草	*P. flaccidum* Griseb. [*P. centrasiaticum* Tzvel.]	巫溪，奉节，开州，万州，北碚，江津	1 200 m以下	7—11月	7—11月
		显子草	*Phaenosperma globosum* Munro ex Oliv.	巫山，奉节，云阳，开州，万州，丰都，涪陵，石柱，武隆，江津	1 600 m以下	5—7月	5—7月
		芦苇	*Phragmites communis*（Linn.）Trin.	长寿，巴南，北碚，江津，渝北	低海拔	7—11月	7—11月
		卡开芦竹	*P. karka*（Betz.）Trin.	涪陵，长寿，巴南，北碚，江津，南岸，渝北，九龙坡	180 ~ 250 m		
		桂竹	*Phyllostachys bambusoides* Sieb. et Zucc.	库区各县（市，区）	1 300 m以下		5月
		水竹	*Phyllostachys heteroclada* Oliv.	库区各县（市，区）	1 400 m以下	4—8月	5月
		紫竹	*P. nigra*（Lodd. et Lindl.）Munro	巫山，巫溪，云阳，开州，万州，涪陵，武隆，北碚，南岸，渝北	1 300 m以下	7月	4—5月
		淡竹	*P. nigra* var. *henonis*（Mitf.）Stapfex Rendle	库区各县（市，区）	1 400 m以下		
		毛竹	*P. pubescens* Mazel [*P. heterocycla*（Carr.）Mitford]	库区各县（市，区）	800 m以下	5—8月	4月
		金竹	*P. subphurea*（Carr.）Kiviere	库区各县（市，区）	400 ~ 1 800 m		
		苦竹	*Pleioblastus amarus*（Keng）Keng f.	库区各县（市，区）	1 000 m以下	4—5月	6月
		早熟禾	*Poa annua* Linn.	库区各县（市，区）	1 300 m以下	4—5月	4—5月
		华东早熟禾	*P. faberi* Rendle	库区各县（市，区）			
		金丝草	*Pogonatherum crinitum*（Thunb.）Kunth	巫山，巫溪，奉节，云阳，开州，万州，石柱，忠县，丰都，涪陵，武隆，江津	800 m以下	5—10月	5—10月
		金发草	*P. paniceum*（Lamk.）Hack.	库区各县（市，区）	800 m以下	4—10月	4—10月
		平竹	*Qiongzhuea cammunis* Hsuch et Yi	丰都，石柱，武隆	1 600 ~ 2 000 m	3月	5月
		钙生鹅观草	*Roegneria calcicola* Keng	巫溪	1 600 ~ 1 980 m		
		鹅观草	*R. kamoji* Ohwi	库区各县（市，区）	1 800 m以下		
		斑茅	*Saccharum arundinaceum* Retz.	忠县，丰都，涪陵，长寿	500 ~ 800 m	8—12月	8—12月

续表

序号	科名	植物名	拉丁学名	分布	海拔	花期	果期
263	禾本科（Gramineae）	甘蔗	*S. officinarum* Linn.	库区各县（市，区）	栽培		
		竹蔗	*S. sinense* Roxb.	库区各县（市，区）	栽培		
		甜根子草	*S. spontaneum* Linn.	长寿，巴南，北碚，渝北	低海拔	8—10月	8—10月
		黑麦	*Secale cereale* L.	库区各县（市，区）	栽培		
		大狗尾草	*Setaria faberii* Herrm.	库区各县（市，区）	1 200 m以下	6—10月	6—10月
		西南莩草	*S. forbesiana*（Nees et Steud.）Hook. f.	库区各县（市，区）	600 ~ 1 200 m	6—11月	6—11月
		金色狗尾草	*S. glauca*（Linn.）Beauv. [*S. lutescens*（Weiqel）F. T. Hubb.]	库区各县（市，区）	1 200 m以下	7—10月	7—10月
		小米	*S. italica*（Linn.）Beauv.	奉节，丰都，涪陵，武隆，江津	栽培	7—9月	7—9月
		棕叶狗尾草	*S. palmaefolia*（Koen.）Stapf	库区各县（市，区）	500 ~ 1 200 m	8—12月	8—12月
		皱叶狗尾草	*S. plicata*（Linn.）T. Cooke [*S. excurrens*（Trin.）Miq.]	库区各县（市，区）	800 ~ 1 800 m	6—11月	6—11月
		狗尾草	*S. viridis*（Linn.）Beauv.	库区各县（市，区）	1 200 m以下	5—10月	5—10月
		巨大狗尾草	*S. viridis* ssp. *pycnocoma*（Steud.）Tzvel. [*S. viridis* var. *giganta*（Franch. et Sav. ex Matsum.）Franch.]	涪陵，武隆，长寿，巴南，北碚，江津，南岸，渝北	2 700 m以下		
		拟高粱	*Sorghum propinquum*（Kunth）Hitchc.	巫溪，巫山，开州，万州，涪陵，石柱，武隆，巴南，渝北，九龙坡	栽培	8—10月	8—10月
		高粱	*S. vulgare* Pers.	库区各县（市，区）	栽培		
		鼠尾粟	*Sporoblus fertilis*（Steud.）W. D. Clayt. [*S. indicus* var. *purpureosuffusus*（Ohwi）T. Koyama; *S. elongatus* R. Br.]	库区各县（市，区）	2 000 m以下	8—10月	8—10月
		钝叶草	*Stenotaphrum helferi* Munro	巴南，南岸，渝北			
		苞子草	*Themeda caudata*（Nees）Dur.	奉节，巫山，巫溪，云阳，开州，万州，武隆	1 200 m以下	7—10月	7—10月
		黄背草	*T. japonica*（Willd.）Tanaka [*T. triandra* var. *japonica*（Willd.）Makino]	库区各县（市，区）	80 ~ 2 700 m	6—12月	6—12月
		菅	*T. villosa*（Poir.）Dur. et Jacks. [*T. gigantea* var. *villosa*（Poir.）Keng]	忠县，丰都，涪陵，武隆，长寿，巴南，北碚，江津，南岸，渝北，九龙坡	300 ~ 2 500 m	8月至翌年1月	8月至翌年1月
		荻	*Triarrhena sacchariflorus*（Maxim.）Nakai [*Imperata cylindrica* var. *major*（Nees.）C. E. Habb.]	涪陵，武隆，长寿，巴南，江津，南岸，渝北	1 000 m以下	8—10月	8—10月
		小麦	*Triticum aestivum* Linn.	库区各县（市，区）	栽培	4—6月	4—6月
		玉蜀黍	*Zea mays* Linn.	库区各县（市，区）	栽培	夏秋季	夏秋季
		茭笋	*Zizania caduciflora*（Turcz. ex Trin.）Hand.-Mazz.	库区各县（市，区）	栽培	秋季	
		细叶结缕草	*Zoysia tennifolia* Willd. ex Trin.	库区各县（市，区）	栽培	8—12月	8—12月

264	莎草科（Cyperaceae）	丝叶球柱草	*Bulbostylis densa*（Wall.）Hand.-Mazz.	巫山，巫溪，奉节，云阳，开州，万州，石柱，忠县，丰都，涪陵，武隆，江津，渝北	800～1 500 m	4—12月	4—12月
		浆果苔草	*Carex baccans* Nees	涪陵，长寿，巴南，北碚，江津	300～1 300 m		
		亚大苔草	*C. brownii* Tuckerm.	武隆	1 000～1 300 m	4—5月	4—5月
		中华苔草	*C. chinensis* Retz.	石柱，涪陵，武隆，长寿，巴南，江津	1 300 m以下	4—6月	4—6月
		十字苔草	*C. cruciata* Wahlenb.	武隆，长寿，江津，南岸，渝北	500～1 000 m	5—11月	5—11月
		弯囊苔草	*C. dispalata* Boott ex A. Gray	巴南，渝北	1 200 m以下		
		蕨状苔草	*C. filicina* Nees	武隆，长寿，北碚，江津，渝北	700～1 800 m	5—11月	5—11月
		披针叶苔草	*C. lanceolata* Boott [*C. lancifolia* Clarke]	库区各县（市，区）	1 300 m以下	4—6月	4—6月
		舌叶苔草	*C. ligulata* Nees ex Wight	巫山，巫溪，奉节，开州，武隆，北碚，江津	300～1 600 m	5—7月	5—7月
		密叶苔草	*C. maubertiana* Boott	石柱，忠县，涪陵，武隆	400～1 000 m	6—9月	6—9月
		条穗苔草	*C. nemostachys* Steud.	武隆，长寿	500～2 000 m	9—12月	9—12月
		宽叶苔草	*C. siderosticta* Hance	武隆，江津			
		近蕨苔草	*C. subfilicinoides* Kukenth.	巫山，巫溪，万州，涪陵，武隆	1 400 m以下	6—8月	6—8月
		沙坪苔草	*C. wuii* Chu ex L. K. Dai	巫溪，开州	1 900～2 850 m	5—7月	5—7月
		风车草	*Cyperus alternifolius* ssp. *flabelliformis*（Rottb.）Kukenth.	库区各县（市，区）	栽培		
		扁穗莎草	*C. compressus* Linn.	库区各县（市，区）	低海拔	7—12月	7—12月
		异形莎草	*C. difformis* Linn.	巫山，巫溪，开州，涪陵，武隆，北碚，江津，南岸，渝北	低海拔	7—10月	7—10月
		碎米莎草	*C. iria* Linn.	库区各县（市，区）	1 400 m以下	6—10月	6—10月
		旋鳞莎草	*C. michelianus*（Linn.）Link	库区各县（市，区）			
		具芒碎米莎草	*C. microiria* Steud.	巫溪，奉节	400～1 200 m	7—9月	9—10月
		三轮草	*C. orthostachyus* Franch. et Sav.	巫山，巫溪，奉节，云阳，开州，万州，石柱，涪陵，武隆，渝北	500～1 800 m	8—10月	8—10月
		毛轴莎草	*C. pilosus* Vahl	库区各县（市，区）	约600 m	8—11月	8—11月
		香附子	*C. rotundus* Linn.	库区各县（市，区）	1 000 m	5—11月	5—11月
		牛毛毡	*Eleocharis acicularis*（Linn.）Roem. et Schult. [*Heleocharis yokoscensis*（Franch. et Sav.）Tang et Wang]	库区各县（市，区）	3 000 m以下	4—11月	4—11月
		紫果蔺	*E. atropurpurea*（Retz.）Presl	库区各县（市，区）	230～1 400 m		
		荸荠	*E. dulcis* ssp. *tuberosa*（Roxb.）T. Koyama	库区各县（市，区）	栽培	5—10月	5—10月
		毛羊胡子草	*Eriophorum comosum* Nees	巫山，巫溪，奉节，云阳，开州，万州，石柱，忠县，丰都，涪陵	800 m以下	6—11月	6—11月
		夏飘拂草	*Fimbristylis aestivalis*（Retz.）Vahl.	涪陵，武隆，长寿，巴南，北碚，江津，南岸，渝北，九龙坡	800～1 200 m	5—8月	

续表

序号	科名	植物名	拉丁学名	分布	海拔	花期	果期
264	莎草科（Cyperaceae）	两歧飘拂草	*F. dichotoma*（Linn.）Vahl	库区各县（市，区）	1 000 m以下	7—10月	7—10月
		水虱草	*F. miliacea*（Linn.）Vahl	库区各县（市，区）	1 200 m以下	6—10月	6—10月
		结状飘拂草	*F. rigidula* Nees	巫溪	低海拔	4—6月	4—6月
		双穗飘拂草	*F. subbispicata* Nees et Meyen	巴南，渝北，九龙坡	300 ~ 1 200 m	6—8月	9—10月
		水莎草	*Juncellus serotinus*（Rottb.）Clarke	库区各县（市，区）	400 ~ 1 200 m	7—10月	7—10月
		水蜈蚣	*Kyllinga brevifolia* Rottb. [*K. colorata*（Linn.）Druce]	库区各县（市，区）	1 300 m以下	5—9月	5—9月
		砖子苗	*Mariscus umbellatus* Vahl	库区各县（市，区）	1 300 m以下	4—10月	
		球穗扁莎	*Pycreus globosus*（All.）Rchb.	库区各县（市，区）	500 ~ 1 250 m	6—11月	6—11月
		红鳞扁莎	*P. sanguinolenus*（Vahl）Nees	库区各县（市，区）	400 ~ 1 200 m	7—12月	7—12月
		萤蔺	*Scirpus juncoides* Roxb.	库区各县（市，区）	1 000 m以下	8—11月	8—11月
		水毛花	*S. triangulatus* Roxb.	库区各县（市，区）	1 500 m以下	5—8月	5—8月
		毛果珍珠茅	*Scleria herbecarpa* Nees	武隆，长寿，巴南，江津	1 500 m以下	6—10月	6—10月
		黑鳞珍珠茅	*S. hookeriana* Bocklr.	武隆，长寿，巴南	400 ~ 2 000 m	5—7月	5—7月
		高杆珍珠茅	*S. terrestris*（Linn.）Fass.	长寿，巴南，渝北，江北	400 ~ 1 200 m		
265	棕榈科（Palmae）	假槟榔	*Archontophoenix alexandrae*（F. Muell.）H. Wendl. et Drude	开州，万州，涪陵，北碚，江津，南岸，渝北，九龙坡，渝中，江北	庭园栽培		
		鱼尾葵	*Caryota ochlandra* Hance	万州，涪陵，长寿，巴南，北碚，江津，南岸，九龙坡，渝中，江北	庭园栽培		
		蒲葵	*Livistona chinensis*（Jacq.）R. Br.	库区各县（市，区）	庭园栽培		
		刺葵	*Phoenix dactylifera* Linn.	万州，北碚，南岸，渝北，九龙坡，渝中，江北	庭园栽培		
		棕竹	*Rhapis excelsa*（Thunb.）Henry ex Rehd.	库区各县（市，区）	栽培	6—7月	
		矮棕竹	*R. humilis* Bl.	库区各县（市，区）	栽培	7—8月	
		棕榈	*Trachycarpus fortunei*（Hook. f.）H. Wendl.	库区各县（市，区）	2 000 m以下	4月	12月
266	天南星科（Araceae）	菖蒲	*Acorus calamus* Linn.	库区各县（市，区）	2 600 m以下	（2）6—9月	
		金钱蒲	*A. gramineus* Soland.	武隆，奉节，巫溪，万州，丰都，忠县，涪陵	1 800 m以下	5—6月	7—8月
		石菖蒲	*A. tatarinowii* Schott	巫山，巫溪，云阳，开州，忠县，万州，江津，北碚，石柱，江北，渝北	2 600 m以下	2—6月	2—6月
		广东万年青	*Aglanoema modestum* Schott ex Engl.	开州，万州，涪陵，长寿，巴南，北碚，江津，南岸，渝北，九龙坡，渝中，江北	栽培		
		尖尾芋	*Alocasia cucullata*（Lour.）Schott	武隆，长寿，江津	300 ~ 800 m		
		海芋	*A. macrorrhiza*（Linn.）Schott [*A. odora*（Lodd.）Spach.]	库区各县（市，区）	100 m以下	四季	

266	天南星科（Araceae）	魔芋	*Amorphophallus rivieri* Durieu [A. konjac K. Koch]	库区各县（市，区）	50 ~ 1 000 m	4—6月	8—9月
		雷公莲	*Amydrium sinense*（Engl.）H. Li	武隆，江北，巫溪，巫山，涪陵，云阳，奉节，开州，万州	550 ~ 1 100 m	6—7月	7—11月
		刺柄南星	*Arisaema asperatum* N. E. Brown	武隆，涪陵，丰都，石柱，忠县，万州，云阳，巫山，巫溪	1 200 ~ 1 500 m	4—5月	6—7月
		长耳南星	*A. auriculatum* Buchet	开州，万州，涪陵，武隆	1 700 ~ 1 800 m	4月	
		棒头南星	*A. clavatum* Buchet	巫山，巫溪，奉节，开州，万州，石柱，长寿，巴南，江津	650 ~ 1 400 m	2—4月	4—6月
		象南星	*A. elephas* Buchet	巫溪，奉节，武隆	400 ~ 1 800 m	5—6月	8月
		一把伞南星	*A. erubescens*（Wall.）Schott [*A. consanguineum* Schott]	巫溪，巫山，奉节，石柱，忠县，涪陵，武隆，长寿，巴南，江津	2 000 m以下	5—7月	9月
		螃蟹七	*A. fargesii* Buchet	奉节，巫山，巫溪，云阳	900 ~ 1 600 m	5—6月	
		象头花	*A. franchetianum* Engl.	巫溪，开州	700 ~ 2 100 m	5—7月	9—10月
		天南星	*A. heterophyllum* Bl.	江津，涪陵，石柱，丰都，忠县，武隆，长寿，巫山，奉节，巫溪，开州	2 700 m以下	4—5月	7—9月
		湖南星	*A. hunanense* Hand.-Mazz.	长寿，武隆	500 ~ 800 m	4—5月	6—7月
		日本南星	*A. japonicum* Bl.	巫山	600 ~ 1 500 m	5—6月	7—8月
		花南星	*A. lobatum* Engl.	武隆，丰都，涪陵，奉节，巫山，巫溪，巴南，江津	600 ~ 2 400 m	4—7月	8—9月
		偏叶花南星	*A. lobatum* var. *rosthornianum* Engl.	江津，巴南，武隆，涪陵，丰都，石柱，开州，万州	600 ~ 2 200 m		
		多裂南星	*A. multisectum* Engl.	涪陵，武隆，丰都，石柱，忠县，巫山	800 ~ 1 800 m	4—5月	
		雪里见	*A. rhizomatum* C. E. C. Fischer	开州，武隆，江津	650 ~ 2 500 m	1—2月	3—4月
		灯台莲	*A. sikokianum* var. *serratum*（Makino）Hand.-Mazz.	巫山，巫溪，奉节，云阳，开州，涪陵，武隆	600 ~ 1 500 m	5月	8—9月
		五彩芋	*Caladium bicolor*（Ait.）Vent.	北碚，南岸，渝北，九龙坡	栽培		
		野芋	*Colocasia antiquorum* Schott	丰都，武隆，北碚，江津	低海拔		
		芋	*C. esculenta*（Linn.）Schott	库区各县（市，区）	栽培	秋季	
		大野芋	*C. gigantea*（Bl.）Hook. f.	武隆，巴南，万州，奉节	100 ~ 700 m	5—7月	7—8月
		麒麟叶	*Epipremnum pinnatum*（Linn.）Engl.	开州，万州，涪陵，北碚，南岸，渝北，九龙坡，渝中，江北	栽培	4—5月	
		龟背竹	*Monstera deliciosa* Liebm.	库区各县（市，区）	栽培	8—9月	翌年花期后
		滴水珠	*Pinellia cordata* N. E. Brown	石柱，武隆	1 500 m	3—6月	8—9月
		石蜘蛛	*P. integrifolia* N. E. Brown	巫山，巫溪，奉节，开州，石柱，丰都，涪陵	1 000 m	4—5月	6—7月
		虎掌	*P. pedatisecta* Schott	库区各县（市，区）	1 200 m以下	6—7月	9—11月
		半夏	*P. ternata*（Thunb.）Breit.	库区各县（市，区）	2 500 m以下	5—7月	8月

续表

序号	科名	植物名	拉丁学名	分布	海拔	花期	果期
266	天南星科（Araceae）	长叶半夏	*P. ternata* var. *vulgaris* Engler	武隆	350 ~ 800 m		
		大漂	*Pistia stratiotes* Linn.	巫山，巫溪，开州，武隆，巴南，江津	低海拔	5—11月	
		石柑子	*Pothos chinensis*（Raf.）Merr.	武隆，巴南，北碚，江津，渝北，江北	2 400 m以下	四季	四季
		百足藤	*P. repens*（Lour.）Druce	巫山，巫溪，奉节，万州，巴南，江津	900 m以下	3—4月	5—7月
		毛过山龙	*Rhaphidophora hookeri* Schott	武隆	280 ~ 2 200 m	3—7月	
		上树蜈蚣	*R. lancifolia* Schott	江津（四面山）	600 ~ 1 200 m		
		犁头尖	*Typhonium divaricatum*（Linn.）Decne.	巫溪，奉节，云阳，开州，万州	250 ~ 700 m		
		独角莲	*T. giganteum* Engl.	巫溪，开州	500 ~ 1400 m	6—8月	7—9月
		马蹄莲	*Zantedeschia aethiopica*（Linn.）Spreng	库区各县（市，区）	栽培	2—3月	8—9月
267	浮萍科（Lemnaceae）	浮萍	*Lemna minor* Linn.	库区各县（市，区）	900 m以下	6—7月	
		紫萍	*Spirodela polyrrhiza*（Linn.）Schleid.	库区各县（市，区）	低海拔	6—7月	
268	谷精草科（Eriocaulceae）	谷精草	*Eriocaulon buergerianum* Koern.	巫山，巫溪，奉节，云阳，开州，万州，石柱，忠县，丰都，涪陵，长寿，江津	1 800 m以下	7—12月	7—12月
		白药谷精草	*E. cinereum* R. Br. [*E. sieboldianum* Sieb. et Zucc.]	武隆，长寿，巴南	1 000 m以下	6—8月	9—10月
		宽叶谷精草	*E. robustius*（Maxim.）Makino	库区各县（市，区）	1 000 ~ 1 800 m	7—10月	7—10月
		谷精珠	*E. sexangulare* L.	库区各县（市，区）	1 000 m以下	夏秋至冬季	夏秋至冬季
269	凤梨科（Bromeliaceae）	水塔花	*Billbergia pyramidalis*（Sims）Lindl.	万州，涪陵，长寿，北碚，南岸，渝北，九龙坡，渝中	栽培		
270	鸭跖草科（Commelinaceae）	饭包草	*Commelina bengalensis* Linn.	涪陵，巴南，渝北	1 700 m以下	夏秋	
		鸭跖草	*C. communis* Linn.	库区各县（市，区）	2 000 m以下	7—9月	9—10月
		蓝耳草	*Cyanotis vaga*（Lour.）Roem. et Schult.	库区各县（市，区）	200 m以上	7—9月	10月
		疣草	*Murdannia keisak*（Hsaak.）Hand.-Mazz.	库区各县（市，区）	600 ~ 900 m	8—9月	
		牛轭草	*M. loriformis*（Hassk.）Rolla Rao et ammathy	长寿，巴南，渝北，江北	1000 m以下	5—10月	5—10月
		裸花水竹叶	*M. nudiflora*（Linn.）Brenan	开州，石柱，忠县，长寿，巴南	500 ~ 1 600 m	（6）8—9（10）月	（6）8—9（10）月
		水竹叶	*M. triquetra*（Wall.）Bruckn.	巴南，渝北，江北	1 600 m以下	9—10月	10—11月
		杜若	*Pollia japonica* Thunb.	武隆，长寿，巴南，江津	1 200 m以下	7—9月	9—10月
		蚌壳花	*Rhoeo discolor*（L. Her.）Hance	巫溪，开州，万州，忠县，丰都，涪陵，长寿，巴南，北碚，南岸，渝北，江北	栽培		
		竹叶吉祥草	*Spatholirion longifolium*（Gagnep.）Dunn	开州，万州，石柱，涪陵，武隆	500 ~ 1 900 m	6—8月	7—9月
		竹叶子	*Streptolirion volubile* Edgew.	奉节，巫溪，巫山，武隆，巴南，江津	1 600 m以下	7—8月	9—10月
		吊竹梅	*Zebrina pendula* Schnizl.	万州，巴南，北碚，江津，南岸，渝北，渝中，江北	栽培		

271	雨久花科（Pontederiaceae）	凤眼莲	*Eichhornia crassipes*（Mart.）Solms.	库区各县（市，区）	栽培	7—10月	8—11月
		雨久花	*Monochoria korsakowii* Regel et Maack	库区各县（市，区）	低海拔	7—8月	9—10月
		鸭舌草	*M. vaginalis*（Burm. f.）Presl ex Kunth.	库区各县（市，区）	低海拔	8—9月	9—10月
272	灯心草科（Juncaceae）	翅茎灯心草	*Juncus alatus* Franch. et Sav.	巫溪，奉节，开州，石柱，涪陵，武隆，巴南，渝北	1 800 m以下	4—7月	5—10月
		小灯心草	*J. bufonius* Linn.	巫山，巫溪，奉节，开州，石柱，武隆，渝北	400 ~ 1 800 m		
		星花灯心草	*J. diastrophanthus* Buchen	武隆，长寿，巴南	650 ~ 900 m	5—6月	6—7月
		灯心草	*J. effusus* Linn.	库区各县（市，区）	2 200 m以下	4—7月	6—9月
		江南灯心草	*J. prismatocarpus* R. Br. [*J. leschenaultii* Gay ex Laharpa]	武隆，长寿，巴南，渝北	1 850 m以下	3—6月	7—8月
		分枝灯心草	*J. modestus* Buchen	巫山，巫溪，云阳，石柱	2 000 ~ 2 600 m	7—8月	8—9月
		野灯心草	*J. setchuensis* Buchen	库区各县（市，区）	2 000 m以下	5—7月	6—9月
		假灯心草	*J. setchuensis* var. *effusoides* Buchen	奉节，长寿，巴南，江津，渝北	800 ~ 1 700 m		
		散序地杨梅	*Luzula effusa* Buchen	巫山，巫溪，奉节，开州，石柱，武隆，江津	2 100 ~ 2 800 m	5—6月	6—8月
		多花地杨梅	*L. multiflora*（Retz.）Lejeune	巫山，巫溪，石柱	2 700 m以下	5—7月	7—8月
		羽毛地杨梅	*L. plumosa* E. Mey.	巫山，巫溪，开州	400 ~ 2 000 m	3—4月	5—6月
273	百部科（Stemonaceae）	百部	*Stemona japonica*（Bl.）Miq.	武隆	低海拔	5—7月	7—10月
		大百部	*S. tuberosa* Lour.	万州，石柱，武隆，长寿，江津，涪陵	800 m以下	4—7月	（5）7—8月
274	百合科（Liliaceae）	高山粉条儿菜	*Aletris alpestris* Diels	开州，涪陵，武隆	800 m以上	4—6月	8月
		无毛粉条儿菜	*A. glabra* Bur. et Franch.	巫山，巫溪，奉节，开州，万州	1 800 ~ 2 800 m	5—6月	9—10月
		疏花粉条儿菜	*A. laxiflora* Bur. et Franch.	石柱，忠县，丰都，涪陵，武隆，长寿，巴南，江津	900 m以上	6—7月	8月
		粉条儿菜	*A. spicata*（Thunb.）Franch.	开州，万州，石柱，忠县，丰都，涪陵，武隆，江津	2 100 m以下	4—5月	6—7月
		狭瓣粉条儿菜	*A. stenoloba* Franch.	奉节，巫溪，巫山，忠县，石柱，丰都，北碚，巴南，渝北	600 ~ 2 000 m	5—7月	5—7月
		火葱	*Allium ascalonicum* Linn.	库区各县（市，区）	栽培	3—4月	3—4月
		洋葱	*A. cepa* Linn.	开州，万州，石柱，忠县，丰都，涪陵，长寿，巴南，北碚，江津，南岸，渝北，九龙坡，江北	栽培	5—7月	5—7月
		藠头	*A. chinense* G. Don	库区各县（市，区）	栽培	10—11月	10—11月
		天蓝韭	*A. cyaneum* Regel	巫山，巫溪，开州	200 ~ 2 800 m	7—9月	7—9月
		葱	*A. fistulosum* Linn.	库区各县（市，区）	栽培	4—7月	4—7月
		玉簪叶韭	*A. funckiaefolium* Hand.-Mazz.	巫溪，开州	1 500 ~ 2 400 m	7月	
		疏花韭	*A. henryi* C. H. Wright	巫溪，开州	1 300 ~ 2 500 m	9—10月	9—10月

续表

序号	科名	植物名	拉丁学名	分布	海拔	花期	果期
274	百合科（Liliaceae）	宽叶韭	*A. hookeri* Thwaites	武隆，江津，丰都，涪陵			
		薤白	*A. macrostemon* Bunge	库区各县（市，区）	600 ~ 1 400 m	5—7月	5—7月
		卵叶韭	*A. ovalifolium* Hand.-Mazz.	巫山，巫溪，奉节，云阳，开州，万州，石柱，武隆	1 400 ~ 2 900 m	7—9月	7—9月
		太白韭	*A. prattii* C. H. Wright	武隆，巫山	1 200 ~ 2 900 m	6—9月	6—9月
		蒜	*A. sativum* Linn.	库区各县（市，区）	栽培	4—6月	
		韭菜	*A. tuberosum* Rottl. ex Spreng.	库区各县（市，区）	栽培	7—10月	7—10月
		鹿耳韭	*A. victorialis* Linn.	巫溪，开州	栽培		
		大芦荟	*Aloe arboreseus* var. *natalensis* Berg.	库区各县（市，区）	栽培		
		芦荟	*A. vera* var. *chinensis*（Haw.）Berg. [*A. barbadensis* Mill.]	库区各县（市，区）	栽培	7—8月	
		知母	*Anemarrhena asphodeloides* Bunge	库区各县（市，区）	栽培	6—9月	6—9月
		天门冬	*Asparagus cochinchinensis*（Lour.）Merr.	巫山，巫溪，奉节，云阳，开州，万州，石柱，忠县，丰都，涪陵，武隆，长寿，巴南，北碚，江津，渝北	1 000 m以下	5—6月	8—10月
		武竹	*A. densiflorus*（Kunth）Jessop	库区各县（市，区）	栽培		
		羊齿天门冬	*A. filicinus* Buch-Ham. ex D. Don	巫山，巫溪，奉节，云阳，开州，万州，石柱，忠县，丰都，涪陵，武隆，江津	2 400 m以下	5—7月	8—9月
		短梗天冬	*A. lycopodineus* Wall. ex Baker	丰都，武隆，渝北，北碚	450 ~ 2 000 m	5—6月	8—9月
		石刁柏	*A. officinalis* Linn.	涪陵，长寿，巴南，北碚，江津，渝北，江北	栽培	5—6月	9—10月
		文竹	*A. setaceus*（Kunth）Jessop	库区各县（市，区）	栽培	7—8月	翌年2—3月
		丛生蜘蛛抱蛋	*Aspidistra caespitosa* Pei	云阳，涪陵，武隆，巴南，江北，北碚，江津	500 ~ 1 600 m	3—4月	6—7月
		蜘蛛抱蛋	*A. elatior* Bl.	库区各县（市，区）	栽培	1—3月	
		九龙盘	*A. lurida* Ker.-Gawl.	库区各县（市，区）	350 ~ 1 200 m		
		小花蜘蛛抱蛋	*A. minutiflora* Stapf	石柱，武隆	400 ~ 900 m		
		棕叶草	*A. oblanceifolia* Wang et Lang	忠县，丰都，武隆，北碚，渝北	380 ~ 1 320 m	3—4月	5月
		四川蜘蛛抱蛋	*A. sichuanensis* Lang et Z. Y. Zhu	巴南	550 ~ 1 100 m		
		棕粑叶	*A. zongbayi* Lang et Z. Y. Zhu	北碚，江津	400 ~ 1 300 m	1—2月	8—12月
		大百合	*Cardiocrinum giganteum*（Wall.）Makino	巫山，巫溪，奉节，云阳，开州，万州，石柱，忠县，丰都，涪陵，武隆，江津	700 ~ 1 900 m	6—7月	9—10月
		荞麦叶大百合	*C. cathayanum*（Wils.）Stearn	库区各县（市，区）	400 ~ 1 400 m	7—8月	8—9月

274	百合科（Liliaceae）	吊兰	*Chlorophytum comosum*（Thunb.）Baker.	库区各县（市，区）	栽培	5月	8月
		西南吊兰	*C. nepalense*（Lindl.）Baker	巫溪	1 300 ~ 2 750 m	7—9月	7—9月
		七筋菇	*Clintonia udensis* Trautv. et Mey.	巫山，巫溪，奉节	1 000 ~ 2 800 m	5—6月	7—10月
		山菅兰	*Dianella ensifolia*（Linn.）DC.	长寿，巴南，北碚，江津，南岸，渝北，九龙坡，江北	450 ~ 1 700 m		
		散斑竹根七	*Disporopsis aspera*（Hua）Engl. ex Krause	奉节，涪陵，石柱，武隆，江北，渝北，江津	1 200 ~ 1 700 m	5—6月	9—10月
		竹根七	*D. fuscopicta* Hance	开州，武隆，长寿，渝北	500 ~ 1 700 m	4—5月	11月
		金佛山竹根七	*D. jinfushanensis* Z. Y. Liu	库区各县（市，区）	1 650 m	5—6月	7—9月
		深裂竹根七	*D. pernyi*（Hua）Diels	巫溪，石柱，江津，武隆，长寿，巴南，渝北	500 ~ 2 000 m	4—5月	11—12月
		长蕊万寿竹	*Disporum bodinieri*（Lévl. et Vant.）Wang et Tang	巫山，巫溪，奉节，云阳，开州，万州，石柱，忠县，丰都，涪陵，武隆，长寿，巴南，北碚，江津，南岸，渝北	1 800 m以下	3—5月	6—11月
		短蕊万寿竹	*D. brachystemon* Wang et Tang	奉节，开州，石柱	900 ~ 1 200 m	5—7月	8—10月
		万寿竹	*D. cantoniense*（Lour.）Merr.	巫山，巫溪，奉节，云阳，开州，万州，石柱，忠县，丰都，涪陵，武隆，长寿，巴南，北碚，江津，南岸，渝北	300 ~ 2 000 m	5—7月	8—10月
		大花万寿竹	*D. megalanthum* Wang et Tang	巫山，丰都，巫溪，开州，武隆	900 ~ 2 000 m	5—7月	8—10月
		宝铎草	*D. sessile* D. Don	武隆	2 100 m以下	3—6月	6—11月
		单花万寿竹	*D. uniflorum* Baker	巫山，奉节，石柱，武隆，江津	720 ~ 2 300 m		
		南川鹭鸶草	*Diuranthera inarticulata* Wang et K. Y. Lang	武隆	800 ~ 1 800 m		
		鹭鸶草	*D. major* Hemsl.	石柱，忠县，丰都，涪陵，武隆，巴南，江津	1 200 ~ 1 900 m	7—10月	7—10月
		湖北贝母	*Fritillaria hupehensis* Hsiao et K. C. Hsia	巫溪，奉节，云阳	500 ~ 1 000 m	4月	5—6月
		川贝母	*F. cirrhosa* D. Don	库区各县（市，区）		5—7月	8—10月
		伊贝母	*F. pallidiflora* Schrenk	库区各县（市，区）	1 800 ~ 2 700 m	4—5月	
		太白贝母	*F. taipaiensis* P. Y. Li	巫溪，巫山，开州，奉节	1 200 ~ 2 700 m	5—6月	6—7月
		浙贝母	*F. thunbeigii* Miq.	库区各县（市，区）	栽培	3—4月	5月
		黄花菜	*Hemerocallis citrina* Baroni	库区各县（市，区）	2 000 m以下	5—9月	5—9月
		萱草	*H. fulva*（Linn.）Linn.	涪陵，巴南，渝北，长寿	1 600 m以下	5—7月	5—7月
		北黄花菜	*H. lilioasphodelus* Linn.	武隆，江津，北碚	500 ~ 2 500 m	6—9月	6—9月
		大苞萱草	*H. middendorfii* Trautv. et Mey.	江津，北碚，南岸	500 ~ 2 300 m		
		折叶萱草	*H. plicata* Stapf	巫山，巫溪，奉节，开州，石柱，武隆	1 800 m以上	5—9月	5—9月
		玉簪	*Hosta plantaginea*（Lam.）Aschers.	库区各县（市，区）	1 800 m以下	8—10月	8—10月
		紫萼	*H. ventricosa*（Salisb.）Stearn	巫山，巫溪，奉节，云阳，开州，万州，石柱，忠县，丰都，涪陵，武隆，长寿，巴南，北碚，江津，南岸，渝北，九龙坡	500 ~ 1 500 m	6—7月	7—9月
		野百合	*Lilium brownii* F. E. Br. ex Miellez	库区各县（市，区）	300 ~ 2 300 m	5—6月	9—10月

续表

序号	科名	植物名	拉丁学名	分布	海拔	花期	果期
274	百合科（Liliaceae）	百合	*L. brownii* var. *viridulum* Baker [*L. brownii* var. *colchesteri*（Van Houtte）Wils. ex Elwes]	巫山，奉节，开州	300 ~ 920 m		
		渥丹	*L. concolor* Salisb.	库区各县（市，区）	1 200 m以下	6—7月	8—9月
		川百合	*L. davidii* Duch.	开州	800 ~ 2 000 m	7—8月	9月
		宝兴百合	*L. duchartrei* Franch.	巫溪			
		湖北百合	*L. henryi* Baker	涪陵，武隆	600 ~ 1 700 m	7月	8—9月
		卷丹	*L. lancifolium* Thunb.	奉节，云阳，石柱，巴南，北碚，江津，渝北，江北，南岸，九龙坡	1 800 m以下	7—8月	9—10月
		大花卷丹	*L. leichtlinii* var. *maximowiczii*（Regel.）Baker	巫溪	1 290 m	7—8月	
		宜昌百合	*L. leucanthum*（Baker）Baker	奉节，万州，石柱，忠县，丰都，武隆	500 ~ 2 000 m	6—7月	
		山丹	*L. pumilum* DC.	库区各县（市，区）	400 ~ 2 600 m	7—8月	9—10月
		麝香百合	*L. longiflorum* Thunb.	开州，万州，涪陵，北碚，南岸，渝北，九龙坡，渝中，江北	栽培		
		南川百合	*L. rosthornii* Diels	武隆，江津	350 ~ 900 m	8月	9月
		通江百合	*L. sargentiae* Wils.	石柱，忠县，丰都，武隆	350 ~ 1 800 m		
		大理百合	*L. taliense* Franch.	忠县，丰都，武隆	1 500 ~ 2 000 m		
		禾叶山麦冬	*Liriope graminifolia*（Linn.）Baker	巫溪，万州，武隆	2 000 m	6—8月	9—11月
		阔叶山麦冬	*L. platyphylla* Wang et Tang	万州，涪陵，武隆，长寿，巴南，北碚，江津，南岸，渝北	500 ~ 2 000 m	7—8月	9—10月
		山麦冬	*L. spicata*（Thunb.）Lour.	库区各县（市，区）	2 000 m以下	5—7月	8—10月
		尖果洼瓣花	*Lloydia oxycarpa* Franch.	库区各县（市，区）	2 400 m以上	5—7月	8月
		酒母七	*L. tibetica* Baker ex Oliv.	库区各县（市，区）	2 300 m以上	5—7月	
		舞鹤草	*Maianthemum bifolium*（L.）F. W. Schmidt	库区各县（市，区）	1 600 ~ 2 500 m	5—7月	8—9月
		连药沿阶草	*Ophiopogon bockianus* Diels	武隆，江津	900 ~ 1 300 m	6—7月	8月
		钝叶沿阶草	*O. amblyphyllus* Wang et Dai	库区各县（市，区）	1 650 ~ 1 800 m	7月	
		短药沿阶草	*O. angustifoliatus*（Wang et Tang）S. C. Chen	巫山，巫溪，奉节，开州，石柱，武隆	600 ~ 800 m	6—7月	8月
		沿阶草	*O. bodinieri* Lévl.	库区各县（市，区）	600 ~ 1 600 m	6—8月	8—10月
		长茎沿阶草	*O. chingii* Wang et Tang	武隆，长寿，巴南，北碚，江津	500 ~ 1 200 m		
		粉叶沿阶草	*O. chingii* var. *glaucifolius* Wang et Dai	江津	800 ~ 1 800 m		
		间型沿阶草	*O. intermedius* D. Don	巫山，巫溪，奉节，开州，万州，石柱，武隆，巴南，渝北	600 ~ 1 8000 m	5—8月	8—10月
		麦冬	*O. japonicus*（Linn. f.）Ker-Gawl.	库区各县（市，区）	2 200 m以下	5—8月	8—9月
		西南沿阶草	*O. mairei* Lévl.	石柱，涪陵，武隆，长寿，巴南，渝北，江北	800 ~ 1 800 m	5—7月	
		狭叶沿阶草	*O. stenophyllus*（Merr.）Rodrig.	武隆	700 ~ 800 m	6—7月	

274	百合科（Liliaceae）	林生沿阶草	*O. sylvicola* Wang et Tang	涪陵，武隆，长寿，巴南，江津	600 ~ 1 800 m		
		阴生沿阶草	*O. umbraticola* Hance	巫山，巫溪，开州	240 ~ 800 m		
		五指莲重楼	*Paris axialis* H. Li	武隆，江津	700 m以上	4—6月	9月
		巴山重楼	*P. bashanensis* Wang et Tang	巫山，巫溪，奉节，开州	1 200 ~ 2 000 m	4月	
		西畴重楼	*P. cronquistii* var. *xichouensis* H. Li	江津	1 200 ~ 2 100 m	5—6月	10—11月
		金钱重楼	*P. delavayi* Franch. [P. henryi Diels]	巫山，巫溪，奉节，开州，涪陵，武隆，江津	1 100 ~ 2 100 m		
		卵叶重楼	*P. delavayi* var. *petiolata*（Baker ex . H. Wright）H. Li. ex S. F. Wang [*P. fargesii* var. *petiolata* Baker ex C. H. Wright）Wang et Tang]	巫山，巫溪，奉节，开州，万州，石柱，武隆，江津	1 300 ~ 1 800 m		
		球药隔重楼	*P. fargesii* Franch.	巫溪，云阳，奉节，开州，丰都，石柱，武隆，渝北，江津	550 ~ 2 100 m	5—7月	7—9月
		七叶一枝花	*P. polyphylla* Sm.	巫山，巫溪，奉节，云阳，开州，万州，石柱，忠县，丰都，涪陵，武隆，长寿，巴南，北碚，江津，南岸，渝北，江北	2 300 m以下	4—7月	8—11月
		短梗重楼	*P. polyphylla* var. *appendiculata* Hara	涪陵，武隆	1 300 ~ 2 100 m	5—6月	
		条叶重楼	*P. polyphylla* var. *brachystemon* Franch.	巫溪，开州	1 250 m以上	4—5月	9—10月
		华重楼	*P. polyphylla* var. *chinensis*（Franch.）Hara	巫山，巫溪，奉节，云阳，开州，万州，石柱，忠县，丰都，涪陵，武隆，长寿，巴南，北碚，江津，南岸，渝北，江北	600 ~ 2 000 m	5—7月	8—10月
		长药隔重楼	*P. polyphylla* var. *pseudothibetica* H. Li	巫溪，开州，万州，忠县，江津，渝北	1 600 ~ 2 300 m		
		狭叶重楼	*P. polyphylla* var. *stenophylla* Franch	巫山，巫溪，忠县，开州，丰都，石柱，武隆	1 000 ~ 2 700 m	6—8月	9—10月
		黑籽重楼	*P. polyphylla* var. *thibetica*（Franch.）Hara [P. thibetica Franch.]	巫山，巫溪	1 100 ~ 2 000 m	5月	
		宽瓣重楼	*P. polyphylla* var. *yunnanensis*（Franch.）Hand.-Mazz.	巫溪，开州，江津	1 500 ~ 2 000 m	6—7月	9—10月
		北重楼	*P. verticillata* M. Bieb.	巫溪，开州	1 100 ~ 2 300 m	5—6月	7—9月
		大盖球子草	*Peliosanthes macrostegia* Hance	巫山，奉节，武隆，巴南，北碚，渝北，江北	500 ~ 1 500 m	4—6月	7—9月
		卷叶黄精	*Polygonatum cirrhifolium*（Wall.）Royle	巫溪，涪陵，开州，万州，武隆	700 ~ 2 300 m	5—7月	9—10月
		垂叶黄精	*P. curvistylum* Hua	巫溪，武隆			
		多花黄精	*P. cyrtonema* Hua [*P. multiflorum* All.]	巫山，巫溪，奉节，云阳，开州，万州，石柱，武隆，江津	2 000 m以下	5—6月	8—10月
		长梗黄精	*P. filipes* Merr.	库区各县（市，区）	1 300 m以下	5—6月	
		距药黄精	*P. franchetii* Hua	巫山，巫溪，奉节，云阳	1900 m以下	5—6月	9—10月
		滇黄精	*P. kingianum* Coll. et Hemsl.	云阳，巫溪，武隆，江津	700 m以上	3—5月	9—10月
		大叶黄精	*P. kingianum* var. *grandifolium* D. M. Liu et W. Z. Zeng	巫山，巫溪，武隆	600 ~ 1 200 m		
		节根黄精	*P. nodosum* Hua	涪陵，武隆，江津	800 ~ 1 500 m	5—6月	7—8月

续表

序号	科名	植物名	拉丁学名	分布	海拔	花期	果期
274	百合科（Liliaceae）	玉竹	*P. odoratum*（Mill.）Druce	巫溪，奉节，石柱，武隆	400 ~ 1 800 m	5—6月	7—9月
		康定玉竹	*P. prattii* Baker	巫溪，武隆	400 ~ 1 700 m		
		黄精	*P. sibiricum* Delar. ex Redoute	武隆	800 ~ 1 800 m	5—6月	8—9月
		轮叶黄精	*P. verticillatum*（Linn.）All.	巫溪	400 ~ 2 000 m	5—6月	8—10月
		湖北黄精	*P. zanlanscianense* Pamp.	巫山，巫溪，奉节，武隆	400 ~ 2 000 m	6—7月	8—10月
		吉祥草	*Reineckia carnea*（Andr.）Kunth	库区各县（市，区）	1 800 m以下	7—11月	7—11月
		万年青	*Rohdea japonica*（Thunb.）Roth	巫溪，奉节，开州，涪陵，石柱，武隆，江津，巴南，北碚，渝北，南岸，江北	700 ~ 1 700 m	5—6月	9—11月
		锦枣儿	*Scilla scilloides*（Lindl.）Druce	万州，石柱，巴南，北碚，江津，南岸，渝北，九龙坡，江北	1 000 m以下	7—11月	7—11月
		窄瓣鹿药	*Smilacina tatsienensis*（Franch.）Wang et Tang	巫山，巫溪，石柱	1 500 ~ 2 200 m		
		少叶鹿药	*S. tatsienensis* var. *stenoloba*（Franch.）D. M. Liu	巫山，巫溪，开州，石柱，武隆	1 600 ~ 2500 m		
		管花鹿药	*S. henryi*（Baker）Wang et Tang [*Maianthemum henryi*（Baker）La Frankie]	巫山，巫溪，开州，武隆，江津	1 250 m以上	4—6月	8—9月
		鹿药	*S. japonica* A. Gray [*Maianthemum japonicum*（A. Gray）La Frankie]	巫山，巫溪，奉节，石柱，武隆，江津	950 ~ 1 950 m	5—6月	8—9月
		紫花鹿药	*S. purpurea* Wall.	巫溪	1 500 ~ 2 000 m		
		华肖菝葜	*Heterosmilax chinensis* Wang	丰都，武隆，石柱	2 100 m以下	5—6月	9—12月
		肖菝葜	*H. japonica* Kunth.	巴南，南岸，渝北，江北	500 ~ 1 800 m	6—8月	7—11月
		云南肖菝葜	*H. yunnanensis* Gagnep.	涪陵，石柱，武隆	700 ~ 2 400 m	5—6月	9—11月
		弯梗菝葜	*Smilax aberrans* Gagnep.	石柱，武隆	1 600 m以下	3—4月	12月
		尖叶菝葜	*S. arisanensis* Hayata	巫溪，武隆	1 500 m以下		
		西南菝葜	*S. bockii* Warb.	涪陵，武隆	800 ~ 2 900 m	5—7月	10—11月
		密疣菝葜	*S. chapaensis* Gagnep.	云阳，开州	600 ~ 1 500 m	2—3月	10—11月
		菝葜	*S. china* Linn.	库区各县（市，区）	2 200 m以下	2—5月	9—11月
		柔毛菝葜	*S. chingii* Wang et Tang	库区各县（市，区）	700 ~ 1 600 m	3—4月	11—12月
		银叶菝葜	*S. cocculoides* Warb.	巫山，云阳，奉节，石柱，武隆	500 ~ 1 900 m	2—4月	11月
		平滑菝葜	*S. darrisii* Lévl.	武隆	500 ~ 1 800 m		
		托柄菝葜	*S. discotis* Warb.	巫溪，巫山，奉节，开州，石柱，武隆	650 ~ 2 100 m	4—5月	10月
		长托菝葜	*S. ferox* Wall. et Kunth [*S. megalantha* C. H. Wright]	巫山，巫溪，开州，武隆，江津	250 ~ 2 000 m	3—4月	10—11月
		土茯苓	*S. glabra* Roxb.	巫山，巫溪，奉节，云阳，开州，万州，石柱，丰都，涪陵，南岸，渝北，江北，武隆，巴南，北碚，江津	1 800 m以下	7—11月	11月至翌年4月

274	百合科（Liliaceae）	粉菝葜	*S. glauco-china* Warb.	巫溪，巫山，奉节，石柱，丰都，涪陵，巴南，渝北，江北	1 600 m以下	3—5月	10—11月
		马甲菝葜	*S. lanceifolia* Roxb.	奉节，开州，万州，涪陵，武隆，江津	500 ~ 1 200 m	10月至翌年3月	10月
		折枝菝葜	*S. lanceifolia* var. *elongata*（Warb.）Wang et Tang	武隆	500 ~ 1 600 m		
		暗色菝葜	*S. lanceifolia* var. *opaca* A. DC.	涪陵，武隆，长寿，巴南	500 ~ 1 200 m	9—11月	翌年11月
		南川菝葜	*S. longipes* Warb.	武隆			
		无刺菝葜	*S. mairei* Levl.	库区各县（市，区）	1 000 m以上	5—6月	12月
		防己叶菝葜	*S. menispermoidea* A. DC.	巫溪，石柱，北碚，渝北	1 000 ~ 1 800 m	5—6月	10—11月
		小叶菝葜	*S. microphylla* C. H. Wright	库区各县（市，区）	500 ~ 1 600 m	6—8月	10—11月
		黑叶菝葜	*S. nigrescens* Wang et Tang ex P. Y. Li	巫山，巫溪，奉节，云阳，开州，忠县，石柱，丰都，涪陵，武隆	900 ~ 2 500 m	4—6月	9—10月
		白背牛尾菜	*S. nipponica* Miq.	巫山，开州，万州	200 ~ 1 400 m	4—5月	8—9月
		牛尾菜	*S. riparia* A. DC.	巫山，巫溪，奉节，石柱，武隆	100 ~ 1 600 m	6—7月	10月
		尖叶牛尾菜	*S. riparia* var. *acuminata*（C. H. Wright）Wang et Tang	巫山，巫溪，奉节，武隆	950 ~ 2 100 m	5—6月	6—10月
		短梗菝葜	*S. scobinicaulis* C. H. Wright	巫溪，巫山，奉节，丰都，石柱，武隆	500 ~ 2 000 m	5月	10月
		华东菝葜	*S. sieboldii* Miq.	武隆，长寿，巴南，渝北，江北			
		鞘柄菝葜	*S. stans* Maxim. [S. vaginata Decne]	巫溪，奉节，云阳，石柱，丰都，武隆，江津	400 m以上	5—6月	10月
		疣叶菝葜	*S. stans* var. *verruculosifolia* J. M. Xu	巫山	1 000 ~ 2 100 m		
		岩菖蒲	*Tofieldia thibetica* Franch.	巫山，开州，武隆	700 ~ 1 500 m	6—9月	7—9月
		黄花油点草	*Tricyrtis maculata*（D. Don）Machride	巫溪，巫山，石柱，武隆，江津	250 ~ 2 200 m	7—9月	7—9月
		油点草	*T. macropoda* Miq.	库区各县（市，区）	800 ~ 2 400 m	6—10月	6—10月
		延龄草	*Trillium tschonoskii* Maxim.	巫溪，巫山，开州，万州	1 600 ~ 2 900 m	4—6月	7—8月
		开口箭	*Tupistra chinensis* Baker	巫山，巫溪，奉节，云阳，开州，万州，石柱，忠县，丰都，涪陵，武隆，江津	1 000 ~ 2 000 m		
		筒花开口箭	*T. delavayi* Franch.	巫山，巫溪，云阳，奉节，万州，开州，涪陵，石柱，武隆	600 ~ 2 000 m		
		剑叶开口箭	*T. ensifolia* Wang et Tang	石柱，武隆	1 100 ~ 2 000 m		
		金山开口箭	*T. jinshanensis* Z. L. Yang et X. G. Luo	武隆	1 600 ~ 1 900 m		
		尾萼开口箭	*T. urotepala*（Hand.-Mazz.）Wang et Tang	武隆	800 ~ 1 600 m		
		毛叶藜芦	*Veratrum grandiflorum*（Maxim.）Loes. f.	巫溪，武隆	1 750 ~ 2 500 m		
		藜芦	*V. nigrum* Linn.	巫溪，巫山，涪陵，万州，武隆，云阳，开州	1 200 ~ 2 600 m		
		长梗藜芦	*V. oblongum* Loes. f.	巫溪，巫山，武隆	1 000 ~ 2 000 m		
		丫蕊花	*Ypsilandra thibetica* Franch.	开州，丰都，石柱，武隆，江津	1 300 ~ 1 800 m		

续表

序号	科名	植物名	拉丁学名	分布	海拔	花期	果期
275	龙舌兰科（Agavaceae）	龙舌兰	*Agave americana* Linn.	库区各县（市，区）	栽培	夏季	
		金边龙舌兰	*A. americana* var. *variegata* Nichols.	库区各县（市，区）	栽培		
		剑麻	*A. sisalana* Perr.	巴南，南岸，渝北，江北	栽培		
		剑叶朱蕉	*Cordyline stricta* Endl.	开州，万州，涪陵，长寿，巴南，北碚，南岸，渝北，九龙坡，渝中，江北	栽培		
		朱蕉	*C. fruticosa*（Linn.）A. Cheval.	库区各县（市，区）	栽培		
		晚香玉	*Polianthes tuberosa* Linn.	万州，北碚，渝北，南岸，江津	栽培	11月至翌年3月	
		虎尾兰	*Sansevieria trifasciata* Hort. ex Prain	库区各县（市，区）	栽培	11—12月	
		丝兰	*Yuccagloriosa* Linn. [Y. filamentosa J. K. Smoll]	万州，石柱，涪陵，长寿，北碚，南岸，江北	栽培		
		凤尾丝兰	*Y. gloriosa* Linn.	万州，涪陵，巴南，渝北，南岸，江北，渝中	栽培		
276	仙茅科（Hypoxidaceae）	大叶仙茅	*Curculigo capitulata*（Lour.）C. Kuntze	库区各县（市，区）	650 ~ 1 500 m		
		疏花仙茅	*C. gracilis*（Wall. ex Kurz.）Hook. f.	库区各县（市，区）	1 000 m以下	5月	
		仙茅	*C. orchioides* Gaertn.	忠县，涪陵，武隆，巴南，江津，渝北	1 600 m	4—9月	4—9月
		小金梅草	*Hypoxis aruea* Lour.	开州，石柱，武隆	1 000 ~ 1 900 m	6—7月	8—9月
277	石蒜科（Amaryllidaceae）	文殊兰	*Crinum asiaticum* var. *sinicum*（Roxb. et Herb.）Baker	库区各县（市，区）	栽培	夏秋季	
		西南文殊兰	*C. latifolium* Linn.	开州，万州，石柱，巴南，北碚，江津，南岸，渝北，江北	栽培	6—8月	
		朱顶红	*Hippeastrum rutilum*（Ker-Gawl.）Herb.	库区各县（市，区）			
		花朱顶红	H. vittatum（LHer.）Herb.	库区各县（市，区）	栽培	春夏	
		水鬼蕉	Hymenocallis littoralis（Jacq.）Salisb.	巴南，北碚，南岸，渝北，九龙坡，渝中，江北	栽培	7—9月	10—11月
		忽地笑	Lycoris aurea（LHer.）Herb.	巫山，巫溪，奉节，云阳，开州，万州，石柱，忠县，丰都，涪陵，武隆，巴南，江津	1 000 m以下	8—9月	10月
		石蒜	L. radiata（LHer.）Herb.	库区各县（市，区）	1 200 m以下	8—9月	10月
		水仙	Narcissus tazetta var. chinensis Roem.	库区各县（市，区）	栽培	春季	
		葱莲	Zephyranthes candida（Lindl.）Herb.	库区各县（市，区）	栽培		
		韭莲	Z. grandiflora Lindl.	库区各县（市，区）	栽培	夏秋季	
278	薯蓣科（Dioscoreaceae）	参薯	*Dioscorea alata* Linn.	库区各县（市，区）	400 ~ 800 m	10月至翌年1月	12月至翌年1月
		蜀葵叶薯蓣	*D. althaeoides* R. Knuth	库区各县（市，区）	1 000 ~ 2 000 m	6—8月	7—9月
		黄独	*D. bulbifera* Linn.	巫山，巫溪，奉节，云阳，开州，万州，石柱，忠县，丰都，涪陵，武隆，长寿，巴南，北碚，江津，南岸	2 000 m以下	7—10月	8—11月

278	薯蓣科（Dioscoreaceae）	薯莨	*D. cirrhosa* Lour.	云阳，开州，万州，石柱，丰都，涪陵，武隆，巴南，长寿，北碚，江津，渝北	1 500 m以下	4—6月	7月至翌年1月
		叉蕊薯蓣	*D. collettii* Hook. f.	巫溪，万州，丰都	1 400 ~ 2 400 m	5—8月	6—10月
		山薯	*D. fordii* Parin et Burk.	巫山，开州，万州，石柱，涪陵，武隆，长寿，江津	400 ~ 1 200 m		
		日本薯蓣	*D. japonica* Thunb.	涪陵，武隆，长寿	400 ~ 1 500 m	5—10月	7—11月
		毛芋头薯蓣	*D. kamoonensis* Kunth [*D. fargesii* Franch.; *D. kamoonensis* var. *fargesii* Prain et Bukill]	万州，石柱，忠县，丰都，武隆	500 ~ 2 900 m	7—9月	9—11月
		穿龙薯蓣	*D. nipponica* Makino	巫山，巫溪，奉节，云阳，开州，万州，石柱，忠县，丰都，涪陵，武隆	300 ~ 2 000 m	6—8月	8—10月
		柴黄姜	*D. nipponica* ssp. *rosthornii*（Prain et Burk.）C. T. Ting	巫山，巫溪，奉节，开州，石柱，武隆，江津	200 ~ 1 800 m	6—8月	8—10月
		薯蓣	*D. opposita* Thunb.	库区各县（市，区）	1 500 m以下	6—9月	7—11月
		姜山药	*D. panthaica* Prain et Burkill	库区各县（市，区）	1 000 ~ 2 000 m	5—7月	7—9月
		五叶薯蓣	*D. pentaphylla* Linn.	巫山，巫溪，奉节，云阳，开州，万州，石柱，涪陵，武隆，江津	450 ~ 1 750 m		
		毛胶薯蓣	*D. subcaiva* Prain et Burk.	武隆，长寿	800 ~ 2 650 m		
		山萆解	*D. tokoro* Makino	石柱	1 000 m以下	6—8月	8—10月
		盾叶薯蓣	*D. zingiberensis* C. H. Wright	巫山，巫溪，奉节，云阳，开州，万州，丰都	1000 m以下	5—8月	9—10月
279	蒟蒻薯科（Taccaceae）	裂果薯	*Tacca plantaginea*（Hance）Drenth. [*Schizocapsa plantaginea* Hance]	武隆	水边	4—11月	4—11月
280	鸢尾科（Iridaceae）	射干	*Belamcanda chinensis*（Linn.）DC.	万州，涪陵，武隆，云阳，巴南	2 200 m以下	6—8月	7—9月
		雄黄兰	*Crocosmia crocosmiflora*（Nichols.）N. E. Br.	开州，万州，忠县，涪陵，长寿，北碚，南岸，渝北，江北	栽培	7—8月	8—10月
		番红花	*Crocus sativus* Linn.	万州，北碚	栽培		
		香雪兰	*Freesia refracta*（Jacq.）Klatt	奉节，开州，万州，涪陵，长寿，巴南，北碚，江津，南岸，渝北，九龙坡，渝中，江北	栽培		
		唐菖蒲	*Gladiolus gandavensis* Van Houtte	库区各县（市，区）	栽培	7—9月	8—10月
		扁竹兰	*Iris confusa* Sealy	丰都，涪陵，武隆，长寿，巴南，渝北	700 ~ 1 000 m	4—5月	7—9月
		春不见	*I. anguifuga* Y. T. Zhao ex X. J. Xue	库区各县（市，区）	1 200 m以下	3—4月	5—7月
		德国鸢尾	*I. germanica* Linn.	万州，长寿，巴南，北碚，江津，九龙坡，渝中，江北	栽培		
		蝴蝶花	*I. japonica* Thunb.	库区各县（市，区）	2 400 m以下	3—4月	5—6月
		马蔺	*I. lactea* Pall.	巴南，江北	1 200 m以下	5—6月	6—9月
		溪荪	*I. sanguinea* Donn ex Horn.	南岸，渝北，九龙坡，江北			
		小花鸢尾	*I. speculatrix* Hance.	奉节，开州，万州，石柱，武隆	2 200 m以下	5月	7—8月
		鸢尾	*I. tectorum* Maxim.	库区各县（市，区）	800 ~ 180 m	4—5月	6—8月

续表

序号	科名	植物名	拉丁学名	分布	海拔	花期	果期
280	鸢尾科（Iridaceae）	黄花鸢尾	*I. wilsonii* C. H. Wright	巫溪	1 200 ~ 2 500 m	5—6月	7—8月
281	姜科（Zingiberaceae）	山姜	*Alpinia japonica*（Thunb.）Miq.	巫山，巫溪，奉节，云阳，开州，万州，石柱，忠县，丰都，涪陵，武隆，长寿，巴南，北碚，江津，南岸，渝北，江北	1 200 m以下	4—8月	7—12月
		华山姜	*A. chinensis*（Retz.）Rosc.	库区各县（市，区）	100 ~ 2 500 m	5—7月	6—12月
		艳山姜	*A. zerumbet*（Pers.）Burtt. et Smith	巫溪，武隆	栽培	4—6月	7—10月
		川莪术	*Curcuma chuanezhu* Z. Y. Zhu	万州，石柱，武隆，北碚，南岸	300 ~ 800 m	6—7月	
		川黄姜	*C. chuanhuangjiang* Z. Y. Zhu	巫溪，开州，万州，石柱，北碚，渝北	栽培		
		白丝姜	*C. chuanhuangjiang* var. *abla* Wu.	丰都，涪陵	栽培		
		姜黄	*C. longa* Linn. [C. domestica Val.]	万州，丰都，巴南，渝北	栽培	8月	
		舞花姜	*Globba racemosa* Smith.	石柱，武隆，江津	400 ~ 1 300 m	6—9月	9—10月
		姜花	*Hedychium coronarium* Koenig	库区各县（市，区）	栽培	8—12月	
		圆瓣姜花	*H. flrrestii* Diels	巫山，巫溪，奉节，云阳，开州，万州，石柱，忠县，丰都，涪陵，长寿，渝北，江北	500 ~ 1 800 m		
		蘘荷	*Zingiber mioga*（Thunb.）Rosc.	库区各县（市，区）	1 000 m以下	8—10月	
		姜	*Z. officinale* Rosc.	库区各县（市，区）	栽培	秋季	
		阳藿	*Z. striolatum* Diels.	奉节，开州，万州，石柱，武隆	300 ~ 1 200 m	7—9月	9—11月
282	美人蕉科（Cannaceae）	蕉芋	*Canna edulis* Ker-Gawl.	库区各县（市，区）	栽培	9—10月	
		大花美人蕉	*C. generalis* Bailey	库区各县（市，区）	栽培	秋季	
		美人蕉	*C. indica* Linn.	库区各县（市，区）	栽培	3—12月	
283	竹芋科（Marantaceae）	柊叶	*Phrynium capitatum* Willd.	开州，万州，忠县，长寿，巴南，北碚，南岸	栽培		
284	芭蕉科（Musaceae）	芭蕉	*Musa basjoo* Sieb. et Zucc.	库区各县（市，区）	栽培	8—9月	翌年5—6月
		地涌金莲	*Musella lasiocarpa*（Franch.）C. Y. Wu ex H. W. Li	长寿，巴南，南岸，渝北，江北	栽培		
285	兰科（Orchidaceae）	头序无柱兰	*Amitostigma capitatum* Tang et Wang	巫溪，开州	2 600 m左右	7月	
		细葶无柱兰	*A. gracile*（Bl.）Schltr.	奉节，开州，武隆	700 ~ 1 500 m	6—7月	9—10月
		金线兰	*Anoectochilus roxburghii*（Wall.）Lindl. [*Chrysobaphus roxkburghii* Wall.]	巫山，巫溪，奉节，云阳，开州，万州，石柱，武隆，江津	400 ~ 800 m		
		小白芨	*Bletilla formosana*（Hayata）Schltr.	武隆	360 ~ 800 m		
		黄花白芨	*B. ochracea* Schltr.	奉节，巫溪，云阳，巫山，万州	300 ~ 2 600 m	6—7月	
		白芨	*B. striata*（Thunb. ex A. Murray）Rchb. f.	云阳，奉节，开州，万州，丰都，涪陵，武隆，长寿，江北，渝北，江津	300 ~ 1 900 m	4—5月	
		梳帽卷瓣兰	*Bulbophyllum andersonii*（Hook. f.）J. J. Sm.	巫山，巫溪，奉节，云阳，开州，万州，石柱，忠县，丰都，涪陵，武隆，江津	350 ~ 850 m	4—8月	

285	兰科（Orchidaceae）	麦斛	*B. inconspicum* Maxim.	库区各县（市，区）	900 ~ 1 200 m		
		密花石豆兰	*B. odoratissimum*（J. E. Smith）Lindl.	巫山，巫溪，奉节，云阳，开州，石柱，武隆	700 m	4—8月	
		泽泻虾脊兰	*Calanthe alismaefolia* Lindl.	云阳，武隆	400 ~ 1 500 m	6—7月	
		流苏虾脊兰	*C. alpina* Hook. f. ex Lindl. [*C. fimbriata* Franch.]	巫山，巫溪，奉节，开州，万州，涪陵	1 200 ~ 2 800 m	6—9月	11月
		弧距虾脊兰	*C. arcuata* Rolfe	巫山	1 000 ~ 2 500 m	5—9月	
		肾唇虾脊兰	*C. brevicornu* Lindl. [*C. lamellosa* Rolfe]	万州	400 ~ 1 500 m	5—6月	
		剑叶虾脊兰	*C. davidii* Franch.	武隆，长寿，巴南，渝北	400 ~ 1 700 m	6—7月	9—10月
		虾脊兰	*C. discolor* Lindl.	石柱，武隆，江津	400 ~ 1 500 m	4—5月	
		钩距虾脊兰	*C. graciliflora* Hayata [C. hamata Hand.-Mazz.]	武隆，江津	1 800 ~ 2 300 m	3—5月	
		细花虾脊兰	*C. mannii* Hook. f.	涪陵，武隆	2 000 ~ 2 400 m		
		三棱虾脊兰	*C. tricarinata* Wall. ex Lindl.	巫溪	1 000 ~ 2 100 m	5—6月	
		三褶虾脊兰	*C. triplicata*（Willem.）Ames [*C. varatrifolia*（Willd.）R. Br.]	巫山，巫溪，奉节，云阳，开州，万州，石柱，武隆，江津	1 400 ~ 2 400 m		
		银兰	*Caphalanthera erecta*（Thunb. ex A. Murray）Bl.	巫山，开州，石柱，武隆	1 100 ~ 1 500 m	4—6月	8—9月
		金兰	*C. falcata*（Thunb. ex A. Murray）Bl.	奉节，石柱，涪陵，武隆，江津	500 ~ 1 800 m	4—5月	8—9月
		独花兰	*Changnienia amoena* S. S. Chien	巫山，云阳，开州，万州，丰都，涪陵，武隆	700 ~ 1 500 m	4月	
		蜈蚣兰	*Cleisostoma scolopendrifolium*（Makino）Garay	库区各县（市，区）	500 ~ 1 200 m	4月	
		凹舌兰	*Coelonglossum viride*（Linn.）Hartm.	巫溪，开州	1 200 ~ 1 400 m	（5）6—8月	9—10月
		杜鹃兰	*Cremastra appendiculata*（D. Don）Makino	巫山，巫溪，奉节，云阳，开州，万州，石柱，涪陵，武隆，巴南，北碚，江津	500 ~ 1 700 m	5—6月	9—12月
		建兰	*Cymbidium ensifolium*（Linn.）Sw.	库区各县（市，区）	栽培	6—10月	
		蕙兰	*C. faberi* Rolfe	库区各县（市，区）	1 000 m以下	3—5月	
		多花兰	*C. floribundum* Lindl.	巫山，巫溪，开州，万州，石柱，涪陵，武隆	400 ~ 900 m	4—8月	
		春兰	*C. goeringii*（Rchb. f.）Rchb. f. [*C. virescens* Lindl.]	库区各县（市，区）	350 ~ 1 500 m	1—3月	
		虎头兰	*C. hookerianum* Rchb. f.	库区各县（市，区）	栽培		
		黄蝉兰	*C. iridioides* D. Don	开州，万州，丰都，长寿，巴南，北碚，江津，南岸，渝北，九龙坡，渝中，江北	栽培		
		寒兰	*C. kanran* Makino	巫溪，开州，万州，石柱，武隆，巴南，北碚，江津，南岸，渝北，九龙坡，渝中，江北	800 m以下	8—12月	
		兔耳兰	*C. lancifolium* Hook.	奉节，云阳，开州，万州，石柱，涪陵，武隆，江津	800 ~ 1 200 m	5—8月	

续表

序号	科名	植物名	拉丁学名	分布	海拔	花期	果期
285	兰科（Orchidaceae）	墨兰	*C. sinense*（Jackson ex Andr.）Willd.	库区各县（市，区）	栽培	10月至翌年3月	
		大叶杓兰	*Cypripedium fasciolatum* Franch.	巫溪，巫山，奉节，开州	1 650 ~ 2 100 m	4—5月	
		毛杓兰	*C. franchetii* E. H. Wils.	巫山，巫溪	1 500 m以上	5—7月	
		绿花杓兰	*C. henryi* Rolfe	巫山，巫溪，奉节，云阳，开州，万州，石柱，武隆，江津	800 ~ 2 300 m	4—5月	7—9月
		扇脉杓兰	*C. japonicum* Thunb.	巫山，巫溪，奉节，云阳，开州，万州，石柱，武隆，江津	800 ~ 1 800 m	4—5月	6—10月
		细叶石斛	*Dendrobium hancockii* Rolfe	开州	700 ~ 1 300 m	5—6月	
		罗河石斛	*D. lohohense* Tang et Wang	开州	400 ~ 800 m	6月	7—8月
		细茎石斛	*D. moniliforme*（Linn.）Sw.	巫山，巫溪，奉节，万州，忠县，涪陵，武隆，长寿，江津	600 m以上	3—5月	
		石斛	*D. nobile* Lindl.	巫山，巫溪，万州，忠县，涪陵，武隆，巴南，北碚，江津	600 ~ 1 200 m	4—5月	
		广东石斛	*D. wilsonii* Rolfe	库区各县（市，区）	350 ~ 1 400 m	5月	
		单叶厚唇兰	*Epigeneium fargesii*（Finet）Gagnep.	巫山，石柱	700 ~ 900 m	4—5月	
		火烧兰	*Epipactis helleborine*（Linn.）Crantz	巫溪，奉节，石柱，涪陵，武隆	800 ~ 2 100 m	7月	9月
		大叶火烧兰	*E. mairei* Schltr.	巫山，巫溪，奉节，云阳，开州，万州，石柱，忠县，丰都，涪陵，武隆，江津	800 ~ 1 800 m	6—7月	9月
		裂唇虎舌兰	*Epipogium aphyllum*（F. W. Schm.）Sw	库区各县（市，区）	1 200 ~ 2 400 m	8—9月	
		马齿毛兰	*Eria szetschuanica* Schltr.	库区各县（市，区）	1 200 ~ 2 000 m	5—6月	
		美冠兰	*Eulophia graminea* Lindl.	库区各县（市，区）	900 ~ 1 200 m	4—5月	5—6月
		珊瑚兰	*Galeola faberi* Rolfe.	石柱，武隆			
		毛萼山珊瑚	*G. lindleyana*（Hook. f. et Thoms.）Rchb. f.	开州，万州，涪陵，北碚，江津	800 ~ 2 100 m	5—8月	9—10月
		蜈蚣辫子	*Gastrochilus formosanus*（Hayata）Hayata	库区各县（市，区）	500 ~ 2 500 m	不定期	
		细茎盆距兰	*G. intermedius*（Griff. ex Lindl.）Kuntze	库区各县（市，区）	1 500 m	10月	
		天麻	*Gastrodia elata* Bl.	巫山，巫溪，奉节，云阳，开州，万州，石柱，忠县，丰都，涪陵，武隆，长寿，巴南，北碚，江津	1 000 ~ 2 100 m	5—7月	
		大斑叶兰	*Goodyera biflora*（Lindl.）Hook. f.	石柱	800 ~ 2 300 m	2—7月	
		光萼斑叶兰	*G. henryi* Rolfe	开州，武隆，江津	1 000 ~ 1 500 m	8—9（10）月	
		小斑叶兰	*G. repens*（Linn.）R. Br.	巫山，巫溪，奉节，云阳，开州，万州，石柱，忠县，丰都，涪陵，武隆，长寿，巴南，北碚，江津，南岸，渝北	800 ~ 1 600 m	7—8月	

285	兰科（Orchidaceae）	绒叶斑叶兰	*G. velutina* Maxim.	武隆	250 ~ 800 m	7—8月	
		西南手参	*Gymnadenia orchidis* Lindl.	巫溪，开州			
		长距玉凤兰	*Habenaria davidii* Franch.	巫溪，奉节，云阳，石柱，武隆，巴南	800 ~ 1 200 m	6—8月	
		鹅毛玉凤兰	*H. dentata*（Sw.）Schltr.	石柱，武隆	190 ~ 1 700 m	8—10月	
		舌喙兰	*Hemipilia cruciata* Finet [*H. yunnanensis*（Finet）Schltr.; H. cordifolia var.]	巫山，巫溪，奉节，开州	1 450 ~ 2 700 m	6—8月	
		扇唇舌喙兰	*H. flabellata* Bur. et Franch. [*H. cordifolia* var. *subflabellata* Finet; *H. flabellata* var. *grandiflora* Finet]	巫山，巫溪，奉节，开州	600 ~ 1 500 m	6—8月	
		裂唇舌喙兰	*H. henryi* Rolfe	石柱，武隆，江津	800 ~ 900 m	8月	
		叉唇角盘兰	*Herminium lanceum*（Thunb. ex Sw.）Vuijk.	开州，石柱，武隆，江津	600 ~ 1 800 m	6—8月	
		短距槽舌兰	*Hollcoglossum flavescens*（Schltr.）Z. H. Tsi	库区各县（市，区）	1 200 ~ 2 000 m	5—6月	8—9月
		瘦房兰	*Ischnogyne mandarinorum*（Kraenzl.）Schltr.	库区各县（市，区）	1 000 ~ 1 500 m	5—6月	7—8月
		镰翅羊耳蒜	*Liparis bootanensis* Griff. [*L. plocata* Franch. et Sav.]	云阳	500 ~ 1 000 m	8—10月	3—5月
		大花羊耳蒜	*L. distans* C. B. Clarke [*L. yunnanensis* Rolfe]	巫溪，涪陵	400 ~ 850 m	8—10月	
		小羊耳蒜	*L. fargesii* Finet	巫溪，云阳	400 ~ 800 m	8—10月	
		羊耳蒜	*L. japonica*（Miq.）Maxim.	万州，石柱，涪陵，武隆，巴南，江津	600 ~ 2 000 m	6—8月	9—10月
		见血青	*L. nervosa*（Thunb. ex A. Murray）Lindl.	奉节，云阳，开州，万州，涪陵，武隆，长寿，巴南，江津，渝北	500 ~ 1 200 m	2—7月	10月
		香花羊耳蒜	*L. odorata*（Willd.）Lindl.	武隆	700 ~ 1 200 m	4—7月	10月
		沼兰	*Malaxis monophyllos*（L.）Sw.	库区各县（市，区）	700 ~ 2 000 m	7—8月	7—8月
		葱叶兰	*Microtis unifolia*（Forst.）Reichenb. f.	巴南，江北	350 ~ 750 m		
		风兰	*Neofinetia falcata*（Thunb. exA. Murray）H. H. Hu	库区各县（市，区）	1 000 m	4月	
		尖唇鸟巢兰	*Neottia acuminata* Schltr.	库区各县（市，区）	1 500 ~ 2 000 m	6—8月	6—8月
		二叶兜被兰	*Neottianthe cucullata*（L.）Schitr.	库区各县（市，区）	500 ~ 2 500 m	8—9月	
		狭叶鸢尾兰	*Oberonia caulescens* Lindl.	库区各县（市，区）	1 200 ~ 2 200 m	7—10月	7—10月
		长叶山兰	*Oreorchis fargesii* Finet	武隆	1 200 ~ 1 800 m	5—6月	9—10月
		山兰	*O. patens*（Lindl.）Lindl.	开州，石柱	1 200 ~ 1 600 m	5—6月	
		小花阔蕊兰	*Peristylus affinis*（D. Don）Seidenf.	开州，江津	100 ~ 1 700 m	6—8（9）月	
		斑叶鹤顶兰	*Phaius flavus*（Bl.）Lindl.	石柱，武隆	600 ~ 1 200 m	4—10月	
		云南石仙桃	*Pholidota yunnanensis* Rolfe	石柱	350 ~ 800 m	5月	9—10月
		二叶舌唇兰	*Platanthera chlorantha* Cust. ex Reichb. f. [*Habenaria chlorantha* Bab.]	巫山，巫溪，奉节，云阳，开州，万州，石柱	850 ~ 1 600 m	4—6月	
		对耳舌唇兰	*P. finetiana* Schltr.	库区各县（市，区）	2 000 m以上	7—8月	

续表

序号	科名	植物名	拉丁学名	分布	海拔	花期	果期
285	兰科（Orchidaceae）	舌唇兰	*P. japonica*（Thunb.）Lindl.	巫溪，奉节，云阳，开州，万州，涪陵	800 ~ 2 300 m	5—7月	
		尾瓣舌唇兰	*P. mandarinorum* Rchb. f.	巴南，渝北，南岸	600 ~ 1 300 m	4—6月	
		小舌唇兰	*P. minor*（Miq.）Rchb. f.	巫溪，江津	400 ~ 2 700 m	5—7月	
		独蒜兰	*Pleione bulbocodioides*（Franch.）Rolfe	巫山，巫溪，奉节，开州，石柱，武隆，江津	600 ~ 1 800 m	4—6月	
		朱兰	*Pogonia japonica* Rchb. f.	巫山，巫溪，奉节，云阳，开州，石柱	450 ~ 2 100 m	5—7月	9—10月
		绶草	*Spiranthes sinensis*（Pers.）Ames	巫溪，云阳，开州，石柱，忠县，丰都，武隆，巴南，北碚，江津	2 300 m以下	7—8月	
		金佛山兰	*Tangtsinia nanchuanica* S. C. Chen	石柱（黄水坝）	1 200 ~ 1 600 m	7—8月	
		小花蜻蜓兰	*Tulotis ussuriensis*（Reg. et Maack）H. Hara [*Perularia ussuriensis*（Maxim）Schltr.]	开州	500 ~ 1 500 m	7—8月	9—10月

中文名索引

拉丁名索引

B

C

D

E

F

G

H

I

Q

R

S

长江三峡天然药用植物志

MEDICINAL FLORA OF THE THREE GORGES OF THE YANGTZE RIVER

参考文献

[1] 中国科学院中国植物志编辑委员会.中国植物志（1—80卷）[M].北京：科学出版社，1959—2005.
[2] 中国科学院植物研究所.中国高等植物图鉴（1—5册）[M].北京：科学出版社，1983.
[3] 傅立国.中国高等植物（1—13卷）[M].北京：科学出版社，1989—2005.
[4]《四川植物志》编辑委员会.四川植物志（1—15卷）[M].成都：四川科学技术出版社，1981—1999.
[5] 四川中药志协作组.四川中药志[M].成都：四川人民出版社，1979.
[6] 四川省中药研究所.四川常用中草药手册[M].成都：四川科技出版社，1970.
[7] 郑重.湖北植物大全[M].武汉：武汉大学出版社，1976.
[8] 湖北省植物研究所.湖北植物志[M].武汉：武汉大学出版社，1976.
[9] 傅书遐.湖北植物志[M].武汉：湖北科学技术出版社，2002.
[10] 中国科学院西北植物研究所.秦岭植物志[M].北京：科学出版社，1985.
[11] 中国科学院武汉植物研究所.神龙架植物[M].武汉：湖北人民出版社，1980.
[12] 王诗云，赵子恩，等.华中珍稀濒危植物及保存[M].北京：科学出版社，1995.
[13] 朱家柟，等.拉汉英种子植物名称[M].2版.北京：科学出版社，2001.
[14] 湖南植物编辑委员会.湖南植物志[M].长沙：湖南科学技术出版社，2000.
[15] 浙江植物志编辑委员会.浙江植物志[M].杭州：浙江科学技术出版社，1993.
[16] 福建省植物志编写组.福建植物志[M].福州：福建科学技术出版社，1982—1993.
[17] 安徽植物志协作组.安徽植物志[M].合肥：安徽科学技术出版社，1982—1992.
[18] 江苏省植物研究所.江苏植物志[M].南京：江苏人民出版社，1982.
[19] 中国科学院昆明植物研究所，云南植物研究所.云南植物志[M].北京：科学出版社，2005.
[20] 贵州植物志编辑委员会.贵州植物志[M].贵阳：贵州人民出版社，1982—1989.
[21] 长江流域水资源保护局.三峡工程生态与环境[M].北京：科学出版社，2000.
[22] 湖北省神龙架林区地方志编辑委员会.神龙架志[M].武汉：湖北科学技术出版社，1996.
[23] 中科院武汉植物研究所.神农架植物[M].武汉：湖北人民出版社，1980.
[24] 肖文发，李建文，等.长江三峡库区陆生动植物生态[M].重庆：西南师范大学出版社，2000.
[25] 刘正宇，等.重庆市三峡库区药用植物资源目录[M].重庆：重庆出版社，2007.
[26] 国家药典委员会.中华人民共和国药典一部[M].北京：中国中医药科技出版社，2015.
[27] 陈心启，吉占和，等.中国野生兰科植物彩色图鉴[M].北京：科学出版社，1999.
[28] 谢宗强，吴金清.三峡库区珍濒特有植物保护生态学研究[M].北京：中国水利出版社，2007.
[29] 中国医学科学研究院药物研究所.中药志[M].北京：人民卫生出版社，1959.

[30] 肖培根，等.新编中药志[M].北京：化学工业出版社，2010.
[31] 国家中医药管理局中华本草编辑委员会.中华本草[M].上海：上海科学技术出版社，1999.
[32] 全国中草药汇编编辑组.全国中草药汇编[M].3版.北京：人民卫生出版社，2014.
[33] 南京中医药大学.中药大辞典[M].上海：上海科学技术出版社，2006.
[34] 李经纬.中医大辞典[M].北京：人民卫生出版社，2005.
[35] 彭真华.中国长江三峡植物大全[M].北京：科学出版社，2005.
[36] 傅书遐.湖北植物志（1—4卷）[M].武汉：湖北人民出版社，2001.
[37] 吴兆红，秦仁昌.中国蕨类植物科属志[M].北京：科学出版社，1991.
[38] 侯宽昭.中国种子植物科属词典[M].修正版.北京：科学出版社，1982.
[39] 陕西省森林工业管理局.秦巴山区经济动植物[M].西安：陕西师范大学出版社，1990.
[40] 陈伟烈，等.三峡库区植物与农业生态系统[M].北京：科学出版社，1994.
[41] 楼之岑，等.常用中药材品种整理和质量研究(1—6册) [M].北京：北京医科大学出版社，2003.
[42] 徐国均，等.常用中药材品种整理和质量研究（1—4册）[M].福州：福建科学技术出版社，1999.
[43] 张恩迪，郑汉臣.中国濒危野生药用动植物资源的保护[M].上海：第二军医大学出版社，2000.
[44] 钟国跃，秦松云.重庆中草药资源名录[M].重庆：重庆出版社，2010.
[45] 余甘霖，沈力.长江三峡中草药资源[M].北京：中国中医药出版社，2012.

后　记

长江三峡地区位于中国中西部从亚热带到暖温带过渡的地区，植物区系既有亚热带成分，也有温带和热带成分，是华南、华东、华中、华北、西南、西北等植物区系的汇合地；由于三峡地区山高谷深、水系优越、为天然药用植物的生长与生存创造了良好的条件，即使在第四纪大陆冰川的胁迫下，也保存了大量古老孑遗植物，使三峡地区成为中国乃至世界植物区系分布的中心之一，是我国天然药用植物的基因库；但随着三峡工程的建设与发展，三峡地区的生态环境和生态群落发生了较大改变，天然药用植物生存状态亦发生了变化，如何合理利用、开发保护这些药用植物资源，实现三峡库区资源经济可持续发展，构筑与三峡工程相适应的天然药用植物专著，让世界了解三峡药用植物提供科学依据。对此，在重庆第二师范学院的大力支持下，在陈绍成主任药师/教授的积极倡导下，在重庆市三峡天然药物研究所、重庆市中药研究院等单位的配合下，完成了《长江三峡天然药用植物志》的编撰。

《长江三峡天然药用植物志》作为系统研究三峡地区天然药用植物的专著，首次全面澄清了三峡地区药用植物资源的品种概况、分布规律、环境海拔、花果生长时节，还发现了不少药用植物新品种，扩大了新药源，为三峡地区建立药用植物生态保护区，发展具有区域优势的天然药用植物并实行规范化生产，解决区域产业空虚化矛盾、合理保护和科学开发利用三峡地区药用植物资源、开展中国天然药用植物区系地理和生物多样性等多学科研究、促进三峡地区社会经济可持续发展、开展区域生态环境治理、实施退耕还林还药工程、长江生态防护林工程以及自然保护区建设均具有现实指导意义，填补了国内外空白。该专著亦是一部全面了解天然药物种类、分布、药理、药化、鉴别品种形态特征的大型工具书和开发库区新药源的指导用书，实用性强，既是医药、生命科学专业人员从事教学科研的参考书，也是广大人民群众识别天然药用植物的科普工具书，具有重要的科学价值。

该专著的出版历经磨炼和艰辛，特别是在20世纪90年代，由于交通不便，很多采集点不通公路，只有山间小道，为了采集原植物标本，我们翻越了无数大山、淌过无数溪流，每天早上7点出发、下午5点左右回到采集点，中午只能是饼干加山间泉水充饥，同时在资金十分紧缺的情况下，编者们为了此份事业，还把自己微薄的工资作为交通费用，不计时间忘我工作，先后采集药用植物标本32 000余份，药材标本5 000份，通过整理、消毒、上台、鉴定等工序，完好地保存在重庆市万州食品药品检验所标本室内，这些标本的采集得到了原万州地区农业局丁耀庭局长、原万州地区卫生局汪志杰局长的帮助，他们也不辞辛劳带领各县基层农业和卫生部门的工作者参与到药用植物的采集和资源调查中，为编辑出版此专著打下了坚实的素材基础，部分标本由重庆市中药研究院陈善镛、戴天伦勘误以及西北大学生命科学院狄维忠教授鉴定；总论部分中的风景图片由三峡都市报记者陈丁提供，该专著还得到了中国民族医药学会药用资源分会会长、第四次全国中药资源普查专家组副组长、国家药典委员会民族医药专委会主任委员、江西中医药大学中药资源与民族药研究中心主任、原重庆市中药研究院院长钟国跃教授以及中国植物学会药用植物及植物药专业委员会荣誉主任、《中国药用植物志》主编、北京大学药学院艾铁民教授的主审，对此表示谢意。

该专著的出版得到了重庆市科学技术委员会、重庆市教育委员会、重庆第二师范学院、重庆市三峡天然药物研究所、重庆市农业科学院、重庆市中药研究院、重庆市药物种植研究所、重庆科技学院、长江师范学院、重庆三峡学院、重庆市食品药品检验检测研究院、重庆医药（集团）股份有限公司、重庆市万州食品药品检验所、重庆三峡中心医院、重庆市石柱土家族自治县武陵山研究院、重庆大巴山中药材开发有限公司、重庆市巫山县人民医院等单位的大力支持，在此表示感谢。

编　者

2016年2月